中华传世藏书

【图文珍藏版】

菜根谭

[明]洪应明⊙原著

马博⊙整理

第一册

线装书局

图书在版编目（CIP）数据

菜根谭：全6册 /（明）洪应明原著；马博整理
. -- 北京：线装书局, 2016.1

ISBN 978-7-5120-1963-8

Ⅰ. ①菜… Ⅱ. ①洪… ②马… Ⅲ. ①个人－修养－中国－明代 Ⅳ. ①B825

中国版本图书馆CIP数据核字(2015)第246895号

菜根谭

原　　著：［明］洪应明
整　　理：马　博
责任编辑：高晓彬
装帧设计：博雅圣轩藏书馆 Boyashengxuan Cangshuguan
出版发行：线装书局
　　　地　址：北京市西城区鼓楼西大街41号（100009）
　　　电　话：010-64045283（发行部）　64045583（总编室）
　　　网　址：www.xzhbc.com
经　　销：新华书店
印　　制：北京彩虹伟业印刷有限公司
开　　本：787mm × 1092mm　1/16
印　　张：168
字　　数：2040千字
版　　次：2016年1月第1版第1次印刷
印　　数：0001－3000套

定　　价：1580.00元（全六册）

明代学者洪应明

洪应明，字自诚，号还初道人，里居、生卒年及生平均不详，明代思想家、学者、道士，约明神宗万历中前后在世。有《菜根谭》、《仙佛奇踪》和《逍遥墟》传世。

根据他的另一部作品《仙佛奇踪》谈到："洪生自诚氏，幼慕纷华，晚栖禅寂，"得知他早年热衷于仕途功名，晚年归隐山林，洗心礼佛。因此可知他饱经忧患，所历风波顿挫，当是不言而喻。万历三十年(1603)前后曾居住在南京秦淮河一带，潜心著述，并与袁黄、冯梦桢等人有所交往。

语录体著作集《菜根谭》

《菜根谭》成书于明万历年间，距今已有近四百年的历史。在相当长的时间里，它并未受到足够的重视，清乾隆间编纂《四库全书》时，连“存目”都未收入。但是近年来，一股《菜根谭》热风行于海内外，人们将其与《孙子兵法》、《三国演义》等书一起视作中国传统文化的经典之作。

总的来说，《菜根谭》是一部论述修身、处世、待人、接物、应事的格言集。其中凝聚着作者对整个人生社会万种世态和错综复杂的人际关系的分析，饱含着作者企图拯救社会、劝人为善的一片苦心，显示了他对儒、释、道三教思想融会贯通的灵活运用。

遂初堂

遂初堂位于北京故宫宁寿宫花园中轴线上，古华轩后，为宁寿宫花园第二进院落的主体建筑。

遂初堂主人于孔兼所作的《菜根谭》序：余过古刹，于残经败纸中拾得《菜根谭》一录。翻视之，虽属禅宗，然于身心性命之学，实有隐隐相发明者。亟携归，重加校雠，缮写成帙。旧有序，文不雅驯，且于是书无关涉语，故芟之。著是书者为洪应明，究不知其为何许人也。

乾隆五十九年二月二日，遂初堂主人识

竹简版《菜根谭》

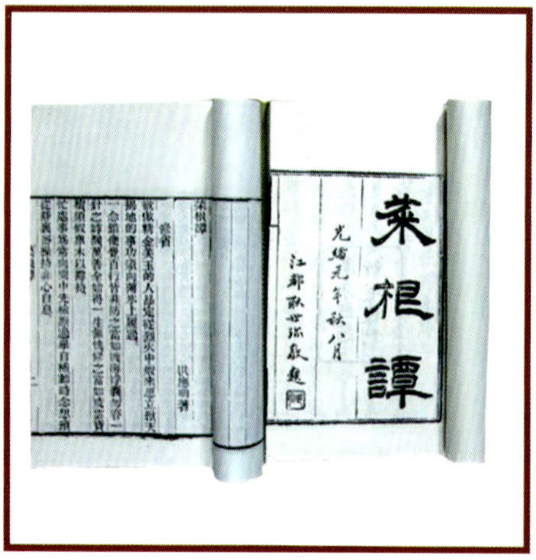

清刻版《菜根谭》书影

清刻版以光绪丁亥年扬州藏经院木刻本为主，参以二十三年佛学书局排印本。清刻版《菜根谭》共379条，其中：修身38条、应酬50条、评议47条、闲适44条、概论200条。

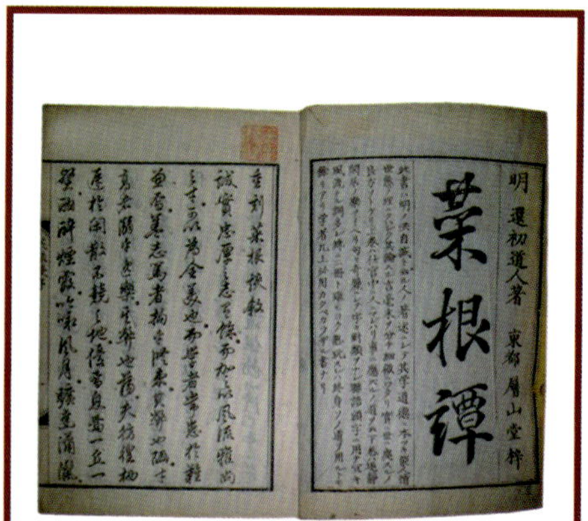

明刻版《菜根谭》

明刻版来自三峰主人于孔兼的题词，系日本内阁文库昌平坂学问所的藏本，据说当初刊载于明代高濂编辑的《雅尚斋遵生八笺》中。书分前后两集，前集225条，后集135条，共360条。

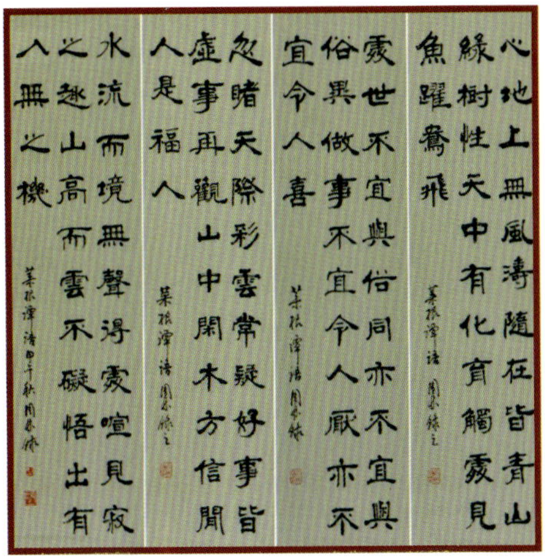

《菜根谭》妙语隶书四条屏

《菜根谭》名言警句楷书

《菜根谭》书法扇面

“道法自然”、“抒情达性”是中国书法的最高境界，而要“道法自然”、“抒情达性”就必须具备一定的感情和慧心。其落实到艺术创作时又是“技”如何进入“道”的问题。说到底，对于书法艺术家，最终一切技法、学问、才华都要归于人格性情。这恐怕也是中国艺术家区别于西方艺术家的所在。洪应明虽作为佛门的信徒，但又能揉合儒道二教，加上自身的坎坷阅历，故在他的言行和心体里总是显得澄然透彻而又心平气和，毫无滞碍，这种特征很宜于书法艺术的升华。

洪应明读书堂（国画大师亚明作）

亚明是中国画坛重要流派——“新金陵画派”的中坚推动者和组织者。他以50余年的卓越艺术实践和成就，在中国美术领域特别是对新时期山水画的发展，作出了令人瞩目的贡献，因之被国际权威文化机构誉为当今世界文化名人。

《菜根谭》名言石

广东省梅州市梅江区江南华南大道的“剑英公园”内的明朝洪应明《菜根谭》名言石：“德在人先，利居人后”。意在提倡“吃苦在前，享乐在后”，说明人的品质修省是从实际的利益中体现和磨炼出来的。

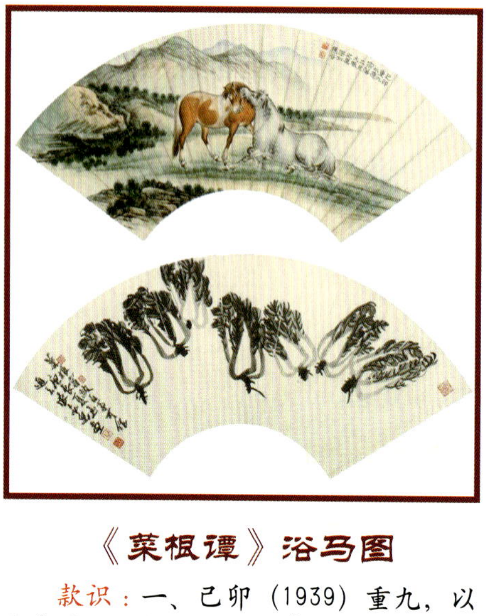

《菜根谭》浴马图

款识：一、已卯（1939）重九，以应宗蕃二兄大雅之属。湛如马晋。

钤印：马晋、湛如

款识：二、菜根当咬，百事可作。庚辰（1940）夏至，通玄张志鱼画。

钤印：通玄、志鱼印信、瘦梅、寄斯庵

微刻《菜根谭》小摆屏

刻文：世事如棋局，不著的才是高手；人生似瓦盆，打破了方见真空。龙可豢非真龙，虎可搏非真虎，故爵禄可饵荣进之辈，必不可笼淡然无欲之人；鼎镬可及宠利之流，必不可加飘然远引之士。一场闲富贵，狠狠争来，虽得还是失……

前　言

《菜根谭》是明代还初道人洪应明所著的一部论述修养、人生、处世、出世的语录世集，具有三教真理的结晶，和万古不易的教人传世之道，为旷古稀世的奇珍宝训，对于人的正心修身，养性育德，有不可思议的潜移默化的力量，其文字简练明隽，雅俗共赏，兼具语录、随笔、训诫的特色。与《围炉夜话》《小窗幽记》并成为“处世三大奇书”。

洪应明，字自诚，明朝人，号还初道人，籍贯不详。根据他的另一部作品《仙佛奇踪》，得知他早年热衷于仕途功名，晚年归隐山林，洗心礼佛。万历三十年（1603）前后曾居住在南京秦淮河一带，潜心著述。与袁黄、冯梦桢等人有所交往。

《菜根谭》书名的由来，一说取自宋代儒者汪信民语：“得常咬菜根，即做百事藏”；一说典出：“性定菜根香”，所谓“夫菜根，弃物也，而其香非定者莫知”（三山通理达天语）；一说则称“谭以菜根名，固自清苦历练中来，亦自栽培灌溉里得，其颠顿风波，备尝险阻可想矣”（于孔谦语）。凡此种种，该书以“菜根”来命名，寄寓着深刻含义。其蕴含之意大致有三：其一就是努力培养处世之根。蔬菜是人们生存不可或缺的东西，营养丰富，菜或甘甜美味，或清香爽口，或苦辣参半，皆是由根而生。所有种菜人都知道，种菜之时重点必放在菜根之上，人生在世，处事为人，也应厚培其根，这根就是对人生真谛的探求和理解；其二不可轻视菜根。同菜叶、菜茎相比，菜根多被人们所遗弃，有不少人认为，处世的道理就如同菜根，根本不值得重视，洪应明却认为处世之道不能等闲视之；其三菜根自有菜根的妙处。根与菜比，难以相提并论，但窘困之人常把菜根当作菜蔬食用，只要不奢望太高，贪欲太多，菜根吃起来也很香，并别有风味，或许洪应明就是嚼着菜根谈“菜根”，他希望人们品读《菜根谭》时，就像咀嚼菜根一样，并能从中品味出一些为人处世的滋味来。

《菜根谭》的内容涉及广泛，几乎涵盖了人生所能遇到的一切重大问题，“其间有仁语义语、持身涉世、隐逸显达、迁善介节、禅机旨趣、学道见道等语。”全书以道德修养为核心，把修身养性作为基本原则，上至治国、平天下，下至个人修身、齐家，世间万象做全面阐述。书中的处世警句来源丰富，既有作者自己的心得体会，又有从先哲格言、佛家禅语、古典名句、俗语谚语中演化而来的精彩文句，辞藻秀美，含义隽永，耐人寻味。

历数中国五千年的文化，其思想领域主要是被释、道、儒三家平分，但《菜根谭》这部著作，却有机地将三个流派的哲学思想融为一炉。《菜根谭》所反映出的作者思想不是单一的，而是儒、释、道三者的有机合一，既有感慨时局之悲凉而生隐逸的思想，又有害怕仕途之险恶，欲求全身的对策；还有胸怀远大的抱负，不肯与污浊同流的自警自策。它的主要思想基调应该是积极的，它以佛家的“世出世间”，融通儒家的“经世致用”和道家的“趋利避害”，表现出一种中正而圆融的人生态度。因此说，《菜根谭》在读，也在悟。人们只有平心静气地细细品味，才能体会出平凡的语言中所蕴含的深刻的丰富的人生真谛。

总之，《菜根谭》是一部教诲世人“去妄存真”的宝典。人心渐渐“失真”，便为“荣利所缠缚”，追逐着吞噬纯真心性的物欲，积淀起掩蔽纯真心性的“尘埃”，真心也就变成了“妄心”。《菜根谭》更是一部教诲世人“行止在我”的宝典。“行止在我”，即是让人“进退有方”，“风斜雨急处，要立得脚定；花浓柳艳处，要着得眼高；路危径险处，要回得头早”。一部《菜根谭》，不教你做穷凶极恶的“狼”，也不教你做任人宰割的“羊”，而是教你做一个率真自在的“人”。为了方便广大读者阅读，我们组织有关专家学者对《菜根谭》进行了重新整理和编排，除了对原文进行了释义外，还补充了儒、释、道对《菜根谭》的评论，并收录了大量有关指导阅读的智慧例解，此外还加上了《菜根谭》新编诠释和精美的插图。我们相信读者通过阅读此套《菜根谭》，能对人生、人性有进一步的理解，真正悟出其中的精髓，提高心智，领略生命的意义，挖掘生活的乐趣，缓解生活的压力，活得更加丰富多彩。

目　　录

第一编　《菜根谭》原典释义

第二编　儒释道论《菜根谭》

第三编　《菜根谭》智慧例解

第四编 《菜根谭》新编诠释

《菜根谭》原典释义

第一章　阐述为政中的责与务

代为大匠　鲜不伤手

【原文】

代大匠,稀有不伤其手指矣。

【译文】

代替木匠砍木头,很少有不砍伤自己的手的。

人之百事　不可拒借

【原文】

人之百事,如耳目鼻口之不可以相借官也;故职分而民不慢,次定而序不乱。

【译文】

人们做一切事情,都各有分工,就像耳朵、眼睛、鼻子、嘴巴的作用不同,不可以相互借用一样。所以,职位明确了人们就不再怠慢,等级名分确定了次序就不再乱。

贪于政者　不分人事

【原文】

贪于政者,不能分人以事。

【译文】

贪心于独揽大权的人，不会把事情分给别人做。

国有大任　焉得专之

【原文】

国有大任，焉得专之？且侵官，冒也；失官，慢也；离局，奸也。

【译文】

国家托付给了你重大任务，怎么可以自作主张、乱管闲事呢？再说，侵犯了别人的职权是冒功；放弃了自己的职责是渎职；离开了本身的岗位是藐视纪律。

有道之主　因而不为

【原文】

有道之主，因而不为，责而不诏，去想去意，静虚以待，不伐之言，不夺之事，督名审实，官使自司。

【译文】

掌握治国之道的君主，依靠臣子做事，自己却不亲自做。要求臣子做事有成效，自己却不乱发指示。去掉想象，去掉猜度，安静地等待。不代替臣子讲话，不抢夺臣子的事情做。审查名分和实际，官府之事让臣子自己管理。

有道之主　使臣有辔

【原文】

有道之主，其所以使群臣者亦有辔。其辔何如？正名审分，是治之辔已。

【译文】

掌握治国之道的君主，他之所以能役使群臣，是因为他也有“缰绳”。这个“缰绳”是什么呢？辩证百官的名位，察明他们的职分，这就是治理臣子们的“缰绳”。

人主治官　与骥俱走

【原文】

人主好治人官之事，则是与骥俱走也，必多所不。

【译文】

君主喜欢处理官吏职权范围内的事，就等于是车夫与千里马一块儿跑，一定在很多方面都赶不上。

以众地者　公作则迟

【原文】

今以众地者，公作则迟，有所匿其力也；分地则速，无所匿迟也。主亦有地，臣主同地，则臣有所匿其邪矣，主无所避其累矣。

【译文】

现在用许多人耕种土地，共同耕作就缓慢，这是因为人们有办法藏匿自己的力气（偷懒）；分开耕作就迅速，这是因为人们无法偷懒，无法慢腾腾地干活。君主治理国家也像种地一样，臣子和君主职责不清，都干一样的活，臣子就有办法背地里投机取巧，君主就无法避开劳累了。

人君为官　兔化而狗

【原文】

李子曰："非狗则不得兔，兔化而狗，则不为兔。"人君而好为人官，有似于此。其臣蔽之，人时禁之；君自蔽，则莫之敢禁。夫自为人官，自蔽之精者也。

【译文】

李悝说："没有狗就不能捕获兔，但兔如果变成了狗，那就无兔可捕了。"君主如果喜欢做臣子该做的事，就与此相似了。臣子蒙蔽君主，别人还能不断加以制止；君主自己蒙蔽自己，那就没有人敢于制止了。君主自己做臣子该做的事，这是最严重的自己蒙蔽自己的行为。

异道则治　同道则乱

【原文】

君臣异道则治，同道则乱。得其宜，处其当，则上下有以相使也。

【译文】

君主与臣下之间在职责和工作方法上不同，国家才能治理得好；如果相同，国家就乱了。上下级应当各自做好应当做的工作，各自居于自己应当处的位置，这样上下才能协调，发挥好各自的作用。

君不明职　有司无为

【原文】

君人者释所守而与臣下争事，则有司以无为持位，守职者以从君取容，是以人臣藏智而弗用，反以事转任其上矣。

【译文】

做君主的扔下自己职责内的事不干而与臣下抢事干，那么官吏便以碌碌无为来保持职位，尽责守职者也以顺从来求得君主的欢欣。这样，群臣便都把智慧藏起来而不为君主所用，而且反过来把自己分内的事情转嫁给上级。

终日问之　下无所对

【原文】

终日问之，彼不知其所对；终日夺之，彼不知其所出。

【译文】

上级领导整天事无巨细，什么都过问，下级就不知道怎样答对才好；整天侵夺下级的职权，替他们做事，下级就不知道怎么做才好。

主代臣事　则非主矣

【原文】

主代臣事，则非主矣；臣秉主用，则非臣矣。故各司其任，则上下咸得。

【译文】

君主代替臣下做事，就不是君主了；臣下的权力被君主所用，就不是臣下了。所以君臣各司其职，上下都各得其所。

民情莫郁

【原文】

民情甚不可郁也。防以郁水，一决则漂屋推山；炮以郁火，一发则碎石破木。桀、纣郁民情而汤、武通之，此存亡之大机也。有天下者之所夙夜孜孜者也。

【译文】

人民的情绪不可有所郁积。堤防是用来蓄水的，一旦决堤就会屋漂山倒；火炮是用来蕴积火的，一旦放出就会石碎木劈。夏桀、商纣郁积了人民的情绪，而商汤、周武使人民的情绪畅通。这是政权存在的关键，也是最高统治者日夜孜孜以求的东西。

为官非易

【原文】

世上没个好做的官，虽抱关之吏，也须夜行早起，方为称职。只说做官好，便不是做好官的人。

【译文】

世上没有容易做的官职，即使是抱关的小吏，也必须早起晚归，才能说是称职。如果有人只说做官是如何好，那么他就一定不是一个做好官的人。

使人无心言　方为真无过

【原文】

在上者无过，在下者多过。非在上者之无过，有过而人莫敢言。在下者非多过，诬之而人莫敢辩。夫唯使人无心言，然后为上者真无过。使人心服，而后为下者真多过也。

【译文】

在上面的统治者没有过错，下面的官吏却过错很多。并不是统治者没有过错，而是有过错却无人敢说。也不是下面的官吏有那么多的过错，而是受到了诬陷却不敢辩解。只有使人心中没有怨恨，上面的统治者才是真的没有过错。只有上层统治者使人心服，下面的官吏才是真有多的过错。

进言之四难

【原文】

进言有四难：审人、审己、审事、审时，一有未审，事必不济。

【译文】

对人提出建议有四大困难：审度他人、审度自己、审度事理、审度时机，一旦有审度考虑不周全的地方，事情就一定不会成功。

莫失自然之情

【原文】

善处世者，要得人自然之情，得人自然之情，则何所不得？失人自然之情，则何所不失？不唯帝王为然，虽二人同行，亦离此道不得。

【译文】

善于处世的人，应该顺应人的自然感情，得到人的自然感情，又有其他什么不能够得到呢？失去了人的自然感情，则又有什么不会失去呢？不仅帝王这样，就是两个人同行，也不能违背这个道理。

为官应为学

【原文】

未到手时，嫌于出位而不敢学；既到手时，迫于应酬而不及学。一世业官苟且，只于虚套搪塞，竟不嚼真味，竟不见成功。虽位至三公，点检真足愧汗。学者思之。

【译文】

没有做官的时候认为超越自己的身份而不去学习，既受到任命以后又疲于应酬而来不及学习。一辈子做官苟且偷生，只是虚伪地应酬搪塞，竟然不懂得做官的真正意义，竟然没有一点功效。像这样即使已位至三公（太师、太傅、太保），检查起来也足以使其惭愧。学者应该仔细思考。

取守天下　贵安民

【原文】

取天下、守天下，只在一种人上加意念，一个字上做功夫。一种人是哪个？曰民。一个字是甚么？曰安。

【译文】

夺取天下、巩固天下，只需对一种人和一件事极为注意。这一种人是谁？就是民众。这一件事是什么？就是安定。

忠言逆耳　利于行

【原文】

顺心之言易入也，有害于治；逆耳之言裨治也，不可于人，可恨也。夫惟圣君以逆耳者顺于心，故天下治。

【译文】

顺心的话容易听得进去，然而对于国家的治理却有害处；逆耳的话即使有利于国家的治理，但是却不易使人接受，真是太遗憾了。唯有圣明的君主能够把逆耳的话听得很顺心，因此天下就能够治理得非常安定。

治人莫使无所顾

【原文】

人到无所顾惜时，君父之尊不能使之严，鼎镬之威不能使之惧，千言万语不能使之喻，虽圣人亦无如之何也已。圣人知其然也，每养其体面，体其情私，而不使至于无所顾惜。

【译文】

人到了无所顾忌惋惜的时候，即便君王、父亲的尊严也不能使其严肃，严酷刑罚的威严也不能使其害怕，千言万语也不能使其醒悟，即使是圣人也对其毫无办法。圣人知道是什么原因，所以常常顾全其情面，体谅其感情私欲，从而使其不至于到无所顾忌的地步。

上下相干　臣主同则

【原文】

劳主：不明分职，上下相干，臣主同则。

【译文】

所谓烦劳的君主，就是职务分工不明确，君主与臣下互相干扰，臣下与君主责权不清。

君子思　不出其位

【原文】

君子思不出其位。

【译文】

君子思虑的问题不超出他的职务范围。

尚贤使能　赏功罚罪

【原文】

尚贤使能，赏有功，罚有罪，非独一人为之也，彼先王之道也，一人之本也。

【译文】

尊尚贤人，任用能人，奖励有功，惩罚有罪，这并不是某个人的独特做法，它是先王遵循的原则，是使人民协调一致的根本。

凡治天下　必因人情

【原文】

凡治天下，必因人情。人情者有好恶，故赏罚可用；赏罚可用则禁令可立而治道具矣。

【译文】

凡是治理天下，一定要按照人的性情。人的性情有喜欢和厌恶，所以赏罚才可以使用；赏罚可用那么禁令才行得通，治理天下的方法也就具备了。

赏罚利器　操之制臣

【原文】

赏罚者，利器也。君操之以制臣，臣得之以拥主。

【译文】

赏罚是治国的精良工具。国君用它来统制大臣，大臣用它来拥戴君主。

赏刑分明　则民尽死

【原文】

赏刑明则民尽死，民尽死则兵强主尊。

【译文】

奖赏和刑罚明确，那么百姓就会尽死效命，百姓尽死效命就会使军队强大而君主

尊贵。

知者之知　固以多矣

【原文】

知者之知，固以多矣，有以守少，能无察乎！愚者之知，固以少矣，有以守多，能无狂乎！

【译文】

聪明的人本来知识很多，但他却只掌握治国的关键，管的事很少，这能不明察吗！愚蠢的人知识本来很少，但却整天忙于处理很多具体的事，掌握不住关键，这能不乱吗！

事事自谋　人莫若己

【原文】

自为谋而莫己若者亡。

【译文】

如果事事都自己谋划，而认为别人不如自己的，国家就要灭亡。

力不敌众　智不尽物

【原文】

力不敌众，智不尽物。与其用一人，不如用一国。

【译文】

（领导者）一个人的力气，抵不过众人的力量；一个人的智慧，不能通晓一切事物。与其用一个人的智能，不如依靠全国的人才。

好暴示能　好唱自奋

【原文】

人主以好暴示能，以好唱自奋，人臣以不争持位，以听从取容，是君代有司为有司也。

【译文】

君主以好炫耀显示自己的才能，以好做先导来自夸，臣子就会以不劝谏君主来保持官职，以曲意听从来求得容身，这就是君主代替主管官吏当主管官吏。

以智强智　以能强能

【原文】

以其智强智，以其能强能，以其为强为，此处人臣之职也。处人臣之职，而欲无壅塞，虽舜不能为。

【译文】

（糊涂的君主）硬凭着自己有限的智慧逞聪明，硬凭自己有限的才能逞能干，硬凭自己有限的作为做事情，这是使自己处于人臣的位置上了。使自己处于人臣的位置上，又不想耳目闭塞，就连舜也办不到。

不知乘物　而自怙恃

【原文】

不知乘物，而自怙恃，夺其智能，多其教诏，而好自以，若此则百官恫扰。

【译文】

不懂得利用别的人和物，而只知道仗恃自己的能力，夸耀自己的才智，教令下得很多，好凭自己的意图行事，这样，各级官吏就会恐惧纷扰。

博于众辞　观于众物

【原文】

博于众辞，观于众物，说不急之言而以惑后进者，君子之所甚恶也。

【译文】

对于各种学说和知识都广泛涉猎，对各种大小事物都仔细观察，经常就一些不重要不急迫的事情发表指示，以显示自己的才能，迷惑那些水平不高的人，这是君子极为反对的做法。

百羊而群　童子随之

【原文】

百羊而群，使五尺童子荷菙而随之，欲东而东，欲西可西，使尧牵一羊，舜荷菙而随之，则不能前矣。

【译文】

百来只羊一大群，让五尺高的孩童提着鞭子跟在后面，要它们向东就向东，要他们朝西就朝西。如果让尧牵一只羊走在前面,让舜提着鞭子跟在后面,那就一步也走不了啦。

位高事简　教民不苛

【原文】

位高者事不可以烦,民众者教不可以苛。夫事碎难治也,法烦难行也。

【译文】

职位高的领导者,他的工作不应该太烦琐具体;老百姓多的国家,对民众的教管不要过于严苛。高层领导事务过于琐碎就难以把国家治理好,法令过于烦苛就难以施行。

元首丛脞　股肱惰哉

【原文】

元首丛脞哉,股肱惰哉,万事堕哉。

【译文】

领袖只抓琐碎小事,下属和助手就跟着怠惰,因此所有的事都要荒废。

不亲小劳　不侵众官

【原文】

不炫能,不矜名,不亲小劳,不侵众官,日与天下之英才,讨论其大经,犹梓人之善运众工而不伐艺也。

【译文】

不显示自己的才能,不抬高自己的名声,不亲自去干各种琐碎的事务,不侵犯各类官员的权力,每天跟天下杰出的人才一起讨论管理国家的大政方针,这就好像建筑师善于指挥各种工匠而不夸耀自己的手艺一样。

慎乎不睹　惧乎不闻

【原文】

君子戒慎乎其所不睹，恐惧乎其所不闻。莫见乎隐，莫显乎微，故君子慎其独也。

【译文】

君子就是在别人看不到的地方处处谨慎小心，在别人耳朵听不到的地方也常怀畏惧心理而事事注意。要晓得，尽管隐藏得好，却没有不被人发现的；尽管极其细微，却没有不显露出来的，因此君子要在个人独处时十分谨慎。

不以善小而不为

【原文】

君子不谓小善不足为也而舍之，小善积而为大善；不谓小不善为无伤也而为之，小不善积而为大不善。

【译文】

君子对好的行为不认为它小得不值得做而舍弃它，因为“小善”积累起来就是“大善”；对于不好的行为，君子不认为它是小得没什么损害作用就去干，因为“小不善”积累起来就是“大不善”。

不为非事　不取非有

【原文】

智者不为非其事，廉者不为非其有。

【译文】

聪明的人不做他不应该做的事，廉洁的人不追求他不应该有的财物。

受鱼失禄　无以食鱼

【原文】

受鱼失禄，无以食鱼；不受得禄，终会食鱼。

【译文】

接受别人送的鱼就会因此而去掉俸禄，没有钱再买鱼吃了；不接受馈赠而保住了俸禄，就终身有鱼吃。

不贪财利　不淫美色

【原文】

见利不贪，见美不淫。

【译文】

见财利不贪，见美色不起淫意。

见利弃义　必招灾祸

【原文】

贪而弃义，必为祸阶。

【译文】

贪求物质利益而背弃了正义，这一定是招致灾祸的阶梯。

受人者畏　与人者骄

【原文】

受人者，常畏人；与人者，常骄人。

【译文】

接受馈赠的人，常常害怕别人；给别人财物的人，则常常盛气凌人。

见利思难　见利忘患

【原文】

智者见利而思难，暗者见利而忘患。

【译文】

聪明的人在看到好处的同时就会考虑到危难，昏愚的人看到好处却忘记了灾患。

陷其身者　为贪财利

【原文】

陷其身者，皆为贪冒财利，与夫鱼鸟何以异哉？

【译文】

那些身陷灾祸的人，都是因为贪财求利，这和鱼鸟有什么不同？

徇私贪浊　非止坏法

【原文】

若徇私贪浊，非止坏公法，损百姓，纵事未发闻，中心岂不常惧？恐惧既多，亦有因而致死。大丈夫岂得苟贪财物，以害及身命，使子孙每怀愧耻耶？

【译文】

如果徇私贪污，不只是破坏了国家法律，损害百姓利益，即使不被揭露出来，心里岂不经常担惊受怕？惊怕既多，也有因此而致死的。大丈夫怎能因贪物而丢了性命，使子孙后代都感到惭愧和羞耻呢？

见金忘刑　径自受纳

【原文】

见金钱财帛不惧刑网，径自受纳，乃是不惜性命。明珠是身外之物，尚不可弹雀，何况性命之重，乃以博财物耶？

【译文】

看见钱财就不怕犯法，因而受贿，这就叫不珍惜性命。明珠是身外之物，尚不可用来打鸟，何况比明珠要贵得多的性命，倒可以去换取财物吗？

贫贱不免　富贵不取

【原文】

贫贱不可苟免，富贵不可苟取。

【译文】

贫贱不能通过不正当的手段免除，富贵不能通过不正当的手段获取。

不自见明　不自是彰

【原文】

不自见故明，不自是故彰。

【译文】

不专靠自己的眼睛，所以才看得分明；不自以为是，所以才是非昭彰。

一君赡下　不赡之道

【原文】

若使君之智最贤，以一君而尽赡下则劳，劳则有倦，倦则衰，衰则复返于不赡之道也。

【译文】

即使君主的智能是最聪慧的，以君主一个人的智慧来应付全部臣下就太辛劳，辛劳就会疲倦，疲倦就会衰弱，衰弱就会重新回到平常人智慧不够用的道路上去。

有道之君　正德莅民

【原文】

有道之君，正其德以莅民，而不言智能聪明。智能聪明者，下之职也；所以用智能聪明者，上之道也。

【译文】

懂得为君之道的君主，总是端正自己的道德来领导人民，而不是卖弄自己的智能和聪明。表现智能和聪明的，应当是臣下的职能；如何去使用臣下的智能聪明，才属于为君之道。

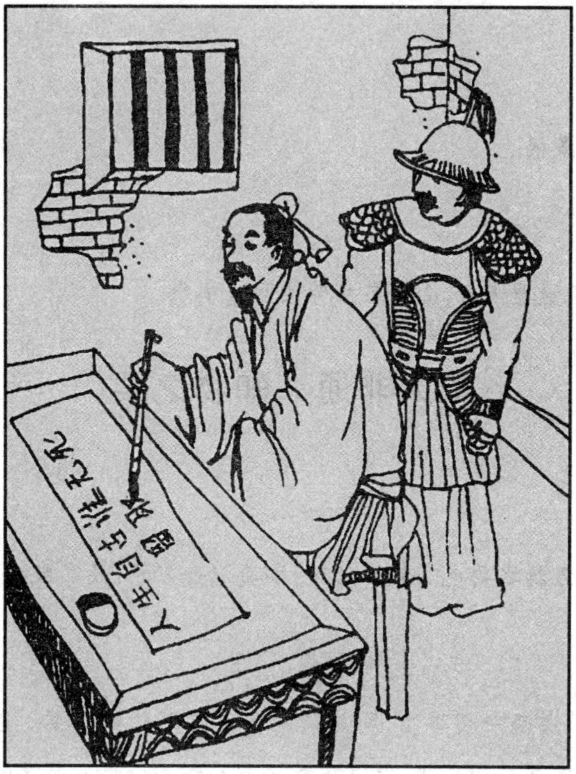

不言之言　无为之事

【原文】

必知不言之言，无为之事，然后知道之纪。

【译文】

必须清楚什么是不该由自己去说的话，什么是不用自己亲自去做的事，然后才懂得治国之道的要领。

自治其国　劳而招祸

【原文】

独任之国，劳而多祸。

【译文】

靠君主一个人来治理国家，必定自身劳累而遭祸患。

圣人非通　知物之要

【原文】

圣人非能通，知万物之要也。故其治国，举要以致万物，故寡教而多功。

【译文】

圣人并不是能够通晓一切事物，而是能掌握万事万物的纲要。因此，他治理国家的办法，是抓住纲要来掌握一切事物，所以在教化上不费多少力气而功效却很大。

圣人明君　察要而已

【原文】

圣人明君者，非能尽其万物也，知万物之要也，故其治国也，察要而已矣。

【译文】

圣人和明君并非对万事都懂，只是知道万事的要领。他们治国，仅仅是掌握要领而已。

亲自治详　杀有不乱

【原文】

亲自贯日而治详，一日而曲辨之，虑与臣下争小察而綦偏能，自古及今，未有如此而不乱者也。

【译文】

君主从早到晚处理各种具体事情，一天之内就想把各种事情都办完，他总想在一些小的问题上与臣下比精明，极力追求某一方面的才能（却忽略了全局的大事），从古到今，从来没有这样做而不混乱的。

独任其智　其失必多

【原文】

君好智则倍时而任己，弃数而用虑，天下之物博而智浅，以浅澹博，未有能者也。独任其智，失必多矣。

【译文】

君主喜欢耍弄自己的聪明就会违背现实情况而只依靠自己一个人，抛弃正确的策略方法而只用自己的心计。天下的事物是广博的，而个人的智虑毕竟是浅薄的，用浅薄来应付广博，谁也没有这样的能力。只依靠自己的智慧，失误必然很多。

用人之道　贵当其才

【原文】

用人之道，贵当其才。人君以识深虑远者谋社稷，以老成持重者养国脉，以振励明作者起颓敝，以通时达变者调治化，以秉公持正者寄钧衡，以烛奸嫉邪者为按察，以厚下爱民者居守牧，以智深勇沉者典兵戎，以平恕明允者治刑狱，以廉静综核者掌会计，以惜耻养德者司教化，则用人责当其才矣。

【译文】

用人的方法，重要的是使其发挥才能。帝王用深谋远虑的人为国家社稷谋划，用通权达变的人来调整治理，用秉公行事的人以均衡各种势力，以明察秋毫的人来惩治邪恶奸贼，用宽厚仁爱的人来抚慰百姓，用睿智沉着的人来指挥军兵，用英明公正的人进行司法判决，用廉洁稳重的人掌握财政，用珍惜廉耻而有修养的人管理社会教化。如果这样任用人才，就能够发挥他们的才能。

慎于千日　防其一旦

【原文】

元气已虚，而血肉未溃，饮食起居不甚觉也，一旦外袭之，溘然死矣。不怕千日怕一旦，一旦者，千日之积也。千日可为，一旦不可为矣。故慎于千日，正以防其一旦也。有天下国家者，可惕然惧矣。

【译文】

当一个人的元气已经很虚弱，而血肉尚没有溃坏的时候，在饮食起居时不会有什么感觉，而一旦受到外界的袭扰，就会马上死亡。有些人不在乎千日只注重一旦，所谓一旦，实际上却是千日的积累。千日可以预防，而一旦就没有办法预防。因此应该谨慎千日，其目的就是为了防止一旦的发生。作为天下的统治者，尤其应该加以警惕。

非吾所有　一毫莫取

【原文】

苟非吾之所有，虽一毫而莫取。

【译文】

假若不是我应该得到的，虽然是很小的东西也不据为己有。

出淤泥而不染

【原文】

出淤泥而不染，濯清涟而不妖。

【译文】

莲花虽是从淤泥中生长出来，但是洁净无染；虽然是沐浴在清澈透底的水域中，但朴实无华。

贫不改节　达不改志

【原文】

贫，气不改；达，志不改。

【译文】

境况穷困，正直的气节坚守不移；地位显达，高尚的志向也不改变。

名节为重　利欲为轻

【原文】

名节重泰山，利欲轻鸿毛。

【译文】

名誉和节操比泰山还要重，私利和物欲比鸿毛还要轻。

两袖清风　免话短长

【原文】

清风两袖朝天去，免得闾阎话短长。

【译文】

寸物不带，甩着两只长袖入京而去，免得让人们说长道短。

身正则不令而行

【原文】

其身正，不令而行；其身不正，虽令不从。

【译文】

上面的人行为正派，就是不发布命令下面也会执行；上面的人行为不正派，就是发布命令下面也不会听从。

不正其身　难以正人

【原文】

苟正其身矣，于从政乎何有？不能正其身，如正人何？

【译文】

如果统治者能够端正自己，对于管理政事还会有什么困难？如果不能端正自己，又怎么能够端正别人呢？

子帅以正　孰敢不正

【原文】

政者，正也。子帅以正，孰敢不正？

【译文】

政，就是正的意思。您带头走正路，谁敢不走正路呢？

薄身厚民　聚敛难行

【原文】

薄身厚民，故聚敛之人不得行。

【译文】

要求自己很严格很俭朴，对人民则宽厚仁爱，这样，用不正当手段聚敛财富的人就行不通。

君者无任　而受职任

【原文】

君者固无任，而以职受任。工拙，下也；赏罚，法也。君奚事哉？

【译文】

做君主的人，本来在具体事务方面就没有什么职责，而是要根据臣下的职位委派他们的职责。事情做得好坏，由臣下负责；该赏该罚，由法律规定。君主哪里用得着亲自做事呢？

勤于求贤　逸于得人

【原文】

君人者勤于求贤而逸于得人。

【译文】

君王在物色人才时要辛苦勤奋，而在得到贤人之后就超脱安逸了。

位尊身佚　身大事少

【原文】

位愈尊而身愈佚，身愈大而事愈少。譬次张琴，小弦虽急，大弦必缓。

【译文】

职位愈尊贵，身心就愈安闲；身上担负的职务越大，直接去做的事情就越少。这好比给琴上弦，小弦虽然可以紧一些，但大弦必须松缓。

聪明求人　安逸任使

【原文】

劳聪明于求人，获安逸于任使。

【译文】

使耳朵和眼睛辛苦一些，用来访求人才；一旦得到人才，使他们得以信任和使用，自己就得到安逸超脱了。

天下在“苟可以”

【原文】

天下之患，莫大于“苟可以”而止。养颓靡不复振之习，成亟重不可反之势，皆“苟可以”三字为之也。是以圣人之治身也，勤励不息；其治民也，鼓舞不倦。不以无事废常规，不以无害忽小失。非多事，非好劳也，诚知夫天下之事，廑未然之忧者尚多；或然之悔怀，太过之虑者犹贻不及之；忧兢慎始之图者，不免怠终之患故耳。

【译文】

天下的祸患，没有大于"差不多就行"就停止的了。纵容颓废萎靡没有振作的习气，从而形成不可挽回的趋势，这些都是"差不多就行"造成的。因此圣人对于自己，勤勉不息；治理民众，鼓舞激励。不以没有发生什么事情就荒废了常规，不以没有灾害就忽略了小的过失。这样做并不是喜好多事和劳苦，而是因为了解天下的事情，有很多应该防患于未然的。或者事后反悔，过于忧虑还未必能够避免；勤勉惕厉，也难免有懈怠的结果呢。

处事善救　用人善驭

【原文】

事有知其当迹而不得不因者，善救之而已矣；人有知其当退而不得不用者，善驭之而已矣。

【译文】

明知有的事情应该改变但不得不因循，这就要靠善于补救；明知应该将有的人黜退但不得不用，这就要靠善于驾驭。

君子不讥人往日之失

【原文】

既成德矣，而诵其童年之小失；既成功矣，而笑其往日之偶败，皆刻薄之见也。君子不为。

【译文】

一旦成就德业，就说起他小时候的过失；一旦事业有成，便笑话他过去的偶然失败，这些都是刻薄的见识。君子是不会那样做的。

设官为民　积极有为

【原文】

不伤财，不害民，只是不为虐耳。苟设官而惟虐之虑也，不设官其谁虐之？正为家给人足，风移俗易，兴利除害，转危就安耳。设廉静寡欲，分毫无损于民，而万事废弛，分毫无益于民也，逃不得尸位素餐四字。

【译文】

不耗费财富，不危害民众，只是不做恶而已。如果设立了官员同时顾虑他们作恶，那么不设立官员又有谁能够作恶呢？国家设立官员的目的，为了使民众丰衣足食，移风易俗，兴利除害，转危为安。如果官员只是清廉寡欲，丝毫没有损害民众，可是什么都荒废了，也就丝毫没有做有益民众的事情，到头来也不过是在官位上白吃饭而已。

为官切忌心胸狭小

【原文】

为人上者,最怕器局小,见识俗。吏胥舆皂尽能笑人,不可不慎也。

【译文】

作为领导,最怕的是心胸狭小和见识庸俗。吏胥舆皂那样的小官也会嘲笑你,这是不可不慎重对待的。

为官使人忘其尊

【原文】

在上者能使人忘其尊贵而亲之,可谓盛德也已。

【译文】

处在上面的统治者能够使人忘却其尊贵的身份而与其亲近,这可以称得上是隆盛的德行了。

居官念头　有其三用

【原文】

居官念头有三用:念念用之君民,则为吉士;念念用之套数,则为俗吏;念念用之身家,则为贼臣。

【译文】

作为官员想法有三种:念念不忘服务于君王和民众,是吉士;念念不忘循规蹈矩,是俗吏;念念不忘自己身家,是贼臣。

偷安后危　虑近忧迩

【原文】

偷安者后危，虑近者忧迩。

【译文】

苟且偷安的人，以后的处境必然危难；只考虑眼前利益的人，忧患会很快地到来。

为政之道　民众为本

【原文】

为政之道，以不扰为安，以不取为与，以不害为利，以行所无事为兴废起敝。

【译文】

从政的方法，应该以不骚扰民众作为安定的基础，把不榨取民脂民膏当作给予民众的根本，以不祸害民众作为为民谋福利的大事，以不再劳民伤财作为除弊振兴的方法。

为政首务　扶持世教

【原文】

为政先以扶持世教为主，在上者一举措间，而世教之隆污、风俗之关恶系焉。若不管大体何如，而执一时之偏见，虽一事未为不得，而风化所伤甚大，是谓乱常之政。先王慎之。

【译文】

搞政治应该首先扶持世间的教化（道德风尚）。统治者的一举一动，会影响到世间道德风尚的盛衰及习俗的善恶。倘若不管总的原则，固执一时的偏见，虽然在一件事上或许能够侥幸成功，但是对于世间道德风尚的影响极坏，这就是常说的扰乱常规的政治。前代帝王对此非常重视。

知微知彰　杜绝祸患

【原文】

天下之祸，成于怠忽者居其半，成于激迫者居其半。唯圣人能销祸于未形，弭患于既著。夫是之谓知微知彰。知微者不动声色，要在能察几；知彰者不激怒涛，要在能审势。呜呼！非圣人之智，其谁与于此？

【译文】

天下的祸患，由于惰怠疏忽而产生的占了一半，由于匆忙急切的占了一半，唯独圣人能够使祸殃消失在没有成形的时候，防止灾患在没有显露的时候，这就是能够由事情微小的方面预见到事情的结果。认识其微小的一面而不动声色，关键在于善于观察；预见其结果而不张皇失措，关键在于能够审时度势。唉！没有像圣人那样的智慧，有什么人能够做到这一点呢？

鼓舞人心　振作士气

【原文】

精神爽奋，则百废俱兴；肢体怠驰，则百兴俱废。圣人之治天下，鼓舞人心，振作士气，务使天下之人如含露之朝叶，不欲如久旱之午苗。

【译文】

倘若精神朝气蓬勃，各种荒废的事情就会重新兴起；如果神情惰怠涣散，就会使本来很兴旺的事情沦为荒废的境地。圣人治理天下，就是要鼓舞人心，振作精神，使天下的人们就像早晨含着露水的叶子，不要像正午时久旱的秧苗那样。

天下存亡　系于“人心”

【原文】

天下之存亡系两字，曰“天命”。天命之去就系两字，曰“人心”。

【译文】

天下的存亡关键在于两个字，那就是“天命”。天命的去从也在于两个字，那就是“人心”。

国之所惧　贪欲怒气

【原文】

无厌之欲，乱之所自生也；不平之气，乱之所由成也。皆有国者之所惧也。

【译文】

贪得无厌的欲望，是混乱滋生的根源。愤懑不平的怒气，是混乱生成的缘由。这些都是统治者应该极为警惕的。

用恩威者　不妄施怒

【原文】

善用威者不轻怒，善用恩者不妄施。

【译文】

善于采用威严策略的人不会轻易发怒，善于运用恩惠手段的人不会随便实施恩泽。

居上之患　赏罚不明

【原文】

居上之患，莫大于赏无功，赦有罪；尤莫大于有功不赏，而罚及无罪。是故王者任功罪，不任喜怒；任是非，不任毁誉。所以平天下之情，而妨其变也。此有国家者之大戒也。

【译文】

作为统治者的最大危害，就在于对没有功的人却加以奖赏，对那些犯了罪的人却给予赦免；尤其表现在对有功之士不加奖励，反而惩罚没有犯罪的人。因此帝王应该按功论赏，不掺杂自己的个人感情；应该根据是非标准，而不应该根据他人的诋毁或赞誉。这样做是为了使天下的民心得以平定，从而防止人心思变。这是国家统治者应该深深加以注意的。

治病择医　安民择吏

【原文】

治病要择良医，安民要择良吏。良吏不患无人，在选择有法，而激劝有道耳。

【译文】

治病应该选择高明的医生，安抚民众应该选择好的官吏。并不是没有好的官吏，只是在于选择的方法是否得当，同时也在于激励鞭策的方法是否合适。

为政之本　百姓富足

【原文】

足民，王政之大本。百姓足，万政举；百姓不足，万政废。孔子告子贡以“足食”，告冉有以“富之”。孟子告梁王以“养生送死无憾”，告齐王以“制田里、教树畜”。尧舜舍此无良法矣。哀哉！

【译文】

使民众富裕，是帝王政策最根本的所在。民众富足，则各种方针政策得以实行；民众穷困，各种方针政策就会废弛。孔子教导子贡应使民众丰衣足食，教导冉有应使民众富裕起来；孟子劝谏梁惠王让活着的人安康，让死了的人安息，使人没有缺憾，劝谏齐王注重农业畜牧。即便是帝尧、帝舜，除了这样做也没有别的方法。唉！

德感诚孚　令行禁止

【原文】

为政之道，第一要德感诚孚，第二要令行禁止。令不行，禁不止，与无官无政同，虽尧、舜不能治一乡，而况天下乎！

【译文】

统治的方法策略，第一应该以道德感化，以诚挚服人；第二应该有令必行，有禁必止。有令不行，有禁不止，与没有官员和政权一样，即使是尧、舜也没有办法治理哪怕是一个乡村，更何况是整个国家哩。

权之所在　利之所归

【原文】

权之所在，利之所归也。圣人以权行道，小人以权济私。在上者慎以权与人。

【译文】

有了权力，就有了利益。圣人以权力推行道义，小人以权力谋取私利。统治者要慎重对待权力，不要轻易把权力交给他人。

良官廉吏　乐其所苦

【原文】

做官都是苦事，为官原是苦人，官职高一步，责任更大一步，忧勤更增一步。圣人胼手胝足，劳心焦思，惟天下之安而后乐，是乐者，乐其所苦者也。众人快欲适情，身尊家润，惟富贵之得而后乐，是乐者，乐其所乐者也。

【译文】

做官本来是一件很辛苦的工作，官员本也是辛苦的人。地位升高了一步，责任就更大了一步，辛苦也就更进一层，圣人手脚都磨出了老茧，整天劳心费力，只把天下的安宁当作自己的快乐。这种快乐，是为其劳苦所快乐。人们贪图悠闲纵欲的欢乐，自己有地位，家境富裕殷实，只有得到富贵才会感到高兴。这种欢乐，是为其享乐而欢乐。

赏罚分明　举国心悦

【原文】

见罚者，宠习之臣；受赏者，仇仇之士。戮一人而万国惧，赏匹夫而四海悦。

【译文】

被惩罚的，是皇帝周围的宠臣亲信；受奖赏的，是与君主有隔阂的人。像这样，杀一个人就可以使全天下的人都害怕，赏赐一个一般人就使全国人都心悦诚服。

赏无私功　刑无私罪

【原文】

赏无私功，刑无私罪，是谓军国之法，生杀之柄。

【译文】

施行奖赏不以个人愿望私自给人，施用刑罚也不按个人愿望私自治罪。这是国家或军队的法规，是或生或杀的权柄。

奖不忘远　刑不阿近

【原文】

赏不遗远，罚不阿近。

【译文】

奖赏不遗漏疏远之人，惩罚不偏袒亲近之人。

无功不取　贵势不免

【原文】

爵不可以无功取，刑不可以贵势免。

【译文】

爵位没有功绩就不能获取，刑罚不能因为地位高贵而减免。

无撄则宁　无拂则全

【原文】

物之生林然熙然。孰吾荣乎？孰吾枯乎？已然而莫知其然者，其性也。旦而曝之，夜而濡之；一日风之，二日霖之，三之日荡然矣。唯人亦然。无撄则宁，无拂则全。驱之以刑，齐之以政，临之以德，而天下之性荡然矣。尧之治天下，不举善，不去恶，不治小，不教大，民视尧亦天耳。天何心于我哉？舜之治天下也，必治之而后安。虽然，犹未始与民相撄也。三王之于民，如恐赤子之啼而亟乳之。至五霸则又鞭朴随其后也。大道何从而行乎？唐太宗尝指殿屋而谓侍臣曰："治天下如建此屋，营创既成，勿数改易。苟移一椽，正一瓦，践履动摇，必有所损。"

【译文】

万物生长得茂密旺盛，这是什么原因呢？是什么原因又使我们这些生物枯萎凋零？或者枝繁叶茂，或者枯萎凋零，而不知道自己为什么会这样，这就是万物的本性。白天强光照射它，夜晚雨露滋润它；第一天狂风摇动它，第二天大雨浸灌它，第三天它的枝条便受到伤害。人也是这样。不受到侵扰就能安宁，不受到伤害就能保全。用刑并罚去强迫他们，用行政手段去整治他们，然后，再用德义去安抚他们，而天下人的本性便受到伤害。

尧治理天下时，不举荐好人，不除掉恶人，不处理小事，也不用大道理去教育百姓，百姓把尧看作天一样博大。天对人类会有什么偏爱呢？舜治理天下时，必须通过精心治理，才使天下安宁。即使这样，仍然没有侵扰百姓。夏禹、商汤、周文三位帝王对待百姓犹如慈母怕婴儿啼哭而急忙用乳汁喂养一样。到了齐桓、晋文、楚庄、秦穆、吴阖闾五霸治理国家时，就动用了刑罚。利国利民的大道理何时才能得以实行呢？唐太宗曾指着宫殿对他下面的侍臣说："治理天下犹如修建这座宫殿，营造完毕，不要频繁改动。如果移动一条椽子，拨正一片瓦，宫殿经过践踏动摇，必定有受损害的地方。"

天下之患莫大于不虑

【原文】

天下之患，莫大于不可为，亦莫大于可为而不虑其所终。不计其所成，简略而始之，利未见而害随踵矣。天下之事，非简略之所能久也。以简略而成，必以简略而败。古之圣人创制立法，为万世帝王程式，必周详而不敢轻、谨密而不敢忽者，非为其始之不足以成，而忧夫终之易败也；非为其始之不足以得，而忧夫终之易失也；非为其始之不足以合，而忧夫终之易散也。天下之事，如是足以成矣。如果足以得矣，如是足以合矣；而必曰未也，又从而节文之，纪纲委曲而为之表饰。是以至于今而不废。及其后世，求速成之功，而倦于持久。故其欲成也，止于足以成；欲得也，止于足以得；欲合也，止于足以合。其始不详，其终不胜其弊。

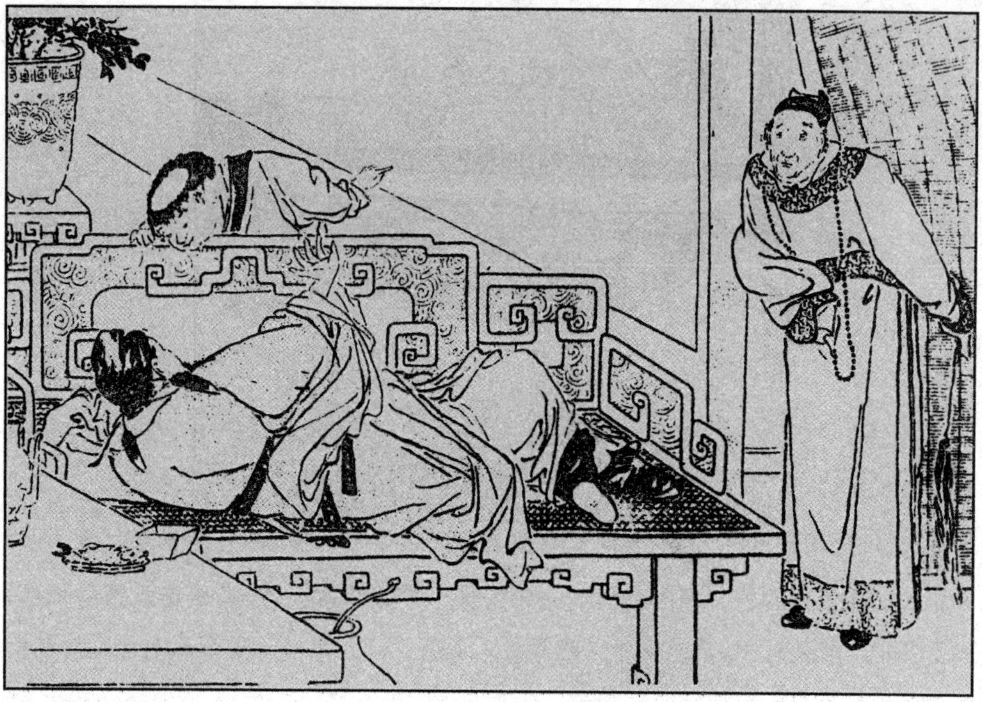

【译文】

天下的忧患所在，没有比不能做而硬要去做再大的了，也没有比可以去做而不去考虑它的后果再大的了。不考虑它的成功因素，简简单单地开始，还没有见到一点好处，祸患却随之而至。天下的事情，并非草率简单地行事就能持久的。由草率简略的方式取得成功，也一定因草率简略的方式而导致失败。古代圣人创建制度和法律，作为后来世代帝王统治天下的规程、法式，一定有周详而不敢轻率、谨严缜密而不敢粗心大意的原因所在，不是因为在开始的时候不能取得成功，而担心那后来容易失败；不是因为在开始的时候不能有所收获，而担心那后来容易失误；不是因为开始的时候不能团结人心，而担心那后来容易失去人心。天下的事情，这样就能取得成功，这样就能有所收获，这样就能固结人心；而古人定要说还没有达到预期的目的，又从而对制度法令加以调整润色。法度已委曲详尽，却还要加以修饰。因此古代的制度法令到了今天还没有废弃。到了后世，统治者只求尽快取得成功，而缺乏长期作战的精神。所以他们想要取得成功，而仅仅满足于取得成功；想要有所收获，而仅仅满足于有所收获；想要团结人心，而仅仅满足于团结人心。开始时制度法令不详密，到后来，弊病会越来越多。

治国之具　莫详于周

【原文】

呜呼！有以文、武、周公之所以造周者告之手？三代令主维持天下之具，莫详于周。吾尝求其制度规模矣。凡纪之《书》、歌于《诗》，纤悉曲具。列之于《周礼》，所谓礼乐之本、教化之端、桑农之政、任用之机，以至刑禁之条目、财货之源流，班班可考者，皆其维持天下之具也。夫文、武、周公岂不能略为之法、简为之制，优游客与于阖端创始之初，而乃汲汲若是耶！天下之势，其成之也有基，其立之也有本。惟其栽培封殖之既固，则枝叶未易以委枯。惟其疏浚堤防之尽力，则流派未易以溃裂。万世子孙有所凭借扶持而不至于陵迟大坏者，皆出于此。

【译文】

唉！有人能把周文王、周武王和周公创建周朝的原因讲给人们吗？夏、商、周三代贤明君主维持天下统治的制度法规，没有比周代再完善的了。我曾探索周代的制度法规。凡是《尚书》记载的、《诗经》歌咏的，细微详尽而曲折具体。在《周礼》中记载的，所谓礼乐的根本、教化的端绪、农桑的政务、任贤的关键，以至刑法禁令的条目、财货的源流，明白可考的，全是周代统治者用来维持天下统治的制度法规。周文王、周武王和周公难道不能简化制度法规，在建国之初贪图悠闲安逸吗？却如此迫切地创建制度法规！天下的形势，它的形成须有一定的基础，它标新立异须有一定的根本。树木只有栽培得根深蒂固，它的枝叶就不容易枯萎凋落。江河只有尽力疏通水道并加固堤防，它的支流才不至于泛滥。世世代代的后世子孙在立身行事方面有所借鉴，对国家有所帮助而不至于使国家衰落败坏的原因，都出自周代的制度法规。

于子孙计　愧于三代

【原文】

若夫汉高帝之宽仁,足以扫秦之禁网,信义足以胜楚之威力。其资美矣,独于万世子孙之计有愧于三代。是岂非苟为之心入之?而阘端之初,遂至于简且略耶！[礼](乐)由天作,[乐](礼)以地制。先王以是而穷一性之源本、陶万汇之中和。又岂可轻为而轻视?帝乃甘于亡秦卑陋之习,俯首于叔孙绵蕞之仪,至有"度吾能行"之语。吁!贬道从己,一至于此。稽之《王制》,宁不不愧!唯高帝创法立制之原,每每如此。是以继世之君,如文帝之贤,宜可与语王道也;然闻释之之奏,乃甘心于秦汉之卑论。观贾生之策,而未遑于礼乐之大典。如宣帝之贤,宜可与语王道也;然有汉家之制,而安于杂霸,不法先王之统,而敢于持刑。岂非高帝之规模不远、苟略苟成而有以启文、宣之弊欤!

【译文】

至于汉高祖的宽厚仁慈,足以除掉秦朝的严苛法令、信义足以战胜西楚霸王的威力。他个人的天赋是完美的,唯独替后世子孙着想方面有愧于夏、商、周三代的贤明君主。这难道不是草率从事的思想在支配自己,因而在立国之初就没有比较完备的制度法规吗?礼乐是取法于天地而制作的。先王用此来探寻仁义之性的本源、培养万物的中正和谐之气,又怎能草率从事并轻视它呢?汉高祖竟然满足于已经灭亡的秦国那种卑陋的礼俗,赞赏叔孙通用绳索和芳草来演习朝会的礼仪,以至于有"考虑我能做到的去设计"的话。唉!贬低仁义之道并使之屈从自己,竟到了这种地步。用《礼记·王制》篇的思想来审视自己,难道他还不觉得惭愧吗?汉高祖创立法律的实际情形,常常是这样。因此后来即位的君主,如汉文帝这样贤明的君主,应该和他谈论用仁义之道治国的问题;然而他听到张释之的奏疏后,竟满足于有关秦汉之际政治得失的卑陋之论。纵观贾谊上给汉文帝的治国安邦之策,竟来不及深入探讨治国安邦的大法——礼乐。像汉宣帝这样贤明的君主,应该和他谈论用仁义之道治国的问题;然而他认为汉朝有汉朝的制度,并且安于王道和霸道相互结合的政治环境,不效法周代先王用仁义治国的传统,却敢于用刑名之术治国。这难道不是汉高祖在治国方面缺乏长远规划、草率地行事和轻易地取得成功而开启了汉文帝、汉宣帝的弊端吗?

无须高论　令今可行

【原文】

昔叔孙通与弟子共起朝仪，高帝曰："得无难乎！"通曰："臣愿颇采古礼，与秦仪杂就之。"上曰："可试为之，令易知，度吾所能行为之。"张释之补谒者。既朝毕，因前言便宜事。文帝曰："卑之！无甚高论。令今可行也。"于是释之言秦汉之间事，文帝称善。

【译文】

西汉时，叔孙通和弟子们共同制定朝会的礼仪。汉高祖说："不是很难的吧！"叔孙通回答说："我想略微采用古代礼制，与秦朝的礼仪结合起来制订它。"高祖说："可以试着办，要使人们易于了解，依估计我能做到的去制订它。"文帝时，有人举荐张释之补谒者官职的空缺。张释之朝见完毕，借此机会向文帝陈述利国利民的事。文帝说："讲的实际些，不要高谈阔论，要使当前可以实行的。"于是张释之谈到秦汉之际的事情，受到了文帝的称赞。

善陶者贵　不善者廉

【原文】

昔有善陶者，直必百金也。尝苦其难售，然其器终生而不隳。邻之陶者，直才数金，人之市者踵至；然朝用而夕随倾之，不能终以岁凡。是孰为之取舍哉？

【译文】

以前有善于制作陶器的人，他制作的陶器，价值定值百金。他曾为陶器难以销售而苦恼，然而他制作的陶器终生使用也不破裂。他的邻居制作的陶器，价格仅值几金，购买者相继而至；然而这种陶器早晨使用晚上就破碎了，连一年的时间都过不去。这谁能为他们决断呢？

有功则赏　有罪则罚

【原文】

苟慎选天下贤才而委任之，有功则赏，有罪则刑，选用以公，赏刑以信，则谁不尽力，何求不获哉。故明主劳于求人，而逸于任人。

【译文】

如能谨慎地选拔天下贤能，进行委任，他们有功即给予奖赏，有罪即给予刑罚，选用人才出以公心，赏罚讲求公平信用，那么有谁不尽心尽力，有什么要求不能达到呢？所以明智的君主把功夫下在选拔人才上，而用起人来则比较超脱。

事有万变　日有万机

【原文】

天下之大，兆民之众，事有万变，日有万机，人君以一身一心而酬酢之，欲言之无失，岂能易战？

【译文】

面对整个天下，亿万百姓，事有万变，日有万机的复杂情况，以君王一个人、一条心去应付，想要无错，难道是容易办到的吗？

居官曰任　信任责成

【原文】

官之所居曰任，此意最可玩，不唯取责任负荷之义。任者，任也。听其便宜，信任而责成也。若牵制束缚，非任矣。

【译文】

居官称作任官，“任”的含义很值得品味，又仅指责任负荷的意思。任，就是信任和听任。听任官员的意愿，信任并责成官员做出成绩。如果牵制和束缚官员，那就不叫任了。

居官为政　有其五要

【原文】

居官有五要：休错问一件事，休屈打一个人，休妄费一分财，休轻劳一夫力，休苟取一文钱。

【译文】

当官有五个要求：不要错问任何一件事，不要屈打任何一个人，不要浪费任何钱财，不要轻易役使民力，不要图取任何钱财。

罚不讳强　赏不私亲

【原文】

罚不讳强大，赏不私亲近。

【译文】

在实行惩罚时，不避讳和宽宏有势力有地位的人；在实行奖赏时，不偏私与自己亲近的人。

不赏私劳　不罚私怨

【原文】

为政者不赏私劳，不罚私怨。

【译文】

执政的人不赏赐对自己有功劳的人，不惩罚对自己有怨仇的人。

奖不遗人　亲不弃功

【原文】

施不失人，亲不弃劳。

【译文】

赏赐时不遗漏该奖励的人，亲近人时不遗弃有功劳的人。

赏贤罚暴　勿偏弟兄

【原文】

赏贤、罚暴，勿有亲戚弟兄之所阿。

【译文】

奖赏贤人，惩罚暴恶，勿要有偏袒父母兄弟的现象。

先便请谒　而后功力

【原文】

先便请谒而后功力，则爵行而兵弱矣。

【译文】

把宠臣的请托放在前面，把人们的功劳放在后面，那么，尽管以爵位行赏，而兵力还是虚弱。强调奖赏时要出以公心，不徇私情。

功赏过诛　不避亲疏

【原文】

诚有功，则虽疏贱必赏；诚有过，则虽近爱必诛。

【译文】

确实有功劳，那么即使是疏远卑贱的人也一定要赏赐他；确实有过错，那么即使是亲近喜爱的人也一定惩处他。

赏非以爱　罚非以恶

【原文】

凡赏非以爱之也，罚非以恶之也，用观归也。所归善，虽恶之，赏；所归不善，虽爱之，罚。

【译文】

赏赐一个人，并不是因为喜爱他；处罚一个人，并不是因为憎恶他。赏罚是看一个人的行为会导致什么结果来决定的。导致的结果好，即使憎恶他，也要给予奖赏；导致的结果不好，即使喜爱他，也要给予处罚。

明主赏罚　非以为己

【原文】

明主之赏罚，非以为己也，以为国也。适于己而无功于国者，不施赏焉；逆于己便于国者，不加罚焉。

【译文】

贤明的君主施行赏罚，不是为了君主自己，而是为了国家。对于与自己意气相投但对国家没有功劳的人，不能给予奖赏；对于不顺从自己但对国家有好处的人，不能给予处罚。说明赏罚要出以公心，不能为私意所左右。

功多赏之　能者处之

【原文】

不以禄私亲，其功多者赏之，其能当者处之。

【译文】

不把爵禄赏赐给自己偏爱的亲信，对那些功劳多的人就赏赐他，对那些才能合适的人就安置他。

奖加于功　刑断于罪

【原文】

庸主赏所爱而罚所恶；明主则不然，赏必加于有功，而刑必断于有罪。

【译文】

昏庸的君主奖励自己所喜爱的人，而惩罚自己所厌恶的人；而英明的君主就不是这样，奖赏一定要赐给有功劳的人，刑罚一定是处罚有罪过的人。

赏罚不曲　人以死报

【原文】

赏罚不曲，则人死报。

【译文】

赏罚时不偏私，人们就会以死相报。

尽忠益时　虽仇必赏

【原文】

尽忠益时者虽仇必赏，犯法怠慢者虽亲必罚。

【译文】

竭尽忠诚而有益于时世的人，即使是自己的仇人也要奖赏；违反了法纪而又不服气的人，即使是自己亲近的人也要处罚。

人不己若　危亡之媒

【原文】

人不己若，危亡之媒也。

【译文】

总以为别人不如自己，这是发生危亡的媒介。

庶狱庶慎　有司是训

【原文】

文王罔攸兼于庶言，庶狱庶慎，唯有司之牧夫是训用违。庶狱庶慎文王罔敢知于兹。

【译文】

文王不去代替他的官员发布命令，对于处理司法方面的事情，管理臣民的事情，都是根据主管官员牧夫的意见而决定去取，文王对这些事情是不敢加以不适当的干预的。

勿误庶狱　有司之责

【原文】

其勿误于庶狱,唯有司之牧夫。

【译文】

不要自作主张,去干涉司法方面的事情,应让有关的官员去负责办理。

乱主自智　事败祸生

【原文】

乱主自智也,而不因圣人之虑;矜奋自功,而不因众人之力;专用己,而不听正谏。故事败而祸生。

【译文】

昏君自恃聪明,而不能依靠有智慧的人谋划;自己逞能,而不依靠众人的力量;一意孤行,而不听正确的劝谏。所以事败而生祸。

不言智能　而朝事治

【原文】

不言智能,而朝事治,国患解,大臣之任也,不言于聪明,而善人举,奸伪诛,视听者众也

【译文】

君主不宣扬自己的智慧能力,却能使朝中之事得治,国家之患得除,这是因为任用大臣的缘故。君主不表现自己的聪明,却能使善人得用,奸伪之人被诛,这是因为替国家进行监督的人众多的缘故。

明主任贤　不用己智

【原文】

明主不用其智，而任圣人之智；不用其力，而任众人之力。故以圣人之智思虑者，无不知也；以众人之力起事者，无不成也。能自去而因天下之智力起，则身逸而福多。

【译文】

明主不用他自己的智慧，而依靠圣人的智慧；不用他自己的力量，而依靠众人的力量。所以，用圣人的智慧思考问题，就没有不了解的事情；用众人的力量举办事业，就没有不成功的事业。能做到个人放手而依靠天下人的智慧与力量推动国事，那就自身安逸而多得其福了。

无用之辩　弃而不治

【原文】

无用之辩，不急之察，弃而不治。

【译文】

没有用的辩说，不切需要的考察，应当抛弃不要。强调要善于精简事务。

不烦而功　治之至也

【原文】

佚而治，约而详。不烦而功，治之至也。

【译文】

安闲却又把国家治理得很好，办事很简要又很周到，不劳烦而又很有成效，这是最高明的治国方法。

治天下众　若使一人

【原文】

总天下之要，治海内之众，若使一人。故操弥约而事弥大。

【译文】

掌握了治理天下的要领，那么治理起国内百姓来，就像支配一个人一样容易。所以说，把握的原则愈简要，所处理的事情越多。强调领导者要抓关键，抓大事。

将治大者　不拘治细

【原文】

将治大者不治细，成大功者不成小。

【译文】

将要治理大事的人不治理小事，成就大功的人不成就小功。意思是为了成就大事业，可以不必拘泥于琐碎小事。

处大官者　不欲小察

【原文】

处大官者，不欲小察，不欲小智，故曰：大匠不斫，大庖不豆。

【译文】

居于高职位的人，不应该在小的地方花费精力，不应该玩弄小聪明。所以说，手艺高超的木匠不去亲自动手砍削，高级的厨师不去亲自排列食器。

善知敌势　善知进退

【原文】

五善者，所谓善知敌之形势，善知进退之道，善知国之虚实，善知天时人事，善知山川险阻。

【译文】

所说的五种“善”是：善于了解掌握敌军的形势，善于掌握进攻和退却的规律，善于了解国家的虚实，善于了解天时人事，善于了解山川地势险阻情况。

第二章　明了仕途中的进与退

贪图小利　难成大事

【原文】

欲速则不达，见小利则大事不成。

【译文】

急于求成往往不能成功，贪图小利便难以成就大事。

缘木求鱼　劳而无功

【原文】

采薜荔兮水中，搴芙蓉兮木末。

【译文】

薜荔本生于陆地，却到水里去采；"芙蓉本生于水中，却到树梢上去摘。"

不为之后　可以有为

【原文】

有不为而后可以有为。

【译文】

只有放弃某些事情，才能做好该做的事情。

一心二用　则两不成

【原文】

左手画圆，右手画方，则两不成。

【译文】

左手执笔画圆圈。同时右手执笔画方块，结果圆圈、方块都画不成。

一家二主　事乃无功

【原文】

一家二贵，事乃无功。

【译文】

一个家庭有两个当家人，那么这个家是不会管得好的。

急于求成　失败之因

【原文】

好成者，败之本也。

【译文】

办事总想急于求成，这是事情失败的根本原因。

力小任重　成事不足

【原文】

志大心劳，力小任重，恐终败事。

【译文】

志向远大而心力不足，力气弱小而负担沉重，这样做事情恐怕最终还是会失败的。

刚则易断　锐则易挫

【原文】

强者折，锐者挫，坚者破。

【译文】

绷得太紧的东西容易拉断，太尖锐的东西容易挫折，太坚硬的东西容易破裂。

刚柔相参　处世之举

【原文】

强自取柱，柔自取束。

【译文】

过于刚硬会自己折断，过于柔弱会自我拘束。

良时未至　其功不成

【原文】

举事而不时，力虽尽，其功不成。

【译文】

办事时没有选择好时机，虽然费尽了力气，事情也不会成功。

智者善谋　不如当时

【原文】

知者善谋，不如当时。

【译文】

聪明的人再善于使用计谋，也不如抓住适当的时机更重要。

不在其位　不谋其政

【原文】

不在其位，不谋其政。

【译文】

不在某个职位上，便不为这个职位范围内的事出谋划策。

望时而待　未若应时而使

【原文】

望时而待之，孰与应时而使之。

【译文】

与其消极地等待机会的来临，不如顺应时势的要求而争取成功。

日中必彗　操刀必割

【原文】

日中必彗，操刀必割。

【译文】

太阳正午时要赶紧晒东西，刀拿在手里就一定要赶紧割肉。

怀道须世　抱朴者待工

【原文】

怀道者须世，抱朴者待工。

【译文】

有德才的人要有一定的时机才能施展，怀抱玉石的人需有高明的匠人才能使玉石变成美丽的装饰品。

依托外界　成功之助

【原文】

鸿毛一羽，在水而没者，无势也；黄金万钧，在舟而浮者，托舟之势也。

【译文】

一根羽毛放在水上就沉下去了，这是因为没有依托外界；黄金万两放在船里却能浮在水上，这是因为借助了船的缘故。

水到渠成　不须顾虑

【原文】

水到渠成，不须顾虑。

【译文】

水到了渠自然会成，不用过多地劳神费心。

高位不骄　低位不媚

【原文】

在上不骄，在下不谄。

【译文】

处在高位上不骄傲，处在低位上不奉承。

贵名之取　不可夸诞

【原文】

贵名不可以比周争也，不可以夸诞有也，不可以势重胁也。

【译文】

名誉声望不能用不正当手段获取，不能靠吹牛皮得到，更不能靠权势来夺得。

老将至兮　患名不立

【原文】

老冉冉其将至兮，恐修名之不立。

【译文】

自己的年纪越来越大了，担心的是不能成就伟大的功业。

善不外来　名不虚作

【原文】

善不由外来兮，名不可虚作。

【译文】

良好的声誉只能靠自己的努力去争取，而不能靠弄虚作假来骗得。

垂名万世　行之纤微

【原文】

垂大名于万世者，必先行之于纤微之事。

【译文】

名垂青史的大人物都是首先从一点一滴的小事做起的。

高风亮节　世人传颂

【原文】

古者富贵而名磨灭，不可胜记，唯倜傥非常之人称焉。

【译文】

历史上许许多多富贵之人都被人们忘记了，而只有那些高风亮节之人为世人所称颂。

兔死狗烹　敌灭臣亡

【原文】

狡兔尽，则良犬烹；敌国灭，则谋臣亡。

【译文】

狡猾的兔子被捕完了，那良犬就要被煮着吃了；敌对之国灭亡了，那些谋臣也就该被杀戮了。

生于忧患　死于安乐

【原文】

生于忧患，死于安乐。

【译文】

在艰苦困难的环境下，人们便会想尽办法顽强地生活下去；快乐安逸的生活，则容易使人懒惰颓废以至灭亡。

家必自毁　而后人毁

【原文】

家必自毁，而后人毁之。

【译文】

一个家庭必定是内部先起矛盾，自相诋毁，然后外人才敢趁火打劫。

药石去矣　亡无日矣

【原文】

药石去矣，吾亡无日。

【译文】

治病的药和针都没有了，我离死亡的日子就不远了。

修身唯慎　谋虑唯密

【原文】

夫修身正行，不可以不慎；谋虑机权，不可以不密，忧患生于所忽，祸害兴于细微。人臣不慎密者，多有终身之悔。故言易泄者，召祸之媒也；事不慎者，取败之道也。……非所言勿言，以避其患；非所为勿为，以避其危。……人闭其口，我闭其心。人密其外，我密其里。不慎而慎，不恭而恭，斯大慎之人也。故大慎者，心知不欲口知；其次慎者，口知不欲人知。故大慎者闭心，次慎者闭口，下慎者闭门。

【译文】

修养身心、端正行为，不能不谨慎；谋划机密、运筹权略，不能不保密。忧患产生于忽视之处，祸害起始细微之处。不能谨慎办事、不能保守秘密的臣子，大多都会后悔终身。因此，容易泄露秘密就会招来祸害，不能谨慎办事就会招致失败。……不是该说的话不说，以避免祸患；不是该做的不做，以避免危险。……别人管住口以不泄密，我却不暴露自己的思想。别人保密做在表现，我保密却不露声色。看似不谨慎，其实很谨慎；看似不恭敬，其实很恭敬，这种人才是特别谨慎的人。因此，特别谨慎的人，思想上有秘密，可不挂在口边；谨慎之心稍差的人，只能做到口不泄密。因此，特别谨慎的人不暴露自己的思想，稍差的人只能管住自己的口，再差的人就只能闭门不出了。

多见阙殆　慎行其余

【原文】

多闻阙疑，慎言其余，则寡尤；多见阙殆，慎行其余，则寡悔。言寡尤，行寡悔，禄在其中矣。

【译文】

多听，对疑惑不解的问题不随意评论，对其他有把握的问题也要谨慎地评论，那么就可少犯错误；多看，不要参与有危险的活动，有把握的事也要谨慎地去做，那么就能少后悔。说话少犯错误,做事少后悔,也就能做官了。

言谈不慎　导致灾难

【原文】

子曰:"敌之所生也,则言语以为阶。君不密则失臣,臣不密则失身。几事不密则害成。是以君子慎密而不出也。"

【译文】

孔子说:"言谈不谨慎,往往导致灾难的发生,君主不慎密则失去臣子,臣子不慎密则失去性命。机密要事不能保密则不能取得成功。因此君子谨慎地保守秘密而不乱说乱动。"

凡事不密　至于害成

【原文】

精喻者不待言,不获已而有言,荣辱分矣。居室之词,应乎千里,凡事不密,至于害成,君子所以慎密而弗出也。口之溺人也,甚于渊,故言必稽其所终,听必原其所始,岂特金人之慎哉!

【译文】

善于说明问题的人不依赖语言,万不得已要用语言去表达,就会有荣辱的区别。室内说的话,有可能传到千里之外,机密的事情不能保密,必定会遭到失败,这就是君子谨慎地保守秘密而不随意说话的原因。言语不慎带来的杀身之祸,甚至比陷入深渊还要厉害。因此说话一定要考虑后果,对所听到的话也一定要追查它的来源,(如此谨慎地对待言谈)岂止是像铜像那样简单地闭口不语!

三缄之喻　君子慎之

【原文】

崇默。言者，吉凶荣辱之枢机也。为官常默最妙，使下人不能窥则，是非曲直，止以数言剖之。故万言万中，不如一默；方喜方怒，尤宜切言，盖轻诺招尤，漏言偾事，一词轻发，驷马难追。故寡言者，存心养气、修德蓄威之助也。三缄之喻，君子慎之。

【译文】

崇尚沉默寡言。言语，是吉凶荣辱的关键。当官的经常保持缄默最妙，这样可使他统治下的人不能窥测到他的思想，判断是非曲直时，只用简明扼要的话。因此说一万句切中事理的话不如缄默不语，在发怒或者高兴时，尤其应该注意不要多说话，因为轻易地许下诺言会招来怨恨，泄漏了机密则会败坏事情，随意说的一句话，再也难以收回。因此说沉默寡言有助保存本心、培养气度，修养品德、加强威严。铜人像三封其口的事，值得君子深思。

敬尔由狱　长我王国

【原文】

式敬尔由狱，以长我王国。兹式有慎，以列用中罚。

【译文】

要谨慎地处理各种诉讼，使我们国家长治久安。对刑罚要谨慎，仔细判案，处以恰当的刑罚。

无为亲事　为于用臣

【原文】

工人无为于刻木，而有为于用斧；主上无为于亲事，而有为于用臣。

【译文】

伐木工人在雕刻木头方面是无所作为的，而在用斧子砍树方面应该大有作为；君主在亲自做事方面可以无所作为，但在使用臣子方面却应大有作为。主张君主的主要责任是用人，而不是亲自做事。

君道知臣　臣术知事

【原文】

君道知臣，臣术知事。

【译文】

作君主的道理，就是了解臣子，作臣子的本事就是熟知具体的事情。

居上位者　在于选贤

【原文】

居上位，流德泽于百姓者，何所劳乎！劳于择贤得其人措上，居天下皆化之焉而已矣。

【译文】

身居上位，使政德恩泽施于百姓的人，他们的辛劳是什么呢？他们的辛劳不过表现在选拔贤能，得到这样的人才就给予合理安置，使天下的人都受到他们的教化影响而已。意谓高明的执政者应把主要精力放在选才用人上。

劳于求才　逸于任贤

【原文】

劳于求才，逸于任贤。

【译文】

在访求贤才的时候要多花些功夫，费些气力，到了用人执事的时候，自己就轻松安闲了。

君功选将　将功理兵

【原文】

君功见于选将，将功见于理兵。

【译文】

君主的功绩表现在挑选将帅上面，将帅的功绩表现在治理军队上面。

明主劳求　逸于任人

苟慎选天下贤才而委任之,有功则赏,有罪则刑,选用以公,赏刑以信,则谁不尽力,何求不获哉。故明主劳於求人,而逸于任人。

【译文】

如能谨慎地选拔天下贤能,进行委任,他们有功即给予奖赏,有罪即给予刑罚,选用人才出以公心,赏罚讲求公平信用,那么有谁不尽心尽力,有什么要求不能达到呢?所以明智的君主把功夫下在选拔人才上,而用起人来则比较超脱。

欲言无失　殊为不易

【原文】

天下之大,兆民之众,事有万变,日有万机,人君以一身一心而酬酢之,欲言之无失,岂能易哉?

【译文】

面对整个天下,亿万百姓,事有万变,日有万机的复杂情况,以君王一个人、一条心去应付,想要一句话也不说错,难道是容易办到的吗?

权收之上　一人难操

【原文】

尽天下一切之权收之在上,而万几之广,固非一人所能操也。

【译文】

把天下的一切权力都集中在朝廷,而政事这么多,当然不是一个人所能掌握得了的。

小心谨慎　慎终如始

【原文】

为政者不难于始而难于克终也。初焉则锐，中焉则缓，末焉则废者，人之情也。慎终如始，故君子称焉。

【译文】

出仕为官，开始不难，难的是能一直很好地做到告老还乡，刚开始时锐气十足，中间便开始松劲了，到后来则很不负责，这乃是人之常情。谨慎小心、始终如一，才能得到君子的称赞。

为官之道　言语小心

【原文】

守官最宜简外事、少接人、谨言语。

【译文】

当官之人最好少搞一些和本职工作不相关的事,尽量减少一些不必要的应酬,言语谨慎小心。

和乐平易　勿信谗言

【原文】

岂弟君子,勿信谗言。

【译文】

青蝇飞去飞来落在篱笆上,和乐平易的统治者不要听信谗言。

听言不察　取乱之道

【原文】

听言不可不察,不察则善、不善不分。善、不善不分,乱莫不焉。

【译文】

听到有关言论时,不可不考察,否则就分不清好、坏。分不清好坏,就会使社会动荡不安。

偶听诽谤　不可轻信

【原文】

闻毁不可遽信要看毁人者与毁于人者之人品。毁人者贤,则听毁者损;毁人者不肖,则听毁者重考察之。年闻一毁言如获珙璧,不暇计所从来,枉人多矣。

【译文】

听到某人对某人的诽谤时,不可轻易相信,要看说的人和被说的人各自的品行。说的人有德行，那么被说的人不好；说的人不正派，那么对被说的人要多多考察。每年听到一句诽谤的话便像得到一块大玉璧一样，（勿忙处理），不用点时间去考察一下它是从哪里传来的，（长此以往），一定会冤枉很多人。

严格自己　先己后彼

【原文】

先慎于己而后彼，官亦慎内而后外。

【译文】

首先严格要求自己，然后再要求别人；官府也应首先管好内部，然后才管好外部。

有道君主　率先躬行

【原文】

明君知民之必以上为心也，故置法以自治，立仪以自正也。故上不行则民不从，彼民不服法死制，则国必乱矣。是以有道之君，行法修制，先民服也。

【译文】

贤明的君主知道人民一定是以上面的执政者为出发点的，所以设立法度以治理自己，树立礼仪制度以规范自己。因此，上面不以身作则，下面就不会服从；而人民不服从法令，不肯死于制度，国家就一定要乱了。所以有道的君主，行法令、修制度，总是率先垂范躬行实践的。

独任其智　其失必多

【原文】

君好智则倍时而任己，弃数而用虑，天下之物博而智浅，以浅澹博，未有能者也。独任其智，失必多矣。

【译文】

君主喜欢耍弄自己的聪明就会违背现实情况而只依靠自己一个人，抛弃正确的策略方法而只用自己的心计。天下的事物是广博的，而个人的智虑毕竟是浅薄的，用浅薄来应付广博，谁也没有这样的能力。只依靠自己的智慧，失误必然很多。

君者无任　以职受任

【原文】

君者固无任，而以职受任。工拙，下也；赏罚，法也；君奚事哉？

【译文】

做君主的人，本来在具体事务方面就没有什么职责，而是要根据臣下的职位委派他们的职责。事情做得好坏，由臣下负责；该赏该罚，由法律规定，君主哪里用得着亲自做事呢？

勤于求贤　逸于得人

【原文】

君人者勤于求贤而逸于得人。

【译文】

君王在物色人才时要辛苦勤奋，而在得到贤人之后就超脱安逸了。

小弦虽急　大弦必缓

【原文】

位愈尊而身愈佚，身愈大而事愈少。譬次张琴，小弦虽急，大弦必缓。

【译文】

职位愈尊贵，身心就愈安闲；身上担负的职务越大，直接去做的事情就越少。这好比给琴上弦，虽然小弦可以紧一些，但大弦必须松缓。

劳于求人　安逸任使

【原文】

劳聪明于求人，获安逸于任使。

【译文】

使耳朵和眼睛辛苦一些，用来访求人才；一旦得到人才，使他们得以信任和使用，自己就得到安逸超脱了。

庶狱庶慎　罔敢加焉

【原文】

文王罔攸兼于庶言，庶狱庶慎，唯有司之牧夫是训用违。庶狱庶慎，文王罔敢知于兹。

【译文】

文王不去代替他的官员发布命令，对于处理司法方面的事情，管理臣民的事情，都是根据主管官员牧夫的意见而决定去取，文王对这些事情是不敢加以不适当的干预的。

勿于庶狱　有司之夫

【原文】

其勿误于庶狱，唯有司之牧夫。

【译文】

不要自作主张，去干涉司法方面的事情，应让有关的官员去负责办理。

乱主自智　败而祸生

【原文】

乱主自智也，而不因圣人之虑；矜奋自功，而不因众人之力；专用己，而不听正谏。故事败而祸生。

【译文】

昏君自恃聪明，而不能依靠有智慧的人谋划；自己逞能，而不依靠众人的力量：一意孤行，而不听正确的劝谏，所以事败而生祸。

不言朝治　大臣之功

【原文】

不言智能，而朝事治，国患解，大臣之任也，不言于聪明，而善人举，奸伪诛，视听者众也。

【译文】

君主不宣扬自己的智慧能力，却能使朝中之事得治，国家之患得除，这是因为任用大臣的缘故。君主不表现自己的聪明，却能使善人得用，奸伪之人被诛，这是因为替国家进行监督的人众多的缘故。

明主自身　安逸多福

【原文】

明主不用其智，而任圣人之智；不用其力，而任众人之力。故以圣人之智思虑者，无不知也；以众人之力起事者，无不成也。能自去而因天下之智力起，则身逸而福多。

【译文】

明主不用他自己的智慧，而依靠圣人的智慧；不用他自己的力量，而依靠众人的力量。所以，用圣人的智慧思考问题，就没有不了解的事情；用众人的力量举办事业，就没有不成功的事业。能做到个人放手而依靠天下人的智慧与力量推动国事，那就自身安逸而多得其福了。

无用之辩　弃而不用

【原文】

无用之辩，不急之察，弃而不治。

【译文】

没有用的辩说，不切需要的考察，应当抛弃不要。强调要善于精简事务。

安逸而治　治国方略

【原文】

佚而治，约而详，不烦而动，治之至也。

【译文】

安闲却又把国家治理得很好，办事很简要又很周到，不劳烦而又很有成效，这是最高明的治国方法。

治理天下　抓其要领

【原文】

总天下之要，治海内之众，若使一人。故操弥约而事弥大。

【译文】

掌握了治理天下的要领，那么治理起国内百姓来，就像支配一个人一样容易。所以说，把握的原则愈简要，所处理的事情越多。强调领导者要抓关键，抓大事。

成大器者　不计小节

【原文】

将治大者不治细，成大功者不成小。

【译文】

将要治理大事的人不治理小事，成就大功的人不成就小功。意思是为了成就大事业，可以不必拘泥于琐碎小事。

大匠不斫　大庖不豆

【原文】

处大官者，不欲小察，不欲小智，故曰：大匠不斫，大庖不豆。

【译文】

居于高职位的人，不应该在小的地方花费精力，不应该玩弄小聪明。所以说：手艺高超的木匠不去亲自动手砍削，高级的厨师不去亲自排列食器。

明智领导　抓大放小

【原文】

大明不小事，假乃理事也。

【译文】

特别明智的领导者不做小事，大事才去做。

天下贤主　治国择要

【原文】

天下之贤主，岂必苦形愁虑哉！执其要而已矣。

【译文】

天下贤明的君主哪里必定要劳身费心呢，掌握治国要领就行了。

亲小远贤　取祸之道

【原文】

貌合心离者孤，亲谗远忠者亡。

【译文】

外表融洽而内心互异的人必然势单力孤，亲近小人疏远忠良的人必定灭亡。

生命短暂　历史永恒

【原文】

万里长城今犹在，不见当年秦始皇。

【译文】

万里长城今天依然雄伟壮观，但当年让修长城的秦始皇却不在了。

善待人者　人亦善之

【原文】

善人者，人亦善之。

【译文】

你对别人好，别人也会对你好。

以德治民　民则归附

【原文】

能使天下之人者，惟神、惟德、惟惠、惟威。神则无言无为而妙应如响，德则共尊共亲而归附自同。惠则民利其利，威则民畏其法，非是则动众无术矣。

【译文】

能够使天下人服从的，只有神、只有德、只有惠、只有威。神不说话也没有作为，而妙应如响。德是大家共同尊崇共同亲近的东西，自然都愿意归附。惠能使民众得到利益。威使民众害怕法律的制裁。除此以外，没有别的办法使民众听从你的指挥。

纯王之政　需纯王心

【原文】

只有不容易之真心，自有不可易之良法。其处之未必当者，必其思之不精者也。其思之不精者，必其心之不切者也。故有纯王之心，方有纯王之政。

【译文】

只要有不懈努力的真心，必然会有不可改变的好办法。处理得不恰当的事，必然是思考得不够精审。思考得不够精审，必然是用心不够急切。因此只有具有纯粹博大实行王道的心，才会有纯粹实行王道的政治。

治国之道　和平仁厚

【原文】

《关雎》是个和平之心，《麟趾》是个仁厚之德，只将和平仁厚念头行政，则仁民爱物，天下各得其所。不然《周官》法度以虚文行之，岂但无益，且以病民。

【译文】

《诗经》中《关雎》这首诗表现了一种和平的心境,《麟趾》这首诗表现出仁厚的品德。只要把这和平仁厚的念头用于治理国家,则会仁民爱物,天下人就能各得其所。不然《周礼》中所讲的法度只能作为一纸空文在世上流传,不仅没有益处,还会使人民感到不方便。

治国要道　正气为先

【原文】

庙堂之上以养正气为先,海宇之内以养元气为本。能使贤人君子无郁心之言,则正气培矣;能使群黎百姓无腹诽之语,则元气固矣。此万世帝王保天下之要道也。

【译文】

君主治理天下,在朝廷,应该以养正气为先,在海内,应该以养元气为本。使贤人君子没有闷在心里的话,正气就可得到培养了。使黎民百姓心中没有怨言,元气就坚固了。这是历代帝王保持国家太平的要道啊!

公平世界　无夺无冤

【原文】

六合之内,有一事一物相凌夺假借而不各居其正位不成清世界,有匹夫匹妇冤愤懑而不得其分愿不成平世界。

【译文】

天地四方之内,有一事一物被凌夺被假借而不能居于正当的地位,就成不了清静世界;有一个平民百姓冤抑愤懑而得不到他应得的东西,就成不了公平的世界。

衰败之世　法胜夺礼

【原文】

圣明之世，情、礼、法三者不相忤也。末世情胜则夺法，法胜则夺礼。

【译文】

在政治清明的世道，情、礼、法这三者不是互相对立的。到了衰败的世道，人情胜过了法律，法律就不起作用了；法胜过了礼，礼就不存在了。

知微知彰　天下无祸

【原文】

天下之祸，成于怠忽者居其半，成于激迫者居其半。唯圣人能销祸于未形，弭患于既著，夫是之谓和微知彰。知微者不动声色，要在能察几，知彰者不激怒涛，要在能审势。呜呼！非圣人之智，其谁与于此。

【译文】

天下的祸由怠忽造成的有一半，由激迫造成的有一半。只有圣人能在祸患未成形时就消除它，在祸患已显著时让它停止。这就叫作知微知彰。知微，就是不动声色，主要是在事物有了微兆时就能察觉；知彰，就是不激怒涛，主要是能够审时度势。啊！如果不是圣人的智慧，谁能做到这样呢？

用心治理　圣人所用

【原文】

圣人能用天下，而后天下乐为之用。圣人以心用天下，以形用心，用者，无用者也，众用之所恃以为用者也。若与天下竞智勇，角聪明，则穷矣。

【译文】

圣人能对天下的治理发挥作用，然后天下人才乐于为圣人所用。圣人是用心来治理天下，以行为来为心所用。圣人的用，也就是不用，即不用自己亲自去做，而是作为众人的依靠来发挥作用的。如果是和天下之人竞智斗勇，比赛谁聪明，圣人是没有办法的。

宽宏大量　不记旧仇

【原文】

不念旧恶，怨是用稀。

【译文】

宽宏大量，不记旧仇，人们之间的怨恨自然就少了。

学生通达　勿忘恩师

【原文】

水深而回，树落则粪本，弟子通利则思师。

【译文】

水深的地方才有漩涡，落叶可以作为树根的肥料，学生发迹时就会想到老师的栽培。

兼听则明　无矜之客

【原文】

有兼听之明，而无奋矜之容；有兼覆之厚，而无伐德之色。

【译文】

为人要善于听取各方面的意见，而不要有傲慢的样子；要广施恩泽，而不要自我夸耀。

邪秽在身　怨之所构

【原文】

邪秽在身，怨之所构。

【译文】

自身有卑劣的行为，必然遭到人们的怨恨。

后己先人　临财思惠

【原文】

后己先人，临财思惠。

【译文】

在利益面前要先人后己，遇到财宝要首先想到给自己恩惠的人。

笃近举远　一视同仁

【原文】

圣人一视而同仁，笃近而举远。

【译文】

圣人对所有的人都一样看待，既看重身边的人，也举荐不在身边的人。

乐人之乐　忧人之忧

【原文】

乐人之乐，人亦乐其乐；忧人之忧，人亦忧其忧。

【译文】

为别人高兴和担忧的人，别人也为他高兴和担忧。

小怨不解　大怨必生

【原文】

小怨不赦，则大怨必生。

【译文】

小怨恨不及时化解,必然产生大怨恨。

先听其言　后观其行

【原文】

始吾于人也,听其言而信其行;今吾于人也,听其言而观其行。

【译文】

原先我对于别人,是听他怎么说就相信他会怎么做;现在我对于别人,是听他怎么说,然后还要看他怎么做。

天降大任　必经磨难

【原文】

天将降大任于斯人也,必先苦其心志,劳其筋骨,饿其体肤,空乏其身,行拂乱其所为。

【译文】

上天把重任降临某人时,必定要先使他心烦意乱,筋疲力尽,饥寒交迫,行动总是不能称心如意。喻指要成为杰出的人物,必须经历大的磨难。

事不艰难　难知君行

【原文】

岁不寒,无以知松柏;事不难,无以知君子。

【译文】

天不寒冷就不知道松柏的坚贞;事不艰难就不知道君子德行的高尚。

对待风俗　崇尚节俭

【原文】

君子之于风俗也，守先王之礼而俭约是崇，不妄开事端以贻可长之渐。是故漆器不至金玉而刻镂之不止，黼黻不至庶人锦绣被墙屋不止。民贫盗起不顾也，严刑峻法莫禁也。是故君子谨其事端，不开人情窦而恣小人无厌之欲。

【译文】

君子对待风俗，应坚守先王之礼而崇尚节俭，不乱开事端来造成渐渐滋长的毛病。现在出现了这样的现象：日常使用的漆器不改成金玉之器，不雕刻上花纹不会停止，礼服上绘绣的花纹不成为普通人的服装、不用来装饰房屋墙壁不会停止。民众贫穷、盗贼蜂起没有人管，用严刑峻法也无法禁止风俗的衰败。因此君子慎重地对待事情的开端，不开启人的情欲，不让小人永不满足的欲望无限膨胀。

制定法令　无懈可击

【原文】

著令甲者，凡以示天下万世，最不可草率，草率则行时必有滞碍。最不可含糊，含糊则行者得以舞文。最不可疏漏，疏漏则出于吾令之外者无以凭借，而行者得以专辄。

【译文】

制定法令，都是为了昭示天下而留传万世，是最不能草率的事，草率了，实行时一定会滞碍难通。最不能含糊其词，含糊了，实行的人就会玩弄法令条文而为奸作弊。最不可疏漏，疏漏了，那些在法令条文规定之外的事情，就没有法律条文作为凭借，实行的人就会根据自己的意思专断擅行。

筑基树臬　千年大计

【原文】

筑基树臬者，千年之计也。改弦易辙者，百年之计也。兴废补敝者，十年之计也。垩白黝青者，一时之计也。因仍苟且，势必积衰；助波覆倾，反以裕蛊。先天下之忧者可以审矣。

【译文】

打好基础，定好标准，这是千年的大计。改弦易辙，这是百年之计。兴废补敝，这是十年之计。在黑色的外面再涂上一层白色，这只是一时之计。因循旧规，苟且度日，形势必然一天天衰败下去；推波助澜，反而纵容了小人培植了坏事。这是先天下之忧而忧的人应该明辨的。

气运怕盈　不可极至

【原文】

气运怕盈，故天下之势不可使之盈。既盈之势，便当使之损。是故不测之祸、一朝之忿，非目前之积也，成于势盈。势盈者不可自损，捧盈卮者徐行不如少挹。

【译文】

气运害怕满盈，所以天下的形势不可使之达到极点。到了极点，便应该使它降低减少。那些突然发生的灾祸、猛烈爆发的愤怒，都不是目前积累起来的，是事情发展到极点的结果。因此事情发展到极端，应该自我加以消减，捧着盛满酒的酒杯慢慢地前行，还不如少舀点酒好。

臣民怠情　人主之忧

【原文】

圣人治天下，常令天下之人精神奋发，意念敛束。奋发则万民无弃业，而兵食足、义气充，平居可以勤国，有事可以捐躯。敛束则万民无邪行，而身家重、名检修，世治则礼法易行，国衰则奸盗不起。后世之民怠惰放肆甚矣，臣民而怠惰放肆，明主之忧也。

【译文】

圣人治理天下，常常使天下的人精神奋发、意念敛束。精神奋发则万民都努力从事自己的工作，就能兵壮粮足，意气风发，平时可以努力于国事，战时勇于为国牺牲。意念敛束则民众没有邪恶的行为而看重身家性命，注意自身的名声修养，世道兴盛时礼法就容易推行，国势衰微时奸盗也不会兴起。后世的民众都怠惰放肆得太厉害了，臣子和民众都怠惰放肆，这是英明君主最大的忧虑啊！

有制之兵　无能之将

【原文】

有制之兵，无能之将，不可以败；无制之兵，有能之将，不可以胜。

【译文】

有严明法纪的军队，即使指挥它的将领才能差些，也不会被打败；毫无法纪的军队，即使指挥它的将领再有才能,也打不了胜仗。

法令大弛　是非易位

【原文】

法大弛,则是非易位。赏恒在佞,而罚恒在直。

【译文】

法制完全废弛,是与非就颠倒了。赏赐就会常常给予奸佞之徒,而惩罚却加之于正直之士。

国之权衡　时之准绳

【原文】

法,国之权衡也,时之准绳也。权衡所以定轻重,准绳所以正曲直。

【译文】

法律是治理国家的度量衡,是时代一切事物的准绳。权衡是用来确定轻重的,准绳是用来校正曲直的。

治理国家　正其制度

【原文】

经国序民,正其制度。

【译文】

治理国家,使人民安然有序,就要健全端正各项制度。

为治之具　辅治之法

【原文】

政者，为治之具；刑者，辅治之法。

【译文】

政令是治理天下的工具，刑罚是辅助治理天下的法宝。意谓治理国家，既要有政令制度，也要有刑规罚则，二者不可偏废。

号令既明　刑罚勿弛

【原文】

号令既明，刑罚亦不可弛，苟不用刑罚，则号令徒挂墙壁上耳。与其不遵以梗吾治，曷若惩其一以戒百。

【译文】

号令既已申明，刑罚也不可放松，如果不用刑罚，那么号令只能白白挂在墙壁上。与其一些人不遵守法律以阻碍我们的治理，怎么比得上惩治他一个而警告更多的人。

圣人之治　审于法禁

【原文】

圣人之治也，审于法禁，法禁明著则官法。

【译文】

圣人治理天下，对于法律的制订是很审慎的，法律明确，官吏才能守法。

饰法不迁　法平吏治

【原文】

饰令则法不迁，法平则吏无奸。

【译文】

时常整顿法令，法令就不会变迁，国家常法稳固，那么官吏就不会有奸邪的行为。

礼烦不庄　业烦无功

【原文】

礼烦则不庄，业烦则无功，令苛则不听，禁多则不行。

【译文】

礼节烦琐了反而不庄重，事业繁多反而不成功，命令过于严苛就没有人听从，禁令多了反而行不通。说明施政行令不要搞过了头，过严过繁只会适得其反。

必同法令　所以一心

【原文】

有金鼓，所以一耳，必同法令，所以一心也。

【译文】

设置金鼓，是为了用来统一士兵的听闻；法令一律，是为了用来统一人民的思想。

王者为民　治则必明

【原文】

王者为民，治则不可以不明，准绳不可以不正。

【译文】

君主为民执政，治理国家的准则不可以不明确，法度规章不可以不端正。

事寡易从　法省易因

【原文】

事寡易从，法省易因，故民不以政获罪也。

【译文】

国家政事少，人民容易服从，法规简要，人民容易遵守，所以人民不会因政事的问题而犯罪。

法令一律　统一思想

【原文】

有金鼓，所以一耳，必同法令，所以一心也。

【译文】

设置金鼓，是为了用来统一士兵的听闻；法令一律，是为了用来统一人民的思想。

准则要明　法纪要端

【原文】

王者为民，治则不可以不明，准绳不可以不正。

【译文】

君主为民执政，治理国家的准则不可以不明确，法度规章不可以不端正。

法规简要　容易遵守

【原文】

事寡易从，法省易因，故民不以政获罪也。

【译文】

国家政事少，人民容易服从，法规简要，人民容易遵守，所以人民不会因政事的问题而犯罪。

为政平易　民心归附

【原文】

政不简不易，民不有近；平易近民，民必归之。

【译文】

国家政事若不简化易行，百姓就不会亲近；若为政之道能平易亲近民众，民心必然归附。

思想指导　使之教化

【原文】

有道以统之,法虽少,足以化矣;无道以行之,法虽众,足以乱矣。

【译文】

有正确的思想原则来统率指导,法律数量虽少,但足以使人民得到教化;没有正确思想指导,法律虽然很多,但足以使社会混乱。

律无定条　手足安措

【原文】

刑靡定法,律无定条,徽缠妄施,手足安措。

【译文】

实施刑罚没有稳定的法律,法律没有适当的条款,任意拘捕和关押人,让老百姓把手脚放在何处?

律不常定　人心多惑

【原文】

诏令格式,若不常定,则人心多惑,奸诈益生。《周易》称"涣汗其大号",言发号施令,若汗出于体,一出而不复也。

【译文】

法令制度的条文如果不能保持稳定,人们就会无所适从,坏人就会钻空子。《周易》上说:"涣汗其大号",就是说发号施令就像身体出汗一样,一旦出去就不能再回来了。

国家法令　简明扼要

【原文】

国家法令,唯须简约,不可一罪作数种条。格式既多,官人不能尽记,更生奸诈,若欲入罪即引重条,若欲出罪即引轻条,数变法者,实不益道理,宜令审细,毋使互文。

【译文】

国家制定法令必须简明扼要,不能对一种罪定好几个条款。条款格式太多太繁了,主管官吏就不能全部记住,反而容易被钻空子,如果想赦免某人之罪,就引用较轻的条款,如果想加重某人之罪,就引用较重的条款。法律修改太勤实在没有什么好处,应当仔细审定,不要使有同样罪行而处罚不同的条款并存。

条款明确　取信于民

【原文】

法明则人信，法一则主尊。

【译文】

国家法律条款明确，就会取信于民；国家法律统一，君主的尊严就会确立起来。

政事简易　民有亲近

【原文】

政不简不易，民不有近；平易近民，民必归之。

【译文】

国家政事若不简化易行，百姓就不会亲近；若为政之道能平易亲近民众，民心必然归附。

有道以统　足以化矣

【原文】

有道以统之，法虽少，足以化矣；无道以行之，法虽众，足以乱矣。

【译文】

有正确的思想原则来统率指导，法律数量虽少，但足以使人民得到教化；没有正确思想指导，法律虽然很多，但足以使社会混乱。

刑靡定法　律无定条

【原文】

刑靡定法，律无定条，徽纆妄施，手足安措。

【译文】

实施刑罚没有稳定的法律，法律没有适当的条款，任意拘捕和关押人，让老百姓把手脚放在何处？

诏令格式　若不常定

【原文】

诏令格式，若不常定，则人心多惑，奸诈益生。《周易》称"涣汗其大号，"言发号施令，若汗出于体，一生而不复也。

【译文】

法令制度的条文如果不能保持稳定，人们就会无所适从，坏人就会钻空子。《周易》上说："涣汗其大号，"就是说发号施令就像身体出汗一样，一旦出去就不能再回来了。

刑罚不用　不以成治

【原文】

迂儒识见看得二帝三王事功只似阳春雨露，妪煦可人，再无一些冷落严肃之气。便是慈母也有诃骂小儿时，不知天地只恁阳春成甚世界？故雷霆霜雪不备，不足以成天威怒；刑罚不用，不足以成治。

【译文】

迂儒的识见只看那二帝三王事业像阳春雨露，温暖滋润可人之意，没有一点冷落严肃之气。其实即使是慈母也有诃骂小儿的时候，不知天地只有阳春会成个什么世界？因此说没有雷霆霜雪，不足以显示天的威怒；刑罚不用，不足以治理国家。

事无私曲　心无闭藏

【原文】

三公示无私也，三孤示无党也，九卿示无隐也。事无私曲，心无闭藏，何隐之有？呜呼！顾名思义，官职亦少称矣。

【译文】

辅佐君王、掌握军政最高大权的官吏称为三公，是表示无私的意思。三公的副手称作三孤，表示不结党派。中央政权的九个最高长官称作九卿，是表示没有隐私。事无私曲，心无闭藏，有什么隐私呢？唉！顾名思义，也得稍微称点职吧！

耳目专一　减少过失

【原文】

天之气运有常，人依之以作事而百务成，因之以长养而百病少。上之政体有常，则下之志趋定而渐可责成，人之耳目一而因以寡过。

【译文】

天的气运有常道，人按照天的常道办事，百事可以成功；按照天的常道养生，百病减少。上面的政体有常规，下面人的志向就可确定并渐渐走向成功。人的耳目能专心一意，则能减少过失。

囹圄之中　小人学校

【原文】

君子见狱囚而加礼焉，今以后皆君子人也，可无敬与？噫！刑法之设，明王之所以爱小人而示之以君子之路也。然则囹圄者，小人之学校与！

【译文】

君子看到狱囚也以礼相待，因为从今以后这些囚犯也部可能成为君子一样的人，能不尊敬吗？噫！刑法的设立，是英明的君主用以表示爱小人并给他们指出一条通向君子的道路啊！所以说囹圄，就是小人的学校。

治理国家　健全制度

【原文】

经国序民，正其制度。

【译文】

治理国家,使人民安然有序,就要健全端正各项制度。

政者刑者　不可偏废

【原文】

政者,为治之具;刑者,辅治之法。

【译文】

政令是治理天下的工具,刑罚是辅助治理天下的法宝。意谓治理国家,既要有政令制度,也要有刑规罚则,二者不可偏废。

号令既明　不可放松

【原文】

号令既明,刑罚亦不可弛,苟不用刑罚,则号令徒挂墙壁上耳。与其不遵以梗吾治,曷若惩其一以戒百。

【译文】

号令既已申明，刑罚也不可放松，如果不用刑罚，那么号令只能白白挂在墙壁上。与其一些人不遵守法律以阻碍我们的治理，怎么比得上惩治他一个而警告更多的人。

制定法律　慎之又慎

【原文】

圣人之治也，审于法禁，法禁明著则官法。

【译文】

圣人治理天下，对于法律的制定是很审慎的，法律明确，官吏才能守法。

时常整顿　法不变迁

【原文】

饰令则法不迁，法平则吏无奸。

【译文】

时常整顿法令，法令就不会变迁，国家常法稳固，那么官吏就不会有奸邪的行为。

过严过繁　适得其反

【原文】

礼烦则不庄，业烦则无功，令苛则不听，禁多则不行。

【译文】

礼节烦琐了反而不庄重，事业繁多反而不成功，命令过于严苛就没有人听从，禁令多了反而行不通。说明施政行令不要搞过了头，过严过繁只会适得其反。

法律条令　因信而固

【原文】

法以画一可守，可以坚信而不移。

【译文】

法律因为统一就便于遵守，政令因为信用牢固而推行不变。

善制法者　如匠用矩

【原文】

善制法者如匠人之用矩，不善制法者如陶人之用型。

【译文】

善于制定法令的就像木匠运用尺子，不善于制定法令的就像陶工运用模型。意谓善于制定法令的简约而无所不至，不善于制定法令的则繁杂而无定型。

天下一统　法令统一

【原文】

经天下而归于一正，必同条而共贯。

【译文】

治理天下而使之归于统一的正轨，必须使制度法令一致。

法律条令　普遍准则

【原文】

法者，非一时、非一人、非一地者也。

【译文】

法制，不是一时、一人、一地的法制。意谓法制是普遍施行的准则，不能随意废弃和歪曲。

法律统一　整治天下

【原文】

法一而已矣，一故不可干也，以齐天下而使钦畏者也。

【译文】

法制应当上下统一，统一就不可冒犯，这样就可以用它来整治天下，使大家都敬重畏惧。

有法必依　执法必严

【原文】

法责简而能禁，刑贵轻而必行。

【译文】

法律贵在简明而能禁止邪恶，刑罚贵在不严酷而必须严格执行。主张反对严刑峻法，但又要坚持有法必依。

法令刑罚　相辅相成

【原文】

令已布，而罚不及，则是教民不听。

【译文】

法令已经公布，而刑罚却不能及时跟上，这就等于叫人民不服从命令。

引以绳墨　绳以诛戮

【原文】

强者折，锐者挫，坚者破。引之以绳墨，绳之以诛戮，故万民之心皆服而从上。

【译文】

强硬的屈服了，冒尖的受挫了，顽固的被攻破了，再用法律来引导，用杀戮来管制，因而万民之心都会服从上面。意思是先把那些罪行昭彰，万夫所指的坏人制服了，普通百姓就好引导了。

运用法律　推行法治

【原文】

不法法则事毋常，法不法则令不行。

【译文】

不用法律手段来推行法治，事情就没有常规；法治不用法律手段来推行，命令就不能执行。

武威即明　令不再行

【原文】

杀踹必信，民畏而惧。武威即明，令不再行。

【译文】

执行杀戮一定说到做到，民众就会畏惧。权威明示于众，法律就不必一再重申。

法令不通　不以畏众

【原文】

国有不听而可以得存者，则号令不足以使下；有犯禁而可以得免者，则斧钺不足以畏众。

【译文】

国家有人不听法令却安然无事的情况，号令就不能推动臣下；有违犯禁律却免于刑罚的情况，刑杀就不能威慑民众。

轻视法令　上位则危

【原文】

法虚立而害疏远，令一布而不听者存，贱爵禄而毋功者富，然则众必轻令而上位危。

【译文】

法律形同虚设，只加害于疏远之人；命令虽已公布，不听者安然无恙；随便封爵赐禄，无功者因而致富，那么人们必然要轻视法令而统治者的地位也就危险了。

有罪必罚　兴利除害

【原文】

于下无诛者，必诛者也；有诛者，不必诛者也。以有刑至无刑者，其法易而民全；以无刑至有刑者，其刑烦而奸多。夫先易者后难，先难而后易，万物尽然。明王知其然，故必诛而不赦，必赏而不迁者，非喜予而乐其杀也，所以为人致利除害也。

【译文】

百姓没有受刑罚的，是坚持有罪必罚的结果；百姓有犯法受刑的现象，才是未坚持有罪必罚造成的。从有刑到无刑，就能做到法律简易而人民得到保全；从无刑到有刑，法律就要烦琐而恶人反会增多。先易的后难，先难的后易，万事都是如此。明君懂得这个道理，所以该罚的绝不赦免，该赏的绝不拖延，这不是因为君主喜欢赏赐和乐于杀人，而是要为百姓兴利除害的缘故。

设而不犯　犯而必诛

【原文】

设而不犯，犯而必诛。

【译文】

制定法令，在于使人畏法而不违犯，犯了就一定要依法治罪。

法令一出　坚决执行

【原文】

法立，有犯而必施；令出，唯行而不返。

【译文】

法律一经订立，凡有违反者，必须实施惩治；命令一经发出，只有坚决执行，而不能违反。

违犯法纪　必受惩罚

【原文】

法大行，则是为公是，非为公非。天下之人，蹈道必赏，违之必罚。

【译文】

法制贯彻到了社会生活的各个方面，法律肯定的，大家就公认是正确的；法律否定的，大家就公认是错误的。全国每一个人，只要遵守法制，就必定受到奖励，违反法制，就必须受到惩罚。

执法必严　违法必究

【原文】

可吁则吁，故天下莫不畏；可俞则俞，故天下莫不服。

【译文】

应该禁止的就禁止，所以天下的人们没有不敬畏的；应该答应的就答应，所以天下的人们没有不信服的。说明只有执法必严，违法必究，才能使人信服。

圣明君主　依靠法政

【原文】

圣君任法而不任智，任数而不任说。

【译文】

圣明君主依靠法度而不依靠智谋,依靠政策而不依靠空头议论。

国皆有法　必行之法

【原文】

国皆有法,而无使法必行之法。

【译文】

国家都有法令,(可是国家却混乱,那是因为)没有保证法令能够实行的措施。最后一个"法"字指措施、办法。

知法懂法　极为必要

【原文】

吏明知民知法令也,故吏不敢以非法遇民,民不敢犯法以干法官也。

【译文】

官吏都清楚民众也懂得法令,所以他们就不敢以非法的手段来对待民众,民众也不敢犯法来冒犯法官。说明了民众知法、懂法的重要性。

以道之知　避祸就福

【原文】

为置法官吏为之师,以道之知,万民皆知知避就,避祸就福,而皆以自治也。

【译文】

设置推行法令的官吏当民众的老师,教导他们懂得法令,这样万民都知道应当躲避什么，趋向什么，知道怎样躲避祸害，趋向幸福，因而都能用法令自觉约束自己。强调让人民在懂法的基础上自觉守法。

刑人之本　在于止暴

【原文】

凡刑人之本，禁暴恶恶，且征其末也。杀人者不死，而伤人者不刑，是谓惠暴而宽贼也，非恶恶也。

【译文】

用刑罚处治犯人的目的，就在于禁止暴行，反对作恶，并且警戒以后不要发生类似的罪行。如果杀人者不被处死，伤人者不被判刑，这就叫作纵容暴行，宽容罪人，这就起不到反对作恶的作用了。

法而不议　职而不通

【原文】

法而不议，则法之所不至者必废。职而不通，则职之所不及者必漏。

【译文】

有了法度而不研究怎样实行，那么法令没有明确规定到的地方就一定会出问题。职权范围不能相互沟通，那么职权所涉及不到的地方就会出现漏洞。

奖赏守法　惩治抗令

【原文】

法者，宪令著于官府，刑罚必于民心，赏存乎慎法，而罚加乎奸令者也。

【译文】

所谓法，它的法令条文在官府中制订出来，刑罚观念必须深入到百姓的心中，要奖赏那些谨慎守法的人,惩治那些违抗禁令的人。

不依法律　可谓无法

【原文】

治民不秉法,为善也如是,则是无法也。

【译文】

治理百姓不依法办事,行善到这种程度,那么就等于无法可依。

立义顺法　遏绝其根

【原文】

立义顺法,遏绝其原,初虽恝恠于一人,然其终也长利于万世。

【译文】

设立礼义方面的规范,遵循法律办事,遏绝坏事产生的根源,虽然使最先受到惩处的人蒙受了耻辱和羞愧,然而最终是有利于千秋万代的。犹言法律虽然对少数人是无情的,但对多数人和长远是有好处的。

违法必究　反者必恶

【原文】

曲木恶直绳,奸邪恶正法。

【译文】

弯曲的木头厌恶笔直的绳墨,奸邪之人讨厌严正的法律。说明只有坏人才反对违法必究。

治之纲纪　得人则举

【原文】

治之纲纪也，得其人则举，失其人则废。

【译文】

治理国家的法度纪律，得到好的执法人就能实行，失去好的执法人就废弃了。

制定法令　必用贤士

【原文】

耳不知清浊之分者，不可令调音；心不知治乱之源者，不可令制法。

【译文】

耳朵听不出清音浊音区别的人，不能让他去调整乐音；思想上不懂得国家治与乱根源的人，不能让他制定法律。说明制定法律的人必须通晓历史经验，掌握治乱规律。

为官之道　至清廉平

【原文】

至清廉平，路遗不受，请谒不听，据法听讼，无有所阿。

【译文】

（执法官员应该做到）非常清正、廉洁、公平，不受馈赠，不受请托，严格按照法律处理案件，不偏袒迎合任何人。

推行政令　先择其人

【原文】

将行美政，必先择人。失政谓之虐人，失人谓之伤政。舍人为政，虽勤何为？

【译文】

将要推行好的政策法令，必定首先选好负责这一工作的人。政策法令不好，等于是虐待负责这一工作的人；执行政策的人选择得不好，政策法令再好也会受到损害。不去选择好推行政策的人，君主虽然辛辛苦苦，又有多大成就呢？

德以施惠　刑以正邪

【原文】

德以施惠，刑以正邪。

【译文】

德政用来给人恩惠，刑罚用来纠正邪恶。主张德刑并用。

有道之主　察明职分

【原文】

有道之主，其所以使群臣者亦有辔。其辔何如？正名审分，是治之辔已。

【译文】

掌握治国之道的君主，他之所以能役使群臣，是因为他也有“缰绳”。这个“缰绳”是什么呢？辩证百官的名位，察明他们的职分，这就是治理臣子们的“缰绳”。

第三章　熟知处世中的方与圆

骨肉之变　宜容勿激

【原文】

处父兄骨肉之变，宜从容不宜激烈，遇朋友交游之失，宜剀切不宜优游。

【译文】

当遇到父母兄弟或骨肉至亲之间发生家庭纠纷或人伦惨变事故时，应该保持沉着、从容的态度，绝对不可以感情用事，采取激烈言行而把事情弄得更坏；当跟知心好友交往时，万一遇到朋友有什么过失，应该亲切诚恳地直言规劝，绝对不可以由于怕得罪人而模棱两可，眼看着他继续下去。

有意反远　无心自近

【原文】

禅宗曰:"饥来吃饭倦来眠。"诗音曰:"眼前景致口头语。"盖极高寓于极平,至难出于至易。有意者反远,无心者自近也。

【译文】

禅宗有一句偈说:"饿了就吃饭,困了就睡觉。"而作诗的秘诀是:"多多运用眼前景致和俗言谚语。"因为世间极高深的哲理,往往是产生于极平凡的事物中;极美的诗是出于无心的真情流露,可见有意者远于理,而无心者近于真。

一花世界　一叶如来

【原文】

鸟语虫声,总是传心之诀;花英草色,无非见道之文。学者要天机清澈,胸次玲珑,触物皆有会心处。

【译文】

鸟的语言和虫的鸣声我们虽然听不懂,但都是表达它们之间感情的方式;花的艳丽和草的青葱我们固然都能看到,但其中还蕴藏着大自然的奥妙文章。所以我们读书研究学问的人,必须使灵智清明透彻,必须使胸怀光明磊落,这样跟事物接触时,才能有豁然领悟的地方。

人生太闲　别念窃生

【原文】

人生太闲,则别念窃生;太忙,则真性不见。故士君子不可不抱身心之忧,亦不可不耽风月之趣。

【译文】

一个人整天游手好闲，一切杂念就会在暗中悄悄出现；反过来整天奔波忙碌不堪，又会使人丧失纯真的本性。所以大凡一个有才德的君子，既不愿使身心过度疲劳，也不愿整天沉迷在声色犬马的享乐中。

热心之人　其福亦厚

【原文】

天地之气，暖则生，寒则杀。故性气冷清者，受享亦凉薄，唯和气热心之人，其福亦厚，其禄亦长。

【译文】

大自然四季的变化，春夏气候温暖，万物就获得生长，秋冬气候寒冷，万物就失去了生机。同样做人的道理也和大自然一样，一个性情高傲冷漠的人，他的表情就像秋冬的天气那样冷漠无情,无人敢接近,因而他所能得到的福分自然淡薄;只有那些个性温和而又热情帮助他人的人,他所获得的福分不但丰厚,而且他的官位也会久长。

人生福祸　皆念造成

【原文】

人生福境祸区,皆念想造成,故释氏云:"利欲炽然即是火坑,贪爱沉溺便为苦海:一念清净烈焰成池,一念惊觉船登波岸。"念头稍异,境界顿殊,可不慎哉。

【译文】

人生的幸福与苦恼全是由自己的观念所造成,所以释迦牟尼佛说:"名利的欲望太强烈就等于是跳进火坑,贪婪爱恋之心太强烈就如同沉入苦海;只要有一丝纯洁清净的观念就能使火坑变为清凉水池,只要有一点警觉精神就能使火海变成幸福乐园。"可见意识观念略有不同,人生境界就会全面改变,因此一个人的所思所想必须慎重。

小处不渗　暗处不欺

【原文】

小处不渗漏,暗处不欺隐,末路不怠荒,才是个真正英雄。

【译文】

一个人做人做事必须处处小心谨慎,就是细微的地方也不可粗心大意;即使是呆在没人听见没人看见的地方,也绝对不可以做见不得人的坏事;尤其当你处于穷困潦倒不得意的时候,仍旧不要忘掉奋发上进。这样的人才算得上是真正有作为的英雄好汉。

宁受人欺　勿受人诈

【原文】

害人之心不可有,防人之心不可无,此戒疏于虑也;宁受人之欺,毋逆人之诈,此警伤于察也；二语并存精明而浑厚矣。

【译文】

“害人之心不可有，防人之心不可无”这句话是用来劝诫在与人交往时警觉性不够好的人，“宁可忍受他人的欺骗，也不愿在事先拆穿人家的骗局”这句话是用来劝诫那些警觉性过于高的人。假如一个人在和人相处时能牢记上面两句话，那才算得上警觉性高又不失纯朴宽厚的人。

重反为仇　薄极成喜

【原文】

千金难结一时之欢，一饭竟致终身之感，盖爱重反为仇，薄极反成喜也。

【译文】

相处如不投机，即使你拿出价值千金的重赏或恩惠，也难以打动对方的心而跟你合作；一个人假如有良心而又非常知恩重道，即使是你给他一顿饭的小小恩惠，他也必然一生不忘此事永远心存感激回报之心。另外，人间还有一种微妙的心理现象。就是当一个人爱一个人爱到极点时，如果一不小心感情处置不当，就会翻脸成仇；还有就是平日你非常不重视的一些人，只要你某日突然对他们施一点小惠，他们就会受宠若惊。

父慈子孝　兄友弟恭

【原文】

父慈子孝，兄友弟恭，纵作到极处，俱是合当如此，着不得一毫感激的念头。如施者任德，受者怀恩，便是路人，便成市道矣。

【译文】

父母对子女慈祥，子女对父母的孝顺，兄姐对弟妹的爱护，弟妹对兄姐的尊敬等等，即使拿出最大爱心做到最完美境界，也都是骨肉至亲之间所应当这样做的，因为这完全都是出于人类与生俱来的天性,彼此之间绝对不可以存有一点感激的想法。假如父母的养育子女,兄姐的友爱弟妹,个个都怀着一颗思恩图报的观念,以及子女对父母的孝顺,弟妹对兄姐的尊敬,也都怀着感恩图报的心理,那就等于把骨肉至亲变成了路上的陌生人,而且也把出自真诚的骨肉之情变成了一种市井交易。

藏巧于拙　用晦而明

【原文】

藏巧于拙,用晦而明,寓清于浊,以屈为伸,真涉世之一壶,藏身之三窟也。

【译文】

一个人做人宁可大智若愚,宁可收敛一点不可锋芒毕露,宁可随和一点不可太自命清高,宁可退缩一点,不可太积极前进,这才是立身处世最有用的救命法宝,这才是明哲保身最有用的狡兔三窟。

我不好洁　谁能丑我

【原文】

有妍必有丑为之对,我不夸妍,谁能丑我?有洁必有污为之仇,我不好洁,谁能污我?

【译文】

大凡人间的事情,有美好的就有丑陋的来做对比,假如我不自夸其德说自己美好,又有谁会讽刺我丑陋呢?大凡世上的东西,有洁净的就有肮脏的来做对比,假如我不养成过分爱好清洁的洁癖,又有谁会来讽刺我肮脏呢?

居安宜操　处变当坚

【原文】

衰飒的景象就在盛满中,发生的机缄即在零落内;故君子居安宜操一心以虑患,处变当坚百忍以图成。

【译文】

大凡一种衰败的现象往往是在鼎盛之时就种下祸根，大凡一种机运的转变多半是在失意时就已经种下善果。所以一个有才学有修养的君子，当平安无事时，要留心保持自己的理智，以便防范未来某种祸患的发生；一旦处身于变乱灾难之中，就要拿出毅力咬紧牙关继续奋斗，以便策划未来事业的最后成功。

天薄以福　厚德迓之

【原文】

天薄我以福，吾厚吾德以迓之；天劳我以形，吾逸吾心以补之；天厄我以遇，吾享吾道以通之；天且奈我何哉？

【译文】

假如上天不增多我的福分，我就多做些善事培养品德来对待这种命运；假如上天用劳苦来困乏我的身体,我就用安逸的心情来保养我疲惫的身体;假如上天用穷困来折磨我,我就开辟我的求生之路来打通困境。假如我能做到这些,上天他又能对我怎样呢?

循分守常　安往而吉

【原文】

卜筮以龟筮为重,故必龟从筮从乃可言吉。若二者有一不从,或二者俱不从,则宜其有凶无吉矣。乃洪范稽疑之篇,则于龟从筮逆者,仍曰作内吉。从龟筮共达于人者,仍曰用静吉。是知吉凶在人,对人之垂戒深矣。人诚能作内而不作外,用静而不用作,循分守常,斯亦安往而不吉哉!

【译文】

在古代占卜,是以龟甲和蓍草为主要的工具,因此一定要龟卜及筮占皆赞同,一件事才可称得上吉。如果龟和蓍中有一个不赞同,或是两者都不赞同,那么事情便是凶险而无吉兆了。但是《尚书》洪范稽疑篇中,则对于龟卜赞同,蓍占不赞同的情形,视为做内面的事吉祥。即使龟甲和蓍草占卜的结果都与人的意愿相违,仍然要说无所为则有利。由此可知,吉凶往往决定在自己,圣人已经教训得十分明白了。人只要能对内吉外凶的事情在内行之而不在外行之,对于完全与人相违的事守静而不做,安分守己,遵循常道,那么岂不是无往而不利吗?

退后一步　宽平一步

【原文】

争先的径路窄,退后一步自宽平一步;浓艳的滋味短,清淡一分自悠长一分。

【译文】

与人争强好胜时道路就觉得很窄,假如能退后一步让人先走,自然觉得路面宽平很多;凡是太过浓艳的味道容易使人生是短暂的,假如能清淡一分自然会觉得滋味历久弥香。

人当下休　便当下了

【原文】

人肯当下休，便当下了。若要寻个歇处，则婚嫁虽完，事亦不少。僧道虽好，心亦不了。前人云："如今休去便休去，若觅了时无了时。"见之卓矣。

【译文】

人不论做什么事，应罢手不干时，就要下定决心结束，假如犹疑不决想找个好时机，那就像男女结婚虽然完成了终身大事，以后家务和夫妻儿女之间的问题还很多。人们别以为和尚道士好作，其实他们的七情六欲也未必全除。古人说得好："现在能罢休就赶紧罢休，如果说找个机会罢休，恐怕就永远没了罢休的机会。"这真是一句极高明的见解。

多一思虑　多一臆度

【原文】

至人何思何虑，愚人不识不知。可与论学亦可与建功。唯中才之人，多一番思虑知识，便多一番臆度猜疑，事事难与下手。

【译文】

智慧道德都超越一般人的人，他们心胸开朗对任何事物都无忧无虑，天赋愚鲁的人，想得少知道的不多，脑中糊里糊涂一片空白，因此遇事也就不懂得钩心斗角；这两种人既可以和他们研究学问，也可和他们建功立业。唯独那些天赋中等人，智慧不高，却什么都懂一点，这种人遇事考虑最多，猜疑心也极重，所以什么事都难以和他们合作完成。

用人不刻　交友不滥

【原文】

用人不宜刻，刻则思效者去；交友不宜滥，滥则贡谀者来。

【译文】

用人要宽厚而不可太刻薄，如果太刻薄，即使想为你效力的人，也会由于受不了你的刻薄而离去；交友不可太轻率随便，如果这样，那些善于适迎献媚的人就会设法接近你来到你的身边。

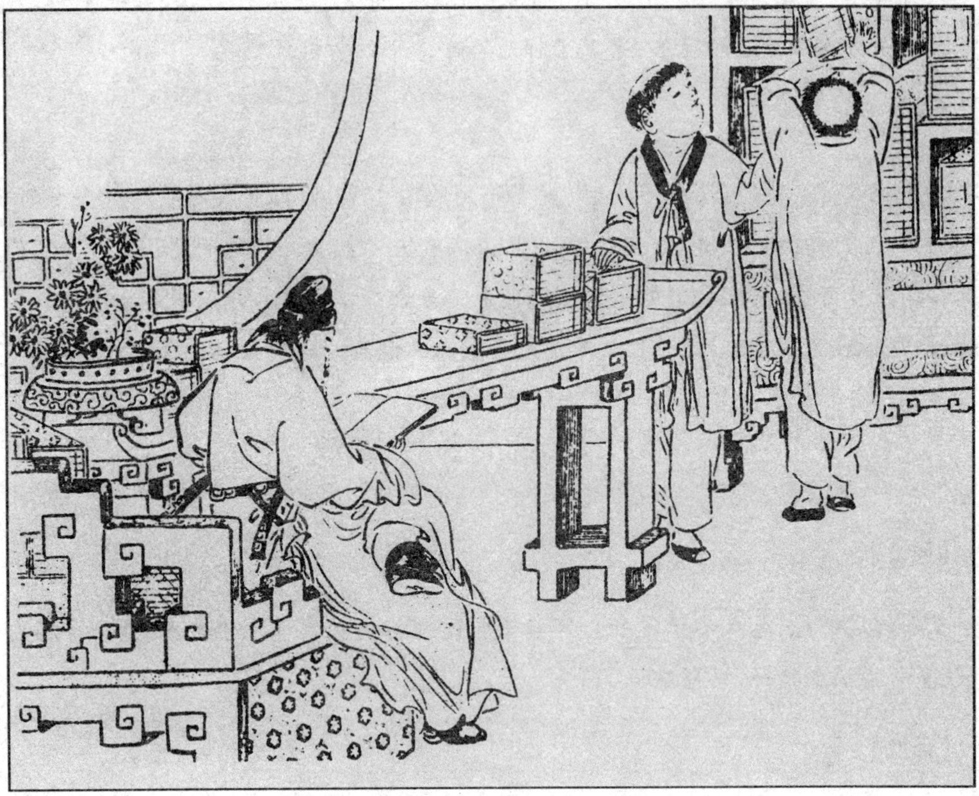

信人必诚　疑人先诈

【原文】

信人者，人未必尽诚，己则独诚矣；疑人者，人未必皆诈，己则先诈矣。

【译文】

一个肯信任别人的人，虽然别人未必都是诚实的，但是自己却先做到了诚实，一个常怀疑别人的人，别人虽然未必都是虚诈，但是自己已经先成为虚诈别人的人。

君任国事　本身除外

【原文】

士君子要任天下国家事，先把本身除外，所以说“策名委质”，言自策名之后，身已非我有矣，况富贵乎？若营营于富贵身家，却是社稷苍生委质于我也，君之赋臣乎！天之民乎瓣。

【译文】

士君子要担当天下国家的大事，先要有忘我的精神，所以说“策名委质”，就是说你的名字登记在政府的书策上，你的身体就不属于自己了，何况是富贵呢？如果只为了钻营自己的身家富贵，这就成了社稷苍生委身于我了，这是国君的贼臣，上天的罪人啊！

圣贤处事　委屈纡徐

【原文】

圣贤处天下事，委屈纡徐，不轻徇一己之情，以违天下之欲，以破天下之防。是故道有不当直，事有不必果者，此类是也。譬之行道然，循曲从远，顺其成迹，而不敢以欲速适己之便者，势不可也。若必欲简捷直遂，则两京程途，正以绳墨，破城除邑，塞河夷山，终有数百里之近矣，而人情事势不可也是以处事要逊以出之，而学者接物怕径情直行。

【译文】

圣贤处理天下的事情，委曲纡徐，不轻易顺从自己的感情，来违背天下人的愿望、破坏天下的纪纲。因此走路有时不必非走直路，办事也不一定非有成果，就是这个原因。比如行路，按照曲折的道路一直向远方行进，顺着前人踏出的道路走，不敢为了迅速到达而走自己认为便捷的道路，这是形势不允许的。如果一定要求简捷直达，那么从西京长安到东都洛阳，用绳墨直着量一量，拆毁城市、堵塞河流、夷平山脉，那就只有数百里的路程了，但这样做从人情事势上是办不到的啊！所以处理事务要谦逊、退让，而学者待人接物就怕任意直行。

街谈巷语　不如樵歌

【原文】

交市人不如友山翁，谒朱门不如亲白屋；听街谈巷语，不如闻樵歌牧咏，谈今人失德过举，不如述丁人嘉言懿行。

【译文】

交一个市井之人做朋友，不如交一个隐居山林的老人，巴结富贵豪门，不如亲近平民百姓；谈论街头巷尾的是是非非，不如多听一些樵夫的民谣和牧童的山歌；谈论现代人的错误过失，不如多论述一些古圣先贤的格言善行。

冷落难亲　世上碍物

【原文】

方严是处人大病痛，圣贤处世离一温厚不得，故曰“泛爱众”，曰“和而不同”，曰“和而不流”，曰“群而不党”，曰“周而不比”，曰“爱人”，曰“慈祥”，曰“岂弟”，曰“乐只”，曰“亲民”，曰“容众”，曰“万物一体”，曰“天下一家，中国一人”。只恁踽踽凉凉，冷落难亲，便是世上一个碍物，即使持正守方，独立不苟，亦非用世之才，只是一节狷介之士耳。

【译文】

方正严肃是与人相处的大毛病，圣贤处世离不开温厚二字，所以说“泛爱众”，即博爱众人。又说“和而不同”，意思是说和协而不阿附。又说“和而不流”，意思说和睦相处而不同流合污。又说“群而不党”，即合群而不搞宗派。又说“周而不比”，即广泛团结而不偏袒。又说“爱人”，又说“慈祥”，又说“岂弟”，即和乐平易。又说“乐只”，即快乐。又说“亲民”又说“容众”，又说“万物一体”，又说“天下一家，中国一人”。如果只是孤独寂寞，冷落难以亲近，便是世上一个碍事的东西，即使持正守方，独立不苟，也不是治世的有用之才，只是一个拘谨自守、难以变通的人罢了。

谋天后事　深思远虑

【原文】

谋天下后世事，最不可草草，当深思远虑。众人之识，天下所同也，浅昧而狃于目前。其次有众人看得一半者，其次豪杰之士与练达之人得其大概者，其次精识之人有旷世独得之见者，其次经纶措置当时不动声色后世不能变易者，至此则精矣尽矣，无以复加矣，此之谓大智，此之谓真才。若偶得之见，借听之言，翘能自喜而攘臂直言天下事，此老成者之所哀而深沉者之所惧也。

【译文】

谋划天下以及后世的事，最不可草率，应当深思熟虑。人们对事理的见识有不同的等次。众人的见识都是相同的，浅薄愚昧而不只顾目前的利益。其次，有些人能看清事情的一半。其次，还有一些豪杰之士与练达之人，能看清事情的大概。其次，具有精见卓识的人，还能有旷世独得的见解。其次，有的人筹划治理国家的大策，运用于当世虽没有轰轰烈烈的表观，但这些大策后世都不会改变。到了这种地步，就至精致善，无以复加了。这叫作大智，叫作真才。如果是偶得之见，道听途说之言，还翘然自喜，挥臂直言天下之事，这是使老成的人感到可悲、深沉的人感到可怕的事。

人情世态　倏忽万端

【原文】

人情世态，倏忽万端，不宜认得太真。尧夫云："昔日所去我，而今却是伊，不知今日我，又属后来谁。"人常作是观，便可解却胸中矣。

【译文】

人情冷暖世态炎凉，真是错综复杂瞬息万变，所以对任何事都不要太认真。宋儒邵雍说："以前所说的我，如今却变成了他；还不知道今天的我，到头来又变成什么人？"一个人假如能经常抱着这种看法，就可解除心中的一切烦恼与杂念。

人生境界　故其欲淡

【原文】

田父野叟，语以黄鸡白酒则欣然喜，问以鼎食则不知；语以襞袍短褐则油然乐，问以衮服则不识。其天全，故其欲淡，此是人生第一个境界。

【译文】

跟乡下老农谈论饮食，当谈到白斩鸡、老米酒时，他们就会显得兴高采烈，如果问他们一些山珍海味等佳肴，就茫然不知；当谈起穿着时，一提起长袍短褂，他们就不由得会流露出欢乐表情，假如问起黄袍紫蟒等官服，他就一点也不懂了。可见农夫保全了纯朴本性，所以他们的欲望才这样淡泊，这才是人生的第一等境界。

智能谅人　巧能容人

【原文】

我益智，人益愚；我益巧，人益拙，何者？相去之远而相责之深也。唯有道者，智能谅人之愚，巧能容人之拙，知分量不相及而人各有能不能也。

【译文】

我越是有智慧，显得别人越愚蠢；我越是灵巧，显得别人越笨拙。为什么呢？相差太远、责望太深的缘故。只有道德修养高的人，自己有智慧，能体谅别人的愚蠢；自己灵巧，能容忍别人的笨拙。知道每个人的分量不一样，而每个人又各有所长各有所短。

无忿于顽　涵养气质

【原文】

仆隶下人昏愚者多，而理会人意动必有合，又千万人不一二也。居上者往往以我责之，不合则艴然怒，甚者继以鞭笞。则彼愈惶惑，而错乱愈甚，是我之过大于彼也。彼不明而我当明也。彼无能事上，而我无量容下也；彼无心之失，而我有心之恶也。若忍性平气，指使而面命之，是两益也。彼我无苦，而事有济，不亦可乎？《诗》曰："匪怒伊教。"《书》曰："无忿疾于顽。"此学者涵养气质第一要务也。

【译文】

仆隶下人，昏愚的占多数，而能理会主人的心意，每个行动又适合主人的心意的，千万人中不可能有一二人。但居于上位的人往往以自己的要求来责备他，不符合自己心意就勃然大怒，甚至动辄鞭笞。这样，仆隶下人就更为惶恐惑乱，错得更加厉害，这是主人的过错大过了仆人。奴仆不明白的事我应当明白。仆隶没有能力服侍主人，而主人也没有肚量容纳下人；仆隶是无心而造成的过失，主人是有意去干恶事。如果耐着性子，心平气和地指使他们，当面把指令讲清，对双方都有好处。主仆都没有苦恼，事情又能办好，这样做不是很好吗！《诗经》说："匪怒伊教。"意思是说鲁僖公和颜悦色，非有所怒，于是有所教化。《尚书》说："无忿疾于顽。"意思是说对那些愚顽的人，教育他们但不要愤怒，不要表现出疾恶如仇的样子。这点是学者修养气质的第一要务。

不争为胜　无腔为适

【原文】

幽人清事，总在自适，故酒以不劝为欢，棋以不争为胜，笛以无腔为适，琴以无弦为高，会以不期约为真率，客以不迎送为坦夷。若一牵文泥迹，便落尘世苦海矣！

【译文】

一个隐居的人，内心清净而俗事又少，一切只求适应自己本性。因此喝酒时谁也不劝谁多喝，以各尽酒量为乐；下棋只是为了消遣，以不为一棋之争伤了和气为胜；吹笛只是为了陶冶性情，不一定要讲求旋律节奏；弹琴只是为了消遣休闲，以不求旋律为高雅；和朋友约会是为了联谊，以不受时间限期为真挚；客人来访要宾主尽欢，以不送往迎来为最自然。反之假如有丝毫受到世俗人情礼节的约束，就会落入烦嚣尘世苦海而毫无乐趣了。

呼牛唤马　只是点头

【原文】

饱谙世味，一任覆雨翻云，总慵开眼；会尽人情，随教呼牛唤马，只是点头。

【译文】

一个饱经人世风霜的人，任凭人情冷暖世态炎凉的反复变化，都懒得再睁开眼睛去过问其中的事非；一个看透了人情世故的人，对于世间的一切毁谤赞誉都无动于衷，不论人们随意对他呼牛唤马一般的吆喝，都会若无其事点点头而已。

枝叶徒荣　玉帛无益

【原文】

树木至归根，而后知华萼枝叶之徒荣；人事至盖棺，而后知子女玉帛之无益。

【译文】

树木每当到了秋冬季节就叶落归根化为腐土，人们才想到茂盛的枝叶鲜艳的花朵只不过是一时的荣华；人一直到死后进入棺材，这时才会知道子女钱财毫无用处。

宠辱不惊　去留无意

【原文】

宠辱不惊，闲看庭前花开花落；去留无意，漫随天外云卷云舒。

【译文】

对于一切荣耀与屈辱无动于衷，用安静的心情欣赏庭院中的花开花落；对于官职的升迁得失都漠不关心，冷眼观看天上浮云随风聚散。

尧舜大圣　人贵自立

【原文】

尧舜大圣，而生朱均；瞽鲧至愚，而生舜禹；揆以馀广馀殃之理，似觉难凭。然尧舜之圣，初未尝因朱均而灭；瞽鲧之愚，亦不能因舜禹而掩，所以人贵自立也。

【译文】

尧和舜都是古代的大圣人，却生了丹朱和商均这样不孝的儿子，瞽和鲧都是愚昧的人，却生了舜和禹这样的圣人。若以善人遗及子孙德泽，恶人遗及子孙祸殃的道理来说，似乎不太说得通。然而尧舜的圣明，也并不因后代的不贤而有所灭损；而瞽鲧那般的愚昧，也无法被舜禹的贤能所掩盖，所以人最重要的是能自立自强。

无真念头　便成花子

【原文】

作人无点真恳念头，便成个花子，事事皆虚；涉世无段圆活机趣，便是个木人，处处有碍。

【译文】

一个人做人假如没有一点真情实意，就会变成一个一无所有的乞丐，不论做任何事情都不忠实；一个人生活在世界上如果没有一点圆通灵活应变的情趣，就像是一个没有生命的木头人，不论做任何事都会到处碰到阻碍。

与人同过　不与同功

【原文】

当与人同过，不当与人同功，同功则相忌；可与人共患难，不可与人共安乐，安乐则相仇。

【译文】

应当有与人共同承担过失的雅量，不可有跟人共享功劳的念头，因为共享功劳彼此就会互相猜忌；可以有与人共患难的胸怀，不要有跟人共安乐的贪心，因为共享安乐之中彼此之间容易互相仇视。

老来疾病壮时招

【原文】

老来疾病，都是壮时招的；衰后罪孽，都是盛时造的。故持盈履满，君子尤兢兢焉。

【译文】

一个人到了年纪大时，体弱多病，那都是年轻时不注意爱护身体所招来的痛苦，一个人事业失意以后还会有罪孽缠身，那都是在得志时贪赃枉法所造成的祸根，因此一个有高深修养的人，即使生活在幸福美满的环境中，也要凡事都兢兢业业，戒骄慎言，以免伤害身体得罪他人，为今后打下好基础。

日用酬酢　事合理情

【原文】

日用酬酢，事事物物要合天理人情。所谓合者，如物之有底盖，然方者不与圆者合，大者不与小者合，攲者不与正者合。覆诸其上而不广不狭，旁视其隙而若有若无。一物有一物之合，不相苦窳；万物各有其合，不相假借。此之谓天则，此之谓大中，此之谓天下万事万物各得其所。而圣人之所以从容中，贤者之所以精一求，众人之所以醉心梦意错行乱施者也。

【译文】

日常交往，事事物物要合天理人情。所谓合，就如同物品有底有盖，然而方的不会和圆的合，大的不会与小的合，斜的不与正的合。盖在上面不大不小，旁边看看，那缝隙若有若无。一物有一物之合，不相凑合；万物各有其合，不相假借。这叫作天则，这叫作大中，这叫作天下万事万物各得其所。圣人能够从容地做到符合天则，贤人能够精心一意地寻求到天则，而众人不懂天则，只会醉心梦意、错行乱施。

正大之心　孚人有素

【原文】

心实不然而迹实然，人执其然之迹，我辩其不然之心，虽百口不相信也，故君子不示人以可疑之迹，不自诬其难辨之心。何者？正大之心，孚人有素，光明之行，无所掩覆也。傥有疑我者，任之而已，哓哓何为？

【译文】

心中想的不是这样，而行迹表现出来的却是这样，人们抓住表现出来的形迹，我辩白不是如此的心迹，虽然长出百张口来，人们也不会相信。所以君子不示人以可疑之迹，不自诬其难辨之心。为什么呢？正大之心，平时就会被人相信，光明之行，没什么可以掩盖。假如有怀疑我的，只能任他怀疑而已，何必还要不停地辩解呢！

不贪为宝　度越一世

【原文】

一只一念贪私，便销刚为柔、塞智为昏、变恩为惨、染洁为污，坏了一生人品。故古人以不贪为宝，所以度越一世。

【译文】

一个人只要心中刹那间出现一点贪婪或偏私的念头，那他就容易把原本刚直的性格变得很懦弱，原本聪明的性格被蒙蔽得很昏庸，原本慈悲的心肠就会变得很残酷，原本纯洁的人格就会变得很污浊，结果是毁灭了一辈子的品德。所以古圣贤认为，做人要以“不贪”二字为修身之宝，这样才能超越他人战胜物欲度过一生。

君子坦荡　小人长戚

【原文】

福莫福于少事，祸莫祸于多心。唯苦事者，方知少事之为福；唯平心者，始知多心之为祸。

【译文】

一个人的幸福没有比无忧心琐事可牵挂更为幸福的了，一个人的灾祸没有比疑神疑鬼更可怕人的了。只有那些整天奔波劳碌的人，才知道无事一身轻是最大的幸福；只有那些经常心如止水平静安详的人，才知道多心猜疑是最大的灾祸。

彼富我仁　彼爵我义

【原文】

彼富我仁，彼爵我义，君子固不为君相所牢笼。人定胜天，志一动气，君子亦不受造化之陶铸。

【译文】

别人有财富我坚守仁德，别人有爵禄我坚守正义，所以一个有高风亮节的君子绝对不会被君主的高官厚禄所束缚或收买。人的智慧一定能战胜大自然，理想意志可以转变自己的感情气质，所以一个有才德理智的君子，绝对不受命运的摆布。

放得功名　便可脱凡

【原文】

放得功名富贵之心下，便可脱凡，放得道德仁义之心下，才可入圣。

【译文】

一个人能丢开追求功名富贵的权势主义思想，就可以超越庸俗的尘世杂念，一个人能不受仁义道德等教条的思想束缚，才可以进入超凡绝俗的圣贤境界。

茶不求精　壶亦不燥

【原文】

茶不求精而壶亦不燥，酒不求冽而樽亦不空；素琴无弦而常调，短笛无腔而自适。纵难超越羲皇，亦可匹俦嵇阮。

【译文】

喝茶不一定非要喝名茶，但必须保持壶底不干，喝酒不一定非要喝名酒，但是必须维持酒壶不空。无弦的琴虽然弹不出旋律来，然而足可调剂我的身心；无孔的横笛虽然吹不出音调来，却可使我精神舒畅。一个人假如能达到这种境界，虽然还不能超越伏羲氏那种清静消遣，但起码也可媲美嵇康和阮籍的那种恬淡逍遥的生活。

禽不受豢　其味香冽

【原文】

山肴不受世间灌溉，野禽不受世间豢养，其味皆香而且冽，吾人能不为世法所点染，其臭味不迥然别乎！

【译文】

生长在山间的蔬菜根本不必人们去灌溉施肥，生长在野外的动物根本不必人们来饲养照顾，可是这些野菜和野物的味道吃起来却非常甘美可口。同样，假如我们人不受功名利禄所污染，品德心性自然显得格外纯真，跟那些充满铜锤味的人有显然区别。

知成必败　知生必死

【原文】

知成之必败，则求成之心不必太坚；知生之必死，则保生之道不必过劳。

【译文】

做事有成功就必然有失败，一个人如能洞悉此中道理，凡事就不必太积极于求得成功；生命有生就必然有死，一个人如能明白这种道理，对于自己的养生之道就不必费尽苦心过于强求。

山林胜地　恋变成市

【原文】

山林是胜地，一营恋变成市朝；书画是雅事，一贪痴便成商贾。盖心无染著，欲境是仙都；心有系恋，乐境成苦海矣。

【译文】

山川秀丽的林泉本来都是名胜地方，可是一旦沾迷留恋，就会把幽境胜景变成庸俗喧嚣的闹区；琴棋书画本来是骚人墨客的一种高雅趣味，可是一产生贪恋的狂热念头，就会把风雅的事变得俗不可耐。所以一个人只要心地纯洁，不被外物所感染，即使置身人欲横流的花花世界，也能建立自己内心快乐的仙境；反之一旦内心迷恋声色物欲，即使置身山间的快乐仙境，也会使精神坠入痛苦深渊。

罗织害之　居要之戒

【原文】

喜奉承是个愚障，彼之甘言卑辞、隆礼过情，冀得其所欲而免其可罪也。而我喜之、感之，遂其不当得之欲，而免其不可已之罪，以自蹈于废公党恶之大咎，以自犯于难事易悦之小人，是奉承人者智巧，而喜奉承者愚也。乃以为相沿旧规责望于贤者，遂以不奉承恨之，甚者罗织而害之，其获罪国法圣训深矣，此居要路者之大戒也。虽然，奉承人者未尝不愚也，使其所奉承而小人也则可，果君子也，彼未尝不以此观人品也。

【译文】

喜欢人家奉承，是愚蠢的。他的甘言卑辞、隆重的礼节、过分的感情，是希望得到他所想得到的东西而免除可能受到的责罚啊！但我喜欢这些，为之感动，满足他不该得到的欲望，免除他不可饶恕的罪过，使自己陷入败坏国家原则偏袒恶人的大错之中，使自己成为难以相处、容易被好话所感动的小人。这说明奉承人的人是有智慧而乖巧的，而喜欢奉承的人是愚蠢的。还要以这种沿袭下来的旧习俗来责备和怨恨贤明的人，因为别人不奉承，就怨恨人家，甚至有罗织罪名来陷害他人的，这样做，对国家的法律、圣人的教诲违反的也太厉害了。这一点是身居要职者的大戒。虽然如此，但奉承人的人也未尝不是愚蠢的，如果他奉承的是小人那还可以，如果是君子，君子就会从你的行为中观察出你的人品。

至诚之学　狡伪不欺

【原文】

疑心最害事，二则疑，不二则不疑也。然则圣人无疑乎？曰：圣人只认得一个理，因理以思，顺理以行，何疑之有？贤人有疑，惑于理也；众人多疑，惑于情也。或曰：不疑而为人所欺，奈何？曰：学到不疑时自然能先觉，况不疑之学，至诚之学也，狡伪亦不忍欺矣。

【译文】

疑心最坏事，有两种情况就会产生怀疑，没有两种情况则不会怀疑。然而圣人就不会产生怀疑吗？回答说：圣人只认得一个理，用理来思考，按理而行动，何疑之有？贤人有怀疑，是疑惑合不合理；普通人多疑，是疑惑对自己有没有情。又问：如果不怀疑而被人欺骗，怎么办呢？回答说：学习到不会产生怀疑时，自然能先发现别人是否在欺骗你，况且学会了不怀疑的学问，就是至诚的学问，即使狡猾虚伪的人也不忍欺骗你了。

祸福之来　恒必由之

【原文】

天下之祸非偶然而成也，有辏合，有搏激，有积渐。辏合者杂而不可解，在天为风雨雷电，在身为多过，在人为朋奸，在事为众恶遭会，在病为风寒暑湿合而成痹。搏激者勇而不可御，在天为迅雷大雹，在身为忿恨，在人为横逆卒加，在事为骤感成凶，在病为中寒暴厥。积渐者极重而不可反，在天为寒暑之序，在身为罪恶贯盈，在人为包藏待逞，在事为大蔽极坏，在病为血气衰羸，痰火蕴郁，奄奄不可支。此三成者，理势之自然，天地万物皆不能外。祸福之来，恒必由之，故君子为善则籍众关而防错履之多，奋志节而戒一朝之怒，体道以终身，孜孜不倦，而绝不可长之欲。

【译文】

天下的祸事都不是偶然形成的，有凑合而成的，有突然激发的，有逐渐积成的。凑合而成的，原因复杂，不可化解，在天就是风雨雷电，在自身就是多过，在别人就是朋比为奸，在事情就是众恶都聚集在一起，在病为风寒暑湿合成了瘫痹之症。突然激发的，来势凶猛，不可阻挡，在天为迅雷大风冰雹，在自身为愤恨，在别人为突然飞来的横祸，在事情为骤然发生的凶事，在疾病为中暑受寒突然昏厥。逐渐形成的，天长日久，积重难返，在天为寒暑四季的变化，在自身为恶贯满盈，在别人为包藏祸心等待得逞，在事情为大蔽极坏，在病为血气衰羸、痰火蕴积、奄奄待毙。以上三种原因形成的祸事，都是道理和形势发展的必然，天地万物都包括在内。祸福的到来，都是由这些原因造成的，因此君子为善则凭借多做好事来防止错误出现，振奋志向和节操，谨戒突然发怒，终身都要体会事物的自然规律，孜孜不倦地学习，杜绝那些不可滋长的欲望。

第四章　了悟世事中的通与变

失火之家　岂暇告人

【原文】

失火之家，岂暇先言大人而后救火乎！

【译文】

家中失了火，哪里来得及先告诉家长然后再去救火呢！

兵谋不测　贵出不意

【原文】

兵贵谋之不测也，形之隐匿也，出于不意，不可以设备也。谋见则穷，形见则制。

【译文】

用兵贵在谋划时他人难以测度，形迹善于隐蔽，这样，常常出其不意，使对方无法防备。如果密谋暴露就会陷入困境，形迹暴露就会被人所制。

军尚随机　期于合宜

【原文】

军事尚权，期于合宜。

【译文】

打仗的事重在随机应变，目的是符合实际需要。

粮食为本　奇正为始

【原文】

军以粮食为本，兵以奇正为始。

【译文】

军队要把粮食作为根本，用兵要把懂得何时对阵交锋、何时应设计奇袭作为基础。

听命纵敌　决非良将

【原文】

从令纵敌，非良将也。

【译文】

在战斗中，机械地执行上级命令，贻误战机，放走了敌人，绝不是优秀的指挥员。

处危自谋　因危为功

【原文】

上智不处危以侥幸，中智能因危以为功，下愚安于危以自亡。

【译文】

最有智慧的人，不会在面临危险时抱着侥幸心理，而是依靠自己的努力去改善处境；具有中等智慧的人，能够因势利导，把危险变为成功的机会；最愚蠢的人，则是苟安于危险环境而自取灭亡。

道不可见　事不可闻

【原文】

道在不可见，事在不可闻，胜在不可知。

【译文】

用兵之道的神妙在于众人都看不见，谋划事情的奥妙在于众人都听不见，出奇制胜的诀窍在于众人都不知道。

用贵玄默　动贵不意

【原文】

用莫大于玄默，动莫大于不意，谋莫善于不识。

【译文】

用兵上最要紧的莫过于神秘无言，行动上最要紧的莫过于出其不意，谋划时最要紧的莫过于使人捉摸不透。

攻其无备　出其不意

【原文】

攻其无备，出其不意。

【译文】

在敌人没有准备时发起攻击，行动出于敌人的意料之外。

善出奇者　广如天地

【原文】

善出奇者，无穷如天地，不竭如江河。

【译文】

善于出奇制胜的人，其战略战术就像天和地一样善于变化，就像奔流不息的江河一样无穷无尽。

兵无常势　因敌取胜

【原文】

兵无常势，水无常形，能因敌变化而取胜者，谓之神。

【译文】

军队打仗没有固定不变的战法，水没有固定不变的形态，能根据敌情变换战法而取胜的，叫作用兵如神。

将欲歙之　必固张之

【原文】

将欲歙之，必固张之；将欲弱之，必固强之；将欲废之，必固兴之；将欲夺之，必固与之。

【译文】

将要收敛它，必须暂且扩张它；将要削弱它，必须暂且增强它；将要废弃它，必须暂且兴起它；将要夺取它，必须暂且给予它。说明要达到目的，有时必须采取“欲擒故纵”的策略。

无备不虞　不宜出师

【原文】

不备不虞，不可以师。

【译文】

不预备意外，就不能出师作战。

治宜多变　政宜少变

【原文】

主贵多变，国贵少变。

【译文】

统治者的谋略贵在多变化，国家政局贵在少变动。

遵守根本　顺应变化

【原文】

宗原应变，曲得其宜。

【译文】

既遵守根本原则，又能顺应情况的变化，使各方面都处理得很得当。

兵有大要　知谋则得

【原文】

兵有大要,知谋物之不谋之不禁也,则得之矣。

【译文】

用兵有它的关键,如果懂得攻其无备,出其不意,那就掌握了用兵的关键了。

用力贵突　使智贵卒

【原文】

力贵突,智贵卒。得之同则速为上,胜之同则湿为下。

【译文】

用力贵在突发，用智贵在敏捷。同样获得一物，速度快的为优；同样战胜对手，拖延久的为劣。

智者举事　因祸为福

【原文】

智者举事，因祸为福，转败为功。

【译文】

聪明人做事情，能变不利因素为有利因素，从而使祸转化为福，使失败转化为成功。

谋藏于心　事见于迹

【原文】

谋藏于心，事见于迹，心与迹同者败，心与迹异者胜。

【译文】

计谋藏于心中，事情表现在外边，心里想的和外表流露的一致时，就失败了；心里想的和外表流露的相反时，就胜利。强调善于以假象迷惑敌人。

其心谋大　其迹示小

【原文】

心谋大，迹示小；心谋取，迹示与；惑其真，疑其诈。

【译文】

内心里策划着大的作战计划，而行动上表现为较小的行动；心里谋划着攻取，表面上表现为给予;以假乱真,使其迷惑,诡诈难料,使其迟疑不决。

时备不虞　军政之要

【原文】

时备不虞,军之善政。

【译文】

随时准备应付可能发生的意外事件,这是行军打仗的最好措施。

事有便宜　不拘常制

【原文】

事有便宜,而不拘常制;谋有奇诡,而不循众。

【译文】

处置一件事,应采取最有利的方式,而不要拘泥于那种固定的一般规定;计谋应具有出人意料、变化难测的特点,不应该迎合和曲从于一般人的见解。

用兵之道　知变为本

【原文】

用兵之术,知变为大。

【译文】

用兵的方法以懂得变化为最重要。

权不预设　变不先图

【原文】

权不可豫设，变不可先图；与时迁移，应物变化，设策之机也。

【译文】

权谋不能在情况未发生时就预先设计周全，对于变化的事物不能事先就谋划妥当；随着形势而转移，顺应事物而变化，这是确定策略的关键。强调随机应变。

善战致人　不致于人

【原文】

善战者致人，不致于人。

【译文】

善于指挥作战的人一定采取主动，而不被敌人所摆布。

公正治国　奇兵取胜

【原文】

以正守国，以奇用兵。

【译文】

管理国家，要依靠公正无邪的办事原则；打仗用兵，要用不拘一格的方式取胜。

为谋谨慎　乱况削减

【原文】

为谋为毖，乱况斯削。

【译文】

谋划谨慎，祸乱的情况就可以减少。

思之再思　又重思之

【原文】

思之，思之，又重思之。

【译文】

思考吧，思考吧，再重新思考一次吧。

举失国危　形过权倒

【原文】

举失而国危，形过而权倒，谋易而祸及，计得而强信。

【译文】

举措失当国家就会危险，过分暴露权谋就会失败，谋事轻率则招祸，计划得宜则发挥强力。

上离其道　下失其事

【原文】

上离其道,下失其事。毋代马走,使尽其力;毋代鸟飞,使弊其羽翼。

【译文】

在上位地脱离了轨道,居下位的官员就荒怠职事。不要代替马去跑,让它自尽其力;不要代替鸟去飞,让它充分使用其羽翼。

捷先之道　在知缓急

【原文】

凡兵,欲急疾捷先。欲急疾捷先之道,在于知缓徐迟后而急疾捷先之分也。

【译文】

凡用兵打仗,应该行动迅速,先发制人。要想行动迅速,先发制人,方法在于明辨迟缓、落后与迅速、抢先的区别。

先发制人　后发受制

【原文】

先发制人,后发制于人。

【译文】

首先发动进攻,就可以制服对方;后于别人发动进攻,就会被别人所制服。

功者难成　时者易失

【原文】

功者，难成而易败；时者，难得而易失也。时乎时，不再来。

【译文】

功业难于成功却容易失败，时机难于得到却容易丧失。时机啊时机，失去了就不会再来了。

天与弗取　反受其咎

【原文】

天与弗取，反受其咎；时至不行，反受其殃。

【译文】

上天赐予的东西不接受，反而会受到惩罚；时机到了不行动，反而会遭受灾祸。

智者不倍时

【原文】

智得不倍时而弃利。

【译文】

明智的人不会违背时机而放弃对事业有利的条件。

事后而虑　则事不举

【原文】

事至而后虑者谓之后,后则事不举;患至而后虑者谓之困,困则祸不可御。

【译文】

事情已经发生了才考虑就叫作被动,被动则事情就不会成功;灾祸已经到了才考虑就叫作困窘,困窘则无法抵御灾祸。强调做事要掌握主动权才能成功。

举事因时　人事不广

【原文】

智者之举事必因时,时不可必成,其人事则不广。

【译文】

明智的人做事情一定要依靠时机,时机不一定能得到,但人为的努力却不可废弃。

天不再与　时不久留

【原文】

天不再与，时不久留，能不两工，事在当之。

【译文】

上天不会给两次机会，时机不会长久停留，人的才能不会在做事时两方面同时达到完美，事情的成功在于适逢其时。意思是，机不可失，失不再来，要当机立断，应时而作。

简选精良　兵械铦利

【原文】

简选精良，兵械话利，发之则不时，纵之则不当，与恶卒无择。

【译文】

虽有认真选拔、装备精良的军队，但发动他们不合时机，使用他们总是不得当，这样的军队同劣等军队没有什么分别。

无益于事　弃之可矣

【原文】

为之无益于成也，求之无益于得也，忧戚之无益于几也，则广焉能弃之矣。

【译文】

对于那些做了也无益于事情的成功，追求也无益于事情的实际效果，忧虑也无益于解决问题的事，那么就应当远远地将它抛弃掉。

全则必缺　极则必反

【原文】

全则必缺，极则必反，盈则必亏。先王知物之不可两大，故择物，当而处之。

【译文】

完美就会转向缺损，极端就会走向反面，满盈就会转向欠缺。先王知道不能两方面同时发展壮大，所以对于事物要加以选择，适宜做的才做。意思是，对立着的矛盾双方不能同时得以发展，所以做事不能要求十全十美，只能权衡利弊，择一而从。

用重要轻　世必笑之

【原文】

今有人于此，以随侯之珠弹千仞之雀，世必笑之。是何也？所用重，所要轻也。

【译文】

假如有这样一个人，用随侯之珠去弹千仞高的飞鸟，世人肯定会嘲笑他。这是什么原因呢？因为他所耗费的太贵重，所追求的太轻微了。

不去小得　大利不得

【原文】

不去小利，则大利不得；不去小忠，则大忠不至。故小利，大利之残也；小忠，大忠之贼也。圣人去小取大。

【译文】

不抛弃小利，大利就不能得到；不抛弃小忠，大忠就不能实现。所以说，小利是大利的祸害；小忠是大忠的祸害。圣人抛弃小者，选取大者。

仁不穷约　智不失时

【原文】

仁者不穷约，智者不失时。

【译文】

仁义的人是不会困坐愁城的，聪明的人是不会坐失良机的。

智不逆天　亦不逆时

【原文】

智者不逆天，亦不逆时，亦不逆人也。

【译文】

凡是有才智的人，不会悖逆天时条件，也不会丧失时机，也不会违背人们的意志。

不应事机　是谓不智

【原文】

事机作而不能应，非智也；势机动而不能制，非贤也；情机发而不能行，非勇也。善将者，必因机而立胜。

【译文】

事情成功的机会到了却不能把握它，是不明智的表现；形势所提供的机会而不能掌握，是不贤能的表现；在人心向我，可以采取行动时而不行动，是不勇敢的表现。善于用兵打仗的人，一定要充分利用有利时机去取得胜利。

料敌在心　察机在目

【原文】

料敌在心,察机在目。

【译文】

熟知敌情,判断正确,取决于指挥员的敏锐思考;而决策及时不失良机,则取决于指挥员见识的运用。

时机易逝　重在迅速

【原文】

时来易失,赴机在速。

【译文】

时机一出现是很容易瞬息即逝去的,利用机会的关键在于迅速地抓住它。

坐昧先兆　必贻后诛

【原文】

坐昧先几之兆,必贻后至之诛。

【译文】

认不清形势,白白地错过预示胜利的机会,一定会受到随后而来的惩罚。

见利不失　遭时不疑

【原文】

见利不失，遭时不疑。失利涉时，反受其害。

【译文】

看到有利的条件就不能失去，碰到好的机会就不能迟疑。失掉有利条件，错过大好时机，就会反受其害。

凡修政教　当修适时

【原文】

凡修政教，当修之于可修之时，若事变一起，而后悔之，则无益也。

【译文】

凡是想要整治政治和教化，应该在可以整治的时候整治；不然事情一旦有了变化无法整治时，再后悔也没有用了。

两敌相峙　贵者机会

【原文】

两敌相峙，所贵者机会，此胜负夺亡之分也。

【译文】

两支军队对峙，所宝贵的是有利的战机，胜败存亡的分界线就在这里。

行藏因时　不躁不陋

【原文】

时未至而为之，谓之躁；时至而不为之，谓之陋。

【译文】

时机还不成熟就急着去做，这叫急躁；时机已经成熟但还不去做，这叫愚陋。

政令适时　民从贤服

【原文】

政令时，则百姓一，贤良服。

【译文】

政令适时，那么百姓就会行动一致，贤良之士也都敬服。

当时则动　物至而应

【原文】

当时则动，物至而应，事起而辨。

【译文】

抓住时机及时行动，事物来了就立刻去对付，情况发生了就马上去处理。意谓反应要敏捷，决断要及时。

小快害义　小慧害道

【原文】

小快害义，小慧害道，小辨害治，苛削伤德。

【译文】

在小事上逞一时之快就会伤害大的原则，要弄小聪明就会损害治国大道，计较小事就会有害于大治，过分苛刻就会伤害大德。

千金之货　不争铢两

【原文】

逐鹿者不顾兔，决千金之货者不争铢两之价。

【译文】

追赶野鹿的猎手，是不会顾及兔子那样的小猎物的，决意成交价值千金货物的人，是不会在一铢一两的价格上计较不休的。

举大事者　不拘细谨

【原文】

举大事不细谨，盛德不辞让。

【译文】

能干大事的人都不拘泥于细节，有高尚道德的人做事从不推托不前。

区分轻重　权衡得失

【原文】

贵轻重，慎权衡。

【译文】

重视区分事情的轻重缓急，审慎地权衡得失利弊。

顾小忘大　后必有害

【原文】

顾小而忘大，后必有害。

【译文】

凡事只顾细节而忘记大局，后来必定有祸害。

欲思其利　必虑其害

【原文】

欲思其利，必虑其害；欲思其成，必虑其败。

【译文】

要想得到好处，一定要考虑一下可能出现的害处；要想办成一件事，一定要考虑一下可能造成的失败。说明作计划，办事情，一定要充分考虑到不利的方面。

不慕虚名　不招灾祸

【原文】

不得慕虚名而处实祸。

【译文】

不能为了贪图虚名而招致实际祸害。

千钧之弩　万石之钟

【原文】

千钧之弩，不为鼷鼠发机；万石之钟，不以莛撞起音。

【译文】

有千钧之力的弓弩，决不会为了射击小老鼠而开动弩机，万石之重的大钟，不会因为小草茎的撞击而发声。

进中有退　存中有亡

【原文】

进有退之义，存有亡之机，得有丧之理。

【译文】

进中包含着退的含义，存中包含着亡的可能，得中包含着丧的道理。

物可为小　不可为大

【原文】

物固有可以为小，不可以为大；可以为半，不可以为全者也。

【译文】

有的事物只可以在小范围起作用，不可以在大范围起作用；可以在一部分上起作用，不可以在全体上起作用。说明任何东西都有其适用范围，不可类推一切。

细安待大　大安待小

【原文】

细之安必待大，大之安必待小。细大贵贱交相为赞，然后皆得其所乐。

【译文】

局部的安定，一定要依靠全局的安定；全局的安定，也必定要依靠局部的安定。全局和局部、贵重和轻贱相互依赖支持，然后才能各得其所。

相似之物　实去甚远

【原文】

亡国之主似智，亡国之臣似忠。相似之物，此愚者之所大惑，而圣人之所加虑也。

【译文】

亡国的君主好像很聪明，亡国的臣子好像很忠诚。相似的事物，是愚昧无知的人深感迷惑，而圣人也最伤脑筋，需要用心思索的。说明对相似之物不注意辨察就可能造成严重后果。

先知审征　无征难知

【原文】

先知必审征表，无征表而欲先知，尧、舜与众人同等。

【译文】

要先知必须审察事物的征兆和表象，没有征兆和表象却想先知，就是尧、舜也和一般人一样不可能做到。说明只有善于透过表象才能洞察事物的真实本质。

金刚则折　革刚则裂

【原文】

金刚则折，革刚则裂，人君刚则国家灭。

【译文】

金属太坚硬就容易折断，皮革太硬就容易裂开，为国君的刚愎自用就会使国家灭亡。

天下之事　不可尽知

【原文】

天下之事，不可尽知，而以臆断之，不可任也。

【译文】

天下的事情，不可能全部了解，而凭主观断定它，是不可取的。说明对自己不了解的事情，不可主观臆断。

第五章 参透交际中的刚与柔

天虽喜生 难救亡人

【原文】

天虽好生，亦难救求死之人；人能造福，即可邀悔祸之天。

【译文】

上天虽然希望万物都充满生机，却也无法救那种自蹈死路的人。人如果能自求多福，就可使原本将要发生的灾祸不再发生，就像得到了上天的赦免一般。

多记格言 胸有主宰

【原文】

多记先正格言，胸中方有主宰；闲看他人行事，眼前即是规箴。

【译文】

多多记住先圣先贤立身处世的训辞，心中才会有正确的主见。旁观他人做事的得失，便可作为我们行事的法则。

金钱似药 有福有祸

【原文】

钱能福人，亦能祸人，有钱者可不知；药能生人，亦能杀人，用药者不可不慎。

【译文】

钱能为人造福,也能带来祸害,有钱的人一定要明了这一点。药能够救人,也能够杀人,用药的人不能不谨慎。

淡泊明利　胸怀若谷

【原文】

居轩冕之中,不可无山林的气味;处林泉之下,须要怀廊庙的经纶。

【译文】

身居政府显要官职的人,要保持一种淡泊名利的思想;身为平民居住在田园之中的人,必须要有胸怀人世治理国家的雄心壮志。

守身谨严　养心淡泊

【原文】

守身必谨严,凡足以戕吾身者宜戒之;养心须淡泊,凡是以累吾心者勿为也。

【译文】

持守节操必须十分谨慎严格,凡是足以损害自己身心的行为,都应该戒除。要以宁静寡欲涵养自己的心胸。凡是会使我们心灵疲惫不堪的事,都不要去做。

清乃顺境　节即丰年

【原文】

清贫乃读书人顺境,节俭即种田人丰年。

【译文】

对于读书人而言,清高而贫穷才是顺遂的日子;而对于种田的人而言,只要省吃俭用，就是丰收的年头。

责善朋友　忠诚劝告

【原文】

责善朋友之道，然须忠告而善道之，悉其忠爱，致其婉曲，使彼闻之而可从，绎之而可改，有所感而无所怒。

【译文】

帮助他人向善是做朋友应尽的责任，但是必须忠诚地劝告并善于开导，表明自己满腔的关爱，而且态度委婉，使其听了能够听从，理解了能够改正，做到内心感动而不愤怒。

讦人之短　非己所为

【原文】

凡讦人之短，攻发人之阴私，以估直者，皆不可以言责善。虽然，我以是而施于人，不可也。人以是而加诸我，凡攻我之失者，皆我师也，安可以不乐受而心感之乎！

【译文】

凡是攻击别人的过失，揭发别人的隐私，以换取正直名声的，都不能说是帮助他人为善。尽管，我用这样的办法去对待别人是不行的；但是别人用这样的办法来对待我，凡是攻击我的过失的，都是我的老师，我又怎么能不欣然接受而衷心感激呢？

学教相融　互相进步

【原文】

交友之旨无他，彼有善长于我，则我效之；我有善长于彼，则我教之。是学即教，教即学，互相资矣。

【译文】

交结朋友的意义没有别的，对我来说，如果他有美德和长处，那么，我就向他学习；对他来说，如果我有美德和长处，那么，我就教给他。这样，学就是教，教就是学，互相进步。

不为吾友　何为缘由

【原文】

不务己而好评人，此今之君子所以终身不可与适道，不为吾友顾之也。

【译文】

有的人不反省自己而喜欢批评他人，这就是时下的君子之所以终身不愿和他一起讨论学术，我也不把他作为朋友看待的原因啊！

君子之助　过失减少

【原文】

辅仁者，友也……于是以友之高明开我之蒙蔽，以友人之宽厚化我之私狭。对端方之儒，怠惰不觉其潜俏。得直谅之助，过端不觉其日寡。

【译文】

辅助别人行仁道，才算真朋友……以朋友的高明来启迪我的蒙昧，以朋友的宽厚来转变我的自私偏狭。面对正直的读书人，怠惰不觉暗中消除。得到正直诚信君子的帮助，过失不觉一天天减少。

自满招损　谦逊受益

【原文】

满招损，谦受益，时乃天道。

【译文】

傲慢招致损害，谦和带来好处，这是自然的道理。

澹泊之士　浓艳者疑

【原文】

澹泊之士，必为浓艳者所疑；检饰之人，必为放肆者所忌。事穷势蹙之人，当原其初心；功成行满之士，要观其末路。

【译文】

恬静寡欲的人，必定为豪华奢侈的人所怀疑；谨慎而检点的人，必定被行为放肆的人所嫉恨。一个人到了穷途末路，我们应看他当初的本心如何；一个功成行就的人，我们要看他以后会怎么继续下去。

群行群止　可看识见

【原文】

大事难事看担当，逆境顺境看襟度，临喜临怒看涵养，群行群止看识见。

【译文】

逢到大事和困难的时候，可以看出一个人是否有担负责任的勇气。遇到逆境的时候，可以看出一个人的胸襟和气度。而逢到喜怒的事时，则可看出一个人的涵养。在与群众同行同止时，也可看出一个人对事物的见解和认识。

先淡后浓　交友道也

【原文】

先淡后浓，先疏后亲，先达后近，交友道也。

【译文】

交朋友的滋味是由淡薄而浓厚，态度要由疏远而亲近，由接触而相知，这是交朋友的方法。

友以成德　学以愈愚

【原文】

友以成德也，人而无友，则孤陋寡闻，德不能成矣；学以愈愚也，人而学，则昏昧无知，愚不能愈矣。

【译文】

朋友可以帮助德业的进步，人如果没有朋友，则学识浅薄，见闻不广，德业就无法得以改善。学习是为了免除愚昧的毛病，人如果不学习，必定愚昧无知，愚昧的毛病永远都不能去掉。

滥交朋友　不如读书

误用聪明，何若一生守拙；滥交朋友，不如终日读书。

【译文】

把聪明用错了地方，不如一辈子谨守愚拙，至少不会出错。随便交朋友，倒不如整天闭门读书。

教育子弟　立德品行

【原文】

交朋友增体面，不如交朋友益身心；教子弟求显荣，不如教子弟立品行。

【译文】

如果是为了增加自己的面子，交结富贵的朋友，倒不如交真正对我们身心有益的朋友。教自己的孩子求得荣华富贵，倒不如教导他们做人应有的品格和行为。

闲居卓心　方语正直

【原文】

一室闲居，必常怀振卓心，才有生气；同人聚处，须多说切直话，方见古风。

【译文】

闲散居处时，一定要时常怀着振奋向上的心志，才能显出活泼蓬勃的气象。和别人相处时，要多说实在而正直的话，才是古人处世的风范。

结交诤友　必有令名

【原文】

能结交直道朋友，其人必有令名；肯亲近耆德老成，其家必多善事。

【译文】

能与行为正直的人交朋友，这样的人必然也会有很好的名声；肯向德高望重的人亲近求教，这样的家庭必然常常有善事。

不贵无过　贵之能改

【原文】

夫过者自大贤所不免，然不害其卒为大贤者，为其能改也。故不贵于无过而贵于能改过。

【译文】

过错，这是大贤人都难以避免的，然而这不影响他们最终成为大贤人，因为他们能够改正过错。所以，没有过错并不可贵，可贵的是能够改正过错。

悔悟之后　改之为贵

【原文】

悔悟是去病之药，然以改之为贵，若留滞于中，则又因药发病。

【译文】

悔悟好比是消除疾病的药物，但重要的是改正错误。如果仅仅停留在悔悟上，则又会因为药不治病，却阻塞在身体内，反而使旧病复发。

善救其失　教人之道

【原文】

教人之道，只“长善而救其失”，一语尽之。如《舜典》命夔典乐教胄子，而曰“直而温，宽而栗，刚而无虐，简而无傲”，只是此意。万世教人之法，不能易也。盖直者恒不足于温。故欲其温；宽者恒不足于栗，故欲栗；而者易至于虐，故戒其虐；简者易至于傲，故戒其傲。在学者，变化气质之道，亦在自长其善、自救其失而已。

【译文】

教诲人的方法，只用“增进好的方面来弥补自己的过失和不足”一句话就说完全了。比如《舜典》中舜命令夔主持乐官，去教育贵族子弟。因而说：“要把他们教育得正直而温和，宽大而谨慎，性格刚正而不凌人，态度简约而不傲慢”，就是这个意思。这是万代教育人的法则，不能更改。大概行为正直的人常缺少温和的态度，所以要他温和；秉性旷达、不拘小节的人常常缺少恭敬、谨慎，所以要他恭敬、谨慎；性格刚正的人容易粗暴，所以要他防止粗暴、鲁莽；能从大处着眼小处着手的人容易产生傲慢情绪，所以要他防止骄傲。

对于正在学习的人来说，变化自己气质的方法，也是在于自我增益好的方面，自我弥补不足罢了。

随波逐流　害人害己

【原文】

见恶不疾，是为长恶；见善不从，是为弃善，损于己亦损于人。

【译文】

看见邪恶而不憎恨，就是助长邪恶；看见美好而不顺从，就是舍弃美好，这不仅损害了自己也损害了别人。

乐善改过　所以修身

【原文】

乐善改过，所以修身；修身，所以成大业也。古之成大业者，莫不以此。

【译文】

因为乐于从善改过，所以能修养自身；因为能修养自身，所以才成就大事业。古代能成就大事业的人，没有不是这样的。

人之生也　必用其心

【原文】

人之生也,必无一息不用其心之理。用之于善,则为善人矣;用之于恶,则为恶人矣。用之于大,则为大人矣;用之于小,则为小人矣。

【译文】

人的一生,必然没有一刻不用自己心中的智慧的。如果把它用于善良,那么,就可以成为善良的人;如果把它用于邪恶,那么,就会成为邪恶的人。如果把它用于大的方面,那么,就可以成为君子;如果把它用于小的方面,那么,就会成为小人。

精深学问　不离择善

【原文】

择善人而交,择善书而读,择善言而听,择善行而从,是初学切要功夫。从此造乎精微,总不外"择善"二字。

【译文】

选择贤良的人做朋友;选择美好的书来阅读;选择正确的言论来听取;选择完美的行为来顺从,是学习开始时最重要的功夫。从这开始直到精深学问,总离不开"择善"二字。

全慎全得　全忽全失

【原文】

世间事各有恰好处,慎一分者得一分,忽一分者失一分,全慎全得,全忽全失。小事多忽,忽小则失大;易事多忽,忽易财失难。存心君子自得之体验中耳。

【译文】

世间的各种事情都有各自的恰好处,谨慎一分就能得到一分,疏忽一分就会失去一分，全都谨慎就会全部得到，全都疏忽就会全部失去。在小事上，多会产生疏忽，疏忽了小的就会失去大的；在容易的事上，多会产生疏忽，疏忽了容易的就会失去难得的。用心思考的人自然会从自身的体验中领悟到这个道理。

入乡随俗　相与循之

【原文】

到一处问一处风俗，果不大害，相与循之，无与相忤。果于义有妨，或不言而默默转移，或婉言而徐徐感动。彼将不觉而同归于我矣。若疾言厉色，是己非人，是激也，自家取祸不惜，可惜好事做不成。

【译文】

到一处问一处风俗，就不会有大的害处，就可以入乡随俗，不会违背。如果对义有妨害，或者不说而默默加以转移，或者婉言相劝使其慢慢感动。对方会在不知不觉中同意我。如果疾言厉色，是己非人，是激他的做法，自己受祸还不足惜，可惜的是好事做不成。

独自觉断　不必观望

【原文】

事有可以义起者，不必泥守旧例；有可以独断者，不必观望众人。若旧例当、众人是，莫非胸中道理而彼先得之者也。方喜旧例免吾劳，方喜众见印吾是，何可别生意见以作聪明哉！此继人之后者之所当智也。

【译文】

事有为了义而做的，这时就不必拘泥于旧例；有可以独自决定的，就不必观望众人。如果旧例确实妥当，众人确实正确，只不过是我胸中的道理别人先明白罢了。这时正高兴旧例可以免得我再去思考的劳累，正高兴众见可以印证我的意见的正确，哪还能再生出别的意见自作聪明呢！这是继承别人事业的人应当知道的。

正确意见　听而从之

【原文】

你说底是，我便从，我不是从你，我自从是，何私之有？你说底不是，我便不从，不是不从你，我自不从不是，何嫌之有？

【译文】

你说的正确，我便听从，我不是听从你，我是听从正确的意见，这有什么私心呢？你说的不对，我便不听从，不是不听从你，是不听从不对的意见，有什么嫌疑呢？

文过饰非　招致大祸

【原文】

人君唯毋听谄谀饰过之言，则败。奚以知其然也？夫谄臣者，常使其主不悔其过不更其失者也，故主惑而不自知也，如是则谋臣死而谄臣尊矣。

【译文】

人君只要听信阿谀奉承、文过饰非的言论，就会导致失败。怎么知道是这样呢？谄媚之臣常常使君主不知悔过又不知改过的，所以君主受迷惑而自己觉察不到，这样就导致忠臣谋士被排斥而死，而谄媚之臣却高升了。

毋访于佞　毋蓄于谄

【原文】

毋访于佞，毋蓄于谄，毋育于凶，毋信于谗。

【译文】

不要询访求教于奸佞之人，不要保护谄媚的行为，不要培植凶恶行为，不可听信谗言。

屏流言迹　塞朋党门

【原文】

明主绝疑去谗,屏流言之迹,塞朋党之门。

【译文】

英明的君主杜绝猜忌消除谗言,排除流言蜚语的迹象,堵塞结党营私的途径。

去谗远色　所以劝贤

【原文】

去谗远色,贱货而贵德,所以劝贤也。

【译文】

摒弃那些谗佞小人的坏话,远离那诱人的女色,轻视钱财货物,珍视德品质,这才是勉励贤人的最好方法。

日行一善　积善何难

【原文】

为人日行一善,三年可以千善,积善何难,人病不为耳。

【译文】

为人每天做一件善事,三年可以做一千件善事,积善有什么难处?主要的问题是人们不愿意罢了。

有过可改　有善可迁

【原文】

学者但不见今日有过可改，有善可迁，便是昏惰一日。

【译文】

求学的人只要不见到自己今天有错误可以改正，有善事可以去做，便是稀里糊涂地混了一天。

迁善改过　勿要踌躇

【原文】

迁善改过必刚而速，勿片刻踌躇。

【译文】

从善改过一定要坚决而迅速，不要有片刻的犹豫。

不认不是　终身小人

【原文】

人不论过恶大小，只不认不是，即终身真小人，更不变换。

【译文】

人无论过错大小，只要不承认错误，就永远是小人，不会有任何变化。

人非圣贤　孰能无过

【原文】

学贵速改过。人非积厚养深，孰能无过。诸凡存心制行、应事接物间，一时检点不到，便有百过交集，幸而知之，当速改之，绝不可有一毫畏难之心，而苟且以自安也。才说姑待明日，过便愈益深至，日为潜滋暗长而不自觉矣。故夫子曰："过则勿惮改。"又曰："过而不改，是谓过埃。"又曰："已矣乎，吾未见能见其过而内自讼者也。"改过而日内自讼，更不啻刑罚刀锯驱之于前，其吃紧示人如此。人能猛省若是。庶几私可由之以去，理可由之以存，于以渐臻无过地位无难矣。人到无过地位，圣学之始终全矣，故以是终焉。

【译文】

做学问贵在迅速改正过错。人不是道德高尚的圣人，怎么能够没有过错？在一些需要注意行为、应酬事情之中，一时检查不到，就会有很多过错交叉出现。如果侥幸地发现了，就应该很快地改正过来，决不能有一点点畏难的思想，而用自我安慰来苟且。如果说姑且等到明天再说吧，过错就会更加严重，它每天会在隐伏中暗暗扩大、发展而自己难以察觉。所以，孔子说："有了过错，就不要怕改正。"又说："有了过错却不愿改正，这等于是过错。”又说：“算了吧！我还没有看见过能够看到自己的错误就自我检查的人。”改正过错而且当天就自我检查，无异于用刑罚刀锯逼迫驱赶自己，使自己紧张万分。一个人假如能这样猛烈醒悟，他的私心就差不多可以去掉，道德可以保持，以至于逐渐达到没有错误的程度。一个人达到了没有错误的程度，高尚的学问对他来说，也就从头到尾具备齐全了，所以，他最终还是高尚的人。

学者之病　在于妒忌

【原文】

学者之病莫大于妒忌。妒忌者，忮求之所从生也。有技彦圣，视若己出，休休有容，虽为相不过是矣。若闻人之善则妒之，见人之才则忌之，观其成而欲其败，畏其显而挤之晦，究于一己何裨哉？他日得志，必为妨贤病国之小人。此过不悛者，逐之。

【译文】

求取学问的人，最大的毛病是妒忌。妒忌，是嫉恨自己的目的达不到而产生的。把别人高明美好的才能，竟看成是自己的东西，那么悠然自得、容光焕发，似乎做了宰相也不过是这样哩。如果听到别人的美好就妒忌他；看到别人的才干就妒忌他；看到别人的成功却想要他失败；害怕别人显赫就显扬他的缺点，那么，这对于自己究竟又有什么补益呢？这种人如果以后得志居位，必然会成为妨碍贤能哲人，危害国家利益的小人。有这种过错而不悔改的人，要把他赶出书院山门。

日常行为　合乎仪礼

【原文】

子曰：“非礼勿视，非礼勿听，非礼勿言，非礼勿动。”

【译文】

孔子说：“不合乎礼的东西不看，不合乎礼的话不听，不合乎礼的话不说，不合乎礼的事不做。”

君子一生　须有三戒

【原文】

孔子曰："君子有三戒：少之时，血气未定，戒之在色；及其壮也，血气方刚，戒之在斗；及其老也，血气既衰，戒之在得。"

【译文】

孔子说："君子有三件事情应该提高警惕：年轻的时候，血气未定，不要迷恋女色；等到壮年，血气正盛，不要好胜喜斗；等到年老了，血气已经衰弱，不要贪求无厌。"

不贿权贵　不利辟者

【原文】

不贿贵者之权势，不利便辟者之辞。

【译文】

不用财物去买通富贵者的权势，不喜爱身边的人讨好的言辞。

周围环境　持以谨慎

【原文】

正君渐于香酒，可谗而得也。君子之所渐不可不慎也。

【译文】

就像美酒的熏陶可以醉人一样，正派的君子被周围美好动听的谗言所熏染，也可以使君主改变思想。所以君子对周围环境的浸染不可不持谨慎的态度。

善取宠上　是态之臣

【原文】

内不足使一民，外不足使距难；百姓不亲，诸侯不信；然而巧敏佞说，善取宠乎上，是态臣者也。

【译文】

对内不能团结统一人民，对外不能抵御敌人入侵；百姓不亲近，诸侯不信任；然而却善于花言巧语，阿谀奉承，很会博得君主的宠爱，这种臣子就是谄媚之臣。

无滞碍心　是通达人

【原文】

无执滞心，才是通方士；有做作气，便非本色人。

【译文】

没有执着滞碍的心，才是通达事理的人。有矫揉造作的习气，便无法保持自己的本色。

不加学力　气质难化

【原文】

有生资，不加学力，气质究难化也；慎大德，不矜细行，形迹终可疑也。

【译文】

天生的资财很美好，如果不加以学习，脾气性情还是很难有所改进的。只在大行为上面留心谨慎，却在小节上不加以爱惜，到底让人对他的言行不能信任。

世风狡诈　忠厚不破

【原文】

世风之狡诈多端，到底忠厚人颠扑不破；末俗以繁华相尚，终觉冷淡处趣味弥长。

【译文】

世俗的风气愈来愈趋于狡猾欺诈，但是，忠厚的人诚恳踏实，他们的稳重质朴，永远是众人行事的模范。近世的习俗愈来愈崇尚奢侈浮华，不过，还是寂静平淡的日子真味自在，日月悠长。

使之报应　劝善之方

【原文】

为乡邻解纷争，使得和好如初，即化人之事也；为世俗谈因果，使知报应不爽，亦劝善之方也。

【译文】

替乡里的邻居解决纷争，使他们和最初一样友好，这便是感化他人的事了。向世俗的解说因果报应的事，使他们知道“善有善报，恶有恶报”的道理，这也是一种劝人为善的方法。

发达命定　肯做功夫

【原文】

发达虽命定，亦由肯做功夫；福寿虽天生，还是多积阴德。

【译文】

一个人的飞黄腾达，虽然是命运注定，却也是因为他肯努力。一个人的福分寿命，虽然是一生下来便有定数，仍然还是要多做善事来积阴德。

居必择乡　游必就士

【原文】

君子居必择乡，游必就士，所以防邪僻而近中正也。

【译文】

君子定居一定谨慎地选择好地方，外出必须和有学问有道德的人交往，这是为了防止受邪恶人的影响，而接近正道。

君子追随　慎重选择

【原文】

孔子见罗者，其所得者皆黄口也。孔子曰：“黄口尽得，大爵独不得何也？”罗者对曰：“黄口从大爵者，不得；大爵从黄口者，可得。”孔子顾谓弟子曰：“君子慎所从，不得其人，则有罗网之患。”

【译文】

孔子见到一个用网捕鸟的人，他抓住的鸟都是雏雀。孔子问道：“你捕的全是雏雀，大雀却网不到,这是什么原因呢?"捕鸟人回答:"雏雀若跟从大雀,便网不住大雀;大雀若跟从雏雀,便可捕住大雀。"孔子对弟子们说:"君子追随什么样的人一定要慎重,如果跟从不恰当的人,就有陷入罗网的危险。"

宾入幕中　客登座上

【原文】

宾入幕中,皆沥胆披肝之士;客登座上,无焦头烂额之人。

【译文】

凡被自己视同可信任的朋友而与之商量事情的人,一定是与自己能相互竭尽忠诚的人。能够被自己当作朋友,在心中有一席之地的人,必然不是一个言行有缺失的人。

彼无望德　此无示恩

【原文】

彼无望德，此无示恩，穷交所以能长。望不胜奢，欲不胜餍，利交所以必伤。

【译文】

对方并不期望得到什么帮助，我也不会故示恩惠，这是穷朋友能长久交往的原因。老是想有所获得，欲望又永远无法满足，这是以利益来结交朋友必然会反目的理由。

时常警戒　相互勉励

【原文】

非得良友时时警发砥砺，平日志向鲜有不潜移默夺，驰然日就颓靡者。

【译文】

除非得到好朋友时常警戒启发及相互勉励，一个人平日的志向很少有不无形中松懈的，而志向松懈了，人就会一天天地颓废下去。

勤敏德义　俭淡钱利

【原文】

勤者敏于德义，而世人借勤以济其贫；俭者淡于钱利，而世人假俭以饰其吝。君子持身之符，反为小人营私之具矣，惜哉！

【译文】

一个勤奋的人应该尽心尽力在品德和义理上下功夫，可是一般人却都仰仗勤奋来解决自己的穷困，一个俭朴的人应该把钱财和利益看得很淡泊，可是一般人却假借俭朴来掩饰自己的吝啬，勤奋和俭朴本来是有德君子立身处世的信条，不料反倒成为市井小人营利阿私的工具，说来也真是令人感到惋惜。

情意真诚　态度开朗

【原文】

遇故旧之交，意气要愈新，处隐微之事，心迹宜愈显；待衰朽之人，恩礼当愈隆。

【译文】

偶尔遇到多年不见的老友时，情意要特别真诚，气氛要特别热烈，偶尔处理某种秘密事情时，居心要特别坦诚，态度要特别开朗，偶尔服侍身体衰弱的老人时，举止要特别殷勤，礼节要特别周到。

德才兼备　正人君子

【原文】

德者才之主，才者德之奴。有才无德，如家无主而奴用事矣，几何不魍魉猖狂。

【译文】

一个人的品德是才学才干的主人，而才学才干只不过是品德的奴隶而已。所以一个人假如只有才学才干而没有品德修养，就等于一个家庭没有主人而由奴隶当家，这样哪有不遭受精灵鬼怪肆意害人之理？

花言巧语　招致失败

【原文】

惟截截善谝言，俾君子易辞，我皇多有之。

【译文】

那缺乏深谋远虑的、浅薄的花言巧语使君主轻忽怠惰，招致失败，这样的人我怎能随便地亲近他们呢?

正人君子　无信胡言

【原文】

恺悌君子,无信谗言。谗言罔极,交乱四国。

【译文】

快乐平和的国君,不要听那奸臣的胡言。谗言得不到制止,定会把同邻国的关系搞坏。

功过少混　恩仇不明

【原文】

功过不容少混,混则人怀惰堕之心;恩仇不可太明,明则人起携贰之志。

【译文】

长官对于部下的功劳和过失,不可有一点模糊不清,假如功过不明就会使部下心灰意冷而不肯努力工作;一个人对于恩惠和仇恨,不可以表现得太鲜明,假如对恩仇太鲜明就容易使部下产生疑心而发生背叛之意。

人心之体　亦当如是

【原文】

霁日青天,倏变为迅雷震电;疾风怒雨,倏转为朗月晴空。气机可当一毫凝滞?太虚何当一毫障塞?人心之体亦当如是。

【译文】

当万里晴空艳阳高照之时,会突然乌云密布雷雨交加狂风暴雨的时候,会突然皓月当空万里无云。可见主宰气候变化的大自然一时一刻也不会停顿，而天体的运行也不会发生丝毫的错误或混乱，所以我们人类心理也要像大自然一般使喜怒哀乐的变化合乎理智准则。

锄奸杜倖　放之以路

【原文】

锄奸杜倖，要放他一条去路。若使之一无所容，譬如塞鼠穴者，一切去路都塞尽，则一切好物俱咬破矣。

【译文】

要想铲除邪恶之徒杜绝投机取巧专走后门的小人，有时也要斟酌实情给他们留一条改过自悔的途径。反之，如果逼得他们走投无路毫无立足之地。那就等于一个为了消灭老鼠而就堵死一切鼠洞，固然把老鼠的一切逃路都堵死了，可是一切好东西却也都被老鼠咬坏了。

觉人之诈　不形于言

【原文】

觉人之诈不形于言，受人之侮不动于色，此中有无穷意味，亦有无穷受用。

【译文】

当我们发觉被人家欺骗时不要立刻说出来，当我们遭受人家侮辱时也不要立刻生气。因为一个人能够有吃亏忍辱的胸襟，在人生旅途上自然会觉得有无穷深味，而且对你的前途事业也有一生受用不尽之感。

士为知己死　女为悦己容

【原文】

士为知己者死，女为悦己者容。

【译文】

大丈夫愿为知己朋友而舍去性命，女子好为喜欢自己的人修饰打扮。

离别者悲　交诤友乐

【原文】

悲莫悲兮生别离，乐莫乐兮新相知。

【译文】

要说悲哀，没有比活生生的离别更悲哀；要说快乐，没有比交上新的知己朋友更快乐。

知面知心　方为诤友

【原文】

朋而不心，面朋也；友而不心，面友也。

【译文】

朋友之间的交往，不是推心置腹，而是各怀私意，这只能叫面朋、面友，而不是真心诚意互相信赖的朋友。

势利之交　难以经远

【原文】

势利之交，难以经远。

【译文】

为权势、私利而交结朋友，时间不会久长。

君子绝交　不出丑言

【原文】

古之君子，绝交不出丑言。

【译文】

古代品德高尚的人，即使与他人断绝了交情，也决不会说出难于启口的脏话。

君子之友　先择后交

【原文】

君子先择而后交,小人先交而后择。

【译文】

品德高尚的人交朋友,先选择,然后才与他们交结为朋友;小人却不同,一见如故,显得异常亲热,然后才去选择自己所需要的人。

学以治用　才不枉然

【原文】

人得一知己,须对知己而无惭;士既多读书,必求读书而有用。

【译文】

人难得有一个知己,在面对知己时应该毫无可惭愧之处;读书人既然读了很多书,总要将学问用之于世,才不枉然。

历久自明　不必急求

【原文】

以直道教人,人即不从,而自反无愧。切勿曲以求容也;以诚心待人,人或不谅,而历久自明,不必急于求白也。

【译文】

以正直的道理去教导他人,即使他不听从,只要我问心无愧,千万不要委曲求全,于理有损,以诚恳的心对待他人,他人或者因为不能了解而有所误会,日子久了他自然会明白你的心意,不需急着去向他辩解。

何为益友　劝我过者

【原文】

何者为益友？凡事肯规我之过者是也；何者为小人？凡事必徇己之私者是也。

【译文】

哪一种朋友才算是益友呢？凡遇到我做事有不对的地方肯规劝我的便是益友。哪一种人算是小人呢？凡遇到自己做错事，只会一味地回护自己过失的便是小人。

古人交友　百炼成金

【原文】

古交如真金百炼而后不改其色；今交如暴流盈涸而不保朝夕。

【译文】

古人交友就像真金一样，虽经百炼也不改变它的真本色；而现代人交友，如同天下暴雨一样不长久。

功在凝精　不撄其锋

【原文】

理势数皆有自然，圣人不与自然斗，先之不敢干之，从之不敢迎之，待之不敢奈之，养之不敢强之。功在凝精，不撄其锋；妙在默成，不揭其名。夫是以理势数皆为我用而相忘于不争。噫！非善济天下之事者不足以语此。

【译文】

理、势、数都有它自然的规律，圣人不与自然斗，让其作为先导而不敢干涉它，跟从它而不能逆着它，等待它而不敢奈何它，养着它而不敢强迫它。功用在于凝聚它的精华，而不能犯它的锋芒；妙用在于默默成功，而不显露其名。这样，把理、势、数都为我所用而相忘于不争。噫！除非善于成就天下大事的人，不能和他谈论这个道理。

心一气纯　战无不胜

【原文】

心一气纯，可以格天动物，天下无不成之务矣。

【译文】

心专一，气纯粹，可以感天动物，天下没有干不成功的事情。

过责于人　亡身之念

【原文】

过责望人，亡身之念也。君子相与，要两有退心，不可两有进心。自反者，退心也。

故刚两进则碎，柔两进则屈，万福皆生于退反。

【译文】

过分地责备别人，是危害自己的做法。君子和人相交，要双方都有退心，不能都有进心。反躬自问，就是退心。因此刚两进则碎，柔两进则屈，万福都生于退反。

阳异阴同　不应之应

【原文】

施者不知、受者不知，诚动于天之南，而心通于海之北，是谓神应。我意才萌，彼意即觉，不俟出言，可以默会，是谓念应。我以目授之，彼以自受之，人皆不知，两人独觉，是谓不言之应。我固强之，彼固拂之，阳异而阴同，是谓不应之应。明乎此者，可以谈兵矣。

【译文】

施与的不知道，接受的也不知道，诚恳表现于天之南而诚心通于海之北，这叫神应。我刚萌发一种意念，对方马上领悟，不等出言，已经默会，这叫念应。我用目光授意，他用目光接受，别人都未觉察，只有我二人独知，这叫不言之应。我固执地勉强他，他固执地反对，表面上意见不同，暗中却是相同的，这叫不应之应。明白这些道理的，就可以谈论用兵之道。

明君之举　尽其所长

【原文】

明君之举其下也，尽如其短长，知其所不能益，若任之以事。贤人之臣其主也，尽其短长与身力之所不至，若量能而授官。

【译文】

明君举用下面的人才，总是全面了解他的长处和短处，了解到他的才能的最高限度，才委任给他职务。贤人侍奉他的君主，总是全面认识自己的短处和长处，认识到自己力所不及的限度，才按照自己白向能力而接受官职。

日无邪梦　斋无杂梦

【原文】

将祭而斋，其思虑之不斋者，不唯恶念，就是善念也是不该动底。这三日里，时时刻刻只在那所祭者身上，更无别个想头，故曰“精白一心”。才一毫杂，便不是精白；才二，便不是一心。故君子平日无邪梦，斋日无杂梦

【译文】

将要祭祀时举行斋戒，有人思想意念上不斋戒，不只是有恶念，就是善念也不该产生。斋戒这三天中，时时刻刻思虑要在那被祭者的身上，更不要有别的想法。因此称作“精白一心”。才有一毫杂，便不是精白；才二，便不是一心。所以君子平日无邪梦，斋日无杂梦。

彰友之过　第一不仁

【原文】

彰死友之过，此是第一不仁。生而告之也，望其能改，彼及闻之也，尚能自白。死而彰之，夫何为者？虽实过也，吾为掩之。

【译文】

揭露死友的过错，这是第一等的不仁。生时告诉他，是希望他能改过，这时他还能听到，还可以自我表白。死了以后才揭发，是为了什么呢？虽然他实有过错，也要为他遮掩。

淡泊自处　无限快乐

【原文】

争利起于人各有欲，争言起于人各有见。惟君子以淡泊自处，以知能让人，胸中有无

限快活处。

【译文】

争利起于人各有欲，争言起于人各有不同之见。只有君子能以淡泊自处，以智能让人，胸中有无限快活处。

不思劳者　有负世民

【原文】

吃这一箸饭是何人种获底？穿这一匹帛是何人织染底？大厦高堂如何该我住居？安车驷马如何该我乘坐？获饱暖之体，思作者之劳；享尊荣之乐，思供者之苦，此士大夫日夜不可忘情者也。不然，其负斯世斯民多矣。

【译文】

吃的这一碗饭是何人种收的？穿的这一匹帛是何人织染的？大厦高堂如何该我居住？安车驷马如何该我乘坐？获得饱暖的生活，应思劳作者的辛苦；享受尊荣的快乐，应思供给者的辛劳。这是士大夫日夜不可忘记的啊？不然，有负这世界、这百姓的就太多了。

离开五字　孟浪做法

【原文】

定、静、安、虑、得，此五字时时有，事事有，离了此五字，便是孟浪做。

【译文】

定、静、安、虑、得，这五个字时时有、事事有，离了这五个字，便是孟浪的做法。

好学之深　见其过错

【原文】

非好学之深，则不能见己之过；虽欲改不善以迁于善，而其道无从也。

【译文】

研究学问不到精深的程度，是不能看出自己过错的；即使他想改掉不好的行为，去做好的事情，但是他也难以找到门道。

莫尚乎刚　莫贵乎速

【原文】

损不善而从善者，莫尚乎刚，莫贵乎速。

【译文】

减少不善而顺从善的人，最重要的是刚毅，最可贵的是迅速。

为誉之举　自己担当

【原文】

善是大家公共的，不是一人自私的。为善却是自己担当的，不是他人强攀的。

【译文】

善良是大家共同公有的品德，不是哪一个人自己的私有财产。但是，做好事却是自己主动承担的，并不是其他的人强加给你的。

改过迁善　圣学要义

【原文】

朋友偶有过失，即于静处尽言相告，令其改图。即所闻未真，亦不妨当面一问，以释胸中之疑。不唯不可背后讲说，即在公会中，亦不可对众言之，令彼难堪，反决然自弃。交砥互砺，日迈月征，庶几共为君子。改过迁善，为圣学第一义，我辈勉之。

【译文】

如果朋友偶然犯了错误，就在僻静的地方向他讲清楚，使他考虑清楚后改正。即使自己听到的不一定准确，也不妨当面问一问，以解除自己胸中的怀疑。这样的事，不仅不可以在他不在的时候讲说，就是在大庭广众之下，也不可以对大家讲这样的事，使他感到难以忍受，反而坚决自暴自弃。朋友之间只要相互切磋，就会每天有所进步，每月有所收获，时间长了之后，就会同时成为君子。改正错误转变到好的方面来，是圣人学问的第一个要义，我们应该以它来勉励自己。

学问无他　改过迁善

【原文】

吾学无他，只改过迁善四字。日日改迁，便是功夫；终身改迁，便是效验。世间一颜子不贰过，我辈不免频复，虽改了复犯亦无妨，只要常常振刷，真正去改，久之不免懈怠，但一觉察，便又整顿。

【译文】

我的学问没有其他道理，只有改过迁善四个字。天天能改过迁善，就是做学问的功夫；终身能改过千善，就是做学问的效验，人世间只有一个颜回不重犯同类性质的错误，我们这些普通人难免屡屡重犯，虽然重犯错误也不碍事，只要经常振作精神，洗心革面，真正去改。久而久之难免懈怠也没关系，只要一察觉，就重新整顿自己就是了。

位居高处　韬光养晦

【原文】

能脱俗便是奇，不合污便是清。处巧若拙，处明若晦，处动若静。

【译文】

能够超脱世俗，便是不平凡；能够不与人同流合污，便是清高。对于愈是巧妙的事情，愈要以拙笨的方法处理；虽然位居高明之处，却能擅自韬光养晦：虽然处于动荡的环境，却要像处在平静的环境中一般，不可慌乱。

渴求进步　外无所求

【原文】

用功于内者，必于外无所求；饰美于外者，必其中无所有。

【译文】

在内在方面努力求进步的人，必然对身外之物不会有许多苛求；在外表拼命装饰图好看的人，必然内在没有什么涵养。

遭遇环境　不足困人

【原文】

鲁如曾子，于道独得其传，可知资性不足限人也；贫如颜子，其乐不因以改，可知境遇不足困人也。

【译文】

像曾子那般愚鲁的人，却能明孔子一以贯之之道而阐扬于后，可见天资不好并不足以限制一个人。像颜渊那么穷的人，却并不因此而失去他的快乐，由此可知遭遇和环境并不足以困住一个人。

忠厚之人　可托大事

【原文】

敦厚之人，始可托大事，故安刘氏者，必绛侯也；谨慎之人，方能成大功，故兴汉室者，必武侯也。

【译文】

忠厚诚挚的人，才可将大事托付给他，因此能使汉朝天下安定的，必定是周勃。唯有谨慎行事的人，才能建立大的功业，因此能使汉室复兴的，必然是孔明。

立志善良　醇厚谨慎

【原文】

人称我善良，则喜；称我凶恶，则怨；此可见凶恶非美名也，即当立志为善良。我见人醉谨，则爱，见人浮躁，则恶；此可见浮躁非佳士也，何不反身为醇谨？

【译文】

别人说我善良，我就很欢喜，说我凶恶，我就很生气，由此可知凶恶不是美好的名声，所以我们应当立志做善良的人。我看到他人醇厚谨慎，就很喜爱他，见到他人心浮气躁，就很厌恶他，由此可见心浮气躁不是优良的人该有的毛病，何不让自己做一个醇厚谨慎的人呢？

平淡之交　源远流长

【原文】

淡中交耐久,静里寿延长。

【译文】

平淡之交,往往能维持很久。而在平静中度日,寿命必定绵长。

责幼之过　慎重时机

【原文】

卑幼有过,慎其所以责让之者:对众不责,愧悔不责,暮夜不责,正饮食不责,正欢庆不责,正悲忧不责,疾病不责。

【译文】

地位低、年龄小的人有过失,责备他们一定要慎重时机:当着众人面不责备,他已惭愧了不责备,黑夜不责备,正在吃饭时不责备,正在欢庆时不责备,正在悲伤时不责备,生病的时候不责备。

长久以来　议论之难

【原文】

举世之议论有五:求之天理而顺,即之人情而安,可揆圣贤,可质神明,而不必于天下所同,曰公论。情有所使,意有所拂,逞辩博以济其一偏之说,曰私论。心无私曲,气甚豪雄,不察事之虚实、势之难易、理之可否,执一隅之见,狃时俗之习,既不正大,又不精明,蝇哄哇嗷,通国成一家之说,而不可与圣贤平正通达之识,曰妄论。造伪投奸,谕樽诡秘,为不根之言,播众人之耳,千口成公,久传成实,卒使夷、由为跻、跖,曰诬论。称人之善,胸无秤尺，惑于小廉曲谨，感其煦意象恭，喜一激之义气，悦一霎之道言，不观大节，不较生平，不举全体，不要永终，而遽许之，曰无识之论。呜呼！议论之难也久矣，听之者可弗察与？

【译文】

举世的议论有五种：按天理来衡量符合天理，用人情来要求符合人情，可以让圣贤来度量，可以请神明来评定，而不必让天下的人都认同，这叫公论。所议论的事情对有些人有利，所讲的意见与有的人不合，旁征博引，以激烈的辩说来成就其偏向某一方的议论，这叫私论。心无私心，气甚豪雄，不观察事情的虚实、势的难易、理的可否，执一偏之见，拘泥于当时的习俗，既不正大，又不精明，如蝇哄蛙叫，使全国都变成了一种论调，但又不和圣贤平正通达的见识相合，这叫妄论。造伪投奸，痛恨毁谤，隐秘难测，造不根之言，播众人之耳。千口传说，似成公论；长久传播，好像实事。从而使伯夷、许由这样的贤者被诬为庄侫、盗跖那样的恶人，这叫诬论。称赞人家的好处，但胸中没有标准，迷惑于小处的廉洁谨慎，感动于和乐的貌似恭敬，喜欢他一时激发的义气，说服他一时合于道理的话，不观大节，不察其平生为人，不看全体，不要求永终，而马上称许，这叫无识之论。啊！议论之难是长久以来的事了，听的人可以不明察吗？

谏诤过失　国家之福

【原文】

谏者福也，谀者贼也，人主听谀，是愚惑也。

【译文】

有谏诤过失的，是国家之福；阿谀奉承的，是国家之害。君主听信谄媚之辞，那就是愚蠢糊涂。

君德诚施　谗嬖清除

【原文】

诸众谗嬖臣，君德诚施皆清矣。

【译文】

那些谗媚受宠的臣子，只要君主的德行真正施行，他们自然就可以清除了。

君不恶谗　忠奸不分

【原文】

君好听誉而不恶谗也，以非贤为贤，以非善为善，以非忠为忠，以非信为信。

【译文】

君主爱好听赞美的话而不厌恶谗言，就会把不好的人当作贤人，把坏人当做好人，把奸臣当作忠臣，把不守信义的当作诚实的人。

君主失国　谄媚人多

【原文】

人主之所以离国家、失社稷者，谄谀者众也。

【译文】

君主之所以逃离国门，失去国家，就在于谄媚的人太多了。

巧言虽美　用之必灭

【原文】

都庶虽甘，杖之必折；巧言虽美，用之必灭。

【译文】

甘蔗虽然甜，但用它作手杖，一定会折断；花言巧语听起来虽然漂亮，但用起来必遭失败。

说听谄拒　王之明焉

【原文】

谠言则听，谄言不听，王至是然，可为明焉。

【译文】

正直的话就听取，讨好献媚的话就摒弃，君主能做到这点，就可以说是明辨是非的人。

人生结交　在于始终

【原文】

人生结交在终始，莫为升沉中路分。

【译文】

人生于世，对待朋友时要始终如一，不要因为自己的地位改变而中途分手，也不要在朋友倒霉时却离开他。

学贵得师　亦贵得友

【原文】

学贵得师，亦贵得友。

【译文】

求学需要老师指导，也需要朋友间的切磋。

富贵嗜欲　必将自烁

【原文】

生长富贵家中，嗜欲如猛火，权势似烈炎，若不带些清冷气味，其火焰不至焚人，必将自烁矣。

【译文】

一个生长在富豪权贵之家的人，物质享受方面可说应有尽有，因此就会养成各种不良嗜好和喜欢作威作福的个性；但是不良嗜好对人体的危害就有如烈火，作威作福专权弄势的脾气对心性的腐蚀就有如凶焰；假如不及时给他一点清凉冷淡的观念来缓和一下他强烈的欲望，那猛烈的欲火如果不使他粉身碎骨，早晚有一天也必然会像引火自焚般早晚把他毁灭。

施之以恩　不求回报

【原文】

舍己毋处其疑，处其疑即所舍之志多愧矣；施人毋责其报，责其报并所施之心俱非矣。

【译文】

假如一个人要想作自我牺牲，就不应计较利害得失，假如有这种观念就会使你对这种牺牲感到犹疑不决，既然对你的牺牲心存计较犹疑，那就会使你的牺牲志节蒙羞。假如一个人要想施恩惠给他人，就绝对不要希望得到人家的回报，假如你一定要求对方感恩图报，那就连你原来帮助人的一番好心也会变质。

满腔热情　福分渊源

【原文】

天地之气，暖则生，寒则杀。故性气清冷者，受享亦凉薄；惟和气热心之人，其福亦厚，其泽也长。

【译文】

由于有大自然四季的变化，春夏气候温暖，万物就获得生机，秋冬寒冷，万物就丧失生机。同样做人的道理也跟大自然一样，一个性情高傲冷漠的人，他的表情就有如秋冬天气那样冷漠而无人敢接近，因此他所能得到的福分也就冷酷而淡薄。只有那些个性温和而又满腔热情的人，既肯帮助人也能获得别人的帮助，所以他获得的福分不但丰厚，而且他的禄位也会源远流长。

种德施惠　无位公相

【原文】

平民肯种德施惠,便是无位的公相;士夫徒贪权市宠,竟成有爵的乞人。

【译文】

一个普通老百姓只要肯多积功德广施恩惠帮助他人,就等于一位没有实际爵禄的公卿宰相;反之一个达官贵人假如一味贪恋权势把官职作为一种生意买卖欺下蒙上,这种人行径的卑鄙就如同一个有爵禄的乞丐那样可怜。

天理路宽　人欲径窄

【原文】

天理路上甚宽,稍游心胸中便觉广大宏朗;人欲路上甚窄,才寄迹眼前俱是荆棘泥涂。

【译文】

大自然中的道理就像一条宽敞的大路,只要人们略为用心探讨,心灵深处就会无边辽阔豁然开朗;人世间欲望就好像一条狭窄的小径,刚一把脚踏上就觉得眼前全是一片崎岖不平的泥路,只要稍不小心就会把两脚陷进泥潭中。

师以质疑　友以析疑

【原文】

师以质疑,友以析疑。师友者,学问之资之。

【译文】

拜老师以解答疑难,交朋友以辨析疑难,老师和朋友对学问很有帮助。

仲尼之学　在于人间

【原文】

卫公孙朝问于子贡曰："仲尼焉学？"子贡曰："文武之道，未坠于地，在人，贤者识其大者，不贤者识其小者。莫不有文武之道焉。夫子焉不学？而亦何常师之有？"

【译文】

卫国的公孙朝问子贡说："仲尼的学问是从哪里学来的？"子贡说："文王、武王之道，并没有散失，还在人间流传。贤人能够抓住它的根本，不贤的人只能抓住它的末节。无处不有文王、武王之道。夫子哪里不能学习？又何必要有固定的老师呢？"

至诚镂金　伪妄自愧

【原文】

人心一真，使霜可飞，城可损，金石可镂，若伪妄之人，形骸徒具，真宰已亡，对人则面目可憎，独居则形影自愧。

【译文】

一个人的精神修养功夫如果能达到至诚地步，就可感动上天变不可能为可能，甚至就连最坚固的金石也会由于真诚的精神力量而把它完全雕琢贯穿。反之一个人如果心存虚伪邪恶的念头，那他只不过是空有人的形体架势而已，其实他的灵魂早已经死亡，并且由于心术不正也会使人觉得讨厌。更由于坏事做得太多，再当夜深人静，就会忽然良心发现，这时不由得面对自己的影子看看，顿时觉得万分羞愧。

好谈之人　未必真人

【原文】

谭山林之乐者，未必真得山林之趣。厌名利之谭者，未必尽忘名利之情。

【译文】

好谈山居生活之乐的人,未必真能由山林原野中得到乐趣。好在口头作厌恶名利之论的人,未必真的将名利完全忘掉。

三年不飞　一飞冲天

【原文】

伏久者,飞必高;开先者,谢独早。

【译文】

伏藏甚久的事物,一旦显露出来,必定飞黄腾达;过早开发的事物,往往结束也早。

祸隐骄漫　福隐小祸

【原文】

天欲祸人,必先以微福骄之,要看他会受,天欲福人,必先以微祸儆之,要看他会救。

【译文】

天要降祸给一个人,必定先降下一些小福分使他起骄漫之心,目的要看他是否懂得承受的道理。天要降福给一个人,必定先降下一些小祸事来使他引起警觉,主要是看他有无自救的本领。

明主任官　用其所长

【原文】

明主之官物也,任其所长,不任其所短,故事无不成而功无不立。乱主不知物之有所长所短也,而责必备。

【译文】

明君授官任事，用其所长，不用其所短，所以事业没有不成功，政绩没有不建立的。昏君不懂得人都各有所长又各有所短的道理，而总是求全责备。

采人之长　不强其短

【原文】

任人之长，不强其短；任人之工，不强其拙。

【译文】

用人取他的长处，对其所短处不予苛求；用人取他擅长之处，对其不擅长之处不苛求。

知人善用　义事成也

【原文】

能谈辩者谈辩，能说书者说书，能从事者从事，然后义事成也，

【译文】

善于言谈辩论的人让他去从事言谈辩论方面的工作，能够解说典籍的人让他去解说典籍，能从事实际工作的人就让他从事实际工作，然后正义的事业就可以成功。意谓把各种人才都委以能发挥其专长的工作。

若知其善　然后用之

【原文】

知人之事，自古为难，故考绩黜陟，察其善恶。今欲求人，必须审访其行，若知其善，然后用之。

【译文】

正确的了解人自古以来就是很难的，所以需要考察其政绩善恶来决定对其官职的升降；现在想要选贤任能，必须认真访查其平日的行为，如果确实是好人，再加以任用。

贤者日进　奸者日退

【原文】

重御史按察之权，严纠弹考核之任，使贤者日进，不肖者日退。

【译文】

加重御史审验考察官吏的大权，严明他们督察、弹劾、考核的责任，使贤能的人不断被进用，不贤的人不断被黜退。

必考其终　必求其当

【原文】

严考课之法，审名实之归，用人必考其终，授任必求其当。

【译文】

严明考核督察的制度，审验官员的名声和实绩是否相称，用人必须考察他的全部历史，授人职位一定要求能力与职位相适应。

受于冥冥　显之昭昭

【原文】

肝受病则目不能视，肾受病则耳不能听，受病于人所不见，必发于人所共见；故君子欲无得罪于昭昭，必先无得罪于冥冥。

【译文】

肝脏有疾病，眼睛就看不清，肾脏有疾病，耳朵就听不清。病虽然生在人们所看不见的肝脏和内脏，但是病的症状必然发作于人们所都能看见的地方；所以君子要想表面没有过错，必须从看不到的细微处下功夫。

福不可徼　祸不可避

【原文】

福不可徼，养喜神以为召福之本而已；祸不可避，去杀机以为远祸之方而已。

【译文】

人间幸福不可勉强去追求，只要能经常保持愉快的心情，就算是追求人生幸福的基础；人间的灾祸实在难以避免，消除怨恨他人的念头，就算是远离灾祸的唯一方法。

施人钱物　不求回报

【原文】

施恩者，内不见己，外不见人，则斗粟可当万钟之报；利物者，计己之施，责人之报，虽百镒难成一文之功。

【译文】

一个施恩惠给别人的人，不可老把这种恩惠记在心头，更不可存让别人赞美观念；这样即使是一斗米也可收到万种的回报；一个用财物帮助别人的人，不但计较自己对人的施舍，而且要求人家的报答，这样即使是付出一百镒，也难收到一文钱的功德。

高深修养　胸怀坦荡

【原文】

地之秽者多生物，水之清者常无鱼；故君子当存含垢纳污之量，不可持好洁独行之操。

【译文】

一块堆满了腐草粪便的土地，才是能生长许多植物的好土壤；一条清澈见底的河流，往往不会有任何鱼虾的繁殖。所以一个有高深修养的君子，应该有接纳庸俗的气度和宽恕他人的雅量，绝对不可自命清高不跟任何人来往而陷入孤独状态。

平心静气　修养门径

【原文】

人之际遇，有齐有不齐，而能使己独齐乎？己之情理，有顺有不顺，而能使人皆顺乎？以此相观对治，亦是一方便法门。

【译文】

每个人的际遇各有不同，机运好的可施展抱负成就一番事业，机运坏的虽才华卓越却一事无成。在各种不同的境遇中，自己又如何能要求特别待遇呢？每个人的情绪各有不同，因为情绪有稳定的时候，也有浮躁的时候，自己又如何能要求别人事事都跟你合作呢？假如自己能平心静气来观察，也就是设身处地反躬自问来想一想，也是人生中一个好的修养门径。

弦歌之声　抛砖引玉

【原文】

子游既已受业，为武城宰。孔子过，闻弦歌之声。孔子莞尔而笑曰："割鸡焉用牛刀？"子游曰："昔者偃闻诸夫子曰：'君子学道则爱人，小人学道则易使。'"孔子曰："二三子，偃之言是也，前言戏之耳。"

【译文】

子游学业完成以后，做了武城的长官。孔子经过武城，听到了弹琴唱歌的声音。孔子微笑着说："杀鸡何必用宰牛的刀？小城都也需要用礼乐治理吗？"子游说："从前我听先生说过：‘做官的学习了道理，就会爱护百姓；老百姓学习了道理，就容易使唤。’”孔子说：“学生们，言偃的话是对的。刚才我说的那句话不过是开玩笑罢了。”

学之捷径　接近良师

【原文】

学莫便乎近其人。《礼》《乐》法而不说，《诗》《书》故而不切，《春秋》约而不速。方其人之习君子之说，则尊以遍矣，周于世矣。故曰，学莫便乎近其人。

【译文】

学习的途径没有比接近良师益友更省事的了。《礼》《乐》虽然规定了一定的法度，但是没有详细说明道理。《诗经》《尚书》记载的都是以往的事情，并不切合当前实际。《春秋》讲的微言大言隐晦不明，使人难以迅速理解。仿效良师益友而学习君子的学说，就能养成崇高的品格，得到全面的知识，而通达世事了。所以说，学习的途径没有比较近良师益友更省事的了。

礼者正身　师者正礼

【原文】

礼者，所以正身也；师者，所以正礼也。无礼，何以正身？无师，吾安知礼之为是也？礼然而然，则是情安礼也；师云而云，则是知若师也。情安礼，知若师，则是圣人也。故非礼，是无法也；非师，是无师也。不是师法，而好自用，譬之是犹以盲辨色，以聋辨声也，舍乱妄无为也。

【译文】

礼是用来端正行为的，老师是请来解释礼的规定的。没有礼，我们用什么端正行为；没有老师，我们怎么知道礼就是这样一些内容。礼是怎样规定的，就应该怎样做，那么我们的性情、习惯都能按照礼去规范；老师怎么说，就应该怎么做，那么，我们知识就能达到老师的高度。性情按照礼的要求，知识达到老师的高度，那就是圣人了。因此，违背礼仪,就是不要礼法;违背老师,就是不要老师。不遵照老师的教导和规定去做,而喜欢自搞一套,就好比是教瞎子去辨认颜色,让聋子去辨别声音,这除了胡来以外,不会再有其他作为了。

道之所存　师之所存

【原文】

古之学者必有师。师者,所以传道、授业、解惑也。人非生而知之者,孰能无惑?惑而不从师,其为惑也,终不解矣。生乎吾前,其闻道也,固先乎吾,吾从而师之;生乎吾后,其闻道也,亦先乎吾,吾从而师之。吾师道也,夫庸知其年之先后生于吾乎!是故无贵无贱,无长无少,道之所存,师之所存也。

【译文】

古代求学的人必定有老师。老师,这是用来传授圣人的学说、讲授学业、解答疑难的人。人不是生下来就懂得这些的,谁能没有疑惑呢?有了疑惑而不跟随老师求学,他们的那些作为疑惑的问题,就始终得不到解答了。生在我以前的人,他们听到的圣人的学说本来就在我以前,我跟随他们,并把他们当作老师;生在我以后的人,如果他们听到的圣人的学说也在我以前,我也跟随他们,并把他们当成老师。我以圣人的学说为师,哪里需要知道他们的年龄比我大还是比我小呢?因此,无论是地位高的,还是地位低的,无论是年长的,还是年轻的,圣人的学说所在的地方,就是老师所在的地方。

信有师承　何常之有

【原文】

且夫文章信有师承,抑师又何常之有乎?韩得于《左》,柳得于《国》,庐陵得于西汉,眉山父子得于《战国策》,固未尝亲炙其人,受其提命者也。昔有行路得师者。

【译文】

文章的确是有所师承的,可是老师又哪能经常固定呢?韩愈的文章是得益于《左传》,柳宗元的文章是得益于《国语》,欧阳修的文章是得益于西汉之文,眉山三苏的文章是得益于《战国策》,他们本来并没有直接得到那些作者的熏染,受到耳提面命。古时候,甚至人有在路途中也能找到可以做老师的人。

第六章 洞察交友中的利与害

愈求分明 愈致混淆

【原文】

王璞山之骄蹇致败，贻误大局，凡有识者皆知之。昨在家招数百乡勇，在石潭杀残贼三十人，遂报假胜仗，言杀贼数百人。余深恶之。余与中丞、提军三人会衔具奏一折，系左季高所作。余先本将折稿看过，后渠又添出几段，竟将璞山之假胜添入。发折后，始送稿来画，已无可如何，只得隐忍画之。朱石樵在岳州战败逃回，在宁乡战败，逃奔数次。昨在省城，仍令其署宝庆府事，已于十八日去上任矣。是非之颠倒如此，余在省日日恼郁，诸事皆不顺手，只得委曲徐图。昨当面将朱石樵责备，渠亦无辞以对，然官场中多不以我为然。将来事无一成，辜负皇上委任之意，唯有自愧自恨而已，岂能怨人乎？怨人又岂有益乎？大抵世之乱也，必先由于是非不明、白黑不分。诸弟必欲一一强为区别，则愈求分明，愈致混淆，必将怄气到底。愿诸弟学为和平，学为糊涂。璞山之事，从今以后不特不可出诸口，而且不可存诸心。

【译文】

王璞山因骄致败，贻误大局，凡是有见识的人都知道了。前日他在家招募乡勇数百，在石潭杀死残余贼寇三十人，便假报胜仗，说杀贼数百人。我非常讨厌他。我与中丞、提督军调三人联衔具奏的一道折子，是左季高所作。我原看过折子底稿，后来左又增添了几段，竟把璞山打假胜仗也添了进去。发出折子后，左才送折稿来让我同意，事已无可奈何，我只得隐忍去做。朱石樵在岳州战败逃回，在宁乡又战败，逃奔数次。前不久来到省城，仍令他署理宝庆府事，已于十八日上任了。是非颠倒就像这样。我在省城天天烦恼郁闷，许多事不顺手，只能委曲求全，慢慢设法解决。前日当面把朱石樵责备一番，他也无辞以对。但官场中人多不以我为然。将来一事无成，辜负了皇上委任之心，只有自愧自恨而已，还能怨恨他人吗？埋怨他人又有什么益处呢？大体世道的混乱，一定先从是非不明，黑白不分开始，诸弟必定要一一勉强区别，就会越求明白，越致混淆，一定会怄气到底。希望诸弟学会心平气和，学会“难得糊涂”。璞山的事，从今以后，你们不但不要说，而且也不要想。

势重不欺　才高不傲

【原文】

余蒙祖父余泽，频叨非分之荣。此次升官，尤出意外。日夜恐惧修省，实无德足以当之。诸弟远隔数千里外，必须匡我之不逮，时时寄书规我之过，务使累世积德不自我一人而堕。庶几持盈保泰，得免速致颠危。诸弟能常进箴规，则弟即吾之良师益友也。而诸弟亦宜常存敬畏，勿谓家有人作官，而遂敢于侮人；勿谓已有文学，而遂敢于恃才傲人。常存此心，则是载福之道也。

【译文】

我承蒙祖父遗留的恩泽，屡次受到非分的荣耀。这次升官，特别出人意料。我昼夜小心谨慎地修养反省自己，实在缺乏足以担当这样要职的德能。各位弟弟与我远隔数千里之外，必须时常纠正我的不足，写信规劝我改正过错，努力使我们世世代代的积德不至于从我这里开始堕落下去。只有这样，才能保持住已经获得的富裕平安的生活，免除很快招致颠覆的危难。各位弟弟如果能够常常写信提出规劝督促我的箴言，那你们就是我的良师益友。而各位弟弟也应该保持谦逊敬畏的品格，不要以为家里有人做官，就因此而敢于仗势欺人；也不要以为自己学到了一些诗文学问，就因此而敢于恃才看不起别人。如果我们大家常有这份戒心，那就等于踏上了充满幸福的道路。

得一好友　人生一快

【原文】

人生德业成就，少朋友不得。……惟夫朋友者，朝夕相与，既不若师之进见有时，情礼无嫌，又不若父子兄弟之言语有忌，一德亏则友责之，一业废则友责之，美则相与奖劝，非则相与匡救，日更月变，互感交摩，骎骎然不觉其劳且难，而入于君子之域矣。是朋友者，四伦之所赖也。嗟夫！斯道之亡久矣，言语嬉蝶，尊俎妪煦，无论事之善恶，以顺我者为厚交；无论人之奸贤，以敬我者为君子。蹑足附耳，自谓知心；接膝拍肩，滥许刎颈。大家同陷于小人而不知，可哀也已。是故物相反者相成，见相左者相益。孔子取友曰“直”“谅”“多闻”，此三友者，皆与我不相附会者也，故曰益。是故得三友难，难为人三友更难。天地间不论天南地北、缙绅草莽，得一好友，道同志和，亦人生一大快也。

【译文】

人的一生如果要建立功名，成就事业，没有朋友是不行的。……只有朋友能在一起朝夕相处，既不像与老师相处仅是偶然的，在感情和礼仪上没有疑惑，也不像父子、兄弟之间谈说有所忌讳。如果品德存在亏欠，朋友就会责难，一旦学业荒废，朋友就会批评。好事就相互鼓励，坏事就相互匡救。日复一日，互相接触，浑然不觉得朋友相处有什么辛苦和困难，这样便进入了君子之交的境界了。作为五伦之一的朋友，是其他四伦所依赖的。唉！这种朋友相处之道已不多见了。言谈嬉闹，贪聚酒肉，凡事不辨是非，只以会说好话的人为好友；无论坏人好人，只把恭敬自己的人当作正人君子。潜足疾行，俯耳谗言，自认为是知心朋友；促膝相谈，拍肩而语，随便就结为生死之交。这样，众人都陷于小人的迷惑而不觉察，实在是可悲可怜。所以说，相反的事物能够相互促成，意见相互对立的才能互相获益。孔子结交朋友的条件是“直”“谅”“多闻”。这三个交友的条件，都是不附会迎合自己，故称这种朋友为益友。所以说，能够得到这三种朋友很难，同时能够具备这三种条件而作为他人的朋友更难。无论天南地北，也无论贵人雅士或者草莽村夫，能够得到一个知心好友，志同道合，也是人生最令人愉悦的事情。

君子如水　小人如醴

【原文】

君子之接如水，小人之接如醴。君子淡以成，小人甘以坏。

【译文】

君子之间的交往，像水那样清澈平淡；小人之间的交往，像甜酒那样浓烈芳香。但是，君子之间的交往虽然平淡而成功长久，小人之间的交往即使亲密而失败分离。

三分侠气　一点素心

【原文】

交友须带三分侠气，作人要存一点素心。

【译文】

交友须带三分豪爽之气，做人要存一点纯洁之心。

栖守道德　寂寞一时

【原文】

栖守道德者，寂寞一时；依阿权势者，凄凉万世。

【译文】

恪守遵循道德的人，只是寂寞一时；依附阿谀权势的人，必将万世凄凉。

肝胆气骨　清如秋水

【原文】

肝胆煦若春风，虽囊乏一文，还怜茕独，气骨清如秋水。

【译文】

肝胆像和煦的春风一样，即使囊中空空，孤单无依仍需洁身自好，气骨如秋水一般清奇。

一片热肠　冷眼相看

【原文】

负心满天地，辜他一片热肠；恋态自古今，悬此两只冷眼。

【译文】

普天之下负心之人甚多，辜负了他的一片热心肠；从古至今眷恋之情常存，应该头脑清醒冷眼相看。

龙津一剑　尚合风雷

【原文】

龙津一剑，尚作合于风雷；胸中数万甲兵，宁终老于牖下。

【译文】

龙津宝剑，还须和风雷结合，方能显出威力无穷；胸中韬略，可指挥千军万马，生不逢时宁愿老于草屋茅舍。

圣人之道　与人为善

【原文】

思古圣人之道莫大乎与人为善。以言诲人，是以善教人也；以德薰人，是以善养人也，皆与人为善之事也。然徒与人则我之善有限，故又贵取诸人以为善。人有善，则取以益我；我有善，则与以益人。连环相生，故善端无穷；彼此挹注，故善源不竭。君相之道，莫大乎此；师儒之道，亦莫大乎此。仲尼之学无常师，即取人为善也；无行不与，即与人为善也，为之不厌，即取人为善也；诲人不倦，即与人为善也。念吾忝窃高位，剧寇方张，大难莫平，唯有就吾之所见多教数人，因取人之所长还攻吾短，或者鼓荡斯世之善机，因以挽回天地之生机乎！

【译文】

想古代圣人为人的原则，没有比与人为善更为重要的事。以言语教诲人，是以善教人；以道德教育人，是以善培养人，这些都是与人为善之事。然而如果只向别人施予，那么自己的长处有限，所以又贵于能够吸取别人的长处。别人有长处，则吸取过来以有益于自己；自己有长处，则施予别人，以有益于别人。人人互相学习，那么善就会无穷无尽；彼此相互施予，所以善的源头就永不枯竭。为君为相之道，莫大于此；为师为儒之道，也莫大于此。孔子学无常师，就是吸取别人的长处；没有一件善行不参与，就是与人为善。在学习上从不满足，就是吸取别人的长处；教育别人从不厌烦，就是与人为善。我身居高位，剧寇方兴未艾，大难没有平定，只有根据我的心得多教育培养几人，也借此吸收别人的长处来弥补我的短处，或许因而能鼓荡此世道的善端，从而挽回天地的生机。

好学之深　见己之过

【原文】

非好学之深，则不能见己之过；虽欲改不善以迁于善，而其道无从也。

【译文】

研究学问不到精深的程度，是不能看出自己过错的；即使他想改掉不好的行为，去做好的事情，但是他也难以找到门道。

莫尚乎刚　莫贵乎速

【原文】

损不善而从善者，莫尚乎刚，莫贵乎速。

【译文】

减少不善而顺从善的人，最重要的是刚毅，最可贵的是迅速。

为善在己　非人强攀

【原文】

善是大家公共的，不是一人自私的。为善却是自己担当的，不是他人强攀的。

【译文】

善良是大家共同公有的品德,不是哪一个人自己的私有财产。但是,做好事却是自己主动承担的,并不是其他的人强加给你的。

友有过失　尽言相告

【原文】

朋友偶有过失,即于静处尽言相告,令其改图。即所闻未真,亦不妨当面一问,以释胸中之疑。不唯不可背后讲说,即在公会中,亦不可对众言之,令彼难堪,反决然自弃。交砥互砺,日迈月征,庶几共为君子。改过迁善,为圣学第一义,我辈勉之。

【译文】

如果朋友偶然犯了错误,就在僻静的地方向他讲清楚,使他考虑清楚后改正。即使自己听到的不一定准确,也不妨当面问一问,以解除自己胸中的怀疑。这样的事,不仅不可以在他不在的时候讲说。就是在大庭广众之下,也不可以对大家讲这样的事,使他感到难以忍受,反而坚决自暴自弃。朋友之间只要相互切磋,就会每天有所进步,每月有所收获,时间长了之后,就会同时成为君子。改正错误转变到好的方面来,是圣人学问的第一个要义,我们应该以它来勉励自己。

吾学无他　改过迁善

【原文】

吾学无他,只改过迁善四字。日日改迁,便是功夫;终身改迁,便是效验。世间一颜子不贰过,我辈不免频复,虽改了复犯亦无妨,只要常常振刷,真正去改,久之不免懈怠,但一觉察,便又整顿。

【译文】

我的学问没有其他道理,只有改过迁善四个字。天天能改过迁善,就是做学问的功夫；终身能改过迁善，就是做学问的效验，人世间只有一个颜回不重犯同类性质的错误，我们这些普通人难免屡屡重犯，虽然重犯错误也不碍事，只要经常振作精神，洗心革面，真正去改。久而久之难免懈怠也没关系，只要一察觉，就重新整顿自己就是了。

择善而交　造乎精微

【原文】

择善人而交，择善书而读，择善言而听，择善行而从，是初学切要功夫，从此造乎精微，总不外“择善”二字。

【译文】

选择贤良的人做朋友；选择美好的书来阅读；选择正确的言论来听取；选择完美的行为来顺从，是学习开始时最重要的功夫。从这开始直到精深学问，总离不开“择善”二字。

居必择邻　游必就士

【原文】

君子居必择邻，游必就士。

【译文】

品德高尚的人在寻觅住宅时，一定会选择好的邻居；在外出他乡时，只接近知书识礼的人。

大悲生离　大乐新知

【原文】

悲莫悲兮生别离，乐莫乐兮新相知

【译文】

要说悲哀，没有比活生生的离别更悲哀；要说快乐，没有比交上新的知己朋友更快乐。

朋而不心　谓之面朋

【原文】

朋而不心，面朋也；友而不心，面友也。

【译文】

朋友之间的交往，不是推心置腹，而是各怀私意，这只能叫面朋、面友，而不是真心诚意互相信赖的朋友。

英雄霸业　风流不尽

【原文】

英雄未转之雄图，假糟丘为霸业；风流不尽之余韵，托花谷为深山。红润口脂，花蕊乍过微雨；翠匀眉黛，柳条八拂轻风。

【译文】

英雄豪杰的雄心壮志难以如愿的时候，常常沉溺酒乡，醉后飘飘然，仿佛霸业已就；风流才子的经国治世之策无法实现的时候，常常沉溺声色，寄托情怀，仿佛深山美景为之再造。殷红鲜润的香口，仿佛刚刚经过细雨的花蕊，那样秀色可餐；翠绿均匀的黛眉，仿佛轻风吹拂着的柳枝，那样妩媚动人。

生当封侯　死当庙食

【原文】

大丈夫居世，生当封侯，死当庙食，不唯闲居可以养志，诗书足以自娱。

【译文】

大丈夫在世，活着的时候应当被君王封侯，享受荣华，死去后应当被人建庙祭祀。然而，贫时闲居要能够蓄养志气，赋诗写字同样可以自我娱乐。

意气精神　不可磨灭

【原文】

云长香火，千载遍于华夷；坡老姓字，至今口于妇孺。意气精神，不可磨灭。

【译文】

关云长的香火千百年来遍布汉族和少数民族的各个角落，受到人们的敬仰；苏东坡的姓名从古至今妇孺皆知，受到人们的传颂。由此可见，意气和精神不可磨灭。

豪士谈锋　酒人醉态

【原文】

据床嗒尔，听豪士之谈锋；把雷惺然，看酒人之醉态。

【译文】

神情专一地按着床，静听豪爽人士刚厉的谈锋；醉眼曚昽地拿着酒杯，细看酒中人醉态纷呈。

胸中丘壑　物外文章

【原文】

登高眺远，吊古寻幽，广胸中之丘壑，游物外之文章。

【译文】

登高远眺，凭吊古人，寻找高士，胸中丘壑自然宽广，物外文章更加酣畅。

雪霁清境　发于梦想

【原文】

雪霁清境,发于梦想。此间但有荒山、大江、修林、古木。

【译文】

大雪过后,万物清爽,这是构想的境界,此间只有空旷的荒山、奔流的大江、细长的竹子、古老的树木。

不占便宜　勿取人财

【原文】

我自从己亥年在外把戏,至今以为恨事,将来万一作外官,或督抚,或学政,从前施情于我者,或数百,或数千,皆钓饵也。渠若到任上来,不应则失之刻薄,应之则施一报十,尚不足以满其欲。故兄自庚子到京以来,于今八年,不肯轻受人惠,情愿人占我的便宜,断不肯我占人的便宜。将来若作外官,京城以内无责报于我者。澄弟在京年余,亦得略见其概矣。此次澄弟所受各家之情,成事不说,以后凡事不可占人半点便宜,不可轻取人财。切记切记。

【译文】

我自从己亥年在外逢场作戏,至今以为恨事。将来万一当了地方上的官,或督抚,或学政,从前对我有好处的人,或数百或数千,当年所作所为都成了垂钓的诱饵。他若找上门来,不答应则失之刻薄,答应之则施一报十,还不能满足这些人的欲望。所以我自庚子年到京城以来,至今八年,不肯轻易得人好处,情愿人占我的便宜,断不肯占别人的便宜。将来如果做地方上的官,京城以内没有指望让我报答的人。澄弟在京待了一年多,也基本看见了。这一次澄弟所欠各家的情,事情已成就不说了,以后凡事不可占人半点便宜,不可轻取人家的钱财。切记切记。

交朋结友　首贵雅量

【原文】

盖仆寡味之资，不自振厉，恒资辅车以自强，故生平于友谊兢兢焉。尝自虑执德不宏，量既隘而不足以来天下之善，故不敢执一律求之。虽偏长薄善，苟其有裨于吾，未尝不博取焉以自资益；其有以谠言争论陈于前者，即不必有当于吾，未尝不深感其意，以为彼之所以爱我者，异于众人泛然相遇情也。昨秋与二陈兄弟相见，论辩之间不合者十六七矣，然心雅重其人，以为实今日豪杰之士。所见虽不尽衷于道，而要其所以自得者，非俗儒口耳之学所及；持论虽不必矩于醇，而其所讥切实，足以匡吾之不逮。至于性情气诣（调）之相感，又别有微契焉。别后独时时念之，以为如斯人实友朋中所不可少者，而不敢以门户之见参之也。盖平日区区所以自励，而差堪自信者如此。

【译文】

由于我天资愚钝，无法凭自身求得振作、进步，常常借助外界的帮助来使自己不断向上、完善。因此一生对于友谊一向珍视，谨慎而不敷衍。我曾经思虑自己如果心胸不够宽宏，器量狭小的话就不能博取天下的美德，因此不敢拿一个标准来强求他人。哪怕是一点长处、一点善行，如果它有益于我，都广泛吸取以求培养自己的德行；那些以正大之词、劝勉之论前来告知我的人，即使不一定投合我的心意，也从来都没有不深深感念他的厚意，认为他对我的关心，和其他人的泛泛之情迥乎不同。去年秋天和陈家二位兄弟见面，我们一起讨论争辩，其中有十分之六七的观点和我不一致，但我心里还是十分器重他们，认为他们确实是当今出类拔萃的人物。其见解虽不完全合乎大道，然而关键在于这些是他们自己悟到的，不像是一般读书人仅从读书、道听途说中得到的；其观点虽然不一定臻至炉火纯青毫无杂质，然而他们所批评的切合实际，完全可以匡正我的不足、欠缺。至于说到我们彼此之间的情投意合，又别有微妙难言的默契。离别之后唯独经常思念他们，觉得像这样的人实在是朋友中不可缺少的，丝毫不敢以私心偏见掺杂其中。平时我之所以不断勉励自己，并且大体上还能相信自己，原因就在于此。

交往师友　宜含敬畏

【原文】

香海为人最好,吾虽未与久居,而相知颇深,尔以兄事之可也。丁秩臣、王衡臣两君,吾皆未见,大约可为尔之师。或师之,或友之,在弟自为审择。若果成仪可测、淳实宏通,师之可也;若仅博雅能文,友之可也。或师或友皆宜常存敬畏之心,不宜视为等夷,渐至慢亵,则不复能受其益矣。

【译文】

香海为人很好,我虽然没有与他长期共处,但是彼此有着很深的了解,你可以把他当作兄长对待。丁秩臣、王衡臣两人,我都没有见过,大约可以作为你的老师。无论拜师或是交友,都全靠弟弟自行审视选择。如果容貌庄重威严,学问淳朴切实,见解高深宏达,就可以尊为老师;如果仅限于爱好博雅,善书能文,就可以引为朋友。不论待师交友,都应该经常保持敬畏的心理,而不应该把他们看作和自己一样的人,以防渐渐轻慢,不尊重他们,也就不能再从他们那里得到教益了。

为人处世　豁达恬淡

【原文】

弟读邵子诗,领得恬淡冲融之趣,此自是襟怀长进处。自古圣贤豪杰、文人才士,其志事不同,而其豁达光明之胸大略相同。以诗言之,必先有豁达光明之识,而后有恬淡冲融之趣。如李白、韩退之、杜牧则豁达处多,陶渊明、孟浩然、白香山则冲淡处多。杜、苏二公无关不备,而杜之五律最冲淡,苏之七古最豁达。邵尧夫虽非诗之正宗,而豁达、冲淡二者兼全。吾好读《庄子》,以其豁达足益人胸襟也。去年所讲生而美者,若知之,若不知之,若闻之,若不闻之一段,最为豁达。推之即舜禹之有天下而不与,亦同此襟怀也。

吾辈现办军务,系处功利场中,宜刻刻勤劳,如农之力穑,如贾之趣利,如篙工之上滩,早做夜思,以求有济。而治事之外,此中却须有一段豁达冲融气象。二者并进,则勤劳而以恬淡出之,最有意味。余所以令刻"劳谦君子"印章与弟者,此也。

【译文】

你读邵雍的诗，能领略到恬淡冲融的意趣，这正是你胸怀有长进的表现。自古圣贤豪杰，文人才士，他们志趣不同，而他们豁达光明的胸怀大致相同。以诗来讲，必须先有豁达光明的见识，然后才能有恬淡冲融的意趣。如李白、韩愈、杜牧豁达处多，陶渊明、孟浩然、白居易冲融恬淡处多。杜甫、苏轼二公二美具备，杜的五言律诗最冲淡，苏的七言古诗最豁达。邵雍虽不是作诗的正宗，而豁达、冲淡二者兼全。我爱读《庄子》，因为它的豁达非常有益于人的胸怀。去年你讲的人生美妙处就是对任何事好似知道，又好似不知道，好像听说过，又好像没听说过。这段话最为豁达。由此扩充推广，即使舜禹在位，也不参与，正和上述胸怀一样。

我们现在正办理军务，处于功利场中，应时时勤劳，好比老农种庄稼，商人做生意，船夫驾船，白天干，晚上想，希望有所收获。然而治事背后，应有一种豁达冲融的气象。二者并具，虽然勤劳，但却以恬淡之心对待它，最令人回味。我之所以让人给你刻"劳谦君子"印章，也正是这个意思。

宁使人骂　不使人怜

【原文】

顺眉之士在世，宁使乡里小儿怒骂，不当使乡里小儿见怜。

【译文】

堂堂正正的须眉丈夫生在世上，宁愿让鄙俗的小人恼怒谩骂，也不应让鄙俗的小人看见可怜。

学贵速改　始终全矣

【原文】

学贵速改过。人非积厚养深，孰能无过。诸凡存心制行、应事接物间，一时检点不到，便有百过交集，幸而知之，当速改之，绝不可有一毫畏难之心，而苟且以自安也。才说姑待明日，过便愈益深至，日为潜滋暗长而不自觉矣。故夫子曰："过则勿惮改。"又曰："过而不改，是谓过矣。"又曰："已矣乎，吾未见能见其过而内自讼者也。"改过而日内自讼。更不啻刑罚刀锯驱之于前，其吃紧示人如此。人能猛省若是，庶几私可由之以去，理可由之以存，于以渐臻无过地位无难矣。人到无过地位，圣学之始终全矣，故以是终焉。

【译文】

做学问贵在迅速改正过错。人不是道德高尚的圣人，怎么能够没有过错？在一些需要注意行为、应酬事情之中，一时检查不到，就会有很多过错交叉出现。如果侥幸地发现了，就应该很快地改正过来，决不能有一点点畏难的思想，而用自我安慰来苟且。如果说姑且等到明天再说吧，过错就会更加严重，它每天会在隐伏中暗暗扩大、发展而自己难以察觉。所以，孔子说："有了过错，就不要怕改正。"又说："有了过错却不愿改正，这等于是过错。"又说："算了吧！我还没有看见过能够看到自己的错误就自我检查的人。"改正过错而且当天就自我检查，无异于用刑罚刀锯逼迫驱赶自己，使自己紧张万分。一个人假如能这样猛烈醒悟，他的私心就差不多可以去掉，道德可以保持，以至于逐渐达到没有错误的程度。一个人达到了没有错误的程度，高尚的学问对他来说，也就从头到尾具备齐全了，所以，他最终还是高尚的人。

非礼勿视　非礼勿听

【原文】

子曰："非礼勿视，非礼勿听，非礼勿言，非礼勿动。"

【译文】

孔子说："不合乎礼的东西不看，不合乎礼的话不听，不合乎礼的话不说，不合乎礼的事不做。"

血气方刚　戒之在斗

【原文】

孔子曰："君子有三戒：少之时，血气未定，戒之在色；及其壮也，血气方刚，戒之在斗；

及其老也，血气既衰，戒之在得。”

【译文】

孔子说：“君子有三件事情应该提高警惕：年轻的时候，血气未定，不要迷恋女色；等到壮年，血气正盛，不要好胜喜斗；等到年老了，血气已经衰弱，不要贪求无厌。”

择而后交　交而反择

【原文】

君子先择而后交，小人先交而反择。

【译文】

品德高尚的人交朋友，先选择，然后才与他们交结为朋友；小人却不同，一见如故，显得异常亲热，然后才去选择自己所需要的人。

老骥伏枥　足能千里

【原文】

骥虽伏枥，足能千里；鹄即垂翅，志在九霄。

【译文】

老骥伏枥，志在千里；天鹅展翅，能冲九霄。

千秋花月　大地江山

【原文】

个个题诗，写不尽千秋花月；人人作画，描不完大地江山。

【译文】

个个题诗也写不尽千秋的鲜花明月；人人作画也描不完大地的江河山水。

男儿双脚　此处插入

【原文】

胡宗宪读《汉书》，至终军请缨事，乃起，拍案曰："男儿双脚当从此处插入，其他皆狼藉耳。"

【译文】

明朝人胡宗宪读《汉书》，至汉终军请缨出使南越的事时，就拍案而起，说："好男儿双脚应当从此处插入，其他都是乱七八糟。"

七尺之躯　凡土难贮

【原文】

宋海翁才高嗜酒，睥睨当世，忽乘醉泛舟海上，仰天大笑，曰："吾七尺之躯，岂世间凡土所能贮，合以大海葬之耳。"遂按波而入。

【译文】

宋海翁才华横溢，嗜酒如命，傲视世人，有一天忽然乘着酒兴，驾着一叶小舟驶向大海，仰天长笑，说："我这七尺之躯，难道世间凡土能容纳下吗？应当用一望无际的大海来埋葬我。"于是，随着波涛消失在海洋中。

犹薄苏秦　安事邓通

【原文】

毛澄七岁善属对，诸喜之者赠以金钱，归掷之，曰："吾犹薄苏秦斗大，安事此邓通靡靡。"

【译文】

毛澄七岁时善于作文妙对，那些喜欢他的人都赠给他金钱，毛澄回到家即随后把金扔掉，说："我把苏秦似斗大的金子看得很淡，何况毫无用处的银子。"

高踪不落　常混渔樵

【原文】

旨言不显，经济多论之工瞽刍荛；高踪不落，英雄常混之渔樵耕牧。

【译文】

真知灼见往往不被世人理解，有经国济世之才的人常常被当作手工业者、盲人、农夫等；高尚的行为往往不能被认识，英雄豪杰常常被混为渔夫、樵夫、牧人等。

太上立言　千古之心

【原文】

立言者未必即成千古之业，吾取其有千古之心；好客者未必尽四海之交，吾取其有四海之愿。

【译文】

著书立说的人不一定能成就千古传颂的事业，我吸取他准备千古传颂的念头；热情好客的人不一定能尽交普天之下的朋友，我赞美他有欲交尽天下朋友的心愿。

日行一善　积善何难

【原文】

为人日行一善，三年可以千善，积善何难，人病不为耳。

【译文】

为人每天做一件善事，三年可以做一千件善事，积善有什么难处？主要的问题是人们不愿意罢了。

有过可改　有善可迁

【原文】

学者但不见今日有过可改，有善可迁，便是昏惰一日。

【译文】

求学的人只要不见到自己今天有错误可以改正，有善事可以去做，便是稀里糊涂地混了一天。

迁善改过　必刚而速

【原文】

迁善改过必刚而速，勿片刻踌躇。

【译文】

从善改过一定要坚决而迅速，不要有片刻的犹豫。

儿女英雄　并行不悖

【原文】

儿女情，英雄气，并行不悖，或柔肠，或侠骨，总是吾徒。

【译文】

儿女私情，情意浓重，英雄豪杰，气贯长虹，相依互存，并行不悖。有时缠缠绵绵，牵肠挂肚，有时侠义横生，铮骨犹存，互为表里，这才是我们这一辈人。

上马横槊　下马作赋

【原文】

上马横槊，下马作赋，自是英雄本色，熟读《离骚》，痛饮浊酒，果然名士风流。

【译文】

上马横槊，驰骋疆场，下马赋诗，吟咏不绝，自然是英雄本色；熟读屈原的《离骚》，痛饮廉价低劣之酒，果然不愧风流名士的称号。

诗狂古今　酒狂天地

【原文】

诗狂空古今，酒狂空天地。

【译文】

“诗狂”无拘无束，把古今不放在眼中；“酒狂”放荡不羁，天地犹然不见。

热地思冷　冷地求热

【原文】

处世当于热地思冷，出世当于冷地求热。

【译文】

处世应当在“热”地想到“冷”时，也即荣华思贫困；出世应当在“冷”时追求“热”地，也即失意之时奋求得意。

办大事者　智略绝也

【原文】

办大事者，匪独以意气胜，盖亦其智略绝也。故负气雄行，力足以折公侯；出奇制事足以骇耳目。如此人者俱千古矣。嗟叹今世徒虚语耳。

【译文】

干大事业的人，不单单凭靠意气豪爽使人信服，大概也因其智慧谋略力量卓绝。所以，凭勇气豪爽行英雄之事，产生的威力足以折服公侯权贵；出谋划策，制胜算计，干出的事情才足以惊骇世人。像这样的人都一去不复返了。唉！今世之人徒然兴叹罢了。

风气日靡　世道莫容

【原文】

风气日靡，试具宋广平之石肠；世道莫容，请收姜伯约之大胆。

【译文】

风气日日颓废，试着具备宋广平那样的铁石心肠；世道无法容纳，请收一收三国姜维那样的大胆。

车尘马足　露出丑形

【原文】

车尘马足之下，露出丑形；深山穷谷之中，剩些真影。

【译文】

车辚辚，马萧萧，尘土飞扬，忙忙碌碌，陷入世俗追名逐利之中不免露出丑形；深山幽谷，清静寂然，能找到一点真正自我的影子。

闻鸡起舞　壮士雄心

【原文】

闻鸡起舞，刘琨其壮士之雄心乎！闻筝起舞，迦叶其开士之素心乎。

【译文】

闻鸡起舞，表达了壮士刘琨的雄心大志；闻琴起舞，表达了开士迦叶的平淡心境。

世态炎凉　唯有闭户

【原文】

说不尽山水好景，但付沉吟；当不起世态炎凉，唯有闭户。

【译文】

山水好景有谁能说得尽，只有沉默和低吟；抵挡不住世态炎凉的诱惑和打击，只有紧闭门户躲在家中。

杀得人者　方能生人

【原文】

杀得人者方能生人，有恩者必然有怨。若使不阴不阳，随世波靡，肉菩萨出世，于世何补？此生何用？

【译文】

能杀人的人才能使人活下来，对人有恩惠的人必然也有怨言。假使不阴不阳而随世漂流，虽然活生生的观音菩萨出世对人间又有何益？这一生又有何用？

天生我才　必有用矣

【原文】

李太白云："天生我材必有用，黄金散尽还复来"，杜甫云"一生性僻耽佳句，语不惊人死不休"。豪杰不可不解此语。

【译文】

"诗仙"李白曾说："上天造就我这样的才能，必然有施展我的才能的地方，即使把黄金散尽不会再来。"杜甫说："一生性情孤僻是因为思考精美的诗句，语不使人惊奇即使死了也不甘心。"人间豪杰不可不理解此语。

囿之豪杰　化之愚蒙

【原文】

天下固有父兄不能囿之豪杰，必无师友不可化之愚蒙。

【译文】

普天下固然有不为父兄所约束的豪杰，也必定没有老师、朋友不能教化的愚蠢者。

不必人知　何关世议

【原文】

得意不必人知，兴来书自圣；纵口何关世议，醉后语犹颠。

【译文】

得意之时不必要人人皆知，兴致来时挥毫运墨自成圣人；口若悬河哪管世人议论，醉酒之后依然癫狂不羁。

为人不及　此生不虚

【原文】

能为世必不可少之人，能为人必不可及之事，则庶几此生之不虚。

【译文】

能够做一个世上必不可少的人，能够干一般人干不出来的事情，那么差不多不虚此生了。

为知己死　骨香仍古

【原文】

身许为知己死，一剑夷门，至今侠骨香仍古；腰不为督邮折，五斗彭泽，从古离风清至今。

【译文】

士为知己者死，荆轲刺秦王不惜血洒夷门，至今侠骨香犹存；彭泽陶潜，不为督邮的“五斗”米而折腰，高风亮节，至今佳话流传。

处世交友　忌露锋芒

【原文】

易念园归，称岱老有《之官诗》四章，未蒙出示。（近各省有拐带幼儿之案，京城亦多，尊处有之否？若有，须从严办也。）杜兰溪于闰月抄奉母讳，将以八月出都，留眷口在京。胡咏芝来京，住小珊处。将在陕西捐输、指捐贵州知府万余金之多，不费囊中一钱，而一呼云集，其才调良不可及，而光芒仍自透露，恐犹虞缺折也。岱老自外间历练，能韬锋敛锐否？胡以世态生光，君以气节生芒。其源不同，而其为人所忌一也，尚祈慎旃！（陕甘番务办毕，尚为妥善。云南回务尚无实耗，大约剿抚兼施耳。镜海丈尚在南京。）比移广信，士友啧啧以肥缺相慕，眼光如豆，世态类然。

【译文】

易念园归来，说岱老作了四首《之官诗》没有拿出来让我见识，（近年各省都有拐骗儿童的案件，京城里也多有此事，您那里有这种事没有？如果有，应该从严办理啊！）杜兰溪由于今年的闰月末尾不幸母亲过世，将在八月离京丁忧，只留家眷在北京。胡咏芝来到北京，住在小珊那里。他将去陕西募捐，捐纳一万两银子这么多的钱财来做贵州知府。不花费自己钱袋中的一文钱，却出来一发倡议钱财就滚滚而来，他的才能活动力确实非他人所能及，但是他的锋芒太露，恐怕还要防备有所闪失啊！岱老在外地任职日久而经验丰富，能否收藏自己的锋芒？胡咏芝凭借人际周旋而显示能量，你依恃个人气节而夺人眼目。二人的途径虽不相同，但都被人忌讳是一样的。还望对此谨慎！（对陕甘边境少数民族的事务已经办理完毕，还算妥善。云南回族事务还无着落，大约要兼用剿灭、招抚两种办法吧！镜海（唐鉴）先生还在南京。）等我改任广信这里做官，其他士子、朋友都羡慕地说这是个有油水的职务，眼光短浅，世态大多如此。

友遍天下　英杰之士

【原文】

友遍天下英杰之士，读尽人间未见之书。

读书倦时须看剑，英发之气不磨；作文苦际可唱诗，郁结之怀随畅。

【译文】

结交普天下的英雄豪杰为友，读尽人世间未见的书籍。

读书疲倦之时，须看剑，顿觉精神焕发；作文苦思之际，可唱诗，郁结的情怀随之畅达。

襟怀疏朗　文字雄奇

【原文】

襟怀责疏朗，不宜太逞豪华；文字要雄奇，不宜故求寂寞。

【译文】

人的襟怀贵在畅达明了，不宜过分卖弄才华；作文写字关键在于雄伟、寄宕，不宜故意追求生僻。

欲世人好　悲其为人

【原文】

为文而欲一世之人好，吾悲其为文；为人而欲一世之人好，吾悲其为人。

【译文】

做文章而想让世人都喜欢，我对他做文章感到痛惜；做人而想让世人都喜欢，我对他做人感到痛惜。

胸中无书　未必能文

【原文】

胸中无三万卷书，眼中无天下奇山川，未必能文，纵能亦无豪杰语耳。

【译文】

胸中如果没有数万卷书，眼中如果没有天下的奇山大川，未必能够写出好文章，纵然能够写也不会有豪言壮语罢了。

招贤共卧　闻君子言

【原文】

孟宗少游学，其母制十二幅被，以招贤士共卧，庶得闻君子之言。

【译文】

三国时，吴人孟宗年轻时四处求学，他的母亲缝制了十二幅被子，用来招纳天下的贤士，和孟宗同床共眠，希望能听取到君子真知灼言。

第七章 解读情场中的乐与愁

愁云长聚 泪水难干

【原文】

罄南山之竹，写意无穷；决东海之波，流情不尽。愁如云而长聚，泪若水以难干。

【译文】

写尽南山的竹子，无法表露爱慕心意；决开东海的波涛，难以表达无边无际的情感。谁人识我愁云长聚，泪水难干。

弄柳拈花 销魂之处

【原文】

瞻云望月，无非凄怆之声；弄柳拈花，尽是销魂之处。

【译文】

抬头望见浮云明月，耳中所闻无非是凄惨悲凉的声音；风月场中弄柳拈花，细细品味，何处不是销魂之所。

越舞吴歌 巧舌吐艳

【原文】

朱楼绿幕，笑语勾别座之香；越舞吴歌，巧舌吐莲花之艳。此身如在怨脸愁房、红妆翠袖之间，若远若近为之黯然。嗟乎！又何怪乎身当其际者，拥玉床之翠而心迷，听伶人之奏而陨涕乎？

【译文】

红楼绿幕，风月之地，欢声笑语，满座皆香，舞姿翩翩，歌声袅袅，舌吐莲花，芳艳绝伦。此身仿佛在妻子的怨脸愁房、歌妓的红装翠袖之间，或远或近，为之黯然神伤。唉！对那些处于此种境况下拥翠玉床之美女而心迷，听优伶之人奏乐而落泪者，又有什么可奇怪呢？

天台花好　巫峡云深

【原文】

天台花好，阮郎却无计再来；巫峡云深，宋玉只有情空赋。

【译文】

天台山鲜花像美人般娇美，阮籍却无法再来；巫峡云雨像男女之情一样深深，宋玉只有空赋《高唐赋》。

月之娟娟　嫦娥不应

【原文】

瞻碧云之黯黯，觅神女其何踪；睹明月之娟娟，问嫦娥而不应。

【译文】

放眼望去，碧云黯淡，从何处能寻觅神女的踪迹？望着娇美的明月，问嫦娥却得不到回应。

绝世风流　当场豪举

【原文】

绝世风流，当场豪举，世路既如此，但有肝胆向人，清议可奈何，曾无口舌造业。

【译文】

该豪爽时就豪爽，绝世风流，人世间的路就是这样。只要对人肝胆相照，清谈、议论又怎么样？世上还没有因口舌而造下恶业的。

老去禅心　少年侠气

【原文】

蒲团布衲，难于少时存老去之禅心；玉剑角弓，贵于老时任少年之侠气。

【译文】

穿着僧衣，坐在蒲团之上打坐，难在少年时就存有老年时的禅心。佩着玉剑，拿着角弓打猎，贵在老年之时仍有少年的豪爽侠气。

山水花月　美人生韵

【原文】

山水花月之际，看美人更觉多韵，非美人借韵于山水花月也，山水花月直借美人生韵耳。

【译文】

山水花月之前，看美女更觉得风韵颇多，不是美女借助于山水花月而生风韵，而是山水花月借助美女产生风韵罢了。

暮雨潇潇　空房独守

【原文】

深花枝，浅花枝，深浅花枝相间时，花枝难似伊；巫山高，巫山低，暮雨潇潇郎不归，空房独守时。

【译文】

高花枝，低花枝，深浅花枝相互错落、交杂之时，花枝难像心中的她；巫山高，巫山低，暮雨潇潇，情郎没有回来，只好独守空房，无聊地打发时光。

青蛾皓齿　梅粉妆成

【原文】

青蛾皓齿别吴倡，梅粉妆成半额黄，罗屏绣幔围寒玉，帐里吹竹学凤凰。

【译文】

长长的眉毛，洁白的牙齿，告别了娼妓的生活，梅粉梳妆，额头贴上花黄。华丽的屏风，锦绣的纱帐围住不胜寒冷的玉骨，坐在帐中吹起笙来仿若凤凰飞翔。

诉尽平生　花月之语

【原文】

初弹如珠后如缕，一声两声落花雨。诉尽平生云水心，尽是春花秋月语。

【译文】

刚刚弹奏，声韵如珍珠落盘，后来宛转细腻，其声韵如丝缕，缠缠绵绵，一声，两声，仿若花瓣被雨打落。诉尽了一生钟情山水之心，实际上都是春花、秋月之下的私情话语。

春娇满眼　掠削云鬟

【原文】

春娇满眼睡红销，掠削云鬟旋妆束。飞上九天歌一声，二十五郎吹管箫。

【译文】

满眼娇滴滴的美女睡在红色的丝绸帐中，往后掠掠头发，束一个发鬟，一会儿便妆梳完毕。一声青歌飞上九天之上，还有情郎吹着管乐为其伴奏。

长眉始画　愁对离妆

【原文】

家胜阳台，为欢非梦；人惭萧史，相偶成仙。轻扇初开，忻看笑靥。长眉始画，愁对离妆。广摄金屏，莫令愁拥。恒开锦幔，速望人归。镜台新去，应余落粉。熏炉未徙，定有余烟。泪滴芳衾，锦花长湿。悉随玉轸，琴鹤恒惊。锦水丹鳞，素书稀远。玉山青鸟，仙使难通。彩笔试操，香笺遂满。行云可托，梦想还劳。九重千日，谍想倡家？单枕一宵，便如浪子。当令照影双来，一鸾羞镜；勿使推窗独坐，嫦娥笑人。

【译文】

闺中之乐胜于阳台之欢，寻欢作乐非梦境；面对萧史而感到惭愧，几人能够相亲相爱共同成仙。轻轻移开小团扇，喜看美人两酒窝。才描柳叶细长眉，镜中映出一位身着艳妆心内忧愁少妇。收拢精美的屏风，莫让伤感簇拥。常开锦乡帏帐，盼望情人早归乡。懒于再对梳妆台，落下傅粉谁人知。香炉没动灯草已燃，芳烟未绝仍缠绕。泪滴锦被何时见，绢花长湿泪绵绵。愁肠挂肚玉憔悴，一琴一鹤也堪惊，春水荡漾波光粼粼，鸿雁传情音杳杳。青鸟殷勤为探看，神仙难通相思情。试弄彩笔泼浓墨，信笺写满恨悠悠。寄托行云去寻觅，梦中容颜已衰老。九重天外似三秋，谁怜娼家归我门。春宵之夜孤独眠，天涯浪子似我身。当令照镜影双来，一鸾羞愧坐妆台；莫要推窗空独坐，嫦娥月中笑今人。

世无花月　不愿生世

【原文】

世无花月美人，不愿生此世界。

【译文】

世上如果没有鲜花、明月、美人，那么生活在这个世界上还有什么乐趣。

醉把杯酒　拂剑长啸

【原文】

醉把杯酒，可以吞江南吴越之清风；拂剑长啸，可以吸燕赵秦陇之劲气。

【译文】

醉中举杯，可以吞下江南吴越的清爽之风；拂剑长啸，可以吸纳燕赵秦国的豪侠之气。

枕上曾逢　可认眉尖

【原文】

未知枕上曾逢女，可认眉尖画郎。

【译文】

不知道枕畔曾与美女相逢，但可以认出她的容貌和画上的美女相同。

千缕愁丝　一片香痕

【原文】

苹风未冷催鸳别，沉檀合子留双结，千缕愁丝只数围，一片香痕才半节。

【译文】

苹风没冷已催促鸳鸯离别，沉檀木的盒子里留下了一个同心结，千缕愁絮只是围了几圈，一片泪痕浸湿去半截。

忍看鬓绿　遇客衫黄

【原文】

那忍重持娃鬓绿，终期一遇客衫黄。

金钱赐侍儿，暗嘱教休话。

【译文】

哪忍心再看一眼美女翠绿的云鬓，最终期盼到一位穿着黄色布衫的客人。

赐给侍儿几块金钱，暗中嘱咐她休要乱说。

悲火常烧　愁云频压

【原文】

悲火常烧心曲，愁云频压眉尖。

五更三四点，点点生愁；一日十二时，时时寄恨。

【译文】

悲伤之火，常常燃烧在心曲，愁云满面，常常凝聚于眉头。

长夜漫漫，更漏沉沉，声声使人生愁絮；白日迟迟，晷影阴阳，时时寄怨恨。

无女入梦　空忆巫山

【原文】

花柳深藏淑女居，何殊三千弱水；雨云不入襄王梦，空忆十二巫山。

【译文】

文静典雅的美女，闺房藏在花荫柳丛的深深处，好似蓬莱仙境中的三千弱水，离得十分遥远；行云布雨的神女，不进入襄王的梦境，只好空想巫山十二峰，何来男女之约。

满腔愁绪　子规啼归

【原文】

万里关河，鸿雁来时悲信断；满腔愁绪，子规啼处忆人归。

【译文】

遥隔千山万水，不见鸿雁送信来，悲从中来；满腔伤愁，只闻杜鹃在鸣叫着"子归、子归"，突然回忆起人儿不归。

绣户相通　望眼多情

【原文】

妆台正对书楼，隔池有影；绣户相通绮户，望眼多情。

【译文】

梳妆台对着书房楼，隔着水池，俩人影子相映；绣花门通着华丽户，一往情深，望眼欲穿。

莲开并蒂　缕结同心

【原文】

莲开并蒂，影怜池上鸳鸯；缕结同心，日丽屏间孔雀。

【译文】

并蒂莲花盛开，池上鸳鸯影子更可爱；同心丝结缕缕，屏间孔雀更美丽。

暂满还亏　几时团圆

【原文】

恨君不似江楼月，南北东西。南北东西，只有相随无别离。恨君却似江楼月，暂满还亏。暂满还亏，待得团圆是几时？

【译文】

我恨你不像那江楼上的明月，无论我走向南北东西，都能处处和我相随不分离。我恨你恰似那江楼上的明月，刚刚变圆却又亏缺了，到什么时候才能和你真正团圆呢？

轻解罗裳　独上兰舟

【原文】

红藕香残玉簟秋，轻解罗裳，独上兰舟。云中谁寄锦书来，雁字回时，月满西楼。

【译文】

此时已到了荷花凋谢，竹席冰凉的深秋季节，我轻轻解开丝裙，孤零零一个人上了小船。盼望着他的书信忽然有一天能从云中降落，借着南飞的雁群寄来，这时月光洒满西楼。

天涯旧恨　几许销魂

【原文】

寒水依痕，春意渐回，沙际烟阔。溪梅晴照生香，冷蕊数枝争发。天涯旧恨，试着几许销魂？长亭门外山重叠。不尽眼中青，是愁来时节。

【译文】

冬天将逝，冰冷的江水依着岸边的旧痕漫溢，盎然的春意渐渐重归大地，辽阔的烟雾浮在平沙边际。溪边的梅树映着晴日散发着清幽的香气，几枝争先绽放的花蕊像晶莹的冰玉。漂泊天涯的离恨，请看这销魂伤神的离恨有多重多深？犹如长亭门外的群山重叠无尽。春天的原野满目是绵绵不尽的青草，这时节愁绪如野草延伸。

绿树长亭　几把离樽

【原文】

绿树暗长亭，几把离樽。《阳关》常恨不堪闻，何况今朝秋色里，身是行人。

【译文】

长亭旁的绿树已变得苍黄，送别的筵席上几次举杯话别，常常害怕离别而不忍听那

《阳关曲》，更何况如今秋色萧索身是远行人。

画楼深闭　暗消肌雪

【原文】

情切，画楼深闭，想见东风，暗消肌雪。孤负枕前云雨，尊前花月。心期切处，更有多少凄凉，殷勤留与归时说。到得再相逢，恰经年离别。

【译文】

相思之情切切。彩楼深处闺门紧闭，她想住见到春风的温馨，暗暗消瘦的雪白肌肤失去光润。长久的离别辜负了床枕前的欢爱缠绵，酒杯前的花好月圆。内心企盼哀切，更有多少凄凉难言，衷心地留到归来时诉说眷恋。等到再相逢那一天，正是离别了整整一年。

泪浥罗巾　各自销魂

【原文】

清泪浥罗巾，各自消魂。一江离恨恰平分。安得千寻横铁锁，截断烟津？

【译文】

清泪沾湿了罗巾，人人都黯然伤神，一腔离恨就像不尽的江水一样深。哪里去找千尺的横江铁锁，在这烟水迷蒙的渡口截断江流。

歌里真情　休言不知

【原文】

村姑儿，红袖衣，初发黄梅插秧时，双双女伴随。

长歌诗，短歌诗，歌里真情恨别离，休言伊不知。

【译文】

村里的姑娘穿着红色的衣裳，梅子初结时在田里插秧，女伴相随成对成双。长歌诗，短歌诗，歌里的真情都是怨恨别离，别说这一片心意他不知。

胜绝愁绝　此情谁说

【原文】

晚晴风歇，一夜春威折。脉脉花疏天淡，云来去、数枝雪。

胜绝，愁亦绝，此情谁共说。唯有两行低雁，知人倚、画楼月。

【译文】

傍晚时分，风停了天气晴朗，一夜间料峭的春寒也稍稍收敛。几朵梅花脉脉含情淡雅地开放，浮云来去月下仿佛枝头挂着残雪。梅花无限的美好，可引起的愁情也最深长，

这无端的愁绪和谁去诉说。只有两行低飞的大雁，知道此时有人倚着画楼赏花观月。

一种相思　两处闲愁

【原文】

花自飘零水自流。一种相思，两处闲愁。此情无计可消除，才下眉头，却上心头。

【译文】

无奈花儿只是独自飘零，水儿一径东流而去。我们俩彼此都为相思而愁闷，可是相思的烦恼是没办法消除的，皱着的眉毛刚舒展开来，心里却又惦记起来。

贾女容销　蛾眉常锁

【原文】

休文腰瘦，羞惊罗带之频宽；贾女容销，懒照蛾眉之常锁。

【译文】

休言腰肢渐瘦，惊异地发现罗带渐渐宽大；贾女容颜消磨，懒得去照那常常紧锁的蛾眉。

西蜀豪家　情穷鲁殿

【原文】

西蜀豪家，托情穷于鲁殿；东台甲馆，流咏止于洞箫。

【译文】

西蜀的豪富之家，托人情于相隔千里的鲁国殿堂；东台的学馆，咏诗和着洞箫之音不绝于耳。

豆蔻不消　丁香空结

【原文】

千叠云山千叠愁，一天明月一天恨。
豆蔻不消心上恨，丁香空结雨中愁。

【译文】

登高思友，云雾茫茫缠千山，愁上加愁；抬头望月，明月皎皎照我影，恨上加恨。豆蔻年华的少女无法排解心中的怨恨，但见那丁香花在雨中徒然忧愁地开着。

月色悬空　蛩声泣露

【原文】

月色悬空，皎皎明明，偏自照人孤另；蛩声泣露，啾啾唧唧，都来助我愁思。

【译文】

明月悬空，银河灿烂，偏偏照着这孤零之人；蟋蟀悲泣露水来临，啾啾唧唧，声声都来增添我的愁思。

情天恨海　相思两地

【原文】

费长房缩不尽相思地，女娲氏补不完离恨天。

【译文】

费长房的缩地鞭，也无法将男女相思地缩短；女娲氏的五色石，也无法补救离别怨恨的情天恨海。

镜想分鸾　琴悲别鹤

【原文】

镜想分鸾，琴悲别鹤。

【译文】

对镜思念分手的鸾凤，弹琴悲叹离别的仙鹤。

燕情莺意　泻入玻璃

【原文】

旧游浑似梦，鬓点吴霜重。多少燕情莺意，都泻入，玻璃瓮。

【译文】

往事迷茫全像是梦，如今两鬓雪白好似吴地的浓霜。多少男欢女爱的缠绵情意，都倾注在杯中美酒一醉中。

此情谁见　愁病相仍

【原文】

独行独坐，独唱独酬还独卧。伫立伤神，无奈轻寒著摸人。

此情谁见，泪洗残妆无一半。愁病相仍，剔尽寒灯梦不成。

【译文】

我一个人独行独坐，自唱自和，真是孤独至极。一个人伫立黯然神伤，无奈微微寒意却不停袭来。这样的情景谁曾见过，终日泪洗残妆，郁郁寡欢。愁病频繁重复，将孤室寒灯一拨再拨难以成眠。

少年豪纵　京城游子

【原文】

少年豪纵，袍锦团花凤。曾是京城游子，驰宝马，飞金鞚。

【译文】

少年的时候狂放不羁，身穿的棉袍绣着团花凤，也曾是京城里的浪荡子，骑着宝马配上华贵的鞍鞚。

海角逢春　天涯为客

【原文】

芳草碧色，萋萋遍南陌。暖絮乱红，也似知人，春愁无力。忆得盈盈拾翠侣共携赏、凤城寒食。到今来，海角逢春，天涯为客。

【译文】

芳草一片碧绿，丛丛茂密长遍了南野的大地。温暖的柳絮飘飞，凌乱的落花遍地，也好似知道人的情绪，带着伤春的愁恨困慵无力。曾记得与轻盈曼妙的伴侣去拾翠羽，共同携手游赏，凤城寒食的风光。到今天，我却在海角与春天相遇，在天涯为客羁旅他乡。

杜宇声声　雨打梨花

【原文】

萋萋芳草忆王孙，柳外楼高空断魂，杜宇声声不忍闻。欲黄昏，雨打梨花深闭门。

【译文】

茂密的青草使我想起久客不归的王孙。杨柳树外楼阁高耸，她终日徒劳地伫望伤神。杜鹃鸟儿一声声啼叫，那悲凄的声音令人不忍听闻。眼看又到了黄昏，暮雨打得梨花凌落，深深闭紧闺门。

红印春色　枕上花飞

【原文】

红印山痕春色微，珊瑚枕上见花飞；烟鬟潦乱香云湿，疑向襄王梦里归。

【译文】

春色微微弱弱，殷红的双唇，印在情郎的额头上，珊瑚枕上，仿佛鲜花纷飞；如烟的头发又湿又乱，怀疑是从襄王梦中刚刚归来。

春透水波　寒峭花枝

【原文】

春透水波明，寒峭花枝瘦。极目烟中百尺楼，人在楼中否？

【译文】

春风煦煦，碧波荡漾，寒气料峭，花枝干瘦。极目望去，云烟雾气中，忽隐忽现一座百尺高楼，不知道楼中有人没有。

夜光暗投　红颜薄命

【原文】

明月当楼，高眠如避，惜哉！夜光暗投；芳树交窗，把玩无主，嗟矣！红颜薄命。

【译文】

皎洁的月光照着高楼，此时入眠而躲避，可惜啊！美丽的夜景投向了暗处；芬芳的树枝交映窗口，细心品玩没有主人，可叹呀！红颜美女自古命薄。

鸟语听涩　蝉声闻断

【原文】

鸟语听其涩时，怜娇情之未啭；蝉声闻已断处，愁孤节之渐消。

【译文】

鸟鸣要听不圆润之时，可怜娇情没有婉转；蝉声要闻间断之处，忧愁孤寒气节渐渐来临。

断雨断云　三春蝶梦

【原文】

断雨断云，惊魄三春蝶梦；花开花落，悲歌一夜鹃啼。

【译文】

云雨时断，三春良辰的蝴蝶美梦震动神魄；花开花落，杜鹃啼叫“子归”的悲鸣整夜不绝。

流苏帐底　夜月窥人

【原文】

流苏帐底，披之而夜月窥人；玉镜台前，讽之而朝烟萦树。

【译文】

拨开五彩的流苏帐，趁着月色偷瞧玉人；玉镜台前，讥讽朝雾离不开树梢。

明月当窗　两处断肠

【原文】

画堂初见伊，明月当窗满。今夜月如眉，话别重见约中秋，莫负于飞愿。免使月圆时，两处空肠断。

【译文】

在画堂上初次见到你，窗外是一轮圆圆的满月。今天夜里弯月如眉，你我话别在小河的桥边。约好中秋节的时候再相见，切莫辜负了比翼双飞的美好心愿。可不要在那月圆的时候，你我分在两处徒然断肠思念。

花鸟之情　天趣活泼

【原文】

昔人有花中十友，桂为仙友，莲为诤友，梅为清友，菊为逸友，海棠名友。茶蘼韵友，瑞香殊友，芝兰芳友，腊梅奇友，栀子禅友。昔人有禽中五客，鸥为闲客，鹤为仙客，鹭为雪客，孔雀为南客，鹦鹉为陇客。会花鸟之情，真是天趣活泼。

【译文】

过去的人称花中有十位朋友，即桂花为仙友，莲花为诤友，梅花为清友，菊花为逸友，海棠花为名友，荼蘼花为韵友，瑞香花为殊友，芝兰花为芳友，蜡梅花为奇友，栀子花为禅友。过去的人说禽鸟中有五位客人，鸥为闲客，鹤为仙客，鹭为雪客，孔雀为南客，鹦鹉为陇客。能够领会花鸟的真情，定会天趣活泼。

花看半开　酒饮微醉

【原文】

木香盛开，把杯独坐其下，遥令青奴吹笛，止留一小奚侍酒，才少斟酌，便退立迎春架后，花看半开，酒饮微醉。

【译文】

独坐在盛开的木香花架下，把杯自斟，让远处的竹夫人吹响悠扬的笛声，只留一个小奴仆侍酒，才少斟酒，便退立在迎春架后，略带醉意，欣赏那半开的花蕾。

月下卧醒　濯魄冰壶

【原文】

夜来月下卧晒，花影零乱，满人襟袖，疑如濯魄于冰壶。

【译文】

月光皎皎，忽而醒来，花影零乱破碎，襟袖泌满香气，是否魂魄刚好在冰壶中游过。

错看花步　错寻花步

【原文】

看花步，男子当作女人，寻花步，女人当作男人。

【译文】

观看花步，把男人当成了女人；寻访花步，把女人当成了男人。

愁还似织　泪又偷滴

【原文】

愁旋释，还似织；泪暗拭，又偷滴。漫倚遍危阑，尽黄昏也，只是暮云凝碧。拼则而今已拼了，忘则怎生便忘得。又还问鳞鸿，试重寻消息。

【译文】

愁情刚刚消释，又如乱麻交织；泪水暗暗擦去，又偷偷滚下泪滴。我茫然伫立，将高高的栏杆遍倚，直到漫天黄昏，也只是沉沉暮云在碧空中凝聚。抛弃相思而今已然抛弃，想忘记相思却怎么能就将它忘记？再告诉那传递书信的鳞鱼和鸿雁，试着为我重新寻找她的消息。

蝶憩香风　尚多芳梦

【原文】

蝶憩香风，尚多芳梦；鸟沾红雨，不任娇啼。

【译文】

当蝴蝶还能在春日的香风中憩息时，青春的梦境还是芬芳而美好的；一旦鸟的羽毛沾上吹落的花瓣时，那时的啼声便凄切而不忍卒听了。

天倾斗酒　醉停玉床

【原文】

零乱如珠为点妆，素辉乘月湿衣裳；只愁天酒倾如斗，醉却环姿停玉床。

【译文】

月光之下，零零乱乱，如珠子一样，装点一番，借着柔和的余晖，乘着月兴，露水打湿了我的衣裳；只愁上天下起如斗的酿酒，大醉花丛睡在美人的玉床上。

盈盈相隔　解语香帷

【原文】

盈盈相隔愁追随，谁为解语来香帷。

欲与梅花斗宝妆，先开娇艳逼寒香：只愁冰骨藏珠屋，不似红衣侍玉郎。

【译文】

和风姿绰约的美人遥隔千里，愁肠牵挂，谁来飘香的帷帐之中陪伴我呢？

想和盛开的梅花比试一下宝光十色的妆饰，先做出一番娇艳的神态与梅花比一比谁香；只愁冰清玉洁的人儿深深地藏在珠屋之中，不像红衣美女那样侍奉情郎。

酒浣春衫　别有风流

【原文】

纵教弄酒春衫浣，别有风流上眼波。

【译文】

宁愿让美女侍酒，酒气清洗美男子的春衫，别有一番风味，眼波送情。

听风兴思　庄生逍遥

【原文】

听风声以兴思，闻鹤唳以动怀；企庄生之逍遥，慕尚子之清旷。

【译文】

听到呼呼的风声，兴起情思，耳闻白鹤凄哀的叫声，牵动心怀；期求庄子的自在逍遥，羡慕姜太公的清淡旷达。

旧人如梦　无处追寻

【原文】

孤灯夜雨，空把青年误。楼外青山无数，隔不断新愁来路。黄叶无风自落，秋云不雨常阴。天若有情天亦老，摇摇幽恨难禁。惆怅旧人如梦，觉来无处追寻。

【译文】

孤灯夜雨，空把青春韶华耽误。楼外无数青山，隔不断新愁更添。黄色的叶子无风而自落飘零，秋天阴云密布而不雨。天若有情天亦老，悠悠幽恨心难禁。惆怅过去相识的朋友又入梦来，醒后更使人无处追寻。

蛾眉未赎　潮信难通

【原文】

蛾眉未赎,谩劳桐叶寄相思;潮信难通,空向桃花寻往迹。

【译文】

没将美人赎身,只好劳驾桐叶寄托相思;潮水难通音信,空向桃花丛中寻找情人旧迹。

村酒酣人　野花艳目

【原文】

野花艳目,不必牡丹;村酒酣人,何须绿蚁。

【译文】

路边的野花妖艳夺目,不必一定要观赏高贵的牡丹;村里的好酒能使人心醉,何必一定饮香甜的美酒。

有美耀目　不痴不慧

【原文】

阮籍邻家少妇有美色,当垆沽酒。籍常诣,醉便卧其侧。隔帘闻坠钗声而不动念者,此人不痴则慧,我幸在不痴不慧中。

【译文】

阮籍邻家有个十分美丽的少妇,每日在酒店卖酒。阮籍常去饮酒,醉了便躺在她的身旁。遇到此种情形,若是隔着帘子听到头上玉钗落地的响声,而欲望思想不为所动,那么,这个人不是呆痴人便是聪明人,我幸亏是不呆痴也不聪明的人。

桃叶题情　柳丝牵恨

【原文】

桃叶题情，柳丝牵恨。胡天胡帝，登徒于焉怡目；为云为雨，宋玉因而荡心。轻泉刀若土壤，居然翠袖之朱家；重然诺如丘山，不忝红妆之李布。

【译文】

桃叶寄托情丝，柳丝联结怨恨。什么天，什么帝，登徒子在此怡然自乐；行云布雨，宋玉因此目荡心摇。轻视金钱像土壤，朱家居然翠袖飘飘；看重信诺像高山，季布不愧红装艳艳。

濯足清流　芹香飞涧

【原文】

濯足清流，芹香飞涧；浣花新水，蝶粉迷波。

【译文】

在清净的溪流中洗脚，香气随着溪流飞溅山涧；在新水中洗鲜花，粉蝶迷恋波中花香而起舞。

无端相思　相思杀人

【原文】

无端饮却相思水，不信相思想杀人。

【译文】

无缘无故地饮下了相思之水，不相信真会教人想念至死。

多情成恋　薄命何嗟

【原文】

陌上繁华，两岸春风轻柳絮；闺中寂寞，一窗夜雨瘦梨花。芳草归迟，青驹别易，多情成恋，薄命何嗟。要亦人各有心，非关女德善怨。

【译文】

路旁的花都已开遍，河畔的春风吹起柳絮，深闺中的寂寞，就如一夜风雨的梨花，使人迅速消瘦。骑着马儿分别是何等容易的事，但望断芳草路途，人儿却迟迟不归。就因为多情而致依依不舍，命运乖违嗟叹又有何用？因为人的心中各自怀有情意，并不是女人天生就善于怨恨啊！

虚窗夜朗　不减故人

【原文】

幽堂昼深，清风忽来好伴；虚窗夜朗，明月不减故人。

【译文】

幽静的厅堂，白昼显得特别深长，忽然吹来一阵清风，仿佛是我的友伴一般亲切。打开的窗子，显出夜色的清朗，明月的容颜，如同故人的情意一般丝毫不减。

弄柳拈花　销魂之处

【原文】

弄绿绮之琴，焉得文君之听；濡彩毫之笔，难描京兆之眉；瞻云望月，无非凄怆之声；弄柳拈花，尽是销魂之处。

【译文】

拨弄着诉爱的琴，如何能得到像文君一般解音的女子来聆听？濡湿了画眉的彩笔，却难得到像张敞那般温柔恩爱的人儿，来为她画眉。抬头望见浮云明月，耳中所闻的无非是悲伤的声音，攀柳摘花，处处是魂梦无依的地方。

截住巫山　永不放云

【原文】

填平湘岸都栽竹，截住巫山不放云。

【译文】

应将湘水的两岸填平，种满了斑竹，更该把巫山的云截下，永远都不放走。

不忍重看　嫩娃鬓绿

【原文】

那忍重看娃鬓绿，终期一遇客衫黄。

【译文】

哪忍在镜前反复地赏玩这青春的美貌和乌黑光亮的秀发，只希望能像小玉一般遇到黄衫的豪士，将那负情的人带回。

千古空闺　薄幸惊魂

【原文】

幽情化而石立，怨风结而冢青；千古空闺之感，顿令薄幸惊魂。

【译文】

深情化为望夫石，幽风凝成坟上草，千古以来独守空闺的怨恨，真令负心的男子为之心惊。

蝴蝶悬梦　凤凰弦鸣

【原文】

蝴蝶长悬孤枕梦，凤凰不上断弦鸣。吴妖小玉飞作烟，越艳西施化为土。

【译文】

孤枕梦中，蝴蝶相舞；弦声已断，凤凰不鸣。吴国娇艳的小玉已经化作飞烟，越国美丽的西施也已成为尘土。

灯结细花　泪带痕红

【原文】

灯红细花成穗落，泪题愁字带痕红

无端饮却相思水。不信相思能杀人。

【译文】

燃烧的蜡烛凝结成细小的花朵，仿若泪水不断落下，蜡泪水带着“愁”字，仿佛和着美人的红装。

不知何故，饮下了一杯“相思”之水，难道“相思病”真能想死人。

渔舟唱晚　雁阵惊寒

【原文】

渔舟唱晚，响穷彭蠡之滨；雁阵惊寒，声断衡阳之浦。

【译文】

渔舟唱晚，响彻鄱阳湖两岸，其声悠悠，大雁南飞，惊寒之声达衡阳之南，其音袅袅。

当为情死　勿为情怨

【原文】

情语云：当为情死，不当为情怨。关乎情者，原可死而不可怨者也。虽然既云情矣，此身已为情有，又何忍死耶？然不死终不透彻耳。君平之柳，崔护之花，汉宫之流叶，蜀女之飘梧，今后世有情之人咨嗟想慕，托之语言，寄之歌咏。而奴无昆仑，客无黄衫，知己无押衙，同志无虞侯，则虽盟在海棠，终是陌路萧郎耳。

【译文】

有人说：应当为情而死，却不当因情而生怨。有关于感情的事，原来就是可为对方而死，不当生怨心的。虽然这么说，但既然身在情中，又怎么忍心去死呢？然而，不死总不见情爱的深刻。韩君平的章台柳，崔护的人面桃花，发生在宫廷御沟的红叶题诗，以及因梧叶夫妻再见的故事，都使后世有情的人叹息羡慕。这种羡慕的情景，或者写成文字记载下来，或者表现在歌曲咏叹当中。然而，既无能飞檐走壁的昆仑奴，又无身着黄衫的豪客，没有如古押衙一般的知己，又无像虞候一般的同志，那么，即使以海棠作为誓约，终免不了要分离的命运。

梦去心亦去　梦还心不还

【原文】

枕边梦去心亦去，醒后梦还心不还。

【译文】

一入梦中，心便随着梦境到达情人身边，醒来之时，心却没有随着梦而回来。

出相思海　下离恨天

【原文】

慈悲筏济人出相思海，恩爱梯接人下离恨天。

【译文】

以慈悲作伐，渡人出这相思形成的大海；以恩爱为梯子，接人走下这满布离恨的天空。

惆怅旧欢　无处追寻

【原文】

黄叶无风自落，秋云不雨长阴。天若有情天亦老，摇摇幽恨难禁。惆怅旧欢如梦，觉来无处追寻。

【译文】

黄叶会在无风时独自飘零，秋日虽不下雨，却总为云所覆盖而显得阴沉。天如果有感情，也会因情愁而日渐衰老。这种在心中无所附着的幽怨真是难以承受啊！回想旧日的欢乐，仿佛在梦中一般，更添人无限的愁绪，梦醒来后又要到何处找回往日的欢乐呢？

几条杨柳　三叠阳关

【原文】

几条杨柳，沾来多少啼痕；三叠阳关，唱彻古今离恨。

【译文】

几条柳枝，沾上了多少离人的泪水；反复的阳关曲，唱尽了古今分离时的幽怨。

款款细腰　纤纤柔指

【原文】

楚王宫里,无不推其细腰;魏国佳人,俱言讶其纤手。

【译文】

楚灵王的宫中,没有不推崇细腰的宫女;魏国佳人,没有人不对她柔美的纤纤手指感到惊讶。

东邻巧笑　西子微颦

【原文】

东邻巧笑,来待寝于更衣;西子微颦,将横陈于甲帐。

【译文】

东邻美女甜甜微笑,来待寝更衣;西施略略皱眉,横躺在帐子之中。

婺女争华　嫦娥竞爽

【原文】

骋纤腰于结风,奏新声于度曲。妆鸣蝉之薄鬓,照坠马之垂鬟。金星与婺女争华,麝月共嫦娥竞爽。惊鸾冶袖,时飘韩椽之香;飞燕长裙,且结陈王之佩。轻身无力,怯南阳之捣衣;生长深宫,笑扶风之织锦。

【译文】

骋结风细腰,奏度曲新声。妆点鸣蝉式样的鬓发,照看坠马般的垂髻。金星和婺女争辉,麝月和嫦娥竞爽。袖带飘扬,常有韩椽的香气;飞燕长裙飘飘,应结曹植之佩玉。身轻无力,害怕听南阳捣衣之声;生长深宫,嗤笑扶风农家织锦的繁忙。

青牛帐里　朱鸟窗前

【原文】

青牛帐里，余曲既终；朱鸟窗前，新妆已竟。

【译文】

绘有青牛的帐子里面，曲子余音悠悠；一只朱鸟在窗前殷勤探看，梳妆打扮完了吗？

葬骨埋香　双鸾之雾

【原文】

山河绵邈，粉黛若新。椒华承彩，竟虚待月之帘；葬骨埋香，谁作双鸾之雾。

【译文】

山河连绵遥远，粉黛仿若新涂。闺房承受浓彩，竟使帘外无月。葬骨埋香，有谁作成了双鸾齐飞的云雾。

芳草离魂　风自凄凄

【原文】

云背水，雁回汀，只应芳草见离魂。前回共采芙蓉处，风自凄凄月自明。

【译文】

云彩飘离了水面，大雁飞回了水边，在那芳草茂盛的地方该能找到你的离魂吧。原先我们一道采摘荷叶的地方，只有凄风明月不见了你的身影。

最苦梦魂　佳音密耗

【原文】

遥知新妆了,开朱户、应自待月西厢。最苦梦魂,今宵不到伊行。问甚时说与,佳音密耗,寄将秦镜,偷换韩香?天使教人,霎时厮见何妨!

【译文】

远远知道她梳理了新妆,推开了红窗,该是期待明月照西厢。最苦的是我咫尺天涯,梦中魂灵儿,今夜也不能到她身旁。问啥时才能向她倾诉衷肠,互通情款,互订密约,寄予她明镜,偷换她的异香。天公呵与人行个方便,叫人霎时间相见又有何妨!

花颜缥缈　春风欺树

【原文】

花颜缥缈,欺树里之春风;银焰荧煌,却城头之晓色。

【译文】

尽管树间春风温馨和暖,也挡不住花容花貌缥缈不定;尽管城头晓色迷人,也抵不住银焰闪闪,或明或暗。

红袖登山　几多风流

【原文】

乌纱帽挟红袖登山,前人自多风致。

【译文】

头戴乌纱帽的官员们,常携红楼歌女登山冶游,红黑相间自然风流雅致。

鹤心被斥　梅韵遭删

【原文】

鹤有累心犹被斥，梅无高韵也遭删。

【译文】

仙鹤忧心忡忡，受累不堪，还被人训斥；梅花没有高尚的志趣，也要遭到他人削枝。

分果车中　捉刀床侧

【原文】

分果车中，毕竟借他人面孔；捉刀床侧，终须露自己心胸。

【译文】

在车中分配果实，毕竟是当着他人的面；在床边拿着刀，最终能暴露自己心胸的大小。

身色幻影　风里杨花

【原文】

雪滚花飞，缭绕歌楼。飘扑僧舍点点共，酒旆悠扬阵阵追。燕莺飞舞，沾泥逐水，岂特可入诗料，要知色身幻影，是即风里杨花，浮生燕垒。

【译文】

雪花纷飞，袖带飘飘，歌声环绕楼台。僧人房中，楼台歌舞，飘入房内；酒旗招展，时时追赶。燕莺飞舞，沾泥逐水，难道仅可赋诗，要知道“色”和“身”都是虚幻的影子，就像大风里的杨花和燕子的窝一样。

到来是泪　过去成尘

【原文】

到来都是泪，过去即成尘；秋色生鸿雁，江声冷白苹。

【译文】

愁事、难事一旦到来，都将泪流满面，异常伤心；可是过去以后，都将像尘土一样，显得微不足道。秋色萧瑟，使鸿雁悲鸣；江水滔滔，使白苹冷清减少。

缘分所寄　一往而深

【原文】

缘分所寄，一往而深。故人恩重，来燕于雕梁；逸士情深，托凫雏于春水；好梦难通，吹散巫山云气；仙缘未合，空探游女珠光。

【译文】

缘分的寄托，一往情深。旧相识恩情深重，燕子于是来到雕梁之上筑巢建家；飘逸之士情深意浓，寄托雏鸭游戏于春水之中；好梦难于通畅，吹散了巫山之上的缭绕云雾；没有和合仙缘，空自观看游女满头的珠光。

佳人病怯　不耐春寒

【原文】

佳人病怯，不耐春寒；豪客多情，尤怜夜饮。李太白之宝花宜障，光孟祖之狗窦堪呼。

【译文】

美人得病身心怯弱，不能抵御春寒；豪迈的人感情丰富，尤其喜爱夜饮。此时，若李白拿着宝花也应替美女遮挡风寒，即使刘秀在狗洞中也应呼喊。

欧公香饼　颜氏隐囊

【原文】

欧公香饼,吾其熟火无烟;颜氏隐囊,我则斗花以布。

【译文】

如果有欧阳修的香饼,我生火做饭就可无烟;如果有颜之推的隐囊,我将在上面绣上争奇斗艳的鲜花。

烹雪之茶　争春之馆

【原文】

佳人半醉,美女新妆,月下弹瑟,石边侍酒。烹雪之茶,果然胜有寒香;争春之馆,自是堪来花叹。

黄鸟让其声歌;青山学其眉黛。

【译文】

美人略带醉意,站在月光下弹着琴瑟,美女刚换新妆,立于石头之旁侍奉斟酒。用雪烹茶,果然胜于寒香,身处争春馆中,观赏百花争艳而令人感叹。

美女歌喉婉转,就连黄鸟也自愧不如;美人翠眉弯弯,就连青山也跟着仿效。

红袖歌舞　赏心悦目

【原文】

画屋曲房,拥炉列坐;鞭车行酒,分队征歌。一笑千金,樗蒲百万。名妓持笺,玉儿捧砚;淋漓挥洒,水月流虹。我醉欲眠,鼠奔乌窜;罗襦轻解,鼻息如雷。此一境界,亦足赏心。

【译文】

在张满画卷的屋室和深邃幽隐的房间，围着火炉而坐，一边下棋，一边行酒，歌舞妓排列成队，纷纷点歌。嫣然一笑即费千金，樗蒲一博即抛百万。名妓拿着纸笺，玉儿捧着砚台，淋漓挥洒，水中有一轮明月，空中有一条彩虹。我已醉了，想睡上一觉，老鼠狂奔，鸟儿回窜；慢慢解开罗衣缎袍，已鼻鼾如雷，进入了梦乡。这一境界，足以使人心情舒畅。

画扇练裙　春游风光

【原文】

柳花燕子，贴地欲飞；画扇练裙，避人欲进。此春游第一风光也。

【译文】

柳絮和燕子，贴着大地频频飞舞；手拿画扇，身穿白裙的少女，既躲避众人，又想向前玩游，这是春游第一风光。

何郎咏烛　韩寿偷香

【原文】

但觉夜深花有露，不知人静月当楼；何郎烛暗谁能咏，韩寿香薰亦任偷。

【译文】

只觉得夜深之时花儿含露，不知道人静之际月儿照楼；何郎点的蜡烛昏暗扑闪，有谁能咏叹，点燃薰香任由韩寿前来偷香。

当场笑语　背地风波

【原文】

当场笑语，尽如形骸外之好人；背地风波，谁是意气中之烈士。

【译文】

当场欢声笑语，都好像只有精神境界的大好人；背地风波迭起，谁还是意气豪爽的刚烈之士呢？

幽情化石　怨风结冢

【原文】

幽情化而石立，怨风结而冢青；千古空闺之感，顿令薄幸惊魂。

【译文】

幽情渐渐感化而望夫石自然站起来，怨情慢慢郁结而昭君坟墓长满青草。千古闺阁之中的空荡感觉，顿时让负情郎惊心动魄。

半声春鸟　偏唤愁人

【原文】

一片秋山，能疗病客；半声春鸟，偏唤愁人。

【译文】

一片秋风萧萧的山岭，能够治疗“病”中的客人；半声春鸟婉转的啼鸣，偏偏唤起忧愁满腹的游人。

酒圣书仙　生不逢时

【原文】

李太白酒圣，蔡文姬书仙，置之一时，绝妙佳偶。

【译文】

“酒圣”李太白，“书仙”蔡文姬，如果放在同一个时代，则是一对绝妙的佳偶。

狂言惊座　红粉回首

【原文】

华堂今日绮筵开，谁唤御史来；忽发狂言惊满座，两行红粉一时回。

【译文】

今天华堂之上大开盛筵，是谁把御史叫了来。这个人忽然狂言警语震惊满座客人，就连歌舞的两行舞女也一齐回头观望。

蜀纸麝墨　越瓯犀液

【原文】

蜀纸麝墨添笔媚，越瓯犀液发茶香；风飘乱点更筹转，折送繁弦曲破长。

【译文】

蜀纸生香，麝香做墨，增添了笔端的媚态；越瓯倾液，犀角杯中，散发着茶叶的芬芳。在那阵阵飘来的微风中，交杯换盏，弹着琴弦唱歌，悠悠扬扬，经久不去。

闺房新婚　羞影难掩

【原文】

教移兰烬频羞影，自试香汤更怕深。初似染花难抑按，终忧活雪不胜任。岂知侍女帘帏外，胜取君王数饼金。

【译文】

拨动熏兰草的灰烬，又多次看到羞惭的身影，自己试着沐浴香汤又害怕水太深。开始时好似染花那样难抑按，最终还是担忧雪白躯体不能忍受。难道知道侍女站在帘帏之外，比君王云雨之后数取“金饼”要强得多。

春闺秋思　绵绵无期

【原文】

静中楼阁春深雨，远处帘栊半夜灯；绿屏无睡秋分簟，红叶伤时月半楼。

【译文】

静静的楼阁之中，春雨不停地下着，夜半时分，看到远处仿佛帘栊的灯火忽明忽暗；秋季，绿色的屏风、凉凉的竹席仍然毫无睡意，感伤时节，红叶已经败落，阁楼上只映照着一芽弯月。

桃花胭脂　坠马翡翠

【原文】

桃花水泛,晓妆宫里腻胭脂;杨柳风多,坠马结中摇翡翠。对妆则色殊,比兰则香越,泛明彩于宵波,飞澄华于晓月。

【译文】

桃花水上漂浮着早上起来梳妆的宫女们涂抹的胭脂粉,杨柳风不时吹来,摇晃着坠马髻中闪闪发光的翡翠首饰。对着镜子化妆,则姿色已比以前不同,和兰草相比,则香气更加浓郁。好像夜晚的波纹飘浮着明亮的纷彩,早晨的月光之下飞舞着橙色的彩霞。

手巾欲燥　愁眉顿开

【原文】

手巾还欲燥,愁眉即使开;逆想行人至,迎前含笑来。

【译文】

泪水沾满手巾,何时能干。愁眉断肠何日能舒展,回想以前情人来到时,含笑迎前来。

逶迤洞房　半入宵梦

【原文】

逶迤洞房,半入宵梦;窈窕闲馆,方增客愁。

【译文】

弯曲幽静的洞房情人,大都进入云宵梦境;幽远娴静的旅馆,此时更增添客人的愁思。

春亦堪怜　情更堪惜

【原文】

银烛轻弹，红妆笑倚，人堪惜，情更堪惜；困雨花心，垂阴柳耳，客堪怜，春亦堪怜。

【译文】

轻轻弹一下银烛，红装依偎，笑声不绝，人堪爱怜，情更堪爱惜；鲜花朵朵被雨所困，柳树下枝条垂耳，游客堪怜，三春苦短也堪怜。

肝胆谁怜　天涯穷交

【原文】

肝胆谁怜，形影自为管鲍；唇齿相济，天涯孰是穷交。兴言及此，辄欲再广“绝交”之论，重作“署门”之句。

【译文】

有谁可怜肝胆相照，形影相随，自为管仲、鲍叔牙的生死之交；唇齿相依，普天之一谁是贫困时交往的挚友。乘兴之言想到这儿，总是想再次增加“绝交”的宏论，重新作“署门”的佳句。

花下携手　我亦多情

【原文】

殷勤花下同携手，更尽杯中酒。美人不用敛蛾眉，我亦多情，无奈酒阑时。

【译文】

殷勤地邀你们到花下漫游，携手结伴，更劝你们再将杯中美酒饮完。美人呵不要为残春消逝蛾眉紧敛，我亦多愁善感，欲消愁，无奈杯酒已干。

落花空舞　黄昏送雨

【原文】

落花已作风前舞，又送黄昏雨。晓来庭院半残红，唯有游丝，千丈袅晴空。

【译文】

凋落的花片已在风中飘舞，又送走阴雨绵绵的黄昏天，拂晓时半个庭院落满残红，只有千丈的游丝，在晴空里缭绕、悬浮。

旧曲凄清　故人何在

【原文】

去去倦寻路程，江陵旧事，何曾再问杨琼。旧曲凄清，敛愁黛、与谁听？尊前故人如在，想念我、最关情。何须《渭城》，歌声未尽处，先泪零。

【译文】

走呵走已厌倦寻觅前进的路程。荆州往年听歌的旧事最难忘，自此后再没有能够重访歌妓杨琼。她唱着旧日的歌曲声韵凄清，她聚敛着愁眉，谁是知音与听？酒尊前的故友倘若健在，定会想念我，最是关怀动情。何必唱朋友送别的《渭城曲》，她那歌声尚未唱完，我的热泪先自飘零！

岁月如流　叹息愁盈

【原文】

上马人扶残醉，晓风吹未醒。映水曲、翠瓦朱檐，垂杨里、乍见津亭。当时曾题败壁，蛛丝罩、淡墨苔晕青。念去来、岁月如流，徘徊久、叹息愁思盈。

【译文】

被人扶上马时，我还酒醉朦胧未醒，凉爽的晨风吹着我。弯曲的河畔。倒映着绿瓦红檐，垂杨掩映里，突然看见津渡的长亭。当时我曾在残破的墙壁题诗寄兴，而今蜘蛛丝网笼罩着，淡淡墨迹上的青苔晕影。想去去来来的进退升沉，岁月如湍水奔流不停，久久徘徊，叹息声声，愁思盈盈。

愁不归眠　立残更箭

【原文】

人静夜久凭阑，愁不归眠，立残更箭。叹年华一瞬，人今千里，梦沉书远。

【译文】

夜深人静我久久地凭靠栏杆，愁思满怀不想回屋寝眠，一直立到漏尽更残。可叹人生年华苦短犹如一瞬间，而今人隔千里，魂梦深沉音书摇远。

韩嫣金弹　潘岳果车

【原文】

韩嫣金弹，误了饥寒人多少奔驰；潘岳果车，增了少年人多少颜色。

【译文】

韩嫣弹唱堆金，耽误了多少饥寒之人奔驰忙碌；潘岳掷果盈车，增添了多少青年人的颜色。

苎萝村里　娇歌艳舞

【原文】

苎萝村里，对娇歌艳舞之山；若耶溪边，拂浓抹淡妆之水。

【译文】

走进苧萝村里，情不自禁要面对着昔日西施娇歌艳舞的青山；站在若耶溪边，情不自禁掬一捧昔日西施浓抹淡妆的泉水。

红袖撩人　非关薄命

【原文】

论到高华，但说黄金能结客；看来薄命，非关红袖嫩撩人。

【译文】

论到高贵的族望，只说若有黄金，自能聚结宾客；都说红颜薄命，这和红袖飘飘，柔嫩胳膊，撩拨人心有何关系？

别后书辞　离魂暗逐

【原文】

别后书辞，别时针线，离魂暗逐郎行远。淮南皓月冷千山，冥冥归去无人管。

【译文】

离别后你寄给我的信笺，离别时你缝制衣裳的针线，我想你定然像离魂的倩女，暗中追逐我远行的踪迹。淮南的一轮皓月呵映照着千山冷寂，昏暗暗独自归去，可怜你伶仃无依。

燕燕轻盈　莺莺娇软

【原文】

燕燕轻盈，莺莺娇软，分明又向华胥见。夜长争得薄情知，春初早被相思染。

【译文】

像飞燕般体态轻盈,像黄莺般话语娇软,分明又在白日梦境中限你相见。你说长夜漫漫,薄情人怎知我辗转难眠?我说春天初到,我便早被相思病苦感染。

笑语盈盈　蓦然回首

【原文】

蛾儿雪柳黄金缕,笑语盈盈暗香去。众里寻她千百度,蓦然回首,那人却在,灯火阑珊处。

【译文】

妇女们满头插着蛾儿、雪柳、黄金缕,欢声笑语,体态轻盈,带着一缕暗香远去。在熙攘的人群里,我千百遍寻觅她的踪迹,忽然间回首一瞥,那人却在灯火稀疏、冷落的地方伫立。

山花满头　莫问奴处

【原文】

去也终须去,住也如何住!若得山花插满头,莫问奴归处。

【译文】

以色艺事人的生活终究不能长久,将来总有一天须离此而去。如果仍旧留下作营妓,那简直不能设想如何生活下去。如果有朝一日,能够将山花插满头鬓,过着一般山野农村妇女的生活,那就不必问我的归宿了。

同气之求　同声之应

【原文】

同气之求，惟刺平原于锦绣；同声之应，徒铸子期以黄金。

【译文】

求得同气，只有刺绣平原君像于锦缎之上；应和同声，给钟子期铸造黄金也是白费。

女郎说剑　学士谈禅

【原文】

祛长夜之恶魔，女郎说剑；销千秋之热血，学士谈禅。

【译文】

要祛除漫漫长夜的恶魔，只好请女郎演说剑术；要磨销千年的沸腾热血，只好和学士谈禅论道。

销魂之听　为卖花声

【原文】

论声之韵者，曰：溪声、涧声、竹声、松声、山禽声、幽壑声、雨声、落花声、落叶声，皆天地之清籁，诗坛之鼓吹也。然销魂之听，当以卖花声为第一。

【译文】

若论好听的声音，即是溪声、涧声、竹声、松声、山禽声、幽壑声、雨声、落花声、落叶声，都是天地清爽的声音，诗坛鼓吹的乐器。然而，最销魂动听的当以卖花声为第一。

燕市醉泣　楚帐悲歌

【原文】

燕市之醉泣,楚帐之悲歌,歧路之涕零,穷途之恸哭。每一退念及此,虽在千载以后,亦感慨而兴嗟。

【译文】

北方集市之中的滥醉啜泣,南国幄帐之内的悲哀歌声,歧路之上的啼哭凄凉,穷途末路时的忧伤恸哭,每每一想到这一点,即使千年以后,也感慨万千,叹声不绝。

陌上繁华　闺中寂寞

【原文】

陌上繁华，两岸春风轻柳絮；闺中寂寞，一窗夜雨瘦梨花。

【译文】

小路之上繁华纷飞，两岸春风轻轻地吹拂起柳树的花絮；闺阁之女异常寂寞，一夜小雨，临窗看去，梨花被打落树下，顿觉青春过往太匆匆。

情伤荀倩　稀星数点

【原文】

空见说鬓怯琼梳，容消金镜，渐懒趁时匀染。梅风地溽，虹雨苔滋，一架舞红都变。谁信无聊为伊，才减江淹，情伤荀倩，但明河影下，还看稀星数点。

【译文】

徒然地听人传言她相思恹恹，害怕玉梳将鬓发拢得稀散，对铜镜怕看见消瘦了玉颜，渐渐地懒得赶着时新打扮。黄梅季节的风吹得遍地潮湿，夏日的阵雨滋润苔藓，满架翩翩起舞的红花已凋残。谁能信我情思无聊，全是为她才思消减，像荀奉倩为佳人伤情痛憾。只有银河云影之下，还能辨认几颗稀疏的星光点点闪闪。

落絮无声　行云有影

【原文】

落絮无声春堕泪，行云有影月含羞。东风临夜冷于秋。

【译文】

柳絮无声地坠落仿佛春天也在伤情垂泪，行云飘飞明月时隐时现像是她含羞的面容。深夜吹来的东风比秋风还要寒冷。

门隔花深　夕阳无语

【原文】

门隔花深梦旧游，夕阳无语燕归愁。玉纤香动小帘钩。

【译文】

又梦见那曾经欢游过的地方，幽深的花丛隔在门的那边。见夕阳默默地从西天落去，归燕回巢引起我淡淡的哀愁。一阵芬芳随风飘来，是她的纤纤玉手在摆弄帘钩？

芳艳流水　素骨凝冰

【原文】

华堂烛暗送客，眼波回盼处，芳艳流水。素骨凝冰，柔葱蘸雪，犹忆分瓜深意。清尊未洗，梦不湿行云，漫沾残泪。可惜秋宵，乱蛩疏雨里。

【译文】

在灯烛暗淡的华堂里送客，她眼波回转，顾盼生辉，犹如芳艳澄澈的流水。嫩葱一样雪白的纤指、凝冰一样素洁的玉臂，还记得跟她一道分瓜品尝的深意。当年她用过的酒杯，我原封保存不忍清洗，空入梦乡，漫洒零落的泪滴，却不见相思爱恋的云雨。可惜秋天的寒夜，在稀疏的秋雨里，蟋蟀杂乱地悲啼。

古柳重攀　暮山横翠

【原文】

烟波桃叶西陵路，十年断魂潮尾。古柳重攀，轻鸥骤别，陈迹危亭独倚。凉飔乍起，渺烟碛飞帆，暮山横翠。但有江花，共临秋镜照憔悴。

【译文】

烟波茫茫，我和她在西陵路上相遇，十年间离魂缥缈像随着潮水落去。古老的杨柳如今又重新攀折，轻迅飘忽的鸥鸟忽聚又忽离，我独倚高亭追寻着往日登临的旧迹。凉风骤起，渺茫的烟雾弥漫沙洲，船帆似鸟翼飞起，暮色中的远山横着一道翠碧。只有江边的野花，同我共对着明镜般的秋水，映照着我的形容憔悴。

花落花开　误被前缘

【原文】

不是爱风尘，似被前缘误。花落花开自有时，总赖东君主。

【译文】

并非我生性喜好风尘生活，好像是前生作了孽的缘故。花开花落自有一定的时候，这一切只能依靠司春之神东君来做主。

“媚”字极韵　不着痕迹

【原文】

“媚”字极韵，但出以清致，则窈窕俱见风神；附以娇娆，则做作毕露丑态。如芙蓉媚秋水，绿筱媚清涟，方不着迹。

【译文】

妩媚的“媚”字极富风韵，只是略带清爽雅致，那么文静美好自见风采；若附以娇艳华丽，那么做作中丑态毕露。如芙蓉献媚秋水，绿竹献媚清涟，才算不着一点儿痕迹。

无寒酸气　无脂粉气

【原文】

武士无刀兵气，书生无寒酸气，女郎无脂粉气，山人无烟霞气，僧家无香火气，换出一番世界，便为世上不可少之人。

【译文】

如果武士没有刀兵之气，书生没有寒酸之气，女郎没有脂粉之气，山人没有烟霞之气，僧人没有香火之气，焕然一新，脱胎换骨，便成为世上必不可少的人。

情词之美　西厢为最

【原文】

情词之娴美，西厢以后，无如玉合、紫钗、牡丹亭三传，置之案头，可以挽文思之枯涩，收神情之懒散。

【译文】

文雅优美的情词，《西厢记》以后，要数《玉合》《紫钗》《牡丹亭》三种传奇，置之书案之上，可以挽救枯涩的文思，约束懒散的神情。

诗酒画禅　贵在有意

【原文】

俊石贵有画意，老树贵有禅意，韵士贵有酒意，美人贵有诗意。

【译文】

俊石可贵之处在于有画意，老树可贵之处在于有禅意，高士可贵之处在于有酒意，美人可贵之处在于有诗意。

红颜未老　黄卷将残

【原文】

红颜未老，早随桃李嫁春风；黄卷将残，莫向桑榆怜暮景。

【译文】

漂亮的女子还没有衰老，应及时伴随桃李嫁给春风；书籍即将残破，莫要对着桑榆哀叹垂老之年。

娇歌艳曲　混乱耳根

【原文】

销魂之音，丝竹不如著肉，然而风月山水间，别有清魂销于清响，即子晋之笙，湘灵之瑟，董双成之云筝，皆属上乘。娇歌艳曲，不益混乱耳根。

【译文】

销魂的音乐，丝竹之声不如切肉之声，然而在山水之间嘲风弄月，别有一番情趣，灵魂悠悠，神情怡怡，即使子晋吹笙，湘灵鼓瑟，董双成击打云筝，皆属上乘。娇柔艳丽的歌曲不应混乱耳根。

第八章 反省修身中的宽与严

心地宽舒 福厚庆长

【原文】

仁人心地宽舒，便福厚而庆长，事事成个宽舒气象；鄙夫念头迫促，便禄薄而泽短，事事得个迫促规模。

【译文】

心地仁慈博爱的人，由于胸怀宽阔舒畅，所以能享受丰厚的福禄而且长久，事事都有宽宏大量的气度；反之心胸狭窄的人，由于眼光短浅思维狭隘，以致所得到的利禄是短暂的，落得凡事只顾到眼前而临事紧迫的局面。

谋利遂者 不百一也

【原文】

夫谋利而遂者，不百一。谋名而遂者，不千一。今处世不能百年，而乃徼幸于不百一、不千一之事，岂不痴甚矣哉！就使遂志，临政不明仁义之道，也何足为门户之光耶？愚深思熟虑久矣，而不敢出诸口。今老矣，恐一旦先朝露而灭，不及与乡曲父兄子弟语及于此，怀不满之意于冥冥之中，无益也。故辄冒言之，幸垂听而择焉？

【译文】

谋利而如愿的人，百人中间没有一个。谋名而如愿的人，千人中间没有一个。人活不到一百年，而侥幸想获取成功率不高的名和利，难道不是太愚蠢了吗？即使是如愿获取了名利，但参与管理国家事务时不知道仁义的道理，这怎么可称得上是家门的光荣呢？我深思熟虑了很长的时间了，而一直没有开口说出。现今老了，恐怕一旦去世，来不及跟乡亲父兄子弟谈到这一想法，心怀不满，在九泉之下，也不甘心。所以就提出这一想法，希望你们认真听取，慎重选择。

人有慈悲　维屠无二

【原文】

人人有个大慈悲，维摩屠刽无二心也；处处有种真趣味，金屋茅舍非两地也。只是欲闭情封，当面错过，便咫尺千里矣。

【译文】

每个人都有一颗善良的仁慈之心，就连慈悲的维摩诘和屠夫刽子手的本性也都相同；世间到处都有合乎自然的真正生活情趣，这一点就连富丽堂皇的高楼大厦和简陋的茅草屋也没什么差别。可惜人心经常为情欲所封闭，因而就使真正的生活情趣错过，不能排除杂念，虽然只在咫尺之间，但实际上已相隔千里了。

人必自侮　然后人侮

【原文】

孟子曰："不仁者可与言哉？安其危而利其菑，乐其所以亡者。不仁而可与言，则何亡国败家之有？有孺子歌曰：'沧浪之水清兮，可以濯我缨；沧浪之水浊兮，可以濯我足。'孔子曰：'小子听之！清斯濯缨，浊斯濯足矣。自取之也。'夫人必自侮，然后人侮之；家必自毁，而后人毁之；国必自伐，而后人伐之。太甲曰：'天作孽，犹可违；自作孽，不可活。'此之谓也。"

【译文】

孟子说："不仁的人难道可以同他共语吗？他们看到别人的危险，无动于衷；利用别人的灾难来取利；把荒淫暴虐这些足以导致国家灭亡，家庭破败的事当作快乐来追求。

不仁的人如果还可以与他商议，那怎么会发生亡国败家的事情呢？从前有个小孩唱道：‘沧浪的水清呀，可以洗我的帽缨；沧浪的水浊呀，可以洗我的脚。’孔子说：‘学生们听着！水清就洗帽缨，水浊就洗脚，这都是由水本身决定的。’所以人必须先有自取侮辱的行为，别人才侮辱他；家必须先有自取毁坏的因素，别人才毁坏他；国必先有自取讨伐的原因，别人才讨伐他。《尚书·太甲篇》说过：‘天造成的罪孽还可以逃开；自己造成的罪孽，逃也逃不了。’是这个意思。”

嗜欲如火　权势似炎

【原文】

生长富贵家中，嗜欲如猛火，权势似烈炎，若不带些清冷气味，其火炎不至焚人，心将自烁矣。

【译文】

一个生长在豪富权贵之家的人，丰富的物质享受，会令人养成各种不良嗜好和喜欢作威作福的个性，但不良的嗜好对人的危害有如烈火，专权弄势的脾气对心性的腐蚀有如凶焰；假如不及时给一点清凉冷淡的观念来缓和一下他强烈的欲望，那猛烈的欲火虽然不致使人粉身碎骨，终将会让心火自焚自毁。

气要高旷　不可疏狂

【原文】

气象要高旷，而不可疏狂；心思要缜密，而不可琐屑；趣味要冲淡，而不可偏枯；操守要严明，而不可激烈。

【译文】

一个人的气质要宽宏广阔高瞻远瞩，却不可流于粗野狂放；思想要细致周详，却不可繁杂纷乱；生活情趣要清淡，但不可以过于枯燥单调；言行志向要光明磊落，但不可流于偏激刚烈。

闻过必改　能治其身

【原文】

德谓见善必行，闻过必改，能治其身，能治其家，能事父母，能教子弟，能御童仆，能肃政教，能事长上，能睦亲故，能择交游，能守廉价，能广施惠，能受寄托，能极患难，能导人为善，能规人过失，能为人谋事，能为众集事，能解斗争，能决是非，能兴利除害，能居官守职。

【译文】

所谓品德说的是：见到好的就一定实行；得知过错就一定改正；能修养自己；能治理家庭；能孝顺父亲母亲；能教导子弟；能驾驭仆人；能肃清政教；能侍奉长辈和上司；能和睦亲人和朋友；能选择朋友；能坚守廉洁和正直；能广施恩惠；能受人寄托；能解救患难；能引导人做好事；能规劝别人改正过失；能为别人谋划事情；能为大众成就事业；能解除争斗；能决定是非；能兴利除害；当官能尽职守责。

练极而成　其福始久

【原文】

一苦一乐相磨练，练极而成福者其福始久；一疑一信相参勘，勘极而成知者其知始真。

【译文】

在人的一生中有苦也有乐，只有在苦难中不断磨炼而得来的幸福才能长久；在求学中既要有信心也要有敢于怀疑的精神，遇到值得怀疑的事就要去仔细求证，只有在不断考证中得来的学问才是真学问。

心地干净　方可读书

【原文】

心地干净，方可读书学古，不然，见一善行，窃以济私，闻一善言，假以覆短，是又藉寇兵而赍盗粮矣。

【译文】

只有心地纯洁的人，才可以读圣贤书学古人的道德文章，否则，看到一些善行好事就偷偷用来满足自己的私欲，听到一句名言佳句就私下用来掩饰自己的过失，这就等于是资助武器给敌人，接济粮食给强盗。

君子毋躁　宁拙无巧

【原文】

十语九中未必称奇，一语不中则愆尤骈集；十谋九成未必归功，一谋不成则訾议丛兴，君子所以宁毋躁，宁拙无巧。

【译文】

即使十句话能说对九句也未必有人称赞你，但是假如你说错了一句话就会遭受人的指责；即使十次计谋你有九次成功也未必得到奖励，可是其中只要有一次计谋失败，埋怨和责难之声就会纷纷到来，所以有修养的君子宁肯保持沉默寡言的态度，不是经过深思熟虑的话不随便乱说；表情绝不冲动急躁，做事宁可显得笨拙一些，绝对不能自作聪明显得高人一等。

生于忧患　死于安乐

【原文】

孟子曰："舜发于畎亩之中，傅说举于版筑之间，胶鬲举于鱼盐之中，管夷吾举于士，孙叔敖举于海，百里奚举于市。故天将降大任于斯人也，必先苦其心志，劳其筋骨，饿其体肤，空乏其身，行拂乱其所为，所以动心忍性，曾益其所不能。人恒过，然后能改；困于心，衡于虑，而后作；徵于色，发于声，而后喻。入则无法家拂士，出则无敌国外患者，国恒亡。然后知生于忧患而死于安乐也。"

【译文】

孟子说："舜从田野中发迹，傅说从筑墙的苦力之中高升，胶鬲从鱼盐贩子之中被提拔起来，管仲从狱官手中获释后晋升为相，孙叔敖从海边被推举出来，百里奚从奴隶市场登上相位。所以上天将要下达重大使命到某个人身上，一定首先使他的内心痛苦，筋骨劳累，肉体挨饿，身受贫困，用种种行为妨碍干扰他要干的事业，借此使他内心警觉，性格坚定，使他的才能不断增长。一个人经常犯错误，然后才能改正；心里困苦，思绪阻塞，然后才能奋发有为；一个人的心事只有在脸上显露出来，在声音上表现出来，然后才能被人了解。一个国家，内部如果没有能坚持法度的大臣和能够成为辅佐君主的士人，外部如果没有相与抗衡的邻国和外患的忧虑，这个国家就时时有亡国的危险。只有这样，才能懂得因为忧患而图谋生存，因为安乐而导致灭亡的道理。"

士无教友　则失其德

【原文】

孔子谓子路曰:“汝何好?”子路曰:“好长剑。”孔子曰:“非此之问也,请以汝之所能,加之以学,岂可及哉?”子路曰:“学亦有益乎?”孔子曰:“夫人君无谏臣则失政,士无教友则失德。狂马不释其策,操弓不返于檠,木受绳则直,人受谏则圣,受学重问,孰不顺成?毁仁恶士,且近于刑,君子不可以不学。”子路曰:“南山有竹,弗揉自直,斩而射之,通于犀革,又何学为乎?”孔子曰:“括而羽之,镞而砥砺之。其入不益深乎?”子路拜曰:“谨受教哉!”

【译文】

孔子问子路说:“你有什么爱好?”子路回答:“喜欢舞弄长剑。”孔子说:“我不是问的这,我是说凭借你的才干,再加上学习,别人怎么赶得上你呢?”子路问:“学习也有好处吗?”孔子说:“一个国君如果没有敢于劝谏的臣子,就会败坏政务;一个士人如果没有能够开导他的朋友,品德就会有缺失。骑烈马不能扔掉马鞭;握弓弩不能不顾矫正器。木料打上墨线才能锯直,人接受规劝才能达到圣人的境界,从师学习,勤勉好问,没有不能顺利成功的。毁弃仁义,厌恶士人,离犯罪受刑就不会远了,贤明的君子是不能不学习的。”子路又问:“南山上生长的竹子,用不着揉搓,本身就是直的,砍下来做箭用,可以射穿犀牛皮,学习又有什么必要呢?”孔子回答:“把箭尾粘上羽毛,把箭头磨得锋利,不是会射得更深吗?”子路拜谢说:“我诚恳地接受您的教诲。”

苦学立志　志在天下

【原文】

范仲淹二岁而孤,母贫无依,再适长山朱氏。既长,知其世家,感泣辞母去,之南都入学舍。昼夜苦学,五年未尝解衣就寝。或夜昏怠,辄以水沃面。往往馆食不充,日昃始食,遂大通六经之旨,慨然有志于天下。常自诵曰:当先天下之忧而忧,后天下之乐而乐。

【译文】

范仲淹两岁的时候死去了父亲,母亲贫穷,无依无靠,改嫁给长山一个姓朱的。范仲淹长大之后,知道了自己的家世,很有感触地哭泣着辞别了母亲,到南都学舍去读书。他白天夜里刻苦学习,五年不曾脱衣睡觉。有时夜里昏沉疲倦,便以冷水洗脸。往往连稠粥都不够吃,所以到太阳偏西的时候才开始吃饭。经过刻苦学习,终于精通了六经的旨义,颇有感慨地怀有治国济民的远大志向。他常常陈述说:应该忧愁在天下人忧愁之前,快乐在天下人快乐之后。

性未枯槁　机易触发

【原文】

万籁寂寥中,忽闻一鸟弄声,便唤起许多幽趣;万卉摧剥后,忽持一枝擢秀,便触动无限生机。可见性天未常枯槁,机神最易触发。

【译文】

大自然归于寂静时,忽然听到一阵悦耳的鸟叫声,会唤起很多深远的雅趣;深秋季节所有的花草都凋谢枯黄之后,忽然看见其中有一棵挺拔的花草屹立无恙,就会引起你无限生机。可见万物的本性并不会完全枯萎,因为它那生命活力随时都会乘机发起。

权力得富　其根不植

【原文】

富贵名誉,自道德来者,如山林中花,自是舒徐繁衍;自功业来者,如盆槛中花,便有迁徙兴废;若以权力得者,如瓶钵中花,其根不植,其萎可立而待矣。

【译文】

一个人荣华富贵的显名,假如是从道德修养中得来,那就好比生长在大自然环境中的野花,会不断繁殖绵延不绝;如果是从建功立业中得来,那就如同生长在花园中的盆景一般，只要稍微移植或搬动，花木的成长就会受到严重的影响；假如是靠特权甚至恶势力而得来，那就好像插在玻璃瓶中的花朵，由于根部并没有栽植在土中，所以花的凋谢枯萎指日可待。

朋友攸摄　摄以威仪

【原文】

《诗》有之“朋友攸摄，摄以威仪”，无有不敬而能和者。倘或同群之中，谑浪笑傲，即隙之所由生也。甚至拍肩执袂，以为投契，一言不合，怒气相加，岂复望其共相切磋，各长其仪乎！

【译文】

《诗经》中有“家中祭祖，宾客辅佐，主管礼节”的记载，说的是不敬就不能和谐。在一群人之中，如果有调笑胡闹的行为，那么，情感上的裂痕就会从这里产生。如果进而把勾臂搭肩，当作意气相投，但一言不合，就翻脸发怒，这样，怎么能希望他们再在一起共同切磋学问，增长各自的礼仪呢？

一经失足　沉溺终身

【原文】

晋陶侃曰：“樗蒲者，牧猪奴戏耳。”今之士大夫乃有好赌博者，何也？赌博贱行，一经失足，无不沉溺终身，廉耻尽丧，废时失事，破产亡家，皆由于此。舆夫、贱隶、间或偶为君子，犹将禁绝，奈何躬自蹈之。若夫开场窝赌，诓诱人财，此与杀越人于货无异。不幸同学有此，则必鸣鼓而攻，不可一日姑容，为所玷辱。倘一身自如赌博，则亦舆夫、贱隶、牧猪奴之俦，非吾徒也。此过不悛者，逐之。

【译文】

晋朝陶侃说：“赌博的游戏，是放猪家奴的把戏。”现在的士大夫官员竟然有喜欢赌博的，这究竟是什么原因？赌博是下贱的行为，一旦失足掉进去，除了一生都深深陷入其中之外，而且没有了廉洁和耻辱，荒废了时间和事业。那些破灭了家庭和财产的人，都是因为赌博的缘故。车夫、佣人及偶尔为之的君子，还准备禁止和杜绝赌博，作为书院的同学怎么能亲自去走上赌场呢？开赌场聚众赌博，诱骗别人的钱财，这同杀人越货没有什么区别。如果同学中不幸有这种情况的，就必须大张旗鼓地加以声讨，决不可以苟且宽容一天，而使我们蒙受耻辱。倘若一生就是爱好赌博，那么，他也就是车夫、下贱奴仆、放猪家奴一类的人，而不是我的门徒学生了。有这种过失而不能悔改的人，要坚决赶走他。

学要收精　并归一路

【原文】

学者要收拾精神，并归一路。如修德而留意于事功名誉，必无实诣；读书而寄兴于吟咏风雅，定不深心。

【译文】

求取学问一定要排除杂念集中精神，专心致志从事研究，如果立志修德却又留意功名利禄，必然不会取得真实的造诣；如果读书不重视学术上的探讨，只把兴致寄托在吟咏诗词讲求风雅上，那一定不会深入进取而取得心得。

顺逆一视　欣戚两忘

【原文】

子生而母危，镪积而盗窥，何喜非忧也；贫可以节用，可以保身，何忧非喜也。故达人当顺逆一视，而欣戚两忘。

【译文】

就母亲来说生孩子是一件很危险的事，积蓄金钱却又容易引起盗匪的窥视，可见任何一种值得高兴的事都附带有危险。贫穷虽然可悲，但可以迫使人勤俭，疾病虽然很痛苦，但疾病可使人学会保养身体的方法，可见任何值得忧虑的事也都伴随着欢乐。所以一个心胸开阔的人，总能把顺境和逆境一视同仁，因此也就自然忘掉高兴和忧伤了。

财聚民散　财散民聚

【原文】

君子先慎乎有德。有德此有人，有人此有土，有土此有财，有财此有用。德者，本也；财者，末也。外本内末，争民施夺。是故财聚财民散，财散则民聚。

【译文】

统治者首先要重视德行的培养。有了德行，就有人民；有了人民，就有土地；有了土地，就有了财产；有了财产，就能实施各种措施。德行，是统治的根本；财产，是统治的枝节。轻视德行而重视财产，就会想方设法搜刮民脂民膏，（必然导致人民离心离德。）因此，统治者聚敛财产，人民就会离散；统治者藏富于民，人民就来归附。

人心一真　便霜可飞

【原文】

人心一真，便霜可飞，城可陨，金石可镂；若伪妄之人，形骸徒具，真宰已亡，对人则面目可憎，独居则形影自愧。

【译文】

一个人的精神修养功夫如果能做到至诚地步，就可以感动上天变不可能为可能，如邹衍受了委屈感动了上天竟在盛夏降霜为他打抱不平，而杞植的妻子由于悲痛丈夫的战死竟然哭倒了城墙；甚至就连最坚固的金石也会由于真诚的精神力量而把它凿穿。反之一个人如果心存虚伪邪恶的念头，那他只不过是空有人的形体架势而已，肉体虽存其实灵魂早已经死亡，由于心术不正，与人相处，也会使人觉得面目可憎而惹人讨厌；一个人独处时，会忽然良心发现，不由得面对自己的影子也会觉得万分羞愧。

小人不善　君子慎独

【原文】

所谓诚其意者，毋自欺也，如恶恶臭，如好好色。此之谓自谦。故君子必慎其独也。小人闲居为不善，无所不至，见君子而后厌然，掩其不善而著其善。人之视己，如见其肺肝然，则何益矣？此谓诚于中，形于外。故君子必慎其独也。

【译文】

经文中所谓使意念诚实，是说自己不要欺骗自己，做人要像厌恶不好闻的气味和爱好美色那样真切自然，这样才算得上是真实无欺。因此君子一人独处时，一定要谨慎小心。小人则恰恰相反，一人独处时，专干坏事，等到他看见君子时，才掩藏他的丑行，故意张扬他的美德。但不知别人已经清楚明白地看清了他的满肚子坏水，他那种伪善的做法，又有什么益处呢？这就是说，虽然真实的想法藏在心中，但总要在外表流露，因此君子一人独处时，一定要小心谨慎。

晓梦初醒　初出混沌

【原文】

一灯萤然，万籁无声，此吾人初入宴寂时也；晓梦初醒，群动未起，此吾人初出混沌处也。乘此而一念回光，炯然返照，始知耳目口鼻皆桎梏，而情欲嗜好悉机械矣。

【译文】

在闪烁微弱的灯光照耀下，当大地进入无声无息地宁静，这是我们身心刚刚进入休息时；在清晨夜梦过后才醒，万物还没有开始一天的活动时，这是我们刚从朦胧的梦境中走出来时。在这刚刚安息和刚刚睡醒的一刹那间，好像有一线灵光闪烁在我们的脑海，这时会突然使我们的内心有所醒悟，才知道耳目口鼻都是束缚我们心智的桎梏，而感情欲望和嗜好也全是堕落我们性灵的机械。

唯有读书　可变气质

【原文】

人之气质，由于天生，本难改变，唯读书则可以变化气质。古之精相法并言读书可以变换骨相，欲求变之之法，总须先立坚韧之志。即以余生平言之，三十岁前，最好吃烟，片刻不离。至道光壬寅十一月廿一日立志戒烟，至今不再吃。四十六岁以前作事无恒，近五年深以为戒，现在大小事均尚有恒。即此二端，可见无事不可变也。尔于厚重二字，须立志变改，古称金丹换骨，余谓立志即丹也。

【译文】

人的气质，是天生而来，本来难以改变，唯有读书能够影响气质。古代精于相术的人都认为读书可以变换人的骨相。要想得到改变的方法，总必须先立下坚韧不拔的志气。就以我这一生来说，三十岁以前，是喜欢吸烟，片刻不能离身。到道光壬寅十一月廿一日立志戒烟，至今已不再吸烟。四十六岁以前，做事没有恒心。近五年来深以为警戒，现在做大小事情都有点恒心。就从这两件事来看，可以知道没有什么事情不能改变。你对于厚重两字，必须立志变革，古人说金丹换骨，我说立志就是金丹。

礼义之道　合于文理

【原文】

今人之性，生而有好利焉，顺是，故争夺生而辞让亡焉；生而有疾恶焉，顺是，故残贼生而忠信亡焉；生而有耳目之欲，有好声色焉，顺是，故淫乱生而礼义文理亡焉。然则从人之性，顺人之情，必出于争夺，合于犯分乱理而归于暴。故必将有师法之化，礼义之道，然后出于辞让，合于文理，而归于治。

【译文】

人的本性，天生就贪图私利，任它发展，就只有争夺，没有谦让了；人天生会忌妒，憎恨，任其发展，人就只会残害别人，而不忠实讲信用了；人天生有欲望，都喜欢声色，任其发展，社会上就只有淫乱，而没有礼节和秩序了。如果是这样，那么放纵人的本性，顺着人的情欲，必然会出现争夺，违反等级规定，破坏礼节秩序，甚至出现暴乱。所以一定要有师长、法度的教化和礼义的引导，然后，才会谦让，才会合乎礼节秩序，从而治理好天下。

不能爱民　不得民爱

君者，民之原也；原清则流清，原浊则流浊。故有社稷者而不能爱民，不能利民，而求民之亲爱已，不可得也。民不亲不爱，而求其为己用，为己死，不可得也。民不为己用，不为己死，而求兵之劲、城之固，不可得也。兵不劲、城不固，而求敌之不至，不可得也。敌至而求无危削，不灭亡，不可得也。

【译文】

君主是百姓的本原，源清则流清，源浊则流浊。所以如果统治者不能爱民利民，而指望民爱戴他们是不可能的，而民不爱戴君主，要他们为君主所用，甚至为他们去死，那是不可能的。民不能为君所用，不能为君而死，要使兵强城固，也是不可能。而兵不强，城不固，要想使敌人不来侵犯，也是不可能的，敌人前来侵犯，而想不求损害，乃至于不灭亡，也是不可能的，所以君主之爱民是治国之本。

志定人品　生本事业

【原文】

宋王曾，乡会试并殿试皆居首，贺者谓曰：士子连登三元，一生吃著不尽。曾正色答曰：曾生平志不在温饱。其后立朝不苟，事业卓然。令人生平志在温饱，是以居官多苟，事业无闻，甚至播恶遗臭，子孙蒙羞讳言，不敢认以为祖。故人品定于所志，事业本乎生平。

【译文】

宋朝的王曾，乡试、会试和殿试都是第一名，祝贺的人对他说：学子接连三试都取第一名，一辈子都吃穿不完了。王曾以严肃的神色回答说：我王曾一生的志向不在于个人饱暖方面。他居官后，在朝里办事，毫不苟且敷衍，事业功绩特别卓越。现在的人们终生志向只在于吃穿得好就行了，所以做官多数是苟且从事，敷衍塞责，事业平淡，毫无声誉；甚至散布丑恶遗留臭名，连他们的子孙都蒙受羞耻，不愿说到他们的名字，不敢承认他们为自己先祖。所以，人的品质是由其志向决定的，事业是以其一生努力实现志向为根本的。

为学之人　必先立志

为学必先立志，立志当作天地间第一项事，当作天地间第一等人，当为前古后今，着力担当这一条大担子，自奋自力，在一方思超出一方，在天下思超出天下。今学术久晦，人失其心，阐而明之，不容少缓，当与一二同心，共肩斯事，阐扬光大，衍斯脉于天壤，救得人心千古在，勋名直与泰山高，则化育参赞其事业，当不藉区区权势而立矣。

【译文】

做学问必须首先确立志向。确立志向应当做天地间第一项大事，应当做天地间第一等人，应当为前后古今努力担起这一条重担；自己要奋发努力，在一个地方，要想超越那个地方；在天下，要想超越天下。现在道术长期晦暗不明，人丧失了道术的法则，因而把道术主旨阐发明白，是刻不容缓的事。应当与几个同志的人，共同肩负起这件要事，加以阐释，发扬光大，把这系统的道术扩展到天地之间；救得人心千古在，勋名直与泰山高。那么，教化培育、参谋赞助这项事业，不借助小小的权柄势力，应当也能建立起来了。

登高心旷　临流意远

【原文】

登高使人心旷，临流使人意远；读书于雨雪之夜，使人神清；舒啸于丘阜之巅，使人兴迈。

【译文】

假如登上高山放眼远看，就会立刻使人感到心胸开阔；假如面对流水凝思，就会马上让人意境悠远。假如在雨雪之夜读书，就会使人感到心旷神怡；假如爬上小山朗声而啸，就会使人感到意气豪爽。

居家之道　莫善于忍

【原文】

人言居家之道，莫善于忍。然知忍而不知处忍之道，其失尤多。盖忍或有藏蓄之意，人之犯我，藏蓄而不发，不过一再而已。积之既多，其发也，如洪流之决，不可遏矣。不若随而解之，曰此其不思尔，曰此其无知尔，曰此其失误尔，曰此其所见者小尔，曰此其利害宁几何，不使入于吾心。虽日犯我者十数，也不至形于颜色，然后见忍之功效甚大。此所谓善处忍者。

【译文】

人们说居家的道理，最重要的是善于忍让。但只知道忍让而不知道如何忍让，其失误还要多。一般来说，忍让有藏蓄的意思，别人侵犯我，我藏而不露，含蓄地对待，这样坚持一两次。但积少成多，就不可能再含蓄对待了，原有的性情就会爆发，像洪流溃决一样凶猛，不可阻挡。与其这样忍让，还不如当初随事而和解。或者说这是他没有好好想一想造成的，或者说这是他无知造成的，或者说这是他失误造成的，或者说这是他目光短浅造成的，或者说这样做无关紧要，不要记在心上。这样一来，每天虽有别人十几次侵犯我，也不至于动怒，这样才显示出忍让的好效果。这样做就是善于忍让的人。

水滴石穿　瓜熟蒂落

【原文】

绳锯木断，水滴石穿，学道者须加力索；水到渠成，瓜熟蒂落，得道者一任天机。

【译文】

把绳索当锯子摩擦久了可锯断木头；水滴落在石头上时间一久就可贯穿坚石，做学问的人也要努力用功才能有所成就；各方细水汇集在一起能形成一道河流，瓜果成熟之后自然会脱落枝蔓而掉落，修行学道的人也要听凭自然才能获得正果。

思不如我　怨尤自清

【原文】

事稍拂逆，便思不如我的人，则怨尤自清；心稍怠荒，便思胜似我的人，则精神自奋。

【译文】

当事业稍不如意处于逆境时，就应该想起那些不如自己的人，这样怨天尤人的情绪就会自然消失；当事业顺心很如意而精神出现松懈时，要想想比自己更强的人，那你的精神就自然会振奋起来。

端悫顺弟　可谓善少

【原文】

端悫顺弟，则可谓"善少"者矣；加好学逊敏焉，则有钧无上，可以为君子者矣。偷懦惮事，无廉耻而嗜乎饮食，则可谓"恶少"者矣；加惕悍而不顺，险贼而不弟焉，则可谓"不详少"者矣，虽陷形戮可也。

【译文】

诚实正直尊敬长者，则可以说是好青年了；再加上好学、谦逊、敏捷，所有这些，别人只有同他相等，而没有超过他的人，就可以成为君子了。懒惰无能怕劳动，无廉耻而贪吃喝，则可以说是恶少年了；再加上放荡不拘而不守礼法，阴险奸诈而不尊敬长者，就成为凶险的少年了，即使受到法律的制裁也是活该的。

不昧己心　不尽人情

【原文】

不昧己心，不尽人情，不竭物力；三者可以为天地立心，为生民立命，为子孙造福。

【译文】

不蒙蔽自己的良心，不做不尽人情的事，不过分浪费物力；假如能做到这三件事，就可以为天地树立善良的心性，为万民创造生生不息的命脉，而为后代子孙创造永恒的幸福。

寡欲正心　无愧上天

【原文】

日用之间，以寡欲正心为主，以不愧天为本。欲不止于声色货利，凡名心、胜心、矜心、执心、人我心，皆欲也。寡而又寡，自念虑之萌以至言动之著；务纯乎天理，无一毫夹杂，方是不愧于天。

【译文】

平常之中，应以克制欲望端正思想为主，以不愧于上天为根本。欲望不只是在声音、女色、财物，功利方面，凡是名利的思想、争强好胜的思想、自负的思想、冥顽固执的思想、妄想自身常住不变的思想，都是欲望。因此，欲望要少而又少，从念头考虑的萌发，直到言论、行为的显露，都必须纯洁于天理，不能有一丝一毫的杂物，只有这样，才是无愧于上天。

情欲意识　乃为内贼

【原文】

耳目见闻为外贼，情欲意识为内贼，只是主人翁惺惺不昧，独坐中堂，贼便化为家人矣！

【译文】

每个人的耳朵都喜欢听美音，眼睛都喜欢看美色，所以这些都属于外来的侵害，每个人都有易冲动的情感，都有无法满足的欲望，所以这些心理上的邪念是内在的敌人。不管是内贼也好外贼也罢，只要身为主人翁的自己保持清醒的头脑，做事遵守不违背情理的原则，做人恪守信念，所有心理敌人外来侵害都会变成你修养品德的助手。

将有作者　则思知止

【原文】

见可欲，则思知足以自戒；将有作，则思知止以安人；念高危，则思谦冲以自牧；惧满盈，则思江海下百川；乐盘游，则思三驱以为度；忧懈怠，则思慎始而敬终；虑壅蔽，则思虚心以纳下；惧谗邪，则思正身以黜恶；恩所加，则思无因喜以谬赏；罚所及，则思无因怒而滥刑。

【译文】

见到合意的东西，就想到要知道满足，以此警诫自己；将要兴建什么，就想到要适可而止，使人民安定；顾念地位崇高、危险，就想到谦虚，加强自己的修养；害怕自满，就想到要像江海一样，处在河流的下游；喜好游乐，就想到"三驱"的规定，以法为度；担心松懈，就想到开始谨慎，结束时更要严肃对待；怕受蒙蔽，就想到虚心采纳臣下的意见；担心听信谗言接触坏人，就想到要端正自己，斥退小人；施恩给人，就想到不要因一时高兴，错误地赏赐；要惩罚人，就想到不要因为发怒，滥施刑罚。

猛兽易伏　人心难降

【原文】

眼看西晋之荆榛，犹矜白刃；身属北邙之狐兔，尚惜黄金。语云："猛兽易伏，人心难降；谷壑易填，人心难满。"信哉！

【译文】

眼看着武功最盛的西晋，就要发生亡国大祸变成杂草丛生的荒芜之地，可是一些高官贵族还在那里炫耀自己的武力；亲贵皇族，死后多半都葬在北邙山，身体已属于北邙山陵墓间狐鼠的食物，在世时还何必那样爱惜财富呢？俗谚说："野兽虽然容易制伏，人心却难以降服；沟壑容易填平，人的欲望却难以满足。"这真是一句经验之谈呀！

生时看破　死不动心

【原文】

忙处不乱性，须闲处心神养得清，死时不动心，须生时事物看得破。

【译文】

要想在事务纷忙时也能保持冷静态度而本性不乱，必须在平时修身养性培养清晰敏捷的头脑；即使面对死亡也毫不畏惧不留恋，必须在平日对人生有所彻悟，看破红尘。

第九章　品味养生中的动与静

天地精气　出三入一

【原文】

黄帝曰：营卫之行奈何？伯高曰：谷始入于胃，其精微者，先出于胃之两焦，以溉五脏。别出两行，营卫之道。其大气之抟而不行者，积于胸中，命曰气海。出于肺，循喉咽，故呼则出，吸则入。天地之精气，其大数常出三入一，故谷不入，半日则气衰，一日则气少矣。

【译文】

黄帝问道：营卫之气是怎样在人体中运行的呢？伯高说：谷入胃后，所化生的精微部分，从胃出后至中土二焦，经肺灌溉五脏。它在输布于全身时，分别为两条途径，其清纯部分化为营气，浊厚部分化为卫气，分别从脉内外的两条道路运行于周身。同时所产生的宗气，则聚于胸中，称为气海。这种气自肺沿咽喉而出，呼则出，吸则入，保证人体正常呼吸运动。天地的精气，它在体内代谢的大概情况，是宗气、营卫和糟粕三方面输出，但另一方面又要从天地间吸入空气与食入饮食物，以补给全身营养的需要，所以半日不吃饭，就会感到气衰，一天不进饮食，就会感到气少了。

谷之五味　各有所宜

【原文】

黄帝曰：谷之五味，可得闻乎？伯高曰：请尽言之。五谷：粳米甘，麻酸，大豆咸，麦苦，黄黍辛。五果：枣甘、李酸、栗咸、杏苦、桃辛。五畜：牛甘、犬酸、猪咸、羊苦、鸡辛。五菜：葵甘、韭酸、藿咸、薤苦、葱辛。五色：黄色宜甘、青色宜酸、黑色宜咸、赤色宜苦、白色宜辛。凡此五者，各有所宜。五宜：所言五色者，脾病者，宜食粳米饭、牛肉、枣、葵；心病者，宜食麦、羊肉、杏、薤；肾病者，宜食大豆黄卷、猪肉、栗、藿；肝病者，宜食麻、犬肉、李、韭；肺病者，宜食黄黍、鸡肉、桃、葱。

【译文】

黄帝说：五谷性味是怎样的，可以告诉我吗？伯高说：让我详细地讲给你听。在五谷之中，粳米味甘，芝麻味酸，大豆味咸，麦味苦，小米味辛。在五果中，枣子味甘，李子味酸，板栗味咸，杏子味苦，桃子味辛。在五畜之中，牛肉味甘，狗肉味酸，猪肉味咸，羊肉味苦，鸡肉味辛。在五菜之中，葵菜味甘，韭菜味酸，豆叶味咸，藠头味苦，葱味辛。五色与五味的关系：黄色属脾，宜食甘味；青色属肝，宜食酸味；黑色属肾，宜食咸味；赤色属心，宜食苦味；白色属肺，宜食辛味。这五种色味，在治疗和调补时，都可用其相宜的食品。所言五宜，就是在五脏患病时，选用相适宜的五味：脾病，宜食粳米饭、牛肉、枣子、葵茶；心病，宜食麦、羊肉、杏子、藠头；肾病，宜食大豆芽、猪肉、栗子、豆叶；肝病，宜食芝麻、犬肉、李子、韭菜；肺病，宜食黄米、鸡肉、桃、葱。

邪盛则实　精夺则虚

【原文】

邪气盛则实，精气夺则虚。

【译文】

在疾病的过程中邪气强盛则表现为实症，而正气亏虚的，则表现为虚症。

五实之症　五虚之状

【原文】

脉盛、皮热、腹胀、前后不通、闷瞀，此谓五实；脉细、皮寒、气少、泄利前后、饮食不入，此谓五虚。浆粥入胃，泄注止，则虚者活；身汗得后利，则实者活。

【译文】

脉有力，体表皮热，腹部膨胀，大小便不通，胸闷而烦乱，这五种症状叫作五实；脉细弱，体表寒冷，气不足，二便失禁，饮食不进，这五种症状叫作五虚。若症状表现为五虚而还能进粥汤，大小便止住，胃气得复，正气不泄，则五虚渐补，而患者也可以恢复健康。如果症状表现为五实，只要使病人身体发汗、大小便是通，使邪有出路，则实症患者也可以恢复健康。

谨和五味　长有天命

【原文】

阴之所生，本在五味，阴之五宫，伤在五味。是故味过于酸，肝气以津，脾气乃绝。味过于咸，大骨气劳，短肌，心气抑。味过于甘，心气喘满，色黑，肾气不衡。味过于苦，脾气不濡，胃气乃厚。味过于辛，筋脉沮弛，精神乃央。是故谨和五味，骨正筋柔，气血以流，腠理以密，如是则骨气以精。谨道如法，长有天命。

【译文】

精血的产生,根源于对饮食五味的物质摄取;但是,贮藏精血的五脏,又可因为过食五味而受伤害。举例来说:过食酸的东西,会使肝气郁集,失去条达,脾气因而受到克制,就可能呈现衰弱。过食咸的东西,会使骨气受伤,肌肉枯槁,气也就瘀滞了。过食甘味的东西,会使心气喘闷,肾气也就衰弱了。过食苦味的东西,会使脾气濡滞,胃气也就薄弱了。过食辛味的东西,会使筋脉渐渐衰败,精神也就颓靡了。所以把五味调和得适当,使得骨骼正直,筋脉柔和,气血流通,腠理固密,这样,就气骨精强了。要是能够严格地按着养生的方法去做,就可以享受天赋的寿命了。

四时五藏　五味所宜

【原文】

毒药攻邪,五谷为养,五果为助,五畜为益,五菜为充。气味合而服之,以补精益气。此五者,有辛酸甘苦咸,各有所利,或散,或收,或缓,或急,或坚,或软,四时五藏,病随五味所宜也。

【译文】

药是用来攻邪的,五谷是用来营养的,五果是用来作为辅助的,五畜的肉是用来补益的,五菜是用来补充的。将谷果肉菜的气味合而服食,可以补精养气。这五类东西包含了辛酸甘苦咸五味,而五味各有它的作用,或散、或收、或缓、或坚、或软。治病时就要结合四时五藏的具体情况来恰当地利用五味。

水阴火阳　阳气阴味

【原文】

水为阴,火为阳。阳为气,阴为味。

味归形,形归气;气归精,精归化;精食气,形食味;化生精,气生形;味伤形,气伤精;精化为气,气伤于味。

阴味出下窍，阳气出上窍。

味厚者为阴，薄为阴之阳；气厚者为阳，薄为阳之阴，味厚则泄，薄则通；气薄则发泄，厚则发热。

壮火之气衰，少火之气壮；壮火食气，气食少火；壮火散气，少火生气。

气味，辛味发散为阳，酸苦涌泄为阴。

【译文】

以水火分阴阳，则水是阴，火是阳；以饮食物和药物的气味分阴阳，则气为阳，味为阴。

饮食物进入人体后，经过化生，其中五味的精华以滋养形体，形体得到滋养，便能产生元气；食物中的气能温养人的精气，并进行化气。换句话说，即人的精气是吸收食物的气获得营养，人的形体是吸收食物的味而获得营养。反过来，人的元气通过生化过程，把食物中的营养变为人体的精气和促进形体的成长。但是，饮食物应有节制，药物也不能过量，气味太过，反会损伤人的阴精和形体，而影响到人的元气。

味属阴，食物的残渣自大小便排出；气属阳，其轻清之气自口鼻呼出。

味浓厚为阴中之阴，味淡薄的是阴中之阳；气浓厚的属阳中之阳，气淡薄的属阳中之阴。味过于浓厚，会发生泄泻，味较淡薄的能使通利；气薄的能向外发泄，气厚的能助阳发热。

过于亢盛的火，能使元气衰弱；温和的火，可使元气壮盛。因为过于亢盛的火会销蚀人的元气，而温和的火却能滋养人的元气。所以说，过亢的火能耗散元气，温和的火能增强元气。

药物的气和味，凡辛甘有发散作用的属于阳；酸苦有催吐泻下作用的属于阴。

津液相成　神乃自生

【原文】

帝曰：善！余闻气合而有形，以变以正名，天地之远，阴阳之化，其于万物，孰少孰多，可得闻乎？岐伯曰：悉哉问也！天至广不可度，地至大不可量，大神灵问，请陈其方，草生五色，五色之变，不可胜视，草生五味，五味之美，不可胜极；嗜欲不同，各有所通。天食人以五气，地食人以五味，五气入鼻，藏于心肺，上使五色修明，音声能彰；五味入口，藏于肠胃，味有所藏，以养五气，气和而生，津液相成，神乃自生。

【译文】

黄帝说：你讲得很好！我听说自然界万物皆由天地之气化合而成形体，根据其变异而定有不同的名称，天地的气运和阴阳的变化对万物谁少谁多，可以讲给我听一下吗？岐伯说：你问得真详细啊！但天极广阔，不容易测度它，地极博大，不容易度量它，你提出这样广泛深奥的问题，我不能作详细的解答，只能陈述其大略。各种植物皆有五色，五色的变化繁多，难以看遍；各种植物皆有五味，五味的优美适口，也难以尝遍。人们对五色、五味的嗜欲各有不同，而各种色味对五脏是各有所人通的。在自然界中，天是供给人们五气的，地是供给人们五味的，五气由鼻吸入，贮藏于心肺，因而上能使面部的颜色明润，音声洪亮；五味由口食入，藏于肠胃，经过消化，吸收其精微，养五脏之气，五脏之气与五味的谷气两相结合，便产生了津液，以营养人体，因而神气也就自然健旺了。

食之过甚　有伤五味

【原文】

多食咸，则脉凝泣而变色；多食苦，则皮槁而毛拔；多食辛，则筋急而爪枯；多食酸，则肉胝䐢而唇揭；多食甘，则骨痛而发落。此五味之所伤也。故心欲苦，肺欲辛，肝欲酸，脾欲甘，肾欲咸，此五味之所合五脏之气也。

【译文】

吃太多咸味，会使血脉流行凝滞不利而使面色或肤色改变；吃太多苦味，会使皮肤枯槁，毛脱落；吃太多辛味，会使筋拘急，爪甲枯；吃太多酸味，会使皮肉增厚皱起，嘴唇开裂而掀起；吃太多甘味，会使骨节疼痛而头发脱落。这些情况，都是由于五味偏嗜太过所伤而引起的。所以心喜欢苦味，肺喜欢辛味，肝喜欢酸味，脾喜欢甜味，肾喜欢咸味，这是五味与五脏之气相合宜的。

食气入胃　浊气归心

【原文】

食气入胃，散精于肝，淫气于筋。

食气入胃，浊气归心，淫精于脉。脉气流经，经气归于肺，肺朝百脉，输精于皮毛。毛脉合精，行气于府，府精神明，留于四藏，气归于权衡，权衡以平，气口成寸，以决死生。

饮入于胃，游溢精气，上输于脾。脾气散精，上归于肺，通调水道，下输膀胱。水精四布，五经并行。合于四时五藏阴阳，揆度以为常也。

【译文】

谷食入胃后，所化生的部分精微物质，疏散到肝脏，滋养全身的筋络。

谷食入胃后，所化生的精微物质的另一部分，注入于心，输送到血脉里去，百脉的精气，流于大的经脉，朝会于肺脏后，再输送到皮毛。皮毛与经脉的气血会合，仍还流入于脉。脉中精气这样正常运行而不乱，然后周流于心、肝、脾、肾四脏，达到不亢不衰的平衡状态，就能从手太阴肺经的气口表现出来。所以根据气口脉的表现，可以判断病人的死生。

水液入胃，精气充盈，浮游涌溢。上输于脾脏。通过脾气布散水精的作用，再上输到肺，由于肺气肃降，通调水道，再把水精下输于膀胱。这样就使水精四布于周身皮毛，通灌于五脏的经脉，并随着四时寒暑的变迁，五脏阴阳的变化，做出适当的调节，这就是人体水谷、精气在经脉中运行的正常生理现象。

人有八虚　以候五藏

【原文】

黄帝问于岐伯曰：人有八虚，各何以候？岐伯答曰：以候五藏。黄帝曰：候之奈何？岐伯曰：肺心有邪，其气留于两肘；肝有邪，其气流于两腋；脾有邪，其气留于两髀；肾有邪，其气留于两腘。凡此八虚者，皆机关之室，真气之所过，血络之所游，邪气恶血，固不得住留。住留则伤筋络骨节，机关不得屈伸，故病挛也。

【译文】

黄帝问岐伯说：人身有八虚，能分别诊察哪些疾病呢？岐伯说：可以诊察五脏的病变。黄帝说：怎样诊察呢？岐伯说：肺与心有了邪气，能随着它的经脉流注到左右两肘；肝有了邪气，能随着经脉流注到两腋窝；脾有了邪气，能随着经脉流注到两髀（大腿根）；肾有了邪气，能随着经脉流注到两腘（膝窝）。左右肘、腋、髀、腘的部位，叫作"八虚"。这些部位都是四肢关节屈伸的枢纽，也是真气和血络通行会合的要处，因此，不能允许邪气恶血停滞在这些部位。如有邪气恶血停留，就会损伤经络筋骨，以致关节的枢纽不得屈伸，所以发生拘挛的症状。

形乐志苦　病生于脉

【原文】

形乐志苦，病生于脉，治之以灸刺。形苦志乐，病生于筋，治之以熨引。形乐志乐，病生于肉，治之以针石。形苦志苦，病于咽喝，治之以甘药。形数惊恐，筋脉不通，病生于不仁，治之以按摩醪药。是谓形。

【译文】

形体安逸，但精神苦闷的人，生病多在于脉，治法宜于针灸。身形过于劳苦，但精神愉快的人，生病多在于筋，宜用温熨导引的治法。形体和精神都很舒适，好逸恶劳的人，生病多在于肌肉，宜用针砭刺治。形体劳苦，精神也苦闷的人，生病多在于咽噎，宜用甘药调治。若屡受惊恐，神形不安的，易使筋脉之间气血不通，以致肢体麻木不仁，宜于按摩和药酒治疗。这就是五形志生病各有所在，治法各有不同。

虚邪中人　洒淅动形

【原文】

虚邪之中人也，洒淅动形，起毫毛而发腠理。其入深，内抟于骨，则为骨痹；抟于筋，则为痉挛；抟于脉中，则为血闭不通，则为痈。抟于肉，与卫气相抟，阳胜者则为热，阴胜者则为寒,寒则真气去,去则虚,虚则寒抟于皮肤之间。其气外发,腠理开,毫毛摇,气往来行,则为痒。留而不去,则痹;卫气不行,则为不仁。

【译文】

虚邪侵袭人身,引起形体出现寒栗怕冷、毫毛竖立、腠理开发的病理反应。在适当的条件下,如果邪气向里深入发展,缠聚于骨,则成为骨痹;缠聚于筋,则为筋挛;缠聚于脉中,则成为血闭,血闭则气血不通,不通则气血壅积而为痈症。邪气缠聚于肌肉,与卫气集聚在一起,若阳邪偏胜的话,则表现为发热,若阴邪偏盛的话,就会出现寒冷。由于寒邪盛于内,迫使真气离去,真气离去造成阳气虚衰,因此,阴寒之气就会缠聚于皮肤之间。若邪气向外发于体表,可使腠理开,毫毛动摇,因邪气往来流行于肌肤之间,故皮肤表现为发痒。若邪气留在肌肤之间而不外出,影响气血的环流,就会成为痹症。若影响了卫气的运行,表现为皮肤麻木不仁。

冬伤于寒　春生瘅热

【原文】

冬伤于寒，春生瘅热；春伤于风，夏生飧泄肠澼；夏伤于暑，秋生痎疟；秋伤于湿，冬生咳嗽。

【译文】

冬季伤于寒邪，邪气潜伏体内，至春季阳气生发之时，便可化热而生温热之病，春季伤于风邪，邪气乘脾，至夏季多湿之时，湿气困脾而生泄泻、痢疾；夏季伤于暑邪，热邪伏藏，到秋季又感于寒，寒热交争而生疟疾，秋季伤于湿邪，伏于体内，到冬季阴盛之时，痰湿上犯而发为咳嗽。

悲哀愁忧　心神动荡

【原文】

悲哀愁忧则心动，心动则五脏六腑皆摇，摇则宗脉感，宗脉感则液道开，液道开，故泣涕出焉。

【译文】

悲哀愁忧的情绪变化，会使心神动荡不安，心神动荡就可使五脏六腑的功能失常，五脏六腑失调，就感染与宗脉相联系的口、目、鼻，从而使液道打开，而流出涕泪来。

肝脾心肾　虚实之症

【原文】

肝气虚则恐，实则怒。……脾气虚则四肢不用，五脏不安，实则腹胀，经溲不利。……心气虚则悲，实则笑不休。……肺气虚，则鼻塞不利少气，实则喘喝胸盈仰息。……

肾气虚则厥,实则胀。

【译文】

肝气虚,肝血不足,则会产生恐惧的情绪;肝气郁结而盛实,则易于发怒。脾主四肢,若脾气虚不能滋养肌肉,则四肢不能运动,五脏也不安和;脾气壅滞郁结,则腹部胀满,小便不利。心气虚或心血不足,神失所养,则会产生悲忧的情绪;若心气实心中痰火上扰,又会出现大笑不休。肺开窍于鼻,若肺气虚,则鼻塞不通,呼吸短气;肺气壅逆,则见胸闷,仰面喘息气粗。肾气虚,命门火衰,则手足厥冷;肾中寒湿郁结,则会产生腹胀。

百病之始　先于皮毛

【原文】

百病之始生也,必先于皮毛,邪中之则腠理开,开则入客于络脉,留而不去,传入于经,留而不去,传入于府,廪于肠胃。邪之始入于皮也,淅然起毫毛,开腠理;其入于络也,则络脉盛色变;其入客于经也,则感虚乃陷下。其留于筋骨之间,寒多则筋挛骨痛;热多则筋弛骨消,肉烁䐃破,毛直而败。

【译文】

百病的开始发生,必先从皮毛起。当邪气侵犯皮毛时,腠理就要张开,于是邪气乘虚进入络脉而居。居而不去,必然要内传于经脉,邪在经脉中,留而不去,又会继续深入,侵犯六腑,盘踞于肠胃之中。当邪气侵犯皮毛时,人的毫毛直立,腠理开张,出现战栗畏寒的症状;邪气若进入络脉,就会使络脉满盛,颜色改变;若邪气在经脉处流连不去,那么就一定会因机体正气的虚弱而深入内陷于脏腑之中。当邪气存留于筋骨之间时,将有两种不同的情况出现:若偏重于寒邪为患的,则出现筋脉挛急,骨节疼痛等症,这是因为寒主收引,抑气凝血的缘故;若偏重于热邪为患的,就出现筋骨痿软,肌肉消瘦或破损,以及皮毛枯槁等症,这是因为热邪熏蒸,耗气伤津的缘故。

先痛后肿　气伤形也

【原文】

寒伤形，热伤气；气伤痛，形伤肿。故先痛而后肿者，气伤形也；先肿而后痛者，形伤气也。

【译文】

寒邪伤人形体，热邪伤人气机；气机受伤就会疼痛，形体受伤就会肿胀。所以，先疼痛而后肿胀的，是气机先伤而后累及形体；先肿胀而后产生疼痛的，是形体先病而后累及气机。

寒气侵入　引至病痛

【原文】

寒气客于脉外，则脉寒，脉寒则缩踡，缩踡则脉绌急，绌急则外引小络，故卒然而痛，得炅则痛立止；因重中于寒，则痛久矣。寒气客于经脉之中，与炅气相薄，则脉满，满则痛而不可按也。寒气稽留，炅气从上，则脉充大而血气乱，故痛甚不可按也。寒气客于肠胃之间，膜原之下，血不得散，小络急引，故痛；按之则血气散，故按之痛止。寒气客于侠脊之脉，则深按之不能及，故按之无益也。寒气客于冲脉，冲脉起于关元，随腹直上，寒气客则脉不通，脉不通则气因之，故揣动应手矣。寒气客于背俞之脉，则脉泣，脉泣则血虚，血虚则痛，其俞注入心，故相引而痛。按之则热气至，热气至则痛止矣。寒气客于厥阴之脉，厥阴之脉者，络阴器，系于肝，寒气客于脉中，则血泣脉急，故胁肋与少腹相引痛矣。厥气客于阴股，寒气上及少腹，血泣在下相引，故腹痛引阴股。寒气客于小肠膜原之间，络血之中，血泣不得注于大经，血气稽留不得行，故宿昔而成积矣。寒气客于五脏，厥逆上泄，阴气竭，阳气未入，故卒然痛死不知人，气复反，则生矣。寒气客于肠胃，厥逆上出，故痛而呕也。寒气客于小肠，小肠不得成聚，故后泄腹痛矣。

【译文】

寒邪侵袭于经脉之外，则经脉寒冷，经脉寒冷则收缩，收缩则经脉屈曲紧急，因而牵引在外的细小络脉，所以突然疼痛。如得热气温之，则疼痛立止；若再受寒邪侵袭，则疼痛就会长时间不愈。寒气侵犯于经脉之中，与人体热气相互交迫，则经脉满盛，满盛则疼痛而不可按压。寒气留止，热气上迫，则经脉充大，而气血混乱，所以疼痛厉害，不可触按。寒气侵袭于肠胃之间，膜原之下，血气不得散行，细小经络拘系牵引，所以疼痛；以手揉按，则气血消散，所以按之疼痛停止。若寒气侵袭于侠背之脉，重按也不能达至痛所，所以按之无效。寒气侵入冲脉，冲脉起始于脐下三寸的关元穴，沿腹部直上，若寒邪侵入，则冲脉不通畅，血液不行，气也随之而滞，所见疼痛，按之跳动。寒气侵袭于背俞之脉，可致血脉流行涩带，脉涩则血虚，血虚则疼痛。因为背愈和心脏相连，所以疼痛而牵引心脏。按之则热气应手，热气应手则疼痛立止。寒气侵入厥阴的经脉，足厥阴的经脉环绕阴器，联系于肝脏，寒邪侵入脉中，血凝不能通畅，脉络紧急，所以胁肋和小腹牵引作痛。厥气侵于阴股，寒气上行于小腹，血滞涩于下，互相牵引，所以腹痛牵引阴股。寒气侵袭于小肠膜原之间，血络之中，小络血液凝涩而不能流注于大的经脉，因气血留止不行，所以日久便成积块了。寒气侵袭于五脏之中，则厥逆之气上越，阴气内竭，阳气未入，所以突然痛死，不知人事，如果阳气复反，则能苏醒。寒气侵袭于肠胃，厥逆之气上冲，所以胃痛而呕吐。寒气侵袭于小肠，小肠不能受盛，所以泄泻腹痛。

胃为气逆　肠为下泄

【原文】

胃为气逆，为哕，为恐，大肠、小肠为泄，下焦溢为水，膀胱不利为癃，不约为遗溺，胆为怒。

【译文】

胃有病气就向上逆，发生呃逆或产生恐惧。大小肠有病就会消化失常而腹泻；下焦有病则水液泛溢于皮肤而成水肿。膀胱气化失常，小便不通，称为“癃”，不能约束水道，则为遗尿。胆胆互为表里，胆气郁而不舒则会易怒。

百病之始　寒暑喜怒

【原文】

黄帝问于岐伯曰：夫百病之始生也，皆生于风雨寒暑，清湿喜怒。喜怒不节则伤藏，风雨则伤上，清湿则伤下。三部之气，所伤异类，愿闻其会。岐伯曰：三部之气各不同，或起于阴，或起于阳，请言其方。喜怒不节则伤藏，藏伤则病起于阴也；清湿袭虚，则病起于下；风雨袭虚，则病起于上，是谓三部。至于其淫泆，不可胜数。

【译文】

黄帝问岐伯道：关于许多疾病的发生，都与风、雨、寒、暑、凉、湿等外邪的侵袭，以及喜、怒等情志内伤有关。若喜、怒不加节制，则使内脏受伤；风雨之邪，则伤人体的上部；凉湿之邪，则伤人体的下部。上中下三部所伤之邪气不同，我想知道这些道理。岐伯说：喜怒、风雨、清湿三种邪气的性质不同，或病先发生于阴，或病先发生于阳，请让我讲一讲它的大概情况。凡喜怒过度，则内伤五脏，五脏为阴，所以说脏伤则病起于阴；凉湿之邪善于侵袭人体下部虚弱之处，所以说病起于下；风雨之邪善于侵袭人体上部的虚弱之处，所以说病起于上。这就是所说的邪易犯的三部。至于邪气在人体浸淫后的发展变化，其复杂的情况是难以数计的。

察其所痛　以知其应

【原文】

黄帝曰：其生于阴者奈何？岐伯曰：忧思伤心；重寒伤肺；忿怒伤肝；醉以入房，汗出当风，伤脾；用力过度，若入房汗出浴则伤肾，此内外三部之所生病者也。

黄帝曰：善。治之奈何？岐伯答曰：察其所痛，以知其应，有余不足，当补则补，当泻则泻，毋逆天时，是谓至治。

【译文】

黄帝说：病发生在内脏，又是怎样形成的呢？岐伯说：忧愁思虑过度，则心脏受伤；外感寒邪再加饮食寒冷，会使肺脏受伤；愤恨恼怒过度，则肝脏受伤；酒醉后行房，汗出而受风，则脾脏受伤；用力过度，或行房后汗出而洗澡，则肾脏受伤。以上就是内外部发生疾病的一般情况。

黄帝说：你说得好。这些病症怎样治疗呢？岐伯答道：审察其疼痛的部位，就可以知道病变所在，根据其症候虚实，运用补虚泻实的方法治疗，同时也不要违背四时气候规律，这就是最好的治疗原则。

五藏坚固　血脉和调

【原文】

黄帝曰：人之寿夭各不同，或夭寿，或卒死，或病久，愿闻其道。岐伯曰：五藏坚固，血脉和调，肌肉解利，皮肤致密，营卫之行不失其常，呼吸微徐，气以度行，六府化谷，津液布扬，各如其常，故能长久。

【译文】

黄帝说：人的寿命长短各不相同，有中途夭亡的，有年老长寿的，有猝然死亡的，有长期患病的，希望听听它的道理。岐伯说：如果五脏强健，血脉调顺，肌肉之间通利无滞，皮肤固密，营气卫气的运行不失常，呼吸均匀徐缓，全身之气有规律地运行，六腑也能正常地消化饮食物，使精微、津液能敷布周身，以营养人体，各脏腑功能正常，就能够使生命维持长久而多寿。

神气皆去　形骸独居

【原文】

黄帝曰：其气之盛衰，以至其死，可得闻乎？岐伯曰：人生十岁，五藏始定。血气已通，其气在下，故好走。二十岁，血气始盛，肌肉方长，故好趋。三十岁，五藏大定，肌肉坚固，血脉盛满，故好步。四十岁，五藏六腑十二经脉，皆大盛以平定，腠理始疏，荣华颓落，发颇颁白，平盛不摇，故好坐。五十岁，肝气始衰，肝叶始薄，胆汁始灭，目始不明。六十岁，心气始衰，苦忧悲，血气懈惰，故好卧。七十岁，脾气虚，皮肤枯。八十岁，肺气衰，魄离，故言善误。九十岁，肾气焦，四藏经脉空虚。百岁，五藏皆虚，神气皆去，形骸独居而终矣。

【译文】

黄帝说：人的血气盛衰，以及从生到死这一过程的情况，可以讲给我听听吗？岐伯说：人生长到十岁的时候，五脏始发育到一定的健全程度，血气运行畅通，生气在下，所以喜动而好走。人到二十岁，血气开始壮盛，肌肉也正在发达，所以行动更为敏捷，走路也快。人到三十岁，五脏已经发育强健，全身的肌肉坚固，血气充盛，所以步履稳重，爱好从容不迫的行走。人到四十岁，五脏六腑十二经脉，都很健全已到了不能再继续盛长的程度，此腠理开始疏松，颜面的荣华逐渐衰落，鬓发开始花白，经气由平定盛满已到了不能再向上发展的阶段，精力已不十分充沛，所以好坐。人到了五十岁，肝气开始衰退，肝叶薄弱，胆汁也减少，所以两眼开始昏花。人到六十岁，心气开始衰弱，会经常忧愁悲伤，血气已衰，运行不利，形体惰懈，所以好卧。人到七十岁，脾气虚弱，皮肤干枯。人到八十岁时肺气衰弱，不能藏魄，言语也时常发生错误。人到九十岁，肾气也要枯竭了，其他四脏经脉的血气也都空虚了。到了百岁，五脏的经脉都已空虚，五脏所藏的神气都消失了，只有形骸存在。

补其不足　泻其有余

【原文】

夫邪气之客人也，或令人目不瞑不卧出者，何气使然？伯高曰：五谷入于胃也，其糟粕、津液、宗气分为三隧。故宗气积于胸中，出于喉咙，以贯心脉，而行呼吸焉。营气者，泌其津液，注之于脉，化以为血，以荣四末，内注五脏六府，以应数刻焉。卫气者，出气悍气之慓疾，而先行于四末、分肉、皮肤之间，而不休者。昼日行于阳，夜行于阴，常从足少阳之分间，行于五藏六府。今厥气客于五藏六府，则卫气独卫其外，行于阳，不得入于阴，行于阳则阳气盛，阳气盛则阳跻陷，不得入于阴，阴虚，故目不瞑。

黄帝曰：善！治之奈何？伯高曰：补其不足，泻其有余，调其虚实，以通其道，而去其邪，饮以半夏汤一剂，阴阳已通，其卧立至。

【译文】

黄帝问伯高说：邪气侵犯人体，有时使人不能闭目入睡，是什么病机造成的？伯高说：饮食进到胃中，经过消化，其糟粕、津液、宗气积聚于胸中，出于喉咙，贯通心脉，而行呼吸。营气分泌津液，渗注脉中，化为血液，外而营养四肢，内而灌注五脏六腑，循行于周身与昼夜百刻计数相应。卫气是水谷所化的悍气，流通迅猛滑利，首先行于四肢、分肉、皮肤之间，运行不息。白大出表，夜间入里，常以足少阴肾经为起点，循行于五脏六腑。今就病理来说，若有邪气逆乱于五脏六腑，就会迫使卫气只能行于阳分，而不得入于阴分。由于卫气仅行于阳分，便使在表的阳气偏盛，阳气偏盛使阳跻脉气充塞，卫气不得入通于阴分，而形成阴虚，所以不能闭目入睡了。

黄帝说：讲得好！怎样治疗呢？伯高说：应当用针刺疗法，补其阴分的不足，泻其阳分的有余，以调理虚实，沟通阴阳交会的隧道；从而消除厥逆的邪气，再给半夏汤一剂，使阴阳经气通调，便可立即安卧入睡。

一心无累　四季良辰

【原文】

黄花红树，春不如秋；白雪青松，冬亦胜夏；春夏园林，秋冬山谷，一心无累，四季良辰。

【译文】

黄色的菊花盛开，枫叶染红山林，春天也不如秋天的景色宜人；要看白雪与青松相映成趣，冬天的景色也胜过夏天，春夏美在园林，秋冬美在山谷，心中清闲安逸，一年四季都能享受到良辰美景。

性不堪虚　心能会境

【原文】

性不堪虚，天渊亦受鸢鱼之扰；心能会境，风尘还结烟霞之娱。

【译文】

如果生性不适合静虚的境界，那么即使在天空或深渊也会觉得受到了飞鹰和游鱼的打扰；只要内心能与自然环境契合，即使在风尘滚滚的尘世也会得到身在方外、满目烟霞的愉悦。

五更枕席　参看心体

【原文】

从五更枕席，参看心体，心未动，情未萌，才见本来面目。向三时饮食中，谙练世味，浓不欣，淡不厌，方为切实功夫。

【译文】

从五更枕席之上沉睡梦乡的人，来观察其真实心性，这时心机未动，情思未发，才可以见到其本来面目。从早中晚一日三餐之中，练达人情世故，若能味浓而不欣喜，味淡也不厌烦。这才是切实的功夫。

世态巧术　善于托故

【原文】

物情以常无事为欢颜，世态以善托故为巧术。

【译文】

万物之情，以清静无事为快乐；世间奥秘则以善于婉转推托为妙术。

善救时事　和风消暑

【原文】

善救时若和风之消酷暑，能脱俗似淡月之映轻云。

【译文】

善于革除时弊，挽救时势的人，就像和煦的清风消除酷暑的炎热；能够超凡脱俗者，就像是淡淡的月光映照着微微的白云。

廉以惩贪　让以息争

【原文】

廉所以惩贪，我果不贪，何必标一廉名，以来贪夫之侧目；让所以息争，我果不争，又何必立一让名，以致暴客之弯弓。

【译文】

清廉是为了惩治贪婪，我如果不贪，又为何一定要树立一个清廉的名声，从而让那些贪婪之人侧目而视呢？礼让是为了平息争斗，我如果不与人争斗，又为何一定要树立一个礼让的名声，从而招致那些暴徒的怨恨，成为众矢之的呢？

空而不着　物我两忘

【原文】

耳根似飚谷投响，过而不留，则是非俱谢；心境如月池浸色，空而不着，则物我两忘。

【译文】

耳根要像暴风在山谷中咆哮，过而不留，那么一切是是非非都不存在；心中要像明月在水池中映影的颜色，根本没有着色，那么就能达到清静虚无、物我两忘的境界。

天赋命同　自取则异

【原文】

天之赋命实同，人之自取则异。

【译文】

上天赋予每个人的命运其实是一样的，只是各个人自我选择的道路不同罢了。

功名富贵　俗人之物

【原文】

富贵大是能俗人之物，使吾辈当之，自可不俗，然有些不俗胸襟，自可不富贵矣。

【译文】

富贵实在是能够使我辈庸俗的东西，假如使我们这些山人隐士得到富贵，自然可以不俗；然而，有这样不俗的胸怀，自然也就不可能享有富贵了。

俯仰进趋　随意所在

【原文】

嗜酒好睡，往往闭门；俯仰进趋，随意所在。

【译文】

喜欢饮酒、酣睡的人，往往闭门谢客；能知俯仰进退的人，什么事都随心所欲。

尘缘割断　世虑潜消

【原文】

尘缘割断，烦恼从何处安身？世虑潜消，清虚向此中立脚。

【译文】

尘缘割断，便不再会有什么烦恼；患得患失的俗念消去，便会产生清净虚无的感觉。

节制色欲　有益身体

【原文】

色欲一事，世人未有不好者。我夫子已说："吾未见好德如好色者。"可见，古人亦然，不独今人而已矣。此事原不可禁戒，亦不必禁戒也。即如夫妻一道，乃五伦之一。假使尽戒，不几恩爱断绝而宗祧后代俱无乎，非吾儒训世之言也。但不可不加省节尔。

予见《保命切要书》所载八节、九夏、三元、六腊诸神佛生辰，以及甲子本命，人神在阴日犯之俱主损寿。此无他，不过欲人省节房事，养惜精神之意耳。妙则妙矣，似觉琐碎难记。予性情懒，凡事多忘，安能查记如许日期乎。因立简便一法，只八字，曰：寒、暑、雷、雨、恼、怒、醉、饱而已。上四字乃天时所忌，下四字乃人体所忌也。其衰老疾病原须禁绝，能依行，足可保延寿命。

至于人之疾病由房事而起者大半，即如风寒暑湿偏是虚弱人所中，而壮实者精神充足，虽触无伤。

【译文】

色欲这种事，世人没有不喜好的。孔夫子曾说：“我没见到过像好色那样好德的人。”可见，古人也是一样喜好色欲，不只是现在的人才这样啊。这种事本来就无法禁止戒绝，也不必要戒绝。而且夫妻生活是五伦之一。如果都加以戒绝，不但夫妻恩爱会断绝，岂不连后代都没有了，这不是我们教育世人应有的言论。然而，色欲却不能不有所节制。

我看见《保命切要书》上记载有八节、九夏、三元、六腊各位神佛的生辰，以及甲子本命等，人在阴日触犯了神就会折损寿命。这样说其实没有其他的意思，不过是要人们节制房事，珍惜和保养精神罢了。书中的记载，虽然很好，但嫌琐碎难以记忆。我性情懒惰，好忘事，怎么记得住书中那么多的日期。于是设立了一个简便的养生方法，只有八个字，即：寒、暑、雷、雨、恼、怒、醉、饱。前面四个字说的是人在不利的天气条件下，房事应有所忌讳，后面四个字是人在身体条件不利时，应该避免房事。人的衰老疾病原本就应该杜绝，如果依照上述方法养生，足以益寿延年。

人的疾病，因为房事不当引起的要占一多半，房事不当造成人体虚弱，寒暑湿就乘虚而入；而身体壮实的人精神充足，就是冒点风寒暑湿也不会对身体造成伤害。

西瓜消暑　荔枝养颜

【原文】

西瓜味淡、甘寒、压烦热、消暑毒、疗喉痹，有天生白虎汤之号，多食作泄痢，与油饼之类同食，损胃。

荔枝味甘，微酸，温无毒，止烦渴，美颜色；通神健气，极甘美益人食之不厌。然太多亦发虚热，饮蜜浆一杯即解。丹溪云：此果肉属阳，主散无形质之滞气，故能消瘤赘赤肿。

【译文】

西瓜，味淡，甜，寒性，食用后可以压烦热，消暑毒，疗喉痹，有着天生“白虎汤”的称号，但不能吃得太多，吃多了会像得痢疾一样泄泻，而且吃西瓜时不能与油饼一类的油炸

物同吃，这样做损伤胃。

荔枝，味甜，微酸，性温无毒，止烦渴，养颜润色；通神健气，极其甜美养人，吃起来不会感到厌腻。然而，吃得太多了也会发虚热，发热后饮用一杯蜂蜜就可除热。丹溪说：这种果肉属阳，可以用来消散人体中没有形质的滞气，可以用来消除肿瘤及红肿。

细雨开卷　微风弄琴

【原文】

会得个中趣，五湖之烟月，尽入寸衷；破得眼前机，千古之英雄，都归掌握。细雨闲开卷，微风独弄琴。

【译文】

能够领悟其中的情趣，那么五湖四海的风烟云月，都可入寸心品赏，通晓事物变化的规律，那么千古英雄，都可以为我所用。蒙蒙细雨中，悠闲地开卷读书；习习清风中，独自弹琴。

看蜂忙碌　觑破世态

【原文】

芳菲林圃看蜂忙，觑破几多尘情世态；寂寞衡茅观燕寝，发起一种冷趣幽思。

【译文】

鲜花盛开，看山林园圃中蜜蜂奔忙采蜜，可以看破多少俗情世态；寂寞窗晚，看屋檐下燕子睡觉，可使人生发起一种清冷之趣，幽深之思。

人在病中　百念灰冷

【原文】

人在病中，百念灰冷，虽有富贵，欲享不可，反羡贫贱而健者，是故人于无事时常作病想，一切名利之心自然扫去。

【译文】

一个人在病痛中，各种欲念都已心灰意冷，虽有万贯钱财，高官显位，要享受也不可能了，反而羡慕那些虽然身处贫贱而身体健康的人，因此一个人如果能在无事的时候，常保持有病时的思想，那么一切名利之心自然也就会一扫而光。

三日不火　十年不衣

【原文】

千人亦见，百人亦见，斯为拔萃出类之英雄；三日不举火，十年不制衣，殆是乐道安贫之贤士。

【译文】

也见过千人，也见过百人，这人才是出类拔萃之英雄豪杰。三日不生火做饭，十年不缝制新衣，这才是安贫乐道的贤良之人。

珍奇罄地　清风披坐

【原文】

明月可人，清风披坐，班荆问水，天涯韵士高人；下筋佐觞，品外涧毛溪蔌，主人荣也。高轩寒户，肥马嘶门，命酒呼茶，声势惊神震鬼；叠筵累几，珍奇罄地穷天，客之辱也。

【译文】

明月皎洁，使人心旷神怡，清风习习，令人开怀解衣；铺列荆条于地而闲座其上，世故俗情一切与已无干，这就是浪迹天涯的隐士高人，用筋竹笋来下酒佐饮，品尝谷外毛溪的菜蔬，这是主人的荣光；高敞的轩廊冷清的门前，肥马嘶鸣，贵客到来，命人斟酒上茶，声势浩大，惊动鬼神，长筵大席，美味佳肴，穷尽人间所有，这是对客人的羞辱。

年年落第　处处羁游

【原文】

年年落第，春风徒泣于迁莺；处处羁游，夜雨空悲于断雁。

【译文】

年年科举考试落榜，对于仕途进取已彻底绝望，春风也好像在为流莺白白哭泣；处处漫游，浪迹天涯，就像失群的孤雁，夜雨也好像在为他空自悲伤。

名利客忙　牧樵人闲

【原文】

长亭烟柳，白发犹劳，奔走可怜名利客；野店溪云，红尘不到，逍遥时有牧樵人。

【译文】

十里长亭，柳絮如烟，满头白发的人仍然忙碌不堪，为名利奔走实在可怜；山村野店，

清溪白云,滚滚红尘污染不到,放牧砍柴的人好逍遥自在啊。

智者养生　四时而调

【原文】

寒暖饱饥,起居之常。惟常也,往往易于疏纵,自当随时审量。衣可加即加,勿以薄寒而少耐;食可置即置,勿以悦口而少贪。

智者之养生也,必须四时而调寒暑。

【译文】

寒暖饱饥,是日常起居中的常事。就是因为太平常了,人们往往容易疏忽它。其实,正是这些平常事,才是养生的关键,所以应该时时注意。天气变化,可以加衣服的时候就加,不要因为仅是稍许寒冷就强行忍耐;食物能不吃就不要去吃它,不要因为可口就贪嘴。

有智慧的人,能根据四季寒暑的变化调节养生的方式。

生病之因　起于过用

【原文】

春秋冬夏，四时阴阳，生病起于过用。五脏受气盖有常分，不适其性而强云为用之，过耗是以病生。善养生者，保守真元，外邪客气不得而干之……四时气候和畅之日，量其时节寒温出门行三二里。及三百二百步为佳。量力行但勿令气乏喘而已。

【译文】

春秋冬夏，四季阴阳，生病的起因都在于过多地收摄。五脏收受的气都有一定的数量，不适宜五脏的特性而强行收摄，会造成过度消耗而生病。善于养生的人，着意保守人体元气，使外邪及不良之气都不能侵犯他。四季之中，气候和畅的日子里，随着季节、天气的寒温，可决定出门走上三二百步，三二里，量力而行，不气喘就行。

肢体屈伸　气血流畅

【原文】

张延老名珙，唐安江原人，年七十余，步趋拜起健甚。自言夙兴必拜起数十。老人血气多滞，拜则肢体屈伸，气血流畅、可终身无手足之病。

【译文】

张延老人名珙，是唐安江原人，七十多岁的人，步行与弯腰都很自如。他自己说每天早上起床都做几十遍弯腰动作。老年人的血气都很滞缓，弯腰使肢体不断弯曲伸展，可加速气血的流动，人的手脚一辈子都不会生病。

手按两眦　眼能洞见

【原文】

常欲以手按目近鼻之两眦，闭气为之，气通即止，终而复始。常行之，眼能洞见。

【译文】

要经常用手按住靠近鼻子的两个眼角(即内眦);闭气时按住,通气时放开,如此周而复始。经常这样做,眼睛会很明亮。

常擦脚心　步履轻健

【原文】

其穴(即涌泉穴)在足心之上,湿气皆从此入。日夕之间,常以两足赤肉更次用一手握指,一手摩擦。数目多时,觉足心热,即将脚趾略略转动,倦则少歇。或令人擦之亦得,终不若自擦为佳。陈书林云:先公每夜常自擦至数千,所以晚年步履轻便。

【译文】

涌泉穴在足心上,湿气都从此进入人体。白天或者晚间,经常摩擦双脚:一手握住脚趾，另一只手摩擦脚心，如此双脚轮换，一直到脚心发热，就略略转动一下脚趾，疲倦时可稍加歇息。叫别人替自己摩擦脚心也可以，但不如自己摩擦效果好。陈书林说：先父曾经每天晚上自己摩擦脚心数千下，所以晚年时步履轻健，不见老态。

为人父母　谨记翁言

【原文】

或曰婴孺之流，天真未剖，禁忌饮食又无所犯，有至夭枉者何欤？曰：此父母之过也。为父母者，或阳盛阴亏，或阴盛阳亏，或七情郁于内，或八邪袭于外，或母因胎寒而饵暖药，或父以阴（阳）萎而饵丹药，或胎元既充，淫欲未已，如花伤培，结子不实。既产之后，禀赋怯弱，调养又失其宜；骄惜太过；睡思既浓，尚令咀嚼；火闷既暖，犹令饮酌；厚衾重覆，且令衣着；抚背拍衣，风从内作；指物为虫，惊而戏谑；危坐放手，我笑渠恶；欲令喜笑，肋胁指龊；雷鸣击鼓，且与掩耳；眼卧过时，不令早起；饮食饱饫，不与戒止；睡卧当风，恐吓神鬼，如此等事，不一而已。斯言也，演山省翁之至言也。父母者，因是而鉴之，则后嗣流芳，同此一寿，岂不伟欤！

【译文】

有人说，有的婴孩，天真未凿，注意饮食，也没触犯什么，为什么就夭折了呢？回答说：这是父母的过错啊。为父母的人，有的阴盛阳亏，有的阳盛阴亏，有的七情郁积在体内，有的八邪已从外部侵袭了他们，有的母亲由于怀胎觉得寒冷服用了燥暖性的药，有的父亲由于阳痿服用了丹药，有的已经怀胎，却房事不绝，就像花伤害了蓓蕾，结出的果实就不会充实。这些都造成了婴幼儿先天不足。

孩子出生之后，先天禀赋不足，又没给适宜的调养；或者娇养疼惜得过了分；或者孩子睡意很浓还让他吃东西；或者用火烧得暖暖的，还让他喝东西（烤火太过，易失水分，暴饮不当）；或者用厚厚的被子重重盖着，还让他穿着很多衣服；或者抚背拍衣，使风邪由此入体；或者指物为虫，玩些惊吓的游戏；或者松手让他高高坐着，还嘻嘻地逗他笑；或者用手指戳他的肋部，击鼓如雷，还替他掩耳；或者睡眠太多，不让他早起；或者饮食过饱，还不让他少吃些；或者让他迎风睡觉，用鬼神等事惊吓他。如此这般，不一而足。这样怎会不伤害孩子！这些话，是演山省翁的至理之言哪。为人父母的，因此引以为鉴，那么后代肯定会顺利成长而长寿，也是功德无量啊！

食有所禁　该戒则戒

【原文】

永当戒食：病猪死禽，不正之物，若不禁之，为害则大。

诸果有毒：秋冬果落地，食之令人患漏症。

诸兽有毒：自死疫死者，肉落水浮者，诸兽足赤者，皆不可食。

诸禽有毒：白色玄首者，自死无伤者，死不伸足者，死不闭目者，皆不可食。

诸鱼有毒：目能开合者，脑白连珠者，皆不可食。

饮食害人：曝肉脯不干者食之害人。饮酒后不得食羊豕脑，食之大害人。食黄鳝后食荆芥者则杀人。

饮食相反，食粟米勿食杏仁，令人吐泻。枣李与蜂蜜同食，五脏不和。

【译文】

永远不应该吃的东西：病猪死鸟，是不正的东西，如果不禁绝食用，危害太大了。各种有毒的果实：秋冬季节落地后的果实，食用后令人患上漏症。各种有毒的兽类：自己死掉或遭瘟疫死掉的，在水中会浮起来的肉，脚呈红色的各种兽类，都不能食用。各种有毒的禽类：全身白毛头为黑色的，自己死掉而不是受外伤死亡的，死后脚不能伸直的，死不闭目的，都不能食用。各种有毒的鱼：眼睛能够开合的鱼，脑白有连珠一样东西的鱼，都不能食用。害人的饮食方式：肉脯没晒干，吃后有害；饮酒过后不能够吃羊脑猪脑，如果酒后吃它会大大损害人；吃黄鳝之后再吃荆芥就会致伤人的性命。饮食有相抗作用的：吃粟米就不要吃杏仁，否则令人上吐下泻。枣、李如果与蜂蜜同吃，会令人五脏不调和。

调顺血脉　百病不作

【原文】

嗟乎，善养生者养内，不善养生者养外，养内者以恬脏腑，调顺血脉，使一身之流行冲和，百病不作；养外者恣口腹之欲，极滋味之美，穷饮食之乐，虽肌体充腴，容色悦泽，而酷烈之气，内蚀脏腑，精神虚矣，安能保合太和以臻遐龄？庄子曰："人之可畏者，衽席饮食之间，而不知为之戒，过也。"其此之谓乎。

【译文】

啊，善于养生的人调养内在的身体因素，不善于养生的人调养的是外在因素。调养内在因素就是通过调养安适脏腑，畅通血脉，使身体的内在运行机制正常平稳和顺，百病不生；调养外在因素的人则放纵口腹欲求肆意享受美滋美味，极尽饮食的外在享乐，这样即使肌体丰腴，容颜光亮润泽。但酷烈的戾气已经从内部侵蚀了脏腑，精气和元神已经空虚了，怎能保证良好的身体状态而长寿呢？庄子说："人，最可怕的就是枕席、饮食方面的事，如果不知道节制，就会铸下大错。"说的就是这样的情况啊。

嗜酒伤身　甚者丧命

【原文】

夫酒者，祭天享地顺世和人，行气活血，乃可陶性情，世人能饮者固不可缺。凡遇天寒冒露，或入病家，则饮三五盏，壮精神避疫疠。饮者不过量力而已，过则耗伤血气也。古云饮酒无量不及乱，此言信矣，饮者未尝得于和气血，抑且有伤脾胃，伤于形，乱于性，颠倒是非，皆此物也。早酒伤胃，宿酒伤脾，为呕吐痰沫，醉后入房，以竭其精，令人死亦不知，虽知者亦迷而不戒。养清高人，当寡欲而养精神，节饮食而介眉寿，此先圣之格言，实后人之龟鉴也。

【译文】

酒，是用来祭祀天地顺应世情施惠于人的，它可以行气活血，还可以陶冶性情，世上善饮的人缺少不了酒。而遇上天寒或夜露行走，或者进入过病人家中，喝上三五盏，可以壮精神避免病毒感染。饮酒一定要量力而行，饮用过量就会耗伤人的血气，古人说饮酒适量就不会乱性，这话很正确。然而也有饮酒的人不仅不能行气活血，而且损伤脾胃，伤害了身体，惑乱了情性，颠倒了是非，这是酒这种东西的另一面。早上饮酒伤胃，晚间饮酒伤脾，都会致人呕吐；喝醉了酒行房事，会耗竭人的精气，让人死掉了也不知晓，而有的即使知晓其中的害处也迷恋其中不去戒绝。培养清德的高人，应当少欲调养精神，节制

饮食得享长寿，这是先圣的格言，也应该是我们后人的座右铭。

早食欲实　暮食欲虚

【原文】

饮食：朝欲实，暮欲虚，朝饭细嚼，微饥而食，微渴而饮，宜淡食，食毕漱口，食后啜杯茶，食讫以手摩面，食后行百步，食饱摩腹仰面呵气。

【译文】

饮食方法：早上要吃饱，晚上不宜吃得太饱；早上吃饭应该细细咀嚼，稍有饥饿感就进食，稍有干渴感就饮水，应该吃些清淡的食物；吃完了就漱口，然后喝上一杯茶，用手按摩面部并慢走百步，吃饱了就按摩腹部并仰面呵气。

作诗弈棋　劳神独甚

【原文】

心动则神疲。凡诸伎俩，营营与人角胜负者，未有不减年算者也。技俩之中，作诗弈棋，劳神独甚。周莱峰云：某之所见以弈伤生者，四人矣。宋豫斋、王连川、王汾源、郭南洲是已。又云孙李泉五更作诗，以劳成疾而卒。陈雨泉云：王同墟与客弈，忽瞑目，呼之不应，则死矣。弈之劳神如此。噫，伤生之事，岂独在酒色之间已哉。

【译文】

心神躁动精神就会疲惫。凡是各种技能项目，潜心与他人争胜负，都会使人减损寿命。技能项目中，作诗和下棋，最损耗人的精神。周莱峰说：我已经见到四个人因为下棋丧失了生命，这四个人是宋豫斋、王连川、王汾源、郭南洲。还有，孙李泉经常作诗到五更，结果因为积劳成疾死去了。陈雨泉说，王同墟和客人下棋，忽然闭上了双眼，客人叫他也不答应，原来他已经死去了。下棋竟然如此损耗精神！哎，伤害生命的东西，不仅仅只是酒、色啊。

酒可养生　少饮为妙

【原文】

饮者，酒也，味甘辛苦，气大热，苦入心而补肾，辛入肺而补肝，甘入脾和气血而行荣卫。酒者，诚养生不可阙。

【译文】

酒是用来饮用的。酒味甘、辛、苦，酒气主热。苦入心，其作用是补肾；辛入肺，其作用是补肝；甘入脾，其作用是调和气血畅通荣卫两气。酒，确是养生不可缺少的东西！

心诚意正　顺理修身

【原文】

卫生切要知三戒，大怒大欲并大醉。三者若还有一焉，须防损失真元气。欲求长生先戒性，火不出兮神自定。木还去火不成灰，人能戒性还延命。贪欲无穷忘却精，用心不已失元神。劳形散尽中和气，更仗何能保此身。心若大费费则竭，形若大劳劳则怯。神若大伤伤则虚，气若大损损则绝。世人欲识卫生道，喜乐有常嗔怒少。心诚意正思虑除，顺理修身去烦恼。

【译文】

卫养生命一定要守三戒:大怒、大欲、大醉,三戒中只要一戒不守,人就会损伤元气。要想长寿先要养性,不发火(怒)神志自然安定。木材离开火不会被烧成灰烬,人能够养好性就能益寿延年。

如果贪得无厌就会忘记了保护自身精气,不停地劳心就会散失自己的元神,劳累形体就会失去保证人健康的中和之气,哪还有什么能保此身平安呢?大费心神使心神枯竭,大劳形体使形体羸弱;大伤精神使精神虚乏,大损气机使气机断绝。

世上的人要知道卫养生命的方法,我告诉你,那就是要保持乐观的态度,不要发怒,心诚意正不要思虑,依道修身去除烦恼。

种种病根　多始色欲

【原文】

人有恼怒、血气未定而交合者,发痈疽诸毒。远行疲乏而交合者,成虚劳,无子。恐惧中交合者,阴阳偏虚。

发厥自汗,勉强交合者,精耗、肾伤、惊悸、梦泄、便浊、阴萎、小腹裹急、面黑耳聋。服脑麝交合者,关窍开通,真气走散,重则虚弦,轻则脑泻。服丹石热药交合者,心火如焚,肾水枯竭,五脏干燥,必存痨瘵诸症。饱食交合者,血气流溢,渗入大肠,多成便血、腹痛、肠癖等症。醉后交合者,五脏俱伤。忍大便交合者,成肠癖。忍小便交合者,得淋浊、茎痛、胞转、脐下急痛诸症。

可见,种种病根多始于色欲之不慎。若夫无知妄作、恣意沉醉、更须切戒。予每见好色之辈,自己家室尚不满意,复……奸占、设计、渔猎,无所不为,纵逃杀身刑狱之灾,然多有得痨瘵者;有得顽症者,有患梅疮、结毒、囊烂者,乃至病入膏肓,医药莫救。是徒适一时之乐,竟丧天有用之身。一旦身绝气亡,事业无成,妻子更谁托耶。岂非好之太过而不省节之咎欤,真乃可叹可怜!

【译文】

人如果在恼怒、血气不平的时候交合,会迸发痈疽等各种毒症。如果在远行赶路疲乏不堪的时候交合，会生虚劳症而不能有子息。在恐惧中交合，会得阴虚症或者阳虚症。

在发晕或自汗时勉强交合，会造成精耗、肾伤、惊悸、梦遗、便浊、阳痿、小腹裹胀便急、面黑耳聋。服食麝香后交合，会使全身关窍开通而走散人体真气，重的会虚损昏迷，轻的会脑泻。服食丹药或其他热药后交合，会使心火旺盛如焚，精液枯竭，五脏干燥，会诱发痨病。饱食后交合，会使血气激荡外溢渗入大肠而便血、腹痛、肠癖。醉酒后交合，使五脏都受伤害。忍着大便交合，会得肠癖病。忍着小便交合，会患淋浊、茎痛、胞转、脐下急痛等病痛。

由此可见，种种病痛大多根源于色欲方面不谨慎。如果在色欲方面肆意而为、全身心沉醉进去，更会对身体造成莫大的伤害。我经常看到一些好色之辈，连自已的家室都没有满足，又去强奸占有、设计谋夺别的女性，这样，即使逃脱了杀身之祸、牢狱之灾，但大多都会患痨病，患不易治愈的顽症，患梅疮、结毒、囊烂病，甚至会病入膏肓，不可救药。如此徒然逞一时之快，却伤害了有用之身。一旦气绝身亡，不仅事业无成，妻子儿女又去依托谁生活呢？这是过于好色而不知节制的过错啊，真是可叹又可怜！

中华传世藏书

【图文珍藏版】

菜根谭

[明]洪应明⊙原著
马博⊙整理

第二册

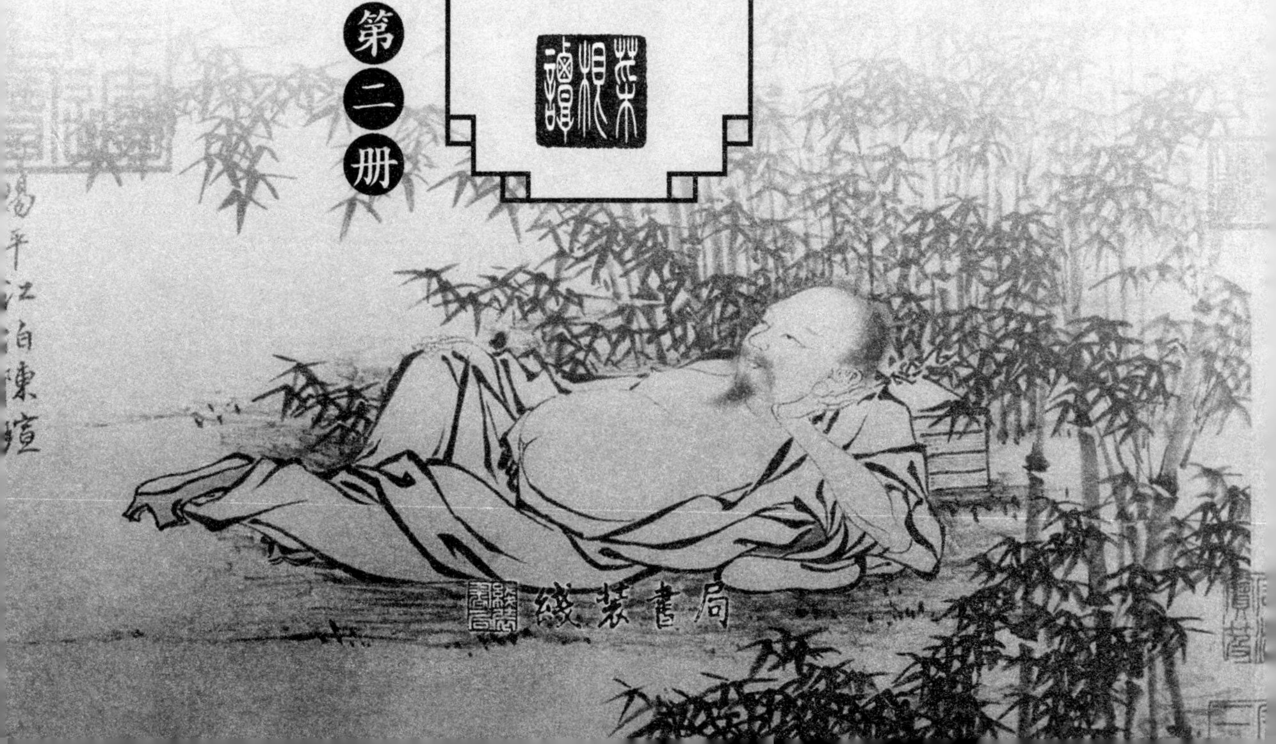

线装书局

自然为宗　颐养天和

【原文】

吾乡曹慈山先生……幼有羸疾，俗所谓童子痨，终其身未出乡里，家素华朊，不问冶生事，天性恬淡，虽博及群书，于经学史学、辞章考据无所不通，而不屑蹈坛坫标榜之习，朋俦鲜绝，声华阒如，辟园林于城中，池馆相望，有白皮古松数十株，风涛倾耳，如置身岩壑，终日焚香鼓琴，意志旷远，至九十余乃终。年届大耋，犹姬侍满前，不事药饵，不希导引，唯以自然为宗，故能颐养天和，克享遐寿。

【译文】

我乡有位曹慈山先生，幼年时羸弱病重，患有俗称的"童子痨"病，终其一生，曹先生没有外出过乡里。曹家家世好，所以曹先生从不过问生活方面的事，他天性恬淡，虽然博览群书，在经学史学及辞章考据上无所不通，却不屑于登官场，不屑于显示标榜自己的学问。他朋友很少，在外也没有什么名声。他专门在城中修了一处园林，园林中池馆相望，有几十棵白皮古松，风起时涛声盈耳，使人就像置身于大自然中。曹先生意志旷远，不理尘俗，每天焚香弹琴，逸兴遄飞，一直活到九十多岁才故去。曹先生在耄耋之年，还有不少侍姬侍候，他从不服食药物，也不做什么导气行气的功夫，一切以自然为标准，所以得天和而享高寿。

早食淡粥　生津快胃

【原文】

每日空腹，食淡粥一瓯，能推陈致新，生津快胃，所益非细。

若清晨饮茶，东坡谓直入肾经，乃引贼入门也……（白日）多饮则面黄，亦少睡。

漱用温水，但去齿垢。齿之患在火……唯冷水漱口，习惯则冬亦不冷齿，可以永除齿患。

面为五脏之华，频洗所以发扬之……晨起先洗面。饭后、午后、黄昏后俱当习以为常。洗面水不嫌过热，热则能行血气，冷则气滞，令人面无光泽。

【译文】

每天早上起床后，空腹吃一碗清淡的米粥，能促进新陈代谢，生津和胃，好处很大。

清晨喝茶，苏东坡说茶会直入肾经，是引贼入门，惹病上身的举动。白天也不宜多喝茶，茶喝得过多，使人面色蜡黄，睡不安稳。

用温水漱口，仅仅只能除去齿缝中的污垢。牙齿的病患在于火旺，要用冷水漱口，习惯了冬天也不会感到牙齿冷，这样可以根除牙病的根源。

五脏的华彩都集中在人的脸部，所以应经常洗脸增加脸部光彩。早上起床要洗脸，饭后、午后、黄昏后都应洗脸。洗脸的水要热，热能行血气；用冷水洗脸会使血气不畅而脸无光泽。

怒甚伤气　思多损神

【原文】

孙真人铭曰：怒甚偏伤气，思多太损神。神疲心易役，气弱病相萦，勿使悲欢极，当令饮食均，再三防夜醉，第一戒晨嗔，亥寝鸣云鼓，晨兴漱玉津，妖邪难犯己，精气自全身，若要无诸病，常当节五辛，安神宜悦乐，惜气保和纯，寿夭休论命，修行本在人，若能遵此理，平地可朝真。

【译文】

孙铭真人说：大怒会伤气，多思太伤神。神志疲惫心也容易疲劳，气机衰弱疾病就会缠身。不要大悲大喜，要均衡饮食；一定不要在晚间喝醉酒，不要在早上发脾气；晚间在亥时上床休息，早上起床漱出口中唾液吞下，这样邪气就很难侵犯自己，精气自然充满全身。如果不想生病，要经常节制吃葱蒜等辛性食物；喜悦快乐安定神志，珍惜气机保全人的平和的纯阴纯阳之气；不要说长寿夭折是宿命，其中的关键在于各人的修行。如果谨守这些道理，就可得长寿之道。

善可养性　善可延寿

【原文】

天地间，万事万物，惟善可以养性；惟善可以延寿命，避夭折。

吾人大纲，凡忠孝节义须要夙夜矢慎，又要以善行惠及于人；即举一念，出一言，行一事，先存心思想曰：此念可利益于人乎？此言此事可无损于人乎？有利于人者即毅然措之。

实际苟无益而损人者，即勿起言，即勿说事，即勿行事。时刻存心反躬刻责，唯恐有不善而行善始力。大抵只要本念无恶，即横来直去，总归于善。

人邪我正，人恶我良；人生事，我息事；人害人，我为人赤心诚意。纵有凶灾夭折，亦心安理得。

【译文】

天地间万事万物不胜枚举,但只有行善可以用来养性,只有行善能够使人延长寿命而避免夭折。

我们做人的原则,大凡忠、孝、节、义都要小心谨守,而且要行善,为人做好事。即使是兴起一个念头、一句话、做一件事,都要先用心想一想:这个念头对别人有没有好处?这句话这件事能不能不损害他人呢?如果对别人有好处的,就毅然去做。

做起来不但无益还会损害他人的,就不要说、不要做。时时刻刻反省自己,唯恐有不利于人的地方,这样就会着力去行善。大抵上只要存心不坏,怎样去做都会是善。

别人邪恶我正直,别人恶毒我善良;别人滋生事端,我息事宁人;别人存心害人,我对人真心诚意。这样,即使有祸有灾甚至不能长寿,我也心安理得。

胸怀存内　人亦快乐

【原文】

人之心思一存和悦,其颜色观于外者,自然霭美;胸怀存于内者,何等快乐。在人,则到处可种欢喜;在己,则遍体尽皆荣畅。所以古人说,青天白日、和风庆云,人多喜色,即鸟鹊且有好音。若暴风、怒雨、疾雷、闪电,鸟亦投林,人亦闭户,乖戾之感至于此乎。

故君子以太和元气为主,乃极确之论。心思之切忌者,莫如忧愁、恼怒伤人最烈。但身居斯世而忧愁恼怒,必难避免,亦当巧自安排,必要避免。

凡遇急暴事,我须应安静心应之;遭拂逆事,我须以谦虚意受之。受人之错误事,即往勿咎;恶毒言浮词,勿听。事至则应事,过则止;毋暴怒,毋焦思,谅尽人力,余听天命,胸中何等快乐。

【译文】

人心中平和高兴,神色自然和蔼;胸怀宽广修养好,人也非常快乐。这样,与别人相处,就给别人带来欢乐,自己也身心舒畅。所以古人说,艳阳高照,和风祥云,人们心情畅快,就是鸟鹊叫的声音也好听些;如果是急风暴雨、电闪雷鸣,鸟鹊也会躲在树林中不出来,人也会关门闭户,因为这种天气实在讨厌。

所以君子大多和气。人的心思最忌讳忧愁、恼怒,因为它们最为伤人。只是人生活在世俗之中,忧愁恼怒很难避免;但只要可能,还是应该尽力去避免。

遇上急事,我应该心平气和来应付它;遇上不同意见,我应该用谦虚的态度来接受它。别人对我做错了事,应该有既往不咎的心怀;恶毒的言语、轻浮的言辞,不要听它。

事情来了就把它处理好,过后不要去想它;不要发怒,不要忧思,只要尽了力,其余不妨听天由命。这种境界,心中何等快乐啊。

忧愁恼怒　只炎己身

【原文】

若何事所以不能,要强为;力所不及,决然勉行,心多忧虑,性又急暴,必致心火上炎,炼伤肺金,血液泛为痰涎,肌肉有作尫羸。此时虽卢、扁再生,亦难以草木药石复又滋补身中之真元。所以,忧虑之害较之酒色伤人更甚。至于恼怒损人,有三害:伤肝则气昏肋痛而成胀满;伤肺则气逆吐血而成虚损;伤脾则气结减食而成鼓膈。

总之,忧愁恼怒只炎己身,于是何济?于人何尤?及到染病,难悔,何益?岂不愚痴太甚耶?

【译文】

有事做不来,却偏要去做;这样力不能及而执意勉力而为,心中定会生出忧虑,性情也会急躁,从而导致心火上升,烧伤肺,血液也外泛而成痰涎,肌肉也枯瘦萎缩。到这种时候,即使是神医卢医、扁鹊再生,也难以用药来滋补你身上损失的真元。所以,忧虑的害处比酒色的害处还大。而恼怒伤人,也有三害:损伤肝,表现为气昏肋痛而形成胀满之症;损伤肺,表现为气逆、吐血而形成虚损之症;损伤脾,表现为气郁结、少食而形成鼓膈之症。

总的来说,忧愁恼怒是引火烧身,对做事没有好处,也怨不得旁人。这一点不改,等到染病,后悔也没有用处,而且也太愚蠢!

皆完且固　地元之寿

【原文】

人之身，仙方以屋子名之。耳眼口鼻，其牕牖门户也；手足肢节，其栋梁榱桷也；发毛体肤，其壁瓦垣墙也；曰气枢、曰血室、曰意舍、曰仓廪玄府、曰泥丸绛宫、曰紫房玉阙、曰十二重楼、曰贲门、曰飞门、曰玄牝等门，盖不一也，而有主之者焉。今夫屋或为暴风疾雨之所飘摇、螯虫蚁蠹之所侵蚀；或又为鼠窃狗盗之所损坏，苟听其自如而不之检，则日积月累，东倾西颓，而不可处矣。盖身者，屋也；心者，居屋之主人也。主人能常为之主，则所谓牕户栋榱垣壁皆完且固，而地元之寿可得矣。

【译文】

人的身体，就像房屋一样，耳眼口鼻，是它的门窗；手足骨节，是它的栋梁椽子；毛发皮肤，是它的墙壁瓦盖；屋里面有气的枢纽、血的库所、神志的栖息地，有精华贮藏之所，有穴位、有内脏、有十二经络等等，不一而足，各有各的作用。如果房屋被暴风雨吹打、被虫蚁侵害，或者被盗贼损坏，倘若听其自然而不检修，那么日积月累，房屋就会处处受损，不能居住。身是屋，心就是屋的主人。主人能够时常注意检修房屋，窗户栋梁椽子之类就会完整而且坚固。相应的，人注意自身的变化，使身体保持最佳状态，就可以长寿。

淡然无为　神气自满

【原文】

老子曰：人生大期，百年为限，节护之者，可至千岁，如膏之小炷与大耳；众人大言而我小语，众人多烦而我少记，众人悖暴而我不怒；不以人事累意，淡然无为，神气自满，以为不死之药。

【译文】

老子说：人一生的寿命，大概只有百年，养护得好，就可以活到一千岁。养生就像一个小小油灯的灯炷可以照亮很大的地方一样，小处着眼，大处受惠。别人大声说话，我轻言细语；别人记住的烦恼多，我事后就不再想它；别人脾气暴躁、动辄发怒，我不愠不火。不要因为人或事劳烦自己的精神，淡然无为，就会神气充盈，这就是人得以长寿的灵药。

喜怒有节　少动真怒

【原文】

世人欲识卫生道，喜怒有节真怒少。心诚意正思虑除，顺理修身去烦恼。

【译文】

人们应该知道保养生命的方法，喜怒要有节制并少动真怒。内心诚实思想光明正大就不会有思虑，依着道理修身养性就会除烦恼。

不祈自福　不求自延

【原文】

善养性者，则治未病之病，是其义也。故养性者，不但饵药飧霞，其在兼于百行，百行周备，虽绝药饵，足以遐年。德行不克，纵服玉液金丹，未能延寿。故夫子曰：善摄生者，陆行不遇虎兕，此则道德之祐也，岂假服饵而祈遐年哉！圣人所以药饵者，以救过行之人也。故愚者抱病历年，而不修一行，缠痾没齿，终无悔心，此其所以歧和长逝，彭跗永归，良有以也。嵇康曰：养生有五难：名利不去为一难，喜怒不除为二难，声色不去为三难，滋味不绝为四难，神应精散为五难。五者必存，虽心希难老，口诵至言，咀嚼英华，呼吸太阳，不能不回其操不夭其年也。五者无于胸中，则信日跻，道德日全，不祈善而有福，不求寿而自延。此养生之大旨也。然或有服膺仁义，无甚泰之累者，抑亦其亚欤。

【译文】

善于养性的人，就治理那些会招致疾病因素，这是养性的真义。所以养性的人，不仅仅服食丹药及自然之气，还修养自己的各种德行；德行完备，虽不服食丹药，也足以长寿。德行不好的人，纵然服食玉液金丹，也不能延长寿命。所以孔夫子说：善于养生的人，陆路行走不会遇到老虎犀牛，这就是道德好的福气，哪里是凭借服食丹药祈求长寿呢！圣人之所以炼制丹药，是为了救助行为有错的人。所以愚蠢的人终年疾病缠身也不修一点德行；不修德行，虽终身为疾病困扰，也没有悔悟，就是岐和逝去，彭跗不归的原因啊！

嵇康说，养生有五大难处：名利之心去不掉为第一难，喜怒情绪去不掉为第二难，声色之乐去不掉为第三难，美食美味断绝不了为第四难，精神散失为第五难。如果这五者都存在，即使内心希求长寿，口内咏诵养生名言，咀嚼着万物精华，吸收太阳精气，也不可能不夭折啊。如果这五者都可去掉，那么养生的信心就与日俱增，道德也会日益完备，不刻意祈求积善也会有福气，不刻意求长寿也会自然长寿。这是养生的最高道理啊！然而有的人以仁义待人、按仁义行事，没有其他大的牵累，也有可能达到这种境界。

血气妄行　丧生之本

【原文】

真人曰：虽常服饵而不知养性之术，亦难以长生也。养性之道，常欲小劳，但莫大疲，及强所不能堪耳。且流水不腐，户枢不蠹，以其运动故也。养性之道，莫久行、久立、久坐、久卧、久视、久听。盖以久视伤血，久卧伤气，久立伤骨，久坐伤肉，久行伤筋也。仍莫强食，莫强酒，莫强举重，莫忧思，莫大怒，莫悲愁，莫大惧，莫跳踉，莫多言，莫大笑。勿汲汲于所欲，勿悁悁怀忿恨，皆损寿命，若能不犯者，则得长生也。故善摄生者，常少思、少念、少欲、少事、少语、少笑、少愁、少乐、少喜、少怒、少好、少恶。行此十二少者，养性之都契也。多思则神殆，多念则志散，多欲则志昏，多事则形劳，多语则气乏，多笑则藏伤，多愁则心慑，多乐则意溢，多喜则忘错昏乱，多怒则百脉不定，多好则专迷不理，多恶则憔悴无欢。此十二多不除，则营卫失度，血气妄行，丧生之本也。唯无多无少者，几于道矣。

【译文】

真人说：虽然经常服食药物却不知道养性的方法，也难以长寿。养性的方法，要常常做些事活动一下身体，但不能太劳累以致使身体不能承受。流动的水不会变坏，转动的门轴不会被虫蛀，就是因为它们经常运动的缘故。养性的方法，不要久行、久立、久坐、久卧、久视、久听。因为久视损伤血脉，久卧损伤元气，久立损伤骨节，久坐损伤肌肉，久行损伤经筋。也不要过量进食、过量饮酒、过量负重，不要忧思，不要大怒，不要悲伤忧愁，不要过分恐惧，不要猛跳，不要多言，不要大笑，不要热衷于自己的欲望，不要心怀愤恨，这样会折损寿命，如果不违背上述内容，就可以长寿。所以善于养生的人，一般都少思、少念、少欲、少事、少语、少笑、少愁、少乐、少喜、少怒、少好、少恶。以上十二“少”，是养性必须奉行的原则。多思就精神疲惫，多念就神志散乱，多欲就神志昏暗，多事就形体劳累，多语就气机缺乏，多笑就脏腑损伤，多愁就心灵震动，多乐就神气外溢，多喜就错乱百出，多怒就脉象不安宁，多好就迷惑神志，多恶就憔悴不喜。不去除这十二“多”，营气卫气就会失去调理，而使血气妄行，人丧生的原因往往就在这里。只有恰如其分，就接近于养生的“大道”了。

生平粗心　病之根源

【原文】

凡心有所爱，不用深爱；心有所憎，不用深憎，并皆损性伤神。亦不用深赞，亦不用深毁，常须运心于物平等。如觉偏颇，寻改正之。居贫勿谓常贫，居富莫谓常富。居贫富之中，常须守道，勿以贫富易志改性。识达道理，似不能言。有大功德，勿自矜伐。美药勿离手，善言勿离口，乱想勿经心。常以深心至诚，恭敬于物。慎勿诈善，以悦于人。终身为善，为人所嫌，勿得起恨。事君尽礼，人以为谄，当以道自平其心。道之所在，其德不孤。勿言行善不得善报，以自怨仇。居处勿令心有不足，若有不足，则自抑之，勿令得起；人知止足，天遗其禄。所至之处，勿得多求，多求则心自疲而志苦。若夫人之所以多病，当由不能养性。平康之日，谓言常然，纵情恣欲，心所欲得，则便为之，不拘禁忌，欺罔幽明，无所不作，自言适性，不知过后一一皆为病本，及两手摸空，白汗流出，口唱皇天，无所逮及。皆以生平粗心，不能自察，一至于此。

【译文】

人都有所爱，但不能沉溺于爱；人都有所恨，但不能沉溺于恨。沉溺于爱、恨都损性伤神。对人、对事不能过分赞扬，也不能过分诋毁，应该平等看待万事万物；觉得心中有所偏颇的时候，应该马上改正。贫穷时不要认为总是贫穷，富贵时不要认为总是富贵，不论身处贫穷还是身处富贵，必须持守道德，不要因为贫穷或富贵而改变自己的志向或性情。知道与通晓道德理性时，不要常挂在嘴边；做下大的功德事，也不要自我夸耀。要经常服食良药，经常说些善良的话，不好的想法不要存在心里。用发自心底的至诚来对待万事万物。不要用伪善来取悦于人。一生行善，仍会被一些得不到好处的人所仇怨，不可憎恨他们，全心全意、克尽礼数事奉人君，也会被人认为是在迷惑人君，所以应该用道来安定自己的内心。有道在的地方，同时也有德在。不要因为做好事得不到好报，就自怨自艾。日常居住处事不要心里总不满足，如果心有不满足，就自动平抑它，不要让它兴起。人只要知道知足，上天会送给福禄的。人不要多求，多求会心力疲惫神志苦闷。人之所以多生疾病，大多是因为不能养性所致。在平安健康的时候，肆意纵情玩乐，心中想得到什么，就一意妄为，不知趋避，不但欺骗人，连鬼神都骗，真是什么都干，还说正合我的性情，却不知道做过的一切都是疾病的源泉。到了两手空空，疾病缠身的时候，呼天抢地也来不及了；都是因为平常粗心大意，不反省自己的行为会造成的后果，才到这个地步。

人之贵生　生之贵道

【原文】

夫人之所贵者生也，生之所贵者道也。人之有道如鱼之有水、涸泽之鱼犹希升水，弱丧之俗，无心造道。恶生死之苦，爱生死之业；重道德之名，轻道德之行；喜色昧为得志，鄙恬素为穷辱；竭难得之货，市来生之福；纵易染之情，丧今生之道。自云智巧如梦如迷，生来死去，循环万劫，审惟倒置，何甚如之。

【译文】

人最珍贵的是生命，生命中最珍贵的是道。人应该有道就像鱼应该有水一样。干涸的车辙中的鱼还希望有一升水来活命，可是人们憎恶死亡，却无心向道。憎恶生与死的痛苦，却喜欢操生与死的习俗；看重道德方面的名声，却轻视做合乎道德的事；喜欢声色美味并认为它是得志的表现，鄙弃恬淡朴素并认为它是穷困耻辱的表现；用尽艰难得到的财物，去买来生的幸福；放纵容易受迷惑的情志，从而丧失了今生的道。自己还在那说人生如梦如幻，生死循环无穷。真是轻重倒置还不自知。

补养虚伪　操心要规

【原文】

万般补养皆虚伪，唯有操心是要规。

【译文】

各种进补、调养都是假的，没什么作用；只有具备端正的操守、正直善良的心肠才是最重要的。

贵不伤身　贱不累形

【原文】

虽富贵不以养伤身，虽贫贱不以利累形。

【译文】

身居富贵之家，不要因为养尊处优而伤害了自己的身体；身处贫贱之境，不要因为贪图钱财而劳累了自己的形体。

神气相依 是为真息

【原文】

调息之法，不拘时候，兀身端坐，子瞻所谓摄身使如木偶也。解衣缓带，务令适然，口中舌搅数次，微微吐出浊气，不令有声，鼻中微微纳之。或三五遍、二七遍，有津咽下，叩齿数通，舌抵上腭，唇齿相著，两目垂帘，令胧胧然渐次调息。不喘不粗，或数息出或数息入，从一至十，从十至百，摄心在数，勿令散乱，子瞻所谓寂然兀然与虚空等也。

如心息相依，杂念不生，则止勿数，任其自然。子瞻所谓“随”也，坐久愈妙，若欲起身，须徐徐舒放手足，勿得遽起。能勤行之，静中光景，种种奇特，子瞻所谓定能生慧，自然明悟，譬如盲人忽然有眼也，直可明心见性，不但养身全生而已。出入绵绵，若存若亡，神气相依，是为真息，息息归根，自能夺天地之造化：长生不死之妙道也。

【译文】

调息的方法，不必指定在什么时候，只要求直身端坐，就像苏东坡所说的，使身体像木偶一样。衣服要宽松，以感到舒适为宜，舌头在口中搅动数次，轻轻吐出浊气，不要弄出声响，鼻子则轻轻吸气。做上十四五遍，有津液就咽下去，并叩几下牙齿，舌抵上腭，合上牙齿和嘴唇，合上双眼，在虚静中慢慢调息。气息不急不大，呼吸要有间隔，并从一到十、从十到百用心数数，不要走神。这就是东坡所说的寂静、端身和虚空啊。

如果心与气息融合，杂念不生，就不再数数，任其自然，这就是东坡所说的“随”。如此坐息，越久越会有妙境，如果要起身，应该慢慢舒展手脚，不能突然起来。能够坚持这样做，虚静中会带给你许多好处，就是东坡所说的“定能生慧”，有了智慧自然就会懂得其中的道理，就像盲人忽然有了眼睛一样，不仅可以养身保全生命，还能明心见性。气息绵绵出入，若有若无，神与气息相依，就是“真息”，每次呼吸都培养气机，自然能够夺天地造化：真是长寿的好方法啊。

形体不敝　精神不散

【原文】

仙径以精、气、神为内三室，耳、目、口为外三室，常令内三室不逐物而流，外三室不诱中而扰，重阳祖师于十二时中，行住坐卧，一切动中，要把心似泰山，不摇不动，谨守四门，眼鼻耳口，不令内入外出，此名养寿紧要。外无劳形之事，内无思想之患，以恬愉为务，以自得为功，形体不敝，精神不散。

【译文】

修仙的人把精、气、神称为内三室，把耳、目、口称为外三室。应该保证精、气、神不因为追逐外物而流失；耳、目、口的所闻所见所食不应该干扰内心修养。重阳祖师在每天的行、住、坐、卧及其他运动中，心似泰山坚定，不摇不动，并谨守眼耳鼻口四门，不让外邪内入、不令精气外出。这是长寿的重要做法。形体不劳累，心中不多思多虑，恬淡愉悦、高高兴兴，那么身体就很健康，精神也不会散失。

气由神往　养气全神

【原文】

一者少言语养内气，二者戒色欲养精气，三者薄滋味养血气，四者咽精液养脏气，五者莫嗔怒养肝气，六者美饮食养胃气，七者少思虑养心气。人由气生，气由神往，养气全神，可得真道。

【译文】

第一少说话滋养内气，第二戒绝色欲滋养精气，第三鄙薄滋味滋养血气，第四常咽津液滋养脏腑之气，第五不嗔不怒滋养肝气，第六调节饮食滋养胃气，第七减少思虑滋养心气。人有这些气才能生存，气又是通过精神来引导的；滋养气机健全精神与神态，就能得到真正的养生之道。

养性之先　先知自慎

【原文】

卢照邻问养性之要，答曰："天有盈虚，人有屯危，不自慎，不能济也。故养性必先知自慎也。慎以畏为本，故士无畏则简仁义，农无畏则堕稼穑，工无畏则慢规矩，商无畏则货不殖；子无畏则忘孝，父无畏则废慈，臣无畏则勋不立，君无畏则乱不治。是以太上畏道，其次畏天，其次畏物，其次畏人，其次畏身。忧于身者不拘于人，畏于己者不制于彼，慎于小者不惧于大，戒于近者不侮于远。知此则人事毕矣。"

【译文】

卢照邻问养性应该注意什么，孙思邈回答说："天有盈有虚，人有困难与危险，如果不谨慎，就不能度过危难。所以养性应该首先懂得小心谨慎。谨慎以有所顾忌为根本，士子无所顾忌就简慢了仁、义，农民无所顾忌就会不种不收，工人无所顾忌就会不事工作，商人无所顾忌就会不经商；后辈无所顾忌就会不守孝道，父辈无所顾忌就会不养子女，臣子无所顾忌就会寸功不建，君主毫无顾忌就治理不好国家。所以首要的是顾忌大道，其次要顾忌天，再次要顾忌社会，再次要顾忌人，再其次要顾忌自身。忧惧自身的人不会被别人束缚，顾忌自身的人不会被别人牵制，对小事谨慎就不会惧怕大事，对近期的事谨慎就不会轻视长远的事。知道这些对人事对养性就足够了。”

养生之本　元气不亏

【原文】

养生孰为本？元气不可亏。秋毫失固守，金丹亦奚为？所以古达人，一意坚自持。魔鬼虽百万，敢犯堂堂师！

【译文】

养生以什么为根本？那就是元气不能有亏损。元气失守，怎么能炼成金丹？因此古时候通晓道理的人，牢固地把握元气，自持精严；如此一来，不论有多少外邪，又怎能够侵犯我这牢不可破的身心！

多忧伤神　多思伤志

【原文】

忧乐喜怒，人所未尝无也；多忧伤神，多思伤志，过乐伤守，喜极气散，怒极气憘而不下。

【译文】

忧、乐、喜、怒，这些情绪，人人都会有，但过多忧郁会伤害神志，过多思虑会伤害心志，过度欢乐会伤害守持，喜到极处气机就会散失，怒到极处气机就会郁积而不通畅。

积气成精　积精全神

【原文】

气乃神之祖，精乃气之子，气者精神之根蒂也，大矣哉！积气以成精，积精以全神，必清必静，御之以道，可以为天人矣，有道者能之，予何人哉，切宜省言而已。

【译文】

气机是神志与精力的源泉，是精神的基础与根本，这一点很重要！聚积气机而使精力旺盛，积累精力而使神志充实，清明而且宁静，并用道来统御精与神，就可以成为天人，掌握了道的人能达到这一步。我只不过一介凡人，特别应该少言以保全气机啊。

第十章 诠释齐家中的兴与败

俭则常足 乐得美名

【原文】

俭则常足,常足则乐而得美名,祸咎远矣;侈则常不足,常不足则忧而得訾恶,福亦远矣。

【译文】

节俭就保持知足的心态,知足就快乐并能赢得好名声,祸患与过错也就远避了;奢侈就会总不感到满足,总不满足就会忧虑并会招来非议与祸灾,福气也就远远避开了啊。

勿求多余　多余则累

【原文】

今之为后世谋者，不过广营生计以遗之，田畴连阡陌，邸肆跨坊曲，粟麦盈囷仓，金帛充箧笥，慊慊然求之犹未足，施施然自以为子子孙利累世用之莫能尽也。然不知以义方训其子，以礼法齐其家。自于十数年中，勤身苦体以聚之，而子孙以岁时之间，奢靡游荡以散之，反笑其祖考之愚，不知自娱。又怨其吝啬无恩于我而厉之也。始则欺绐攘窃以充其欲，不足则立约举债于人，以俟其死而偿之。观其意惟患其祖考之寿也。甚者至于有疾不疗，阴行鸩毒，亦有之矣。然则向之所以利后世者，适足以长子孙之恶而为身祸也……盖由子孙自幼及长，唯知有利，不知有义故也。

夫生生之资，固人所不可无，然勿求多余，多余希不为累矣。使其子孙果贤邪，岂疏粝布褐不能自营，死于道路乎？若其不贤邪，虽积金满室，又奚益哉！故多藏以遗子孙，吾见其愚之甚也。

【译文】

如今为后代打算的人，不过是多方谋求财产遗留给后代。田地连成片，店铺一间连一间，粮食装满仓，黄金布匹装满箱，还嫌不够，自以为子子孙孙几代都用不完，十分得意。但不知以义对子女进行教育，用礼仪法度整治家庭，以至于十多年辛辛苦苦敛聚到的财产，几年内就被子孙们挥霍掉。子孙反过来还讥笑先辈蠢，不知道自己享受，又埋怨他们小气，不给自己一点恩惠，从而粗暴地虐待他们。一开始是用欺骗、小偷小摸的手段来获得钱财以满足自己的欲望，满足不了时就立下字据向人借钱，等待父母死后偿还债主。看他们的样子只担心先辈长寿，甚至先辈有病也不给医治，暗中进行毒害这种事情也有。父母当初想为后代造福，但适得其反，助长了子孙的罪过而且自己也身受其害……这是由于子孙们从小到大，只知道利而不知道义的缘故。

生活费用，任何人都不可缺乏，但不能追求多余，多余了，则很少有不成为负担的。如果使自己的子孙都很有德行，哪里会发生吃穿不能解决，死于道路上的事呢？假若他们没有德行，即使黄金堆满家里，又有什么好处！所以多留财富给子孙，我认为这是十分愚蠢的做法。

凡在仕官　以廉为本

【原文】

凡在仕官，以廉勤为本。人之才性各有短长，固难勉强。唯廉勤二字人人可至。廉勤，祈以处己；和顺，所以接物。与人和则可以安身，可以远害矣。

【译文】

凡是做官的人，以廉洁、勤劳为根本。人的才能各有长短，不能勉强。唯谦、勤二字，人人都可以做到。廉洁、勤快，这是对待自己的准则；温和、顺从，这是对人的准则，与人和就可以安身，可以避开祸害。

芒不种田　秋之不获

【原文】

一要勤，每日起早，凡生理所当为者，须及时为之，如机之发、鹰之搏，顷刻不可迟也。若有因循，今日姑待明日，则废事损业，不觉不知而家道日耗矣。且如芒种不种田，安能望有秋之多获。勤之不得不讲也。

【译文】

一是要勤劳。每天早上起来后，凡是必须做的有关生计、理财等事，应该及时做好，就像机括发箭、苍鹰搏兔，一刻也不能迟误。如果当天应做的事不做，今日推明日，就会荒废事理、败损家业，不知不觉中，家产就会消耗掉。就像在芒种时不种田，哪里会有秋天的收获呢！人不能不勤劳呀。

每加节俭　亦是惜福

【原文】

口腹之欲，何穷之有？每加节俭，亦是惜福。贪淫之过，未有不生于奢侈者；俭则不

贪不淫,是可以养德也。

【译文】

口腹之欲,哪有穷尽的时候?时时节俭,就是珍惜自己的福运。

贪淫之类的过错,都是由奢侈产生的;如果节俭就会不贪不淫,节俭可以用来培养道德。

月用奉养　节省为本

【原文】

一要俭,夫俭者,守家第一法也。故凡日用奉养,一以节省为本,不可过多,宁使家有赢余,毋使仓有告匮。且奢侈之人,神气必耗,欲念炽而意气自满,贫穷至而廉耻不顾。俭之不可忽也若是夫。

【译文】

一是要节俭。节俭,是守家的第一法宝。凡是家庭日常用度,都应以节省为原则,不能花销过多。宁可开销稍紧让家中留点盈余,也不能开销得使家中没一点储备。况且,一心奢侈的人，他自己的精神会日日损耗、欲念旺盛而骄横无比，如此一来，贫穷就会光顾他，这时他的廉耻之心也丧失尽了。节俭是这样的不容忽视啊！

克勤于邦　克俭于家

【原文】

克勤于邦，克俭于家。

【译文】

能够辛勤地为国效力，能够节俭地维持家计。“克勤克俭”的成语本于此，后引申为“勤俭建国，勤俭持家”。

以俭得之　以奢失之

【原文】

以俭得之，以奢失之。

【译文】

崇尚节俭，能得到许多益处；奢侈腐化，则会亡国败家。

以约而失　实为寡也

【原文】

历观古今，以约失之者实寡，以奢失之者盖众。

【译文】

古往今来，纵观全部历史，以节俭而败国亡家的人很少，因奢侈腐化而败国亡家的人则很多。

成由勤俭　破由奢靡

【原文】

历览前贤国与家，成由勤俭破由奢。

【译文】

遍观过去明君的朝代与家庭，成功皆因勤俭，败亡出自奢靡。

公则生明　廉则生威

【原文】

居官有二语，曰“唯公则生明，唯廉则生威”；居家有二语，曰“唯恕则清平，唯俭则用足”。

【译文】

做官有两句必须遵守的箴言，这就是“态度公正无私才能产生明确判断，行为清白廉洁才能产生威信”;治家有两句必须遵守的箴言,这就是“多设身处地替别人设想心情自然平和,生活节俭朴素家用自然充足”。

一粥一饭　来之不易

【原文】

一粥一饭,当思来之不易。

【译文】

当我们喝一碗粥,吃一碗饭的时候,应当想到我们吃的每一粒米,都是经过农夫千辛万苦种出来的;它们来得是多么不容易。我们不但要感激他们的辛劳,更要珍惜他们辛劳的结果,不可以把食物浪费,更不可以随便糟蹋。

半丝半缕　物力维艰

【原文】

半丝半缕,恒念物力维艰。

【译文】

在我们穿衣服的时候，看到半段丝，半缕线，即使那么少的一点东西，我们也要常常思念到物资的生产过程是很艰难的，我们应当珍惜。

慎乃俭德　唯怀永固

【原文】

居家勤俭，孰为居要？博雅曰："勤非俭，终年劳瘁，不当一日之侈靡。《书》曰：'慎乃俭德，唯怀永固。'子曰：'礼，与奢也，宁俭。'似俭尤要。"望雅曰："一生之计在勤，一年之计在春，一日之计在寅。治家、治国、治身、治心，道岂有先于此者乎？似勤尤要。"曰："二者皆要，尤要在克勤克俭之人耳。八年于外，三过门不入，方得地平天成，万世永赖，如非其人，胼手胝足，朝经夕营，何济乃事？宋仁宗夜半惜烧羊之费，恭已化成，几致刑措。若唐文宗举衫袖示群臣曰：'此衣已三浣矣。'虽云俭德，然受制家奴，自谓不如赧献，泣下沾襟，亦何益乎？勤俭一源，总在无欲。无欲自不敢废当行之事，自无礼外之费，不期勤俭而勤俭矣。"

【译文】

治家的勤劳与节俭，哪一个最重要呢？博雅说："只勤劳而不节俭，则一年的辛勤劳累，还抵不上一日的奢侈浪费。《尚书》说：'谨慎小心是节俭之德，只有怀有这种品德家业才会永远牢固。'孔子说：'举行礼仪，与其奢侈，宁愿节俭。'似乎节俭更重要些。"望雅说："一生的算计在于勤劳，一年的打算在于春天，一日的打算在寅时。治家、治国、治身、治心，其道理难道还有比勤劳更先的吗？似乎勤劳更重要。"我说："这两者都很重要，但更为重要的是既能勤劳又能节俭的人。先祖们八年在外面辛劳，三次路过家门口而不进去，这样才使得地平了，天成了万世万物永远赖以生存，如果不是这样的人，即使手、脚都磨得起了茧，早晚忙碌不停，对事业又有什么帮助呢？宋仁宗半夜起来惋惜烧羊肉的费用，严肃约束自己而使教化成功，几乎使刑法都搁置不用了。像唐文宗举起衣袖给各位大臣看并说：'这件衣服已经洗了三次了'，虽然说是节俭之德，但受家奴制约，自以为不如红着脸去献祭、眼泪都打湿了衣襟，这有什么好处呢？勤劳、节俭的源头，总在于没有欲望。没有欲望自然不敢荒废应当做的事情，自然没有礼节之外的花费，未想到要勤劳、节俭却又勤劳节俭了。”

安贫故勤　安贫故俭

【原文】

安贫故勤，安贫故俭。……不勤不俭，便是不安贫，使非素位而行，安能自得而无怨尤耶！

【译文】

安于贫穷的人，才能做到勤劳节俭。既不勤劳，又不节俭，便是不安于贫穷。如果不守本分去干坏事，那里能够悠然自得而没有怨恨和罪过呢！

恶俭好易　衣食不足

【原文】

不能善事亲戚、君长，甚恶恭俭而好简易，贪饮食而惰从事，衣食之财不足，是以身有陷乎饥寒冻馁之忧，其言不曰吾罢不肖，吾从事不强，又曰吾命固将穷。

【译文】

不能好好地对待双亲君长，特嫌恶恭敬俭朴而喜好简慢无理，贪于饮食而懒于劳作，衣食财物不足，所以自身有饥寒冻馁的忧患。他们不这样说：“我疲沓无能，不能努力地劳作。”而说：“我命里本来就穷。”

强富而暖　非则贫寒

【原文】

今也卿大夫之所以竭股肱之力，殚其思虑之知，内治官府，外敛关市、山林、泽梁之利，以实官府而不敢怠倦者，何也？曰：彼以为强必贵，不强必贱；强必荣，不强必辱。故不敢怠倦。今也农夫之所以蚤出暮入，强乎耕稼树艺，多聚菽粟而不敢怠倦者，何也？曰：彼以为强必富，不强必贫，强必饱，不强必饥。故不敢怠倦。今也妇人之所以夙兴夜寐，强乎纺绩织纴，多治麻统葛绪，捆布缕，而不敢怠倦者，何也？曰：彼以为强必富，不强必贫；强必暖，不强必寒。故不敢怠倦。

【译文】

现在的士大夫之所以用尽全身的力气，竭尽全部智慧，对内治理官府，对外征收关市、山林、梁泽的税，以充实府库，而不敢倦怠，是为什么呢？答道：他认为努力必能高贵，不努力就会低贱；努力必能荣耀，不努力就会屈辱，所以不敢倦怠。现在的农夫之所以早出晚归，努力从事耕种、植树、种菜，多聚豆子和粟，而不敢倦怠，为什么呢？答道：他认为努力必能富裕，不努力就会贫穷；努力必能吃饱，不努力就要挨饿，所以不敢倦怠。现在的妇人之所以早起夜睡，努力纺纱、绩麻、织布，多多料理麻、丝葛、苎麻，而不敢倦怠，为什么呢？答道：她以为努力必能富裕，不努力就会贫穷；努力必能温暖，不努力就会寒冷，所以不敢倦怠。

君之节俭　利国利民

【原文】

明君制宗庙，足以设宾祀，不求其美；为宫室台榭，足以避燥湿寒暑，不求其大；为雕文刻镂，足以辨贵贱，不求其观。故农夫不失其时，百工不失其功，商无废利，民无游日，财无砥墆。故曰：俭其道乎！

【译文】

英明的君主建造宗庙，足以殡尸设祭就行了，不求它的俊美；修筑官室台榭，足以防避燥湿寒暑就行了，不求它的高大；雕制花纹，刻木镂金，足以分辨贵贱等级就行了，不求它的壮观。这样，农夫不耽误农时，工匠能保证功效，商人没有失利的，人民没有游荡的，财货没有积压的。所以说：节俭才是正道呵！

侈靡不急　皆为妄费

【原文】

人有财物，虑为人所窃，则必缄滕扃镝，封识之甚严。虑费用之无度而致耗散，则必算计较量，支用之甚节。然有甚严而有失者，盖百日之严，无一日之疏则无失，百日严而一日不严，则一日之失与百日不严同也。有甚节而终至于匮乏者，盖百事节而无一事之费，则不至于匮乏；百事节而一事不节，则一事之费与百事不节同也。所谓百事者，自饮食衣服、屋宅园馆、舆马仆御、器用玩好，盖非一端。丰俭随其财力，则不谓之费；不量财力而为之，或虽财力可办，而过于侈靡，近于不急，皆妄费也，年少主家事者宜深知之。

【译文】

有财之人，怕财物被人偷走，必然会看管得非常严；害怕由于日常花销没有节制而导致钱财消耗散落，就必然会十分精细地计算一切花费支出。但是，尽管有些人把财物看管得这么严，却仍然免不了破产的命运。这是因为，百日严连一日都不放松才不会破财，如果百日严而一日松，那么，一日的过失与百日不严一样，同样使人破财。有些人非常节俭但最终还是资财匮乏，正是由于他虽然百事节俭，但却有一事不节俭才造成的，这一事不节俭的费用流失与百事不节俭一样。什么是百事呢？从饮食、衣服到屋宅、园馆、车马仆从到器用玩好等，都在此列，根据自己的财力来定丰俭，这样就不叫浪费；不根据财力大小，或者是财力虽可办到，但过于奢侈，而且所办的又不是急事，那么就属于乱花钱。年纪轻轻就主持家事的人应该记住这点。

彼以其奢　吾以善俭

【原文】

子孙毋得与人眩奇斗胜，两不相下，彼以其奢，我以吾俭，吾何害乎？

【译文】

子孙们不得与别人比富斗富，相持不下，别人只管去奢侈，我只行我的节俭，又有什么损害呢？

富贵之业　贫贱之基

【原文】

俗言三世仕宦，方会著衣吃饭，愚谓三世仕宦，子孙必是奢侈享用之极，衣不肯著浣濯补缀，必欲鲜华。食不肯食蔬粝菲薄，必欲精凿，此所谓著衣吃饭也。殊不知富贵者，贫贱之基；奢侈者，寥落之由；丰腆者，困苦之自，盖子孙不学而专蒙穷奢极欲，而无德以将之，其衰必矣。

【译文】

俗话说三代为官，才会穿衣吃饭。我却说三代为官，子孙必定会极尽奢侈享用之能事，穿衣不穿那些洗过了的或补过了的衣服，而一心追求鲜艳华丽；吃饭不肯吃粗米淡菜，而一定要吃精米好菜，这就是所谓的会穿衣会吃饭。竟不知道，富贵是贫贱的开始；奢侈是家道衰败的根由；丰富的家财是贫困的由来。因为子孙不学习却专门穷奢极欲，没有道德约束，衰败是必然的。

久享富佚　败致衰倾

【原文】

凡子侄，多忌农作，不知幼事农业，则不知粟入艰难，不生侈心。幼事农业，则习恒敦实，不生邪心。幼事农业，力涉勤苦，能兴起善心，以免于罪戾，故子侄不可不力农作。

凡富家，久则衰倾，由无功而食人之食。夫无功食人之食，是谓厉民自养。凡厉民自养，则有天殃。故久享富佚，则致衰倾，甚则为奴仆，为牛马，是故子侄不可不力农作。

【译文】

大凡子侄辈，多数害怕参加农业劳动。他们不知道幼时参加一些农业劳动，能懂得粮食来之不易，不会产生奢侈之心；幼时参加农业劳动，就习性敦厚老实，不会生邪念；幼时参加农业生产，亲身体验到勤苦的滋味，就能一心向善，避免罪过，所以子侄不能不致力于耕种。

大凡有钱人家，日子长了就会衰落破产，是由于不劳而食的缘故。不劳而食，就是虐待百姓而养肥自己。凡是虐待百姓而养肥自己的人，老天就会降祸殃给他。所以久享富贵逸乐生活的人，必然导致衰落破产，甚至于沦为奴仆，当牛当马，所以子侄们不可不致力于耕作。

服食器用　要有定式

【原文】

凡人家居，久则衰颓，由习尚日侈，费用日滋，人竞其私，纵恣口腹，逾礼日甚，得罪天地，积致罪殃，小则败身，大则灭族，不可不畏。凡我兄弟子侄，服食器用，已有定式，只许量议撙节，不许增添毫发，以长侈风，败我家族。

【译文】

大凡人居家，久了就会家庭衰落颓败，因为人会慢慢走向奢侈，用费也天天增加，人人都争着满足私欲，放纵口腹之欲。这样就一天天逾越了礼仪，得罪了天地，日积月累就招致祸灾,轻的会身败名裂,重则给整个家族带来灾难。人不能不警惕呀。凡是我族的兄弟子侄,穿衣、吃饭、器用,都已有规定,只能视情况加以节俭,不得增加丝毫用度来助长奢侈风气,败坏我家族。

父不失礼　子不废行

【原文】

父不失礼,子不废行。

【译文】

父亲不失去礼义,儿子不废弃操行。

不改祖法　忠厚勤俭

【原文】

谨守父兄教,沉实谦恭,便是醇潜子弟;不改祖宗成法,忠厚勤俭,定为悠久人家。

【译文】

谨慎地遵守父兄的教诲,待人处世诚实谦虚,就是一个敦厚的好子弟。不擅自删改祖宗留下来的教训和做人做事的方法,能厚道勤朴地持家,一定能家道兴旺,且能历久不衰。

父不谓进　子不敢进

【原文】

见父之执,不谓之进,不敢进。不谓之退,不敢退,不问不敢对,此孝子之行也。

【译文】

见父亲和好朋友在座,不叫你进去你不敢进,不让你退出你不敢退,不问你话你不敢插嘴，这是孝子的品德行为啊！

父母有过　柔声以谏

【原文】

父母有过，下气怡色，柔声以谏。谏若不入，起敬起孝，说则复谏。不说，与其得罪于乡党时间，宁孰谏。

【译文】

父母有了过错，要和颜悦色低声下气地劝谏。如若父母不听，还必须肃然起敬以表孝道，等到父母高兴时再行劝谏。如果怕父母不高兴不去劝谏，那么就更对不起乡亲邻里。与其这样，宁愿一次次殷勤地劝谏。

俭约自持　不可浪费

【原文】

人须俭约自持，不可恃产浪费，到败坏时干求人，许多不雅，尚有未必得者。即得，亦须勉偿以完信行，否则，不齿于士类矣，尚慎诸。

【译文】

人应该保持节约俭朴的习惯,不应该自恃家产富足而肆意浪费,否则到家道衰败时去央求别人帮助,不仅不雅观,也还不一定能求得帮助。即使得到帮助,也需要勉力偿还别人而保持守信用的品行,不然就为士人所不齿。应该慎重啊。

官俭养廉　贾俭致富

【原文】

古者衣帛食肉,必待五十以上,今人家常服御、朝夕饔飧,务求美备。若非此,不足以适口体。逮家资耗尽,有求为贫人而不得者,比比皆是,良由享用过丰,消尽福禄,酣豢成习,最畏勤劳,家道所由落也,所以治家必从俭始,格言中再三言之,然俭与约却有分别。俭者,奢之反;约者,放之反。浪费钱财谓之不俭;铺排门面谓之不约。每有明知当俭,恐被外人耻笑,不得不竭力铺张,至于外强中干,欲掩其陋而不得,则真可笑矣。然俭约必由自奉始,其中又有三义,所谓自者,乃持家之人。若上有高堂,则奉养必须丰腆,惟自奉可以俭约，此一义也。自奉既俭约，家人自不敢奢华，是以自奉为一家表率，又一义也。然俭约惟当在自奉，家有余资，济困扶贫，仍宜慷慨，不得因俭约而成鄙吝，此又一义也。至俭之益处，难以殚述。俭则寡欲，可以保身；俭则安贫，可以立品。居官俭则能养廉；服贾俭则能致富。

【译文】

古代的人，穿丝绸吃肉，必须要等到五十岁以后；现在的人，家常服饰及饮食都力求华美完备，好像不这样就不足以满足胃口与身体。到家产耗尽，想当穷人都不行的比比皆是。因为先前享用过于丰美，福禄都用完了，而且习惯了精美的饮食后，最惧怕劳动，家道也就因此败落。所以治家必须从俭约开始，这在格言中已再三说过了。但俭与约却有不同，俭，是奢侈的反义；约，是放纵的反义。浪费钱财叫作不俭；为讲面子而铺张叫作不约。经常有人明明知道应当节俭，但恐怕被别人耻笑，不得不尽力铺张，等到了外强中干，想掩饰穷态都不行时，这才真正可笑。

但俭约必须从"自奉"做起，其中有三层意思。所谓"自"，是持家的人，如果上面有长辈，那么供养必须丰富，只有自己的生活才可以俭约，这是一层意思。自己的生活既然俭约，家人自然不敢奢华，所以持家人生活俭约是一家人的表率，这又是一层意思。但俭约必须只是针对自己的生活，家中如有余财，仍然应当慷慨地济困扶贫，不能因为俭约过头而成了鄙陋的吝啬者，这是又一层意思。节俭的好处，难以尽述。俭就少欲，少欲可以保身；俭就安贫，安贫可以培养出好品格。身居官位，节俭能使人廉洁；充当商人，节俭可以致富。

习成俭约　到处便宜

【原文】

大凡一家子弟，自幼习成俭约，则到处便宜，到处适意，遇艰难而不畏，历辛苦而不疲。若其足食丰衣，养成骄惰，一旦稍尝苦境，便觉无地容身，其吃亏有不胜言者。然言俭必在有余之时，若至暮合朝升，虽欲不俭而不得，故持家之道，在极富极贫者固当别论，若有可敷衍之家，当核一岁所入，分为四股，用其三而留其一，以备不虞，即古人耕九余三之法。行俭之道，必随时随事，斟酌节省，使一家相习而无怨言，又必不近于苛，不出于陋，此中甚有功夫也，然必先绝酒色烟赌诸嗜好，而又可以言俭。

【译文】

家中子弟，如果自幼养成俭约的品性，就可以在任何地方都便利、舒适，遇到艰难不惧怕，历尽辛苦不倦怠。如果家中子弟丰衣足食，养成骄纵懒惰的习性，一旦稍入苦境，便会觉得无法生存，其所受的损失真是说不尽。但节俭必须在家财用度有余的时候，如果到生活困难朝不保夕的境地，即使想不节俭也不行，所以持家之道，对极富极穷的人自当别论，但对勉强度日的人家，就应当核实一年的收入，将它分成四份，以三份作全年用度，再预留一份来防备灾荒，也就是古人的耕种九年储备出三年粮食的方法。奉行节俭，应该随时随事地斟酌节省，使一家人和睦相处没有怨言，还应当不苛刻不鄙陋，这当中还很有些学问，但总的来说，应该先行戒绝酒色烟赌各种不良嗜好，然后才谈得上去奉行节俭。

子孙孝善　是家兴也

【原文】

子孙孝善，是家兴也。

【译文】

子孙后代孝顺善良，家庭一定会很兴旺。

事亲谓孝　事兄谓悌

【原文】

能以事亲谓之孝，能以事兄谓之悌，能以事上谓之顺，能以使下谓之君。

【译文】

能够用礼义来侍奉父母，就叫作孝；能够用礼义来事奉兄长，就叫作悌；能够用礼义来侍奉君主，就叫作顺；能够用礼义来役使下民，就叫作君。

孝子为敬　不从父命

【原文】

孝子所以不从命有三：从命，则亲危；不从命，则亲安；孝子不从命，乃衷。从命，则亲辱；不从命，则亲荣；孝子不从命，乃义。从命，则禽兽；不从命，则修饰；孝子不从命，乃敬。

【译文】

孝子所以不顺从父命的有三条原则：顺从，父亲就遭到危险；不顺从，父亲就获得安泰；孝子不顺从父命，就是忠诚。顺从，父亲就遭到污辱；不从命，父亲就获得荣耀；孝子不顺从父，就是正义。顺从，就行同禽兽；不顺从，就身心修饬，孝子不顺从父命，就是恭敬。

可从不从　是不子也

【原文】

可以从而不从，是不子也；未可以从而从，是不衷也；明于从不从之义，而能致恭敬、忠信、端悫，以慎行之，则可谓大孝矣。

【译文】

可以顺从而不顺从，就不是儿子；不可以顺从而顺从，就不是忠诚；知晓顺从与不顺从的道理，而能够尽表恭敬、忠信、端谨，并且谨慎行事，就可以称为大孝。

父母恩情　人所力报

【原文】

子者，人情所通；亲者，人所力报也。

【译文】

对子女的疼爱，是人之常情；对于父母的恩情，是人们要竭力回报的。

父母之恩　与天地等

【原文】

父母之恩，与天地等；人子事亲，存乎孝敬，怡声下气，昏定晨省。

【译文】

父母的恩情同天地一样宽广博大，做子女的不知道用什么来报答；做孩子的，侍奉双亲，主要的是要做到孝敬，要轻声细语，动听悦耳，晚上让父母安定，早上去向父母请安问早。

人子之道　以显父母

【原文】

夫人子之道，莫大于宝身、全行，以显父母。此三者，人知其善，而或危身破家，陷于灭亡之祸者，何也？由所祖习非其道也。夫孝敬仁义，百行之首，行之而立，身之本也。孝敬则宗族安之，仁义而乡党重之，此行成于内，名著于外者矣。人若不笃于至行，而背本逐末，以陷浮华焉，以成朋党焉。浮华则有虚伪之累，朋党则有彼此之患。此二者之戒，昭然著明，而循覆车滋众，逐末弥甚，皆由惑当时之誉，昧目前之利故也。

【译文】

做儿子的道理，最重要的是爱惜自己的身体，完善自己的行为，光宗耀祖。这三条，人们都肯定它，但有的人却性命不保，家庭破败，招致覆灭之灾，这是怎么回事呢？是由于受到错误言行的影响而违背人子之道。孝敬长辈，仁爱善良，这在各种优良的品德中，占据主导地位，是立身处世的根本。孝敬长辈，那么宗族就团结和谐，仁爱善良，那么本乡人就尊重它，这样，自己的行为就规范了，而名声就传播世间了。一个人，如果不是诚挚待人，具备突出的德行，而是违背做人的根本道理，沾染旁门左道，就会肤浅浮躁，就会结成团伙。肤浅浮躁，会导致虚伪，招致灾祸；结成团伙，就会互相猜忌，引发灾难。这二条教训，是十分明显的。产生这两种灾祸的原因，是因为被当时虚假声誉迷惑，被眼前利益所蒙蔽。

事亲若曾　仅称“可”字

【原文】

父母于赤子，无一件不是养志。人子于父母，只养口体，于心何安。无论慈父慈母，即三家村老妪养儿，未有不心诚求之者，故事亲若曾子，仅称得一个“可”字。

【译文】

父母对于自己的孩子，没有一件不是培养他的心智和志向。做子女的对待父母，只供奉父母吃饱穿暖，于心何安。无论是慈父慈母，还是普通乡下老太太养育儿子，没有不诚心诚意希望儿子成人成才。所以即使像曾参那样孝顺父母，也只称得上一个“可”字。

人之事亲　事心为上

【原文】

人子之事亲也，事心为上，事身次之，最下事身而不恤其心，又其下事之以文而不恤其身。

【译文】

作为子女侍奉双亲，最重要的是关怀体谅双亲的心，其次是关心照料父母的身体，最不好的是虽然照料父母的身体但并不体谅其心，更坏的是只讲空话而没有任何具体照料双亲的行为。

哀哀父母　生我劬劳

【原文】

哀哀父母，生我劬劳。……无父何怙？无母何恃？

【译文】

父母死了，我哀痛不已，他俩生我养我是多么辛勤劳苦！没有了父母，叫我去依靠和仗恃谁啊？

欲报之德　昊天罔极

【原文】

父兮生我，母兮鞠我，拊我畜我，长我育我，顾我复我，出入腹我。欲报之德，昊天罔极。

【译文】

辛劳的父母啊，生我、养我、抚我、育我、照顾我、厚待我。这大恩大德，像天一样浩瀚无际啊！

生事以礼　死葬以礼

【原文】

孟懿子问孝。子曰："无违。"……樊迟曰："何谓也？"子曰："生事之以礼，死葬之以礼，祭之以礼。"

【译文】

孟懿子问什么是孝。孔子说："不得违背行孝之道。"樊迟说："这是怎么讲呢？"孔子说："生时要尽诸如昏问晨省之礼，死时要尽诸如棺椁衣衾、卜宅安葬之礼，祭时要尽诸如思亲哀戚、春秋祭祀之礼。”

孝长悌弱　仁德之本

【原文】

孝悌也者，其为仁之本与。

【译文】

孝敬父母，友爱弟弟，那是一个人仁德之心的根本。

孝敬父母　天经地义

【原文】

子曰：夫孝，天之经也，地之义者，民之行也。

【译文】

孔子说：“对父母尽孝，是天经地义的事情，良民百姓的优秀品德。”

孝子事亲　五者具备

【原文】

子曰：孝子之事亲也，居则致其敬，养则致其乐，病则致其忧，丧则致其哀，祭则致其严，五者备矣，然后能事亲。

【译文】

孔子说：孝子对待父母，平常在家时要恭敬有礼，进奉饮食时要和颜悦色，亲人有病时要忧谨备至，亲人去世时要举哀安葬，祭祀父母时要斋戒沐浴，只有具备以上五个方面的品行，然后才能行孝事亲。

善事父母　是为仁孝

【原文】

善事父母曰孝。

【译文】

能够很好地侍奉父母，这就是孝。

孝敬忠信　方为吉德

【原文】

孝敬忠信为吉德，盗贼藏奸为凶德。

【译文】

孝敬父母，待人忠信，这是良好的道德；偷盗做贼，包庇坏人，这是不好的道德品质。

不私其父　非为孝子

【原文】

不私其父，非孝子也；不奉主法，非忠臣也。

【译文】

不能偏爱自己的父亲，不是孝子啊；不能为国家奉公执法，不是忠臣啊！

行于亲重　而不轻疏

【原文】

今有人于此，行于亲重，而不简慢于轻疏，则是笃谨孝道。

【译文】

当今有人对于行孝，倍加亲切尊敬，而不是出自疏远而怠慢父母，这就是纯真而又恭恭敬敬的孝行。

孝行成内　嘉号布外

【原文】

孝行成于内，而嘉号布于外，是谓建之于本，而荣华自茂矣。

【译文】

一个人对父母行孝，就会得到好的名声，这是做人的根本，它会给你带来数不尽的荣誉和幸福啊！

事亲关键　悦其父母

【原文】

人心喜则志意畅达，饮食多进而不伤，血气冲和而不郁，自然无病而休充身健，安得不寿？故孝子之于亲也，终日乾乾，唯恐有一毫不快事到父母心头。自家既不惹起，外触又极防闲，无论贫富、贵贱、常变、顺逆，只是以悦亲为主，盖“悦”之一字，乃事亲第一传心口诀也。即不幸而亲有过，亦须在悦字上用功夫，几谏积诚，耐烦留意，委曲方略，自有回天妙用。若直诤以甚其过，暴弃以增其怒，不悦莫大焉，故曰不顺乎天不可以为子。

【译文】

人心里高兴，情绪就畅快，食欲也因此增加而又不至于损伤身体，血气通和而不会抑郁，身体健康而自然不会生病，怎么会不长寿呢？所以孝子对于侍奉双亲要时时刻刻加以注意，只怕有一丝一毫不愉快的事情烦扰父母。自己不触犯双亲，又竭力预防外界的影响，无论贫富、贵贱及变动之时、逆顺之境，都应该以令双亲欢喜为第一。大概使父母欢喜，是侍奉他们的第一秘诀。即使父母有些过失，也应该在“悦”字上下功夫，在令他们欢喜的前提下想办法。诚挚的劝谏，不厌其烦，认真留意，委婉谋略，自然会有奇妙的效果。倘若直截了当说明父母过失，就会增加过失，脾气暴躁增加其恼怒，那样就会使父母受到极大的伤害。因此可以说：不顺从双亲，就算不上是好的子女。

贤人子孙　贻之以言

【原文】

贤人志士之于子孙也，贻之以言，弗贻之以财。

【译文】

有远见卓识的人，赠送给予女的是有启迪意义的话，而不是只将财物遗留给他们。

父母常失　不已媚子

【原文】

父母常失，在不能已于媚子。

【译文】

父母总是难于克服的过失，在于情不自禁地过分溺爱自己的子女。

子孙若贤　不待多富

【原文】

子孙若贤，不待多富；若其不贤，则多以征怨。

【译文】

子孙如果有才德，肯于上进，无须给他留下丰厚的财产，他也能生活得很好；如果他不上进，钱多了反而容易招灾惹祸。

父否母然　子无适从

【原文】

父否母然，子无适从。

【译文】

在教育子女的时候，父亲说不对，母亲说对，这样，做子女的就不知道该当听从哪一方的意见了。

玉不琢　不成器

【原文】

玉不琢，不成器；人不学，不知义；为人子，方少时；亲师友，习礼仪。

【译文】

在矿物中，玉的质料最为美好，要是不经过一番碾磨雕刻，就不能成为贵重的玉器，而仍然是一块没有用处的石头。在动物中，人类算是最聪明的了，可以创造事物，改变自然，要是不经过一番努力学习，仍然是不懂道理的野蛮人。所以做子女的从小就要开始接近师长和朋友，学习对人处世的礼貌，因为懂礼仪是做人的起点。

善教之人　使人继志

【原文】

善歌者使人继其声，善教者使人继其志。其言也约而达，微而臧，罕譬而喻，可谓继志矣。

【译文】

善于歌唱的人，能以悦耳的音色让听者跟着他歌唱；善于教育的人，能使听者跟着他学习。他说的话简短而流畅，义理微妙而精当，比喻不多而明晓。这样，可以使听者受到启迪，并学习他。

道而弗牵　强而弗拂

【原文】

君子之教喻也，道而弗牵，强而弗拂，开而弗达。

【译文】

有道德修养的人教育他人，诱导他人而不是牵着他人学习，勉励他人而不是逼迫他人学习，启迪他人的思路而不是代替他人去做结论。

教子义方　弗纳于邪

【原文】

爱子，教子以义方，弗纳于邪。骄、奢、淫、泆，所自邪也。四者之来，宠禄过也。

【译文】

喜欢子女，教育他们做人要正派，有君子的道德情操，不能让他们接受邪恶的东西。骄傲、奢侈、淫乱、放荡，都是从邪恶而来。要问这些恶劣品质为什么能产生，是由于溺爱和奢侈的缘故。

大匠诲人　必以规矩

【原文】

大匠诲人必以规矩，学者亦必以规矩。

【译文】

鼎鼎大名的木匠，教导徒弟时必定用圆规和曲尺。向他学习的人，也必须用规和矩。意谓要遵循法则。

母若欺子　非以成教

【原文】

母欺子，子而不信其母，非以成教也。

【译文】

做母亲的如果欺骗孩子，孩子也就不相信他母亲了。这不是教育好孩子的办法啊！

遗子黄金　不若遗书

【原文】

遗子黄金满籯，不如一经。

【译文】

遗留给子女们满筐黄金，不如留给他们一部有教育意义的书。

立身行道　终始若一

【原文】

陶士衡曰："昔大禹不吝尺璧而重寸阴。"文士何不诵书？武士何不马射？若乃玄冬修夜，朱明永日，肃其居处，崇其墙仞，门无糅杂，坐阙号呶，以之求学，则仲尼之门人也；以之为文，则贾生之升堂也。古者盘盂有铭，几杖有诫，进退循焉，俯仰观焉。《文王》之诗曰："靡不有初，鲜克有终。"立身行道，终始若一。"造次必于是"。君子之言欤。

【译文】

陶侃说:“从前大禹不吝啬直径长达一尺的玉器而倍加珍惜短暂的光阴。”文人为什么不抓紧时间去读书?武士为什么不赶紧去骑马射箭?不论冬夜夏日,让住所保持肃静,加高围墙,门前无杂乱,座上无喧哗的吵闹。像这样来求学,就可以像孔门弟子了;这样来做文章,就可以像贾谊一样有较高深的造诣。古代时,盘盂上都镌刻有铭文;桌子、手杖上也都刻有诫语,进退都可以遵循,低头抬头都可以看得见。《文王》这首诗里说:“不是没有好的开始,而是很少有善终。”不论是做人行事,都要始终如一。“哪怕是匆忙仓促时也应该这样。”这是孔子说的话。

父慈于蓥　家有败子

【原文】

父慈于蓥,家有败子。

【译文】

父母过分地宽厚慈祥,在严厉惩处儿子时却饶恕他,家里就会出现败家子。

富不教子　钱谷消亡

【原文】

居身务期质朴,训子要有义方。富若不教子,钱谷必消亡;贵若不教子,衣冠受不长。

【译文】

居家过日,应该力求实在简朴;教育子女,要讲正直道义。家里富有却不教育子女,金银米谷保不住;当了大官不教子,蟒袍紫冠长不了。

择邻而居　意在教子

【原文】

昔孟母，择邻处；子不学，断机杼。

【译文】

孟子小的时候，他的家离坟墓很近，每天他玩埋死人游戏，他母亲觉得这种环境对孟子的成长不适宜，于是决定搬家。新居附近住着一个屠夫，孟子每天又玩杀猪的游戏，他母亲再把家搬到一所学校附近，孟子每天玩着读书游戏，他母亲觉得这样对他的成长有利。等孟子长大了就送他上学。有一天，他母亲问他今天学了些什么？孟子说：还是和昨天一样。他母亲说：天天如此是不求上进的表现。于是很生气地用刀把织布机上的纱线割断。孟子又怕又感动，便开始努力用功，争取每天有所进步，终于成了圣人。

养而不教　父之有过

【原文】

养不教，父之过；教不严，师之惰；子不学，非所宜；幼不学，老何为。

【译文】

生养了子女假如做父母的只是注意对子女的养，重视子女的衣食住行，而忽视了教导子女怎样生活，怎样待人处世，怎样遵守社会秩序，而结果使子女成了不良少年，那就是做父母的过错。

假如一个作老师的讲授不仔细，不认真，敷衍了事，老师怠惰的结果，会使学生的程度低落，离开学校，不能在社会上担任工作。

所以做父母的不仅要养，而且要教；作老师的不仅要教，而且要认真地教，只有这样才能培养出优秀的下一代。

作为子女、作为学生，不努力学习是不应当的，试想一想，一个人在幼年的时候，记忆力最好，学习力量强，如果不赶快学些处世的方法，做事的知识，等到年龄一大，还有什么作为呢？

第十一章　评说用人中的识与任

庆赏劝善　刑罚惩恶

【原文】

庆赏以劝善，刑罚以惩恶，先王执此之政，坚如金石；行此之令，信如四时；据此之公，无私如天地。

【译文】

实行奖赏以鼓励好事，施行刑罚以惩治坏事，古代君王这样治理朝政，使国家坚如金石；实行这样的法令，使朝廷的信用像四季一样准确可信；遵循这样公正的原则，就像天地对待万物一样没有私情。意谓使用奖罚，实行法治，国家就会大治。

利出一空　其国无敌

【原文】

利出一空者其国无敌，利出二空者国半利，利出十空者其国不守。

【译文】

利禄出自一个途径，这样的国家就会无敌于天下；利禄出自两个途径，国家只能得到一半利益；利禄出自十个途径，这样的国家就保不住了。主张统治者要通过赏罚，把人们对利禄的追求引导到一个方向，使大家都朝这个方向努力。

严明赏罚　用众若一

【原文】

明赏罚，虽用众，若使一人也。

【译文】

只要赏罚分明，即使是指挥三军之众，也就像使用一个人样。强调明确赏罚是使全军步调一致的关键。

按功设赏　据罪制刑

【原文】

执法而操柄，据罪而制刑，按功而设赏。赏一人而千万人悦，刑一罪而千万人惧。

【译文】

执行法律，掌握治国的权柄，根据犯罪情况而制定刑法，按照立功情况而设置奖赏。奖赏一个有功的人而使千万人高兴，惩治一个罪犯而使千万人畏惧。

罚当罪　奸邪止

【原文】

罚当罪，则奸邪止；赏当贤，则臣下劝。

【译文】

惩罚与其罪过相称，那么奸邪就会停止；奖励与其贤能相称，那么臣子们就会受到鼓励。

无德莫官　无功莫赏

【原文】

无德而官，则官不足以劝有德；无功而赏，则赏不足以劝有功。

【译文】

没有德行却使之做官，那么官职便不会对有德之人起到劝勉作用；没有功劳却予以奖赏，那么奖赏就不能够对有功之人产生激励作用。

赏不当功　不如不赏

【原文】

赏不当功，则不如无赏；罚不当罪，则不如无罚。

【译文】

奖赏如果与功劳不相称，还不如没有奖赏；惩罚如果不与罪行相符，还不如没有惩罚。说明必须赏罚得当。

知人善任　务得其所

【原文】

知人诚智则众才得其序，而庶绩之业兴矣。

【译文】

在知人善任方面确实很聪明，那么众多的人才就各得其所，井然有序，各种事业和功绩就兴旺起来了。

圣贤之美　莫过聪明

【原文】

圣贤之所美，莫美乎聪明；聪明之所贵，莫知人。

【译文】

圣贤的长处，莫过于头脑聪明；聪明之最可贵的表现，莫过于知人善任。

以道御之　无所不可

【原文】

吾任天下之智力，以道御之，无所不可。

【译文】

我任用天下有才能的人，用正确方法使用他们，就没有干不成的事业。

舜举五臣　无为而化

【原文】

舜举五臣,无为而化,用人得其要也。

【译文】

虞舜只用了五个大臣,他自己不做什么具体事务,天下就被治理得很好,原因就是他在用人方面掌握了要领。

刚愎自用　国无宁日

【原文】

君恃智以自用,倨礼而傲下,授柄匪人,任人不信,将不正应,内包犹豫之惑,外丧驭众之威矣。

【译文】

国君依仗自己的才智刚愎自用，在礼节方面傲慢而看不起臣下，将权力交给不正派的人，用人又不信任人，将领就不会以正直应命，内心怀有犹豫不定的迷惑，在外也就失去统率众人的威严。

若安天下　先正其身

【原文】

若安天下，必须先正其身。未有身正而影曲，上治而下乱者。

【译文】

如果想使天下安定，必须首先使自己品行端正。从来没有身子正而影子歪，朝廷清明而百姓作乱的道理。

善人必赏　暴人必罚

【原文】

善人不赏而暴人不罚，为政若此，国众必乱。

【译文】

好人得不到奖励，坏人得不到惩罚，政事如果搞成这样，国家和民众必乱无疑。

赏罚辅教　其教有常

【原文】

君修赏罚以辅一教，是以其教有所常而政有成也。

【译文】

国君制定赏罚制度来辅助统一的教化，所以教化就有了常规，政令就有了成效了。

兴国行罚　民利且畏

【原文】

兴国行罚，民利且畏；行赏，民利且爱。

【译文】

兴盛的国家，施行刑罚，民众觉得对自己有利而且畏惧它；施行奖赏，民众也认为对自己有利而且喜爱它。

赏及无功　恩不足劝

【原文】

赏及无功则恩不足劝，罚失有罪则威无所惧。

【译文】

奖赏无功之人，恩泽再厚也不能起到劝勉众人的作用；惩罚时漏掉有罪之人，再有威严也不能使人害怕。

赏当其功　罚当其罪

【原文】

世之治乱，在赏当其功，罚当其罪，即无不治。

【译文】

国家的治和乱，在于奖赏符合其功劳，惩罚符合其罪行，做到这点，就没有什么治理不好的了。

罪伐厥死　德彰厥善

【原文】

无有远迩，用罪伐厥死，用德彰厥善。

【译文】

无论亲疏远近都一律对待，以刑罚惩其罪行，以爵禄赏赐表彰其善行。

有功必赏　有罪必罚

【原文】

所憎者，有功必赏；所爱者，有罪必罚。

【译文】

对于所憎恨的人，假如有功劳一定要奖赏；对于所喜爱的人，假如犯罪也一定加以惩罚。

论功行罚　不敢蔽贤

【原文】

论功劳，行赏罚，不敢蔽贤有私。

【译文】

评论功绩，实行赏罚，不敢有私心埋没贤才。

良弓难张　良马难乘

【原文】

良弓难张，然可以及高入深；良马难乘，然可以任重致远；良才难令，然可以致君见尊。

【译文】

好的弓箭难以拉开，然而却可以射得很远很深；好马难以驾驭，然而却既能负重又能驰远；好的人才难以摆布，然而却可以成就事业使君主受到尊崇。

择用小人 摒弃小人

【原文】

洗漆以油，洗污以灰，洗油以腻。去小人以小人，此古今妙手也，昔人明此意者几？故以君子去小人，正治之法也。正治是堂堂之阵，妙手是玄玄之机，玄玄之机，非圣人不能用也。

【译文】

用油可以洗油漆，用灰可以洗污迹，用泥子可以洗油。用小人来整治小人，这是古今绝妙的方法。过去能有几人懂得这个道理呢？因此说以君子来除小人，是正当的整治之法。正当的整治是堂堂皇皇地进行，而巧妙的方法却有深奥的机巧。这深奥的机巧只有圣人才能够运用得当。

亡功不赏 有罪必诛

【原文】

亡功者受赏，有罪者不杀，百官废乱。

【译文】

无功的人受到奖赏，有罪的人不处以重刑，那么百官就会衰败混乱。

有功不赏 则善不劝

【原文】

有功而不赏，则善不劝；有过而不诛，则恶不惧。

【译文】

有功劳而不奖赏，好人就得不到鼓励；有过错而不惩罚，恶人就不害怕。

善为刑罚　圣人自来

【原文】

善为刑罚则圣人自来，尚贤使能则官府治。

【译文】

正确地使用刑罚，圣人就能主动到你这边来；尊敬贤者，使用能干的人，官府就能治理好。

赏勉罚偷　则民不怠

【原文】

赏勉罚偷，则民不怠。兼听齐明，则天下归之。

【译文】

赏赐勤勉的人，惩罚偷安的人，那么老百姓就不会怠惰了。广泛听取各方面的意见，各种情况就能看得清楚，那么天下的人就能归附他了。

国之安危　百姓治乱

【原文】

国家之安危，百姓之治乱，在君之行赏罚。

【译文】

国家的安全或死亡，百姓的安定或动乱，在于国君能否实行奖赏或惩罚。

功赏罪诛　教任天下

【原文】

有功不赏，有罪不诛，虽唐虞不能以化天下。

【译文】

有功劳不奖赏，有罪恶不惩治，就是唐尧、虞舜也不能教化天下。

宠不增功　疏不忘劳

【原文】

便辟、左右、大族、尊贵、大臣，不得增其功焉。疏远、卑贱、隐不知之人，不忘其劳。故有罪者不怨上，受赏者无贪心。

【译文】

宠臣、侍从、大族、权贵和大臣们，不得凭特权加功。关系远的、地位低的、不知名的，有功也不得埋没。这样，犯罪受刑的人不会抱怨上面，有功受赏的人也不会得寸进尺滋长贪心。

罚避亲贵　不可主兵

【原文】

罚避亲贵，不可使主兵。

【译文】

在掌握刑罚时回避宽宥亲友权贵的人，不可以让他统帅军队。

无功不赏　无罪不罚

【原文】

虽心之所爱而无功者不赏也，虽心之所憎而无罪者弗罚也。

【译文】

虽然是自己心爱的人，但无功也不赏；虽然是自己所憎恶的人，无罪也不罚。

行诛罚罪　不拘贵贱

【原文】

诛不避贵，赏不遗贱。

【译文】

惩处罪人时不回避权贵，赏赐有功时不遗弃身份低下的人。

禄不私亲　授之多功

【原文】

不以禄私其亲，功多者授之；不以官随其爱，能当者处之。

【译文】

不把爵禄私自赐给亲近的人，而只把它授给功劳多的人；不拿官爵赐给所爱的人，而只把它安排给能胜任的人。

彼此相似　是非难变

【原文】

天下有二患：有立法之弊，有任人之失。二者疑似而难明，此天下之所以乱也。

【译文】

天下有两大灾患：一是立法方面的弊病；二是用人方面的失误。这两个方面彼此相似，是非难辨，这是天下之所以混乱的原因。

不患无才　患无用道

【原文】

不患无才，患无用之之道。

【译文】

不用担心没有人才，值得担心的是没有使用人才的办法。

当官执政　责任任凭

【原文】

官之所居曰任，此意最可玩，不唯取责任、负荷之义。任者，任也，听其便宜信任而责成也。若牵制束缚，非任矣。

【译文】

当官执政叫“任”，“任”的意思很值得琢磨，这个“任”不仅仅只有“责任”“承担”的意思。所谓“任”，还有“任凭”的意思，准许官员根据具体情况处理事务，信任他，要求他把事办好。如果上司牵制他、束缚他，那就不是“任”了。

智者献计　能者进功

【原文】

明主操术任臣下，使群臣效其智能，进其长技。故智者效其计，能者进其功。

【译文】

英明君主掌握一套策略来任用臣下，使群臣能够献出他们的智慧，贡献他们的专长。因此，智者便献出他的计策，能者便献出他的成果。

不明于象　论材审用

【原文】

不明于象，而欲论材审用，犹绝长以为短，续短以为长。

【译文】

不了解各种人才的特征和表现，而想量才用人，就好比把长材短用、短材长用一样。

任人以事　存亡治乱

【原文】

任人以事，存亡治乱之机也。无术以任人，无所任而不败。

【译文】

任用人去担任职事，这是存与亡、治与乱的关键。不讲策略去任用人，就没有哪一项任命不失败。

所谓明者　众不得为

【原文】

所谓明者,使众不得不为。

【译文】

所谓聪明的国君,他能使众人不得不尽力做事。意思是执政者要善于用人,使之自觉地努力工作。

贤德之人　必用道义

【原文】

凡使贤不肖异:使不肖以赏罚,使贤以义。故贤主之使其下也必义,审赏罚,然后贤不肖尽为用矣。

【译文】

使用贤德之人和不贤之人的方法不同:使用不贤之人用赏罚,使用贤德之人用道义。所以贤明的君主使用自己的臣属一定要根据道义,慎重地施行赏罚,然后贤德之人和不贤之人就能为自己所用了。

小才大用　力不从心

【原文】

不能治千人者,使处乎万人之官,则此官什倍也。

【译文】

连一千个都管理不好的人,却让他当管理万人的官,这官职就超过他能力的十倍了。

不能而为　岂不悖哉

【原文】

使之为一犬一彘之宰，不能则辟之；使为一国之相，不能而为之，岂不悖哉！

【译文】

让一个人做宰杀一狗一猪的屠夫，假如不胜任尚且不能用他；让一个人做一个国家的宰相，不胜任还让他干，岂不是荒谬吗？

君子操权　正以立术

【原文】

君子操权一正以立术，立官贵爵以称之，论荣举功以任之，则是上下之称平。

【译文】

国君掌握权力，统一政令来制定策略；设置官吏，授予爵位来与功劳相配；按照荣誉，根据功绩来任用官吏。这样，从上到下官爵与功劳就相称了。

明赏不费　明刑不暴

【原文】

明赏不费，明刑不暴，赏罚明则德之至者也。

【译文】

修明赏赐（能激励耕战，从而得多失少）所以耗费并不算多；明正刑罚（使罪行减少）所以算不上残暴。赏罚严明是德政的最好表现。

赏功罚罪　天下从之

【原文】

罚有罪、赏有功则天下从之矣。

【译文】

惩罚有罪，赏赐有功，天下人就都纷纷跟从了。

赏罚不明　未能治民

【原文】

有功而不能赏，有罪而不能诛，若是而能治民者，未之有也。

【译文】

有功不赏赐，有罪不惩罚，却能治理好人民，这样的事是从来没有的。

见其可也　喜之有征

【原文】

见其可也，喜之有征；见其不可也，恶之有形。赏罚信于其所见，虽其所不见，其敢为之乎。

【译文】

见到人们做好事，喜悦还要有实际奖赏；见到人们做坏事，厌恶并且有具体惩罚。赏善罚恶，对于亲自领受的人确实兑现了，那么亲身经历的人也就不敢胡作非为了。

申之宪令　劝之庆赏

【原文】

申之以宪令,劝之以庆赏,振之以刑罚。

【译文】

用法令进行告诫,用奖赏加以鼓励,用惩罚加以威慑。

号令使下　斧钺畏众

【原文】

非号令无以使下,非斧钺无以畏众,非禄赏无以劝民。

【译文】

没有号令就无法使役臣下,没有刑杀就无法威服民众,没有禄赏就无法鼓励人民。

曹代萧相　属其后任

【原文】

曹参代萧何为相,属其后相曰:“以齐狱【市】为寄,慎勿扰也。”后相者曰:“治无大于此者乎?”参曰:“不然。夫狱、市者,所以并容也。今若扰,奸人安所容乎?”班超为西域都护,后有代之者问策于超,超戒以不扰。其人以平平笑之。卒如超所料。

【译文】

曹参替代萧何作了汉朝中央政府的丞相,他在离开齐国的相位时,吩咐他的继任说:“社会上的奸人大都以齐国的狱、市为寄身之所,要谨慎对待,不要骚扰。”他的继任说:“治理齐国再没有比这一点更重要的吗?”曹参说:“不是这样。狱、市这两个场所,是容纳各种人的。现在如果去骚扰这种场所,奸人在什么地方容身呢?”班超担任西域都护,此后他的继任向他请教治理西域的策略，班超告诫他不要骚扰下级官吏和百姓。他的继任私下讥笑他的策略平庸无奇。结果他的继任把西域搞得四分五裂，终于像他所预料的那样。

人害天理　人皆知之

【原文】

人欲扰害天理，众人都晓得；天理扰害天理，虽君子亦迷，况在众人？

【译文】

人的私欲扰乱危害社会公理，众人都会认识到；如果打着社会公理的旗号，实际上却干着扰乱危害社会公理的事情，那么即便是才识渊博的君子也难以分辨，更何况是普通百姓呢？

人各有长　贵在善用

【原文】

善用人底，是个人都用得；不善用人底，是个人用不得。

【译文】

善于使用人的人，对每个人都能够加以利用；不善于使用人的人，任何人都没有办法使用。

宁用破绽　不用寻常

【原文】

小廉曲谨之士，循涂守辙之人，当太平时，使治一方、理一事，尽能奉职。若定难决疑，应卒蹈险，宁用破绽人，不用寻常人。虽豪悍之魁，任侠之雄，驾御有方，更足以建奇功，成大务。噫！难与曲局者道。

【译文】

小心谨慎的人,循规蹈矩的人,当天下太平的时候,任命他们治理一个地方,管理某件事情,还是能够忠于职守的。但是到了决断疑乱的关头,或必须赴汤蹈火的时刻,宁可任用有缺点的人,也不能任用平庸的人。即使是剽悍豪勇的莽夫,放任不羁的枭雄,只要使用的方法得当,就会使他们建立奇功,创出宏大的事业。唉!这些道理是很难与昏惑之人谈论的。

放阔眼界　识见自别

【原文】

建天下之大事功者,全要眼界大。眼界大则识见自别。

【译文】

创天下大事业、立古今大功绩的人,都需要有远大的目光。目光远大,见识自然就与众不同。

识人察言　枉人鲜矣

【原文】

闻毁不可遽信,要看毁人者与毁于人者之人品。毁人者贤,则所毁者损;毁人者不肖,则所毁者重。考察之年,闻一毁言如获拱璧,不暇计所从来,枉人多矣。

【译文】

听到诋毁不可立即相信,要分析诋毁者和被诋毁者的人品如何。诋毁者贤良,那么被诋毁的人就确实是错误的;诋毁者自己不好,则被诋毁的人就是正确的。在评判某个人时,一听到诋毁的话就像得到了宝贝,而不用时间调查这诋毁之言是从何而来,那么冤枉的人就多了。

其进锐者　其退速也

【原文】

于不可已而已者，无所不已。于所厚者薄，无所不薄也。其进锐者，其退速。

【译文】

对于不应当废弃的人却废弃了，那就没有什么不可废弃了。对于应当厚待的人却薄待了，那就没有什么人可以薄待了。那些进用太突然了的人，他们被罢退也必然十分迅速。

论德定次　量能授官

【原文】

论德而定次，量能而授官，皆使人载其事而各得其所宜。

【译文】

根据品德的高低而排定位次，衡量能力的大小而授予官职，使人人都能担负起适合他能力的工作。

德不称位　不祥大焉

【原文】

德不称位，能不称官，赏不当功，罚不当罪，不祥莫大焉。

【译文】

如果品德和地位不相称，才能和官职不相称，奖赏和功劳不相称，刑罚和罪行不相称，这是最大的不吉祥。

因任授官　循名责实

【原文】

因任而授官,循名而责实。

【译文】

根据能力而授予官职,依照官名所规定的职责而提出实际要求。

功劳俸禄　与之相配

【原文】

官贤者量其能,赋禄者称其功。

【译文】

官员贤明,还要衡量他的实际才能与名声是否相符;对授予俸禄的人,要看他的功劳与俸禄是否相称。

力胜其任　能称其事

【原文】

有一能者服一事。力胜其任,则举之者不重也;能称其事,则为之者不难也。

【译文】

有某一方面的才能,就担负这一方面的工作。这样,他的力量能胜任他的职务,拿起来不觉得沉重;他的才能可以适应他做事情,做起来不觉得困难。主张按能力大小和特长安排工作。

人尽其才　物尽其形

【原文】

有大略者，不可责以捷巧；有小智者，不可任以大功。人有其才，物有其形。有任一而太重，或任百而尚轻。

【译文】

对于有雄才大略的人，不能以做具体事务是否敏捷灵巧来要求他；对于有小聪明的人，不可让他担负大的功业。人各有各的才干，物各有各的形状，有的人担任一项工作就显得很沉重，有的人担任上百项工作却显得很轻松。

官盛任使　忠信重禄

【原文】

官盛任使，所以劝大臣也；忠信重禄，所以劝士也。

【译文】

为大臣设置足够的属官，足供使令，这才是勉励大臣的好方法；讲究“忠”“信”，并以厚禄来供养他们，这才是勉励人才为国效力的好办法。

衡量人才　以德为本

【原文】

论才则必以德为本。

【译文】

衡量人才必须以思想品德为根本。

国家用人　品德为本

【原文】

国家用人，当以德器为本，才艺为末。

【译文】

国家用人，应当把品德气度作为根本，而把才干技艺作为末梢。

知人之性　莫难察焉

【原文】

知人之性，莫难察焉。美恶既殊，情貌不一，有温良而为诈者，有外恭而内欺者，有外勇而内怯者，有尽力而不忠者。

【译文】

了解一个人的品德和才智，是不容易考察的。美和丑虽然在本质上有根本的区别，但外貌和内心的表现形式却不是一致的。有的人看起来纯朴忠厚，实际上却是奸诈的；有的人表面上恭恭敬敬，而背地里却干骗人的勾当；有的人貌似勇敢而实际是个胆小鬼；有的人虽尽力工作，心底却不忠诚。

是否有才　实践检验

【原文】

官达者，才未必当其位；誉美者，实未必副其名。

【译文】

官运亨通的人，才能未必和他的地位相当；声誉很高的人，实际情况未必和他的声望一致。意谓不能根据官位高低和声名大小来判断是否真有才能。

知人善任　按劳取酬

【原文】

劳大者其禄厚，功多者其爵尊，能治众者其官大，故不能者不敢当其职焉，能者亦不得蔽隐。

【译文】

功劳大的人俸禄丰厚，功绩多的人爵位尊贵，能治理众多之民的人官职就大，所以没有能力的人就不敢担当他不胜任的职务，有能力的人也无法隐蔽了。

任之以事　断予之令

【原文】

高予之爵，重予之禄，任之以事，断予之令。

【译文】

对于有才能的人要给予高的爵位，厚的俸禄，任用他干事业，授予他决断政事的权力。

亲佞远贤　非治之道

【原文】

昵近小人，非致理之道；疏远君子，岂兴邦之义？

【译文】

亲近小人，不是国家大治之道；疏远君子，难道是国家兴盛的正理？

亲近君子　朝无秕政

【原文】

为人君者，在乎善善而恶恶，近君子而远小人善善明，则君子进矣；恶恶著，则小人退矣。近君子。则朝无秕政；远小人，则听不私邪。

【译文】

做国君的，应当称赞善行而憎恶恶行，亲近君子而疏远小人。称赞善行态度明确，君子就会前来辅佐；憎恶恶行态度坚决，小人就会畏惧退避。亲近君子，朝政就不会有失误；疏远小人，视听就不会出现偏差。

近贤则聪　近愚则聩

【原文】

近贤则聪，近愚则聩。

【译文】

亲近贤明的人，就听觉灵敏；接近愚昧的人，耳朵就会闭塞。

采德戒色　近严远技

【原文】

采有德，戒声色，近严敬，远技能。

【译文】

采用有德行的人，警惕靡靡之音和女色，接近严肃自尊的人，远离花言巧、语诡计多端的人。

疏远贤人　大权旁落

【原文】

虽有忠臣、硕士列于朝廷，而人主以为去已疏远，不若起居饮食、前后左右之亲为可恃也。故前后左右者日益亲，则忠臣、硕士日益疏，而人主之势日益孤。

【译文】

虽然有忠心耿耿的大臣和饱学之士在朝廷效力，但是君主却认为他们是距离自己疏远的人，不如那些生活在前后左右，照顾起居饮食的侍从们可以依靠。所以，同这些侍从日益亲密，而与忠心耿耿的大臣和饱学之士日益疏远，因而君主的势力也就日益孤单。说明对于身边的人过于亲宠会导致疏远贤人，大权旁落。

不近小人　谗者自远

【原文】

不迩小人，则谗谀者自远矣。

【译文】

不亲近小人，那么那些进谗言、善阿谀的人自然就会离得远远的。

国有忠臣　奸邪不起

【原文】

山有猛兽，藜藿为之不采；国有忠臣，奸邪为之不起。

【译文】

山中有凶猛的野兽，人们就不敢去采山菜；国家有忠臣，奸邪之辈就成不了气候。

取信去诈　禁暴止奢

【原文】

取诚信，去诈伪，禁暴乱，止奢侈。

【译文】

取用忠诚守信用的人，除去奸诈虚伪的人；禁暴乱之行，止奢侈之事。

驱逐奸民　社会安定

【原文】

逐奸民，诘诈伪，屏谗慝，则奸人止。

【译文】

驱逐奸民，查究伪诈，排除谗言邪恶之徒，奸人就会销声匿迹。

品德高尚　人所敬仰

【原文】

德者人之所严，而才者人之所爱；爱者易亲，严者易疏，是以察者多蔽于才而遗于德。自古昔以来。国之乱臣，家之败子，才有余而德不足，以至于颠覆者多矣。

【译文】

好的品德是人们所敬仰的，而才干是人们所喜爱的；对所喜爱的东西容易亲近，对所敬仰的东西容易疏远，所以考察人的人多半为才干所蒙蔽而忽视人的品德。自从古代以来，国家的乱臣，家庭里的败家子，才干有余而品德不够，以致使国家和家庭败亡覆灭的，真是太多了。

何为君子　何为小人

【原文】

德胜才谓之“君子”，才胜德谓之“小人”。

【译文】

品德超过才能叫作君子，才能超过品德叫作小人。

有德为功　无德为乱

【原文】

才乎才，有德以为功，无德以为乱。

【译文】

才干啊才干,有德行的用它来建功立业,无德行的人用它来行恶作乱。

选才之道　以德为先

【原文】

取士之道,当以德行为先。

【译文】

选用人才的原则,应当把德行的考核放在首位。

人才难得　人才易失

【原文】

人才难得而易失,人主不可不知之。

【译文】

有才能的人难以得到而又容易失去，做君主的不能不清楚这一点。

见贤不留　使能不怠

【原文】

见贤不留，使能不怠。

【译文】

发现有贤德的人，不让他闲置在野；使用有能力的人，从来不怠慢。

推荐德才　国家兴旺

【原文】

进贤兴功，以作邦国。

【译文】

推荐德才兼备的人出来建功立业，使得国家兴旺发达。

馈赠国宝　不如荐贤

【原文】

归国宝，不若献贤而进士。

【译文】

馈赠国家稀有之宝，不如推举进献贤能之士。

当务之急　亲近贤人

【原文】

仁者无不爱也，急亲贤之为务。

【译文】

仁者本应无所不爱，但必须把亲近贤人作为当务之急。

贤者在位　能者在职

【原文】

责德而尊士，贤者在位，能者在职。

【译文】

重视德行，尊敬贤能，使道德高尚的贤人在位，才华出众的能人任职。

听取意见　审查其实

【原文】

听言而不督其实，故群臣以虚誉进其党；任官而不责其功，故愚污之吏在庭。如此则群臣相推以美名，相假以功伐，务多其佼而不为主用。

【译文】

听取意见不审察其真实性，因而群臣就通过不切实际的赞誉来推荐私党；任用官吏不要求他拿出成绩，因而愚人赃官就进入朝廷。这样，群臣就互相吹捧他们的“美名”，互相借助对方以夸耀功劳，致力于扩大交结而不为君主效力了。

知虑取舍　稽之以成

【原文】

知虑取舍，稽之以成；日月积久，校之以功。

【译文】

对官员的见解和谋略是采用还是舍弃，要以实际成效来考查；天长日久之后，用他们做出的实际功绩来考核。强调考核官员要突出实绩。

明主之吏　起于州郡

【原文】

明主之吏，宰相必起于州郡，猛将必发于卒伍。

【译文】

英明君主所任用的官员，宰相一定从地方州郡中起用，猛将一定从士兵中发现选拔。

观其容貌　听其言辞

【原文】

观容服，听辞言，仲尼不能以必士；试之官职，课其功伐，则庸人不疑于愚智。

【译文】

只看容貌服装，只听言语说话，就是孔仲尼也不一定能识别贤士；用职事官位去试验他，考核他的功绩，就是庸人也不能辨明他的愚蠢和聪明。

考察实际　观察行为

【原文】

察实者得不留声，观行者不讥辞。

【译文】

考察人实际的人，不留意其名声如何；观察人行为的人，不考虑其言辞怎样。

臣守其业　以致其功

【原文】

上操其名，以责其实，臣守其业，以效其功。言不得过其实，行不得逾其法。

【译文】

君主掌握群臣官职的标准，以此来考察他们的实际表现；臣子们对本职工作尽职尽责，以功绩为君主效力。他们的言论不得超过实际表现，行动不得超出法律。

天下之事　尤在于人

【原文】

天下之事，图之固贵于有其法，而尤在于得其人。

【译文】

要管理好国家大事，好的政策办法固然重要，但最关键的是要有合适的人才。

欲讲富强　则要储才

【原文】

欲讲富强以刷国耻，则莫要于储才。

【译文】

要使国家富强起来以洗刷耻辱，那么最重要的应该是培养和储备人才。

论资排辈　难得异材

【原文】

循资格可以得庸谨，不可以得异材。

【译文】

论资排辈只能得到平庸无能谨小慎微的人，不能得到德才超群的人。

君明成国　国治成君

【原文】

君明乃成国,国治乃成君。

【译文】

国君贤明才能使国家昌盛,国家昌盛才能使国君地位稳固。

政休无分　强国为善

【原文】

药方无美恶,以能愈病为良方;政体无美恶,以能强国为善治。

【译文】

药方本身没有好坏之分,能治好病的就是良方;政体本身也没有好坏之分,能使国家强盛就是好的政体。

治政严明　国家强大

【原文】

国无大小，民无众寡，能修其政则强，不修其政则弱。

【译文】

国家不分大小，民众不分多少，治政严明国家就强大，治政懈怠国家就弱小。

知贤不举　岌岌殆哉

【原文】

闻贤而不举，殆；闻善而不索，殆；见能而不使，殆。

【译文】

知道是贤人而不举荐，这是危险的；知道是好人而不索求，这是危险的；发现有能干的人而不任用，这是危险的。

推举贤良　注重功业

【原文】

举贤良，务功劳，布德惠，则贤人进。

【译文】

推举贤良之士，注重功业实绩，广泛施以德惠，贤人就得到运用。

所创功绩　如实则赏

【原文】

功充其言则赏，不充其言则诛。故言智能者，必有见功而后举之；言恶败者，必有见过而后废之。如此则士上通而莫之能妒，不肖者困废而莫之能举。

【译文】

所创功绩符合他所说的话，就给予赏赐；不符合者，就给予惩罚。所以，对所谓有智能的人，必须有可以见到的功绩而后才能任用他；对所谓有恶行败德的人，必须有可以见到的罪过而后才能罢免他。这样，贤能之士被提拔时才无人妒忌，不贤者困窘失败而无人能举用。

无以益民　尸位素餐

【原文】

上不能匡主，下无以益民，皆尸位素餐。

【译文】

作为朝廷官员，对上不能辅助端正君主，对下没有做什么对人民有益的事，那就全是占有职位不做事情的饭桶。

以官课材　以官为验

【原文】

将以官课材，材以官为验。

【译文】

要用当官能否称职考核一个人的才能，一个人的才能大小以是否胜任官事作为证明。

有能之人　后居其位

【原文】

有能然后居其位，德加于人然后食其禄。

【译文】

对于官员，证明其确有才能然后才能把他安排到适合的职位；在他有了政绩对人民有德惠时才能让他享受相应的俸禄。

考查官员　不以声誉

【原文】

上量能以审官，不取人于浮誉，则比周道息。

【译文】

君主衡量能力以考察官员，提拔官员不依据他名不副实的声誉，这样，互相勾结、朋比为奸的风气就自然会停止。

官员选弃　功劳实绩

【原文】

用舍进退，一以功实为准，毋徒眩于声名，毋尽拘于资格，毋摇之以毁誉，毋杂之以爱憎，毋以一事概其平生，毋以一眚掩其大节。

【译文】

官员的选用或舍弃，晋升或罢免，一律以功劳实绩为标准，不要被他的名声所迷惑，不要总被资格所限制，不要被众人的攻击和赞扬所动摇，不要掺杂私人的爱憎，不要以一件事来说明他的全部历史，不要用一点小毛病而掩盖他的大节。

天下万事　不可备能

【原文】

天下万事，不可备能，责其备能于一人，则圣贤其犹病诸。

【译文】

天下的万事万物都不可能是全能的，要求一个人具有全能的本事，那么圣贤也就满身都是毛病了。

如今士子　与往甚远

【原文】

而今天下之士君子，居处言语皆尚贤；逮至其临众发政而治民，莫知尚贤而使能。

【译文】

如今天下的士人君子，平时言谈都尊崇贤人，到了他自己统御众人，发布政令，治理百姓时，就往往不知道尊崇贤士，使用能人了。

治理天下　求得人才

【原文】

为天下得人者谓之仁。是故以天下与人易，为天下得人难。

【译文】

为治理天下求得杰出的人才，才真正称得上是仁。所以把天下让给别人倒容易，为天下挑选到人才却很难。

乱国之中　非无贤人

【原文】

乱国之官，非无贤人也，其君弗之能任，故遂于亡也。

【译文】

不安定的国家的官职，不是没有贤人可以担任，而是这个国家的君主不能任用他们，所以终于导致灭亡。

贤者废锢　不得圣主

【原文】

官无直吏，位无良臣，此非今世之无贤也，乃贤者废锢，而不得达于圣主之朝尔！

【译文】

官场中没有正直的官吏，官位上没有优秀的臣子，这并不是因为当今之世没有贤人，而是贤人们都被弃置和禁锢着，不能为朝廷所了解。

何世无才　弃之草泽

【原文】

何世无奇才，遗之在草泽。

【译文】

什么时代没有奇才？只是往往被抛弃在草野之中。

普天之下　不缺贤才

【原文】

欲王则王佐至，欲霸则霸臣出，欲富国强兵，则富国强兵之人往。求无不得，唱无不和。是以知天下不乏贤也。

【译文】

想要称王，那么辅佐称王的人就来了；想要称霸，那么帮助称霸的臣子就出现了；想要富国强兵，那么能够富国强兵的人才就到了。所要求的没有得不到，所提倡的无不得到响应。由此可见天下并不缺乏贤士也。

千里马有　唯缺伯乐

【原文】

世有伯乐，然后有千里马。千里马常有，而伯乐不常有。

【译文】

世界上有了善于相马的伯乐，然后才能发现千里马。能奔驰千里的骏马什么时候都有，可是善于相马的伯乐却不是什么时候都有的。

何患无才　尺度宽些

【原文】

未必人间无好汉，谁与宽些尺度。

【译文】

世界上不一定没有出众的人才，可有谁不苛责于人，大胆放宽些条件呢？

一眚不掩大德

【原文】

不以一眚掩大德。

【译文】

不因为一个人有小的过失,就抹杀他大的优点。

瑕不掩瑜　瑜不掩瑕

【原文】

瑕不掩瑜,瑜不掩瑕。

【译文】

一块玉石的斑点不能掩盖美好光泽的部分,质地光泽的部分也不能掩盖斑点。比喻对人和事的优缺点要区别对待,全面衡量。

天地之间　绝无全能

【原文】

天地无全功,圣人无全能,万物无全用。

【译文】

天地没有万能的功效,圣人没有万能的本领,事物没有万能的用处。

不可必得　故思其次

【原文】

不可必得，故思其次也。

【译文】

得不到合乎标准的人才，便只好想到次一等的了。

所谓贤者　并非全才

【原文】

君之所谓贤者，非能遍能人之所能之谓也；君子之所谓知者，非能遍知人之所知之谓也。

【译文】

君子所说的贤能，并不是说能够全面做到一切人所能做到的事情；君子所说的智者，也并不是说能够知道一切人所能知道的事情。说明贤人并非万能之人。

举贤任能　难得十全

【原文】

以全举人固难，物之情也。

【译文】

以十全十美的标准来举荐任用人当然很难，这是事物的实情。

事物选择　重其长处

【原文】

尺之木必有节目，寸之玉必有瑕瓋。先王知物之不可全也，故择务而贵取一孔。

【译文】

一尺长的树木必有节结，一寸大的玉石必有瑕疵。每个人都知道事物不可能十全十美，所以对事物的选择只看重其长处。

得道多助　失道寡助

【原文】

道往者其人莫来，道来者其人莫往。

【译文】

失道者，人民不肯来投奔；得道者，人民不肯离去。

进贤之难　在于废贱

【原文】

进贤之难者：贤者用，且使己废；贵，且使己贱。

【译文】

荐举贤人之所以困难，是因为：贤能的人被重用了，同时就使自己可能被废黜；贤能的人尊贵了，同时就可能使自己变得贫贱。

毫无妒忌　荐举贤能

【原文】

人臣莫难于无妒而进贤。

【译文】

对于臣子来说，最大的困难是没有嫉妒之心而能够荐举贤能。

有贤不知　如同无贤

【原文】

有贤不能知，与无贤同；知而不能用，与不知同；用而不能信，与不用同。

【译文】

国家有人才而当政者不了解，这和没有人才是一样的；知道有人才而不能任用，这和不知道是一样的；对人才虽然任用了，但不能做到坚信不疑，这同有人才而不任用是一样的。

苛能识之　何患无人

【原文】

何世无才，患人不能识之耳。苟能识之，何患无人！

【译文】

哪个朝代没有人才？所忧虑的是人们往往不能识别他们。如果能够识到，哪里还用担心没有人才！

所求材者　为其治民

【原文】

凡所求材艺者，为其可以治民。若有材艺而以正直为本者，必以其材而为治也；若有材艺而以奸伪为本者，将由其官而为乱也，何治之可得乎。是故将求材艺，必先择志行。其志行善者，则举之；其志行不善者，则去之。

【译文】

选求有才能的人，是为了让他发挥才能去治理民众。如果有才能，又有正直的操行作为根本，那么他必定能用他的才能治理好一个地方；如果有才能却以奸伪的品行作为根本，那么他就会利用他的才能使一个地方动荡不安，哪里还谈得上治理呢。因此，将要选求有才能的人，必须先看他们的品行。品行优良的人，就举荐他们为官；品行恶劣的人，则不予任用。

见贤而用　不善则废

【原文】

见贤而进之，不同君所欲，见不善则废之，不辟君所爱。

【译文】

发现贤才就任用他，不一定要与君主的想法相同，发现有人不称职就罢免他，不因为君主喜爱他而继续留用。

内不避亲　外不避仇

【原文】

内举不避亲，外举不避仇。是在焉，从而举之；非在焉，从而罚之。是以贤良遂进而奸邪并退。

【译文】

自己的亲人是贤才，举荐他们当官，并不因为是亲人而回避他们；自己的仇人是贤才，也举荐他们当官，并不因为是仇人而回避他们。凡做得对的人，就选拔上来；凡做错了的人，就罢黜下去。因此贤良得到任用，而奸邪遭到逐斥。

明主之举　在于治吏

【原文】

明主治吏不治民。

【译文】

英明的君主重视对官员的管理，而不直接处理民间的具体事务。

论别艺能　百官序矣

【原文】

论贤才之艺，别所长之能，则百官序矣。

【译文】

探讨使用人才的方法，区别各方面人才的长处，那么，百官职位的分配就井然有序了。

尺有所短　寸有所长

【原文】

大匠无弃才，寻尺各有施。

【译文】

在能工巧匠手里不会有废弃的木材，长一点短一点的都各有各的用处。指高明的领导者善于使用各种各样的人才。

贵之不骄　委而不专

【原文】

贵之而不骄，委之而不专。

【译文】

让某人担任显要职务而不骄纵他，给他大权而不使他独断专行。

骐骥不乘　皇皇更索

【原文】

释骐骥而不乘，焉皇皇而更索。

【译文】

在身边的千里马弃置不用，还匆匆忙忙到哪里去找好马呢？指人才近在眼前却视而不见，缺乏识才慧眼。

歪风盛行　绳墨不正

【原文】

请谒任举之说胜，则绳墨不正。

【译文】

如果走后门、通关节的歪风盛行，那么用人的标准就必然发生偏差。

广得贤才　可建功劳

【原文】

因众者可以显立功，忘己者可以广得贤。

【译文】

依靠众人的力量可以建立显赫功劳，不过高估计自己则可以广得贤才。

知人之道　方法七则

【原文】

知人之道有七焉：一曰间之以是非而观其志；二曰穷之以辞辩而观其变；三曰咨之以计谋而观其识；四曰告之以祸难而观其勇；五曰醉之以酒而观其性；六曰临之以利而观其廉；七曰期之以事而观其信。

【译文】

考察和使用一个人的方法有这样七种：一是暗中用是非来考验他，观察他的志向；二是同他深入辩论一个问题，观察他的应变能力；三是让他出谋划策，看他分析问题的能力；四是把面临的危险和困难告诉他，考察他战胜困难的勇气；五是安排酒宴，看他醉酒后所表现的性情；六是给他有利可图的条件，看他是否廉洁；七是和他约定好具体事情，看他是否守信用。

课勤察能　从以赏罚

【原文】

课勤惰，察能否，而从以赏罚，则政柄不摇，贤愚并励矣。

【译文】

考核官员的勤奋和懒惰，观察他们对自己的职务是否能够胜任，而后给以相应的奖赏和惩罚，那么朝廷的权力就不会动摇，不论是聪明的或愚钝的都能得到勉励了。

不守信用　譬之豺狼

【原文】

士不信悫而有多知能，譬之其豺狼也。

【译文】

一个人如果不守信用，不诚实，虽然有很多智慧才能，那也像豺狼一样。说明一个人如果思想道德不好，则越有才能越危险。

宁可过君　不可失佞

【原文】

德厚而位卑者谓之过，德薄而位尊者谓之失。宁过于君子，而毋失于小人。过于君子，其为怨浅；失于小人，其为祸深。

【译文】

德行深厚而授爵低微，叫作“有过”；德行浅薄而授爵尊高，叫作“有失”。宁可有过于君子，而不可有失于小人。因为有过于君子，带来的怨恨浅；有失于小人，带来的祸乱深。意谓重用德行卑劣的小人必然带来严重祸乱。

选贤贡士　据实而言

【原文】

选贤贡士，必考核其清素，据实而言。其有小疵，勿强衣饰，以壮虚声。

【译文】

选拔贤士，推荐人才，当然要考核他是否清白，但也要据实而言。他即使有些小毛病，也不要勉强去掩饰，壮他的虚名。

天下贤者　岂古之人

【原文】

今天贤者智能，岂特古之人乎？患在人主不交故也，士奚由进？

【译文】

如今天下贤明的人皆拥有智谋和才能，哪里只是古代才有贤人呢？令人忧虑的是君主不和他们交往，这样，人才怎么能够进入朝廷呢？

不遇其世　所以功名

【原文】

圣人虽有其志，不遇其世，仅足以容身，何功名之可致也！

【译文】

有高德大才的人虽然具备远大的志向，但是不遇到他施展才能的社会条件，也只能在世上容身而已，哪有什么功名可以建立的呢？

论材审用　必明于象

【原文】

不明于象，而欲论材审用，犹绝长以为短，续短以为长。

【译文】

不了解各种人才的特征和表现，而想量才用人，就好比把长材短用、短材长用一样。

不可而已　无所不已

【原文】

于不可已而已者，无所不已。于所厚者薄，无所不薄也。其进锐者，其退速。

【译文】

对于不应当废弃的人却废弃了，那就没有什么不可废弃了。对于应当厚待的人却薄待了，那就没有什么人不可以薄待了。那些进用太突然了的人，他们被罢退也必然十分迅速。

任人以事　治乱之机

【原文】

任人以事，存亡治乱之机也。无术以任人，无所任而不败。

【译文】

任用人去担任职事，这是存与亡、治与乱的关键。不讲策略去任用人，就没有哪一项任命不失败。

善于用人　使之自觉

【原文】

所谓明者，使众不得不为。

【译文】

所谓聪明的国君，他能使众人不得不尽力做事。意思是执政者要善于用人，使之自觉地努力工作。

有才之官　善于用人

【原文】

羿、蜂门者，善服射者也。王良、造父者，善服驭者也。聪明君子者。善服人者也。

【译文】

羿和蜂门，是善于从事射箭的人，王良和造父，是善于驾车的人。有才能的官员，是善于用人的人。

不肖以罚　使贤以义

【原文】

凡使贤不肖异：使不肖以赏罚，使贤以义。故贤主之使其下也必义，审赏罚，然后贤不肖尽为用矣。

【译文】

使用贤德之人和不贤之人的方法不同：使用不贤之人用赏罚，使用贤德之人用道义。所以贤明的君主使用自己的臣属一定要根据道义、慎重地施行赏罚，然后贤德之人和不贤之人就能为自己所用了。

人主之弊　使而无用

【原文】

人主之患，必在任人而不能用之。

【译文】

君主的弊病，一定是任人以官职却又不会很好地使用他。

驭下之权　不可释之

【原文】

制下之权，日陈君前，而君释之，故令群臣懈弛而背朝。

【译文】

控制和驾驭臣下的权力，每天都摆在君主的面前，而君主却弃而不用，所以必然使得群臣松弛懈怠，心不向着朝廷。

任人之长　不强其短

【原文】

任人之长，不强其短；任人之工，不强其拙。

【译文】

用人，应用他的专长，不应勉强他做不擅长的事；用人应用他的精巧技艺，不应勉强他做不会做的事。

因人而异　因才委任

【原文】

人不同能，而任之以一事，不可责遍成。

【译文】

人们的才能是不相同的，应根据他们不同的特长，委任不同的工作，不能要求他们事事胜任。

奸佞之人　勿委重任

【原文】

訾卫之人，勿与任大。

【译文】

对喜欢诋毁好人、称赞坏人的人，不能委以重任。

重信小人　将失贤士

【原文】

吝于财者失所亲，信小人者失士。

【译文】

对钱财过分吝啬就会连亲戚都失去，过于信任小人就会失去贤能之士。

用非所养　古今通病

【原文】

所用非所养，所养非所用，此古今之通患也。

【译文】

任用的人不是训练有素的，训练有素的人不被任用，这是古往今来用人方面一个共同的弊病。

俸禄充足　臣下肱骨

【原文】

用臣必先致其禄食，禄食足而臣莫不尽忠。

【译文】

君主使用臣下必须先给予足够的俸禄，俸禄丰足则臣下没有不尽忠效力的。说明足够的待遇是调动官员积极性的重要条件。

财者君轻　死者士重

【原文】

财者，君之所轻；死者，士之所重也。君不能施君之所轻，而求得士之所重，不亦难乎。

【译文】

钱财对您来说是很轻的；死亡对人才来说却是很重的。您平常不肯把钱财等轻的东西施舍给人才，而现在却要想让人才以死效力，不也是很难办到吗。

开其道路　察而用之

【原文】

开其道路，察而用之，尊其位，重其禄，显其名，则天下之士，骚然举足而至矣。

【译文】

打开进贤的道路，经过考察而任用他们，使他们的地位尊贵，使他们的待遇丰厚，使他们的名声显赫，那么天下有才能的人，就会争先恐后地到这里来了。

用兵之道　崇礼厚禄

【原文】

用兵之道，在崇礼而重禄。礼崇则智士至，禄重则义士轻死。

【译文】

用兵的原则，在于崇尚礼节，使俸禄丰厚。崇尚礼节，有才智的人就会到来，俸禄丰厚，有节操的人就会乐于替君主效死命。

贤人在位　天下而从

【原文】

贤人在而天下服，一人用而天下从。

【译文】

贤人在位，天下百姓都会服从；任用一个有才能的人，天下人都会听从。说明只有选贤任能，执政者才能深得民心。

忠臣于君　推贤荐能

【原文】

忠臣之于君也，必进贤人以辅之。

【译文】

忠臣对于自己的君主，一定要努力荐举贤人来辅佐他。

举荐贤人　功劳之举

【原文】

功无大乎进贤。

【译文】

没有比举荐贤人功劳再大的了。

儒释道论《菜根谭》

第一章 高远

淡泊[1] 明志 肥甘丧节

【原文】

藜口苋肠[2]者，多冰清玉洁[3]；衮衣玉食[4]者，甘婢膝奴颜[5]。盖志以淡泊明，而节从肥甘[6]丧矣。

【注释】

①淡泊:甘于寂静无为的生活环境。

②藜口苋肠:藜,藜科一年生草木本植物,苗可蒸煮着吃。苋,苋科一年生草本植物,茎叶可以食。据《昭明文选》曹植《七启》说:"余甘藜藿,未暇此食也。良注:'藜藿贱菜,布衣所食。'"此指平民百姓。

③冰清玉洁:形容人的品质像冰一样清明透彻,玉一样纯洁无瑕,据《新论·妄瑕》说:"伯夷叔齐,冰清玉洁。"

④衮衣玉食:指权贵。衮衣是古代帝王所穿的衣服,比喻华服,玉食是形容山珍海味等美食,衮衣玉食是华服美食的意思。

⑤婢膝奴颜:也作奴颜婢膝,奴和婢都是古代的罪人、下等人,没有自由和独立人格,比喻自甘堕落而没有骨气的人。

⑥肥甘:美味,比喻物质享受。

【译文】

能过着粗茶淡饭生活的人,他们的操守多半都像冰一样清纯、玉一样纯洁;而讲究穿着华美饮食奢侈的人,他们多半甘愿做出卑躬屈膝的奴才面孔。因为一个人的志向要在清心寡欲的状态下才能表现出来,而一个人的节操都是从贪图物质享受中丧失殆尽。

【论谭】

齐国大夫公行子到燕国去,路上遇见曾元,问:"燕国的国君怎么样?"曾元说:"没有远大的志向。没有远大志向的人就轻视事业,轻视事业的人,就不求贤人帮助,没有贤人帮助,怎么能胜任国家大事呢?他只能像氐族人和羌族人一样野蛮。这样的人不担心自己国家的兴亡,而只担心他死后不能够沿用氐族、羌族的习俗实行火葬。想的是蝇头小利,危害的是整个国家的大事啊!"孟子曾多次会见齐宣王,但并不与宣王谈论治理国家。孟子的学生十分疑惑,孟子说:"我要先攻破他只讲功利、霸道的坏思想。"孟子讲仁说义,就是要让齐宣王胸怀国家,放眼天下啊!

面前放宽　身后泽长

【原文】

面前的田地[①]要放得宽，使人无不平之叹[②]；身后的惠泽要流得长，使人有不匮之思[③]。

【注释】

①田地：指心胸，心田。

②不平之叹：对事情有不平时所发出的感叹。

③不匮之思：匮，缺乏，比喻永恒的恩泽。据《诗经·大雅》篇："孝子不匮，永锡尔类。"

【译文】

一个人待人处事的心胸要宽厚，只有如此，才能使你身边的人不会有不平的牢骚；死后留给子孙与世人的恩泽要流得长远，才会使子孙后代永远的思念。

【论谭】

沩山、五峰、云岩顺次站在师父百丈和尚的身边，向师父讨教。按例，百丈先问高徒沩山："抿住咽喉与嘴巴，如何说法？你且说说看！"沩山忙说："先请老师示范一下吧！"反问的太巧了！沩山如果在百丈提问之前没有悟透的话，是不会应对得如此妙当的。这种功能在禅里称为"骑贼马追贼"。百丈于是说："我本应该讲给你听的，这是义不容辞的事，可是如果我说了，恐怕我就会丧失儿孙。"意思是：你要我讲，我是可以讲给你的。可是如果说个明明白白，你们这些小子就会放松自己，不去穷尽至理，我岂不绝子绝孙吗？还是不说的好。对百丈的"并却咽喉唇道一句"的提问，五峰是这样回答的："这么说，老师也得抿住咽喉来说法了。"五峰这样回答跟沩山的"骑贼马追贼"的机灵回答相似，但是对老师的回击更为猛烈，远不及沩山的"请老师自行说说看"的回答沉静老练、锋芒不露。从这些地方，就可以看出修行之人的境界、锤炼的程度了。百丈则对他说："你禅机甚锐，令修行者不能近前。恐怕他们都会把手挡在额上，从远处观望一下便走开。你叫他们敬

而远之。”百丈的话半是肯定、半是点破，值得初参者认真学。对百丈大师的问答，最后的云岩是这样回答的：“老师说法时不正是有时抿住了咽喉唇，有时又不好抿吗？”云岩尚未开眼，禅门称为“无眼子”，也许是因为这个原因，他的回答才这么钝拙吧！圆悟和尚的评语是“皮粘着骨”，理是有点理，但太拘泥于文字，火候还不到，就像调味不到的厨师。百丈开示说：“云岩哪，你如果老是这样莫衷一是，修行可怜的禅，恐怕我的法子法孙都会丧失于你手！”沩山与五峰都悟过了，差别只在于了悟的程度、精粗之分；而云岩还未真悟，心中尚残秽物。《高僧传》说云岩随侍百丈二十年后，参得生死大法；而真正的开悟，是在药山座下参禅时得缘而悟的。

路留一步　味让三分

【原文】

路径[1]窄处留一步，与人行；滋味浓的减三分，让人尝。此是涉世一极乐法。

【注释】

①路径：小路。

【译文】

在狭窄的小路上行走，要留一点余地让别人走；遇到美味可口的食物，要留出三分让给别人吃。这就是一个立身处世最安全快乐的方法。

【论谭】

“将相和”是历史上有名的典故。廉颇和蔺相如同是战国时的赵国大臣。廉颇是赵国的名将，蔺相如由于在完璧归赵和渑池会上立了功，赵王封蔺相如做上卿，位置在廉颇之上。

廉颇很不服气，扬言说：“我见到蔺相如，一定要羞辱他。”蔺相如听说了，就一直刻意回避他，在街上遇见他的车子，也都躲避，甚至假装生病不上朝以免与廉颇同列。蔺相如手下的人很不理解，蔺相如道：“我连秦王也不怕，我会怕廉将军吗？但是大家知道，秦国之所以忌惮我们赵国，就是因武有廉将军，而文有我啊。如果我们之间起了争斗，秦国就会乘虚而入，我之所以避着廉将军，为的是赵国的利益。”廉颇听说了这件事以后，十分羞愧，就光着上身，绑上荆条，到蔺相如府上请罪，说道："我是个粗鄙浅陋的人，不料您宽容我、忍让我竟到了这等地步。"从此，赵国出现了将相和睦的大好局面。

金玉人品　烈火中炼

【原文】

欲做精金美玉的人品，定从烈火中煅来；思立掀天揭地的事功，须向薄冰上履过①。

【注释】

①履过：走过。典出《诗经・小雅・小晏》："如临深渊，如履薄冰"。这里比喻经过危险境地。

【译文】

要想追求那种金玉般纯洁的品德，必须到轰轰烈烈的事业中去磨炼；要想创立惊天动地的功绩，必须到难关险隘中去拼搏。

【论谭】

一个受了教育有知识有头脑的人，不可以没有宽广的基础和强韧的毅力。因为无论是自己有建树，还是以天下为己任，都是一副沉重的担子，挑上这副担子，一直到死才放下，没有宽广的基础和强韧的毅力，是不行的。孔子的弟子曾参曾说："士不可以不宏毅，任重而道远。从禅宗的角度来看，禅，就在我们眼前，就在我们身边，就在我们的心底。然而，要想把这个活活泼泼的禅机参透，却非易事。佛经上强调：难行能行，难忍能忍，难舍能舍。为了参禅，必须迎风屹立，逆流而上。达摩祖师在少林寺面壁九年，用自己的实际行动告诉后人：参禅必须参到心如墙壁，静观己心，则可安心；参禅就是实践"四行"，使行为与真道冥符；参禅必须严守戒律，远离一切欲念的束缚。这一切，都是对人信念与毅力的严格考验。

一错百非　万全无悔

【原文】

一念错，便觉百行皆非，防之当如渡海浮囊[1]，勿容一针之罅漏；万善全，始得一生无愧，修之当如凌云宝树[2]，须假众木以撑持。

【注释】

①渡海浮囊：古时用牛皮或羊皮制成气囊，做渡海时的防溺工具，相当于救生圈。

②凌云宝树：典出佛经《无量寿经》，西方佛地的宝树。

【译文】

因为一念之差而办错了事，就会使你觉得所有行为都有过失，所以谨防差错就像渡海携带的气囊一样，容不得针尖大的一点裂缝；什么样的好事都做，才能使人一生无愧无悔，所以修身就像西方佛地的凌云宝树要靠众多的林木扶持一样，要多多积累善行。

【论谭】

楚怀王曾与项羽、刘邦约定，先入关者为王。结果刘邦的十万军队首先攻入咸阳，推翻了秦朝，屯驻在霸上。项羽率领四十万大军晚到了一步，驻扎在新丰、鸿门。项羽的谋士范增说："从刘邦入关后的情况来看，他的志向不小。将来能够与大王争天下的必是他，不如趁现在羽翼未丰的时候把他除掉，以免将来后患无穷。"项羽同意设鸿门宴处死刘邦。但是在鸿门宴上刘邦一再称颂恭维项羽，项羽竟非常得意，起了仁义之心，忽然改变主意使刘邦得以脱身。

项羽这一念之差，使得刘邦东山再起，迅速壮大，最后在垓下之战，逼得项羽乌江自刎，使项羽丢了性命，丢了江山。

登高心旷　舒啸兴迈

【原文】

登高使人心旷，临流使人意远；读书于雨雪之夜，使人神清；舒啸[1]于丘阜[2]之巅，使人兴迈[3]。

【注释】

①舒啸：舒是伸展，啸是吹而发声，舒啸是发出心中闷气。

②丘阜：小山冈。

③迈：奋发，豪爽。

【译文】

登上高山放眼远看，就会使人感到心胸开阔；面对流水凝思，就会让人意境悠远。在雨雪之夜读书，就会使人感到心旷神怡；爬上小山朗声而啸，就会使人感到意气豪爽。

【论谭】

范仲淹在岳阳楼上把酒临风，心旷神怡，发出了“先天下之忧而忧，后天下之乐而乐”的感叹。荀子说，我曾经踮起脚跟向远方眺望，但远不及登上高山见到的广阔无垠；我曾经站在高处伸手招呼，手臂并没有加长，但远处的人却看得清楚；我曾经顺风呼喊，声音并没有加大，但远方的人却听得清晰。孟子也曾说过这样的话：“孔子登东山而小鲁，登泰山而小天下。”这种圣人登山的胸怀，并不是天生的，而是道德修养情操陶冶的结果，德高望重者，胸怀家国，高瞻远瞩，预见未来！什么东西能“使人意远”“使人神清”“使人兴迈”呢？唯向自己内心求，向书中求。

心事宜明　才华须韫

【原文】

君子之心事，天青日白，不可使人不知；君子之才华[①]，玉韫珠藏[②]，不可使人易知。

【注释】

①才华：表露于外的才能。

②玉韫珠藏：珍藏的意思。《论语·子罕》："有美玉于斯，韫匮而藏诸，求善而沽诸。"陆机《文赋》中说："石韫玉而山晖，水怀珠而川媚。"

【译文】

一个有高深修养的君子，他的心地像青天白日一样光明，没有什么不可以告人的事；一个有修养的君子，他的才华应像珍藏的珠宝一样，绝对不能轻易炫耀让别人随便知道。

【论谭】

“心事宜明”是做人的准则，“才华须蕴”是做事的准则。君子之心应该是坦荡的，不应有不可告人的欲念、邪念乃至恶念。至于个人才能的发挥，应该是合乎自然的，切忌好大喜功的炫耀，否则，必然招致旁人的嫉恨，自身的才华必然会变得飘飘荡荡的，终身不得其果，甚至会招致杀身之祸。

三国时，曹操非常顾忌刘备，担心刘备日后将成大器而与他争夺天下。刘备知道这一点，就隐藏自己的抱负。每天只是在家里种菜，显得没有什么追求一样。一次，曹操特意与刘备喝酒，对刘备说：“当今天下英雄只有你和我曹操两个人罢了。”这句话令刘备心中一震，手中的筷子不觉掉在地上，这时刚好有一阵雷响起，刘备趁势道：“雷声的威力，竟至到如此地步。”曹操笑道：“大丈夫也怕雷吗？”刘备道：“圣人在迅雷疾风之时，神色一定会发生变动，我如何能够不怕呢？”他把自己的不安掩饰过去，一点也不流露出别的来，就像没听到曹操的话一样。曹操于是不再怀疑他。刘备为了防备曹操，以完成他兴复汉室的志向，不得不如此深自隐藏，这就是对本文中这句话一个很鲜明的注解了。

和气致祥　欢欣舒畅

【原文】

疾风怒雨，禽鸟戚戚①；霁日光风②，草木欣欣③。可见天地不可一日无和气，人心不可一日无喜神④。

【注释】

①戚戚：忧愁而惶惶不安。《论语》：“君子坦荡荡，小人长戚戚。”

②霁日光风：霁，雨后晴朗。指天气晴朗，风和日丽。

③欣欣：草木茂盛的样子。

④喜神：心神愉悦。

【译文】

在狂风暴雨中，飞禽都感到哀伤忧虑惶惶不安；晴空万里的日子，草木茂盛欣欣向荣。由此可见，天地之间不可以一天没有祥和之气，而人心也不可以一天没有舒畅的情趣。

【论谭】

客观环境的好坏能够左右人们的心情，如在雨过天晴、风和日暖的天气里，草木显得生机勃勃，人的心情也往往因此豁然开朗。但是世界的万事万物常常也随我们心理状况而转移变化。当我们怒发冲冠时，看周围的事物都觉得可悲可叹，当我们喜笑颜开时，看一切事物也觉得可喜可乐。所以杜甫《春望》诗中才有“感时花溅泪，恨别鸟惊心”的体验。人在现实生活中可能遇到各种喜怒悲哀的事情，心中必须保持平衡，一定要有喜神的鼓舞，这个喜神就是努力拼搏、不断向上、积极进取的精神，保持一种心理上的平衡。

真味是淡　至人是常

【原文】

酰肥[1]甘非真味，真味[2]只是淡；神奇[3]卓异[4]非至人，至人[5]只是常。

【注释】

①酰肥：酰，美酒；肥，美食、肉肥美。《淮南子·主术篇》中说："肥酰甘脆，非不美也；然民有糟糠菽粟不接于口者，则明主弗甘也。"

②真味：美妙可口的味道，比喻人的自然本性。

③神奇：指才能智慧超越常人。

④卓异：才智过人。

⑤至人：道德修养都达到完美无缺的人，即最高境界。《庄子·逍遥游》篇中有："至人无己，神人无功，圣人无名。"

【译文】

美酒佳肴鱼肉美食都不是真正的美味，真正的美味只有那粗茶淡饭；才智卓绝超凡绝俗的人，都不算人间真正的伟人，其实真正的伟人是那些看起来平凡无奇的人。

【论谭】

一次，齐国储子与孟子相遇，问孟子说："齐王总打发人去探视先生，想必是一定有什么与别人不同的地方吧！"孟子回答说："有什么与别人不同的地方呢？尧舜也同一般人一样呢。"

在孟子的心目中，人具有的我都具有，人没有的我亦不可强求；我跟人一样，人跟我一样，圣人和我也没有什么不同。

说到底，我们都是常人，即使已身居高位，即使拥有了万贯家财，即使已声名远播，即使的确成就惊人令众人仰慕……都应该记住：自己本来是常人。而本为普通人，更应该记住自己是常人，记住了自己是常人，就有一个常人心。

一个有完美人格和高尚品德的人，都是在平凡中实践自己伟大的人生理想，《庄子·

田子方》中田子方的老师正是这种思想境界。书中说:田子方陪坐在魏文侯身旁,多次称赞谿工。文侯说:“谿工是你的老师吗?”田子方说:“不是老师,是我的邻居;他的言论谈吐总是十分中肯恰当,所以我称赞他。”文侯说:“那你没有老师?”子方说:“有。”文侯说:“你的老师是谁呢?”田子方说:“东郭顺子。”文侯说:“那先生为什么没曾称赞过他呢?”田子方回答:“他为人十分真朴,相貌跟普通人一样而内心却合于自然,顺应外在事物而且能保持固有的真性,心境清虚宁寂而且能包容外物,外界事物不能符合‘道’,便严肃指出使之醒悟,从而使人的邪恶之念自然消除。我做学生的能够用什么言辞去称赞老师呢?”

可见只有在平凡之中才能保留人的纯真本性,进而在平凡中显出英雄本色。

独坐观心　真常独露

【原文】

夜深人静独坐观心[①]，始知妄穷而真独露[②]，每于此中得大机趣[③]；既觉真现而妄难逃，又于此中得大惭忸[④]。

【注释】

①观心：佛家语，指观察一切事物，当自我反省解。据《辞海》注："观察心性如何，谓之观心。"

②妄穷而真独露：妄，妄见，妄念。佛教认为一切事物皆非真有，肯定存在就是妄见。真，真境，脱离妄见所达到的涅槃境界。

③机趣：机是极细致；趣，当境地解，即隐微的境地。

④大惭忸：惭忸是惭愧、羞愧。此指很惭愧。

【译文】

夜深人静、万籁俱寂时，一个人独坐静思省察自己的内心，才会发现自己的妄念全消而真心流露，当此真心流露之际，皓月当空，心旷神怡，精神十分舒畅，感觉体会到了毫无杂念的细微境界。假如这种真心能够常在，然而已经感到真心偏偏难以全消妄念，于是心灵上会感到惭愧不安，在此中感到悔悟而有改过向善的意念。

【论谭】

孟轲生怕败坏了自己的名誉，竟休了他的妻子，这可算作自强了，但不能说思考得周致。孔子的学生，担心看书睡着了，就用火柴烧手掌，这可算得上自我克制了，但还没有达到喜好思考的程度。石洞中有一个人，他会猜谜语又喜欢思考。如果耳朵听到声音，眼睛看到东西，就扰乱了他的思考。所以，蚊虫的叫声、禽鸟的飞翔，都会妨碍他聚精会神。为避免耳朵和眼睛受到骚扰，他独居石洞，静坐思考，这样，他的思想就明白通达。使耳朵和眼睛避开骚扰，可以算得上自我警惕了，但还没有达到认识的精微程度。能够认识精微的人，是天下最完美的人，既然是最完美的人，还有什么自强、自我克制、自我警惕呢？所以，没有得道的人，如火光一样，只有光明，转瞬即逝；而真正得道的人，如火一样，木身发光发热，因此整个身体也透彻明亮。

恩里生害　败后成功

【原文】

恩[1]里由来生害，故快意[2]时须早回头；败后或反成功，故拂心[3]处切莫放手。

【注释】

①恩：恩惠，蒙受好处。

②快意：得意，心情舒畅。

③拂心：不能随便依自己的心愿行事。

【译文】

身处顺境被当政者恩宠征用，往往会招来祸患，所以一个人在名利、权位上志得意满时应该见好就收，要有急流勇退的明哲保身态度，尽早觉悟；不过遭受挫败后有时反而会使一个人走向成功之路，因此遭受打击不如意时，千万不可就此罢休，放弃追求。

【论谭】

张良所以能成为千古良辅，被后世谋臣推崇备至，不仅在于他能运筹帷幄，决胜千里，佐刘邦创立西汉王朝，还在于他能因时制宜，适可而止，最后，既完成了预期的事业，功成名就，又在那充满悲剧的封建专制时代里保存了自己。在秦汉之际的谋臣中，他比陈平思虑深沉，比蒯彻积极务实，比范增气度宽宏。他与萧何、韩信并称为汉初三杰，却未像萧何那样蒙受锒铛入狱的凌辱，也未像韩信那样落得兔死狗烹的下场。自从汉高祖入都关中，天下初定，张良便托辞多病，杜门不出，屏居修炼道家养生之术。汉六年（公元前201年）正月，汉高祖剖符行封。因张良一直随从划策，待从优厚，让他自择齐地三万户。张良只选了个万户左右的留县，受封为“留侯”。他曾说道：“今以三寸舌为帝者师，封万户，位列侯，此布衣之极，于良足矣。愿弃人间事，欲从赤松子（传说中的仙人）游。”他看到帝业建成后君臣之间的“难处”，欲从“虚诡”逃脱残酷的社会现实，欲以退让来避免重复历史的悲剧。的确如此，随着刘邦皇位的渐次稳固，张良逐步从“帝者师”退居“帝者宾”的地位，遵循着可有可无、时进时止的处事准则。在汉初消灭异姓王侯的残酷斗争中，张良极少参赞谋划。在西汉皇室的明争暗斗中，张良也恪守“疏不间亲”的遗训。张良堪称“功成身退”的典范。

脱俗除累　超凡入圣

【原文】

作人无甚高远的事业，摆脱得俗情[①]便入名流；为学无甚增益的功夫，减除得物累[②]便臻圣境[③]。

【注释】

①俗情：世俗之人追逐利欲的意念。

②物累：心为外物所牵累，也就是思想遭受物欲等杂念干扰。

③圣境：是指至高无比的境界。

【译文】

做人并不是非要懂得什么高深的大道理，一定要干大事业才行，只要能摆脱世俗的利欲意念就可以跻身名流；要想求到很高深的学问，并不需要特别的秘诀，只要能排除外界的干扰，清心寡欲，就可以超凡入圣。

【论谭】

刘向说："书犹药也，善读之可医患也。"一个时代有一个时代的书籍，一个时代有一个时代的愚昧。在战国末期，《诗》《书》《礼》《乐》是那个时代的经典，《尚书》记载了先古的故事，《乐经》记载了谐和音律，《礼经》记载了法律总则、礼节仪式，《诗经》知识广博，《春秋》微言大义，这些书把天地间的各种事理录载得十分完备了。所以，医治那个时代的蒙昧，塑造那个时代的人杰，这些书是非看不可的。在当今社会里，如果你要当政治家、文学家、科学家，或者律师、教师、经理、企业家，首先你必须读书。不断地读书，有成就的人是靠大脑吃饭的，大脑没有精神食粮的不断供养，是会枯萎的。

宠利毋前　德业毋后

【原文】

宠利毋[1]居人前，德业[2]毋落人后，受享毋逾分外，修为[3]毋减分[4]中。

【注释】

①宠利：荣誉、金钱和财富。

②德业：德行，事业。

③修为：品德修养。修是涵养学习。

④分：指范围。

【译文】

追求功名利禄时不要抢在他人之前，进行品德修养创办事业时不要落在他人之后，享受物质生活不要贪图超过自己允许的范围，修养品德时不要达不到自己分内所应达到的标准。

【论谭】

《孟子·离娄下》篇曾提出“禹、稷、颜回同道”的观点，说：“禹、稷当平世，三过其门而不入，孔子贤之。颜子当乱世，居于陋巷，一箪食，一瓢饮，人不堪其忧，颜子不改其乐，孔子贤之。”在孔子所称为“贤”的两种人中，包含了他的两大理想：立功与立德。立功就是推行仁道，造福天下，实现大同世界；立德则是建立一种乐道自足的强大的精神境界，富贵贫贱，始终如一。

人生的一切欲望，归纳起来是两种：精神欲望和物质欲望。为了满足这两种欲望，相应地就产生了两大追求：精神追求和物质追求。庸人、小人把物质欲望当作人生的全部，所以没有多少精神的追求。君子、贤人精神的欲望特别强烈，但是却也不能没有物质的欲望，所以他们得承受这两种欲望，他们比庸人、小人多承受一份根本的人生痛苦，只是他们最终能以精神欲望居于主导地位，达到一种具有伟大包涵力的崭新的心理和谐。这种有伟大包涵力的崭新和谐，就是“安贫乐道”。

梦窗国师曾对人说：我手下有三等弟子，上等弟子皆毫无挂碍地绝断尘缘，专心究明己事，探求真实的自己，为真理而穷追不舍；修行不纯但好学勤勉，所取博杂的是第二等；昧却自己的灵性，一味贪嗜佛祖残涎末教的为下等。至于那些专心致志佛门之外的杂书，舞文弄墨，自吹自得的便是大俗人一个了。这等人连我手下的下等弟子都不如。更有饱食安眠，放逸度日者，仅是末流而已，这种人古人称为衣架饭囊。这种人没有僧性，不可纳为我门弟子，出入山门亦不许可，或者有人说，他也是来入门求道的，和尚怎么可以这么没有慈悲心呢？老僧我始终这样认为：不是我们没有博爱和仁慈之心；佛门所需的只是那种能知过改过，坚持不懈，经得起千锤百炼，足以继承祖先大业的人。

退即是进　与就是得

【原文】

处世[1]让一步为高，退步即进步的张本[2]；待人宽一分是福，利人实利己的根基。

【注释】

①处世：度过世间，即一个人活在茫茫人海中的基本做人态度。

②张本：前提，准备。

【译文】

为人处世都要有让人一步的态度才算高明，因为让人一步就等于为日后进一步做好了准备；待人接物以抱宽厚真诚的态度为最快乐，因为给人家方便是日后给自己留下方便的基础。

【论谭】

上古时期的古公亶父和他的部落先是居于邠地，他们不时受到狄人的侵扰。狄人来犯，亶父便以皮裘、丝绸相与；狄人再犯，又以好狗名马相与；亶父采取的是不抵抗政策。亶父不抵抗，是因为亶父的部落很弱小，完全不具备抵抗的条件。但是，如此几次三番，狄人仍然没有停止侵犯。亶父明白了狄人的意图，便召集邠地长老，对他们说："狄人所要的是我们的土地，土地本是养人之物，我不能因为它而使人遭害。我们只好离开，放弃它了。”于是亶父将自己的部落迁到岐山，最终不仅保存下来，而且发展了强大的基业。孟子认为，亶父在不得已时采取的暂时规避，正是智者成事之心。

净从秽[1]生　明从暗出

【原文】

粪虫[2]至秽变为蝉[3]，而饮露于秋风[4]；腐草无光化为萤[5]，而耀采于夏月。故知洁常自污出，明每从暗生也。

【注释】

①秽：是脏臭的东西。

②粪虫：粪指粪土或尘土，粪虫是尘芥中所生的蛆虫，此处指蛴螬（金龟子的幼虫），蝉就是从蛴螬蜕化而成的。

③蝉：又名知了，幼虫在土中吸树根汁，蜕变成蛹后而登树，再蜕壳成蝉。

④饮露于秋风：蝉不吃普通的食物，只以喝露水为生，古以此为高洁的象征。据《淮南子·坠形训》篇：“蝉饮而不食。”又陆士龙《寒蝉赋》说：“含气饮露则其清也。”

⑤化为萤：腐草能化为萤火虫是传统说法。据《礼记·月令》篇：“季夏三月……腐草

为萤”。又《格物论》说:“萤是从腐草和烂竹根而化生。”其实萤火虫是产卵在水边的草根,多半潜伏土中,次年草蛹化为成虫,这就是萤火虫。

【译文】

粪土里所生的虫是最脏的虫,可是一旦蜕化成蝉后却只喝秋天洁净的露水;腐烂的野草本来不会发光,可是一旦孕育出萤火虫后,它却能在夏天的夜空中闪闪发光。由此可以知道,洁净的东西常常是从污秽中产生,光明的事物常常在黑暗中产生。

【论谭】

禅林怪杰无三和尚,原是一个偏僻小村的村民,他21岁时做杂役,53岁时看破红尘出家为僧。他决心十足,不顾老迈之躯遍游全国各地,后拜宝香寺的洞泉橘仙和尚为师,他的刻苦勤勉感动了洞泉和尚,和尚把正法传给了无三。无三修得正果后,受萨摩藩主邀请,出任鹿儿岛的福昌寺住持。在出任住持的仪式上,无三展示了禅师高尚的品性。萨摩藩有一条规定,以贫贱的百姓身份不能出任佛寺的住持,要当住持就得改官姓。无三无意改姓。这时,有一位嫉妒无三的某寺住持向藩王进谗言:“一个土百姓怎么能当住持呢?”满座为之哗然。在大庭广众之下,无三面不改色,声如洪钟,说了一句震慑满堂的话:“我是泥中莲花。”净从秽生,当不难懂!

伸扬正气　显现真心

【原文】

矜高倨傲①,无非客气降伏得,客气②下而后正气③伸;情欲意识④,尽属妄心⑤消杀得,妄心尽而后真心⑥现。

【注释】

①矜高倨傲:自夸自大,态度傲慢。

②客气:言行虚矫,不是出于真诚。

③正气:至大至刚之气,例如孟子所说:“我善养我浩然之气”,这种浩然之气就是正气。

④意识:心理学名词,指精神的醒悟状态,如:知觉、记忆、想象等一切精神现象都是意识的内容,此处有认识和想象等意。

⑤妄心:虚幻不实际叫妄,本是佛家语,指人的本性被幻象所蒙蔽。

⑥真心:真实不变的心。佛家语,据《辞海》注:“按《楞伽经》以海水与波浪喻真妄二心:海水常住不变,是为真;波浪起伏无常,是为妄。众生之心,对境妄动,起灭无常,故皆是妄心。得金刚不坏之心,惟佛而已。”

【译文】

一个人之所以会有自高自大傲慢无理的态度,无非是由于受外来的虚矫言行所影响,只要能把这种外来不是出于至诚的血气消除,光明正大刚直无邪的正气就会出现。一个人的所有欲望和想象,都是由于虚幻无常的妄心所致。只要能消除这种虚幻无常的妄心,善良的本性就能显现出来。

【论谭】

荀子《性恶》中说:人的本性是恶的,而善是后天人为的。人的本性,生来有喜好私利的,顺着这种本性,于是人与人之间的争夺就发生,谦让就消失了。人生来就有忌妒、仇恨的,顺着这种本性,于是残害忠良的事就发生,忠诚信用便消失了。人生来就有耳目的欲求,喜好声音美色,顺着这种本性,于是淫乱的事发生,礼义、等级制度和道德观念便消失了。既然这样,放纵人的本性,顺着人的情欲,必然会发生争夺,出现违反名分、破坏社会礼义秩序的事,从而导致暴乱。所以,一定要有君师和法制的教化、礼义的引导,然后才产生谦让,出现合乎等级制度的礼义秩序,从而导致社会安定。由此看来,人的本性是恶的已经清楚了,性善,是后天人为的。尽管荀子主张的“性恶”,强调的是人的本性是恶的。但同时,他又肯定“善是后天人为的”。我们同样可以这样理解:人性中的“恶”习,只要能加以制服,那么,“善”的一面即会显现,去除妄心,显现出真心,去掉了虚伪,显现出本性。

《庄子·天地》篇中说:“用道来观察言论,天下的君主就行为端正;用道来观察名分,君臣的义务就分明;用道观察才能,国家各部纷争就得到治理;用道遍观一切,万物的反应都很齐备了,所以,和天地相通是德,万物遵行的是道,官长治理人民的是事,专门的才能是技术,技术属于事,事属于义,义属于德,德属于道,道属于天。所以说,古代那养育天下的,没有欲望就天下富足,无为而万物自然演化,沉静而百姓安定。《记》这本书上说：‘懂得同一，万事大吉；无心追求，鬼神都会服从。’”

庄子主张用“道”来观察人的言论和行为，并做到无欲无求，这样就能消除外来客气和骄气，而使光明正大刚直无邪的气得以彰显。

以事后悔　破临事痴

【原文】

饱后思味，则浓淡之境都消；色后思淫，则男女之见尽绝。故人当以事后之悔，悟破临事之痴迷，则性定[①]而动无不正。

【注释】

①性定：性是本然之性，亦即是真心。定是安定、不动摇。即本性安定不动。

【译文】

酒足饭饱后再回想美酒佳肴的味道，这时所有的香甜美味都已经全部消失。房事满足之后再来回味性欲的情趣，那男女鱼水之欢的念头已经全部消失。所以假如人们能常用事后的悔悟，来作为另一件事情开始时的判断参考，那就可以减少错误而恢复聪明的本性。这样做事有了原则，一切行动自然都会合乎义理。

【论谭】

色指的是有形之物，即物质现象，在《心经》里亦指受（感受）、想（表象）、行（意志）等精神作用。这句话开示众人，色这种东西是空，即没有自性，受色所困是最不应该的。某人拿了一件烟花女子佩戴的精致小肚兜给东海寺的泽庵和尚看，意下想难他一难，不料和尚破颜一笑，一边说："绣得多好，老衲也喜欢有这等美人陪伴！"一边动笔写了一段偈语："佛卖法，祖师卖佛，末世之僧卖祖师。有女却四尺色身，消安了一切众生烦恼。色即是空，空即是色，柳绿花红，夜夜明月照清池，心不留亦影不留。"

山林情趣　治世胸怀

【原文】

居轩冕①之中，不可无山林②的气味；处林泉之下，须要怀廊庙③的经纶④。

【注释】

①轩冕：古代大夫以上的官吏，出门时都要穿礼服坐马车，马车就是轩，礼服就是冕，比喻高官。

②山林：泛指田园风光或闲居山野之间，喻隐退的意思。

③廊庙：比喻在朝从政做官。

④经纶：比喻策略。《中庸》说："唯天下至诚，为能经纶天下之大经。"即胸中要有提供朝廷采用的谋略。

【译文】

身居显位高官的人，要保持一种隐居山林淡泊名利的思想；隐居在田园山林之中的人，必须要有胸怀天下治理国家的雄心壮志。

【论谭】

诸葛亮是历史上一代名相，被人们称为“卧龙先生”。诸葛亮的少年时代，是在战乱流离中度过的，直到他进入成年时，才在襄阳城西的隆中置了一片田产，建了几间房子，和姐弟三人一起定居下来，自此过着“躬耕垄亩”的生活。但是，他身居隆中，却胸怀治理国家的雄心壮志。刘备在新野时，徐庶向他推荐诸葛亮，说他是人中之龙，劝刘备亲自屈驾迎请。刘备三顾茅庐之后得与诸葛亮相见，相见后就在诸葛亮茅屋请教起天下大计来。刘备说：“汉室倾危，奸臣专权，皇帝蒙尘，我自不量力，欲申大义于天下，却因智术短浅，狼狈至今，虽然如此，我大志尚存。请问有何大计能使我完成夙愿呢?”于是诸葛亮对天下的形势进行了分析，为刘备指出了成就霸业的长远大计。理路清楚，明确中肯，足见其超人的政治、军事头脑。后来，刘备对关羽、张飞说：“我之得孔明，犹鱼得水。”诸葛亮也依靠刘备施展了自己抱负，成为辅佐蜀国的千古名相。

中国古代知识分子受儒、道思想影响极深。在对待人生的问题上，一方面是积极入世，实现理想抱负；一方面恬淡出世，品味林泉真趣。

凡夫俗子如果没有崇高的社会责任感，没有济世救民的宏大抱负，那就既谈不上入世也谈不上隐退，不过随波逐流，随生随灭。如诸葛亮没有帮助刘备建立蜀汉以前，别人称他是隐居的卧龙，这时他自称为隐士、山人。当时一个襄阳隆中的普通农民能称为隐士吗？他们没有任何志向抱负，自然就无所谓仕和隐了。因而，隐是以仕为前提的，退是以进为前提的，没有积极进取的志向就谈不上退隐林泉的超脱。救世济民的胸怀是退隐的前提条件。东汉初年的严子陵，东晋末年的陶渊明，都是我国古代杰出的隐士。前者在富春江潇洒地垂钓，后者在南山默默地躬耕，他们都不挤在冠盖云集的京华，而独处在僻远的山水田园，赢得了一代又一代人的敬仰。在富春江钓鱼的不只严子陵，在庐山脚下耕田的也不只陶渊明，人们为什么单赞美他们两人呢？换句话说，如果他们两人只是普普通通的渔翁和农夫，就没有人对他们感兴趣了。要是他们像农夫渔父那样平庸草草过一生，与草木一同烂掉，怎么可能美名流传千古呢？

无过即功　无怨即德

【原文】

处世不必邀[1]功，无过便是功；与人[2]不求感德[3]，无怨便是德。

【注释】

①邀：求取。

②与人：帮助别人，施恩于人。

③感德：感激他人恩德，据《诗经·小雅》篇："忘我大德，思我小怨。"

【译文】

人生在世不必想方设法去争取功劳，其实只要没有过错就算是功劳；帮助他人不必希望对方感恩图报，只要对方不怨恨自己就算知恩报德了。

【论谭】

楚昭王丧失了国土，屠羊说跟随他在外逃亡。昭王返回楚国，打算赏赐跟随他逃亡的人，赏赐到屠羊说，屠羊说说："当年大王丧失了国土，我也失去了屠宰羊牲的职业；大王返归楚国，我也就得以重操旧业。我从业的报酬已经得到恢复，又何必赏赐什么！"昭王说："强令接受奖赏！"屠羊说说："大王失去国土，不是为臣的过失，所以我不愿坐以待毙伏法受诛；大王返归楚国，也不是臣的功劳，所以我也不该接受赏赐。"楚昭王说："那么我就接见他！"屠羊说又说："按照楚国的法令，必定有大功的人重赏后方才能够得到接见的礼遇，现在我的才智不足以使国家得到保全，而勇力又不足以使敌寇受到歼灭。吴军攻入郢都，我畏惧危难而躲避敌寇，并不是有心追随大王在外逃亡。如今大王意欲弃置法令和制度来接见我，这不是我所希望传闻天下的办法。"

骄矜无功　忏悔消罪

【原文】

盖世的功劳，当不得一个矜[1]字；弥天[2]的罪过，当不得一个悔字。

【注释】

①矜：骄傲、自负。据《尹文子》："名者所以正尊卑，亦所以生矜篡。"
②弥天：满天、滔天的意思。

【译文】

即使有盖世超人的丰功伟绩，也承受不了一个骄矜的"矜"字所引起的反效果，假如居功自傲便会前功尽弃；即使犯了滔天大罪，也挡不住一个"悔"字，只要彻底忏悔，就能赎回以前的过错。

【论谭】

这一段有两层意思：一层是说"戒骄"，一层是说"悔罪"。关于戒骄的道理一般易为人们所接受，然而要真正做到"悔罪"则并非易事。

商汤时七年大旱，汤王请太史占卜，太史说应该杀人祭天，商汤愿用自己祭天，他剪发断爪历数自己六条罪状，话才说完，方圆几十里都降下大雨解除了旱情。这就是仁，仁是儒家哲学的核心。

由此可见，犯下滔天大祸的人，假如能够彻底忏悔，洗心革面重新做人，邪念就会全消，罪孽也可能灰飞烟灭，而且还会带来好的结果，这就是“弥天罪过，挡不住一个悔字”啊！

道家的思想是出世的，但道家的始祖老子并不反对建功立业，而且十分看重个人的功业，他只是主张建功而不居功，打天下建天下而不占有天下，独享天下。“功成身退，自然之道”，这是一种非常积极高尚的人生观，他认为每个人的责任就是献身社会，在政坛、在战场实现个人的价值，建立一番伟大的功业，等自己的使命完成以后，马上就应该隐退，空出舞台让后来人演出更辉煌的历史剧。如果打下天下就占有天下，那与强盗的抢劫有什么两样呢？庄子曾经尖锐指出过：“盗窃钩子的人被杀，盗窃国家的人成了王。”问题与道理就在这里。

远害全身　韬光[1]养德

【原文】

完名美节，不宜独任，分些与人，可以远害全身[2]；辱行污名，不宜全推，引些归己，可以韬光养德[3]。

【注释】

①韬光：韬，本义是剑鞘，引申为掩藏。韬光是掩盖光泽，比喻掩饰自己的才华。萧统《陶靖节集序》说：“圣人韬光，贤人遁世。”

②远害全身：远离祸害，保全性命。

③养德：修养品德，诸葛亮《诫子书》说：“君子之行，以静养身，以俭养德。”

【译文】

不论如何完美的名誉和节操，不要一个人独占，必须分一些给旁人，才不会惹起他人忌恨招来灾害而保全生命安全；不论如何耻辱的行为和名声，不能完全推到别人身上，要自己承担一部分，只有这样才能掩藏自己智能而更多地修养品德。

【论谭】

一个有修养的人,应该知道居功之害。同样对那些可能玷污行为和名誉的事,也不应该全部推诿给别人。据《史记》载:在鲁哀公十一年那场抵御齐国进攻的战斗中,右翼军溃退了,孟之反走在最后充当殿军,掩护部队后撤。进入城门的时候,他鞭子抽打马匹,说道:不是我敢于殿后,是马跑不快。他这样做是为了掩盖自己的功劳。从消极方面说,人立身处世,不矜功自夸,可以很好地保护自己。韩信是汉朝的第一大功臣:在汉中献计出兵陈仓,平定三秦;率军破魏,俘获魏王豹;攻下代,活捉夏说;破赵,斩成安君,捉住赵王歇;收降燕;扫荡齐;历挫楚军。连最后垓下消灭项羽,也主要靠他率军前来合围。司马迁说:汉朝的天下,三分之二是韩信打下来的;项羽,是靠韩信消灭的。但是,功高震主,本来犯了大忌,加上他又不能谦退自处,看到曾经是他的部下的曹参、灌婴、张苍、傅宽等都分土封侯,与自己平起平坐,心中难免矜功不平。樊哙是一员勇将,又是刘邦的姨夫,每次韩信访问他,他都是"拜迎送",但韩信一出门,就要说:我今天倒与这样的人为伍!这样,终于一步步走上了绝路。后人评价说,如果韩信不矜功自傲,不与刘邦讨价还价,而是自隐其功,谦让退避,刘邦再毒,大概也不会对他下手吧?当然,对韩信的遭遇,这种看法是否恰当、公允,或者,是否还有别的公正的评价,这里姑且不论。但韩信的态度、遭遇的确是一个教训,也尤其使有才有功者在这个问题上深思猛醒!从历史上看历代君主多半都是开国功臣,但功高震主者则有亡身危险。

天道忌盈　业不求满

【原文】

事事要留个有余不尽的意思,便造物[①]不能忌我,鬼神不能损我。若业必求满,功必求盈者,不生内变,必招外忧[②]。

【注释】

①造物:指创造天地万物的神,通称造物主。《庄子·大宗师》说:"伟哉!夫造物者将以予为此拘拘者。"

②外忧:外来的攻讦、忌恨、外患。

【译文】

不论做任何事都要留有余地，不要把事情做得太绝，这样即使是造物者的上帝也不嫉妒我，神鬼也不会伤害我。假如对一切事物都要求尽善尽美的地步，一切功劳都希望达到登峰造极的境界，即使不为此而发生内乱，也必然为这些而招致外来的攻讦、忌恨。

【论谭】

世事如浮云，循环往复，瞬息万变。《周易·复卦·象辞》上说："复，其见天地之心乎"；"日盈时昃，月盈则食"。儒家从周而复始的自然变化中得到心灵的启示："无来不陂，无往不复。"即人生变故，犹如水流，事盛则衰，物极必反。

生活既然如此，为人处世就应处处讲究恰当的分寸。过犹不及，不及是大错，太过是大恶，恰到好处的是不偏不倚的中和。

俗话说："做人不要做绝，说话不要说尽。"廉颇做人太绝，不得不肉袒负荆，登门向蔺相如赔罪。郑伯说话太尽，无奈何掘地及泉，遂而见母。凡事都能留有余地，方可避免走向极端。

诚心和气　家有真佛

【原文】

家庭有个真佛[1]，日用有种真道[2]，人能诚心和气、愉色[3]婉言，使父母兄弟间形骸两释[4]、意气交流[5]，胜于调息观心[6]万倍矣。

【注释】

①真佛：真正的佛，此当信仰。

②真道：真正的道，道，真理。

③愉色：脸上所出现的快乐的面色，据《礼记·祭义》篇："有和气者必有愉色，有愉色者必有婉言。"

④形骸两释：形骸指肉体，释，消除。形骸两释指人我之间没有身体外形的对立，也就是人与人之间和睦相处。

⑤意气交流:彼此的意态和气概互相了解互相影响。

⑥调息观心:佛道两教都把静坐和坐禅称为调息,是取静坐和坐禅调理呼吸,保持内部机体运转自如的意思。观心是观察自己行为,也就是反省自己。

【译文】

任何家庭中应该有一种真诚的信仰,日常生活遵循正确原则,这样能保持纯真的心性,言谈举止温和愉快,使父母兄弟之间相处得很和睦融洽,这比用静坐省察自己身心还要好上千万倍。

【论谭】

齐家如此,治国亦如此。从一个国家的兴衰强弱来说,在于人民的勠力同心、众志成城。众志成城则无惧。有一次,滕文公问孟子:“我们滕国是一个小国,又处在齐楚两个大国之间,我们依附哪一个好呢?”孟子回答说:“你这个问题我回答不了。如果你硬要我说,我只能告诉你,挖深护城河,加固城墙,和你的百姓一道来保卫你的国家。如果你的百姓宁死也不肯离开,那你就谁也不用依附了。”家和万事兴。“和为贵”“和气生财”,都是古训。儒家历来主张“君君臣臣,父父子子”这一伦理思想。

佛法的原点、秘诀是什么?佛法是佛陀释迦牟尼所说的法,答案自然与释氏有关。

虽然如此但切不可把释氏只当成二千五百年前的印度人。释氏是一个象征，只要悟了道，谁都是释迦牟尼。从自身、现在起就成为释迦牟尼，当仁不让于师，这便是佛诀。现在的问题是怎样超脱自己，怎样贤胜于师。自古以来佛家认为有“八相示现”，释迦牟尼为了普度众生在这个世上现了八种形相。首先是降兜率，即从天上降到地上；然后是入胎（进入母亲胎内）；出胎即出世；出家，长大成人出家为僧成为沙门；降魔，降伏自身的恶魔；成道，即悟道；转法轮即转动法的巨轮，向世人说法。最后是入灭，进入涅槃，你现在处于什么相之中，又如何出于本相呢？请仔细观察一番。这也是古公案之一呀！不可不参。

攻① 勿太严　教勿太高

【原文】

攻人之恶②毋③太严，要思其堪受④；教人以善毋过高，当使其可从。

【注释】

①攻：攻击、指责。

②恶：指缺点、过错、隐私。

③毋：不、无。

④堪受：能否接受。

【译文】

当责备别人的缺点时不可太严厉，要考虑到他人是否能承受；教诲别人行善时，不可以要求太高，要考虑到对方是否能做到。

【论谭】

生活中每个人不可能没有缺点和过失。与朋友、同事相交时，不仅要在他们有了过失时批评并帮助他们，更重要的是帮助他们防患于未然。首先要经常开导对方辨明是非，不做违法乱纪的事，劝导对方不要做伤天害理的事，不要欺骗他人，不要欺负弱者。还要清楚自己开导对方是为了帮助对方明白事理，要以公正平等的态度去看待和分析有

关这些事的害处和后果，让对方能接受。另外，如果发现对方有可能误入歧途，走上邪道，要及时提醒教育他，给对方举例说出误入歧途和走上邪道的严重后果，让对方迷途知返，当然，语气心地要诚恳，能让对方更易接受。相信只要你态度真诚，心怀诚恳，每个人都会接受你的劝告和开导的。

忧勤勿过　淡泊勿枯

【原文】

忧勤①是美德，太苦则无以适性怡情②；淡泊是高风③，太枯④则无以济人利物。

【注释】

①忧勤：绞尽脑汁，竭尽体力去做事。

②适性怡情：使心情愉快，精神爽朗。

③高风：高尚的情操或高风亮节。

④枯：已经丧失生机的树木，这里指不近人情的含意。

【译文】

用心尽力去做事本来是一种很好的品德,但是过于认真而使心力交瘁,使精神得不到调剂就会失去生活乐趣;把功名利禄看得很淡本来是一种高尚的情操,但是过分的清心寡欲,对社会大众就不会做出什么贡献了。

【论谭】

孔子说:中庸这种道德,是最高的境界。为人处世,不要过分,也不要不及,过分与不及,都是偏离目标,不能中的。

《礼记·中庸》说:国家天下可使达到人人均平富裕(智与能),高官厚禄可以断然辞让(仁),锋利的刀刃可以毅然相向(勇),智仁勇俱全,但要做到中庸,还是“不可能”。中庸是儒家心目中的妙境,是艺术,是至高至美的理想,是需要人时时警醒,不懈努力去追求的。

原其初心　观其末路

【原文】

事穷势蹙[①]之人，当原其初心；功成行满[②]之士，要观其末路[③]。

【注释】

①蹙：穷困的意思或精疲力竭。

②功成行满：事业有所成就，一切都如意圆满。

③末路：本指路的终点。古语云：行百里路半九十。

【译文】

对于一个事业失败陷入困境而心灰意懒的人，要思索而不是责备，要回想他当初奋发上进的精神；对于一个事业成功而感到万事如意的人，要观察他是否能永远坚持下去，考虑结局如何。

【论谭】

《孟子·尽心章句上》中说："人不可以没有羞耻，不知羞耻那才是真正的无耻。"也就是说:聪明人不怕出错,因为他知道总会犯错误,但他随时准备改错。所以,古人常说,知错即改方为智。人们还把事后才明白或后悔的现象称为事后诸葛,所以做事要事先慎重不盲动。但是对于没经过的事,对于可逞一时之雄的事,人们往往不去考虑后果,不去想不利的因素。只有经过了、实践了才会思考、醒悟,故就有“事悟痴除,性定而动”的经验之谈了。其实世间任何事都不可过贪,因为过分贪图享乐往往会得到反效果。但要达到遇事不慌,临风不动,行而不贪,做而不过的水准,不是一朝一夕可成的。需要经过一个磨炼过程,才会建立和掌握一套方法,这就有必要先正心去痴,先打破愚痴和迷惘的执着,唯有这样才能稳定住本性。性定先要心定,行正先要心正。这样,对事物就不会只看到好的一面而忽略坏的一面,使我们随时保持清醒的头脑,用正确的方法做事情。所以,古人也常说:知耻而后勇。

富宜宽厚　智宜敛藏

【原文】

富贵家宜宽厚而反忌刻[1],是富贵而贫贱,其行如何能享?聪明人宜敛藏[2]而反炫耀,是聪明而愚懵[3],其病如何不败!

【注释】

①忌刻:忌是猜忌或嫉妒,刻是刻薄寡恩。

②敛藏:敛含有收、聚、敛束等意,敛藏是深藏不露。

③懵:本意指心神恍惚,喻对事物缺乏正确判断,不明事理。

【译文】

一个富贵的家庭待人接物应该宽容仁厚,可是很多人反而刻薄无理,担心他人超过自己,这种人虽然身为富贵人家,可是他的行径已走向贫贱之路,这样又如何能使富贵之路长久地行得通呢?一个聪明的人,本来应该保持谦虚有礼不露锋芒的态度,反之如果夸耀自己的本领高强,这种人表面看来好像很聪明,其实他的言行跟无知的人并没有什么不同,那他的事业到时候又如何不受挫、不失败呢!

【论谭】

《孟子·尽心章句下》中说:只有点小聪明而不知道君子之道,那就只足以伤害自身。盆成括做了官,孟子断言他的死期到了。盆成括果然被杀了。孟子的学生问孟子如何知道盆成括必死无疑,孟子说:盆成括这个人有点小聪明,但却不懂得君子的大道。这样,小聪明也就只足以伤害他自身了。小聪明不能称为智,充其量只是知道一些小道末技。小道末技可以让人逞一时之能,但最终会祸及自身。《红楼梦》说凤姐"机关算尽太聪明,反误了卿卿性命",聪明反被聪明误,就是这个意思。只有大智才可使人伸展自如,只有大智才是人生的依凭。

居常嗜好　浓枯相宜

【原文】

念头浓[1]者自待厚,待人亦厚,处处皆厚;念头淡[2]者自待薄,待人亦薄,事事皆薄。故君子居常[3]嗜好,不可太浓艳[4],亦不宜太枯寂[5]。

【注释】

①念头浓:心胸宽厚,念头当想法或动机解。

②淡:浅薄。

③居常：日常生活。

④浓艳：指丰盛豪华，此处作奢侈无度解。

⑤枯寂：寂到了极点，此处当吝啬解。

【译文】

一个心胸开阔的人，不但要求自己的生活丰足，而且对待别人也要讲究丰足，以致他凡事都要讲究气派豪华；一个欲念淡薄的人，自己过着清苦的生活，对待别人就也很淡薄，因此他凡事都表现得冷漠无情。所以一个真正有修养的人，日常生活的爱好，既不过分讲究气派太奢侈豪华，也不能过分吝啬刻薄。

【论谭】

气派和豪华必须与气质和境界相称，否则都是虚假。古人云："华而不实，怨之所聚也。"白云和尚对弟子法演说过这样一件事："有一次，几位禅客从庐山到我这里来了，他们都悟道极深，让他们唱经讲法，说得有板有眼，讲得有根有据，提起公案问他们，见地也甚是精到，要他们著语写偈，也都十分精彩。然而就是他们这样的人，也仍然没有达到忘我的境界。"这是为什么呢？有一位名禅说过："那些身心尚未饱参佛法的人总觉得法悟足够了，而那些整个身心都充满了佛意的人，却总觉得不够，仍然孜孜以求。"所以我们的祖师常说："释迦和达摩还在修行呢！只有临死的时候，才是我们休息的时候。"伟大的圣人如此，何况我们平常之人呢！

彼富我仁　彼爵我义

【原文】

彼富我仁，彼爵我义，君子固不为君相所牢笼；人定胜天，志一动气，君子亦不受造化之陶铸。

【注释】

彼富我仁：出自《孟子》一书："晋、楚之富不可及也。彼以其富，我以吾仁；彼以其爵，我以吾义，吾何谦乎哉？"

牢笼：牢的本义是指养牛马的地方，此含有限制、束缚等意。据《淮南子·本经》篇："牢笼天地，弹压山川。"

人定胜天：指人如果能艰苦奋斗，必然能战胜命运而成功。

志一动气：志是一个人心中对人生的一种理想愿望；一是专一或集中；动是统御、控制发动；气是指情绪、气质、禀赋。《孟子·公孙丑》上："志一则动气，气一则动志。"

造化：命运。

陶铸：陶是范土制器，铸是熔金为器。

【译文】

别人有财富我坚守仁德，别人有爵禄我坚守正义，所以一个有高风亮节的君子绝对不会被君主的高官厚禄所束缚或收买。人的智慧能战胜大自然，理想意志可以转变自己的感情气质，所以一个有才德理智的君子绝对不受命运的摆布。

【论谭】

西汉严遵，字君平，临邛（今四川邛崃）人。他曾经在成都以占卜为生，每天的收入，以足够生活的一百文钱为限，赚够就收摊关门，在家中专心研究《周易》，成为很有学问的大师。大文学家扬雄就曾以他为师。扬雄异常钦仰自己的老师，认为老师的清贫风范足以抨击贪婪，勉励良好的风气，称赞老师是“当世少有具有高尚节操的人。”有富人罗冲预备出钱，资助他去做官扬名，严遵感叹地表示：“益我货者损我神，生我名者杀我身。”始终不愿意为财富、名利，而丧失自己的志趣。

一个活得洒脱的人，不应为身外之物所牵累，不受富贵名利的诱惑，我行我素，也正如庄子在《则阳篇》中描述的圣人那样：

“圣人，他们潜身世外能使家人忘却生活的清苦，他们身世显赫能使王公贵族忘却爵禄而变得谦卑起来。对于外物，他们与之各谐欢娱；对于别人，他们乐于沟通，混迹人世而又能保持自己的真性；有时候一句不说也能用中和之道给人以满足，跟人在一块儿就能使人受到感化。父亲和儿子都各得其宜，各自安于自己的地位，而圣人完全是清虚无为地对待周围所有的人。圣人的想法跟一般人的心思，相比起来差距很远。”

高处立身　退步处世

【原文】

立身[①]不高一步立，如尘里振衣[②]、泥中濯足[③]，如何超达[④]？处世不退一步处，如飞蛾投烛[⑤]、羝羊触藩[⑥]，如何安乐？

【注释】

①立身：在社会上立足，待人接物。

②尘里振衣：振衣是抖掉衣服上沾染的灰尘，故在灰尘中抖去尘土会越抖越多，喻做事没有成效，甚至相反。

③泥中濯足：在泥巴里洗脚，必然是越洗越脏，喻做事白费力气。《孟子·离娄下》篇：“沧浪之水浊兮，可以濯吾足。”濯，洗。

④超达：超脱世俗，见解高明。

⑤飞蛾投烛：飞蛾是一种喜欢靠近火的昆虫，又名“灯蛾”。当飞蛾接近灯火就会葬身火中，喻自取灭亡。

⑥羝羊触藩：羝，是指公羊。藩是竹篱笆。公羊健壮鲁莽，喜欢用犄角顶撞，往往把

犄角卡住不能自拔。据《易经·大壮》篇:"羝羊触藩,不能退,不能遂。"世人就用羝羊触藩比喻做事进退两难。

【译文】

立身处世假如不能站得高望得远,就好像在尘土里抖扫衣服,在泥水中清洗双脚,又如何能超凡绝俗出人头地呢?处理事物假如不多留一些余地,那就好比飞蛾扑火,公羊用角去顶撞篱笆角被卡住一样,哪里能够使自己的身心摆脱困境感到安乐愉快呢?

【论谭】

梁武帝信仰佛教,听说达摩大士到了中国,马上派敕使去召见。见到达摩,梁武帝开口便问:"我自即位以来,供养佛僧,广建僧庙,抄写经牒,这究竟有多大功德?"达摩直言不讳:"这根本没什么功德可言,你的所作所为只是一点世俗的小恩惠而已。真正的功德是圆融纯净的智慧,它的本体是空寂的。世俗的方法不可能得到它。"梁武帝又改口问:"什么是圣谛第一义?"达摩答:"廓然无涯,无古无今,超凡越圣。"武帝接着又问道:"与我对答的人是谁?"言下之意即你是圣者吗?达摩淡淡地答道:"我不知道。"达摩见梁王萧衍不识禅机妙理,就渡江北上了。

修德忘名　读书深心

【原文】

学者要收拾精神[①]并归一路[②]。如修德而留意于事功[③]名誉,必无实诣[④];读书而寄兴[⑤]于吟咏风雅[⑥],定不深心。

【注释】

①收拾精神:指收拾散漫不能集中的意志。

②并归一路:指合并在一个方面,也就是专心研究学问。

③事功:事业。

④实诣:实在造诣。

⑤兴:兴致。

⑥吟咏风雅:吟咏也作咏诵,原指作诗歌时的低声朗诵。据《诗经·关雎》序:"吟咏性情。疏:'动声曰吟,长言曰咏。'"风雅,风流儒雅。后世以此比喻诗文。

【译文】

求取学问一定要排除杂念集中精神,专心致志从事研究,如果立志修德却又留意功名利禄,必然不会取得真实的造诣;如果读书不重视学术上的探讨,只把兴致寄托在吟咏诗词讲求风雅上,那一定不会深入进取而取得心得。

【论谭】

天才出自勤奋,一分耕耘,才有一分收获,古来如此。宋代古文运动的领袖人物欧阳修,就是靠勤奋成才的。欧阳修的老家在今江西吉安县,幼年时,家境贫困,连学习的必需品笔、墨、纸、砚都买不起。他家住在江滨,从小就用江滨沙滩上的芦苇做笔,以沙滩为纸,刻苦练字。二十三岁进士及第,登上仕途。欧阳修著作很多,至今我们还能看到的著作有《欧阳文忠公文集》约一百万字,此外还有一些专著。他的散文《醉翁亭记》,已成千

古之名篇。

古今中外，凡有真才实学的学者，必须下真功夫才能求真学问，但是也有一些人只知道吟风弄月，讲求风雅而不务实，只学到一些皮毛。这是一种极大的浪费，对学习、事业都不会有帮助的。我们读书应该集中精力，专心致志，加强自身的修养，使自己成为一个有益于人民的人。

人情世路　应识退让

【原文】

人情反复①，世路崎岖。行不去，须知退一步之法；行得去，务加让三分之功。

【注释】

①人情反复：是指人的情绪欲望，反复变化无常。

【译文】

人世间的人情冷暖是变化无常的，人生的道路是崎岖不平的。因此当你遇到困难走不通时，必须明白退一步的为人之道；当你事业一帆风顺时，一定要有谦让三分的胸襟和美德。

【论谭】

为人处世必须学会谦恭、礼让，不能处处都想占胜，不能事事都要露一手，难行的地方退一步或许会海阔天空。人生得意的时候也应把功劳让与别人一些，不要居功自傲，不能得意忘形。何况人类的情感无比复杂，人心的变化也是奥妙无穷。今天认为是美的东西，明天就有可能认为是丑，今天认为是可爱的东西，明天就有可能是可恨。所谓"人情冷暖，世态炎凉"，也就是"人情反复，世路崎岖"的道理。当年韩信微贱时就曾深深体会到此中的辛酸。

尤其世路多险阻，人生到处都有陷阱。这就要培养高度的谦让美德，遇到行不通的事不要勉强去做。换句话说，人生这路有高低、有曲折、有平坦，当你遇到挫折时必须鼓足勇气继续奋斗，当你事业飞黄腾达时，不要忘记救助那些穷苦的人，因为这样可以为你自己消除很多祸患于未然。这样，知退一步之法，明让三分之功，不仅是一种谦让美德，而且也是一种安身立命的善策。

不恶小人　礼待君子

【原文】

待小人①不难于严，而难于不恶②；待君子不难于恭，而难于有礼。

【注释】

①小人：泛指无知的人，此处指品行不端的坏人。

②恶：憎恨。《论语·里仁》篇："惟仁者能好人，能恶人。"

【译文】

对待道德品行不端的小人，抱严厉的态度并不困难，困难的是内心不憎恨他们；对待品德高尚的君子，做到敬重并不困难，困难的是做到对他们真正的有礼貌。

【论谭】

东汉陈实，字仲弓，颍川许县人，曾当过太丘县令，他在家乡为人公正。

当年年荒民饥，有个小偷夜间潜入陈实的卧房，躲在房梁上窥伺，被陈实发觉。陈实并不惊动他，而是起身整了整自己的衣服，把儿孙唤到跟前，严肃地训导说："人不能不知道自勉。那些恶人未必本来就坏，因为沾染了坏习惯，才达到了不知羞耻的地步。房梁上的君子就是这样的人。"小偷一听，大吃一惊，慌忙跳下地来叩头请罪。陈实语气缓和地开导他说："看你的模样，不像坏人，应该好好改掉自己的恶习，重新做个好人，你干这种事大概是由于贫穷所迫罢。"他吩咐家人取出二匹绢，送给了这位表示悔过的梁上君子。

这事传开后，使那些有劣迹的人感到自愧，盗窃的事逐渐少了。

浑噩淡泊　清名传扬

【原文】

宁守浑噩[1]而黜[2]聪明，留些正气还天地；宁谢纷华[3]而甘淡泊，遗个清名在乾坤[4]。

【注释】

①浑噩:同浑浑噩噩,泛指人类天真朴实的本性。

②黜:摒除。

③纷华:繁华富丽。

④乾坤:象征天地、阴阳等。

【译文】

人宁可保持纯洁、天真、朴实的本性而摒除后天的聪明机诈,以便保留一些浩然正气还给大自然;人宁可抛弃世俗的荣华富贵而甘于过着淡泊、清虚、恬静的生活,以便留一个纯洁高尚的美名还给天地。

【论谭】

公元前100年,汉朝苏武出使匈奴,被匈奴扣下。单于想招降他,苏武不屈服,被关在大地窖中,并断绝粮食的供应。苏武只好吃雪吞旃(使节杖上的编织物),几天下来还活着,匈奴人非常惊奇,认为他是神。单于于是又将苏武放在北海边上,要他牧养一群公羊,告诉他说:"等公羊生小羊,就放你回去。"苏武靠着使节的仪杖牧羊,时间一久,仪杖的旃旄掉光了。没有人供给他食物,他就挖野鼠洞,把野鼠洞中的草根、野果取来充饥,长年与野鼠分食。

汉昭帝即位后数年(公元前89年),匈奴和汉朝恢复了和亲,汉朝派使者要求放回苏武等人。匈奴骗说苏武已经死了。当时常惠想了一个办法,私下告诉一个使者说,汉天子在上林苑打猎,找到一封系在鸿雁脚上的信,信上说苏武正在某个沼泽中。这个使者依靠常惠的话,责问单于,单干大惊,只好放回了苏武。苏武流放匈奴十九年,渴餐雪,饥吞旃,牧羊北海边,心存汉社稷。正是一腔赤诚,正气见于天地;不慕荣华,甘受放逐,于艰苦卓绝中,成就了万世美名。

原始人根本不懂什么叫浮夸、欺骗,也不懂什么叫机诈乖巧,有的只是那种浑浑噩噩的本性,当然,这不能算是人类追求的最高境界。

然而,这种人不欺侮弱者,不欺侮少数,不自恃成功,不筹划事情。错过了时机不后悔,抓住了机会也不得意,一切都听从自然的安排。因而,登高不发抖,下水不怕湿,入火不觉热。只有精神达到与自然之道相同的人才能这样。

这样的人睡觉时不做梦，醒来以后不发愁，饮食不讲求精美，呼吸来得深沉均匀。以自然之道处世的人呼吸直通脚跟，而普通的人呼吸只用咽喉。凡是对世俗的欲望太高的人，自然的本能就退化了。

遵循自然之道的人不以生为喜，也不以死为恶，出生时不知道欢天喜地，要死时也不知道恐惧痛苦，无拘无束地来，潇洒从容地离去，把人生重大的生与死也看成自然事物。他完全忘记了自己的来源，也不去追求自己的归宿。任何事情来了就欣然接受，把死亡也看成不过是重新回到自然中去。不用心智去损害自然界之道，不用人为的努力去改变天然——老庄把这种人叫作真人。

然而，真人与原始人有什么区别呢？

降魔降心　驭横驭气

【原文】

降魔[1]者先降其心，心伏则群魔退听[2]；驭横[3]者先驭其气，气[4]平则外横不侵。

【注释】

①降魔：降，降服。魔的本意是鬼，此处当修行障碍解。

②退听：指听本心的命令，又当不起作用解。

③驭横：控制强横无理的外物。

④气：当情绪解。

【译文】

要想制服邪恶必须先制服自己内心的邪念，自己内心的邪念降服了，其他一切邪恶也自然都不起作用而退却。要想控制不合理的横逆事件，必须先控制住自己容易浮动的情绪，自己的情绪控制住以后自然不会心浮气躁，到那时所有外来的横逆事物自然不能侵入。

【论谭】

一个人首先要认识自我，但认识自我并不是最终的目的，认识到自己的劣根性以后，就要根除自己的劣根性，认识自我就是为了战胜自我。

培养自己的克制力和意志，与发展自己的智力同样重要。如果没有强迫自己干完一件好事情的自制力，那么任何理想都不能实现，不管你有多么聪明。

老子说："自制者强"，"强行者有志"，的确是千古不变的至理，值得我们三思。应当说，强制自我完善和心性修养，达到精神境界的升华在今天仍有其积极意义。

近朱者赤　近墨者黑

【原文】

教弟子[1]如养闺女，最要严出入、谨交游。若一接近匪人[2]，是清净田中下一不净的种子，便终身难植嘉禾[3]矣。

【注释】

①弟子：此处同子弟。

②匪人：泛指行为不正的人。

③嘉禾：指长得特别茂盛的稻谷。

【译文】

教导子弟，要像养育一个女孩那样谨慎才行，最关键的是要严格管束他们的出入和注意所交往的朋友。万一不小心结交了行为不正的人，就好像是在良田之中播下了坏种子，从此就可能一辈子也难以长成有用之才。

【论谭】

孔子说：小时候培养的品格就像是生来就有的天性，长期形成的习惯就像是完全出自自然。人的性情本来很近，但因为习染不同便相差很远。所以对自己的习染不可不谨慎呀。《列女传》上记载孟母教子的故事，很能说明这一问题。孟轲的母亲，很懂得人的道德学问是逐渐养成的，所以对孟轲平时生活和学习上细节十分重视，通过"渐化"的方式培养孟轲的好习惯。起初，孟家离一处公墓不远，小孟轲看了一些送葬人的情景，自己就摹仿起来，成天在沙地上埋棺筑墓。孟母看出这地方对孩子影响不好，就搬了家。可搬的地方是一个集镇，小孟轲又学着那些挑提卖货的人吆喝叫卖，孟母只有又搬家。这次搬到了一所学校附近，小孟轲摹仿学校的孩子们，在游戏中摆弄俎豆祭器，学习揖让进退的礼仪，孟母才终于放心地说：这是我孩子可以居住的地方！

可孟轲上学以后，有点贪玩，进步不大。有一次孟母问他："学习得怎么样？"孟子回答说："还是那个样。"孟母听后，拿过剪刀就剪断了织机上的线，说："你荒废学业，就像我割断织机上的线，布就织不成了一样，不好好学习，以后就只有成为供人使唤的下人。"孟轲从此拜孔子孙子的学生为师，勤奋学习，终于成了著名的儒家宗师。

欲路不染　理路当先

【原文】

欲路①上事，毋乐其便而姑为染指②，一染指便深入万仞③；理路④上事，毋惮⑤其难而稍为退步，一退步便远隔千山。

【注释】

①欲路：泛称有关欲念、情欲、欲望，也就是佛家所说的"五欲烦恼"的意思。

②染指：喻巧取不应得的利益。

③仞：古时以八尺为一仞。

④理路：泛称有关义理、真理、道理。

⑤惮：害怕。

【译文】

关于欲念方面的事，绝对不要贪图轻易可得的便宜，不合理地占为己有，一旦贪图非分享乐就会坠入万丈深渊；关于义理方面的事，绝对不要由于害怕困难，而产生退缩的念头，因为一旦退缩就会和真理正义有千山万水之隔。

【论谭】

《庄子·天下》篇中主张寡情少欲，希望社会平和安宁，其中有这样一段话："不受世俗的拘束，待人接物不装腔作势，对人一丝不苟，不违逆众人的意愿，希望天下安宁以保全人民的生命，对人对己，吃饱穿暖就感到满足，以此表白其心。古人有关这一方面的学问，宋钟、尹文听说了就高兴。他们做了上下均平的华山帽来象征自己的志愿，对待万物，抛弃偏见，以此作为开始。谈论心的思维，命名为心理活动。谦柔退让来求人喜欢，以此来调和各种纠纷，他们把这种态度作为行动的基础。受了欺侮不认为是耻辱，制止人民争斗，反对进攻别人，主张解散军队，要把这个世界从战火之中拯救出来。他们用这一套周游天下，上劝说君主，下教育别人，尽管人家不理他，他还是喋喋不休，所以说被上上下下讨厌，却还强要表现。”

人的欲望是一个客观存在，刻意去压抑是和社会进步不相应的，但是过分去放纵情欲就容易迷失本性，不加限制，会贪图非分享乐，陷入欲念深渊。

人性善恶　咫尺之间

【原文】

人人有个大慈悲[1]，维摩[2]屠刽[3]无二心也；处处有种真趣味，金屋[4]茅檐非两地也。只是欲闭情封，当面错过，便咫尺[5]千里矣。

【注释】

①大慈悲：能给他人以快乐叫慈，消除他人的痛苦叫悲，这是佛家语。《观无量寿经》有"佛心是大慈悲"，指佛菩萨广大之慈悲。全句意：人人都具有成佛的佛性。

②维摩：梵语维摩诘的简称，是印度大德居士，汉译叫净名，与释迦同时人，辅佐佛陀教化世人，被称为菩萨化身。

③屠刽：屠是宰杀家畜的屠夫，刽是以执行罪犯死刑为职业的刽子手，同样具有佛性。

④金屋：指富豪之家的住宅，建筑金碧辉煌，汉武帝有"若得阿姣当以金屋藏之"的典故，佛教认为世间事物皆虚幻，故金屋茅檐并无差别。

③咫尺：一咫是八寸，一尺十寸，咫尺指极短的距离。

【译文】

每个人都有一颗善良的仁慈之心，慈悲的维摩诘和屠夫刽子手的本性相同；世间到处都有合乎自然的真正生活情趣，富丽堂皇的高楼广厦和简陋的茅草屋没什么差别。可惜人心经常为情欲所封闭，因而就使真正的生活情趣错过，不能排除杂念，虽然只在咫尺之间，但实际上已相隔千里了。

【论谭】

禅的经验就是一种自觉，是"没有自己，则一切都是自己的"，"自他不二的自觉"。所以，"唯我独尊"的"我"并非差别、对立中的我，而是与天地一体、万物同根的，平等自由、自他不二的我。佛道即宏明自我之道，禅者称之为"宏明己道"。能够体认到这个"独尊佛"的真正内涵，谁都是释迦牟尼。人人都有佛性，东家儿郎、西家织女、斜街曲巷的艺人，都可成佛。世俗人心的千差万别，都是欲念、分别心所使然，乃是虚妄之见。我们参禅，必须破除此种妄见，致力于从内心提升人的尊严。

进德修行　济世经邦

【原文】

邂德修道[1]，要个木石[2]的念头，若一有欣羡便趋欲境；济世经邦，要段云水[3]的趣味，若一有贪着[4]便堕危机。

【注释】

①修道:泛指修炼佛道两派心法。佛家语中说:"谓见道之后,更修习真观。"

②木石:木柴和石块都是无欲望无感情的物体,喻无情欲。《孟子·尽心篇》中说:"与木石居,与鹿豕游。"

③云水:佛家称行脚僧为云水,这种和尚手持三宝云游天下,四海为家毫无牵挂,行迹飘忽有如行云流水。他们不受物欲束缚而具淡泊雅趣。

④贪着:对富贵等欲念的执着。

【译文】

凡是磨炼心性提高道德修养的人,必须有木石一样坚定的意志,假如羡慕外界的荣华富贵,那就会被物欲所困惑包围。凡是一个治理国家服务社会的人,必须有一种宛如行云流水般的淡泊胸怀,假如贪恋功名利禄,就会陷入危机四伏的险地。

【论谭】

信州正受庵的内庭里，放有一块石头，是原藩主调任官职时作为纪念留下来的。新藩主发现了这块奇石，又得知它是前任留下来的纪念品，极为贪恋，很想把它弄到手，几次派人来恳求，被住持天龙和尚一口回绝。新官再三的催促，天龙总是置之不理，并说，“这块石是前藩主的心意，万万不能让与他人。”最后新官恼羞成怒了：“不答应我的请求，就不许住在我的辖区内。”天龙和尚当天就洒脱地离开了正受庵，并在寺墙上大书上一首歌偈：“青山高名庵深，宝石岂可力动”。弄得新来的官儿后悔不迭，不再索要石头，为表悔过之意，还差人寻找和尚的踪迹，没有任何音讯。天龙正是“进德修道，要个木石的念头”。

欲人不知　己先莫为

【原文】

肝受病则目不能视，肾受病则耳不能听。病受于人所不见，必发于人所共见。故君子欲无得罪于昭昭①，先无得罪于冥冥②。

【注释】

①昭昭：显著，明显可见，公开场合。据《庄子·达生》篇：“昭昭乎若揭日月而行也。”
②冥冥：昏暗不明的隐蔽场所。《荀子·劝学篇》：“无冥冥之志者，无昭昭之明。”

【译文】

肝脏感染上疾病，眼睛就看不清，肾脏染上疾病，耳朵就听不清。病虽然生在人们所不见的地方，但是病的症状必然发作于人们所能看见的地方。所以君子要想做到表面没有过错，必须先从看不到的细微地方下功夫。

【论谭】

古人讲修身主要是对自我道德的完善，俗话说问心无愧，所谓天知、地知、你知、我知，天网恢恢，疏而不漏。所以儒家教人修养心性，必须要从细处下功夫。宋朝安潜在蜀地当官时，并不管盗匪的事，蜀人都觉得很奇怪。过了一阵子，安潜提出公库的款项，共

一千五百缗，分别放在三个集市中，分别贴出告示说："能告发、逮捕盗贼一人，赏五百缗；告发、逮捕共犯的盗匪，解除他的罪责，赏金与一般人相同。"不久，有人抓了一个盗匪来到官府。这盗匪骂抓他的人说："你与我一起作案十几次，而且一向平分赃物，你凭什么抓我？我看我们会一起死。"安潜说："你既然知道我贴出的告示，为什么不先抓来，那他死，你拿奖赏。既然他抢先了，你被处死了，又有什么好怨恨的呢？"于是下令发给告发者奖金，将被抓的盗匪处死。这么一来，境内盗匪彼此起了疑心，就各自逃到别处去了。以上事情就是说，在别人看不见的情况下，也不要做任何见不得人的事情，因为冥冥之中必然有人监视我们的言行。

少事为福　多心招祸

【原文】

福莫福于少事[①]，祸莫祸于多心。惟少事者方知少事之为福；惟平心者始知多心之为祸。

【注释】

①少事：指没有烦心的琐事。

【译文】

一个人的幸福没有比无忧心琐事可牵挂更为幸福的了，一个人的灾祸没有比疑神疑鬼更可怕的了。只有那些整天奔波劳碌的人，才知道无事一身轻是最大的幸福；只有那些经常心如止水平静安详的人，才知道多心猜疑是最大的灾祸。

【论谭】

孔子说："宁武子在国家安定时是一个智者。在国家动乱时是一个愚人。他智的一面，别人赶得上，那愚的一面，别人无法赶上。"郑板桥有一传世风行的条幅："难得糊涂。"他还说："聪明难，糊涂难，由聪明而变糊涂更难。"孔子说的"愚"和郑板桥的"糊涂"之所以难做到，是因为要想真正做到，不仅要靠忠心和勇气，而且更需要忍辱负重，运智劳神，殚精竭虑。一个有为的人应当达到“大智若愚，大巧似拙”的境界，这样就不会被琐事缠身，不会为闲言困扰。而一个平常人的生活，也应该是以一生平安无事没有任何祸端为幸福的。所有祸端多半是由多事而招来，多事又源于多心，多心是招致灾祸的最大根源。所谓“疑心生暗鬼”，很多人由于疑心把事情弄坏，其道理就在于此。所谓：“君子坦荡荡，小人长戚戚”，一个心地光明的人自然俯仰无愧，根本不用怀疑别人对我有过什么不利的言行。只有庸人、小人、闲人才整天为闲事、琐事忙碌，为依附权势争夺名利奔波，为人言碎语费尽心神地猜疑，可见他们的思想境界很低，难以意识到自己的可笑、可悲。正如《红楼梦》中的王熙凤那样：“机关算尽太聪明，反误了卿卿性命。”所以古人云：吃亏是福。

丹霞禅师有一次行至洛阳的惠林寺，因为天气很冷，他就在寺内的佛殿里把木佛拿来烧火取暖。院主见后，大发雷霆：“你怎么敢烧佛像？”丹霞若无其事地答道：“我想看看佛像怎么能烧出舍利子。”院主惊愕道：“木佛像怎么能烧出舍利呢？”“既然不能烧出舍利，那么把木像拿来烧好了！”烧佛的丹霞事后平安，而斥怪他的院主却遭到了惩罚，两道眉毛全都掉落了。这是为何？道人无心，即为无过。无心的道人何过之有？只要本性率真地行动做事，便是行佛道。舍利子烧不出，只有依本性去修炼才可修得。

方圆并用　宽严互存

【原文】

处治世[①]宜方[②]，处乱世[③]当圆[④]，处叔季之世[⑤]当方圆并用。待善人宜宽，待恶人当严，待庸众之人宜宽严互存。

【注释】

①治世：指太平盛世，政治清明，国泰民安。

②方：指品行端正。

③乱世：治世的对称。

④圆：没有棱角，圆通，圆滑，随机应变。《易经·系辞》说：“是故蓍之德，圆而神，卦之德，方以知。”

⑤叔季之世：古时少长顺序按伯、仲、叔、季排列，叔季在兄弟中排行最后，比喻末世将乱的时代。《左传》云：“政衰为叔世”，“将亡为季世”。

【译文】

生活在政治清明天下太平时，待人接物应刚直严正，爱憎分明；处在政治黑暗天下纷争混乱的时代，待人处世应圆滑老练随机应变；当国家将要衰亡的末世时期，待人接物就要刚直与圆滑同时施展。对待善良的君子要宽厚，对待邪恶的小人要严厉，对待一般平民大众要宽严互用。

【论谭】

孔子说："天下太平，就出来做官；政治黑暗，就退避隐居。因为，天下太平而自己贫贱是耻辱；政治黑暗而自己富贵也是耻辱。"

《论语》里，孔子不止一次说过应该以两种方式处世的话：《公冶长》篇中，他赞扬南宫适"邦有道，不废；邦无道，免于刑戮"，并把侄女嫁了他。《泰伯》篇中，他说"有道则见，无道则隐。"《宪问》篇中，他又说："邦有道，谷（做官领薪奉）；邦无道，谷，耻也。"《卫灵公》篇中，他称赞蘧伯玉，"邦有道，则仕；邦无道，则卷而怀之（把本领收起来揣在怀里，指退隐）。"这是一种"识时务"的行为，同时也是一个谋道谋国兼谋身，全身自保的策略。按照这种行为与策略，他应该赞同长沮、桀溺，他们在坏东西像洪水一样到处都是的时候，知难而退，避迹躬耕，可以"免耻""免刑戳"，可以洁身问道。

第二章　睿智

扫除外物　直觉本来

【原文】

人心有部真文章，都被残编断简[1]封固了；有部真鼓吹[2]，都被妖歌艳舞湮没了。学者须扫除外物，直觉本来，才有个真受用[3]。

【注释】

①残篇断简：把书写在竹片上叫简，指古代遗留下来残缺不全的书籍。此处指物欲杂念。

②鼓吹：古代用鼓、钲、箫、笳等合奏的乐曲，泛指音乐。

③真受用：真正的好处。

【译文】

人们的心中本有一部真正的好文章，可惜却被物欲杂念给封闭了，人的心灵深处本有一首最美妙的乐曲，可惜却被一些妖邪的歌声和艳丽的舞蹈给迷惑了。所以一个有学问的读书人，必须排除一切外来物欲的引诱，直接用自己的智慧寻求本性，如此才能求得一生受用不尽的真正学问。

【论谭】

《论语》说：兴趣广泛，学习多种多样的知识，同时又要坚守自己的志向，认定目标百折不挠地努力。又说：人的追求不宏大，或信念不坚笃，都不行。为什么？朱熹解释说：人学有所得但眼界太狭隘，就会固执一孔之见；相反广闻博见而守不住自己的志向，则会一事无成。

《论语》所谓:“博学而笃志”,所谓“执德不弘,信道不笃,焉能有为,焉能无为”。就是一种最科学的读书治学的原则和鉴戒。尤其在现代社会,信息流通量大,新知识层出不穷,各门学科经典林立,发展很快,我们既要抬高手眼,广博地吸收有关的新知识、新成果,以期追随现代科学发展的步伐;又要认定自己的学习目标,把握住一定的主题和中心,一以贯之,锲而不舍,使自己学有专长。

《庄子·天下》篇中悲叹道术受到诸家学派的分割与破坏,庄子说;“天下大乱了,圣人贤人不得重用,关于道德说法不一,天下大都各自抓住一孔之见来自以为是。就像耳目鼻口,都懂得某一方面,却不能互相贯通。又像诸子百家、各种工匠,都有自己的特长,时不时就能派上用场。不过,他们都不完备、不全面,是些只知某个局部的人士。他们割裂天地的完美,离析万物的道理。我们看那非常全面的古人,还很少能具备那天地的完美,也很少能和那神明的容貌举止相称。所以使人内心圣明,对外成就王业的大道,就暗淡无光,被压制而不能发扬。天下的人们,随心所欲,各立主张。可悲啊!诸子百家,各走各的道而不回头,必然合不起来。后世的学者,不幸不能见到天地的精华,古人的全貌、道术就要被天下的人们割裂了!”

由此可见,人间真理和真学问无待他求,只有直接向自己心灵深处寻找,因为自己内心一定有一个属于本然之性的真理和真学问,这就是通常所说的良知。

恩功当念　怨过宜忘

【原文】

我有功[①]于人不可念,而过[②]则不可不念;人有恩于我不可忘,而怨则不可不忘。

【注释】

①功:对他人有恩或帮助的事。

②过:对他人的歉疚或冒犯言行。

【译文】

我虽然帮助或救助过别人,不要常常挂在嘴上或记在心里,但是假如有对不起别人的地方却不可不经常反省;别人曾经对我有恩应常记于心不可以轻易忘怀,别人做了对

不起我的事不可不忘掉。

【论谭】

心里老是记着自己的功劳，就会滋生骄狂，不时时反思自己的过错，就会铸成大错。魏信陵君（名无忌）杀了晋鄙（魏国带兵官），击破秦军，解除邯郸被围困的危机，救了赵国，赵王亲自出郊迎接。唐雎对信陵君说："我听人说：'有些事无法得知，但有些事不可不知，有些事不能忘，但有些事不能不忘。'"信陵君说："怎么说呢？"唐雎说："有人恨我，我无法得知，但我恨人，却不可不知；别人有恩于我，不能忘记，但有恩于人，就不能不忘。先生杀了晋鄙解除邯郸受困的危机，救了赵国，这是大恩，希望你能忘记对赵国的恩惠。心里老是记着对别人的恩德，势必带来恩大仇大；对别人的怨恨不能及时化解，只能给自己带来更多的烦恼。"

孟尝君被逐之后，又恢复相位，重回齐国。谭拾子到边境去迎接，对孟尝君说："您会不会埋怨齐国的士大夫放逐您，而想杀人呢？"孟尝君说："会。"谭拾子说："有件事是一定会发生的，有个道理是必然的，你知道吗？"孟尝君说："不知道。"谭拾子说："死，是一定会发生的事；而追求富贵、摒弃贫贱则是必然的道理。拿市场来比方吧！早上的时候，市场人潮汹涌，到了晚上，市场就空荡了；这并不是人们对于市场喜欢早上而憎恨晚上啊！为了求生存所以就争着去，为了避免危亡所以就逃离，这是同样的道理啊！希望您不要心怀怨恨。”孟尝君听了，就削去一份记有五百个他所怨恨的人的名单，不再表示要报复了。以上两件事说明了，帮助或救助过别人不要挂在嘴上或记在心头，做了对不起别人的事要经常反省，别人对不起自己时，要立刻忘记。

《庄子·寓言》中讲了一个影子的故事，借此说明人的行为像影子一样，都离不开人这个主体。寓言说：影外的微阴向影问道：“你先前低着头现在仰起头，先前束着发髻现在披着头发，先前坐着现在站起，先前行走现在停下来，这是什么原因呢？”影子回答：“我就是这样随意地运动，有什么可问的呢？我如此行止自己也不知道为什么会是这样。我，就如同蝉蜕下来的壳，蛇蜕下来的皮，跟那本体事物相似却又不是那事物本身。火与阳光，使我聚合而显明；阴与黑夜，使我得以隐息。可是有形的物体真就是我赖以存在的凭借吗？何况是没有任何依恃的事物呢！有形的物体到来我便随之到来，有形的物体离去我也随之离去，有形的物体徘徊不定我就随之不停地运动。变化不定的事物有什么可问的呢？”

听了影子的话，想想我们自身的行为举止和处世方式吧！

心地干净　方可读书

【原文】

心地干净[①]，方可读书学古。不然，见一善行，窃以济私[②]；闻一善言，假以覆短[③]。是又藉寇兵而赍盗粮[④]矣。

【注释】

①心地干净：心性洁白无瑕。心地是心田，在心中藏有善恶种子，随缘滋长，朱子有“自古圣贤皆以心地为本”的说法。

②窃以济私：偷偷用来满足自己的私欲。

③假以覆短：借佳句名言掩饰自己的过失。

④藉寇兵而赍盗粮：李斯《谏逐客书》中有“此所谓藉寇兵而赍盗粮者也”。兵，武器。赍，付与。

【译文】

只有心地纯洁的人，才可以读圣贤书，学古人的道德文章，如果看到一些善行好事就偷偷用来满足自己的私欲，听到一句名言佳句就私下用来掩饰自己的过失，这就等于是资助武器给敌人，接济粮食给强盗。

【论谭】

一个心地纯洁品德高尚的人精于学问，更注重志向。只有志向远大之士，才能修身、齐家、治国、平天下。北宋著名史学家司马光，在家中独自收藏有上万卷文史方面的书籍，这些书籍他每天早晚都要检索翻阅，然而数十年来，全都一新如同从未被手翻阅过似的。司马光对自己的门徒们说："商人们收藏的是金银财产，而对于我们这样的人来讲，就只有书籍，应当万分珍惜。比如我吧，每年都要将书籍晒一晒，以防生虫发霉。每次阅读前，都要先检查一下书桌是否清洁，还要垫上褥子。然后才将书籍放在上面翻阅。每当读完一页，我都小心翼翼地，先用右手拇指托着书面的边沿，然后用食指夹着书页轻轻翻过。但是，我看你们翻书，总是毫不介意地两个手指抓起来翻。我觉得，你们珍惜自己的钱财胜过了珍惜书籍。对于这样的人，他的志向也就可想而知了。"

《庄子·寓言》中有段庄子与惠子的对话，说孔子励志做学问的事：

庄子对惠子说："孔子活了六十岁而六十年来随年岁变化与日俱新，当初所肯定的，最终又做了否定,不知道现今所认为是对的不就是五十九岁时所认为是不对的。”惠子说:“孔子勤于励志用心学习。”庄子说:“孔子励志用心的精神已经大为减退,你不必再妄自评说。孔子说过:‘禀受才智于自然,回复灵性以全身。’如今发出的声音合于乐律,说出的话语合于法度。如果将利与义同时陈列于人们的面前,进而分辨好恶与是非,这仅仅只能使人口服罢了。要使人们能够内心诚服,而且不敢有丝毫违逆,还得确立天下的定规。”

可见做学问不能仅仅以一个“勤”字了得,还必须“禀受才智于自然,回复灵性以全身”才行。

读书见圣　居官爱民

【原文】

读书不见圣贤,如铅椠佣[①]。居官不爱子民,如衣冠盗[②]。讲学不尚躬行,如口头禅。立业不思种德,如眼前花。

【注释】

①铅椠佣:铅是古时用来涂抹简牍上错字用的一种铅粉。椠是不易捣坏的硬板,在没有发明纸笔的古代,就在板子上写字,因此铅椠就代表纸笔。铅椠佣即写字匠。

②衣冠盗:偷窃俸禄的官吏。

【译文】

读书只知背诵文句不去研究古圣先贤的思想精髓,最多只能成为一个写字匠;做官如果不爱护人民,只知道领取国家俸禄,那就像一个穿着官服戴着官帽的强盗。只知研究学问却不注重身体力行,那就像一个不懂得佛理只会诵经的和尚;事业成功以后却不想为后人做些好事积一些阴德,那就像一朵眼前很艳丽却很快就要凋谢的花儿。

【论谭】

中国古代有“半部论语治天下”的说法,说的是北宋开国元勋、一生被三次拜相的赵普的事。赵普自少熟谙史事,而缺乏学问。及至当了宰相,宋太祖劝他多多读书。从此,他每日退朝回家，手不释卷，尤其对《论语》通习甚精。宋太宗时，有人扬言赵普不学无术，仅仅读过《论语》一书。宋太宗询问赵普有无此事，赵普毫不隐讳地回答：“臣平生所知，诚不出此一书。昔日以半部《论语》佐太祖定天下，现在以半部《论语》辅陛下致太平。”所以后世遂有“半部论语治天下”之说。淳化三年（922 年），赵普病卒，时年七十一岁。家人打开赵普书箱检视，内有《论语》二十篇。

心体光明　念勿暗昧

【原文】

心体[①]光明，暗室[②]中有青天；念头暗昧[③]，白日下有厉鬼。

【注释】

①心体：指智慧和良心。

②暗室：隐秘不为他人所见的地方。

③暗昧：不光明叫昧。指阴险见不得人。

【译文】

一个心地光明磊落的人，即使立身在黑暗世界，也像站在万里晴空之下一样。一个人的欲念邪恶不端，即使生活在青天白日之下，也像被魔鬼缠身一般终日胆战心惊。

【论谭】

《庄子·庚桑楚》中强调人要保持心境的安泰，不能让外物扰乱了自己的磊落光明。书中说：“备足造化的事物而顺应成形，深敛外在情感不做任何思虑而使心境快活富有生气，谨慎地持守心中的一点灵气用以通达外在事物，像这样做而各种灾祸仍然纷至沓来，那就是自然安排的结果，而不是人为所造成的，因而不足以扰乱心性，也不可以纳入灵府。灵府，就是有所持守却不知道持守什么，并且不可以着意去持守的地方。不能表现真诚的自我而任随情感外驰，虽然有所表露却总是不合时宜，外事一旦侵扰心中就不会轻易离去，即使有所改变也不会留下创伤。在光天化日下做了坏事，人人都会谴责他、处罚他；在昏暗处隐蔽地做下坏事，鬼神也会谴责他、处罚他。对于人群清白光明，对于鬼神也清白光明，这之后便能独行于世。”

无名无位　其乐最真

【原文】

人知名位[①]为乐，不知无名无位之乐为最真；人知饥寒为忧，不知不饥不寒之忧为更甚。

【注释】

①名位：泛指名誉和官位，也就是功名利禄。

【译文】

一般人都知道求得名誉和官位是人生的一大乐事，却不知道没有名声没有官职的人生乐趣是最真正实在的；一般人只知道饥饿寒冷是最痛苦和忧虑的事，却不知道那些不愁衣食的达贵官人由于种种欲望，那种患得患失的精神折磨才是最痛苦的。

【论谭】

现代人的物质生活丰富了，而精神上却空虚了，人们在享受到以前梦想追求的东西时，心灵上却像一张白纸，总感到失落了什么。

老子早就指出过追逐外物必然丧失自己的本性，“缤纷的色彩使人眼花缭乱，嘈杂的声音使听觉失灵，丰美的食品使舌不知味，驰马打猎使人心中发狂，贵重稀有的物品使人偷和抢。因此高尚的人只求安饱而不逐声色，拒绝物质的诱惑而保持内心安足的生活。”(《老子》十二章)我们今天的生活，只知拼命攒积金钱财富，只看重动物性的满足发泄，全部身心都沉浸在财富的追逐中，都浸泡在放纵感官肉体的快乐里面。这样，我们追逐到的财富越多，我们的心灵就越空虚，我们本性丧失的就越厉害，我们精神就越贫乏，我们的生命表现就越少。

所以，我们还是“勿羡名位，勿忧饥寒”，脚踏实地地生活吧！

阴恶恶大　显善善微

【原文】

为恶而畏人知，恶中犹有善路[1]；为善而急人知，善处即是恶根[2]。

【注释】

①善路：向善学好的路。

②恶根：过失的根源。

【译文】

一个人做了坏事怕别人知道，可见这种人还保留了一些羞耻之心，也就是在恶性之中还保留一点改过向善的良知；一个人做了一点善事就急着让人知道，就证明他行事只是为了贪图虚名和赞许，这种有目的才做善事的人，在他做善事时已经种下了可怕的伪善恶根。

【论谭】

关于人性，孟子说得很具体。孟子说，人之性有四端，这四端便是恻隐之心、羞耻之心、辞让之心、是非之心。每个人都有这四种心。有此四心，人便成其为人。有恻隐之心，便能仁爱怜恤；有羞耻之心，便知礼义廉耻；有辞让之心，便会恭敬谦让；有是非之心，便晓去取正误。因此，恻隐之心，也就是仁的萌芽。人有仁、义、礼、智，便正如人有了手足四肢，人有仁、义、礼、智，便万物皆备于一身，他的生命之火便能如熊熊烈焰，终必不可扑灭，他的生命之流便可如汩汩山泉，终必汇成江河。孟子这段话，简单地说，也就是人性本是善良的，人能向善，人能为善。

逆来顺受　居安思危

【原文】

天之机缄[1]不测，抑而伸[2]、伸而抑，皆是播弄[3]英雄、颠倒豪杰处。君子只是逆来顺受、居安思危，天亦无所用其伎俩矣。

【注释】

①机缄：机是发动，缄是封闭，机缄是一动一闭而生变化，比喻气运的变化，支配事物变化的力量。

②抑而伸：抑或是压抑，伸是舒展。

③播弄：玩弄、摆布。

【译文】

上天的奥秘变幻莫测，对人的命运的支配很难预料。有时先使人陷入窘境然后又让人春风得意。有时让人先得意一番之后又让人遭受挫折，这些都是上天有意捉弄自命为英雄豪杰的人。因此一个有才德的君子，当不如意时要适应环境，遇到横逆磨难应能忍耐，在平安无事时要想到危难的来临，假如人们确实能够做到这种程度，这样就连上天也无法施展他捉弄人的伎俩了。

【论谭】

祸福在人自取，因此，人能求福，也能避祸，求福与避祸，也全在自己，安而不忘危，存而不忘亡，治而不忘乱。思危才可以求安，虑退方能得进，惧乱然后可以保治，戒亡然后可以求存。有一次，孟子学生问他如何才能使国家免于灾患，孟子的回答很耐人寻味。孟子说，那自然首先在于行仁政，但还不仅于此，还要尽力防患于未然。国家无内忧外患，就趁此靖平之时修明政治法典，那样，纵使强大的国家也会惧怕了。这就是《诗经》上说的："趁着雨未下来云未起，桑树根上剥些皮，门儿窗儿都修理，下面的人们谁敢把我欺。"假使在靖平之时追求享乐，怠惰优游，那就等于自找祸害。

苦生有乐　得意生悲

【原文】

苦心①中常得悦心之趣②；得意时便生一失意之悲③。

【注释】

①苦心：困苦的感受。

②悦心之趣：使心中喜悦而有乐趣。

③失意之悲：由于失望而感到悲哀。

【译文】

在困苦的环境中能坚持原则把握方向不断奋斗，常常可以感受得到内心奋斗的喜悦，只有这种喜悦才是人生的真正乐趣；反之如果在得意时有过分狂妄的言行，往往会因此种下日后祸患的根苗，导致痛苦的悲哀。

【论谭】

孔子认为，人有两种最有益的快乐：一是"乐道人之善"，真心钦赞别人的优点，存心厚道，惩恶扬善，会得到别人回报，建立和谐的人际关系，同时又能取人之长，培养自己；二是有一帮真正的朋友，或聚会，或通信，交流感情，互相帮助，彼此提携。有朋友的人最幸福。人生美好尤其需要有几个终身相交的挚友。

相反，如果缺乏理性的考虑，或春风得意骄傲自大，或条件优越不思进取，或沉溺于某种消遣不顾一切，或好色纵欲玩弄感情……酗酒后必伤身，饱食后消化不良，麻将上瘾

耽误家庭和美、子女教育，这种种快乐都要由痛苦来清账，所以孔子认为它们无论对于身体还是心理，都是有损害的，都是应该克制的。

德中富贵　舒徐繁衍

【原文】

富贵名誉自道德来者，如山林中花，自是舒徐[①]。繁衍自功业来者，如盆槛中花，便有迁徙废兴。若以权力得者，如瓶钵中花[②]，其根不植，其萎可立而待矣。

【注释】

①舒徐：舒是展开，徐是缓慢，舒徐指从容自然。

②瓶钵中花：瓶钵是僧人用具，指插在花瓶里的无根之花。

【译文】

一个人荣华富贵的显名，假如是从道德修养中得来，那就好比生长在大自然环境中的野花，会不断繁殖绵延不绝；如果是从建功立业中得来，那就如同生长在花园中的盆景一般，只要稍微移植或搬动，花木的成长就会受到严重的影响；假如是靠特权甚至恶势力而得来，那就好像插在瓶中的花朵，由于根部并没有栽植在土中，所以花的凋谢枯萎指日可待。

【论谭】

荣华富贵的确是一道炫目的光环，羡慕他人的荣耀时，且不要产生嫉妒，拭目看看光环掩映下的"庐山真面目"，会使自己首先冷静下来的。孟子说："百姓所希望的，替他们积聚起来；百姓所需要的，就给予他们；百姓所厌恶的，则不要强加到他们头上。只要如此做法，便可获得民心。千头万绪，归于一点，那就是君子不以威行天下，而以德服天下。"孟子又说："凭借势力而称霸诸侯，这称霸必定是凭借自己国力的强大；依靠道德，实行仁义而使天下归服，则不必以国力的强大为基础。商汤就仅凭纵横七十里的土地，文王也仅凭纵横百里的土地而使天下归服。依靠实力来使人服从，那只是因为别人惧怕，因此那不能算真服，因为那不是心悦诚服。而以德服天下，人家才能心悦诚服，那才是真服，就好像归服于孔子的七十二位弟子一样。"

观物外物　思身后身

【原文】

栖守道德①者，寂寞一时；依阿②权势者，凄凉万古。达人③观物外之物④，思身后之身⑤，宁受一时之寂寞，毋⑥取万古之凄凉。

【注释】

①道德：指人类所应遵守的法理与规范，据《礼记·曲礼》说："道德仁义，非礼不成。"

②依阿：阿与依同义，依附、迎合，指自己缺乏独立人格，凡事都随意附从他人意见。

③达人：指智慧高超、胸襟开阔、眼光远大的人，据《左传·昭公七年》说："圣人有明德者，若不当世，其后必有通达之人。疏：'谓知能通达之人。'"

④物外之物：泛指世事以外的东西，也就是现实物质生活以外的精神生活和道德修养，即佛教所谓不生不灭的涅槃境界。

⑤身后之身：是指身死后的名誉。

⑥毋:毋同勿,不要。

【译文】

坚守道德节操的人,只不过会遭受一时的冷落;可是那些依附权势的人,却会遭受千年万载的凄凉。胸襟开阔且通达事理的人,重视物质以外的精神价值,且能顾及死后的名誉问题,所以他们宁愿承受一时的寂寞,也不愿遭受永久的凄凉。

【论谭】

宁愿遵从大义而舍生一死,古今例子很多,文天祥可算是代表。文天祥是宋代士大夫杰出的代表,坚持抗元斗争的民族英雄,他一身正气,为后世留下了"人生自古谁无死,留取丹心照汗青"的绝世佳句。

文天祥出身于书香门第,当官以后,就和一批祸国殃民的奸臣进行斗争,曾经两次被罢官。一直到元军大举南下,宋朝快要灭亡时,才又命文天祥到江西赣州去任知州。

1274 年,元军长驱直入,文天祥捐献家资招募 3 万人马,组成一支颇具规模的"勤王军”拯救国家。文天祥带兵到达临安后，被任命为抗元前线的平江(今苏州)知府。他主动派人参加常州保卫战，由于南宋，腐朽统治，常州遭受血洗。从此南宋军民在文天祥、张世杰和陆秀夫的领导下，继续进行抗元斗争，收复了一些失地。面对抗元斗争形势，元世祖决定派精兵予以镇压。文天祥不折不挠在潮州一带坚持斗争，不幸在五坡岭用午饭时遭元轻骑偷袭，被俘。敌人要他跪下，文天祥昂然说：“吾能死，不能拜！”又逼他给张世杰写劝降书，他断然拒绝，挥笔写道：“人生自古谁无死，留取丹心照汗青。”

不行好事　恰似未生

【原文】

春至时和①，花尚铺一段好色②，鸟且啭③几句好音。士君子幸列头角④，复遇温饱，不思立好言、行好事，虽是在世百年，恰似未生一日。

【注释】

①时和：气候和暖。

②好色：美景。

③啭：鸟的叫声，发出宛转悠扬声。

④头角：指气象峥嵘，比喻才华出众。据韩愈《柳子厚墓志铭》说：“虽年少，已自成人，能取进十第，崭然见头角。”一般说成“崭露头角”。

【译文】

当春天到来时阳光拂照天气和暖，就连花草树木也争奇斗艳，给大地铺上一层美丽的景色，甚至连飞鸟也懂得在这春光明媚的大自然环境中唱出几句宛转悠扬的歌声。一个有才华的士君子假如侥幸出人头地身居高位，酒足饭饱过上豪华的生活，却不想为后世子孙挥写下几部不朽名著，做一些有益于世人的事，那他即使活到一百岁的高寿也如同一天都没活过。

【论谭】

孔子说：无是非、无骨气的好好先生是足以败坏道德的小人。这种人，貌似不错，就像稗草危害稻子、紫色混乱朱红一样，最能危害人道。一个人如果不能忍人所不能忍，为人所不能为，立大志向，建大功业，成就非常人格，那就宁可像李白那样狂放——天子呼来不上船，像陶渊明那样清高——不为五斗米折腰，成为孔子说的“狂狷”，孟子所说的“大丈夫”，总之是英特出群，有所偏至。“偏”固然是一失，但“至”却很难得。而且，这样的人，有真气，有个性，虽然缺点不少，但也是可爱。《史记》写石奋的幼子石庆，当了九年丞相，未给皇帝提过一条意见，做了几十年的官，死后老百姓不记得他有哪一件事值得称道，只有一条，就是城府深，为人审谨。这样的人，之所以能如乡人之愿，使俗人向往，实在只是因为他们善于圆滑自处，一世立身，会经营和保住自己的那点利益，使之平安无恙。一句话，他们把自己的一切保护得好好的。像这种人实属无特识、无英气、无高情远想的庸碌之辈！

趣味潇洒　如春生物

【原文】

学者有段兢业①的心思，又要有段潇洒②的趣味。若一味敛束③清苦，是有秋杀④无春生，何以发育万物？

【注释】

①兢业：也可作兢兢业业，小心谨慎，尽心尽力。

②潇洒：清高绝俗，放荡不羁，不受任何拘束的风貌。

③敛束：收敛的约束。

④秋杀：杀，谢。秋天气象凛冽，毫无生机。秋杀与春生对称。

【译文】

一个做学问的人，既要有细密的思考、谨慎的行为、刻苦敬业的精神，又要有潇洒脱俗的高超胸怀，这样才能保持生活的情趣。假如只知一味克制约束自己，使自己过着极端清苦的生活，就只会感到生活如秋天的凛冽而毫无春天的生机，这又怎能培育万物的成长而至开花结果呢？

【论谭】

古人讲究学以致用。一个读书人为了追求高深的学问，每天都兢兢业业地苦读，这种奋发向上的精神固然很好，但不要忽略读书之外的潇洒趣味。中国历史上有位女词人李清照，出身仕宦人家，从小爱读书、练字、作画、吟诗。她非常喜欢户外游戏，热爱自然。“水光山色与人亲，说不尽，无穷好。莲子已成荷花老，清露洗苹花汀草。”这一切，奠定了她文学生涯的基础。李清照的出现，不仅是宋代文学的骄傲，也是中国文学的骄傲。一个做学问的人，要有严谨的治学态度，思考要细密，学习要刻苦，同时又要有潇洒脱俗的胸怀，不拘泥细节。如果只知读书，不会做事，就会成为一个毫无生机的、死气沉沉的书呆子。在现代社会，生活就等于是一种竞争，如果不多懂得社会，了解社会，何以生存？如果不保留一点生活情趣，纯粹像个不食人间烟火的天外来客，所学何以致用？

真廉无名　大巧无术

【原文】

真廉无廉名，立名者正所以为贪；大巧[1]无巧术，用术者乃所以为拙。

【注释】

①大巧:聪明绝顶。

【译文】

一个真正廉洁的人不与人争名,所以不一定有廉洁的名声,那些到处树立名誉的人,正是为了贪图虚名才这样做;一个真正聪明绝顶的人不炫耀自己的才华,看上去反而觉得很笨拙,那些卖弄自己聪明智慧的人,实际上是为了掩饰自己的愚蠢才这样做。

【论谭】

孟子说:有源的泉水总是汩汩涌淌,昼夜不息,注满所有低洼之处,然后继续奔流,汇入大海,假若无源,比如七八月间雨水频繁,大小沟渠也可以被灌满,但很快也就干涸了,所以名誉超过了实际,君子引以为羞耻。他又说:有意料不到的赞扬,也有过于苛求的诋毁。做人应当了解这一点!古语还有:"聪明得福人间少,侥幸成名史上多。"人生在世,确实有许多偶得虚名,而这偶得的虚名,自然更是当不得真的。想做点事业的人,应该认清真廉之名和大巧之人,以防被伪君子和要小聪明的人所迷惑。

养喜召福　去杀远祸

【原文】

福不可邀①,养喜神②以为招福之本;祸不可避,去杀机③以为远祸之方。

【注释】

①邀:求,当祈福解。
②喜神:喜气洋洋的神态。
③杀机:在暗中下决心要杀害他人的动机。

【译文】

人间的幸福不可强求,只要能经常保持愉快的心情,就算是追求人生幸福的基础;人间的灾祸有时是难以避免,只有能消除怨恨他人的念头,才算是远离灾祸的良策。

【论谭】

心生则万物万法生，心灭则万物万法灭。成佛成魔一念间皆由心起。京都南禅寺门前，曾有一位绰号“哭婆”的老婆婆，雨时哭，天晴时她也哭，边许愿边哭个不停。南禅寺的和尚就问她：“老婆婆你为什么哭呢？”老婆婆边哭边说：“老修行，你有所不知，我有两个女儿，大女嫁给了卖鞋的，二女嫁给了卖伞的。天气好的日子我就想到小女的雨伞一定卖不出去；下雨天，我就想到大女儿，雨天哪会有顾客上门呢？想起这些，我就伤心落泪。”和尚劝她说：“老婆婆你不要哭，下雨、天晴我们都应感谢，我们事事都朝好的一面想。天晴时，你应想大女儿的鞋店生意兴隆；天阴时，你应该想小女儿的伞一定卖得好。”老婆婆当即开颜破涕。从此，这位“哭婆”整天都乐呵呵的，日子过得很美满。

谨言慎行　君子之道

【原文】

十语九中未必称奇，一语不中，则愆尤[1]骈集[2]；十谋九成未必归功，一谋不成则訾议[3]丛兴。君子所以宁默毋躁、宁拙毋巧。

【注释】

①愆尤：过失叫愆。尤，责怪。愆尤是指责归咎的意思。
②骈集：骈，与并同，骈集就是接连而至。
③訾议：诋毁叫訾。訾议，有非议、责难的意思。

【译文】

即使十句话能说对九句也未必有人称赞你，但是假如你说错了一句话就会遭受人的指责；即使十次计谋你有九次成功也未必得到奖励，可是其中只要有一次计谋失败，埋怨和责难之声就会纷纷到来。所以有修养的君子宁肯沉默寡言，不是经过深思熟虑的话不随便乱说；表情绝不冲动急躁，做事宁可显得笨拙一些，绝对不能自作聪明显得高人一等。

【论谭】

一次，子路盛装来见孔子，孔子说：“仲由，你这样衣冠楚楚，是什么原因呢？过去长江从岷山流出，开始在其发源地水流很小，只能浮起酒杯，流到大水的渡口，若不用两只船并列，不避开大风，就不能渡河，这不就是因为流水大的缘故吗？今天，既然你衣着华丽，脸上显示得意的样子，那么天下有谁愿意规劝你呢？”子路快步退出，改穿朴素的衣服进来，表示顺从。孔子说：“仲由，你记住，把聪明都显示在脸上，现出能干的样子，这是小人。所以，君子知道就说知道，不知道就说不知道，这是言谈的要领。能够就说能够，不能就说不能，这是行为的准则。说话有要领，就是智。行为有准则，就是仁。言行既智又仁，哪里还有不足的地方呢？”

气和心暖　其福亦厚

【原文】

天地之气[①]，暖则生，寒则杀。故性气[②]清冷[③]者，受享[④]亦凉薄[⑤]。惟气和心暖之人，其福亦厚，其泽亦长。

【注释】

①天地之气：天地间气候的变化。

②性气:性情气质。

③清冷:冷漠清高。

④受享:所享有的福分。

⑤凉薄:淡薄,凉与薄同义。

【译文】

大自然四季的变化,春夏气候温暖,万物就获得生长,秋冬气候寒冷,物就失去了生机。做人的道理也一样,一个性情高傲冷漠的人,他的表情就像秋冬的天气那样冷漠无情无人敢接近,因而他所能得到的福分自然就淡薄;只有那些个性温和而又热情帮助他人的人,他所获得的福分不但丰厚,而且官位也会长久。

【论谭】

过去,有一位老婆婆,她供养一位庵主,已达二十年了。这期间总使派一位美女去送饭食,服侍在庵主周围。为了试一试庵主的功底,有一天老婆婆吩咐这位美女在送饭时,紧紧抱住庵主,看他这时有什么反应。美女遵照吩咐,真的把身子紧贴在庵主身上,款语道:"庵主啊,这时候你想跟我干什么?"僧人答道:"枯木倚寒岩,三冬无暖气。"少女回去报告了情况,老婆婆听后气不打一处出,叹道:"二十年来,我白养了一个俗汉。"她把僧人赶了出去,并放火把庵子也烧了。如何理解慈心的老婆婆的真意呢?

游心天理　广大宏朗

【原文】

天理①路上甚宽,稍游心②胸中,便觉广大宏朗;人欲③路上甚窄,才寄迹④眼前,俱是荆棘泥涂⑤。

【注释】

①天理:天道,佛家语。

②游心:游是出入,游心是说心念出入于天理路上。

③人欲:人的欲望,据《礼记·乐记》篇:"灭天理而穷人欲者也。疏:'灭其天生清静

之性，而穷极人所贪嗜欲也。”

④寄迹：容足投身。

⑤荆棘泥涂：荆棘多刺，用于比喻坎坷难行的路或烦琐不好办的事，又引申为艰难困苦的处境。泥涂是污浊之路。

【译文】

天道就像一条宽敞的大路，只要人们略为用心探讨，心灵深处就会广阔无边豁然开朗；欲望就好像一条狭窄的小路，刚一把脚踏上就觉得眼前全是一片坎坷难行崎岖不平的泥路，稍不小心就会陷进泥潭寸步难行。

【论谭】

凡是能合乎天理的大道，随时随地都摆在人们的面前供人行走，假如世人都能顺着这条光明的坦途前进，那么他们的前途自然是光明远大的。历史上有这样一个故事，楚国人士尹池为楚国出使到宋国去，宋相司城子罕在家里宴请他。子罕故意让士尹池观看他家院子周围的情况。南边邻居的墙向前突出却不拆了它取直，西边邻居家的积水流过子罕的院子却不加制止。士尹池询问这是为什么，司城子罕说：“南边邻居是工匠，是做鞋的。我要让他搬家，他的父亲说：‘我家靠做鞋谋生已经三代了，现在如果搬家，那么宋国那些要买鞋的，就不知道我的住处了，我将不能谋生。希望相国您怜悯我。’因为这个缘故，我没有让他搬家。西边邻居院子地势高，我家院子地势低，积水流过我家院子很便利，所以没有加以制止。”

士尹池回到楚国，楚王还要发兵攻打宋国，士尹池劝楚王说：“不能攻打宋国。它的君主贤明，它的相国仁慈。贤明的人能得民心，仁慈的人别人能为他出力。楚国去攻打它，大概不会成功，而且要被天下人所耻笑！”由于士尹池到宋国进行了调查研究，因而阻止了楚王攻打宋国。世人沿着合乎天理的大道前进，人们的胸襟自然恢宏开朗，自己前途光明无限。宋国国相子罕，以正治国，以德为本，必然得到人们的拥护，而且以自己的仁德阻止了楚国攻打宋国。反之，假如子罕充满了私欲，那么私欲的道路却是非常狭隘的，根本就谈不上个人的前途事业，只要往前走一步就会弄得满身污浊，久而久之会陷进泥潭中，也就无法以自己的仁德阻止楚国攻打宋国了。

图其未就　不如保成

【原文】

图未就之功，不如保已成之业[1]；悔既往之失[2]，亦要防将来之非[3]。

【注释】

①业：指事业、基业，据《孟子·梁惠王》篇：“君子创业垂统，为可断也。”
②失：错误，过失。
③非：过失。《礼记·礼运》篇：“鲁之郊，非礼也。”

【译文】

与其谋划没有绝对把握完成的功业，倒不如维护已经完成的事业；与其懊悔以前的过失，还不如好好预防未来可能发生的错误。

【论谭】

孟子在魏国时，有一次惠王问他：“我对于我的国家也算费尽心力了，河内受灾，我就把那里的百姓迁到河东，同时把河东的粮食运到河内，河东饥荒，我也用同样的办法。我曾考察别国的政治，也没有谁比我更尽心的，为什么他们国家的老百姓不见减少，而我的百姓也不见增多呢?”孟子认为惠王只是如此这般,就不会把国家治理得比别国更好。为什么?因为惠王只依了天时行事,而自己该做的却没有做。孟子说,做国君本来应该尽力使百姓休养生息,安居乐业,可是现在却是富贵人家的猪狗吃了百姓的粮食却不加以制止,道路上有了饿死的人也不开仓赈民,竟然还说“这不是我的罪过,这是年成不好”。这与拿刀子杀了人却说不是自己杀的有什么不同呢?做国君的假若不去归罪年成,而真正动手改革政治,行仁政,就能真正治理好国家。孟子意思的一个重要方面就是:谋事在人,成事也在人;有成事的愿望远远不够,还应实实在在地按成事之道去做,才会有实效。

高而勿疏　淡而勿枯

【原文】

气象[①]要高旷,而不可疏狂[②]。心思要缜缄[③],而不可琐屑[④]。趣味要冲淡,而不可偏枯。操守要严明,而不可激烈。

【注释】

①气象:气质、气度。

②疏狂:狂放不羁的风貌。如白居易诗中有“疏狂属年少”。

③缜缄:细致周全。

④琐屑:繁杂琐细。

【译文】

一个人的气质要宽宏广阔高瞻远瞩,却不可流于粗野狂放;思想要细致周详,却不可繁杂纷乱;生活情趣要清淡,但不可以过于枯燥单调;言行志向要光明磊落,但不可流于偏激刚烈。

【论谭】

临济门下禅锋甚锐的禅将三圣,有一次去拜访老禅匠雪峰义存。年轻的三圣开口问道:“网破江波,始得金鳞,一条无数次从网中钻出去的金鳞大鲤鱼,到底是以什么为饵料呢?”意即我是一条金鳞。这点有力地显示出他继承了临济的铮铮铁骨以及当仁不让的

禀性。"如果你钻得出网,我就回答你。"雪峰沉稳地钳制住三圣的禅锋。三圣并不因此而退缩。"手下有一千五百余人的一代宗师,连这点话头也解不开吗?"三圣不愿退让,意即争取主动。雪峰淡淡地答道:"老僧当了住持,事务忙得很哪！僧务繁忙又加上年事已高,我就只能这样回答你了,也许不尽如你的意,你就看着办吧!"这就是雪峰的态度。乍看起来,似乎年轻的三圣得势了,雪峰的禅锋敌不过三圣的禅锋,其实不然,雪峰巨匠这种虎头蛇尾的言行,已把三圣的锐利完全包纳在其中了。这种老练沉稳的境涯会令人肃然起敬的。对于这样一位捕鱼能手,一条小鲤鱼逃得了一时也过不了多久,一支矛再锋利,也无法刺穿金盾;一座山纵然高峻,也不及云高天高。

事来心现　事去心空

【原文】

风来疏竹,风过而竹不留声;雁度寒潭①,雁去而潭不留影。故君子事来而心始现,事去而心随空。

【注释】

①寒潭:大雁都是在秋天飞过,河水此时显得寒冷清澈,因此称寒潭。

【译文】

当轻风吹过，稀疏的竹林会发出沙沙的声音，可是当风吹过去之后，竹林并不会留下声音而仍旧归于寂静；当大雁飞过，寒潭固然会倒映出雁影，但是雁飞过后，清澈的水面依旧是一片晶莹并没有留下雁影。由此可见，一个有品德的君子，当事情来临时他的本性才会显现出来，事后，他的本性也就恢复了原来的空虚平静。

【论谭】

风过疏竹不留声，雁渡寒潭不留影。凡是有德的君子遇见事，就应该用仁德之心去服务，事情过后心情也就恢复本来的寂静。刘秀在河北与自立为帝的王郎展开大战，王郎节节败退，逃进邯郸城里，经过 20 多天的围攻，刘秀大军攻破邯郸，杀死王郎，取得胜利。在清点缴来的书信文件时，官员发现一大堆私通王郎的信件。这些信件有好几千封，内容大都是吹捧王郎，攻击刘秀的。写信者都是刘秀一方的人，有官吏、有平民。有人很气愤，说这些人吃里爬外，应该抓起来统统处死，曾经给王郎写信的人，则提心吊胆，心里十分害怕，刘秀知道后，立即召集文武百官，又叫人把那些信件取过来，连看也不看，就叫人当众把它们扔到火盆中烧掉了。刘秀对大家说："有人过去私通王郎，做了错事，但事已经过去了，可以既往不咎，希望那些过去做错事的人从此定下心来，努力供职。"刘秀这种处理方法，使那些私通王郎的人松了一口气。他们从心眼里感激刘秀，甘为他效劳，刘秀以德报怨，安抚吏民。他在见到私通王郎的信后表现出来的仁德之心，事情过后也就立刻恢复平时状态。

"孤轮独照江山静"表述的是禅师清澄空寂的心境，心月一轮，普照大千世界，何等空灵自在。正好似风来疏竹，风过而竹不留声。有一天晚上，大含和尚一个人在方丈室里读书。有一位强盗持刀闯入室内。和尚平静地问："你是来要东西，还是来索命的?"强盗回答说，"我来要钱。"和尚于是从怀中取出钱袋，扔给强盗说："你把这些都拿去吧。"说完又俯下身去看书了，强盗握紧钱袋，正欲潜逃，和尚这时大喊了一声："等一等!"强盗说不出的惊慌，呆呆地立在原处。和尚对他说："你别马虎，出去时把门关好!"强盗听后，吓得屁滚尿流地逃了。这位强盗后来对人说，"我多年打家劫舍，历过数不尽的风险，可没有那一次叫我像那次那样害怕!"

行道中庸　方是懿德

【原文】

清能有容，仁能善断，明不伤察[①]，直不过矫，是谓蜜饯不甜[②]、海味不咸，才是懿德[③]。

【注释】

①伤察：失之于苛求。

②蜜饯不甜：蜜饯不过分甜。

③懿德：美德。如《诗经》中有："民之秉彝，好施懿德"。

【译文】

清廉纯洁而有容忍的雅量，心地仁慈而又能当机立断，精明而又不失之于苛求，性情刚直而又不矫枉过正。这种道理就像蜜饯虽然浸在糖里却不过分的甜，海产的鱼虾虽然腌在缸里却不过分的咸，一个人要能把持住这种不偏不倚的尺度才算是为人处事的美德。

【论谭】

有一僧问云门："什么是尘尘三昧？"云门答道："钵里饭，桶中水。"三昧指修行的境界，尘尘三昧在禅中指"个个三昧"。《华严经》中说："一微尘中，三昧尽人。"悟到一切皆空的禅是死人禅，没有任何功用，而必须在此基础上"大死一番，绝后苏息"，在日常的一个个差别言行中，做到平等如一，达到平等三昧。这才是"个三昧""尘尘三昧"。也就是说："一切都体现出真境"，就像钵里的饭、桶里的水一样。有人对"尘尘三昧"的体验是"白露降红叶，红叶滚红玉"。道理都一样。

贫者不艳　因净风雅

【原文】

贫家净扫地，贫女净梳头。景色虽不艳丽，气度自是风雅。士君子当穷愁寥落[1]，奈何辄自废弛[2]哉！

【注释】

①寥落：寂寞不得志。吕温诗中有"独卧郡斋寥落意，隔帘微雨湿梨花。"

②废弛：应做而不做。王冕《剑歌行》中有"学书学剑俱废弛"。

【译文】

一个贫穷的家庭要经常把地打扫得干干净净，一个贫穷人家的女子要经常把头梳得干干净净，摆设和穿着虽然算不上豪华艳丽，但是却能保持一种高雅脱俗的风范。一个有才德的君子，一旦遭遇不佳处于穷困寂寞不得志，绝对不应该萎靡不振自暴自弃。

【论谭】

孔子的一生，碰了不少的壁，遇到了不少难堪事。孔子不是垂头丧气、潦倒颓唐，不是愤世嫉俗、怨天尤人。他的做法是，一方面自己很执着，痴心不改，无怨无悔；另一方面又很宽厚平和，很乐天知命，对于各种横逆之事能很巧妙地应付过去，谈笑中拨云见日，还心灵以一片宁静、一片仁和、一片慈悯，成为一种不可企及的浑涵博大。论幽默，这是最高境界的幽默，因而也是最不可企及的。因为孔子认识到，为人之贵，是尽量培养和解析自己的才智与力量，不断努力；但个人的力量总是有限的，成败均非一己之力所能定，所以成功与失败，在尽了自己的努力之后，都没有什么好挂怀的，应能够宽容宁静甚至愉快地接受。

磨练福久　参勘知真

【原文】

一苦一乐相磨练，练极而成福者，其福始久；一疑一信相参勘[1]，勘极而成知[2]者，其知始真。

【注释】

①参勘：参是交互考证，勘是仔细考察。

②知：与“智”通。

【译文】

在人的一生中有苦也有乐，只有在苦与乐交替的跌宕磨炼中得来的幸福才能长久；在求学中既要有信心也要有敢于怀疑的精神，遇到值得怀疑的事就要去仔细求证，只有自己去推究到事物的极致得来的学问才是真学问。

【论谭】

《列子·汤问》中以纪昌学射为例，说明"学无止境"，磨炼福久的道理。

甘蝇，古代擅长射箭的人，一张弓，走兽便趴下，飞鸟便跌落。有个学生叫飞卫，向甘蝇学射箭，技艺比甘蝇还巧。有个叫纪昌的，又向飞卫学射箭。飞卫说："你先学不眨眼，便可以谈射箭了。"纪昌回家，仰头睡在他妻子的织布机下，眼睛一眨也不眨。他报告飞卫后，飞卫说："还没有啊！一定要学会看才行。看小东西好像看大东西，看细微的好像看显著的，这样以后再告诉我。"纪昌用一根长毛系一只虱子悬在窗上，向南面望着虱子。十日之中，逐渐变大，三年之后，好像是个车轮。再看别的东西，都大如山岳。于是用北方角制的弓和南方蓬制的箭杆射那虱，一箭就穿透虱的中心，而悬挂的长毛并没断绝。他报告飞卫。飞卫高高跳起来拊掌摸着胸膛说："你学会了！"

《碧岩录》中有句"禅河深处须穷底"的语录，一日定上座和尚化斋回来，坐在桥头休息。这时桥上有几个人正在议论纷纷。一个问："所谓'禅河深处须穷底'到底是怎么一回事呢？"定上座和尚闻此言，马上上去抓起那人便要往桥下扔。这一举动吓得另外两位慌忙来劝道:"请别扔!别扔!这人冒犯了上座实是该当大罪!望和尚发发慈悲饶了他吧!"定上座和尚说:"如果没有二位相劝,我今日就叫他亲自到河底去探探看。"定上座和尚之意是:禅河的深浅只有自己进去才能探明。

地秽生物 水清无鱼

【原文】

地之秽者多生物,水之清者常无鱼,故君子当存含垢纳污①之量,不可持好洁独行之操②。

【注释】

①含垢纳污:本意是一切脏的东西都能容纳,比喻气度宽宏而有容忍雅量。

②好洁独行之操:生活中喜欢保持独善其身自命清高的态度。操是操守或志向,如《新书·道术篇》中有"厚志隐行谓之洁"。

【译文】

一块堆满了腐草和粪便的土地,才是能生长许多植物的好土壤;一条清澈见底的河流,常常不会有任何鱼虾来繁殖。所以一个有修养的君子,应该有容忍庸俗的气度和宽宏他人的雅量,绝对不可孤芳自赏自命清高不跟任何人来往,而陷入孤立无援的状态。

【论谭】

有位僧人问云门和尚:"佛是什么?"云门回答道:"干粪。"这则公案有许多种解释,本来清净之物而要求远离这一观念,却说佛是干粪一块,是污秽的没有用的东西,也就是说云门是为了打破僧俗一贯持有的有关佛的观念与概念而这样回答的。这种解释离题万里,云门和尚仅仅是离开了一切思考与分别脱口而出,说佛是干粪而已。还有人认为以污秽之物代清纯之物,以低俗之体注释高妙之体,这是云门宗的宗风。

泛驾之马　跃冶之金

【原文】

泛驾之马[1]可就驰驱，跃冶之金[2]终归型范[3]。只一优游不振，便终身无个进步。白沙[4]云："为人多病未足羞，一生无病是吾忧。"真确实之论也。

【注释】

①泛驾之马：性情凶悍不易驯服控御的马，借以比喻不守常规的豪杰。

②跃冶之金：当铸造器具熔化金属往模型里灌注时，金属有时会突然爆出模型外面，这就是跃冶之金，比喻不守本分而自命不凡的人。语出《庄子·大宗师》篇。

③型范：铸造时用的模具。

④白沙：明朝学者陈献章，广东新会人，字公甫，由于隐居白沙里，世人称他为"白沙先生"，于明正统十二年进士及第，然而并未因此踏入仕途，被誉为"活孟子"。著有《白沙集》十二卷传世。

【译文】

一匹性情凶悍不易控御的马，只要训练有素驾驭得法，仍然可以骑上它飞奔疾驰；在熔化时爆出熔炉的金属，最终还是被人注入模型变成器具。一个人如果只贪图吃喝玩乐游手好闲，就会使精神陷入萎靡不振的状态，如此就会一辈子也没有什么作为。所以明代学者陈献章说："做人有过失并没什么可耻的，只有一生一点错都没有才最值得忧心。"这真是一句至理名言。

【论谭】

《庄子·人间世》中讲支离疏形体不全却避免了许多灾祸，自由自在地生活着，生动地说明"天生我材必有用"的道理。庄子说："有个名叫支离疏的人，下巴隐藏在肚脐下，双肩高于头顶，后脑的发髻指向天空，五官的出口也都向上，两条大腿和两边的胸肋并生在一起。他给人缝衣浆洗，足够糊口度日；又替人卜卦算命，足可养活十口人。国君征兵时，支离疏捋袖扬臂在征兵人面前走来走去；国君有大的差役，支离疏因身有残疾而免除劳役；国君向残疾人赈济米粟，支离疏还领得三种粮食十捆柴草，像支离疏那样身体有残疾的人，还足以养活自己、终享天年，又何况那些品行奇特的人呢！"

乾坤妙趣　天地文章

【原文】

林间松韵，石上泉声，静里听来，识天地自然鸣珮[①]；草际烟光[②]，水心云影，闲中观去，见乾坤最上文章。

【注释】

①鸣珮：古代达官贵人和仕女常用美玉系于衣带上作为饰物，行走时相互击触发出清脆的响声。

②烟光：形容天地间迷蒙的景色。

【译文】

轻风吹过山林，使苍松发出阵阵像海涛般的音韵。飞瀑奔流而下溅落岩石上，声声击磬鸣玉。假如用宁静的心情聆听，就能体会到大自然所奏乐章的美妙。江边的芦苇，飘荡出一种迷蒙的美感；天空的片片彩云倒映在水中，看起来显得特别绚丽夺目，假如用清闲的心情来欣赏，就能发现造物者所创造的伟大篇章。

【论谭】

寒山有句诗曰："微风吹幽松，近听声愈好。"是说，微风轻轻掠过枝叶繁密、浓荫匝地的老松，越走近去谛听松涛声越觉得叫人入迷。这句话的"近听"二字富有禅的韵味。那么，这近听是怎么样的听法呢？一般来说：人们往往站在主观与客观相割裂的对立上去听，主观是听松的人，客观是被听之物。禅者则不然，他们作为主客体是统一的，主体应该努力站到客体的角度去理解对方乃至化为对方。这一过程是无心的自然过程。无心去听松声便正是自己，是自他不二；这是最为亲近的倾听方式，所以禅中说：松事问松，菊事问菊。

一念贪私　万劫不复

【原文】

人只一念[1]贪私，便销刚为柔，塞智为昏，变恩为惨[2]，染洁为污，坏了一生人品。故古人以不贪为宝，所以度越[3]一世。

【注释】

①一念：一刹那所引起的念头。《二程遗书》说："一念之欲不能制，而祸流于滔天。"

②变恩为惨：恩，惠爱。惨：狠毒。

③度越：超越的意思。据《汉书·扬雄传》："若使遭遇时君，更阅贤知，为所称善，则心度越诸子矣。颜师古曰：'度，过也'"。

【译文】

一个人只要心中刹那间出现一点贪婪或偏私的念头，那他就容易把原本刚直的性格变得很懦弱，原本聪明的性格被蒙蔽得很昏庸，原本慈悲的心肠就会变得很残酷，原本纯洁的人格就会变得很污浊，结果是毁灭了一辈子的品德。所以古圣贤认为，做人要以"不贪"二字为修身之宝，这样才能超越他人战胜物欲度过一生。

【论谭】

一个人只要心中出现一点贪婪或私心杂念，那么他本来的刚直性格会变得懦弱，聪明变得昏庸，慈悲变得残酷。正是因为这样，古今中外的贪官都在受贿之后，变成由行贿者摆布的可怜虫。周宣帝皇后是杨坚的女儿，宣帝使杨坚任上柱国、大司马等重要官职，地位显赫，宇文氏家族的成员对杨坚的猜忌很大，谋害杨坚的阴谋一个一个接踵而来，后来，宣帝本人对杨坚也产生了疑忌之心，他想找个借口把杨坚干掉。宣帝有四个美姬，她们为了争宠，互相辱骂，经常闹得不可开交。宣帝想出一计。他让四个宠姬打扮得分外娇艳妩媚，站在他的两侧。又派人去召唤杨坚。宣帝对左右武士说："如果杨坚进来神色有什么变化，你们就立即把他杀掉。"不料杨坚上殿，脸上始终一股正气，目不斜视，宣帝只好让他退出。大象三年，宣帝因荒淫过度而死，他九岁儿子宇文衍即位，杨坚入朝主

政，宣帝的弟弟汉王宇文赞早就想当皇帝，上朝听政时常与杨坚同帐而坐，杨坚对此非常恼火。杨坚知道宇文赞是个酒色之徒，就选了几个漂亮的姑娘送给宇文赞，宇文赞满心欢喜地接受了，他的权力欲望从此减退了，搬回了王府，天天与美女娱乐玩耍，不问政事。这样杨坚于公元 581 年 7 月 14 日称帝，建立了隋朝。宇文赞由于一念贪私，良知就自然泯灭，即使有点刚毅之气也化为乌有，只能任行贿者摆布，落得可怜的下场。

主人惺惺　贼成家人

【原文】

耳日见闻为外贼，情欲意识为内贼，只是主人公惺惺不昧，独坐中堂，贼便化为家人矣。

【译文】

每个人的耳朵都喜欢听美音，眼睛都喜欢看美色，所以这些都属于外来的侵害；每个人都有易冲动的情感，都有无法满足的欲望，所以这些心理上的邪念是内在的敌人。不管是内贼也好外贼也罢，只要身为主人翁的自己保持清醒的头脑，做事遵守不违背情理的原则，做人恪守信念，所有心里敌人、外来侵害都会变成你修养品德的助手。

【论谭】

春秋时，曾参很穷苦，鲁国君主便派人送他钱财，对他说："请添些衣服。"曾参再三推辞。来人说，"并非你去求他人，是他人要送给你，为什么不受呢？"曾子说："我听说，受人者畏人，予人者骄人。即使他对我赐而不骄，我能受而无畏吗？"始终不肯接受。孔子听说此事，赞道："曾参之言足以全其节。"不要以为曾参故作清高，而实在是他不愿为外物所累啊！外物以各种各样的方式来亲近你，诱惑你，动摇你，如果你抵制不了它的影响，它就会迫使你成为它的囚徒。严于律己，就是你避免成为囚徒的最后的反抗，而保持一种高尚的道德情操，是成就事业的可靠的基础。

法眼禅师初参长庆，不得解悟，于是开始云游四方，一日遇雨寄宿在地藏院。地藏和尚见法眼欲行，便问道："上座要到哪里去？""行脚去。""行脚去做什么？""不知道。""不知道于至道最为亲近、贴切。"法眼当下即有所悟。法眼又要出去行脚，地藏和尚目送他出门，并说："上座曾经说过'三界唯心，万法唯识'的妙理，请问你脚下踩的那块石头是在你心内还是心外？"法眼答道："心外无法，自然是在心内。"地藏和尚微微一笑说："你去行脚，怎么还把一块大石头放在心中呢？"法眼于是留在院内向地藏和尚请教，可是地藏和尚每次都把他引为自得的华严宗旨和唯识哲学给否定掉了。当法眼感到理屈词穷之际，地藏和尚才告诉他："要说佛法吗？一切都是现成的。"听了这话法眼才打破桶底似的恍然大悟，以后，法眼开创了一代宗风，成为中国五家禅中的法眼宗的开山祖师。

闲莫放过　静不落空

【原文】

闲中不放过，忙中有受用[①]。静中不落空，动中有受用。暗中不欺隐，明中有受用。

【注释】

①受用：受益，得到好处。《朱子全书》中有"认得圣贤本意，道义实体不外此心，便自有受用处耳"。

【译文】

在休闲的时候不要轻易放过宝贵的时光，最好利用这闲暇时候做一些事情，待到忙碌紧张时就会有受用不尽的感觉；当安闲平静的时候也不要忘记充实自己的精神生活，以便为后来有艰巨的工作有所准备，等到大批量的工作一旦到来，才会有应付自如的感觉；当一个人静静地在无人之处，也能保持你光明磊落的胸怀，既不产生任何邪念也不做任何坏事，那你在众人面前、在社会、在工作中都会受到人们的尊敬。

【论谭】

《碧岩录》十一中有一则“倒一说”的公案。过程是，有位僧人问云门和尚：“不是目前机、亦不是目前事时如何？”云门答道：“倒一说。”既不是眼下就有机用，也并非马上就要处理的事，这种时候应该干什么？如果对象、对方在眼前，你可以见机行事；现在对方已不见，这“倒一说”就行不通了。这时该如何应对呢？云门的回答是：修炼自己，做好准备自己对自己说法，这就是“倒一说”。俗话说：“君子慎独，服人先服己，严于律己。”就是要求在眼前无事之时，好好锤炼自己，提高自身的素养。自己对自己的说教，这也是佛教的一种修炼方法。

起念便觉　一觉便转

【原文】

念头起处，才觉向欲路上去，便挽从理路上来。一起便觉，一觉便转，此是转祸为福、起死回生的关头，切莫当面错过。

【译文】

当你心中的邪念刚一浮起时，你能发觉这种邪念有走向欲路的可能，你就应该立刻把这种欲念拉回正路上去。只要坏的念头一产生就立刻有所警觉，有所警觉就立刻设法来挽救，这才是扭转灾祸为幸福、改变死亡为生机的紧要关头，所以绝对不可以轻易放过这个机会。

【论谭】

春秋时，宋昭公众叛亲离，去国出逃，路上他对车夫说："我知道我这次出逃的原因了。"车夫问："是什么呢？"昭公说："以前，不论我穿什么衣服，侍从无人不说我漂亮；不论我有什么言行，朝臣无人不说我圣明。这样，我内外都发现不了自己的过失，所以才落得如此下场。"从此，昭公改行易操、安义行道。不到两年，美名传回宋国。宋人又将他迎回国，恢复了王位。他死后，谥为"昭"，昭就是明显，即能反省，有自知之明。所以，过失并不可怕，可怕的是没有反省的习惯、反省的勇气和反省的智慧。一个人没有过失是不可能的，如果他每天都能反省并且成为一种习惯，那么，他将是过失最少的人，也可以相信他是天下最完美的人。反省是一面镜子，反省是一剂良药，反省是所有美德中最值得珍视的美德，拥有反省也就意味着拥有完美。

厚德积福　逸心补劳

【原文】

天薄[①]我以福，吾厚吾德以迓[②]之；天劳我以形，吾逸吾心以补之；天厄[③]我以遇，吾亨吾道以通之。天且奈我何哉！

【注释】

①薄:减轻。

②迓:迎的意思。

③厄:压抑。

【译文】

假如上天不增多我的福分,我就多做些善事培养品德来对待这种命运;假如上天用劳苦来困乏我的身体,我就用安逸的心情来保养我疲惫的身体;假如上天用穷困来折磨我,我就开辟我的求生之路来打通困境。假如我能做到这些,上天他又能对我怎样呢?

【论谭】

孟子曾说:天要把重大使命降落到某人身上,必定先要苦恼他的心志,劳累他的筋骨,饥饿他的肠胃,困乏他的身子,并且使他的一次次行动都不能如意,以此来锤炼他的心志,坚韧他的毅力,提高他的能耐。

对于一个人的平常人生呢?其实,一个人无论是伟大,还是平凡,是高贵,还是低贱,无论以什么方式行世,他都必须承担起他在人生旅途中遭遇的一切:风静浪止的顺境、春风得意的坦途、爱情的甜蜜、成功的喜悦……另一方面:风风雨雨、浪急礁险、灾难患害等等,无论是喜,还是忧,是幸福,还是痛苦,他都得承受,无可逃避。

天机神妙　凡智何为

【原文】

贞士[①]无心徼福[②],天即就无心处牖[③]其衷;险人[④]着意避祸,天即就着意中夺其魂。可见天之机权[⑤]最神,人之智巧何益!

【注释】

①贞士:指志节坚定的人。

②徼福:徼,同邀,作祈求解。《左传·僖公》四年:“君惠徼福于敝邑之社稷,辱收寡君。”

③牖:诱导、启发。

④险人:险,邪妄。险人就是行为不正的小人。

⑤机权:机是灵巧。权是变通。机权是灵活变化。

【译文】

一个志节坚贞的君子,虽然不想祈求自己的福祉,可是上天偏要在他无意之间来诱导他完成衷心要完成的事业;一个行为邪恶不正的小人,虽然用尽心机妄想逃避灾祸,可是上天却在他巧用心机时来夺走他的灵魂。由此观之,上天对于权力的运用真是神奇无比变化莫测,极具玄机,人类平凡无奇的智慧在上天面前实在无计可施。

【论谭】

古人云:“死生有命,富贵在天”,“人算不如天算。”看来古人是迷信天命的,然而古人中也有不希冀天命的,如庄子,他将天命归于自然。他说:“知道自然的作为,并且了解人的作为,这就达到了认识的极点。知道自然的作为,是懂得事物出于自然;了解人的作为,是用他智慧所通晓的知识哺育,熏陶他智慧所未能通晓的知识,直至自然死亡而不中途夭折,这恐怕就是认识的最高境界了。虽然这样,还是存在忧患。人们的知识一定要有所依凭方才能认定是否恰当,而认识的对象却是不稳定的。怎么知道所说的本于自然的东西不是出于人为呢？怎么知道我所说的人为的东西又不是出于自然呢？”

当初，总持寺开山老祖莹山和尚听到宗师彻通和尚的讲禅后，突然感觉有所悟会。彻通说：“平常心是道。”莹山听完，情不自禁地喊道：“我悟了！”“你悟了什么？”莹山马上答道：“黑漆昆仑夜里走。”彻通追问：“再说下去！”莹山立即答道：“逢茶吃茶，逢饭吃饭。”彻通微微一笑，印可了莹山，说：“我洞宗风，今后将由你大兴。”虽然平常心是道，可它不光是靠渴时饮茶、饥时吃饭得来的；而如果没有“黑漆昆仑夜里走”的了悟，没有达到偈中所示的身心统一、无心无我的境涯，“逢茶吃茶，逢饭吃饭”也不能算是真正的禅者的修持。这一点最为关键。是的，敢于黑夜走昆仑的胆识和心境，岂是人类平凡的智慧！

田看收成　人重晚情

【原文】

声妓[1]晚景从良[2]，一世之烟花[3]无碍；贞妇白头失守，半生之清苦俱非。语云：“看人只看后半截”，真名言也。

【注释】

①声妓：本指古代宫廷和贵族家中的歌舞妓，此指一般妓女。

②从良：古时妓女隶属乐籍（户），被一般人视为贱业，脱离乐户嫁人，就是从良。

③烟花：妓女之代称，此指妓女生涯。

【译文】

妓女以卖身卖笑为业，如果到了晚年能嫁人当一名良家妻子，那么她以前的妓女生涯并不会对后来的正常生活构成伤害；可是一个一生都坚守贞操的贞烈妇女，假如到了晚年由于耐不住寂寞而失身，那她半生守寡所吃的苦都会付诸东流。俗话说：“要评定一个人的功过得失，关键是看他后半生的晚节。”这真是一句至理名言呀。

【论谭】

孟子和他的学生彭更有过一次很有意思的答辩。答辩是由学生对老师提出批评引起的。彭更认为孟子从一国到另一国，跟随的车有几十，跟随的人有几百，这太过分了。

因为读书人不像木匠车工，木匠车工的动机本就是为了谋食，而君子研究学术，推行王道，动机不在谋食，读书人不工作，吃白饭，这是不可以的。孟子反问道："这么说，你是以动机来论该不该给饭吃了？"彭更问："如何论动机？"孟子说："如果这里有个匠人，把屋瓦打碎，在新垒的墙上乱画，他的动机也在于谋食，你给他饭吃吗？""不。"孟子紧接着说："那么，你仍然在论效果，而不是在论动机。"孟子的意思很明白：论事不能光看动机，还应看效果。

种德施惠　无位公相

【原文】

平民肯种德[1]施惠，便是无位的卿相[2]；士夫[3]徒贪权市宠[4]，竟成有爵的乞人。

【注释】

①种德：行善积德。苏轼有"种德如农之种植"的句子。

②卿相：公卿将相。

③士夫：士大夫的简称。

④贪权市宠：贪恋权势祈求宠信。市是买卖。

【译文】

一个普通的平民百姓只要肯多积功德广施恩惠帮助别人，就像是一位没有实际爵位的公卿将相一样受到人们的敬仰；反之一个达官贵人只是一味贪图权势，把官职作为一种买卖欺下瞒上，这种行径的卑鄙就像一个带爵禄的乞丐一样可怜。

【论谭】

行善或作恶不在名位高低，而在于人的品行。《碧岩录》中有则“仕客千日，失在一朝”的故事，为什么会这样呢？难道真是偶然的吗？请看原委：泉州的长官王太傅在同门的招庆和尚出门游方时到访，寺内的朗上座忙提起铁茶壶去斟茶，不小心把水壶弄翻了，水泼到茶炉内。王太傅见状问朗上座：“茶炉下面是什么？”“是捧炉神。”“既然有捧炉神，怎么还弄翻了呢？”朗上座答道：“千日位居高爵的人，也会有一朝丢官免职，这道理是一样的。”太傅拂袖而去。明招和尚说道：“上座啊，你吃的是招庆的饭，干吗要对他说那些没用的话呢！”上座问：“和尚怎么说？”“我吗，就对他说，‘是捧炉神瞅着空子给泼翻的。’”

祖宗德泽　子孙福祉

【原文】

问祖宗之德泽[1]，吾身所享者，是当念其积累之难；问子孙之福祉[2]，吾身所贻[3]者，是要思其倾覆之易。

【注释】

①德泽：恩惠。例如《汉书·食货志》中有“德泽加于万民”。

②福祉：福、祉同义，幸福。

③贻：和“遗”的意思相通，可作遗留解。

【译文】

假如要问祖先是否给我们留有恩惠，我们现在生活所能享受的东西就是祖先所累积下的恩德,我们要感谢祖先当年留下的这些德泽的不易;假如我们要问子孙将来是否能生活幸福,就必须先看看自己给子孙留下的德泽究竟有多少,假如留下的恩惠很少,就要想到子孙势必无法守成而容易使家业衰败。

【论谭】

《诗经》中说:“哀哀父母,生我劬劳;养我育我,不辞劳苦。”对于父母长辈的养育之恩,儒家提倡做子女的应该感谢。怎么感谢,当然是尽到孝道。

在荀子看来,忠君不是绝对的,但尽孝却是绝对的。即使父母有过错,也是恭恭敬敬,不可冒犯。你可以不相信这些,但子女赡养父母,侍奉父母,尊敬父母,在任何时代都是为人的基准,儿不嫌母丑,谁不为人间这种至亲至情所萦绕、所感怀呢?你走遍天涯海角,你还是母亲的儿子,你出任王公大臣,你还是母亲的儿子,你的身份、地位、名誉可以改变,但你的血液不可改变。孔子的弟子子路,十分孝敬父母,他后来回忆当初负米养亲的情景时,心中仍充满无限的感慨和依恋之怀。“背负重担道途遥远的人,不选择地点而休息,家庭贫寒奉养亲情的人,不选择薪水而做官。从前,父母在世时,我常吃粗糙的饭食,将省下的米粮从百里外背回家中。那时虽然很苦很累,但我心里滋味甘甜。父母过世后,我南游于楚,从车百辆,积粟万钟,累裀(坐垫)而坐,列鼎而食,却不能再为双亲负米百里以尽孝心,再也尝不到往日的滋润甘甜了。”谁能不为这种眷眷之情、拳拳之心而动容呢?

君子诈善　如小人恶

【原文】

君子而诈善①,无异小人之肆恶②;君子而改节③,不若小人之自新。

【注释】

①诈善:虚伪的善行。据《汉书·张汤传》说:“臣固愚忠,若张汤乃诈忠。”诈忠也即作善。

②肆恶:肆是放纵,即恣意作恶。

③改节:改变志向。

【译文】

一个伪装成善良的正人君子，和恣意作恶的邪僻小人是没有什么区别的；一个正人君子如果改变自己的操行志向，他的品质还不如一个痛改前非重新做人的小人。

【论谭】

《庄子·列御寇》中有这样一段话：“贼害最大的，莫过于德中藏有私心而心眼有所遮蔽。到了心眼被遮蔽却要主观去观察，就要坏事了。坏品质有五种，心中的品质为首。什么是心中的品质？心中的品质，就是有自以为好的东西，而诋毁自己所不从事的东西。”

现实生活中那些道貌岸然的伪君子，满口仁义道德，其实肚子里净是阴谋诡计，男盗女娼，不正是最大的“贼害”吗？

春风解冻 和气消冰

【原文】

家人有过不宜暴扬，不宜轻弃。此事难言，借他事而隐讽[1]之；今日不悟，俟[2]来日正警之。如春风之解冻、和气之消冰，才是家庭的型范[3]。

【注释】

①隐讽：借用其他事物来暗示，婉转劝人改过。

②俟：等待。

③型范：典型模范。

【译文】

如果家里的人犯了什么过错，不可以随便大发脾气乱骂，更不可以用冷漠的态度漠不关心，放任不管；如果他所犯的错你不好直接批评可以借其他事情来暗示让他改正；如果没办法立刻使他悔悟，就要拿出耐心等待时机再提醒劝告。要循循善诱，就好像春天温暖的风一般，能消除冰天雪地的冬寒，要像温暖的气流一样能使冬天冻得如石块的冰完全融化，这样充满一团和气的家庭才算是模范家庭。

【论谭】

《论语》说：你听说别人罪过的实情后，应该哀之怜之，而不应该庆幸自己获得了真相。这也就是《尚书》上说的，法官落实了罪证，应该起哀怜之心。

其实，人不是圣贤，谁能没有缺点过失呢？有人小气贪财，有人情多好色，有人懒惰，有人马虎，有人浮躁，有人懦弱……平时生活得好好的，可是在一定的时候，一定的条件下，可能就走错一步，做下错事，有的人知道了别人的过失，取作笑谈，幸灾乐祸；而有些人则不同，他们心里仿佛被揪了一把，说，噢，这人做了这件错事，可怜可惜。似责备，似同情，似理解，又似自伤自警。两种态度，两种人格，相形之下，高低立刻就显出来了。

第三章 达观

心圆而宽 天下自安

【原文】

此心常看得圆满，天下自无缺陷之世界；此心常放得宽平，天下自无险侧[1]之人情。

【注释】

①险侧：邪恶不正。

【译文】

一个心地善良而乐观的人，常把万事万物都看得很美好，天地间的事也就毫无缺陷；一个天性忠厚、宽大为怀的人，心里总处在平衡状态，也就不去理会人事倾轧和人间的邪恶了。

【论谭】

一次，齐相储子与孟子相遇，问孟子一个问题："齐王总打发人去探视先生，想必先生一定有什么与别人不同的地方吧？"孟子回答说："有什么与别人不同的地方呢？尧舜也同一般人一样呢。"人具有的我都具有，人没有的我亦不可强求；我跟人一样，人跟我一样。圣人和我也没有什么不同。这就是常人心。相反，目中无人，目空一切，以为天下人都不如我，这是失了常人心；妄自菲薄，自暴自弃以为自己一切都不如人，这也是失了常人心。如此这般，就是忘记了自己是常人。忘记了自己是常人，便要么一切都想得到，一切都要争取，以为这世界的一切本为他一人准备。要么一切都会放弃，一切都不去争取，畏畏葸葸，怯懦卑琐。这两种行为，无论哪一种，其结局都会使人最终失去自己人生的真趣。

庄子在《庚桑楚篇》中，针对人事倾轧和人间各种邪恶说了下面一段话，他说：

"毁除意志的干扰，解脱心灵的束缚，遗弃道德的牵累，打通大道的阻碍。高贵、富有、尊显、威严、声名、利禄六种情况，全是扰乱意志的因素。容貌、举止、美色、辞理、气调、情意六种情况，全是束缚心灵的因素。憎恶、欲念、欣喜、愤怒、悲哀、欢乐六种情况，全是牵累道德的因素。离去、靠拢、获取、施与、智虑、技能六种情况，全是堵塞大道的因素。这四个方面和六种情况不至于震荡于胸中，内心就会平正，内心平正就会宁静，宁静就会明澈，明澈就会虚空，虚空就能恬适顺应无所作为而又无所不为。大道，是自然的敬仰；生命，是盛德的光华；禀性，是生命的本根。合乎本性的行动，称之为率真的作为；受伪情驱使而行动，称之为失却本性。知识，出自与外物的应接；智慧，出自内心的谋划；具有智慧的人也会有不了解的知识，就像斜着眼睛看，所见必定有限。有所举动却出于不得已叫作德，有所举动却不是为了自我叫作治，追求名声必定适得其反，而讲求实际就会事事顺应。"

佛法本来是平常，如同"师姑(尼姑)本是女人作"，可以"不舍日用应缘处"。赵州和尚问南泉和尚："道是什么？"南泉道："平常的心就是道，就是真理。"赵州又问："那么把平常的心作为应该注意并加以修炼的目标可以吗？"南泉回答："不可，那样反而更偏离真道。"赵州问："如果不起心修心，怎么能知道那就是道？"南泉道："道不属于知或者不知的范围。知是妄觉。不知只是虚无而已。如果真正达到不疑这一步，你就会感到心像太空一样洞彻明朗、无遮无碍，这时还有什么是非可言呢?”赵州言下顿悟。“平常心是道”是最能说明中国禅宗的本质的一句话。类似语有“即心即佛”“烦恼即菩提”“心心不异”等。如何才能识得？台湾的星云大师教诲说：“用正见来认识善恶；用般若来判断真假；用法印来抉择是非；用空理来体会有无。”

忠恕待人　养德远害

【原文】

不责人小过①，不发②人阴私③，不念人旧恶④，三者可以养德，亦可以远害。

【注释】

①过：过失，错误。

②发：揭发。

③阴私：也作隐私，指每个人的私生活中的隐秘事。

④旧恶：指他人以前的过失或旧仇。如《论语》中有“伯夷叔齐，不念旧恶，怨是用希”。

【译文】

做人的基本原则，就是不要责难别人所犯下的轻微过失，不要随便揭发他人生活中的隐私，更不可以对他人过去的过失或旧仇耿耿于怀，久久不肯忘掉。做到这三点，不但可以培养自己的品德，也可以彻底避免遭受意外的灾祸。

【论谭】

《论语》说：对人不要求全责备。《礼记》说：至清的水不生鱼鳖，求全的人没有朋友。所以，做人应该眼睛明亮但又有所不见，耳朵聪敏而又有所不闻，看重别人的大功德，原谅别人的小过错，不要求一个人尽善尽美。

《孔丛子》上记载，孔子的孙子子思，向卫君推荐苟变，说他是一员可无敌于天下的大将，但卫君说：我也知道苟变是难得的将才，但他从前做官时曾无故吃了别人两个鸡蛋，于德有亏，所以我不用他。子思说：木匠选材，也知取其长弃其短，您作为一国之君，怎可以两个鸡蛋而弃干城之将而不用呢？这种做法千万不能让邻国知道了啊！像卫君这样，它不是失去了一位举国倚重的好将领吗？

天地万古　人生百年

【原文】

天地有万古[①]，此身不再得；人生只百年，此日最易过。幸生其间者，不可不知有生之乐，亦不可不怀虚生[②]之忧。

【注释】

①万古：永恒不变的时间，喻其长。

②虚生：虚度一生无所作为。

【译文】

天地的运行是永恒不变的，可是人的生命只有一次，死后就不再复活；一个人最多只会活到百岁，可是百年的时间跟天地来说只不过是一刹那，我们人类有幸诞生在这永恒不变的天地间，既不可不了解我们生活中所应享的乐趣，也不可不随时提醒自己不要蹉跎岁月，虚度一生无所作为。

【论谭】

司马迁自幼受其父影响，诵读古文，熟读经书，二十岁就漫游全国，考察名胜古迹、山川物产、风土人情，访求前人轶事掌故。后又继任太史令，得以博览朝廷藏书、档案典籍。太初元年根据父亲遗志着手编撰一部规模宏大的史书。正当司马迁努力写作之际，不幸的事情发生了。他因为被牵涉到李陵的案件中而受到了宫刑。出狱之后司马迁担任中书令，这是一种历来由宦官担任的职务，对士大夫来说可算得上耻辱。司马迁的朋友任安在狱中给他写信，表示对他的行为的不理解。司马迁回答说："我并不怕死，每个人都有一死，或重于泰山，或轻于鸿毛，如果我现在死了，无异于死了一只蝼蚁。我之所以忍辱苟活，是因为撰写史书的夙愿还没有实现啊。从前，周文王被囚于羑里才推演出《周易》，孔子被困于陈蔡才做出《春秋》，屈原被放逐于江南才写下《离骚》，左丘明失明之后才完成《国语》，孙膑被削掉膝盖骨才编著《兵法》，吕不韦被贬于蜀地才做出《吕氏春秋》，韩非子被拘禁于秦才写出《说难》《孤愤》，我要效法这些仁人志士，完成我的书啊！到那时，就可以抵偿我的屈辱，即使碎尸万段我也没有什么悔恨啊！”经过二十年的磨砺，司马迁终于完成了名垂千古的《太史公书》，后人称之为《史记》。这是我国第一部规模宏大、结构谨严、体例完备的纪传体通史，记述了自黄帝至武帝太初年间三千多年的历史。二十年，忍辱负重，难为了司马迁，也成就了司马迁。

持盈履满　君子兢兢

【原文】

老来疾病都是壮时招得；衰时罪孽都是盛时作得。故持盈履满[①]，君子尤兢兢[②]焉。

【注释】

①持盈履满：指已达最好程度的美满的物质生活。盈是丰富，满指福禄。

②兢兢：小心谨慎。

【译文】

一个人到了年纪大时，体弱多病，那都是年轻时不注意爱护身体；一个人事业失意以后还会有罪孽缠身，那都是在得志时贪赃枉法所造成的祸根。因此一个有高深修养的人，即使生活在幸福美满的环境中，也要凡事都兢兢业业，戒骄慎言以免伤害身体得罪他人，为今后打下好基础。

【论谭】

天机的奥妙是不可思议的，不要说未来的事不可逆料，就连目前的事也很难推断。有时让人先饱受磨难后再春风得意，有时让人先得意一番后又陷入困苦挫折之中。有高深修养的人对此看得很清楚，并有一套最佳的对付之方：逆来顺受，居安思危。他们也很清楚，祸福、得失、苦乐在人自取，人能求福，也能避祸，求福与避祸，也全在自己。他们安而不忘危，存而不忘亡，治而不忘乱。思危就可以求安，虑退方能得进，惧乱然后可以保治，戒亡然后可以求存。正因为有高深修养的人能够做到这种程度，所以上天也无法施

展他捉弄人的伎俩了。

却私扶公　修身种德

【原文】

市私恩[①]不如扶公议[②]，结新知不如敦[③]旧好，立荣名不如种阴德，尚奇节不如谨庸行[④]。

【注释】

①市私恩：市，买卖。私恩是出自私心所施的恩惠，指收买人心。

②扶公议：公议是社会舆论；扶是扶持。扶持公议，就是以光明正大的行为争取社会声誉。

③敦：厚，加深。

④庸行：平常行为。

【译文】

一个人与其收买人心而施恩惠给别人，那还不如以光明磊落的态度去争取社会大众的舆论；一个人与其结交很多不能劝善规过的新朋友，倒不如加深一下跟老朋友之间的情谊；一个人与其沽名钓誉，想法提高知名度，倒不如悄悄在暗中积一些阴德；一个人与其标新立异去显示名节，倒不如平日谨言慎行多做一些平凡无奇的好事。

【论谭】

子产担任郑国宰相数十年，内无国中之乱，外无诸侯之患。子产的成功在于他能知人所长，人尽其才。裨谌策划周全，冯简子善于判断，子太叔善于裁决，且富有文采，公孙挥了解四周邻国的行为动向，又能随机应变，采取相应措施。郑国一旦有事，子产便用车子把裨谌送到郊外，让他静心策划，然后由冯简子做出决断，再让公孙挥拟定文辞，最后交给子太叔去执行，以应付诸侯宾客。如此集中众人的聪明才智，很少有办不成的事情。所以，荀子说，人才是掌握政治原则和法制的总管，片刻也不能缺少。得到了人才，国家就能治理好，就安定，就发展，失去了人才，国家就混乱，就危险，就灭亡。

持其操履　敛其锋芒

【原文】

淡泊①之士，必为浓艳者②所疑；检饬③之人，多为放肆者所忌。君子处此固不可少变其操履④，亦不可太露其锋芒⑤。

【注释】

①淡泊：恬静无为。
②浓艳者：身处富贵荣华权势名利之中的人。
③检饬：自我约束谨言慎行。
④操履：操，操行、操守，履，笃行实践，操履是执着地追求自己的理想。
⑤锋芒：比喻人的才华和锐气。

【译文】

清静淡泊名利的人，往往会受到豪华奢侈的人所猜疑；

谨慎而行为检点的人，必定被行为放荡不羁的人所忌恨。

君子，在此时更应坚持操守，也不可锋芒太露。

【论谭】

孔子说："可以同他谈却不同他谈，易失人；不可以同他谈的同他谈了，是失言。聪明人能努力做到：既不失人，也不失言。"

孔子还讲过"讷于言""慎于言"，但这种装哑的方法毕竟偏于消极，是宁拙勿失。要不失言，除了少说话外，更要想话说，甚至无话可说的时候想话说——比如你拜访别人，十几分钟，干坐着不行，要能想话说；想话说当然主要是想想再说。只有这样"想话说"的人，才真正算是"不失言"。

《战国策》上记范雎见秦昭王，一次、两次，秦昭王向他请教，他都不说话，因为他发现秦昭王与他谈话时心不在焉，而他要讲的又是一套使秦国富强称霸的大道理，别人不重视，讲出来无益。直到第三次，秦昭王单独会见他，专心致志，虚心向他求教，他的一席话，就打动了秦昭王，封他当了宰相，像范雎这样，才真正是既不失人、又不失言的智者。

禅道佛法的第一义在于对自他不二的自己的自觉，即般若的智慧，因此才有"只许老胡知，不许老胡会"的说法。禅门至高无上的佛之上的境界，并不以获得知识、悟解般若为重，而是把由道心得来的自觉，由智慧升华而成的大愚绝学、无学视为至宝。古人常崇拜"不风流处"的风流，称颂"怜儿忘丑"的高贵的愚者的精神。彻底的愚是常人能及的；足够的聪明，常人都能获得。真正的人却是愚者，禅的最高阶段就是守愚禅。而守愚是世间最大的美德，即不为名利，自发性地，干该干的事。

逆境砺行　顺境销靡

【原文】

居逆境中，周身皆针砭药石[①]，砥节砺行[②]而不觉；处顺境内，满前尽兵刃戈矛，销膏靡骨[③]而不知。

【注释】

①针砭药石：针，古时用以治病的金针；砭，古时用来治病的石针，现在流行的针灸是针砭的一种。药石，泛称治病用的药物，针砭药石泛指治病用的器械药物，此处比喻砥砺人品德气节的良方。

②砥砺：磨刀石，粗者为砥，细者为砺，此为磨炼。

③销膏靡骨：融化脂肪、腐蚀筋骨。

【译文】

一个人如果生活在艰难困苦的环境中，那身边所接触到的全是有如医疗器材般的事物，在不知不觉中会使你敦品励行磨炼自己的意志；反之一个人如果生活在无忧无虑的顺境中，这就等于在你的面前摆满了刀枪利器，在不知不觉中使你的身心受到腐蚀，从而走向失败。

【论谭】

人在清苦的环境中容易奋发上进，人在优裕环境中容易堕落腐败。人如果能知道这一道理，就能防患于未然。唐朝李景让的母亲郑氏，年轻时就守寡，当时家境贫困，孩子幼小，是她亲自教育孩子。有一次她母亲房子的后墙塌陷，从墙破处找到了许多钱，她向天神祈祷说："我听说不劳而获是自身的灾祸。如果天神怜悯我贫穷，那就希望让几个儿子的学问有成就吧，这些钱就不敢拿了。"说着就赶快把那些钱掩埋上，把墙修好砸实了。从上述言行看郑氏是女子中有远大见识的人。功夫不负有心人，景让后来官位显达了，尽管如此，他有过错，母亲也决不放过。他当浙西观察使时，手下有个低级军官不顺他的心意，他让人用棍棒打，结果给打死了，这件事引起军队的愤怒，将要发生兵变。他母亲听说这事后，就出来坐在官府办公的地方，让景让站在厅堂上，责备他说："天子托付你重任，你却把国家的刑法当成喜怒哀乐的工具，胡乱杀死无辜的人，万一造成地方动乱，你有何面目见皇上？"说完，让他左右的人脱下景让的衣服，鞭打他的脊背，这时景让手下的人都站出来替他求情，打了很久母亲才同意把他放了。一个人如果在艰苦贫困的环境中，周围的一切都好像是针对自己过失的良方妙药，砥砺节操，锻炼德行而不觉得；而在顺境面前堆满了前进的障碍，腐蚀自己的意志却不知道。李景让的母亲郑氏深知这一道理，使李景让受到教育，从中我们也能得到一些启示。

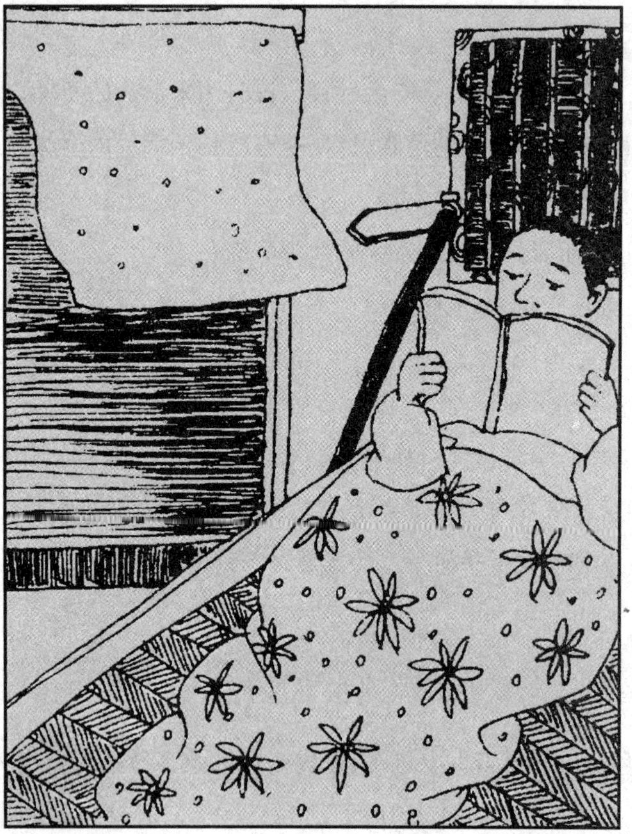

专势弄权　欲火自焚

【原文】

生长富贵丛中的，嗜欲①如猛火，权势似烈焰。若不带些清冷气味，其火焰不至焚人，必将自焚。

【注释】

①嗜欲：多指放纵自己对酒色财气的嗜好。

【译文】

一个生长在豪富权贵之家的人，丰富的物质享受，会令人养成各种不良嗜好和喜欢作威作福的个性，但不好的嗜好对人的危害有如烈火，专权弄势的脾气对心性的腐蚀有如凶焰，假如不及时给一点清凉冷淡的观念来缓和一下他强烈的欲望，那猛烈的欲火虽然不致使人粉身碎骨，终将会让心火自焚自毁。

。

【论谭】

一个人生长在富贵之家，物质享受方面可说应有尽有，因而养成了不良嗜好和喜作威福的个性，尤其是作威作福、专权弄势，对人的腐蚀就好像凶焰，早晚会引火自焚。钟会、邓艾以两路大军攻灭西蜀，而钟会心生反意，想要据险自守，做个刘备第二，进而兵临长安灭魏，再起兵灭吴，一并天下于自己一人之手。但是担心邓艾为敌与自己作对。怎么办呢？钟会想到告伪状的方法，几次密报司马昭，说邓艾心存反意。司马昭毕竟是谋略场的老手，他虽然担心邓艾逆反，对钟会却也有疑惧之意。接到钟会的密报，他对钟会真正用意就了如指掌了。他写信告诉钟会说："邓艾有可能据兵自守，所以我派贾充领兵一万人斜谷，前去援助你。我自己领兵十万在长安，随时准备接应。"司马昭另派新兵之意当然不是为了邓艾，而是为了钟会。钟会也不是呆子，他见司马昭信便知是司马昭对自己起了疑心，便仓促行事，拥兵而反，最后被杀身亡了。本想告假状陷害邓艾，使自己阴谋得逞，不想被司马昭察觉而自陷死地。这正如老子所说："祸莫大于不知足，咎莫大于欲得。"一个人的欲望好比是烈火，理智好比是凉水，凉水可以控制烈火，理智可控制欲望。当火势与个人欲望达到一定程度时，物就会枯焦，人就会粉身碎骨，所以人必须加强道德修养，缓和自己的强烈个人欲望使自己健康地行走在人生的大道上。

人心一真　金石可贯

【原文】

人心一真，便霜可飞①、城可陨②、金石可贯③。若伪妄④之人，形骸徒具，真宰⑤已亡，对人则面目可憎，独居则形影自愧。

【注释】

①霜可飞：本意是说天下霜，比喻人的真诚可以感动上天，变不可能为可能而在夏天降霜。据《淮南子》说："衍事燕王尽忠，左右谮之，王下之狱，衍仰天哭泣，天五月为之下霜。"

②城可陨：本来是说城墙可以拆毁崩溃，此处比喻至诚可感动上天而使城墙崩毁。

据《古今注》中卷："杞植战死，妻叹曰：'上则无父，中则无夫，下则无子，是人生之至苦。'乃亢声长哭，杞之都城感之而颓。"陨，崩塌。

③贯：穿透。

④伪妄：虚伪，心怀鬼胎。

⑤真宰：宰是主宰，真宰，此指人的灵魂。

【论谭】

一个人的精神、修养功夫如果能达到至诚的地步，就可以感动上天，变不可能为可能。古今中外有很多超能力、超现实的故事。张良是韩国人，在西汉建立的过程中是很有贡献的人物。公元前230年，韩为秦所灭，他决心替韩国报仇，准备在秦始皇东巡车队经过地方进行突然袭击，但因为判断错误没能成功，张良只能躲藏起来。一天无事，信步到邳桥上，碰上个老头，他走到张良所站的地方，恰巧一只鞋子掉到桥下去了。老头回头让张良把鞋子捡起来，张良听了，感到惊讶，他还从来没见过这样傲慢的人，但见是一位老人，不好发作，只好勉强帮老人把鞋子捡上来。老头又对张良说："帮我把鞋子穿好。"张良觉得既然帮他捡了鞋子，就帮他穿上吧。于是就跪在地上帮他穿好。老头连一句谢谢也不说，边走边说："孺子可教矣。过五天天刚亮的时候，与我在这里会面。"过五天，天刚亮，张良如约前往，老头已先在那里等着。老人说："与长辈相约，你却后到，这是为什么？"说着扬长而去，临走，对张良说："过五天再来，再早一点来。"五天后，张良还没等到半夜就去了。过了不久那老头来了，看到张良先到，高兴地说："应该这样。"他拿出一册书来交给张良说："读好这本书就可以辅佐别人完成帝王事业。"说完飘然而去。天亮了，张良看到那册书，原来是《太公兵法》。他感到非常珍贵，深入钻研，融会贯通，后来在西汉建立过程中成为有贡献的人物。张良得兵书的过程证明了"至诚感天"的道理。

文求恰好　品如本然

【原文】

文章做到极处，无有他奇，只是恰好；人品做到极处，无有他异，只是本然。

【译文】

一个人写文章写到登峰造极的水平时，并没有什么奇特的地方，只是把自己的思想

感情表达得恰到好处而已;一个人的品德修养如果达到炉火纯青的境界时,和普通平凡人没有什么特殊的区别,只是使自己的精神回归到纯真朴实的本性而已。

【论谭】

子贡向孔子请教说:"君子看重美玉,却看不起像玉那样的美石,为什么?是不是因为真玉少而像玉那样的美石多呢?"孔子说:"唉!端木赐,这是什么话!君子难道因为多就看不起它,少就看重它吗?玉,是君子用来比喻道德品质的。玉柔润有光泽,好比君子的仁慈;坚实而有纹理,好比君子的智慧;坚固刚毅而不弯曲,好比君子的道义;有棱角而不伤人,好比君子的德行;能被折断却不弯曲,好比君子的勇敢;玉上的斑点和美丽同时表现出来,好比君子坦荡的情怀;敲击它,声音清脆响亮,远方也听得见,不敲击了,声音便断然停止,好比君子的言辞干净利落,所以,即使像玉的美石雕上花纹,还是比不上玉的晶莹生光。《诗经》上说:'思念君子,温和如玉。'说的就是这个意思啊!"

《庄子·在运》中引用了老子教诲孔子的一番话:孔子拜见老聃讨论仁义。老聃说:"播扬的糠屑进入眼睛,也会颠倒天地四方,蚊虻之类的小虫叮咬皮肤,也会通宵不能入睡。仁义给人的毒害就更为惨痛乃至令人昏聩糊涂,对人的祸乱没有什么比仁义更为厉害。你要想让天下不至于丧失淳厚质朴,你就该纵任风起风落似的自然而然地行动,一切顺于自然规律行事，又何必那么卖力地去宣扬仁义，好像是敲着鼓去追赶逃亡的人似的呢？白色的天鹅不需要天天沐浴而毛色自然洁白，黑色的乌鸦不需要每天用黑色浸染而毛色自然乌黑，乌鸦的黑和天鹅的白都是出于本然，不足以分辨谁优谁劣；名声和荣誉那样的外在东西，更不足以播散张扬。泉水干涸了，鱼儿相互依偎在陆地上，大口出气来取得一点湿气，靠唾沫来相互得到一点儿润湿，倒不如在江湖里生活将彼此彻底忘怀。”

老聃的话告诉我们：为人处世，贵在自然，指出名声和仁义都是身外的器物；不能因为这些身外之物而使自己丧失了淳厚质朴的本性，实际上也就是讲做人要回归本然，不要给自身套上伪装。这种回归本然是指经过一番修省磨炼以后高一个层次的回归，这种回归会使人的言行变得自觉而高尚。

看破认真　可负重任

【原文】

以幻迹[①]言，无论功名富贵，即肢体亦属委形[②]；以真境[③]言，无论父母兄弟，即万物皆吾一体。人能看得破，认得真，才可以任天下之负担，亦可脱世间之缰锁[④]。

【注释】

①幻迹：虚假境界。

②委形：上天赋予我们的形体。委，赋予。如《列子·天瑞》篇：“吾身非吾有，孰有之哉？曰：是天地之委形也。”

③真境：是超物质的形而上境界，也就是超越一切物相的境界，这种境界是物我合一永恒不变的。《庄子·齐物论》中说：“天地与我并生，而万物与我为一。”

④缰锁：套在马脖子上控制马行动的绳索，比喻人世间的互相牵制。

【译文】

世事变幻无常，不论官位、财富、权势都是变幻无常，即使是自己的四肢躯体也属于上天赋予我们的形体，假如我们超越一切物相来看客观世界，不论是父母兄弟等骨肉至亲，甚至连天地间的万物都和我属于一体。一个人能洞察出物质世界的虚伪变幻，又能认得清精神世界的永恒价值，才可以担负起救世济民的重大使命，也只有这样才能摆脱人世间一切困扰你的枷锁。

【论谭】

至难和尚有句法语:修行的人远避男女,便可如火中剑,不熔不化;着衣人不可近女色,纵使身有误,也要用心克制。因为近受女色是非人的佛。老僧忌讳女人,是因为心有非人的佛,还没达到自然的人性。并做了一首道歌云:美色在眼前,心迷身不乱。至难还说:"有一禅师,见邻家女身寒若冰,冻得不行,就解怀脱衣,用肉身去温暖她,这等人值得大书一笔;我的师父愚堂也曾在女人的眼前、身后,一丝不挂地洗浴,不愧为国中之杰。"又说:"大道大觉之时,无我的人,纵与女人往来,也只是无心无觉,出自天然。这是一般修行者所达不到的,这种人堪为人师。有人嫉恨男女往来,我认为这种人不懂佛道。男女应当往来。"最后的话似与前段相当矛盾,其实不然。至难能讲出这样的至理实在不简单,男女交往的确乃自然之道。

节制欲求　便无殃悔

【原文】

爽口[1]之味,皆烂肠腐骨之药[2],五分便无殃;快心之事,悉败身散德之媒,五分便无悔。

【注释】

①爽口:可口、快口。
②皆烂肠腐骨之药:强调多吃山珍海味就伤害肠胃。

【译文】

美味可口的山珍海味,多吃了便伤害肠胃因此绝对不可多吃,只要控制住吃个半饱,就不会伤害身体,世间有些称心如意令人得意扬扬的好事,其实都是一些引诱人们走向身败名裂的媒介,所以凡事不可只要求一切都心满意足,只要保持在有五成的满意度上就不至懊悔。

【论谭】

荀子曾经这样谈到他的日常经验：欲望无穷无尽。抱有的欲望即使不能穷尽，对欲望的追求还是可以近于满足；欲望即使不能去掉，追求的又不能得到，但追求欲望的人应该节制自己的追求，按照正确的原则行事，在可能的条件下，就尽量使欲望得到满足，在条件不允许时，就要节制欲求，天下没有比这更好的原则了。

矜庄自重　无恶人毁

【原文】

曲意①而使人喜，不若直躬②而使人忌；无善而致人誉，不如无恶而致人毁。

【注释】

①曲意：委屈自己的意志。

②直躬：刚直不阿的行为。

【译文】

一个人与其委屈自己的意愿去博取他人的欢心，还不如以刚正不阿光明磊落的言行而遭受小人的忌恨，一个人根本没有善行而无缘无故接受他人的赞美，还不如没有恶行劣迹而遭受小人的诽谤。

【论谭】

孔子说：君子庄敬自重，而与人无所争。荀子说：君子才德过人，但不因此骄人，与人争高下，就像一个人力大如牛而不与牛斗力量，走速似马而不与马比速度那样，他聪明过人但并不与人比聪明。

宋代宰相富弼年轻时，有人告诉他：某某骂你。富弼说：恐怕是骂别人吧。这人又说：叫着你的姓名骂的，怎么是骂别人呢？富弼说：恐怕是骂与我同名字的人。据说，那位骂他的人，听到这事以后，自己惭愧得不得了。为什么惭愧呢？因为与自己一比富弼人格与表现上矜庄自重的优势太突出了。

处亲从容　对友剀切

【原文】

处父兄骨肉之变，宜从容①不宜激烈；遇朋友交游之失，宜剀切②不宜优游③。

【注释】

①从容：镇静不慌乱。

②剀切：切实、直截了当。

③优游：柔和、模棱两可。

【译文】

当遇到父母兄弟或骨肉至亲之间发生家庭纠纷或人伦惨变事故时，应该保持沉着、从容的态度，绝对不可以感情用事，采取激烈言行而把事情弄得更坏；当跟知心好友交往时，万一遇到朋友有什么过失，应该亲切诚恳地直言规劝，绝对不可以由于怕得罪人而模棱两可，眼看着他继续下去。

【论谭】

我们与朋友交往时，发现朋友有什么过失时，应该直截了当地批评。绝对不要怕得罪他，使他的错误继续下去。苏东坡在黄州亲眼目睹了菊花落瓣，认识到错改了王安石《咏菊》诗，想向太师赔罪，只是找不到进京的机会。马太守决定把冬至节派官上朝进贺表的事交给苏东坡，贺表也由苏东坡来写，东坡得到这个机会很高兴，记起到黄州上任时王安石嘱咐他取瞿塘中峡水之事。当时因对被贬黄州心中不服，竟忘了这件事，现在想一定要办妥。于是从水路走，可顺便取中峡之水。顺流而下，一泻千里，因鞍马颠簸、身体困倦，不觉睡过去了，没有吩咐水手打水，到醒来时已是下峡，过了中峡。东坡赶紧吩咐拨转船头，要取中峡水，但逆水行舟，很是费劲，而且用不上力。遇见一个老者，问三峡哪一峡水好。老者说："三峡水昼夜不断，难分好坏。"东坡想："何必一定要取中峡水呢？"叫个水手将下峡水装满了一瓮，回到黄州，写好了进表。星夜赶到东京，到了相府见了荆公，东坡对错改诗句一事，拜伏于地，表示谢罪。王安石说："你没看见过这不怪你。"便问带中峡水的事情。东坡说已经带来了。王安石赶紧取来瓮，命令下人生火煮水，冲泡阳羡茶，但茶色半晌方见。王安石问："此水何处取来？"东坡答："巫峡。"王安石："是中峡水了。”东坡答：“正是。”王安石笑着说：“又来欺老夫了，此乃下峡之水，如何假名中峡？”苏东坡大惊，说是问过当地有经验的老者，告诉三峡之水都一样。于是听信了他取了三峡之水，并问：“老太师怎么辨别出来了？”王安石教育他读书人不可轻举妄动，凡事要寻根究底，并向他解释：“上峡水性太急，下峡水太缓，只有中峡缓急相半。太医院官乃明医，知老夫患中脘变症，故用中峡水引经。此水煮阳羡茶，上峡味浓，下峡味淡，中峡浓淡之间。今见茶色半晌方见，故知是下峡。”东坡听后，心悦诚服，离席谢罪。王安石安慰他说没有什么罪，并指出他因过于聪明，容易疏略。王安石对苏东坡这次做错了事，而且开始还想混过去，没有斥责他，而是一方面中肯地指出东坡过于聪明，反而不能寻根究底，容易犯自以为是的毛病，另一方面又向东坡介绍三峡之水上中下的区别，使东坡心悦诚服。

大处着眼　小处着手

【原文】

小处不渗漏①，暗处不欺隐，末路不怠荒②，才是真正英雄。

【注释】

①渗漏：渗，水从上往下慢慢滴，有侵蚀和走漏的意思。

②怠荒：怠是懒惰无进取心，荒有颓丧不上进的意思。

【译文】

做人做事即使是细微的地方也不可粗心大意，有所疏漏，要处处小心谨慎；即使在没人听见、没人看见的地方，也绝对不可以做见不得人的坏事；尤其当你于穷困潦倒不得意的时候，仍旧不能忘掉奋发上进的雄心壮志。这样的人才算得上是真正有作为的英雄人物。

【论谭】

一次曹操准备接见匈奴使者，他担心自己形貌短小，不足以给人威严的印象，于是让崔琰做替身，自己则握刀立于座旁充当侍卫。会见之后，曹操派人去问匈奴使臣：“魏王如何？”使臣答道：“魏王丰采高雅，无可比拟，但那座旁的握刀人，才是英雄。”可见，名望、地位可以代替，而一个人的举止气质则不可代替。荀子告诉你，长者风范是这样的：所戴的帽子高大，衣服宽敞，面色温和、庄庄重重的，严严肃肃的，宽宽舒舒的，大大方方的，开开脱脱的，明明朗朗的，坦坦荡荡的。荀子告诉你，幼者风度是这样的：帽子高大，衣服宽敞，容貌谨厚，谦谦逊逊的，温温和和的，亲亲切切的，端端正正的，勤勤勉勉的，恭恭敬敬的，随随便便的，拘拘谨谨的。荀子还告诉你，小人丑态是这样的：帽子戴得低下，向下倾斜，帽带和腰带系得松垮，容貌傲慢，行动迟缓，轻佻而不稳重，沉默寡言，见识浅陋，惊慌失措，消沉沮丧，张目直视；在饮酒吃食，追逐声色之中，显得沉醉迷乱；在待人接物的礼节中，显得脸色憎恶，极不耐烦；在从事劳动中，显得厌恶怠慢，拈轻怕重，好逸恶劳而又怕批评，没有廉耻，宁愿忍受污辱和责骂。

莫惊奇异　能恒苦节

【原文】

惊奇喜异者，终无远大之识；苦节独行者，要有恒①久之操。

【注释】

①恒：长久不变。

【译文】

一个喜欢标新立异甚至怪诞不经的人，绝对不会有高深的学识和远大的见解；一个只知道苦苦恪守名节而自以为清高独行其是的人，绝对无法保持恒久的信心操行。

【论谭】

雨季时和尚有三个月左右的时间禁止云游，在寺内修行，称为“夏安居”。有一年临济和尚修到一半就打破禁例，出门到黄檗修持的山上去。上山一眼见到师傅黄檗正在诵读经书，临济心想：“我原以为师傅是一个了不起的人物，想不到也只是个看经念佛的主。”几天之后，他决定下山。黄檗便说：“你违反禁例半途上山，如今又要半途下山去。”临济道：“我只想来跟师傅打个招呼，问好。”于是黄檗把临济狠狠地揍了一顿，逐出了寺门。行了数里，临济忽生疑念，悄悄返回寺内，直到过完了夏安居。一日临济向黄檗辞行，黄檗问："你去哪里？""不往河南即河北。"黄檗当场又打，临济抓住黄檗的手，并出手把黄檗打了一下。黄檗哈哈大笑，认可了临济，就是承认临济真正悟道了。

横逆困穷　豪杰炉锤

【原文】

横逆困穷[1]，是锻炼豪杰的一副炉锤[2]。能受其锻炼者，则身心交益；不受其锻炼者，则身心交损。

【注释】

①横逆困穷：横逆是不顺心的事，困穷是穷困。

②炉锤：比喻磨炼人心性的东西。

【译文】

人间一切横逆困难是磨炼英雄豪杰心性的熔炉，只要能够接受这种锻炼，对人的形体与精神都会有益处；反之，如果承受不了这种恶劣环境的煎熬，那么将来他的肉体和精神都会受到损伤。

【论谭】

《孟子·告子章句下》中说：天要把重大使命降落到某人身上，必定先要苦恼他的心意，劳累他的筋骨，饥饿他的肠胃，困乏他的身体，并且使他的一次次行动都不能如意，以此来锤炼他的心志，坚韧他的性情，增强他的能力。一个人，常常出现错误，才能学会改正错误；心意困苦，思虑阻塞，才能有所奋发创造；心中所想，只有表现在面色上，吐发在言语中，才能被人了解。一个国家，国内没有有知名度、有才干、足以辅弼君王的大臣和士子，国外没有相与抗衡的敌国和足以使人忧惧怵惕的外患，常常会自己走向衰亡，这就是所谓忧愁患害足以使人生存，安逸快乐足以致人死亡的道理。只有能在横逆中挺得起胸膛的人才算得英雄豪杰。

二语并存　精明浑厚

【原文】

害人之心不可有，防人之心不可无，此戒疏于虑者。宁受人之欺，毋逆[1]人之诈，此警伤于察[2]者。二语并存，精明浑厚矣。

【注释】

①逆：预先推测。

②察：本意是观察，此处作偏见解，有自以为是的意思。据《庄子·天下》篇："道德不一，天下多得一察焉以自好。"

【译文】

"害人之心不可有，防人之心不可无"这句话是用来劝诫在与人交往时警觉性不够、思考不细的人；宁可忍受他人的欺骗，也不愿事先拆穿人家的骗局，这是用来劝诫那些警觉性过于精细的人；如果一个人在和人相处时能牢记上面两句话并存警诫，那才算是警觉性高又不失纯朴宽厚的为人处世的准则。

【论谭】

儒家一贯主张的中庸之道，是说为人为事都要讲究不偏不倚，过与不及都会于人于事不利。因此，淡泊名利、忠厚老实是最基本的生活准则，但也不能太过。过于忠厚老实，在生活中就会不善于周旋应付，显得单调乏味，别人也不愿与之多有接触，即使是勉强交往，感情也不易加深，只会觉得枯燥乏味，因此，办事往往不顺利。由此可知，生活中也必须要一点圆活灵通，通权达变。不仅仅是不断发生的新情况需要随机应变地去应付解决，就是常规的办事，也往往能在富有人情味的圆滑中顺利地办成。圆活灵通不能太过，太过则显得油腔滑调，轻浮肤浅，在办事中不易使人产生信任感，因而事情很难办成。总而言之，在现实生活中，要恬淡中带有几分圆滑，圆滑中不乏老成，这才是处事待人的妙谛。

辨别是非　认识大体

【原文】

毋因群疑而阻独见，毋任己意而废人言，毋私小惠而伤大体，毋借公论以快①私情。

【注释】

①快：称心如意，满足、发泄。

【译文】

不要因为大多数人都疑惑就放弃自己的独特见解，也不要太固执己见而忽视别人的忠实良言，不可因个人私利，在背地里施小恩小惠笼络人心而伤害整体利益，更不可以假借社会大众的舆论，来满足自己的私人愿望，发泄个人不满。

【论谭】

事物是相对的，什么事一旦过度便变质，人固然要有从善如流的习惯，但决不能“人云亦云”，所谓“千人盲目一人明，众人皆醉我独醒”，正像《列子·周穆王》中那个小孩那样。

秦国姓逢的人家有个小孩，小时聪明，长大了却得了糊涂颠倒的怪病，听到歌声却认为是哭声，看见白色却认为是黑色，嗅着香气却认为是臭气，尝着甜味却认为是苦味，做了错事却认为是正确。心意所到之处，天地、四方、水火、冷热，没有不颠倒错乱的。一个姓杨的告诉逢氏说："鲁国上层人物有各种本领，可能会治好你儿子的病吧，你何不去找找他呢？"他父亲便去鲁国，经过陈国，碰上老聃，因此告诉他儿子的病症。老聃说："你怎么知道你儿子糊涂呢？目前天下的人都不明白是非，对利和害也糊里糊涂。这样的人很多，本来就没有明白的人。而且一个人糊涂不致危及一家，一家人糊涂不致危及天下。如果天下人都糊涂，谁能纠正呢？假若天下人的心全像你儿子，你就反而糊涂了。悲哀、快乐、声音、颜色、气味、是非，谁能纠正呢？而且我这话不一定不是糊涂的话，何况鲁国那些人物是糊涂人中最糊涂的，哪里能够解救别人的糊涂呢？担着你的粮食，不如赶快回去吧。"

孔子说：不要光凭一个人说什么来认识他、推举他；也不要因为一个人有缺陷而废弃他好的思想言论。

三国时期诸葛亮，可以说是很能知人善任的，而且又很熟悉管子的学说。管子说：言勇者试之以军，言智者试之以官，所言而不试，帮妄言者得用。但是，诸葛亮在任用马谡上，却犯了个大错误。马谡兵书读得好，也善于参谋军机，出过好些计策。虽然他缺乏临阵作战的经验，诸葛亮在守街亭的问题上也有犹豫，但因赏识他的才华，最终还是派他做了主将。马谡这个人，言过其实，思过其行，诸葛亮因为他的"言""思"之长而错用了他，致有街亭之失，破坏了整个军事行动计划，初出祁山便惨遭败绩，这可以说是历史上一个很深刻的教训。

善勿预扬　恶勿先发

【原文】

善人未能急亲①，不宜预扬②，恐来谗谮之奸③；恶人未能轻去，不宜先发，恐招媒孽④之祸。

【注释】

①急亲：急切与之亲近。

②预扬：预先赞扬其善行。

③谗谮：颠倒是非，恶言诽谤。

④媒孽：借故陷害人而酿成其罪。

【译文】

要想结交一个有修养的人不必急着跟他亲近，也不必事先来赞扬他，为的是避免引起坏人的嫉妒而背后诬蔑诽谤；假如想摆脱一个心地险恶的坏人，绝对不可以草率行事随便把他打发走，尤其不可以打草惊蛇，以免遭受这种人的报复陷害。

【论谭】

庄子在《列御寇》中引用孔子的一段话，特别指出“人心险恶”。请看：

孔子说：“人心的险恶，超过了山川。想了解它，比了解天还难。天的春夏秋冬白天黑夜还有个定准，人的外貌像厚厚的外壳，深深地掩盖真情。所以有的外貌敦厚而内心轻浮，有的心如长者而貌如不肖。有的外貌急躁，内心却通情达理，有的外貌严厉，心里却非常和气，有的外貌和善，心里却十分凶悍，所以那些追求仁义如饥似渴的，他们抛弃仁义也如逃避烈火。所以君子让他们在远方服务以观察他们是否忠诚，让他们在近处服务来观察他们是否勤恳，让他们处理繁难的事情来观察他们的才能，突然向他们发问来观察他们的知识，仓促约定来观察他们的信用，委托他钱财来观察他是否贪财，告诉他事情危险来观察他的节操，让他喝醉看他是否遵守规则，男女杂处观察他如何对待女色。九个方面综合起来，就可以分清好坏。”

明知故犯　改邪归正

【原文】

当怒火欲水正腾沸时，明明知得，又明明犯着。知得是谁，犯着又是谁？此处能猛然转念，邪魔[1]便为真君[2]子矣。

【注释】

①邪魔：邪恶的魔鬼，指欲念。魔是梵语“魔罗”的简称。

②真君：指主宰万物的上帝。

【译文】

一个人当怒火上升欲念像开水一般在心头翻滚时，虽然他自己明知这是不对的，可是他又眼睁睁地不加控制。知道这种道理的是谁呢？明知故犯的又是谁呢？假如当此紧要关头能够突然改变观念，那么邪恶的魔鬼也会变成慈祥的主宰万物的上帝了。

【论谭】

庄子在《在宥篇》中引用老子的话说明人的精神寄托，在于“慎重，不刺激人心”，要静而不躁。书中是这样叙述的：

崔瞿向老聃（即老子）问道：“不治理天下，人的精神将如何寄托？”

老聃说：“你要慎重，不要刺激人心。人心，你压它就下沉，举它就上浮，下沉像被囚，上浮像冲杀；你姿态绰约，就会使刚强的心变得柔弱。一个人心理尖利刻薄，浮躁起来如烈火，冷淡下来如结冰。心的变化迅速，转瞬之间就可往返四海之外。不动时，安静得像深渊；动起来，就浮躁得要上天。变化多端而难以制约的，大概就只是人的心啊！”

偏信自任　皆所不宜

【原文】

毋偏信而为奸所欺，毋自任①而为气②所使，毋以己之长而形③人之短，毋因己之拙而忌人之能。

【注释】

①自任：自信、自负、刚愎自用。
②气：发扬于外的精神，此处指一时的意气。
③形：对比。

【译文】

一个不要误信他人的片面之词，以免被奸诈之徒所欺骗；不要过分自信自己的才干，以免受到一时意气的驱使；不要仰仗自己的长处去对比宣扬人家的短处；尤其不要因为自己的笨拙，就嫉妒他人的聪明才智。

【论谭】

如何识人？孟子对齐宣王说的一段话，似乎值得我们记取。孟子说："国君选拔人才要慎重，左右亲近的人都说某人好，不可轻信；众位大夫都说某人好，也不可轻信；全国的人都说某人好，然后去了解，发现他真有才干，再任用他。左右亲近的人都说某人不好，不可听信，众大夫都说某人不好，也不可听信，全国的人都说某人不好，然后去了解，发现他真不好，再罢免他。"识人不是一件容易的事，应该慎重对待。

弥缝人短　化诲其顽

【原文】

人之短处，要曲①为弥缝②，如暴而扬之③，是以短攻短；人有顽④的，要善为化诲，如忿而嫉之，是以顽济⑤顽。

【注释】

①曲:含蓄、婉转尽力。

②弥缝:修补、掩饰。

③暴而扬之:揭发而加以传扬。

④顽:愚蠢之处。

⑤济:救助。

【译文】

发现别人有缺点过失,要很婉转地为他掩饰或规劝,假如在很多人面前揭发传扬,这不仅伤害别人的自尊心,也证明自己的无知和缺德,是用自己的短处来攻击别人的短处;发现某人个性比较愚蠢固执时,就要很有耐心地慢慢诱导启发他,假如厌恶他,不仅无法改变他的愚蠢固执,同时也证明了自己的愚蠢固执,就像是用愚蠢救助愚蠢。

【论谭】

孔子是我国古代伟大的教育家,他说:“施行教育应不分对象。”在孔子眼里,不管你是穷也好,是富也好,是官家弟子也好,是老百姓也好,是南方人也好,是北方人也好,是老人也好,是年轻人也好,一视同仁,大家都有受教育的权利。孔子这种不分阶级、不分种类的教育思想,是他思想中民主性光华的一种深刻体现。

在孔子的教育思想中,因人施教占有相当大的分量。如冉雍不善言辞,孔子就教导他要多锻炼口才;子路爱好勇武,孔子就教导他要保持冷静;司马牛生性急躁,孔子就教导他要讲话稳重。

孔子的教育方法至今依然耀人眼目,启人智慧。

仙涯和尚在博多寺任住持时,学僧甚多,僧徒中有一名叫湛元的弟子。城里花街柳巷很多,湛元时常偷偷地爬过院墙,到红街去游乐。他的心太花了,一听说哪条巷子里又来了一位如花似玉的美姬,就下定决心要去一次。一来二去寺内的僧众们都传开了,这事连老师仙涯和尚也知道了。别人认为要把湛元逐出山门,可仙涯只应了一声:“啊,是吗?”一日,一个雪花飘飘的晚上,湛元拿了一个洗脸盆垫脚,又翻墙出去游春了。和尚知道后,就把那个盆子放好,自己在放盆子的地方坐禅。雪片覆满了仙涯的全身,寒气浸透了仙涯的筋骨。拂晓时分,湛元回来了,他用脚踩在原来放盆的地方,发现踩的东西软绵绵的,跳下地一看,原来是师傅,不觉大吃一惊,仙涯说:“清晨天气很冷,快点去睡吧,小心着了凉。”说完站起身来,就像没事人似的回到方丈室里去了。

君子慎交　养德之基

【原文】

遇沉沉①不语之士,且莫输心②;见悻悻③自好之人,应须防口。

【注释】

①沉沉:阴险冷酷的表情。

②输心:推心置腹表示真情。

③悻悻:生气时愤恨不平的样子。比喻人的傲慢、固执己见。

【译文】

假如你遇到一个表情阴沉,不喜欢说话的人,千万不要一下就推心置腹表示真情;假如你遇到一个自以为了不起又固执己见的人,你就要小心谨慎尽量不和他说话。

【论谭】

五祖法演和尚提示道:“与人生路上的达者相遇时,既不可言语,也不可以沉默对待达道之人。请问你如何对应?”有一位外道人向一位日本僧人问道,外道人说了两小时,僧人则一言不发,外道人:“我简直像与深山里的大树相对。”这难道不是路上以默对吗?另外,像“终日说则未曾说”,不就是路上以语对吗?两者都是不明智。实际上这则公案的禅眼是“在路上”。公案中常常设有各种埋伏和陷阱。若生分别心,则难以自救。以禅者之见,只管坐禅就可以了。

能知提醒　能知放下

【原文】

念头昏散①处,要知提醒;念头吃紧时,要知放下。不然恐去昏昏之病,又来憧憧②之扰矣。

【注释】

①昏散：迷惑。

②憧憧：心意摇摆不定。

【译文】

当头脑感到昏沉迷乱时，应该平静下来让头脑清醒；当工作烦琐情绪紧张时，要懂得把工作暂停一下，以便使情绪恢复镇定轻松，否则恐怕刚刚治好昏沉纷乱的毛病，便又在脑海里浮现出左右为难心意摇摆不定的困扰。

【论谭】

坐禅是不可打瞌睡的，既然打了瞌睡，那就是打瞌睡，不是坐禅。坐禅是不可以思考问题的，因为思考问题就是想什么，不是坐禅，所以要"念起即觉"，有了念头就觉悟到，并消解掉。如果你起了妄念，打了瞌睡，用心有所放松，你该马上取"无"的公案再行坐禅参悟，这样就可以消除一个结，没有妄想，没有烦恼。古人说："不怕念起，只虑觉迟。"信然！

《列子·周穆王》中有一段形象的比喻，生动地说明：辛苦固然可叹，但如果整天机械地忙个不停，头脑不清醒，就会适得其反，谈不上事业了。这个故事中说：

周朝有个姓尹的人，把精力用在增加家产上，他下面的奴仆从天不亮到天黑劳累得没有片刻休息。有个老奴精力已经消磨得没有了，却不停地被使唤，白天唉声叹气地工作，黑夜疲惫劳顿地熟睡。他精神散漫，每天夜晚梦见自己做了一国君王，在千百万百姓之上，把持一国政治。宫殿园林、离宫别墅，要什么，有什么，快活得无以复加。醒来又辛苦劳动。别人有安慰他过于勤苦的，他说："人生不过一百年，白天黑夜各占差不多一半，我白天做奴仆苦是苦了，晚间做国君，快乐得谁都比不上，还埋怨什么呢？"姓尹的一心经营世上俗事，思虑集中于家产，心也劳累，身也疲乏，夜晚也因精力消乏而沉睡。每天夜晚都梦见自己做奴仆，奔走跟随，伺候照顾，什么都干，挨打挨骂，被吓唬被讥笑，都得忍受。睡眠中痛苦的哀叹呻吟，一直到天亮。姓尹的以此为苦，便以此访问朋友。朋友说："你地位够高了，自己也够荣华了，钱财多得太多了，强于别人太远了。晚上梦做奴仆，乐极一定回到苦，那苦人便会回到乐，一苦一乐，这才公平，这是自然。你想醒时快乐，做梦也快乐，哪里能得到这种好事？"姓尹的听了朋友的话，放松了对老奴的劳役，减少了自己的思虑，两个的梦境都觉得轻微了些。

识是明珠　力是慧剑

【原文】

胜私制欲之功，有曰识不早、力不足者，有曰识得破、忍不过者。盖识是一颗照魔的明珠[①]，力是一把斩魔的慧剑[②]，两不可少也。

【注释】

①明珠：价值昂贵的宝珠，引申为人或物的最贵重者。佛经《净土论注》说此珠"置之浊水，水即清净，投之浊心，念念之中罪灭心净"。此照魔明珠之谓也。

②慧剑：佛家语，是用智慧比喻利剑，认为利剑能斩断俗世万缘、烦恼与魔障。《维摩诘经·菩萨行品》："以智慧剑破烦恼贼。"

【译文】

战胜私情克制物欲的功夫，有些人说是由于没及时发现私欲的害处而又没坚定的意志去控制，有的人说虽然能看清物欲的害处却又受不了物欲引诱，所以一个人的智慧是认识揭发魔鬼的法宝，而坚定的意志等于是一把消灭魔鬼的利剑，法宝和利剑这两者是战胜私情和物欲不可缺少的。

【论谭】

立身创业，战胜物欲，超越自我，需要的是坚定的意志，庄子以一个锻制带钩的人为例，说明了这个人生哲理。大司马家锻制带钩的人，年纪虽然已经八十，却一点也不会出现差误。大司马说："你是特别灵巧呢，还是有什么门道呀？"锻制带钩的老人说："我遵循着道。我二十岁时就喜好锻制带钩。对于其他外在的事物我什么也看不见，不是带钩就不会引起我的专注。锻制带钩这是得用心专一的事，借助这一工作便不再分散自己的用心，而且锻制出的带钩得以长期使用，更何况对于那些无可用心之事啊！能够这样，外物会有什么不予以资助的呢？"

暗室磨练　临深履薄

【原文】

青天白日[①]的节义[②]，自暗室漏屋[③]中培来；旋乾转坤的经纶[④]，从临深履薄[⑤]中缫[⑥]出。

【注释】

①青天白日：光明磊落。

②节义：名节义行，此处指人格。

③暗室漏屋：无人处。

④经纶：本指纺织丝绸，引申为经邦治国的政治韬略。

⑤临深履薄：面临深渊脚踏薄冰，比喻人做事特别小心谨慎。据《诗经·小雅》篇："战战兢兢，如临深渊，如履薄冰。"

⑥缫：抽茧出丝，此处当整理领悟解。

【译文】

一般光明磊落的人格和节操，可说都是在暗室漏屋的艰苦环境中磨炼出来的，凡是一种足可治国经邦的伟大政治韬略，都是从小心谨慎的做事态度中磨炼出来的。

【论谭】

孔子在陈、蔡两国之间被一群不明是非的人围困，他忍住饥饿，环顾四周景色，对弟子感叹道："天寒既至，霜雪既降，才知道松柏苍翠的颜色难得啊！"这是他从自己几十年的坎坷经历的切身感受中表达出来的赞叹。俗话说："滴水穿石"，英雄大业不是一蹴而就的，不经一番寒彻骨，哪有蜡梅扑鼻香？成大功立大业，都得经过艰苦恶劣环境中的奋斗。一个有远大志向的人仅仅接受磨难是不够的，因为受磨难和受得了磨难的人很多，却不是每个人都可以成为英雄。他们的事业绝对不是在粗心大意中完成的，都是抱着"如临深渊，如履薄冰"那样的战战兢兢的谨慎态度，一点一滴累积起来。因此胸怀上博大宽厚，光明磊落；细节上点滴积累，大事上眼光长远；加上坚强的意志，完善的人格，就可以为自己事业的成功奠定下厚实的基石。

做到极处 如同本来

【原文】

父慈子孝、兄友弟恭，纵做到极处，俱是合当[1]如是，着不得一毫感激的念头。如施者任德[2]，受者怀恩，便是路人，便成市道[3]矣。

【注释】

①合当：应该。

②任德：以施恩惠于人而自任，受人感激。

③市道：市场交易场所。

【译文】

父母对子女的慈祥，子女对父母的孝顺，兄姐对弟妹的爱护，弟妹对兄姐的尊敬，即使做到最完美的境界，都是骨肉至亲之间应该这样做的，因为这完全都是出于人类与生俱来的天性，彼此之间不可以存在有一点感激的想法。如果施行的人以为是一种德，接受的人也都怀有感恩图报的心理，那就等于把骨肉至亲变成了路上的陌生人，而且把真诚的骨肉之情变成了一种市场交易。

【论谭】

庄子在与宋国的宰官荡曾经有过这么一段话：以敬行孝容易，以爱的本心行孝难；以仁行孝容易，以虚静淡泊的态度对待双亲困难；忘掉亲情容易，让双亲也能虚静淡泊地对待自己困难；让亲人忘我容易，要我虚静淡泊地对待天下就难；忘记天下容易，让天下忘我更难。所以具备天德的人不为尧舜，他施于后世的恩泽天下人都不知，这岂是侈谈仁孝能够做到的？孝悌仁义，忠信贞廉，都是为勉励自己而伤害天性，不足称道。所以，至贵就是连国君高位都不要，至富就连倾国财富都不顾，至愿就是弃声名毁誉于不顾。所以，大道是永恒不变的。

这里提及的家族人伦之爱，维系着中国社会几千年的传统。这种爱是自然的，是金钱权力所不能交易到的，是不存在德行与恩惠观念的，是感情生活中的一块净土。

富多炎凉　亲多妒忌

【原文】

炎凉之态，富贵更甚于贫贱；妒忌之心，骨肉尤狠于外人。此处若不当以冷肠[1]，御以平气，鲜不日坐烦恼障[2]中矣。

【注释】

①冷肠：本指缺乏热情，此处指冷静的意思。

②烦恼障：佛家语，例如贪、嗔、痴、慢、疑、邪见等都能扰乱人的情绪而生烦恼，就佛家来说这些是涅槃之障，故名“烦恼障”。《佛地论》：“身心恼乱不成寂静，名之为烦恼障。”

【译文】

世态炎凉、人情高低、冷暖、厚薄的变化，在富贵之家比贫穷人家显得更鲜明；嫉恨、猜忌的心理，在骨肉至亲之间比跟陌生人显得更厉害。一个人处在这种场合假如不能用冷静态度来应付这种人情上的变化，不能用理智来压抑自己不平的情绪，那就很少有人不陷入有如日坐愁城中的烦恼状态。

【论谭】

《无门关》中说：“业识茫茫，那伽大定。”那伽是梵语，译意为龙、象。业识即因为宿业（过去的行为）而产生的烦恼意识。可译为因宿业而产生的烦恼妄想的迷惑之中，龙却端坐其中息虑凝心行禅定。这正是大乘佛教的精华。有诗云：“白菊悦我目，不染一丝尘。”的确令人怡悦，它象征一种明净、清澈、率真、诚实的心境。然而这颗心还未脱去宗教的气味，即无视浊流滚涌的现实世界中的苦恼。这种境界是脆弱的，这种清静是闲居山林之间的小乘佛教的阿罗汉道。大乘佛教则不然，他们的信徒常以“泥中的莲花”自喻，也就是“烦恼即菩提”。在业识茫茫中体现佛心，才是真正的风流。东家儿郎、西家织女、斜街曲巷中的艺人，都有佛性。佛性不分贫富，不分贵贱。

功名一时　气节千载

【原文】

事业文章随身销毁，而精神万古如新；功名富贵逐世[1]转移，而气节千载[2]一日。君子信不以彼易此也。

【注释】

①逐世：随着时代转换。

②千载一日：千年有如一日，比喻永恒不变。

【译文】

一般来说事业和文章，都会随着人的死亡而消失，只有伟大的精神才万古不朽；至于功名利禄富贵荣华，都会随着时代的变迁而转移，只有忠臣义士的志节会永远留在人间。可见一个有才德理想的君子，绝对不可以放弃能留名青史千秋万世的气节，去换取会随身销毁的东西。

【论谭】

孟子说："鱼，是我喜欢的，熊掌，也是我所喜欢的，如果二者不可兼得，只有舍弃鱼而取熊掌。生命是我所爱好的，义理，也是我所爱好的，如果二者不可兼得，只有舍弃生命而取义理。"荀子说，义理就是用来限制人做坏事，玩弄奸巧的。实行义理，内，可节制人，外，可节制物；对上，可安定君主，对下，可使万民和睦相处。东汉荀巨伯，一次去探望远方生病的友人，正碰上胡人攻打郡城，城里人纷纷弃城而逃。友人说："我现在是活不成了，你赶快离开吧！"巨伯说："我荀巨伯难道会做毁坏信义而求生的事吗？"坚持不去。胡人进城后，问荀巨伯是什么人，为何胆敢独自留在城里。巨伯答道："我的朋友患重病，不忍心把他丢下，我宁愿用自己的身躯赎取朋友的性命。"胡人听后，感慨道："我们这些无义之人，闯进有义之国了。"于是，撤兵而走，郡城也因而得以保全。

一位修行僧曾问大龙和尚："肉身无常，终将破灭，法身绝对不灭，那么法身是什么呢？"大龙禅师回答："山花开似锦，涧水湛如蓝。"花美涧蓝，仅仅是外在的美，是色身肉身，那么法身是什么呢？要弄清这个疑问，我们先从无常的色身与无生的法身的角度下手。问题在于提问僧把有形无常的色身与永恒的法身当成了两种东西。大龙和尚指点我们要从可生可灭、变幻无穷的色身中去把握金刚般坚固的法身。东坡居士曾说道："溪声便是广长舌，山色岂非清净身。"夜半凛凛风，把樱花从枝头飘摇落；樱花从枝头飘落在地上，那种过程给人一种痛惜不已的凄凉之感。这樱花的谢落便正是坚固法身。这种变幻、运动本身便体现了永恒的美。总之，八境如一、物我交融、万念俱空时，我们才能成为永恒的法身。生命的意义在于生的过程中再创造。

机中生机　变中生变

【原文】

鱼网之设，鸿则罹其中①；螳螂之贪，雀又乘其后②。机里藏机变外生变，智巧何足恃哉？

【注释】

①鱼网之设，鸿则罹其中：出自《诗经·邶风·新台》篇。罹：遭，碰上。鸿：雁中最大的一种，俗称天鹅。

②螳螂之贪，雀又乘其后：比喻人只见到眼前的利益而忽略了背后的灾祸，据《说苑·正练》篇："园中有树，其上有蝉，蝉高居悲鸣饮露，不知螳螂在其后也，螳螂委身曲欲取蝉，而不知黄雀在其傍也。"

【译文】

本来是一张为捕鱼而设的网，不料鸿雁竟落在网中；贪婪的螳螂一心想吃眼前的蝉，不料身后却有一只黄雀想要吃它，可见天地之间万物的道理太奥妙，玄机中还藏有另外的玄机，变幻中又会发生另外的变幻，人的智慧计谋又有什么可仗恃的呢？

【论谭】

孔子主张"尽人事以听天命。"对于人来讲，不可知的东西太多了，许多事往往用尽心思仍一无所得。而在生活中，所谓"螳螂捕蝉，黄雀在后"的事太多了，"人为财死，鸟为食亡”的事更是俯拾皆是。任何事物都不是孤立存在的，往往一环套一环，牵一发而动全身。对于物欲的贪求，有时偏偏“有心栽花花不开，无心插柳柳成荫”。有的时候却是“机关算尽太聪明”，最终一无所得。当然“智巧何足恃”并不是说人应任凭大自然摆布，一定要探索自然，克服天敌，进而认识掌握事物的变化周期和发展规律。人为万物之灵，每人都有一个能思想的头脑。如果总想欺人愚人，为了一己的名利地位，干出损害他人和社会的蠢事，其结果终归是愚己自欺自遭祸殃。

情急招损　严厉生恨

【原文】

事有急之不白者，宽①之或自明，毋躁急以速其忿；人有切之不从者，纵之或自化②，毋操切以益其顽。

【注释】

①宽：舒缓。

②自化：自己觉悟，《老子》中有“我无为而民自化”。

【译文】

世间很多事情越是急着想弄明白越难弄清楚，倒不如暂时放缓一下，也许头脑冷静之后事情自然就弄明白了，千万不要太急躁，以免增加情绪上的紧张气氛；世上有很多人，你指挥他，他根本不愿服从，这时倒不如放松他不管，让他自由发展，这样他自己也许会慢慢觉悟，千万不能操之过急，以免增加他的专横和固执。

【论谭】

南阳的慧忠国师一次对侍者唤道：“应真。”侍者立刻回答道：“在。”慧忠喊了三次，应真三次的回答都一样。于是国师说道：“我本来以为我辜负了你，想不到还是你辜负了我。”对这则公案有两种对立的理解。有人认为国师之言是国师对弟子的慈悲之言，有人认为国师之言显示了师徒二人之间的亲切与沟通。总之，这时侍者是悟还是未悟，是见解的分歧点。前代僧人多赞同无门的看法，认为：侍者三应，和光吐出。侍者认识了真理，后世僧家多认为国师是出于一片慈心，来点化这位未明弟子使他慢慢觉悟。

节义文章　德性陶熔

【原文】

节义傲青云[1]，文章高白雪[2]，若不以德性陶熔之，终为血气之私、技能之末。

【注释】

①青云：比喻身居高位的达官贵人。

②白雪：古代曲名，比喻稀有杰作。《昭明文选》陆机《文赋》说："缀下里于白雪。"注：《淮南子》记载师旷奏"白雪"而神禽下降。白雪，五十弦琴乐名。

【译文】

气节和正义足可傲视任何达官贵人，而情真生动感人的文章足以胜过"白雪"名曲，然而如果不用高尚的道德来陶冶它们，所谓气节和正义不过是出于一时意气用事或感情冲动，那么生动的文章也就成了微不足道的孤高和雕虫小技。

【论谭】

孔子的弟子曾子说："晋国公子的财产我望尘莫及。但是，他依靠他的财产生活，我依靠我的仁德生活；他依靠他的官职做人，我依靠我的道义做人，我还有什么不能满足？"这是曾子的气概。曾子的意思是，他的仁德不比晋国公子的财产逊色，他的道义不比晋国公子的官职低下，晋国公子以富贵、爵禄为尊，他以仁德、道义为尊。如此他凭借什么轻视我呢？我用仁义来保护自己，还有什么可怕的呢？轻视王侯，鄙视爵禄，君子心中坦坦荡荡，我们从这里能看到道义的伟大品质，能看到曾子生命中的光辉。

功过宜清　恩仇勿显

【原文】

功过不宜少混，混则人怀惰隳[1]之心；恩仇不可太明，明则人起携二[2]之志。

【注释】

①惰隳:疏懒堕落,灰心丧气。

②携二:怀有二心,有疑心。

【译文】

一个当领导的人对于功劳和过失,不可有一点模糊不清,如果功过不明就会使人心灰意懒而不肯努力上进,对于恩惠和仇恨,不可表现得太鲜明,假如对恩仇太鲜明就容易使人产生疑心而发生背叛事件。

【论谭】

功过应明,恩仇不应太明。历史上的例子很多。刘邦称帝后,便开始分封王侯,他把姓刘的皇族分封到全国各地为王。堂兄刘贾为荆王,封弟刘交为楚王,封兄刘喜为代王,封他的私生子刘肥为齐王。又大封功臣,萧何为酂侯,张良为留侯,陈平为户牖侯,先后共封了二十余人。其他有功的将领,日夜都在争论谁的功劳大小,得不到结论。有一天,刘邦在洛阳南宫,从双层道(复道)上遥望,见将领们三五成群地在洛水沙滩上聚会,刘邦问张良:"他们在谈些什么?"张良说:"难道您不知道,他们正在谋反!"刘邦说:"天下已经安定,为什么还要反呢?"张良说:"陛下原来不过一介平民,靠着他们的效忠,才取得天下。而今,你当了皇帝天子,封的全是您的亲属和老友,杀的全是您的仇家。朝廷众官员恐怕不再封赏,又恐怕久而久之,您想起他们先前偶然犯的过失而起杀机。所以,目前军心不稳,聚在一起,密谋叛变。"刘邦大为惊恐,立即采用张良的计策,封了他平生最憎恨、最厌恶的雍齿为侯。将领们闻讯后大喜,互相说:"雍齿都封了侯爵,我们还有什么问题?"一场由于刘邦以他爱憎为标准施行赏罚所酿成的朝政风波,就这样暂时平息了。

阴恶恶大　阳善善小

【原文】

恶忌阴,善忌阳[①]。故恶之显者祸浅,而隐者祸深;善之显者功小,而隐者功大。

【注释】

①阴、阳:阴指事物的背面,这是不容易被人发现的地方,阳指事物正面,是大家都能看到的地方。

【译文】

一个人做了坏事最可怕的是不容易被人发觉,做了好事最忌讳的是自己宣扬出去。所以做坏事如果能及早被人发现,那灾祸就会小些,如果不容易被人发觉,那灾祸就会大些;如果一个人做了好事而自己到处宣扬,那功劳就会变小,只有在暗中默默地做好事才会功德圆满。

【论谭】

历史上有关"阴恶祸深"的教训太多了。

汉成帝刘骜登基后,王曼(皇太后王政君的二弟)的寡妻带着儿子王莽住在宫中。王莽城府极深,深不可测。他态度谦恭,生活俭朴,读书好学。他侍奉母亲跟寡居的嫂嫂,抚养亡兄的儿子,都十分尽心。他结交有才干之士,彬彬有礼;侍奉叔伯,委曲迁就。大伯父王凤,是军中最高统帅,患病时,王莽日夜在床前侍候,亲自尝药,数月蓬头垢面,连梳洗换衣的时间都没有。王凤深受感动,临死前,向皇太后王政君及刘骜推荐王莽,使王莽越级升为射声校尉,成了北军八大指挥官之一。他五叔王商是成都侯,跟当朝不少名士交好,也一再推荐王莽。不久,王莽被提升为骑都尉、光禄大夫、侍中。王莽在显露自己优点的后面深隐一种险恶的用心,一旦得志后,其恶便开始显露了。

卫尉淳于长,十分受宠,王莽认为是他前进途中的障碍。因而在侍奉七叔王根时,便攻击淳于长的隐私,后来又报告皇太后与汉成帝。成帝认为王莽首先揭发奸恶,忠心正直,突升他为大司马。那年他才三十八岁。

六年后,汉哀帝刘欣去世,王莽已经大权在握了,他用迅雷不及掩耳的手段,打击政敌;而另一面对三朝元老宰相孔光毕恭毕敬。最后,凡是向王莽靠拢的,全部升迁;而冒犯王莽的,一律诛杀。

又过了七年,王莽毒死了汉平帝,又抱着"孺子"刘婴摄政二年后,终于篡夺了东汉的政权。当王莽逼着他的外祖母皇太后王政君要玉玺时,一向把他当作刘氏天下的忠臣的皇太后才恍然大悟,但为时太晚了。

以德御才　德才兼备

【原文】

德者才之主，才者德之奴。有才无德，如家无主而奴用事矣，几何不魍魉[1]猖狂[2]？

【注释】

①魍魉：泛称山川木石的精灵怪物。如《孔子家语》中有“木石之怪曰魍魉”。

②猖狂：过分放纵。

【译文】

品德是才学才干的主人，而才学才干只不过是品德的奴隶。一个人假如只有才学才干而没有品德修养，就等于一个家庭没有主人而由奴仆当家一样，这样哪能不使家中遭受精灵鬼怪的肆意侵害？

【论谭】

一次，孔子和学生讨论“仁”与“智”两个大问题。孔子问道：怎样才是仁，怎样才是智呢？子路的意见是：智者使人知己，仁者使人爱己；子贡的意见是：智者知人，仁者爱人；颜渊的意见是：智者自知，仁者自爱。孔子对三人的意见分别予以肯定，并指出子路所说是“士”的境界，子贡所说是“士君子”的境界，颜渊所说是“明君子”的境界。荀子记述上述孔子对子路、子贡、颜渊论仁与智三种意见评价，是分有高下的。其实，不同的个性有不同的长处和适应面，不同的修养有不同的造诣和建树。因而，三种境界，各有其所长，也各有其所短。如果从社会关系这个角度讲，最高境界是知人爱人，其次是使人知己爱己，再其次是自知自爱；而如果从人性的内在涵养上讲，最高境界是自知自爱，其次是使人知使人爱，再其次是知人爱人。知人爱人是德，使人知己爱己是才，自知自爱则是本能。有德之才，方称得天才，德才兼备者，人之本能方能充分解析。这已是通俗的人生哲理了。

一言提醒　无量功德

【原文】

士君子贫不能济物[①]者，遇人痴迷[②]处，出一言提醒之，遇人急难处，出一言解救之，亦是无量功德[③]矣。

【注释】

①济物：用金钱救助人。

②痴迷：迷惑不清。

③功德：佛家语，通常指功业和德行。

【译文】

一个有才学又有品德的明理达义的人，虽然由于家中贫穷不能用财物来救助他人，可是当遇到有人为某些事感到迷惑而不知如何解决时，能从旁边指点一番使他能有所领悟，或者遇到人家有紧急危难的事故时，能从旁边说几句公道话来解救他的急难，这也算是一种很大的德行。

【论谭】

荀子说，君子一定要善于言谈。一句话，退三军，一句话，抵九鼎，一句话，救人命。语言的力量就是思想的力量，语言的力量就是情感的力量，语言的力量就是智慧的力量。景公喜欢用老鹰捉兔子，派烛邹负责喂养老鹰，结果，烛邹把老鹰弄丢了。景公大怒，要派狱吏杀掉烛邹，晏子闻讯，进言景公说："陛下，烛邹有三大罪状，待我向他宣布后再杀他。"景公说："好！"于是晏子便把烛邹叫到面前，当着景公数落他："烛邹，你为国君喂养老鹰而让它失掉，罪之一也；使我们的国君竟然为一只鸟的缘故而杀人，罪之二也；使天下的诸侯，以为我们的国君重视鸟而轻视人才，罪之三也。"说完，便请杀掉烛邹。景公说："别杀了，我已经受到教育了。"

谨于至微　施于不报

【原文】

谢事当谢于正盛之时，居身宜居于独后之地，谨德须谨才至微之事，施恩务施寸不报之人①。

【注释】

①不报之人：无力回报的人。

【译文】

要退隐应在事业正兴盛的时候放下，处身应处在众人的后面。谨言慎行必须从最小的地方做起，一个人想要帮助别人应该帮助那些无法回报你的人。

【论谭】

《论语·乡党》一篇，记述孔子平时一切言语、表情、行为均谨慎守礼，不贪、不骄、不苟且、不放肆的事实，其中包含着在现代生活的人情礼节中仍然有参考价值的内容。例如：孔子与乡亲、邻居相处，气色十分谦虚随和，好像自己不善于讲话似的，并不表现自己的道德学问高人一等；但上朝值班，虽然说话也很谨慎，可在关系礼法政策的大是大非问题上，却勇于也善于发表意见。这与那些对下骄傲卖弄，对上却温恭讨好的人，是多么不同呀！孔子坐车，总是很好地坐在自己的位子上，不左顾右盼，不大声讲话，不指指画画。《礼记·曲礼》上还说，孔子坐车，不随便咳唾。行为有礼，也包括遵守公德。在公共场合，是不应该只顾自己，不顾他人的，以不文明为潇洒，做出许多丑态，就是污染他人的生活环境。

修身种德　事业之基

【原文】

德者，事业之基[①]，未有基不固而栋宇坚久者；心者，后裔之根，未有根不植而枝叶荣茂者。

【注释】

①基：基础。《诗经·小雅》有"乐只君子，邦家之基"。

【译文】

一个人的高尚品德是他一生事业的基础，就如同兴建高楼大厦一样，假如不事先把地基打得稳固，就绝对不能建筑坚固而耐久的房屋。前辈的居心行事，是后代的根本，根本不牢固而枝叶却能繁盛茂密，那是不可能的。

【论谭】

《论语》上说：成就事业，有一帮至亲骨肉，还不如有一帮德才兼备的人士。《荀子》上说：周文王并非没有亲戚子弟，并非没有近幸宠臣，但他从普通百姓中选拔一个姜太公，委以国事。文王与姜尚既不同姓，又不相识，而且姜尚已是七十二岁的老人，更无多少魅力，文王为什么要重用他呢？就因为文王想建立大功业，树立好名声，把天下统治好。

历史上，尧有十个儿子，但他不把王位传给其中任何一个而传给了舜，因为只有舜德高望重，堪当此任。舜有九个儿子，他不把王位传给其中任何一个而传给了禹，因为禹治水有功，对国家和人民做出了很大贡献。周文王发现并重用一个七十二岁的老人，依靠他灭殷兴周，以至周武王在泰山的祝拜中，还念念不忘“虽有周亲，不如仁人”，可见不搞父子兵、以德才取人是多么重要！

道属公共　学是寻常

【原文】

道[①]是一件公众的物事[②]，当随人而接引[③]；学是一个寻常的家饭，当随事而警惕。

【注释】

①道：道理，含有通往真理之路的意义。

②公众的物事：指社会大众的事。

③接引：佛家语，本指引渡众生。例如《无量寿经》中有“经此宝手接引众生”，这里当迎接或引导解。

【译文】

人生的道理是社会大众的事，所以应该顺着人性去引导；做学问就像每个人吃家常便饭那样普遍，因而应当随着事物的变化留心观察和提高警觉。

【论谭】

吕蒙是三国时吴国著名将领，小时候家里很穷，没读什么书。一次，孙权对吕蒙和蒋钦说：“你们如今执掌大权，应加强学习，这样于己有益。”吕蒙答道：“军中事多，无暇读书。”孙权说：“我难道是让你们去当经学博士吗？不过是让你们多读些书以增长见识而已。要说事多，你们难道比我的事还多吗？我自幼熟读《诗》《书》《左传》《国语》，只不读《易》。执掌朝政出来，经常看《史记》《汉书》等史书，以及诸子百家的书和兵法，自以为大有收益。你们二人都是很聪明的人，只要肯学习，必会有所得，为何不这样做呢？孔子说过：‘终日不食，终夜不寝，以思，无益，不如学也。’汉光武帝刘秀当兵马之劳，仍手不释卷。曹孟德也称老而好学。你们为何不激励自己，发奋读书呢？”从此，吕蒙坚持学习，所读之书，比一般书生还多。后鲁肃接替周瑜任都督，与吕蒙交谈，学识不及吕蒙，鲁肃叹道："我以为大弟只有武略，不料今日学识如此渊博，再也不是昔日阿蒙了！"吕蒙说："士别三日，当刮目相看。"

念厚如春　念刻如冬

【原文】

念头宽厚的，如春风煦育①，万物遭之而生；念头忌尅的，如朔雪阴凝②，万物遭之而死。

【注释】

①煦育：煦，温暖，育是化育，由此而万物生长。

②朔雪阴凝：朔，北方。阴凝，雪因阴冷久积不化。

【译文】

一个胸怀宽宏忠厚的人，好比温暖的春风化育万物，能给一切具有生命的东西带来生机；一个胸襟狭隘斤斤计较的人，好比寒冷凝固的冰雪，能给一切具有生命的东西带来杀气。

【论谭】

孔子认为：宽是人的五德（恭宽信敏惠）之一。为人宽容，能得到众人爱戴，为政宽容，能使有才干的人各尽其力。如果没有宽宏的气度，不论为人或为政，都会受到影响。

《汉书·班固传》说班固为人宽和容众，不以才能骄人，深得大家喜爱。一个领导者气度宽大，才能使众人归心，为之尽力。《吕氏春秋·爱士篇》有一个故事：秦穆公丢了一匹拉车的马。找到的时候正被人煮了在吃。秦穆公叹了一口气说：吃骏马肉不喝酒是不好的。于是给每个吃马肉的人一大碗酒。一年之后，秦晋大战于韩原，穆公被刺枪投中，战马已被晋军抓住，眼看就要成为俘虏。这时那曾经吃了马肉的三百多人冲了出来，个个舍生尽力，在穆公车下与晋人作殊死搏斗，终于大败晋军并俘虏了晋惠公。可以说，秦穆公转危为安，反败为胜，靠的是宽大容物有德行。

君子立德　小人图利

【原文】

勤者敏①于德义，而世人借勤以济其贪；俭者淡于货利，而世人假俭以饰其吝。君子持身之符②，反为小人营私之具矣，惜哉！

【注释】

①敏：勤奋，努力。

②符：本指护符，这里作法则解。

【译文】

一个勤奋的人应该努力在品德和义理上下功夫，可是有些人却仰仗勤奋来解决自己的贫困；一个俭朴的人应该把财货和利益看得很淡泊，可是有些人却假借俭朴为名来掩饰自己的吝啬。勤劳和俭朴本来是有才德的君子立身处世的法则，不料反倒成为市井小人营利徇私的工具，真是叫人感到惋惜。

【论谭】

曹山和尚对俱胝和尚有这样一段评语：人人都拍手抚掌过。同是一样的动作，而西园的俱胝昙藏拍得别具一格。西园和尚行持绵密，修行非常认真，有一次，一位参禅者见他亲自到伙房去烧洗澡水，就对他说："这种杂活你就交给小和尚们办吧。"西园和尚听后默不作声，只管拍掌。道元和尚有一次看见禅院伙房的师傅头顶烈日，正一心一意地晒菜干。道元问老人家的岁数，老人告诉说已经六十八岁了。道元问："为什么不叫仆僧来晒呢？"老僧答道："他人不是我，这是我的工作。"道元说："是啊！是啊！瞧这太阳多毒，你不觉得太劳累了吗？""现在不晒，什么时候才是晒菜干的好时候呢？"勤劳不歇，内心之德行，也无驳杂，便是纯德。

第四章　端正

心体莹然　不失本真

【原文】

夸逞[1]功业，炫耀文章，皆是靠外物做人。不知心体莹然[2]，本来不失，即无寸功只字，亦自有堂堂正正做人处。

【注释】

①夸逞：夸是自我吹嘘，言过其实，逞是强行显露。

②莹然：莹是指玉的颜色，洁白纯净。

【译文】

夸张自己的功劳业绩，炫耀自己的文章美妙，这都是靠外物来增加自身光彩博取他人赞美。却不知人人内心都有一块洁白晶莹的美玉，所以一个人只要不丧失人类原有的纯朴善良的本性，即使在一生之中没留下半点功勋伟业，也没留下片纸只字的著作文章，也算是一个堂堂正正的人。

【论谭】

孔子表扬学生子路说：穿一身破旧的棉袍子，和穿着华贵的裘皮的人站在一起，而丝毫不自惭形秽的，恐怕只有子路一个人吧！与此相反，那些立志很高而又为自己吃穿害羞的人，就不值一谈了。孟子说：“说大人则藐之。”曹植说：“左顾右盼，谓若无人，岂非君子之志哉！”而左思的诗说得更好：“贵者虽自贵，视之若尘埃；贱者不自贱，重之若千钧。”这告诉我们无论在什么人面前，要有礼，但不要自卑、胆怯。要对自己有信心，自己尊重自己，重视自己与别人平等的人格。这样，不仅能不自贱自羞，而且能对人不嫉妒、不巴求，堂堂正正地立于天地人群之间。

据说子路是“卞之野人”，从小在乡间长大。乡人只要不饥不寒，就有不会因非分之想而弄出种种丑态来的淳朴性格，加上在孔门所受的教育陶冶，使他形成了自重自强的人格，这一点，对今天的我们，仍然具有很大的启示。

享有临济宗中兴之祖美誉的禅师东山法祖曾说过：“释迦牟尼和弥勒佛都是他的奴婢，你说这个‘他’是什么？”自然这个他指的就是本心、无位的真人、禅心。佛教信徒在行出家剃度礼时，首先要辞别国王、双亲，以切断君臣、亲子之缘。如果自称是臣僧某某，便是失去了佛徒本色。“他是谁”这一公案便显示了相反的立场，体现了禅者特有的矜持，不仅如此，本则公案中值得参究的字眼不在于“他”字，而是“奴”字。奴就是指奴婢，落身为奴，诚心至意地为了众人律己励行，真正地具体地展现了自他不二的功用。古人曾说过：“意踏毗卢头顶，行拜童子足下。”既要怀有把佛祖的头踩在脚下的高昂气概，又同时具备跪拜于幼童脚下的谦虚操行，这才是禅者的生存之道。

修养自身　大业后成

【原文】

不昧[1]己心，不拂人情，不竭[2]物力，三者可以为天地立心，为生民立命[3]，为子孙造福。

【注释】

①不昧：昧是昏暗，此处作蒙蔽解。

②竭：穷尽。

③为天地立心，为生民立命：立是建立，心指自然本性。据《易经·复》："复见天地之心乎？"注："复者，反本之谓也，天地以本为心者也。"疏："本，静也，言天地寂然不动，是以本为心者也。"宋代理学家张载说："为天地立心，为生民立命，为往圣继绝学，为万世开太平。"

【译文】

不蒙蔽自己的良心，不做不近人情的事，不过分浪费物力；假如能做到这三件事，就可以为天地树立善良的心性，为万民创造生生不息的命脉，而为后代子孙创造永恒的幸福。

【论谭】

孔子说：现在天下大乱，已是无可挽救；但如果天下太平，一切很好，就不用我们来改革现实了。我们追求的事业无法实现，我早就知道，但我就是要像那位做门卫的隐士说的那样：知其不可而为之。《后出师表》说：不兴师伐魏，汉朝必亡；兴师伐魏，敌强我弱，也难救其不亡。但是，与其坐等汉朝灭亡，不如尽力伐魏。可见，曹魏难灭，汉室难兴，诸葛亮早已清楚地知道，但自从离开隆中，夺荆州，定西蜀，对外联结东吴，对内治军理财，最后六出祁山，一生鞠躬尽瘁，死而后已，事业虽未成就，但那种义无反顾，精进向上的崇高精神，却因此而无限光大，成为一种取之不竭的财富！知其不可而为之，这种义无反顾的大智大慧实在是成事的必要的心理。因为，虽不能成事，却可成人。古圣先贤有句名言:“内圣外王。”也就是说先成己而后才能成物。以古人此论推而广之,一个要在事业上有所作为的人,必须从自我修养做起。

富当知贫　壮宜念老

【原文】

处富贵之地,要知贫贱的痛痒①;当少壮之时,须念衰老的辛酸。

【注释】

①痛痒:痛和痒都是一种病,此处比喻痛苦。王阳明《传习录》有:“如耳目之知视听,手足之知痛痒,此知觉便是心也”。

【译文】

当你身居富有和权贵的地位时,你要了解贫贱人家的痛苦才行,当你年轻力壮身体健康时,应当想到年老身体衰弱以后的悲哀。

【论谭】

人在贫穷的时候,反而能够安分守己,老实规矩地过日子,一旦富贵加身,胆子大起来,得意忘形,无所顾忌,骄奢放纵,目中无人,为所欲为,如此,灾祸很快就会降临到他身上了。陈胜没有称王的时候,曾和同伴相约:“苟富贵,毋相忘。”可陈胜真的富且贵的时候,把这句话就丢到脑后去了。贫穷和富贵是相对立的,从古到今,很多人一旦有了权势,便身价百倍,不思为民造福,忘却水能载舟也能覆舟的古训;有了财富,便趾高气扬,骄奢淫逸,仿佛自己的血统都比别人高了。在富贵时想不到贫穷,即使富贵长久,也谈不上具备好的品德。一个人不管身处贫困富贵,都应该珍惜时间,爱惜生命。“少年休笑白头翁,花开能有几日红”,“明日复明日,明日何其多”。要特别珍惜青春而顾念晚年的衰老生活。惜时如金是事业的最基本要求,否则,一生一事无成,老来不堪回首将何其凄凉。

清浊并包　善恶兼容

【原文】

持身不可太皎洁[1]，一切污辱垢秽要茹纳得[2]；与人不可太分明，一切善恶贤愚要包容得。

【注释】

①皎洁：光明，洁白。

②茹纳得：容忍得下。

【译文】

立身处世不可太自命清高。对于一切羞辱、委屈、脏污都要适应并能容忍得下；与人相处不可善恶分得太清，不管是好人、坏人、聪明人、愚笨的人都要习惯以至包容。

【论谭】

孔子说："君子成全别人的好事，不助成别人的坏事。小人恰恰与此相反，他们不愿成全人，却会忌妒人。"

人与人有别，各自为一个体；但人与人又不能不彼此相联相通，结成一个整体。不愿道人之善、成人之美，却生就一双鳝鱼眼睛、一副鸡肠小肚，挑剔人，说道人，嫉妒人，压制人，这样的人就像一个锥子，对群体的危害是很大的。而那些不说人之过，不矜己之能，能帮助人，成全人的人，就像一块平整方正的大石头，砌在哪里，都能使整个建筑稳固平实。明白了这一点，也就明白了孔子为什么以成人之美与否来区分君子和小人了。

律己宜严　待人宜宽

【原文】

人之过误宜恕[1]，而在己则不可恕；己之困辱[2]宜忍，而在人则不可忍。

【注释】

①恕:宽恕、原谅。

②困辱:困穷、屈辱。

【译文】

别人的错误和过失应该多加宽恕,可是自己有过失和错误却不可以宽恕;自己受到屈辱时应该尽量忍受,可是别人受到屈辱就要设法帮他消解。

【论谭】

星云法师在论述“如何与人相处”时说:“在人群中如何与人和睦相处,有四句话供大家参考:忍一句,祸根从此无生处;饶一着,切莫与人争强弱;耐一时,火坑变作白莲池;退一步,便是人生修行路。”下面一则公案,也是说明师徒配合默契的范例。翠微和尚曾在恩师雪峰的禅院里任首座,有一天,正好是夏安居的终日,他对众僧说:“安居期九十天里,我都在给兄弟们说法,我很担心说得过多会蒙受我佛之罚,落得个眉发脱落的下场。请你们帮我看一下我还有没有眉毛。”传说有一位和尚说错了法,受佛灵之罚,眉毛全部掉净了。同门的保福和尚说:“做贼才心虚。”长庆道:“不仅没掉,还越长越密了。”云门最后说:“关。”关指整体的功用。其道理在于连自己都忘却了,就达到了天人合一的化境。三位长老的回答中,只有这个“关”字甚是够力,回味无穷。

操履严明　守正不阿

【原文】

士君子处权门要路[①]，操履[②]要严明，心气要和易。毋少随而近腥膻[③]之党，亦毋过激而犯蜂虿之毒[④]。

【注释】

①权门要路：权门指有权有势的政要，例如《后汉书》的“权门请托，残吏放手”。

②操履：操守和行事。

③腥膻：鱼臭叫腥，羊臭叫膻，比喻操守不好的人。

④蜂虿之毒：虿，毒虫名，属蝎科，比喻人心险恻恶毒。

【译文】

具有高深才德的君子身居政府重要地位时，操守必须严谨，行为要光明磊落，心境要平和稳健，气度要宽宏大量，绝对不可接近或附和营私舞弊的奸邪小人，也不要过分偏激去激化矛盾而触怒那些阴险狠毒的奸诈之徒。

【论谭】

蜀国丞相诸葛亮率军北上攻打魏国，驻扎在祁山，命令李平负责后勤食粮的供给。当时正逢夏秋之交，阴雨连绵，道路泥泞，因此军粮没能及时供应，李平就派人假传圣旨让诸葛亮撤军。当诸葛亮率军返回后，李平又对此装着吃惊，称军粮充足，不明白诸葛亮为何后撤，以此来推卸责任。同时他还向皇帝刘禅谎称他让诸葛亮撤军，是为了诱敌深入以便歼灭。诸葛亮将李平写给自己与皇帝的信相对照，揭穿了李平的谎言，查办他的渎职罪，削职为民流放到梓潼。对此诸葛亮又写信给蒋琬与董承说：“陈震过去对我讲，李平这个人很有心机。我认为既然如此，就不应干出这种蠢事。想不到李平却干出了像苏秦、张仪一样鼓舌如簧、颠倒是非之事来。”

诚心和气　名义气节

【原文】

遇欺诈的人，以诚心感动之；遇暴戾[1]的人，以和气熏蒸[2]之；遇倾邪私曲的人，以名义气节激励之。天下无不入我陶熔中矣。

【注释】

①暴戾：残酷。

②熏蒸：此处作沐化、感化之意。

【译文】

遇到狡猾欺诈的人。要用赤诚之心来感化他；遇到性情狂暴残酷的人，要用温和的态度去感化他；遇到行为不正自私自利的人，要用道义气节来激励他。假如能做到这几点，那么天下的人都会受到我的美德感化了。

【论谭】

孔子说：犯罪的人绝难逃脱，必须抓起来绳之以法，这是今世执法者的才干，是法治的末技；能够移风易俗使人重德贵义不去犯罪，因而有刑法而很少使用，这是古代执法者的才干，是法治的根本。审理诉讼，我的本事和别人差不多，我所追求的是使诉讼之事完全消灭，法庭冷落无事可干呀！

《汉书·韩延寿传》写韩延寿在东郡做官三年，举贤任能，勤政纳谏，表彰扶困让财、孝悌友爱的行为，大力发展教育，提倡文艺，使乡风为之一变，犯案的人大为减少。后调任左冯翊并代理高陵县令，有兄弟两人争田打官司，韩延寿即引咎自责，认为这样骨肉相争是自己不能宣明教化的结果，感动了打官司的兄弟俩，他们自动和解。这件事传遍全县，老百姓人人自励自爱，不再轻易争斗生事、为非作歹。这可以说是贯彻儒家德治、从而减少犯罪与刑讼的一个典型例子。

一念慈祥　寸心洁白

【原文】

一念慈祥，可以酝酿[①]两间和气[②]；寸心洁白，可以昭垂[③]百代清芬。

【注释】

①酝酿：本指造酒，此处当制造调和解。

②两间和气：两间指天地之间，此处指人际关系。

③昭垂：昭，明。垂，流布。

【译文】

人在一念之间的慈祥，可以创造人与人之间和平之气；人能保持心地纯洁清白，就可以使美名千古流传。

【论谭】

元代诗人王冕题《墨梅》的诗句曾写道："不要人夸颜色好，只留清气满乾坤。"又有古语云："一心洁白，流芳千古。"从古至今，这样咏怀言志的诗文触目皆是，这正如俗谚"豹死留皮，人死留名"，说明人要爱惜自己的名誉。历史上最有名的例子如东汉时王密任昌邑令，夜间怀巨金贿赂杨震说："暮夜无知者。"杨震回答说："天知、地知、我知、你知，何谓无知？"结果杨断然拒绝贿金，维护了自己的清白人格，因此有了"震畏四知"一语。拒贿是为官清廉的一种表现。日常生活同样要检点自己，从待人到律己都应注意维护声誉，保持心灵的完美，所谓与人为善，处事勿贪。修身养性须一点一滴做起，以便保持寸心洁白而留清名。

"和气祥瑞，寸心洁白"自然是人们理想中意境，如何才能达到这种境界呢？请看列子和关尹的一段话：列子问关尹道："至人在物中潜行而没有障碍，进入火中而不受灼热，在万物之上行走而不恐惧颤抖，请问为什么能到这个地步？"

关尹说："这是由于他保持了极端的和气，不是机智、灵巧、果断、勇敢之徒。坐下，我

对你说。凡是有形象、能发声、有颜色的,都是物,物与物为什么差别很大!首要的差别是什么?是形状、颜色罢了。假若有一种物,能做到没有形状颜色,也不发生变化,能做到这点并且通晓它,别的物怎能滞留它呢?这个物将处于不过分的地位,置身于没有尽头的循环中,在万物的起点和终点漫游。行动完全出于本性,保养自己的和气,德性合乎天然,和造就万物的天然形态相通。像这样去做,他天性完全,精神凝静,外物怎能伤害他呢?"

平凡德行　和平之基

【原文】

阴谋怪习、异行奇能,俱是涉世的祸胎①。只一个庸德庸②行,便可以完混沌③而招和平。

【注释】

①祸胎：指招致祸患的根源。

②庸：平凡、普通。

③混沌：本指宇宙初开元气未分之时，比喻自然和无知、淳朴的心神。《庄子·应帝王》篇："中央之帝为混沌。"又《释文》："李云：'清浊未分也，比喻自然。'"古人想像天地未开辟之前为混沌状。

【译文】

阴谋诡计、怪异的言行、奇怪的技能，这些都是招致灾乱的根源。只有那种平凡的德行和寻常的言行，才可以保持自然法则，维护社会和平。

【论谭】

西晋羊祜，字叔子。羊祜在为西晋镇守边防重镇襄阳时，以慈惠治军安民，深得江淮地区的民心。他在军中，经常身着便服，很少披甲戴胄，身边警卫也不过数十人。与羊祜对峙的是吴国大将陆抗。羊祜身为边防大将，吴又为敌国，但他对陆抗却以诚相待，时常与陆抗互致问候，从未企图去偷袭吴国。对凡是想向他建议阴谋诡计的人，羊祜都赏给美酒，使其大醉不醒，口不能言。有一年，晋军缺粮，不得已到吴国境内收割了些粮食，羊祜也用价值相当的绢帛给以抵偿。在打猎时，羊祜从不越境，对被吴军击伤而被晋军猎获的飞禽走兽，他都让人清点，全部送还吴国。由于羊祜以诚对吴，保持了晋吴边境长时间的和平安定。

坎坷世道　以耐撑持

【原文】

语云："登山耐险路，踏雪耐危桥。"一耐字极有意味，如倾险之人情、坎坷之世道，若不得一耐字撑持过去，几何不坠入榛莽[1]坑堑[2]哉！

【注释】

①榛莽：榛，荒地丛生的小杂木，草木深邃的地方叫莽。

②坑堑:堑,深沟,就是有深沟的险处。

【译文】

俗语说:“爬山要耐得住斜坡上的险径,走雪路要耐得起过桥梁的危险。”可见这一个“耐”具有极深长的意义,正像是险诈奸邪的人世情,坎坷不平的人生道路,假如没有这一个“耐”字苦撑下去,有几个人会不堕落到杂草丛生的险恶深沟里呢?

【论谭】

这一段突出一个“耐”字,简言之,“耐”就是毅力,是意志,是信心。一个人要具有这种对于困难险阻的“耐性”,首先必须具备的是“德性”,是德行的修养。梅兰竹菊号称四君子,人们喜爱它们是因为它们耐得住寒,耐得住寂寞,耐得起风吹日晒。这种精神为人们所景仰,所企盼。只有经得起痛苦煎熬的人才能创造大事业,正如孟子说:“天将降大任于斯人也,必先苦其心志,劳其筋骨,饿其体肤,空乏其身,行拂乱其所为,所以动心忍性,增益其所不能。”且不说立雄心大志,建丰功伟业,就是日常生活,平凡小事,又哪里有那么多顺心如意的事呢?哪里有那么多对路可意的人呢?无一个“耐”字又怎生了得。要耐困苦,耐空寂,还得耐辛酸,耐污辱。人生之路,有时退一步天宽地阔;有时却不能退,如逆水行舟耐住劲,咬咬牙便一重关隘又在回首处,一阵波浪又在用力撑持中消失。胜利,就在再坚持一下的努力之中,坚持就是忍耐。

磨砺如金　施为似弩

【原文】

磨砺当如百炼之金,急就者非邃养[1]。施为似千钧[2]之弩[3],轻发者无宏功。

【注释】

①邃养:高深修养,邃,深。
②钧:三十斤是一钧。
③弩:有特殊装置来发射的大弓。

【译文】

磨炼身心要像炼钢一般反复陶冶,急着希望成功的人就不会有高深修养;做事像拉

开千钧的大弓一般,假如随便发射就不会收到好的功效。

【论谭】

子夏做了鲁国莒父县长,向孔子请教行政之道。孔子说:"不要求速成,不要只顾小利。求速成,反而达不到目的,顾小利,就办不成大事。"

还是明代那个张岱说得好:"做事第一要耐烦心肠,一切蹉跌、蹭蹬、欢喜、爱慕景象都忍耐过去,才是经纶好手。若激得动,引得上,到底结果有限。"或者,斤斤于细故,你就别想有大收获,想要有大收获,你就必须放弃一虫一米的小得失。《吕氏春秋》上说,小利是妨害大利的劲敌,不放弃小利,就无法获得大利。

做人处事,"忍"是一种巨大的力量,"忍"是很难的修养,所以,我们要忍辱精进,在"忍"的修持中去争取成功,亲近佛缘。浮山法远和尚率僧众七十余人来投参叶昙和尚时,叶昙命人往这群野僧头上身上喷水倒土,大多数僧众都落荒而逃。只有浮山法远和师友天衣义怀纹丝不动。叶昙方才允许他俩入门,命浮山任饭头,主管全院膳食。和尚的生活极其清苦,吃的多是难以下咽之物。有一日叶昙出去访友。众和尚见主持走了,就央求浮山煮点米粥开开胃,浮山善心发现,让寺内僧徒都饱餐了一顿。叶昙回寺后,知道了浮山所为就训斥他:"你想一想今后你当了主持时的情形吧!我院绝对不允许这种盗用寺内之物满足私心、私意的行为。你给我快出门，下山去吧！”浮山无奈只得接过寺中施舍的衣钵诸物，离开叶昙。浮山下山后，寄宿在山下一寺的走廊内，托钵自活，仍然坚持去参听叶昙说法。叶昙认为浮山没有经允许住进他寺，同样是偷盗行为，于是再次把浮山撵了出去。浮山于是把僧衣托钵当作住在寺庙的借宿费，还清了盗用佛物之孽债。有一天，叶昙命人鸣钟焚香集合僧众声言：“此山有古佛。”说完出迎浮山，并亲焚梵香，向浮山面授临济密传的大法。此时，“回想起过去的辛苦是多么愉快的事呀。”这是希腊人的名言。

虚圆建功　执拗败事

【原文】

建功立业者，多虚圆[①]之士；偾事[②]失机者，必执拗之人。

【注释】

①虚圆：谦虚圆通。

②偾事：败事。《礼记·大学》中有：“此谓一言偾事”。

【译文】

能够建大功立大业的人，大多都是能谦虚圆滑灵活应变的人，凡是惹是生非遇事坐失良机的人，必然是那些性格执拗不肯接受他人意见的人。

【论谭】

孔子说：有向学之志的人，未必能取得某种成就；取得某种成就的人，未必做每件事都合乎原则；做每件事都合乎原则的人，未必懂得根据实际情况灵活变通。

《公羊传》记载：祭仲为鲁国宰相，鲁桓公十一年，他到留国去吊丧，途径宋国，宋国把他拘留起来，要他废掉勿而立突为鲁君，他答应了。这是出卖国君的大事，他为什么答应呢？一，他不答应，不仅鲁君保不住，连鲁国也保不住，君轻国重，权衡轻重，不得不答应；二，自己没有私心私念，不是受人迫胁贪生怕死，所以敢于承担废除国君的罪恶来保存国家社稷。这两条很关键，所以《公羊传》把它作为灵活权变的一个典范事例加以引述。这是在今天，这个例子也还很有意义。相反，像孟子所谓“嫂溺而援之以手”这样违反“男女授受不亲”的权变，虽然当时多么慎重地当一件事情说，而现在看来，倒像小孩过家家似的了。

过俭则吝　过让则卑

【原文】

俭，美德也，过则为悭吝[①]、为鄙啬[②]，反伤雅道[③]；让，懿行[④]也，过则为足恭[⑤]、为曲谨[⑥]，多出机心[⑦]。

【注释】

①悭吝：小气，吝啬，为富不仁。

②鄙啬：有钱而舍不得用，斤斤计较。

③雅道：即正道，此处指与朋友交往之道。《荀子·荣辱》篇：“君子安雅。”集解：“雅，正也，正而有美德者谓之雅。”

④懿行：美好的行为。

⑤足恭：过分恭维来取悦于人。

⑥曲谨：指把谨慎细心专用在微小地方，有假装谦恭的意思。

⑦机心：狡猾诡诈的用心。《庄子·天地》篇：“有机械者必有机事，有机事者必有机心。”成玄英疏：“有机关之器者，必有机动之务；有机动之务者，必有机变之心。”

【译文】

节俭朴素本来是一种美德，然而过分节俭就是小气，就会变成为富不仁的守财奴，如此反而会伤害到一些正道上的往来。谦让本来也是一种美德，可是如果太过分，就会变成是卑躬屈膝处处讨好人，这样能给人一种好用心机的感觉。

【论谭】

什么事都不能过分，过分的事往往会弄巧成拙，庄子在《天地》中假借一位老人的话，阐明了同样的道理，并且说得格外深刻。他说：子贡到南方楚国旅行，返回晋国，路过汉阴,见一老人正在整治菜园,他挖了一条隧道通到井底,用瓦罐取水浇园,呼哧连喘,用力很多而功效很低。子贡说:“有种机械,一天可浇百畦,用力很少而功效很高。先生不想用它吗?”

浇园老人抬起头看着他说:“什么意思?”子贡说:“用木头做成个机械,后头重,前头轻,提水像抽的一样,快得好像沸水上溢,名叫桔槔。”浇园老人愤怒得变了脸色,冷笑着说:“我听我老师说,有机械必有机械的事,有机械的事必有机谋的心。机谋的心藏在胸中,心灵就不纯洁。心灵不纯洁,精神就摇摆不定,没有操守。精神没有操守,就不能得道。我不是不知桔槔快,而是感到羞耻而不用它。”

子贡红了脸,非常惭愧,低着头不说话。

过了一会儿,灌园老人问他:“你是什么人?”子贡说:“孔丘的弟子。”

灌园的老人说:“你不是那学问渊博想和圣人比美,自吹自擂想超群出众,自拉自唱到处卖名声的那类人吗?假若你忘却你的精神,忘却你的形体,还差不多。现在你连自身都不能治理,怎能治理天下?你走吧,不要耽误我的事!”

子贡的脸色由红变白,灰溜溜地很不自在,走了三十里,脸色才变过来。

子贡的弟子说:“刚才那个人是干什么的?先生为什么见了他神态失常,一整天还恢复不过来?”

子贡说:“起初我以为天下只有我老师一个人,不知道还有这样的人。我听老师说,行为要正确,办事要成功,用力少而效果显著就是圣人之道。今天却不大一样。有的人德性完整,德性完整的人形体和大家在一起,却不知归宿何处,茫茫淳朴和顺,道德圆满啊!求功利弄机巧,不能使他动心。像他这样的人,不是自己志向的地方不去,不合自己心意的事不做;就是普天下的人都反对他,说他做得不对,他漠然接受。天下人的毁誉,对他无益也无损,这就是德性完整的人。而我却是风吹草动都会左右摇摆的。”

名位声乐　不可贪图

【原文】

钦宴之乐多,不是个好人家。声华之习胜,不是个好士子[①]。名位之念重,不是个好臣工。

【注释】

①士子:指读书人或学生。

【译文】

经常举行宴会饮酒作乐的,不是一个正派的家庭;喜欢靡靡之音和爱穿华装艳服的,不是一个正派的读书人;名利和权位观念太重的人,不是一个好官吏。

【论谭】

不可贪图的恶行,常人不可为,在上位的君子更不可为。《孟子·滕文公章句下》中说:在上位的有什么爱好,在下面的人一定爱好得更厉害。滕定公死了,太子派人向孟子请教怎么办理丧事,孟子建议他按照古制,实行三年丧礼。太子决定采纳这个建议,但滕国的父老官吏不同意,说:我们的宗国鲁国和我们的祖宗都没有这样实行过,到您这一代改变,是不应该的。我们的史志上也说:丧礼祭仪一律依祖宗的规矩。太子感到为难,又派人去向孟子请教。孟子说:这件事是不能够求助于别人的。孔子说过:'君主死了,太子把一切政务交给首相,自己居丧尽礼,临孝子之位便哭,大小官吏没有人敢不悲哀,因为太子亲自带头的缘故。'在上位的有什么爱好,在下面的人一定爱好得更厉害。君子的德好像风,小人的德好像草,风向哪边吹,草就向哪边倒。所以,这件事完全取决于太子本人。太子听了,就下定了决心,在丧庐中住了五个月,不曾颁布过任何命令或禁令,官吏同族都很赞成,认为是知礼。等到举行葬礼时,四方的人都来观礼,太子容色悲哀,哭泣伤恸,观礼的人也无不动容。

人多弊端　——警惕

【原文】

不可乘喜而轻诺,不可因醉而生嗔[①],不可乘快而多事,不可因倦而鲜终[②]。

【注释】

①生嗔:生气。嗔,发怒。
②鲜终:鲜,少的意思。鲜终是有头无尾,有始无终。

【译文】

不要乘着高兴的时候对人随便许下诺言，不要在醉酒时不加控制随便乱发脾气，不要乘着一时称心如意不加检点惹是生非，不要因为疲劳时疏懒而有始无终不把事情做完。

【论谭】

人有许多毛病往往是不自觉的，特别是高兴和酒后的时候，这些毛病更容易显露出来，关键是当别人点破时能否立即醒悟并予以纠正。

《列子·说符》中记叙了一则故事：

晋文公想同别国国君会见，共同攻打卫国。公子锄仰天大笑，文公问他笑什么。他说："我笑我邻居一人送他妻子到娘家去，路上看见一个采摘桑叶的妇女，便跟她搭讪。但是回头看看自己的妻子，也有向她招手的人。我就笑这个。"文公明白这话的用意，于是停止进兵，率领军队回来，还没到国都，就有攻击他北方土地的人了。

吉人安详　恶人杀机

【原文】

吉人[1]无论作用安详[2]，即梦寐神魂[3]无非和气；凶人无论行事狠戾，即声音笑语[4]浑是杀机[5]。

【注释】

①吉人：心地善良的人。

②作用安详：言行从容不迫。

③梦寐神魂：指睡梦中的神情。

④声音笑语：言谈说笑。

⑤浑是杀机：言谈间流露出害人的迹象，杀机是指令人感到有杀人的恐惧感。

【译文】

一个心地善良的人，不论言行举止总是镇定安详，即使在睡梦中的神情也都洋溢着一团祥和之气；一个性情凶暴的人，不论做什么事都手段残忍狠毒，甚至在谈笑之间也充满了恐怖的杀气。

【论谭】

孔子说：要做个仁者，就要具备以下五种品德：恭敬、宽厚、诚信、敏捷、慈惠。恭敬不易遭受侮辱，宽厚就会得到大众拥护，诚信才会被人重用，敏捷工作效率才高，慈惠才真正可以领导人。

这五个方面，第一是恭，也就是人要有人的仪表风度，它的反面是嬉和亵。一个人，衣服整洁，该看的看，该说的说，与人打交道、办事情，严肃认真，对人有礼貌，不苟且，不嬉狎，这样别人就不会来调戏欺辱你。相反，歪帽趿鞋，赤膊袒胸，说话高一句、低一句，漫不经心，随便动手动脚，任意取笑戏弄人，常常会自取其辱，被人瞧不起。孔子说；恭近礼。在现代生活中，人的日常生活随便多了，但"恭"仍是人必需的品德。我们会朋友、谈生意、出门办事，甚至上趟街，都要打扮一下，照照镜子，这是自己起码的面子，也是对人起码的尊重。讲面子而尊重人，就是恭。

省事为适　无能全真

【原文】

钓水[①]，逸事也，尚持生杀之柄[②]；弈棋，清戏也，且动战争之心。可见喜事[③]不如省事之为适，多能不如无能之全真[④]。

【注释】

①钓水：临水垂钓。

②柄：权力。据《左传》襄公二十三年：“既有利权，又执民柄”。

③喜事：好事。

④全真：使心灵不受损。真，灵魂。

【译文】

静坐水边垂钓本来是一件高雅的活动，然而在这活动中却手握对鱼的生杀权力；对坐桌前下棋本来是一种正当高雅的娱乐，但是在这娱乐中却存在争强好胜的战争心理。可见好事就不如无事那样悠闲自在，多才就不如无才那样能保全纯真本性。

【论谭】

“无为”是老庄思想中的重要命题，它对中华民族思维方式和行为方式的影响既深且远。庄子在《人间世》中假托南伯子綦的一番对树的感慨，阐明了：“喜事不如省事为适。多能不若无能全真”的道理。他说：南伯子綦在商丘一带游乐。看见地面长着一棵出奇的大树，上千辆驾着四马的大车，荫蔽在大树树荫下歇息。子綦说：“这是什么呢？这树一定有特异的材质啊！”仰头观看大树的树枝，弯弯扭扭的树枝并不可以用来做栋梁；低头观看大树的主干，树心直到表皮旋转着裂口并不可以用来做棺椁；用舌舔一舔树叶，口舌溃烂受伤；用鼻闻一闻气味，使人像喝多了酒，三天三夜还醒不来。子綦说：“这果真是什么用处也没有的树木，以至长到这么高大。唉，精神世界完全超脱物外的‘神人’，就像这不成材的树木呢!”

梦中之梦　身外之身

【原文】

听静夜之钟声,唤醒梦中之梦①;观澄潭之月影②,窥见身外之身③。

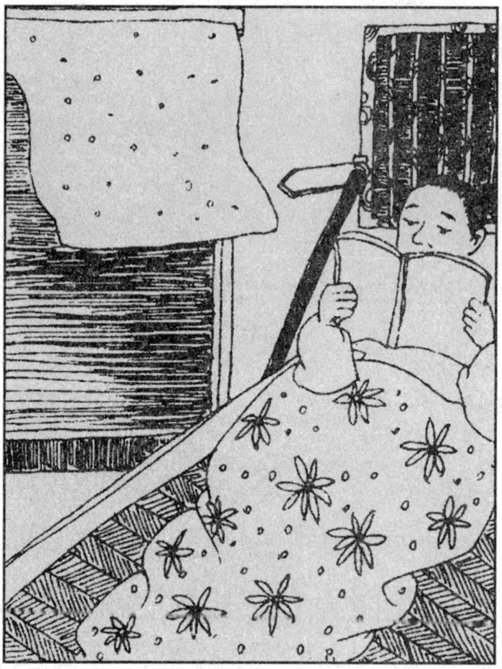

【注释】

①梦中之梦:比喻人生就是一场大梦,一切吉凶祸福更是梦中之梦。

②澄潭之月影:虚幻之月,由此可悟出一切事物皆虚幻。

③身外之身:肉身以外涅槃之身,此指人的品德、灵性。

【译文】

夜深人静,听到远远传来嘹亮的钟声,可以惊醒人们虚妄中的梦幻;从清澈的潭水中观看明亮的月夜倒影,可以发现我们肉身以外的品德、灵性。

【论谭】

普化和尚在街头向俗人化缘，乞讨一件僧衣。奇怪的是有人给他僧衣时，他却拒不接受。于是临济和尚命院主买了一口棺材。普化回庙时，临济告诉他："我为你做好了一件僧衣。"普化扛起棺材就走，到街头喊叫道："临济为老衲做好了僧衣，老衲即在城东死。"于是人们争先恐后地跟着他到城东。普化说："今天我不死，明天我到南门去死。"这样的在街头持续叫喊了两三天，谁也不相信普化的话了。第四天，没有一个人出来尾随他了，于是他一个人独往城外，自己进入棺中，委托过路的人钉死了钉子。这件事马上就传遍了全城，人们争着赶往城外，并开棺验看。只见棺中普化的全身业已脱去，棺中空荡荡的，什么也没有，只闻空中有清脆的银铃声，正渐渐远去。

传心之诀　见道之文

【原文】

鸟语虫声，总是传心[①]之诀；花英[②]草色，无非见道[③]之文。学者要天机[④]清澈，胸次玲珑[⑤]，触物皆有会心处。

【注释】

①传心：指心灵的领会。

②花英：英当动词用，是开放的意思。花英指百花开放。

③见道：佛家语，初生离烦恼垢染之清净智，照见真谛者，即见道。

④天机：本指天道机密而言，此指人的灵性智慧。

⑤胸次玲珑：胸次是胸怀，玲珑本指玉的声音，此处作光明磊落解。

【译文】

鸟的语言和虫的鸣声我们虽然听不懂，但都是表达它们之间感情的方式；花的艳丽和草的青葱我们固然都能看到，但其中还蕴藏着大自然的奥妙文章。所以我们读书研究学问的人，必须使灵智清明透彻，必须使胸怀光明磊落，这样跟事物接触时，才能达到豁然领悟的地步。

【论谭】

世事洞明皆学问。善于读书的人,世间一切都是书:山水是书,鱼虫是书,花月也是书。一般人只会读有字之书,却看不见世上这些无字之书;一般人只听见琴弦之声,却听不见天地弥漫着无弦之声。唐代大画家韩干,天宝年间被召入宫中充任供奉。当时朝中有位画师叫陈闳,以善画马知名,于是,唐明皇命韩干师从陈闳学画马。一天,唐明皇见到韩干所画之马,觉得骏逸飘洒,四蹄生风,与老师陈闳画风不同,十分诧异,问其原因。韩干奏道:"我自然有老师,陛下马厩里的马,都是我的老师。"原来,韩干重视写生,常久驻马厩观察马的习性动静,所以他画的马达到了高妙传神的境界。唐代还有一书法家,名叫张旭,擅长草书,大凡喜怒、哀乐、穷窘、忧愁、怨恨、思慕、娱乐、酣醉、无聊等不平之情,必在草书中抒发出来。他静观世间万物,默察人间万象,凡山水崖谷、鸟兽虫鱼、草木花实、日月列星、风雨雷电、天地万物的变故,凡能唤起高兴、惊异之情的,都一一寄寓在书法之中。所以,张旭的草书,变化万千,如鬼斧神工,不着痕迹。他以此终其一生而名垂后世。荀子说,不登高山,不知天之高;不临深溪,不知地之厚。敞开心灵,用眼睛去观察,用耳朵去倾听,人就会发现大千世界,万事万物,风云变幻,神出鬼没,充满喧哗与骚动。所谓一花一世界,一叶一如来。

文守和尚自幼聪颖,遍览诸家及古今公案,十九岁时就自称天下没有他的教师。一次,他听说一代名师泽庵和尚在南宗寺,就忙赶去求他印证。他对泽庵说:"我已经参透了从古至今的诸家公案。"泽庵听后哈哈大笑:"什么狗屁公案。我这里没有那种佛法。把一些没有用的葛藤、过时的公案摆出来,搬弄是非;把无聊的公案当成佛法,老衲不干这等事情。我的佛法只有一粒丸药,即可医除百病。"俱胝和尚悟道后,只要有人问他什么是禅法、佛法,他即竖起一指示众。秘魔禅师每逢有人求问时,总是拿出一只叉去夹修行僧的大拇指。打地和尚总持有木棒一根,有谁问他,他就捣地。无业和尚一生只回答"莫妄想"。禅者认为,禅不是口头禅,也不是妄想、空想、非实际的东西,而是要除去妄念,从不脱离现实。

量宽福厚　器小禄薄

【原文】

仁人心地宽舒，便福厚而庆长[1]，事事成个宽舒气象；鄙夫[2]念头迫使，便禄薄而泽短，事事成个急促规模。

【注释】

①福厚而庆长：福厚是福禄丰厚，庆长是福禄绵长。庆是福禄吉祥，《易经·文言》篇中有"积善人家有余庆"。

②鄙夫：也就是鄙陋之人。

【译文】

心地仁慈博爱的人，由于胸怀宽阔舒畅，所以能享受丰厚的福禄而且长久，事事都有宽宏大量的气度；反之心胸狭窄的人，由于眼光短浅思维狭隘，以致所得到的利禄是短暂的，落得凡事只顾到眼前而临事紧迫的局面。

【论谭】

荀子说，有涵养的人，在心志宽广时，就敬重天道，遵循常规；在心志狭窄时，就敬畏礼法，自守节操。智虑所及，就精明通达事理，触类旁通；有智慧闭塞时，就老实诚恳地遵守礼法。当被重用时，就恭敬处事，不轻举妄动；不被重用时，就肃敬庄重。心情愉快时，就和颜悦色的办事；心情忧虑时，就静待而守理。地位显赫时，就有文雅的话语阐明事理；处境贫困时，就用含蓄简单的话语阐明事理。没有涵养的人就不是这样，他心志宽广时，就傲慢粗暴；他心志狭窄失意之时，就奸邪倾轧。智虑所及，就掠夺欺诈；在智慧闭塞时，就陷害他人，胡作非为。被重用时，就逢迎巴结，傲慢不逊；不被重用时，就怨天尤人，阴谋活动。心情愉快时，就轻浮飘忽；心情忧虑时，就垂头丧气，胆小怕事。地位显达时，就骄傲偏激，不可一世；处境穷困时，就自暴自弃，颓唐没落。

用人不刻　交友不滥

【原文】

用人不宜刻，刻则思效者去；交友不宜滥①，滥则贡谀②者来。

【注释】

①滥：轻率，随便。

②贡谀：贡，贡献，谀是阿谀，说好听的话、逢迎讨好的意思。

【译文】

用人要宽厚而不可太刻薄，如果太刻薄，即使想为你效力的人，也会由于受不了你的刻薄而离去；交友不可太轻率随便，如果这样，那些善于逢迎献媚的人就会设法接近你，来到你的身边。

【论谭】

孔子说：一个人办事聪明，行为合乎礼教，与千里之外的人相交，也可亲如兄弟；如果办事不聪明，行为不合礼教，与别人住在对门，别人也不愿和他来往。《左传》哀公十四年记载:司马牛的哥哥桓魋为人很坏,在宋国谋反,宋景公要他的另一个哥哥向巢却率兵去讨伐,但向巢却带着军队和桓魋一起叛乱,最终两人都失败逃亡在外。司马牛是不赞成他两个哥哥的行为的,这时在宋国也呆不下去了,拿出封地和圭玉买了一条命,四处流亡。有一次,很感伤地说:"别人都有好兄弟,唯独我没有!"子夏听到了这句话,劝导他:"我听老师说过:死生由命,富贵在天。一个人做事为人,严肃认真,不出差错,与人相交恭谨有礼,这样,天下之大,到处都不缺朋友,何必为没有好兄弟而伤心呢?"这实际上是说,在恭敬礼义这些共同原则的基础上,大家可以和谐相处,像兄弟一样,相亲相爱。儒家讲仁义礼智信,可以说目的全在这一点上。他们就是要在共同的人生原则和道德规范的基础上,实现天下一体,人皆兄弟。

敬畏君子　敬畏百姓

【原文】

大人[①]不可不畏,畏大人则无放逸之心;小民亦不可不畏,畏小民则无豪横之名。

【注释】

①大人:指有道德有声望之人。据《论语·季氏》篇:"畏大人。注:'大人,圣人也。'"或指有官位的人。

【译文】

对于一个有高深道德修养的人不可不抱有敬畏的态度,因为敬畏有道德有名望的人就不会有放纵安逸的想法;对于平民百姓也不可不抱有敬畏的态度,因为敬畏平民百姓就不会有豪强蛮横的恶名。

【论谭】

齐桓公问管仲道:"当君主的人,以什么为贵?"管仲说:"以天为贵。"桓公仰而视天,不得其意。管仲说:"我所说的天,并非苍天。君主,应以百姓为天。百姓拥护,就能安宁;百姓辅佐,就能强盛;百姓反对,就很危险;百姓背弃,就要灭亡。如果百姓聚在一起埋怨国君而国家不亡,那是没有的事。"齐王派使者到赵国去聘问威后,威后未及打开书信，便问使者："今年收成好吗？你们的百姓好吗？齐王也还好吗？"使者很不高兴，不解地问道："我奉命出使赵国聘问威后，现在您不先问齐王如何，而先问年成与百姓，这岂不是把微贱者放在前面，把尊贵者摆在后面了吗？"威后回答说："不是这样。如果没有年成，怎么会有百姓？如果没有百姓，怎么会有国君？哪有丢开根本而去问细枝末节的呢？"

荀子说："马惊车了，坐在车内的人就不安稳；百姓惊惧政事，君主在职位上就不安稳。所以，做君主的就不能不爱民如子。"

怨尤自消　精神自奋

【原文】

事稍拂逆[1]，便思不如我的人，则怨尤[2]自消；心稍怠荒[3]，便思胜似我的人，则精神自奋。

【注释】

①拂逆：不顺心不如意。

②怨尤：把事业的失败归咎于命运和别人。

③怠荒：精神萎靡不振，懒惰放纵。

【译文】

当事业稍不如意处于逆境时，就应该想起那些不如自己的人，这样怨天尤人的情绪就会自然消失；当事业顺心很如意而精神出现松懈时，要想想比自己更强的人，那你的精神就自然会振奋起来。

【论谭】

事业上没有向上之心难以成功，修养德性，不多与他人的长处相比，则难以完美自身。一次，子夏问孔子："颜回为人怎么样？"孔子说："颜回的仁德比我强。"又问："子贡的为人怎么样？"孔子说："端木赐的口才比我强。"又问："子路的为人怎么样？"孔子说："仲由的勇敢比我强。"又问："子张为人怎么样？"孔子说："颛孙叔的矜庄比我强。"子夏便离开座席而问道:"那么这四个人为什么来做您的学生呢?"孔子说:"别激动,坐下来我告诉你,颜回虽然仁德却不懂得通权达变,子贡虽有辩才却不知收敛锋芒,仲由虽然勇敢却不懂得畏怯,子张虽矜庄却不懂得随和。以他们四人的优点来和我交换,我也不会答应的。这就是他们拜我为师的原因啊!"孔子这种不以师长自居的精神,正是为人师表的风范。

读无字书　弹无弦琴

【原文】

人解读有字书,不解读无字书;知弹有弦琴,不知弹无弦琴①。以迹用②不以神用,何以得琴书佳趣?

【注释】

①无弦琴:此指宇宙中万物的一切声响。

②迹用:以运用形体为主。

【译文】

人们只懂得读有文字的书,却不懂得研究大自然这本无字的书;人们只知道弹奏普通有弦琴,却不知道欣赏自然界无弦琴的美妙声音。也就是只知道运用有形迹的事物,而不懂得领悟无形的神韵,这种庸俗的人又如何能理解音乐和学问的真正乐趣呢?

【论谭】

孔子是个爱好音乐的人,他听人唱歌要是认为唱得好,一定要让他再唱一遍,然后和着他一起唱。

孔子对音乐的欣赏,不只停留在表面,他能领悟出音乐本身的内涵。《韶》是舜时的名曲,《武》是周武时的乐曲,两乐都是我国古代享有盛名的曲子,孔子聆听之后,称赞《韶》的乐曲非但尽美,并且尽善;评价《武》的乐曲虽然美,可是还不够尽善。孔子为什么做出这种评价呢?这一方面固然因为《韶》的音乐确实高古感人,另一方面,舜是孔子心目中的古代理想贤君,因《韶》而引起对于舜的向往,更由于《韶》乐早于《武》乐,故而增强了孔子对它的赞美之情。

从孔子爱好音乐、爱好唱歌的侧面，我们又看到他爱美的本性，以及他见善就学、从善如流的品性。

竞逐听人　恬淡适己

【原文】

竞逐[1]听人，而不嫌尽醉；恬淡适己，而不夸独醒。此释氏[2]所谓“不为法缠[3]，不为空缠[4]，身心两自在”者。

【注释】

①竞逐：竞争和追求。

②释氏：佛教始祖释迦牟尼的简称。

③法缠：法即一切法，禅语，指一切事物和道理。缠是束缚、困扰。

④空缠：为虚无之理所困扰。

【译文】

别人争名夺利与我无关，我也不必因为别人的醉心名利就嫌弃他；恬静淡泊是为了适应自己的个性，因此也不必向别人夸耀世人皆醉我独醒。这就是佛祖所说“既不被物欲所蒙蔽，也不被空虚寂寞所困扰，能做到这些就能使身心自在而心悠然”的人。

【论谭】

“不为法缠，不为空缠，身心两自在”，本是释家佛祖对人类的教诲，而我国道家的先祖庄子亦不愿为高官厚禄所缠。

庄子在濮水旁边钓鱼，楚威王派两个大臣来看他，两位大臣见庄子钓鱼的样子悠闲自在，便传达楚王的旨意说：“大王想把楚国的大事托付给你，请你去和他一起治理国家。”

庄子像是没有听见似的，手持钓鱼竿头也不回，过了好半天才回答说：“听说楚国有只神龟，活了三千年才死。国王把它用布包着放在竹盒里，然后藏在庙堂之上。我想请教二位:如果你们是这只神龟,是愿意死掉后留下一把骨头被供奉在教堂之上让人敬奉瞻仰呢? 还是愿意活着拖条尾巴在泥里爬?"

那两个大臣毫不犹豫地说:"当然愿意拖着尾巴在泥里爬。"庄子接着说:"那就请你们回去告诉大王吧,我也愿意拖着尾巴在泥里爬,那样多自由自在!"

临济和尚临入灭度时,居正而坐叮嘱道:"我死之后,不可灭却了我的正法眼藏。"这时他的高徒三圣近前来问:"请问师傅的正法眼藏该怎么灭呢?"临济则问:"以后若有人问起它,你如何回答?"三圣便来了一声断喝。临济感慨地说:"想不到我的正法眼藏,即叫这瞎驴给灭却了!"言罢即坐化了。这有力地证明了三圣的一声断喝的妙用。所谓灭却正法眼藏是指把烦恼、妄想、迷惑等,甚至对菩提、涅槃的领悟全都抛开,而进入一种绝对无相无住无本的境界,意即灭却了正法眼藏才是真正的清净法眼。

延促一念　宽窄寸心

【原文】

延促[1]由于一念,宽窄系之寸心。故机闲者[2]一日遥于千古,意宽者斗室[3]广于两间。

【注释】

①延促:延是长,促是短。此指时间长短。
②机闲者:是说能把握时间忙中偷闲的人。机是活动。
③斗室:形容房间的狭小。

【译文】

时间的长短多半是出于心理感受,空间的宽窄多半是基于心中的观念。所以只要把握时机懂得忙中偷闲,即使是一天的时间也比千年还要长;只要意境高超心胸旷达,即使是一间小小的房子也犹如天地那么宽大。

【论谭】

空间的广狭、时间的长短,并不是绝对的,往往由于人的心境的不同,而感受不一。《庄子·秋水》中河神与海神的对话里也蕴含着这一哲理。

河神说："如果我把天地看作是最大，把毫毛之末看作是最小，可以吗？"

海神回答："不可以。万物的量是不可穷尽的，时间的推移是没有止境的；得与失的划分没有不变常规，事物的终结和起始也没有定因。所以具有大智的人观察事物从不局限于一隅，因而体积小却不看作是少，体积大却不看作是多，这是因为知道事物的量是不可穷尽的；证验并明察古往今来的各种情况，因而寿命久远却不感到厌倦，生命只在近前却不会企求寿延，这是因为知道时间的推移是没有止境的；洞悉事物有盈有虚的规律，因而有所得却不欢欣喜悦，有所失也不悔恨忧愁，这是因为知道得与失的划分是没有定规的；明了生与死之间犹如一条没有阻隔的平坦大道，因而生于世间不会倍加欢喜，死离人世不觉祸患加身，这是因为知道终了和起始是不会一成不变的。算算人所懂得的知识，远远不如他所不知道的东西多，他生存的时间，也远远不如他不在人世的时间长；用极为有限的智慧去探究没有穷尽的境域，所以内心迷乱而必然不能有所得！由此看来，又怎么知道毫毛的末端就可以判定是最为细小的限度呢？又怎么知道天与地就可以看作是最大的境域呢？"

知足则仙　善用则生

【原文】

都来眼前事，知足者仙境，不知足者凡境；总出世上因，善用者生机，不善用者杀机①。

【注释】

①杀机：害人损物的危机。

【译文】

对现实生活环境中的事物能感到满足的人就会享受神仙一般的快乐；感到不知足的人就摆脱不了庸俗的困境。总括世上万般事物的原因，假如能善于运用就处处充满生机，不善运用就处处充满危机。

【论谭】

道德高深的人，奉行大道，因而不以一时一事的得失为重；得道乐天，因而不以功名利禄为务，勘破世情，悟彻事理，因而持性任重，知足常乐。这样的人，得乐能乐，苦中也能乐。曾子就是这样的人，曾子从学于孔子，行道立德，便安贫乐业。有一个时期，他的家里徒有四壁，一贫如洗，被絮破得像鱼网，锅台常常几日没有烟冒出来，一顶带子断了又接上的旧帽，一身捉襟见肘的破衫，连鞋都从脚后跟处裂开了。而且面呈病态，仍是整日劳作。但他并不以为苦，仍然无忧无虑，和乐潇洒，还能每日吟唱歌曲自娱。这样的人，才是得真快乐的人，才是真能自得其乐的人。

老子说："知人者智，自知者明；胜人者力，自胜者强；知足者富，强行者有志；不失其所者久，死而不亡者寿。"再看《庄子·让王》中山公子牟对瞻子的话：

中山公子牟对瞻子说："我虽身居江湖之上，心思却时常留在宫廷里，怎么办呢？"瞻子说："这就需要看重生命，重视生命的存在也就会看轻名利。"中山公子牟说："虽然我也知道这个道理，可是总不能抑制住自己的感情。"瞻子说；"不能约束自己的感情也就听其自然放任不羁，这样你的心神会不厌恶对于宫廷生活的眷念吗？不能自己管束自己而又要勉强地管束自己，这就叫作双重损伤，心神受到双重损伤的人，就不会是寿延长久的人了。"魏牟，是大国的公子，他隐居在山岩洞穴中，比起平民百姓来就难为得多了；虽然未能达到体悟大道的境界，也可说是有了体悟大道的心愿了。

栖恬守逸 最淡最长

【原文】

趋炎附势[1]之祸,甚惨亦甚速;栖恬守逸之味,最淡亦最长。

【注释】

①趋炎附势:攀附权贵。

【译文】

攀附权贵的人固然能得到一些好处,但是为此所招来的祸患却是最凄惨而又最快速的;能安贫乐道栖守自己独立人格的人固然很寂寞,但是因此所得到的平安生活时间最久,趣味也最浓。

【论谭】

历史上往往是"惟有隐者留其名",那些奸诈小人所追逐的东西又算得了什么呢?《庄子·让王》中那位颜阖才是好样的呢!

鲁国国君说颜阖是一个得道的人,派出使者先行送去聘礼表达敬慕之意。颜阖居住在极为狭窄的巷子里,穿着粗麻布衣而且亲自喂牛。鲁君的使者来到颜阖家,颜阖亲自接待了他。使者问:"这里是颜阖的家吗?"颜阖回答:"这里就是颜阖的家。"使者送上礼物,颜阖巧妙地说:"恐怕听话的人听错了而给使者带来过失,不如回去再问个明白。"使者返回,查问清楚了,再次来找颜阖,却再也找不到了。像颜阖这样的人,真正是厌恶富贵的。

消弭幻业 增长道心

【原文】

色欲火炽,而一念及病时,便兴似寒灰;名利饴甘,而一想到死地,便味如咀蜡。故人常忧死虑病,亦可消幻业[1]而长道心[2]。

【注释】

①幻业：为佛家术语，是梵语“羯魔”的意译，本指造作，凡造作的行为，不论善恶皆称业，但是一般都以恶因为业。

②道心：指发于义理之心。据《朱子全书·尚书》篇：“人心，人欲也；道心，天理也。”

【译文】

当色欲像烈火一样燃烧起来时，只要想一想生病时的痛苦情形，烈火就会立刻变得像堆冷灰；当功名利禄像蜂蜜一样甘甜时，只要想一想触犯刑律而走向死地的情景，那名位财富就会像嚼蜡一般无味。所以一个人要经常思虑疾病和死亡，这样也可以消除一些罪恶而增长一些进德修业之心。

【论谭】

孔子说：“只有十户人家的小地方，一定会有像我这样忠信的人，只是没有像我这样好学的人。”汉代匡衡，酷爱读书，但家境贫寒，晚上无烛，便在墙壁上凿一小孔，借着邻居的烛光而读书。汉代孙敬，刻苦好学，朝夕不已。读书欲睡，便以绳子一头系上头发，一头悬于屋梁，头垂而发牵，以痛驱逐睡意。严明人孙康，性敏好学，家贫无钱买油点灯。为读书，孙康不顾严寒，于冬日月夜，映着雪光刻苦学习，时人传为美谈。南超人刘绮，早孤家贫，买不起灯烛。为能夜读，买下很多的荻柴，折断成杆，晚上点燃荻杆，就火苦读，终于成为一个很有学识的人。“头悬梁”“锥刺股”的故事本是说明刻苦好学的，实际上也给人们另一个启示：人生在世，应自控制，制服欲望，进而增长德业。

退步宽平　清淡悠久

【原文】

争先①的径路窄，退后一步自宽平一步；浓艳的滋味短，清淡一分自悠长一分。

【注释】

①争先：此指好胜逞强。

【译文】

与人争强好胜时就觉得道路很窄，假如能退后一步让人先走，自然觉得路面宽平很多；太过浓艳的味道容易使人腻味，是短暂的，假如能清淡一分自然会觉得滋味历久弥香。

【论谭】

做人贵在自然和自明，对人对事不可强求，孔子说过：不要只怪别人不赏识自己，更要担心自己能力不够。又说：不愁没有人知道我，该愁我有什么可为人知道的。曾子说：与人同游而不被人所爱，必是自己仁心不厚，与人相交而不被人所敬，必是自己长者之风不足，自己有不足而怨别人不好，不是很无道理吗？希望被人肯定，希望得人赏识，这是人之常情，所以孔子说，人一辈子名声得不到别人称述，是很遗憾的。虽然和氏璧几次献上去都得不到承认，可它一旦被雕琢出来，那连城价值却是谁也掩盖不了的。

《列子·黄帝第二》中有段对于为人处世精辟至妙的论述。列子意味深长地说："天下有经常取胜的方法，有经常不能取胜的方法。经常取胜的方法是柔弱，经常不能取胜的方法是刚强。这两者容易明白而人们往往不知道。所以古人说：刚强，胜过不如自己的；柔弱，胜过比自己高明的。胜过不如自己的，假若遇到同自己相等的，那就危险了；胜于比自己高明的，就没有危险了。这样，要一生取胜，不必用语言和行动。要取胜天下，也不必用语言和行动。这叫作不取胜而自然取胜，不任事而自然任事。"鬻子说过："想要刚，一定要用柔道守住它，想要强，一定要用弱道保持它。柔积多了一定刚，弱积多了一定强。观察他所积的是什么，就知道他前途所得是祸是福。强取胜于不如自己的，若碰到同自己相等的一定会折服；柔取胜于比自己强的，那力量不可思量。"

不希利禄　不畏权势

【原文】

我不希荣，何忧乎利禄之香饵①；我不竞进②，何畏乎仕官之危机。

【注释】

①香饵：饵是指可以达到诱惑人目的的东西。

②竞进:与人竞争、争夺。

【译文】

我如果不希望荣华富贵,又何必担心他人用名利作饵来引诱我呢?我如果不和人争夺高低,又何必畏惧在官场中所潜伏的宦海危机呢?

【论谭】

“缘觉寺”的开山老祖、佛光国师无学祖元和尚是南宋末期的高僧。在台州真如寺参禅时,恰逢元兵南下,蹂躏南宋大好河山,和尚于是移到温州的能仁寺避难,想不到很快元兵就占领了温州。乱兵一来,僧众们四处逃避,只有无学和尚泰然自若地在禅堂内坐禅。元兵首领把利刃架在无学祖元的脖子上时,无学仍神色自若,坦然诵诗:“乾坤无地卓孤筇,喜得人空法亦空。珍重大元三尺剑,电光影里斩春风。”意思是说:天地间竟没有一根禅杖的立锥之地,幸亏我已悟到人法如一,主观与客观同为一体。对于参透了生死之谜的祖元和尚来说,元人的三尺长剑按在脖子上,就像在电光里斩春风一样。元兵听后甚为惊异,于是向他赔礼作揖,并放了无学和尚。好一个“电光影里斩春风”!

庄子历来鄙视富贵功名,在《庄子见惠施》中就有一个辛辣地嘲笑那些追名逐利者的故事。

惠施任梁惠王的宰相,庄子去拜访他,有人对惠子说:“庄子来是想取代你为宰相。”惠子听了惶惶不安,派人搜查庄子达三天三夜之久。

庄子去看惠子,对他说:“你知道南方有只名叫鹓鶵的鸟吗?鹓鶵从北海飞到南海,一路上,不是梧桐不栖,不是竹实不吃,不是甘泉不饮,有一只猫头鹰找到一只腐鼠,正好鹓鶵飞过,它害怕鹓鶵来争,仰头大喊一声‘吓!’你难道也为相位来吓叱我吗?”

庄子以鸾凤一类的鸟自喻,以鹓鶵饮醴泉、栖梧桐来比喻自己高洁清白的品格,而世俗认为显赫的宰相地位,在庄子的眼里只不过是一只死掉的臭老鼠。

不知有我　安知物贵

【原文】

世上只缘认得“我”字太真,故多种种嗜好、种种烦恼[1]。前人云:“不复知有我,安知物为贵。”又云:“知身不是我,烦恼更何侵。”真破的②之言也。

【注释】

①烦恼:佛家语,原指阻碍菩提正觉的一切欲情。

②破的:本指箭射中目标,喻说话恰当。

【译文】

只因为世上人把自我看得太重,所以才会产生多种嗜好和多种烦恼。古人说:“假如已经不再知道有我的存在,又如何知道物的可贵呢?”又说:“假如能明白连身体也在幻化中,一切都不是我所能掌握所能拥有,那么世间还有什么烦恼能侵害我呢?”这真是一句至理名言。

【论谭】

南泉禅师说过:“心不是佛,智不是道。”这则公案可以看成类似“即心即佛”或“非心非佛”的。有一次有位僧人问南泉:“连马大师在内以前的祖师们都讲即心即佛,可现在您却说心不是佛,智不是道。为此修行的人都疑惑不解,请大师发发慈悲,指点一下迷津。”南泉道:“即心是佛,平常心是道,你们众人不加实证地就认为那是道是佛,这是一种执迷。”南泉和尚反其言而言之,一下点中了众人的要害,切断了凡夫们的执着之念。对此无门和尚评赞道:“天晴就出太阳,天下雨地上就会湿。这是明明白白最简单不过的事,真理也一样,不过说的这样明白,也会有人怀疑不信的。总之,执着于自我的人,什么事都是在疑惑中。”

人情世态　不宜太真

【原文】

人情世态,倏忽①万端,不宜认得太真。尧夫曰:“昔日所云我,今朝却是伊;不知今日我,又属后来谁?”人常作是观,便可解却胸口罥②矣。

【注释】

①倏忽:极微不足道的时间。

②罥:结,牵挂,牵系。鲍照《芜城赋》有:“荒葛罥。”

【译文】

人情冷暖,世态炎凉,真是错综复杂,瞬息万变,所以对任何事都不要太认真。宋儒邵雍说:“以前所说的我,如今却变成了他;还不知道今天的我,到头来又变成什么人?”一个人假如能经常抱着这种看法,就可解除心中的一切烦恼与杂念。

【论谭】

孔子说:“已经完成的事不要再说,已经做过的事不必劝谏,已经过去的事不再追究。”人们常说:“凡事不能不认真,凡事不能太认真。”一件事情是否该认真,这要视场合而定。钻研学问讲究认真,面对大是大非的问题讲究认真。而对于一些无关大局的琐事,不必太认真,不看对象、不分地点刻板地认真,往往使自己陷入尴尬的境地,处处被动受阻。每当在这种时候,如果能理智地后退一步,结局却能化险为夷。

在人群里。理解和宽容比什么都重要,它是人际关系的润滑剂。在人山人海里有了它,大家心情舒畅,事业兴旺发达,道路顺畅。

寻常家饭　素位风光

【原文】

有一乐境界,就有一不乐的相对待;有一好光景,就有一不好的相乘除[1]。只是寻常家饭、素位[2]风光,才是个安乐窝巢。

【注释】

①乘除:消长。

②素位:安于本分,不做分外妄想。据《中庸》:“君子素其位而行,不愿乎其外。朱熹注:‘素犹见也,言君子但因见在所居之位,而为其所当为,无慕乎其外之心也。’”

【译文】

只要有一个快乐的境界,就会有一个不快乐的事物相对应;只要有一个美好的光景,就会有一个不美好的光景来抵消。可见有乐必有苦,有好必有坏,只有平平凡凡、安分守己才是快乐的根本。

【论谭】

为什么付出“安贫”这样大的代价来“乐道”呢？我们且看下面两则故事：

孔子见齐景公，齐景公要把廪丘送给孔子作为他的养生之资，孔子推辞没有接受。他回来对学生说，君子应当先立功，后受禄。我今天给齐景公提了很多建议，他都不采纳，却要把廪丘送给我，他太不了解我了。于是就驾着车离开了齐国。(《吕氏春秋·离俗览·高义》)

孔子问颜回：“回呀，你家里贫穷，住得那样窄小简陋，为什么不去做官呢？”颜回回答道：“城外有块土地，可以供我吃饭喝粥；城内有块土地，可以供我穿衣；家里有一张琴，可以用来自娱，老师您教的大道，足以给我无上乐趣，所以我不愿去当官。”(《庄子·让王》)

这两个故事从两方面回答了上述问题。一、和所得不相称，无功受禄，靠不正当的手段获取富贵，这些都是不合理的，不仅不能给人带来快乐，反而会令人心怀不安；二、精神的快乐是最高的快乐，它值得人们忍受物质生活的贫穷来获取。

生死成败　一任自然

【原文】

知成之必败，则求成之心不必太坚；知生之必死，则保生之道不必过劳[①]。

【注释】

①劳：过分地费心思。

【译文】

做事有成功就必然有失败，一个人如能洞悉此中道理，凡事就不必太积极于求得成功；生命有生就必然有死，一个人如能明白这种道理，对于自己的养生之道就不必费尽苦心过于强求。

【论谭】

孔子说："死生有命，富贵在天。"又说："没有认识命，就不能算是君子。"又说："我自己是到了五十岁才知道天命的。"

孔子的一生汲汲忙忙，克己复礼，游列国，说诸侯，但他的政治抱负和主张，却根本无法实现。所以他说："道之将行也与？命也，道之将废也与？命也。"尽了一切努力，而又归之于命。

只有"知命"才真正是人生智慧，而且是很高境界的人生智慧。国家元首、亿万富翁，以至村民百姓、芸芸众生，无论地位高低，能力大小，总有些无法解决的问题，总有些无法做到的事情，总有够不着的、达不到的、无可奈何的，一句话，总有限定，总有失败，总有不如意。怎么办？在尽了一切努力之后，平静安然地接受那必然到来的最后结果和事后事实，不一味患得患失，耿耿于怀。

一僧问慧玄："请问有什么解决生与死这个问题的办法吗？"慧玄闻后大声叱喝道："慧玄这里无生死。"慧玄的老师大灯国师曾入丐帮中，后得禅道。他一只腿有疾，不能结痂趺坐。临死之际，他对病腿说："以前我听你的，今天你得听我的。"随即折断病腿，端正禅坐，立刻入化了。慧玄于某日一身行脚打扮，与得意徒弟宗弼禅师，一起行脚至风水泉处，慧玄即立于大树之下，恳恳垂训，站着死去了，后称为立化。安徽潜山三祖寺至今存有当年三祖僧璨立化的“立化塔”。禅者之生死洒脱无碍。

猛兽易伏　人心难制

【原文】

眼看西晋之荆榛[1]，犹矜[2]白刃；身属北邙[3]之狐兔，尚惜黄金。话云：“猛兽易伏，人心难降。溪壑易填，人心难满”。信哉！

【注释】

①荆榛：草木丛生。

②矜：自夸。

③北邙：洛阳以北有墓地曰北邙，从汉代起即是有名的墓地。有一首《邙山》诗中曰：“北邙山上列坟茔，万古千秋对洛城。”

【译文】

眼看着武功强盛的西晋，变成杂草丛生的荒芜之地，可是一些高官贵族还在想炫耀武力；亲贵皇族，死后多半都葬在北邙山，身体已成为北邙山陵墓间狐鼠的食物，在世时还何必那样爱惜财富呢？俗谚说：“野兽虽然容易制伏，可是人心却难以降服；沟壑容易填平，人的欲望却难以满足。”这真是一句经验之谈呀！

【论谭】

一提到“人心难制”，就只想到他人，殊不知最难制服的是自己。人常说，勇在敢为，勇在无畏。其实，并不是所有敢为与无畏都是真勇，都是可以作为人生依凭的大勇。齐国有一个叫北宫黝的人就敢为。肌肤被刺，可以毫不颤动；眼睛被戮，都不眨一眨；即使受了一点点侮辱，不管对方是国君还是普通人，他都敢于回击。他把刺杀大国的君主看成是与鞭打卑贱的人一样容易的事。这种敢为之勇，就称不上大勇，而只是一种庸人之勇。这种勇，只要豁出去了，情急之中，傻子也能做到。常言说兔子急了能咬人，但兔子终归是兔子，如果不被逼急，这敢咬人的兔子见了老虎，大约还是要快快缩回它的洞穴里去的。

隐无荣辱　道无炎凉

【原文】

隐逸林中无荣辱，道义路上泯炎凉①。

【注释】

①炎凉：炎是热，凉是冷，以气候的变化来比喻人情的冷暖。

【译文】

一个退隐林泉之中与世隔绝的人，对于红尘世俗的一切是非完全都忘怀而不存荣辱之别；一个讲求仁义道德而心存济世救民的人，对于世俗的贫贱富贵、人情世故都看得很淡而无厚此薄彼之分。

【论谭】

哀公说："请问，什么样的人是贤人？"孔子回答说："所谓贤人，行为合乎礼仪法规但对自身不会伤害，言语足以为天下人效法但对自身不会伤害，富足得拥有天下但不积蓄私财，对天下普遍进行施舍但不担心自己贫困，如果这样，就可以称之为贤人了。"贤人是有足够智慧和力量的人，一个以天下为己任的人。有足够的智慧和力量，他才强大，以天下为己任，他才无己无私。他的言行自自然然，没有丝毫做作和媚俗，他并不执意追求成功却能获得幸福，他并不格外回避灾难却能逢凶化吉，他并不特别祈求幸福但总能轻松愉快，他把自己纳入一定的规矩和方圆中但不感到痛苦和冲突，他博大地爱，但不感到孤独，他广泛地施舍，但不感到贫穷，他是自由和自在的人。因此，天下人总是把他作为楷模。

道家提倡出世，故隐者之所以无荣辱之感，原因是他们已经完全摆脱了世俗的是非观念。世俗之人认为荣耀与耻辱的事，在他们的眼里是什么呢？请看看《庄子·徐无鬼》中的一段话吧。

徐无鬼靠女商的引荐得见魏武侯，武侯慰问他说："先生一定是极度困惫了！为隐居山林的劳累所困苦，所以方才肯前来会见我。”徐无鬼说：“我是来慰问你的，你对于我有什么慰问！你想要满足嗜好和欲望，增多喜好和憎恶，那性命攸关的心灵就会弄得疲惫不堪；你想要废弃嗜好和欲望，退却喜好和憎恶，那么耳目的享用就会困顿乏厄。我正打算来慰问你，你对于我有什么可慰问的！”武侯听了怅然若失，不能应答。

进步思退　着手图放

【原文】

进步处便思退步，庶免触藩[1]之祸。着手时先图放手，才脱骑虎之危[2]。

【注释】

①触藩：进退两难。据《易经·大壮卦》：“羊触藩，不能退，不能遂。疏：‘退谓退避，遂谓进往。’”

②骑虎之危：比喻做事不能停下的危险。据《隋书·独孤皇后传》：“当周之宣帝崩，高祖居入禁中，总百揆，后使人谓高祖曰：‘大事已然，骑虎之势不得下，勉之。’”

【译文】

当事业顺利进展时，就应该早有一个抽身隐退的准备，以免将来像山羊角夹在篱笆里一般，把自己弄得进退两难；当刚开始做一件事时，就要预先策划好在什么情况下应该罢手，不至于以后像骑在老虎身上一般，无法控制形成的危险局面。

【论谭】

风穴和尚在郑州的官府大堂里说法，他慷慨陈词道：“祖师的心印，如果比喻它状似铁牛，有黄河的守护神那样的威力。祖师心印一按，取走印时，印纹常在；老是那样按着不取走，印纹就看不到。倘若既不许取走印，印又不能那么老按着，这印是按好还是不按好呢？”这时，有一位自称庐陵长老的士人出列言道：“我有铁牛一般的威力，我不需要老师的印证。”风穴回击道：“我已惯于钓尽大鲸，澄清大海，还怕一只土蛙在田中蹦跶吗？”众人大笑。庐陵长老一时摸不着头脑，说不出一句。风穴大喝一声：“长老，为什么不开口？”长老正待开口，风穴又喝道：“还记得刚才的话题吗？说出来让我听听。”长老欲言又止，风穴便揍了他一下，坐在一旁的州官深有感慨地道：“佛法与王法，神道与政治，道理都是相通的。”风穴问他：“如何见得？何处相通？”州官答道：“当断不断，必招后患。”风穴当下离开了演讲席，宣布讲法完毕。

贪富亦贫　知足亦富

【原文】

贪得者，分金恨不得玉，封侯怨不授公[①]，权豪自甘乞丐；知足者，藜羹旨于膏粱[②]，布袍暖于狐貂[③]，编民不让王公[④]。

【注释】

①公：爵位名，古代把爵位分为公、侯、伯、子、男五等。

②膏粱：形容菜肴的珍美。据《孟子·告子》篇：“所以不愿人之膏粱之味也”，朱注：“膏，肥肉；粱，美谷。”

③狐貂：用狐貂缝制的衣服。

④编民：指列于户籍的人民，也就是一般平民。据《史记·货殖列传》：“而况匹夫编户之民乎？”

【译文】

一个贪得无厌的人，给他金银还怨恨没有得到珠宝，封他侯爵还怨恨没封公爵，这种人虽然身居豪富权贵之位却等于自愿沦为乞丐；一个自知满足的人，即使吃粗食野菜也比吃山珍海味还要香甜，穿粗布棉袍也比穿狐袄貂裘还要温暖，这种人虽然身为平民，但实际上比王公还要高贵。

【论谭】

老子说：“知道满足就是富有。”因为知足就不觉得还缺什么，而觉得不欠缺什么就是富裕。我国古代有个隐士叫荣启期，穷得九十岁还没有一条腰带，用野麻搓一条绳子系腰，但他从容潇洒地弹琴。孔子的学生原宪的衣服补丁摞补丁，脚上的鞋也是前后穿了窟窿，可他仍然悠闲地唱歌。古希腊哲学家拉尔修，笑窝一直挂在脸上，他完全没有什么

享受的欲望，当他看见一个小孩在河边用双手捧水喝，喝得甜滋滋的样子，他干脆把自己仅有的一个饭碗也扔掉了。

不去欲就不会知足，一个过于贪婪的人永不会满足，时时处在渴求和痛苦之中，腰缠万贯的富翁可能还是若有所失，仅能免于饥寒的人也可能觉得样样不缺。从心理感受来说，真富有不一定要钱多，只要知足就绰然富裕了。

禅主张忘我，从眼前始、脚下起好好地生活，关山和尚就是这样做的。一日，梦窗国师从嵯峨入京路过妙心寺时，问及侍者关山和尚的情况。刚好关山和尚在寺内，闻讯忙于褴褛衣外披上一件用野藤编的袈裟，郑重迎到山门外，二师相谈很久，已到用饭时分。妙心寺很穷，拿不出什么招待梦窗的食物。关山无奈，只好从斋钱箱里取出几文铜钱，遣侍僧到近处去，买了几个烧饼招待梦窗。国师深感关山修行的志向，心内极为赞赏。一次，梦窗国师又乘兴路过妙心寺。适逢关山一个人在打扫庭院，把扫拢的落叶堆在一起，用火焚化，梦窗见后，深感关山之隐德，于是慨叹："禅宗之德，全都集中在关山一个人身上啊！"

隐者高明　省事平安

【原文】

矜[1]名不如逃名趣，练事何如省事闲。

【注释】

①矜：夸大、炫耀。

【译文】

一个喜欢夸耀自己名声的人，倒不如避讳自己的名声显得更高明；一个潜心研究事物的人，倒不如什么也不做来得安闲。

【论谭】

老庄提倡无为，所谓出世哲学；儒家主张进取，倡导入世哲学，二者构成中国古代士大夫一种处世哲学；进则求取功名兼济天下，退则隐居山林修身养性。所谓"隐者高明，省事平安"，就老庄的无为思想是很对的，就儒家的进取思想来说似乎是相矛盾的。对世俗而言是"多一事不如少一事"，"多做多错，少做少错，不做不错"，对隐者而言本身就不求名，更无所谓虚名了。所以自古就有"君子盛德，容貌若愚"的说法，即人的才华不可外露，宜深明韬光养晦之道，才不会招致世俗小人的忌恨。所以，入世出世表面上矛盾，实际上又一致。一个愚钝之人本身无所谓隐，一个修省的人隐居不是逃脱世俗，不过是在求得一种心理平静而已，故逃名省事以得安闲。

所谓“隐者高明，省事平安”，就是老庄无为思想的体现，亦是一种顺应自然发展的思想境界。

自然的境界是老子所推崇的最高境界，而要达到自然之境就必须做到他所说的“无为”，因为人为必定破坏了自然。不过，老子的“无为”并不是消极地无所作为，不是叫人们躺在沙发上什么都不干，或者把两手插在裤袋里四处闲荡，“无为”不是主张“不为”，恰恰相反，它反对的只是违反自然规律的妄为，要求不以个人主观的愿望来破坏自然的发展，所以人们常把“自然”和“无为”连用，合称为“自然无为”。只有无为才有自然，同时无为本身也就是自然，因而，无为既是手段又是目的，既是一种生活态度又是一种人生境界。

心无染着　俗境仙都

【原文】

山林是胜地，一营恋[①]便成市朝[②]；书画是雅事，一贪痴便成商贾。盖心无染着，俗境是仙都；心有丝牵，乐境成悲地。

【注释】

①营恋：营当迷惑解。恋，留恋。

②市朝：市是交易场所，朝是君臣谋划政事之处。此处有庸俗喧嚣之意。

【译文】

山川秀丽的林泉本来都是名胜地方，可是一旦沾染留恋，就会把幽境胜景变成庸俗喧嚣的闹区；琴棋书画本来是骚人墨客的一种高雅趣味，可是一产生贪恋的狂热念头，就会把风雅的事变得俗不可耐。所以一个人只要心地纯洁，即使被外物所感染，置身人欲横流的花花世界，也能建立自己内心快乐的仙境；反之一旦内心迷恋声色物欲，即使置身山间的快乐仙境，也会使精神坠入痛苦深渊。

【论谭】

雅俗苦乐并不是事物本身，不是人生本就如此，而是人对客观事物的一种感受。庄子曾经有过这么一段比喻：

"列子能驾风行走，那样子实在轻盈美好，而且十五天后方才返回。列子对于寻求幸福，从来没有急急忙忙的样子。他这样做虽然免除了行走的劳苦，可还是有所依凭呀。至于遵循宇宙万物规律，把握'六气'的变化，遨游于无穷无尽的境域，他还仰赖什么呢！因此说，道德修养高尚的'至人'能够达到忘我的境界，精神世界完全超脱物外的'神人'心目中没有功名和事业，思想修养臻至完美的'圣人'从不去追求名誉和地位。"

可见，人的心态的调整、道德的修养才是能否摆脱凡尘俗世的关键。

躁极则昏　静极则明

【原文】

时当喧杂，则平日所记忆者皆漫然忘去；境在清宁，则夙昔所遗忘者又恍尔[①]现前。可见静躁稍分，昏明顿异也。

【注释】

①恍尔：恍然、忽然。

【译文】

每当周围环境喧嚣杂乱使心情浮躁时，平日所记忆的事物，都会忘得一干二净；每当周围环境安静使心情平静时，以前所遗忘的事物又会忽然浮现在眼前。可见心神的浮躁和宁静只要稍有一点点的区分，那昏暗和明朗就会迥然有所不同。

【论谭】

沩山和尚问弟子香严："父母未生之前的自己的面目是什么？"香严不知，求良师赐教。师父告诫他说："我所说的一切都是由我悟得的，都不是你的东西。"香严苦恼之极，对现世明心悟道感到很沮丧、灰心，于是便去南阳守慧忠国师之墓，以求积德养性，明心悟道。有一天，在山中割草时，他捡起一颗小石子无意中向外扔去，正巧碰在修竹上，"泠泠"的回声不断，他闻之豁然大悟。他在无心无念之际，即禅定三昧中，顿生心眼，获得了新鲜感觉上的自觉。对于他来说，击竹之声成了他开启心门的钥匙。

在世出世　尽心了心

【原文】

出世之道，即在涉世中，不必绝人以逃世；了心[1]之功，即在尽心[2]内。不必绝欲以灰心。

【注释】

①了心：了当觉悟、明白解。了心是懂得心的道理。

②尽心：拿出智慧扩张善良本心。《孟子·尽心章上》："尽其心者知其性也。"

【译文】

超脱凡尘俗世修行的道理方法，应该在人世间的磨炼中，根本不必离群索居与世隔绝；要想完全明了懂得智慧的功用，应该在贡献智慧的时候去领悟，根本不必断绝一切欲望，使心情犹如死灰一般寂然不动。

【论谭】

披上件蓑衣，戴上顶斗笠未必是渔夫，支根山藤坐在竹边饮酒吟诗也未必是隐士高人。追求形式的本身未必不是在沽名钓誉，就像想明白自己的心性灵智不在于自己冥思苦想时才知道。

《列子·汤问》中有段大禹和夏革的话，听起来似乎很玄乎，实际上也很明白，他们把天地万物都视同自然一体，所以能从天地间得到自然雅趣和真谛。

大禹说："上下四方之间，四海之内，日月照耀着，星辰经纬着，四季为他记载时节，木星为他记载年龄。神灵所生的，各种各样，种种不同，样样有别。有的消亡得快，有的生存得久，只有圣人能够完全了解那道理。"夏革说："但也有不等待神灵出生的，不须阴阳而产生形体的，不必有日月而光亮的，不要杀戮而死亡的，不要养息而长命的，不等粮食而吃吃喝喝的，不要丝绸布穿戴的，不消车船而走动的，这些都自然如此的，不是圣人所能完全了解说明的。"

身放闲处　心安静中

【原文】

此身常放在闲处，荣辱得失，谁能差遣我？此心常安在静中，是非利害，谁能瞒昧[1]我？

【注释】

①瞒昧：隐瞒实情。

【译文】

只要经常把自己的身心放在安闲的环境中，世间所有的荣华富贵与成败得失都无法左右我；只要经常让自己的身心处在安宁清静的环境中，人间的功名利禄与是是非非就不能欺蒙我。

【论谭】

有一次，信奉阴阳学说的景春对孟子说："当今的公孙衍和张仪难道不是真正的大丈夫吗？他们一发怒，那些诸侯便都害怕得安静下来，天下便太平无战。"孟子不同意这说法，他说："这怎么称得上是大丈夫呢？一个人应居住于天下最宽广的位置，那就是'仁'，要站立在最正确的位置，那就是'礼'，该行走于最光明的大道，那就是'义'。得志，便与百姓循道而进，失意，也能独自坚持自己的原则。富贵不能乱我心，贫贱不能改我志，威武不能屈我节，这才叫作大丈夫。有节操者方可称丈夫。"由此看来，节操也就是人的气节与操守。一腔正气，可贯长虹，不虚饰，不苟且，不贪恋荣华富贵，不惧怕权势强力，不为全身而偷生，不为五斗米而折腰，这就是气节。知正道而持行不怠，守本性而遗世独立，行仁仗义，依理遵道，这就是操守。人之节操，存于内则为仁德，化于外则为坚贞，执于行则成义礼，达于人则为典范，说到底，立命处世，节操是人之根本。

《庄子·田子方》中有段肩吾与孙叔敖的对话，就像循循善诱的师训，润人心田。

肩吾向孙叔敖问道："你三次出任令尹却不显出荣耀，三次被罢官也没有露出忧愁的神色，起初我对你确实不敢相信，如今看见你容颜是那么欢畅自适，你的心里究竟是怎样的呢?”

孙叔敖说:“我哪里有什么过人之处啊!我认为官职爵禄的到来不必去推却,它们的离去也不可以去阻止。我认为得与失都不是出自我自身,因而没有忧愁的神色罢了。我哪里有什么过人之处啊!况且我不知道这官爵是落在他人身上呢,还是落在我身上呢?落在他人身上吗?那就与我无关;落在我的身上吗?那就与他人无关。我正心安理得悠闲自在,我正踌躇满志四处张望,哪里有闲暇去顾及人的尊贵与卑贱啊!”

心无风涛　性天化育

【原文】

心地上无风涛,随在皆青山绿树;性天[①]中有化育[②],触处尽鱼跃鸢飞[③]。

【注释】

①性天:本性、天性。

②化育:本指自然界生成万物,此指先天善良的德性。据《礼记·中庸》:“能尽物之性,可以赞天地之化育。”

③鱼跃鸢飞:比喻自由自在的乐趣。《诗经·大雅》:“鸢飞戾天,鱼跃于渊。”

【译文】

心湖中没有风波浪涛,到处所见都是一片青山绿水的观景;只要本性保存善良的德性,随时都像鱼游水中鸟飞空中那样,自由自在的快乐。

【论谭】

范仲淹登岳阳楼而吟诵:“至若春和景明,波澜不惊,上下天光,一碧万顷。”此时此景,他心如止水般平静吗?孔子说:“学习探求新知识,温习进修游玩休息,都依照一定的时间进行,不是很愉快吗?远方的朋友前来相会,相知相慕,盘桓数日,不是很快乐吗?这样的生活既无名又无利,不为人家所理解,但自己却无怨无悔,这才是君子呀!”永和九年那一次有王羲之、谢安等参加的“群贤毕至,少长成集”的聚会,四十多个文人在天朗气清、惠风和畅的春天,在崇山峻岭、茂林修竹的环抱中,列坐在清流急湍的溪水旁,一觞一咏,饮酒赋诗,大家各呈才藻,竞展风华,自然景物之美与人的才华之美结合在一起,互相辉映,成为永远令人艳羡不已的壮举。读书人、文人所从事的是清苦、寂寞的事业,只有能甘于清苦、寂寞的人,才能享受其中的乐趣,那一种心中有得、精神充实、师友相聚、文采风流的快乐,的确是很高境界的快乐呀!

庄子看到鱼在水中游,很羡慕地说:"乐哉鱼也。"鸟跟鱼能逍遥自在,是因为它们除生理上的欲望要求之外,没有像人类那么多的情欲、物欲和烦恼。庄子所说的"体察大道的人",就是静如止水,无识无欲,心平气和的人,所谓"心地平静,青山绿水"呀!

盛衰无常　强弱安在

【原文】

狐眠败砌[1],兔走荒台,尽是当年歌舞之地;露冷黄花[2],烟迷衰草,悉属旧时争战之场。盛衰何常,强弱安在,念此令人心灰。

【注释】

①砌:台阶。

②黄花:菊的异名。李清照:"帘卷西风,人比黄花瘦。"

【译文】

狐狸做窝的破屋残壁,野兔奔跑的废亭荒台,都是当年美人歌舞的胜地;遍地菊花在寒风中颤抖,枯草在烟雾中摇曳,都是以前英雄争霸的战场。兴衰成败如此无常,而富贵强弱又在何方呢?每当想到这些,就会使人产生无限感伤而心灰意懒。

【论谭】

《红楼梦》中的"好了歌"正应着此段内容,再看看《庄子·杨朱》中杨朱的一席话:

杨朱说:"万物所不同的是生存,所相同的是死亡。生存有贤有愚,有贵有贱,这是不同的;死了就腐臭消灭,这是同样的。虽然这样贤愚贵贱不是自愿自为的,腐臭消灭也不是自愿自为的。所以生不是自己所能生,死不是自己所能死;贤不是自己所能贤,愚不是自己所能愚;贵不是自己所能贵,贱不是自己所能贱。但是任何生命都要生都要死,人都有贤都有愚,都可能贵都可能贱。活十年也是死,活一百年也是死。仁人圣人也是死,凶人愚人也是死。生着是尧舜,死了是腐骨;生着是桀纣,死了是腐骨。腐骨是一样的,谁晓得有什么不同?姑且管着生时,哪有功夫顾及死后?"

宠辱不惊　去留无意

【原文】

宠辱不惊①,闲看庭前花开花落;去留②无意,漫随天外云卷云舒。

【注释】

①宠辱不惊:对于荣耀与屈辱无动于衷。

②去留:去是退隐,留是居官。

【译文】

对于一切荣耀与屈辱无动于衷,用安静的心情欣赏庭院中的花开花落;对于官职的升迁得失漠不关心,冷眼观看天上浮云随风聚散。

【论谭】

有一次,孟子本来准备去见齐王,恰好这时齐王派人捎话,说是自己感冒了不能吹风,因此请孟子到王宫里去见他。孟子觉得这是对他的一种轻慢,于是便对来人说:"不幸得很,我也病了,不能去见他。"第二天,孟子要到东郭大夫家去吊丧,他的学生公孙丑说:"先生昨天托病不去见齐王,今天却去吊丧,齐王知道了怕是不好吧?"孟子说:"昨天是昨天,今天是今天,今天我病好了,我为什么不能办我想办的事呢?"孟子刚走,齐王便打发人来问病。孟子弟弟孟仲子应付说:"昨天王有命令让他上朝,他有病没去,今天刚好一点,就上朝去了,但不晓得他到了没有。"齐王的人一走,孟仲子便派人在孟子归家的路上拦截他,让他不要回家,快去见齐王。孟子仍然不去,而是到朋友景丑家避了一夜。景丑问孟子:"齐王要你去见他,你不去见,这是不是对他太不恭敬了呢?这也不合礼法啊。"孟子说:"哎,你这是什么话?齐国上下没有一个人拿仁义向王进言,这才是不恭敬哩。我呢,不是尧舜之道不敢向他进言,这难道还不够恭敬?曾子说过,'晋国和楚国的财富我赶不上，但他有他的财富，我有我的仁，他有他的爵位，我有我的义，我为什么要觉得比他低而非要去趋奉不可呢？’爵位、年龄、道德是天下公认为宝贵的三件东西，齐王哪能凭他的爵位而轻视我的年龄和道德呢？如果他真是这样，便不足以同他有所作为，我为什么一定要委屈自己去见他呢？”

冷眼观察　如汤消雪

【原文】

权贵龙骧①，英雄虎战，以冷眼视之，如蝇聚膻、如蚁竞血；是非蜂起，得失猬②兴，以冷情当之，如冶化金，如汤消雪。

【注释】

①龙骧：骧，昂着头飞腾。龙骧指气概威武。

②猬：刺猬，全身长满硬刺，最尖，遇敌毛刺勃起。

【译文】

有权势的达官显贵，表现出飞龙般威武气概；英雄好汉，像猛虎般地打斗决胜，这种种情形如果用冷眼旁观，就如同蚂蚁被膻腥味道引诱在一起，像苍蝇为争食血腥聚集在一起，看起来令人感到万分恶心。是非宛如群蜂飞起一般纷乱，得失宛如刺猬竖起的毛刺一样密集，这种情景如果用冷静头脑来观察，就如同金属熔化注入了模型自然冷却，又如同雪花碰到热汤立刻会融化。

【论谭】

《庄子·知北游》中说“生是死的同类，死是生的开始，谁能知道它们的端绪！人的诞生，是气的聚合，气的聚合形成生命，气的离散便是死亡。如果死与生是同类相属的，那么对于死亡我又忧患什么呢？所以，万物说到底是同一的。这样，把那些所谓美好的东西看作是神奇，把那些所谓讨厌的东西看作是臭腐，而臭腐的东西可以再转化为神奇，神奇的东西可以再转化为臭腐。所以说‘整个天下只不过同是气罢了’，圣人也因此看重万物同一的特点。”

求真离苦　善自修持

【原文】

真空[1]不空，执相[2]非真，破相亦非真，问世尊[3]如何发付[4]？在世出世，徇[5]俗是苦，绝俗亦是苦，听吾侪善自修持。

【注释】

①真空：佛家语。真是实在，诸法无实体叫空。真空是不为事物所迷惑但留一纯真。也就是佛教认为达到涅槃境界时，就离开了一切迷情所见之象，故叫真空。

②执相：执是执着，相是形象。固执于个别形象。佛教把可以分别认识的一切现象称作相。

③世尊：佛的十号之一，此处指释迦牟尼佛。据《佛说十号经》："天、人、凡圣出世间，咸皆尊重，故曰世尊。"

④发付：发表意见。

⑤徇：拼命追求。

【译文】

不受任何事物的迷惑保留一片纯真，心中却又无法排除所有物象；固执于某种形象之上虽然不能得到真理，不过破除所有形象仍然不能得到真理。请问释迦牟尼佛：如何解释？置身于世俗又想超脱世俗，拼命追求物欲是痛苦，而断绝一切欲望也是痛苦，如何对付痛苦只有凭自己的修行了。

【论谭】

这里暂不去考究释迦牟尼劝诲教世的佛理，仅从做人处世的角度来看看道家出世的思想。

庄子《天下》中说："空虚寂寞，变化无常，无所谓生死，与天地共存，与神明交往，恍恍惚惚从哪里来？匆匆不定往哪里去？万物尽皆包罗，却无最后的归宿，古代道术关于这方面内容的，庄子听了就高兴。他用悠远的论说、夸张的言论、没有边际的言辞，肆意发挥而不偏泥拘带，不以异端来标榜自己。他认为天下人沉湎物欲迟迟滞浊，不可与之说庄重之语，因而用随顺无公的言辞任意发挥，用先辈圣哲的话语让人信服，用寓于想象的寓言寄托自己思想。他独自与天地精神往来又不傲视万物，不管是非而与世俗相处。他的著述宏旨高远却妙趣横生，他的言辞变化不定都能引人入胜。他内心充实因而行文自由，上与造物主遨游，下与不知生死、不知始终的人为友。他对道的阐释，宏大开通，显得非常深刻；在顺应事物的探讨，和谐调适达到了最高境界。尽管如此，在顺应事物的变化，解释事物的内情方面，仍未穷尽事理，而事物的变化未来就渺茫难明，所以难以尽说其中的奥秘。”

岩阳尊者问赵州和尚：“一物不将来时如何？”赵州回答：“放下着。”尊者则说：“一物不将来，放下干什么？”赵州回答：“担取去。”岩阳尊者问：“我抛弃一切两手空空，心里坦荡荡地来到这里，我悟到禅了吗？”“那么你把你心里紧紧抱着的观念放下吧。”赵州从正反两面点明了禅者的达观清澈、不执着于一物的心境。不执着于物，亦不执着于念，才是真正的悟。一位想修禅的妇人把“放下着”误解成了“脱衣服”。于是进净室参禅时，她在老尼面前赤裸着全身，一丝不挂。纵使这样，她的师傅还是指出：“还挂念着什么！”是啊，她的心里难道没挂着她是一个女人的意念吗？一丝不挂固然说明她的决心，但她却没参悟到在参悟的世界里不分性别、众生平等的妙理。

名利尊卑　贪争无二

【原文】

烈士[①]让千乘[②]，贪夫争一文，人品星渊[③]也，而好名不殊好利；天子营家国，乞人号饔飧[④]，位分霄壤[⑤]也，而焦[⑥]思何异焦声？

【注释】

①烈士：重视道义节操的人。

②千乘：古时以一车四马为一乘。

③星渊：星星和深渊的距离。渊是深渊、深潭，形容差别极大。

④饔飧：饔，早餐，飧，晚餐。泛指食物。

⑤霄壤：霄是天，壤是地，比喻相差极远。

⑥焦:苦。

【译文】

一个重视道义节操的人,能把千乘兵车的大国拱手让人;一个贪得无厌的人,连一文钱也要争夺。就人的品德来说真是有天渊之别,但是一个重视道义的人喜欢沽名钓誉,一个贪得无厌的人喜爱钱财,两者在本质上并没有什么不同。当皇帝治理的是国家,当乞丐为的是讨一日三餐,就地位而言确实是天地之别,但是当皇帝的苦思冥想和当乞丐的哀声乞讨,其痛苦情形又有什么差别呢?

【论谭】

现实中,庸人、小人把物质欲望当作人生的全部,所以没有多少精神的追求;君子、贤人精神的欲望非常强烈,但是却也不能没有物质的欲望,所以他们得承受这两种欲望的激烈冲突,他们比庸人、小人多承受一份根本的人生痛苦。只是他们最终能以精神欲望居于主导地位，达到一种有伟大包涵力的崭新的心理和谐。这种有伟大包涵力的崭新和谐，就是孔子说的“安贫乐道”。

庄子在《外物》篇中有段耐人寻思的文字，庄子说：“沉静可以调养病体，摩摩擦擦可以延缓衰老，宁寂安定可以止息内心的急促。虽然如此，像这样，仍是操劳的人所务必要做到的，闲逸的人却从不予以过问。圣人用来教化天下的办法，神人不曾过问；君子用来治理天下的方法，贤人不曾过问；小人用来敬合于一时的办法，君子也不曾过问。”

念净境空　人心真境

【原文】

人心有真境，非丝非竹[1]而自恬愉，不烟不茗[2]而自清芬。须念净境空，虑忘形释[3]，才得以游衍[4]其中。

【注释】

①丝竹：乐器。

②茗：茶水。

③形释：形是躯体，释有解脱的意思。

④游衍：逍遥游乐。

【译文】

人只要在内心维持一种真实的境界，没有音乐来调剂生活也会感到舒适愉快，不需要焚香烹茶就能使满室散着清香。只要能使心中有真实感受，而且思想纯洁、意境空灵，就会忘掉一切烦恼超脱形骸困扰，如此才能使自己逍遥游乐在生活中。

【论谭】

《列子·天端第一》援引《黄帝书》中一段话来阐明了“心境恬淡，绝虑忘忧”的本源。《黄帝书》说：“形体动不产生形状，却产生影子；声音动不产生声音，却产生回响；‘无’动不产生‘无’却产生‘有’。”有形之物，一定会终结。天地会终结吗？和我一样一同终结。终结有一个完尽吗？不知道。“道”终结于本来没有开始，完尽于本来不长久。

有生之物就回到本来没有生,有形之物就回到本来没有形。没有生,不是本来不生;没有形,不是本来没有形。生物,从理论上说是一定要完结的。要完结的不能不完结,正如生物不能不产生一样。却想使它永远生存,停止它完结,这是对规律的不理解。精神属于天,形骸属于地。属于天的清而散开,属于地的浊而凝聚。精神离开形骸,各自回到本处,所以叫它为鬼。鬼的意思是回归,归回到它的老家。黄帝说过:"精神回进门里,形骸复归旧居,我还有什么存留?"

第五章 成就

人我一视 动静两忘

喜寂厌喧者，往往避人以求静。不知意在无人，便成我相[①]，心着于静，便是动根[②]。如何到得人我一视[③]、动静两忘的境界！

【注释】

①我相：佛家语，是佛教四相之一。

②动根：动乱之源。

③人我一视：我和别人属于一体。

【译文】

一个喜欢清静讨厌喧闹的人，往往离群索居来求取安宁，却不知道远离人群只是为了自我，而一心求静的结果一旦遇到喧闹就会烦躁。人我本是一体的，动静也是相互关联的，如不能自我忘怀，只知一味强调宁静，又如何能达到真正安宁境界呢？

【论谭】

善道和尚于845年唐武宗灭佛时，被迫还俗，从此过着半僧半俗的生活，当时的人称他为“石室行者”。有一次他踩碓舂时竟踩出了神，进入了无心无我心境，只知动脚却忘了移脚。这件事传到临济和尚的耳中，临济和尚评说：“他沉溺在深泉水潭里。”无心之境虽好，可是没什么真正的作用。真禅所谓的禅定与智慧如一的三昧，是定慧如一的基础上的灵活运用禅机的三昧。常言说，坐禅之人，把桥上的来往行人看成深山之树，尚未入真禅；而应当见人是人，见桥是桥，从自然的眼光去看待一切。

庄子说：“人若能随心而游，那么难道还会不自适自乐吗？人假如不能随心而游，那么难道还能够自适其乐吗？流荡忘返于外物的心思，矢志不渝弃世孤高的行为，唉，恐怕不是真知大德之人的所作所为吧！沉溺于世事而不知悔悟，心急如焚地追逐外物而不愿意反观自身，即使相互间有的为君有的为臣，也只是看作一时的机遇，时世变化后就没有谁会认为自己地位低下了。所以说道德修养极为高尚的人从不愿意在人生的旅途上有所滞留。崇尚古代鄙薄当今，这是未能通达事理之人的观点。用狶韦氏之流的角度来观察当今的世事，谁又能不在心中引起波动？道德修养极为高尚的人方才能够混迹于世而不出现邪僻，顺随于众人中却不会失却自己的真性。尊古卑今的见教不应学取，禀受其意也不必相互对立争辩不已。”

庄子的话告诫我们：完全扬弃自我和动静不二的主观思想，才能真正达到身心都安宁的境界。

念头稍异　境界顿殊

【原文】

人生祸区福境，皆念想造成。故释氏云：利欲炽然，即是火坑[①]。贪爱[②]沉溺，便为苦海。一念清净，烈焰成池[3]。一念[4]惊觉，航登彼岸[5]。念头稍异，境界顿殊。可不慎哉！

【注释】

①火坑：佛家语，极苦的境界。

②贪爱：指贪着爱恋五欲之境而不能离舍。《法华经·方便品》：“深着五欲如爱犁牛之尾，以贪爱处蔽。”

③烈焰成池：烈焰和火坑的意思相同。

④一念：佛教认为思念对境一次叫一念。

⑤彼岸：佛家语，即成正果的意思。

【译文】

人生的幸福与苦恼全是由自己的观念所造成，所以佛家说：“名利的欲望太强烈就等于是跳进火坑，贪婪爱恋之心太强烈就如同沉入苦海；只要有一丝纯洁清净的观念就能将火坑变为清凉水池，只要有一点警觉精神就能使火海变成幸福乐园。”可见意识观念略有不同，人生境界就会全面改变，因此一个人的所思所想必须慎重。

【论谭】

有一次，孔子和几个学生在一起谈心，他鼓励大家大胆地说出自己真实志愿。子路最为志大，说：“一个有一千辆战车的国家，面临内忧外患，我去治理它，三年中，就能使大家充满勇气，并且又很守规矩。”冉有和公西华一贯比较谦虚，一个说：“方圆六七十里或五六十里的小国家，我可以在三年内使人人富足，至于礼乐教化，那还要靠别人来帮忙。”另一个说：“我的本领还不够，但愿意不断学习，在祭祀和外交典礼上，我可以穿戴整齐去做个小司仪。”最后轮到曾子，他铿的一声停止了弹琴，站起来说：“我认为最好的事是：暮春三月，穿着轻便的春装，和五六个朋友一起，带上六七个小孩，在沂水里洗洗澡，在舞雩台上吹吹风，然后一路唱歌走回家。”孔子听了，深有感慨，长叹一声说：“我的志愿是与曾参一样呀！”

就身了身　以物付物

【原文】

就一身了①一身者，方能以万物付②万物；还天下于天下者，方能出世间于世间。

【注释】

①了：明白，了解，觉悟。

②付：托付，赋予。

【译文】

能跳出自我来了解自我的人，才能根据自然规则，使万物按照本性去发展而各尽其用；能把天下还给天下万民所共有的人，躯体虽然生存在世间，思想却超越凡人。

【论谭】

伊尹是商汤时期的一个贤人。起先他居住在莘国郊外的荒野中自耕自食，以尧、舜

之道为乐专心于修养身心，如果不合道义的，纵使以天下的财富为他的俸禄，都不能使他动心，不合道义，他一点也不施予人，一点也不取于人。商汤曾几次派人带着礼物去聘请他，他都平静地拒绝了。不久，他改变了自己的态度。他说：我居住在这荒野之中，以尧、舜之道作为我个人的快乐，为什么我不可以使现在的君子做尧、舜一样的君子呢？为什么我不可以使现在的百姓成为尧、舜时代一样的百姓呢？为什么不可以凭我的努力使尧、舜盛世在今天再现呢？上天生育了人民，就是要使先知先觉者来使后知后觉者有所觉悟，而我，正是百姓中的先知先觉者，我就得用尧、舜之道去使现在的百姓有所觉悟。我不去使他们觉悟，还有谁能担此重任呢？在这时的伊尹看来，这普天之下的百姓中如果有一个人没有沾上尧、舜之道的润泽，便有如是自己把他们推入深渊一样。于是，他要把匡救天下的重任担挑在肩上。他主动来到汤的宫中，辅佐讨伐夏桀，拯救百姓，成就了自己的功业。我是天下百姓中的先知先觉者，我有责任以自己的努力去匡正天下——当今之世，舍我其谁？这就是以天下为己任。

俗观纷纷　道观是常

【原文】

天地中万物，人伦中万情，世界中万事，以俗眼观，纷纷各异；以道眼[①]观，种种是常。何须分别，何须取舍！

【注释】

①道眼:超乎寻常的眼光。

【译文】

天地间的万物,人与人之间的错综复杂的感情,以及世界上不断发生的种种事情,如果用世俗眼光去观察,就会感到变幻不定、令人头昏目眩;如果用超世俗的眼光去观察,就会发现事物的本质是永恒不变的。可见不论对人对物或对事,只要能以大公无私的平等态度去对待,又何必要有分别?何必要有取舍呢?

【论谭】

《庄子·徐无鬼》中说:"才智聪颖的人没有思虑上的变易与转换便不会感到快乐,善于辩论的人没有谈说的话题与机会就不会感到快乐,喜于明察的人没有对别人的冒犯与责问就不会感到快乐,这都是因为受到了外物的局限与束缚。"

招引贤才的人从朝堂上开始建功立业,善于治理百姓的人以做官为荣,身强体壮的人不把危难放在眼里,英勇无畏的人遇上祸患总是奋不顾身,手持武器、身披甲胄的人乐于征战,隐居山林的人追求的是清白的名声,研修法制律令的人一心推行法治,崇尚礼教的人注重仪容,不求仁义的人看重人际交往。耕夫没有除草耕耘的事便觉内心不安无所事事，商人没有贸易买卖也会心神不安无所事事。百姓只要有短暂的工作就会勤勉，工匠只要有器械的技巧就会功效快、成效高。钱财积攒得不多但很贪婪的人总是忧愁不乐，权势不高不大但私欲很盛的人便会悲伤哀叹。依仗权势掠取财物的人，一遇时机就会有所动作，不能做到清静无为。这样的人就像顺应时令次第一样地取舍俯仰，不能够摆脱外物的拘累，使其身形与精神过分奔波驰骛，沉溺于外物的包围之中，一辈子也不会醒悟，实在是可悲啊！

了心悟性　俗即是僧

【原文】

缠脱[①]只在自心，心了则屠肆糟廛[②]居然净土。不然纵一琴一鹤、一花一竹，嗜好虽清，魔障[③]终在。语云："能休尘境为真境，未了僧家是俗家。"

【注释】

①缠脱：解脱与困扰。

②糟廛：糟是酒渣，廛是市场之意。

③魔障：佛家语，魔是梵语，指障害。恶魔所做的障碍，妨害修道。

【译文】

一个人是否能够摆脱烦恼的困扰，完全取决于自己的意志，只要你内心清静无杂念介入，即使生活在屠宰场或饮食店中也觉得是一片净土。反之即使你身旁有一琴一鹤，屋里屋外摆满了名花奇卉，内心也不能平静，烦恼仍然会困扰你。所以佛家说："能摆脱尘世的困扰就等于到达真实境界，否则即使身穿袈裟住在僧院里却和俗人没什么区别。"这的确是一句至理名言。

【论谭】

盘山和尚在街上看到有人正在买野猪肉。客人对肉店老板说："请切最上等的肉一斤。"只见老板放下割肉刀，双手抱在胸前，大大咧咧地回问："那你老兄说说哪个地方的肉不是上等的？"盘山听到屠夫这句问话，顿然有所解悟。当时盘山正为善与恶的道德问题而苦恼,而屠夫的话使盘山完全从道德的束缚中解脱出来。哪有什么恶人,难道有谁本来没有佛性吗？这是盘山对超越善恶对立的平等如一的宗教世界的最清醒的认识的开始。肉店里可以悟道,看人买肉时可以悟道,只要细细体会,任何地方都是最好的地方,一切时间都是最好的时间。

以我转物　天地逍遥

【原文】

以我转物[1]者,得固不喜失亦不忧,天地尽属逍遥;以物役我[2]者,逆固生憎顺亦生爱,一毫便生缠缚[3]。

【注释】

①以我转物:以我为中心去推动和运用一切事物,即我为万物的主宰。转,支配。

②以物役我:以物为中心,而我受物质的控制。

③缠缚:束缚、困扰。

【译文】

能以我为中心来操纵支配一切事物的人,成功了固然不觉得高兴,失败了也不至于忧愁,因为广阔无边的天地到处都可逍遥自在;以物为中心而受物欲所奴役的人,遭遇逆境时心中固然产生怨恨,处于顺境时却又产生爱恋不舍之心,如此鸡毛蒜皮的小事便会使身心受到束缚困扰。

【论谭】

孟子说:孔子是圣之时者:可以从政就做官从政,不可以从政就马上退下来;在一个地方能久待就久待,不能久待就马上换个地方再待。

孔子最赞赏管仲。齐襄公无道,公子小白、公子纠逃亡在外。后小白抢在前头回去做了国君,便兴兵逼死公子纠,夺了齐国君位,即历史上的齐桓公。管仲作为公子纠的师傅和臣子,在公子纠死后没有自杀殉主,相反投靠了公子纠的对手小白,做了桓公的宰相,把齐国治理得井井有条。富国利民,就是行大道,是最大的仁,不丢下这一条并以身守节,才真正了不起。孔子也是这样。连准备在费地谋反的公山拂扰招他去帮忙,他也准备去,因为他觉得可能在那里推行周文王、周武王的治国之道。孟子说孔子是圣之时者。就是说他一切根据客观实际而定,为坚持和贯彻自己的理想,可以仕则仕,可以止则止,可以久则久,可以速则速。

一天,庄子对他的弟子们说:“我将处于才与不才之间。才与不才之间,似乎是最好的位置,其实也不尽然,因此还是免不了会有祸患。如果能顺应自然浮游于世就不会有祸患。没有美誉,没有毁辱,时现时隐,如同龙见蛇蛰,顺着时令的变化而不止一端,时进时退,顺其自然。神游于无为之境,主宰万物而不为外物役使。这样怎么会有祸患?这是神农和黄帝的处世之道呀!如果按事物的情理和人类的习惯就不是这样。有聚合就有分离,有成功必有毁败,刚正会遇挫折,尊显会被倾覆,有为会受到损害,贤能会被谋算,而无能也会被欺侮。怎可偏执一端呢?可悲呵!弟子们记住,处世要顺应自然。”

这里所揭示的,不正是“以我转物”、顺应自然的老庄思想吗?

生死变化　如同昼夜

【原文】

试思未生之前有何象貌,又思既死之后有何景色,则万念灰冷,一性寂然①,自可超物处而游象先②。

【注释】

①一性寂然:指本性单纯宁静。

②象先:指超越于各种形象。象:形象。先,超越。

【译文】

想想看,人在没出生之前又有什么形体相貌呢?再想想,人死了以后又是一番什么景象呢?人既然无法测知生前的往事,预卜死后的未来,生命又那么短促,一想到这些不免万念俱灰。不过精神是永恒的,只要能保持纯真的本性,自然能超越于物外遨游于天地之间。

【论谭】

《庄子·至乐》中讲了一则有趣的故事,说明人之生死如万物变化,像昼夜更替。故事说:

支离叔和滑介叔一同到寂寞幽暗的山上去游览,这里是昆仑山上的一块地方,圣明的黄帝不管不问的处所。不多一会儿,滑介叔左臂上长了一颗柳(瘤),他惊慌失措,显得非常难看。

支离叔说:“您厌恶它吗?”

滑介叔说:“没有。我为什么厌恶?生命,是一种假借,假借来的那个东西不断生长,实则是些尘土和污垢。死和生就像夜和昼。况且我和您来观看变化而变化轮到了我,我为什么厌恶呢?”

有一次盘圭和尚说“我本来不生”,大石居士不解。几年后的一个春天,大石忽然识得其中的妙趣,于是把自己的心得禀告于师。盘圭和尚当时指着一端砚石说:“这是西行法师自己做的砚石。”大石回答:“不然,西行未生之前,良雄早就磨好了。”盘圭微笑道:“你出于何时,必归于何时。”并把那端笔砚赠给了大石良雄。良雄在体悟到本来不生的佛心、自心的同时,透彻地看见了西行未生以前的自我的面目。所谓西行法师未生之前的大石良雄,同于《圣经》中“在亚伯拉罕出生前,我就活着”的耶稣。端砚也是本来的面目的创造物。正如《日本禅师录》中说的："出来是何时，回去亦同时。"世间万物皆是如此。

局尽子收　胜负安在

【原文】

优人[1]傅粉调朱，效妍丑于毫端。俄而歌残场罢，妍[2]丑何存？弈者争先竞后，较雌雄[3]于着手。俄而局尽子收，雌雄安在？

【注释】

①优人：伶人，俗称戏子。

②妍：美好，美丽。

③雌雄：此当胜败解。《史记·项羽本纪》："愿与汉王挑战决雌雄。"

【译文】

伶人在脸上搽胭脂涂口红，把一切美丑都决定在化妆笔的笔尖上，可是转眼之间歌舞完毕曲终人散，方才的美丑又都到哪里去了呢？下棋的人在棋盘上激烈竞争，把一切胜负都决定在棋子上，可是转眼间棋局完了子收人散，刚才的胜败又到哪里去了呢？

【论谭】

《庄子·庚桑楚》中说："大道通达于万物。一种事物分离了，新的事物就形成了，新的事物形成了，原有的事物便毁灭了。对于分离厌恶的原因，就在于对分离求取完备；对完备厌恶的原因，又在于对完备进一步求取完备。所以心神离散外逐欲情而不能返归，就会徒具形骸而显于鬼形；心神离散外逐欲情而能有所得，这就叫作接近于死亡。迷灭本性而徒有外形，也就跟鬼一个样。把有形的东西看作是无形，那么内心就会得到安宁。"

由此而知，人生短暂，事物更替，又何苦去费尽心机，为谋取富贵而留下恶名呢？

悟吾静体　养吾圆机

【原文】

把握未定[1]，宜绝迹尘嚣，使此心不见可欲而不乱，以澄悟[2]静体[3]；操持既坚，又当混迹风尘[4]，使此心见可欲而亦不乱，以养吾圆机[5]。

【注释】

①把握未定：意志不坚，没有自控能力。

②澄悟：是静悟，澄是形容水清而净。

③静体：指寂静之心的本性。

④风尘：风起尘扬，喻人世扰攘。

⑤圆机：佛教语，谓圆机为圆钝的机根，一念开悟即得佛果的根性。

【译文】

当意志还没有坚定没把握控制时，就应远离物欲环境的诱惑，让自己看不见物欲诱惑就不会心神迷乱，只有这样才能领悟到清明纯净的本色；等到意志坚定可以自我控制时，就要让自己多跟各种环境接触，即使看到物质的诱惑也不会心神迷乱，借以培养磨炼自己成熟质朴的灵性。

【论谭】

荀子说，一个凡人，积累善行到了尽善尽美的程度，就叫圣人。不断地追求才有不断地进步，不断地实行才有不断的成就，不断地积累才有不断地提高。所谓圣人，就是凡人的意志日复一日积累高贵的品行而成的。意志对人具有不可低估的影响，因为意志最稳定、最恒久。朝夕相处，耳濡目染，原来是这么一个人，不知不觉就变成了另外一个人。居住在楚国的人，遵从的是楚国的意志，于是他就成了楚国人。居住在越国的人，遵从的是越国的意志，于是他就成了越国人。意志是最自然、最隐秘、最深刻的积累。那么你就应该注重塑造自己，培养自我成熟质朴的灵性。

把握本质　卷舒自在

【原文】

人生原是傀儡[1]，只要把柄在手，一线不乱，卷舒[2]自由，行止在我，一毫不受他人提掇[3]，便超此场中矣。

【注释】

①傀儡：一种木头作的假人，由真人躲在幕后用线来操纵其动作。

②卷舒：伸缩。

③提掇：牵引上下。

【译文】

人生本来就像演一场木偶戏，只要你能把控制木偶活动的线掌握好，那么你的一生就会进退自如去留随便，丝毫不受他人或外物的操纵，能做到这些你就可以超然置身于烦嚣的尘世之外。

【论谭】

老子认为："天下一切生命都有自己的源头，这个源头就是一切生命的根基，一旦掌握了万事万物的根基——母，就能认识世间的万事万物——子，即使已经认识了万物，已经把握了一切生命，还必须坚守着生命的根基——"道"。这样，人生就不会成为事物的傀儡，也就不会受他人提掇。"道"者，"超出此场中"也。

慈悲之心　生生之机

【原文】

"为鼠常留饭，怜蛾不点灯"，古人此点念头，是吾一点生生之机[1]，列此即所谓土木形骸[2]而已。

【注释】

①生生之机:生生是繁衍不绝,机是契机,《易经·系辞》中有“生生之谓易”,这就是世人常说“生生不息”的由来。生生之机是指使万物生长的意念。

②土木形骸:土木是指泥土和树木等只有躯壳而无灵魂的矿植物,形骸是指人的躯体。《淮南子·泰族训》中有:“岂独形骸有喑聋哉?”

【译文】

为了不让老鼠饿死,就经常留一点剩饭给它们吃;为了可怜飞蛾不致被烧死,夜晚只好不点灯火,古人的这种慈悲心肠,就是我们人类繁衍不息的生机。假如人类没有这一点点相生不绝的生机,那么人就变成了一具没有灵魂的躯壳,这样也不过和泥土、和树木相同罢了。

【论谭】

有一次,齐宣王问孟子:“像我这样的人,能使百姓生活安定吗?”孟子很肯定地说:“当然能够。”宣王又问:“凭什么知道我能够呢?”孟子说:“听说你不忍心将一头在你面前发抖的牛屠宰了祭祀,凭这样的好心就可以使百姓生活安定。”宣王说:“可是我用一只羊代替了那头牛，老百姓还以此说我吝啬呢。而且，我为什么这样做，以及这样做与王道有什么关系，我也说不出个所以然来。”孟子说：“百姓说你吝啬，这也并不奇怪，毕竟牛大羊小，你是用小的代替了大的。老百姓这样误解你，也没什么关系。王这种不忍看牛被杀的心，正是能使百姓生活安定的仁爱之心。为什么这样说呢？道理就在于，王亲眼看见了那头牛，而没看见那只羊。王的仁爱之心怎么会自己看不见呢？假定现在有个人向王报告：‘我有举起三千斤的膂力，却拿不动一根羽毛，我的目力可以把秋天飞鸟的细毛看得分明，但一车摆在我面前的柴草却看不见。’王肯相信这样的话吗？”宣王说：“当然不会相信。”孟子接着说：“如今王的好心好意足以使动物沾光，却不能使百姓得到好处，这难道与前面那个人有什么不同吗？”

心神修养　临变不乱

【原文】

忙处不乱性[1]，要闲处心神养得清；死时不动心[2]，须生时事物看得破。

【注释】

①不乱性：指本性不乱。《大学》中有：“好人之所恶，恶人之所好，是谓拂人之性。”

②不动心：指镇定、不慌乱、不畏惧。据《孟子·公孙丑》篇：“我四十不动心。注：‘言四十强而仕，我志气已定，不妄动心有所畏也。’”

【译文】

要想在事务纷忙时也能保持冷静态度而本性不乱，必须在平时修身养性时培养清晰敏捷的头脑；面对死亡能从容镇静，必须在平日对人生与社会有透彻的领悟。

【论谭】

人对人生不是没有彻悟，也不是没有看破，古往今来的人生格言、警句不知有多少，然而，脚踏实地去实践人生、圆满人生的又有几人呢？孔子说：“朝闻道，夕死可矣”，为道而死不足畏，为道而生，更应自重自珍。孔子又说：天地之间，只有人的生命是最可贵的。父母把一个完完全全的身体给了我们，我们一辈子好好地保全它，不使它受刑戮，受毁伤，或蒙羞，或伤心，这也是为人的一种方式。

孔子的学生曾子重慎、重孝，强调内心修养，自有其既尽人情又合事理的价值。一个人在日常生活中，态度端庄，言辞谦和，行为谨慎，不以狂躁傲世伤人，不以骄纵触规犯法，不到处捅娄子、闹矛盾，少犯错误，避免被人指责怨恨……应该是一种很好、很难得的品质。曾子还说过“士不可不弘毅”，“任重道远，死而后已”，“临大节而不可夺”，“战阵无勇，事君不忠为非孝”。人在面临抉择或者有所建树甚至有关生死的场合，一味谦和谨慎，一味守身保誉，一味归向内心，都是不可取的。总之，要想真正做到“忙处不乱性”“死时不动心”，则是人生一大难事，不是人做不到，而是做到的人太少。

面对生死和危急关头，能做到“不乱性，不动心”，镇定自若，实在是彻悟了人生，以天下为大任，以大义为追求的境界啊。《庄子·田子方》中这则故事也实在是使人深受启迪啊！

列御寇为伯昏无人表演射箭的本领，他拉满弓弦，又放置一杯水在手肘上，发出第一支箭，箭还未至靶，紧接着又搭上了一支箭，刚射出第二支箭而另一支又搭上了弓弦。在这个时候，列御寇的神情真像是一动也不动的木偶人似的。伯昏无人看后说：“这只是有心射箭的箭法，还不是无心射箭的射法，我想跟你登上高山，脚踏危石，面对百丈深渊，那时你还能射箭吗？”

于是伯昏无人便登上高山，脚踏危石，身临百丈深渊，然后再背转身来慢慢往悬崖退步，直到部分脚掌悬空这才拱手恭请列御寇跟上来射箭。列御寇伏在地上，吓得汗水直流到脚后跟。伯昏无人说：“一个修养高尚的‘至人’，上能窥测青天，下能潜入黄泉，精神自由奔放达于宇宙八方，神情始终不会改变。如今你胆战心惊有了眼花恐惧的念头，你要射中靶的不就很困难了吗？”

禅门名刹最乘寺的山门前，有一天来了一个仕女，乞求出家为尼。此女翩翩丽质，年轻貌美，有一股凛然不可侵犯的气质。当时的主持了庵和尚是她的表兄，断然拒绝了她的愿望。了庵说：“女人对禅的修行太困难了。昔日人空门为尼的女人倒也不少，不但没修成正果，反倒玷污了佛法。何况你还是个天生丽质的美人呢？”仕女听后，跪倒在最乘寺的山门前达三天三夜之久，誓要出家。了庵感其心诚，为她剃了发，取名慧春。慧春晚年隐栖在最乘寺旁的小尼庵里，为往来的行人端水送茶，当时的人都感激她为人平易、亲切。忽然有一天，她在山门前的磐石上堆了许多柴禾，烧了一把火，自己坐到火里去打禅入定。闻讯赶来的了庵和尚气喘吁吁地问道：“慧春，里面热吗？”端坐不动的慧春平静地答道："冷热不知。"

何喜非忧　何忧非喜

【原文】

子生而母危，镪[①]积而盗窥，何喜非忧也？贫可以节用，病可以保身，何忧非喜也？故达人当顺逆一视，而欣戚[②]两忘。

【注释】

①镪：古时用来贯串钱币的绳索。此处作金银的代称。

②戚：忧伤。

【译文】

生孩子固然是喜，而对母亲是一种危险，积蓄金钱却又容易引起盗匪的窥视，可见任何一种值得高兴的事情都附带有危险。贫穷虽然可悲，但可以逼使人勤俭，疾病虽然很痛苦，但可使人学会保养身体的方法，可见任何值得忧虑的事也都伴随着欢乐。所以一个心胸开阔的人，总能把顺境和逆境一视同仁，因此也就自然忘掉高兴和忧伤了。

【论谭】

有一僧曾问大隋和尚："世界末日之时，毁灭的大火熊熊燃烧，大千世界都难免劫运，不知道那时'这个'会不会毁灭？"大隋回答说："会毁灭的。""那就是说同世界一起毁灭？""是的，是同世界一起毁灭。""这个"在禅门指的是自己的本性，亦即佛性。假如大千世界都毁了，"皮之不存，毛将焉附"，佛性的存在也是没有意义的。赵州和尚曾说过，"世界未生之初，早已有这种佛性，世界灭亡之时，这种性也不会灭"。也许向大隋禅师提问的和尚期待的是灵魂永远不灭，宇宙毁了，佛性也不灭的答案吧，而大隋自有一家之见，认为佛性与宇宙同时毁灭。禅师要有修炼并达到不灭的灵魂的决心，但又不必回避灭亡的命运。人死之后，谁还知道自己的本性是坏了还是未坏呢？临死之际，一个真正的禅者是坦然迎接死亡的，任何杂念都不存，面临着大千世界，面临着无垠的时空，每一个人只要在有生命时活出了生命的价值，便可如真正的禅师一样坚信灵魂的高贵价值并坦然地面对死亡。

隐智藏才　任重道远

【原文】

居盈满者，如水之将溢未溢，切忌再加一滴；处危急者，如木之将折未折，切忌再加一搦[1]。

【注释】

①搦：压制。

【译文】

生活在幸福美满的环境中，就像是已经装满了水的水缸将要溢出，千万不能再增加一点一滴，以免流出来；生活在危险急迫的环境中，就像快要折断的树木，千万不能再施加一点压力，以免立刻折断。

【论谭】

孔子在鲁桓公的庙里参观，看见一种倾斜而不易放平的容器。孔子向守庙人询问道,“这是什么器具?”守庙人说,“这大概是人君放在座位右边的一种器具。”孔子说:“我听说这种器具,空着的时候就倾斜,灌进一半水就正立着,灌满了就翻倒了。”孔子回头对学生说:“灌水吧!”学生就舀水灌进容器里面,水灌到一半,容器就正立着,注满水就翻倒了,空着的时候就倾斜。孔子喟然长叹:“唉!哪有满了不翻倒的呢?”子路问道:“请问保持富贵的地位,如同保持水满而不翻一样,有什么办法呢?”孔子说:“自己聪明智慧,要保持愚笨的样子;功劳覆盖天下,要保持谦让的样子;既勇敢而力气盖世,要保持怯弱的样子;财富拥有全天下,要保持谦逊的样子,这就是所谓谦让了再谦让的办法。”后来,子贡又问孔子道:“我想做到对人谦虚,但不知如何做才好?”孔子说:“对人谦虚吗?那就要像土地一样,深深地挖掘,就可以得到甘泉;种植,就可以五谷繁茂;草木繁殖了,禽鸟和野兽就在这里繁育,草木禽兽生长时就立在地上,死了就埋进土地中;土地的功劳很大,但它不自认为有德行。对人谦虚就应该像土地一样。”

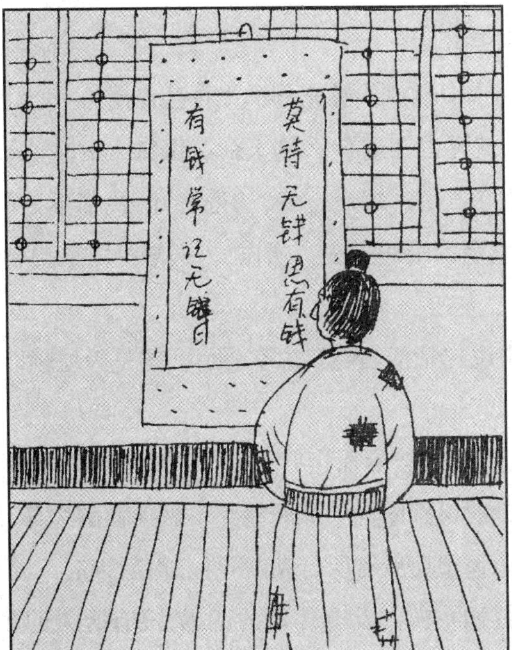

去混心清　去苦乐存

【原文】

水不波则自定,鉴[①]不翳[②]则自明。故心无可清,去其混之者而清自统;乐不必寻,去其苦之者而乐自存。

【注释】

①鉴:与镜同。

②翳:遮蔽,遮盖。

【译文】

没有被风吹起波浪的水面自然是平静的,没有被尘土遮盖的镜子自然是明亮的。所以人类的心灵根本无须刻意清洗,只要除掉心中的邪念,那平静明亮的心灵自然会出现;日常生活的乐趣也根本不必刻意去追求,只要排除心中的一切困苦和烦恼,那么快乐幸福的生活自然会呈现在人们面前。

【论谭】

《孟子·尽心章句上》中说:"能够充分扩张自己善良的本心,就可以懂得什么是人的本性;懂得了人的本性,就可以知道什么是天命。保持人的本心,培养人的本性,这本身就是我们对待天命的最好方法。短命也好,长寿也好,我都不三心二意,只是修养身心,等待天命,这就是安身立命的最好方法。"所以,为人修身之道,只在于回复其淳厚善良的天性而已。

庄子在《刻意篇》中说:"恬淡、寂寞、虚空、无为,这是天地赖以均衡的基准,而且是道德修养的最高境界。"

又说:"圣人生于世间顺应自然而运行,他们死离人世又像万物一样变化而去;平静时跟阴气一样宁寂,运动时又跟阳气一样波动。不做幸福的先导,也不为祸患的起始,外有所感而内有所应,有所逼迫而后有所行动,不得已而后兴起。抛却智巧与经验,遵循自然的常规。因而没有自然的灾害,没有外物的牵累,没有旁人的非议,没有鬼神的责难。他们生于世间犹如在水面漂浮,他们死离人世就像疲劳后的休息。他们思考,也不谋划,光亮但不刺眼,信实却不期求。他们睡觉不做梦,他们醒来无忧患,他们心神纯净精粹,他们魂灵从不疲惫。虚空而且恬淡,方才合乎自然的真性。"

庄子主张的道德修养的最高境界是恬淡、寂寞、虚空、无为,认为虚空和恬淡"方才合乎自然的真性"。要达到这境界,就要排除内心烦恼,只有这样,"云去月现,尘拂镜明"的高尚追求才能自然呈现。

这一生动形象地说明对于人去抓住自己的心性具有很好的启迪作用，在禅宗中同样有它的应用。有一位僧人问风穴禅师："语默涉离微，如何通不犯？"即：说话或者沉默时，怎样做才能保持本来的面目，从心所欲而不逾矩呢？离即离却诸相的法性，"微"指的是真理在现实世界里的微妙作用。宇宙的本性即真正存在都是本来清净，所以说"本净之体即离微"。这是一则类似"离四句、绝百非"的感人的思维假设，怎奈这难不倒风穴禅师，他一概不理会问者的意图，只随口诵出一首杜甫的诗："长忆江南三百里，鹧鸪啼处百花香"。

辟众善路　以浚恶源

【原文】

反己[①]者，触事皆成药石[②]；尤[③]人者，动念即是戈矛。一以辟众善之路，一以浚[④]诸恶之源，相去霄壤矣。

【注释】

①反己：反省自己，以正确待人。

②药石：治病的东西，引申为规诫他人改过之言。《左传》中有"孟孙之恶我，药石也"。

③尤：埋怨。如《老子·道德经》中有"夫唯不争，故无尤"。

④浚：开辟疏通。

【译文】

一个经常做自我反省的人，他日常不论接触任何事物，都会变成修身戒恶的良药；一个经常怨天尤人的人，只要思想观念一动就像是戈矛一样带来杀气指向别人。可见自我反省是使一个人通往行善的途径，而怨天尤人却是走向各种奸邪罪恶的源泉，两者之间真是有天壤之别。

【论谭】

曾子说：我每天都要多次地反省自己：替别人办事是否尽心尽力了呢？朋友交往是

否诚实呢？老师传授给我的学业是否反复温习实行了呢？

曾参是孔子晚年招收的弟子。他比孔子小四十六岁，是个大孝子，孔子看中了这一点，认为他能通达孝道，就把他招为学生，教了他不少知识。这个人的特点是庄敬谨慎。他做学问，"以修身守约为宗旨"，主要发挥儒家心性修养方面的思想。

有一个用反省法来修养自己的好例子：宋代瑞严和尚每天都要问自己：你头脑清醒吗？然后自己回答说：清醒。这样才算安心。这样自我警醒、细细问心，受到朱熹和张岱的肯定。

一念回光　炯然返照

【原文】

一灯萤然[1]，万籁无声，此吾人初入宴寂时也；晓梦初醒，群动未起，此吾人初出混沌处也。乘此而一念回光，炯然返照，始知耳目口鼻皆桎梏，而情欲嗜好悉机械矣。

【注释】

①萤然：这是形容灯光微弱得像萤火光的闪烁一般。

【译文】

在闪烁微弱的灯光照耀下，当大地进入无声无息地宁静，这是我们身心刚刚进入休息时；在清晨夜梦过后才醒，万物还没有开始一天的活动时，这是我们刚从朦胧的梦境中走出来时。在这刚刚安息和刚刚睡醒的一刹那间，好像有一线灵光闪烁在我们的脑海，这时会突然使我们的内心有所醒悟，才知道耳目口鼻都是束缚我们心智的桎梏，而感情欲望和嗜好也全是堕落我们性灵的机械。

【论谭】

人们为了寻求内心的平衡，为了求得心灵安宁，从古到今进行了苦苦探索。人不可能与世隔绝，不闻外物的进入。当宇宙初开与物尚未分明时，天地就宛如鸡蛋般浑然一团。不久清气才上升，浊气才下降，于是慢慢有了山川草木和各种有生命动物的形成。当我们夜间睡觉时，精神与肉体相对进入安宁状态，此刻没有善恶苦乐之分，像开天辟地

之初的混沌时期。从梦中睡醒，身心到现实，不再空虚，又有了实际行动，是非善恶观念便又开始发生。所以在夜深人静万籁俱寂时，我们要像曾子那样，以是非善恶的标准反省自己，反省由于耳鼻目口所产生的情欲在静寂中、在是非标准中是否有违道义。当然，不能割掉耳目口鼻来阻止物欲的需求，否则人岂不是变成无情无欲的顽石枯木？在万籁俱寂中反省觉悟，会感受到世外之物与精神是相辅相成的。人处在一种空寂与现实的困扰中往往是矛盾的，保持心灵的虚空寂静，这方面多下些苦功夫，经常反省自己，不失为修身养性的一种好办法。

量弘识高　功德日进

【原文】

德随量进，量由识①长。故欲厚其德，不可不弘②其量；欲弘其量③，不可不大其识。

【注释】

①识:知识,经验。

②弘:宽宏,扩大。

③量:气量,气度。

【译文】

一个人的品德会随着气度的宽宏而增进,气度也会由于丰富的社会经验而更为宽宏。因此要想增长深厚自己的品德,就不能不使自己的气度宽宏,要宽宏自己的气度,就不能不增长自己的生活经验,历练丰富的人生知识。

【论谭】

晋文公问大夫咎犯:“可以派谁去镇守西河?”咎犯答道:“虞子羔可以。”文公说:“他不是你的仇人吗?”咎犯说:“君王是问谁可以镇守西河,并不是问谁是我的仇人。”后来虞子羔见到咎犯感激地说:“谢谢你宽赦了我的过错,将我举荐给君王,让我得以任西河守。”咎犯说:“举荐你,是公义,怨恨你,是私情。我不以私事而害公义。你可以走了,不然,小心我从背后用箭射你。”但并不是所有的人都像咎犯深明大义,公私分明,情理有别。宋太祖赵匡胤一向厌恶某人,不肯授予其官职。丞相赵普执言请求,赵匡胤大怒:“我就是不给他升官,怎么样?”赵普说:“刑以惩恶,赏以酬功,此乃古今通道。况且刑赏是天下的刑赏,非你一人之刑赏。岂能以你一人的喜怒为转移?”赵匡胤仍不听,离座而去,赵普尾随其后,赵匡胤入宫,赵普便立于宫门,久久不去。赵匡胤终于省悟,才同意其奏请。这就是以见识来扩大真度量的例子。

不形于言　不动于色

【原文】

觉[①]人之诈[②]不形[③]于言,受人之侮不动于色,此中有无穷意味,亦有无穷受用。

【注释】

①觉:发觉、察觉。

②诈:欺骗、假装。

③形:表露。

【译文】

当发觉被人家欺骗时,不要在言谈举止中立刻表露出来,当遭受人家侮辱时,也不要立刻怒形于色。一个人能够有吃亏忍辱的胸怀,在人生旅途上自然会觉得妙趣无穷,对前途事业也会一生受用不尽。

【论谭】

孔子主张中庸,凡事都要不失人情物理,所以他说:不如以直报怨,以德报德。《礼记·檀弓》上记载,子夏问孔子:处在父母之仇中,怎么办?孔子说:应该有不共戴天的意志,睡草垫子,枕着刀枪,不做官,在路上碰到了那仇人,不亮兵器就给予袭击。子夏又问:处在兄弟之仇中,怎么办?孔子说:应该不与他共住一国,在"国际"上遇着了他,只要不损害公事,就应该对他毫不客气。又问:处在堂兄弟或朋友之仇中,怎么办?孔子说:自己不出头,但别人出头自己也应出一份力。这里,孔子把以直抱怨的意思说得很清楚了。

唐朝的娄师德,是世家公子,祖父历代都做大官,他弟弟到代州去当太守,他嘱咐说,我们娄家屡世余荫,所以难免被人说道。你出去做官,要认清这一点,遇事要能忍耐。他弟弟说,这我懂得,就是有人把口水唾到我脸上,我也自己擦掉算了。娄师德说,这样还不行。弟弟又说,那就让它在脸上自己干。娄师德说,这才对了。

本心即佛　何待观心

【原文】

心无其心①,何有于观?释氏曰"观心"②者,重增其障;物本一物,何待于齐?庄生③曰"齐物"者,自剖其同④。

【注释】

①心无其心:第一个"心"字指心的本体,后一个"心"字指一切思考与忧虑。心无其心是心中没有任何邪念或思虑。

②观心：即哲学上所谓的“内观”，也就是自我省察。

③庄生：庄子，名周。

④剖其同：剖是剖开，万物本为一体，而“齐物”是分割本来相同的事物。

【译文】

心中假如没有任何忧虑和杂念，又何必要下内省观察功夫呢？佛教所说的“反观内省”，实际上却增加了修行的障碍；天地万物本来都是一体，又何必等待人来划一平等呢？庄子所说的“消除物我界限”，就等于是分割了本来属于一体的物性。

【论谭】

有僧问“什么是佛？”希运禅师说：“你的心是佛，佛就是心，心和佛没有区别，所以说心就是佛。如果离开心，另外再也没有佛了。”临济和尚说：“在我们的肉体中，有一无位真人，常通过我们的眼、耳、鼻、舌、意出出入入，也就是说出入于你们所见之处、所听之处、所思之处。尚未自觉体认的，务必打开心眼好好看着它。”这时有一个和尚问道：“无位真人是什么东西？”临济和尚走下禅床抓住他的胸口对他说：“你说！你说！”这和尚要说什么时，临济一把把他推到屋里去了。佛道是探究自身之道。佛陀即自觉自明之人。禅就是这个“真人”，即对“无相的自己”的自觉自明而已。每一个人本身具足的佛性是什么？台湾星云大师的教诲是：“处凡愚而不减，在圣贤而不增；住烦恼而不乱，居禅定而不寂。”

人心自然　混合无间

【原文】

当雪夜月天，心境①便尔澄澈；遇春风和气，意界②亦自冲融；造化③、人心，混合无间。

【注释】

①心境：指心中情绪。

②意界：心意的境界。

③造化：创造化育。

【译文】

在雪花飘落的月夜，天地间一片银色世界，这时人的心情也会随着清朗明澈；在和风徐徐吹拂万物一片生机的春季，这时人的情绪自然也会得到适当的调剂，可见大自然和人的心灵是浑然一体、互相融合的。

【论谭】

宇宙万物蕴含着勃勃生机，天人合一，气息同步，则能天长地久，万事亨通。孟子说：“环境改变气度，奉养改变气质。”意思是说：人们修身养性，不可能脱离周围的环境。尤其就常人而言，如果面对月黑杀人夜，如果面对生死离别场，能要求自己像老僧入定般用意念来控制自己吗？所以自古骚人墨客，歌颂春而厌恶秋，因为春天一片生机而秋天一片肃杀，人们欢迎万物的生长，原因在于人们在萧瑟凄凉中难以感受人间的温暖。同样，人们歌颂白雪而厌恶炎夏。雪是冷天的产物，其性寒而色白，喻人的纯洁的性格像雪一样白，像冷天一样坚硬而安宁，因此古人才有“梅须逊雪三分白”的诗句。梅对于文人是宠物，但于雪之纯洁又输三分。这实际上是表达出人的一种愿望，用大自然的变化来喻人的性格、人的操持，在这一点上与自然是相融合的。禾苗的茁壮，全赖雨露的滋养；江海的不竭，全赖细流的汇聚。同样的道理，人的本性，也全凭人自身的回护与保全。但这里有一说：“智者调心不调身，愚者调身不调心。”……余下的话，由读者诸君自己去思索吧。

祥和之气　人生真谛

【原文】

机动①的，弓影疑为蛇蝎②，寝石视为伏虎③，此中浑④是杀机；念息⑤的，石虎⑥可作海鸥，蛙声可当鼓吹，触处俱见真机⑦。

【注释】

①机动：工于心计，狡诈多虑。

②弓影疑为蛇蝎：由于心有所疑而迷乱了神经，误把杯中映出的弓影当作蛇蝎。

③寝石视为伏虎：寝石，卧石。《汉诗外传》："昔者楚之熊渠子，夜行见寝石，以为伏虎，弯弓射之，没矢至羽之下。"

④浑：都，全部。

⑤念息：心中没有非分的欲望。

⑥石虎：十六国时晋后赵高祖石勒的弟弟，生性凶暴。据《辞海》："晋后赵主石勒从弟，字季龙，骁勇绝伦，酷虐嗜杀，勒卒，子弘立，以虎为丞相，封魏王，虎旋杀弘自立，称大赵天王，复称帝，徙居邺，赋重役繁，民不堪命，立十五年卒。"

⑦真机：真理，真谛。

【译文】

一个好用心机的人就容易产生猜忌，于是会把杯中映出的弓影误会成蛇蝎，甚至远远看见石头都会看成是卧虎，结果内心充满了杀气；一个心平气和的人，即使遇见凶残的石虎一类的人也能把他感化得像海鸥一般温顺，把聒噪的蛙声当作悦耳的乐曲来听，结果到处都是一片祥和之气，从中可以看到人生中的真谛。

【论谭】

不善猜忌别人的人，往往反被他人猜忌；惯于猜忌他人行为不轨的人，又往往是以小人之心度君子之腹，自己的行为已经落在不轨之中。孔子说：不预先猜测别人要蒙蔽自己，也不无根据怀疑别人不老实；但碰到不老实的人或者欺伪不实的事，却能及早觉察，这样才算得上是贤明之人。《后汉书·郭躬传》记载：中常侍孙章读错了诏书，尚书认为他是想"矫诏杀人"，皇帝也因为他与犯人同县，怀疑他有私仇故意报复，不自觉地就走入先怀疑别人，再委曲附会想办法证实自己的怀疑，从不诚起始，因为不诚，最终造成不明，这样的例子是很多的。至于《水浒传》中林冲那样，已被别人几次算计，还要诚实赴约误入白虎堂，甚至到了黑松林还要说"无冤无仇，望祈饶命"的痴话，由老实而落入愚蠢，这样的事又何尝不多呢？

损之又损　忘无可忘

【原文】

损之又损[1]，栽花种竹，尽交还乌有先生[2]；忘之又忘，焚香煮茗，总不问白衣童子[3]。

【注释】

①损之又损:减少。老子《道德经》中有:“为学日益,为道日损,损之又损,以至于无为。”

②乌有先生:典出《史记·司马相如》中的“乌有先生乌有此事齐之为难”,司马相如《子虚赋》以子虚、乌有先生、亡是公三个虚构人物为主角,这就是通常所说的“子虚乌有”。

③不问白衣童子:是说不问送酒的白衣人是何许人,比喻已经进入完全忘我状态。据《续晋阳秋》载:“陶潜尝于九月九日无酒于宅东篱笆之下,菊丛之中摘菊盈把,坐于其侧,未几,望见白衣人至,乃为王弘送酒,即便就酌,醉而后归。”

【译文】

生活中的物质欲望要减少到最低限度,每天种些花、栽些竹培养生活情趣,把世间的一切烦恼都交还乌有先生忘到九霄云外;脑海中已经了无烦恼没有什么可以忘记的东西,每天就面对着佛坛烧香提着水壶烹茶,自然会使自己进入完全忘我境界。

【论谭】

荀子说,一个人没有精诚专一的志向,不可能通达事理,没有忘我的修炼行为,不可能有显赫的成果。元顺帝天顺年间,有一名进士叫陈音,倾心经术,不问世事,终于学有所成。他专心致志的故事,仍流传至今。一天,陈音整理书籍,发现一张宴帖,就如期赴宴。到朋友家,久坐不走,朋友问他有什么事,陈音说,前来赴宴。那朋友莫名其妙,又不便详问,只得备酒款待。事后,那朋友才想起,去年的今天曾宴请过他。还有一次,陈音朝罢归来,途中说要拜访一同僚。侍从没有听清,仍牵马回家,陈音以为到了同僚的家。步入客厅,环顾四周,陈音说:“格局与我家相同。”又看见壁画,顿生疑窦:“我家之画怎样挂在这里?”恰好家童出来,陈音呵斥道:“你怎么在这里?”家童回答:“这本是你的家嘛!”陈音这才恍然大悟。

无为、修省并不是和世事绝缘。人之忘我境,不能以形式而论,要从本质上看。《庄子·大宗师》中引用许由的话,也说得很明白。

许由说:“有眼无珠的盲人没法让他观赏姣好的眉目和容颜,瞎子没法让他赏鉴礼服上各种不同颜色的花纹。”意而子说:“无庄不再打扮,黄帝忘掉自己的智慧,他们都因为经过了‘道’的冶炼和锻打。怎么知道那造物者不会养息我受黥刑的伤痕和补全我受劓刑所残缺的鼻子,使我得以保全托载精神的身躯而跟随先生呢?”许由说:“唉！这可是不可能知道的。我还是给你说个大概吧。‘道’是伟大的宗师啊！我伟大的宗师啊！把万物碎成粉末不是为了某种意义,把恩泽施于万世不是出于仁义,长于上古不算老,回天载地、雕创众物之形也不算技巧。这就进入‘道’的境界了。”

第六章　奉献

幻无求真　雅不离俗

【原文】

金自矿出，玉从石生，非幻[①]无以求真[②]；道得酒中[③]，仙遇花里，虽雅不能离俗。

【注释】

①幻：指事物的空无。据《金刚经》："一切有为法如梦幻泡影。"又《演密钞》中有"幻化，无忽谓有"。

②真：真知实相。《唯识论》："真谓真实，显非虚妄，如谓如常，表无变易，又《往生论》注：'真如是诸法之正体。'"

③道得酒中：从饮酒中悟得真理，说明道理无所不在。

【译文】

黄金是从矿山中挖出来的，美玉是从石头中产生的，可见不经过幻变就不能得到真悟；道理是杯酒中悟出来的，神仙也许能在声色场上或繁花丛中遇见，可见即使是高雅之士也不是完全隔绝世俗情欲。

【论谭】

这里着重谈谈"金自矿出，玉从石生"的话题。这两句话表示只有经得起环境考验的人，才是真正的强者。自古以来的强者，大多是抱着不屈不挠的精神，从逆境中挣扎奋斗过来的。

广阔的世界，漫长的人生，未必都充满称心如意的事情。倘若可以没有任何苦恼和忧愁，能平平安安地享受太平，就是求之不得了。然而，事事不能尽如人意，有时候日坐愁城,有时候一筹莫展,进而陷入进退维谷的境地,尽管如此,人们却只有在悲风之中才能领略到人生的深奥,置身绝境,才可感悟出生活的真滋味。

照射黑暗的阳光,引领人鼓起勇气,一往无前。

不系之舟　既灰之木

【原文】

身如不系之舟①,一任流行坎止;心似既灰之木,何妨刀割香涂?

【注释】

①不系之舟:指不用绳索缚住的船,比喻自由自在。语出《庄子·列御寇》篇:"巧者劳而智者忧,无能者无所求,饱食而遨游,泛若不系之舟,虚而遨游者也。"

【译文】

身体像一艘没有缆绳的船,自由自在地随波逐流尽性而泊;内心就像一棵已经烧成灰的树木,所以人间的成败毁誉又有什么关系呢?

【论谭】

孔子到吕梁山游览,见一男子在那里游水,便赶上去问他:"吕梁瀑布深几十丈,流水飞沫远溅几十里,鱼鳖也不能浮游,刚才我看到你在那里游走,以为你是有痛苦而寻死,便打发学生沿着流水来救你。你游出水面,披头散发,一面走,一面唱,我以为你是鬼怪,但仔细观察,还是人。请教你,到这深水中去有什么办法呢?"那男子说:"没有,我没有办法。水回旋,我跟着回旋进入水中,水涌出,我跟着涌出水面。顺从水的活动,不自作主张,这就是我能游水的缘故。"所以,随机应变,与物迁移,不固守一端,不固执一辞,一会儿上,一会儿下,一会儿左,一会儿右,一会儿前,一会儿后,这就是真正的通达之士了。

庄子在《德充符》中假托孔子和他的学生常季关于残疾人王骀的对话,指出经过验证而充实的"德",是一种"忘形"与"忘情"的心态。

常季说:"他运用自己的智慧来提高自己的道德修养,他运用自己的心智去追求自己的理念。如果达到了忘情、忘形的境界,众多的弟子为什么还要聚集在他的身边呢?"孔子回答说:“一个人不能在流动的水面照视自己的身影而是要面向静止的水面,只有静止的事物才能使别的事物也静止下来。各种树木都受命于地,但只有松树、柏树无论冬夏都郁郁葱葱;每个人都受命于天,但只有虞舜道德品行最为端正,他们都善于端正自己的品行,因而也能端正他人的品行。保全本初时的迹象,必怀无所畏惧的胆识;勇士只身一人,也敢称雄于千军万马。一心追逐名利而自我索求的人,尚且能够这样,何况那主宰天地,包藏着万物,只不过把躯体当寓所,把耳目当作外表,掌握了自然赋予的智慧所通解的道理,而精神世界又从不曾有过衰竭的人呢?他定将选择好日子升登最高的境界,人们将紧紧地跟随他。他还怎么会把聚合众多弟子当成一回事呢!”

临济门下有一位定上座,已参学日久,多年的修行使他已达到“现在公案,打迭不下”的境界。有一次他郑重其事地问临济和尚:“什么是佛法的大精神?”临济和尚也不回答,只见他走下禅床,一把抓住定的胸口,狠揍了他一下,并用力把他推搡走。定茫然若失,呆然而立,身体直得像一条棍子。旁边的一位僧人提醒他道:“定上座,怎么还不还礼呢?”上座向临济和尚作揖之际,豁然开悟。定上座直到这时才透过最后一关,真正获得了利己利他的大自由。一切本来现成,又要悟得便是。

幼不陶铸　难成令器

【原文】

子弟者,大人之胚胎①,秀才②者,士大夫之胚胎。此时若火力不到,陶铸不纯,他日涉世立朝,终难成个令器③。

【注释】

①胚胎:指生命之开端。

②秀才:指在学学生。

③令器:美好的栋梁之材。

【译文】

小孩是大人的前身,学生是官吏的前身,假如在这个阶段磨炼不够,教养学习不多,那将来踏入社会,就很难成为一个有用之才。

【论谭】

我国古代特别重视幼教蒙训。东汉桓荣，字春卿，著名的儒学家。他年轻时，拜欧阳歙为师，学习《尚书》。汉光武帝任他为议郎，向太子传授儒学经典，后来又当上太学博士，汉光武帝常常去太学观察。视察中，常让各博士阐述对各自所教儒学经典的理解，并且互相提问辩论。桓荣在辩论中，总是彬彬有礼，以理服人，从不强调本位，很得光武帝赏识，后来，光武帝挑选桓荣当太子的老师，任命他为太子少傅，并赏赐给他辎车乘马，桓荣获赏后，召集太学的学生们，指着皇帝赏赐的车马官印绶带说："现在所得到的这些东西，全是深入钻研古代历史的结果。你们能不努力学习吗？"太子即位后，仍然用老师的礼节尊崇他，并封为五更。

马祖和百丈师徒两人出外散步，途中看到一群野鸭子从头顶飞过。马祖问百丈："那是什么？""野鸭子。"马祖又问："到哪里去了？""飞走了。"马祖听后，用力捏紧百丈的鼻子，百丈连喊"痛痛痛。"马祖淡淡说了一句："什么时候飞走了呢？"雪窦对本则公案的唱偈为："野鸭子，知何许？马祖见来相共语。话尽云山海月情，依然不会还飞去。还飞去，却把握。"野鸭到哪里去了？马祖见状与百丈共语。话尽云山海月情，活象云山推涌，海上月生，真情至性，何等契阔。可百丈依然不会，还胡说"飞走了"。马祖于是把这个要飞走的百丈的心牢牢抓住了，不让百丈迷失了自己的心。因为至人用心若镜，一切事与物来时则现之，去之则不现。镜仍然在，心依然明。马祖真是恨铁不成钢啊！

浓夭淡久　早秀晚成

【原文】

桃李虽艳，何如松苍柏翠之坚贞？梨杏虽甘，何如橙黄橘绿之馨冽[1]？信乎！浓夭[2]不及淡久，早秀不如晚成也！

【注释】

①馨冽：馨，芳香。冽，本意为寒冷，此处作清香解。

②浓夭：夭是夭折，早逝。浓夭指美色早逝。

【译文】

桃树和李树的花朵虽然艳丽夺目，但是怎比得上一年四季永远苍翠的松树柏树那样坚贞呢？梨子和杏子的滋味虽然香甜甘美，但是怎比得上橙子和橘子经常飘散着清淡芬芳呢？的确不错，容易消逝的美色远不如清淡的芬芳，同理，一个人早有才名远不如大器晚成。

【论谭】

孔子说："数年发愤，勤奋苦读，而不想做官发财的人，真难得呀！"清代刘宝楠则是另外一种说法：《周礼》中已规定官府三年选拔一次人才，但有不满于"小成"（即做小官）的，则可以继续读书，读满九年，达到大成。孔子因为读书人"急于仕进，志有利禄，鲜（少）有不安小成者"，所以发出"不易得"的感叹。至于"早秀不如晚成"的说法，可能是认为：因为少年得志易生骄狂，自我吹嘘而至堕落；而饱经忧患，历经沧桑，才体会出创业的艰难而安于守成。

拔去名根　融解客气

【原文】

名根[1]未拔者，纵轻千乘[2]甘一瓢[3]，总堕尘情[4]；客气未融者，虽泽四海利万世，终为剩技。

【注释】

①名根:名利的念头,即功利思想。

②千乘:古时把一辆用四马拉的车叫一乘。

③一瓢:瓢是用葫芦做的盛水器,一瓢是说用瓢来饮水吃饭的清苦生活。《论语·雍也》篇:"贤哉回也,一箪食,一瓢饮,居陋巷,人不堪其忧,回也不改其乐。"

④尘情:俗世之情。

【译文】

一个名利思想不能彻底拔除的人,即使能轻视富贵荣华而甘愿过着清苦的生活,最后还是无法逃避名利世俗的诱惑;一个受外力影响而不能在内心加以化解的人,即使他的恩泽能广被四海甚至遗留给千秋万世,其结果仍然是一种多余的伎俩。

【论谭】

世人都说神仙好,唯有功名忘不了,人人都想活得潇洒一点,轻松一点,快乐一点,但终其一生也潇洒不了、轻松不了、快乐不了。他们被什么东西拴住了、缠住了、卡住了?这就是功名利禄。功名利禄成了人生的境界,似乎功名愈厚,人生也就愈美妙滋润。其实，功名利禄是一副用花环编织的罗网，只要你进去了，你就没法自在逍遥。没有功名利禄，于是想得到功名利禄；得到了小的功名利禄，又想得到更大的功名利禄；得到功名利禄，又害怕失去功名利禄；人生就在这患得患失中度过，哪里品尝得到人生的甘美清纯呢？世人只知道功名利禄会给人带来幸福，殊不知功名利禄也会给人带来痛苦。为了功名利禄，我们劳心、劳神、劳力；为了功名利禄，我们计划、忙碌、奔波；为了功名利禄，我们怀疑、欺诈、争斗；为了功名利禄，我们玩阴谋，耍诡计，溜须拍马。请拨去名利之祸根吧，做官的多讲些政治，经商的多尽些良心。

偏见害人　聪明障道

【原文】

利欲未尽害心，意见[①]乃害心之蟊贼[②]；声色[③]未尽障道，聪明乃障道之屏藩[④]。

【注释】

①意见：本意是意思和见解，此处为偏见、邪念。

②蟊贼：蟊，害虫名，专吃禾苗。据《诗经·小雅》篇：“及其蟊贼，传：‘食根曰蟊，食节曰贼。’”因此世人把危害社会的败类称为蟊贼，这里当祸根解。

③声色：泛指沉湎于享乐的颓废生活。

④屏藩：原指保卫国家的重臣，此处当最大障碍解。据《左传·昭公》二十六年：“建母弟以周屏藩。”

【译文】

名利和欲望未必都会伤害我的心性，只有自以为是的偏私和邪妄才是残害心灵的毒虫；声色享乐未必都会妨碍人的思想品德，只有自作聪明才是修悟道德的最大障碍。

【论谭】

有一个任国人问孟子的弟子屋庐子：“礼和食物哪样重要？”屋庐子回答说：“自然是礼重要。”那人又问：“娶妻和礼，哪样重要？”屋庐子仍然回答是礼重要。那个任国人接着又提出了一连串的问题：“既然礼重要，那么如果按照礼节去找吃的，便会饿死，不按礼节去找吃的，就可以找到吃的，那是要吃的还是要礼呢？如果按婚娶之礼行事，便得不到妻子，如果不按婚娶之礼行事，便会得到妻子，那是要妻子还是要迎亲礼呢？”屋庐子不能对答，第二天便赶去邹国，向孟子求教。孟子说：这个问题有什么难答复的呢？如果不揣度基点的高低是否一致，而只比较他们的顶端，那么在高处的一寸厚的木板，也会比高楼的尖顶还高。我们说，金子比羽毛重，难道是说三钱金子比一大车羽毛还重吗？拿吃的重要方面和礼的细节相比，何止于吃重要？拿婚姻的重要方面和礼节相比，何止于婚姻重要？你这样答复他：扭折哥哥的胳膊，抢夺他的食物，便可以得到吃的；不扭，便得不到吃的，那他是不是会去扭呢？爬过邻居的墙去搂抱邻家的女子，便可以得到妻室，不去爬墙搂抱，便得不到妻室，他是不是也会去爬墙搂抱呢？孟子的意思，清楚地告诉我们：不能被事物的细枝末节所迷惑，不能让事物的表象掩盖了事物的本质。这里有本有末，有轻有重，只有分清了本末轻重，才能准确地权衡度量，才能做出正确的选择。譬如礼为本，食物、婚娶为末，那任国人把两者混为一谈，所以使本来很清楚的问题成了一盆糊浆，屋庐子入了圈套，分不清本末，因而不能对答。同时也说明在人的修养中，必须注意克服主观盲动，切不可自以为是、自作聪明。扫除了这些心理上的障碍，方能修悟出真道德、真境界。

性天不枯　机神易发

【原文】

万籁寂寥[①]中，忽闻一鸟弄声，便唤起许多幽趣；万卉[②]摧剥后，忽见一枝擢秀，便触动无限生机。可见性天未常枯槁，机神最易触发。

【注释】

①寥：安静。

②卉：草的总名。

【译文】

大自然归于寂静时，忽然听到一阵悦耳的鸟叫声，便会唤起很多深远的雅趣；深秋季节所有的花草都凋谢枯黄之后，忽然看见其中有一棵挺拔的花草屹立无恙，就会引起你无限生机。可见万物的本性并不会完全枯萎,因为它那生命活力随时都会乘机生发。

【论谭】

孟子则从修身养性上来认识这一自然现象。孟子举了一个例子。他说,譬如齐国都城南郊的牛山,山上的树木曾经很盛,但是这山紧靠都城,因而常有人去砍伐那山上的树木,这怎么能使它保持茂盛呢?那山上的树木自然是日沐阳光,夜承雨露,不断生出嫩芽幼枝,不断地在生长,但却抵不住日日的斧子砍伐和牛羊的践踏,如今已经是光秃秃的了。人们看见它光秃秃的样子,就以为这山不曾有过大树,其实这是错看了牛山的本性。人的仁义善良的心性,也就好比那牛山之上的树木。在孟子看来,仁义善良的心性,就是因为他像用斧子对付牛山上的树木一样,每天都砍伐它。他们在夜里承接的一丝清明之气,于自省中所得的一点善良之芽,在白昼中却又让它们消失在争斗中,如此反复,他们心中的那一丝善良便再也不复存在。

鹰立如睡　虎行似病

【原文】

鹰立如睡,虎行似病,正是它攫[①]人噬[②]人手段处。故君子要聪明不露,才华不逞,才有肩鸿[③]任巨的力量。

【注释】

①攫:鸟兽爪抓取。
②噬:啃咬吞食。
③肩鸿:鸿,与洪通,大的意思,即担负大责任。

【译文】

老鹰站在那里像睡着了,老虎走路时像有病的样子,这就是它们准备捉人吃人前的手段。所以一个真具有才德的君子要做到不炫耀,不显露才华,如此才能具有肩负重大使命的力量。

【论谭】

古时有“扮猪吃虎”的计谋,以此计施于强劲的敌手,在其军前,尽量把自己的锋芒敛蔽，若“愚”到像猪一样，表面上百依百顺，装出一副为奴为婢的卑恭，使对方不起疑心，一旦时机成熟，便一举闪电般把对手结果了。这就是“扮猪吃虎”的妙用。孔子说：宁武子在国家安定时是一个智者，在国家动乱时是一个愚人。他智的一面，别人赶得上，那愚的一面，别人无法赶上！宁武子历仕卫文公、卫成公两朝，在天下太平时，清简若无所效力，并不巧立名目，兴事弄术表现自己有才干，晋成公无道，他曾做过成公的诉讼人，使成公败诉。但当晋国把成公废黜、囚禁的时候，他利用自己的品德和为晋人所赞赏的地位，立朝不去，“从容大国之间，周旋暗君之侧”，一心保全卫国。后来，晋侯派人要毒死成公，他又贿赂医生，让他减少毒药的分量，保全了成公的性命。孔子赞扬“其愚不可及”，就是指上述这些表现。可见不露才华、不显能干，才能为日后的大业积攒后劲。

老子说：“得天下的不勉强去做，勉强去做的就不配也不能得天下。”我们可以这样理解：成功的领导，下属只知道他的存在，却不知道他的雄才大略和卓越政绩，没有谁想到要去为他捧场；稍次一级的领导，下属对他的能力十分钦佩，对他的为人品德非常感动，逢人就夸耀他，见到他就亲近他；再次一级的领导，由于订立了许多条条框框，自己又能严于律己，带头遵守这些规章制度，下属因对他恐惧敬畏而安分工作；最差劲的领导，则是些无才无德、又喜欢无事生非整人的人，下属暗地里蔑视他和咒骂他。

最好的领导清静无为，从不轻易发号施令，但下属各自忠于职守，尽力把自己分内的

事情办好，等到大功告成了，人们还不知道这是头头的功劳，大家甚至忘记了有头头的存在。“待到山花烂漫时，她在丛中笑。”正如这段中说的：“故君子要聪明不露，才华不逞，才有肩鸿任巨的力量。”

闹中静察　困时向上

【原文】

热闹中着一冷眼，便省许多苦心思；冷落[1]处存一热心，便得许多真趣味。

【注释】

①冷落：寂静冷漠。

【译文】

熙熙攘攘的人群中，假如能冷静观察事物的变化，就可以减少很多不必要的心思；一个人穷困潦倒不得意时，仍能保持一股奋发向上的精神，就可以获得很多真正的生活乐趣。

【论谭】

原宪在鲁国很贫穷，子贡在卫国很富有。原宪由于贫穷而损害生命，子贡由于富有而拖累身体。那么，贫穷不行，富裕也不行，怎样才行呢？杨朱说，快乐一生可以，安逸一生可以。善于快乐的不贫穷，善于安逸一生的不图富裕。钱财乃是身外之物，生不带来，死不带去，可见钱财与生命本身无关。然而世人看不透，看透了也不在意，结果，为钱财而生，为钱财而亡。有钱也痛苦，整个生命的过程成了钱财积聚消耗的过程，活了一辈子，也不知道人生是个什么滋味。荀子说，有涵养的人，处境穷困，心志宽广；身处富贵，恭敬从容；休息的时候，精神也不懈怠；疲倦的时候，容貌仍保持庄重。在显达之时，盛怒之下，罚不过重，喜悦不余，赏不过高。

“热闹中着一冷眼”，“冷落处存一热心”，就是成功时要想到失败，失败时要保留奋争的精神，对待一切都要观察它。

“自然”，是老子“道”的特性，也是他倡导的一种人生境界和生活态度。“无为”是

"自然"的延伸,一切人为的东西都不自然,要"自然"就必须"无为",为人处世也应该顺应自然,办任何事情都不可凭主观欲望胡作非为。

"自然无为"是老子思想的核心,他的致虚、贵柔、守静、不争等思想,都是围绕"自然无为"展开的。

所以,只有在生活中始终保持一股向上精神的人,才有可能得到真正的生活乐趣,而这真正的乐趣,寓于"自然无为"之中。

心虚理明　心实志坚

【原文】

心不可不虚[1],虚则义理来居;心不可不实[2],实则物欲不入。

【注释】

①虚:谦虚,不自满。

②实:真实,择善执着。

【译文】

一个人一定要抱着虚怀若谷的胸襟,因为只有谦虚才能容纳下真正的学问和真理;同时一个人又要抱着择善执着的态度,因为只有坚强的意志才能抵御外来物欲的侵入诱惑。

【论谭】

这里是《庄子·秋水》中的一段描述:

魏牟对公孙龙说:"你的智慧不足以弄清是非的界限,还想弄明白庄子的话,这就像让蚊子背山,蚂蚁过河,一定不能胜任的。而且你的智慧不足以理解最微妙的言论,而只能自己求得一时的胜利,这不是井里的蛤蟆吗?庄子的理论,下入黄泉,上达云霄,不分南北,四通八达,难以测度;无分西东,开始于玄暗幽深,复归于无所不通。而你琐琐屑屑的追求明察,要求论辩,简直是从竹管里看天的大小,用锥子测地的深浅。不是太小了吗?你走开吧!况且你没听到寿陵的少年到邯郸学走路的事吗?赵国的走法没学会,自己的走法又忘了，只好爬着回家。现在你要是不走，就会忘了你自己的走法，丢了你的本业了。”

公孙龙张开的嘴合不上，翘起的舌头收不下了，于是就逃走了。

公孙龙为什么会这样呢？这就是文字开头指出的，公孙龙无法理解庄子的思想。庄子以此告诫世人：假如一个人自以为是，排除外来的一切意见，那他的生命就犹如一潭死水，永远得不到社会人群的理解。

乐极生悲　苦尽甘来

【原文】

世人以心肯①处为乐，却被乐心引在苦处；达士以心拂②处为乐，终为苦处换得乐来。

【注释】

①心肯：肯是可的意思，引申为顺，心肯是心愿满足。

②心拂：拂是违背，心中遭遇横逆事物。

【译文】

世人都认为能心愿满足就是一大快乐，可这种愿望常常被快乐引诱到痛苦中；一个胸怀达观的人，由于平日能忍受各种横逆不如意的折磨，在各种磨炼中就能享受到奋斗抗争之乐，最后终于从艰苦中换来真快乐。

【论谭】

孟子说：天将要把重大的使命放在某人身上，必然要先苦恼他的心志，劳累他的筋骨，饥饿他的肠胃，困乏他的身体，而且会使他的每一次行动不能如意。这是我们都耳熟能详的。

古往今来，凡成大事业、有大成就者，无不如此：

舜自田野中兴起，当初他曾居于深山，与木、石同处，以鹿、猪为邻，同深山野人相差无几。

孔子生于乱世，周游列国四处碰壁，曾困于陈、蔡，无米断炊，险些饿死道中。

孙膑遭忌，在被剜去两只膝盖之后修成一部传之后世的《孙膑兵法》。

屈原被谗言所害，屡遭放逐，于三湘四水的荒蛮野岭中赋得绝唱《离骚》。

司马迁直言情理，受囚禁之大侮，领宫刑之奇耻，隐忍不怠，方成一部“无韵之《离骚》”——《史记》……

所以，人当有自信，还当能承受生活的挫折，能经受世事的艰辛，能忍受人生的磨难，至少要有承担起这一切的心理准备。

《庄子·在宥》中有段意味深长的描述，庄子说：“人过于高兴，助长阳气；过于悲哀，助长阴气。阴阳一起亢进，四季不调，寒暑不和谐，反过来就伤害人的身体。使人喜怒失常，坐立不安，思虑得不出结果，办事中途而废。于是才有奇谈怪论，行为怪僻，然后就出现了盗跖、曾参、史鳝一类人。所以用整个天下去赏赐善行也觉得不足，动员整个天下去惩罚恶行也显得不够。所以天下这么大也不足以实行赏罚。从夏商周以来，都嚷嚷着必须赏善罚恶，老百姓的性命怎么能够安宁呢？”

人生中的悲欢苦乐，也和阴阳一样，有其固有的特性，它们不是绝对的，是相对的。有的苦尽甜来，有的乐极生悲，有的在顺利时突遭祸患，有的则处逆境而时来运转。有谁懂得人生中的“真乐”呢？

位盛危至　德高谤兴

【原文】

爵位[①]不宜太盛，太盛则危；能事不宜尽毕，尽毕则衰；行谊[②]不宜过高，过高则谤兴而毁来。

【注释】

①爵位：君主时代把官位分公、侯、伯、子、男等五位，指官位。

②行谊：合乎道义的品行。

【译文】

一个人的官位不可以太高，权势不能太盛，如果权势太高就会使自己陷入危险状态；一个人的才干本事不能一下子都发挥出来，如果都发挥出来就会处于衰落状态；一个人的品德行为不可以标榜太高，如果过高就会惹来无缘故的毁谤和中伤。

【论谭】

汉代名将周亚夫以治军严谨有方而被后人称颂，然而当他官爵大至权倾一人时，也面临煞星。

西汉文帝时，匈奴进犯云中，诸将受命出征。周亚夫军细柳，刘礼军霸上，徐厉军棘门。汉文帝亲临慰劳各军，轻驾至霸上和棘门军营时，都长驱直入，无人敢阻拦。当文帝到细柳军营时，其前锋高呼："天子驾到！"军门都尉却回答："军营之中，只听将军命令，而不问天子诏书。"文帝无法进军营，只得让使者持皇帝的信符去见周亚夫，周亚夫才令开门。当文帝车驾进军营门时，守门士兵又告诫："将军有令，军营中不允许急驰。"文帝只好让侍从拉着辔绳，让车缓缓而行。到了中军大帐，周亚夫全副武装来参见，并称："身着军服的人，是不向皇帝行跪拜礼的。"文帝到此，不由自主地肃穆庄严起来。

以后，周亚夫官位几次升迁，官到丞相，很受景帝器重。每有重大国事都先与周亚夫商议，而周亚夫也累次提出异议，阻止景帝的行动。

后来，周亚夫从景帝的言行中终于意识到自己权倾一人，已面临煞星。于是谢官称病，并放弃丞相职务。

《列子·说符》中有一段狐丘丈人和孙叔敖的对话。

狐丘丈人对孙叔敖说："一个人有三种被怨恨的事，你知道吗？"孙叔敖说："是什么?”答说:“爵位高的,遭别人妒忌;官位大的,被人主厌恶;俸禄丰厚的,所招的怨恨便来了。”孙叔敖说:“我爵位越高,我志向越低;我官位越大,我心越小;我俸禄越多,我施舍越广。拿这个避免三种怨恨,可以吗?”

人与人之间的矛盾,利益之争,都是由于这三种怨恨引起的。所以做人处事最重要的是把握尺度。

孙叔敖病了,将要死去,警戒儿子说:“王几次要分封我一块地方,我没接受。如果我死了,王就会封你,你一定不要接受好地方。在楚、越相交之处有个地方名叫寝丘的,这地方没有多大出息,名字又丑恶,楚人相信鬼,越人不信楚忌,可以长久保持的只有这个地方。”孙叔敖死了,楚王果然拿一块好地方封给他的儿子,儿子推辞不接受,却请求寝丘这块地方。楚王给了他,以后很长一段时间都由他家保持着。

非分之得　世俗之阱

【原文】

非分之福、无故之获,非造物[①]之钓饵,即人世之机阱。此处着眼不高,鲜不堕彼术中[②]矣。

【注释】

①造物:谓天,自然。

②术中:计略之中,《史记·张仪传》:“此在吾术中而不悟。”

【译文】

不是自己分内的所应享受的幸福,无缘无故得到意外之财,即使不是上天故意来诱惑你的钓饵,也必然是人间歹徒用来诈骗你的机关陷阱。为人处世如果不在这些地方睁大眼睛,就很少有人能逃过歹徒诈术圈套的。

【论谭】

韩、魏两国边境相邻,为争边界的土地起了争端,魏强韩弱,抗争之下,韩国自然免不了要吃亏,韩国国君昭僖侯为此很是发愁。韩国贤人华子拜见昭僖侯,劝昭僖侯不要与魏国拼争。华子对昭僖侯说："如果现在有人和您订下誓约，这誓约规定，拿到誓约者可以得天下。但是，如果他用右手去拿，便砍掉他的右手，用左手去拿，便砍掉他的左手，你是不是仍然要去拿它呢？"昭僖侯说："嗨，那我当然是不要那誓约的。"华子接着说："这就是了，这说明保全自己比拥有天下更重要。韩国自然比不了天下，韩国边界之地自然也比不上韩国的整个封地，你又何必去为争那一点而伤及自身呢？"由此看来，其实避祸就是求安；避祸之法就是保平安之法。不见利忘害，便可求安，不为名伤身，便有福至；不做非分之想，便无无妄之灾；不逞能斗狠，便无祸来。无病无忧，一箪一瓢，自是福气。人常说，憨人有憨福，并不是说憨人能以机巧求利得福，而是说他无意求福反自保平安而得福。

想清名于世，安然于世，必须做到非我之财不受。列子的故事给了这方面的启示：

列子生活贫困，面容常有饥色。有人对郑国的上卿子阳说起这件事："列御寇是一位有道的人，居住在你治理的国家却是如此贫困，你恐怕不喜欢贤达的士人吧？"子阳立即派官吏送给列子米粟。列子见到派来的官吏，再三辞谢不接受子阳的赐予。

官吏离去后，列子进到屋里，列子的妻子埋怨并且拍着胸脯伤心地说："我听说作为有道人的妻子儿女，都能够享尽逸乐，可是如今我们却面有饥色。郑相子阳瞧得起先生方才会把食物赠送给先生，可是先生却拒不接受，这难道不是命里注定要忍饥挨饿吗！"列子笑着对她说："郑相子阳并不是亲自了解了我。他因为别人的谈论而派人赠予我米粟，等到他想加罪于我时必定仍会凭借别人的谈论，这就是我不愿接受他赠予的原因。"

急处站稳　险处回首

【原文】

风斜雨急[1]处，要立得脚定；花浓柳艳[2]处，要着得眼高；路危径险[3]处，要回得头早。

【注释】

①风斜雨急：风雨本指大自然中天象的变化，此指社会发生动乱，人世沧桑莫测。

②花浓柳艳：古代文人常用花来形容女人美貌，用柳来比喻女人风姿绰约。

③路危径险：路和径都是指世路。

【译文】

在动乱时代局势极度变化中，要把握住自己的脚步站稳立场；处身于姿色艳丽的女人当中，必须把眼光放得辽阔而把持住自己的情感，不致被美色迷惑；当人生之路出现艰难险阻时，要能止步猛回头，以免陷入迷惑中不能自拔。

【论谭】

所谓风斜雨急、花浓柳艳、路危径险都是比喻，比喻人生之路会有各种艰难险阻出现。孔子在《论语·伯泰》篇中说："危邦不入，乱邦不居；天下有道则见，无道则隐；邦有道，贫且贱焉，耻也，邦无道，富且贵焉，耻也。"他又在《宪问》篇中说："邦有道，谷，邦无道，谷，耻也。""邦有道危言危行，邦无道危行言孙。"其实即使是古代邦有道，要富且贵就没有险隘？就能唾手可得吗？不论是有道无道之世，都应有操守，有追求，不怕难，不沉沦，不自颓，把得住自己的心性，遇事就不致沉陷于迷惑中。这都是儒家教诫世人的意旨，至今仍有其现实指导意义。

有妍有丑　有洁有污

【原文】

有妍[1]必有丑为之对，我不夸妍，谁能丑我[2]？有洁必有污为之仇，我不好洁，谁能污我？

【注释】

①妍：美好。据陆机《文赋》说："妍蚩好恶，可得而言。"

②丑我：丑当动词用。

【译文】

人世间的事情，有美好的就有丑陋的来对比，假如我不自夸其德说自己美好，又有谁会讽刺我丑陋呢？世上的东西，有洁净就有肮脏来做对比，假如我不自好洁净，又有谁会脏污我呢？

【论谭】

老子以自然无为为美，根本表现就在于个人人格的高尚和自由上，因而，在他看来外形的美并不能保证人格的高尚和自由，外形的丑同样也不妨碍一个人内在精神的美。

老子生活的时代，美的东西与善的东西往往是分裂的，就是在今天美的与善的也不一定完全统一。《老子》第八十一章说："信言不美，美言不信，善者不辩，辩者不善。"用我们今天的话来说就是：真实可信的话是不美的，而那些漂亮话又不真实可信；有道德的人不善于辞令，能言善辩的人又没有道德。

不少仪表堂堂衣冠楚楚的人，其实是一些丑恶不堪的流氓强盗。老子说："农田到处一片荒芜，全国四方的百姓都在闹饥荒，但有些人还穿着锦绣的衣服，佩戴着闪闪发光的宝石，吃厌了美味佳肴，搜刮了数不清的精美珍宝，这些人就叫'强盗头子'，多么无耻呀！"

污泥不染　知巧不用

【原文】

势利[1]纷华，不近者为洁，近之而不染者尤洁；智械机巧[2]，不知者为高，知之而不用者为尤高。

【注释】

①势利：指权势和利欲，《汉书·张耳陈余传》说："势利之交，古人羞之。"

②智械机巧：用心计，使权谋。

【译文】

权利和财势使人眼花缭乱，不接近这些的人就清白，接近了而不受其污染那就更清白；权谋诡诈，不知道者算高明，知道而不使用那就更高明了。

【论谭】

人世间，有正必有邪，有君子必有小人，邪可能一时占上风，小人也会有得志的时候，但邪不压正，恶有恶报，也是世道的必然。由此观之，只要我们自身端正，小人终究是盖不过君子的。而且，能够自己行为端正，是不是一定要远小人、近君子以求自保，也都在其次了。鲁国大夫柳下惠并不拒绝在恶浊的国君手下做宾客，立于朝廷也不隐藏自己的才能，自己遭遗弃也不怨恨，穷困也不忧愁，同小人相处，也不一定要离开。他说："你是你，我是我，你纵然在我身边赤身露体，又哪能沾染我呢？"孟子很欣赏柳下惠的做派，认为看柳下惠风节行止，胸怀狭小的人也会变得宽大起来，为人刻薄的人也能厚道起来。

人生减省　安乐之基

【原文】

人生减省一分便超脱了一分，如交游减便免纷扰，言语减便寡愆尤①，思虑减则精神不耗②，聪明减则混沌③可完，彼不求日减而求日增者，真桎梏④此生哉！

【注释】

①愆尤:愆,错误、过失。尤,怨恨。

②耗:消耗、损失。

③混沌:指天地未开辟以前的原始状态,此指的是人的本性。

④桎梏:古代用来锁、绑罪犯的刑具,引申为束缚。

【译文】

人生在世能减少一些麻烦,就多一分超脱世俗的乐趣。如交际应酬减少,就能免除很多不必要的纠纷困扰,闲言乱语减少就能避免很多错误和懊悔,思考忧虑减少就能避免精神的消耗,聪明睿智减少就可保持纯真本性。假如不设法慢慢减少以上这些不必要的麻烦,反而千方百计去增加这方面的活动,那就等于是用枷锁把自己的手脚锁住。

【论谭】

东汉的西域都护班超直到七十多岁高龄,朝廷才允许他退休。接替他的任尚向班超请教对治理西域的忠告,班超对他说:“兴一利不如除一弊,生一事不如省一事……宜荡佚简易,宽小过,总大纲而已。”要他以简易宽和为主。任尚觉得这是老生常谈,就抛之脑后,还对人说:“我以班君当有奇策,今所言平平耳。”后来不过四年,任尚因过于严苛急躁,失去与边疆民族的和睦关系,导致西域各国纷纷叛汉来攻打他,任尚退到班超精心经营的疏勒根据地,靠疏勒人的保护才捡回性命,但西域的土地却全盘丢失了。可见求大同、存小异,才能真正把握全局。班超经营西域达三十年,得到西域各民族的钦佩和拥戴,使汉朝扬威异域直达中亚细亚,因功拜定远侯,正是依靠这一要领,可见这乃是英雄人物处事的方法。

达人猛醒　俗士沉沦

【原文】

笙[①]歌正浓处,便自拂衣长往[②],羡达人撒手悬崖;更漏已残[③]时,犹然夜行不休[④],笑俗士沉身苦海[⑤]。

【注释】

①笙:乐器名。

②拂衣长往:毫不留恋。

③更漏已残:古代计时将一夜分为五更,漏是古代用来计时的仪器,形容夜已深沉。

④夜行不休:指应酬繁忙。

⑤苦海:据《法华经·寿量品》说:"我见诸众生没于苦海。"

【译文】

当歌舞盛宴达到最高潮时,就自行整理衣衫毫不留恋地离开,那些胸怀广阔的人就能在这种紧要时候猛然回头,真是令人羡慕;夜深人静仍然在忙着应酬,目光如豆者已经坠入无边痛苦中而不能自拔,说来真是可笑。

【论谭】

孔子说,《关雎》这样的诗,快乐而不过分,悲哀而不伤人。郑国一带的音乐不是这样,它们轻柔靡曼,特别能诱惑人,破坏了正大堂皇的雅乐的感化作用,十分可恶。《礼记·乐记》记载魏文侯聚精会神地听古代音乐,还唯恐打瞌睡,而听郑国和卫国的音乐,则从不知疲倦。《五经异义》记载:郑的风俗,男女常在溱河、洧川边聚会,唱歌互相表达和缔结爱情。《白虎通·礼乐》记载:郑国人民在山上居住,在河里洗澡,男女混杂,唱恋歌互相挑逗取悦。我们从这些记载,可以了解"郑声"的音调与言辞是什么样子的。它们表现男女相互倾慕的感情,曲调曼妙,歌词淫靡,二者配合,十分诱人。

无事道人　不了禅师

【原文】

才就筏①便思舍筏,方是无事道人②;若骑驴又复觅驴,终为不了禅师③。

【注释】

①筏:一种竹制的渡河工具。

②无事道人:指不为事务所牵挂而已悟道的人。

③不了禅师：是不懂佛理的和尚。

【译文】

刚一踏上竹筏，就能想到过河后竹筏就没用了，这才是懂得事理、不为外物所牵挂的道人；假如骑着驴还在另外找驴，那就变成典型的既不能悟道也不能解脱的和尚了。

【论谭】

有人问世尊："不问有言，不问无言。"他的意思是超越有无相对的真实的禅境是什么。世尊默默地坐了许久。问者赞叹道："多谢佛祖，你大慈大悲，开我迷云，令我得入禅悟之境。"说罢萧然离去。侍者阿难问释迦牟尼："他到底悟到了什么呢？"世尊答道："世上的骏马只要看到了鞭影不用扬鞭就会飞蹄而行的。"马有见鞭影而驰，随御者之意的良马，也有必须抓毛、触肉或者狠抽一鞭才有所动的马。人也一样，有钝有利。此处，这则公案的重点在"世尊安座良久"处。从这里，问道之人看到了一个超越相对二元的分别智的、真实的、般若的、无分别智的禅境。

浑然和气　居身之珍

【原文】

标节义者，必以节义受谤；榜道学[①]者，常因道学招尤。故君子不近恶事，亦不立善名，只浑然和气[②]，才是居身之珍。

【注释】

①道学：宋儒治学以义理为主，因此就把他们所研究的学问叫理学，这种理学也就是"道学"。此处是泛称学问道德，也就是通常所说"道学先生"的道学。

②浑然和气：浑然是纯朴敦厚，和气是儒雅温和。

【译文】

一个爱好标榜节义的人，到头来必然为了节义受到批判毁谤；一个标榜道学的人，经常由于道学而招致人们的抨击指责。因此一个有修养的君子，平日既不接近坏人做坏事，也不标新立异建立声誉，只要保留一股纯朴敦厚、和蔼的气象，这才是一个人立身处世的无价之宝。

【论谭】

荀子《荣辱》中说：人的资质秉性、知识和能力，君子与小人一样。爱好荣誉，厌恶耻辱；爱好利欲，厌恶祸害，这一点君子也与小人一样。但是求得荣誉和利欲，避免耻辱和祸害，君子与小人所采取的方法就不同了。小人拼命做荒诞不经的事，还想要别人相信自己；拼命干欺诈的事，还想要别人亲近自己；行为如禽兽，还想别人用善意对待自己；心术叵测，行动诡诈，所持的论点难以站住脚，结果必然得不到荣誉与利益，也必然遭受耻辱与祸害。至于君子对别人诚实，也想别人对自己诚实；自己忠厚待人，也想别人用善意对待自己；襟怀坦白，行为安稳，所持的论点易于成立，结果必然得到荣誉和利益，也必然不会遭耻辱和祸害。

真理不是巧言，仁义更非口说。同样，学问和道德并非吹嘘而来，而是从艰苦修养中累积而成。《庄子·大宗师》中有段颜回与孔子的对话：颜回说："我进步了。"孔子问道："你的进步指的是什么？"颜回说："我已经忘却仁义了。"孔子问道："好哇，不过还不够。"过几天颜回再次拜见孔子，说："我又进步了。"孔子问："你的进步指的是什么？"颜回说："我'坐忘'了。"孔子惊奇不安地问："什么叫'坐忘'？"颜回答道："毁废了强健的肢体，退除了灵敏的听觉和清晰的视力，脱离了身躯并抛弃了智慧，从而与大道混同相通为一体，这就叫静坐心空物我两忘的'坐忘'。"孔子说："与万物同一就没有偏好，顺应变化就不执滞常理。你果真成了贤人啊！我作为老师也希望能跟随学习而步你后尘。”

麻谷拜望师兄章敬和尚，绕着章敬端坐的禅床走了三圈后，便摇了摇手中带铃的锡杖，兀自立在一旁。章敬说道：“好！好！好！”章敬说好，主要因他是沉稳之人，意在通过哄、捧来鼓励他继续修持。不想麻谷竟自以为师兄认可了自己的机锋，便前往大师兄南泉处以求证实。然而南泉是“超然物外”之人，并不欣赏麻谷的争强好胜之心，就不客气地否定道：“不行！不行！”麻谷问道：“章敬兄说好，肯定我的佛性，你为何说我不行呢？”南泉说道：“章敬是对的，只有你不对。你的机锋根本不是禅机，只是风中的飘萍而已。最后不仅不得正果，而且会走向灭亡。”

人之际遇　齐顺对治

【原文】

人之际遇①，有齐有不齐②，而能使己独齐乎？己之情理③，有顺有不顺，而能使之皆顺乎？以此相观对治④，亦是一方便法门⑤。

【注释】

①际遇：机会境遇。

②齐：相等、相平之意，例如《孟子·公孙丑》篇“地丑德齐”。

③情理：此处指情绪，也就是精神状态。

④相观对治：相互对照修正。治是修正。

⑤方便法门：佛家语，方便有权宜的意思，法门指佛法，佛法是人生法则，指领悟佛法的通路。

【译文】

每个人的际遇各有不同，机运好的可施展抱负干一番事业，机运坏的虽有才华却一事无成。在各种不同的情况中，自己又如何能要求机运的特别待遇呢？自己的情绪有好有坏，有稳定的情绪，也有浮躁的时候，又如何能要求别人事事都顺从你的意愿呢？假如自己能心平气和来对照观察，也就是设身处地反躬自问来想一想，这也是领悟人生的一个最好的修养途径。

【论谭】

杨布问他哥哥杨朱说："有两个人年龄相近，面貌相似，可是他们却一个长寿富贵，美名远扬；一个却短命贫贱，恶名昭彰。为什么？"杨朱告诉他："生死有命，各有不同，你可以任意而为。你想拼命追求，没有人会阻止你，也没有人会反对你。日出日落，各忙各的，谁知道为什么他会那样？说完了，这都是命啊！"命，这冥冥之中的力量，谁也无法证明它的存在和不存在，但人还是习惯于用自己的人生经验对它进行猜想与反驳。事实是这样的：当一个人身处逆境时，他常常相信命运；当一个人身处顺境时，他往往忘记命运；命运就对那些相信命运的人发生效力。命运是什么？命运就是一个人的心理承受力、一个人的选择。一个人做了些什么事，他就会成为一个什么样的人，命运不会欺骗他。相信自己的人，常常把命运当成一个较量的对手，他需要一个对手来证明自己的力量，相信命运的人，常常把命运当成一个救世的菩萨，他需要一个菩萨怜悯自己的软弱。结果，相信自己的人，他从搏斗中享受到了无限的乐趣；不相信自己的人，成了命运的奴隶，他从祈求中滋生了无限的哀怜。相信自己的人，敢想敢干，兢兢业业，奋发图强，大有所为；相信命运的人，画地自狱，悲天怜人，畏葸不前，毫无作为。

田父野叟　天全欲淡

【原文】

田父野叟，语以黄鸡①白酒则欣然喜，问以鼎食②则不知；语以缊袍③短褐④则油然乐，问以衮服⑤则不识。其天全⑥，故其欲淡，此是人生第一个境界。

【注释】

①黄鸡：肥鸡煮熟后上面有一层黄色的油皮，黄鸡指一般所说的白切鸡。

②鼎食：形容美味珍馐的美食，鼎是中国古代盛食物的锅。

③缊袍：新棉加上旧絮所做成的棉絮叫缊，《论语·子罕》篇："衣敝缊袍。"

④短褐：粗糙的衣服。

⑤衮服：官服。

⑥天全：即完全天然的本性。

【译文】

跟乡下老农谈论饮食，当谈到白切鸡、老米酒时，他们就会显得兴高采烈，如果问他们一些山珍海味等佳肴，就茫然不知；当谈起穿着时，一提起长袍短褂，他们就不由得会流露出欢乐表情，假如问起黄袍紫蟒等官服，他就一点也不懂了。可见农夫保全了纯朴本性，所以他们的欲望才这样淡泊，这才是人生的第一等境界。

【论谭】

《庄子·马蹄》中有一段发人深思的议论，庄子说："黎民百姓有他们固有不变的本能和天性，织布而后穿衣，耕种而后吃饭，这就是人类共有的德行的本能。人们的思想和行为浑然一体没有一点儿偏私，这就叫任其自然。所以上古人类天性保留最完善的时代，人们的行动总是那么持重自然，人们的目光又是那么专一而无所顾盼。正是在这个年代里，山野里没有路径和隧道，水面上没有船只和桥梁，各种物类共同生活，人们的居所相通相连而没有什么乡、县差别，禽兽成群结队，草木遂心地成长。因此禽兽可以用绳牵引着游玩，鸟鹊巢窠可以攀登上去探望。在那人类天性保留最完善的年代，人类跟禽兽同样居住，跟各种物类相互聚合生存，哪里知道什么是君子、小人呢？人人都蠢笨而无智慧，人类的本能和天性也就不会丧失；人人都愚昧而无私欲，这就叫作'素'和'朴'。能够像生绢和原木那样保持其自然的本色，人类的本能和天性就会完整地流传下来。"

幽人清事　总在自适

【原文】

幽人[1]清事，总在自适，故酒以不劝为欢，棋以不争为胜，笛以无腔为适[2]，琴以无弦为高，会以不期[3]约为率真，客以不迎送为坦夷[4]。若一牵文泥迹[5]，便落尘世苦海矣！

【注释】

①幽人：隐居不仕的人。

②笛以无腔为适：意思是为陶冶性情不一定要讲求旋律节奏。

③会以不期：会是约会，不期是讲没有指定的时间，不受时间所约束。

④坦夷:坦白快乐。韩愈诗有"颍水清且寂,箕山坦而夷"。

⑤牵文泥迹:为一些烦琐的世俗礼节所牵挂拘束。

【译文】

一个隐居的人,内心清净而俗事又少,一切只求适应自己本性。因此喝酒时谁也不劝谁多喝,以各尽酒量为乐;下棋只是为了消遣,以不为一棋之争伤和气为胜;吹笛只是为了陶冶性情,不一定要讲求旋律节奏;弹琴只是为了消遣休闲,以不求旋律为高雅;和朋友约会是为了联谊,以不受时间限制为真挚;客人来访要宾主尽欢,以不送往迎来为最自然。反之假如有丝毫受到世俗人情礼节的约束,就会落入烦嚣尘世苦海而毫无乐趣了。

【论谭】

陶渊明说:"结庐在人境,而无车马喧。问君何能尔,心远地自偏。采菊东篱下,悠然见南山。山气日夕佳,飞鸟相与还。此中有真意,欲辩已忘言。"一个有智慧和修养的人,他们的心境高旷超脱,能够恬然自安,不会被俗事所羁绊,也就不会像一般世俗之人那样,庸人自扰。所以,做人应当自然。对于世外桃源之人,那么多的繁文缛节,实在让人心累。不仅外形宜免世俗之相,与朋友游乐同样以怡神陶性为高,不受时间限制为真。要把自己的真心融汇于大自然,让自己的生活适合自己的本性,为自己而活着。陶渊明抚无弦的琴,他自我陶醉:"要知琴中趣,何弄弦上音",所以他经常以抚无弦琴自娱。

庄子说:"深隐高蹈,决绝离世了,不是至知厚德人所为。执迷不悟,追逐外物,虽君臣相替,也不过是时势所为,易世不必自相轻贱。所以至人没有偏滞的行为。"

"学者往往厚古而薄今,若以上古狶时代的观点看现在,人心能不动吗?唯有至人能够游心于世而不孤僻,顺应人情而保持天性。这不是受教所致,而是本性具足的缘故。"

做人的确应该游心大道,任其自然。但是自然并不是绝对的,例如迎送是不宜为礼所累,"蓬门今始为君开"的境界就不在此列了。

饱谙世味　会尽人情

【原文】

饱谙[①]世味,一任覆雨翻云,总慵[②]开眼;会尽人情,随教呼牛唤马[③],只是点头。

【注释】

①谙:熟悉。

②慵:懒惰。

③呼牛唤马:形容毁誉随人。语出《庄子·天道》篇:“夫巧知神圣之人,吾自以为脱焉。昔者子呼我牛也而谓之牛,呼我马也而谓之马,苟有其实,人与之名而弗受,再受其殃。”

【译文】

一个饱经人世风霜的人,任凭人情冷暖世态炎凉的反复变化,都懒得再睁开眼睛去过问其中的是非;一个看透了人情世故的人,对于世间的一切毁谤赞誉都无动于衷,不论人们随意对他呼牛唤马一般的吆喝,都会若无其事点点头。

【论谭】

在《庄子·天道》中曾说了这样一则关于老子的故事。一天一个叫士成绮的人见到老子而问道:“听说先生是个圣人,我便不辞路途遥远而来,一心希望能见到你,走了上百天,脚掌上结了厚厚的老茧不敢停下来休息休息。如今我观察先生,竟不像是个圣人。老鼠洞里掏出的泥土中有许多剩余的食物,看轻并随意抛弃这些物品,不能算合乎仁的要求;粟帛饮食享用不尽,而聚敛财物却没有限度。”老子好像没有听见似的不做回答。

第二天士成绮再次见到老子,说:“昨日我言语刺伤了你,今天我已有所悟而且改变了先前的嫌隙,这是什么原因呢?”老子说:“巧智神圣的人,我自以为早已脱离了这种人的行列。过去你叫我牛我就称作牛,叫我马就称作马。假如存在那样的外形,人们给他相应的称呼却不愿接受,将会第二次受到祸殃。我顺应外物总是自然而然,我并不是因为要顺应而有所顺应。”

灭却心头火,剔起佛前灯。禅家向来崇尚宽容忍耐的精神。

有个农家女孩无缘无故地怀孕,在父母的苦逼追问下,女孩竟指白隐禅师为其子之父。农夫和家妇怒不可遏,找白隐理论,白隐听完了对方的辱骂,只说了一句话:“就是这样吗?”婴儿降生后即送给了白隐。白隐虽名誉扫地,但并不介意,一味细心照顾孩子。不久,此事真相大白,原来孩子的真正父亲是一个市井之徒。女孩的父母上门向白隐禅师赔礼道歉,称赞他真是一位善良的人。白隐在交回孩子时仍然轻轻说道:“就是这样吗?”

白隐禅师的胸怀多么坦荡,他的涵养足令毁谤者自惭形秽。

花萼徒荣　玉帛何益

【原文】

树木至归根[1],而后知华萼[2]枝叶之徒荣;人事至盖棺[3],而后知子女玉帛无益。

【注释】

①归根:比喻事物结局归于根本。《传灯录》:“涅槃时答众曰:‘落叶归根,来时无日’”。

②华萼:华,同花。萼是花瓣的最外部。

③盖棺:指人死后入殓棺木,表示一个人生命事业的结束。

【译文】

树木每当到了秋冬季节就叶落归根化为腐土,人们才想到茂盛的枝叶、鲜艳的花朵只不过是一时的荣华;人到死后进入棺材,这时才会知道子女钱财毫无用处。

【论谭】

孔子说:“到了一年的寒冬季节,才知道松叶经霜不落,是最能与雪相搏的。”这句话所包含的是一种痛苦的磨炼、艰难的拼搏和不屈不挠的意志,是一种最沉重最珍贵的东西。因为松柏的坚贞是与风雪搏斗才得到的,而不是轻飘飘一帆风顺地获得的。人们常说:“临事利害,遇事变,然后君子之所守乃见也”,又说:“一死一生,乃见交情;一贵一贱,交情乃见”,没有严峻的考验,人是无法获得真正有高质量高价值的东西的。孔子的观念正好是对“花萼徒荣”这种消极事物的一种批评。

真恳念头　圆活机趣

【原文】

做人无点真恳念头,便成个花子①,事事皆虚;涉世无段圆活机趣,便是个木人,处处有碍。

【注释】

①花子:乞丐的俗称。

【译文】

一个人做人假如没有一点真情实意,就会变成一个一无所有的乞丐,不论做任何事情都不踏实;一个人生活在世界上如果没有一点圆通灵活应变的情趣,就像是一个没有生命的木头人,不论做任何事情都会碰到阻碍。

【论谭】

雪潭离开宗师棠林和尚后,住持正眼寺,开一代禅风。他以教引学僧手段独到而得有“雷公雪潭”的称号。时有瑞泉寺邀请讲道,连瑞泉寺所在地的官员也慕名而来了,所以寺内特意备了一座高席请地方官坐,并在高席前置了一块垫子请和尚静坐讲道。雪潭见此,雷怒不息,“太无礼了,要听的都坐到下边去,我讲的经没什么高低之分的。”一派目中无王的禅者气宇。

同功相忌　同乐相仇

【原文】

当与人同过，不当与人同功，同功则相忌；可与人共患难[1]，不可与人共安乐，安乐则相仇。

【注释】

①患难：患是忧愁，患难是指艰难困苦。

【译文】

应当有与人共同承担过失的雅量，不可有跟人共享功劳的念头，因为共享功劳彼此就会互相猜忌；可以有与人共患难的胸怀，不要有跟人共安乐的贪心，因为共享安乐之中彼此之间容易互相仇视。

【论谭】

孔子说：有一个字是人可以终身奉行的，那就是“恕”。恕就是推己及人，你自己所不愿地，不要加给别人。

经历过贫贱、困难、挫折、痛苦的人，因为自己对这些东西有体会，所以为别人着想还容易一点。一帆风顺的人、条件优越的人、有名望有地位、才高力大的人，办起事来碰钉子时少，走起路来抬轿子的多，自己达到目的很容易，为别人着想就不那么容易了。甚至，只要有一点点权力的人，在运用这点权力时，为别人着想都不太容易做到。

所以，孔子把一个“恕”和一句“己所不欲，勿施于人”单单送给子贡。因为子贡才华很高，在孔门弟子中，他在事功上表现很出色，经营工商很成功，在政治、外交方面也很出色。这样，很容易犯不饶恕人、不善体谅人的毛病，孔子送他的话，既是因材施教，又具有前面所说的更普遍的意义。

放得心下　脱凡入圣

【原文】

放得功名富贵之心下，便可脱凡[①]；放得道德仁义之心下，才可入圣[②]。

【注释】

①脱凡：脱是脱俗。脱凡即超越尘世的意思。

②入圣：进入光明伟大的境界。

【译文】

一个人能丢开追求功名富贵的权势主义思想，就可以超越庸俗的尘世杂念；一个人能不受仁义道德等教条的思想束缚，才可以进入超凡绝俗的圣贤境界。

【论谭】

赵苞镇守辽西，威震天下。为全孝尽道，派人去接母亲和妻子。途中，鲜卑族一万余人入侵，他母亲、妻子被劫为人质。赵苞率骑兵二万人进行抵抗，没料到鲜卑族人把他母亲推到阵前，赵苞悲号，对其母亲呐喊："孩儿不孝，本想接您早晚奉养，没想到反而使您得祸。过去是母子，现在是王臣，我不能为顾私恩毁掉忠节，只有万死以报了。"赵母喊道："威豪，人各有命，何必顾私情而亏忠义。过去有王陵的母亲面对反使伏剑自杀，以稳定儿子的志向。你要勉励自己，效法王陵。"于是，赵苞即时进兵，大破敌军，其母及妻子均被杀害。

竹叶因风摇曳，叶影洒在阶上，动个不停，仿佛在扫尘，而尘却不走；明月映在水里，仿佛照彻了水底，然而却没有丝毫痕迹。意指禅者志我的行为了无痕迹，不着一态。雨后初霁的田间小路上走过来两位僧人，一位是近世禅门怪杰原坦山，一位是道友环溪和尚。不一会儿，前面遇到一条小河，木桥已朽，无法渡人了。河水很混浊，咆哮不止。河边还站着一位姑娘，正为无法过河发愁，脚蹬草鞋的坦山，径直走到姑娘身边，说："姑娘别发愁，来，我抱你过河。"姑娘脸都红了，甚是羞怯，让坦山抱着，涉水过了河。二僧随即与姑娘道别，继续赶路。环溪内心一直犯疑，出家人怎么可以身抱妙龄女郎呢？他按捺不住地问道："坦山和尚，我们出家人应不近女色，你怎么能抱她呢？"坦山听后大笑。"什么？你心里还抱着那个女子吗？我当时就把她放下了啊！"

有意反远　无心自近

【原文】

禅宗①曰："饥来吃饭倦来眠②。"诗旨曰："眼前景致口头语。"盖极高寓于极平，至难处于至易。有意者反远，无心者自近也。

【注释】

①禅宗：佛教的一个宗派，又名佛心宗或心宗。

②饥来吃饭倦来眠：王阳明诗曰："饥来吃饭倦来眠，只此修去玄更玄。说与世人浑不信，却由身外觅神仙。"

【译文】

禅宗有一句偈说："饿了就吃饭，困了就睡觉。"而作诗的秘诀是："多多运用眼前景致和俗言谚语。”因为世间极高深的哲理，往往是产生于极平凡的事物中；极美的诗是出于无心的真情流露，可见有意者远于理，而无心者近于真。

【论谭】

平凡中寓有深义，大道理见于小道理之中。而所有人们所讲的道理又全是自然的产物，是人对自然触景生情的流露。《列子·仲尼》中有段话是这样说的：

关尹喜说：“自己不要执着，事理自然显著。事物的动好像水顺势而流，它的静好像镜子既平且净，有什么，出现什么，毫不隐藏。它的回答好像回声，发出什么音，回响什么音。这就是它能引导事物。事物违离自然之道，自然不会违离事物。善于顺道的，也不用耳朵，也不用眼睛，也不用体力，也不用心智，想顺道而用视力听力形体和智慧来求得，就不得当了。道，望它似在前，忽然又在后；运用它更觉充塞，上下四方无所不在，但却不晓得它在哪里。也不是有心人所能够远离，也不是无心人所能够亲近。知道却不用情，能够却不作为，这是真知道真作为。不知，哪能用情？不作为，哪有作为？聚集土块，积累灰尘，纵是无所作为，却并非没有道理。”

闲生别念　忙隐真性

【原文】

人生太闲，则别念[1]窃生，太忙，则真性[2]不见，故士君子不可不抱[3]身心之忧，亦不可不耽[4]风月之趣。

【注释】

①别念：邪念、杂念。
②真性：心的真实本性，也就是本然之性。
③抱：保持。
④耽：迷恋。

【译文】

一个人整天游手好闲，一切杂念就会在暗中悄悄出现；反过来整天奔波忙碌不堪，又会使人丧失纯真的本性。所以大凡一个有才德的君子，既不愿使身心过度疲劳，也不愿整天沉迷在声色犬马的享乐中。

【论谭】

孔子很善于放松自己。有一次，他同几个学生在一起聊天，大家各谈自己的志向，有的说，我能使一个小国家强大起来，不受大国欺负；有的说，我要努力发展经济，使人民都富足；有的说，我喜欢去办外交，主持些典礼仪式什么的。最后孔子问正在弹琴的曾点，曾点说，我与他们都不一样，只想在春末夏初，穿上单薄的衣服，邀几个人，到河里洗洗澡，在河边吹吹风，然后谈笑放歌地回家。孔子立即说，曾点的志向就是我的志向！的确，孔子一生，克己复礼，栖栖惶惶，够紧张够执着了，但他并不是时刻把解放全人类的担子背在肩上，像鲁迅所讽刺的，切西瓜吃还想到国土被瓜分！相反，他也有放下担子轻松地生活的时候！

得休便休　了时无了

【原文】

人肯当下休，便当下了。若要寻个歇处，则婚嫁虽完，事亦不少，僧道虽好[①]，心亦不了。前人云："如今休去便休去，若觅了时无了时。"见之卓矣。

【注释】

①僧道虽好：僧是指道人，道是道士。好是美、善，此处指清静、无外人干扰。

【译文】

人不论做什么事，应罢手不干时，就要下定决心结束，假如犹疑不决想找个好时机，那就像男女结婚虽然完成了终身大事，以后家务和夫妻儿女之间的问题还很多。人们别以为和尚道士好当，其实他们的七情六欲也未必全除。古人说得好："现在能罢休就赶紧罢休，如果说找个机会罢休，恐怕就永远没了罢休的机会。"这真是一句极高明的见解。

【论谭】

范蠡追随越王勾践二十多年，苦其心志，运筹谋划，终于灭了吴国，报了会稽之辱。

勾践称霸诸侯后，范蠡也被封为将军。但范蠡深知勾践为人，只可同患难，不可共安乐，于是急流勇退，携妻将子，扬帆过海，秘密离开了越国。范蠡辗转到了齐国，改名换姓，自称为鸱夷子皮，在海边定居下来。从此，率子整治家业，开发经营，范蠡记得还是在会稽山上曾与另一位谋臣计然共事，计然说："要打仗就要备战，备战就要与货物打交道。只有知道货物的生产季节和社会需求的关系，才算是知道货物。季节和需求的关系能够明确，则天下所有货物的供需行情，就能够看得清楚了。"计然给勾践出过不少计谋，使战败的越国很快就富起来。范蠡从中得到启示："计然的策略共有七项，越国只用了五项就能如愿以偿。他的策略对于治国行之有效，如果用于治家，我想必有收益。"范蠡依计而行，果然，没多久，就在海边积累了数十万财产，富甲齐国。齐国人看他贤能，又善于理财，便请他出来为卿相。范蠡喟然长叹："在家能积聚千金，外出能官至卿相，对于普通人这是再高兴不过的事了，但长久地享受这些尊荣和名声并不吉利啊！"于是，又辞了卿相，把大部财产分给亲朋好友和邻里乡党，只随身藏着些珍贵的珠宝，秘密离开齐国，到达宋国的都城陶。范蠡看到陶位于天下的中心，与诸侯各国四通八达，来往货物都在此交易，认为此地经营很容易致富，便在陶定居下来，自称陶朱公。从此，父子刻苦节俭，亲自耕种畜牧，兼营商业。由于对商品的囤积或脱手，善于看准行情，把握时机，在贩卖之中，获取十分之一的利润，没几年，又积累了上亿的家产，天下都知道陶朱公了。

智愚可教　中才难处

【原文】

至人①何思何虑，愚人不识不知。可与论学亦可与建功，唯中才之人，多一番思虑知识，便多一番臆度②猜疑，事事难为下手。

【注释】

①至人：指智慧和道德都高人一等的人。例如《庄子·天下》篇有"不离于真，谓之至人"。

②臆度：推测，计算。

【译文】

智慧道德都超越一般人的人，他们心胸开朗，对任何事物都无忧无虑；天赋愚鲁的人，想得少知道的不多，脑中糊里糊涂一片空白，因此遇事也就不懂得钩心斗角。这两种人既可以和他们研究学问，也可以和他们一同建功立业。唯独那些天赋中等的人，智慧不高，却什么都懂得一点，这种人遇事考虑得最多，猜疑心也极重，所以什么事都难以和他们合作完成。

【论谭】

《庄子·秋水》中假借河神和海神的对话描述了事物的各种情态。

黄河之神说："物的内部、外部，为什么要分贵贱？为什么要分大小？"

北海之神说："从道的立场来看，物没有贵贱；从物的立场来看，自以为尊贵而互相轻贱；从世俗的观点来看，贵贱都不是由于自己。从物的大小差别来看，根据它比一些物大就说它是大，那万物没有不是大的；根据它比一些物小就说它是小，那么万物就没有不是小的。明白天地可等同于一粒小米，毫毛可等同于一座高山，就可以明白万物小大的差别是怎么一回事了。按功用上看，根据物所具有的一面而认为有，万物没有不是有的；根据物所不具有的一面认为没有，万物没有不是无的。知道东和西虽然相反但互相不能缺少，就可以明白一个物的地位和作用。按物的情趣志向来看，认为对的就说对，万物没有不是对的；认为不对的就说不是不对，万物没有不是错的。知道尧和桀必然互相认为对方不对，我们的情操志向就可以明白了。"

信人己诚　疑人己诈

【原文】

信人①者，人未必尽诚，己则独诚矣；疑人②者，人未必皆诈，己则先诈矣。

【注释】

①信人：信任别人。

②疑人：怀疑别人。

【译文】

一个肯信任别人的人，虽然别人未必都是诚实的，但是自己却先做到了诚实；一个常怀疑别人的人，别人虽然未必都是虚诈，但是自己已经先成为虚诈的人。

【论谭】

荀子说，即使是普通的谈吐也一定要诚实可信，即使是普通的行动也一定要谨慎小心，不敢效法流行的习俗，不敢自以为是，像这样就可以叫作诚实之士了。诚实是对别人而言的，也就是说诚实是有对象的。自己对自己是透明的，无所谓诚实与不诚实，就像含蓄一样，含蓄是一种对象化的装饰风格，当一个人愈是在乎另一个人，就愈是含蓄得淋漓尽致；当一个人面对自己或最体己的人时，他是用不着含蓄的。诚实就是彻底地卸掉所有的伪装或技巧，把自己像一朵花那样打开，自然、朴实、亲切。诚实的力量是一种敞开的力量。

雅士交友　述古畅怀

【原文】

交市人不如友山翁[①]，谒朱门[②]不如亲白屋[③]；听街谈巷语，不如闻樵歌牧咏，谈今人失德过举，不如述古人嘉言懿行。

【注释】

①山翁：此指隐居山林的老人。

②朱门：本指红色大门，比喻富贵人家。

③白屋：平民百姓穷苦人家的房屋，用简陋的材料搭建，因此用“白屋”来代称。

【译文】

交一个市井之人做朋友，不如交一个隐居山林的老人；巴结富贵豪门，不如亲近平民百姓；谈论街头巷尾的是是非非，不如多听一些樵夫的民谣和牧童的山歌；谈论现代人的错误过失，不如多论述一些古圣先贤的格言善行。

【论谭】

陶渊明是东晋后期有名的大诗人兼散文家。他自小接受了儒家忠君报国思想的熏陶，颇有“济世救民”志向。从政后，由于他的脾气倔强，不为五斗米而折腰，鄙视官场逢迎拍马那一套，愤怒之下辞官归隐了。陶渊明回家后，开始从事农业生产。在劳动之余，他除了把田园生活的切身体会写成诗词之外，还和村里农民结下了深厚情谊。在诗中，他写自己与农民们谈论农事，“相见无杂言，但道桑麻长。”很有共同语言。

陶渊明同农民的关系很好，他对那些达官贵人却又是另一幅样子。陶渊明住的那个郡的刺史王弘想结识他，派人来请他去。可是陶渊明不予理睬，让他碰了钉子。后来王弘想了一个办法，叫陶渊明的老熟人在半路上准备好酒食，等陶渊明经过时把他拦下来喝酒，陶渊明一见酒果然停下来。当他们两人喝得正有兴致的时候，王弘摇摇摆摆过来，假装是偶然碰到的，也来加入一起喝酒，这样总算认识了，也没惹陶渊明生气。又隔了几年，江州刺史换上檀道济，这是一位名将。檀道济上任不久，就亲自登门拜访陶渊明。当时陶渊明生着病，正躺在床上。檀道济就对他说：“贤人安身立命的哲学应该是：世道坏就隐居，世道好就出去做官。现在你生活在光明的时代里，为什么非要隐居不可，自己和自己过不去呢？”陶渊明回答说：“我哪里能够照贤人的样子去做呢？我的志向赶不上他们。”婉转地拒绝了檀道济的劝说。檀道济临走时要送给他粮食和肉，他也谢绝了。陶渊明对待王弘、檀道济的这种冷漠态度，反映了他甘于贫贱、不慕荣华和隐居的决心。

身心嗜欲　但求真趣

【原文】

茶不求精而壶亦不燥①，酒不求冽而樽②亦不空。纵难超越羲皇③，亦可匹俦④嵇阮⑤。

【注释】

①燥：干涸。

②樽：盛酒的器具。

③羲皇：即伏羲氏，为上古时代的皇帝。

④匹俦：匹敌。此作媲美解。

⑤嵇阮：嵇是嵇康，字叔夜，资性高迈不群，官拜中散大夫不就，常弹琴咏诗以自娱。阮，阮籍，字嗣宗，好老庄，嗜酒善琴，对俗士以白眼相待。

【译文】

喝茶不一定非要喝名茶，但保持壶底不干，喝酒不一定非要喝名酒，但是总是维持酒

壶不空。一个人假如能达到这种境界，虽然还不能超越伏羲时代那种清静消遣，但是起码也可媲美嵇康和阮籍的那种恬淡逍遥的生活。

【论谭】

孟子说：别人理解我，我自得其乐，别人不理解我，我也自得其乐。《今世说》里记叙了一则故事说毛稚黄总是生病，连朋友邻里都为他发愁，他自己却大不以为然，说是“病的味道极好，实在很难向那些浮躁的人说清楚”。人生需要一点自得其乐。自得其乐不失为一种应付沉重而充满艰辛的现实人生的变通方式，不失为一种调剂人生的润滑剂，它能使我们于多烦恼、多忧愁的人生中保有一份必不可少的乐观。

山肴野禽　体任自然

【原文】

山肴[1]不受世间灌溉，野禽不受世间豢[2]养，其味皆香而且冽[3]。吾人能不为世法[4]所点染，其臭味不迥[5]然别乎！

【注释】

①山肴：肴本指荤菜，山肴此处指香菇、木耳、竹笋等山产。
②豢：饲养。
③冽：味强烈。
④世法：指世俗的功名利禄，即世间一切法。
⑤迥：相异。

【译文】

生长在山间的蔬菜根本不必人们去灌溉施肥，生长在野外的动物根本不必人们来饲养照顾，可是这些野菜和野物的味道吃起来却非常甘美可口。同样，假如人不受功名利禄所污染，品德心性自然显得格外纯真，跟那些充满铜臭的人有显然区别。

【论谭】

中国人的传统观念，向来是崇尚精神享受，贬低物质享受。我们无法否认精神的力量，许多高贵的操守，都因为精神上有所依凭所致。例如要维持一个原则，或一种道义，而能抵受许多物质上的匮乏。这种人是很值得敬佩的。

曾子是孔子的得意门生，他穿着破旧的衣服在田里耕作，鲁国的国君派人给他送来采邑，并说：“请您用这来置办些衣物。”曾子坚决不接受。使者走了又来，一定要给，曾子还是拒不接受。

使者说：“这并不是先生您向别人索求的，而是人家情愿主动奉送给您的，为什么不接受呢？”

曾子有曾子的道理：“接受别人的东西的人害怕别人，给予别人东西的人傲视别人。这虽然是君王赐给我的，君王也不傲视于我，但我能不害怕吗？”

最终，曾子还是未收那份厚礼。孔子听说了这事，说：“曾参说的话，足以表明自己的志向、保全他的节操了。”

体任自然的事物总是美的，因为它未失其纯朴的本性。山肴和野禽都是如此，更何况乎人呢？不染世法、返璞归真历来是人们乐于追求的东西。

我们怎样才能返璞归真？怎样才能找回已失去的自然天性？

当然，人们不可能闭着眼睛生活，把眼睛一睁开就能见到逢迎讨好，就能见到圆滑世故，有的人用心计和阴谋一夜变富，有的人靠吹牛拍马平步青云，叫我们如何返璞，如何归真呢？

老子同样也看到这些现象，他认为要保持自己的天性，我们就要做到虽然明知圆滑的好处，自己却甘于诚实；虽然懂得谄媚会给自己带来利益，自己仍然照样挺起胸膛来做人；虽然知道在众人面前抛头露面会扬名四海，自己还是坚持默默地耕耘；虽然明白富贵荣华使人羡慕和尊敬，自己却安于过一种贫贱卑微的日子；虽然也知道美味佳肴好吃，自己还是津津有味吃粗茶淡饭。做人应该好像天空一样，虽然有不少乌云在它上面飘过，但雨过天晴，乌云散尽，它仍然还是湛蓝如洗，一尘不染。

做人又应该像白玉，不管埋在什么地方都不改变自己洁白的本性。

心境如月　空而不着

【原文】

耳根[①]似飙谷[②]投音，过而不留，则是非俱谢；心境如月池浸色[③]，空而不着，则物我[④]两忘。

【注释】

①耳根：佛家语，佛家以眼、耳、鼻、舌、身、意为六根，耳根为六根之一。

②飙谷：飙，是自下至上的风暴。飙谷是指大风吹过山谷。

③月池浸色：月亮在水中的倒影所映出的月色。

④物我：外物和自我。

【译文】

耳根假如像大风吹过山谷一样，经一阵呼啸之后什么也没有，这样所有流言蜚语都不起作用；心灵假如能像水中的月亮一般，月亮既不在水中，水中也不留月亮，云来月掩，水仍是水，月仍是月，人要达到这种境界，心中自然也就一片光明而无外物和自我之分。

【论谭】

一个叫貉稽的人，有一次，他与孟子谈话，告诉孟子，自己总是被人说得很坏。孟子回答得很干脆。孟子说:“无伤也,士憎兹多口。”“无伤”,就是没有关系。

孟子还举出《诗经》中“不消灭别人的怨恨,也不失去自己的名声”这两句诗作佐证,进一步说明为什么没有关系。孟子的意思很清楚,那就是,面对那些飞短流长,关键还在我们自己,关键是我们要不把它当回事,不要用别人的是非之论来烦扰自己。爱传流言道是非的人,本就是小人。小人终归是小人,你想让他不在背后说三道四、七嘴八舌,于他不可能,于你也做不到,小人之口是堵不住的。而且堵了今日有明日,塞了这一个有那一个。

超然物累　乐天之机

【原文】

鱼得水逝[1]而相忘乎水,鸟乘风飞而不知有风,识此可以超物累,可以乐天机。

【注释】

①逝:游、行。

【译文】

鱼只有在水中才能悠哉悠哉的游,但是它们忘记了自己置身于水中;鸟只有借风力才能自由自在的飞翔,但是它们却不知道自己置身风中。人如果能看清此中道理,就可以超然置身于物欲的诱惑之外,只有这样才能获得人生的乐趣。

【论谭】

孔子说过:君子在没有得到职位的时候,在修养心志中感到快乐;得到职位后,在办好政事中得到快乐。传统的修身养性之道,有一条重要的原则是心静,静如止水才能排除私心杂念,无识无欲,心平气和。庄子看到鱼在水中游,很羡慕地说“乐哉鱼也”。鸟跟鱼能逍遥自在,是因为它们除了生理上的基本要求之外,没有像人类那么多的情欲和物欲。人生在世不只是为了活着,仅仅为了生存而来到人世就太可悲了。也正因为有知识、有理想、有追求,才会经常陷入苦恼。有人却可使精神愉快。知足是相对的,无止境的贪图是可怜的,但无条件的知足变成虚妄,好比心静,静至只看到自己的内心,而看不到外部世界，自我封闭，孤陋寡闻，就谈不上真正的快乐。因此，人生最大的快乐，只有在心静自然中获得。

静非真静　乐非真乐

【原文】

静中静非真静，动处静得来，才是性天[1]之真境；乐处乐非真乐，苦中乐得来，才是心体之真机。

【注释】

①性天：就是天性，《中庸》有“天命之谓性”，说明人性是由天所赋予的。

【译文】

在万籁俱寂的环境中所得到的宁静并非真宁静，只有在喧闹环境中还能保持平静的心情，才算是合乎人类本然之性的真正宁静；在歌舞喧闹环境中得到的快乐并非真快乐，只有在艰苦困难的环境中仍能保持乐观的精神，才算是合乎人类本然灵性的真正乐趣。

【论谭】

一个人住在远离烦扰世俗的深山幽谷之中保持一份宁静的心情，当然容易，但在枪林弹雨杀声震天之时，仍能保持一颗平静无波的心就更显出静的意义。有人以为将军只需要勇敢无畏，清静只是学者书生所必须具备的德性，其实这是误解，对敌我形势的准确判断，最紧要是头脑冷静，勇敢无畏但又容易冲动的人只宜当士兵，当统帅则必定会经常误事。战场上形势瞬息万变，如果全军没有一个镇静的头脑调兵遣将，必定自陷绝境，导致全军覆没。

一个人行动的时候应该像太阳火球一样运行，而内心的精神状态又必须像深夜一样宁静；情绪应像昔日大姑娘那样不动声色，而行动则应像兔子那样敏捷快速——这就是孙子所说的应“静如处子，动如脱兔”。动如脱兔，快速敏捷，必须来自清醒冷静的判断，否则敏捷就变成了轻率，快速就失之于盲目。所以，老子说——“静是动的主宰，重是轻的根基”。

宁静淡泊　得心真味

【原文】

静中念虑澄澈①，见心之真体②；闲中气象从容，识心之真机；淡中意趣冲夷③，得心之真味。观心证道，无如此三者。

【注释】

①澄澈：河水清澈见底。

②真体：人性的真正本领。

③冲夷：冲是谦虚、淡泊，夷是夷通、和顺、和乐。

【译文】

人只有在宁静中心绪才会像秋水一样清澈，这时才能发现人性的真正本源；人只有在安详、闲暇中气概才会像晴空白云一般悠闲舒畅，这时才能发现人性的真正灵魂；人只有在淡泊明志中内心才会像平静无浪的湖水一般谦虚和顺，这时才能获得人生的真正乐趣。要想观察人生的真正道理，再也没有比这种观人之方式更好的了。

【论谭】

自古以来，许多文人志士都崇奉“宁静以致远，淡泊以明志”这两句名言，表现出一种儒家的风范。

东汉黄宪，字叔度，汝南人，当时著名人物郭泰，到汝南去拜访袁奉，相见后，就连车子都未停稳，交谈一会儿就离开了。而去拜望黄宪，则是整日交谈乃至住了两晚。别人问郭泰这是为什么？郭泰讲：“袁奉的气质才学，就如同流水一样，虽然清澈却很容易酌取。而黄宪的气质才学，如同千顷碧波一样深广，平静安定时不会清亮透彻；搅乱鼓荡时又不浑浊，真是深不可测。”赞扬黄宪才学十分高深。朝廷屡次以孝廉的名义征召他做官，黄宪都拒绝了，所以获得了徽君的美称。太尉陈蕃、周举对黄宪的人品才学很钦佩，常常说：“一月之间不与黄宪交谈，浅俗的念头就会萌生。”

老子和庄子都认为虚静是万物的本性，因而恬静的生活是一种符合人的本性的生活，符合本性的也是自然的，而自然的境界就是一种最高的境界，亦是人性的真正本源。

自然规律的运行无休无息，万事万物因此而生成；成圣成王之道的运行也无休无息，所以天下人心归顺。如果能了解自然规律，通晓成圣成王的道理，并明白上下古今四方的变化，都是遵循各自的天性，那么人的心境和行为就能归于平静。平静是天地的“水平仪”，恬静是个人最高的精神境界，是古代高尚之士精神的休息场所。心神宁静便空明，空明便能充实，充实便是完备。心神空明既象征宁静，由宁静后再行动就无往而不得，无往而不宜。同时，心神宁静便是无为，无为恬静自然就安逸和乐，安逸和乐的人就不受忧患灾难所困扰。当一个人内心非常安逸时，就能出现从容不迫的神态，这时考虑任何事情，就容易发现事理的奥妙，也就是最能找出“识心之真机”。

动静合宜　道之真体

【原文】

好动者云电风灯①，嗜寂者②死灰槁木③；须定云止水④中，有鸢飞鱼跃⑤气象，才是有道的心体⑥。

【注释】

①云电风灯：形容短暂、不稳定。

②嗜寂者：特别好静的人。

③死灰槁木：死灰是指熄灭后的灰烬，槁木是指枯树，比喻丧失生机的东西。据《庄子·齐物论》篇：“形固可使如槁木，而心固可使如死灰乎。”

④定云止水：定云是停在一处不动的云，止水是停在一处不流的水，比喻极为宁静的心境。

⑤鸢飞鱼跃：鸢，形状如鹰。指极为宁静中的动态。

⑥心体：心就是体，古时以心为思想的主体。

【译文】

一个好动的人就像乌云下的闪电，霎时之间就消失得无影无踪，又像一盏风前的残灯孤烛，摇摆不定，忽暗忽明；一个喜欢清静的人，就像已经熄灭了的灰烬，又像已经丧失了生机的树木。过分的变幻和过分的清静，都不是合乎理想的人生观，只有缓缓浮动的彩云下和平静的水面，出现鹞鹰飞舞和鱼儿跳跃景观，用这两种心态来观察万物，才算是理想的境界，才是具有崇高道德心胸的人。

【论谭】

“静”与“动”是矛盾的，对此老子有很多十分独到而精辟的见解。老子认为世界上的“有”（万事万物）来源于“无”，“动”来源于“静”，万事万物的源头是“虚静”，通过发生、发展又回到原来的“静”，万物都静静地守着自己的本性，默默地吸取大地的雨露，安享着各自天然的寿命，春荣冬枯，最后又回到天然的寂静。因而“静”是主宰和根本，“动”是现象或表象。一个人如果老是躁动不安，不仅一事无成，甚至不能尽自己的天年；一个国家如果老是动荡不安，政局长期不稳定，就会迅速走向灭亡。老子强调“静”的思想给我们民族的影响非常深远，从读书、修养、武功到治国，我们都讲究“以静制动”“宁静致远”。但在静中又要看到动的一面，静中随时准备着顺应向动一面的转变而在动中不失其静的本象。

满腔和气　随地春风

【原文】

天运①之寒暑易避，人世之炎凉难除；人世之炎凉易除，吾心之冰炭②难去。去得此中之冰炭，则满腔皆和气，自随地有春风③矣。

【注释】

①天运：指大自然时序的运转。

②冰炭：此为争斗的意思。

③春风：春天里温和的风，此处取和惠之意。

【译文】

大自然的寒冷冬天和炎热夏天都容易躲避，人世间的炎凉冷暖却难以消除；人世间的炎凉冷暖即使容易消除，存积在我们内心的恩仇怨恨却不易排除。假如有人能排除积压在心中的恩仇怨恨，那祥和之气就会充满胸怀，如此自然也就到处都充满极富生机的春风。

【论谭】

人与人之间的相处是一门很大的学问，俗语说："世事洞明皆学问，人情练达即文章。"必须要通达人情事理，才知道如何与人相处，也就是说要善解人意，了解对方的个性及好恶，谅解他的弱点，顾及他的自尊心。我们应该有耐心，有宽容和气度。所以说，在待人问题上是积恩怨于心，还是"人我两忘，恩怨皆空"，决定于人的修养。古代士人讲究宽以待人，强调"恕""忍"，就是要求待人时"以德报德，以直报怨"，使人际和谐，而自我怡然。做人当然不可无原则，提高自身修养的本身是为了以自身之德感化彼人之怨。如此就不会计较于个人的恩怨，不会陷入淹溺人际的苦恼，带来的定会是和气，是春风，是锦绣前程。

幻形凋谢　自性真如

【原文】

发落齿疏，任幻形①之凋谢；鸟吟花开，识自性之真如②。

【注释】

①幻形：佛教认为人的躯体是地、水、火、风假合而成，无实如幻，所以叫幻形或幻身。《圆觉经》有"幻身灭故幻心亦灭"。

②真如：佛家语，指永恒不变的真理，《唯识论》中有"真为真实，显非虚妄；如谓如常，表无变易。谓此真实于一切法，常如其性，故曰真如"。

【译文】

人到老年，头发掉落、牙齿稀疏，这都是生理上的自然现象，因此大可任其自然退化而不必悲伤；从小鸟唱歌和鲜花盛开中，来认识人类本性永恒不变的真理，这才是最豁达的人生观。

【论谭】

知命,使人不斤斤计较于现实的贫富穷达。穷达、贫富,就是现时人们所说的红道(从政)和黄道(经商)两条道上的结果,在这两条道上,依仗人、依仗时势的成分较多,而自己努力的成分相对少一些,所以"命"在人生中的比重成分就相对较大。你自己不错,但无人抬举,无人帮助不行,或者对手比你更强,也不行,这是你的遭遇,也就是你的命;相反,你自己一般,但有得力的依靠,或者对手比你还不如,因而一帆风顺,这也是你的遭遇,也是你的命。既然是外在的东西的作用大,你又何必自以为是或者自怨自艾呢?

静中真境　淡中本然

【原文】

风恬浪静①中,见人生之真境;味淡声希②处,识心体③之本然。

【注释】

①风恬浪静:比喻生活的平静无波。

②味淡声希:味指食物,声是声色。比喻自甘淡泊不沉迷于美食声色中。

③心体:指心的深处,也就是人性的本质。

【译文】

一个人在宁静平淡的安定环境中,才能发现人生的真正境界;一个人在粗茶淡饭的清贫生活中,才能体会到人性的真实面目。

【论谭】

诸葛亮在人们的心目中几乎是智慧的象征,兼备宰相之器与将略之才,关羽、张飞这些赳赳武夫,在他的鹅毛扇挥动下东征西讨,决胜于千里之外。我们一读《隆中对》,即知诸葛亮对当时全国局势的认识多么深刻,对未来历史走向的预见多么准确深远,几句话就勾画了三国鼎立的蓝图,尤其令人叹服。他的智慧为什么这样超群,眼界为什么这样高远呢?

诸葛亮写给他儿子的一封信好像是专谈这个问题的——

“夫君子之行，静以修身，俭以养德，非淡泊无以明志，非宁静无以致远。夫学，须静也，才，须学也。非学无以广才，非志无以成学。淫慢则不能励精，险躁则不能治性。”

诸葛亮认为：大丈夫立身处世，应以静来提高自己的精神境界，以朴素来培养自己的道德，生活简朴、恬淡、寡欲，才能显示出自己的志趣；心境安定冷静，精神专一不杂，才能见识深远。要想学习有成就，心境就必须保持绝对的宁静。要想增长才干，就必须刻苦学习。不学习怎能增长才干，不静又怎么能进行学习呢？轻浮懈怠就不能思虑深远，心境险恶烦躁就不能陶冶性情。

《庄子·缮性》中首先提出“以恬养知”的主张，认为只有自养而又敛藏，方才不“失其性”。书中说：“在世俗的流习范围内修治性情，靠仁义礼智的儒俗学说来期求复归原始的真性；内心欲念早已被习俗所扰乱，还一心希望能达到明彻与通达。这就叫作蔽塞愚昧的人。”

古时候研究道术的人，总是以恬静来调养心智；心智生成却不用智巧行事，可称它为以心智调养恬静。心智和恬静交相调治，因而和谐顺应之情从本性中表露而出。德，就是和谐；道，就是顺应。德无所不容，就叫作仁；道无所不顺，就叫作义，义理彰明因而物类相亲，就叫作忠；心中淳厚朴实而且返归本真，就叫作乐；诚信显著、仪容得体而且合于一定礼仪的节度和表征，就叫作礼。礼乐偏执一方而又多方有失，那么天下定然大乱了。各人自我端正而且敛藏自己的德行，德行也就不会冒犯他人，德行冒犯他人那么万物必将失却自己的本性。

处患不忧　遇权不惧

【原文】

君子处患难而不忧，当宴游而惕虑①；遇权豪而不惧，对茕独②而惊心。

【注释】

①惕虑：惕是忧惧，虑是谋思。惕虑即警惕忧虑。

②茕独：孤苦伶仃的意思。茕指没有兄弟，独是没有子孙。《周礼·秋官》有：“凡远近茕独老幼之欲有复于上。”

【译文】

君子虽然生活在患难恶劣的环境中不忧愁，可是当他参加宴饮安乐悠游时却能知道警惕，以免无意中误入堕落迷途；君子即使遇到有权有势、蛮不讲理的人也绝不畏惧，但是遇到孤苦无依的人却具有同情救助之心。

【论谭】

孟子说："无同情之心者，不可称之为人；无羞耻之心者，不可称之为人；无恭敬之心者，不可称之为人；无是非之心者，不可称之为人。"人有报复心，人能对那些不能善待自己的人施以报复，这大约是显示人类的严厉和人世的严酷的一个很重要的方面，人间的许多杀伐征战，人类的许多冤冤相报的争斗，都由此而来。比如邹国与鲁国发生冲突，邹国死了三十三个官吏，老百姓没有一个去营救的，邹国国君对孟子发牢骚，说这些百姓实在可恨。孟子却对他说："时逢灾荒，在你的国中，百姓们年老体弱者抛尸荒野，年轻力壮者四处逃荒，而你的谷仓里堆满了粮食，库房里存满了珠宝，你的官吏却不向你报告，让你开仓济民。这等于是残害百姓。曾参曾经说过：'警惕啊，你怎样对待别人，别人将怎样回报你。'现在，你的百姓终于得到报复的机会了！你有什么可责备他们的呢？"

《庄子·让王》中那位原宪就是那种"不忧患难，不畏权豪"的君子。

原宪住在鲁国，家居方丈小屋，盖着新割下的茅草；蓬草编成的帘子透亮，折断桑条作为门轴，用破瓮做窗隔出了两个居室，再将粗布衣堵在破瓮口上；屋子上漏下湿，而原宪却端端正正地坐着弹琴歌唱。子贡驾着高头大马，穿着暗红色的内衣，外罩素雅的大褂，前去看望原宪，容光焕发，小小的巷子都容不下这高大华贵的马车。原宪戴着裂开口子的帽子，穿着破了后跟的鞋，拄着藜杖应声开门，子贡说："哎呀！先生得了什么病呀？"原宪回答："我听说，没有财物叫作贫，学习了却不能付诸实践叫作病。如今我原宪，是贫困，而不是生病。"

子贡听了退后数步，面有羞愧之色。原宪又笑着说："迎合世欲而行事，比附周施而交朋结友，勤奋学习用以求取别人的夸赞，注重教诲是为了炫耀自己，用仁义作为奸恶勾当的掩护，讲求高车大马的华贵装饰，我原宪是不愿去做的。"

责人情平　责己德进

【原文】

责人者，原[1]无过于有过之中，则情平；责[2]己者，求有过于无过之内，则德进。

【注释】

①原：原谅，宽恕。
②责：当动词用，期望。

【译文】

对待别人要宽厚，当别人犯错误时，像他没犯过错一样原谅他，这样才会使他心平气和走向正路；要求自己要严格，应在无过错时也要时时找找自己的差错，如此才能使自己的品德进步。

【论谭】

孔子说：反躬自责很严格，而对别人的要求很宽松，就不会带来多少怨恨。孟子则说：要求别人很多，而自己做得很少，就像自己田里的草不锄跑去挑别人田地里的草，这种人是很讨人厌的。

现在有一句话，叫作"从自己做起"，如果不是变成了口号，这是一句非常好的话。从自己做起，就是对自己严格要求，事事走在前面，以行动做示范，这样自然有力量。相反，自己做不到的，却要求人家做到，自己费好多努力才终于做到的，也要求人家做到，这首先就使人家不佩服，哪能有力量呢？所以终于把一句很有实际意义的话弄成了举着好看的口号。

让我们像孔子所说的，"躬自厚而薄责于人"，真正从自己做起！

山峻无木　水湍无鱼

【原文】

山之高峻处无木，而溪谷回环则草木丛生；水之湍急处无鱼，而渊潭停蓄[1]则鱼鳖聚集。此高绝之行、褊急之衷②,君子重有戒焉。

【注释】

①渊潭停蓄:渊潭是深潭,停蓄指水平静不流动。

②褊急之衷:狭隘到极端的心理。

【译文】

高耸云霄的山峰地带不长树木,只有溪谷环绕的地方才有各种花草树木的生长;水流特别湍急的地方没有鱼虾栖息,只有水深而且平静的湖泊鱼鳖才能大量生长繁殖。这是地势过于高峻、水流太过于湍急的缘故,这些都不是容纳生命万物的地方,所以有德君子待人处世必须严加戒除这种心理。

【论谭】

哀公说:"请问,什么样的人是君子?"孔子回答说:"讲话力求忠诚老实,不自以为是,具备仁义道德但表情上从不显出骄傲神色,思虑谋划明白通达但言辞上从不争强好胜,所以举止从容不迫,好像什么目的都可以达到,这样就可以称之为君子了。"君子,就是谦谦之人,一个有涵养的人。他尽可能不与人争执、论辩,他把锋芒和力量深深隐藏起来,他是一个深谙韬略之术的人。他说每一句话,力求有根有据,他做每一件事,力求有礼有节。随和、宽容、谦逊、自信、以静制动,以守为攻,以不变应万变。从外表上看,没有比他更笨拙，更怯弱的人，他朴实得像泥土一样，他没有豪言壮语，不标新立异，不惊天动地，不叱咤风云，他把最美好的品德和才干用最不起眼的言行包裹起来，他就是块用泥包裹起来的金子。就这么看上去，他时时处处都是一个失败者，但他时时处处又是一个成功者，他总是笑到最后的那一个人。

有一天，无著和尚在五台山遇见了文殊菩萨。文殊问道："你从哪里来？""从南方。"文殊又问："南方的佛法施行如何？"无著道："多为末法的比丘，谨守戒律者甚少。""到底有多少？"无著道："也就三百到五百号人吧！"到此，无著反问道："这里怎么样？""凡圣同居，龙蛇混杂。"无著再问："到底有多少？"文殊答道："前有三人三人，后有三人三人。"无著所言的佛法是指小乘的比丘戒；文殊所言的是大乘的菩萨戒。"凡圣同居，龙蛇混杂"就是戒定慧。这个世界是由一个众生芸芸组成的充满佛法的世界。

人之心体　雨过天晴

【原文】

霁①日青天，倏②变为迅雷震电；疾风怒雨，倏转为朗月晴空；气机③何尝一毫凝滞？太虚④何尝一毫障塞？人之心体，亦当如是。

【注释】

①霁：雨后转晴。

②倏：迅速，突然。

③气机：气，指构成天地万物的本质物质。机，使气节变化的本原力量。此处比喻主宰气候变化的大自然。据《吴子·论将》篇："军国之众，百万之师，张设轻重，在于一人，是谓气机。"

④太虚：广阔无际的天空。如《文选·孙绰游天台山赋》说："太虚辽阔而无阂。"

【译文】

万里晴空、阳光高照时，会突然乌云密布、电闪雷鸣；狂风呼啸、大雨倾盆之时，会突然转为皓月当空、万里无云；可主宰天气变化的大自然一时一刻也不会停止运转，而天体的运行也不会发生丝毫的阻碍。所以我们人类的心理也要像大自然一样使喜怒哀乐的变化合乎理智准则。

【论谭】

孟子与淳于充有一段很有趣的问答。淳于充问孟子："男女之间不能亲手递接东西，这是礼制规定的吗?"孟子回答说："是礼制规定的。"淳于充于是又问："那么，假如某个人的嫂嫂掉到水里去了，他用手去拉她可以吗?"孟子说："嫂嫂掉到水里去了，不去拉她，那简直是豺狼。男女之间不亲手递接，这是政党的礼制，而嫂嫂掉进水里，用手去拉，这是变通的办法。"万物有度，诸事有理，行事须适度。可是，此一时彼一时，大千世界，种种色色，物无定常，事亦多变，理、度一定，我们每天所遇的情境却绝不相同，以不变之理，对百变之事，不知依具体情况加以变通，这样的人不被看作傻瓜，至少也是迂腐的。

《庄子·秋水》篇中，形象地借用河神和海神的对话，给人们一个启示：原来"事物自己本来在变化"。请听他们的对话：

黄河之神问北海之神说："我应该如何确定志向，保持情操?"

北海之神说："用道来进行观照，谁贵谁贱？这叫从相反的方面看；不要拘束你的心，以免修道时磕磕绊绊。谁少谁多？少的会聚在一起，大的会到处分散；不要固执一个方面，以至和大道不合。严肃啊，要像一个国君，处事公平；超脱啊，要像一个神灵，持心公正；宽宏啊，要像天地四方一样无穷无尽，彼此没有隔阂和界限。对万物兼容并包，是谁受了你的庇护？这叫作没有偏向。万物都是整齐划一，谁短谁长？道无始无终，物有死有生，不要依仗一时的成功。一会儿空虚，一会儿满盈，物没有固定不变的形。年月你无法让他快走，时光你无法让他停行；衰亡和生长，盛满和空虚，到头就重新开始。这讲的是大道的精义、万物的道理。万物的生命，像飞跑，像奔驰，没有一会儿不变化，没有一刻不前移。应当做什么？不应当做什么？事物自己本来在变化。"

悠然自适　宜若平民

【原文】

峨冠大带[1]之士，一旦睹轻蓑小笠[2]飘飘然逸[3]也，未必不动其咨嗟[4]；长筵广席[5]之豪，一旦遇疏帘净几悠悠焉静也，未必不增其绻恋。人奈何驱以火牛[6]，诱以风马[7]，而不思自适其性哉?

【注释】

①峨冠大带:峨是高,冠是帽,大带是宽幅之带,峨冠大带是古代高官所穿的朝服。

②轻蓑小笠:蓑,用草或蓑叶编制的雨衣。笠是用竹皮或竹叶编成用来遮日遮雨的用具。比喻平民百姓的衣着。

③逸:闲适安逸。

④咨嗟:赞叹、感叹。

⑤长筵广席:形容宴客场面的奢侈豪华。

⑥火牛:比作放纵欲望、追逐富贵。典出《史记·田单列传》:"单收城中牛千余,被五采龙文,角束兵刃,尾束灌脂薪刍,夜半凿城数十穴,驱牛出城,壮士五千余随牛后,而焚其尾,牛被痛,直冲燕军,燕军大溃。"

⑦风马:发情的马,此处比喻欲望。据《左传·僖公四年》:"君居北海,寡人居南海,唯是风马牛不相及也。"

【译文】

一个身穿蟒袍玉带的达官贵人,一旦看到身穿蓑衣头戴斗笠的平民百姓飘飘然一派安逸的样子,难免会发出一种羡慕的感叹;一个经常奔忙于交际应酬,饮宴奢侈、居所富丽的豪门显贵,一旦碰到逍遥悠闲过清闲朴素生活的人,心中不由得会产生一种恬淡自适的感觉,这时也难免要有一种留恋不忍离去的情怀。高官厚禄与富贵荣华既然并不足贵,世人为什么还要费心机放纵欲望追逐富贵呢?为什么不设法去过那种悠然自适而能早日恢复本来天性的生活呢?

【论谭】

孔子说,富贵于我如浮云,还说,"君子喻于义,小人喻于利。"而且告诫弟子"罕言利"。当孔子听说弟子冉求参加季康子"用四赋"的改革时,指责他帮助季氏聚敛财富,宣布将冉求逐出门墙,而且召唤弟子们"鸣鼓而攻之"。

孟子比孔子更为激进,干脆就讲"何必曰利"。那些"鸡鸣而起,孳孳为利"的人不过是"跖之徒"。在孔子看来,金钱、财富仿佛洪水猛兽,与仁义道德水火难容,厚此必将薄彼。财富充实,道德就沦丧了,道德沦丧,国家就危亡了。

《易经·系辞上》中说:"日新谓之盛德。"孔颖达对这句话做了解释:"其德日日增新，是德之盛极。”一人要能够做到在道德上每天有所上进，那就是最了不起的盛德了。

道德君子适其本性而生活，固然清贫，但重人格人品而芬芳于陋室。为什么这样呢？请看《庄子·缮性》中的一段论述，庄子说：“古时候所说的自得自适的人，不是指高官厚禄的地位尊显，说的是出自本然的快意而没有必要再添加什么罢了。现在人们所说的快意自适是指高官厚禄、地位显赫。荣华富贵在身，并不出自本然，犹如外物偶然到来，是临时寄托的东西。外物寄托，它们到来不必加以阻拦，它们离去也不必加以劝止。所以不可为了富贵荣华而恣意放纵，不可因为穷困贫乏而趋附流俗，身处富贵荣华与穷困贫乏，其间的快意相同，因而没有忧愁罢了。如今寄托之物离去便觉不能快意，由此观之，即使真正有过快意他未尝不是迷乱了真性。所以说，由于外物而丧失自身，由于流俗而失却本性，就叫作颠倒了本末的人。”

节义和衷　功名谦德

【原文】

节义之人济[1]以和衷[2]，才不启忿争[3]之路；功名之士承以谦德，方不开嫉妒之门。

【注释】

①济:增补、调节。

②和衷:温和的心胸。《书经·皋陶谟》中有“同寅协恭和衷哉”。

③忿争:意气之争。

【译文】

一个崇尚节义的人,对世事的看法容易流于偏激,增添些相互理解的温和想法加以调剂,才不至于跟人引发意气之争;一个功名事业有所成就的人,要保持谦恭和蔼的美德,才不会招致人们的嫉妒。

【论谭】

“将相和”这则史实,给世人的启示是多方面的。蔺相如以谦恭的美德,解除了廉颇的嫉妒之心。

廉颇,是战国时期赵国的著名将领,有大功于赵国。蔺相如因完璧归赵,以及渑池相会等功劳,官位却在廉颇之上,廉颇不服,多次打算当面羞辱蔺相如,蔺相如都退让回避,不愿引起纠纷。结果人们都认为蔺相如胆小如鼠,纷纷看不起他。

蔺相如知道后,语重心长地对自己下属讲:“秦国不敢来攻赵国,正是因为有我与廉颇两人。两虎相斗必有一死。采取这样的做法,是首先考虑到国家的利害,而将个人的恩怨放在一边。”廉颇得知蔺相如的这番话后,十分惭愧,于是就背着一根荆条,袒露出左膀,亲自到蔺相如的官邸请罪。从此,廉颇与蔺相如结成生死之交,赵国也因此获得了长时间的安定。

处世不偏　行事适宜

【原文】

处世不宜与俗同①,亦不宜与俗异;作事不宜令人厌,亦不宜令人喜。

【注释】

①与俗同:俗指一般人。

【译文】

处世既不能跟一般人同流合污做坏事，也不要标新立异，故作清高，故意与众不同；做事既不可以处处惹人讨厌，也不能凡事都阿谀奉承、博取他人的欢心。

【论谭】

孔子说：不在那个职位上，就不要去管在那个职位上的事。君子各专一职，兢兢业业，做好自己岗位上的工作。

韩非子更强调严惩那些侵官越职、管闲事的人。他讲了这样一个故事：韩昭侯一次喝醉了酒，伏在几案上睡着了，专门为他管理帽子的人怕他受寒，就在他身上披了件衣服。韩昭侯一觉醒来，看见身上加了衣服，很高兴，就问旁边的人："谁给我加的衣服？"旁边的人回答说："管帽子的。"韩昭侯于是下令，把管衣服的和管帽子的一同治罪。韩非子认为：办事不力的应该受罚，越职管事的人应该处死。法家强调政治权术的绝对地位，因此这是一个极端的例子。

五湖烟云　尽入寸里

【原文】

会得个中趣，五湖[①]之烟月[②]尽入寸里[③]；破得眼前机，千古之英雄尽归掌握[④]。

【注释】

①五湖：古代关于五湖范围有多种说法，此是泛指。

②烟月：指大自然的山川景色。

③寸里：心里。

④掌握：本有指挥、控制的意思，此处有交往、效法的意思。

【译文】

不论何事，只要能领悟其中的乐趣，那么三江五湖的山川美景，就等于都纳入我的心中；不论任何道理，只要能看穿眼前的机运事理，那么所有古往今来的英雄豪杰都会成为我的好友，由我尽情交往效法。

【论谭】

哀公说:“请问,什么样的人是圣人?”孔子回答说:“所谓圣人,他的智慧通晓大道,顺应事物的变化而不会受到困窘,对各种事物的性情分辨得清清楚楚。所谓大道,就是一切事物变化形成的根本道理;所谓性情,就是判断是非决定取舍的内在根据。所以,圣人做事像天地那样广大,了解事物像日月那样明亮,他统率万物像风雨滋润万物一样美好而精纯;他办事普通人不能模仿,如同上天主宰万物一样;他办事普通人不能解悟,如同百姓浅薄无知对自己身边的事也不能认识一样。如果这样,就可以称之为圣人了。”圣人,行为多么从容啊,是那样井井有条;多么威严啊,是那样严于律己;多么坚定啊,是那样始终如一;多么安然啊,是那样长久不息;多么稳当啊,是那样循道不移;多么光明啊,是那样睿智清晰;多么端正啊,是那样行有纲纪;多么从容啊,是那样文采洋溢;多么和乐啊,别人善美他乐意;多么忧虑啊,别人有错他焦急。如果这样,就至善至美,就可以称之为圣人了。

诗家真趣　禅教玄机

【原文】

一字不识而有诗意者,得诗家真趣;一偈[1]不参而有禅[2]味者,悟禅教玄机[3]。

【注释】

①偈:是梵语偈陀的音译,意译为颂的意思,每偈约四句,用来颂扬佛的功德或申明佛的教义。

②禅:禅是梵语禅那的音译,也叫禅定。意译是静虑,而静就是定,虑就是慧,定慧均等为禅那。

③玄机:道家语,指深奥不可测的灵机。

【译文】

一个字不识的人说起话来却充满诗意,这种人才算得到诗人的真正情趣;一个一偈也不研究的人说起话来却充满禅机,这种人才算是真正领悟了禅宗高深的佛理。

【论谭】

荀子说：认识了道，不仅能明察，而且还能实行，这才是真正体会了道。这就是说，对事物的认识和掌握，不能仅仅停留在思想认识上，更重要的在于去实行，并在实行中更深刻地体会事物所隐藏的道理。荀子还讲，行之，明也，也就是说，人的知识和能力只有在实行中能真正表现出来，也只有在实行中才能真正弄懂事物的道理。唐代画家戴嵩，以善画牛而著名，与韩干画马并称“韩马戴牛”，即使如此，由于他观察不细致，也不免有疏忽的地方。蜀中有姓杜的隐士，好书画，收藏有许多珍品。他特别喜爱戴嵩一幅《牛》图，锦囊玉轴，随身携带，不时品玩。一天，隐士将收藏品拿出来晾晒，一牧童见到这幅《牛》图，不觉抚掌大笑。隐士问其原因，牧童答道：“此画为斗牛，斗牛时力在角，尾搐入两股之间；而这牛竟翘尾而斗，大错了。”隐士听罢觉得有理，也跟着笑了。

古人云：“酒有别肠，诗有别人。”虽然书本知识是人们的精神食粮，然而，大自然给人陶冶灵性，都是超越书本的大智大慧。《庄子·知北游》中说：“再说博读经典的人不一定懂得真正的道理，善于辩论的人不一定就格外聪明，圣人因而断然割弃上述种种做法。至于增多了却不像是更加增加，减少了却不像是有所减少，那便是圣人所要持守的东西。深邃莫测呀它像大海一样，高大神奇呀它没有终结也没有开始，万物的运动全在它的范围之内，而且从不曾缺少什么。那么，世俗君子所谈论的大道，恐怕都是些皮毛啊！万物全都从它那里获取生命的资助，而且从不匮乏，这恐怕就是道啊！”

一日，奕堂和尚闻寺内晨钟宏亮、清脆，顿觉心爽，便召侍僧入禅房，问敲钟者是什么人。侍僧回话说敲钟者是一个新入寺的小沙弥。于是和尚把沙弥唤来，对他说：“钟声告诉我你若有所思，钟越敲越响，音色越清，是难得一闻的声音啊！”于是小沙弥说：“也没有什么特别的心得。只是我记起以前的尊师教诲过我，敲钟时要视钟为佛，小心谨慎，所以我敬钟为佛，边虔诚地礼拜，边敲响它！”和尚暗许小沙弥的心机，训诫道：“终生处万事，勿忘今朝心。”无意地看，无心地听，此中即有禅。这位小沙弥后来成了一名德高望重的禅师。

心无物欲　坐有琴书

【原文】

心无物欲，即是秋空霁海；坐有琴书，便成石室[1]丹丘[2]。

【注释】

①石室:本指珍藏贵重物品或书籍的地方。此引申为神仙居住的地方。

②丹丘:此处指仙人所居的地方。

【译文】

一个人心中没有物欲,他的胸怀就会像秋天的碧空和平静的大海那样开朗;一个人闲居无事有琴书陪伴消遣,生活就像神仙一般逍遥自在。

【论谭】

《庄子·外物》中有段话倒是耐人寻味,也不知明代的洪应明的心思和先秦时的庄周先生是如何沟通的。听吧,庄周先生说:“眼睛敏锐叫作明,耳朵灵敏叫作聪,鼻子灵敏叫作膻,口感灵敏叫作甘,心灵透彻叫作智,聪明贯达叫作德。大凡道德总不希望有所壅塞,壅塞就会出现梗阻,梗阻而不能排除就会出现相互践踏,相互践踏那么各种祸害就会随之而起。物类有知觉靠的是气息,假如气息不盛,那么绝不是自然禀赋的过失。自然的真性贯穿万物,日夜不停,可是人们却反而堵塞自身的孔窍。腹腔中有许多空旷之处因而能容受五脏怀藏胎儿,内心虚空便会没有拘系的顺应自然而游乐。屋里没有虚空感,婆媳之间就会争吵不休;内心不能虚空而且游心于自然,那么六种官能就会出现纷扰。森林与山丘之所以适宜于人,也是因为人们内心促狭、心神不爽。”

长沙和尚一日在山中小径上信然漫步,兴致盎然。回到寺院门前时,首座问道:“师父,你到哪里去了?”长沙答道:“到山里散步去了。”首座又问:“去到何处?”长沙随吟一偈:“去随芳草,归逐落花。”何等悠然自得的游戏三昧的无心化境。这种境界超越了无功用、无作之作的境界。首座又道:“真是春风得意,长庭信步啊!”道得极为真切,可见底蕴不浅。长沙答道:“胜于秋露滴荷叶啊!”答得也极为巧妙,暗中压过了首座自以为得意的底蕴。既舒心,又自然,一个与美好的自然化为一体的禅师形象活脱脱呈现在我们眼前。

万事皆缘　随遇而安

【原文】

释氏随缘[1],吾儒素位[2],四字是渡海的浮囊。盖世路茫茫[3],一念求全则万绪纷起,随遇而安,则无入不得矣。

【注释】

①随缘:佛家语,佛教以外界事物的来临,使身心受其感触叫缘,应缘而起的动作叫随缘,听其自然不加勉强。

②素位:指本身应做的事,而不羡慕身外的事。例如《中庸》有“君子素其位而行,不愿乎其外”。

③世路茫茫:世路指人世间一切行动及经历的情态。茫茫作遥远渺茫解。

【译文】

佛家主张凡事都要顺其自然发展,一切都不可勉强;儒家主张凡事都要按照本分去做,不可妄贪其他身外之事。这“随缘”和“素位”四个字是为人处事的秘诀,就像是渡过大海的浮囊。因为人生的路途是那么遥远渺茫,假如任何事情都要求尽善尽美,必然会引起许多忧愁烦恼;反之假如凡事都能安于现实环境,到处都会产生悠然自得的乐趣。

【论谭】

佛家主张凡事都要随缘,人必须随着天定的因缘来处理事情。反之任凭自己的主观努力一意孤行,不论怎样也无法达成自己的意愿。儒家所主张的“素位”,就是君子坚守本位而不妄贪其他权势,要满足自己所处的现实环境,这和佛家所说“万事皆缘,随遇而安”是相通的。一个安于现实的人,能快乐度过一生;反之一个不满于现实环境的人,整天牢骚满腹愤世嫉俗,只会害己而害人。这里万事随缘,随遇而安,应从积极意义来理解。从处事角度来看,凡事不可强求,有些事在现在条件下行不通,就有等待时机的必要,就需要安于现状而不是心慌意乱。凡事强求而不遵循事物的基本规律就难行得通。

持身不轻　用意勿重

【原文】

士君子持身①不可轻,轻②则物能扰③我,而无悠闲镇定之趣;用意不可重,重则我为物泥④,而无潇洒活泼之机。

【注释】

①持身:做人态度、原则。

②轻:轻浮、急躁。

③扰:困扰、屈服。

④泥:拘泥。

【译文】

士君子平时待人接物绝对不可有轻浮的举动,不可有急躁的个性,因为一旦轻浮急躁,就会把事情弄糟而使自己受到困扰,这样自然就会丧失悠闲镇定的气质;处理事情不可思前虑后想得太多,不然就会陷入受外界约束的局面,这样自然会丧失潇洒活泼旺盛的生机。

【论谭】

持身不可轻,用意不可重,可以看作人的性格磨炼。所以杨朱说:“人和天地阴阳的生存近似一类,怀有五行的禀赋,是生物中最为灵敏的。但人啊,指掌牙齿不足防卫自己,肌肉皮肤不足捍御自己,跑动不足以趋向有利方而逃离有害方,没有羽毛来抵抗冷热，一定要利用外物才能养活，因此运用才智不仗恃力气。所以聪明可贵，以能保存我为可贵；力量不足贵，以侵害外物为不足贵。然而身体不是我所有的，既已发生，便不能保全；外物也不是我所有的，既然有了它，便不得丢弃它；身体本是生存的主要条件，外物也是保养身体的必要物资。虽然保全生命，却不可以有自己的身体；虽然不丢掉外物，却不可以自己有那些外物。自己占有那些外物，占有自己的身体，这是无理地霸占外物和身体。不霸占自己身体和外物的，那只有圣人吧！把天下之身、天下之物认为是共有的，那只有圣人吧！这就叫最高境界顶天立地的最大丈夫了。”

好利害显　好名患隐

【原文】

好利者逸出[①]于道义之外，其害显而浅；好名者窜入[②]于道义之中，其害隐而深。

【注释】

①逸出：超出范围。

②窜入：隐匿。

【译文】

一个好利的人，他的所作所为不择手段，而且超越出道义范围之外，逐利的祸害很明显，容易使人防范，后患也就不会太大；反之一个好名的人，经常混迹仁义道德中，沽名钓誉，他所做的坏事人们就不易发觉，结果所造成的后果就非常深远。

【论谭】

孙膑与庞涓同在鬼谷子门下学习兵法，孙膑是鬼谷子最优秀的学生，才能和智慧远在庞涓之上。庞涓下山做了魏国军师，自知才学不如孙膑，觉得孙膑是自己前程的潜在威胁。为了消除这块心病，便写信给孙膑，骗他到魏国来成就功名，而其真正的目的则是让孙膑落入他的股掌之中，永无出头之日。孙膑来到魏国，魏王拜他为副军师，但庞涓以种种借口加以阻挠，最后魏王只给孙膑一个客卿的位置。此后，庞涓不断在魏王面前讲孙膑的坏话，魏王将信将疑。有一次，齐国使者慕名而来，想聘孙膑到齐国施展才华，孙膑效忠魏国而加以拒绝。庞涓利用这个事实，向魏王进谗："孙膑虽然身在魏国，但心仍在齐国，这次齐国使者来就是与他私通的。"魏王大怒，不分青红皂白，加罪孙膑，就这样，孙膑莫名其妙地被处以削去膝盖骨的重刑。孙膑受刑后，庞涓便假惺惺地对孙膑表示关怀，劝他在狱中写兵书。兵书写成之后，庞涓露出了本来面目，想把兵书据为己有。孙膑才恍然大悟，原来自己的一切遭遇，都是庞涓造成的。孙膑万分绝望，他决计忍辱逃生。从此，孙膑便装成受刺激过度而发疯了，庞涓开始并不相信，对他施以种种非人的折磨来加以考验。把他拖入猪圈，孙膑在猪圈里又哭又笑，在猪尿里打滚，还吃猪食，啃泥巴，通过这些残酷而致命的表演，终于使庞涓相信，孙膑真的疯了。后来齐国的一位使者来到魏都大梁，孙膑派一个刑徒偷偷地去见齐使，陈述他被害的经过并请求营救。齐使用计策把孙膑用柴车运到齐国。孙膑到齐国后，重用于大将田忌，拜为齐威王的国师。指挥了军事史上著名的"围魏救赵""杜陵之战""马陵之战"等战役，屡败魏军，射杀了庞涓。

炎凉趋附　人情通患

【原文】

饥则附，饱则翱①；燠②则趋，寒则弃，人情通患也。

【注释】

①翱：飞翔。据《晋书·慕容垂载记》说："垂犹鹰也，饥则附人，饱则高翱。"
②燠：温暖，此形容富贵人家。

【译文】

穷困饥饿时就投靠人家，吃饱了就远走高飞；遇到了有钱的就去巴结讨好，看见贫困的就鄙弃不顾，这就是一般人普遍存在的毛病。

【论谭】

如果你成功了，一定会有人巴结你、讨好你；但你可别失败，一旦失败他一定会像避瘟疫一样避开你；人就喜欢接近成功的人、走运的人，而避开失败的人、倒霉的人。即使是世界上你最爱或最爱你的人，那又如何呢？他或她是世界最敢于无情伤害你的人，最敢于撕破面具、向你伸出匕首的人。他或她可以容得下世界上所有的人的伤害，唯独不能忍受你的伤害。正派人一般都待人热诚，所谓古道热肠，遇事正直，所谓胸怀坦荡。他既不会巴结，更不会乘人之危，落井下石。所以，在社交中要能识别人，结识真正的朋友，真正的朋友是君子之交淡如水。

天地父母　敦睦气象

【原文】

吾身一小天地也，使喜怒不愆①，好恶有则，便是燮理②的功夫；天地一大父母也，使民无怨咨③，物无氛疹④，亦是敦睦的气象。

【注释】

①愆：过失、错误。

②燮理：调和、调理。

③怨咨：怨恨、叹息。

④氛疹：氛当凶气解，氛疹是疾病。

【译文】

我们自己的身心就等于一个小世界，不论高兴与愤怒都不可以犯错误，尤其对于喜欢的和厌恶的东西也要有一定标准，这就是做人的谐和调理的功夫；大自然就像人类的父母，负责养育人，要让每个人都没有牢骚怨尤，使万物都没有灾害而顺利成长，这也是造物者一番恩德、天地间一片祥和的景象。

【论谭】

《无门关》记有兜率和尚的“三转语”。兜率和尚三转语的第一句是：“拔草参去，只图见性，即今上人，性在何处。”行脚于草莽之中，遍访名师，参究禅的玄要，不是为了别的，真正的目的是见性成佛。那么现在你的自性、个性、本性到底在哪里呢？《金刚经》言：“三世心不可得。”二祖慧可大师也说过：“觅心了不可得。”请把心、把佛性摆出来看看。彻悟的人对此有对偈：“蟋蟀隐草间，有声但无影。”“识得自性，方脱生死。眼逃落时，作么生脱”。一旦悟道见性，从这里起你就脱离了生死，那么当你将永远地合上双眼离开人世时，你怎样脱离生死呢？请你速速道来。禅僧中有许多人死时十分安详，也有人边喊“痛”边离开人世的。有位高僧说：“普通的人都会生病，现在我也有病了，病情都一样，不过这病本身跟普通人的病是相同还是不同的呢？如果说相同，我这个神僧的脸往何处搁。如果说不同，我的病苦之状跟普通人不是一样的吗？”“脱得生死，便知去处。四大分离，向何处去”是第三句。佛语中说脱离了生死轮回的世界，就会明白死后的去处。可是当你我死去，构成肉身的地、水、火、风这四大要素都分离了，人还往哪里去呢？禅并不承认死后的世界。如果有谁把第三句的意思与死后的世界联系起来，他是不懂禅的。禅的问题，着眼点始终是现在、这里、自己。

晓窗读易　午案谈经

【原文】

读易①晓窗，丹砂②研松间之露；谈经午案，宝磬③宣竹下之风。

【注释】

①易：指《易经》。

②丹砂：也叫朱砂，成分含一硫化汞，是提炼水银的重要原料，又可用来制成红颜料。

③磬：用坚美石头或玉所制成的乐器，敲打时发出清脆悦耳的声响。

【译文】

清晨静坐窗前读《易经》，用松树上滴下来的露水来研朱砂圈点书中的精义；中午时刻在书桌上诵读经书，轻轻敲打着宝磬，让那清脆的声音随风扩散到竹林间。

【论谭】

荀子曾说：对于天下的各种事物不能融会贯通，就不能称作善于学习。荀子说这话是要求我们把死书读活，不要拘泥于字句，放得开，又收得拢，万变不离其宗。三国时魏有个叫管辂的人，精通《易经》，一天，何晏向他请教《易》中有关"阳爻"的问题，得到满意解释后，何晏心悦诚服地赞叹："君论阴阳，举世无双。"当时，邓飏正在座，便问管辂："人说你善解《易经》，可你刚才所言，却又没一句谈论《易经》的爻辞，这是什么原因呢？"管辂应声答道："真正懂得《易经》的人，绝不死抠爻辞的说明而论《易经》，相反，只取精神，说人事，这才是真正的知《易经》精神，用《易经》之玄妙。"

一日有人问阿难尊者："佛最重要的教诲是什么？"阿难答道："诸恶莫做，众善奉行，自净其意，是诸佛教。"意即莫做恶事，广施善行，自净其心，即可成佛。唐代有位道林和尚，他总坐在大松树上坐禅，故赢得"鸟巢和尚"的雅号。白乐天（白居易）任杭州知府时，曾问过和尚，"佛法的真正精神是什么？"鸟巢和尚应诺说："诸恶莫做，众善奉行。""那种道理不是连三岁孩童都懂吗？""是啊！可是实行起来，连八十岁的老翁都觉得难！"

心性偏激　难建功业

【原文】

躁性者火炽，遇物则焚；寡恩者冰清，逢物必杀；凝滞固执①者，如死水腐木，生机已绝；俱难建功业而延福祉。

【注释】

①凝滞固执：凝滞是停留不动，比喻人的性情古板。固执是顽固不化。

【译文】

一个性情急躁的人，他的言行如烈火一般炽热，仿佛所有跟他接触的人物都会被焚

烧;一个刻薄寡恩、无情无义的人,他的言行就好像冰雪一般冷酷,仿佛不论任何人物碰到他都会遭到残害;一个头脑顽固而呆板的人,既像一潭死水又像一棵朽木,已经完全断绝了生机,这都不是建大功、立大业能为人类社会造福的人。

【论谭】

得民心者得天下,失民心者失天下。有一次孟子的学生请教孟子:为什么桀与纣会失掉自己的国家。孟子说,这道理很简单,他们失了民心,失了百姓的支持。百姓归附仁德的君主,就好比水往下流,兽奔旷野,是很自然的事。替深池赶来鱼群的是水獭,为森林赶来鸟雀的是鹞鹰,而替商汤、周武赶来百姓的则是夏桀和殷纣。为渊驱鱼,自然不能得鱼;为丛驱雀,自然也不能得雀。残暴无道,尽失民心,自然也就失去了百姓。要得国,必须先得民心。治国之策千万条,这一条无论如何都是首要的。

居安思危　处乱思治

【原文】

居卑[1]而后知登高之为危,处晦[2]而后知向明之太露[3];守静[4]而后知好动之过劳,养默[5]而后知多言之为躁[6]。

【注释】

①居卑:泛指处于地位低的地方。

②处晦:在昏暗的地方。

③霭:云层聚集处叫霭。此处指显现、显露。

④守静:隐居山林寺院的寂静心理。

⑤养默:沉默寡言。

⑥躁:不安静、性急。

【译文】

先站在低处然后才知道攀登高处的危险;先待在昏暗处然后才知道置身光亮的地方刺眼;先保持宁静心情后才知道喜欢活动的人太辛苦;先保持沉默心情然后才知道话说得多了很烦琐。

【论谭】

司马牛言多,大话多。有一次,他向孔子请教怎样才算是“仁”。孔子说,知道说话不容易的人才算是仁。司马牛说:知道说话不容易,就算是仁了吗?孔子说:仁者知道做起来不容易,因而不抢着说大话。举旗帜,喊口号,而自己又做不到,这是可耻的,到仁者境界的人不说自己无法躬行的话。

孔子说:“仁者,其言也讱(讱也,说话反躬自省,用自己的经验验证是不实在,知其难留有余地,忍而不说过头话)。”又说:“木讷近仁。”这种混沌境界,是儒家自我修养的最高境界。

彻见真性　自达圣境

【原文】

羁锁[1]于物欲,觉吾生之可哀;夷犹[2]于性真,觉吾生之可乐。知其可哀,则尘情立破;知其可乐,则圣境自臻[3]。

【注释】

①羁锁:束缚。

②夷犹:留连。《楚辞·九歌·湘君》:“君不行兮夷犹。”

③臻:到达。

【译文】

一个终日被物欲所困扰的人,总觉得自己的生命很悲哀;只有流连于本性纯真的人,才会感觉生命的真正可爱。明白了受物欲困扰的悲哀以后,世俗的情怀可以立刻消除;明白了流连于真诚本性的欢乐,圣贤的崇高境界自然会到来。

【论谭】

儒家所崇尚的最高境界是“仁”。孟子讲仁,他说:“仁就是人。”又说:“仁”和“人”合起来,就是道,就是立身之本。

仁是人,以仁律己,就是把自己当人看,守仁就是守住自己,守住自己的真性情。道即人道,重道也就是重人,世界是人的世界,得道即是得人,得道就是得世界。以此修身,我们就会珍惜自己,珍惜生命,把人生看成一个美丽的、使人及人的世界不断完善的过程。以此养性,我们就会不以物喜,不以己悲,心平气和,精神旷达。不惧死,不偷生,泰山崩于前而色不变,临渊履冰而心不惊。人是自然的化育,来于尘土,终会归于尘土。生死本相依,生由不得我,死我亦不能抗拒,所以生亦乐事,死亦乐事。归根到底,威武不能屈的是真性情,富贵不能淫的是人本性,贫贱不能易的是真人生。

佛法本来平常,“平常心是道”,如同“蒲花柳絮、竹针麻线”,都是“东西”,可以“不舍日用应缘处”而达到佛的境界。南岳和尚初参六祖时,六祖问:“你从何处来?”“我自嵩山来。”“来的是什么东西?”慧能的问意是:从嵩山千里迢迢到曹溪来求道的人是什么东西。南岳当时没有回答出来,经过长时间的真心参禅后,终于悟出六祖慧能所指的“东西”。他的回答是:“说似一物即不中。”你要说它像什么,那你就会马上偏离它。六祖听后又问道:“是否还得加入自我修正呢?”南岳答道:“我不敢说不可以修正,但我可以说决不会污染它。”慧能大喜,认可了南岳说:“你的看法正好和我的看法相同。这个不会污染的,正是我们要留心保持的。”

体貌各异　灵魂不朽

【原文】

寒灯无焰，敝裘无温，总是播弄[①]光景；身如槁木，心似死灰，不免堕在顽空。

【注释】

①播弄：颠倒翻弄。《元曲·梧桐雨》中有："如今明皇已昏吨，杨国忠、李林甫播弄朝政。"

【译文】

一盏微弱的孤灯燃不起火焰，一件破旧的大衣保不住温暖，这都是颠倒翻弄人的景象；人的肉身像是干枯的树木，而心灵也犹如燃尽的死灰，这种人等于是一具僵尸，必然会陷入冥顽空虚中。

【论谭】

读过这段文字，给人的感受似乎是自卑自怜，我想这绝非作者的本意。这里，不妨让我们共同来品味一下庄子与惠子的对话吧：

惠子说："既然是人，怎能无人之情？"

庄子说："你说的情不是我说的情。我说的情，是指不以人的好恶情感伤害自己的天性，顺应自然而不人为地增添。"

惠子说："不人为地增添。那靠什么来保全自己的形体呢？"

庄子说："道给了人外貌，天给了人形体，不以好恶情感伤害自己的天性。现在你耗尽心神，靠着树干高谈阔论，凭依苦思冥想。自然赋予了你形体，但却以'坚'、'白'论辩自鸣得意。"

第七章　自我

读书之善　观物之妙

【原文】

善读书者，要读到手舞足蹈①处，方不落筌蹄②；善观物者，要观到心融神洽③时，方不泥④迹象。

【注释】

①手舞足蹈：比喻领会书中乐趣、精髓。

②筌蹄：局限窠臼，筌是捕鱼的竹器，蹄是捉兔子的器具。语出《庄子·外物》篇："筌所以在鱼，得鱼而忘筌，蹄所以在兔，得兔而忘蹄。"

③心融神洽：指人的精神与物体融合为一体，心领神会，达到忘我的境界。

④泥：拘泥。

【译文】

一个真正懂得读书的人，要能读到心领神会理解书中的乐趣、精髓，才不会陷入只背诵文章词句，而受语言的拘泥，局限于窠臼之中，不去求知求真；一个真正擅长观察事物的人，必须把全部精神都注入事物当中跟事物结合成一体，才不至于只能被事物的表面形迹所迷惑而不明白真相。

【论谭】

古代有个著名的吝啬鬼，名叫王戎。王戎非常有钱，但吝啬无比。一次他侄儿结婚，他只送了一件单衣。过了不久，他又把这件单衣要了回来。还有一次，他女儿出嫁，他借了几万钱给女儿。女儿每次回来，王戎便没有好脸色，直到女儿把钱还了，王戎才高兴起来。王戎这个守财奴，只知道积累钱财的乐趣，不知道享受钱财的乐趣。他是钱财的主人，反而被钱财所支配，沦为钱财的奴隶，这不是可笑而又可悲的事情吗？王戎是钱财的奴隶，有些人是知识的奴隶，他们博览群书，学富五年，论经一环一套，讲道一板一眼，可是，一到实践中，就四处碰壁，头破血流。伯乐以相马闻名于世，他根据自己切身体验，写了一本《相马经》。他儿子看过此书，乐不可支，以为自己也会相马了。于是，出门寻马，结果他相回来的是一只大蛤蟆。伯乐哭笑不得，问他怎么相的。他儿子说：你的《相马经》不是说，骏马的特征是“隆柔蛞口，蹄如累鞠”吗？

卓见之人　洞烛机先

【原文】

遇病而后思强之为宝，处乱而后思平之为福，非蚤智[①]也；幸福[②]而先知其为祸之本，贪生而先知其为死之因，其卓见乎。

【注释】

①蚤智：蚤与早同，蚤智即先见之明。

②幸福：此处幸是非分而得到的意思，幸福是指侥幸得到的幸福。

【译文】

一个人只有在生过病之后才能体会出健康的可贵，只有在遭遇变乱之后才会思念太平的幸福，其实这都不是什么有远见的智慧；能预先知道侥幸获得的幸福是灾祸的根源，既爱惜生命而又能预先明白有生必有死的道理，这样才算是超越凡人的真知灼见。

【论谭】

孔子游览泰山，看见荣启期在郊野行走，穿着粗糙皮裘，系着绳索，一面弹琴，一面唱歌。孔子问他：“你这样快乐，为的是什么呢？”荣启期回答道：“自然生育各种飞禽走兽，昆虫鱼虾，只有人最尊贵。我能够做人，这是天下第一快乐事。”孔子似乎受到启发。一次，孔子的马房失火了，他退朝回家，首先便问，“烧伤了人没有？”而不问马有没有烧伤。荣启期之快乐于做人，孔子之焦急于问人，正是看到了人的智慧、高贵和力量，这智慧、高

贵和力量使人如此尊贵，把生命看得如此重要，同时又能把生与死的道理看破，把成与败的因果看清，才算得超越凡人的真知灼见。

以我转物　天机理境

【原文】

无风月花柳，不成造化；无情欲嗜好，不成人伦。只以我转物①不以物役我②，则嗜欲莫非天机③，尘境即是理境矣。

【注释】

①以我转物：以自我为中心，将一切外物自由自在地运用。

②以物役我：以物为中心，而人成了物的奴隶为物所驱使。

③天机：天然的妙机。《庄子·大宗师》篇："其嗜欲深者，其天机浅。"

【译文】

大地如果没有清风明月和花草树木就不成大自然，人类如果没有感情欲望和生活嗜好就不成真正的人。所以我们要以我为中心来操纵万物，绝对不能让物为中心来奴役驱使自己，如此一切嗜好欲望都会成为自然的天赐，而一般世俗情感也都变为顺理成章的理想境界。

【论谭】

有位修行僧问南泉和尚："大师，你还有未跟人说过的法吗？"南泉答："有。""是什么？"僧人问。南泉答道："不是心，不是佛，不是物。"说物是众生，有根据《华严经》来的。《华严经》中说："心、佛与众生这三者没有差别。"南泉又自言自语道："江西的马大师说过即心即佛，我就不这么说，我只说不是心、不是佛、不是物，这难道有错吗？"赵州听后，当即作揖拜谢师父的指教。本质是相同的，表现则各有千秋。禅是关心本质，本质是自然天成。

心体之念　天体所现

【原文】

心体[1]便是天体[2]，一念之喜，景星[3]庆云[4]；一念之怒，震雷暴雨；一念之慈，和风甘露[5]；一念之严，烈日秋霜。只要随起随灭，廓然[6]无碍，便与太虚[7]同体。

【注释】

①心体:在中国哲学中,除了具体的形骸外,所有精神、灵性、智慧、思考、感情、意志等都被视为心抽象活动的一部分。因此心体可解释为人类精神本原。

②天体:天空中星辰的总称,可解释成天心或宇宙精神的本原。

③景星:代表祥瑞的星名。

④庆云:又名卿云或景云,象征祥瑞的云层。据《汉书·礼乐志》:"甘露降,庆云出。"

⑤甘露:祥瑞的象征,据《瑞应图》:"甘露,美露也,神灵之精,仁瑞之泽,其凝如脂,其甘如饴。"

⑥廓然:广大。

⑦太虚:泛称天地。

【译文】

人类精神本原就是宇宙精神的本原,也就是人的灵性跟大自然现象是一致的。人在一念之间的喜悦,就如同自然界有景星庆云的祥瑞之气;人在一念之间的愤怒,就如同自然界有雷电风雨的暴戾之气;人在一念之间的慈悲,就如同大自然界有和风甘霖的生生之气;人在一念之间的冷酷,就如同自然界有烈日秋霜的肃杀之气。人有喜怒哀乐的情绪,天有风霜雨露的变化,有哪些能少了?不过随大自然的变化随时兴起随时幻灭,对于生生不息的广大宇宙毫无阻碍,人的修养假如也能达到这种境界,就可以和天地同心同体了。

【论谭】

古人主张天人合一,以为大自然变化和人体内部变化是相对应的。而孔子则借自然之物而喻人生之理。一次,孔子伫立岸边,远望东流而去的江水,对身边的弟子说,君子见到大水,一定要观看。子贡问:为什么呢?孔子解释道:水,它哺育万物,却不为自己的目的,仿佛有高尚的道德一样。水,向下而流,迂回曲折而又有规律,仿佛大义凛然一样。水流汹涌没有尽头,仿佛坚持根本的原则一样。如果决开堤岸,水就会奔腾流泻,好像回响应声而起,它奔赴百丈深渊而无所畏惧,好像十分勇敢。用水注入仪器来衡量地平面,必定是平的,就好像执法如绳一样。水盛满了,不必用刮平斗斛的工具去刮,就好像天生是正直的一样。它纤弱细小、无微不至,好像明察一切一样。万物经过水的冲洗,必然新鲜洁净，好像它善于教化一样。

下面是《庄子·知北游》中记叙的舜向丞请教时的对话：舜向丞请教说："道可以获得而据有吗？"丞说："你的身体都不是你所据有的，你怎么能获得大道并占有呢？"舜说："我的身体不是由我所有，那谁会拥有我的身体呢？"丞说："这是天地把形体托给了你，降生人世并非你所据有，这是天地给予的和顺之气凝聚而成；性命也不是你所据有，这也是天地把和顺之气凝聚于你；即使是你的子孙也不是你所据有，这是天地所给予你的蜕变之形。所以，行走不知去哪里，居处不知持守什么，饮食不知什么滋味。行走、居处和饮食都不过是天地之间气的运动，又怎么可以获得并据有呢？"

庄子在这里借舜和丞的口，指出生命和子孙均不属于自身，一切都是自然之气的凝聚和变化。主张"人法自然"，这样才能胸襟开阔。

脱俗是奇　绝俗是偏

【原文】

能脱俗[①]便是奇，做意尚奇者不是奇而为异[②]；不合污便是清，绝俗以求清者，不为清而为激。

【注释】

①脱俗：不沾染俗气。

②异：特殊行为，标新立异。

【译文】

思想超越一般人又不沾染俗气的人就是奇人，可是那种故意标新立异的人并非奇人而是怪异；不愿与人同流合污就算是清高，可是为表示自己清高而就和世人断绝来往，那就不是清高而是偏激。

【论谭】

哀公说："请问，什么样的人是士人？"孔子回答："所谓士人，即使他们不能完全了解治国的原则方法，但一定是有所遵循的；即使不能做到尽善尽美，但一定是有所坚持的。

因此，知识不要求多，但一定尽力审察他所认识的是否正确；话语不要求多，但一定尽力审察他所经历的作为。所以，他懂得已经知道的那些知识，讲已经说过的那些话语，做已经经历过的那些事情，那么就如同生命体肤一样都是不可变更的了。所以富贵也不足以再增加什么，卑贱也不足以再损失什么，如果这样，就可以称之为士人了。"士人说话有板有眼，做事情有根有据，他信奉的是原则和方法，他清楚地知道自己所作所为的结果，为了一个目标，他会执着地追求下去。他投入了很多，不一定有预期的收获，但他还会不断地投入。

只要思想不沾染俗气，就容易悟出真理，即使"门有孙膑铺，家有父挚妻"，对于佛都没有障碍。一个僧人问赵州和尚："久闻赵州石桥的大名，可到这里一看，只见到一座小桥。"赵州和尚说道："你只见木桥，没看到石桥。""那么赵州石桥是什么呢？"赵州和尚回答道："这座桥既可过驴也可过马。"从石桥中赵州看到了菩萨出于慈悲之心自己主动轮回于六道之中，勤勉于下座行的精神。石桥自身遭驴踏马践，在默默显示着大悲之心。佛教之中的"大悲阐提"指的就是上述情形。阐提是无佛性的意思，本来指那些信奉小乘佛教而不能成佛的教徒，而在大乘佛教中，大慈大悲的菩萨立誓在拯救一切众生之前决不成佛，愿意到异类中去行佛道。赵州和尚在另外一次被提及同样的问题时，没有回答渡驴渡马，而只回答道："过来，过来！你自己主动地从石桥上走过来吧！"讲的也同样是大悲阐提。到驴马等物中去行道济世吧，这才是一个真正的禅者首先应该做的事情。

善根暗长　恶损潜消

【原文】

为善不见其增，如草里东瓜①，自应暗长；为恶不见其损，如庭前春雪，当必潜消。

【注释】

①东瓜：就是冬瓜。

【译文】

一个常常做好事的人虽然表面上看不到什么好处，但行善的人就像一个长在草丛里的冬瓜，自然会在暗中一天天长大；一个常常做坏事的人，虽然表面上看不出有什么坏处，但作恶的人就像春天院子里的积雪，只要阳光一照射自然就会融化消灭。

【论谭】

孔子说：仁是很高远的目标，但只要自己时时处处身体力行，也就能达到仁了。所以，达到仁的境界，全靠自己。这就像堆土成山，只差最后一筐土，你懒得去加，失败是你自己造成的；相反，即使才刚倒下了一筐土，只要你能坚持不懈，最后那座山就是你自己的力量建造的。仁是靠身体力行积累起来的，平时多行善事，便是仁的体现。做一件善事算不得仁者，行一件坏事也未必成了坏人，但是，量的积累必然引起质的变化。“善有善报，恶有恶报，不是不报，时辰未到”。这句话可是千古不朽的至理名言啊！

勿逞己长　勿恃所有

【原文】

天贤一人，以诲①众人之愚，而世反逞所长，以形②人之短；天富一人，以济众人之困，而世反挟所有，以凌人之贫，真天之戮民③哉！

【注释】

①诲：作动词用，教导的意思。

②形：作动词用，比拟，表露。

③戮民：戮此处当形容词，作有罪解。戮民是有罪之人。如《商君书·算地》篇中有“刑人无国位，戮民无官任”。

【译文】

上天让一个人聪明圣智，派他教导一般人的愚笨，可是世间一些稍具才智的人，反而在那里卖弄自己的才华，来反衬那些天资比较差的平常人；上天让一个人有财富，目的是派他来救助贫苦的人，可是世间一般拥有财富的人，却仗恃自己的财富来欺凌穷人，这种人，真是违背天意、罪大恶极。

【论谭】

鲁定公问孔子：按一句话做就可使国家兴盛，有这事吗？孔子回答说：不应希望世上

有这样简单的事。不过,大家都说:做国君很难做臣子不容易,这大概可算是能一言兴邦的一句话。鲁定公又问:按一句话做就能使国家衰亡,有这事吗?孔子回答说,世上也没有这样简单的事。不过有人说:我做国君没别的快乐,只是说话很威风,没人敢违抗。如果尽说错话而又无人敢违抗,这就是可以一言丧邦的那句话。

正因为如此,古代的圣贤君主,登基牧民,常怀如履薄冰、如临深渊之思。《韩诗外传》说,天子受命,需受三策:一、接受这样重要的使命,怎么办呢?只能长久忧虑操心了;二、天命降在我身上,只有尽心尽职,躬行不殆;三、要想长保天命,就要刻苦自励,不可以用这个地位来谋求享乐。《韩非子·难一》中有一则著名的故事,晋平公召集群臣饮酒,喝到得意的时候,感叹说:做国君没什么好处,好处就只有权力大,没有人敢违背自己说的话。著名乐师师旷听了,抱着琴就向他身上猛撞。平公赶忙让开,说:太师你撞谁?师旷说:我听到一个小人在旁边说话,不自觉就撞了。有大臣说师旷犯君当诛,晋平公说:不要怪他,我自己应以此事做鉴戒。

藏巧于拙　寓清于浊

【原文】

藏巧于拙,用晦而明,寓清于浊,以屈为伸,真涉世之一壶[1]、藏身之三窟[2]也。

【注释】

①一壶：壶是指匏，体轻能浮于水。《鹖冠子·学问》篇中有“中流失船，一壶千金”，此处的一壶指平时不值钱的东西，到紧要时候就成为救命的法宝。

②三窟：通常都说成狡兔三窟，比喻安身救命之处很多。据《战国策·齐策》说：“狡兔有三窟，仅得免其死耳。今君有一窟，未得高枕而卧也，请为君复凿二窟。”

【译文】

做人宁可装得笨拙一点，不可显得太聪明；宁可收敛一点，不可锋芒太露，这才是明智之举；宁可随和一点也不可太自命清高；宁可退缩一点，不可太积极前进。这才是立身处世最有用的救命法宝，才是明哲保身最有用的“狡兔三窟”。

【论谭】

一个人要真能得到立身处世的救命法宝，第一宜藏巧于拙，锋芒不露，第二还要有韬光养晦的修养功夫，为什么呢？请看《庄子·徐无鬼》中的一则故事：

吴王渡过长江，登上猕猴聚居的山岭。猴群看见吴王打猎的队伍，惊惶地四散奔逃，躲进了荆棘丛林的深处。有一个猴子留下了，它从容不迫地腾身而起抓住树枝跳来跳去，在吴王面前显示它的灵巧。吴王用箭射它，它敏捷地接过飞速射来的利箭。吴王下命令叫来左右随从打猎的人一齐上前射箭，猴子躲避不及抱树而死。

吴王回身对他的朋友颜不疑说：这只猴子夸耀它的灵巧，依恃它的便捷而蔑视于我，以致受到这样惩罚而死去！要以此为戒啊！唉，不要用傲气对待他人啊！颜不疑回来后便拜贤士董梧为师以铲除自己的傲气，弃绝淫乐，辞别尊显，三年时间全国的人个个称赞他。

文以拙进　道以拙成

【原文】

文以拙进，道以拙成，一拙字有无限意味。如桃源犬吠、桑间鸡鸣，何等淳庞[1]。至于寒潭[2]之月、古木之鸦，工巧中便觉有衰飒气象矣。

【注释】

①淳庞:淳是朴厚,庞作充实解。

②寒潭:指深冷寂静的潭水,有深冷和寂静的双重意义。

【译文】

不论写文章或做学问都要用质拙的方法才有进步,尤其是修养品德必须抱着朴实的态度才有成就,可见"拙"字含有无穷奥义,恰如桃花源中的狗叫、阡陌间的鸡鸣,这该是一种多么淳朴充实的风俗。至于寒潭中所映出的月影以及古树上所落的乌鸦,表面看来充满诗情画意,然而实际上却显示出萧瑟凄凉的景象。

【论谭】

孔子说,质实多于文采,就难免粗陋;文采多于质实,就难免虚浮;文采和质实配合得恰到好处,才可以称作君子。所以一个人要广泛地学习,提高学习的文化水平和语言修养,又要用一定的道德行为规范来约束自己。

孔子主张"文质彬彬",彬彬就是斑斑,两方面掺杂配合,就像色彩斑斓的图画,既有生趣、精明,又有真气、厚道,这样的人才可爱。

老子认为,人类痛苦和纷争的病根就在于乖巧过了头,刚强过了分,假如大家立身处世都朴实、厚拙、柔弱、不争,人们必定生活幸福多了。如果说逞能好胜、强自出头在老子的时代所在皆是,那么在现代人身上那就更刻骨铭心了;如果说老子这些思想在当时是对症下药,那么它在现代就是被人们熟视无睹的"祖传秘方"。

现代人们教育自己的孩子,总希望他聪明、机巧、刚强、好胜和富于竞争力,谁要是教他的孩子笨拙、柔弱、退让、不争,那准被人看成是个十足的笨蛋,或者是神经出了毛病的家伙。想以自己的聪明才智来出人头地、鹤立鸡群几乎是所有现代人的奋斗目标,它是一个人在竞争中成功的标志,因而也成了现代人工作学习的动力,也成了人精神苦闷的根源。"聪明反被聪明误","烦恼皆因强出头"。

临济的断喝、德山的棒子是禅门机用的典型代表,临济和尚、德山和尚都被尊为英雄式的祖宗,然而禅机不仅指棒喝,也有像赵州和尚那样用三寸不烂之舌使众人信服的口唇禅。曾经有一僧问首山和尚:"临济大师喝,德山大师棒,到底是想表明什么呢?"首山和尚答道:"你先试试看。"僧便喝了一声:"睁眼瞎子!"僧接着又喝了一声。首山和尚大怒道:“这个瞎驴,乱喝什么?”僧作礼欲走。首山抓住便打,并且说道:“喝也好棒也好,只有真正的禅师应用起来才有妙用。”喝是指大声呵斥,但并不仅限于指发声断喝,一喝能把真正的僧师的悟境惟妙惟肖地展现出来,也有人光学着喝,却不知道喝的作用和意义。有一小和尚想练习与师父对禅,便去请教师兄,师兄告诉他:“当我问和尚‘正当恁么时作么生’时,师父就‘嗬——!’地喝了我一声。”小和尚暗记在心里,只是这个‘恁么’太难记,小和尚记来记去便把它记成生馍馍了。有一天他上法堂对禅时,径直站在师父面前大声地说:“生馍馍怎么弄好?”师傅笑着说:“烤也行,蒸也行。”小和尚尖声怪气地“嗬”了一声。师傅立即问他:“怎么啦?呛住了吗?”满堂众僧皆开心地大笑。黄泉和尚那里也传出一则趣事,有一次一僧对他说:“久闻黄泉师父大名,请问我手中的是麦饼还是米粑?”黄泉道:“是麦是米,尝一下不就知了吗?”这时这位僧人就来了一声“嗬——!”“怎么啦?噎住了吗?噎住了吗?”

闻恶不就　闻善不亲

【原文】

闻恶不可就恶[1],恐为谗夫[2]泄怒;闻善不可即亲,恐为奸人进身。

【注释】

①就恶:立刻厌恶。

②谗夫:用流言来陷害他人的小人。

【译文】

听说人家有过错或做了坏事,不可马上信以为真起厌恶之心,必须经过自己一番冷静的观察,这样就可以判断进谗的人是否有诬陷泄愤的意图;听到某人有善行做了好事,也不要立刻就相信他去交往亲近他,必须经过自己一番冷静观察,以免那些奸人谋官求职的手段得逞,免得引狼入室。

【论谭】

孟子说:“左右皆曰贤未可也,诸大夫皆日贤未可也,国人皆曰贤然后察之,见贤焉然后用之。"这可谓孟子识才方法上的至理名言,下面一则故事生动地说明了这一道理。

战国时,孔子的孙子子思对卫国的国君推荐苟变,认为他"是位可率领五百辆战车出征的奇才。"卫君却说:"我是知道他可以当将军的,但是他在当收税官时,利用工作之便吃了别人两只蛋,所以就没有重用他。"子思开导卫君说:"圣人选拔官吏,就如同木匠选用木材,应当取其长,弃其短。您身处战国的战争形势下,在提拔武将时,却因为两只鸡蛋而抛弃干城之将,这是不可以使别的国家知道的。"卫君再三感谢地讲:"一定遵从您的劝告。"

谗言自明　媚阿侵肌

【原文】

谗夫毁士,如寸云蔽日,不久自明;媚子阿人①,似隙风②侵肌,不觉其损。

【注释】

①媚子阿人:媚子是擅长阿谀逢迎的人,阿人是谄媚取巧曲意附和的人。

②隙风:墙壁门窗的小孔叫隙,从这里吹进的风叫邪风,相传这种风容易使人身体得病。

【译文】

小人用恶言媚语毁谤或诬陷他人,就像点点浮云遮住了太阳一般,只要风吹云散,太阳自然重现光明;小人用甜言蜜语阿谀奉承他人,就像从门缝中吹进的邪风侵害肌肤一样,使人们在不知不觉中受到伤害。

【论谭】

荀子《不苟》中说:刚刚洗过澡的人会抖一抖他的衣裳;刚刚洗过头的会弹一弹他的帽子。这是人之常情。谁愿意拿自己洁白的身体,去接受别人污黑的沾染呢?唐代有一个检校刑部郎中,名叫程皓,为人周慎,人情练达,从不谈人之短长。每当同辈之中有人非议别人,他都缄默不语。直到那人议论完后,他才慢慢地替被伤害的人辩解:"这都是众人妄传,其实不然。"甚至,还列举出这个人的某些长处。有时,他自己在大庭广众中被人辱骂，连在座的人都惊愕不已。程皓却不动声色，起身避开，说："彼人醉耳，何可与言？"与其诅咒黑暗，不如点燃一支蜡烛。

斥小人媚　愿君子责

【原文】

宁为小人所忌毁，毋为小人所媚悦①；宁为君子所责备，毋为君子所包容。

【注释】

①媚悦：本指女性以美色取悦于人，此指用不正当行为博取他人欢心。《史记·佞幸列传》有："非独女以色媚，士亦如之。"

【译文】

做人做事宁可遭受小人的猜忌和毁谤，也不要被小人的甜言蜜语迷惑；做人做事宁可遭受君子的责备和训斥，也不要被君子的宽宏雅量所包容。

【论谭】

孔子说：君子公心爱物，不肯看到别人有所偏失不加以纠正，所以能和而不同；小人则相反，不是盲目附和，就是阿比取媚，像别人的影子一样，没有自己独立的意见。君子见大心广，心地坦然，从容舒泰而不骄矜做作；小人略有所见，即自以为是，意气飞扬，把一世界人都不放在眼里，没有一点安详舒泰的气象。

古人说："臧否损益不同，中正以训，谓之和言。"就是说，要有原则（中正以训），要敢提不同意见（臧否损益），这样在切磋琢磨中结成同志。小人就不是这样。不是因为愚蒙盲从，就是因为阿比图利——不管对与不对，只要能讨你欢心，他都会唯唯诺诺。

一念一行　都宜切戒

【原文】

有一念犯鬼神之禁，一言而伤天地之和，一事而酿①子孙之祸者，最宜切戒②。

【注释】

①酿:本意当制酒解,此处指造成的意思。

②切戒:深深的引以为戒。

【译文】

假如有一种邪恶的念头触犯了鬼神的禁忌,有一句话破坏了人间祥和之气,或者做了一件伤天害理的事成为后代子孙的祸根,所有的这些行为都必须特别加以警惕,决不能去做。

【论谭】

庄子在《人间世》总运用三个形象的例子充分说明:一念一行,都要谨慎。不但立身处世要谨慎,而且每做一事都要谨慎。庄子是这样说的:

你不了解螳螂吗?奋起它的臂膀去阻挡滚动的车轮,不明白自己的力量全然不能胜任,还自以为聪明,自以为有力量。警惕呀,谨慎呀!经常夸耀自己的才智而触犯了它,就危险了!你不了解那养虎的人吗?他从不敢用活物去喂养老虎,因为他担心扑杀活物会激起老虎凶残的怒气;他也从不敢用整个动物去喂养老虎,因为他担心撕裂动物也会诱发老虎凶残的怒气。知道老虎饥饱的时刻,通晓老虎凶戾的秉性。老虎与人不同类却向饲养人摇尾乞怜,原因就是养老虎的人能顺应老虎的性子,而那些遭到虐杀的人,是因为触犯了老虎的性情。

爱马的人,以精细的竹筐装马粪,用珍贵的蚌壳接马尿。刚巧一只牛虻叮在马身上,爱马之人出于爱惜随手拍去,没想到马儿受惊便咬断勒口,挣断辔头,弄坏胸络。意在爱马却失其所爱,能不谨慎吗?

中华传世藏书

【图文珍藏版】

菜根谭

[明]洪应明⊙原著
马博⊙整理

第三册

线装书局

不昧所有　不自夸耀

【原文】

前人云:“抛却自家无尽藏[1],沿门持钵效贫儿。”又云:“暴富贫儿休说梦,谁家灶里火无烟[2]?”一箴自昧所有,一箴自夸所有,可为学问切戒。

【注释】

①无尽藏:佛家语,是“无尽藏海”的简称,比喻无穷道德,此处有道德和财富的双重意思。《大乘义章》说:“德广难穷,名为无尽,无尽之德,包含曰藏。”

②谁家灶里火无烟:是说任何人家多少都有点财产。

【译文】

以前的人说:“放弃自己家中的大量财富,却模仿穷人拿着钵到处乞讨。”又说:“一个突然暴富的穷人,千万不要老向人家夸耀自己的财富,其实哪个人家的炉灶不冒烟呢?”上面这两句谚语,一句是用来劝说那些看不见自己德行的人,一句是用来忠告那些夸耀自己财富的人,这些都是做学问的人必须彻底戒除的事。

【论坛】

《孟子·告子章句上》中说:希望尊贵,这是人们共同的心愿。但每个人都有自己可尊贵的东西,只是不去思考它罢了。有个寓言说:有一只母蛙带着自己的蛙儿在池塘游戏,它们看见一头在塘边饮水的牛。蛙妈妈很羡慕牛身躯的庞大,它也想使自己变得如牛大。于是,它拼命往肚子里鼓气,还不住地问儿子:“我有牛大吗?”小蛙劝妈妈说:“您就别胀了,肚皮要爆了。”母蛙的肚皮最后真的就胀破了。

这种母蛙只知道羡慕牛的庞大,只想到和牛比大,其实,它为什么不可以和牛比小呢?这寓言的道理很明白:人不能自恃才高,傲视众人,也千万不可妄自菲薄,总以为自己不如人,自己看不起自己。寸有所长,尺有所短。每个人都有自己可珍贵的东西,只是由于我们一味羡慕别人而没有考虑它们罢了。

盛极必衰　居安虑患

【原文】

衰飒[1]的景象就在盛满中，发生[2]的机缄[3]即在零落[4]内。故君子居安宜操一心以虑患，处变当坚百忍[5]以图成。

【注释】

①衰飒：飒，本义是风吹落叶的声音，衰飒是衰落、枯萎，指境遇衰败没落。

②发生：生育、生长。

③机缄：关键因素，指运气的变化。据《庄子·天运》篇："天其运乎，地其处乎，日月其争于所乎，孰主张是，孰维纲是，孰居无事推而行是，意者其有机缄而不得已邪？"

④零落：指人事的衰败没落，例如陆机有"亲友多零落"的诗句。

⑤百忍：比喻极大的忍耐力。

【译文】

大凡一种衰败的景象往往是在很早的繁茂时就种下祸根，大凡一种机运的转变多半是在零落时就已经种下善果。所以一个有道德修养的君子就应当在平安无事时保持清醒的理智，以便防范未来某种祸患的发生，一旦处身于变乱灾难之中，就要拿出毅力咬紧牙关，坚定信念继续奋斗，以求事业成功。

【论谭】

《易经》提出"月中则昃，月盈则亏"的道理，这说明天地间万事万物都会由盛而衰，在极盛时已经露出衰落凋谢的预兆。所以人在平安无事时，要保持自己的清醒头脑，防患于未然。汉成帝曾经游后花园，想与班婕妤同车。班婕妤辞谢说："看古人的图画中，圣贤的国君，都有富名望而贤明的臣子陪在身边；三代（夏、商、周）末世的君主，才有宠幸的臣妾在侧。现在君主与我同乘一部车，难道不是与他们相似了吗？"太后听到这些话，很高兴地说："古代有贤惠的樊姬，现在有班婕妤。"后来飞燕谗毁班婕妤说她诅咒后宫，甚至也咒骂皇上。成帝于是就查问班婕妤。她回答说："臣妾听说：死生由命，富贵在天。

自己的德性修养端正，都无法蒙受上天所赐的福分；去做一些邪恶不正的事，又能指望得到什么？假使鬼神有知觉，它们一定不会接受奸邪谗佞的诉讼；如果没知觉，告诉它们又有何用呢？所以我是不会做这种事的。”成帝觉得她说得很有道理，就赦免她，并赐黄金百斤。飞燕娇媚又善妒，班婕妤恐怕迟早受害，于是请求到长信宫去陪侍太后。班婕妤不与君主同车，以致后来到长信宫去陪太后，说明她在平安无事时保持清醒头脑，以便防止未来的某种祸患的发生。当然，一个人一旦处于某种灾难之中，就要以顽强的毅力，努力奋斗，以便取得将来事业的成功。

疾病易医　魔障难除

【原文】

纵欲之病可医，而势理之病[1]难医；事物之障可除，而义理之障[2]难除。

【注释】

①势理之病：固执己见，自以为是的毛病。

②义理之障：正义真理方面的障碍。

【译文】

放纵情欲的毛病还有医治矫正的可能，但是固执己见、自以为是的毛病就很难医治；事理和物理上遇到的障碍还可以解除，但是正义真理和思想品德上的障碍却难以排除。

【论谭】

战国时的名医扁鹊，姓秦。有一天他来到齐国，上朝见到桓侯说：“你有病潜伏在皮肉，不将它治好，将会深入体内。”扁鹊走出宫门后，桓侯对左右大臣说；“做医生的人好利，想拿没病的人邀功，我根本就没有病。”

以后，每隔五天，扁鹊每见桓侯一次，都逐次指出他的病已由血脉转而潜伏到肠胃之内，可桓侯不是说“没有病”，就是表现得不高兴或不答话。第三次，也就是十五天以后，扁鹊又去见桓侯，他看见了桓侯却转头走了，桓侯派人问扁鹊为什么要走。扁鹊说：“疾病在皮肉，用药熨可以治好；在血脉，用针石可以治好；在肠胃，酒醪可以治好；如果进入骨髓，就是掌管生命的天神也无可奈何，现在齐君的病入骨髓，我已无能为力了。”再过五天，桓侯果然生病，扁鹊这时已逃离齐国。桓侯终于病死。

齐桓公固执己见，其结果害了自己。

忧喜取舍　形气用事

【原文】

人情听莺啼则喜，闻蛙鸣则厌，见花则思培之，遇草则欲去之，但以形气①用事；若以性天②视之，何者非自鸣其天机，非自畅其生意③也。

【注释】

①形气：形是躯体，气是喜怒哀乐的情绪，都表现于外。如《孟子·公孙丑上》：“夫志，气之帅也。”

②性天：天性。

③生意：指生的意念。

【译文】

按一般人的常情来说，每当听到黄莺婉转的叫声就高兴，听到青蛙呱呱的叫声就讨厌；看到美丽的花卉就想栽培，看到杂乱的野草就想铲除。这完全是根据自己的喜好爱憎来判断事物。假如按照生物的天性来说，黄莺悦耳的叫声也好，青蛙鸣叫声也好，都是在抒发它们自己的情绪；不论是花朵的开放，杂草的生长，它们何尝不是在舒展蓬勃的生机呢？

【论谭】

孟子在齐国做过一段时期的卿相，后来他决定离开齐国。与孟子同在齐王手下做官的淳于髡问孟子："重视名誉功名是为了济世救民。您身为齐国的三卿之一，如今上辅君王、下济臣民的名誉功名都没有建立就要离开，难道这是仁人的作为吗?"孟子回答说："身处卑微，不以自己贤人的身份服侍不肖的君主，有伯夷；五次为桀做官，五次为汤做官，力图推行自己的仁政思想的，有伊尹；不讨厌恶浊的君主，不拒绝微贱的职位的，有柳下惠。这三个人的行为方式不同，但大方向却是一致的，他们都是为了仁。君子只要仁就可以了，何必拘泥于具体如何去做呢?"伊尹、柳下惠都是孟子心中的贤人，但他们一个曾为残暴无道的夏桀做官，一个并不讨厌恶浊的君主，而且，即使如此，也并不损他们贤人的名声。伯夷宁可于首阳山下采薇自食，也不去求取俸禄。这些都是无可指责的。所以，官阶爵位，有时可以弃之如破鞋。去留弃取，只以人身的保全和立命的根本不受妨害为原则。只要这样，便可进退自如，弃取随心，予夺不惧，去留无忧。孟子的话告诉我们：我们的好恶心情、去留取舍，亦如万物一般，都是根据天地自然之理而平等地生长发育、变化发展。

天生万物各有用，人之好恶有取舍。自然界万物的形态与人们的心态往往相互映衬。《庄子·天地》中有段生动的论述：

世界最初是个无，没有"有"，也没有名称，后来出现了"有"，"有"绝对统一，统一而没有形体。物得到这个一而产生，叫作德；没有形体之中开始有了分别，但是这些分别还无界限，叫作命。运动停止，产生了万物，物有各自的纹理结构，叫作形。形体具备了精神，各有自己的姿态和行为规则，叫作性。性加以修养就返回德，德修养到顶点，就和最初相同。和最初相同就是虚廓，虚廓就广大，说话和无心的鸟鸣相同，无心鸟鸣和我的说话相同，这样就和天地合同。合同没有一丝差异，像是愚蠢又像昏迷，这就是玄德，也就是如同返回本真而一切归于自然。

爱重成仇　薄极成喜

【原文】

千金难结一时之欢，一饭竟致终身之感[①]，盖爱重反为仇，薄极反成喜也。

【注释】

①一饭竟致终身之感：据《史记·淮阴侯列传》中记载，韩信穷困的时候，没有人瞧得起他，可有一漂母看他饿，就给他饭吃。韩信当然说些感激的话，这老太太很生气地回答说："大丈夫不能自食其力，我不过同情你小伙子，谁指望你报答？"韩信以后显贵发达始终记得这一饭之恩。

【译文】

人与人之间的相处如不投机，即使是价值千金的重赏或恩惠，有时也难以换得对方的欢心，假如一个人有良心而又重道义，即使是在人贫困时给他一顿粗茶淡饭的小小帮助，也可能使他一生不忘此事永远心存感激、回报之心。另外还有一种心理现象，就是当一个人爱一个人爱到极点时，如果一不小心感情处置不当就可能会翻脸成仇；还有一些平常不受重视或者淡泊至极的人，只要突然给予一点小惠，就会受宠若惊而对你表示好感成为好友。

【论谭】

郑国曾经派子濯孺子去攻打卫国，战败，便逃跑，卫国派庾公之斯追击。子濯孺子说："今天我的病发作了，拉不了弓，我活不成了。"又问给他驾车的人说："追击我的是谁呀？"驾车的人回答："庾公之斯。"子濯孺子便说："我死不了啦。"驾车的不明白："庾公之斯是卫国的名射手，他追击您，您反说您死不了啦，这是什么道理呢？"子濯孺子回答说："庾公之斯跟尹公之他学的射箭，尹公之他又是跟我学的射箭，尹公之他是个正派人，他所选择的学生、朋友一定也正派。"庾公之斯追了上来。庾公之斯见子濯孺子端坐不动，便问道："老师为什么不拿弓呢？"子濯孺子说："我今天病了，拿不了弓。"庾公之斯说：

"我跟尹公之他学射,尹公之他又跟您学射。我不忍心拿您的技巧反过来伤害您。但是,今天我追杀您,是国家的公事,我也不能完全放弃。"于是,庾公之斯抽出箭,在车轮上敲了几下,把箭头敲掉,用没有箭头的箭向子濯孺子射了四下,然后回去了。

谦虚受益　满盈招损

【原文】

欹器[①]以满覆,扑满[②]以空全;故君子宁居无不居有,宁处缺不处完。

【注释】

①欹器:欹,不正的意思。欹器是古代用来汲水的陶罐,因提绳位于罐体中部,所以,一旦装满了水就会翻倒,当水满一半时能端正直立,当水空时就倾斜,古代帝王把它放在座位左侧,作为规劝警惕的器具。据《荀子·宥坐》篇:"孔子曰:'我闻宥坐之器者,虚则斜,中则正,满则覆。'孔子故谓弟子曰:'注水焉!'弟子把水而注之,中而正,满而覆,虚而斜。孔子喟然叹曰:'吁,恶有满而不覆者哉!'"

②扑满:用来存零钱用的陶罐,有入口无出口,满则扑破取出。

【译文】

欹器因为装满了水才倾覆,扑满由于腹中空无一物才得以保全。所以一个品德高尚的君子,宁愿处于无争无为的地位,也不要站在有争有夺的场所,日常生活宁可感到缺欠一些,也不要求过分完满。

【论谭】

酒足饭饱时,再美味的饭肴也引不起食欲;自满之心,朴实的真理也难以打动。耶稣也说过:"心贫者有福。"有一位大学者到南隐禅师处问禅,从哲学、科学的角度对禅大力评点了一番。南隐一直默默地听着,并给他上茶。眼看茶杯已满了,可南隐还在向杯中倒水。学者说道:"老禅师,茶已溢出来了。""是啊,你就像这只杯子一样。"南隐说,"你的头脑中装满了那么多哲学、科学,我就是跟你说禅,你也装不进哪!"学者事后感叹道:"茶杯的价值,不在乎它的质地、外形,而在于它的里面是空的。"

清净布施　不责人报

【原文】

施恩者，内不见己，外不见人，则斗粟[①]可当万钟[②]之报；利物者，计己之施，责人之报，虽百镒[③]难成一文之功。

【注释】

①斗粟：斗是量器名，十升为一斗。粟是古时五谷的总称，凡未去壳的粮食叫粟。

②万钟：钟是古时量器名。万钟形容多。

③百镒：古时重量名，二十四两为一镒。

【译文】

施舍恩惠给别人的人，不可老把这种恩惠记在心头，不应有让别人赞美和回报的念头，这样即使是一斗米也可收到万钟的回报；一个用财物帮助别人的人，不但计较自己对别人的施舍，而且要求人家的报答，这样即使是付出一百镒，也难收到一文钱的功效。

【论谭】

"施而无求"，可以孙思邈为楷模。

孙思邈是唐代名医。在他的行医生涯中，"涤尽渣滓，斩绝萌芽"，献身医道，为大众解除疾苦，不受名利之诱。凡病家请求出诊，他从不瞻前顾后，不考虑自己的吉凶安危，也不惧怕路途遥远艰险，无论昼夜寒暑，饥渴疲劳，都要"一心赴救"，而且从不问病家地位高低、贵贱贫富，也不念恩怨亲疏，一视同仁。

他不仅毕生救死扶伤，而且在古稀之年开始写《千金要方》，直至百岁高龄，仍然思路敏捷。

普度众生，首重布施，然而，布施应不图回报；布施应是给人利益，给人快乐，给人欢喜，给人方便。南北朝时期梁国的天子武帝是一位热心的佛教信徒，传说他曾身披袈裟，宣讲过《放光般若经》。世人尊称他为"佛心天子"。这等虔诚的信徒，听说大圣达摩从印度已到中国，自然是立即宣诏下旨，派人把达摩接进京城，一见面，武帝就开口问道：

“孤家建立了众多寺院，供养了许多僧众，抄了很多佛经，肯定有功德吧！”不料大师的回答与武帝的期待正好相反：“无功德。”思求功德谋现世利益的人，与真正的宗教是无缘的，因为只要有丝毫念己之心，便不是真正的善德了。

忙里偷闲　闹中取静

【原文】

忙里要偷闲，须先向闲中讨个把柄①；闹中要取静，须先从静处立个主宰②。不然未有不因境而迁③、随事而靡④者。

【注释】

①把柄：把就是柄，比喻做事能把握要点。

②主宰：主见、主持。

③因境而迁：迁，转移。随着环境的变化而变化。

④随事而靡：靡当动词用，散败和损毁。随着事物的发展而盲目地跟随其后。

【译文】

即使在很忙的时候，也要设法抽出一点空闲时间，让身心舒展一下，必须在无事时把要做的事先做一调整，养成这种习惯，就有了调剂身心的功夫。要想在喧嚣的环境中保持冷静的头脑，就必须在心情平静时事先有个主见。不然一旦遇到事情就会手忙脚乱，不知所措，随事盲目而行，结果把事情弄得很糟。

【论谭】

孔子做过鲁国的司寇（司法部长），周游列国虽很辛苦，但打交道的都是国君一流人物，后来专门教书，也极受尊重，学生把他比作日月。但孔子自己，并不自以为了不得，说：有十户人家的小村镇，就有像我孔丘这样的人，只是他们不像我这样好学罢了。又说：有人说我是圣人和仁者，孔丘岂敢当，我不过是一个学而不厌、诲人不倦的教书匠。正因为这样，他和学生在一起，也开点玩笑。有一次，刚到了他学生子游做县长的武城，就听到一片弹琴唱诗之声，孔子微微一笑，说：哈，宰鸡，用得着牛刀吗？言下之意，似是治理这个小地方，用不着进行礼乐教育。子游当时正接待老师，说：您以前不是讲过，做官的受了教育，就有了仁爱之心；老百姓受了教育，就比较容易领导吗？孔子说：是啊，我刚才只是同你们开开玩笑呢！

孔子爱开玩笑，也是一种奔波中求静的方法，人能在劳顿中保持一点幽默，学会求静，不失君子风范。

超然事外　明晓厉害

【原文】

议事者身在事外，宜悉利害之情；任事①者身居事中，当忘利害之虑。

【注释】

①任事：负责某事。

【译文】

当评论事物得失时，能以超然的身份置身事外，就能了解掌握事情的始末，通晓利害；反之如果以当事人的身份，而置身整个事情之中，这时就要暂时忘怀个人的毁誉，才能专心策划并推动所担负的任务。

【论谭】

俗话说："当局者迷，旁观者清。"可见要想对某人某事做出公平的评论，超然事外者则能另拓思路，据理晓喻。孟子在齐国的时候，有一次在齐国边境的平陆，会见了当地的长官孔距心。孟子问孔距心："如果你的战士，一天三次失职，你开除他吗？"孔距心回答说："不必第三次，我就要开除他了。"孟子说："那么，你自己失职的地方也很多，如今这灾荒年成，你的百姓，年老体弱者抛尸于山沟荒野，年轻力壮者逃亡于四面八方，就我所知，已有近千人了。"孔距心申辩说："妥善安置那些灾民，实在不是我的能力可以做得到啊。"孟子打了一个比方。他说："譬如现在有一个人，接受别人的牛羊，替别人放牧，那就一定要替这些牛羊找到牧场和草料。如果牧场和草料都找不到，那他就得把这牛羊退还给原主，难道他能够就站在那里看着牛羊一个个饿死吗？"孟子这个比喻的意思很明确，那就是，在这个位置上，就得坐这个位置要求的事，就该做事，如果不做，或不能做，你最好就别占着这个位置。

这段文字讲的是"当局者迷，旁观者清"的道理。相反，还有两种情形则需要深入虎穴亲身去体验，去尝试，去探索，方才有收获，有成就。《碧岩录》中说了一个"看狗"的故事。故事中说，紫胡和尚在禅室门口立了一个木牌，上面写着："紫胡有一只狗，上取人头而食，中取人腰而食，下取人脚而食，谁胆敢妄言，即失身命。"有一位新入林的和尚正欲求教，紫胡令他看狗去，和尚回头看牌，慌忙溜走。禅师都有必要亲遭这匹紫胡狗咬一口，正如百丈遭黄檗一掌一样，没有亲身体验的勇气，是不会有成就的。

善操身心　收放自如

【原文】

白氏云："不如放身心，冥然任天造。"晁氏①云："不如收身心，凝然归寂定②。"放者流为猖狂，收者入于枯寂。唯善操身心者，把柄在手，收放自如。

【注释】

①晁氏：晁补之，宋代巨野人，字无咎，善于书画，因慕陶渊明而修归来园，自号归

来子。

②寂定:断除妄心杂念而入于禅定状态。

【译文】

白居易的诗说:"凡事不如都放心大胆去做,至于成功失败一切听凭天意。"晁补之的诗说:"凡事不如小心谨慎去做,以期望能达到坚定不移的境界。"主张放任身心容易使人流于狂放自大,主张约束身心容易使人流于枯槁死寂。只有善于操纵自己身心的人,才能掌握事物的规律,对一切事做到收放自如的境界。

【论谭】

五祖法演和尚说:"释迦也好,弥勒佛也好,都是他的奴仆。他是谁?"无门和尚对此颂道:"他弓莫挽,他马莫骑。他非莫辩,他事莫知!"真正重要的在于自己,公案中的他是第三者的他,而颂偈中的他是自他不二的他,这便是诗的妙处。如果是真的自觉者,是确立主体性的人,是不需要剽窃他人的学识,也不会随人后随声附和的。而且,从自他不二的心境出发,他人之非即是己之非,怎么能恶语相向呢?简而言之是他事莫知。数别人的钱对自己有什么用呢,一无所得。只有自觉无位的真人,随处做主,无拘无束地生活的人,才是真正的禅者。

不退之轮　常明之灯

【原文】

凭意兴作为者,随作则随止,岂是不退之轮[①]?从情识解悟者,有悟则有迷,终非常明之灯[②]。

【注释】

①不退之轮:佛家语,轮指法轮。佛家认为,佛法能摧毁众生的罪恶,所以佛法就像法轮,能碾碎山岳岩石和一切邪魔恶鬼,而且认为法轮并不停在一处,就像一般的车轮一样到处辗转,所以称为不退之轮。据《维摩经·佛国品》说:"三转法轮于大千,其轮本来常清静。"

②常明之灯：指佛家所说本智的光明，因此用以比喻为赫灼光明之灯，寺庙所点的灯都叫长明灯。

【译文】

一个凭一时感情冲动和兴致去做事的人，等到热头和兴致一过，事情也就跟着停顿下来，这哪里是能坚持长久奋发上进的做法呢？一个从情感出发去领悟真理的人，有时能领悟，有时也会被感情所迷惑，所以这种做法也不是一种永久光亮的灵智明灯。

【论谭】

下定决心做一件事是容易的，但能够做完一件事就不那么容易了。有的人，头脑热一些，没有估计到困难，困难一出现，就退缩了；有的人头脑冷静一点，估计到了困难，可没估计到困难有那么大，也退缩了。眼看就要成功了，一步之遥，一纸之隔，可就是挺不住了，结果，前功尽弃。孟子说，一个人的作为就像挖井一样，挖呀挖，没水，再挖呀挖，还是没有水。眼看就要见到水了，他却停了下来，再也不愿挖了。这不是井抛弃了他，而是他抛弃了井。不是他的力量不够，而是他的意志不坚啊！

每个人都曾有过这样那样的声调，有人想当航海家，有人想当数学家，有人想当农技师……但能将早年愿望付诸实现者寥寥无几。有的是由于客观环境不允许，有的是由于主观期望过高，但大部分是由于没有支持干到底的毅力，最后使壮志成空，老子认为："只有那些坚持不懈地追求下去的人，才称得上有志。"

"樱桃好吃树难栽"，要想把任何事情干好，都会遇到阻力和困难。认定目标就要走下去，不管前面有什么艰难险阻。每一个在事业上有成就的人，都经历过挫折和失败。在失败的时候不要气馁，要有面对困难和失败的勇气，同时又积极寻求征服困难的办法，切忌"凭意兴作为，随作随止"。

抱朴守拙　涉世之道

【原文】

涉世[①]浅，点染[②]亦浅；历事深，机械[③]亦深。故君子与其练达，不若朴鲁[④]；与其曲谨[⑤]，不若疏狂[⑥]。

【注释】

①涉世:经历世事。《晋书·孔衍传》说:“博学不及衍,涉世声誉过之。”

②点染:是指一个人沾上不良社会习气,玷污的意思。

③机械:原指巧妙器物,此处比喻人的城府。

④朴鲁:朴实、粗鲁,此处指憨厚、老实。

⑤曲谨:拘泥于小节,谨慎求全。

⑥疏狂:放荡不羁,不拘细节。白居易诗:“疏狂属年少。”

【译文】

一个刚踏入社会的人阅历很短浅,所以感染各种社会不良习惯的机会也很少;一个饱经世事阅历很广的人,经历的事情多了,智谋也随着加深。所以一个有修养的君子,与其讲究做事圆滑,不如保持朴实的个性;与其事事小心谨慎、委曲求全,倒不如豁达一些,才不会丧失纯真的本性。

【论谭】

在《庄子·缮性》里有这样一段精辟的论述:“古时候的人,生活在混沌鸿蒙、淳风未散的境界中,跟整个外部世界混为一体而且人们彼此都恬淡无为,互不交往。正是这个时候,阴与阳谐和而又宁静,鬼神也不会干扰,四季的变化顺应时节,万物全不会受伤害,各种有生命的东西都能尽享大年,人们即使内存心智,也没处可用,这就叫作最完满的浑一状态。正是这个时候人们不知道需要去做什么而保持着天然。”

“等到后来道德衰退,到了燧人氏、伏羲氏统治天下,世事随顺却已不能浑然为一。道德再度衰退,到了神农氏和黄帝统治天下,世道安定却已不能随顺民心与物情。道德再度衰退,到了唐尧、虞舜统治天下,开启了治理和教化的风气,淳厚质朴之风受干扰与破坏,背离大道而为,开始是伤害了道德,然后是抛弃了自然性而随应心机。人们彼此间相互窥测,也就难以使天下得到安定,然后又贴附上浮华的文饰,增加了众多的俗学。文饰浮华毁坏了质朴之风,广博的俗学淹没了纯真的心灵,然后人民才开始迷惑和纷乱,没有什么办法返归本真而回复原始的情状。”

读过庄子的话,回头再看洪应明先哲的话,一深一浅,其理都给人以深刻的启示。

效法自然　日月永恒

【原文】

天地寂然①不动，而气机②无息稍停；日月尽夜③奔驰，而贞明④万古不易。故君子闲时要有吃紧⑤的心思，忙处要有悠闲的趣味。

【注释】

①寂然：宁静的意思。白居易《偶作诗》有："寂然无他念，但对一炉香。"

②气机：机，活动，气机指大自然的活动。气是天地阴阳之气，而机指宇宙的运动。气机就是天地运转。

③尽夜：夜以继日，也就是通宵的意思。尽，终也。

④贞明：指光辉永照。

⑤吃紧：宋明时代的口头语，即紧迫、抓紧。

【译文】

我们每天看到的天地好像是一动也不动，其实大自然的活动一时一刻也未停止。早晨旭日东升，夜晚明月西沉，日月昼夜都在旋转，宇宙在不断地活动，而日月的光明却永恒不变。所以君子平时就应该效法大自然的变化，闲暇时心中就要有紧迫感作一番打算，以便应付意想不到的变化，忙碌时也要能做到忙里偷闲，享受一点生活中悠闲的乐趣。

【论谭】

庄子在《养生主》中说："人的生命是有限的，而知识却是无限的。以有限的生命去追求无限的知识，势必体乏神伤。既然如此还在不停地追求知识，那可真是十分危险的了！做了世人所谓的善事而不去贪图名声，做了世人所谓的恶事却不至于构成刑戮的屈辱，遵从自然的中正之路把它作为顺应事物的常法，这就可以护卫自身，就可以保全天性，就可以不给父母留下忧患，就可以终享天年。"

庄子在这里所说的"顺应事物的常法"，正是劝诫人们"应效法大自然的变化"，在生活中学会调理自己的情绪不至于盲目，通过生活的乐趣来平衡自己的身心。

黄龙悟新和尚在歌偈中有这样两句："安禅未必须出水，灭却心头火自凉。"实际上这两句诗是诗人杜荀鹤所写的《悟空上人寺院夏日题诗》中的后两句，起承两句为"三伏闭门披一衲，兼无松竹蔽房廊。"意为在大热天里，悟空上人关着门，身上披一件破僧衣，屋外也不种植松竹，房檐无荫。就是这样的地方也同样是修禅的好所在。自然有寒暑变异，无可回避；人生也有阴晴圆缺，不可抗逆。真正的禅师的态度是不抗逆，也不屈服；不靠回避问题去解决问题，而是深入渗透到问题里面，随遇而安，调和好自己的精神，自然心静，也就不难想象寒暑皆无的高层次境界了。

意所偶全　物出天然

【原文】

意所偶会便成佳境，物出天然才见真机[1]，若加一分调停布置，趣意便减矣。白氏[2]

云:“意随无事适,风逐自然清。”有味哉,其言之也!

【注释】

①真机:真正的机用。

②白氏:唐代诗人白居易。

【译文】

事情偶然遇上合乎己意就是成了最佳境界,东西出于天然才能看出造物者的天工,假如加上一分人工的修饰,就大大减低了天然趣味。所以白居易的诗说:“意念听任无为才能使身心舒畅,风要起于自然才能感到凉爽。”这两句诗真是值得回味的至理名言。

【论谭】

物贵天然,人贵自然。老子于为人处世上同样强调自然无为,不管干什么要因任自然规律,不以人为的方式去扰乱它;同样,自然无为也是他的审美标准,一切违背自然的必定就是丑恶的。

由此而产生的联想很多。孔子有个孙子叫作子思,他有次晋见齐王,齐王的嬖臣美须秀眉,站立两侧,齐王指着笑道:“若颜貌可以互换,寡人不惜以眉须换与先生。”子思回答:“这可不是我所希望的。我希望君王修礼义、富百姓,使我能寄妻儿于齐国境内。昔日尧帝身长十尺,眉生八彩,是圣人;舜帝身长八尺,有奇貌,无须,也是圣人;禹汤文武及周公,或臂折,或背偻,同样是圣人。人之贤圣在德,岂在乎貌?我只患德之不昭,不病鬓毛之不茂。”人的外貌是天然生成的,岂可任意造作和修为,可修为的只有“德”啊。

祥蕊和尚有一次出寺访问一位酿酒商。两人以前就是朋友,所以酿酒商好好款待了祥蕊一顿,并留下他住宿。第二天早晨,祥蕊欢欢喜喜说:“你这地方没有蚊虫,真是太好了,昨夜睡得真香,好久没睡这么香了。”“都到冬月了,难道还有蚊虫吗?”酿酒商觉得挺奇怪,问祥蕊:“你那里还有蚊虫吗?”“还有。”正好当天酿酒商要出门办事,他就伴着祥蕊同行回去,晚上暂住在寺里。只见僧房内,尘土扑鼻,经书和家具都乱糟糟地摆着,房中挂有蚊帐。酿酒商掀起蚊帐,扇了两三下,就有好几只蚊子从帐子中飞出来。这则故事说明和尚好自在呀!物贵天然,人贵自然,这种不加任何雕琢造作的境界,也许就是本来面目的真实体现吧!当然,这里只能从意义上去抽象地理解,但不能从具体形式上去盲目仿效。

事起害生　无事为福

【原文】

一事起则一害生，故天下常以无事为福。读前人[①]诗云：“劝君莫话封侯事，一将功成万骨枯。”又云：“天下常令万事平，匣中不惜千年死。”虽有雄心猛气，不觉化为冰霰矣。

【注释】

①前人：指唐代诗人曹松，字梦徵，唐舒州人，七十余岁中进士，善作诗，有诗集。

【译文】

有一事起就有一害生，所以达观者常以无事为福。前人曹松诗说：“我奉劝阁下还是不要谈封侯拜相的事，因为名将的战功都是千万人的头颅所堆成的。”古人又说：“要想天下永远太平无事，只有把所有的兵器都收藏在仓库中。”当读完这两首诗后，即使本来有奋发的雄心壮志，也不由得立刻变成冰雪一般的冷寂。

【论谭】

孔子说：有六种好品德，如果不是好学深思的人，就容易带来六种弊端：心地仁厚，流弊是易受人愚弄；广知博览，流弊是四处涉猎而无所归宿；轻信的流弊是滥用心计或妄触法网；太直率的流弊是容易伤害人；一味勇敢的流弊是闯祸；一味刚强的流弊是胆大妄为。只有不断学习，才能发扬六种好品德而克服六种弊端。

“六言六弊”是古时候的一个成语。六言就是六个字，即：仁、知、信、直、刚、勇，是六种好品德或好名声。事物是辩证的，一长必有一短，优点同时也就是缺点。尤其是如果没有一定的学问，不明白六种好品德之所以成为好品德的原因，就必然会带来六个方面的问题。

守口须密　防意要严

【原文】

口乃心之门，守口不密，泄尽真机；意乃心之足[①]，防意不严，走尽邪蹊[②]。

【注释】

①意乃心之足：形容心灵统帅的意识。

②邪蹊：指不正当的小路。

【译文】

口是心灵的大门，假如大门防守不严，内中机密全部泄露；意志是心的双脚，假如意志不坚定，就会像跛脚一般走入不正当的小路。

【论谭】

人际交往中不仅需要有守口如瓶的戒意，而且更要注意语言的艺术美。一次，子路向孔子问道："鲁国大夫在父母死后二十七个月的服丧期间睡在床上，合乎礼吗？"孔子说："我不知道。"子路出来，告诉子贡："我以为先生乃是无所不知的，先生也有一些不知道的事理！"子贡说："你问些什么呢？"子路说："我问鲁国大夫在服丧期间睡床，合乎礼吗？先生说不知道。"子贡说："我给你去问先生。"子贡问孔子："服丧睡床，合乎礼吗？"孔子说："这不合乎礼。"子贡出来，告诉子路说："你说先生是有些事不知道吗？先生乃博学之人，你问得不对。按照礼的规定，住在大夫所管的地方，不要说大夫的不是。"可见方法不当，云遮雾障，山重水复；方法正确，云开日出，柳暗花明。

德山垂示门下僧众："道得也三十棒，道不得也三十棒。"说得好、道得妙、问得巧的人，要挨一顿棒；说得坏、道得差、问得笨的人，同样也要挨一顿揍打。禅门中有"临济喝、德山棒"之说，历代恭奉临济和尚、德山和尚为绝代宗师。因为禅的真理是说不得问不得的，一说一问就会落入语言的窠臼；真理是无瑕的、无极的，放之四海而皆准。而语言的作用是有偏差的、有限的，同样一句话，环境不同，含义就不一样，真理是中正的，而语言总难免偏颇。真理是无拘无束的自由，而语言本身就是限制。

德怨两忘　恩仇俱泯

【原文】

怨因德彰[1]，故使人德我[2]，不若德怨之两忘；仇因恩立，故使人知恩，不若恩仇之俱泯[3]。

【注释】

①彰:明显。

②德我:对我感恩怀德,此处“德”当动词用。

③泯:消灭,泯灭。

【译文】

一切怨恨都会由于行善而更加明显,可见行善并不一定使人都赞美,了解的人会发出赞美,不了解的人难免有所责难,所以行善与其要人感恩怀德,不如让人把赞美和埋怨都忘掉;仇恨会由于恩惠产生,恩惠不能普遍施给他人,得到恩惠的人会心生感激之情,得不到的人会发生怨恨之声,可见与其施恩而希望人家感恩图报,还不如恩惠与仇恨两者都消除。

【论谭】

一个人做点好事并不难,一个人做了点好事不求人报答,也不难,难的是一个做了点好事,谁也不知道,他也不想告诉任何人,但心里总有那么一点遗憾,好像若有所失似的。鲁穆公问子思:“听说你做好事,不要别人称赞你,真是这样吗?”子思回答:“并非如此。我做好事总希望有人知道,这样便会有人称赞我,这也可以从中得到勉励。这只是我的希望,并非都能实现。雄鸡报晓是一件好事,若说雄鸡不倦地报晓不想让人知道,以免别人夸奖自己,说这话的人,不是虚妄便是愚蠢。”子思做好事是希望得到别人报答的,没有报答的勉励,子思做好事的劲头就会受到影响。可见子思的境界并不高。子思以为他做好事是为了别人,但不知道他为别人做好事的同时也是为自己。他为别人做好事当然方便了别人,但同时,他为自己积累了善行,修炼了德操,为了自己的事唯恐天下不知,这不是涵养太浅薄了吗?

舍毋处疑　恩不图报

【原文】

舍己[1]毋处其疑[2],处其疑即所舍之志多愧矣;施人毋责其报,责其报并所施之心俱非矣。

【注释】

①舍己:就是牺牲自己。

②毋处其疑:不要存犹疑不决之心。

【译文】

假如一个人在关键时刻需要做自我牺牲,就不应存有计较利害得失的观念,有了这种观念就会对自己要做的这种牺牲感到犹疑不决,那就会使你的牺牲气节蒙羞。一个人想要施恩惠给他人,绝对不要希望得到人家的回报,假如你一定要求对方感恩回报,那连你原来帮助人的一番好心也就会变质而面目全非了。

【论谭】

一个人为他人做了一件好事,这应该说是一人善举,可他逢人便说,我为某某做了什么什么啦,也许他不是为了说才去做的,但他逢人便说却成了恶行,因为他利用了自己的一次善举。他不知道一个人并不因为他做了一件好事就是一个善良的人,也不因为他做了一件坏事就成了一个丑恶的人。他不知道一个人做一件好事并不难,难的是一辈子做好事,难的是遭到误解,身处逆境也仍然做好事。他更不知道他为别人做了一件好事,客观上是帮助了别人，主观上却帮助了自己，也就是说，他既是为别人做的，也是为自己做的，他为自己积累了善举。有了这样的想法，一个人才会看重自己所拥有的，看轻自己所没有的，同时看见自己所拥有的，看重自己所没有的。有了这样的胸怀和气度，一个人才会不宠、不惊、不骄、不躁、不怨、不怒，追求自己所没有的，正确看待自己所追求的。

万事随缘　渐渐入无

【原文】

今人专求无念，而终不可无。只是前念不滞，后念不迎，但将现在的随缘①打发得去，自然渐渐入无。

【注释】

①随缘：佛家语，随着各种的因缘。佛教认为由于外界事物的刺激而使身心受到感触叫缘，因其缘而发生动作称随缘。

【译文】

如今的人一心想要做到心中没有杂念，却又始终做不到。其实只要使以前的旧念头不记在心中，对于后来的事情也不必去忧虑，只要正确把握现实做好目前的事，自然就会使一切杂念渐渐消除。

【论谭】

《庄子·则阳》中说："冉相氏体察了道的精髓，因而能听任外物自然发展，跟外物接触相处没有终始，也显不出时日。天天随外物而变化，而其凝寂虚空的心境却一点也不会改变，何尝舍弃过大道的精髓！有心去效法自然却得不到效法自然的结果，跟外物一道相追逐，对于所修的事业又能够怎么样呢？圣人心目中从不曾有过天，从不曾有过人，从不曾有过开始，从不曾有过外物，跟随世道一块儿发展变化而没有废止，有所行动也是那么完备因而不会受到败坏，他与外物的契合与融洽又将是怎么样的呢！商汤启用他的司御门尹恒做他的师傅，而他随从师傅学习却从不拘泥于所学；能够随顺而成，为此而察其名迹；对待这样的名迹又无心寻其常法，因而君臣、师徒能各得其所、各安其分。仲尼最后弃绝了谋虑,因此对自然才有所辅助。”容成氏说:“摒除了日就不会累积成年,忘掉了自己就能忘掉周围的事物。”

言者不知　悟者无为

【原文】

谈山林[①]之乐者,未必真得山林之趣[②];厌名利之谈者,未必尽忘名利之情。

【注释】

①山林:指山野林泉隐士所居之处。

②趣:同味。李白《月下独酌》诗中有“但得醉中趣”。

【译文】

经常畅谈山野林泉生活之乐的人,未必就能完全领悟山林的真正乐趣;经常高谈讨厌功名利禄的人,心中未必就完全忘记名利思想。

【论谭】

庄子说:“懂得道容易,不说出来就难了。懂得了道而不妄加评论,是达到自然的境界。懂得了道就信口谈论，是成为变通人的原因。古代的人，崇尚天然而不追求人为。”

世事有趣，得之者无言，言之者未得。因此庄子主张“崇尚天然而不追求人为”。

人为乏趣　天机自然

【原文】

花居盆内终乏生机，鸟落笼中便减天趣；不若山间花鸟错集成文，翱翔[1]自若，自是悠然会心[2]。

【注释】

①翱翔：鸟飞的姿态。据《淮南子·览冥训》篇：“翱翔四海之外。翼一上一下曰翱，不摇曰翔。”

②会心：内心领悟。

【译文】

花栽种在盆中便显得缺乏自然生机，鸟被关进笼中便减少天然情趣；这些都不如山间的野花那样显得自然艳丽，也不如天空的野鸟那样自由飞翔，由于它们都自由生存在大自然中，让人看起来显得更加赏心悦目。

【论谭】

这段话很明白地告诉人们：盆景和笼鸟都失去了自然的生机，违逆了大自然本有的天性。人为的东西怎么比得上自然之美呢？

河神和我们一样分不清什么是自然，什么是人为，一天他跑去问北海神："请问什么是自然？什么是人为？"

北海神打一比方说："牛马生下就有四只脚，这就叫自然。用辔头套在头上，用缰绳穿过牛鼻孔，又在马脚底钉上铁蹄，这就叫人为。不要用人为的事去毁灭自然，不要用矫揉造作去毁灭天性，不要因贫困去求名声，谨慎地守护着自然之道这就叫回归到了本来的天性。"

现代文明使人样样都推崇人为，样样都用人工代替天然，我们人为地杀死这一类动物，又哺育出另一类动物，把湖泊改为农田，把森林砍成光山秃岭，把自然的生态平衡破坏掉，这一点让我们得到了大自然的报复。就是自己也不愿意接受自然的安排，譬如老天已经给每人造了一张脸，许多人却偏要替自己另造一张——美容院里不知制造了多少人间的悲喜剧。

落实到人类自身，"自然"就是指人的天然本性，也就是人的真性情、真思想，所以"自然"又与虚伪相对。在老庄那里"真"与"自然"是一个意思——真的也就是自然的，自然的同样也是真的。

自然是一个人性情真诚的极致。

闲云为友　风月为家

【原文】

松涧边携杖独行，立处云生破衲[①]；竹窗下枕书高卧，觉时月侵寒毡。

【注释】

①衲:和尚穿的衣服,此处指宽大的衣服。

【译文】

在长着松树的山涧边扶着手杖独自缓步而行,随处可见的云雾仿佛从破旧的衲衣中飘出来的一样;在竹制的窗下枕着书卷放心而眠,醒来时月色已照到了单薄的毛被上。

【论谭】

"松涧边携杖独行,竹窗下枕书高卧",这里充满了老庄无为的人生观。《庄子·知北游》中啮缺向被衣求教时的描述同样体现了这种无为的意境。

啮缺向被衣请教道,被衣说:"你得端正你的形体,集中你的视力,自然和气便会到来;收敛你的心智,集中你的思忖,精神就会来你这里停留。玄德将为你而显得美好,大道将居处于你的心中,你那瞪着圆眼稚气无邪的样子就像初生的小牛犊而不会去探求外在的事物!"

被衣话还没说完,啮缺便已睡着。被衣见了十分高兴,唱着歌儿离去,说:"身形犹如枯骸,内心犹如死灰,朴实的心思返归本真,而且并不因为这些缘故而有所矜持,浑浑噩噩,昏昏暗暗,没有心计而不能与之共谋。那将是什么样的人啊!"

镜清和尚问他门下的僧人说:"对面是什么声音?"僧人回答:"是下雨声。"镜清感慨地说:"众生迷失了自己,去外界追求俗物。"僧人问:"那么,老师是怎样做的呢?""我差一点迷失了自己。""请教师尊,到底是什么意思呢?""达到解脱尚不太难,而要说出解脱的具实心境就不太容易了。"通常人皆持人境之见,认为境处在人的对立面,实际上,这种把人与境、主观与客观分解成二物加以对立的看法本身就是一种谬误。禅师则不是这样。在禅中,人应与境合一,物我相忘,没入盖天盖地的雨声里。此时合二为一,便能体会到真人与真如,进入化境。

清贫不悆　精神畅裕

【原文】

山林之士,清苦而逸趣自饶[1];农野之人,鄙略[2]而天真[3]浑具。若一失身市井驵侩[4],

不若转死沟壑,神骨犹清。

【注释】

①饶:富有、丰足。

②鄙略:鄙是浅鄙,略是粗疏。鄙略是指才华低劣粗浅。

③天真:天真烂漫,任其天然,没有丝毫人力教养的真性。

④驵侩:从中介绍买卖之人,古代称市郎。

【译文】

隐居山野林泉的人,物质生活虽然很清贫,但是精神生活却极为充足;从事种田耕作的人,学问知识虽然浅陋,但是却具有朴实纯真的天性。假如一旦回到都市,变成一个充满市侩气的奸商蒙受污名,倒不如死在荒山野外,还能保持一副清白的名声和尸骨。

【论谭】

庄子身穿粗布衣并打上补丁,工整地用麻丝系好鞋子走过魏王身边。魏王见了说:“先生为什么如此惫懒呢?”

庄子说:“是贫穷,不是惫懒。士人身怀道德而不能够推行,这是惫懒;衣服坏了、鞋子破了,这是贫穷,而不是惫懒。这种情况就是所谓生不逢时。大王没有看见过那跳跃的猿猴吗?它们生活在楠、梓、豫、樟等高大乔木的树林里,紧抓住藤蔓似的小树枝自由自在地跳跃而称王称霸,即使是神箭手羿和逢蒙也不敢小看它们。等到生活在柘、棘、枳、枸等刺蓬灌木丛中,小心翼翼地行走而且不时地左顾右盼,内心震颤恐惧发抖。这并不是筋骨紧缩有了变化而不再灵活,而是所处的生活环境很不方便,不能充分施展才能。如今处于昏君乱臣的时代,要想不疲惫,怎么可能呢?比干遭剖心的刑戮就是最好的证明啊!”

《碧岩录》中有个“不为俗人拭涕”的故事,说的是懒瓒和尚长年隐居在衡山的石窟里。唐德宗慕其高名,派使者一名,召和尚入京。使者行至石窟,口中言道:“圣旨到,和尚请起立,谢恩接旨。”懒瓒和尚正扒开火堆找烤山芋充饥呢,哪顾得什么王法、圣旨。天寒洞湿,鼻涕清水流到了和尚下颚上。一向正经地宣读圣旨的钦差看到和尚这样子,忍不住笑着对和尚说:“尊师,请先揩一下清水吧。”和尚答道:“我哪有功夫替俗人拭鼻涕呢!”说完又一言不发,端坐在地上不起来。使者回到宫中禀告了皇帝,德宗也大为感动。

西方有一位哲人叫底格涅斯，当亚历山大王问他："请问哲圣，你需要点什么？"大概亚历山大想赐给他金银、财宝、美女、香车、高楼吧。不想底格涅斯却说："我正在晒太阳呢！请别挡住我的阳光。"

第八章　欢畅

性躁无功　平和邀福

【原文】

性躁心粗者一事无成,心和气平者百福自集①。

【注释】

①百福自集:各种福分会自然到来。

【译文】

性情急躁粗、心大意的人,做任何事都不容易成功以至一事无成;性格温和、心绪平静的人,由于做事思考周详而易成功,往往各种福分就会自然到来。

【论谭】

荀子在《劝学》中说螃蟹本来有八只脚,再加上前面两个坚硬锋利的螯。不过,这么多的脚这么硬的螯有什么用呢?它连自己栖身的洞穴都不会挖,一辈子都寄人篱下,挤在蛇或鳝鱼的穴中过日子。说真的,螃蟹一辈子活得如此窝囊,就是它的那八条腿害了它,腿一方便就喜欢四处乱逛,四处游逛就浮躁好动,就像我们今天的学校患了多动症的小学生,屁股一沾凳子就想去打球,打一下又想去跳高。浮躁好动就难得静下来,静不下来又怎么能专心致志呢?

螃蟹的无能,全在于前者因静而受益,后者因躁而吃亏,这正是道的动静之理啊!

心虚见性　意净明心

【原文】

心虚[1]则性现，不息心而求见性[2]，如拨波觅月；意净则心清，不了意而求明心，如素镜增尘。

【注释】

①心虚：指心中没有杂念。

②性：与生俱来的气质。《中庸》中有“天命之谓性”。

【译文】

只有在内心了无一丝杂念，人的善良本性才会出现，心神不宁而想要发现本性，那就像拨开水来找水中月亮一般，越拨越是找不到；只有在意念清纯时心中才会清明，假如不铲除烦恼就像在落满灰尘的镜子前面想照出自己的样子，根本照不清的。

【论谭】

“心虚性现，意净心清”。这是得“道”者的意境，《庄子·大宗师》中记叙的那位女偊的自述，便充分证明了这一点。

南伯子葵向女偊问道：“你的岁数已经很大，可是你的容颜却像孩童，这是什么缘故呢？”女偊回答：“我得‘道’了。”南伯子葵说：“‘道’可以学习吗？”女偊回答说：“不！怎么可以呢？你不是可以学习‘道’的人。卜梁倚有圣人明敏的才气却没有圣人虚淡的心境，我有圣人虚淡的心境来教诲他，恐怕他果真能成为圣哩！然而却不是这样，把圣人虚淡的心境传告具有圣人才气的人，应是很容易的，我还是持守着并告诉他，三天之后便能遗忘天下；既已遗忘天下，我又凝寂持守，七天之后能遗忘天下；既已遗忘天下，我又凝寂持守，九天之后能遗忘万物；既已遗忘存在的生命，而后心境便能如朝阳一般清新明彻；既已能够心境如朝阳般清新明彻，而后心境便感受那绝无所待的‘道’了；既已感受了‘道’，而后就能够超越古今的时限；既已能够超越古今的时限，而后便进入无所谓生，无所谓死的境界。摒除了生也就没有死，留恋于生也就不存在死。作为事物，‘道’无不有所送，也无不有所迎；无不有所毁，也无不有所成，这就叫‘撄宁’。撄宁，意思是不受外界事物的纷扰，而后保持心境的宁静。”

云中世界　静里乾坤

【原文】

竹篱下，忽闻犬吠鸡鸣，恍似云中世界①；芸窗②下，雅听蝉吟鸦噪，方知静里乾坤。

【注释】

①云中世界：形容自由自在的快乐世界。

②芸窗：芸是古人藏书避毒常用的一种香草，借芸窗以称书房。

【译文】

当你正在竹篱笆外面欣赏林泉之胜时，忽然传来鸡鸣狗叫的声音，这时就宛如置身于一个虚无缥缈的快乐神话世界；当你正静坐在书房里面，忽然听到蝉鸣鸦啼的声音，这时你就会体会到宁静中别有一番超凡脱俗的天地。

【论谭】

《庄子·天运》中记叙了孔子向老聃请教的对话，孔子遵照老子的指教去做，果然得了“道”。请看他们的对话：

孔子对老聃说：“我研修《诗》《书》《礼》《乐》《易》《春秋》六部经书，自认为已经很久了，熟悉了旧时的各种典章制度；用违反先王之制的七十二个国君为例，论述先王治世的方略和彰明周公、召公的政绩，可是一个国君也没有取用我的主张，实在难啊！是人难以规劝，还是大道难以彰明呢？”

老子说：“幸运啊，你不曾遇到过治世的国君！六经，乃是先王留下的陈旧遗迹，哪里是先王遗迹的本原！如今你所谈论的东西，就好像是足迹，足迹是脚踩出来的，然而足迹难道就是脚吗？白鹢相互而视，眼珠子一动也不动便相诱而孕；虫，雄的在上方鸣叫，雌的下方相应而诱发生子；同一种类而自身具备雌雄两性，不待交合而生子。本性不可改变，天命不可变更，时光不会停留，大道不会壅塞。假如真正得道，无论去哪里都不会受到阻碍；失道的人，无论去哪里都是此路不通。”

孔子三月闭门不出，再次见到老聃说：“我终于得道了。乌鸦喜鹊在鸟巢里交尾孵化，鱼儿借助水里的泡沫生育，蜜蜂自化而生，生下弟弟哥哥就常常啼哭，很长时间了，我没有能跟万物的自然变化相识为友！不能跟自然的变化相识为友，又怎么能教化他人！”老子听了后说：“好。孔丘得道了！”

流水落花　身心常静

【原文】

古德云：“竹影扫阶尘不动，月轮穿沼水无痕[①]。”吾儒云：“水流任急境常静，花落虽频意自闲[②]。”人常持此意，以应事接物，身心何等自在。

【注释】

①竹影扫阶尘不动，月轮穿沼水无痕：这是唐雪峰和尚的上堂语。竹影月影均是幻觉，世间一切事物与天上明月才是实体，比喻心智。

②水流任急境常静，花落虽频意自闲：水流和花落都是动的物体，而静与闲是修养功夫。人的心智能学到静的境界，就不会受到外界环境的影响而改变。

【译文】

古代的贤人说：“竹林的影子扫过台阶不会扬动灰尘，月轮的运动倒映到池水中，而不会在水面留下痕迹。”儒者有诗说：“任凭水流湍急，环境更显得总是那么宁静；落花缤纷，但是看花的人却心意悠闲。”人们如果能常用这种心境，来待人接物，那身心将是多么自在啊。

【论谭】

《庄子·庚桑楚》中有段发人深思的论述，书中说：砍断了脚的人不图修饰，因为把毁誉置之度外；服役囚徒登上高处不存恐惧，因为已经忘掉了生死。对于谦卑的言语不愿做出回报而忘掉了他人，能够忘掉他人的，就可称作合于自然之理又忘却人道之情的“天人”。所以，敬重他却不感到欣喜，侮辱他却不会愤怒的人，只有混同于自然顺和之气的人才能够这样。发出了怒气的但不是有心发怒,那么怒气也就出于不怒;有所作为但不是有心作为,那么作为也就出于无心作为。想要宁静就得平和气息,想要寂静就得顺应心志,即使有所作为也须处置适宜,事事应于不得已。事事不得已的做法,也就是圣人之道。

本性纯真　得道自然

【原文】

性天澄澈,即饥餐渴饮,无非康济[①]身心;心地沉迷,纵谈禅演偈[②],总是播弄精魂。

【注释】

①康济:本指安民济众,此处当增进健康解。据《书经·蔡仲之命》:"康济小民。"

②演偈:偈在梵语中为"伽陀",又可译为"颂",有一定字数,四句为一节,是演法义赞佛德的一种诗句。演偈即解释偈语。

【译文】

一个本性纯真的人,饿了就吃渴了就喝,无非是为了增强身心健康;一个心地沉迷物欲的人,即使整天研讨佛经,研究禅理,也不过是卖弄才学,玩弄自己的精神和灵魂而毫无益处。

【论谭】

《列子·汤问》篇中为我们描述了这样一番情形,列子说:"可以出生便出生,这是自然的福佑;可以死亡便死亡,这是自然的福佑。可以出生却不出声,这也是自然的处罚;可以死亡却不死亡,这也是自然的处罚。可以出生,可以死亡,得着出生,得着死亡,是有的;但是不可以出生,不可以死亡,有的出生,有的死亡,也是有的。出生的出生,死亡的死亡,不是外物使它这样,也不是自己要这样,都是命运,人的聪明才力对这毫无办法。所以说,杳然没有边际,是自然之道,自己在聚会;漠然没有界限,是自然之道,自身在运动。天地纵大,对它不能触犯;圣人智者虽然有才有力,对它不能干涉;鬼魅无形而似乎有势,不能对它欺哄。只有自然不声不响使它成功,使它平静而安宁,使它得到欢迎。"

为了宣扬“即世间而求出世间”的人生态度，禅宗随机说法，因人而异。有位僧人对赵州说：“我初入禅林，请师父多多指点。”赵州问他：“你吃粥了吗？”“吃啦。”“那么你洗碗去吧！”僧人闻言有悟。他到底悟到了什么呢？有两种义释，一种认为佛就是在吃饭洗碗这些平常的生活琐事之中，也就是说这是一种对“平常心是道”的具体化的、直截了当的见解。另一种见解是：所谓“吃粥了吗？”是代指“你悟了吗？”参学僧回答说“吃过粥”也就是悟了。既然已经悟了，那就请你把你的所谓悟也彻底舍弃吧！你只修行道就行了。切勿迷于道的解释、含义、名称，你只要身体力行，一刻不停地修心就行了。如果能做到这一点，即为真修行，否则，便毫无益处。

诗之灵感　不可言传

【原文】

诗思在灞陵桥上[①]，微吟就，林岫[②]便已浩然[③]；野兴在镜湖[④]曲边，独往时，山川自相映发。

【注释】

①灞陵桥上：灞陵桥在今西安市东，古人多在此送别。

②林岫：林指山林，岫指峰峦。

③浩然：广大。

④镜湖：在浙江省绍兴会稽山北麓。

【译文】

诗的灵在寂寞的原野上出现，当文思涌出诗性奔发时，仿佛广大的山林也感染了诗意；大自然的情趣充满山水之间，当独自漫步在湖边时，清澈的水面倒映着层层山峰，那种景色真令人陶醉。

【论谭】

唐代郑启善诗，有人问他："相国最近可有新作？"他答曰："诗兴在灞桥风雪中，驴子背上怎能得到？"是呀，离开大自然的熏陶，就难有如涌的诗兴。庄子在《知北游》中也说："知道的人不说，说的人不知道，所以圣人施行的是不用言传的教育。道不可能靠言传来获得，德不可能靠谈话来达到。没有偏爱是可以有所作为的，讲求道义是可以亏损残缺的，而礼仪的推行只是相互虚伪欺诈。所以说：'失去了道而后能获得德，失去了德而后能获得仁，失去了仁而后能获得义，失去了义而后能获得礼。礼，乃是道的伪饰、乱的祸首。'所以说，'体察道的人每天都得清除伪饰，清除而又再清除以至达到无为的境界，到达无所作为的境界也就没有什么可以作为的人。'如今你已对外物有所作为，想要再返回根本，不是很困难吗！假如容易改变而回归根本，恐怕只有得道的人啊！"

春为幻境　秋见真吾

【原文】

莺花茂而山浓谷艳，总是乾坤之幻境[1]；水木落[2]而石瘦崖枯，才见天地之真吾[3]。

【注释】

①幻境：虚空之境，比喻世事。

②水木落：水指泉水，秋天时节，天气干燥，山水干涸，树叶凋落。

③真吾：我本来的面目。朱熹《四时读书乐》中也说："木落水尽千崖枯，迥然我亦见真吾。"

【译文】

春天一到，百花盛开百鸟齐鸣，即为山谷平添了无限迷人景色，然而这种鸟语花香的艳丽风光，只不过是大自然的一种幻象；秋天一到，泉水干涸树叶凋落，山涧中的石头呈现干枯状态，然而这种山川的一片荒凉，才正好能看见天地的本来面貌。

【论谭】

金圣叹在《临江仙》一词中叹道："滚滚长江东逝水，浪花淘尽英雄，是非成败转头空，青山依旧在，几度夕阳红，白发渔樵江渚上，惯看秋月春风，一壶浊酒喜相逢，古今多少事，都付笑谈中。"再看《列子·天瑞》篇中的描述：

虹霓呀，云雾呀，风雨呀，四季呀，这些是气候在天空积聚所形成的现象。山岳呀，河海呀，金石呀，火木呀，这些是有形之物聚积于地所形成的。知道是气体的积聚，知道是土块的积聚，为什么说它不会坏？天和地是宇宙中的小东西，还有最大的物体，难得穷究，难得透彻，本来如此；难得推测，难得了解，也本来如此。忧愁它会坏的，难免忧愁得太远；认为它不会坏的，也未必正确。天和地不会不坏，总有一天会坏，碰到要坏的时候，怎么不忧愁呢？列子听了笑着说："说天地会坏是荒谬，说天地不会坏的也荒谬。会坏和不会坏是我所不知道的。纵使这样，坏是一种可能，不会坏也是一种可能，所以活着不知道死亡是什么情况，死者又不知活着的情况，出生不知终结，终结不知开始。会坏和不会坏，我何必放在心里呢？"

自然真趣　恬静中得

【原文】

风花之潇洒①，雪月之空清，惟静者为之主；水木之荣枯，竹石之消长，独闲者操其柄②。

【注释】

①潇洒：飘然自在无拘束。

②柄：秤锤，引申为计量得失。

【译文】

清风下的花朵随风摇曳显得特别飘然洒脱，雪夜中的月光逐云辉映，形影显得特别明朗清宁，只有内心宁静的人才能享受这种怡人的景色；树木的茂盛与枯萎，竹子和石头的消失与生长，只有闲情逸致的人才能掌握其变化规律。

【论谭】

大自然的“风花”“雪月”亦可给人恬静的心境，恬静的心境又可增进自己的智慧，智慧增进以后不外用，又用自己的智慧来促进自己心境的恬静。智慧与恬静交相涵养促进，和顺之气便从本性中流露出来。真正的智者从来不叽叽喳喳地表现自己，让自己智慧的锋芒外露。那些没有智慧的人成天闹哄哄的，大叫大嚷地表现自己，生怕一静下来这个世界就把他忘了。

满罐子水不动荡，默默无声，半罐子水荡到半空中，扑通扑通地响个不停。智慧老人像风平浪静时的大海，沉静而又渊博；浅薄之徒像快要干涸的小溪，走到哪里就喧哗不停。

只有虚才能包含万物，灌水进去不见满，取水出来不见干，而且不知水源在何处，这样就算得上永葆生命之光；只有静才能获得真理，“万物静观皆自得”，这恰如一汪清澈的湖水，只有平静时，才能映出周围群山的倒影。如果水波涌动奔腾，那就只能听到自己的响声，而映不出天上的星月和地上的山峰。同样，只有静才能涵养自己的心智，浮躁不安只能使自己变得荒疏浅陋。只有以闲情、以心静才可以耐得寂寞，才能体会到自然的真趣。

盛气无助　贤明不衰

【原文】

君子宜净拭冷眼[1]，慎勿轻动刚肠[2]。

【注释】

①冷眼:冷眼观察。元曲中有“常将冷眼观螃蟹,看你横行到几时?”的句子。

②刚肠:个性耿直。嵇康《绝交书》说:“刚肠疾恶,轻肆直立,遇事便发。”

【译文】

一个有才学品德的君子,不论遇到什么事情,都应该注意保持冷静态度细心观察,千万不可以随便表现自己刚直的性格以免坏事。

【论谭】

坦诚直率往往伴随着教化、固执、生硬。如何才能做到自然的坦诚呢?请看《列子·说符》中的一段话:

列子说:“容色有盛气的骄傲,力量强盛的奋勇,不可以和他谈论‘道’,所以不到半老年纪便和他谈‘道’,总会出毛病,何况去行道呢?所以自己奋勇,就没有人教给他,没有人教给他,那么就是孤家一个,没有帮助的人了。贤明之人任用别人,因此年纪大了还不衰退,智慧尽了还不糊涂。所以治理国家难在于识别贤人,却不在自己认为自己是贤人。”

冷眼观人　冷耳听语

【原文】

冷眼观人,冷耳听语,冷情当[1]感,冷心思理。

【注释】

①当:处理。

【译文】

要用冷静的眼光观察人,用冷静的耳朵去听他人的言语,用冷静的心情处理感情,用冷静的头脑去思考事理。

【论谭】

君子宜静不宜动,自己有智慧也不用来考虑,使每一个臣下找到自己适当的位置;自己有勇力也不逞威风,使臣下有机会表现各自的勇敢。君主不用自己的智慧就是明智,不用自己的才能就有功绩,不表现个人的勇敢就有国家的强大。平时君主总是静悄悄的,好像自己没处在君主的位置,臣下也摸不清君主在哪儿。英明的君主在上面清静无为,群臣在下面诚惶诚恐地尽职。

君主在上寂静,群臣在下效力,有了成绩功劳归君主,有了错误罪过在臣下。君主在上面以清静无事的态度,暗暗观察臣下的功过。君主处在"静"的情况下,容易掩盖自己的形迹,隐藏自己的念头,使臣下对自己捉摸不透;群臣处在"动"的状态下,他们的真实思想、实际才干都暴露无遗,这样君主便于驾驭和控制。——这就是"以静制动","静"是君主的法宝。

风微知著　端正自身

【原文】

伏久者飞必高,开先者谢独早;知此,可以免蹭蹬[①]之忧,可以消躁急之念。

【注释】

①蹭蹬:困迫不得志的意思。据《文选·木华海赋》:"或乃蹭蹬穷波。注:'蹭蹬,失势之貌。'"

【译文】

一只隐伏很久的鸟,飞起来必能飞得很高,一棵开得早的花,也必然凋谢得很快;人只要能明白这种道理,既可以免除怀才不遇的忧虑,又可以消除急于求取功名利禄的念头。

【论谭】

《庄子·刻意》中说:"谈到隐没于世,时逢昏暗不必韬光便已自隐。古时候的所谓隐士,并不是为了隐伏身形而不愿显现于世,并不是为了缄默不言而不愿吐露真情,也不是为了深藏才智而不愿有所发挥,是因为时遇和命运乖妄、悖谬啊。当时遇和命运顺应自然而通行于天下,就会返归混沌之境而不显露踪迹;当时遇不顺、命运乖违而穷困于天下,就固守根本,保有宁寂至极之性而静心等待。这就是保存自身的方法。"

"古时候善于保存自身的人,不用辩说来巧饰智慧,不用智巧使天下人困窘,不用心智使德行受到困扰,巍然自持地生活在自己所处的环境而返归本性与真情,又何须一定得去做些什么呢!大道广荡本不是小有所成的人能够遵循,大德周遍万物本不是小有所知的人能够鉴识。小有所知会伤害德行,小有所成会伤害大道。所以说,端正自己也就可以了,快意地保持本真就可称作是心意自得而自适。"

厚待故交　一期一会

【原文】

遇故旧之交,意气要愈新;处隐微[1]之事,心迹宜愈显;待衰朽[2]之人,恩礼当愈隆。

【注释】

①隐微:隐私的小事。

②衰朽:年老力衰的人。

【译文】

遇到多年不见的老友时，情意要特别真诚与热情，气氛要特别热烈；处理某种隐秘事情时，居心要特别坦诚，态度要特别开朗；服侍身体衰弱的老人，举止要特别殷勤，礼节要特别周到。

【论谭】

虚堂和尚的三位法友石帆、石林、横川一日到灵隐寺旁的鹫峰庵拜访他，临别之时虚堂送他们三人到门口。门前修竹亭亭，碧绿的竹叶在轻风吹拂下沙沙作响，好似轻柔地演奏着一曲友情的赞歌。虚堂诗情大发，便写下了“相送当门有修竹，为君叶叶起清风”的诗句。禅语“一期一会”，讲述的也是君子清纯的心情。一期指一生，一会即会面一次。今日之会不再，这一世一度的相晤是多么珍贵啊！送友也好，道别也好，晤面也好，禅者对友人都是抱着这番清纯之心。在我们普普通通的生活中，禅无时无刻不在启迪着我们。

世间广狭　皆由自造

【原文】

岁月本长，而忙者自促；天地本宽，而卑者自隘；风花雪月[1]本闲，而劳攘[2]者自冗[3]。

【注释】

①风花雪月：本指四季景色的变化，这里引申为无关天下事。

②劳攘：劳指形体的劳碌，攘指精神的困扰。

③冗：用，此处指多而无用的意思。

【译文】

自然界的岁月本来很长，可是那些奔波忙碌的人却自己觉得时间很短促；自然界的天地本来很宽广辽阔，可是那些心胸狭窄的人却把自己局限在小圈子里；春花秋月本来是供人欣赏调剂身心的，可是那些奔波劳碌的人却认为是一种多余无益的东西。

【论谭】

禅心在空间上遍泽无边刹境，超越了有限的空间；在时间上亦超越了一切时间，并始终不离当念，即现在、这里、自己，可见真正的禅心活在一切空间、一切时间中。禅通过现在、这里、自己反映永恒、无限、超我。日本铃木大拙先生有一次参加世界佛学会议，准备做学术演讲时，他说：“我先问大家一个问题：《圣经》中说，神说有光，于是就产生了昼夜。你们有谁见过?”大家都瞠目结舌。先生平静地说：“我见过，就是我。”大家更疑惑不解了。其实铃木先生是站在耶稣所谓的“亚伯拉罕出生之时，我就去世了”的“我”的立场说的。天地开初也好，最后的审判日也好，禅者都通过坚持即今、此处的自己的心，而活在永恒的时间长河里，并直接感知到生命的最深处、生命的本源。

无事昏冥　有事奔逸

【原文】

无事时，心易昏冥[①]，宜寂寂而照以惺惺[②]；有事时，心易奔逸，宜惺惺而主以寂寂。

【注释】

①昏冥：昏昧不明事理，冥是愚昧。

②惺惺：聪明，机警。

【译文】

平日闲居无事时，心情最容易陷入迷乱状态，这时应用平静的心情来警觉地处理心中的问题；有事忙碌时，感情最容易陷入冲动状态，这时应利用理智、冷静的头脑控制冲动的感情。

【论谭】

心眼顿开，心机一转，就连迷惑也成了真佛的妙相，连无明也成了有明。日本西有穆山某日见到一画，画着禅宗初祖达摩与游女倾城对坐，不禁为之心动，赞叹不已并写下如下的偈子：“佛祖九年面壁，老衲十年忧烦；本想除却烦恼，迎得菩提，诚心学佛，却一直难成；一日弹琴，方得成悟，逢人便称南无阿弥陀佛；除却此心，别无杂念。”仙涯一日过街时，见一对夫妻正在吵嘴打架，女子在丈夫痛打下，大放悲声，口中喊道：“你杀了我吧！别再打啦！”和尚见此情形飞跑过去：“好！好！死了我好给你超度！”夫妇二人一时惊恐，停下手来。原来是妇人早上的饭煮糊了,男的说这饭不能吃,女的说能吃,一言一语,吵闹起来。此时被仙涯一语点破,都不禁破涕为笑,可见夫妻还是夫妻。

山花似锦　涧水如蓝

【原文】

理[1]寂则事寂,遣事[2]执理者,似去影留形;心空则境空,去境存心者,如聚膻却蚋。

【注释】

①理:宇宙的原理。

②遣事:排除、排解、放弃事物。

【译文】

真理与事物是紧密相连的,真理静止事物也随着静止,排除事物而固执于道理的人,就像排除影子而留下形体那样不通;心智与环境也是紧密相连的,内心空虚环境也跟着空虚,排除环境的干扰而抓住自己的念头的人,就像聚集一大堆膻味的东西却想排除蚂蚁、苍蝇一样愚蠢。

【论谭】

有人问大龙和尚:“色身败坏,如何坚固法身?”大龙禅师回答:“山花开似锦,涧水湛如蓝。”肉身无常,终将灭亡;绝对不灭的法身(即真理)是什么呢? 有句禅语:“山河并大地,全露法王身。”与大龙所言旨趣相同。无论是山河大地,还是山花涧水,都是真理的再现。而且,大龙以无常变灭的色身(物体)为例来回答“不生不灭的坚固法身是什么”的提问,更显得机锋险峻,逼真地再现了人境一体、主观与客观相统一的境界,我化为山花、涧流,在此百尺竿头更进一步,到大千世界去显露法身,弘扬真理。这是禅者特有的自觉体验。

动静合宜　出入无碍

【原文】

水流而境无声，得处喧见寂之趣；山高而云不碍，悟出有[1]入无[2]之机。

【注释】

①有：指有形的、具体的事物。

②无：指无我的境界。

【译文】

江河的水一直不停地流动，但是两岸的人却听不到流水的声音，这样反而能发现闹中取静的真趣；山峰虽然很高，却不妨碍白云的流动，这种景观可使人悟出从有我进入无我境界中的玄机。

【论谭】

老庄提倡无为的出世思想，儒家主张进取的入世之道，禅者则向自己提出了“三世诸佛，是有是无”的公案，表明了佛教“缘起性空”的主题。下面以故事一则为证：一天，张拙秀才问西堂和尚：“山河大地是有还是没有？三世诸佛是有还是没有？”西堂答：“有。”张拙说：“和尚答错了。”西堂问：“先生以前从谁参禅呢？”张拙答道：“我在径山师傅那里参过。我参禅时径山师傅总说‘无’。”西堂问：“先生家世何如？”张拙答：“有妻一人，子二人。”西堂又问：“径山有家小吗？”张拙说：“径山老师是佛门弟子，哪有什么家小，请和尚不要诽谤老师。”西堂说：“先生就家属而言，你应该像径山老师那样，才可以说‘无’。”张拙无言以对。他以后又在石霜庆诸和尚处参禅，方得大悟，其偈后世仍在流传。偈云：“光明寂照遍河沙，凡圣含灵共一家。”意即智慧之光遍泽无数的国土，凡夫、圣人、一切有灵之物都是一家。

身在局中　心在局外

【原文】

波浪兼天[①]，舟中不知惧，而舟外者寒心；猖狂骂座，席上不知警，而席外者咋舌[②]。故君子虽在事中，心要超事外也。

【注释】

①兼天：滔天，形容波浪极大。

②咋舌：惊吓得说不出话来的样子。

【译文】

波浪滔天时，坐在船中的人并不知道害怕，而把站在船外的人却吓得胆破心寒；当酒宴中有人酒醉时谩骂在座的人，同席的人并不知道警惕，反而把站在席外的人吓得目瞪口呆。所以一个有才德的君子，即使被某件事卷入事中，但是心智却要抱着超然事外的态度。

【论谭】

"不识庐山真面目，只缘身在此山中。"苏轼这首诗蕴含禅味。"晒经日"这天，别人晒经，说是给吹晒经书的山风吹一吹，便可消病免灾。大德寺的一休和尚却来栖身。盛夏，骄阳似火，燠热难耐。一休师父在一棵古树下找了一块荫凉地，把上半身的法衣解开，袒露胸臂，席地而睡。山僧见后大吃一惊，香客这么多的时日，有哪个野和尚竟然这样寡廉鲜耻，败坏山门风气呢！山僧上前，见是一休禅师，他可是德高望重的名僧哪！"老禅师，你这种举动不太适宜吧。"一休见他口出此言，哈哈大笑道："睿山纸经比人还重要啊。老僧体能饮食，口能说法。到底是我这个活经重要呢？还是那堆消灾免祸的故纸重要呢？今后你们亲自读读活经怎么样？我现在在晒活经，你不介意吧！"

雨后观山　静夜听钟

【原文】

雨余观山色，景象便觉新妍；夜静听钟声，音响尤为清越[①]。

【注释】

①清越：声音清脆悠扬。

【译文】

在雨后观赏山川景色，就会觉得另有一番清新气象；当夜深人静聆听庭院钟声，就会觉得声音特别清脆悠扬。

【论谭】

智者的恬静并不是由于“静是好的”才学会恬静，而是他的智慧使他明白了世事，世上没有一样东西能骚扰他的心境，因此自然而然地归于平静安宁。水平静了不仅可以照面影，也可以作木匠“定平”的水平仪。俗话说：“心平似镜”，人的心境如果平静了，也能鉴照天地的精微，甚至还可以明察万物的奥妙。这表明对待事物要懂得找出变后面的不变来。

东坡居士游览庐山时与兴龙寺住持常聪和尚言谈甚为投机，夜深了还在烛前论“无情说法”，即山水等无情之物也会说法。黎明之际，苏轼豁然解悟，呈上一诗偈：“溪声便是广长舌、山色岂非清净身？夜来八万四千偈，他日如何举似人？”谷溪之声便是佛尊绝妙的说法，山光水色即是佛的清净真身。今夜无数偈文的真意，今后我怎样才能告诉他人呢？道元也说过：“山色谷响悉皆释尊的声姿”。雪堂寺的行脚和尚看过东坡的诗偈后，认为“便是”“岂非”“夜来”“他日”八字多余，宜删削之。白隐禅师的师父正受老人更有过之：“广长舌、清净身都是多笔，仅溪声、山色就可以了。”白隐有一首著名的歌偈：“坐林中古寺，听拂晓雪声”，其旨意皆与东坡居士同。

月盈则亏　物极必反

【原文】

花看半开，酒饮微醉，此中大有佳趣。若至烂漫[1]酕醄[2]，便成恶境矣。履盈满者，宜思之。

【注释】

①烂漫：花朵绽放。

②酕醄：形容烂醉如泥的样子。

【译文】

赏花以含苞待放时为最美，喝酒以喝到略带醉意为适宜。这种花半开和酒半醉含有极高妙的境界。反之花已盛开而酒已烂醉，那不但大煞风景而且也活受罪。所以事业达到巅峰阶段的人，最好能深思一下这两句话的真义。

【论谭】

为人处事切忌过之，天道忌盈，人事惧满，月盈则亏，花开则谢，这些都是天理循环的规律，也是处事的盈亏之道。《列子·仲尼》中有段精辟的比喻，列子说："眼睛将要失明的人，先看到极远极微小的细毛；耳朵将要聋的人，先听到极细弱的蚊子飞鸣声；口将要失掉味觉的人，先能辨别淄渑雨水滋味的差别；鼻子将失掉嗅觉的人，先嗅到极微小的气味；身体将要僵硬的人，先急于奔跑；心将糊涂的人，先明辨是非。所以事物不到极点，不会回到它的反面。"

钓破江波　金鳞始现

【原文】

机息[1]时便有月到风来，不必苦海人世；心远[2]处自无车尘马迹，何须痼疾丘山[3]。

【注释】

①机息:机,心机,息是停止。

②心远:指思想超越尘世。

③痼疾丘山:痼疾形容特殊的喜好,丘是小山。总指对山等有特殊的爱好。

【译文】

心中停止一切阴谋诡诈之后,就会有明月清风到来一样轻松舒畅之感,因为从此不再为人间的烦恼而痛苦;思想远远超脱世俗之后,自然不会听到外面的车马喧闹之声,就不一定要眷恋山野泉林的隐居生活。

【论谭】

《碧岩录》中有一则"看箭"的公案。石巩和尚本来是一位猎人,皈依佛门,精进修行成为一代大师后,仍常常挽弓带箭。一次,一位名三平的云水僧来参禅。石巩见他走近,忙拈弓搭箭,喊道:"看箭!"三平见状,敞开胸乳,对石巩道:"是杀人箭还是活人箭哪?"石巩拈了三次弓弦,三平连忙作揖。石巩乐道:"三十年来,我凭一张弓,一两支箭,射杀英雄豪杰,今天才真正遇到半个对手。"说完就把弓箭折断了。弓箭终究是杀生的工具,既然已射了半个圣人,就算体用俱齐,"钓破江波,金鳞始现",钓出了鳞心,金钩就不再有意思了,可以折箭收钩了。

俗不及雅　淡反胜浓

【原文】

衮冕[①]行中,着一藜杖[②]的山人,便增一段高风;渔樵路上,着一衮衣的朝士[③],转添许多俗气。故知浓不胜淡,俗不如雅也。

【注释】

①衮冕:衮,古代皇帝所穿绣有卷龙的衣服。冕,古代天子、诸侯、卿大夫等所戴的礼帽。衮冕此处做官位的代称。

②藜杖:指手杖。

③朝士:指在朝做官的人。

【译文】

在高官显贵之中,如果出现一位手持藜杖身穿粗布大衣裳的雅士,自然就会增加无限清高风采;在渔夫樵夫中,假如加入一个身穿华丽朝服的达官,反而有煞风景增加很多俗气。由此可见,荣华富贵并不如清淡宁静,红尘世俗并不如山野清雅。

【论谭】

五祖法演和尚说:"譬如水牯牛过窗棂,头、脚都过去了,为什么尾巴还过不去?"《佛说给孤长者女得度经》中说:"有一次,一个国王梦见一头大象爬出了窗户,身子都出去了,尾巴却怎么也出不去,被窗子框住了。它比喻求悟之人虽然舍弃了家眷出家修行,可心里仍贪恋着名利、欲事,而没有真正的解脱。"中国的公案把大象改成了水牯牛。按照经典,牛的尾巴就是名利之念,这不是禅。那么禅的见解又如何呢?禅认为这则公案里有三大宗旨,即理政、机关、向上。

浮云富贵　醉酒耽诗

【原文】

有浮云富贵之风①,而不必岩栖穴处②;无膏肓泉石之癖③,而常自醉酒耽④诗。

【注释】

①浮云富贵之风:视富贵有如浮云般的高尚品格。
②岩栖穴处:指居住在深山洞穴之中。
③膏肓泉石之癖:泉石指泉水山石,成语有"病入膏肓",病入膏肓之间,任何药物都难以治愈。此言指喜欢泉石之乐成癖,严重得像病入膏肓那样难治。
④耽:倾,倾轧。

【译文】

一个能把荣华富贵看成是浮云敝履气度的人,根本就不需要住到深山幽谷去修养心性;一个对山水风景没有形成癖好的人,如能经常喝酒吟诗也有一番乐趣。

【论谭】

“三伏闭门披一衲，兼荫房廊无松竹。安禅未必须山水，灭却心头火自凉。”意思是说，坐禅不一定要在宁静的山中和水边，只要进入无心境地，纵是在火中，也会自然凉快。织田信长消灭了敌手武田信玄的军队后，因敬慕武田信玄的师尊，动大礼到惠林寺迎邀快川国师出山，可快川却丝毫不予理睬，这大大刺激了这位胜利者的自尊。当他得悉惠林寺曾匿护过武田的家将，并掩护他们出逃的消息后，织田信长勃然大怒，命令士兵纵火烧了惠林寺。快川国师在寺院楼阁上口述了“安禅未必须山水，灭却心头火自凉”的诗句后，便投身火海，火化入定了。

世间皆乐　自生苦心

【原文】

世人为荣利缠缚，动曰尘世苦海。不知云白山青，川行石立，花迎鸟笑，谷答樵讴[1]，世亦不尘，海亦不苦，彼自圣甘其心尔。

【注释】

①谷答樵讴:是指樵夫一边砍柴一边唱歌。讴,齐声同唱,谷答是指山谷间的回音。

【译文】

俗人一般都被虚荣心和利禄心所困扰,所以一开口就说人间是一个大苦海。然而他们却不知道世界另一面是白云笼罩下的青山翠谷,屹立在奔流河水中的奇岩怪石、迎风招展的美丽花卉、呢喃歌唱的小鸟,以及樵夫一边砍柴一边唱歌时山鸣谷应之声,这时人们才会恍然大悟人间既非尘嚣万丈,世界也并不是苦海一片,只是人们使自己的心落入尘嚣、堕入苦海而已。

【论谭】

老婆婆问赵州和尚:"我是身具五障的女人,怎样才能免除这五种障碍呢?"赵州和尚答道:"你要祝愿你之外的一切人都升入天堂,而你自己永沉苦海。"占印度的婆罗门认为女人有不能成为梵天、帝释、魔王、天王、佛陀这五种障碍,于是就产生了只有变成男子才能成佛的可笑之极的说法。而赵州和尚却说:"我不愿你生于天界,你要永沉苦海。免却五障的方法就在那里,从身外是寻求不到解脱的。"赵州和尚的言行所体现的大慈阐提思想正是大乘佛教的精髓。默默地替人受苦,便可进入无可企及的精神天堂。

万象皆幻　智者须达

【原文】

山河大地已属微尘,而况尘中之尘①;血肉之躯且归泡影,而况影外之影②。非上上智③,无了了心④。

【注释】

①尘中之尘:比喻人及一切生物的渺小。

②影外之影:指身外的名利权位如镜中花、水中月转眼即逝。

③上上智:最高智慧。

④了了心:了当形容词用,明白、理解的意思。

【译文】

就整个宇宙的无限空间来比，我们居住的地球只不过是一粒尘埃，可见地球上的小小生物和无边的宇宙一比，真是尘中之尘；就漫长绵延无限的时间来说，我们的躯体犹如短暂的浪花泡沫，何况那些比生命更短暂的功名利禄，如果和万古不尽的时间来比，真像过眼烟云、镜花水月。一个没有高深智慧的人，是无法明白这种道理的。

【论谭】

《维摩经》说："巍巍须弥山，可纳于一粒芥子中；四海之水，可容入一个毛孔里。"须弥山是世界的中心，它的四周都是海洋；就是这样的高山也可以装入芥子粒中，就是这样的巨海也可以放进毛发之中。唐朝李勃是位大学问家，曾读书破万卷，时人颂称"李万卷"。有一次，他去造访庐山归宗寺的智常和尚问："佛经中说：'毛吞巨海，芥纳须弥'，我百思不得其解，望师傅指教。"和尚于是反问道："人们都叫你'李万卷'，那你小小的头脑中是怎样装进万卷书的呢?"李勃恍然大悟。

短暂人生　何争名利

【原文】

石火光中[①]争长竟短，几何光阴？蜗牛角上[②]较雌论雄，许大世界？

【注释】

①石火光中：指以铁击石所发出的火光一闪即逝，形容人生的短促。
②蜗牛角上：比喻地方极小。

【译文】

人生就像用铁击石所发出的火光一闪即逝，在这种短暂的生命时光中去争夺名利究竟有多少的时间呢？人类在宇宙中所占的空间就像蜗牛角那么小，在这狭小的地方去争强斗胜究竟有多大世界呢？

【论谭】

云门和尚说过："世界这么广阔，依照本来的面目行事变化，为什么僧人听钟声，就非得披上袈裟出去不可呢?”这里强调的是不容一丝杂念的本来面目。所谓石火之机快如闪电。如果有人叫你,你就随即答应他。如果有人叫你的名字时,你先思考一番“他叫我干什么?”等等,你就是自生烦恼。我们常说的“闪电光,击石火”的禅语,不只是指反应迅速,它的真正意旨是不容分别智的无心妙用,即不动智,是本来的自己的作用。唯有不动心地,自然而然地,不瞻前顾后地行动做事,才是真正禅的态度。

乐贵真趣　景不在远

【原文】

得趣不在多,盆池拳石①间烟霞俱足;会景不在远,蓬窗竹屋下风月自赊。

【注释】

①盆池拳石:如盆之地,如拳之石,形容空间的狭小。

【译文】

真正的生活乐趣并不在多,只要有一个小小的池塘和几块奇怪岩石,山川景色就已经齐全;领悟大自然景色不必远求,只要在竹屋、茅窗下静坐,让清风拂面、明月照人就足以享受,使人心胸自然觉得旷远辽阔。

【论谭】

云门和尚手持禅杖对众弟子说:“我把这禅杖化成龙,把天地都吞没了。山河大地从何而得呢?”所谓禅杖化成龙,是代指有限归于无限,个体统一于全体。意同“一人发真归于源,十方虚空悉消陨”。杖化为龙,吞并大地,人归真返源时,十方虚空就全部消失了。可是呈现在我们眼前的、岿然不动的山河大地又从何而得呢?有限一旦归于无限,无限的整体反而通过有限的个体展现在我们的面前。如果没了自我,一切都变成了自我,这是谁都体验过的事实。色即是空,空即是色,天地的消无便是山河大地存有。即所谓“证一方,一方暗”,化成龙,则天地无。有了山河大地,龙就会消隐。龙与天地是如一不二的,对我们来说,首先要化成龙!变成龙!

《菜根谭》智慧例解

第一章　仕途运智方略

宽待下属

做过美国总统的艾森豪威尔在第二次世界大战期间是盟军的主帅。有一次，他在凡尔赛与布雷德利和巴顿商谈完作战计划后，乘坐 B-25 型座机回格朗维尔，但是这架飞机的一个消声器坏了，他不得不转乘一架 L-5 型飞机。这种飞机航程有限并且仅限乘坐一人。在途中又遇上了暴风雨，驾驶员迷了路，找不到跑道，汽油又快用完了，他们不得不在沙滩上迫降。艾森豪威尔跳下飞机帮助驾驶员把飞机推过潮水线，在潮湿的沙石上，他扭伤了膝盖。驾驶员帮助他一瘸一拐地走过盐滩到公路上搭车回到了格朗维尔。

这次艾森豪威尔伤得不轻，他不能到户外活动，只能用丁字拐杖在卧室内慢慢移动。在他卧床养伤期间，他的心情很坏，经常大发脾气。

就在这个时候，蒙哥马利明明知道艾森豪威尔伤势严重，但他仍要求艾森豪威尔前去布鲁塞尔商谈战事，他却不能到格朗维尔来。艾森豪威尔没有办法，只得拖着疼痛的病体飞往布鲁塞尔。

艾森豪威尔登上飞机很困难，走下飞机则根本不可能。作为下级的蒙哥马利登上飞机，一见面他便从口袋中拿出艾森豪威尔最近的指示，挥舞着手臂，激烈地把这个计划骂得一文不值，指责总司令欺骗他。言外之意说，是巴顿而不是艾森豪威尔在指挥战争，要求把地面指挥权归还给他，并且宣称这份计划最后将导致失败。

蒙哥马利当着艾森豪威尔的秘书、参谋的面，将艾森豪威尔骂得个狗血喷头，可此时艾森豪威尔却默不作声，一言不发。然而，在蒙哥马利第一次停下来换口气的时候，艾森豪威尔欠着身子，把手按在蒙哥马利的膝盖上说："冷静点，蒙蒂！你不能这样对我说话，我是你的上级。"蒙哥马利嘟哝着说了几句道歉的话。接着他提出由第 21 集团军单独通过阿纳姆，直插柏林，并要求得到他所需的补给。但是，艾森豪威尔断然拒绝，并告诉他连考虑的可能性都没有。后来艾森豪威尔在他的工作日记中写道:“蒙哥马利的建议很简单,就是把什么都给他,这是发疯!”

后来,艾森豪威尔和蒙哥马利经过商讨,达成了一致,制定了“市场——花园”计划。

蒙哥马利在公开场合大骂了艾森豪威尔一顿,艾森豪威尔对此并没有强行禁止,而是让他出够了气,然后再和风细雨地与他商量计划。如果当时他采用以牙还牙的方法对待蒙哥马利,那么后果不堪设想,盟军的团结可能会瓦解。正因为艾森豪威尔让蒙哥马利在公开场合出够了气,使他捞到一个大面子,他才静下心来同艾森豪威尔分析军事形势,最后形成了一个双方都能接受的作战计划,保证了盟军的团结协作。

退一步海阔天空

富兰克林年轻时在宾夕法尼亚州议会工作,在州议会中工作的还有一位年轻人,这位年轻人一直对富兰克林不感兴趣,有一次竟然在公开场合驳斥富兰克林的主张,将富兰克林臭骂了一顿。

怎样对待这个对头呢?

富兰克林冥思苦想:“我对这位新对头的攻击自然很不高兴,但他有学问并且小有名望,日后会在议会里成为有影响的人物,不过,我绝不想以卑鄙的阿谀奉承来讨取他的欢心,我可以尝试另一种方法……”

富兰克林听说这位对头有几部很珍贵的藏书,便写了封短信,表示他希望能借来一读。这位对头收到信后果真把书送来了。过了一星期,富兰克林把书还给他,另附一封信表示诚挚的谢意。结果,当两人在会议室相遇的时候,这位对头主动地和富兰克林打招呼,开始友好的交谈,后来还许诺要在一切事情上支持富兰克林。就这样,两个人由原来的对头变成了知心朋友。

富兰克林对这位对头的责骂置之不理,闻似未闻,不是当面找他辩论,分出胜负雌雄。他通过借书这个方式,向对头表达了自己并不以他为敌的意思,这一下子拉近了两个人的距离,两个人之间的抵触情绪不仅消失了,而且还变成了好朋友。

机不可失　失不再来

在这方面武则天是个很好的例证。她是庶出，又生在厕所里，加之是个女孩，在家中的地位可想而知。但她从不自轻自贱，而是一边和企图伤害自己的人针锋相对地做斗争，一边等待着出人头地的机会。

皇上选秀女入宫，别人家的女孩纷纷出外躲避，她却意识到自己出人头地的机会来了，不但不躲，反而托人送礼，以保证被选入皇宫。

宫女的生活并不像她想象的那样，而是一年到头连皇上的面几乎都难以得见。"琴落古行宫，宫花寂寞红。白头宫女在，闲坐说玄宗。"这首诗表现了宫女生活的无聊、无望，我们不难看到宫女的悲惨命运，武则天决定改变这一切，她要做显赫的王妃，甚至是皇后。但她也清楚地知道，这并不容易。

她以自己的睿智很快觉察到了老皇帝的昏庸，并且预见到了他将不久于人世。她需要为自己的将来找一个靠山，这是她实施的第一步：以自己的美貌和才情迷住太子。虽然老皇帝知道她和太子私通后勃然大怒，将她送入尼姑庵，但她知道，这样的日子不会长，太子会成为新皇帝，那么她也就可以扬眉吐气了。

果然，太子继位，她以自己一身素服，梨花带雨般的春容打动了太子，终于将她带回皇宫，她的计划可以继续实施了。第二个目标是为皇帝生个儿子，这样很快就能得宠，这个愿望也很快实现。但嫔妃之间的争宠是非常激烈的，要想使自己不失宠，不能只靠美貌，还要靠其他的魅力使皇上离不开自己。于是，她开始参与政事，她的独到见解常常让皇帝自叹弗如，又乐得有她帮忙落个清闲，干脆把许多政务都交给她处理，久而久之，皇帝终于无法离开她了。皇帝成了个傀儡，而真正的大权完全落到她的手中,这时她的地位几乎凌驾于皇帝之上,终于实现了心中出人头地的愿望。最后一步,她要当皇上,这可以说是前无古人,后无来者的一个梦想,但她认定目标并付出努力,最终成为中国历史上唯一的一代女皇,并且很有政绩。

十年官场无人问,一举成名天下知。撒切尔夫人默默无闻几十年,一举参与竞选而成为世人皆知的铁腕首相。

20 世纪 70 年代末,英国历史上出现了第一位女首相,她就是玛格丽特·撒切尔。

撒切尔夫人个性鲜明,以铁女人著称。她是一位杰出的女政治家。1975 年 5 月,她从默默无闻的一名政界妇女而一跃成为首相,引起世人的广泛注意。

1983 年 6 月,在英国战后的第十二届大选当中,撒切尔夫人又领导保守党把反对党工党杀得一败涂地,以压倒多数票一举赢得了胜利,从而连选连任,蝉联首相。

本世纪末,英国共选出过 23 届政府,两度出任首相的不乏其人,但连选连任者首推撒切尔夫人。那么,这位首相究竟是什么样的人物呢?

玛格丽特·撒切尔生于 1925 年 10 月 13 日。她并非是富商巨贾之女,也不是名门望族之后。祖父是个鞋匠,外祖父是铁路警察。父亲艾费雷德·罗伯茨是个小店主,在英格兰林肯郡的小镇格兰瑟姆经营杂货店,母亲结婚前当过裁缝。在英国,这样出身卑微的女子,要想登上皇家的权力之巅,是件不可思议的事情。

即使在玛格丽特成为保守党议员后,议会里那些出身显赫的政要仍以不屑的口吻说:瞧玛格丽特,她的举止,她的声音,她的容貌,都是中产阶级那一套。可是玛格丽特从不因出身寒门而自惭形秽。她只默默地埋头苦干,用自身的工作成绩来回答别人的嘲讽。

玛格丽特所受的教育并不坏。她父亲罗伯茨 13 岁就离开学校,没有受完正规的教育,在日后的工作和生活中,他深感文化知识的重要性。因此,他总节衣缩食为两个女儿的学习创造条件。

罗伯茨对孩子的管教很严,星期天从不让孩子们去看电影。有时孩子们争辩说:我的同学都去看电影了!罗伯茨严厉地说:你必须有自己的主见,不能因为你的朋友去做某件事情你也跟着去做!玛格丽特后来在自己的回忆录中写道:由于父亲的反对,我在大学毕业之前从未上过舞会。

穷人的孩子早当家。玛格丽特和姐姐穆里尔从小就帮父母干活。玛格丽特十岁时,就在杂货店里站柜台,稍大些,母亲就教她烧菜、烤面包,缝衣服,布置房间。玛格丽特当上首相后，仍然常常自己下厨做菜待客，这同她受到的家庭教育很有关系。

由于家庭严格，除了自己的姐姐外，玛格丽特很少与其他小孩一块玩，加上家庭出身低微，常受歧视，因此，玛格丽特从小就养成了沉默寡言的性格。在学校里，她很少有朋友，一天到晚不说一句话，只是默默地读书，因而她的学习成绩非常优秀，每年都考第一名。

由于受一位化学老师的影响，玛格丽特高中毕业后，报考了牛津大学化学系。考试后不久，父母带她到一位法官家做客，玛格丽特津津有味地听那位法官讲述各种案件的审理情况。她听得入迷了，以致又对司法工作产生了浓厚的兴趣。想改学法律，可牛津大学萨默维尔女子学院化学系的录取通知书寄来了。父亲只得鼓励她用课余时间攻读法律，并安慰她说，当律师必须具备两门学历，即一门是法律学，一门是自然科学。

于是，18 岁的玛格丽特按照父亲的教导，于 1943 年跨进了牛津大学的门槛。

“你不要怕与众不同，你得有自己的主见，千万不要随波逐流。”父亲的这些教导，对玛格丽特的生活道路产生了强烈影响。

在大学里，玛格丽特很少结交朋友，终日里默默读书，除了假期，平时从没走出学校大门一步。当时，英国的年轻人很讲究社交活动，玛格丽特因家境不宽裕，加上她不喜欢热闹，所以从不参加诸如舞会之类的交际活动。

玛格丽特大学毕业，先在一家航空公司塑料部进行塑料表面扩张的研究，继而到化工部工作，她干得相当不错。一位化工权威曾评论她说：玛格丽特非常精通业务，工作兢兢业业，埋头苦干，虽然不是最有想象力的化学家，可她比多数男人强。

1951 年 2 月 13 日，玛格丽特与丹尼斯·撒切尔结婚了，两年后，撒切尔夫人生了一男一女的双胞胎。玛格丽特在产前已开始攻读法律，产后能否坚持学习，是对她意志的一次考验。她意识到，如不做出极大的努力，她就永远不能够出来工作了。于是，她满月后就恢复学习。孩子生下来 4 个月还在襁褓中时，她就参加律师业的最后考试，被录取为律师。

律师比起化学来，离政治舞台要近得多，连她自己也想不到，她正朝着一条通向议会的道路往前走去。

英国各政党的选举委员会对律师出身的人当议员很感兴趣。他们总觉得律师巧言辞令，擅长辩驳，凭着其三寸不烂之舌，准能为本党赢得更多的选民。因此，他们物色候选人时一般都非常看重律师。也许正是这个原因，玛格丽特才有机会步入今后的官宦生涯。

在英国,妇女当律师并不是个别现象,只不过是一般的妇女律师大都是处理诸如离婚等民事诉讼案件罢了。玛格丽特在这一点上又不随大流,她闯进了向来被视为男子才能进入的部门——税务法官议事所。税务法官是比较难当的。玛格丽特的同事、后来成了希思内阁财政大臣的巴伯勋爵说,根据他在财务部工作的体会,"如果有了在税务法庭工作的经历,那么错综复杂的财务立法就易如反掌。"

初入税务法官事务所,可以说玛格丽特的工作很是被动,一是她是个女人,打官司的人很少找她,同事们也不大看得起她,二是她的经验不够,三是因她自小沉默,口才不行。于是她刻苦学习业务,每次同事们开庭,她都默默地旁听。回到家里,她就努力训练自己的口才,学演讲,学辩驳。为了培养自己的口辩能力,有时为了一个问题,她甚至可以和丈夫辩个通宵,直到丈夫筋疲力尽为止。功夫不负有心人,两年过去,她终于成了一位小有名气的律师。

1959 年,玛格丽特逢到了机遇。当时在芬奇利选区,上届大选以绝对多数当选议员的保守党人克劳德爵士,因家庭原因宣布不再竞选和连任。刹那间,希望填补克劳德遗缺的 200 多位申请者蜂拥而至。玛格丽特也参与了申请。竞争者纷纷四处活动,到处游说演讲。然而,这时候,玛格丽特冷静地保持了沉默,一是她的性格决定她不适合于像别人那样做,二是她对当议员也没多大兴趣。然而,谁也想象不到,她击败了所有的对手。这是因为玛格丽特拥有在达福特选区时出色的工作记录,又有多年律师工作经历。芬奇利选区保守党选举委员会一眼就看中了她。竞选中她意外地击败了所有的对手,在威斯敏特议会大厦赢得一席之地,当年她 34 岁。

这是撒切尔夫人政治生涯的新起点。她告别了律师事务所,开始以职业政治家的姿态在议会崭露头角。

1959 年 10 月 20 日,议会重新召开。报上刊出了玛格丽特·撒切尔夫人的照片。这位新议员穿着雅致深色的衣服,胸前别着饰针,颈上挂着珍珠项链,头戴时髦的扁圆帽,显得神采奕奕,风度翩翩。

撒切尔夫人成了保守党倚重的人物。1964 年保守党政府下台后,她先后被任命为保守党住房与土地事务、财经事务、燃料与动力事务以及教育问题发言人。1970 年保守党重新执政,玛格丽特出任教育大臣。1974 年保守党在大选中败北,希思政府下台。这时候,保守党及其领袖希思先生的处境很不妙,而撒切尔夫人却脱颖而出。

1974 年,保守党失败以后,党内有些人希望他们领袖希思辞职,让保守党主席怀特来重振党的声威。

然而爱德华·希思是一位志向博大而又有坚韧不拔性格的人。在他看来,当一名出色的首相和做一位出色的丈夫,二者不能兼得。他坚定地选择了前者,始终坚持不婚。1974 年大选虽然失败,但他雄心未泯,仍抱着"当一名出色首相"的宏愿,准备东山再起。

1975 年 2 月,保守党在布莱克举行年会,不管希思愿意与否,年会按惯例要选举党的领袖。希思是当然的候选人。他手下人放风说:除了希思,眼下无人堪当此任。希思在 1950 年进入议会后,一向受到保守党元老们的赏识和器重,在党内和政府里一直身居要位。1952 年 2 月,丘吉尔欣赏他的反法西斯经历和"忠诚服从"的军人风度,提升他为保守党的副督导长。1955 年,艾登继任首相后,希思升任督导长,并被首相誉为"党的最好的督导长"。1957 年 1 月,麦克莱伦出任首相,希思又被认为是"首相周围最有影响的人"。他在 1965 年接替霍姆出任保守党领袖,1970 年领导保守党赢得大选的胜利。20 余年从政的丰富阅历,将近 4 年的首相经历,长达 10 年的保守党领袖生涯,使希思在党内处于举足轻重的地位,是全党公认的最高权威。因此,要与希思争夺党的领袖地位,一般人都望而却步。

在这次年会上,希思环顾党内,认为除了老练的后起之秀约瑟夫外,其他人无能与他竞争。对于一向老实沉默的撒切尔夫人,希思承认她是议会里最能干的妇女,至于说要与他竞争,他甚至连想都没想过。

撒切尔夫人过去也曾受到希思的提拔和重用,但她不大赞成希思的某些政治主张。她支持约瑟夫同希思较量。但不久之后,约瑟夫因家庭原因退出竞选。这样一来,希思认为再没人向他挑战了。

谁料有一天,一向不大说话的撒切尔夫人突然走进了希思的办公室,彬彬有礼地对希思说:阁下,我来向你挑战。她经过一段时间的沉默,作了冷静的思考决定亲自出场和希思一试高低。保守党的一些头面人物对撒切尔的这种主动方式感到十分惊奇。因为在他们的眼里,撒切尔夫人一向是一个沉静的女人,平时连话都不多说两句,可今天却竟然采取如此坦率的行动,真叫人不可思议。

撒切尔在议会中的表现原已博得保守党后座议员的好感,她向希思提出挑战的勇气和魄力,连前座议员也交口称赞。一些平时对希思不满的人,一下子就倒向撒切尔夫人一边。这更使玛格丽特名声大振。

按照选举规则,投票是在保守党下院议员中进行的。当时,保守党在下院共有 278 名议员,候选人必须得到 140 票的绝对多数才能当选。第一轮投票的结果,大大出乎人们的意料,撒切尔夫人获得 130 票,希思只得 119 票。两个小时后,希思辞去了保守党领袖的职务。希思败阵后,他营垒里马上杀出几名大将来同撒切尔夫人交锋,但是一个星期后举行的第二轮投票时,他们比希思输得更惨,怀特得了 79 票,其他 3 人连 20 票都没有得到。撒切尔夫人却遥遥领先,以 146 票的绝对优势当选为英国历史上第一位女党魁。

当上保守党的领袖,打破了这一职位历来由男人垄断的局面。这为撒切尔夫人登上首相之位创造了必不可少的前提。但是从反对党总部到唐宁街 10 号,毕竟还有一段艰难的路程。撒切尔夫人并没有陶醉于已经取得的成就,她立即致力于恢复竞选领袖而遭到严重损害的党内团结,弥合与失败者的裂痕。但这谈何容易!在英国这样一个实行议会制度的民主国家里,欲当首相必须是一个政党的党魁。正因为如此,党内夺魁的斗争一向是相当激烈的。争夺的各方面常常是撕破脸面,竭尽排斥、贬低和打击的能事。而撒切尔聪明之处在于,对竞选失败者给以安慰,并提拔重用。对一些互相攻击的党派她则保持沉默,使人们从她的沉默中看到她的人格力量。

撒切尔获胜后的第一个行动是拜访希思,她热情地邀请希思参加她领导下的影子内阁,希思一口回绝。她的第二个行动是请希思手下的总督导员——她竞选时的主要对手之一怀特出任保守党副领袖,邀请被接受了。撒切尔夫人的这一做法,符合许多保守党人的心愿,得到了广泛的支持。但是,希思的不合作态度很使撒切尔夫人放心不下。这位前党魁在党内经营多年,追随者不少,其势力不能少视。希思在国际上的声望也很高,影响颇大,没有他的支持与合作,要战胜执政的工党,显然困难是很大的。

要说希思与撒切尔夫人的矛盾,本来也并不大。1965 年,她支持希思为保守党的领袖,尔后希思也没亏待她,一再提拔她委以重任。由于她不赞成希思"中间偏左"的政策主张,先是支持约瑟夫同希思进行竞争,继而又亲自向希思挑战,这就使希思二十分地不快。竞选期间,希思竞选班子给青年保守党人免费送发短袖圆领衫,上面印着"我支持杂货店,但不支持它的女儿"的字样,把撒切尔夫人的身世也翻了出来,作为攻击目标。这种做法,使当时撒切尔夫人十分气愤,但她沉默了。她获胜后,不计前嫌,并主动与攻击她的对手和好,表现出了常人所未有的博大胸怀,得到了人们的普遍尊敬。

1976 年 10 月,撒切尔夫人在保守党的年会上再次采取主动,她在讲话中高度赞扬希

思过去的政绩，在各自的政策主张上做了一些让步，采纳了希思的一些观点。在这种情况下，希思也就表示对撒切尔夫人“完全相信”，支持影子内阁的内外政策声明。至此，撒切尔夫人在党内的领袖地位便最终确定了。

安顿好党内以后，这位沉默的女人便用她看似沉默的方式，开始了她的最终目标——向唐宁街10号进发了，她抓住了机会获得了最后的成功。

请君入瓮

李适之是唐玄宗时期的一位大臣，因为有才能并且勤于政事被任用为宰相，而他又不愿摧眉折腰事权贵，所以，他就自然而然地站到了右丞相李林甫的对立面上，于是李适之成为李林甫打击的目标。

为了搞倒李适之，李林甫想了好多办法，但总觉得不是很完美，后来，他终于想出了一个办法，为李适之设好了一个圈套。

这一天，李林甫派人到李适之府上，请他到自己家里喝酒，说是自己喜得佳婿。李适之本来就看不惯李林甫的所作所为，所以根本不想去赴这个宴，但又怕和李林甫的关系搞得太僵，于是只好极不情愿地前往。

酒宴开始之后，李林甫亲自为李适之斟酒，双手举着，送到李适之面前，这一过分谦恭的举动使李适之不知如何是好，他猜不出李林甫到底是何用意。但当着众人的面又不好拒绝，便双手接过，一饮而尽，李林甫连呼好酒量。接着，李适之又起身为李林甫敬酒，以表谢意。

李适之生性豪放，又爱饮酒，这天晚上又喝了不少，渐渐有些醉意，这时，李林甫说道：“华山有金矿，如果开采冶炼，可以富国。”

李适之半醉半醒地问道：“右相所言可是事实？”

李林甫说:“不瞒左相,这是小婿户部员外郎郑平从工部员外郎口中听说的,工部员外郎管库藏钱帛,怎么不关心金矿的事?想来必定属实。”

李适之点了点头,李林甫接着说:“陛下现在还不知道这件事,如果奏明圣上,圣上一定会龙颜大悦。”说到这里,他环顾了一下众人,说:“大家可不要抢功呀!”大家笑了笑都说:“有右相在,我等哪敢抢功?”

李林甫说:“我已位极人臣,没有什么更高的追求了,这桩美事还是留给左相吧!”

李适之听后也没有细加考虑,一回到自己的住处,便乘着酒兴写了一份奏疏,向皇帝禀报了华山有金矿这件事,请求皇帝派人开采,增加国家收入。

唐玄宗接到李适之的奏折后,对这件事很重视,便向李林甫询问这件事。当他得知这一奏折果然是李适之所奏时,心中不禁窃喜,知道李适之已经钻进了他早已设计好的圈套之中。

李林甫略带些忧心忡忡地说:“华山有金矿,微臣早就知道,只是没有向陛下奏明。”

“右相为何知而不报呢?”唐玄宗很纳闷。

“实不便奏报。”李林甫回答说。

“为什么呢?”唐玄宗追问道。

这时,李林甫才笑着说:“难道陛下忘了,华山是陛下的本命山吗?”

唐玄宗这才恍然大悟。原来,华山是一座道教名山,唐朝的皇帝们又大多信奉道教,唐玄宗也不例外,他把华山视为本命所在。开元初年,唐玄宗还曾经试图派人在华山西峰的半山腰凿上“开元”两个字,只是因为山峰过于陡峭才取消了这个计划。

李林甫将这些说起,就是为了说明华山是皇帝之本命,王气之所在,不宜开凿,李适之为了金矿开采华山,是对皇帝的大不敬。

唐玄宗听了李林甫的话后,好像突然

醒悟了一样，他对李林甫说：“今天这件事幸亏爱卿提醒，如果听了李适之的话，开采华山，惊动了轩辕黄帝的在天之灵，说不定会给大唐带来深重的灾难，李爱卿真不愧是朕之忠良之臣啊！”

李林甫故作谦虚地说：“陛下过奖了。臣真的希望陛下能够修道有成，万寿无疆！”

唐玄宗对李林甫的恭维话非常满意，对李适之却是越想越气。李林甫走后，他便把李适之叫来，大声训斥：“你身为左相，处理事情却欠考虑，你明知华山是朕的本命所在，为什么还要奏请开凿，真不知你是何居心！从今以后，如果再有什么事需要上奏，先和右相商量一下，他同意了你再上奏！”

李适之满肚子委屈，唐玄宗却不容他申辩，没有办法，只好灰溜溜地出宫，后悔不该听李林甫的话，误入了他的圈套。

这件事以后，唐玄宗开始对李适之疏远起来，李适之无法越过李林甫直接面见皇帝，他这个宰相也只是徒有虚名，没有真正的实权，陷入了受制于人的可悲境地。

子不如父

胡质的儿子胡威受父亲的影响，也十分清廉。胡质在荆州当刺史时，胡威去看望他，家里穷得雇不起车子，只好骑驴上路。每次住店时，胡威总是一面放驴、一面捡柴，然后回来自己烧饭吃。在荆州住了十多天，向父亲告辞，胡质拿出一匹绢给他充作盘缠，胡威很惊讶地向父亲说：“你一向清高，不知什么时候得来这匹绢？”待他弄清这是从父亲俸禄中来的，才肯收下。

回家的路上，胡威碰到一个人，那个人一直和胡威做伴，还时时帮助他。胡威感到奇怪，再三追问才知道这人是父亲手下的一个都督，是回家探亲的。胡威将父亲给的绢送给都督，要他不必再相伴而行。后来胡威特地将这事写信告诉父亲，胡质责备了这个都督。

到晋武帝时，一次胡威入朝见皇帝。武帝谈起当年他父亲的政绩，十分赞叹，又问胡威说：“你和你父亲哪个更清廉些？”胡威回答说：“我不如我父亲。”武帝问他为什么，他答道：“我父亲清廉，唯恐被别人知道；而我清廉，唯恐人家不知道，所以我远远不如我的父亲！”

螳螂捕蝉　黄雀在后

《庄子》中有这样一则故事,生动形象地讲述了追逐欲望所遭遇的后果。

曾经有一次,庄子在茂密的树林之中打猎,忽然看见一只形状奇异的鹊鸟从南方飞来,碰着庄子的额头飞过去,停在树林里。庄子十分纳闷,不解其意:"这是什么鸟?有这么大的翅膀,可是却不高飞;有这么大的眼睛,却连人都看不见。"因此,他就悄悄地跟随着那只鹊鸟进入了树林。仔细一看,才发现鹊鸟在树荫里对准了一只螳螂,而这只螳螂正举起臂膀准备捕捉一只在树枝头上鸣叫的蝉。螳螂与鹊鸟都是被眼前的利益所蒙蔽,却没有察觉自身面临的危险。庄子见了这种情形,不禁叹道:"唉!凡是互相有利的事物,必然互相拖累;有心谋害他物,就招到别物来谋害自己。"

"螳螂捕蝉,黄雀在后"这个寓言告诫人们:欲望不可过大,当你的欲望对准了某个事物的时候,一定要审时度势。你若贪求官场上的名利,就必然要担心官场的倾轧;若是贪图钱财,也要担心别人觊觎你所拥有的财产。因此,只有节制自己的欲望,才能更快乐的生活。

春秋末期,晋国有一个当权的贵族人叫智伯。此人虽名为智伯,其实一点也不聪明,反之,却是个蛮不讲理、不节制贪欲的人。自己本来有很大的一块封地,但还嫌不够。

一次,智伯居然无缘无故地向魏宣子索取土地。魏宣子也是晋国的一个贵族,他非常讨厌智伯这种无理的行为,不愿给他土地。可他的一个很有心计的臣下任章,却对宣子说:"您还不如把土地给智伯。"

宣子不解任章的意思,便问:"那么,你认为我凭什么要白白地送土地给他呢?"

任章解释说:"他无理索取土地,一定会引起邻国的恐惧,所以邻国也会因此而讨厌他;智伯如此利欲熏心,一定会不知满足,到处伸手,这样就会引起整个天下的担忧。假若您给了他土地,他便会顺势更加骄横起来,误以为别国都很怕他,也就会轻视他的对手,而更加肆无忌惮地骚扰别国。因此,他的邻国也就会因为害怕智伯、厌恶智伯而联合起来一起对付他,那他就不可能这样长久下去了。"

见宣子点头称是,似有所悟,任章顿了一下,继续道:"《周书》上曾说'将要打败他,一定要暂且给他一点帮助;将要夺取他,一定要暂且给他一点甜头',正是说的这个道理。因此,您不如先暂时给他一点土地,让他更骄横起来。再者,假若您现在不把土地给他,

他就会把您当作他的靶子，先向您发动进攻。所以您还不如让天下所有人都与他为敌，使他成为众矢之的，以保全您自己。”

魏宣子听了，高兴不已，立即改变了主意，答应割让一大块土地给智伯。

在尝到了不战而胜、不劳而获的甜头之后，智伯又伸手同赵国要土地。赵国不答应，于是他派兵攻打赵国，围困了晋阳。此时，韩魏联合，趁势从外面攻打进去，赵国在里面接应，这样里应外合，灭亡了智伯，正是在任章的意料之中。

可见，不节制贪欲，给自己带来的后果是极其可怕的。若是官场上贪欲过重，则很有可能被他人利用这一弱点而被击败。所以，忍贪、节欲是一种明智的表现。

借花献佛　巧媚上司

豪斯自己说，有一次，他被单独召见，他明知总统不容易接受别人的建议，但还是尽自己所能，清楚明了地陈述了一种政治方案。因为他苦心研究过，自认为相当切实可行，所以说得理直气壮。然而他没有得到与其他同事不同的命运。威尔逊当即表示：“在我愿意听废话的时候，我会再次请你光临。”

但是数天之后，在一次宴会上，豪斯很吃惊地听到威尔逊正在把他数天前的建议作为总统自己的见解公开发表！这件事，使豪斯大彻大悟，懂得了向总统贡献意见的最好方法：避免他人在场，悄悄把意见“移植”到总统的心中。开始，使总统不知不觉地感兴趣，然后使这计划可以作为总统自己的“天才构思”而公之于众。最后，使总统坚定不移地相信是他本人想出了这个好主意。换句话说，不用强调某某计划是豪斯的主意，为了使一个好的计划被总统采纳，就得自愿牺牲“版权”，而把“版权”让给总统，并且是悄悄地、神不知鬼不觉地转让。这样，他的计划就能顺利地被总统采纳。

例如,1914年春季,豪斯奉命赴法国做外交上的接洽。出发前,威尔逊原则上同意了豪斯的计划,但态度相当谨慎,距离被正式批准还相当遥远。豪斯到巴黎后不久,寄回了他同法国外长的谈话记录。在谈话中,豪斯把自己想出、经总统谨慎同意的计划,说成是"总统的创见",并热烈赞扬说,这是"天才,勇气,先见之明"的表现。看了记录,威尔逊总统毫不犹豫地正式批准了这个计划。计划的实施,给两国带来巨大的利益。豪斯为自己实际发挥的作用由衷地高兴。同时威尔逊总统也更加由衷地喜欢豪斯,对他更加倚重。

但有一件事是永远心照不宣的,豪斯从来不表示某项计划是他想出来的。若干年后,豪斯说道:"我不愿意称那些计划是我的,并不仅仅出于讨总统喜欢。我的计划充其量是一棵树种,要长成参天大树必须有土壤、水分、空气和阳光。只有总统才有这些条件,把树种变成大树的,公平地说,是总统。我只不过把种子移到了总统心中。"

在威尔逊执政期间,豪斯都采用这种简单而有效的"种子移植"的策略。然而他对威尔逊的影响,比当时成群的政治领袖加在一起都大。事后,人们方才窥见豪斯的秘诀,并称豪斯为"移山倒海"的大师。

审时度势　迎刃而解

东北军元老张作相是张作霖的拜把兄弟。据记载,在张作霖所有的拜把子兄弟中,张作相最是沉默寡言,也是人缘最好的一个。当时在东北军队中,分为新旧两派人物,互相倾轧,钩心斗角,甚至大有势不两立之势。张作相则能八面玲珑,老少和得三班。军队中出现的矛盾,只要张作相出面,问题便迎刃而解。因此,不管是张作霖还是其子张学良,都非常器重张作相。他权重一时,是奉军中举足轻重的人物。他下野后,蒋介石曾几度邀他出山。但他审时度势,终于没为蒋介石卖命。后来蒋介石退走台湾,特意给他备了专船。然而,张作相终不为所动。

张作相字辅忱,1881年生于锦州义县南杂木林子村。幼时家境贫寒,父亲张永安平日务农,遇到有婚丧嫁娶之事就给人当吹鼓手。母亲刘氏精明贤惠。尽管家中生活十分困难,还是供张作相读了三年私塾。甲午战争爆发后,辽西也遭战乱,张家从此家计日窘,张作相只好给本家一个叔叔张永清做帮工。这位叔叔看他五官端正,沉静淳厚,不多言语却非常下力做活，因此看得起他。族叔的儿子张作正与张作相脾气相投，两人非常要好。

甲午战争后的辽西一带社会秩序极度混乱，而张作相的家乡历来又有家族械斗的恶习，乡里有仇人冤家，多在私下报仇而不经官府。张作相16岁那年，族兄遭仇家暗杀，他自己也随时有被杀的可能，不得不离家出走，流落在锦州一带。庚子年又流落到奉天，常因衣衫褴褛而遭到欺辱。为了不致遭到更大的不幸，每当这时候，张作相总是咬紧牙关保持沉默，把仇恨深深埋入心底。

张作相深感世道的不平，逐渐产生了不惜铤而走险的想法。走出的第一步是同本村的一个人策划打死了杀害他族兄的仇人，随后率几十人逃到双阳旬南山大庙内。翌年，张作相率二三十人到新民府八角台村投奔张作霖。张作霖见他与自己同姓，很高兴，就把他收了下来，视如亲兄弟。张作相与张作霖、张景惠、汤玉麟组成了二百多人的保险队，此后张作相一直跟随张作霖，成为张作霖的忠实伙伴。

1902年，张作霖所部被清廷收编。张作霖被作为新民府游击马队管带，张作相为哨官。1906年，盛京将军赵尔巽在奉天设立负责整顿地方旧军的巡防营务处，将全省旧军编成8路巡防队，张作霖任前路统领，张作相为骑兵一营管带。1907年，张作霖已拥有步兵5个营、骑兵7个营的实力。此后他不断收编地方武装，实力发展非常快，到了1908年已有精锐部队35000人。在此期间，张作霖与张作相等8人拜为把兄弟，按年龄顺序是：马龙谭、吴俊升、孙烈臣、张景惠、冯德麟、汤玉麟、张作霖、张作相。这是奉系集团的最初成员。

张作霖很看重张作相这位话不多，却非常忠诚于他的把兄弟。随着张作霖权势的发展，张作相也逐步得以升迁。辛亥革命后，赵尔巽任奉天总督，张作霖任二十七师师长，张作相先后为二十七师骑兵团长，炮兵团长。1916年，张作霖被封为盛武将军，任奉天督军兼省长，张作相为第二十七师步兵旅长。1918年9月，段祺瑞任命张作霖为东三省巡阅使，张作相任巡阅使署总参谋长，后改为巡阅使总参议，兼任二十七师师长和卫队旅旅长。1911年，赵尔巽恢复讲武堂时，张作相还是中上级军官，曾奉命受训。1919年张作霖重建讲武堂时，张作相已兼任堂长了。1922年和1924年先后爆发两次直奉战争，在这两次直奉战争中张作相都出任了要职。第一次直奉战争他奉命统领东路军，失败后，张作霖急于提高奉军战斗力，成立“东三省陆军整理处”，作为整军经武最高执行机构，孙烈臣任统监，张作相任副监。第二次直奉战争后，张作相担任后方总预备队、第五方面军的军团长，负责巩固后方，而他在奉系中任职最长的要算是吉林督军了。1924 年他奉命就任吉林省督军兼省长，这个职务虽没有他原任的东三省巡阅使署总参议实权大，但总算是独当一面的封疆大使。

张作相与张作霖两次结拜兄弟，对张作霖忠心耿耿。他虽然权重一时，但为人谦虚谨慎，少说为佳，所以深得张作霖的信任。张作霖在众多的把兄弟中与张作相关系最亲密，众多兄弟也和作相最好。因他什么事都能守口如瓶，且又乐于助人，兄弟们都把他当作知心看待，连士兵们有什么知心话都愿对他说。因此，当时在东三省，张作相可谓是人缘最好的一位重权人物。

张作霖每每发脾气或与人争执，张夫人便派人请张作相去调解。只有张作相的劝说，他才听得进去。奉系其他首脑间或家庭中出现纠纷，也常常是张作相出面斡旋。

张作相为人最忠厚，常常在别人危难时给人以诚挚的帮助，所以，在奉系军中素有“忠厚长者”之称，人们称他“老少和得三班”。后来奉系中出现老派与新派的矛盾，他本是老派的人物，因为为人公平，不乱说新派的坏话，积极主张两派团结，表现出待人宽厚的胸怀，所以深得新派人物的好感。在新派老派矛盾重重的动荡局势中，他是唯一能出来稳定局势的关键人物。

1928 年 6 月 4 日，发生皇姑屯炸车事件，张作霖、吴俊升一同殒命，奉系将领一时群龙无首，人心惶惶，急需确定新的首领。当时新派老派虽各有主张，但在许多人心目中，张作相是最合适的人选，所以，张学良尚未回到沈阳的时候，曾公推张作相为东三省保安司令，并将公推书和印信送到张公馆。张作相坚决不受，说等张学良回来后再从长计议。

张作相一直把张学良视为少主。早在 1920 年张学良从东三省讲武堂毕业时，他就

向张作霖建议接替他兼任的巡阅使署卫队旅旅长的职务。1921年,他又携张学良去日本,参观日本陆军秋操,以期激发张学良立志图强之心。此时,他唯一的愿望就是辅佐张学良子承父业。

张学良兼程赶回沈阳后,除着手办理丧事外,还召集东北元老开会,研究接代张作霖的问题。张学良以自己年轻,极力推张作相统辖东北军政大权,并派人送去东三省联合会的公推书和印信。张作相坚决不受,一定要张学良子承父业,而他愿尽辅佐的责任。张学良在张作相等人的坚决拥戴下,终于名正言顺地掌握了东北的军政大权。

张学良与张作相的关系一向密切,他早年称张作相为老叔,他当上东三省保安司令后,又改称为辅帅,此时,又让原配夫人于凤至做了张作相第二个夫人花福田的干女儿。当时花福田因为自己只比于凤至大十几岁,不敢答应,张作相说:认就认吧,这也是学良的主意。这样,两家的关系就更加密切了。

张作相默默地竭尽全力辅佐张学良尽快稳定东北局势。尽管他对蒋介石的南京政府历来不信任,但对张学良的易旗主张不提半句不同意的话,而是大力支持。在东三省议会联合会上,领衔联名向南京政府宣布服从国民党的领导。

东北"易帜"虽然实现了,但东北军内部的思想并不完全统一,杨宇霆、常荫槐等人有觊觎张学良地位的嫌疑,日本帝国主义又不断向东北集团内部伸出黑手,制造派别纠纷,企图形成内乱,使"易旗"成果付之东流,这使张学良格外忧虑。1929年1月10日深夜发生了张学良处决杨宇霆、常荫槐事件。就在这天半夜里大约十二点半左右,张学良派人请张作相来商量善后事宜,张作相说:办了就办了吧,只是要好好办好二人的后事,以安杨、常左右。张学良依计而行。

1930年9月率东北军进关,张作相任东北四省留守司令驻在沈阳大帅府,主持东北后方的一切事务。1931年"九·一八"事变时,张作相因父亲去世正在锦州西郊料理丧事。当时,张作相不相信日本能吞并东北,认为只要像皇姑屯事件时那样沉得住气去应付,就可以依靠"国联"的力量抑制日本,迫使日本撤兵。他曾对前去吊丧的何柱国等人说:日本无论如何吞不下东北,东北总归是我们的,大家不必担心。这几句话可以代表当时东北军大多数高级将领的态度。谁知事态的发展并不如他们想象的那样简单。

"九·一八"事变时,张作相的吉林省主席职务由参谋长熙洽代理。熙洽是清朝皇族的宗室,1911年,张作相在奉天讲武堂受训时,熙洽是教官,张作相很尊重他。张作相任吉林督军后,任熙洽为参谋长,对他十分信任。而熙洽暗藏复清思想,加上他留学日本,与日军师团长多门二郎有师生关系，素有亲日思想，所以，“九·一八”事变后，熙洽趁张作相不在，以代理长官名义出卖了吉林，由复辟狂变成了卖国贼。

张作相对熙洽的所作所为十分愤慨，遂电令在吉林的军政人员不要听从熙洽的伪令，并委派诚允到宾县组织临时政府，与熙洽汉奸组织相对抗，但已无可挽回。一年后，吉林省全部为日军所占领。可以说轻信和错用熙洽是张作相政治生涯中的最大失策。

“九·一八”事变后，蒋介石实行“攘外必先安内”的不抵抗政策，严令东北军不准抵抗。侵华日军轻而易举地占领了东北全境，接着又向关内逼近。1933 年初，日军进犯热河，威胁平津，迫于全国强大舆论的压力，蒋介石不得不抽调部分军队加强长城一线的防卫，任命张学良为第一集团军军团长，张作相为第二集团军军团长，开赴承德及密云和古北口一带。但蒋介石仍旧实行“一面抵抗一面交涉”的政策，加之各派军人号令不一，长城抗战终于失败。蒋介石却把责任推到张学良身上，逼张学良下野。张学良回到北平后，立即给张作相打电话，说明蒋介石逼他下野的情况，并说：您老也马上来吧。就这样张作相在 1933 年退出了军政界。

1932 年，伪满洲成立，溥仪当上傀儡皇帝。日本军国主义者对原东北的高级军政人员采取各种手段威胁利诱。在这种情况下，很多东北元老到伪满洲国任了要职，成了可耻的汉奸。

张作相在 1933 年退出军政界以后，一直在天津英租界隐居。当时日伪当局和已成为伪满洲国国务总理的张景惠，认为张作相是深孚众望的东北元老，很有号召力，于是对他相交逼迫。先是张景惠派其亲信洪维国到天津劝降，洪维国利用他与张作相同乡及旧属关系，软磨硬泡，甚至送来支票以及伪满洲国的委任状。后来日本关东军高级参谋板垣征四郎又亲自出马。板垣征四郎身穿长袍马褂潜入张作相公馆里，诱迫张作相出来为日伪做事，结果都遭张作相的断然拒绝。板垣走后，张作相曾忧愤地对家里人说：我是中国人，我还得给子孙留点德性。

洪维国、板垣的劝降未能得逞，日本特务机关又使出另一种卑劣的手段：在天津的日本租界里发出“号外”，声称张作相已离开天津到霸县其次子、一一二师师长张廷枢处，准备再出来指挥东北军。因为当时东北军已由国民党统一指挥且张学良正在国外，制造这种谣言的目的显然是挑拨张作相与国民党的关系。果然，国民党当局闻讯后，马上派特务在张作相的住所周围盯梢监视。也就在这个时候，在张作相的卧室窗下发现了两颗炸弹。这炸弹是国民党特务放的，还是日本特务所干，就不得而知了。

张作相在天津英租界时，家里人口很多，加上厨师、听差等不下百人，开支很大。当时张作相的主要财产都在东北，生活几乎维持不下了。因张作相的人缘好，大家都不愿离开他。他曾通过旧友张景惠、旧属熙洽要求日伪当局还他的财产，而日本关东军首脑则以张作相必须到伪满洲国任职为条件。张作相既拒绝当汉奸，财产也未得还发。日本人对张作相不肯就范非常恼火，曾炸毁了张作相父亲的坟墓，占领天津后，又查封了张作相的部分住宅。张作相自1933年随着张学良下野退出军界到1945年抗战胜利，一直闲居在家，以养花种草聊以自娱。

抗战胜利后，张作相在原东北军的部分旧属的动员下，似有重新出来任职的意思。当时社会上也风传张作相也有可能出来任东北行营主任。但蒋介石历来排除异己，当然不会再让张作相这样在东北有威望的元老出来掌握军政大权，结果只给他挂了个南京“国民政府顾问”的空头衔。

当然蒋介石对张作相表面还是很客气的。1945年10月，蒋介石在北平宴请北方高级军政大员，张作相被邀参加。宴会上，蒋介石把张作相让在主客座位上，恭维地说：抗战八年，你一个人在沦陷区，日本人多次引诱你，你没给日本人做事，这一点就十分可贵。

张作相心里明白，蒋介石不肯给他实权，却要利用他在东北军中的威望来安抚人心。他表面上虚与周旋，内心里却极不满意，一直没有去上任。

1948年初，国民党在东北战场上土崩瓦解，蒋介石为了维持东北人心，才委任张作相为东北政务委员会副主任委员，实际上仍是徒有虚名。

这年9月，张作相为处理东北财产去锦州，正赶上中国人民解放军解放锦州，10月15日，张作相在家中被误俘。当时的东北野战军主要负责人知道张作相是东北军主要知名人士，马上和他见面。希望他能站在人民解放事业一边，做些有益于人民的事情。张作相表示应诺，并推心置腹地诉说了东北军跟着蒋介石遭到排挤的苦衷。当野战军负责人告诉他准备派人护送他回天津时，张作相感激地说，多蒙诸位厚谊。拿我个人来说，倒是愿意留在解放区，只因家在天津无人照料，我回去后，还是想把家安顿到锦州来。在战争年代物质条件很困难的情况下，解放军还特派了救护人员，一直将张作相护送到天津附近的芦台火车站。张作相非常感激，也很是过意不去。

张作相回到天津后，蒋介石曾派人催请他去台湾，几次送来飞机票，并为家属留了半条船的空位，张作相都毫不动心，告诉家属谁也不准走。

1949年3月，张作相患脑溢血突然去世。周总理得知张作相去世的消息非常遗憾，曾对张作相的外甥周鲸文说道：老先生在东北有很好的人缘啊，我们正想请他出来工作呢，怎么就故去了！说着感叹不已。

全国解放后，党和政府对张作相的家属十分关心。文革期间，张作相的夫人花福田受到冲击，生活有困难。1974年她通过张学良的胞弟、全国政协委员张学铭向周总理反映了这一情况，总理当即指示抄去的东西要退还。后来，总理见到张学铭时，又主动地过问了此事。

识时务者为俊杰

公元前5世纪，在今天的苏杭一带，有吴越两国。两国虽是近邻，但为了争夺霸业，互不相让，你争我夺，战争连绵不断。后来，越王勾践败于吴王之手，不得不逃至会稽山，忍辱负重与吴国谈和，对方约定越国对吴国称臣，勾践在吴国服苦役五年。后来勾践回到越国，励精图治。卧薪尝胆，立誓要报仇雪恨。20年后，终于灭亡吴国，报了"尝便"之耻。这次斗争中，越国大将军范蠡立下了汗马功劳。

范蠡被任命为大将后，自忖：长久在得意之至的君主手下工作是危机的根源。勾践这个人是"只能同甘、不能共苦"的类型，他深知"伴君如伴虎""飞鸟尽，良弓藏；狡兔死，走狗烹"的道理。于是他向越王勾践辞职，勾践并不知道范蠡的真实意图，拼命地挽留他。但范蠡的心意已定，他搬到齐国居住。自此以后，与勾践一刀两断，不再往来了。

移居齐国后，范蠡不再过问政事，而是与儿子共同经商。由于经商有方，很快就成了富甲一方的大富翁。齐王也看中他的能力，想任命他为宰相，但他婉言谢绝。他深知："在野而拥有百万巨富，在朝则权倾全臣的宰相，这都是一种莫大的人生满足。"可是他也知道"树大招风的道理"，于是他把财产分给穷人，又悄悄地离开了齐国，到了陶地。由于才智过人，很快又成为陶地的一大富翁。

顺应时势　用人唯贤

战国时魏武侯登基之初，有一天领着朝臣乘船顺着河川而下，在风和日丽中，欣赏沿岸风光，魏武侯对身边的吴起说："多么雄伟壮丽的山河！这个天然屏障是魏国的至宝！"

吴起听后感到不对,便说:“国宝不在地形,而在国君之德。从前夏桀、商纣都拥有天然的屏障,但是不得人心,终于灭亡,如果吾君无德,现在同乘一船的人,都会变成敌人,起而反抗。”

魏武侯觉得吴起说得很有道理,从此以后对他颇为依赖。但是魏武侯并没有起用吴起为相,反而提拔擢用田文为宰相,吴起觉得很意外,心里很不痛快,于是便和田文争论起来。

“我们来比比看谁比较优秀,谁树立的功绩比较宏伟?就一个将领而言,谁能提高士气,让部属赴汤蹈火,令敌军心惊胆战,丝毫不给敌军攻击的空隙?”

“这个功劳当然是要归将军嘛!”

“谁又能统率百官,让军官臣服,国库充裕呢?”

“本官不敌将军。”

“谁又能坚守要地,让秦军取消攻打魏国的念头?让赵、韩投降臣服呢?”

“这当然是将军的功劳,本官望尘莫及。”

吴起越说越起劲:

“这三点丞相都比不上我,但是为什么丞相的地位仍然在我之上呢?”

田文说:

“国君才刚即位,国内局势还动荡不已,大臣未必心服,官吏也还不能全部依赖,这个时候谁最适合任宰相的职务呢？站在国君的立场来说，应该如何选择呢？”

吴起这个时候才领会到，自己当宰相的资格，的确不如田文。

事实证明魏武侯任田文为相是对的，此举对维护国家的团结，人心的稳定起了很大作用。

顺则进　否则退

李泌（722-789），字长源，京兆（今陕西西安市）人，智慧早成，七岁便能吟诗作赋。由于颇有名气，唐玄宗派人把他召来测试。李泌朝拜之际，礼仪娴雅。时玄宗正与燕国公张说下棋，遂命张说出题。张说让他赋“方圆动静”，并指着案上的棋枰说道：“方若棋局，圆若棋子，动若棋生，静若棋死。”他怕七岁的李泌不懂，解释说：“我是借棋以方圆动静之喻，汝自赋方圆动静四字，不可泥棋为说。”李泌答道：“晓得。”随即说：“方若行义，圆若用智，动若骋才，静若得意。”张说听了，大为惊异，起身拜贺朝廷得此神童。皇上非常高兴，命于翰林院读书。及长，欲授以官职，李泌再三辞谢，便赐予太子为布衣交，与太子李亨一起读书、评说、玩耍。由于太子对他非常敬爱，引起李林甫与杨国忠的忌妒，李泌便告归，隐居颍阳。安史之乱，唐玄宗逃往成都，太子李亨在灵武即位，称为肃宗。肃宗即位时，文武官员不满三十人，其中并无特别突出人才，他的左右却有宠妾张娘娣和宦官李辅国两个嬖人。至是肃宗思念旧友李泌，遣使把他召来，才算有了得力助手。李泌经常与肃宗谈论天下兴亡成败大事，为肃宗出谋划策，肃宗非常高兴，欲授以官职。李泌坚持不要，愿以客从。李泌虽然未当官，但“入议国事，出陪舆辇，至于四方文状，将相迁除，皆与泌参议。”

宝应元年（公元762年），唐代宗即位一度把长安丢失。兵马副元帅仆固怀恩自以为功大，不满意朝廷给予的待遇，招引回纥、吐蕃、吐谷浑、党项等数十万人反叛。在内忧外患中，代宗把李泌召回，要他吃酒肉、娶老婆、任官宰相。李泌固辞宰相，保持宾客身份，却娶了妻。他在辅佐代宗期间为代宗出了许多主意，解决了许多的问题。但代宗只想当皇帝，不听李泌的用兵计划，致使藩镇割据局面在他在位期间固定下来。大历五年（公元770年），元载助代宗杀鱼朝恩，后元载也开始为代宗所恶。元载要驱逐李泌出京，代宗告诉李泌等他除掉元载再回来，让他先到江西去做判官。但八年后，代宗才把元载除去，将李泌召回不多几天，代宗又听从宰相的话，让李泌出京去做州刺史。

代宗时，太子李适为奉节王，学文于李泌，亦与之同游。代宗去世，李适即位为德宗。德宗猜忌刻薄，性情急躁，刚愎自用，轻举妄动，加上身边一些奸相，几经祸乱，尤其泾原兵变，攻入京城，他几乎被俘。过去，肃、代都优待回纥，以防备吐蕃，他却因受回纥侮辱，仇视回纥，几乎又招来战争。更危险的是解除李晟兵权，武臣恼怒解体，宰相张延赏也辞职。这种内外分裂的状况，又成为唐朝的一个紧要关头。唐德宗大概感到了危险，便从蓬莱书院把李泌召回任为宰相。

唐代宗在位期间，为了平定安史之乱，派宦官向回纥请兵。回纥登里可汗亲自率兵来内地，目的在掠夺财物。他轻视唐朝，强迫太子李适（即德宗）行拜舞礼。唯我独尊的李适一直记得此辱，并发誓要报复。由于他仇视回纥，对劲敌吐蕃反而放松警戒，甚至要与其和好。在他的纵容下，吐蕃要求割给其安西、北庭两镇，德宗也想同意，多亏李泌陈述利弊，才未割成。吐蕃为了攻取长安，想方设法诬陷其所害怕的李晟、马燧等大将，德宗也信以为真，并想以与吐蕃和好为由，削去他们的兵权。由于德宗的一味迁就，造成唐西北长期混乱不安，还几乎招来一场大规模战争。李泌在取得德宗的信任后，逐步向德宗提出“北和回纥，南通云南（南诏国）、西结大食、天竺，以困吐蕃”的计划，但遭到德宗的坚决反对。他对李泌说：“你说的话，我都听。至于和回纥，宜待子孙。”李泌说一次，德宗反对一次，李泌说了十五六次，德宗还是不许。李泌从国家利害出发，仍不气馁，又反复向德宗讲和回纥的好处，讲侮辱他的可汗已被今合骨咄禄可汗所杀。并说，如不许与回纥和亲，将献上他的骸骨。经过他的耐心说服，德宗终于同意与回纥和亲，并将感安公主嫁给可汗。与回纥和好后，不久南诏国也脱离吐蕃，断了吐蕃右臂，唐与吐蕃形势大变。从此吐蕃势弱，不能为唐大害。李泌这一着对唐与吐蕃都产生了深远的影响，在他的政治生涯中，这是最大的一个成功。

认清形势　再作决断

阮孚，字谣期，他的叔祖阮籍、父亲阮咸都是晋代“竹林七贤”中的人物。阮籍是竹林七贤中的领袖，行为不拘礼教，言谈多是深远莫测的高论，而绝口不评议当世的政治人物。史载，他曾一下子醉60余日，躲避司马昭要与他联姻的要求，力图避免卷入政治纷争。阮咸行为多仿效阮籍，行迹放任近乎荒诞，终日醉酒不醒。

晋元帝司马睿立国江左之后，东晋统治阶级内部的斗争就此起彼伏。阮孚置身于这种社会现实之中，力图超逸其外，往往在动乱的萌芽出现之前，为了保全性命，守护名节，就设法加以躲避。

由于阮孚是名士之后，司马睿在建国之后便征辟他做安东参军。阮孚仍然按照他们先祖们的习惯行事，终日乱发蓬蓬，不修边幅，沉醉于杯中物之中，不将政事放在心上。司马睿死后，太子司马绍即位，历史上称作晋明帝。晋明帝对阮孚也颇寄重用之心，将他迁升为侍中；在平定王敦叛乱之后，又赐他南安县侯的爵位，转任吏部尚书，同时又兼领东海王师傅一职。这是司马氏皇族对他极为宠幸的表示，但阮孚借口身体有病不去拜诏受命。晋明帝没有办法，就让他在家受诏任事。从晋元帝到晋明帝，阮孚与司马氏政权始终保持一种若即若离的关系。

太宁三年闰8月，晋明帝司马绍身患急病，东晋大臣丹阳尹温峤接到诏命，入廷承接明帝托孤的遗命。温峤经过阮孚门前，邀他同行，但没有告诉他去哪儿。上车之后，温峤才告诉阮孚说："明帝重病，江左政权危殆，需要群贤共同襄赞政务。你是众望所归的人，我特来请你一同去接受遗命。"阮孚听了之后，一言不答，只是要求下车。他一点也不顾及温峤执意相请的盛意，下车后徒步走了回去。

晋明帝死后，5岁的太子司马衍继位，史称晋成帝。晋成帝以司徒王导、尚书令卞壶、车骑将军郗鉴、护车将军的庾亮、领军将军陆晔、丹阳尹温峤等人共同辅政。但由于护车将军庾亮是明帝庾后的哥哥、成帝的国舅，便专擅朝政。尔后，东晋中央的权力更慢慢倾斜到了庾氏大族的手中。

晋成帝继位后，任命阮孚取代温峤为丹阳尹。丹阳尹是东晋京都的最高长官，一举一动关涉到东晋的中央大局，也牵涉到阮孚的身家性命，显然这是统治阶级权力斗争的漩涡所在。因此，深知政治拳击场厉害的阮孚，虽任此要职，却深感忧虑。

咸和二年10月，庾亮为了进一步集权中央，准备召拥有实力的苏峻入京，解除其兵权。苏峻镇守历阳，势力强大，对庾亮专权极为不满。他串联镇守寿春的祖约，拒不奉召。东晋中央权臣欲谋集权中央，地方强将欲谋扩张势力，互不相让，剑拔弩张的形势已经到了一触即发的地步。阮孚见此，料知祸乱将起，对其亲党说："今江东政府虽已历三代，但才10年左右，政权根基很不稳固。今天，幼主在位，国运维艰，主政的庾亮年少，德和信都未能取得社会的公认。这种形势，在我看来都是国家祸乱将起的征兆呵！"

见微而知著的阮孚决定早日脱离京尹的位置。恰好，东晋广州刺史刘凯死于任所，阮孚便立即上表苦苦哀求出任刘凯留下的职务。王导等大臣也认为阮孚性格疏荡不实，不是做京师长官的人才，于是便批准了他的请求，任阮孚为都督父、广、宁三州军事、镇南将军，领平越中郎将、广州刺史。阮孚接到任书，立即持符节赴任，但未到达任所，即在路途中病死了，年龄才49岁。

阮孚虽然死了，但东晋政局的发展正如他所推测的那样，拒不奉召的苏峻联合祖约于当年即起兵叛乱。次年，苏、祖联军进入建康，大开杀戒，尚书令卞壶以及接任丹阳尹的羊曼，都死于这场战乱之中。任意下诏召苏峻入京的庾亮，无法抗御，只好向西逃往浔阳。京城的各官衙府署，都在战火中化为灰烬。

居安思危　谨言慎行

唐太宗李世民对臣下说过："人们说天子是至高无上，无所畏惧，我却不以为然，对上我畏惧皇天的监督；对下我畏惧群臣的瞻仰。我总是兢兢业业治理朝政，既恐怕不符合皇天的意志，又怕盛名之下不孚众望。"魏征对李世民说："国泰民安，我不以此感到欣喜，足以欣喜的是陛下能够居安思危。"事物总是一分为二的，日上中天时，就意味着将要倾斜了；月亮满盈了就要亏损；容器装满后，再装就会溢出；万物极盛时，接着就会衰微。普天之下，万事万物都有盛有衰。欧阳修在《五代史·伶官传序》中说："祸患往往形成于微小之事，而智勇之人多困于所溺。所以只有防微杜渐，居安思危，才有可能立于不败之地。"宋孝宗曾对梁克家说道："我想，创业、守业、中兴此三者都不容易。"

古代的封建帝王，刚上任时，尚知创业艰难，守业不易，从而励精图治，事必躬亲。但是时间一长，贪图安逸，荒于政事，祸乱日生，祖宗家训置之脑后，所以古代君主善始者多，善终者少。唐明皇李隆基就是一位有善始无善终的封建帝王。他刚继位时，晓得励精图治任用大臣姚崇、宋璟等人，恪守正道，所以有开元盛世的升平景象。晚年，他则疏怠政务，不理朝政，而是委权奸相李林甫。奸臣当道，忠言不进，奸诈之臣充斥朝廷。终于导致了天宝年间的“安史之乱”，破坏了既有的秩序，影响了王朝的威信。而李世民之所以能有贞观之治的景象，其关键在于善始善终，这是中国历史上一位有名的贤君。

贪心不足蛇吞象

疏广、疏受父子，在西汉昭帝时，先后受命为太子太傅、太子少傅，疏广学识渊博，教导有方；疏受好礼恭谨，温文尔雅，父子二人并为太子之师，天子尊敬，大臣钦美，荣冠朝野。任职五年以后，皇太子年纪也长大了，疏广对疏受说：“我听说知足就不会受到侮辱，知足就不会有危险，功成身退，这是最符合事物发展的规律，你我父子，官至二千石，功成名就。如果此时不及时抽身退去，只怕将来会后悔的，我们现在一同离开长安，告老还乡，终其天年，这不是最好的结局吗？”

疏受叩头道：“听从父亲的安排！”于是二人称病求去，汉宣帝答应了，并送他二十斤黄金，皇太子送五十斤。当他们离别长安时，满朝公卿饯行于都门外，车连数百辆，路旁围观的人叹赞道：“贤哉，二大夫！”

回到故乡以后，他们以朝廷所赐黄金，每日摆酒设宴，广请乡里父老，并经常问还剩多少黄金，督促赶快花掉。有人劝他们道：“何不买点田产房屋传给子孙？”

疏广道：“我岂是老糊涂了，不顾及子孙！我想过，我们家还有薄田、茅屋，只要子孙们辛勤劳作，完全可以满足衣食之求，不会比一般人差；如今若是再多给他们添置财产，实是会使他们变坏。本来很贤明的，财产多了，便会胸无大志；本来愚昧的，财产多了便会去干坏事。而且富有的人，众人都会嫉妒。我纵使不能使子孙变得知书达理，也不愿意他们去干坏事结怨乡亲。这些黄金本来是皇帝赏给老臣养老的，拿出来同大家共同享乐，安度晚年，不是很好吗？”

因此二人在乡里中也很受人爱戴，平平安安度过了一生。

疏广这个两千多年前的大官，实在是很懂得点辩证法，很有点远见卓识，他的言行，与后世的某些大官，形成了十分鲜明的对比。

首先，他不贪恋权势。如果他不主动提出辞官，汉宣帝会照样给他以礼遇，而等到皇太子将来继位，他们父子的权势一定会隆盛无比，但他们却毫不犹豫地放弃权势，这固然是由于他们对专制时代祸福难测的隐忧，也表明了他们对权势的淡漠。而后世许多大官小官们，哪怕到了四肢不灵、五官不清、一饭三遗失的耄耋之年，也还是牢牢地抓住权柄不放。

其次，他不贪财。几十斤的黄金，即使在古代，也是一笔不小的财富，然而他不留不传，全都用来宴请乡亲。而后世的许多大小官员们，已经享受了十分丰厚的俸禄和许多特殊的待遇，还不知足，还要贪赃枉法，纳财受贿。

第三，他不为儿孙谋。他既不为儿孙谋官，也不为儿孙积财，让儿孙们自食其力。他清醒地认识到，为儿孙谋得太多，只会产生出一批纨绔子弟。后世许多大官小官，自己高官厚禄了，还要封妻荫子，趁着手中还有权，口中还有气，还要将儿子、女儿、女婿以至孙子、外孙子的乌纱帽、金钱财宝、房屋车马，都要争足了。

比起疏广来，后世的大官小官们不知愧不愧？不，他们不会愧的，因为他们不懂辩证法，不懂历史，也不管未来，他们是一群“实惠主义者”，今朝有权今朝用，明日无权明日愁。

争权夺势　全身而退

张良的祖先是韩国人，伯父和父亲曾是韩国宰相。韩国被秦灭后，张良力图复国，曾说服项梁立韩王成。后来韩王成被项羽所杀，张良复国无望，重归刘邦。楚汉战争中，张良多次计出良谋，使刘邦险中转胜。鸿门宴中，张良以过人的智慧，保护了刘邦安全脱离险境。刘邦采纳张良不分封割地的主张，阻止了再次分裂天下。与项羽和约划分楚河汉界后，刘邦意欲进入关中休整军队，张良劝阻，认为应不失时机地对项羽发动攻击。最后与韩信等在垓下全歼项羽楚军，打下汉室江山。

公元前 201 年，刘邦江山坐定，册封功臣。萧何安邦定国，功高盖世，列侯中所享封邑最多。其次是张良，封给张良齐地 30000 户。张良不受，推辞说：“当初我在下邳起兵，同皇上在留县会合，这是上天有意把我交给您使用。皇上对我的计策能够采纳，我感到

十分荣幸，我希望封留县就够了，不敢接受齐地30000户。”张良选择的留县，最多不过万户，而且还没有齐地富饶。

张良回到封地留县后，潜心读书，搜集整理了大量的军事著作，为当时的军事发展，做出了重要的贡献。

第二章　权谋运智方略

坐山观虎斗

《三国演义》许多战例中，多处采用矛盾利用，各个击破之战略。例如第十四回讲道，曹操战败吕布之后，乘着军阀混战之机将汉献帝迎到许昌，自此，曹操挟天子以令诸侯，比之其他军阀势力，在政治上赢得主动。当时刘备率领人马驻扎徐州，收留为操所败的吕布，并将徐州附近小沛让于吕布屯兵。曹操生怕刘、吕联合对付自己，便召集手下文武，共商大计。武将许褚首先自告奋勇，要领兵攻打徐州，誓斩刘备、吕布。谋士荀彧坚决反对："将军勇则勇矣，不知用谋。今许都新定，未可造次用兵。或有一计，名'二虎竞食'之计。今刘备虽领徐州，未得诏命。明公可奏请诏命实授备为徐州牧，因密与一书，教杀吕布。事成则备无猛士为铺，亦渐可图；事不成，则吕布必杀备矣。此乃'二虎竞食'之计也。"从荀彧具体策划看，所谓"二虎竞食"之计，即投以小利，引起两支敌对势力争斗，使其两败俱伤，达到鹬蚌相争、渔人得利之目的。"二虎竞食"，类似于"卞庄刺虎"之计，兵家从中悟出施谋定策之理："使两寇相弊，吾乘其后，此卞庄子之策也。"(《兵法集鉴》)

刘备与吕布联合起来，对曹操威胁最大。曹操企图将一个空头诏命——"徐州牧"，当作骨头扔出，引诱刘备杀吕布，不料为刘备所识破，主动将曹操书信取与吕布看。结果，"二虎"各自安歇，没有争斗起来。

制造矛盾，利用矛盾，在政治交易中获得战场上难以获取的战果，是曹操使用权谋一大特点。在《三国演义》第五十八回中，曹操如法炮制，又搬出这一套。曹操计杀马腾之后，担心马腾之子马超前来兴马报仇，便给西凉太守韩遂写信，"若将马超擒赴许都，即封汝为西凉侯"。韩遂因与马腾是结拜兄弟，不忍加害马超，将信送与马超看，并斩曹操来使。

曹操这两次使用“二虎竞食”之计，表面上没有成功，但由于军事集团之间利益冲突，两次离间信实际上已产生效果。刘备将曹操书信拿给吕布看，企图以“赤诚”之心取得吕布信任，但同时又在吕布心里埋下疑虑种子，这颗种子一遇时机即会发芽。韩遂尽管斩曹操来使，并与马超一同起兵进攻曹操，但二人之间还是留下相互猜忌的裂痕。只要形势稍一变化，裂痕即不断加深。事实证明，由于各自利益冲突，吕布不久便偷袭徐州；韩遂后来亦同马超反目，投靠曹操。

曹操施展“二虎竞食”之计，未能立竿见影破坏刘、吕联合。于是，他再向荀彧问计。荀彧提出一条“驱虎吞狼”之计。此计内容是：一方面派人密往袁术处通报，说刘备上表，欲夺袁术南郡。“术闻之，必怒而攻备”；另一方面假天子之诏，传令刘备讨伐袁术，促其相互攻伐。这样，吕布“必生异心。”曹操依计而行，果然引起刘备与袁术之间一场大战。吕布趁张飞醉酒之时，与曹豹里应外合，袭取徐州。曹操使用此计目的，是想拆散刘、吕二人联合，同时又造成刘、袁之间斗争，以利于自己各个击破。

从荀彧所说这条计策内容看，“虎”是指刘备、袁术，“狼”是指吕布。曹操所谓“驱虎吞狼”，就是利用挑拨手段，制造矛盾，驱使刘备、袁术二“虎”相斗，给吕布这个狼以可乘之机，一举吞并徐州。一计投出，挑起刘、袁、吕三方矛盾之连锁反应。

使人难解的是，为什么挑起刘、袁之争，而吕布就会“必生异心”？原来，吕布本不甘心屈居刘备卵翼之下。当其被曹击败而投奔刘备时，刘备曾将徐州让与吕布，吕布安然自得，毫不客气，正待要接牌印时，“见玄德背后关、张二公各有怒色”，才没敢接。于是故作谦让，领兵前往小沛“安身”。可见，吕布早有占据徐州野心。吕布为人反复无常，在《三国演义》中是个典型见利忘义的人物。按人物性格进行逻辑推理，即会发现，当袁术与刘备动起干戈后，即使不发生张飞醉酒鞭曹豹的事，吕布也会乘机夺取徐州。曹豹只是吕布反目击刘的导火线。

鹬蚌相争　渔翁得利

据《左传·庄公十年·十四年》载，日渐强盛的楚国，总想扩大自己的地盘。息侯和蔡侯都娶的是陈国女子。有一次，息侯夫人息妫路过蔡国，蔡侯没有把她当上宾款待，且有戏谑之语，使息侯怀恨在心。息侯就向楚王献计，让楚国佯攻息国，他向蔡求救。蔡侯勇而无谋，必然来救。楚息合兵，定能打败蔡侯。楚文王依计攻息，蔡侯果然来救，被楚军打了个措手不及。蔡军向息城撤退,息侯早有预谋,根本就不开城门。蔡侯成了楚军俘虏以后,才知中了息侯之计。为此他十分憎恨息侯。息、蔡之间的矛盾更深了。

楚文王知道息、蔡已经反目,蔡侯再也不会来救息侯了,就把蔡侯放回了。蔡侯知道楚文王好色,临走时对楚王说息妫是绝世佳人,鼓动楚王进攻。楚王借机绑架了息侯,灭了息国,带走了息妫。唇亡而齿寒,不久,孤立的蔡国也没能逃脱被楚吞并的命运。

息、蔡这一"鹬"一"蚌"互相倾轧,其矛盾被楚王这个"渔翁"巧妙利用了。息、蔡两国如果联合起来,共图存亡,不互相拆台,楚国就无隙可乘。但他们都想借大国之力惩罚对方,结果双方都被楚王利用,先后被楚国灭掉了。楚王不仅仅是"坐山观虎斗",他甚至亲自"下山",挑起矛盾,让"两虎"互相撕咬、搏杀。在春秋无义战的环境中,楚王用计是十分成功的。

诸葛亮智激关羽

早在刘备三顾茅庐时,诸葛亮就为他设计出一套成功的方案:占荆州,据蜀地,东和孙权,北拒曹操,以待时机统荆州之兵,进据宛洛;率益州之师,出击秦川,以兴汉室。诸葛亮出山之后,就是鉴此蓝图来辅佐刘备的。

建安十三年,曹操基本平定北方后率大军南下,旨在消灭刘备、并吞江南。此时刘备兵少将寡,军事上连连失利。诸葛亮认为,刘备的唯一出路是联合孙权,打败曹操,先有立足之地,再图发展。于是他亲自出使东吴,舌战群儒,说服孙权,智激周瑜,促成了孙刘联盟。又从多方面帮助周瑜,为即将开始的赤壁之战的胜利打下了坚实的基础。根据诸葛亮的判断,曹操兵败赤壁后必经华容道出逃,届时生擒,如囊中取物。但捉后如何处置,倒成了一大问题。他反复分析后认为:如杀之,则中原群龙无首,势必四分五裂,你争我夺，东吴便会乘机向北发展，一旦时机成熟，将会掉过头来吞并刘备，如不杀，也已灭其主力，一时无力南侵，还能牵制孙吴。若如此，刘备则可乘机占领荆州，进军巴蜀，正符合他隆中对时的设想。鉴于此，诸葛亮便考虑起人员的调配。他认为，张飞坦率急躁，捉住曹操后是不会放走的。赵云忠贞不贰，捉住曹操是不敢放走的。而关羽，他不但义气如山，还曾受曹操厚恩，而且是主公二弟，捉曹后定会释放。何况关羽还有一大缺陷：素凭百战百胜的威名有时傲气太重，若抓住他“捉放曹”的把柄，也可届时给他点限制。主意已定，诸葛亮便将张飞、赵云、刘丰和刘琦一一派出，唯对身边的关羽置之不理。关羽忍耐不住，就高声斥问：“我历次征战，从不落后，这次大战，却不用我，竟是何意？”诸葛亮故意激他：“关将军莫怪！我本想派您把守一个最重要的关口，但又一想，并不合适。”关羽很不高兴地问：“有什么不合适的呢？请明讲！”诸葛亮说：“想当初您身居曹营，曹操对您多方关照。这次他惨败后必从华容道逃窜，若您前去把守，必会捉而放之！”关羽抱怨他未免多心，还说自己斩颜良、诛文丑、又解白马之围，早已报答了曹操。若再遇他，决不放行。诸葛亮仍以言相激，终于激得关羽立下了军令状，才领兵去华容道埋伏起来。

果然不出诸葛亮预料，曹操在赤壁不但被周瑜烧掉了他苦心经营的全部战船，还烧毁了一连串的江边大营。曹兵被火烧水溺、着枪中箭，死伤不计其数。曹操仓皇出逃，又一路遭到赵云、张飞的伏击，最后只剩27骑，且又人困马乏，狼狈不堪地来到华容道。突然，关羽横刀立马挡住了去路。曹操吓得浑身瘫软，不住地乞求关羽饶命，其随从也一个个跪地乞怜。关羽终于念及当初，随起恻隐之心，不顾事先立下的军令状，高抬贵手放走了曹操，灰溜溜返回大营。诸葛亮又照事先设想，特地迎接关羽，更使关羽无地自容。当关羽有气无力地禀报了原委，诸葛亮装作恼怒的样子要对他处以军法，刘备一再求情，才免了关羽死刑，令他戴罪立功。

诸葛亮精心设计的“捉放曹”,完成达到了预期的目的。后人每谈及此事,都赞扬说:“诸葛亮智绝,关羽义绝。”

崇祯帝待时除阉党

明朝崇祯皇帝朱由检初执政时,最大的政治障碍在魏忠贤一伙。

在他登极后的第3天,就给魏忠贤、王体乾这些大太监下了个命令,要他们脱去朝臣的朝服,换上太监的装束,也不必列朝班。许多朝臣都在心里暗暗称赞:这决定太英明了!

魏忠贤自己也明白,这是皇帝给他的一个下马威,必须谨慎从事。可是,宫内的一切就绪之后,他又开始活跃起来。一天晚上,他竟向皇帝进了四个美人,要一起送进交泰寝殿。

交泰殿坐落在乾清宫和坤宁宫之间,当时魏忠贤将四美送到这里,不料刚一入殿堂,却被朱由检发现了一个秘密。原来,他们一入殿堂,身上就发出一股扑鼻的异香。朱由检问四美:这是怎么回事?四美都不言语。朱由检命人搜她们的身,发现每人身上各佩一粒香丸,大如玉米粒,用手一捻,其香愈烈。朱由检问此物从何处来?她们只好如实回答:入宫前客氏所发,名曰“迷魂香”,人一触及,魂即为之醉迷。朱由检听此,暗暗吃惊,立命四美将香丸掷去。当然,这不是说,他这晚扮了个柳下惠。但将这事放到政治问题上反思,他内心深知,从前的后宫处处祸水,其根源在郑妃,其逆流在客魏。而郑贵妃此时已销声匿迹，唯有客魏还在活动，如果不能及早铲除，定遗患无穷。

他下定决心，首先令奉圣夫人客氏出宫。客氏接到他的圣旨，知已不可挽回，即于第二天清晨，进入仁智殿，在熹宗的梓宫之前，从一个黄色的小包裹里取出熹宗的胎发、脱换的第一颗乳牙以及多年来她为他修剪下的指甲等等，一并投入火中焚化，哭奠了一回，就出宫归私宅了。朱由检立命太监搜查在宫中的住处，查出了8名怀孕的少女，那都是她出入掖庭携带的侍媵，本想在天启末学吕不韦进孕妇的故事的。朱由检知这一丑事勃然大怒，马上将客氏逮到浣衣局，乱棒打死，其子侯国兴也伏诛。

几天后，朱由检驾驭皇极门决事。有一位嘉兴县贡生钱嘉征冒死前来启奏，揭露魏忠贤的并帝、蔑后、弄兵、无君、滥爵、冒功、建祠、通贿等十大罪。魏忠贤当时还想抵赖，怎耐朱由检愤恨已极，就命御史当众宣布奏疏，吓得魏忠贤魂不附体。

根据这一奏劾，朱由检想当场就给他定出个罪名。不料这时有个吏部主事出面求情。说什么魏忠贤好比秦时的赵高，流时的王莽、董卓，晋时的桓温，以及宋时的秦桧、童贯、贾似道等人，万剐不足以尽其辜；但念他是先朝的遗奴，请贷以不死，勒令回籍。朱由检见他说得有理，一时动了恻隐之心，让魏忠贤必须交出司礼监和东厂的大印，夺去从前封赠的公、侯、伯等爵号，暂发仁智殿守灵。

随后朱由检差派吏、户、工三部查收魏忠贤田宅、诰券，又有许多大臣交章论劾，纷纷揭露魏忠贤指使同伙崔呈秀祸害后宫、坑陷忠良、浊乱朝政等罪恶，朱由检就势发下御批：将崔呈秀交九卿会勘，魏忠贤由内官押赴凤阳看守皇陵。

这时，仍有同党出面说情，朱由检拍案大喝道："替魏忠贤请罪，乃宦官奸臣相勾结之又一例！来人！"当庭来了四名殿御史，朱由检喝令："将说情者重责100大棍，发往南京！"

魏忠贤这时才感到铁案铸成，因而打点了宝珠40车，良马1000匹，所养的死士800人，于天启七年11月初自北京启程，朝凤阳府进发。有地方通政使见他这副行头，气愤不过，就写了一道奏章，说魏忠贤"在路拥兵"，乞早诛灭。奏章递到朝廷，朱由检立刻传旨兵部：速差缇骑（禁卫吏役）前去扭解，所有跟随群奸，着即擒拿，"毋得纵容遗患"。魏忠贤行至河间府阜城得知朝廷的旨下，想自己再无生存下去的道理，就在这天晚上和几个心腹一同自尽。

朱由检得知魏忠贤已死，立即降旨没收他的家产，全部收归国家所有，并命烧毁东厂的一切刑具。

这期间，九卿又会勘过崔呈秀的罪行，那些鼓吹为魏忠贤建生祠、刻削军饷收入私囊、任用娼家的妻弟为都司、熹宗晏驾前阴谋倡乱等不法事，都被同官们揭露出来。朱由检就势将崔呈秀削职。崔呈秀一气回到家里，闷饮烧酒，边饮边恨恨连声，竟将手中的杯子捻得粉碎。这一夜，崔呈秀已感到毫无出路，也学着魏忠贤的样子，上吊自杀了。

就这样，朱由检已不动声色地除掉了魏党中的几名首逆。

客、魏、崔既除，朱由检顿觉内心欢快，此后不久，他就舒心畅意地举行了崇祯元年的朝贺大典。不料，就在他举行庆典之际，有两名内侍在五凤楼下拾到一黄包，二人不敢开看，就上送到了后宫。朱由检回宫后见到这包裹甚为惊愕，但他没有声张，就将包裹封藏起来。

朱由检认为，继续将魏党的逆案穷追到底才是正理，于是对吏部发下圣谕：速将从前被降罢和受迫害的大臣从公酌议，有遭非法禁毙的，该褒奖的就给以褒奖，该封荫的就给以封荫。同时，对那些被牵连的官员，凡能够复官的，都给以复官起用，凡应该纠正的，都给以纠正，不要长期耽搁，伤害人心。

为了彻查魏忠贤一案，朱由检还先后授予曹师稷、颜继祖、宗鸣等为给事中，吴焕、叶成章、任赞化等为御史，专门负责弹劾魏党党羽的事情。

此后不久吏部整理了一份“冤陷诸臣疏”，请为83名受害者恢复原官，并加封号。这时又有一谏官奏疏，请给那些东林党案中受害的人封荫，有些活着的人还应给以起用。朱由检对这些奏疏都表示同意。

几乎在这平冤起废的同时，大规模的降罢开始了。朱由检罢免了阻挠起复的几名吏部官吏，又罢免了户部曾为魏忠贤大造生祠的一些人，还将协助魏忠贤大兴东林党大案太监投进了监狱。

这之后的一天，朱由检又召新补的阁员韩翊、李标、钱龙锡以及其他朝臣于乾清宫，要给所有参与魏党活动的人定罪。他的看法是，魏忠贤一个人在后宫，如果没有外廷的逢迎，是不会发展到这一步的，因而，他特命韩翊、李标、钱龙锡专门负责这件事，务求斩草除根。

根据这一旨意，韩翊等3人列了一个四五十人的名单呈上，朱由检看了很不满意，让他们再去搜集。他们就又在名单上加了几十人，朱由检仍觉不能一网打尽，就将他们召进后宫，打开了那个黄包，对他们说：“这是元旦那天从五凤楼上掉下来的，内盛为何物，一向无人知。如今可以告诉你们，这是一套红簿册，记的全是内佞的实迹。今拿给你们作为参考,可将名单分类列出。”

韩翊等三人知道,对皇帝的指令只能照办。几天之后,他们再将逆案和附逆人名单奏上,朱由检立刻在平台召见于他们。

朱由检问韩翊:“魏忠贤时立的四阁臣为什么不在其中?”

“因为找不到事实根据。”韩翊回答。

“张瑞图多次为魏忠贤生祠题额,来宗道祭崔呈秀之母,极尽吹捧,这不都是证据吗?况且,这些人多喜谄媚,结交近臣,就不能不使党结朋生。”接着,朱由检又对召见时在座的人给了一顿狠狠地教训,他说:“人臣做事,应守正道,处以公心;暗中勾结,巧营别窦,应视为非法。”“凡有操守和风节的人,行事皆可上为主知,下为民晓;看看那些结党营私的人,哪一个做到了这点!”

这之后,朱由检又将红簿所载而未被韩翊等人列入的69人名单发付到各部院,命令有关衙门酌定。他还亲发了一道圣谕,将魏忠贤及其一切党羽、爪牙、故旧私交等人全部归入逆案。

出其不意　攻心破城

周简王十三年(公元前573年)夏四月,楚共王(公元前591年~公元前560年在位)以宋国逃将鱼石等为向导,会同郑国军队共同伐宋,并攻下了彭城。楚共王留下兵车三百辆,命鱼石、向为人、鳞朱、鱼府等五人率兵屯守。

楚共王对鱼石等人说:“晋国和吴国通好,共同与楚为敌,而彭城乃晋、吴二国往来必经之道。现留重兵助你等驻守,进战可以得宁国封地,退守可绝晋、吴使者。坚守彭城,责任重大,你等要悉心用事,切不可辜负寡人之托。”

鱼石等人岂能不知楚王之心,纷纷表示一定要与彭城共存亡。楚共王这才班师回楚。

这年冬天，宋国国君子成（史称宋平公，公元前576年~532年在位）派大夫老佐率兵围攻彭城。鱼石出兵迎战，结果大败而回。

楚国令尹婴齐得知彭城被围困，率兵来救。老佐挟胜鱼石之威，恃勇轻敌，孤军深入，不幸中箭身亡。

婴齐乘胜追击，直逼宋境。

宋平公极为恐慌，忙派石师华元向晋求救。

晋大将韩厥对晋国国君姬周（史称晋悼公，公元前573年~公元前558年在位）说：“先前文公就是从救宋国开始，才大合诸侯以致称霸的。现在晋国能否重新振威于诸侯，在此一举，所以宋不可不救。”

晋悼公点头称是。于是向各诸侯征兵，并亲率大将韩厥、荀偃等，屯兵于台谷。

婴齐得知晋国大军将到，不敢迎战，率兵退回楚国。

到了周简王十四年（公元前572年），各诸侯国兵力聚齐，晋悼公亲率宋、鲁、卫、曹、莒、郑、滕、薛八国之兵力，围攻彭城。

宋国大夫向戎是个有心计的人。他想：鱼石、向为人等五人，都是由宋国逃到楚国的，现在又借楚国撑腰，占据彭城，彭城百姓心中肯定不服，何不利用一下这一特殊背景，于是便选派嗓音洪亮的士兵，驾着兵车，绕城而驰，边跑边向城上呼喊：“鱼石等人乃是背叛国君的小人，天理难容！现在晋国合八国20万大军，即将攻破这座孤城，到时，城里城外，寸草不留，何况人乎？城内军民，如若有自知之明，何不擒拿叛逆之贼献城，以免城内无辜百姓受戮！”

向戎这一招果然厉害。彭城百姓一方面皆知鱼石等人理屈当伐，一方面恐城破遭戮，于是便有人偷偷打开城门，引晋等九国军队入城。

楚国虽然拥有300辆兵车，但鱼石等人平时对将士们不加体恤，所以在关键时刻，楚兵都不肯效力，见晋军入城，都以活命为最重要，争先恐后地逃命去了。

鱼石等人悔恨不迭，却又无计可施，只好四处躲藏。结果，鱼石被韩厥所擒，鱼府被荀偃所擒，向戎抓住了向为人、向带二人，鲁国大将仲孙蔑活捉了鳞朱，韩厥等人将所俘楚将都带到晋悼公处献功领赏。晋悼公命人将鱼石等人斩首。

向戎的这一计谋，使晋国及其联军不损一兵一卒，便取得了围攻彭城的胜利。

退避三舍

据《左传·僖公二十三年》记载，春秋时，晋献公偏爱宠妃骊姬。骊姬想把她自己的亲生儿子奚齐立为太子，以便将来继任为国君。于是设谋陷害太子申生和公子重耳、夷吾。献公听信骊姬的谗言，先逼死了申生，又要逮捕重耳和夷吾，两人只好先后逃到了国外。

“退避三舍”出自公子重耳之口，是他流亡国外途经楚国时对楚成王讲的。当时，楚成王预见到重耳回国执政的可能性很大，便以国宾之礼接待重耳。为了日后能得到更大的好处，成王问身处逆境的重耳将来如何报答他。重耳敏锐地觉察到，正在向北扩展地盘企图称霸中原的楚成王，要求他报答的绝不是什么玉帛珍宝，而是晋国对他的顺从和臣服。于是答道：“倘使托您的福我回到了晋国，将来万一晋、楚之间发生战争，双方军队相遇于中原，我一定指挥我的军队，退避三舍，以报答您今天的盛情。那时，如果您还不肯谅解，那么，我只好拿起弓箭，以与君周旋。”《东周列国志》第三十五回谈及这件事时解释说，三十里谓之一舍。因为行军一般是三十里一停，三舍为九十里。退三舍而不即战，意在报答楚国相待之恩。但重耳又不是一味无原则退让，“退避三舍”后若楚王仍不谅解，他决不丧权辱国。这话有理有节，柔中有刚。

后来的事情被重耳不幸而言中。四年后，晋、楚两军发生战事于城濮。当时重耳已是晋国的国君，即晋文公。公元前633年冬，楚成王率陈、蔡等国军队进攻宋国，宋国向晋国求救。晋文公想采取“围魏救赵”的办法解救宋国——决定进攻楚之盟国曹、卫。但楚却不来救他的盟国，仍然围着宋都商丘不放，宋国仍然未解。晋、楚的直接较量看来不可避免了。晋文公先制造矛盾、利用矛盾，把齐、秦两国拉向自己一边；同时，又分化楚国与曹、卫的同盟，孤立楚国。接着，又用激将法使楚将子玉攻打晋军。晋文公见楚军逼来，不但不前去迎击，反而向卫国撤退，一连后退了三个三十里，撤到卫国境内的城濮。楚将子玉以为晋军畏战退逃，拒绝了部下提出的停止追击的建议，穷追不舍。晋文公已经兑现了“退避三舍”的许诺，现在便要在城濮与楚决一死战了。

楚军以左中右三路进攻，晋军以上中下三军应之。晋文公首先令其下军向对面的楚之右军（由陈、蔡等国战斗力弱的军队组成）进攻，敌军溃败。晋军上军这时却佯装退却，诱使对面的楚之左军追击，然后突然调转头来，和中军一起合歼楚之左军。楚之左军腹背受敌，大部被歼。楚将子玉见左右两军皆败，自知已无力回天，最后畏罪自杀身亡。

从上面的叙述看出，晋文公“退避三舍”表面上是信守诺言，报答楚王礼遇之恩，而在实际上，其间蕴藏着政治的、军事的谋略。这样做，避开了楚军锋芒，骄纵了楚军；激励了晋军士气，赢得了诸侯同情；选择了有利于我而不利于敌的战场。可见，“退避三舍”原是晋文公政治上争取主动，赢得人心和同情，军事上诱敌深入、后发制人的韬晦谋略。

退避三舍，是信义与智谋的巧妙结合，是退让与进攻的辩证转化。这里的退，是主动地退，而不是被动的退；是战术上的退让，更是战略的进取。在这里，谋略家算的是政治账、全局账，是不以初次交手的形势去论高低的。

射人射马　擒贼擒王

春秋之时，即已有“擒贼擒王”的成功战例。公元前662年，北狄南下伐邢，不久又侵入卫国。卫懿公急忙征集甲兵车徒，亲自率军迎敌。走到荥泽这个地方，见敌军千余，左右分驰，全无行次。这本来是对方的诱伏之兵故意制造的假象，但卫大夫渠孔却认为那是敌人无战斗力的表现，即命鼓行而进。狄人诈败，将卫军引入伏击圈中，一时呼哨而起，如天崩地塌，将卫军截为三段，首尾不能相顾。战斗中，卫懿公被砍死。国君一死，大军溃败。

军事家认为，战争中打败敌人，利益是取之不尽的。如果满足于小的胜利而错过获取大胜的机会，那是士兵的胜利，将军的累赘，主帅的祸害，战功的损失。打仗，不去消灭敌人主力，不去摧毁敌军指挥部，捉拿敌军首领，那是一种短见而危险的行为。古代交战，两军对垒，白刃相向，双方主帅的位置比较容易判别。但也不能排除这样的情况，敌方兵败失利，主帅化装隐蔽起来，这时，擒住贼王，消除隐患就较为困难，但仍是十分必要的。唐代张巡计射敌帅，一直为后世兵家所称道，下面就具体说说这件事。

唐朝安史之乱时，安禄山气焰嚣张，连连获胜。安禄山之子安庆绪派勇将尹子奇率十万劲旅进攻睢阳。御史中丞张巡驻守睢阳，见敌军来势汹汹，决定据城固守。敌兵二十余次攻城，均被击退。尹子奇见士兵已经疲惫，只得鸣金收兵。晚上，敌兵刚刚准备休息，忽听城头战鼓隆隆，喊声震天。尹子奇急令部队准备与冲出城来的唐军激战。而张巡“只打雷不下雨”，不时擂鼓，像要杀出城来，可是一直紧闭城门，没有出战。尹子奇的部队被折腾了整夜，没有得到休息，将士们疲乏已极，眼睛都睁不开，倒在地上就呼呼大睡。这时，城中一声炮响，突然之间，张巡率领守军冲杀出来。敌兵从梦中惊醒，惊慌失措，乱作一团。张巡率军一鼓作气，接连斩杀五十余名敌将，五十余名士兵，敌军大乱。张巡下令，擒拿敌军首领尹子奇。部队一直冲到敌军帅旗前，可张巡未见过尹子奇，根本不认识，又加上兵混马乱，尹子奇更是难以辨识。这时，张巡想出一个妙计。他让士兵用秸秆削尖作箭，射向敌军。敌军中不少人中箭，他们以为这下完了，没命了，但很快发现，自己中的是秸秆箭，心中大喜，以为对方没有箭了。这些中箭者争先恐后去向尹子奇报告“喜讯”。张巡冷眼旁观，不久便认出了敌军首领尹子奇，急令神箭手向尹子奇放箭，正中尹的左眼。这回可是真箭。尹子奇中箭后，鲜血淋漓，抱头鼠窜，仓皇逃命。主帅一跑，部将有如树倒猢狲散。唐军乘胜追击，大获全胜。

人们常说，抓问题要抓“纲”，纲举目张。“擒贼擒王”也正体现了这个道理。在众多矛盾和问题中，抓住主要矛盾和要害问题，其他问题自然迎刃而解。

我人民解放军也曾妙用“擒贼擒王”的战术，出奇制胜。1948 年 7 月，解放军攻占襄阳。襄阳地处要冲，东、西、北三面濒临汉水天堑，南面是丛山屏障。在汉水和城南大山之间，有一条狭长的走廊直通城西门。城外的重要山峦中筑有许多明碉暗堡，形成了坚固的防御体系。守敌指挥官康泽熟知我军“先打分散孤立之敌”的作战特点，攻坚战斗一般又都是先扫外围、层层剥皮向中心打。我军根据这里的地形特点，利用敌人的习惯认识，集中兵力，首先劈开琵琶山，夺取距城最近的真武山，打开走廊要道，行“掏心战术”直通襄阳城下，使外围山头的敌人统统失去作用。然后，我攻城部队又以声东击西之法，攻破城池，活捉康泽，一举解放了襄阳。

趁火打劫　坐收渔利

春秋时，崔杼杀齐庄公而立公子杵臼，是为齐景公，并自任右丞相，庆封为左丞相。崔杼专权弄国引起朝野不满，庆封拟伺机除之。崔杼前门拒狼，同时又后院失火。

早在他与妻合谋杀死庄公这一淫棍之际，就曾答应立她所生的儿子崔明为继承人，之后又后悔，欲改立长子崔成。崔成乃识时务之人，见自己处境险恶，主动要求改立崔明为继承人，但求赐崔邑以过活。崔杼满口答应，谋与部下东郭偃及棠无咎，此二人本已偏袒崔明，故坚决反对。崔成不满，诉苦于胞弟崔强，崔强也非常愤怒。二人便找左相庆封商量，庆封授计，先除去东郭偃和棠无咎。庆封之意是挑起崔氏之乱，自己坐收渔利。

过几天崔氏兄弟又来求庆封帮忙除掉东郭、棠二人，庆封应允，派出兵甲帮助他们。他们杀死了东郭及棠二人。崔杼闻变大惊，往见左相庆封。

庆封假装吃惊，说：

“崔庆实为一家，你难既是我难，以下犯上是逆天之罪，我一定帮助你平乱！”

崔杼欣然答应，令崔明拜庆封为义父。庆封便派部下庐蒲嫳带兵甲去崔府。崔氏二兄弟见庆氏又派兵甲，以为来帮助自己，便放了进门。可是进去后便杀掉了崔氏兄弟，并大肆抢劫、打砸，把富丽堂皇的相府毁得一片狼藉。

崔杼之妻惊恐之余，悬梁自尽，唯有儿子崔明不在家，幸免一死。

庐蒲嫳割下崔成、崔强头颅，回见崔杼，崔杼且愤且悲。愤恨逆子不孝，又悲痛失却亲子。过了会儿又问自己妻子的安否。

庐蒲嫳说谎道：

“夫人正安睡，尚未起床。”

崔杼急忙想回家见妻子，聊以慰藉。但苦于无御者，庐蒲嫳主动提出送他回府。崔杼答应。谢过庆封后，与庐登车回家，回家后，崔杼惊呆了，见妻子高挂在梁上，又寻爱子不着，至此才算清醒过来，大骂庆封落井下石，害得他家破人亡。骂完觉得无趣，也解下腰带自裁了。

庆封除去心头大患，高兴异常，从此齐国天下由姓崔改为姓庆了。

引蛇出洞

战国时期，韩国国君韩昭侯有一次故意将一片剪下来的手指甲握在手中，而假装丢掉了。古人以为身体发肤受之父母，是一点不能损失的，即使是一片剪下来的指甲，也要好好保存起来，更何况他是一国之君，龙躯玉体，一毫一发也是珍贵的，如何能够丢失。于是他严令左右侍臣立即寻找，一定要找到不可，否则要严加治罪。

左右的人自然无法找到，惶恐万状。这时，有一个侍臣动了个心眼，将自己的指甲剪下来交了上去，谎称已经找到了，他想谁的指甲也都是一个模样，国君如何能分辨得出！他哪里料到，韩昭侯是要以此来测验臣下对自己是否忠诚。这个人要了小聪明反而暴露了自己。

战国时期，子之做了燕国的丞相，为了测试部下的忠奸，有一次他坐在屋里装出一副很吃惊的样子，然后问手下人："刚才从门口跨过去的是什么，是不是一匹白马？"他的左右侍从都说没看见，只有一个平时爱拍马溜须的人跑出门外去追马，自然是一无所获，然后回来报告说："外面有一匹白马。"他哪里想到，这是子之用这种方法了解他手下的侍从中有没有不诚实的人。果真有人吞下了他投下的鱼饵。

一鸣惊人

楚庄王即位之后，他不像先君们那样一上任就雷厉风行，大砍三板斧，以便树立权威，而是一反常态，一心沉溺于美女群中，贪杯贪睡，从不理朝政，惹得朝野内外，一片嘘声。

楚庄王干脆带着卫士美姬们到梦泽等地方去游猎，一玩就是好几天；有时候，在宫廷中畅饮美酒，观看美女翩翩起舞，而对于前来奏问国事的大臣，毫不理睬，如此浑浑噩噩，无日无夜地沉迷于声色犬马之中，对于宫中臣属的议论，楚庄王也听之任之，楚庄王不仅不肯听大臣劝告，反而觉得这些大臣七嘴八舌地乱说一气，像叽叽喳喳的乌鸦麻雀那样令人讨厌，开始时还强忍着把大臣劝回去，后来干脆将进谏的大臣强行逐出宫外。再后来，干脆颁发了一道命令："谁敢再来进谏，就杀谁！"

这种拒谏命令颁发下去之后，大臣们再也不敢胡乱进宫来了。3年过去了，楚国朝中的政事乱成一片，但楚庄王依旧听之任之，毫无悔过自新、收拾败局之意。这种状况下，朝中的一些人便开始胡作非为了。

大臣伍参是一个忠臣，他看到楚庄王如此放任自己，忧心如焚，冒死进谏。一天来到宫中一看，只见宫殿里纸醉金迷，钟鼓齐鸣，歌声缭绕，而楚庄王则抱着绝色美姬，嘻嘻哈哈打情骂俏，面前陈列着各种奇珍异馐，陈年美酒。楚庄王看见伍参进来，劈头而问："老糊涂，你难道不知道我的命令吗？你是不是活腻了想找死呀！"

伍参说道："我伍参也没有长几个脑袋，哪敢来进谏呢？我绝对不是来进谏的，只是有一个谜语，我猜了很长时间也没有猜出来，实在弄不清谜底是什么。我历来知道大王您天生聪慧，最善于猜谜了，因此我就来请大王也猜一猜，乐一乐而已。"

楚庄王听到这里，原来伍参是闹乐的，并非来讲大道理的，这才放下了阴沉的脸，说道："好吧，那你把谜面说说看。"

伍参说道：

"高高的山上有只奇怪的鸟，

身披五彩鲜艳美丽又荣耀，

一停三年啊不飞也不叫，

人们猜不出它是什么鸟。"

楚庄王听完之后，陷入了沉思，过了许久，才抬起头对伍参说：

"三年不飞，一飞冲天，

三年不鸣，一鸣惊人，

此非凡鸟，凡人莫知。"

伍参听了楚庄王的回话，知道楚庄王已经领会自己的话中之话了，便非常高兴，大声说道："大王真是聪慧超绝，一猜就中。大王，请允许臣下再斗胆说几句——这种鸟很奇特，只担心他不飞又不叫，被猎人瞄上了，施放暗箭伤害了啊！"

不久，苏从便不顾一切，强行闯入宫去，很严肃地对楚庄王说："大王身为楚国的国君，即位至今已经三年多了，从不过问朝政，再这样下去，我担心会像桀纣那样，国家破败，自己也身首异处，被天下人耻笑啊！"

楚庄王一听，立即暴跳如雷，说道："你难道没听到我的命令！竟敢辱骂我！你是不是想死？"

苏从面不改色，沉着从容地说："我是不怕死！我死了又有什么关系呢？我死了还可以落得个忠臣的千古美名，而你呢？只会落得个虐杀忠臣的暴君恶名。如果我的死能够换来大王的振作发奋，能够换来楚国的繁荣昌盛，那么，我又何必吝惜这一血肉躯体呢？我是甘愿就死了，请大王出剑吧！"

苏从的从容镇定，视死如归，打动了楚庄王。因为，自从楚庄王登基为王一等就是数年，其间居然没有一个人敢于像苏从那样冒死诤谏，所以几年来楚庄王的心都快要凉透了。而此时此刻，苏从的人格力量震撼了楚庄王，他被震慑住了，凝视着眼前的苏从，足足有好几分钟后，楚庄王抱住苏从激动万分地说道——

"好哇，太好了，你正是我多年来潜心以求的社稷栋梁之臣！你真不愧为顶天立地大男子，苏大夫！"

说完，楚庄王拉着苏从坐到一块，立即将那些被刚才那一幕惊呆了的舞姬们及嫔妃们呵斥退下，拉着苏从的手像兄弟久别重逢一般长谈起来。两人越谈越投机，一连谈了好几天，居然连吃饭睡觉都忘却了。至此，苏从等人才明白楚庄王的良苦用心。原来，楚庄王这三年所作所为，都是在装糊涂，在韬光养晦。那么，身为一国之君的楚庄王，为什么要如此假装糊涂，玩弄韬光养晦之计呢？

原因是这样的——

楚庄王即位的时候，还十分年轻，社会阅历人生经验人情世故等等都相当缺乏，对于朝中的各种事情也不够明白，更不懂得应当如何调度处理。况且朝野内外人心复杂，很难把握人心的趋向。尤其需要慎重的是，当时朝廷中若敖氏把持朝纲，楚庄王即位之初，根基不稳，面对若敖氏如此强劲的对手，楚庄王更是不敢轻举妄动了。

基于以上各种原因，楚庄王在无奈之中，便筹划出一种自轻自贱，放浪形骸的自污韬略，来达到掩人耳目，静观其变以测人心的目的。

基于同样原因，楚庄王颁布了拒谏令，的的确确震慑了不少只会阿谀奉承，求升官发财的势利小人。而那些耿介之士，依旧甘冒杀身之险而极力劝谏，楚庄王利用拒谏令这一招，就分辨出了谁是真正的忠臣，谁是势利的趋炎附势小人的庐山真面目。

后来，楚庄王抖擞精神，把百官召集到宫中召开大会，会上，楚庄王任命了一批像伍参、苏从那样德才兼备、忠心耿耿的大臣，颁布了一系列法令，采取果断措施，削弱若敖氏的权力，而对那些作恶多端，罪大恶极的犯人，均处以死刑。这一系列大动作实施后，楚国人心安定，各方面开始走上了正轨。

后来，楚庄王励精图治，他终于也成了“春秋五霸”之一。

不入虎穴　焉得虎子

班超虽然出生于史学世家，他父亲班彪、兄长班固都是著名史学家，可是他本人却从小下决心要学习西汉的张骞，成为一名对外活动家。东汉明帝时，班超参加了讨伐匈奴的战争，大将窦固认为他很有才干，向朝廷推荐他出使西域。

班超带着东汉的外交使团首先来到鄯善国，一开始国王对班超等人恭敬有加，后来则慢慢怠慢下来，班超对他的部下说：“你们发觉没有，国王对我们为什么变得怠慢无礼呢？我看一定是来了匈奴使臣，让他左右为难了吧？”为了证实这一情况，他们把侍候他们的胡人找来，装着什么都知道的样子，突然袭击般地问道：“匈奴的使臣来了好几天了，现在住在哪里？”那位侍者本来是奉命瞒着他们的，一见这样便把情况都说了出来。

班超总共带了 36 名吏士前来，他把这 36 人召到一起喝酒。当酒喝到痛快淋漓时，班超挑起了话头：“大家和我一样，远离中原来到这里，本是为朝廷立功而来。现在匈奴使臣来到这里，鄯善国王对我们的态度又这么不好。假如鄯善把我们都抓起来送给匈奴，我们恐怕都得喂狼了，这怎么办呢？”部下们都说：“现在我们处境危险，是生是死都听司马的。”

班超一看，正合己意，便说：“好！不入虎穴，焉得虎子。如今我有一个办法，就是乘黑夜放火烧它狗日的，让匈奴使臣弄不清我们有多少人，我们趁机消灭他们。只要除掉这些使者，使鄯善国王害怕，那么我们就大功告成了。”众人都说好。

天黑后，班超带着手下的吏士奔向匈奴者的营帐。班超令 10 个吏士拿着战鼓到匈奴使者营盘背后，要他们见火烧起来后立即击鼓呐喊，其他人都带着刀剑、弓箭埋伏在西边。班超引燃了火种，火势趁着大风越来越大，前后的呐喊声使匈奴的使者惊得乱窜，班超亲自动手杀了 3 人，其余的 30 多人被埋伏的吏士杀死，另外 100 多人被火烧死。

第二天，班超把鄯善国王找来，向他出示了匈奴使者的首级，鄯善国王惊得话都说不出来。班超则多方加以抚慰，终于达到目的，胜利返还汉朝。窦固听到此事后十分高兴，把班超的功劳上奏朝廷，皇帝对班超的这种气节很是赞赏，任命他为军司马，并命他再次出使西域。

窦固要增派军队供他指挥，班超一笑："我只要上次那30多人就行了，如有不测情况，人多反而累赘。"

刚柔相济　软硬兼施

美国前总统卡特在回忆录中记载："勃列日涅夫和我为了某个问题而拍桌子激烈争论。后来到了休息时，勃列日涅夫把身子软软地靠在我身上，说他本是病弱之体，还说了许多富有人情味的话。"做出一副诱使卡特产生同情心的样子。

除此之外，刚柔相济也是一种交友处世的管理方法。它可使激烈的争势停下来，也可以改善气氛，增进亲密。

据说，某人进入一家公司服务，这家公司是由个人承包的企业。它的承包人是一位脾气暴躁的经理。他在批评下级的时候，常常是声色俱厉，毫不留情，令下级简直无地自容。但是，批评到最后，他的表情突然来了个180°的大转弯，和颜悦色地说："你到底是怎样弄成这个局面的？"下级就立刻感到无比温暖。

这位经理真是把批评的艺术掌握到了炉火纯青的地步！他虽然要求很严格，但是很得下级的敬重。这是因为他懂得一张一弛，相得益彰的道理。

我们先看一看日本著名企业家松下幸之助是如何使用刚柔相济这一方法的吧，它也许能让我们获得一些启示。

有一次，部下后藤犯下一个大错。松下怒火冲天，一面用挑火棒敲着地板，一面严厉责骂后藤。

骂完之后松下注视挑火棒说："你看，我骂得多么激动，居然把挑火棒都扭弯了，你能不能帮我把它弄直？"

这是一句多么绝妙的请求！后藤自然是遵命，三下五除二就把它弄直，挑火棒恢复了原状。

松下说："咦？你手可真巧呵！"随之，松下脸上立刻绽开了亲切可人的微笑，高高兴兴地赞美着后藤。至此，后藤一肚子的反抗心，立刻烟消云散了。

更令后藤吃惊的是，他一回到家，竟然看到了太太准备了丰盛的酒菜等他。

"这是怎么回事？"后藤问。

"哦，松下先生刚来过电话说：'你家老公今天回家的时候，心情一定非常恶劣，你最好准备些好吃的让他解解闷吧。'"不用赘述，此后，后藤自然是干劲十足地工作了。

巧计惑敌　以少击多

公元114年，为东汉安帝元初元年，分布在玉门关（今甘肃敦煌西北）以西的羌人反叛，出兵进犯武都郡。邓太后鉴于虞诩胸怀韬略，有将帅之才，便调其担任武都郡的太守，率兵三千前往平定叛乱。羌人得知这消息，派出数千人，在陈仓崤谷一带阻击虞诩的部队。虞诩认为敌方兵力强大，又占有地利，硬拼必然受挫，所以没有马上组织突围，而命令自己的部队就地驻扎。然后，故意扬言要上书安帝增派兵力，等援军到后再行进击。羌人得到这个消息，并且见汉军安居营地毫无动静，就信以为真，马上将大队人马分散到临近各县，肆意抢掠，搜刮财物。一时，弄得乌烟瘴气，鸡飞狗跳。正当羌人得意扬扬地到处抢劫财物之时，虞诩乘羌人分散兵力的大好时机，指挥部队突然甩掉敌人，不分昼夜，兼程赶路，每天急行军一百多里。同时，每当埋锅造饭之时，虞诩命令部下全体官兵，每人都砌两个灶，而且每过一天又增灶一倍。羌人大军会合后虽然尽力追赶，但因汉军早已出发，而且日夜兼程，一时难于追上。特别是一路见汉军用饭之灶，逐日增多，以为朝廷所派的援军已到，因而不再紧追虞诩部队，只是尾随其后。

这时有人问虞诩：兵法上说一日行军不要超过三十里，以防备发生不测事件，而你现在日行近二百里。同时，孙膑和庞涓各领兵交战斗智时，孙膑用的是减灶行军，使庞涓陷入埋伏，在马陵道自刎而亡。从未见谁像你这样，反而是逐日增灶。这到底是为什么？虞诩回答说："因为敌人兵多，我方兵少，在敌强我弱的情况下，若是按照常规那样一步一个脚印地慢慢行军，岂不很容易被敌人赶上？急行军则是他们估计不到的，易使其产生疑虑。当他们见我方旌旗飘扬，锅灶一天比一天多，必然认为是我方的增援部队已经赶到，兵力大增，两军强弱众寡之势一时难以测定。敌方见我兵力增大，行动又快，必然不敢贸然追赶。这样，我们就从被动变成主动了。至于孙膑减灶为的是显示自己的力量弱，我们现在增灶在于伪装自己的力量强，其做法不同，是由于所处的形势不同的缘故。但其目的都是为了诱惑敌人，出奇制胜。”虞诩这一番合情合理的分析，使提问者对其用兵谋略深为佩服。

虞诩到达武都以后，羌人经过长途行军已经十分疲惫，且不明汉军情况，心怀畏惧；而汉军从内线转到外线作战，地利人和，掌握了主动权，全军上下，精神振奋，以三千兵力在成县西南的赤亭同羌人交战，在主帅虞诩的指挥下，众人奋勇杀敌，所向披靡，直打得羌人尸横遍野，抱头鼠窜，大败而逃。虞诩巧妙的使用惑敌之计，果然取得了以少击多，大败强敌的辉煌战绩。

玄烨伺机除鳌拜

爱新觉罗·玄烨（即康熙大帝）是清朝定都后的第二个皇帝，是我国封建社会后期具有雄才大略和远见卓识的政治家和谋略家。顺治十一年（1654 年）三月十八日，玄烨出生于景仁宫，是顺治皇帝的第三子。康熙从呱呱坠地起，即由乳母抚养。

年轻的顺治皇帝对这个刚刚出生的儿子并不喜爱，甚至有些冷酷无情。其原因不在玄烨本身，而在于顺治皇帝和他的生母佟氏的关系。玄烨的生母佟氏，是辽东汉人佟养真的孙女，而佟养真是清朝的开国功臣。

佟氏选入宫中，打破了清廷“后妃之选，例不及汉人”的旧制，目的是缓和满汉民族的矛盾，提高汉人的地位，因此，带有浓厚的政治色彩。但顺治皇帝在婚姻观上并不顾及政治因素，而追求纯真的爱情，所以佟氏并不得宠，玄烨自然也就不被父亲所重视。

玄烨六岁时，有一天同他的哥哥福全、弟弟常宁一起入宫向父皇问安。顺治皇帝问起每个人的志向，常宁仅三岁，自然不能回答；福全以“愿为贤王”对，玄烨则回答说：“待长而效法皇父，黾勉尽力”。顺治皇帝见他人小志大，遂初步“属意”玄烨做皇太子。两年后，顺治皇帝病逝，遗诏果然指定玄烨继承皇位，时年玄烨仅八岁。

顺治临死前，考虑到玄烨尚幼，遗诏命索尼、苏克萨哈、遏必隆和鳌拜四人为辅政大臣，共同辅佐年仅八岁的幼帝玄烨。辅政四大臣受命后，曾在顺治帝的灵前宣誓，要“协忠诚，共生死，辅佐政务。"

这四位顾命大臣当中，鳌拜桀骜不驯、雄鸷阴狠，权力欲和政治野心最大，也善于搞阴谋诡计。他自恃军功，专横跋扈，"意气凌轹，人多惮之"，甚至以"圣人"自诩，结权内外，多戮无辜。他经常在康熙面前显威慑众，或高声质询，或呵斥大臣，根本不把年轻的皇帝放在眼里。他还叫自己的儿子充任侍卫大臣，等于在皇帝身边安插了坐探。凡事均由他在自己家中定议，稍有不如他意的人，就被置于死地，他先后矫诏诛杀了直隶总督朱昌祚、巡抚王登联、户部尚书办纳海。康熙六年，索尼病故。十四岁的康熙"躬亲大政"。但是，当时鳌拜集团业已形成，他们结党营私，狼狈为奸，朝政仍然把持在他们手中，班行章奏均以鳌拜为首。苏克萨哈因见鳌拜骄恣日甚，心中很是不安，二人政见多有不合，因而积怨成仇。鳌拜就乘苏克萨哈申请退休之际，罗织罪名，加以构陷，必欲置之以极刑。康熙不同意，鳌拜竟然气势汹汹地攘臂上前，强争累日，竟将苏克萨哈处死。据记载，鳌拜曾经托病不朝，康熙前去探视，发现在鳌拜的寝席上放了一把短刀。按规定，臣子面见皇帝时身边不携带任何凶器，当时，康熙故意装糊涂，笑着说："刀不离身，这是满洲人的习俗。"这时，16 岁的康熙心里明白，再不能隐忍宽容了。但是，当时鳌拜集团的势力很大，他们的党羽遍布内外，如果明降谕旨，命令外廷逮捕，很容易激成事端。因此，康熙采取了不露声色，等待时机的办法。第一步，他先把鳌拜的党羽以各种名义派往外地，以分削鳌拜的势力。第二步，把已故首辅大臣索尼的儿子索额图调到自己身边，出任一等侍卫。二人密谋了一条妙计，准备捉拿鳌拜。当时有一种从蒙古传来的布库游戏，"布库"，满语为"相斗赌力"之意，又称为"撩脚"，是一种扑击有力的游戏，在宫内外很流行。康熙让索额图有意识地从宫中侍卫和杂役中挑选出一批身强力壮、忠诚可靠的少年，让这些人每天和自己一起舞枪弄棍，练习摔跤踢打，每当鳌拜入宫奏事也不回避。时间一长，鳌拜也习以为常，康熙八年（公元 1669 年）6 月 14 日，康熙

单独召见鳌拜。事前，康熙召集诸位侍从，进行动员部署。他问众人："你们都是我的股肱旧臣，你们是畏惧我呢，还是畏惧鳌拜。"众侍卫齐声回答："只畏惧皇上！"于是，康熙宣布鳌拜的罪行，命令立即擒拿他。当鳌拜大摇大摆地步入宫门时，突然两边跳出一群少年，没等鳌拜站稳，一拥而上，把他掀翻在地，鳌拜还没反应过来是怎么回事，就已经成为康熙阶下囚了。紧接着，鳌拜的党羽也纷纷落马。

明修栈道　暗度陈仓

公元前209年，刘邦和项羽联合打败了秦军，秦二世被赵高杀死，秦朝灭亡。秦亡以前，诸侯有约：先入关者王之。按照这个约定，应当是刘邦成为新的统治者，因为他率领10万军队由南阳（今河南南阳市）经武关（今陕西丹凤县东南）、蓝田攻入秦都咸阳，占领了关中地区。但是项羽势力大，拥有40万大军，而且是他打败了秦军主力章邯，自恃功高于刘邦，拒不承认"先入为王"的约定。项羽自立为西楚霸王，定都彭城（今江苏徐州市），而把巴、蜀、汉中之地划给刘邦，"封"他为汉王。刘邦不服。项羽引兵西进，攻破函谷关，直指咸阳。

前206年，惊心动魄的鸿门谈判（又称鸿门宴）使刘、项之争达到白热化，项羽向刘邦施加军事压力，迫使刘邦不得不撤出咸阳和关中地区，忍气吞声地退缩到汉中和南郑一带山区。汉王刘邦为了防止项羽袭击汉中，公开表示自己无意再回关中，所以把汉中至咸阳途中的栈道（在峭岩陡壁上凿孔架桥连阁而成的一种道路）尽行烧毁。刘邦退走山区，项羽以为高枕无忧了。

然而，刘邦雄心未减，不愿独处南郑，不甘心屈居项羽之下。他日日夜夜想着夺回关中的咸阳，争权天下。四个月后，刘邦的兵力和粮草有了充分的准备，决定向关中地区进军。此时，项羽已引兵东还，去平定赵国、齐国的残余势力，由投降项羽的原秦将章邯据守咸阳和关中地区。为了蒙蔽章邯，刘邦故意派将军韩信率领士卒抢修栈道，示意章邯他准备从栈道北进关中。章邯得悉此情报，便加强秦岭南麓的兵力部署，自以为万无一失。

其实，刘邦采用张良声东击西之计，在公开修复栈道的同时，韩信暗地里率领数万精兵绕道汉中西北面的陈仓（今陕西宝鸡市东北）进入关中。章邯腹背受敌，兵败自杀于废丘（今陕西兴平东南）。

石室看马　尝胆卧薪

当时，吴越两国正处于攻伐最激烈的时期。周敬王二十四年（公元前496年），越国在槜李（今浙江嘉兴市西南峡谷中）之战中把吴国打得惨败，吴王阖闾也在这次战争中负伤而死。阖闾的儿子夫差继位，立志复仇。他晨起夕归，加强训练水军和步兵，准备粮草，只等父丧期满，便要大军南下，一举灭越。

敬王二十六年，勾践听说夫差厉兵秣马，日夜操练军队，忧心如焚。思前想后，决定先发制人，乘敌未发而击吴。

大夫范蠡知道勾践心情焦躁，难以御敌，便极力劝阻道："不可。治国之道，要牢记三条：一要掌握好持盈之道，二要掌握好定倾之道，三要掌握好节事之道。"勾践问："这三条是什么意思？"范蠡说："天道盈而不溢，盛而不骄，劳而不恃其功。圣人随时而行，是谓守时。天时不至，人事不应，则隐忍不发。现今君王不盈不溢，未盛而骄，不劳而矜其功，实为逆于天而不和于人，若强行之，必危国家，害及己身。"勾践不听。范蠡又劝谏道："兵者凶器，勇者逆德，战若末事。阴谋皆德，好用凶器，身事末端，为上天所忌，对所行者不利，宜慎之又慎，断然不可轻决。"尽管范蠡晓以利害，极力劝阻，勾践却仍然刚愎自用，决计出师。他亲率3万精兵，北上攻吴，与吴兵战于夫椒（太湖中山名，一说即洞庭湖西山）。初战时，吴军稍却，被杀伤者百余人，勾践急于求成，趋兵大进，正遇夫差大军，两下布阵大战。夫差立于船头，亲自擂击战鼓，激励将士，勇气百倍。忽然间，北风大起，波涛汹涌，吴将伍子胥、伯嚭各率左、右营大军，分乘多艘大舰，顺风扬帆而下，强弩劲弓，利箭如蝗，纷纷向越兵射去。越军迎风作战，不胜其苦，结果大败而逃，死伤无数。吴军乘胜追击，锐不可当。勾践带着5000余名残兵败将退守会稽山（今浙江中部，主峰位于嵊县西北），又被吴军团团围住，势如铁筒。

勾践身陷绝境，眼望败鳞残甲，亡国之忧萦绕于怀，真是痛楚难抑。他凄然地对范蠡说："我悔不该不听先生之言，故有此患。眼下如何收拾危局？"范蠡冷静地分析形势后，说道："持满而不溢，则与天同道，上天是可以保佑的；地能生万物，人应该节用，这样才可以受地之赐；扶危定倾，谦卑事之，则与人同道，人可助之。为今之计，只有卑词厚礼，贿赂吴国君臣；倘若不许，可屈身以事吴王，徐图转机，这是危难之急不得已之计。"勾践无奈，只好依计而行，派大夫文种前往吴军议和。

文种领命到吴营拜见吴王夫差，他走进大帐，跪下趋前数步叩头道："我是一个败国之君的下臣，特地前来奉达大王，越王勾践愿意做您的臣下，他的妻子愿意成为奴妾，每年都要按时向王府贡献礼品，决不懈怠。再说，大王您既然封土植培了越国，已经名闻天下，现在又要灭掉它，这样大王您就没有成事的功劳了。四方的诸侯见到越国这样，又怎能来服侍吴国？下臣在此不敢把要说的话都说了，还望大王体恤恩准了。"吴王夫差见此，有些犹豫不决。这时，站在吴王旁边的大臣伍子胥忙上前奏道："不能准许越国请降的要求，这是上天赐给吴灭越的机会，失去了就不会再来了。"结果，文种徒劳一场，无功而返。

勾践闻报，痛不欲生，准备杀妻子，焚宝器，与吴王冒死一战。文种、范蠡忙上前劝阻越王，认为拼匹夫之勇虽死无益，目前最重要的是保住越国。他们经过冷静的分析，以为吴王夫差好美色，权臣太宰伯嚭贪货财，这是可供利用的缝隙。于是，他们把突破口选在吴国权臣伯嚭身上，决定利用离间的办法再次请和。勾践连夜派人去都城，命夫人选宫中美女 8 人，皆美容盛服，另备白璧 20 双，黄金千镒，连夜送至伯嚭营中，买通了伯嚭。伯嚭留下文种在营中过夜，答应明日带他去见吴王。

翌日清晨，伯嚭与文种一同乘车来到中军大营。伯嚭首先入见吴王，进谏道："大王还记得孙武的名言'兵凶器，可暂用而不可久也'吗？越国虽然有罪于吴，然而他们已经彻底臣服，举国上下均愿充当大王的臣妾，越国的所有宝器珍玩，全部献于吴宫，再诛杀灭国还有什么意义呢？接受越国投降，我们可以接受实惠；赦免越人之罪，我们可以远播仁爱的名声，名实俱得，吴国就可以称霸天下了。"夫差有些动心，这时文种膝行而进，谦卑地叩首道："大王若能赦免勾践，越国情愿尽献宝器，举国上下降为臣妾。倘若不许，勾践将尽杀妻子，毁掉珍玩宝器，然后率领 5000 名壮士与大王决一死战。杀掉一个勾践，怎能比得上得到整个越国呢？望大王三思。"夫差沉吟不语，慢慢地问道："勾践请为臣妾，他们能跟随我回到吴国去吗？"文种答道："我们的越王既然已经做了大王的臣妾，生与死就全凭大王了，当然要到吴国去亲自服侍大王了！”伯嚭见吴王已基本同意越人请降，便又在一旁帮腔道：“越已降服为臣，若能赦之，实为吴国大利。”吴王心软，便要许和。这时，只见伍子胥急匆匆赶到中军大营，连声叫道：“不可准降！树德行善莫如使之滋蔓，祛病除害务必断根绝源。现今勾践为贤君，文种、范蠡为良臣，君臣同心，施德惠民，一旦返国，必为吴国大患。吴越两国水连土接，一旦结成世仇，兴亡成败不可不虑之深远。如今既克越国，倘使其复存，实在是违背天意，养寇遗患。”吴王不听，决断地说道：“吾意已决，相国请退。将来越国进贡纳献时，我定分赏于你就是了。”伍子胥气得面如土色，恨恨而去。最后，吴王夫差下令与越国讲和，罢兵回国。

自从会稽解围之后，勾践君臣返回越都，收拾库藏宝物，装车送往吴都。同时，勾践又命人在国内挑选了300名绝色女子送给吴王，另选30人暗地里送给伯嚭。勾践夫妻准备停当，将去吴国充当臣妾。

临行前，勾践心中悲痛，对群臣说：“孤承先祖遗业，兢兢业业，不敢怠荒。不料夫椒一败，竟至国破家亡，千里作俘囚，今日一别，不知能否再见？”群臣莫不流涕。范蠡神态安然地在一旁劝慰道：“臣听说‘居不幽者志不广，形不愁者思不远。’古之圣贤，都遇到过困厄之难，蒙受过不赦之耻，并不仅仅是君主啊！”

勾践准备离国去吴，想留范蠡为相，把国事托付给他。范蠡说：“对于兵甲之事，文种不如我；至于镇抚国家、亲抚百姓，我不如文种。臣愿随大王同赴吴国。”勾践依计，委托文种暂理国政。这时，送行的群臣垂泣，莫不哀恸。勾践见此情景，仰天长叹一声，道：“死是人之所畏，而我现在听到死，心中却毫不害怕。”说罢，登船径去，终不反顾。

周敬王二十七年，越王勾践君臣数人入吴都拜见吴王夫差，当即贡献美女金帛及珠宝，同时暗地里派人向伯嚭单独进献。勾践肉袒伏于阶下，谦卑再拜，自称“东海役臣”，深谢吴王赦免大恩，愿执箕帚，亲侍大王。加上伯嚭在一旁美言数语，吴王收下了越人贡献之物，勉强谅解了勾践。夫差命人在阖庐墓侧筑一石室，把勾践夫妇、君臣驱入室中，脱去原先的农冠，换上罪衣罪裙，使其蓬头垢面地从事养马等贱役。每当吴王夫差乘车出游，勾践都要手执鞭杖，徒步跟随在车左车右，任凭吴人恶语讥诮，只把羞辱和仇恨深深地埋在心底。

勾践在石室一住就是两个月，范蠡朝夕相伴，寸步不离左右，随时开导，并为之出谋划策。

一天，夫差召见勾践，勾践跪伏于前，范蠡侍立身后。夫差对范蠡说："寡人曾闻'贤妇不嫁破亡之家，名士不仕灭绝之国。'如今勾践无道，国已将亡，君臣并为奴仆，羁于一室，先生不觉可鄙吗？先生若能改过自新，弃越归吴，寡人必当赦免先生之罪，委以重任。"勾践唯恐范蠡变节易主，伏在地上暗自泣泪。却听范蠡委婉地推辞道："臣亦曾闻'亡国之臣不敢语政，败军之将不敢言勇。'臣在越不忠不信，未能辅佐越王以行善政，因而得罪了大王，幸亏大王仁厚赦吾等不死，入吴奔走洒扫，臣已满足，哪里还敢奢望什么富贵呢?"夫差听了，也不相强，冷漠地说："先生既不愿移志，那么就回石室去吧。"

勾践君臣回到石室后，勾践老老实实专心养马，他的夫人缝补破衣烂衫，汲水除粪清除垃圾，前后洒扫，范蠡则拾柴生火聊备陋食，面目枯槁如灰。夫差派人暗中观察，发现他们君臣都竭力做事，昼无怨恨之语，夜无嗟叹之声，于是以为他们诚心降服，把复国还乡等大计全都置之度外，便大意起来。

又一天，夫差登上姑苏台游嬉，远远地望见勾践夫妇静静地坐在马粪堆旁边歇息，范蠡恭敬地守候在一旁，形影相吊，情景凄凉。夫差回头对伯嚭说："勾践不过小国之君，范蠡不过一介之士，身处危厄之地，不失君臣之礼，也觉可敬可怜。"伯嚭立即附和道："愿大王以圣人之心，哀怜穷国之士。"从此，夫差有意释放勾践回国。后均获释，不忘前耻，卧薪尝胆，终于灭吴。

李莲英计整李鸿章

清朝时太监李莲英受慈禧太后的宠爱权倾朝野，人人望而生畏，此人狐假虎威，老谋深算，心狠手辣，睚眦必报。

还有一人，掌管总理衙门，飞扬跋扈，趾高气扬，此人就是李鸿章。

李鸿章春风得意，有点对太监李莲英不敬，有意无意间得罪了李莲英。

李莲英心想："这小子不知天高地厚，得给他点颜色看看，让他老实点。"

有一天，李莲英笑嘻嘻地同李鸿章说："老佛爷近年，有意静居，想把清漪园修缮一番，以便颐养天年。苦的是筹款无术，时常焦躁。李伯爷是朝廷重臣，若能体仰上意玉成此事，以慰太后，以宽圣心，当立下不世之功。"

李鸿章听到有这样巴结慈禧太后的好机会，岂肯轻易放过？当即满口应承，并马上献计献策，同李莲英商量，以办新式海军为名，责成各疆吏岁拨定款，就中提取六、七成作为造园经费。

李莲英听了大喜，拍手称善。兴办新式海军，振兴国防，是谁也不会反对的堂而皇之的理由，谁敢不出钱？出师有名，筹款有式，那造园的经费还用愁吗？李莲英笑容可掬，着实奉承了李鸿章一番。看到李鸿章得意志满的样子，他憋在心里已久的那口闷气，就像就要爆炸的瓦斯一样，闹得他浑身火烧火燎，表面声色不动，心中却有主意，心想，也让你见识见识我的手段！他谦恭有礼地对李鸿章说：

"既然筹款有术，就请李伯爷辛苦一趟，入园内踏勘一回，看看哪里该拆该建，做到心中有数。老佛爷要是查问起来，我们也好回话。"

李鸿章看他想得周到，说得在理，当然点头赞成，哪能想到这不男不女的家伙在巧施计谋呢！

到了约定的日子，李莲英借口有事不能奉陪，派了个伶俐的太监领着李鸿章，园前园后，园左园右，着着实实转悠了一整天。

事后不久，李莲英故意捡了个光绪皇帝肝火最旺的时候，像闲嗑牙似的告诉光绪：

"听说李中堂那天带着个小谙达，在清漪园里足足逛了一天，山上水上玩得好不痛快……"

光绪自4岁进宫称帝，从小慑于西太后的淫威，始终当着一个傀儡儿皇帝角色，凡事都要看慈禧的脸色，自然有一肚子说不清道不明的委屈，他最忌讳的就是别人不尊重他的皇权帝位。听说权倾当朝的李鸿章竟敢大摇大摆在他御苑禁地游逛，顿时大怒，认为这是“大不敬”，是对皇权皇位的公然藐视和冒犯！光绪一怒之下，不问青红皂白，立即下诏“申饬”，将李鸿章“交部议处”。

所谓奉旨申饬，就是由皇帝、太后或皇后派一名亲信太监，捧着“圣旨”去指着某人的鼻子，当众数落臭骂一顿。而被骂的人，既不能申辩，也不能回骂，还要伏在地上谢恩，因为那骂人的太监代表着皇帝、皇太后或皇后呀！要是那太监学着皇帝皇后的口气骂，可能还能忍受点，无奈那些太监总是用最不堪入耳的粗野的话，浑卷滥骂一气，骂到最后还要跺着脚大喝一声“混账王八蛋滚下去!”这“申饬”虽不伤皮肉，却是极使人难堪的侮辱性惩罚。因受辱不过，一气成病，甚至一怒而亡的都大有人在。

光绪年间，邮传部刚刚成立，委任张百熙为尚书，唐绍仪为侍郎，张百熙向皇上谢恩后，就去拜见唐绍仪，说了很多自谦的话，唐绍仪用广东方言回答他。张百熙听不明白，彼此发生了误会，第二天，唐绍仪回拜张百熙，请张百熙面奏皇上，调任一些官员充实邮传部，并交了一份调任人员名单，张百熙答应了。等上头宣布结果，唐绍仪提交的名单没有一个人选中，唐绍仪十分气愤，于是两人关系恶化，都写了奏折揭发对方，奏折都留在皇帝那里没有批示。他们两人又都请了病假，不到部里办公，被御史弹劾，两人都受到圣上的指责，着太监“申饬”。唐绍仪把400两纹银送给了太监，而张百熙不知道。等传张百熙跪着听宣读圣旨后，太监跺着脚大骂：“混账王八蛋滚下去。”张百熙磕头后站起来，面色苍白。而要唐绍仪听宣读圣旨时，却没有像张百熙那样挨骂。张百熙更加气愤，回家后就生了病，没有多久，因忧伤而死去了。后来，还有一位任大学堂监督、编修的刘延琛被“申饬”，他无法筹措400两银子行贿，又不能忍受这样的辱骂，十分为难，只好托人向太监说情，交了200两银子，到时，太监在斥责时，只骂了“混账，下去。”这真是“半价半骂”。

李鸿章被御批“申饬”，他自然懂得其中奥妙，立即送上银子，没有当众受辱。

李莲英看到李鸿章使钱告饶，也出了心中那口恶气，乐得“和气生财”。

李鸿章呢，自然很快悟出了吃亏的原委，从此以后便对这位“九千岁”刮目相看，敬礼如仪，竟同对慈禧一样恭敬。

孙膑装疯逃命复仇

在三家分晋以后，韩、赵、魏三家中数魏国的势力最强大，魏惠王野心勃勃，也想学秦国收拢人才，找个卫鞅一类的人物来替他治理国家，于是做出一副求贤若渴的样子，花了许多钱来招致贤士。所谓精诚所至，金石为开，果然来了一位名叫庞涓的人，声称是当世高人鬼谷子的学生，与苏秦、张仪、孙膑是同学，他在魏王面前大吹大擂，说只要自己能当大将，其他国家决不足畏。魏王就信任了他，庞涓当了大将，他的儿子庞英、侄子庞葱、庞茅全都当了将军，“庞家军”倒也确实卖力，训练好兵马就向卫、宋、鲁等国进攻，连打胜仗，弄得三国齐来拜服。东方的大国齐国派兵来攻，也被庞涓打了回去。从此魏王就更信任他了。

庞涓的同学孙膑是大军事家孙武的后代，他德才兼备，是个少见的人才，尤其是从老师鬼谷子那里得知了祖先孙子的十三篇兵法，更是智谋非凡。一次，墨子的门生禽滑厘来拜访鬼谷子，见到了孙膑，为他的才德所感动，就想让他下山，帮助各国国君守卫城池，减少战争。孙膑说：“我的同学庞涓已下山去了，他当初说一旦有了出路，就来告诉我的。”禽滑厘说：“听说庞涓已在魏国做了大官，不知为什么没写信给你，等我到了魏国，替你打听一下。”

墨子在当时是个极为著名的人物，他不仅坚决反对战争，还有很多弟子，都是技能超人而又坚决反战的人，因此，墨子在当时的影响很大，他曾凭着自己的一张嘴吓得强大的楚国不敢去进攻宋国，所以，每到一个国家，国君都会把他待为上宾。等禽滑厘到了魏国，他就对魏王说了孙膑和庞涓的事，魏王一听，立即找来庞涓，问他何以不邀孙膑同来。庞涓说：“孙膑是齐国人，我们如今正与齐国为敌，他若来了，也要先为齐国打算，所以没有写信让他来。”魏王说：“如此说来，外国人就不能用了吗？”庞涓无奈，只得写信让孙膑前来。

孙膑来了魏国，一谈之下，魏王就知道孙膑才能极大，想拜他做副军师，协助军师庞涓行事。庞涓听了忙说：“孙膑是我的兄长，才能又比我强，岂可在我的手下。不如先让他做个客卿，等他立了功，我再让位于他。”在当时，客卿没有实权，却比臣下的地位高，孙膑还以为庞涓一片真心，对他十分感激。

庞涓原以为孙膑一家人都在齐国，孙膑不会在魏国久留，就试探着问他：“你怎么不把家里人接来同住呢?”孙膑说:“家里的人都被齐君害死了,剩下的几个也已被冲散,不知何处寻找,哪里还能接来呢?”庞涓一听傻了眼,如果孙膑真在魏国呆下去,自己的位子可真要让给他了。

半年以后,一个齐国人捎来了孙膑的家书,大意是哥哥让他回去,齐国也想重振国威,希望孙家的人能在齐国团聚。孙膑对来人说:“我已在魏国做了客卿,不能随便就走。”并写了一封信,让他带回去交给哥哥。

孙膑的回信竟被魏国人搜出来交给了魏王,魏王便找来庞涓说:“孙膑想念齐国,怎么办呢?”庞涓见机会来了,就对魏王说:“孙膑是大有才能之人,如果回到了齐国,对魏国十分不利。我先去劝劝他,如果他愿意留在魏国,那就罢了。如果不愿意,他是我荐举来的人,那就交给我来处理罢。”魏王答应了。

庞涓当然没有劝孙膑。他对孙膑说:“听说你收到了一封家信,怎么不回去看看呢?”孙膑说:“是哥哥让我回去看看的,我觉得不妥,没有回去。”庞涓说:“你离家多年了,一直和家人没有联系,如今哥哥找到了你,你应当回去看看,见见亲人,再给先人上上坟,然后再回来,岂不是两全其美吗?”孙膑怕魏王不同意,庞涓一力承揽,孙膑十分感激。

第二天,孙膑就向魏王请两个月的假,魏王一听他要回去,就说他私通齐国,立刻把他押到庞涓那里审问,庞涓故作惊讶,先放了孙膑,再跑去向魏王求情。过了许久,才又神色慌张地跑回来说:“大王发怒,一定要杀了你,经我再三恳求,大王总算给了点面子,保住了你的性命,但必须处以黥刑(在脸上刻字,使之留下永久标记)和膑刑(剔掉膝盖骨使之不能走路逃跑)。”孙膑听了,虽非常愤怒,但觉得庞涓为自己出力,还是十分感激他。

孙膑被在脸上刺了字又被剔去了膝盖骨,从此只能爬着走路,成了终身残疾。

庞涓倒是对孙膑的生活照顾得很周到,孙膑觉得靠庞涓生活,就想报答他。有一天,孙膑就主动提出要替庞涓做点什么,庞涓说:“你那祖传的十三篇兵法,能不能写下来,咱们共同琢磨，也好流传后世。”孙膑想了想，只好答应了。孙膑只能躺在那里用刀往竹简上一个字一个字地刻，他虽背得滚瓜烂熟，但若想写下来，却不容易，再加上孙膑对受刑极为愤慨，所以每天只能刻十几个字。这样一来，庞涓沉不住气了，就让手下一个叫诚儿的小厮催孙膑快写。诚儿见孙膑可怜，便不解地问服侍孙膑的人说：“庞军师为什么死命地催孙先生快写兵法呢?”那人说：“这还不明白，庞军师留下孙先生的一条命，就是为了让他写兵法，等写完兵法，孙先生也就没命了。”

孙膑听到了这话，大吃一惊，前后一想，恍然大悟，霎时间大叫一声，昏了过去，等别人把他弄醒时，他已经疯了。只见孙膑捶胸拨发，两眼呆滞，一忽儿把东西推倒，一忽儿又把写好的兵法扔到火里，还把地下的脏东西往嘴里塞。从人连忙奔告庞涓说：“孙先生疯了!”

庞涓急忙来看，只见孙膑一会伏地大笑，一会又仰面大哭，庞涓叫他，他就冲庞涓一个劲地叩头，连叫：“鬼谷老师救命！鬼谷老师救命!”庞涓见他神志不清，但怀疑他是装疯，就把他关在猪圈里，孙膑依然哭笑无常，累了就爬在猪圈中呼呼大睡。过了许久，还是如此，庞涓仍不放心，就派人前去探测。一天，送饭人端来了酒菜，低声对他说：“我知道你蒙受了奇耻大辱，我现瞒着军师，送些酒菜来，有机会我设法救你。”说完还流下了泪水。孙膑显出一副莫名其妙的样子说：“谁吃你的烂东西，我自己做得好吃多了!”一边说，一边把酒菜倒在地下，随手抓起一把猪粪，塞进嘴里。

那人回报了庞涓，庞涓心想，孙膑受刑之后气恼不过，可能是真的疯了。从此，他只是派人监视孙膑，不再过问。

孙疯子白天躺在街上，晚上就又爬回猪圈，有时街上的人给他点吃的，他就哈哈而笑，而又嘟嘟囔囔，也听不清他说些什么。这样久了，魏国的都城大梁内外都知道有个孙疯子，没有人怀疑他了。庞涓每天都听人汇报，觉得孙膑再也无法同自己竞争了，就没再动杀他的念头。孙膑活了下来。

有一天夜里，有个衣着破烂的人坐在孙膑的身边，过了一会儿，那人揪揪他的衣服，轻声对他说：“我是禽滑厘，先生还认得我吗?”孙膑大吃一惊，经过仔细辨认，确认是禽滑厘，便泪如雨下，激动地说：“我自以为早晚要死在这里了，没想到今天还能见到你。得小心，庞涓天天派人看着我。”禽滑厘说：“我已经把你的冤屈告诉了齐王，齐王让淳于髡来魏国聘问，我们全都安排好了，你藏在淳于髡的车里离开齐国，我让人先装成你的样子在这里呆两天，等你们出了魏国，我再逃走。”

禽滑厘把孙膑的衣服脱下来，给他手下的一个相貌与孙膑相近的人穿上，躺在那里装作孙膑，禽滑厘就把孙膑藏到了车上。

第二天，魏王叫庞涓护送齐国的使者淳于髡出境，过了两天，躺在街上的孙疯子忽然不见了，庞涓让人查找，井里河里找遍了，也未见踪影，庞涓又怕魏王追问，就撒个谎说孙膑淹死了。

孙膑到了齐国，齐威王一见之下，如获至宝，当即想拜他为军师，孙膑说："庞涓如知道我在齐国，定会嫉妒，不如等有用得着我的地方再出面不迟。"齐王同意了。后来，孙膑陆续打听到了自己的几位堂哥都已无音讯，才知道原来送信的人也是庞涓派人装的。前前后后，这一场冤屈全由庞涓一人导演而成。

后来，庞涓带兵连败宋、鲁、卫、赵等国，齐王派田忌为大将，孙膑为军师，使庞涓连连败北，最后，孙膑用"减灶法"引诱庞涓来追，暗设伏兵，将庞涓射死在马陵道上。魏国从此衰败，并向齐国进贡朝贺。在杀死庞涓后，孙膑便辞官归隐，专门研究起兵法来。

楚庄王的为政之道

在楚庄王即位之前，楚国的内政可谓经历了长期的混乱。楚庄王的爷爷楚成王意图争霸中原，被晋国在城濮之战中打败，不久却又祸起萧墙。起初，原定商臣为太子，但不知怎的，楚成王居然发现商臣眼如黄蜂，声如豺狼，生性残忍，想改立王子职为太子。为了把事情弄清楚，商臣故意设宴招待姑母，席间又轻侮姑母。商臣的姑母果然愤怒地说："怪不得你父亲要杀了你另立太子！"因为楚成王遇事总与妹妹商量，所以，商臣认为姑母的话证实了传言。

商臣连忙向老师潘崇问计，潘崇问："你愿意事奉公子职吗？"商臣说："不愿。"又问："你能逃出楚国吗？"回答说："不能！"潘崇最后问道："你能成大事吗？"商臣坚定地说："能！"

公元前262年，商臣率领宫廷卫队冲进成王的宫殿，成王喜吃熊掌，这时红烧的熊掌尚未烧熟，成王请求等吃了熊掌再杀他，商臣说："熊掌难熟。"他怕夜长梦多，外援到来，就催促成王上吊自杀。自己即位为楚穆王。穆王在位十二年，死后由其子侣即位，是为楚庄王。

楚庄王即位时很年轻，即位之始，他并未像其他新君上任那样雷厉风行地干一些事情，而是不问国政，只顾纵情享乐。他有时带着卫士姬妾去云梦等大泽游猎，有时在宫中饮酒观舞，浑浑噩噩，无日无夜地沉浸在声色犬马之中。每逢大臣们进宫汇报国事，他总是不耐烦地回绝，任凭大夫们自己办理。他根本不像个国君，朝野上下也都拿他当昏君看待。

看到这种情况，朝中一些正直的大臣都感到十分着急，许多人都进宫去劝谏，可楚庄王不仅不听劝告，反觉得妨碍了他的兴趣，对这些不着边际的劝告十分反感。后来干脆发了一道命令：谁再来进谏，杀无赦。

三年过去了，朝中的政事乱成一团，但楚庄王仍无悔改之意。大夫伍参忧心如焚，再也忍不下去，冒死去晋见庄王。来到宫殿一看，只见纸醉金迷，钟鼓齐鸣，庄王左手抱着郑国的姬妾，右手搂着越国的美女，案前陈列美酒珍馐，面前是轻歌曼舞。庄王看到伍参进来，当头问道："你难道不知道我的命令吗？是不是来找死呢？"

伍参抑制住慌张，连忙赔笑说："我哪敢来进谏，只是有一个谜语，猜了许久也猜不出，知道大王天生聪慧，想请大王猜一猜，也好给大王助兴。"

楚庄王这才放下脸，说道："那你就说说看。"

伍参说：

高高山上，
有只奇怪的鸟，
身披鲜艳的五彩，
美丽而又荣耀，
只是一停三年，
三年不飞也不叫，
人人猜不透，
实在不知是只什么鸟……

当时的人喜欢说各种各样的谜语，称作"隐语"，这些"隐语"往往有一定的寓意，不像今天的谜语这样单纯。因此，人们多用这些"隐语"来讽谏或劝谏。楚庄王听完了这段话，思考了一会说：

三年不飞，
一飞冲天；
三年不鸣，

一鸣惊人。

此非凡鸟，

凡人莫知。

伍参听后，知道庄王心中有数，非常高兴，就又趁机进言倒：“还是大王的见识高，一猜就中，只是此鸟不飞不鸣，恐怕猎人会射暗箭哪！”

楚庄王听后身子一震，随即就叫他下去了。

伍参回去后就跟大夫苏从商量，认为庄王不久即可觉悟。没想到几个月过去后，楚庄王仍一如既往，不仅没有改过，还越发不成体统了，苏从见状不能忍耐，就闯进宫去对庄王说：“大王身为楚国国君，即位三年，不问朝政，如此下去，恐怕会像桀、纣一样招致亡国灭身之祸啊！”

庄王一听，立刻竖起不逊眼，露出一副暴君的形象，抽出长剑指着苏从的心窝说：“你难道没听到我的命令，竟敢辱骂我，是不是想死？”

苏从沉着从容地说：“我死了还能落个忠臣的美名，大王却落个暴君之名。如果我死能使大王振作起来，能使楚国强盛，我甘愿就死！”说完，面不改色，请求庄王处死他。

楚庄王等待多年，竟无一个冒死诤谏之臣，他的心都快凉了。这时，他凝视了几分钟，突然扔下长剑，抱住苏从激动地说：“好哇，苏大夫，你正是我多年寻找的社稷栋梁之臣！”

庄王说完，立刻斥退那些惊恐莫名的舞姬妃子，拉着苏从的手谈起来。两人越谈越投机，竟至废寝忘食。

苏从惊异地发现，庄王虽三年不理朝政，但对国内外事无巨细都非常关心，对朝中大事及诸侯国的情势都了如指掌，对于各种情况也都想好了对策。这一发现使苏从不禁激动万分。

原来，这是庄王的韬光养晦之策。他即位时十分年轻，不明世事，朝中诸事尚不明白，也不知如何干，况且人心复杂，尤其是若敖氏专权，不明所以，他更不敢轻举妄动。无奈之中，想出了这么一个自污以掩人耳目的方法，静观其变。在这三年中，他默默地考察了群臣的忠奸贤愚，也测试了人心。他颁布劝谏者死的命令，也是为了鉴别哪些是甘冒杀身之险而正直敢言的耿介之士，哪些是只会阿谀奉承，只图升官发财的小人。如今，三年过去，他年龄已长，经历已丰，才干已成，人心已明，他也就露出庐山真面目了。

第二天，他就召集百官开会，任命了苏从、伍参等一大批德才兼备的大臣，公布了一系列的法令，还采取了削弱若敖氏的措施，并杀了一批罪大恶极的犯人以安定人心。从此，这只“三年不鸣”的“大鸟”开始励精图治，争霸中原，终于成为春秋五霸之一。从其所作所为及对霸业的认识水平来看，都应该算是首屈一指的。

楚庄王的韬光养晦并非在是遭到失败与挫折时才被迫进行的，而是为了更好地掌握未来而主动地进行的，这尤其需要耐心、修养、智谋和胆识。

在中国历史上，像楚庄王这样做的人还不算太多，但这足以给我们提供一个有益的启示：即使在一帆风顺的时候，也要注意使用各种方法增长自己的见识，砥砺自己的才能。

逼走孔子

春秋时，鲁国重用孔子，国泰民安，日益殷实。为此刚刚失去贤相晏婴的齐景公感到了威胁，便对大夫黎弥说：“自孔子相鲁以来，鲁国日益强大，将来它的霸业一成，我国必首蒙其害，这该如何是好？”

黎弥沉思了一会儿说：“想办法逼走孔子，鲁国必然孱弱如初。”

齐景公问：“孔夫子在鲁国正受宠走红，怎样才能逼走他？”

黎弥便把自己的计策说了出来：“俗话说‘饱暖思淫欲，贫穷起盗心’。今日鲁国一片太平，鲁定公必有好色之念。如若选一群美女送与他，让他夜夜笙歌，一本正经的孔夫子还能诚心辅佐他吗？他们君臣还能像过去一样亲密无间吗？这样一来，一定能气走孔夫子，那大王不是可以高枕无忧了吗？”

齐景公连称妙计，令黎弥挑选美女八十名，教以歌舞，授以媚容。另选一百二十四宝马，特加修饰，一并送到鲁国，说是给鲁定公享受的。

鲁国的另一位丞相季斯听到这个消息后，即刻换了便服，坐车到南门去看，见齐国美女正在表演舞蹈，娇声遏云，舞态生风，一进一退，光华夺目，不禁目瞪口呆。

等到鲁定公几番宣召他入宫，把齐国书给他看时，他立刻答道：“此乃齐王的好意，不可推辞。”

于是定王便在季斯的带领下去看这群美女，只见美女们摇臂摆身，似临风之芍药；歌声乍起，疑为群莺出谷。鲁定公乐得神魂飘荡，手舞足蹈。

鲁定王当晚回宫，便叫季斯多谢齐王，重赏齐使，把两批厚礼收入宫去。定公从此沉迷酒色,不理朝政。

孔子见状,十分忧心。他几次劝谏鲁定公,但毫无效果。孔子感到自己的抱负无法在鲁国施展,于是又带领弟子周游列国去了。至此齐景公达到了自己的目的。

张仪戏弄楚王

战国时的张仪,学了一套“纵横术”,带了几个人跑到楚国去求富贵。因找不着登龙的途径,在楚国穷困潦倒,生活非常拮据,同去的人挨不下去了,便埋怨嚷着要回家去。

张仪就说:“你们是不是因为穷了,享受不到什么,就要回去呢?那根本不成问题!这样吧!再捱几天,不是我夸口,只要见到楚王之后,我包管大家吃穿不尽,否则的话,你们尽可敲碎我张仪的门牙!”

那时候,楚王正宠爱着两个美人,一个是南后,一个是郑袖。不久,张仪见到了楚王,楚王很不喜欢他。张仪就说:“我到这里也相当久了,大王还不给我一点事做,如果大王真不喜欢用我的话,请准我离开这里,去晋国跑一趟,看那边有没有机会碰碰!”

“好吧!你只管去吧!”楚王巴不得他赶快离开,一口答应。

“当然,不管那边有没有机会,我还是要回来一次。”张仪说,“但请问大王,对晋国有什么需要?譬如那边的土特产,我可顺便带一些回来!”

楚王冷眼向他扫一扫,淡淡地说:“金银珠宝,象牙犀角,本国多的是,对于晋国的东西,没什么可稀罕的。”

“大王就不喜欢那边的美女吗?”

这句话像电流一样,楚王一听,肌肉立即放松,眼一亮,连忙问:“什么,你说的是什么?”

“我说的是晋国的美女。”张仪假装正经地说,还做起手势向楚王解释。“哦——那真是妙呀!漂亮极了。晋国的女人,哪一个不似仙女一样?粉红的脸儿,雪白的肌肤,头发黑得发亮,走起路来如风摆杨柳,说话娇滴滴,简直比银铃还清脆。正所谓比花花枯谢,比月月无光,云须压衡狱,裙带系湘江……”

这一席话引得楚王的眼珠一直跟着张仪的手势转,连嘴巴也合不拢来,说:“对对对!本国是一个荒僻地区,我也从未见过晋国的那些小女子,你不说,我倒忘了,那你就给我去办,多带些这样名贵的土特产回来吧!”

"不过,大王——"

"那还用说,钱财是需要的。"楚王立即给了张仪很多银子,让他从速去办。

张仪又故意把这消息传开,传到了南后和郑袖的耳朵里。两人听了大起恐慌,连忙派人去向张仪疏通,告诉他说:"我们听说先生奉楚王之命到晋国去买土特产,特地送上盘缠,给先生做路费!"因此,张仪又刮了一把。

张仪要向楚王辞行了,装出依依不舍的样子,说:"我这一次到晋国去,路途遥远,交通不便,不知哪一天可以回来,请大王赐我几杯酒,给我壮壮胆吧。"

"行,行!"楚王客气地叫人赐酒给张仪。

张仪饮了几杯,脸红起来,又装模作样地再拜请楚王,说:"这里没有别的人,敢请大王特别开恩,叫最信得过的人出来,亲手再赐我几杯,给我更大的鼓励和勇气。"

"可以,不成问题,只要能早日完成任务!"

楚王看在"土特产"的分上,特别把最宠爱的南后和郑袖请了出来,轮流给张仪敬酒。

张仪一见连忙做出连酒都不敢饮的样子,"咚"的一声跪在楚王面前,说,"请大王把我杀了吧,我欺骗大王了。"

"为什么?"楚王惊讶不已。

张仪说:"我足迹走遍天下,从未遇见有哪个女人比得上大王这两位贵妃长得这么漂亮的,过去我对大王说过要去找土特产,那是没有看过贵妃面之故,现在见了,觉得已把大王欺骗了,罪该万死!"

楚王松了口气,对张仪说:"我以为什么呢?那你不必启程了,也不必介意。我明白,天下间就根本没有谁比得上我的爱妃,是不是?"又连忙向左右贵妃献上殷勤,做了怪样。南后和郑袖同时眨两下眼,嘴角一撇,"嗯!"

从此,楚王改变了对张仪的态度。

商鞅破魏

战国时期名相公孙鞅(即商鞅),从小就喜欢刑名之学,初在魏国相国公叔痤家当家臣。公叔痤曾想把他推荐给魏惠王,但不久公叔痤就病了,一直卧床不起。

有一天,魏惠王亲自来看望公叔痤,并问:"如公卧床不起,寡人国家大事委托给谁?"

公叔痤说:"可委于我的家臣公孙鞅。鞅虽年轻,但有奇才,可担此任。"

惠王以为公叔痤久病说胡话，不以为然。

当惠王要离去时，公叔痤屏退左右，又对惠王说：“王若不用鞅，请一定杀掉他，不能让他出境，以免他到别国做官，危害魏国。”惠王更以为公叔痤说的是胡话，为不使病人失望，只好口头答应而去。

惠王走后，公叔痤便把公孙鞅叫到病榻前对他说：“刚才惠王来看我，并问我如卧病不起，谁可以接替相位，我推荐了你，看样子，王不同意。我就对他说，如果你不用公孙鞅，就把他杀掉，惠王已经点头了。我是先君后臣，把这件事先告诉了国君，现在我又告诉你，你就赶快逃走吧。”

公孙鞅说：“您放心，惠王如若不能听您的话，任命我为国相，又怎么能听您的话将我杀掉呢？不会的。”公孙鞅始终没有逃走。

惠王回到王宫，对他的左右说：“公叔痤病很重，尽说胡话，他要我将国事交给他的家臣公孙鞅，这不是在说胡话吗？”

公叔痤死后不久，公孙鞅听到秦孝公求贤，便入秦应招。到秦国后，他曾四次求见秦孝公。开始两次，公孙鞅在秦孝公面前说的是三皇五帝和尧、舜、禹治国之道，但孝公对帝道、王道都不感兴趣，一直没有任用他。于是公孙鞅又第三次求见。这次，他对孝公讲的是春秋时齐桓公、宋襄公、晋文公、楚庄王等称霸的道理，秦孝公对此很感兴趣。当公孙鞅第四次见到秦孝公，对孝公谈强国富民的道理时，孝公都听得入了神，一连三天三夜，不知倦意。他立即任用公孙鞅为左庶长（春秋时，秦国掌握军政大权的官爵），并按公孙鞅强国富民之策，在全国实行变法。

公孙鞅新法，如废除贵族世袭特权，以战功论官爵；奖励耕织，生产多的可免徭役；实行连坐，严禁奸宄等等。在秦国推行十年，真是道不拾遗，国无盗贼，家给民足，百姓相庆；人民勇于公战，不敢私斗；秦国大治，国强民富。

当时，正是田忌、孙膑率领齐兵攻魏救韩，孙膑用减灶计大败魏兵于马陵道，杀了魏国大将庞涓的时候。公孙鞅认为这对秦创帝王之业有利，便于庞涓被杀的第二年，对秦孝公说：“魏是秦的心腹之患，不是魏并吞秦国，就是秦并吞魏国，因为魏国占据着中条山的西面，其东中条山，山岭险峻，易守难攻。它建都安邑（今山西夏县西北），只与秦隔一条黄河，又独占崤山以东的有利地域，向西可入侵秦国，向东可扩张疆土。现在秦国依靠国君的贤能圣明，已经富强起来，而魏国去年又被齐国打得大败，各国诸侯都叛离了它，这正是攻伐魏国的好时机。魏国经不住秦国的攻击，必然向东迁移。这样秦国就可以占据黄河崤山一带的险要之地，退可以固守，进则可以向东扩张，以制服诸侯，这可是帝王之业，机不可失，请君决计。”秦孝公认为很对，就派公孙鞅为大将，带领五万士卒，离开咸阳，向东进发。

魏惠王接到西河报警，听说秦军压境，连忙召集群臣商议对策。公子昂说：“公孙鞅昔日在魏时，与臣关系不坏，今臣愿领兵前往拒秦，以义礼说之，如彼念旧情，秦兵即可退，如彼不念旧情，我以山河之险与之对抗，谅秦对魏，也无可奈何。”魏惠王大喜，即拜公子昂为大将军，率兵五万人，来救西河。公子昂抵达西河，即进驻吴城。这吴城原是吴起出击秦国，连拔五城有功，被魏文侯派为西河守时为拒秦所筑，其城坚固，不易攻下。

再说公孙鞅率领秦兵进到西河，直抵吴城，见吴城坚固，正思谋进攻之策，忽闻报魏派公子昂前来拒秦，心中大喜，暗道：“吾计成矣！”当即修书一封，派人送至吴城城下，高声喊道：“秦统帅公孙鞅致书魏元帅公子昂，请开城门。”城上守军报与公子昂。公子昂这时正想修书给公孙鞅，商议讲和，听说有信来，便下令将书信用绳索吊上来。只见书上写道：“当初鞅在魏时，与公子相交甚欢，今虽各事其主，当了秦、魏的将军，然鞅不忍相攻，欲与公子相见，订立盟约，两国罢兵，使秦、魏两国和睦相处。如公子同意，请约定相会日期。”

公子昂读罢大喜，立即写了回书，同意双方会商。公子昂哪料到这是公孙鞅用的“信而安之，阴以备之”的计策。当公孙鞅读罢公子昂回信后，知公子昂已入圈套，便立即做出布置，将秦军前营从吴城下撤回，佯装要罢兵回国，暗地却命令四散埋伏于隐蔽之处，以放炮为号，捉拿公子昂。并派人布置会商场所，备齐酒肴，铺设桌椅，只等公子昂前来。

到了共同确定的会商日期，公子昂只带三百徒手随从，乘车赴会。公孙鞅相迎时，公子昂见其从人既少，且无军器，更坦然无疑。两人相见，各叙昔日友情，交谈今后通好之意。魏国从人无不喜欢。当会商完毕，公孙鞅与公子昂设宴欢庆，只听一声炮响，杀声四起，公子昂知道上当，正欲逃走，却被两个伪装侍者的秦国勇士将其扭住，反剪双手，转动不得。急得公子昂大喊：“随从何在？”他的三百随从，早已全数被擒，哪里有人答应。公孙鞅将公子昂押上了囚车，先派人押回秦国报捷；并利用公子昂随从，骗开城门，占据了吴城。吴城既失，西河难保，魏惠王不得不将国都从安邑（今山西夏县西北）东迁大梁（今河南开封市西南），并割河西之地向秦求和。自此，魏惠王时常闷闷不乐，对人说：“悔不该当初没有听从公叔痤的话，杀掉公孙鞅，现在后悔已经晚了。”

刘邦的权谋

楚汉相争，项亡刘胜，西汉政权就此建立。统一了中国后，刘邦大封功臣，最初，得到封赏的只有张良、萧何、曹参等二十多人。此时，刘邦志得意满，却不能看到他的那些"猛士"们正在日夜争功，各怀心事，已经没有心思为他安守四方而效力了。

一天，刘邦与张良到洛阳南宫去，途中发现许多将领三五成群地坐在路旁窃窃私语。刘邦疑惑地问张良："这些人在谈什么？"张良早已得知，由于封赏之事已在众将中激起不满之情，见刘邦问他，便乘机指出这一潜在的危机，说："陛下有所不知，这些人是在谋反！"刘邦大吃一惊，忙说："天下已经安定，他们为什么还要谋反？"张良说："陛下，您出身布衣，依靠的是这些将领东征西战，才取得了天下。如今，被您加封的功臣仅有萧何、曹参等一班故人；而所诛杀的，都是您平生切齿痛恨的人。眼下这些将领既怕得不到封赏，又怕将来被您杀掉，所以聚在一起谋划造反。"

刘邦闻言十分忧虑，只好向张良问计说："你看此事如何处理为妥？"张良想了想，反问刘邦道："陛下平素最憎恶，而且为群臣皆知的人是谁呢？"刘邦不假思索地脱口而出，说："雍齿！此人一向对我不满，多次在大庭广众面前窘辱我，我早就想把他杀掉；但也考虑到他在军中的影响，及他作战勇敢，功劳很大，我才留他几日。"张良笑道："好！陛下赶快宣布，先封雍齿。"然后，进一步解释说："群臣见雍齿尚能封侯，人心自会安定。"刘邦恍然大悟，立即依计而行。

第二天，刘邦大摆酒宴，将全体将领请来喝酒。酒过三巡之后，刘邦郑重宣布封赏众人。当刘邦宣布第一个被封侯的人竟是雍齿时，一下在群臣中引起了很大震动，不但出乎雍齿意料之外，也出乎众将意料之外。接着，刘邦依次论功行赏。"雍齿是皇上最不满意的人，他还被封了侯，我们还不满什么呢？"众将十分高兴，情绪一下都安定了下来。至此，全国局面稳定，西汉政权因此而得到了巩固。张良设计，封赏仇人，使众人之疑、不满自消，从而稳定了大局，在当时情势下，确不失为上策。

王允除掉董卓

公元 189 年，在镇压黄巾起义中卓有"战功"的董卓，率兵进入了洛阳，废掉汉少帝，迎立献帝，独揽朝中大权。

董卓看出丁原是他专权的障碍，遂起杀机，收买了丁原的部将吕布，将丁原杀死。

从此，董卓权倾朝野，为所欲为，竟然犯下指挥士兵屠杀无辜百姓的暴行。董卓的残暴专横犯了众怒，统治集团内部产生了分裂。

司徒王允表面上效忠董卓，暗地里却对他恨之入骨，时刻想除掉他，但苦于一时没有良策，一直心情不畅。一天晚上独自在后花园中散步，忽闻花丛后有轻微的叹息声，王允顿觉奇怪，轻步上前一看，原来是养女貂蝉在叹息流泪。

貂蝉自幼丧父，来到王允府中学习演艺，不但长得出众，而且十分聪明伶俐，很得王允的喜欢，大了以后被王允收为养女。

貂蝉看王允来到近前，急忙起身拜见。王允爱怜地问道："是什么事使你这样伤心，夜深人静在这里叹息?"貂蝉回答说："这些年来您一直待我如亲生女，我今生今世也报答不完大人的养育之恩，总想着能有机会为您效力。近来看到您心事重重，好像有什么大事发生，但又不敢动问，所以只好在夜晚向上天祈祷，为大人分忧。"

一番话听得王允十分惊讶，万没想到平日只会跳舞弹琴的貂蝉，竟然暗自替自己分忧，于是道："你心里真是这样想的吗?"貂蝉见王允略有犹豫的意思，有些发急地说："只要能为您分忧解难，我就是粉身碎骨也在所不辞!"王允扶起貂蝉，心中在感触："想不到汉朝的复兴还要靠她呢!"

王允带着貂蝉来到内室，掩好门窗，然后说："董卓专权乱政，权倾朝野，恐怕汉室江山，要为他所得。为了先主的重托，保住汉室江山，唯一的办法就是尽快除掉董卓，这件事只有靠你了。"说完泪流满面，向貂蝉连连称谢。貂蝉急忙扶住王允说："只要是您的吩咐，就是刀山火海我也敢闯!"于是王允授意貂蝉对付董卓之计。

时过不久，董卓义子大将吕布在府中宴请宾客，王允借机派人参加，并送去许多珍贵之物。吕布不知为何居司徒高位的王允，要给自己一个小小的骑都尉送厚礼，于是决定亲去王府，一是探明究竟，一是作为回拜。

吕布到王府后，受到热情款待。王允笑着说："您是天下的英雄，我不过是略表敬意而已，区区薄礼，实在不值得将军挂在心上。"吕布本是见利忘义之人，王允也正是投其所好，才选择他作为除掉董卓的突破口。

听到王允的称赞，吕布心里十分舒畅，话语也多了。王允命貂蝉前来献酒。经过刻意修饰过的貂蝉，容貌艳丽，楚楚动人，在侍女的搀扶下，由内室款款走出。吕布一见貂蝉不由得两眼发直，心中暗自说："真想不到天下竟有如此美女！"吕布看得愣住，直到王允和他说话，才发现自己失态，忙掩饰地问道："小姐是府中什么人？"王允漫不经意地回答说："是小女貂蝉。"随后让貂蝉为吕布敬酒。貂蝉为吕布斟满了一杯酒，装出一副羞涩的样子，双手献给吕布。吕布连忙接过酒杯，偷看貂蝉，正巧貂蝉也在看他，二人的目光碰到一起。王允见状心中暗喜，对貂蝉说："你陪将军多喝几杯，让将军尽兴，今后我们还要仰仗将军呢！"然后让貂蝉坐在身边。

席间二人眉来眼去，有王允在旁又不便开口说话，吕布显得有些急躁。王允见时机已到，就借故离开。王允一走只剩吕布和貂蝉二人，吕布心中高兴，对貂蝉问长问短，貂蝉都一一回答。这时王允回到席前，暗示貂蝉回避，貂蝉心领神会，起身告辞吕布走向内室。

吕布按捺不住地问王允说："小姐真是美丽无比，不知何人有此大福，能娶她做夫人？"王允说："小女还不曾许配，我想高攀将军，不知您意下如何？"说完观察吕布的反应。吕布一听大喜过望，急忙向王允参拜说："岳父大人在上，请受小婿一拜。"王允扶起吕布说："将军不必多礼，待选个良辰吉日，就将小女送过府去成亲。"吕布再次拜谢了王允，才满怀高兴地告辞。

吕布如此贪色，他中计也是理所当然的。不知忍女色，害身害己不说，更容易被别人利用。

第二天，散朝后王允、董卓走在一起，王允邀请董卓去府上喝酒做客，董卓很痛快地答应了。隔了一天，董卓在侍卫的簇拥下，来到了王允的府邸，王允以隆重的礼节欢迎董卓，然后摆上酒席，分宾主落座，边饮酒边交谈，气氛十分融洽。王允不断奉承董卓功德无量，功高盖世，听得董卓心花怒放，连连点头表示赞同对他的吹捧。

董卓与王允越谈越投机，酒兴也越来越浓。王允举手向侍从示意，音乐声徐徐响起，伴随着乐曲走出一队歌女，个个长得国色天香，婀娜多姿，尤其是领队的那位，更是容颜照人，美若天仙，看得董卓欲仙欲醉，就问王允说："这位漂亮的歌女是谁啊？"王允说："是我新买来的歌女，名叫貂蝉。"董卓笑道："不但人美，名字也悦耳。"一曲终了，王允叫众人退下，留住貂蝉给董卓敬酒，貂蝉手捧酒杯缓步上前为董卓敬酒，董卓满脸堆笑问道："今年多大了？"貂蝉微笑不语，王允在旁说："今年已经十六岁了，您若是喜欢，就带回府去伺候您吧。"

董卓听后心中暗喜，但表面上却假意推辞说："君子不夺人之美，我怎能这样做呢？"

王允说："如果您不嫌弃的话，就请收下，这也是抬举我了。"董卓见王允确有诚意，就顺水推舟地说："如果我再推辞，就辜负了你的一片好意了，恭敬不如从命。"说完大笑不止。

王允将貂蝉先许吕布又许董卓，一箭双雕，然后又故意传出消息，让吕布知道此事。吕布果然中计，怒气冲冲找到王允指责道："您既然已将貂蝉许配于我，为何又送给董卓？"王允见状四周环顾，见没有人，就压低声音对吕布说："这里不便细说，请将军随我回府。"说完就同吕布一同回到王府。

吕布迫不及待地问道："有人亲眼看见貂蝉在太师府中，这难道是假的不成？"王允见吕布怒火中烧，更不急于回答，给吕布让座后，又命人献茶，然后才一副无可奈何的架势说："前几天太师来我府中饮酒，席间说见见我的女儿，我不好拒绝，就让小女出来给太师敬酒。谁知太师见后，就十分喜爱，说府中缺人侍候，暂时让她过去，待找到合适的人，再送她回来，太师的要求我怎能违抗呢？"

吕布见王允说得合情合理，无可指责，就向王允赔罪，然后离去。

吕布回府后，坐卧不安，夜不能寐，第二天一早就借故来到太师府打探消息。侍卫告诉吕布，太师新得美人，还未起床呢。吕布听后心如刀割，但又不敢过于放肆，急得在大厅中团团转。

过了些时候，董卓来到大厅问吕布是否有事，吕布谎称刚刚听到义父得了美人，特地前来贺喜。董卓听后，称赞吕布有孝心，并让貂蝉出来相见。貂蝉在吕布面前装出愁眉不展的样子，趁董卓不备时，用手指向自己的心口，然后又指吕布。吕布领会貂蝉的示意，心中更加凄苦。董卓见已到上朝的时候，就和吕布一同而行。见过皇帝后，董卓留在朝中处理政务，吕布借机来到太师府找貂蝉。

二人相见百感交集，到了僻静处貂蝉泪流满面，痛不欲生，对吕布说："我今天能见将军一面，死也甘心了，本想侍奉将军一生，看来今世是不可能了！"说完就要寻死。吕布急忙拉住貂蝉，流着泪说："请你放心，我一定将你救出来，否则的话誓不为人！"貂蝉听后扑向吕布说："将军待我真是恩重如山，如能将我救出来回到将军身边，就再也没人敢欺负我了。若不能实现，真就没什么盼头了。"貂蝉越说越伤心，哭泣不止。

正在二人难舍难分之际，董卓突然从外面进来，见到他们情意绵绵的样子，气得大喝一声直奔过来。吕布见势不妙，扔下貂蝉向外逃走。

董卓站在府门望着逃去的吕布，气得怒目横对。这时董卓的谋士李儒来到门前，看到董卓怒气冲冲的样子就问发生了什么事，董卓一言不发回身进府来到书房。李儒随后跟了进来，站立一旁，这时董卓才对李儒说明发怒的原因，扬言非杀了吕布不可。

李儒听完董卓的话，笑着劝道："太师怎么能为这点小事杀人呢？貂蝉不过是个歌女而已，吕布可是朝中猛将啊！不可以因小失大。我看不如来个顺水推舟，这样可使吕布感激您，一生都为您效劳。"这时董卓的气已经消了一半，觉得李儒的话确实有些道理，就来到了貂蝉的卧室想问清缘由。

董卓见貂蝉仍在哭泣，就先劝慰了一番，然后说："既然吕布对你有意，我就成全你们吧。"刚刚止住哭声的貂蝉，听了董卓的话又哭了起来，说自己并无意于吕布，而是他强行无理，自己是想诚心诚意伺候太师，如果真要将她送给吕布的话，宁可一死以报太师之恩。董卓听了貂蝉的一番哭诉，以为自己所见到的并不是二人私情，气也全消了，又见貂蝉对自己如此忠心，很是高兴，向貂蝉保证以后再也没人敢欺负她。貂蝉也破涕为笑。董卓对李儒的话并没有完全听进去。他还是不能忍受已到手的美人成为他人怀中物。如果他此时不为女色所惑，毅然决然地把貂蝉赐予吕布，哪里会有后来的杀身之祸？貂蝉的几滴眼泪就让他把李儒的劝告抛到九霄云外去了，只图享乐，还忍什么？什么也不忍了。

第二天，王允将吕布请到府中，若无其事地与吕布闲谈，吕布满脸愁容，心情沮丧，王允假装不知，问吕布因何事而闷闷不乐，吕布就将昨天在太师府中发生的一幕，详细地告诉了王允。

王允听后，故意气愤地说："想不到董卓已经荒淫霸道到如此地步，连自己儿子的妻子都要强娶，这不但使我无脸见人，这是将军的侮辱啊！"

吕布愤恨地说："我真想杀了他，可又怕别人议论，终究我们有父子之名啊！"王允说："将军说得有道理，看来我们只好任人欺辱了。"王允的话听起来是在赞同吕布，实际上则起到了火上浇油的作用。他十分清楚吕布的为人，不但不讲情义，素来以天下无敌手而自居，不将别人放在眼里，心胸狭窄，性格暴躁，这夺妻之恨怎能忍得下？

不出所料，王允的话音刚落，吕布就拍案而起，手握剑柄，满脸杀气，咬牙说道："我一定杀了他，报夺妻之仇！"王允见吕布决心已下，又烧了一把火，说："将军如果杀了董卓不但报了仇，重要的是为国家除去一害，可以名留千古啊！"吕布伏地而拜，表示愿意听从王允调遣。

等待数日，行动的机会终于来了。皇帝大病初愈，准备临朝召见文武官员，众臣奉命进朝拜见。

董卓由太师府乘车去未央宫，随身侍卫前呼后拥，道路两旁兵士林立。自从董卓专权以来，诛杀异己，暴虐百姓，知道树敌太多，为防暗算，每次出门外行，都内穿护身甲衣，以防不测。今天虽然有重兵护卫，仍然格外小心。

董卓的马车行至中途，王允的心腹李肃向众人发出了行动的暗号，紧接着飞步上前拔出佩剑，向董卓刺去，却不料坚实的甲衣挡住了利剑，董卓由车上迅速站起，将李肃击倒在地。这时另一人持刀上前向董卓砍去，董卓闪身躲过。情况危急，董卓大叫吕布护驾，吕布大声说道："圣上有旨，诛杀贼臣董卓！"话音未落，吕布的长戟已刺进董卓的咽喉，李肃上前一刀割下董卓的头。

董卓被杀的原因一是暴政专权，引起众愤，一是统治集团内部，争权夺势，相互倾轧。后一点是根本的原因。

当时王允和董卓在力量对比上，是敌强我弱，而且相差悬殊。如果以武力达到除掉董卓的目的，希望甚微，于是王允采取了瓦解董卓内部势力的策略，利用貂蝉制造董卓和吕布之间的矛盾，进而争取吕布。

王允正确地利用了董卓荒淫贪欲的弱点，以此作为突破口，最终达到了目的。

苏峻之乱

咸和二年(327)，东晋统治阶级内部继王敦之乱后又发生苏峻之乱。

苏峻，西晋末被举为孝廉，北方大乱后纠集数千家兵，建立豪强武装，周围的豪强武装又推他为共主。当时，青州刺史曹嶷想收苏峻为部属，任之为掖县(今山东掖县)令，但遭到拒绝。曹嶷准备讨伐苏峻，苏峻率领数百家兵泛海南逃，投奔东晋。

苏峻历任淮陵内史、兰陵相。永昌元年(322)，王敦首次进逼建康，元帝召苏峻进讨王敦，而他观望形势，迟迟不前。太宁二年(324)，王敦再次作乱，所遣王含、钱凤又屯兵建康城下，京城危急。明帝召苏峻、刘遐等入京勤王，苏、刘率精卒万人驰援。当沈充、钱凤夜渡秦淮河、从竹格渚上岸，护军将军应詹领兵拒战失利，叛军已到宣阳门外。这时，苏峻、刘遐统军自南塘横击，大破敌军，敌军落水淹死者三千人。接着，苏峻又随从庾亮追击沈充至吴兴。平叛后，苏峻因功进位为冠军将军、历阳内史加散骑常侍，封邵陵公，食邑一千八百户。从此，苏峻威望逐渐提高，手中精兵已达万人，装备优良，实力雄厚，被朝廷委以捍卫江北的重任。但是，苏峻自恃兵强，日益骄横，藐视朝廷，招纳亡命。朝廷运送给养去历阳的船只首尾相属，而稍不如意，他就破口大骂。明帝死后，成帝继位。成帝年幼，外戚庾亮秉政。为加强中央集权，庾亮对内压抑宗室，对外削夺强藩。咸和元年(326)，庾亮诛杀南顿王司马宗，司马宗亲信卞阐逃窜到历阳投奔苏峻，庾亮令苏峻交人，而苏峻藏匿不送。庾亮觉得苏峻在历阳终究是一个祸根，主张把他征调进京，剥夺他的兵权。此议一出，举朝皆以为不可，但大多不敢吭声，唯有王导、卞壶等数人表示反对。卞壶说："苏峻拥有强兵，逼近京城，从历阳至建康，不足一日的路程，一旦发生变乱，后果十分严重，此事应慎重考虑。"庾亮不听。苏峻闻讯，遣司马何仍到京，对庾亮说："只要是外任，无论远近，我唯命是从；至于内任，实非所能。"庾亮仍然不从。咸和二年(327)，庾亮以诏书命征苏峻为大司农，加散骑常侍。苏峻上表声称："昔日明皇帝亲执臣手，委臣北讨胡寇。今日中原尚未平定，臣何敢自安！请补青州界一荒郡，使臣以展鹰犬之用。"但朝廷还是不许。苏峻无奈，整装待发，而心中又犹豫不决，参军任让对他说："将军求补荒郡尚且不许，事到如此，恐无生路，不如拥兵自守。"于是，苏峻遂不奉诏，遣使与镇西将军、豫州刺史祖约联络，祖约因官位问题很怨恨朝廷，所以一拍即合，约定以讨庾亮为名，一同起兵。

一场动乱爆发了。十二月，苏峻派部将韩晃、张健袭取了东晋囤积了大量食盐、大米的姑熟，直捣慈湖。苏峻起兵之前，江州刺史温峤请求率军下援建康，三吴也请求发兵，庾亮都加以制止，特别写信给温峤说："吾忧西陲(指陶侃)，过于历阳，足下不可越过雷池(水名)一步。"苏峻起兵后，徐州刺史郗鉴又请求统兵御敌，同样被制止。然而，作为都督征讨诸军事的庾亮并没有很好地部署兵力，抵击敌人。咸和三年(328)正月，韩晃消灭慈湖守军。苏峻指挥苏、祖联军二万余人从横江渡口抢渡长江，进抵陵口。晋中军抵挡不住，连战败北。二月，苏峻占领蒋陵、覆舟山，建康已经近在咫尺，城内惶惶不安。有人建议在小丹杨打伏击战，庾亮不予采纳，而苏峻果真绕道小丹杨，因夜里行军竟迷了路。这样一个歼灭敌人、扭转危局的大好机会又被庾亮贻误了。没几天，苏峻击败建康城外守军，突破青溪栅。庾亮率领诸将在宣阳门内抵抗，但队伍尚未成形，士众皆弃甲而逃。庾亮与诸弟也匆匆乘船逃往浔阳，把成帝和皇太后都扔在建康。苏峻攻陷宫城后，遂"纵兵大掠，侵逼六宫，穷凶极恶，残酷无道"，又"裸剥士女，皆以坏席苫草自鄣，无草者坐地以土自覆，哀号之声震动内外"。他自任骠骑、领军将军，录尚书事，以祖约为太尉、尚书令，又改易百官，树置亲党，矫诏大赦，惟庾亮兄弟除外。同时，他分兵攻略义兴、晋陵各地。

庾亮到了浔阳，与温峤共推荆州刺史陶侃为盟主，兴兵讨伐苏峻。"戎卒四万、旌旗七百里，钲鼓之声，震于远近”，浩浩荡荡开往建康。不久，三吴也兴兵讨伐苏峻，会稽内史王舒以庾冰行奋武将军，使他领兵一万，西渡浙江，吴兴、吴国、义兴诸郡起而响应。五月，陶侃、温峤军于茄子浦，陶侃举王舒监浙东军事、虞潭监浙西军事、郗鉴都督扬州八郡。郗鉴率众渡江，与陶侃会师。接着，诸军进据蔡州；直逼石头城。苏峻率主力屯守石头城，并把成帝迁入石头城中。双方相持数月，陶侃因敌军兵势甚盛，难与争锋，在石头城西筑白石垒，又在京口一带筑大业等三垒，坚守不战。苏峻攻白石垒不克，乃分遣诸将东西抄掠，多所擒获，兵威更盛。从建康逃出来的官吏都说：“苏峻狡黠多智，其徒党极其骁勇，所向无敌。如果上天惩罚罪人，苏峻终当灭亡；如果依靠人力，则难以取胜。”温峤听了很生气，但累战不捷，也深怀恐惧。

苏峻遣将张健、韩晃急攻大业垒，垒中乏水，士卒渴极，饮粪汁解渴。守将郭默突围求援，陶侃准备派兵救援。长史殷羡说：“我军不习陆战，如救大业不能取胜，则全盘皆输。不如急攻石头城，大业之围自解。”陶侃听从。于是，陶侃督水军驶向石城，而庾亮、温峤、赵胤等率步兵万人从白石垒南上挑战。苏峻统领八千人迎战，其子苏硕与将领匡孝分兵冲击赵胤军，将赵胤打败。苏峻见赵胤军溃逃，大叫：“匡孝能破贼，我还不如他吗？”只带领数骑急急追赶，没有赶上。在回马白木陂时，他的马突然被踩倒，又被陶侃部牙门将彭世、李千投过的长矛击中。苏峻坠落下马，立刻被斩首、割肉、焚骨，三军齐呼万岁。苏峻余众退据石头城，任让等立苏峻弟苏逸为主，闭城自守。次年春天，诸军攻破石头城，斩杀苏逸等。祖约败后，率左右数百人北走后赵，被石勒杀死。

苏峻之乱平定后，东晋进入相对安定时期，事后七十年无内战乱，社会经济逐渐得以恢复。

从苏峻之乱来看，他事起仓促，只是想拼死一争，不想庾亮是西忧陶侃，北忧自己，外患在即。不料正好形成趁火打劫之势，一举攻下京城，并控制天子，获得胜利。但他们没有利用这有利的形势，联络陶侃，而是大肆屠杀，竟将陶侃之子杀掉，使庾亮忧患的陶侃变成盟友，反而成为自己之患，就决定他们这种力量的转化，必然要失败。由此可见，趁其难以他顾而伤之的手法，应该清醒看到对方的外患能否对自己有帮助，即使没有帮助，也不能让对方的外患成为对方的外力。

温峤假醉

晋明帝时，温峤被拜为侍中，参与国家机密大事，后来升任中书令。大将军王敦图谋篡位，对温峤十分忌恨，总想找时机将他除去。温峤为人一向非常机智，早就洞悉王敦所为，便假装十分殷勤恭敬，综理王敦的府事，时常上前对王敦贡献一些密谋，藉此迎合王敦，渐渐地取得了王敦的信任。

温峤结交了王敦的唯一亲信钱凤，使钱凤在王敦面前主动称赞自己，所以他便时常假装对钱凤说："钱世仪（凤号世仪）先生的才华、机智、能力过人，更是经纶满腹，盖世无双。"钱凤受到温峤的夸奖，自然高兴，两人关系甚密。这样，由于这种关系，王敦也逐渐把温峤当作亲信。

不久，丹阳尹辞官出了缺，温峤主动向王敦提议，让钱凤出任。然而，钱凤过意不去，便推让温峤赴任。实际上这正是温峤内心期待的结果，表面上温峤仍是假意推辞。王敦见温峤如此谦逊，就荐派温峤上任为丹阳尹，并且嘱其就近暗中探听朝廷中的一切变化，随时密报。

温峤很怕钱凤在自己启程之后向王敦进谗，再被召回，就借着王敦为自己饯别的酒宴，找机会挑拨王敦与钱凤的关系。席间，温峤起身向在座的每一个人敬酒，轮到钱凤时，温峤装作已经喝醉，故意以笏（即俗称朝王板）击敲钱凤束发的巾坠，并装出不高兴的神态说："钱凤算什么东西，我温峤好意敬酒，谁敢不喝！"钱凤为此很不高兴。由于温峤表演得十分逼真，王敦以为温峤真醉了，便过来从中劝解。温峤临走时，还跪到王敦面前叩别，涕泗纵横，出了王敦的住所后，又假意回去了三次，好似十分依恋。

第二天，钱凤对王敦说："温峤与朝廷素来关系密切，尤为皇上所宠信，不可对他过于信任。"王敦一听，认为这是恶意中伤，很不高兴地说："温峤昨天喝醉了，对你才有所失礼，对于这些小地方，你怎么能来我这进谗报复呢？"温峤深谋远虑，早就准备好了应付钱凤的这一着，使得钱凤讨个没趣退了出去。

温峤平安抵达建康之后，将王敦心存叛逆的事情尽数告知了明帝。又和大臣庾亮一起，计划如何征讨王敦。这消息传到了王敦处后，王敦尽管气得暴跳如雷，可是发怒又有何用，无法挽救失败的命运了。温峤料事如神，并发挥得合时宜地，王敦、钱凤远不如他，当然要屈于下风了。

李渊灭隋

隋炀帝杨广，为了骗取其父皇杨坚的信任，装扮出孝悌恭俭的模样，被立为太子。直至杨坚重病不起，才暴露其争夺皇位的权欲。杨坚最终才识清其真实面目，却为时已晚，弑父夺位的一幕无法避免地发生了。

同样，老谋深算的唐高祖李渊在隋末动荡的年月，为了达到其夺权建唐的目的，对炀帝也采取同样对策。为免遭炀帝的猜忌和迫害，终日“纵酒沉湎，纳贿以混其迹”，用表面的淡宁与无争来掩饰其宏大的政治志向和野心勃勃的政治权欲。

唐高祖李渊在处理和李密的关系时，便抓住对方的弱点，以推奖助骄，顺迎其意而谋远图。

隋末农民大起义中势力最强大的一支队伍是曾“威之所被半天下”的瓦岗军。这只义军在翟让、李密的领导下，活跃于以洛阳为中心的中原地区，沉重地打击了隋朝统治集团和士族地主。

出身大贵族家庭的李密在投身于瓦岗军之后，以勇敢善战，指挥有方和长于谋略，威望日增，很快获得了翟让的信任并逐步掌握了义军的大权。伴随李密大权独揽和志得意满后的所作所为，他与翟让之间的裂痕愈来愈深，最终导致他杀害翟让，独霸瓦岗军的最高领导权。

杀掉翟让后，李密自以为自己拥众百万，坐对敖仓，兵精粮足，又稳操瓦岗军领导大权，而隋炀帝也龟缩在江都不敢回中原，东都的隋朝兵力也不足为惧，遂有自矜之志。对部下不加体恤，不予赏赐，更排斥异己力量，致使义军内部人心不齐，组织涣散。而他却无视这些，个人的政治野心日益膨胀，妄自尊大，目空一切，以为未来天下之主非他莫属。

起兵于太原最终登上帝座的唐高祖李渊却不然，他冷静地审视着当时各派力量的消长，寻找有利的时机，消灭割据称雄而无远虑的对手，夺取天下。他对瓦岗军的力量非常重视，曾派人送信给李密，试图联络和利用这支队伍，以达到自己的目的。而李密却在复信中志气高扬，以天下为己任，称自己已为四海英雄推为盟主，望左提右挈，勠力同心，“执子婴（喻执代王）于咸阳，殪商辛（喻杀炀帝）于牧野”，表达了他欲彻底推翻隋朝统治的决心。信中提到要和李渊面结盟约，协力完成大业。

接到李密的信函，李渊认真地考虑如何处置。他以为，唐军正进军关中，若不此时与李密结交，必然是新树一敌，于己不利，不如卑辞推奖，以骄其志，利用瓦岗军来守成皋之道，断绝与江都的交通，并借义军之力拦击东都的隋军，使之不能在唐入关后营救长安。趁李密骄矜不设备之机，我方专意西征，待占据关中后就能虎视天下，静观鹬蚌相争，坐收渔人之利。

李渊的考虑是以西取关中为首要大事的，这是他超出群雄之上的高超见解。因为，事关开国大业成败关键的正是能否拿下关中，选择关中作为首要攻取方向是非常明智的举措。就地理条件来说，这里有丰饶的物产资源，四塞之内，沃野千里，号称八百里秦川。东临黄河，三面环山，又处两关之间，因而是兵家必争之地。历史上从西周至隋九个朝代都在关中长安建都，以关中作成就帝业的根据地，最终经营西方，统一中国，意义至为深远。再者说，这里在隋末兵力非常空虚，虽然身为国都，却因炀帝多次巡幸江都而带走京师精锐的军队作为护驾，从而削弱了关中的守卫力量。而东都的守军又有绝大部分牵制在与瓦岗军、江淮义军及河北义军较量的战场上无余力顾及关中。因此，李渊决定：当务之急是直取关中。

事实上，李密在辅佐杨玄感反隋时就曾劝他夺取关中，因未见采纳而放弃，杨玄感最终还是失败了。而当李密主宰瓦岗军时，他的谋士柴孝和曾力劝他夺取长安，创业关中，李密却未能采用。终于被李渊抢先一步，李渊的政治远见和军事谋略当在李密之上。

李渊主意已定，立刻让记室温大雅以李渊的名义复书李密，对杀炀帝、执代王之说表示不敢从命，而申明自己“志在尊隋”，借以掩饰其夺取天下的鸿鹄之志。随即大肆吹捧李密说，当今能为民之主者，非君莫属。并自谦地说，老夫年逾五十，早已没有宏大志向，愿欣然拥戴大弟（指李密），以期攀鳞附翼。唯愿大弟早登大位，以安天下，以宁兆庶。李密得书之后，喜出望外，对将佐们说，唐公如此推戴，天下平定是指日可待之事。从此，李密终日陶醉在得意之中，计划着攻下东都后称帝，所以专意对付东都隋军，无心外略。如此，不仅放过李渊，使他从容地进取关中，甚至还帮助李渊牵制隋军，为关中营建一道安全的屏障。

李渊以谦卑的言辞哄骗李密，使他在自鸣得意的昏昏然中放弃对李渊的防备，使李渊轻而易举地进取关中，奠定了基业，再回过头来对付李密。此时，李密如梦方醒，但为时已晚，被迫归降。

玄武门之变

唐王朝建立后，李世民与太子李建成之间，便开始了皇位继承权之争。

李建成以嫡长子被立为皇太子，取得了传统的合法地位，并得到了陇西士族势力的支持。他长期留守关中，在政治上打下了坚固的基础，受到宫中妃嫔和贵戚的拥戴。他的手下有魏征、王珪等文臣，又有冯立、薛万彻等武将，又招募四方勇士两千余人守卫东宫。

李世民虽是李渊次子，但从最初的谋划起兵，到统一天下，他一直起着决定性的作用，实际上是大唐帝国的真正缔造者。长期的征战，使他的手下也是人才济济。秦王府中，既有尉迟敬德、秦叔宝、程咬金等威名赫赫的骁将，又有房玄龄、杜如晦、徐茂公等足智多谋的文士。他们希望秦王李世民取代建成，成为太子。

齐王李元吉是李渊第四子，他生性凶狠、残暴，不甘居人之下。有人说他的名字合在一起，正是一个“唐”字，是坐天下的征兆。他得知后高兴地说：“只要除去秦王，做太子易如反掌。”

可见，一场权力之争已不可避免。李世民早已看到，自己已处在这场斗争的漩涡之中，或者鱼死，或者网破，已是身不由己。但时机尚未成熟，不能轻举妄动。为了保存自己、防备意外变故发生，便预先安排一条退路，使自己立于不败之地。东都洛阳殷实险要，是历代兵家必争之所，李世民势力主要集中在此。李世民为慎重起见，派大行台工部尚书温大雅镇守洛阳，派秦王府车骑将军荥阳人张贤亮率一千多人回到家乡，在洛阳协助温大雅，暗中结纳当地豪杰，积蓄力量，以备不测。李世民又交给他们大量金银布帛，由他们随意使用。李元吉向李渊诬告张贤亮图谋不轨，当官府审讯时，张贤亮一言不发，只得无罪释放。张贤亮又回到洛阳，继续为李世民筹备力量。建成、元吉一计不成，又生一计。一天夜间，建成假意召李世民饮酒，在酒中下了毒药。饮酒后，李世民突感心痛如绞，吐了好多血，由淮安王李神通搀扶回府。李渊得知，到弘义宫探问李世民的病况。李渊心里明白，但不希望他们兄弟之间彻底决裂，公开对立，于是假装糊涂，责骂建成说：“秦王平时不能喝酒，从今以后，你们不许再夜饮。”他对世民说：“从谋划起兵，到平定海内，都是你的功劳。从前我想立你为皇嗣，你总是坚意推辞。如今建成长大了，做太子很长时间了，我不忍废掉。我看你们兄弟之间互不相容，同在都城，必然会有纷争，我想让你回到行台任上，驻守洛阳，从陕西以东，归你节制，你可以打越天子的旗号，就像汉景帝赐封梁孝王一样。”李世民哭得很伤心，一再说不愿离开父皇。李渊说：“天下都是我们李家的，东西两都，相距不远，我想你的时候，说去就去，你不要过于悲伤。”

建成、元吉认为：秦王一旦到了洛阳，占据地盘，积蓄力量，再想约束他，就不容易了。不如留他于长安，困于无援之地，纵有本领，也难施展，与普通人无别，对付起来轻而易举。于是暗地联络几个大臣，密奏李渊，声言“秦王部下听说去洛阳，高兴得连蹦带跳，看情形，恐怕再不想回长安了”。随后，又派亲近李渊的大臣，到李渊面前陈说利害，终于使李渊改变了主意。

对太子与齐王的一再挑衅，李世民几乎处处退让，让人觉得他似乎真的是虎落平川，软弱可欺。其实他表面上怯懦，正是为了掩盖深远的计谋。建成、元吉必欲置李世民于死地而后快，串通后宫嫔妃，不断地吹枕边风，诬陷李世民。李渊偏听偏信，想治李世民的罪。大臣陈叔达谏阻说：“秦王有大功于天下，千万不能随意处治，况且他生性刚强，如无故贬损，怕受不了忧愤的折磨，也许会染重病，到那时陛下后悔也来不及了。”李渊这才回心转意。元吉密奏李渊，请求杀死秦王，李渊说：“他有平定天下的大功，罪名没有落实，拿什么向天下人解释？”元吉说：“秦王刚打下东都时，徘徊观望，迟迟不回京都，广施钱财收买人心，对皇上的话充耳不闻，这不是造反是什么？只应尽早将他杀掉，难道还担心没有理由吗？”李渊也感到秦王李世民功高盖主，难以驾驭，只是他为人远比元吉深沉，对杀秦王的做法，并不赞同。政治风云诡谲莫测，秦王府大有黑云压城之势，秦王府里的官员部属，个个胆战心惊不知所措。李世民的心情并不比别人更轻松，凭着自己征战多年带出的文臣武将，本可与建成、元吉一决雌雄。所以迟迟不动手，只是在等待时机，以逸待劳，等待他们多行不义，罪证昭然之时，名正言顺，一举成功。谋士房玄龄对李世民的妻舅长孙无忌说：“现在仇怨已经结下了，一旦祸乱突发，岂止秦王府玉石俱焚，这实在是国家的灾难，不如劝秦王效法古人，就像周公诛杀管叔、蔡叔一样，诛灭太子，以确保大唐江山的稳固。生死关头不容迟疑，应该即刻动手。”长孙无忌说：“我有此想法已久，只是未敢言明。如今先生的话，正合我心，正应明告秦王。”于是赶紧前去禀告李世民。李世民把房玄龄也召来，共同商议。房玄龄说：“大王功高盖世理应继皇帝位。别看现在情形危急，其实这是上天在逼迫你这样做，请大王切勿犹豫。”于是和王府幕僚杜如晦一道，极力劝说李世民，要他早下决心，诛除建成、元吉。

建成、元吉知道秦王府有一大批骁勇善战的大将，想收买几个人，为自己效力。于是悄悄派人把一车金银赠给尉迟敬德，并写信劝他说："这些东西希望您老人家能够喜欢，我期待着有一天能加深我们的交情。"尉迟敬德回信时拒绝说："我出身于贫寒人家，在隋末乱世中，误投贼人，罪过之大，早该处死。是秦王给了我再生的机会，现在又得以随侍秦王，大恩大德，只有以死相报。我对殿下没有任何功劳，不敢接受你的重赏，若私交殿下，便是不忠之臣，见利忘忠，殿下要这样的人有什么用！"建成见信后大怒，于是和他断绝了往来。尉迟敬德将此事如实地禀告李世民，李世民说："您的忠心，重如泰山，纵然别人把金子堆得高过北斗星，我确信你也不会动摇。既然人家愿意给你，只管收下，怕什么嫌疑呢？况且与太子往来，或许能预知他的阴谋，这不是将计就计的好办法吗？您做得太绝，将会招来祸患。"事后元吉果然派刺客夜袭尉迟敬德，尉迟敬德预先知觉，将家里的门一重重全部打开，自己安然地卧在床上。刺客有好几次来到门口，因畏惧他的神勇，始终不敢进来。元吉杀敬德不成，就在李渊面前说他的坏话。李渊下诏将尉迟敬德逮捕入狱，想杀掉他，在李世民的坚决辩护和请求下，总算免除一死。元吉又陷害程咬金，李渊将其远逐康州，降为刺史。程咬金对李世民说："大王的得力部下，都不在身边了，您的安全怎能有保障呢？我死也不走，希望您及早定夺。"

元吉还用金银布帛引诱另一位将军段志玄，也没有得逞。建成对元吉说："秦王府里的谋略之士，可怕的只有房玄龄、杜如晦。"于是在他的挑唆下，李渊把房、杜二人也逐出了秦王府。

就在建成、元吉收买、排挤秦王府部将的时候，他们却没有察觉到，李世民已经成功地结纳了太子的心腹部将何常及其府中的属官王珪等人，他们作为秦王的间谍，在政变的关键时刻，起了极大的作用。

秦王府中，最后只剩下长孙无忌一个谋臣。长孙无忌与尉迟敬德、高士廉、侯君集等将领一再劝李世民，要他下决心杀掉建成、元吉。李世民想了解秦王府外其他大臣的看法，于是就去征求李靖和李勣（徐茂公）的意见。这两人是唐高祖李渊的重臣，手握兵权，而且阅历丰富，足智多谋。他们对秦王与太子之间的争夺，洞若观火，但因为他们的身份都是外臣，不好参与宫廷里的事，所以李世民左问右问，两人均是一言不发。李世民却由此对他们更加敬重了。

正当太子与秦王针锋相对，一场政治风暴蓄而未发的时候，恰好赶上突厥又一次进犯大唐边境。建成借机加紧了对李世民的迫害，秦王与太子两股势力的正面交锋，终于导致了皇子之间争夺皇位继承权的流血事件——"玄武门之变"。在这次政变中，李世民以他超群的智谋，沉勇果决，先机制敌，取得了最后的胜利。

突厥犯边的消息传来，建成不失时机地推荐元吉，由他代替李世民统军北征。在他们的阴谋布置下，李渊命尉迟敬德、程知节（咬金）、段志玄、秦叔宝等秦王府诸将随军出征，并调秦王帐下精锐，以充实元吉的力量。建成、元吉的阴谋被王珪发觉，他偷偷潜入秦王府，密告李世民："太子对齐王说：'现在你控制了秦王的猛将精兵，拥数万之众，可以相机行事了。我和秦王在昆明池为你饯行，到时候，你安排杀手将秦王就地处死，然后报告父皇说他突然病死，父皇不会不信的。我乘机派人劝说父皇，把皇位让给我。至于尉迟敬德等人，既然捏在你的手心里，应该把他们全部活埋。大局既定，谁还敢说个不字。'"李世民把王珪的这番话告诉了长孙无忌。长孙无忌等人建议李世民先发制人。李世民叹息说："同胞手足之间相互残杀，自古以来都是最可恨的事。我早就知道会有这一天。我想等他们先动手，做出理亏的事，然后再讨伐他们，这还能合乎点道义，这样做不也可以吗？"尉迟敬德说："生死大事，谁不慎重！现在大家情愿以一死拥立大王，这是天赐良机呀。大祸即将临头，您却安闲自在，无忧无虑。大王即使不拿自己的性命当回事，也应该为社稷着想啊！大王若不听我的话，我就出去占山为王，不能留在你的身边，束手待毙！"长孙无忌也说："不听敬德的劝告，必然事败。敬德一定不会再跟随大王，无忌也应该随他们而去，不能再辅佐大王了。"李世民说："我的话也不能一概不采纳，请你们再重新商量一下吧。"尉迟敬德说："大王今天处事迟疑不定，从前的谋略哪里去了？大难临头不做决断，从前的勇气怎么都没有了？如今，你平日养在府中的八万勇士，外面的均已相继入宫，他们都披上铠甲，拿好兵器，整装待命。事情已无可挽回，你想罢手也不行了。"

李世民又询问王府幕僚，有何意见。众人都说，齐王与太子阴谋作乱，如果让他们得手，暴乱非但不能结束，还会导致大唐的覆灭，望大王为国家着想。众人问李世民，上古时的舜是怎样的人，李世民回答说是圣人。众人说："假如舜挖井时出不来，早已被他父兄害死在井里了。修粮仓时下不来，早已被他父兄烧死在粮仓上。如果他死了，怎么能为苍生造福呢？这就是孔子称赞'小杖则受，大杖则走'的缘故。舜不想坐以待毙，是因为他胸中怀有大志啊！"李世民命人占卜吉凶，幕僚张公瑾从外面进来，一把抢过龟甲，扔在地上，说："占卜是为了解决疑难，眼下的事毫无疑问可言，还占卜干什么！占卜的结果不吉利，你难道能放弃这次行动吗？"李世民的顾虑，是有理由的，事情并不像众人所说的那么简单。他不想落个杀害手足兄弟的恶名，被天下人乃至后世指责。然而险恶的形势，使他不得不早下决心。

计议已定，李世民暂时放下了心里的负担，又恢复了他沉勇果决的秦王本色。首先，他命令长孙无忌将房玄龄、杜如晦召回王府议事。两人不知道秦王的主意如何，于是回话试探李世民说："皇帝不让我们跟随你，今天如果私自拜见，定犯死罪，我们不敢接受你的命令。"李世民大怒，对尉迟敬德说："玄龄、如晦难道背叛我了吗？"立即解下佩刀，交给尉迟敬德，说："您去看看，如果真的不想来，就把两人的头给我提回来。"尉迟敬德与长孙无忌一同前往，告诉房、杜两人："大王已下决心，赶快回去商量大事吧。咱们四人，不能走在一起。"于是让房、杜穿上道士衣服，跟随长孙无忌、尉迟敬德绕道一起回到秦王府。然后，授意朝臣傅奕上奏李渊："太白星出现在秦地的分野，预示秦王执掌天下。"最后，李世民到李渊面前抛出掌握已久的一张王牌：揭发建成、元吉淫乱后宫的事实。待李渊火起，乘机进言："儿臣无半点亏负兄弟之处，现在兄弟欲杀儿臣，像要替王世充、窦建德报仇。儿臣今日冤死，再也见不到父皇，魂归地下，也耻于见到这些贼臣。"李渊恍然大悟，十分震惊。告诉世民："明天审讯他们，你早些上朝。"

武德九年(626)六月四日，长孙无忌等人随李世民潜入禁宫。这天玄武门守将正是何常。李世民与部将得以顺利伏兵于玄武门，建成对此毫无察觉。他与元吉走到临湖殿，才觉得情形不对，立即拨转马头，想赶回东宫和齐王府搬兵。李世民率众追杀，元吉张弓射李世民，由于心中慌急，无法将弓拉满。李世民弯弓搭箭，将建成射死。七十余名秦王府骑兵在尉迟敬德率领下，随后赶来，分左右齐射元吉，元吉坠马。李世民坐骑受惊，驰入林中，人马被树枝绊倒，元吉急速赶到近前，夺过李世民的弓，想用弓弦把李世民勒死。尉迟敬德跃马来救，元吉转身逃走，尉迟敬德紧紧追赶，一箭射死元吉。

建成部将冯立得知太子与齐王死讯，与薛万彻、谢叔方带领东宫与齐王府两千精兵涌至玄武门。张公瑾自恃神力，独自关门拒守，东宫与齐王府兵将被暂时挡在门外。薛万彻命手下士兵擂鼓呐喊，声言要攻打秦王府，秦王府将士非常惊慌。尉迟敬德出示建成、元吉首级，东宫和齐王府士兵见主人已死，一哄而散。

当双方激战的时候，李渊正在海池的船上，与大臣裴寂、萧瑀、陈叔达等人准备查问建成、元吉的罪状。李世民派尉迟敬德到宫中"警戒"，尉迟敬德披甲持矛直接面见李渊，李渊大惊，问："今天是谁作乱，你来这里干什么？"尉迟敬德回答说："秦王因太子、齐王作乱，举兵诛灭了他们，怕惊动了陛下，特派我前来护卫。"萧瑀、陈叔达等大臣历数建成、元吉的罪行，盛赞秦王的功德，劝李渊顺水推舟，立世民为太子，委之以国事。这时外面双方士兵仍在交战，尉迟敬德要求李渊下达“诸军并受秦王处分”的诏旨。李渊见木已成舟，只好派人分头宣读圣旨，将玄武门和东宫中的建成旧部遣散，一场政变很快就结束了。

六天后，唐高祖李渊立李世民为太子，武德九年（626）八月，高祖退位，李世民登基为帝，称唐太宗。次年，改年号为“贞观”。

李世民即位后，及时根治了隋末战乱留下的疮痍，恢复和发展了社会经济，稳定了社会秩序。他的谋略眼光从以往的武力征服转向政治、军事、经济诸方面的整顿和改革。从贞观元年（627）起，经过二十余年的励精图治，取得了巨大的成功。这段时间，史称“贞观之治”。

郭子仪平叛乱

唐朝后期，回纥和吐蕃两国，在叛将仆固怀恩的煽动下，出兵三十万，联合进犯中原。唐将郭子仪急忙率领精兵一万前去抵抗。无奈敌军势力强大，唐军尚未部署完毕，敌人已迅速将他们包围。

恰在此时，叛将仆固怀恩病死了，回纥和吐蕃大军顿失联系人物，双方将领为争夺领导权而相持不下。最终把队伍分开，吐蕃驻军东门外，回纥驻军西门外。

郭子仪得知这个消息，想起曾与回纥部族并肩作战平定过安禄山之乱，便决心趁此机会联络一下相识的回纥将领，将敌方分化。于是派部将李光瓒前往回纥军营，传达郭子仪的意见。

回纥将领药葛罗听到郭子仪仍健在的消息果然十分欢喜，但又不免疑惑，便让李光瓒回去请郭子仪亲身来见。郭子仪听了李光瓒的报告，不顾众将领的劝说，决心单骑入回纥营。

不久，到了回纥营地，众将领纷纷出营观看，见果真是郭子仪，便纷纷下马，跪拜迎接。郭子仪也立即下马，走到药葛罗面前，与他携手入账。

大家互诉旧情，难免伤感一番，郭子仪乘机对他们说道：“你们过去曾替唐朝立过大功，唐朝也没有亏待过你们，为什么今日听了一个叛将的挑拨，就反目成仇了呢？”药葛罗急忙解释道：“我们已知上了仆固怀恩的当。他对我说，皇帝与令公均已不在，国内大乱，叫我来帮他收拾残局。现在我才明白，原来是一场误会！”郭子仪见时机成熟，便进一步劝药葛罗与唐军联合，消灭吐蕃。药葛罗欣然同意。于是摆酒欢宴，互相敬祝，洒酒为誓。

郭子仪与回纥结盟的消息传到吐蕃军营，吐蕃将领连夜率军奔逃，被郭子仪与药葛罗合力追赶，打得落花流水。至此，一场乱顺利平息。

李隆基称帝

唐代神龙元年(705)一月，武则天病重，秋官侍郎、同平章事张柬之，天官侍郎、同平章事崔玄暐，中台御史敬晖，司刑少卿桓彦范，相王府司马袁恕己，五人合谋，诛灭张易之、张昌宗兄弟，推翻了武则天的统治。武则天传位给太子李显，是为中宗。但武则天所留下的皇位继承问题还没有解决。武则天在位时，儿子、侄子、女儿都想做皇帝，虽然现在中宗即位，这些人及他们的依附势力，没有不窥测皇位的。因此，在武则天被推翻以后，太子李重俊谋诛韦后未遂，韦后杀死中宗，玄宗杀了韦后而拥立睿宗，睿宗以圣庶抗嫡的名义换玄宗为太子，谯王李重福洛阳谋乱未遂，睿宗禅位玄宗，玄宗诛杀太平公主而移睿宗于百福殿。在短短的八年半时间内，先后发生了七次宫廷事变。在这七次宫廷事变中，有四次与玄宗有关，亦可见这位人物在当时的地位和作用。

唐玄宗，名隆基，生于垂拱元年(685)，是睿宗第三子，史书称他"性英武，善骑射，通音律、历象之学。"始封为储王，后为临淄王，曾兼卫尉少卿、潞州别驾。

景云元年(710)六月，唐中宗韦后鸩杀中宗，韦后与太平公主(武则天之女)等合谋，册立十六岁的李重茂为帝，韦后临朝摄政。为实现专权的目的，韦氏宗亲勾结宗楚客等，欲仿照武则天故事，改朝换代。这样便与原来的同谋者太平公主和唐室宗亲，尤其是中宗的弟弟李旦发生冲突，韦后与自己的女儿安乐公主相谋，准备除掉他们。

韦后杀掉中宗之后，恐李姓诸王生变，将在外的诸王大多召回京师，李隆基也在此行列。失去实权的李隆基，不甘任人宰割，"阴聚才勇之士"，准备待机行动。韦后与太平公主失和，李隆基早已侦知，乃与太平公主之子薛崇简等相谋，实际上是想取得当时颇有势力的太平公主及其死党的支持。就在此时，韦后等谋害李隆基的父亲李旦的谋划已定，兵部侍郎崔日用派人告密。为了不至于被政敌消灭，也为了使政敌措手不及，李隆基决定马上发动政变。这样大的事情，按常理应该通知其父李旦和太平公主。李隆基以"事成福归于王(其父)，不成以身死之，不以累王"为名，率所联络的羽林军所辖的"万骑"，攻入长安宫的玄武门，杀韦后、安乐公主、上官婉儿等，灭其党羽，废李重茂，拥立其父李旦为帝，是为睿宗。李隆基发动政变，能够在一夜成功，这在很大程度上因为有太平公主的支持。

太平公主沉敏多权略，武则天认为她最像自己，也最爱她，使她很早就参与政事的谋议。在唐中宗复辟时立有大功，故在中宗之世，是非常有权的人物。这次与李隆基共诛韦后，拥立睿宗，可谓功高权大。

睿宗即位，议立太子。长子李成器是嫡生，李隆基是有大功的，究竟立谁，睿宗自己也犹豫不决。李成器在权衡利弊之后，自知李隆基握有实权，又有文武大臣阿附，难以与之抗衡，便以“时平则先嫡长，国难则归有功”为名，“涕泣固让”。李隆基本有此意，但不能表示出来，所以“抗表固让”。然大臣多言，成器固让，隆基终于得到太子的位置。

睿宗在武则天时曾为皇嗣，但形同囚犯，自己正妃刘氏、德妃窦氏(玄宗母)被人诬告诅咒武则天，而被武则天杀死，也不敢申辩半句。尔后又被幽闭宫中十余年。中宗复位，他仍遭猜疑。可谓是一直生活在惶惶不安之中。正因为如此，他非常怕事，又缺乏主见。即位后，凡宰相奏事，他常先问：“尝与太平议否?”再问：“与三郎议否?”然后才做出决断。军政大权实际上操在太平公主和李隆基手中。二雄不并立，这两位握有实权的人物，自然会产生矛盾，相互冲突也是不可避免的。

本来太平公主在立太子问题上，认为李隆基年轻，容易控制，所以非但没有反对，还支持他。不想这位青年“英断多艺”，凡事自有主见，很难控制。于是有些后悔，想重新找一位黯弱者立之，以便于她控制。欲立新太子，必先除去李隆基，所以太平公主派人散布流言云：“太子非长，不当立。”并派遣耳目，觇伺李隆基的一举一动，纤介必奏之睿宗。睿宗因为“朝廷皆倾心东宫”，威胁自己的地位，有意废去李隆基。李隆基的地位岌岌可危，心不自安。

李隆基两面受敌，按常情和当时的道德规范，太平公主是李隆基的姑姑，而且是害李隆基的主谋，李隆基应该想方设法除去太平公主的威胁，这是必然的。睿宗是李隆基的父亲，又是当今皇帝，即使有废己之心，也不该有所非议的。然而，太平公主欲害李隆基，必须依靠睿宗，没有睿宗的认可，太平公主是不可能废掉李隆基的，故决定李隆基命运的关键还是在睿宗。

李隆基在权衡利弊之后，便悄悄地行动起来。他先让术者向睿宗说“五日中当有急兵入宫”，以使怕事的睿宗难以处置。然后让张说、姚崇对睿宗说：“此必谗人欲离间东宫。愿陛下使太子监国，则流言自息矣。”连吓带哄，使睿宗命太子监国。李隆基借此得到更多的权力，以期得到与太平公主抗衡的实力。当太平公主得知姚崇、宋璟参与此谋，责备李隆基时，李隆基因实力尚不如，便顺从太平公主之意，奏他们“离间姑、兄，请从极法”，将二人贬官在外，进而安抚了太平公主，使她放松警惕，而暗中发展势力。这是李隆基第一次成功地使用声东击西之计的脚踏实地，以不然为必然争而胜之的手法。

太平公主见李隆基忍让，便大肆援引心腹充当宰相，力争在多名宰相中占有多数，以便掌握政事。而李隆基却不动声色地将羽林军控制在手，掌握应变的基本力量。712 年秋七月，正好彗星临近地球，这本是自然现象，可在当时却是与国家政事有关的灾变。借此机会，太平公主使术士言：“彗所以除旧布新，又帝座及心前星皆有变，皇太子当为天子。”欲使睿宗怀疑太子抢班夺权，借机鼓动睿宗废掉李隆基。不想睿宗却说：“传德避灾，吾志决矣。”这是太平公主忽略睿宗久受磨难，胆小怕事的弱点，以天变为辞，正是逼睿宗传位与李隆基。事情发展至此，太平公主及其党力谏也不能挽回。太平公主只好求其次，“劝上虽传位，犹宜自总大政”。所以睿宗下诰：“三品以上除授及大刑政决于上皇，余皆决于皇帝。”

当时有七名宰相，五名出于太平公主之门，太平公主仍掌握重权，睿宗虽为太上皇，但大权不下放，李隆基仍受到掣肘。以现在形势来看，太平公主所把持大权的后台是睿宗，李隆基想办法收回太上皇的权力应该是必然的，因为只有如此，才能夺回主动权；太平公主的党羽遍布内外，除之不易，应是不然，也就是不可妄动之事。然而，太平公主身在不安的地位，肯定会采取夺权行动，这将威胁李隆基的地位。故决定李隆基的命运的关键已经是太平公主及其党羽。

太平公主及其死党谋废立的事实已见端倪，李隆基尚为大权不在手而犹豫不决。这时，荆州长史崔日用前来奏事，顺便进言：“太平谋逆有日，陛下住在东宫，犹为臣子，若欲讨之，须用谋力。今既光临大宝，但下一制书，谁敢不从？”促使李隆基下定决心。

713 年秋七月，李隆基开始采取行动。他先发羽林“万骑”兵，肃清禁军的异己分子，然后再杀太平公主门下诸宰相，赐令太平公主自杀，将太上皇迁往百福殿，收回所有权力。自此以后，李隆基才成为名副其实的皇帝，先后任命姚崇、璟、张嘉贞、张九龄等为宰相，针对当时的弊政，进行一些改革，大唐王朝开始走向盛世。

计斩冯弧

宋初，永新县（今江西永新）有一个大恶霸叫冯弧。他倚仗舅父是朝中的吏部侍郎，无恶不作，横行乡里，谁都不敢触动他。有一次，他与人下棋，输了，就用铁器把人砸死。永新县当时的县令姓魏，他当即捉拿了这个恶霸，写了判处他的案卷，上报京城。谁知吏部侍郎干预此案，上面批下来的是“此案不实，另议”。同时，吏部侍郎还亲自给魏县令写信，说明冯弧是他的外甥，请他从轻发落，事成后保荐他升官。魏县令看后非常气愤，又把案卷报上去。可是，过了几天，仍给退了回来。

魏县令见此情况，不能不采用计谋行事。于是，过了些日子，他又上报了一个案卷。这次的案卷上写着：“杀人犯马瓜，无故杀人，应斩首示众，特报请审批。”很快上面就批复同意。

魏县令接到批文以后，在“马”旁边加上两点，又在“瓜”旁加一“弓”字，“马瓜”立刻变成了“冯弧”。就这样，罪大恶极的冯弧被魏县令用计斩首示众了，大快人心。

假传圣旨

1259年，蒙古汗蒙哥在进攻南宋合州（今四川省合州市）时战死于军中。次年三月其弟忽必烈在开平（今内蒙古多伦西北）登上汗位。蒙古诸王有些人不服，他们同年四月在和林（今蒙古境内）推举蒙哥的另一个弟弟阿里不哥为蒙古汗。两汗不能并立，就打起了内战。

忽必烈任命的户部尚书昔班，奉命去河西运粮草。他在返回途中，经过一个军营，发现部队乱哄哄的，就派人了解情况。经询问，才知道是万户阿失铁木耳正在挑选士兵，准备次日去投奔阿里不哥。昔班想，阿失铁木耳是一员战将，手下又有两万精兵，一旦投奔了阿里不哥，对忽必烈将是一个很大的威胁。为了让阿失铁木耳放弃原来的想法，改为投奔忽必烈，他想出了一个“假传圣旨”的计谋。他和随行人员说了自己的想法大家都不同意，认为忠于忽必烈和忠于阿里不哥的人势不两立，这时去见阿失铁木耳，有被当场杀死的危险。昔班态度很坚决，他说：“我眼看着阿失铁木耳要去投奔阿里不哥而不管，这就像在战场上看见敌人向大汗杀来而袖手旁观一样，是对大汗的不忠。”说完，就让大家扎营休息，他自己单人独骑进了阿失铁木耳的营帐。

昔班一见阿失铁木耳，就假传忽必烈的旨意说：“大汗知道你英勇善战，并且一向对他忠诚，所以特命你立即带领部队，到开平领受任务。”随后又对他进行劝导。阿失铁木耳听后，表示要和部下商议，次日早上答复。然后就让一名千户长送昔班出营，并要他派出百名士兵对昔班的营帐进行监视。

昔班回营后，随从人员都认为凶多吉少，主张设法逃跑以保全性命。昔班分析情况说：“阿失铁木耳今天没有杀我，说明他的决心没有最后下定。因而争取他投奔大汗可能成功；如果我们逃跑，会促使他下决心投奔阿里不哥。再说，我们留下来，即使全部被杀，为大汗而死，也是死得其所。”

正如昔班所料，第二天一早，阿失铁木耳就来向昔班报告：“我们决定听从大汗的旨意，今天就随你出发去开平。”昔班带领阿失铁木耳的部队到达开平后，忽必烈非常高兴，对左右说：“战争中得到一个人也是好的，今天昔班带来两万精兵，真是立了一大功啊！”

朱棣装病

明太祖朱元璋死后，因继承人皇太子朱标早已亡故，由长孙继位，是为惠帝，改年号建文，亦即建文皇帝。建文年纪虽小，却相当精明，他知道自己的环境，在十多个王叔的威胁之下，地位处于动摇未稳之势，为使皇权免于受控制，在黄子澄等策划下，大刀阔斧地来个削藩运动，把那班老叔父按其危险性程度，流放的流放，杀的杀，逐步把这批对皇朝有威胁的势力肃清，只有宁王和燕王因环境特殊，还未敢遽然下手。

燕王朱棣眼见各位王兄王弟一个个倒了，此趋势迟早要轮到自己，与其等死，不如先发制人。他的军师道衍以军备未足，时机尚未成熟，劝他再等机会，因此暂时隐忍，秘密练兵，预备行事。

有一次，燕王照例派亲信葛诚入京奏事，见了建文帝，建文帝有意收买葛诚，便召他进入密室，对他说：“如果你能把燕王的活动情况及时报告于我，将来升你为公卿。”葛诚说：“食君之禄，担君之忧，臣愿效犬马之劳，此次回去，必密报燕王举动，为陛下做内应。”

葛诚回到燕京后，怂恿燕王入京（南京）见帝，以释嫌疑，此计无非想驱羊虎口。燕王与道衍商议，道衍力主不去，燕王却说：“此时我举兵，便当举兵，若不能举兵，不如暂往一回，料他也无奈我何。”因此便毅然进京。果然有人怂恿建文帝将他扣留，但建文帝犹豫，一时又找不到借口，于一个月后，便放燕王返回燕京。

燕王相当精明，他最清楚自己的处境，一回来就诈病，并且病得很厉害，此举无非使朝廷不疑他有变。

建文帝虽放走燕王，却也时刻防备，并不因他“病重”而松懈。用了一个调虎离山计，以边境防卫为名，把燕王所属的劲旅调了一部分离开北京，派亲信工部侍郎张昺为燕京布政使（行政长官），谢贵为都指挥（城防司令），把文武两权夺了过来。又制造借口把燕王的得力部属于谅、周铎两人杀了，罪名是阴谋叛变。

燕王眼见这种夺权把戏，无非因自己而发，为保全性命起见，便诈癫扮傻，溜出王府，整天在街边游荡，口出狂言，见物就抢，十足一个疯子。有一次，出门几天都没有回来，众人到处寻找，只见他睡在泥淖里，扶起来他还在骂：“我好好睡在床上，为什么要抬我出去？”

张昺和谢贵知道此事，便入宫去探病，想看个究竟。这时是暑天，只见燕王穿起皮袄，围炉而坐，还身子发抖，牙关打战，不停地说天气太冷了。

他们认定燕王是真病，防备稍为放松。但葛诚认为燕王根本没病，这是装病扮傻，用意难测，切勿让他瞒过。

张昺于是具报明廷，建文帝便立即采取行动，密令城防副司令张信下手。那张信过去乃燕王的亲信，接到密令，犹豫不决。他的母亲见此情形，问明底细，劝他要饮水思源，不可忘恩负义，他便把事情拖延下去。

建文帝见还没有消息，又再下密旨催张信，张信火了，说：“朝廷为何逼人太甚？”乃愤然去见燕王。守门的不准他进去，张信大声说：“你们只管去传报，说我张某有要紧事求见！”

燕王召见张信，却仍卧在床上，不说半句话。左右说：“殿下正患风疾。”张信明知其诈，便说：“殿下不必这样，有什么事，可对老臣直说无妨。”燕王打量他的神气，并无恶意，才开口说：“这场病真惨，已有几个月了。”张信见他仍不肯露真情，心一急，便流起泪来，直接告诉燕王：“殿下，事到如今，还不说真话，大祸真的已临头了。”顺手拿出建文帝的手谕来，说：“朝廷命我擒拿殿下，如果你有意，就要坦诚相告，让大家想个办法，否则便肉在砧上，宰割由人。”

燕王一见连忙下床，向张信叩谢，急召军师道衍入室，商量救急之计。密议结果，由张信增兵王宫，说是严密监视，实际上是保护燕王的安全，进一步定计要除掉张昺和谢贵这两位朝廷命官。

外弛内张的情势，已到一触即发的地步，张信暗里要保护同党人的安全，即刻下令把燕王的部将全体逮捕，说是有造反嫌疑，要押赴朝廷处决。这一着无非掩人耳目，他又暗中派出精壮士兵，埋伏在东殿两旁，宫门内外，密布便衣警探。第二天，说燕王的病已好了，要召见张昺和谢贵，商议如何把这批阴谋造反的将领押解入朝。

张谢两人虽然不疑，但也有防备，带了很多卫兵前往。到了礼端门，燕王扶杖把他们迎进去，卫队却被拒于门外。宴会行酒间，一片欢乐气氛，左右献进几个西瓜，大家都吃起来，燕王忽像有所感，停食站起来，气愤愤说："想起我目前的处境，有吃都难以下咽，就是做老百姓，兄弟叔侄间也应该互相怜恤。我身为皇帝叔父，反而要惶恐度日，今皇帝待我这样，国家还有什么希望呢？"说完将手上的西瓜往地上一摔。

这原来是个暗号，两旁埋伏的士兵一见，即拥了出来，不由分说就把张昺、谢贵等斩首，再揪出葛诚来，一同处斩示众。随即宣言，起义兵，清君侧，直向南京进军。不久便攻破皇城，建文帝不知所终。燕王抢了帝位，是为明成祖。

海瑞惩恶

明朝嘉靖年间，奸相严嵩当权，在全国各地广植党羽。浙江总督胡宗宪便是其中的一个。胡宗宪的儿子胡衙内仗着父亲的权势，为非作歹，欺压百姓，人们敢怒而不敢言。

这一年的秋天，胡衙内带着几个随从离开杭州，溯富春江而上浙西，一路上游山玩水，作威作福。所经府县的官吏惧怕胡宗宪的权势，无不殷勤招待，宴请送礼，把胡衙内捧得飘飘然。

然而，胡衙内来到淳安县时，却是另一番景象：到城门边仍无一人来接，住到馆驿后知县也不来看望一下。胡衙内不由得勃然大怒，喝令将驿吏捆绑起来，拿起马鞭边打边骂："小爷我从杭州出来，一路上哪个不巴结？知府大人还为我牵马呢！只有你们这个淳安县小小的知县不肯出来迎接小爷。待我回去告诉我老子，定叫你们一个个脑袋搬家！"

馆驿的人赶紧将此事报告给知县。这个知县便是有名的清官海瑞。海瑞闻报，肺都气炸了，想立即派人去抓胡衙内，但转念一想：他老子毕竟是自己的顶头上司，公开作对，未免要吃亏。他思索了一会儿，想出一条妙计。

于是，海瑞带着捕班人马直奔馆驿。进门后，海瑞用手一指正在打人的胡衙内，喝道：“把这个恶棍抓起来！”胡衙内满不在乎地说：“我是堂堂浙江省胡总督的儿子，我看你们谁敢抓我？”

海瑞冷笑道：“你是何方恶棍，胆敢冒充胡总督的儿子？胡总督是国家一品大臣，处处体察民情，爱护百姓，他的公子定是文质彬彬之人，怎么会是你这样的花花太岁？来人，将这个冒牌货捆起来，先掌嘴五十！”捕班不由分说把胡衙内捆起来，几个嘴巴下去，胡衙内便满嘴流血，两腮红肿。

“再搜他的行李，看有无违法物品！”海瑞大声吩咐。捕班从胡衙内的行李中搜出许多银子和贵重礼品。海瑞沉着脸问道：“这些赃物是从哪里来的？”胡衙内回答：“都是沿途官吏送的。”

海瑞冷笑道：“这么说，你肯定是个冒牌货了。若是胡公子出游，他每到一处必定访古问幽，决不会像这样索要银子宝物，败坏胡总督的名声！”

这么一来，胡衙内再也不敢吱声了，吓得浑身直打哆嗦。几天后，海瑞差人将胡衙内解押到总督府，并交给胡宗宪一封信。胡宗宪拆开信，只见海瑞写道：

“属县近来查获一名冒充总督公子的诈骗犯。该犯以胡公子之名，到处招摇撞骗，敲诈勒索，骗得数千两银子和甚多珍宝。属县深知老大人教子甚严，府上公子每日攻读，怎能有闲出游？如若出游，必然瞻仰名胜古迹，以广见识，怎会专门搜罗金银财宝？属县故此一眼将其识破，所骗赃物，一律充公。特将该犯押往府上，请老大人严惩！”

胡宗宪看完信，又看看被打得鼻青脸肿的儿子，气得一句话都说不出来。毕竟自己的儿子做了错事，把柄抓在海瑞手里，胡宗宪只得打掉牙往肚里咽，埋怨儿子一番，此事便也不了了之。

嘉庆诛和珅

乾隆末期，一些满汉官员不择手段地榨取钱财，收受贿赂，贪赃枉法，对鼎盛的大清王朝造成了很大威胁。富可敌国的大学士和珅的贪恣尤为令人发指。

和珅是满洲正红旗人，姓钮祜禄氏，字致斋。由于其祖高尼牙哈那建有军功，他承袭了一个三等轻车都尉的世职，但他本人在乾隆中叶还只不过是咸安宫官学学生，乾隆三十四年(1769)才被选为銮仪卫充当校尉。

一天，乾隆皇帝要坐御轿出行，黄盖却找不到了，于是厉声责问："究竟是谁的过失？"和珅应声插嘴："典守者不得辞其责！"

皇帝循声看去，觉得和珅仪度俊雅，不禁有点欣赏，一路上问他"五经""四书"，和珅奏对得也很不错。巧言令色的和珅，从此逐渐得到乾隆的赏识和信任，很快地当上了仪仗总管侍卫、副都统、侍郎。乾隆四十一年（1776），又在军机大臣上行走，不到一年多便由尚书授大学士，逐渐成了一人之下万人之上的显官，专擅朝权。儿子丰绅殷德，还娶了乾隆的第十个女儿和孝公主。自此之后，和珅更是外结封疆大吏、领兵大员，内掌官吏任免、财政收支、刑法诉讼、谏议策划、政令公文。其弟和琳当了都统，其亲家苏凌阿当了大学士，甚至他早年的师傅也当上了御史、侍郎之类的京官。真是"一人得道，鸡犬升天"。

和珅威权之重，以至每天上班入朝，文武官员都要伺立道旁，夹道迎送，人们戏称迎送的人墙为"补子（补服）胡同"。和珅权越大，胆也越大。他拼命地榨取钱财、收受贿赂，就连皇子永锡要承袭肃亲王爵位，也要给其送房送礼。他还私扣皇帝的贡品。和珅为人刁钻刻薄，滥用职权，肆杀无辜。但由于他受到乾隆的重用，朝野上下敢怒不敢言。

乾隆六十年册立皇十五子颙琰为皇太子，以明年为嗣皇帝嘉庆元年，即 1796 年颙琰继位为嘉庆皇帝，乾隆退居太上皇。颙琰册立为太子时，和珅预知其事，先跪进玉如意，隐然以拥戴为己功，颙琰以其泄露机密，心甚恶之。即位后，军国大事一听上皇主持，而和珅又以权相当国，恃宠骄甚。颙琰非常痛恨其擅权跋扈，但碍于乾隆，强为容忍。为消除和珅的戒心，与和珅竭力周旋，遏有奏上皇者，皆由和珅代白。左右有非议和珅者，颙琰说："朕方依相国理四海，何可轻也。"和珅荐其师吴省兰为颙琰录诗草，藉以观动静，颙琰知其意，吟诗不露圭角，稳定和珅。有一天早朝后，乾隆单传颙琰与和珅入见，乾隆闭目口中喃喃而语。颙琰极力谛听，终不能理解一个字，久之，乾隆忽启目说："此人何姓名？"和珅应声答："徐天德，苟文明。"后颙琰问和珅其意，和珅答："上皇所诵为西域秘咒，诵此咒则所恶之人在千里之外亦当无疾而死或有奇祸，奴才知上皇持此咒，必为教匪头头，故以二人之名答对。"颙琰闻之，知和珅亦精于此术，益存必杀和珅之心。

嘉庆四年（1799），89 岁的乾隆帝驾崩，颙琰欲正和珅之罪而没有找到借口，又恐迟且有变，因下谕诏，其大意为："太上皇英明仁慈，恩德备施，但太上皇年高仁慈更甚，以致文臣武将言过饰非，陈功摆德，内外蒙蔽，上下欺骗，致使匪乱不断，殃及良民，武政废弛。这些又有上皇近臣为之缓颊，目无法律，克扣军饷，贪赃枉法，使国日衰，所以特着各部院大臣着实查办举劾以修武政、安天下。"谕下，举朝震惊。御史郑葆鸿、给事中王念孙等列款弹劾和珅。三天之后，嘉庆皇帝就宣布和珅二十大罪，把他逮入监狱，十天之后下令赐死。在查抄和珅家产时，金银、田产、房屋、店铺、器物、服饰累千盈万，仅其夹壁藏金就有二万六千多两，地窖藏银三百余万两，私库藏金 6 千多两，和珅全部家财有八万万两之多，所以有"和珅跌倒，嘉庆吃饱"的民谣。

刘铭传赴台湾

光绪九年(1883)，法国强迫越南签订《顺化条约》，把越南变成法国的保护国。这年十二月，法军向中国军队发起了进攻。第二年六月，法国任命海军中将孤拔为总司令，海军少将利士比为副司令，率领舰队侵入南中国海，并占领台湾，以台湾作为侵略中国的根据地。中国政府为了保卫台湾，任命老将刘铭传去守卫台湾。

刘铭传是安徽合肥人，因他小时出过天花，脸上有麻子，又因他排行第六，所以人们又叫他刘六麻子。刘铭传原是一个提督，只因得罪了朝内大官，在家闲居了十三年，这时已快五十岁了。

刘铭传到了天津，总督李鸿章原是他的顶头上司，劝他不要到台湾去，台湾是个孤岛，去后同法国有一场恶战，弄不好会身败名裂，劝刘铭传就在天津帮他管北洋军务。刘铭传是位爱国将领，他决心要到台湾去守卫。

但是，法国舰队司令孤拔听说中国政府调老将刘铭传去保卫台湾，知道他智勇双全，不好对付，就想了条毒计，叫法国驻中国公使巴德诺探听刘铭传动身到台湾的日期。等刘铭传一上船，就用炮舰在海上将刘铭传的坐船击沉。刘铭传接到了这个情报后，十分焦急：驻在台湾的军队在等他去指挥打仗，敌人的军舰却准备在海上拦击他，而中国海军当时又比不上法国舰队强大，这怎么办？

刘铭传想来想去，终于想出了一条妙计。光绪十年(1884)七月十二日，刘铭传到了上海。当时两江曾总督正在同法国公使巴德诺进行外交谈判，刘铭传到上海后不提到台湾的事，却以曾总督谈判副手的名义坐到了谈判桌上来了。

当时，中法两国一边打仗，一边谈判。战场上枪对枪，炮对炮，拼个你死我活；而谈判桌上双方仍然客客气气，以礼相待。巴德诺见刘铭传到了上海，就有礼貌地专程到刘铭传住处来拜访，并探问他哪天动身去台湾。

刘铭传假装愁眉苦脸，忧心忡忡地说："台湾是个孤岛，那里困难很多。我已经离开部队十三年，对军队生活兴趣不大了。这次奉命到台湾去，也是君命难违，只好勉强去应付一下。现在许多准备工作都没做好，我一个人跑到那个孤岛上去干什么？我若去，起码也要等大批护卫战船调齐，并等那艘主舰修好才能走。目前，我先陪你在谈判桌上打打交道再说。”

巴德诺听了刘铭传这些话，再看看刘铭传住处那些勤务人员，一个个懒懒散散，全无一点紧迫气氛，也就相信他短期内真的不会动身。说了几句，就辞谢出来了。

七月十四日，上海一带狂风暴雨，电闪雷鸣。巴德诺见天气这样恶劣，加上派密探打探得刘铭传的大批战船还没调齐，主舰也未修好，就断定他决不会动身。

谁知，正是在这个狂风暴雨的晚上，刘铭传脱去官服，化装成老百姓，先乘一只小舢板，冒着大风雨，七弯八绕，登上了一艘军舰。这艘军舰早已升帆待发，刘铭传一上船立即全速往台湾驶去。

两天后，双方谈判，巴德诺在谈判桌上没见刘铭传露面，产生了怀疑，派人打听，才知刘铭传早在两天前就离开了上海，惊呼：“中计了！中计了！”急忙拍电报给孤拔。孤拔接到电报，忙派兵舰去追。赶到台湾基隆海口，刘铭传早已在台湾登岸两个小时了。

刘铭传到台湾后，积极布防，多次打败法国军队进攻，直到战争结束，法国侵略军也没能攻下台湾。战争结束后，台湾建省，刘铭传当了台湾第一任巡抚（相当于省长），积极建设台湾，给台湾人民办了不少好事。

第三章　处世运智方略

巧借“替罪羊”

英国一家珠宝店开张营业，正当顾客姗姗而来时，突然女王陛下驾临。她径直走向珠宝首饰柜台，并对周围惊喜交加的人们点头招手，微笑有度。女王御驾光临的消息不胫而走，这家新店铺的声誉骤然倍增。前来参观、选购的人群熙来攘往，热闹非凡。没有赶上这一盛况的，也纷纷闻风而来。

后来，人们才知道——更多的人也许很难知道，那天光临的并不是“女王陛下”，而是一位面貌酷似女王的老百姓——珍妮女士。由于她有那么难得的相貌，这家珠宝店老板将她重金聘下，作为珠宝店的广告模特儿，并让她在开张之日正式出场。这一招真是事半功倍，取得了花几十万英镑广告费也难收到的宣传效果。自然这种事待人弄明白时，老板会说他并没有讲那是女王驾临，是顾客自己认珍妮女士为女王的，此事与店方无关。真的有了官司，“替罪羊”肯定是一大群。顾客没有把柄，也拿这巧施借口的老板没办法。此法在许多场合中，都有很大用场。

一天，一位办理房地产转让的房产公司推销员来到一位朋友家，带着朋友的朋友的介绍信。彼此一番寒暄客套之后，他就讲开了：“此次幸会，是因为我的上司赵科长极为敬佩您，叮嘱我若拜访阁下时，务请先生您在这本书上签名……”边说边从公文包里取出这位朋友最近出版的新著。于是这位朋友不由自主地信任他。在这里，赵科长的仰慕和签书的要求只不过是个借口，目的是对这位朋友进行恭维，使他开怀。

在被恭维者面前，若以第一人称的语气这样说，则必有谄媚的味道，会使人很容易观察其目的。但这位高明的推销员有意撇开自己，用“我的上司是您的忠实读者”这种借他人之口的迂回之法，就比“我崇拜您”更巧妙、更有效，更容易使人接受，尤为高超的是，一旦遭到拒绝，是第三者的面子不够大，与本人无关。这个第三者无形之中成了一个挡箭牌。

有的时候，挡箭牌仅仅是为了遮羞而已，可少了又断然不行，比如问一些敏感话题。“请问你们夫妻一星期做爱几次？”想必不会有人回答这个问题。但市场调查的问卷颇多必须问到年收入、地位、学历等很难获得回答的事项。因此，在进行这类调查时，询问者有时会改变询问的方式，使对方容易回答。例如前述的“请问你们夫妇一星期做爱几次？”可以改成“你认为跟你们上下年纪的夫妻平均一星期做爱几次？”这不是直接问对方而是问别人怎么样。“一星期差不多×次吧！”如果对方举出具体的数字，那个数字大致就是他本人的情况了。再比如反驳对方，也可以第三者的口气来说。一般人是否有接受批评或反驳的雅量，主要取决于反驳或否定的方式。否定或反对自己意见的人就站在眼前，是一般人难以忍受的事。反过来说，即使是非常强烈的反对意见，只要借社会大众或不在场的第三者的口气来表达，多半不会引起直接的反感。在日常生活中，很多夫妇都惯用“都怪他不好”来找借口，而双方都心照不宣地乐做替罪羊，别人也多半会看到争吵而原谅了他们的过失。例如，赴宴迟到，夫妇彼此可以互相责备：她换件衣服换那么久，或者他找地图、找路，找得太久等。

创业容易　守成困难

唐太宗善于纳谏，从善如流，致使贞观年间，政治清明，纲纪肃正，生产发达，国泰民安。某日，太宗皇帝又集聚群臣讨论创业与守成的问题。

唐太宗问道：“你们认为是创业难？还是守成难？”大臣房玄龄首先回答：“我以为创业伊始，困难重重，百事待举，需披肝沥胆、呕心沥血，一个个地突破障碍，一个个地解决问题，才能建立起基业，我以为创业难。”

魏征则提出了相反的看法，他说：“古往今来，许多帝王都能在最艰苦的情况下克服困难而建功立业，但是，又有许多人在贪图安乐中又失去了祖先辛勤努力的果实，所以我认为，守成比创业难。”

唐太宗听了两人的意见后，发表了自己的结论：“房玄龄跟随我打天下，戎马倥偬，转战沙场，经常在九死中才求得一生，所以深知创业之难也；而魏征辅助我治理国家，呕心沥血，日理万机，他经常唯恐因富贵而产生骄恣之心，因不察而衍生无穷祸害，居安思危，所以非常了解守成之难。可见创业与守成都是困难重重的。但是就目前而言，创业之难

已经过去，守成之难已进入议事日程，我希望诸位大臣能够与我勠力同心，兢兢业业，恪尽职守，共同把守成工作做好。”

一席话说得大臣们心服口服。

我们不得不钦佩太宗的政治头脑以及善于团结部下的艺术。他之所以下了这么一个极具辩证意味的结论，充分地表明了他治理国家的心声。其实在没争论“创业与守成孰难”这个问题之前，太宗已发现出了问题的端倪：有些大将，因创业已成而产生了麻痹大意的心理，有的人居功自傲，开始脱离部下；而有的人则开始打起“小算盘”，潜心于经营个人或小集团利益……这些都是不利于国家安定、政治清明苗头，故此，太宗提出该问题让大家讨论，希望以此提醒诸位部下切勿让胜利冲昏了头脑，切勿在和平环境中栽了筋斗。他的做法既未伤害武将们的自尊，又没有失却表明自己政治主张的原则，可谓一箭双雕！

懂得旁敲侧击

旁敲侧击的方法很多，我们略举数例，希望经营者碰到如上的困难时能有参考价值，或者由这些方法中自我启发出更有建设性的方法。

一、另给他分个办公室

办公室的分配位置，最能显示出权力象征的意义，尤其是一间属于个人专有的办公室，不论位置、大小、装饰等，都足以代表一个人在公司中的地位与权力。

旧有的办公室可能已经使用了好几年，乃至十数年，权力的形态与意识早已根深蒂固，哪一个房间是属于副总经理的？哪一个房间是属于业务经理的？大家都十分熟悉，而哪一个房间拥有多少权力？权力的中心何在？更是人人清楚。

假定现在你想剥夺占有某个办公室的人的权力，又不想以调整职务为手段，那么比较不落痕迹的方式，就是给他一个新的办公室，而这新的办公室应该远离权力中心。

如此，在一种很自然而无形的情况下，这个人逐渐的失去他原有的影响力。等到他的影响力消失，你要处置他就不会过于棘手，也不会产生不必要的副作用或后遗症。

事实上，以换办公室作为削夺权力的第一步骤，从任何角度来看，都是最温和而不伤尊严的做法。稍为激烈一点的，就是将他迁出私人办公室，而与一般职员共处于大办公室，美其名为"增进其与部属之间的沟通"。失去了私人办公室，他的一切护卫与武装也就随之解除。

有些公司则趁改组扩大的机会，干脆把公司搬到一栋新建的大厦去，经营者所有的意志企图都可借重新分配办公室来达到目的。

二、掐断电话，不叫开会，断绝情报

有人说，一个公司中最有权力的人，可能是负责接电话的总机小姐，因为任何情报的传达都要透过她，所以她拥有公司最多的情报。总机小姐如果对某人不顺眼，而要使这个人失去权势的话，可说轻而易举，她只要断绝若干情报来源，就可能使他陷入极大的困境。

在资讯发达的时代里，情报可说是一切权力的来源，谁有办法掌握更多的情报，谁就是更有权力的人。因此，杀人不见血的方法之一，就是断绝情报来源。

如何断绝对方的情报来源呢？例如，重要的会议在他不在或出差的时候召开，使他失去参与决策的机会，或者开会通知根本不发给他，财务报告、业务报告不再给他过目。

三、明升暗降，叫他毫无实权

表面上晋升其职位，实际上是解除他的权力。行政机关将部长、院长改聘为资政、国策顾问，使其高待而无为，就是明升暗降的手法。

这样做的好处很多。第一，不伤对方的面子，第二，权力的移转会温和而顺利。例如将总经理或副总经理纳入董事会，担任高级顾问，任谁也无话可说。

四、让他出个长长的差

派他出国考察，一两个月后，他回来时发现整个情势已然改观，他的工作已经分别由他人瓜代，他的权力已所剩无几。此时，你再加以说明，因时机紧急或迫于无奈权宜处置等搪塞的理由，纵使他心里明白，也徒呼奈何了！

吃小亏赚大便宜

唐代有叫窦公的商人，很善于经营家业，但财力上很困难。他在京城里有一块宝地，与大宦官的地段相邻，宦官看中这块地想得到它。这块地仅值五六百缗（古代一千文为一缗），窦公很高兴地把这块地献给了那位大宦官，却根本没有提价钱。在讨得宦官十分欢喜之后，他就借故说自己打算去江淮，希望得到两三封信给神策军中的护军，那宦官便替他写了信。窦公借这些信总共获利三千缗，从此，他的事业便发达起来。

长安城东郊有一片空地，地势低洼有积水，窦公就用低廉的价钱买到手，然后让女佣人带着蒸饼盘在那块空地上诱儿童：哪个孩子如果扔砖瓦击中空地上的一个目标，就奖给他一个蒸饼。小孩们都跑来争相扔砖瓦石块，这样那片洼地填平了十分之六七。接着又用好土垫在上面，在这块地上盖起了一个客店，专门留波斯的客商居住，每月能获利数百缗。

南朝的宋孝武帝刘骏，酷爱赌博，每次赌博时都下大赌注。人们惧怕他的权势，赌博时都要让他几分。赢钱的时候多了，刘骏便以赌为聚财手段。

朝廷中有个叫颜师伯的大臣，在做官期间贪污受贿，聚敛了大量金钱。刘骏知道后十分眼红，想狠狠地搜刮他一下，于是派人请颜师伯来赌博。

谁知颜师伯狡猾无比，心中明白刘骏的打算，想借此机会在官位上得到升迁。为了讨得刘骏欢心，他有意连输两局，果然使刘骏十分高兴，兴趣越发浓厚。

有一次，刘骏和颜师伯又赌了起来。刘骏先掷骰子，一下掷了个“雉”点，立刻高兴不已，以为这一局稳操胜券。因为“雉”点为上乘，很不容易掷到。然而顷刻之间，局势急转直下。颜师伯轻轻一掷，得到一个最佳点“卢”点，级别在“雉”点之上。

刘骏见状大惊失色，暗忖输钱已成定局。然而，早有预谋的颜师伯却镇定自若，装作不知道，迅速抓过骰子，平静地说：“我差点得个‘卢’点。”这一来，颜师伯当场输给刘骏一百万钱。

自幼机敏的刘骏，对颜师伯的“作弊”心领神会，乐不可支地收下赢钱。不久之后，他提拔颜师伯当了宰相。

官位一到手，颜师伯就更加肆无忌惮地搜刮民脂民膏，财物滚滚而来，把输给刘骏的钱成十倍百倍地赚了回来。

刘骏只顾与颜师伯赌得高兴，对他更加放任，颜师伯的权势因此显赫一时。人们背地里议论说，颜师伯以钱钓官，赚了大头。

从某种意义上说，这场赌博的游戏还算得上是一次“公平”交易。一方急不可耐地想赢钱，另一方为了更大的目的有意输钱，一个愿打，一个愿挨，各取所需，各得其乐，互不相怨。

毛遂自荐成功名

公元前260年，白起在长平大破赵师，杀死赵国士兵45万人，使赵国人大为震惊。其后，秦王又派大将王陵等领兵20万围困赵国都城邯郸，赵孝成王让平原君赵胜想法搬取救兵解除邯郸之围。平原君是当时天下有名的贤士，他想从3000食客中精选出20名文武全才的人，带他们到楚国去求取救兵。平原君选来选去，只选中了19人，还差一个名额，却怎么也选不出来了。这时，一个叫毛遂的门客挺身而出，自告奋勇要随同他们前往楚国。起先，平原君并不记得自己的门客中有毛遂这个人，便不以为然地问：“先生来我这里几年了？”毛遂说：“三年了。”平原君说：“我听说有才能的人就像锥子在口袋里一样，它的锋芒会立刻显现出来。现在先生已经在我这里呆了三年，我却从未听到左右的人提起过先生的长处，这说明先生并没有什么才能，所以，还是请先生留在家中吧。”毛遂不慌不忙地说："我是今日才请求您将我放进口袋里的。如果您早把我放进口袋，我早就脱颖而出了，又何止仅仅显露一点点锋芒呢？"平原君听罢，便决定带毛遂一起去。

到了楚国，平原君进宫去同楚王谈判联合抗秦，让门客们等在台阶下面。平原君从一大早就同楚王谈判，一直谈到中午，可楚王还是下不了同赵国联合的决心。毛遂等得不耐烦了，便按着剑走上台阶，对平原君说："谈联合抗秦的事，两句话就可以说清楚，可现在谈了整整半天，还定不下来，这是怎么回事？"没等平原君说话，楚王先问："这个人是干什么的？"平原君说："这是我的一个门客。"楚王很不高兴，斥责毛遂道："还不快下去！我在同你家主人谈话，你算是干什么的？"毛遂按剑上前，说："大王之所以敢斥责我，是因为您的国家有众多的士兵。可现在我离您仅10步远，您的士兵都不在身边，您的性命操在我的手上。在这种情况下，您怎能当着我主人的面斥责我呢？请听我说，当初商汤只有70里土地却能得到整个天下，周文王仅有百里方圆土地却能使诸侯们臣服，依靠的并不是士卒的众多，而是他们的威势。现在楚国强大，天下无与伦比，这是成就霸业的资本。可是你却被一个小小的秦将白起屡次打败，这是多么大的耻辱！大王难道不想雪耻复仇吗？与赵国联合抗秦，这是对楚国有利的事，大王难道不清楚吗？"

毛遂的一番话，说中了楚王的心病，楚王当场表态说："先生的话是有道理，我愿意以全楚国的力量来同赵国联合抗秦。"毛遂不失时机地对楚王的臣下说："快拿鸡狗的血来盟誓。"

就这样，在毛遂的步步紧逼下，楚王与平原君当场盟誓联合抗秦。随后，楚王派春申君为大将，率兵前去救赵。

《三国演义》第二十四回说：曹操杀董卓后，发兵攻打徐州的刘备。刘备派遣孙乾向袁绍求救，袁绍的谋臣田丰带孙乾见袁绍。田丰对袁绍说："今曹操东征刘玄德，许昌空虚，若以义兵乘虚而入，上可以保天子，下可以救万民。此不易得之机会也，惟明公裁之。”袁绍因自己的幼子生疥疮，执意不听田丰的意见。田丰以杖击地说：“遭此难遇之时，乃以婴儿之病，失此机会，大事去矣，大事去矣！可痛惜哉！”史称袁绍、刘表“咸存威容、器观，知名当世。”而袁绍当时占据北方广大地区，势力量大，足可与曹操抗衡。但他外宽内忌，好谋无决，坐失良机，最后被曹操击败。如果袁绍善于把握时机，听取正确意见，“三国”的历史也许是另一个样子。

悬梁刺股苏秦成大器

战国时期，有个叫苏秦的人，他提出了南赵、魏、韩、燕、楚、齐六国合纵抗秦的战略，以遏制强大的秦国对各诸侯国的蚕食，并成功地实施了这种战略，苏秦成为炙手可热的大人物，身上挂了六国的相印。

苏秦先向鬼谷子学习纵横之术，几年之后，他认为学到了精髓，就向老师告辞，下山到各国去游说。结果他四处碰壁，功名未取就一身灰尘回到家中。

苏秦垂心丧气回到家中时，万万没想到，他的家人对他十分冷淡，哥哥、嫂子及弟妹还奚落他，说道：

“季子（苏秦字季子），按东周的习俗，大家都经营农商业，为的是发财致富。而你呢，丢掉你的老本行，到处去鼓舌游说，想以游说为职业。结果，碰得头破血流，弄得身无分文，这不是咎由自取吗？”

苏秦本来就伤心不已，现在兄嫂的嘲笑对于他来说，无异于雪上加霜。苏秦羞惭万分，伤伤心心地哭了大半天。

哭了之后，苏秦慢慢平静了下来。他想道：“别人为什么侮辱我呢？无非是我大败而回。作为一个读书人，不能因一次失败就放弃功名。我一定要发奋再认真读一读书，并且，一定要用知识去谋求荣华富贵。”

于是，苏秦就足不出户，将自己收藏的书全部找出来，认认真真地读起来。

苏秦专心读书时，他的嫂子又说风凉话了，说苏秦好吃懒做，不务正业，同时，苏秦还遭受其他亲人的白眼。

尽管处于这样的环境中，苏秦耐着性子忍住了。他不动怒，全身心地投到学习知识上去了。

有一次，他找到了《太公阴符》这本充满智慧的书，喜不自禁，反反复复地阅读，揣摩游说国君的技巧。

阅读《太公阴符》，苏秦困倦时就用铁锥刺自己的大腿，以刺激头脑，使之兴奋起来。晚上，点烛阅读时，他竟然把自己的头发缠在房梁上，这样做目的是不使自己打瞌睡。

如此发奋学习，没有超人的忍耐功夫，是难以做到的。而苏秦的这种“锥刺股、头悬梁”的学习方法，使他的学业大进。

一年之后，学业有成，苏秦就再次游说到列国去了。他的“合纵抗秦”得到了赵、魏、韩、楚、齐等诸侯国的一致认同，并联合起来共同对付强大的秦国，使秦国不敢向东发动战争。

苏秦第二次离家去游说列国时，连盘缠也没有。他自己挑书背包，赤足蹬上一双几乎磨烂完的草鞋，徒步从洛阳出发，一路上风餐露宿，风尘仆仆。

如果苏秦没有坚忍的毅力，他是不可能成功的。苏秦的成功受到了司马迁的称赞：

“夫苏秦起闾阎，连六国从亲，此其智有过人者。”

意思为：苏秦不过是小街巷中的平民百姓，然而他发迹于使六国合纵相亲，更体现了他有超乎众人的智慧。

历史上的许多成功人士之所以成功，不知付出了多少泪水、痛苦艰辛和失败。他们在创业之前往往学会了忍耐，如忍耐寂寞、忍耐清贫，忍受别人之所以不能忍，因而积累了成功需要的经验。

殷朝名相傅说，干的是筑墙的活儿，他当时的处境与地位低下的农民别无二致。

历代歌颂的舜帝，最先也是一个放牛娃。

殷朝的名臣胶禹，成名之前是个卖鱼盐的小贩。

辅佐齐桓公成为春秋时期第一代霸主的管仲，当初也是个穷得叮当响的贫汉，后来即使当官又几次被罢免，最后才当上齐桓公的仲父，掌握了齐国的军政大权。其间的酸甜苦辣，管仲是如何忍受的，后人不可能全知，但至少知道，管仲之所以成功，是因为他有坚强的毅力，能在逆境中苦苦奋斗，并忍受、坚持了下去。

一代伟人毛泽东，也有意锻炼自己的忍耐力，他在湖南师范学校读书时，与好友萧三在假期中不带分文，于湖南农村考察，毛泽东找到了救国救民的道路，最后建立了功在千秋的伟业。

聪明反被聪明误

明代大政治家吕坤以他丰富的阅历和对历史人生的深刻洞察，写了《呻吟语》这一千古处世奇书。书中说了一段十分精辟的话："精明也要十分，只需藏在浑厚里作用。古今得祸，精明者十居其九，未有浑厚而得祸者。今之人唯恐精明不至，乃所以愚也。"

这就是说，聪明是一笔财富，关键在于使用；财富可以使人过得很好，也可以使人毁掉。凡事总有两面，好的和坏的，有利的和不利的。真正聪明的人会使用自己的聪明，那主要是深藏不露，或者不到刀刃上，不到火候时不要轻易使用，一定要貌似浑厚，让人家不眼红你。一味要小聪明，其实是笨蛋，因为那往往是招灾惹祸的根源。无论是从政，是经商，是做学问，还是治家务农，都不能要小聪明。

提起《红楼梦》，说到王熙凤，人们一面惊叹于她的无与伦比的治家才能，她的应付各色人等的技巧，但人们更熟悉的是她的结局。她算是文学作品中"聪明反被聪明误"的典型了。

王熙凤在贾府算是一个巾帼英雄了，她想尽各种办法，用种种计谋，想使贾府振兴起来，或者至少维持着大家的局面，同时也积攒些家私。然而她的努力，她的鞠躬尽瘁，却招至贾府上下人的一片不满。最终也没有使贾家有什么起色，死后甚至连女儿也保不住。

看看贾府里外人对凤姐的评价："于世路好机变，言谈去得。""心性又极深细，竟是个男人万不及一的。""少说着只怕有一万心眼子，再要赌口齿，十个会说的男人也说不过她呢！""从小几个妹妹玩弄进就有杀伐决断，如今出了阁，在那府里办事，越发历练老成了。""真真泥脚光棍，专会打细算盘。""天下都叫她算计了去。""嘴甜心苦，而面三也。""上头笑着，脚底下使绊子。""明是一盆火，暗是一把刀"她都占全了。这些熟悉凤姐为人的各色人对凤姐的评价，活脱脱现出了一个机关算尽太聪明的人物。然而，她这样一个十分精明的人物，却落得孤家寡人，身心劳碌至死，最终又一无所得的下场，岂不正应了“聪明反被聪明误”那句话了吗？

凤姐比一般人更多地体验了痛苦的折磨，且不说她在背后遭骂、挨咒、劳心竭力，绞尽脑汁，就是死时的凄凉和死后的寂寞也会使她备尝苦楚。倒是李纨并不轰轰烈烈，并不劳心竭力，却落得干净自在，有人缘，中年时儿子功成名就。的确，王熙凤只知进，不知退，只知耍小聪明，不知道厚道待人，只知损人利己，不知深藏于密。甚至连自己的丈夫也数落她，背叛她，她实在是活得好苦好苦，而这一切的根源，却在于她的聪明和爱耍小聪明。

西方有这样一种说法，法兰西人的聪明藏在内，西班牙人的聪明露在外。前者是真聪明，后者则是假聪明。培根认为，不论这两国人是否真的如此，但这两种情况是值得深思的。他指出“生活中有许多人徒聪明，大糊涂，冷眼看看这种人怎样机关算尽，办出一件件蠢事，简直是令人好笑的。例如有的人似乎是那样善于保密，而保密的原因，其实只是因为他的货色，不在阴暗处就拿不出手。……这种聪明的人为了骗取有才干的虚名，简直比破落子弟设法维持一个阔面子诡计还要多。但是这种人，在任何事业上也是言过其实，不可大用的。因为没有比这种假聪明更误大事的了。”

吕蒙正待人以宽

开宝九年(976 年)，宋太祖赵匡胤突然去世，赵光义在太监王继恩的帮助下，抢先一步继位，史称宋太宗。宋太宗的继位在朝野上下引发了不少议论，宋太宗为笼络人心，便决定大规模开科取士。太平兴国二年(977 年)，宋太宗一次开科，便录取了 500 名进士。吕蒙正是进士第一名。

对这一批进士，宋太宗都予以重用。吕蒙正以进士第一名的身份，被授作监丞，升州(今河南唐河县西南)通判，赐钱 20 万，并下旨，如遇到对百姓不利的事情，准许他们通过驿站直接向皇帝报告。在宋太宗的直接关注下，吕蒙正很快便得到参与处理国家事务的权力了。

吕蒙正为人正直宽厚。当初，他父亲有好几个宠妾，对妻子刘氏渐渐疏远，刘氏因此与其发生矛盾，于是，刘氏和吕蒙正被赶出了吕家。离开吕家后，刘氏发誓不再嫁，母子二人相依为命，艰难度日。吕蒙正考中进士，步入仕途后，家境大为改善。吕蒙正不计较父亲把他们母子赶出家门，使他们吃了许多苦，把父母接到家中，同堂异室而居，照顾的十分周到，重新成为一家人。

吕蒙正入朝为官时，还不到40岁，简单的经历，快速的升迁，令朝中许多老臣感到不满，但由于他是皇上的红人，谁也奈何不了，只好在背后说些怪话，发发牢骚。吕蒙正刚入朝堂时，有个人指着他说："这小子也是参政？"吕蒙正假装没听见，从那人面前走了过去。和吕蒙正一起准备上朝的同僚，听了这话后，愤愤不平，非要问清楚那人姓甚名谁，吕蒙正连忙制止说："如果知道了他的姓名，那么我一辈子也忘不了，还是不知道为好。"对新旧朝臣间的矛盾，吕蒙正采取了宽容的态度，体现了其待人宽厚的性格，吕蒙正待人宽厚的名声渐渐在朝中树立了起来。

随着吕蒙正在朝中为官时间的延长，吕蒙正逐渐积累了政治经验，端拱元年（988年），吕蒙正出任宰相，从他步入仕途到位居宰相，前后仅12年的时间，而此时，吕蒙正也不过是个40出头的中年人。地位的变化，并未使吕蒙正待人以宽厚的性格发生变化。

位居宰相，自然有许多人跑到他那儿去活动以求升迁。对这样的人，吕蒙正巧妙地予以回绝。当时朝中有人专门收藏古镜，自称有面古镜能照见方圆200里以内的东西，那人打算把这面镜送给吕蒙正，希望得到赏识。吕蒙正听说后，便笑着说："我的脸只有碟子那么大，怎么用得上这照见方圆200里的镜子呢！"吕蒙正以其机智与幽默，巧妙地打消了送礼者想要通过送礼而得到好处的念头。

虽然吕蒙正的快速升迁与宋太宗的重用和提拔有着密切的联系，但吕蒙正并没有有恃无恐，端拱元年（988 年），吕蒙正刚刚出任宰相，便有人向宋太宗告发，说他挟私报复。当时，张绅为蔡州（今河南汝南县）知州，因为贪污被免去官职。有人对宋太宗说："张绅家境富裕，不会去贪污，这肯定是吕蒙正挟私报复张绅。吕蒙正贫寒之时，曾向张绅借钱，张绅没借给他那么多，他便怀恨在心，现在吕蒙正任宰相，便有意加害张绅，以泄心头之恨。"宋太宗听人这么说，便下命恢复张绅的官职。

面对这样的恶意诽谤，吕蒙正并没有向宋太宗进行辩解，他以其宽厚的胸怀，相信事久自然明白。

淳化二年（991 年），吕蒙正被罢相。此后考课院发现了张绅贪污的证据，宋太宗便将张绅贬为绛州（今山西新绛县）团练副使。淳化四年（993 年），吕蒙正复出为相，宋太宗觉得当初错怪了吕蒙正，便对吕蒙正说："那张绅果然犯了贪污罪。"

本想得到一声感谢或者是申辩的宋太宗什么回答也没有得到，吕蒙正依然是不辩也不谢。他用宽厚的沉默，回答了诽谤与误解。

巧用恭维这把钥匙

在生活中，遇到不同的事可用不同的"钥匙"，许多尴尬之事便迎刃而解。

一、异性纠缠。这是令许多女子颇感烦恼的问题。当今社会，青年女子在生活与工作中与男人接触越来越多，自然令一些男人心动神移，生非分之想。怎样使男人们打消念头，又不至于影响到彼此关系，这是摆在青年女子面前的一道难题。我们可在谈话中先恭维对方，给其一个响亮的称呼，从而使对方于盛名之下难以胡作非为。俗话说："爱美之心人皆有之。"你长得年轻漂亮，别人想跟你亲近，不能一概斥之为"好色之徒"。不妨给他戴一顶高帽子，迫使其打消邪念。有一位女子，相貌出众，在一家公司负责产品销售策划。一次跟某公司经理谈判之后，经理悄悄主动邀请她："小姐，晚上陪我吃夜宵好吗？"她不得不按时赴约。见面后，经理喜出望外，情意绵绵。两人边吃边谈。女子竭力向经理劝酒，滔滔不绝地向他介绍公司的发展计划，并不时赞扬这位经理，称他是一位有修养、有气质、讲信用、受人尊敬的现代企业家。经理颇为得意，故作谦虚："你过奖了。"最后两人共舞一曲而告终。临别时经理握住女子的手，郑重地说："你是个自尊自爱的女子！我心里会永远记得你这个完美的女孩形象的。"

二、自我解困。即说错话之后，巧妙地通过恭维对方以达到自我解困的目的。任何人都会反感恶语而绝不会拒绝赞美。适度的恭维既会令对方心生暖意,又会令自己摆脱语误的困境,何乐而不为呢?一个高高瘦瘦的小姐新买了一件掐腰的短上衣,兴冲冲地邀女友品评。女友见她穿了新衣越发状如衣板,不禁脱口说道:"这件衣服并不适合你。"对方顿时面沉如水。女友见状自责,转而笑吟吟地说道:"像你这样苗条又修长的身材,如果穿上那种宽松肥大长至膝下的衣服,就会越发显得神采飘逸、潇洒大方了。那些矮而又胖的人就穿不出这种气质来。"小姐听罢顿时转怒为喜。女友的话既巧妙地暗示了这件衣服不合其身材,又诚恳地指出了其择衣标准。同时用苗条修长这样美好的词语委婉地指出了其身材的特点,又用矮胖之人来对比,照顾对方的自尊心。一句看似恭维的话,实则蕴含了无限的玄机,因而便显得委婉含蓄,巧妙地为自己解了围。

三、制止争吵。人与人相处,发生争吵在所难免,夫妻也不例外。对此,一旦有了纷争,即使认为自己一方在理,也应避免过分的数落、指责。这时候,最好的方式是使用调侃、幽默的言语,浇灭对方的怒气,达到释疑解纷的效果。有一妻子虚荣心重,当夫妻商量出席友人婚礼时,她缠着丈夫要买一种昂贵的花帽。此时正值夫妻闹经济危机,丈夫自然不肯答应花这笔钱。争吵中,妻子赌气地说:"人家小喜和小金的爱人多大方,早就给自己的夫人买了这种花帽,哪像你,小气鬼!"丈夫不愿争论,只是故意夸张地说:"可是,她俩有你这样漂亮吗?我敢说,她们也有你这样美,根本就不用买帽子装饰了,是吗?"妻子一听幽默的赞语,不觉转怒为笑,一场争吵也随之止息了。

四、应对傲者。高傲者多看重自我形象,感觉良好。与他们打交道不妨采取投其所好的方式,对其业绩、学识、才能等给以实事求是的赞美,使其荣誉心、自尊心得到满足。这样就可以从心理上缩短距离,同样能起到左右他们态度的作用。比如,有位生性高傲的处长,一般生人很难接近,他的生硬冷漠面孔常使人望而却步。有位外地来的办事员听说了他的脾气,一见面就微笑着扔了一支烟说:"处长,我一进门就有人告诉我,处长是个爽快人,办事认真,富有同情心,特别是对外地人格外关照。我一听,高兴极了。我就爱和这样的领导共事,痛快!"处长的脸上立刻露出一丝笑容,接下去谈正事。果然大见成效。这位办事员的成功便得益于开头的那几句恭维话。这样,对方就不好意思对一个恭维尊敬自己的人给冷遇,露难看了。自然会在维护自我形象的心理支配下变得和蔼可亲起来。使用恭维方式时需注意两点:一是要实事求是。恭维的内容不是无中生有,而是确有其事,对方才会感到高兴。如果进行肉麻的吹捧,拍马屁,清醒的高傲者会把他当成小人而更加小视。二是使赞美要适可而止。赞美在这里不过是使高傲者改变态度的手段，是交际的序幕。如果一味赞美，而不及时转入正题，就失去了意义。

五、巧妙指责。某百货公司的时装专柜，一段时间，客人纷纷投书指责售货小姐服务态度不佳。专柜主任的解决方式真是与众不同，而且效果惊人。他没有指责那些售货小姐反而大肆赞扬，他对那些被客人指名的小姐说："有客人称赞你服务亲切，希望今后继续努力。""有客人说你很有礼貌。"这么一来，她们的待客态度便大为改变，笑脸迎向任何客人，业务蒸蒸日上。

这真是巧妙地掌握女性心理的教育方法。一般来讲，女性被人指责说："你要改掉什么什么缺点"，她们甚至觉得全部人格都遭到否定，很容易反抗或哭泣。但如稍加称赞，她们便神采飞扬，变得非常积极。如想纠正女性的缺点，不要直接指出缺点，而要称赞她的优点，这一点非常重要。如此一来，她们更加发挥优点，同时也改掉缺点。

做事要名正言顺

有一位中学教师，脑筋很灵光，工作中很讲究策略，"找借口"能力令人佩服，把找寻借口用在学生身上效果奇佳。他的班上有一个姓胡的同学，人很聪明，升初中的考试成绩是全班第一名。可仅过半年，期末考试却落到班级第 26 名。这位老师左思右想，也找不出他退步的原因。后来，他了解到，这孩子有尿床的毛病。被褥尿湿了，家长很恼火，这"丢脸"的事使他自惭形秽。原来是精神上的负担，影响了学习成绩。面对这样一个棘手的问题，怎么办呢？这位老师在一篇文章中回忆道：

"我思考了两天，看了一些有关的书籍，终于在一天放学后。办公室人都走光了，我找他谈心。扯了一些班里的事以后，我问他：'听说你会尿床，是不是？'他一听，脸噌地一下红了，头也挂得低低的。我把他朝身边拉了拉，握住他的手说：'其实，尿床没什么大不了，老师研究过，十几岁的少年儿童中，有相当一部分人都尿床，只不过是许多家长不声张罢了。'他一声不吭。我继续说：'老师我也尿过床。''真的？'他惊奇地问我。'怎么不是，而且一连延续到初中快毕业。有时一夜尿两三次，睡梦中，我急死了，到处找厕所，找到一个墙角，拉开裤子就尿，结果就尿了一床。''哎呀，我也是这样。'他仿佛找到了知音，羞怯之情一扫而光。接着，我们你一句我一句地扯开了'尿经'，讲到好笑的地方，一起放声大笑。这时，我们已没师生之别，好像两个'尿友'在交流经验。"

"'后来你是怎么不尿床的？'他突然问我。'我啊，到了十五岁就自然地不尿床了。'

我装着回忆的神情说，‘那时我初中还没毕业，不知不觉地就好了。’他掰着手指算着：‘我今年十三岁，再过两年，我也会好了？’‘那当然！’我肯定地说，‘尿床不是病，到了发育的年龄，就会自然地好了，你用不着烦恼。’当我们走出办公室的时候，他精神轻松多了。”

“后来，由于家庭、老师的默契配合，那位学生终于摆脱了困境，学习大有长进。”

广告人可以说个个都是找借口的高手，当即溶咖啡在美国首度推出时，曾有这样一段故事。公司方面本来预测这种咖啡的“简单”“方便”会大受主妇朋友的欢迎，没想到事与愿违，其销售并无惊人之处。姑且不论味道问题，大概是因为“偷工减料”的印象太强的关系，因为在美国，到此时为止，咖啡一直都是必须在家里从磨豆子开始做起的饮料。只要注入热水就能冲出一大杯来，怎么看都似乎太过便宜了。

所以，厂商便从“简单”“方便”的正面直接宣传，改为强调“可以有效利用节省下来的时间”的广告战略。所谓“请把节省下来的时间，用在丈夫、孩子的身上。”

这种改变形象的作战，去除了身为使用者的主妇们所谓“对省事的东西趋之若鹜”的内疚。因为“我使用速成食品，一点也不是为了自己的享乐，而是因为可以把节省下来的时间用到家人身上之故。”此后，销售量年年急速上升，自是不在话下。

任何事物都有一体两面。说到传统，其背后的意思就是古板。单只强调即溶咖啡的省事与便利，要完全去除其负面印象可说是相当困难的，但是，如果将“偷工”改变一种看法，就成了节省时间。总之，借口强调偷工的反面意义，即溶咖啡便紧紧抓住了消费者的心。

人都是这样，做事情讲究名正言顺，你给他一个名，他是很乐于做些自我欺骗、掩耳盗铃的事的，尤其是事情对自己有利的时候。实际上，嗜酒者从不主动要求喝酒，却以“只有你一人，我陪你喝”，或者“我奉陪到底”，“舍命陪君子”这类借口来达到心愿，表面上既不积极，也不干脆。

谋事在人　成事在天

有一位太太生下一个智能不足的孩子，她为此自责不已，每当想到孩子的将来，就难过万分，每日愁容满面，甚至产生与孩子同归于尽的想法。

有一次，她路过一所启智学校，看到里面有许多智能不足的小孩子在认真地读书，她才顿时领悟到，智能不足的小孩子也应该有属于自己的珍贵生命。

以前，每当她想到："我死去，这个孩子要由谁来照顾"时，就会产生厌世的想法，现在她的心中突然燃起一道光明的希望，更坚定她活下去的勇气。当她每天送孩子去上学时，总是在心中祈祷："我今天要更坚强。"据她表示："因为我有了这样的孩子，所以，我比别人更努力地学习人生中的一切，就这一点来看，这个孩子算是我人生的老师和恩人。"

世界上有许多面临不幸遭遇的人，由于苦恼无处发泄而抑郁终生。

反之，四体健全的人们，如果还不知珍惜上天的恩宠，只会虚度光阴，岂不是非常不应该吗？一旦产生空虚感时，就要有效地善加利用，在其他方面来努力，才能掌握幸福。

正如有一篇文章所提到的："在一天之中，饮食、排泄、睡眠、说话、走路等，已花去了许多时光，如果剩余的时间，不知善加利用，而做无益的事，想无益的事，不但浪费时间，而且空掷岁月。这样虚度一生的人，是最愚蠢的。"

所以，每一个人都应该多做些有意义的事，才不会产生空虚感。

光阴是无情的，绝不会等待我们。我们要及时醒悟，珍惜光阴，好好努力，不要让光阴迅速地流逝。

某位老先生在世时，每日都要提醒他的后人们："不要慢吞吞地"，我们不妨将这句话也记住，每当稍有偷懒的意念时，就以这句来激励自己。

千里送鹅毛　礼轻情义重

富兰克林·罗斯福是美国历史上最伟大的总统之一，他连任四届总统，并带领美国人民参加了世界反法西斯战争，最后取得了伟大胜利。

富兰克林·罗斯福有一位表舅，他就是西奥多·罗斯福，富兰克林从小就特别崇拜他的舅舅，总希望自己将来也能成为美国的总统。

富兰克林为人善良，且特别细心，在与亲戚的交往中，经常能为他们做些力所能及的事情。记得有一次，是西奥多·罗斯福的生日，当时的他还不是总统，而富兰克林此时则远在千里之外的芝加哥旅游，本以为富兰克林已来不及参加表舅的生日宴会，可宴会进行不到一半时，从门外急匆匆地进来一个年轻人，正是富兰克林·罗斯福，他拿出一条表链对表舅说："真对不起，表舅，我已尽全力从芝加哥赶了回来，但还是晚来了一步，这条表链虽不是值钱的礼物，但我希望您能喜欢。"

西奥多·罗斯福此时见到这种情况，激动得抱紧了自己的外甥，他激动的原因有两个，一是富兰克林·罗斯福不远千里赶回来参加他的生日宴会；另一个原因是他的礼物，因为前不久西奥多的手表链坏了，正想叫人到芝加哥去买一条款式相同的，没想到富兰克林这么细心，当时就记在心上了。从此，西奥多与富兰克林的感情亲如父子，在后来富兰克林参加总统竞选中，西奥多起了很大的指导作用。

常来常往好亲戚

刘某是一家公司的老板，经过几年的辛苦经营，现虽说没有千万，但至少也有百万家产了。到底是什么原因使他在短短几年内拥有数量可观的资产呢？

在一家报纸的记者采访他时，他说了这样一段话：

"……自身的努力与勤奋固然是我成功很关键的因素，但还有一点也是非常重要的。我的亲戚很多，在我未发迹前，经常拜访他们，以致彼此间关系都特别好。后来，在公司小有规模后，我仍不忘经常性的与他们保持联系，正是因为这种密切来往，我的亲戚都对我非常不错。刚创业的时候，资金有一半是由他们筹借；办公司遇到困难时，也有他们的帮助与鼓励；就是他们中的一些人，现在也在我的公司里帮我的忙，是我得力的助手……总之，在各种人际关系中，我最注重的就是亲戚关系，也正因为我的经常性走动，我才有今天的成就……"

在刘某的谈话中，我们可以很直接地看出，常"往"在亲戚关系中的重要性，但有一点就是千万不可有贫富贵贱之分，也不要因为自己的地位较高而不常"往"亲戚家。这样下去，亲戚就会对你冷眼相待，那再想搞好亲戚关系，那就难上加难了。

亲戚与亲戚来往，除了一个“往”字，还要有一个“来”字。它的意思是除了经常到亲戚家走动外，自身也要经常性地邀请亲戚们到家里做客，利用自己的空间与亲戚联络感情，做一回主人，热情款待他们，让他们有一种自己家的感觉，那时间一久，亲戚之间的关系会处得异常融洽。

在亲戚人际交往中，人情往来，礼节应酬发生的频率是比较高的。比如，新婚之喜、寿诞之庆、乔迁之贺等等，走动一下，在礼节应酬上有所表示，联系的方式可以各具特色，这样可以达到相互沟通、交流思想、交换信息的目的。通过加强亲戚关系可以使大家感到亲切愉悦，其乐融融。

但有的人可能会这样问：我与亲戚相离得特别远，平时自身还有很多事情要做，哪有时间去经常走动啊！

这个确实是当今社会存在着的一个客观问题，由于经济的发展，加上自身的一些原因，如调动工作、出外读书经商等，都会与亲戚相分离，毕竟，在当今这个社会，那种封建大家庭式的方式已不复存在了，亲戚开始分散到各自不同的地方，这是社会经济发展的必然结果。

在这种情况下，就此罢休实属不该，“常来常往”，除了指人需要经常来往外，也可以是礼品、书信等。

亲戚之间相隔很远，彼此不能经常见面，倘若遇到亲戚办一些大事时，就算不能亲身前往，也要备些礼品或书信前往，让亲戚感到了你的挂念，这样就算真的长时间无“人来人往”，但有“物来物往”或“信来信往”，也可以起到处好亲戚关系的作用。如果连这样的往来也没有的话，亲戚之间的感情就会中断和淡薄，长久下去，也就渐渐无形中断。

在这一点上，现代气象学家竺可桢就做得很好。竺可桢少小离家，出外就读，而后就在异乡定居下来，娶妻生子，几乎就没有机会回故乡去探望。

可竺可桢却始终没有忘掉故乡的亲人，时时将他们记挂在心中。就是在他工作非常忙的时候，他也不忘写上几封书信，寄给故乡的亲戚向他们问好；逢年过节或亲戚家有什么喜事，他也要托别人带些礼品回去以示庆贺。

记得有一次，竺可桢家乡的亲戚收到一封这样的来信：

“……欣喜地知道表哥、表妹的儿女双双考上大学，可桢心里非常激动，是你们辛勤培育了他们，为我们家族争了光。告诉他们，现虽考上大学，但仍须努力，不要以为这就进了‘保险柜’，‘一分耕耘一分收获’，希望他们一定要记住这条警句……我虽老了，但很想回去看看，看看家里的老人和你们……”

亲戚们收到信后，激动异常，特别是家中的老人感到欣慰无比，可桢这么忙还能时时照应到家里，有什么还比这更重要的？

可见，竺可桢与亲戚的关系是“相处”得多么融洽，虽然彼此不能经常见面，但“家书抵万金”，竺可桢充分认识到了这点，不断的书信和礼品往来，使亲戚之间的关系能超越空间而永存。

另外，还有一点是需要多注意的，多沟通、常来常往，绝不是“串门子”越多越好。

在当今社会，时间十分宝贵，人们的社会工作也都很紧张，走动频繁，交往太多，又会给双方造成很大的负担。

因此，常来常往一定要有个适度原则，不能太少，也不能太多，比如说：可以在逢年过节、节假日里安排一些家庭式聚会，在假日里安排一些喜庆活动，这样就可使亲戚见面接触的机会增多，更能体现亲戚间的亲近和关怀，从而在交往中建立亲密的亲戚人际关系。

拉帮结派　害人害己

一天，公司来了一位新同事，他不是别人，正是你的好友，而且，他将会成为你的拍档。上司将他交托与你，你首要做的是向他介绍公司分工和其他制度。这时候，不宜跟他拍肩膀，以免惹来闲言闲语。

大前提是公私分明，在公司里，他是你的拍档，你俩必须忠诚合作，才可以制造良好的工作效果。

私底下，你俩十分了解对方，也很关心对方，但这些表现最好在下班后再表达吧，跟往常一样，你俩可以联袂去逛街、闲谈、买东西、打球，完全没有分别，只是，奉劝你一句，闲暇时，以少提公事为妙。

当一位旧同事吃回头草，重返公司工作时，你有必要注意自己的态度。因为旧人对你和公司都有一定的了解，即是说他并不需要时间去适应。

首先，你得清楚，这位仁兄以前的职级如何？与你的关系怎样？他的作风属哪类型？如今重返旧巢，他的地位会改变吗？

此君若以前与你共过事，请不要在人前人后或他面前主动再提以往的事，就当是新同事合作吧，避免大家尴尬。要是他过去与我不相干，如今却成了拍档，不妨向对他有些了解的同事查问一下他以往的历史，但要装作轻描淡写，不留痕迹。

某位同事生性暴躁，常因小事就“唠叨”不已，虽则事后他不会把事情放在心上，但事前的粗声粗气或过烈反应，却叫你闷闷不乐。

暗自纳闷，只会害苦了自己，何不想个改善之法呢？须知道，同事相见的时间往往比家人还多，经常如鲠在喉，太难挨了吧，恐怕间接还会影响工作情绪。

对付这些脾气刚烈之人，最佳办法是以静制动。然而，不要误会，并非是采取凡事“忍耐”的策略，相反，却是积极和主动。

细想一下，有同感的肯定不只你一个人，所以不妨就由对方猛烈诉说下去，你却处之泰然，保持缄默。即使有其他同事表示不平，他也坚守原则。直至事情明朗化，对方的态度平和下来，你再摆出明白事理的态度来，细心将事情分析，如此，你必能打败对方。

只有和同事们保持合适距离，才能成为一个真正受欢迎的人。你应当学会体谅别人。不论职位高低，每个人都有自己的工作范围和责任，所以在权力上，切莫喧宾夺主。不过记着永不说“这不是我分内事”这类的话，过于泾渭分明，只会搞坏同事间的关系。在筹备一个任务前，谦虚地问上司：“我们希望得到些什么？”“要任务顺利完成，我们应该在固有条件下做些什么？”

也永不道人长短。比较小气和好奇心重的人，聚在一起就难免说东家长西家短。成熟的你切忌加入他们的一伙，偶尔批评或调笑一些公司以外的人，倒是无伤大雅，但对同事的弱点或私事，保持缄默才是聪明的做法。记着，搞小圈子，有害无益。公私分明亦是重要的一点。同事众多，总有一两个跟你特别投机，私底下成了好朋友也说不定。但无论你职位比他高或低，都不能因为要好这原因，而做出偏袒或恃势，一个公私不分的人，是做不了大事的，更何况，老板们对这类人最讨厌，认为不能信赖。所以你应该知道取舍。

人不可能没有几个好友高朋，否则连知心话都没处去诉说，岂不是活得太孤苦伶仃了？朋友应该有，但在单位里注意不能过于注重自己的“圈内人”，尤其是不要表面化，以免引起不必要的麻烦。

凡是获得晋升的人一定不会是平日里总是在小圈子里活动的。

在办公室里，几个同事经常在一起打交道，感情一定会随着时间的延长而日益加深，因而在午餐时便会约在一起同吃，有时也会在晚上相约去逛街、打麻将等等，于是慢慢就形成了一个小圈子，这是很自然的事情，也是非常普遍的现象。

然而，上司并不喜欢下属搞小圈子。因为在他们看来，三五个员工经常无论公、私都聚在一起，都是些短视之徒，对于他们是难以交托重任、加以提拔的。这是因为：

(1)上司担心下属会把公私混淆

在小圈子里活动的人，假如有一个人被上司委以重任，他就可能会对自己圈子内的同事倍加照顾，这对其他同事来说不公平。

(2)易搞小动作

如果几个感情深厚，合作性高的员工联合起来对抗上司，虽然可能并不会成功，但对上司而言总不是一件愉快的事情。

(3)人际关系受怀疑

不懂得或不愿意与外界联络感情的人，他的人际关系肯定会受到怀疑，上司会认为他缺乏团结大多数人的素质，而只是画地为牢，故步自封，因而也会怀疑他的工作能力。

(4)其他员工不服

老板如果升迁一个热衷于“小圈子”而个人形象并不突出的员工，很容易引起其他员工的不满。被晋升的员工一定要能做到“众望所归”才行，否则不仅会引起大家的抵触情绪，而且老板的形象也会受到损害。

基于以上四点原因，生活在小圈子里的员工在一般情况下肯定难以受到特别重视。相反，当其中的某人因事受到上司责罚时，其他人亦有“一损俱损”之虞。

假如留意一下身边的那些获得升职和加薪幅度高的同事和朋友，你就不难发现他们有一个共同点，就是社交圈子广而划一。

虚虚实实过陷阱

在上班者的生涯中，不得不与形形色色的各种人物打交道，不要因对方是自己不喜欢的人，就厌恶他；不妨学习与这种人适当交往的办法，这样，自己也能渐渐地成长为有度量的人，而能在上班者的生涯中崭露头角。

下面是绕过办公室种种陷阱的几条策略，相信它会帮你处理这种复杂的关系：

(1)在办公室里不可随便交心。在现实中，正人君子有之，奸佞小人有之；既有坦途，也有暗礁。在复杂的环境下，不注意说话的内容、分寸、方式和对象，往往容易招惹是非，授人以柄，甚至祸从口出。人只有安身立命，适应环境，才能改造环境，顺利地走上成功之道。因此，说话小心些，为人谨慎些，对避开生活的误区，使自己置身于进可攻、退可守的有利位置，牢牢地把握人生的主动权，无疑是有益的。况且，一个毫无城府、喋喋不休的人，会显得浅薄俗气、缺乏涵养而不受欢迎。西方有句谚语说得好：上帝之所以给人一个嘴巴，两只耳朵，就是要人多听少说。

做一个"单位人",社交活动不免与单位有关。下班之后,与同事一起喝杯酒,聊聊天,不但有助日常工作,还可能知道与单位有关的消息。因此,单位所办的各种聚会,自然要参加,与同事及上司打一两场"社交麻将"也有必要,但有一点要记着:莫可随便交心。

同事之间,只有在大家放弃了相互竞争,或明知竞争也无用的情况下,才会有友谊的存在。如果交出真心,动了真感情,只会自寻烦恼。比如说,甲与乙是同级,而且是好朋友,只有一个升级的机会。如甲升了级,乙没有升,乙怎样想呢?乙如继续与甲友好,免不了会被人认为趋炎附势;甲主动与乙友好,也并不自然。

(2)孤军作战,得注意保存自己。蓝领与白领不同的地方之一,是蓝领向上流动性不大,升迁的机会不多。因此,蓝领工人打的是正规战术,集体讨价还价。而白领阶层则大有个别拼搏的机会,获得升迁是单打独斗的结果。因而白领之间不但没有蓝领的同志感情,往往还互相猜忌,尔虞我诈。这种环境,有如深入敌后、孤军作战的游击队。一方面要友好竞争,一方面要在众人的竞争中保存自己,在势孤力弱的情况下,就要夹紧尾巴,千万不要露出要搏、要向上爬的样子,成为众矢之的。俗语说:"不招人忌是庸人。"但在一个小圈子里,招人忌是蠢材。在积极做事的时候,最好摆出一副"只问耕耘,不问收获"的超然态度。

(3)不要替人背黑锅。在公司或一个行政单位里,做事好坏对错,很多时候是由上级主观决定。如果上级意志强,下级多少都要努力工作;上级若自以为是,下级便会唯唯诺诺。但有一些下级只是向他的上级交功课而已,敷衍了事,得过且过。在这样的环境之下,最重要的事情是不要出事,一切如常,就不会勾起上司的雷霆之怒。但一有差错,上司为了向他的上司交代,就会抓住一个人做替罪羊。这种情况,俗话叫作"背黑锅"。

说话做事有诚意

以道歉为例,假如只在行为上表现诚意嘴里不提道歉字眼,仍能被当成诚意道歉,那么,反过来说,即使口里说抱歉,可能听在对方耳里也觉没诚意,说了等于白说。"对不起"三个字若说得怪腔怪调,则暗示着对方的抱怨是无的放矢,或者太夸张了。

另外,"对不起噢,害你难过了"这类的话有时只是遗憾对方难过这回事,却丝毫无自责或承认错误之意。董事会里一位董事说话得罪了玛丽,玛丽一通电话打给董事会主席

伊丽莎白，希望她有个解释，或是道歉。不料，通完电话之后，她却更不舒服。电话里，伊丽莎白只轻描淡写地说："好吧，我道歉。"听起来毫无诚意。玛丽继续解释为什么她很生气，伊丽莎白语气冰冷地说："我可以再道歉一次。"然后坚持那位董事没做错任何事，玛丽的告状只不过给她添麻烦。对话就这样下去，只听伊丽莎白又冒出一句："我第三次道歉。"没多久："我第四次道歉。"讽刺的是，每次伊丽莎白口气冰冷，重复道歉字眼时，似乎暗示着玛丽在无理取闹、没完没了。玛丽这么做，只不过是因为对方的道歉根本不像道歉，毫无诚意。因此，随着道歉次数的增加，玛丽益发怒不可遏。

在此，伊丽莎白居高临下的姿态令玛丽火上加油，心理更加失衡。

相反，分摊责任和承担过失是一种巧妙的平衡术，或许用得上道歉的字眼，或许用不上。

凯莉在总公司负责审核保险经纪人送来的保单。有一回，凯莉发现丽莎的保单上，还缺一些关键的资料。她不说："丽莎，有些资料你没给我。"而是说："我有个地方不懂。"在她点出问题之后，丽莎担起责任："是我的错，我不应该那么写的。"进而澄清了问题。虽然凯莉表明她的困惑，但是，并未因此而丢了面子，因为丽莎主动承认错误。

凯莉和她的许多女性属下，多年来始终是朋友，当年几乎同时进公司，同步升迁，经常一起吃中饭、喝咖啡，交情很好。可是凯莉升迁之后，手握大权，可以评估这些手帕之交的工作表现。长久以来的友谊以及平等的关系，使得凯莉以低姿态同丽莎说话。似乎她摆低姿态（"我有个地方不懂"）是想避免对方难堪，或是是与丽莎的友谊使她相信，在她摆低姿态之后，丽莎不会不识相地让她僵在那里。

不争者胜天下

三国时的曹操，很注重接班人的选择。长子曹丕虽为太子，但次子曹植更有才华，文名满天下，很受曹操器重。于是曹操产生了换太子的念头。

曹丕得知消息后十分恐慌，忙向他的贴身大臣贾诩讨教。贾诩说："愿您有德性和度量，像个寒士一样做事，兢兢业业不要违背做儿子的理数，这样就可以了。"曹丕深以为然。

一次曹操亲征，曹植又在高声朗诵自己作的歌功颂德的文章来讨父亲欢心，并显示自己的才能。而曹丕却伏地而泣，跪拜不起，一句话也说不出。曹操问他什么原因，曹丕便哽咽着说："父王年事已高，还要挂帅亲征，作为儿子心里又担忧又难过，所以说不出话来。"

一言既出，满朝肃然，都为太子如此仁孝而感动。相反，大家倒觉得曹植只晓得为自己扬名，未免华而不实，有悖人子孝道，作为一国之君恐怕难以胜任。毕竟写文章不能代替道德和治国才能吧，结果还是"按既定方针办"，太子还是原来的太子。曹操死后，曹丕顺理成章地登上魏国皇帝的宝位。

其实刚开始时，曹丕是极不甘心自己的太子之位被弟弟夺走的，他想拼死一争，却又明知自己的才华远在曹植之下，胜数极微，一时竟束手无策。但他毕竟是个聪明人，经贾诩的点化，脑瓜顿时开窍：争是不争，不争是争。与其争不赢，不如不争，我只需恪守太子的本分，让对方一个人尽情去表演吧，公道自在人心！最后，这场兄弟夺谪之争，以不争者胜而告终。

曹丕以不争而保住太子之位，而东汉的冯异则以不争而被封侯。

西汉末年，冯异全力辅佐刘秀打天下。一次，刘秀被河北五郎围困时，不少人背离他去，冯异却更加恭事刘秀，宁肯自己饿肚子，也要把找来的豆粥、麦饭进献给饥困之中的刘秀。河北之乱平定后，刘秀对部下论功行赏，众将纷纷邀功请赏，冯异却独自坐在大树底下，只字不提饥中进贡食物之事，也不报请杀敌军功。人们见他谦逊礼让，就给他起了个"大树将军"的绰号。尔后，冯异又屡立赫赫战功，但凡议功论赏，他都退居廷外，不让刘秀为难。

公元二十六年，冯异大败赤眉军，歼敌八万，使对方主力丧失殆尽，刘秀驰传玺书，要论功行赏，"以答大勋"，冯异没有因此居功自傲，反而马不停蹄地进军关中，讨平陈仓、箕谷等地乱事。嫉妒他的人诬告他，刘秀不为所惑，反而将他提升为征西大将军，领北地太守，封阳夏侯，并在冯异班师回朝时，当着公卿大臣的面，赐他以珠宝钱财，又讲述当年豆粥、麦饭之恩。令那些为与冯异争功而进谗言者，羞愧得无地自容。

再讲个有关老百姓自己的故事。江南有一个大家族，老爷子年轻时是个风流种，养了一大群妻妾，生下一大堆儿子。眼看自己一天比一天老了，他心想：这么大一个家当总得交给一个儿子来管吧。可是，管家的钥匙只有一把，儿子却有一大群。于是，儿子们斗得你死我活，不亦乐乎。这时，只有一个儿子默默地站在一边，只帮老爷子干事，从不参与争斗。争来斗去，老爷子终于想明白了，这把钥匙交给这群争吵的儿子中的任何一个，他都会管不好。最后，老爷子将钥匙交给了不争的那个儿子。

远亲不如近邻

在日常生活中，需要邻居间互相帮助的事情很多。比如有的邻居工作和学习很忙，时间比较紧，或家中人手少，有孩子拖累，你要是上街买菜，不妨主动问一下邻居买什么菜，顺便帮邻居买回来。有的邻居有客人来访，而碰巧家中无人，在弄清对方身份的前提下，或请客人留张纸条，或将客人引入自己家中稍候。如果客人给邻居带有礼品，可代为收下，等到邻居回来时，再将纸条和礼品一并交给邻居。如果邻居家有人患病，要表示慰问，并主动帮助请医生或护送住院。在必要的情况下，还要主动协助护理，帮助照顾家里老人孩子，使邻居能安心治病。假如邻居因公出差，可以适当地应邀帮助照顾家里，诸如买粮、买煤等。邻居若是全家出了远门，也可帮助照看家，还要义务为邻居防火防盗。邻居如果发生了突发性困难，在钱粮和物品方面应主动帮助，以济邻居一时之难。邻居家里吵架生气，或遇到烦恼、伤心的事求助于你时，不应袖手旁观，应主动去劝解和开导。这样当你遇到困难时，大家也会帮助你。邻里间的关系，就会变得更亲密了。

当邻居有求于你时，首先要表示出热心的态度，在自己力所能及的条件下，认真地量力而行，做到言而有信，不开“空头支票”。如果自己不能帮忙，或者在帮忙的过程中，遇到困难没办法，都要向邻居说明情况，表示抱歉。如果经自己的努力，邻居所要求的事得以解决，也不能在邻居面前摆出副有功之臣的面孔，甚至心安理得地收受邻居礼物。

当自己有求于邻居时，事先要考虑周到，自己所要求帮助的事、邻居有无困难，尽可能避免邻居因爱莫能助而陷入难为情的窘境。如果邻居答应并帮助了你，事先事后都要向邻居表示诚恳的谢意。如果邻居尽心尽力去做，但没有解决问题，也应向邻居表示感谢，不能因为未能办成而流出不满的情绪。

“远亲不如近邻”。的确如此，在单位，与上司、同事接触，回家后，自然要与邻居、家人相处。

除了属于自己的那个温馨小家，邻家即成为我们必须接触的最小单位。

亲戚之间，相连的是血缘关系，而邻居之间，没有固定联系，只能靠自己掌握合适的度，去把握好关系。

邻里，“近在咫尺”，他们的适时帮助，体贴照顾，能解燃眉之急。孩子的成长需要适当的环境，而邻家善良可爱的孩子可以成为他的小伙伴。

有一个好邻居，如自己多一师良师益友，有一种好的邻里关系，更让自己受益无穷。

在如今钢筋水泥的建筑中，人们也不得不去重视这种和“良师益友”的关系。

在我们看来，掌握一定的技巧，做一些该做的事，把握邻里关系就会轻而易举了。

有许多人的行事原则是“各家自扫门前雪，休管他人瓦上霜”。这样一来，既不得罪别人，也把自己的事处理得井井有条。可是，既然自己有余力，何不多扫几处雪？

在把握邻里关系中，这是很重要的一点。人们都希望在自己困难时，有友人伸出援助的手，在邻里之间，也同样。但要别人帮助自己，首先应以帮助别人为前提，这样的互帮互助，才能让自己的希望成为现实。

互相帮助，才能让自己从中受益，这点人们并不难理解，但仅仅是意识到这一点还远远不够，必须将思想与行动相结合。许多事说起来非常悦耳动听，要结合实际去做却不容易。

更多的时候，该让自己成为一个有心人。有心人看见“他人瓦上霜”，想到怎样去做，立刻付之于行动，才能为和美的邻里关系打下基础。

他人的门前雪，不仅要扫，而且要多扫。感谢自己有一双慧眼，看到邻家之难，尽自己心意去帮助了，但并不代表就此结束。

做了一次帮助邻居的事，会让邻居认为欠一次人情，也许邻居会用一次宴会或其他方式巧妙地还了人情，今后，大家仍然“各扫门前雪”。

要想拥有邻居的信任，仍以“多”帮为妙。

看到邻家有难，理所应当伸出援助之手。在自己有余力的时候，能够多做些时应该多做，当邻居认识到，有幸与你为邻，而你又是如何可以信任时，要想有和美的邻里关系，并不困难。

天地之间，人们互相依存。面对现实，我们仍然要与社会相融，注重关系已成为现代人发展的必然趋势。

良好关系的形成需要我们花费心思。仔细思虑，眼界豁然开朗，我们认为，“多帮”创造了良好条件，这样，不妨在“多”字上多做做文章。

在交往中，摩擦总难以避免，遇到性情开朗的，总会有雨过天晴的一天，遇到孤僻内向的，也许会一直耿耿于怀。邻里之间，也难免会有口角，这时，多体谅、放宽心的处事态度则会为良好的关系起到画龙点睛的一笔。

有一位局长的邻居喜欢计较些小事，一日，她发现局长夫人手提的小筐与自家的相似，而自己的小筐又于几日前不见了，就问局长夫人是否错拿了自己的筐。局长夫人虽知真相并非如此，但也了解邻居的脾气，什么也没有说，只是笑眯眯地把筐送给了邻居。后来，邻居又发现自己的那个筐，十分抱歉地将筐还给局长大人，而她仍是笑嘻嘻地说了句："不是你的，那我就拿走了。"

这位局长夫人把握关系的分寸是十分合适的，关键不在于那个筐到底是谁的，而在于多用一份心思，多体谅别人，做到恰到好处，邻居自然而然地会接受自己。和美的邻里关系是靠自己点滴用心积累而成，何不站在对立的立场上，让自己多为他们想一些。体谅别人并不难做，在争夺小利小惠时，难免伤了邻居和气，而我们更应该放宽眼光，远望才能有更多收获。古语有："塞翁失马，焉知非福？"为了有和美的邻里关系，更不必对小事斤斤计较，多为邻居想一点，你会拥有灿烂而愉快的生活。

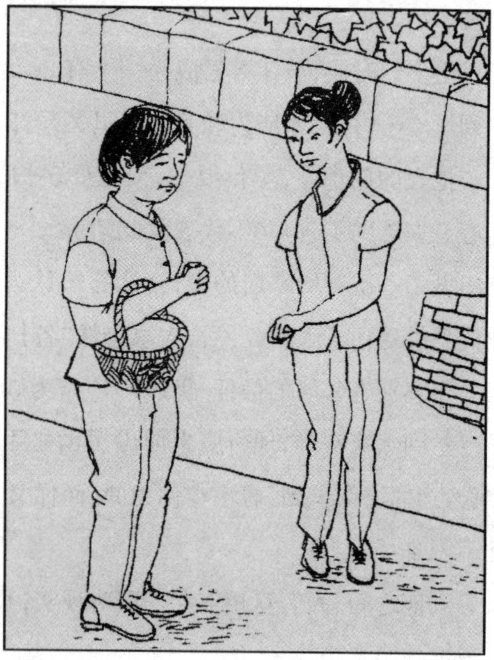

在邻居结束繁忙的一天，疲惫地归来时，也许只是一两句"下班了""最近很忙吧"的简单问候就立刻让人倍感温馨。在许多时候，人们对自己很熟悉的人，并不注重礼节。其实有心人会认为适当的礼节是非常必要的，不但能使别人认为自己有很高的文化修养，而且还能在一定程度上拉近人们之间的距离。

这样的"礼"并非见面鞠躬等正统大礼，只需融入一点关心，诚心诚意地说上一两句就足够了。你会发现，这点很容易做，也有很好的效果。

关于"礼"学，还有另外的说法。在物质产品极大丰富的今天，何不与邻家共同分享一些快乐？

送给邻家的东西不必是稀世古玩，也无须是鹿茸人参，只要一些地方土特产或自己烹调的美味食品就足可以达到非常好的效果。太贵重的东西，邻家通常会认为是有求于他，不敢接受，而家常小菜就要单纯得多，邻居会认为，你很热心待客，与你的接触容易也自然的多，和美的邻里关系就不难形成了。

若平时不注意邻里的关系，就会闹出下面这样的笑话来。

居住在广州公寓大厦的小张遇到一件趣事：在他搬到公寓半年后的一天，在公寓走廊里遇见旧时一位朋友。久别重逢，自然格外亲热。他邀朋友到家做客，朋友指指他家对门的房间说："也欢迎你到我家来玩。"小张这才知道，他和朋友作邻居已有半年之久了。

还是在这座公寓中，一位女青年讲述了这样一件事："在我们搬到公寓七个月时，正赶上我过生日，请了一些同学到家聚会。吃饭时发现椅子不够用，我马上想到向邻居借用。但平时同邻居无任何来往，有时走到对面也不打招呼，所以不好意思开口。"

在这种独门进出的大厦公寓里，各家都成了一个封闭的世界。邻里之间少了是非，但同时也缺乏了彼此间的关心和帮助，给生活带来诸多不便。

生活节奏的加快也是造成邻里交往减少的一个重要原因。一位长住大厦公寓的青年朋友说："我们也希望邻里之间有点交往。但工作一天也累了，下班后还有很多家务事等着去做，做完家务事还想读点书什么，自然就想不到去敲邻居的门了。"

尊师重道　投其所好

古之圣人孔子的弟子颜回在尊师上就给我们做了一个很好的榜样。

孔子在广收门徒后，弟子增至二三千，当时的颜回还只是一个默默无闻的弟子之一。颜回天资聪慧，不但能过目成诵，而且能言善辩，但是他知道，单靠自己的能力是无法成为一个与孔子一样的圣贤，所以他很想得到孔子的亲自传授。

于是，颜回在平时细心观察，设法把这种渴望变成一种行动，除了自己私下努力勤奋外，更是把"尊"这一字时时放在心头。

有一次，下了大雪，颜回一大早就赶赴孔子的住处，想向孔子请教一个自己一夜都未想清的问题。恰巧，孔子正在屋里会客，几个人围着火炉正谈得热火朝天。孔子仆人见颜回来了，便想入门禀告，颜回急忙劝阻他，自己则站在雪中等待。等到孔子送客出来后，才见到颜回在院中站着，衣服上沾满了雪，手与脸早已冻得不成样子了，连忙叫颜回进屋来，并带着怜意责备颜回为什么不进来，颜回急忙站起身，作了一揖道："恩师会客，学生不请自来已实属不尊，况且，学生站在外面等待实乃学生本分。"

经过这件事后，孔子越发地器重颜回了，将自己的才学倾囊相授，终于，颜回经过自己不懈的努力，也成了一个儒家圣贤。

可见，我们在平时处理师生关系上，一定要像颜回那样将自己心中对老师的尊重付诸行动，让老师明白，这种尊重是来自肺腑的，是真心诚意的。

另外，还有一个很关键的问题，在尊师上付之于行动并不是处处逢迎老师，而应该注重些细节。

毛泽东在建国后，虽然位居国之领袖，却仍然不忘自己的老师。在他的老师徐特立庆祝寿辰时，他亲自写了一封信过去，向徐特立表示祝贺，信中表达了自己对老师的敬重，感动了全国上下每一个人，大家都十分钦佩毛泽东，而毛泽东则在尊师上树立了一个榜样。

在这里，毛泽东就抓住了一个细节问题，不但用得好，抓得妙，而且也达到了社会尊师风气改善的目的。

其实，抓住小节，小题大做，这在处理师生关系上确实有种意想不到的效果。一封问候信、一个礼仪电话或一件小礼品，都足以令老师们感到欣慰。在今天物欲充斥的社会里，爱情、友情甚至亲情都有变质的可能，可尊师之情却永不变质，毕竟，父母给了你一副身体，而老师则给了你生活的本领，于情、于理在尊师问题上，你都应该永远注重。

所以，尊师不但应该，更应该提倡，那些平时不爱搭理老师或者处处对老师溜须拍马的人是不明智的，殊不知这中间有一个关键，那就是要掌握火候。

也许，在中国，尊师人人都明白，而且人人都会，但老师要尊学生，你知道吗？

在师生关系上，不能单方面的只强调尊敬老师，同时，老师在处理师生关系时，也应该注重一个尊字，不是尊敬，而是尊重。

在中国源远流长的文明史中，师生关系一贯只强调尊师，而尊生则毫无地位，也许儒学传统中的尊长是尊师的诠释，而长尊幼则毫无道理。实际上，在今天这个社会里，儒家的那套道理已远远落后于时代了，时代赋予了新的内容。作为一个人，无论贵贱，人人都有自尊，都是平等的，因此，在处理今天社会的师生关系时，应理顺两者关系，在强调尊师的前提下也提倡尊生。

尊生首先应表现在尊重学生的自尊上。中国传统的教育自古以来就有一种缺陷，那就是缺少对学生起码的了解，或者说老师很少想到处理好师生关系要抛下尊严，而总是以一副长者的架子去随意干涉学生的自由，或者损坏其自尊。这样做也许一时会起到短暂的管理作用，但一旦时间长了，则弊将远远大于利。

1995年4月，在江西省发生了一件老师私自体罚学生的事件，最后学生不堪其辱，自杀身亡。

同年的8月，在江苏省也发生了老师私自拆阅学生信件、偷看日记的事件，致使学生罢课长达三天之久。

这些事件犹如一颗颗重磅炸弹投在了人们的心中。

要知道，尊重学生的自尊，不是丢了面子，更不是抛弃尊严，学生很需要老师的理解与关心。老师不能总是高高在上，发号施令，在知识的天平上，两者应是平等的，所以，那些撕下威严的面具，与学生为友的老师可以说是处理师生关系的“师”。

另外，尊重学生还表现在一个对学生负责的问题上。

学生的眼光是很挑剔的，他们要佩服、要尊敬一个老师，这个老师不只应有渊博的知识，高深的涵养，宽宏的肚量，最关键的还是能传道授业解惑。

其实作为一个老师，你的职责就是教育学生，教他们知识，教他们做人的道理，一句话，老师要对学生负责，这其实是老师尊重学生的一个很典型的方面，不但是尊重了学生，也尊重了自己，还有自己的职业，才无愧于“师”这一字所赋予的内容。

这样处理师生关系，才真正符合这个时代、这个社会以及我国所现有的国情。

同窗相处　其乐融融

从前有某显官的儿子，在闲暇之余，喜欢与同窗好友下棋，自负是高手。某甲是其同窗之一，有一天与他对弈，一入手便咄咄逼人，这个贵公子知是劲敌，比赛到后来，竟逼得这个贵公子心神失常，汗淋淋下，某甲见对方焦急的神情，格外高兴，故意留一个破绽，给这个贵公子发现了，立即进攻，满以为可以转败为胜，谁知某甲突然出其杀手锏，一子定盘，很得意地说道："你还不投子认输吗？"

贵公子遭此打击，心中大不高兴，站起身来就走。

据说这位贵公子向来着意于修养，胸襟比普通人宽大，但此刻显然也受不了这种刺激，因此对于某甲，始终心有芥蒂，不能忘怀。而某甲呢，还是莫名其妙，他始终不懂为什么这位同窗不再与他下棋。这位贵公子本能使某甲富贵，为了这一点不快，于是老是仗着自己父亲的权势压制某甲，某甲只好郁郁不得志，以清客终其一生，自认命薄。

某甲在这里就是忽略了对方的自尊心，抑制不住自己的好胜心，小过失铸成了终身的大错，不但没有处好与这位同窗的关系，还影响了自己的一生。

这个故事，也许说明了那位显官的儿子睚眦必报，心胸过于狭窄。但从某甲这个角度来看，这种无关紧要的较量何不让对方一步，送个人情给他，当然不能说是为了买对方的欢心，作升官发财的阶梯，起码在获得对方的好感，处好同窗之间的关系，对于你的一切，多少总有点好处。

上面所述是一个处理同窗关系失败的例子，但成功的事例也不少。

姚崇是唐玄宗时期有名的宰相，权倾当朝。

在姚崇的同窗之中，有一人深得姚崇的敬佩。那是在姚崇高中秀才后，与一位叫张宗全的秀才同拜一位老师门下继续深造，以期将来能考中进士，光宗耀祖。

一次，老师要姚崇与张宗全就某个题目写一篇文章，两天之后他要考核。这两位学生下去都精心做了准备，将自认为写得最好的一篇交了上来。事有凑巧，姚崇与张宗全所写的内容几乎完全一样，且观点也相当一致，这如何不使老师为之恼火？没想到自己门下两位最得意的门生敢剽窃他人作品，这如何了得？

看到这种情况，姚崇据理力争，声明文章绝非剽窃。而张宗全作品也非剽窃他人，但为了平息老师的怒火，就对老师说："这实属学生不该，前两天与姚崇兄弟论及此题，姚兄高谈阔论，学生深感佩服，遂引以为论。"

老师听到这番话，也知错怪了两位学生，就平息了心中怒火。事后姚崇心里为此深感佩服，为张宗全的广阔胸襟所感动。姚崇当了宰相以后，遂向唐玄宗推荐此人，唐玄宗在亲自考核张宗全的才华之后，深以为信，便封了他一个正三品官衔，专职外藩事务。

一个老乡三个帮

罗某是个早年离开家乡出外闯荡的游子，现在异乡成家立业，家庭生活美满，但美中不足的是，罗某一直为没回家乡而感到遗憾，哪怕在这里能碰上几个老乡也好，思乡之情可见一斑。

恰在这时，同在这个城市的另几位老乡，他们深感有必要成立一个老乡会，定期聚会，增加感情，有什么事大家以后可多加照应。

罗某一接到邀请，毫不犹豫地加入其中积极筹划，联络老乡，把这个同乡会当成了自己的"家"，成为"家"中领导之一。

经过两年的时间，同乡会终于发展到了具有近500人的机构，罗某也等于多认识了近500人，这些老乡，各行各业，贫穷富贵，兼容并包。用罗某自己的话来说："我现在办什么事非常方便，只需一个电话，或打声招呼，我的老乡都会为我帮忙，而我也随时帮老

乡的忙……"

正是因为罗某充分认识到了同乡会的重要性,他才会积极主动地去结交各式各样的老乡,才会有了这么大的一个关系网,这于己、于他人又何止是些许的方便呢?

组成同乡会是好,但在同乡会内部,大家定要团结,中国的团体发展了几千年,有许多"窝里斗"的教训值得今天的同乡会加以借鉴。

东晋十六国时期,整个中华大地呈现出一种分裂的状态。这时,十六国中的前秦在其皇帝苻坚的治理下,日益强大,俨然与东晋形成了一种南北对峙的趋势。

这时,东晋见到这种情况,就希望能想出一个办法,轻而易举地灭掉前秦,只要前秦一灭,北方又将陷于混战状态,这对东晋统一全国是非常有利的。

东晋宰相谢安日思夜想,终于想出来了一条计策来,他派他的弟弟谢石秘密前往前秦,目的是把前秦中的东晋人秘密召集起来,成立一个类似于现代同乡会的组织,然后专门从事刺探情报、破坏设施等职能,扰乱前秦国内生产、生活秩序。

谢石接受这个使命后,就携带大量的钱财前往前秦。刚一开始,活动进行得非常顺利,不但吸纳了在前秦的东晋人1000来人,还有了一个包括各行各业的关系网,他们作为东晋的"子民",都希望能尽自己一份心力,帮助东晋打败前秦,进而统一中国。

眼看大战的日期一天天迫近,东晋与前秦都在做最后的准备,可就在这里,东晋内部出现了分化,主降派希望能将谢石召回来,因为他们不想与前秦发生对抗,只求能偏隅一方,过他们那种穷奢极欲的日子。

这时，东晋皇帝在这种观念的影响下，就下令派另一位谋士前往前秦，与谢石共同管理这个秘密组织。俗话说："棋差一着，满盘皆输。"这个谋臣到前秦后，非常傲慢，丝毫不把谢石放在眼里，处处与他争权夺利，且根本不把将来的目的与使命放在心上。谢石辛辛苦苦几年，好不容易才有了今天的成就，哪肯轻易罢手。因此，这个组织内部出现了分化，且愈演愈烈，最后，两派人接连发生火并事件，不但消耗了自身的人力、物力，最失误的是引起了前秦的注意，他们开始大批拘捕东晋人，在"宁可错杀一千，不可放过一人"的前提下，这个秘密组织的人员急剧减少，不要说起什么作用了，就连老乡间的联络也不能正常进行了。

谢安在知道了这种情况，果断下令将前秦的东晋人统统召回，既然计策失败，人员留在那里已无多大益处，与其成了前秦的刀下鬼，还不如成为大战的一卒。

这个失误可真够惨的，不但丢失了这个极为秘密的组织，还影响了整个战局。最后，在双方的淝水之战中，东晋虽然能以少胜多，以弱胜强，但却不能够一举全歼前秦军队，进而统一北方。如果说，当时前秦国内的那个"老乡会"能不分化的话，也许结果还不仅仅如此？可见，同乡会里的"窝里斗"影响了整个战局，甚至也因此影响了整个历史，中国的混战分裂局面继续下去。

从上述的例子可以看出，"窝里斗"有着非常不好的影响，今天的同乡会一定要吸取古训，以免重蹈覆辙。

害人之心不可有，防人之心不可无

荀子在论人性时说："人之性恶，其善者伪也。"此话固然有些偏激，但现实生活中的确要在与人打交道时谨慎小心一些，对交往不深的人不妨多点戒心，考虑一些防范对策，为自己留些"逃生"的余地，这样才不至于在事情发生之际追悔莫及。正所谓"害人之心不可有，防人之心不可无。"

其中，"害人之心不可有"，道理不言自明，从小到大长辈们就教育我们要坚持这个人生信条；但"防人之心不可无"，这一点却常常为我们所忽略，没有将其摆到心中合理的位置上。究其原因，也许是我们错误地认为其他人也会像自己一样坚持"害人之心不可有"的信条。

事实上，我们的世界远没有想象中的那样美好。在我们漫长的人生旅途中，总是会遇到这样或那样的陷阱、险阻，稍有不慎便会失足，而这一失足究竟能酿出多少悲剧，也许连我们自己都说不清楚。

张丽是某化妆品公司的业务骨干，她的业绩一直非常突出，与上司丁姐的关系也很亲密。新来的业务员小洁被安排到张丽带领的这个小组，小洁很年轻，一副单纯简单的模样，和张丽很谈得来，两人很快成了好朋友。

一次，张丽因为疏忽，在工作中出了一个小差错。要求严格的丁姐严厉地批评了她，张丽有些不服气，一整天都板着脸不说话。吃午饭的时候，小洁在张丽面前把丁姐大骂了一顿，似乎早就看不惯那个“老女人”独断专行的作风。话虽然有点过分，但还是让张丽心里舒服了一些，她忍不住跟着骂了几句。

这件事张丽并没有放在心头，不久，她却发现许多重要客户都不再和自己联络了，最令人震惊的是，小洁的桌上竟然摆着这些客户的详细资料。张丽愤怒地找到丁姐，没想到丁姐冷淡地说：“自己的工作没做好，就不要抱怨别人。还有，有意见可以当面跟我谈，不用背后议论。”

一瞬间，张丽明白了一切。但气愤和后悔早已于事无补，几天后，她便离开了这家公司。

故事中，张丽的错误在于只有不害他人之心，却没有防范他人之心。她识人不清，没有看到小洁亲切的外表下包藏着的祸心，结果错误地将心存歹意的小人当作朋友，留下了可以为人利用的“把柄”，掉进了人家挖好的陷阱。

人生从某种角度看也是一场战争。在这种战争中，为了求生存，必须要有谨慎的生活方式和态度，这样才不至于上某些人的当，吃大亏。所以，请你记住：害人之心不可有，防人之心不可无，万丈深沟终有底，唯有人心不可测。

无利不起早，越是“热心”越要“防心”

众所周知，一般情况下，我们有一些自己不能办的事才会主动请求别人帮忙。但有的时候却恰恰相反，即使你根本就不需要帮忙，一些人仍会无缘无故地献上“热情”，主动向你伸出援助之手。

遇到这种“好事”，你可能会非常高兴，心想“有人对自己好还不好吗？”殊不知，这种“好”的背后往往隐藏着让你无法估量的“坏”。想一想，无缘无故，有谁愿意做“赔钱的买卖"呢？人们常说"无利不起早"，事实往往亦是如此。因此，当遇到这种"热心人"时，一定要加倍小心。

一个傍晚，王大妈正在散步，街上灯火辉煌，王大妈一边欣赏夜景一边往前走。正当大妈兴致勃勃的时候，一个年轻人突然从旁边走过来，热心地搀扶着她边走边说："大妈，瞧您这么大年纪，还是走人行道安全，小心车把您给撞了。"面对如此热心的年轻人，王大妈心中一阵感激，连声说："谢谢！"很快，年轻人就消失了。这时，王大妈忽然觉得有点蹊跷，她心想自己身子还算硬朗，而且走的路并不是危险地带，这个年轻人却主动将他扶上人行道，心会这么好？她下意识地摸摸口袋，才发现200多元钱"不翼而飞"了，王大妈这时才恍然大悟，刚才那位"热心人"已经在扶她的过程中将她口袋里的钱掏走了。

不难看出，王大妈就是因为没有防备这个年轻人，才使自己的200多元钱被偷。相比起王大妈的这次遭遇，李小姐的遭遇就更值得警惕了。

某日，李小姐在自动取款机前取钱，有一男子紧跟其后。

李小姐由于对信用卡的使用不是很熟练，连着输入了两次密码都没能取得现金。那位男子装作非常"热心"，就走上前把李小姐的卡退出来，拿到旁边的自动取款机上试了半天，也没有取出钱来，便说可能是自动取款机坏了，转身将信用卡还给了李小姐。

李小姐第二天再到银行查询时，账上的500元钱早已没有了。后来那位男子被公安机关抓获。

其实故事中的那个骗子，所用手法非常简单。他早就等在自动取款机附近，看到有人用自动取款机取钱时操作不熟练，就走上前去假意帮忙，就在他拿过取款人的银行卡时，便以熟练的手法偷梁换柱，用自己手中一张没有钱的空卡插入取款机。在取款人输入密码时，由于已经换卡，当然密码不符，取款人不得不再输一次密码，此时骗子已经把密码看在眼里。他悄悄把密码记下来，然后帮取款人取出银行卡，还"好心"地提醒取款人，可能密码记错了，今天不要再取钱了，免得卡被机器"吃"了。取款人离去后，骗子便马上把取款人卡上现金全部取走，而后再用这张空卡去骗下一个受害人。

在这个复杂的社会中，当你面临困难，别人主动伸出热情之手时，你或许会因为一时的感激而失去防范之心。这样，一些别有用心的人就会乘虚而入，在假意给你提供帮助时悄悄伤害你，如顺手窃取你的财物等。

所以，我们在接受别人的热情帮助时，切不可掉以轻心让他人有机可乘。该信任的时候还是要信任，同时也要做好防范的准备，以避免出现问题时悔之晚矣。

咬人的狗不露齿，严加防范能忍的人

精于世事的人，几乎都能发现这样一个现象：能够忍耐常人所不能忍之事的人，将来一定会伺机报复，不可不小心。正所谓"咬人的狗不露齿"，越是能忍的人，我们越要严加防范。

1805 年奥斯特利茨战役和 1807 年弗里德兰战役中，俄军被法军打得大败，实力大大减弱，刚登基的亚历山大一世为重整旗鼓，与拿破仑展开了新的较量。与以往不同的是，这次他使用了新的"壮举"，卑躬屈膝地讨好对方，处处表现出退让的姿态，以屈求伸。

1808 年，拿破仑决定邀请亚历山大在埃尔特宫举行会晤。这次会晤，拿破仑是为了避免两线同时作战，用法俄两国的伟大友谊来威慑奥地利。

亚历山大认为目前俄国的力量不足以对抗拿破仑，还必须佯装同意拿破仑的建议，并向他"献媚取宠"，争取时间妥善做好准备，时机一到，再从容不迫地促成拿破仑垮台。

有一次看戏，当女演员念出伏尔泰《奥狄浦斯》剧中的一句台词，"和大人物结交，真是上帝恩赐的幸福"时，亚历山大一脸真诚地说："我在此每天都深深感到这一点。"这使拿破仑非常满意。

又一次，亚历山大有意去解腰间的佩剑，发现自己忘了佩戴，而拿破仑把自己刚刚解下的宝剑赐赠给亚历山大，亚历山大装作很感动的样子，热泪盈眶地说："我把它视做您的友好表示予以接受，陛下可以相信，我将永不举剑反对您。"拿破仑对他彻底消除了戒备。

1812 年，俄法之间的利益冲突已经十分尖锐，这时亚历山大认为俄国已做好准备，于是借故挑起战争，并且打败了拿破仑。

亚历山大总结经验教训时说："拿破仑认为我不过是个傻瓜，可是谁笑到最后，谁就笑得最好。"亚历山大伪装自己，使拿破仑放松了警惕，又暗中壮大自己的势力，最终打败了对方。拿破仑被亚历山大的"忍让"迷惑了，终于失掉了自己的帝国。

在很多时刻，忍让并非是出自真心，而是在暗中积蓄力量，如果你没有看到它背后的企图，到时，吃亏的一定是你。

"忍耐"可以让权力转换在瞬间完成，那些看似波澜不惊的退让会使你在几个回合之后，失掉自己的优势。

在中世纪的欧洲，国王的权力来自教皇，君权神授，神权高于君权。

1076 年兵荒马乱时，德意志帝国皇帝亨利与罗马教皇格里高利争权夺利，斗争日益激烈，最后发展到了势不两立的地步。

亨利首先发难，召集德国境内各教区的主教们开了一个宗教会议，宣布废除格里高利的教皇职位。格里高利则针锋相对，在罗马拉特兰诺宫召开全基督教会的会议，宣布驱逐亨利出教，不仅要德国人反对亨利，也要在其他国家掀起反亨利浪潮。

一时间德国内外反亨利力量声势震天，特别是德国境内大大小小的封建主都兴兵造反，向亨利的王位发起挑战。

亨利面对危局，被迫妥协。1077 年 1 月，他身穿破衣，骑着毛驴，冒着严寒，翻山越岭，千里迢迢前往罗马，向教皇忏悔请罪。

格里高利不予理睬，在亨利到达之前躲到了远离罗马的卡诺莎行宫。亨利没有办法，只好又前往卡诺莎拜见教皇。教皇紧闭城堡大门，不让亨利进来。为了保住自己的皇帝宝座，亨利忍辱跪在城堡门前求饶。

当时大雪纷飞，地冻天寒，身为帝王之尊的亨利屈膝脱帽，整整在雪地上跪了三天三夜，教皇才开门相迎，宽恕了他。

亨利恢复了教徒身份，保住了帝位。当他返回德国后，集中精力整治内部，将曾一度危及他王位的内部反抗势力逐一消灭。在阵脚稳固之后，他立即发兵进攻罗马，以求报跪求之仇。

在亨利的强兵面前，格里高利弃城逃跑，客死他乡。

这里，我们看得出亨利“含辱负屈的卡诺莎之行”是别有用心的。在他与教皇对峙、国内外反对声一片，特别是内部群雄并起、王位岌岌可危的情况下，他利用苦肉计取得和解，赢得喘息时间，然后重整旗鼓，再和教皇较量。教皇没有看到他的险恶用心，最后客死他乡。

一时的“胯下之辱”或者表面的“负荆请罪”都会让我们以为对方有真心诚意，但实际上，会咬人的狗都是不叫的，大多能忍奇辱之人，日后必有过人之处。这样的人是我们最应该防范的。

一句箴言：能够忍受奇耻大辱的人，内心或极凶恶或极宽阔，不可等闲视之。

盯住眼前的“蝉”，更要小心背后的“黄雀”

“螳螂捕蝉黄雀在后”的寓言几乎是无人不晓了，但这个寓言带给我们的真正启迪，又有多少人铭记于心呢？人们常常在取得某个阶段的胜利之后便会得意忘形，不思进取，殊不知这种安逸的背后，隐藏着类似黄雀那样的危险因素。

春秋时吴越之战，越国战败，越王勾践被俘沦为阶下囚。但吴王夫差是个胸无玄机、智力平庸的人。他拒绝听从谋臣伍子胥的忠告，而被谄媚、贿赂所惑，把自己的宿敌越王勾践释放回国。

越王回国后，马上把越国最漂亮的女子西施进献给夫差。夫差得到西施后，整天沉溺于酒色当中，日甚一日。每逢西施胃病发作、手抚胸前的时候，那种病态美让夫差销魂落魄，一切军国大事都抛在九霄云外。对外，夫差贪图武功，北伐齐国，忠言劝谏的伍子胥被他责令自杀。夫差的种种行为使太子友深感忧虑。为了让父王回心转意，他决心设计使夫差觉悟。

一天，太子友手拿弹弓，浑身湿透，一副狼狈不堪的样子跑来见夫差。吴王见状非常惊诧，急忙询问原因。太子友说：“清晨我到后花园，听秋蝉在树枝上得意地鸣叫，正当蝉鸣高兴的时候，一只螳螂却聚精会神地拉开架式，准备捕捉秋蝉。而此时，螳螂压根也没想到，一只机灵的黄雀正在林中徘徊，它屏住气，轻巧极了，两只闪亮的眼睛一刻也没有离开螳螂。黄雀专心致志地想吃到螳螂，正好我在一旁，马上拉开弹弓，集中精力瞄准。因为只顾黄雀，没提防脚下，结果一下子跌到大水坑里，弄成现在这副样子。”

夫差听完太子友的叙述，似有所悟，他说：“看来这是因为你贪图近利，不考虑后患，瞻前而不顾后是天下最愚蠢的行为。”太子友连忙接住吴王的话说：“天下最愚蠢的事，恐怕没有比这更厉害的吧？当初齐国无缘无故地去攻打鲁国，集中军队倾巢而出，自以为可以占有鲁国，没想到我们吴国正动员所有兵力，长途远征齐国，齐军惨败。眼看吴国可以吞并齐国了，岂料越国正在整顿军队，挑选那些愿战死沙场的勇士，由三江杀入五湖，挥师北上，一心要捣毁我们吴国，报当年越王受辱之仇。”听到此处，吴王全明白了，太子友所讲“螳螂捕蝉，黄雀在后”的故事，是规谏他打消北上伐齐的念头。吴王哪里再能听进半句，大怒道：“这全都是伍子胥的那一套，妄想阻挠我的计划，伍子胥已经自杀，你再多嘴，我就废掉你！”太子友悻悻然地退了出去。

果然，几年之后，吴王夫差为了扬盟主之威，率领大军北上远征。可是，由于大队人马连续二十天的急行已经疲惫不堪，成强弩之末之势，根本不能再战了。而此时，那位忍耐力极强的越王勾践也不再忍耐，抓住这一最佳时机，向吴国发动突袭。夫差本土危急，赶忙回军救援，结果，被以逸待劳的越军包围，吴军不堪一击，一战即败。最终，吴国都城沦陷，吴王无路可逃，只好自杀。

也许，吴王死前才后悔，不该不听伍子胥的规谏，而举兵攻齐；也才真正理解了太子友所讲的故事。所以临死之际，他用布把自己的脸蒙了起来，表示他在九泉之下无脸再见伍子胥了。可惜，悔之晚矣！很显然，越国灭掉吴国，正是螳螂捕蝉，不知黄雀在后，其结果是黄雀吃了螳螂。

现实世界里，为了生存和发展，许多人互相敌对、联合、渗透，形成一层复杂的关系网。处在这个关系网上的个体和组织互相牵制，形成如“蝉”之背后有“螳螂”，“螳螂”之后又有“黄雀”的格局。在追求利益的时候，一定要辨明各种利害关系，识别其中潜伏的危机，注意首尾兼顾。不要做秋蝉，也不要做螳螂，哪怕你是黄雀，还要看看身边有没有藏躲着的弹弓手呢！

我们不能像吴王起初那样，总是盯住眼前的敌人。我们要学会“眼观六路、耳听八方”，因为，最危险的敌人往往站在你的身后。就拿不见硝烟却充满竞争的商场来说，你不要总是与眼前的商业对手较劲，务要置之死地而后快，要能够发现潜在的威胁，否则就有可能在与对方争得不可开交的时候，被作壁上观的第三者白捡个便宜。

电视剧《大染坊》中，上海的林家为了抢占北方市场，与天津的开埠印染厂争得不可开交，并且决定挤掉开埠之后立即向主人公陈六子的宏巨染厂下手。这时候，开埠向宏巨求援，一开始陈六子并没有动生色，而是等到两家都元气大伤的时候，突然降价。这样一来，固然打击了林家，却同时也把开埠给挤垮了。由于开埠与林家积怨颇深，陈六子顺理成章地低价收购了开埠，转而又将林家打得落花流水。不难看出，开埠染厂实际上就扮演了寓言中螳螂的角色，他只把眼光盯在对手林家身上，却没有提防宏巨的陈六子，结果被陈六子一口吞掉了。

所以，进行任何竞争都要懂得分析实际争战的复杂性，“眼观六路、耳听八方”。当你为眼前对手绞尽脑汁的时候，更要好好留心一下自己的背后，千万不要一触即发，应学会以静制动，只有这样才能立于不败之地。

低调是一种素质

低调是一种素质，一种品位，低调的人常常能最终走向成功。古往今来，众多的成功者都是因为具备了低调的素质而被誉为真正的成功者。相反，有一批数量可观的失败者，由于无视低调的重要性而成为一代代人的前车之鉴。

低调，这个听上去让人感到并不那么亲切的词，凭借着它特有的魅力成为失败与成功的分水岭，愚蠢与理智的分界线。可以说，保持低调，你就把握住了成功。

低调者往往懂得怎样去抑制自己的欲望，懂得怎样去稳定自己的情绪，懂得怎样去把握住成功的机会，这是智慧的特征。低调者是深藏不露的，犹如射箭一般，引而不发，而一发就不可收，如下山猛虎，奔流的江水，直取成功。这些往往是那些自以为高明的人所意料不到的。低调者把欲望、想法、策略埋藏于心而不显于形，做事沉着求稳而不飞扬跋扈。这些使别人对他们无懈可击。

“事事要留个有余不尽的意思，便造物不能忌我，鬼神不能损我。若业必求满，功必求盈者，不生内变，必招外忧。”洪应明的总结是十分深刻的。在成功之前不可过分张扬，在成功之后不可过分张扬，在追求成功的过程中也不可苛求尽善尽美。首先不招人妒忌，不招徕外忧，然后才可以坦然地享受成功的果实。

洪应明还说：“无事常如有事时，提防才可以弥补意外之变；有事常如无事时，镇定方可以消局中之危。”做事谨慎，遇事镇静，这也属于低调的应有之义。经常有人这样反思：要是当初没有那么冲动，没有那么狂热，保持低调，三思而后行，结局就会比现实好得多。的确，“行成于思而毁于随”，能否保持低调，能否谨慎镇静，能否三思而后行，常常决定着事情的成败！

坚持低调做人，高调做事，作为一名社会成员，一定要恪守良好的职业道德和高尚的思想情操，在工作生活中自觉摆正位置，时刻保持谦虚谨慎、戒骄戒躁的优良作风，不居功不自傲，不自以为是不高高在上。要坚持时时高风亮节，事事严于律己，处处与人为善，以虔诚博大的胸怀和超然平和的心态对人、对事，时时刻刻做到胸怀坦荡，真诚做人。

低调做人，是做人的最佳姿态。欲成事者必要宽容于人，进而为人们所悦纳、所赞赏、所钦佩，这正是人能立世的根基。根基既固，才有枝繁叶茂，硕果累累；倘若根基浅薄，便难免枝衰叶弱，不禁风雨。而低调做人就是在社会上加固立世根基的绝好姿态。

低调做人,不仅可以保护自己、融入人群,与人们和谐相处,也可以让人暗蓄力量、悄然潜行,在不显山不露水中成就事业。

希腊船王曾说过,若是有一天他变得一贫如洗,他唯一东山再起的办法就是到一家富人聚会的餐厅做服务小生,以便近距离观摩富人如何言谈、如何举止、如何与人沟通、如何思考问题做决策。你有这种低调的心态吗?

低调也是建立在一定基础上的,正徘徊在小康边缘或是正庸庸碌碌地活着,人生的画布上还未有多少亮色,这种情形下谈何低调?低调的人拥有很多难得的东西,而低调的态度使他们在多变的世界中能将自我深嵌在真实的土地上。他们留守着一份执着,深藏着一些向往,默默耕耘。他们追求的是真正可以把握住的东西,而不是表面的风光无限。

当今社会,与人相处,只要稍有点处理不当,就会招致不少麻烦,轻则工作不愉快,重则影响职业生涯。对于已经成功的人,低调是一种必要;对于正在努力成功的人,低调是一种需要。学会低调做人,就要不喧闹,不矫揉,不造作,不故作呻吟,不假惺惺,不卷进是非,不招人嫌,不招人嫉,即使你认为自己满腹经纶,能力比别人强,也要学会藏拙。而抱怨自己怀才不遇,那只是心态出了问题。

低调是生存之道

《武林外传》里李大嘴经常喊的一句话是"低调,保持低调!"山外有山,人外有人,骄傲、自以为是的人总被别人打败。在武林中保持低调是一种生存之道,在社会中保持低调也是一种生存之道。

现在的社会充满竞争,又是物欲横流。在金钱利益的刺激下,有些人为了满足自己的欲望,经常会做一些不道德之事。机关也好,公司也罢,多多少少都会存在勾心斗角的现象。如果你是个办事能手,你可能会得到上司的赏识,成为上司面前的红人,但同时你可能成为单位里一些人的眼中钉肉中刺。你不能放弃前者,所以你要高调做事。但你还要尽可能避免后者,所以你要低调做人。千万不要为了一点成就而高高在上,沾沾自喜,只有保持谦和、逊让的心态才会让你得到同事们的友爱和支持。"处世让一步为高,退步即进步的根本;待人宽一分是福,利人实利己的根基。"牢记此言,你才有不断进步的基础。

有记者问一个很有实力的IT业老板为什么不愿意参加行业评选，这个老板说："确实，论经济实力和社会影响，我可以算是业内老大。但我的目标是效益最好，我不愿去当这个名义上的老大。当上了老大，就要维持老大的面子，就要在研发、行销、人员、设备等各方面保持第一，为了怕被别的公司赶超，就要不断地大投资。换句话说，要花很多资金和力气维持老大的地位，弄不好，就会使企业陷入困境。"这位老板的观点很值得借鉴。很明显，如果你的行为像个暴发户，等于把你的底牌打出来给人看。吹嘘自己干了多少大事，赚了多少大钱，那样只会让自己成为别人的靶子，时时受到攻击。

职场中，每天过着朝九晚五的生活，我们难免会碰到各种烦心的事儿，这些事情可能困扰我们，有时甚至让我们发出"做人怎么这么难，哪来这么多心计"的感叹。职场上的竞争压力使你感到朋友难寻，但老一辈留下的传家宝仍然管用："做老实人，说老实话，办老实事"。老实做人，老实办事，吃得眼前亏，就是为自己的发展铺路。林旭就是这样一个很好的例子。

林旭四年前来到一家事业单位工作，因为自己是一个新人，所以就希望能尽快融入集体生活。她相信通过自己的勤劳能赢得他人的认可。每天她最先来到办公室，第一件事就是打扫卫生、擦干净桌子，同事来了她还要忙着给大家倒水沏茶，周末她常把办公室里的窗帘、沙发套拿回家洗干净。到单位几个月，林旭干了不少"保洁"的活，终于被办公室的同事接受，有了一个好人缘。

做"保洁"只是她与同事打交道的一个方式，而她知道，只有努力工作，把事情做得漂亮，让大家认可，这样她才能逐渐地和同事们打成一片。认真是她做事最大的特点，而且她的能力也不差，经常赢得赞扬。一次，一个好机会来了，因为部门里的两个骨干出差了，主任就安排林旭给公司领导写个主题报告。主任大致讲了讲思路，然后让她先写，可以多花点时间，有问题再改。这本来不是她的主要职责，但她二话没说，当晚就加班加点一直写到凌晨三点，写成了一个很不错的报告。第二天一上班她就把报告交给了主任，还很谦虚地请主任提出修改意见。主任对她的做法和报告都很赞赏，对她很器重，以后有重要的活都喜欢让她做，一年之后，部门主任上调，林旭顺利地接了班。

无论是打扫卫生，还是给同事带来便利，还是主动为领导分忧，这些做法都是重视自己人际关系的表现。人际能力和专业能力一样，都是职场新人必须具备的职业能力。处理好人际关系，可以融洽同事之间的感情，可以在事业上为自己创造机会。机会等待有心人。

许多场合,在不违背原则的情况下,适当地礼让一步是完全必要的。做人不需要太逞强,让一让,这既是自身素质和修养的体现,也是自身生存和发展的客观需要。“待人而留有余,不尽之恩礼,则可以维系无厌之人心;御事而留有余,不尽之才智,则可以提防不测之事变。”(《菜根谭》,53)

乔治·吉尔是美国的著名记者。当他还是一名少年时,他最崇拜一个叫布莱特的作家,但从没见过他。乔治的父亲是个瘸着一条腿走路的平淡无奇的人,乔治瞧不起自己父亲的样子,不愿意父亲去学校观看他的篮球赛。有一天,母亲告诉乔治,父亲就是他最喜欢的作家布莱特——“布莱特”是父亲的笔名。乔治不敢相信,去问老师,老师说:“这是真的,你父亲不让我们透露这些,怕影响你的成长,但现在你既然知道了,那我就告诉你,你父亲是一个伟大的人”。乔治又回家问父亲:“你就是大名鼎鼎的布莱特吗?”父亲愣了一下,然后就笑了:“我就是写小说的布莱特。”乔治拿出一本书来,说:“那先给我签个名吧!”父亲看了他片刻,然后拿起笔,在扉页上写道:赠乔治,做人要低调一点,生活其实比什么都重要。布莱特。”

乔治的父亲给了他深刻的人生启迪,父亲朴实的人格魅力,影响了乔治的一生。当有人让乔治介绍自己的成功之路时,他就会重复父亲的那句话:做人要低调一点,生活其实比什么都重要。

地低成海,人低成王

美国之父富兰克林年轻时,应一位老前辈之约,昂首挺胸地走进一座低矮的小茅屋。一进门,“嘭”的一声,他的额头撞在门框上,青肿了一大块。老前辈笑着迎出来,说:“很痛吧?但你要知道,这是你今天拜访我的最大收获。一个人要想洞明世事,练达人情,就必须时刻记住低下头。”富兰克林深受启发,他后来的成功与他擅长低调做人有很大关系。

人在社会总要做事,要做事,就不能自外于人,自外于人无异于自绝生路。而自绝生路者,又能做成何事?因此,欲成事者必要见容于人,为人们所悦纳、所赞赏、所钦佩,这正是一个人立世的根基。根基既固,才有枝繁叶茂,硕果累累;倘若根基浅薄,便难免枝衰叶弱,不禁风雨。而低调做人就是在社会上加固立世根基的绝好姿态。到过南方海边的人都会发现,长得太高的树很少,因为长得过高的大树在台风的吹袭下就会断折,这与枪打出头鸟是一个道理。

不管做事还是做人，它都分为两个方面——面对别人和面对自己。低调做人并不是指胆小畏缩，而是指为人不要小有得志便猖狂，动不动拿职称、地位等招牌来显摆，自我吹嘘、自我表现，让人不屑。任何时候任何情况下都要尊重别人，与人为善，团结共事，谦虚谨慎，有了成绩不张扬，有了过失必改正。在当今人心普遍浮躁的社会，更应该时时三省吾身！

低调做人就是用平和的心态来看取世间的一切，该低头时就低头，友善和气，善于倾听，乐于助人，甘于让人。低调做人，就是不要总想着在气势上压倒别人，做了点小成绩就得意扬扬，一副小人得志的样子。低调做人，就是不把自己太当回事，坦诚而平淡地看待自己，没有人把你看成是卑微、怯懦和无能。让我们记住诗人鲁藜的话："把自己当作泥土吧！老是把自己当作珍珠，就时时有被埋没的痛苦。"

换位思考一下：如果有个人总是在你面前趾高气扬，动不动就跟你耀武扬威、自我吹嘘个不停，好像全世界就他最行，缺了他地球就停止转动了。你是不是要厌烦这个人呢？对这种人，你逃避都来不及，怎么愿意去帮他?！好了，再想想你自己，当你在别人面前摆出一副没你不行的姿态时，别人也会讨厌你、疏远你的。

低调做人，也要做好分内事。做事先做人，是因为人格在空间上决定了做事的空间。做人要做事，是因为人的各种素质，只有在做事中才能形成；人的本质，只有在做事中才能展开；人的潜能，只有在做事中才能开发；人的能力，只有做事中才能发挥；人的成就，只有在做事中才能取得；人的梦想，只有在做事中才能实现。做事即做人，做人即做事，做事和做人二者是内在统一的，没有绝对的先后之分。"伺察以为明者，常因明而生暗，故君子以恬养智；奋迅以为速者，多因速而致迟，故君子以重持轻。"做人要修炼心性，不妨低调些；做事要高度重视，不妨高调些。

"中国十大策划风云人物"是中国策划界的最高奖项。2004 年 6 月 26 日，奥康集团总裁王振滔成为唯一被授予此称号的浙江籍企业家。同时获奖的还有张瑞敏、魏家福、牛根生、倪润峰等重量级企业家。这无疑是提高个人形象和企业形象的好机会，公司宣传人员打算把这一消息在第一时间报道出去。但是，王振滔却指示宣传人员："这次获奖的消息，我们务必要谦虚一点，不能做宣传。"他指示工作人员从即将发稿的报社、杂志社以及若干门户网站撤回了宣传稿。

原来，在此次颁奖大会上，还有一位获得其他策划奖项的温州籍企业家，所以，一旦奥康当日把稿件发表出去，这家兄弟企业将会失去这次千载难逢的宣传机会，因为奥康的光芒会挡住人们的视线。王振滔认为，他们都是温州的企业，要考虑别人的感受。“做事要先做人。尽管这是策划界的最高荣誉，我很珍惜，但如果我们当天见报，获得其他奖项的这家兄弟企业第二天就很难见报。只顾自己，不顾别人，这样做是不对的。”一荣俱荣，这种低维护了他人的利益，也使自己赢得了好名声。

个人不管取得多大的成功，也应该保持做人的低调。有道是：地低成海，人低成王。低调做人不仅是一种境界、一种风范，更是一种思想、一种哲学。高调做事，不是喊着口号让全世界的人都知道你要做什么，而是你对自己所做的事情看得很透彻，把握其根源和关键，漂亮地做好做成功。当然，你要是没有把握，还是自己先好好琢磨琢磨，再找人商量商量，请教请教，如果还是没有完全的把握，那你就尽力去做，出了问题自己尽力去解决。事情是自己做的，但别人都看在眼里。

做人要低调谦虚，做事要高调要有信心。事情做好了，你的做人水平也会跟着上台阶。

是金子总要发光

洪应明说：“我果为洪炉大冶，何患顽金钝铁之不可陶熔？我果为巨海长江，何患横流污渎之不能容纳？”不要抱怨你面对的是坚硬的金属笨重的铁石，关键看你自己有无冶炼能力；不要抱怨你面对的是四处横流的污浊沟渠，关键看你有无容纳能力。你只要有了真才实学，有了满腹经纶（提醒你记住洪应明的另一句话：“青天白日的节义，自暗室漏屋中培来；旋乾转坤的经纶，自临深履薄中操出。”《菜根谭》，285），你就如同待开发的金子。是金子总有发光的一天，需要等待的是时间和机遇，只是现在很多人没有这个耐心。

俗话说，人往高处走，水往低处流。这已成了许多人的思维定式，也成了他们求职时的心理障碍。本科毕业要是干专科生的活儿，就觉得自己屈才了；上一份工作月薪是3000元，下一份工作就绝对不能低于3000元。于是，找来找去，挑挑拣拣，总也没有适合自己的，长此下去，不仅好工作没找着，连个起码养活自己的工作都没落实。我就见过这样一位本科毕业生，找不到满意的工作就去考研，研究生没考上又去找工作，又找了半年还是没找到合适的工作，干脆再去考研。考研决心既不坚定，找工作又无耐心，这样只会逃避的人如何被社会接纳？

所以,建议那些正在努力找工作的朋友们:不妨先往低处走走。当然,往低处走并不意味着委曲求全、窝窝囊囊凑合着,而是将它看作一种力量的积蓄,一种能力的磨炼。最终,你还是往高处走的。

有个朋友跟我讲,他参加了一期岗前培训班,学到了不少东西。培训班老师把时下大学生求职做了一个形象的分类;一类为“低头求职”,另一类为“仰头求职”。老师讲,“低头求职”比较容易找到工作,“仰头求职”很难找到工作。一堂课上下来,他自感受益匪浅。

“低头”和“仰头”代表了不同的求职态度。眼睛向下看,“低着头”求职,就是向上求职,一时不求高攀,锻炼到了一定时候再往上走,这样找工作,工作自然好找,而且有上升空间。反之,眼睛向上,“仰着头”求职,就是高眼光向上求职,一般的工作看不上,这样找工作,自然就很难找到合适的了。当前,人才市场供大于求,用人单位无不想花最少的钱,找到最好的人才。作为求职者,要想找到工作,最有效的办法就是“低着头”求职,一旦进去,发现你是人才,公司才会重点培养。

我们每个人都希望找一份理想的工作,并且能“一举成功”“一步到位”,而非“一波三折”“南辕北辙”。但是,现实很难尽如人意。求职时,可能会受尽波折,好容易找到一家肯“收留”的单位,而提供的职位却“专业不对口”,或者不合你心意,还有可能在工作条件、工作环境方面有诸多令你不满意的地方。当你遇到这些状况时,是灰心丧气,还是自强不息?是听天由命,还是勇往直前?路在你脚下,你的命运就在你自己手中。

有个叫明辉的朋友从某重点大学人力资源专业本科毕业后,谋到一份满意的工作——在一家知名国有金融企业的地区总部人力资源部当职员。专业对口,薪水较高,明辉十分称心,工作卖力,逐渐获得了同事和上级的认可。为此,他还美滋滋地为自己做起了职业规划:专员、主办、主管、经理,在自己的专业领域不断向上。

不久,总部为加强市场销售力量,决定抽调部分员工充实基层一线,明辉也被列入“下基层”名单。一时间,明辉感到没了方向。他压根没想过做销售,觉得这活儿不是他的理想职业。自己设想的 HR(人力资源经理)职业发展规划将被打乱,明辉有点慌张了。

考虑再三,他决定先做做再说。到基层单位后不久,明辉就承担了重任,担任一个销售团队的负责人。很快,他善于沟通的能力赢得了销售团队的信任,工作局面也渐渐打开。整个团队不仅完成了销售任务,还成了公司上下学习的榜样,明辉感到很受鼓舞。

之后的明辉,不再像刚来时那样患得患失,他对自己的职业发展规划有了更全面的认识,不仅仅只盯着 HR 的方向,他发现自己的路越来越宽了。几年过去了,明辉受到公司高层关注,成为中层干部后备人选,公司已经开始帮助他制定更有针对性的职业规划了。

“低头”和“仰头”,反映的是两种不同的求职思路,也导致两种不同的结果。

说起来,职业规划是单位和个人双方的事,一个负责任的单位,要发现和培养有潜力的新人,为他们做好职业生涯规划。对于职场新人来说,一旦认准了某家单位,就要学会把个人目标放在企业目标的大坐标下考虑,不断调整个人的职业规划,以谋求个人的最大发展。

自以为是的人最容易碰壁

有一次,一位做事常常失败的青年向笔者请教:怎样才能把事情做得完美无缺,而不用顾及周围那些小人的声音。笔者给他写了六个字:先做人,后做事。笔者告诉他:一定要按照这个顺序,慢慢去体会和执行。

这位青年笔者是熟悉的,他的本领和能力都是挺强的,但一向自以为是,以自我为中心,高傲难以合群。他每次高兴地走进一家公司,但不久后就被扫地出门,失败一次次打击他,他已到了必须醒悟的时候了。他不理解做人做事的真谛,他不知道这其中还有一个顺序问题,还有一个心态问题。做事不成功,原因很可能是做人不成功,这其中有人格人品问题,有性格问题,还有摆不脱的人际关系问题。

经常有人向笔者请教成功方面的方法,笔者都不会直接告诉他那些空洞的理论,而是让他在实践中体会。像这个青年,笔者觉得首先是他自身有问题。一个人可以失败,但不能总是失败。如果不从失败中总结教训,不从自我开始反省,他可能永远也找不到答案。笔者主张做人要先立人格,然后再全力以赴去做事,因为这其中有很大学问。

立人格首先要学会低调。做人要低调,但并不是做可怜人,成天生活在低调的阴影里,什么事情都缩在后面,畏首畏尾,自己的利益被别人剥夺强占也不发任何声音,自己的人格被别人侮辱也不反抗。这不是低调,这是懦弱。低调做人,就是不要太张扬,不要有点小本事就拿出来显摆,不要有事没事就往领导跟前凑,然后做出一副领导红人的模样到处招摇。什么事情自己心中都要有数,要有自知之明,清楚自己有什么本事,在最适合的场合拿出来,也就是好钢用在刀刃上。比如,在别人最需要的时候,你能不能及时帮助别人，成为他人可信赖的朋友；在公司最困难的时候，你能不能挺身而出，独当一面，成为公司的顶梁砥柱。

低调做人，就是要显得谦卑有礼，平易近人。你要清楚，所有人都是平等的，地位只是一种外面的身份。历史上的晏子身为宰相，但他总是谦以待人，和马车夫平等相处，赢得了他人的尊重。在单位里，无论是对待上司，还是对待打扫卫生的清洁工，都要报以微笑，礼貌周到，这样你会受到更多人的欢迎。如果你经常觉得自己地位很高贵，粗声大气地训斥别人，你其实是在降低你自己。不知道收敛自己，总有一天会招人厌烦，等着别人看你的笑话。

另一方面，要学会高调做事。高调做事不是喊着口号扛着红旗让满世界的人都知道你要做什么，那样即便做成了，由于事前太声张，事后也没人觉得有什么了不起。高调做事，就是你对自己所做的事情了如指掌，看得很透彻，把握其根源和关键，在自己有把握的时候以一种很高超很专业的姿态去做，全力以赴，不仅要成功，还要把事情做得漂亮。当然，你要是没有把握，高调的勇气还是需要的，信心要有。这就需要先好好琢磨琢磨，再找人商量商量，请教请教。如果还是没有完全的把握，最好让人知道问题的艰巨所在，那么你尽力去做了，出了问题自己也尽力去解决，别人也会报以很大的同情，并会施以帮助。你敢于挑重担，冲锋陷阵，行动在先，这就是最该嘉奖的。事情是自己做的，但别人都看在眼里，没有哪个领导是瞎子，他即使嘴上不说，心里都很清楚。别害怕做替死鬼，出了事情必然要有人承担，如果能轮到你承担，说明你已经具备了承担的能力。因此，在任务面前你要表现出高调。

上面说到的那个青年听从了笔者的建议，到了一家新公司，努力按照笔者说的去做了。他在人面前唯唯诺诺，一副谦虚的样子，但表达观点时一定会说出自己的主观，行事的时候赶在最前面，并主动寻找他人的帮助，同心协力。结果他干得非常出色，不仅发挥了他的才能，还赢得了他人的尊重，很快被提升为部门主管。如今，他自己开了一家公司。每每给员工训话时，他常说的一句话就是："先做人，后做事。在做人上低调，在做事上高调些，把人做好了，大家互相信赖了，附带着就把事情做好了！"

笔者想，他已经领会到人生的精华了，他还把这种精华传授给了他的员工。

记住：与其说我们一直在做事，不如说我们一直在向他人学习做人做事。

孟买佛学院要学屈身功

谦虚的人是低调的，他们时常低下头，不与人争。但谦虚不等于卑微，只有那些真正卑微的人，才会用高调来粉饰自己，以掩盖不足，填平心里那份虚空。低调如同谦虚，谦虚是美德，适时的低调也是美德，是对他人的尊重。

要使自己在人生旅途中一帆风顺，少遇挫折，弯腰、低头是最好的处世方式。低调不是目的，低调是“不为天下先，不当出头鸟”的独善其身的人生态度。

孟买佛学院是印度最著名的佛学院之一。这所佛学院之所以著名，除了它的建院历史悠久，培养出了许多著名的学者之外，还有一个特点是其他佛学院所没有的。这是一个极其微小的细节，但是所有到过这里的人，当他再从佛学院出来的时候，几乎无一例外地承认，这个细节使他顿悟人生，也让他受益无穷。

原来，孟买佛学院在它的正门一侧，又开了一个小门。这个小门只有一米半高，一个成年人要想过去就必须低下头，否则，就只能碰头了。

这是孟买佛学院给学生们上的第一堂课。所有新来的人，教师都会引导他从这个小门进出一次。很显然，所有的人都是低头弯腰进出的，尽管有失礼仪和风度，但是却可以使人有所领悟。教师说，大门出入当然方便，而且能够让一个人很体面、很有风度的出入。但是，有很多时候，我们要出入的地方并不是有着壮观的大门的。这个时候，只有那些暂时放下尊贵和体面的人才能够出入。否则，有很多时候，如果不会屈身，就只能被挡在院墙之外。

《菜根谭》中也表达了这种屈身退让的处世原则：“路径窄处，留一步与人行；滋味浓的，减三分让人嗜。”（《菜根谭》，187）“争先的径路窄，退后一步自宽平一步；浓艳的滋味短，清淡一分自悠长一分。”（《菜根谭》，338）事实上，贯穿《菜根谭》全书的就是修身自持、低调做人的思想，忍让是其中的重要内涵。

要使自己在人生旅途中一帆风顺，少遇挫折，弯腰、低头是最好的入世方式，对每个人来说，这都是一门必不可少的人生功课。

凡事要用理智来指导你的行动，对于无关紧要的事，该让的要毫不犹豫地谦让。这样做，表面上看是退是让，是与世无争，实则是以退为进，以不争为大争。这就像“攻”与“守”的道理，在不到“攻”的时候只需做好“守”就可以了。

一个不够成熟的人总希望让别人看到自己的优势，仿佛只有他才是这个世界的重要人物。其实，细究起来，这种人并不一定真正有才干。所谓真人不露相，露相非真人，正是这个道理。退一步说，即使你有才干，轻易让自己暴露于众人面前，就等于树立了一个靶子，让别人打。这种傻事绝不是聪明人干得出来的。

低调的人比一般人经历更少痛苦的原因在于他们知道如何避免失败，他们不会用种种负面的假设去证明自己的正确。保持低调，你才可以充分享受生存的快乐。

放下身段去择业

洪应明说："己之情欲不可纵，当用逆之之法以制之，其道只在一忍字；人之情欲不可拂，当用顺之之法以调之，其道只在一恕字。"对自己要忍，要适当克制；对他人要恕，要适当顺从。这也是低调的法则。老子云：有无相生，难易相成，长短相形，高下相倾，音声相和，前后相随。此一正一反构成人世间的循环。而欲求正，当先求反。同样，欲求进，当先求退，而后能成无为之功。

有一则很经典的求职故事。一位不善交际的博士生，毕业后拿着计算机专业的博士证书到人才市场上求职，竟没有一家公司聘用他，原因是大材小用，公司不愿付太高的工资。经过了多次挫折后，这位博士生在求职时索性不再出示博士学历证书，只出示学士证。不久，有一家电脑公司愿意聘他为程序员，报酬不高。上班后，这位博士勤奋认真，尽职尽责地做好本职工作，而且对公司的发展提出了一些非常有价值的建议，并独立开发了几个颇有推广价值的软件。公司经理感到奇怪，遂"刨根问底"，他这才陆续亮出自己的计算机硕士和博士证书。于是，公司毅然提拔他为副总经理，分管公司的技术开发工作。当然，他很胜任这项工作。

另一位名牌大学应届研究生很想进一家五星级酒店就业，他听说好些高才生去应聘都落选了，于是他没有直接去碰壁，先到一家四星级酒店当行李员实习生，又去一家五星级酒店比较辛苦的客房部实习，扫房间、换床单、洗马桶。8个月的基层锻炼，积累了大酒店的经验后，他再去那家心仪的五星级酒店应聘，终于被那家酒店录用为管理人员。

还有一位毕业于上海一所名牌大学的本科生，正好遇到一家跨国大公司在沪建厂需要大批专业人才。按理说，他毕业于名牌大学，专业对口，又是在上海，近水楼台，应聘不成问题。在这看似大好机会前，他没有冲昏头脑。经过打听，他了解到这家美国公司虽然有人才本地化的用人战略，但是初来乍到又急于开工，紧缺的是一线工人和有经验的管理人员。他自忖自己虽然出自名牌大学，但是刚本科毕业，既无在美国公司任职的经历，又无权威人士推荐，如果想应聘高级职位，显然竞争激烈难以录用。但是这家公司的待遇和发展前途是十分诱人的，所以他冷静地采取了低调策略。当他们班同学争先恐后前去这家公司报名应聘白领岗位时，他却选择了一个操作工的蓝领岗位。果然不出他所料，他的同学纷纷落聘，他却被录用了。由于他是内行，既有扎实的理论基础，又有实习时学到的初步经验，加上他的勤奋好学，在岗位上如鱼得水，还给新建的生产线提了几条改进建议，他的才华和能力逐步显现出来。公司发现他是名校高才生，能屈身做蓝领工人，是个有能力有潜力的人才，一年多的时间里将他连升三级，从工人到班长、领班再升到在办公室有一席之地的生产调度。他的薪酬也直线上升，令他的同学目瞪口呆，羡慕不已。

这几个应聘事件给我们的启发是十分深刻的。时下许多大学生在选择职业时，一开始都唱着高调，自视甚高，都希望将工作目标定位在那些有名气的大公司，或者是经济效益好、收入高的大企业，或者是大专院校、科研单位、政府机构，不愿意去适合自己发展的小企业，总怕埋没自己的才能，难以得到提拔重用。其实，在择业之初屈居低位或让人看低了点，不见得是一件坏事。俗话说：高处不胜寒。倘若在择业之初就让用人单位高看了自己，你会从上班的第一天开始就承担着巨大的心理压力，以期取得与众不同的成绩，而这种心态有时会对工作产生负面效应，不利于个人的长远发展。事实上，就业没有固定的模式，一步到位的直线就业固然是最理想的，但是很少有人这么幸运。要紧的是有自知之明，能正确了解自己的长处和短处，根据实际情况选准目标，找到一条扬长避短适合自己的路坚持走下去。像上面例子中的几个人那样以退为进、曲线就业不失为可以选择的方法。放下身段，屈身低就，在基层岗位上努力精进，通过磨炼和考验进一步锤炼自己的能力，必能走出一条康庄大道。

是金子总会发光。无论是初次求职还是跳槽求职，都需要端正自己的心态，低调些，不好高骛远，敢往需要自己的“低处”走，到那些适合自己发展、能够充分施展自己才华的中小企业去，到那些不显眼的岗位上去，既是一种大智若愚的明智选择，也是一种以退为进的理性而务实的行动。

做人不张狂,赚钱不张扬

洪应明说:"夸逞功业,炫耀文章,皆是靠外物做人。不知心体莹然,本来不失,即无寸功只字,亦自有堂堂正正做人处。"意思是说:夸耀自己的功业,炫耀自己的文章,这都是靠外物来增加他的光环。岂不知人的本性如玉一般洁白晶莹,原本不缺少什么,即使在一生中没留下半点功业,没留下只字片言,也自然可以堂堂正正地做人。钱为身外之物,功名亦为身外之名,关键是人要立得直,坐得正。

洪应明又说:"倚高才而玩世,背后须防射影之虫;饰厚貌以欺人,面前恐有照胆之镜。"(《菜根谭》,34)你要夸逞炫耀,一要防备引人嫉妒,招人攻击;二要问问自己的良心,是否理应如此。拿些虚名去蒙骗世人,总有一天要现出原形。所以,实实在在最重要。

做人不张狂,赚钱不张扬,低调的人理应如此。这种低调不仅是一种哲学,也是一个护身符。有人爱好高调,有人保持低调,也有人喜欢中调。在这三种格调中,大多数人还是对低调持有一种本能的好感,做人低调者往往会赢得更多人的尊重。低调又是一种修为,一种历练。要想低调,就要做到:管好自己,不惹是非,平缓中摆好性子,平常中用好脑子,平稳中赚好票子,平淡中看好位子,平安中走好路子,平静中过好日子,平凡中活好一辈子。这无疑是一种上佳的选择。但有几人能做到这样呢?

低调做人者给人的感觉往往是内敛而不张扬、柔和而不粗暴,不显山露水,也不锋芒毕露。俗话说:"枪打出头鸟","不显眼的花草少遭摧折"。老子也曾告诫人们"夫惟不争,故天下莫能与之争",意指不争者争天下。争与不争,其实是一种处世哲学,争是要你私下里暗暗地加油和努力,做事时鼓足干劲,勇往直前;不争是要在别人面前,少与别人争高下,让一把,保持内敛,其好处不言自明,至少会减少遭人背后指责或者当面冷落的机会,还会赚取不少的好人缘。

相反,做人爱好高调的人,遇事易张扬,遇人好显摆,更要命的是抬高自己时还一本正经的样子,让人感到不知天高地厚。低调者会获得谦逊的美名,高调者则给人一种傲慢、浅薄的印象。可见,低调者在社会评价上明显占上风。生活事实也确实告诉我们,但凡为人低调的人,口碑大都不错,人际基础比较宽厚,也容易得到周围人的尊重。而为人高调的人,则常常会陷入孤芳自赏、孤立无援的境地。

即使是赚钱也要低调，有时低调还能帮你赚大钱。曾经看过一个犹太商人的故事，真是精明透顶。有一天，这位犹太商人走进一家银行贷款部，排队等候着。他穿着朴素整洁，外表是休闲装，但他的皮包和手上的金表却又让人感到他不寻常。轮到他了，他点头哈腰，谦逊地坐到贷款部经理面前。

“请问先生，您有什么事情需要我们效劳吗？”贷款部经理一边小心翼翼地询问，一边打量着来人的穿着。来人外表朴素而内在神气与众不同。

“我想借点钱。可以吗？”

“可以，看您想借多少？”

“1 美元。”

“只借 1 美元？”经理惊讶地张大了嘴巴。他在想，“难道他在试探我们的工作质量和服务效率？”于是便装出高兴的样子说：“只要有担保，无论借多少，都可以。”

“好吧，”犹太商人从豪华皮包里取出一大堆股票、国债及其他债券放在经理的办公桌上，“这些做担保可以吗？”

“完全可以，”经理清点了一下，“先生，这些担保总共 100 万美元，足够了。不过先生，您真的只借 1 美元吗？”

“这次是的。我以后再来借。”犹太商人很是肯定。

“好吧，年息 6%，等您归还借款后，我们就把这些股票和证券还给你……”

“谢谢！”犹太商人办理完手续，起身离去。

一直冷眼旁观的银行行长从后面追了上去：“我是这家银行的行长，我实在弄不懂，您拥有 100 万美元的证券，怎么只借 1 美元呢？”

“既然您如此热情，我不妨把实情告诉您：我这些票据放在身上不太安全，而几家金库的保险箱租金又太昂贵了。……”

“所以嘛，你把它们以担保形式存放在我的银行，而这最多也不过交 6 美分的利息……”

这个犹太商人确实太精明了。全世界的犹太人都是在低调中透出精明。

当然，低调不一定为了精明。低调是要赢得好人缘，整天算计则让人心存芥蒂。

只要你仔细观察，就会发现那些比较成功的人比我们这些还在奋斗中的人低调很多，财富只是他们成功的一个方面，而低调为人可能是他们走向成功的重要原因之一。

不要被骗,看清“利”中的“钩子”

在动物界里,狼是一种非常小心谨慎的动物。如果狼在某个地方发现一头死去的小牛,它不会直接上去食用,而是表现得异常冷静和谨慎。它会冷峻地审视四周,观察几个小时甚至几天。当它经过谨慎的判断,认为安全可食时,才会慢慢地走过去享用。这足以看出狼为生存而具备的精准的判断能力,可谓“胆大而心细”。

我们在人生的道路上行走,难免要面对众多的诱惑,若你只贪图眼前的小利,看不见“利”中的“钩子”,那就非上当受骗、受人“钳制”不可。懂得为人处世者应该向狼学习先进的胆略法则,即不贪图小利,做任何事情都要三思而后行。

某工厂从日本某企业引进一套发电设备,派人去日本验收产品。该厂人员一踏上日本本土,便受到该企业的“热情接待”,一连几天设宴招待,安排游览。直到回国前三四天,日本的这家企业才拿出一大摞日文资料,使人无法细细查对,只好带回国再仔细研究,于是签订了合同。哪知货到之后,仔细一查,发现大部分零件无法安装使用,才知道上了人家的“钩”,受了人家的骗。

故事里那种“拿钱买教训”的事,当今着实不少。不过,若明知自己得小利会给企业和国家带来巨大损失,知“钩”而进,那就是另一种性质的问题了。

当今国内商战中,以“回扣”为“钩”是非常常用的手法。

曾有一个自称“外商代理人”的“吴老板”到处活动,说给外商代销通讯器材,订货者可给经办人3%的回扣,引得大批人中“钩”上当,拱手交出了数千万元。后来案发查明,这位“吴老板”手中竟无一部通讯器材,也无任何货源。

吴老板以回扣为饵,满载而归,这个例子足以给很多容易上当的人敲响警钟。

在商品经济社会中,行奸诈骗者有之,上当受骗者则更多,其中一条很重要的原因,就是受骗者遇事缺乏深思熟虑,轻信对手宣传,只见“饵”不见“钩”。如果在此之前做到不轻信、反复思考谨慎行事,遇事多问几个为什么,真正地做到三思而行,相当多的上当受骗事例是完全可以避免的。

这个世界,真实与谎言永远并存,怀疑一切太悲观,相信一切恐怕又过于天真了。有很多事,例如商情股市、产品质价,以及文化上的炒作宣传,等等,靠个人的智力,判断不了,也左右不了。我们稍稍可能把握的,大约仅限于周围的人际关系。在学会倾听与观察的同时,还要记住有些人切勿轻信。无论任何时候都应牢记:轻信是幼稚的表现,深思是成熟的标志。要力戒轻信,遇事头脑清醒,三思而后行,就会少上当或不上当。

很多时候,某些人绞尽脑汁在你面前说出一些动听的话,弄得你心里甜丝丝的,神经都会酥麻如触电。殊不知,他们这样做只是因为对你有所求,当你轻信赞美的时候,你的心将不再设防,对方也就可以轻易地达到目的。

此外,不要轻信那些喜欢许诺的人。各种各样的许愿、承诺、契约司空见惯,如过眼云烟。回想一下那些人拍胸脯答应你的事,究竟兑现了多少?事实常常低于诺言与期望。如果你真的轻信这些没有分量的许诺,抱着一丝幻想坐等对方实现承诺,结果只会耽误时间,浪费生命。拿出十二分的警惕来,假若你不想误食诱饵,有朝一日躺在人家砧板上任人鱼肉的话,就须谨慎、再谨慎一些,远远避开那些圈套和陷阱。

莫被表面现象迷惑,以免陷入他人骗局

"表面现象"经常可以蒙蔽人,因为人们习惯于"以貌取人",往往看不见"金玉其外而败絮其中",看不见表面平静而内心波涛汹涌,看不见表面善良而内心狡诈。

清朝时,河南境内的一个镇上有一家金饰店。有一天,店里来了一个跛脚的男子。尽管他走路不方便,却穿得十分体面。他一走进店内,就开始向店主人大发牢骚,说县令非常残暴,竟然为了一点小事,就把他打伤,还一副气呼呼的模样说他一定要报复,等等。

店主人忙着做他的事,听归听,做事归做事,'并没有怎么注意他。那人说着说着,从衣袖里取出一片很大的狗皮膏药,就在打造金饰的炉边将药熏烤起来,似乎准备等膏药软化后,用来贴敷身上的伤口。

这种借用店内炉火的事,在金饰店是常有的,算是给路人行个方便。尽管不认识这个人,但店主基于方便他人的心理,根本不疑有诈,谁知道到膏药熔化后,跛脚汉竟然出其不意地将膏药往店主的脸上糊去。瞬间,店主人陷入一阵慌乱,本能地忙着处理被偷袭的头脸,那个跛脚男子却趁这个机会,将铺中几件贵重的金饰席卷而逃!等店主呼救后,跛脚汉已经逃得不见踪影了。

无独有偶,在江西某地区也发生过类似的事情。

一户卖米人家,在大门口放置了几个米袋,有一天,忽然来了一个跛脚大汉,挺着个硕大的肚子,一瘸一瘸地走了过来,然后气喘吁吁地就坐在米袋上面休息。

附近有不少人都看到了，但工作的工作，闲聊的闲聊，没有人会去在意这种事情，毕竟方便过路人嘛，没什么大不了。

过了一些时间，大家在不经意之间，似乎感觉那人站了起来，而且一瘸一瘸地又走了。可是，没多久之后，这户人家却发现少了一袋米。

经过大家追查，才发现那人跛脚是假的，大肚子也是假的，不过是为了掩人耳目，方便夹带米袋走人罢了！这真是本想做好人行方便，却不小心丢了钱财。

上述事例充分告诉我们，以貌取人、以貌视物等只注意表面现象，或许不是一项缺点，却是一项弱点。这种习惯成自然所养成的成见，虽然能够让人迅速辨别当下所见的事物，却也容易同时圈住人们的思考与判断，特别是在不经意的时候，最容易引起误判。

因此，无论是做人，还是做事，都不要被表面现象所迷惑，应多观察，全面思考，去伪存真，否则很容易陷入他人为你设下的骗局。

面对刁难，以谬制谬

复杂的人际交往中，我们很可能遇到这样的情况：某些人以蛮横之势，强词夺理，以不正当甚至荒谬的理由来反对我们，阻止我们的行动。

这个时候，我们该怎么办呢？面红耳赤地据理力争，还是默默无闻地任其横行霸道？其实，应变的最好方法是以谬制谬，按照他们的逻辑、理论形成一种说法，去反诘对方。以子之矛，攻子之盾，从而使对方的谬论不攻自破。

从前有个县官既贪财又狠毒，凡是来打官司的人如果不给钱，他就会把他们打得死去活来。为此当地有个艺人编了一出戏，叫《没钱就要命》。

演出那天，县官也去看戏，他一看演的是他，当时就火冒三丈，没等戏演完，就回到县衙，命令衙役把这个艺人传来审问。那个艺人听说县官传他，就穿着龙袍大摇大摆地跟着衙役去了。县官一见艺人来到，便把惊堂木一拍，喝道："大胆刁民，见了本官，为何不跪？"

艺人指了指身上的龙袍说："我是皇帝，怎能给你下跪？"

"你在演戏，分明是假的！"

"既然你明明知道演戏是假的，为什么还要把我传来审问？"

县官被问得张口结舌，只好眼睁睁地看着艺人大摇大摆地走出县衙。

当你处在窘境中，面对恶意刁难时，不妨学学故事中的那个艺人，从实际出发，顺着对方的逻辑进行有力反诘，尤其是对小人，更要强悍一点。

我们再来看一下下面这个案例：

大学生亨利是个很正派的青年，有一次他碰上了一件很尴尬的事情。

一天傍晚，他走进有名的鲨鱼酒家，只见里面宾客云集，有一张桌子旁，只坐着一位年轻貌美的姑娘。亨利仔细打量了一下，从她华丽的衣着和傲慢的态度，判断她出身豪门，是上流社会的人物。于是他走过去，彬彬有礼地问道："这儿还有人坐吗？""什么.到阿芙达旅馆去？"不料娇小姐竟这样大声喊起来。亨利有些慌乱，只好稳住神，继续低声解释："不，不，您弄错了。我只是想问，这张桌子上除了您还有其他人吗？""怎么，你说今天夜里就去吗？"娇小姐的叫声更尖厉了，而且显露出一种受侮辱的激动情绪。

亨利明白了，这绝不是小姐的听觉出了毛病，这显然是她预谋好的举动。她这样喊叫，是使其他人把亨利当成一个寻花问柳的浪荡子。果然，酒店里的人都转过头来，以愤怒而轻蔑的目光盯住亨利。他被弄得狼狈极了，只好红着脸赶紧到其他桌上找了一个空位子。过了一会儿，娇小姐主动凑到了亨利的桌前，她为亨利叫了杯白兰地，以嘲弄的口吻对亨利说："对不起，刚才我只是想看看您对意外情况的反应。"这回轮到敏捷的亨利大叫了，他说："什么？一个晚上就要一百美元？要价太高了！"

想看别人对意外情况反映的娇小姐，这次该自己处理意外情况了。结果她也别无良策，只得在众人鄙夷的目光逼视下，灰溜溜地逃出了酒店。

故事中，亨利略施小技，使她在众人眼前扮演了一个卖淫者的角色，喝下了自己酿造的一杯苦酒。

对付他人的故意刁难，我们就要以牙还牙、以眼还眼。这种方式虽然有抱负的意味，但面对那些对我们充满恶意的人，却可以乘机狠狠地教训对方，有时还会使问题得到解决。所以，该用的时候不妨一用。

解决争吵，"冷处理"显奇效

在金属模具加工过程中，"淬火"是最后一道工序，指把烧红的模具放入冷水中进行冷处理，让模具变得更加坚硬、耐用。事实上，不只是模具经过淬火以后会变得更加耐用，人际关系也是一样的。当你在处理与他人的关系时，暂时"冷却"彼此的关系，往往会比猛攻猛打更有利。

从脾性角度来看，有的人反应快但错误多，属于冲动型；有的人反应慢但错误少，属于熟虑型。两种类型各有利弊，而“暂不处理”能够使两者之间达到平衡。如果善于利用“淬火效应”，你就能在人际关系场中游刃有余。

不过，需要注意的是，“暂不考虑”不是永远忘记，一旦时机到了，就必须马上开始行动，这样才能解决问题。

曾经有一个男孩，在茫茫人海中，终于找到了自己心仪的女孩，便决心一定要让她成为自己的妻子。

刚开始的时候，他每天都在女孩下班的时候送她一件小礼物，没有一天间断，一连送了15天。到了第16天的时候，他突然就不送了，第17天他仍然没有送，第18天他又开始送……

显然，这个男孩是操纵人心的高手。前面15天都送，已经让女孩习惯了他对自己的关怀；第16天开始突然不送，能够让女孩冷静地想清楚男孩对她来说到底意味着什么，没有男孩自己会少了什么；第18天又送，是为了防止女孩忘记自己而习惯没有他的生活。

故事中，男孩成功地让那位心仪的女孩成了自己的妻子，所用的方法就是典型的“淬火效应”。这种方法，即在交际中适时的冷却，不但不会使彼此关系冷淡，反而会加深彼此的交往，更有利于彼此关系的进一步发展。

“淬火效应”不仅能促进彼此的关系，而且能够缓和人际关系中的矛盾，达到越吵越亲的效果。在人与人交往的过程中发生争吵，往往是由于两人极其不冷静，或者至少是有一个人失去了理智而造成的。无论是哪一方的原因，当争吵发生的时候，最需要的就是冷静。

1.自己不冷静造成争吵

这种情况需要先对自己的情绪进行冷处理，有两种常用而有效的方法值得借鉴。

深呼吸，这能够供给身体充足的氧。要知道，充足的氧是人保持积极心理状态的前提条件，并且呼气的动作能够有效排解负面情绪。

伸展腿。一般来说，当人处于放松、平和状态的时候，就会把脚到处乱伸。在自己激动或者紧张的时候伸展腿，实际上是利用潜意识给心理以“我放松、我平和”的暗示。

2.对方感情冲动造成争吵

这种情况通常有三种原因：一是为了激怒你；二是为了从气势上压倒你；三是宣泄自己的不良情绪。针对这些，心理学家建议，可以运用下面两种方法来缓和对方的冲动。

给他让座。如果仔细观察，你就会发现，情绪激动的人大都是站着的，他们呼吸急促，手脚颤抖；而当一个人坐着的时候，则很难激动到这种程度。因为坐着的姿势会大大限制胸部扩张，使其怒气不足。因此，想要冷却对方的情绪，给他让座，让他坐下来，是一个不错的方法。当对方情绪激动的时候，无论是赞同还是劝诫，都是火上浇油。这时，你只要当好倾听者，让对方发泄就好。

紧握他的手。一个人感情冲动的时候，双手往往会不自觉地大肆挥舞，甚至做出很多具有破坏性的动作，比如摔东西。这时，你与他握手可以客气地制止对方的这一行为，通过控制对方过激的行为而缓和对方的冲动。当然，在对方情绪冲动的时候与其握手，你遭到拒绝的可能性会比较大，但是你可以大胆地找到合适的理由，多次试着跟他握手。

一定不要选择这时和对方争吵。当然，面对一个情绪极其不冷静的人，你势必会有忍无可忍、想要回击对方的心情。你不妨化这种冲动为向对方大声喊出“冷静下来”的行为。这样对方极有可能在你的“当头棒喝”之下冷静下来。

遭遇突袭，冷静思考、狠心应对

在人际圈中来来往往，我们每个人都可能有被陷害、被冤枉或被误解的时候。理性地讲，当发现有人攻击或诬陷你的时候，你千万不要惊慌失措，而是要冷静地进行解释和辩解，尽快消除一切误会，这样才能保护自己的利益。

战国时候，张仪和陈轸都投靠到秦惠王门下，受到重用。不久，张仪发现陈轸很有才干，甚至比自己还要强。他担心日子一长，秦王会冷落自己，喜欢陈轸，便产生了嫉妒心。于是。张仪便打算找机会在秦王面前说陈轸的坏话。

一天，张仪对秦惠王说：“大王经常让陈轸往来于秦国和楚国之间，可现在楚国对秦国并不比以前友好，但对陈轸却特别好。可见陈轸的所作所为全是为了他自己，并不是诚心诚意为我们秦国做事。听说陈轸还常常把秦国的机密泄漏给楚国。作为您的臣子，怎么能这样做呢？我不愿再同这样的人在一起做事。最近我又听说他打算离开秦国到楚国去。要是这样，大王还不如杀掉他。”

听了张仪的这番话，秦王自然很生气，马上传令召见陈轸。一见面，秦王就对陈轸说："听说你想离开我这儿，准备上哪儿去呢？告诉我吧，我好为你准备车马呀！"

陈轸一听，莫名其妙，两眼直盯着秦王。但他很快明白了，这里面话中有话，于是镇定地回答："我准备到楚国去。"

果然如此！秦王对张仪的话更加相信了。于是慢条斯理地说："那张仪的话是真的。"

原来是张仪在捣鬼！陈轸心里完全清楚了。他没有马上回答秦王的话，而是定了定神，然后不慌不忙地解释说："这事不单是张仪知道，连过路的人都知道。我如果不忠于大王您，楚王又怎么会要我做他的臣子呢？我一片忠心，却被怀疑，我不去楚国又到哪里去呢？"

秦王听了，觉得有理，点头称是，但又想起张仪讲的泄密的事，便又问："既然这样，那你为什么将我秦国的机密泄漏给楚国呢？"陈轸坦然一笑，对秦王说："大王，我这样做，正是为了顺从张仪的计谋，用来证明我是不是楚国的同党呀！"秦王一听，却糊涂了，望着陈轸发愣。

陈轸还是不紧不慢地说："据说楚国有个人有两个妾。有人勾引那个年纪大一些的妾，却被那个妾大骂了一顿。他又去勾引那个年纪轻一点的妾，年轻的对他很友好。后来，楚国人死了。有人就问那个勾引两个妾的：'如果你要娶她们做妻子的话，是娶那个年纪大的呢，还是娶那个年纪轻的呢？'他回答说：'娶那个年纪大些的。'这个人又问他：'年纪大的骂你，年纪轻的喜欢你，你为什么要娶那个年纪大的呢？'他说：'处在她那时的地位，我当然希望她答应我。她骂我，说明她对丈夫很忠诚。现在要做我的妻子了，我当然也希望她对我忠贞不贰，而对那些勾引她的人破口大骂。'大王您想想看，我身为楚国的臣子，如果我常把秦国的机密泄露给楚国，楚国会信任我、重用我吗？楚国会收留我吗？我是不是楚国的同党，大王您该明白了吧？"

秦惠王听陈轸这么一说，不仅消除了疑虑，而且更加信任陈轸了，给了他更优厚的待遇。

陈轸巧妙的一席话，既击破了谗言，又保全了自己。其实，这才是真正的聪明！

冷静应对一切突如其来的危机，是一种处变不惊的风度。只有冷静，才能在气势上给对方造成震慑的力量，也为自己赢得应急的机会。有些人一旦碰到不利于自己的形势，就惊慌失措，乱了阵脚，一开始就增添了别人的疑云，这是不明智的。

所以，在平时我们应该着力培养笑对风云变幻的心态，以便在风雨突然来临时能处之泰然。

“底线”设防才能不被“抄底”

很多事实都充分证明，我们如果太相信别人，毫无防备地把自己的底牌暴露，对方就会轻松摸透我们的底线。这样一来，我们很容易吃大亏，甚至被“抄底”，到时候，再想翻身就很难了。

某杂志曾经对狐狸有这样的描写：阿蒂娜本无意追赶那只狐狸，因为它没有给她的农场带来任何损失。狐狸也似乎认识到了这一点，但它并没有立刻逃走，而是亦步亦趋地离开，等到距离阿蒂娜至少有五百米的时候，它才像被火烧到尾巴一样，迅速逃窜。

看到狐狸的行为，不由得让人想起了五代十国时期的后晋宰相冯道。

石敬瑭勾结契丹灭了后唐，为稳定政局，任命冯道为宰相，派他出使契丹。契丹原来就想抢走他但没有得逞，现在直接要他去，名义上是出使，实际上是想把他要走。冯道一到契丹，就受到了极高的礼遇。冯道一方面对契丹王表示，辽国与后晋是父子国，他侍奉辽国，就等于侍奉晋国，这样的说法博得了契丹王的好感。另一方面，冯道命令部下购置薪炭，以备寒冬之用，这就表示他要在契丹久居。契丹王得知此事，看出他是难得的“忠义”之士，心生怜悯，便允许冯道回国。

但冯道却不着急走，而是故意滞留不走，契丹王多次催促，他才收拾行李，慢慢悠悠地往回走。随从不解地问他：“我们归心似箭，怎么你倒好像不着急？”冯道说：“这是以退为进的道理。我怎么不想回去，恨不得插上翅膀，可是如果我太着急，契丹国就知道我之前全都是装出来的，肯定会来追赶。如今我表现出一派悠然，对方就不会对我多加猜测了。”回国后，他以不留恋异国之封而毅然归来的行动，得到石敬瑭的赏识和信任。

冯道之所以故作姿态，就是不想让别人看出他的心思，要将底牌完全掌握在自己的手中。其实我们的人生也掌握在自己手中，每一次奋斗都是一场博弈，如果过于心急，把自己的底牌亮出来，那么就会让别人得知你的底线，别人就会根据底线掌握生存规律，继而左右你的决定，你就等于把自己的人生主动权交给了别人。

这就好比一个依靠租赁高尔夫场地为生的人，如果一开始就把自己的最低价位暴露给别人，那么对方肯定会在你的最低价上做游说，你最后很可能做赔本生意。可是如果你把价位定高，并且守住自己低价的秘密，那么在谈判的时候你自然会占据上风，这是很显然的道理,至少它不会让你赔了夫人又折兵。

其实,底线是做人的基石,是处世最起码的准则,也是人们安身立命、维护自尊的法宝。每个人都应该在底线设好防线,保护好自己的底牌。不过,保护自己底牌的最好方法不是告诉对方你能容忍到什么程度,而是要看对方给予的你能不能忍,只有你自己才清楚自己的底线在哪里,底牌是什么。这就要求我们平时养成三思而后言的习惯。正所谓凡事不密则害,底线不设防,届时受制于人的滋味实在是不好受。

心事烂在肚子里,不给长舌者露"谈资"

社交圈中,有这样一种人:他们喝着自己的茶酒,扯着别人的闲篇儿,或透露一些别人的隐私,或影射一下别人的人格,不管是直接散布,还是委婉传播,不管是加油添醋,还是扬沙子泼凉水,都是对人际关系的一种亵渎,一种践踏。

有人说他们是"小喇叭""传声筒",也有人说他们是"大嘴巴""嚼舌者",总之,他们的舌头很长,很让人讨厌。

长舌者在其所处的社交圈中绝不会漏过一个人,不管你说什么、做什么,他都能自成一体地创造一些情节和事端。你偶尔开玩笑说一句什么话,他们"听者有心",将它制造成特别新闻,以至于给你造成不必要的麻烦、恼怒、误会和痛苦。

众所周知,谣言的起始端就是口。上帝给了每个人一张嘴,有些人三缄其口,金口难开,长舌者却大用特用,造出一堆又一堆的传说、小道消息、秘密报告,流播有毁人威望的非议,等等。倘若他们从你口中套出口实,再加以揣测,然后于众人中传播,转瞬之间即能摧毁你的贞节牌坊。恶名易得,因为坏事易被相信而难辩白。

因此,对付长舌者,我们必须把好口风,把心事烂在肚子里,以免一失足成千古恨,等丢了羊再补牢毕竟是损失。

你或许要说,人与人之间需要交流,需要友情,难道不该坦诚相待吗?没错,坦诚在交际中非常重要,但对于坦诚有一个正确的理解更是十分必要的。所谓坦诚并不意味着别人要把内心世界的一切都暴露给你,也不意味着你要把内心世界的一切都暴露给别人。每个人都有秘密,这是正常的,也是必要的。

张某把自己的重大秘密告诉了好朋友方某,同时再三叮嘱说:"这件事只告诉你一个人,千万别对别人说。"然而一转脸,方某就把张某的秘密添枝加叶地告诉了别人,让张某在众人面前很难堪。

把秘密和心事抛给了别人,你就失去了把关的能力。要把心事包严实一些,心事的倾吐会泄露一个人的脆弱面,这脆弱面会让人改变对你的印象,虽然有的人欣赏你"人性"的一面,但有的人却会因此而下意识地看不起你,最糟糕的是脆弱面被别人掌握住,会形成他日争斗时你的致命伤,这一点不一定会发生,但你必须预防。

然而,把一切心事都放在心里也不利于身心健康。独自一人忍受心中的烦恼是痛苦的,有时我们需要找人倾吐衷肠。这种倾吐,有时是为了企求帮助,请对方出主意;有时只要能向人打开心扉就十分满足了。渴望找人诉说心事,你应该找准可以信赖的倾吐对象。人们倾吐的目的是为了驱除孤独,但如果向不该倾吐的人倾吐了心事,其结果会适得其反,你会因为遭到自己信赖的人的嘲弄和背叛而感到更加孤独。

总之,在生活中你有必要找到关键时刻能替自己分担忧愁和苦恼的挚友,以免在需要找人倾诉时无处倾诉。但面对长舌者的时候,该保留的一句也不能透露,要善于随机应变,谨防祸从口出。

吐工作苦水,千万别找公司里的人

工作中,每个人都可能遭遇到坎坷和挫折,这种逆境会使我们产生倾诉孤独与愤懑的欲望。但是,倾诉需要找对场合与对象。公司里不是吐苦水的地儿,小心你说过的话会让每一个人知道。到时候,你只有一条路可走,那就是走人。

一位刚进公司不久的新人,因为受了点上司的窝囊气,找到上司的秘书大诉其苦。没想到当初频频附和他的秘书,一转身就向他的顶头上司打小报告,造成他与上司之间关系更加恶化。原定三个月后的加薪取消了,眼看和自己一同进公司的新人都有了起色,升职加薪忙得不亦乐乎,自己的气不打一处来。后来,他决定越级向大老板报告,但消息却被大老板秘书转述给他的顶头上司,他不但没有机会面见大老板,而且再也无法在公司工作下去,只好辞职。

可见,当你还不了解一个公司内部的各种潜在关系之前,不要贸然找人说心事:事实上,你根本就不该跟工作上相关的人吐苦水,包括和你一样受排挤的同事。

客观来讲,每个人在职场中的角色随时都在变动,今天是难兄难弟,明天可能就是竞争对手。当初推心置腹的一番话很可能成为被人利用的把柄。想吐苦水,最好找身边亲朋好友,以免因为利害冲突,导致说过的话被加油添醋传出去。

当然了,在职场上并不是什么都不能够说,该发表意见时,一定要陈述自己的想法,重要的是要适时发表意见,否则会被误解为居心叵测。口舌是决定职场上人际关系是否成功的关键,一定要谨言慎行。说什么、对谁说、怎么说,都需要认真学习,成功人士就是你的榜样,看看他们是怎么做的很重要。

一般来说,同事之间有几类不能说的事情,你一定要记在心里。

1.有关个人隐私,比如夫妻问题、私生活等,这些事情很敏感,很容易在与别人产生冲突时,被对方拿来归罪于个人品质。

2.有关公司忌讳的话题,例如公司机密、薪资问题,这些重要问题多数公司明文规定不能外泄。如果你泄露了这些消息,不但在公司里待不下去,很有可能在整个行业也待不下去。

3.有关个人与高层主管的恩怨。有恩容易遭嫉,有怨或许会被有关人士拿去炒作,都会伤害到自己,应该尽量避免提及。如果实在难以避免也要婉转些。

如果不小心说了不该说的话,当时以及事后要积极补救。以前面那位新人为例,当初他就应该直接跟顶头上司沟通,当面提出自己的疑问、想法和感觉,不要让老板听到那些经过包装的言论;同时,他应该暗示那位秘书,事情已经跟他的上司谈过,就会避免打小报告的情形再出现。

所以,请牢记一句箴言:吐工作中的苦水,千万别找公司里的人。

慧眼识人,揪出“潜伏”的小人

现实生活中,有些人表面上看起来和蔼可亲,对你关心备至,照顾周到,关系好得很,可背地里却使坏,打小报告、栽赃陷害、挑拨关系……他们,就是“潜伏”在我们周围的小人!

一般来说,小人多具有以下特点:

1.喜欢踩着别人的鲜血前进。也就是利用你为其开路,而你的牺牲他们是不在乎的。

2.喜欢找替死鬼。明明自己有错却死不承认,硬要找个人来背罪。

3.喜欢造谣生事。他们的造谣生事都另有目的,并不是以造谣生事为乐。

4.喜欢挑拨离间。为了某种目的,他们可以用离间法挑拨你和别人的感情,制造你们的不和，好从中取利。

5.喜欢阳奉阴违。这种行为代表他们这种人的行事风格，因此对你也可能表里不一。

6.喜欢“墙头草，随风倒”。谁得势就依附谁，谁失势就抛弃谁。

7.喜欢落井下石。只要有人跌跤，他们会追上来再补一脚。

8.喜欢拍马奉承。这种人虽不一定是小人，但很容易因为受上司宠爱，而在上司面前说别人的坏话。

小人最擅长“潜伏”，他们使用阿谀奉承等手段，让你误以为是“朋友”，但一旦取得你的信任，就会很快地使自己的羽毛丰满起来，到那时，他们真实的嘴脸就会暴露出来，说不定会对有知遇之恩的你反咬上一口。

所以，我们一定要睁大自己的慧眼，留意自己身边一味顺着自己意志说好话的人，切不可因为他说的都是自己爱听的话就重视他、依赖他，那样做无异于养虎为患。

墙头草，根据类别选“除草剂”

墙头草是用来形容这样一类人，他们见利思迁，唯利是图，见风使舵，哪里有好处就往哪里靠，他们行事的指标和方向是利益。在利益的驱使下，随时随地变换脸色，是十足的变色龙。

俄国作家契诃夫在《变色龙》中以精湛的艺术手法，塑造了一个专横跋扈、欺下媚上、见风使舵的沙皇专制制度走狗的典型形象——奥楚莫洛夫。

奥楚莫洛夫在短短的几分钟内，经历了五次变化。善变是奥楚莫洛夫的性格特征。作为巡官，他对一只咬了金银匠手指的小狗是这样处置的。如果狗的主人是普通百姓，那么他严惩小狗，株连狗的主人，中饱私囊；如果狗的主人是将军或将军的哥哥，那么他奉承拍马，邀赏请功，威吓百姓。他的谄媚权贵、欺压百姓的反动本性是永远不变的，因此，当他不断地自我否定时，都那么自然而迅速。“变色龙”——奥楚莫洛夫已经成为一个代名词。人们经常用“变色龙”这个代名词，来代表以利益为导向的立场多变的人。对他们说来，毫无信义原则可言。万物皆备于我，一切为我所用。只要能尝到甜头，他们便会立马调转船舵，一切显得那么自然娴熟。

墙头草善拍马屁，不管能力大小，逢迎媚上都得心应手。对此，我们首先应当保持清醒的头脑。哪些是实事求是的评价之辞，哪些又是阿谀奉承之辞；在阿谀奉承之中，哪些人是出于真心而稍稍过分地赞美几句，哪些人又是企图通过奉承上司而达到自己的某种企图，哪些奉承之辞中含有可吸取的内容，哪些奉承话都是凭空捏造、子虚乌有等等，都要分辨清楚。

一旦发现身边的某些人是墙头草，我们决不能掉以轻心，而是要根据其特点，有针对性地采取对策。

1.只会拍马而不学无术的墙头草，对付的方法就是让他走人，离自己越远越好。这种人在周围，除了拍马屁什么都不会，就如同一颗不知何时爆炸的定时炸弹，及时让他走人比什么都强。

2.能力一般而又有某些奉承毛病的人要注意批评教育，并采用不同的方式方法。要耐心，不能急于求成，这种毛病的养成不是一朝一夕的事，改正起来也一定不容易。在这个时候，你要格外注重策略，注意态度，争取从根本上扭转他们的认识，改正他的毛病，杜绝拍马现象，从压制逢迎之风开始。

3.对于有一定能力而又有些奉承爱好，但职位比自己低的墙头草，最好给他找个合适的位子。这类人不好简单辞掉，因为他还有一定能力。也不可委以重任，因为他忠诚度有待考验，一旦此人心猿意马，迟早会坏了你的大事。

4.对一些较有能力但也有阿谀奉承劣行的"墙头草"要认真对待，如果只看到这类人的阿谀奉承，没有看到他们的才华，他们往往会离你而去。如果他们确实走了，对你也是一种损失。所以，最好能让他们在身边做一些既感兴趣，又可以尽显才能的事情。

5.对于那些确有较强能力却也喜好溜须拍马的"墙头草"，你一定要小心对待，这些人弄不好会造成极大的麻烦。对待这种人，你要依据他的实际能力考虑相处的对策，有区别地肯定其优缺点。起码在他们的眼中，你不能成为不识才的人。

此外，朋友中有些墙头草利欲攻心，今天有利是朋友，明天可能就装作不认识。你对他再好，他也不会记恩，因此要慎交墙头草类的朋友，不让他们轻易接近你。如果已经发展成较好的朋友了，你才发现他的本来面目，最好及早抽身，远离他们，墙头草不会无缘无故对你好，越是突然殷勤越值得提防：要锁住秘密的保险柜，不随便透露自己的想法，和他们保持距离。

防治伪君子，就要学会虚与委蛇

我们常常把那些虚伪的人称为伪君子，虚伪是他们最大的专利。表面上道德文章，行侠仗义，暗地里窝藏不良居心，让人难以一下子明辨其真实面目。伪君子们最会在道德的香屋里熏着满身的香味，出来迷惑众人。

有些人面目狰狞、一脸凶煞，人们一眼即知其想法，但伪君子就不那么容易识别，他们夹杂在人堆里客串君子，君子的那一套为人标准，他们背得滚瓜烂熟，简直比君子还君子。盗版的唱片装在精美的盒子里，放在格调优雅的唱片屋里出售，谁能那么容易就认出哪个是盗版呢？除非撕掉外衣，才能见庐山真面目。

现实世界里，有些伪君子手掌大权，频频施招，你无法从正面脱身，和他抗击安全系数又极低。此时何不换个角度去应付他们呢？因此，高明的人总是以曲为直，也仿效伪君子之道，违心地以朋友之名先自保，以求得他日成功脱身。

明朝奸相严嵩当政二十多年，表面上一心为国操劳，暗地里害死了很多真正为国做事的忠臣。朝中官员升迁贬谪，全凭贿赂多少而定，正义之士深恨严嵩，却一时无计可施。

徐阶身为重臣之一，忧心如焚，他见形势对严嵩有利，故意不问政事，却和严嵩交往频密。徐阶和严嵩闲谈，说到朝中大臣反对严嵩的人时，严嵩恨恨地对徐阶说："我为朝廷尽力，为皇上分忧，不想那帮小人不识大体，背地里还说三道四，太可恶了，我想重重地惩罚他们。"

徐阶深知严嵩虚伪，若是朝臣中有骨气者都被他贬逐，那么以后更无扳倒他的希望了。他便故作惊讶地说："大人受此冤枉，我徐阶第一个不能和他们善罢甘休。大人可知他们是谁吗？"

严嵩一一说出名姓，徐阶倒吸一口凉气，表面上却犹豫起来，故作哀声。严嵩责问之下，徐阶便说："他们实在该死，可若将他们一一治罪，也不是上上之策啊。一来皇上恐有疑虑，二来把这些人一下揪出，也显得大人为政无方，御人有失，这对大人的清誉十分有害。"

严嵩听之在理，便问他有何良策，徐阶这才故作低声说："我可替大人出面，对他们动之以情、晓之以理，如若他们不改弦更张，归附大人，到时再治他们之罪不迟。若是他们投靠了大人，大人不仅去了强敌，更增添了大人的势力，如此一举两得，岂不最好？”

严嵩称是，徐阶于是分别拜访和严嵩作对的大臣们，对他们说：“严嵩现在如日中天，皇上又沉迷道事，与其打虎不成，反受其害，何若暂时忍耐，以待他日？你们为国为己，都该保此名位，留下性命，否则来日和严嵩对决，朝廷又依靠谁呢？”

那些大臣听从了徐阶的劝告，佯装依附严嵩，且上门请罪。

严嵩大悦，对徐阶信任有加，视为知己。

徐阶丝毫没有放松戒备，他为了进一步和严嵩拉上关系，彻底打消他的猜忌，竟不惜把他的孙女嫁与严嵩之子严世蕃的儿子为妻。

嘉靖四十年(1561年)冬月，嘉靖皇帝居住的西苑永寿宫被火烧毁，在议论皇上该暂住何处时，严嵩向嘉靖皇帝提议应暂住南宫。

徐阶这回见有机可乘，便私下对嘉靖皇帝说：“南宫乃先皇英宗被景帝囚禁之地，这是大不吉利的所在。严嵩明知此节，却偏偏出此主意，可见他居心叵测，实不敢想象了。从前多位大臣都曾上谏弹劾他，我还不敢相信，如今看来，他不仅下压百官，更是以大不敬陷害皇上，此贼不除，还有天理吗？”

嘉靖皇帝被触到痛处，也下了决心。为了彻底根除严嵩，徐阶又利用嘉靖皇帝迷信道教的特点，伪造神旨，表明罢黜严嵩是神仙玉帝的旨意。众大臣便纷纷弹劾严嵩。

不久，严嵩被废，其子被定死罪，一朝奸佞终于除掉。

在鱼目混珠，凶险四伏的环境下，不妨做些必要的伪装和假象。在敌强我弱的情况下，这样做不仅能保护自己不受伤害，同时也能麻痹敌人，消除敌人对自己的戒心，从而赢得主动。

敌人一向以伪装出招，你也要学会虚与委蛇，这不失为最有效的防身术。

他好猜疑，你用狐疑化危局

有些人，别人无意之中看他一眼，便以为对方不怀好意，别有用心；看见两个朋友在窃窃私语，就以为他们在说自己的坏话；每当自己做错了事，即使别人不知道，也怀疑别人早就知道，好像正盯着自己似的；别人无意之中说了一句笑话也以为在讥讽自己……

他们，就是典型的多疑者。与这类人相遇，纠合在一起，难成大事。不过，如果对手或敌人是一群多疑者的集合，何不利用他们的相互不信任，为自己赢得胜利呢？

通过同盟势力来打击政敌，这是政治斗争中常有的现象。面对政敌的同盟，利用对手的互不信任，制造混乱。这样，既可削弱对手的力量，还有可能形成各个击破的态势。

灰兔正是利用了这点，巧妙摆脱危局。

灰兔在山坡上玩，发现狼、豺、狐狸鬼鬼祟祟地向自己走来，急忙钻到自己的洞穴中避难。灰兔的洞一共有三个不同方向的出口，为的是在情况危急时能从安全的洞口撤退。今天，狼、豺、狐狸联合起来对付灰兔，它们各自把守一个出口，把灰兔围困在洞穴中。

狼用他那沙哑的嗓子，对着洞中喊道："灰兔你听着，三个出口我们都把守着，你逃不了啦，还是自己走出来吧。不然我们就要用烟熏了，还要把水灌进去！"

灰兔想，这样一直困在洞里也不是个办法，如果它们真的用烟熏、用水灌，情况就更加不妙。忽然，灰兔灵机一动，想出了一个妙计。它来到狐狸把守的洞口，对着洞外拼命地尖叫，就像被抓住后发出的绝望惨叫声。

狼和豺听到灰兔的尖叫声，以为是灰兔被狐狸抓住了。它们担心狐狸抓到灰兔后独自享用，不约而同地飞奔到狐狸那里，想向狐狸要回属于自己的一份。聚到一起后，狼、豺、狐狸忽然意识到灰兔可能是用的声东击西之计时，急忙又回到各自把守的洞口继续把守。它们哪里知道，灰兔趁刚才狼到狐狸那里去的时候，早已飞奔出来，躲到了安全的地方。

灰兔把自己脱险的经过告诉了刺猬，刺猬说："你真聪明，你是怎么想出这个妙计来的呢？"灰兔说："因为我知道，狼、豺、狐狸虽然结伙前来对付我，但它们都互不信任，各怀鬼胎，我正是利用了这一点。"

竞争者能得到盟友的相助，这是竞争者比较满意的结果。但是，如果能让竞争对手在同盟之间相互残杀，这将是竞争对手所能得到的最悲惨的结果，而对你自己来说，却是最好最省力的结果。破多疑者的围堵，当如灰兔，善用狐疑方可不败。

他忘恩负义，你一手戴套、一手支棍子

忘恩负义，这个词字面意思简单，即忘记别人对自己的好处，反而做出对不起别人的事。但在现实生活中，什么样的人才称得上是忘恩负义呢？

一起来看看几位名人遇到的事吧。

塞缪尔·莱博维茨在当法官前曾是位有名的刑事律师,曾使78个罪犯免上电椅。你猜猜看其中有多少人曾登门道谢,或至少寄个圣诞卡来?一个都没有。

如果跟钱有关,那就更没指望啦!查尔斯·舒瓦伯曾帮助过一位银行出纳,这位银行出纳挪用银行基金炒股而造成亏损,舒瓦伯帮他补足金额以免吃官司,这位出纳员是否感谢他呢?是感谢他,但只是一阵子,后来他还是跟这位救过他的人作对。

你如果送给亲戚100万美元,他应该会感谢你吧?安德鲁·卡耐基就资助过他的亲戚,要是卡耐基九泉之下有知,定会很震惊地发现这位亲戚正在诅咒他呢!为什么呢?因为卡耐基遗留了3亿多美元的慈善基金,但他只继承了100万美元。

忘恩负义的人不会在心中印上"感谢"二字,尽管他可能嘴里会冒出"感谢"。

这类人小有成就时,上谢天,下叩地,对父母感恩戴德,对老师感激涕零,但归根到底,他仍认为自己的聪明才智居功至伟。有所成就时,他首先会认为是自己的功劳,别人再有功绩,也只是绿叶而已。口头上虚伪的感谢好一阵子,但真正想强调的还是自己的天赋。当他失败时,却不能先从反省自己做起。多半是要找到个自己和别人信服的推诿的道理。如果很难找到过硬的道理,勉强让自己信服的也将就,有时候甚至旁人都认为这是在自欺欺人了,他自己还在陶醉其中。面对责任,他们首先推脱给旁人,其次推给环境,最后实在没有理由可找,那就想到了一个逻辑:"自己办不到的事情,天下人皆如此。"

忘恩负义者,即使别人对他恩重如山,他也习惯性地忘记,而一旦出了错,就把责任推到别人身上,埋怨铺天盖地。他们喜欢假设,今天你给他一个馅饼,明天就恨你让他只得到一个馅饼,说不定还藏着大蛋糕呢!对此,只能说情义再大,也逃不过私利的虎口。

阿基为人厚道,在公司里人缘极好。

这次,组里来了一个新同事,阿基本着诚恳待人的原则,尽力照顾。谁知这位同事不但不感谢阿基,还暗地打算盘,不仅不把其他同事放在眼里,还煽动一两位较不安分的同事结成一个小"帮派",三番两次要阿基给点好处。阿基因未事先防范,应变不及,为了维护办公室的安宁,只好向他们低头,真是哑巴吃黄连,有苦说不出。

阿基以为他们就此鸣金收兵,谁知过了不久,他们竟连同单位的其他人向他发炮,欲逼他下台。由于阿基在工作上曾有一次不小的疏忽纪录,加上事起仓促,无从防备,因而"中箭落马",而接他位子的,正是那位新进的同事。

阿基防范不及,中的就是那群白眼狼的诡计。

可见,要防范好忘恩负义者的进攻,我们必须明确这些人的心理发展路径。对付他们,要一手戴手套,一手支棍子。

首先,他们向你索要利益或寻求帮助时,警惕他们的大口,一次给予后不见反应,迅速收工。

其次,他们再次索求无所得时,可能会失去理智,你应当支起棍子,远离为妙。

最后,如果他们变换脸色,假惺惺装正人君子,百般感恩,那更要注意了,敌人的反攻的信号灯在亮了,要时时观言察色,对他们严加防范。

驯兽师之所以能在猛兽面前游刃有余,是因为他一边有防护的工具,一边又有制服动物的利剑。防范忘恩负义的人,何不学学他们呢?

燕人卖马

战国时期,有一个卖骏马的人,在市场上卖马,虽然他卖的都是体健善驰的骏马,但由于相马是一门技术,一般人看不出马的优劣,所以,卖马人在市场上卖了三天仍然无人问津。怎么办呢? 卖马人苦思冥想,终于想出一招。当时有一个善于相马的人叫伯乐,经他相过的马,跟马的实际质量总不会相差很多,人们也很相信他的相马术。

在人们心目中,伯乐就是相马的权威。在当时,伯乐算得上是个名人。卖马人的计策不是叫伯乐来相马,因为他的马并不是罕见的千里马,所以,卖不出大价钱。他只是请求伯乐到马市上围着他的马转一圈,临走时再返回看看,显得恋恋不舍地样子就可以了。如果伯乐愿意这么做,他愿意把一个早上赚的钱全部送给伯乐。伯乐自然同意了,照着他的话做了。结果,他那无人问津的马,不仅有许多人抢购,而且价格也提高了十倍。除了付给伯乐的钱之外,还大大地赚了一笔。

将相和

公元前275年,秦王派使者通知赵王,愿意在黄河边的渑池友好相会。赵王不想赴会,廉颇、蔺相如建议说:“大王若是不去,就显得赵国懦弱而又胆怯。”赵王于是决定前往,由蔺相如随行。廉颇送到边境,与赵王告别时说:“大王此行,估计加上路上的时间,到会议仪式全部结束,不超过三十天就会回来,如果超过三十天您还没有回来,请允许我们立太子为赵王,以断绝秦国的念头。”赵王同意。渑池相会,秦王与赵王饮酒。酒兴之间,秦王请赵王表演鼓瑟,赵王欣然演奏。蔺相如也请秦王敲击瓦盆来助兴,秦王却不肯。蔺相如厉色说道:“在五步之内,请让我刎颈以血溅大王!”秦王左右侍从想上前杀死蔺相如,蔺相如怒目呵斥,左右侍从都不敢行动。秦王只好非常不情愿地敲了一下瓦盆。直到酒宴结束,秦国也没能对赵国提出非分之求。再加上赵国人也早有大军戒备,秦国终于不敢轻举妄动。赵王回国,加封蔺相如为上卿之职,地位在大将军廉颇之上。廉颇不满地说:“我作为赵国大将,有攻城野战之功,蔺相如原来不过是下层小民,仅以能说善辩竟然位居我之上,我实在感到羞耻,咽不下这口气!”便宣称:“我遇到蔺相如,一定要当面羞辱他一番!”蔺相如听说后,不愿意和他相遇。每逢上朝,常常请病假,不去和廉颇争名位高低。出门在外,远远望见廉颇的车驾,便令自己的车马回避。蔺相如的门客下属都感到十分羞耻。蔺相如对他们说:“你们看廉将军的威严比得上秦王吗?”回答都说:“比不上。”蔺相如说:“面对秦王那么大的威势,我都敢在大庭广众之下斥责他,羞辱他的群臣,我虽然无能,难道单单害怕廉将军吗?我是考虑到:强暴的秦国之所以不敢大举进犯赵国,就是因为我和廉将军在。我们两虎相争,必有一伤。我所以避让,是先考虑到国家的利益后才去考虑个人的私怨啊!”廉颇听说了这番话,十分惭愧,便赤裸着上身绑上带刺的荆条到蔺相如府上去请罪,两人从此结为生死之交。

晏子的智慧

名高,或因其官高,或因其才大,这种人如不能自律,就会傲视一切,但如能谦虚,他在人们眼里的形象就会显得更高大。因为名高显示他有本事,谦虚说明他有美德,本事和美德相结合,就更会引起人们的无限景仰,故名越高越谦虚其名越扬。

人越谦虚越受人敬服,人越骄傲越被人厌弃。春秋时齐相晏子的谦虚和其车夫的自满形成了鲜明的对照:有一天,齐国丞相晏子乘车出外,其车夫的妻子从门缝窥看,见她的丈夫给丞相驾驶盖有大罗伞的车,鞭策拉车的四匹骏马,显得神气飞扬。及丈夫驾车回家,她对他说要离开他,他问原因,其妻说:“晏子长不满六尺,相齐国,名显诸侯,今者妾观其出,志念深矣,常有以自下者。今子长八尺,乃为人仆御,然子之意,自以为足,妾是以求去也。”意思是说,晏子长得矮,当上齐国丞相,名声显赫于诸侯,我看他为人有志气,谦下待人。而你虽长得高,只是驾车的仆人,而你却如此自满,洋洋得意,所以我要离开你。妻子的批评,使他认识到自己的缺点,从此,态度变得谦逊了。晏子问其故,车夫如实相告,晏子就推荐他为大夫。

晏子确是个最谦虚的人,不只车夫的妻子敬佩他,时人也都是有口皆碑的。他的谦虚主要表现在:

一是在生活上知足,始终保持俭朴,对封邑赏赐都坚决拒绝。如有一次晏子奉命出使到晋国,齐景公因晏子住宅简陋,便拆掉邻居住宅以扩建晏子住宅。晏子回时住宅已建好了,晏子先拜谢景公所赐,然后拆掉新宅,重新照原样修建邻居的住宅,请邻居都搬回来住。可见晏子是多么谦虚,决不干损人利己之事,正因此,他得到人们的敬服。如果住在拆掉邻居的住宅所扩建的新宅里,邻居将会永远怨恨他。

二是谦卑待人。有一次,晏子出使晋国时到中牟邑,遇见囚犯越石父,知他贤便赎其身并载之归。到家后忘记跟越石父打招呼便进去了,越石父怒其非礼,要跟晏子绝交。晏子谦卑地向他谢罪,待之为上宾。本来有恩于人就会骄傲,而晏子施恩于越石父却得不到他的感激,反而因一时疏忽而挨批评,他不仅不发火,却能屈己礼下之,如非谦虚的人是不能如此待人的。

三是在功业上常自谦永远不满足。梁丘曾说他至死也赶不上晏子的功业,晏子说:"婴闻之,为者常成,行者常至。婴非有异于人也,常为而不置,常行而不休者,故难及也。"意思是说,他听说,肯干就有成,肯走就能到达目的地。他没有什么不同人的地方,只是不断干而不放弃,经常走而不休息罢了。晏子虽贵为丞相而不自满,坚持"常为常行",故有大成就,使上下佩服,誉满诸侯。

长孙皇后的"弯弯绕"

中国人酷爱面子,视尊严为珍宝,有"人活一张脸,树活一张皮"的说法,这在世界上也是出了名的。而在中国官场上,上司则尤其爱面子,很在乎下属的态度,往往以此作为考验下属对自己尊重不尊重、会不会来事的一个重要"指标"。

唐太宗李世民是以善于纳谏著称的贤君,但也常常对魏征当面指责他的过错感到生气。一次,唐太宗宴请群臣时酒后吐真言,对长孙无忌说:"魏征以前在李建成手下做事,尽心尽力,当时确实可恶。我不计前嫌地提拔任用他,直到今日,可以说无愧于古人。但是,魏征每次劝谏我,当不赞成我的意见时,我说话他就默然不应。他这样做未免太没礼貌了吧?”

长孙无忌劝道:“臣子认为事不可行,才进行劝谏;如果不赞成而附和,恐怕给陛下造成其事可行的印象。”太宗不以为然地说:“他可以当时随声附和一下,然后再找机会陈说劝谏,这样做,君臣双方不就都有面子了吗?”唐太宗的这番话流露出他对尊严、面子和虚荣的关注,反映了上司们的共同心理。

有的下属就抱定了直来直去的进谏方式,比如这个赫赫有名的魏征真是让他的上司太难受了。一段时间中皇帝还把他贬到乡下去,不时地骂他为“乡巴佬”!与魏征相反,长孙皇后在进谏上就讲究了方式,搞了点“弯弯绕”,救下了魏征。

唐太宗受不了魏征的直言进谏,退朝回宫,余怒未息,说:“总有一天,我要杀死这个乡巴佬!”长孙皇后听到要杀忠臣魏征,焦急万分,她想出一个委婉、易让人接受的方法进谏皇帝。她穿上朝服,给皇上跪拜道贺说:“我听说主明臣直。魏征如此忠直,正因为陛下是明主,这正是应该庆贺的事啊!”长孙皇后这一婉转的进谏,使皇帝不得不愉快地接受了。一句赞扬的话,保住了魏征的脑袋。

看来从语言艺术上讲,长孙皇后的“弯弯绕”比魏征的“直来直去”更高明。

少年狄青的故事

狄青从小失去双亲,一直与哥哥狄素相依为命。狄素是个贫穷、正直的庄稼汉。一天,狄青去给田里干活的哥哥送午饭。半路上,一个女子匆匆跑来告诉狄青:他哥哥同铁罗汉在河边动手打起来了。

铁罗汉是个游手好闲之徒。这天他喝醉了酒,就跑到田里找碴儿打架,他从一个老实农民手中抢过一个馍,这个农民想夺回自己的馍,于是两人便厮打起来,个头矮小的农民被铁罗汉摔倒在地。一直坐在一旁的狄素此时再也按捺不住,上去就给铁罗汉一拳,于是狄素和铁罗汉又打了起来。那个女子正去送饭,见此情景,便马上跑回来喊人。等狄青赶到出事地点,争斗早已结束,狄素正眉头紧锁地坐在一块石上喘粗气,只见不识水性的铁罗汉正在河中挣扎。他是被狄素一脚踹进河里的。狄青心想,若是这家伙淹死了,哥哥就要大祸临头,按宋朝法律,杀人要偿命。于是狄青立即跳下河去救铁罗汉。这时,铁罗汉已经扑腾得筋疲力尽了。突然间,他发现来了救星,便使尽全力伸出手,一把死死抓住狄青破衣衫的领子。只听“嘶”的一声——铁罗汉把狄青的衣领拉了下来。狄青赶忙揪住他的头发，把他拖向岸边。与此同时，他在铁罗汉耳边低声说道：“俺狄素救你一命。”

铁罗汉喝了很多水，神志已经不清。他元法搞清究竟是谁救了自己。将近岸边时，他便失去了知觉，躺在那儿像个死人一般。

“俺打死他了，”狄素对弟弟说，“俺得偿命，你管这闲事干吗？”说着流下了眼泪。

“哥，你放心，他只是一时失去知觉，不会死的。”狄青安慰哥哥道。

“可我在光天化日之下将人打伤，凭这一点，衙门就会罚我赔钱的。”

这时，村民们从四面八方赶了过来，他们纷纷安慰狄素，别担心，我们会为你说情的。

村长此刻也赶到了出事地点，他喝道：“狄素！朝廷有法，不准斗殴，谁惹事打死人，谁就要偿命。”狄素呆呆地站在那儿，等着被抓。

“等一等！”狄青挺身而出。

“小子，你敢反对？”村长沉着脸对他道。

狄青大声说道：“你全弄错了。事情明摆着，铁罗汉欺负一个弱小村民，我出于旁观者的责任感，一怒之下帮了弱者。这个流氓（指铁罗汉）自己不小心，差一点淹死，是我哥哥把他拉上岸救了他。”

村长看着他半信半疑，又看看众人。几个村民马上大声说道：“没错，我们可以作证。”

狄青附和着：“你瞧，他手里还抓着我的衣领呢！”

村长蹲下身去扳开铁罗汉的手，果然那破衣领被他紧紧捏着呢。村长想让人把狄青绑起来，可狄青又叫了起来：“还不知铁罗汉是死是活呢？”

“好吧，现在就搞清楚。”村长无可奈何。

狄青敏捷地跑到铁罗汉身边，骑在他身上，开始揉铁罗汉的肚子。很快，铁罗汉张开了嘴，大口大口地吐黄水。又过了一会儿，他醒了过来。狄青趁机俯身在他耳边低语了几句。

铁罗汉摇摇晃晃爬起来，步履蹒跚地走向狄素。他双膝跪倒作揖，口中念道：“多谢你的救命之恩……”一连说了几遍。

狄素觉得非常意外，一场暴风雨本来已降临到自己头上，现在却一下云开雾散了。看热闹的人见没事了，也就各自散去了。

在回家的路上，狄素问弟弟：“铁罗汉为什么要感谢我救了他的命？”

狄青答道："铁罗汉抢人馍馍，又和你打架。他是喝醉了，对这些事根本记不清。后来我救他时，位置是在他身后，我对他说：'俺狄素救你。'当他从昏迷中醒来，我又轻声告诉他：'你应该去感谢狄素。'他真得就这么做了。"

狄素深为赞赏狄青的机智，帮自己躲过了一场大难。此时的狄青只有十五岁。

机智的十三郎

南宋神宗年间，这一年的元宵之夜，京城街市中灯火辉煌，城中的人们都出来赏灯游玩。大臣王韶幼子王南陔，排行十三，家里人都管他叫十三郎。十三郎那年才五岁，但聪明过人。十三郎见外面人来人往好不热闹，便央求父母准许他到街上观灯。王韶一想这可以让他开开眼界，就派家丁背着他去观灯见识。十三郎头戴珠缀成的丝绒小帽，身穿锦绣花衣，很是惹人注意。家丁们簇拥着他随着人流拥来挤去，看得很是开心。未料到，他这身打扮已经引起贼人注意，拥挤中被贼人换背背上，转身就走。过了一会儿，家丁们才发现小主人十三郎不见了，问谁谁也不知，一时慌了手脚，分头寻找。他们找遍了全城也未能找到，只好回府将十三郎失踪一事报告给王韶。十三郎的母亲听了急得眼泪汪汪，可是王韶却很镇定，他安慰妻子和家人道："别的小孩也许会走失，咱们的十三郎一定会自己回来。"尽管他这样讲，全家老少还是惊慌不安。

转眼几天过去了，十三郎的消息还是一无所获，连王韶也沉不住气了。正当全家人愁眉不展之际，忽然门外来了一辆宫车，一位太监从车上下来，让全家人接旨。原来是宫廷派人送十三郎回家来了。全家人见十三郎回来了，都喜出望外，争先恐后地询问他这些日子到哪里去了。十三郎一五一十地对家人讲述了事情的经过。

原来，当他离开宣德门后，低头一看带自己来的家丁不见了，再一看背着自己的人十分陌生，他知道是让歹徒给骗来了。他不哭也不闹，只是把那顶喜爱的小帽摘下来藏在怀里。来到东华门外，正巧有几辆宫车从身旁路过，十三郎看准机会，顺手抓住车顶的垂幔高声呼救。歹徒猝不及防，撇下十三郎就逃。坐在车里的内侍将他抱住，见他小小年纪竟这样机灵，模样又长得惹人喜欢，很是疼爱，就把他带入皇宫。

第二天，内侍抱着十三郎上殿面君，奏称这件事是皇帝得子的吉兆。神宗满心欢喜，问十三郎是谁家的孩子，十三郎禀奏道："小儿乃是王韶幼子。"接着又诉说了入宫的经过。神宗见他应答如流，毫不惊慌，感叹道："王韶竟有这样的好儿子，真是他的福气！"就让十三郎留在宫中玩耍几天，同时下密诏捕获劫持十三郎的一伙歹徒。这伙歹徒，没过多久就全部被捉拿归案。十三郎在宫中这几天，宫里上上下下无不喜欢他，他也不感到寂寞。待神宗让内侍送十三郎回家那天，宫里很多人都舍不得，送给他许多好东西，连神宗也赐给他一些宝物。家里人听十三郎讲完这一切，又不住地向皇帝叩头谢恩。

李时珍戏昏官

我国16世纪伟大的医药学家李时珍曾任过四川蓬溪知县，为了继承父志编写《本草纲目》，便毅然辞官返乡。

离任前那天，接任他的知县为李时珍饯行。席间，那位新知县恳求道："久闻李公医道高明，能否为下官开一滋补良方？"

李时珍早闻这位县官是个"酒色财气"四大全的昏官，于是沉思一下，拿起笔来信手开了贴药方。

柏子仁三钱　木瓜二钱

官桂三钱　柴胡三钱

益智二钱　附子三钱

八角二钱　人参一钱

台乌三钱　上党三钱

山药二钱

写好后，笔一搁，便拂袖而走。

那位新知县得了李时珍的一贴"滋补良方"，非常高兴，随即令人去抓药。那人拿到药方一看，不禁一怔，忙说："大人，你被他骂了。"接着解释为什么说他骂的奥妙，这十一味药的头一个字连起来读，就是："柏木官（棺）柴（材）益（一）附（副），八人台（抬）上山。"那县官一听气得直发抖。

严于克己的曾文正

大人物之所以为大人物，就因为他们永远不会纵容自己，他们总是不断地反省，永远地自律。所以,在人生的道路上,他们往往是胜利者,因为他们先战胜了自己。晚清重臣曾国藩的经历很好地说明了这一点。他在京师呆了十二年,其间,有飞黄腾达的荣耀,有修炼实学的甘味,也有道不尽的人生苦语。人生天地间,物质追求、精神需要、人际交往,都是不可少的,曾国藩的日常生活,也是琐碎的、平淡的。

在封建社会升官与发财须臾不分,升官是桥梁,发财是目的,这似乎成了人生常理。在科举时代,读书做官发财,总是连在一起的。曾国藩踏上科举之路,免不了有这种欲望,也属人之常情。但一旦他真的做了官,进入翰苑以后,即立誓不发财。他在《家书》中告诉诸弟说:"自三十岁以来,即以做官发财为可耻,以官(宦)囊积金遗子孙为可羞可恨,故私心立誓,总不靠做官发财以遗后人。神明鉴临,予不食言。"曾国藩不是说说而已,而是言行如一,京官十二年中,他从未假公务之便贪污受贿。

曾国藩不贪货财,但对公务可谓尽心尽职,"不苟不懈",同僚"皆甚佩服"。这种克己奉公,廉洁自律的精神,难能可贵,所以在京之日声誉日隆。岳飞说过:"文官不爱钱,武官不怕死,则天下治。"这是历史的警示。曾国藩一生不爱钱,他虽对物质生活没有过多的追求,但对精神生活的渴盼甚殷。他精神生活十分丰富,读书、写字、吟诗作对,修身养性、宗教信仰、天伦之乐等等,多彩而充实,这里举出几例,鸟瞰大概。

读书是曾国藩日常生活中必不可少的内容。在入京以前,曾国藩当然也读书,那是完全应付科举的,学识短浅,根基不厚。朱熹说:"为学譬如熬肉,先须用猛火煮,然后用慢火温。"曾国藩就从未下过这样深的功夫,正如他自己省思时说,读书全未用猛火煮过,虽略有所见,也是从悟境中得来,偶尔用功,也不过优游玩索而已。就像未沸之汤,来用慢火温,愈煮愈不熟。因此。进入翰苑后,立志在读书上痛下功夫。翰林院是"读书养望"的好地方,既没有政务烦扰,又可通过考试升迁,曾国藩得以从容阅读翰苑所藏历代丰富的典籍,在经史、文学、经世实学、军事等方面充实自己的学问。曾国藩在《家书》中经常提到在京的读书生活。

除读书外,曾国藩与一般文人才子一样,喜欢吟诗作对,其中有不少精品,如其所作"不为圣贤,便为禽兽;莫问收获,但问耕耘"联语,内含无限的进取精神,可谓千古绝唱。至于写字,乃是曾国藩的"日课",既可培养自己忍耐的功夫,又可练就一手好字。曾国藩写字用功甚勤,从不懈怠,合刚健婀娜为一体,人称书法名家。

曾国藩平日也有自己的兴趣和爱好。他时不时去庆和园、天和馆听听戏,去琉璃厂逛街、购书买纸,"正业"之余也读点《绿野仙踪》《龙威秘书》之类的"野书"。不过,有两大嗜好，令曾国藩伤透了脑筋。其一是吃水烟。曾国藩在入京之前，就有吃烟的习惯，“最好吃烟，片刻不离”，提提神，解解闷，尚觉无大妨碍。入仕以后，仍然吃烟，烟瘾越吃越大，不仅多了一项开支，而且越吃越觉得不自在。一天，曾国藩早起，照例吃烟，顿有口苦舌干之感，甚觉烟之有损无益，而片刻不能离，深以为恨。誓从今永禁吃烟，将水烟袋捶碎，看来要下决心戒烟了。

可是没过几天，耐不住烟瘾，复吃如旧。不过，没过多久，曾国藩自觉不戒烟，等于自欺欺人，真要被骂为“假道学”了。因此再次撕毁烟袋，发誓永不再吃烟，“如再食言，明神殛之”。这次曾国藩果没食言，虽然时时烟瘾发作，弄得他心神彷徨，六神无主，但下了破釜沉舟的决心，苦熬了二十多天，总算把烟瘾戒掉了，以后再没有重操烟枪。每提到戒烟，曾国藩总是洋洋得意，常以此为例劝诫诸弟，无论大事小事，均要“有恒”。可是，若要提到他另一大癖好，恐怕他再也理直气壮不起来了。

曾国藩日常最喜欢的，莫过于下围棋，照他自己的话说，即“溺情于奕”。曾国藩下棋始于何时，无从得知，但自入翰苑，经常为围棋所困，京中同僚友人如刘谷仁、何子敬、何子贞、黄鹤汀、汤海秋、毛寄云、朱廉甫、徐石昂、郭雨三等，都是曾国藩棋友，隔不了几天，总要对弈几局。

1842 年，曾国藩师从唐鉴、倭仁，致力于程朱理学，互相砥砺，每日求过改过、克己窒欲也是重要内容。两大嗜好之一的烟是戒了，围棋当然也是要戒的。

1842 年十二月二十三日，曾国藩在《日记》中写道：“又围棋一局，此事不戒，何以为人？”暗下决心，戒棋！但戒棋何其难也。欲戒不能，下完棋，免不了痛责几句，但自责归自责，棋照下不误。沉溺于围棋，不仅有碍于进德修业，而且颇耗精力，友人劝他戒棋，他也横下心戒。可是直到出京，终没有戒掉。至于后来，无论在军旅，还是在总督任内，围棋仍然是他日常生活的一部分，而且越下越凶，每日非一二局不可，直到去世。

摸透皇帝心思的和珅

清朝有名的大贪官和珅对乾隆帝的脾气、爱好、起居、生活习惯，可以说已经揣摩到家了。皇帝想什么，他就想什么；皇帝说什么，他也说什么，并且能说到皇帝心里去，这怎么能不叫人喜欢呢？例如乾隆帝平日非常喜欢作诗吟赋，他也就在这方面下功夫，闲暇便作诗习字，并以“骚人”自视。平心而论，和珅所作的诗有的还是不错的，正如他同时代人钱泳所说:他的诗有佳句可采,很通诗律。

乾隆帝好虚荣,讲排场,喜享乐。和珅深解其意,百般奉迎,多次陪同皇帝巡幸江南、避暑山庄、木兰秋狝、东巡祭祖、祭陵、朝拜“三孔”,西巡登五台山拈香拜文殊佛等;他还极力为乾隆帝扩建圆明园、避暑山庄,修缮皇宫内殿阁,并为乾隆帝准备好了做太上皇时居用的宁寿宫。而且和珅使出了他善于敛财的本领,制定了一系列广开财路的措施,尽量少用或不用国库的存银,使乾隆帝特别高兴。

和珅还投乾隆帝所好,他深知天子喜欢古藏,欣赏古董、字画、文物和各种工艺品,于是便挖空心思,满足皇帝的需求。例如,乾隆四十五年(1780),朝鲜使臣就曾看到过和珅进献给皇帝的金佛。他说:“京城内有佛铺子,互相买卖。朝臣用此作为贡献,皇帝亦以赏赐贵臣。千秋节晨朝,有进贡覆黄帕架子,盛以金佛一座,长可数尺许,舁人阙中,闻户部尚书和珅所献。”和珅知道乾隆帝笃信佛教,进奉金佛,使皇帝对他更加信赖,从而进一步密切了彼此之间的关系。处世之道,媚上为要。唯其如此,才能被赏识、重用和提拔,和珅把所有心思都用在揣摩主子想什么上,难怪他能得到那么多的恩宠,在乾隆朝呼风唤雨几十年而不倒。

陈树屏巧和稀泥

官场上的丑闻一向被人关注,老百姓就爱看那些高高在上、鼻孔朝天的政客们出乖露丑。作为下属,就得练就一身功夫,及时为上司“擦屁股”,遮羞丑,有时还得和稀泥,效果与“拍马屁”相反。

清末陈树屏做江夏知县的时候,大臣张之洞在湖北做督抚。张之洞与抚军谭继询关系不太合,有一天,陈树屏在黄鹤楼宴请张、谭等人。座客里有人谈到江面宽窄问题。谭继询说是五里三分,张之洞却故意说是七里三分,双方争执不下,谁也不肯丢自己的面子。陈树屏知道他们是借题发挥,对两个人这样闹很不满,也很看不起,但是又怕扫了众人兴,于是灵机一动,从容不迫地拱拱手,言辞谦恭地说:“江面水涨就宽到七里三分,而落潮时便是五里三分。张督抚是指涨潮而言,而抚军大人是指落潮而言。两位大人都没有说错,这有何可怀疑的呢?”张、谭二人本来是信口胡说,由于争辩又下不了台阶,听了陈树屏的这个有趣的圆场,自然无话可说了。于是众人一起拍掌大笑,争论便不了了之。

曾国藩做事留余地

同事中能力总会有大有小，才华也总会有差异，如十个手指不会同样齐一样，如果你的能力比同事强一些，才华也比同事出众一些，一定不要在同事面前自高自大，盛气凌人，高人一等。假如你对于比你稍弱的同事不屑一顾，你就会失去更多同事的合作和帮助，就会把自己置于孤立无援的境地。有能力，有才华，又能帮助他人，才会获得更多同事的尊敬。

有才华，就拥有了获得成功的基础。如果突出的才华，再经过长期奋斗终于取得了成功，心中充满巨大的快乐，以致一时间欣喜若狂都是可以理解的。因为，人生中还有什么比成功更值得高兴的事情呢？但是如果一个人因一次成功，从此就一直这么欣喜若狂自以为高人一等，到处显耀自夸，总是表现出一种优胜者的得意忘形和骄傲自满，人们虽然不至于说他是疯子，大概也决不会敬佩他，而只会鄙视他。

如果自鸣得意者只是一种优胜者良好的自我感觉，而且能以此感觉而不停顿地勇敢向前进击，这当然是一种美好的心理状态，在这种心理状态下他可以不断地取得新的成功。但是一般来说，不谦虚的人很难把自己的感觉控制在这个境界。恰恰相反，他只是自以为已经了不起，而不知道天外有天，人外有人。这样的人会在同事中遭遇冷落甚至敌视，自以为曲高和寡，实则是孤立无援，长此以往，会导致不良的后果。

晚清重臣曾国藩深知此道。最突出的成功处在于他从此出发建立了自己的克己之学。他在写给弟弟曾国荃的诫语中说：“今日我处顺境，预想他日也有处逆境之时；今日我以盛气凌人，预想他日人亦以盛气凌我之身，或凌我之子孙。常以‘恕’字自惕，常留余地处人，则荆棘少矣。”又开导曾国荃说：“极盛之时，每虞蹉跌，弟当格外小心。”“当于极盛之时预做衰时设想，当盛时百事平顺之际，预力衰时百事拂逆地步。”

他曾作一联道：“战战兢兢，即生时不忘地狱”“坦坦荡荡，虽逆境亦畅天怀”。“常留余地”这一中国传统文化思想，在曾国藩这里，成了他治政、治军过程中处事的一条原则。他在攻克金陵前对曾国荃强调说：“老夫所谓‘不敢为天下先’者，即不敢居第一等大名之意。”这种“功不独占”的思想，以及攻克金陵后由裁军、减饷等事所体现出来的“功成身退”的思想，都是“常留余地”的具体化。他对下属，也常劝诫他们“常留余地”。例如，当鲍超“指日荣晋提军，勋位并隆”之际，他写信给鲍超说：“务宜敬以持躬，恕以待人。敬则小心翼翼，事无巨细皆不敢忽；恕则凡事留余地以处人，功不独居，过不推诿。常常记此二字，则长履大任，福祥无量矣。”盛衰消长，“日中则昃，月盈则食”，本是自然规律。曾国藩对人事政事的这些深沉的思考，是具有辩证因素的。他告诫诸弟说：“吾家方丰盈之际，不待天之来概，人之来概，吾与诸弟当设法先自概之。”自概，或者叫自我节制，便是一种恕道。

五百只包子

清朝嘉庆年间，有个名叫“五百包子”的小吃摊，每天只卖五百个包子，卖完就收摊，多一个也不卖。每天不到半天就光了，去晚的顾客吃不着，只好等第二天再来买。有一次，一个读书人问摊主：“你的包子这么好卖，为什么每天不多卖些呢？”

摊主反问道：“当你酒足饭饱撑得直打饱嗝时，再上来美味佳肴，你还想不想吃？”

读书人恍然大悟，深有感慨地说：“你说得一点也不错，如果金子像石头那样多，堆积如山，伸手可得，那么，有谁还会去捡呢？”这个故事虽然质朴，却说明了一个深刻道理：越是得不到的东西越相争取得到，越是稀少的物品越是珍贵。金子只有隐藏在沙子里，人们才会争先恐后去寻找；商品只有在你想买却不容易买到时，你才会想尽办法去买。

“五百包子”的小吃摊所以生意兴隆，就是由于摊主抓住了消费者的心理，吊起顾客的胃口，这样不但能避免顾客挑肥拣瘦，促成商品的交易，又能使顾客称心如意、回味无穷，这委实是一种高明的经营之道。

胡开文墨店后来居上

芜湖胡开文墨店是旧中国徽墨四大名店之一。这家从安徽休宁“胡开文老店”分裂出来的“胡”字号墨店，靠一个“三不可”经营原则，即“祖法不可依，成规不可循，老店不可畏”，破字当头，锐意进取，成为传统老店的后起之秀而名扬全国。

胡开文墨店是由绩溪商人胡天柱 1872 年设立的。他取幸南京贡院内悬的“开天文运”匾额中“开文”二字为店号，在屯溪和要宁设“起首胡开文老店”，开场制烟，工制徽墨。

胡天柱设胡开文墨店时，为了防止别人抢走好生意，形成市场垄断，曾立下家规：后世设店者不得用胡开文招牌制墨，只许用“胡开运”字号，以示新老有别。然而他的后代中偏偏有几个不遵循这祖法家规者，六房曾孙胡贞益就是其中的一个。

胡贞益认为，制墨开店，旨在生利。加之“胡开文”店老名重，已闯出牌子，正应当扩大影响，提高知名度，又何必事半功倍，另起炉灶。因此，他抱定祖法不可依，不顾族人反对，毅然在芜湖另设胡开文墨店制墨。

要有销售，先开销路。胡贞益深知旧时墨的销售对象主要是官府、文人学子，这些文化人对名牌产品很敏感，只有老店名牌才能满足这些人求名求荣的消费需要。于是他不顾“后世开店不许用胡开文牌号”的祖训，专门命名本号为“胡开文”，树立店老货真的信誉，为生产打开销路。

胡贞益精于生产之道，一方面为满足文人学子对高级名墨的需求，讲究产品质量，装潢精致美观，古色古香；另一方面，又专门制造一些定价低下的普通墨，专供一般店家、居民书账写字之用，以此廉价招徕，争取顾客信任，业务大展。

胡贞益经营开文墨店的一个宗旨就是陈规不可循。他认为市如流水，商如行云。要在变幻莫测的市场竞争中引导企业生存发展，就必须随市场需要之波，逐情变化之流。只有根据市场需求变化灵活调整产品结构，才能牢牢抓住市场，取得经营主动。那种墨守成规，守株待兔式的呆板经营，绝无营业发达之望。

政情即是商情。政治风云变幻往往会对市场发生深刻影响。因此，胡贞益做生意很留心政情变化，巧妙捕捉市场需求，灵活组织经销。辛亥革命以前，文化专制，科举取士，学在官计，学在官府，墨的销售对象主要是官府文童。加之口岸开放，芜湖属商埠之一，大量货物在此集散，市面转旺，一般商家算账写牌对墨的需求也有提高。针对这种市场结构，他规定企业的产品结构是8:2，即高级名墨占产量八成，普通墨占产量二成，主营高级名墨以供文人骚客需求。

辛亥革命以后，废科举而开发智，全国各地学校林立，这一变化对徽墨影响极大。废科举使封建士大夫风流云散，高级名墨需求锐减，兴学校对普通墨需求激增。有的店家不能适应这一变化而关门倒闭，胡开文则不同。他对市场结构变化，反应灵活，立即调整产品结构，把原来高级墨与普通墨的比例8:2调整为3:7，即普通墨占产量的七成，全力发展适应一般民众需要的普通墨。由于普通墨成本低、生产快、销路广，使企业在转变生产结构中抓住了有利商机，赚了不少钱。

胡开文墨店业务发达后，后来居上，对休宁总店有取而代之之势，引起休宁总店的不满。他们决定在芜湖胡开文店旁边专设门市，兄弟擂台，与之竞争。这一措施，祸起萧墙，新老两“胡开文”相悖于道，对芜湖胡开文墨店是严峻考验。胡贞益认为老店不可畏，他冷静分析形势，看到总店名重店老，规模大花色品种多，硬拼非为上策，便巧用筹思，避其锋芒，击其不备，采用“围魏救赵”的竞争策略，抢在总店在芜湖开设分店之先，发货到南京、汉口设立“利记”“贞记”两个分店，抢先占领有利的销售阵地。当时南京是江苏会考之地，秦淮河畔文人骚客云集，是徽墨的极好市场。而汉口更是南北物产转汇之地。店设南京、汉口既可购采廉价原料，节省流通费用，又可进一步拓展市场，扭转芜湖市场的劣势，取得全局竞争的主动。这一竞争策略果然奏效，迫使总店言和，充分反映了胡开文墨店经营上的主动性。

胡雪岩倒药

胡雪岩，清末大商人，安徽绩溪人。早年当过学徒，后来他结识显官左宗棠，亦官亦商，人称“红顶商人”。他创设的庆余堂药店闻名全国，至今在杭州、上海还有店号。

“庆余堂”初开业时，既没名气，也没生意。一到黄梅天，许多卖不出去的药发了霉，只好倒掉，弄得连店里的伙计的薪水都付不出。胡雪岩眼看药店大蚀老本，心里很急，可一时也想不出好办法来。

有一天，他看到有几个江湖郎中在他店里倒掉的霉药中挑拣好药，心里不由一动，随即想出一个好办法，使店里的生意兴隆了起来。胡雪岩当即吩咐伙计，以后倒霉药时，一定要在里面多夹些好药。捡药的郎中们感到奇怪：这么好的药都要倒掉，可见庆余堂的全是好药了。就这样一传十、十传百，庆余堂药好的名气便传开了，来买药的人一天比一天多起来，药不用倒掉了。胡雪岩关照店伙计一定要卖真方真药，发现假药，坚决不卖。日子一长，庆余堂便名扬海内外，成了真正的一块老牌子。

该刚则刚，当柔则柔

刚柔相济是一种顺畅处世的管理方法，它可使激烈的争论停下来，也可以改善气氛，增进感情。

下面这个例子是日本著名企业家松下幸之助的故事：

有一次，部下后藤犯下一个大错。松下怒火冲天，一面用挑火棒敲着地板，一面严厉责骂后藤。骂完之后，松下注视着挑火棒说："你看，我骂得多么激动，居然把挑火棒都扭弯了，你能不能帮我把它弄直？"

这是一句多么绝妙的请求！后藤自然是遵命，三下五除二就把它弄直了，挑火棒恢复了原状。松下说："咦？你的手可真巧呵！"随之，松下脸上立刻绽开了亲切可人的微笑，高高兴兴地赞美着后藤。至此，后藤一肚子的不满情绪，立刻烟消云散了。更令后藤吃惊的是，他一回到家，竟然看到了太太准备了丰盛的酒菜等他。"这是怎么回事？"后藤问。"哦，松下先生刚来过电话说：'你家老公今天回家的时候，心情一定非常恶劣，你最好准备些好吃的让他解解闷吧。'"

此后，后藤自然是干劲十足地工作了。

松下幸之助不愧是著名的管理者，批评后藤刚柔并济，自己一直掌握着主动权，既让后藤甘心改过，又让后藤在今后的工作中干劲十足，真是妙啊！

不只在日本，在我国古代，极具智谋的军师诸葛亮，也深谙刚柔并济的成功之道。

前秦时苻坚于公元357年即位后，任用汉人王猛治理朝政，富国强兵，在近二十年的时间内，先后攻灭前燕、仇池、代、前凉等割据政权，占领了东晋的梁、益两州，把整个黄河流域和长江、汉水上游都纳入了前秦的控制。为了争取支持者，他对各族上层人物极力优容和笼络，如鲜卑族的慕容垂、羌族的姚苌，都毫不见疑地委以重任。对苻坚这一做法，谋臣王猛曾多次劝说苻坚对那些异族重臣要有所制约，甚至他还不止一次利用机会，设法除掉这些人。但苻坚迷信自己对他们的恩义，阻止他这么做。

在鲜卑贵族慕容垂、慕容泓相继谋反后，苻坚面责仍在自己手中的原前燕国主慕容玮说"卿欲去者，朕当相资。卿之宗族，可谓人面兽心，殆不可以国土期也。"在慕容玮叩头陈谢之后，他又说："《书》云，父子兄弟相及也。……此自三竖之罪，非卿之过。"但是，慕容玮并未为苻坚这一套所感化，在暗中仍企图谋杀苻坚来响应起兵复国的慕容氏鲜卑贵族，后来因谋泄才被苻坚擒杀。苻坚这才后悔不听王猛的忠谏，但这时大局已无法挽回了。

公元214年，刘备夺取四川后，诸葛亮在协助刘备治理四川时，立法"颇尚严峻，人多怨叹者"，当地的官员法正提醒诸葛亮，对于初平定的地区，大乱之后应"缓刑弛禁以慰其望”。诸葛亮认为自己的做法并没有错，他对法正说，四川的情况，与一般不同。自从刘焉、刘璋父子守蜀以来，“有累世之恩，文法羁縻，互相奉承，德政不举，威刑不肃。蜀土人士，专权自恣，君臣之道，渐以陵替”。现在如果我用在他们心目中已失去价值的官位来拉拢他们，以他们已经熟视无睹的“恩义”来使他们心怀感激，是不会有实际效果的。所以，我只能用严法来使他们知道礼义之恩、加爵之荣，“荣恩并济，上下有节，为治之要”。

这正如曾国藩所指出的：人不可无刚，无刚则不能自立；人不可无柔，无柔则不可亲。太刚则折，太柔则靡。不能自立也就不能自强，不能自强也就不能成就一番功业。刚就是一个人的骨头，是使一个人站立起来的东西。刚是一种威仪，一种自信，一种力量，一种不可侵犯的气概。由于有了刚，那些先贤们才能独立不惧，坚韧不拔。刚就是一个人的骨头。人也不可无柔，无柔则不亲和，不亲和就会陷入孤立，四面楚歌，自我封闭，拒人于千里之外。柔就是使人站立长久的东西，是一种魅力，一种收敛。

现在，你应该明白“该刚则刚，当柔则柔”的智慧大道了吧？

绵里藏针，柔中带刚

先说软的，可以在强敌面前取得进一步谋胜的机会；再说硬的，就可以显示一些威胁的力量。软的为绵，硬的为针，是为绵里藏针。

“绵里藏针法”的运用，招数因人而异，窍门却一通百通。

春秋时期的晋灵公奢侈腐化。某年他下令兴建一座九层高的楼台，遭到群臣劝谏，他火了，干脆又下了一道命令：敢劝阻建九层楼台者斩。这样一来便没人敢说话了。

只有一个叫孙息的大臣很讨灵公喜欢。他就告诉灵公说他能把九个棋子摞起来，上面还能再摞九个鸡蛋。灵公听了，觉得这事儿挺新鲜，立即要孙息露一手让他开开眼界。孙息也不推辞，就把九个棋子摞在一起，接着又小心翼翼地把鸡蛋往棋子上摞，放第一个，第二个……

孙息自己紧张得满头大汗，战战兢兢，看的人也大气不敢出一口。如果孙息不能把鸡蛋摞好，就犯了欺君大罪，是会被杀头的。

这时，灵公也憋不住了，大叫：“危险！”孙息却从容不迫地说：“这算什么危险，还有比这更危险的事哩！”灵公也被勾起了好奇：“还有什么比这更危险？”

孙息便掂掂手中的鸡蛋，慢吞吞地说：“建九层楼台就比这危险百倍。如此之高台三年难成，三年中要征用全国民工，使男不能耕，女不能织，老百姓没有收成，国家也穷困了。而国家穷困了，外国便会趁机打进来，大王您也就完了。你说这不比往棋子上摞鸡蛋更危险吗？”

灵公吓得出了一身冷汗，立即下令停工。

孙息让晋灵公看了场不成功的杂技表演，更受了一次形象生动的批评，那味道确实是又甜又苦。正在气头上的人，是难以与他正面争辩的。何况他还有无上的权威支持，那更是老虎屁股——摸不得。然而，“绵里藏针法”每每在这样的关键时刻，能起到逆转乾坤的作用。

庄重显力量，风趣显风度。在论辩中做到既庄重又风趣，可以叫对方无力招架，自叹弗如。庄重为绵，风趣为针，是为绵里藏针。

赵、魏等国合纵，赵为争夺合纵的领导地位，献出百里土地，请求魏国杀死魏相范座。

范座入狱后，上书给魏王说：“臣听说赵王要拿方圆百里的土地为代价，请求杀死我。杀死一个无罪的范座，不过是小事一桩；而得到百里的土地，可是很大的利益，臣暗自为大王感到得意。话虽然这样说，却有一点不可不留意，如果百里的土地没能到手，被杀死的人可就不能复生了，而且大王还一定会被天下人所耻笑。臣以为与其用死人同赵国做交易，不如拿活人做交易更好。”

最后，魏王释放了范座。

范座先请求大王赐他一死，然后再剖析这一行为的后果，让大王定夺取舍，自己不明确表态，可见绵里藏针的手法十分高明，尤其适合用在与地位比自己高的人身上。

一般来说，绵里藏针，话里藏话，总体上有两个基本功：一是能够听出对方的弦外之音，恶毒之意，否则便会成为笑柄，白白赔了笑脸；二是要委婉含蓄地表达自己，话要说得很艺术，让听话之人心领神会，明白你话中的锋芒所在。

所以，日常交际、辩论等时候，你不方便直接使用钢的策略，不妨将刚置于柔中，采用绵里藏针的策略，往往收效更显著。

乱其心智，不战而屈人之兵

有“气”才有“力”，心志乱了，再强壮的体魄也不堪一击。所以若能扰乱敌手心志，也就等于从根本上打乱了敌手的阵脚。

唐玄宗靠“政变”上台，所以当上皇帝后也很不安心。

不久，玄宗在骊山阅兵式上，以军容不整为由，判功臣兵部尚书郭元振死罪。大臣纷纷求情，请皇上看在郭元振功劳盖人的分上，饶他死罪，却被唐玄宗以赏罚有道之名拒绝了。最后郭元振被流放新州。

宰相刘幽求也是大功臣，他一贯和武党抗争，除灭韦党和太平公主，他也参与谋划，其功非小。玄宗因为一件小事就将他罢相，还告之说：“百官之首当为百官作则，故朕对你要求甚严，也是正常之举。”

刘幽求十分不满，背后发牢骚说：“皇上现在不念恩义，判若两人，他不该如此待我啊。我为他出生入死，谁知却落得个这样的下场！”

玄宗闻知马上又下旨把他贬为睦州刺史，并对群臣激愤地说：“天下多乱，朕当严治臣子，此朕之职也。刘幽求以功和朕对抗，口出不逊，这便是大罪。朕若徇情枉法，让人有了造反的口实，朕怎会做此蠢事呢？”

后来，功臣王据、魏知古、崔日用也都一一被贬，朝中再无人敢以功臣自居。群臣整日战战兢兢，玄宗这才罢手。

震慑之法不仅在古时是帝王之策，在现代社会也有很大用处。让对方心中有所畏惧，有时一句话就可胜过千军万马。

王斌是某村的村长，在村里有很高的威望，村子里的大小事宜都会找他来帮助解决。有一次，村里有名的“恶媳妇”又开始对自己的婆婆破口大骂，却没有人敢管她的闲事。王斌对此也深知，只是没有合适的机会教训她。

这个恶媳妇又在很嚣张地高声叫骂，骂的内容越来越不堪入耳。王斌走了过去。这恶媳妇平时就对王斌很有意见，认为他管闲事太多，见王斌来了，她的叫骂声更大了。

对于这种人，只能对她进行震慑，因为任何劝说都不会起作用的。于是王斌走过去，说了这样的一句话：“我听说你的那个小叔子快从监狱里出来了，你知道这事吗？”

原来，这恶媳妇的小叔子也是村中一霸，心狠手毒，不通人情。前几年和人打群架，被关进了监狱。这恶媳妇一听到她的小叔子，立刻把要骂的话收了回去，低下头走回了家。从此，她再也不敢对婆婆施加冷脸了。

精神攻击，是一场针对人性弱点的心理战。对于人来说，是“意识决定物质”，心是一个人的主宰，如果心志刚强，那就很难战胜，如果方寸大乱，那就不堪一击。

人与人的竞争，有时候不仅仅是智慧和体力的竞争，也是一种意志和情感的竞争，所以现代战争也很讲究心理战，如果能在心理上压服对手，那胜利就指日可待。而每个人都有自己心理上的“死穴”，总有自己感情上的柔软之处，抓住其虚弱处轻轻一击，可不战而屈人之兵。

圆通，无伤害地实现目的

生存在复杂的现实社会中，圆通是一种处世哲学，虽不高深，却并非人人皆可悟其精义，得其要领。因为处世圆通，不但须要阅历与智慧，而且要有不问是非之心，善和稀泥之技。

时代与时代不一样，为官之道也是有所区别的，房玄龄能做二十年的太平宰相，一生极尽荣宠，关键还在于那是个和平年代，稳定的政治环境为他施展自己的抱负提供了充分的机会。倘若一个人处在“城头变幻大王旗”的乱世，那么忠侍一主则极有可能被时代无情地吞噬掉。俗话说“乱世宜用重典”，有“心机”的人应该知道乱世要学学圆通的智慧。

清末民初的官场上，徐世昌就是一位深谙此道的“教父级”人物。

徐世昌是1905年入值军机处的，在军机处，他仍行“中庸”的做官之道。

军机大臣当时是庆亲王奕劻，他与袁世凯关系密切，当时与奕劻和袁世凯对立的是瞿鸿机。瞿鸿机在其任期内做了三件大事：

一是否决了袁世凯欲推奕劻任总理组阁的建议。

二是赞同新设立的陆军部收回北洋六镇。

三是弹劾奕劻父子收贿纳妾，向慈禧建议解除其军机大臣之职，举醇亲王载沣以代之。

瞿鸿机与袁世凯、奕劻对立，对徐世昌却颇有好感，他，“独信徐世昌，谓其谨厚”。另一位军机大臣鹿传霖，又以乡谊与徐世昌亲近，因此徐世昌在军机处颇为得意。

徐世昌与瞿鸿机亲近，与袁世凯更近，在清末著名的“丁未政潮”中，岑春煊对慈禧痛言奕劻贪黩误国，要求罢免奕劻，但后来奕劻却保住了自己的权位，还与袁世凯一起反击，结果岑春煊被罢职。

袁世凯在给两江总督瑞方的密信中说：“幸大老（奕劻）平时厚道，颇得多助，复出此内外夹攻之厄。伯轩（世续）、菊人（徐世昌）甚出力，上（慈禧）怒乃解。”由此不难看出，徐世昌为保奕劻是出了大力的。

徐世昌不得罪奕劻,也不得罪瞿鸿机。奕劻与瞿鸿机暗斗,奕劻总想把瞿鸿机挤出军机处,袁世凯对瞿鸿机亦早有不满。奕、袁二人商议,以瞿鸿机当时兼领外务部尚书为由,派他出洋,他自然无法推卸,只能启程离京。但奕劻、袁世凯让徐世昌在军机处提出此议,这下子,徐世昌为难了。瞿鸿机听了徐世昌的话,一下子就明白了,他说:“我老了,不能远涉重洋,还是让年富力强的人去吧!”徐世昌随机应变,立即改为自请成行,给了瞿鸿机一个台阶下。瞿鸿机由此对徐世昌十分感激。

后来,徐世昌见上层斗争太激烈,难以应付,就请调东北三省总督,避开了官场激烈斗争的漩涡。这不失为明智之举。

做人难,难做人。生活在这纷繁的世界,做人真的很难,要做到人人喜欢更难。综观世界历史,大凡能成就伟业者,无不深谙方圆之道,知道做人何时应该进,何时应该退,何时应该发脾气,何时应该深藏不露。

那些成大事者,多方圆通达,在危难时刻总能把做人的机智发挥得淋漓尽致。处在乱世时,态度一定要圆通;假使处于末世,就要方圆并用了。这是因为在太平盛世时,大道得以通行无阻,所以可以放心地依道而行;但如果身逢乱世,眼见正道不再通行,做人就要圆通一些,以免替自己招来不幸。方正的言行,原是无可厚非的,但在动荡不安的时候,还不晓得明哲保身,而陷身于危境,就未免太不明智了。

顺势而为,用最省力的方式取胜

古代《兵经百字》上说:“能相地势、能立军势、善之以技,战无不利。”创势、造势、依势能造就自己的江山,顺势才能造势。借力使力,也是顺势的一种,要如何顺势而为并抓住时势,这也是方圆做人的必修课之一。

凡事“顺天、因时、依人”,这就是我们常说的天时、地利、人和,就好像四时的春夏秋冬,人类的生活作息必须顺应四季的更替才行,因为顺势而为才能“水到渠成”,唯有水到渠成才能理所当然。顺势而为有两种,一种是听从外来的信息,随波逐流;另一种是运用自己的脑子,选择能使自己和世界变得更好的方法。

其实未来的时势,并非一望无际或者遥不可及,它和我们的生活息息相关,而我们正置身其中。认清时势就像是“开窍”,而开窍有时就像是灵光乍现,有时又像是找对了保险箱的密码，是那种一触即发却选择正确的事。而了解时势，就能让你做正确的选择，我们都想把自己的目标推向比较正确的方向，那么我们就必须知道时势是什么。

公元前203年，垓下之战失败后的项羽逃至乌江，乌江亭长泊船而待，劝项羽急渡，然后称王于江东，待时再起。项羽却把失败归于天意，感到无颜见江东父老，于是将战马送给乌江亭长，手持短兵，独自搏杀汉兵数百人，最后自刎而死。楚汉战争以刘邦全胜而告终。次年二月，刘邦称帝，建立汉朝，中国重归一统。

大业未成，又损兵折将，固然是一个不小的打击，然而，面对乌江对岸的故乡会稽，面对生的希望，项羽却不听手下的忠言，一意了结性命。殊不知，“星星之火，可以燎原”。

正所谓，“识时务者为俊杰”，顺应时势的变化而能重新崛起者方为英豪。

再想想当初红军万里长征之后，仅剩3万兵马，如果毛泽东也像项羽一样，解散红军回湖南，哪还有百万雄师过大江的壮举，哪还有新中国的今天?

所以，只要还有一线希望就不要放弃，现在失败了就等待来时，顺应现在的时势积蓄力量。只要你有恒心、有毅力，认清时势，顺应时势，总会有扬眉吐气的一天。

作为一位有着丰富统治经验的帝王，乾隆皇帝在清朝的对外贸易中，总体上采取保守策略，但在处理具体事务时，却不乏灵活机动。

乾隆二十四年(1759年)闰六月，乾隆皇帝接江西道御史李兆鹏奏折，建议严禁生丝出口外洋，以此来平抑生丝价格。乾隆皇帝将这一问题交给大学士会部议，结果同意禁止生丝出口，于是乾隆皇帝允准。这时两广总督李侍尧上报，称本年外商已经采购的生丝，有的已搬运上海船，是否可以出口。乾隆帝闻奏，破例允准。

然而，禁止生丝出口并没有使生丝的价格降下来，相反使清朝每年损失了100万两的白银收入。因为清朝每年对外出口生丝，收入都在百万两白银以上。于是，乾隆帝在5年之后，又重开禁令，允许生丝出口。

乾隆帝在谕旨中称：“禁生丝出口行之日久，而内地丝价仍未见减，而且更贵者有之……徒立出洋之禁，则江浙所产粗丝转不得利，是无益于外洋，而更有损于民计，又何如照旧弛禁，以天下之物，供天下之用，尤为通商便民乎!”

从这道自纠过错的谕旨中，我们不难看出乾隆皇帝随时应变的实用主义思想。这也正是他得以统治清朝60余年而不乱的原因。

时势不是一天造成的，而是一点一滴逐渐累积形成的，等它形成时，就如潮水般，沸然莫之能御。成功者就是能清醒认识时势的人，而能顺应时势的人，在人生的道路上，就已经打开了成功的大门。当你抓住时代的脉动、掌握趋势的发展，再加上因势利导，那么你所做的一切就能顺理成章，水到渠成了。

睁一只眼闭一只眼，无谓之争无须争

很多时候，我们没必要去跟别人计较长短，生活中，该睁一只眼闭一只眼时，就不必去较真。

阿强大学刚毕业时，有一次参加朋友的婚礼。席间有一位年轻人在介绍新郎与新娘的关系时，用了“青梅竹马”这个成语。但他为了夸耀自己的博学，还念出了这首诗：“郎骑竹马来，绕床弄青梅。”不过，这位年轻人却搞错了，他所念的这首诗是唐代诗人李白所写的《长干行》，而他却误以为是宋代女词人李清照所写的诗。阿强当时年轻气盛，又认为中国文学是他的特长，为了夸耀这点，阿强毫不客气地当着众人的面，纠正那人的错误。可是不说还好，这样一说，那人反倒更加坚持自己的意见了。

就在阿强和他争论不休时，恰巧看见自己的大学老师坐在隔桌，阿强的这位老师是专攻唐代文学的博士，现在任教的课程也都是与诗歌有关。于是阿强和那个年轻人去找阿强的老师评一评，那个年轻人也听过阿强的老师的大名，所以同意让阿强的老师当裁判。阿强和年轻人都把各自的论点说完，老师却只是静静地听着，然后在盖着桌布的桌下，用脚轻踢了阿强一下，态度庄重地对阿强说：“你错了，那位先生说的才对。”

回家的路上阿强越想越不服气，阿强不相信老师这么有学问的人，竟会忘记这首诗，一到家就从书架上找出《唐诗三百首》，第二天阿强连班都不上了，拿着书去学校找老师，要他还自己一个公道。

在教授研究室里阿强遇上了老师，还没等阿强把书拿出来与他争辩，老师就先说了：“你昨天说的那首诗是李白的《长干行》，一点也没错。”这时阿强更纳闷了，一脸的不解，老师看了看阿强温和地说：“你说的一切都对，但我们都是客人，何必在那种场合给人难堪？他并未征求你的意见，只是发表自己的看法，对错根本与你无关，你与他争辩有何益处呢？在社会上工作别忘记这点，永远不和人作无谓的争辩。”“永远不和人作无谓的争辩”，这句话从此成了阿强的座右铭。

“永远不和人作无谓的争辩”，这句话能让你在即将发生争论的场合熄灭内心的怒火。仔细想想，即使我们真的辩论胜了，那么我们又能得到什么呢？其实，都是好胜心在作怪。在人际关系中与人为善，善待别人，就是善待自己，与其与人争论，不如找自己的错误。

杨格博士是一位诗人。有一天，他和几位贵妇人乘坐游艇，泛舟泰晤士河上。他吹着长笛，尽量逗那些贵妇开心。这时，游艇后不太远的地方，有一艘被军官们占用的船。杨格看到那艘船靠近之后就不再吹笛子了。于是船中的军官就问他为什么停下来不吹了。

“很简单，我把长笛放在口袋里，正如我把它从口袋里拿出来同样的理由——都是为了使自己高兴。”博士回答说。

那位军官怒气冲冲地威胁说，要是他不立刻把他的长笛再掏出来吹，就把他扔进河里。博士怕吓着那些贵妇人，只能忍下一口气接着吹起来。只要对方的船还在河上，他就只能一个劲儿地吹。

傍晚时分，他看到那个曾经对他粗暴无礼的军官正独自一个人在一个偏僻的地方走着，便朝那军官走去，冷冰冰地对他说：“今天，我是为了避免引起我的同伴和你的同伴烦恼，才服从你那傲慢的命令。现在为了使你相信我与你一样有勇气，明天一早，就在此地，希望你能来，我们就干一场。”

第二天早晨，这两个决斗者在约好的时间里，在指定的地方碰面了。军官正准备走向决斗的位置，就在那个时候，诗人却举枪瞄准了他。

“干什么！”军官说，“你想暗杀我吗？”

“当然不是。”杨格说，“不过，你得为我跳一支舞，否则你将成为一个死人。”

诗人显得是如此暴怒，如此坚决，军官只好屈服了。

当他跳完舞的时候，杨格说：“昨天，你违背我的意愿，逼着我吹长笛。今天，我违背你的意愿，强迫你跳舞。现在，我们两人的事儿都以游乐的方式了结了。”说完看也不看军官就走了，军官默然了。

这些事例充分验证了一句箴言：好争好斗的结果往往是两败俱伤，不如采取一种灵活而又使对方心服口服的方式解决。

在争论中，并不产生胜者，所有人在争论中都只能充当失败者，无论他（她）愿意与否。因为，十之八九，争论的结果都只会使双方比以前更相信自己绝对正确；或者，即使你意识到自己的错误，却也绝不会在对手跟前俯首认输。

不过，心服与口服没法达到应有的统一，人的固执性，将双方越拉越远，一直到争论结束，双方的立场已不再是开始时的并列，一场毫无必要的争论造成了双方可怕的对立。所以，天底下只有一种能在争论中获胜的方式，那就是避免争论。

成全别人好胜心，成就自己获胜心

人人都有自尊心，人人都有好胜心，若要联络感情，应处处重视对方的自尊心，因为重视对方的自尊心，必须抑制你自己的好胜心，成全对方的好胜心。

若能做到这一点，在危险中你将可以保全自己，在竞争中你将更容易获胜，在日常与人相处中你将获得好人缘。

下面这个例子讲的就是名相萧何如何通过成全刘邦的好胜心而保全了自己。

汉初良相萧何，泗水沛(今江苏沛县)人。曾任沛县主吏掾、泗水郡卒吏等职，持法严明不枉害人。秦末随刘邦起兵反秦，刘邦进入咸阳，萧何把相府及御史府的法律、户籍、地理图册等收集起来，使刘邦知晓天下山川险要、人口、财力、物力的分布情况。项羽称王后，萧何又劝说刘邦接受分封，立足汉中，养百姓，纳贤才，收用巴蜀二郡的赋税，积蓄力量，然后与项羽争天下。为此他深得刘邦信任，被任为丞相。他极力向刘邦举荐韩信，认为刘邦要取得天下非任用韩信不可。后来韩信在楚汉战争中的才干证明萧何慧眼识人。楚汉战争中，萧何留守关中，安定百姓，征收赋税，供给军粮，支援了前方的战斗，为刘邦最后战胜项羽提供了物质保证。西汉建立后，刘邦认为萧何功劳第一，封他为侯，后被拜为相国。萧何计诛了韩信后，刘邦对他就更加恩宠，除对萧何加封外，刘邦还派了一名都尉率五百名士兵作相国的护卫。

当天，萧何在府中摆酒庆贺。有一个名叫召平的人，穿着白衣白鞋，进来对萧何说："相国，您的大祸就要临头了。皇上在外风餐露宿，而您长年留守在京城，您既没有什么汗马功劳，又没有什么特殊的勋绩，皇上却给您加封，又给您设置卫队，这是由于最近淮阴侯在京谋反，因而也怀疑您了。安排卫队保卫您，这可不是对您的宠爱，而是为了防范您。希望您辞掉封赏，再把全部私家财产都捐给军用，这样才能消除皇上对您的疑心。"

萧何听从了他的劝告，刘邦果然很高兴。同年秋天，英布谋反，刘邦亲自率军征讨。他身在前方，每次萧何派人输送军粮到前方时，刘邦都要问："萧相国在长安做什么？"使者回答，萧相国爱民如子，除办军需以外，无非是做些安抚、体恤百姓的事。刘邦听后总默不作声。使者回来后告诉萧何，萧何也没有识破刘邦的用心。

有一次，偶然和一个门客谈到这件事，这个门客忙说："这样看来您不久就要被满门抄斩了。您身为相国，功列第一，还能有比这更高的封赏吗？况且您一入关就深得百姓的爱戴，到现在已经十多年了，百姓都拥护您，您还在想尽办法为民办事，以此安抚百姓。现在皇上所以几次问您的起居动向，就是害怕您借关中的民望而有什么不轨行动啊！如今您何不贱价强买民间田宅，故意让百姓骂您、怨恨您，制造些坏名声，这样皇上一看您也不得民心了，才会对您放心。"

萧何说："我怎么能去剥削百姓，做贪官污吏呢？"门客说："您真是对别人明白，对自己糊涂啊！"萧何又何尝不知道这个道理，为了消除刘邦对他的疑忌，只得故意做些侵夺民间财物的坏事来自污名节。不多久，就有人将萧何的所作所为密报给刘邦。刘邦听了，像没有这回事一样，并不查问。当刘邦从前线撤军回来，百姓拦路上书，说相国强夺、贱买民间田宅，价值数千万。刘邦回长安以后，萧何去见他时，刘邦笑着把百姓的上书交给萧何，意味深长地说："你身为相国，竟然也和百姓争利！你就是这样'利民'啊？你自己向百姓谢罪去吧！"刘邦表面让萧何自己向百姓认错，补偿田价，可内心里却窃喜，对萧何的怀疑也逐渐消火。

刘邦身为开国皇帝，自是不希望臣子的威信高过自己。萧何采纳了门客的建议成功的保全了自己。

人们在人际交往中也是如此，每个人都有好胜心，懂得成人之美，是一种双赢的智慧。

鉴才有道，大权控、小权授

在现实的管理世界，领导事必躬亲不但不可能，而且会培养一批没有开拓精神的员工。聪明的领导者，都善于鉴别人才，能对合适的人才授以适当的权力，但自己始终掌控大的权力，从而既调动员工积极性，又有效掌控大局。

不得不承认，总有这样一些领导，什么事情都得亲自去做，委托下级去做他就不放心。死抱住自己的工作不放手的领导是失职的。不愿把工作交给别人做，是担心自己的存在价值，还是怕年轻人超越自己？他们到底是怎么想的呢？

这些领导一过四十岁，快接近主要管理职务时，就担心自己在公司内的寿命越来越短；一过五十岁，就开始为保住自己的位置而拼命想办法。事实上，这是对工作的一种非常严重的误解。二三十岁的职员与四五十岁的职员，现场工作者与管理者，他们各自的作用是不同的。管理者的功绩并不是从他直接从事的工作中体现出来的，是否能够培养出优秀的部下，才是左右管理者功绩的重要因素。

领导比下级经验丰富，应该从事更高级的工作。所以，领导把工作让给下级，就是把下级的工作提高了一个台阶，让下级有挑战高级工作、提高自身能力的机会。如果领导只是想保住自己的优势地位而不愿把工作交给下级做，那么领导就无法提高自己，下级也得不到锻炼。

曾经，“权限委让”一词流行一时。当时以大企业为首，中小企业也纷纷把权限委让给下级。但是，问题在于把权限下放后，下级是否真的能干好。企业可不能用来做实验，因为它毕竟担负着所有员工及其家庭成员的生活。一旦失败，那后果是不堪设想的。

如果要将权限下放的话，那首先得培养出有能力承担这个权限的后继者，而绝不能一下子把权限全部下放。但是，现在很多领导还是不懂得培养下级。有句话说得好：“总经理从上任的那天起，就得开始着手培养教育下一任总经理。”

因此，不能一个人死抱着一项工作不放，英明的领导善于调动每一个员工的积极性，选贤任能，让下属有权、有职、有责，在自己的权力范围内放开手脚解决问题。

日本最大的电器企业松下公司的创建者松下幸之助认为，个人的才干与能量都是有限的，只有让每个人各司其职，充分施展才能，公司的管理才能搞好。因此，从创业之初，他就对所属部门进行授权，把公司的管理按适当的规模划分为一个个相对独立的事业部。

松下说：“公司繁荣时期，主持者不要干预下面的工作，当遇到困难时，主持者便应亲自指挥一切！”正因为如此，松下公司的上上下下均能明确自己的职责并努力工作。

对待不同的人，选择不同的方法

每个人的性格、思想以及地位身份的不同，决定了我们对待不同的人，应该有不同的方法。

明宇的上司对公司上半年的营销状况极不满意。事实上，问题出在公司的广告宣传上。上司甩出一沓报表，把主管营销的明宇大训一通。明宇心里有很多疙瘩，但不便马上反驳——否则更是火上浇油。他一边洗耳恭听，一边拿出笔记本做记录。等上司发完脾气，情绪稍稍平稳一些，他才说："能否听我解释几句？"

在获得上司的许可之后，他说："我们应该在营销策略上再下功夫，这是毋庸置疑的。但是公司每一季所做的广告在媒体的选择上很有问题。譬如把婴儿纸尿片的广告放在电台的非黄金时段及时尚杂志上做，既浪费钱，又没效果；电视上看不到我们新产品的踪迹……我的建议是：应赶紧转移广告投放重点，配合我们新颖的促销活动，及时调整应该还来得及。"

上司听后连连称是，随即招来广告部负责人，就广告宣传问题重新商定，安排下一步促销活动。

阿峰是明宇的同事兼对手，自然关系微妙。老板比较喜欢差遣明宇，因为明宇凡事好商量。一来二去，阿峰十分嫉妒，有事没事便找碴与明宇对着干。对于这样的人，明宇的姿态是不卑不亢，平时十分注意将相关的工作处理得当，让他无话可说，遇到阿峰非要找碴，明宇也是避免跟他当着同事的面发生冲突。他常常这样说："我们争归争，别影响工作，我们到隔壁的会客室谈，好吗？"

单独相处时，明宇会正色说："大家都会有心情不好的时候，但迁怒于别人恐怕不是聪明人的做法。这是一个竞争的社会，你的长处在哪里，不应只表现在嘴上，而要常跟老板沟通。要是我们总是在办公室吵吵闹闹，手下的员工会怎么看？我这次不计较了，或许下一次情况就不同了。实在不行，只好请老板评理。"

明宇软硬话都说了，虽然阿峰不承认自己发火是针对他，但此后也不乱发脾气了，并且计划在工作实绩上超过对手。

有句俗话说得好，叫"看人下菜碟儿。"没错，对待不同的人，就是要综合他的性格、身份、年龄、地位，等等，然后采取不同的方法，从而各个击破。

我们都知道，世界上没有两片完全相同的树叶，同理，也没有两个完全相同的人。在出现摩擦与问题时，我们必须学会根据不同情况区别对待。

方中有圆，圆中有方

方中有圆，圆中有方，是为人的因果律，又是大自然的法则。《易经》中说："天行健，君子以自强不息。"又有："地势坤，君子以厚德载物。"在这里，圆，象征着运转不息、周而复始的天体；方，象征着广大旷远、宽厚沉稳的地象。

晚清重臣张之洞就是一位善用方圆之道处世的名人。

张之洞少年时很聪慧，他身形似猿，传说为将军山灵猿转世；榜中探花，历任湖北、四川学政，山西巡抚，两广、湖广、两江总督，官至体仁阁大学士、军机大臣。在晚清风雨飘摇的政局中，他提出“中学为体、西学为用”的方略，办实业、造枪炮、勤练兵，为晚清王朝呕尽最后一滴血。

张之洞可算是一位性格刚烈、铁骨铮铮的人，然而他办事却很圆融。在他就任山西巡抚时，当时泰裕票号的孔老板表示要送一万两银子给他。张之洞婉言谢绝了孔老板的好意。可是当他考察了当地的情况之后，发现山西受罂粟的荼毒很是严重，于是决心铲除山西的罂粟，让百姓重新种植庄稼。而改种庄稼需要一笔费用，但山西连年干旱、欠收，加上贪官污吏的中饱私囊，拿不出救济款发放给老百姓。这时，他第一个想到的就是孔老板。

他想，如果说服孔老板把银子捐出来，为山西的百姓做善事，以银子换美名，他或许会同意。经过商谈，孔老板表示愿意捐出五万两银子，但必须满足他的两个条件：一是让张之洞为他的票号题写一块“天下第一诚信票号”的匾，二是要捐个候补道台的官衔。

刚开始张之洞觉得孔老板的这两个条件都不能答应，因为自己对他的票号一无所知，又怎么能说它是天下第一诚信票号呢？第二，他认为捐官是一桩扰乱吏治的大坏事。可是不答应他，又到哪里去弄五万两银子呢？

经过反复思考，张之洞决定采用折中迂回的手段，答应为孔老板的票号题“天下第一诚信”的匾，这六个字意味着：天下第一等重要的美德就是诚信二字，并不一定是说他们泰裕票号的诚信就是天下第一。

至于他的第二个要求，张之洞最后给自己找了一个台阶：一来，捐官的风气由来已久，不足为怪；二来，即使孔老板做了道台也不过是得了个空名而已。再者按朝廷规定，捐四万两银子便可得候补道台。于是，张之洞以这种退让的方式为山西百姓募来了五万两银子，可谓造福一方。

其实，张之洞在官场上也深得“妥帖”之要义，他把王之春从广东调到湖北这件事就做得相当漂亮。张之洞到湖北以后，想大兴洋务，但缺少得力的助手。这时，恰好湖北藩司黄彭年去世了，空出了职位。于是，他就想推荐自己的心腹去那里任职。

张之洞觉得现任广东臬司的王之春比较合适。王之春是张之洞在广东时一手提拔起来的，他对张之洞自然是忠心耿耿，感恩有加。但张之洞考虑问题又多了一层：现在要把王之春调来，就应该为广东物色一个合适的藩司人选，这样，王之春调来湖北的把握性才更大一点。

幕僚提出不妨推荐湖北臬司成允去广东做藩司，这样有两个好处：一是成允是现在军机处领班礼亲王世铎的远亲，世铎一定愿意帮助成全他，他自己京师门路也很熟。二来又可腾出湖北臬司一职，又多了一个帮手。这样在湖北办洋务力量就更强了。

经过张之洞的运作，王之春很快调到湖北，而成允则调去广东做藩司。接着，张之洞又让赋闲在家的陈宝箴当上臬司。这样一来，方方面面都被张之洞摆布得妥妥帖帖、皆大欢喜了。

孔子在《论语》里称赞史鱼说："直哉！史鱼。邦有道如矢，邦无道如矢。"意思是说不管环境如何，无论社会动乱还是安定，他的言行永远都像箭一样，尖锐而正直。我们不要曲解孔子的话，"直哉"是说一个人做人要心地方正、端直，不可以圆滑，但处世要圆融，要注意方式方法。说话办事也直来直去，别人就接受不了，事情也没办法办成。

《易经》中也反复强调"天圆地方"，众人为天，天圆就是处世要圆融，要有智慧；心田为地，地方就是心地方正，要有操守。

应对自如才能游刃有余

人们普遍认为，处理人际关系太复杂、太难了。其实，这是一道难者不会，会者不难的题。只要你能够运用不同的思考模式去对待不同的事情，综合运用方圆之术灵活地处理与人的关系和与事的境遇，那么你将在人际交往中如鱼得水，轻松享受到惬意的生活和成功的人生。

有一次，曹操邀请刘备到府中做客。酒喝到半醉时，忽然阴云漠漠，骤雨将至。随从把天边挂着的长龙指给二人看，曹操借题发挥，便问："您知道龙的变化吗？"

刘备说："知道的不太详细。"曹操说："龙能大能小，能升能隐，大则兴云吐雾，小则隐身藏形；升则飞腾于宇宙之间，隐则潜伏于波涛之内。现在正是深春时节，龙能够顺应时节而变化，就好像人得志了纵横四海一样。龙作为动物，可用世上的英雄来做比方。您长期以来，游历四方，一定知道当世英雄。请您试着说说吧！"刘备说："我是肉眼凡胎，哪里能认得英雄呢？"曹操说："您就不要太谦虚了吧！"刘备仍然装糊涂："我得您的庇护，作了朝廷官员。天下英雄，真的不知道啊。"曹操说："那么，既然您不知道他的长相，也应该听到他的名字吧。”再装糊涂是没有办法了,这条路堵死了,刘备另装糊涂,于是举出淮南袁术、河北袁绍、刘表、江东孙策、益州刘璋、张绣、张鲁、韩遂等人,但一一被曹操否定。刘备只好说:“除这些人之外,我实在不知。”

曹操说:“所谓英雄,是指胸怀大志,腹有良谋,有包藏宇宙之机,吞吐天地之志的人啊!”刘备说:“那么,谁能称作这样的英雄呢?”

曹操用手指指刘备,又指指自己,说:“今天下英雄,只有您与我罢了!”

曹操看似不经意的话,其实不仅是一种试探,更包藏着杀机,且不说刘备正在曹操的府上,即使在外边,如果证实了曹操的推测,他也不会放过刘备的。

刘备大吃一惊,到底被曹操识破真面目了。那么,自己“放下身段”的招法是不是没有瞒过奸雄曹操呢?如果这时默认或辩解,都无济于事,慌乱之中,他手中的汤匙和筷子掉到地上。恰在此时,大雨将至,雷声隆隆,刘备随即从从容容,不动声色地俯下身子,捡起了汤匙和筷子,又不紧不慢地说:“雷声一震竟有如此大的威力,我的匙筷都掉了。”

曹操笑着说:“男子汉大丈夫也害怕雷吗?”刘备说:“圣人见到迅雷风烈还变色哪,怎么能不害怕呢?”一句话就把听到曹操的话而吃惊落匙的原因轻轻掩饰过去。

曹操果然相信了刘备的话,认为他打雷还要害怕,可见不是真英雄了,也就不再怀疑刘备了。

故事中,刘备寄人篱下,还不具备与曹操对抗的实力的时候,巧借雷声,灵活地应对了曹操试探,还让曹操以为他是一个胆小怕事之人,从而使曹操放松了对他的戒备,也才成就了后来的蜀汉。

不仅仅是中国的刘备,古罗马的塞维罗也是凭借这一点,使自己在政治斗争中掌握了局势,最终主宰了整个罗马帝国。

公元222年至235年间,古罗马的帝王因昏庸无能,激起了人民的不满,被大将塞维罗推翻,塞维罗当了新一代罗马大帝。

此时,塞维罗要主宰整个帝国,面临两大困难:一是尼格罗已在亚洲称帝,二是阿尔匹诺正在西方建立自己的政权。塞维罗知道,此时,他如以习惯性的思考模式去对待尼格罗和阿尔匹诺,就只有进军一途,坚决地消灭他们。但是,这两者的势力太大了,如不知进退,将是十分危险的。

于是,他决定动用不同的思考模式,采取灵活应变的方法去对付这两大强敌:对于西方的阿尔匹诺,他用退一步的方法,以赐给“恺撒”的称号来稳住他;对于亚洲的尼格罗,他则用突袭的方式予以剿灭。

最后，塞维罗如愿以偿，达到了他主宰罗马帝国的目的，而且还在法国活捉了被他赐封过的阿尔匹诺。

足见，机智灵活，应对自如，往往可以帮我们逢凶化吉，赢得控制权，甚至保全性命。这就要求我们平时就要培养自己的方圆意识，学习方圆之道，该方时方，该圆时圆，面对一切境遇都能应付自如，游刃有余。

方圆合璧让你无往不利

外圆内方的处世哲学是中国传统文化的重要组成部分，也是正确处理各种关系的有效方法。方是对原则的遵循，对道德标准的维护；圆是思路的变通，是手段的灵活。

人们处在各种关系之中，方圆之道是其安身立命、杀出重围的重要途径。特别是在与地位较高的人相处时，更要掌握方圆之道。

其实，清朝才子纪晓岚并没有我们想象中的风流倜傥，据史书记载，纪晓岚"貌寝短视"。所谓"寝"，就是相貌丑陋；所谓"短视"，就是近视眼。另外，跟纪晓岚交游数十年的朱珪有诗描述纪晓岚：

河间宗伯姹，口吃善著书。

沉浸四库间，提要万卷录。

看来，纪晓岚还有口吃的毛病。当然，纪晓岚既然能通过各层科举考试，其间有审音官通过对话、目测等检查其形体长相以及说话能力，以免上朝时影响朝仪"形象"，应该不至于丑得没法见人。长得丑，近视眼，口吃，这些生理特点都成为纪晓岚一辈子与乾隆貌合神离、不得乾隆真正信任的重要原因。

为何如此说，其实这与乾隆用人的标准有关，他对身边近臣的标准是不但要求这些人机警敏捷，聪明干练，而且要相貌俊秀。例如和珅、王杰、于敏中、董诰、梁国治、福长安等人都是数一数二的"美男子"，故而得到重用，而纪晓岚如此丑陋，如何能够得到有此怪癖的皇帝的真正重用呢？因此，有人说，纪晓岚只不过是乾隆豢养的文学词臣而已。但是这位"词臣"却以他自己的处世方式在乾隆、嘉庆时期走上高位，并名留青史，成为文化巨人。

究其原因，这不仅仅是由于纪晓岚主持编著了伟大的《四库全书》，或者多年主持科举考试，对乾隆朝贡献重大，更因为他懂得方圆处世之道，因此能在乾隆帝对宠臣的怪癖要求中，自在地做事。有一个故事即可证明纪晓岚的这种处世方法。

有一次，乾隆皇帝想开个玩笑以考验纪晓岚的辩才，便问纪晓岚："纪卿，'忠孝'二字做何解释？"

纪晓岚答道："君要臣死，臣不得不死，是为忠；父要子亡，子不得不亡，是为孝。"

乾隆立刻说："那好，朕要你现在就去死。"

"臣领旨！"

"你打算怎么个死法？"

"跳河。"

"好吧！"

乾隆当然知道纪晓岚不可能去死，于是静观其变。不一会儿，纪晓岚回到乾隆皇帝跟前，乾隆笑道："纪卿何以未死？"

"我碰到屈原了，他不让我死。"纪晓岚回答。

"此话怎讲？"

"我走到河边，正要往下跳时，屈原从水里向我走来，他说：'晓岚，你此举大错矣！想当年楚王昏庸，我才不得不死；可如今皇上如此圣明，你为什么要死呢？你应该回去先问问皇上是不是昏君，如果皇上说他跟当年的楚王一样是个昏君，你再死也不迟啊！"'

乾隆听后，放声大笑，连连称赞道："好一个如簧之舌，真不愧为当今的雄辩之才。"

这就是纪晓岚，这就是纪晓岚的处世智慧，他一生经雍正、乾隆、嘉庆三朝，六十岁以后，五次出掌都察院，三次出任礼部尚书。他逝世以后，筑墓崔尔庄南五里之北村。朝廷特派官员到北村临穴致祭，嘉庆皇帝还亲自为他作了碑文，极尽一时之荣耀。

世界上有两种类型的思想，一种以"方"为代表，好比刺猬，以不变应万变；另一种以"圆"为代表，好比狐狸，遇事灵活。这两种思想可谓是优劣参半，其实将方圆合璧才是智者所为，毕竟方圆不仅是一种手段，更是一种层次。

大而言之，方是做人的底气，圆是成事的方法。将方与圆双剑合璧的人，才是能够纵横捭阖、任意挥洒的"武功"高手。

以柔克刚，滴水穿石

中国人为人处世讲究方圆之道，讲究以柔克刚，而“柔”地做人智慧不仅仅是一种退让，还是一种审时度势，一种宽容的态度。只有恰当地运用和把握“柔”的尺度，才能成为最后的胜利者。

清初的孝庄皇后就是一位深知以柔克刚精髓的女人。

皇太极因病猝死——前一天还如平素一样忙碌一天，晚上却离世，“储嗣未定”。当时有希望继承皇位的主要有三个人：皇太极长子豪格、第九子福临和皇太极十四弟多尔衮。前后两者都手握重兵，实力不俗。只有中间的福临，虽然颇得皇太极的宠爱，但只有六岁，缺乏实力。八旗中，支持豪格和多尔衮的各占三旗，剩下的两旗则比较中立，只强调支持先帝的儿子，至于哪个儿子倒无所谓。

豪格与多尔衮两个集团在继承人会议上剑拔弩张，互不相让。最终有个折中方案出来：让福临即位。鹬蚌相争，渔翁得利，幼小的福临不费吹灰之力登上帝位。

而多尔衮毕竟势力强大，且对于皇位非常向往。由于他在诸王大会上首倡立福临，格局一成，便难以出尔反尔，推翻前议了。虽然他是摄政王，掌握大清军政大权，一人之下，万人之上，但毕竟没有遂其所愿，还是一种缺憾。因此，他对于孝庄母子来说一直是个威胁，于是孝庄只得以柔克刚，隐忍、退让，委曲求全。她不断给多尔衮戴高帽、加封号，以不使多尔衮废帝自立。因此，从“叔父摄政王”到“皇叔父摄政王”，乃至“皇父摄政王”，最后，她不得不以太后的身份下嫁多尔衮，福临称多尔衮为“皇父”，诸臣上疏称“皇父摄政王”。遇到元旦或者其他庆贺大礼，多尔衮还要与皇帝一起接受百官的朝拜，这便最大限度地满足了多尔衮对皇位的野心，化解了孝庄母子的危机。否则，孝庄母子根本敌不过手握重兵的多尔衮，顺治的皇位就更是个问题了，这一切不得不说是孝庄的功劳。

可就在这场权力斗争刚告一段落时，孝庄又陷入家庭矛盾的旋涡中。

满蒙联姻，是清太祖努尔哈赤在位时定下的国策。因为，清帝国的建立，蒙古八旗也立下汗马之功，蒙古王公在清廷政治生活中，一直是一股倚为股肱的力量。为了确保这种关系代代相传，也为了保持自己家族的特殊地位，福临即位不久，孝庄就册立自己的侄女博尔济吉特氏为皇后。待福临亲政，就大礼完婚，正中宫之位。自古帝王婚姻，总是带有明显的政治色彩，人的喜好与感情则是次要的。而福临恰恰缺乏一种胸怀，他更多地以自己的好恶来对待这种关系。他的皇后博尔济吉特氏聪明、漂亮，但喜欢奢侈，而且爱嫉妒。本来，作为一个贵族出身的女子，这些并不是什么大毛病，但福临却不能容忍，坚决要求废后另立。这个未成年的皇帝性格十分执拗，尽管大臣们屡次谏阻，他仍然坚持己见，毫不退让。

顺治十年(1653年)八月，孝庄拗不过儿子，只好同意皇后降为静妃，改居侧宫。为了消除这一举动可能带来的消极政治影响，孝庄又选择蒙古科尔沁多罗贝勒之女博尔济锦氏进宫为妃。但福临对这位蒙古包里出来的漂亮姑娘同样不感兴趣，反而如痴如醉地恋上了同父异母弟博穆博果尔的福晋董鄂氏。博穆博果尔经常从军出征，董鄂氏出入宫苑侍候后妃，与福临相识并坠入情网。孝庄察觉出这一危险的苗头，立即采取措施，宣布停止命妇入侍的旧例，同时赶紧给儿子完婚，博尔济锦氏成为第二任皇后。但这一切并不能阻止福临对董鄂氏的迷恋。为了获得更多接近董鄂氏的机会，顺治十二年(1655)二月，福临封博穆博果尔为和硕襄亲王。后来，博穆博果尔得悉其中内情，愤怒地训斥董鄂氏。这事被福临知道，他打了弟弟一耳光，博穆博果尔羞愤自杀。

宫中发生了这种事情，传扬出去自然是不光彩的，孝庄悄悄地处理了这件事：博穆博果尔按亲王体例发丧，二十七天丧服期满，董鄂氏被接入宫中，封为贤妃。一个月后，又按儿子的意愿，晋封她为皇贵妃。

后来，董鄂妃病逝，顺治帝也追随而去。孝庄便扶植八岁的玄烨登上皇位，是为康熙帝。

孝庄在辅佐皇子的路上，以柔克刚，委曲求全，终于换来了大清的几百年基业，这就是成大事者当借鉴的地方。

老子在《道德经》中指出，天下再没有什么东西比水更柔弱了，而攻坚克强却没有什么东西可以胜过水。这也是为何会有“水滴石穿”一说。

未出头时能而有度

大家都知道，帝王在选择太子时心理是很矛盾的。太子仁弱一点吧，怕将来继位后缺乏驾驭众人的能力；太子贤明一点吧，又怕众望所归会危及自己。宋太宗见到自己的太子颇得人心，就曾酸溜溜地说：“人心都归向太子，欲置我于何地？”皇帝既有这种心态，太子委实难处。不能不得人心，也不能太得人心；不能太不及父皇，也不能太胜过父皇，这中间的尺寸确实是很难把握的。

隋炀帝的儿子杨柬就因为把握不好这个度，而与父皇产生隔阂。总体来说，造成他们父子失和的主要有两件事：

第一件事是为了一个美女。

有一次，乐平公主告诉炀帝，有个女子十分漂亮，但不知为什么炀帝听后无所表示。过了一段时间，乐平公主以为炀帝对此人不感兴趣，就把她推荐给了太子杨柬。杨柬马上把她纳入后宫。后来炀帝忽然记起这事，就问乐平公主："你上次说过的那个美人现在哪里？"乐平公主回答说："已经被太子收用。"

这件事本身是不能全怪杨柬，他不可能每得到一个美女都先请示一下父皇是否感兴趣。乐平公主是这件事的始作俑者，按理炀帝问起，她满可以将始末和盘托出。但这样一来，就有可能引起炀帝对她的不满。所以，当炀帝再度问起这件事，她意识到自己捅了娄子，只好含糊地说一句"在太子那里"，似乎与自己无关。

第二件事是因为打猎。

炀帝去狩猎，命令杨柬率领一伙侍从参加。狩猎的结果是杨柬猎获颇丰而炀帝一无所得。炀帝龙颜大怒，认为自己在众人面前丢了面子。一问左右，左右侍从害怕炀帝迁怒，推说是猎物被杨柬手下一伙人阻挡，所以打不到了。炀帝因此猜忌起杨柬来，认为他是为了想出风头，于是处处寻找杨柬的不是。

俗话说"欲加之罪，何患无辞"，何况太子本非圣人，结果太子的名号也就无法保留了。炀帝父子间从此结怨，直到后来宇文化及起来谋反，派人分别去囚禁、杀害炀帝父子时，炀帝还认为是杨柬派人来抓自己的，而杨柬也认为是炀帝派人来杀自己的，父子至死不能消除误会。

其实，不只是竞选太子、继承王位，在职场、商场等现实竞争中，"未出头时能而有度"处处都需要。因为能力太强，容易招人妒忌；处处出头，更容易受到打击。但做人做事又不能太过于羸弱，显得太无能也会危及自己的生存。所以，我们必须把握能而有度的方圆之道，特别是在个人力量没有强大之时。

言拙意隐，辞尽锋出

道家经典之作《止学》有言："物朴乃存，器工招损。言拙意隐，辞尽锋出。"意思是，事物朴实无华才能得以保存,器具精巧华美才招致损伤。拙于言辞才能隐藏真意,话语说尽锋芒就显露了。

这不仅是一种哲学,更是成功为人处世的一种智慧。

王陵早年追随汉高祖刘邦东征西讨,十分勇敢。他为人仗义,性喜直言,争强好胜之心从不改变。

王陵的母亲曾被项羽抓为人质,王陵派人去楚军营中探望,他的母亲就私下对来人说:“请转告我儿,不要为我担心,好好地辅佐汉王吧。他样样都好,只是说话无忌,让我放心不下,让他以后慎言,这是我最后的嘱托了。”

王陵的母亲言罢自刎而死,绝了项羽的招降王陵的念头。

刘邦很讨厌雍齿,王陵却因早年和雍齿交好,始终不肯背弃他。刘邦一次把王陵招来,脸色阴沉地对他说:“雍齿为人卑鄙,行多不检,许多人都唾弃他。你和他并不是同类之人,我真不明白,为何你们能相处呢?”

王陵沉声说:“主公不喜欢的人,别人就不敢和他交往了。我看不出雍齿有什么不好,再说这也只是我的私事,主公何必干涉呢?”

刘邦心中有气,却也不便发泄,只好挥手让他告退。

王陵亦有怨气,就和好友周勃说了此事,周勃连叹数声,口说:“你不该和主公直言呐。主公向来恨雍齿,人人皆知,你不避嫌和他交往也就罢了,又怎能说出自己的心里话呢?这件事可大可小,主公一定会记挂在心的。”

王陵不服,仍道:“我忠于主公,从无二心,几句实话他也会放在心上?大丈夫光明磊落,畏首畏尾,口是心非的事不该去做。”

平定天下之后,论功行赏时,刘邦却不肯给王陵厚封,只封他为安国侯。许多人为王陵求情,刘邦却正色说:“行军打仗,王陵功劳不小,可他别的方面就无过人之处了。打江山绝非只知勇猛这么简单,他还有什么委屈的呢?”

王陵心有怨气,直欲找刘邦争辩,他的家人跪地哭劝他说:“你的毛病全在嘴上,到了现在你还想惹祸生事吗?只怕你去理论,我们也和你一样活不成了。”

王陵这才作罢。

刘邦死后,惠帝继位,吕后掌权。王陵任右丞相两年之后,惠帝去世。一日,吕后把王陵和陈平、周勃等人招来,对他们说:“天下太平,吕氏出力甚多。我想让吕氏子弟称王,可以吗?”

陈平、周勃相视一眼，俱不作声，王陵却马上出言说：“先皇曾宰杀白马，歃血订盟，说‘倘非刘氏而立为王，天下人共击之。’先皇遗训如此，不能改变。吕氏立王之说，便不可行了。”

吕后十分不悦，转而问陈平、周勃的意见，他们二人却道：“时势有变，其道自不同了。先皇平定天下，分封刘氏子弟为王，理所应该。如今太后临朝执政，吕氏子弟又有大功于国家，称王自无不可，合当施行。”

吕后笑逐颜开，对他们二人连连夸奖。

事后王陵指责他们阿谀奉承、背弃先皇，陈平答道：“谏阻无益，强辩自不可取。我们当面谏阻不如你，可日后保全国家，安定刘氏后人，你就不如我们了。”

王陵被罢黜宰相，十年后病死。而陈平和周勃却保全下来，成为日后诛杀诸吕的主力，重兴了汉室江山。

王陵虽然一心效忠朝廷，做事卖力，可是到头来，偏偏毁在自己的“直言不讳”上。这不仅是他个人的教训，也是我们所有行走江湖、闯荡社会之人都应牢记的教训。

言辞谨慎，不露锋芒，常常是成大事者智慧的显现。浅薄者信口开河，不仅暴露了他们的肤浅，也让人一眼看穿其心意，其架势更讨人生厌。言语作为了解一个人的重要窗口，如果不有所节制，他就毫无秘密可言；言语作为交际的一个重要手段，只有措辞得当，有所保留，才能勋事有成，与人无咎。

第四章　应变运智方略

宋玉随机巧诉奸

宋玉劝顷襄王召回屈原，引起了子兰、勒尚等人的嫉恨，把他视为眼中钉，肉中刺，必欲除之而后快。再加上顷襄王很常识宋玉的文才，常让他侍奉左右，也招来一些文学侍从的忌妒。因而常有人在顷襄王面前诽谤宋玉，但宋玉机敏善辩，常常把奸邪小人驳得哑口无言，巧妙地为自己解脱。

有一次，大夫登徒子在楚王跟前谗毁宋玉说："宋玉为人体貌美丽，能言善辩，又本性好色，愿大王不要让他出入后宫。"楚王责问宋玉，宋玉说："体貌美丽是天生的，能言善辩是老师教的。至于好色，我却没有。"楚王问："你不好色，何以见得?"宋玉说："天下的美人，没有比得上楚国的；楚国的美人，没有比得上我居住的那条巷子里的；那条巷子里的美人，又没有比得上我东边邻居家的女子。东边邻居家的这位女子，增一分则太长，减一分则太短；擦粉则太白，施朱则太红；眉如翠羽，肌如白雪，腰如束素，齿如含贝，嫣然一笑，倾城倾国。可是这个女子爬在墙头上偷看我已有三年，而我至今从未和她啰唆过。登徒子则不然，他的老婆蓬头垢面，龇牙咧嘴，又瘸又驼，上疤下痔。而登徒子却很喜欢她，一连跟她生了五个孩子。大王仔细想想，是谁好色呢?"楚王听后，一笑了之，不再责备宋玉了。

还有一次，宋玉休假在家，唐勒便在顷襄王面前诋毁宋玉说："宋玉体貌娴丽，又巧言善辩，在外调戏主人家的女儿，回来则侍奉大王。希望大王不要与他亲近。"宋玉休假结束回到郢都，顷襄王就责备宋玉说："你体貌娴丽，能言善辩，在外调戏主人家的女儿，回来就侍奉我，这不是太轻视我了吗?"宋玉辩解说："我体貌娴丽是受之于父母，能言善辩则是从圣人那里学来的。我曾外出旅行，人饥马疲。正好主人离家外出，主人的妻子又到市集上去了，只有主人的女儿在家。主人的女儿想安排个地方让我休息，堂上嫌太高，

堂下又嫌太低，于是便把我带到自己的闺房。房中有张琴，我便取琴轻抚，弹奏的是《幽兰》《白雪》二曲。主人的女儿盛装艳服到我门前敲门，问道："贵客大概肚子饿了吧？"于是做好饭菜请我吃，又用翡翠钗钩挂我的冠缨，我不忍仰视，她便对我唱道："岁将暮兮日已寒，中心乱兮勿多言。"我再次抚琴，弹奏的是《秋竹》《积雪》二曲。她又对我唱道："内怵惕兮徂玉床，横自陈兮君之傍。君不御兮妾谁怨？日将至兮下黄泉。"宋玉又对顷襄王说："我宁肯杀了别人的父亲，使他的儿子成为孤儿，也不忍心调戏主人的女儿。"顷襄王连连说："行了，行了。如果我处在这个时候，又怎么能不动心呢？"

又有一次，顷襄王问宋玉："先生的行为是否有不检点的地方？为什么一般的士民都不说你的好话呢？"宋玉回答说："是有这么回事，请大王宽恕我的罪过，但也请大王听听我的解释。有人在郢都唱歌，开始唱的是《下里巴人》，城里跟着唱的有数千人。后来他唱《阳阿薤露》，跟着唱的只有数百人。等到他唱《阳春白雪》时，跟着唱的只有数十人。最后他唱起音调多变，悠扬流畅的高雅歌曲，跟着唱的就只剩下几个人了。所以，曲调越是高雅，跟着唱的人就越少。就像鸟中有凤，鱼中有鲸。凤鸟绝浮云，负苍天，翱翔于九千里之上，那粪田里的小鹦雀，怎能与它一起判断天地的高低？鲸鱼朝发昆仑，暮宿孟诸，那小沟里的泥鳅，怎么能与它一起丈量江海的大小？不独鸟有凤，鱼有鲸，士人当中也是这样。与众不同的圣人，总有自己独特的行为，超然独处，那些世俗的小民，又怎能理解我的行为呢？"楚襄王听了之后，羞愧难当，一声也不吭。过了半天，才自我解嘲地说："先生真是风流雅士，一般的俗人又怎能企及呢？"

答辩自如　应势而变

美国总统里根访问加拿大，在一座城市发表演说。

里根是作为客人来到加拿大访问，任加拿大总理的皮埃尔·特鲁多对这种无理的举动感到非常尴尬。

面对这种困境，里根反而面带笑容地对他说："这种情况在美国是经常发生的，我想这些人一定是特意从美国来到贵国，可能他们想使我有一种宾至如归的感觉。"

听了这番话，尴尬的特鲁多顿时眉开眼笑了。

里根对这种情况完全可以怒容满面，激愤陈词，但这不是大学问家的所为。里根既缓解了这种紧张气氛，又不失自己的身份。

虽然是加拿大的部分人民旗帜鲜明地反对里根总统，里根却说他们给他一种宾至如归的感觉。找些其他措辞，但又不离原本话题，是处理好工作学习中的紧张气氛的最好方法。

1986 年 10 月 5 日，在华盛顿，钢琴家霍洛维茨在白宫东厅举行演奏会。结束的时候，美国总统里根上台简短致辞。

突然，第一夫人南希在理直她的裙子时，不小心跌到台下的花篮中去了。听众一阵惊慌躁动之后，南希站起来说："我没事！"里根即趁机说："我不是跟你说好了的，要在我受到冷落时，才要你使这一招吗？"

里根灵机一动，在他的致辞中夹了这么一句话，诙谐而不落俗套，既对他的出场和致辞没受到冷落表示了感谢之情，又在玩笑中改变了作为第一夫人的南希的尴尬局面。

一天，林肯身体不适，不想接见前来白宫唠唠叨叨要求一官半职的人。但是，一个讨厌的家伙赖在林肯身边，准备坐下长谈。正好这时，总统的医生走进房里。

林肯向他伸出双手，问道："医生，我手上的斑点到底是什么东西？"

医生说："我全身都有。"

林肯说："我看它们是会传染的，对吗？"

"不错，非常容易传染。"医生说。

那位来客听了这番话，马上就起来，说："好吧。我现在不便多留了，林肯先生，我没有事,只是来探望你的。”

有一次,林肯在某个报纸编辑大会上发言指出自己不是一个编辑,所以他出席这次会议,是很不相称的。

为了说明他最好不出席这次会议的理由,他给大家讲了一个小故事。

“有一次,我在森林中遇到了一个骑马的妇女,我停下来让路,可是她也停了下来,目不转睛地盯着我的面孔看。

她说:‘我现在才相信你是我见到过的最丑的人。’

我说:‘你大概讲对了,但是我又有什么办法呢?’

她说:‘当然你生就这副丑相是没有办法改变的,但你还是可以呆在家里不要出来嘛!’”

杨埙智保二臣

天顺年间(1457年-1464年),锦衣卫都指挥门达受到明英宗的宠信,执掌朝廷理刑的重权,大臣们的生杀予夺,全攥在他的手心里。但他仍然不知足,还想进一步扩大自己的势力,把皇上身边所有受重用的大臣,统统排挤掉。

他盘算来盘算去,觉得能够在皇帝面前说上话的,无非有两个人,一个是经常爱给皇上出谋划策的大学士李贤,另一个便是英宗皇帝被也先虏走时,有护驾之功的锦衣卫指挥佥事袁彬。他想千方百计要把二人排挤掉,尤其是那位被视为眼中钉的袁彬,于是派遣巡逻的士卒去搜集袁彬的隐秘私事,企图利用它来致袁彬于死地。不久,他就把搜罗到的数十件所谓隐私,汇集到一起,奏报给了皇上。

英宗皇帝本不想治袁彬的罪,但禁不住门达的反复逼劝,又考虑到法律的施行,不能由于一个袁彬就使之半途而废,因此,便同意将袁彬逮捕法办。可是在逮捕之前,英宗又明确交代门达说:“此事由你亲自逮捕审问,只要给我留下一个活着的袁彬就行。”随之,袁彬就被投入监狱问罪。

当时兵营中有一位彩漆匠叫杨埙,因为擅长日本的漆器画,号称“杨倭漆”。别看他只是个小小的艺人,但很有正义感,讲究做人的操守和气节,对袁彬的被捕感到愤愤不平,毅然上疏营救袁彬。疏中写道:“过去皇上留居北庭瓦剌时,只有袁彬这样一个校尉在护卫皇帝,备受艰难困苦。现在突然被投入监牢,只乞求皇帝亲自审讯,他就是死也没

什么遗憾。”同时又力陈门达不法之事三十余件，想借机参倒他。杨埙亲自到殿外敲击登闻鼓，把奏疏呈递进去。

英宗皇帝看完杨埙的奏疏，心有所动，便命门达把杨埙也抓来讯问。

门达听后非常恼火：一个小小工匠，也敢参我？可是转念一想，何不借此机会连李贤一起扳倒呢？于是，他准备软硬兼施，逼迫杨埙招认是受李贤的指使。

杨埙被押解到后，一经讯问，他很快就识破了门达的阴谋，心想：这不是妄图通过我的口来陷害李大人吗？决不能让这一诡计得逞！但又想：如果我以硬碰硬，势必被拷打至死，这样，不仅救不了二位大人，连我也成了屈死鬼，还不如……

想到此，他便神色自若，故意装出与此事无关的样子，不管门达怎样逼问，都说：“不知道。”后来他见问急了，才不紧不慢地说：“我是个下贱的军中艺人，大字不识一个，又与君侯大人无怨，怎么能要告您的御状呢？”然后，又故作神秘地轻声说：“望能退去左右，我把实情禀告大人。”等只剩门达一人时，杨埙才说：“这实在是李贤李阁老教小人做的。我确实不知道奏疏里说的是怎么回事，仅是按他的意思办罢了。但我在这里说，没有人作见证，说了也白说。不如多请几位大人当庭审讯，我当众戳穿他，他就没话可说了。”门达信以为真，情不自禁地连声说好，特意让狱卒备了酒菜款待他，随后马上去奏明皇上。英宗皇帝命宦官会同一些刑部官员，第二天在午门外共审杨埙。

谁知会审时，门达刚指着李贤说：“是你指使杨埙做的，他都招认了。”便听到杨埙说道：“要处死就处死我，我怎么敢胡乱诬告大臣！我一小小的手艺人，如何能见到阁老大人呢？天地鬼神明察，这实在是门达指挥强逼我来指控李大人的。”接着，他把奏疏中参劾门达的三十余条内容背诵出来，以证明它完全是自己写的。门达大惊失色，呆立在那儿，半天不知说什么好。

这样，门达陷害袁彬、李贤的诡计失败了，袁彬被从轻发落，调往南京锦衣卫任职，仅一载，就被召回京城，官复原职。

居安思危　有备无患

“居安思危”是句军事成语。意思是说，处在和平安定的环境，要时刻想到战争的危险，并从精神到物质做好充分准备。此语源出自《左传》一书。

在春秋战国时代，晋悼公做了中原的盟主，采纳大将魏绛的策略，联合 11 个盟国去攻打郑国。郑国请求讲和，并且送给晋悼公一大批乐师、乐器、歌女、兵车作为礼物。事后，晋悼公把一部分歌女、乐器赏赐给功臣魏绛，还得意忘形地说：眼下天下太平，可以享乐一番了。但魏绛非但不接收馈赏，反而向晋悼公进言：“愿君安其乐而思其终也。……居安思危，思则有备，敢以此规。”意思是说，愿君王享受快乐时，要考虑到国家以后的事情，在安定太平的时候，要想到战争的危险，只有这样去想问题，就会有准备；有准备就会免遭祸患。我斗胆用这些话来规劝您！魏绛的忠告，使晋悼公醒悟，从而保持了多年的戒备。从此，居安思危，有备无患，就成为人们应付战争和其他不测之事的常用语，而且还作为一种战备方针，一直为历代兵家所继承，

《诸葛孔明异传・戒备》一书，记载了三国时的诸葛亮一段话：“若有居安而不思危，寇至而不知惧，此谓燕巢于幕，鱼游于鼎，亡不待夕矣。”就是说，处于和平安定的年代不考虑战争的危险，敌人突然进攻又不知如何抵御，这就像在幕布上筑巢的燕子，在热锅里游泳的鱼儿一样，立刻就会灭亡。

“居安思危”的相近说法是“安不忘危”。意思是说，太平年代与平安岁月，不可忘记战祸、灾难等危险。刘向《说苑・君道》称：“安不忘危，故能终而成霸功焉。”所以，有战略眼光的历代将帅都把“居安思危”“安不忘危”“有备无患”作为治军的座右铭，牢记心中，落实在行动上。大体上有以下四种情况：

一是太平盛世，安不忘危。

历代有远见的将帅，都知道太平盛世来之不易，若要长久国泰民安，必须常备不懈。

上述晋悼公在后来的做法是其中一例。另外，西晋名将杜预远见卓识，他的言行对后人也很有启示作用。

公元280年，西晋灭亡吴国后，晋武帝司马炎以为不会再发生大的战事，主张军队将领们不必再去从事军事活动，而让他们去管理政治事务，并下令解散州、郡的部队。但是，著名军事家杜预引用《司马法》一书的话，告诫晋武帝："天下虽安，忘战必危"，不能以吴国灭亡而高枕无忧。他在与吴国作战结束后，立即还镇襄阳，坚守要地，交错屯兵，使所部戒备森严，"视无事如有事"一样，从而保持了相当长时间的安定形势。杜预死后，晋朝军备废弛，不久天下大乱。

唐太宗李世民少年得志，26岁便做了皇帝，辟有贞观之治。公元637年（贞观十一年），著名谏臣魏征针对李世民出现的骄奢苗头和表现，特上《谏太宗十思疏》，劝他"居安思危，戒奢以俭"，警惕翻了"龙舟"。李世民看罢奏章，大吃一惊，复诏认错，并将此奏章置于案头，天天警戒和鞭策自己，结束了一个动乱、凋敝的时代，促进社会进入了治平、昌盛的时期。

二是既胜若否，以备不虞。

既胜若否，以备不虞，意思就是打了胜仗要像没有打胜仗一样，继续保持高度警惕和戒备。

春秋时"五霸"之一的楚庄王芈（音米）旅，并国二十六，开地三千里，雄踞大江南北，称霸诸侯之林。但他在胜利面前不忘乎所以，坚持安内攘外，整军经武，以备不虞。他常以历史上纣王兵败丧殷的故事自勉。殷纣王曾百战百胜，但在胜利面前丧失警惕，以致周武王兵临城下而不知，造成国破人亡的结局。楚军在楚庄王的严格要求下，20余年常备不懈，故能立于百战不殆之地。

清军大将年羹尧“闻雁即警”的故事，更体现了领兵将领在打了胜仗之后的高度警惕性。公元1723年秋，清抚远大将军年羹尧率军至青海，平定叛乱，连连获胜。但年羹尧十分机警，认为敌未灭，不可懈。一天夜入三更，官兵发出甜美鼾声，当时一群大雁带着凄惨的叫声，从营帐上空飞过，年羹尧综合分析判断，认为是敌军夜间袭营的征兆，便立即埋伏重兵，严阵以待。四更时分，敌军果真急驰而来，年羹尧挥军四起，歼敌大部，打了一个计划之外的漂亮仗。事后，官兵询问此战役胜利之秘诀，年羹尧说：“我无妙法，只是戒备二字。所谓戒备者，即居安思危、处危毋慌也。”又说：“戒备之理，要运用自如，也非一日之功。为将者要先敌所料，必知天文地理和敌我之长短，还要知禽兽生活习性，细心体察，从中悟出道理。”

《百战奇略》载明代军事谋略家刘基说：“凡战胜易，保胜难。故大胜之后，不可骄惰。反之，必败。”他还常讲这样的道理：“知败而防败者必无败；知胜而不防败者必败。”这一观点在历代将帅中颇有影响。

三是结成同盟，不忘戒备。

历代名将认为，同盟，往往是不持久的，一旦同盟破裂，就可能化玉帛为干戈，所以，对同盟者不可掉以轻心。这方面典型事例很多。

唐朝李世民对结盟者始终坚持戒备之心。隋末，李世民的父亲李渊为集中力量战胜隋炀帝，便与匈奴结盟，放松了对匈奴的警惕。李世民发现此情，就一再提醒父亲要学习孙武“用兵之法，无恃其不来，恃吾有以待之；无恃其不攻，恃吾有所不可以攻也。”果不出李世民所料，在他继位登基后不到20天，匈奴的颉利可汗便率10万大军进逼长安。由于李世民时刻警惕，早有准备，故临事而不惊。一面调动重兵，一面自带六骑出现在匈奴面前，隔河谴责颉利可汗背盟入犯，等待援兵。不多时，唐大军随即开到，部队旌旗蔽野，阵容森严，使颉利可汗望而生畏，被迫再次结盟退兵。到公元629年，李世民派大将李靖率军分道出征匈奴，俘获了颉利可汗，解除了北方威胁。

更为典型的事例是西夏统帅元昊。《西夏记》一书记载，在公元1031年，元昊袭父位为西夏国王。当时，西夏是个小国，以兴庆府（今宁夏银川）为中心，处于大国强邻包围之中，东、南邻是赵宋王朝，北邻是霸主契丹，西有宋王朝支持的吐蕃、回鹘等。富有远见卓识的元昊，面对错综复杂的政治形势，巧妙地利用邻国间的矛盾，成功的周旋于各国之间，为了避免两线作战，主动与契丹保持友好关系，并结成了联合对宋的同盟，契丹国王兴宗将兴平公主嫁给元昊为妻。此时作为契丹驸马的元昊始终对契丹保持高度戒备，将7万大军配置在西夏和契丹边界，连续十余年严阵以待。后来契丹军果真背信弃义，突然袭击西夏，而元昊因为早有准备，所以从容应战，在贺兰山大败契丹军10万之众，迫使契丹与西夏媾和。从此，西夏由原来依附于宋朝和契丹的屈辱地位，变成了西夏、宋朝、契丹鼎足而立的局面。史学家都为元昊的高瞻远瞩所折服。

四是强边固国，积极防卫。

秦始皇统一中国后，为了解除北方匈奴对秦都咸阳的威胁，保障边境地区和中原民众的安宁生活，除派出主力积极打击之外，还亲自巡视北部边境，确定构筑长城之策。他命大将蒙恬为总指挥，将军杨翁子协理，后又派太子扶苏为副将，同赴边境指挥筑城。大将蒙恬很能体察秦始皇强边固国的意图，组织指挥有方，除了把原来赵、燕、秦三国边关城墙连接和加固之外，还新筑长城千余里。这条长城，西起甘肃临洮（今岷县），东到辽东东部（一说辽宁南部碣石），总长达5000余公里，历史上称作万里长城。

到了汉朝，汉武帝刘彻在位54年，在政治、经济、军事和文化等方面都有许多建树。他为了加强北方边防，阻止匈奴袭扰，把增修长城、构筑“塞外屏障”和“和亲政策”、军事打击、建设河西走廊、开发大西北、断匈奴右臂以及组织屯田等各项措施综合利用，巩固和发展了大统一的西汉帝国，达到了西汉强盛的顶点。

秦始皇和汉武帝的强边固国方针、政策，对此后中国两千年的军事史有巨大的影响，并且涌现了一大批强边固国的杰出人物。东汉名将班超是其中之一，他经略西域31年，乐在天涯，为国忘身的崇高武德，近1900年来，一直成为鼓舞将卒戍守边疆的巨大力量。

西域(西汉以后对玉门关以西地区的总称)远离中原数千里,气候恶劣多变,生活十分艰苦。诗曰:“轮台九月夜风吼,一川碎石大如斗,随风满地石乱走。”“马毛带雪汗气蒸,五花连钱旋作冰,幕中草檄砚水凝。”如此艰苦的风刀霜剑的边旅生活,并没有吓倒班超,他知难而进,以苦为乐,从41岁直到71岁被朝廷召还洛阳止,他置个人生死荣辱于度外,统一西域50余年,重新沟通汉朝与西域的联系,迎来了“边城宴闭,牛马布野”的升平景象。

清朝后期名将左宗棠,是一位不畏强敌、重视塞防、规复和建设新疆的著名军事家。公元1865年,中亚浩罕国王帕夏侵占我新疆,并建伪政权;1871年,沙俄强占我伊犁地区。消息传至清廷,年近六旬的老将左宗棠,义愤填膺,挺身而出,“以边荒艰巨为己任”,率兵西向,驱逐入侵者,规复祖国大好河山。为了强边固国,防止“强领窥伺”,他建议清廷在新疆设省,这对巩同西北边防和祖国统一具有深远的历史意义。

临危不乱　重创日军

第二次世界大战后期,日军在太平洋遭到美军的重创。正当美国海军将领金凯德率美军第7舰队开始追歼残敌的时候,收到了一份令人震惊的电报:栗田率领的中央编队已突破圣贝纳迪诺海峡,在萨马附近海域出现,正在对第7舰队最北面的几艘航空母舰实施突击。这时金凯德才知道第34特混舰队根本没有去圣贝纳迪诺海峡。金凯德陷入极端的困境之中,他知道整个第3舰队在北方,短时间内难以赶到支援,志摩部队虽已撤退,但战斗力没有受到大的损伤,完全有可能再次突破苏里高海峡,前来袭击美国的登陆输送队。金凯德临危不乱,立即命令奥尔登多夫停止追击,急速返回莱特湾,以便同时掩护莱特湾南面和东面的两个入口。奥尔登多夫立即将其后力一分为二,一部分兵力向东,支援遭到日军突击的第7舰队的航空母舰大队。

10月25日凌晨1时,栗田率领的中央编队,驶出圣贝纳迪诺海峡,进入太平洋,立即发出战斗警报,变为夜航的搜索队形,小心翼翼地向东航进。3时,栗田部队向右转向,沿萨马岛向东南航进,此时,栗田接到西村的最后一份电报:南部编队在苏里高海峡遭到美军的袭击。1小时后,又接到志摩来电:“我部正在撤离战场。”根据这两份电报,栗田判断,日军在南面的突击行动已被挫败。但栗田此时却未能与北部编队的小泽联系上,实际上,小泽此时已成功地将哈尔西的第3舰队吸引在北方,为栗田的行动创造了极为有利的条件。

25 日晨 7 时，栗田编队的前卫哨报告，在南水平线上有 4 根舰杆。栗田以为这是哈尔西的第 3 舰队的航空母舰大队，立即下达命令："抓住天赐良机，保持现有阵形，立即突进，首先封闭攻击敌航空母舰上的飞机，使之无法离舰，然后一举歼灭敌机动舰队！"其实，那是金凯德第 7 舰队的由克利夫顿·斯普拉格海军少将指挥的美护航航空母舰第 3 特混大队，辖有 18 节的护航航空母舰 6 艘、驱逐舰 3 艘及护卫舰 4 艘。从这一海域向南，依次是弗利克斯·斯顿普少将指挥的第 2 特混大队和托马斯·斯普拉格指挥的第 1 特混大队。当美机报告说发现了大队日舰时，克利夫顿·斯普拉格以为一定是飞行员搞错了，要他再核实一下，很快就得到飞行员的回答："目标肯定是敌舰队！"斯普拉格知道自己处境十分危险，立即将情况报告了金凯德。

金凯德在接到斯普拉格的求救电报后，当机立断，在万般无奈的情况下，要斯普拉格用他的 6 艘护航航空母舰和 6 艘驱逐舰，暂时抵挡栗田的 4 艘战列舰、8 艘重巡洋舰、22 艘轻型巡洋舰和驱逐舰，要他们与敌人进行周旋，延缓栗田部队对莱特湾的袭击，以等待哈尔西援兵的到来。在这同时，金凯德又急电哈尔西："约 7 点，第 3 特混大队报告，在北纬 11 度 04 分，东经 126 度 25 分的位置，遭到敌军战列舰和巡洋舰的火力攻击。敌舰显然是在夜间从圣贝纳迪诺海峡进来的，请求马上进行空袭，并派重型舰只支援。我的老式战列舰弹药所剩无几。"3 分钟后，金凯德又用明码给哈尔西发报，意在一面恐吓日军，一面催促哈尔西立即行动。电报说："敌军 4 艘战列舰、8 艘巡洋舰和其他舰只正在攻击我护航航空母舰。请求李立即出发掩护莱特岛。请求快速航空母舰立即出击。"而哈尔西接到告急电报时还大感意外，竟认为栗田编队早已遍体鳞伤，不会有什么攻击能力，准是金凯德沉不住气了。哈尔西不仅没有放弃对小泽编队的攻击，相反却电令李海军中将率第 34 特混舰队的快速战列舰加速向北接敌，毫无回师救援的打算。

此时，在萨马岛外的海面上，金凯德手下的猛将斯普拉格正在与栗田编队进行周旋。斯普拉格命令特混大队的护航航空母舰的飞机不断对日舰进行攻击、骚扰，又巧妙地率舰驶入暴雨区，但仍难摆脱日舰的追击。眼看日舰越来越近，局势越来越危急，斯普拉格向金凯德报告说："敌在快速赶来，炮火越来越猛。此刻，我们的任何一艘护航航空母舰都不能再经受大口径火炮轰击 5 分钟了。"金凯德命令斯普拉格以警戒驱逐舰进行反扑，截击敌人。于是哈撒韦海军中校率领美驱逐舰"希尔曼"号、"霍埃尔"号、"约翰逊"号，迅猛地扑向日舰。"希尔曼"号向"大和"号发射了 6 枚鱼雷，均未击中。而"约翰逊"号发射的一枚鱼雷却击毁了日军"熊野"号舰首，迫使这艘重型巡洋舰退出了战斗。继发射鱼雷之后,美军这3艘驱逐舰又对日舰进行了猛烈的炮击。但对于重铠厚甲的日本战列舰来说,没有丝毫的威胁,相反地,日舰的巨炮却把美军的驱逐舰打得千疮百孔。"霍埃尔"号中弹20发,爆炸沉没。"约翰逊"号也中弹倾覆。但美军驱逐舰的反击也达到了预期的目的,日本舰队由于要闪避鱼雷,尾追的日舰不得不降低航速,致使双方舰队之间的距离又拉到16海里以上。

正在美舰处于极端困难的时候,天空突降大雨,这帮了斯普拉格的忙。护航航空母舰上的飞机,得以全部起飞。这些舰载机都没有携带穿甲弹,因为从未想到竟会对付日军的战列舰,只好带上杀伤炸弹和深水炸弹,这些炸弹对战列舰都不起大的作用。这时金凯德命令护航航空母舰第1特混大队和第2混大队上的舰载机也加入攻击日舰的行列,炸伤了日重型巡洋舰"铃谷"号,使之退出战斗,但美军自身也遭到很大的损失,被击落飞机多架。

栗田编队仍然以为现在的对手是哈尔西的第3舰队,认为这是歼灭美国航空母舰的良机。他命令舰队横向展开,宽达15海里,继续追击美舰。在危急之中,金凯德继续向哈尔西和李求援,他用无线电呼叫:"莱特湾急需快速战列舰!"不久,金凯德又发报说:"我的情况危急。只有快速战列舰和航空母舰的火力支援,才能使护航航空母舰免遭敌人打击,阻止敌人进入莱特湾。"金凯德的电报也传到了珍珠港,一向安详的太平洋舰队司令尼米兹感到有必要亲自过问此事了。于是,他给哈尔西发了封简短的电报:"第34特混舰队,在哪里?"10时刚过,收到这份电报的哈尔西有些气恼,他认为,这是对他的一个讽刺。不仅如此,尼米兹还将这份电报抄送海军作战部长金上将和金凯德,这更使他感到不快。但哈尔西还是慑于上司的威严,改变了主意,近11时,终于命令第34特混舰队把航向从0度改变为180度,由北上改为南下。但由于距离在300海里,金凯德的情况仍是万分危急。

为争取时间,等待援兵的到来,金凯德命令在萨马岛外海面上的斯普拉格再派出4艘驱逐舰进行一次拖延时间的反击。当时,美舰的鱼雷已用完了,完全靠一种气势在和日军周旋,结果美军损失惨重。"罗伯茨"号被日舰重炮击中,舰舷炸开一条10米长的裂口,甲板上的人员大部阵亡。其他3艘美舰也相继被击中,燃烧着的舰体漂浮在水面上。斯普拉格使出浑身解数,也招架不住日舰的进攻,只得在炮弹激起的森林般的高大水柱中间穿行,机动闪避,处境十分危险。正当美军山穷水尽之际,奇迹出现了,突然炮声沉寂,日军停止了追击。原来,金凯德命令斯普拉格在萨马岛外拼死抵抗,对战局的影响极大，不仅迟滞了栗田向莱特湾突进的计划，而且造成了栗田的失误。当时。日本舰队也有些损失，3艘重巡洋舰瘫痪，着火燃烧，其他舰只散乱地分布在40平方海里的洋面上。但栗田仍不死心，还是想冲进莱特湾，去消灭麦克阿瑟的两栖编队。25日上午11时，栗田整队完毕，挥戈指向莱特湾。当栗田编队向莱特湾挺进两小时之后，栗田突然又决定停止向莱特湾突击，下令“全舰队北进！”从而使唾手可得的胜利付之东流。这其中主要的原因就是金凯德恐吓日军的策略获得了成功。栗田从截获到的金凯德的告急电报中错误地认为，哈尔西的第3舰队南下已有3个多小时了，估计已到距莱特湾不远的北方海域，因此，栗田决定北上，准备与美第3舰队决战，从而放弃了进击莱特湾的作战计划。

栗田北进与哈尔西的第3舰队交火，双方各有伤亡。下午2时，栗田筋疲力尽，情绪低落，不敢恋战，便全速向圣贝纳迪诺海峡逃跑。晚9时30分，栗田终于比哈尔西早3个小时穿过海峡。26日上午，美舰载机轰炸了栗田编队，日军“能代”号被击沉，“大和”号身中3弹，但仍能继续航行。随后，双方距离逐渐拉大，莱特大海战至此结束。

莱特湾海战是太平洋战争中最后一次大海战。金凯德的第7舰队和哈尔西的第3舰队共击沉日军轻、重型航空母舰4艘，战列舰3艘，重型巡洋舰6艘，轻型巡洋舰4艘，驱逐舰11艘和潜艇6艘，击落日军飞机400架，日军伤亡7400余人。美军被击沉轻型航空母舰1艘、护航航空母舰2艘、巡洋舰2艘和驱逐舰3艘，损失飞机100余架，伤亡2800多人。在这次海战中，最令人难忘的是金凯德的高超指挥艺术。眼看栗田编队就要攻进莱特湾了，但金凯德临危不乱，利用风向暴雨、施放烟幕、舰艇运动、实施空袭与海上攻击结合起来，巧妙地运用种种战术，终于打乱了栗田部队的部署，击退了优势之敌，保证了麦克阿瑟登陆部队的安全上陆。

在莱特湾海战中，第7舰队歼灭全部日本海军航空母舰，使日海军失去远洋作战能力。莱特湾海战后，美军进军菲律宾的大门打开了，菲律宾地区的制空权和制海权完全掌握在美军手中。1945年1月9日，美第6集团军的4个师，在金凯德第7舰队的掩护下，在吕宋岛的仁牙因湾登陆，2月底攻占马尼拉市。

不知应变受人骗

江西有一个名叫陈庆的人，常常到南京承恩寺前三山街贩卖马匹。当时，他有一匹银合好马，价值大约四十两白银。有一个骗子，打着一把好伞，穿着彩色的绸衣，翩翩然走了过来，站立在马前，仔细地反复察看，舍不得离开。他问道："这匹马卖价多少？"陈庆答道："四十两。"那个骗子说："好，我买。只是要回家去写了契约才能付给你银子。"陈庆问："你家住在哪里？"骗子说："住在洪武门。"于是，他骑上银合马往洪武门方向而走，陈庆也骑马跟随。

走到半路上，那骗子看见一个绸缎铺子，就在一家酒店旁边下了马，放了伞，对陈庆嘱咐说："替我看住伞，等我买几匹绸缎，一会儿就同你一块回家去。"陈庆心里想："这个人可能是富人，我的马大概卖得脱了。"

那个骗子一进店铺，就故意与店主纠缠，讨价还价。等到店主用"不识货"这话来嘲讽他时，他就假装说："我把这缎子拿给一个识货的朋友看看，再回来还价，怎么样？"店主说："有这么好的货，任凭你给任何人看。只是不要走远了。"那骗子说："我有马与同伙在这里，你怕什么呢？"将缎子拿过手，出门便逃走了。那绸缎店主看见马和同伙还在，也就放心了。

陈庆一直等到晌午，却没有看见那买马的人回来，心里想一定是个无赖，于是就撇下那把伞，骑上银合马，又牵着另一匹马打算回店去。那绸缎店主慌忙跑过来，扯住陈庆说："你同伙拿走了我的缎子，你想跑到哪里去？"陈庆说："哪个是我的同伙？"店主说："刚才和你一块儿骑马来的人。你怎么假装不知道？我一定要向你取回我的缎子！"陈庆说："我不知道那个人是何方的鬼物！他只是向我买马，叫我同他一道到他家拿银子，因此我才同他一道来了。他说要在你铺子里买缎子，一会儿就回来。我等了很久，不见他来，才骑着自己的马回旅店去。你为什么要胡乱地缠住我不放？"店主说："如果不是你的同伙，那为什么叫你替他看住伞和马？我因为看见你和马都在，才把缎子拿给他。你为什么要同他共同设下圈套，把我的缎子拿走？"

两个人争辩不休，互不相让，便吵吵闹闹扭到应天府去评理。绸缎店主人把上面的情形述说一番。陈庆也诉说："我是江西人。以贩卖马匹为生，常在三山街翁春店住宿并出卖马匹。从没有做过骗子！突然遇上了一个人，向我买马，并且一定要到他的家里才给钱，因此我才同他一块儿走的。他在中途下了马，在绸缎店拿了他的缎匹逃走了。这件事我也不知道，怎么说我是那骗子的同伙呢？”府尹说：“不必说了！把翁春店家传来问问，就会明了的。”那店家说：“陈庆常来贩卖马匹，就住在我的店里，是一个老实本分的人。”绸缎店主说：“既然是老实人，为什么要替那个骗子看住伞与马呢？他们的谈话，我清清楚楚地听见了，况且他是答应了那骗子的。”陈庆说：“叫我看伞，只不过因为他买我的马的缘故，这难道能说是与他同伙？”府尹说：“那个人走的时候把伞拿走了没有？”绸缎店主说：“没有拿走。”府尹说：“这真是骗子了。他想要拿你的缎子，故意借买马为名，把陈庆作为人质。用别人的马来骗取你的缎子，这就是‘假道灭虢’之计。这是你自己受了别人的骗，怎能怪罪陈庆呢？”于是把他俩赶出衙门，不再审理。

直截了当强于曲迂委婉

隋大业末年，李纲曾任义军首领何潘仁部下的长史。后来唐高祖李渊由太原起兵，攻入京城长安，李纲前来拜见高祖。高祖非常高兴，授予丞相府司录的官职，封他为新昌县公，专门管理选拔官员之事。高祖受禅称帝以后，李纲又任礼部尚书，兼太子詹事，依旧掌管选举官员之事。

在此之前，齐王李元吉任并州总管，他放任自己和部下侵夺百姓的财产，宇文歆频频进言劝阻，李元吉都置之不理。宇文歆在无可奈何的情况下，写了一份表章，上奏高祖。表章中写道：“齐王在并州时期，经常换便装出行，与窦诞一起外出打猎，随意践踏百姓的庄稼。放纵亲信之人，公开抢夺百姓的财物，境内的飞禽走兽，被猎取殆尽。他骑着马在大街上奔驰射箭，街上的百姓四处奔逃射避，他们却以此为乐。齐王让部下的随从分成两部分，作攻战游戏，相互以兵器击刺搏斗，部下多有伤残乃至死亡者。到了夜间，齐王大开府门，在府外的房舍中公开做出淫乱猥亵之事。百姓对齐王深怀怨恨，但又无可奈何。如此守城，如何能自我保全？”李元吉因此被免职。李纲又婉言劝说并州的父老前去皇宫请求高祖宽恕李元吉。不久，高祖令李元吉复职。

这时，刘武周率领5000名骑兵到达黄蛇岭，李元吉派遣车骑将军张达带领100名骑兵先去试探。张达因兵卒太少，无法交战，坚决要求不去。李元吉强制派遣他去。张达无可奈何，只好带领一百名步卒前去迎敌，到了黄蛇岭就被刘武周的军队全部消灭。张

达对李元吉的瞎指挥极其愤慨，于是领着刘武周攻陷了榆次（今山西省榆次市）进逼并州（治所在今山西太原西南）。李元吉非常恐惧，欺骗他部下的司马刘得威说："您带领老弱残兵守城，我带领精兵强将出城迎战。"于是连夜出兵，带着他的妻妾子女，丢下军队逃回京城。于是并州被刘武周攻陷。

高祖非常恼怒，对李纲说："李元吉年纪小，不熟悉军事、政务，所以我派窦诞、宇文歆辅佐他。那里有数万强兵，粮食可支用十年，我起义后运集到那里的物资，这样短的时间就丢弃给了敌人。宇文歆首先谋划逃跑的计策，我应该将他斩首。"李纲说："多亏了宇文歆，才使陛下没有失去爱子，我认为他有功。"高祖问其中的原因，李纲回答说："罪恶是由窦诞不能规谏，致使军兵怨愤。另外，齐王年轻，行为放纵，骄奢淫逸，放任手下人侵害百姓，窦诞始终都未劝阻过，却随顺齐王的所作所为，并且想方设法替他掩饰，因而酿成了今天的灾难，这是窦诞的罪过。论感情，宇文歆比较疏远，他到那里的时间又较短，齐王的过失，他一一奏闻皇上。何况父子之间的事，是外人很难谈论的，而宇文歆却说了，这难道不是忠诚恳切吗？现在您要惩罚有罪的人，就没有想到他那忠诚恳切之心，我虽愚昧，但内心以为这样做是不恰当的。"

第二天，高祖召李纲入内宫，高祖坐在御座之上，对李纲说："现在我有了您，才使我没有滥施刑罚。元吉自己作恶，与百姓结怨。宇文歆既然曾用表奏闻朝廷，窦诞又怎能制止得住齐王的胡作非为呢？"

鉴古通今善应变

周灵王十二年（公元前550年）秋九月，楚共王（公元前591年~公元前560年在位）去世，公子子昭继位，这便是楚康王。

吴王诸樊(公元前561年~公元前548年在位)闻楚国新君才立,便命大将公子党率兵伐楚。楚将养繇基奉命迎敌。二军交战之中,公子党中箭身亡,吴军大败而回。

吴国国王诸樊将战败一事告诉晋国,请求晋国为自己报仇。

晋国国君姬周(史称晋悼公,公元前573年~公元前558年)下令各诸侯国齐集向地商议此事。

晋国大夫羊舌肸说:“吴国乘楚共公新丧而伐之,是自取失败,不足以抚恤。秦国与晋国相邻,且有姻缘,却曾和楚国一道去救郑,助楚与我争夺郑国,并且在栎地打败过我们,臣以为宜先报此仇。如果我们能战胜秦国,那么楚国就会更加孤立。”

晋悼公认为羊舌肸说得有理,就命荀偃率三军之众,会同鲁、宋、齐、卫、郑、曹、营、邾、滕、薛、杞、小邾12国兵力攻打秦国。

秦景公闻知晋国率诸侯各国来攻打自己,便暗派士兵把几袋子毒药沉在泾水的上游。

鲁国大夫叔孙豹领兵同莒国军队率先渡河,士兵们喝了河水,不少人中毒身亡,其他各国诸侯见状,便不敢再过。郑国大夫公子娇对卫国大夫北宫括说:“我们既然归附人家,怎敢违命观望?”说完便率郑国军队渡过泾水,北宫括也率卫军渡了过去。

在他们的带动下,其他各诸侯国也都纷纷过了泾水,在树林扎下大营。

这时派出去的密探回来报告:“秦军离这儿已不远了。”

荀偃命令各军:“今晚好好休息,明早鸡叫时分出兵,视我马头所朝方向而行。”

晋下军元帅栾黡本来就不服气荀偃,听到荀偃下达这样的命令,生气地说:“军中大事,本应聚将商议,就算他是中军元帅,能够独自发布命令,也应当明确部队进退的方向。

没有见过让三军将士视其马首而行的？好歹我也是下军元帅，我的马头想朝东，本部也应随我东行。”于是栾黡便赌气地率下军将士向东回归晋国。

下军副帅魏绛说：“我的职责是辅助本部元帅，今元帅东行，我也应该跟从着他而行，不敢听从中军元帅之令。”于是也随着栾黡班师回朝。

有人将下军独自东行之事报告给荀偃。荀偃说：“下达军令不明确，这是我的过错。军令既然不能被执行，还指望什么取得胜利？不如就此撤兵。”于是荀偃就命各诸侯军队回归本国，自己也率晋军回国。

只有晋下军戎右栾鍼不肯撤兵。他对范匄的儿子范鞅说：“这次战斗，本是向秦国报仇雪耻，现在半途而废，无功而返，反而显得更加耻辱。我们兄弟二人可否引一支人马，共同杀入敌阵？”

范鞅同意。

二将遂偷偷率兵车四百辆，与秦交战，结果寡不敌众，栾鍼战死，范鞅侥幸逃回。

陈绍临危应变转危局

后梁乾化三年(139 年)，末帝朱友贞命宁国节度使王茂章担任淮南西北行营招讨应接使，率军 1 万余人，进攻南吴卢(今安徽省合肥市)、寿(今安徽省寿县)二州。

南吴镇海节度使徐温，平卢节度使朱瑾率军迎击后梁军队。双方在赵步(今安徽省寿县东北)遭遇。这时，南吴兵马还没有完成集结，徐温只有 4000 余人迎战王茂章。双方并战之后，后梁军战斗力颇强，徐温寡不敌众，不能抵挡，只好向后撤退。王茂章乘胜追击，眼看追到峡谷入口了，南吴官兵见没有退路，都大惊失色。在这危急关头，南吴左骁卫大将军陈绍，急中生智，挥舞长枪，大声呼喊道：“诱敌深入，现在已经够了，可以开始反攻了！”他一面喊着，一面掉转马头冲向后梁军队。后梁军听他大喊，以为中了埋伏，不觉惊慌起来，阵脚遂乱。陈绍奋勇冲入敌阵，他的部下起初还未明白，见他跃马还斗，也都纷纷追随，呐喊厮杀。后梁军抵挡不住，只得收军撤退。徐温见状，不由得大喜。他拍着陈绍的背说：“你真是好样的。要不是你的机智英勇，我今天真不知会遇到什么情况。”徐温赏赐给他金银绸缎，陈绍全部都分给了他的部下。

不久，南吴各路兵马全部到齐了。双方在霍丘再次会战，后梁军大败。王茂章率数名骑兵，亲自在后面警戒，南吴追兵不敢紧逼。当初，后梁军南下，徒步蹚过淮河(冬季是枯水季节)时,在浅水徒步道上,都插上了标志。南吴霍丘守将朱景,待梁军过后,派士兵把这些标志接在木板上,把它们移放到深水地方。等到后梁败军奔回,依照标志的指示,蹚水过河时,又淹死了一大半。

唐伯虎伪装解难

唐寅字伯虎,又字子畏,是江苏吴县人。他考中弘治十年乡试的第一名,因事被废免。后来,他就不管社会的约束,任意行动,沉沦在喝酒与宿妓之中了。他擅长写诗作文,并且都非常好。他和文征明、文征仲、祝枝山等是好朋友。他们都是名噪一时的人物,每日在平康妓家玩耍,说起话来幽默圆滑,引人发笑,并随口成诗。有一个衙门中的差役拿了一张纸,请示他给画一张画,唐伯虎拿起笔来就画了螺蛳十多个,并在上面题诗一首云:"不是蛸蛑不是蛭,海味之中少此名。千呼万唤呼不出,只待人来打窟臀。"众人看了都大笑。他偶尔一天出外,看见县衙门前站着一个带枷的和尚。众人请求说:"可以用这个和尚来做诗一首。"唐伯虎问清楚了这个和尚被枷的缘由后,就拿起笔来在木枷上题诗一首,诗曰:"皂隶官差出采茶,不要纹银只要赊。县里捉来三十板,方盘托出大西瓜。"知县送客出来,看见这首诗,问是哪个写的。有人告诉他是唐伯虎,于是,他立即把和尚放了。唐伯虎口才出众,反应敏捷,大都和这差不多。

一天,唐伯虎与祝枝山等十几个人,带着行李去游扬州。他们每天与妓女饮酒作乐,沉醉于声色之中,还不到一个月,钱都快用完了。祝枝山说:"银子都用光了,作何打算呢?"伯虎说:"没关系。当今负责盐政的官,银钱成千上万,我和你二人可装扮成女贞观的道士去化缘。"他们就扮成了道士,正好遇到盐政官升堂,他们二人就俯跪在阶下说道:

“女贞观道士参见。”盐政使者大怒道：“难道没有听说过御史台风霜凛凛吗？是哪一方来的道士，敢于如此无礼！”准备叫人打他们。他们不慌不忙地回答说：“明公认为小道是游方求食的吗？小道们遍游天下，所结交的人都是国内的名流，比如吴邑的唐伯虎、文徵明、祝枝山等人，无不放下架子来和我们交朋友。无论诗词歌赋，我们开口就成。明公如果不相信，我们愿意献丑，就恭候您的吩咐了。”盐使者就指着大堂下面的一尊石牛为题，叫他们二人联诗一首。伯虎开口就吟道：“嵯峨怪石倚云边。”祝枝山接着吟道：“抛掷于今定几年。”伯虎说：“苔藓作毛因雨长。”祝枝山说：“藤萝穿鼻任风牵。”紧接着，伯虎吟道：“从来不食溪边草。”接下去，祝枝山吟道：“自古难耕垅上田。”伯虎说：“怪杀牧童鞭不起。”祝枝山收尾说：“笛声斜挂夕阳烟。”盐使者读完了他们的诗，收敛起怒容，问道：“诗倒是写得很好，你们想要干什么呢？”他们说：“不久前，女贞观破败了。听说明公宽厚仁慈，喜好施舍，希望您能把您的俸金捐献出来修缮观宇，完成这件好事，将会永垂不朽的。”盐使者十分高兴，立即传令吴兴二县，可以拿出库银五百两给他们。他们看见盐使者答应了，就连夜急忙赶到吴兴，假装来替道士出面疏通关节的样子，对吴兴二县说：“现在，盐使者要修缮女贞观，这是一桩大好事，应该立即如数付给他们，不能拖延。”吴兴二县果然如数交付他们。他们拿到了银子，大喜，说道：“不将万丈深潭计，安得骊龙项下珠？”再回到扬州，在妓女家与十多个朋友聚会，欢呼痛饮，尽情放纵享乐。只不过十几天，五百两银子又用光了。

后来，盐使者巡视吴兴，整饰衣冠前往女贞观，见到观宇破败和原来一样，就招来吴兴二县来责问。二县回答说：“以前，唐伯虎、祝枝山从扬州来，极力称颂明公修葺观宇这一盛举，小知县立即如数把银子付给他们了。”盐使者深感失望，知道被他们二人所骗，但又很爱惜他们的文才，因此也就没有追究。

避重就轻应难题

1988 年 7 月 22 日，日本首相中曾根同苏联共产党总书记戈尔巴乔夫在克里姆林宫举行会谈。整个会谈高潮跌宕，扣人心弦。

戈尔巴乔夫有一次竟用拳头将桌子敲得砰砰作响。他声称：“据说，在日本居然有人说什么‘今后只要日本持续不断地增强经济力量，苏联便将乖乖地屈服于日本的经济合作’。殊不知，这是大错特错的，苏联决不屈服。”

中曾根也不示弱，他以强硬的口吻批驳道："尽管如此，两国加深交往也是重要的。阻挠两国关系发展的，正是北方领土问题。铸成这个问题的原因在于斯大林错误地向属于北海道的岛屿派遣了军队。"

中曾根接着又说："我毕业于东大法律系，你走出的是莫斯科大学法律系的门槛。我们俩同属法律系毕业生，理应了解国际法、条约和联合声明是何物。国际上都承认日本的主张是正确的。"

这时戈尔巴乔夫总书记笑容可掬地答道："我当法律家亏了，所以变成了政治家。"此语一出，巧妙地避开了中曾根话题的锋芒。

在国际事务中，超级大国历来信奉"强权政治"，也善于利用各自的优势，为维护本国的利益向对方施加压力，这种压力有时是赤裸裸的，有时是含蓄委婉的。苏联和日本都是世界强国之一，一个以军事超级大国自居，一个以经济超级大国面世，在会谈中相互较劲，互不相让，这是很自然的事。特别是会谈内容涉及敏感而尖锐的领土争端问题时，这更容易使会谈陷入僵局，使心平气和的局面难以为继。当中曾根以强硬的口气提到阻挠两国关系发展的北方领土问题时，戈尔巴乔夫巧借他们都学法律的话题，他话锋一转，机智地避开了中曾根有关领土问题的锋芒。

70 年代的中东战争期间，美国国务卿基辛格率领美国代表团前往埃及与总统萨达特进行和平会谈。会谈一开始，萨达特说了几句寒暄话以后，就让基辛格看了一个"埃及——以色列脱离接触"的计划。然后，萨达特吸了一口烟，征求基辛格的意见，要他表态。

根据这个计划，以色列将撤离西奈地区三分之二的地面，这是很难办到的。因为要说服以色列在苏伊士运河西岸后撤几公里都很困难，没有任何理由想象可以诱导以色列作这么大踏步地后撤。再说，要以色列这么做，埃及的交换条件是什么呢？萨达特在这个问题上又含糊其词。所以基辛格不可能表示同意这个计划。但是，这时会谈刚刚开始，并且美埃自战争以来才刚刚开始接触，这时立即表态拒绝这个计划是不明智的。

基辛格毕竟是精明干练的，他说："在我们谈论手头的事务以前，可否请总统告诉我，你是怎样设法在 10 月 6 日那天如此成功地发动了那次令人目瞪口呆的突然袭击的？那是个转折点，我们现在所做的事，从某种意义上说，是这个转折点的必然结果。"

萨达特眯着眼睛，又吸了口烟，他微笑了。他放弃了要基辛格对计划表态的要求，而是应基辛格的要求，兴致勃勃地讲起那次袭击来。

假狮王破真象阵

宗悫，字元干，南阳（今县）人。自小有大志，行侠好武。文帝初，随江夏王义恭镇守广陵（今扬州市西北）。

元嘉二十三年（446年），文帝怒林邑王扰边，派龙骧将军、交州（治在今广州市）刺史檀和之领兵讨伐。宗悫自请往讨，被拜振武将军，受檀和之管辖。

檀和之拜萧景宪、宗悫为正副先锋，大军择日起行，直逼林邑。

林邑王范阳迈闻宋军犯境，忙遣大帅范扶龙大往守区粟城。二三月间，景宪、宗悫领兵围区粟，日夜攻打。五月，攻破其城，斩杀范扶龙。接着，领兵乘胜掩杀，又占领了象浦。范阳迈见连连败退，遂起倾国之兵，来与宋兵决战。

林邑位处南方，多象。阳迈将大象武装起来，象身披甲，上坐数名武士，各个手持长矛。然后，将象群排成方阵，下随步兵，向宋军冲杀过来。

宋兵虽然英勇，但无法挡住这群庞然大物，连打败仗，死伤无数。如何破林邑象阵，是能否战胜阳迈的关键。宗悫经过思索，对景宪说："象虽大，也属兽。我听说狮子是林中之王，能威服百兽。"景宪说："即使狮子能吓退象群，但又从哪里去找成群的狮子？"宗悫道："没有真的，我们不会作假的？来个以假慑真！"

数日后，数百个假狮子做好，宗悫令每个假狮下藏一个士兵，边移动假狮前行，边学狮子叫。一切准备完毕，就等战场应用。

战场上，两军对垒，林邑军又以象阵向宋兵压上来。宋兵见此，前队向两边一撤，突见一排排假狮子，边吼边向前移动。象群毕竟是兽，怎知狮子是假的，见前面忽然跃出一群群狮子，顿时惊得四处逃散。宋军见此，乘机追杀。林邑军大败。萧景宪、宗悫乘势攻下林邑城。

至此，林邑被宋军全部攻占，范阳迈也不知逃往了何方。

宋军攻林邑，林邑王不敌，故使用象阵，击退宋兵。宗悫忽生奇计，用假狮王吓散象兵，遂败林邑王。

纪昀题诗戏考生

凭纪晓岚先生的身份、地位、才学，哪一项都不由得你不恭敬、奉承、谄媚、景仰，连平日笨拙得与情人都不能畅快交谈的人，嘴巴也利索得像个“见习说书的”，恭维话直冒，停都停不下来。

但纪老先生觉得这样不够味。因此，他不像一般有他这种身份的人那样，以名牌服装包裹，坐着名牌汽车，揣一把印满一系列足以让人屁滚尿流的头衔的名片，远远地就让人肃然起敬。他说，这样就无“戏”可看啦。

他的做法是，首先让人觉得自己不仅不值得尊敬、奉承，而且是一个奚落的对象，然后，让你知道他的身份，大跌眼镜，连呼“失敬、失敬，久仰、久仰，多有冒犯，有眼不识泰山”，从而实实在在地自我作践一番。这场游戏就基本玩完啦。

一次，纪晓岚先生赴江南主考，到了武昌，他到街上随便溜达溜达。见一酒楼上有不少才子汇集一处，谈文论诗，准备应试。他想借机摸摸考生的底，就上楼凑一近处坐下。众才子见一个素不相识又显然很平常的老头，招呼也不打，就毫不客气地与他们平起平坐啦，很有些想不通。

一考生说：“我们这是天下才子的聚会，以文会友，不是你这种人看热闹的地方。快

找个地方凉快去吧。”

另一考生想,何不借机奚落他一下,让他尝一下冒充文雅的尴尬与难堪!他对各位考生说:“诸位,我们是以文会友,既然他愿与我们在一起,何不让他赋诗一首?说不定还是一位世外高人哩!”

众考生觉得此法甚妙,以放肆的狂笑表示同意。他们怎么也没想到,他就是决定他们命运的主考大人!否则,你免费送给他们几个贼胆,他们也不敢呐!

纪晓岚先生低声说:“做诗,倒是懂一点,不妨试试。”众人期待着笑话出现,热情取来文房四宝。纪晓岚先生提笔就写:“一上上到楼上头。”众人一看,太土气,哄堂大笑。

纪晓岚先生故意做戏,恳求说:“不才生性胆小,又是第一次作诗,诸位是不是回避一下?”

“当然可以。”

纪晓岚先生见众人离开,挥笔疾书,写完放下笔,扭头就走。

众考生赶忙回来看笑话,准备把刚刚准备好的潇洒话尽情倾吐。但一看诗句,个个大惊失色,呆若木鸡。只见上面写着:“一上上到楼上头,十二栏杆接斗牛。纪郎不愿留诗句,恐压江南十二洲。”

纪晓岚先生这次连让他们表示“有眼无珠”的机会都没有给,十分吝啬。

还有一次,纪晓岚先生利用开会机会,顺道游览五台山。是自费还是公费,他没说,我们就不便问了。

纪晓岚先生走进庙里,没有递名片,秘书也没有介绍。住持和尚见他衣履整洁,仪态不俗,决定让他享受比一般“施主”稍高一点的待遇,招呼一声:“坐”。又对礼仪和尚说:“茶”。

纪晓岚先生也不多言,坐着喝茶,与住持和尚寒暄,并有意无意地透露了自己是来自京城的。

住持和尚立即决定提高待遇,把他领至内厅接待室,忙招呼一声:“请坐。”“泡茶。”礼仪和尚又沏上一杯质量明显好些的茶,恭敬地放在他的面前。

“请问,施主在哪个部门工作呀?”

“惭愧得很,当个礼部尚书混口饭吃。”

住持和尚一听,触电般跳起来,满脸赔笑,恭恭敬敬地将他请进禅房。“请上坐。”又大声吆喝:“泡好茶。”

经过一番款待后，住持和尚拿出上等宣纸笔墨，一定要请纪晓岚先生写副对联，以“光”禅院。

纪晓岚先生笑了笑，提笔定了这么一副对联：

坐　请坐　请上坐

茶　泡茶　泡好茶

“见笑了。”纪老先生很诚恳地说。

住持和尚拿着这副出自当朝尚书、名满天下的纪大学士的亲笔“墨宝”，不知道是挂好呢，还是不挂好。

李世民镇静退强敌

公元6世纪中期，突厥人在今日的蒙古地区建立了强大的帝国，并向西扩张了很远。公元582年（隋文帝时期），突厥帝国分为东西两部分。隋文帝用“以夷制夷”之计，使东突厥一度称臣于汉人。但后来，中原地区陷入混战，唐朝建立后也处于时断时续的宫廷争权之中，东突厥便趁机一再入侵，对唐朝的生命财产以及经济发展构成了极大的危险。新生的唐朝面对强大的突厥，多次请求与突厥约和。无奈突厥人反复无常，忽战忽和，完全听凭性子，随心所欲。

公元626年,初登皇位的李世民既欲开创繁荣社会,当然希望能一举消除突厥时常入侵的隐患,但是敌强我弱,怎样才能以最经济的手段达到最好的效果呢?李世民一直思考着这个问题。

同年10月,突厥可汗颉利、突利,两人合兵十余万骑,又一次对唐朝进行了大规模的入侵。唐太宗即下诏令尉迟敬德统兵阻击。尉迟敬德把突利可汗截杀在泾阳,颉利可汗则率大部兵马,绕过尉迟敬德的防线,一路突击,瞬间进逼到了距唐朝京都长安只有数里远的便桥。

众大臣见突厥兵如此凶猛,惊诧莫名。纷纷请求唐太宗赶紧收缩兵力,即刻放弃其他地盘。只要能够死死守住长安,使都城免遭洗劫,便算是不幸之中的万幸了。

面对如此飞来的变故,唐太宗显得镇定自若,他说:“朕要让他们知道,朕不怕他们。”

原来唐太宗经过长时间的考虑后认为,对于国土辽阔、文化昌明的大唐帝国,突厥人并不是毫无顾忌地,他们也有“做贼心虚”的一面。如果放弃其他地盘只保长安,且不说肥沃的中原即刻要惨遭蹂躏,更何况这正助长了突厥的气焰,暴露了唐朝的虚弱。这样,突厥入侵之患便永无消除之可能了。因此,只有让突厥明白,唐朝无所畏惧,并充满必胜的勇气和信心,誓死捍卫大唐帝国的每一丝正当权益,方能够使突厥望而却步,永不敢再来入侵。

唐太宗的分析是正确的。颉利可汗虽然一口气奔袭到了便桥,但并不敢轻易纵兵抢掠,更不敢立即扑攻长安。为探听虚实,他先派出了心腹将领执失思力去长安进谒。

唐太宗召见了执失思力,问他何故加兵?思力道:“上国发给的金币,岁无定额,或作或辍,不加诚意,所以敝国两可汗,特统兵百万,前来请命。”

唐太宗面对如此狂妄的使臣,毫无惧色,怒斥道:“朕与汝可汗曾面约和亲,所赠送的金帛,前后无算。今汝可汗自负盟约,引兵入寇,汝曲我直,还敢遣使来见我!朕想汝虽居戎狄,应有人心,怎得全忘大恩,自夸强盛,应先将汝斩首,然后与汝可汗交战,看汝可汗能胜我军否?”

执失思力一听,唐太宗义正词严,又见自己即刻要丢脑袋,吓得双腿一软,赶紧跪着求饶。

唐廷中也当即有大臣向太宗启奏:“两国相争,不斩来使,还乞陛下遣还思力,藉示宽容。”唐太宗故意大声道:“朕若遣还虏使,反令他越加藐视,这岂可轻事纵容吗?”然后又特地回头对执失思力说:“权且寄汝首级,看朕即刻督兵亲征,让你看看谁胜谁负后再杀

你！”唐太宗又令左右把执失思力拖出大殿，投进监牢，“严”加看管。暗中又令人设法让思力从牢中“侥幸”逃走。

处理完突厥来使，唐太宗又立即召集起人数不多的禁军，自己亲自披甲戴盔，跨上御马，带着高士廉、房玄龄等六骑，先行一步，出玄武门，径奔渭水便桥而去。

颉利可汗方在营中坐着，先由失魂落魄的执失思力“侥幸”活着回来报告了唐太宗神武英勇、誓死拼命地状况，已是内心震惧，紧接着又有人来报：“唐天子来了！”便在惊慌中上马出营，隔水遥观情形。

颉利见对面已立六骑，当先的盔甲辉煌，果然就是前时秦王、此时大唐天子李世民。正在惊疑未定，那唐天子已朗声道：“颉利可汗，朕与汝曾有和约，汝亦曾设有盟誓，不再相犯，近年汝屡次负约，朕正要兴师问罪。汝却引兵深入，莫非前来送死吗？”

说至此，又扬鞭指着空中道：“天日在上，我国并不负可汗，可汗独负我国，负我就是负天，试问可汗果禁得起否？”

颉利听到此语，越觉惊心。那随身带着的兵士，素信神鬼，又看唐天子威风凛凛，诰命煌煌，不由魂飞胆丧，一齐下马罗拜。

正在这时，忽听鼓声动地，旌旗蔽天，似虎似貔的唐军如天兵天将一般顷刻降临，摆成了一字长蛇阵，煊赫无比。颉利吓得面如土色，竟拨马回营，闭门静守了。

唐太宗依旧驻马而待。大臣萧禹怕他轻敌进击，叩马固谏，请求还朝。唐太宗对他耳语道："朕筹思已熟，非卿所知。突厥敢倾国前来，直抵郊甸，是以为我们国内有难，朕新即位，无法与他争锋。朕若示以怯弱，他必纵兵大惊，无法限制。朕因此怒斥敌使，又轻骑独出，示以从容，再张皇之师，作必战状。虏既慑我气，复震我威，且因深入我地，隐有戒心，然后与战必克，与和必固。制服突厥，永除后患，在此一举。卿但看着，虏已无能为力了。"

萧禹乃退。过了片刻，果然有突厥使臣，渡水而来，向太宗乞和。太宗又正义凛然地斥责数语，来使俯首听命，太宗才允许和议，约定次日订盟。

第二天，唐朝与突厥歃血立约，彼此挥兵退还。之后，突厥害怕李世民的声威及唐朝的强大，再不敢轻举妄动。到了公元630年，李世民又在各方面条件成熟时，一举消灭了东突厥国，彻底消除了唐朝边陲的动荡根源。

唐朝建立不久，国力脆弱，但突厥并不完全知其底细。李世民利用自己能征惯战的声威和大唐帝国的威名，虚张声势，使来势凶猛、直逼京师的突厥兵望而却步，从而使唐朝避免了一场大灾难，也为贞观之治的到来提供了良好的和平环境。可见，李世民"虚张声势"之计是十分成功的。商业竞争中，也存在弱肉强食的情况。因此，我们要尽可能避免暴露自己的虚弱之处。

初出茅庐的盖帝就曾用"虚张声势"之计顺利战胜过一群强手。

盖帝是石油企业家的儿子，在1915年10月刚从英国牛津大学毕业回到美国时，他刚成立的石油开采公司除了一块招牌而外，还一无所有。当时美国俄克拉荷马州有一个石油矿井招标，参加投标的企业家很多，其中当然不乏实力雄厚、财大气粗的人。盖帝想以弱胜强，一炮打响，但凭借什么呢？

凭借智谋！投标那天，盖帝租了一身十分华贵的衣服，约了一位他们熟悉的著名银行家。两人一前一后，目空一切地一起走进了投标会场。

会场上，盖帝的一举一动都显得气度不凡，胸有成竹，加上他身旁有著名的银行家陪伴，在场的有名望的企业家把目光自然都投到了盖帝身上。

如此一来，那些跃跃欲试、准备在投标中一决胜负的投标者，心里突然忐忑不安起来。他们想，盖帝本是石油富商的儿子，实力一定雄厚。现在又有大银行家作"参谋"、当"后盾"，自己显然不是盖帝的对手。

不久，投标会场上发生了戏剧性的变化：大企业家们三三两两地离开了会场，留下的一些中小分子也早无竞价的胆量，只想看看盖帝的风采了。

结果，盖帝竟以500美元的惊人低价便轻而易举地中标了。4个月后，即1916年2月，盖帝中标的那个油矿采出了优质石油。他很快便获得了近10倍的纯利。从此，盖帝从“虚张声势”中走出来，成了一个名副其实的声望卓著的企业家，到1917年6月，他便成了一个拥有40家石油公司的大富翁。

移花接木　布什巧应变

美国总统布什在竞选中一举战胜强大的对手杜卡基斯，这在相当程度上是因为他在电视辩论中的杰出口才以及讲话中饱满的人情味。

1988年10月24日，美国《纽约时报》在电视台采访布什和杜卡基斯，他们这次公开辩论，是两人在大选中杀得难解难分的最后时刻，是决定胜负的最后关头，是在美国选民面前的最后一次大曝光，在这最后决战的时刻，在公众面前，谁的形象塑得好，谁就能赢得更多的选票，所以布什和杜卡基都不敢掉以轻心。

记者问：“在你的生活中，什么时候是最困难的时刻？你如何对付这些困难？”

布什：“我孩子的死是迄今生活中最困难的时刻。有一天，医生对我们说‘你们的孩子得了白血病。’我问他，这是什么意思。医生告诉我们：‘这意味着她要死了，你们必须决定，如何对她进行治疗。或者让她听凭自然地走完这个过程，这样的话，大约只能活三个星期了。’假如我们决定不给她任何医治听凭死去，那么我们会感到极大的痛苦。然而医治她，却要使这幼小的孩子承受各种痛苦，我们实在又于心不忍。但是，在我的坚强妻子帮助下，在温暖和谐的家庭支持下，我增加了信念，很好地处理了这件事。我的女儿活了六个月。当然，要是在今天，她可能多活好几年。”

杜卡基斯说：“1978年，我在竞选麻省民主党州长候选人时落选，我感到十分的痛苦。我知道，是我自己造成了这次选举的失败，我没有去责备别人。然而没有痛苦就没有长进，我从中悟出了不少道理——虽然失败了，但失败却丰富我的人生，有幸的是，我有一个非常好的家庭，我想，假如你也有同样痛苦的时候，那么你的家庭将会给你最强有力的支持。”

看到这，聪明的朋友们，如果让你们投票，你会在选票上写上谁的名字呢？

布什！

我想一定是这样的。

很显然，布什对于曾经有过的竞选失败也是很痛苦、很伤心的，但是他很聪明，因为他明白，美国人民是不会喜欢一个一心只想当总统的“政治狂”来领导他们的，于是他把这个不利的角色让给了杜卡基斯，自己很巧妙地将话题引入了既平常又不平常的生活——自己对于女儿死的态度。他说的虽是一件伤心事，但由于话中含有人人——广泛处于社会各个阶层各个角落的父母子女都能体会到的浓浓亲情，就像加过糖的咖啡一样，尽管底味有些苦，却恰到好处地托出了糖的甜美；布什的话成功地让选民觉得他是个可敬可亲的、富有人情味的人，与杜卡基斯相比，他是更适合的人选。

正是由于布什这段富有人情味的话获得了不少善良的选民的心，使本来与布什不相上下的杜卡基斯的形象在选民中急转直下，最后败给了布什。

随机应变　尴尬难见

正大综艺的前主持人杨澜是一个素质非常高的电视节目主持人。有一次，杨澜到外地为一个晚会当主持人。晚会有条不紊地进行着，台下的观众们也是非常的热情。

一个演员演完了节目，杨澜到台上报幕，就在这时，一不小心被话筒线绊倒了。台下的观众席立时响起了一片唏嘘声，有为杨澜担心的，也有为她起哄的。摔倒在地的杨澜站起身来，毫不紧张，她面带微笑，对观众说：“朋友们，今晚你们真是太热情了，你们的热情禁不住都让我倾倒了，谢谢大家。”

几句精彩的话立刻博得了全场热烈的掌声，在观众的大脑中，杨澜主持节目摔倒在地的印象已毫无痕迹，而她从容地处理尴尬局面的能力却深深刻在脑海中。良好的应变能力正是一个主持人最为重要的素质，人们对杨澜的主持才能更加叹服了。

在形势不利的情况下为自己长脸往往需要人们根据当时的实际情况，展开联想曲解自己的丢脸行为，变丢脸为长脸。

张作霖是民国时期的大军阀，但他强烈主张抵御日本侵略，这一点深得人心。

一次张作霖出席名流集会，席间，有几位日本浪人突然声称，久闻张大帅文武双全，请即席赏幅字画。张作霖明知这是故意刁难，但在大庭广众之中，“盛情”难却，就满口答应，吩咐笔墨侍候。他潇洒地踱到桌案前，在满幅宣纸上，大笔一挥写就了一个“虎”字，然后得意地写上落款“张作霖手黑”，钤上朱印，踌躇满志地掷笔而起。那几个日本浪人面对题字，一时像丈二和尚一样，摸不着头脑，面面相觑。

机敏的随侍秘书一眼发现了纰漏，“手墨”怎么成了“手黑”？他连忙贴近张作霖身边低语道：“大帅，您写的‘墨’字下面少了个‘土’，‘手墨’变成了‘手黑’。”张作霖一瞧，不由得一愣，怎么把“墨”字写成“黑”了。如果当众更正，岂不大煞风景？

张作霖眉梢一动，计上心来。故意呵斥秘书道：“我还不晓得这‘墨’字下面有个‘土’？因为这是日本人索要的东西，不能带土，这叫作寸土不让！”语音刚落，满堂喝彩。那几个日本浪人这才领悟到张作霖不好惹，他们越想越没趣，只好悻悻退场了。

功成身退　明哲保身

古人对于求官之徒是很看不起的，认为他们是败坏了为官的风气，因而造成了许多人不良的后果。

《周易·大壮卦·上六》里说：“羊撞在藩篱上，进不得退不得，是没有什么好处的。羊角缠在藩篱之中，想出出不来，想进又进不去，处境是难受的。”而处于这种境地的人，正像杨雄在《解嘲文》中所说的那样：“拿着的是人家分送的玉，享受的是人家赐予的爵位；怀里放的是人家颁发的印信，领取的是人家给予的俸禄。”一个人贪图名利、地位、权势，而不知克制，就会进退两难。

一个人做官，掌权到了不能前进，也无法后退的进步，这是不祥的征兆。人处在鼎盛的时候，必须得慎重考虑，克制自己，按照天理退后。

春秋时，孙武不仅是位杰出的军事家，还是位伟大的思想家。面对风起云涌、危机四伏的政坛能够审时度势，在功名成就之时，急流勇退，善始善终，留得一世清名。

孙武几十年如一日，不辞艰辛地苦心钻研军事，完全是因为对此产生了浓厚的兴趣，欲罢不能，并非为了高官厚禄，光宗耀祖。他最大的愿望，就是能够在田园中，安静地度过一生。

伍子胥受公子光委派，寻找人才，他于一小镇上发现了孙武。在伍子胥的精诚感动之下，孙武这位有着盖世英才的军事家，终于走出了山野田园，步入政坛，到吴国做了吴王的军师。

经过几年的精心治理，吴国在各方面都有了很大改观。十几年的戎马生涯，孙武为吴国的兴旺强盛，做出了重大贡献，尤其在伐楚的战争中，更是功名盖世，战争结束后，吴王阖闾大宴群臣，论功行赏，封官晋爵，大家都说孙武是应受赏赐最丰厚的。然而，出人意料的是，孙武对于吴王给自己的封赏坚决不受，而后又提出辞呈要告老还乡，解甲归田。

功成名就，厚禄高官，不但能够光耀祖宗，还有享不尽的荣华富贵，这是许多人毕生追求的，孙武却将这些看得十分淡漠，给吴王的辞呈中，他说："臣本是乡野之人，承蒙大王厚爱，深感荣幸。吴国的强盛，征战的业绩，我只是尽了一点儿作为臣子应尽的义务，高官厚禄，实在不敢领受，这些战功、政绩的取得，都是大王的功德！如今，我年事已高，要做的事情往往心有余而力不足，继续留在大王身边，恐怕误了大事。请求大王恩准，让我回归田园，过清静平淡的生活。"

一代奇才，能够在功成名就之后，不为这名禄所动，除了对功名无所追求之外，还有其他的原因。十几年的官场生涯，使他看清了黑暗之处，政治斗争的阴险狡诈，血腥暴虐，明争暗斗，尔虞我诈；为了权欲，采用的手段，无所不用其极，手段的残忍，心肠的狠毒与冷酷，更是骇人听闻；军事战争的大肆屠杀，连年战乱给天下百姓造成的灾难，这些无不使孙武思之难寐，想之痛心。当官不容易。

孙武之所以能留得一世清名，正在于他能不受权利的诱惑、急流勇退的缘故，避免了在残酷的政治斗争中牺牲自己。以上所述的古人可谓明智，他们或是择主而仕，或是退而归隐，或是功成身退，都是做了脚底抹油、急流勇退之人。相反的，历史上也有不知自保的人存在。

西汉人韩信、淮阴人。萧何将他推荐给汉高祖，任为大将军。为刘邦打天下，他立功最多，被称为"三杰"之一，并被封为齐王。后又贬为淮阴侯。后来有人写信给皇帝说他要造反，皇帝下令将他抓了起来。韩信说："果然像人们说的那样，狡猾的兔子打死了，猎狗就要被煮了吃。飞鸟射光了，好的弓就要收藏起来。敌国被攻破了，谋臣们就会被杀。现在天下已经平安，我自是要被抓来杀掉。"不仅他本人被皇帝杀了，其族人也没有幸免于难。

曹植赋诗全命

曹操被刘备在汉中击败，退到邺郡，还没有安定下来，关羽就发动了襄、樊之战。曹操拖着老病（头风病）之身，先到洛阳，又南下摩陂，得胜之后回到洛阳，已经是痨病交瘁，无心回邺城了。刚刚过了半个月，病情加重，于公元220年正月病死在洛阳，享年六十六岁。曹操一向提倡节俭，自然也反对厚葬。他在遗嘱中写着：天下尚未安定，不要遵照古代的丧葬制度行事。安葬以后，文武百官人等都要去掉丧服。驻屯各地的将士不得离开驻地。官员们各守职位。我入殓时，要穿一般的衣服，不得用金玉珍宝陪葬。可是关于谁继位当魏王，要不要让儿子赶快像周武王那样当皇帝等等大事，曹操到死也不说个明白。因为一来已经正式立曹丕为王太子，继位的事有了法律依据；二来他自己知道，死了以后的事也管不了许多，还是让自己最信任的大臣去办吧。

曹操的原配丁夫人没有儿子。刘夫人生了个儿子曹昂，在征讨张绣时为救曹操而死。后来的卞夫人一共生有四个儿子：老大曹丕，老二曹彰，老三曹植，老四曹熊。其中老二曹彰勇武善战，曹操常常让他统兵打仗，立了不少战功。老四曹熊很软弱，早早地就死了。老三曹植富有文才，最得曹操和卞夫人的喜爱，曹操曾想让他继位，这自然引起老大曹丕的无限恐惧。后来近臣们以袁绍、刘表等废长立幼，引出变故的教训暗示曹操，才勉强立曹丕为王太子，不过曹丕对三弟曹植却一直放心不下。

曹操死于洛阳的时候，曹丕正在邺城坐镇，临淄侯曹植在自己的封地临淄，只有曹彰带着兵马从长安赶到洛阳。来者不善，他开口就问主持丧事的贾逵：“我先王的玺绶现在何处？”这不明明要以武力夺取王位吗？贾逵马上板起脸来回答：“家中有长子，国中有太子，您可不该问先王玺绶的事！”曹彰不过是个武夫，吓得不敢再多嘴，拥护曹丕的大官们赶紧把曹操的灵柩运往邺城，并抢着以卞王后的名义，立曹丕为魏王。第二天，华歆也从许都拿着献帝命令曹丕继承魏王和丞相、兼领冀州牧的诏书赶来了。曹丕顺顺利利地继承了父位，执掌了大权。

掌权后的第一件事，他就想起了三弟曹植。过去是平等的兄弟，而现在是君臣，地位完全不同了。恰巧曹彰和另外二十几位兄弟（不是王后亲生）都来奔丧，只有曹植没来，曹丕立即以魏王的名义，命令十分忠于曹操和自己的猛将许褚带兵，连夜赶往临淄，把曹植、丁议等捉到邺城。三个人都知道性命难保，果然，曹丕先下令杀死丁仪等两家的全部男子，然后，曹丕要亲自治一下曹植了。现在的曹植完全变了一个人，他像斗败了的公鸡，一进门就趴在地上，战战兢兢地等候大哥的发落。他心里非常明白，只要大哥牙缝里挤出半个“死”字来，他就得和丁氏两兄弟一样了。曹丕趾高气扬地开始训斥起曹植来。他说：“我和你在亲情上虽然是兄弟，可是在大义上却属于君臣！你怎么敢蔑视礼法，不来为先王奔丧？”曹植一个劲儿地叩头：“我罪该万死，罪该万死！”曹丕继续威严地说：“先王在世的时候，你常拿着自己的文章在人们面前夸耀，我很怀疑是不是别人代你写的。我现在限你在七步之内吟诵出一首诗来。你如果真能七步成诗，我就免你一死。如果不能，就要重重治罪，决不宽恕！”曹植是有真才的人，这当然难不倒他。他抬起头来，闪着惊恐的泪眼，用乞求的声音说：“请大王出题。”曹丕说：“我和你是兄弟，就以我们兄弟为题赋诗，但诗中不准出现‘兄弟’的字样。起来试试吧！”曹植站起身来，慢慢走动，不

到七步，诗已顺口而出：

煮豆燃豆萁，

豆在釜中泣；

本是同根生，

相煎何太急！

曹丕一听不要紧，泪水不觉涌出了眼眶。曹植明明是把哥哥比作豆萁，把自己比作豆子。要燃豆萁来煮豆子，这不正像曹丕要杀害曹植一样吗？这时，一直躲在里屋的卞太后也痛不欲生地出来，哭着说：“当哥哥的为什么要这样狠心逼弟弟呀！”曹丕慌忙离开座席说：“他是我的弟弟，我能容得天下，如何会容不得他呢？”曹丕当场免了曹植的死罪，还封他为安乡侯。

点石成金

绍兴徐文长是著名的才子，有一个传说称：

徐文长为某君欺下媚上的哈巴狗写了一幅对子，哈巴狗看也不看，立刻送呈县太爷为生日寿礼，本以为定可重赏，不料却挨了一顿狠揍，因为对子上写的是：

县令大人不是人，

养个儿子要做贼。

走狗惊怒之余，唆使县太爷捉拿徐文长问罪。徐文长早有准备，说：“小生的对子尚未写好，他就派人强行拿走，这怎能责备小生呢？”

县太爷一听徐文长的话也觉是理，立即叫人取笔墨，令徐文长接着写下去。

徐文长不假思索，挥毫就写：

县令大人不是人，
本是南山老寿星。
养个儿子要做贼，
偷来蟠桃献父亲。

“好，好！”众人一看赞不绝口，县太爷脸上也有了喜色，硬拉徐文长吃寿酒。

下面两个故事也与传说中的道理类似：

在明治时代的东京，住着两位性情相对的导师：一为真言宗的上师云升，谨守佛戒，丝毫不犯，不但从不饮酒，而且过午不食。另一位为禅宗的坦山，身为帝国大学的哲学教授，从不遵守戒规，要吃便吃，要睡便睡，而且不分早晚。

一天，云升造访坦山，后者正在喝酒。身为佛教徒，照理应该是滴酒不沾的。

“哎，兄弟，”坦山迎道，“要不要来上一杯？”

“我从来不喝！”云升严肃地叫道。

“连酒都不喝的人不是人。”坦山说道。

“你因为我不沉湎于毒液而故意骂我不是人，”云升气愤地叫道，“请问我不是人是什么呢？”

“是一尊佛。”坦山答道。

湖南浏阳北乡的南邦寺死个老和尚，有人请老先生写挽联，说：“南邦寺死个和尚。”只见老先生随手写下：南邦寺死个和尚。

那人吃惊地说：“我讲的是句话，又不是对子，您怎么就写上了呢？”老先生不慌不忙地说：“勿急，请看下联。”原来，下联是：西竺国添一如来。

那人看了，合掌称妙。

巧用双关语　应变有奇招

在西方某国的一个大型机场售票厅里，许多旅客正排队购买机票，秩序井然。忽然一个衣着笔挺的绅士，手拄“拐杖”，挤到最前面，粗暴地指责售票员效率太低，耽误了他的时间，而且大声嚷道：“你们知道我是谁吗？”边说边用手指着售票员，摆出一副天王老子的架势。

售票员并没有被他的言行举止所吓倒，对票房里别的工作人员说：“这位先生需要咱们帮助回忆，他可能得了什么病，已经不知道自己是谁了！”售票员又向排队买票的旅客问道：“你们有谁能帮助这位先生回忆一下吗？他已经忘掉了自己是谁了。”

人们哄堂大笑，笑声中，那位绅士羞得脸通红，只得悻悻地回到后面，依次排队。

这位售票员使用的技巧就是“假痴不癫”法。

那绅士说话的原意，售票员听得非常清楚，他是在炫耀自己的身份，想以此压服售票员，但售票员偏偏假装听不懂他的话，偏偏从他问话的字面来理解，引出两句使众人发笑、让绅士极为难堪的话来。

在波茨坦会议中，美国总统杜鲁门向斯大林暗示美国已制成了原子弹，可是斯大林却毫无反应，许多人说斯大林似乎有点儿聋。

与此恰恰相反，斯大林听得一清二楚。会后他对莫洛托夫说：“应该加快我们的工作进度。”

这说明斯大林是在用“假痴不癫”法来对付对方，装聋回避对方的问题，以免造成一种难堪的局面。

假痴不癫，还包括装醉，以“醉态”掩护，说出一些清醒时不好说的话来。

1936年，正值抗战之际，蒋介石派他的侍从晏道纲到“东北军”任参谋长，实际上是充当蒋介石的耳目，督促“剿共”。他俨然以蒋的化身自居，整日不可一世。

为此，东北军将领深为不满，但又敢怒不敢言。

有一次宴会上，正当大家举杯畅饮之际，忽见东北军的一位军长王明哲连吐两口酒，把酒杯往身后一掷，前仰后合，一副醉态，一脚把椅子踢倒，醉醺醺地发表起演说来：

“不要拉我，让我讲几句……我们的老家在东北，被日本鬼子占了！我们以为委员长能领导我们打回老家去，我们从东北到华北、华中，这次又到西北，辗转数万里，无非是想实现打回老家的愿望！……谁想，到陕西打仗，损失得不到补充，牺牲的官兵和家属得不到抚恤，阵亡的遗族，流落西安，一点儿救济办法都没有……张副司令（张学良）的处境更让人伤心，他每月的收支费才10万元，还赶不上胡宗南师长……真令人伤悲呵……”说着号啕大哭，泪流满面。

在座的东北军将领无不悲痛，而晏道纲坐在席位上极其尴尬。

回家路上，王明哲问随从：“你看我这出戏演得怎样？”随从这才恍然大悟，原来他是借酒装疯。

王明哲根本没有醉，说话是给晏道纲听的。他把东北军想打回老家的心里话，把对蒋介石的不满，发泄出来。这些话，是绝不敢公开散布的，然而在“醉酒”中说出来，对方也无可奈何。可见，这种借酒态说真话的“假痴不癫”法，不愧是一种绝妙的方法。

应该注意的是，戏要做得像，露了马脚就会弄巧成拙。

后发制人法，就是先让对方尽情表露自己的言行，然后，采取有针对性的话语或行动制服对方。

后发制人，看来似乎是让先发者占优势，实际上是后发者不断地积蓄力量，让对方先表露，是为了摸清情况，做到心中有数。所以，让对方先发言，看似与人方便，实则是于己有利的。

一个客户欠了迪特毛料公司150美元。一天，这位顾客愤怒地冲进迪特先生办公室，说他不但不付这笔钱，而且一辈子也不再买迪特公司的东西。

这人一直说了将近二十分钟才算说完，迪特接着说："我要谢谢你告诉我这件事，你帮了我一个忙，因为如果我们的信托部门打扰了你，他们就可能也打扰别的好主顾，那就太不幸了。相信我，我比你更想听到你所告诉我们的话。"

迪特的话出乎顾客之所料，迪特还要他放心，告诉他："既然你不能再向我们买毛料，我就向你推荐一些其他的毛料公司，我们会把你的欠账一笔勾销的。"

最后，这个顾客又签下了一笔比以往都大的订单。他的儿子出世后，他给起名叫迪特，后来他一直是迪特公司的朋友和顾客。

按常规，这个客户应该还上他所欠的账，迪特也完全有权利这样警告对方。然而，迪特先生没有这样做。因为他深知这样做了虽然得到了欠款，却可能失去了一个顾客。所以，迪特先生用心听顾客说些什么，把握住他的心理状态，然后想出适当的话语说服他。这就是后发制人的做法。

待顾客发泄完后，迪特展开攻势了，首先诚心感谢这位顾客对公司提出的意见，继而宣布将欠账勾销，最后还主动向他推荐别家毛料公司。结果，顾客完全被他的诚意征服了，作了公司的终身顾客。

战争中，随着时间的推移，战线拉长，敌我力量削减，敌人的许多弱点就会暴露出来，我方暗中蓄积力量，然后等待和寻求消灭敌人的可乘之隙，这就是孙子说的"先为不可胜，以待敌之可胜"，同样是后发制人的一招。

后发制人可以使对方挫尽锐气，达到"后于人以待其衰"的目的，让对方先发，让其锐气自损自耗，然后轻而易举地将对方制服。

比如，在两个拳手对阵时，聪明的拳手往往先退让几步，而愚蠢的人则一上台就气势汹汹，一开始就使出浑身的招数，结果破绽百出，精力耗尽，最后的胜利很可能属于退让者。因此，拳王阿里有一句名言："你不妨站稳了让对方打，等他打累了，他自然地倒下。"

后发制人法可以摸清对方的底牌，以此掌握更大的主动权。让对方尽情发言，等他把话讲完了，他的心理状态也就毫无掩饰地展现在我们面前了。这样，就为后发的进攻提供了可靠的机会。

再则，由于先发者往往是在对对方的情况不十分摸底的情况下，以己所想而为之，所以不具有足够的力量。而后发者则可以从对方的破绽中找出准确的反驳点。

类比法也是说话用语技巧中的一种，例如：

翟永令的母亲笃信菩萨，一天到晚烧香念经，阿弥陀佛之声不绝于耳。有一天，母亲在烧香念佛时，翟永令叫他："娘，娘，娘。"

母亲没有回声，他就一直叫下去，后来母亲对他生气地说，为什么老叫个不停，让人生烦。

翟永令说："我才叫几声您就厌烦了，您一天到晚一直叫阿弥陀佛，菩萨爷还会不烦吗？"

翟永令为了阻止母亲念经，就用了一种说服办法——类比法，以自身的行为来证实念经是没有什么用处的。

类比法，就是以这现象比那现象，以此道理比彼道理，以已知的比未知的，从而由现象的一致，达到结论的一致。

再如：孟子问齐宣王说："某人去楚国游说前，将妻子托给一位朋友照看，待他回来，看见妻子在挨冻受饿，对这样的朋友，应该怎么办？"

齐宣王说："抛弃他。"

孟子又问："作为军队的将领不能带领好军队，应该怎么办？"

齐宣王说："应该撤换他。"

孟子再问："一个国家没有治理好，该怎么办呢？"

齐宣王就回答不上来了。

孟子在这里问话，充分显示了类比法的巧妙之法。如果孟子开始就说"国家治理不好，应该把国君免掉"齐宣王定会对孟子发怒，但当孟子就朋友和治军两个问题，让齐宣王表明了态度，再类比到国家治理的问题时，齐宣王哑巴吃黄连，有苦也说不出了。

《战国策》中有一段《庄辛说楚襄王》，是比较典型的类比法的运用。

庄辛曾劝告楚襄王，不要荒淫无道，楚襄王不听，结果5个月内就被秦国攻占了大片国土。楚襄王有所醒悟，派人把庄辛找回来商量对策。庄辛说：

"国王您见过蜻蜓吗？6只足，4只翅膀，高高地飞在天上，飞下来捕食虫子，看上去是自由自在，无拘无束。可是，它不知小孩子正用粘胶捕捉它，一不留神，蜻蜓就会被小孩儿捉到而丧命，最后要成为蚂蚁的食物。”

庄辛以蜻蜓作比，说明丧失警惕性是很危险的。接着又举了黄雀的例子、黄鹄的例子，都是自顾安逸，而不加防患，终遭祸灾。

楚王听了，再也不敢淫逸奢靡了。

日常生活中，一些常用的寓言、典故、历史传说等，都可以被我们借用。

当对方正在发怒的时候，是很难听进别人的劝说的，但你只要掌握一些说话技巧，还是能说服对方的。

《战国策》中记载了唐雎与秦王的一段对话。

秦王曰：“天子怒，伏尸百万，流血百里……”

唐雎曰：“若士必怒，伏尸二人，流血五步，天下缟素，今日是也。”说着他挺剑而起，吓得秦王面如土色。

唐雎面对秦王的暴怒，针锋相对，反而把秦王的怒给挡了回去。但是，这是在极其特殊的情况下采取的一种息怒方法。在日常生活中，若采用这种方法，不仅不能息怒，反而会越闹越严重。

人在发怒、生气时，肾上腺素大量分泌，会使人体内的血糖和血压升高，肌肉的紧张强度提高，情绪激动，自己无法控制自己的感情。这种情况下，只有用温言软语进行劝慰，才可以使其“降温减压”。

要想做到“降温减压”，必须注意以下几个方面的问题：

1.以同情的语言相慰。

这是指用表示可以理解发怒人心情的话语进行劝慰。这种语言一出口，发怒人心中马上便会产生“只有他才明白我的意思”的好感，甚至产生“他支持我”“他在为我说话”的感觉。这样，发怒人的对立情绪就会逐渐消失，进而向劝慰者敞开自己的内心世界，有利于劝慰者说服对方。

用关怀、体贴的语言去打动、说服发怒者，使其感到劝慰者不仅理解我、同情我，而且还真心实意地关心爱护我，这样的人够朋友，也许他说的话是正确的。

比如说：“小王，你这样大动肝火，对自己的身体和工作有什么好处呢？”“老何呀，你如此折腾自己，身体会越搞越坏的，您的身体垮了，您的全家怎么办？”“小李呀，你把关系弄僵了，今后怎么与人共事？又怎么把工作做好？”用这些话劝说，一般来说都能达到成功。

容许对方发泄愤怒的情绪，这往往是化解其怒气的有效办法。如在家里，当你丈夫想说说工作中各种不称心的事情时，你说：“不用说了，我已经知道你日子不好过。”刚开口就被堵上了，你丈夫会因为吐不出苦水而更加愤怒或沮丧，因此这样说是不利的。

2.保全对方的面子。

例如，一名患者由于疏忽而没有付医疗费。医生询问他时，他发了火：“为什么你不直接去查查账簿？”显然他发火是不对的，但医生答道：“我的记忆确实有错，我好像记得你那天忘了带钱，也许是我记错了。”由于医生首先“承认”了错误，保全了对方的面子，这样对方自然而然在心底里已经原谅你了。

3.采取折中的办法。

一天，一个青年抱着电视机上车，抢占了一个双人座位。不一会儿，一老者上车，要青年把电视机搬下来让他坐。青年不买账，使老者下不了台。

这下老者愤怒了，动手欲推电视机，青年也气急了，还想同老者打架。正在售票的售票员见状连忙挤过来，向顾客招呼给老者让座。哪知老者脾气倔强，别人让座不坐，非要坐放电视的位子。

售票员对青年说：“座位是有价值的，电视机不应该放在座位上，把电视机放在我的工作处吧。”后来，电视机被妥善地安排放在售票员的位子上，这场“战斗”也大事化小，小事化了。

4.以商量的口气劝慰愤怒者。

王昊被分配到某连当排长的一天，就向连长提了五点搞好射击训练的建议。谁知，他的建议被采纳得不多，说闲话的倒不少。王昊一气之下和连长吵了两架，并准备不干了。

被比喻成“母亲”的指导员了解后，找到余怒未消的王昊说：“兄弟，你是个有理想、有文化又懂军事技术的内行，与你比起来，我是大大不如喽。至于你提的那些建议，出发点完全是好的，也很有价值，但建议是不是还有值得商榷的地方？你看能不能调查、斟酌后再作决定？”一席话使小王的自尊心得到了满足，也不把这件事放在心上了。

社交中我们经常会遇到一些难以言对的发问。对这不客气的话，采取断然回避的消极方法固然不行，“巷子里横扛木头”也不足取，而“意在言外”可以说是一种较高的语言境界。

表面上答非所问，实际上是以退为进，因此可以说“避锋”是为了“藏锋”，“藏锋”是为了更好的地出击。

当你碰到这样的情况，如果不想正面回答，可以绕开这个问题而谈与其有关的问题。

日本一位著名的电影演员到上海进行艺术活动时，中国朋友十分关心这位30岁还未结婚的电影艺术家。有人问她准备什么时候结婚，这位演员微笑着说：“如果我结婚，就到中国来度蜜月。”

这一回答十分巧妙，把“在何时结婚?”的问题变成了“在何地结婚度蜜月”的问题，避开了她不想公开正面回答的问题，使双方都不至于很难堪。

再如：南齐太祖肖道成提出要与当时著名的书法家王僧虔比试书法。君臣二人都认真地写了一幅楷书。当肖道成问王僧虔“谁第一，谁第二”时，王回答说：“为臣之书法，人臣中第一；陛下之书法，皇帝中第一。”齐太祖听后，也就没有什么不高兴的。

王僧虔的回答机智巧妙，既不失自己的尊严，又顾及了皇帝的面子，实际上是闪开对方提问的关键——两人中谁第一，答非所问，问者和答者都满意。

一些青年美术家在中央美术馆举办了一次反响较大的人体油画展。画展期间，有位外国记者采访一位青年女画家，先通过一些话使该画家做出“女模特儿具有为艺术献身的精神”之类的回答，接着记者话锋突转，将了一军：“假如让你当人体模特儿，你愿意吗?”

记者确实出了一道难题。说“愿意”吧，这在现今的社会环境里，这么公开的表白，对于一个青年女性并非易事，说“不愿”吧，显然是自己否定自己。

于是，那位女画家说：“这是我的私事，我没有必要回答。”这样便避免了一场尴尬。

弦高智退秦师

一天，弦高赶着几百头牛到周地去贩卖，来到黎阴津，碰到老朋友蹇他。蹇他刚刚从秦国回来，见到弦高后，没有来得及寒暄，就告诉弦高一个惊人的消息：秦国派三位将领引军来袭击郑国，不久就到。弦高听后大吃一惊：“我父母之邦面临如此灾难，我现在首先知道了不想办法解救，如果将来国家沦亡了，我有什么脸面去见故乡的人?”于是，弦高心生一计。一面派随行的仆人星夜赶回郑国去报信，让郑君赶快做好迎战的准备，一面挑选出12头肥牛，外加4张皮革，作为犒劳秦军的礼物，乘着小车，一路迎着秦军驶去。

到了滑国的延津，便遇上了秦军的前哨。弦高对他们说："我是郑国的使臣，请求见你们的主帅。"前哨立即向中军报告。秦军主帅孟明视听到前哨的报告，吃了一惊，心想："郑国怎么如此快就知道我军前来的消息，还派遣使臣远道迎接？"

孟明视立即召弦高到车前相见。这时，弦高假称领受了郑国君主的命令，对孟明视说："寡君听说几位将军准备到郑国去，不敢吝惜财物，先派下臣弦高远道而来犒劳将军。"未等孟明视答话，弦高又接着说："敝国夹于大国之间，唯恐一旦不警戒或有不测之事，得罪了上国，因而我国君主兵士日夜戒备，不敢安睡。"

孟明视听后问道："郑君既然嘱托你犒劳我师，怎么没有书信？"弦高不慌不忙答道："寡君恐怕修书不能完整地表达心意，所以才口授下臣匍匐请罪，没有其他意思。"孟明视见弦高回答完满，便不怀疑。也心生一计，欠身附在弦高的耳边说："寡君派我等前来，是因为滑国的缘故，哪里敢到郑国？"并传令就地驻扎。后来秦国灭掉滑国即班师回国，没有去打郑国。

鲁肃巧辩败张昭

三国时，北方曹操兵发江东，扬言一举扫平江东六郡，一统天下，水陆西军，号称八十余万。江东旧臣张昭等惧怕曹操势大，劝孙权归降。孙权心有不甘，却也犹豫不定。

一日，鲁肃请求见孙权，他劝孙权："我们毗邻荆州，那里江山险固，沃野千里，百姓殷富。倘能把它拿到手里，将来不难成就帝王之业。现在刘表刚死，其子刘琮和刘琦素不和睦。寄居在刘表檐下的刘备，今天虽然被曹军打得大败，但他是当今的天下英雄，不可小看。我想借吊丧之名，劝说刘备，叫他收抚刘表部下，和我们联合起来，一同对付曹军！"

鲁肃联刘抗曹的主张，立即得到了孙权的同意，就让他带了礼物，前往荆州吊丧。

就在鲁肃赶赴荆州的途中，刘琮已迎降曹操，刘备仓皇出走，荆州一片混乱，风尘仆仆的鲁肃，在当阳长阪城与刘备相见，共同分析了跟前形势，鲁肃见刘备走投无路，就问："刘皇叔今后想奔往何处？"

实际此时的刘备、诸葛亮都迫切希望和孙权建立抗曹联盟。然而，为了抬高自己的未来联合中的地位，刘备口是心非地说："苍悟（今梧州市）太守吴臣是我的好友，我想到他那里去！"

听了刘备的回答，鲁肃暗自好笑，心想，别人都说刘备是个枭雄，今天看来，果然不谬！但是，目前形势危急，不是计较这些的时候，鲁肃只好开门见山地说："吴臣乃庸碌之辈，无所作为，又远在边疆，迟早总要被别人吞并，去投奔他会有什么结果呢？我们孙将军聪明仁慈，敬贤礼士，江东的英雄豪杰都归附他，现在已据有六个郡，兵精粮足，足以成就大事。为您的前途着想，还不如派您所信任的人去和江东联合，共图大业。"

刘备见鲁肃主动提出孙刘联合，十分高兴。当即诸葛亮和鲁肃一同去江东，商议抗曹大计。

以张昭、秦松为首的主降派，被曹操的气势吓破了胆，主张投降。张昭谈虎色变，向孙权说："曹操似豺狼猛虎，挟天子以征四方，动辄以朝廷为辟，今日拒之，事更不顺。将军从前可依长江之险抗拒，现在曹操占据荆州，有了水军，水陆俱进，我们已失长江天险的屏障，何况双方力量悬殊，不可相提并论，依老臣之见，只有迎降，才是上策。"

在东吴，张昭资格最老，威信甚高，他一开口，大家多随即拥护，独鲁肃一言不发，他机灵地向孙权暗示一下，孙权立即以更衣之名离开，鲁肃急忙跟了出来，孙权紧握鲁肃的双手，诚恳地说："您有何主张，快对我讲！"

鲁肃迫不及待地向孙权说："我认为刚才子布（张昭的字）等人主张讲和，一定会断送您的事业，绝对不能依从，要说投降曹操，我鲁肃还可以这样做，我要是投降曹操，他会把我送回家乡，评定名位，至少还能当个下曹从事（县级小官），坐着牛车，带着随从，和那些儒士往来，有了功绩，还可能做到州、郡一级的官。而您投降了曹操，难道可能保持今天的地位吗？望将军三思而行，及早做出决定，不要听信投降的建议。"

鲁肃的一番陈辞，使孙权极为感动，他把鲁肃的手握得紧紧的，感叹道："您的想法和我一样，感谢老天爷把您赐给我。刚才子布他们的议论使我大失所望。他们光为个人打算，哪里是从全局着想呢？"

孙权虽然同意鲁肃的主张，但考虑到战和问题关系到东吴的命运，故一时不敢做出决断。

鲁肃猜透了他的心思，便又说："曹操大兵就要来到，我们却迟迟没有决断，是很不妥当的，周公瑾一贯支持您'整齐天下'的雄伟理想，为什么不把他请回来商讨呢！"孙权想起与自己志同道合而谋略又胜过自己的周瑜，脸上便充满了希望的神情，立即将正在鄱阳湖训练水军的周瑜召回。

真是英雄所见略同。周瑜的主张和孙、鲁不谋而合。在军事会议上，周瑜力排众议，把当时的政治、军事形势剖析得十分透辟，这更加坚定了孙权抗曹的决心。他拔出身上的佩刀，猛力朝桌案砍去，严肃地说："从今天起，有再言投降者，就会有这桌案一样的下场！"

鲁肃、周瑜坚决主战，孙权毅然断案。孙权立即任命周瑜为统帅，鲁肃为赞军校尉（参谋长），联刘抗曹的决策就这样定了下来。

建安十三年（公元 208 年）周瑜率军和刘备的军队会合后，在赤壁和曹军相遇，重创曹军，大获全胜。

赤壁之战两年后，周瑜不幸病死，享年三十六岁。临终时，他向孙权推荐说："子敬忠烈，临事不苟，可以接替我！"

周瑜死后，鲁肃被拜为奋武校尉，接替周瑜，他善于治军，禁令必行，成为继周瑜之后江东杰出的大将之一。史书上说："周瑜之后，肃为之冠。"

以毒攻毒　反唇相讥

北宋大才子刘原父，与欧阳修是好友。刘原父晚年丧妻后，又续取了一位美艳少妇，招致人们一些闲话。欧阳修作为原父的好友，在这件事上理应不该说什么。然而，欧阳修恃才自傲，写了一首嘲讽原父的诗，曰："仙家千载一何长，浮世空惊日月忙。洞里桃花莫相笑，刘郎今是老刘郎。"原父得到诗后心里老不大高兴，想报复，又一直找不到机会。

有一天，御史中丞王拱辰请客，欧阳修、刘原父均在座。席间，原父突然心生一计，说："我有一个笑话，讲给诸位听，以助酒兴。从前，有一个学究训导学子，读书读到《毛诗》'委蛇委蛇'处时，学子将'蛇'字念成原音'she'，学究责备说：'蛇当读作'姨'字，不要再读错了。'学子牢记在心。第二天学子在去学堂的路上看乞丐玩蛇，迟误了上学的时间。学究问其迟到的原因，学子如实告诉先生，是观看乞儿玩蛇而耽误的。但是，这次学子把‘蛇’字读成了‘姨’音。因此，他对学究的回答就成了这样一句话：‘路遇有弄姨者，从众观之，先弄大姨，后弄小姨，是以来迟。”原父讲毕，含意深刻地看了看欧阳修，然后开怀大笑。

欧阳修起初不解原父讲的故事的用意，经原父一笑，马上明白原父是在嘲弄自己先娶了薛简肃公大女儿，后来又续娶了薛简肃公的小女儿这件事，立刻后悔先前不该嘲弄原父晚年娶少妇的事，不禁汗颜。

伍廷芳是近代著名的外交家，历任驻美国、秘鲁、墨西哥、古巴等国的公使。此人口才极佳。他出使英国时，一次，有个美国贵妇人听了他的滑稽妙论，心花怒放，跑上前来与他握手，并说：“我真是十分佩服。我决定把我的爱犬改名为‘伍廷芳’以志纪念。”

这简直就是对伍廷芳的人身侮辱，可是伍廷芳不气不恼，首先连声称好，然后反唇相讥：“很好很好，那么，您以后可以天天抱着伍廷芳接吻了。”

这位贵妇人当众出丑，尴尬万分。

1959年，美国副总统尼克松赴苏联主持美国展览会，这时，美国国会通过一个关于被奴役国家的决议，对苏联和东欧社会主义国家进行了攻击。和尼克松会晤时，赫鲁晓夫疾言厉色地质问：

“我不理解你们在这么重要的一次国事访问前夕，为什么要通过这种决议？这使我想起了俄国农民的一句谚语：不要在茅坑里吃饭。”说到此，赫鲁晓夫用拳头在桌子上乱敲乱嚷：“这个决议臭极了，臭得像刚拉出来的马粪，没有比马粪更臭的东西了。”

这几句话粗俗无比，有失外交风度，使尼克松感到难堪，但尼克松也不甘示弱，他注视着赫鲁晓夫的眼睛，轻松地说：“我想主席先生大概搞错了，比马粪还臭的东西是有的，那就是猪粪。”

乍看起来，这句话是让步，可有可无的应酬，温和的调侃，实际上却是绵里藏针，锋利无比。原来赫鲁晓夫年轻时当过猪倌。翻译译出之后，赫鲁晓夫先是一阵脸红，怒气不便发出，只好用一阵突发的大笑把话题岔开："这点，也许你是对的，现在我们该谈别的问题了。"

尼克松以毒攻毒，信手拈来，一招制敌！

在美国有一位资本家请画家为他画一幅肖像，但事后却拒绝支付议定的5000美元报酬。他的理由是："画的根本不是我。"

不久，画家把这幅肖像公开展览，并题名《贼》，资本家知道后，万分恼怒，打电话向画家提出抗议。"这事与您无关。"画家平静地答道："您不是说，那幅画画的根本不是您吗？"

资本家不得不花比原先高出一倍的价格买下这幅画。

画家在为人画肖像时，一般说来，画家都会尽心尽力的，主观上总是想通过他所掌握的绘画技巧，去创作一幅成功的肖像；客观上有时是因为画家的艺术水平有限而导致肖像画不那么完美或不成功，有时也并非画家的缘故，而是被画者的挑剔，当然也不排除准确地指出肖像画的不足之处。但上述事例中，显然是那位资本家的故意挑剔，居然否认画的根本不是他，而画家的自尊受到侮辱后，机智地将画公开展出，其巧妙处在于题名《贼》，这在那位资本家看来却是大大地损害了他的名声和自尊，因此暴跳如雷，提出抗议。画家又巧妙地用那位资本家说过的话反击他，即"画的根本不是您"。以其人之道反制其人之身，那位资本家只好忍气吞声，花费更高的代价把画买下。

安东尼机智应变

公元前44年3月15日，罗马大政治家恺撒遇刺。巨星陨落，元老院瘫痪，罗马陷于分裂……惊疑而激动的人民聚集起来，他们要在这非常时期审判谋刺恺撒者勃鲁托斯的功与罪，一场大辩论由此爆发。

"各位罗马人，各位亲爱的同胞们……为了我的名誉，请你们相信我，"行刺者勃鲁托斯向哄闹的人群呼吁，"并不是我不爱恺撒，可是我更爱罗马。"

勃鲁托斯指称恺撒倚功自傲，已有推翻共和当国王的野心，"你们宁愿让恺撒活在世上，大家做奴隶而死呢，还是让恺撒死去，大家做自由人而生？因为恺撒爱我，所以我为他流泪；因为他是幸运的，所以我为他欣慰；因为他是勇敢的，所以我尊敬他；因为他有野心，所以我杀死他。我用眼泪报答他的友谊，用喜悦庆祝他的幸运，用尊敬崇仰他的勇敢,用死亡惩戒他的野心。……这儿有谁愿意自处下流,不爱他的国家?要是有这样的人请说出来,因为我已经得罪他了。”

“没有,勃鲁托斯,没有。”众人同声回答。

“那么我也没有得罪什么人,”勃鲁托斯看了看他的对手安东尼,“为了罗马的好处,我杀死了我的最好的朋友,要是我的祖国需要我的死,那么无论什么时候,我都可以用那同一把刀子杀死我自己。”

“不要死,勃鲁托斯!不要死!”人们向勃鲁托斯欢呼,护送他离开,“要让恺撒的一切光荣归于勃鲁托斯。”

马尔库斯·安东尼登上讲坛。

人群一阵骚动,他们担心这位昔日恺撒的部将会说出他们不愿听的话,他们决不允许。

“各位朋友,各位罗马人,各位同胞,请你们听我说,我是来埋葬恺撒,不是来赞美他,”他一开口就出乎意料,“人们做了恶事,死后免不了遭人唾骂,可是他们所做的善事,往往随着他们的尸骨一齐入土;让恺撒也这样吧。(话中带刺)高贵的勃鲁托斯已经对你们说过,恺撒是有野心的;要是真有这样的事,那诚然是一个重大的过失,恺撒也为了它付出残酷的代价了。”

接着,安东尼称勃鲁托斯“是一个正人君子”,但是自己不明白,为什么对朋友忠诚公正的恺撒会被“正人君子”说成有野心?而且,恺撒曾经带许多俘虏回到罗马来,他们的赎金都充实了公家的财库;这可以说是野心者的行径吗?穷苦人哀哭的时候恺撒曾经为他们流泪,野心者是不应当这样仁慈的。然而勃鲁托斯却说他是有野心的,而勃鲁托斯是一个正人君子。你们大家看见在卢柏节的那天,我三次献给他一顶王冠,他三次都拒绝了,这难道是野心吗?然而勃鲁托斯却说他是有野心的,而勃鲁托斯的的确确是一个正人君子。

安静的人群开始纷纷议论,觉得安东尼每一桩事都很有道理,安东尼接着说:

“就在昨天,恺撒的一句话可以抵御整个的世界;现在他躺在那儿,没有一个卑贱的人向他致敬。……可是这儿有一张羊皮纸……那是我在他的卧室里找到的一张遗嘱。”安东尼激动起来:“只要让民众听到这张遗嘱上的话……他们就会去吻恺撒尸体上的伤口,用手巾去蘸蘸他神圣的血,还要乞讨他的一根头发回去作纪念,……”

“遗嘱”在人群中引起惊奇,安东尼并不急于读它,“我不能读给你们听。你们不应该知道恺撒多么爱你们。你们不是木头,你们不是石块,你们是人;既然是人,听见恺撒的遗嘱,一定会激起你们心中的火焰,一定会使你们发疯。”这些话更激起了人们的渴望与不满,安东尼这才告诉大家,他之所以不能读,是因为“我怕我对不起那些用刀子杀死恺撒的正人君子,我怕我对不起他们”。

“他们是叛徒,什么正人君子?”人们高声嚷道,“他们是恶人、凶手。遗嘱！读那遗嘱!”

安东尼还是未展开羊皮纸。他要大家先环绕在恺撒尸体的周围。看着那写下这遗嘱的人,安东尼说:“你们都认识这件外套;我记得恺撒第一次穿上它,是在一个夏天的晚上……就在他征服纳维人的那一天。瞧！……他所深爱的勃鲁托斯就从这儿刺了一刀进去,当他拔出他那万恶的武器的时候,瞧恺撒的血是怎样汩汩不断地跟着它出来,好像急于涌到外面来,想要知道究竟是不是勃鲁托斯下这样无情的毒手……”人群中传来哭泣声,有人在咒骂叛徒。安东尼似乎要让大家冷静下来,说:“朋友们,我不是来偷取你们的心,我不是一个像勃鲁托斯那样能言善辩的人,”他的声音突然悲伤起来,“可是假如我是勃鲁托斯,而勃鲁托斯是安东尼,那么那个安东尼一定会激起你们的愤怒,让恺撒的每一处伤口里都长出一条舌头来,即使罗马的石块也将要大受感动,奋身而起,向叛徒们抗争了。”安东尼向大家宣读遗嘱:恺撒把自己的全部财产都献给人民。它充满了对每个罗马人的深情厚爱。

“这样一个恺撒！几时才会有第二个同样的人?!”

随着安东尼的喝问,愤怒的群众高呼要为恺撒复仇,向杀害恺撒的凶手冲去,勃鲁托斯等人像疯了一样逃出了罗马的城门……

人生变幻莫测,需随机应变处之

人们常说“人生变幻莫测”,那我们如何在这种变幻中安身立命呢?答曰:唯有随机应变！我们只有时刻留心身边的变化,才能在人海中绕暗礁,劈风浪,直挂云帆济沧海,同时,也能在身处危境时,在无声无息中化险为夷。

郭德成是元末明初人,他性格豁达,十分机敏,且特别喜欢喝酒。在元末动乱的年代里,他和哥哥郭兴一起随朱元璋转战沙场,立下了不少战功。

朱元璋做了明朝开国皇帝后,当初追随他打天下的将领纷纷加官晋爵,待遇优厚,成为朝中达官贵人，郭德成却仅仅做了戏骑舍人这样一个普通的官。

一次，朱元璋召见郭德成，说道：“德成啊，你的功劳不小，我给你个大官做吧。”

郭德成连忙推辞说：“感谢皇上对我的厚爱，但是我脑袋瓜不灵，整天不问政事，只知道喝酒，一旦做大官，那不是害了国家又害了自己吗？”

朱元璋见他坚辞不受，内心十分赞叹，于是将大量好酒和钱财赏给郭德成，还经常邀请郭德成到御花园喝酒。

一次，郭德成兴冲冲赶到御花园陪朱元璋喝酒。眼见花园内景色优美，桌上美酒芳香四溢，他忍不住酒性大发，连声说道：“好酒，好酒！”随即陪朱元璋痛饮起来。

杯来盏去，渐渐地，郭德成脸色发红，但他依然一杯接一杯喝个不停。眼看时间不早，郭德成烂醉如泥，踉踉跄跄地走到朱元璋面前，弯下身子，低头辞谢，结结巴巴地说道：“谢谢皇上赏酒！”

朱元璋见他醉态十足，衣冠不整，头发凌乱，笑道：“看你头发披散，语无伦次，真是个醉鬼疯汉。”

郭德成摸了摸散乱的头发，脱口而出：“皇上，我最恨这乱糟糟的头发，要是剃成光头，那才痛快呢。”

朱元璋一听此话，脸涨得通红，心想，这小子怎么敢这样大胆地侮辱自己。他正想发怒，看见郭德成仍然傻乎乎地说着，便沉默下来，转而一想：也许是郭德成酒后失言，不妨冷静观察，以后再整治他不迟。想到这里，朱元璋虽然闷闷不乐，还是高抬贵手，让郭德成回了家。

郭德成酒醉醒来，一想到自己在皇上面前失言，恐惧万分，冷汗直流。原来，朱元璋少时曾在皇觉寺做和尚，最忌讳的就是“光”“僧”等字眼。因这些字眼获罪的大有人在。郭德成怎么也想不到，自己这样糊涂，这样大胆，竟然戳了皇上的痛处。

郭德成知道朱元璋不会轻易放过自己，以后难免有杀身之祸。他仔细地想着脱身之法：向皇上解释，不行，更会增加皇上的嫉恨；不解释，自己已经铸成大错。难道真的要为这事赔上身家性命不成？郭德成左右为难，苦苦地为保全自身寻找妙计。

过了几天，郭德成继续喝酒，狂放不羁。后来，他进寺庙剃光了头，真的做了和尚，整日身披袈裟，口念佛经。

朱元璋看见郭德成真做了和尚，心中的疑虑、嫉恨全消，还向自己的妃子赞叹说：“德成真是个奇男子，原先我以为他讨厌头发是假，想不到真是个醉鬼和尚。”说完，哈哈大笑起来。

后来，朱元璋猜忌有功之臣，原来的许多大将纷纷被他找借口杀掉了，而郭德成竟保全了性命。

郭德成之所以能在朱元璋的铁腕下保住自己的性命，是因为他能够从小的祸事看到以后事态的发展，因此不贪恋官位，随机应变，提前避开了灾祸。

俗话说，“人有失足，马有失蹄”。人的一生之中总会遇到种种困境，会有许多过失，有时某些过失可能会给自己带来大祸。如何从这些祸事中脱身非常重要，而智者善于随机应变，利用现时条件培养避祸的急智，从而使自己处于安全的境地。

不按规则就是一种规则

在规则之下，人们往往形成一种思维定式。这时，如果打破这种思维定式，不按规则出牌，往往会出奇制胜，占得上风。

隆美尔是纳粹德国的著名将领，在第二次世界大战中参加和指挥过进攻波兰、西欧、北非和抗击诺曼底登陆等重要战役。1941 年到 1943 年间，他担任北非德国远征军司令，曾多次打败占有优势的英军。由于他作战机警狡诈，善于出奇制胜，被称为“沙漠之狐”。

1941 年 3 月的一天，意属的北非利比亚首府的黎波里政府大楼前广场上，正举行隆重的阅兵式。隆美尔在众人的簇拥下，不时向强大的装甲部队挥手致意。1940 年 12 月，退守埃及的英军向意军发起反击，毫无准备的意军措手不及，一溃千里，北非告急。希特勒应墨索里尼之邀，派隆美尔率这支以坦克为主的部队远征非洲。

检阅持续了数小时，坦克一批批从检阅台前开过，发出震耳欲聋的轰鸣，经过主要街道和围观的人群，向东开往前线。几天后，英军侦察机在黎波里以东发现了隆美尔的坦克群，五六百辆摆成一片，指挥车、加油车在其间穿来绕去。很显然，强大的德军坦克兵团正在途中补给，似乎对英军的大规模进攻迫在眉睫。情报由英国在黎波里的谍报人员和侦察机迅速传到设在开罗的英军中东司令部。固守阿格拉前线的英军心慌意乱，与隆美尔军队刚一接触便溃不成军。隆美尔大军穷追猛打两个星期，前进 800 公里，包围了英军在北非的战略据点托卜鲁克，进逼埃及。

其实，英军上了隆美尔的当。1941 年春，希特勒正筹划大举入侵苏联，能调往北非的坦克极为有限。在黎波里的大规模检阅，正是隆美尔的疑兵之计。他让当时仅有的第 2

装甲师的一个坦克团在检阅台前环绕着反复经过，虚张声势骗过了英国间谍。而侦察机发现的坦克群，绝大部分是假的，有些是经过精心伪装的卡车，有些则是木头和纸板搭成的模型。狡猾的“沙漠之狐”就是这样以假乱真，欺骗了英国人。

时隔不久，退守埃及的英军获得大批增援，开始向德军发起代号为“战斧作战计划”的反攻。英军这次信心十足，不仅因为他们摸清了隆美尔非洲军的真正实力，而且紧急援助北非的200多辆坦克中，大部分是被誉为“坚不可摧”的马蒂尔达重型坦克。德军当时装备用的37毫米反坦克炮对这种坦克无能为力。

6月15日，成群的马蒂尔达坦克直扑濒临地中海的哈勒法亚山口。这是通往利比亚的唯一通道，由德军把守。攻下此山口，英军即可解托卜鲁克之围，直下利比亚，大败德军。哈勒法亚山口前一马平川，马蒂尔达坦克喷着火舌，涌向山口，德军的坦克火力微弱，胜利眼看唾手可得。突然，德军阵地前一阵连续巨响，冲在最前面的五辆英军坦克立即瘫痪在火海里。

后面的未及撤退，一排炮弹打来，又有六辆顿时报销。哈勒法亚山口前激战三天，英军共损失马蒂尔达坦克91辆，“战斧作战计划”就此破产。

德军使用的究竟是什么火炮，英国人百思不得其解。一名被俘的英军少校要求看看击毁坦克的秘密武器。结果让他大跌眼镜，隆美尔利用德军88毫米高射炮进行平射，摧毁了英军这些“坚不可摧”的庞然大物。少校面对88毫米高炮愤怒地高叫：“太不公平了，你们竟用打飞机的高射炮来打我们的坦克！”

“沙漠之狐”隆美尔在阅兵时让坦克绕过去，用高射炮打坦克，都是没按武器使用的“规则”做事，结果把英军打得晕头转向。

这告诉我们，学会适当的变通，让对手永远猜不透我们在想什么，永远不能跟上我们的节奏，打破他们的规则，这样往往更容易实现目标。

懂得变通退避，趋福避祸

在不利的形势下，善于变通、果断退避，是一个人心怀博大、大智若愚的具体体现。一个人在客观条件不允许继续前进，或再前进时就危及自身的情况下，就应当自觉地、主动地退避。

历史和现实都一再表明，善于退与善于进，具有同等的谋略价值，只善于进而不善于退的人，绝非高明之人，而只有把两者有机地结合在一起并加以灵活运用的人，才称得上高明，才能趋福避祸。

明朝年间，在江苏常州地方，有一位姓尤的老翁开了个当铺，很多年了，生意一直不错。某年年关将近，有一天尤翁忽然听见铺堂上人声嘈杂，走出来一看，原来是站柜台的伙计同一个邻居吵了起来。伙计连忙上前对尤翁说："这个人前些时候典当了一些东西，今天空手来取典当之物，不给就破口大骂，一点道理都不讲。"那人见了尤翁，仍然骂骂咧咧，不认情面。

尤翁却笑脸相迎，好言好语地对他说："我晓得你的意思，不过是为了度过年关。街坊邻居，区区小事，还用得着争吵吗？"于是叫伙计找出他典当的东西，共有四五件。尤翁指着棉袄说："这是过冬不可少的衣服。"又指着长袍说："这件给你拜年用。其他东西现在不急用，不如暂放这里，棉袄、长袍先拿回去穿吧！"

邻居拿了两件衣服，一声不响地走了。当天夜里，他竟突然死在另一个人家里。为此，死者的亲属同这个人打了一年多官司，害得那家人花了不少冤枉钱。

原来这个邻人欠了人家很多债，无法偿还，走投无路，事先已经服毒，知道尤家殷实，想用死来敲诈一笔钱财，结果只得了两件衣服。他只好到另一家去扯皮，那家人不肯相让，结果就死在那里了。

后来有人问尤翁说："你怎么能有先见之明，向这种人低头呢？"尤翁回答说："凡是蛮横无理来挑衅的人，他一定是有所恃而来的。如果在小事上争强斗胜，那么灾祸就可能接踵而至。"人们听了这一席话，无不佩服尤翁的聪明。

按常理，人们都会与故事中无理的邻居吵起来，但尤翁偏偏没有。他认为邻人蛮横无理地挑衅，必事出有因，所以打破常规，故意笑颜避开争端，这就是巧妙避祸的智慧。

不过，讲究趋福避祸之道并不是说一看前方有危险，便急忙后退，一退再退，以至放弃原来的目标、路线，改变方向、道路（而这个方向、道路与原来坚持的方向、道路已有本质的区别），如果这样那就是知难而退了，就不具谋略价值，而是逃跑主义了。所以，在趋福避祸的问题上也要分清勇敢与怯懦、高明和愚笨。一般来说，要做到这一点，就必须具备较高的修养，善于克制、约束自己。

所以，隐避不是消极地避凶就吉，而是要懂得变通，暂时收敛锋芒，隐匿踪迹，养精蓄锐，待机而动。

冷眼静观，抓住隐藏于常规中的机遇

如今，很多人抱怨自己怀才不遇，遇不上机会。在这世界上，难道真的没有机会吗？那为何成千上万的穷人发财致富，卖报纸的少年被选入美国国会，出身卑微的人获得高官厚禄……

对于聪明人来说，世界到处都是门路，机遇就隐藏在变通之中。上天赋予我们每个人独特的能力。聪明人将其充分利用，最终成了强者；弱者却未能依靠自己的能力尽享美好人生，而是一味依赖外界的帮助，使本来摆在眼前的机会悄悄溜走。许多人认为自己贫穷，实际上他们有许多机会，只是需要他们在平时转变一下思路，在打破常规中发掘机会。

据统计，在美国东部的大城市中，至少94%的人第一次挣大钱是在家中，或在离家不远处，而且是为了满足日常的、普通的需求。对于那些看不到身边机会，一心以为只有远走他乡才能发迹的人，不啻是当头一棒。

哈佛的阿加西兹教授曾讲过一个农夫的故事。这个农夫有一处几百英亩的农庄，里面尽是些石头和不值钱的树，他决定把农庄卖掉去从事更赚钱的煤油买卖。他开始关注煤层和煤油油藏，并进行了长时间的研究。他把农庄以200美元的价格卖掉，然后跑到200英里外的地方开展新业务。不久，买下农庄的人在农庄里发现了大量煤油，而以前那个农夫却还在异乡钻研煤油买卖，且一无所获。

上面这个例子中，买下农庄的人就是发现了身边隐藏的机遇，最终发家致富。

保罗·迪克刚刚从祖父手中继承了美丽的“森林庄园”，就被一场雷电引发的山火化为灰烬。面对焦黑的树桩，保罗欲哭无泪，年轻的他不甘心百年基业毁于一旦，决心倾其所有也要修复庄园，于是他向银行提交了贷款申请，但银行却无情地拒绝了他。接下来，他四处求亲告友，依然是一无所获……

所有可能的办法全都试过了，保罗始终找不到一条出路，他的心在无尽的黑暗中挣扎。他知道，自己以后再也看不到那郁郁葱葱的树林了。为此，他闭门不出，茶饭不思，眼睛熬出了血丝。

一个多月过去了，年已古稀的外祖母获悉此事，意味深长地对保罗说：“小伙子，庄园成了废墟并不可怕，可怕的是你的眼睛失去了光泽，一天天地老去。一双老去的眼睛，怎么可能看得见希望呢?”

保罗在外祖母的劝说下,一个人走出了庄园,走上了深秋的街道。他漫无目的地闲逛着,在一条街道的拐角处,他看见一家店铺的门前人头攒动,他下意识地走了过去。原来,是一些家庭妇女正在排队购买木炭。那一块块躺在纸箱里的木炭忽然让保罗眼睛一亮,他看到了一线希望。

在接下来的两个多星期里,保罗雇了几名烧炭工,将庄园里烧焦的树加工成优质的木炭,分装成箱,送到集市上的木炭经销店。结果,木炭被一抢而空,他因此得到了一笔不菲的收入。不久,他用这笔收入购买了一大批新树苗,一个新的庄园又初具规模了。几年以后,“森林庄园”再度绿意盎然。

一场天灾使家业毁于一旦,但由于保罗能够慧眼识机遇,使他成功地化险为夷,重新崛起。

把一块固体浸入装满水的容器,人人都会注意到水溢了出来,但从未有人想到浸在水盆中的固体的体积等同于溢出的水的体积这一道理,只有阿基米德注意到这一现象,并提出了计算不规则物体体积的简易方法。在欧洲,没有一位水手不曾对大西洋彼岸充满遐想,但只有哥伦布大胆地驶入茫茫大海,发现了新大陆。从树上落下的苹果不计其数,但只有牛顿领会到苹果落地是受到地心引力的支配。

有人到一位雕塑家家中参观,看到众神之中有一位脸被头发遮住,脚上长着翅膀的雕像,便问:“他叫什么名字?”

雕塑家答道:“机会之神。”

“为什么他的脸不露出来?”

“因为当他到来时,人们很少认识他。”

“为什么他的脚上长着翅膀?”

“因为他很快就会离去,而一旦离去,就不会被追上。”

“机会女神的头发长在前面,”一位拉丁诗人也说过,“后面却是光秃秃的。如果抓前面的头发,你就可以抓住她;但如果让她逃脱,那么即使主神朱庇特本人也抓不到她。”

不要坐等机会,越善于从司空见惯的事物中变通,你利用的机会就越多,创造的新机会也就越多,成就非凡的可能性也就越大。对于懒惰的人来说,再好的机会也一文不值;对于勤奋的人来说,再普通的机会也仿佛千载难逢。

记住:机会总是隐藏在周围琐碎的小事里,抱怨是没有用的,让思想变通一下,把握住每一个可能的机会，再平凡的你也能做出不平凡的事来。

因环境而变，具体问题具体分析

面对不同的场合不同的环境，必须学会变通，做到具体问题具体分析，而不能过于拘泥僵化，否则只能南辕北辙，离成功越来越远。那么我们具体怎么做呢？

1.根据地理环境因地制宜

20世纪80年代末，皖南山区一些村民们发现：山区有座石头山，山上的石头奇形怪状。城里人用这些石头垒成假山，售价不菲。于是，这些村民也学着垒假山出售，赚了不少钱。几年后，该村的村民家庭年收入翻了几番。村民们更乐了，他们同时也明白了靠山吃山、靠水吃水这个道理。随着山上的石头越开采越少，村民们认识到，他们不能盲目地出售山石了，而应该有计划、有步骤地开发家乡资源。如今，山里的人利用山石资源积累起来的资金，办起了各种乡镇企业，使整个地区的农民很快走上富裕的道路。

事例中，皖南山区的村民之所以能成功地走上富裕道路，正是受益于他们能够变通地利用地理环境。

这就告诉我们，很多时候，要变通地看待周围的地理环境，找到其背后的潜在价值并加以利用，这样往往会得到意想不到的成功。

2.学会适应社会环境

人类社会是在不断发展中前进的。科学技术水平随着人类的不断发展而提高，而不断提高的科学技术水平又促使人们产生更高的生活要求。所以，一个人只有不断进步才能跟上社会的发展，不可墨守成规而被固定的形式所束缚。

3.特殊环境灵活应变

在现实生活中，人们经常会被莫名其妙地置于尴尬境地，不知所措。倘若你没有思想准备，不具备临场应急的经验和措施，你就不能从容、洒脱地应付意外的窘境，打破僵局。

老诗人严阵和青年作家铁凝访问美国时，参观了一所博物馆。由于正值开馆时间，他们在广场上碰巧遇到两位美国老人在此休息。见他们是中国人，两位美国老人便主动上来交谈，说他们尊敬中国人，其中有一位老人为表达这种尊敬的感情，还热烈地拥抱了铁凝，并亲吻了一下。这使铁凝十分尴尬，不知所措。而对方就像犯错误的小孩一样，呆立在一旁。严阵赶紧走上前去微笑着说："呵，尊敬的老先生，你刚才吻的不是铁凝，而是中国对吧？"一句话打破了僵局。那老人马上笑答："对，对！我吻的是铁凝，也是中国！两种成分都有。"尴尬气氛在笑声中化解。

具体问题具体对待，做事时懂得融原则性与灵活性为一体，这才是变通的精髓所在。如果做到这一点，许多难办的事就容易对付了。

狡兔三窟，有备用方案就不会措手不及

做人做事必须要有"备用方案"——为自己多考虑几条安全通道。但要想在人与人之间不偏不倚又游刃有余，没有一定的平衡技巧是行不通的。因此，在对待比较复杂的人际关系问题上，多准备几手，适度中立，方能有备无患。

人在职场会遇到很多种情况，拥有"备用方案"会让你游刃有余。下面是美国职员克多尔讲的关于自己的一个很好的例子：

"您好，"我对老总说，"昨天我交给您的文件签了吗？"老总转动眼睛想了想，然后装模作样翻箱倒柜地在办公室里折腾了一番.最后他耸了耸肩，摊开两手无奈地说："对不起，我找过了，我从未见过你的文件。"如果是刚从学校毕业的我，我会义正词严地说："我看着您的秘书将文件摆在桌子上的，怎么会找不到呢？您可能将它卷进废纸篓了！"可我现在才不会这样说呢。既然老总能睁眼说瞎话，我又何必与他计较呢？我要的是他的签字。于是我平静地说："那好吧，我回去找找那份文件。"于是，我下楼回到自己办公室，把电脑中的文件重新调出再次打印，当我再把文件放到杰克先生面前时，他连看都没看就签了字，其实他比我更清楚文件原稿的去向。但我却一点都不生气。

是的，用自己的"备用方案"，在关键时刻解决问题让自己从困境中走出来，这就是我们在与上司发生冲突时的解决方式。不要在冲突发生以后一走了之，因为在新环境里还会出现老问题，到那时你又怎样呢？也不要为了争一口气大闹一场，因为吵闹不能解决问题，反倒有可能断送了前途。在职场中，谁是谁非并不重要，即便你的上司错了，你也要开动脑筋为上司找一个台阶下，这样才能尽早解决问题。

拥有"备用方案"能让你在关键时刻摆脱困境，从而避免那些无谓的争论。世上最大的空耗之一就是与人反复争论。正如卡耐基所说："争论的结果是使双方比以前更相信自己绝对正确。要是输了，当然你就输了，如果赢了，你还是输了，因为争论赢不了他的

心。”因此，做人应当避开反复争论的空耗，在处理冲突的问题上应该冷静，绝不能像个孩子一样在冲突中放任自己，要运用自己的智慧和团队精神与上司及同事尽量合作，让他们发现你其实是个理想的合作伙伴，这样做的同时也就给自己创造了一个良好的工作空间。

是的，想想吧，没有先期的计划和应对方案，就会让你手足无措，引发无谓的争论。有了备用方案，在关键时刻会让你从容应对并赢得先机。

总之一句话：凡事多想一步，多预备应急方案。

征服群敌的规则：擒贼先擒王

打击一个群体，按照常规是需要带领一个比目标群体更强大的群体进行全面冲杀性攻击。然而，最明智、最有效的策略却是先把目标群体中最强的除掉，方予自己可乘之机，这就是所谓的“擒贼先擒王”了。就像羊群一样，一旦失去了领头羊，就等于失去了核心，就会茫然不知所措，四处奔逃。

唐代诗人杜甫《前出塞》中有云：“挽弓当挽强，用箭当用长，射人先射马，擒贼先擒王。”民间有“蛇打七寸”的说法，都是一个意思。“蛇打七寸”“打蛇打三寸”，都是说打蛇要命中要害。蛇的三寸，是蛇的脊椎骨上最脆弱、最容易打断的地方，击中这个部位会使它的神经中枢和身体其他部分的通道被破坏；而蛇的七寸，是其心脏所在，所以被击中七寸的蛇必死无疑。这种打击事物关键之策略，也是三十六计其中一计。世间无论任何事物，只要失去了核心，都将四分五裂。对准核心人物，将他击垮，这是控制整个局面的一个最重要的法则。

教皇卜尼法斯八世便通晓利用这种方法来维护统治，他手段强硬，为人机敏。上任后不久欧洲强权纷纷妥协，德意志和奥地利甚至割让领土以求生存。在这种大势所归的情景下，意大利最富饶的地区多斯加尼却拒不臣服，这让他感到恼火。

多斯加尼最强大的城市是佛罗伦萨。如果卜尼法斯八世能够征服佛罗伦萨，就能够让多斯加尼臣服。佛罗伦萨的一部分富裕市民希望城市独立，不愿意受制于教皇，成立了“白党”；另一部分没落户，希望借助教皇的势力翻身，成立了“黑党”。两派长期争斗，由于但丁热烈主张独立自由，因此成为白党的中坚。

1300 年，但丁成为城市 6 名执政官中的一员，掌控了实际权力。他用感人肺腑的语言揭露教皇的阴谋，号召人民组织起来抵抗教皇，在教皇的强权下竭力维持着佛罗伦萨的独立。第二年，教皇亲自请法国国王的弟弟亲王查理·德·瓦卢斯协助他维持欧洲的秩序。查理的军队让佛罗伦萨人紧张不安，佛罗伦萨的妥协派推选但丁作为代表前去罗马求和。万般无奈之下，但丁去了罗马。

教皇温和地对城市代表团说："在我面前跪下来，我告诉你们，说真的，我没有别的意思，只是想要促进和平。"最后教皇指名要但丁留下，其他人都回去了。查理用钱贿赂某些官员瓦解了白党，黑党巩固了权力。这个时候教皇才放势单力薄的但丁离开。黑党宣布：只要但丁踏入佛罗伦萨一步，就要将他处以极刑。但丁被放逐了。他所热爱的国家，被教皇控制了。最后但丁于1321年客死他乡，在意大利东北部腊万纳去世。

蛇无头不走，鸟无头不飞。没有但丁的白党，就等于失去了核心支柱。所以教皇将矛头指向了但丁，打击了白党之中的"王者"，其他人自然不足为虑。试想如果教皇以强取豪夺的方式侵占多斯加尼，必然会引起它的国民的反抗。这样即使教皇得到了多斯加尼，这个国家也必定变成一片废墟，再也不是他心中理想的梦幻国度。所以教皇选择以软禁但丁的方式，叫多斯加尼不战而亡，的确是一个高明的计策。

因此，我们在做事情的时候，要学会打破常规思维，看到事物的关键之处，认清控制整个事件的核心，然后对其发动全面而迅捷的攻击，这样便能令其整体迅速折服。

一剑封喉，速战速决

《孙子兵法》说："兵贵胜，不贵久。"意思是打仗要速战速决，迅速出手，让对手没有做准备和缓口气的时间，这是成功的关键所在。

清代红顶商人胡雪岩富可敌国，可他的崩溃也极其迅速。原因就在于，他的对手盛宣怀抓住要害、迅速出击，使他短时间内力不能支，最终一发不可收拾，财富大厦轰然倒塌。

胡雪岩每年都要囤积大量生丝，生意越做越大，垄断了生丝市场，控制了生丝价格。盛宣怀掌握了胡雪岩生丝买卖的情况，一边收购生丝，向胡雪岩的客户出售，一边联络各地商人和洋行买办，叫他们今年不买胡雪岩的生丝，致使胡雪岩的生丝库存日多、资金日紧、苦不堪言。

胡雪岩因为做生意向汇丰银行借了近千万两银子，这些借款都以各省协饷作担保。

这时,胡雪岩历年为左宗棠行军打仗所筹集的80万两还款正赶上到期,这笔借款每年由协饷来补偿给胡雪岩。上海道台府在每年的固定时间把钱送给胡雪岩,以备他还款之用。盛宣怀在其中动了手脚,他找到上海道台邵友濂,直言李鸿章有意缓发这笔协饷,时间是20天。邵友濂是李鸿章的人,虽然畏惧左宗棠,但想想缓发20天也不算什么事,自然照办了。

对于盛宣怀来说,20天已经足够了,他已经串通好外国银行,向胡雪岩催款。由于事出突然,胡雪岩只好将阜康银行各地钱庄的钱调来80万两银子,先补上了这个窟窿。他想协饷反正要给的,不过是晚发20天而已。

盛宣怀通过电报,对胡雪岩一切调款活动都了如指掌,估计胡雪岩调动的银子陆续出了阜康银行,阜康银行金库空虚之际,就托人到银行提款挤兑。

这些提款的人都是绅商大户,少则数千,多则上万。盛宣怀还四处放出风声,说胡雪岩积囤生丝大赔血本,只好挪用阜康银行存款,如今尚欠外国银行贷款80万,阜康银行倒闭在即。

人们相信了盛宣怀的说法,纷纷开始提款。

挤兑先在上海开始。盛宣怀在上海坐镇,自然把声势搞得很大。

胡雪岩到了杭州,还没来得及休息,又星夜赶回上海,让总管高达去催上海道台邵友濂发协饷。邵友濂叫下人假称自己不在。胡雪岩这时候想起了左宗棠,又叫高达赶快去发电报。殊不知盛宣怀暗中叫人将电报扣下,左宗棠始终没能收到这份电报。

第二天胡雪岩见左宗棠那边没有回音,这才真的急了,亲自去上海道台府催讨。但这一回邵友濂借口视察制造局,溜之大吉了。

胡雪岩此时只好把他的地契和房产押了出去,同时廉价卖掉积存的生丝,希望能够挨过挤兑风潮。不想这次风潮竟是愈演愈烈,各地阜康银行早已经人山人海。胡雪岩这才明白,有人做了他的手脚。打听之下,才知道是盛宣怀,他不禁暗自叹了口气,知道这一回是彻底完了。此后不久,胡雪岩即在忧愤中死去。

胡雪岩死后,盛宣怀少了一个有力的竞争者,从此独占生意场上的霸主位置。

让进攻速度再快一些,让对手可应对的时间再少一些,对手在你快如闪电的连环拳下避之不及,失败也是自然而然的了。

不走寻常路，让对方无计可施

在非常时刻，循规蹈矩只会浪费时间，打破常规、撒泼使赖的“流氓路线”，却可以让对手挠破头皮却无计可施，是取胜的“奇招”。

郑庄公曾在废立太子问题上犹豫不决。他晚年想废掉太子忽，立次子突，结果被谋臣祭足劝住，但自此给小兄弟俩留下芥蒂。庄公一死，太子忽即位，因公子突的母亲雍是宋国人，突便跑到宋国去了。

后来宋国国君答应帮公子突坐上郑国国君的宝座，但他想索要些好处，否则不但不帮他为王，还会把他献给郑国，以得到郑国三座城邑的犒赏。公子突便答应宋国国君，只要宋君帮他为王，他便给宋君“六座城邑，年年贡奉粮食”。宋君听后十分高兴，满口答应设法让公子突回国即位，好白得许多好处。

宋君派人去郑国，告诉各位大臣宋国将派兵送回公子突。那时宋国正强盛，郑国哪里是它的对手，所以大臣们纷纷倒戈拥护公子突。太子忽见大势已去，便跑到卫国避难去了。

这年秋天，公子突回国即君位，是为厉公。

宋国一面派人来称贺，一面索要厉公应诺的城邑和粮食。

厉公当时许诺城邑时，并未打算真给宋国，如今他刚即位为君，就拱手送出六座城邑，怎么向群臣交代，他自己又如何立得住脚呢？所以他假意说要与卿大夫们商量，城邑的事情暂缓，先送点粮食。

宋君一看厉公反悔抵赖，十分生气，联合齐国准备攻打郑国。郑国与鲁国联合起来抵抗，打败宋齐联军，城邑的事也就没人再提了。

宋国乘人之危，制造事端威胁利诱，妄图坐收渔人之利，白得好处。郑厉公在紧迫形势下，假意承诺，取得宋国支持，达到了自己的目的，而后过河拆桥，一反前诺，既保全了国土，又夺得了君位。

对付乘人之危之人，就该走诺而不行的“流氓路线”，反正自身已处安全地带，谅他也奈何不了我。而中国历史上另一人物刘邦，可谓把流氓路线走得炉火纯青，而最终身为“伟丈夫”的项羽被他们打败，虽是情理之外，但也在意料之中。

《史记》载：“项羽问汉王曰：‘天下匈匈数岁，徒以吾两人耳，愿与汉王挑战决雌雄。’

汉王笑谢曰：‘吾宁斗智不斗力。’”这里，刘邦的狡猾跃然纸上。后来双方盟约鸿沟为界楚汉讲和，项羽把刘邦的父亲、妻子放了，引兵东归，刘邦突然毁约，以大兵随后攻之，把项羽逼死于乌江。

楚、汉两军对峙的时候，项羽曾把刘邦的父亲捉拿到军中，想以此来要挟刘邦。一次，两军对阵，项羽把刘邦的父亲推到阵前说：“你如果不撤兵，我就把你父亲烹煮了。”刘邦竟然毫不犹豫地回答道：“我们俩曾经结拜为兄弟，我爸爸就是你爸爸，你爸爸就是我爸爸，你若把你爸爸煮了来吃，请把肉汤分一杯给我喝。”

刘邦之无赖可见一斑。也正是他的这种无赖，才能让他大败项羽，最终将项羽逼死乌江。

“流氓路线”即不循章法，抛开顾虑，百无禁忌。如此行事，对手不知从何下手，为己方的反击争取机会。

别人恶意诬陷，灵活应对胜过激进争辩

有些人为了达到个人的目的不惜造谣生事、诬陷诽谤，这种情况下，如果采用激进的争辩，往往得不到理想的结局，只有具有灵活的思维和准确的分析判断能力，才能够避免被人蒙蔽，做出正确的应对。

晋文公在位的时候，曾遇到过一起发生在自己身边的陷害案。

一天，一个侍从在御膳间端了一盘烤肉，恭恭敬敬送到晋文公面前请其就餐。晋文公拿起餐刀正准备切肉，忽然发现肉上粘着不少头发。他立即放下手中的小刀，命人去找膳吏。

那个膳吏看到传召的侍从脸色不好，一路上不停地琢磨这次晋王召见的原因。究竟是刚送去的烤肉火功不够，还是烧烤时用料不当、口味欠佳呢？

他哪知道一见晋文公就遭到一阵责骂。文公气势汹汹地说道：“你是存心想噎死我吗？为什么在烤肉上放这么多头发？”

膳吏一听，原来发生了一件自己没有料到的祸事。虽然他明知道这件事里面有鬼，但在君王的气头上是不能辩白的。否则如果把握不好，很容易招致横祸。因此，膳吏急忙跪拜叩头，口中却似是而非、旁敲侧击地说道：“请君王息怒，奴才真是该死。烤肉上缠着头发，我有三条罪责。我用最好的磨石把刀磨得比利剑还快，它切肉如泥，可就是切不

断毛发，这是我的第一大罪过；我在用木棍去穿肉块的时候，竟然没有发现肉上有一根毛发，这是我的第二大罪过；我守着炭火通红、烈焰炙人的炉子把肉烤得油光可鉴、吱吱有声、香味扑鼻，然而就是烤不焦、烧不掉肉上的毛发，这是我的第三大罪过。不过我还想补充一句，您是一位明察秋毫的贤明君主，您能不能把堂下的臣仆观察一遍，看看其中是否有恨我的人呢？"

晋文公觉得膳吏所言话外有音，所以对案情产生了怀疑。他立即召集属下进行追问，不出膳吏所料，果然找出了那个想陷害膳吏的侍从。晋文公下令杀了那个人。

无独有偶，三国时期，吴国国君孙亮的思维判断能力也非常令人折服。孙亮非常聪明，观察和分析事物都非常深入细致，常常能使疑难事物得出正确的结论，为一般人所不及。

一次，孙亮想要吃生梅子，吩咐黄门官去库房把浸着蜂蜜的蜜汁梅取来。这个黄门官心术不正而且心胸狭窄，是个喜欢记仇的小人。他和掌管库房的库吏素有嫌隙，平时两人见面经常发生口角。他怀恨在心，一直伺机报复。这次，可让他逮到机会了。他从库吏那里取了蜜汁梅后，悄悄找了几颗老鼠屎放了进去，然后才拿去给孙亮。

不出他所料，孙亮没吃几口就发现蜂蜜里面有老鼠屎，果然勃然大怒："是谁这么大胆，竟敢欺侮到我的头上，简直反了！"

心怀鬼胎的黄门官忙跪下奏道："库吏一向不忠于职责，常常游手好闲、四处闲逛，一定是他的渎职才使老鼠屎掉进了蜂蜜里，既败坏主公的雅兴又有损您的健康，实在是罪不容恕，请您治他的罪，好好儿教训教训他！"

孙亮马上将库吏召来审问鼠屎的情况，问他道："刚才黄门官是不是从你那里取的蜜呢？"

库吏早就吓得脸色惨白，他磕头如捣蒜，结结巴巴地回答说："是……是的，但是我给他……的时候，里面……里面肯定没有鼠屎。"

黄门官抢着说："不对！库吏是在撒谎，鼠屎早就在蜜中了！"

两人争执不下，都说自己说的是真话。

侍中官刁玄和张邠出主意说："既然黄门官和库吏争不出个结果，分不清到底是谁的罪责，不如把他们俩都关押起来，一起治罪。"

孙亮略一沉思，微笑着说："其实，要弄清楚鼠屎是谁放的这件事很简单，只要把老鼠屎剖开就可以了。"

他叫人当着大家的面把鼠屎切开，大家仔细一看，只见鼠屎外面沾着一层蜂蜜，是湿润的，里面却是干燥的。

孙亮笑着解释说："如果鼠屎早就掉在蜜中，浸的时间长了，一定早湿透了。现在它却是内干外湿，很明显是黄门官刚放进去的，这样栽赃，实在是太不像话了！"

这时的黄门官早吓昏了头，跪在地上如实交代了陷害库吏、欺君罔上的罪行。

晋文公也好，孙亮也好，都告诉我们：对于形势复杂难以判断的事物只要全面分析、推理，开动脑筋想办法，不被表面现象所迷惑，不被事物的复杂性所吓倒，这样就能正确应对突然来临的因素。

客观世界里充满了矛盾，我们只有掌握了科学的思维方法，才能在错综复杂的矛盾面前立于不败之地。这一点，对于行走于社会的我们显得尤为关键。

碰到语言困境，巧言撤退不损自身

古人云：敌势全胜，我不能战，则必降、必和、必走。降则全败，和则半败，走则未败。未败者，胜之转机也。意思是说：在我方处于不利地位时，有降、和、走三种可供选择的方式，只有主动地、有计划地撤出，才是最上策。这对我们很有启示意义。

谈话的时候，无论我们多么小心，也有失策的时候，何况在许多时候大家又都是有口无心。如果不及时处理，就会造成更大的失误。所谓"走为上策"，就是在非常不利的情况下，如果一味地纠缠不休，就会越陷越深，无法挽回，不如采用简单明了的方法，及时地避开，走为上策。只要找准时机，采取主动巧言撤出的方式，就不至于陷入被动。

有些时候，因为我们自己的难堪，造成整个气氛的不和谐，可能会有知趣的人站出来，及时替你解围，这时，就应该机智地抓住时机，顺着他人的解围，及时巧言撤出。

小明喜欢和他人诡辩，并且以此为乐事。一天中午，小可深有感触地说："人是铁，饭是钢，一天不吃饿得慌。"小明接着说："这句话就不对了，据科学分析，人是可以饿七天的。"小可说："那你饿七天看看。"小明接着说："这句话，你又错了，你也可以饿七天的。"小可说："我才不那么傻呢。只有疯子才干这样的蠢事。"小明又说："历史上，很多当时被认作疯子的人，后人把他们看作是伟人。"小明就这样无限地推演下去，哪知小可的个性淳朴，不喜欢这样饶舌，后来就有点无法忍受了。这时小明的好友小冬见状，凑过来说："我们的小可最大的'优点'，就是说错了话还不承认。"小可接过话头说："小冬真是了解我。”说着对小明一笑，走开了。

让人下不了台的事大多发生在人们料想不到的时候，但是，只要能及时转换角度，巧说妙解，不但能给自己找个台阶，甚至能为生活增添某种乐趣。

有一对夫妻因小事争执不下，在家吵闹不休。正当妻子向丈夫做狮吼状时，有一位朋友来访，丈夫尴尬得无地自容。好在妻子也顾及丈夫的面子，看朋友到来连忙改口，但对丈夫来说，终究一时无法从窘境中摆脱。朋友见状，笑着说：“听你俩交流还挺热烈，我来得可真不是时候啊！”此话一出，其妻先红了脸，无语离去。丈夫马上调侃地对朋友说：“打是亲骂是爱，我们刚才是在打情骂俏呢！别看她刚才那么凶，其实正表示她对我的关心，不信你问她。”这时他妻子从里屋出来也与朋友打哈哈，争吵便化为云烟。

丈夫的“打是亲骂是爱”，把他和妻子的争吵说成是一种“亲”和“爱”，朋友自然不会信以为真，但这样转换了角度，给自己找了一个台阶，也似乎多了一些生活情趣。想来，朋友走后，他们也不会再争吵了。

在谈话中，当我们需要撤出时，还可以主动要求对方打住，虽然这等于在向对方认输，但它不是真正意义上的输。我们要记住，跟我们谈话的并不时时刻刻都是我们的敌人，对方不会因此而穷追不舍的，而我们的心里也不会留下“输”了这个既成事实的阴影。

多年不见的老朋友一见面总喜欢相互打趣，甚至互揭老底儿，口无遮拦。有一次，徐君去参加一个会议，没想到在会议上出人意料地遇到了两位多年没见的老同学——陈君和田君，他们也是应邀来参加会议，大家都格外高兴。会议结束后，大家坐到一起闲聊，说着说着，就说到了当年在校时的是是非非。其中有一件事，徐君至今还没弄清楚，本来也不在意，可是经老同学东扯西拉，旧话重提，徐君就问另两位：“你们清楚吗？那是怎么回事儿？”另两位都参与了此事，而且田君还在其中充当了不光彩的角色，因此陈君就没接话茬，是田君开口解释，说到后来，就说到自己身上，不好再往下讲，就对另两位说：“这话就说到这儿，就此打住吧！”徐君也意识到再说下去，田君就有点不好看了，主动将话题一转，又高兴地聊了起来。

俗话说：“识时务者为俊杰。”当你陷入困境时，切记不要死撑。有时，机智灵活一点，巧言撤退是最好的策略。

用沉默 PK 无理，以不变应万变

中国有句老话叫“以不变应万变”，指事物时常变化，我们办事要注意观察其变化，处变不惊。

有一位不速之客突然闯入洛克菲勒的办公室，直奔他的写字台，并以拳头猛击台面，大发雷霆：“洛克菲勒，我恨你！我有绝对的理由恨你！”接着那个人肆意谩骂他达 10 分钟之久。办公室所有的职员都感到十分震惊，以为洛克菲勒一定会拾起墨水瓶向他掷去，或是吩咐保安将他赶出去。出人意料的是，洛克菲勒并没有这么做。他停下手中的活，用和善的目光注视着这位攻击者，那个人愈暴躁，他就显得越和善。

那无理之徒被弄得莫名其妙，他渐渐地平息下来。因为一个人发怒时，得不到反击，他是坚持不了多久的。他做好了来此与洛克菲勒决斗的准备，并想好了洛克菲勒将要怎样回击他，他再用想好的话语去反驳。但是，洛克菲勒就是不开口，所以他不知如何是好了。

末了，他又在洛克菲勒的桌子上敲了几下，仍然得不到回应，只得索然无味地离去。洛克菲勒就像根本没发生任何事一样，重新拿起笔，继续他的工作。

看完这个例子，我们不得不称赞洛克菲勒忍耐的功夫和过人的涵养。我们知道，争强好胜是人的本性之一。争斗的目的自然是取得最后胜利，它最大的乐趣在于战胜对手的那一刻的心理满足感。不善于争斗的人如果硬要和对手针锋相对，那么很容易处于下风，对自己有百害而无一利。洛克菲勒深谙其中的道理，不和无理的人争辩，不给对方反驳的机会。

中国传统文化一直很推崇“止戈为武”，不用武力而使对方屈服，是武的最高境界，而做人的最高境界是在不显山露水中击败对手，不管对方怎么出招就是不予理睬，遇到这样的人，再厉害的对手也会没有脾气。

某机关有一个女职员，平日只是默默工作，并不多话，和人聊天也总是微笑着。有一年，机关里来了一个好斗的女职员，很多同事在她的攻击之下，不是辞职就是请调。最后，她的矛头终于指向了一贯沉默的女职员。某日，这位好斗的女职员抓到了那位一贯沉默的女职员的“把柄”，立刻点燃火药，噼里啪啦。但那位女职员只是默默笑着，一句话也没说，只偶尔说：“啊？”最后，好斗的女职员只得鸣金收兵，气得满脸通红，一句话也说不出来。

过了半年,这位好斗的职员请调了。

这就是沉默的力量。面对沉默,所有的语言力量都消失了。

你可以不去攻击对方,但保护自己的“防护网”一定要有,而装聋作哑有时是最厉害的武器。

又聋又哑的人听不懂别人的话,自然也不会加入争斗,别人自然也不会和他们争斗,因为这是徒劳。但大部分人都不聋又不哑,一听到不顺耳的话就会反击,其实一反击就中了对方的计,不反击,他自然就觉得无趣了。如果他一再挑衅,只会凸显他的好斗与无理取闹,因此面对你的沉默,这种人多半会在几句话之后就仓皇地“且骂且退”,主动离开。

不过,要“作哑”不难,要“装聋”才不易,因此也要培养对他人言语“入耳不入心”的功夫,否则心中一起波澜,就会反击他人。

在和别人交往时,能做到适时沉默,以不变应万变,其实就展现了最厉害的拆招之法。这样,不但对方的招数被拆解了,还拿你无可奈何。

以变制变,出路自现

从前,有一个出海打鱼的好手,他听说最近市场上墨鱼的价格最贵,就发誓这次出海只打墨鱼。然而很不幸,这次他打到的全是螃蟹,渔夫很失望地空手而归。当他上岸后才知道螃蟹的价格比墨鱼还要贵很多。于是,第二次出海他发誓只打螃蟹,可是他打到的只有墨鱼,渔夫又一次空手而归。第三次出海前,他再次发誓这次不管是螃蟹还是墨鱼都要,但是,他打到的只是一些马鲛鱼,渔夫第三次失望地空手而归,可怜的渔夫没有等到第四次出海,就已经饥寒交迫地离开了人世。

变,是事物的本质特征。面对瞬息万变的社会,聪明的人有三种策略性思维:一是以不变应万变。如果没有实力的支撑,这只是一种最消极的态度。二是以变应变。这种策略其实也只能算作无奈的选择。比如说人家拿出了新产品,你跟在后面来个“东施效颦”;人家降价了,你慌不迭地也来个大甩卖,变来变去始终是被动应付,在这种情况下只要能够不被拖垮就已经是不错了,新局面是难以看到的。三是以变制变。一个“制”字,情况就大不一样了,它所反映出来的只是一种主动进取的精神,是一种度势控变的能力,其效果是变反倒成了一种机遇，在变中获得新的发展。

在上面的故事中，如果渔夫第一次就打些螃蟹拿回来卖掉，最起码可以保证吃饱穿暖；如果他能在第二次打些墨鱼拿回来卖掉，那以后的一段时间中，可以不用为饿肚子而犯难；如果他第三次出海捕些马鲛鱼拿回来卖掉，也可以填饱肚子。如果他能够以变制变，也就不会到最后被饿死。

由此可见，当今社会瞬息万变，一个人要想在生活中过得顺心，就必须具有灵活应变的能力。在生活中是这样，在商战中亦是这样。市场竞争，风云多变，只有灵活应变、全面兼顾，才能掌握主动权。这是一种经营之道，更是一种生存之道。

在一家大公司的 CEO 招聘会上，有 200 多个人落选，只有一个人被相中了。

这家公司在招聘时，为了考察应聘者的随机应变能力出了这样一道题：如果在一个下大雨的晚上，你下班开车路过一个车站，看见车站里有 3 个人，一个人是曾经救过你命的医生，一个是生命垂危的病人，一个是你做梦都心爱着的人。请问，在你的车只能坐两个人的情况下，你会选择谁来坐你的车？

在那些应聘者当中，有的人说选老头，先把老头送进医院再说；有的人选择医生，因为这位医生曾经救过他的命，把医生送到医院再叫救护车救那个老头；有的人选心爱的人……这些答案都被考官们一一否定了。

直到有个年轻人进门后，仔细地看了看题，然后抬起头自信地说：“我会把车交给医生，让他送老者去医院抢救，至于我，会陪着心爱的人一起等车。”考官们听后，露出了高兴的笑容，这个年轻人被录取了。

世上的事，常常是风云突变，叫人难以把握。因此，我们很难知道未来是什么样子，很难知道明天我们将面临什么困难，也就经常陷入进退两难的困境。为了在困境中做出明智的决策，我们就要运用正确的策略性思维，以变应变，根据实际情况合理安排。只有做到了“因利而制权”，伺机而动，才能让自己有更大的发展。

学会虚与委蛇，圆熟度过危险期

智者曾告诉人们：跟君子相处平平淡淡，跟小人相处应该保持一定的距离，跟坏人相处应该见机行事，想得越周到越好。其实，这句话的精髓即是告诉我们，做人一定要懂得虚与委蛇的圆熟之道。

东晋明帝时，中书令温峤备受明帝的亲信、大将军王敦的妒忌。王敦于是请明帝任温峤为左司马，归王敦所管理，准备等待时机除掉他。

温峤为人机智，洞悉王敦所为，便假装殷勤恭敬，综理王敦府事，并时常在王敦面前献计，借此迎合王敦，使他对自己产生好感。

除此之外，温峤有意识地结交王敦唯一的亲信钱凤，并经常对钱凤说："钱凤先生才华能力过人，经纶满腹，当世无双。"

因为温峤在当时一向被人认为有识才看相的本事，因而钱凤听了心里十分受用，和温峤的交情日渐加深，于是便常常在王敦面前说温峤的好话。透过这一层关系，王敦对温峤的戒心渐渐解除，甚至引为心腹。

不久，丹阳尹辞官出缺，温峤便对王敦进言："丹阳之地，对京都犹如人之咽喉，必须有才识相当的人去担任才行，如果所用非人，恐怕难以胜任，请你三思而行。"

王敦深以为然，就请他谈自己的意见。温峤诚恳答道："我认为没有人能比钱凤先生更合适的了。"

王敦又以同样的问题问钱凤，因为温峤推荐了钱凤，碍于面子，钱凤便说："我看还是派温峤去最适宜。"

这正是温峤暗中打的小算盘，果然如愿。王敦便推荐温峤任丹阳尹，并派他就近暗察朝廷中的动静，随时报告。

温峤接到派令后，马上就做了一个小动作。原来他担心自己一旦离开，钱凤会立刻在王敦面前进谗言而让王敦召回自己。于是，他在王敦为他饯别的宴会上假装喝醉了酒，歪歪倒倒地向在座同僚敬酒。敬到钱凤时，钱凤未及起身，温峤便以笏（朝板）击钱凤束发的巾坠，不高兴地说："你钱凤算什么东西，我好意敬酒你却不敢饮。"

王敦以为温峤真的喝醉了，还为此劝两人不要误会。温峤去时，突然跪地向王敦叩别，眼泪汪汪。出了王敦府门又回去三次，好像十分不舍离去的样子，弄得王敦十分感动。

温峤刚上任，钱凤真的晋见王敦说："温峤为皇上所宠，与朝廷关系密切，何况又是皇上的舅舅庾亮的至交，实在是不能信任的。"

王敦以为钱凤是因宴会上受了温峤的羞辱而恶意中伤，便生气斥责道："温峤那天是喝醉了，对你是有点过分，但你不能因这点小事就来报复嘛！"

钱凤深自羞惭，快快退出。

温峤终于摆脱王敦的控制，回到了建康。他将王敦图谋叛逆的事报告了明帝，又和大臣庾亮共同计划征讨王敦。消息传到武昌王敦将军府，王敦勃然大怒："我居然被这小子骗了。"然而，毕竟无可奈何，鞭长莫及，更无法挽救失败的命运了。

温峤在处理王敦、钱凤等人的关系中，运用一整套娴熟的处世技巧，不但保护了自己，而且在时机成熟时，对敌人又主动出击，绝不手软。在官场经营，类似温峤式的人物，一般都不会失败。这让我们从中读出了有益的智慧。

做人固然需要正直，但是如果不知变通，就有可能碰钉子，甚至会遭不测。人的工作环境，有时候是无法选择的，在危险或尴尬的环境中工作，头脑一定要灵活，遇事该方则方，不该方时就要圆熟一些，尤其在遇到将要对己不利的形势时，应将刚直不阿和委曲求全结合起来，可随机应变，先保护自己以屈求伸。

临危不乱，"诈"得生机

在危及自己生命的紧要关头，灵活地"诈"一回，不失为一大机变智慧。

朱元璋打败陈友谅、张士诚，定鼎南京，建号称帝，由刘伯温亲自选定风水宝地，开工兴建宫殿。朱元璋住进建好的皇宫后，没事便到处走走，熟悉一下环境。

一天他走到一间刚完工的大殿里，看着雕梁画栋金碧辉煌，回想自己当年当和尚的情景，不禁感慨丛生，四下顾望无人，便信口把心中所想说了出来："唉，我当年不过为饥寒所迫，想当个盗贼，沿江抢掠些金银财物而已，哪曾想能有今日这番气象。"

说完后，仰面观看棚壁，却吓了一跳。原来有一个漆匠正在一个大梁上做最后的油漆工作，由于梁木宽大，朱元璋先前竟没发现他。

朱元璋马上意识到自己一时冲动失言，一番只能藏在心底、不能让任何人知道的真实想法可能都已经落入这名漆匠耳中了。如果不杀人灭口，势必会传扬得四海皆知，那可是丢人丢脸又不利于自己以天命愚弄百姓的大事。

他开口让那名漆匠下来，连喊了几遍，漆匠充耳不闻，继续慢条斯理地做着手中的活。朱元璋大怒，加大音量去喊，那名漆匠仿佛才听到声音，忙下来跪在朱元璋面前，叩头说："小人不知陛下驾到，没有及时避开，冒犯了陛下，请陛下恕罪。"

朱元璋怒声道："你耳朵聋了怎的？我叫了你几遍你都不下来？"

漆匠叩头说："陛下真是英明，连小人耳朵有点聋都知道。陛下圣明，这是小人和万民的莫大福分。"

朱元璋生性多疑,但看漆匠脸上神色并无太大变化,心想他骤然听到这样大的秘密,自然知道厉害,不吓得掉下来,也会面无人色,不会如此平静,看来他真是耳朵有些不灵敏的人呢。

也是朱元璋心情好,又见漆匠把自己的宫殿粉饰得也不错,又很会说话,便摆摆手让他继续干活。

这名漆匠当晚找个借口逃出皇宫,连夜逃回家中,携带妻小躲避他乡。而朱元璋后来因为国事繁忙,根本记不得这件事了。

那名漆匠的才能或许并不比朱元璋差,看其骤然听到天大的秘密却不惊不慌的态度,真有"泰山崩于前而色不变"的大将风度,马上又想到用耳聋来保护自己,这份机智也是人所难及。

现实世界里,很多危险的境遇都是我们无法预测的,一旦我们身陷其中,必须做到临危不乱,冷静地思考对策。在必要的时刻不妨掩人耳目,以"诈"脱险。

第五章　社交运智方略

知晓“胜于易胜”的道理

美国有一部电影片名叫《上流社会》，描写了两位男演员之间的一场爱情争夺的故事，片中的男主角想说服女主角夺得爱情，一定是选择傍晚和晚上这一段时间。

选择这段时间并非是偶然的，编剧是懂得在这段时间里，人尤其是女性更显得脆弱，这在心理上看是有道理的。

因为人的身心都可能受“生理时间”所支配，每当到了黄昏，这种现象尤为明显，当“生理时间”影响着人的精神和肉体的自然节奏，令这种节奏显出不协调时，任何人的身体都会感到疲倦，因而思考能力降低，紧张感也变弱。在黄昏时分，交通事故往往比较容易发生正是由于这个原因。

一般说来，女性较男性更为情绪化，当受了“生理时间”不协调的影响时，也较男性更易陷入不安和感伤状态，更容易被战胜。如此说来，说服女性最好是在黄昏时分，也不无道理。这也可以说是运用了“胜于易胜”的心术吧。

当然，“生理时间”的变化影响人情绪和心理的现象，不仅对女性如此，对男性也同样如此。众所周知，煽动天才德国纳粹的头子希特勒，集合时间每每都选择在黄昏时刻，由此可知他颇为了解人心的倾向。

巧妙地利用“生理时间”的变化来攻击对方的做法，在交际上很有效。比如商务谈判，若是感到此次会谈有困难，最好就选择在傍晚或夜间，若是会正在开则将会程拖延至傍晚时分等。

造就你的特殊标识

齐国的大臣貂勃在没有发迹以前，只是一个很普通的官吏，而那时大臣田单却因立战功，而被齐王封为安平君，齐国的人民对他十分崇敬。貂勃好像不知道这一点似的，他经常在众人面前诽谤田单说：“安平君是个小人。”

安平君田单得知后，就设下酒宴，派人请来貂勃说：“我怎么得罪先生了，竟然常常在众人面前被你诽谤呢？”

“盗跖的狗对圣尧狂吠，它并非认为盗跖高贵圣尧卑贱，狗本来就会对不是它主人的人狂叫。如今，假如公孙先生有德，而徐先生无德，若是公孙先生和徐先生打起来，徐先生的狗必将扑上去咬公孙先生的腿肚子。如果让这狗离开无德的人，而成为有德人的狗，那就不只是会咬人家的腿肚子了。”

“先生的意思我明白了。”

第二天，安平君田单就把貂勃作为自己的心腹，推荐给了齐襄王。于是貂勃靠田单而起了家。

后来，当有人在齐襄王面前诽谤田单时，貂勃竭力为他辩护，并通过他的善辩，使得齐襄王下令杀死了诽谤的人，重新恢复了对田单的信任。做出与众不同的、富于创意的举动，引起别人的困惑与好奇，使之不能无视其存在。这样做，即使不能像貂勃那样立即得到重用，也会为将来的崭露头角奠定基础。

四川才子陈子昂最初进京，不为人知。他整日冥思苦想，如何方能提高自己的声望。

有一次，有个人卖胡琴，要价一百缗钱。那些豪绅贵族们传看了许久，无人能辨出好坏。这时，陈子昂突然出现在卖主面前，对左右的人说：“到我家去取一千缗钱吧！这琴我买下了！”众人吃惊地询问，陈子昂答道：“我善于演奏这种乐器。”大家都说：“可以听听你演奏的曲子吗？”陈子昂说：“如果愿意，你们明日可以到宜阳会齐，到时我为大家演奏。”

第二天，众人如期前往。到那一看，见陈子昂已将酒肴准备齐全，胡琴就放在席前。吃喝完毕，陈子昂激动地对众人说：“我陈子昂本是四川才子，有文章一百轴。可惜的是，我来到京城，风尘仆仆，却不为人知。这种乐器是低贱的乐工所演奏的，我怎么会对这玩意感兴趣呢？”说罢，举起胡琴摔碎在地上，然后，把文轴遍赠予参加宴会的人。

说来也真神，一日之内，陈子昂的名声便传遍了京城。

看来才子陈子昂在推销自己的心术方面也很在行。他抓住当时人们重视艺术才能的心理，借助提高胡琴价格，吸引了人们的注意力，最后达到了推销自己的目的。

貂勃和陈子昂的例子告诉我们，一个人要想在社会生活中取得明显的业绩，就一刻也离不开他人的理解、合作、支持和配合，而要想获得别人的良好对待或上司的青睐，就必须首先使自己的价值、目的、要求等为人所知，这样，就要推销自己。那些终生默默无闻的人，是不可能在社会竞争中得胜的。

推销自己的心术，在现代被越来越多的人所注重。公共关系学出现以后，将推销自己作为核心内容纳入自己的体系之中，进一步扩大了它的影响。从一定的意义上来说，在今天的信息社会，企业不会推销自己，就不会赢得更多的利润；领导者不会推销自己，就不能获得广泛而持久的影响力；演员不会推销自己，就不会有很多的观众；教师不会推销自己，就不会得到学生的信赖和拥戴……

萍水相逢亦是友

它，就是大千世界中无孔不入的路人关系。

路人关系的短暂性，决定了路人之间相处的特点。我们试图通过路人关系中的一些“怎么办”做出回答。不知读者是否满意这些答案。

(1)相逢何必曾相识

如果我们留心一下现代人的活动，就会发现，他们每日接触最多的人大都不是熟人，而是萍水相逢的生人。这种现象奇怪吗？在人员高度流动的社会里，一点儿也不奇怪。每一个人都有一个或若干个比较稳定、熟悉的社会关系圈。如果他不流动，便只能与这个关系系圈中的人重复交往。一旦他向别处流动，接触到的必然是一张张生疏的面孔。不管个人的愿望如何，只要在现代社会中生活，就无法摆脱由陌生人或路人所交织而成的那张松散的关系网。

每个人虽然在客观上总是要与路人发生联系，但是有些人却总想回避与路人交往。这一般有两种表现：

有一种人不善于与路人交往，特别在人多的场面，感到在生人面前“不好意思”，不如在熟人面前“自在”，这种情况大多反映在那些涉世未深、社会活动甚少、性格内向、不善言谈的人身上。

另一种人则表现为不愿意与路人交往。在他们的观念里，路人不过是匆匆过客，与其花时间与他们打交道，不如自己干点什么事情。因此，他们对路人常常表现出冷漠的态度。比如路人若向他们问路，即使知道，也会冷冰冰地回答：“不知道！”。

上面两种人的共同点是很少与路人主动打交道。其实，这是大可不必的。相逢何须曾相识，同是现代社会人，人来人往，交际增多了，世面见得多了，与路人交往时的不自在感自然消除了。另外，在外边遇到什么事，就不能念“熟人好办事”的经了，亲朋好友都不能解决问题，真正好办事的就是路人了。可见路人关系不能轻视，不能只想路人为自己付出什么，而要想一想自己为路人做点什么。

(2)解难还需路人情

朋友，你读过青年女作家王安忆写的小说《雨，沙沙沙》吗？末班车已开，雯雯必须顶风冒雨在黑夜里走七站路才能到家，有位小伙子向她伸出了热情帮助的手，骑车送她回家，并且将自己的雨衣披到她的肩上。当雯雯向那位小伙子道谢时，那小伙子说：“谢什么？不碰上我，碰上别人也一样。”

“碰上别人也一样”吗？不一定。现实生活太复杂了，萍水相逢的路人中，助人为乐者有之，同情者有之，“事不关己”者有之，甚至看笑话者也有之。当然，我们社会所推崇的道德风尚是，当路人遇到困难时，我们应该表现出助人为乐的高尚品德，而不是仅仅停留在同情上，我们不赞成那种“事不关己”的态度，更反对那种把自己的快乐建立在别人的痛苦之上的损人利己的不道德行为。

多少年来，文学家们用了多少笔墨，来描写人间的各种情感：母子情、夫妻情、老乡情、朋友情……其中，还有一种特殊的情感，即路人情。这种情感的特殊之处在于，它发生在素昧平生、萍水相逢的人们之间。正是由于路人的这种特点，使得有些人对待路人情感十分淡漠。在他们看来，大千世界，芸芸众生，互不相识，稍纵即逝，何必为此在感情上付出更多的东西。这种想法和做法是不对的。在社会中生活的每一个人都要与社会发生交往，不但要与自己熟悉的人交往，而且也要与自己不相识的人交往。随着社会现代化程度的提高和交往范围的扩大，人们与不相识的路人的接触无论在时间上还是在数量上都大大增长了。乍看上去，路人之间似乎没有多少联系，但实际上却存在着很强的依赖关系。从心理上看，一个人出门在外，身边若无路人，很可能产生寂寞、焦急、恐惧以及不安全感等心理状态。从行为来看，当人们能够独立完成某种活动时，他们可以不与路人发生直接联系。但是，人们常常又遇到各种各样的意想不到的困难，需要得到路人的帮助。例如，在外患病、受伤、迷路、携带物品过多等，正是由于这些心理和行为因素，使得貌似无关的路人之间形成了一种相互依赖的社会关系，而路人情则是这种社会关系的润滑剂。在我们国家，社会主义的人与人之间的关系，赋予“路人情”以崭新的深刻的内涵，永远放射着光芒的雷锋精神就是生动的表现。

(3)因人而异识路人

路人之间的关系常常是很短暂的，或对视一下，或擦肩而过。但有时候，路人之间却要几个小时甚至几天时间在一起相处。比如，有两个互不相识的人从北京坐火车到乌鲁木齐，座位号又挨在一起，那么，他们便要有三四天的面对面交往了。

让我们来设想一下：这两个人中间，一位喜欢高谈阔论，属于外向型的人，另一位则喜欢沉默寡言，属于内向型的人。假如他们换一个环境，比如在百货公司的柜台前购货，或者在音乐茶座里品茶消遣，那么，如果他们相互之间感到忍耐不下去，可以马上离开。但是，现在他们是坐在火车里，座位也不好换，离又离不开，怎么办呢？最好的办法莫过于忍耐了，所谓忍耐，就是双方都应该做一点让步，善讲的稍微收敛一点，不善讲的稍微活跃一点，气氛一融洽，几天的旅途生活就不至于太乏味了。

这是不同类型的路人之间相处的一个例子。实际上，路人之间的不同类型多得很呢！比如，下列类型的路人之间都有一个如何相处的问题：男同志和女同志之间，年轻人与老年人之间，干部、知识分子和农民之间，急性子和慢性子之间，性情开朗的人和性情抑郁的人之间，见多识广的人和孤陋寡闻的人之间，等等。我们每个人都常常免不了要与不同类型的路人之间相处一段时间，时间虽然都不长，但却不能小看，如果关系处理不好，就会影响情绪，甚至影响自己的身体、学习和工作。

与不同类型的路人相处，有几点是需要注意的：

第一，要有容忍精神。由于类型不同，我们与路人相处首先会产生一种不和谐、不习惯的感觉，比如前面提到的那两位善谈的和不善谈的人之间就可能会感到不和谐。这时候，一定要有点容忍精神，要认识到人家总是与你的类型不同而已，而不能在自己与他人之间作对与不对的价值判断。

第二，要找共同语言。有人说，不同类型的人之间没有共同语言。这话有点偏激。我们只能说，同类型人的共同语言多或某方面的共同语言多，而不同类型的人的共同语言少而已。不同类型的路人相处，为了融洽关系，不妨找点双方共同有兴趣的话题，切忌多谈对方感到乏味的内容。

第三，要多向对方学习。同不同类型的路人相处，固然不如与同类型人相处更容易

“谈得来”，但是，也许正由于类型的不同，人们才可能从对方那里学到不少同类型人身上不具备的东西。对不同类型的路人表现出虚心学习的态度，不仅对自己有益，而且也是对人家的一种尊敬，有助于融洽路人之间的关系。

(4)结伴而行好处多

人人都喜爱大自然，但是，人有时候又有点儿惧怕大自然。比如，当一个人单独置身于空旷的山谷中或森林里，会感到十分寂寞和紧张，甚至恐惧。这时候，身边只要有人，哪怕只有一个人，也会感到壮了胆，即使人们外出旅游的地方人很多，没有那种独居大自然中的紧张感，但是还是希望能有同自己交谈的人，一方面不至于太寂寞，另一方面交谈可减少疲劳感。这就是人们出游时，为什么要结伴而行的道理。

说到结伴，大家很自然地会想到家人、亲戚、朋友、同事、同学等等，这些都是熟人，都是在旅行前就可以结成的旅伴。但是还有一些旅伴则是在旅途中结识的，是由于结伴双方有着共同的旅游目标并且由于偶然的原因巧遇而结成的，这就是由路人结成的旅伴。熟人结伴自有其好处，而路人结伴也有其独特的乐趣。

不过，旅途中与路人结伴毕竟是萍水相逢，注意处理好与新旅伴的关系，是很必要的。那么，与路人结伴，应该注意什么呢？

其一，双方应该互相尊重，互相帮助。路人虽不相识，但由于有共同的旅游目标，所以有可能结伴而行。但是，能够维持双方的旅伴关系的并不仅仅是旅游目标，更重要的是互相尊重,互相帮助。言谈举止应该热情、谦虚和有礼貌。旅行很容易产生饥、渴、疲劳等现象,所以,双方还应该热情相助,想办法解除对方的困难。

其二,保持一定的戒备心理是有益的。尽管绝大多数人是好的,但也确实有极少数坏人在钻那些麻痹大意的游人的空子。比如,当没有把握的时候,不要轻易把旅行包交给他人看管,等等。女孩子更要注意,如果在旅途中发现一些男子过分地表示殷勤,头脑千万不能发热,否则很可能会产生终生痛苦的事情。

(5)路遇不平拔刀相助

60年代晚期,美国纽约曾发生过一起罕见的凶杀案,凶手在一个居民区的街中心花了半个多小时杀死一名少妇,当时至少有38个旁观者曾目睹这场凶杀,然而竟没有一个人出来援助这位少妇,甚至没有一个人打电话报告警察。

这种事发生在资本主义社会是不足为奇的。在我国,人民之间建立了社会主义的新型关系,在路遇不平时,广大群众常常会挺身而出,同坏人做斗争,保护受害者。当然,也有那么一部分人私心比较严重,遇到路人受坏人威胁时,他们竟"明哲保身",退避三舍。

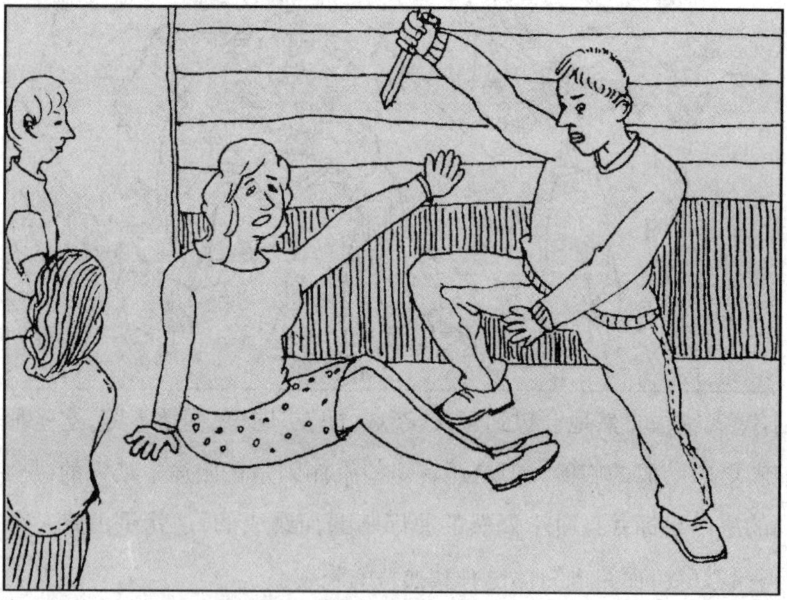

读过《水浒》的人,恐怕没有不为鲁提辖三拳打死镇关西叫好的,因为这镇关西也太可恶了。但是,假如此事发生在今天,鲁提辖是要坐班房的,因为路遇不平固然需要帮助,但"拔刀"相助便有可能违法甚至是犯罪了。

显然,上面两种办法都是不足取的。那么当我们路遇不平时该怎么办呢?如果闹事者只是搞一般的滋衅活动,未对当事人有明显的人身威胁,那我们就应该力争以理服人,以情动人,以智胜人。首先应该用正确的道理驳倒闹事者们可能提出的种种歪理,使他们感到理屈词穷,其次,我们虽然“理直”,但此时气不必太“壮”,因为闹事者可能是在起哄,并不是想把事情弄到犯罪的地步。所以,当我们陈述道理时,若肝火太盛,反而可能在客观上助长他们的对立情绪,以至于把事态扩大,还是以情来打动他们那麻木变态的心灵为好。最后,还须拿出我们的智谋来,巧妙恰当地运用语言和方法,使闹事者接受我们的观点,改变他们的态度,使事态得到较完满的解决。

如果我们遇到的闹事者对当事人有明显的犯罪行为(如抢劫、持械行凶、暴力威胁妇女等等),应该挺身而出,保护受害者,并同坏人做坚决的斗争。首先应该想到保护受害人的安全,同闹事者斗争,绝不是要蛮干,在寡不敌众的情况下,应该全力保护受害人,回避与闹事者正面交锋。在有足够的力量制服闹事者的时候,也不应独自做失之偏激的处罚,而应该捉拿归案,交由公安机关处理。

当然,进行这样的斗争,需要足够的勇气和智谋,也面临着生命的危险。优秀的新闻战士安珂就是在这样的斗争中献出了宝贵的生命,当安珂把自己赤诚的心献给人民的时候,他得到的是人民的深情的爱!

(6)理解矛盾,避免摩擦

控制或防止人们之间可能发生的矛盾,这是一种有意识的行为。比如我们常常教育青少年要尊老爱幼,维护社会公德,养成文明礼貌的传统,这种教育就是一种控制手段。但是,控制并不是万能的。如果说,在现实社会生活中,对有意制造矛盾的不良行为都不可能依靠有意识的控制手段完全做到消除的话,那么,对无意中发生的摩擦进行有意识的控制就显得更加不易。

这样说是否有点消极呢?不是的,承认控制的不易,正是为了引起社会更广泛的注意,积极地采取教育、道德甚至法律的手段来减少无意识发生的摩擦或矛盾可能带来的不良影响。更为重要的足,我们应该正视“摩擦常常可能在无意中发生”这个现实,并且以正确的态度来处理这些摩擦。

正确的态度首先表现为遇事能够进行冷静的分析。当路人无意发生摩擦时,不少人常常不问青红皂白,开口就责骂对方,以至大动干戈,把区区小事发展到了不应有的激化程度。实际上,双方如果一开始就比较冷静,搞清楚问题的来龙去脉,就很容易使问题得到妥善解决。就拿两人骑车发生碰撞来说吧,虽然现象上表现为两辆车子“撞”到了一起，但具体分析起来，就有好几种情况：一是甲撞了乙，二是甲被乙撞了，三是甲乙双方互撞了。此外，还应该考虑到下列因素，当甲乙的自行车碰撞时：甲处在违反交通规则的位置，乙处在违反交通规则的位置，甲乙都处在（或都没有处在）违反交通规则的位置。当我们冷静地分析了撞车的客观情况，弄清了谁在撞车时有过失现象，这就为顺利解决摩擦创造了良好的前提条件。

正确的态度还表现为摩擦双方能够以礼相见，以诚相待。我们还是以两辆自行车碰撞为例，撞人的一方当然应该主动道歉，说一声"对不起"，而且应该询问对方："您不要紧吧？""您的车子怎样？"等等。被撞的一方则应该说："没关系。"即使车子被撞出一点儿毛病，也不应该得理不让人，还是谅解和忍让哪怕是甘愿吃点亏为好。如果有一方违反了交通规则，导致了碰撞的发生，另一方最好以缓和的口气说："您看，如果您不这么骑车，咱俩不就没事了？"这样对方会惭愧地。如果双方是相撞，都有一定责任，这时更需要互谅互让的精神。

记住：只要头脑保持冷静，并且坚持真诚、礼让的友好态度，路人之间极易产生的大量的小摩擦就会化"险"为"夷"。

（7）乐于交谈，勇于交谈

要把与陌生人交谈看成是一件乐事。应当想：这是获取新信息的好途径，是扩大横向联系的好机会，是求知学习的好渠道，是锻炼口才的好办法……只有这样，你才能珍视与陌生人的交谈，变畏途为乐境，变被动应付为主动出击。交谈时，你才会热情、诚恳、谈得娓娓动听，"未成曲调先有情"，心中的话，才会源源涌到舌尖。

初次见面，素昧平生。有人感到周身不自在，"不好意思"交谈；有人感到无从启齿，"没有办法"交谈。他们或局促一角，尴尬窘迫；若欲言又止，嗫嚅迂讷；或说话生硬，使人误解……产生这些现象的原因之一是：缺乏和陌生人交谈的勇气。所以在与人交谈时首先要坚信自己是能够把话说清楚的，有无这种信心是非常重要的。但是与陌生人交谈的勇气也不是与生俱来的，是可以逐步培养的。其主要方法是：

自我暗示法。交谈前可作自我暗示，适当默念："慌什么？一句一句说！""急什么？自有办法可想！""怕什么？说不定对方比我更害怕呢！要勇敢，镇定地说出第一句！"

自我信任法。相信自己能说会说。做到：该说则说，该笑则笑，该问则问，自然大方。

警句启迪法。牢记一些帮助你战胜胆怯、鼓足勇气的警句常常有很好的启迪作用。如："勇气是男子汉的主要品性""大胆天下去得，小心寸步难行""永不听信你的惧怕"，

自己先有一种坚信,然后用你全副的精神做去——成功的基础十有八九建筑于此。

紧张情绪转移法。别老想着:要和陌生人谈话了,怎么谈呢?真急死人……要把此种紧张情绪转移到别的事物上去。如看看室内的陈设,鉴赏一下墙上的名画、挂历等等。紧张的心情自然地消释了,交谈就能较轻松地进行。

在与陌生人交谈时,我们也要牢记著名口才家伯瑞尖的精辟见解:“讲话的才干,多是由练习得来的,很少先天的赋予。”

(8)巧找话题

我们在与陌生人交谈、寒暄之后,常会出现可怕的冷场,这时我们就面临着一种找话题的问题,有人说:“交谈中要学会没话找话的本领。”所谓“找话”就是“找话题”。写文章,有了个好题目,往往会文思泉涌,一挥而就;交谈,有了好话题,就能使谈话融洽自如。好话题,是初步交谈的媒介,深入细谈的基础,纵情畅谈的开端。好话题的标准应是:至少有一方熟悉,能谈;大家感兴趣,爱谈;有展开探讨的余地,好谈。

找话题的方法有多种:

中心开花法。面对众多陌生人,选择众人关心的事件为题,围绕人们的注意中心,引出许多人的议论,导致“语花”四溅,形成“中心开花”。如上海某铁路道口,因道口员的失职,以致公共汽车与火车相撞,造成 44 人伤亡的惨剧。有人在事故见报后第二天,在与一群陌生人交谈时,提出这一话题。顿时,大家议论纷纷,有的补叙自己所知的具体情节;有的发表对失职者的处罚意见;有的叙述市领导亲赴现场的情景;有的谈论职业道德的重要……大家七嘴八舌,十分热烈。这类话题是大家想谈、爱谈、又能谈的,人人有话,自然能说个不停了。以“中心开花”法选话题,要在陌生人多的场合,把话题对准大伙的兴奋中心。

即兴引入法。巧妙地借用彼此、彼地、彼人的某些材料为题,借此引发交谈。如有人在大热天见到一位不相识的环卫工人时,说:“这么热的天,看这西瓜成车地运进城,你们清扫瓜皮的任务肯定不轻呵!”一句话,引来对方滔滔不绝地讲述烈日下劳动的艰辛,抒发“脏了我一个,清洁全城人”的豪情。有人善于借对方的姓名、籍贯、年龄、服饰、居室等等,即兴引出话题,常常取得好的效果。“即兴引入”法的优点是灵活自然,就地取材,其关键是要思维敏捷,能做由此及彼的联想。

投石问路法。向河水中投块石头,探明水的深浅再前行时,就能较有把握地过河;与陌生人交谈,先提一些“投石”式的问题,在略有了解后再有目的的交谈,便能使谈话较为自如。如在宴会上遇到陌生的邻座,便可先“投石”询问:“您和主人是老同学呢,还是老同事?”无论问话的前半句对,还是后半句对,都可循着对的一方面交谈下去;如果问得都不对,对方回答说是“老乡”,那也可谈下去了。假如是北京老乡,你可和他谈天安门、故宫、长城,也可与他谈北京的新变化;如果是福建老乡,你可与他谈荔枝、龙眼、橘子,沿海的水产等等。

循趣入题法。问明陌生人的兴趣,循趣生发,能顺利地进入话题。因为对方最感兴趣的事,总是最熟悉、最有话可谈、最乐于谈的。如对方喜爱摄影,便可以此为题,谈摄影的取景,胶卷的选择,各类相机的优劣,钻研摄影艺术的甘苦等等。如果你对摄影略通一二,那肯定谈得投机。如你对摄影不太了解,那也正是个学习机会,可静心倾听,适时提问,借此大开眼界。

把握赞美的“度”

赞美的“度”,我们可以从以下三个方面去把握:

(1)赞美的内容要适度

所谓赞美的内容要适度,就是赞美他人时,要实事求是,恰如其分。如果不管有的没有的乱说一气,任意夸大情节,评价失实或张冠李戴,那么不仅起不到赞美的积极作用,还将收到相反的效果。

赞美必须实事求是，对那些确实值得赞美之处，给予恰如其分的赞美，这样才能起到激励他人前进的作用。有的人为了讨好他人，一味吹吹拍拍，夸大事实，吹捧对方，其实这是最不适度的赞美。对于一些有经验的人来说，他们会透过这种不适度的赞美看到赞美者内心的动机。

(2)赞美的方式要适度

所谓赞美的方式要适度，就是要针对不同的对象采取不同的赞美方式。如：对年轻人的赞美，在语气上应稍带夸奖的意味。对德高望重的长者的赞美，在语气上应当带有尊重的意味。对思维机敏的人，赞美可以抓住要点，三言两语，因为这样简单的赞美，他会很快领会，有时稍加暗示也能心领神会。对于有疑虑心理的人，赞美应该明显，把话说清楚，否则他可能产生误解，说不定以为是在讽刺他，或是变相批评他。

(3)赞美的频率要适度

赞美的频率要适度，是指在特定时间内赞美他人的次数要适度。事实表明，在特定时间内赞美他人的次数，尤其是赞美同一个人的次数越频繁，赞美的作用也就越低。所以，要合理地适度地赞美他人。为了合理地把握赞美他人频率的“度”，我们可以他人的优良行为的发展进程为尺度。如果他人的优良行为发展的比表现的较突出，其赞美的频率可以稍高一些。如果他人的优良行为发展的较慢，表现出的新的变化不明显，应该相对减少对其赞美的次数。当然，如果他人取得的成就较多，你相反赞美的频率很低，也是不适宜的。因为，那样会使对方感到你是在妒忌，或感到你对他的成就不尊重。

目的有相同需求的人=关系

有人单靠直觉建立“关系”；有人则要努力不懈，才能拓展一点“关系”。前者往往难以预料结果如何，后者比较知晓拉拢关系的“天时地利”。

“关系”通常要花一点儿功夫才能取得。一家公司在两个月内即将面临大裁员或破产的打击，员工应该早有所闻，有人像无头苍蝇不知如何是好，有人则已悄悄地打电话联络，寻找下一个工作机会，以免和公司“同归于尽”。你可以用全部的银行存款打赌，这些人一定比慌张失措的同事先找到工作，之后也会继续依靠“关系”，追求更卓越的生涯。

事实上，“关系”对他们来说就是生命线，和外界保持某种程度的“关系”，消息才会灵通。要是问他们这些“关系”是怎么来的，恐怕他们也答不上来。这种事并非是鬼鬼祟祟、见不得人的勾当，而是一般人成功的秘诀。他们了解“团结力量大”的道理，最后，练成了在最不可能的地方得到情报的神功。

善于拓展“关系”的人，是标准的社交高手，不管是在宴会、洽谈公事或私人聚会上，总是会掌握时机。对这些“沟通大师”而言，人生就是一场历险记——会议室、酒吧、街角、餐厅，甚至在澡堂里，处处都可以“增广见闻”，因此随时竖起耳朵，收听精彩的内幕消息或飞短流长。只要你多走动必有收获。

最会拉关系的人，不但口吐莲花、左右逢源，而且任何蛛丝马迹都逃不过他的法眼。他们就是天生的侦探或是记者，不然也应颁给他们“社会学”荣誉博士。

亲切主动打招呼

这是一则有关林肯在年轻时担任律师所发生的故事。

某个寒冷的日子，他走在往办公室的路上，本想乘马车，但又觉得太过于浪费，于是只好缩着脖子继续赶路，这时候，从后方传来了一阵马蹄声，他回头一瞧，马车上坐着一位穿着入时的男士，林肯毫不犹豫地趋步向前，满面笑容地向他打招呼：“我是律师，林肯。很抱歉，能否麻烦你送我的外套到办公室去呢?”“当然没问题，只是天气这么冷，你不穿外套回家吗?”男士一脸讶异的表情。林肯若无其事地回答说：“当然连同我的身体一起送上呀!”马车上的男士笑了，伸出手说：“请上来吧!”从此，两人结下了不解之缘，成了莫逆之交，在林肯竞选大总统时，此人曾废寝忘食地鼎力相助。

轻松愉快地打招呼，虽只是芝麻大的小事，但在结合两人的友谊上，却发挥了无比的力量。

很多生意人都利用新干线飞机出差，那么，试着和邻座的人聊聊天如何？若能轻松自然地打声招呼，那是最好不过的了，但如果不习惯恐怕就很难做了。

下飞机在出口处只见笑容可掬的女服务员对着每个人说“谢谢”，大部分的乘客都是视若无睹地走过去；对于甜美的笑容，如果能自然地还报一声“谢谢”，也是对他人劳动的一种尊重。

在公司里，打招呼很容易流于形式。其实，对每天碰面熟悉的人，或不常交谈的对方，都应满怀亲切来和他们打招呼。

言为心声　声可达意

由于天生的禀赋和艰苦的努力，无论是对于日常生活语言和专业语言，还是对于文学语言、理论语言和艺术语言，每个人都可以在这些方面获得熟练掌握的艺术。这门艺术首先取决于思想的内涵和深度、语言的丰富以及发现各种事物典型特征的能力。换句话说，语言是内在文明的一种最有说服力的标志。例如：

请：礼让的象征，谦恭的标志。

您：尊的音符，敬的旋律。

祝：良好的愿望，诚挚的情意。

借光：温暖了别人，方便了自己。

谢谢:知情达理,真挚诚恳。

对不起:道德的尺度,灵魂的水准。

没关系:善于宽容,更见涵养。

别客气:对方知理,自己更谦虚。

因此才会有这样的名言出现:"大丈夫隐藏在自己的舌头后面。"

捷克斯洛伐克人所写的《行为指南》一书中,对下列几个方面十分重视:

——要选择适当的话题,使所有在场的人都感兴趣,并让每个人都能发表自己的看法;家庭私事只能在家庭范围内谈;

——开玩笑一定要谨慎,切勿伤害在场的任何一个人;

——不能冷落老人和孩子;

——向交谈者表示自己的意见时,态度要委婉,不能简单地说"是"或"不"。应当加几个词:"不,维佳","对不起,我不能这么办"。切忌这样说:"这不对","这太蠢了";要这样来继续谈话:"我觉得您错了","您大概是错了","看来是给您提供的情况有误",等等。

——开怀大笑,把牙齿全露出来,或者动不动就笑,都不合礼节。

照《行为指南》一书作者的看法,以下几种交谈者是使人喜欢的:

——不抢先说话者;

——见别人不打算说话,就不与之攀谈者;

——发生争吵时,改变话题者;

——不谈自己的成绩和挫折者;

——不谈别人的生理缺陷者;

——不损害民族尊严者;

——不发火、不说粗话、不造谣者;

——不取笑别人者;

——为了不破坏大家的良好情绪而离开交际场合者。

语言美,还体现在使用礼貌语言上,例如:

初次见面说久仰,请人批评说指教,央人帮忙说劳驾,麻烦别人说打扰,求人解答用请问,托人办事用拜托,看望别人用拜访,陪伴朋友用奉陪,等候客人用恭候,欢迎购买唤作光顾,对方来信叫惠书,每事办完道谢谢,好久未见说久违,求人原谅请包涵,请给方便说借光，向人祝贺道恭喜，请人指点用赐教，赞人见解用高见，宾客来到用光临，中途先走用失陪，请人勿送说留步，归还原物说奉还，老人年龄称高寿，自己诗画送人看，常道斧正或雅正，别人求谅答没关系。

另外在交际场上第一次“亮相”，有一种说法叫作“三出”。即：出面、出手、出口。出面，就是亮出自己的面容、神情和仪表；出手，就是亮出自己的动作、姿态和手势；出口，那就是开口讲话，亮出自己的语言、声调和音色。

说话如同唱歌一样，甜润动听的嗓音使人在听觉上产生美感，再加上有趣的内容、优美的修辞、富有感情的语调，就更使人爱听了，说话与发声是门艺术，除讲究抑扬顿挫之外，还要求速度适中、强弱得宜、高低和谐、感情丰富及转折自然等。

声音是付诸于听觉的，要根据听者的距离远近，适当地控制自己的音量，过高了，刺耳；过低了，听不清楚，声音最好控制在对方能听见的限度内。有的人，不管在什么地方，也不管跟多少人讲话，总是放开嗓门，哇啦哇啦地直嚷，这是一种不雅的习惯。也有的人故意装腔作势，控着嗓子，拖着长音说话，自以为很美，其实很不自然，这是种病态的声音，令人感到厌恶。讲话要用自己本来的嗓子，真实、亲切、柔和、顺耳，使人的感官上觉得自然、舒服、愉快、可信。

巧妙地运用嗓音来加强语言的效果，这是演说家的秘诀。美的嗓音具有音乐感，能使你一开口就吸引住听众。

同样一句话，演员和一般人说的效果就不一样。演员和播音员均经过专门的训练，他们懂得如何发挥声音的魅力，如何掌握语句的抑、扬、顿、挫，如何给声音“化妆”，如何使声音“像变魔术似的变出许多色彩”来。一般的人没有条件进行系统的训练，但是也应当经常有意识地进行练习，一方面练习听，听演员道白与播音员播音；另一方面练习说，经常朗读一些小说、诗歌、散文和剧本片段，请人指点，或用录音机录下来，自己进行比较和分析、研究，怎样使自己的声音变得更优美、更动人。

训练有素的人，即使说一句很平常的话，也能收到良好的效果。大学里邀请演员做报告时，不仅座无虚席，而且有人还愿站着听几个小时，其实有些报告的内容很普通，原因就在于讲话人声情并茂的表演艺术使人忘记了时间和疲劳。有的人，即使拿一篇精彩的讲稿在朗读，也收不到预期的效果，因为他们忽视了声音的作用，或者本身先天条件不佳，又缺乏训练，等到讲话时方感力不从心，事倍功半；再者，讲稿是别人代写的，事先又无充分地准备，该激动时激动不起来，该沉痛时沉痛不出来，自己没有激情是无法触发别人的感情的，可见没有感情的演说是打动不了人心的。

风度翩翩好交往

风度美囊括以下几个方面的内容：

饱满的精神状态。神采奕奕，精力充沛，显得自信和富有活力，就能激发对方的交往动机，活跃交往气氛。如若萎靡不振，无精打采，即使你有交往诚意，对方也会感到兴味索然。

诚恳的待人态度。不管对谁，都应平等相待，显得诚恳而坦率，切忌闪烁其词，或言语与表情动作自相矛盾。端庄而不矜持冷漠，谦逊而不矫饰作伪。“上交不谄，下交不渎”。

受欢迎的性格特征。性格是表现人的态度和行为方面的较稳定的心理特征。性格通过行为表现出来，因此与风度密切相关。如性格孤傲的人，风度就显得傲慢，孤芳自赏，咄咄逼人；性格软弱的人，风度就显得纤细、委婉、优柔寡断；性格强悍的人，风度就显得大略粗犷，叱咤风云；性格文静的人，风度就显得淡雅、恬适，文质彬彬；性格活泼的人，风度就显得洒脱；活络，挥洒自如；性格刻板的人，风度就显得呆滞，沉郁，缄默无言……那些故作姿态、用伪装的风度迷惑人的伪君子，当然不在此列。当然，人无完人，谁都有性格上的弱点、风度上的缺陷，坚强者易流于固执，果断者易流于粗率，活泼者易流于轻佻，严肃者易流于呆板，温柔者易流于怯懦，威猛者易流于凶残，自信者易流于刚愎自用，谨慎者易流于优柔寡断……我们要使自己的风度得到别人的赞美，就要加强性格的修养，努力做到：大方而不轻佻，喜功而不炫耀，自重而不自傲，豪爽而不粗俗，刚强而不执拗，谦虚而不虚伪，认真而不迂腐，活泼而不轻浮，直爽而不幼稚……

幽默文雅的风度也体现在谈吐上。豪放的人，语多激扬而不粗俗；潇洒的人，言谈风雅而不随便；谦逊的人，含蓄蕴藉而不猥琐；博学的人，旁征博引而不芜杂；宽厚的人，语多奖腋；刻薄的人，词多贬抑；脚踏实地的人，声调沉稳；只图虚名的人，喜好浮词；好嫉妒的人，语言带刺……美的风度，在语言上体现着；言之有据，言之有礼，言之有物，言之有味。语言是风度的窗户，出口不逊、满口粗话，就不是风度美。

洒脱的仪表礼节。一个人风仪秀整，俊逸潇洒，就能产生使人乐于亲近的魅力。这种魅力不只取决于长相和衣着，更在于人的气质和仪态，这是人的内在品格的自然流露。得体的礼仪能使本来的顽梗变柔顺，使人们的气质变温和，使别人敬重你，和别人合得来。

适当的表情动作。人的神态和表情，是沟通人的思想感情的非言语交往工具，是社交风度的具体表现方式。以体势表情而言，略为倾向于对方，表示热情和兴趣；微微欠身，显得谦恭有礼；身体后仰，显得坦然随便，但有时会显得过于轻慢；侧转身子，表示嫌恶和蔑视；背朝人家，则意味着不屑理睬了。在面部表情上，自然的微笑，是一种轻松友好的表示；而若肌肉绷紧，脸似冰霜，或是出于过分的拘谨，或是含有敌意，则旁人就不敢接近了。在声调表情上，语气应柔和自然，诚恳友善，切忌阴阳怪气，冷嘲热讽。

有话好好说

苏东坡是北宋时期的一位大才子。有一天，他去拜访宰相王安石，进门一看，王安石不在，但发现书桌上压着一张尚未写完的诗，诗只写了两句："西风昨晚过园林，吹落黄花满地金。"年轻气盛而又自负的苏东坡心想："这西风只有秋天才会刮，而菊花具有傲霜的气骨，只有到了深秋季节才渐渐枯萎，岂会花落满地，更何谈'吹落黄花满地金'呢？王公呵王公，好不自负，好不糊涂，竟然闹出如此笑话！"于是，拿起桌上的笔，接着王安石未写完的诗后，信笔写下："秋花不似春花落，说与诗人细细吟。"然后带着几分得意神情回去了。

王安石回家后，见桌上的诗，知道苏东坡来过，而且见笔迹也知道是他所写，心里暗想："这苏东坡年轻自负，我得想法子用事实教训教训他，让他明白到底是谁闹笑话！"

王安石心生一计，即刻向宋神宗建议将苏东坡调到湖北黄州府做团练副使。苏东坡接旨后，心里很不痛快，心想这王安石就因为我揭了他的短，便上奏皇上叫我去湖北当苦差，但皇上已降旨，又不敢违抗。

话说苏东坡到任后，因为心里耿耿于怀，无心做事，有一天，他邀请好友陈季常一道在后花园饮酒赏菊，殊不知二人来到后花园一看，居然见不到一朵盛开的菊花，只见黄色的花瓣掉了一地，恰似“满地铺金”，原来前几天正好刮了大风，就将菊花纷纷吹落了，此时，苏东坡才恍然大悟。陈季常见苏东坡有些惊诧，便问道：“坡兄为何如此表情？”苏东坡才将前不久在王安石家错改菊花诗一事告诉了陈季常。接着，苏东坡感叹道：“我真是错怪了王公，我是只知其一，不知其二。今日之事给了我很深刻的教训，凡事都要谦虚谨慎，知之为知之，不知为不知，切不可自作聪明，骄傲自负。”后来，苏东坡主动向王安石赔礼道歉。

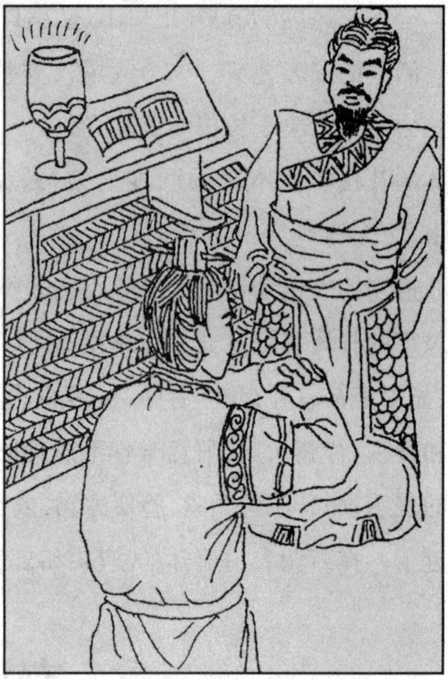

王安石以“教而不语”的心术，即用客观事实来教育苏东坡，真是无言胜有言，收到了良好的效果。使骄傲自负的苏东坡从自己所犯的错误后果中得到了深刻教训，后来谦虚谨慎，成为声名超过王安石的一代大文豪。

如何求见你的上司

汉武帝即位后，在全国征请有才干的人，东方朔得到选拔录用。汉武帝命他当公车署待诏，但俸禄微薄，不受重视。东方朔很想与汉武帝接近，于是设计出了一个巧妙的办法。一天，东方朔哄骗宫中看马的侏儒们，对他们说：“你们一不能种好地，二不能疆场征战，三不能为国家出谋献策，留你们这些人只能是白白吃饭，又有什么排场呢？所以皇帝决定要杀掉你们。”侏儒们听完东方朔这席危言耸听的话，个个吓得面如纸色，全都哭了起来。东方朔劝他们不要哭，应该想些办法。这些侏儒都用渴望的目光看着东方朔说：“大人能有什么办法救我们不死吗？”东方朔教唆他们说：“皇上就要从这里经过，你们何不叩头请罪，以求赦免呢。”不多时，皇帝果然前呼后拥地经过这里，侏儒们都跪在地上朝着皇上痛哭起来。皇上令手下人问这是何故，侏儒们回答：“东方朔告诉我们，说皇上认为我们活在世上是无用之人，要将我们全部杀掉。”皇上听后勃然大怒，心想：“这东方朔如此胆大妄为，敢造我的谣。”当即令人传东方朔，责问道：“你为什么造朕的谣言，该当何罪？”东方朔终于有了面见皇帝的机会，毫无惧色地说：“我活也要说，死也要说。侏儒身高三尺，俸禄是一袋粟，钱是二百四十；臣东方朔身长九尺多，俸禄也是一袋粟，钱也是二百四十。侏儒吃得饱饱的，而我却饿得要命。如果臣东方朔说的都是实理的话，请用厚礼待我；如不可采纳，请皇上准许我回家，以免白吃长安的米。”汉武帝听后哈哈大笑，弄明白了原来是这么回事，遂赦免了东方朔的死罪。不久，东方朔被任命为金马门待诏，得到了皇帝的重用。

南北朝的李元忠用激将法敲开高欢的大门，他的办法也是很值得我们借鉴的。

尔朱兆缢杀北魏孝庄帝后，河南太守李元忠弃官回家，密谋起兵为孝庄帝复仇。这时北魏大将高欢率军向河南开进，李元忠乘坐露车，载着筝琴、浊酒，前往迎接，想劝说高欢起兵征讨尔朱氏。

高欢听说李元忠嗜酒，又没有什么政绩，所以传令不见。

李元忠来到高欢营帐前，席地而坐，一边酌酒，一边吃肉，对门官说：“本来听说明公招揽天下俊杰，今天听到有国士到门，却不能像周公吐哺、汉高祖辍洗那样恭敬地迎接，其人可想而知。快点还我名片，不要再通报了！”

周公、汉高祖都是有名的政治家，思贤如渴。周公一听说有客人上门，便把吞下的饭吐掉，赶快出外迎接。汉高祖刘邦接见郦食其时，正在让两个女子洗脚。郦食其批评他：“真是想要争天下，不应如此傲慢地接见长辈。”刘邦立即赶走了女子，起身恭敬地对待郦食其。

李元忠用这两个人的故事来刺激高欢。

门官见李元忠谈吐不凡，气宇轩昂，便立即向高欢禀报了李元忠的话。高欢随即出门迎接李元忠，并且采纳了他的建议。从此，高欢与关东拥有强大私人武装的豪强大族李元忠、高乾兄弟联合起来，成为北方势力最大的军事集团。

郦食其是秦末高阳人，好读书，家中贫苦，但胸中蕴含天下的韬略。陈胜、项梁等起义之后，经过高阳的起义军有几十支，郦食其观察这些起义军的领袖都是龌龊之辈，喜欢烦琐的礼节，不能听从宏大的谋略，因此隐居不出。后来听说沛公刘邦一支起义军到了附近的陈留郡,并且刘邦每到一处都探访当地的英雄豪杰;郦食其还了解到刘邦为人豁达大量,不拘小节,比较随便,有宏大志向,于是决心求见刘邦。

郦食其一位同乡在刘邦身边做骑士,正好回家来,郦食其便请他向刘邦转达自己的意思。郦食其知道刘邦不喜欢儒生,客人中有人戴儒冠,刘邦便拿来做便壶,在里边撒尿;刘邦的性情比较粗野,开口就骂人。所以郦食其对这位骑士说:“你见到沛公,就说我们乡里有一个叫郦生的人,年纪六十多岁,身长八尺,人都叫他‘狂生’。这样沛公一定会接见我。”

刘邦年轻时狂放不羁,是个酒徒,常在酒店里赊钱喝酒,喝醉了就躺在酒店的地上。郦食其自称“狂生”,就会被刘邦引为同类的人,行为上的接受会导致心理上的相互接近。

这位骑士如郦食其所说转告了刘邦,刘邦果然立即召见了他。两人一见如故,郦食其便为他献出攻占陈留郡的策略,为刘邦后来争天下的事业奠定了基础。

幽默风趣批评人

在临下班前,经理把那位喜欢喝酒而经常上班迟到的职员叫来说:

“今晚你有没有空?哦?不!应该说是不是与什么人有约会?”

职员听经理这么说,以为可能是要请他喝酒,于是喜出望外,赶紧摇头说:

“怎么可能有人找我呢?今天晚上我一点儿事也没有。”

经理于是接着说:

“哦!既然如此,那么今晚就早点儿睡,明天应该就不会再迟到了吧!”

虽然这种话似乎有些欺诈的味道,但对于斥责别人有所顾虑的管理者来说,实不失为一种好方法。

又如:在某餐厅,一位已经喝得酩酊大醉的客人,从座位上走出来,对站在其附近的服务生,大声地嚷嚷:

“喂,小子!厕所在哪里?我要去小便啦!”

于是服务生毕恭毕敬地回答道!

“是的先生,厕所是在大厅最里面向左转后,通道的尽头。入口处的门上写着‘绅士’两字,不过您也可以进去。”

在某餐厅内用完餐的一位先生把店主叫了过来说:

“你店里的厨房实在干净得令人佩服!”

“多谢您的夸奖,可是您从未参观过我们的厨房,怎样了解呢?”

“这用不着看也知道啊!你店里的每道料理都带有肥皂味呀!”

道歉要有诚意

当我们遭受到失败之时,为了掩饰自己的失败,总是会倾力地为自己辩白。例如:

“那时,我的工作不止一个,几种工作纠缠在一起,忙碌得团团转,以致弄坏了……”

“昨夜没有好好睡觉……所以……”

“四周太嘈杂了,不能集中精神做事……因此……”

诸如此类的说法,不外是想掩饰自己的失败而已。

然而,不管你如何的为自己辩白,对方绝不会把它当真。因此,不管有何种理由(决定性的原因除外),一旦犯下了错误时,你最好直率坦诚地道一个歉。如此一来,对方就会轻易地原谅你的。

而且你的差错肯定给某些人造成伤害,而受害者常常希望看到你深感悔恨的感情体现。如果你过失之后能表现出歉意和窘迫不安,对方就会心平气和,对你宽容一些。

几年前,朱迪丝·马丁曾不慎导致了一场车祸事故,她对犯错后诚恳认错所引起的神奇力量深有感触。朱迪丝驾车不慎,撞入一个交叉路口,结果将一载人汽车撞伤,车上坐着一夫一妻,还有一个孩子。尽管听说对方无人受伤,朱迪丝还是忙不迭地道歉:"对不起,对不起,我真对不起你们。"

朱迪丝诚恳的道歉使她在几星期后的交通法庭上顺利通过,对她的过失进行宣判(判她去驾驶员学校上二次周末课程)后,受害车的主人同情地陪同朱迪丝走出法庭,并对她丈夫说:"你妻子真是一位有修养的人。"

事后朱迪丝这样描述真诚悔恨所带来的后果:"绝大多数人都是通情达理的,如果你诚恳认错,他们就会慷慨大度。"

微笑缩短人际距离

一个人每天几乎都会笑上几次,真正要一个人整天不苟言笑那才是件令人受罪的事。

笑是人类的本能。要人类将笑容由脸上抹去是件很困难的事情,在世上恐怕难以找出一个人绝对不笑。

如果有的话,那恐怕就要数那些刚出生的小孩或精神有毛病的病人了。

你自己可以设身处地想一想,如果你被禁止笑的话,你自己可不可能因此而抑郁成病,甚至于发狂呢?

由于人类具有这样的本能,因此微笑就成了两个人之间最短的距离,具有神奇的魔力。真诚的微笑是交友的无价之宝,是社交的最高艺术,是人们交际的一盏永不熄灭的绿灯。

服务行业的"微笑服务",能使顾客盈门,生意兴隆,招财进宝。

谚语说:"一家无笑脸,不要开店"。世界著名的希尔顿饭店的创办人康拉德·希尔顿说:"如果我的旅馆只有一流的服务,而没有一流微笑的服务的话,那就像一家永不见温暖阳光的旅馆,又有何情趣可言呢?"

美国许多企业或公司的经理宁愿雇佣一位中学未毕业却有着迷人笑容的女雇员,而不愿聘请一个满脸"尊严"的哲学博士。卡内基在他的《人性的弱点》中介绍了一个因微笑而获得成功的例子:

纽约的百老汇大街证券交易所有名的经纪人斯坦哈特看上去严肃刻薄,脾气暴戾,以至他的雇员、顾客甚至太太见他都尤恐避之不及。后来，他请教了一位心理学家，学会了微笑，一改旧习，无论在电梯上还是在走廊中，不论是在大门口还是在商场里，逢人三分笑，像普通的职员一样虔诚地与人握手。结果，不仅夫妻和睦相处，相亲相爱，而且顾客盈门，生意兴隆。从这个意义上说，微笑是一笔财富。

公关人员的“微笑外交”已先赢三分，使办事更加顺利。有一次，在商业谈判过程中，双方的意见“撞车”了，僵持不下，难以下台。这时，一方竟满脸含笑，讲起一个“撞车”的幽默故事：“有一天起了大雾，雾浓得对面都难看见东西，公路上的汽车只好一辆咬着一辆的尾巴行驶。突然，前面的一辆刹车停了下来，后面的那辆撞下了前面的那辆车尾。后面的那辆驾驶员跳下来吼：‘喂，不想活了吗？这么大的雾，怎么可以这样急刹车？’前面一辆车的驾驶员不紧不慢地回道：‘喂，老弟，还是让我问你一下，你的车跟着我开进我的车库里来，难道还不想倒车呀！’”双方哈哈大笑，紧张的气氛缓和了不少。

最后，双方经过一番冷静的商讨之后，都以微小的‘倒车’结束了谈判，取得了各自满意的成果。

这个经验告诉我们，微笑是事业的风帆。

热恋中的男女，“微笑恋爱”是爱情的升温器和催化剂。

电影《三笑》中秋香甜甜的三笑，每一次的“笑”都是对唐伯虎的心灵撞击、勾魂摄魄，使唐伯虎撼心荡腑、神魂颠倒。他感情的瀑布飞天而下，一泻不可遏止，这就是恋人微笑的魔力。现代男女，因微笑而产生爱情，以至黏黏糊糊、结成百年之好的，恐怕也有不少。而没有微笑的恋爱，大都是冷冰冰、凉飕飕的，成功率极低。

一家人之间的“微笑相处”，能使感情融洽，相亲相爱。

上面提及的纽约证券交易所的经纪人斯但哈特先生曾深有感触地说：“我结婚 18 年了，我很少向我太太微笑，甚至于绝少讲过几句话。”后来，他决定改变这种态度，他照着镜子对自己说:“你今天要把脸上的愁容一扫而光”。“你要有笑容,要微笑起来,现在就开始”。当他坐下来吃早点时,他对太太笑着打招呼:“亲爱的,早安!”他的太太简直被他的突如其来的微笑搞糊涂了,惊诧万分。他对太太笑着说:“从此以后,你会习惯我的这种态度的。”

他一直如此做下去,两个月以后,微笑发挥了作用,他的太太高兴极了,从而改变了家庭气氛,全家都感到比任何时候都和谐、幸福。

借微笑推销自己

几年以前,底特律的哥堡大厅举行了一次巨大的汽艇展览,在这展销会展览中,人们蜂拥而来参观,在展览会上人们可以选购各种船只,从小帆船到豪华的巡洋舰都可以买到。

在汽艇展览期间,有一宗巨大的生意差点跑掉了,但第二家汽艇厂用微笑又把顾客拉了回来。

在这次展览中,一位来自中东某一产油国的富翁,他站在一艘展览的大船面前,对站在他面前的推销员说:“我想买只价值 2000 万美元的汽船。”我们都可以想象,这对推销员来说,是求之不得的好事。可是,那位推销员只是直直地看着这位顾客,以为他是疯子,没加理睬,他认为这位富翁是在浪费他的宝贵时间,所以,脸上冷冰冰的,没有笑容。

这位富翁看看这位推销员,看着他那没有笑容的脸,然后走开了。

他继续参观,到了下一艘陈列的船前,这次他受到了一个年轻的推销员的热情招待。这位推销员脸上挂满了欢迎的微笑,那微笑就跟太阳一样灿烂。由于这位推销员的脸上有了最可贵的微笑,使这位富翁有宾至如归的感觉,所以,他又一次说:“我想买只价值 2000 万美元的汽船。”

“没问题!”这位推销员说,他的脸上挂着微笑,“我会为你介绍我们的系列汽船。”他只这样简单地附和说,便推销了他自己。而且,他在推销任何东西以前,先把世界上最伟大的东西推销出去了。

所以,这位富翁留了下来,签了一张 500 万元的支票作为定金,并且他又对这位推销员说:“我喜欢人们表现出一种他们非常喜欢我的样子,你现在已经用微笑向我推销了你自己。在这次展览会上,你是唯一让我感到我是受欢迎的人。明天我会带一张 2000 万美元的保付支票回来。”

这位富翁很讲信用,第二天他果真带了一张保付支票回来,购下了价值2000万美元的汽船。

这位推销员用微笑把自己推销出去了,并且连带着推销了汽船。听人说,在那笔生意,他可以得到20%的利润,这或许已经够他一生的生活,但我们可以打赌他不会这样懒散地过日子,他会继续推销自己,并且用微笑去达到他远大的目标。

而那位脸上没有微笑的推销员,我们就不知他在哪儿了。

摸清对方性格再行动

人们在相互交往中,可能都有这样的体验:如果对一个人不了解,你和他在感情上就必然有距离,谈话不知从什么话题开始,吃饭不知选哪类饭店、点哪类菜肴,送东西不知选什么礼物……其实,如果我们了解对方的性格,一切就大不一样了。

一个人性格的形成,往往跟他生活的时代、家庭的环境、所受的教育和个人经历有关。我们在考察一个人的性格的时候,最好也要了解他的性格形成的原因。这样,你可能就会理解他、体谅他、帮助他,慢慢地,你们相互间就会增进了解,你们才可能成为好朋友。

了解了他人的性格,在选择与对方相处的方式上就会有相应的策略。在《三国演义》中,诸葛亮针对张飞脾气暴躁的性格,常常采用“激将法”来说服他。

马超率兵攻打葭萌关的时候,诸葛亮对刘备说:“只有关羽、赵云二位将军,方可对敌马超。”

这时,张飞听说马超前来攻关,主动请求出战。

诸葛亮佯装没听见,对刘备说:“马超智勇双全,无人可敌,除非往荆州唤云长来,方能对敌。”

张飞说:“军师为什么小瞧我!我曾单独抗拒曹操百万大军,难道还怕马超这个匹夫!”诸葛亮说:“你在当阳拒水桥,是因为曹操不知道虚实,若知虚实,你怎能安然无事?马超英勇无比,天下的人都知道,他渭桥六战,把曹操杀得割须弃袍,差一点丧命,绝非等闲之辈,就是云长来也未必能胜他。”

张飞说:“我今天就去,如战胜不了马超,甘当军令!”

诸葛亮看"激将"法起了作用,便顺水推舟地说:"既然你肯立军令状,便可以为先锋!"

诸葛亮就是这样聪明,因为摸透了张飞的性格,每当遇到重要战事,他都先说张飞担当不了此任,或说怕他贪杯酒后误事,激他立下军令状,增强他的责任感和紧迫感,激发他的斗志和勇气,扫除轻敌思想。

虽然我们周围的人情况各有不同,如对方的兴趣、爱好、长处、弱点、情绪、思想观点等,这些都是需要注意的内容,但身份与性格无论如何是很重要的"情况",不得不优先注意。

不知你是否养过猫狗之类的宠物,爱抚宠物最基本的方法就是轻抚,每当主人有这个动作时,猫就会眯起眼睛,并发出满足的叫声。狗呢?就快乐地摇起尾巴,甚至回过身来舔你的手你的脸,作为对你的回应。为什么会这样呢?因为主人摸透了宠物的性情,知道它们喜欢被人轻抚。

人其实也是如此,如果你能摸透对方的性格,掌控对方的性情,那么与他相处就不是什么难题了。

看清对象再说话

在生活中,人们难免与人交往,这就需要言语上的沟通。只有把话说到对方的心坎上,才能给友谊架起绚丽的彩桥。

实践证明,如果不能根据对象的不同而采取不同的言语方式,就容易制造对立,产生麻烦。可是怎样才能在说话中尽量避免得罪他人给自己制造那么多不必要的麻烦呢?这就需要我们学会与不同对象说话的技巧。

1.与年长者交谈,态度要谦虚

大家还记得那个有些世俗但非常会说话的韦小宝吗?他刚开始进宫的时候,遇到的第一个人就是海公公。尽管他以后常常被海公公利用,可是他对海公公说话时,却表现出了少有的谦虚和恭敬。对于他的这种表现,别的小太监很不能理解,他却说:"他怎么说都是老人家嘛。"

在这里,韦小宝告诉了我们一个道理,那就是要尊重长辈,在与长辈对话的时候,要尽量保持得谦虚、恭敬。尽管长辈常常会因为自己的辈分而倚老卖老,可是他们获得的经验,却是我们凭借一时的聪明学不来的。

老年人较之常人更易情绪激动。在他们的一生中,他们曾成就过许多值得骄傲的事情,而他们非常喜欢谈论这些作为。他们常喜欢人家来求教他和听他的劝告,喜欢人们尊敬他。

另外,跟长者交谈的时候,要尽量避开他的年纪,不要一直在重复他的年纪大,这样常常会招致对方的反感。因为很少有人喜欢别人说自己年高,相对之下,他们喜欢显得比自己的真实年龄更年轻。

2.与年幼者交谈,态度应深沉、慎重

这里,我们依旧以非常会说话的韦小宝为借鉴。很多人认为,“深沉”“慎重”这样的词汇,用在韦小宝身上是很奇怪的。因为形象的刻画,他给人的感觉总是有些不负责任的。可是,事实上韦小宝比谁都注意自己的态度,在什么时候说什么话,他的心里也是很清楚的。比如,在比自己年纪小的太监面前,他总是很细心地教给他们一些道理,让他们逐渐地适应宫中的生活。但是,与年幼的人交谈也是很有技巧的:韦小宝从来不让对方直呼他的姓名,尽管亲近,但是保持了一个度,这样说出来的话才能有威信,不至于如同朋友之间开玩笑似的不被人重视。

另外,与年幼者谈一些他们很感兴趣的事物,让他们相信自己是从他们的立场来观察事物的,让他们能明白自己也有与他们一样的观念,这样谈话就能很顺利地进行下去了。

与年幼者交谈时,要注意尽量不要打破他们的梦想,不要使自己的话超出自己的知识范围。尽量讲他们感兴趣的事,不要讲自己感兴趣的事,要把他们吸引过来,而不是让他们吸引自己。

3.与地位高者交谈,保持自己的个性

与地位高的人交谈,并不一定要用尽全身力气去抬高对方,这样说话往往会得不到对方的尊重。仍然以韦小宝为例,他在与地位高于自己的人谈话时,一直在强调保持自己的个性。比如,他跟皇上说话,就总是用一副别的太监不敢用的态度,而且很滑稽、很有趣。所以皇上在评价韦小宝的时候说:“他是唯一一个不做‘应声虫’的人。”可见,在地位高于自己的人面前保持个性的重要性。

同时,与地位高者谈话还应注意以下几点:

态度上表现出尊敬;

对方讲话时全神贯注地听；

不随意插话，除非对方希望自己讲话；

回答问题简练适当，尽量不讲题外话；

说话自然，不紧张。

除了上述几个类型的人之外，我们还可能遇到其他的人。可是不管对方是什么人，我们都应该向韦小宝那样，做到“见什么人说什么话”。因为只有这样，你才能在职场、商场、情场都左右逢源，应付自如。

瞄准目标，说话一语中的

伟大诗人杜甫曾有过“语不惊人死不休”的名句。在交际中，好的口才能让你左右逢源，八面来风，使自己备受众人的欢迎。

如何拥有“惊人”的交际口才呢？以下两大方面是最好的参考：

1.从感性上感染对方

人是既有理性又有感性的动物，理性和感性共同支配着人所做出的一切决定和行动，正因为如此，我们在交际中不仅要注意从理性上说服对方，还要注意从感性上感染对方，甚至于主要在感性上引起对方的共鸣进而达到交际的目的。这就要求我们必须学会打动人心的交际技巧。要想打动人心，最关键的是要尽量把抽象的事物和感受具体化，使之成为可感可触的东西。避免直接、抽象地陈述不幸者所承受的痛苦，而是将这些痛苦形象化，使之成为人们可感可触的东西。

抽象的事物往往只能给人一个概念，而形象、具体的事物则容易给人留下深刻的印象，同时容易激发人的形象思维，为人留出广阔的想象与回味的空间。人们的不幸和痛苦也是一样，抽象的表述再翔实也无法充分调动人复杂丰富的感受，而只有当这些不幸和痛苦凸显化、立体化，成为可感可触的东西时，人们才会产生联想，才会有真切的体验，内心的同情与感动才会被激发出来。因此，要想打动别人，把不幸形象化的能力是非常重要的。

一个寒冷的冬天，纽约一条繁华的大街上，有一个双目失明的乞丐站在路边乞讨。那乞丐的脖子上挂着一块牌子，上面写着“自幼失明”。一个诗人走近他身旁，他向诗人乞讨。诗人说：“我也很穷，不过我给你点别的吧。”说完，他便随手在那乞丐的牌子上写了一句话。

那一天，乞丐得到很多人的同情和施舍。后来，他又碰到那诗人，他很奇怪地问诗人："你给我写了什么呢？"那诗人笑笑，念牌子上他所写的句子道："春天就要来了，可我不能见到它。"

同是有感情的人类，人们对于幸与不幸的体味是大致相同的。细述自己或他人的不幸感受，一方面可以通过心理和情感的刻画来引发人们对于类似体验的心灵共鸣，另一方面也可以通过语言、表情、动作的渲染来制造强烈的现场感，使人们如亲临其境，无法不被当时的情景和人物所感染。

2.注意语言的附加意义

在语言交谈中，具有"附加意义"的词语，在运用时须特别谨慎，如果随意滥用，势必造成相反效果。尤其在语言运用上，必须注意各种不同文化背景的语言差异。

例如，我们对同事、朋友、邻居说声"吃过饭了吗？"或"一大早要到哪里去呀？"谁都知道这是一种问候，是打招呼，会使人从心底感到亲切友好，但如果对象不对或地方不对，就会引起误解或不快。

上面同样是问这些话，在一些外国人听来，却会引起误解或不快。问他是否吃过饭了，对方会认为你准备请他吃饭；问他一早上哪儿去，如对方是欧美人，就会认为你多管闲事，从此对你敬而远之。"你要多穿些衣服，别感冒了。"在我们听来是种关怀，但美国人听了也许会认为你是在指使他做什么，因此对你产生反感。在人际交往中必须对此特别注意。

第二次世界大战时，荷兰总理和英国首相丘吉尔的"一句话会议"，可说是使用语言中附加意义的成功实例。

当时，荷兰本土被德军占领，荷兰流亡政府在伦敦设立总部，几天后，荷兰总理第一次会见英国首相丘吉尔。

双方会面时，他只是友好地向丘吉尔伸出手并说了声："Good bye！"

就这么简短，说完转身就走。

丘吉尔却说："先生，我真希望所有的政治会议，都如此简短而且切中要害。"

的确，作为一次政府首脑的会话，时间如此短暂，话语如此简短，恐怕是绝无仅有的。但仔细想想，在国土沦丧、人民遭受侵略者蹂躏的时候，对于一个流亡政府的总理来说，实在没有比说"再见"两字更为合适的话了。

在这非常的时刻，一声“再见”所传达的信息，远比一篇冗长的演说更令人印象深刻。为祖国人民焦虑、对战争必胜的信念、对盟友的坚定信赖……都包含在这一声“再见”之中了。

发掘共同爱好，增进彼此私交

对于人类来说，感情好像一把双刃剑，它可以使你受伤，它可以使你受益。

张某大学毕业被分配在外地工作，而妻子在城市工作，夫妻长期分居两地。张某为了回城费尽心思，却不见成效。

他几次找主任汇报工作时，常见主任在围棋盘上与人对弈，对张某爱理不理。张某只好忍着站立旁边观战。

说也怪，主任对赢棋并不感兴趣，输倒更来劲，但是，要赢主任的棋，单位里还找不出几个人。

张某从中悟出这个道理，要通过下棋“杀倒”主任，调回城里来。于是，他买书籍、拜名师、观棋谱，潜心研究围棋技艺，不到半年，果真练出了一手好棋艺。

再找主任时，开始“观阵”、再当“军师”、然后“参战”，几次交锋，杀得主任大败，引起了主任的兴趣。

从此张某经常在主任身边，后来不等张开口，主任主动关心他的调动事情，在调函上盖了章，很快夫妻团聚了。

张某迎合主任的喜爱，通过棋盘上的你攻我防的较量，增进了了解，与主任彼此有了私人交情，建立了朋友般的关系。

如果你擅长表达对对手的了解和关心，理解对手的需要、希望、处境以至梦想，努力建立和维持与对手的好感、友谊，你的问题就解决了大半。

心理学家认为，朋友是人与人的彼此交往中自发形成的松散型的意缘群体。所谓意缘群体是与血缘群体相对而言的，它是由于意向、志趣、爱好和观念相似或相近自然结合而成的，不是靠行政或组织行为黏合到一起的。

由于你们对待工作、生活和学习的态度类似，即价值观相同，所以，你们在一起时易于相互感知，相互适应，感情易于沟通，容易达成共鸣，并且容易得到对方的支持，容易预测对方的情绪、需求和态度取向，因此相互间容易产生亲密感。自然，朋友之间有困难，朋友向朋友提出帮忙的要求，也就乐于效劳，尽力解决了。

足见，共同的兴趣爱好的确是一个促进双方感情交流的好方法。懂得做事之道的人，是懂得利用共同的爱好，促进交情，以求得办事的顺利。

套上近乎才能结交朋友

社交场上，当你和对方缩小了距离感的时候，他就会对你敞开心扉，乐于帮你办事或助你一臂之力，也可以与你成为长久的朋友。

关于具体如何缩小距离感，著名的人际关系大师卡耐基教给我们一些“套近乎”的诀窍。掌握了这些诀窍，我们以后便可在社交场上与他人轻松和谐地相处，建立友好的人际关系。

1.多说平常的语言

著名作家丁·马菲说过：“尽量不说意义深远及新奇的话语，而以身旁的琐事为话题作为开端，是促进人际关系成功的钥匙。”

一味用令人吃惊的话，容易使人产生华而不实、锋芒毕露的感觉。受人爱戴与信赖的人，大多并不属于才情焕发，以惊人之语博得他人喜爱的人。

尤其对一个初识者，最好不要刻意显露自己，宁可让对方认为你是个善良的普通人。因为如果一开始你就不能与他人处于共同的基础上，对方将很难对你产生好感。如果你摆出一副高人一等的样子，别人也会用同样的态度对待你。

2.了解对方的兴趣爱好

初次见面的人，如果能用心了解与利用对方的兴趣爱好，就能缩短双方的距离，而且加深给对方的好感。例如，和中老年人谈健康长寿，和少妇谈孩子和减肥以及大家共同关心的宠物等，即使自己不太了解的人，也可以谈谈新闻、书籍等话题，都能在短时间内给对方留下深刻印象。

3.引导对方谈得意之事

任何人都有自鸣得意的事情，但是，再得意、再自傲的事情，如果没有他人的询问，自己说起来也无兴致。因此，你若能恰到好处地提出一些问题，定使他欣喜，并敞开心扉畅所欲言，你与他的关系也会融洽起来。

4.坐在对方的身边

面对面与陌生人谈话，确实感觉很紧张，如果坐在对方的身边，自然会比较自在，既不用一直凝视对方，也避免了不必要的紧张感，而且会很快亲近起来。

5.找机会接近对方的身体

每个人都会在自己的身体周围设定一个势力范围，一般只允许特别亲密的人进入。如果你进入了，就会产生与对方有亲密人际关系的错觉。

6.注意自己的表情

人心灵深处的想法，都会形之于外，在表情上显露无遗。一般人在到达约会场所时，往往只检查领带正不正、头发乱不乱等问题，却忽略了“表情”的重要性。如想留给初次见面的人一个好印象，不妨照照镜子，审慎地检查一下自己的脸部表情是否和平常不一样，过分紧张的话，最好先对着镜中的自己傻笑一番。

7.留给对方无意识的动作

初次见面的场合，如果有一方想结束话题，往往会有看手表等对方不易察觉的无意识动作。因此，当你看到交谈的对方突然焦躁地看着手表，或者望着天空询问现在的时刻，就应该尽早结束话题，让对方明了你不是一个毫无头脑的人，你清楚并尊重他的想法，必能留给对方一个良好的印象。

8.避免否定对方的行为

初次见面是建立良好人际关系的重要时期，在这种场合，对方往往不能冷静地听取意见、建议并加以判断，而且容易产生反感。同时，初见面的对象有时也会恐惧他人提出细微的问题来否定其观点，因此，初见面时应当尽量避免有否定对方的行为出现，这样才能促成紧密的人际关系。

当然，这并不是让你不提相反意见，你尽可能地避免当着他的面提出，或者可以借用一般人的看法以及引用当时不在场的第三者的看法，就不会引发对方反射性的反驳，还能够使对方接受并对你产生良好印象。

9.了解对方所期待的评价

心理学家认为，人们往往不满足自己的现状，然而又无法改变，因此只能持有一种幻想中或期盼中的形象，在人际交往中，非常希望他人对自己的评价是好的，比如胖人希望看起来瘦一些，老人愿意显得年轻些等。

10.找出与对方的共同点

任何人都有这样一种心理特性，比如，同乡或同一母校的人，往往不知不觉地因同伴意识、同族意识而亲密地联结在一起，同乡会、校友会正是因此产生。若是女性，也常因血型、爱好的相同产生共鸣。

如果你想得到对方的好感，利用此种方法，找出与对方拥有的某种共同点，即使是初次见面，无形之中也会涌起亲切感。一旦被拉近了心理的距离，双方很容易推心置腹。

11.以笑声支援对方

做个忠实的听众，适时地反应情绪，尤其要发挥笑的作用，可以使对方摈弃陌生感、紧张感。即使对方说的笑话并不很好笑，也应以笑声支援，产生的效果或许会令你大吃一惊。因为，双方同时笑起来，无形之中产生了亲密友人一样的气氛。

12.表现出自己关心对方

表现出自己关心对方，必然能赢得对方的好感。

卡耐基认为，在招待他人或是主动邀请他人见面时，事先应该搜集对方的资料。这不仅是一种礼貌，而且可以满足他人的自尊，使他感受到你的诚意和热忱。

记住对方说过的话，事后再提出来当话题，也是表示关心的做法之一，尤其是兴趣、梦想等，对对方来说，是最重要、最有趣的事情，一旦提出来做话题，对方一定会觉得愉快。

多说“我们”，不是自己人也拉成自己人

新婚宴尔，新娘对新郎说：“从此以后，就不能说‘你的’、‘我的’，要说‘我们的’。”新郎点头称是。一会儿，新娘问新郎：“亲爱的，我们今天去哪儿啊？”新郎说：“去我表姐家。”新娘就不乐意了，纠正说：“是去我们表姐家。”新郎去洗手间，很久了还不出来。新娘问：“亲爱的，你在里面干吗呢？”新郎答道：“我在刮我们的胡子。”

这虽然是一则笑话，可是它体现了一个问题，即“我们”这个词可以造成彼此间的共同意识，拉近双方的距离，对促进人际关系将会有很大的帮助。

曾经有一位心理学家做过一项有名的实验，他选编了三个小团体，并且分别派三人饰演专制型、放任型、民主型的领导人，然后对这三个团体进行意识调查。

结果，民主型领导人所带领的这个团体表现了强烈的同伴意识。而其中最有趣的就是这个团体中的成员大都使用“我们”一词来说话。

经常听演讲的人，大概都有这样的经验，就是演讲者说“我这么想”不如说“我们是否

应该这样”更能使你觉得和对方的距离很近。因为“我们”这个词,也就是要表现“你也参与其中”的意思,所以会令对方心中产生一种参与意识,按照心理学的说法,这种情形是“卷入效果”。

小孩子在玩耍时,经常会说“这是我的东西”或“我要这样做”,这种说法是由于小孩子的自我显示欲直接表现所造成的。有时在成人世界里,也会出现如此说法,而这种人不仅无法令对方有好印象,可能在人际关系方面也会受阻,甚至在自己所属的团体中形成被孤立的局面。

人心是很微妙的,同样是与人交谈,有的说话方式会令对方反感,而有的说话方式却会令对方不由自主地产生妥协。

事实上,我们在听别人说话时,对方说“我”“我认为”带给我们的感受,将远不如他采用“我们”的说法,因为采用“我们”这种说法,可以让人产生团结意识。

“我”在英文里是最小的字母,千万别把它变成你词汇中最大的字。

一次聚会,有位先生在讲话的前三分钟内,一共用了6个“我”,他不是说“我”,就是说“我的”,如“我的公司”“我的花园”等。随后一位熟人走上前去对他说:“真遗憾,你失去了你的所有员工。”

他怔了怔说:“我失去了所有员工?没有呀,他们都好好地在公司上班呢!”

“哦,难道你的这些员工与公司没有任何关系吗?”

亨利·福特二世描述令人厌烦的行为时说:“一个满嘴‘我’的人,一个独占‘我’字、随时随地说‘我’的人,是一个不受欢迎的人。”

在人际交往中,“我”字讲得太多并过分强调,会给人突出自我、标榜自我的印象,这会在对方与你之间筑起一道防线,影响别人对你的认同。

因此,会说话的人,在语言传播中总会避开“我”字,而用“我们”开头。下面的几点建议可供你参考。

1.尽量用“我们”代替“我”

很多情况下,你可以用“我们”一词代替“我”,这可以缩短你和大家的心理距离,促进彼此之间的感情交流。

例如:“我建议,今天下午……”可以改成:“今天下午,我们……好吗?”

2.这样说话时应用“我们”开头

在员工大会上,你想说:“我最近做过一项调查,我发现40%的员工对公司有不满的情绪，我认为这些不满情绪……”

如果你将上面这段话的三个“我”字转化成“我们”，效果就会大不一样。说“我”有时只能代表你一个人，而说“我们”代表的是公司，代表的是大家，员工们自然容易接受。

3.非得用“我”字时，以平缓的语调讲

不可避免地要讲到“我”时，你要做到语气平和，既不把“我”读成重音，也不把语音拖长。同时，目光不要逼人，表情不要眉飞色舞，神态不要得意扬扬，你要把表述的重点放在事件的客观叙述上，不要突出做事的“我”，以免使听者觉得你自认为高人一等，觉得你在吹嘘自己。

高明地插话，步步为营套近乎

语言交流过程中，倾听和插话是两个互相补充、互相配合的部分。二者配合得是否艺术，直接关系到交流的成败。

那么，在倾听过程中如何插话，才有助于达到最佳的倾听效果呢？一般来说，我们应根据不同对象，采取不同的方法。

当对方在同你谈某事，因担心你可能对此不感兴趣，显露出犹豫、为难的神情时，你可以伺机说一两句安慰的话：

“你能谈谈那件事吗？我不十分了解。”

“请你继续说。”

“我对此也是十分有兴趣的。”

此时你说的话是为了表明一个意图：我很愿意听你的叙说，不论你说得怎样，说的是什么。这样能消除对方的犹豫，坚定他倾诉的信心。

当对方由于心烦、愤怒等原因，在叙述中不能控制自己的感情时，你可用一两句话来疏导：

“你一定感到很气愤。”

“你似乎有些心烦。”

“你心里很难受吗？”

说这些话后，对方可能会发泄一番，或哭或骂都不足为奇。因为，这些话的目的就是把对方心中郁结的情感“诱导”出来，当对方发泄一番后，会感到轻松、解脱，从而能够从容地完成对问题的叙述。但是，卡耐基强调，同时说这些话时不要陷入盲目安慰的误区。

你不应对他人的话做出判断、评价，说一些诸如“你是对的”“你不应该这样”一类的话。

你的责任不过是顺应对方的情绪，为他架设一条“输导管”，而不应该“火上浇油”，强化他的抑郁情绪。

当对方在叙述时急切地想让你理解他的谈话内容时，你可以用两句话来“综述”对方话中的含义：

“你是说……”

“你的意见是……”

“你想说的是这个意思吧……”

这样的综述既能及时地验证你对对方谈话内容的理解程度，加深对他的印象，又能让对方感到你的诚意，并能帮助你随时纠正理解中的偏差。

以上三种倾听中的谈话方法都有一个共同的特点，即不对对方的谈话内容发表判断、评论，不对对方的情感做出是与否的表示，始终处于一种中性的态度上。

有时在非语言传递信息中你可以流露出你的立场，但在语言中切不可流露，这是一条重要界限。如果你试图超越这个界限，就有陷入倾听误区的危险，从而使一场谈话失去了方向和意义。

让他得意，你就有机会满意

每一个人都有自认为得意的地方，不管别人怎样看，在他自己看来，都是一件有意义的事情。从对方得意的地方说起，这是办事速成的一条捷径。你如果了解并把握住对方得意的地方，交谈的时候有意无意地提到，就会在无形之中成为一种有效的武器。

一偏僻小学破烂不堪，校长多次按规定层层请示拨款事项，却始终没有结果，不得已之下，决定向本市木材厂的厂长求援。校长之所以打算找该厂长，是因为这位厂长重视教育，曾捐款一万元发起成立“奖教基金会”。

遗憾的是，该厂经营有了一定的困难，校长深感希望渺茫，但也只好“背水一战”了。于是，校长敲开了厂长办公室的门。

校长开门就夸：“厂长，我近日在省城开会听到教育界同仁对您的称赞，实是钦佩！

今日途经贵公司，特来拜访。”

厂长：“不敢当！过奖了。”

校长又说：“厂长您真是一位有远见卓识的人，首创‘奖教基金会’。不但在本市能实实在在地支持教育事业，更重要的是，您的思想影响很大。‘奖教基金会’由您始创，如今已由点到面，由本市到外市，甚至发展到全国许多地区，真可谓香飘万里……”

校长紧紧围绕厂长颇感得意之处，从各个方面予以充分肯定，谈得厂长满心欢喜。

此时，校长诉说了自己的“无能”和悔恨：“身为校长，明知校舍摇摇欲坠，威胁着师生的生命安全，却毫无良策排忧解难。要是教育界领导都能像厂长这样，支援教育，只要拨一万元钱就能卸下我心头的重石，可是至今申报十几次，仍不见分文。”

这时，厂长的脸上立刻起了微妙的变化，沉默了一会儿，然后说：“校长，既然如此，你就不必再打报告求三拜四了，一万元钱我捐献给你们。”校长听完后，他紧紧握住厂长的手，满意地笑了。

这位校长可谓十分精明，他在了解对方的情况下，用美誉推崇的方式获得了募捐的成功。首先，他对厂长远见卓识，首创“奖教基金会”的行为，给了充分的肯定和恰当的赞扬；其次，悲诉自己的“无能”和悔恨，让对方给予同情，从而深深地打动了对方，达到了预期的目的，最终使自己满意。

求他人办事，很多时候必须在他人身上细思量、狠下功夫，最好不要把你所要办的事情直接说出来，而是要从对方感兴趣的侧面入手。这是说服的要害所在，切中了要害，事情一定会大功告成。

某集团公司承包了一项建筑工程，在纽约建造一幢办公大厦，一切都照原定计划进行得很顺利。大厦接近完工的时候，突然，负责供应大厦内部装饰的承包商宣称，由于情况变化，他无法如期交货。这样的话，整幢大厦都不能如期交工，公司将承受巨额罚金。

长途电话、争执、不愉快的会谈，全都没效果。于是集团公司公关部经理奉命前往华盛顿，当面说服承包商。

“你知道吗？在你们那个区，用你这个姓的，只有你一个人。”经理先生走进承包商的办公室之后，立刻就这么说。

承包商有点吃惊：“不，我并不知道。”

“哦，”经理先生说，“今天早上，我下了火车之后，就查阅电话簿找你的地址，在市区的电话簿上，有你这个姓的，只有你一人。”他很有兴趣地查阅着电话簿。

"嗯,这是一个很不平常的姓,"承包商骄傲地说,"我的家族是从荷兰移居华盛顿的,将近二百年了。"几分钟过去了,他继续说到他的家族及祖先。

当承包商说完之后,经理就恭维他拥有一家很大的工厂:"我从未见过这么庞大的工厂。"

"我花了一生的心血创立了这个事业,"承包商说,"你愿不愿意到工厂各处去参观一下?"经理爽快地答应了。

在参观过程中,经理恭维他的组织制度健全。经理还对一些不寻常的机器表示赞赏,这位承包商说是他发明的。他花了不少时间,向经理说明那些机器如何操作,以及它们的工作效率多么高。中午到了,他坚持请经理吃中饭。

吃完饭后,承包商说:"现在,我们谈谈正事吧。我知道你这次来的目的。我没有想到我们的交谈竟是如此愉快。你可以带着我的保证回纽约,我保证你们所有的材料都将如期运到。"

经理甚至未开口要求,就得到了他想要得到的东西。

不仅仅是故事中的承包商,现实中的所有人,几乎都喜欢得意,而不喜欢失意。这几乎是人的通性。在人际交往中,我们如果能正确地意识到这一点,并加以利用,那么很多事情都会朝着我们满意的方向发展。

所以,请牢牢记住:在交际圈中,不要只顾着自己得意,学会让别人得意,才能让自己满意。

即使他是一块疤,也说他是一朵花

孔子言:"乐道人之善。"孟子戒:"勿言人之不善。"也就是说,人们要乐于说出别人的好处、益处,不要说人们的坏处。虽然时逾千年,这仍然是人们待人处世的良好经验和准则。

日常生活中,有些人一说起别人的缺点、毛病,总是滔滔不绝、绘声绘色,甚至当着当事人的面也会毫无顾忌地数落、指责。但对别人的优点长处,却常常视而不见,更不愿给人鼓励和赞美。他们有一种看自己"一朵花",看别人"一块疤"的心理。

而事实上,生活中的每个人都渴望得到周围人的认可,渴望别人的赞美和鼓励。真正的处世高手,都深谙"乐道人之善"的道理,即使对方是"一块疤",他们也能巧妙地把对方夸成“一朵花”，从而使对方心情愉悦，愿意与自己互相往来，乐于为自己效劳。这也是成功为人处世的法宝。

甲、乙两个猎人，各打了两只兔子回来。甲的妻子看见后冷漠地说：“你一天只打到两只小野兔吗？真没用！”甲猎人听到后很不高兴，心里埋怨起来，你以为很容易打到吗？第二天他故意空手而回，让妻子知道打猎是件不容易的事情。

相反，乙猎人回到家后，他的妻子看到他带回了两只兔子，欢天喜地地说：“你一天打了两只野兔吗？真了不起！”听到赞美，乙猎人满心喜悦，心想两只算什么，结果第二天他打了四只野兔回来。

社会是由各种各样的人组成的，这些人都有不同的思想性格、兴趣爱好与生活习惯。有的人热情开朗，有的人沉静稳重，有的人性子急躁，有的人心胸狭窄。但是不管他们是哪种人，都喜欢被别人认可和赞美。上至古稀老人，下至三岁孩童，在内心最强烈的渴求就是自尊，就是得到人们的重视。

美国著名的女企业家玛丽凯说过：“世界上有两件东西比金钱和性更为人们所需——认可和赞美。”在人际交往中尤其如此，称赞、欣赏、尊重别人，会使他们感到被重视，从而更加彼此信赖。

一个清洁工在一家大公司工作，他是一个被人忽视，被人看不起的角色。但就是这样一个人，在一天晚上公司保险箱被窃时，与小偷进行殊死搏斗，捍卫公司财产。事后有人为他请功并问他为什么要这样做时，答案却出人意料。原来，这家公司的总经理从他身边经过时，总会不时地赞美他：“你扫的地真干净。”

就这么一句简简单单的话，使这个员工受到了感动，感受到了重视，并不惜以生命来捍卫公司的财产。这就是“乐道人之善”的神奇力量。

学会“乐道人之善”，与人相处时，要能看到对方的优点和长处，即使对于不喜欢的人，也不要抱有个人的成见和偏见，只见“乌云”不见“太阳”。无论是对待同事、朋友、亲人，还是萍水相逢的陌生人，要多发现他们的长处，多学他们的优点，不能看自己是“一朵花”，看别人就是“满身疤”。

“乐道人之善”，一方面要注意不能因为自己比别人做的工作多一点或能力强一点，就沾沾自喜，瞧不起别人；另一方面还要善于发现别人的优点、长处，对他人的工作成绩多加褒扬。这样，不仅显示出了自己虚怀若谷的风度，有益于团结，而且对自己的成长与进步也会大有好处。当然，对别人应该实事求是、恰如其分地赞美，如果不顾事实或夸大事实，效果可能会适得其反。

那么，从现在开始，与人交往的时候，请不要再吝啬你的美言了！

自己得意事放心里，对方得意事挂嘴边

聪明的人会将自己的得意放在心里，而不是放在嘴上，更不会把它当作炫耀的资本。

当你和朋友交谈时，最好多谈他关心和得意的事，这样可以赢得对方的好感和认同，从而加深你们之间的感情。

有一个人刚调到市人事局的那段日子里，几乎在同事中连一个朋友也没有，他自己也搞不清是什么原因。

原来，这个人认为自己正春风得意，对自己的机遇和才能满意得不得了，几乎每天都使劲向同事们炫耀他在工作中的成绩，炫耀每天有多少人找他帮忙，那个几乎说不出名字的人昨天又硬是给他送了礼等“得意事”。但同事们听了之后不仅没有人愿意分享他的“得意”，还极不高兴。

后来，还是他当了多年领导的老父亲一语点破，他才意识到自己的症结到底在哪里。以后，每当他有时间与同事闲聊的时候，他总是让对方把自己的得意炫耀出来，与其分享，久而久之，他的同事们都成了他的好朋友。

生活中，与人相处，一定要谨记——不要在失意者面前谈论你的得意。

诚然，人在得意之时难免有张扬的欲望，但是谈论你的得意之事时，要注意场合和对象。你可以在演说的公开场合谈，对你的员工谈，享受他们投给你的钦羡目光，也可以对你的家人谈，让他们以你为荣，但就是不要对失意的人谈。因为失意的人最脆弱，也最敏感，你的谈论在他听来都充满了讽刺与嘲讽的味道，让失意的人感受到你“看不起”他。当然有些人不在乎，你说你的，他听他的，但这么豪放的人不太多。因此，你所谈论的得意，对大部分失意的人是一种伤害，这种滋味也只有尝过的人才知道。

一般来说，失意的人较少攻击性，郁郁寡欢是最普遍的心态，但别以为他们只是如此。听你谈论了你的得意后，他们普遍会有一种心理——怀恨。这是一种转移到心底深处的对你不满的反击，你说得唾沫横飞，不知不觉已在失意者心中埋下一颗炸弹，多划不来。

失意者对你的怀恨不会立即显现出来，因为他无力显现，但他会通过各种方式来泄

恨,例如说你坏话、扯你后腿、故意与你为敌,主要目的则是看你得意到几时,而最明显的则是疏远你,避免和你碰面,以免再见到你,于是你不知不觉就失去了一个朋友。

随意自夸是不善做人的通病,为此常会败事。只有改变这一点,不被人讨厌,才有可能真正被人接纳,找到成事的"切入点"。

场面话,可说不可信

爱尔兰剧作家萧伯纳曾说过:"我开玩笑的方法,就是编造真实。编造真实乃是这个世界最有情趣的玩笑。"会说场面话,不听场面话,你就能够成为交际场上的智者,游刃有余,八面玲珑。

要知道,生命不会从谎言中开出灿烂的鲜花,但说些无伤大雅的场面话却是你在这个变幻莫测的社会中生存下去所不得不学会的一种本领。一个人不可能完完全全地在别人面前表现最真诚的一面,正如一个人不能把别人说过的每一句话都信以为真一样。场面话,总是可说不可信,一旦你违背了这条原则,善良便会退化为愚钝,真诚也会成为伤害自己又危及他人的利器。

俾斯麦35岁时,担任普鲁士国会的代议士,这一年是他政治生涯的转折点。当时奥地利是德意志南部强大的国家,曾经威胁德意志如果企图统一,奥地利就要出兵干预。

俾斯麦一生都在狂热地追求普鲁士的强盛,他梦想打败奥地利,统一德国。他是个热血沸腾的爱国志士和热爱军事的好战分子。他最著名的一句话就是:"要解决这个时代最严重的问题并不是依靠演说和决心,而是依赖铁和血。"

但是令所有人惊异的是,这样一个好战分子居然在国会上主张和平。其实这并不是他的真实意图,他连做梦都想着统一德国。他说:"没有对战争后果的清醒认识,却执意发动战争,这样的政客,请自己去赴死吧!战争结束后,你们是否有勇气承担农民面对农田化为灰烬的痛苦?是否有勇气承受身体残废、妻离子散的悲伤?"

在国会上,他盛赞奥地利,为奥地利的行动辩护,这与他一向的立场简直是背道而驰。俾斯麦反对这场战争有别的企图吗?那些期待战争的议员迷惑了,其中好多人改变了主意。最后,因为俾斯麦的坚持,终于避免了战争。

几个星期后,国王感谢俾斯麦为和平发言,委任他为内阁大臣。几年之后,俾斯麦成了普鲁士首相,这时他对奥地利宣战,摧毁了原来的帝国,统一了德国。

袒露之心犹如在众人面前摊开的信，那些胸有成竹的人总是懂得潜藏隐秘，他们所以说的话大都只是些场面之言，“说者无意听者有心”，如果你把别人的这些话都当成真话，那就只能证明你的天真和幼稚了。

张文在一家国有单位任职，十几年没有升迁，于是通过朋友牵线，拜访一位经管调动的单位主管，希望能调到别的单位，因为他知道那个单位有一个空缺，而且他也符合资格。那位主管表现得非常热情，并且当面应允，拍胸脯说：“没问题！”

张文高高兴兴地回去等消息，谁知半个月、一个月、两个月过去，一点消息也没有。打电话去，不是不在就是“正在开会”；问朋友，朋友告诉他，那个位子已经有人捷足先登了。他很气愤地问朋友：“那他为什么对我拍胸脯说没有问题？”他的朋友也不知如何回答才好。事实上，那位主管只不过说了一些应景的“场面话”，而张文却天真地相信了这些话，并开始守株待兔起来。

“场面话”是人际交往中的现象之一，而说“场面话”也是一种生存智慧，在社会上进出过一段时日的人都懂得说，也习惯说。这不是罪恶，也不是欺骗，而是一种“必要”。“撇开道德的标准，谎言就是一种智慧”，所以，有时，说一些无碍于原则与是非标准的场面话，也是一个人在纷纭复杂的社交场所立足的一种本能。

人一踏入社会，应酬的机会自然就多了，这些应酬包括做客、赴宴、会议及其他聚会等。不管你对某一次应酬满不满意，“场面话”一定要讲。对于称赞或恭维的“场面话”，尤其要保持冷静和客观，千万别因别人两句话就乐昏了头。冷静下来，反而可看出对方的用心如何。

对于拍胸脯答应的“场面话”，则只能持保留态度，以免希望越大，失望也越大；只能“姑且信之”，因为人情的变化无法预测，既然测不出别人的真心，就只好抱持最坏的打算。要知道对方说的是不是场面话也不难，事后求证几次，如果对方言辞闪烁、虚与委蛇，或避不见面、避谈主题，那么对方说的就真的是“场面话”了！对这种“场面话”，要有清醒的头脑，否则可能会坏了大事。

俗话说得好，“蜜比醋更能吸引苍蝇”，在社交场合，我们要学会说点场面话，给别人一点甜头，但万不可做被别人的场面话所吸引的“苍蝇”，轻信别人的一句“戏言”有时不只是一种善良，更是一种愚钝。

让人给面子，自己就要像个成功者

在大社交环境下，无论出席什么样的场合，让自己看起来像个成功者，别人才会对你刮目相看，给你十足的面子。

这一点在经常出现在媒体上的政治家身上体现得非常明显。他们的形象对选票的影响能够千百次地证明“看起来就像个成功的人”的重要性。政治家们只有经得起千千万万个选民的百般挑剔才能够走向自己的成功大道。因此，“看起来像个有影响力的领袖”对于政治家们来说，是获取选民信任的第一个至关重要的条件。正是这种“看起来像”的魅力，使里根、克林顿、肯尼迪、希拉克、撒切尔夫人等人满足了选民对领袖形象的要求而实现连任。杰出的政治家都深刻地认识到了“看起来像个领袖”在选民中的重要影响，所以都会雇形象设计师及沟通交流专家、社会心理学家为他们塑造一个能表现自己最佳形象的模式，对影响自身形象的所有因素，包括服饰、发式、声音、手势、姿势、表情等进行精心地设计。

在西方政治家竞选时，竞选人的幕后策划班子里最不能够缺少的专业人才之一就是形象设计师。他们存在的价值就是要让竞选人看起来就像是个能够胜任领袖职位的人。如果看起来不像个有影响力的领袖，无论你的政治观点多么深入人心，也会失去很多追求“魅力领导人”的选民。

不仅是在政坛，这样的例子在西方的商业界也数不胜数。因为他们深刻理解“看起来像个成功者”的形象对事业的促进作用。成功者如果忽略了对自己外在形象的维护，看起来不像个成功的人，是难以得到别人的尊重的。在这一点上，深受英国人影响的香港人“深明大义”，越是有影响力的人，越注意自己的社会形象。李嘉诚之子李泽楷的公司里有四个副总裁专门负责公司形象和他的个人形象，甚至连什么场合穿什么服装，表现什么样的风格，都有专门的班子为其策划。

1960年尼克松与肯尼迪竞选时，尼克松似乎忽视了对自己外表的包装，而肯尼迪懂得如何利用自己的外在优势获取选民的信任。几十年过去了，他的形象和影响力一直让人难以忘怀，甚至成为世界领袖的标准形象。

克林顿就受到了肯尼迪的影响，从小立志从政，他以肯尼迪为榜样，终于成为美国总统。在克林顿的身上，正反两面，都有肯尼迪的影子。尽管他是美国历史上丑闻最多的总统，但是他在每一次事件中都能够安然过关，人们一次次由于他富有影响力的形象而原谅他的不检点。相比之下，尼克松仅因一次水门事件就被迫离开了白宫。

克林顿的夫人希拉里，在克林顿当选之前，曾是女权运动者。她的服装无意识中就展示了女权运动者的形象：她戴着学究式的黑色宽边眼镜，穿着具有女权主义形象的大格子西服。这种形象违背了美国人心目中高贵、优雅、母性的第一夫人的形象，曾一度影响了克林顿的选票。新的形象设计班子顺应美国人民的心理，用充满女性韵味的色彩时装代替了男性化的、乏味的女权主义服饰，为她设计了时尚的发式；用隐形眼镜换掉了迂腐的、学究式的黑边眼镜；用温和改良主义的言辞代替了激进、偏激的语言。希拉里的新形象接近了美国选民对于第一夫人的期望，她展示出的既有女性魅力又有女性的独立、强大和智慧的第一夫人的形象为克林顿的政治影响力增添了不可磨灭的光彩。

从心理学角度，"看起来就像个成功者"对于追求成功的人而言确实非常重要。在外形上接近有影响力者是一个人在思想和行动上走向成功的关键一步。因为在人们的意识中，具备这种成功形象的人大都是已经有影响力的人。

因此，"看起来像个成功者"能够让你自身感受成功者的自信，可以激励你自己走向成功，拥有像成功者那样的举止、行为，还可以使你自己被人们认可为具有潜力的成功者。下次再出席各类社交场合的时候，你知道该让自己如何出场了吧？

敬酒礼节，不可不知

酒，已经成为现代人际交往中增进交情必不可少的工具。三杯酒量，可以让熟人之间更加肝胆相照，也可以让不熟的人越来越熟悉。

不过，有了酒量，不等于万事俱备。如果你再学一些喝酒、敬酒的艺术那一定是马到成功，你的社交道路就会更广更宽，你的前程就会更亮。

喝酒的时候，我们自然也少不了彼此的敬酒。敬酒也就是祝酒，指在正式宴会上，由男主人向来宾提议，提出某个事由而饮酒。在饮酒时，通常要讲一些祝福类的话，甚至主人和主宾还要宣读一篇专门的祝酒词，祝酒词内容越短越好。敬酒可以在饮酒的过程中随时举行。要是致正式祝酒词，就应在特定的时间进行，且不要影响来宾的用餐。祝酒词适合在宾主入座后、用餐间开始，也可以在吃过主菜后，甜品上桌前发表。

在饮酒，特别是祝酒、敬酒时进行干杯，通常需要有人率先提议。这个人可以是主人、主宾,也可以是在场的所有人。提议干杯时,提议者应起身站立,右手端起酒杯,或者用右手拿起酒杯后,再以左手托扶杯底,面带微笑,目视其他特别是自己的祝酒对象,嘴里同时说着祝愿的话。这种情况下,你即使是滴酒不沾,也要拿起杯子以示礼貌。然后,还要手拿酒杯和提议者对视一下,这个过程就算结束了。

同时,敬酒一般应以辈分大小、职位高低、宾主身份为先后顺序,一定要充分考虑好敬酒的顺序,分清主次。即使和不熟悉的人在一起喝酒,也要先打听一下身份或是留意别人对他的称呼,避免出现难堪。如果你有求于席上的某位客人,对他自然要倍加敬重。但如果在场有更高身份或年长的人,就要先给尊长者敬酒。

在中餐里,干杯前可以象征性地和对方碰一下酒杯;碰杯的时候,应该让自己的酒杯低于对方的酒杯,表示你的礼貌。用酒杯杯底轻碰桌面,也可以表示和对方碰杯。当离对方比较远,就可以用这种方式取代碰杯。如果主人亲自敬酒干杯后,要求回敬主人,和他再干一杯。

在正式的宴会上,服务员打开酒瓶后,先要倒上一点给主人品尝。主人应先饮一小口仔细品评,然后再尝一口,感到所有的酒完全合乎要求时,再向服务员示意:可以给客人斟酒了。斟酒的顺序是:先主宾,随后再其他人。

当然,在酒宴席上,没有不碰杯的时候。碰杯不仅是礼仪,也是渲染气氛、劝人喝酒的形式。劝酒体现了主人的好客,所以劝酒宁可过一点也无妨。有些人自己不爱喝酒,觉得喝多了没有好处,因此席间劝酒有顾虑,担心让人家喝多了似乎不怀好意。其实,劝酒是件热闹事,劝酒时要劝到点子上,有叫得响的理由,说得对方高兴了,喝两杯也顺心。但注意劝酒与喝酒不是对等的。作为主人,一定要尽东道主之谊,热情相劝,至于客人喝不喝,喝多少并不重要,不必较真,请对方自便。

在吃西餐时,为表示友好,活跃气氛,可相互敬酒或碰杯。通常不能拒绝对方的敬酒,在对方敬酒时,一定要热情,即便你不能喝酒,也要端起酒杯回敬对方,为表示热情要与对方碰一下杯,然后把杯子送到嘴边表示喝的动作。不可用双手比画说自己不会喝或不能喝,酒动也不动,这是一种没有礼貌的行为。

此外,在酒桌上我们一定要了解西方人的习性,千万不可拿自己的主张去左右客人,否则,一招走错,全盘皆输。

孙建国是个性格豪爽的北方人,酒量又大,号称"津巴布韦"(斤把不违),最近又被委任为公司副总,应酬自然就多了,喝酒更是常事。在和国内客商的合作中,他的这个特长被发挥得淋漓尽致，而且“酒醉事成”。

8月份，几位外商来考察合作事宜。在欢迎晚宴上他就充分利用自己的“特长”，不停地劝酒，一会儿来一句“感情深一口闷（干）”，一会儿又来一句“饮酒不醉非君子”，几位老外很快就“歇菜”了。

第二天一早，孙建国美美地准备好了合同书，就等外商大笔一挥了。但就在第二天上午，外商们竟然直接回国了。

千万记住：在西方礼仪里，喝酒的时候没有吆五喝六以及劝酒等我们认为热闹的场面，他们喝酒更多的成分是在品酒，而且认为劝酒、灌酒是失礼的，是不尊重对方的表现。

热嘴化冷场，打破交际中的僵局

在日常生活和社会交往中，尤其是在比较正式的场合，如聚会、议事等常会出现冷场现象，彼此都尴尬。冷场，在人际关系中，它无疑是一种“冰块”。打破冷场的技巧，就是要有一张热嘴，这样才能及时融化妨碍交往的“冰块”。

一般来说，谈话者之间存在以下几种情况时，最容易因“话不投机”而出现冷场：

1.彼此不大相识；

2.年龄、职业、身份、地位差异大；

3.心境差异大；

4.兴趣、爱好差异大；

5.性格、素质差异大；

6.平时意见不合，感情不和；

7.互相之间有利害冲突；

8.异性相处，尤其单独相处时；

9.因长期不交往而比较疏远；

10.均为性格内向者。

会话出现冷场后，双方都会感到尴尬。但只要会话者掌握住了破“冰”之术，及时根据情境设置话题，冷场是很容易被打破的。具体来说，可以通过以下途径来发挥你热嘴的威力。

1.要学会拓展话题的领域

开始第一句话要注意应使人人都能了解，人人都能发表看法，由此再探出对方的兴趣和爱好，拓展谈话的领域。如果指着一件雕刻说："真像某某的作品！"或是听见鸟唱就说："很有门德尔松音乐的风味"，除非知道对方是内行，否则不仅不能讨好，而且会在背后挨骂的。

如果不知道对方的职业，就不可胡乱问他。因为社会上免不了有人会失业，问他的职业无异于迫他自认失业，这对自尊心很重的人来说是不太好的。如果你想开拓谈话的领域而希望知道他的职业，只能用试探他的方法："先生常常去游泳吗？"如果他说："不"，你就可以问他是否很忙，"每天上哪儿消遣最多呢？"接下去探出他是否有固定工作。如果他回答"是"，你便可加上一句问他平时什么时候去游泳，从而判断他有无职业。如果他说是星期天或每天下午五时以后去，那无疑是有固定工作。

确定了别人有工作，才可问他的职业，这样就可以谈他的工作范围内的事情。如果不知对方有没有职业，或确知对方为失业者，那么还是谈别的话题为佳。

2.风趣接话转话题

在谈话中善于抓住对方的话题，机智接话，可以使我们谈话变得风趣，从而使谈话活跃起来。有一个典型的例子：当我们夸奖对方取得的成绩时，总能听到这样的回答："一般情况下……"倘若我们不接着话茬说下去，就有点赞同对方的"一般情况"说法的意思，达不到接话说的目的。可以这样回答："'一般'情况尚且如此，那'二般'情况就可想而知了。"言外之意是说："你'一般'的情况才如此的话，我'二般'的情况就更不值得一提了。"这类搭茬儿，一般是采用谐音、双关的手法，接住对方的话茬，作风趣的转答。

巧妙地接答对方的话茬，可以把原来的话题引向另一个话题，使谈话转变一个角度继续进行下去。

刘某是公司负责某一地区的销售业务员。公司为了加强和客户之间的联系，特举办了一年一度的"工商联谊会"。公司安排刘某在会议期间陪同他的客户顾某。他们路过一家商场，谈起了商场销售情况。末了，顾某深有感触地说："现在，市场竞争够激烈的。"刘某接过他的话茬儿说："就是。在你们单位工作的业务员也不少吧？"就这样刘某既把话题延伸下去，同时又把话题朝向有利于自己的方向发展。

3.适时地提一些引导性的话题

提出引导性话题，可以给他人留下谈话时间和空间，特别是对于那些不善于当众讲话的人。这些话题可以根据对方的性格特点、兴趣爱好、职业性质等方面来设置，比如：

"近来工作顺利吧?""听说你最近有件高兴的事,是什么呢?""前一阵我见到你的孩子,学习怎么样?"先用这些听起来使对方温暖的话寒暄一下,便于开展谈话。对于那些在公司上班的人,可以探问对其公司的日常规则的看法,像"你们公司,每周都要举行升旗仪式,之后还要做早操,召开例会,你怎么看待?"引导性话题应该注重可谈性和可公开性。对学文的不宜谈深奥的理科问题,反之亦然。

在提一些引导性话题的时候,也要注意方法和策略,不要让对方感到难以回答而只能随声附和。比如:"你是不是也觉得你们现在的厂长很能干?"人家要是说赞同的话,他自己的确也有保留意见;要是说不赞同,而你已经认可了,他总不至于在你的面前进行反驳吧,何况是说别人的坏话呢?这样的话题,处理得不好,会让自己失去谈话的亲和力,适得其反。再者也不要问些大而空的问题,让人不知从何说起,最好具体点。

交际场上既要自尊,更要坚韧

自尊心太强,缺少应有的宽容大度恐怕是影响人开拓交际圈的主要障碍。如果从交际的需要出发,让自尊心保持一定的弹性,把握好度,就能在交际场上左右逢源,游刃有余。

小王是一位初学写作的文学青年,花了半年时间写了一篇小说。他信心十足地来到编辑部,没想到一个编辑看后,直摇头,当着很多人的面,说:"你这写的是什么?连句子都不通,哪儿像小说!……"说得他满脸通红,就想回敬一句:"你仔细看了吗?"可是,他忍住了,反而以请教的口气说:"我是第一次写小说,还希望老师给予指正。"从编辑部回来他没有泄气,反而更加奋发,写完后又厚着脸皮去找这个编辑。真是不找不成交,这一次编辑的态度也变了,提了一些修改意见。后来小说发表了,他和编辑还成了朋友。

改变一下看问题的立足点,不要光想着自己的面子,还要看到比这更重要的东西,比如事业、工作、友谊等等。

在《三国演义》中,曾有一出"孔明骂死王朗"的好戏,这其实就是一场心理战,考察的是一个人的忍让功夫。

那是在公元227年,孔明兵出祁山,曹真率兵迎战,二军对垒于祁山之前。在决战前,双方先来了个"骂阵"。先是王朗策马阵前,向孔明劝降,他说:"你通达天命,亦识时务,为何要毫无理由地挑起战争?要知道,天命有变,帝位更新,归于有德之士,这是大自然颠扑不破的道理……”接着便大赞曹操一番，指出，顺天者昌，逆天者亡，还是快快归顺大魏吧。王朗也是能言善辩之士，他以理劝诱，使蜀军兵将不觉动容。

参谋马谡认为，王朗不过是效法从前季布大骂汉高祖，试图以气势破敌。王朗讲罢，孔明却哈哈大笑，朗声斥道：“你原是汉朝元老，我还以为有什么高见值得洗耳聆听，没想到，说出来的却全是混账话……此次，我奉君命出兵，旨在讨伐逆贼，大义分明，日月可鉴。你胆敢站在阵前，厚颜无耻地大说天命如何，简直是荒谬透顶。你这个皓首匹夫，白须叛贼，想必即将奔赴冥府。到时候，你有何面目，见汉朝二十四帝?！你且快快滚到一边，派出别人来一决胜负吧。丑恶如你，哪有在此撒野的资格?！”孔明刚说完，王朗就口吐鲜血，落于马下，当场毙命。

王朗是被气死的，也可以说是由于脸皮太薄而死。王朗脸皮之所以薄，是因为他不自信，缺乏忍耐力。虽然他也讲人应顺应历史的规律而行事，但他在骨子里更害怕“叛臣逆子”这个罪名，一旦被别人揭了伤疤，说到痛处，便羞恨交加，失去自我平衡的能力，导致猝死。

所谓“脸皮”不过是人的自尊心的一种通俗形象的说法。心理学家认为，自尊之心，人皆有之，人的尊严不容冒犯。自尊是一种精神需要，是人格的内核。从一定意义上说，维护自尊是人的本能和天性。在现实生活中，自尊心的强弱程序因人而异。有的人自尊心特别强，把面子看得高于一切，其实是虚荣心在作祟。

脸皮不妨厚一点，并不是不要个人的尊严，而是说要把握适当的角度，当然，在一些特定的问题，特定的场合，为了维护尊严，必须进行针锋相对的斗争，至于有的人极力维护自尊，实际上是在维护自己的虚荣心，是一种不健康的心理。所以，要对自尊心进行分析，要维护真正的积极的自尊，不要维护华而不实的虚荣心。这样，当我们出现在社交场上，才能恰当地把握自尊的弹性，成为交际的强者。

一家乡镇工厂已经濒临倒闭，为了找到出路，厂方派出很多人到大厂去找机遇。其中一位青年女工找到一家工厂见厂长，可是这个厂长见到这样的人太多了，有些烦，便板着脸说：“厂长不在，开会去了。”她说：“我等着。”“等也没用，你快走吧。”说完把她赶出门，她被搞得很狼狈，自尊心无疑受到了挑战。她红着脸，但并没有赌气离开，而是在门外面等待。当厂长下午上班时，见她还没有走，有点感动了，说：“对不起，我就是厂长。真没有见过你这么有耐性的，你的事我给你办。”

试想，如果故事中的青年女工脸皮太薄，一气之下拂袖而去，又怎么会有这个理想结局呢！

每个人都有自己的脸面观念，这关系到自己的尊严和地位。只不过，在实现自己目标的过程中，只有心理素质过硬、坚强的人才能把怀疑抛在一边，不对自己的能力、动机心存疑惑，不怀疑自己的价值，才能成为在自己的眼里是尽善尽美的人。

交际场上，面对形形色色的人，有的温文尔雅，有的夸夸其谈，有的一见如故，有的冷若冰山……无论对方是什么样的人，请记住，如果想让自己的交际顺畅，在自尊自爱的同时，更要有坚韧不拔的优秀的心理素质。

沾亲带故，多个关系多条路

在现代社会，由于人们的大规模迁徙，以及人际交往的减少，许多人的亲戚交错分布在各个地方，致使亲戚之间存在着互不认识的奇怪现象。因此，就会有一些“得道”的亲戚你并不知道。然而，一旦自己陷入困境，需要求助的话，这些亲戚也许就是能帮助你的对象。

在求助亲人时，我们应该认识到，虽为亲人，但也是有亲疏之分，在求助关系比较疏远、不常联系的亲人时，要采取循序渐进的方法“以情感亲”，使其能够接逐步纳你、帮助你。

应当说亲戚关系本来就是存在的，为什么还要沾呢？因为亲戚也有远近，近亲自不必说，对于稍微远一点的亲戚，只有沾上他们，才能让其为自己办事。其实在过去就有沾亲带故这一说法，说白了就是攀附亲戚，这是使用亲戚关系的一种好方法。多个亲戚多条路，只要能沾上有用的亲戚，事情就好办了。

能“沾”上亲戚实在是一种技巧，也是求人办事的必要。有这样一句话：“踏破铁鞋无觅处，得来全不费工夫。”意思是说在找寻一件东西时，千辛万苦都没找到，最后在一个意想不到又容易忽视的地方找到了。如果你能在平时“沾”上一门亲戚，等到需要的时候，他们的帮助自然也就“得来全不费工夫了”。

在互相走动时，还要有点爱“沾”亲的嗜好，充分发挥主观能动性，善于发现隐藏在人际关系网络中的可用之线，然后“顺藤摸瓜”，找出一大串有“道行”的亲戚，便于为自己办事时所用。

沾亲带故，实际上就是攀附亲戚关系，多个亲戚多条路，路多了自然更容易办事。

宁得罪君子，不得罪小人

得罪了君子，他要么会宽容地一笑了之，顶多骂几句、打两下泄愤；开罪了小人，他的各种阴招暗箭就会不定时飞出，让人防不胜防。这就是为何人们常说“宁得罪君子，不得罪小人。”

从古至今，没有一个武将能像关羽一样，被上至帝王将相，下至黎民百姓，甚至草寇强盗共同顶礼膜拜。有人用“忠、信、勇、义”四个字概括关羽。今天，关公庙不仅遍及华夏大地，在朝鲜、日本、越南等国家也处处可寻。这样的伟丈夫最终却败走麦城，酿成这一悲剧的不是强大的敌军，而是自己阵营里的叛徒——糜芳、傅士仁。

糜芳是糜竺之弟。刘备在徐州败于吕布之时，糜家兄弟助军资帮他渡过难关，并嫁妹于他，糜竺得封安汉将军，地位在军师诸葛亮之上。糜芳也被任为南郡太守，护卫荆州。

糜芳本事不大，但倚着国舅的身份，先言赵云长坂坡投敌，后又与关羽时有摩擦，关羽看在兄长刘备的面子上毫不介意。然而，关羽一失荆州，糜芳即投敌孙吴，气得关羽怒气充塞，疮口迸裂，气绝于地。

此前，关公在攻取襄阳风头正健之时，随军司马王甫曾提醒他说：“糜芳、傅士仁两人恐不用心竭力。”关公大大咧咧地说：“汝勿多疑，只与坐烽火台去。”关公温酒斩华雄，诛言良杀文丑，过五关斩六将，临江亭单刀赴会，捉庞德擒于禁水淹七军，何等英雄豪迈，不料却栽在只会搬弄是非的小人手里。

与之类似，《唐书》里面记载着这样一个故事：

唐朝时候，有一位恶人叫丁谓，跟郭子仪同时代的，这个人当时在朝廷里并不得志，地位并不高，是一个小官。此人很有才气，但是心术不正，有才没有德。郭子仪那时却出将入相，何等威风。

有一次丁谓来拜访他，他把他的家人完全撤到后面去，自己整整齐齐穿了朝服来见丁谓。等丁谓离开之后，家里人就问郭子仪：“你接见人从来没有这样，如临大敌一般，为什么对待这个人要这样恭敬？”

他就跟家人说：“这个人心术不正，又很聪明、很会巴结人，不能得罪，万一将来他做了大官、得了志，我们得罪他，他怀恨在心，会报复我们的。”

他的话果然应验了。后来,丁谓做了高官,朝廷忠良凡是触犯了他的,他都想方设法报复人家。郭子仪不曾得罪他,所以才得以保全。

可以说,郭子仪的一生能够平平安安地度过,与他“敬小人”的处世哲学是有很大关系的。

小人之所以“小”,是因其有小心胸、小聪明,善耍阴招,猛虎之爪或可躲过,黄蜂之刺防不胜防。俗话说君子喻于义,小人喻于利,小人不讲道义、不遵章法、不惜一切、唯利是图,是我们人生路上万万不可得罪的。

人情平时要维护,切莫临时抱佛脚

你或许有过这样的经验:当你遇到了困难,你本以为某人可以帮你解决,于是你就想马上找他。但你后来转念一想,过去有许多时候,本来应该去看他的,结果你都没有去,现在有求于人就去找他,会不会太唐突了?甚至因为太唐突而遭到他的拒绝?

记得有这样一个寓言:说是黄蜂与鹧鸪因为口渴得很,就找农夫要水喝,并答应付给农夫丰厚的回报。鹧鸪向农夫许诺它可以替葡萄树松土,让葡萄长得更好,结出更多的果实;黄蜂则表示它能替农夫看守葡萄园,一旦有人来偷,它就用毒针去刺。农夫并不感兴趣,对黄蜂和鹧鸪说:“你们没有口渴时,怎么没想到要替我做事呢?”

这个寓言告诉我们这样一个道理:平时不注意与人交往,建立关系,等到有求于人时,再提出替人出力,就为时已晚了。

因此,我们平时一定要注意和周围的人培养、联络感情。只有平时经常联络,朋友之情才不至于疏远,朋友才会心甘情愿地帮助你。如果你与朋友分开之后从来没有联络过,彼此将会变得陌生,你去托他办事时,一些关乎个人利益的事情,他就很难主动帮你。

你可能会怀疑或者担心,如果我们先帮了人家,主动对人家好,日后收不到回报岂不是亏本了吗?事实上,无论从实用主义,或从情感价值角度去看,平时维护好人情关系,关键时刻会突显其作用。

三国时期的刘备还在读私塾时,就非常讲义气,经常帮助同学。即使后来大家分开了,刘备还与同学常保持联系。其中有一个叫石全的朋友,为人真诚,但家中很贫苦。刘备不嫌石全家贫,常邀石全到自己家做客,谈论天下局势。

后来,刘备与群雄争夺天下时,在一次战役中,兵败受到敌人的追杀,是朋友石全冒着生命危险将刘备藏了起来，救了刘备一命。

可见，朋友有时在危急关头能帮上大忙，能起到排忧解难的作用。朋友关系的维系来自自己的努力。只要你有这份心、这份情，能够真诚地维持分开之后的朋友关系，那你的人际面就会更加广泛，路子也会比别人多出几条。

维系人情关系，最主要的是来自交流。平时多加强联系，是加深朋友感情的一种方法。

朋友之间在平时人际交往中也需“感情投资”。

所谓“感情投资”，就是在平时交往之外多了一层相知和沟通，能够在人情世故上多一份关心、多一份相助。即使遇到不顺当的情况，也能够相互体谅。

例如，你在生意场上遇到了彼此之间比较投缘的人，有了成功的合作，感情也自然融洽起来，这就是我们常说的“有缘”的人。有缘自然有情，双方为了加深友谊，自然会为对方付出。

当然，就算双方有“缘”，彼此能够一拍即合，要保持长期的相互信任、相互关照的关系也不那么容易，仍然需要不断进行“感情投资”。

在商场上，这种问题表现得尤其突出。每个人都为各自的利益做事，彼此都晓得商人多诈多奸，人与人交往不能不防，所以很容易互相起疑心。结果“缘”就会由合作转为对立，人情变成了敌意。最好的朋友常常会变成最恨的人，这在商场上也屡见不鲜。

在日常生活中，朋友之间之所以会走到这一步，往往是因为双方忽略了“感情投资”。一些人常犯这种毛病：一旦与对方建立了良好关系，就不再觉得自己有责任去保护它了，往往会忽略双方关系中的一些细节问题。例如该通报的信息不通报，该解释的情况不解释。总认为“反正我们关系好，解释不解释无所谓”，结果日积月累，堆积成难以化解的矛盾。

更有甚者，在与对方成为朋友之后，总是一味地向朋友索取回报，而不继续进行“感情投资”。这主要表现为对别人要求越来越高，总以为别人对自己好是应该的；但是别人对于自己稍有不周或照顾不到，就有怨言。这种做法必然会损害双方的关系。

生活告诉我们，友谊之花需要爱心的滋润，否则它会枯萎。朋友之间的“感情投资”应该是经常性的，并非可有可无的。人们从生意场到日常交往，都应该处处留心，时时进行“感情投资”。这样当你在危急关头时，才会有人及时出手相助。

所以，我们必须明白：纵使时光飞逝，居所变迁，但人情是永远不会贬值的“投资产品”。

拉拢人心，细水才能保持长流

人情世故中，拉拢人心是成功者非常重要的一项修炼。有些人认为，想要拉拢谁，送份大礼不就行了吗？试想，你随便给人家送份厚礼，人家敢收吗？再说了，就算人家真的收下了，这种方式建立起来的感情很可能是“一次性”的，难以向真正朋友那样天长地久。

所以，拉拢人心工夫要下在平时，力气用在细微之处。突然对一个平日里并不亲近的人热情，往往会吓人一跳，细水长流才是明智之举。

小王参加一个社交聚会，交换了一大堆名片，握了无数次手，也搞不清楚谁是谁。

几天后，正值元旦，他接到一个电话，原来是在几天前那次聚会中见过面，也交换过名片的“朋友”。这位“朋友”也没什么特别目的，只是想问候一下，祝福小王元旦快乐。虽然大家不太熟识，但这个问候却让小王感觉非常温馨。

不久，春节到了，那个朋友又给小王发了拜年的短信。由于元旦那次电话问候，小王对这位朋友还是有一定印象的。出于礼貌，小王拨通了对方的电话号码，给对方回拜了一个新年，并随便聊了聊家常。

就这样，一来二去，小王和那位朋友好像彼此越来越熟悉了，友谊自然也深厚了许多。

更为重要的是，小王是一位搞科研的学者，因为工作需要，经常需要订购试剂等实验用品。而那个朋友，正是某公司的生物试剂销售专员。因为彼此不断增进的关系，小王成了那个朋友的老顾客。毕竟，同样的产品，同等的价格，谁不愿意从朋友那里购买，然后帮朋友提升些业绩呢？

故事中，那位搞销售的朋友多么聪明啊！为了把小王变成自己的客户，采用从一个小小的问候开始，细水长流式地拉拢策略，最终实现的自己的社交目的，从而提升了自己的工作业绩。

足见，感情的建立不是一蹴而就，而是要有一个“过程”的。大家从不认识到认识，再从认识到熟识，需要的不仅是时间，更是日常的感情联络。如果无视这个过程想一步成功，只会让自己陷入尴尬和被排斥的局面。

真正懂得拉拢人心的高手，往往能够从小事着手，会从日常开始，哪怕是一句招呼，一声问候，一个小忙……唯有细水长流，才能让交情一直持续保持下去。

关键时拉人一把，为人情账户存一大笔款

“患难之交才是真朋友”，这话大家都不陌生。人的一生不可能一帆风顺，难免会碰到失利受挫或面临困境的情况，这时候最需要的就是别人的帮助。然而，一旦这个时候你伸手相助，这种帮助会让对方记忆一生，日后对方定会对你加倍报答。

所以，关键时刻拉别人一把，等于为自己的人情账户存一大笔款。

所谓患难，主要是指一个人遇到的困难，遭到的不幸。摆脱困难，战胜不幸，不仅要靠我们自己的力量，更要借助友谊的力量。

人情储蓄，不仅仅是在那欢歌笑语中和睦相处，更是在那困难挫折中互相提携。有的人在无忧无虑的日常生活中，还能够和朋友嘻嘻哈哈的相处。可是一旦朋友遇到了困难，遭到了不幸，他们就冷落疏远了朋友，“友谊”也就因此烟消云散了。这种只能共欢乐不能同患难的人，不仅是无情的，更是愚蠢的。因为他们的自私，会让自己的人情储蓄负债，会让自己日后的人际关系道路越走越窄。

所以，当朋友遇到了困难的时候，我们应该伸出援助的双手。当朋友生活上艰窘困顿时，要尽自己的能力，解囊相助。对身处困难之中的朋友来说，实际的帮助比甜言蜜语强一百倍。只有设身处地地急朋友所急，帮朋友所需，才能体现出友谊的可贵，才能让这份交情细水长流。

当朋友遭遇不幸的时候，如病残、失去亲人、失恋，等等。我们要用关怀去温暖朋友那冰冷的心，用同情去安抚朋友身上的创伤，用劝慰去平息朋友胸中冲动的岩浆，用理智去拨散朋友眼前绝望的雾障。

当朋友犯了错误的时候，我们应该表示理解并尽可能地给予帮助。一般来说，朋友犯了错误，自己感到羞愧，脸上无光。但有些人，常担心继续与犯了错误的朋友相交会连累自己，因此而离开这些朋友，其实这种自私的行为很不可取。要知道，友谊的价值之一，就是在于帮助犯了错误的朋友一道前进。

当朋友遭到打击、孤立的时候，我们应该伸出友谊的双手，去鼓励对方、支持对方。如果在朋友遭到歪风邪气打击的时候，为了讨好多数，保持沉默，或者反戈一击，那我们就成了友谊的可耻叛徒。正如巴尔扎克的《赛查·皮罗多盛衰记》中所说的：“一个人倒

霉至少有这么一点好处,可以认清楚谁是真正的朋友。”一个好朋友常常是在逆境中得到的。假如朋友在遭到打击、孤立的时候,即使你与他并不是挚交,但你却能够理解他、支持他,坚决同他站在一起,那他一定会把你视为一生的挚友,会为找到一个真正的朋友感到高兴。更重要的是,将来某一天如果你需要他的帮助,甚至你有难时没有向他求助,他都会心甘情愿地去为你“两肋插刀”。

总之,友情的赢得往往在关键的时刻,即当别人处于困顿的时刻。这个时候,也是放人情债的绝佳时刻。只要你在这关键时刻伸出你的手拉他一把,你就获得了他的好感,为日后储蓄了一笔人情“资金”。

让下属感受“人情政治”,你可高高稳坐

说起“政治”,总是显得硬邦邦的没有生气,而添加了几丝“人情”,就显得情意绵绵多了。办公室政治也是如此,不过这里的人情都是有着明确的目的的。军统天津站的吴大站长就深谙此理。

曾经掀起一阵热潮的电视连续剧《潜伏》播出后,粉丝们帮吴敬中总结了一系列精彩语录,其中很经典的一条就是“没有人情的政治是短命的政治。”这句话可谓意蕴深远。

当吴敬中跟余则成捅破窗户纸,告诉他已经知晓了他和左蓝的关系时,余则成一时之间有点慌乱,但是吴敬中立马接了这么一句:“没有人情的政治是短命的政治。”这句话是对余则成的安抚,是要让他明白吴站长不会追究陈年往事,而余则成也就不必担心什么,一门心思地为吴站长办事就行了。吴敬中明白,与其用严厉的询问和调查来警醒下属,不如用温情政治先麻痹他,让他无所防范时,下一步的行动才能更好地展开。

军调期间,余则成偷出情报给左蓝他们,让共产党赢得了舆论的支持。军统天津站陷入尴尬局面,吴敬中大为恼火。这个时候,马奎主动请罪要求接受处罚。吴敬中却没有发官威,而是说:“处罚是一种可怜的手段,我用不惯。”吴敬中的确很少处罚下属,但他却用这样表面上的宽容让下属更加警醒,尽力完成任务。

吴敬中的人情政治还绵延到关心下属的生活。天津站建立之初,吴敬中就让他的下属们将家眷都接过来,由站里负责安置。他说:“咱们抗战为了什么,还不是就为了家人能过上好的生活。……现在是该让他们享受一下了。”俨然一副慈父形象。花红柳绿的太太们到达时,吴敬中还特别在家里设宴款待。宾主尽欢,一派和乐。

而余则成的“临时太太”翠平出场时,显然跟雍容华贵的各家太太差别很大。这个时候,吴敬中的老婆就表现得格外亲和,跟翠平姐妹相称,又是买布料,又是教麻将,尽力跟她搞好关系。这里面虽然有站长太太和翠平出身相仿的原因,但细细一想,站长太太还是在丈夫的吩咐之下行事的。因为安抚了翠平,就是安抚了余则成。

吴敬中真的太聪明了,虽然身居站长的职位,但对待下属并不是一味地发官威,而是尽量让下属感受自己人性的一面,使下属积极为自己卖力。也正是这样,他才可以在站长的职位上高高稳坐。

所以,做个领导既要有“铁血”的强硬一面,又要有“柔情”的一面,刚柔并济,你才能全方位的控制你的下属。既让他们心存敬畏,又让他们忠心耿耿。

与其让对方感激你,不如让他有求于你

事物都有其存在的特定价值:货币因流通的需要而存在,食物因饥饿的需要而存在,火因寒冷的需要而存在……人虽然与其他的事物不尽相同,但却同样有被需要的情感诉求,就像母亲被子女需要、情侣被对方需要一样。

真正聪明的人宁愿让人们需要,而不是让人们感激。因为,如果你能被他人需要,你就会在他人心中变得重要。有礼貌的需求心理比世俗的感谢更有价值,因为有所求,便能铭心不忘,而感谢之辞最终将在时间的流逝中淡漠。

1847年,俾斯麦成为普鲁士国会议员,在国会中没有一个可信赖的朋友。让人意外的是,他与当时已经没有任何权势的国王腓特烈威廉四世结盟,这与人们的猜测大相径庭。腓特烈威廉四世虽然身为国王,但个性软弱,明哲保身,经常对国会里的自由派让步。这种缺乏骨气的人,正是俾斯麦在政治上所不屑的。

俾斯麦的选择的确让人费解,当其他议员攻击国王诸多愚昧的举措时,只有俾斯麦支持他。

1851年,俾斯麦的付出终于得到了回报:腓特烈威廉四世任命他为内阁大臣。他并没有满足,仍然不断努力,请求国王增强军队实力,以强硬的态度面对自由派。他鼓励国王保持自尊来统治国家,同时慢慢恢复王权,使君主专制再度成为普鲁士最强大的力量。国王也完全依照俾斯麦的意愿行事。

1861年腓特烈威廉四世逝世,他的弟弟威廉继承王位。然而,新的国王很讨厌俾斯

麦，并不想让他留在身边。

威廉与腓特烈同样遭受到自由派的攻击，他们想吞噬他的权力。年轻的国王感觉无力承担国家的责任，开始考虑退位。这时候，俾斯麦再次出现了，他坚决支持新国王，鼓动他采取坚定而果断的行动对待反对者，采用高压手段将自由派斩尽杀绝。

尽管威廉讨厌俾斯麦，但是他明白自己更需要俾斯麦，因为只有俾斯麦的帮助，才能解决统治的危机。于是，他任命俾斯麦为宰相。虽然两个人在政策上有分歧，但这并不影响国王对他的重用。每当俾斯麦威胁要辞去宰相之职时，国王从自身利益考虑，便会让步。这样俾斯麦聪明地攀上了权力的最高峰，他身为国王的左右手，不仅牢牢地掌握了自己的命运，同时也掌控着国家的权力。

作为一名强者，俾斯麦认为与强势结盟是愚蠢的行为，因为强势已经很强大，根本不在乎你的存在，也可以说根本不需要你；而与弱势结盟则更为明智，可以让别人因为需要你而依附你，让自己成为他们的主宰力量。他们不敢离开你，否则将会给自己带来危机，他们的地位就会受到威胁，甚至崩溃。俾斯麦就是看准了这一点，才趁机登上了德国的政坛，成就了其辉煌的一生。

就这样，俾斯麦利用别人对他的需要创造了轰轰烈烈的人生。除此之外，也有些人因利用别人对他的需要保住了差点丢掉的小命。

在酷爱占星学的法国国王路易十一的宫廷中，养着许多占星师，其中有一个尤为与众不同。这位占星师曾预言一位贵妇会于三日之内死亡，结果预言成真。大家非常震惊，路易十一也被吓坏了。他想：如果不是占星师杀了贵妇以证明自己预言的准确，就是占星的法力太高深了。路易十一感到了巨大的威胁，于是决定杀掉占星师，以摆脱自己受制于人的命运。

路易下令让士兵在宫廷中埋伏好，只要他一发出暗号，就冲出来将占星师杀死。占星师接到路易十一的召见，很快便来到了王宫，路易十一一见他便问："你自诩能看清别人的命运，那你告诉我，我能活多久？"聪明的占星师稍做思考之后，回答说："我会在您驾崩前三天去世。"

占星师的话令路易十一深感震惊，为了保住自己的性命，路易十一最终没有发出杀死占星师的暗号。占星师凭着路易十一对他的依赖与需要，不单保住了性命，还得到了国王的全力保护，路易十一甚至聘请最高明的医生照顾他。享受了一生安康和奢华生活的占星师比路易十一还多活了好几年。

可见，让自己变得重要会使你的人生之路更加平坦，也可以令你有更大的发展。而实现这一点的最好方法，就是让别人依赖你、需要你，一旦离开了你，他的计划就无法进行，他的生活就难以继续。在这样的相互关系中，只需一个小小的举动，就能带来无数的感激。需要能带来感激，感激却未必能产生需要。

正如卡耐基所言："别指望别人感激你。因为忘记感谢乃是人的天性，如果你一直期望别人感恩，多半是自寻烦恼。"你的价值因别人的需要而存在，被人需要胜过被人感激，与其让对方感激你，不如让他有求于你。

借给不如送给更能收获人情

每个人都害怕囊空如洗，所以每个人都吝惜财物。当亲戚朋友借你钱或某些物品时，是借还是不借呢？这是现代人所常常要遇到的问题，钱只要离开自己的口袋，就有回不来的可能；东西一旦借出去，既可能被对方用坏、弄丢，也可能是被对方一直用着，即还是没有希望了。尤其是把财物借给自己的亲人或是朋友，上述的情况更可能发生了。

这个时候，与其整日盘算着如何把财物要回来，不如放宽心，把财物送给他们。这样，虽然可能在财物上蒙受损失，却收获了人情。

事实上，很多人碰到他人向自己借财物的问题时都很困扰。因为借他财物，有可能就要不回来了，或是一再拖延，到最后历经坎坷才拿回来，或只拿回一小部分。而且，亲朋好友因为需要才会来借，如果时间一到便去催债，好像自己太没人情味，何况也没勇气开口，更怕一开口，就伤了彼此的感情。不借吧，自己的财物固然是"保住"了，但他们有难，不出手帮忙，道义上似乎也说不过去，也担心二人的感情恐怕从此要变质了……

借不借人财物，就是这么让人伤脑筋！可是，横在面前的人情、感情与道义，怎么办呢？

所以，聪明人的做法是：给他钱，而不是借他钱！

所谓"给他财物"有两个层面的意义：

第一个是在心理层面上的意义是：表面上是"借给"他，也言明归还期限和利息多少，但在心理上却抱着这些财物是"一去不回头"的想法，他能还就还，不能还就当作是"送给"他的！这种态度很阿Q，但却有很多好处。第一个好处是不会影响两人的感情，你也不会因为对方还不起钱或不还物品而难过；第二个好处是顾到了朋友间有难相助的"道义”；第三个好处是在对方心中播下一粒“恩与义”的种子，这粒种子或许会发芽、茁壮，在他日以“果实”对你做最真诚的回报。

第二个层面的意义是真的“给”他财物。也就是说，他虽然是向你借用的，但你却表明是给他的，是要帮他解决困难的，并不希望他一定还。这样子做也有很多好处。第一个好处是他不大可能再来向你“借”，不好意思了嘛！而你也可表示“我已竭尽所能”，如将对方开口的数目打折给他，万一对方真的“还”不起钱，或根本不还钱，你则可以降低“损失”。第二、三个好处和前面一段说的一样，兼顾了“情与义”，同时也在对方心中种了一粒“恩与义”的种子，而这“人情”，他总是要担的。

如果“借”或“给”都觉得很难，那么就狠心拒绝吧！不过，在力所能及的情况下还是不要那么斤斤计较于财物能否再回到你的名下。因为财物毕竟不等同于幸福，人生的真正的幸福和欢乐是浸透在亲密无间的家庭关系及友情中的。

当然，也有“有借有还”的情况。某些人借了钱甚至还本金也还利息，也有些人借了东西会非常精心，甚至帮你把东西清洁、保养得跟新的一样再还回来，那就另当别论了。

故意让人占点便宜，人情储蓄积少成多

积少成多的道理大家都非常清楚，一点一点积累，最后将收获很多。其实，在人情储蓄的诸多方法中，积少成多也是非常重要的一种。具体就是，时不时地故意让别人占你一点小便宜。

陈老与纪伯是邻居，某天夜里，纪伯偷偷地将隔开两家的竹篱笆，向陈家移了移，以便让自己的院子宽一点。不过由于深夜操作不太方便，这次纪伯只移动了一点点。陈老虽然看到了这些，但他故意视而不见。

第二天夜里，纪伯又偷偷地将竹篱笆向陈家移了一些，不过仍然是进行得比较吃力。陈老看在眼里，在纪伯走后，他将篱笆又往自己这边移了一丈，使纪伯的院子更宽敞了。

第三天一早，纪伯发现后，很感动，也很是惭愧，不但还了侵占陈家的地，而且还将篱笆往自己这边移了一丈。

陈老故意让纪伯占点小便宜，纪伯却因陈老的谦让感到内疚，产生了“以小人之心，度君子之腹”的感觉，认为自己欠了陈老的一个人情债。每当他想起此事时，他总是会想法报答纪伯。

人情债就是这样，一点一点地放，虽然每次看上去很少，但经过积累，对方最终欠你的就多了，日后对你的报答当然也不会太少了。这一点，不仅在日常交际中非常重要，在经商中同样重要。

徐先生从香港到广州，投资200多万港币，在花园酒店附近兴建了第一家南朝鲜酒家，但生意平平。徐先生的南海渔村开张也很不顺利，头三个月就亏了50多万元。

一天，他在同一街上看到两家时装店，一家生意兴旺，另一家却相当平淡。什么原因呢？他走进那家旺店一看，原来店里除了高档货外，还有几款特价服装。

他受到了启发，于是就创出了“海鲜美食周”的点子——每天有一款海鲜是特价的，售价远远低于同行的价格。当时，基围虾的市场价格为500克38元，徐先生把它们降到28元。不仅如此，他时每位顾客都采用“小”大方的策略，即遇到元以下的零钱全部抹掉。有些常客几乎三天两头就过来买，但他仍然次次见零钱就抹掉，甚至有些常客开玩笑地说：“你长期这样给我抹钱，都抹掉几斤大虾了！”而徐先生本人，却每次都是一笑而过。

不出所料，这两招一举成功，很多食客就冲着那一款特价海鲜，走进了南海渔村大门。降低价格，原来是准备亏本的，但由于吃的人多，每月销出4吨基围虾，结果不但没亏本，反而赚了钱。

自此以后，南海渔村门庭若市，顾客络绎不绝。

徐先生作为饭店酒楼的经营者，他之所以能够成功，就是因为他在人的“贪便宜”“好尝鲜”的本性上做足了文章。因为贪便宜，一看到原本38元一斤的基围虾跌到28元一斤，于是人们便蜂拥而至抢便宜货。再加上老板大方地抹掉零钱，酒楼自然就出了名，大把的钱也就自然流入徐老板的腰包。

足见，积少成多放人情债的方式多么受人们欢迎！更重要的是它在顺畅人际关系、润滑处世方面非常奏效。

当然，让别人占点便宜并不是要大家随时随地都去吃亏。吃亏是有学问，有讲究的。我们要学会吃亏，要吃在明处，至少你应该让对方“瞎子吃汤圆——心中有数”。这样做你才能让别人觉得欠你人情，以后你若有求于他，他才会全力以赴。

冷庙烧热香,急时才有佛脚抱

生活中,人们求神拜佛的时候,几乎都喜欢挑香火繁盛的热庙去进香。虽然热庙烧香没什么不对,但有些时候,到冷庙去烧香会受益更大。不信的话,我们就来分析一下原因。

热庙因为烧香人太多,神仙的注意力容易分散。你去烧香,也不过是众香客之一,显不出你的诚意,神对你也不会有特别的好感。所以一旦有事求它,它对你只以众人相待,不会给予什么特别的照顾。相反,冷庙的菩萨就不是这样,平时门庭冷落,无人礼敬,你却很虔诚地去烧香,神对你当然特别在意。同样烧一炷香,冷庙的神却认为这是天大的人情,日后有事去求它,它自然特别照应。如果有一天风水转变,冷庙成了热庙,神对你还是会特别看待,不把你当成趋炎附势之辈。

其实,不只是庙有冷热之分,人也同样如此。一个人是否能发达,要靠机遇。你的朋友当中,有没有怀才不遇的人?如果有,这个朋友就是冷庙。你不妨像对待热庙一样,时常去烧烧香,逢到佳节,送些礼物。为求实惠,有时甚至可以送些钱,请他自己买些实用的东西。又因为他是穷人,当然不会履行礼尚往来的习惯,并非他不知道还礼,而是无力还礼。不过他虽不曾还礼,但心中却绝对不会忘记未还的礼。这是他欠的人情债,人情债越欠越多,他想还的心越切。所以日后他否极泰来,他第一要还的人情债当然是你。他有偿还的能力时,即使你不去请求,他也会自动还你。这时候你有求于他,就是轻而易举的事情了。

所以,如果你认为对方是个英雄,就该及时结交,多多交往。或者乘机进以忠告,指出其所有的缺失,勉励其改过迁善。如果自己有能力,更应给予适当的协助,甚至施予物质上的救济。而物质上的救济,不要等他开口,随时采取。有时对方很急着要,又不肯对你明言,或故意表示无此急需。你如得知此情形,更应尽力帮忙,并且不能有丝毫得意的样子,一面使他感觉受之有愧,一面又使他有知己之感。寸金之遇,一饭之恩,可以使他终生铭记。日后如有所需,他必奋身图报。即使你无所需,他一朝否极泰来,也绝不会忘了你这个知己。

而要想真正做到冷庙烧香,关键是平时多给人提供帮助。这对搞好人际关系很有帮助,有时更是一本万利的事情。没有几个人会不知道“红顶”商人胡雪岩,他的发迹实际上就是冷庙烧香的典型。

胡雪岩本是浙江杭州的小商人，他不但善经营，也会做人，精通人情世故，懂得“惠出实及”的道理，常给周围的人一些小恩惠。但小打小闹不能使他满意，他一直想成就大事业。他想，在中国，一贯重农抑商，单靠纯粹经商是不大可能出人头地的。他想到大商人吕不韦另辟蹊径，从商改为从政，名利双收，所以，胡雪岩也想走这条路子。

当时，杭州有一小官叫王有龄，他一心想往上爬，又苦于没有钱作敲门砖。胡雪岩与他也稍有往来。随着交往加深，两人发现他们有共同的目的，殊途同归。王有龄对胡雪岩说：“雪岩兄，我并非无门路，只是手头无钱，十谒朱门九不开。”胡雪岩说：“我愿倾家荡产，助你一臂之力。”王有龄说：“我富贵了，绝不会忘记胡兄。”

于是胡雪岩变卖了家产，筹集了几千两银子，送给王有龄。王有龄去京师求官后，胡雪岩仍旧操其旧业，对别人的讥笑并不放在心上。

几年后，王有龄身着巡抚的官服登门拜访胡雪岩，问胡有何要求，胡说：“祝贺你福星高照，我并无困难。”

王有龄是个讲交情的人，他利用职务之便，令军需官到胡雪岩的店中购物，胡雪岩的生意越来越好、越做越大。他与王有龄的关系也更加密切。

故事中的胡雪岩就很好地做到了“冷庙烧香”这一点，他的朋友王有龄当时并没有请他帮忙，但胡雪岩仍然甘冒倾家荡产的危险去帮助他。待到王有龄发达了，自然就会对胡雪岩倾力相助了。

其实，“冷庙烧香”并不是很难办的事情，有时仅仅需要随时体察一下别人的需要即可，这是最简单不过的事情了，随手即得。时刻关心身边的人，帮他们一个忙。日后，你就很容易得到他们的帮助。再有，你还应该趁自己有能力时，多结交些潦倒英雄，使之能为己所用，这样会大大增加请求别人帮助时成功的几率。

那么，从现在起，多注意一下你周围的朋友，若有值得上香的冷庙，千万不要错过。

把“双赢牌”蛋糕做大，让别人欠你的情

三人打牌，虽然互为对手，但假若两方合作也能赢牌，出牌时，让对方一分，对方才可能在关键的时候，让你一分，使双方获益。正如著名作家刘墉所说：“合作失败的人常拆伙，因为彼此责难。合作成功的人，也常拆伙，因为各自居功。直到拆伙之后，发现势单

力薄，再回头合作，那关系才变得比较稳固。”

随着科学技术向纵深方向发展，社会分工越来越精细，人不可能再成为百科全书式的人物。每个人都要借助他人的智慧完成自己人生的超越，于是这个世界充满了竞争与挑战，也充满了合作与快乐。

很久以前，有一个有钱的员外，他有五个儿子。但他的五个儿子做事的时候都自己管自己，从来不互相帮助。

后来，老员外得了重病，临死之前，他把五个儿子叫到床前，又叫人拿来一大把筷子，分给五个儿子。他分给老二、老三、老四、老五每人一根筷子，把剩下的一大把筷子都给了老大，然后说：“你们把手上的筷子都折断吧！”老二、老三、老四、老五没费多少力气就折断了筷子，老大使出了全身的力气，都没把筷子折断。老员外说：“你们看，一根筷子很容易被人折断；一把筷子就不容易被人折断了。这里就有一个道理，如果你们不齐心合力，就会像一根筷子一样很容易被人折断，如果你们齐心合力，就会像一把筷子一样，不容易被人折断，做事情就容易成功。”

五个儿子都懂得了这个道理，从此以后，做事都齐心协力，把事情做得很成功。

在人生牌局中，你必须学会和别人合作，弥补自己的不足，取长补短，从而达到双赢。

有这样一个生意人，他收购玉米再卖给别人，从中赚取差额。第一年赚了一大笔钱，尝到了甜头之后，第二年还做收购玉米的生意。但是第二年的生意很冷清，一方面是由于很难找到愿意将玉米卖给他的农民，另一方面是找不到愿意买他的玉米的客户。原来第一年做生意的时候，他不但对那些卖给他玉米的农民在价钱上克扣、短斤少两，让农民赚得很少，而且在给那些客户交玉米的时候也非常刁钻。所以打过一次交道后，不论是农民还是客户都不愿意再跟他合作了。

的确，如果一个人在与别人打交道的时候只顾自己赢利，就势必会让别人心生不快。所以，人要在得到利益的同时主动与他人分享，把“双赢牌”蛋糕做大，让别人也有份，这样人家欠了你的情，日后自会鼎力报答你。

双赢是现代社会所倡导的一种合作方式。做事情的时候，考虑别人的利益，站在别人的角度考虑问题，不仅能够赢得对方的信赖和好感，还能为今后的合作打下基础。如果处处为对方多想一点，就能够获得更多的合作伙伴，自己今后的发展之路就会更宽。

储蓄人情，先开“人情账户”

没有地基怎么会有高楼大厦？做人情亦是如此，想储蓄人情，首先就要开一个“人情账户”。在人际交往中，见到能给人帮忙的机会，要立马扑上去，给人情开个户，到需要的时候才能够左右逢源。

有人把人情比作是一种资源，应该在最需要的时候用；有人把人情比作是“消防队员”，救急不救穷。无论是哪一种，人情都可以帮助你畅行于复杂的人际社会之中。因此，为自己开设一个“人情”账户是非常必要的。

在某招聘网站做编辑的李萌，一早就接到一位半生不熟的朋友的来电，请求李萌帮她找工作。

这位朋友说：“您好！我在贵网站看到您是负责这个网站的编辑，不知道贵网站现在是否还招聘编辑？我有两年网站编辑的经验，非常希望能够加入咱们这个团队。”

李萌知道自己的网站目前没有空缺职位，也不招聘新人。按理说，这种情况直接拒绝那个人非常容易。不过李萌觉得，无冤无仇也没必要说得太直接去伤人，于是她婉转地说：“很遗憾，我们网站目前还没有招聘计划，不如您到A或B网站去咨询一下，说不定那里有适合您的选择。”

虽然本质上未能如愿以偿，但这位朋友听了李萌的话仍然感觉很温暖，说：“那给您添麻烦了，我再去其他地方试一下吧！谢谢您！”

这件事就这样过去了，李萌压根也没怎么放在心上。但一个月后的某天，李萌开始感谢那次偶然的邂逅。

领导让李萌负责自己网站和A网站进行友情链接。由于A网站比自己所在网站受关注度高很多，李萌担心对方的负责人可能会拒绝。但她还是硬着头皮拨通了A网站上显示的相关负责人的电话。

电话刚接通，李萌先自我介绍道：“您好，我是×××网站友情链接的负责人李萌。不知道能否打扰您一下，想和您谈谈关于邀请贵网站与我们进行友情链接的事情。”

孰料，对方听完用很愉快的声音回答道：“哦，原来您是×××网站的李萌啊。不知道您是否还记得一个月前我们其实通过电话的？正是听了您的指点，我来A网站应聘，才有幸得到今天的工作……”

地球有时真的很小，李萌万万没有想到自己竟会与那个偶然邂逅的人再次相遇，而且还是在工作上。后文自然就是李萌很成功地完成了领导交予的与A网站进行友情链接的任务。不仅如此，她后来还与那个偶然邂逅的朋友成了真正的好朋友，而且两人还是业务上的合作伙伴。

很多时候就是这样，不要小瞧一个偶然的邂逅，说不定你的人情储蓄就是从这个偶然邂逅的“开户”上开始的。

要建立好人情账户，就一定要让自己有人情味。就像上面故事中的李萌，如果当初冷冰冰或不厌其烦地拒绝那个半生不熟的朋友，想必后来的故事结局便会大不相同。一个没有人情味的人，是永远玩不了“施恩”这看似简单实则微妙的人情关系术的。这种人只会用“互相利用，互相抛弃，彼此心照不宣”来推挡，而不去深思人情世故的奥秘之处，所以永远无法达到人情操纵自如的境界。

从现在开始，无论是与某人邂逅，还是与某人频频相遇。赶快去建立你的人情账户吧，只有先“开户”，你日后才能在此基础上不断储蓄。

人情如存款，时时储，日益多

人情是中国人维系群体的最佳手段和人际交往的主要工具。朋友之间没有人情往来，友谊就会淡漠，甚至消失。而当你送朋友一个人情时，朋友便因此欠了你一个人情，他是会想办法回报的，因为这是人之常情。人情就像你在银行里的存款，存的越多，存的越久，利息便越多。

所以，我们平时送人情时，一定要把人情做足，好人做到底。你就要想朋友之所想，急朋友之所急，在他最困难、最需要帮助的时候，给朋友一个帮助，那这份人情的分量就会更大。

做足，包含两个含义：一是人情要做完；二是人情要做得充分。

如果朋友求你办什么事，你满口答应：“没问题。”但隔了几天，你给他一个半零不落的结果，对方虽然口头上不说什么，但心里肯定会说：“这哥儿们，真不够意思，做就做完，做一半还不如不做，帮倒忙。”

做人情只做一半，叫帮倒忙，越帮越忙，非但如此，还会影响信任度，说话不算数的朋友谁都不愿意结交。人情做一半，叫出力不讨好。

人情做充分，就是不仅要做完，还要做好，做得漂亮。如果你答应帮朋友办某种事，就要尽心去做，不能做得勉勉强强。如果做得太勉强了，即使事情成了，你勉强的态度也会让他在感情上受到伤害。

俗话说："在家靠父母，出门靠朋友。"多一个朋友多一条路。要想人爱己，己须先爱人。

诸位当时刻存有乐善好施、成人之美的心思，才能为自己多储存些人情的债权。这就如同一个人为防不测，须养成"储蓄"的习惯，这甚至会让各位的子孙后代得到好处，正所谓前世修来的福分。黄佐临导演在当时不会想得那么远，那么功利。但后世之事却给了他作为好施之人一个不小的回报。

钱钟书先生一生日子过得比较平和，但困居上海写《围城》的时候，也窘迫过一阵。辞退保姆后，由夫人杨绛操持家务，所谓"卷袖围裙为口忙"。那时他的学术文稿没人买，于是他写小说的动机里就多少掺进了挣钱养家的成分。一天500字的精工细作，却又绝对不是商业性的写作速度。恰巧这时黄佐临导演排演了杨绛的四幕喜剧《称心如意》和五幕喜剧《弄假成真》，并及时支付了酬金，才使钱家渡过了难关。时隔多年，黄佐临导演之女黄蜀芹之所以独得钱钟书亲允，开拍电视连续剧《围城》，实因她怀揣老爸一封亲笔信的缘故。钱钟书是个别人为他做了事他一辈子都记着的人，黄佐临40多年前的义助，钱钟书多年后还报。

也许没有比帮助别人这一善举更能体现一个人宽广的胸怀和慷慨的气度的了。不要小看对一个失意的人说一句暖心的话，对一个将倒的人轻轻扶一把，对一个无望的人赋予一个真挚的信任……也许自己什么都没失去，而对一个需要帮助的人来说，也许就是醒悟，就是支持，就是宽慰。相反，不肯帮助人，总是太看重自己丝丝缕缕的得失，这样的人目光中不免闪烁着麻木的神色，心中也会不时地泛起一些阴暗的沉渣。别人的困难，他可当作自己得意的资本；别的人失败，他可化作安慰自己的笑料；别人伸出求援的手，他会冷冷地推开；别人痛苦地呻吟，他却无动于衷。至于路遇不平，更是不会拔刀相助，就是见死不救，也许他还会有十足的理由。自私，使这种人吝啬到了连微弱的同情和丝毫的给予都拿不出来。

其实这样的人没有给别人帮助倒是其次，可怕的是他不仅可能堕落成一个无情的人，而且还会沦落为一个可怜的人。因为他的心除了只能容下一个可怜的自己，整个世界都无须关注和关心。其实，他也在一步步堵死自己所有可能的路，同时也在拒绝所有可能的帮助。

人情不可轻易"透支"

龚磊接编某份杂志，由于杂志的财源并不丰裕，不仅人手少，稿费也不高，但他又不愿意因为稿费不高而降低杂志的水准，于是他开始运用人情向一些作家邀稿，这些作家和他都有过交情，但其中一位在写了数篇之后坦白地向他说："我是以朋友的立场写稿，但你们稿费太低了，错不在你，但你这样子做是在透支人情。"

人和人相处总是会有情分的，这情分就是"人情"。有些人便喜欢用"人情"来办事，但"人情"是有限量的，好像银行存款那般，你存得越多，可领出来的钱就越多，存得越少，可领出来的就越少。你若和别人只是泛泛之交，你能要他帮的忙就很有限，因为他没有义务和责任帮你大忙，你也不可能一次又一次要他帮你的忙，这是因为你的人情存款只有那么一点点。如果你要求的多，那就是透支了。透支的结果如何？当然也有人不在乎，但一般会造成两个结果：

第一，你们之间的感情转淡，甚至对你避之唯恐不及，那么有可能进一步发展的情分就此断了。

第二，你在他眼中变成不知人情世故的人，这对你是相当不利的。

然而人做事不可能单打独斗，有时还是要用到亲戚朋友，换句话说，要动用到人情存款簿。那么要如何动用才不至于"透支"呢？

下面就是使用人情的几个原则：

1.动用人情的次数要尽量少，以免提早把人情存款用光。

2.弄清楚你和对方的情分如何，再决定是不是找他帮忙。

3.如果能不找人帮忙就尽量不找人帮忙，就好像银行存款，能不动用当然最好，宁可把这人情用在刀刃上。

4.就算对方曾欠你情，你也不可抱着讨人情的心态去要求对方帮忙，因为这有可能引起对方的不快。

5.对于斤斤计较的人，你们交情再深，也不可轻易找他帮忙，否则这人情债会像在地下钱庄借钱那般，让你吃不消。

6.要有适度的回馈，也就是"还人情"。回馈有很多种，例如，主动去帮助对方，请吃饭送礼物都可以。总之,不要把人家帮你忙当成应该的,有“提”有“存”,再提还有!

如果你不了解这些,动辄找同学、朋友帮你的忙,那么你就会发现,你慢慢变成了不受欢迎的人。当然也有主动帮你忙的人,但切勿认为这是天上掉下来的,你若无适度的回馈,这也是一种“透支”。

有好处分给他人一杯羹,免遭日后黑手

一个人做事千万别做绝,好处全部得尽,这样的话你得势时虽然做到了初一,但等你失势时人家就会做到十五,到头来自己说不定就会落得个悲惨的下场。所以有好处时一定要分人一杯羹,这叫“与人方便,自己方便”。

常言道:“人在江湖飘,哪有不挨刀”,很少有人能在这江湖是非之地叱咤风云而又全身而退。如果有的话,一来可以认为自己运气太好,没有碰到厉害的角色;二来太会做人,达到了无懈可击的程度。

清朝著名的“红顶商人”胡雪岩,在他发达期间,纵横官场与商场,黑白两道,上下通吃,做人真正地做到了“人精”的地步。其中,他做人一个很重要的原则便是“利益均沾,资源共享”。他对于金钱有着独到的见解。其中,很重要的一点便是与他人分一杯羹,好处共享。这也成就了他一段“不朽”的传奇。

胡雪岩做生意,永远会把人缘放在第一位。“人缘”,对内指员工对企业忠心耿耿,忠心不二;对外指同行的相互扶持、相互体贴。

有一次,胡雪岩打听到一个消息说外面运进了一批先进、精良的军火。消息得到确定后,胡雪岩知道这又是一笔好生意,做成一定大有赚头。他立即找外商联系,凭借他老道的经验,高明的手腕,以及他在军火界的信誉和声望,胡雪岩很快就把这批军火生意搞定了。

正当春风得意之时,他听商界的朋友说,有人在指责他做生意不仁道。原来外商已把这批军火以低于胡雪岩出的价格,拟定卖给军火界的另一位同行。只是在那位同行还没有付款取货时,就又被胡雪岩以较高的价格买走了,使那位同行丧失了赚钱的好机会。

胡雪岩听说这事后,对自己的贸然行事深感惭愧。他随即找来那位同行,商量如何处理这事。那位同行知道胡雪岩在军火界的影响,怕胡雪岩在以后的生意中与自己为难,所以就不好开列条件。只好推说这笔生意既然让胡老板做成了就算了,只希望以后

留碗饭给他们吃。

事情似乎就可以这么轻易地解决了，但胡雪岩却不然。他主动要求那位同行把这批军火“卖”给他，同样以外商的价格，这样那位同行就吃个差价，而不需出钱，更不用担风险。事情一谈妥，胡雪岩马上把差价钱补贴给了那位同行。那位同行甚为佩服胡雪岩的商业道德。

如此协商一举三得，胡雪岩照样做成了这笔好买卖；没有得罪那位同行；博得了那位同行衷心的好感，在同行中声誉更加高了。这种通达的手腕和高超地做人“心机”日益巩固着他在商界的地位，成为他在商界纵横驰骋的法宝。

不乘人之危抢人饭碗是胡雪岩处事方式的具体体现。他一直恪守这一准则，使得他在商界中获得了极好的名声。

聪明人都懂得，人际场上，无论做什么事情，好处不能自己都占绝，干什么事情都不能吃干抹净。一定要为他人着想，有好处时分给他人一杯羹，这样不仅不会与他人结下怨仇，而且还为自己储蓄了人情，等你失势时别人才不会落井下石，而且还会出手相助。精通人情的“心机”，才能避开可能出现的人际关系陷阱。

即使不能救助他人，但也不能落井下石

看到他人落难，即使你不向对方伸出援助之手，也不应该落井下石。

娟娟是一家杂志社的摄影师，她曾在美国待过一段时间，行事有些洋派，在作风保守的杂志社里显得格格不入。偏偏她个性散漫，又常做错事，总编辑看她不顺眼，但因她是老板朋友的女儿，所以只好睁一只眼，闭一只眼。

有一天，为了一些照片，总编辑和娟娟起了冲突，众人见战火引燃，纷纷过去围观。娟娟还要力争，众人你一言我一语地加入战争，娟娟一舌难敌众口，掩面而逃。之后，众人还联合起来打击她，挑她照片的毛病，批评她偶尔的迟到早退。后来，她被迫辞职了。

这就是落井下石，也就是对失势的人或遭遇困境及外来攻击的人加以打击。人家已经够惨了，你还要落井下石，这岂不是雪上加霜！听起来很残酷，但却是社会真实的一面。这种情形在有人的地方就会发生，而且你自己也有可能碰到。

因为人具有求生存的本能，求生存除了靠一己之力外，也要靠他人的提携及团体的庇荫，因此人总是向力量强大的地方靠拢。有钱人朋友满天下，穷人连朋友都没有，道理

就是在此。与其说这是现实，不如说是人类的本能。

有两个职员，在一家电子配件公司做销售，都是业务尖子，收入不菲，和老板也相处融洽。

在年初，老板对员工许诺，如果他们能够在上年销售额的基础上增加30%，就奖励每人20000元。因为往年老板从来没有失信过，大家都深信不疑。为此，销售人员就像充了电的马达一样运动起来，到年底，他们果然完成了计划。可是就在这一年，老板家里频频出事，先是公司被骗几十万，后来老板的儿子得了白血病，那可是个无底洞，公司一下就垮了。老板到处借钱给职员发工资，可是这奖金确实无能为力了。老板也没有赖大家钱的意思，只是要求暂时共渡难关，等法院追回欠款就兑现。这时候，各个人的本性就暴露无遗了。职员甲体恤老板的难处，继续默默无闻地工作。而职员乙则料定老板死定了，打定主意要走，翻脸不认人。逼着老板要奖金，甚至在大年初一带着一帮人到老板家里大闹，还打伤了老板的儿子，终于被送进了拘留所。

不久，老板的公司就绝处逢生，重新振作起来。职员甲拿到了钱，还升了职，而职员乙则后悔莫及。

他人有困难，如果你不能够向对方伸出援助之手，反而还要落井下石，使其雪上加霜，这是最可耻的。任何人都不可能倒霉一辈子，你在他遇难时伤害他，难保以后他翻身了不向你打击报复。

所以，在他人落难时即使你不去援救，也不要落井下石。如果你要落井下石的话，最终受伤的只能是你自己。

第六章　交友运智方略

交友不慎是隐患

交友有以下五不宜，而这正是可以为我们带来隐患的根源。

一是不宜结交心胸太狭窄、嫉妒心太强的朋友。因为和这样的人交朋友，你必须以甘于平庸、甘于比他差为代价。当你不如他时或当你同他“平起平坐”时，他可以和你亲密地来往，而当你发达的比他强时，特别是当你们两人因竞争的缘故而在个人利益方面发生冲突时，他心里立刻就会泛出一股酸味儿。这时候，如果他把持不住自己，就极有可能无理取闹的憎恨你，要么在背后拼命说你的坏话，要么在暗地里不断给你脚下使绊子或制造麻烦，更有甚者，一旦他歇斯底里大发作，有时还会危及你的性命。这样的“朋友”，很多时候要比敌人还可怕。

二是不宜结交没完没了地总向你伸手的朋友。“有难同当”固然是交友所必须遵循的一项原则，但凡事也要讲究个尺度。你可以帮助朋友一时，却无法资助朋友一世。当你的一次次“救急”的钱像肉包子打狗一样有去无回时，除非你愿意被这种自私自利、不劳而获的“朋友”拖累一生，不然就得赶紧捂紧你的钱袋，把他的名字从你的朋友的名单上坚决地划掉。

三是不宜结交对你的恋人或配偶别有用心的朋友。如果你的朋友当中有人对你的恋人或配偶居心不良，那么你一定不可掉以轻心。“朋友”的幌子使其比旁人有更多的机会出入你的家门，接触你的恋人或配偶，在刻意的勾引下，一些不愉快的事情完全有可能发生。因此，为了你个人的幸福和家庭的安宁，你应该快刀斩乱麻，远离这样的小人。

四是不宜结交爱添油加醋传播别人隐私的朋友。朋友之间每到谈兴正浓时，常常是无话不谈的，而这些话就包含了你的一些致命的隐私。不定哪天，你朋友多嘴多舌的过分渲染，就会令你的生活出现不可收拾的局面，并令你后悔不迭。

五是不宜结交总鼓动你破釜沉舟的朋友。这样的人在孤注一掷时常会找人为自己壮胆。你若长期和他相处,会很容易受到那种"豁出去"的冒险情绪的传染,最后甚至会成为他的一个垫背。

交友的两大的原则:理解和诚实

前几年人们曾呼喊出"理解万岁"的口号,可见人们对相互理解的渴望之情。如果大家都能设身处地替对方着想,我们的生活、工作将会避免很多的矛盾,人们也就会活得更加潇洒一些,少一点烦忧,多一点快乐。

让人理解不容易,而伸出友谊之手,助别人一臂之力同样不易。目前在青年中开展的"青年志愿者""手拉手""希望工程"等活动都是号召青年人带头帮助他人。发扬互相关心助人为乐的精神。这些活动无疑对青年人有一定的教育意义。但目前青年人的社会责任和公德意识在一定程度上还比较缺乏,对于需要帮助的群体常采取一种冷漠的态度,因而我们在呼唤理解的同时,更要呼唤互助的精神。乐于助人是更高的境界,如果我们达不到"乐于助人",至少应该"助人",这点对我们每个青年来讲并不太难。

1997 年召开的中共中央十四届六中全会通过的"决议"中,将"诚实守信"放在了社会主义道德建设的内容里,说明诚实与守信是何等重要,这是做人的根本。如果一个人丧失了这一点,就意味丧失了人格。

活生生的实例摆在我们的面前:我的一位朋友一日来我家向我诉说她的"遭遇":她大学时的班长,现在深圳当什么大经理,到北京后找到她,说是现金没带够,想从她这儿借 5000 元钱。她冲着同学情谊,拿出家里现有的存款,又向同事借了一点,凑齐了借给了她的同学,当时那位"班长"说要在一周内还,并要写一个借条,她一想都是同学还写什么借条,便让这位"班长"拿着钱就走了。谁知"黄鹤一去不复返",这位"班长"一年半过去了,却没露过一次面。害得我这位朋友又凑钱还同事的账不说,精神还受到极大的伤害,她说,这钱都不重要了,重要的是他欺骗了我,每逢同学聚会,一提到这位"班长",大家都是嗤之以鼻。

交友要三思而后行

从前，鲁国的宰相公仪休非常喜欢鱼，所以经常有人把好的鲜鱼送到他的家中，然而，他一概婉言谢绝这些馈赠。他身边的人好奇地问他："您既然喜欢鱼，为什么却推辞不受呢？"他回答："正是因为喜欢，所以更不能接受，一旦接受了人家的馈赠，免不了要客套一番。这么一来，很容易为对方而触犯法律，最后难以逃脱免职的厄运。免职之后，纵使再喜欢鱼，也没有人会送的，甚至不会有购买鱼的钱。现在我拒绝了，没有免职之虞，可以自由地去采购我所需要的鱼。"

战国时代，鲁国紧邻着国势强大的齐国，时常受到齐国的压迫，苦不堪言。所以鲁王将自己的儿子送到晋、楚两国去当人质，希望加强彼此的关系，将来有紧急事态发生时，可以请晋、楚两国援助。

大臣黎钜知道了这件事，向鲁王进谏说："眼前有一个人快要淹死了，就算我们去求最擅长游泳的越国人来帮忙，也来不及了。再者，发生火灾时，即使大海有很多水，想要引海水来灌救也无济于事，所谓远水救不了近火。晋与楚虽然是强国，但是距离鲁国遥远，一旦我们遭到攻击，想要求助于他们，也是不太可靠的。"

所谓"远水不救近火"，说明人遇到紧急事情时，远方的朋友熟人是帮不了忙的，这与所谓"远水不解近渴"意思相同。不管远处有多么丰富甜美的水，人到了沙漠时也会渴得难以忍耐，所以一切要从身边或现实中想办法。所谓"远亲不如近邻"，任何时候都要和身边的人搞好关系。如此，当你一旦遇到困难时，才会有人向你伸出友谊之手。

荀子在论人性时说："人之性恶，其善者伪也。"人的性质如果看来是善的，那是他努力装扮成这样的，人性本来就是恶的。人性究竟是善还是恶，绝非三言两语能够说清楚。

但是在现实生活中的确要在与人打交道时谨慎小心，对别人不妨把他看得不好，而考虑一些防患对策，预防万一，否则待事情发展到糟糕程度时就悔之晚矣。

《韩非子》中也说：“战阵之间，不厌诈伪。”意即两军作战，必要时可以使用谋略来欺瞒敌人，这与《孙子兵法》中的“兵，诡道也”相同。即可以使用各种手段来欺骗对方，以获得最后胜利。

一般人都不喜欢谋略意识强烈的人，也就是心眼太多的人。然而在现实社会里，欺骗、狡诈的人大有人在。大到国家之间的争端，小到个人之间的利害关系，这种欺诈是无处不在的。因此与其说欺瞒他人是不正当的行为，倒不如说吃亏上当的人太单纯，大意失荆州了。

人生从某种角度看也是一场战争。在这种战争中，为了求生存，必须要有慎重的生活方式和态度，这样才不至于上某些人的当、吃大亏。当然，为人并不能欺骗别人，但是社会上鱼龙混杂，到处都是陷阱、圈套，必须小心提防。所谓“害人之心不可有，防人之心不可无”。

什么样的朋友应该提防呢？

《庄子》中指出：“以利合者，迫穷祸患害相弃也。”这是讲，因利害关系相结合的人，在遭遇困难逆境时，很容易背弃对方。与此相反，“以天属者，迫穷祸患害相收”。“以天属者”是指彼此的关系是建立在极为信赖的基础上，这种朋友关系即使在逆境中，也会经得起考验，彼此相互帮助，同舟共济，患难与共。

而因为利害关系结合的朋友，早晚会中断。比如在企业关系中，许多朋友是生意场上的朋友，因此当你飞黄腾达时，这些人都会奉承你，沾你的光；而当你一旦失势，这些人便会抛弃你，另攀高枝了，这种事在官场和生意场上都很常见。生活中的朋友也是如此，有些人交朋友只知道利用别人，而自己却很少为别人做些事情。这种朋友关系，很难维持长久。因此在交友时一定要慎重，尤其是那些有利害关系的朋友，交往时更要小心谨慎，保持距离。

《呻吟语》的作者吕新吾说：“处小人，在不远不近之间”。这和孔子的想法如出一辙。过分地接近小人，对自己而言是种负担，冷落了他，又会招致嫉恨。所以，保持适当的距离才是上策。

书中又说：“由于喜欢蛇，而贸然出手去抚摸它，往往会被它咬噬而中毒；倘若因为不喜欢老虎，而动手击打它，同样也会被老虎吞噬”。因此必须远离老虎和蛇，即所谓“敬鬼神而远之”。

理解万岁

春秋时期,管仲和鲍叔牙都是很有才华的政治家,也是很有修养的人。他俩从小就是好朋友,无论干什么,总是形影不离。长大了,鲍叔牙邀管仲一同去做买卖,管仲有些为难:“我家自从父亲死后,母亲和我吃上顿没下顿,哪儿有钱去做买卖?”

鲍叔牙回答道:“我还有点钱,足够咱俩用的。钱由我出,你出主意就行了。”

经过一段时间的准备,他俩真的做起了生意。每次赚了钱,鲍叔牙总是多一半给管仲,少一半给自己。管仲有些过意不去,鲍叔牙诚意地说:“我们是朋友,你家有困难,我们互相帮助。”

后来,他们俩一起去当兵。每次打仗,鲍叔牙总是紧随管仲,只要一遇到危险,他就毫不犹豫地用自己的身体去掩护他。后来他们果然在齐国做出了成绩。

由于鲍叔牙在齐国做官的时间比管仲长,一旦管仲的官职超过了鲍叔牙,一些大臣就议论纷纷,为鲍叔牙抱不平。鲍叔牙知道自己再继续做官,会对管仲不利,于是毅然向齐桓公提出辞官还乡,鲍叔牙说:“为了使管仲更好地施展才能,我愿意辞官还乡。”

齐桓公挽留道:“你是一个高尚的人呀!管仲是你推荐给我的,现在为了他,你又要辞官还乡。我要管仲,也需要你啊,请你留下吧。”管仲也劝鲍叔牙:“你不要走,别人议论什么,我不在乎。”

但第二天,鲍叔牙还是悄悄地离去了。人们对他的为人都非常钦佩,管仲也感叹道:“生我的是父母,而了解我的是鲍叔牙。”

管仲和鲍叔牙的相交,历史上称之为“管鲍之交”“管鲍遗风”。这里面揭示了交友的许多真谛,但最重要的一点就是互相的理解:做生意赚了钱,多给家贫的管仲一些,这是理解,而没见利忘义;当兵打仗时,在最危险的时候,鲍叔牙用身体掩护管仲,这是舍己救人;因为管仲而辞官还乡,这更是处处理解,是更高层次的境界,管仲和鲍叔牙的友谊稳固长久,理解使然。

而不理解,往往是与多疑、嫉妒、残忍紧密联系在一起的。历史上俄国女皇伊丽莎白,因多疑而过着一种不正常的生活,无端的恐惧使她每天都要换一个房间睡觉。有一个女子长得很漂亮,并曾是女皇的竞争者,后来,女皇竟命令用烧红的铁尖穿刺她的舌头。在中国汉代，刘邦的皇后吕雉对刘邦的宠姬戚夫人产生了怀疑，进而嫉妒，以致后来将戚夫人剃光头发，用哑药将其弄成哑巴，砍去手足，挖去眼睛，割掉耳朵，残忍之极。

朋友之间，如果失去理解，失去沟通，也会由朋友变成路人，甚至成为仇敌。

因此，对待朋友，要理解、信任并予以支持。朋友获得成功，打个电话或送去鲜花表示祝贺；朋友过生日，送个蛋糕过去与之共享；朋友心烦意乱，想办法让他开心或一块出去兜风；朋友事业危机时，热诚地鼓励他并尽己所能加以帮助……所有这些，都将使你们的友谊之树常青。而这，正是人生中最可珍惜的巨大财富！

无信义之人不可交

《战国策》上，讲了这样一个故事：

有一个楚国人，拥有两名妻妾，长得非常美丽。有个年轻人，看中这两名妻妾，便先从年龄大的那位下手。没想到那位年长的张口就斥骂他：

“你这个禽兽不如的小人，快滚远点。”

年轻人只好识趣地走开。求欢不得，他便转移目标，向另一位小妾频送秋波，表示爱意，两人很快便勾搭上了。

过了没多久，这个拥有两个妻妾的楚人死了。有位客人对那位年轻人说：“人家的丈夫死了，你打算要哪个为妻呢？是娶年龄大的，还是要年龄小的？”

年轻人说：“我要娶那个年龄大的。”

客人说：“年龄大的骂过你，年轻的顺从你，你为什么还要娶那个大的呢？”

年轻人说：“当她还是别人妻妾时，就想让她顺从我。现在要做我的妻子，就愿她替我去骂别人。”

忠诚于人，才会对人有信用。这位年轻人之所以不愿意娶那个年轻的妾，正因为她是不忠的女人，也是不讲信用的人。

信任忠诚的人，信任那些经过长期考验、值得依赖的人，而不是轻信那些势利小人，才能避免祸害，万事亨通。

魏文侯派乐羊攻打中山国时，当时就有人劝说：

“乐羊的儿子乐舒，在中山国做大官，怎么能让他去担任大将？”

魏文侯经过了解后，决定还是派乐羊去。乐羊到中山国后，驻兵三月未攻，因为当时中山国国君让乐舒去找乐羊，让他延缓进城。消息传到魏国，大臣怨声鼎沸，而魏文侯却对乐羊坚信不疑。

乐羊不攻城，其实有他自己的道理：“我要让中山国的百姓看到他们的国君是怎样地不讲信用。”后来，中山国国君为了胁迫乐羊，把他儿子煮成了肉羹，差人送给乐羊。乐羊坐在军帐下端着肉羹吃了起来，一杯吃尽，然后下令攻城。中山国国君由于失去了百姓的信任，所以一战即败，魏军迅速地占领了中山国。

乐羊凯旋时，魏文侯亲自出城迎接，大摆宴席为他庆功。宴席上赐给他两箱礼物。乐羊回家打开箱子一看，箱子里全是大臣们弹劾他的奏章。

第二天，乐羊去谢恩，魏文侯说：“我知道，只有你能担当这一重任，才用你不疑。”

魏文侯如此信任乐羊，是因为他对乐羊有充分的了解。

下面所讲的故事，则说明信任那些自己不了解的势利小人，将给自己带来无穷的祸害。

汉武帝时代有位大臣汲黯，是个威武不能屈的忠义之臣。在他位居高官时，许多人到他家里拜访，把门槛都踏破了，常常高朋满座。

一次，汲黯由于直言上谏，惹怒了汉武帝，被免去了官职。过去的那些朋友一个也不来了。家门前可以设网捕鸟，不仅如此，这些朋友还在背后肆意攻击他，把他过去作为知己话说出的言语，广为传播，败坏他的名声。

后来,汲黯官复原职,一些中断来往的昔日“朋友”又想来拜会他,他愤然拒绝了。他已尝到了信任这种势利小人的苦头,不想重蹈覆辙。

酒肉朋友不可交

季君这月工资又不够花,原因是和几个哥们多吃了几顿饭。第一次哥们请客的理由是他找到了一位又温柔又漂亮的女朋友。第二次是季君的论文发表了。第三次是季君要提升为副处长了。你说这三件事哪一件不值得庆贺,兄弟们既然提出来了又怎么好意思拒绝呢?尽管挣的钱不够花的。但还要勒紧裤腰带鼓着肚子往上撑。

季君的弟弟季金就不这么干,有一次几个同学要考上博士生的季金请客,他竟然三拐两不拐地给推辞掉了。要说季金采用的招数并不复杂,他只说:“弟兄几个能看得起真是荣幸,但咱眼下还不是要这个的时候,如果将来我的理想达到了,甭说你们吃火锅,就是吃天鹅蛋我也要给弟兄几个弄来。”

用婉转而又和气的拒绝方法,把自己的情况和真实的想法告诉朋友,让朋友了解你拒绝的理由,对方肯定不会生你的气或骂你小气鬼。因为本身就是来往的事,如果大家比着折腾,就算你是高薪阶层也会为此头疼。现在有很多人就是因为招架不了这些和那些的朋友聚会,结婚随礼,而缩小朋友的范围。

多与不同性格的人打交道

在当代竞争激烈,瞬息万变的社会上,仅仅依靠自我力量,进行个人奋斗,取得成功的可能性微乎其微,而与人合作是成功的加速器,助你踏上成功之路。那么,如何获得合作,如何与人合作呢?

(1)精通谈话的艺术。

世界上每个人都会说话,但并不是每个人都懂得谈话的艺术。生动活泼、轻松愉快、情趣横溢的交谈,不仅可以交流思想,沟通感情加深友谊,而且给人以莫大的精神享受;而枯燥无味,单调无聊、死气沉沉的交谈只能浪费时间,令人厌烦,那么,如何才能使谈话顺利进行,圆满成功呢?

选择别人感兴趣的话题。与人谈话，除了引起人们的兴趣，还有责任去引发他们参与谈话，你应该选择对方感兴趣的话题，把对方的积极性调动起来。

做到有条有理。无论什么时候，讲话都要逻辑清晰，中肯切题，倘若谈话缺乏组织，信口开河，废话连篇，离题胡扯，那就会使宝贵的时间化为乌有而又达不到交谈目的。如果你有无休止谈话的习惯，建议你谈话时设想自己在付钱打长途电话，既浪费时间又付出代价。此外，谈话前要仔细地加以准备，做到心中有数，必要时可先列个提纲。

不打断别人的发言。假如一个人正讲得兴致勃勃，听众也非常专心地聆听，这时你突然插嘴，问些不相干的问题，说话的那个人对你绝对不会有好感，其他人也可能对你嗤之以鼻。因此，一般情况下不要打断别人的发言，要让人家尽情地讲，你要恭恭敬敬地听，即使你不同意别人的看法，也不可匆忙打断他，要等他讲完再发表你的意见。

做个好的听众。这与上一步是密切相关的，须知，良好的谈吐有一半靠聆听，并不仅仅靠耳朵，还包括所有的感官，倾听与谈话几乎同等重要，在谈话较为沉闷之际，你常会发现自己心不在焉，漏掉了重要的关键字词，误解了听到的字句，甚至先入为主地曲解了别人的论点，而疏忽了那个观点与你想的完全不同，因此，在别人讲话时要精力集中，不要让自己的注意力分散，而迫使对方再次重复谈过的话题，同时，要看着对方，而不是东张西望。要尊重别人，要控制自己的情绪，不要一时过于激动，忘记了别人的禁忌，忽略了他人的生理缺陷，说出伤害人家感情或损害人家尊严的话语。无论有意无意，伤害别人均属于不可原谅。

要使谈话富有风趣。一般情况下，你不必花大量时间去描述一些无关紧要的或大家都非常熟悉的细节。几乎没有人会有兴趣倾听你枯燥的谈论孩子、健康问题、家庭烦恼等等。要使你的话题富有风趣，你就得吸取足够的用于交谈的“材料”，闲暇时间，你可以多浏览杂志或收听一下收音机里的新闻广播。这样，你就能用丰富的信息充实自己，使自己对周围的人更富有吸引力，倘若你能掌握幽默的艺术，那么你的谈话就更能吸引人。

讨论而非争辩。双方本着善意的讨论会使大家都受益，相反激烈的争执，攻击对方维护自己，正是良好谈吐的大敌。讨论能使人和谐，而争吵只能拆散人，谈话中，应尽量克制，不要冲动，力避争吵。

(2)掌握求人的秘诀。

在生活中，有你帮助别人的时候，也有别人帮助你的时候，纵然你想万事不求人，恐怕极难做到。而求人，也并非坏事，无论是对你个人或被求之人，都可获得认识、友谊以及合作带来的收益。如何求人,并不是每个人都能做得很好,其中有些秘诀可以帮助你。

滴水之恩,当涌泉相报。不论多么小的事,别人为你做了,就要表示感谢。绝不能表示出别人为你做事是理所当然的态度。当对方为你的事尽了努力,不管是否帮助你解决了困难,都应有感激的表示。另一方面,在别人有事向你伸出求助之手时候,也当尽力帮助。要知道,这是你下次求人的基础。

以诚感人。诚能感人,至诚可以感天,这是家喻户晓的。其效果之宏大,古今中外,颇少例外。

选择对方精神愉快的时候。当别人专心致力于某项工作,或者情绪欠佳的时候,在这时冒失前去求人,成功的可能性极小。利用一下假日时间,尤其是他孩子生日时送上生日蛋糕、自然气氛会热闹起来。此外,谈话尽量在热情气氛中进行,要用商量的口吻,这样,会显得你很有修养。求人办事,万万不能要别人打“包票”。

善用间接的交情。如果你要求的人与你素昧平生,你一心想要他帮你的忙,不是件容易的事。这时,你就应想方设法利用间接私交,比如,他和王岩是好朋友,你和王岩也是熟人,那么你在登门时,待说完应酬话之后,便说王岩时常提到先生,讲到先生是如何如何了不起,这种夸赞应是在事实基础上的稍加渲染,这样,就会使他精神兴奋,乐于长谈。你便可巧妙地表示你同王岩很熟,并利用时机委婉地提出你的要求,需注意的是,这种谈话应尽量简单明了。

(3)获得合作的艺术。

现代社会,虽然竞争激烈,但也一刻离不开合作,就是竞争,也往往是合作下的竞争,也只有获得合作才能取得成功,既然合作如此重要,如何才能获得合作呢?

多听听别人的意见,优秀的合作者总是先创造一个互相信任和心心相通的气氛,然后再提出自己的看法。举例来说,某集团公司需添购一套自动化电镀设备,许多厂商闻讯纷纷前来介绍产品,负责电镀车间的李工程师因而觉得很反感。但有一家锻造厂商别出心裁,写来这样一封信:“我们厂最近完成了一套自动化电镀设备。由于这套设备并非尽善尽美,为了将来进一步加以改良,我们诚意地请您拔冗前来指教。为了不耽误您的宝贵时间,请随时与我们联系,我们会马上派车去接您。”“接到这封信真使我惊讶。”李工程师说:“以前从没有厂商询问过我的意见,所以,这封信让我觉得我自己很重要。”从中可以看出,要获得合作,就不要把自己的意见强加于人,而是由别人自己去做结论。

使对方具有责任感。人人都愿意受到别人的注意,给人以好印象。有一家工厂选择了一批女职工参加试验小组，不论是改善照明，缩短工时还是延长劳动时间，生产都在上升，究其原因，那就是这群女职工因被选到试验小组而产生了责任感。从前，没有人去注意她们，但现在她们得到人们的公认和重视。

真诚地赞赏。一位狱长曾经说过："对于罪犯的努力给予适当的赞赏，比严厉地批评与惩罚更能得到他的合作。"如果我们将这个方法应用于人际关系，则不应过于挑剔别人的行为，而应更多地看到别人的优点，即使是最微小的优点和进步，我们也要赞赏，这比责罚的做法聪明得多。

设身处地替别人着想。要争取得到对方的合作，就应该站在对立的立场上为他考虑。这样，才容易拉近你和他之间的距离并调动其积极性。

友谊细水长流

《说唐》里鼎鼎大名的尉迟恭是一名莽勇的将军，却不知在唐史里，也是一位以"和而不流"著称于世的君子。

有一次，唐太宗李世民在朝间与吏部尚书唐俭下棋。唐俭是个直性子的人。平时不善逢迎，又好逞强，与皇帝下棋却使出自己的浑身解数，架炮跳马，把唐太宗的棋打了个落花流水。唐太宗心中大怒，想起他平时种种的不敬，更是无法抑制自己，立即下令贬唐俭为潭州刺史，还不干休，又找了尉迟恭来，对他说，唐俭对我这样不敬，我要借他而诫百官。不过现在尚无具体的罪名可定，你去他家一次，听他是否对我的处理有怨言。若有，即可以此定他的死罪！尉迟恭听后，觉得太宗这种张网杀人的做法太过分，所以当第二天太宗召问他唐俭的情况时，尉迟恭只是不肯回答。反而说，陛下请你好好考虑考虑这件事，到底该怎样处理。唐太宗气极了，把手中的玉版狠狠地朝地下一摔，转身就走，尉迟恭见了，也只好退下。

唐太宗回去后，一来冷静后自觉无理，二来也是为了挽回面子，于是大开宴会，召三品官入席，自己则主宴并宣布道："今天请大家来，是为了表彰尉迟恭的品行。由于尉迟恭的劝谏，唐俭得以免死，使他有再生之幸；我也由此免了枉杀的罪名，并教我以知过即改的品德，尉迟恭自己也免去了说假话冤屈人的罪过，得到了忠直的荣誉。因此赐尉迟恭绸缎千匹。"

唐太宗这样做，当然主要还是为了显示自己的"明正"；同时，他当然也感谢尉迟恭。

假使尉迟恭真的按他的话去陷害唐俭而致其死，又安知唐太宗肯“正”起来，不治罪尉迟恭呢？

士为知己者死

春秋时代的燕国人羊角哀和左柏桃，两人不仅是好朋友，而且都是品德高尚有才华的人。因听说楚庄王是一个明君，他们一同到楚国去找机会施展自己的才干，解救人民于水火之中。不料在路途中遇到暴风雪，两人陷于茫茫荒原。寒冷、饥饿使左柏桃病倒了，羊角哀说：“要死就死在一起，我扶你走吧。”

两天后，羊角哀精疲力竭了，好不容易才把左柏桃扶到一棵两人合抱的空心树下，暂避风雪，左柏桃气喘吁吁地说：“兄弟，荒原千里，风雪无边，与其两人冷饿而死，不如救活一个。”

羊角哀说：“你放心，我背也要把你背到楚国去。”

左柏桃举起双手，搭在羊角哀的双肩上深情地说：“你的心意我领了。救民于水火之中是我俩的共同理想，不论这个理想是咱俩共同实现，还是你一个人去实现，都算达到目的了，你说是不是？”

两人真诚相让，最后还是左柏桃说服了羊角哀，羊角哀到楚国见到楚王后，立即带人回到荒原，这时左柏桃已冻死在树洞里。

羊角哀埋葬了朋友的尸体痛哭而别，每逢左柏桃的忌日，羊角哀总是朝着左柏桃遇难的方向深深一拜，心中默默祷告：“柏桃，你放心，我一定要实现咱俩的理想。”

这样的例子不胜枚举。

在征服意大利的一次战斗中，拿破仑夜间巡岗查哨，发现一名哨兵斜倚着树根睡着了。他没有去唤醒哨兵，却拿着枪替哨兵站了半小时的岗。

哨兵从睡梦中惊醒,认出替他站岗的是司令官拿破仑,十分恐惧,跪在拿破仑的面前求饶。拿破仑让他起来说道:“朋友,给你的枪,你们艰苦作战,又走了那么长的路,太劳累了,打瞌睡是可以谅解的,但要记住,目前稍一疏忽就可断送全军。我正好不困,就替你站了一会儿,下次可要当心。”

哨兵连连点头,心中对拿破仑钦佩不已。在后来一次激烈的战斗中,他奋勇向前,勇猛无比,并在关键时刻舍身救了拿破仑的性命,而这,是拿破仑没有想到的。

中国古代也有许多忠臣义士以身取义的故事,下面就是一例。

春秋战国时期,孟尝君曾担任齐国宰相,家养了许多食客,其中有一位与孟尝君的小妾私通。

有人向孟尝君报告情况,并进言说:“身为人家的食客,却与主人之妾私通,天理不容,理应处死”

孟尝君闻息,却说道:“喜爱美女是人之常情,此事不宜再提”此后,他不仅不再提及此事,反而对与其妾私通的食客施之以惠。

一天孟尝君召来那个食客,对他说:“你在我门下已有多日,一直没有适合的位置安排给你,时下卫国国君与我交情甚笃,我想替你备好车马银两,送你到卫国做官去。”

那个食客不胜感激,连忙称谢,他到卫国后,受到卫王的器重,后来卫国与齐国关系紧张,卫国欲联合诸国一齐攻打齐国。

当此时,那个曾受惠于孟尝君的人知道了消息,冒着杀头的危险向卫王进言道:“臣之所以来到卫国,全仗孟尝君不计臣的无能与过错,将臣推荐给大王,臣听说齐、卫两国的先王曾经约定,未来的两国的子孙后代要世代友好,决不能彼此攻伐,现在陛下却想联合其他国家一齐攻打齐国,这不仅有悖于先王的约定,也有负于孟尝君的一番情谊,恳请陛下打消攻打齐国的念头,不然,臣愿死在陛下的面前!”

卫王觉得他说得有理,而且特别佩服他的仗义,于是打消了联合攻打齐国的念头,对这个忠义之士,则更为重用。

类似的诚实忠义之举,在朋友之间也是很常见的,下面这个故事就是其一,而且特别发人深省。

东汉时期,有一位名叫荀巨伯的人,一日收到一封急信,说是一位朋友得了重病,荀巨伯听到消息后,急忙赶去看他,但这位朋友远在千里之外,他赶了好几天的路程才到达朋友所住的郡地。

到达这里，荀巨伯才发现这里已被胡人包围了，他只得潜入城去看望朋友，朋友看到荀巨伯不远千里冒险来看他，万分高兴，但他又深感忧虑，说道："谢谢你在这个时候远来看望我，我是一个快死的人，城破不破，对我来说已无所谓了，可你没有必要再留在这里。趁现在还来得及，你赶快走吧。"

荀巨伯听了，责备朋友道："你这是说的什么话！朋友有福同享，有难同当，现在大难临头，你却让我扔下你不管，自己去逃命，我怎么能做这种不仁不义的事情呢？"于是他坚持留下来陪自己的朋友。

胡人终于攻破城门，闯进朋友的院落，见到安生的荀巨伯，大发威风道："我们的军队所到之处，所向披靡，你是何人，难道想阻挡大军不成？"

荀巨伯平静地说："你们误会了，我并不是这城里的人，我到这里来看望一个住在这里的朋友，但我的朋友病得很严重，危在旦夕，我不能因为你的到来，就丢下朋友不管。如果你们要杀的话，就杀我吧！千万别杀我这位已痛苦不堪、无法自救的朋友。"

胡人听了这样的话感到非常奇怪，半晌无语。过了好大一会儿，有一位头领看了看手中的大刀，感慨道："看来，我们根本不懂道义，我们怎么能在这样一个崇尚道义的国家里胡闯乱荡，为所欲为呢？走吧！"没想到，胡人竟因此而收兵，一郡得以保全。

所以，倘若你有荀巨伯这样的朋友，那是你的福分；倘若没有，那你就应该去结交这样的朋友，而你自己，也应做荀巨伯这样的人，尽忠尽义。

好友亲密要有度

波尔美上大学后便违背了父母的意愿，放弃了医学专业，专心于创作。值得庆幸的是，偶然的机会她遇到了知名的专栏作家郝嘉，她们成了知心朋友，无所不谈，郝嘉悉心指教，波尔美不久便寄给了父母一张刊登自己文章的报纸。

一个人在挫折时受到的帮助是很难忘的，更何况是朋友，波尔美与郝嘉几乎合二为一了，一同参加鸡尾酒会，一同去图书馆查阅资料。波尔美把郝嘉介绍给她所有认识的人。

但这时郝嘉面临着不为人知的困难，她已经拿不出与名声相当的作品了，创作几乎枯竭了源泉。

波尔美把她最新的创作计划毫无保留地讲给郝嘉听时，郝嘉心里闪过了一丝光亮。她端着酒杯仔细听完，不住地点头，罪恶想法就产生了。

不久，波尔美在报纸上看到了她构思的创作，文笔清新优美，署名是“郝嘉”。波尔美谈到她当时的心情时说：

“我痛苦极了，其实，如果她当时给我打一个电话，解释一下，我是能够原谅她的，但我整整面对报纸等了三天，也没有任何音讯。

半年之后，我在图书馆遇到了郝嘉，我们互相询问了对方的生活，以免造成尴尬，然后，很有礼貌地握手告别。

自那件事以后，我们两个人全都停止了创作。”

与波尔美相比贝斯曼可是一个具有男子性格的女人。她的朋友是个十分漂亮的模特儿，相似的是这对朋友同样过往甚密。贝斯曼的衣服完全由朋友帮助进行挑选。为了试穿，有一次，两人在贝斯曼家整整折腾了一夜。第二天丈夫看到两人的模样大吃一惊。贝斯曼乐得抱起丈夫又蹦又跳。

周末，贝斯曼路过咖啡店时，看到了一对熟悉的身影，是丈夫和她的朋友在约会。事实比贝斯曼预料的更坏，朋友和她丈夫已开始同居了。

贝斯曼冷静地退了出来，她告诫女儿说：“衣服一定要自己挑选，朋友帮不上什么忙。”

好友亲密要有度，切不可自持关系密切而无所顾忌，正如中国一句古话“见面只说三分话，未可全抛一片心。”亲密过度，就可能发生质变，好比站得越高跌得越重，过密的关系一旦破裂，裂缝就会越来越大，好友势必会成冤家仇敌。

也许有一天，你兴冲冲地闯进了朋友的家里，一见面甩着自己头发上的雨珠，一面高声喊叫，而你的朋友却慌慌张张地藏着什么东西。此时，请你不要追问，因为这是他独有的秘密，你更不要因此而认为他有意疏远你，不相信你。

心中藏着属于自己秘密的人会认为，这是他们的权利，朋友没有必要占有它。劳卡夫认为：“如果一个人没有一点，属于自己的秘密，那他不是一个可靠的人。”

吴相木至今还在为三年前的行为懊悔。那时他有一个分不开的好友马游，两人性格迥异，吴相木开朗、好动、无拘无束，马游细心、沉稳，正是两人不同的个性才吸引对方。生活中他们犹如球场上一对配合默契的双打选手，互相弥补着对方的不足。在公司里业绩显著，令人羡慕不已。

一个烟雨漾漾的日子，吴相木带着女友逛商场购物，路过马游的住所，顺便去看看朋友的生活。打开马游的房间，里面整洁有序，而人却不在，他和女友一起坐下来等，手脚从不老实的他在朋友家更不闲着，为了显示和朋友的关系比铁还铁，他乱翻了一通儿，女友一再劝阻，他毫不介意，突然他从抽屉的里面摸出了一个精致的笔记本，翻开一看，里面一片空白第二页夹着一张剪下的报纸，是记录一女青年不幸被歹徒强奸致死。那女青年的名字被两块血迹掩盖，报纸的最下面是马游的一行笔迹：“我的爱情随着你死了，我要加倍惩罚我。”吴相木大吃一惊，难道那女青年是马游的女友？此时，马游抱着一摞书推门而进，当马游看到吴相木手中未及放下的笔记本时，立即扔下手中的书，劈手将笔记本夺了过来，他愤愤地大喊：“滚！离开这儿。”吴相木觉得当着女友的面，马游做得太过分，一气之下离开了。走出很远，还听见马游在大声地喊叫。

那天之后，马游再也没有到公司上班，吴相木认为马游的气量太窄，很长时间吴相木才登门道歉，但遇到的只是马游的一房亲戚，马游已去了南方。吴相木非常难过。他知道，那张报纸，那两块血迹，那一字一字包含着一个令人心痛的故事，在好友马游的心中已沉淀为一个秘密，一个只有马游才能占有的秘密。

半年以后，吴相木收到了马游的信，信中只写了一句话：“你看了不该看的。”

同样的悲剧，王慧也经历过，她曾因偷听了好友的一段电话，而结束了友谊。

好友周娟快要结婚了，王慧欢天喜地，比自己结婚还高兴。一天，周娟在家向外打电话，王慧想听听马上结婚的好友还要说什么知心话，以便取笑。谁知周娟打给的不是未婚夫而是医生的电话，原来婚前检查发现，周娟根本没有生育能力，结婚以后不能要孩子，周娟忧心忡忡，想询问医生可以不可以挽救，王慧听到的就是这个电话。她的心一下也沉重起来。后来她将此事告诉了另一个好友，谁知此事被周娟知道了，周娟非常气愤，结婚那天，都没有邀请王慧参加。一对好友因此产生了隔阂，最终导致分道扬镳了。

朋友要保守秘密并不是对你的不信任，而是对自己负责。你同样也需要保守自己的秘密，这一切并不证明你和好友之间的疏远；相反，明智的人会认为，如此对方的友谊更加可靠。

对待朋友要宽容

在人际关系中，“忍”学也是非常主要的。当有人冒犯了你，需要忍；当有人与你争名夺利的时候，需要忍；当你受了委屈之时，需要忍；当有人嫉妒你，也需要忍。也许忍起来太累，但不要忘了，忍是现实需要，在很多情况下，只有忍让才能相安，所以古人概括了一句关于忍的至理名言：百忍成金。

在人际关系中，如何才能做到“忍”呢？

(1)暂忍屈辱

假如别人对你造成了伤害，使你蒙受屈辱，而你能加以忍受，这一点并不意味着你的无能和卑躬屈膝，而只能说明你的涵养好，能够顾全大局，古人云：“宰相肚里能撑船”，此言对矣。你的暂时忍耐，有时会使给你造成屈辱的人无地自容；有时会使你和他握手言和；有时会以屈辱换取知心或真情。

周恩来生前曾经多次说过，领导者在必要时应忘记他所受的屈辱，这既是对他人说的，也是对自己说的。周恩来的一生是在辉煌中度过的，而在此辉煌的背后有过他忍受屈辱的大智大勇。美国第25届总统西奥多·罗斯福爱好打猎，一次，他与一个牧场工人一块儿出外打猎，罗斯福看见前面有一群野鸭，便举起枪要射，但那个工人却看见树丛中躺着一头狮子，连忙举手示意罗斯福不要开枪。但罗斯福不想放过近在咫尺的野鸭，举枪便射。枪声过后，那头狮子怒吼一声逃进树林。

工人见此情景，大为生气，斥责罗斯福道：“傻瓜，我举手示意，就是要你不要动，你连这点儿规矩都不懂吗?”这时，身为总统的罗斯福并没有因为受到斥责而生气，也没有失去理智而处罚那个工人，他连忙向那工人检讨，责备贻误了猎杀一头大狮子的绝好机会。因为他深知，这个牧场工人在打猎上确实比他这个总统高明，牧场工人的指责没有错，自己在打猎上应向这个工人学习。后来两人成为布衣之交。

(2)忍受不平

人与人相处，常会遇到不公平的事。中国人强调“投之以桃，报之以李”，如果他人没有对某种恩惠报之以李，就会觉得不太公平，有时你的工作做多了，他人做的没你多，却得到了相同的报酬,甚至得到比你还多的报酬,遇到这样的问题,任何人也不会觉得是公平的事,这样一来时间长了便会引发各种人际矛盾。

这种矛盾,实际上是强求公正引起的矛盾,或者说是不能容忍不公平引起的矛盾。

一旦渴望公正的心理融入人际交往中,必然带来许多不同的因素。当你感到某件事情不公平时,必然会把自己同另一个人或另一群人进行比较。你可能会想:“既然他们这样做了,我也能这样做。”“你没我做得多,却比我得到的多,这太不公平。”“我没有那样做,你为什么可以那样做?”不难看出,你是根据别人的行为来确定自己的得失的。支配你的情感的,是别人的行动,而不是你自己。

要摆脱强求出来的误区,一个重要的方面就是不要拿自己与他人比来比去,事实上,人与人之间是千差万别的。如果他人的境遇比你好,无论你如何抱怨“这太不公平”,情况也丝毫不会好转,你反而有可能多一重烦恼。所以,你应该避免总是提及他人,不要总是拿望远镜或放大镜去看别人。有些人工作不多,报酬却很高,有些人能力不如你强,却因受宠而得到晋升;只要你将注意力集中到自己的身上,不去与别人进行不必要的比较,你就不会因周围的不公平现象而感到烦恼。如果这样去做,别人也会更喜欢与你交往。

先忍受这种不平,然后尽你的努力把自己的事干好;干得更好,你才能改变这种境况。

(3)体谅他人

人际交往中,倘若他人有了难处或要求或产生某种欲望,只要不是太过分,又在合乎情理的范围内,不妨对此忍让三分,有时候,他人也许会做出一些使人不如意的事情,这时,应尽可能地加以体谅、忍让。

魏国公韩琦镇守大名府时,有人献上两只玉杯说:“这是种田人在破坟中找到的,里外都没有瑕疵,真是好的宝玉啊。”韩琦用白金加以装饰,更加漂亮了,每逢开宴会招待客人,都用绸帛盖上,放在桌子上。

一天,招待管理水运的官吏,韩琦打算用这两只玉杯装酒,款待客人,客人都到了,就在这个时候,一位侍兵不小心撞倒了玉杯,致使两只玉杯俱碎,在场的客人大都很吃惊,那位侍兵也跪在地上等候惩罚。

见此情景,韩琦依然端坐在中堂,笑着对客人说:“天下的东西是坏还是不坏,都有其自己的命运。”又和蔼地对那个侍兵说:“你是失误造成的,并不是故意的,有什么过错呢?快快起来吧!”

客人们都很佩服韩琦宽厚的德行和肚量。

友情是空气,爱情是阳光

感情,作为人类一种特有的高级精神现象,渗透在每个人的生活历程之中,它是诗,它是火,它是力量,没有朋友的生活是乏味的,没有爱情的生活是枯燥的。友情是空气,爱情是阳光。

当你在荒漠中干渴地行进时,你的跟前突然出现一泓清泉,这清泉便是你的朋友;当你在冰天雪地艰难地跋涉时,你的面前突然出现一间温暖的小木屋,这间温暖的小木屋便是你的爱情。友谊象征着智慧,爱情象征着力量。因为,智慧和力量是人类精神生活的最重要、也是最基本的要素。

当你走向社会时,请敞开你的心扉,接纳并传递人世间的真情,让友情、爱情、包括亲情、乡情,凡是一切美好的情感永远永远地存留在你、我、他(她)的心中……

无论是什么人,也不管他生长在怎样的环境;无论他有多大的岁数,也不管他将要从事怎样的职业,都需要有真诚的友情。当代的青年,不同于20世纪五六十年代的青年,他们开朗、活泼,有现代意识,他们有能力在很短的时间内建立起自己的友谊网,同时寻觅到人类最伟大的感情——爱情。正如冰心老人所言:是的,没有爱,就没有友谊。有了友谊，必有爱，有了爱，就有了一切。

要给够朋友面子

楚成王实在是一位不怎么样的国君，正因为不怎么样，他不是死在别人手里，而是死在自己儿子手里。公元前268年，他的儿子商臣，也就是后来的穆王，带兵来逼宫。可笑的是，成王请求吃了熊掌之后再死，儿子却不给老子这个面子，认为那样太浪费时间，让他早点上路。他没办法，只好去吊死。吊死后，怎么也不肯闭上眼睛，因为拿不准他的子孙会给他一个什么样的谥号。谥号是古代帝王、诸侯、卿、大夫死后获得的，一个带有盖棺定论性质的称号，这是一个总体的评价，是死者最后的面子。起初，子孙们议定的谥号是灵，乱而砂损曰灵。他一听，不肯闭眼睛，子孙没法，见他死不瞑目，只好改为“成”，安民立政曰成，他这才满意地将眼睛闭上。

死要面子还有一种情况，为了面子让别人死。

公元前605年，楚人献给郑灵公一个特大的鳖，灵公用它来大宴群臣，却唯独不让子公吃。这是因为，一次上朝，子公的食指突然动了起来，他便对别的大夫说，我的食指一动，就能尝到非同一般的美味。灵公听了，偏要让子公的话不能实现，这显然是不给子公面子。子公为挽回面子，就径直走向烹鳖的鼎前，染指于鼎，尝之而出。子公挽回了自己的面子，却扫了灵公的面子。双方只好翻脸，只不过子公抢先一步，弑杀灵公，并给他弄一个“灵”的谥号，让他永远没有面子。

如此，我们看到面子的重要，为面子死，为面子让别人去死，死了之后还要争面子。

所以，每个人都需要面子，而且也都希望自己有面子，有面子就能被别人看得起，表明他在人群中间有优越感。懂得这个道理，交友就方便许多，只要你能放下自己的面子，给朋友一个面子相信你会在办事跑关系时获益匪浅。

不过这种面子必须是你给朋友的，而非自己争的。不过像阿Q那样，因看了杀革命党，而未在场的人没看过，他便有了本钱，可以在讲述中将唾沫飞到赵司臣的脸上，也可以扬起右臂，照着王胡的后颈窝上直劈下去。

面子要让给朋友，不要去争，争面子于己于友，都没好处，只会伤了和气。

西晋的款爷石崇与王恺斗富，就是典型的面子之争。王恺用麦糖掺米饭擦锅，石崇就用蜡烛煮饭；王恺用紫丝布做步障四十里，石崇就做锦布障五十里；王恺用赤石脂涂墙，石崇就用花椒和泥来涂，最后，弄得晋武帝也来帮忙，他赐给王恺一支二尺高的珊瑚树，枝丫扶疏，世罕其比。没想到石崇根本没把它放在眼里，拿起他的铁如意就敲过去，珊瑚树应声而碎，他回头吩咐左右回家取出珊瑚树，让王恺任意选取，有三尺高的，四尺高的，弄得王恺惘然若失，垂头丧气。石崇就不会来事，不会忍让朋友，一下子让王恺的面子丢尽。他比王恺富有，这是一个事实，他却非比不可，比的结果，自然是他面子十足。无论王恺接受不接受珊瑚树，有一点是肯定的，面子伤了，谈交情就谈不上了。石崇大可不必做得如此绝，假若他若肯处处让别人一分面子，那就是另一种情形。

办事跑关系时，要懂面子，首先就是要懂得如何照顾朋友的面子。倘若你自恃自己的面子大，不把别人放在眼里，碰上死要面子的朋友，就可能不吃你那一套，甚至可能撕下脸皮和你对着干，这样常会把所结成的关系搞糟。

西晋时，钟会去拜访嵇康，遭到冷遇。嵇康当时正在打铁，没空理他，钟会被大大地剥了一回面子，他吃不消，于是就去报复嵇康。他向司马昭进谗言，让嵇康进了法场，人头落地。

这叫以牙还牙，以眼还眼，是人际关系常见的一种准则，无论恩仇，都要回报，因为，老子早就说过“来而不往，非礼也”，不但要回报，而且回报的级别，往往大于给予者。人敬我一尺，我敬人一丈。同样，你伤了我的面子，我一定要剥你的皮。

其实既然是以恩报恩，以怨报怨，那么，与其伤朋友的面子，不如给他一个面子，让他欠你的人情，他日回报的面子一定大于你给他的，滴水之恩，涌泉相报，甚至今生不能报的话，来生做牛做马也要报。

诸葛亮在《出师表》中说：“臣本布衣，躬耕于南阳，苟全性命于乱世，不求闻达于诸侯，先帝不以臣卑鄙，三顾臣于茅庐之中，咨臣以当世之事，由是感激，遂许先帝以驱驰……”

诸葛亮之所以一生追随刘皇叔，就是因为刘备给他太大的面子。刘备第一次屈身去请，卧龙适逢外出；第二次去请，卧龙正在睡觉，一直到第三次，卧龙才与他攀谈，如此大的面子，不报不行，是以这位历史上最著名的谋士，被请出山时还是满头青丝等到他去世的时候，已是萧萧一老翁了。不仅回报老子，也回报了其儿子，死在战场上。

办事跑关系，也要会用面子。面子用多了要磨损，所以拉下自己的面子，给别人，其实无异于补一下朋友的面子，更通俗点，就是往朋友脸上贴金，贴金的事，不会有人会拒绝，朋友只会高兴。只会感激你，他日给你贴一层白金。就比方说，你有喜事临门，朋友来向你道贺，你要说：“沾你的光，托你的福。”这样一说，就使自己的光彩暗些，朋友的面上则光些。须知人怕出名猪怕壮，运气太好不免要遭人忌。

在跑关系时，即使朋友的所作所为你有意见，说的时候也要给朋友面子。你总得先说：“你的某某事做得不错”，然后，你再用“就是”，“但是”，“不过”等来做文章。谁都知道但是后边的才是要说的话，但前面的话一定要说，因为在中国它不是假话，也不是废话，而是为营造一种和谐气氛的客气话。你若直来直去，对方必然会觉得你扫了他的面子，心中会大起反感。所以，曲线救国，拐弯抹角的话少不了。用心良苦，为朋友着想，保全朋友的面子。怕的是朋友脸上挂不住，不能坦然面对自己，弄得自己也会不好意思。

懂面子，你还得去要面子，假若你请朋友吃饭，而朋友不太领情，这时，你便不能割袍断交，你要学会去要面子，你要说看在多年交情的分上，给我一个面子。只要他给了你面子，他吃了饭，那么，他的人情算欠下了，即使饭是朋友给你面子才吃的。送礼也一样，让朋友给个面子收下，这个面子你得去要。

特别是在现代的中国，且不说官场，就是朋友之间跑点关系，办点事也要吃顿饭、喝场酒、吸根烟，来研究研究（烟酒烟酒）。当你对朋友说你要请他客时，他就会知道你无事不登三宝殿，这时他的派头不大也大了，不论想不想去，都要推辞一番，他不怕推辞，因为是你有事。所以你要请他赏你个面子，只要朋友给了这个面子，你的事也就差不多了。

另外的一点，给面子要给得恰当，不恰当就是不给面子。如果被请之人面子很大，而又未受到应有的待遇，则成了极伤面子的事情。

鲁国大公夫文伯的一次宴会上，大夫露睹父是特地请来的上宾。然而在上菜的时候，放在露睹父面前的一只鳖，不知怎么，竟比别的上宾的小了些。露睹父的修养也不是很好，他看着四周的鳖，大为恼火，在煌煌宾客面前大声说：“等这只鳖长大了再吃罢！”说完便拂袖而去，搞得公夫文伯十分难堪，好好的宴会不欢而散。为了一只王八，竟至于主客翻脸，似十分不可思议，但你只要明白吃王八就是吃面子，你就不会再奇怪，在中国死要面子的又不只有露睹父一个人。

最后谦虚、恭敬是给面子的良方，它的好处在于你具有的美德，在朋友那成了给他面子的一种表现。

假若你在跑关系的过程中，不仅没能让朋友欠你个情，反而伤了人家的面子，那么你还得学会补偿。

倘若你的伤害是无意的，伤害的程度又不大，这时你立即去补偿，一般都能化解矛盾，不致酿成大祸。怎么补呢？一是赶紧说对不起，赶紧降下身份，将自己的面子甩到地上踩几下，这样一损对一损，算是扯平。二是如果对方的面子本来就大，便只好自己打耳光，骂自己有眼不识泰山。总之，是以贬损自己，来相应地抬高对方，补偿他的面子。

交友要有自知之明

现实生活中，缺乏自知之明的人并不鲜见，他们心比天高，结果却一无所成，因为他们对自己的实力没有认识清楚。正如苏格拉底所言："至于没有自知之明，而对自己能力有错误认识的人，他们对别人和对别人的事业也是一样的，他们既不了解自己所要求的东西，也不了解自己所做着的事情，更不了解自己所结交的那些人的性格，而由于所有这些事项上出了差错，他们不但不能获得好的东西，反而要陷入灾祸之中。"

有一只狮子闯进农夫家里，农夫想要捉住它，就把院门关上了，狮子出不去，大为愤怒，先咬死了一些羊，然后又冲着牛扑过去，农夫担心自身难保，只得把院门打开放狮子出去。狮子走后，农夫不断地叹息，其妻责怪说："你这也是活该，离它老远，你就吓得发抖，怎么还想把它捉住？岂不是自不量力！"

的确，农夫有点儿自不量力，缺少自知之明，对人而言，要有自知之明，就不要为自己定下过高的目标，那样做，实际上就等于把一头狮子关到了你的心里，它在你心里左冲右突，而你始终不能战胜它，那只能徒增许多烦恼。

读读下面的几则寓言故事，对我们认识自己应该大有裨益；

一天，老鼠跑到狮子面前，趾高气扬地说："从今天起，我是这山林里的大王，你要乖乖地服从我的命令，不然的话，我就让你尝尝老鼠的厉害！"

狮子懒得同这个不知天高地厚的小东西搭腔。这时，它觉得自己的鼻子里痒痒的，耐不住，就打了一个喷嚏。

一声喷嚏过后，狮子看见老鼠伏在地上，浑身发抖，连头也不敢抬。狮子用脚撩了撩它，它也不动一下。过了半晌，老鼠才从恐惧中透过气来，惊恐地说："刚才是打雷吧。"

狮子笑道："呵，我的'大王'，你怕雷吗？那么赶快逃走吧，不然雷还要响得更厉害些呢！"

老鼠落荒而逃。

在一所动物园里，一只孔雀展开了它美丽的羽毛，许多观众都围着观看，并不停地发出赞叹：

“太美啦！太美啦！”

正好一只苍蝇停在孔雀的尾巴上，它听到了人们的称赞，以为在夸它，不禁心花怒放，放言道：“我是世界上最美丽的，这一点，现在谁也不能怀疑了吧！”

这只苍蝇高兴地张开翅膀在空中飞了一圈“嗡嗡嗡”唱着得意的曲儿，又停在了孔雀的尾巴上。

这时候，它听到了观众的赞美：

“孔雀开屏真是美极了，美极了！”

起初苍蝇以为自己的耳朵出了毛病，听错了，再仔细一听，观众真的是在赞美孔雀。

苍蝇觉得无限委屈，不胜悲伤，摇摇头道：“哎！世界上真正懂得美的人实在太少了！”

俗话说得好：“没有金刚钻，别揽瓷器活。”

如果你没有某一方面的才能，就坦白地承认这一点。这不是什么丢脸的事，这说明你有自知之明，说明你并不糊涂，如果没有自知之明，像上面故事中的小老鼠、苍蝇，最终只能自取其辱。

这里还有一个小故事，值得仔细加以玩味。

一头笨重的公牛和一只敏捷的鹿一块儿在草原上吃草。

公牛对鹿说：“鹿兄弟，如果狮子来攻击我们，让我们团结起来吧，我们要勇敢地击退它。”“不要对我抱这样的幻想！”鹿回答说：“既然有把握能够逃脱，我为什么要和狮子进行一场力量悬殊的搏斗呢！”

在此，也许我们会钦佩公牛的勇敢，但是我们更应该欣赏鹿的睿智。这只小鹿是有自知之明的。它明白自己擅长的是奔跑而不是搏斗，于是它选择了逃跑。这并不是懦弱胆小的表现，这应该是一种正确的选择。人也是这样，只有量力而行，明白自己的优势和劣势，才能做出正确的选择，避免错误和失败，赢得最大的利益。

此外，我们还应多照照镜子，反省解剖自己，发现自己的错误和不足并予以修正。

每个人难免会犯这样那样的错误，因为“金无足赤，人无完人”，有过失、犯错误不要紧，关键的在于认识到自己的过失，并改正错误。

勇于承认自己的错误不仅有利于进行自责、改正错误，也能表现出自己胸怀坦荡，谦虚谨慎的品质。

实际上，在人际关系中，自觉地承认自己的错误，不但可以增加相互之间的了解和信任，而且能增进自我了解而产生信心。有时候人们要等到自己发现并认识自己所犯的错误，才能真正地了解自己的能力。

比如，亨利·福特二世在26岁时候接管了每天损失900万美元的福特汽车公司的总裁职位。上任后，他不断实践，不断创新并脚踏实地地做出了努力，终于使公司的命运得以扭转，有人问他，如果让他从头再来的话，会有什么不同的表现。他回答道："我只能从错误中学习，因此我不认为可能有什么不同的作为。我只是会犯不同的错误而已。"

人非圣贤，孰能无过，扪心自问，你是否说出伤人的话，做出损害别人的事。坦诚地承认自己的错误会使你心胸坦荡，而这将使你完善，具备更坚强的自我。

当然，从自我反省中，我们也必须看到自己的成绩和优点，并立志在未来的岁月更大程度地发挥它们。

交友要不卑不亢

不卑不亢是一种得体而又智慧的交际姿态。它具有丰富的内涵，既能展示自己友好的交际态度，又能表现自己充分的自信，还是使自己进退自如的交际策略。弱方一旦掌握了它，就可以化被动为主动，化不利为有利，左右逢源，赢得交际。

1.追求交际的高格调

良好的交际态度是受高尚的思想意识和交际目的支配的。要保持不卑不亢的态度，首先必须从思想意识上解决问题，树立正确的交际观。要懂得交际者在地位、实力上有高低强弱之分，但在人格尊严上应是平等的。如果弱者自己小看自己，过分自卑，那他在心理上就打了败仗，必然不战自败，何谈交际成功呢？因此，实力较弱的一方必须时时提醒自己：自尊自重，不管对方的实力多强，都不过是一个平等的交际对手。如果这样考虑问题，就可以从思想上排除地位、实力等客观因素对自己交际态度的消极干扰，使自己保持自信。这样，不卑不亢的姿态也就有了坚实的思想基础。

人们的尊卑态度往往与其交际的目的相联系。如果过分注重交际的功利色彩，想得到非分利益，就可能放弃人格尊严，逢迎讨好，现出卑微姿态。如俗话所说，礼下于人必有所求，说的就是这种现象。因此，较弱的交际者应当把握正当的需求和动机，将实现交际目的和保持人格尊严统一起来，就能做到不卑不亢。

2.把握言行表情的分寸

保持不卑不亢不是故作姿态,应是一种理智的有节制的表情风度:在交际中彬彬有礼,不虚伪客套;热情友好,不献媚讨好;冷静庄重,不冷淡冷漠,使自己的一言一行、一颦一笑都有利于塑造自己受尊重、受欢迎的形象,体现出恰到好处的分寸感。

在实际操作过程中,可以通过创造优势和积极的心理暗示方法,进行自我心理调节,抑制不良表情,培养积极心态,实现有效控制。经验证明,有意识地为自己创造一些交际优势,可以改变内心的卑微之感,提高交际的自信心。比如,有一位日本商人就是这样,他因实力不强常常自卑,为了提高自己与强手打交道时的自信心,每一次交际时,他都要扎上一条十分昂贵而漂亮的领带。他在心里不断地告诫自己:“起码我的领带并不比你的差。”他以这样的心境走进交际场,表情自然了,谈吐也变得自如了,因而每次交际都有所收获。他深有体会地说:“言词、表情、心理上的卑微,比实力弱更糟。谁把自卑写在脸上,谁就注定要失败。”

可见,在交际过程中,弱者不必示弱。他们不妨更多地想一想自己的优势,进行积极地自我心理调节,为自己创造一些自信,从而为获得成功创造机会。

3.敢于进行必要的交锋

弱者保持不卑不亢的姿态,有时候也不排除必要的有理有节的斗争。当对方表现出不友好,甚至口出狂言,对你进行羞辱的时候,就应选择力度适当的语言进行回击,打掉强者的优越感,维护自己的权益和形象。

这种交锋是自卫还击,后发制人,要注意适可而止。如果得理不让人,穷追不舍,势必破坏交际气氛,造成不良后果。总之,弱者坚持不卑不亢态度,需要审时度势,很好地把握进退攻防的“度”,以得体自如的交际风采,赢得交际的成功。

多听少说

人在满怀喜悦或满腔忧愁的时候,总是会想找一个可以倾诉的朋友宣泄一下。人们可以在倾诉中发泄自己的情绪,也可以在倾诉中整理自己的思绪,审视自己的行为。通常人们需要一个安静、理智地倾诉对象,需要他同情和沉稳的目光,如果人们的倾诉被一次次地打断,那么他的倾诉心理就得不到满足。我们每个人都有可能成为倾诉性谈话的对象,所以当我们担任起这一角色时,就必须懂得“聆听”这一原则。

美国的女企业家玛丽·凯·阿什曾说:这种艺术的首要原则,就是你全神贯注地听取对方的谈话内容。其次,当别人请教你的时候,你最好的回答就是:你看怎么办?她举了一个例子:有一次,公司里的一位美容师来向她倾诉自己婚姻的不幸,并问她,自己是否应提出离婚。玛丽并不熟悉她的家庭,不可能为她拿主意,只好每次在美容师问她的时候,反问一遍:“你看应怎么办?”她每问一次,美容师就认真地考虑一次,然后说出自己应该如何如何。第二天,玛丽就收到了美容师的鲜花和感谢信;一年以后,玛丽又收到了她的信,说他们的婚姻已十分美满,感谢玛丽为他们出的好主意。事实上玛丽什么主意也没有出,只是以足够的耐心和沉静的态度感染了当事者,让她能够从非理智的情境转换到理智情境,像思考别人的事那样思考自己的事,从而寻找出适合于她自己的解决方法。这就是“聆听”的魅力所在。

不要滥给好处

有这样一则寓言,说的是一个车夫为使拉车的驴子跑得快些,便将一把青草拴在车子前面,恰巧离驴的嘴巴有半尺远。驴子为了得到那把绿茵茵的青草,便拼命地向前跑,可无论怎么努力,那把青草离驴于还是那么个距离。正所谓,“看起来很近,走起来却很远”。其结果，草依旧是那把草，驴子却不是那头精神饱满的驴子了。当然，这个寓言说得有点过分。

车夫完全可以在拉完货后，毫不犹豫地将那把已经有些发黄的青草丢到驴子脚下，任其去品尝胜利所带来的喜悦。因为那青草遍地都是，也不必那么惜如金玉。可在官场上毕竟是粥少僧多，官位有限不可能随意授人，再说如果封得太滥了，“官”自然也就贬值了，失去了诱惑力。比如，太平天国后期，在湘淮军的夹击下，太平军处境日益艰难。为了挽回败局，天王洪秀全采取了一种并不高明的策略，那就是大封诸王借以鼓舞士气。据统计，洪秀全先后分封了两千七百多个王，大小文臣武将，亲朋故友都如愿以偿当上了“王爷”。然而，时间一长，这一招就不那么灵了，太容易得到的东西往往不令人珍惜，不但没有达到齐心协力挽回败局的目的，反而导致了太平天国内部秩序的严重混乱，大家都是“王”，谁也不服谁，彼此离心离德，客观上加速了太平天国的覆亡。

南宋初年，面对着金朝人的大举入侵，当时号称名将的刘光世、张浚等人，只会一味地避敌逃跑，而不敢奋起反击，这一方面因为他们天生患有软骨病，另一方面，也因为他们官已高，位已尊，以为即使立了大功，也没有更大的升迁，他们便安于现状，什么国家利益、民族利益，在他们心目中根本不占什么地位。

当时岳飞入伍不久，虽然已崭露头角，毕竟还没有太大的名望和地位。只有他在和金人进行着殊死的战斗。当时有个叫郡缉的人，上书朝廷，推荐岳飞，那封推荐书写得很有意思：

“如今这些大将，都是富贵荣华到了头，不肯再为朝廷出力了，有的人甚至手握强兵威胁控制朝廷，很是专横跋扈，这样的人怎么能够再重用呢？

“驾驭这些人，就好像饲养猎鹰一样，饿着它，它便为你博取猎物，喂饱了，它就飞掉了。如今的这些大将，都是还未出猎都早已被鲜汤美肉喂得饱饱的，因此，派他们去迎敌，他们都掉头不顾。

“至于岳飞却不是这样，他虽然拥有数万兵众，但他的官爵低下，朝廷对他并没有什么特别的恩宠，是一个默默无闻的低级军官，这正像饥饿的雄鹰准备振翅高飞的时候，如果让他去立某一功，然后赏他某一级官爵，完成某一件事，给他某一等荣誉，就好像猎鹰那样，抓住一只兔子，便喂它一只老鼠，抓住一只狐狸，就喂它一只家禽。以这种手段去驾驭他，使他不会满足，总有贪功求战之意，这样他必然会为国家一再立功。”

这位郡缉将岳飞看成一个贪功求利的人，实在是对我们伟大民族英雄的曲解、贬低。

但是，他在推荐书中显然涉及两种封官的手段：

一是分割封官的过程，不能一步到位。封官如同商品交换一样，“得一兔则饲以一鼠，得一狐则饲以一禽”，立小功封小官，立大功封大官；要把封官的过程拉得特别长，使臣下的官欲永远不会有满足感，这样他才会总有立功的动力。火箭式的封官办法是不可取的。

二是封官不只不能一步到位，而且最好永远不要到位。官做大了，立功进取的意志便懈怠了；一旦官做到了头，不但立功进取的意志消失，而且还可能滋生野心。从历史上看，那些官职到了头的人，如王莽、曹操、司马昭等人，最后变成了篡权者。

贪功求利，乃是人性的致命弱点，只有明白这一点并充分加以利用才能真正把握封官晋爵的玄机。

每个人都会有“给人好处”的经验，而唯有给人好处，才能从别人身上也得到一些“好处”！如果从不给人好处，那么这个人不会有太大的成就。

给人好处还是有一些学问的，别以为“给”这个动作很容易，我认为，给得不恰当，不但对方不会感激你，有时还会怨你哩！你白白损失“好处”，又招人怨，天底下再也没有什么事比这更冤的了。

所以，要给人好处，就要给得“恰到好处”，也就是说：不轻给、不滥给、不吝给！

所谓“不轻给”就是不轻易给对方，总是要让对方为这“好处”吃一些苦头，花一些心力，让他在“付出”之后才“得到”，这样子他才会珍惜这“得来不易”的好处。

如果你因为身上有太多“好处”而随便给人，或想以“好处”来讨别人欢喜，那么不但他不会珍惜这些“好处”，对你也不会有任何感激之心，反而还会嫌少、嫌不够好，甚至一再向你要好处，你如不给或给得不如前次好、不如前次多，对方便要怪你、恨你，比你不给他好处还怨得深、恨得厉害哩！

不过，“不轻给”也要拿准分寸。如果你是故意不给，或摆明有意要在“折磨”他之后才给，那么你有可能招怨；你要向对方表明你的“好处”其实不如他所想的那么好那么多，要给他也有身不由己的困难，或是还要同他人“研究研究”等等。

决定给他好处了，你也要让他知道，你是如何费尽九牛二虎之力才促成这件事，这样子，对方受了你的好处，心里多少也会有压力，对你的感谢，自然不在话下，而且也不会动不动就来向你开口，这样你给人好处才给得有价值有意义！

“不滥给”就是“不乱给”，该给谁、给多少都要有准则，否则会出现和“轻给”一模一样的后遗症，而且还会造成是非不同的结果。

“不吝给”是指应该给、必须给、不得不给时，就要毫不吝惜地给、慷慨大方地给；不怕给得多，只怕给得少。这种情形包括人家有恩于你时、奖赏有功的属下时、要重用某人时、要收买人心时，以及情势所迫时。

如果你给得少，给得不干脆，那么这“好处”的效果会减很多，甚至还会引起反效果，得不到别人的感谢也就罢了，有时还会招怨！

待人宽一分是福

唐朝人娄师德性格稳重，很有度量。他的弟弟当上了代州刺史，临行之时，娄师德对弟弟说：“我辅助宰相，你现在又管理一个州，受皇上的宠幸太多了。这正是别人所妒忌的，你打算怎样对待这些人的妒忌以求自免灾祸呢？”娄师德的弟弟跪在地上，对哥哥说：“从今以后，即使有人朝我脸上吐唾沫，我自己擦去唾沫，决不叫你为我担忧。”娄师德说：“这正是我所担忧的。人家向你吐唾沫，是对你恼怒，如果你将唾沫擦去，那不是违反了吐唾沫人的意愿吗？别人因此而增加他的愤怒。不要擦去唾沫，让它自己干了，应当笑着去接受它。”

这可以说是宽以待人的极致了。当有人侮辱你时，能躲开就躲开，躲不开不妨忍下这口气。

荀子认为：“君子贤而能容恶，知而能容愚，博而能容浅，粹而能容杂。”在生活中，我们随时都会遇到一些人说对不起自己的话或做对不起自己的事。当别人对不起我们时，我们应当怎么办呢，是针锋相对，以怨报怨呢？或是以宽容为怀，原谅别人呢？应当宽容之、理解之、原谅之，并以实际行动感化之。

孔子在《论语·阳货篇》中指出，做人应力求做到“恭、宽、信、敏、惠”五字。因为“恭则不侮，宽则得众，信则人任焉，敏则有功，惠则足以使人。”大千世界，凡是有人群的地方就难免有矛盾，有钩心斗角，各种利害冲突使人不可能不发生摩擦。有君子，就有小人；有温情，就有冷漠。中国人历来强调以和为贵，从不欣赏损人利己，踩着别人肩膀往上爬。如何与人和睦共处，是中国传统文化一直关注的问题，所以中国人强调不多舌、不多事、不结怨、忍者自安。

《菜根谭》中指出：“径路窄处，留一步与人行；滋味浓的，减三分让人尝。此是涉世一极安乐法。”这句话旨在说明谦让的美德。在道路狭窄之处，应该停下来让别人先行一步。只要心中经常有这种想法，那么人生就会快乐安详。所谓谦让的美德绝非一味地让步，不要忘记精确的计算：即使终身的让步，也不过百步而已。也就是说，凡事让步表面上看来是吃亏，但事实上由此获得的必然比失去的多。

这其实是一种圆熟的、以退为进的做法。为什么要退让呢？书中说：“人情反复，世路崎岖。行去不远，须知退一步之法；行得去远，务知让三分之功”。俗话说：“人情翻覆似波澜”。今日的朋友，也许将成为明日的仇敌；而今天的对手，也可能成为明天的朋友。世事一如崎岖道路，困难重重，因此走不过的地方不妨退一步，让对方先过，就是宽阔的道路也要给别人三分便利。

这样做，既是为他人着想，又能为自己留条后路，多一个朋友多一条路嘛。

书中接着阐述：“争先的径路窄，退后一步，自宽平一步，浓艳的滋味短，清淡一分，自悠长一分。”一条小路若大家争先恐后就显得越发狭窄，谁也过不去；若是让别人先行一步，那么自己也许会有较宽平的道路可以轻松地通过。两相比较之下，为什么不选择利于自己的做法呢？更积极的做法是：“处世让一步为高，退步即进步的张本；待人宽一分是福，利人是利己的根基。”

书中又进一步说：“锄奸杜佞，要放他一条生路。若使之一无所容，譬如塞鼠穴者，一切去路都塞尽，则一切好物俱咬破矣。”所谓“狗急跳墙”，将对方紧追不舍的结果，必然招致对方不顾一切地反击，最终吃亏的还是自己，这也算是一种让步的智慧吧。

多反省自己

每个人都生活在人群中，有人的地方自然会有矛盾，有了分歧怎么办？很多人就喜欢争吵，非论个是非曲直不可。其实这种做法很不明智，吵架又伤和气又伤感情，不值。不如大事化小小事化了，俗话说家和万事兴，推而广之，人和也万事兴。人际交往中切不可太认死理，装装糊涂于己于人都有利。

事实上，按照一般常情，任何人都不会把过去的记忆像流水一般地抛掉。就某些方面来讲，人们有时会有执念很深的事件，甚至会终生不忘。当然这仍然属于正常之举，谁都知道，怨恨会随时随地有所回报。因此，为了避免招致别人的怨愤，或者少得罪人，一个人行事须小心在意。《老子》中据此提出了“报怨以德”的思想，孔子也曾提出类似的话来教育弟子：“以直报怨，以德报德”。其含义均是叫人处事时心胸要豁达，以君子般的坦然姿态应付一切。

《庄子》中对如何不与别人发生冲突也做了阐述：有一次，有一个人去拜访老子。到了老子家中，看到室内凌乱不堪，心中感到吃惊，于是他大声咒骂了一通扬长而去。翌日，又回来向老子致歉。老子淡然地说：“你好像很在意智者的概念，其实对我来讲，这是毫无意义。所以，如果昨天你说我是马的话我也会承认的。因为别人既然这么认为，一定有他的根据，假如我顶撞回去，他一定会骂得更厉害。这就是我从来不去反驳别人的缘故。”

从这则故事中可以得到如下启示：在现实生活中，当双方发生矛盾或冲突时，对于别人的批评，除了虚心接受之外，还要养成毫不在意的功夫。人与人之间发生矛盾的时候太多了，因此一定要心胸豁达、有涵养，不要为了不值得的小事去得罪别人。而且生活中常有一些人喜欢论人短长，在背后说三道四，如果听到有人这样谈论自已，完全不必理睬这种人。只要自己能自由自在按自己的方式生活，又何必在意别人说些什么呢？

《孟子》中还有一个故事，也反映了孟子的处世态度。有一位至人名叫伯夷，他因为不想在同朝为官，退隐到山林里，最后饿死了。还有一位商朝的宰相伊尹，也很著名。孟子把孔子、伯夷和伊尹三人的人生观加以比较。他说："不同道。非其君不事，非其民不使。治则进，乱则退：伯夷也。何使非君？何使非民？治亦进，乱亦进：伊尹也。可以仕则仕，可以止则止，可以速则速：孔子也。皆古圣人也，吾未能有行焉。乃所愿，则学孔子也。"

孔子、伯夷、伊尹三人，各有不同的人生观，但都能坚守仁、义，所以孟子认为他们都是圣人。换言之，只要能够忠实地坚守原则，那么采取什么手段、方法都无关紧要。

这种处世态度对生活中的人们很有借鉴意义。人们往往因为别人的生活方式以及应对态度与已不同，因而排斥对方，认为唯有自己才正确。

君子无所争

战国时代有个名叫中山的小国。有一次，中山的国君设宴款待国内名士。当时正巧羊肉羹不够了，无法让在场的人全都喝到。有一个没有喝到羊肉羹的人叫司马子期的为此怀恨在心，跑到楚国劝楚王攻打中山国。楚国是个强国，攻打中山易如反掌，中山被攻破，国王逃到了国外。他逃走时发现有两个人手拿戈跟随他，便问："你们来干什么？"两个人回答："从前有一个人曾因获得您赐予的一壶食物而免于饿死，我们就是他的儿子。臣的父亲临死前嘱咐，中山有任何事变，我们必须竭尽全力，甚至不惜以死报效国王。"

中山国君听后，感叹地说："怨不期深浅，其于伤心。吾以一杯羊肉羹而失国矣。"即给予不在乎数量多少，而在于别人是否需要；施怨不在乎深浅，而在于是否伤了别人的心。中山国君因为一杯羊肉羹而亡国，却由于一壶食物而得到两勇士。

这段话道出了人际关系的微妙。一个人如果失去了少许金钱，尚不至于发此大怒；而一旦自尊心受到损害，就无法预测他的行为了。金钱上的损失尚可补偿，而心灵受到伤害，却非轻易就可弥补的。有时候本身并无存心伤人之意，可是却会因为一句无意的话伤害别人,所谓“言者无心,听者有意”。甚至可能为自己树立一个敌人。中山国王因一杯羹而失国的故事,对我们是一个深刻的教训。

人人都有自尊心,人人都有好胜心,你要联络感情,处处要重视对方的自尊心。要重视对方的自尊心,必须抑制你自己的好胜心,成全对方的好胜心。比如对方与你有同性质的某种特长,对方与你比赛,你必须让他一步,即使对方技术敌不过你,你也得让对方获得胜利。但是一味退让,便表现不出你的真实本领,也许会使对方误认你的技术不太高明,反而引起无足重轻的心理。所以你与他比赛的时候,应该施展你的正常水平,先造成一个均势之局,使对方知道你不是一个弱者;进一步再施小技,把他逼得很紧,使他神情紧张,知道你是个能手;再一步,故意留个破绽,让他突围而出。从劣势转为均势,从均势转为优势,结果把最后的胜利让于对方。对方得到这个胜利,不但费过许多心力,而且危而复安,精神一定十分愉快,对你也有敬佩之心。不过安排破绽,必须十分自然,千万不要让对方明白这是你故意使他胜利,否则便觉得你是虚伪,致使他觉得没有多大兴味,这就是你的失败。所以最难的问题,起初你还能以理智自持,比赛到后来,感情一时冲动,好胜心勃发,不肯再作让步,也是常有的事;或者在有意无意之间,无论在精神上,在语气上,在举止上,不免流露出故意让步的意思,那就白费心机了。

从前某显宦在公余之暇,喜欢下棋,自诩为国手。某甲在他门下做一名清客,有一天与某显宦对弈,一出手便咄咄逼人,某显宦知是劲敌。比赛到后来,竟逼得这个显宦心神失常,冷汗直下,某甲见对方焦急的神情,格外高兴,故意留一个破绽,给他发现了,立即进攻,满以为可以转败为胜。谁知某甲突然出其杀手锏,一子下盘,很得意地说道:“你还想不死吗?”某显宦遭此打击,心中大不高兴,立起身来就走。据说某显宦向来着意于修养,胸襟比普通人宽大,但也受不了这种刺激,因而对于某甲,始终介介,不能忘怀。而在某甲呢,还是莫名其妙,他始终不懂为什么某显宦不再与他下棋。某显宦力能使某甲富且贵，为了这一点不快，老是不肯提拔某甲，某甲只好郁郁不得志，以食客终其生。也许他要自认命薄，谁知是忽略了对方的自尊心，抑制不住自己的好胜心，小过失铸成了终身的大错。这个故事，旨在教训年轻的人，在无关得失的比赛竞技中，总要让对方一步，这当然不是为了买对方的欢心，作升官发财的阶梯，而在获得多方面的好感，对于你的一切多少总有点好处。

责人要含蓄

《呻吟语》指出："指责他人之过，需要稍做保留。不要直接地攻讦，最好采用委婉暗示的譬喻，使对方自然地领悟，切忌露骨直言。"又说："即使是父子关系，有时挨了父亲的骂，也会无法忍受而顶嘴，更何况是别人呢？"父子有血缘关系，无论如何不能割舍。但朋友就不是这样了，过激的言辞很可能会断送友谊。

《韩非子》中说："夫龙之为虫也，柔可狎而骑，然其喉下有逆鳞径尺，若人有婴之者，则必杀人。人主亦有逆鳞，说者能无婴人主之鳞则几矣！"

龙在温驯的时候，人可以骑在它的背上，但是他咽喉下有直径一尺左右逆生的鳞，如果有人触及那片逆鳞，它必定会吃掉你。如人与人之间的相互攻击，如果以对方有错为借口盛气凌人地叱责对方，使对方感到无地自容，那么你就应当小心了，因为对方总有一天会报这一箭之仇的。因此，即使应该叱责对方时，也要为其留一点退路。

与人争辩时也一样，以严密的辩论将对方驳倒固然令人高兴，但也未必非将对方批驳得体无完肤不可。因为只要略想想就知道，这样做其实是很愚蠢的，不但对自己毫无好处，甚至有时还会适得其反，得不到对方的认可，而且终究有一天会自食恶果，受到对方的攻击。当我们和他人发生摩擦时，首先要了解他的想法，然后在顾及对方颜面的前提下，陈述自己的意见，给对方留有余地。这一点在处理人际关系时必须记住。

最后要说的是，中国人在识人方面，一向有独到眼光，尤其是那些正人君子，所谓"君子之交绝不出恶声"。即在这个世界上，与人亲密地交往时，固须诚意待人，纵使交恶断绝往来，也不可口出恶言，说对方的不是。一个有修养的人，无论持何种理由，即使中断来往，也不会口出恶声、诽谤对方。此乃因为：

第一，倘若说了绝交者的坏话，等于承认自己识人不清；第二，说他人坏话，诽谤他人，对方终究会有所耳闻，也会将自己的怨恨一股脑发泄。现实中有些人择友漫无目的，只要在一起饮酒平分秋色之乐，便掏心剖肚地推心置腹，可谓酒肉朋友，这种关系往往靠不住。一旦遇事翻脸，立即口出恶语，互相谩骂不休，这实在太幼稚无知了。须知，道人之短者，除了于自己名声不例外，是捞不到任何好处的。

“一见如故”害处多

在人性丛林里，人会呈现出多面性，在不同的时空，善与恶会因不同的刺激而以不同的面貌出现，也就是说，本性属“恶”的人在某些状况之下也会出现“善”的一面，本性属“善”的人也会因为某些状况的引动、催化而出现“恶”的作为，而何时何地出现“善”与“恶”，甚至自己也无法预测及掌握。例如，一辈子循规蹈矩的正人君子就有可能因为一时缺钱而忽然浮现恶念，这是他过去所无法想象的事，但就是发生了，连他自己都感到不解。

因此，当一个人和你初见面，并且热情地向你说和你“一见如故”时，你可以不必拒绝他的热情，甚至也回他一句“一见如故”。但你一定要理性地看待这句话，思索这句话的真正意义，因为这可能纯粹是一个客套话，也有可能是一颗裹上糖衣的毒药，他是要用温情来拉近和你的距离，好从你的身上获得某些利益。如果这是一句客套话，你的热切回应不但无法对对方产生效用，自己也会为对方随之而来的冷淡而“受伤”，更有可能暴露了自己，反给别有用心的人以可乘之机；而最有可能的是，你把对方吓跑了。如果对方真的别有所图，你的热切回应，正好自投罗网，结果也就不用多说了。

因此，当你听到“一见如故”这句话时，你应该：

①想想自己有没有因为这句话而兴奋、感动？如果有，那么就赶快浇熄、扑灭这些兴奋和感动，以免自作多情或自投罗网。

②如果对方的“一见如故”还有后续动作，你应该与之保持一种善意的距离，保持距离的目的是在检验对方用心的真伪，以免自己受伤。

③如果对方和你彼此都“一见如故”，这是最危险的状况，你应该立刻向后退，以免引火自焚，或因太过接近而彼此伤害，葬送有可能好好的发展的友情；如果“一见如故”只是对方一厢情愿，“话不投机半句多”，不必花心思在上面。

当然，如果对方“一见如故”，也都理智地“各取所需”，那就另当别论了。

不过，有些人不说“一见如故”，却直接用行动表示，这种人你也应该和他保持距离。

通晓人情好处多

汉王四年，韩信平定了齐国，他向汉王刘邦上书："我愿暂代理齐王。"刘邦大怒，转而一想，他现在身处困境，需要韩信，就答应了。韩信力量更加壮大。齐国人蒯通知道天下的胜负取决于韩信，就对他说："相你的'面'，不过是个诸侯，相你的'背'，却是个大福大贵之人。当前，刘、项二王的命运都悬在你手上，你不如两方都不帮，与他们三分天下，以你的贤才，加上众多的兵力，还有强大的齐国，将来天下必定是你的。"

韩信说："汉王待我恩泽深厚，他的车让我坐，他的衣服让我穿，他的饭给我吃。我听说，坐人家的车要分担人家的灾难，穿人家的衣服要思虑人家的忧患，吃人家的饭要誓死为人家效力，我与汉王感情深厚，怎能为个人利益而背信弃义。"

过了几天，蒯通又去见韩信，告诉他时机失去了便不再来，韩信犹豫不决，只因汉王对他情深义重。

我们姑且不论刘邦以后如何处死了韩信，但就人情世故而言，刘邦很成功，他能令韩信在想到背叛时心中想产生了愧疚，不忍去做。

通晓人情从反面讲，就是要"己所不欲，勿施于人"。你爱面子，就别伤别人面子；你要尊重，就不能不尊重别人。"只许州官放火，不许百姓点灯"的事，也不是没有人做。项羽就是其中之一。虽然他有"霸王"的美称，却只有霸者的习气，没有王者的风范。他自己想称王，却想不到手下的弟兄也想做官。该赐爵的时候，爵印就在他手中，棱角都磨损了，他还是舍不得颁发下去。

因此，与其说项羽败给刘邦，还不如说他输给了人情。

通晓人情还不够，有的人既通又晓，但自视清高，懒得做。人情是做出来的，需要有你的人缘。

人缘，其实是一张人际关系的网。缘，有"边"的意思，你的边与别人的边系在一起，就成了关系。

有人缘的人，才会广交朋友受人欢迎。

话虽这么说，但人情的"通"、人缘的"有"，是不能靠守株待兔，天上不会掉下一张馅饼，而且刚好掉到你的嘴巴里。人情要去做。

做人情，前提便是察言观色，消息灵通。

察言,便是"闻一知十",观色,便是"见面明意"。真正地做到了这一点,让你的朋友欠个人情给你,简直太容易了。

李先生与赵先生在一家商场相遇,赵先生带着他的独生女,两人边走边谈些生意上的事情,当经过卖衣柜时,李注意到赵的女儿的眼光落在一件红色衣服上。第二天,李来到赵的家,送给赵的女儿一件红色的礼物,赵的女儿很开心,却没想到,她的父亲有一天要给"李叔叔"一个面子,将这人情还上。

察言观色,还要学会分析对方的心理。

乾隆四十年,是和珅一生中最重要的转折点。一日,乾隆大驾出行,他需要的黄龙伞没有准备好,他大发脾气,问:"是谁的错?"各官员噤若寒蝉。这时,还仅是一个三等轻车都尉的和珅应声说:"是典守者的责任。"乾隆一怔,又见说话人仪表不凡,问其出身,说是官学生,虽学历不高,但在侍卫中也算佼佼者了。乾隆一向注重文化,问起和坤四书五经,虽然"奏对颇能称旨",遂提升为"典守者",从此,官运亨通。

本来,黄龙伞未准备好,也不是一件大事,和珅偏小题大做,义正词严,大有踩着别人往上爬的意识,只是,和坤抓着了乾隆的心理。一个做了四十年皇帝的人,不免会愈加飞扬跋扈,对生活琐事更加挑剔,所以和坤的大胆果然得到皇上的赏识。这一次机遇,就改变了和珅的一生。

消息要灵,则是有诸多快捷的消息来源,知道朋友的近况,了解他可不可以给你跑成你所要跑的关系，这就仰仗经常的联络。

有了消息，就要及时亮相，雪后送炭等于白费功夫。李莲英的“闪亮登场”对慈禧太后来说，就是不早不晚，赶在点儿上。

李莲英刚进宫时，是在梳头房里打杂，一次，慈禧想改变一种新发型，梳来梳去，总不满意。一连几天，她对梳头的太监喝来骂去。梳头的太监无计可施，回到梳头房唉声叹气，李莲英知道后，认为机会来了，他跑出宫，去了妓院。他知道妓女们最爱打扮，也最赶时髦。整整三天，李莲英苦练梳头方法，终于掌握了几种最流行的发式。回宫之后，他恳求为慈禧梳头的大太监，向太后推荐他，并做了示范表演。终于慈禧答应让李莲英试一试。他使尽了浑身解数，在太后的头发上做足了文章，梳出了一个让慈禧右看左看都满意的发式。人漂亮了，心情自然好，高兴之余，自然忘不了李莲英。

李莲英不仅消息灵、心眼快，而且出场时间也把握得好，正是太后为梳头一事大费脑筋的时候。与朋友相处也是一样，在他最需要人帮助的时候，你能及时出来帮忙，他必定在你日后需要回报的时候回报你，才能安心。

中华传世藏书

【图文珍藏版】

菜根谭

[明]洪应明⊙原著

马博⊙整理

第四册

线装书局

礼多人不怪

捧就是宣传，宣传是政治家的捧；捧就是广告，广告是商人的捧。不过商人的广告是自己捧自己，政治家的宣传，是雇了别人来捧自己，与这里的捧人家有些分别。捧人家的办法，自古有之，叫作互相标榜。但是所谓捧，并不是瞎吹，并不是胡说，也要根据对方的实际。每个人都有所短，也都有所长，普通人对于别人，只看见短处，不看见长处，把短处看得很重大，把长处看得很平凡，所以觉得欲捧而无可捧之处。只要你先存着“三代以下无完人”的思想，原谅他的短处，看重他的长处，可捧的资料正多着呢！而且你捧某甲，并不是欺骗大家，而是使大家注意某甲的长处。某甲对于自己的长处，因为大家的注意而格外爱惜，格外努力，养成比目前更为优越的长处。所以你捧人家是成人，人家也来捧你，那么成人正所以成己。可见捧是成己成人的工具，绝不是卑下的行为，俗话说：人捧人，越捧越高，你也高，他也高，这不是人己两利的事吗？捧有几种捧法，最要不得的，是当某甲一个人的面来捧他自己，有些人也许不领受你这一套，当着大家来捧某甲，把他的长处，做一次义务宣传，他一定非常高兴，只要捧得不过火，大家也不会觉得你在有意地捧。或者在某甲的背后，宣扬他的长处，把几件具体的事实，加几分渲染，使得听的人，对某甲产生良好印象。事后传到某甲，他的高兴比当面捧更是有力，一有机会，他也会还敬你，把你大捧一场。俗话说：有钱难买背后好，足见重视背后捧，是人之常情。

如果你会写文章，那么写文章，也是捧人的一法。一有机会，把某甲的长处，作为你文章的举例，说出他的真实姓名。你的文章，有一百人读，就是向一百人捧他。有一千人读，就是向一千人捧他。被你捧的某甲，多少高兴，多少得意，对你的感情一定大有进步。联络感情原不是一件容易的事，用捧来联络感情，是最简便最有效的方法，而且就道德而言，正与古人扬善之说相合。

从前也有人以不轻于许可人，为正直的表现，笔者则以为其人正直与否，系另一问题。而眼界太高，胸襟太狭。要为不可否认的事实，眼界高胸襟狭，他自己必不十分得意。因为不得意，心理上遂发生变化，对于一般人多少有点仇视的成分，所以越发不肯轻于许可人了。年轻人的不肯捧人，第一是误认捧人就是谄媚，有损自己的人格；第二是自视太高，以为一般人都比不上他；第三是怕别人胜过了自己，弄得相形见绌。笔者希望你根本铲除这种不健全的心理，而用心研究如何捧人的方法。

诗经说："谦谦君子，锡我百朋"，礼多人不怪，原是人之常情。

某君是某机关的最高领导，高级职员去见他，他不但坐着不动，也不屑回你一声某先生，而且不肯注视你的陈述，你只好站在旁边说话，真是架子十足。有时不高兴，认为你说的话不对，他竟始终不开口，好像听而不闻；始终不对你看，好像视而不见，你落得一场没趣，只好喟然退出。他对高级职员如此，对其他下属，不问可知，对待朋友，也是似理不理的神气，实在令人难受。

古人说："施绝然声音颜色，拒人于千里之外"。某甲正是如此，当他得势的时候，大家只好背后批评，当面还是恭维，还是奉承，心里都是反对他。他种了这样恶因，后来形势逆转，一时攻击他的人，非常的多，当然还有其他重要原因，而待人傲慢，至少是一个方面。诗经说："相鼠有皮，人而无礼，人而无礼，不死胡为！"你在社会要多结人缘，要少结人怨。要多结人缘，多礼是一件必要的工具，礼是人为的，是后天的，必须要用心去学习，学习成为习惯，多礼便能行无所事，十分自然了。

学者王先生是以多礼出名的人，他见人必先招呼，招呼必先鞠躬，对朋友如此，对学生也是如此，说话轻而和气，点头不迭，笑容可掬。你如到他卧室里，或办公室里，请他写字，他虽写得一手很好的《十七帖》，还是十分谦虚，请你坐下来谈；你如不坐，他始终立着。无论是谁，一旦与王先生相接，如饮醇醴，无不心醉，所以他的人缘特别好。凡是他的学生，一见他来，立即鞠躬，让立一旁等他先过，这不是怕他，而是敬他，敬他完全由于他的多礼，多礼似乎虚伪，而关于人与人的感情却很大。所以孔子也说："不学礼，何以立？"孔子的所谓学礼，并不单指礼貌一端而言，而礼貌必在其中，这是可以断言的。"不周旋中规，折旋中矩"。言语行动，声容笑貌，都要注意。文质彬彬，谓之君子，彬彬有礼；谓之君子，礼多人不怪，还是对人这方面的说法，礼多足以表示你是位君子呢！

交友勿害羞

一位小姐，年方 25 岁，大学毕业，健康美丽，温雅贤惠，家境富裕，服饰也入时，打扮得体，人们都说她几乎拥有幸福和成功的全部条件。可就是有一条缺陷，她害羞，没有社交才能——于是，她拥有的幸福和成功的前提都被这一缺陷抵消了。

后来，这位小姐去找心理医生，医生运用精神分析疗法刨根究底，找出她产生害羞毛病的根源，经过一段时间的治疗，使她渐渐精神解放，卸下了心理负担，克服了缺乏社交才能的缺陷，从此大步地走上了成功之路。

害羞有各种各样的表现。常常脸红，说不出话来。不敢进舞厅，不敢在所有公共场所抛头露面。不敢与陌生人交往，不敢与地位高于自己的人交往，怕别人张望。不敢在公共场所讲话，即使是本公司、本部门、本科室内的讨论会上发言，也心惊胆战，手脚不知怎样安放，局促不安，不时地摸脑袋，嗽喉咙，摸领带，拉衣服。总害怕自己说错遭人讥笑，总以为在场许多人都比自己高明，不敢发挥自己。女性总是爱用厚厚的一层脂粉唇膏遮掩自己的本来面目。总以为别人在看你、注视你。老记挂着自己身上的某一处缺陷，比如鼻梁上有颗痣，并总是忧虑于此，总想设法掩饰它。不敢与异性交往，老想着自己的性别。

所有患害羞毛病、感到难为情的现象，都可以追究到心理的原因，因为害羞自始至终都是一种心理感觉。

害羞有三种类型，一是气质性害羞。即生来性格比较内向，气质比较沉静，说话低声细语，见到生人就脸红，甚至常怀有一种胆怯的心理，举足投步、寻路问津也思前想后、顾虑重重。这种性质的害羞为数很少，与先天的气质类型有一定的关系，但是可以通过后天的适应、锻炼而改善。一种是认识性害羞。造成这种害羞的主要原因是过分注重"自我"，患得患失心太重，生怕自己的言行不对被人耻笑，说话做事都要有绝对的把握才进行，不敢冒点风险，因而老是受环境和别人言行的支配，缺乏主动性。久而久之，便羞于和人接触，更羞于在公开场合讲话。三是挫折性害羞。这种类型的人，以前不害羞，性格开朗，交往积极主动，但由于种种客观原因，连遭挫折，变得胆怯怕生，消极被动。害羞不仅阻碍与别人建立正常亲密的友谊，还可能导致沮丧、焦虑的情绪和孤独感，导致性格上的软弱和冷漠。

如果顺着这种心理感觉进一步追问:无论哪一方面,或者在许多方面你能不比一般人差,甚至还强许多,为什么别人气宇轩昂、谈笑风生,一点儿不缺乏自信,一点儿不害羞,一点儿不感到难为情,他能做到不把自己的缺陷挂在心中而自然而然地与人交往,而你却做不到,你却没那份自信,无法不时时刻刻关照到自己,无法做到不害羞,不难为情呢?

害羞,有时的确很误事。例如找工作,害羞就成为一个大问题。他们往往害怕同雇主当面洽谈工作,而一旦找到工作,又可能失去提拔晋升的机会。害羞的人完成工作的方式是被动的,而不是大胆的。他们对待自己的工作,不是考虑如何取得成功,而是考虑不要失败,对承担风险豫稳不决。

在社交方面也受到限制。他们感到主动交友很困难,因此他们的孤独感往往强烈。有一部分人甚至由此而闭关自守、与世隔绝。当他们真的与人交往时,常常不愿中断关系。他们很重视这种稳定性,希望避免为寻求真正宝贵的友谊而遇到的困难。结果,他们结交的伙伴,当然不会是他们理想中的朋友。

那么,是否可以说“害羞”就一无是处了呢?不是的。害羞虽是一个人的弱点,但这弱点并非有害无利。恰恰相反,它可变成许多优点。假如你是位害羞人士,不妨认识一下这些优点,并尽量发挥它——

①害羞者比较聪明。由于他们通常少说话，多动作，所以他们往往勤于思考，比较机智。

②害羞的人比较可靠。许多人都比较信任害羞者，因为他们不会说人长、道人短，不会搬弄是非。

③害羞的人是较好的搭档。因为他们在群体中往往不爱抢着出风头，而替他人着想。

④害羞女士往往比较令人喜欢，因为她们比较贤淑拘谨，而不会叽叽喳喳。同时，多数男士认为，羞答答的女性会带来一种神秘感，更富有魅力。

⑤害羞人士更能体谅别人，了解别人；在交谈时，他们会很留心听你的倾诉，而不会打断你的话题。

⑥害羞的人通常可以成为知心朋友。当他认为对方可靠并待人以诚的话，他会对对方忠心耿耿，很努力去维护这种友谊。

但是，毕竟害羞是人性的一个弱点，它所造成的不利方面还是很多的。正是因此，害羞者常常会感到自卑，他们普遍对自我形象持否定态度。然而，自卑是没有用的，你需要了解害羞的种类其成因，进而逐渐克服这种弱点，使你更快乐地生活。

克服害羞心理，首先要放下思想包袱。应当知道，人不可能事事正确，即使说得不对，可以改正；做得不成功，也可作为前车之鉴。聪明才智就是在实践中增长起来的。

第二，要鼓起勇气，敢说第一句话，敢于迈出第一步。当你迈出了第一步之后，你就会感到，这道障碍也不过如此，容易克服得很。害羞的坚壁就被戳穿了，你就会在积极交往的成功中受到鼓舞。

第三，要有信心，看到自己的力量。不要老是否定自己，总是拿自己的短处比别人的长处，为自己寻找不讲话、不行动的理由。需要的倒是其反面，要肯定自己，相信自己的言行多少会对别人、对事情的处理，有一定的启迪帮助作用。

应有意识、有步骤地进行心理自我调剂、自我锻炼，主动与外界接触。你可以先从接触熟人开始，继而陌生人，继而地位高的人，继而小团体的一群人，继而大庭广众之下，逐步学会适应外界的所有人和环境。长期坚持锻炼，少则几个月，多则二三年便会见到大的成效，不再害羞。

训练自己克服害羞的毛病，还有许多具体的方法。面子学大师劝你记住它们，在恰当的时机不妨一试，或许对你能有所帮助：

径直迎着别人走上去,好像他欠了你的钱。

训练自己盯住对方的鼻梁,让人感到你在正视他的眼睛。

开口时声音洪亮,结束时也会强有力;相反,开始软弱,那么闭嘴时也就无力。

有时,为了在喧哗中让别人听见,有必要轻轻讲话。

学会适时地保持沉默,以迫使对方讲话。

会见陌生人之前,先列一个话题单子。

熟记演讲的首尾,那么,你从头至尾都会口若悬河。

想方设法接触名人,和比自己年龄大、比自己能力强的人交往。这样你会学到知识,同时还可以观察强者的弱点缺点,从而增强自信心。

适当接触一些外向开朗的人,他们就像一座桥,引导你步入广阔的社交界。

交友要懂得成人之美

从方式方法的角度看,成人之美有种种不同的表现:

1.乐作"红娘"

说到成人之美,人们首先会想到当"月老""红娘",热心地为同事、战友、部下的婚事牵线搭桥,帮助他们结为伉俪,建立美满家庭,这是最讨人欢迎的事情。人民领袖毛泽东在世时,虽日理万机,仍不忘关心身边工作的青年人的婚事,先后为好几个卫士介绍对象。比如,李银桥和小韩就是一例。他不仅有意创造条件让他们接触,而且出谋划策,促使他们心灵沟通,最终结为百年之好,至今李韩夫妻对此事还铭记在心,作为美谈。毛泽东同志在百忙之中仍不忘成全他人的婚姻大事,实在是后世人们"成人之美"的楷模。

2.甘做"人梯"

一个人的事业是他人生的支柱。然而事业的成功又往往不是一帆风顺的,会遇到各种矛盾和波折。在他们处于困境时,如果能给以无私的帮助、提携,那将是一种使人感怀不忘的更有意义的成人之美。肖邦还是无名之辈时,钢琴弹得很出色,但一直得不到承认,文学家霍桑为扶持他,匠心独运。一天,他请朋友参加晚会,宣布著名的钢琴家李斯特为大家演奏,但必须把灯熄灭在暗中欣赏。一曲终了,大家为美妙的琴声所打动,报以热烈的掌声。当灯光重新照亮时,大家才发现钢琴旁站着的不是李斯特,而是陌生青年肖邦!从此,肖邦声名日盛。霍桑为青年人成材而铺路搭桥,别出心裁地导演了一幕活剧，真可谓是成人之美的杰作，令人钦佩。

3.割爱助人

慷慨解囊、无私提携式的成人之美值得赞叹，而甘愿割爱，成全他人之急需，这就更难能可贵了。比如，当年俄国作家普希金为写一部小说，深入到一座小城收集材料。小城的官员和市民们误认为他是首都彼得堡前来私访的官员，争相逢迎讨好，弄出不少笑话。他准备根据这些见闻构思一部讽刺小说。这时，果戈理来信向他求援，说他想写揭露官场丑恶现象的剧本，但材料不足，请普希金帮忙提供情节。普希金便放弃了自己写小说的念头，决定成全他，并把掌握的材料全部提供给他。写信后还觉得不够，又专程乘火车去当面向他介绍详细情况。不久，果戈理的名剧《钦差大臣》问世了，并引起巨大的轰动。普希金为朋友的成功而高兴，两个人的关系更密切了。

割爱是痛苦的，但它是一种高尚的行为，换来的往往是永恒、真挚的友谊。

拓展人脉，顺藤摸瓜

我们经过很大的努力，建立了不错的人缘，但我们能满足于此吗？能使人缘不断拓展才是最理想的。人缘就像是一种回应，你送出去什么，它就送回什么，你播种什么就会收获什么，你给予什么就会得到什么。因此，要想有个又宽又广的人脉网，你必须不失时机、场合地与人沟通，与他人建立长久的联络关系。

人们往往会碰到这种情况：在某一场合有很多人，那么你怎么在这么多的人里游刃有余，让更多的人关注你、重视你，让陌生人结识你，把不熟悉的人存入你的人脉存折呢？

在这种场合下，不妨利用你已经认识的人，让这些人给你介绍一下你想认识的陌生人。关于这一点，微软创始人比尔·盖茨为我们树立了良好的榜样。

客观而言，成就比尔·盖茨辉煌事业的，除了他的智慧、眼光和执着外，还有重要的一点是他借助朋友的帮助拥有了相当丰富的人脉资源。

比尔·盖茨重要的合伙人——保罗·艾伦及史蒂夫·鲍默尔，不仅为微软贡献了他们的聪明才智，也贡献了他们的人脉资源。1973 年，盖茨考进哈佛大学，与现在微软的 CEO 史蒂夫·鲍默尔结为好朋友，并与保罗·艾伦合作为第一台微型计算机开发了 BASIC 编程语言的第一个版本。大三时，盖茨离开哈佛，加入和好友保罗·艾伦创建的微软，开发个人计算机软件。合作伙伴的人脉资源使微软能够找到更多的技术精英和大客户。1998 年 7 月，史蒂夫·鲍默尔出任微软总裁，随即亲往美国硅谷约见自己熟知的 10 个公司的 CEO，劝说他们与微软结成盟友。这一行动为微软扩大市场扫除了许多障碍。

可见，在我们不停地羡慕比尔·盖茨的成功时，也要向他好好学习一下利用朋友拓展人脉的方法。

一般人不会主动把自己的朋友介绍给别人，尤其是在大家都很忙的时候。所以，想认识谁，就要主动寻找渠道。比如，当朋友与别人交谈时，你主动走上前去同朋友打招呼，说几句话，这样他会主动介绍一下正在与他说话的人。如果没有介绍，你可冒昧地问一句：“这位是……”他告诉你后，你与对方搭上话.但不要谈太长时间，以免耽误朋友的事情，否则，对方也会认为你不礼貌。简单说两句之后，起身告辞，或再加上一句：“回头我们再叙，你们先谈吧。”

如果去的场合是某人举办的活动，你可以主动请主人引见几位朋友。如果人不太多，可以让主人主动把你介绍给大家，然后你就可以与任何一位聊天。其他人因为你与主人关系亲密，也会很高兴结交你。即使你与主人关系一般，他只要把你请来了，就会满足你这个要求，但你必须主动提出来，而且要注意时机的把握。

我们也可以通过参加各种研习会或培训班认识来自不同群体、不同领域的人。如果是同行，可以彼此交流工作体会，探讨行业潮流，了解更多有关的行业讯息。这些讯息对于制定决策、发展事业是很有帮助的。如果不是同行，那他就有可能成为你的客户，同时，他也有可能带给你正在寻找的东西。

我们还应积极参与公司内外各种各样的聚会。不仅是公司，自家亲戚朋友聚会也要参加，不要嫌麻烦。如果有不同行业的交流会，也要主动地参与筹划。另外，加入有共同兴趣的圈子也是结交新朋友的最佳时机。

当然，我们要学会在适当的场合和适当的时机拓展人脉网，不能过于功利和盲目，下面几点是需要我们注意的：

1.真诚地付出

只求获取，不愿付出的人会使人感到反感。只要你付出了自然就会有获取的机会，给予别人发展信息与建议，自然也会得到使自己发展的资讯。

2.“哀怨声声”的聚会少参加

那些大家一边喝酒一边互相埋怨、互相杞人忧天、互相抚慰的聚会，只会使人变得没有活力、意志更加消沉。例如：一帮参加工作 20 年的同学聚到一起，谈起各自的工作。几个提前退休或下岗的同学更是撕心裂肺，全无当年那种“战天斗地”英姿飒爽的气概。这种聚会百害而无一利，知道后要尽快撤出。

3.争取在聚会中表现自我的能力

如果只是满足于当一般成员或听众，就没有多大的价值，也不可能借聚会之机建立起广泛良好的人际关系。所以如果有发言的机会时，要争取积极主动发言，提出各种活动建议。总之，要努力使自己的存在得到参与者的认可和好评，从而获得聚会的领导地位。

人脉网错综复杂，就像藤和瓜，根相连，藤相牵。不同的瓜在不同的藤上，我们要想找到自己想要的那个“瓜”，就一定要扩大自己的圈子，借助合适的藤，这是扩展我们人脉网的一大艺术。

利用熟人，可把难办的事办好

现实生活中，英雄难过熟人关。有了熟人，才有人情，有了人情，才好说话，才有人脉关系，才能把别人难办的事顺利办成。

一位赵小姐给小李打电话。说起来，她们两个也算是“同学”，当时在一个学校学习，只不过专业不同，在大二时的一个社团里认识的，毕业之后很少联系。小李接到“叙旧”电话，当然很意外。聊了一会儿，赵小姐便说出了自己的情况——她刚刚开始做公关，手头正好有个项目，这个项目的市场竞争很激烈，而且时间很紧，也很重要。

赵小姐希望找点关系，帮她介绍一个报社的记者。问过大致情况，小李便推荐了合适的记者给她。这个记者跟小李的关系不错，而且还比较容易说话。

在记者电话到手时，赵小姐千恩万谢。一个多月后，赵小姐又给小李打来电话，说要请她吃饭,因为她介绍的那个记者帮了赵小姐大忙,她把这次的公关活动做得很成功。

有一项很有趣的研究表明:世界上任意两个人之间的距离只隔着四个人,不管你和对方身处何处、哪个国家、哪个人种、何种肤色。而且前提是这六个人之间肯定是有着理所当然的关系。

不用惊奇,构成这个奇妙六人链中的第二个人,很可能就是你认识的人,也许是你的父母,也许是你的同学,更有可能是在公司里做清洁工的阿姨。可以想到,人脉其实很好建立。在现在社会的竞争中,人脉是你成功的动力。

有了人脉关系,关键还在于你是不是会用。

一位刚刚毕业的留学生,想回国发展,但是找了很多份工作,都没有成功。有一天他在网上看到一家跨国公司在中国区招聘一个职位,他觉得这个职位十分适合自己。但是到这个岗位应聘的人又太多,他认为仅凭自己单枪匹马地去竞争,成功的几率太小。那时,他想起在他们学校的校友录上曾看到过一位学长也是这个公司的高层,于是他连夜写了一封电子邮件,发给了这位从未谋面的学长。在这封信中他强调自己和他是校友,也是某某大学的应届毕业生,很希望学长能给他一次机会,并附上了一份自己的个人简历。

当时他并没抱有多大的希望,心想即使那位学长回信也无非是一些官话套话而已,不可能马上就给他答复。

没想到一天之后,那位学长竟然给他回复了,回复的结果出乎他的意料,让他有点不敢相信。信里说让他在第二天直接参加面试,并且还为他附上了一些成功的祝福语。最后,他取得了这个职位,显然,他与学长的校友关系起了关键作用。

在中国这样一个重视人情礼仪的社会里,人脉关系起到的作用是相当大的。有人脉就好办事,有关系就好说话。因此,若要做事就要善于建立和利用人脉关系找靠山,这样办事方能顺顺当当,即使是难办的事也不在话下。

主动与人交往,人脉才能越延越长

人生有些事情,个人是无法选择的。比如,你无法选择自己的父母,无法选择自己的亲戚,也无法选择自己出生的时间和空间,等等。但是,一个人在长大成人,尤其是经济独立之后,你可以自由选择、营造你的人脉网。结交什么样的朋友,构成什么样的人际关系网络,这是我们最大的自由。

实际上,许多人都囿于个人生活与工作的狭小范围与具体环境的局限。除了自家人和亲戚关系,还有那么几个同学、同事、朋友和熟人,这都是“顺其自然”、被动形成的。许多中年人和老年人大多一直过着“两点一线”的生活,就是几十年如一日的只在家庭和工作单位之间来往。如今的青年可不是以前的老古董了,很是活泼,天南海北到处都是朋友。但作为个人有意识地选择和结交朋友,有意识地建立自己的信誉、经营人际关系网络的,依然寥寥无几。这是营造人脉网的遗憾。

经常会遇到这样一种场面:在生日宴会上,几个好朋友聚在一起欢天喜地地玩玩闹闹,而旁边会有人只是一声不吭地吃着东西,没有加入那些人的行列中。这样的人实际上是白白放弃了扩大自己交际圈的好机会。如果能主动争取和别人交流,那就会开拓一个自己不曾了解的崭新世界,也会促进自己的成功。

那么,怎样才能和对方良好地进行交流呢?有这样一句话:“对方的态度是自己的镜子。”在日常的人际交往中,有时自己感觉“他好像很讨厌我”,其实这时正是自己讨厌对方的征兆。因此,对方也会察觉到你好像不喜欢他,当然两个人就越来越讨厌彼此了。在出现这种情况的时候,自己要主动与对方交流,主动敞开心扉。

要想营造好的人脉网必须强调主动。一切自卑的、畏首畏尾和犹豫不决的行为,都只能导致人格力量的萎缩和为人处世的失败。所以,拿破仑说进攻是“使你成为名将和了解战争艺术秘密的唯一方法”。

在生活中,胡先生十分重视创造与人结识的机缘。比如,他刚刚搬到世纪花园的时候,一天傍晚,他看见邻居家的女主人走了出来,便隔着十几英尺的树丛向对方望,然后非常自然地找到恰当的时机,微笑着喊一声“你好!”随后,胡先生便弯腰穿过树丛,来到她的后院,开始与她聊起天来。他们就这样认识了,彼此留下电话,约好互相帮助,大家有个照应。

那第一声“你好”是怎么产生的呢?胡先生认为他们几乎是同时隔着树丛向对方打招呼;胡先生也相信,他们是一起有意识地走向树丛,为的是与对方结识。

这种主动出击的交往方式是非常重要的。

道理是这样,但避免不了人们对主动交往有很多误解。比如,有的人会认为“先同别人打招呼,显得自己没有身份”“我这样麻烦别人,他肯定会反感的”“我又没有和他打过交道,他怎么会帮我的忙呢”,等等。其实,这些都是害人不浅的误解,没有任何可靠的事实能证明其正确性。但是,这些观念却实实在在地阻碍着人们,阻碍了人们在交往中采取主动的方式,从而失去了很多结识别人、发展友谊的机会。

当你因为某种担心而不敢主动同别人交往时,最好去实践一下,用事实去证明你的担心是多余的。不断地尝试,会积累你成功的经验、增强你的自信心,使你在工作场合的人际关系愈来愈好。

利用"资源",把人脉网络拓宽

"一个人的成功,15%取决于专业本领,85%取决于人际关系与处世技巧。"这一观点是美国著名成功学大师卡耐基提出的,得到了世人的认可和推崇,并在越来越注重交际的生活和工作中得到了验证。

实践告诉我们:专业本领往往只能带来一种机会,而交际本领可以带来百种千种机会。有了专业本领只能利用自身能量,而交际本领可使人利用外界的无限能量。

美国普林斯顿大学曾对一万人的人事档案进行分析,结果发现专业技术、知识和经验只占成功因素的25%,其余75%决定于良好的借势效应。哈佛大学就业指导小组对几千名被解雇的男女进行调查,发现人际关系不好的人比不称职的人高出两倍。另一研究报告表明,在美国每年离职的人员中,因人际关系不好而导致无法施展所长的占90%。可见,人际关系的好坏在工作和生活中很重要。

心理学家曾做过一项研究,研究对象均为学术智商很高的科学家,他们之中有的人出类拔萃,有的人成绩平平。为什么差距这么大呢? 原来有成就的人都善于交际,拥有自己的交际圈,善于借势,不放弃任何一个可以帮助自己的人。那些成绩平平的人则因不善交际而得不到别人的帮助。如果以上还不能够说明什么的话,我们来看一组数据:诺贝尔科学奖金自1901年设立以来,到1972年为止的286名获奖者中,有2/3的人是因与别人合作进行研究而获奖的。而且,协作研究获奖数占总获奖数的比例逐渐上升,在诺贝尔奖奖金设立的头25年为41%,第二个20年跃升至65%,而现在为79%。

可见,较好的人际关系已经在现代人的发展中得到了升华。

每个人的一生中都会有很多朋友,他们在各行各业占有一席之地,也许某天就成为帮助我们的人。因此,我们需要建立一个良好的关系网。

也许那些手里掌握着一定资源的人,比我们更深谙人脉和财富的关系。他们的人际圈对于中国商界的影响力难以估量。同学聚会、同事聚会、网友聚会、俱乐部、游乐场所等,时尚的新型的人际关系正通过一个个圈子影响着各个行业。

在你的生存发展道路上,每个阶段都会有人相助。只不过你自己没有觉察而已。

普尼科投资顾问有限公司总经理许飞的发迹也是一个很好的例证。

许飞的成功离不开中国区副总裁董功文的帮助。他们的相遇是偶然的,一个是房客,一个是房东。

当许飞刚创业的时候,董功文为许飞筹集了大笔资金,使许飞的事业有了雄厚的资本作为后盾。不仅如此,董功文还给许飞提了许多宝贵的建议,避免他走弯路。一个是高级投资经理人,几乎站在金融行业的最高端,地位和经济实力自不用说。而另一个只是"毛孩子",没有任何的背景。董功文好比许飞事业平衡的支点,不仅是他真诚的合作人,更是他人生目标、人生价值实现的开导者。

许飞现在公司的主要业务以金融系统的培训为主。他所做的事情有两个重点,第一是找合适的人教课,第二是吸引目标群体上课。而邀请来授课的也都是响当当的人物,不是随便就能请得动的。因为许飞对运营MBA课程项目充满兴趣,所以经常请教某著名大学MBA联合会秘书长徐健,徐健同时也是某银行北京分行的经理。几次聊天之后,他们便开始称兄道弟了。因为一直在银行工作,徐健在银行界有很多人脉,而作为MBA联合会秘书长,他在MBA的圈子里也有很广泛的人脉。徐健为许飞架起人脉的桥梁提供了原料。门户打开后,天地顿宽,后来许飞的人脉如滚雪球一般越滚越大,关系网迅速膨胀,事业也越来越成功了。

一个善于利用资源的打牌者,会充分调动自己的牌友关系网。不论是在切磋中得到提升,还是在打牌的过程中得到充分的利用,都会让自己在牌局中如鱼得水。对于一个人、一个企业来讲,积极主动地建立好人际关系网、企业合作关系网,才能获得成功。

积极结交各行人士,让人脉无限广阔

人们常说"隔行如隔山""每个人都有自己的交际圈",其实,在营造人脉的过程中,这两种观点都要摒弃。

我们必须努力地与和自己毫无关系的行业的人员接触,并学习其他行业的知识。如果只固守在自己的同行之中,我们就无法建立多层面的人际关系。或许你觉得自己已经具备了完整的专业知识,但在这个复杂的社会中,只具备自己工作领域的知识是不够的。如果一点儿也不了解其他行业的人的想法与行为,就无法达到自我成长的目的,就不能成为一个真正的成功者。

心胸狭窄的人无法交友广阔。如果没有丰富的知识与悟性,做到情感与智慧的完美结合,你就不能成为一个有魅力的人。吸收自己本行的专业知识,这是不用说的事。但了解不同性质行业中的生活方式,不但可以增加自己的见闻,更可以交到许多不同的朋友,这便是重要的交际技巧。

日本的综合性贸易公司之所以能在世界上遥遥领先,就是因为这些综合性的贸易公司不只是销售产品,更重要的是供应知识。由于他们能够提供多元化的知识与商品,所以能够发挥出独特的效果,吸引更多的顾客上门。

除了自己的本行之外,交往的对象还必须扩及其他各行各业的职业高手,以增加自己的知识及人脉。

然而,这并不是说特意地结交各种行业的人。最简单可行的是和自己的中学或大学同学及以往的故友保持联络,所以必须踊跃地参加同学会。只可惜现代人多居住在空间狭窄的都市,没有更多的机会与人交往。

为了积极地与人们交往,应多参加各项活动。比如,利用孩子在学校中活动或直接从事业务活动,都可以借着与他人的密切往来,轻易地与之建立起友好的情谊。而从事内勤工作的专业人员,就很少有机会和公司同事以外的人接触。这时,可以利用自己的另一半——丈夫(或妻子)。如果你的另一半是个不擅交际的人,就得努力地培养自己的兴趣,多参加各项体育活动,旅行、野营活动等都是很好的办法。无论如何,具有一项独特的嗜好是结交新朋友不可或缺的条件。

因为利用嗜好建立起来的人际关系,更远远超越了年龄、职业、地位的限制。即使是因为工作关系而结交的朋友,如果能够有共同兴趣,就容易在下班的时间以轻松的心情在和谐的气氛中交往。

一个人有无智慧,往往体现在做事的方法上。山外有山,人外有人。自然,多结交其他行业的人,扩展自己的人脉,助己成功,是必不可少的成事之道。

“不是一家人，不进一家门”，让亲戚越走越亲

人的一生不可能一帆风顺，总会碰到这样的不顺，那样的坎坷，所以在你感觉无助的时候，肯定会想到找亲戚求助。亲戚之间大都有血缘或亲缘关系，这种特定的关系决定了彼此之间联系的亲密性。不是有这么一句话吗：“不是一家人，不进一家门。”作为亲戚，对方也大都会很热忱地向你伸出援助之手。

亲戚就是走出来的，并越走越亲。所以，每个人都要去珍惜你身边的所有资源。

1.一清二白

求助过程中，为了经济利益纠葛而得罪人，在亲戚之间是屡见不鲜的。亲戚之间的借钱、借物等财物往来是常有的事。有时是为了救急，有时是为了帮忙，有的就是赠送……情况虽不同，但都体现了亲戚之间的特殊亲密关系，并把这种财物往来当成表达自己心意和特殊感情的方式。

作为受益的一方在感情上对亲戚的慷慨行为给予由衷的感谢和赞扬是应该的。如果他们把这种支持和帮助看作是理所应该，不做一点表示的话，对方就会感到吃了很大的亏，而影响彼此的关系。

再者，对于需要归还的钱物，同样是不能含糊的。这是因为亲戚之间也有各自的利益，一般情况下应把感情与财物分清楚，不能做人情糊涂账。只要不是对方明言赠送的，所借的钱物该还的也要按时归还。有的人不注意这个问题，他们以为亲戚的钱物用了就用了，对方是不会计较的。如果等到亲戚提出来时，那就难堪了。

对于来自亲戚的帮助要注意给予回报，这既是加深感情的需要，也是报答对方帮助的必要表示。如果忽视了这种回报，同样会得罪人。

总之，亲戚之间的钱物往来，既可以成为密切感情的因素，也可能成为制造矛盾的根源。

2.多往来

亲戚之间关系的远近决定了其密切程度的不同，因此，在相处中要注意把握分寸。

一般情况下，亲戚越走越亲。但是，亲戚交往也应讲究技巧，否则也会制造冲突。

比如说以前，人们走亲戚可以在亲戚家住上一年半载，但是现在这样做就不合时宜了。大家都很忙，都有自己的生活习惯，住的时间过长，就会产生摩擦、引起矛盾。

但是一些人到亲戚家做客，毫不客气，把别人家当做自己的家。这就给主人带来很多的麻烦，也容易造成矛盾。

一些人每天要睡到很晚才起床，到亲戚家也不改自己的坏习惯。主人要照顾他，又要上班，时间长了必然会影响主人的工作和生活，进而影响彼此的关系。

一些人没有讲卫生的习惯，到了亲戚家里，废纸到处扔，让人家收拾不及。时间短，还可能忍耐克制，日子长了，矛盾就会激化。

亲戚之间交往，也应该注意优化自己的行为方式，尊重亲戚的习惯。如果方式不当同样会得罪人，给亲戚关系蒙上阴影。

恰同学少年，该靠就要靠一把

同学之间是最能相互帮助、相互协作的，如果你善于运用同学关系，就会收到事半功倍的效果。所以，千万别把这种宝贵的人际关系资源给白白浪费了。

谁没有几位昔日的同窗，说不定你的音容笑貌不定期存留在他们的记忆中。

如果你是一个想改变处境，并欲成就一番事业的人。那么，从现在开始，你就要努力地去开发、建设和使用这种关系。

那么，我们该如何利用同学关系呢？

1.主动加深关系，让同学主动帮忙办事

在唐朝宰相姚崇的同窗之中，有一叫张宗全的人深得姚崇的敬佩。那是在姚崇高中秀才后，与张宗全同拜一位老师门下继续深造，以期将来能考中进士，光宗耀祖。

一次，老师要姚崇与张宗全就某个题目写一篇文章，两天之后他要考核。这两位学生下去都精心做了准备，将自认为写得最好的一篇交了上来。事有凑巧，姚崇与张宗全所写的内容几乎完全一样，且观点也相当一致，这如何不使老师为之恼火？没想到自己门下两位最得意的门生竟然剽窃他人作品，这如何了得？

看到这种情况，姚崇据理力争，声明文章绝非剽窃。而张宗全的作品也非剽窃他人，但为了平息老师的怒火，他就对老师说："这实属学生不该，前两天与姚崇兄弟论及此题，姚兄高谈阔论，学生深感佩服，遂引以为论。"

老师听到这番话，也知错怪了两位学生，就平息了心中怒火。事后姚崇心里为此深感佩服，为张宗全的广阔胸襟所感动。姚崇当了宰相以后，遂向唐玄宗推荐此人，唐玄宗在亲自考核张宗全的才华之后，便封了他一个正三品官衔，专职外藩事务。

由此可见，人情在同窗关系中的作用是多么的巨大！张宗全就很巧妙地用了这个技巧，在一些较无关紧要的场合中，自己吃些小亏，做些让步，送个人情给对方，使姚崇记住了这个人情，在以后对张宗全大加帮助，并且最后使他获得了一辈子的荣华富贵。

2.平时多烧香，关键时刻大显灵

不少人说："同学之情只有几年，一旦缘尽则情尽，没什么值得留恋的。"

其实这是错误的想法，要知道，茫茫人海中，既为同学，实是缘分不浅。虽相处时间不长，但这中间的关系值得珍惜，值得持续下去，这不是多此一举，而是实属必要！当你与同学分开后，还能保持一种愈久弥坚的关系的话，那对你的一生，或者说对你将来所要达到的目的与理想是有很大好处的。而这其中的有利方面，也许是你从未想到的。事实上，与同学相处，就如同烧香拜佛一样，绝不可嫌平日里烧香是浪费财力、浪费时间。因为只有平日里多烧香，关键时刻才能发挥作用。

同学关系有时在危急的关头能帮上大忙。但是，一定还要记住的一点是，这中间的好处是来自于自己的努力。如果你与同学分开之后并没有经常联系，那关系之好从何谈起？从中受益则更是一纸空文了。所以，我们要学会真诚地维持同学关系，那样自己的交际面会更加的广泛。

同学资源确实是个人人脉资源中重要的一项，必须有效加以珍惜与利用，让每个同学都成为你生命中的贵人吧！

抓老乡感情线，拓展结交面

在错综复杂的人际关系中，老乡是一种无形的资源。它就像万试万灵的金钥匙，不知不觉就为你的生活开辟出一片新天地，为你事业的腾飞撑起一片广阔的蓝天。

当今社会人口的流动性很大，许多人离开家乡，到异地去求职谋生。身在陌生的环境里，拓展人脉资源有一定的难度，那就不妨从老乡关系入手，打开局面。

中国人有着强烈的乡土观念，其表现之一就是对老乡有一种天生的热情。尤其是到外地上学或谋生之时，这种老乡感情就愈发强烈。

在大学里，经常可以见到有某地学生组织有老乡会性质的"联谊会"，有人觉得这些人思想落后狭隘。后来发现有些教师也参加这些活动，更加感到不可思议。但后来的事实证明，他们那"抱成团"的宗旨确实给大多数老乡带去了"实惠"，解决了不少困难。再后来，这种老乡会性质的团体几乎到处都能见到，它的形式虽是松散的，但"亲不亲，故乡人"这种老乡观念，有一定的凝聚力，对内互相提携、互相帮助，对外则团结一致，抵御困难和外来的威胁。

但是，光懂得老乡的重要意义还不够，我们还需要知道利用好这层关系，然后用心去经营，才不会浪费这份宝贵的资源。

1.遍地是老乡，遍地是机遇

现在中国城市的移民化程度相当高，在任何一个单位、任何一个级别、任何一个场所，都可能有你的老乡。请培养你的老乡亲和力，尝试着和任何人说话。要知道，即使是在街上碰到的陌生人，都有可能因为一句老乡的攀谈而成为你事业生涯的贵人。

2.确认老乡资源，有效管理名单

一般人的人脉关系可以分成以下三种类型：个人关系网（家人与朋友，或是与你最亲近的人）、社会关系网（单位的同事或是主管，邻居或是一般朋友）、专业关系网（专业协会、俱乐部等组织）。在你的人脉资源名单里，应把"老乡"这一属性作为重点属性标注上去。比如，个人的基本资料、兴趣嗜好、专长、性格特质等。透过这份人脉资源名单，可以看出自己的人脉关系组合特性，以后沟通时可作为交往的突破口。

3.形成对话，良性沟通

"老乡"可以说是人际交往时良好的突破口。但在与老乡沟通的过程中，应该注意四点：第一，在交谈中尽量寻找双方地域上的交集，越近越好，这要求你对故乡的地理位置和风俗习惯比较熟悉。第二，不妨扩大地域概念的范围，比如，你们是邻省、你的亲戚与对方是老乡等。第三，要善于评价对方老家所在地，给予对方深刻印象。第四，别忘记给他你的名片，名片就等于是你个人的行销档案，万万忘记不得。

4.定期聚会，利用网络

大学时期一般会有老乡会，要善于利用前后几个年级的老乡资源。走出校门后，有一些地区也会在他乡建立老乡会，如北京就有宁波老乡会等许多组织（此类组织一般有当地企业资助）。要积极寻找组织，拓展人脉。如时间、精力允许，应在此类组织中担任义工。如果没有合适的组织，可在网络上寻找相关组织。网络中的大型社区一般都有按地区分类的 BBS、聊天室，可适当地涉猎，参与其中。

经过第一次的接触之后，记得利用电话或是 E—mail、短信表达你的感受，同时也要让对方了解你希望持续保持联络的愿望。后续的联系目的主要是让对方了解你的最新状况，并取得最新的资讯。在节日、对方的生日等时刻应给予祝福。同一城市中的老乡应找机会聚会，如能以组织者身份出现最好。

求同存异，找到利益的契合点

春秋时，吴国和越国是敌国，经常交战。一天，十几个吴人和越人碰巧同乘了一艘渡船，但都互不搭理。

不料，船到江心时，天色骤变、狂风顿起、暴雨如注，巨浪汹涌而来，渡船剧烈地颠簸着，吴国的两个孩子吓得哇哇大哭，越国的一个老太跌倒在船舱里。老艄公一面竭力掌好船舵，一面让大家速进船舱。另两名年轻的船工马上奔向桅杆解绳索，想把篷帆解下来，可一时又解不开。而如果不赶快解开绳索，把帆降下来，船就可能翻掉。

在这千钧一发之际，乘客们都争先恐后地冲向桅杆去解绳索，此时也不分谁是吴人谁是越人了。他们那么默契，配合得就像左右手。

过了一会儿，渡船上的篷帆终于被降下来了，船颠簸得也不那么厉害了。老艄公望着风雨同舟、共度危难的人们，叹道："吴越两国如果能永远和睦相处，该有多好啊！"

这个故事讲的就是《孙子兵法》中"吴越同舟"这个成语的来历。本来素有恩怨的吴越两国人，在面临更大的敌人，即暴风雨的袭击时，结果为了共同的利益而同心协力、相互合作。由此可见，即使是敌对的双方，当面临更大的敌人时，双方也会消除恩怨，同仇敌忾。

这种心理真的很微妙，为此，心理学家曾做过一个实验来加以证明：

3个人为一组做简单的"撞球游戏"，谁最后被淘汰，谁就是获胜者。显然，这3个人分别构成了敌对关系。结果显示，如果在比赛中，有一个人遥遥领先，那么其他两个人就会联合起来，共同阻挠领先者得分。

了解了人们所普遍存在的这种心理，善加利用，就有可能解除对立者之间的警戒状态，让对方与自己达成一致，获得共赢。例如，具有同等竞争力的中小企业，彼此间难免存在矛盾，进而产生纠纷，甚至会演变到水火不容的地步。'这时，如果让对方意识到，继续敌对下去，会让某公司，尤其是大公司坐享渔翁之利。这样，对方就会产生一种危机感，不敢再"自相残杀"，让共同的敌人获益。而原先的那种敌对情绪也就大大减弱了，彼此间的关系也就更加和谐，从而“化敌为友”，积极解决问题，尽可能实现共赢。

在生活中，应坦诚待人，不可钩心斗角。但是，有的时候，还是需要讲究一些策略。比如，要争取某人的支持或与之合作，就可以把双方的共同点扩大，找到共同的利益，树立共同的敌人，使对方与自己“同仇敌忾”。这种方法在要维护自己的合法、合理权益，而自己又势单力薄时是有效也有必要的。

尊重“老前辈”，打通你的职场人脉网

在工作中，与同事和上下级搞好关系十分重要，人际关系搞不好，工作就不好开展。有这样一位职员，工作年限不长，但能力很强，深受领导赏识，很快被提升为部门主管。但是下属中有位老职员，仗着自己资格老，以前有功劳，对他不服，让他很难办。遇到这种情况该怎么办呢？

要想改变这种境况，必须首先认清一点：职场中尊重“老前辈”对打通职场人脉网有着至关重要的作用。每个人都自我感觉良好，认为自己并不比别人差，对别人不服气是正常心理，尤其是那些业务上比较强，对公司有贡献的老前辈们。所以，我们必须遵循一条准则，即尊重“老前辈”的优点，承认他们的优势，慢慢解开他们心里的疙瘩。与这些“老前辈”们的关系处好了，必然对你拓展人脉大为有利。

战国时候的廉颇和蔺相如，就曾有这样的矛盾。不过蔺相如巧妙地将矛盾化解了，从而为自己拓展了良好的仕途人脉关系。

蔺相如本来是赵国一名宦官的门客，地位低下，因为偶然的机会才为赵王所知。赵王派他带着和氏璧出使秦国，他不辱使命，出色完成了任务。从此以后，他接连被提拔，最后官拜上卿，名字排在廉颇之前。

这下廉颇很不服气了，说：“我是赵国的将军，有攻城野战、保卫国家的汗马功劳，可是蔺相如仅仅靠耍嘴皮子立了一点功，他的爵位却在我的上面。况且，蔺相如出身低微，他原来不过是太监总管手下的一个舍人。我同一个出身低贱的人担任同样的职务，实在是感到耻辱，而且现在还要我做他的下手，这让我简直受不了。”他对外扬言：“我如果碰到蔺相如，一定要羞辱他一番。”

蔺相如听到这些话，总是避免和廉颇见面。每次朝会的时候，蔺相如常常假托有病，不愿和廉颇争位次的先后。后来有一次蔺相如外出，远远看见廉颇来了，蔺相如立即把

车子掉转方向躲避,门客对此不解。

后来蔺相如对自己的门客说:“其实我哪是怕廉将军啊,我是为了国家着想啊。现在强秦之所以不敢发兵来攻打我们赵国,只是因为我和廉将军两人还活着。两虎相斗,必有一伤。我之所以忍辱退让,是由于我首先考虑到国家的患难和安危,而把个人之间的仇怨摆在次要地位的缘故。”

这话传到廉颇的耳朵里,廉颇毕竟是个正直的人,感到很惭愧,觉得自己的境界实在太低了,于是真诚地负荆请罪,两人终于和解。

蔺相如虽然晋升飞快,甚至名字排在廉颇之前,但仍然十分尊重相对于自己是“老前辈”的廉颇,不与之争,还对其功劳充分肯定。正是通过这种对“老前辈”的尊重,蔺相如既赢得了廉颇的心,又使诸多旁观者对自己刮目相看,从而进一步提升了自己的人脉“储蓄额度”。

回到当今职场,新主管对待资深的“老前辈”,要以敬重、真诚的态度对待。比如,在聚会时,表示敬重之意,真诚地赞美他们为公司做出的贡献。在工作中不懂的事要和他商量,不能因为对方职位不高或生性老实而有失敬意。这种人对公司上上下下都很清楚,听他讲讲公司的历史,对新主管也是有益的。如此一来,年轻主管不但加深了对公司的了解,而且在老员工及众人心中,也能留下好的印象。

如果你在晋升之前和资深的前辈们搞好关系,表示出你对他的关心,在他需要帮助时,热心支援。那么,无论在你晋升的过程中,还是晋升后的工作中,他们都会给你很大的帮助。

当然,还有一点非常重要:你要加强自身业务素质,最好在业务上要强于他们,让他们心中服气,让他明白你的晋升靠实力,而不是靠关系爬上去的。

利用边缘人物,攀上目标人物

在人脉经营中,我们有时需要攀上某些目标人物,如求人办事等。然而,很多时候,我们与目标人物并不熟悉,甚至连面都没有见过,那该如何去攀呢?对此,我们还可以找与目标人物密切接触的边缘人物。

因此,要想在解决问题过程中稳操胜券,除了着眼于主管、领导一类正式组织身份的负责人外,还应该争取足以影响主管领导的非正式的“权威人物”的同情、支持和帮助。

通过当事人或上级主管人的亲友故旧,来攀附当事人,成功的可能性就大得多。

从某一方面说,有些时候,即使是上级主管和具体办事人员同意解决的问题,也会由于下属某一环节作梗而搁置下来。负责这一环节的人不论职位大小,也就变成了解决问题所必须疏通的"目标人物"。

这时候你切不可因他无权无职,就以为可以随便应付,否则你的好事儿就可能坏在他的手中。

一天,一位办理房地产转让的房产公司推销员带着这位客户的朋友的介绍信来到客户家。彼此一番寒暄客套之后,就听他讲开了:"此次幸会,是因为我的同学孙某极为敬佩您,叮嘱我若拜访阁下时,务请您在这个雕像上签个名……"边说边从公文包里取出这位朋友最近才完工的一个小型雕像。于是这位朋友不由自主地信任起他来。在这里,孙某的仰慕和签名的要求只不过是个借口,目的是说明自己与孙某的关系,并且对这位朋友进行恭维,使他开怀。

素不相识,陌路相逢,要让所求之人了解你与他是朋友的朋友,亲戚的亲戚,显然十分牵强,但一般人不会驳朋友的面子,断不至于让你吃闭门羹。这是一条求人的捷径,也是一条拓展人脉的途径。

通过第三者来传达自己的心情和愿望,在拓展人脉中是常有的事。人们会不自觉地发挥这一技巧,比如:"我听同学老张说,你是个热心人,能够认识您非常荣幸"等。但要当心,这种话不是说说而已的,也不能太离谱,有时有必要事先做些调查研究。为了事先了解对方,可向他人打听有关对方的情况。第三者提供的情况是很重要的,尤其是与被攀者的初次会面有重大意义时,更应该尽可能多方收集对方的资料。但是,对于第三者提供的情况,也不能全部端来当话说,还要根据需要有所取舍,配合自己的临场观察、切身体验灵活引用。同时,还必须切实弄清这个第三者与被攀者之间的关系。这一点非常重要,不然,说不定效果适得其反。

俗话说得好,不能在"一棵树上吊死"。盯死主要目标、全力以赴,固然很重要,但是对于目标周围的那些"边缘人物",也要多多花费心思,有时甚至能起到意想不到的作用。他们就像一条条大道,可以顺利地把你送到成功的彼岸。

珍惜人脉大树，辐射扩展你的人脉

拥有人脉，就是拥有一笔巨大的财富。但在人脉拓展的过程中，你如果能找到一棵可以紧靠的人脉大树，那么，通过这棵大树的辐射，你就可以获得非常广阔的人脉资源。为此，你一定要好好珍惜这棵大树，让它永远枝繁叶茂。

童年时代的杰克·伦敦，贫穷而又不幸。14岁那年，他借钱买了一条小船，开始偷捕牡蛎。可是，不久之后就被水上巡逻队抓住，被罚去做劳工。幸运的是，他瞅空子逃了出来，但从此便走上了流浪水手的道路。

两年以后，杰克·伦敦随着姐夫一起来到阿拉斯加，加入淘金者的队伍中。在淘金者中，他结识了不少朋友。这些朋友中三教九流的都有，而大多数是美国的穷苦人民。虽然生活困苦，但是他们的言行举止仍然充满了生命的活力。

杰克·伦敦的朋友中有一位叫坎里南的中年人，他来自芝加哥，他的辛酸历史可以写成一部厚厚的书。杰克·伦敦听他的故事经常潸然泪下，而这更加坚定了杰克·伦敦心中的一个目标：写作，写淘金者的生活。

在坎里南的帮助下，杰克·伦敦利用休息时间看书、学习，并结识更多的朋友。1899年，23岁的杰克·伦敦写出了处女作《给猎人》，接着又出版了小说集《狼之子》。这些作品都是以淘金工人的辛酸生活为主题的，因此，赢得了广大中下层人士的喜爱。杰克·伦敦渐渐走上了成功的道路，他著作的畅销也给他带来了巨额的财富。

刚开始的时候，杰克·伦敦并没有忘记与他共患难、同甘苦的淘金工人们，因为正是他们的生活给了他灵感与素材。他经常去看望他的穷朋友们，一起聊天，一起喝酒，一起回忆以往的岁月。

但是，随着钱越来越多，他对于钱也越来越看重。他甚至公开声明他只是为了钱才写作的。他开始过起豪华奢侈的生活，而且大肆地挥霍。与此同时，他也渐渐地忘记了那些穷朋友们。

有一次，坎里南来芝加哥看望杰克·伦敦。可杰克·伦敦只是忙于应酬各式各样的聚会、酒宴和修建他的别墅，对坎里南不理不睬。一个星期中坎里南只见了他两次。

于是，坎里南头也不回地走了。同时，杰克·伦敦的淘金朋友们也从他的身边永远地离开了。

离开了朋友，离开了写作的源泉，杰克·伦敦的思维枯竭了，他再也写不出一部像样的著作了。于是，1916年11月22日，处于精神和金钱危机中的杰克·伦敦在自己的寓所里用一把左轮手枪结束了自己的生命。

不难看出，杰克·伦敦从潦倒走向辉煌，正是因为"人脉"。朋友们的生活与交流为他提供了良好的写作素材，而"人脉大树"坎里南更是对他鼎力相助。同时，杰克·伦敦从辉煌滑落到自杀的悲剧，也是因为"人脉"。他为了金钱而抛弃曾经促使他走向辉煌的人脉，于是人生之路越走越窄，最终消失。

所以，人脉就是人生之路的路基，我们一定要好好珍惜好身边的人脉，尤其是其中的大树。

活用父母的关系网，做大自己的关系网

亲情是你成大事的靠山，而你与父母的关系就是最大、最亲密、最直接的亲情。对于部分年轻人来说，父母的关系网可以帮助他们成就大事。

一般来讲，年轻人涉世不深，很少有成熟的社会关系网。然而，从另一方面讲，他们又面临着各种各样需要解决的问题，如升学、就业、创业或者是婚姻大事。这些问题很难完全依靠自己的力量解决，要解决这些问题，除了朋友有限的帮助之外，最好的办法莫过于使用父母的关系网。而且一般情况下父母的关系网要较自己的关系网有效得多。因为父母的关系网中多是父母的同龄人，他们与年轻人相比具有更深的阅历、更丰富的经验、更成熟的人际网络。

因此，使用这些关系来办事，具有更强的可靠性，也更容易获得成功。比尔·盖茨当初创业的时候，微软公司只不过是一个没有名气的小公司，公司虽然开发了一些新软件，但苦于找不到大客户，因此一直没有大的起色。但是在他20岁的时候，却签到了一份大订单。这份订单改变了微软公司的命运，也改变了比尔·盖茨的命运。

与比尔·盖茨签订这份大订单的不是别的公司，而是当时全世界第一大电脑公司——IBM公司。比尔·盖茨是怎么钓到这条大鱼的呢？要知道他当时并没有什么强大的关系网。

当时，微软公司与IBM公司相比，简直就是小帆船与航空母舰。像微软这样的小公司，IBM根本就不屑一顾。但比尔·盖茨坚信他们公司所开发的软件一定具有广阔的市

场前景，只是苦于找不到向IBM公司负责人展示这项技术的机会。怎么争取到与IBM公司高层负责人接触的机会呢？他突然想起了一个人，这个人不是别人，正是比尔·盖茨的母亲。当时，比尔·盖茨的母亲是IBM的董事会董事，妈妈介绍儿子认识董事长，这是理所当然的事情。因此，比尔·盖茨向母亲说出了自己的想法，希望她能帮上忙。起初母亲也有些为难，因为IBM公司的规定很严格，不允许公司职员使用私人关系来建立业务关系，而且公司董事长一般都比较忙，难以抽出时间来应付琐碎的事情。

可是比尔·盖茨认准了自己的想法没错，而且他认为，如果双方合作成功也将会给IBM公司的电脑带来更大的市场份额。于是他一再央求母亲，母亲最终被比尔·盖茨说服了。

在IBM公司举办的一次联谊会上，母亲带上了比尔·盖茨，并且礼貌得体地向IBM公司董事长介绍了自己的儿子——比尔·盖茨。董事长面对同事的儿子自然显得十分热情，他还亲切地问起比尔·盖茨在哪所学校读书，或者在做些什么工作。比尔·盖茨都给予了礼貌地回答，当然他也没有忘记趁机向这位国际巨头推销自己。董事长对这位年轻而又有勇气的小伙子十分感兴趣，自然他们事后又安排了一次正式的会面。

正是这次会面，为比尔·盖茨提供了一个与IBM合作的机会，而他的介绍人正是她的母亲。也正是这次历史性的机遇最终为比尔·盖茨带来了几百亿美元的个人资产。

要想有效地使用父母的关系网，首先应当了解父母的关系网。一般情况下父母的关系网也不外乎这几类：父母的朋友关系、父母的同学关系、父母的同事关系、父母的工作关系，等等。

对于父母的这些关系网，你一定要有所了解。要了解这些信息，一是平常要多注意父母的谈话，必要时还可以向他们询问。另外，当你父母的同学或朋友到你家做客时，你一定要热情地招待他们，尽量给他们留下深刻的印象。当然，在这种情况下父母一般会主动向你介绍他们的同学和朋友，或者把你介绍给对方。这个时候你一定要好好表现自己，尽量要把自己优秀的一面展现给对方。必要的时候还可以向对方请教一些问题，或者主动提出自己的愿望，希望对方多多关照等。

当然你也可以在遇到具体问题的时候，向父母的朋友或者同学求助。至少你遇到类似难题的时候，可以询问父母是否有这方面的朋友可以帮上忙。

你也可以把父母在相关行业的同学、同事、朋友的电话号码等其他联系方式记录下来，像为自己的朋友分类建档一样，也为父母的关系网进行分类建档。这样你就可以对父母的关系网做到一目了然。关键的时候,这张关系网就可以成为你办事的得力助手。

因此,安排一点时间去拜访"父母的老朋友"吧!平时多去拜访父母的老朋友,多与他们交流沟通,加深感情,关键的时候他们就会拉你一把。即便对你求助的事情无能为力,他们也会为你提供有效的建议,给你更多的精神鼓励和支持。

互动,让你的人脉圈活跃起来

人们普遍认为,朋友之间,大家都是平等的。然而,我们跟朋友之间之所以可以维持互动关系,是因为我们各自有可以提供给对方的东西。而且这种提供可能是同等价值,也可能是不等价值,是通过交换来满足各自的需要,而且这对双方都有意义。

拓展人脉网时,也是这样,没有付出哪有收获,天下没有免费的午餐,拿出你的,获取他的。这样的互动,双方都不吃亏,何乐而不为?

里昂那多就职于纽约市一家大银行,奉命写一篇有关某公司的机密报告。他知道某一个人拥有他非常需要的资料。于是,里昂那多先生去见那个人,他是一家大银行的董事长。当里昂那多先生被迎进董事长的办公室时,一个年轻的妇人从门边探头出来,告诉董事长,她这天没有什么邮票可给他。

里昂那多觉得很纳闷,怎么董事长还有集邮的爱好。

"我在为我那十岁的儿子搜集邮票。"董事长对里昂那多解释。

里昂那多先生说明他的来意,开始转入话题。董事长的说法很含糊、笼统、模棱两可,可以说没有什么有价值的信息。他根本就不想把实情说出来,无论怎样试探都没有效果。这次见面的时间很短,事实上也没有实际效果。

"坦白说,我当时不知道怎么办,"里昂那多先生说,他把这件事在希尔班上提出来,"接着,我想起他的秘书对他说的话——邮票,十岁的儿子……我也想起我们银行涉外部门搜集邮票的事——从来自世界各地的信件上取下来的邮票。

"第二天早上,我再去找他,并传话进去,我有一些邮票要送给他的孩子。我是否很热诚地被带进去了呢?是的。他满脸带着笑意,客气得很。'我的吉米将会喜欢这些,'他不停地说,一面抚弄着那些邮票。'瞧这张!这是一张价值连城的稀世珍藏。'

"我们花了两个小时谈论邮票,瞧他儿子的照片,然后他又花了一个多小时,把我所想要知道的资料全都告诉我——我甚至都没提醒他那么做,他把他所知道的,全都告诉了我。然后叫他的秘书进来，问他们一些问题。他还打电话给他的一些同行，把一些事实、数字、报告和档案全部告诉我。以一位新闻记者的专业水准说，我大有所获。”

里昂那多通过邮票的互动，不仅完成了任务，还与董事长有了较深刻的沟通。俗话说：“你敬我一尺，我敬你一丈！”人脉中的微妙就在于此！

想一想，目前你的人脉网有多大，你想扩展你的人脉资源吗？这个世界上没有人可以控制你人脉网的大小，唯有你自己可以掌握。它可以无限大，也可以无限小，这要看你的打造程度了。甚至于你的人脉网可以是这星球上的总人口。

你有一个香蕉，我也有一个香蕉，如果彼此交换，还是各有一个香蕉；但是，倘若你有一种建议，我有另一种建议，而彼此交流这些想法，那么，我们就各有两种建议；你有一个非常好的人脉网，我有一个非常好的人脉网，如果我们互相交换，那么，你有两个人脉网，我也有两个人脉网。所以，扩展人脉资源最有效的方法就是与别人互动人脉资源。

小心先入为主的刻板效应阻断人脉

心理学家曾做过这样的实验：将一个人的照片分别给两组被试看，对甲组说“此人是个罪犯”，对乙组说“此人是位著名学者”。然后，请两组被试分别对此人的照片特征进行评价。结果，甲组认为：此人眼睛深凹表明他凶狠、狡猾，下巴外翘反映其顽固不化的性格；乙组被试认为：此人眼睛深凹表明他具有深邃的思想，下巴外翘反映他具有探索真理的顽强精神。这是因为，在大多数人眼中，罪犯的眼睛、下巴等特征应归类为凶狠、狡猾和顽固不化；学者的特征应归为思想的深邃性和意志的坚韧性。这就是心理学中的刻板效应。

所谓刻板效应，指人们在长期的认识过程中所形成的关于某类人的概括而笼统的固定印象。作为一种社会心理效应，这一效应是普遍存在的。

美国的一些心理学家分别于1932年、1951年和1967年对普林斯顿的大学生进行了三次有关民族性的刻板印象调查。他们让学生选择五个他们认为是某个民族最典型的性格特征。三次研究的结果大致相同，如下所示：

美国人：勤奋、聪明、实利主义、有雄心、进取

英国人：爱好运动、聪明、沿袭常规、传统、保守

德国人：有科学头脑、勤奋、不易激动、聪明、有条理

犹太人：精明、吝啬、勤奋、贪婪、聪明

意大利人：爱艺术、冲动、感情丰富、急性子、爱好音乐

日本人：聪明、勤奋、进取、精明、狡猾

雷兹兰、西森斯、休德费尔等的研究也充分证实了这种刻板效应对人知觉的严重曲解。

刻板效应的产生，一是来自直接交往印象，二是通过别人介绍或传播媒介的宣传。刻板效应的消极作用是非常明显的，如果我们在人际交往中总是以头脑中已形成的印象与人接触，套用旧有的概念去交流，就会弄出许多误会，也可能出现啼笑皆非的尴尬局面。

与人交往，我们要尽量避免刻板效应的消极影响。不要从交往对象的性格、地位、背景出发交往，不要戴着有色眼镜，穿着“印象外套”交往，要用变化的眼光看待变化的人和事物。评价一个人的时候，首先要有大系统思维观，切忌单线条或者直线思维。要考虑事情原因和结果的多样性、复杂性，而不是“一个事物、一种现象、一个结果”，要建立多原因、多结果论。其次，要用发展的眼光来看问题。世界是时时刻刻在发展变化的。如果用“刻舟求剑”的办法处理问题，是落后的、要闹笑话的，最终会导致严重的错误。再次，要多方位、多角度观察社会，“横看成岭侧成峰，远近高低各不同”。只有观察多了，才有可能比较全面地认识一个人。

其实，在不同人的头脑中，刻板效应的作用、特点是不相同的。文化水平高、思维方式良好、有正确世界观的人，其刻板效应是不“刻板”的，是可以改变的。克服刻板效应，必须摘掉有色眼镜，其关键在于：

一是要善于用“眼见之实”去核对“耳听之辞”，有意识地重视和寻求与刻板印象不一致的信息。

二是深入群体中，与群体中的成员广泛接触，并重点加强与群体中典型化、有代表性的成员的沟通。不断地检索验证原来刻板印象中与现实相悖的信息，最终克服刻板印象的负面影响，从而获得准确的认识。

刻板效应往往是由墨守成规导致的，因此，我们要纠正刻板效应的消极作用，就必须努力学习新知识，不断扩大视野、拓展思路、更新观念，养成良好的思维方式。

当然，在日常生活和工作中，我们也可以将社会中业已形成的刻板印象为我所用。例如，公司在做入户调查的时候，一般都选择女性，而不选择男性去进行。这是因为在人

们心目中，女性一般来说比较善良、攻击性较小、力量也比较单薄，因而入户访问对主人的威胁较小；男性则更容易使人联想到一系列与暴力、攻击有关的事物，使人们增强防卫心理，所以身强力壮的男性如果要求登门访问，则很容易被拒绝。恰当地利用刻板印象，可以与社会普遍心理达成共识，事半功倍地达到我们的目标。

帮你拓展人脉的七种战略技巧

人脉是一个人通往财富、成功的入门票。想成为一名成功的人士，要善于学会把握机会，抓住一切机会去拿到这张人脉门票。对此，有些战略技巧非常重要，常常可以让你事半功倍。

1.选择战略

街上、饭店餐厅、机场、公共汽车站、酒吧、舞会、朋友聚会，处处都有不少潜藏的人脉。不妨与人谈上一两个小时，一定可以学到一点东西。出差、郊游也是拓展人脉的好机会。

但是拓展人脉一定要有选择战略相助。拓展人际关系，交的是真情挚友，而不是狐朋狗友。要想结交关键时刻能助自己一臂之力的朋友，平时就得多给予和付出、接纳和关心别人。长期积累下去，才能真正赢得别人的尊重和认同，才能在危难时得到人际关系的支持，这是拓展人际关系的要领所在。

2.目标战略

建立“关系”最起码的做法就是：不要与人失去联络，不要等到有事情时才想到别人。“关系”就像一把剪刀，常常磨才不会生锈。若是半年以上不联系，你可能已经失去这位朋友了。

此外，预定可以变通的目标，试着每天打 1～10 个电话，不但要拓展自己的“关系网”，还要维系旧情谊。如果一天打 5 个电话，一个星期就有 35 个，一个月下来，更可到达一百多个。平均一下，你的人际网络中每个月大概都可能增加十几个“得力人士”。

对于目标战略的实施，每一个目标都不要放过。大忙人虽然难觅，并不表示绝对无法接近。不必浪费时间在上班时间打电话给他们，这些人不是在开会就是在做报告，或是出差了。

要利用空档，“拉关系”的高手认为傍晚六七点是接近这些忙人的“黄金时段”。秘书、助理等大概都走了，只剩下一些工作狂还舍不得走，希望自己的“埋头苦干”能给老板留下美好的印象。此时是联络这些“贵人”最适当的时机。

总之，放开一点，不要以为位高权重者都是高不可攀的人物。只要抓住窍门和时机，就能联络到你目标中的每一个人。大凡有能力有地位的人几乎都有层层的关卡，若能突破这些障碍，剩下的也就不攻自破了。

每个企业都有保安，设法找到他们，跟他们建立某种“关系”，他们就能告诉你通往老板办公室的秘密通道。惹恼了他们，只会让你吃不了兜着走；化敌为友，日后才能一马平川。

3.循序战略

生活中有这样的人，刚刚认识别人，就迫不及待地大谈他的伟大蓝图方向，积极寻找合作机会，结果弄得对方既没兴趣又尴尬。这类人太急于求成了，他忘了一条原则：初识不宜言利。初次相识，尽量谈一些双方共同感兴趣的话题，少谈关系到自身利益的话题。熟了以后，再进一步也不迟啊！

拓展人脉时，若是拔苗助长、急于求成，只会使人离你越来越远。你的积极进取在别人眼里可能是“不择手段”“急功近利”的。最糟的情形，可能会使我们想亲近的人纷纷逃之夭夭。

要拓展真正的关系，并不像“攻城略地”或是来个“全垒打”一般，可持续发展的人脉，应该是久而稳的。正如一位著名人士所说：“我从不相信那些在三分钟就跟我称兄道弟的‘朋友’。如果要聘用一个人来做重要的事，我一定要找信得过的人。”

4.多烧香战略

有的人，“无事不登三宝殿”，有事就找你，没事时，连个人影都见不着。人际关系要不断拓展，更需经常性地烧香拜佛。要不然，就成了“狗熊掰玉米”。长期维护的人际关系，才会如陈年的酒越久越醇。

5.记录战略

像写日记一样，数十年如一日，这可能不容易做到；然而如果有恒心、有耐力，一定“功夫不负有心人”。如果你很认真地在拓展自己的“关系”，认识的人一定不少。要追踪成果、找出真正的“贵人”，不妨记录每一次联系的情形。在记忆犹新的时候就要趁热打铁，如果等到日后再来补记，效果就大打折扣了。

可记录的要点包括：姓名、地址、联系方式、你的看法以及日后查找方法，用不着事无巨细地像在写一篇动人散文。

要想有收获，就一定要下不少工夫。但是，想到可以跟这么多杰出的人士见面，也是在所不惜的。一旦习以为常，也就不以拓展“关系”为苦了，反而觉得乐意、刺激。

6.诚信战略

人正、心诚、守义、守信，才能拓展人际关系。因此，要树立“诚实守信”的公众形象。否则，人际关系越广，越是“臭名远扬”。

7.互利战略

还有一点要提及的是，人际关系的最高战略是互惠互利。有人深谙此道，经常主动帮朋友解决一些实际困难，增加自己的价值被利用的机会。无疑，这肯定是利人利己的。

拔掉人脉中的杂草，让你的人脉永葆生机

常言道：“近朱者赤，近墨者黑。”预示的就是经常接触的人对自己的影响。现实里一个人身边的人既不可能都是好人，也不可能都是坏人，总是形形色色的。而且好人不可能一辈子都是好人，坏人也有良心自省的时候。

因此，在经营人脉的过程中，必须注意这个问题。否则，一旦你被人脉中的“墨”者染黑了，那些“赤”者很容易就会远离你，使你的人脉“额度”大幅降低，甚至给你带来灾难。

一般说来，好人总是很难做的，要坚持人生必要的原则，讲道德、不损人利己、有自己的个性。只是日久见人心，路遥知马力，方知好人难得。至于那些有坏毛病的人，他没有什么原则性，个人主义严重，也不讲什么道德良心。这样的人，认识他的坏处是容易的，可拒绝他，对许多人并不容易。因为有坏毛病的人也是人，他不仅以坏毛病、坏品性存在，并且他还能不失时机地误导人。这样，短时间，别人还能抗拒引诱，时间长了，习惯成自然，也便同流合污了。

一只虱子常年住在富人的床铺上，由于它吸血的动作缓慢轻柔，富人一直没有发现它。一天，跳蚤拜访虱子。虱子对跳蚤的性情、来访目的、能否对己不利，一概不闻不问，只是一味地表示欢迎。它还主动向跳蚤介绍说：“这个富人的血是香甜的，床铺是柔软的，今晚你可以饱餐一顿！”说得跳蚤垂涎三尺，巴不得天快点黑。

当富人进入梦乡时，早已迫不及待的跳蚤立即跳到他身上，狠狠地叮了一口。富人从梦中被咬醒，愤怒地令仆人搜查。伶俐的跳蚤蹦走了。慢腾腾的虱子成了不速之客的

替罪羊。虱子到死也不知道自己惹祸上身的根源。

不过,不是所有的事情都是按常规进行的。近墨者黑,有一种规律可以是个特例,如果某人穷凶极恶到引起公愤,那断然是没有好下场的。所谓:千夫所指,无疾而死。

对于成长中的青少年,由于年龄与阅历的限制,分辨的能力比较差。见好人,学好人,做好事;遇坏人,学坏人,做坏事。即使成年人,或者由于心地单纯,或者由于环境的改变,也容易见好学好,跟坏学坏。这在《水浒传》一些英雄身上,表现得再清楚不过了。

所谓梁山好汉,那是上山以后的事。上山以前,有的人甚至是地痞流氓。鼓上蚤时迁,他偷官府、偷皇帝老儿,未必不偷平民百姓。无论如何,偷,断难说是好事。中国古代读书人说:“君子固穷”,虽然酸腐,但绝对说明了光明正大的人是断然不做贼的。

所以,关于“黑”与“赤”的评判是没有一个固定的标准的,有时候要把它们放入特定的环境中。

一个人择友一定要在“良”字上下功夫。固然,“金无足赤,人无完人”,我们选择的朋友,尽管会有这样那样的缺陷,但必须主要方面是好的。他能与你真诚相处,道义上能互相勉励,当你有了成绩能与你分享,有了过错能严肃规劝你。这种以诚待人的朋友可称之为“挚友”;这种能指出你过错的朋友又称为“诤友”;这种能使你对真、善、美的事物更加向往,使你变得更高尚,更富有魅力的朋友,就是你应当苦苦寻觅的,并使你终身受益的“良友”。与这样的朋友建立起健康而真挚的友谊,会成为你前进的不竭燃料。

相反,那种可能使你变得庸俗低下,使你思想品德退化。或以封建的哥们儿义气拉拢诱骗你,使你没有原则、不讲是非、拉帮结派,甚至会坠入犯罪的深渊,这种所谓的“朋友”趁早离开他。

深交靠得住的朋友,才能永远借力

法国作家罗曼·罗兰曾说过这样一段话:“得一知己,把你整个的生命交托给他,他也把整个的生命交托给你。终于可以休息了:你睡着的时候,他替你守卫;他睡着的时候,你替他守卫。能保护你所疼爱的人,像小孩子一般信赖你的人,岂不快乐!而更快乐的是倾心相许、剖腹相示,把自己整个儿交给朋友支配。等你老了、累了,多年的人生重负使你感到厌倦的时候,你能够在朋友身上再生,恢复你的青春与朝气,用他的眼睛去体会万象更新的世界,用他的感官去抓住瞬息即逝的美景,用他的眼睛去领略人生的壮美……即便是受苦也是和他一块受苦！只要能生死与共，即便是痛苦也成了快乐！”

没错，患难与共的朋友，才是真正的朋友。而真正的朋友是那种当你遇到困难的时候，能够全力相助的人。在你的人脉中，这种朋友绝对是必不可少的。

晋代有一个叫荀巨伯的人，有一次去探望朋友，正逢朋友卧病在床。这时恰好敌军攻破城池，烧杀掳掠，百姓纷纷携妻挈子，四散逃难。朋友劝荀巨伯：“我病得很重，走不动，活不了几天了，你自己赶快逃命去吧！”

荀巨伯却不肯走，他说：“你把我看成什么人了？我远道而来，就是为了看你。现在，敌军进城，你又病着，我怎么能扔下你不管呢？”说着便转身给朋友熬药去了。

朋友百般苦求，叫他快走，荀巨伯却端药倒水安慰说：“你就安心养病吧，不要管我，天塌下来我替你顶着！”

这时“砰”的一声，门被踢开了，几个凶神恶煞般的士兵冲进来，冲着他喝道：“你是什么人？如此大胆，全城人都跑光了，你为什么不跑？”

荀巨伯指着躺在床上的朋友说：“我的朋友病得很重，我不能丢下他独自逃命。”并正气凛然地说：“请你们别惊吓了我的朋友，有事找我好了。即使要我替朋友去死，我也绝不皱眉头！”

敌军一听愣了，听着荀巨伯的慷慨言语，看看荀巨伯的无畏态度，很是感动，说：“想不到这里的人如此高尚，怎么好意思侵害他们呢？走吧！”说完，敌军撤走了。

患难时体现出的情义能产生如此巨大的威力，说来不能不令人惊叹。这种朋友就是能够显示自己本色的人，他没有虚假的面具，能够与你真心交往，与你同甘共苦。这种人肯定不是浅薄之徒。他们有着丰富的精神世界，能帮助你不断地进取，成为你终生的骄傲。

这种靠得住的朋友一定要深交，因为他们是你人脉中难得的“真金”，是你在拓展人脉时需要重点注意的一类朋友。正如纪伯伦曾说过：“和你一同笑过的人，你可能把他忘掉；但是和你一同哭过的人，你却永远不会忘记。”

多结交带“圈”的朋友，朋友会越处越多

多认识一些带“圈”的朋友，多认识一些朋友多的人。每个人的人脉网是不一样的，朋友的朋友也有可能成为你的朋友。这就如同数学的乘方，以这样的方式来建立人脉，

速度是惊人的。

在生活中多认识一些带“圈”的朋友，主要有两个含义：一是多认识一些朋友多的人；二是尽量扩大交际圈。拓展人脉的关键就是认识更多的人。人们大多生活在一个既定的生活圈子内。如果你接触的是同一群人，你的成长是有限的；如果将自己局限在很小的社团内，只会让你觉得枯燥无味、沉闷寂寞。所以，多结交新朋友，参加新的社交活动，扩大你的社交圈，就可以让你结交各个阶层的朋友，不但让你的生活多姿多彩，而且能扩大你的视野与见识。这是一种非常好的精神食粮。

如果你能够不断扩大你的生活圈子，你的交友层次也就会不断提升；如果你能够勇于尝试新的事物，你就能突破内心种种的困难和障碍。

你必须跨出自己的生活圈子，必须接触不同类型的人，因为不同类型的人会带给你不同的刺激，不同的刺激会带给你不同的创意和灵感，让你在你的领域里能够占有更大的优势。

结交朋友的前提是培养自己，提升自己的气质，改善自己的交际。如果你希望获得一个超人气的人脉圈子，那么照着以下建议去做，你会有意想不到的收获。

1.培养受欢迎的性格

俗话说：“千人千面，各人各性。”不同性格的人在人际交往中也有着不同的交往方式，但拥有“耐性”，就如同在人际交往中拥有了法宝，锻炼自己的“耐性”可以使自己的人际交往得到长足的改善。

2.乐于结交朋友

采取主动的姿态参与各种社交活动是拓展交际圈的一个必然途径。最常见的方式是，选择一个社团、加入一个集邮社、一个健身俱乐部，等等。人生旅途中，我们必须学会和陌生人相处，所以我们要乐于结交朋友。无论何时何地，如果有人想主动结识你，绝不要当场立刻拒绝，而应是马上做出友善的回应，向对方展示你的友善和真诚。永远记住，多善待一个希望结识你的人，你就多增加一份人脉，并可能因此多得一次事业良机。

3.以开放的心态容纳朋友

拥有开放的心态，就是要善于听取朋友们的批评和意见。只有善于吸收意见的人，才能成长得更快。如果你想有更多更好的朋友，就应该养成开放宽容的心态。我们建设人脉的目的之一就是为自己增加发展的外力，能够为自己提意见的朋友是世界上最珍贵的朋友。处处寻找朋友，寻找朋友们的建议，才是理性和成熟的表现。

4.利用身边的朋友介绍扩大你的交际圈

带圈子来的人和不带圈子来的人的附加价值是不一样的，我们知道在人脉网中，朋友的介绍相当于信用担保，朋友要把你介绍给其他人，就意味着朋友是为你作担保。基于这一点，你可以请你的朋友介绍他的朋友给你认识。就像我们做客户服务一样，如果你的新客户是一个强有力的老客户介绍的，这位新客户一下子就会接受你或你的服务。

你会发现这样积累人脉资源的成本是最低的，你不需要花更多的时间去做介绍，你不需要花更多的时间去请客吃饭，这些都省下来了。

我们思考问题通常只站在自己的角度，再好的一个人，其实都有自私的一面，这是因为单个人总是有偏差和缺陷。所以，认识一些带圈的朋友很重要的一点，就是可以弥补我们个人在社会关系中的不足。

要认识一些带圈的朋友，首先必须假定一个前提，我们所拥有的人脉资源如同做生意，也是一种社会交换。我们跟朋友之间互相往来，是因为我们通过这种往来可以弥补各自需要。

曾有人总结出一条人脉资源的黄金法则，那就是“你希望别人怎样对你，你就以怎样的方式对别人”。要获得朋友圈里的资源，你就要舍得奉献自己圈里的资源。

结交几个“忘年知己”，友谊路上多份力

培根就曾这样论述过：“青年的性格如同一匹不羁的野马，藐视既往，目空一切，好走极端，勇于改革而不去估量实际的条件和可能性，结果常常因浮躁而冒险，老年人则比较沉稳。最好的办法是把两者的特点结合起来。”这样，年轻人就可以从老年人身上学到坚定的志向、丰富的经验、深远的谋略和深沉的感情。而且，老年人丰厚的人际关系资源，可以为年轻人提供广泛的门路。

罗曼·罗兰23岁时在罗马同70岁的梅森堡相识，后来梅森堡在她的一本书中对这段忘年交做了深情的描述：“要知道，在垂暮之年，最大的满足莫过于在青年心灵中发现和你一样向理想、向更高目标的突进，对低级庸俗趣味的蔑视……多亏这位青年的来临，两年来我同他进行最高水平的精神交流，通过这样不断地激励，我又获得了思想的青春和对一切美好事物的强烈兴趣……”

这就是我们常说的“忘年之交”。一方面它是一种心灵相通，另一方面也具有现实的

意义。往往老年人非常喜欢与人交往，以获得尊重，同时，老年人也希望通过帮助别人来获得自我价值的实现。

崔明明一人独自来到北京，到北京大学作家班学习。通过上课，认识了一位老教授，通过彼此的老乡关系慢慢熟起来。崔明明独特而新颖的思路吸引了老教授，他们成为忘年交。等到作家班结束后，老教授通过关系将他介绍到了一家效益好的出版社。从此，崔明明打开了社会关系，也在北京站稳了脚跟。

通过忘年交这种方式，我们也可以结识到优势互补的朋友。

很简单，年轻人有年轻人的优势，而老年人则有老年人的优势。年轻人有激情、有创造性，而老年人有经验、有方法。年轻人要想在事业上获得迅速发展肯定离不开老年人的提携和帮助。然而，由于年轻人与老年人在思想、感情、思维方法和心理品质上存在较大差异，因此，年轻人与老年人在交，庄方面容易产生“代沟”。

但是我们不能因为这种代沟的存在而阻断与老年人的交往，这种代沟是必须要填平的。因为任何社会阶段都要靠各个年龄层次的人的相互作用来发展，这种作用既有选择性的继承，也有创造性的发挥和扬弃。加强年轻人与老年人之间的交流与沟通，对双方乃至对整个社会的发展都具有十分重要的意义。

要加强两方面之间的沟通，年轻人必须客观地、辩证地认识老年人与年轻人各自的长短优劣之处，看到这种沟通对双方不同的互补功能。

所以，朋友之间的交往并不局限于同时代、同年龄段的人，这些人相对来讲更加与你接近，但是，与你的前辈相处时，你会发现他们更加能够吸引你。虽然存在代沟，但是一旦形成忘年交，就会发出耀眼的光芒。

第一个五分钟攀谈法，让陌生人轻松变朋友

人们第一次相遇，需要多少时间决定他们能否成为朋友？美国伦纳得·朱尼博士在所著的一本书中说：“交际的点，就在于他们相互接触的第一个五分钟。”朱尼博士认为：人们接触的第一个五分钟主要是交谈。在交谈中，你要对所接触的对象谈的任何事情都感兴趣。无论他从事什么职业、讲什么语言、以什么样的方式，对他说的话都要耐心倾听。如果你这样做了，你会觉得整个世界充满无比的情趣，你将交到无数的朋友。

而许多人同陌生人说话时都会感到拘谨。建议你先考虑一个问题，为什么你跟老朋

友谈话不会感到困难？很简单，因为你们相当熟悉。相互了解的人在一起，就会感到自然协调。而对陌生人却一无所知，特别是进入了充满陌生人的环境，有些人甚至怀有不自在和恐惧的心理。你要设法把陌生人变成老朋友，首先要在心目中建立一种乐于与人交朋友的愿望，心里有这种要求，才能有行动。

以到一个陌生人家去拜访为例：如果有条件，首先应当对要拜访的客人做些了解，探知对方一些情况，关于他的职业、兴趣、性格之类。

当你走进陌生人住所时，你可凭借你的观察力，看看墙上挂的是什么。国画、摄影作品、乐器……通过这些都可以推断主人的兴趣所在，甚至室内某些物品会牵引起一段故事。如果你把它当作一个线索，就可以由浅入深地了解主人心灵的某个侧面。当你抓到一些线索后，就不难找到开场白。

如果你不是要见一个陌生人，而是参加一个充满陌生人的聚会，观察也是必不可少的。你不妨先坐在一旁，耳听眼看，根据了解的情况，决定你可以接近的对象，一旦选定，不妨走上前去向他作自我介绍，特别对那些同你一样，在聚会中没有熟人的陌生者，你的主动行为是会受到欢迎的。

应当注意的是，有些人你虽然不喜欢，但必须学会与他们谈话。当然，人都有以自我兴趣为中心的习惯，如果你对自己不感兴趣的人不瞥一眼，一句话都不说，恐怕也不是件好事。别人会认为你很骄傲，甚至有些人会把这种冷落当作侮辱，从而产生隔阂。和自己不喜欢的人谈话时，第一要有礼貌；第二不要谈论有关双方私人的事，这是为了使双方自然地保持适当的距离，一旦你愿意和他结交，就要一步一步设法缩小这种距离，使双方容易接近。

在你决定和某个陌生人谈话时，不妨先介绍自己，给对方一个接近的线索，你不一定先介绍自己的姓名，因为这样人家可能会感到唐突。不妨先说说自己的工作单位，也可问问对方的工作单位。一般情况，你先说说自己的情况，人家也会相应告诉你他的有关情况。

接着，你可以问一些有关他本人的而又不属于秘密的问题。对方有一定年纪的，你可以向他问子女在哪里读书，也可以问问对方单位一般的业务情况。对方谈了之后，你也应该顺便谈谈自己的相应情况，才能达到交流的目的。

和陌生人谈话，要比对老朋友更加留心对方的谈话，因为你对他所知有限，更应当重视已经得到的任何线索。此外，他的声调、眼神和回答问题的方式，都可以揣摩一下，以决定下一步是否能纵深发展。

有人认为见面谈谈天气是无聊的事。其实，这要具体问题具体分析。如果一个人说："这几天的雨下得真好，否则田里的稻苗就旱死了。"而另一个则说："这几天的雨下得真糟，我们的旅行计划全给泡汤了。"你不是也可以从这两句话中分析两人的兴趣、性格吗？退一步说，光是浮光掠影的话，在熟人中意义不大，但对与陌生人的交往还是有作用的。

如遇到那种比你更羞怯的人，你更应该跟他先谈些无关紧要的事，让他心情放松，以激起他谈话的兴趣。和陌生人谈话的开场白结束之后，特别要注意话题的选择。那些容易引起争论的话题，要尽量避免，为此当你选择某种话题时，要特别留心对方的眼神和小动作，一发现对方厌倦、冷淡的情绪时，应立即转换话题。

在与人聚会时，常常会碰到请教姓名的事，如问："请问你尊姓大名？"对方说出姓名之后，你应立即用这个名字来称呼他，而且要牢牢记住对方的姓名，当你碰到一个可能已经忘记了的人，你可以表示抱歉，"对不起，不知怎么称呼您？"也可以说半句"您是……""我们好像……"，意思是想请对方主动补充回答，如果对方老练他会自然地接下去。

顺利地与陌生人攀谈，给人一个好印象，积累人脉资源为你所用。学会和陌生人攀谈，谁都可能成为你的朋友。

给朋友面子，就是给自己面子

自尊在中国人的字典里被解释为"面子"。我们在人际圈中经常能听到这样的话"给哥们儿个面子……""看在×××的面子上就这么办吧……"。足见，"面子"在中国人心中多么重要。

一般来说，我们每个人对于"面子"往往都存有不容侵犯的保护意识，因此，一旦个人的"面子"遭受侵犯或攻击时，即使对方过后表示歉意，恐怕也已无法弥补双方已损伤的关系。相反的，如果你能顾及对方的"面子"，处处为对方的"面子"着想，那么，对方必然会因此对你表示友好与感谢。朋友之间亦是如此。

举例来说，当一堆朋友正在围桌谈笑时，有一个人讲了一个笑话，结果使得全场捧腹大笑，气氛十分欢乐。然而，在这些笑声还未平息之际，突然有另一个人说道："这的确是一则有趣的笑话，不过我在上个月的某本杂志中早就看过了。"或许这人的目的在于表现其见闻广博，但他所获得的真正评价是什么呢？而那个当初说笑话的人，此时的感受又如何呢？你可以体会得到。

人人都有自尊，人人都爱面子。我们一旦投入社交，无论他的地位、职务多高，成就多大，无不关心外界对自己的评价。由于来自外界评价的性质、强度和方式不同，人们会相应地做出不同反应，并对交际过程及其结果产生积极或消极的影响。通常的规律是：尊之则悦，不尊则哀。换言之，当得到肯定的评价时，人们的自尊心理得到满足，便会产生一种成功的情绪体验，表现出欢愉乐观和兴奋激动的心情，进而“投桃报李”，对满足自己自尊欲望的人产生好感和亲近力，采取积极的合作态度，交际必然向成功的方向发展。反之，当人们不受尊重，受到不公正的评价时，便会产生失落感、不满和愤怒情绪，进而出现对抗姿态，使交际陷入危机。

与其伤朋友的面子，不如给他面子。有时候你知道你朋友的做法是错误的，直接提建议可能会伤害到彼此的感情，不如就采取迂回的方式对他说：“虽然你有你的生活方式，可是我觉得如果你这样做，会更好。”或者“这件事那样做是不对的，我相信你是不会那样做的，对不对？”

陈文进公司不到两年就坐上了部门经理的位置，但是有个别下属不服他，有的甚至公开和他作对，钱诚就是其中的一位。他们本来还是好朋友，自从陈文做了部门经理之后，钱诚就经常迟到，一周五天工作日，他甚至四天迟到。

按公司规定，迟到半小时就按旷工一天算，是要扣工资的。问题是，钱诚每次迟到都在半小时之内，所以无法按公司的规定进行处罚。陈文知道自己必须采取办法制止钱诚的这种行为，但又不能让矛盾加深。

陈文把钱诚叫到办公室：“你最近总是来的比较迟，是不是有什么困难？”

“没有，堵车又不是我能控制的事情，再说我并没有违反公司的规定呀。”

“我没别的意思，你不要多心。”陈文明显感觉到了对方的敌意。

“如果经理没什么事，我就出去做事了。”

“等等，钱诚你家住在体育馆附近吧。”

“是啊。”钱诚疑惑地看着对方。

“那正好，我家也在那个方向，以后你早上在体育馆东门等我，我开车上班可以顺便带你一起来公司。”

没想到陈文说的是这事，钱诚反而有些不好意思，喃喃地说：“不，不用了……你是经理，这样做不太合适。"

"没关系，我们是同事，帮这个忙是应该的。"

陈文的话让钱诚脸上突然觉得发烧，人家陈文虽然当了经理，还能平等地看待自己，而自己这种消极的行为，实在是不应该。事后，他们的朋友关系又"正常化"了。

学会维护他人的自尊心，你会得到越来越多的新朋友，老朋友对你的感情也会越来越深。这样你的友情网络会更加牢固。

有专家指出，维护别人的"面子"要从以下三个方面做起：尊重他的人格；让每一个人感到你重视他的存在；记住他人的名字。

总之，朋友是交出来的，关系是处出来的。想永远拥有友谊，就必须会给朋友面子，这也是给我们自己面子。

穿朋友的鞋子，增进彼此交情

生活本来就充满矛盾，这是人与人之间产生误解和隔阂的根源，是通向友谊王国的"拦路虎"。与真心朋友交往就要给对方多一些理解，多站在别人的立场和角度来为他着想，这也就是所谓的"穿朋友的鞋子"。

学会穿朋友的鞋子，许多事不必说他就能心领神会，同样，朋友也会深知你心中的每一根琴弦和音调，在你刚刚弹出第一个音符的时候，他已经知道了整个乐曲的内容。

多站在对方的立场上看问题。这是成功学大师卡耐基曾总结出的一条重要的交际经验。因为人们在交流中，分歧总占多数。卡耐基希望缩短与对方沟通的时间，消除差异，提高会谈的效率，为此，他苦恼了好久。直到有人给他讲了一个故事——犯人的权利，他才从中领悟到这条交际原理。

某犯人被单独监禁。有一天，他忽然嗅到了一股万宝路香烟的香味。于是，他走过去，通过门上一个很小的缝隙口，看到门廊里有个卫兵深深地吸了一口烟，然后美滋滋地吐出来。这个囚犯很想要一支香烟，所以，他用手客气地敲了敲门。

卫兵慢慢地走过来，傲慢地喊："想要什么？"

囚犯回答说："对不起，请给我一支烟……就是你抽的那种：万宝路。"

卫兵错误地认为囚犯是没有权利的，所以，他用嘲弄的神态哼了一声，就转身走开了。

这个囚犯却不以为然。他认为自己有选择权，他愿意冒险检验一下自己的判断，所以他又敲了敲门。这回，他的态度是威严的，和前一次明显不同。

那个卫兵吐出一口烟雾，恼怒地转过头，问道："你又想要什么？"

囚犯回答道："对不起，请你在30秒之内把你的烟给我一支。不然，我就用头撞这混凝土墙，直到弄得自己血肉模糊，失去知觉为止。如果监狱当局把我从地板上弄起来，让我醒过来，我就发誓说这是你干的。当然，他们绝不会相信我。但是，想一想你必须出席每一次听证会，你必须向每一个听证委员证明你自己是无辜的；想一想你必须填写一式三份的报告；想一想你将卷入的事件吧——所有这些都只是因为你拒绝给我一支劣质的万宝路！就一支烟，我保证不再给你添麻烦了。"

最后，卫兵从小窗里塞给他一支烟。为什么呢？因为这个卫兵马上明白了事情的得失利弊。

这个囚犯看穿了卫兵的弱点，因此达成了自己的要求——获得一支香烟。

卡耐基通过这个故事想到自己：如果自己能站在对方的立场上看问题，不就可以知道他们在想什么、想得到什么、不想失去什么了吗？仅仅是转变了一下观念，学会站在对方的立场看问题，卡耐基就立刻获得了一种快乐——找到一种真理的快乐。

怎样做到善解人意呢？你必须保持对对方"同感"的理解，其实这也是一种说话技巧。

所谓"同感"就是对于对方所述，表示自己有类似的想法和经历。比如吴倩以十分认真的语调告诉她的好朋友李蓉，她想自杀。李蓉不是去问她为什么，也不板起脸孔说教一番，而是说"是啊，我曾经也有过同样的想法，记得是那天发生的一件事，使我看到了人为什么要勇敢地活下去……"结果吴倩就轻松地谈起了她的烦恼与苦闷。李蓉边听边点头，表示理解和关注。后来吴倩不但勇敢地活了下去，并且做出了成绩。她和那位善解人意的李蓉的友谊愈来愈深了。

要想达到与人情感沟通，就要注意对方。当对方对某一事物表露出一种情感倾向时，你就要对他所说的这件事表达同样的感受，而且激烈些，于是你们就谈到一起了。

真诚理解是友谊的纽带，是成为知己朋友的情感基础，我们不必把其看得过于高深。理解就在你的身旁，理解就在每天琐碎的日常生活当中，而我们能做的，只是在人际交往中，设身处地多为他人着想。

“刺猬哲学”才是交友之道

叔本华曾经讲过一个“刺猬哲学”：一群刺猬在寒冷的冬天相互接近，为的是通过彼此的体温取暖以避免冻死，可是很快它们就被彼此身上的硬刺刺痛，相互分开；当取暖的需要又使它们靠近时，又重复了第一次的痛苦，以至于它们在两种痛苦之间转来转去，直至它们发现一种适当的距离使它们能够保持互相取暖而又不被刺伤为止。

正如一句话说得好：“距离产生美。”再好的朋友如果天天见面，也未必是一件好事。保持一定的距离，这样才能让友谊之情长久！

交到好朋友难，而保持友情更难。彼此是好朋友，那为何还要保持距离？这样会不会让朋友间彼此疏远，显得缺乏继续交往下去的诚意呢？你肯定会为这些问题担心。但事实证明，很多人友情疏远，问题就恰恰出在这种形影不离之中。

距离是人际关系的自然属性。有着亲密关系的两个朋友也毫不例外，成为好朋友，只说明你们在某些方面具有共同的目标、爱好或见解，能进行心灵的沟通，但并不能说明你们之间是毫无间隙、可以融为一体的。任何事物都存在着其独自的个性，事物的共性存在于个性之中。共性是友谊的连接带和润滑剂，而个性和距离则是友谊相吸引并永久保持其生命力的根本所在。

人一辈子都在不断地交新的朋友，但新的朋友未必比老的朋友好，失去友情更是人生的一种损失，因此要强调：好朋友一定要“保持距离”！

在文坛，流传着一个关于两位文学大师的故事：

加西亚·马尔克斯是1982年诺贝尔文学奖获得者，巴尔加斯·略萨则是近年来被人们说成是随时可能获得诺贝尔文学奖的西班牙籍秘鲁裔作家。他们堪称当今世界文坛最令人瞩目的一对冤家。他俩第一次见面是在1967年。那年冬天，刚刚摆脱“百年孤独”的加西亚·马尔克斯应邀赴委内瑞拉参加一个他从未听说过的文学奖项的颁奖典礼。

当时，两架飞机几乎同时在加拉加斯机场降落。一架来自伦敦，载着巴尔加斯·略萨，另一架来自墨西哥城，它几乎是加西亚·马尔克斯的专机。两位文坛巨匠就这样完成了他们的历史性会面。因为同是拉丁美洲“文学爆炸”的主帅，他们彼此仰慕、神交已久，所以除了相见恨晚，便是一见如故。

巴尔加斯·略萨是作为首届罗慕洛·加列戈斯奖的获奖者来加拉加斯参加授奖仪式的,而马尔克斯则专程前来捧场。所谓殊途同归,他们几乎手拉着手登上了同一辆汽车。他们不停地交谈,几乎将世界置之度外。马尔克斯称略萨是“世界文学的最后一位游侠骑士”,略萨回称马尔克斯是“美洲的阿马迪斯”;马尔克斯真诚地祝贺略萨荣获“美洲诺贝尔文学奖”,而略萨则盛赞《百年孤独》是“美洲的《圣经》”。此后,他们形影不离地在加拉加斯度过了“一生中最有意义的4天”,制订了联合探讨拉丁美洲文学的大纲和联合创作一部有关哥伦比亚一秘鲁关系小说。略萨还对马尔克斯进行了长达30个小时的“不间断采访”,并决定以此为基础撰写自己的博士论文。这篇论文也就是后来那部砖头似的《加夫列尔·加西亚·马尔克斯:弑神者的历史》(1971年)。

基于情势,拉美权威报刊及时推出了《拉美文学二人谈》等专题报道,从此两人会面频繁、笔交甚密。于是,全世界所有文学爱好者几乎都知道:他俩都是在外祖母的照看下长大的,青年时代都曾流亡巴黎,都信奉马克思主义,都是古巴革命政府的支持者,现在又有共同的事业。

作为友谊的黄金插曲,略萨邀请马尔克斯顺访秘鲁。后者谓之求之不得。在秘鲁期间,略萨和妻子乘机为他们的第二个儿子举行了洗礼;马尔克斯自告奋勇,做了孩子的教父。孩子取名加夫列尔·罗德里戈·贡萨洛,即马尔克斯外加他两个儿子的名字。

但是,正所谓太亲易疏。多年以后,这两位文坛宿将终因不可究诘的原因反目成仇、势不两立,以至于1982年瑞典文学院不得不取消把诺贝尔文学奖同时授予马尔克斯和略萨的决定,以免发生其中一人拒绝领奖的尴尬。当然,这只是传说之一。有人说他俩之所以闹翻是因为一山难容二虎,有人说他俩在文学观上发生了分歧或者原本就不是同路。更有甚者是说略萨怀疑马尔克斯看上了他的妻子。这听起来荒唐,但绝非完全没有可能。后来,没有人能再把他们撮合在一起。

可见,朋友相处,重要的是双方在感情上的相互理解和遇到困难时的互相帮助,而不是了解一些没有必要的东西。也可以说,心灵是贴近的,但肉体应是保持距离的,

中国古老的箴言:君子之交淡如水,便饱含了这一道理。那么,真诚地对待你的朋友时,保持距离、用心经营才是上上策。

朋友分“三六九等”，对待需因人而异

如果没有猜错的话，你不一定要有很多朋友，却一定要有一位真正的朋友。其实，真正懂得交友之道的人，往往会将那些别有所图的人挑出来，远离他们。因为把这类人当作好朋友，只会深受其害。

从前有一个仗义的人，广交天下豪杰。临终前对他儿子讲，别看我自小在江湖闯荡，结交的人如过江之鲫，其实我这一生就交了一个朋友，其他都不值一提。

儿子纳闷不已。他的父亲就贴在他的耳朵边交代一番，然后时他说，你按我说的去见见我的这些朋友，朋友的含义你自然就会懂得。

儿子先去了他父亲认定的“朋友”那里，对他说：“我是某某的儿子，现在正被朝廷追杀，情急之下投身你处，请予以搭救！”这人一听，不假思索，赶快叫来自己的儿子，喝令儿子速速将衣服换下，穿在了眼前这个并不相识的“朝廷要犯”身上，却让自己儿子穿上了“朝廷要犯”的衣服。

儿子又去了父亲的其他几个“朋友”家。这些人平素与父亲称兄道弟，亲如一家，可当他们弄明白儿子的来意时，都吓得面如土色，找个借口溜走了事。

儿子终于明白了，真的朋友是能够在你最危急的时刻伸出援手的那个人；而那些在你春风得意之时与你交好的人往往会在紧要关头丢下你。

不难看出，朋友需要分“三六九”等，如果把虚情假意的人当作真心朋友，总有一天会受到伤害。

如果仅仅只是虚情假意倒也罢了，怕的是你识人不清，误交损友，那后果将严重得多。

每个人都有自己的缺点和不足之处，有些缺点是可以宽容和原谅的，但有些缺点是不可原谅的，特别是涉及人的本质问题，更是不可原谅的。笼而统之，本质有问题的人不可交。

俗话说：“人心隔肚皮。”有些人居心叵测，当面一套，背后一套，对这样的人应慎而又慎，更谈不上结交为朋友了。

至于某人是不是两面派，如果没有先见之明，在短时间内是很难分辨的。这样的人往往在你面前说得优美动听，夸得使人飘飘然。当面说的都是一些忠贞不贰的话，表现出的是忠诚老实相，但背后说不定有更险恶的用心。

说得轻一点，具有两面派性质的人善于搬弄是非。在你面前说他的坏话，在他面前说你的坏话，不闹出矛盾，绝不罢休。

与这样的人交朋友、诉真心，无疑是将自己放在一个十分危险的境地。所以在交朋结友时一定要睁大双眼，看清对方的用意，以免在将来的某一天后悔莫及。

当然，要把朋友分等级其实不容易，因为人都有主观的好恶，因此有时会把一片赤心的人当成一肚子坏水的人，也会把凶狠的狼看成友善的狗，甚至在旁人点醒时还不能发现自己的错误，非等到被朋友伤害了才大梦初醒。所以，要十分客观地将朋友分等级是十分困难的，但面对复杂的人性，你非得勉强自己把朋友分等级不可。心理上有分等级的准备，交朋友就会比较冷静客观，可把伤害减到最低。

另外，也要根据对方的特性，调整和他们交往的方式。但有一个前提必须记住，不管对方智慧多高或多有钱，一定要是个“好人”才可深交，也就是说，对方和你做朋友的动机必须是纯正的。不过人常被对方的身份和背景所眩惑，结果把坏人当好人，这是很多人无法避免的错误。

把朋友分等级，交往之中有分寸

一般来说，每个人都不止一个朋友，甚至很多。在这个朋友的大圈子里，想要与所有朋友都恰到好处地相处，给朋友们分类就非常重要了。

某地有个很成功的商人，朋友无数，三教九流都有，他曾逢人就自夸，说他朋友之多，天下第一。后来有人问他：“你朋友这么多，谁都同等对待了吗?”

他沉思了一下说：“当然不可能同等对待，要分等级的！”他说虽然自己交朋友都是诚心的，但别人来和他做朋友却不一定都是诚心的。在他的朋友中，人格清高的朋友固然很多，但想从他身上获取一点利益，心存二意的朋友也不少。“对于有坏意、不够诚恳的朋友，我总不能也对他推心置腹吧！”这位商人说，“那只会害了我自己。”

所以，在不得罪“朋友”的情况下，他把朋友分了“等级”，有“刎颈之交级”“推心置腹级”“可商大事级”“酒肉朋友级”“嘻嘻哈哈级”“保持距离级”等。他根据这些等级来决定和对方来往的亲密度。

很明显，“刎颈之交级”“推心置腹级”和“可商大事级”的朋友，是值得深度交往的好朋友;“酒肉朋友级”“嘻嘻哈哈级”“保持距离级”的朋友则不适合深度交往,否则自己就会吃亏。

具体说来,根据亲密程度,朋友可以分为以下几类:

1.知己

他们是我们人生中很难找到的极少数朋友,他们可以诚意地接纳我们的优点,也会接纳我们的缺点,处处忠诚地为我们着想。他们像面镜子,能给予我们劝勉和鼓励;又像影子,永远对我们信任、支持,是维持我们精神健康的支柱。

不过,对于知己我们也有义务不断地付出,同样舍己地为别人的利益着想。接纳、支持、聆听和帮助,是知己的责任。需要切记的是不要滥用知己的权利——知心朋友不等于“黏身”朋友,更不能要求对方完全同意自己、迁就自己。

2.死党

他们多是一些来往密切,与自己的生活圈子很接近的朋友,彼此有相同的思想,相同的遭遇,故而很容易谈得来,在行动上有默契地成为一伙,组成小圈子活动。

“死党”是我们日常生活的好伙伴,可驱除孤单感,增加自信心,为生活添加色彩和热闹,是有需要时最好的支柱。

但若要整个“死党”能相处愉快,就需要大家彼此迁就,不执意独行,有合群的性格,才能发挥联合的力量。“死党”有事求助我们时要挺身给予援手,常加鼓励,看作是自己的事情。不过,可不要仅陶醉在这个“小圈子”里,完全排斥外界朋友;否则,可能会失去很多宝贵的友谊。

3.老友

他们是与我们很熟悉、相识多年的老朋友,如老同学、一起长大的玩伴等。虽然大家见面的机会未必很多,但彼此熟悉,每次相逢都能天南地北地亲切交谈。他们不是知己,有困难时未必会想到我们;大家的性格也未必接近,不过友谊倒是经得起考验,值得我们去珍惜和主动自然地表示关心。不要因为彼此来往少而让友谊中断。

4.来往密切的朋友

因为活动圈子相同,我们可能交到一些接触密切的朋友,如上司、同事、老师、同学等。他们很熟悉我们的生活小节,但未必是那些互相了解,可倾诉心事的人。

对于这些朋友,虽然大家每日共事,但不能对他要求太高,因为彼此都没有什么承诺和默契。但起码相处应不忘礼貌,言行一致,态度真诚,因为他们正是最能看透我们言行、工作能力和态度的人，不要老摆出外交式的笑容和虚假态度。

5.单方面投入的朋友

有些人可能对我们很着迷和信任，常把心事向我们倾诉，但我们没有那种共同推心置腹的感觉。也有些时候，我们对某人特别崇拜倾慕，而对方却未必有热烈的反应。这种不平衡的关系多产生在一些不同位置的朋友之间，如老师与学生、班长与同学、偶像与追星族等。不过，有时普通朋友间也有这种不平衡现象。

当受人仰慕的时候，可不要轻看和玩弄别人的友情，或表示讨厌和高傲的态度，应该尽力去助人成长，给予中肯意见，鼓励他发展独立精神，认识其他朋友。

当我们倾慕别人的时候，也不要成为他人的累赘，不要对别人盲目崇拜，过分依赖他人。而应该积极从他人身上学习长处。

6.普通朋友

这类朋友占了我们朋友圈子的大部分。他们可以和我们扯东扯西，谈些无关痛痒的话题，不过交情上可是谁也不欠谁，不会令彼此牵肠挂肚。虽说是普通朋友，也可成为游乐时的好玩伴；有难事，也可向有专门知识的个别朋友请教。这些来自不同背景的朋友能充实我们的知识，令我们感受到“相识遍天下”的温暖感觉。

7.泛泛之交

大家的友谊仅止于认识的阶段，是点头之交，连普通话题也未必有机会聊上。大家若能做到见面时打打招呼，保持礼貌距离，已是很不错的了。千万别对人随便过分信任，否则误交朋友，后悔时就太迟了。

给朋友分类，也要选对时机，如果你目前平平淡淡或失意不得志，那么不必太急于把朋友分等级，因为你这时的朋友不会太多，还能维持感情的朋友应该不会太差。但当你有成就了，手上握有权和钱时，那时你的朋友就非分等级不可了，因为你这时的朋友有很多是另有所图，不是真心的。

朋友相处，不要为人情包袱所累

很多人都知道“人脉”对成功的重要性，都懂得“感情投资”，放长线钓大鱼。同时人们都很讲究面子，如果谁欠了别人的情分太多，就会感到有失面子，人情就会像包袱一样使人不堪重负。

人说“滴水之恩”尚需“涌泉相报”，若欠的人情多了，你能有多少个“涌泉”呢？这是一个方面。另一方面，人情也需要保持一种大体上的平衡，你欠了别人一份小情，如果还了大情，对方反而会不自在；而若欠得久了，还不上这份人情，对你来说又是一种包袱、一种负担。所以，聪明的人总是尽量不欠别人太多的人情，也争取找机会把人情还上，以卸掉在自己心头的人情包袱。

《论语》上说：“惠则足以使人。”意思是说，给你恩惠就足以使唤你了。所以，面对朋友施与的小恩小惠、大恩大惠，在接受时要慎重，能不接受的尽量不接受。“吃了人家的嘴软，拿了人家的手短”。嘴软了，在人家面前说话便不仗义；手短了，在人家面前就难以再伸手。

然而，人与人间的礼尚往来是极其正常的。别人带来的东西，你不收，他觉得你不给面子，你再让他带回去，更是有损他的尊严了。所以，你也不能太驳人家的面子，盛情难却，你可以暂时收下，但你必须根据对方礼物的轻重将这个人情送回去。你要去回访他，带着差不多的恩惠，两下扯平，也不会伤了和气。

人与人之间布施人情的惯常手段就是请客吃饭。这时脑袋要转得快些，知道对方是谁，要弄清关系网，搞清朋友圈，然后，再想想该接受还是推掉。

避免人情债，要有自知之明。

自己应该是最了解自己的，能吃几碗饭，能干多少事。然而，有的人就爱打肿脸充胖子，自认为自己特能，别人一求，马上一拍胸脯，包在身上。更有甚者，明知自己办不成，还硬往自己身上揽。

三国时的蒋干就是这么一个人，他自以为了不起，认为自己的口才可以同春秋战国联横、合纵的雄辩天才相比。他向曹操自荐去说服周瑜投降曹操，而且信心十足。青衣小帽，再加一个书童，一叶扁舟就去见周瑜。周瑜岂是无能之辈？年纪轻轻便能统帅百万军队，岂是一个同窗的说客可以动摇的？蒋干来至周瑜的兵营，连三句半都没说上，被周瑜耍得团团转，最后走得也不正大光明，带回的密信让曹操上了当，损失两员大将。

蒋干就是有点自不量力，事没办好不说，居然还上了人家的当。办事千万别逞强，办不成的事，要老实地说，没什么不好意思的。

简而言之，别人之所以来找你，就因为他也办不成，别因为你帮不上别人的忙而不好受，与其将事情搞砸，还不如让他另请高明。这样可以避免背上人情的包袱，你的人生之路即会轻松很多。

走过同样的路，未必是同路人

白居易以《琵琶行》中一句“同是天涯沦落人，相逢何必曾相识”名动天下，仿佛他与琵琶女的情感在明白彼此境况相近的那一瞬间，一下子拉近了许多。这就是所谓的“共鸣”，那些曾经有过共同经历的人，更容易互相靠近，也更容易成为朋友。

从心理学的角度讲，人与人之间共同拥有同样的体验或秘密，能加强彼此的关系，更能强化亲密和信赖的程度。人所共有的体验愈是特别，愈能让当事人拥有同伴意识。譬如“战友”这个词，对于某个时代或者某个特定环境的人而言，是会有他人所不能体会的特殊感情，只要说一句“我也是某某部队的”，就可让初次见面的对方倍加信任，因为它确实能让人回忆起战场上或某次抢险中战友们同在生死线上浴血奋战的情形。又如许多人都认为同学的友谊是最真诚的，走出校门踏进社会之后，如果初次见面的人得知彼此是校友、学友，都会产生一种莫名其妙的亲切感，因为昔日美好的校园生活能让人回忆起当初的浪漫、纯真，由于怀念过去而认同了面前的人。

但有心机的人，不会被曾经的共同而打动，或许共同的经历可能产生共同的情感，却也并非绝对。毕竟，相同的人生经历不能证明一个人的品质，相反，我们倒要提防那些用相同经历来与我们套近乎的人。

刘先生曾参加过对越自卫反击战，退伍后到一家外贸公司工作，凭着自己的勤奋好学，没过几年便成为业务骨干。后来，他辞职创办了一家公司，凭着自己的经验和战场上那种奋勇拼搏的精神，他在商场上证明了自己的价值，拥有几百万的固定资产。1995 年，刘先生的一个老客户（也是一家公司）要搞融资租赁，请求刘先生提供担保。刘先生做事严谨，对生意上的事一向以稳重著称，尽管是老客户，他也按照惯例审查该客户与租赁公司的合同以及该客户的营运状况，审查后觉得并没有什么把握，准备婉言回绝。

一天，该客户又派了公司的一名业务主管人员前来商讨此事。初次见面，两个人互相介绍，刘先生得知该人姓胡，胡某忽然说：“我觉得你的名字很耳熟，你是不是某某部队的？”刘先生道出了自己曾在某部队当兵，并参加过自卫反击战，胡某高兴地叫起来：“哎呀，你是一班的，我是二班的，我说怎么觉得眼熟呢！”话题一发不可收拾，两人似乎又回到了那炮声隆隆、硝烟弥漫的战场，刘先生也回忆起胡某曾是一次战役中的突击队员，作战勇敢，还曾负过伤。两人越谈越投机，俨然又恢复了当战士时的豪爽，于是刘请客，边吃边聊。

渐渐谈起担保的事，胡某向刘先生解释了一些他认为有疑问的地方，并保证该公司的信誉绝对没问题，资金只是暂时周转不过来，绝对不会连累对方的。刘先生正处在兴奋之中，对胡某的话深信不疑，也未做进一步核查，就在担保合同上签了字。其实，胡某所在公司已经资不抵债，签订这个合同，就是为了骗刘先生公司的钱。而胡某所在公司财产已所剩无几，根本无法追偿。

事情败露以后，刘先生悔恨不已，一个“战友”毁了他十几年的苦心经营。战友本是伟大而崇高的字眼，尤其是经过战火洗礼的战友之情非同一般，应该是始终不渝、终生难忘的。不料，胡某竟利用这种战友之情，为自己下了套，毁掉了自己长久以来的努力与付出，这种人何能论友情？

由此不难总结出：即使真正一同经历过某些事情的人，也未必都是值得信赖的。

渴望友情，渴望理解与支持，是人的天性。也正是因为大千世界的诱惑太多，人们自己大多很难不为金钱、地位所动，所以才更渴望或者说希望别人也能不为所动。正因为纯真的友情几乎成了奢侈品，所以人们更希望能得到它，甚至有意自己美化某种关系，并升华为友谊，从而轻易地相信它。最典型的是同学关系、战友关系等。

无论眼前面对的是一个曾经与自己有过多少共同经历的人，都需留个心眼，毕竟那些共同的过去无法代表现在，也无法代表他的真诚，冷静客观地面对才不致稀里糊涂地沦为别人利用的工具。

正如法国批判现实主义作家巴尔扎克所说：“没有弄清对方的底细，决不能掏出你的心来。”经历是财富，不同时段的经历造就不同的财富。即便是有过相同经历的人，也只有拥有某一种共同的财富而已，并不代表整个人生的财富相同。

擦亮眼睛：“哥们儿义气”多小人

俗话说“物以类聚，人以群分”，讲究哥们义气的人，必定会约上一群“狐朋狗友”，吃喝玩乐无所不为，虽然过得确实潇洒，但却为小人的诞生提供了绝好的温床，因为小人需要这种火热的环境来增加彼此的感情，等你放松对他们的警惕时，他们便在你的背后插刀，这便是小人的一贯作风。

诸葛亮在他的千古名著《出师表》中这样写道：“亲贤臣，远小人，此先汉所以兴隆也；

亲小人，远贤臣，此后汉所以倾颓也”，可见贤臣和小人对一个国家的前途所起的作用是截然相反的。但历史却偏偏在重复着一个无可回避的循环，小人就好比那甜口毒药、夺命白粉一样，让人明知是万丈深渊却又禁不住魔鬼的诱惑而忍不住往下跳，这是人性的一种悲哀。与有“心机”的人同行，碰到的十有八九便是小人。让我们来看看下面一个故事。

和土开是北齐人，其父和安，出仕于东魏，“恭敏善事人”，为人非常狡猾，很有一套恭维巴结皇帝的手腕。也许是有其父必有其子，和士开的奉承拍马功夫真是青出于蓝胜于蓝，远远超过了他父亲的成就，北齐天保初年，高湛得宠，被晋爵为长广王，和士开见高湛未来当皇帝的可能性很大，便想方设法接近巴结高湛，为自己将来的晋官加爵之路铺平道路。

高湛性好“握槊”，这种游戏便是中国象棋的起源。恰好和士开也精于此道，于是他便找机会与高湛游戏。二人棋逢对手，总是斗得难分难解，越玩越上瘾，次数越加频繁。

高湛还喜欢音乐，恰好和士开又能弹胡琵琶，他经常为高湛弹曲，兴致高时，还往往边弹边唱，那清歌妙曲，让高湛无比着迷。

高湛喜谈笑，而和士开生就一副伶牙俐齿，于是便经常陪高湛胡扯闲说，和士开的甜言蜜语和淫词秽谈，更使高湛开心，二人越谈越投机，大有相见恨晚的感觉。

北齐皇建二年(公元561年)，孝昭帝驾崩，高湛继承大位，是为武成帝。和士开长期企盼的日子终于来到了。本来，高湛在继位之前与和士开的关系已经非同一般，即位之后，和士开对他更是“奸谄百端”，因而武成帝高湛视之如心腹，倚之如股肱，和士开得宠的程度，可谓是世间少有。

和士开受到武成帝高湛如此宠爱，照理该满足了，可是他仍继续施展各种手段，进一步巩固和加深皇帝之宠。武成帝患有“气疾”，即“疝气”，这种病最怕饮酒，但他嗜酒如命，越饮病越重。武成帝虽然一向对和士开言听计从，但唯独在饮酒问题上则每谏不从。一次，武成帝气疾发，又要饮酒，和士开泪下不能言。帝曰“卿此是不言之谏”，固不复饮。和士开仅用哭泣抽噎的微小代价便换取了武成帝的莫大好感，这与他惯常使用的甜言蜜语具有异曲同工之效。

如果你以为和士开的这一表现是出于对武成帝的一片关怀之心，那就大错特错了。实际上，劝武成帝戒酒并不是他的目的，通过此举邀宠以求富贵权势，这才是他的真正用意。世界上最难测度的是无耻小人之心，代表着人类真诚感情的眼泪也照样可以被他们所亵渎，用来为其不可告人的目的服务。如果和士开以泪劝谏出于真诚，那他就绝不会把奸害的魔掌伸向皇宫后院，将武成帝的皇后占为己有了。

和士开深明“狡兔三窟”之理，单是武成皇帝的倾心信赖，还不能令他满足。胡皇后喜欢干预政事，和士开早就想拉她作为内援，他正觊觎着机会。当他了解到胡皇后的寂寞后，便决定乘虚而入。

和士开有意挑逗，因而进展十分顺利，很快勾搭成奸。可叹那武成帝对和士开如此恩深义重，而和士开却毫不客气地给他戴上了一顶“绿帽子”。可见礼义廉耻对和士开之流，是毫无约束力的。为达个人目的，他们可以不择手段，这是常人无法理解的。

俗话说小人难防，但小人却有自己的“特征”，对你投其所好，嘴甜如蜜者，这种人十有八九是小人。所以做人得用点心思，擦亮你的眼睛，识破那些打着“哥们儿义气”旗号的小人，别等到真上当时就后悔莫及了。

把握自己的“定盘星”，莫被别人当枪使

虚假的朋友总是善于抓住各种机会挑拨离间。如果不加思考，而是想当然地轻信，很容易被他们利用，成为他们获取利益的工具。

因此，在朋友的圈子里，也不要随便听从别人的话，小心被人当枪使。

烈日炎炎，森林里的动物们都渴得四处找水喝。一只狐狸好不容易找到一眼清泉，正想饮个痛快，不料来了一头狮子，蛮横地把它赶跑了。

狐狸愤愤不已，一边走一边不甘心地回头看。忽然，它看见不远处有一头野猪，顿时有了主意。它立即迎上去对野猪说：“野猪大哥，你也想喝水吗？前面正好有一眼清泉，可惜被狮子霸占了，它宣布清泉归它所有，谁也不准饮用！”

早已干渴难忍的野猪一听就火了，“蹭蹭”几下冲到狮子面前，大声嚷道：“狮子，别以为自己是兽王，就可以蛮不讲理，这清泉属于大家，我有权利喝点儿水。”狮子大怒：“住口！本大王的清泉，谁也别想喝！”

狮子见野猪竟敢不买自己的账，便走上前去，蛮横地把野猪推开，不让它喝水。野猪顿时火冒三丈，誓死要保卫自己的尊严，猛地向狮子冲过去，于是两个便扭打在一起。

可是，天气这么热，待着不动还热得让人受不了呢，更何况它们打得这么凶？不一会儿，它俩便气喘吁吁，于是决定休息一会儿再继续战斗。

这时，站在不远处的狐狸却一个劲儿地煽风点火："野猪大哥，加油呀！争口气，好好教训教训它！"受到鼓舞的野猪又站起来和狮子又扭打成一团……

最后，狮子和野猪连爬起来的力气都没有了，而狐狸则趁机在清泉边饮了个够。

狐狸利用了野猪的头脑简单和急于喝水的心理，极力挑拨它和狮子的关系。憨厚的野猪没有看透狐狸的诡计，糊里糊涂地与错误的敌人进行了一场错误的战争。野猪这杆枪被工于心计的狐狸使了个痛快，最后却连口水也没喝上。对于野猪，我们也只能是哀其不幸，怒其不争。

社会就像一座大森林，每天上演着残酷的生存竞争游戏，有些虚假朋友工于心计，为了达到某种目的，常常精心设下圈套，唆使别人出头露面去替他办事，自己则躲在一边坐收渔利。对此，你如果头脑简单，盲目听从别人，就会为别人充当炮灰，成为其冲锋陷阵的工具。

玩弄心机的假朋友常常给我们玩一些假靶子的阴谋，用激烈的话语勾起我们对他人的仇恨，自己却躲在一边鼓掌，享受胜利的喜悦。不经过冷静思考，盲目听从他们的挑拨，很容易被他们当枪使。

客观而言，那些挑唆者的手段其实并不高明，上当受骗主要是因为我们没有冷静思考，盲目听从。所以，当自己受到他人的攻击、侮辱时，你一定要冷静下来，仔细地分析事情的来龙去脉，然后再做判断，特别是对某些居心叵测的"朋友"传递的挑拨性信息，更要认真分析研究，因为很多事情并不像表面那样简单，背后往往有不可告人的目的。把握好自己的"定盘星"，才不会被人当枪使。

隐藏阿喀琉斯之踵，以防密友点中自己"死穴"

在希腊神话中，有这样一个意义深刻的故事：

阿喀琉斯是希腊神话中最伟大的英雄之一。他的母亲是一位女神，在他降生之初，女神为了使他长生不死，将他浸入冥河洗礼。阿喀琉斯从此刀枪不入，百毒不侵，只有一点除外——他的脚后跟被提在女神手里，未能浸入冥河，于是脚后跟就成了这位英雄的唯一弱点。

在漫长的特洛亚战争中，阿喀琉斯一直是希腊人最勇敢的将领。

但是，再强大的英雄也有弱点。在十年战争快结束时，敌方的将领帕里斯在众神的示意下，抓住了阿喀琉斯的弱点，一箭射中他的脚后跟，阿喀琉斯最终不治而亡。

这就是至今流传在欧洲的谚语“阿喀琉斯之踵”的来历。任何一个强者都会有自己的致命伤，没有不死的战神，正是这个神话告诉人们的一个道理。

你和最要好的朋友彼此交往愉快，能互相取长补短，那么在一定时间内，你们还可以称为是真正的朋友。然而一旦在你们之间产生了利害冲突，就很难保证这段友谊不会变质，最恐怖的是，若密友从你背后用力一击，可能是最致命的，因为在那些亲密接触的日子里，他们早就掌握了你的“阿喀琉斯之踵”。

萧萧是一个开朗乐观、美丽大方的女孩，进大学的第一天，她就和宿舍的其他姐妹熟悉起来。即使是内向的小洁也无法拒绝她热情的微笑，两个性格截然不同的女孩很快成了无话不谈的好朋友。

萧萧漂亮、活泼，又多才多艺，她会打排球，还拉得一手小提琴，所以很快就成为学校里的风云人物。到大二的时候，萧萧当选了校学生会的文艺部部长，她很忙，忙着组织各种活动，忙得顾不上吃饭、睡觉，甚至是学习。因为小洁是她最好的朋友，所以很多事情她自然会想到请小洁帮忙。“小洁，今天中午帮我买一下饭啊！”“小洁，帮我复印一下这份笔记好吗？”一开始小洁都会毫无怨言地帮她做这些事，可是次数多了，敏感的小洁觉得自己俨然是萧萧的使唤丫头，因此当萧萧又喊她帮忙时，她冷着脸说：“我是你的保姆啊？”萧萧诧异地看了她一眼：“你没事儿吧？”也没放在心上，说完就去忙其他的事了。

在校园里，像萧萧这样的女生自然会得到许多男生的青睐，隔三差五就会有男生捧着鲜花或者各种零食来宿舍找她。她很大方，鲜花往宿舍桌上的大花瓶里一插，至于零食嘛，大家共享。她是好意，可小洁不知怎么就觉得她是在向大家炫耀，每次看到那些美丽的鲜花，小洁总会觉得心里堵得慌。

大二下学期的时候，学校里有两个去国外访问的学生名额，萧萧幸运地获得了其中的一个，在为她送行的班会上，小洁勉强地微笑着，内心却愤愤不平：同样是人，为什么她就这么幸运呢？

在那天晚上，小洁终于不能控制自己，她以萧萧高中同学的身份写了三封极尽编造之能事的匿名信，分别寄到学校、系里和学生会。由于平时萧萧说过很多自己的情况，她编造起来居然滴水不漏。信里的内容迅速传开了，校方信以为真，取消了萧萧的出国资格。老师、同学都用异样的目光注视着萧萧，她在人们心中成了卑鄙、欺骗的代名词。这对于一向自信、顺利的萧萧绝对是一个致命的打击。她日渐沉默和消瘦，几乎不和任何人说话，每天苍白着脸游荡在教室和宿舍之间，像一个没有灵魂的空壳。虽然后来证明匿名信中的内容全是谎言，萧萧还是选择了退学。她悄悄地办好了手续，悄悄地收拾好东西离去，没有向任何人告别。从匿名信中那些逼真的细节，她一眼就看出那是谁的大作。与失去出国机会相比，被最好的朋友出卖让她受到更大的伤害。这件事在她心中留下了永远的阴影。

萧萧没有防人之心，将自己的所有信息都透露给小洁，如果她们一直是好朋友，这当然没有什么大碍。但是，如果她们成了博弈中的对手，那么后果便真的不堪设想了。

虽然自古就有"人之初，性本善。"然而，现实生活中在与人打交道时的确要谨慎小心，对朋友不妨多点戒心，才不至于在事情发生之后追悔莫及。

那么，具体什么样的朋友应该提防呢？

1.得了便宜还卖乖的。这种人的特点是占了你的便宜以后，还说你欠了他的。

2.无事生非的。这种人的特点是总说不腻别人的闲话，听风就是雨，跟狗仔队差不多。可以想象背过头去，你马上也会成为他的谈资。

3.当面一套，背后一套的。这种人是最可怕的，他永远不会对你表示出反感，但是也许某一天你的落魄正是拜他所赐。

4.言行不一致的。这种人的特点是说得到，做不到。与这种人交往不要抱有期望，他就算给了承诺，也永远不会履行诺言。

5.嫉妒心特别强的。这种人是埋藏在你身边的"定时炸弹"，起初还好，一旦你表现出了你的优秀和不凡，立刻便会点燃他心中的毒火。与这种人交朋友，等于把自己放在一个极其危险的境地。

6.易践踏别人自尊心的。这种人其实是最可悲的，他们为了掩饰自己的自卑心理，就拼命地用糟蹋别人的方式来提高自己的自信心。他们几乎永远不会说出赞美的话，言出必伤人。

做好"间谍"工作，与朋友安全地常来常往

动物园引进了两只狼，狼很小，园内一时找不到可以供幼狼生活的地方。一位饲养员提议将两只幼狼放到猴山饲养。动物园领导采纳了这一建议。猴子们见来了两个新面孔，一时不知所措，都不敢轻举妄动。刚开始，小狼总是摆出一副凶狠的样子，一声嗥

叫，猴子们立刻躲到树上去。狼对着树上的猴子，瞪着两眼，一点办法也没有。猴王若有所思，派遣一只身手敏捷的大猴去"刺探"敌情，果然发现狼不会上树这个秘密。猴子们放下心来，它们开始挑逗狼，甚至故意惹怒狼，因为大家都知道，只要爬到树上就没事了。猴群公然与小狼抢夺食物，还有意跳到狼身上狠咬几口，然后一哄而散。狼与猴子相处时间长了，嚣张气焰一点也没有了，只有被动挨打的份儿。

猴子从怕狼到平视狼，再到欺负狼，就在于猴子掌握了一条最有价值的信息：狼不会上树，并充分利用这一点占尽优势，将可怕的敌人踩在脚下。

在现实中，如果知道你的对手是非常危险的人，那么利用间谍收集一些有价值的信息，这会让你先发制人，抢占先机。但最好的依然是你自己扮演间谍。要学着探察情况，间接地问一些问题让人们回答，以此让他们暴露出弱点和真实意图。

任何人都有其弱点，和人竞争就要找到其弱点进行攻击。提高你获胜机率的最好的方法之一就是分析你的对手，针对他的特点，用你的长处去对付他的短处。尤其是在朋友圈中，当你不知道谁可能成为知己，谁可能成为敌人的时候，做好"间谍"工作是保全自己的真本事。

每个人的思维信仰、生活习惯、学历阅历、脾气秉性、素质修养等都是不同的。如果我们善于分析这些信息，就能做到充分了解周围的朋友，知道他的优点和缺点、长处和短处，就会分辨好坏朋友，甚至有针对性地选择应付他们的方法。

这将帮助你识破一个人的真伪，洞悉他内心深处潜藏的玄机，以不变应对万变，顺利地探出情绪变化的温差，从而使你在交友的旅途上既能左右逢源，又能平平安安。

第七章　商场运智方略

灵感启动　梦想成真

说起火腿三明治，人们不禁要想起它的创始人百万富翁米尔——一个白手起家的传奇人物。米尔原是一个雪糕公司的货车司机，1946年，他来到了美国港口城市波士顿一家船厂做搬运工。苦力的生活，使他随时做着发财的梦。一天，米尔一个鲤鱼打挺从床上翻下来，快迟到了！他胡乱地抓起一个面包，剖成两片，涂上牛油，随手放上一片火腿，再抹上薄薄一层芥酱，最后一股脑儿往嘴里一塞。奇迹出现了，当他吃第一口时，一丝无名的快感从舌尖电流般传遍全身。味道好极了，这种——火腿三明治。对！就卖这火腿三明治。做梦都想发财的米尔，终于顿开茅塞，决定开一家专营咖啡、新颖火腿三明治的公司。然而，

要想在当时快餐业已方兴未艾的美国有一席之地，谈何容易，况且，几种捷足先登的快餐在激烈的竞争中已形成了封闭的圈子。这时，米尔想到了工厂，把热咖啡、火腿三明治送到工厂去，送到在工作的工人手中去。让那些天天吃干硬如石的面包愁苦不堪的工人，每人手中有一杯热咖啡，一块火腿三明治。工人满意了，厂方满意了，米尔也成功了。在今天的美国，能与汉堡包、热狗等快餐食品三分天下的，就数三明治了。从未受过高等教育、专业训练的米尔，灵机一动，获利百万。

1948年秋天，瑞士人马斯楚跟朋友们一道去登山，登上峰顶时已经中午了，他们就随便坐在草地上准备吃带来的午餐。这时马斯楚感觉到臀部有被针刺的痛觉，他知道裤子被鬼针草粘住了，但他并没有介意。

回家后，他把残留在裤子上的鬼针草取下来，用放大镜仔细观察。这时他发现鬼针草被很多刺掩盖着。这使他产生浓厚的兴趣，同时又激发了他的灵感。他想："它是不是可以代替纽扣和别针呢？"他又更进一步试做许多钩状的东西，这样孜孜不倦地做了大约半年之后，终于做成了一种合上就不容易分开的布。即是一块布织成很多钩子，另外，一块布织成很多圆球，把质料不同的两块布贴起来，钩子就钩上圆球，产生拉链的效果。试制品做成后他将之命名为"免扣带"，申请专利，然后跟一家织布公司合作制造。

这项制品问世后，起初人们不知它为何物，更不知它的优点，因此经历了一段乏人问津的时间。然而几年后就逐渐受人青睐，大量使用于裙子、内衣、被罩上面。因为它的使用范围很广，使用量惊人，因此马斯楚的专利金也就非常可观，据估计，到现在他所赚的钱已超出3亿美金。

1993年1月23日，农历正月初一，江苏南通啤酒厂职工正在辞旧迎新，欢度春节。然而，此时此刻，厂长易昕却似乎忘却了节日，一大早就来到静悄悄的厂区，沉浸在思考中……

原来，除夕之夜易昕做了一个梦：在首都北京举行的中国啤酒展示会上，南通啤酒厂生产的啤酒被评为中国名牌酒，而啤酒的品牌就叫"大富豪"。一大早易昕就电话通知厂级领导和有关中层干部、技术人员到厂里开会。会上，易昕把自己做的梦和盘托出。受此启发，共同决定：开发高档啤酒"大富豪"。

说干就干，厂里组织科技人员选用进口优级麦芽，新鲜优质大米，香型酒花，优质酵母菌种，采用科学、新颖、独特的工艺，精心酿制这一动听而飘逸、充满时代气息的大富豪啤酒。仅用半年时间，外观清亮透明、泡沫洁白细腻、挂杯持久、口味醇正、颇具国际新潮流风味的大富豪高档啤酒在南通啤酒厂推出了！

经过近两年的精心培育，1995年6月在北京举行的1995年国际食品高新技术博览会上，大富豪啤酒一举夺得金奖！南通啤酒厂也跨进了中国500家最大饮料制造企业行列，并成为江苏省啤酒行业唯一的科技示范厂，两年内企业效益也翻了两番。

四川宜宾红楼梦酒厂目前是个有职工300多人，年产浓香型白酒5000多吨的国家二级企业。1995年4月，该厂捧回了联合国世界包装组织授予的"世界之星"包装大奖奖

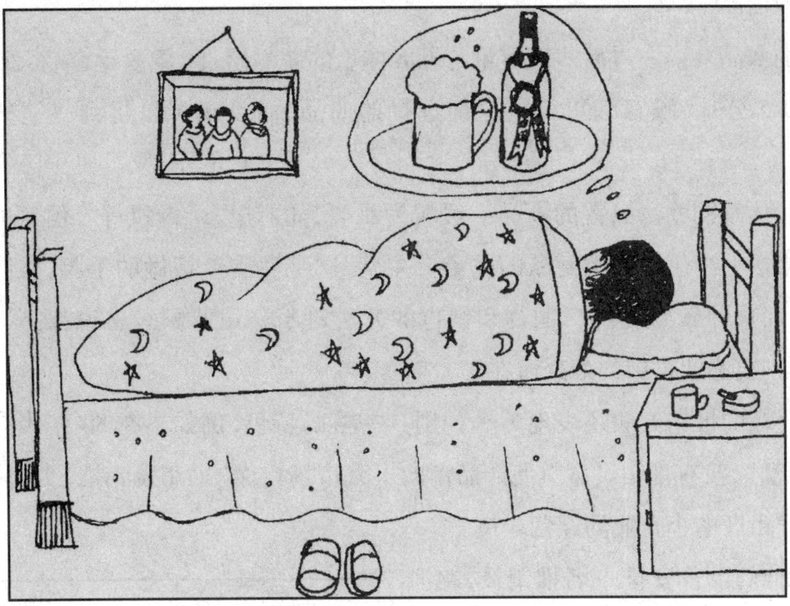

杯。这一消息,在我国文化艺术界和酿酒行业均引起了很大反响。

提起该厂的厂名和酒名还有一段十分有趣的故事:建厂之初,酒厂厂长阳治国首先想到的是要为它取个好名字。他走南闯北,到处拜访名人专家,形成了一个又一个方案,产生了2000多个美名。车站广播中放出一曲高亢悲婉的电视剧《红楼梦》主题曲,这使他即刻产生了灵感:与名著联姻,走与民族文化相结合的路,生产红楼梦系列酒。阳治国认为,在我国,"红楼梦故事"妇孺皆知,叫"红楼梦酒",一听就记得住。于是他回厂立即召集干部会,将企业更名为红楼梦酒厂,将产品定名为梦酒。

随后,他们在抓好产品质量的同时,借着红楼梦文化开展了一系列的公关宣传活动,使原来一个名不见经传的乡镇企业焕发出勃勃生机。梦酒成了中国文化名酒,它牵带着这个小山村步入了辉煌。

别出心裁　防不胜防

别出心裁术在现代商战中常表现为屡出奇招的促销政策,例如日本一家大公司为招徕顾客,推出一种奇招:按顾客体重购物。由于这种购物方法充分利用了顾客侥幸和贪便宜的心理,因而大受欢迎,营业额从此大增。

到这家公司商场购物的顾客,得先支付6万日元(约450美元)买一张彩票,再持彩票任意选取商品。

选好的商品要一一过磅。若重量与顾客体重的差额超过1.5公斤，顾客便一无所有；如不超过1.5公斤，顾客除可得到全部选择的商品，而且还可以得到一笔数量可观的奖金。

用这种体重购物法出售的商品一般较为昂贵，如彩电、录像机等。但这些商品的重量与一般市场上出售的同类商品的重量有差别，这是商店老板做的手脚，以防顾客做出准确判断，而这种靠“碰机会”购物和销售的方法对于公司及顾客来说都是一种刺激手段，这也是别出心裁推销的妙处所在。

别出心裁的推销方法还表现为一种别具一格的特色，例如早在80年代有个小企业采用“函销法”，没有推销员竟然使产品走向了大市场！而“采用函销法，免去推销员”就是这个地处山区的小企业的经营之道。

起初，他们也曾安排一名推销员，跑河北，奔河南，去山东，进山西……折腾一年，光差旅费花掉一万多元。但由于碰运气的推销方法覆盖面窄，造成产品大量积压，职工发不出工资，使企业面临倒闭的危险。在这种情况下，他们购买了《中国邮政编码大全》。随后，接着按所列工厂、车站、矿山、油库等单位，发出了5000封带有产品广告的商业信函。结果，没出10天，回信的，亲自来厂订货的纷至沓来。

新推销方法给企业带了生机和活力，库存产品销售一空。商业信函不仅覆盖面广、信息快、还节省了资金。他们索性取消了推销员。

采用独出心裁的商业战术有时还需具有一种敏锐的观察和决断能力。日本一个妇女正是以这种思想为指导，创立了号称为三百六十行之外的搬家公司。

1974年普通的一天，日本一家报纸刊发了一条简短的消息：

“关西地区每年居民的搬家开支达400多亿日元，其中大阪市就达150亿日元。”

这条消息引起了一位妇女的注意。夺田千代乃和她的丈夫夺田寿男当时正处于失业的困境，为今后的生计发愁。

为什么不在这方面试一试呢？既然客观需求如此之大？成立一个搬家专业公司不也是可行的吗？

她成功了。这家名为“阿托搬家公司”的企业后来越办越大，9 年中营业额增加了 347 倍。

“三百六十行，行行出状元”，然而在竞争日益激烈的现代社会里，三百六十行内的拼搏也越来越白热化。山外青山楼外楼，跳出三百六十行，去想一想看一看，也许有夺田千代乃的幸运在向你招手。

90 年代以来，国际形势巨变，令绘制世界地图的专家和地图出版商又惊喜又惶恐。惊喜的是旧地图不断过时，市场急需新地图，能够靠印刷世界地图赚大钱；惶恐的是稍有不慎就会得罪某些国家或某种政治力量。美国朗德麦克纳利出版公司为掌握这一形势，维护信誉和不使读者失望，就一反常规的做法，独出心裁的规定凡读者购买一份该公司出版的《今日世界大地图》，就赠送一张优惠券。在今后 12 个月内，无论世界任何地方发生地理事件，持券读者都可以免费取一份公司新出版的《今日世界大地图》，这种办法果然奏效，给出版公司带来巨大利益。

以假乱真　声东击西

“双簧”是广大观众喜闻乐见的一种曲艺形式。台上表演的双方配合默契，天衣无缝，生动幽默，赢得了观众的喜爱，而生活中的“双簧”却是另外一番景观，请看由美国兄弟二人所演的“双簧”。

费城有对同胞兄弟，两人都是以出卖次品为生。可这样赚不到多少钱，于是兄弟俩便私下商量出一个主意。两人故意将两家商店设在一起，一家“美国廉价商店”，一家“纽约廉价商店”，比邻而居，外人却一点儿也不知他俩是亲兄弟。兄弟俩故意装出一副死对头的样子，一家商店夸耀自己的床单质地优良，价格低廉，售价 6.5 美元；另一家也毫不示弱，大肆吹嘘一番自己的被单如何物美价廉以后，标出售价 5.95 美元。双方你来我往，展开价格大战，最后总有一家败下阵来。这时，等待已久的人们一哄而上，去那家赢得胜利的商店抢购物品。这样两家商店的货物销售得出奇的快。这个秘密一直维持了几十年，直到两家同时宣布息业，兄弟二人另搬新家时才被人知晓。

1970 年，韩国巨富郑周永宣布投资创建蔚山造船厂，要造 100 万吨级大型油轮。对于造船业来说，郑周永可以说是一个完完全全的门外汉，一些人也讥笑郑周永此举异想天开。但他却信心十足地认为："造船，其实就是盖一座船！只是把引擎外面包上铁皮，和我们过去建发电厂没有什么不同！问题并不在于造船本身，而在于敢不敢想，敢不敢做！"不多久，他就筹措了足够的贷款，只等客户来订货了。

但订单可没有那么容易得到。当时，外商没有一个相信韩国的企业有造大船的能力。怎么办？郑周永为此苦思冥想，终于，他想出了一招：从一大堆发黄的旧钞票中，挑出一张 500 韩元纸币，纸币上印有 15 世纪朝鲜民族英雄李舜臣发明的龟甲船，其状极易使人想起现代的油轮。而实际上，龟甲船只是古代的一种运兵船，李舜臣就是用这种船击败了日本丰臣秀吉的侵略。郑周永即随身揣着这张旧钞，四处游说，理直气壮地宣称："朝鲜在 400 多年前就已具备了一流的造船能力，完全能胜任建造现代大油轮的能力。"经他这么一游说，外商果然信以为真，很快就提出了两张各为 26 万吨级油轮的订单。订单到手后，郑周永立即率领职工日夜不停地苦干，一边建厂一边造船。两年后，两艘油轮竣工了，而蔚山船厂也建成了。

1952 年 3 月，日本期待已久的 SS—52 型塑壳收音机终于问世了。当时零售价为 8950 日元。不过，有些零售商店不大愿意经销这种收音机。因为零售价便宜，利润微薄。于是，三洋公司便想出了一个办法，营业部职员扮成顾客，到这些商店去。

"三洋的 SS—52 型收音机有吗？那种用塑料做的……"

"我们店没有进货，那边角上的店里也许会有。"

"是吗？那我到那儿去看看。谢谢啦。"

第二天，又让别的营业部职员到那家店故技重演。在这种轮番"进攻"下，店主便想："这种收音机要真是那么香，我们也经销一下试试吧。"这一招果然很灵。1952 年三洋公司销售量为 77000 台，1953 年为 158000 台，短短两年内销售量就超过了各前辈公司，获得了仅获于松下公司的市场占有率。

创建于 1932 年的上海金星金笔厂是新中国成立前我国规模最大的金笔厂。曾任金笔厂经理的企业家周子柏，以其令人称道的推销策略，使"金星"名冠全国，当年金星笔成功地打入上海永安公司的办法与三洋公司所用之法十分相似。

旧上海曾经是"洋货"的天下。金星笔厂采取很多办法，花大力气逐步打入了上海的各大公司和大书店，但唯独永安公司进不去。为了打进永安，周子柏费了不少周折。他经朋友介绍与永安文具部负责人相识，经过一番公关，永安公司勉强同意在商品架上摆出两盒金星样品，代为试销。此时，周子柏便动员所有亲友，经常去永安问"金星金笔有吗"以制造舆论，扩大影响。周子柏还亲自掏腰包，仍旧劳驾亲友们把上架的金星笔买回，造成畅销的假象来引起公司的重视。两三个月后，文具部乐于进货，营业员乐于推销，真正的购买者也越来越多，金星金笔自此在永安落下脚，销售量日愈增大。

1934 年 7 月，鲜伯良在重庆集股承接了面临困境的新丰面粉厂，并改组为复兴面粉厂。鲜伯良经营有方，复兴面粉厂很快摆脱困境，起死回生。从鲜伯良与粮商巧夺原料之争中，便可以看出他高人一筹的商技。

1936 年，四川干旱，粮商则囤积居奇，重庆粮价高涨，影响了复兴的原料收购。而此时汉口面粉价格仍显平稳，如果从汉口购运面粉到渝出售，可稳利保本。为了能低价购进原料，鲜伯良巧妙地运用了以假乱真声东击西的策略，一面派人从汉口购买面粉 3000 包，赶运渝市出售；一面假造与汉口福新厂订购 10 万包面粉的合同由汉运渝。他将假合同当成保密文件保存，但同时又让与粮商有关系的栗玉泉有窃见的机会。栗玉泉果然中了鲜伯良的"蒋干盗书"之计，将消息外露。粮商们眼见汉口面粉运复兴，又不见复兴在市场上购麦，也就不敢再囤积小麦，并且争相脱手，而且复兴购料，又采用逢贵不进、遇贱多购的方针，从而实现了初衷。

一诺千金　守商之道

多米诺皮公司，在他们的经营活动中，总是保证在最多30分钟内，就将客户的订货送到任何规定的地点。这是他们在众多的行业竞争中所以能够站得住脚的重要原因。这家公司的供应部门，任何时候都能保证公司分散在各地的商店和代销点不会中断货物的供应。如果这些商店和代销点商品供应不及时而停止了营业，那就是供应部门最严重的过失。

有一次，长途运输车辆出了故障，有一家商店差点中断了生面团的供应。公司总裁唐·弗尔塞得知这一情况后，当即下决心包了一架飞机，把生面团及时送到那个将要中断供应的商店。

“几百公斤生面团，值得包一架飞机吗？”当时有人不理解，提出疑问说，“送货物的价值还不及飞机运费的十分之一呢？”

“你们感到奇怪吗？”弗尔塞克总裁回答说，“我们宁可赔偿高额的运输费，也不可中断供销店的供货，飞机给我们送去的不仅是几百公斤生面团，而是多米诺皮公司的信誉！信誉！”

当几百公斤生面团运到那个商店时，这家商店经理欣喜若狂：“如果让顾客失望地空

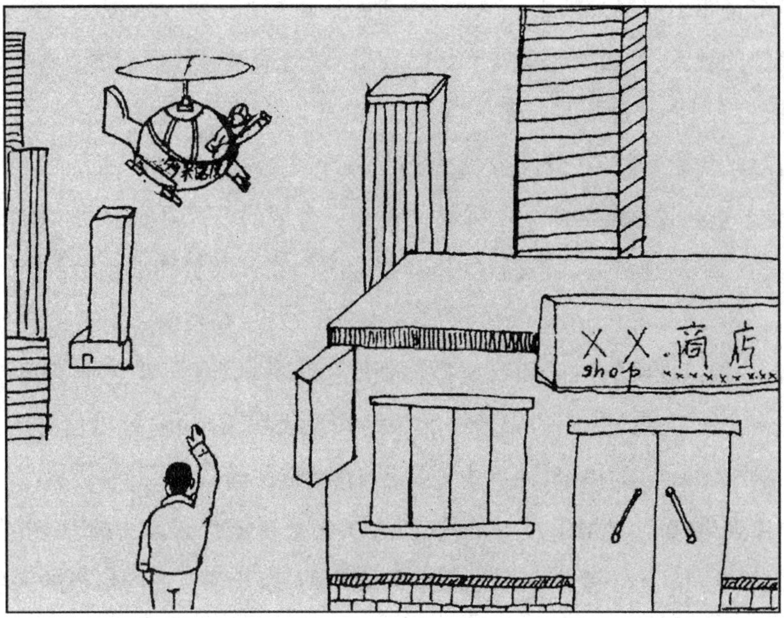

着手回去，那可真是我们商店的罪过，我们哪里有脸在这里做生意。”他们看来，中断商店的货物供应比什么都要令人懊丧。

有一年，多米诺皮公司的一家商店偶尔发生了一次中止供货事件，公司买回了1000多个在悼念死者时才佩带的黑袖章，命令全体员工都佩戴了好长一段时间，以此表示对这类不幸事件的哀悼。

有人说：“市上无君子”，在产品经营中太老实了就要吃亏。其实这是曲解了竞争，竞争要靠真本事，切不可靠歪门邪道，俗话说：“只能骗人一时，不能骗一世”，以弄虚作假的手段来对待别人，最终也必将被别人抛弃。只有实实在在忠实于社会，忠实于公众，忠实于消费者，才能取得社会、公众和消费者的信赖、谅解和支持。

法国矿泉水产量居世界第一位，1989年总产量达到48.5亿升，出口占全部产量的1/4。在众多的矿泉水中，“碧绿液”是其中的佼佼者。“碧绿液”矿泉水年产量是10万瓶，其中60%销往国外。在美国、日本和西欧其他国家，这种绿色小瓶已成为法国矿泉水的象征。

1990年2月，美国食品及药物管理署突然宣布，对“碧绿液”的抽样检查发现，一些瓶的矿泉水中含超过规定二至八倍的化学成分——苯，长期食用可能致癌。消息传出，无疑是对“碧绿液”声誉的迎头一击。

就在报纸宣布上述消息的第二天，公司总裁古斯塔夫·勒万召开记者招待会，做出一项令人震惊的规定：公司收回2月9日以后出厂、行销世界各地全部产品，就地予以销毁。据估计，将有1.6亿瓶矿泉水被回收，直接损失2亿法郎以上。

一些人对此大为不解，在美国发现的不合格产品充量不过十来瓶，而且医学专家认为，喝一瓶含苯量超过标准的矿泉水并不比吸一支香烟的情况严重，何必为此大动干戈？勒万的回答是："绝对纯清而赢得国际信誉'碧绿液'，在其质量和形象上不能允许有丝毫的怀疑！"

紧接着，公司以准确的数据和事实指出了发生事故的原因，并宣布了必改进技术措施。接着是一阵紧锣密鼓的广告宣传。后来的情况表明，公司这种以信誉为上的举动，不但没有影响"碧绿液"的销量，而且更加深了消费者对"碧绿液"的喜爱。

企业要做到讲信用，树立起良好的信誉形象，必须在经营活动的过程，在公共关系的各个方面都做到取信于人，决不可只图眼前蝇头小利，而毁了企业的信誉的大事。

烟台钢厂厂长于振声认为，企业在各自的"防区"的内设卡，钱只能进不能出，以为占用别人的资金，既不用贷款，又不用拿利息。这是一种狭隘的损人利己思想。

1990年，各个企业资金都很紧张，长岛、海阳、乳山等几个金属回收公司，因缺乏资金无法经营。当时烟台钢厂资金也很紧，然而，于振声首先想的不是自己，而是考虑到这些家底不丰的小企业是经不起市场风浪折腾的。于是，他咬咬牙，从本厂自有资金中拿出15万借给这几个小公司。烟台铁厂有个时期揭不开锅了，他又借给铁厂50万元。在购买这些企业的原料时，随时结算立即付款。

有人不理解，"你于振声怎么净算反账？现在利息这么高，拖一个月就纯赚回一大笔钱，你不仅一天不欠人家一钱，还无息借给别人钱。"于振声自有高见，他说，这叫反账正算。企业要讲效益，更要讲经营道德，烟钢正是凭此经营道德获得了极高的信誉，为其以后的发展注入强劲动力。

贼喊捉贼　谨防假冒

我们常在买来的物品上，看到"谨防假冒"的标签，其实有时这种物品就是假货，遇到这类事的人很多。如此作风，实属欺诈，但手法却很高明。和这类标签有异曲同工之妙的是推销员挨家挨户地推销劣货，诸如一些学习教材、化妆品等。这些缺德推销员，一定会对买主说:“现在社会上有好多缺德的行业,千万不要上当。”他们留下“忠告”后,就翩然而去。出来应付的主妇,绝不会想到此人就是不法推销员。这样,推销员多跑几次能博得别人的信任,进而购买其推销品。等日后其他推销员来指出其购买之物也是劣货时,已后悔莫及。即使此推销员是真心实意地向她提出忠告,主妇也会愤然的赶他出去。为了避免受害,让我们来分析这一欺骗手法。他们的共同之处是强调别人的缺点,故意公开告知他人的不法手段。不公开于自己的不利之事,这是平常人的心理。“我不愿意说同行业人的坏话,可有些人的确居心不良,有时会受无妄之灾。”房地产者认为他们与推销员不同,无疑是“五十步笑百步”。事实上,他们也不说自己例外,但他们指责别人的不法之处,把你的注意力转移到别人身上,言外之意是自己例外,使人产生错觉。像这种骗小孩子的雕虫小技,却让许多人上当,因为这种手法确实很高明。如果将此手段一公开,那些缺德的商者一定又会想出其他更巧妙的手法,在此呼吁大家千万别上当。如果有人好意批评同行业者,千万别让人误会这也是在行欺骗术。所以想让对方知道同行业者的差异,要用正攻法,除此之外,别无他法。

和气生财　创业之道

日本吉田公司是怎样凭借它创业的呢?如果他们不遵守此道,那又会产生怎样的后果呢?

吉田忠雄是日本吉田工业公司的总裁。他经营的这家公司,据说生产的拉链长度,足够在地球到月球之间往返两次半。难怪乎吉田忠雄被人称为“拉链大王”,名声在外。

吉田忠雄有自己一套独特的经营方略,简而言之,就是遵循“善的循环。”他说:“如果我们散布仁慈的种子,给予别人以仁慈,仁慈就会循环给我们,仁慈在我们和别人之间不停循环运转。”他认为,企业赚钱多多益善,但是利润不可独吞,为此,吉田公司将利润分成三部分，推行“利润三分法”：即以质量较好的产品及低廉价格，让利 1/3 给消费者；让利 1/3 给销售公司产品的经销商及代理商；让利 1/3 给自己企业的职工和股东。

根据这个经营原则，吉田忠雄要求公司员工在本公司的储蓄账户上存款，公司则每月按高于日本银行的定期存款利率，支付给存款职工利息，这对职工产生了很大的吸引力。在公司每年支付的红利中，吉田忠雄本人占 16%，其家族占 24%，其余由本司职工分享。不仅如此，公司还鼓励雇员购买本公司的股票，规定凡到本公司工作满 5 年的职工，都可购买本公司股票，并获取每年 18%的较高股息，极大地鼓舞了职工对公司投资计划的参与。在办公制度上，吉田忠雄实行面对面的指挥、协调和监督，实行集中办公，在客观上大大强化了管理效率。

《诗经 · 大雅》有曰：“投我以桃，报之以李，”说的是一方有所赠予，另一方有所报答。企业只有开诚布公，让惠让利，重视公共关系、人际关系、创造“人和”的条件，才能博得各方的褒誉，提高企业的自身形象，最终获取长期，稳定的巨额利润。那种“竭泽而渔”的经营方法，只能毁了企业的发展前程。

20 世纪 70 年代末期，西欧人创造了“魔术方块”，当香港企业从报刊上看到西欧人玩“魔术方块”的消息后，许多塑料制品厂家几乎都捕捉到了仿制“魔术方块”填补东方市场空白的机遇，纷纷闻风而动，急不可待地要派人去西欧考察。这时香港一家化学有限公司在四家电视台同时播放了广告：“你想生产魔术方块吗？我公司将为你提供全套技术资料。”原来这家公司的老板敏锐地发现争着要生产“魔术方块”的厂家太多了，倒不如为这些厂家创造条件，才是最好的机遇。便迅速让他的哥哥从西欧将生产“魔术方块”的技术资料电传香港，并大量复制。广告发出后，上百家塑料厂上门争购，一度萧条的这家化学有限公司，一夜之间便转衰为兴，赚了一大笔钱。

以质求胜　招揽顾客

近年来，一种新兴的食品——“全麦面包”在美国市场上畅销不衰，生产这种面包的“棕色浆果烤炉”公司因此有“面包大王”之称。可谁也不会想到，这家闻名遐迩的面包公司创始人，竟是一位普通的家庭主妇凯瑟琳 · 克拉克。

十多年前，当凯瑟琳 · 克拉克初创“棕色浆果烤炉”公司时，把自己的房子抵押了 7000 美元，用来购买了“全麦面包”的专利权，并立下了“诚实无欺”的经商原则。为了取信于消费者,她十分精确地计算成本,加上合理的利润,订出了一个适中的价格标准,决不贵卖,也不贱卖。为防止经销商随意改动价格,她在产品的包装上都标明了成本和利润。这样就使经销商不能随便改动价格。正是以诚实的态度,才赢来了企业的兴旺。公司由初创时家庭式的小面包店,完成变成了现代化的著名企业。公司的年销售额由初创时的 2.3 万美元猛增到目前的 400 万美元,跃居同行业的前列。

"棕色浆果烤炉"公司最为令人信服的一招是:公司的标榜凡出卖的面包都是"最新鲜的面食品",硬性规定决不卖超过三天的面包,已过期的面包由公司回收。这种做法开始推行时,带来了不少困难。且不说处理过期的面包会增加费用,减少利润,而且经销店大都怕麻烦,他们不愿意天天检查,换来换去,而宁愿把过期面包留在店里卖。针对这种情况,公司专门派人把新制的面包直接用车子送给经销商,按照地区排定一个循环运行路线表,每三天送一次,并把存货全部收回。如果有的经销店卖得多,脱销之后,随时用电话通知,马上送货上门。

有一年秋天,公司所在州的部分地区发大水,那里面包畅销,但公司照样按规定把超过三天的面包收回来,哪知车行至半路,抢购人蜂拥而上,把车子团团围住,一定要买过期的面包,但押车的运货员说啥也不肯卖,几乎哭丧着脸解释:"不是我不肯卖,实在是老板规定得太严了。如果有人明知面包过期还卖给顾客,就一定要开除。"大家认为运货员耍花招,跟他激烈争吵起来。这时,正巧有几个报社的记者跑了过来,探问发生了什么事情。当他们听了两方的陈述,觉得这个新闻太有趣了:一方急需面包果腹,一方碍于公司的规定不卖过期面包,然而面对四周饥饿的人群,眼前面包的诱惑力太大了。

记者代表饥民要求说:"先生,现在是非常之期,你就把这车面包卖了吧,总不能让这些饥饿者失望吧!"

押货员灵机一动,略带几分神秘地凑到记者耳边说:"我是无论如何也不敢,如果你们强行上车去拿,就没有我的责任了。”

“那岂不成了抢劫了吗?”记者说。

“他们把面包强拿走,凭良心留下应交的钱,就不是抢劫,而是强买。”

大家恍然大悟,片刻,一车面包就这样被抢光了。押货员心眼儿很多,他要记者给他拍了几张阻止群众强拿面包的照片。“这就好了,”押货员说:“有了这些照片,我就不怕老板骂我了。”与记者分手时,他叮咛他们,可千万别把此事底细披露出去,否则,自己的饭碗就保不住了。

可是,不几天,这条消息在报纸上被详细披露出来。这家面包公司的信誉陡然上升,消费者十分信赖这家公司的面包,销路剧增,不到半年,销售量增加五倍多。

企业的信誉来源于企业经营的诚实性,经营的诚实性主要来源于产品的可靠质量。有些企业为了保持优秀的产品质量,往往不惜赔本赊钱、亮丑。

沈阳一家企业对请来的客户开诚布公宣布,本厂某一批号产品的部分零件质量上存在问题,厂部决定采取两种解决办法,一是退换货,二是上门调修,客户对这家工厂讲究信用,对客户负责、作风诚实大为赞誉,不仅没有一家退货,而且经过这一活动该厂信誉大增,订货有增无减。许多新客户在老客户的介绍下,纷纷主动上门订货。1990 年 12 月 21 日,青岛橡胶九厂挂出一块儿醒目的牌子:“退鞋办公室”。一些手持“双星”牌老人健身鞋的顾客走来换鞋,厂技术科的同志笑脸相迎。

原来,这个厂生产的 PU 老人健身鞋,穿着轻松舒适,适合老年人健身用,投放市场后,备受欢迎。但是,他们偶尔发现,近期生产中,投入使用的部分台湾产尼龙绸鞋面材料,由于质量出现问题,致使部分 PU 老人健身鞋鞋帮有破裂现象。这时,用这批原料生产的成品鞋,已有少量流入市场,有的已到了消费者手中。对此,厂领导立即召开紧急会议,研究决定:第一,对使用此面料生产还未发出厂的鞋全部封存,进行返修;第二,对已发到本市商业部门的 319 箱鞋全部拉回,并通知有关商店停止出售;第三,立即在报纸刊登广告,向用户道歉。

该厂采取的这一招,非但没有降低工厂的信誉,而且每天都收接到表示感激鼓励的信电话销售量比以往任何时候都大。

巧借东风　一日千里

日本的日产汽车公司，为了开发生产“SANI”汽车，不惜动用大量的人力物力在全国公开征求车牌，花大钱搞推销宣传，获得了极大的成功。这一成功也使得丰田公司欣喜若狂，原因何在？因为“SANI”的大规模宣传，在日本全国激起了人们对汽车的兴趣。这对丰田公司来说，日产的工作，为它铺就了一条通向成功的康庄大路。借着人们对汽车着迷的热潮，丰田公司充分研究了“SANI”汽车的优缺点，制造了比这种车更好的“卡露罗”车。投放市场后，使丰田公司获得了比日产公司更佳的经济效益。

在日常经营中，一些商家常能借助司空见惯的活动来达到自己谋利的目的，这种醉翁之意不在酒的谋略更有一番不平常的意味。

日本有一家三流旅馆，开业后生意一直不景气，顾客极少。老板无计可施，时刻等着关门了事。后来一个人指着旅馆后面一片空山地给老板出了个主意。次日，旅馆贴出一张海报：“亲爱的顾客，您好！本旅馆山后有空地，专门为顾客种植纪念树之用。如果您有兴趣，不妨种下小树一棵，本店为您拍照留念，树上可留下木牌，刻上尊姓大名和种植日期。当您再度光临之时，小树定已枝繁叶茂，本店只收树苗费两千日元。”海报贴出，人们纷至沓来。没多久就林木葱郁。旅客们漫步林中，自然十分惬意。尤其那些种树之人对此更是念念不忘，经常专程来看望自己种下的小树，这家旅馆也自然顾客盈门了。

“醉翁之意不在酒”，这家旅馆组织的种植纪念树运动其本意也不在于林木，而在于旅馆的客房率。但由于两者又具有如此密切的关系，旅馆的生意自然也被带动兴旺起来。

一个企业要想生意兴隆，需要巧用各种方法让顾客最大限度地知道你、记住你。日本有个叫寺田千代乃的家庭主妇深明此理，她竟然借助一个名字而让自己的企业名扬天下，让我们看看她是怎样用此法取得成功的吧。

在日本，搬家公司很多，如何在该行业中独占鳌头呢？寺田千代乃首先想到，如果自己搬家，肯定会通过电话号码簿查找搬家公司。电话簿是按行业分类的，而在同一行业中，企业的排列顺序又是以日语字母为序的。于是寺田千代乃想，如果将自己的搬家公司的名字中的第一个字为“啊”第二个字为“托”，即分别为日本字母中的头两个，那么肯定会被排在首位，而引起用户的方便记忆的电话号码就更好了。恰好电话局有一个醒目的空白号码——“0123”就这样，借助着巧取名称和巧用号码，寺田千代乃的搬家公司很快就在日本家喻户晓了。

谋划在先　成事在后

上世纪 80 年代初，美国大地卷起了一股可怕的“黑旋风”——艾滋病！任何药物都阻止不了性接触后可能带来的恐怖后果——死神的光临。既想保持开放的性观念，又怕见上帝的美国人后来发现，有一种小玩意能够有效地抵挡死神的进袭，那就是——避孕套。

而当时，由于美国国内曾长期没有大量生产避孕套，现在市场需求突然猛增，数量有限的避孕套一时无法满足市场需求。

远在东半球的这一边，嗅觉敏锐的两位日本商人立即发现了那座“金山”，立即在最短的时间内，开动本公司的机器，加班加点生产成箱成箱的橡胶避孕套，火速送进美国市场。一时之间，美国众多的代销店即刻门庭若市，熙熙攘攘，两亿多只避孕套很快销售一空。

预谋制胜之术还可以为产品先期占领市场提供决断的依据，在这一方面松下集团就有过成功的经验。

录像机的研制，本来是日本的索尼公司抢先一步，但时至 1983 年松下集团却占领了八成的市场，只给索尼剩下两成。

松下集团的成功得益于聪明的市场战略。原来，录像机大量生产的关键在于磁头，松下集团正宗的单结晶法的烧结法，使录像机得以大量推出，迅速占领市场，包括索尼在内的厂家望尘莫及。约四年后，烧结法不能满足高质量的要求，松下集团又将技艺改回单结晶法。

有人采访一位香港巨商，问他是否有什么成功秘诀。他坦率地说："我算不得什么人物，也没什么秘诀，不过经营上有几点倒是值得注意，一是做事勤奋；二是做事要锲而不舍，有始有终；三是一定要有好班底；四是做商人一定要计数好；五是待人要忠实，来往不能拖拖拉拉。"

在上述秘诀中，"做商人一定要计数好"可谓经商中最重要的一条，作为商界老手，注意信息反馈，计算好市场需求，常会使企业获得较高的经济效益。

50 年代初，李嘉诚在销售过程中特别注重信息的反馈，他从各种渠道得知，欧洲人最喜欢塑胶花。在北欧、南欧，人们喜欢用它装饰庭院和房间；在美洲，连汽车上或工作场所也往往摆上一束塑胶花；而在苏联，扫墓时用它献给亡者，表示生命早已结束，但留下的思想和精神是长青的。于是，从 50 年代末起，李嘉诚生产的塑胶花便大量地销往欧美市场，获得海外厂商一片赞誉，一时间大批订单从四面八方飞来，年利润也从 350 万上升到 1000 多万港元，直至 1964 年，塑胶花市场一直旺盛不衰。

知己知彼　百战不殆

1988 年，日本政府要把所有的煤矿拍卖给民间企业，方法是记名投标竞争。得到煤矿对各财团来说都具有重要的意义。与三井竞争的是三菱财团。所以谁要想在这次竞争中获胜，就必须制定出一个万无一失的投标价格，为了制定这个关键的投标价，益田寿仔细地对三井和三菱的情况进行了分析。对三井来说，如出高价买下煤矿一是资金不足，二是超出了煤矿的实际价值，三井会受到较大损失；用低价投标，如低于三菱的价格，买煤矿就会成为泡影。所以如果能够判断三菱财团的高价，然后再采取对策就比较有把握了。于是益田寿分析考虑了三菱的投标范围。他想，投标价格一般可分为涨后价格、中等价格、下跌价格三种形式。根据当时的情形后两种价格都不能考虑。因为正是煤矿看涨且是投标竞争的时刻。三菱财团肯定也只会在涨后价格上动脑筋。但三菱财团知道三井财团当时资金不足，所以不会把价格抬得过高，否则会觉得吃了亏，益田寿判断三菱很可能在涨后价 450 万日元的基础上再加 5 万日元来进行投标，那么三井只要再加 5000 日元也许就能取胜了，果然，最后三井和三菱两大财团的投标仅相差 2500 日元，三井得胜。

益田寿这一决策的高明之处，就在于知己知彼。

知战不仅表现在对对方的分析方面，还表现在对战局的观察方面。日本人就善于利用这些既知情况来抓住战机。

日本人有一种追求欧美时尚的心理。根据这种情况，一些聪明的日本商人采取了巧用时间差的生产经营方式。

有个大商社的会长，在美国各主要城市都结交了一些好友，而且每年总花上十天半个月去巡回拜访这些好友。每到一位友人家中，他都要仔细观察主人家中的每一角落。而美国人性格开朗，喜欢招待客人。并以为介绍家中陈设是对朋友的最高礼遇，所以次次都让这位日本客人看个够。就这样，他从客厅、寝室到厨房、浴室，总是一览无遗。并回想去年观察时的情况，从中发现今年新添置的东西。不论多小的东西，他都会向主人发问，"你为什么要买这样东西？你觉得怎么样？"经过他由西海岸到东海岸多次地做客访问，得到了顾客花钱购物的动机和使用后的评价。靠着这个有效的调查方法，这位社长掌握了可信度很高的新商品情报。这样他就能结合日本情况，判断出今后国内市场的新动向。靠着巧用时间差，这个商社取得了很大的成功。

锲而不舍　精益求精

在新加坡，从给门窗安装玻璃的学徒工而成为享受有"玻璃大王"之称的陈家和，1983年，到北京、天津替我国三家最大规模的饭店安装玻璃，他的名字因此也渐渐被我国企业界所熟悉。

陈家和的成功是怎样取得的呢？用他自己的话说："人生就是奋斗！"此外，陈家和先生还在来访者面前引用了新加坡华人学者何畅秀先生的一句话："受人一次的轻侮，无异于得人一次的教益，励进之心，益加勤奋。"陈家和确实是在励精图治的艰辛奋斗中成功的。

50年代末期，十余岁的陈家和为了谋生，赤手空拳离开新加坡东甲郊外一个破落村庄跑到首都找他的堂兄帮忙，在一家玻璃商店里当学徒，学习裁玻璃和安装玻璃。陈家和在玻璃店当学徒时，白天踏着自行车，一只手拿着玻璃，一只手扶着车把，穿梭往来于车水马龙的公路，挨家挨户地安装玻璃。夜里，他躺在长凳上翻阅着一本本借来的杂志，特别是对杂志上的照片更感兴趣。一天，他在这些杂志的照片上看欧美许多大城市高楼大厦林立，建筑物上齐整的玻璃窗户特别醒目，他深深被眼前一片玻璃世界所吸引，犹如森林般的摩天大楼的钢筋水泥不露面，外表看去几乎全是光耀夺目的玻璃。这个成天跟玻璃打交道的学徒工心里想："如果有一天，新加坡也是高楼大厦林立，我的理想就会实现了。"

60年代初，新加坡政府制定了扩大城市建设的"大新加坡计划。"陈家和自信地说："我的机会来了。"因为他知道，现代建筑设计的变化，带来了由"水泥丛林"变成"玻璃丛林"的局面。陈家和正是在新加坡建筑设计的这种变化中从玻璃学徒一跃成为"玻璃大王"了。

经过慎重考虑后，陈家和毅然辞去那份月薪新加坡币70元的学徒工作，虽然老板用一些年纪轻轻，单枪匹马难闯天下的一类话挽留他，但是立志做自己事业主人的信念还是激励他离去。一个经营玻璃的朋友来找他，让他去筹集3000元和自己合伙经营，共同度过一个短暂的经济难关。于是陈家和想方设法张罗这笔钱，连母亲一辈子养猪积蓄下来的1200元也动用了。3000元资金筹足后，他帮助朋友度过了经济难关，但他的朋友不守信用，一旦摆脱困境后就提出与他散伙，结果陈家和只做了不到一百天的半个老板。

挨了这一闷棍后，陈家和也变精了。他找到一家专门从事楼宇装修生意的老板商量，主动提出愿意与其合作，条件是凡经店老板装修的住宅和商店，都由他安装所有门窗的玻璃。对方同意后，陈家和便在一条巷子里开始承接玻璃安装工程。他风里来，雨里去，在许多人鄙视的目光下度过了两个寒暑。在裁玻璃时，尽管小心还是常常划破手。一次，他的手在裁玻璃时割了一道几寸长的伤口，赶到医院去缝了20针，回来后照样赶工操作，表现了他坚韧不拔的毅力和强烈的事业心。

经过两年的辛勤劳动，陈家和积攒了一笔钱，以每月100元的租金租下了半边店面，起了个派头不小的店名："和兴镜庄玻璃工程"，时间是1962年6月。两年后，这家公司扩充营业，又过两年再次扩充营业，并改名为"和兴玻璃工程有限公司"。1973年，这家公司正式建厂生产玻璃。由于经营有方，经济收入节节上升，陈家和的企业王国在1983年初终于初具规模，于是他成立了"和兴投资控股有限公司"，自任公司董事经理。同时，他还集和兴玻璃工程有限公司主席兼董事经理、集祥私人有限公司的董事经理、保得企业有限公司主席及瑞士东方私人有限公司主席等八大公司负责人于一身，陈家和从此成为新加坡玻璃行业中首屈一指的企业家。

"大新加坡计划"在过去二十多年里给陈家和带来了建立自己企业王国的机会。在目前新加坡举目皆是的高楼大厦中,各种规格门窗、橱窗的玻璃有80%以上是陈家和的企业承接安装的。新加坡的海滨湖畔中心是目前世界上最大建筑工程之一,玻璃安装工程由陈家和的公司承办,仅玻璃费用就超过1000万元。陈家和说,新加坡在建筑业上的成就是辉煌的,十年前他在业务上参考许多欧美国家的建筑杂志,而今天许多国外杂志却派人到新加坡拍摄高楼大厦的照片。

现在,陈家和所拥有的八家公司除经营玻璃加工与安装外,还经营建筑材料、生产卫生陶瓷器皿和橡胶封条,并从事地产买卖及投资等实业。

深谋远虑　慧眼起家

东南亚各地有许多著名的华人企业家及华人企业,但是这些企业往往因经营不善、客观环境剧变或企业领导层(一般是家族)内讧,只能是昙花一现,因而有华人大企业富不过三代之说。李光前是新加坡最大的橡胶公司南益集团的创始人。为了使南益集团永远控制在李氏家族手中,他总结前人的经验教训,想出了许多独特的办法。1951年7月30日,他召开特别股东大会,通过发行面额1元的管理股共4万元。除了一位董事李成宗拥有200股之外,其余皆归李光前与其儿子所拥有。1964年他回中国治病时,才把他拥有的股份转让给夫人。南益公司管理股与普通股的最大不同之处,在于公司董事是由拥有管理股的股东会议决定的,管理股在选举董事时,每股有4票的投票权,而普通每股只能投一票。李光前这样做,目的是为了避免日后子孙把南益股权出售,使公司落入外人之手。李光前也一度采用过西方的以分发公司股票的方式奖励属下员工的做法,后来觉得不甚妥善,便改为分发丰厚的花红与奖金,分发股票即被取消。李光前还把南益集团的拥有权与管理权分开。目前,李氏家族拥有南益股份的99%以上,外人在该公司中股份尚不足1%。在99%的股份中,李光前一人占48%,其余则由他分配给其夫人、三个儿子和三个女儿。其三个儿子是董事会成员,女儿则不能参与公司决策。为了让李氏家族永远拥有南益集团的控制权,1964年李光前把其名下48%的全部南益股份,悉数捐给李氏基金会。所以,李氏基金会目前是南益集团最大的单一股东。李氏基金会是一个法人性质的信托基金会,没有人可以变卖其资产。这样,李光前就确保了南益集团不会因儿孙分家产而瓦解。

1967年6月,中东战争爆发后,东西方之间的海上门户苏伊士运河一度被关闭。日本和西方国家在中东购买的石油只好绕过好望角，在长途跋涉后回到本国，这种长途运输导致对油船的需求大幅度增加，各航运公司纷纷大批购进油船挤进石油运输业，以赢得巨额利润。石油运输企业蜂拥而起，一时成为世界航运业的热门话题。

当时，挪威年仅 31 岁的阿特勒·耶伯生却对此有着独特的看法。他因父亲去世，刚刚接过其留下的一家小船运公司。这家公司只拥有 7 条船，与其他大船运公司比起来，力量极其弱小。其父去世前，面对航运业中经营油船的热潮，也购有 3 条油船，希望借以挤进石油运输业。油船的造价非常高，这 3 条油船花费了公司微薄资本的大部分，这种投资积压了资金，具有一定危险性；同时面对一些庞大的运输公司，只有 3 条油船的小公司也毫无竞争力。

耶伯生鉴于这种情况，在接管公司一年后宣布卖掉油船，退出石油运输的竞争热潮。为此，招来了许多人的非议。油船很轻易地就脱手了，利用卖 3 艘油船的钱，耶伯生购进了几艘散装船，这种散装船可以用来为大企业运输钢铁产品和其他各种散装原材料，以此为基础，他与一些大企业签订了运输钢铁产品和原材料的长期合同。

不久，1973 年再次爆发中东战争。为抵制美国等西方国家对以色列的支持，阿拉伯产油国纷纷提高油价。油价猛涨，使许多石油消费国大幅度削减石油需求量。与此同时，北海和阿拉斯加石油的成功开采，也改变了石油运输的路线。这两个原因使油轮的需求量锐减，给世界运输业带来了根本的变化。许多石油运输船处于空闲之中，各大油船公司在新情况下进退维谷，一筹莫展，有不少公司损失惨重，有的甚至处于崩溃状态。而耶伯生这家曾经只拥有 7 条船的小公司，凭借其与工业部门签订的那些长期合同，运输散装货物，赢利稳步上升，不仅安然度过航运业的衰退时期，而且逐步积累起资金，使公司有了进一步的发展。

今天的耶伯生公司已是挪威最有生气的船运公司，在耶伯生的手中掌握着总共 1200 万吨的 90 条商船的大船队，还有在世界各地的众多投资。诚如耶伯生所说："无论建设船运公司还是工业企业，都存在长期打算和短期打算的两种不同做法。作为一家小公司，虽然有在投机性的热潮中大赚一笔的机会，但是日后却无法逃脱经济衰退的致命打击。唯有放眼长远利益，放弃眼前小益，站稳脚跟，逐步发展壮大，才能在险象环生的航运业立于不败之地。"

日本索尼公司董事长盛田昭夫是一位世界著名、以行销见长、很有战略眼光的企业家。

1958年年初，当盛田昭夫带着刚刚研制成功的小巧玲珑的晶体管收音机来到纽约时，一下子吸引了众多希望销售这种收音机的代销商。洽谈会的第一天，盛田昭夫就接到了1万台的订货单。同时，一家美国最有实力的代销商提出，愿先订货10万台，但条件是必须把索尼的商标换成他们公司的牌子。原因是当时索尼这个牌子在美国还是默默无闻的。在此情况下，接受这笔订货，无疑会给索尼公司带来很大的利益，但是经过再三的考虑，盛田昭夫拒绝了这个美国客户的要求。不少人对盛田昭夫的这一做法表示不理解，盛田昭夫解释道："10万台订货的确是一笔很大的生意，眼前的利益是十分诱人的，但我最终拒绝了。因为，我们的目标是希望索尼公司的'SONY'商标能风行全世界，能够得到全球消费者的承认。如果使用了美国的牌子，'SONY'商标何时才能打出去呢？我们的目标也永远难以实现。"事实证明，盛田昭夫的决策是正确的，具有战略性的。尽管带"SONY"商标的收音机出口开始是少量的，但是不久，源源不断的"SONY"就充斥了美国市场，从而实现了盛田昭夫的战略目标，"SONY"终于迈出了走向世界的第一步。

1972年，盛田昭夫看到美国许多厂家为了降低成本，纷纷迁厂到东南亚或中南美一带。他立刻意识到，日本单一靠输出产品迟早会带来日美贸易摩擦，鉴于此，不如把工厂由日本迁往美国，一方面可以缓和日美贸易摩擦的压力，另一方面由增加对方的就业机会，而改善日美关系，更重要的是为日本企业赢得高利润。于是，在他的指挥下，索尼在美国圣地亚哥建立了海外第一座电视机制造厂，当索尼彩电在美国打开销路后，工厂取得了空前的发展。这是索尼向着国际性企业发展的又一重要步骤。

陈嘉庚是著名的爱国华侨实业家，他在涉足橡胶业前，经营的是一个罐头厂。

有一天，他从一位英国朋友那里听到英国一家公司在新加坡高价收买橡胶园的消息，便敏锐地意识到这项事业前景将十分广阔。于是，他开始转而投资经营橡胶园。到20年代初，其橡胶园的规模已发展到20.25平方公里。这时他遇到一个巨大的打击，由于种植橡胶成本低而获利高，英商、日商纷纷拥来。一时间，橡胶园遍布南洋，产量大增，超过市场的需求量，从而导致市场上供过于求，价格急剧下跌，陈嘉庚的橡胶厂也因亏损而部分停产。

面对困境，陈嘉庚没有畏惧、退缩。他通过对大量信息资料的分析，预测到，20世纪将是橡胶的时代，眼前的生产过剩和利润减少只是暂时的。同时他还了解到，南洋一带的橡胶业是英国政府的重要税收来源，他们绝不会坐视橡胶价格继续下跌。于是，陈嘉庚做出了一个大胆的决策，就在人们纷纷出卖橡胶园、橡胶厂时，他却到马来西亚等地，耗资30多万元买下9个橡胶厂，随后又投资10多万元扩充和改造了这些橡胶厂的设备，并对自己原有的橡胶厂也都进行了整修。同时，他还看到熟胶制造当时多为英商所独占，而自己的橡胶园只能向他们提供橡胶原料，便又筹集10万元资金，新建了橡胶熟品制造厂，从而形成了橡胶园种植、原料加工、熟品制造等系列化生产。不出陈嘉庚所料，1992年11月，英国政府果然采取强制性措施，使胶价开始回升，橡胶业又恢复了生机，陈嘉庚与他的橡胶事业进入了新的发展时期。

霍英东是香港著名实业家，他创业的成功，决定于其超人的智慧和胆识。

当年香港从事淘沙业的人不多，很多人不敢涉足这个行业，因为从事此事投资大、用人多、获利少。霍英东对此进行一番分析之后，却得出了与众不同的看法。他认为海沙是建筑业、房地产业不可缺少的原料，而香港经济在战后发展迅速，城市建设发展的势头也越来越大，海沙有着潜在的巨大市场。虽然经营此行业占用人员、资金比较多，短期内赚钱有限，但从长远利益看，只要城建不止，财源就不会枯竭。所以，他断定淘沙事业大有作为。于是，霍英东果断地涉足这个别人不敢问津的行业。他派人去泰国，耗资120万港元购回了一艘载重量2890吨的挖泥船，不久又从欧洲一些厂家订购了一批淘沙机船，率先在香港干起了机械淘沙。只两年多的时间，霍英东的淘沙事业便取得了很大的发展，在他拥有的80余艘船中，淘沙船有20余艘。不久，他的事业再上一层楼，取得了从内地输入海沙的专利权，并从此垄断了香港的淘沙业。

设置诱饵　投其所好

第二次世界大战后的日本陷入穷困的深渊。人们索求的不再是神圣的天皇御旨，而是实实在在的温饱。刚刚从西伯利亚战俘营回国的骨瘦如柴的坪内寿夫，虽胸怀大志，却只能协助父母经营一家小电影院。少得可怜的观众使一家人的生计相当困难。观众就是施主，观众就是上帝。坪内寿夫制定了一个吃小亏、占大便宜的“5加5等于25”的战术，改变了传统的一场电影只放一部片子的习惯，改为一场电影放两部片子。观众在占便宜的心理驱使下，纷纷到影院看电影，这就使票房收入大为提高。不久，坪内寿夫便积下了一笔可观的收入。

日本经济恢复，文化事业百废待兴。坪内寿夫看准了这一势头，倾其所有，别出心裁地办起了一座电影大厦。大厦分为放射状的四个座椅舒适的影厅。这样一来只要用一间放映室、同一个入口，既节省了雇员，又能使不同情趣的观众各自欣赏自己所喜爱的影片。为了使醉心电影而流连忘返的观众尽情享受，大厦设了冷饮店、咖啡店、快餐厅以及美观清洁的卫生设施。在日本，像这样的电影大厦当时还是绝无仅有的，如云如潮的观众怀着各种各样的心理走进了这座大厦。仅仅5年，这座大厦使坪内寿夫成为当地赫赫有名的电影皇帝。口袋里有了足够的金钱，取得了社会的承认，坪内寿夫再也按捺不住在企业界一试身手的梦想。

后来，坪内寿夫又用“投其所好”的战略在造船业、汽车出口贸易中创造了辉煌的业绩。

演示营销　吸引顾客

大发明家诺贝尔在发明了雷管以后，使硝化甘油成为一种可以付诸使用的炸药，致使他的事业曾一度相当繁荣。但是，由于硝化甘油在运输贮存中不断发生爆炸事故，人们对它谈虎色变，各国政府都明令禁止使用和贮存硝化甘油。后来，诺贝尔用一种产于德国北部的吸附力强、化学性能稳定的矽藻土作为吸附物，制成了固体炸药。这种固体炸药，在他发明胶质炸药以前，应该说是一种“信得过”的产品。但是，人们心有余悸，对含有硝化甘油的产品不敢使用。为此，诺贝尔亲自去各地表演，为他的新炸药“创牌子”。1867年7月14日，他在英国的一个矿山，当着众多企业界的要人和群众，将10磅炸药放在木柴上点燃，又从60米高的崖上将10磅重的炸药扔下来。在火烧与撞击下，固体炸药都未发生爆炸，说明它安全可靠。然后，诺贝尔又将炸药装入15米深的洞里，用引爆剂引爆，炸得碎石乱飞，证明了它的强大威力。人们终于解除了疑虑。诺贝尔的表演竟成了特殊的广告，不胫而走。1867年他的新炸药仅销售11吨，到1874年就猛增至3120吨，七年中增加了280多倍。

一般手表的销售比较保守，泰麦克斯公司打破传统，在手表业中可谓标新立异，它的推销方式被称为“完全是按照马戏团吸引观众的方式来进行的”。每当泰麦克斯的推销员访问零售店时，都把手表猛摔在地上或放入水中，以说明其高度的防震和防水性能。当人们欣赏该公司的电视广告时，可以看到：泰麦克斯手表被拴在飞奔的马尾上，手表继续走动不停；或是手表被系在急速飞驰的浪板上，毫不受损；或是手表拴在水陆两用飞机外面经受水陆的考验；或从135英尺的高处投入水中，手表照走不误……通过这些“拷打

试验”的广告，泰麦克斯手表渐渐“摔出”了名气，赢得人们的喜爱。公司由此走向成功。仅在 1962 年 12 月，泰麦克斯公司就在非洲市场出售了 10000 只手表。现在，在美国市场上，每出售 3 只手表，就有一只是泰麦克斯牌的；在欧洲市场上，这种手表销到哪里，哪里的手表市场就会受到冲击。

无独有偶，日本的两铁城钟表公司在打入澳大利亚市场时，也采用了“摔”的出奇方式，提高了手表的知名度。西铁城公司采用空投的方式，从高空把手表扔下来，落到指定的广场上，并宣传如果谁拾到就归谁，这妙计果然引起广大民众的兴趣，他们看见一只只手表从天而降后居然安然无恙。于是西铁城手表在澳大利亚市场名声大震。

1983 年，美国的一个厂商生产了一种叫作“超级三号”的强效粘胶液，他想将这种产品打入法国市场，于是委托巴黎的奥布尔维和马瑟广告公司的设计师们制作广告。如何突破传统广告平铺直叙的格局，做出让人信服的广告呢？这些设计师绞尽脑汁，终于设计出一则惊险的广告：电视画面上，一个男人的鞋底上点上 4 滴“超级三号”，然后将此人倒粘在天花板上，保持 10 秒钟。公证人当场监督鉴定，绝无作假。结果，广告播出六个月后，这种胶液销出 50 万支，1983 年总销售量为 600 万支。

另一家生产强效粘胶液的英国阿拉迪特公司，是美国这家公司的竞争对手，也不甘示弱，产品广告设计更是有过之而无不及。他们将一辆小汽车的四个轮子涂上该公司生产的胶液粘在一个广告牌上，公开“示众”，极大地吸引了顾客的注意力，人们对这家公司产品的质量赞不绝口。该公司的产品销量也因此大增。这两则广告的绝妙之处在于：让观众在提心吊胆地观看过程中，真正信服了强效粘胶液的可靠性。历来人们相信耳听为虚，眼见为实，这种惊险广告的效果比起那种长篇大论做口头宣传的广告效果好多了。

开封机械厂为使他们生产的小四轮拖拉机占领“固若金汤”的湖北市场，采取了抓住龙头、现场表演等技术，收到了很好的效果。

1988 年春节前夕，湖北省农机公司召集全省 40 多家市地公司和有关用户 100 多人在随州召开现场会，开封机械厂的小四轮拖拉机做现场表演。本来开封小四轮是没有液压自卸功能的。但他们看到湖北的神牛25拖拉机能够自卸，很受欢迎，便立即着手开发出液压自卸新机型。在表演会上表演了犁、耙、播、运、卸各种操作，同时他们设计的拖斗和25马力拖拉机的拖斗一样大，运量一样多，而价值却是25马力拖拉机的1/2，农民看了非常高兴。

1988年8月，开封机械厂在开封召开订货会。湖北农机公司领导又带着40多个市地公司的队伍来到开封。就这样，他们和湖北省农机公司互相之间建立了信任，加深了友谊。接着又在湖北的潜江、襄樊、荆门、荆州召开了多次现场表演会。在荆门的一次表演会，规模宏伟壮观，到会代表1万多人，乡、村一级农机站的站长和部分机手前来参加，抓农村工作的副省长亲自到会，省电台、电视台均予以转播宣传。从此，湖北的小四轮市场被开封机械厂占领80%。

正戏反唱　正战反打

在商业活动中，一般的顾客都希望以尽量低的价格购进商品。以往的公司都是以顾客为对手，以自身价格的尽量升高为目的。但美国一公司却反其道而行之，设立了一种专替顾客讲价公司。该公司称能替顾客“以最低的价格买到最好的东西”，因而得到顾客的欢迎。

讲价公司的业务范围非常广泛，住房、土地、电器等，凡顾客需要购买的都属于该公司业务范围。通常，公司接到顾客的“订单”后，即派人调查该类商品的市场价格以及卖方的心理，并估计该商品的价格能降到的最低限度。接着，公司抓住顾客求买心切的心理，“巧言令色”取得他们的信任。最后，公司以顾客代理人的身份直接与卖方讨价还价，以使卖方降价出售。由于公司掌握了买卖双方的心理，因而做起生意来很主动，这种正戏反唱之法为该公司扩大了业务来源。

正戏反唱的基本方法是正面文章反面做，而如何做好这种“反面文章”，也需要着力下一番功夫。

“人寿保险”几个字，常常是不受人们欢迎的字眼。不少人一听到这几个字就产生讨厌情绪，形成心理隔阂，使得保险业务在推广过程中受到阻力，外勤业务人员常常被人们拒之于门外。

为了突破这一障碍，台湾新光人寿保险公司经理吴家录亲笔著文，在报纸上发表了一篇题为《讨厌的人寿保险》的文章。这篇文章题目是贬义，正符合不少人对人寿保险产生讨厌情绪的心理，非要看看文章是怎样写的。其实，这篇文章是正面文章反面做，内容与标题并不相符，它采用有奖征答的形式，所提出的问题大都与人寿保险业务有关。看在奖品的分上，读者反映非常热烈，最后邀请明星公开抽奖。对于未中奖的读者，新光人寿公司特派外勤业务员登门拜访，并赠送纪念品，争取读者对人寿保险业的好感。

结果就因为这篇《讨厌的人寿保险》文章一举成功，为新光公司争取到将近三亿万新台币的保险。

正戏反唱的妙处还在于吸引顾客的注意力，通过这种"醉翁之意不在酒"的假戏正唱，提高企业和产品的知名度。例如正当可口可乐在世界最流行之时，该公司突然宣布要改变沿用了99年之久的老配方，而采用刚研制成功的新配方。并声称要以新配方再创可口可乐在世界饮料行业中的新纪录。他们用了3年时间，耗资500万美元，进行了20多万人次的口味调查和饮用试验。其中55%的人认为新配方味道较好。同时。该公司也收到了无数封抗议信件和1500多次抗议电话，还有人举行示威，反对改用新配方。这可乐坏了其对手百事可乐公司老板。

正当百事可乐公司老板乐不可支时，可口可乐公司董事长突然宣布，为了尊重老顾客的意见，公司决定恢复老配方可口可乐生产，并取名为"古典可口可乐"。同时考虑消费者的新需要，新配方的可口可乐也同时继续生产。

消息传出，美国各地的可乐爱好者为之雀跃，老顾客纷纷狂饮老牌可乐，新顾客竞相购买新可乐。一时新老可乐销售量比往年同期上涨8%，可口可乐公司的股票每股猛涨了2.57美元，百事可乐公司股票却下跌了0.75美元。

跟踪热点　一举成名

上世纪 30 年代，女式泳装已从背带式发展为两件式，但“比基尼”（bikini）式则是二战以后的事。说来有趣，这种泳装竟会和核试验沾上关系。似乎不可思议。1946 年 7 月 1 日，美国在太平洋比基尼岛上空，爆炸了一颗原子弹，引起全世界新闻界的关注，各报都连篇累牍地争相报道。

当时，巴黎的服装设计师路易·雷阿德正准备推出一套别出心裁的三点式泳装，无以为名，正在犯愁，恰好比基尼原子弹爆炸事件在报上闹得红火，雷阿德灵机一动，也想让新闻界再来一次轰动，他自信这种泳装一推出，必然也是爆炸性的，于是他把这种泳装命名为“比基尼”。

7 月 5 日，也就是原子弹爆炸后的第五天，雷阿德聘请的世界第一流模特米什兰·贝纳迪，身着历史上第一件“比基尼”泳装，沿着巴黎的大街款款而行，引起数万人观看，造成新闻轰动。就在这一年，这种泳装的各种报道，以及所招致的关注、赞赏、批评甚至谴责，如同雪片飞来，比议论原子弹爆炸更起劲儿，从此“比基尼”泳装便名扬四海。

1984 年，广州市场上的汗衫积压甚多，一再削价也难以卖掉。当时，广州海幢公司经理针对“奥运会”即将在美国洛杉矶召开，我国运动健儿近年水平大有提高的情况，立即组织人员进行分析预测，认为中国运动员有望实现奥运奖牌零的突破，并将会大大激发中华儿女的爱国热情和民族自豪感，如能在“奥运会”前夕及开幕期间，把印有“奥运会”标志的各种汗衫、运动衫投放市场，一定会大受欢迎。该公司立即照此行事，将积压滞销的汗衫印上“奥运会”标志，并开发其他品种“奥运衫”，抢在奥运会开幕前夕投放市场，果然被抢购一空。

吉林省通化市第四服装厂高厂长上任做的第一件事就是“闯北京”。老高认准一个理：要在服装业搞出点名堂来，光在山沟里小打小闹不行，必须把目光盯住全国最有影响的大城市、大商店。

第一次“闯北京”，老高带着几种自己亲手设计制作的服装样品，来到著名的新新服装店。服装店经理听说他是来自长白山区一个名不见经传的小厂，对订货的事便婉言谢绝了。第一次“闯北京”没“闯进去”，老高没有灰心，继续积极从各方面做准备。机会终于来了。那年，日本影片《追捕》在全国放映后，在青年中反响很大，男孩哼着影片中的歌，女孩子留起真由美的发型。老高连着几天看《追捕》，得到启发，根据影片中男主角的装扮，设计出“杜丘衫。”

第二次“闯北京”，老高带了200件“杜丘衫”，再次来到新新服装店。服装店经理仍很热情地接待了他，但对他带来的“杜丘衫”是否畅销，仍有疑惑。老高执意要求把“杜丘衫”摆在柜台上试一试，并提出来亲自站柜台。结果，出现了意想不到的情况。当顾客从琳琅满目的服装中发现“杜丘衫”时，便立即被吸引过来，小伙子们争相购买。200件“杜丘衫”不到一上午就被抢购一空。于是，一批批产品连续运往北京，新新服装店的柜台天天被挤得水泄不通，以至不得不每天发放200张售货券。通化第四服装厂的产品终于“闯入北京。”

山东嘉祥酿酒厂是一家名不见经传的企业，在毛泽东诞辰100周年临近之际，该厂抓住纪念伟人百年诞辰的热点，不失时机地推出了“东方红太阳酒”，这种酒在包装上别具匠心，大红色方盒，黄手帕包瓶，手帕上挂有一枚毛泽东像章，既加深了人们的感情印象，又让人产生联想和悠长的思念。因而在“毛泽东热”不断升温，以及相继出现的“伟人热”“画像热”“影视热”“红太阳歌曲热”的社会大背景下，迎合了市场需求。这种酒投入市场后，便以其酒名的响亮、像章的精美，独领风骚，一举走俏。引起社会各界的广泛关注。《经济日报》《工人日报》等30多家报纸纷纷发表文章，励赞酒厂的精明。“东方红太阳酒”不但畅销国内市场，而且也受到了港澳地区消费者的欢迎。1993年下半年，“东方红太阳酒”累计销售2000多吨，创下该厂单个品种销售的历史最高纪录。

让利法则　占尽先机

如果有人劝正在经商的你，将部分利益转让给别人，不知你会做何感想？但这确实是一些优秀商人的高明做法。经商虽在于谋利，但不可尽贪。贪得无厌的商人，由于过分注重自己的权利，不仅会伤害经商的伙伴，更会伤害自己的“上帝顾客”。

从前，有位神仙想到人间来找一个没有贪婪欲望的人，把他变成神仙。他来到人间后，碰到一个男人，神仙在男人面前把一块小石头变成了金子，对他说：“你想不想要。”那个男人立刻面露喜色：“想要，不过你还能找一块大点儿的石头吗？”神仙失望了。他在第二次遇到的男人面前再次把石头变成了金子，不过这次的石头比上次的要大。但这个男人还是想要更大的。这使神仙更失望了。于是他又找到第三个男人，然后又把一块更大的石头变成金子问他要不要，可是那人却摇头说：“不要。”神仙又变了一块超过刚才那块大小的石头，但这个男人依然摇头。此时神仙心中大喜，以为他终于找到了没有欲求的人了。但那人却说：“神仙，能不能将你那根可以点石成金的指头给我。”

这个故事说明：人就是人，成不了神仙。人要生存要发展，本性中就有着各种各样的贪求。这种贪求正是商人经商的目的和动力。日本著名企业家丰田公司的总经理石田退三曾说：“我的欲望很深，就因为欲望很深更激励我努力工作。可见满足欲望是调动人的积极性的一种合理手段。”但是，商人的贪欲需要自我克制，因为，只有克制自己的无穷无尽的贪欲才能团结他人与自己合作，并吸引顾客前来消费。所以，石田退三指出，为了更长久地赚取利润，商人们必须应用让利法则。

让利法则的第一条原则是，让顾客分利。有一家特殊的餐厅，生意一直很好，它的老板阿汉是这样给顾客提供用餐回扣的：每个第一次到餐厅用餐的顾客，都可以获得一个新“户口”。在每次用餐付账之后，账单上的钱数都被记到“户口”中。每到餐厅的财政年度结算，阿汉可以从“户口”上查出顾客光临的次数和付账总数。然后，阿汉把餐厅营业利润的10%按比例分给每个顾客作为回扣。这种回扣方式得到这样一种效果：顾客在餐厅吃饭，年终还能分到餐厅的钱，就像一个大家庭的所有成员向家庭交纳伙食费，年底再分钱一样。阿汉此举使顾客无形中形成了一种家庭认同心理,使顾客自觉像回家吃饭一样认同饭店的一切,从而使餐厅很快发展起来。

让利法则的第二条原则是,让合作者谋利。

香港地产巨子,郭得胜以他憨厚的微笑和细心的经营,在创业之初,使周围邻居不再感到陌生,生意也日见好起来。他批发的华洋杂货及工业原料,价格都很适中,街坊都说“他是个老实商人”。

说也奇怪,人越老实,客户越喜欢跟你做生意。生意做大了,便又向东南亚拓展市场。1952 年索性改称为鸿昌进出口有限公司,专做洋货批发。没多久,街坊不再称他郭先生,而是议论他是“洋杂大王”了。

文化营销　效果不凡

一件有着丰富文化含量、造型设计别致的商品,常会令人爱不释手。如今,许多企业经营者已经敏锐地意识到在产品开发中,必须注重发挥文化优势,挖掘文化遗产,丰富产品的文化内涵,从而使产品迅速打开市场销路。

山东曲阜是孔子的家乡,孔子连同孔庙、孔府、孔林等在国内外都有很大的名气。于是曲阜的企业家们大做借名文章,在产品商标开发上,非“孔”即“圣”,取得了很好的经济效益,“孔府家酒”“孔府宴酒”都成了闻名中外的名酒。

浙江省绍兴是鲁迅的故乡,近年来,绍兴的生意人吃上了“鲁迅饭”。当你漫步绍兴街头,只要稍加留意,就会发现许多店名招牌都是取于鲁迅著作,如“祥林嫂饭店”“咸亨酒店”“阿 Q 服饰”“孔乙己酒家”“祝福艺苑”“未庄食府”“朝花影社”“阿贵酒店”“野草书屋”等。据该市商标事务所统计,全市借鲁迅作品中人物、地名来做企业名称或产品商标的有 200 个左右。不少企业都获得了可观的经济效益。据该市资产评估事务所介绍,1989 年有个卖茴香豆的个体户用 300 元注册的“孔乙己”商标,如今价值已达 26 万元。这一商标给小店带来了极大的经济效益,“孔乙己”茴香豆现在畅销北京、上海、杭州等地。

《北京纪事》杂志 1994 年 12 期封三上有篇题为《三毛闯海》的报道。说的是:近日,京城一夜间冒出个“三毛修理摊”,摊主是个 16 岁的小伙子,他按著名画家张乐平所作《三毛流浪记》中三毛的模样,剃了个只剩下三小撮毛的头,打出了“三毛修理摊”的牌号，生意一下由往日的惨淡经营、生活难以维持而变得火爆起来。

杜康酒是我国历史名酒。魏武帝曹操在著名的《短歌行》中曾留下佳句：“慨当以慷，忧思难忘，何以解忧，唯有杜康。”然而，在连绵不断的战争和朝代更迭中，杜康酒的制作工艺却失传了。1971年，河南伊川杜康酒厂经过反复研制，开发出新一代杜康酒。为迅速打开国内外市场，该厂乘1976年冶金部代表团访问日本的机会，把酒送给日本原首相田中角荣，并赠诗一首：“田中原首相，和好利家邦，献上杜康酒，周公古义长。”这酒是通过该代表团一位团员的日籍华裔弟弟转送的，转送者也附写了一首诗“美酒古来为杜康，河南一饮三年香，诺言生死应更改，七载做成献寿长”，一并送给田中角荣。诗颂酒意，酒香诗雅。于是，杜康酒与颂酒诗很快传遍日本，在日本形成了一股杜康酒热。杜康酒的促销是借用了其悠久的历史，再配以颂酒诗加以渲染，使人感到饮杜康酒如同在回忆中国历史一样。可谓借用得恰到好处。

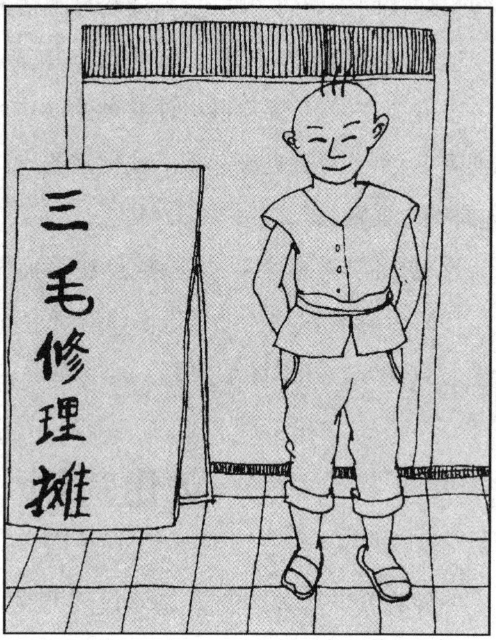

在我国，用诗词形式为企业和产品做广告早已有之。

唐代著名诗人李白有一首咏兰陵美酒诗：“兰陵美酒郁金香，玉碗盛来琥珀光。但使主人能醉客，不知何处是他乡。”把此酒的色、香、味都淋漓尽致地描绘出来，读了此诗，且不说能使酒客的酒瘾发作，即使不喝酒的人也想去一尝为快。

唐代诗圣杜甫客居蜀中时，对大邑出产的白瓷十分赞赏，吟道：“大邑白瓷轻且坚，扣如哀玉锦城传。酒家白碗胜霜雪，急送茅斋也可怜。”此诗描述了白瓷的产地、质量、色泽等特点，令人喜爱，使大邑随之名扬四面八方。

北宋大文学家苏东坡被贬到海南岛儋州时，曾应卖油环饼的邻居老妪恳求，挥毫为她写了一首七绝诗：“纤手搓来玉色匀，碧油煎出嫩黄深。夜来春睡知轻重，压扁佳人缠臂金。”把制作环饼的过程、形状、色泽以及酥脆、喷香等特色，勾面得栩栩如生。那老妪请人把此诗装裱悬挂在店堂，从此环饼名声远扬，顾客盈门，生意格外兴隆。

清代诗人杨静亭所作《水晶糕》云:“绍兴品味制来高,江米桃仁软若膏。甘淡养脾疗胃弱,进场宜买水晶糕。”此诗将水晶糕的产地、制作原料、特点和功能写得一清二楚,其广告作用是显而易见的。

晚清诗人李静山曾为北京王麻子剪刀店写了一首广告诗:“刀店传名本姓王,两边更有万同汪,诸公拭目分明认,头上三横莫看慌。”据传有一名姓万的和姓汪的,分别开了“万麻子剪刀店”和“汪麻子剪刀店”,与王麻子争生意。此诗犹如今“打假声明”,提醒顾客认准王麻子剪刀店名牌,切勿慌忙弄错。

到了现代,广告诗更有所发展。作家刘绍棠为山西杏花村汾酒厂写了一首广告诗:“金泉佳酿天下闻,车似流水人如云。古今谁家酒最好,众望所归杏花村。红杏枝头春意闹,清明时节柳色新。返老还童须一醉,牛背短笛唱乡音。”一首广告诗竟使该酒销量大增,而且翻译成外文,把汾酒广告诗宣传到国外去了。

已故的现代诗人闻捷生前曾为上海一家灯泡厂写过一首灯泡广告诗:“向太阳里取来的熔岩,从碧空里摘来的星星;耐住千度高温,负得起延长白昼的使命;把五彩缤纷的晚霞,焊接上金光灿烂的晓云。”以丰富的想象力写出了这首绝妙的灯泡广告诗,这不仅是灯泡广告,更给人以优美的艺术享受。

电影作为一种精神产品,不少电影广告诗富有情趣,耐人寻味。如为故事片《西施泪》写的广告诗:“浓妆淡抹可为啥?美人越水浣轻纱;欲识西施真面目,请向银幕睹芳华。”读了此诗,能引发观众对该影片的兴趣和观看欲望。

位于郑州市金水大道的越秀酒家凭着高品位的文化活动和文化追求赢得了中外消费者的称赞。

越秀在建店伊始,即有意追求凝重而典雅的艺术格调,数次内装修中,没有选择红遍大江南北的卡拉OK,而是先后建起画廊,悬挂起100多幅名人字画,并在雅间内陈列了雕塑、瓷器、古玩、文物等。1993 年还成立了越秀室内乐坛，礼聘专业艺术团体、艺术家演奏中外经典名曲，法国巴黎国家歌剧院五重奏访华团、德国萨尔州国家歌剧院、中央歌剧院以及我国京剧表演艺术家袁世海、梅葆玖，著名小提琴演奏家薛伟等都曾在此献艺。食客步入越秀，眼观名家字画、文物珍品，耳听笙簧婉转、丝竹悠扬，俨然进入文化宫殿，以至于欧共体一位农业官员连连道歉：刚从县里回来，没来得及换上礼服。

1993 年年底，越秀和三联书店联袂成立了国内首家酒店中的书店，国内外出版的 4000 余种装帧精美、品位高雅的图书吸引了众多食客。接着，为配合读书活动，越秀学术讲座又拉开了序幕，王世襄、丁聪、吴祖光、费孝通、胡绳、于光远、刘国光、吴敬琏、庞朴、冯其庸、王蒙、余秋雨、张承志、陈鼓应等著名作家学者相继走上这非同寻常的讲台，纵论学术，与中州学人交流。此外，越秀还举办了“亚洲 2005 年论坛暨走向 21 世纪的太平洋地区”等国际学术交流会，以及同中国未来研究会合作进行青年未来意识调查等等。

越秀的这些文化活动引起了河南省内外经济界、文化界和新闻界人士的广泛瞩目，《人民日报》《光明日报》等重要媒介称其为“耐人寻味的越秀文化现象”。

不鸣则已　一鸣惊人

天生我才必有用，但不知机遇何时才能降临到皮尔·卡丹的身边。

在巴黎的大街上，他默默无语地走着，漫无目的。

走投无路的皮尔·卡丹，突然眼睛一亮，他看到一家男时装店的橱窗上贴着一张招募学徒的广告，便决心去应试。因为他学过裁缝，再加上他有这方面的天赋，颇受老板的赏识，于是便顺利地被录取了。

从此，皮尔·卡丹开始了他在时装界的奋斗生涯。后来他回忆说：“我是从头到尾学这个行业的。我喜欢把一件衣服从头做到尾，从画嵊、裁剪、缝合、试样，直到销售。”

在卡丹的成长过程中，法国现代派作家让·郭都，画家克里斯莱昂·贝腊的美学思想给了他深刻的影响。

1945 年，卡丹转到“帕坎”时装店，跟随老板帕坎为许多著名演员制作服装，从此在时装业中初露头角。

第二年，卡丹又到大名鼎鼎的克星斯坦·迪奥尔开设的“新貌”时装店工作，学会了制作“高尚、大方、典雅”的服装技术。

1950年，皮尔·卡丹大显身手的时候到了。他依靠自己在服装界的经验和高超的设计与裁剪技术，在巴黎开设了一家戏剧服装公司。同年，又在什庞斯街的一所楼房里租了一间陋室，首次展出他设计的戏剧服装和面具。1953年，他又在这里举行了第一次女式时装展览，并且一举获得成功。

从此，皮尔·卡丹的名字便赫然显目地出现在许多报纸上。一些达官贵人、太太小姐们不嫌他的门面小，一个个纷至沓来。一年后，卡丹的第一家时装店正式开张，地点就在圣君子旧郊区大街。

卡丹的他的事业发展道路上也常遭到一些人的非议，但他始终能保持沉默，最后往往是“我行我素”，痴情不改。

卡丹的总部设在巴黎著名的福博·圣·奥诺莱街，就在法国总统府——爱舍丽宫的旁边。他在那一带开设了九处男女、儿童时装店，家具、灯具店和食品店。有人说他是想要借总统府的名声、威望来扩大其影响范围，招揽生意，也有人说他有着想与总统一争高低的野心。

对此，卡丹解释说：“这是因为三十五年来，我一直在这条街上筑巢。只要那里有什么房子要出卖，我马上就知道。我并不刻意去寻找，甚至在买房子的时候我还经常犹豫呢。”

他往往对同行们的妒忌和抨击置之不理，而是让时间来检验自己的创作。有一次，卡丹曾对记者说了这么一段轻松的话：“我已被人骂惯了，我每次创新都遭到辱骂。但是辱骂我的人，常常学我做的东西。”

本来，法国高级时装是一个限制严格、顾客有限的特殊行业，至今在巴黎也只有23家服装企业够得上“高级时装”的水平，在全世界的顾客不过三千余人。卡丹第一个认识到：高级时装必须在最广大的普通消费者中开辟市场，才能找到出路。

随着皮尔·卡丹的名声愈来愈大，一些贵妇人、影星、公主们争先恐后地来请他设计时装，没多久，卡丹感到厌倦了。他坦率地说：“我为什么就只服务于这些人呢？我的目标是：除了面向富人，也要面向普通百姓，我要为更多的人设计服装。”

他经营成衣，由此而赢得了更多的消费者。

此外，卡丹计划在世界各地开设500多家快餐店，并设有不同档次。他的服务对象确立为：既为腰缠万贯的上流社会人士服务，也为地位不高的职员和一般市民服务。他在中国北京崇文门外开设的马克西姆餐厅和美丽姆餐厅两部分，前者服务对象主要是“大款”和有钱的外围人，后者的服务对象则是一般老百姓。

其实，皮尔·卡丹对中国的市场潜力是早有所知的。早在1974年，他就在天津开设工厂生产“卡丹”牌头巾和地毯。1978年，他首次访问中国。第二年，他又到北京、上海，并展览了他的时装，成为中国举办时装展览的第一个外国人。那次展览会上男女模特儿全都是他从巴黎带过来的。1981年，他又在北京举办了第二次时装展览会，展示了春夏秋冬各式时装；同时，卡丹时装陈列室也在北京天坛公园开幕。他的展览会和陈列室所展出的时装都是他公司的最新产品。

1981年的时装展览会上时装表演，上场的全都是中国自己的时装模特儿，但这些模特儿都是皮尔·卡丹所召集和训练出来的。后来，卡丹在中国开设了模特学校，让中国人对世界服装业有了一个初步的认识。

卡丹把在中国物色到的模特儿石凯带到巴黎培训，让她开阔视野。后来，石凯在一次世界模特大赛中得了奖，成为历史上第一个享有“世界超级名模”殊荣的中国姑娘。

到这时，世界时装界才真正认识到中国，他们开始把拓展时装业的目光投向中国市场。

对于1981年的北京时装展览会，英国路透社曾在北京发出了这么一条消息：

“法国的高级时装在今天进入了北京市场，但其对象并不是普通的中国人。

著名时装设计家皮尔·卡丹，今天为他的服装及附属品办了一个展览会，以后这些展品便公开出售。在今年的开幕式仪式上，卡丹兴奋地对记者说：“我曾经以为这是不可能的，但终于搞成了。”

卡丹说，他计划开一间大些的店铺和一家拥有三百名工人的工厂，以便在这里生产卡丹的产品。

这次展览会所展出的一些男女时装式样，其中有许多受到了中国建筑物上飞檐的启示，而使这些式样的肩部耸起。这种式样颇受中国人的喜爱，从中也体现出了卡丹具有很强的洞察力和作为商人所具有的敏锐眼光。

卡丹非常欣赏中国的丝绸、呢绒和布料。他选用了一批中国衣料，设计制成时装在巴黎展出后，受到了许多人的称赞。

时装，在当代中国已为大多数人所接受，人们对时装模特表演表现出很大的兴趣。卡丹时装已为中国人所向往，成为富有的象征，卡丹时装在中国拥有的市场越来越广阔。

为了进一步扩大影响，卡丹抓住有利时机，在十一届亚运会开幕期前夕，在北京地坛举行了又一次时装表演会，并全部采用中国的模特表演。时值世界各地宾客云集北京，这次表演会再次轰动起来。

现在，卡丹已在北京、上海、广州开设了服装分店，深受各国人士的喜爱，生意十分兴隆。

皮尔·卡丹凭借其艺术素质和锐利的商业眼光，他看上了中国，发现了中国这一具有巨大潜力的市场，并且立即行动起来，不怕冒险，闯进中国，成为开辟中国时装市场的外国第一人。要知道，在改革开放的最初几年，西方各国对中国的仇视并没有减弱，作为一位法国商人，要在中国开辟市场，在当时需要多么大的决心和勇气啊！而卡丹以他超人的胆识做到了这一点。

皮尔·卡丹不仅是世界著名的企业家，还是一位天才艺术家。事业发展之余，他主办的"卡丹场所"综合文化中心，坐落在巴黎市中心协和广场和总统府之间的加勒里埃尔街，面临香榭丽舍大街花园。在这座乳白色的别墅型建筑里，上下三层，设立剧场、展览厅、会议室等等。在那里经常演出戏剧，举办美术展览和卡丹自己设计的时装表演。

卡丹就是卡丹，他勤奋、刻苦地工作。他说："我生活在工作中，我生活是为了工作。"

卡丹的工作作风是事必躬亲，对属下要求严格，有时近于苛刻。而他自己，虽然同著名影星让纳·霍摩共同生活过，但一直没有结婚。

他日常生活简单，就喜欢旅行。他有一间舒适的办公室，但他更多的时间是在另一间狭小的工作室里，靠着用钢架和木板搭成的桌子工作。

随着卡丹帝国的全盛发展，卡丹本人就像旋风一样席卷全球。他今日巴黎，明日里约热内卢；设计款式，检查验收，应酬各种招待、宴会。同他打交道的人上至国家元首，下至平民百姓。他说："我明白我陷入了一个镀了金的牢房里，我成了奴隶，一个我自己和周围环境的奴隶。我仿佛置身于一个快速旋转的磨盘里，欲罢不能。这样下去，我不可能再活三十年了。"

"名垂千古"是卡丹的信条。卡丹直言不讳地说："我渴望出人头地。三十年来我的名字已频繁地出现在各种报纸上，谁能和我匹敌呢？既然成功了，就要保持下去。我要成为胜利者，名扬四海，流芳百世。”

从六十年代起，卡丹在创作上不断探索、追求，积极创新，他设计的“P”字牌服装走出了法国，并在世界各地深得人们的喜爱，享有极高的声誉。

卡丹服装行销世界，成为现代时装的名牌之一。它以“高尚、典雅、大方”而著称于世。卡丹本人也因此而三次荣获法国时装“奥斯卡”设计奖，这是服装设计的最高奖，而卡丹则成了世人瞩目的设计巨星，法国时装界的王中之王。

现在的皮尔·卡丹，拥有着从设计、加工到生产的庞大时装业，“卡丹帝国”的主人卡丹从一个一文不名的学徒工，发展到不仅在法国拥有上百家分店，而且在世界上97个国家开设分店，经过三十多年的努力，使“P”字牌服装成为超级名牌。如今，卡丹已拥有十亿美元的资产，成为时装界的头等富豪。

功成名就的皮尔·卡丹，并没有就此而停止不前，而是继续攀登着事业的高峰。

1981年，这位时装大师做出了另一惊人的举动，这一惊人举动轰动了整个巴黎。卡丹以150万美元买下了巴黎协和广场旁边、皇家路上的马克西姆餐厅。

当时的马克西姆餐厅已濒临破产，前景十分暗淡。有人甚至断言，卡丹接手这家餐厅，也会落得一个悲惨的结局。但这并没有动摇他经营这家餐厅的决心。

卡丹请来了一批专家精心设计，将餐厅装饰修葺一新，整个餐厅恢复了十九世纪的风格——墙上画的是古希腊神话中的美丽的女神，背景是一片田园牧歌式的优雅、安静、舒适的情调，线条流畅的精雕木饰，草蔓蜿蜒，一派古色古香而又充满现代艺术风格的装饰，令进厅用餐者首先感触到一派赏心悦目心旷神怡的情调。卡丹还专门聘请名师精心制作食品，培训招待人员，提高餐厅的服务质量。这一系列措施的实行，整个餐厅的面貌顿时焕然一新，很快便成为巴黎大名鼎鼎的餐厅。

经过几年的苦心经营，马克西姆餐厅的名气如同汉堡包一样风靡世界，其影响远远超出了巴黎乃至整个法国，成为卡丹手中的又一张王牌。

卡丹买下“马克西姆”这个金字招牌的专利权，不仅为了向全世界推广法国的烹调技术，更重要的是利用这块名牌招财进宝创造高额利润。事实上，也正是这个牌号，在巴黎，在整个法国都享有极高的声誉，在全世界的餐饮业中也是独占鳌头，深受各国人民的喜爱。

马克西姆餐厅的成功，来自卡丹独特的经营构思。

本来，像马克西姆这样享有极高声誉的牌号，一般是不面向普通顾客的，而只是针对一些高级顾客，而卡丹这位时装大师却又一反传统，首先把这样只对少数人开放的俱乐部式的高级餐厅改为大众化的、人人都乐意光顾的快餐店。

卡丹认为：如果餐厅只做少数人生意的作风不改变的话，那么，想要生存下去的机会就非常少，只有面向大众，业务才会有大的发展。正是这种精明而又独具一格的经营策略，使得马克西姆集团在近年法国经济衰退、失业人数剧增的情况下仍能保持生意兴隆。

时装业和饮食业的成功经验，成为卡丹商业帝国的两大顶梁柱。卡丹终于实现了他的诺言：“执法兰西文明的两大牛耳（时装、烹饪），面向整个世界。”

广告宣传　效果独特

长春有家汽车经销服务部，专门经销长春第一汽车制造厂的中型卡车，在激烈的销售大战中，它曾打出一套漂亮的组合拳。

全国劳动模范，甘肃省兰州市汽车运输公司张军榜驾驶的一辆解放牌汽车，行驶110万公里无大修，成绩优异，汽车经销服务部知道了这个情况，便邀请他回一趟“娘家”。张军榜接受了邀请，又驾驶这辆汽车，途经六省、市，行程3000多公里，赶到长春。经销服务部及时与第一汽车制造厂有关领导联系，安排领导和职工热烈欢迎张军榜的到来，向他颁发了模范用户证书，并将一辆CA1415新型解放牌汽车赠送给他使用。一时间，这件事成了热门话题。经销服务部又把握时机，与长春的几家报社联系，把这件事以《行驶110万公里无大修的汽车回娘家》为题在报纸上刊登了出来。

这件事乍看起来很简单，而稍加深思，就会感到其中大有学问。这是汽车经销服务部对推销手段加以组合的巧妙应用，就好像在拳击场上打出了组合拳一样。

推销手段通常有四种，即人员推销、广告宣传、销售推广和公共关系。而推销手段组合，就是有目的、有计划地把人员推销、广告宣传、销售推广和公共关系等四种推销手段配合起来，综合运用，形成一个完整的最佳的销售策略。在现代企业营销管理中，不仅要注重对某一种推销手段的选用，而且更要注意各种推销手段的有效组合使用。

长春汽车经销服务部在处理张军榜驾车回“娘家”这件事的过程中，巧妙地运用了连环计，取得了显著的促销效果。

首先，经销服务部邀请张军榜驾车回“娘家”，张军榜驾驶着已经行驶110万公里的

“一汽”车，途经六省一市，行程 3000 多公里，这实际上是为经销服务部及其经销的汽车作了广告宣传，使人们对经销服务部及其经销的汽车产生了信赖感。

其实，经销服务部采用了销售推广手段，赠送给张军榜一辆新型解放牌汽车，以便靠全国劳动模范的影响，宣传新型车，促进了薪型车的销售。

第三，经销服务部还通过几家报纸的宣传报道，加强了用户对经销服务部的了解，提高了经销服务部的声誉，建立了良好的企业形象。这是公共关系推销手段的运用。

悬念广告　欲言又止

台湾三阳摩托车为了取得市场竞争优势，在新产品上市以前，连续 6 天在报纸上刊登巨幅广告，提醒消费者 6 天暂停购买摩托车。第一天，台湾的两家主要报刊上登出了一则没有注明厂牌的摩托车照片，并附有说明：“今天不要买摩托车，请您稍候 6 天。买摩托车您必须慎重地考虑。有一部意想不到的好车就要来了。”第二、三、四天，内容一样，只是换一下天数。到了第五天，广告内容稍稍改为“让您久候的这部无论外形、冲力、耐力度、省油等等能令您满意的野狼 125 摩托车，就要来了，烦您再稍候两天。”第六天的广告，内容又稍改为：“对不起，让您久候的三阳野狼 125 摩托车，明天就要来了。”第七天，野狼 125 摩托车正式上市，刊出全页巨幅广告，市场大为轰动，“野狼”成为抢手货。这个人为制造悬念的广告创造了销售奇迹，使厂家名声大震，并被台湾广告界传为佳话。

关于悬念的制造效果，有人说关键在于时间，杭州中药二厂的两次悬念广告都是三天，而据我们了解，香港电视台也曾经插放汉堡包的悬念广告，一个小孩胖胖的两条小腿在沙滩上走，留下两行脚印，连续十五天，都是同一画面，且没有留下任何文字或声音说明，到了第十六天仍是这个胖小孩的两条小腿在沙滩上行走，所不同的是，每留下一个脚印，便从脚印中跳出一只汉堡包。多日不解之谜，终于揭晓，原来这是汉堡包的广告，这种欲言却止，欲扬先抑的广告效果远比一般连做 16 天的广告效果要好得多。

也有的广告，在极短的时间里，甚至几秒钟内，制造出了悬念，却悬而无念。如：有一则电视广告，利用广告节目结束时，停止二三秒钟的间隙，给观众造成电视剧即将开始的错觉，当观众凝神等待时，却从暗处传来“咚咚”的脚步声，并配以紧张的音乐伴奏，画面上出现了一双穿着皮鞋的脚的特写，观众以为这是电视剧的序幕，正提着心往下看时，屏幕上骤然打出“××皮鞋”的广告。观众恍然大悟，连叫受骗、倒胃口。这则广告虽然达到了引人注意的目的，但由于刺伤了观众的自尊心，产品的形象被破坏了，反而弄巧成拙。

安全价廉　优质服务

“莱克航空公司”是英国一家私人创办的航空公司，从 1977 年开始营业。它经营的业务是从英国伦敦飞越大西洋，往来于美国和欧洲众多国家的定期航班。该航空公司从开业之日起，由于以“安全廉价、优良服务”为宗旨，很快赢得了各国乘客的信赖，使每一班航行订坐满位，生意极为兴隆。开业后两个多月，盈利近百万美元。

但是，由于多种非经营性的内部原因，“莱克航空公司”于 1982 年初突然宣布破产。这一消息的传出，不但使成千上万的乘客迷惑不解，甚至使英国的高层人士和政府官员也莫名其妙，十分惋惜。这么一家私人企业的倒闭，给很多人的生活和心理带来了巨大冲击。很多人居然提出自愿捐款，发起抢救“莱克”的运动。“莱克”的职工们还组织队伍，从公司总部出发到英国首相府去请愿，呼吁政府拨款支持该公司，要求撒切尔夫人援助“莱克公司”。美国和欧洲一些国家也有许多人致信或致电报到英国政府，要求对“莱克”进行帮助，不能让它倒下去。

且不追溯“莱克”公司因内部什么问题而倒闭，但它的倒闭却引起各方面人士的强烈反响，得到广大顾客的同情，这反而值得同行研究和注意。伦敦《每日快报》对于“莱克”的倒闭发表文章说：“它是我们时代的英雄，它把世界交到普通人手里，使大群人的翅膀得以伸展高飞。对尊敬崇拜它的人来说，莱克公司的倒闭，意味着天空将出现空虚。”

这个评价道出了真实情况。弗雷弟·莱克创办的“莱克航空公司”是世界第一个最低廉票价的航空公司，它的飞机定期飞越欧、美两大洲之间，被称为“天空列车”。创办之初，从伦敦到纽约的一张机票只收 99 美元，如此之廉价，是任何航空公司无法相比的。为此，它备受大西洋两岸的低下层人员的欢迎，特别适合那些探亲访友的普通居民、观光旅行团及学生假日旅行团。开办几年来，它一直客似云来，从不担心班机订座率低的问题。

“莱克公司”薄利多销的经营策略不但赚到了钱，而且赢得了顾客们的心，它曾被称为“廉价机票之父”。连英国首相在 1982 年的一次会议上都说：“我是弗雷弟·莱克迷。不论他发生了什么困难，也不能抹杀他的伟大贡献。他曾使许多本来乘不起飞机的人乘飞机探亲、访友、旅行观光成为可能。虽然政府不能在金钱上给他提供援助，但我在精神上是永远支持莱克的。”

垄断经营　独领风骚

丰田汽车公司是日本最大的汽车制造商，年产各种汽车 400 万辆，产品 40%外销，在激烈竞争的国内市场上有 32%的份额。丰田公司之所以能保持如此之高的市场占有率，除产品有较强的竞争实力外，其独特的营销方式——专卖制的作用功不可没。

丰田公司对经销自己产品的代理商、经销商给以买断权和卖断权，即丰田公司与某个经销商签订销售合同后，赋予该经销商销售本公司产品的权利而不再与其他经销商签约，同时也规定该经销商只能销售丰田牌子的汽车。专卖区域制是指在某个地域内只设立一家公司销售丰田汽车，保证专卖店的独家经营权，这样就形成了区域性的专卖制。实行专卖，避免了经营相同牌子汽车的经销商为抢客户而竞相压价，以致损害公司声誉，同时由于用户与唯一的专卖店建立联系，既产生可靠感，也会产生优越感。

他们在实行专卖店制和专卖区域制的同时，还实行了分系列专销制，销售公司专业化，配套服务专门化第一系列的销售和服务措施，从而有力地促进了产品的销售，保持了较高的市场占有率。

印度尼西亚的华人巨富林绍良是当今世界 12 大银行家之一，享有“世界第六巨富”的美称。据统计，林氏家族的资产总数不少于 70 亿美元。林氏集团拥有 192 家公司，涉及银行、房地产、建筑、机械、汽车、交通、电子、矿藏、水泥、木材、种植、药品、纺织、航运、食品、旅馆等行业。通过集团的国际化发展，林氏集团的企业不仅遍及东南亚各国，而且还扩展到了利比里亚、荷兰和美国等国家和地区。林绍良从一位穷愁卑微的油店伙计成为富甲一国的商业巨子，自然有许多令人称道的成功秘诀，这里从他依靠军政力量垄断生意市场一事中，也许会给你一些启示。

1966 年，印尼军界首脑苏哈托登上总统宝座后，在独立战争时期便与苏哈托关系甚为密切的林绍良更加踌躇满志。苏哈托常常就国家财政经济问题与林绍良私下暗谈，征求他的意见。1969 年，林绍良向印尼政府建议，在国内自行加工面粉。苏哈托政府很快采纳了他的建议，并把全国 2/3 的面粉生产专利权交给了林绍良。面粉公司开业时只有 1 亿印尼盾，而印尼国家银行却给他 28 亿印尼盾的贷款。苏哈托总统还亲自主持了林绍良面粉加工厂的落成典礼。到了 80 年代，林绍良的面粉公司已是亚洲最大的面粉公司。

当前，不论哪类企业，无论何种产品，都面临着强手如林，“商战”激烈的市场竞争考验。许多厂家为了在竞争中求生存，图发展，纷纷挖空心思，开发别出心裁、独占鳌头的垄断性产品。美国的 IBM 公司，便深谙垄断性产品给企业带来高额利润，但也必然招致竞争对手仿制生产的道理，因而不断超越自我，开发更新产品。

近些年来，IBM 公司生产的个人电脑产品，在国际电脑市场上可谓独树一帜。但面对竞争对手强劲的现实，公司为维持自己的市场垄断地位，一方面，他们充分发挥技术力量的作用，不断开创新技术、新产品，以赶超和取代自身原有的垄断性产品；另一方面，公司提出了一个“比 IBM 更先进、更便宜”的保持电脑垄断地位的经营策略。他们开发出“XT 型”个人电脑之后，很快又研制并推出了装备更优良、技术更先进，具有全新微处理装置的“AT 型”个人电脑投放市场，因而把那些仍然停留在研究、仿制“XT 型”个人电脑的厂商们远远抛在自己的后头；不仅推动了电脑技术的发展，而且始终保持着电脑市场的垄断地位。

S 先生在某县城开了一家酒店，经过一段时间的巧妙经营，吸引了众多的顾客，生意十分兴隆。善于运用垄断经营的策略，始终保持新颖独特的经营风格是其成功的重要原因。

每当时鲜蔬菜上市的季节，S 先生总要亲自到市场上了解行情，刚上市的时鲜蔬菜往往数量不大,他就采取全部购进的办法,即使价格再高也毫不犹豫,使其在一定时间内保持“人无我有”的局面;对一些新奇、稀少的新型食品,他对供应商采取独家包销的办法,以控制货源不向当地市场扩散。如县内刚建成了一个养鹿场,开始只能生产少量的鹿茸酒,他便同养鹿场商定,由他的酒店独家包销这种酒。新品刚上市当然有不少顾客乐以品尝,销量也自然不少,S先生看着一个个酒足饭饱、满意而去的顾客乐不可支,而其他受冷落的酒店只好望“酒”兴叹。运用此法使该酒店的不少菜肴和食品在当地一直保持着独家拥有、垄断经营的地位。

近年来,不少烟草企业采取工商联手、经营专销烟的办法,取得了良好的经营效果。所谓专销烟就是工商双方协议生产某一牌号的卷烟,由一个商业公司在某一地区或不受地区限制独家销售,垄断经营,并有一定的产品售价决定权。江西南昌卷烟厂与南昌烟草分公司联合生产“鸳鸯喜”烟便是成功的一例。

南昌烟草分公司与南昌卷烟厂协商,选定南昌卷烟厂的原有牌号“鸳鸯喜”作为南昌分公司的专销牌号卷烟。于是,双方都紧张地行动起来,首先,张榜高价征求包装设计方案,在应征的几十个方案中,选定了新“鸳鸯喜”包装设计。接着请来了郑州烟草研究院和云南一些烟厂的专家共同研究和改进配方,经专家和消费者评吸认定后投入生产。为了保持新“鸳鸯喜”的高质量,南昌分公司严把质量关,除经常派人到烟厂跟班生产外,还在分公司设立兼职质检员,对每一批入库的“鸳鸯喜”进行取样检测,发现有质量问题,马上封存退货。在价格上,南昌分公司采取“质优价平、略有利润”的方案,受到广大工薪阶层烟民的欢迎,中等收入家庭办喜事为图吉祥也非常爱用。同时,分公司还采取多种方式来提高该牌号的知名度,多次开展有奖销售和征求消费者意见的活动,各县公司还派专人专车送烟到农民手中。稳定的产品质量和有力的促销措施使“鸳鸯喜”很快走俏洪城。

曲折迂回　旁敲侧击

有一年秋天,一群中学生到北京西郊爬山。爬了一个多小时,大家都觉得很累,每个人的腿都像灌了铅似的沉重。有人建议到此为止吧。领头的小伙子说:“都快到山顶了,你们还算是男子汉吗?”这种激将法也照样失灵。这时一群下山者的话挽救了局面:“山顶风光特棒,再忍十多分钟就到了!”听到这话,大家鼓足勇气爬到山顶。在北京的公共汽车上，售票员对门口的乘客说“请往里面走”并无效果，但如果说“里面有空位子”，大家都会动。车内的人即使无动于衷，车外的人也会受到刺激蜂拥而上。为了打动别人，必须明确这么做可得的具体好处。一个科长与其说“赶快把事做完”，不如说“把这项工作做完，下个工作可慢慢做”。现在的辛苦如果是为了将得到的报酬，那么对方会觉得吃一些苦也在所不惜。

在谈判桌上，当双方陷入僵局的时候，如果一方突然说出：“签了这份合同，你知道能赚多少吗？整整 30 万元。”另一方必然会重新考虑，慎重从事。虽然 30 万元比原先谈判的低了许多，但若不签下这笔合同，30 万元就会化为乌有。

当忍则忍　避免争辩

旧金山一家鞋店的老板应付顾客的手段相当高明。可是他给人的印象并不属于那种伶牙俐齿型。顾客对他抱怨说：“鞋跟太高了！”“式样不好看！”“我右脚稍大，找不到合适的鞋子！”老板只是点头不语，等顾客说完话，他才说：“请你稍等。”随即拿出一双鞋：“此鞋你一定适合，请试穿。”顾客半信半疑地边穿鞋边高兴地说：“好像是给我定做的。”于是很高兴地把鞋买走了。在推销员须知中，有一条规则是：别和顾客争辩！因顾客说的话有其拒绝的理由，难以说服。总之，利用顾客的心，使他没有继续反驳的余地，就可圆满地达到自己的目的。对说：“这个不好……”“那样不对……”一类话的人，不要一一反驳，最重要的是让对方尽量把话说完，再抓住时机反驳。对方说他喜欢什么，等于是推出王牌，可以进一步掌握有利势头。

自己掌握的情报不要让对方知道，否则就把自己的优势让给了对方。说服劲敌时，不要着急，根据对方的反应，慢慢抓住有利的线索。西方有句谚语说：“将所有的资料公开，等于给敌人送盐巴。”

把握良机　减轻压力

一般说来，男人为女士买东西既随意又大方，女士买东西喜欢挑挑拣拣、讨价还价。假如碰到购买耐用消费品，诸如汽车、摩托车、彩电、冰箱、洗衣机、音响等等，那就慎重多了。不但会全面地从外观到性能逐一了解，而且还会深入地进行对照和比较。这是因为他们此时的心理压力很大，一旦有了失误，就会产生遗恨和后悔之感。

青年人，不论工资多少，都希望有套音响设备。实际上厂家迎合顾客心理，准备了各式各样的音响，在眼花缭乱的式样之中，真叫人难以选定。有一位朋友，是一个标准的音响迷。在一排排音响店中，他挑到一架与原来相符合的机型，却又被另一个更棒的新机型迷住了，难下决心。他左思右想，在几家音响店里走来走去。某家店员说："我看你犹豫了大半天，这不是一笔小数字，你再到别家去看看。"他再度多处游览后，最后，还是回到这家商店，毅然买下。听了这则小故事，你一定相当佩服那个店员。

独特新奇　心战为上

"九十九"是一家专营日用杂品、家用小五金、文教用品等的商店。这里出售的商品琳琅满目，品种齐全。更独特之处，其定价从不用整数，均用"九十九"。如 20 根缝衣针装成一小包，售价 99 美分；10 支铅笔装成一盒，售价 99 美分；一个煎鸡蛋锅，售价 9 美元 99 美分；一对大号电池售价 99 美分；一袋糖果 99 美分……

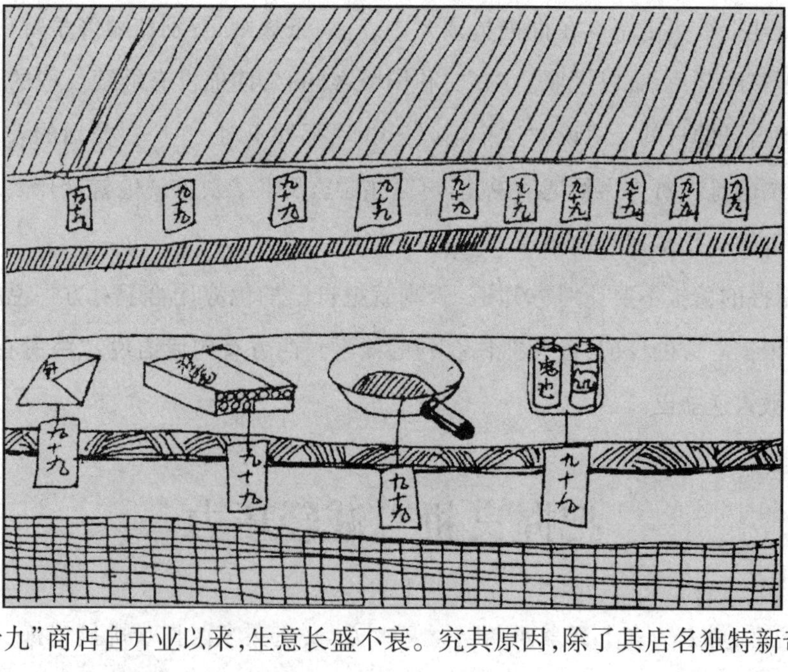

"九十九"商店自开业以来，生意长盛不衰。究其原因，除了其店名独特新奇，引人注意外，更主要的因其定价艺术的高明。它"九十九"美分的标价给人们的印象是不到 1 美元,显得价格比那些定价 1 美元的便宜多了。这显然是心理作用。当然,“九十九”的价格确实是比别的商店要低 5%—10% 的。它虽然售价低了些,但它靠多销补回了薄利。此外,“九十九”这个数字,在人们的风俗习惯里有好兆头,即“长长久久”的含意。所以,不管是新婚夫妇或是老夫老妻,还是儿童或青年,都乐意买到价廉物美,含意吉祥的物品。这些都是“九十九”成功的因素。老板由此获得了巨大的盈利。

“九十九”的定价艺术在于满足各种类型消费者心理的定价策略。人们在购买商品行动时具有多种多样的心理,有人出于好奇心,有人出于自尊心,有人出于显耀富有心,有人出于信念心,有人出于讲究实惠等等。对这些心理定价,时常起到较好的促销作用。

此外,定价艺术在品牌创建中起着举足轻重的作用。商业谚语有说:“三分毛利吃饱饭,七分毛利饿死人”,这句谚语是一种定价艺术。它反映出企业搞生产和做买卖,在定价时最忌眼光短浅,只算小账而不算大账。所谓“三分毛利”是指商品定价要利薄一些。应该看到,利薄一些可以扩大销售量,这就可以积薄利为厚利,集小利为大利。相反,定价时死盯着“七分毛利”,使价格定高了,消费者会望而却步,产品卖不出去,不但无利可图,反而积压资金,导致了亏本,那就会出现“饿死人”现象了。

情感制胜　攻心为上

一是顾客进门,营销人员笑脸相迎,主动招呼,热情有礼,同时显示出随时听从顾客吩咐的样子。这时顾客如果不买你的商品,他会感到有负你的一番热情,对不起你。因为人都希望得到他人的尊重,而待客热情是尊重他人的表现。如果对顾客态度冷漠,他会认为你瞧不起他,自尊心受到伤害。即使他急需你的商品,也会顿足而去,欲购而止。

二是凡男客带着女性伙伴进商店,说明他们关系密切,不同寻常。男性在女伴面前很顾面子,不愿意在女伴面前显得小气、穷酸,哪怕是手头很拮据,也会在表面上装得很慷慨。为此,营销人员应不失时机地向他推荐一些价格较高的商品,即使嫌商品太贵,他也不好意思讨价还价,就是打肿脸也要充胖子。

三是那些其貌不扬的顾客,特别是一些男顾客,平时很少能赢得那些漂亮女性的青睐,在年轻貌美的女营销人员面前会产生自卑心理。这时如果你对他献些殷勤,亲密有加,他会有一种被漂亮女性看得起的自足感,一定会乐意掏腰包买你的商品。如果你对他爱答不理,有意冷落,他必然会拂袖而去。

四是那些衣冠楚楚、春风得意、风度翩翩的顾客,他们希望人们知道他们的地位与众不同,那就是有钱。因此,营销人员对他们要"另眼相看",要注意向他们推荐那些新颖别致与众不同的档次高、价格贵的商品。他们一旦高兴往往很舍得花钱。

五是对于那些手头不太宽裕的工薪阶层消费者,营销人员应向他们推荐那些价位适中、实惠耐用的商品。他们购买商品时非常谨慎,犹豫不决,营销人员要耐心诱导。可以告诉他们:货物有限,欲购从速,给顾客一定的心理压力,促其购买。运用"减价""让利""优惠""买一送一""分期付款"的方法往往能吸引他们。同时也可以采取一种假定成交的推销办法,比如顾客想买糖果,营销人员可以问:你买几斤?而不是问:你买不买?这往往能促使顾客的购买意向变成现实。

六是对那些有难言之隐的顾客,要采取针对性的措施为他们"排难解忧"。这些顾客往往是看中了你的商品,因为身上带的钱不够,或是想买便宜的商品碍于面子,不好开口等等。他们会在柜台前踱来踱去,想走不走,依依不舍。这时,营销人员应主动上前,热情询问,若是发现顾客钱没有带够,你可以对他讲,这件商品先给你留着;若是熟客的话,可让他先付部分的钱拿走商品,再回去拿钱付清不足的款额。若是发现顾客想买便宜的商品,碍于面子,不好开口,你可以专门向他推荐一些便宜的商品,以消除他的尴尬,他会顺势买下自己想买的商品。

物美价廉　明亏暗赚

香港有一家叫"利宝源"的珠宝商行,在60年代时还是一家默默无闻的小商店,有一天它在报纸最醒目的地方登了一则广告,发出如下四条消息:

(一)从即日起,凡在"利宝源"购买珠宝首饰,本行为您向保险公司办理3年以上的保险，第一年保险费免掉，第二年只收半费，第三年顾客自付。

（二）凡在“利宝源”购买的珠宝首饰，只要没有毁坏，凭信誉卡随时前来调换新的，日期不限。

（三）凡到“利宝源”商行购买珠宝首饰者，一年后如需变卖，可以送回“利宝源”，购买的珠宝，本行以原价的110%付款。

（四）自见报日起，3个月内各种首饰售价一律按原价减少20%。

此广告刊出后，马上轰动全香港。一时“利宝源”的名号远近皆知，有的人上午买了一个，下午又来调换一个，也有的一个月连续调换三四次；一年后，也有好奇者有意把保留下来的发票连同首饰一起退货要钱，也有的被匪徒抢走首饰前来报案，领取保险费。结果，所有这些人都满意而归。不久，“利宝源”誉满港澳，生意兴隆，到80年代初，它的分行已布满东南亚，成了闻名遐迩的珠宝之王了。

至于一年后退款110%，“利宝源”也没有亏本，因为单是银行利息就足够有余了，又何况买珠宝者多数是有钱人家，一般不会出卖自己的首饰。代顾客保险的问题则备受大家欢迎，其实这又是“利宝源”的另一生财之道。因为替顾客保险的保险公司就是它自己开的，虽然第一年没有保险收入，但从第二年起，每一年都有一大批保险费收入。这样，“利宝源”不仅做活了珠宝生意，而且带动了保险业务，真是一举两得。

条件反射　促进销售

美国摩根财团的祖宗老摩根，在开小杂货店时，每当有人来买鸡蛋，总让他老婆来拣，原来老摩根颇有心计，他老婆的手指纤细小巧，可以把鸡蛋反衬的大些，他利用人的视觉误差，巧妙地满足了顾客的心理，生意越做越兴隆。有个日用化工厂，过去用圆柱形瓶装化妆品，销路平平，后来改为扁圆形的瓶子做包装，使人产生容量变多的错觉，销路特好。为迎合消费者的心理，不论国内还是国外，在商品价格上出现了许多“9”的尾数，例如：一件衬衣卖9元9角9分，一盏台灯价格是19.90元等，都是以一分之差来满足顾客心理。

每个人都有一种错误的观念，一种商品若不足一元钱，他连看都不看一眼，拿了便走。一种可以值10元以上的商品，如果不足10元，那就是便宜的。值100多元的，不到100元就买到了，那东西不贵。

其实这就是定价的科学在心理学上的妙用,道理虽简单,却总是为商家带来许多好处。

巧做标识广为招徕

在商业中,“商誉”好不好是经营能否成功的基本前提。良好形象的商店号名是一种商誉,优异品质的商品品牌也是一种商誉。当经营商品繁多时,商誉表现为店名铺号;商品单一、或某种商品更具特点、更为突出时,商誉表现为品牌商标;有时名店名品两者兼而有之。商誉高,在社会上具有一定声望,名驰远近,自然会招来顾客光顾,如能持之以恒,生意自然会经久不衰。

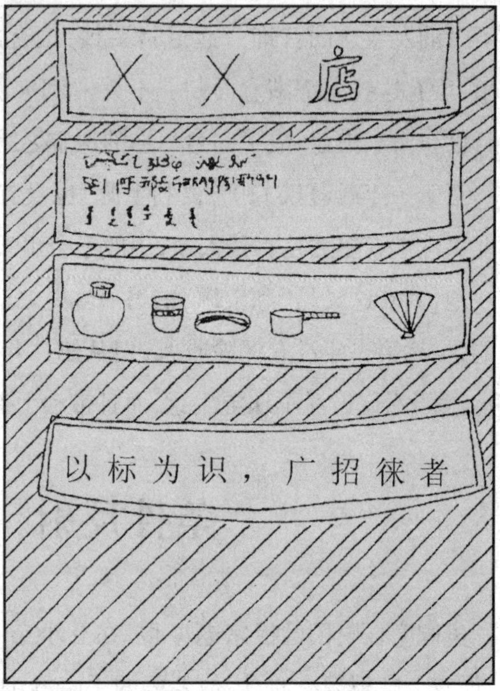

商市之上,不管做什么生意的,门脸上总有一块招牌高高地挂着。招牌也称市招,俗称招牌。中国旧时店铺的招牌可谓是形形色色:有的字于招牌之上的,明清以后,各民族交往日益频繁,字招之上,汉字之间还有参以满、蒙、回、藏文字的。有写字兼以店铺所经营的货品象形图案绘画于其上的,由于过去识文断字的人不多,为了更好地发挥招牌的效力,所以在文字上参以图画。甚至还有的店家干脆就不用字,直接以图案或实物雕刻挂在门前,比如卖酒悬一面画有酒壶的旗子,卖炭的挂一块画有木炭的招贴,甚至面店挂一簇纸条,鱼店吊一只木鱼……这也属于招牌的一种,老百姓口语中称其为“幌子”,不管招牌或幌子的形式有多少种,它的功用都是一样的,那就是“以为标识,广招徕者”。

亮出自己的招牌,实际上是开始实施某种商务运作的第一步。

夺气攻心　出奇制胜

古代军事家孙膑说:“凡伐国之道,攻心为上,务先服其心。”孙子也认为:“上兵伐谋,再次伐交,其次伐兵,其下攻城。”认为用兵的上策是以谋胜敌。所谓伐谋,古兵书《武经总要》说:“伐谋者,攻敌之心,使不得谋也。”三国时,诸葛亮和马谡对此也曾有过共同的看法,他们认为:“攻心为上,攻城为下;心战为上,兵战为下。”攻心战术的特点是:它不是直接消灭敌军的肉体,而是利用人们在对抗环境中的心理变化规律,通过大量传播我方把握胜利主动权的信息,瓦解敌军的斗志。商战也同样需要攻心战术,美国一位市场营销专家认为:市场竞争的初级阶段主要是依靠价格取胜,接着就是质量的较量,然后是价格和质量战术的交替综合运用,再往后发展,单纯靠价格和质量的威力就会显得越来越不灵了,因为经过无数次的抗争,竞争各方几乎都达到了势均力敌的地步。那么,新的竞争手段是什么呢?这就是对顾客心理、情感的巧妙利用。可以说,在未来的市场竞争中,谁能对消费者攻心有术,谁就能够掌握主动权。

缓兵之计　后发制人

《兵经百篇·挨字》中指出:“可急则乘,利缓则挨。”当急而不急,会失去进攻的突然性,错过战机,陷入被动;当缓而不缓,不是根据敌人内部变化情况把握攻击的火候,即使可以取胜,也要付出较高的代价。有时由于操之过急,时机不成熟,甚至还可能丧失主动,功败垂成。因此,对进攻者来说,不能一味地求急求快,相反,应根据战场情况有张有弛,灵活制定战法。

缓兵之计,就是在商战中,在条件尚不具备、对自己不利的情况下,自己或让对手暂缓一步做出决策,付诸行动,以等待时机,战而胜之。

先声夺人　张扬声威

《左传·昭公二十一年》中指出:“军志有之,先人有夺人之心,后人有待其衰。”意思是先张扬自己的声威,以挫伤对方士气。亦比喻做事抢先一步,争取主动。许多中外企业家都把先声夺人成功地应用到了商战中,事实上,现代营销的第一步就是要吸引住消费者的听觉和视觉,这就要求形成表现营销主题的构思。顾客受到主题构思的感染,便有可能接受产品。

先声夺人,就是在商战中,企业经营者运用各种巧妙的手法,先张扬自己的声威,以压倒竞争对手,一鸣惊人地迅速夺取潜在市场。

笃诚守信　名利双收

孔子曾言:“人而无信,不知其可也。大车无木,小车无钩,其何此行之哉?”意即一个人如果没有信用,不知道他怎么能够在社会上立足。就像牛车没有驾车的横木、马车没有驾马的曲钩,怎么能够行路呢?这里孔子认为“诚信”是立身的根本所在。“诚信”是任何一个人立身处事不可缺少的一个原则。在此他用“大车”无“木”,小车无“钩”来譬喻,说明了“信”的重要性。一个人如果没有信用,那么他的诺言也往往不会实现,即成为一张空头支票。这样总是欺骗别人,从而就没有一个人会信任他,无论他在什么地方都会遭到人家白眼,在他背后,只要说一句话“这个人不讲信用,靠不住”,就足够了,还想成什么事情呢?一个人如果到了这个地步,那么他还有什么为人的意义可言?显然,做人都做不起了,连“立身”的根本也没有了。据此,我们应该明白,对于自己所做的承诺一定要设法完成,只有这样,人们也才会愿意结交你,有人结交,就可以享受到做人的乐趣,做起事情来才有顺当的可能。

一个人如果讲信用,讲到了众所皆知的程度,即树立了信誉。那么他就享有一种无形的资产,这样的人去做事情总是比一般人多几分可能的寸头。无形之中,人们就觉得你说的话值得信赖,你也就多了一份担保,少却了一分人们的疑虑和不安,而且,拥有了这样的好名声,各行各业的人都愿意与你打交道,愿意与你结交为朋友,无形之中又多出了很多条路子可以走。如果这个时候继续发扬讲信用,珍惜自己讲信用的声誉,美名一定会经过这些人越传越广,越传越大。如此这般,要做什么事业就如顺水而行。比如,美国名人培尔特,人们在提到他时,曾经这样评论:“培尔特用勤劳、智慧在众人心目中树立了一个笃诚守信的形象,正是由于这种名声,人们愿意和他结交。”做人做到这一步,才有信誉可言。

生意场上只有讲信用，才能创出条自己的路。对于那些已经闯开路来的人，必须讲信用，才能维持自己的信誉，才有继续做下去的可能。

因时而变　适时制胜

据《管子·国准》记载：齐桓公请教管仲说："可以把控制资源、调节经济的措施讲给我听听吗？"管仲回答："这要按照不同的时代而制定不同的政策。"接着他介绍了黄帝、虞舜、夏后氏、殷人、周人的不同做法。齐桓公又问："那么我们采取哪个时代的政策为好呢？"管仲答："时至则为，过则去。我们应该根据现实的情况，兼用五家之法，而不可以照搬。"于是齐桓公根据管仲的主张制定了适于当时生产力水平的控制和调节政策，使齐国更加富裕强盛起来。由此看来，治国理政需要因时制宜，在变幻莫测的市场竞争中，企业经营者也同样不可拘泥成规，需要因时而变。

因时制宜，就是企业经营者善于根据不同的时间（时期、时代）的特点，选择确定适应的经营方法，因时而变，适时制胜。

谋事在人　成事在天

做生意自然要敢于冒险，正如赌博一样，做生意既要有冒险的乐趣，又要尽力追求冒险的结果——利润。

从本质上看，无论做什么生意都带有风险，这是由商业的本质决定的，从某种意义上看，做生意就是一种用钱去赚钱的投资行为，没有不做任何投资就赚钱的生意，而事实上一笔投资是不是真能赚钱，要受经济形势、市场状况乃至政治局势等各种因素的影响，因而并不是预先就能看得十分清楚的，往往必须到最后才能见分晓。从这里看去，做生意真有些类似于赌博，生意场上的人把做一笔投资称为"押一宝"，就是这个道理。

有许多事错过之后，想追也追不回了。如果你想得到，有两种选择：一种是冒险去追求，或成功，或失败，你有一半的机会；另一种你什么都不去做，那只有一种结果，只有失去你想要的东西，因为天上是不会自动掉下金元宝的，即使真的掉下来，也很可能只是把你砸伤。

不过,这里应存在一个做出正确判断的问题,敢于承担风险绝不是不计后果,也绝不是明知死路仍然“一条道走到黑”的胡拼乱撞。

首先,这里有一个值不值得冒险的问题。这个好判断,用胡雪岩的说法,那就是:“人生在世,不为利,就为名。做生意也是一样,冒险值不值得,就看你两样当中能不能占一样。”也就是要么有利可图,要么有名可得,这里自然还隐含着最后一险“冒”过之后能名利双收的意思,但是,从具体一行事来看,常常难以名利两全,所以,或名或利,也常常需要明确地判断和正确地选择,起码不能做——险“冒”过,名利尽失的傻事。

其次,更重要的是,商事运作中的冒险一定要有“担保”,也就是可不可以冒险的问题。不用说,冒险绝不是毫无保证的铤而走险,所谓刀头上舔血,应该是终能舔到血而保证不伤及自己的舌头,假如舔血之际让自己也流出了血,甚至被割掉了舌头,这种血,无论它有多大诱惑力、也不该去舔了。

一个生意人,在决定是否承担风险之前,一定要尽可能地预先谋划好,必要时也是确实有用的“担保”。准确地说,所谓风险,其实也就是指那些经过周密谋划和安排之后既可能避免也可能出现人力无法左右,同时有可能使计划受阻乃至前功尽弃的环节,因此,谋后行动,事先做好尽可能周密的谋划,也总能找到必要的“担保”,把所要承担的风险值圈定在最低限度之内。

关于具体的风险“担保”,自然是因事、因时、因势而定,但总的来说,风险承担者考虑寻求“担保”时,有两个原则大体是必须注意的。

其一,所担风险是那种即使失败也不会伤及根本,如生命、信用、信誉等风险,不伤及根本,虽败不倒,总还有东山再起的可能,否则,必将一败涂地,永无再生希望。譬如贩卖毒品,获利自然极大,但一旦事发,性命不保,而且取财之途是祸害人,于情于法,人所不容,此等风险,必不可担。

其二,要预先谋划好一旦事败之后的退路。凡事都要留有退路,这是人人都懂的道理,退路谋划好了,一是可以壮胆,不会在风险面前瞻前顾后,畏缩犹豫,二是一旦计划受阻败局已成时,不至惊慌失措,而导致处置不当,把事情越搞越糟。

冒险正如同那句古话:“谋事在人,成事在天。”至于结果便是尽人事以待天命了。

处变不惊　游刃有余

所谓“遇到难点，壮起胆子来闯”，所谓“越怕越误事，索性大胆去闯，反倒没事”，用于商业运作中危机到来之时，也是十分合适的。

这里实际上说到了一个人在面临危机遇到难关时必备的心理素质问题。在危机到来的时候，确实需要能够“壮起胆子”。能够“壮起胆子”，才有镇静自己，从容应对，才可能真正冷静而准确地判断局势，为自己找到一条“闯”过危机的路来。假若不能处变不惊，由惊慌必至失措，导致措施不当而在危机之中陷入更深，以至于不能自拔，无可救药。许多生意人存关键时刻棋输一筹，多数时候其实就是输在素质上。

其实，想通了，也就可以知道，危机到来之时，确实也不妨“壮起胆子”闯它一闯，反正已经无路可走，怕亦是死，不怕亦是死，闯错了是无救，不闯更是无救，在这种时候，还不如闯它一闯，或许也能够闯出一条路来。这样一想，大约心思也就可能定下来了。

不仅要树立信心，同时更要运智，把握事物的根本，看准目标，突然下手，出其不意，解决问题。在顺境中，谁都会潇洒；在逆境中也能同样洒脱，才是本事。

掌握事态，在逆境保持一份冷静的心态，方能在逆境中迎刃而上，游刃有余。

未雨绸缪　准备退路

生意场上瞬息万变，许多事情都难以预料，因此，再有本事，实力再强的人，都不敢说自己做生意会不失败。从这个意义上说，生意场上几乎没有生意是可以不冒任何失败的风险的。获利多少也常常与所冒风险的大小成正比。生意规模越大，获利越大，风险也就越大。

承担着风险，就要做好“万一出事”的思想准备，因此，任何一桩生意投入运作，都要想着为自己留下退路。

概括起来，为自己留“退路”，应具有两方面的作用：

第一，它应该是能够做到万一出事之后还有部分挽回的余地，也就是一种能让自己东山再起的余地。有这一余地，就可以使自己虽败不倒，起码别人可以原谅你。败则败矣，但可以得到别人的原谅，自己“就有从头来起的机会”。

第二，它应该是一种对可预见的冒险的担保。也就是当可以预见的冒险真的到来的时候，自己不至于没有应对的手段而举措失当。

为自己留退路了，说到底，也就是一事当前，先做好万一出现不利情况的打算，想好出现不利情况时自己的对策，用一句中国的老话，也就是“未雨绸缪”。

得理饶人　后会有期

“得理不饶人”是你的权利，但何妨“得理也饶人”呢？何谓“得理且饶人”？就是放对方一条生路，让他有个台阶下，给他留点面子和立足之地，这不太容易做到，对自己则好处多多。得理不饶人，让对方走投无路，有可能激起对方“求生”的意志，而既然是“求生”，就有可能是“不择手段”，这对你自己将造成伤害。好比老鼠为了求生，将咬坏你家中的器物，放他 条生路他“逃”命要紧，便不会对你造成伤害。对方“无理”自知理亏，你在理字已明之下，放他一条生路他会心存感激，来日自当图报，就算不如此，也不太可能再度与你为敌，这是人性。得理不饶人，伤了对方，有时也连带伤了他的家人，甚至毁了对方，这有失厚道，得理且饶人，也是积德。人海茫茫，但却常“后会有期”，你会得理不饶人，焉知他日二人不狭路相逢？若届时他势旺你势弱，你就有可能吃亏了，“得理:不饶人”，到底有多少“好处”可以得？“大好处”既“大”，何妨也“饶人”，因为这时对你的“大好处”影响并不大；至于“小好处”，好处既小，更没有不饶人的必要。因此做事做人，下手不必过重过毒。“理”字既明，言辞何妨圆缓。

况且，饶人也是一种乐趣，一种快乐。此外，我们还应该明白，一根绳子的蚂蚱，要么你死我也死，要么双赢双利。

量宽制人　化敌为友

能当众拥抱敌人的人，他的成就往往比不能爱敌人的人大。

能爱自己敌人的人是站在主动的地位，采取主动的人是“制人而不受制于人”，你采取主动，不只迷惑了对方，使对方搞不清你对他的态度，也迷惑了第三者，搞不清楚你和对方到底是敌是友，甚至都误认你们已“化敌为友”；可是，是敌是友，只有你心里才明白，但你的主动，却使对方处于“接招”应战的被动姿态，如果对方不能“爱”你，那么他将得到一个没有“器量”之类的评语。一经比较，二人的分量立即有轻有重。所以，当众拥抱你的敌人，除了可在某种程度之内降低对方的敌意，换句话说，为敌为友之间，留下了条灰色地带，免得敌意鲜明，反而阻挡了自己的去路。地球是圆的，天涯无处不相逢。

而最主要的是，爱你的敌人这个行为一旦做了出来，久而久之成为习惯，让你和人相处时，能容天下人，天下物，出入无碍，进退自如，这正是成就大事业的本钱。

审时度势　利在险峰

曾有诗云：无限风光在险峰。读完此句，大多数豪迈之气顿生。但若将此句列为一条商规，定有人认为不妥，毕竟诗是一种很感性的东西，而商业经营很大程度上仍是一种理性行为。

话虽如此，经营者应是需要一些胆魄，正如有人所说成大事者需有大胸襟、大气魄，同样亦有一种经营乐趣存在于冒险之中的。

正所谓，明知山有虎，偏向虎山行，说的正是这个道理，知其不可为而为之，知其不可赌而赌之，破釜沉舟，置之死地而后生也是这样的道理。

商业场中，瞬间就可能左右全盘命运，怯懦者不知所措，智者却能从容应付。

社会的发展变化莫测，在苍茫人海中，个人是极其渺小而微不足道的。要使自己在纷繁复杂的社会竞争中脱颖而出，因势利导是关键，那就是要善于掌握社会形势和发展趋势的特点，并与自己的才能密切结合起来，相信成功会迎面而来。机遇，对于每个人的发展来讲都是十分重要的，抓住时机，全力以赴，就等于成功了一半；若面临机遇，却犹豫不定，患得患失，那往往只会坐失良机，空留嗟叹。

当然，抓住机遇，全力以赴，这并不等于红眼的赌徒孤注一掷，而是审时度势的果敢行为。

借椟卖珠　刺激销售

《韩非子·外储说左上》记载一个故事：楚国商人到郑国去卖珍珠，他用名贵的木材做了一个精美的盒子，把大珍珠放在盒子里，一个郑国人被金碧辉煌、浓香扑鼻的盒子所吸引，出高价买下，却把珍珠还给了商人。原意是讽刺郑国人不知珠宝贵重，但故事也说明产品包装多么重要。如果不是楚人对商品的精美包装，郑国人可能不会过问的。所以楚人卖珠的做法是应该称道，值得借鉴的。常言道："爱美之心，人皆有之。"事实上，消费者与商品的初次见面，首先是注意商品的"穿着"。有关消费调查显示：有63%的消费者是根据商品的包装而进行购买决策的，这就是著名的杜邦定理。

借椟卖珠，就是企业在其经营活动中，注重产品形体和包装，用美观的外形和精致的包装吸引顾客，引起人们的购买欲望，激发人们的消费需求，从而达到促销的目的。

商场小人　妥善处理

坏人其实也有做坏事的本事，有本事的人其实也可能做坏事，这个道理大约是我们应该接受的。俗话说，贼是小人，智过君子，在这个世界许多极坏的事，其实都是有本事的人做出来的。事实上，小人确实做不出也做不成可以让人注意的好事，但做出的坏事却是足够彻底葬送掉费尽千辛万苦打下的江山。

在现代社会中，仍有许多的小人在四处钻营。大体言之，“小人”就是做事做人不守正道，以邪恶的手段达到目的的人，所以他们的行为有以下的特色：

喜欢挑拨离间：为了某种目的，他们可以用离间法挑拨同事间的感情，使他们不合，好从中取利。

喜欢拍马奉承：这种人虽不一定是小人，但这种人很容易因为受上司所宠，而在上司面前说别人的坏话。

喜欢造谣生事：他们造谣生事都另有目的，并不是以造谣生事为乐那么简单。

喜欢阳奉阴违：这种行为代表着他们这种人的行事风格，因为对你也可能表里不一，这也是小人行径的一种，“笑面虎”，“笑里藏刀”就是说的这种人。

喜欢踩着别人的鲜血前进：也就是利用你为其开路，而你的牺牲他们是不在乎的。这是小人中比较毒的一类人。

喜欢落井下石：如有人跌跤，他们就会追上来再补一脚。

喜欢找替死鬼：明明自己有错却死不承认，硬要找个人来替罪。

事实上，“小人”的特色并不只是这些，总而言之，凡是不讲法、不讲情、不讲义、不讲道德的人都带着“小人”的性格。

那么，该如何妥善处理与“小人”的关系呢？

以下几个原则可以做参考。

不得罪他们：一般来说，“小人”比“君子”敏感，心理也比较自卑，因此你不要在言语上刺激他们，也不要在利益上得罪他们，尤其不要为了“正义”而去揭发他们，那只会害了你自己。自古以来，君子常常斗不过小人，例如岳飞，何等气魄，何等英勇，却仍被秦桧套上一个“莫须有”的罪名冤死风波亭，因此小人为恶，让有力量的人去处理吧！

保持距离：别和小人们过度亲近，保持淡淡的一般关系就可以了，但也不要太过疏远，好像不把他们放在眼里似的，否则他们会这样想：“你有什么了不起的？”于是你就要倒霉了。

小心说话:说些“今天天气很好”的话也就可以了,如果谈了别人的隐私,谈了某人的不是,或是发了某些牢骚不平,这些话绝对会变成他们兴风作浪和整你的资料。小人是绝对没有什么口德的,所以和他们谈话时还是小心为妙。

不要有利益瓜葛:小人常成群结党、霸占利益、形成势力,你千万不要想靠他们来获得利益,因为你一旦得到利益,他们必会要求相当的回报,甚至如鼻涕一般,粘着你就不放,想脱身都不可能。

吃些小亏无妨:“小人”有时也会因无心之过而害了你,如果是小亏,就算了,因为你找他们不但讨不回公道,反而会结下更大的仇,所以,原谅他们吧!

这样子就能和“小人”们相安无事了吗?

不敢保证你一定无事,但相信可把伤害减到最低程度。

第八章　修身运智方略

大智若愚

宋代宰相韩琦以品性端庄著称，遵循着得饶人处且饶人的生活准则，从来不曾因为有胆量而被人称许过，可是在下面两件事上的神通广大，实在是没有第二个人，这才是“真人不露相”的注脚。对于这样的老好人谁会防范呢？他因此而得以在无声无息中做了这两件大事：

当宋英宗刚死的时候，朝臣急忙召太子进宫，太子还没到，英宗的手又动了一下，宰相曾公亮吓了一跳，急忙告诉宰相韩琦，想停下来不再去召太子进宫。韩琦拒绝说：“先帝要是再活过来，就是一位太上皇。”韩琦越发催促人们召太子，从而避免了权力之争。

担任大内都知职务的任守忠这个人很奸邪，反复无常，秘密探听东西宫的情况，在皇

帝和太后间进行离间。有一天韩琦出了一道空头敕书，参政欧阳修已经签了字，参政赵概感到很为难，不知怎么办才好，欧阳修说："只要写出来，韩公一定有自己的说法。"韩琦坐在政事堂，用未经中书省而直接下达的文书把任守忠传来，让他站在庭中，指责他说："你的罪过应当判死刑，现在贬官为蕲州团练副使，由蕲州安置。"韩琦拿出了空头敕书填写上，派使臣当天就把任守忠押走了。

要是换上另外的爱耍弄权术的人，任守忠会轻易就范吗？显然不会，因为他也相信一贯诚实的韩琦的说法，不会怀疑其中有诈。这样，韩琦轻易除去了蠹虫，而仍然不失忠厚。所以大智若愚实在是一种人生的最高修养，也是一种人生大谋略。大智若愚的人总有更多的成功的机会。

南朝梁人羊侃，字祖忻，泰山梁父人。开始做北朝魏国的泰山太守。因为他的祖父羊规曾经是宋高祖的祭酒从事，所以羊侃想回到南方来。归途中，走到涟口这个地方，大摆宴席。有个客人名叫张孺才，喝醉了，在船上失了火，烧了70多艘船，烧掉金银财物不可计数。羊侃听说了，根本不挂在心上，还是要大家继续喝酒。孺才既惭愧，又恐惧，就逃跑了。羊侃派人去安慰他，并把他找回来，仍然像从前一样对待他。后来羊侃回到南朝，做了梁武帝的军司马。

晋代人裴遐在东平将军周馥的家里做客。周馥做主人，裴遐和人下围棋。周馥的司马劝酒，裴遐正玩在兴头上，所以递过来的酒没有及时喝。司马很生气，以为轻慢了他，就顺手拖了裴遐一下，结果把裴遐拖倒在地。在旁边的人都吓了一跳，以为这种难堪是难以忍受的。谁知裴遐慢慢爬起来，坐到座位上，举止不变，表情安详，若无其事地继续下棋。王衍后来问裴遐，当时为什么表情没有什么改变，裴遐回答说："仅仅是因为我当时很糊涂。"

另一个晋代人谢万，字万石，是谢安的弟弟。曾经和蔡系争一个座位，蔡系把谢万从位子上推了下去，把帽子和头巾都弄得快要掉了。谢万慢慢站起来，拍拍衣服，边坐回座位上，边说："你差点儿弄伤我的脸。"蔡系说："本来就没有考虑到你的脸。"后来两人都没有把这件事挂在心上，当时人们都称赞他们。

这些都是历史上有名的忍让的故事，受侮受损的一方都没有为自己的难堪而大发其怒，记恨在心。相反，都表现出了宽宏大量，毫不计较的美德和风度，结果不仅没有受到更多的伤害，反而得到了大家的敬重，也使伤人者感到无地自容。

天生我材必有用

姜太公，姜姓，一说吕氏，名望，字子牙，也称姜尚，商末周初人。其先世为贵族，后家道中落，年轻时的吕尚已沦为贫民。为了维持生活，他曾在商朝的都城朝歌宰牛卖肉，但生意失败，无奈改为贩酒，又遭破产。尽管如此，他胸怀大志，始终不倦地研究、探讨治国兴邦的道理，以期有朝一日能够大展宏图。就这样几十年过去了，年轻的吕尚已成为暮年的太公。如果不是有拯救民众于商纣的暴虐统治的决心，不是有超人的勇气和智慧，这几十年的怀才不遇的艰苦生活是无法忍受的。但是太公不坠青云之志，绝不以自己的才华去助纣为虐，而要献身仁义之政。

这一天终于等到了。当时由于商纣王暴虐无道，荒淫无度，朝政极其腐败，民不聊生，怨声载道。西部的周国开始强大起来。周文王倡行仁政，发展经济，社会清明，人心安定，国势日益增强，四边诸侯望风相投，天下民心皆朝向于周。壮心不已的太公，获悉周为治国兴邦，广求天下贤士仁人，便毅然离商而去，来到渭水之滨的西周境内，栖身于磻溪，终日以垂钓为事，静观世态发展，相机而行。周文王也听说过太公的名声，两人在磻溪相见，谈得十分投机。听了太公的一番宏论，文王喜而言道："我先君曾有预言，说有圣人至周，周才能繁荣昌盛，您就是我所寻找的圣人。"于是亲自扶太公上车，拜为太师，从此英雄有了用武之地。在姜太公的辅佐之下，周文王采用了一系列正确的方针政策，以至于当时是"天下三分，其二归周"，最后终于消灭了商纣王，建立了周王朝。姜太公可谓功不可没，周文王也可谓慧眼识才。

楚国有一个平民卞和，在荆山找到了一块璞玉。他把这块玉拿去献给楚怀王，怀王叫玉匠检验，玉匠说它是一块石头。楚怀王认为卞和是个骗子，便砍了他的左脚。怀王死后，他的儿子楚平王继位，卞和又将璞献给平王。平王叫玉匠检验，玉匠说是石头，平王又把卞和的右脚砍了。楚平王死后，他的儿子楚荆王继位。卞和抱着璞玉在荆山大哭。哭了三天三夜，眼泪都哭干了，直哭得眼睛流出了血。荆王听说了以后，就派人去问："天下被砍去脚的人很多，你怎么就哭得如此悲伤？"卞和说："我并不是为此事悲伤。可悲的是宝玉被认为是石头，忠正的人被认为是骗子啊！"荆王派人去琢磨那块璞玉，果然得到一块美玉。于是荆王封卞和为陵阳侯，卞和推辞不接受，离荆王而去。荆王就将这块璞玉命名为和氏璧，从此和氏璧成为世间的奇宝。

卞和不是为自己的双足而哭泣，是为自己的遭遇和天下同他有相同遭遇的人鸣不平，争取自己应该有的地位和待遇。在楚怀王和楚平王当政时，由于皇帝有眼不识天下的宝玉，所以卞和的遭遇和玉的遭遇相同，他忍怒、忍悲、忍愤、忍受砍足之刑而不再言，直到楚荆王时，他依然要为玉辩白，最终为世人接受。

西汉司马相如，字长卿，蜀郡成都人。他年轻时没做官，和妻子卓文君在临邛卖酒为生，相如穿着犊鼻裈，在市场上洗涤器具。相传卓文君为一富家大户女子，很有才学，婚后不久即守寡，后因归娘家居住，结识了司马相如，一曲《凤求凰》成就了他们一段佳缘。但是卓文君的父亲认为这有损于他的面子，于是将夫妇二人赶出家门。为维持生计，卓文君与司马相如便自力更生，开个小酒店为生。司马相如很有文采，曾写有一篇《子虚赋》。武帝读了这篇文章对它赞不绝口，说："可惜我不能够和这个人生活在一个时代。"当时蜀人杨得意正陪同汉武帝左右，听了这话，他说："这是我的老乡司马相如写出来的。"武帝感到很惊讶，把司马相如找来问，他回答说："《子虚赋》都是一些荒诞的话，没有什么值得读的，我愿意写一篇《游猎赋》给您。"皇帝给他纸笔，于是相如在赋中假托一问一答的形式，先陈述天子园囿和丰富壮丽，然后用提倡节俭结尾，通过它来进行婉转地劝说。这篇赋呈上之后，武帝当即委任他为中郎。

司马相如不因自己能写文章而自得，也不以在当街的酒店里帮助妻子刷锅洗碗为耻，忍耐得了贫寒和受人冷遇的情况，直到被汉武帝发现了他耀眼的才华。

汉人贾谊，洛阳人，从小就很有才华。汉文帝继位时，河南太守吴公推荐他进入朝廷为官，文帝委任他为博士，当时他只有 20 出头。皇帝后来考虑升他为公卿，大臣绛灌等都说他许多坏话，因此他被贬为长沙王太傅，后来又把他调任梁王太傅。他心里很苦闷，正巧有只鹏鸟飞到他房子中，落在他座位上。贾谊认为这是不吉祥的征兆。长沙地方潮湿，他担心自己寿命不会很长，因此借写鸟抒怀，作了篇赋。在赋中他探索生死的道理，抒发心中的抑郁之情。其中有这样的句子:“万事万物都有变化,不会停止运动。福中潜伏着祸,祸里又有福。忧愁和快乐聚合在一起,吉祥和凶兆在同一个地方。天下是无法把握的,规律是无法掌握的,一切都由命运安排好了,而只有鹏鸟懂得天机。”

怀才不遇的境遇,使得贾谊有了这样的悲叹。他其实完全可以放下愁事,以忍求发展、求生存,那样就不至于连飞来一只鸟也要心怀不安了。

西汉时的颜驷,汉文帝的时候任郎中。后来头发眉毛全白了。汉武帝乘车经过郎署时,便问他说:“你什么时候开始任郎中的?怎么年纪这么大了?”颜驷说:“我从汉文帝时任郎中的。”武帝说:“为什么一直没有升迁的机会?”颜驷说:“文帝喜欢任用文人,而我擅长武功;景帝喜欢任用长得端正的人,而我面貌丑陋;您喜欢任用年轻的人,而我年纪已经大了,所以,经历三代都未有升迁机会。”于是汉武帝提升他为会稽都尉。

人常常感叹自己生不逢时,颜驷可能是比较典型的一个吧。但他对自己的不遇有非常清醒的认识,所以能够很有条理地回答皇帝的问话,也使统治者看到了由于自己的好恶,使一些有才华的人没有机会能够展示他们的才干,所以汉武帝提升了颜驷。

唐人马周,字宾主,茌平人,在长安寄居,住在中郎常何家。碰到因为发生旱灾皇帝要求大臣们提批评意见。常何是个武官,没有学问。马周代常何作奏章,写了 20 多条意见。皇帝读后,很奇怪,问常何,常何回答说:“是我家的客人马周替我写的。”皇帝立即召见马周,和他讨论了一番治国的道理,心中非常欣赏他,便任命他为监察御史。因为常何发现了人才,皇帝还赐给他绢三百匹,以作奖励。后来马周任中书令。对于人的不遇,或受冷遇,古人有形象的比喻:“五谷生于肥沃的土地上,不生在石头田里。”这句话的意思是人没有碰到机会的时候,就好比在石头上求谷,哪里会得到? 等到运气来了,就好像在自家的园子里摘果实,随取随得。

东汉人傅燮,字南容,是北地灵州人。汉灵帝时为护军司马,和中郎将皇甫嵩一起攻打张角领导的黄巾军,有功劳。因为奏事时得罪了赵忠,赵在皇上面前说他的坏话,使傅燮没有得到封赏。当时赵忠任车骑将军,皇帝叫他论定讨伐黄巾的人的功劳。执金吾甄举等人对他说:“傅燮以前在东军有大功劳,但没有给他封侯,天下人都感到这样不合理。现在您亲自论定功劳,应该让这件事得到解决。”赵忠派他的弟弟赵延向傅燮私下说:“你只要对我家赵忠稍微报答一下,封一个万户侯也是容易办到的。”傅燮严肃地说:“受不受重视,这是命中注定的事;论不论功,这是一个机会问题。难道我是向你们乞求你们私家的赏赐吗”

东汉人韩棱,字伯师,颍川舞阳人。他 4 岁失去了父亲,以行孝和有才能而知名于世,曾 5 次升迁,后任尚书令。汉和帝时,外戚窦宪攻打匈奴回朝,立了大功,并封为大将军,从而威震天下。正好和帝往西祭祀园陵,叫窦宪一起到长安,等窦宪到时,尚书以下的百官议论说,要向窦宪行礼,称他万岁。韩棱严肃地说:“和上级交往不应该媚事他,和下级交往不应该轻慢他。按照礼制哪有称臣子万岁的?”这使那些议论的人非常惭愧,从而不再说什么了。

韩棱是一个明礼仪的人,他对待别人的“遇”也就是掌握有很高的权势,不是出于妒忌,才讲那番话,而完全是从君臣礼仪和国家大义上讲的,所以才能使众臣服气。

南朝宋人袁淑,字阳源,小时候就有风度。几岁的时候,伯父袁湛对人说:“这不是一般的小孩。”表兄刘湛要他依从自己,但袁淑不同意,而且两人各方面意见相左。袁淑曾写诗说:“种兰草不要种在门前,有璞玉不要献给楚人;楚人很少认识真正的美玉,门前不是种兰草的地方。”元嘉二十六年,袁淑升任尚书吏部郎。

从小就能独立思考,有主见,这是今后能够发挥自己才智的前提条件,也只有这种本性中所固有的东西,才能让他遇到机遇时冷静思考,忍住机遇的引诱,如果不遇,他也能忍耐,静待时机。

北魏人王昕,字元景,北海王猛的后代,年轻时好学,能背诵不少书籍。武帝时,太尉汝南王元悦召他为骑兵参军。元悦喜欢游玩,出外打猎,晚上不回来,因此王昕不管他独自回来了。元悦和他的臣僚一起喝酒,起身移动座位,大家都争着动手帮忙,只有王昕退后站在一边。元悦不高兴地说："我是皇亲国戚，现在亲自起身搬床，你为什么一动不动？"王昕回答说："我地位名望都低下，不敢让您看到我的仪容，怎么好同这些人一起从事这么失礼的行为。"元悦马上向他表示歉意。

元悦是一个已经有了一定地位，从某种意义上讲，自己有了很不错的际遇，而另一个际遇远不如他的人，则用自己的行动告诉他，人一旦有了机遇，实现了自己的预想，应该怎么样去珍惜这个机遇，保持这个机遇，也是要忍，忍耐别人的阿谀。不为所动，也要忍耐别人的批评和指责。

燕雀安知鸿鹄之志

陈胜和吴广，揭开了我国历史上第一次农民大起义的序幕。他既是杰出的农民起义领袖，也是志向远大、机智聪慧的政治谋略家。

据《史记》记载，陈胜出身农民，家境很穷，少年时代就以帮人耕作求生。但他人穷志大，很想有所作为。他常常在耕作之余，感叹人生，有时惆怅，有时慷慨激昂。有一次，他在劳动休息时，坐在田埂上默默长思，突然自言自语地说："倘若有朝一日我发了，成为富贵的人，我将不忘记穷兄弟们。"与他一起劳作的佃农们听后都不以为然，并笑话他说："你一个帮人干活的农夫，何来富贵之谈？无非是说大话而已。"陈胜对于大家的取笑十分遗憾，深有所感地说道："嗟乎！燕雀安知鸿鹄之志哉！"有志者终成大事。不久，陈胜便以自己的实际行动，向人们证实了他的豪言壮语，不是痴人说大话，而是他的宏愿和决心的表达。

陈胜生活在秦代末年的荒乱之世。由于秦王朝对外征战不休，加上秦二世胡亥政治腐败，宫廷生活穷奢极欲，为了维持岌岌可危的统治，他们不断加紧对人民群众的盘剥，苛捐杂税，徭役刑罚，人民处于水深火热之中。

秦二世元年（公元前209年）七月，陈胜被征服役，和九百名穷苦农民一起，被发往渔阳（今北京市密云县西南）戍边。在秦吏的押送下，他们行至大泽乡（今安徽宿县西南）驻扎，遇到天下大雨，道路被洪水阻断，无法通行，不能按期赶到指定地点。按照秦的酷律规定，凡所征戍边兵丁，不按时到达者，一律处斩。在这生死一发之际，陈胜情急计生，毅然谋划举义。他对同伴吴广说："今天我们的处境，不走是死，逃亡出去，也是死路一条。举大计起事也要死。都是死，我们还不如选择为国家而死，这样不是更有价值吗？"

陈胜虽没有文化，讲不出更多的道理，但他懂得人生的价值，他不仅要为自己生存而谋，更要为国家为广大劳苦大众而谋。陈胜不愧为一个杰出的有谋略的农民起义领袖，他在与吴广谋划起义时献计说："普天下的老百姓受秦王朝的苛捐赋税，劳役刑罚之痛苦已经到了实在难以忍受的程度了，可是秦二世胡亥还在加紧修建宫殿，榨取压迫劳苦大众。我听说胡亥是秦始皇的小儿子，他本来是没有资格继承帝位的。应该继承帝位的是皇太子扶苏。但因为扶苏经常劝谏秦始皇行善政，皇上对他不喜欢，把他放到边疆领兵。听说他本来没有罪，却被秦二世杀了。老百姓们都知道扶苏是个很贤明的太子，但还不知道他已被杀害了。还有一位名人，叫项燕(即楚霸王项羽的祖父)，他原是楚国的名将，很会打仗，立过很多功，又很爱护士兵，楚国人都非常爱戴他。现在人们有的以为他死了，有的说他逃亡在外。我们如果自称为公子扶苏和项燕，号召天下百姓，一定会有很多人响应。"他的主意符合当时的人心，吴广也认为可行，同意马上举事。

古时候人们都很相信鬼神，帝王将相如此，平民百姓也如此，陈胜也如此。陈胜和吴广经过一番谋划后，找来一个会占卜的人行卜。这个卜者也很聪明，他知道了陈胜、吴广的用意，便说："足下的事业能成功，且能为百姓立大功，只是你们问过神灵了吗?"陈胜、吴广听后非常高兴。陈胜马上想到了"念鬼"之计，他一语道破地说："这是教我们利用鬼神在群众中宣传，取得威望罢了。"并立即采取行动。他用朱砂在一块丝帕上书写了"陈胜王"三个大字，并指定把这份"丹书"放进鱼的肚子里，再把鱼置于鱼网之中，让渔人拿到市上卖。当负责做饭的戍卒买回鱼烹制时，发现鱼腹中的“丹书”，不知道是陈胜之计，还真以为是鱼肚中固有的，感到非常惊奇，便到处宣传这件“怪事”。与此同时，陈胜又让吴广悄悄地跑到营地附近的荒庙里，趁夜间无人，点烧篝火，装着狐狸的惊叫，大声呼喊：“大楚兴，陈胜王！”正在睡梦中的戍卒们被喊声惊醒，十分惊恐害怕。第二天清晨，戍卒们起来，交头接耳，窃窃私语，都把惊奇的目光指向陈胜。这就是“鱼腹藏书”之来历。

经过一番紧张的谋划，举事的准备工作基本就绪。余下的最大障碍是怎么处置带领他们赴边的秦吏。陈胜不仅谋深，而且观察问题很细致。他注意到吴广人缘关系好，士卒们都愿意与其接近，听其指使，为其所用。于是利用吴在群众中的威望故意去挑拨泰吏发怒整吴广，以此激起群众对秦吏的不满，并以此为借口趁机杀掉秦吏，再号召大家一起举义反秦。

吴广按计而行。当秦吏们喝得醉醺醺时，吴广数次故意扬言要逃亡，使得秦吏非常恼怒，秦吏就责骂污辱吴广，而戍卒们对秦吏的行为不满，群起而哄之。秦吏更加生气，举起鞭打了吴广，有个军官还拔出剑要杀吴广。吴广奋起夺过军官的剑，一下子刺死了好几个。陈胜早已等在那里，也起手杀了两个军官。并号令大家说：“各位，因为遇到大雨天气，我们大家都不能按期戍边，误期都要被斩杀。即使万一不被杀头，戍边的人十个也得死六、七个。我们都是血性汉子，不死则罢了，要死也得轰轰烈烈，留下名声来！王侯将相，宁有种乎？”

陈胜、吴广鼓动了士卒，在大泽乡揭竿起义，陈胜自立为将军，后来被人推为楚王。

惟义是守

读过《三国演义》的人都知道，为了辅佐刘备成大业，同时保住刘备的甘、糜二位夫人，关羽曾暂时归降曹操，并被封为偏将军。曹操为留住关羽，待之甚厚，三日一小宴，五日一大宴，并“累送美女金帛”。然而，当关羽知道刘备的下落后，便“挂印封金”，护送着甘、糜二位夫人，过五关斩六将，义无反顾，决然回归。

明代大臣左光斗因奏疏弹劾魏忠贤而被诬下狱，受尽酷刑而死。清人方苞在《左忠毅公逸事》中记载，左的学生史可法到狱中探望时，见左光斗“面额焦烂不可辨，左膝以下筋骨尽脱矣”，禁不住“前跪抱（左）公膝而呜咽”。左光斗闻声，“以指拨眦，目光如炬”，慷慨陈词，正气浩然。日后，史可法每谈及此事，都流着泪说：“吾师肺肝，皆铁石所铸也。”

关羽视荣华富贵如粪土，临利欲诱惑不动心，这种惟义是守的高尚风范，为世人所敬仰。左光斗正气浩然斗奸佞，身罹磨难心愈坚，其舍生取义，惟义是守的凛凛志节，感人至深。能惟义是守的人，即使在艰苦的环境中，也能严以自律，安贫乐道，积极进取。孔子的得意弟子颜回即是典范。颜回在别人无法忍受的恶劣生活环境中，勤奋治学，潜心修炼，怡然自得，“不改其乐”(《论语·雍也》)，后人因此尊称他为“复圣”。

惟义是守的人，身处优越的环境，仍能谦和待人，贵而不骄，戒奢节俭。唐代公主大多骄奢狂傲，以致后来连下嫁都成了难题，但宗室之女楚媛却谦恭俭素，遵从妇道，与夫家众人和睦相处。一些喜好攀比的宗室女子，曾讥笑她生活俭约、自甘勤苦，而她却正色道：“自古女子，皆以恭俭为美，纵侈为恶。”(《资治通鉴·唐纪》卷二。四)这一番话，说得诸女子心中惭服。

小不忍则乱大谋

隋朝时，有个大臣叫牛弘，他好学博闻，性情十分宽宏大量。隋炀帝很器重他，曾允许他与皇后同席吃饭，这在当时是了不起的礼遇，但牛弘依然车服卑俭，对人宽厚谦让。他不但官场上关系处理得好，而且家庭也搞得十分和睦。他家庭中发生的一件事，可以说明他的为人。

他有个弟弟叫牛弼，经常酗酒闹事。一次牛弼喝多了酒，酒后将牛弘驾车的牛射死了。牛弘从外面回到家后，他的妻子迎上前，对他说道：“叔叔喝醉了酒耍酒疯，将牛射死了。”

牛弘听了，什么也没问，只是说将牛肉做成肉脯算了。他妻子做完之后又提杀牛一事，牛弘却说：“剩下的做汤。”过一会儿他妻子又唠叨杀牛的事，这时牛弘才说道：“我已经知道了。”一点儿没有生气的样子，脸色像平时一样温和，甚至连头也没抬，继续看他的书。妻子见丈夫这样大度，感到很惭愧，从此以后不敢再提牛弼杀牛的事了。

因此，牛家门内一片和气，再也听不到闲言碎语，弟弟也因此收敛了不少。

据记载，在唐朝第三个皇帝高宗即位后，一直受到皇后武则天的限制，因而抑郁而终。有一次，高宗在巡幸途中，遇到一家好几百人同堂的大家族，大家生活在同一屋檐下，却没有任何风波，十分和睦地生活在一起，这在当时实在少有。因此，高宗特地去拜访这个家族，向他们请教家族和睦的秘诀。

于是族长取出纸和笔，连写了一百多个“忍”字给高宗看，意思是讲，大家族和乐的秘诀除了“忍”以外别无他法。高宗看后深有同感，赐给该家族莫大的褒赏。

看来人与人和平相处的秘诀在于一个“忍”字，俗话说百忍成金，不仅如此，“忍”还是收服人心的好办法。

孟尝君曾经担任齐国宰相，在各国声望很高。他家中养了许多食客，其中有一位食客与孟尝君的妾私通，有人将情况报告孟尝君说：“身为人家的食客，暗中却和主人的妾私通，实在太不应该了，理当将他处死。”孟尝君听后淡然地说：“喜爱美女是人之常情，不必再提了。”

过了一年，孟尝君召来那位食客，对他说：“你在我门下已经有一段时间了，到现在还没有适当的职位给你，心里很不安。现在卫国国君和我私交很好，不如让我替你准备车马银两，你到卫国去做官吧。”

这位食客来到卫国，受到卫王的赏识和重用。后来齐国和卫国关系紧张，卫国国君想联合各国攻打齐国，此人于是对卫君说：“臣之所以能到卫国来，全赖孟尝君不计臣的无能，将臣推荐给大王。臣听说齐、卫两国的先王曾经相互约定，将来子孙绝不彼此攻伐，而陛下您却想联合其他国家来攻打齐国，这不仅违背了先王的盟约，同时也辜负了孟尝君的情谊。请陛下打消攻打齐国的念头吧，不然，臣愿死在大王面前。”卫君听后佩服他的仁义，于是打消了攻打齐国的念头。齐国的人听后赞颂道：“孟尝君可语善为事矣，转祸为攻。”即孟尝君实在是善治政事，竟然使齐国转危为安。

这段故事告诉我们，人必须具有宽容的胸襟，不要因无关痛痒的小事而斤斤计较，要善于体谅别人，收服人心。俗话说：“君子受人滴水之恩，当涌泉相报。”以宽容爱护的态度对待别人，别人也会将心比心，投桃报李，回报于你。

春秋时，越王勾践被吴王夫差打败退守在会稽山上，越国要求跟吴国讲和，吴国的条件是要勾践夫妇到吴国给夫差当仆役，勾践答应了。

勾践将国事委托给大夫文种，让大夫范蠡随他夫妇前往吴国。到了吴国，他们住在山洞石屋里。夫差每次外出，勾践就亲自为他牵马。有人指骂他，他也不在乎，低眉顺眼，始终表现一副驯服的面孔，很讨夫差的欢心。

一次，夫差病了，勾践在背地里让范蠡预测一下，知道此病不久就会好，他就亲自去见夫差，探问病情，并亲口尝了尝夫差的粪便，然后向夫差道贺，说他的病很快就会好的。夫差问他怎么知道，勾践就胡编说："我曾经跟名医学过医道，只要尝一尝病人的粪便，就能知道病的轻重。刚才我尝了大王的粪便，味酸而稍微有点苦，用医生的话说，是得了'时气之症'，所以病会好，大王不必担心。"果然不几天，夫差的病就好了。夫差认为勾践比自己的儿子还孝顺，深受感动，就把勾践放回国去。

越王深为会稽之耻而痛苦，一心伺机报仇。他睡不好觉，吃不好饭，不亲近美色，不看歌舞。他苦心劳力，对内爱抚群臣，对下教养百姓，经过三年，百姓都归顺了他。

为了更好地笼络群臣百姓，每当有甘美的食物，如果不够分，自己不敢独吃；有酒把它倒入江中，与人民共饮。勾践靠自己耕种吃饭，靠妻子亲手织布穿衣，吃喝不求山珍海味，衣服不穿绫罗绸缎。为了坚持锻炼自己的斗志，不过舒服的生活，勾践连褥子都不用，床上铺的是柴草。还经常预备一个苦胆，随时尝一尝苦味，以不忘所受之苦。他还经常外出巡视，随从车辆装着食物，去探望孤寡老弱病残，并送给他们食物吃。然后，他召集诸大夫，向他们宣告说："我准备和吴国开战，拼以死活，希望士大夫踏肝践肺同日战死，我跟吴王颈臂相交肉搏而亡，这是我最大的愿望。如果这些办不到，从国内考虑估量，我们的国力不足以损伤吴国，从国外考虑结盟的诸侯也不能毁灭它，那么我将抛弃国家，离开群臣，身带佩剑，手举利刀，改变容貌，更换姓名，去当仆役，拿着箕帚侍奉吴王，以便找机会跟吴王决战。我虽然知道这样做危险很大，要被天下人所羞辱，但是我的决心已定，一定要想办法实现！”

后来越国终于与吴国在五湖决战，吴国军队大败，越军包围了吴王的王宫，攻下城门，活捉了夫差，杀死了吴国宰相。灭掉吴国二年后，越国称霸诸侯。

《论语》中有一句人人皆知的名言：“小不忍则乱大谋”。对于日常的琐碎之事，不必去斤斤计较。韩信的故事是一个很好的佐证：韩信是汉高祖刘邦的大将，年轻时整日游手好闲，无所事事。有一天，一群小流氓找茬说：“你长得倒不赖，不知胆量如何呢？”韩信听后沉默不语。这时围观的人越来越多，流氓又挑衅说：“如果你有胆量，就来刺杀我；如果害怕，就从我胯下爬过去吧。”韩信仍然一言不发，默默地爬过他的胯下。这就是历史上著名的“胯下之辱”的故事。

无须得喜失悲

我们的生存和发展离不开一个基础：吃穿住行这些基本的自然需求的满足。怎么满足呢？最有效而积极的做法莫过于：找一份喜欢的工作，努力去做！定下了这样的目标和抱负，工作不会不出成绩，人生的意义也由此实现。至于其中的成败得失，一概不管。否则，斤斤计较于成败或得失者，会反而因此弄巧成拙，影响自己工作的表现。

置“得失”于不顾，工作才会轻松而得心应手。不担心“失”，工作便顺利；不看重“得”，可防止停滞不前。所以，孔子有句诫语：“戒之在得”。“得”是“失”的开始，“失”是“得”的开始，“失”是“得”的结局。唯有将其弃如草芥，不存“得”“失”之想而努力工作的人，才会乐在其中。

我国古代一则“塞翁失马”的成语故事，告诉我们一个道理：得失相倚。

相传在边塞住着一位靠养马为生的老翁，一天，他发觉自己养的马中走失了一匹，老翁认为马跑到了邻国，难再寻回，也就不以为意。邻居却替老翁感到难受，跑来安慰他，老翁乐观地说：“没有关系，说不定这匹马能给我带来好处呢！”

半年后，奇迹降临了。走失的马不仅从邻国跑回来，还将那边的一大群骏马也引来了。邻居都跑来向老翁道喜，老翁却淡淡地说：“这件事未必是喜，说不定日后会带给我灾祸。”

一天，老翁的儿子在训练新来的骏马的时候，不小心将腿摔断了。邻居又来安慰他，老翁毫不在意：“这次意外，未必不会带来益处！”

又过了一些日子，邻国侵略边塞，战事时有发生，村里的年轻人纷纷参战，有不少人战死沙场。老翁的儿子则因为摔断了腿而未入伍，保住了性命。

哲人庄子讲过一个支离疏的故事，这个故事说明在乱世之中生活的奥妙。作为一个寓言，这个故事也说明了祸福相互转化的道理。

南方楚国有一个人叫支离疏，他的形体是造物主的一个杰作或者说是造物主在心情愉快时开的玩笑，脖子像丝瓜，脑袋形似葫芦，头垂到肚子上而双肩高耸超过头顶，颈后的发髻蓬蓬松松似雀巢，背驼得两肋几乎同大腿并列，好一个支支离离、疏疏散散的“美人”坯子！

支离疏却暗自庆幸，感谢上苍独钟于他，平日里乐天知命，舒心顺意，日高尚卧，无拘无束，替人缝衣洗服，簸米筛糠，足以糊口度日。当君王准备打仗，在国内强行征兵时，青壮汉子如惊弓之鸟，四散逃入山中。而支离疏呢，偏偏耸肩晃脑去看热闹。他这副尊容谁要呢，所以他才那样大胆放肆。

当楚王大兴土木，准备建造王宫而摊派差役时，庶民百姓不堪骚扰，而支离疏却因形体不全而免去了劳役。每逢寒冬腊月官府开仓赈贫时，支离疏却欣然前去领到三盅小米和十捆粗柴，仍然不愁吃不愁穿。

一个在形体上支支离离、疏疏散散的人，尚能乐天知命，以自然的心性，安享天年。那么把这支离疏从而遗形忘智、大智若愚的精髓运用到立身处世的方法中去，难道还不可逢凶化吉、远害全身吗？

月满则亏，水满则溢，这是世之常理。否极泰来，荣辱自古周而复始。因此，大可不必盛喜衰悲，得喜失悲。盛衰、得失自有天空。

朋友，在大得大失、大盛大衰面前，若保持着一份淡然的心境，无喜无悲，那可谓是大智大慧者了。尤其是要做到败不馁，因为吸取学问的最佳时机就在于跌倒之际。时势造英雄，逆境出人才。朋友，今天你遇上困难了吗？若有，把泪擦干，与困难握手，你将取得非同小可的成就。

“不以物喜，不以己悲”，在宁静致远的心态下，努力，努力，再努力——这便是走向成功的要诀！朋友，让我们一起努力，走出悲喜的心境，走出人生的低谷，走向鲜花和掌声！

淡泊明志

郭子仪，唐代人，因平叛安史之乱，屡立奇功，被封为汾阴大元帅。

唐代宗广德元年，仆固怀恩诱使回纥吐蕃兵十万余众前来侵犯，皇帝亲自统率六军，前往御敌，部队屯驻在苑中。城里的所有壮丁都团结起来当了兵，誓死捍卫国家。

老百姓都害怕战争，逃跑的很多。皇上准备驾车到河中去，这使得公卿都很震惊。郭子仪说：“现在我们与之相较，势单力薄，恐怕难以凭力量取得胜利。不如让我先过去与他们讲和，劝他们退兵，我过去和他们的关系也不错，或许可以起到不战而胜的效果。”

于是他带着几个随从骑马出使回纥军营，传叫“令公来了。”回纥将士对他的突然到来很吃惊，太师药葛罗拿着上了弦的弓站在军队的前列。郭子仪取下头盔，脱去护身衣，扔掉刀枪，进了回纥军营。回纥军的将领都下了马，和郭子仪互相行了仪礼，郭子仪就将来意说明了，太师药葛罗见他说得很有道理，于是大摆酒宴，并制定了退兵的誓约。

第二天，回纥的军队果然撤退了。

置生死于度外，于名利而不顾，心中坦然，此乃大英雄。郭子仪就是这样的人。

智颚大师《摩河止观》：“没有誓愿，一如牛之无御者，不知所趣。愿来而持行，诚至所在矣。”

中国陈隋之际的佛学大师智颚(公元538~597年)，天生奇才，过目不忘，据说他七岁时只看过一次《法华经·普门口》(观音经)，就把它记熟了。因智颚居天台山，故世称他所创立的派别为天台宗派。

智颚所著的《摩诃止观》一书，主张人的一念足可产生三千世界。这本书叙述人类心态的重要性，是佛教天台宗派基本经典之一。

智颚大师认为，人类的各种欲望有如牛马牲畜，如果任其放纵而不加约束，那么就必然将无止境地堕落，所以他主张：一个人必须懂得立志发愿，并把它作为生活的目标，以此约束自己。

由此可见，若想纠正脆弱并易放荡不羁的思想，磨炼出坚强的意志，那么，不妨预订一个可行性的计划，哪怕是小小的计划，然后在佛前发愿：一定要将计划完成，当然，计划应是从自己可能做到的事情开始做起，否则，就又动了欲念心。

任公子做了一个大鱼钩和一条很粗的黑丝绳，用五十头阉牛做钓饵，蹲在会稽山上，把钓鱼竿投入东海，天天都在那里钓鱼，整整一年没有钓到鱼。忽然有一天，有一条大鱼吞食了钓饵，牵着大鱼钩沉没水中，一会儿又用力摆动着脊背蹿出水面。它搅得白浪如山，海水震荡，声音有如鬼泣神号，威震千里。任公子钓到这条鱼，把它剖开晒成鱼干，从浙江以东，苍梧山以北，没有人不饱食这条鱼的。

后来，后世那些才智浅薄而又爱说长道短的人，都惊讶得奔走相告。那些拿着钓竿丝，走向小沟小渠，守着鲵鱼鲫鱼这些小鱼的人，要想钓到大鱼是很难的。那些用浅陋的言论装扮自己来博得高名美誉的人，距离通达的大道理也是很远的。因此没有听过任公子的风尚习俗的人，是不可以让他们治理世间的事情的，他们相差得太远了。

洪应明先生在《菜根谭》中这样说："能忍受吃粗茶淡饭的人，他们的操守多半都像冰一样清纯玉一样洁白，而讲究穿华美的衣服的人，他们多半都甘愿做出卑躬屈膝的奴才面孔。因为一个人的志气要在清心寡欲的状态下才能表现出来，而一个人的节操都是在贪图物质享受中丧失殆尽。”

大凡念图物质享受的人，他们的生活往往容易陷于糜烂，而精神生活空虚不堪，同时也不会有高尚的品德，因此他们为了能得到更高层次的享受，就会不惜用任何手段去钻营名利，甚至于摆出一副卑躬屈膝的态度也在所不惜。为人处世，如果不本着“君子爱财，取之有道”的原则而过分追求生活享受，不但会做出无耻的行径，还会触犯刑律，惹出滔天大祸。

西汉大臣霍去病，曾六次出击匈奴，为汉朝打通了去往西域的道路。霍去病出身贫寒，自小过着奴仆的生活，但没有失去自己的志向。

公元前123年，汉武帝考虑到霍去病精于骑马射箭，作战英武勇猛，于是下令，派大将军卫青挑八百精锐的骑兵归于霍去病的帐下，让其指挥出击匈奴。霍去病在带领骑兵作战中出奇制胜，活捉了单于的叔父、相国及将军多人，开战告捷，大快人心。在以后的抗击匈奴战争中又屡建奇功，汉武帝龙颜大悦，对霍去病加官晋爵，赏赐他高官厚禄。这一年，汉武帝为霍去病建造了一座豪华的府邸，他带着霍去病参观了一遍，出门后满以为霍去病会谢主隆恩。哪知，霍去病看了这些雕梁画栋、富丽堂皇的深宅大院后，对皇上深深地一拜，说道：“多蒙皇上赐爱，匈奴一日不灭，去病一日不安，又何来雅兴享受荣华富贵，深居广厦呢？还望皇上多多包涵。”说完，翻身上马，急急朝军营奔去。汉武帝望着他远去的背影，一股暖流涌上心头。

退一步海阔天空

有一则轶事，即在告诫人们执着心是多么愚蠢的事情。

那是马祖和尚和南岳和尚正在修行的一天，南岳和尚来拜访马祖和尚说：

“马祖，你最近在做什么？”

“我每天都在坐禅。”

“哦，原来如此！你坐禅的目的是什么？”

“当然为了成佛呀！”

坐禅是为了观照真正的自我，而悟道成佛，这是一般人对坐禅的认识，马祖也这么认为，因此才去坐禅。

可是，南岳和尚一听到马祖的话，竟然拿来一枚瓦片，默默地磨了起来，过了许久，觉得不可思议的马祖便开口问?

“你究竟想干什么啊?”

南岳平静地回答:“你没有看到我在磨瓦吗?”

“你磨瓦做什么?”

“做镜子。”

“大师,瓦片是没法磨成镜子的。”

“马祖啊,坐禅也不能成佛的。”

南岳和尚用瓦片不能磨成镜子的道理来告诉马祖,坐禅也不能成佛的原因,这段对话的内容看似骗小孩子,有点滑稽,实际上意义非常深远。

如前所述,一般人都认为坐禅是悟道成佛的唯一方法,因此在修行时,非常重视坐禅,主张彻底地去做。不过,南岳看到马祖天天坐禅的生活,却予以否定的评价。

为什么呢?南岳言外之意是想告诉马祖,他过分执着坐禅的形式和手段,虽然坐禅很有意义,可是如果被坐禅束缚,心的自由就会受到制约、控制,也就无法悟道成佛了。因此,坐禅的方法虽然是禅最重视的,一旦过分执着其中,反而需要予以否定了。

如此这般,以禅的立场来看,执着必须全被否定,否则一旦陷入执着,就什么东西都得不到了。

换言之,人们常常执着一些东西过日子,可是一旦持有执着的心情,就无法真正自由地生活,也无法用弹性的担法来谋求自我实现。

那么,如果过分执着一件事,会变成什么样子呢?一位大学考试失利的青年,被母亲带来见日本的关大彻和尚。这位青年为了进入一流大学就读,从小就努力用功,可是一流大学的围墙太厚,他连连失败,结果便想吃安眠药自杀。

青年的脑袋瓜里面,因为有不入一流大学宁可去死的想法,所以思考便陷入执着。考取一流大学是他人生目标,只要能争取,万事都可一帆风顺。总之,他太过于执着要进一流大学的想法,所以在经过几次的挑战失败后,由于自己无法超越这层障壁,因此只好选择死亡。

执着心往往会使自己的视野狭窄,其实进入一流大学并不是人生的全部,如果不这样想,自己很多坚强的想法都会一一失去,走上极端以后,就会像这位青年一样,选择自杀的方法,以否定自我。那是因为执着心,使自己的心硬化起来的缘故。

吃一堑 长一智

《史记》中有“败军之将不言勇”之谓。这正是“勇”者的表现,失败了就是败了,何必夸夸其谈,为自己开脱。倒不如端正态度,从失败中找原因,找教训,以为后戒。凡是大人物都是善于利用失败的教训的。比如曹操,他的军事才能不逊于孙子,然而也难免吃败仗,但他从不因一次两次败仗而落落寡欢,而是屡败屡战,不停地在战斗中提高战略战术水平。

因善于失败而崛起的,苏秦也是一个很好的例子。若非第一次出游列国失败,又遭亲人邻里奚落,他也不一定彻底饱览兵书,大大地提高自己的水准,终于挂六国相印了。据《战国策》载,经受打击的他,日夜勤读,有时夜读数几卷,特别是得到太公望的兵法后,更是彻夜不眠,反复研习,困时以锥刺股,如此经一年揣摩而有了心得。

从失败中,苏秦找到了原因就是自己努力不够,加倍努力最终使他获得成功。

从失败中总结经验教训,也不只限于自己的失败,总结别人的也是有必要的。“他山之石可以攻玉”说的正是这个道理,在此方面做得最为出色的莫过于唐太宗。

某年,宰相房玄龄上奏:

“刚才我检点兵器库,发现库存比隋代还少,请陛下降旨,尽快补充。”

太宗如此回答:

“要抗外敌,兵器库必须充实。然而今天的当务之急并非御外,而是用心于国内政治,人民生活急待改善,国家需休养生息。隋炀帝之所以灭亡,不在于他兵不精、将不广,而是因为他不舍仁义,招民怨所致。我们不能重蹈覆辙呀!”

另有一次,太宗对左右说:

“所谓长生不老之术,乃神仙鬼怪之流的谎言,人间根本不存在。秦始皇在位时,虽广求神仙之药,却让方士代为尝之;汉武帝亦感于仙术,故意把女儿嫁与方士,但后来他们都知道是骗局而终于杀方士,还连累很多人。我们一定要从以上两件事中吸取教训。"

可见太宗是一个懂得以前人失败为鉴,后省自己的贤明君主。他还说过一句名言:"以古为镜可以知兴衰,以人为镜可以知得失"。

有志者事竟成

耀强记得小学六年级的时候,考试考第一名,老师送他一本世界地图。他好高兴,跑回家就开始看这本世界地图。很不幸,那天轮到他为家人烧洗澡水。他就一边烧水,一边在灶边看地图,看到一张埃及地图,想到埃及很好,埃及有金字塔,有埃及艳后,有尼罗河,有法老王,有很多神秘的东西,心想长大以后如果有机会他一定要去埃及。

看得入神的时候,突然有一个大人从浴室冲出来,胖胖的围一条浴巾,用很大的声音跟他说:"你在干什么?"

他抬头一看,原来是他爸爸,他说:"我在看地图!"爸爸很生气,说:"火都熄了,看什么地图!"他说:"我在看埃及的地图。"他的父亲就跑过来啪、啪给他两个耳光,然后说:"赶快烧火!看什么埃及地图?"打完后,踢他屁股一脚,把他踢到火炉旁边去,用很严肃的表情跟他讲:"我给你保证!你这辈子不可能到那么遥远的地方!赶快升火。"他当时看着他爸爸,呆住了,心想:"我爸爸怎么给我这么奇怪的保证,真的吗?我一生真的不可能去埃及吗?"20年后,他第一次出国就去埃及,他的朋友都问他:"到埃及干什么?"那时候还没开放观光,出国很难的。他说:"因为我的生命不要被保证。"自己就跑到埃及旅行。有一天,他坐在金字塔前面的台阶上,买了张明信片写信给他爸爸。他写道:

"亲爱的爸爸:我现在在埃及的金字塔前面给你写信。记得小时候,你打我两个耳光、踢我一脚,保证我不可能到这么远的地方来,现在我就坐在这里给你写信。"

他爸爸收到明信片时跟他的妈妈说:"哦!这是哪一次打的,怎么那么有效?一巴掌打到埃及去。"

聪明莫被聪明误

《庄子》中有一句话叫"直木先伐,甘井先竭"。一般所用的木材,多选择挺直的树木来砍伐;水井也是涌出甘甜井水者先干涸,由此观之,人才的选用也是如此。有一些才华横溢、锋芒太露的人,虽然容易受到重用提拔,可是也容易遭人暗算。

隋代薛道衡,13岁时,能讲《左氏春秋传》。隋高祖时,作内史侍郎。炀帝时任潘州刺史。大业五年,被召还京,上《高祖颂》。炀帝看了不高兴,说:“这只是文辞漂亮。”拜司录大夫。炀帝自认文才高而傲视天下之士,不想让他们超过自己。御史大夫乘机说道衡自负才气,不听驯示,有无君之心。于是炀帝便下令把道衡绞死了。天下人都认为道衡死得冤枉。他不正是太锋芒毕露遭人嫉恨而命丧黄泉的吗?

那么,遇到这种情况怎么办呢?《庄子》中提出“意怠”哲学。“意怠”是一种很会鼓动翅膀的鸟,别的方面毫无出众之处。别的鸟飞,它也跟着飞;傍晚归巢,它也跟着归巢。队伍前进时它从不争先,后退时也从不落后。吃东西时不抢食、不脱队,因此很少受到威胁。表面看来,这种生存方式显得有些保守,但是仔细想想,这样做也许是最可取的。凡事预先留条退路,不过分炫耀自己的才能,这种人才不会犯大错。这是现代高度竞争社会里,看似平庸,但是却能按自己的方式生存的一种方式。

南朝刘宋王僧虔,东晋王导的孙子。宋文帝时官为太子中庶子,武帝时为尚书令。年纪很轻的时候,僧虔就以善写隶书闻名。宋文帝看到他写在白扇子上面的字,赞叹道:“不仅是字超过了王献之,风度气质也超过了他。”当时,宋孝武帝想一人以书名闻天下,僧虔便不敢露出自己的真迹。大明年间,常常把字写得很差,因此而平安无事。

所以有才华的人必须把保护自己也算作才华之列。一个不会自我保护的人有才华,却使才华过早的埋没,而不能为社会做更多的事。

在洛阳有一位男子因与人结怨而处境困难。许多人出面当和事佬,但对方一句话也听不进去,最后只好请郭解出面为他们排解纠纷。郭解晚上悄悄地造访对方,热心地进行劝服,对方逐渐让步了。如果是普通人,一定会为对方的转变而沾沾自喜,但郭解却不同。他对那位接受劝解的人说："我听说你对前几次的调解都不肯接受，这次很荣幸能接受我的调解。不过，身为外地人的我，却压倒本地有名望的人，成功地排解了你们的纠纷，这实在是违背常理。因此，我希望你这次就当作我的调解失败，等到我回去，再有当地的有威望的人来调解时才接受，怎么样?"这种做法实在是异于常人，细想起来真是一种使自己免遭众人嫉恨的明智之举。既保护了自己，又留下了为人称道的美名。谁能说郭解不是大智之人呢？比较起来，那些极力显示自己才能的人，不过是小聪明罢了。

宁人负我　无我负人

唐代郭元振任骁卫将军安西大都护时，西突厥的势力很强盛，西突厥的酋长乌质勒愿意与唐王朝和平共处，与郭元振结成了好朋友。

有一次，郭元振到乌质勒的牙帐议事，碰巧天降大雪，不料因乌质勒年老体衰，经不起风寒，当天得病死去。他的儿子娑葛认为是郭元振用计杀了他的父亲，准备率军进攻中原，杀掉郭元振为父报仇。

手下将士纷纷劝解郭元振，走为上策，乘天黑逃到京城长安去。郭元振坚持不肯，如果乘黑逃走，双方的误会势必更深，引来杀身之祸，为解开误会留下难题。

第二天，郭元振身穿丧服，带着花圈到娑葛营中吊唁，深切哀悼乌质勒的去世，还赠送了贵重的礼物，以表情谊。办完丧事之后，郭元振还特地逗留了一个月。娑葛终于解除了怀疑，受到感动，他派使向郭元振献了五千匹良马，二百匹骆驼和十万多只牛羊，双方握手言和，重归旧好。

曹州府的于令仪，身为市民，为人忠厚，不损人利己，晚年家中颇为富裕。

一天晚上，有一个小偷到他家行盗，于令仪的儿子们抓住了盗贼，是邻居的儿子。

不久于令仪在外办事回来，看见后，用平缓的语调问道：“你平时并没有做过坏事，现在为什么要偷盗呢？大概是贫困的原因吧！”又问他需要什么，小偷回答说：“有一万文钱就足以买食物及衣服了。”于令仪按照他的要求给了他，还嘱咐他今后再也不要干那种偷盗的事。

盗贼走了几分钟，于令仪又叫儿子把他叫了回来，对他说：“你十分贫穷，晚上却背着一万文钱，恐怕巡逻的人会盘问你，留到明天我送你过去。”

盗贼十分惭愧，终于痛改前非。乡亲们都称于令仪是君子。

于令仪选择了较为突出的儿子及侄子，修造学校，请有名望的教书先生来执教，儿子及侄子也努力学习，陆续考中了进士，成为曹州府南面的大族。

曾有人说过这样的一句话：“怨不期深浅，其于伤心。”这句话的意思是：施怨不在乎深浅，而在于是否伤害了别人的心，这句话道出了人际关系的微妙。

有时候，一个人若破了点财，损失了些许金钱，尚还无关紧要，而一旦他的自尊心受到了严重的挫伤，则无法预测他的行为了。金钱上的损失犹可补偿，而心灵受到伤害，并不是一朝一夕就可痊愈的。或许，当说了一句话，本身并没有存心伤人的意思，但是这句话在别人听来，是那样的刺耳，他听后，仿佛要疯狂。所谓“言者无心，听者有意”，说不定还会为自己树立一个敌人，与亲密的朋友分道扬镳。

为人处世，不可不慎。

佛经中道：“应以自己为灯火，以自己为依靠而生活，应以法为灯火，以法为依靠而生活。”

这句名言出自《大般若涅槃经》，是佛祖 82 岁去世前，对弟子阿难说的一段话。

据经书记载，当释迦牟尼行至库西奈拉市时，突然向阿难说：“我很累，想躺一会儿，你在那边的两棵树下给我铺上床吧！”

床铺好后，释迦牟尼头朝北地躺了下来。阿难一看，知道师父快入寂了，就走到旁边，悄声哭泣：“师父就要离我远去了，但我还有许多事情要向师父学呢！”

佛祖把悲痛万分的阿难叫到跟前，对他说：“我的肉体虽然快要死亡，但是我的教言却将永远活着。因此，你并不是见到我的肉体时才算见到我，而是领悟到我的教言才算是真正见到了我。今后，我要你以你自己和我的教言作为依靠，坚定地活下去吧！”

佛祖说完这番话后就安然入寂了。

刚柔兼济

春秋战国时期“楚归晋知荣”的故事十分著名，其原因就在于知荣能够不卑不亢、外柔内刚地对待楚王。当时，晋国人把从楚国那里俘获来的楚国公子及楚国大臣的尸首交给了楚国，希望能够换回包括知荣在内的晋国战俘，楚王答应了。在送别知荣的时候，楚王问道：“你怨恨我吗？”知荣回答说：“两国交战，我没有才能，不能胜任自己的职务，所以做了俘虏。君王的左右没有用我的血来祭鼓，而让我回国去接受杀戮，这是君王您的恩惠。我确实没有才能，又能怨恨谁呢？”

楚王又问道：“那么，你反而要感激我吗？”知荣回答说：“两国为自己的百姓打算，希望能让老百姓平安，各自抑制住愤怒，互相原谅。两国都解放各自的战俘，以结成友好。我又能感激谁呢？”

楚王又问：“你回去以后，用什么来报答我呢？”知荣说：“我没有什么怨恨，也没受大王的什么恩德，我不知道该报答什么！”

楚王说：“即便是这样，你也要告诉我些什么。”知荣不卑不亢地说：“好吧！托君主的福，作为囚犯，我能回到晋国，我的国君如果杀了我，我死而不朽。如果由于君王的恩而赦免了我，或是君王同意把我杀掉祭祀祖先，那我也死而不朽。如果蒙君王恩宠，再让我承袭原职，按次序担任晋国的政事，率领一部分军队驻守边城，即使遇到楚国的文武官员，我也不会违反礼仪，不会有二心，只好竭尽全力，尽做臣子的本分。如果说有报答的，这就是我要报答大王的。”

楚王听了这番话，知道不能折服他，就对大臣们说：“晋国的臣子真是无法争取啊！”于是，楚王用隆重的礼节把知荣送回了晋国。

楚王对知荣的这番谈话，大概有两个意图，一是想找个空子折辱晋国的战俘，二是想留下一些后路，为将来的楚、晋作战争取晋国的人心。但知荣始终不卑不亢，据实而答。

逐次回驳，弄得楚文王灰头土脸又无可挑剔，最后只好以礼相送。知荣的这种以柔为主，柔中寓刚的答辩成为千古名论。

汉朝的开国皇帝刘邦有时也能施行“柔道”。在楚、汉相争之时，项羽曾任用季布去攻打刘邦，季布多次把刘邦打得十分狼狈，甚至差点抓住刘邦，所以刘邦十分憎恨季布。西汉刚刚建立，刘邦就急不可耐地发布了一道命令，悬赏千两金子捉拿季布，有胆敢留藏季布的人，诛杀本人及其父兄全家。季布藏到了濮阳一个姓周的人的家里，那人说：“汉朝搜查您非常急迫，快要搜到我的家里来了。您如果愿意听我的话，我才敢献出我的计策，如果不听，我就自己先抹脖子算了，免得连累全家。”季布听了他的话，他就给季布剃光了头发，脖子上套上铁圈，穿上破衣服，装在卖棺材的车里，卖给了当时著名的大侠朱家。朱家知道他是季布，还是买下了，并将他安置在田间的屋舍里。然后，朱家到了洛阳，见到了汝阳侯滕公，劝他说：“季布有什么罪过吗？臣子各为其主，那是做臣子的职责啊！项羽的部下难道都能杀干净吗？现在皇上刚刚坐稳天下，却为自己的私怨去搜捕一个人，这是向天下显示皇上的胸怀是多么狭窄啊！而以季布的贤能，汉朝又搜捕得这样紧急，这不是逼迫他向北逃往匈奴，或是向南逃往越地吗？把豪壮而勇敢的人赶往敌国，这就是楚王的尸体遭到伍子胥鞭打的原因啊！您为什么不用他呢?”刘邦果然被说服了，赦免了季布。

季布变刚为柔，能伸能缩，在当时赢得了美名。刘邦还召见了季布，拜他为郎中。

刘邦因为赦免了季布而安定了人心，特别是那些过去与刘邦为敌而准备谋反的人都安下心，侍奉汉朝，刘邦也得了个气度豁达的好名声。

但在中国历史上，能够从始至终地贯彻“柔道”的人当数东汉的光武帝刘秀，他不仅在为人处世上以“柔”为主，在政治、军事诸方面也都体现出了这种精神，应该说他是以善玩“柔道”而取得巨大成功的开国皇帝。

刘秀生于公元前6月12日，是汉高祖刘邦的九世孙。其刘钦是南顿县令，在刘秀九岁时病故，此后，刘秀与哥哥刘縯便被叔叔收养。据说刘秀身长七尺三寸，长髯美目，大口隆鼻，生有帝王象。兄长刘縯独有大志，好养侠客，而刘秀却好稼穑佣耕，刘縯就经常讥笑他。一次到亲戚家做客，宾朋满座，贵客云集，其主人蔡少公精通图谶之学，述及谶语时说道："将来刘秀必为天下。"原来王莽的大臣刘歆精通谶文，故改名为刘秀，大家以为是大臣刘秀。谁知座上忽起笑声："怎见得不是仆呢？"大家回头一看，竟是刘縯的弟弟刘秀，不禁一阵哄堂大笑。

刘秀思虑缜密，言语不敬，与人相交，也不记小怨，喜怒哀乐不行于色，史书上曾称赞他为人"谨厚"。在他二十八岁的时候，王莽的"新政"很不得人心，加上天灾人祸，各地的农民纷纷起义，尤其是绿林、赤眉两支起义军，声势浩大，直可与王莽军一较高低。在这种风起云涌的形势下，刘秀借南阳一带谷物歉收，与兄刘縯谋划起义，得众七八千人。

刘秀起义后，逐渐与当地的其他起义军汇合，一度并入绿林军。公元23年二月，绿林军号召天下，立刘秀的族兄刘玄为帝，年号更始，绿林军的势力得到了迅猛的发展，以至王莽"一日三惊"。王莽纠集新朝主力约四十二万人，号称百万，派大司空王邑、大司徒王寻率领，直扑绿林军。刘秀放弃阳关，率部退守昆阳。

昆阳守军只有八九千人，敌人则连营百里，势力太过悬殊，有些人主张分散撤出，刘秀坚决反对，认为如果并力御敌，尚有保全的希望，如果分散突围，必被包围消灭。他亲自率领十三骑趁夜突出南门求救，他说服了定陵，郾城等地的起义军，亲率精兵数千人偷渡昆水，突袭敌人，使敌人手忙脚乱，阵脚不稳，终至大败。昆阳之战是中国军事史上以少胜多的光辉范例，也为起义军推翻王莽政权奠定了基础。

但不久起义军内部发生了分裂，刘秀的哥哥刘縯被杀。因为自打败了王邑、王寻的军队以后，刘縯、刘秀的威名日盛，这就遭到另一派起义军将领的嫉妒，加上刘縯当初曾反对立刘玄为帝，正好借此进谗，说刘縯不除，终为后患。刘玄懦弱无能，并无主张，便听了人言，准备伺机行动。刘玄借犒军之机，大会群将，刘縯在列，刘秀领兵在外，未得参予。刘玄见刘縯腰佩宝剑，故意说有些奇异，要他献上来观看。刘縯并无防备，把宝剑呈了上去。刘縯的部下见事情不对，暗为刘縯着急，其实刘玄也是想借刘縯献剑之机，说他行刺，以便拘捕。但刘玄手里拿着宝剑，却犹豫起来，欲杀刘縯的诸将忙使人献上玉块，"玦"与"决"同音，仿效范曾催促项羽杀刘邦的故事，是催刘玄快点决断的意思，但刘玄还是没有下令逮捕刘縯。回去以后，刘縯和诸将谈起这件事，觉得刘玄无能，不足为虑，也就一笑作罢。

不久，刘玄要杀曾不同意立他为帝的将军刘稷，刘縯知道后，跑到刘玄面前据理力争，刘玄理屈词穷，不作声，但有些将领则鼓动刘玄拿下刘縯，刘玄的“拿”字刚一出口，刘縯即被人拿下，并立刻推出斩首。

刘秀当时正在父城，听到哥哥被杀，十分悲痛，大哭了一场，立即动身来到宛城，见了刘玄，并不多说话，只讲自己的过失。刘玄问起宛城的守城情况，刘秀归功于诸将，一点也儿不自夸自傲。回到住处，逢人吊问，也绝口不提哥哥被杀的事。既不穿孝，也照常吃饭，与平时一样，毫无改变，刘玄见他如此，反觉得有些惭愧，从此更加信任刘秀，并拜为破瞄大将军，封武信侯。

其实刘秀因为兄长被杀而万分悲痛，此后数年想起此事还经常流泪叹息。但他知道当时尚无力与平林、新市两股起义军的力量抗衡，所以隐忍不发。刘秀的这次隐忍，既保全了自己，又在起义军中赢得了同情和信赖，为他日后自立创造了一定条件。

等到起义军杀了王莽，迎接刘玄进入洛阳，刘玄的其他官属都戴着布做的帽子，形象滑稽可笑，洛阳沿途的人见了，莫不暗暗发笑。惟有司隶刘秀的僚属，都穿着汉朝装束。人们见了，都喜悦地说：“不图今日复骨汉官威仪。”于是，人心皆归刘秀。

刘玄定都洛阳以后，便欲派一位亲近而又有能力的大臣去安抚河北一带，刘秀看到这是一个发展个人力量的大好机会，便托人往说刘玄。刘玄同意了这个请求，刘秀就以更始政权大司马的身份前往河北，开始了扩张个人势力，建立东汉政权的活动。

当时的河北有三股势力，最大的是王郎，他自称是刘邦的后代，号召力很大，其次是王莽的残余势力，再次是铜马、青犊等农民起义军。刘秀在河北每到一地，必接见官吏，平反冤狱，废除王莽的苛政，恢复汉朝的制度；释放囚犯，慰问饥民。所做之事，均都顺应民心，因而官民喜悦。

当时，有一个叫刘林的人向他献计说："现在赤眉军在黄河以东，如果决河灌赤眉，那么百万人会成为鱼鳖了。"刘秀认为这样太过残忍，定会失去民心，就没有这样做。

刘秀初到河北之时，兵少将寡，地方上各自为政，无人听他指挥，虽能"延揽英雄，取悦民心，立高祖之业"，但毕竟没有大量军队。他为王郎所追捕，曾多次陷入窘境。后来，他逐渐延揽了邓禹、冯异、寇恂、姚期、耿纯等人才，又假借当地起义军的名义招集兵马，壮大声势，并联合信都、上谷、渔阳等地的官僚集团，才算站住了脚。由于他实行"柔道"政策，服人以德，不以威慑，众人一旦归心，就较为稳定。

刘秀认为"柔能制刚，弱能制强"，他多以宽柔的"德政"去收揽军心，很少以刑杀立威，这一点，在收编铜马起义军将士时表现得最为突出。当时，铜马起义军投降了刘秀，刘秀就"封其渠帅为列侯"，但刘秀的汉军将士对起义军很不放心，认为他们既属当地民众，又曾攻打杀掠，恐怕不易归心。铜马义军的将士也很不自安，恐怕不能得到汉军的信任而被杀害。在这种情况下，刘秀竟令汉军各自归营，自己一个人骑马来到铜马军营，帮他们一起操练军士。铜马将士议论说："肖王（刘秀）如此推心置腹地相信我们，我们怎能不为他效命呢?"刘秀直到把军士操练好，才把他们分到各营。铜马义军受到刘秀的如此信任，都亲切地称他为"铜马帝"。

在消灭王郎以后，军士从王郎处收得了许多议论刘秀的书信，如果究查起来，会引起一大批人逃跑或者造反。刘秀根本连看都不看，命令当众烧掉，真正起到了"令反侧子自安"的效果，使那些惴惴不安的人下定决心跟刘秀到底。

公元25年，刘秀势力十分强大，又有同学自关中捧赤伏符来见，说刘秀称帝这是"上天之命"，刘秀便在诸将的一再请求下称帝，年号建武。称帝之后，便是和原来的农民起义军争夺天下，此时，他仍贯彻以柔道治天下的思想，这对他迅速取得胜利起到了很大的作用。

刘秀轻取洛阳就是运用这一思想的成功范例。当时，洛阳城池坚固，李轶、朱鲔拥兵三十万，刘秀先用离间计，让朱鲔刺杀了李轶，后又派人劝说朱鲔投降。但朱鲔因参与过谋杀刘縯，害怕刘秀复仇，犹豫不决。刘秀知道后，立即派人告诉他说："举大事者不羽小怨"，朱鲔若能投降，不仅决不追究，而且以礼相待。后刘秀果然亲为解缚，以礼相待。

公元27年，赤眉军的樊崇、刘盆子投降，刘秀对他们说："你们过去大行无道，所过之处，老人弱者都被屠杀，国家被破坏，水井炉灶被填平。然而还做了三件好事：攻破城市，遍行全国，但没有抛弃故土的妻子；第二件是以刘氏宗室为君主；第三件事尤为值得称道，其他贼寇虽然也立了君主，但在危急时刻都是拿着君主的头颅来投降，唯独你们保全了刘盆子的性命并交给了我。”于是，刘秀下令他们与妻儿一起住在洛阳，每人赐给一区宅室，二顷田地。就这样，刘秀总是善于找出别人的优点，加以褒扬。

刘秀极善于调解将领之间的不和情绪，绝不让他们相互斗争，更不偏袒。贾复与寇恂有仇，大有不共戴天之势，刘秀则把他们叫到一起，居间调和，善言点劝，使他们结友而去。对待功臣，他决不遗忘，而是待遇如初。征瞄将军祭遵去世，刘秀悼念尤勤，甚至其灵车到达河南，他还“望哭哀恸”。中郎将来歙征蜀时被刺身死，他竟乘着车子，带着白布，前往吊唁。刘秀的这种发自内心的真诚，确实赢得人心。

刘秀实行轻法缓刑，重赏轻罚，以结民心。他一反功臣封地最多不过百里的古制，认为“古之亡国，皆以无道，未尝闻功臣地多灭亡者”。他分封的食邑最多的竟达六县之多。至于罚，非到不罚不足以毖后的时候才罚，即便罚，也尽量从轻，绝不轻易杀戮将士。邓禹称赞刘秀“军政齐肃，赏罚严明”，不为过誉。在中国历史上，往往是“飞鸟尽，良弓藏；狡兔死，走狗烹；敌国灭，谋臣亡”，但唯独东汉的开国功臣皆得善终，就这一点，就足以说明刘秀“柔道”治同的可取性。

刘秀在称帝之前就告诫群臣，要“在上不骄”，做事要兢兢业业，如履薄冰，如临深渊，日慎一日，等等。在后来的岁月里，刘秀一直始终如一地自戒戒人，这种用心良苦的告诫，虽不能根本上扭转封建官场的习气，但毕竟起了一定的作用。当时军士武将多好儒家经典，就是很好的证明。

莫说“洪洞县里无好人”，封建官场虽是一片漆黑，但毕竟还会偶尔闪现出一两个良心未泯的人物，就是这些凤毛麟角的人物，已足以使我们兴奋不已。

“柔道”也属治人之术，但毕竟和虚伪、狡诈有本质的区别，因为后者已不是“术”，而是个人的道德品质问题了。如果连这样的“术”也否定了，那就陷入“文革”期间的“清官比赃官还坏”的荒谬逻辑。

刘秀“柔道”兴汉，少杀多仁，不论是军事，政治还是外交等方面都治理得很好。曹操以奸诈成功，刘秀以柔道而有天下，这难道不给我们提供了一个有益的启示吗？

良药苦口利于病

商汤周武之所以昌盛，是因为他们善纳谏言；夏桀、商纣之所以灭亡，是因为他们只要臣下唯唯诺诺。为君即要有谏臣，为父需有谏子，为兄需要有谏弟，为士者得有谏友，否则将会出现桀纣般的误差，误人误己误国。

“人非圣贤，孰能无过”。要消除人的这个缺点，就必须有人敢直言劝谏。

《孝经》里也有载：

“天子若有诤臣士人，天道也不失天下……士若有诤友，不离命也；父若有诤子，身不陷于不义。”

可见有人给自己提意见、指过失，是何等重要。但是，有人善谏的同时，被谏者要善纳才行。“忠言”就如同“良药”一般，听起来刺耳，若非虚怀大度者，恐难以纳进。历史上因直言不纳而亡国者也屡见不鲜。隋炀帝就是个例子。一开始时，他并不是没有诤臣，但是他听不进忠言，而是采取“远谏言，诛诤臣”的态度，结果他身边只剩下“唯诺取容，不敢忤意”的虞世基等献媚之徒了。正是他们的“善候主人颜色，阿谄顺旨”，终于把隋炀帝一步步地推向覆灭的深渊。

与炀帝相反，唐太宗李世民则以“善纳”见长。太宗身边始终有善谏的魏征等陪伴，太宗也乐于听取他们的意见，因此政治清明，国力强盛。

中国式的谏言有五大原则，这在《礼记》中已有记载：

“人臣之礼，三谏不听，逃。”

亦即作为臣子，应对君主的过失劝谏，但若三次进谏而不听，则自动解除为臣的义务，离开他，这是“为臣的礼”。为什么要“逃”呢？因为事不过三，三谏而不听，是为“忤君意”，留在被忤的君主身边，会有性命之忧，故而逃之。看来似乎无情，但这不失为明哲保身之道。

向人提意见，尤其进谏君王，弄不好会有危险，甚至丧命，因此，“进谏”要注意方式、方法。据《孔子家语》，谏言可分为以下五原则：

一、谲谏——先进旁言，旁敲之，侧击之；

二、戆谏——不顾忌言行体统的进谏；

三、降谏——以谦卑的态度进谏；

四、直谏——直言相劝。

五、讽谏——引入具讽刺意味的话题，刺痛对方，使之觉悟。

自大一点是个臭字

《史记》里西南夷列传中有个“夜郎自大”的故事：

汉王朝统治中国时期，在中国南边有一个部落，称夜郎国。某年汉使者来访夜郎国，夜郎王竟问使者：“汉朝有我夜郎大吗？”使者愕然，至于怎么回答的，《史记》中没有记载，但可以想见，对如此愚蠢的问题，使者是不屑于回答吧？司马迁在该篇的后记中评道：“只知通道，故不知汉之广大”。“夜郎自大”成语便由此而来。

纵观中国历史，出色的人物决不自大。人们对妄自尊大者向来嗤之以鼻。

但是，沉醉于自大中的反面教员，也不止夜郎王一人，还有这么一个故事：

后汉光武帝即位后，蜀地有位叫公孙述的人，自谮为王，与中央对立。与此同时，又有一割据汉朝西北陇地的隗嚣族王，正困惑于不知应投靠光武帝还是归顺公孙述。于是派部下马援前往公孙述处打探。马援与公孙述原为旧知，他想：

“我单独前往，公孙述会像以前那样，双手欢迎我吧？”

马援怀着如此期待，来到了蜀都，却受到了“一盆冷水”，护卫兵戒备森严，迎接他的态度极其严肃、傲慢。看到这里，马援对随从说：

“够了，够了！他们只是虚有其表，这种地方怎能容下天下之士呢？”

说完，便草草了事，赶回报告隗嚣道：

“公孙述只是个外强中干的家伙，充其量乃坎井之蛙耳，不足信也。”

之后，隗嚣又派马援带着他的亲信去汉朝拜访光武帝，马援到了不久，光武帝便亲自出来迎接，只见他头绑黄巾，露出额头，笑容可掬地寒暄道：

“啊！久仰贵公才能，今日一见，果然不同凡响！”

马援受宠若惊，低头问道：

“前几天我去拜访我的旧知公孙述，他却是一副洋洋自得、盛气凌人的姿态。这次我与大王初次见面，即受到如此亲切的接见，陛下不疑我是刺客，这到底是为什么！”

光武帝好言相慰，自始至终，不摆架子。

隗嚣王从马援口中得知光武为人，便立刻率领部属投奔汉朝。后来公孙述被光武帝消灭，自然不在话下。

识破小人真面目

春秋时期，著名政治家管仲就是一位慧眼识奸佞的高手。管仲曾辅佐齐桓公称霸中原，当管仲病危时，齐桓公前往探望，与管仲谈到万一有什么不幸，由谁来接相国之职。桓公问管仲：“易牙怎样？”管仲乘机提醒桓公，千万不可任用易牙、竖刁和卫公子开方三人。这都是齐桓公身边的红人，深得桓公的信任和宠爱，在宫廷内外声名显赫，被时人称为“三贵”。他们分别通过不同的手段讨取了齐桓公的欢心，逢迎献媚，各显神通。

竖刁讨好桓公，是凭他聪明机灵的天资，利用侍候桓公之便，大献殷勤，投其所好，迎其欢心，时间一长，桓公的日常生活一刻也离不开这位亲信太监了。于是，竖刁便成了桓公身边最亲近的人。

易牙是齐国宫中的一位厨师。他精于烹调技术，善制各种美味佳肴，由此逐渐获得了桓公的宠幸。易牙为了谋取高位，甚至不惜杀害了自己的亲生儿子，供桓公作美餐。据说，有一天齐桓公召见易牙，问道：“听说你善调味？”易牙回答说是。于是，桓公随即开了个玩笑，说：“寡人对人间的鸟、兽、虫、鱼的味道都食过了，唯独没有食过人肉，不知人肉的滋味怎样？”此话本来是桓公随便说的一句笑话，但易牙是一个有心计的人，他听后便暗记在心里，思索着如何做出一顿美味的人肉来献给桓公。经过几番思索，他把主意打在自己亲生儿子身上，认为用儿子的肉献给桓公，一定会博得桓公的欢心。

一天午膳，易牙亲手给桓公献上一盘蒸肉。桓公观其肉，嫩如乳羊，尝其肉，其肉嫩美则远胜于乳羊。不一会儿，桓公就把一盘肉吃了个精光。食罢赞不绝口，问易牙："这是什么肉，味道这么甘美？"易牙立即跪而回答："这是人肉。"桓公一听吃惊地问："这是从哪里弄来的人肉？"易牙回答说："这是微臣亲生儿子身上的肉，臣的长子，今年已三岁了，臣听说过'忠君的人，不顾其家'，主公没有尝过人肉的滋味，所以把儿子杀了，献给主公尝尝，以表忠心"。恒公听后，心里很不舒服，再没有说什么，挥手示意易牙退下。易牙走后，桓公虽然感到恶心，但又暗自思忖：易牙这样做，非人情也，然而他能为寡人而忍心杀害自己的亲生儿子，足见其一片忠心！从此对易牙非常宠信。

卫公子开方获得桓公的宠爱，则是通过对桓公的极力吹捧奉承而博取的。开方本来是卫国的太子，齐桓公率兵讨伐卫国时，卫国军队仓促应战，结果被齐军打得一败涂地。卫国国君只好派自己的长子开方前去求和。等到和议达成后，公子开方却不想回卫国了。他看到齐国强盛，即向齐桓公提出愿意留在齐国。桓公不解其意，问开方："你是卫侯的长子，将来要继承卫国的君位，为什么要舍弃千乘之尊而甘心屈仕于寡人呢？"开方乘机把桓公奉承了一番，说："君侯是天下贤侯，如果能侍候君侯，我将感到荣幸之至，远远胜过自己做国君！"桓公一听这话，心里乐滋滋的，逐拜为大夫之职。

竖刁、易牙、开方三人，就是这样各自获得了齐桓公的宠爱。旁观者清，当局者迷。齐桓公被易牙、竖刁、开方三人的表面殷勤、人肉滋味、甜言蜜语迷住了心窍，昏昏然而毫无觉察。然而，齐相管仲则从这三人的言行举动中，洞察出这帮人的小人面目和狼子野心并请桓公提高警惕。

齐桓公听了管仲的话，颇不以为然，说："易牙为了满足我的要求，不惜烹了自己的儿子给我做肉羹，爱寡人胜于爱自己的儿子，难道他对我还不够忠心吗？"管仲说："不爱亲生骨肉是没有人性，没有人性的人，又怎么会真心对您哪？"齐桓公又问："竖刁阉割自己来侍奉我，说明他爱我胜过爱自己的身体，这样的人难道还会对我不忠吗？"管仲说："人没有不爱惜自己的身体的，狠心毁坏自己身体的人，又怎么可能真心忠于您呢？"齐桓公说："卫公子开方舍弃了做千乘之国太子的机会，而屈身做我的臣下15年，父亲去世也没回去奔丧，这样的人我还不应该信任吗？"管仲说："人最亲的莫过于父母，对父亲尚且如此无情，又何况对他人呢！况且千乘之封地，是人梦寐以求的，他放弃千乘之封地，俯就于国君，他心中所追求的必定过于千乘之封。请您务必疏远这三个小人，宠信他们国家必乱。"

一代贤相管仲不愧有远见卓识，凭着自己敏锐的洞察力及时发现并揭穿了齐桓公身边这三个奸佞小人的险恶用心，用"人之常情"与易牙等三人的言行加以对比，反衬出了这三人的小人伎俩，可谓有知人之明。

可惜在管仲去世后，齐桓公未能接受管仲生前的劝告，启用竖刁、易牙、开方等人。三年后，他们乘桓公病重之机，勾结起来公然作乱，他们把住宫门，不准任何人进去，最后把齐桓公活活饿死，齐桓公临终前叹息道："悔不该不听管仲之言，才有今日之祸，管仲真不愧是圣人哪，圣人看问题都是有远见的。"

只有识别小人，方能做到有备无患。管仲的识人之术也许能给我们提供一些有益的借鉴。

稍有处世经验者都知道，每个地方都有"小人"，和"小人"的关系若没有处理好，常常要吃亏。

"小人"没有特别的样子，脸上也没写上"小人"二字，有些"小人"甚至还长得又帅又

漂亮，有口才也有内才，一副“大将之才”的样子。不过，“小人”还是可以从行为分辨出来的。大体言之，“小人”就是做事做人不守正道，以邪恶手段来达到目的的人，他们的言行有以下特色：

——喜欢造谣生事。他们的造谣生事都另有目的，并不是以造谣生事为乐。

——喜欢挑拨离间。为了某种目的，他们可以用离间法挑拨同事间的感情，制造他们的不合，好从中取利。

——喜欢拍马奉承。这种人虽不一定都是小人，但这种人很容易因为受上司所宠，而在上司面前说别人的坏话。

——喜欢阳奉阴违。这种行为代表他们这种人的行事风格，因此对你也可能表里不一，这也是小人行径的一种。

——喜欢“西瓜倚大边”。谁得势就依附谁，谁失势就抛弃谁。

——喜欢落井下石。只要有人跌跤，他们会追上来再补一脚。

——喜欢找替死鬼。明明自己有错却死不承认，硬要找个人来背罪。

磨砺心性

日本大企业家松下对率直心非常重视。松下认为，对人而言，既要培养率直的心胸，又要磨砺自己的心性，唯有如此，我们才能在复杂的社会生活中发现为人之道的真谛。

松下指出，人的心性要锻炼得柔韧，才能与大自然圆融调和，才能回复人类应有的幸福。

他看到，徜徉在大自然怀抱中的飞禽走兽们，看起来总是一副快乐的样子。

有一位猎人说，他曾经烤食过各种各样的鸟兽，结果发现每一种鸟兽，都极富滋养价值，没有发育不良的现象。这可能是因为它们都懂得顺乎大自然，享受大自然所致吧。

然而，自诩为万物之灵的人类，却过着充满贫困、不安与苦恼的生活，有的甚至营养失调,对生命造成了极大的伤害。

造成如此悲惨境遇的原因究竟是什么呢?松下认为,是没有养成与自然调和的生活态度,人类所赖以生存的环境,却在人定胜天的推动下而日益恶劣了。

人们为了改善生活而盖房子、挖矿藏、制造出精巧便利的电器产品,这种成就若是细究起来,其实也是大自然所安排的。人类的思考范围和创造能力,只发挥了百分之一、千分之一,从无限大的宇宙来看,人类所做的工作,真是微乎其微,充其量亦不过探得了一点儿大自然的奥秘罢了。人类如果自恃聪明,以为人可胜天,忽视了与大自然的运作配合,那么人类就如一只井底蛙,再怎么创造,也不过是一种局限在狭小空间里的成就。

松下认为,一旦知道此理,在采取任何举动之前,都能谋求与大自然的调和,必可带来无限的繁荣与幸福。释迦牟尼、耶稣基督、孔子等,东西方两地的古圣先哲,早就阐述过这种理论。然而直到现代,世界上仍然不能完全达到真正的繁荣与幸福。

那么,到底应该如何做,才能实践这些教诲,与大自然协调无间呢?松下认为首先要培养一颗率直的心,这样心灵之眼就会启开,就能体会出生活的喜乐,明辨事物的正邪,对大自然做一番清晰明澈的观照。

柔能克刚,这种率直之心,就是所谓的“柔”。“刚”看起来很强,但这是人的智慧所凝聚的,实际上很脆弱的。“刚”是要被“柔”所制服的,所以有一句俗语说:“水是随着方圆之器的”。这也是说人的率直之心,就像水一样,是可以融通的,随着不同的状况调整,具有相当大的可塑性,有率直心是最大的力量,它真正能掌握住真理,并产生出繁荣、和平与幸福。

但是长久以来,大家接受了抹杀率直之心的教育,人的知性消灭后,要再恢复原本的纯真,就需要花费同等的精力。例如,要达到初段的围棋水平,非下一万盘棋不可,若要达到率直之心的初段,也像下围棋一样,要思考一万次以上才行。如此不尽苦功,将自己的心回复到纯真状态,才能在行为取舍之际,不致违反了大自然的天理。

率直之心,是了解真相使人的本质得以发挥的重要关键,也是人类一切幸福,繁荣的出发点,希望各位读者能沉思出其中的道理。

松下曾提出与大自然调和,能带给人类无限的繁荣、和平与幸福,而人们为贫困和不安感到烦恼,乃是由于人们自恃聪明,歪曲了大自然的真理所致的观点。其次又谈到睦生无为的真相,我们必须培养一颗率直的心,努力去顺应真理,建立一个身心都很充实适合人类居住的文明社会。

舍生取义

燕昭王二十八年(公元前284年),燕国乐毅为上将军,率领燕、秦、韩、魏、赵五国之兵伐齐,一路势如破竹,攻取齐国70余城。乐毅身先士卒,统帅燕军在前面冲锋陷阵,一直打到齐国的都城临淄(今山东淄博市南)。乐毅乘胜攻入临淄,将齐国的财宝祭器运往燕国。燕昭王闻之大喜,亲至济水犒军,将昌国城(今山东淄博市东北)封给乐毅,号昌国君,时齐滑王逃到莒城(今山东营县),遣使向楚国求救。楚顷襄王派大将淖齿率军20万救齐。淖齿见燕军强盛,暗中与乐毅相约攻齐,淖齿佯请齐滑王来营阅兵,乘机捉住齐滑王,将其吊在庙堂的横梁上,抽其筋,齐滑王很快致死。太子田法章落荒而走。后莒城王孙贾率城中百姓将淖齿杀死,楚兵遂散,有的返楚,有的降燕。

乐毅率兵打到画邑(今山东淄博市东北)。听说画邑是齐国高士王蠋的故乡,便打算借助王蠋的名声来收复齐国的民心。王蠋曾是齐滑王手下的一名老臣,官为太傅,曾为谏齐滑王不要骄横残暴,险些被齐滑王斩首。王蠋便辞官归隐,故甚得民心。

燕军初抵画邑,乐毅严令军队道:“画邑周围30里内不许进入,违令者格杀勿论!”以此显示对王蠋的敬重。不久,乐毅派人携带重礼,去见王蠋道:“齐国有很多人赞慕您的正义品德,上将军乐毅欲拜您为将军,赐您万户领地。”王蠋固辞不受。燕军使者见收买不行,便逼王蠋降燕,对王蠋道:“您如果不听从上将军乐毅之命,燕军将要血洗画邑。”王蠋厉声答道:“忠臣不事二君,贞女不更二夫。齐王不能纳谏,我才隐居耕田,如今燕军破齐,我无力复国,已觉无颜去见齐人,你们又以武力胁迫于我,令我作为你们的将军,实是助纣为虐,与其生而无义,倒不如将我煮死为好。”遂乘燕使不备,自缢于树上,奋力挣扎,扭断脖子而死。燕使见状，只得空手回去复命。

逃亡在外的齐国大夫们闻听此事，感慨万分，相互传颂道："王蠋乃村野平民，尚且不肯向燕军屈节称臣，更何况我们这些在朝为官，享受朝廷俸禄的人呢！"于是，他们相互串联，集合起来，奔赴营城，找到太子田法章，拥立他为齐襄王，号召齐国军民抵抗燕军。后燕昭王死，燕惠王即位，中齐将军田单反间计，派燕将骑劫取代乐毅，乐毅畏祸奔赵，田单终以火牛阵智破燕军，恢复齐国70余城。

王蠋于齐国存亡之际，拒绝燕使的收买与要挟，挺身而出，以死侍君，号召齐国军民奋起抵抗燕军，在当时的确难得。时齐国城邑只有二城未陷，齐滑王被吊死，太子流亡，臣民散落，哀鸿遍野。王蠋之举，于死水中重新掀起波澜，使齐国军民抗燕复齐之心倍受激励，难怪齐大夫闻其"忠臣不事二君"之语，亦感叹万分。

以柔克刚　以退为进

唐代苏州寒山寺的两位名住持寒山与拾得有过一番很精彩的对话。一日，寒山谓拾得："今有人侮我，冷笑笑我，藐视自我，毁我伤我，嫌恶恨我，诡谲欺我，则奈何？"拾得曰："子但忍受之，依他，让他，敬他，避他，苦苦耐他，装聋作哑，漠然置他。冷眼观之，看他如何结局？"这可是炉火纯青的忍耐艺术了。虽然这种忍耐是消极避世的方法，但"冷眼观之，看他如何结局"却别有一番正气在，包涵了一种俯视人生的姿态和清冷于荣华名利的风骨。

据《旧唐书·娄师德传》记载，娄师德是一个既有学问又气量宽宏的人，名相狄仁杰就是他举荐的。但狄仁杰入相后，并不知道这件事，还因为看不惯娄师德而经常排斥他，以至于到后来娄师德只好出京城而远到边地去任职了。武则天知道后，就拿出往日娄师德举荐狄仁杰的表章给狄仁杰看，说你怎么这样对待有恩德于你的人呢？狄仁杰看了，大为惭愧地说，啊呀，他从来也不与我辨是非，也不对我说这件事，我受娄公如此包涵还不知，我比他真是差得太远了！娄师德为朝廷的重臣几十年，谦恭勤谨，从不懈怠，严于律己，宽以待人，在矛盾重重的中枢机构中从未有过帮派之争，也未有大起大落的经历，始终受到认者的推重，这与他稳重的处世风格是不无关系的。因此，适当的容忍也是一种有效的自我保护措施，大事清楚，小事糊涂，正是一种智者的风度。

当马琴利做美国总统时，特派某人为税务主任，但为许多政客所反对，便派遣代表前

往进谒总统，提出咨问，要求说明派出该人为税务主任的理由。为首的是国会议员，身材矮小，脾气暴躁，说话粗声粗气，开口就给总统一顿难堪的讥骂。如果当时总统换成别人，也许早已气得暴跳如雷，但是马琴利却视若无睹，不吭一声，任凭他骂得声嘶力竭，然后才用极和婉的口气说："你现在怒气应该可以平和吧？照理你是没有权利这样责问我的，但是，现在我仍愿详细解释给你听。"

这几句话把那位议员说得羞惭万分，但是总统不等他道歉，便和颜悦色地说："其实我也不能怪你。因为我想任何不明究竟的人，都会大怒若狂。"接着便把理由解释清楚。

其实不等马琴利总统解释，那位议员早已被他折服了。他私下懊悔不该用这样恶劣的态度责备一位和善的总统。他满脑子都在想自己的过错，因此，当他回去报告咨询的经过时，他只摇摇头说："我记不清总统的全盘解释，但有一点可以报告，那就是——总统并没有错。"

由此可见，向来为人所轻视的"忍气吞声"具有极大的妙用，不发怒不但使马琴利的解释获得极有效的助力，而且使那位议员从此彻底悔悟，以后永远不再做出令人难堪的举动。有些狡猾的人，往往故意用种种狡计，使你大发脾气，你一发脾气，便做出种种不合理的事，这结果无异使你自投圈套，自讨苦吃。

在一个不易发怒的人面前，更不可发怒，否则你一定将遭遇无法挽回的难堪，像那位责骂总统的议员一样。同时如果你欲制服一个大发脾气的人，再没有比"低声下气"更好了。在孙子兵法上也有这一招,叫作:“以柔克刚”。

《呻吟语》中说:“忍激二字,是祸福关。”“忍激”二字有两种解释:一是忍耐,二是把情绪发泄出来。这两种情绪的选择,就是决定幸与不幸的分歧点。

本来笑一下没有什么,但却能够招来祸患和留下祸患。《左传》中记载,晋国派郤克会盟于齐。齐人掀开帐幔,让妇人看郤克。郤克进宫,妇人在后房笑。郤克回去后,请求伐齐,大败齐国。之后,齐侯到晋国朝拜,快要送上玉器的时候,郤克上前说:“你们这次来,是为了妇人那一笑。”又据《战国策》记载,战国时的平原君赵胜,善结天下之士,有次邻居一个跛子去打水,平原君的美人在楼上看见了大笑,后来跛子到平原君家里来数落平原君爱美人不爱士,平原君始终不以为然。过了一年多,平原君门下的宾客渐渐走散了。他很奇怪,问明原因,有人对平原君说:“这是因为您不杀笑跛子的美人,人们以为你重色轻士,才走了。”平原君便杀了那个美人,士便渐渐回来了。

齐国攻打宋国,燕王派张魁作为使臣率领燕国士兵去帮助齐国,齐王却杀死了张魁。燕工听到这个消息,非常气愤,就召来有关官员说:“我要立即派军队去攻打齐国,给张魁报仇。”

大臣凡繇听说后谒见燕王,劝谏说:“从前认为您是贤德的君主,所以我愿意当您的臣子。现在看来您不是贤德的君主,所以我希望辞官不再当您的臣子。”燕昭王说:“这是什么原因呢?”凡繇回答说:“松下之乱,我们的先君不得安宁被俘,您对此感到痛苦,但却侍奉齐国,是因为力量不足。如今张魁被杀死,您却要攻打齐国,这是把张魁看得比先君还重。”凡繇请燕王停止出兵,燕王说:“应该怎么办?”凡繇回答:“请您穿上丧服离开宫室住到郊外,派遣使臣到齐国。以客人的身份去谢罪。说:‘这都是我的罪过。大王您是贤德的君主,哪能全部杀死诸侯们的使臣呢?只有燕王的使臣独独被杀死,这是我国选择人不慎重啊。希望能够让我改换使臣以表示请罪。’”

燕王接受了凡繇的意见,又派了一个使臣到齐国去。

使臣到了齐国,齐王正在举行盛大宴会,参加宴会的近臣、官员、侍从很多,齐人让燕王派来的使臣进来禀告,使臣说:“燕王非常恐惧,因而派我来请罪。”使臣说完了,齐王又让他重复一遍,以此来向近臣、官员、侍从炫耀。

于是齐王就派出地位低微的使臣去告诉燕王,让燕王返回宫室居住,表示宽恕燕王。

由于燕王委曲求全,为攻打齐国准备了充分的条件。

燕国地处偏僻,国内缺少人才。不但外面人进不来,就连本国仅有的几个人才也外流到别国中去，昭王为求贤人心急如焚。

大臣郭隗给燕昭王出了个招揽人才的办法。郭隗说："从前有个国王，用一千两黄金买一匹千里马，但始终没有买到。他手下一个侍从跟国王要五百两黄金，说可以买到。国王于是给了那侍从五百两黄金，结果那个侍从用五百两黄金买了一堆死马骨头回来。国王非常生气。侍从向国王解释说，我国能用五百两黄金买死马骨头，天下人一定认为您会出大价钱买活马，这样，千里马就会自动送上门来。果然如侍者所说的，不到一年的功夫，这个国家就得到了三千匹千里马。如今大王真想招揽天下有才能的人，就从郭隗我开始吧。我做事平庸，无大才干，就像千里马的骨头。如果您对我很重用尊敬，那么天下比我有才能的贤人就会接踵而来，投奔你的门下，为大王所用。"

燕昭王真的照着郭隗的话办了，处处尊敬郭隗，给他很高的奖赏，封他很高的官禄，处处都给予特殊优待。这样不到三年，天下的贤才就从四面八方投奔到燕国。这些贤士来到燕国以后，为燕昭王讨论国事，实行改革。由于国内人才辈出，时间不长，燕国就变得兵强马壮，国家繁荣昌盛，燕王认为时机已到，于是准备出兵攻打齐国，后来在济水一带燕国打败了齐国。

试想，如果当初燕王逞一时之气，在没有充分做好准备的情况下，匆忙攻打齐国，可能早就成为齐国刀俎下的鱼肉了。因咽不下一口气而亡国丧生，岂不抱恨终身！

老子认为与其采取直线的生存方式，倒不如遵循曲线的生存方式。例如，如果我们在前进时碰到了障碍，要想顺利地向前，就必须先撤退。"曲则全，枉则直，洼则盈，敝则新，少则得，多则惑。"这句话的大意是：委屈的状态反而能够保全自己；弯曲反而可以伸长；低陷才可以装满水；破旧反而可以生新；不刻意追求反而可以有所得；追求太多只能徒增烦恼。这便是老子柔软且强韧的处世哲学。这种做法并非是一种失败主义，而是一种曲线式的生存方式。这是以柔克刚，以退为进的策略，就像弹簧缩在一起，其间却蕴藏着巨大的力量。

严谨立身成大业

五代时吴越国王钱镠，原本是杭州监安的盐贩，出身低微。在群雄竞起、攻伐不已的复杂局面下，他逐渐发展自己的势力，占据了两浙，建立了吴越国，并能够存在很久，和他立身严谨是大有关系的。在这方面，他留下了不少的故事。

钱镠从小当兵，夜晚很少睡觉，太疲倦时就枕一个圆木头，或者枕一个大铜铃，稍微沉睡，圆木或铜铃一转动，他便惊醒了，因此称作“警枕”。又在卧室里放一个粉盘，半夜三更，想起什么事，就写在粉盘上面，直到老年都乐此不疲。每晚他都分派侍女依更次值

勤，规定只要外面有事报告，便马上敲铃。他听到铃声应声而起，有事情立刻处理，不等到天亮。他还怕守卫者当班时睡着，常常把铜丸弹到楼墙之外，用以提醒巡夜值更的人。时人称他为浙中“不睡龙”。由于钱镠要求十分严格，值更的人都非常小心，不敢疏忽大意。一次钱镠穿着平民衣服出行，回来时天已入夜，想从北门进城，守门官不肯开门，他说了很多好话，还是没能奏效。守门官说：“不管是谁，即使大王亲自驾到，我也不开。”钱镠只得从别的门进来。第二天，他召见北门守门官，对守门官的恪尽职守深表嘉许，并赐给优厚的财物。

钱镠虽据江浙富庶地区，又身为国君，但生活却十分节俭。他的住处用具都十分俭朴，衣服衾被全都用细布制成，平时用膳，餐具不过瓷罇漆器而已。旧寝帐敝坏，其妻想用青绢帐换下，他执意不肯，说："作法于俭，犹恐其奢。我只担心后代都追求享受而用锦绣。这顶帐子虽然旧了，还可以蔽风。"有一次，除夕守岁，子孙都会集在一起，大家非常高兴，便命乐工奏乐助兴。但没奏两支曲子，钱镠马上便让停下了，说："不知道的人还以为我是在作长夜之饮。上行下效，不可不知。"

以德为重

中国历史上最早的敬德思想源自西周时期的周公。翻阅中国历代兴衰史，最后获得成功的君王，不仅本身拥有特殊的能力，同时还具有谦虚、宽容、体谅、信赖等品德。一个领导者一旦缺乏德行，就无法赢得部下的尊敬，难以成就大业。

《菜根谭》中还指出："纵欲之病可医，而执理之病难治。"因为私欲而患的病，虽然棘手尚能医治；由于理屈固执的毛病则很难治愈。这是指身体上的疾病尚能医治好，而头脑思想上的固执己见，自以为是的毛病实在太顽固了，以至于比身体上的病还要难以医治。生活中有很多认死理，钻牛角尖的人，固执己见难与人沟通，这是与人交往的障碍，也是成就事业的顽疾，应该下狠心趁早根治。

洪自诚说："毋恃久安，毋惮初难。"亦即在面临最初的困难时，不气馁，不逃避。人们都希望眼前的幸福能够持续长久，但是"幸福的青鸟"总是飞得很快，所以应该有所心理准备。一旦遇到困难，应该毫不气馁和畏缩，要以百折不挠的精神去战胜困难。

在竞争激烈的现实社会中，想要求得生存，的确需要才能。但是，如果以为只需充分的才能足以应付一切，这实在是痴人说梦。洪自诚认为："德者才之主，才者德之奴。"才能固然重要，但是，如果没有德——人格，就无从谈才了。才与德就像车子的两个轮子，倘若强分高低，那么人格是主要的，而才是人格的附带物。

此外，他还指出："徒有才能而缺乏人格，就好像是身处主人外出，而佣人为所欲为的客厅中，如此，这个家迟早会沦为妖怪变幻的场所。"所谓"才子溺于才"，只凭才能办事是行不通的，只有德才兼备的人才能出类拔萃。

中国历史上的周武王，曾在他洗手的盥盆上刻了这么一段铭文："与其溺于人也，宁溺于渊。溺于渊，犹可游也；溺于人也，不可救也。"正是说明了这一点的重要。尤其是能在非难、排挤、诽谤面前，保持冷静的态度，采取自我保护的措施，使自己能真正地不“溺于人”。

这种自我保护的措施，主要是进行自我反思，反思自己的行为是否有越轨之处，语言是否有不妥当的地方，一些习惯是否符合于社会道德规范，是否自己过于恃才傲物，不够谦虚等等。古人云：御寒莫如重裘，止谤莫如自修。别人对自己的一些议论，总是事出有因，风起于青萍之末，风源总还是自己吧！一般地说来，只要是真心诚意，总是可以比较客观地分析自己，所谓深夜扪心，神高一寸，正是此谓。只要自己能够不断修省，那就可以在各种环境里都自恃而不虚；第二是及时地总结经验，反省自己处理人际关系是否正确？办事失败，招致非议的原因，是否与此有关？具体地说来，即自己对所处环境的特点是否有足够的了解？对同事、朋友、领导的个人秉性是否熟悉？如果导致自己陷于困境的根源，在于触犯了别人的私人禁忌，那么以后碰到此类情况，则是完全可以避免的。例如曹操的特点就在于疑忌性重，量积狭，心又狠毒，曾有名言曰：“宁教我负天下人，休叫天下人负我。”他杀吕伯奢一家九口人和经常能揣摩出他用心的谋士杨修，是人尽皆知的事。可是他手下有一位谋士荀攸，却与他相处融洽，前后为曹操“画奇策十二”。

这位荀攸，就是摸透了曹操的性格和为人的特点，尽管才智过人，但从来不会像杨修那样，指着那位在曹操睡觉时走近他床边，被曹操疑心为刺客一刀杀死，事后曹操又大哭说自己梦中杀人而被隆重下葬的侍从说：“非丞相梦中杀人，乃君在梦中耳！”把过人的聪明都显露出来而招致曹操不容。他对曹操的执礼甚恭是不用说的了，平时对一些小事，总是装聋作哑，顺水推舟，想来“丞相英明”之类的话是不会少说的。正因为如此，所以他博得曹操的信任与欣赏，每至关键时刻，他的计划就总能为曹操所接受，从而使自己的才能得到了极大程度的发挥，同时又给自己创造了一个非常宽松的环境。故曹操赞叹荀攸“外愚内智，外怯内勇，外弱内强！”其智可及，其愚不可及。

为人不可太贪

人生是色彩斑斓的，每个人都有选择的自由，但是不管是何种人生，都有其原则标准，在该原则标准下，依据个人努力程度的不同而决定他回报率的多寡。例如，参加考试若想金榜题名，就要付出“寒窗苦读”“面壁十年”的辛苦，其间外界的各种诱惑，如打牌、下棋，花前月下，儿女情长等等，都不能打动你才行。如像今天有些年轻人这样整天游手好闲，贪图享受，就不会有成大器的希望。

“怀与安实败名”就是这个道理。“怀”者是“玩乐”之意；“安”者，“满足于现状”也；“败名”是“无成功希望”。

关于这个道理，古人曾给我们上了一堂好课。

春秋时代晋文公号令天下，执掌中原牛耳。他曾于42岁流亡国外，历经千辛万苦，19年后才得以回国即位，后经励精图治，终得以图伯业成，称霸春秋。但是晋文公也差一点儿断送了前程。即是他逃亡生活的第12年的事。他来到齐国要求庇护，齐王待之甚厚，将自己的公主嫁给他。文公夫妻恩爱，锦衣玉食，一待就是5年，早把归国的事忘之脑后了。随文公逃亡的大臣们觉得不妙，便聚集桑林讨论，劫文公归晋的事，却被夫人的侍女们听到了。侍女们回报夫人。夫人是位有远见的人，认为大臣们的做法正确，便杀侍女以防泄密，之后又来劝文公离开齐国归晋。文公眷恋儿女温情，生活安乐，已无归心。夫人以“怀与安实败名”的道理,说他也不听。被迫无奈,夫人只好将其灌醉,然后让随之大臣们车载而离齐。

文公被劫离齐,后又经几年磨难,终于醒悟到了自己的使命,便开始振作起来,后来在秦国的帮助下,顺利即位,经奋发努力,短短几年间便完成了霸业。

如果当时没有列位大臣阻止及夫人的督促,或许晋文公一生无所事事了。

人生能得几回搏。要想取得成就,就不能贪图安逸,浑浑噩噩。另外,在拼搏的过程中人们常有命运不济之时,这时也不能自暴自弃而应该于危难时看到希望,于黑暗中看到光明,只要有信心,有毅力,目标明确,事业终究有成。

东晋时名将陶侃,因镇反立功,却见妒于王敦,而左迁到广州。当时广州地处蛮夷,是为逆境,但是陶侃一点儿也不消沉,每天继续操练。他对己对部下的要求都非常严格,不准饮酒、戏耍、赌博、懒散,每天认真做日课,以备朝廷召唤。

适度放弃　超然尘世

《呻吟语》的作者吕新吾说过,“福莫大于无祸,祸莫大于求福。”意即没有不幸的灾祸降临,就是最大的幸福。一天到晚四处钻营的人,比任何人都更加不幸。

人千万不要为欲望所驱使。心灵一旦为欲望侵蚀,就无法超脱红尘,而为欲望所吞灭。只有降低欲望,在现实中追求人生目的,才会活得快乐。

1.清闲、散淡亦逍遥

人大都渴望和追求荣誉、地位、面子,为拥有它而自豪、幸福;人不情愿受辱,为反抗屈辱甚至可以生命为代价。所以,现实人生便出现了各种各样争取荣誉的人,形形色色的反抗屈辱的勇者和斗士;也有为争宠、争荣不惜出卖灵魂、丧失人格的势利小人,为奴隶而不可得的人。当然,也有人把荣誉看得很淡,甘做所谓“荣辱毁誉不上心”的清闲人、散淡者。

他们对客观的、外在的出身、家世、钱财、生死、容貌都看得很淡泊,追求精神的超脱、洒脱,正所谓“去留无意,任天空云卷云舒;宠辱不惊,看窗外花开花落”。庄子曰:“荣辱立然后睹所病”(《则阳》)。其意是说,人们心中有了荣辱的念头之后,就可以看到种种忧心的事情。过分关心个人的荣辱得失,就只能忧虑烦恼,无以摆脱。他在《徐无鬼》篇中说:“钱财不积则贪者忧;权势不尤则夸者悲;势物之徒乐变。”大意是说,追求钱财的人因钱财物积累不多而忧愁，贪心者永不满足；追求地位的人常因职位还不高而暗自悲伤；迷恋权势的人，特别喜欢社会动荡，以便从中扩大自己的权势。同时庄子也从正面阐述其观点。他说："不为轩冕肆志，不为穷约趋俗，其乐彼与此同，故无忧而已矣"（《缮性》）。大意是，不追求官爵的人，不因为高官厚禄而喜不自禁，不因为前途无望穷困贫乏而随波逐流，趋势媚俗，荣辱面前一样达观，所以他也就无所谓忧愁。所以庄子主张"至誉无誉"（《至乐》）。也就是说，在他看来最大的荣誉就是没有荣誉，把荣誉看得很淡很轻，名誉、地位、声望都算不得什么，即使行善做好事也不要留名。

《庄子·刻意》篇中又讲："就薮泽，处闲旷，钓鱼闲处，无为而已矣。此江海之士，避世之人，闲暇者之所好也。"这里，庄子又列举了几种人士；隐居江湖的人，与世无争、逃避世事的人，清闲悠暇的人。这些人也没有什么荣辱毁誉的强烈愿望或忌讳。所以，以栖身山林江湖，流浪旷野荒原，每日垂钓，闲散度日。这正是道家的处世态度，顺其自然，在同一篇中，庄子讲了闲散居士的好处："平易恬惔（淡），则忧患不能入，邪气不能袭"。追求恬淡的人，不会患得患失，斤斤计较，没有强烈的物欲，邪恶就不会侵袭他的身心。尽管庄子的"无欲""无誉"观有许多偏激之处，但当人们为金钱所诱惑，为官爵所累的时候，何不从庄子他老人家的训哲中发掘一点值得效法和借鉴的东西呢！

"知足不辱，知止不殆"。《老子·四十六章》所说的这句话就是告诫人们要懂得荣辱的分寸。知道满足就不会受辱，知道适可而止，就不会遭遇不幸。又说，"祸莫大于不知足，咎莫大于欲得"（《老子·四十六章》）。不知足是最大的祸患，贪得无厌是最大的罪过。把钱财物、家世、容貌视为荣辱标准的人，一般都不知足，越有越想有，越有欲望越盛；欲望太盛，就会生出邪念，为拥有更多的财权欲而不择手段。由敬财、爱财而贪财、聚财、敛财，甚至于见钱眼开、巧取豪夺、唯利是图、谋财害命。市场上大量的假冒伪劣商品屡禁不绝，正是这方面的原因所致，生活中这类例子几乎每个人都耳闻目睹，真乃是欲壑难填！真乃是人心不古！

劝君做一个"荣辱毁誉不上心"的没事人、清闲汉吧！

2.沉静是美质

吕新吾说："沉静是美质。""沉静"一词是作者用来表达他所描绘的理想人物形象中，最重要的字眼。他又说："这样的人，他的内心是很沉稳的。有的人，当自己无聊寂寞的时候，或是遭遇到什么难题，便会无法克制地喋喋不休，大发谬论。这种人，即使本身非常孤傲，也不能称得上是一个有德行的人。"

这段话对现代人启发很大，尤其是“遭到什么难题……”以下这一段，对很多有此毛病的人尤其有训诫作用。身为一个社会中的分子，想要尽到自己的本分，首先必须培养“沉静”的品质。我们都会有这样一种感觉，没有一个时代比现在所失去的“沉静”的品质更为严重。

从前在英国国会开会时，曾经有一个在野党的议员，做了一段长达三十分钟的质询演说。当他结束质询后，上台的首相只用了一句“是的，先生”来回答。这位首相确实具备了吕新吾所说的“沉静”的美质。因此，他的内心十分沉稳，比起那位质询演说的在野党参议员，在修养上高出一筹。

荀子也说过：“言而当知也，默而当知也。”即由发言而论及核心，可谓“知”；保持沉默同样能达到核心的，也可以称得上“知”，他所要表达的意思是，无论雄辩或沉默均是相同的。有时候毋需开口说话，利用表情、眼神、举止、态度等等，也能充分地表达意念而接触到核心。现实社会复杂多变，有时候不开口比开口更有效，所谓“沉默是金”，利用沉默的效果，往往会产生令人意想不到的效果。正所谓“此时无声胜有声”。

3.随遇而安，无祸即福

大丈夫不论得不得志，皆能恬然处之。孟子说：“穷不失义，达不离道。穷不失义，故士得己焉；达不离道，故民不失望焉。古之人，得志，泽加于民；不得志，修身观于世。穷则独善其身，达则兼济天下。”在不得志的时候也不忘记义理，在得志的时候更不违背正道。孟子还认为君子是不受外界动摇的，只要不做欠缺仁德、违反礼义的事，则纵使有什么突然降临的祸患，也能够坦然以对，不以为祸患了。

孟子本人不仅坐而言，而且早已起而行，达到那种境界了。有一次，公孙丑问他：“倘若夫子做到齐国的卿相，得以推行王道政治，则齐国为霸诸侯、称王天下，也就不算什么稀奇事了。可是当您实际担负这项重职时，也能够做到毫不动心的境界吗？”

孟子回答：“是的，我四十岁以后就不动心了。”那么，如何才能达到这个境界呢？孟子列举了两个方法，即“我知言”与“我善养吾浩然之气”。

所谓“知言”是指能够理解别人所说的话，同时也能明确地判断。《孟子》中讲，“听到不妥当的话，就知道对方是被私念所蒙蔽；听到放荡的话，就知道对方心里有邪念；听到邪僻的话，就知道对方行事有违反正道的地方；听到闪烁不定的话，就知道对方已经滞碍难行了。”换言之，拥有这种明确的判断力，就不会被那些无关痛痒的小事所愚弄，更不会因而动摇自己的心意了。

第二,“浩然之气。”公孙丑问孟子,何谓浩然之气?孟子说:“难言也。其为气也,至大至刚;以直养而无害,则塞于天地之间。其为气也,配义与道,无是馁也。是集义所生者,非义袭而取之也。行有不慊于心,则馁矣。”这段话的大意是,这种气极其广大、刚健,若能对自己所行的正道抱着相当的自信,以这种方法来培养它,就能充塞于天地之间。但它只是配合着道与义而存在的,若缺乏道与义,则浩然之气也就荡然无存了。只有在反复实行道与义时,才能够自然而然地获得,如果仅是偶一为之,就不可能获得。总之,首先要对自己所从事的合乎正道之事抱着坚定的信念,然后才能产生“浩然之气”。

在《论语》中有“孔子绝礼于陈”的故事。孔子带着弟子们周游列国时,在陈卷入政治纠纷中,连吃的东西都没有,连续几天动弹不得。最后,弟子子路忍不住大叫:“君子也会遇到这种悲惨的境遇吗?”孔子对于子路的不满视而不见,只是淡淡地回答:“人的一生都会有好与坏的境遇,最重要的是处在逆境时如何去排遣它。”

荀子根据这段故事指出:“遇不遇者时也。”任何人的一生总会有不遇的时期,无论从事什么工作,都会有和预期相反的结果。长此以往,任何人都不免产生悲观情绪。然而,人生并不仅有这种不遇的时候。当云散日出时,前途自然光明无量。所以,凡事必须耐心地等待时机的来临,不必惊慌失措。相反,在境遇顺利的时候,无论做什么事都会成功;可是总有一天,不遇的时刻会悄然来临,因此,即使在春风得意之时也不要得意忘形,应该谨慎小心地活着。

身处顺境而不骄矜，身处逆境而不颓唐，这才是聪明人所应采取的生活态度。

恶小不为　善小不弃

春秋时，有一次中山君宴请都城中的士大夫，司马子其也在座，中山君分羊肉羹没有分给他。他一怒之下跑到楚国，劝说楚王讨伐中山国，中山君被迫逃亡。

逃亡途中，有两个人拿着刀尾随着他。中山君回过头来对两个人说："你们要干什么？"这两个人说："我家有老父，有一次饿得要死，您拿出壶中的食物给他吃。在我父亲将要死的时候，他曾说：'如果中山有战争，你们一定要以死相报。'因此，我们追赶到这里，愿为您而死。"中山君听后仰天叹息说："施恩不在多少，在于他正当困危之时；结怨不在深浅，在于是否伤了人心。我因为一杯肉羹而使国家灭亡，以一壶饭得到两位义士。"

这个故事教导人不可忽视小事。

唐朝大将郭子仪，曾在平定安史之乱中立过大功，后来又平定了仆固怀恩的叛乱，官至太尉、中书令。郭子仪做了大官，每次会客，总是一大堆侍女爱姬跟着。有一次，手下人报告说，卢杞来见。郭子仪一听，马上屏退了所有陪侍的妇女。

他的几个儿子见了，都很奇怪，便问："以往父亲见客，总是姬侍满堂，怎么卢杞来了，父亲就赶她们走呢？"郭子仪说："你们不知道，卢杞这个人长得很丑，半边脸是青的，好像庙里的鬼怪，女人们见了他，肯定会发笑。而卢杞很有才能，但又心胸狭窄，阴险毒辣，要是有一天他得了志，为这一笑之仇，咱家便会被斩尽杀绝的。"

后来，卢杞果然作了宰相，凡是过去有人看不起他，得罪过他的，一律不能免掉杀身抄家之祸。只有对郭子仪的全家，即使稍有不合法的事，他也会袒护偏帮，认为郭子仪非常重视他，大有知遇感恩之意。郭子仪“恶小”不为，避免了大祸。

赵国平原君的一个爱妾，因为耻笑了一个相貌丑陋的人而招来杀身之祸。

平原君有个门客样子很丑，在一次宴会上，被平原君的一位爱妾当众耻笑。事后，那个被耻笑的“丑人”愤愤地来见平原君，说：“在下虽然形貌有亏，但也是父母所养，阁下后宫的美人不应该如此耻笑我。我听说阁下礼贤下士，如果真是如此，就应杀了耻笑我的女人向我道歉，否则，就无人再来投奔阁下了。”平原君以为此人疯了，就三言两语把他打发走了。不料过了些时候，不仅没人来投奔，连原有的门客也走散了不少。平原君大为吃惊，一打听，是门客们都认为平原君为了一个美女，不惜得罪自己的门客，算不上“礼贤下士”的男子汉。平原君这才后悔莫及，为了扭转“人才外流”的危局，只好亲自杀了那个美女，登门向“丑人”道歉。

不吃苦中苦　难为人上人

人若要成就大事，必须要吃得苦中苦。孟子曾以春秋时仕秦穆公的百里奚为例，说明了这个道理。

百里奚得秦穆公之遇而登宰相之位时，已是70岁的老翁了，在此之前他的经历可谓，一波三折，动荡至极。出身寒微的他，为求官而出济，却连侍卫之职也不可得，不得已为人养了好几年牛。

对齐断念之后，百里奚迁徙到一个叫虞的小国去住。在此才被发掘出来。而当上了士大夫，长期蒙尘不遇，今天崭露头角，高兴万分是自不待言的，然而虞国毕竟区区小国，君主缺乏远见卓识，后因假道与晋而被灭。百里奚也成了晋国的俘虏。

此时，正好秦晋联姻，晋王把女儿嫁与秦穆公，百里奚被作为仆人送给秦国，堂堂士大夫，沦为奴仆，乃奇耻大辱，百里奚便中途潜逃，到了楚国，在楚不遇，又过起了牛羊倌的生活。

秦穆公是个礼贤下士、求贤若渴的明君，他从晋的名册中得知有百里奚此人，高兴异常。但是，得知百已逃遁，心中不悦，千方百计打听他的下落，当穆公得知百在楚国时便设计通楚，赎回了百里奚，拜为上大夫，委以重任。得到穆公信赖的百里奚，大展宏图，辅佐其主，内治其乱，外御其敌。秦国政治顿时稳定，军事力量日益强大，开疆拓土，诸侯畏惧，终于使穆公成为无冕霸王。

大人物处逆境而不乱。

《韩非子》中有“长袖善舞，多钱善贾”之语。其意是：若生在权贵之门，又有得天独厚的资质的话，就可以万事顺利；相反，若出身贫寒、事事都靠自己，在未发达之前就要有坚韧的毅力、顽强的斗志。

前面我们说过，“吃得苦中苦”也未必能成为人上人，因此要如何自处，正是决定其人生正面价值的关键。

人生必修课：立人品修德行

一个人的一生，犹如弹奏一曲乐章，有的人弹得圆满和谐，有的人弹得断续难听。弹得圆满和谐的，他的人生就是比较成功的；弹得断续难听的，他的人生就是比较失败的。人生的成与败有许多因素，但人自身的修养是最重要的内因。一个人要想在人生的道路上获得成功，首先要做的就是修身养性，就是立人品修德行。要做“掀天揭地的事功”，须炼“精金美玉的人品”。正直的人品和博大的胸怀是做人的基本前提。一个有益于他人的人，要做到胸怀坦荡，待人真诚，树立良好的道德，高尚的情操，保持高风亮节，事事严于律己，处处与人为善。先要“会做人”，然后才有“能做事”。“会做人”就是一个人要具有良好的道德修养，并能按道德标准去处理好各种社会关系；“能做事”就是在一定社会关系中充分发挥自己的才智，做好各方面工作并获得社会认可。品行好了做人不难，做人通达了做事不难。

“会做人”是立身成人之本。孔子说：“德之不修，学之不讲，闻义不能徙，不善不能改。”就是说道德不修养，学问不研究，这样听到了正义的道理也不能理解和实行，身上有缺点也不知道，不能改正。所以做人的道理知之越深，行之越多，做事就会越成功。品德不修养，不会做人，就失去了立身之根本，就难以做成事。会做人的人有人缘，有得心应手的环境，做事的能力和特长能够得到发挥，短处也能够弥补，其事业就会发展上升，对社会做出贡献，获得社会认可。

无数商界名流都是先给自己立下好名声，然后才逐渐做大做强的。麦当劳帝国的“国王”雷蒙德·克罗克，当他还是一个雇员的时候，他就具备了这种优秀的品质。当年他曾做过一名纸杯推销员，一年冬天在纸杯生意不景气的情况下，一个老主顾向他订购了十万只纸杯，他非常欣喜。这本是一件求之不得的好事，但雷蒙德在察看了主顾的仓库存货后说：

“詹姆斯先生，我建议你不订那么多纸杯。”

“为什么？”老主顾大为不解。

“今年冬天你的纸杯足够用了，要是再订一批将会造成资金积压，没有什么好处，待明年开春暖和后，我会再来的。一定先满足你，还是这个价。”一席坦诚真挚的话语令老主顾感动不已。这种站在他人立场上替他人着想的经商之道体现了“做人第一，赚钱第二”的美德，渗透了这位未来“国王”利人也利己的处世原则。

日本的乌井信治郎也是如此。在开始酿造和推销赤玉葡萄酒时，每当东京或其近邻处发生火灾时，即使是半夜三更，乌井也立即起床，穿上印有赤玉葡萄酒商标的消防衣，提着画有赤玉葡萄酒广告的提灯，不顾生命危险亲自驾车前往救火现场支援，同时赠送每位消防队员一瓶赤玉葡萄酒，代表受灾者表示谢意。围观者以及救火者无不盛赞此举，乌井和他的赤玉葡萄酒也因此名声远播。乌井虽然也是在为推销自己的产品做广告，但却深深融入了他的为人原则——善良和侠义心肠。否则，同样是经商，同样是为自己的产品做广告，为何其他商人想不到也做不出这样的善举？

由此可见，学会做人是很重要的，立人品修德行是一个人走向成功的基础。

做事要先会做人，是因为人格决定了做事的空间。做事必须先把握方向，识正道，才不会误入歧途；做事必须先处理好各种社会关系，以创造一个做事的良好环境，获得周围各种力量的支持。

人活在世上必然要做事，因为人的基本生活资料需要通过做事获得，人的各种素质在做事中形成，人的本质在做事中展开，人的潜能在做事中开发，人的成就在做事中取得，人的价值在做事中实现。不做事，做人就没有内涵。做事越多，付出越多，收获就越大；做事越少，惰性越大，收获就越小。只要我们养成积极做事的习惯，我们就会拥有越来越多奉献社会的资本。有人时常感慨自己碌碌无为而寄望于下一代的有为与成功，这反映人都有成就事业的渴望，那为什么不把握自己的现在奋发作为、成就自己的事业？

做事先做人，做人要做事，这二者是内在统一的。由于取舍不同，在做人与做事问题上往往出现三种情况：一是有些人做事能力较强，有成绩，但忽视个人品德修养，做人的缺陷就阻碍了个人事业的发展；二是有些人个人品德修养不错，但做事的本领不强，使得自己的工作难有创新和突破；三是有些所谓的“精明人”，整天不琢磨事，专琢磨人，见风使舵，搬弄是非。这三种情况都属于做人做事有缺陷，都会妨碍自身的成长进步。只有做人做事统一，才能实现自身的价值。

会做人、能做事，就要讲良心、讲道德、讲礼节、立志向、养见习、充才干，就要在其位、讲其话、谋其事、尽其责。如果只谈做人而不培养做事能力，可能会碌碌无为；如果做事能力强而品德不正，可能会走向歧途。荀子说：“士不信而多有知能，譬之其豺狼也。”说的就是一个没有诚实信用的人，才干多了，反而会像豺狼一样危险。

一个人的人生态度，决定了一个人地做事成败；一个人的人品德行，决定了一个人的人生走向。立人品修德行,这是人生的必修课。

人格要方正,行事要圆润

做人不但要讲品行,还要讲方圆。太“方”则不柔,太“圆”则无刚;太“方”为他人所难容,太“圆”为他人所不耻。“方”也好,“圆”也罢,都要有一个尺度,有一个界限。陶渊明不肯因五斗米而挂印辞官还乡,非常孤傲,虽然给后人留下不少诗词,但他胸中治国安民的才华却没有了施展的机会。同样是清官,郑板桥却是采取忍让策略,以自己的智慧与那些贪官周旋,做了不少好事。这无疑是“方”和“圆”留给后人的思考。“处治世宜方,处乱世当圆,处叔季之世当方圆并用。待善人宜宽,待恶人当严,待庸众之人宜宽严互存。”为人处世可外圆内方,方与圆要各守疆界,才能恰到好处。

掌握好人生的方与圆,也就把握好了人生的“度”。“方”乃做人之根本,“圆”乃立世之大道。外圆内方,是做人的大智慧、大哲学。方中有圆,圆中存方,方方圆圆,方圆相济。这就是中国人追求处世之理想境界。

“做人难,做事难”,十有八九的人都这样感叹,更有人感叹“难做人,难做事”。我们在做人做事中当然会遇到不少挫折,尤其是跟人打交道不顺利时,因此常常产生这样的感叹。有这样的想法,是由于缺乏一种积极的心态。你想想,无论是好事还是坏事,哪怕再大的挫折,你不都挺过来了?其实,无论是做人还是做事,都需要保持良好的心态。没有一个好心态,做人做事当然就难了。

心态决定命运,也就是说,有什么样的心态就会收获什么样的命运和结果。这个观念已被越来越多的人所接受。而这一观念的另一层深意就是:心态是我们自己的所有物,我们可以自己掌握,决定我们拥有什么样的心态,来做好我们所面临的事。

做人做事是我们无法逃避也是不可能逃避的,怎么办?——我们只有面对它。我们都希望自己能够收获好的命运,那么,做人做事就必须有一个好的心态。其实,做人的道理虽然深奥,但自有标准可循。中华五千年文明造就的优良传统给我们留下了可资参照的标准,前人总结的经验教训也给我们留下了可资参照的标准,概括如下:

一是立志高远,又要切实可行。干事业的人首先要立志,要有强烈的事业心。古人曾说:“志不立,天下无可成之事。志不立,如无舵之舟,无衔之马,漂荡奔逸,终矣何所底乎?”人无志则失去努力的方向与动力,不思进取,更谈不上去做大事业了。立志要切合社会要求，符合道德标准，为向上向善之高远志向，且适合自身能力，能自励又可践行。

二是诚实守信，取信于人。诚实守信是做人最基本的道德底线，是为人处世的基本要求。王夫之说："质以忠信为美，德以好学为极。"做人要讲实话、办实事，为人正直，言而有信。不守诚信、欺上瞒下的人必然遭人唾弃，终究四处碰壁、一事无成。尤其在重诚信、讲诚信的今天，诚信是一个人立业成功的重要保证。

三是责任感强，勇于任事。人要有强烈的责任意识，对国家有忠诚的责任，对岗位有尽职的责任，对亲人有关爱的责任，对朋友有帮助的责任，等等。角色越多，承担的责任也就越多，所处的地位越高，肩负的责任也就越重。

四是谦虚谨慎，低调做人。谦虚谨慎是做人的一种态度，是一种美德，能使人学到他人的长处，使人冷静思考，这对一个人的立身创业至关重要。唐代吴兢在《贞观政要·谦让》中说："己虽有能，不自矜大，仍旧不能之人，求访能事。己之才艺虽多，犹病以为少，仍旧寡少之人更求所益。"谦虚谨慎，低调做人，恭敬和气，心淡人静，知进知退，便会大有人缘，左右逢源。

五是自省知悔，自我改正。人非圣贤，孰能无过？一个人能否知耻，能否及时反省与悔过，是衡量一个人是否成熟、是否有修养的标准。孔子说："见贤思齐焉，见不贤而内自省也。"人不怕有不足或做错了事，就怕意识不到自己的错误，固执傲慢，执迷不悟，甚至对自己的错误言行加以掩盖和辩解。"知不足而后勇"，纠正自己的不足，就能使人更加完美。

六是以礼待人，尊重他人。以礼待人，是营造为人处世良好环境之道。孔子说："不学礼，无以立。""博学于文，约之以礼，亦可以弗畔矣夫"。社会需要行为规范，个人的礼节就是这个行为规范的重要组成部分。知恩感恩也是以礼待人的要求，是人有良知的表现。

七是崇能重友，宽以待人。崇尚有能力的人，尊敬有才华的人，是人心向善向上的具体表现，也是良好人品的体现。崇能才能使自己有一个奋斗的目标与动力，经过奋斗最终也能使自己成为有才华的人。因此，人不应妒贤嫉能，更不应对有能力有才华的人暗中使坏。若如此，只能使自己更加不能明辨事理，从而将自己引向无所作为的极端。个人的学识与能力是有限的，要增长能力，成就事业，需要"人和"的环境，事业上的朋友是自己能力的伸延。古人言："友以成德也，人而无友，则孤陋寡闻，德不能成矣。"孔子说："友直，友谅，友多闻，益矣。"人要讲交友之道，交德友能友，不能求人时找友，达到目的后非友,不能做过河拆桥之事。

八是讲真言,讲善言。在他人面前自夸之言少说,多说协商之言,多恭敬少刻薄。而且,说话要谨慎,要注意场合,要说与自己职责相适应的话,不造谣传谣,不说无根据的话。

做人做事的好心态体现在为人处世的一件件小事上,体现在生活中的点点滴滴里。在我们的人生搏击中,我们始终是处于活动状态中的。我们一生的活动无非就是做人做事,也就是说,做人做事的心态将直接决定着这场搏击的成败。需要指出的是,好心态也需要学习,更需要实践,只有学练结合,才能铸就好心态。

君子和而不同,小人同而不和

孔子有一个非常重要的思想,即:“君子和而不同,小人同而不和。”三国时何晏在《论语集解》中对这句话的解释是:“君子心和然其所见各异,故曰小同;小人所嗜好者同,然各争利,故曰不和。”就是说,君子内心所见略同,但其外在表现未必都一样,比如都为天下谋,有些人出仕做领导,有些人则教书育人,这种“不同”可以致“和”;小人虽然嗜好相同,但因为各争私利,必然互起冲突,这种“同”反而导致了“不和”。

据载,春秋时齐景公在沛县打猎后回到自己田庄遄台,宠臣梁丘据驱车前往问候,极尽奉迎。齐景公对随侍的晏婴叹道:“唯据与我和夫!”晏婴对曰:“据亦同也,焉得为和?”齐景公问:“和与同异乎?”晏婴答:“异。”接着,晏婴用譬喻进行解释。他说,“和”就像是和羹,用醋、酱、盐烹鱼肉,燃柴烧煮;厨工加以调和,使味道适中,不够就增调料,太过就减调料;君子食之,心平气和。并以之引申到和政上:君臣之间的关系也是这样。国君认为可以的,而其中有不可以的,臣下指出不可以的,使可以的更加完备。国君认为不可似的,而其中有可以的,臣下指出可以的,去掉真正不可以的。因此,政事平和,民无争心。晏婴又以诗、乐、味为例进一步说明什么是“和”,最后指出:“今据不然。君所谓可,据亦曰可;君所谓否,据亦曰否。若以水济水,谁能食之?同之不可也如是。”元代陈天祥对“同”与“和”也有一论:“中正而无乖戾,然后为和。凡在君父之侧,师长朋友之间,将顺其美,匡救其恶,可者献之,否者替之,结者解之,离者合之,此君子之和也。而或巧媚阴柔,随时俯仰,人曰可,己亦曰可,人曰否,己亦曰否,惟言莫逆,无唱不和,此小人之同也。”

君子、小人并不是现代词义，是孔子经常相提并论的两个称谓。简单地说，君子就是有道德、有修养、有文化的人，反之则为小人。孔子强调的主要是道德，所以有德之人即君子。梁丘据逢迎拍马，跟在齐景公后面亦步亦趋，绝非君子。

从古到今，人类社会千人千面，各有差异，要做到“不同”易，难的是要做到“和”，这其中的关键是要有一个包容的心态。洪应明说：“好丑心太明，则物不契；贤愚心太明，则人不亲。士君子须是内精明而外浑厚，使好丑两得其平，贤愚共受其益，才是生成的德量。”世界原本就不是单纯的，心中要能容得好丑，容得贤愚。“耳中常闻逆耳之言，心中常有拂心之事，才是进德修行的砥石。”（《菜根谭》，180）而面对纷繁复杂的世界，面对芸芸众生，君子不能苛求于人，首先是要加强个人的心性修炼。“心体澄彻，常在明镜止水之中，则天下自无可厌之事；意气和平，常在丽日光风之内，则天下自无可恶之人。”（《菜根谭》，35）在现代社会，个人思想有了更强的独立性，你有你的理想和信念，他有他的理想和信念，你有你的原则和风格，他有他的原则和风格。在人际交往和共同工作中，这些不同的理想、信念、原则、风格难免会有碰撞、冲突，只有大家在坚持原则的前提下培养包容的心态，保持谦虚谨慎、低调做人的姿态，杜绝目中无人的傲慢行为，尊重对方，互谅互让，才能共同创建和谐的人际关系，创建和谐的社会。

但是，那些蝇营狗苟的“小人”却不是这样，他们或是隐瞒自己的思想，或是根本就没有自己的思想，只知道人云亦云、见风使舵；更有甚者，便是党同伐异、以人划线：凡是“朋友”的意见，即使是错了也要加以捍卫，坚持以“同”；凡是“敌人”的观点，即使是对的也要加以反对，绝不讲“和”。这样一来，人与人之间就划出了不同的圈子，形成了不同的帮派。其“朋友”的真正意义也荡然无存了。

细细分析就会发现，这种“同而不和”的小人之交带有明显的功利色彩，对于有些人则是一种生存的需要。在这人看来，孤立的个体是很容易受到伤害的，如果不加入某个帮派、不挤进某个圈子，就缺乏必要的安全感。殊不知，这种安全感的获得却是以牺牲独立的人格和尊严为代价的。当一个人连真实的思想都不敢表达，连自己的见解都无权具备的话，这个人活着又有什么意义呢。

与小人不同，真正的君子并不十分注重人际往来中的利益纠葛，但在大是大非面前却勇于坚持立场；真正的君子并不十分计较人际往来中的是非恩怨，但却能在正视不同意见的基础上求同存异。因此，真正的君子或许也会有这样那样的缺点，但他至少能保持思想的自由和人格的独立。

孔子的伟大之处,在于他提出的和谐思想是人类社会普遍适用的,是确立我们做人处世的有效原则。微观地看,"和"是个人修养的一种境界,是思想提高到一定阶段的必然表现;宏观地看,"和"是社会的一种状态,是人与人、人与社会、人与自然共生共存、和谐发展达到高级程度的必然结果,是我们人类社会所追求的和谐境界。

谦虚是做人的一种好姿态

鹤立鸡群,但仙鹤远不能与大海上的鹏鸟相比,更不能与九霄云外的凤凰相比。所谓"天外有天,人外有人"。记住这点,并不是让自己谦卑,而是让自己谦虚。只有虚怀若谷,才能让自己找到更广阔的发展空间。

俗话说,"稻穗愈饱满,腰弯得愈低""竹子愈高,竹尾弯得愈低",这些大自然昭示给我们的道理,讲的正是"谦虚"的重要。因为谦虚,你会居安思危,你会小心翼翼,你会拼命学习,你会努力改变对自己不利的处境。这样,你担心的事会消弭不见,你的弱点也得以弥补,你意料不到的收获也会在谦虚中获得。

谦虚是一种美德,但美德并不仅仅是作为一种外在的规范来对人进行各种各样的约束,更为重要的是,美德应该成为每个人自主发展的内在需要。换句话说,美德的主要作用并不仅在于约束,更在于促进人的自主发展。如果我们把那些传统的美德仅仅看作为一种约束,一种对自己的自我发展的约束,那么,我们宁愿不要这样的约束。

当今社会,与人相处,只要稍有点处理不当,就会招致不少麻烦。轻则,工作不愉快;重则,影响职业生涯。因此,与人相处,首先就要学会谦虚和低调,"不矜不伐","若无若虚"。

学会谦虚做人,就要不好为人师,不矫揉造作,不故作呻吟,不搬弄是非,不争强好胜,不锋芒毕露。即使你认为自己满腹才华,能力比别人强,也要学会藏拙。而抱怨自己怀才不遇,那只是肤浅的行为。

学会谦虚做人,就是用平和的心态来看待世间的一切。修炼到此种境界,为人便能善始善终,既可以让人在卑微时安贫乐道,豁达大度,也可以让人在显赫时持盈若亏,不骄不狂。

有的人自恃聪明才高,凭借个人才华在单位里混得不错。但他因为目中无人,因为不重视团队合作,失去了群众基础,他很难有更大的发展。有一位知名的金融新贵,靠着

"向上管理",高调发展,借助于上面的力量,让自己的头衔一路蹿升。对下属极为傲慢的他,享受平步青云的快感之余,却忘记自己已"掏空"多年辅佐他的专业团队。当他扔下原来的一帮铁杆跳槽高就时,很快就发现自己的业务能力原本有限,而身边已无得力团队伸手协助,结果是越做越不顺手,越做业绩越差,被老板炒了鱿鱼,从此一蹶不振。

谦虚本身就蕴藏着一种巨大的力量。一家旅游公司的总经理苏先生,对其上司董事长穆先生就有如此的观感。

一次,两人共同出差到夏威夷,投宿的是全球赫赫有名的顶级酒店哈蕾柯兰妮酒店,一路上董事长如数家珍地对这家旅馆赞不绝口。

他们到了酒店后,苏先生走进自己的房间,被眼前的大客厅、大浴室,以及窗外的夏威夷绝佳海景所震撼。他很是高兴,转念一想,董事长的房间一定会更惊人。他想去欣赏一下。

他走进董事长的房间,竟然发现房间面积着实小了三分之二,窗外也看不到海景。苏先生不禁大吃一惊:"他们把房间弄错了!"

董事长笑着说:"没弄错,我已不是第一次住这家酒店了。你出差很累,这算是慰劳,就好好地在里面体验一下吧。"这种细心的体贴让苏先生很是感动。苏先生想:董事长是真正懂得谦虚的人,只有大谦虚,才有大谦让,才能将自己的身份地位放在一边,让自己的下属倍享荣宠。

谦虚和低调是一种品格,一种姿态,一种风度,一种修养,一种智慧,一种谋略。欲成大事者必要宽容于人,进而为人们所悦纳、所赞赏、所钦佩,这是人能立世的根基。根基既固,才有枝繁叶茂,硕果累累。倘若根基浅薄,便难免枝枯叶残,不禁风雨。而谦虚低调就是在社会上加固立世根基的绝好姿态。

学会以德报怨

有人问:"如何处理恩德和仇怨呢?"孔子说:"应该用正直回报仇怨,用恩德回报恩德。"中国的古话也说得好:"滴水之恩,当涌泉相报。"但是很多时候,我们面对仇怨满腔怒火,不好处理。那么好了,只要你先忍着,就好处理!

恩怨是一对矛盾,以德报德,以怨报怨,快意恩仇,有来有往,循环往复,一直这样继续下去,似乎才是真实的生活,人生,社会和世界,我们每天都在经历着这样的事。当然,现在的恩大多不是示例之恩，往往是小恩小惠或无私帮助；现在的仇也不是打打杀杀，更多的是生气、不理人、不合作。

仇怨和恩德，都是有源头有来由的。你用正眼看我，你平等待我，我当然也会用正眼看你，用平等的方式待你。一般的情形是这样的，属于正常的。用恩德回报恩德，是好来好去的。你对我好，我还你个好，你给我一个好，我还你一百个好。这样，恩德形成的是良性循环，个人心安理得，世界也将是太平的，不过这是理想的状态，现实肯定充满许多矛盾和利益之争。

可是，有了利害，似乎情形就变了，你并不比我高明，可却显得似乎要比我高明，那么，我不服气，这对似乎高明而产生的不服气，必然要导致恩怨的形成。这样的来往，这样的往复，这样的不断地摩擦甚或争斗，必然要形成对立与斗争，仇怨的疙瘩结下了，只有争斗下去，非要争个你高我低，弄出个水深火热，形成个生灵涂炭，造成个战火频仍，都是可能的。

如果是为了体现正直，伸张正义，争得自由的权利，那么，这样结下的仇怨，是可以理解的，也是完全应该的。即便是破釜沉舟，背水一战，也是能够使人佩服的，因为这是正义之战。妥协，似乎是下策，但在很多时候，却是上策。论实力，我争不过你，那么，我只好装熊了，让步，退让，都是策略。但是，一旦我具有了拼争的实力，风头转向了，我不仅不再让步，不再妥协，而是寸利不让，寸土必争。

洪应明说："市恩不如报德之为厚，雪忿不若忍耻之为高，要誉不如逃名之为适，矫情不若直节之为真。"又说："我有功于人不可念，而过则不可不念；人有恩于我不可忘，而怨则不可不忘。"（《菜根谭》，219）这就是一种以德报怨的大境界。

在人际关系中，有两个难以回避的原则。

一是互惠原则：你给予我，然后我回报你，也就是知恩图报。这个知恩图报的威力之大远非我们能想象。最好的例子就是1985年埃塞俄比亚向墨西哥地震受害者捐赠5000美元的事了。众所周知，埃塞俄比亚是一个极其贫穷的国家，旱灾、疾病、贫穷、内战，数以千计的人因疾病和饥饿而死去。但是，即使如此，因为1935年埃塞俄比亚抗意卫国战争中墨西哥曾给予很多援助，1985年墨西哥遭遇大地震后，埃塞俄比亚政府迅速向地震受害者汇去了5000美元的捐款。5000美元数额不大，但其中包含的埃塞俄比亚人民的情意无比巨大。因为有了知恩图报，互惠互利的原则才行得通。

二是对比原则：两利相权取其重，两弊相衡取其轻。对比原则中也会融入互惠原则，这就成了很好的退让策略:我向你抛出一个极端无理的要求,你拒绝了,我再向你抛出一个看起来比前一个较为合理的要求时,你可能会欣然答应。比如,你的朋友想向你借100元,他先向你借200元,如果你同意了,那么他可以借到200元,那很好。要是你不同意,他会向你提出更合理一些的要求:“那你可以借我100元吗?”你的朋友已经向你做出了退让,你还会拒绝吗?通常,我们会接受这个看起来显得合理的请求,结果,他借钱成功了。

人与人之间的关系是十分复杂的,我们不但要学会以德报德,也要学会以德报怨。以德报德是理所当然,以怨报怨则会冤冤相报,无始无终。而以德报怨体现了君子的大度与雅量,是化解冤结,最终形成以德报德和谐人生的重要策略。

天才就是最踏实的人

“宜居其实,不宜居其名”,“当有其心,不当有其语”,这其实是对所有人的要求,而对于肩负济世安民重任的士君子、士大夫来说,则是必须如此。或者说,如果不采取实际行动,只是一味地追求名声,如果不是真心实意去奉献,只是满足于空喊口号,即使自认为最聪明的人,也不能成为士君子、士大夫。今天的社会更强调奉献,强调脚踏实地地去干,这是远比“天才”名声更重要的。

当然,天才还在于发挥,在自己熟悉的领域充分地发挥。一个人很难具备所有的智能因素,在所有领域都出众。所谓天才,也只是在某一领域的出众。对于我们大多数人,一般能拥有一两处出色的地方就很了不起了。那么,在个人所拥有的若干种智能中,可能正是这一种或者两种智能占主导地位,如果把它们发挥到位了,你就是一个成功的人。其他若干种只是处于次要的从属地位。一个人只要在一个自由的环境里得到亲切的引导和轻松的发展,他的智能结构和人格结构都会呈现出自然的美丽的状态。

天才和庸才的区分,实际上就是一个人的智能结构及其关系的问题。有的人具有若干种智能,但是没有一种特别出色,只不过是文章也能写几篇,篮球也会打几下,钢琴也能弹几曲,却没有任何一方面能够取得杰出的成就,这样的人只能算平庸之辈。有的人的智能结构中具有某一种主导智能,这种占主导地位的智能经过激励与发展在他身上越来越突出,对其他智能起到了遮蔽和压抑的作用,但是他勇往直前所向无敌,很容易取得一定的成就,甚至达到令人惊讶的高度,而他可能在某些方面先天不足。

一个天才常常是以压制和牺牲自己身上别的智能和禀赋为代价的，所以，一个出色的运动员由于运动智能得到了最强势的激励，他本来就较弱的逻辑智能可能被挤压在一个死角而得不到抬头的机会，这个时候，他在数学课上考零分的可能性就出现了。著名的历史学家吴晗在学生时代文史素质得到了高度发展，逻辑智能遭到了压抑，以至于投考大学时数学考试只能交白卷。近年名震海内的少年作家韩寒也是因为情感体验丰富、语言智能发达，而其他智能得不到相应的发展，没法将数理化等功课学好，不得不从中学退出，一心当作家。

人不是怕缺陷，而是怕不知道自己的优缺点，怕知道自己的优点也不会发扬。其实，生活就像在一个有许多门的屋子里，人是可以自由出入的，挫折之门也多隐藏在我们的视野之中，需要我们去发现。“困境”并不可怕，可怕的是我们没有去战胜困境的斗志和想法。

古今中外，“不优秀”的人取得非凡成就的事例比比皆是，不胜枚举。牛顿是个病秧子，拿破仑是个小矮子，爱因斯坦是个平庸的学生，海伦·凯勒又聋又瞎，李小龙瘸腿并且高度近视……当今的政界、商界、学术界又有多少成功的平常人啊！看看左邻右舍，亲朋好友，人们也不难发现，一些原来不如自己的人也赢得了令人艳羡的成就。相反，从隋朝举办科举考试以来，中国历代的状元们又有几个做出了成就？日常生活中，我们认识的和不认识的人里，碌碌一生的“优秀人才”何止万千？如果“优秀等于成功”，那些天资优秀的人何至于无所作为，甚至潦倒没落，身陷囹圄呢？

资质并不优秀的人做出了最卓越的成就，而众多“最优秀的”人却一事无成，为什么？因为优秀与否只关乎起点的高低，并不决定成就的大小。成就的大小取决于努力的多少，而不是起点的高低。而成就只问耕耘，一分耕耘一分收获，无所谓你是不是最优秀的王侯将相本无种，英雄不必问出处。你可以不是最优秀的，努力仍然能够做到最好。

龟兔赛跑的寓言故事，广为人知，虽然夸张却很能说明问题，乌龟不如兔子优秀，可是乌龟勤奋肯干，孜孜不倦，而兔子娇生惯养，好吃懒做，结果乌龟胜利了，兔子只能郁闷生气。不用说，人与人之间的差距远不像乌龟与兔子那样明显，而人的潜力也远比我们想象的更加巨大。何必在乎自己是否最优秀呢？成就才是人生的真义。

如果我们能够调动起每个人的杰出禀赋，我们也就是调动了人类所有的能力。就如霍华德·加德纳说的那样：“如果我们能够调动人类的所有能力，人们就不仅仅是更有能力或者对自己更有信心，而且会更积极、更投入地为整个团体甚至整个社会的利益工作。

如果我们能最大限度地开发人类的全部智能并使之与伦理道德相结合,就能增加我们继续在地球上生存下去的机会,进而为世界的繁荣做出贡献。”

时时要低调,处处要厚道

古训说:“不患人之不已知,患其不能也。”我们现在社会的情况是:越有本事取得重大成就的人,越是深藏不露,保持低调。相反,那些初出茅庐的人,刚有点成绩,就忙着推销自己,生怕别人不知道似的。

作为刚毕业和初入职的人来说,怕人不识货,推销自己无可厚非。而在职场上打拼过一段时间的人,则宜选择低调,不要急于自我表现,要在脚踏实地的工作中做出业绩,用业绩说话,让他人因为你的业绩而承认你的价值和能力。

低调不是自卑自贱,而是有傲骨而不显傲气,自信而不自视甚高,不张扬,成功了会有惊喜,失败了不会招来冷语,始终给自己留有余地。这种低调会减轻你的工作压力,生活因此也更惬意。

过于高调,人往往无法立足。人都会犯错误的,但有些精英人物承受不了犯错误的代价。他把威信建立在别人对他过高的期待上,一旦计划落空,他就失掉了上上下下的信任,最容易导致精英失败情绪,从此一蹶不振。

低调是一种人生态度。低调的人大多也是厚道的,待人诚恳宽厚,就为自己赢得了善意的生存空间。洪应明说:“念头宽厚的,如春风煦育,万物遭之而生;念头忌刻的,如朔雪阴凝,万物遭之而死。”一冷一热,对比鲜明,自己的生存处境截然不同。

契诃夫说过:“有教养不是吃饭不洒汤,而是别人洒汤的时候别去看他。”有一句美国俗语说:“犯过错不是稀奇事,稀奇的是别人犯错的时候别去讥笑他。”“别去看他”和“别去讥笑他”是一种做人的风范问题,在人们口中称为“厚道”——这就是我们低调做人的厚道。

“厚道”,是人的一种本性,需要我们时常来勉励自己,而不是去挖苦别人。

厚道,需要我们良心的质问,不是说我们保持沉默、低调,而是说话要“迟”。迟在对一个人一件事的评价沉着,尤其在别人害羞或者缺陷的时候,它的评价保住了面子,赢得人心。真正的愚钝是不明曲直,而厚道是明白而心存善良,懂得以包容给别人补救的机会。

在厚道中表现低调。别让人以为你是个爱抢风头的人，激起嫉妒，产生矛盾和公愤。另外，过多地暴露自己也是不明智的，如果你多保持安静和沉默，别人轻易摸不透你的深浅，断然不敢随便小瞧你，相对多的尊重和机会也会属于你。

在厚道中铭记低调。有些人到处张扬说自己能这样会那样，有多少多少能力，认识多少多少人，能办多少多少事，挣了多少多少钱，经常请客会餐，一掷万金，这种自鸣得意常常会招来意想不到的麻烦。

在低调中铭记厚道。不要听到风言风语就冷眼看人低，不要处处独占鳌头，不要总是恶意揣测别人的善意。要宽厚地对待别人，因为我们希望别人宽厚待我！

厚道，是一种惬意的做人之道！

天助者自助，助人者助己

“操存要有真宰，无真宰则遇事便倒，何以植顶天立地之砥柱！应用要有圆机，无圆机则触物有碍，何以成旋乾转坤之经纶！”洪应明的意思是说：一个人要有主心骨，要有自己的做人原则，否则就不能成为让人倚重的人物。同时，一个人必须学会圆通机变，因为这世界不是你一个人的，你要与其他人打交道，你要去改变他人，否则你就不能有所作为。如何圆通机变？方法很多，你可以从下面的故事中获得一些感悟：

某公司招进来两个女大学生，一个叫林美悦，一个叫伊思月。俩人被安排在同一个部门，做同样的工作。俩人在工作能力和工作业绩上也不相上下，但俩人在待人接物方面，却有天壤之别。

林美悦是一个大嗓门女孩，很开朗活跃，见到人要么直呼其名，要么小刘、柳姐地喊。有一次，她们的顶头上司孙经理正在会议室接待重要客人，林美悦突然出现在门口，大声喊：老孙，你的电话。她平常就这么大大咧咧喊惯了，尽管孙经理为人和蔼，但不分场合是不对的。三十几岁的孙经理，听到被人喊老孙，又是当着客人的面，而且喊自己的人还是自己的部下，马上显出了不悦。孙经理的脸突然阴沉着走出来，看都没看林美悦一眼，去接电话了。以后他对林美悦就十分冷淡。

而伊思月就不同了，很有礼貌，见到谁都毕恭毕敬的，小心翼翼地喊×经理、×主任，没有职务的，她就喊×大姐或×大哥，年龄稍长的职工，她就喊×师傅。这样她的人缘相当好，人家都夸她是个不错的人。

她们不只是嘴上功夫大异其趣，在助人为乐方面也有很大的不同。林美悦通常是上班来公司，下班就走人，与公司里的人也没有过多交往。伊思月就不同了，她下班以后，看有人没走就会留下来，与人家聊聊天，说说闲话。谁有什么困难，她也会出出主意，尽力帮助别人，很是真诚。当然，她有时也会向别人求助。有一次下班后，她来到孙经理的办公室，问他忙不忙，说有一件大事想让经理参谋参谋。她弟弟正准备参加高考，她听说经理的儿子上一年刚考上大学，想请经理指点一下，看她弟弟填报什么志愿比较好。孙经理看着伊思月诚心来请教，当然乐意指点一番。于是，孙经理根据自己掌握的情况，认真地给她分析了近几年的就业形势，然后慎重地给她提了一些填报志愿方面的建议。伊思月对孙经理再三表示感谢。孙经理对伊思月增强了好感，就有意培养她。

美国成功学大师卡耐基谈关于赢得别人好感的方法，其中一条经验就是经常找人聊聊天，谈谈话，交流感情，还有就是找对方帮忙，让对方获得做重要人物的感觉。你看，伊思月是不是自觉地运用了卡耐基的成功术？

后来，孙经理手下的一个副经理调到别的部门主持工作了，公司决定采用公开竞聘的方式选拔新的副经理。林美悦和伊思月都是业务骨干，符合公司规定的竞聘条件，于是俩人都报名竞聘。评委由公司中层以上干部和职工代表组成。竞聘的结果是，伊思月以绝对的优势击败了林美悦，成为公司年轻的中层干部。

许多人不是输在起跑线上。在大学里，同学之间的学习成绩、聪明才智似乎相差无几，而一旦走向社会，有人飞黄腾达，有人失魂落魄，境遇殊异！不要什么都无所谓，不要孤芳自赏，慨叹“千里马常有，而伯乐不常有”。在社会上，在单位里，你每天都会面对无数个选择，因而也面对无数个机遇，如果不能圆通机变，你就会一次次丧失先机，徒然感叹老天有眼无珠了。

常怀感恩之心

有一次，罗斯福家里被盗，一位朋友闻讯后，忙写信安慰他，这位后来的美国总统罗斯福在回信中写道：“朋友，谢谢你来信安慰我，我现在很好，感谢上帝：因为第一，贼偷去的是我的东西，而没有伤害我的生命；第二，贼只偷去我部分东西，而不是全部；第三，最值得庆幸的是，做贼的是他，而不是我。”对任何一个人来说，失盗绝对是不幸的事，而罗斯福却找出了三条感恩的理由。如此感恩，罗斯福怎能不具有包容天下之心？

洪应明说："都来眼前事，知足者仙境，不知足者凡境；总出世上因，善用者生机，不善用者杀机。"（《菜根谭》，335）懂得感恩的人知足常乐，懂得感恩的人善于处世，因此充满生机活力。但感恩是对他人的感恩，是宽容他人施恩他人，而不是索取他人求取他人的回报。"我有功于人不可念，而过则不可不念；人有恩于我不可忘，而怨则不可不忘。"（《菜根谭》，219）"处世而欲人感恩，便为敛怨之道；遇事而为人除害，即是导利之机。"（《菜根谭》，68）

感恩是一个人思想境界的集中体现，感恩是生活中的大智慧。常怀感恩之心，可以使你原谅那些曾和你有过结怨甚至给你带来心灵伤害的人。常怀感恩之心，可以使你对他人、对单位群体、对社会少一分挑剔，而多一分欣赏。常怀感恩之心也可以使你对自己的过错或缺点进行内心反省并主动接受心理的平衡，可以使你很好地稀释内心的狭隘、积怨和郁闷，减少或缓解可能产生的矛盾和误解，真正做到心情豁达，心旷神怡。

没有人不期望自己有更好的生活品质，没有人不期望自己有更多的朋友，没有人不期望自己成就更伟大的事业，没有人不期望自己得到更多的尊重。而这首先就需要他人的理解和支持。

常怀感恩之心就是放下架子，低调做人，培养自己的亲和力。做过销售的人都知道，向陌生人做推销，如果自己是一张冷冰冰的面孔，一定会把顾客吓走。因此，亲和力是营销业务员的第一项素质要求。老板们大多都具有亲和力，不论是面对自己手下的员工，还是面对外来的推销员，他们都平易近人，不摆架子，不会轻易拒人于千里之外。他们的亲和力是在长期的商海生涯中培养起来的。和气生财，这一点老板们有很深的体会。和气可以聚集人气，有了人气就有了财运。企业内部也是如此，有了人气，企业才有生命力，才有发展前景。因此，老板们总是利用各种机会表达感恩之心：适时地举办节庆宴会，慰问员工，跟那些难得一见的员工握手致意。

诗人汪国真曾经说过：大千世界，虫鱼鸟兽，上苍使我们有幸沦为"人"，这值得庆幸和感恩。我们生活在这个世界上，值得感恩的不仅仅是上苍，还有父母、亲朋、同学、领导、部属、社会、政府等，所以我们每一个人都应该有感恩之心。回报父母之恩，是他们让我们有机会来到这个精彩纷呈的世界，成为一个人；回报单位组织之恩，是单位组织为我们提供了生存的空间和发展机会；回报领导之恩，是各级领导的严格要求和言传身教使我们健康地成长进步；回报同事之恩，是同事之间的相互关心、爱护、鼓励和鞭策使我们生活更有趣味，工作更有动力；回报社会之恩，是社会给我们创造了施展个人才华，实现人生价值的大舞台。因此,感恩之心,是人生前进的动力和源泉。

诚信为做人之本

小商人做生意总是两眼盯着钱,心中有种种惑人的“小算盘”,这种小“摊贩”似的经商方式,是绝对不可能把生意做大的。大商人则心明眼亮,把做人的利害关系摆在第一位,因为他们懂得,善于做人可以给自己经商带来无形的资产,赢得大笔的财富。小商人和大商人的做人态度、经商方式大不相同,境界自有高下。

要经商必先学会做人。两眼总是盯着钱的小商人是很难把生意做大的;只有把做人的利害关系摆在第一位,只有善于做人,生意才有长远的发展。很多企业在招聘员工时都强调德才兼备,并且将品德素质放在才干能力之上,因为能力不足还可以培养,但品德缺失却是致命的硬伤。品德欠佳,他就很难搞好同事关系,甚至会视公司利益如同儿戏,如何堪负重任?

李家晔曾经作为顾问参加一家公司的年终酒会,很有感触。

酒会在一家大饭店的一楼大厅举行,公司员工已经各就各位。等老总落座后,酒会就正式开始了。菜上五道,酒过三巡,场面开始热闹起来。期间,李家晔到二楼洗手间时,看到公司老总站在二楼的栏杆边,正全神贯注地看着一楼大厅里的员工,若有所思的样子。李家晔走了过去,问他有什么新发现。老总指着大厅里的几个人对我说:“你看,A君这小子,见无人注意他,竟然用烟头烧饭店的窗帘。这种人不懂得爱惜别人的东西,以后不能让他接触到公司里的物品。B君刚才还一本正经的,现在却故意装成喝醉酒的样子,往女孩子身上靠,此人太轻浮,不可委以重任。C君竟然吐酒了,躺在沙发上一副无精打采的样子,此人缺乏自制力,不能干大事,不可重用。D君喝了几杯酒后就坐到一边独自抽烟，他不善与人交往，看来他真的不能在销售部干了……”李家晔听完老总的高论，不禁打了一个寒噤。想不到，老总在酒会上也不忘考察人，而且说得一针见血。

稍后，李家晔跟老总从二楼下来入席，刚坐定，销售部张经理就过来向老总敬酒。张经理端着一个酒碗，对老总说：“我敬总经理一碗酒，我喝一碗，您喝一小杯就行了。祝愿……”老总说：“我们各自都喝一碗吧，比较平等。”说完，老总接过张经理手里的酒碗，一饮而尽，很镇定。然后，让人给碗里重新倒满酒，叫张经理喝。在众目睽睽之下，张经理只好喝下去一大碗白酒，呛得不行。不一会儿，张经理就到洗手间吐酒去了。稍后，老总悄悄告诉我：“刚才我喝下去的是碗雪碧，给他来了碗真白酒。这个张经理竟敢在我面前耍滑头。我最烦这样的人，不能喝酒却要充大头。”李家晔暗暗惊叹：老总看人真准。

酒会后没几天，那个张经理到老总办公室汇报工作。谈到几个办事处的销售情况时，他说：“这几个办事处去年遇到不少困难，所以销售额不理想。”老总确认他汇报情况属实后，不耐烦地说：“上次酒会上，你在我眼皮底下都搞小动作，这几个办事处都远离总部，谁知道你背着我都干了些什么？现在销售额上不去，你不从主观找原因，反而从客观上找困难。这不是我想听到的，你解决问题后再给我汇报。”听老总这样说，张经理知道自己真的是聪明反被聪明误了。

别以为自己聪明，其实比你聪明的大有人在，在任何时候，耍小聪明都是要吃亏的。工作上不诚信，其他方面也很难做到诚信。你对别人诚信了，别人自然会以诚相报，“待人无半毫矫伪欺隐，虽狡如山鬼，亦自献诚。”老老实实做事，踏踏实实做人，诚实守信，才是谋求长远之计。

不要做井底之蛙

鷦鷯占用一根树枝，因此就嘲笑大鹏心太奢侈；兔子营造三个洞窟，因此就嗤笑仙鹤垒居高危。如此井底之蛙怎可以与他谋划宏图大业？怎可以与他讨论崇高境界？“石火光中争长竞短，几何光阴？蜗牛角上较雌论雄，许大世界？”（《菜根谭》，332）人生原本短暂，世界原本狭小，目光短浅的人在微不足道的蝇头小利上争来争去，徒然浪费大好时光。

小高是一家灯饰公司的主管，生意做得很红火，工资也挣得不少，因此觉得有点轻飘飘的。但他仍是在给别人打工，自己并无多大实力。有一次，他邀请几个朋友一起去一家很大的酒吧喝酒，里面还有迪厅。那几个朋友又遇到了几个新朋友，便凑在一起。小高对这几个新朋友不熟悉，也没有把他们放在眼里，只顾自己嘻嘻哈哈地划拳喝酒，唱歌跳舞，玩得很疯狂。那几个新朋友好像都是比较安静，年纪也比小高大一点，但也只是三十出头，他们坐在最旁边的角落里，安静地喝着酒，悄悄地聊着，大概一个小时后，他们跟小高他们打了声招呼，说有事先走了，要小高他们玩好。小高和朋友玩得很晚，等结账的时候，服务员说已经有人把账结了。一问才知是那几个新朋友结的。小高的朋友告诉他，刚才那几个新朋友都是大公司的老板和主管，年薪百万，他们个个都开着宝马、奔驰，到这里来就是为了放松一下。

小高听后心里很震惊，自己只是一个小公司的主管，挣这点小钱就以为了不起，表面很时髦很阔，其实也只是坐个面包车过来的。想想刚才在酒吧里疯狂的样子，还有平常处处爱表现好吹嘘，不禁觉得自己很肤浅，不知天高地厚。

这次喝酒给小高上了生动的一课，对他来说是最重要的一堂课：低调做人。此后，他仔细体会这种原则，贯彻到行动中，不显山不露水，把事情做在前面，赢得了老板的信任，薪水也翻了一番。后来他自己开了一家公司，并和原来的公司保持密切的业务联系，双方互利合作。

为什么有人总能广结善缘，有人却老是处处树敌？关键是要把握好做人的原则和度，做事不过头，做人守本分，坚持“外圆内方”。所谓“外圆”，是指显露在外的态度行为要讲求“圆融”“和气”；所谓“内方”，是指要坚守隐于内心的原则信念，譬如“正直”“诚信”，这些信念不因压力或环境改变而弃守。

做人和做事在诸多方面是相通的。做事的过程中所表现出来的处事态度、方式等行为要素也就是做人过程中的行为要素的大致反映，反之亦然。在一定意义上，做人也是在做事，做事也是在做人。正像“文如其人”一样，事也随人，什么样的人做什么样的事，浅薄之人总难逃浅薄之事。

做好 100 个人的 1%

洪应明说：“小处不渗漏，暗处不欺隐，末路不怠荒，才是真正英雄。”意思是说：做事细微之处不可粗心大意疏忽遗漏，做人独处之时自我约束不做亏心事，即使处于穷途末路的时候也要振作精神、奋发向上，这才是真正的英雄好汉。这里强调的是细节，做人做事都要讲细节。每一个个体都处在团队中，要形成强有力的团队，每一个个体都要做好细节，做好分内事。

每个单位都是一个团队，大团队中又有小团队。在这个由团队构成的系统中，每个人各有分工，各司其职：有人规划，有人决策，有人统筹，有人执行，有人生产，有人流通，有人监督，有人沟通……各个单位的部门、岗位职能分工有所不同，但分工协作，联动运转是共性特征。这个链条上的任何一个环节运转不力，任何一个个人消极怠工，都会影响整体的运转效率。因此，不同岗位之间，特别是上下环节之间，不是要相互敌视，而是要相互支持。这对于一个单位、一个团队是非常重要的。

保罗·盖蒂曾经说过："我宁要100个人的1%，不要自己的100%"正是这种团队精神的体现。但是如何构建这个互相信任的团队，互相扶持的团队，互相依赖的团队实在是每一个经营者核心考虑的问题。这个时候，如果经营者依旧居高临下，事事偏行己路，事事固执己见，事事好大喜功，叫别人失去了展示自我的舞台，叫别人丧失了自我成长的空间，那么必定很难打造一个坚固的，向心力强的，价值观念统一的，步伐一致的高效益团队。

每个人都把自己看作是团队中的一分子，努力执行团队的目标策略，事业就会成功。而每个人只顾强调自我的价值，眼中只看到自己的功绩，却看不到别人的风险，团队就会丧失凝聚力，丧失发展的动力，事业就会失败。有一个小故事形象地说明了这一点：

从不同方向走来的三个和尚在一所破败的寺院里相遇。"这所寺院为什么荒废了？"这三个和尚开始讨论这个问题。

"一定是那些和尚不够虔诚，所以菩萨不灵。"甲和尚说。

"一定是那些和尚不够勤恳，所以庙产不修。"乙和尚说。

"一定是那些和尚不够腿勤，所以香客不多。"丙和尚说。

三个和尚虽然观点各异，但都决定留下来各尽其能，看谁能最后获得成功。

于是，甲和尚礼佛念经，乙和尚整理庙务，丙和尚化缘讲经。没过多久，香火大盛，寺院一派热闹景象。三个和尚争起功来：

"香火兴盛都是因为我礼佛念经，所以菩萨显灵。"甲和尚说。

"香火兴盛都是因为我勤加管理，所以寺务周全。"乙和尚说。

"香火兴盛都是因为我劝世奔走，所以香客众多。"丙和尚说。

三个和尚争吵不休，放弃了各自的职责，香火一天比一天少，寺院又变得冷清起来。

三个和尚只好分手，各奔东西，虽然这次他们得出了一致的结论：寺院的荒废不是哪一个人的责任，而是大家共同的责任。

执着于个人的成功并不一定能成功，只有将个体融入团队之中，才能获得无穷的力量。只有团队成长了，个体才可能有发展的空间。有一个管理大师这样说："不管你的个人能力多么强大，你的成就多么辉煌，只有保持你与他人之间的合作关系，你的这一切才会有现实意义。"

器量大一些，危险少一些

洪应明说："遇欺诈之人，以诚心感动之；遇暴戾之人，以和气熏蒸之；遇倾邪私曲之人，以名义气节激砺之，天下无不入我陶冶中矣。"意思是说：遇到欺蒙狡诈的人，就用诚恳之心感动他；遇到残暴狠毒的人，就用温和之心熏陶他；遇到行为不正自私自利的人，就用名义气节激励他。这样，全天下没有我不能教化培育的人了。这就是宽容大度、忍让仁慈的最高境界。而有这种境界的人，谁不敬畏他？谁又忍心伤害他？

低调做人，宽容忍让，就是用平和的心态来看待世间的一切。修炼到此种境界，为人便能善始善终，既可以让人在卑微时安贫乐道，豁达大度，也可以让人在显赫时持盈若亏，不骄不狂。宋代有个叫韩琦的人，曾同范仲淹一道共主新政，在北宋时期长期担任宰相一职。他的平常心态和低调为人很值得称道。

韩琦在定武统帅部队时，有一次夜间伏案办公，一名侍卫拿着蜡烛为他照明。那个侍卫一不小心让蜡烛烧了韩琦鬓角的头发，韩琦没说什么，只是急忙用袖子蹭了蹭，又低头写字。过了一会儿，韩琦发现手持蜡烛的侍卫换人了。韩琦怕侍卫长处罚那个侍卫，就赶快把侍卫们招来，当着大家的面说："不要替换他，因为他已经懂得怎样拿蜡烛了。"军中的将士们知道此事后，无不感动佩服。

韩琦镇守大名府时，有人献给他两只出土的玉环，这两只玉环毫无瑕疵，是稀世珍宝。韩琦非常珍爱，赏给献宝人许多银子。每次大宴宾客时，总要专设一桌，铺上锦缎，将那两只玉杯供放在上面。有一次，一个官吏在劝酒时不小心将一只玉杯碰到地上摔个粉碎。在座的官员惊呆了，那个官吏也吓傻了，惶恐地趴在地上请求治罪。可韩琦似乎一点也不在意，笑着对宾客说："大凡宝物，是成是毁，都有一定的时数的，该出来时它就出来了，该毁坏时谁也保不住。"说完，又转过脸对那个趴在地上的官吏说："你是偶然失手，并非故意的，有什么罪呢？”韩琦此言一出，众人无不赞叹，而那个失手的官吏对他更是感激涕零。

元代吴亮在谈到韩琦时称赞他说：“韩琦器量过人，生性淳朴厚道，不计较鸡毛蒜皮的小事。功劳天下无人能比，官位升到臣子的顶端，但不见他沾沾自喜。他任职显要，经常在官场的不测之祸中周旋，也不见他忧心忡忡。不管什么情况下，他都能做到泰然处之。被重用，就立于朝廷与士大夫们公平议事；不被重用，就回家享受天伦之乐，一切出自真诚。”

韩琦一生处于危险之地，而又一直立于不败之地，其秘诀就在于“忍”。即使是“君子和小人在一起时，也要以诚相待。只不过知道他是小人，就同他少来往罢了。”韩琦把“忍”作为立身之本，应用于生活中的方方面面。他能容忍同事的缺点，容忍部下的过失，也能容忍小人。他不回避小人，主张以君子的姿态诚恳地对待小人，以正压邪。即使是小人捣鬼，也用不着耗神费力去和他计较，最好是不理睬他，让他自讨没趣。“此心常看得圆满，天下自无缺陷之世界；此心常放得宽平，天下自无险侧之人情。”（《菜根谭》，257）所以韩琦一生都安然自在、平和潇洒。

天下之事，很难有尽如人意的，因此一定要学会忍。否则，你一天都过不下去。克制忍让是低调为人的一个重要表现。有的人吃了一点亏就喜欢大声吵嚷，仿佛泼妇骂街一样。这种做法，即使自己有理也难以被他人接受。遇事克制忍让一点，如果是你有理，则更显你的涵养之高，对方才能知趣而退；如果是你无理，证明你可以清醒地认识到自己的错误，证明你是一个具有自知之明的人，对方也不会揪住你的错误不放。所以，无论遇到什么事，冷静、克制、忍让一点，没有什么坏处。

宽容是一种智慧，一种气度。英谚有云：“世上没有不长杂草的花园。”金无足赤，人无完人，对他人的宽容，正是建立在对他人的体谅和理解之上。蔺相如对廉颇的宽容，成就了“将相和”的佳话；鲍叔牙对管仲的宽容，成就了“九合诸侯，一匡天下”的壮举；李世民对魏征的宽容，成就了“贞观之治”的盛世……宽容的意义，绝不仅仅停留在个人层面，它对整个社会的存在和发展，同样有着巨大的能动作用。

隐忍是一种低调的包容

洪应明说：“持身不可太皎洁，一切污辱垢秽要茹纳得；与人不可太分明，一切善恶贤愚要包容得。”意思是说：立身处世不可太过自命清高，一切诬蔑、羞辱、毁谤、脏污，都要容忍才行；与人相处善恶不可分得太清，一切善良、丑恶、贤智、愚笨都要包容才行。

汉代公孙弘年轻时家贫，后来贵为丞相，但生活依然十分俭朴，吃饭只有一个荤菜，睡觉只盖普通棉被。就因为这样，大臣汲黯向汉武帝参了一本，批评公孙弘位列三公，有相当可观的俸禄，却只盖普通棉被，是使诈以沽名钓誉，目的是为了骗取俭朴清廉的美名。

汉武帝便问公孙弘：“汲黯所说的都是事实吗？”公孙弘回答道：“汲黯说得一点没错。满朝大臣中，他与我交情最好，也最了解我。今天他当着众人的面指责我，正是切中了我的要害。我位列三公而只盖棉被，生活水准和普通百姓一样，确实是故意装得清廉以沽名钓誉。如果不是汲黯忠心耿耿，陛下怎么会听到对我的这种批评呢？”汉武帝听了公孙弘的这一番话，反倒觉得他为人谦让低调，就更加尊重他了。

公孙弘生活简朴是一种习惯和态度，并不是装模作样以沽名钓誉。但他在遭到同僚批评之后没有争辩，而是巧妙地承认下来，便给皇帝及同僚们这样的印象：公孙弘确实是“宰相肚里能撑船”。既然众人都有求取清廉美名的心态，那么公孙弘就用不着去辩解沽名钓誉了，因为这不是什么政治野心，对皇帝构不成威胁，对同僚构不成伤害，只是个人对清名的一种癖好，无伤大雅。

从公孙弘的例子可以看出，把低调观点放在生活的各个层面上具体理解，又会变化出许多耐人寻味的道理。低调是一种忍术，低调原则的人既忍受外在的欺压，也忍受内在的欲望，这样可以赢得一个安全的生存环境，为以后长久的发展与进步奠定基础。低调是多思索，少说话，常退让，少表现。别让人以为你是个爱抢风头的人，别激起公愤。过多地暴露自己是不明智的，如果你多保持安静和沉默，别人捉摸不透你的深浅，断然不敢随便小瞧你，相对多的尊重和机会也会属于你。能忍则忍，能舍则舍，能弃则弃，忍让一些不伤大雅的羞辱，割舍一些易引起纷争的小利益，维护大局的平稳，换取更大的发展机会，是低调者的至高境界。

包容是内敛，不显山，不露水，不显能，不露富。有些人到处和人说自己会什么，有哪些能力；认识多少人，能办什么事；挣了多少钱，银行存款几位数……当时是很得意，可接踵而来的就是麻烦一大堆。

包容是一种大智慧，对于一个领导者更为重要。作为一个团队的领导者，受大众至少是团队内部成员的关注程度肯定会高于一般人。而有些人可能对情况不怎么了解，又喜欢乱下结论，甚至有时候会将一些莫须有的罪名加到你的头上，这时候你去辩解反而会让人觉得你心中有鬼，即便最后得到澄清，也极可能给人一种不好的印象，更何况有时候你无意之中真的会犯一些错误。

包容是一种修养，一种境界。佛经有言云："一念境转。"同是面对他人的过错，耿耿于怀、睚眦必报带来的是心灵的负荷，而真正仁者觉者会选择一份宽容，一份泰然，既往不咎。越王勾践"十年生聚，十年教训"，终于能够兴师复仇，一雪前耻。他可以忍受卧薪尝胆的苦楚，却在灭吴后下令诛尽吴国宗室，逼杀谋士，落个不义之名。他懂得隐忍，却不懂得包容。齐王韩信未发迹时有过"胯下之辱"，但在发迹之后再见到当初侮辱自己的无赖儿郎，却能不计前嫌，任命他为巡城校尉。仅从这个角度来说，韩信的人格要比勾践健全得多，因为他从心底里原谅了别人。

常常听到有女孩子因为老板对她有非分之想而辞职。年轻的单身女子到一个男性为主的公司中遇到性骚扰的几率是非常高的，总不能每次都跳槽吧？面对这种情况，钱雅芬选择的是低调处理。她觉得，为了一两个小人而放弃一个很好的职位实在可惜，所以一定要学会在这样的环境中让自己生存下去，而且还要活得很好。

钱雅芬进的这家公司是建筑企业，这绝对是一个男性垄断的行业。她刚进公司的时候，公司里除了一个 48 岁的女客户经理外，再无其他女性。年轻的单身女子进了一个全部是男士的部门，自然备受瞩目，同事都有意无意、有空没空到她的办公桌边上停留几分钟，闲聊几句，同事的言谈玩笑中也常出现她的名字。她的上司、工程部经理真的喜欢上了她。她很清楚这一点，但不说破，她知道，弄得满公司风风雨雨对谁都不好。经理的暧昧话语，她全装听不懂，经理的暧昧动作，她都轻轻闪避。对于经理过分的言语，她就在谈笑间轻轻抵挡回去。钱雅芬知道不能和经理发展办公室恋情，但她也不能太直接拒绝他，免得他下不来台，心生怨恨，自己一份美差就难保了。所以，她依然常常和经理一起吃午饭闲聊，但同时，在几次公司活动后，她还和经理的太太成了朋友。那位太太对钱雅芬赞赏有加。经理对钱雅芬若有感触地说："你真是太聪明了。"钱雅芬微笑着接受经理的"恭维"。从此，只要她开口，工程部经理总是有求必应，可谓皆大欢喜。

低调包容不是叫人们去任人宰割，去做鱼肉，如果忍无可忍而且有能力还以颜色，那就理应还击。低调包容作为一种理念一定要掌握，却不能当作万能公式去解所有的生活方程。

当你学会了包容，你会拥有更多的平静和幸福感，生活中少了许多火药味，享受生活不再是空洞的口号。让我们的生命之旅少一些冲突和纷争吧，让我们把精力都用在更重要的事情上吧。美好的生活永远属于善待它的人们。

以和为贵，求同存异

鹬和蚌相争持，结果被渔人得利；猎犬卖劲捕兔子，结果仍被烹食。而鸥鸟和野鸭子共同沐浴，鹿和猪一起睡眠，它们和睦相处，与鹬蚌、犬兔相比，这种生活境界不是更好吗？“处世让一步为高，退步即进步的张本；待人宽一分是福，利人实利己的根基。”（《菜根谭》，190）其中的道理是十分深刻的。

今天，我们强调建设和谐社会，和谐社会概念的提出，其前提正是承认一个社会有不同的阶层、不同的价值观念、不同的利益要求需要调整。和谐社会是多元的社会，在这样一个社会里，社会各阶层、各群体、各组织都有自己的利益诉求，也都有自己的创造活力需要发挥，在这个过程中，矛盾的存在是不可避免的，关键是如何化解矛盾。

孔子曾提出“君子和而不同，小人同而不和”的思想，这种思想在今天仍然适用，即做人要和而不同。当然，要区分孔子所说的两种情况：一是“和而不同”，是指君子在人际交往中能够与他人保持一种和谐友善的关系，但在对具体问题的看法上却不必苟同于对方；二是“同而不和”，是指小人习惯于在对问题的看法上迎合别人的心理、附和别人的言论，但在内心深处却并不抱有一种和谐友善的态度。在日常生活中，人们对某一问题持有不同的看法，这本是很正常的。真正的朋友应该通过交换意见、沟通思想而求得共识。即使暂时统一不了思想也不会伤了和气，可以经过时间的检验来证明谁的意见更为正确。因此，真正的君子之交并不寻求时时处处保持一致，相反，容忍对方有其独立的见解，并不刻意隐瞒自己的不同观点，才算得上赤诚相见、肝胆相照。“和而不同”的人总是与别人相协调，但并不盲目地重复或附和别人，因协调而不重复，故能达成和谐；“同而不和”的人只会阿谀奉承，见不得别人的成功，处心积虑地钻营，因此导致不和谐。“和而不同”的人总是追求和谐，为此而包容差异，在丰富多彩中达成和谐；“同而不和”的人总是强求一致，因容不得差异而往往造成矛盾冲突。比如，一个乐队，想要演奏出和谐美妙的音乐，需要使用十几种乃至几十种不同的乐器，各奏其乐，各发其声，从而汇成宏大动听的交响乐。反之，如果乐队中都使用同一种乐器，其单调乏味是可想而知的。再比如，用乱石砌墙、碎石铺路，一块块乱石奇形怪状，一块块碎石各不相同，但墙一旦砌成，风格和谐统一，路一旦铺就，犹如一体天成。我们的世界应当是一个“和而不同”的多样性的世界。

君子“和而不同”是对“和”这一理念的具体阐发。和谐意义上的“以和为贵”，正反映了中国文化的根本特征和基本价值取向。我们的祖先深知和而不同“和”字的要义，懂得以和为贵、中庸致和的大道理，并由此而形成了传统的中华民族美德，从“家和万事兴”“和气生财”等古训中，可见一斑。我们要在实际工作、生活中深刻领会，让和谐的思想在企业和社会中发挥作用，大放光彩。

在日常工作生活中，我们倡导“和而不同”。一方面，对上不盲目附和，能如晏婴所说的那样提出不同意见，使决策更完善；另一方面，对下能容纳和听取不同意见，与持不同意见的人和睦相处，相互切磋。现在，我们生活中还有很多“同而不和”的情况，对上迎合附和，不表示不同意见；对下搞一言堂，自己的意见只能赞成，不能反对，排斥不同意见和有不同作风的人，造成一种虚假的繁荣。显然，“同而不和”不可能导致真正的和谐，只有“和而不同”才是正确的致和之道。

和谐以共生共长，不同以相辅相成，每个人都追求“和而不同”，则和谐社会可以造就，和谐世界也可以造就。

抛开先入为主的成见

琴书诗画，明理之人用它们来培养性情，而平庸之辈只会欣赏它们的外在表象；山川景物，高雅的人可以从中学到见识，而粗俗的人只会赏玩它们的光彩华美。可见事物原本没有一定的品格，由于人们识见有高低而显出高下来。与人交往也是如此。人的品性高低并不完全在于对方，你的主观成见有时更具决定性的作用。

在与人交往中，我们有时会不自觉地把身边的人分成“喜欢的人”“不喜欢的人”和“无关紧要的人”三类。对于“不喜欢的人”，你总是感到不自在，时不时地故意不给他好脸色看。

其实这完全没必要。仅仅是因为你不喜欢，你就有什么不友好的行为和表现，那只能说你器量小，包容性不够，缺乏合作精神。与人交往，最重要的是与人合作办事，因此，要放下我们自身的心理包袱，寻找更多伙伴，扩大交际圈，这样才能有更多的选择机会。人与人之间，本来就有不同的性格和喜好，光看一眼好恶立判，势必会影响到你的交际圈。交际就是要寻找相互之间的交集。交集多的,初次相识就一见如故,当然很好。交集少的,也不是没有共同点,不能立马断定为“我们不是同一类”,也许最好的知音就在其中,千万不可心门一闭,拒人于千里之外。

遇到难以打交道的人,你思想中的两股力量“冲锋号”与“退堂鼓”常常一齐奏响,左脑要前进,右脑要逃跑,让你感到陷入动弹不得的困境之中。在强手如林的陌生环境中,你可能因为慌乱而看不清自己,也看不清别人,只感到威胁与压力在一步步地迫近。这种心理困惑是自己给自己加的,因为你没有充分体验到多一个朋友多一条路的益处。

年轻的时候,我们会很得意自己拥有一眼把人看穿的敏锐度,而当年纪渐长,我们才知道“眼光犀利”和“表情势利”其实只有一线之隔,伤到别人的同时,损失最多的还是自己。在不是很了解对方的情况下,轻率地贴上“我不喜欢这个人”的标签,这种先入为主的成见,像一座坚实的城墙,阻挡我们进一步认识对方,也失去向对方学习的机会。

你对他人的认知,其实就是自我反省的机会。你对别人的感觉,真正反映出的是你对自己的感觉,跟那个人本身的好坏其实关系并不大。当我们不喜欢一个人的时候,很可能就是在他身上看到自己不愿意面对的缺点。没有什么人值得花力气去贴上“我不喜欢这个人”的标签。外表再令人讨厌的人,也有可爱的一面。态度多么卑微的人,一定也有非常值得尊敬的地方。低下你的头,试着去发现别人“可爱的一面”和“值得尊敬的地方”,你会发现很多值得自己学习的地方。在这个发现的过程中,有很多惊喜足以破除心中的成见,丰富自己心灵的视野。在社会这个大家庭里,你要想赢得别人的尊重,你首先必须尊重别人,多记住别人的优点,而学会遗忘别人的过失。

每一个人就像一片树叶一样,长得都不一样,仔细看看,就会发现其中趣味之所在。只要愿意用心,一定可以发现别人独特而值得喜欢的一面。除非你一直闭上眼睛,关紧心门,不肯去看去感受。了解别人,努力发现别人可爱的地方,从自己的角度来说,是一种付出。但也唯有真心付出,才会领悟别人回馈给你的一定比你付出的多得多!

从处世的角度来看,友善的人际关系,其实就是从了解开始一点一滴建立起来的。有了这种认识及准备之后,我们还是可以把世界上的人分成两种:一种是“初次见面就非常喜欢、投缘的人”、而另一种是“经过了解之后,才发现他原来是这么可爱的一个人!”从此,世界上就没有值得我们花力气去讨厌、去憎恨的人。

用针缝衣，而非戳人

洪应明说：“一念错，便觉百行皆非，防之当如渡海浮囊，勿容一针之罅漏；万善全，始得一生无愧，修之当如凌云宝树，须假众木以撑持。”意思是说：一念之差铸成错事，便觉事事不如意，处处难作为。因此，防止出错应当如同防止借以渡海的浮水皮囊出现缝隙漏洞一样，哪怕针眼大小的漏洞也不行。万种善良品德齐聚一身，才能让一生不再感到有什么惭愧。因此，修炼善良品德应当如同培植高耸入云的参天大树需要凭借众多树木的支撑扶持一样，需要多多积累善良品德。做人做事均应谨慎，勿因一念之差铸成大错；做人做事还应合群，只有众人支持才能如鱼得水。

有个寓言说：一个年轻人在骄阳似火的小城中行走，他已经走了很长的路，舌干口渴，非常难受。但这个热岛城市却怎么也找不到卖水的。

忽然，他看见前面有个卖货的人，带了一个大水壶，就向他讨一点水喝。

那人说道：“我这里卖领带，你先买一条，水就会给你喝的……”

“我要的是水！是水！领带有个屁用?!”一顿暴斥，他头也不回地向前赶路。

头上是毒辣的太阳，脚下是烤焦的地面，他渴得快要晕倒了。

这时，他发现不远处又有一个卖鞋的人，走近后发现他有个水壶，便乞求道：“请您卖点水给我吧……”说着将一张十元钞票向外掏。

“我这里只卖皮鞋，你买一双我就给你水喝……”

男子气得发疯，自己不是没有买皮鞋的钱，但他要的是水，于是他又气愤地走开了。

他真希望找到一个可以尽情喝水的地方，但是找不到有水的地方，他渴得连走路的力气都没有了。

他几近绝望，靠着墙根继续向前慢慢蠕动。突然，他眼睛一亮，这墙正对着一家豪华宾馆！

他喜出望外，准备踏进门去痛喝一顿自来水，但被看门人拦住了。

“不行！”看门人说，“这是本地最好的宾馆，我们只接待一流人士，没有领带、不穿皮鞋者不得入内！”

男子气得眼前一黑，晕倒在宾馆门前。

这个寓言有些夸张，但说明一个道理。常常，有人失败不在于没有明晰的目标，恰恰在于有太过清晰的目标，清晰得看不见一切，除了他专注的目标。

在我们的人生旅途中，可能时刻会遇上各种饥渴和困境，而解决困境的方法可能是曲折的，需要我们做出一定的牺牲。当你遇上看似无用的“领带”和“皮鞋”时，相对于水来说这不是你的目的，而且付出这么多就为了得到一点水喝，可能觉得不值，因而舍不得掏钱。其实你掏钱了，东西买了，水也就免费喝到了。但因为不愿做出牺牲和让步，结果呢，永远无法得到自己的小目标——水！

所以，你实在找不到水，就应该花钱买条“领带”。还找不到水，那你就应该多掏点钱买双“皮鞋”。有了这些，你就可以进宾馆享受一流人士的待遇了。事情是相互关联的，忽视了关联的东西，你就堵住了自己成功的道路。很多刚走进职场的年轻人，仗着自己的聪明才智，总觉得“实力决定一切”，对于一些小事不屑一顾，不愿低下头来向别人学习。有的年轻人不把做人当回事，率性而为，对于不如自己的人不是当面嗤之以鼻，就是背后讥笑嘲讽。这其实就是在堵自己的路，因为你的“领带”和“皮鞋”可能就需要这些人来提供。

有位田女士，求学之路颇为顺利，毕业以后也找到较为理想的工作。她以为自己总是幸运的，没想到在职场中并不如意。她和众多刚进职场的人一样，也经历了一段不会做人的青涩岁月。

她刚进入一家企业时，继承了她在学校口无遮拦的风格，而没有更多地去考虑后果。有一次，同事在午间闲聊，她为了吸引眼球，使自己成为中心，有意地“贡献”了话题主角的一些私人秘密，还挺自豪自己消息灵通。但她的“爆料”很快被人放大，严重伤害了当事人，也毁了他们之间的友谊。她于是重新思索做人的道理，后来主动向当事人道歉，才避免了更大的信任危机。

曾任联邦快递公司中国台湾地区总经理的朱兴荣，回想就业之初，也曾犯下这个“每个聪明人都会犯的错”。

当时他从美国念书回到台湾，担任工程师的他，每天都窝在自己的岗位上，只想按时间完成专案，根本不考虑搭理其他同事，更遑论跨部门的合作。因为专业表现亮眼，受到当时的总经理陈嘉良的器重，朱兴荣被点名担任一个较大规模的跨部门专案主持人。

一向是“拼命三郎”的朱兴荣，过去工作遇到“瓶颈”，顶多熬夜加班就能过关，但没想到由于自己意气用事，在一个紧要关头栽倒在只会“推脱责任”的主管身上。

他记得，当时专案流程出了问题，整个团队必须 24 小时进驻，他的体力、压力都不堪负荷，还要召开应变会议。会议进行到一半，心力交瘁已到临界点的朱兴荣又听到那位让他“感冒”已久的主管在抱怨不休，他一时难掩怒气，拍桌大喊：“这件事沟通很多遍，不知道到现在为什么还不做，如果有人不想做，这个专案也不用继续了！”要知道，当时朱兴荣只是一位资历尚浅的毛头小子，竟然当着众多高阶主管的面批评一位高阶主管，让对方很是下不来台。

此后，还是陈嘉良亲自出马才把事情搞定。陈嘉良对朱兴荣说：“你啊，就像一根针，戳人会痛啊！若把这个针拿来缝衣服，就会很有功效，不知道你为什么要去戳人？”

“不是我要戳人，是他逼着我去戳人，我受不了！”朱兴荣气愤地说。

陈嘉良回应道：“喔，因为你受不了，所以你就不去缝衣服，而去戳人？我知道你心里有很多委屈，在这个时刻，你若能把所有精力拿来缝衣服，大家会更感激你！”

陈嘉良这番“戳人与缝衣”的道理，让拘泥在“你错我对”节骨眼的朱兴荣顿时心门大开：“与其当场让他难堪，不如直接向他伸出援手，把事情解决了更有效率。况且，若我坐了他的位置，不见得能做得比他好！”

有专家总结道：初入职场头5年，至少要花80%的力气去学做事，另外20%的力气花在学做人上。随着工作技巧日渐熟练，做事所需的时间减少，就要将更多的力气花在做人的学习上。一般而言，年轻人容易陷入“做事”比“做人”重要的思考，因为做事的目标明确，短期即可见成果，投入与回馈分直接。反之，做人要有不同角色的适应与考验，讲究的是长程的累积，无法立竿见影，且随着职位的升迁，扮演的角色趋于复杂，做人的难度还会愈来愈高。这是最重要的一点是：学会用针缝衣，而非用针戳人。

平易近人是一种可贵的脱俗

洪应明说：“做人无甚高远的事业，摆脱得俗情便入名流；为学无甚增益的工夫，减除得物累便臻圣境。”又说：“随时之内善救时，若和风之消酷暑；混俗之中能脱俗，似淡月之映轻云。”（《菜根谭》，47）人要有所作为，但又要脱俗，不为声名利欲所累，既有“善救时”之功德，又有“能脱俗”之修为，方可达到人生的至高境界。

大人物同样如此。有修养的大人物因为能脱俗，就可以“似淡月之映轻云”，虽高贵也不失低调，平易近人。有人总结得好：大人物之所以成为大人物，就是因为他们永远不会自视高人一等，使自己孤立起来。

法国巴黎以其古老文明和时尚生活迎接着来自世界各地的游客。一天，一位美国阔太太来到这座城市游玩。她漫步走到一处草坪上，看见一个老头儿正在花坛里浇水。那个老头儿是那样内行，他那一丝不苟的神态，足以证明他是个上等的园丁。这位阔太太心想：这个法国老头儿真是百里挑一的好园丁，在美国恐怕出高价也难找到，现在既然有幸碰上了，为什么不带他到美国去帮我养护私人花园呢？

于是她问那个老头儿，愿不愿意到美国去做她的园丁，她可以给他高于法国园丁三倍的工资，还可以负担他的旅费。为了说服老头儿，她又把美国吹嘘了一番，仿佛那儿遍地是黄金，到了那里人人都能发财。

“夫人，”老头儿彬彬有礼地回答说：“真是不巧得很，我还有另外一个工作在身，一时离不开巴黎。”

“那就把它辞掉吧！这些，我都会给你补偿的。你除了园丁，还兼职干什么工作呢？是送牛奶还是养鸽子？”阔太太不屑地问。

“都不是，”老头儿微笑着说：“我希望人们下次不要再选我，我就可以做你的园丁了。”

“那你是……”阔太太仔细端详起老头儿，一会儿惊讶地张大了嘴。

“我是安里。我这个园丁兼任法国总统。”

这样低调的总统，没有一点架子，的确非常难得。

不唱高调、平易近人是西奥多·罗斯福总统受欢迎的秘诀之一。罗斯福是个连仆人都喜爱他的人，他的那位黑人男仆詹姆斯·阿默斯就曾写过一本关于他的书，取名《西奥多·罗斯福——他仆人的英雄》。阿默斯在书中写了这样一段富有启发性的话：“我妻子有一次问总统关于鹌鹑的事，因为她从未见过鹌鹑，于是总统详细地描述了一番。一天，我们小屋里的电话铃响了。我妻子拿起电话，才知道是总统本人打来的，总统特意打电话告诉她，我们屋子窗口外面正好有一只鹌鹑，如果她往外看，就能看到。罗斯福时常做这类小事。每次他经过我们的小屋，如果看不到我们，他就会轻轻地叫着‘安妮’或‘詹姆斯’，这是他表示友好的一种招呼习惯。”

一个日理万机的总统能做到如此平易近人，仆人怎能不喜欢他呢？

这些伟大人物用自己的行动表示，他们从未把自己同普通人区别开来，他们都是下意识地、不自觉地把自己看作一个平凡人，无论事业多么辉煌，为人却始终低调。他们因为始终低调才更显伟大，他们混俗中能脱俗，所以堪承天降之大任。

有位美国大富豪说了这样一句关于财富的经典名言：“有钱的一大好处，是今后你不必再想到钱这种东西，也不必再口口声声讲钱了。”这句话很值得那些喜欢张扬的暴发户深思。钱并不是人生的目的，声名也不是。有的人喜欢张扬自己，喜欢用吹牛来证明自己是个可以做大事的料。可是，能做大事就值得吹嘘吗？细究那些古往今来的成大事者，他们的成就有几个是靠吹牛吹出来的？他们的成绩完全是脚踏实地干出来的。

一个人难得的品格是默默地付出。对于身边发生的大小事情，你要心里清楚，但不可计较得失，不可显露锋芒。总喜欢夸耀自己，自以为是，很多人就会对你有看法，自己也会有累的那一天，终究扛不起高调的压力。因此，做人低调、平易近人是一种智慧，是一种可贵的脱俗修养！

第九章　齐家运智方略

巧做批评善用褒扬

韩国的古书，说过一个小故事。

一位名叫黄喜的相国，微服出访，路过一片农田，坐下来休息，瞧见农夫驾着两头牛正在耕地。便问农夫，你这两头牛，哪一头更棒呢？农夫看着他，一言不发。等耕到了地头，牛到一旁吃草，农夫附在黄喜的耳朵边，低声细气地说，告诉你吧，边上那头牛更好一些。黄喜很奇怪，问，你干吗用这么小的声音说话？农夫答道，牛虽是畜类，心和人是一样的。我要是大声地说这头牛好那头牛不好，它们能从我的眼神手势声音里分辨出来我的评论，那头虽然尽了力，但仍不够优秀的牛，心里会很难过……

由此想到人，想起孩子，想到青年。

无论多么聪明的牛，都不会比一个发育健全的人，哪怕是稍明事理的儿童，更敏感和智慧。对照那个对牛的心理体贴入微的农夫，世上做成人做领导做有权评判他人的人，是不是经常在表扬或批评的瞬间，忽略了一份对心灵的抚慰？

父母常常以为小孩子是没有或是缺乏自尊心的，随意地大声呵斥他们，为了一点儿小小的过错，唠叨不止。不管是什么场合，有什么人在场，只顾自己说得痛快，全然不理会小小的孩子是否承受得了，以为只要是良药，再苦涩，孩子也应该脸不变色心不跳地吞下去，孩子越痛苦，越说明对这次教育的印象深刻，越能够起到举一反三的效力。

这样的父母，实在是想错了。

能够约束人们不再重蹈覆辙的唯一缰绳，是内省的自尊和自制。它的本质是一种对自己的珍惜和对他人的敬重，是对社会公有法则的遵守与服从。如果一个孩子从小就在无穷的心理折磨中丧失了尊严，无论他今后所受的教育如何专业，心理的阴暗和残缺很难弥补，人格潜伏着巨大危机。

人们常常以为只有批评才需要注重场合，若是表扬，在任何时机任何情形下都是适宜的，这也是一个误区。

批评就像是冰水，表扬好比是热敷，彼此的温度不相同，但都是疗伤治痛的手段。批评往往能使我们清醒凛然一振，深刻地反省自己的过失，迸发挺进的激奋；表扬则像温暖宜人的沐浴，使人血脉偾张，意气风发，勃兴向上。

但如果是在公众场合的批评和表扬，除了对直接对象的鞭挞或鼓励，还会涉及同时聆听的他人的反映。更不消说领导者常用的策略往往是这样：对个别人的批评一般也是对大家的批评，对某个人的表扬更是对大多数人的无言鞭策。至于做父母的，当着自家的孩子，频频提到别人孩子的品行作为，无论批评还是表扬，再幼稚的孩子也都晓得，更是醉翁之意不在酒的含沙射影。

批评和表扬永远是双刃的剑，使用得好，锋利无比，斩出一条通达的道路，使我们快速向前。使用不当，就可能伤了自己也伤了他人，滴下一串串淋漓的鲜血。

我想，对于孩子来说，凡是属于天分的那一部分，无论是表扬还是批评，都不必过多地拘泥于此。就像玫瑰花的艳丽和小草的柔弱，都有浓重的不可抵挡的天意蕴藏其中，无论其个体如何努力，可改变的幅度不会很大，甚至丝毫无补。玫瑰花绝不会变成绿色，小草也永无芬芳。

人也一样。

我们有许多与生俱来的特质，每个人都是不同的。比如相貌，比如身高，比如气力的大小，比如智商的高低……在这一范畴里，都大可不必过多地表扬或是批评。夸奖这个小孩子是如何的美丽，那个又是如何的聪明，不但无助于让他有的放矢地学习，把别人的优点化为自己的长处，反倒会使没有受表扬的孩子滋生出满腔的怨愁，使那受表扬的繁殖出莫名的优越。批评也是一样，奚落这个孩子笨，嘲笑那个孩子傻，他们自己无法选择换一副大脑或是神经，只会悲观丧气，也许从此自暴自弃。旁边孩子在这种批评中无端地得了傲视他人的资本，便可能沾沾自喜起来，松懈了努力。

批评和表扬的主要驰骋疆域，应该是人的力量可以抵达的范围和深度。它们是评价态度的标尺，而不是鉴定天资的分光镜。我们可以批评孩子的懒散，而不应当指责儿童的智力。我们可以表扬女孩把手帕洗得很洁净，而不宜夸赏她的服装高贵。我们可以批评临阵脱逃者的怯懦无能，却不要影射先天的多病与体弱。我们可以表扬经过锻炼的强壮机敏，却不必太在意得自遗传的高大与威猛……

不宜的批评和表扬,如同太冷的冰水和太热的蒸汽,都会对我们的精神造成破坏。孩子、年轻人的皮肤与心灵,更为精巧细腻。他们自我修复的能力还不够顽强,如果伤害太深,会留下终生难复的印迹。一到阴雨天便阵阵作痛。

山野中的一个农夫,对他的牛,都倾注了那样淳厚的爱心。人比牛更加敏感。因此无论表扬还是批评,让我们学会附耳轻声地说话。

言传身教

王羲之是东晋时著名的大书法家。他的字雄浑多变,婉转自如,对于后人有很大的影响。

王羲之从小酷爱书法,坚持天天练字。他还善于学习别人书法的长处,经过几十年的努力,书法独树一帜,名扬全国。

他对儿子学书法也很重视,特别是对七子王献之,功夫下得最深。王羲之在会稽(今浙江)做官的时候,献之才七八岁,王羲之就教他练字了。有一次,献之正在练字,父亲悄悄地从背后突然抽他的笔,抽不脱。王羲之非常满意,高兴地说:"这孩子笔握得紧,这样练下去,今后一定会成功!"从那以后,这位书法家就更加重视督促和指点儿子学习书法了。

古时候师傅教徒弟,往往留一手。对于子承父业来说,情况就不一样了。王羲之把自己多年写字的经验,全部传授给儿子。他从点、横、竖、钩等基本笔画教起。他说:写一个点,要像高山落地一样,使人感到沉重有力。写一横,要像船横在江里一样,使人觉得无懈可击。写一直竖,要像冬笋挺立在寒冷的山谷之间,使人看去觉得难以摇撼。写一向上挑的弯钩,要像刚要发射的大弩一样,使人看了觉得是用铁铸成一般。写一向下拐的弯脚,要像武士练武时屈臂一样,使人感到力大无穷。

由于父亲的言传手教，王献之笔不离手，对书法钻研很深，进步也快，年轻的时候就成了书坛名手，他的草书，在继承张芝和父亲书法艺术的基础上推陈出新，别具一格。

这是一个典型的文人教子的故事。父之德育儿之德，父之才传儿之才。这就叫言传身教。

没有这种手把手教的精神，后代也难以成材。现在太多的人信钱，把儿女送贵族学校，似乎一切都放心，其实大误！

钱不能代替一切，言传身教才是最重要的。再如：

北宋时候有一个很聪明的儿童，名叫方仲永，他四五岁时，看到别人看书写字，就站在旁边看个没完；5岁时就向父亲索要纸墨笔砚，父亲不给，他气得又哭又闹。父亲被他缠得没法，只好到邻居家借出一套交给他。方仲永高兴地接过纸墨笔砚放在桌上随即提笔作了一首诗。父亲一看大出所料，想不到儿子小小年纪竟能做出这样的好诗。心里想："想不到我方家竟出'神童'了"。他激动得了不得，拿起儿子的诗，欢喜若狂，飞出家门，在村子里奔走相告，逢人便让看儿子的诗，人们个个赞不绝口。

从此以后，仲永学习更加勤奋，他触景生情，咏物抒怀，作了不少好诗。这些诗，篇篇都是出口成章一气呵成，街坊邻居议论纷纷，齐夸仲永有才华。

这时，有些秀才文人学士，为了装潢自己的门面，常常请仲永父子到他们家吃酒做客。仲永的父亲很骄傲，他昏昏然忘乎所以，成天领着儿子走东家串西家，吃饱肚儿不算，常常还可以弄点零花钱。

时光就这样一天天过去了，仲永的才华在眼光短浅的父亲带领下，也一天天被磨灭了，使他成了一个碌碌无为的人。当时的政治改革家、文学家王安石，对此非常惋惜，专门写了一篇《伤仲永》的文章，深深记下了这个发人深省的教训。

看来仅仅凭天赋和聪明是远远不够的，仲永的失败在于其父的眼光短浅，满足于一时之成绩，而不能从长计议。

江河横流，千古沧桑。古往今来，风流倜傥。凡成大业者，都有一个目光远大的父母，都有一个良好的家庭教育，这已是被历史所多次证明的。

教子需有大"肚"

清雍正五年(1727)状元彭启丰，在乾隆年间官至兵部尚书。一次他在老家苏州居住时，邻家的一个剃头铺子为了招揽生意，偷偷假借他的名字写了一副对联挂在店铺内。彭启丰的儿子一次偶然看到这副假对联，立即把剃头匠大骂一通，并立逼着剃头匠把对联毁掉。

彭启丰知道了这件事，赶紧把剃头匠叫到家中，剃头匠见彭启丰亲自叫他，以为祸事临头了，吓得畏畏缩缩，不敢上前。彭启丰向剃头匠拱手致礼，向他诚恳地赔罪，说："我的儿子无知，冒犯了你这位高邻，这是我的过错。官职大小，这是在朝廷里的事。住在家乡，哪里论什么官职高低呢！现在我特意写了一副对联送给你，希望你原谅我和我儿子的过错！"剃头匠未料到事情会是这样，再一看那副对联，上下联都落了款，真正是货真价实送他的，十分感动。

此事在地方上传开，人们都敬佩彭启丰的肚量，认为他真是教子有方。

宋代司马光说"爱之不以道，适所以害之也。"这个道就是对子女的缺点，毛病不可姑息，姑息养奸，以酿成大祸。所以大智者从不护子，而是严以律子。只有那些目光短浅的家长才处处护着子女，一旦别人说了其子女的缺点，他们总加以辩之，久之，子女养成骄气，不可一世，事后必不成大业。

所以父母揭其子女之短，而不去护短，看似愚笨，实为大智也。

一天，楚国太子因父亲楚庄王紧急召见他，急急忙忙赶着车到皇宫去。到了皇宫的茆门，因天正下大雨，院中满是积水，无法下车走路，太子便径直赶着车打算一直进茆门。

守门的官员拦住他的车，严肃地对他说：“车马不得进入茆门，这是国君定的法令，不能因为你是太子就可以不遵守！”太子解释说：“父王紧急召见我，不能等到没有积水后再进去啊！”说罢，赶着车便要进去。守门的官员见状，举起手中兵器猛击太子拉车的马，并打坏了太子的车子。

太子进皇宫后，向楚庄王哭诉事情的经过，满指望父亲能为他出口气。不想楚庄王听完后，却喜形于色，说：“守门的官员明明知道你是太子，却不肯徇私枉法，真是个刚正守法的好臣子啊！”

他打开后门让太子离开，嘱咐儿子说：“以后千万不要再犯这样的错误了！”

为了这件事，楚庄王特意把那位守门的官员提升了两级，以示奖励。

汉文帝刘恒很有政治才能，又是一个比较开明的皇帝。

一次，文帝的儿子、太子刘启和他弟弟梁王刘武同乘一辆车子入宫。当时规定，所有人到司马门一律要下车，否则就要加以处罚。刘启仗着自己是太子，没有下车，直闯入宫去。公车令张释之见了，毫不客气，一面追上去阻止他们进门，一面将此事上奏文帝，弹劾他们不下车，犯了大不敬之罪。文帝接奏，特地脱下皇冠，恭恭敬敬地向张释之认错，说：“是我管教儿子不严。”

汉文帝不但不怪罪张释之，反而大加赞赏，把他提拔为中大夫。

理家教子的皇后

文献独孤皇后是隋文帝杨坚的妻子，出身北周的名门望族。她的父亲是北周的大司马，姐姐是周明帝的皇后，长女又是周宣帝的皇后，可谓“贵戚之盛，莫与为比”。但她却能柔顺恭孝，谦卑自守。在隋文帝杨坚登基前后，始终如一，是一位不可多得的相夫教子的贤内助。

当初周宣帝死后，杨坚以外戚身份辅佐幼主，实际上已完全掌握朝政，文武百官劝谏谋划，让杨坚以接受禅让的形式登基称帝，建立新朝代。在这关键时刻，文献皇后也派人敦促杨坚“大势已定，没有退让的必要，努力吧！”杨坚终于受禅让，建立隋朝。

隋朝初年，南朝的陈国尚存，国家需要统一，加之边患不断，百废待兴。初建帝业，步履维艰，为了更好地辅佐皇帝，文献皇后常常陪同上下朝，并在后庭等候，每每发现“政有所失，便随时匡谏”，对于朝政的清明有极大的帮助。

文献皇后深明事理。有一次突厥商人带来一箧明珠，价值八百万，幽州总管阴寿劝皇后买下自己享用。文献皇后当即表示："这不是我所需要的，当今戎狄屡屡侵略边关，将士疲劳，不如用这八百万分别奖赏有功的将士。"这件事使文武百官备受感动，使杨坚对皇后也敬佩三分。

文献皇后不仅克己尽心相夫，对族人和子女要求也极严格。她常告诫各位公主："周家公主，殊无妇德，对公婆无礼，离薄人家骨肉，这等不孝顺的事和作为，你们应该时刻谨记。"

外戚干扰内政，也是中国历史上常见的弊病，这与皇后尤其重要。文献皇后在这方面处理得就很有分寸。她的表兄弟大都督崔长仁犯法当斩，隋文帝因为皇后的缘故，想赦免崔长仁的死罪，文献皇后知道后，当即制止，"国家的事，怎么能只顾私情呢！"崔长仁最终被处死。

皇后"每与上言及政事，往往意合，宫中称为二圣"。由此可见文献皇后在隋朝初建帝业中的作用。可谓"家道正则化行天下，由近及远，自家刑国，配天作合，不亦大乎！兴云是系，不亦重乎。"。

人云：成功的男人背后总有一位默默奉献的了不起的女人。此话不假，无论古今成功的男人都需要有一个贤淑温柔、聪明机智的妻子作坚强的后盾，为自己"出谋划策"做"军机大臣"。

这"军机大臣"并不好当，作为一国之母，既要克己相夫，还得严格要求教导子女和族人，不让人们学坏人样儿，不成才。而且她还勇于大义灭亲，不徇私枉法，实乃治国理家之典范。

俯首甘为孺子牛

《二十四孝》图中讲的故事都是极其典型的。十冬腊月，母亲想吃鱼，儿子卧在湖上化冰，为母钓鱼，真是感人天地。酷暑盛夏，蚊子咬人，儿子孝母，使其安睡，自己光背让蚊子叮，真是感人肺腑。孝悌是中国家之轴心，但的确太过了一些，为此，鲁迅先生也说过前者中的一些思想太愚。

现代社会的家庭中，人们似乎“糊涂”起来，不是儿女在为父母做什么贡献，而是父母在为儿女做牺牲，但这毕竟反映了社会的发展。

美国总统里根和妻子南希待子女的事就很说明问题，里根在答记者问时曾说过，我想我是一个好父亲，在过去拍影片的岁月里，每当我拍完一部影片，我就抽出空余时间，与孩子在一起共享天伦之乐。我相信，假如我从头生活起，那么我是会继续维持自己原来的教育孩子的方式。

记者：你认为，今天的美国，父母亲对待自己孩子的最大错误是什么？

里根：我相信，今天的美国父母亲，可以做得像以往任何时期的父母亲一样的好，那就是要去爱孩子，引导孩子，对孩子做出必要的牺牲，并以自己的孩子为荣。

当然，对孩子必须做出的某些牺牲，可得用不同的方式来表达的。譬如，要给孩子一定的时间，在他们睡觉之前为他们讲故事，一起运动、一起进餐，教他们用餐的礼貌。这些生活中的点点滴滴，无形中能使父母与孩子紧密地联结在一起，使他们有一种安全感。

当我们的儿子15岁时，有一次他问我们敢不敢带他去野外露营，结果我们为此特地安排了一次为期4天的野外活动计划。白天我们和孩子骑马在山谷中奔驰，晚上我们围着篝火，露天睡在睡袋里，清晨到河里抓鳟鱼。记得这次野外活动的最后一天中午，我们要经由一条小径，跨越3000英尺高的峭壁。南希一向有高山反应症，可是她为了孩子，为了这次野外活动的成功，克服困难，照样爬山。

我想不是每个家庭，都有骑马登山、露天宿营的野外活动，但仍有许多其他的活动，有助于全家成员紧密地联结在一起，使父母与孩子们息息相关。

我认为今天有些美国父母所犯的最大错误是，忽视了对孩子的关心与照顾，以及有效地鼓励孩子的责任感和认识到自我价值。一般而言，缺乏父母支持的孩子，往往自我价值感较低，妨碍了他们建立良好的品行和达到较高的成就。这不但影响着孩子个人和家庭，而且对国家也不利。

记者：你是否认为造成美国今天的破碎家庭，是父母的责任？

里根：每一个人都应该为自己的失败负责。我国社会的结构，是由家庭、教会、学校、左邻右舍、政府以及娱乐场所等交织而成的。在所有与孩子发展有关的因素中，都包含着一种角色的模仿，而影响角色模仿最大的，便是为人父母者。

1986年，我曾向白宫工作小组指出，要他们对美国家庭做一番调查，其中最重要的一个发现，是证实了家庭确实影响到我们的社会问题，那就是一般人的是非观念混淆不清。而建立生活的是非观念最好的办法，是父母在日常生活中的以身作则。因此，作为教育孩子的父母，必须小心检视自己的行为。

记者：政府是否也有责任？

里根：不管政府的福利措施有多么好，结果也可能使本来有能力自食其力的家庭，因为有了政府的援助，反而自甘堕落，这样就造成了社会问题。

记者：你认为所谓传统的家庭的未来将是怎么样的？

里根：虽然美国的家庭今天存在着很多问题，但是美国人依然渴望家庭的存在。民意测验表明，“美满的家庭生活”仍然高居其他社会阶层的第一位，它胜过健康的身体、自尊、自由的选择等等。经过社会上的许多变化，像单身、独居、同居等，美国人仍然认同家庭这个根本观念。这种对建立美满家庭的追求，以及我们的不屈精神，都将使我们克服过去所犯的错误，重新把重视家庭的观念支撑起来。

记者：一直有增无减的单亲家庭，是否仍是全国性的问题？

里根：任何一个孩子因死亡、离婚、被抛弃而失去父母，永远是个悲剧。有些单亲家庭确实也尽到了照顾自己孩子的责任，但是多数美国人认为，单亲家庭并不是理想的模式。

确实有很多孩子，在父母单身或双亡的困境中，生存了下来，但孩子对父母的需要，仍是人本性中不可抹杀掉的。

我们的文化，我们的民族性格，也是家庭中，由上一代传给下一代的。我深信，父母双亲俱全的家庭总是胜过单亲家庭的。

其实中国文化也并非是清一色的，历史上也有人讲过，子女可以批评父母之过。《后汉书·郅恽传》中就有“父教不可废，子谏不可拒”的话，说明孩子的直言劝告也是不可不听的。司马光在《资治通鉴》中也说过“父有过失，子当谏争，岂可潜得非法，受不孝之名”，这也说明父子关系在孝悌之外还有真理价值一层关系。只不过中国传统文化中在治家中“孝”是主流而已。正因此在今天，糊涂一下这个传统观念，向其反面走一下，也是可以的。

程婴养赵氏孤儿

春秋时晋国景公三年，权臣司寇屠岸贾为了执掌朝廷大权，阴谋一网打尽国政大臣赵盾的后代。他不顾正卿韩厥的反对，也不向晋景公请示，擅自领兵攻入下宫，杀了赵朔、赵同、赵括和赵婴齐全家。赵氏的后代几乎全部灭绝。

赵朔的妻子庄姬是晋成公的姐姐，当时有孕在身，乘乱逃入宫廷。赵朔平日为人宽厚，深得门客公孙杵臼和程婴等人拥戴，如今赵氏一家遭难，公孙杵臼和程婴商量要为赵家报仇。公孙杵臼问道：“赵家有难，你为赵家门客，为何不仗义轻生呢？”程婴回答说：“朔将军的妻子有遗腹，若是有幸生个男孩，我程某义无反顾，将他抚养成人；若是夫人生了女孩，我程某再死也不为迟。”不久，赵朔的妻子果然生了一个男孩，取名为赵武。屠岸贾为了斩草除根，领兵四下搜索这个赵氏孤儿。夫人听得消息，寻思无计，只好慌里慌张地将孤儿藏在身穿的袄里，默默祷告说：“苦命儿呀，你要是哭，赵氏一门便灭绝了！”说也

奇怪,正当屠岸贾一行人冲入宫门时,孤儿竟不啼不哭,反而安静地睡着了。于是,赵氏孤儿终于脱险。

公孙杵臼和程婴都明白,屠岸贾是不会善罢甘休的。怎么办?公孙杵臼想了许久,忽然低声问道:“在死和保护赵家后代这两件事情上,究竟是哪一个困难些呢?”程婴说:“死是容易的,存留这个孤儿可难啊!”公孙杵臼于是坚定地说:“既然如此,我公孙某取其易,你就勉为其难吧。”显然,公孙杵臼为了保存赵氏一脉,已做出了轻生的打算,他走到程婴面前,附耳轻声地嘱咐着。说罢,公孙杵臼抱起了他人的婴儿,用被子裹好,藏进一个小山洞里。当屠岸贾的部属又来搜捕赵氏孤儿时,程婴强忍着满腔悲痛,编了一套瞎话,大骂公孙杵臼,声称公孙杵臼所藏的婴儿正是赵氏孤儿。于是,公孙杵臼和这个孩子均遭杀害了。屠岸贾以为赵氏遗孤已被斩草除根,心中暗喜。其实,赵氏孤儿还活在人间,他在程婴的保护下,过着颠沛流离的逃亡生活。

一晃十五年过去了,赵武已长大成人。这天,晋景公与韩厥议论朝政,不满意屠岸贾的专横跋扈。晋景公压低嗓音问:“赵氏还有后代子孙吗?”韩厥这才将实情告诉晋景公。于是,晋景公暗地里派人去见程婴,要程婴将赵武带回内宫。

在韩厥策划下,一场向屠岸贾夺权的宫廷政变打响了。结果,屠岸贾在战乱中被杀,他的家族也全被斩决。晋景公下令恢复赵氏的田邑,并起用赵武为国政。对于韩厥,晋景公也是赏赐有加。

赵武二十岁那年,行了加冠礼。一天,程婴向赵武辞行。赵武感到突然,疑惑不解。程婴说:“二十年前下宫之难时,我之所以不死,为的是要挽救赵氏家业。公孙杵臼先我而死,也是为了保留赵氏一脉。如今你已身为国政,我可以完全放心去与公孙杵臼相见了。”赵武听罢,扑通一声跪倒在地,满脸泪水哀求他,要他不必如此轻生。他无限感慨地说:“不行。当初公孙杵臼认为我能够成全他的志向,故情愿仗义轻生,先我而死。如今大事竟得成功,我要以死去报答死去的朋友。”说罢,他昂然阔步走出宫门,拔剑自杀了。赵武哀痛至极,特意设奠祭告公孙杵臼,又为程婴服三年齐衰丧礼,要子子孙孙不得忘记这两位义士信友。如今,在赵氏祠堂的旁边,还专门设有祭奠程婴、公孙杵臼的牌位呢!

兄肥弟瘦厚情谊

赵孝的父亲赵普,在西汉末年王莽时官至田禾将军,屯田于西北边疆,卓有政声。朝廷以他父亲的业绩,诏选他为郎官。他每次告假回家探亲时,总是穿着布衣,自己挑着行囊,从来不愿意惊动官府。一次,他因公出差,从长安返回京师洛阳,由于天色已晚,想到驿馆里歇宿。当地的亭长早已听说:贵为朝廷郎官的赵孝要经过这里,特意布置好一套漂亮的客房。赵孝来到驿馆以后,见里里外外都打扫得干干净净,准备盛情迎接他。他想:自己年纪还轻,又无功于国,怎么能享受这种待遇呢!于是,当亭长在驿馆门口盘问他的姓名时,他故意不说出自己的真名实姓。亭长询问道:“听说田禾将军的大儿子赵孝出差长安归来,要打从这里经过,你知道他什么时候能到吗?”赵孝不露声色地回答说:“听人家说,他要三天以后才能来这里哩!”说罢,他头也不回继续赶路去了。

赵孝就是这样一位躬身自守的人,他不愿凭借父辈的荣耀,也不肯以朝廷官员的身份,享受那种过于隆重的待遇。对于自己的弟弟赵礼,他也是恪守兄长的本分,教之以礼，导之以义，关心爱护，希望弟弟日后有功于国，成为一个品行高尚的人。

不久，天下大乱，盗贼横行，由是鸡犬不宁，五谷不登，到处都出现了人吃人的惨象。在一次慌乱中，弟弟赵礼被一伙强盗捉住了。赵孝听得消息以后，捶胸顿足，抱头大哭。他为了救出弟弟，用绳索捆绑自己的上身和双手，然后来到强盗们的住地。他对为首的强盗说：“弟弟又瘦又小，如今又饿得皮包骨头，实在不值得宰杀烹煮，我赵某长得比较肥胖，情愿替弟弟偿命。”贼首听罢，大惊失色，却又厉声叫道：“你难道不怕死吗？”赵孝镇定地回答说：“兄弟亲如手足，如今弟弟遭难，做哥哥的见死不救，苟且偷生，这岂是为人之道。我赵某绝无戏言，请你们先释放我弟弟，再杀我也不为迟。”贼首很受感动，将他俩兄弟松绑放了，说“你是个有义之人，我现在放你回去找些干粮送来，要不然再拿你抵命。”说罢，贼首喝令喽啰们将他俩推出门外。

赵孝目送弟弟安然走后，便四下里寻找粮食。当时，附近的百姓都是吃草根，剥树皮，又哪里有米面送给他。于是，赵孝毅然回到贼营，表示自己心甘情愿被杀被烹，以保住弟弟性命。强盗们佩服他的信义，终于放了他。附近的百姓们也因此免除了一场灾难。他们纷纷上书朝廷，表荐他的高尚品行。

永平中，汉明帝刘庄有感于赵孝的为人，擢升他为谏议大夫、侍中，又征辟他弟弟为御史中丞。他俩在职期间，忠诚信义，谦让恭谨，深受明帝宠爱和大臣们的赞扬。

赵孝自愿以死请求替代弟弟的事，从此被传为美谈，比喻为兄弟情谊深厚的“兄肥弟瘦”这句话，也因辗转相传而变为成语典故了。

勤以修身　俭以养德

西周时贤臣周公旦辅佐年幼的周成王时，担心成王年龄大了而放荡纵欲，便写了《多士》和《毋逸》劝勉成王。《毋逸》里说："父母长期艰辛创业，儿孙们却骄纵奢侈，忘记了其艰辛，因而使家业毁败，做儿子的能不慎重吗？"往昔商王中宗，敬畏老天赋予的使命，不贪图安逸，治理人民，勤于政事，所以能当政75年。高宗时，因他长期在民间劳作与百姓共同生活，从不敢怠政安逸，一心一意治国，大小事都受人赞赏，因此为政55年。到了祖甲，他知道百姓爱好，能保护并恩惠于民，不欺慢鳏夫寡妇，所以祖甲能当政32年。《多士》说，从汤王到帝乙，都恭顺地祭祀鬼神，修明德行，各帝没有违背上天意志。到后面的纣王，极度放纵享乐，不顾及民众和社稷的安危，民众都认为他应受惩罚。周文王从晨到暮，为了国事无暇顾及吃饭，所以能当政55年。可见，远在百周，"一饭三吐哺"的周公就知道为政者要知道居安思危不能只图安逸享乐而葬送统治。

诸葛亮最了解居安思危的道理。自从刘备三顾茅庐请出诸葛亮后，诸葛亮为蜀国建立立下了汗马之功。然而，刘备称帝不久即死去，在死前，刘备托孤于诸葛亮，从此，诸葛亮成为蜀汉的实际统治者。虽然说三国鼎立，天下相对平安，但诸葛亮没有安于享受，而是励精图治，居安思危。对内，政治上励行法治，注重选贤任能；在经济上劝课农桑，发展农业生产。对外，诸葛亮非常注重边防的安危，一是对南中地区，即今天的四川西南、贵州西部、云南等地的少数民族地区，采取军事镇压和"和抚"并用的政策，解除了蜀汉的后顾之忧；二是采用北伐曹魏，以攻为守的政策，避免曹魏的巨大压力。诸葛亮曾先后5次北伐，而且每次必亲率大军亲征亲战，转徙于战火纷纷的战场和崇山深谷之中。诸葛亮虽安居偏僻险地的蜀中，但却忧国忧民忧天下，采取了一系列防患于未然的治国措施，就像他自己说的"自受命以来，夙夜忧叹，恐托付不效，以伤先帝之明"。

唐太宗与魏征也经常谈"居安思危"。贞观五年（公元631年），唐太宗对侍臣说："治理国家和养病没有什么区别。病人觉得身体有好转，更需要调理保养，否则会旧病复发，那就必然有丧命的危险。治理国家也是这样，天下稍为安定，更应小心慎重，倘使一安定就骄奢淫逸起来，必然导致失败。现在天下安危，系在我一人身上，所以，我一天天谨慎小心，该休息也不敢休息。"魏征说："内外治安，我不以之为喜事，只高兴陛下能够居安思危阿。"第二年，唐太宗又对侍臣们谈居安思危，他说："纵观古代的帝王，有兴旺的有衰败的，就好像每天有早晨有黄昏一样，衰败的都是因为蔽塞耳目，不知道时政的得失，忠正的人不敢说话，邪恶的人每天进谗言，因为不知道过失，所以灭亡了。我虽在九重之高位，但不能看见天下所有的事，所以安排你们各位大臣，用来做我的耳目。不要认为天下无事，四海安宁，便不留意了。君主可爱，民众可畏。有道德的统治者，人们共推举他。没有道德的统治者，人们抛弃他，这就是民众可畏的意思。"魏征回答说："自古失国之主，都是居安忘危，处处忘乱，因此不能长久。现在陛下统治之下四海之内富殷，国家内外清明平静，还能警醒治国之道，经常如临深渊，如履薄冰，国家的统治自然比较长久。"唐太宗后来又多次和魏征论述过为政者居安思危的必要性。如贞观十三年（公元639年），魏征见晚年的唐太宗开始骄纵自满，他冒着被杀头的危险，力陈太宗"十失"，劝其居安思危。到了贞观十五年（公元641年），唐太宗仍认识到作为君主应格外谨慎小心，他说："作为君主只有一颗心，而对付帝王的人却很多。有的人用武力，有的人用善辩的口才，有的人谄媚奉迎，有的人实行欺骗，有的人则投其所好，就像车轮的辐条从四面八方集中起来对付帝王。各个人都期望能表现自己，以便得到君主的宠爱和高官厚禄。君主如果略有疏忽，而上当受骗，那么危险便随之而来，这就是君主难当的道理。"唐太宗为政期间，总体而言，一直居安思危，身在安逸，心却忧虑，唯恐失足落入悬崖之下，所以唐太宗还对侍臣说过："人们都说天子至高无上，没有什么可害怕的。我却认为不然。对上畏惧天意，对下害怕群臣瞻视，兢兢业业，还担忧不合天意，不负众望。"魏征回答说："这确实是为政的要害，愿陛下谨慎能始终如一，那样就好了。"可惜的是，到了晚年，唐太宗不太居安思危，对内不愿纳谏，对外实行扩张。但总体来说，唐太宗和魏征对居安思危的理解是深刻的，其辉煌的业绩也离不开居安思危。

清朝康熙帝，也算是一个居敬行简的皇帝。外国传教士白晋曾说康熙是“一位以前在法国以外连做梦也未见过的伟大人物”。虽然，白晋的话有些夸大其词，可康熙的为政、为民、修身、多才确是中国历史上堪称独步的帝王。他身居帝位，拥天下所尽有，但其俭朴一生，不求奢华。他穿的皮袍是用两三张黑貂皮和普通貂皮制成，这种皮袍在宫中极其普遍。他的御衣也是用粗劣的丝织品制作的，衬衣总是旧的，破得缝了不少补丁。冬天，康熙穿的羊毛呢外套也是当时一般的服装。夏天，他有时穿着用麻布做的上衣。另外，除举行盛典外，他很少穿华丽衣服，他唯一的豪华装饰是帽檐上嵌了一颗大珍珠，因为这是满族人的风俗习惯。康熙有时乘坐轿子出皇城，那轿子是用很粗糙的木材制成的。不仅如此，康熙还大力节省宫中开支。据记载：明代时，每年宫中用金银共 96.94 万余两，康熙时仅 3 万两；明代每年用木柴 2600 多万斤，康熙时只七八百万斤；明代用红螺炭 1200 余万斤，康熙时仅百余万斤；明代各宫床帐、车轿、花毯之类费用 2 万余两，康熙时皆不用。明代有宫人 9000 人，内监 10 万人，康熙时宫中不过四五百人而已。

上面几位贤臣、明君，都以民以国为本，从而能正己修身、勤政爱民，不但在当时富有政绩，而且历史上也永远传颂。

三言两语：居位越高，越易受人蒙蔽。即使是亲自巡视，看到的听到的未必又不是经过伪装的，许多君王都是在糊里糊涂当中丢掉了江山。所以即使天下太平，也不要粉饰，不要好大喜功，而应多向前看，从一片赞扬声中去找出容易致败的苗头，用唐太宗的话讲，就是如临深渊，如履薄冰，国家自然能长治久安，即使出现不可预料的天灾人祸，也可以很轻易地恢复过来的。

破镜可重圆

古语云：“人有悲欢离合，月有阴晴圆缺，此事古难全。”意谓人生在世，有悲愁也有欢乐，有分别也有团聚；月亮有阴也有晴，有圆也有缺，这些事情，就是在遥远的古代，也是难以周全的。说明人之悲欢离合，月之阴晴圆缺，是自古而然之常事。

春秋时的郑庄公与其母姜氏，因共叔段作乱之事，母子二人相视如仇，后因颍考叔从中斡旋，遂敷衍成一出破镜重圆的佳话。

颍考叔是春秋时期郑国人。郑庄公当政时,颍考叔任镇守颍谷(今河南登封西南)的地方长官。

公元前722年,郑国发生了国君郑庄公与其弟弟共叔段之间的战争。庄公与共叔段为同胞兄弟,他们的母亲姓姜,是申国人(今河南南阳)。姜氏在生郑庄公时,因为难产,受到很大惊吓,所以对他一直不喜欢。她所偏爱的是小儿子共叔段。在他们的父亲郑武公还在位时,姜氏就多次要求立小儿子为太子,无奈那时讲究长幼尊卑,长子继承是不可轻易更改的制度。所以,武公一直没有同意。武公死后,长子继位,是为庄公。姜氏为推翻庄公,让共叔段即位,便替他请求以远离国都的京城作为封地。当时郑国都在今河南新郑,而京城在今河南荥阳市东,地处郑国的西北部边境。姜氏的用意很明显,就是让共叔段远离国都,发展自己势力,一旦羽翼丰满,杀回国都,夺取王位。共叔段到京城后,扩建城池,修缮军械,制造武器,扩充军队。在一切都准备好之后,便与姜氏约定了攻打国都的日期,并让姜氏到时打开城门,以为内应。姜氏非常高兴地答应了。不料庄公对此早有准备,他知道了共叔段起兵的日期后,先下手为强,派人先期攻打京城,结果共叔段大败。

打败了共叔段之后,郑庄公心中仍然很气愤。他想:母亲姜氏对我们兄弟太不公平了。平时对弟弟偏疼偏爱,而对自己却处处不满。如果不是母亲这样纵容弟弟,弟弟怎敢这样胆大妄为,怎会有今天兄弟厮杀的局面?他越想越气,越想越觉得母亲可恶。盛怒之下,他下令让姜氏迁出国都,住在城颍(今河南临颍西北),并发誓说:"要想母子相见,除非在黄泉地下!"

姜氏被迁住城颍后,终日品尝着自己制造的苦果。想当初温情脉脉的母子兄弟亲情,如今却全部丧失。幼子被逼逃往他国,长子与己反目为仇,她不但什么也没得到,反而失去了很多。孤独、悲凉、怅然所失,日夜伴随着她,煎熬着她。

郑庄公听到姜氏在城颍的处境,也感到自己做得太过分了。姜氏纵然有其不当之处,但毕竟是自己的生身之母。盛怒之后,冷静下来,郑庄公也感到很后悔。但既然当着百官已立下誓言,怎好违誓食言呢?

颍考叔知道了这件事,决定帮助姜氏母子破镜重圆。有一天,他带着颍谷的特产前来晋献。郑庄公很高兴,便设宴招待他。宴席上,郑庄公发现颍考叔吃饭的习惯很特别,将饭菜里的肉统统挑出来放在一边。郑庄公很奇怪,问:"你怎么不吃肉?"

颍考叔说:"小人家中尚有老母。小人尽孝,凡是遇到的食物,都要给她带回去尝尝。

如今，她还从来没吃过君王所赐的肉汤。请让我带回去给她做汤喝。”

一句话触到了郑庄公的隐痛。他长叹一声，说：

“哎！你有食物，还有母亲可送。我纵有山珍海味，也无处可送了”。

颍考叔故意装作不解地问：“您这样说是什么意思？您不能送给您的母亲吗？”

郑庄公便把平定共叔段后对母亲姜氏的处置告诉了颍考叔，并说明了自己的后悔之意。临了，他发愁地问：“我心中思念母亲，但又设下誓言，这怎么办呢？”

颍考叔说：“这有何难？我有一个办法，既让您母子相见，又不违背誓言。”

郑庄公急切地问：“你有什么好办法？”

颍考叔说：“您让人挖一个地下隧道，要挖得深深的，直到挖出泉水来。然后您与您母亲在隧道中相见，谁还说您违背誓言呢？”

郑庄公连声称妙。他立即叫人昼夜施工，不久就将隧道挖好。然后，叫姜氏进入隧道，自己再进去与她相见。隧道里，母子二人尽诉彼此的思念和心中的懊悔。当庄公与母亲向隧道外走去时，忽然诗意大发，不由吟诵道：“身在隧道中，其乐也融融。”姜氏也接着说：“走出大隧道，其乐也陶陶。”于是，母子二人和好如初。

王羲之教子习字

王羲之有个儿子叫王献之，也是一个很著名的书法家，与父亲王羲之齐名，后人合称为“双王”。

王献之之所以也能够成为著名的书法家，这和他父亲王羲之的教育有莫大有关系。王献之从小便跟随父亲王羲之学字，相传，王献之曾要父亲传授习字的秘诀，父亲可没有正面回答，而是指着院中十几口水缸说：“秘诀就在这些水缸里面，你把这十几口水缸中的水写完了就会知道了。”

儿子心里不服，觉得自己人虽小，字也写得不错，决心显点本事给父亲看看，于是便开始练起基本功来，他天天依照父亲的字体，练习横、竖、点、撇、捺，足足练了两年，才拿去给父亲看。王羲之视而不答，母亲在一旁说：“有点像线划了。”儿子又天天练各种各样的钩，再足足练习了两年，给父亲看，父亲还是不开口。母亲说：“有点像银钩了。”从第五年开始，王献之才天天练完整的字，足足又练了四年，才把字捧给父亲看。王羲之看了，这才在那“大”字下加了一点，成为“太”字，因为儿子这个“大”字架势上紧下松啊！王献之把自己写的字拿给母亲看。母亲每一张都仔仔细细地察看，看了三天才看完，最后叹口气说：“我儿子练字练了整整八年，现在总算有一点像羲之了。”王献之这一下惊呆了。原来，母亲指的那一点，恰恰就是父亲在“大”字下所加的一点啊！

王献之感到很惭愧，悻悻地走出家门，走到城门口，看到一个老婆婆在烙饼卖，老婆婆烙好一张，就用竹筷挑起，顺手一撩，就放进背后竹筐里，而且每张都叠得很整齐。王献之见了很惊奇，便上前请问老婆婆：“你头也没回，怎么能撩得这么准呢？”老婆婆回答：“这没啥，也不过像王羲之写字，熟练罢了。”这句话使得王献之猛然醒悟了，大获启发，于是回家继续下苦功了。王羲之看在眼里，喜在心里，有一天，他悄悄走到儿子的身背后，突然间拔他手中的笔，没有拨动，才高兴地说：“此儿后当复有大名。”他知道儿子写字有了手劲儿后，就开始悉心地教导他。

后来，王献之在父亲的教导下，完完全全写光了院中的十八缸水，终于了解了父亲所说的秘诀所在，成了一代著名的书法家。

包拯铁面昭后人

包拯是北宋时期著名的清官。他28岁考中进士，以后历任监察御史，天章阁侍制，龙图阁直学士，开封府知府和枢密副使等官职。他做官清廉刚毅，不畏权贵，并要求抑制贵戚特权，制止浪费，减轻人民负担，给人民群众申冤受到当时群众的欢迎，因此他的一些事迹在民间广为流传，人们尊称他为"包青天"。

包拯执法如山，铁面无私。在他第一次准备去陈州放粮之时，他的侄子被人告发，而审案正是包拯。包拯与侄儿包勉虽为叔侄，可情同手足，包拯年幼时父母双亡，是嫂娘王氏也就是包勉的母亲将他抚养成人的。可是包勉经人诱使，贪赃枉法，天理难容。在这一消息传到王氏耳中时，王氏泪流满面，恳请包拯看在王氏从小抚养包拯，且仅此一子的分上，放过包勉。包拯也心疼侄儿，而且侄儿犯罪另有他因，但包拯看着身上的官服，想着灾难中的人民，毅然挥泪斩侄，他对嫂嫂说："嫂娘，包勉是我侄儿，岂能不亲，岂能不疼，可我不斩包勉，对不住百姓，对不起我的这身官服。您想想，有多少儿女在贪官污吏的压迫下生活困窘，不斩包勉，难以平民愤啊。您请放心，百年后，我代包勉为您戴孝"。包拯正是凭着自己高尚的人格，大义灭亲的胸怀，救护老百姓，同时也给儿孙很好的教育。这正是身教重于言传。

包拯不但自己为官清正，而且还时时教育子女要保持这种优良品德。他在生前就特意立下遗训："后世子孙仕宦有犯脏滥者，不放归本家；亡殁之后，不得葬于大茔之中。不从吾志，非吾子孙。"意思是说："凡我的后世子孙，如果有人做了官，贪赃枉法，不得放归本家，要把他开除出家族，死后也不许葬入包家祖先的坟地中。谁违背了这个遗训，谁就不是我的子孙。"而且，他还命令工匠将这一段遗训刻在石碑上面，竖在堂屋东壁，以昭示后世。古代，死后不得葬入祖坟，是非常严厉的处罚，可见包拯对教育后人的严格与重视。

包拯逝世以后，包氏子孙后代切实执行了这个遗训，对个别做官不清正廉洁的，族人坚决按照包公遗训严肃处理。包拯更是获得了后人的尊重和敬仰。

宋太祖治家有良方

建隆元年春正月，赵匡胤在赵普、赵光义等人的精心策划下，发动陈桥兵变，夺取了后周政权，建立北宋，赵匡胤被称为宋太祖。

赵匡胤当了皇帝之后，先收藩镇禁军将领的兵权，以巩固统治。又采用先南后北、先易后难的策略，积极对南方的割据势力用兵，致力于统一中国的行动。曾起身于下层行武的赵匡胤，经历了五代十国时期的混乱动荡局面，深知历代兴亡的原因，所以当宋军灭蜀之后，有人将蜀主孟昶用七彩宝石装饰的尿壶送给赵匡胤，赵匡胤很生气地将壶摔碎了，说："用七彩宝石装饰一尿壶，那又该用什么东西来装粮食呢，像孟昶这样奢侈腐化，不亡国才怪呢！"还有一次，吴越王钱俶送给赵匡胤一条宝犀带，赵匡胤对钱俶说："朕有三条宝带，和你的不一样。"钱俶请求赵匡胤给他欣赏。赵匡胤便笑着说："汴河一条，惠民河一条，五丈河一条。"听到这个回答，钱俶十分惭愧，同时也感到赵匡胤与五代各帝王所完全不同精神风貌。赵匡胤十分注重国计民生，特别是在赎买政策收取兵权、财权之后，再加上不断对南方用兵，使得赵匡胤更加注重节俭。平日的开销能省就省，所用的乘舆，都很朴素，寝殿中的苇帘都是用青布包边，宫中闱幕也没花纹作装饰，赵匡胤经常把布衣等物赐给左右近侍，说："朕过去就穿这些。"

赵匡胤不仅以身作则，力行节俭，而且还严格约束家人，教导其子女不能贪求奢华。一次赵匡胤的女儿魏国长公主穿了一件由翠鸟羽毛作装饰的短上衣入宫，赵匡胤见到后，十分气愤，他对公主说："你把这件衣服给我，从今以后，不要用翠鸟羽毛作装饰了。"

公主笑着说："这有什么了不起，能用去几根翠鸟羽毛。"

赵匡胤正色说道："你说得不对，你穿这样的衣服，宫中其他亲戚必会争相效仿。这样一来，京城翠鸟羽毛价格便会上涨了，百姓有利可图，就会从四处辗转贩运进来，那要杀伤多少翠鸟呀。这都是由你引起的，你生长在富贵之家，要珍惜这福分，千万不能开此奢华之端。"

公主听了赵匡胤的话，连忙叩谢父皇的教诲。

再有一次，皇后对赵匡胤说："官家当了这么长时间的天子，就不能用黄金把乘坐的肩舆装饰一下么，出来进去也显得气派些。"

赵匡胤说："我大宋富有四海，宫殿全用金银来装饰，也不难办到，朕为一国之君，就要为天下百姓着想，国家的钱财怎能乱用呢！古人说：以一人治天下，不以天下奉一人。如果全为自己考虑，奢靡无度，那么天下人又该怎么做呢！以后你们不要再提这类事了。"

洛克菲勒发零钱

洛克菲勒是人所熟知的全世界第一个10亿以上富翁，他们的家庭生活不用说是远高于普通人家，但小约翰·洛克菲勒对儿女的零用钱却始终管得很紧。

他规定零用钱因年龄而异：七、八岁时每周3角，十一二岁每周1元，12岁以上长2元，每周发放1次。还给每人发一小账本，要他们记清每笔支出的用途，领钱时交他审查。钱账清楚，用途正当的，下周递增五分，反之则递减。同时允许做家务活可以得报酬，补贴各自的零用。例如，逮100只苍蝇1毛，逮1只耗子5分，背柴、垛柴、拔草各若干。孩子便都抢着干。后来当副总统的二儿子纳尔逊（9岁）和后来兴办新兴工业的三儿子劳伦斯（7岁）还主动要求合伙承包替全家人擦鞋，皮鞋每双5分，长筒靴1毛。

第一次世界大战期间，全家老小各自吃配给的份额，烤蛋糕时要儿女们交出等量的食糖。此时男孩们的合办"胜利"菜园，种出瓜菜卖给家里和附近的食品杂货店。

纳尔逊（12岁）和劳伦斯（11岁）还合伙养兔子卖给医学研究所。

儿女们外出上大学时，规定的零用钱与一般同学不相上下，如有额外用途必须另外申请，以致喜欢吃喝玩乐、交女朋友的四儿子温斯格普有一次欠了账还不出，只得向大姊巴博先借救急。

小儿子“胖娃娃”戴维(后来当大通国民银行总裁),读大学时也同样恪遵家教。有一次放假回纽约,同行的一个同学眼见他的记账,这个饮料多少钱,那道菜多少钱。

小约翰对唯一的小女儿毫不放松。出于宗教信仰,他自己不抽烟,也不许儿女抽烟,规定20岁以前不抽烟的儿女可得2500元奖金。他发现巴博抽烟,劝她戒掉,否则就不给她奖金式津贴。

小约翰所以这样做,是因为他知道富人进天堂比骆驼穿过针孔还难,“今天的许多孩子有一种倾向,走最容易的路,走阻力最小的路”,他要儿女在这方面得到磨炼。

郑板桥不忘亲邻

郑板桥自幼家贫,三岁丧母。由于天赋聪颖,爱读诗书,深得父亲、叔叔和后母之爱。在他考取进士以前,曾写过一首《七歌》诗,对父亲、母亲、叔叔和后母等人的恩情寄以无限的思恋。在当上范县知事以后,俸禄虽然不多,但家庭生活却比以前好多了。于是,他除了供养弟弟郑墨和两女一男以外,把剩余的钱用来周济亲戚、乡邻和旧时同学。下面这份《范县署中寄舍弟墨》家书,便是他那高尚情操的确凿佐证:

刹院寺祖坟,是东门一支大家公共的。我因葬父母无地,遂葬其旁,得风水力,成进士,作宦数年无恙。是众人之富贵福泽,我一人夺之也;于心安乎?不安乎。

可怜我东门人,取鱼捞虾,撑船结网,破屋中吃秕糠,啜麦粥,搴取荇菜蕴头蒋角煮之,旁贴荞麦锅饼,便是美食;幼儿女争吵,每一念及,真含泪欲落也!汝持俸钱南归,可挨家比户,逐一散给。南门六家,竹横巷十八家,下佃一家,派虽远,亦是一脉,皆当有所分惠。麒麟小叔祖亦安在?无父无母孤儿。邨中人最能欺负,宜访求而慰问之。

自曾祖父至我兄弟,四代亲戚,有久而不相识面者,各赠二金以相连续,此后便好来往。徐宗于陆白义辈,是旧时同学,日夕相征逐者也。犹忆谈文古庙中,破廊败叶飕飕,至二三鼓不去;或又骑石狮子脊肩上,论兵起舞,纵言天下事,今皆落落未遇,亦当分俸,以敦夙好。凡人于文章学问,辄自谓己长,科名垂手而得,不知俱是侥幸。设我至今不第,又何处叫屈来?岂得以此骄倨朋友?敦宗族,睦亲姻,念故交,大数既得,其余邻里乡党相朋赒相恤,汝自为之,务在金尽而止,愚兄更不必琐琐矣。

治家不力国衰败

开方、竖刁、易牙是齐国有名的权谋小人。他们相与为党，蛊惑桓公，排挤管仲、鲍叔牙等人。桓公死后，竖刁、易牙为专断朝政，尽杀群臣，立公子无诡，齐国因此而大乱。

齐桓公本也是一代雄杰，早期他在贤相管仲和鲍叔牙、隰明的辅佐下，成为春秋时期各诸侯的第一个霸主。他有 6 个儿子，其中长子为长卫姬所生，三子为郑姬所生。在 6 个儿子中，以三子昭最贤，在管仲的建议下立为太子。而竖刁、易牙却勾结长卫姬谋立无诡为太子，并对管仲极为不满，利用近臣的身份多方毁谤管仲。管仲病危时，桓公曾问管仲："群臣谁可相者？"管仲没有正面回答。桓公问易牙怎么样？管仲说："杀子以适君，非人情，不可。"意思是说人情莫过于爱子，易牙杀儿子做肉羹以取宠，这种人靠不住的。桓公又问开方如何？管仲说："背亲以适君，非人情，难近。"意谓人情莫大于爱父母，开方以卫国公子来齐国，父母去世也不回国奔丧。

管仲死后，桓公先是任隰明为相，但隰明在位仅一个月就死去。桓公又任鲍叔牙，鲍却坚持要斥逐竖刁、易牙、开方三人才能居相位，但是，桓公最后还是召回一度被驱逐的竖刁等人，致使鲍叔牙忧愤而死。打这以后，竖刁他们便把持朝政大权，齐国也从此日益衰败。

桓公由于年事已高，又多内宠，身体越发难支。周襄王九年（公元前 643 年），桓公终于一病不起，当时名医扁鹊见桓公病入膏肓，也只好摇头告辞。易牙即与竖刁狼狈为奸，原来又与长卫姬有私，便合谋趁机改立无诡为太子。他们先是假传圣旨，不准桓公诸子和大臣入宫探视桓公的病，继而掐断了桓公的饮食，然后派出宫廷卫卒去东宫除掉太子昭。宫门虽多有卫卒把守，但朝中仍然一片混乱，百僚议论纷纷，宫里宫外杀气腾腾，太子昭也匆匆逃至宋国。

桓公被饿死之后，易牙他们秘不发丧，然后对云集在宫门的朝廷官员大下毒手，顿时，血肉横飞，尸首遍地，一场宫廷政变终于发生了。接着，长公子无诡即位，其他诸公子亦各自拥兵对抗，争相占据了左宫、右宫和其他重要据点，刀光剑影，兵刃相见，使整个临淄城成了一座人间地狱。而桓公的尸体却一直在床上停放了 67 天，没人理睬，弄得腐臭不堪，从尸体上滋生的蛆虫，竟爬出宫门之外。

转年三月，宋襄公以支持太子昭复国名义，联合卫、曹、邾诸国出兵伐齐，易牙奉无诡

之命出城迎战。这时,高虎与国懿仲两位老臣商议,暗中在城楼上埋伏兵卒,置酒宴请竖刁。竖刁不知是计,终于当场被杀。易牙得到消息,连忙带了数名心腹逃入鲁国。长卫姬和开方等一批党人,也得到了应有的惩罚。太子昭继位为王,这就是历史上的齐孝公。然而,齐国由于经过竖刁、易牙为首的一场动乱,虽然国祚仍然绵长,但其国力已远非桓公为霸主时可比,奸臣结党乱围,其害可谓大矣!

三言两语:齐桓公早期曾是春秋五霸之一,明君贤相共谋社稷,曾使诸侯各国谁也不敢小视。在相对和平的年代,大家都松了一口气以后,权奸小儿却伺机出动,好端端一个强国,从此江河日下。其实当初开创基业、同甘苦、共患难的开国元勋还在职,然而,少了艰苦守业的打算,也没有了迎着困难而上的决心和斗志,根基越牢,反而越易麻痹大意,所以漏洞也越来越多了。

生于忧患　死于安乐

宋代的欧阳修,曾作《五代史伶官传序》,总结后唐庄宗李存勖兴亡的历史教训。李存勖继承其父李克用为晋王后,廉慎恭谨,执行其父遗命,纵横疆场,诛燕灭梁,终于建立了后唐王朝。但在"仇敌已灭,天下已定",李存勖做了天子后,"常与俳优杂戏于庭,伶人由此用事。"结果不过三年,他就死于自己宠幸的伶官之手,后唐成了短命王朝。欧阳修总结这段历史教训，提出“忧劳可以兴国，逸豫可以亡身”的深刻教训，这和孟子说的“生于忧患，死于安乐”完全一致。

无独有偶，几百年后，李自成率领的轰轰烈烈明末农民起义军，忘却“生于忧患，死于安乐”的谋略，功亏一篑，也留下了令人扼腕痛心的历史遗憾。其经验与教训，实在是应该常讲常新，以警今人的！

1606年5月，李自成出生在陕西省米脂县李继迁寨一个农民的家庭里，从小就给地主当放牛娃，在穷困屈辱的生活中度过了他的童年和少年时代。尚未成人，父亲去世，李自成到银川驿站里去当了马夫。他酷爱骑马射箭，练得一身好武艺，待人热情，很有礼貌，人缘十分好。

崇祯皇帝即位的第二年，陕西闹了一场大饥荒。老百姓没粮吃，连草根树皮也吃光了，只好吃山上的泥土。但一些地方官吏，照样催租逼债，百姓无法活下去，陕西各地爆发了大规模的农民起义。1629年，李自成参加了以王左桂为首的农民起义军，后王叛变投降了明朝，李自成便毅然率领一部分起义弟兄突出重围，辗转投奔到他舅父高迎祥的起义军中，决心与明王朝战斗到底。

1636年，高迎祥在陕西被明军俘获杀害，李自成遂成为闯王。1638年10月，李自成的农民大军在潼关南原，陷入敌军重重包围。经过数昼夜反复冲杀，数万起义军战士壮烈牺牲。李自成的妻子、女儿也在战斗中失散，他仅带刘宗敏、田见秀、李过等十八骑突出重围，转入商洛山中隐蔽起来。

面对自起义十年来遭受到的最严重挫折，李自成及其部下没有气馁，他们对革命的前途仍然充满了信心。李自成抓紧了这一段时间，在商洛山中不断招集流散旧部，积蓄力量。白天带领大家练武，晚上读书，总结十年来起义斗争的经验，研究历次战斗成败的教训。

李自成除了在商洛山中招兵买马、整军备战外，还四处派人出山打探明军消息，联络旧部集结，同时还不顾个人安危，亲自到张献忠部策动他们再举义旗。1639 年 5 月，利用明军集中兵力抵抗满洲侵犯之机和中原数省遭旱灾蝗灾之机，张献忠在谷城举兵反明，罗汝才等九营也于房县响应，农民起义又风起云涌，使明政府的四正、六隅、十面网围歼农民军的计划破产。李自成在这种有利形势下，于 1640 年同战友们一起，毅然重新举起闯王大旗，号召群众。出商洛山，进入河南。一批知识分子参加了起义军，著名者有李岩、牛金星和宋献策等。起义军针对明末土地高度集中的情况，提出了“贵贱均田”的口号，并以所得官府和地主财物赈济饥民。当是，到处流传着“迎闯王，不纳粮”的歌谣，起义军深得民心。农民军还制定了“平买平卖”“公平交易”的城市政策，受到广大市民的欢迎；还制定了极严明的纪律，禁止烧杀奸淫，深得广大人民的拥护。1641 年，李自成一举攻下洛阳，杀死福王，很快占领了河南全境。接着，李自成又于 1643 年在襄阳建立政权，称新顺王。这年底夺取了西安，进入了秦陇全境和山西西南部广大地区。

1644 年，李自成在西安建国号大顺，改元永昌，以西安为西京，置六尚书，以牛金星为丞相。同时，抚流亡，通商贾，募民垦田，准备对明政权最后一击。这时起义军有百万之众，步兵四十万，骑兵六十万，声势十分浩大。这年二月，李自成率众经河南、山西向北京进军，一路上势如破竹。3 月 19 日，崇祯帝见大势已去，登煤山自缢而死。李自成毡笠缥衣，乘乌驳马，入承天门（天安门），占领皇城，明朝灭亡。

在胜利面前，李自成等人思想上逐渐滋长了骄傲情绪，放松了必要的戒备。在大顺军入京后，明朝政府在长江以南还残存五十万军队；尤其在离北京不远的军事重镇山海关，还在反动将领吴三桂手中；关外的满族贵族正率清军日夜兼程向关内进发。然而，农民军领导集团中一部分将领和官员，出现了“纷纷然、昏昏然”的局面：宰相牛金星正忙着“往来拜客，遍请同乡”，招降纳贿，结党营私；大将刘宗敏将吴三桂爱妾陈圆圆占为己有，成天花天酒地，享乐腐化起来；几十万大军驻在城内，不少人开始败坏军纪，有的打算离伍还乡了。而李自成本人虽然生活还是十分朴素，但此时也不太爱听部下合理建议了，如李岩提出追赃应区别清官与贪官、军队要进行操练、对吴三桂进行招抚等建议，李自成均置之脑后，并听信谗言杀害了忠臣李岩，使部队发生分裂。当吴三桂"冲冠一怒为红颜"，终于率清兵入关时，李自成轻率出战，大败而归。1644年4月30日，农民军在吴三桂和清军联合进攻下撤出了北京，经西安再入襄阳、赴武昌，最后退至湖北通山县九宫山。1645年，李自成在九宫山遇难，时年39岁。

李自成进出北京，前后仅42天，原因固然很多，但起义军内部领导人在胜利面前忘乎所以，骄傲自满，导致政治上、军事上犯下了一系列的严重错误，是其失败的根本原因。前事不忘，后事之师，"生于忧患，死于安乐"，这是具有远见的政治家所具有的政治韬略，也是明智之士修身处世的金玉良言！

三言两语：历史上的农民起义有很多相近的地方，为贫困所逼而造反，开始同心一处，共建伟业，及至江山到来，首领再听不进良言，大将腐化，军纪败坏，绷紧的弦一旦全部放松，简直不知所措，自此情势直转而下，兵败如山倒。重演的历史没什么新鲜，令人扼腕叹息的是，李自成拒绝李岩的正确建议，实际上就是以为守城比创业简单多了，他杀了李岩，实际上是在行动上也认同了要暂时缓个劲儿，只是这一缓劲儿，就没有喘过气儿来了。

狄仁杰白云思亲

狄仁杰小时家境贫穷，父母辛勤劳作，供他读书。他刻苦用功，明经科考试时名列前茅，被授以汴州（治所今河南开封）参军。每逢节假日，他总是不辞辛苦，跑回河阳（今河南孟县）去探望双亲。

狄仁杰善于办案，为人正直敢言，因而遭到诬告，反而被立案审查。后来，案子移交给黜陟使阎立本处理。阎立本重贤爱才，他经过一番审讯调查，发现狄仁杰不仅没有违法乱纪，而是一位才能杰出、敢于顶住歪风邪气的人，是国家不可多得的栋梁之材。他高兴地对狄仁杰说："孔老夫子曾说，看到人家的某些缺失，便能知道这个人在另一方面好的道德品质，你是埋在深海里的一颗明珠呀！"阎立本以为，狄仁杰继续留在汴州不合适，便保荐他调往并州去当法曹参军。

狄仁杰拜别父母，在并州一住就是四五年。他秉公立正，办事认真果断，不避地主豪强，替平民百姓昭雪了很多冤假错案，受到极大赞扬。但是，由于公务缠身，他一直无暇去探望年迈的双亲，这使他感到抑郁忧伤。

这天，狄仁杰带了几名随从出差办案。当他在翻越太行山时，遥见那座高耸的太行山巅，苍苍茫茫，雾霭濛濛。一股思乡的愁绪顿时涌上心头。他不由得停住脚步，再向东南方向望去，只见有一朵蘑菇似的白云，孤零零地飘浮在山腰中间。他情不自禁地对随从们说："你们看见那朵白云了吗，我的父母就住在白云的下面呀！"

狄仁杰凝视着那朵白云，恨不能插翅飞到双亲身边。好久好久，他才自言自语地说："自古以来，忠孝难于两全，老爹老娘，请原谅我这个不孝之子吧！"他盼望那朵白云，带去自己的深情厚谊。等呀等呀，直到白云慢慢飘走，他才惆怅地带着随从下山。

这件事，很快地在百姓中间传开了，大伙儿都称赞他的孝心。后来，人们常用的"白云亲舍""白云行处""白云思亲""白云孤飞"的典故，就是出自这个故事哩。

狄仁杰不但自己孝敬父母，还做了一件鲜为人知的事：原来，他在并州期间，有个同事叫郑崇质，母亲老而多病，生活无法自理，一天，上司蔺仁基派郑崇质去偏远地区执行任务。郑崇质表面上接受了任务，心里却闷闷不乐，摇头叹息。狄仁杰平日里知道郑崇质是个孝子，理解和同情他的苦衷，便主动找到蔺仁基。他说："长官，郑崇质的老母重病在身，无论如何也不应叫他出远门，不知能否改派他人去？如果一时间找不到合适的人选，那就派我去吧！"蔺仁基听罢，不由得慨叹道："郑崇质的孝心是可贵的，而你的行为更令人佩服。你体贴同事困难，帮助同事行孝，真是一个品质高尚的人。"于是，蔺仁基收回成命，改派他人去执行任务。后来，当蔺仁基和友人谈起这事时，激动地说："狄公之贤，北斗以南，一人而已。"意谓狄仁杰真可算得上是天下第一贤人了。

狄仁杰为国尽忠，他在当宰相期间，所推荐的张柬之、桓彦范、敬晖和姚崇等人，后来都成为唐朝中兴的名臣。

夏士友克己养母

夏士友，湖北江夏人，早年丧父，是在母亲一手拉扯下长大的。母子二人相依为命，感情至深。夏士友从小就在心里深深埋下了将来要报答母亲养育之恩的念头，待他长大以后，便把这种情感变成了侍奉母亲的行动。他侍奉母亲非常孝顺，是远近闻名的孝子。

夏士友家境贫寒，他只能靠出卖劳力，给人家打短工，挣些钱来赡养母亲。由于工作不固定，因此挣钱不多，生活相当困难，经常出现一顿饭不够两人吃的情况。每到这种时候，夏士友总是“减己食食母”，宁肯自己饿着肚子，也要让母亲吃饱。母亲知道他要干活，饿着肚子不行，也总是劝他多吃。每当这时，夏士友便谎称在人家干活时已吃过饭。有时，夏士友打短工的人家看他干活好，而且很穷，便邀他去吃一顿饭。然而，夏士友总是表示：母亲在家挨饿，儿子去吃饭，是不孝，如能保证也给老母一餐饭，便可赴约。人家看他是个孝子，总满足他的要求。

冬天，天气寒冷，夏士友外出打工之前，总是叮嘱母亲不要早起，尽可能在床上多躺一会儿，不要到屋外走动，以免受风寒。而他自己却早早起床，生火做饭，并把热饭、热菜端到母亲床前，侍候母亲吃过，再把家务操持好，然后才离家外出打工，长年累月，“如是以为常”。

为了照顾母亲，夏士友直到四十岁还未娶妻。于是，一些好心人出于可怜他，硬是说服并帮助他娶了妻。妻子过门之后，一起生活了半年，夏士友发现妻子不能孝敬、侍奉母亲。有一天，夏士友在外打工回家，刚好碰上媳妇和母亲吵架，并且辱骂母亲。夏士友非常难过，他流着热泪责备媳妇不该和母亲吵架，更不该辱骂母亲。媳妇不服，与他争辩。

无奈，夏士友只好忍痛将媳妇送回了娘家。有些好心人来劝他，说是赶走了媳妇，也就没有了后代，无后为不孝。夏士友回答说："有妇，欲其孝；有子孙，亦欲其孝。苟不孝，安用妇？安用子孙？"从这以后，夏士友更加孝敬母亲，以弥补媳妇的过失。

由于夏士友常年克己奉母，终于积劳成疾，过了一年多，便患重病而亡。夏士友的死，使母亲痛不欲生。但是，夏士友终于以自己的至孝打动了邻里。有位姓张的邻居，深深地被夏士友孝敬母亲的事迹所感动，又为夏士友不能给母亲送终而惋惜，于是就承担起照顾夏士友母亲的责任，按月送去柴米，一直供养到夏母去世。

家和万事兴

东汉光武帝时期，有一位南征北战、功勋赫赫的名将马援。他有个女儿，自幼聪明伶俐，然而，不幸的是母亲过早地离开了人世，马援又长年征战在外，关照弟弟、妹妹的家事，不得不过早地落在她的肩上。这也使她早早地懂事、成熟起来。马援是右扶风茂陵（今陕西兴平东北）人，也是十二岁就成了孤儿，年少有志，曾经当过郡督邮这样的小官。王莽篡政时期，他曾跟随王莽，官至新城大尹。王莽失败后，他躲到凉州，依附于陇西的地方武装，后来归附了刘秀。马援在刘秀建立东汉的斗争中屡建战功，击败过先零羌，镇压过李广，击破征侧、征贰的叛军，直到去征杀武陵"五溪蛮"时，病死军中，实现了"以马革裹尸还葬"的雄心。马援死后，光武帝爱怜其后，将马援十三岁的女儿召入宫中，留在阴皇后身边使唤。太子刘庄（即汉明帝）见其秀丽端庄，礼仪周全，渐生感情。公元57年2月光武帝卒，刘庄继位，立马援之女为贵人。公元60年2月，又立贵人马氏为皇后。

马皇后是个才貌双全、很有能力的女性。她在宫中熟读经史，尤其喜读《春秋》《楚辞》等著作。所以，涉及国家的重大政令，她总能提出自己比较高明的见解，使汉明帝很佩服。公元70年，有个叫燕广的人揭发楚王英有密谋造反之嫌，汉明帝没有调查清楚，就大兴问罪之师，将楚王英赶到丹阳。英自杀，自京师之内凡与英王有牵连的亲属、朋友、诸侯、州郡豪杰都被连坐，上千人被赶出京师。全国因楚王英一案下狱的有数千人。公元73年，又发生了类似的冤狱。马皇后对这种情况非常忧虑，她从国家长远利益出发，大胆向明帝谏言，说明这样发展下去十分危险，将危及自己的统治。明帝采纳了马皇后的意见，制止了这类事件的恶性发展。马皇后能够虚心听取来自各方面反映的问题，平等而又宽宏地待人。凡有人想要通过她向明帝反映情况，她总是能认真地听取，认真地思考、调查,以便把真实的情况反映给明帝。

马皇后没有生子,汉明帝因见她考虑事周到,又有较高的修养,就把贾妃生的儿子刘炟送到她身边,由她抚养教育。马皇后则以自己的严格律己,教育、影响刘炟。她在生活上注意节俭,爱穿粗布衣服,衣裙也不饰华丽。在宫中她经常对宫妃们说,粗布衣料容易染色而又大方耐用。所以,经她提倡,宫廷生活一度变得严谨而俭省,后宫的人们既尊敬她,又愿意接近她。汉明帝有时外出游乐,前呼后拥声势浩大,马皇后常常推说自己身体不适,不陪伴同行。

公元 75 年 8 月明帝卒,太子刘炟即位,是为汉章帝。马皇后被尊为皇太后。为了辅佐刘炟,使其了解前朝的历史,她开始撰写汉明帝起居注。马皇后的哥哥马防,曾任负责汉明帝健康以及用药方面的官吏,本应在起居注中提到一笔,但是,马皇后只字未提。章帝看了对太后说:“我的舅舅在父皇身边忙碌一生,没有功劳也有苦劳,书中总该写上他。”马皇后却说:“他们多尽些力是应该的。”她从不凭借自己的地位,为亲戚谋私利。反之,她对兄弟们平日的言行要求非常严格。她曾向京城官吏们表示:如有马家兄弟违犯地方法令,请依法制裁并报告给我;他们若做了好事,也请给予表彰和赏赐;眼下他们都有一定的官职,如不称职或违法,就应当罢官,送回老家。

汉章帝初登基时,曾打算给几位舅父加封爵位,一些拍马屁的大臣也怂恿年轻皇帝这样做。马皇后却坚决不同意。章帝担心不封侯于众舅父,会使他们终生怀恨皇帝。马皇后经过反复认真地考虑,为章帝想了个两全其美的办法,她说:高祖时就有规定,没有军功者不能封侯,马氏兄弟目前还没有给国家立下什么军功。何况现在国家连年遭灾,谷价长了好几倍,我为这些事昼夜不安。你未成年时,一切依靠父母,现在你已成人即位了,就应该全力去实现你的志向,把国家治理好。只有这样,我才能放心。你应该鼓励你的舅舅们努力建功立业。章帝听了这番话,深受感动,终于打消了给舅父封侯的念头。

他鼓励舅父们去沙场建立军功。公元77年8月，马防同耿恭率兵平定烧当羌。第二年，马防又大败西羌兵，年末，被任命为车骑大将军。

公元79年6月，为宫廷和国事操劳一生的马皇后得了重病，她不相信那些神巫邪术，也不让人们为她而祈祷。不久，马皇后离开人世，死时才四十几岁。

在处理家庭关系上，"以和为贵"这个原则在西方也有人是对的，如英国哲学家培根，他主张在家庭关系中，要多一些宽容，对待子女不要偏爱，对孩子的用钱要宽松一些，兄弟之间不要争斗。这些看法都是有几分道理的。他在"论家庭"的短文中说：

争，以至积隙成仇，使兄弟间直到成年，依然不和。

意大利风俗对子女和侄甥一视同仁，亲密无间，这是很可取的。因为这种风俗很合于自然的血统关系。许多侄子不是更像他的一位叔、伯，而不像父亲吗？

曾国藩勤俭治家

曾国藩出身农家，一直不忘勤俭之家风。即使身居高官，也从不奢侈。他曾说："无论大家小家，士农工商，勤苦俭约，未有不兴；骄奢倦怠，未有不败。"他深知，"凡仕宦之家，由俭入奢易，由奢返俭难"。因此，他做官几十年，"不敢稍染官宦气习，饮食起居，尚守寒素家风"。他对于衣食住行的态度是"极俭也可，略丰也可，太丰则吾不敢也"。他在吃的方面很清苦，穿戴方面也不讲究。有些人的一件衣服就价值千金，而他这样的高官，"所有衣服不值三百金"。有时衣服不够穿，他就让家人把存放在家中多年不穿的旧衣服送到军营。曾国藩爱喝茶，但也很节省，他经常请人带钱回家，让家人替他在家乡买些既便宜又好的茶叶捎到军营。

曾国藩不仅自己勤俭，更要求他的家人也勤俭，并"时举先世耕读之训，教诫其家"。他率军驻扎安庆的时候，他的夫人亦随在署中。他要夫人每日纺棉纱，"以四两为率，二鼓后即止"。夫人很自觉，经常纺纱至深夜。一天夜里，夫人纺纱，不觉已至三更，长子曾纪泽已经躺下。看到纺车声将影响儿子睡觉，夫人便对儿子说："今为尔说一笑话，以醒睡魔可乎？有率其子妇纺至深夜者，子怒詈，谓纺车声聒耳不得眠，欲击碎之。父在房应声曰：'吾儿可将尔母纺车一并击之为妙。'"儿子听罢，毫无怨母之意，反而更敬重母亲。第二天早饭时，曾国藩突然故作生气地问，何日让儿击纺车？于是哄堂大笑，"坐中无不喷饭"。

为了保持勤俭的家风，曾国藩对子女的要求尤为严格。在教育子女勤俭治家过程中，曾国藩可谓苦口婆心。他曾多次强调："吾家子侄，人人须以勤俭二字自勉。"并反复为子女们讲述其中的道理："一家能勤能敬，虽乱世亦有兴旺气象；一身能勤能敬，虽愚人亦多有贤智风味。""勤俭自恃，习劳习苦，可以处乐，可以处约，此君子也。"他常以祖辈勤俭治家的事迹逸励子女保持俭朴之风，并说。"今家中境地虽渐宽裕"，但"切不可忘却先世之艰难。有福不可享尽，有势不可使尽。勤字功夫，第一贵早起，第二贵有恒。俭字功夫，第一莫着华丽衣服，第二莫多用仆婢雇工"。"居家之道，惟崇俭可以长久，处乱世尤以戒奢侈为要义"。

在给子女们讲勤俭治家道理的同时，曾国藩更注重从行动上培养起他们的良好习惯。儿子入学读书，他不许多带银两；过年节时，他不许奢华铺张；儿女们完婚，他规定每人购妆奁之银不得超过二百，且不得多请宾客。由于长年统兵在外，儿女们不在身边，曾国藩经常写信给他的弟弟，请他帮助管好子女。一次，他在给弟弟曾国荃的信中说："闻林文忠（指林则徐）三子分家，各得钱六千串，督抚二十年家产如此，真不可及，吾辈当以为法。"当他听说儿子纪泽订婚之后，立即写信回家，告诉家人诸事须节省，新妇入门之日，不得请客过多。并且强调，"新如始至吾家，教以勤俭，纺绩以事缝纫，下厨以议酒食"。儿媳入门之后，他又提醒纪泽，虽然衣食丰适，宽然无虑，但也不能忘记勤俭，"新妇初来，宜教之人厨作羹，勤于纺绩，不宜因其为富贵子女不事操作"。当纪泽主家之后，曾国藩又告诫他："银钱、田产最易长骄气、逸气，我家中断不可积钱，断不可买田。尔兄弟努力读书，决不怕没饭吃。"在纪泽主持其妹出嫁时，曾国藩又对纪泽讲，"余向定妆奁之资二百金"，"衣服不宜多制，尤不宜大镶大缘，过于绚烂"。总之，在子女们成长过程中，曾国藩一直没有放松对他们勤俭治家的教育。

明太祖严格治家

明朝开国皇帝明太祖朱元璋不仅是一位以严厉治国闻名的皇帝，而且也是一位以严格治家而出名的父亲。

他共有26个儿子，16个女儿。诸子中除去长子朱标立为皇太子，第九子和第二十六子早逝外，其他23个儿子都封王建国。和所有的父亲一样，明太祖朱元璋也有望子成龙之心，何况他的儿子们不只是要兴家立业，而是要保住朱氏的天下。

明太祖朱元璋从小给人放过牛，讨过饭，当过和尚，也投过军打过仗，是自己一步步从艰辛中走过来的。可是他的孩子们就不一样了，几个年长的孩子虽然生在建国之前，却都年龄幼小，并未经历过磨难，年龄最长的太子朱标，当时也还不过10岁，因此明太祖朱元璋把对诸子的教育当成了立国的头等大事。

洪武元年明太祖朱元璋首先将长子朱标封为皇太子。洪武三年又分封九个年长的儿子和一个侄孙为藩王。这次封藩的第二天，他就亲自为诸王选定了一批"老成明经慎行之士"做诸王的相、傅。当年冬天，他还命建大本堂，取古今图籍存放其中，并聘请四方名儒到堂中教授诸子。他听说有个名叫李希颜的宿儒隐居乡里，很有点名望，便亲自写信，延请来作诸小王的老师。这个李希颜学识虽高，脾气却甚古板，诸王有不听教诲的便要挨打。朱元璋看到后，心疼得很，有一次抚着儿子被打的额头几乎发作起来，这时马皇后出来劝解，说师傅以圣人之道教育诸子，是不可责怪的。朱元璋听到后心平气消了，这正是他所希求的。李希颜教习诸王时间最长，直到他们都陆续长大就藩后，才离官归里。

除去延师教子外，明太祖朱元璋自己也从不放过一切机会对诸子言传身教。早在他建国前夕，他就命内侍制成"麻屦行縢（麻鞋和行囊）"，并且规定：凡出城稍远时，年长诸子必须"马行其二，步趋其一"，不准全部路程都骑马，以使他们不致因环境优异而骄惰。其实当时年龄最长的朱标不过十二三岁。当然，朱元璋本人十二三岁时早已父母双亡，为有钱人家放牛牧羊，挨冻受饿了。朱元璋还让人将古代的孝行和自己艰难征战的经历绘制成图画，颁赐给诸子，让他们早晚经常览观。"富贵易骄，艰难易忍，久远易忘"，这便是明太祖朱元璋教子的信条。正因为如此，他对诸子的教育也就集于"勤俭劳苦"四个字上。

明太祖朱元璋曾这样说过："朕于诸子，常切谕之：一举动戒其轻，一言笑斥其妄，一

饮食教之节,一服用教之俭。恐其不知民之饥寒也,尝使之少忍饥寒;恐其不知民之勤劳也,尝使之少服劳事。”这实在是令人难忘的,一举一动,一言一行,一食一用,都不放过教育训诫。

洪武元年冬季的一天,明太祖朱元璋退朝还宫,诸子陪侍在他身边。当他们来到宫中一片空地附近时,明太祖指点着说道:“此非不可起亭馆台榭,为游观之所,今但令内使种蔬,诚不忍伤民之财,劳民之力耳。昔商纣崇饰宫室,不恤人民,天下怨之,身死国亡。汉文帝欲作露台而惜百金之费,当时民安国富。夫奢俭不同,治乱悬判,尔等当记吾言,常存儆戒。”这种随时随处的教诲,在当时是十分寻常的。

洪武六年,明太祖朱元璋颁给诸子每人两部书,一部是《昭鉴录》,一部是《祖训录》。《昭鉴录》中采录了汉唐以来藩王善恶事例,《祖训录》则是他平时的训言。诸子不仅被要求仔细阅读这两部书,而且还要将《祖训录》抄写到自己所住王宫正殿内宫东壁墙上。明太祖认为这样做可以使诸子随时观览自省,做到敬守祖法。

除此之外,为了让生长深宫的儿子们受到更多的锻炼,在他们年长可以前往藩地时,明太祖朱元璋还要让他们先到凤阳生活一段时间,使他们离开宫廷,更多地接触到民间生活。这确是必不可少的一课。明成祖朱棣登基后回忆起这段生活时曾经说道:“朕少时尝居凤阳,民事细事,无不究知。”

正因为明太祖平时注意家庭教育,因此诸子成年后大都很能干。除去长子朱标为太子外,二子秦王、三子晋王、四子燕王分别封藩西安、太原和北平(永乐元年改称北京),成为藩屏北边的支柱。五子周王颇有文才,著《元宫词》百章,又著《救荒百草》,选出四百多种可救饥荒的草类，制成图谱，加以注文，不仅可救民饥荒，也是一部植物学专著。八子潭王、十子鲁王、十一子蜀王也都以通文学、好学礼士而闻名。十二子湘王文武全才，读书常至半夜，又善弓马，曾开景元阁，招纳文士，校雠图籍。据说他行军时还带着大批图书，又喜游山水，俨然有名士之风。十六子庆王也是文学之士。十七子宁王尤以文武全才多智谋而受太祖钟爱。他撰有《通鉴博论》《汉唐秘史》《史断》《文谱》《诗谱》等著作数十种，还通晓音乐戏曲。

明太祖对诸子期望大，管教严，从不姑息。二子秦王多有过失，太祖对他屡加训责，险些将其废黜，死后定谥号为"愍"。十子鲁王因服金石丹药求长生，毒发伤目，太祖在他死后谥为"荒"，以作惩戒。

明太祖严格的家教对明初几代帝王能够有所作为，奠定了良好基础。

温席扇枕孝父寒

黄香是东汉人。他刻苦自励，博学经典，善诗能文。初为郎中，屡迁至尚书令，是一位清廉自守、众口称誉的大臣。《后汉书》和《东观汉纪》均有传。

黄香的父亲黄侃，本是个贫穷的读书人，虽然后来被举为孝廉，做过小吏，但在黄香还年幼时候，却是家徒四壁，食无隔宿之粮。黄香年九岁时，母亲去世了。他日夜悲哭，水浆不进，以至在给母亲送葬的时候，双脚疲软无力行走，只好爬着去送终。乡人们见他如此孝心，都感动得号啕痛哭。从此，他与父亲相依为命，过着十分贫困的日子。

黄香是一位心地纯善的孝子。他不辜负父亲厚望，帮助料理家务，抢着下地耕耘收割。在劳动之余，他从不浪费每一寸光阴，苦读诗书。于是，人们称赞他说："天下无双，江夏黄童。"他年龄虽然还小，但懂得要尽心孝敬父亲。在严寒的冬天，家中短缺棉被，他便先躺到床上，用自己身体的热量去温暖席子，然后跳下床叫父亲睡觉。待到夏天时，暑热难当，他就用扇子把床和枕头都扇得凉飕飕的，使劳苦一天的父亲得到安息。

在他十二岁那年，他的孝行被传到江夏太守刘护那里。刘护特意召见他，在他的名字上面加署了"门下孝子"四个大字，以资奖励。于是，乡邻们奔走相告，都说黄香必定大有出息。果然，黄香后来成为学问品行兼优的朝廷大臣。

"温席扇枕"，从表面上看不过是生活小事，但它体现了虔诚的奉孝精神。因此，这种美德为后人所仿效，并直接影响了东汉的罗威和西晋的王延等人。

在后人诗文中，每多用“温席”“扇枕”“江夏枕”“黄香扇”等去形容事亲至孝之词。如岑参《送李宾客荆南迎亲》诗：“手把黄香扇，身披莱子衣。”孟浩然《送洗然弟进士举》诗：“昏定须温席，寒多未授衣。”又如苏轼《轼始于文登海上得白石数升可作枕以遗子明》诗：“愿子聚为江复枕，不劳挥扇自宁亲。”再如黄庭坚《次韵答和甫庐泉水三首》之二：“舍前帘影竹苍苍，事亲温席扇枕凉。”于是，“温席扇枕”遂成为常用的典故了。

曹娥孝心天地存

曹娥，东汉人。她父亲曹盱，好鼓琴，善讴歌，能婆娑起舞，是一位从事迎神送鬼迷信职业的巫祝。汉安二年五月初五那天，他在江面上迎着浪涛跳舞请神，不小心被淹死，连尸首也找不着了。刹那间，看热闹的人们一哄而散，岸上冷冷清清的，只有那涛声还在咆哮，江水还在呜咽着。

这时，曹盱的女儿曹娥，年方十四岁，她听到父亲噩耗以后，不顾乡里们的劝告，沿着江岸号啕痛哭，哀怨之声昼夜不绝。她整整哭了十七天，仍然不见父亲的尸首。于是，她抱来一个瓜，扔到江里，祝愿道：“瓜啊，漂到父亲尸首所在地时沉下去吧！”当瓜漂到一处沉没以后，她就纵身一跳投入江中。据说，又过了五天，已死去的曹娥终于托着父亲尸首一起浮上来了。乡里们感叹她的孝行，将她和她父亲葬在江边。

不久，山阳湖陆（今山东鱼台东南）人度尚出任为上虞令。据《续汉书》载，他少小时丧父，对母亲极为孝敬。当他听说曹娥的事迹以后，十分感动，决定立碑表彰曹娥，并叫弟子邯郸淳写碑文。邯郸淳虽然不满二十岁，赞叹曹娥之余，挥笔立成。碑文写道：“怚伊孝女，……嗟丧其父，……诉呻告哀，赴江水号，视死如归。是以渺然轻绝，投入沙泥。翩翩孝女，载沉载浮。或泊洲渚，或在中流，或趋湍濑，或逐波涛。千夫失声悼痛，万余观者填道，云集路衢，泣泪掩涕……”度尚又吩咐随从，将曹娥改葬于江南道旁，然后立碑以教后人。当时，议郎蔡邕听到消息后，连夜赶到曹娥碑旁。当他抚摸着这篇声声血泪的碑文时，感慨万千，便在石碑背后，题了“黄绢幼妇，外孙辞臼”八个大字。后来，才子杨修随曹操到江南途经曹娥墓时，终于得出蔡邕的题词为“绝妙好辞”。按杨修的话说：“黄绢，有色的丝，色丝合为‘绝’字；幼妇，即少女，少女合为‘妙’字；外孙，为女儿之子，女子合为‘好’字；辭臼，即臼中受辛，受辛合为‘辞’（辭）字。”如今，原刻的曹娥碑虽已下落不明，但曹娥的孝行却永驻人间，成为历代人们歌咏的盛事。

曹娥投水救父的那条江，已改名为曹娥江，在今浙江嵊县至上虞县地界。在那里，还有一座庙宇——曹娥庙。另外，据说现传的《曹娥碑帖》，还是东晋时著名书法家王羲之所写的拓本哩！

第十章　用人运智方略

关羽"身在曹营心在汉"

最初,关羽随刘备转战数年,终未使刘备走上独立发展自己势力的道路。建安元年(公元196年),刘备被吕布击败,士卒离散,投归曹操。建安四年(公元199年),即官渡之战前一年,曹操派刘备率兵东循徐州,以邀击袁绍。刘备想以此占据一块地盘,寻找自己的发展道路。他乘机击杀徐州刺史,将徐州占为已有,并私派关羽进击下邳(今江苏邳县古邳镇),在众寡悬殊,猝不及防的情况下,关羽只好暂降曹操。

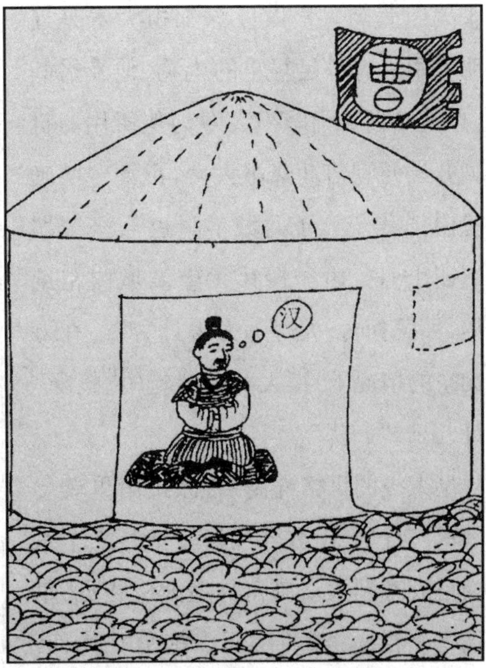

由于关羽武艺高强,能征善战,而曹操正值与袁绍决战,渴望招揽英才强将,所以关羽受到曹操格外优待,被任为偏将军。关羽也十分感激曹操对他的恩德,为曹操立了战功。建安五年(公元200年)夏历二月,袁、曹官渡之战拉开序幕,袁绍派颜良等将领将曹操部下、东郡太守刘延包围在白马城(今河南清县东),指挥十倍于曹军的兵力从黎阳(今河南浚县东)渡河而南。企图一举扑灭曹军。曹操采取声东击西的战术,于同年四月率军趋黄河南岸的延津(今河南延津县北),吸引袁军主力渡河而西。袁军渡过黄河果然直扑延津。而曹操却率张辽、关羽等将领日夜兼行,东趋白马,解救白马被围困的局面。当曹军进至距白马城10余里之地,与颜良围军相遇。颜良是袁绍的名将，骁勇善战。曹操令张辽、关羽率军进击，于是一场激战在白马城外展开。关羽单骑突入颜军万众之中，望见戎车麾盖，断定必是颜良战车，便策马冲去。双方接战10余合，颜良终被关羽斩于车下。曹军乘胜追击，迅速解救了白马之围。

这次战役，关羽以惊人的勇气，高强的武艺，为曹军赢得了胜利，也为曹操最终击败袁绍奠定了基础，使曹军将吏为之镇服。因此，曹操褒封他为侯。

关羽身在曹营，总是怀念刘备。这年八月，官渡之战正式爆发前，他得知刘备徐州失败后投靠了袁绍，在刘备随袁军渡河至延津时，关羽单骑逃出曹营，与刘备相聚。

关羽“身在曹营心在汉”，但并不妨害曹操在关羽身上所下的功夫。后来赤壁之战曹操惨败，败走华容道，关羽放其一马，即是证明关羽的德操。

皇太极十年求得祖大寿

天聪五年（公元1631年）八月，皇太极率大军围攻大凌河，城中明军总兵祖大寿虽仅步骑一万四千人，却顽强抵抗。祖大寿是明朝镇守关外的重要将领之一，以谋略高深，能守善战而著名。皇太极深知祖大寿是辽东明将中具有举足轻重的人物，他爱惜其才，早就筹划要招降祖大寿为他所用。自围城开始便写信劝降祖大寿，祖大寿明确回答说：“我宁死于此城不降也”，坚守城池近四个月。由于援兵无望，“城内粮绝薪尽，兵民相食，大寿等力竭计穷”。在万般无奈的情况下，祖大寿决定施用“投降”之计，出城“归降”。

皇太极闻讯格外高兴，派出诸贝勒出迎一里，自己则出幄外迎接。十月二十八日晚祖大寿到太宗御营与皇太极相见，皇太极不让祖大寿跪拜，而以抱见礼优待，并礼让祖大寿先入幄，祖大寿不敢，谦让后，皇太极与他并肩入幄，极示尊敬之意。在丰盛的宴席上，皇太极亲自捧金卮给祖大寿酌酒，还赏给了黑狐帽、貂裘、金玲珑、缎靴、雕鞍、白马等珍贵物品。祖大寿感激不尽，以妻子尚在锦州，请求允许他回去设计智取锦州。皇太极当即表示同意，祖大寿一去便不再复返。皇太极却仍对包括祖大寿的子侄祖可法、祖泽洪、祖泽润在内的大批降将实行“善抚”政策，分别予以重用。授其子祖泽洪、养子祖可法为一等梅勒章京；侄子祖泽润三等昂邦章京。他不厌其烦地一次次亲自赐宴和赏赐给他们各类财物，包括庄园、奴仆、马匹、银两、衣物等，使降将感激涕零，愿为太宗效犬马之劳。

皇太极善待和重用降将政策对明军将领产生了巨大的效应。天聪七年(公元1633年)，参将孔有德、耿仲明率官兵数千人自山东登州航海来归。此后，又有广鹿岛副将尚可喜、石城岛总兵沈志祥等带领大批官兵、人口来降。皇太极封孔有德为都元帅，耿仲明为总兵官，其他各官也视功劳分别封赏，并赏赐大量珍宝财物。孔、耿、尚率部来降，不仅给后金带来巨大的政治影响，使后金在同明朝进行改朝换代斗争中打开了更广阔的道路，而且使后金社会内部发生了新变化。清太宗下令孔、耿所部旗纛用皂(黑)色，后来规定孔、耿与八和硕贝勒同列一班，并为之营建府第。崇德元年(公元1636年)封孔有德为恭顺王、耿仲明为怀顺王、尚可喜为智顺王。而孔、耿与尚独立分管两支由汉人组成的部队，获得类同八旗主一样的权利。孔、耿、尚的来归成为太宗编制汉军旗的开始，使清军的实力大大增强，孔、耿、尚为清朝的统一全国建立了汗马功劳。

祖大寿自大凌河一去不复返，在此之后又与皇太极兵戎相见。皇太极并不因祖大寿负恩背约而恼怒，仍是一如既往，以诚相待。他殷切致书祖大寿：“自大凌河别后，今已数载，朕不惮辛苦而来，冀与将军相见。至于去留，终不相强。将军虽屡与我兵相角，为将固应尔，朕决不以此介意。将军勿自疑。”皇太极对祖大寿不计前嫌，执意收降以用，其真心相待，见于言语之中，但祖大寿始终避而不见。

清太宗崇德五年(公元1640年)，清军在和硕睿亲王多尔衮率领下包围锦州。皇太极指使祖泽润等联名修书诱劝祖大寿乃早归降，并亲自派人到锦州说服祖大寿的妻子，令其以利害开导祖大寿降清。祖大寿仍不为所动，等待援兵，坚守城池不降，使清军多有失利。明崇祯帝令蓟辽总督洪承畴率兵13万驰援锦州。皇太极从盛京赶到前线，指挥清军在松山与明援军激战，大败明军，擒获洪承畴。在此形势下，皇太极再派祖大寿之弟祖大成入锦州劝说祖大寿投降。当时的锦州军心瓦解，“城内粮尽，人相食，战守计穷”，祖大寿无计可施，最后决计献城归降。

祖大寿献城投降，皇太极十分欣喜，指令将祖大寿带到盛京。祖大寿背弃大凌河誓言，满清诸多文臣武将要求太宗将其处死，祖大寿自己也深感前番诈降之事无颜相见。但皇太极不改初衷，耐心等待了祖大寿近十年，相见时皇太极仍以诚相待，他宽慰祖大寿说："尔背我为尔主，为尔妻子宗族耳。朕尝语内院诸臣，谓祖大寿必不能死，后且复降，然朕决不加诛。往事已毕，自后能竭力事朕，则善矣。"祖大寿感恩不尽，表示愿效力疆场。皇太极命祖大寿仍为总兵官，隶正黄旗，并给予了重赏，"赐赉优渥"。

任人唯贤终成大业

曹操破山东黄巾军，领兖州牧后，第一件事，就是招贤纳士。先是颍川颍阴人荀彧、荀攸叔侄来投曹操，曹操与荀彧交谈，十分投机，曹操说："此吾之子房也！"遂委任荀彧为行军司马，委任荀攸为行军教授。

荀彧又推荐程昱，曹操令人寻访，访得他在山中读书，曹操也将他请到军中，程昱又推荐了郭嘉，郭嘉又推荐了刘晔，刘晔又推荐了满宠和吕虔，满、吕二人又推荐了毛玠，曹操一一录用。

武将方面，除随曹操起兵的夏侯惇、夏侯渊、曹仁、曹洪等亲戚子弟外，又有于禁、典韦来投。曹操任于禁为点军司马，任典韦为帐前都尉，并脱身上棉袄，及骏马雕鞍赐予典韦。于禁、典韦后来都成为曹操的著名勇将。典韦在濮阳大战中，为救曹操三进三出，英勇无比。后来，曹操中张绣计，兵败南阳，典韦救曹操，战死沙场。曹操后来亲祭典韦，对诸将说：

"吾折长子、爱侄无痛泪，独号泣典韦也！"

由此可见曹操的爱才之心。

曹操用人，除了不论资历，门第外，还表现出宽广胸怀。

官渡之战，曹操取得胜利，在清理战场时，从缴获袁绍图书中，"检出书信一束，皆许都及曹军中诸人暗通之书。"左右曰："可逐一点对姓名，收而杀之。"曹操却说："当绍之强，孤亦不能自保，况他人乎？"遂命尽焚之，更不再问。

这一措施，使那些十分恐惧的人，放下了包袱，对于安定人心，笼络部下，十分有利。

张绣是一个很有本事的人，曹操第一次攻南阳，张绣被迫投降了曹操，不久，张绣又反叛。宛城之战中，曹操中张绣计，儿子曹昂，亲侄曹安民和爱将典韦战死，曹操也被射伤。旧后来，张绣又投曹操时，曹操不记前仇，为了使张绣安心，又与他结为儿女亲家，封张绣为扬武将军。

自此，张绣死心塌地跟随曹操。

刘备是一个反复无常的人，他在迫不得已的情况下投靠了曹操，曹操的谋士主张杀掉刘备，荀彧入谏曰："刘备，英雄也，今不早图，后必为患。"操不答，或出，郭嘉入。操曰："荀彧劝我杀玄德，当如何？"嘉曰："不可，主公兴义兵，为百姓除暴，惟仗信义以招俊杰，犹惧其不来也，今玄德素有英雄之名。以困穷而来投，若杀之，是害贤也。天下智谋之士，闻而自疑，将裹足不前，主公谁与定天下乎？夫除一人之患，以阻四海之望。安危之机，不可不察。"

曹操大喜曰："君言正合吾心。"次日，即表荐刘备领豫州牧。

程昱谏曰："刘备终不为之下，不如早图之。"

曹操曰："方今正有英雄时，不可杀一人而失天下之心——此郭奉孝与吾有同见也。"遂不听昱言，以兵三千，粮万斛送与玄德，使往豫州到任。后来，刘备以图扩大势力范围。进兵屯小沛，招集原散之兵，攻吕布。

当刘备再次为吕布所败，没有办法时，又投到曹操帐下，曹操仍然以礼相待，平定吕布之后，曹操又引吕布觐见汉献帝，拜左将军，封宜城亭侯。

当谋士们再次要求杀掉刘备时，曹操坚决拒绝，后来，刘备叛离曹操，部下要追击，曹操却淡淡一笑说："彼既去矣，若再追，恐成怒矣。"

陈琳是一个很有文才的人，他为袁绍谋士时，起草过讨伐曹操的檄文。

檄文传至许都，时曹操方患头风，卧病在床，左右将此檄文传进，操见之，毛骨悚然，出了一身冷汗，不觉头风顿愈，后来袁绍兵败，陈琳被俘，曹操问陈琳："汝前为本初作檄，但罪状孤，可也，仍乃辱及祖、父耶？"琳答曰："箭在弦上，不得不发耳。"操之左右要杀陈琳，曹操却爱其才，不仅不杀，还任命他为从事。

曹操大破吕布后，俘虏了猛将张辽，张辽怒骂曹操，曹操大怒，欲杀张辽，刘备、关羽为之求情。

曹操掷剑大笑曰："我亦知文远忠义，故相戏耳。"就亲自解开绳子，自与衣穿，说"纵使杀我妻子，亦不记仇。"遂拜张辽为中郎将，赐封关内侯。

张辽是一勇将，自此归顺曹操。为曹操成就大业立下了汗马功劳。

曹操是一个很讲信用的人，他与关羽的友谊留下千古佳话。

关羽是迫不得已投降曹操的，曹操爱关羽骁勇。为了笼络关羽，曹操拜关羽为偏将

军，表奏为汉寿亭侯。同时，还把关羽视为贵宾，三日一小宴，五日一大宴。赠骏马美女，上马金、下马银的热情款待。但是，当关羽得知刘备的消息后，挂印封金，去找刘备。对关羽离去，曹操部下多愤愤不平，有的主张追而杀之，曹操力排众议。不仅不杀关羽，还亲自为关羽送行。

曹操十分敬佩关羽的“义”，他认为：“事主不忘其本，乃天下之义士。”“来去明白，乃天下之丈夫。”并教育部属“汝等皆可效之”。

曹操还对部下说：“吾昔日许之，今日故舍之。若追而杀之，天下人皆言我失信也！”

曹操以宽广的胸怀，接纳天下贤士，于是帐下人才济济。

曹操的谋士们，为曹操出了很多计谋，这些谋略为曹操一统大业，起了很重要的作用。

谋士荀彧和毛蚧都建议曹操奉迎献帝，树立正统的形象，荀彧举高祖为义帝缟素，而天下归心的例子说明迎汉献帝到许都的重要性，毛玠也说：“宜奉天下以令不臣。”曹操听从他们的计策，将汉献帝从洛阳迎接到许都。

从此，曹操牢牢控制了东汉政府，“挟天子以令诸侯”，在政治上占了优势。

曹操的谋士首推郭嘉。

郭嘉与曹操首次会面，就一见如故，曹操说：“使孤成大业者，必此人也。”

郭嘉出去也喜曰：“真吾主也。”

由此可见二人的投机。

曹操欲远征乌桓，部下多惧怕刘表派刘备趁机袭击许昌，郭嘉主张远征，他认为，乌桓守军以为离许昌远，必然没有防备，突然袭击，必然取胜，刘表没什么大志，只不过是一个座谈客罢了“自知才不足以御备，重任之则恐不能制，轻任之则备不为用，虽虚国远征，公无忧矣。”曹操听从郭嘉意见，率军远征，郭嘉又建议说：“兵贵神速，今千里袭人，辎重多，难以趋利，且彼闻之，必为备，不如留辎重，轻兵兼道以出，掩其不备。”

曹操轻兵兼进尽，一举平定乌桓，刘表等未敢轻举妄动。

郭嘉多智谋，但38岁即病逝，曹操对荀攸等人说：

“诸君年皆孤辈也，唯奉孝（郭嘉字）最少。天下事竟，欲以后事嘱之，而中的夭折，命也夫！”

赤壁大战后，曹操兵败，曹操哭郭嘉，叹道：“郭孝奉在，不使孤至此。”

曹操帐下，猛将、谋士云集，曹操又求才若渴，对谋士、猛将关怀备至，推心置腹，因而他能一统北方，这种识才、用才、爱才的作风，使后来的魏晋人才辈出，曹操死后，又出现了司马懿、邓艾、钟繇等一群雄才大略的人物，为此王夫之曾评价说：“魏足智谋之士，昏主用之而不危”。

相对来说，刘备则很差，在世时，只有一个可用的诸葛亮，诸葛亮死后，蒋琬、费祎曾相继执政，但蒋、费二人循规有余而才气不足，缺少进取能力，武将方面，也只有一个姜维左冲右挡，姜维只能带兵打仗，缺少战略眼光和政治头脑。

王夫之指出：“巴蜀，汉中之地隘矣，其人寡，则其贤亦谨矣，故将琬死，费祎刺，而蜀汉无人。”

曹操用人不论亲疏，不论门第，不论出身，唯才是举，唯才是用。曹操起兵时就有夏侯惇、夏侯渊、曹仁、曹洪等亲戚子弟随他起兵，后来位居高位，并不是因为亲戚关系，而是因为他们南征北战。立下了赫赫战功。司马懿、钟繇、华歆等出身名门豪族，但有真才实学。

也被恰当使用，发挥了各自的特长。典韦、许褚出身贫寒，但被用为近身侍卫。张辽、徐晃虽是降将，但用之不疑。

吴王信用孙武

当阖闾的政敌庆忌被刺杀后，伍子胥便建议吴王去攻打楚国。他说：“我在楚国无端受害，弄得家破人亡，孤身在外漂泊，此仇一定要报，请大王为我做主。”这时的吴王因国势日渐强大，也有了消灭楚国、建立霸业的野心。可他担心楚国实力雄厚，兵多将广，万一胜不了，倒落个鸡飞蛋打，自身难保。现在伍子胥的进谏，他心中那团争霸的欲火又熊熊燃烧起来，赶忙问伍子胥：“如果我们发兵去攻打楚国，谁担任大将合适呢？”

伍子胥跟随吴王多年,已摸透了他的性情,猜想让他把兵权交给自己这个楚国人,肯定是不行的,于是他脑子一转,忙说:"如果大王相信我,我可以推荐一个人。"吴王一听,急着问:"是谁呀?快说出来。"伍子胥说:"他是吴国人,叫孙武。是个大军事家,专门研究用兵策略,还写了十三篇兵法。要是把他请来做大将,那么,吴国准会成为天下无敌的强国,大王您不久也就成了霸主了!"

阖闾一听是吴国人,已经有七八分的喜欢;又听说他能辅佐自己成为霸主,心里十分高兴。当即派伍子胥带着贵重礼物去请孙武。

伍子胥请来孙武,并和他一块儿见吴王,只见吴王从朝堂上走下来迎接孙武,并迫不及待地同他谈论起兵法来,孙武把他写的兵法念给吴王听。每念完一篇,吴王都称赞不已,最后他对孙武说:"你写的这些兵法果然听起来不错,可总不能纸上谈兵吧!可不可以实际演示一下!"孙武说:"当然可以"。

吴王想了想,又说:"可是眼下没有兵怎么办?"这实际上是吴王故意为难孙武。谁知孙武很沉着地说:"那就用宫女们试试吧!""女人怎么能打仗?"吴王差点儿笑出声来。孙武却一脸正经地发誓:"如果我不能把她们训练得和士兵一样,情愿认罪受罚!"

于是,吴王就选派了三百名宫女交给孙武,孙武又让吴王自己推出最宠爱的妃子担任队长,并请求说:"军队最主要的就是严明的纪律,请大王派个掌军法的官,再配个武将做助手。"

阖闾都同意了。

三百名宫女都穿上盔甲,拿着兵器,到操场上集合。孙武威严地站在队前,首先约法三章:"第一,队伍不许混乱;第二,不许吵吵闹闹;第三,不许成心违背命令。"接着,就开始操练起来,孙武首先发出鼓号"向右转!"宫女们哪里听从,都以为是在游戏,边笑边来回跑闹。孙武又一次发令:"向左转!"宫女们笑得更厉害了。队伍已不成个样子,有坐的,有站的,有的还在那学做怪模怪样,故意惹人笑。

孙武强压火气,又下达一次命令,队伍依旧那般混乱,那两个妃子队长尤其带头说笑打闹,孙武终于忍耐不住了。

脸色铁青的孙武站在队伍前边,大声对军法官说:"士兵不服命令,不服管教,按照军法应当怎样处罚?"

军法官赶紧跪下来说:"应当砍头!"于是,孙武就命令武士:"先把两个队长正法,做个样子!"武士们就把两个妃子绑上,这一下子,可把宫女们吓坏了,一个个面如土色,浑身颤抖。

坐在高台上观看训练的阖闾，忽然看到两个心爱的妃子被绑起来要砍头，心疼得差点儿昏过去，忙命令手下人去救，并传令说："我已经知道将军用兵的才能了，这两个妃子是我十分宠爱的，请饶了她们！"

谁知铁面无私的孙武却拒绝了吴王的说情，他说："操练军队不是小孩子们闹着玩的。我既受命为将，军中之事当由我全权处置。否则，我又如何谈什么严明军纪呢？还是请大王原谅吧！"接着便下令杀了那两个宠妃。

果然，众宫女再也不敢乱说乱动了。孙武又挑了两个队长，继续操练起来。没过多久，这些宫女们竟都规规矩矩地听从口令前进后退，挺像那么回事了！

阖闾虽说很佩服孙武的治军之道，可一想到那两个死去的妃子，心里就十分别扭，不想重用孙武了。

后来，伍子胥又去朝见吴王，并对他说："两个爱妃被杀，确实让您心痛。可是要知道，美人易得，良将难求啊！希望大王能从大处着想，为打败楚国，为争得霸主之位，为做一番惊天动魄的事业。非重用这个孙武才行呀！"听了伍子胥的一席话，吴王才恍然一震，长叹一声说："唉，可怜我那两个爱妃呀……好吧，就依你，拜孙武为大将吧！"

从此，孙武便被称为将军。第二年，吴王就派他发兵六万去攻打楚国。结果，孙武五战五胜，攻占了楚国都城郢（今湖北江陵），取得了最后的胜利。

李世民用人知长短

一次，唐太宗李世民责成大臣封德彝荐选贤能人才，过了许久仍无结果。李世民责问此事，封彝德回答说："不是臣子未尽心，只是到现在还没有发现奇才。"李世民说："君子用人如器，各取其长而避其短。古代把国家治理得很好的那些贤明君主，难道是从别的朝代借得的人才吗？可怕的是自己不能知人，怎么可以胡说世上没有能人呢？"封德彝闻言十分惭愧。

还有一次，唐太宗对长孙无忌等大臣说："人最苦恼的莫过于自己不知道自己的过错，今天请大家公开指出我的过错。"大臣们说："陛下武功文德我们跟着学还来不及，有何过失可言！"唐太宗说："请你们指出我的过错你们却曲意奉承我，我倒要当面指出你们的长处和短处，有则改之，无则加勉，怎么样？"众大臣叩头致谢。于是唐太宗便开始一个个地分别数说。首先指着长孙无忌说："你处世练达，善避嫌疑，应变能力强，处事果断，古代贤人也不过如此；但是带兵打仗就不行了。"接着对高士廉说："高士廉涉猎古今，博览群书，心述明达，品格贤贞，临难而不改节操，做官不结党营私；不足之处，是你见我有过失，却不能直言批评。"又指着唐俭说："唐俭能言善辩，善于待人；但是跟我 30 年，几乎没有谈到过国家兴衰大事。"接下去便指出："杨师道性情温和，谨慎无过，但却胆小怕事，应急大事不得力；岑文本忠厚朴实，文章华丽，但引典古远，过于自负；刘洎性格坚贞，有益于国，但太重信约，偏袒近友；马周则坚贞直言，办事得力；褚遂良深有学问，正直忠诚。"等等，当场对身边大臣的长处和短处，一一历数了一遍。

光武帝任用"强颈令"

董宣任北海相时，请当地很有势力的豪强公孙丹当了郡中的武官。可公孙丹更加肆无忌惮，横行霸道。他准备建造自己新的住所时，请来的算卦先生说"当有死者"，破土动工前，他竟然让儿子把一个过路的行人杀了，把尸体埋在房基地下，以求逢凶化吉。董宣知道此事后，立即派人捉拿公孙丹父子，斩首示众。公孙丹的亲信三十多人不服，拿着兵器向董宣示威。董宣查明这一伙人的罪行，将其逮捕入狱，后来，又顺从民意，把他们全部斩首，以平民愤。这样一来，惹怒了他的上司青州太守，于是一纸奏书上去，将董宣等九人关进监狱，判处死刑。就在刑场上轮到董宣受刑时，光武帝的特使火速赶到，宣读圣旨，命令把董宣等人送回监狱。接着光武帝又派人了解事情原委，当他得知真情后，确认董宣没有错，下诏书赦免董宣，并派他为宣怀令。

当时，令光武帝很恼火的一件事是：住在京城洛阳的皇亲国戚，专横跋扈，连奴仆们也倚仗主子的权势胡作非为，地方官都不敢管。为了改变这种状况，光武帝特征董宣为洛阳令，来约束皇亲权贵们的不法行为。

董宣到任不久，遇到光武帝的姐姐湖阳公主的一个奴仆在外边杀了人。董宣想：要是湖阳公主的奴仆杀了人就不办罪的话，那怎么能治理好京师呢？但他又没法到湖阳公主那里去捕人。于是，他就天天在外等着。有一天，湖阳公主坐着马车出来，跟随她的正是那个奴仆。董宣立即叫衙役上去逮捕。湖阳公主竖起眉毛沉下脸来，阴森森地说："大胆的洛阳令，你有几个脑袋，竟敢拦我的车子！"董宣毫不畏惧，拔出宝剑来往地下一划，当面责备公主不该放纵奴仆杀人，并叫衙役把那个奴仆拖下来，立即把他杀了。这一下，把湖阳公主气坏了。她马上赶到宫里，向光武帝哭哭啼啼诉说董宣怎样欺侮她。光武帝听了，也怪董宣不该冲撞公主。他召董宣进宫，吩咐当着公主的面用鞭子打董宣。董宣沉着地说："用不着打，让我说完话，我情愿死！"光武帝怒气冲冲地说："你还有什么话说？"董宣昂首挺胸，说："皇上是中兴之主，一向注重法行，现在您让公主放纵奴仆杀人，还能够治理天下吗？您用不着打，我自杀就是了。"说完，就往柱子上撞。光武帝赶紧叫人把董宣拦住，吩咐董宣向公主磕个头认个错就是了。可董宣就是不肯。内侍把他的头按到地下去，董宣两只手使劲地撑住地，挺着脖子，就是不低头认错。机灵的内侍明白皇帝也不会真的把董宣治罪，也为了给公主留个面子，就大声回话说："回皇上的话，董宣的脖子太硬，按不下去！"光武帝点点头，就让董宣走了。董宣出宫以后，湖阳公主不满地对光武帝说："你当平民的时候，也暗藏过逃亡和犯罪的人,反倒对付不了一个小小的洛阳令了吗?”光武帝笑道:“就因为我做了天子,不能再像做平民的时候那样干了。”并劝说姐姐回去了。

为了嘉奖和支持董宣的执法严明,光武帝赏赐给董宣钱三十万。董宣自己分文未受,把这三十万赏钱都分给了手下的官吏。董宣得到光武帝的支持,大胆地打击京城不法的豪强,威名大振,被人们称为“强颈令”。

董宣居官清廉,一向把皇上的赏赐分给手下的人,直到七十四岁死在官任上。光武帝派使者去吊唁,看到董宣的尸体用布被裹着,家中只有一辆破车,几斗大麦。他得知这一情况后,感慨地说:“董宣这样廉洁,到死我才知道!”于是,以大夫的规格安葬了他。

吕蒙正用人不偏私

吕蒙正为人率直忠诚,不徇私情,在众臣中享有极高的威望。特别是在选拔贤能,推举人才方面,不徇私情,一心为公,深孚众望。宋代选官,父贵子荫是很平常的事。卢多逊当宰相时,他的儿子被授为员外郎(指设于名额之外的郎官)。吕蒙正当宰相后,朝廷也要拔擢他的儿子为员外郎,吕蒙正坚决回绝,并就此事专门给宋太宗上了一道奏章说:“臣科甲及第,才授九品官,何况天下有很多有才之人,老死在岩穴,不能为国效力。臣的儿子刚刚出自襁褓。就授此恩荫,实在是不公道,最多像我当年那样,授以九品官。”从此,宰相的儿子只授九品官便成了“定制”。

一次,宋太宗命令吕蒙正从中书省中选一人到北方(指西夏,今宁夏一带)出使,吕蒙正觉得中书省没有适合的人选,就从另一个地方选了一个精明强干的人,推荐给皇帝。皇帝见他没有按照自己的旨意选拔人才,就命令他重新物色。过了几天皇上又问及此事,他仍坚持推荐那个人。皇上急了,愤愤地说:“你为什么这样固执呢?”吕蒙正说:“并不是臣固执己见,是陛下不能知人罢了。”吕蒙正停顿了一下,又接着说:“此人的才能远远在别人之上,一定能担当起陛下赋予的重任。臣不想把那些阿谀奉承、趋炎附势的小人推荐给陛下,以免这些人误了国家大事。”吕蒙正在皇帝面前力荐贤士,毫不退让,弄得皇帝十分难堪。同僚们见此情景,都吓得默不作声。宋太宗退朝后,仔细思量,觉得吕蒙正的话很有道理,便对左右的人说:“蒙正有如此大的气量,我实在比不上他呀!”过了不久,皇帝终于任用吕蒙正推荐的人出使北方,那人果然不负使命,很出色地完成了任务。

后来,宋真宗即位,仍委任吕蒙正为宰相。太中祥符(公元 1008—1016 年)之后,宋

真宗朝拜永熙陵（即太宗陵墓），封禅泰山，路过洛阳，两次驾幸吕蒙正府第并赏赐很多东西。为了进一步表示对吕蒙正的敬重，宋真宗对吕蒙正说："卿的儿子哪个可以任用？"吕蒙正回答说："愚臣之子都不可用，倒是有个侄子叫吕夷简，现任颍州推官，是个将相之材。"后来，吕夷简果然被宋真宗召见，委以宰相重任，成了宋代名臣。景德二年（公元1005年）春，吕蒙正上表请求回洛阳，宋真宗再次想把吕蒙正两个儿子召到朝廷当官，吕蒙正还是不答应，说："多谢陛下关照。息兵少财，是我们国家长治久安的基本方略，愿陛下以天下百姓为重，不要因为我的地位显贵，就召他们到朝廷做官。"宋真宗采纳了吕蒙正的意见。

吕蒙正不仅有知己之明，且有知人之智。有一朝士想送给他一面古镜，说是能照二百里，以此求得升迁。他比着说："我脸不过碟子大，哪里用得着照二百里呢？"

吕蒙正有个叫富言的朋友，想把他的儿子富弼送到皇家书院去读书，吕蒙正满足了他的要求。事后，富言领着他的儿子向吕蒙正拜谢。吕蒙正见富言的儿子彬彬有礼，谈吐不凡，高兴地对富言说："此子日后与我的官位相似，而功业远在我之上。"于是，他不嫌富弼出身贫寒，让他与自己的儿子一块读书，供给他全部费用，照顾得十分周全。后来，富弼果然在宋神宗时期当了丞相。

林肯善于选人赢得胜利

林肯先后选用了三四个将军,他们都没有什么明显的缺点。尽管北方有人力、物力上的绝对优势,但从1861年到1864年三年多的时间里,却屡屡受挫。与此相反,南军首领罗伯特·李将军手下的每一位将领几乎都有各自严重的缺点,但是他们每个人都各有所长,李将军所用的正是他们的特长,使这些特长变得有效,结果,林肯所任用的"完美无缺""没棱没角"的人一次又一次地败在李将军任用的有"缺点"将领的手下。

不断的失利使林肯总统觉悟了,他开始重新物色能够打败南方军队的指挥官,他把目光瞄准了格兰特。

尤利塞斯·格兰特曾在西点军校受训。由于贪杯和疏忽,常常出乖露丑。由于战功卓著,他在墨西哥战争中获得上尉军衔,但老毛病却使他被解除了军职。于是,他在密苏里当农民,种地糊口。后来到伊利诺斯州的一个镇上的商店做事,挣下的钱刚好够妻儿温饱之用。南北战争爆发后,南方军队在李将军的指挥下捷报频传,而联邦军队却节节败退。格兰特所在的城镇决心为联邦政府作战,唯一当过军官的格兰特被推举操练军队并因此成为伊利诺斯第21步兵团的指挥官。在联邦军队里,像格兰特这样受过军校训练并具有实战经验的军官不多,格兰特一带兵上阵就接连打胜仗。林肯选中了格兰特。

内阁一些官员却反对说:“格兰特整天与士兵厮混在一起,一点儿也不像指挥官的样子。”

“也许正是没有官架子的军官才能指挥打赢这场战争。”林肯答道。

“格兰特还嗜酒。”

“请告诉我他喝什么酒,给其他将军也照样送几桶,只要能打胜仗,嗜酒算得了什么。”

于是,林肯任命格兰特这个满身是“缺点”的人统帅联邦军队与李的南部联军对阵。其实,林肯不是不知道酗酒误事,但他更知道在北军的所有将领中,只有格兰特能运筹帷幄,决胜千里。对格兰特的任命,成了南北战争的转折点。南方军队开始节节败退。

1865 年 4 月,格兰特在他的指挥部里,与曾任西点军校首长后又成为南方军队首领的李将军会面了。这次会面是为了商谈李所辖近 3 万军队投降的条件。李参加会谈时,仍和以往一样穿着挺括的制服,举止庄重。联邦军队的士兵们忍不住讥笑辱骂起来。格兰特却照旧穿着浑身泥污的衣服接见他,一点儿也没有流露出胜利者的骄傲和复仇者的快意,并友好地接过李的投降文书,说:

“先生,请坐,您一定走累了。”

“您真宽宏大量。”李说:“我可以提个请求吗?”

“如能办到,则深感荣幸。”

“您已经宽容地把我的军官们的马还给他们,我的骑兵们的马也是他们自己家里的。”

“我明白了,”格兰特说,“他们需要回家种地用,他们当然可以带走自己的马。”

李很受感动,向格兰特立正敬礼,并说:“先生,我能向您这位君子投降而感到荣幸。”

格兰特以其英勇的指挥作战能力和宽大的胸怀赢得了对方的尊敬,而林肯则因其成功地用人,并且是敢用有缺点的人,最终取得了南北战争的决定性胜利。

李嘉诚的用人之道

企业的发展,在不同的阶段,企业领导扮演的角色不尽相同;而企业领导下属的辅佐人才,在不同的阶段,亦不相同。

在企业创立之初,企业领导最希望有忠心耿耿、忠实苦干的人才。在塑胶厂初创时期，别说它的下属，就是李嘉诚本人，也须凭自己的双手安装机器，生产制品，设计图纸；靠自己的双腿，走街串巷，采购和推销。上海人盛颂声，潮州人周千和，从50年代初就跟随李嘉诚，盛颂声负责生产，周千和主理财务，他们兢兢业业，任劳任怨，辅助李嘉诚创业，是“长江”劳苦功高的元勋。1980年，李嘉诚提拔盛颂声为董事、副总经理；1985年，他又委任周千和为董事、副总经理。李嘉诚说：“长江实业能扩展到今天的规模，要归功于属下同仁的鼎力合作和支持。”

创业之初，忠心苦干的左右手可以帮助“起家”，但元老重臣并不一定能跟得上形势。到了某一个阶段，倘若企业家要在事业上再往前跨进一步，他便难免要向外招揽人才，以推动企业进一步发展。李嘉诚如果一直只任用元老重臣，“长实”（长江实业）的发展相信会不如今天。“长实”在80年代得以急速扩展及壮大，和李嘉诚不断提拔年轻得力的左右手实在大有关系。

在“长实”管理层的后起之秀中，最引人注目的算霍建宁。霍建宁负责财务策划，擅长理财。他认为自己不是个冲锋陷阵的干将，而是个专业管理人士。李嘉诚很赏识他的才学，1985年委任他为“长实”董事，两年后提升他为董事、副总经理。是年，霍建宁才35岁，如此年轻就任香港最大集团的要职，在香港实为罕见。

与霍建宁任同等高职的少壮派，有一位叫周年茂的青年。周年茂是长江元勋周千和的儿子，在学生时代就被李嘉诚作为长实未来的专业人士培养，送他赴英专修法律。周年茂回港即进“长实”李嘉诚指定他为公司发言人。两年后的1983年即被选为“长实”董事，1985年与其父周千和一道被擢升为董事、副总经理。周年茂任此要职的年龄比霍建宁还小，才30出头。周年茂一帆风顺，飞黄腾达，不能说与李嘉诚的关照毫无关系，但最主要的，仍是他自身的实力。周年茂外表像书生，却有大将风范，临阵不乱，该争该弃，都能较好把握分寸，令李嘉诚感到放心。他深孚众望，得到公司上下“雏凤清于老凤声”的好评。

长江的地产发展有周年茂，财务策划有霍建宁，楼宇销售则有女将洪小莲。霍建宁、周年茂、洪小莲，被称为“长实”系新型三驾马车。洪小莲年龄也不算大，她全面负责楼宇销售时，还不到40岁。洪小莲在60年代末期，长江未上市时就跟随李嘉诚任其秘书，后来又任“长实”董事。洪小莲人漂亮，风度好，待人热情，在地产界，在中环各公司，提起洪小莲无人不晓。洪小莲是个彻底的务实派，面试一名信差、会议所需的饮料、境外客户下榻的酒店房间等，她都要一竿子插到底。

80 年代中期,“长实”管理层基本实现了新老交替,各部门负责人大都是 30~40 岁的少壮派。李嘉诚的左右手,还有一个显著的特色,就是聘用了不少洋人。李嘉诚认为,他聘用洋人是因为集团的利益和工作确确实实需要他们。

70 年代初,李嘉诚为了从塑胶业彻底脱身投入地产业,高薪聘请两位掌握最现代化塑胶生产技术的美国专家任长江实业的正、副总经理,并赋予他们实权。80 年代中期,李嘉诚已控有几间老牌英资企业,这些企业有相当部分外籍员工。李嘉诚认为,用洋人管洋人,更利于相互间的沟通,是最有效的办法。还有重要的一点,这些老牌英资企业与欧美澳有广泛的业务关系,长江集团日后必然要走跨国化道路,启用洋人做“大使”,更有利于开拓国际市场和进行海外投资,因为他们具有血统、语言、文化等方面的天然优势。

“长实”董事局副主席麦理思是英国人,毕业于著名的剑桥大学经济系。1979 年,麦理思正式加盟“长实”,与本港洋行和境外财团打交道,多由麦理思出面。李嘉诚器重他,不仅看重他的英国血统、名校文凭,更看重他是个优秀的经济管理专家。李嘉诚入主和黄洋行,韦理卸职后,李嘉诚提升李察信为行政总裁。1983 年,李察信离职,李嘉诚又雇用另一位英国人——初时名不见经传,后来名声显赫的马世民。马世民等于是李嘉诚连公司一道买下的人才。1984 年,马世民即坐上和黄集团第二把交椅,任董事、行政总裁。除和黄外,马世民还先后出任港灯、嘉宏等公司董事会主席。马世民是“长实”系除老板李嘉诚外,第一个有权有势、炙手可热的人物。李嘉诚表示:“我一个人没有那么多时间做那么多家公司的主席。”另外,青州英泥行政总裁布鲁嘉,也是英国人。在和黄、港灯两大老牌英资集团旗下,留任的各分公司董事长、行政总裁达数十人之多。

李嘉诚曾高兴地对记者说:“你们不要老提我,我算什么超人,是大家同心协力的结果。我身边有 300 员虎将,其中 100 人是外国人,200 人是年富力强的香港人。”马世民把李嘉诚左右手称为“内阁”。评论家说:“这个内阁,既结合了老中青的优点,又兼备中西方的色彩,是一个行之有效的合作模式。”

艾森豪威尔慧眼识英豪

1944 年 5 月,艾森豪威尔将军从阿尔及尔打电话给罗斯福总统,告诉他,通过多种渠道的消息证实戴高乐在法国深孚众望,并建议美国直接与戴高乐进行接触。

罗斯福总统见电文后大发雷霆,答道:“你对此一无所知,根据我的情报,戴高乐在法国代表不了什么人。照我的命令办,把戴高乐撇到一旁。"

当艾森豪威尔在伦敦为6月6日登陆战役做准备时,罗斯福对他又发出了同样内容的命令,并明确地表示在法国被解放的领土上,将成立由英美两家共管的同盟国军事政府。

然而在一些被解放的地区,戴高乐受到了民众的热烈欢迎,这表明了他所享有的威望。但罗斯福依旧置之不理。6月14日他答复道:"戴高乐很快会垮台,随着战事深入,那些帮助他的英国人会为之后悔。法国将出现一批了不起的人,与他们相比,戴高乐则一文不名。"此时盟军已解放了法国西部大部分地区,巴黎问题迫在眉睫。艾森豪威尔不愿看到巴黎城遭到毁灭性的打击。在他指挥下,部队准备像铁钳似地把巴黎城团团围住,从而迫使德军在陷入重围前撤离巴黎城。为了提请盟军司令部注意到这一军事计划潜在的危险,戴高乐将军的代表勒内·帕罗迪与国民军的代表雅克·沙邦戴尔马直奔伦敦,因希特勒曾下手令,一旦德军撤离时,必须不惜一切代价把整个巴黎夷为平地。盟军司令部对他们的警告毫不理睬。此时,巴黎出现了意料不到的情况,巴黎城的居民突然爆发了大规模的起义。戴高乐闻讯后即刻赶到艾森豪威尔的司令部,敦促他从速改变计划,并要求他命令第二装甲师的利克莱可将军立刻率部进入巴黎。戴高乐的请求与华盛顿的命令大相径庭。艾森豪威尔面临两种选择,要私违背白宫的三令五申,迅速出兵把巴黎从德军手中拯救出来;要么按兵不动,即巴黎势必被德军的炸弹毁掉。在戴高乐的紧急呼吁下,数小时后艾森豪威尔断然下令利克莱可将军迅速出击,8月24日巴黎解放了。

第二天,艾森豪威尔以盟军最高指挥官的身份做了一个极为重要的决定,结束了当时对巴黎的双重统治,按预定计划,解放后的巴黎由利克莱可将军与杰罗将军共同管理。艾森豪威尔还命令盟国远征军最高司令部的官员与戴高乐签署了一项协议,在协议中规定,法国内部事务将直接归于以戴高乐为首的法国临时政府管理。艾森豪威尔并没有同华盛顿商量,就在协议上签上了自己的姓名。8月27日他亲自对戴高乐将军作了正式拜会,这表明了他对以戴高乐将军为首的法同最高权力机构的正式承认。

艾森豪威尔何以敢冒抗命之大不韪而做出这样的决定呢?事后他回忆道,一是为了巩固盟军的后方,二是他不愿看到法国陷入内战的危机中。他希望法国人民与他的军人密切配合,共同对敌。他相信,若要在法国有个亲盟国的政府,并能带领法国民众抗击德军的,戴高乐是唯一可靠的人选。

华罗庚有幸遇“伯乐”

远在古代,我国就有“伯乐”慧眼识“千里马”的美传。“千里马”纵有日驰千里之才,但无人识之,仍然只能充当碌碌无为的角色,无脱颖而出之机遇。我国著名数学家华罗庚,在读初中时,数学成绩较差,有时要经过补考才能勉强及格,他的作业经常涂涂改改,不大整洁。他的老师王维克在仔细研究了涂改之处后发现,华罗庚善于解题并探索多种方式,不受原有教材之局限,因此不但不去批评他,反而对他予以鼓励、引导,甚至将家中藏书供他阅读,激发了他的思路。就是在王老师的发现和悉心指导下,华罗庚二十多岁就写出了首篇著名论文《苏家驹之代数的五次方程式不能成立的理由》。该论文在上海《科学》杂志上登载之后,清华大学熊庆来教授对这名不见经传的“小人物”十分重视,经过他的努力,终于使华罗庚这个江苏金坛县一家杂货铺的店员跨入了高等学府清华园,走上了成为数学大师之路。历史上和现代社会中,这种慧眼识才的事例是不胜枚举的。假如,“伯乐”对身边引颈长嘶的“千里马”并未引起注意,王老师对身边涂改作业的学生只是一味批评,熊庆来老师没有去关注“小人物”的文章,那么其后果人们也是不难设想的。

孔子说过,“三人行,必有吾师焉。”师,也就是人才。一个现代管理者,无论是百把人的小厂厂长,还是统领着万余人大企业的经理,其周围总是有各种人才的,关键是我们是否有“伯乐”识才的“慧眼”。

国外不少现代企业,采取了许多方式,从企业内部发掘人才。其中较有影响的就是所谓“合理化建议”活动。比如,日本的本田技研工业公司就规定,2500名职工全都有义务向领导提出“合理化建议”,提得越多越好,所受到的奖励和得到晋升的机会也就越多。公司经理及下属的各部门委员会的成员,以及公司研究中心的成员大部分是从“合理化建议”活动的优秀“发明者”中选拔出来的。公司董事长把这种活动作为识才之道,将企业的每个成员都视为“吾师”。本田本人就说过:“从一定意义上说,我的企业对我来说已变成一所大学。我所有同事都是我的老师。我通过向他们提出问题进行学习,因为他们每个人在其专业方面对实践中的具体问题都比我知道的多。”

伊丽莎白知人善任开创新时代

当时的英国百业待兴，治理国家，从何入手？伊丽莎白认为，用什么样的人是头等大事。必须依靠一批有真本事的大臣，王位才能巩固，国家才能发展。

她首先选中了前秘书大臣威廉·塞西尔。塞西尔是个谨慎、善于应变的政治家。他以国事为重，勤于职守，判断准确，是当时英国最杰出的人物。女王交给38岁的塞西尔国务大臣的重担，并且一直与他密切合作达40年之久，直到他去世。塞西尔任职期间颇有政绩，在英国新教教会的最后确立和英西大海战等重大事件中都做出了杰出的贡献。

针对当时国内外各种敌对势力的不断挑战，伊丽莎白还重用了塞西尔的助手弗朗西斯·沃尔辛厄姆，把他放在特务机关首脑的位置上。沃尔辛厄姆是一位才思敏捷、行动果断的新教徒，曾是前朝出色的外交家和特工专家。以后，他历任英国驻法大使、国务秘书等职。他组建了第一流的秘密警察队伍，对外搜集欧洲各国政治情报，对内探查、监视、破坏反对女王的地下活动，为维护英国的安全和巩固伊丽莎白的统治立下了汗马功劳。

伊丽莎白是一位理财高手。她经常"用极为精审的目光核查账目上的细节。"是她发现了富商汤姆斯·格勒善在财政、金融和商业上的超人才干，提拔他担任女王的财政顾问和王室交易所的主人。他是当时英国财政、金融、商业、外贸等方面重大决策的参与者和决策者，有了格勒善的指挥调度，英国的财力得到不断的增强。

伊丽莎白从小就是新教徒，登上王位后，她身边聚集了一批能干的新教徒，马修·帕克就是其中之一。女王任命他为坎特伯雷大主教，让他参与建立英格兰教会方面的工作，成为女王宗教方面的高级助手。此外掌玺大臣尼古拉斯·培根、著名学者罗杰·阿夏姆等人也被女王所倚重。

正是有了这样一批忠心耿耿、颇具才能的大臣，伊丽莎白女王才得以顺利地实施其治国方略。

华盛顿纳贤奠国基

1789年4月30日，乔治·华盛顿在纽约州大法官罗伯特·利文斯顿主持下，亲吻

《圣经》，庄严宣誓“忠诚履行合众国总统职务，竭尽所能坚守、维护并保卫合众国宪法，”从而成为美利坚合众国历史上首任总统。此后，等待他的不再是束束鲜花和阵阵欢呼，而是一副百废待兴、百业待举、难以收拾的烂摊子。

新总统首先面对的一个棘手难题便是：如何迅速有效地组建一套新的领导班子。“联邦政府所遗留下来的，只不过是十几个办事员，一个空空如也的国库和一大堆债务而已。”联邦政府的机器虽然仍在苟延残喘地运转，但它既无财政收入又无税收机构。更有甚者，建立新政府赖以借鉴的传统和经验微乎其微。就是在此既无传统可依又无经验可鉴的基础上，这位不久前仍驰骋疆场的老将军，凭借自己的行政天赋，从零起步，着手为建立美国第一个联邦政府而绞尽脑汁。

作为当务之急，他率先建立了处理外交事务的部门（后来称之为国务卿办公室），并在经过近两个月的深思熟虑后任命托马斯·杰斐逊为国务卿。继之，又建立了陆军部和财政部，分别任命亨利·诺克斯和亚历山大·汉密尔顿为部长。至9月底，又提名约翰·杰伊为大法官，埃德蒙·伦道夫为总检察长。

华盛顿的“组阁”（当时尚未有“内阁”之称）是深谋远虑的，他的目标是要把美国“第一流人物”网罗进他的政府。在具体组织政府班子时，他倾向于挑选“正直和公正”的人，同时又十分注意照顾各方面的关系以保持必要的平衡。

他选择杰斐逊作国务卿可谓明智之举。杰斐逊在美同人民的心目中享有较高威望，他的民主思想更是为人仰慕，况且自1784年始，他就一直担任美国驻法公使，熟谙外交事务，精通国际关系。华盛顿起用杰斐逊，提高了新政府的权威性又增添了民主色彩，也显示了他用人之雅量。

任命汉密尔顿为财政部长显示了这位新总统具有伯乐识马之慧。汉密尔顿是一位年仅34岁的开业律师，是出生于西印度群岛的移民。在独立战争中表现出一定的军事才干。战后，在制定和批评1787年宪法过程中起过重要作用，是《联邦党人文集》的主要撰稿人。他是一位难得的行政干才，思维缜密，管理有方。华盛顿遴选来处理当时美国的财政问题，便可谓知其人而善其任。

亨利·诺克斯出任陆军部长是华盛顿用人之所长。诺克斯身材高大魁梧，颇有大将风度，是独立战争中的炮兵司令，同华盛顿关系密切，管理国际事务当然非他莫属。

埃德蒙·伦道夫，仪表堂堂，虽然是个“两边倒”的人物，在制宪会议上曾因拒绝在宪法文本上签字而令华盛顿颇为不悦，但在批准宪法的斗争中，他来了个180度的大转弯，促成弗吉尼亚州最后批准了宪法，功过各半，华盛顿在组织班子时并没有忘记这位弗吉尼亚“老乡”。

这样，华盛顿新政府中既有北方人，又有南方人；既有拥护联邦宪法的，也有反对批准宪法的；既有富于理想、崇高民主自由的理论家又有善管理，精打细算的行政干将。他们的平均年龄是44岁。后来有的美国史学家把华盛顿的用人之道同拿破仑相提并论，说：“拿破仑的元帅们出色地证明了他的天才，华盛顿也具有同样的选择才能。他所信赖的将军是最杰出的将领，他与之议事的政治家都属历史上的佼佼者。”

荷兰商学院的育才之道

第二次世界大战以后，经济的发展对商人的素质提出了很高的要求。这所学院便向自己的莘莘学子展示出新的宏愿：这所学院，将使你成为高层经理，但你要迎接它对你的一切苛刻训练。

这所学院是荷兰唯一的一所不经过全国高等学校统一考试而必须单独测试才能录取的学校。一进校门，要通过三次考试，先是智商测验，再是笔试，然后是集体活动测试。后者是看你与大家合作、应变、协调的能力。

当你被正式录取之后，你就不再有名字了，只有号码。这意味着一切都得从头开始，不管你从前是干什么的，有什么背景，现在只是一个零。这所学院的董事是一些大财团的总裁。这些总裁的子弟及商界的富豪子女在这里就学得很多，以便继承家业，但他们一样要经过考试，一样没有姓名，与其他人一视同仁。

学院从各方面给你增加心理压力。比如，到这所学院后的第一天，下午穿白衬衣、蓝裙子（西服）、戴校徽，在大礼堂当贵宾；晚上却不能回宿舍，得穿上最脏的衣服去啤酒屋，进行新生与老生的交流。交流的方式是：有人给你灌啤酒，用啤酒泼你，如果你是男的，就把你按在地上，打你，来回折腾你，作为新生，只有两种选择，一是跑掉，一是爬起来捍卫自己，如果你趴在地上不起来，你在这所学院再也抬不起头来了，说明你没有勇气接受别人的挑战。女生的情况也轻松不到哪儿去。

紧接着是10天的军训。野营，露宿，不让洗澡，没有厕所，吃的也很差。对于过惯文明生活的欧洲人来说，这方式就是先恶心你，恶心得让你觉得自己什么都不如，只是一条狗，这时你要挺过来，就过来了。学校要求住校，这在欧洲是很少有的。一个房间两个学生，有卫生间，但除了睡觉，任何时候都不能关门，人不在也不能锁门，理由是：你在办公室时是不能关门的，这是要求人的行为有一种透明度。

学校只有两种错误不能原谅：一是打架，一是偷东西，触犯一条就被开除。

当你还是新生时，学校就派你到外面筹集资金，不管你用什么方式。你可以对人家说，我能给你提供什么服务，广告啊，推销啊，希望你给我多少钱，一般很少有空手回来的。回来后，演讲自己的经历，总之，谁的活动能力强，谁的威信就高，这便是一种学院文化。这意味着，你将来会遇到各种各样的事情，都应该在这里得到尝试。

这对于有悠久人文传统的欧洲，显然有些不可思议，但正如战争对军校有特殊要求一样，商战对商校也有特殊要求。学校要培养你有很强的社会交际能力和迎接挑战的心理准备。

学校的教学也与众不同，以分析案例为主。将几个跨国公司曾经在财务、销售、市场流通中遇到的问题及解决的办法拿来，让学生分析，因为企业当时的决策未必是最佳的，同样的问题，会有多种解决的方法。学生大量地分析案例，拿出自己的方案后，老师判断你的思维能力。教师还带学生到市场调研，组与组竞争，为了共同的利益必须团结一致。同学中哪个国家的都有，每个学生都带着自己的文化。跨国经营是大趋势，一个企业的生存，必须依赖世界各个角落的有利条件来综合操作。对于学生来说，必须懂得别国的文化，接受别国的生活方式、思想方式。所以在同学们的团结、合作中，形成了一种文化的黏合力。

正是在这种很强的竞争气氛中，学生成为一名企业家的想法越来越强烈。在国外，有一类经理最愿意接受挑战，哪个公司有问题，有亏损，他们就去哪个公司。救活了，扭亏为盈了，他们就走。荷兰商学院不少毕业生都成为这样的经理，因此，它无愧为一座铸造商战将才的熔炉。

笑出你的善意，赢得对方好感

微笑是人际交往的通行证，是打开每个心门的钥匙。正如罗曼·罗兰曾经说过："面部表情是多少世纪培养成功的语言，比嘴里讲得更复杂到千百倍的程度。"所以，在与人交流中，主动报以微笑能迅速拉近彼此心与心的距离，赢得他人好感。

飞机起飞前，一位乘客请求空姐给他倒一杯水服药。空姐很有礼貌地说："先生，为了您的安全,请稍等片刻,等飞机进入平稳飞行状态后,我会立刻把水给您送过来,好吗?"15分钟后,飞机早已进入平稳飞行状态。突然,乘客服务铃急促地响了起来,空姐猛然意识到:糟了,由于太忙,忘记给那位乘客倒水了。空姐来到客舱,看见按响服务铃的果然是刚才那位乘客。她小心翼翼地把水送到那位乘客跟前,面带微笑地说:"先生,实在对不起,由于我的疏忽,延误了您吃药的时间,我感到非常抱歉。"这位乘客抬起左手,指着手表说道:"怎么回事,有你这样服务的吗?"无论她怎么解释,这位挑剔的乘客都不肯原谅她的疏忽。

在接下来的飞行途中,为了补偿自己的过失,每次去客舱为乘客服务时,空姐都会特意走到那位乘客面前,面带微笑地询问他是否需要帮助。然而,那位乘客余怒未消,摆出一副不合作的样子。

临到目的地前,那位乘客要求空姐把留言本给他送过去。很显然,他要投诉这名空姐。飞机安全降落。所有的乘客陆续离开后,空姐紧张极了,以为这下完了。没想到,她打开留言本,却惊奇地发现,那位乘客在留言本上写下的并不是投诉,相反却是一封热情洋溢的表扬信:"在整个过程中,你表现出的真诚的歉意,特别是你的12次微笑,深深打动了我,使我最终决定将投诉信写成表扬信。你的服务质量很高,下次如果有机会,我还将乘坐你们这趟航班。"空姐看完信,激动得热泪盈眶。

在人际交往中,我们要赢得他人的好感,必须要学会微笑,像故事中的那位空姐一样,用自己迷人的微笑来赢得他人的好感。微笑就像温暖人们心田的太阳,没有一块冰不会被融化。要带着真心、诚心、善心、爱心、关心、平常心、宽容心去微笑,别人就会感受到你的心意,被你这份心感动。微笑可以使你摆脱窘境,化解人们彼此的误会,更可以体现你的自信和大度。

在现实生活中,微笑,能化解一切冰冷的东西,容易获得他人的好感。比如朋友、同事之间的吵架、误解,家人、邻居之间的矛盾,恋人、兄弟之间的隔阂等,都可以一笑了之,一笑泯恩仇。所以,人际交往中,不管是遇到什么困难,不管遇到多么尴尬的事情,要常常告诉自己要"微笑",没有什么事情不能用微笑化解的,只要你是真心的!

俗话说,"伸手不打笑脸人",微笑能够化解矛盾和尴尬,取得意想不到的效果。微笑是人与人之间最短的距离,纵使再远的时空阻隔,只要一个微笑就能拉近彼此的心灵距离。当别人取笑你时,用微笑还击他,笑他的无知;当别人对你愤怒时,用微笑融化他,他会知道自己是在无理取闹;当彼此发生误解,争执不休时,用微笑打破僵局,你会发现事情其实并没有你们想象的那么复杂和严重……

微笑是人际交往的通行证，没有一个人不喜欢和微笑的人打交道！

吸引，以己之长巧“迎”他人之短

2009年，动画影片《麦兜响当当》自7月公映以来，迅速红遍大江南北。首日全国票房破千万元，业内人士预计，如果票房持续火暴，它将成为首部票房过亿的国产动画电影。为何看上去傻傻的“小猪麦兜”票房如此“响当当”呢？

也许你会说，“7月正好是暑期，小朋友们比较多嘛。”可是，当我们放眼电影院，发现成年观众更是大有人在。

客观而言，“麦兜”的故事非常简单。母亲麦太在香港混得不好，来内地寻求发展，床上还放着《怎么做CEO》一书；麦兜在武当山经历了没有电视、没有网络的艰苦环境；麦兜无心习武，最大的乐趣是跟小同学偷入炼丹房煮方便面；麦兜和母亲互相让鸡肉吃，结果鸡肉掉到了地上；尽管没有实现自己的梦想，但麦兜和妈妈依然心满意足地回到了香港，继续他们“不是低能，而是善良”的人生，因为并不是每个人都能成为李嘉诚……

从《麦兜故事》《麦兜菠萝油王子》《春田花花同学会》到现在的《麦兜响当当》，麦兜在银幕上生活了10年，依旧还是“小朋友”。不过，“长不大”和“猪身份”一样，只是麦兜的面具。揭下面具，麦兜的喃喃自语，透着成年人追逐梦想的疲惫以及疲惫中不灭的希望和温暖的小幸福。它傻傻的，单纯、快乐和坚持，不管如何受挫，他的心中永远有梦想，他总是用希望点缀平凡的生活。正是这只笨笨的小猪，令无数成熟、精明，甚至世故的大人们也痴痴追捧。秘密究竟何在呢？

在心理学里，有一种互补相吸引的理论。是指人在需要、性格、兴趣、气质、能力、特长和思想观念等方面，若存在差异，而双方的需要和满足途径又正好成为互补关系，就可以相互吸引。所以，走在大街上，我们常看到这样的景象：亭亭玉立的美女，总是挽着一个长相并不怎样的男人；潇洒有型的帅哥，往往搂着一个相貌平凡的女人。

“麦兜”亦是如此，单纯、善良、非常容易满足，对任何人都坦诚相待。在我们幼稚的童年，这几乎是每个人的写照。可是，当我们渐渐长大后，为了生存、发展和成功，就要变得世故、精明，甚至有必要学些诡计。于是，我们已经褪去的童年的那份清纯，如今它在麦兜身上尽情绽放，当然就会吸引着我们去欣赏、去体味了。

我们每个人都与生俱来地具有一些缺点，为了弥补自己的不足，我们在实际生活中就会注意去寻找那些能弥补这些缺点的人，从而实现所谓的“强强联合”。例如，依赖性特别强的人愿意和个性独立的人生活在一起；一个看重学历的人，自己又没有拿高学历的机会，往往希望对方能拿到高学历，等等。

明白了这一点，如果你想象麦兜一样“响当当”地影响别人，不妨先了解一下对方的弱点，然后用谦逊的方式在他面前表现出你具有这方面的优势与能力，让他知道，有你在，他在这方面的缺点就会得到弥补。这样，他将很容易被你吸引。

两个非语言技巧，让他乐于顺从你

提到让他人顺从自己这个话题，很多朋友往往最先想到的方法就是通过有声的语言去说服对方，然后达成共识。其实，除了语言，我们若能巧妙运用一些外在的技巧，很多时候可以取得意想不到的“驯服”效果。

1.事实胜于雄辩

现实生活中，总有些虚无缥缈的事情很难说得明白。善用一些生动、众所周知的实例，从中引出一番能为人所领会和接受的道理，再把这番道理运用于需要说明的论题，将可增加论据的可信度和说服力。

哥伦布经过了18年的准备后，成功越过大西洋，发现新大陆。伟大的创举使举国欢腾，哥伦布也因为这划时代的发现被视为英雄而受到尊敬。

但也有那么一些无视事实、否认真理的小人想使哥伦布难堪。在一次为哥伦布庆功的宴会上，有人跳出来发难：“听说你在大西洋的彼岸发现了新大陆，但那有什么了不起？任何人通过航行，都可以像你那样到达大西洋彼岸，并发现新大陆。这是世界上再简单不过的事了，为什么要小题大做呢？”

面对小人的挑衅，哥伦布没有立刻回击，他从容地站起来，从桌上拿起一个鸡蛋，对在场的客人们说：“先生们，这是一个普通的鸡蛋，谁能把它立起来呢？”在座的宾客们一个接一个，试图把鸡蛋立起来，但鸡蛋传了一圈，没有人能成功。这时大家都说，这是不可能的。

于是哥伦布接过鸡蛋，轻轻地在蛋壳上敲击出一个小洞，毫不费力地把鸡蛋立了起来，顿时全场哗然。哥伦布转身对大家说：“这不是世界上最简单的事吗？然而你们却说这是不可能办到的。是的，当人们知道了某件事情该怎么做之后，也许谁都能做到了。”

哥伦布以广博的学识、机敏的思想、简明的实例，迅速构成一个严密的类比推理，明白地指出：在一件事情未获得验证前，这是一件极度困难的事，但只要有人找到解决的方法，这事就变得再简单不过了。

对待不同的人要用不同的方法、态度去应对；遇有争论、挑衅，也该针对事物的本质，用不同的方法加以解决。诸如哥伦布所遇到的这类只会越辩越僵的争端，还不如用个，简单却极有说服力的例子，让众人心服口服。

2.不要强求改变对方

要想改变对方的思想，最简单可行的办法就是打动他的心。一个人，如果不是自己有行动欲望，通常是不会付诸行动的，除非被人威胁、被暴力强迫；不过这些都不属于我们应该考虑的范畴。因此无论是谁，对于被人说服的可能都抱持着极大的排斥心理，其中尤以自尊心强烈的人更甚。别说他不明白情况，因为即使明知有利可图，他也照样难以接受。然而说服力欠佳的人对人类的这一项特性却置之不顾，只知道一个劲儿地说个不停，非逼得别人点头答应不可。甚至在对方加强了防御心之后，依然故我地喋喋不休，想勉强对方解除其心理武装，这样的劝说当然不可能成功。

究竟该怎样做才对呢？在《伊索寓言》中有一个《北风和太阳》的故事：

北风与太阳一直在为他俩之中谁较厉害的问题而吵得脸红脖子粗。然而单靠口舌之争是难以分出高下的，于是他们决定比温度，看谁能让路人脱下衣服来定胜负。

北风抢先挑战。它使出全力朝路人吹出最强烈、最寒冷的风。但是路人的衣服非但没被吹开，反而越裹越紧。于是，北风更加疯狂地吹着，结果却听见路人哆哆嗦嗦地说：“哇，好冷，受不了啦，得再穿一件衣服才行。”说着又加上了一件外衣。终于，北风精疲力竭地放弃了，不得不垂头丧气地退下来看太阳如何出招。

这回轮到太阳了。它在北风大逞威风的时候一直躲在云层后面，看到对方灰头土脸地退下去后，它才笑眯眯地从云端露脸，太阳光照得大地暖洋洋的，不一会儿，就见路人脱下先前加上的那件外套。太阳见此更加一鼓作气，继续放出温暖的光芒。不久，路人实在耐不住阳光的酷热，终于脱下全部的衣服，并且跳进路旁的小河去冲凉，于是太阳取得了最后的胜利。

北风与太阳的故事说明了无论何时何地，温和亲切的做法远比费力不讨好的威吓来得有效率。

话说回来，想要成为说服高手，不能靠北风一心想强制他人的方式，而是用太阳那种暖人心的温和来感化对方。总之，对方是透过你的表现而做出判断，决定是否该采取行动的。你的不同表现，就会刺激对方做出不同的判断，最后的结果也会有所不同。因此，不要总是想着如何改变对方，而是要尊重对方的选择及意愿，千万不要将重心错放在谋求如何改变对方上。

冠个头衔，让他鼎力相助

虽然头衔是虚的，不能增加人的经济收益，但却可以在极大程度上满足人的自我成就感。很多人都通过给予对方一个光辉闪耀的头衔来获得对方的鼎力协作。

斯坦梅茨是一位拥有异常敏锐的观察力和无法估计的才能的人。然而，在他就任通用电气公司的行政主管时，他所管理的事务却乱作一团。因此，他被撤销了行政主管一职，而担任顾问兼工程师。那么，怎样才能使这样一个事业上受挫的人不遗余力地投入到工作中、为公司效力呢？

这时，高层管理人员运用了一些奇妙的驭人策略。他们给予了斯坦梅茨一个耀眼的头衔——“科学的最高法院”。一时之间，几乎公司上下所有的人都知道：有一个叫斯坦梅茨的工程师非常了不起，他被称为“科学的最高法院”。而斯坦梅茨也极力维护这个头衔所带给他的荣誉，他不遗余力地工作着，创造了很多奇迹，为通用电气公司的发展做出了极大的贡献。

头衔是一种公开化的赞誉，面对它，几乎没有人能够真正抗拒。头衔能够让许多人激动不已，能够激发他们的工作热情，当然，还能够赢得他们的忠诚。一个小小的头衔真的拥有这么巨大的魔力吗？

其实，这当中是有其心理学依据的。

一方面，从个体心理学的角度看，当一个人被赋予某种头衔的时候，他对自己的自我认知就发生了改变。潜意识中，他将自己和这种头衔统一起来，如果他不按头衔的要求去做的话他就会产生认知失调，也就是自我认知和言行冲突，从而产生心理不适。因此，为了避免认知失调产生，他一定会以积极的言行来极力维系头衔带给他的荣誉。

另一方面，从社会心理学的角度看，当一个人被赋予某种头衔的时候，实际上是被赋予了某种社会角色。

著名心理学家津多巴曾经做了一个这样的实验：

参加实验的志愿者都是男性。津巴多将他们分成两组，一组扮演监狱里的“看守”，另一组扮演“犯人”。

一天后，几乎所有的参与者都进入了角色。“看守”变得十分暴躁而粗鲁，甚至主动想出许多方法来体罚“犯人”。而“犯人”则“垮”了下来，有的消极地逆来顺受，有的开始积极反抗，有的甚至像个看守一样去欺辱其他犯人。

人有一种将自身的言行与自己所扮演的角色统一起来的本能，人很难抛开自己所拥有的头衔而做出格的事情。

作为美国劳工协会缔造者的赛谬尔·冈伯斯就是凭借这个策略走向了成功。在刚开始的时候，他所面临的困境除了缺少资金之外，还缺少同盟者。为此，他创立了“民间委任状”，专门对那些愿意组织工会的人授予荣誉称号。采用这种方式，一年之中他就获得了 80 个人的鼎力支持。从此以后，美国劳工协会的会员数目开始直线攀升。

横扫欧洲大陆的拿破仑毫不吝啬地创设了许多崇高的头衔和荣誉。他制定了一种十字荣誉勋章，授予了 1500 多个臣民；他重新起用了法兰西陆军上将的官衔，并将官衔授予了 18 位将官；他还以“大军”头衔授予那些优秀的士兵……他通过给予他人头衔的方式赢得了众人的支持。

要想获得他人的鼎力支持，给予他人合适的头衔是非常有效的方式，这被无数事实反复证明着。

用“独立性”诱导别人依赖你

美国石油大亨老洛克菲勒是这样教育孩子的：

有一天，他把孩子抱上一张桌子，鼓励他跳下来，孩子以为有爸爸的保护，就放心地往下跳。谁知往下跳的时候，爸爸却走开了，小洛克菲勒摔得很重，在地上大哭起来。这时，老洛克菲勒语重心长地对儿子说："孩子，不要哭了，以后要记住，凡事要靠自己，不要指望别人，有时连爸爸也是靠不住的！从现在就开始学会独立地生活吧！"

洛克菲勒家族中的孩子，从小就不准乱花钱，每一个孩子可支配的少量零花钱也要记账。在学校读书时，一律在学校住宿，大学毕业后，都是自己去找工作。直到他们在社会中锻炼到能经得起风浪以后，上一辈人才会把家产逐步交给他们。

正是因为洛克菲勒家族注重培养孩子的独立生活能力，使孩子养成独立、自强的习惯，所以洛克菲勒家族历经几个世纪而依然繁盛如初。

要知道，依赖别人会产生不少危害。诸如，想办一件事不敢独立去做，总是想跟他人一块去做；遇事没有主见，总是等待别人做出决定；不相信自己，不敢讲出自己的见解，怕得不到人们的认可；对领导唯命是从，让干啥就干啥，只求生活平稳、少烦恼，等等。

可反过来想，如果减少对别人的依赖，而让别人依赖你，这是一种制胜的智慧。当人们习惯于依赖你的时候，他们依靠你去获得他们想要的幸福和财富，便会对你毕恭毕敬，彬彬有礼。他们对你的依赖性越大，你的自由空间也就会越大。

至于如何培养自己的独立性，并表现得既不夸张，又不张扬，同样，也是一种技术。

1.树立独立的人格，培养自主的行为习惯

要用坚强的意志来约束自己，无论做什么事都有意识地去做，不依赖父母或其他人。同时，自己要客观地看待自己，不断开动脑筋，把要做的事的得失利弊考虑清楚，抓住处理事情的主心骨，这样就能妥善、独立地处理事情了。

2.注意树立人生的使命感和责任感

一些没有使命感和责任感的人，生活懒散、消极被动，常常跌入依赖的泥潭，具有使命感和责任感的人，都有一种实现抱负的雄心壮志。他们严格要求自己，做事认真，不敷衍了事、不草率马虎，具有一种主人翁的精神。这种精神是与依赖心理相悖逆的。所以，你要学会选择这种精神，从而树立自我的主体意识。

3.单独地或与不熟悉的人办一些事或做短期外出旅游

这样做的目的是为了锻炼独立处事能力。自己单独地办一件事，完全不依赖别人，无论办成或办不成，对你都是一种人格的锻炼。与不熟悉的人外出旅游，是由于不熟悉，出于自尊心和虚荣心，你不会依赖他人，事事都得自己筹划。这无形之中就抑制了你的依赖心理，促使你选择自力更生，有利于你独立的人生品格培养。

培养了自己的独立性，无论在生活中、学习中，还是在工作中、创业中，你都可以用你的独立表现出你的能力，从而让他人需要你、依赖你。

而要让自己保持这种不可替代的被需要的角色，必须不断充实、提高自身的能力与素养。让自己更成功，让他人更信赖。

附和地倾听，让他乐于交流

多听别人说，自己才能了解对方更多的信息。然而，不是每个听力正常的人都懂得倾听的艺术，尤其是想讨对方欢心的时候，仅仅靠听就完全不够了，更重要的是要会适时附和对方。不信，看看下面的例子就知道了。

有人做过这样一个实验，来证明听者的态度对说者有着极大的影响。

实验者让学生表现出一副心不在焉的样子，结果上课的教授照本宣科，不看学生，无强调，无手势；让学生积极投入地倾听，并且开始使用一些身体语言，比如适当的身体动作和眼睛的接触。结果教授的声调开始出现变化，并加入了必要的手势，课堂气氛生动起来。

由此看出，当学生表现出一副心不在焉的样子，教授因得不到必要的反应而变得满不在乎起来。当学生改变态度，用心去倾听时，其实是从一个侧面告诉教授：您的课讲得好，我们愿意听。这就是无声的赞美，并且起到了积极的效果。

从上面的例子也可以看出，倾听时加入必要的身体语言，是非常有必要的。

行动胜于语言。身体的每一部分都可以显示出激情、赞美的信息，可增强、减弱或躲避、拒绝信息的传递。精于倾听的人，是不会做一部没有生气的录音机的，他会以一种积极投入的状态，向说话者传递“你的话我很喜欢听”的信息。

录音机是没有眼睛的，俗语说.“眼睛是心灵的窗口”。适当的眼神交流可以增强听的效果。这种眼神是专注的，而不是游移不定的；是真诚的，而不是虚伪的。发自灵魂深处的眼神是动人心魄的。

录音机做不了“小动作”，而倾听者则必须做一些“小动作”。身体向对方稍微前倾，表示你对说者的尊敬；正向对方而坐，表明“我们是平等的”，这可使职位低者感到亲切，使职位高者感到轻松。自然坐立，手脚不要交叉，否则让对方认为你傲慢无礼。倾听时和说话人保持一定的距离，恰当的距离给人以安全感，使说话者觉得自然。动作要合适，太多或太少的动作都会让说者分心，让他认为你厌烦了。正确的动作应该跟说话者保持同步，这样，说话者一定会把你当作“知心爱人”。

倾听并不意味着默默不语，除了做一些必要的“小动作”外，还得动一动自己的嘴。恰当的附和不但表示了你对说者观点的赞赏，而且还对他暗含鼓励之意。

当你对他的话表示赞同时，你可以说：

“你说得太好了！”

“非常正确！”

“这确实让人生气！”

这些简洁的附和使说话者为想释放的情感找到了载体，表明了你对他的理解和支持。

不仅如此，附和地倾听本身还是一种赞美。它能使我们更好地理解别人，有助于克服彼此判断上的倾向性，有利于改善交往关系。在入神地倾听别人谈话时，你已经把你的心呈现给对方，让对方感受到了你的真诚。我们去倾听别人的时候，也就是我们设身处地地理解他们的幸福、痛苦与欢乐的时候，也是我们能够把对方的优点和缺点看得更清楚的时候。而这些结论再通过我们有效的附和来传达到对方心里，这才能算是一次完美的交流。

入神地倾听并在适当时间附和也有利于对方更好地表达自己的思想和情感。在对方明白我们的倾听是对他的尊重以后，他同样会认真地听我们说话，这样大家彼此的交流才能产生良好的效果。

例如，对于领导来说，适时附和地倾听职员的谈话，既有助于充分了解下属情况，同时，也说明了你对下属的体贴和关心。这种没有架子的平民领导无论到哪儿都会受到员工欢迎的。在朋友之间，这种附和式地倾听则能促进情感，加深相互间的理解，引发精神上的共鸣。

所以，与他人交谈的时候，你若想博得对方欢心，想把交流愉快地延续下去，那么，请不要只是傻傻地倾听，要学着适时地附和。

恩威并施，让他心生敬畏

人都是有血有肉有感情的，因此，一般情况之下，只要我们能以诚相待、将心比心，多为对方考虑，就很容易说服他按照我们的意思办事。但当我们需要说服的对象无理取闹、顽固不化时，我们不妨施之以威，采取恩威并施之策略。唯有如此，我们的说服效率才会更高。

明太祖朱元璋以其巩固边疆，扩大国土而为中华民族做出了不朽的贡献。在明朝初定之时，西南少数民族并不完全归服，一则天高皇帝远，中央势力鞭长莫及；二则少数民族与中原汉族素有隔阂，因此，对此边远之地维持有效统治并非易事。可是，朱元璋在当时的形势下，就因为能够恩威并施，才解决了很多问题。

当时，朝廷驻贵州镇守的都督马烨趁水东、水西两邦改换首领之机，想"改土归流"，废掉水西、水东土司，改制郡县。因此，他将水西的女土司奢香抓来，鞭挞凌辱，欲以此挑起云南水东、水西诸邦怒气，来制造出兵借口。

此事一出，水部四十八部彝民都纷纷欲反，这使明太祖认识到武力强行并不能解决问题，对待云南各部还要采取抚慰政策。

这样一来，可借机让土司交出部分权力，去除各部与内地交通之屏障；二来可成就仁君之美名，收买人心，得到百姓拥戴。

尽管马烨也一片忠心，但这回不得不成为明太祖政治策略的牺牲品。

明太祖接待了水东土司刘淑贞，听其诉说马烨的劣迹和世代守土之功。马皇后也召见了刘淑贞，并传唤设宴进京入朝，予以抚慰。这使刘淑贞和奢香很是感动。明太祖进一步问："汝诚苦马都督，吾为汝除之，然何以报我？"明太祖已打算用马烨的性命换取二位土司的归顺。奢香说："愿世世代代皆诸罗，令不敢为乱。"

明太祖斩马烨的同时，册封奢香为顺德夫人，刘淑贞为明德夫人。可谓极尽恩赐之能事。但明太祖心中有数，过于亲近厚待必定会使其得意忘形，不服管教，并以为朝廷懦弱。因此，朱元璋仍留了一手。

当奢香、刘淑贞历经回归时，明太祖命令沿途官府在两路中央陈设兵力，紧张武备设施，以震慑二女，让其明白朝廷并非软弱可欺，而是具备相当实力，若举兵反叛，下场将不会很好。

明太祖的这种做法可谓明智至极，效果也极佳，对其册封厚待，使二位邦主领略了中央爱民之仁德；对其耀武陈兵，又使她们明白朝廷的威德。奢香等回去后，将朝廷兵力告知各部，于是众部心中顿生敬畏之情，归顺之心日强。

再看一个经典的恩威并施之例吧！

清朝被推翻之后，中国进入了军阀割据的年代，各大军阀为了抢占地盘，在帝国主义的支持下大打出手，把整个中国搞得乌烟瘴气、民不聊生。

这时，奉系军阀张作霖占据东北，而直系军阀曹锟占据了华北平原，双方地盘接壤，时不时会有小摩擦发生，但一直没有大的冲突。

这是为什么呢？照理说，在当时那种条件下，军阀地盘交错，不是朋友，就是敌人，气氛应该很紧张。其实，张作霖与曹锟还能扯上一点亲戚关系，张作霖的姑妈的表侄女是曹锟的三姨太，尽管没有血缘关系，但也算有姻亲在其中。

曹锟的为人有一个让人所不齿的地方，就是“势利”。早在曹锟还没有爬到直系统帅的时候，张作霖就听姑妈说过，而后几次偶然的接触，更加深了他对曹锟的认识。

曹锟在当上直系的头子后，就不时地送礼给张作霖，希望他能与之合作，共同打垮其他几支军阀，而一同称霸中国。开始，张作霖没有反应，后来曹锟动用了“亲情”，想以此来感动张作霖，但张作霖还是没有答应。照理说，在那种年代，能暂时寻得同盟也未尝不可，但张作霖太了解曹锟的为人了，所以才未敢答应。

曹锟在谋求合作的同时又不时地向张作霖抢地盘，以为张作霖不会因“一小块”不毛之地与人翻脸。但曹锟又想错了，张作霖在地盘上毫不退缩，就是一寸，也动之以武力相威胁。这令曹锟对他这位亲戚又恨又怕，毕竟，张作霖背后有日本这个大靠山，拥有大量的兵源与装备。

张作霖在这方面态度强硬，但也不敢太得罪这位亲戚，因此主动支持曹锟竞选民国总统，声称“全力声援”。

就这样，曹锟又不得不与张作霖搞好关系，因为他需要张作霖的支持。

张作霖真不愧是恩威并施的高手，他在与这个“势利”亲戚交涉时，让曹锟吃够了苦头，又尝到了不少甜头，令曹锟这种势利小人不得不主动与之处好“亲戚”关系。

当我们使用恩威并施的方法之时，一定要注意考察对手的相关情况。如果对方具有丰富的经验，并且整个说服的形势对自己不利而对对手有利，那么，恩威并施的方法难于达到预期效果。反之，在整个形势对己有利而对对方不利的时候，特别是对方缺乏足够的经验，或者对方对达成某项协议心情较为迫切的情况下，一般效果甚佳。

气势夺人，把他震得心服口服

真正的强者，震慑的是人的心理，而不是肉体。注重内心的修行，锻造自己的气势，也能不战而胜。不战而屈人之兵是最大的胜利。

古代，有一位专门训练斗鸡的名手叫纪消子。一天，君王让他代为训练一只斗鸡。10天过后，君王询问训练情况："进展如何？是否近日可用？"纪消子回答道："时机尚未成熟，它杀气腾腾，一上场即横冲直撞。"

又过了10天，君王再度询问，但纪消子还是回答说："不成！它只要一听到斗鸡的叫声，便马上斗志昂扬，无法控制自如。"

又过了10天，君王又来询问此事，说："怎样了？现在该可以了吧！"纪消子仍然摇头，说："还不行，它只要看见斗鸡的身影，便立刻来势汹汹，火暴蛮斗。"

最后10天很快过去了。君王走到纪消子面前时，终于得到了纪消子满意的答复："大功告成！如今它置身竞技场，不论其他的斗鸡如何挑其怒气，煽其斗志，它都如木鸡一样，无动于衷。这就是内心充满'德行'的证据。现在，无论什么样的斗鸡遇见它，莫不落荒而逃。"

军事上讲究"攻城为下，攻心为上"，说的就是心理博弈在竞争中的重要性。一个真正的强者是不会将威严流于表面的，他震慑的是人的心理，给人一种高不可测的"距离感"。使人无法真正了解他的内心世界，认为听从他也许是最好的选择，让人不得不屈服、跟随。强者不声张，不傲气，给人一种捉摸不透、神秘兮兮的感觉。正是这种感觉，彰显了他们的人格魅力，让人心甘情愿地敬畏、崇拜。内心沉稳、不怒自威才是真正的内心气势。

纪消子不愧为一个斗鸡高手，他将斗鸡培养成大智若愚的木鸡，锻造了斗鸡的内心气势，让别的斗鸡充满恐惧，不战自败。人也应该同斗鸡一样，不要稍微有点能力就四处卖弄、不可一世，大意随便只会流露出无知的本质。自我魅力的修养要靠长时间的锻炼才能形成。

面对激烈的竞争，我们不要急于与对手搏斗，而要注重气势的培养。急于求成不但不利于竞争，而且会让我们一败涂地。韬光养晦、引而不发，培养自己内心深沉、淡泊名利的品质。当我们的修行到了一定境界的时候,内心的威慑力就会自然而然地流露出来,不需要激烈的竞争,我们的对手便会甘拜下风,失去了反抗抵触的心理。

如今,很多企业的领导者都属于"木鸡"型,他们在团队中能产生强大的影响力。这是因为这类人平时虽然话语不多,可一旦出口则句句都很在理。所以他们说话总是"惜字如金",要么不说,要说一定说到点子上,并产生效果。

做一个强者、智者,不需要豪言壮语,只需要不怒自威的气势。

实施"苦肉计",将狡猾的他制伏

"苦肉计"是中国历史潜规则中不可忽视的一条。在面对狡猾的对手时,唯有付出血的代价,才能将之制伏。

吴王阖庐是派人暗杀了吴王僚后才登上王位的,僚的三个儿子逃亡在外,吴王阖庐以为大患,日夜难安。

一日,阖庐对大臣伍子胥说:"僚的三个儿子,以庆忌最为刚烈勇猛,听说他在外网罗部属,发誓要为父报仇,打回吴国,此人不可不除啊。"

伍子胥说:"庆忌狡猾多计,实在是强敌,他活在世上一天,大王就有不可预测的凶险。臣向大王推荐一人,此人肯定可为大王建功。"

伍子胥于是把要离举荐给吴王阖庐。阖庐见要离身材短小,形象丑陋,与他想象的志士形象相去甚远,不禁大为失望。伍子胥看出了阖庐的心思,劝他说:"好马贵在能负重致远,而不在其形体的大小。要离相貌平常,但是智勇无敌,此人绝非等闲之辈啊。"

要离不卑不亢地对阖庐说:"善于杀人者靠的是智慧而不是体力,善于谋叛者依仗的是骗取信任而不是明斗,我若能亲近庆忌,让他引为心腹,杀他岂不是轻而易举的事吗?"

阖庐被要离的话打动,马上以礼相待。三人计议多时,终于形成了谋刺庆忌的方案。

次日,在朝堂上,伍子胥上奏吴王请求派兵伐楚,并且推荐要离担任伐楚将领。吴王阖庐故意不屑地说:"要离手无缚鸡之力,岂可为将?他这个人无德无能,寡人只是可怜他才将他留在朝中。何况吴国刚刚安定,如果出兵打仗,寡人还有安稳的日子可享吗?此议决不可用。"

群臣哑言,这时要离却仗义直出,他指着吴王阖庐的鼻子,愤愤地说:"大王侮臣是小,却不该对伍子胥不仁不义。伍子胥帮你夺取王位,又助你治国安邦,吴国方有今日的兴盛局面。大王曾言替他伐楚报仇，无故失信背约，大王何以面对天下？这样做，大王连一个承守信诺的百姓都不如，如何让人信服呢？”

吴王阖庐大怒色变，当即命令力士砍断了要离的右臂，将其打入死牢。要离的妻小也被吴王拘拿。几日后，伍子胥密令狱中看守放松对要离的看管，让要离乘机逃出。阖庐把要离的妻小杀死，焚尸于吴国的闹市，使这件事人人皆知。

要离逃出吴国，他一路赶奔卫国投靠庆忌。庆忌见了要离，听他哭诉之后，庆忌还是不肯相信他，他对心腹说：“阖庐恨我不死，谁知这是不是他主使的苦肉计呢？”

庆忌的心腹说：“要离的右臂被砍掉，他历尽艰辛才逃出吴国，若说阖庐使计，可要离也不会自残自苦如此，大人不要疑心太重。”

不久，庆忌的密探向他报告要离的妻小被杀之事，庆忌疑虑顿消，他对心腹高兴地说：“肢体自残，要离或许可做到。可若是舍弃妻小性命，只为骗我信任，这就于理不通了，谁会这样残忍呢？”

庆忌于是视要离为心腹，让他为自己谋划归国大事。要离见自己和阖庐、伍子胥谋定的计策成功，于是趁热打铁，力劝庆忌及早发兵，夺回王位。庆忌对他言听计从，出动全部兵卒，顺江而下，向吴进军。

庆忌在指挥船上，要离手持长矛侍立其旁。庆忌指指点点，得意非凡，要离趁其不备，一矛刺透了庆忌的心窝。阖庐的心腹大患解除，吴国的局面最终安定下来。

正常情况下，人不会自我伤害，若他自我伤害必然是有隐情；利用这种常理，我们不妨以假作真，以真作假，那么离间计就可施行了。

虽然把自己的真实用心掩藏起来，有时要付出血的代价，但不做必要的牺牲，狡猾的对手就难以消除疑虑。采用这种办法欺骗敌人，在对手意想不到之处打动他，用他最忠心的人也难以做到的事触动他。任何人都会失去理智，都会掉进你精心设计的陷阱里面。

情趣诱导法，让对方一点点上钩

我们在求人办事，特别是求陌生人办事时，对方能不能答应你的要求，能不能全力帮助你把事情办成，关键是什么？

关键是他心里是怎么想的。他的内心世界怎么想问题，就决定了他对你提出的事情是给办还是不给办。那么,心理学家告诉我们,人们怎样想一件事情完全是外在情趣和利益诱惑的结果。比如他对A问题感兴趣或者想获得A,他就会说对A有利的话,也会做对A有利的事;反之,他便具有原始的不自觉的拒绝的心理。

所以,人们在办事时,要想取得对方应允或帮忙,就应该设法引起对方对这件事情的兴趣,或者设法让对方感觉办完这件事后会得到自己感兴趣的利益。很显然,人们对什么事情有兴趣或认为什么事情有满意的回报,就会乐于对什么事情投入感情,投入精力,甚至投入资金。这种办事方法就叫作情趣诱导法。

利用情趣诱导法必须让对方感到自然愉悦,深信不疑。只有利用情趣或利益把对方吸引住时,对方才肯为你的事情提供帮助。曾有这么一则寓言:

有位车夫拉着车上桥,桥很陡,走到半路实在拉不动了。他急中生智,用力顶着车把,放声唱起歌来。他这一唱,前面的人停下来看他,后面的人想看看发生了什么事。快走着追上他,而车夫则乘机央求大家帮着推车,大家一齐用力,车就推上了桥。

车夫了解人们好奇围观的心理,所以他不靠蛮力一个人拼死拉车,而是靠在车把上唱歌。

这位车夫的求人策略堪称高超过人,无与伦比。本来是求人帮忙,结果却成了别人自觉自愿的行为,求人求得不露声色,浑然无迹。

这就告诉我们在求人办事时,有时"央求不如婉求,劝导不如诱导"。要想诱导别人,首先就要引起别人的兴趣,让对方带着一份兴趣来为你尽力。

现实中,我们在请人帮忙时,如可以通过对工作的介绍,激发对方的好奇和兴趣,诱导其深入地了解工作的原理和目前所面临的困难。那么,就很可能使对方暂时忽略利益上的得失,从而慷慨解囊。

贝尔是电话机的发明人。有一次,他出门去筹款,来到大资本家许拜特先生家中,希望他能对他正在进行的新发明投一点资。但他知道,许拜特是个脾气古怪的人,向来对电气事业不感兴趣。怎么能让他发生兴趣,并为之解囊呢?

他们见面寒暄一阵之后,贝尔并没有直截了当地向对方说明预算能获得多少利润,也没有对他讲述科学道理。

他坐下来,先弹起客厅里的钢琴。弹着弹着,他忽然停止,向许拜特说:"你可知道,如果我把这只板踏下去,向这钢琴唱一个声音,这钢琴便也会复唱出这声音来。譬如,我唱一个哆,这钢琴便会应一声哆,这事你看有趣吗?"

许拜特放下手中的书本，好奇地问："这是怎么回事？"

于是，贝尔详细向他解释了和音和复音电话机的原理。通过这次谈话，许拜特很愿意负担一部分贝尔的实验经费。贝尔如愿以偿。

另外，利用这种方法让其达到最终目的，还应懂得一个诀窍，就是要学会循序渐进。

美国斯坦福大学社会心理学家弗利特曼和弗利哲两位教授，曾同学校附近一位家庭主妇巴特太太做了个有趣的实验。他们打了个电话给她："这儿是加州消费者联谊会，为具体了解消费者之实况，我们想请教几个关于家庭用品的问题。"

"好吧，请问吧！"

于是他们提出了一两个例如府上使用哪一种肥皂等简单问题。当然，这个电话，不仅仅只是打给了巴特太太。

过了几天，他们又打电话了："对不起，又打扰你了，现在，为了扩大调查，这两天将有五六位调查员到府上当面请教，希望你多多支持这件事。"

这实在是件不好办的事情，但也被同意，什么原因呢？因为有了第一个电话的铺路。相反的，他们在没有打过第一个电话，而直接提出第二个电话中的要求时，却遭到了拒绝。他们最后以百分比作为结论。前一种答应他们的占52.8%，后一种只有22.2%。

据此可知，向人有所请托，应由小到大、由微至著、由浅及深、由轻加重才是。如果一开始就有太大的请求，一定会遭受对方断然拒绝。

可见，学会循序渐进，一点一点引别人接受，一点一点诱别人上钩，既是求人办事的小技巧，也是嫁接成功的大原则。

给对方一些"意外"，改变他的想法

一般情况下，当我们遇到以"不行就是不行"的态度始终表示拒绝的人，往往会束手无策，甚至想放弃对他的说服。面对这种情形，我们应该采取让对方感到意外的态度。

以前一般的美国人都认为人造黄油比奶油质量差，导致人造黄油的销售量迟迟不能提高。但是人造黄油的经营者们却信心十足，他们打算不论在质量方面、味道方面和营养方面，都让人造黄油成为奶油的代用品。他们想尽一切办法宣传人造黄油的优点，以提高它的销售量。他们这样做就是想消除人们"人造黄油不如奶油"的先入为主的思想观念。因此，经营者们委托有关机构调查造成这种偏见的原因，并且研究出了解决的办法。

在某次午餐会上，有90%以上的妇女说可以辨别人造黄油和奶油，她们说人造黄油有腥臭味，等等。于是调查人员发给她们每人黄、白各一块奶油状的食品请她们品尝。结果，95%以上的妇女认为黄色的是奶油，她们说味道“新鲜”“纯正”，认为白色的则是人造黄油，并说有腥臭味。

但是，她们的尝试结果与事实恰恰相反，黄色的是人造黄油，白色的是刚刚制造出来的奶油。

心理学家们对那些暴露了自己的“味觉迟钝”而陷入尴尬处境的女性们的反应，很感兴趣。但是，经营者并没有露骨地说“太太们，你们说这奶油有腥臭味是不是有些味盲呢？”他们并没有采取这种愚蠢的行为来破坏对方的先入之见，而是不再强调人造黄油与奶油的“类似性”。他们通过宣传人造黄油给人们带来的“满足感”大大提高了销售量。

这样，如果了解了先入为主的心理结构之后，就不应该从正面反驳对方的先入之见，否则会使他产生逆反心理。而应该以对方毫无觉察的方式，给予他意外的体验。这样，你的说服就会成功。

另外，让对方有意外的体验，从而改变其先入之见，当然离不开跟对方讲道理。

马丁和瑞恩两人为了增加自己的零用钱，分别跟妻子展开说服攻势。

首先，让我们来看看马丁先生如何去做的吧：

“你想想，上次加钱是什么时候？好像已经很久了……你知道吗？近来同事们都说我变小气了，这样是会影响到我的人际关系的。再这样下去，我一定会受到大家的排挤。你也曾经在社会上工作，应该了解被人排挤的滋味吧！这样绝对会影响到工作绩效，我想你一定能了解并体谅我的苦衷！”

马丁太太听了丈夫的话，说：“是呀，好久没有调整零用钱了，万一影响工作就不好了。这样吧，从这个月开始，每个月多给你3000元的零用钱吧！”

马丁先生进行得相当顺利。紧接着我们再来看看瑞恩先生是怎么说的：

“喂，从这个月开始零用钱再多给我3000元。你到底有没有替我想想，现在这个样子，酒不能喝、烟也不能抽，这怎么行呢？总之，赶快给我加钱……”

瑞恩的太太闻言不禁火冒三丈：“你说的是什么鬼话！不是才刚加了钱吗？你哪一天不是喝得醉醺醺才回来，烟也抽得那么凶，却还说什么没烟抽、没酒喝。还想加什么钱呀！开玩笑，不行！”

“刚加钱?!那已经是3年前的事了。喂,只要你少参加几次才艺班,不就多出3000元了吗?拜托嘛!”瑞恩先生看太太有些动怒,便软化态度,温和地说道。

“好吧,那就加1500吧。”瑞恩太太心不甘情不愿地退一步说。

“哎呀,你可真会计较!”

由此可知,马丁、瑞恩两位先生,在争取提高零用钱一事上,都获得了小小的成功。但我们却可以明显看出马丁先生似乎略胜一筹。而从成功的技巧来看,其实瑞恩先生不能算真正的成功。这是为什么呢?

因为瑞恩先生的劝说根本没有表达出劝说的真实含义。这是由于瑞恩的太太无法完全理解丈夫要求加钱的理由,而仅只是屈服于丈夫软硬兼施的威胁,如:“减少你的才艺班课程”。由此不难预见,今后这对夫妻在遇到更难处理的事情时,将会采取什么样的沟通模式。在他们心中,并没有打算要明确告知对方自己的想法,进而说服对方,反而只是一味地将自己的想法强加给对方,直到对方勉强接受为止。

以马丁夫妇的情况和瑞恩夫妇比较,就会明白说服技巧和成效的差别。

马丁先生将自己在公司的状况明确地告诉妻子,让妻子了解到这种状况如果持续下去对于她也是相当不利的。于是太太细思后发觉如不增加丈夫的零用钱,的确会使家庭和自己的利益受损。于是当机立断,很爽快地答应了。马丁先生极其聪明地抓住此一关键,巧妙地将自己的利害关系与妻子联系在一起,让妻子自动说好,成就他的目的。

在进行劝说之前,到底应掌握哪些关键点?卡耐基认为,所谓的说服是:“替对方的行动制造契机,唤起对方行动的欲望、情感等。将自己希望对方做的事情,一步一步转变成对方自愿的行为。”在这个过程中,你除了让对方充分理解你的目的外,更必须让他清楚知道,如果自己采取行动能得到什么样的好处。总之,说服,就是把你所想表达的描述成具体的“形象”灌输到对方的心中。

所以,你要使对方对其先入之见有客观的认识,你要说服他人,就请遵循这一规则:改变一种方式,给对方一种意外的体验。

意识唤醒法,使他走出悲伤阴影

人生变幻无常,我们有时难免陷入失意之中。心理学认为,这是因为自我意识没有被唤醒。人的自我意识有很多种,比如年龄意识、性别意识、社会角色意识等。例如年龄意识，一般情况下，人到了某个年龄阶段就会出现某种心理特征，但有的人却迟迟不出现。这时，只要你点拨他一下，他就会醒悟，从而发生心理上的飞跃。

所以，正确的自我意识一旦被唤醒，人也就会从失意中振奋起来。

小姜的一个同学因患黄疸型肝炎被学校劝退休学，整天愁眉苦脸，总认为自己的病没有好转的可能，因而产生了悲观情绪，丧失了信心。小姜放假时，到这位同学住的医院探视他。一见面他就做出一副欣喜状，对这位同学说："哥们儿，你的脸色比以前好多了嘛！听医生说，你的黄疸指数已有所下降，这说明你的病情在好转啊！"

小姜的话客观实在，使朋友的精神为之振作。于是，他乐观地接受治疗，加速了康复进程，不久便病愈出院了。

人在遇到各种变故的时候，总会不由自主地心烦意乱，甚至悲观郁闷，有些人往往会因为自己的身心状况不佳而更加失落。这时，如果你想给他们带来好心情的话，就应该抓住某些好的方面，适时予以积极的暗示。这样才有助于唤起他们的自我意识，使其鼓起希望的风帆，积极地生活。

上大四的小孙恋爱三年了，不久前女朋友不知何故跟他吹了。他很伤心，整天精神恍惚。他的班主任王师知道此事后，特地赶来做他的工作。王老师一见面就说：

"我知道你失恋了，是来向你道贺的！"

小孙很生气，转身就走。

"难道你不问问为什么吗？"小孙停下来，等着听王老师的下文。

王老师说："大学生都希望自己快点成熟起来，失败能使人的心理、思想进一步成熟起来，这不值得道贺吗？大学生的恋爱大多属于非婚姻型，一是大学生在学习期间不大可能结婚，二是很难预料大家将来能否在一个地方工作。这种恋爱的时间又不长，随着知识的积累，人慢慢成熟了，就有可能重新考虑对方，恋爱变局也就悄悄发生了。应该说，这是大学生心理成熟的一种重要标志，你这么放任自己的感情，是心理成熟还是不成熟的表现呢？另外，越到高年级，大学生越倾向于用理智处理爱情。这时，性情是否相投，性格是否和谐，理想和追求是否一致，学习和工作是否互助互补，都会成为择偶的标准。甚至双方家庭有时也会成为重点考虑的条件，这就是择偶标准的多元化。这种标准多元化更是大学生心理逐渐成熟的表现，也符合普遍规律。你女朋友和你分手是不是出于择偶条件的全面考虑？你全面考虑过你的女朋友吗？如何处理你这目前的感情失落，你该心中有数了吧？"

王老师先设置悬念——“祝贺你失恋”，把小孙从感情的泥沼中“唤”了出来，然后通过合情合理的分析，唤醒他的理智，多次用“大学生失恋不是坏事，而是心理成熟的标志”的观点来加以点拨。王老师就是通过一步步唤醒小孙的自我意识，使他认为该用理智来处理感情问题，从而约束自己的感情，恢复心理平衡。

失意者心中往往憋着一股劲儿，只要这股劲儿没有得到梳理，就总是表现出悲伤的情绪。这种悲伤的情绪若不能得到正常的排除和化解，不仅会使人的生活变得暗淡萎缩，还有可能会演变成精神上的疾病。想要帮失意者摆脱这种心理状态，鼓励他们的自我意识，即唤醒他们的自我意识，是一种非常有效的手段，可以尽快使他们走出低谷，走向成功。

迎合自尊心，顺势将他改变

现实生活中，无论与什么人打交道，我们都希望得到对方的尊重。心理学家认为，尊重是每一个人的心理需要。不管先天条件如何、财富的多少、地位的高低，任何人都需要得到别人的尊重。因而，要想使他人乐于改变，最重要的就是迎合他人的自尊心。

美国心理学家曾做过一个实验，证明了尊重对人产生的巨大影响。

为了调查研究各种工作条件对生产效率的影响，美国西方电器公司霍桑工厂一个大车间的6名女工被选为实验的对象。实验持续了1年多。这些女工的工作是装配电话机中的继电器。

第1个时期，让她们在一个一般的车间里工作两星期，测出她们的正常生产效率。

第2个时期，把她们安排到一个特殊的测量室工作五星期。这里除了可以测量每个女工的生产情况外，其他条件都与一般车间相同，即工作条件没有变化。

接着进入第3个时期，改变了女工们工资的计算方法。以前女工的薪水依赖于整个车间工人的生产量，现在只依赖于她们6个人的生产量。

第4个时期，在工作中安排女工上午、下午各一次5分钟的工间休息。

第5个时期，把工间休息延长为10分钟。

第6个时期，建立了六个5分钟休息时间制度。

第7个时期，公司为女工提供一顿简单的午餐。

在随后的3个时期每天让女工提前半小时下班。

第11个时期,建立了每周工作五天的制度。

最后一个时期,原来的一切工作条件又全恢复了,重新回到第一个时期。

老板是想通过这一实验来寻找一种提高工人们生产效率的生产方式。的确,工作效率会受到工作条件的影响。然而,出乎意料的是,不管条件怎么改变,如增加或减少工间休息,延长或缩短工作日,每一个实验时期的生产效率都比前一个时期要高。女工们的工作越来越努力,效率越来越高,根本就没关注过生产条件的变化。

想必你一定在好奇,这是为什么呢?

之所以会这样,一个重要的原因就是女工们感到自己是特殊人物。她们受到了尊重,引起了人们极大的关注,因而感到愉快,便遵照老板想要她们做的那样去做。正是因为受到了重视和尊重,所以,她们工作越来越努力,每一次的改变都刺激着她们去提高生产效率。

被尊重的需要是人的一种高级需要。人与人在财富、地位、学识、能力、肤色、性别等许多方面存在差异,但在人格上是平等的。维护自己的自尊是人类心中最强烈的愿望,因此,满足尊重的需要对人来说十分重要。很多时候,人们为了获得尊重,会通过追求流行、讲究时髦、用高档商品、买名牌服装等手段来体现自己的价值。

交际中,我们常会遇到一些自命不凡型的人。他们无论对谁,无论谈论什么话题,总表现出一副很懂的样子,总用一种不以为然的神情对待你。大家几乎都觉得跟这类人没有什么共同语言,想改变这类人比登天还难。其实,这类人喜欢听恭维的话,无论他说的是对还是错,你只要不嘲笑或不批评他,而是多多赞美他,迎合他们的自尊心,便可以使他们有满足感,自然就可以顺势将他们改变了。

所以,当你想改变一个人的时候,无论他多么难对付,只要牢记迎合他的自尊心,给他满足感,几乎都可以顺利达到目的。

第十一章　语言运智方略

口不择言闯大祸

几乎人人都知道这样一句话:“口不择言闯大祸。”没错,与别人谈话时,必须讲究方圆曲直,该说的说,不该说的就不要出口,否则口无遮拦,很容易让自己陷入危险境地。

纪晓岚中进士后,当了侍读学士,陪伴乾隆皇帝读书。

一天,纪晓岚起得很早,从长安门进宫,等了很久,还不见皇上到来,他就对同来侍读的人开玩笑说:“老头儿怎么还不来?”

话音刚落,只见乾隆已到了跟前。因为他今天没有带随从人员,又是穿着便服,所以没有引起大家的注意。皇上听见了纪晓岚的话,很不高兴,就大声质问:“‘老头儿’三字做何解释?”

旁边的人见此情景都吓了一身冷汗。纪晓岚也吃了一惊,说这话本无其他恶意,但却被皇上听到了,而且还当着众臣的面。纪晓岚突然灵机一动,战战兢兢地说:“万寿无疆叫作‘老’,顶天立地叫作‘头’,父天母地叫作‘儿’。”

乾隆听了这个恭维自己的解释,才转怒为喜,不再追究了。纪晓岚这才把提到嗓子眼的心收了回来。

虽然这只是个民间传说,我们不需要去考证它的真实性。但它给我们带来一个启示:即使你是铁齿铜牙,说话也不可口无遮拦。

在与他人言谈的过程中,我们要恰当地回避他人忌讳的东西,这样才能使彼此交流融洽。就拿最常见的朋友聚会来说,大家不免要开开玩笑,使气氛更加欢愉,这是一种乐趣。然而,如果你把不该说的话说了,如揭了朋友的伤疤等,就很容易使气氛骤变,尤其是有朋友携好友或恋人在场的时候,情况会更糟。

小张长得高大魁梧,在大学校园内有“恋爱专家”的雅号。如今他是一家外资公司的高级职员。英俊的长相和丰厚的薪水使他在众多的女友中选上了貌若天仙的小丽。正值春风得意之际,小张带着小丽去参加朋友聚会。

就在大家天南海北闲谈的时候,同学小王无意转了话题,谈起了大学校园罗曼蒂克的爱情故事,故事的主人公自然是"恋爱专家"小张。小王眉飞色舞地讲述小张如何引得众多女生趋之若鹜,又如何在花前月下与女生卿卿我我。小丽刚开始还觉得新奇,但越听越不是滋味,终于拂袖而去。小张只好撇下朋友去追小丽。

故事中,小王并不是有意要揭小张的伤疤,但他口无遮拦地追忆往事却无端造出了乱子,使小丽耳不忍闻,终于拂袖而去。这不仅使小张要费不少周折去挽回即将失去的爱情,而且使在场的人心里也不愉快。

可见,无论在什么场合,什么情况下都要把握说话分寸,尽量做到该说的说,不该说的就不说,这样才能创造一个和谐的氛围。

宁可犯口误,不可犯口忌

现实生活中,言谈交际往往是一场没有硝烟的战争。谁掌握了语言的运用要领,谁就掌握了战争中武器的运用要领。无数实践证明,语言策略中,宁可犯口误,也不可犯口忌。

康熙皇帝在年轻时励精图治,创下不少功业。但到了晚年,由于年纪渐长,产生了一个怪脾气——忌讳人家说"老"。如果有谁说"老",他轻则不高兴,重则给对方治罪。所以,臣子们都知道他这个心理,一般情况下都尽量回避说"老"。

有一次,见天气风和日丽,康熙便率领一群皇妃在后花园的湖中垂钓,不一会儿,渔竿一动,他连忙举起钓竿,只见钩上钓着一只老鳖,心中好不喜欢。谁知刚刚拉出水面,只听"扑通"一声,鳖却脱钩掉到水里又跑掉了。康熙长吁短叹连叫可惜,在康熙身旁陪同的皇后见状连忙安慰说:"看样子这是只老鳖,老得没牙了,所以咬不住钩子了。"

皇后话音还未落地,旁边一个年轻的妃子却忍不住大笑起来,而且一边笑一边不住地拿眼睛看着康熙。康熙见了不由得龙颜大怒,他认为皇后是言者无心,而那妃子则是笑者有意,是含沙射影,笑他没有牙齿,老而无用了。于是将那妃子打入冷宫,终身不得复出。

年轻的妃子因为笑了一笑而被打入冷宫,除了她自身的修为不够之外,很大一部分原因在于她不懂得语言运用的禁忌，触犯了皇帝的大忌。康熙由于上了年纪，体力和精力都有所下降，但又不肯承认这个现实，而且也希望他人在客观上否认这个现实，故而一旦有人涉及这个话题，他心理上就承受不了。虽然表面看来是皇后说出那句话，是皇后触犯了大忌，但皇后未被治罪是由于她与妃子同康熙的感情距离不同。皇后说的话，仔细推敲一下，有显义和隐义两种意思，显义是字面上的意思，因为康熙与皇后的感情距离较近，他产生的是积极联想，所以他只是从字面上去理解，知道皇后是一片好心的安慰，即便是有错，也不过是口误。妃子虽然没有说话，只是笑了一笑，但她是在皇后的基础上的引申，是把那只逃掉了的老鳖比做皇上，是对皇上的大不敬。所以，同样的问题，同样的环境，由于不同人物的不同理解便引出不同的结果来。正所谓“说者无心，听者有意”。

美国的保罗·魏里希提出了一种语言博弈中的策略型均衡，指在两种都会带来损失的策略中选择损失较小的那个，以达到一个相对的均衡。具体到上面这个故事，在犯错和犯忌这两个非优策略中，选择犯错而非犯忌显然可以达到一个策略型均衡。一般说来，人不怕犯错，最怕犯忌。犯错，可以说是“各人造业各人担”，是一种疏失，可以避免；犯忌则是自己招惹是非，无法补救。深谙策略型均衡智慧的人都明白，宁可犯错也不要犯忌。

人常说：“不打勤不打懒，专打不长眼。”人生在世有很多忌讳，如果你在无意之中触犯了别人的忌讳，就会在无形之中得罪对方。所以在工作和生活中，与他人进行言语上的博弈时，一定要眼观六路、耳听八方，千万不要触犯了别人的忌讳。

这壶不开提那壶

虽然说“金无足赤，人无完人”，但与人打交道的时候，无论是他人提到你的短处，还是你去提及他人的短处，即使那些短处是显而易见的，基本都会招致当事人反感。对此，想让交际顺畅，最好的办法就是“这壶不开赶紧提那壶”，扬长避短。

关于怎样不去触及他人的短处，就是莫拿他人的缺点、隐私等让对方不悦的事情当话题，多聊对方的长处或得意之事，做到这一点比较简单，只要你口会择言即可。

可是，当别人触及我们的短处时，我们该如何做到“这壶不开提那壶”呢？概括来讲，做不了完人可以尽量向完人靠拢。具体途径主要有两种。

一是先很有技巧地坦然承认自己的缺点，然后模糊掉这些缺点所带来的弊端，最终将缺点过渡为优点。

某求职者到一家名企去面试。

面试官看了看求职者的成绩单，问道："你为什么曾经留级过一年？"

求职者巧妙地回答道："我也觉得留级一年很不应该，当时我担任社团的负责人，全身心投入到社团活动上，反而忽略了自己当学生的本分，等我察觉到这个错误时，我已经留级了。虽然我花在社团的心血，也带给我不少的收获，可是一想到自己因此而留级，就觉得很可耻，我一直都为此事耿耿于怀，更不愿重蹈覆辙。"

听完这番话，面试官决定录用这位求职者。

事例中，这位求职者能够成功应聘，不得不归功于他的语言技巧。首先，他给主考官留下了一个主动承认错误，知错就改的印象。其次，主考官听了他的回答后会认为虽然留级一年，但造成这种结果的原因却是良性的，他会猜测该求职者的社交、组织能力很不错。由此，该求职者实现了缺点到优点之间的平稳过渡。

二是当别人当面评价你的缺点或短处时，你也可以淡化缺点，避而不谈，去转向其他的优点。

戴维："很抱歉，我们的谈话随时有可能被打断。不过，法拉第先生，你很幸运，此时此刻仪器还没有爆炸。你的信和笔记本我都看了，你好像在信中并没有说明你在什么地方上大学。"

法拉第："我没有上过大学，先生。"

法拉第接着说："我尽可能学习一切知识，并在用自己的房间建立的实验室里进行试验。"

戴维："唔，你的话使我很感动。不过科学太艰苦了，付出极大的努力只能得到微薄的报酬。"

法拉第："但是，我认为，只要能做这种工作，本身就是一种报酬！"

这段对话十分精彩，它是英国科学巨匠法拉第当年向戴维爵士求职时的对话。当戴维爵士提到法拉第没有受过正规教育时，法拉第仅一句带过，话锋立刻投向他的长处——执着、勤奋，而这正是从事科学研究所需要的品质。最终法拉第被爵士破格录取为自己的助手。

还有些时候，尤其在面试中，我们经常会被问到一个非常尖锐的问题，那就是"你认为自己最大的弱点是什么？"

这是一个棘手的问题。如果照实回答，你就是在暴露自己的致命弱点，可能会毁了自己在对方心中的好印象；如果你回答没有什么缺点.又实在不能令人信服。对方试图使你处于不利的境地，观察你在类似的语言困境中将做出什么反应。

对此，完满的回答便是用简洁正面的介绍抵消缺点本身带来的不良效果。请记住以下几个原则：

1.不要说自己没什么缺点。

2.不要把那些明显的优点牵强地说成缺点。

3.切勿不经思量地说出那些对人际或工作等能造成严重影响的缺点。

4.不要说出一些令人不放心、不舒服的缺点。

5.可以说出一些表面上看是一种缺点，但从工作、生活等另一个角度看却是优点的缺点。

巧妙地运用以上的方法，便能漂亮地解决这个棘手的问题。例如：“朋友们都说我做事情过于追求完美，以至于有些吹毛求疵。记得学校校庆时我负责宣传板报的制作，返工了4次，被和我搭档的同学埋怨了好久。”这样的回答，说的虽是自身的缺点，但却表现了正面的效果，体现了你对工作的认真和负责。

一个人有缺点并不可怕，可怕的是不敢承认它、改正它，反而强词夺理。从辩证的角度看，缺点与优点是相互转化的，前提是正确地认识缺点，实实在在地改正缺点。“横看成岭侧成峰”，对缺点本身来讲，有些“缺点”对某些工作来说恰恰是优点；对有缺点的人来说，无论是消除误会，还是坦然承认，都会使消极评价转化为积极评价。

别人的隐私，可以听但不可以说

每个人都有自己不想让人知道的那一部分小秘密，即所谓的隐私。有些人喜欢把它夹在日记本里永远珍藏，有些人喜欢把它密封在小盒子里永远封印，有些人喜欢把它深埋心底只有自己可以回味……

既然隐私有其“隐”的一面，我们在与他人相互闲聊或调侃时，哪怕感情再好，都不要把他人的隐私公布于众，更不能拿来当作笑料。正如那句老话“祸从口出”，为人处世一定要把好口风，什么话能说，什么话不能说，什么话可信，什么话不可信，都要在脑子里多绕几个弯子，心里要有分寸。你知道了哪些人的机密？这些机密是不是应该保住？如果他们是一些对个人隐私极度保护、敏感万分的人，万一传出去，结果会怎么样？

钱云和妻子结婚才半年就生了一个小孩，同事们纷纷赶来道喜，陆路也来了。他拿来了自己的礼物——字典，钱云先谢过了他，但带着迷惑的眼神问："你给这么小的孩子赠送字典，不太早了吗？"

"不，您的小孩儿太性急。本该四个月后才出生，可他偏偏现在就蹦出来了，再过半年，他肯定会去上学，所以我才给准备了字典。"

陆路才说完，全场哄然大笑，钱云夫妇却显得有点不高兴。

陆路一句话明显就把他们未婚先孕的隐私给捅了出来，本来不想让人知道的事一下传播开了，这样令大家都处于尴尬的局面。

钱云是一个特要面子，自尊心很强的人，很少和人聊天，上班期间就专注于工作，别人对他也不是很了解，觉得他属于沉默寡言的一类。这样一个人自然也不喜欢外漏隐私，不想让别人知道太多自己的事情，用他的话说："像把自己脱光了站在大街上给人看。"

经过这事，他们夫妇俩就再也没有和陆路来往过，见了面都装作没看见。

可见，调侃时如果说出了他人的隐私，有时即使言者无意，但听者却有心。他会认为你是有意跟他过不去，从此对你恨之入骨。他做的事别有用心，极力掩饰不使人知，如果被你知道了，必然对你不利。如果你与对方非常熟悉，绝对不能向他保证你绝不泄密，那将会自找麻烦。最好的办法是假装不知，若无其事。

有时候，遇到朋友谈论其自身或他人隐私的时候，若是迫于情境需要，如朋友的刻意诉苦等，你可以选择听，但最好不插言，一听而过。要知道，听完别人的隐私，把住口风是责任。大多数人，尤其是假面人，把隐私看得很重，认为隐私承载了他众多不为人知的秘密，绝对不能被传开，成为人们茶余饭后的谈资，否则他必定想象自己穿得再多，在知道秘密的人面前都是裸体一个。一旦他知道你说出了他的隐私，那么麻烦就大了，轻则断交，重则报复，所以最好要把别人的隐私锁在舌头上，严把口风。

当然，若不是迫于情境的需要，朋友谈论其自身或他人隐私的话题时，你最好装做什么也没听见，远远躲开。来说是非者，必是是非人。有的人别有用心，就是想借刀杀人，让你为他传播是非。对于这样的人我们最好敬而远之。

说出来的永远少于需要说的

不知道你是否有这样的感触：当你想用言辞来给人们留下深刻印象的时候，你说得越多，在别人眼里就越是平淡无奇，你所能控制的也就越少。

这是因为，你说得越多，说出愚蠢的话的可能性也就越大。很多时候，如果你能把话说得隐晦一点，神秘一点，多给人留一点遐想，那么即使你是老调重弹，别人也会觉得你的见解独到。正如那些有权力的人，总是说得很少，他们给人的印象却很深刻，而且总是能威慑到别人。

提起“刘罗锅”——刘墉，人们脑海里立刻出现了一个聪明机智、正直勇敢、不失几分幽默的人物形象。他凭着自己的正直和聪明周旋于危机重重的封建官场，左右逢源，游刃有余。但很少有人知道，刘墉也曾遭遇重大挫折，受到乾隆皇帝的申斥，本该获授的大学士一职也旁落他人。究其原因，不过是刘墉守口不密，说话不周，酿成了祸患。一次乾隆谈到一位老臣去留的问题，说若老臣要求退休回籍，乾隆也不忍心不答应。刘墉便将这话泄露给了老臣，而老臣真的面圣请辞。乾隆大为恼火，认为这是刘墉觊觎补授大学士的明证，是“谋官”的明证，因而训斥一通，将大学士一职改授他人。

足见言语谨慎对于一个人立身、处世具有很重要的意义。处世戒多言，多言必失。与世人相处切忌多说话，说话太多必然有失误。说话犯了随便胡扯的毛病就会听起来荒诞不经；说话犯了繁琐啰唆的毛病就会使人感到支离破碎，不得要领。说话不小心会招致祸患，行动不谨慎会招来侮辱，君子处世应当谨慎。

武则天《臣轨 · 慎密》中有言：嘴巴好比一道关卡，舌头好比射箭的弩机。一句不妥，驷马难追。嘴巴和舌头犹如一柄双刃剑，一句话说得不恰当，就会反过来伤害到自己。因为话虽然是自己说的，别人既然听到了，你就无法阻止别人去传播，由此所带来的影响你根本没办法控制。刘墉由于说话不慎，而将到手的大学士丢了，就是最好的明证。

“言多语失”，说话应谨慎，舍弃那些不可说的话，即使是可以说的话也应该按需要的程度，能省则省。要知道，虽然有时你说话并无恶意，但对听者而言，却可能伤及他的自尊心。

诸多事实证明，话说得得体，则让人高兴；反之，只会让人伤心。就是同样意思的话，出自两个不同身份的人，听起来也有区别。你自己信口开河，根本意识不到会伤害人，但别人却认为你是有意的，如俗话所说“口乃心之门”，你明显是故意伤害他。很多不爱多说话的人，他内心并不是糊涂得无话可说，而是他明白话说多了鲜有不败事的道理。

日常生活中，一个人如果光说不做，久而久之，只会让人生厌。多说话比起多做事往往给人以夸夸其谈的印象，倒不如少说话，踏踏实实地多做实事则让人感觉勤奋踏实，值得信任。一个人只有做行动上的巨人，少言多思，才能取得成就。

司马迁作为一代伟大的历史学家，他在《史记》中对汉代名将李广有一段深刻的评价，大意如下：《论语》上说过位居于上的人行为端正，不发命令，下属也会效法他的行为去做；位居于上的人行为不端正，即使下了命令，也不会有人遵照去做。这说的就是李广将军这类人。我见过李广将军，他诚信忠厚，简单得像个乡下人，不善于谈吐。可是当他逝世的时候，天下无论是认识或不认识他的人，都因为他的死而哀痛不已。这是他忠诚笃实的品质取得了人们对他的依赖的缘故！

所以，逢人只说三分话，未可全抛一片心。还是很有道理的。

响鼓无须重锤敲

人非圣贤，孰能无过？可是，当别人犯了错误，我们该如何不伤彼此颜面地去批评对方呢？看了下面的故事，你就会大有收获了。

宋朝知益州的张咏，听说寇准当上了宰相，对其部下说：“寇公奇才，惜学术不足尔。”这句话一语中的。张咏与寇准是多年的至交，他很想找个机会劝劝老朋友多读些书。

恰巧时隔不久，寇准因事来到陕西，刚刚卸任的张咏也从成都来到这里。老友相会，格外高兴。临分手时，寇准问张咏：“何以教准？”张咏对此早有所考虑，正想趁机劝寇公多读书。可是又一琢磨，寇准已是堂堂宰相，居一人之下，万人之上，怎么好直截了当地说他没学问呢？张咏略微沉吟了一下，慢条斯理地说了一句："《霍光传》不可不读。"回到相府，寇准赶紧找出《汉书·霍光传》，从头仔细阅读，当他读到"光不学无术，阍于大理"时，恍然大悟，自言自语地说："此张公谓我矣！"是啊，当年霍光任过大司马、大将军要职，地位相当于宋朝的宰相，他辅佐汉朝立有大功，但是居功自傲，不好学习，不明事理。这与寇准有某些相似之处。因而寇准读了《霍光传》，很快明白了张咏的用意。

故事中，张咏与寇准过去是至交，但后来寇准位居宰相，直接批评效果不一定好，在这种情况下，张咏的一句赠言"《霍光传》不可不读"可以说是绝妙的。别看这仅仅是一句话，其实它能胜过千言万语。"不学无术"，这是常人难以接受的批评，更何况是当朝宰相，而张咏通过教读《霍光传》这个委婉的方式，使寇准愉快地接受了自己的建议。正所谓："响鼓不用重槌敲。"寇准是聪明人，也是知错能改的自觉人，因此只需轻轻点拨即可。

有的批评者明白这一道理，采取一种十分高明的暗示手段，效果不一般，这就是请教式批评。

有个人在一处禁捕的水库内网鱼。远处走来一位警察，捕鱼者心想这下糟了。警察走近后，出乎意料，不仅没有大声训斥，反而和气地说："先生，您在此洗网，下游的河水岂不被污染？"这情景令捕鱼者十分感动，连忙诚恳地道歉。

试想，如果警察当即责骂捕鱼者，那效果肯定不一样了。最为高明的手段是根本不提"批评"二字，而是逐渐"敲醒"听者，启发他做自我批评。

还有一则例子，也很好地说明了"响鼓不用重槌敲"这一道理。

1887 年 3 月 8 日，美国最伟大的牧师及演说家亨利·华德·毕奇尔逝世。就在那个星期天，莱曼·阿伯特应邀向那些因毕奇尔的去世而哀伤不已的牧师们演说。他急于做最佳表现，因此把他的讲道词写了又改，改了又写，并像大作家福楼拜那样谨慎地加以润饰，然后读给他妻子听。

实际上，他写得很不好，就像他以前写的大部分演说一样。如果他的妻子不懂得批评的技巧，她也许就会说："莱曼，写得真是糟糕，念起来就像一部百科全书似的，你会使所有听众都睡着的。你已经传道这么多年了，应该有更好的认识才是，看在上帝的分上，你为什么不像普通人那样说话？你为什么不表现得自然一点？如果你念出这样的一篇东西，只会自取其辱。"她"也许"会这么说，而且如果她真的那么说了，其后果是可想而知的。

但是,她只是说,这篇讲稿若登在《北美评论》杂志上,将是一篇极佳的文章。换句话说,她称赞了这篇讲稿,但同时很巧妙地暗示,如果用这篇讲稿来演说,将不会有好效果。莱曼·阿伯特知道她的意思,于是把他细心准备的原稿撕碎,后来讲道时甚至不用笔记。

所以,批评的话并不是随口说出来的,我们必须思考应该以什么样的方式把它说出来才不会让对方难堪。对于那些有自知之明的人,最好采用暗示的方式,因为这样做就可以达到劝说的目的了,无须再把话挑明,多加一层伤害。

掌握火候,说笑间得"笑果"

开玩笑是生活的调味品;开玩笑可以减轻疲劳,调节气氛,缩短朋友和同事之间的距离,彼此之间产生矛盾时,一句玩笑话可以化干戈为玉帛,消除积怨;开玩笑也可以用作善意的批评或拒绝某人的要求。

然而,开玩笑要把握尺度,掌握分寸。玩笑开得过火会给人一种被耍弄的感觉,弄不好会加深或引发与他人的矛盾,导致谈笑后只能吃"苦果"。因此,必须随时记住开玩笑会有伤人的危险,要小心翼翼不能踏错一步,以免一步走错全盘皆输,得不偿失。

一天,几个同事在办公室聊天,其中有一位胡小姐配了一副眼镜,于是拿出来让大家看看她戴眼镜好看不好看。大家不愿扫她的兴,都说很不错。这件事使老常想起一个笑话,他就立刻说出来:"有一个老小姐走进皮鞋店,试穿了好几双鞋子,当鞋店老板蹲下来替她量脚的尺寸时,这位老小姐——我们要知道她是近视眼,一看到店老板光秃秃的头,以为是她自己的膝盖露出来了,连忙用裙子将它盖住。她立刻听到一声闷叫,'混蛋!'店老板叫道,'保险丝又断了!'"

接着是一片哄笑声,孰料事后胡小姐竟从未戴过眼镜,而且碰到老常再也不和他打一声招呼。

胡小姐和老常之间发生如此大的变化,其中的原因不难明白。说者无心,听者有意,对老常来说他不过是说起一则近视眼的笑话,然而,胡小姐则可能这样想:"你取笑我戴眼镜不要紧,还影射我是个老小姐。我老吗?我才26岁!"

所以,说笑话要先看看对哪些人说,先想想会不会引起别人的误会。开玩笑之前,先要注意你所选择的对象是否能承受得起你的玩笑。

一般来说,人可分为三类:第一种,狡黠聪明;第二种,敦厚诚实;第三种则介乎上面两者之间。对第一种人开玩笑，他是不会使你占便宜的，结果是旗鼓相当，不分高下。第二种敦厚诚实者，喜欢和大家一起笑，任你如何取笑他，他脾气绝好，不致动怒。对这两种人，你可以先看看对方当时的心情，是否可以开玩笑。而对于第三种人，则要十分小心。这种人一般也爱和别人笑在一起，但一经别人取笑，既无立刻还击的聪明机智，又无接纳别人玩笑的度量，如果是男的则变成恼羞成怒、反目不悦，如果是女的就独自痛哭一顿，说是受人欺侮。

再者，开玩笑要有轻有重。“重”的玩笑多半是开不得的，它只能在比较特殊的场合才能开。若在一般场合开比较“重”的玩笑，可能就不再可笑了，甚至会变成悲剧。

据某报刊载：张某和几个朋友一起喝酒，几两酒下肚后，张某脑袋就有些昏昏沉沉了。两位朋友边喝边和他开玩笑：“瞧你这丑样，你那儿子倒很漂亮，莫不是你媳妇跟别人生的？”张某是个大大咧咧的人，平时也爱丢三落四，但此时在醉态中却牢牢记住了这句开玩笑的话。等张某跌跌撞撞回家后，就向妻子找碴：“你说！我长得是啥样，为什么这孩子却是那模样？到底是不是和我生的？”他边说边逼近妻子。突然，他冷不防从妻子怀里抓过孩子，拎着小腿，把孩子扔到炕上，又顺手抓起枕头压在了哭叫不已的孩子的脸上，可怜的孩子顿时没有了哭声。见此情景，妻子极力想救孩子，却被丈夫打倒在炉灶前。妻子急恨交加，顺手抓起炉灶旁边的炉钩，死命地甩向张某。只听张某“哎呀”一声，松开了枕头，慢慢地瘫倒在地上。妻子从地上爬起来，不顾一切地向儿子扑了过去。她急忙掀去枕头，儿子的小脸儿憋得青紫，已经奄奄一息了。再看丈夫，他倒伏在地上，一动不动，一股青紫色的液体顺着他的右腮淌下。原来她甩过去的炉钩的尖端，刚好嵌进张某的右边太阳穴，她见状吓得昏了过去。

一边是只剩下一口气的宝贝儿子，一边是一口气也没有的丈夫。顷刻间，好端端的一家人，家破人亡，毁于一旦。

看来，开玩笑之前，我们务必要考虑这个玩笑带来的后果。

具体来讲，开玩笑需要把握的分寸主要包括以下几方面：

1.和长辈、晚辈开玩笑忌轻佻放肆，特别应忌谈男女情事。几辈同堂时的玩笑要高雅、机智、幽默、解颐助兴、乐在其中。在这种场合，忌谈男女风流韵事。当同辈人开这方面玩笑，自己以长辈或晚辈身份在场时，最好不要掺言，只若无其事地旁听就是。

2.和非血缘关系的异性单独相处时忌开玩笑（夫妻自然除外），哪怕是开正经的玩笑，也往往会引起对方反感，或者会引起旁人的猜测非议。要注意保持适当的距离。当然，也不能拘谨别扭。

3.和残疾人开玩笑，注意避讳。人人都怕别人用自己的短处开玩笑，残疾人尤其如此。俗话说，不要当着和尚骂秃子，瘸子面前不谈灯泡。

4.朋友陪客时，忌和朋友开玩笑。人家已有共同的话题，已经形成和谐融洽的气氛，如果你突然介入与之玩笑，转移人家的注意力，打断人家的话题，破坏谈话的雅兴，朋友会认为你扫他面子。

此外，开玩笑的时候，如果你说了伤人的话，一定要诚心诚意道歉，不能就此放任不管。

别拿滑稽当幽默，小心惹人更害己

很多研究表明，在言谈中运用幽默是有益处的。大部分人都喜欢具有幽默感的说话者，也许他们不会将你的话视为真理，但是他们会更乐意接受你所传达的信息。

社会学研究表明：人们对于融入笑话或者轶事中的信息的记忆时间要长于对于纯粹信息的记忆时间。许多演说家追求的理想境界是将观点融入一个笑话中，当听众记住这个笑话并将它讲给别人听时，他们会很自然地记住其中的观点。

无论你是一个初次登台的演说者，还是一个经常喜欢与人调侃的人，你都应当试着培养自己像演说家那样带着幽默感去交流。即使你内心庄严得像《百科全书》一样，但当你在他人面前要讲话的时候，尤其是需要拉近与对方距离的时候，都应努力把幽默融入你的言语，这样会更加引起别人的兴趣。

遗憾的是，很多人把滑稽与幽默混为一谈，而实质上两者是大不相同的。滑稽是一些有趣的笑话或动作等，而幽默是一种更高层次的智慧积淀。那些从小成长并工作在马戏团、喜剧俱乐部的人具有滑稽的天赋。但是我们都知道，一个具有幽默感的人甚至可能不会讲笑话。他不会使你开怀大笑，但是能让你感到气氛很友好，从而博得你的浅浅一笑。这恰好是你在演讲中应努力达到的境界。你要学会在演讲中运用幽默感，而不是用笑话展现自己滑稽的一面。

你听说过哪一个风趣的健谈者以一个毫无意义的笑话开始他的演讲？如果某个演讲者在演讲的一开始讲一个毫无意义、毫不相关的笑话，听众会有什么反应呢？可能这个笑话很滑稽，会博得你开怀一笑，可事实上，这个笑话也只是分散一下你的注意力罢了。因为它对双方交流毫无实质性的帮助，只是在浪费时间。

无聊的滑稽之谈，还可能造成另一种糟糕的情况，就是听者对说者讲的笑话没有反应，这被称作笑话的炸弹效应。听者明白说者的意图是在试图展现滑稽的一面，但是没有丝毫的回应，这时说者会在一片寂静中感到很紧张，听者自己也会感受到现场那种紧张的气氛。在这种情况下，说者就陷入笑话炸弹效应的尴尬境地中了，而且很难摆脱。

语言交流中，幽默是一种十分微妙的事。一个故事的趣味，很少含在故事的本身里，它之所以有趣，完全得看讲故事的人是怎样的讲法。一百个人讲同一个幽默的故事，有九十九个人是要失败的。如果你确知你是一个具有幽默天赋的人，你就应该努力培养你的这份天赋，它会使你无论到什么地方，都倍受欢迎。但是，如果你的天赋不在这方面，却硬要去学幽默，那就只能是"东施效颦"，愚不可及了。

正如聪明的演说家们，从不会为了单纯的幽默而讲一则故事。幽默犹如糕饼上的糖霜，而不是饼本身，只能巧妙地穿插在讲话里面。例如，驰名美国的幽默演说家利兰替自己定上一个戒条，在开始演说后的三分钟内，绝不讲述故事，这个戒条，也值得我们效仿。

还要强调的是，使用伤害性的幽默也属假作幽默之列。有的人为了表现幽默，不惜使用一些令人反感的言辞，以牺牲感情为代价，结果只会适得其反。幽默本来应该是演讲者与听众之间的桥梁，然而在此却变成了一种伤害，这不能算作是真正的幽默。

同时，语言交流应该尽量避免有关性别和种族的笑话，这是一个基本常识。因为能够起控制作用的不是说者的想法，而是听者的感受。

假如你正在听笑话，并且你是爱尔兰籍的，笑话正是有关爱尔兰人的，你的感觉如何？专家们建议不要使用这种话题的笑话，但是有些人还是要冒险使用。请你牢记一点，你是想利用幽默交友，而不是树敌。同时，很多人认为只有种族和性别问题才是很令人反感的，其实有关艾滋病的笑话也同样令人反感。

还有，你听过某些人使用"男女混合公司"这个短语吗？说话方可能是这么说的："我知道一个笑话，但是我不能在男女混合的公司里讲。"应避免说这个短语，因为它的使用要考虑听众的性别。如果公司中只有男性职员，演讲者可以讲这个笑话，因为它只会冒犯女性而不会使男性职员反感。很多女性都反感黄色幽默。所以辞典中将"男女混合公司"定义为具有高雅品位和低俗品位的人的混合。通常听众不全是由低俗的人组成的，如果你总是在男女混合公司里讲黄色笑话，肯定会冒犯听众的。

那么，难道语言交流的开头，应该严肃得像一只呆笨的巨象吗？不是的，如果你能够，不妨在开头先引用几句名演说家说过的话，或是谈一些涉及当时的事情使大家发笑或是故意夸大地批评一些矛盾的事。这样的幽默，比引用那些引人发笑的故事，有更多的成功机会。

引人发笑的最简便的方法，是讲一些关于你本人的可笑的事件。把自己说得十分可笑，而又装得好像有些发窘，那么听者的心里，恰如见到一个人被果皮滑了一跤，或一个人正在拼命追赶他那被风吹去的帽子一般，觉得十分好笑。但是，你万万不可拿无聊或伤人的滑稽当幽默。

巧用暗示，拒绝也不得罪人

众所周知，“不”字是很难说出口的，但很多时候我们不得不去拒绝别人。许多人都苦于找不到合适的办法，其实通过暗示来说“不”是一种不错的选择。当然这种暗示既可以是语言的暗示，也可以是身体动作的暗示。

美国出版家赫斯脱在旧金山办第一张报纸时，著名漫画大师纳斯特为该报创作了一幅漫画，内容是唤起公众来迫使电车公司在电车前面装上保险栏杆，防止意外伤人。然而，纳斯特的这幅漫画完全是失败之作。发表这幅漫画，有损报纸质量。但不刊这幅画，怎么向纳斯特交代呢？

当天晚上，赫斯脱邀请纳斯特共进晚餐，先对这幅漫画大加赞赏，然后一边喝酒，一边唠叨不休地自言自语：“唉，这里的电车已经伤了好多孩子，多可怜的孩子，这些电车、这些司机简直不像话……这些司机真像魔鬼，瞪着大眼睛，专门搜索着在街上玩的孩子，一见到孩子们就不顾一切地冲上去……”听到这里，纳斯特从座椅上弹跳起来，大声喊道：“我的上帝，赫斯脱先生，这才是一幅出色的漫画！我原来寄给你的那幅漫画，请扔入纸篓。”

故事中，聪明的赫斯脱，通过自言自语的方式暗示纳斯特的漫画不能发表，让纳斯特欣然地接受了意见。

另外，通过身体动作也可以把自己拒绝的意图传递给对方。当一个人想拒绝与对方继续交谈时，可以做一些如转动脖子、用手帕擦拭眼镜、按太阳穴以及按眉毛下部穴位等漫不经心的小动作。这些动作意味着一种信号：我较为疲劳、身体不适，希望早一点停止谈话。显然，这是一种暗示拒绝的方法。还有，微笑的中断、较长时间的沉默、目光旁视等也可表示对谈话不感兴趣、内心为难等心理。

某天，为了配合下午的访问行程，小王想把甲公司的访问在中午以前结束，然后依计划，下午第一个目标要到乙公司拜访。但是，甲公司的科长提出了邀请："你看到中午了，一起吃中饭吧？"

小王与甲公司这位科长平常交情不错，又是非常重要的客户，不能轻易地拒绝。但是，和这位爱聊天的科长一起吃中饭，最快也要磨蹭到下午一点才能走。小王怎样才能不伤和气地拒绝呢？

答案就是在对方表示"要不要一起吃饭"之前，小王就不经意地用身体语言表示出匆忙的样子，如说话语速加快或自然地看看表等。

动作暗示确实是个非常不错的拒绝方式，但也要记住：暗示的时候千万不要提早露出坐立不安的神情，急得让人怀疑你合作的诚心。

毫不夸张地说，在现实生活中，你若想人际关系顺畅，一定要学会一套巧妙的暗示拒绝法，在短时间内表达出"不"的意思，把正事办妥，并且做到不伤和气。

放枚"糖衣炮弹"，批评奏效不伤人

为人父母的朋友都知道，小孩很怕苦，所以吃药片的时候，加点糖水一起送入孩子口中，他们便会愿意服用。

与之类似，我们在批评别人时，直话直说很容易激起对方的愤恨。如果我们给自己的批评语言裹上一层"糖衣"，那么，对方就会在享受甜蜜的同时欣然接受批评了。

战国时期，晏婴是齐国一位善谏的大臣。齐景公的一匹心爱的马突然死去，齐景公非常伤心，一定要杀掉马夫以解心头之恨。众位大臣一起劝阻齐景公不可为一匹马而滥动刑罚，而齐景公却已铁定了心，众人的劝告一概充耳不闻。

这时，相国晏婴走了出来，众臣都以为晏婴也有劝诫齐景公的意思，谁也没有料到，晏婴却明确地表态说："这个可恶的马夫，该杀！"

齐景公十分高兴，就把那个心含冤屈的马夫喊来，听晏婴解释他的罪过。

晏婴历数马夫的三大罪状："你不认真饲马，让马突然死去，这是第一条死罪；你让马突然死去，却又惹恼君主，使君主不得不处死你，这是第二条死罪。"

听晏婴痛斥马夫的前两条死罪，齐景公心中真是乐滋滋的。可晏婴话锋一转，说出了马夫的第三条罪状："你触怒国君因一匹马杀死你，使天下人知道我们的国君爱马胜于爱人。因此天下人都会看不起我们的国君，这更是死罪中的死罪，罪不可赦！"

听晏婴诉说马夫的第三条罪状，齐景公开始还连连点头咧着嘴笑。当晏婴说到"使天下人知道我们国君爱马胜过爱人"时，他张开的嘴却定在那里，脸上的表情也一阵红一阵白。晏婴又吆喝一声："来人，按大王的意思还不推出去斩了！"这时齐景公如梦初醒，赶紧对晏婴说道："相国息怒，寡人知错了。"

晏婴没有正面批评齐景公，却达到了劝谏救人的目的。可见，"裹着糖衣"的委婉批评会取得很好的效果。在这样的场合中，一方面，该说的话不能不说，根本利益不能牺牲，原则不可放弃；但另一方面，关系又不可弄僵，彼此的面子与和气不能伤害。所以，这就需要首先承认对方的实力、地位、权威，甚至他的主张，然后突然插入你的话锋，你的话虽委婉动听，但实际上却是对对手彻底的否定。

晏婴死了17年后，齐景公有一次请大夫们喝酒。景公射箭射到了靶子外面，满屋子的人却众口一词地称赞他。景公听后变了脸色，并叹了口气，把弓丢在一旁。

这时，弦章进来了。景公说："弦章，自从我失去晏婴到现在已经有17年了，从来没有听到别人对我过失的批评。今天我射箭射到了靶子外，他们却众口一词赞美我。"

弦章说："这是那些大臣不好。他们本身素质不高，所以看不到国君哪些地方不好；他们勇气不够，所以不敢冒犯国君的尊严。但是，您应该注意一点，我听说：'国君喜欢的衣服，那么大臣就会拿来替他穿上；国君喜欢的食物，大臣就会送给他吃。'像尺蠖这种虫子，吃了黄颜色的东西，它的身体就要变黄，吃了绿颜色的东西，它的身体就要变绿，作为国君，大概总会有人说奉承话吧！"

弦章的话在景公听来颇有道理，他明白了奉承者不过是投自己所好，如果自己对奉承话深恶痛绝的话，就很少会有人来自讨苦吃了。弦章虽未直接批评景公喜欢听奉承话才造成如此局面，但通过以尺蠖为喻，以正常推理"作为国君，大概总会有人说奉承话吧！"为宽慰，使景公已深刻领悟到了这一点。事实上，若弦章再画蛇添足地批评景公一番，效果反而不好。

总之，批评他人之时，如果语气委婉，被批评者就会容易接受。因为对方认为你的委婉是给了自己"面子"，感激之余，就会积极地改正。反之，如果批评者语气生硬，对方就会认为你伤了他的"自尊"，而心生反感，这样就不会达到批评、教育人的目的。

近话远说，迂回入题正切题

在某些特定的场合，如果把话说得太直、太透，可能会引起对方的不满，或者对自己产生不利的影响，但意思又不能不表达。这时，如果采用“借他人之言，传我腹中之事”的方法，借用一个并不在场的第三者之口说出，便可以弱化对方的不满和对我方的不利影响。

在语言策略上，这种方法被称为近话远说。运用此法，能够人为地拉开话题与现场之间的距离，给双方留下一个缓冲带。

西安事变前夕，张学良和杨虎城就频繁晤面，都有心对蒋发难。可对于这样一个关系到身家性命和国家前途的大事，在对方亮明态度之前，谁都不敢轻易开口。眼看时间越来越近，双方都是欲说还休。

杨虎城手下有个著名的共产党员叫王炳南，张学良也认识他。在又一次的晤面中，杨虎城便以他投石问路，说道：“王炳南是个激进分子，他主张扣留蒋介石！”张学良及时接口道：“我看这也不失为一个办法。”于是两个聪明的将军开始商谈行动计划。

当时，张学良的实力比杨虎城大得多，且又是蒋介石的拜把子兄弟。杨虎城如果直接把自己的观点摆在张的面前，而张又不赞同，后果实在堪忧。于是就借了并不在场的第三者之口传出心声，即使不成也可全身而退，另谋他策。

说话转个弯儿，在表达了自己的意见的同时，也为自己留了条后路。对于不宜直言的问题，绕个弯儿说话，有时会让自己化险为夷。下面就是一个非常典型的例子：

我国古时候，有一个县官很喜欢附庸风雅，尽管画技不佳，但画画的兴致很高。他画的虎不像虎，反而像猫。并且，他还每画完一幅画，都要在厅堂内展出示众，让众人评说。大家只能说好话，不能说不好听的话，否则，就要遭受惩罚，轻则挨打，重则流放他乡。

有一天，县官又完成了一幅“虎”画，悬挂在厅堂，召集全体衙役来欣赏。

县官得意地说：“各位瞧瞧，本官画的虎如何？”

众人低头不语。县官见无人附和，就点了一个人说：“你来说说看。”

那人战战兢兢地说：“老爷，我有点怕。”

县官：“怕，怕什么？别怕，有老爷我在此，怕什么？”

那人：“老爷，你也怕。”

县官："什么？老爷我也怕。那是什么，快说。"

那人："怕天子。老爷，你是天子之臣，当然怕天子呀！"

县官："对，老爷怕天子，可天子什么也不怕呀！"

那人："不，天子怕天！"

县官："天子是天老爷的儿子，怕天，有道理。好！天老爷又怕什么？"

那人："怕云。云会遮天。"

县官："云又怕什么？"

那人："怕风。"

县官："风又怕什么？"

那人："怕墙。"

县官："墙怕什么？"

那人："墙怕老鼠。老鼠会打洞。"

县官："那么，老鼠又怕什么呢？"

那人："老鼠最怕它！"来人指了指墙上的画。

故事中，被点名的差役没有直接说县太爷画的虎像猫，而是接二连三地抬出第三方，绕着弯说话。让县官在众人面前保住了脸面，又让自己避免了一场灾难。

人常说："良言一句三冬暖，恶语伤人六月寒。"善言的高手，即使遇到棘手的话题，也能够运用一些巧妙的方法，如近话远说，来避免恶语伤人，从而有效地保全自身。

亡羊没关系，迂回去"补牢"

我们生活在一个人与人构成的社会当中，交流是必要的，既然要说话，难免有口误，说错话并不是少有的事。

但是，说完错话我们该如何收场呢？就把错一直留在那里不管吗？当然不行了，那样很容易使错误升级，为今后的道路制造障碍。你一定听过亡羊补牢的故事，亡羊后重点在于怎么把"牢"补上。其实，说错话也是同样的道理。

当你在他人面前言行失误时，心里不要紧张和恐慌，这时关键是要施以巧言挽回失误。具体有以下几种方法可供参考：

1.真心巧表，妙用修辞

南朝梁有个大臣叫萧琛,能言善辩。在萧衍还没有称帝时,他就与之交好。后来萧衍当了皇帝,两个人之间的关系还是很亲密。

有一次,武帝萧衍举行大型宴会,萧琛也参加了。酒过三巡后,萧琛有些醉意,就趴在桌子上。武帝见了,就用枣子投他,正好打中萧琛的头。萧琛抬起头,竟然不假思索地拿起食品盒里的栗子向武帝投去,正好打中武帝的脸。这时,旁边的官员都看到了,吓得大气都不敢出。武帝的脸也一下子沉了下来,刚要动气,萧琛急忙说道:"陛下把赤心投给臣,臣怎敢不用战栗来回报呢?"

武帝一听,转怒为笑。

这里,"赤心"是借用枣的形态做比喻的,"战栗"则是借用了"栗"的谐音。可以想象,如果萧琛不能机智快速地反应,及时想出应答的办法,等待他的岂不是大祸临头!

在他人面前,尤其是职位比自己高的上司面前,做错了事,道歉并不总是唯一正确的选择。因为道歉过后,对方可能只是原谅了你,怒气消了不等于喜气来了,而如果能像萧琛这样,明明是做错了事,可短短一句话,不但消解了对方的怒气,而且还带来了喜气,岂不是更高明的选择?给自己的失误加上一个美丽的修饰,错误反而成了向上司表达忠心的举动,难道不令人拍案叫绝吗?

2.先恭维,再道歉

余先生被调派到分公司工作了半年,一回到总公司,马上就赶着去问候以前很照顾他的老朋友——陈科长。余先生对过去陈科长经常不辞辛苦地跑到分公司给予指导的事,反复地致谢,可是,不知怎么搞的,对方反应似乎很冷淡。

当余先生纳闷地走出门时,一位同事才过来告诉他:"陈科长已经升为副处长了呀!"

不知道对方已经升官,依然用以前的职称称呼,可能会使对方的心里觉得不舒服。余先生顿时恍然大悟,后悔自己没有事先确认对方的职位是否已经有所变化,所以失了言,但说错的话已经收不回来,怎么办?他想了想,马上返回到陈处长的办公室,开口说:"陈处!真是恭喜您了!您也真是的,刚才也不告诉我一下。我在分公司难免消息不灵通。不过,错漏您升官的消息,总是我的不是,真对不起,请原谅!"

像这样明白地讲出来,并把衷心的祝贺表达出来,自然也就化解了陈处长心中的不快。

犯了类似无心之过时,先用甜言蜜语恭维一番对方,再真诚地分析你的失误,表示你的歉意,不失为消除对方心中不快的好办法。

3.坦率道歉

有一次小王在和同事聊天时，开玩笑地说上司“像个机器人”，不巧的是正好被上司听到了。于是，小王给上司写了一张条子，约他抽空谈一谈，上司同意了。

“显而易见，我用的那个词绝无其他用意，我现在倍感悔恨。”小王向上司解释道，“我之所以用‘机器人’之类的字眼，只不过想开个玩笑，我感到您对工作一丝不苟，但对我们有些疏远，因此，‘机器人’三个字只不过是描述我这种感情的一种简短方式。请您谅解！以后我会注意自己的表达方式。”

上司为小王合情合理的解释和自我批评的行为深受感动，他甚至当即表态，说要努力善解人意，做个通情达理的领导。

小王的坦率道歉，让他和上司的关系化干戈为玉帛。有些人在对上司说了不敬的话后，往往会一味地自我谴责甚至自我羞辱，然后低声下气地去道歉。但许多情况下，仅靠一句“对不起”不会取得对方的谅解。道歉要坦率，更重要的是，要通过道歉把问题讲清楚，只有这样才能促成和对方的充分沟通，从而顺利解决自己言行失误带来的感情危机。

在交际圈中，当你遇到和他人之间的不愉快，尤其是因为自身原因引起的不愉快时，千万不要刻意回避，不要因为难以启齿或碍于情面而使解释的时间越拖越长。要知道，这样会使误会越陷越深，到最后无限制地拖延会造成更加令人苦恼的后果；而且拖的时间越长，你就越被动，你的损失就越来越大。鼓起勇气，迂回地去“补牢”，才是明智之举。

实话要巧说，坏话要好说

人与人之间交流，语言是最主要的手段。虽然说起话来仅用一张嘴，但由于言谈中要对他人的面子、自尊等有所顾忌，或某些事情需要保密等，实话实说往往会令人尴尬、伤人自尊。

这就要求我们言谈不仅要动嘴，而且要动脑。实话是要说的，却应该巧说。那么该如何巧妙地去表达呢？如何才能说得既让人听了顺耳，又欣然接受呢？

这里，为大家介绍几点有效的方式：

1.抓住心理达到目的

这就是要抓住人的心理，运用激将的方法，进而达到自己真正的目的。

一位穿着华贵的妇女走进时装店，对一套时装很感兴趣，但又觉得价格昂贵，犹豫不决。这时一位营业员走过来对她说，某某女部长刚才也看好了这套时装，和你一样也觉得这件时装有点贵，刚刚离开，于是这位夫人当即买下了这套时装。

这位营业员能让这位夫人买下时装，是因为她很巧妙地抓住了这位夫人“自己所见与部长略同”和“部长嫌贵没买，她要与部长攀比”的心理，用激将的方法进而巧妙地达到了让夫人买下时装的目的。

2.藏而不露巧表达

运用多义词委婉曲折地表明自己要说的大实话。

林肯当总统期间，有人向他引荐某人为阁员，因为林肯早就了解到该人品行不好，所以一直没有同意。一次，朋友生气地问他，怎么到现在还没结果。林肯说，我不喜欢他那副“长相”。朋友一惊道：“什么！那你也未免太严厉了，‘长相’是父母给的，也怨不得他呀！”林肯说：“不，一个人超过四十岁就应该对他脸上那副‘长相’负责了。”朋友当即听出了林肯的话中话，再也没有说什么。

很显然，这里林肯所说的“长相”和他朋友所说的“长相”，根本不是一回事。林肯巧妙地利用词语的歧义性，道出了“这个人品行道德差，我不同意他做阁员”这句大实话，既维护了朋友的面子，又达到了自己的目的。

3.由此及彼肚里明

两个人的意见发生了分歧，如果实话“实说”直接反驳就有可能伤了和气，影响团结。这个时候就需要我们采取这种方法，因为这样可能会避免一些麻烦。

有这样一个例子：

一次事故中，主管生产的副厂长老马左手指受了伤被送往医院治疗，厂长老丁来病房看望时，谈到车间小吴和小齐两个年轻人技术水平较强，但组织纪律观念较差，想让他们下岗一事。老马当时没有表态，只是突然捧着手“哎哟哎哟”大叫。丁厂长忙问：“疼了吧?”老马说：“可不是，实在太疼了，干脆把手锯掉算了。”老丁一听忙说：“老马，你是不是疼糊涂了，怎么手指受了伤就想把手给锯掉呢。”老马说：“你说得很有道理，有时候，我们看问题，往往因注重了一方面而忽视了另一方面啊。老丁，我这手受了伤需要治疗，那小吴和小齐……”老丁一下子听出老马的“弦外之音”，忙说：“老马，谢谢你开导我，小吴和小齐的事我知道该怎么处理了。”

老马用手有病需要治疗类比人有缺点需要改正，进而巧妙地把用人和治病结合起来，既没因为直接反对老丁伤了和气，而且又维护了团结，成功地解决了问题，实在是高！

总之,无论是想说好话,还是想说坏话,语言表达产生的效果往往比你最初要表达的想法更重要,只有把话说得让对方乐于接受,你的表达才算有正面意义。

安慰,好话一句三冬暖

俗话说:“患难见真情!”人生在世,有些不如意、烦恼,甚至不幸和痛苦很正常。对于那些遭遇失意的朋友,我们若能给予得体的安慰,就等于将他们向快乐与成功的方向推进。

具体怎样才能在某个人处于困难时对他说适当的话呢?虽然没有严格的准则,但有些办法可使我们衡量情况并做出得体而真诚的反应,这里就有一些不错的建议:

1.说话要切合实际,但是要尽可能表现乐观

泰莉·福林马奥尼是麻省综合医院的护理临床医生,曾给几百个艾滋病患者提供咨询服务。据她说,许多人对得了绝症的人都不知道说什么才好。

他们说些“别担心,过不了多久就会好的”之类的话,明知这些话并不真实,而病人自己也知道这是假话。“你到医院去探病时,说话要切合实际,但是要尽可能表示乐观。”福林马奥尼说,“例如‘你觉得怎样’和‘有什么我可以帮忙的吗’,这些永远都是得体的话。要让病人知道你关心他,知道有需要时你愿意帮忙。不要害怕和他接触,拍拍他的手或是搂他一下,可能比说话更有安慰作用。”

2.留意对方的感受,不要以自己为中心

当你去探访一个遭遇不幸的人时,你要记得你到那里去是为了支持和帮助他。你要留意对方的感受,而不要只顾自己的感受。

不要以朋友的不幸际遇为借口,而把你自己的类似经历拉扯出来。要是你只是说:“我是过来人,我明白你的心情。”那当然没有什么关系。但是你不能说:“我母亲死后,我有一个星期吃不下东西。”每个人的悲伤方式并不相同,所以你不能硬要别人用和你一样的方法表达自己的情绪。

3.尽量静心倾听,接受他的感受

丧失了亲人的人需要哀悼,需要经过悲伤的各个阶段和说出他们的感受和回忆。这样的人谈得越多,越能产生疗效。要顺着你朋友的意愿行事,不要设法去逗他开心。只要静心倾听,接受他的感受,并表示理解他的心情。有些在悲痛中的人不愿意多说话,你

也要尊重他的这种态度。一个正在接受化学治疗的人说，她最感激的是一个朋友的关怀。那个朋友每天给她打一次电话，每次谈话都不超过一分钟，只是让她知道他惦记着她，但是并不坚持要她报告病情。

4.主动提供具体的援助

一个伤恸的人，可能对日常生活的细节感到不胜负荷。你可以自告奋勇，向他表示愿意替他跑腿，帮他完成一项工作，比如替他接送学钢琴的孩子。“我摔断背骨时，觉得生活完全不在我掌握之中。”一位有个小女孩的离婚妇人琼恩说，“后来我的邻居们轮流替我开车，使我能够放松下来。”

5.要有足够的耐心

丧失亲人的人的悲痛在深度上和时间上各不相同，有的往往持续几年。“我丈夫死后，”一位老人说，“儿女们老是说：‘虽然你和爸爸的感情一直很好，可是现在爸爸已经过去了，你得继续活下去才好。’我不愿意别人那样对待我，好像把我视作摔跤后擦伤了膝盖而不愿起身似的。我知道我得继续活下去，而最后我的确活下去了。但是，我得依照我自己的方法去做。悲伤是不能够匆匆而过的。”

在另一方面，要是一个朋友的悲伤似乎异常深切或者历时长久，你要让他知道你在关心他。你可以对他说：“我能理解你的日子一定不好过。但我觉得你不应该独立应付这种困难，让我帮你好吗?”

在朋友失意的时候，要想说些既能达到劝慰目的又中听的话，其实并不容易，因为这个时候，对方的内心极其情绪化，很多话对他来说很容易引起反感。因此，在对他进行劝慰的时候，一定要站在他的角度来进行劝说，不能一味强调事情的糟糕，这样只会加重他的烦恼，起不到“良言一句三冬暖”的好效果。

批评不忘铺退路，以防山不转水转

交际中，当他人有些错误你必须要当面指出时，有一件事是你必须要做的，那就是批评之后给对方铺退路。否则，风水轮流转，一旦与人结了仇，很容易在日后遭到对方的报复。

经常会听到有人斥责说：“事情到了这种地步，你说该怎么办?”对方或许会想，要是知道该怎么办的话，也不会到了这种地步。于是矛盾上升到最高点，双方都爆发，不欢而散，更确切地说从此敌对。

要知道，真正有效的批评，应该是可以使对方发愤图强的斥责，是当对方诚心诚意地道歉时，问他："到底是怎么一回事？""对不起，因为我的疏忽，所以……""如果你真的觉得不对的话，那么先……下次谨慎点，办得圆满些！"如此，不但不会伤害对方的自尊心，还可有效地提升其斗志，使之更加努力。

有时候，为了让对方下台，尤其是那种位高权重的人，不妨先把实话说出来，然后再对对方奉承一番，既让对方知道自己的错误，也能让对方高高兴兴地下台。

1909 年德皇威廉二世执政，他目空一切，发表了一篇荒诞绝伦的演说，他说德国是世界和平的主宰，只有使德国建立强大的陆海军才能稳定欧洲，并且维护英国的利益。他还声称自己是英国的友人，他曾使英国不受俄法两国的压力在非洲获得胜利。

这篇演说在《每日新闻》上刊登后，举世震惊，并把整个局势搅得越发混乱。世人都对这篇骄横狂妄的演说加以攻击批评，尤其是在英国这种攻击最为激烈，连德国的政客都不胜惊惶，德皇至此也后悔不该说那么露骨的话。为了保持自己的尊严，德皇就把责任推到总理大臣布洛克亲王身上，叫他来声明那篇演说是出自亲王的建议。布洛克得知此事后就对德皇说："陛下，恐怕世人不会相信它是事实。"德皇闻之大怒，便说："你以为我是笨猪，能犯你永不犯的错误。"布洛克立即发现自己的错误，于是连忙改正说："陛下，我说的话绝无这个意思，实际上陛下各方面的学识都远胜过我，我所懂的只是军事和外交上的一些粗浅知识，而陛下在这方面懂得比我多得多，并且精通一切自然科学。陛下每次谈及各种科学原理时，我都深感佩服，因为我完全是个外行，一点儿都不懂。"

德皇经过他这样一补充，心中的不快顿时全消，因为他相信布洛克没有鄙视之意，并且敬佩自己的才能，于是很高兴地握着布洛克的手说："我们继续互相合作，团结一致，如果有人说布洛克不好，我将对他的鼻子猛击一拳！"

其实，事后德皇也心知肚明自己的不足，重新考虑了布洛克所说的话，只不过当时被弄得下不了台，自然是非常恼火的。在这个时候，指责的人就要赶快给他铺条退路，好让他风风光光地退场。

为了给对方"铺退路"，你还可以假定双方在一开始时没有掌握全部事实。例如，你不妨这样说：

"当然，我完全理解你为什么会这样设想，因为你那时不知道那回事。"

"在这种情况下，任何人都会这样做的。"

“最初,我也是这样想的,但后来当我了解到全部情况时,我就知道自己错了。”

真正精明的人,在说话时都懂得不撕破脸,在对方没有退路时给对方铺退路。这样对方也会自知理亏而早早收场,不再纠缠。有一位老师曾遇到过这样一件事:

下课了,有个学生向老师反映,昨天她爸爸作为生日礼物送给她的一支黑色派克钢笔不见了。老师观察了一下全班同学的表情,发现坐在该女生旁边的那个学生神情惊慌,面色苍白。钢笔可能是她拿的。当面指出吧,苦于没有充分的证据;搜身吧,又不近情理。这位掌握一定攻心技巧的老师想了想说:“别着急,肯定是哪个同学拿错了。只要等会儿她发现了,一定会还给你的。”说完,老师看了看那个学生。果然,下课以后,那个拿了钢笔的同学趁旁人不在的时候,赶紧把钢笔送还到那个女同学的笔盒里。

总之,话不能说绝了,把退路都堵死了,这样难免会令对方灰心、失望,在错误的道路上越走越远。给别人台阶下,事情常常会得到圆满的解决。

难说的话,可以顺水推舟

在和别人交往时,我们难免会遇到一些不宜直说,但又不得不说的情况。这时,采用顺水推舟的说话技巧不失为一种好的解决问题的办法。

所谓顺水推舟,就是借助别人先造成的“势”,然后就此一“推”,便顺顺当当地将问题解决了。

这里有一个典型的例子:

武则天当政时,天下禁屠。御史娄师德出视陕州,一次吃饭时,厨人端上了肉。娄师德便问:“已经禁屠了,哪来的羊肉?”厨人回道:“豺咬杀羊。”看来娄大人口福不浅,知道他大驾光临,便有狼咬死羊,足见厨师训练有素,其主人教导有方。你看,禁也没有破,肉也有得吃,这“水”是够“顺”的了。不消说,只需轻轻一推,自然会“轻舟已过万重山”。无怪娄师德夸奖“豺大解事”,其实是地方官解事呀。过一会儿又端上鱼丸子,娄问何来鱼?许是事先培训不到家,厨人回曰:“豺咬杀鱼”,师德叱道:“智短汉,何不说獭咬杀鱼?”其实他也心知肚明,只是不愿说破罢了。

事实就是这样,运用顺水推舟的说话方式,可以让我们保全别人的面子,又让自己减少不必要的损失。

一次在饭店里,一位外宾吃完最后一道菜,顺手把制作精美的景泰蓝食筷“插入”自己的口袋。

这时，服务小姐看到了，但她没有当场给外宾难堪，而是不露声色地迎上前去，双手捧着一只装有景泰蓝食筷的绸面小匣说："先生，我发现您在用餐时，对我国景泰蓝食筷颇有点爱不释手之意。非常感谢您对这种精细工艺品的赏识。为了表达我们感激之情，经经理同意把这双图案最精关的景泰蓝食筷赠送给您，并按最优惠价格，记在您的账上，您看好吗？"

这位外宾自然明白这些话的弦外音。在表示谢意之后，他借口多喝了两杯，误将食筷插入衣袋，从而，借此下了台阶。

中国的景泰蓝工艺，堪称世界一绝。故事中的那位外宾爱不释手，并想浑水摸鱼，据为己有，也情有可原。但如果听之任之则饭店不仅要受损，而且会引起连锁反应式的严重后果。因此，制止是必需的，但不能直言不讳地指责，那样会置对方于难堪的境地，严重的话可能造成国际上的不良影响。服务小姐顺水推舟的方法既保住了客人的面子，又避免了饭店遭受不必要的损失。

把握好说话曲直的分寸，下次若遇到难以解决的境况时，你也不妨采用一下顺水推舟的说话技巧吧！

喜鹊悦耳，乌鸦闹心

城市街心公园的树上，人们经常看到有很多喜鹊巢，而当冬天树叶落光之后，树上众多的喜鹊巢也就更加显眼。为什么很少见到乌鸦呢？难道是因为喜鹊讨人喜欢而乌鸦讨人厌烦？人们常说喜鹊是报喜的鸟儿，会带来好运，谁家的树上要是有喜鹊筑巢，就预示着喜事临门了。所以，即使淘气的孩子拿着气枪和弹弓去打鸟，他也只是打麻雀，打乌鸦，很少打喜鹊。大家盼望着有一天门前的树上也能来只喜鹊安家。但对于乌鸦，它全身乌黑，本来就不讨人喜欢，偏又发出"呱——呱——"的单调叫声，让人甚觉不祥，人们是不愿意见到它听到它的。

乌鸦本身无罪，人的福运厄运并不由喜鹊和乌鸦决定，但喜鹊和乌鸦代表了两种不同的类型：一类唱着悠扬婉转的歌，声音优美，让人心情舒畅；另一类粗声大气，只会"呱——呱——"乱叫，声音尖厉刺耳，让人生厌。我们说话办事，为何不学喜鹊多说好听的，干嘛非得要像乌鸦那样闹心呢？如果不知道该说什么话，至少可以少说话，谨言慎行。洪应明说:“花开花谢春不管,拂意事休对人言;水暖水寒鱼自知,会心处还期独赏。”又说:“攻人之恶毋太严,要思其堪受;教人以善毋过高,当使其可从。”(《菜根谭》,195)说话并不是任由己性,逞一时之快,而要考虑别人是否耐受,是否爱听。

关于谨言慎行,有一则故事让人颇多感慨。故事是这样的:有一次,苏格拉底的一位学生匆匆忙忙地跑来找苏格拉底,气喘吁吁地说:“老师,我告诉你一件事,你可能绝对想象不到……”,这时苏格拉底毫不留情地制止了他,并郑重告诉他:“你告诉我的话,用三个‘筛子’筛过了吗?”学生不解地摇了摇头。苏格拉底说:“当你要告诉别人一件事时,至少应该用三个‘筛子’筛过。第一个‘筛子’叫作真实,你要告诉我的事是真实的吗?”学生说:“我是从大街上听来的。大家都这么说,我也不知道是不是真的”。“那你就应该用第二个‘筛子’去检查:如果不是真的,至少应该是善意的。你要告诉我的事是善意的吗?”“不,正好相反”。学生羞愧地低下头。苏格拉底继续说:“那么我们再用第三个‘筛子’检查一下:你这么急着要告诉我的事,是重要的事吗?”“其实,并不是很重要……”苏格拉底打断了他的话:“既然这个消息并不重要,又不是出自善意,更不知道它是真是假,你又何必说呢?说了也只会造成我们两个人的困扰罢了。”

这个故事告诉人们,不要搬弄是非,也不要听信搬弄是非的人的话,因为那些话不一定是真的,也不是出自善意。流言比刀子更可怕,它能伤害人们的心灵。道听途说的人等于把自己的快乐强加在别人的痛苦之上。俗话说:“良言一句三冬暖,恶语伤人六月寒。”其道理不言而喻。不要像乌鸦那样,只做传声筒,不做过滤器,到处散播不幸消息,这样的高调者,谁也不会喜欢。

说话一定要看时间和场合,把话说对了,多说好听的赞美的话。你天天对人说吉祥话,如果对方真有喜事临门了,人家会在心里感激你,觉得喜事临门是借了你的吉言,你就像喜鹊一样被人们喜爱了。当然,好话也不能说过头,说过头了,就成假话了,就看不出你的真心了,同样不招人喜欢。而明知对方已走向险路,你不去及时提醒,仍然天花乱坠地粉饰太平,那就纯属害人了,与落井下石无异。

所以,说话要多赞美,但也不可过度,关键要出自真心,充满善意。

言多必失,不要自设陷阱

言多必失,古有明训。洪应明也提醒说:“士君子之涉世,于人不可轻为喜怒,喜怒轻,则心腹肝胆皆为人所窥;于物不可重为爱憎,爱憎重,则意气精神悉为物所制。”(《菜根谭》,33)意思是说:做人要含蓄,不要轻易被人家看透。洪应明又说:“遇沉沉不语之士,且莫输心;见悻悻自好之人,应须防口。”意思是说:遇到表情阴沉、沉默寡言的人,千万不要对他推心置腹表露内心;遇到满脸怒气自以为是的人,在他面前就要小心提防不多说话。

很多人都害怕“办公室政治”,其实在公司没那么多“政治”。只要你言行多注意点,说话做事多过过脑子,为人低调一些,与人和睦相处,就没有什么让人烦恼的政治。你要记住一个原则,就是“言及莫论人是非”,无论是“是”还是“非”,都不要在公开场合大声嚷嚷。有时你诚心夸赞某个人,别人认为你是在拍马屁,而被夸的人认为你在嘲笑他。因此,公众场合最好别谈论他人长短。私下里,对于特别信任的好友可以适当交流一些信息,但谈及他人的“非”和“绯闻”一定要慎重,许多人吃了乌鸦嘴的亏还不知道是怎么回事。

李末是一张“大嘴”。她虽是个热心肠,但“大嘴”经常惹祸。她刚进入一家公司没多久,总公司的市场部经理杨女士来这家公司指导工作,中午请部门同事一起吃饭,席间谈起了刚刚离职的副总张小琴。入职不久的李末不知道杨女士的来头,只知道杨女士是从上面下来的,也不忌讳,加上她谋职时曾受到张小琴的刁难,于是她就说张小琴脾气不好,很难相处。杨女士问是怎么了,是不是张小琴工作压力太大造成心情不好?李末张口就说:“我看不是,三十多岁的女人嫁不出去,既没结婚也没男朋友,老处女都是这样的心理变态。”

一桌哑然,刚才还争相发言的同事都闭上嘴巴低下头。因为,除了李末,那些在座的老员工都知道:这位杨女士也是待字闺中的老姑娘!这李末不知轻重,一损俱损,杨女士心存芥蒂不说,其他人也不好受。好在一位有经验的同事及时扭转话题,才抹去杨女士的难堪之隐。这顿饭吃得极为尴尬快速。事后,李末得知了真相,吓出了一身冷汗,以后没人她就买了一张胶布封住嘴巴以示惩罚。

所以,言多必失,在办公室,不关涉某个个人的玩笑可以说点,但涉及具体的人和利益,就要谨慎了。因为其中存在着许多利害关系,自己乱说就会触动某个人的神经而吃哑巴亏。即使对于懒散闲在的同事也不能得罪。

马妍名校毕业,过关斩将闯进了一家知名外企,原以为公司的人个个精明强干,谁知进来一看,也不过如此。马妍甚至有些瞧不起公司里的那些人:前台秘书小姐整天忙着搞时装秀，吸引男士目光；销售部的老员工柳姐天天晚来早走，几个月也没见她拿回一个大单子，还喜欢摆大架子；统计员陈娟就是一个吃闲饭的，每天的工作不过就是统计全公司员工的午餐成本，还四处嚷嚷她干了多少多少活。马妍惊叹：天啊！进入了这样的竞争时代，竟还有如此的闲云野鹤！

有一天，马妍去行政部找小玲领文件夹，柳姐陪着陈娟也来领文件夹，刚巧就剩了一个文件夹，马妍笑着抢过说先来先得。陈娟可不高兴了，她说："你刚来，哪有那么多的文件要放？"马妍不服气，"你有？每天不过就是做一张午餐报表，你又有什么文件？"一听这话，陈娟立即拉长了脸。小玲连忙打圆场，从马研怀里抢过文件夹递给了陈娟。

马妍气哼哼地回到座位上，柳姐端着一杯茶悠闲地进来："怎么了，小姑娘，有什么不服气的？我要是告诉你，陈娟她小姨每年给咱们公司500万的生意……"然后打着呵欠走了。

下午，小玲给马妍送来一个新的文件夹，一个劲儿向马妍道歉。她说她得罪不起陈娟，那是老总眼里的红人，也不敢得罪柳姐，因为柳姐有广泛的社会关系，不少部门都得请她帮忙呢，况且人家每年都能拿回一两个政府大单。你新来，千万别跟她们计较。马妍听了，半天说不出话来：原来有这么多复杂的关系。

职场上有君子，也有小人。即使君子，也不会喜欢人家挠他的痒处。遇到小人，你就是自讨苦吃了。所以，千万别自作聪明，胡乱放大炮。跟任何人都不要过不去。跟人家过不去，就是跟自己过不去，何必呢！

莫谈上司的隐私

中国有句古话："伴君如伴虎。"意思是说：陪伴君主就像陪伴老虎似的，在君主身边转来转去，稍有闪失就会招来杀身之祸。还有一句古话："山高皇帝远。"意思是说：离皇帝越远，受到的牵制就越少，就越自由。在职场同样如此，员工离上司太近，常常一不小心就会把上司得罪，有时问题并不是出在工作上，而是因为你不经意间发现了上司的隐私。所以，要跟上司保持适当的距离，避免发生尴尬。如偶然知道了上司的隐私，要守口如瓶，并且要让上司知道你是可以信任的人。

洪应明说："使人有面前之誉，不若使其无背后之毁；使人有乍交之欢，不若使其无久处之厌。"意思是说：使他人当面赞誉，不如使他们不在背地下诋毁诽谤；使他人感到结交之初的快乐，不如使他们没有长久相处的厌烦。人们不希望遭人毁谤，也不希望被人谈论隐私。公司领导更是如此。他要维护自己的形象(这个形象关乎他的升迁发达)，他绝不希望让自己的隐私成为大家的谈资。现在的某些领导个人修行很有欠缺，做了许多见不得人的事，这样的领导也多是做贼心虚的主儿，你更不可招惹他。不管你是有意还是无意，一旦你当着上司的面知道了他的某些见不得人的隐私，尴尬之后你们的关系就会发生变化，你们之间曾有的和谐就会被打破。没有哪个上司希冀窥见自己隐私的下属老在眼前晃来晃去的，所以他即使有所顾忌不解雇你，也会找机会将你踢得远远的。

喜欢打探别人的隐私仿佛是我们这个社会的顽症，也是人类的劣根性之一。探秘是人的本性，但是，探听别人的隐秘生活，则是人性的一种弱点。因此，养成不谈论别人私生活的习惯，也是同自己身上的本性弱点做斗争，它将帮助我们使人格更加净化。要想在企业中有一个好的发展前途，就必须克服"窥私"的劣性，尤其是别去谈论上司的隐私生活。尊重上司的隐私，就是尊重上司，同时也是尊重自己的人格；谈论上司的隐私，就是展示自己的卑劣。

有的人为了博得上司的好感，故意在上司面前卖弄一下，表示自己虽然知道了隐私却没有跟别人讲；或者在同事面前显示一副"我有秘密但不告诉你们"的样子。这是此地无银三百两，愚蠢之极，等于向上司讨苦吃。上司不仅不会感激你，反而会觉得你在要挟他，对你不深恶痛绝才怪。同事们也会认为你故弄玄虚，搬弄是非，因此看不起你。

聪明的员工应该知道，万一获悉上司的某种隐私，最好装作不知道。与其寄希望于瞒过上司，还不如自己不参与谈论上司私生活为好。不但不对上司泄露半句，对同事朋友也保持缄默，这是最好的方式。

如果你真对上司有异议，一定当面向他反映，只不过注意方式就可以了。你不要以为你在上司背后的嘀咕不会被添油加醋地传到上司的耳朵里去，多少人等着去邀功呢。

所以,与其在上司背后嘀嘀咕咕授人以柄,还不如当面袒露胸襟,这样做至少不会牺牲你的人品。

有的员工认为,知道了上司的隐私,等于抓住了上司的“小辫子”,上司会把他当作心腹,或者偏袒他。殊不知,知道了不该知道的事,自然对上司构成了一种威胁,反而会成为老板手中的把柄。当上司感受到这种威胁的压力时,他必然会除之而后快。

钱冲经过一轮又一轮的考试,终于如愿以偿地进了一家计算机公司。他谦虚好学,手脚勤快,又会看眼色,很快就赢得了主管的好感。主管对他格外关照,经常对他的工作进行指导。钱冲为了表示感激,经常主动跑腿帮主管办一些无关紧要的琐事。由于两人住在同一个方位,下班后主管常让钱冲搭便车。渐渐地,两人的关系就超出了普通的上司与下属的关系。即使在公司里,钱冲在主管面前也没有一点拘束感。

有一次加班,完工后主管让钱冲跟同事们先走,说自己还有一点儿工作要处理。钱冲在公司附近的快餐店吃过晚饭,忽然想起主管还没有吃晚饭,就买了一份饭给主管送去。主管的房门虚掩着,他没敲门就闯了进去,结果看见主管的怀里坐着一位女同事。两人先是一阵慌乱,然后又装出一副若无其事的样子。钱冲的脸倒是红了,他把饭一放,赶紧溜了出去。

钱冲不明白,女同事跟自己一起离开公司的,怎么又回来了?

钱冲更不明白,平时主管挺正派的,已经结了婚,怎么又跟下属勾搭上了?

但这些问题对钱冲已无关紧要,紧要的是他在面对主管和女同事时的尴尬。尽管他们此后都装出若无其事的样子,但变化还是很明显的:女同事刻意躲着他,主管对他表面客气,下班后不再邀请他搭便车了。

钱冲想来想去,为了表明自己的态度,给主管发了一封电子邮件:“我是一个开明的人,也是一个宽容的人,我不会做傻事的。”但他跟主管的关系还是没有什么改善。有一天,公司里忽然传出主管跟那个女同事关系暧昧的消息,钱冲感觉到主管对他的态度明显恶化了。其实,钱冲并没有透露那件事,是主管跟女同事幽会时被别的部门的人发现并传播的。但主管认定是钱冲所为。钱冲开始还想找主管解释,但是想到事情会越描越黑,就只好任凭事态发展了。

不久,公司在一个偏远的地区成立办事处,钱冲被调到了那个谁也不愿去的地方。钱冲不想去,他到公司人力资源部质问,得到的答复是:年轻人需要到基层接受锻炼;公司认为你是一个开明和宽容的人,不会对这次调动持有不同意见。钱冲没想到自己向主管表明态度的措辞,竟成了公司"发配"他的理由。

可见,为上司保守隐私很难,最好的办法是与上司保持适当的距离,尽可能不去知道上司的隐私。万一知道了,就让它烂到肚子里面,不要让嘴巴给自己惹祸。

口无遮拦是非多

洪应明说:"杨修之躯见杀于曹操,以露己之长也;韦诞之墓见伐于钟繇,以秘己之美也。故哲士多匿采以韬光,至人常逊美而公善。"意思是说:杨修遭曹操杀害,因为他在曹操面前显摆自己的聪明;韦诞的坟墓被钟繇盗伐,因为他在坟墓里秘藏了自己的爱物。所以,贤哲人士大多隐匿才华以韬光养晦,至德人士常常将美好的东西逊让给别人以共享。在今天,因为言语不慎而招杀身之祸的并不多见,但"口无遮拦是非多"这句古训仍应牢记在心。

经常看到一些初出茅庐的年轻人,喜欢到处炫耀,滔滔不绝地推销自己,他们认为这样能够显示自己的能力,显示自己有丰富的知识和口才。其实不然,一个人的能力不是以声音的分贝和优美动听程度来判断,而是体现在他做事的成果上。作为新人,尤其是一些嘴巴不严的人,首先应该学会的是倾听。倾听会让你在沉默中冷静地体会到对方话里话外的真正用意,能够让你全面地了解你面对的是个什么样的人。当然,如果你碰巧听到领导的隐私,则要"流言止于智者",不要去主动传播。

有个公司曾答应给某部门发奖金,因故搁置了,于是各种猜测纷起。有一位看上去很灵通的人神秘地对大家说:"公司领导得了红眼病,看我们工资高了就不给我们发奖金了。这次的奖金肯定没戏了。"后来这人又在多种场合说这种话,说得一本正经。通常,公司奖金发不下来,可能有多种原因,对于不了解公司上层运作的一般员工,在无法知道真实情况的情况下,最好不要胡猜乱说,更不要听到一点小道消息就到处传播,以免给自己造成被动。后来这个部门的奖金发下来了,迟发是因为绩效统计时出了错,而会计又碰巧出差了。这位传播不发奖金消息的人,理所当然地被领导列进了黑名单。

职场员工要学会尽量就事论事,做好本职工作,不让自己牵涉进"职场斗争"和复杂的人际关系中去。总而言之,要管好自己的嘴巴。

(1)不要胡乱接人话茬

有些人爱冲动,没听全别人前面说些什么,就乱接话茬,这是招人嫌的。你也许想要向别人展示你是如何与他们的思路契合。但是,假如真的这样,你就应该多听少说,只要不时简单地发出“嗯”或“对”就可以了,不用把你的观点说得太具体。别人会欣赏你的善于倾听。不要像个喜好挑战的斗牛士一样跟别人斗来斗去。

(2)不要露骨地拍老板的马屁

聪明的老板有自知之明,所以你要慎重,踏踏实实做事更可取。有这么一个例子,某部门一个女办事员未打招呼外出好几天才回来,部门经理要对其处分,开会要大家表态,而办事员自己辩解了很多理由,就是没说关键的:是老总派她到南方去做某件重要事情了。部门里分成了两派意见:一派主张严厉处罚,一派主张象征性处罚。有位同事知道办事员是老总的亲信,为了讨好老总,他先是赞扬老总不计人过,又对办事员的大胆逃工赞叹一番,随后说既然没给单位带来损失,就不要处罚了。不说部门对他印象有多差,老总对他也毫不领情:一点是非观念都没有,这人太世故。

(3)不要在背后议论老板的是非

一般地说,你背后说老板的那些话会很快传到老板的耳朵里,而且会添油加醋,比你原先说的要难听得多。你真得留点神了,说不定什么时候,老板就给你一顿好揍,然后把你给炒掉。如果你有很大的意见,憋在心里实在难受,不妨去找个沙袋吊起来,上面写上老板的名字,然后给那个家伙一顿好揍。起码,那个家伙不会给你带来什么危险。

(4)不要在办公室到处施展你的超人口才

也许你想让你的老板注意到你的口才,但遗憾的是,几乎所有的老板都讨厌看见一个喋喋不休的人。记住,能用三分钟表达完的事情千万别说上三个小时,如果你是那种不讲话就会发疯的人,那就建议你先在家里对着墙壁大声说上一个小时,直到筋疲力尽,直到没有心情在办公室胡说八道,这时再去上班。记住:要惜言如金,用最短的句子把你的观点非常职业地表达出来。还有,在别人尤其是老板讲话时,千万不要随便打断。

(5)不要卷入他人的争斗

当两个彼此看不顺眼的人几乎要起言语冲突时,你刚好就在“现场”,这时你的处境颇为微妙。对未经训练的耳朵来说,他们似乎是在争论有关工作上的小事。但是,这只是表面现象,根本原因在于这两个人彼此讨厌对方。这时你要保持冷静,不要瞎掺和。基本上,无论你说什么都将是错的,不是因为你缺乏解决方案或是社交技巧,而是因为没人会在这时候喜欢裁判员。还有,千万不要试图跟哪个公司领导或部门领导结盟,公司的事情和秘密永远比你想象的要复杂,你也许不知不觉地成为别人争斗的牺牲品。

言多必失，作为员工，应该把精力放在提高工作技能、改进工作表现上。本着"与人为善，合作优先"的态度，你要尽可能少说多做，这样才会让自己有一个较好的人际环境。

三缄其口，主动示弱

洪应明说："十语九中未必称奇，一语不中则愆尤骈集；十谋九成未必归功，一谋不成则訾议丛兴。君子所以宁默毋躁、宁拙毋巧。"意思是说：十句话中有九句正确不一定稀奇，因为其中一句话不对就会立刻被指责；十次计谋九次成功不一定有功劳，如果有一次失败许多非议就汹汹而来。所以品德高尚又有见识的人宁可保持沉默、处事不躁，宁可表现得笨拙些，也不自作聪明。

自以为是，自作聪明，喜欢唱高调，某些人认为不如此就不足以张扬个性。古语说得好，聪明反被聪明误。不要以为你在哪方面略高人一筹，你的眼睛就可以长在脑门上，你就可以冷眼别人，就可以忽略别人的存在，就可以看轻对方的战斗力。殊不知，愚人愚己，自以为聪明的人往往自毙。

有些人就是长舌妇，好论人是非，或兴风作浪，或颠倒黑白。有些人到处叽叽喳喳，喜欢打听别人的私事，昨天谁买了件新衣服，今天谁跟老公吵嘴了，谁又买房子买车了……这种人在单位还挺有人缘，跟大家都处得来，表面关系不错。

有些人好大喜功，爱吹牛，喜欢把小事吹成大事，喜欢说大话，常说的话是："这事包在我身上""你这下算是找对人了""你等着啊，我帮你打听打听""我跟谁谁是亲戚，我认识谁谁"，等等。这种人经常是靠说大话蒙人，吃了人家的，拿了人家的，却什么忙也帮不了。

有些人喜欢论人长短，评点是非。这种人为人刻薄，对任何人任何事，不管是否与己有关，都要瞎掺和几句，还老喜欢挖苦人。这种人见不得别人好，哪怕损人不利己，也要给人制造麻烦。如果这种人虽然平时笑口常开，也要特别小心提防。

还有的人爱多嘴、爱管闲事，他们总是热情高涨，看似助人为乐，但常常喧宾夺主。

对于上述种种人，我们要静静地观察，把他们识别出来，不要让他们纠缠上。如果遇上这几号人，大可不必与之计较纠缠，悄悄走开就是。与他们长期相处，更要低调一些，既不软弱也不张扬，保护好自己，把更多的精力放到做事中去。

当然，我们自己不要成为长舌妇，不要成为好大喜功的人，不要成为尖酸刻薄的人，不要成为爱管闲事的人。

陈刚很少对公司里的什么人佩服，但他对公司财务部的出纳罗玲娟十分佩服。与罗玲娟差不多同时来这个公司的同事都跳槽了，领导也换了几茬，但是她依然坐得稳稳当当。原来，罗玲娟是一个很懂得低调和示弱的女人。公司换过几拨领导，在不同的时期不同的领导下，不管是哪派，不管是领导还是清洁工，都对她大加赞赏。为什么呢？就是因为她始终保持低调，踏实肯干，不与人争，更不评论任何人的什么事儿。而且她有一副热心肠，有谁需要帮忙，她都肯热情地帮上一把。所以，她不致像其他同事那样失意地跌跌撞撞地跳槽而去。

不要多说什么，保持低调，主动示弱，无论对谁都笑脸盈盈，亲切而不卑不亢，做到宠辱不惊，心如明镜，这就是职场护身符。

不要苛求完全的公平

洪应明说："天之机缄不测，抑而伸、伸而抑，皆是播弄英雄、颠倒豪杰处。君子只是逆来顺受、居安思危，天亦无所用其伎俩矣。"意思是说：上天的法则默默无言但又变幻莫测，有时使人先陷于窘境而后再春风得意，有时先让人一番得意后再受挫折，像是在戏弄那些所谓的英雄豪杰。品德高尚又有见识的人因为逆来顺受，处于平安之际思量危难之时，即使上天对他也不再使用戏弄伎俩了。处在一个复杂的社会里，有若干社会潜规则是你无法修正的，如果不能回避，就只能适应。而如果能够做到"大礼不辞小让"，"逆来顺受"，则无人可以伤害你，你也就可以如鱼得水、游刃有余了。

在公司里，不管是工薪体制还是用人做事，你想追求完全的公平是不可能的，由于各种私心利欲以及评判尺度的差异，即使工会也很难保证每个职工满足自己的公平心。有人认为，公司不公就是来自老板的专断，有的甚至看不起老板，说老板技术业务不精，管理上也没什么创意，只会拉帮结派，任用心腹。其实，老板就是老板，老板所以能熬到老板这个位置，或者能创建一个企业，自有他的能力和实绩。他不需要当业务专家，他只需要做好战略规划、管理协调就可以了。

某公司有一个工程师，认为自己很有能力，和同事的关系一般。他觉得他的上司不公平，老不给他加薪，却让他做很多分外的事，因此经常在同事面前抱怨。他还特别给总公司大老板发了邮件，列举部门里他认为的种种不公平现象，并且要求加薪。大老板把该邮件转给了他的部门上司，请他的上司处理。后来他的上司给他加了一些薪水，但是在他的考评评语中加了一句“缺乏团队合作精神”。要知道，现在大家讲究的就是团队合作，加了这句评语，这个工程师在这个公司就再也难有升迁机会了。

其实，就算他的上司真的不公平，这个工程师也完全没必要给大老板发邮件，把事情挑得一清二楚。公司里一般都有很多沟通渠道，而他最好的办法是直接跟上司沟通。当然，有些问题也没必要谈得太直接。上司都是聪明的，别怕你说的他听不懂，如果他听不懂，那也是他故意装作听不懂。

与上司唱反调或者经常说上司的不是，这是职场人的忌讳。承认上司的地位是职场人首先要学会的。人在屋檐下，就得把头低。既然他是你的老板，那么你就得接受这个现实，学会和他相处，和不同的人沟通。沟通合作是立身职场的基本技能之一。你要明白，你的成功就是他的成功，他的成功未必是你的成功。得罪了顶头上司，日子肯定不好过。

工月福是个藏不住话的人，他喜欢追求公平，爱打抱不平。他跳槽进入一家公司做计划部主管。公司将各种福利并入工资中，除了工资，就没有任何别的待遇，其他主管也是如此。一个偶然的机会，他从工资条得知公关部主管孙祥的手机费竟实报实销，这让他很不服气！王月福看了公司规章，确认任何主管都不应有额外补助，那么，凭什么公关部主管单独报通讯费呢？这不是明显不公平吗？想到此，他也要向老板争取！于是王月福借汇报工作之机向老板提出申请。老板听了很惊讶，说主管人员的通讯费都算在工资里了，没有特别的啊？“可是孙祥就有呀！他的费用实报实销，据说还不低呢。”王月福言之凿凿地说。老板听了沉吟道：“是吗？我了解一下再说。”

这一了解就是两个月，按说老板不回复也就算了，而且为每月一百多块钱的话费，争来争去也不值。可是偏偏他就和孙祥较上劲了。见老板没动静，他又生气又愤恨，终于在吃饭时忍不住和同事抱怨，却被人家一语道破天机：“你知道孙祥的手机费是怎么回事？那是老板小秘的电话费，只不过记在了孙祥的名下，免得老板娘查问。就你傻，竟然想用这事和老板论高低，不是找死吗？”

王月福吓出一身冷汗，暗暗自责不懂高低深浅！怪不得老板见了自己总皱眉头！从此他再也不敢提手机费的事，看孙祥的时候也不眼红了。

公平公正是要追求的，但一定得看清形势，一味苛求完全的公平往往不会有太好的结果。有时候，你所知道的表象，不一定能成为申诉的证据或理由，对此你不必愤愤不平，等你深入了解公司的运作文化，慢慢熟悉老板的行事风格，也就能够见怪不怪了。所以，在公平面前，你要聪明行事，不该争的不能争，该争的要先摸摸底，争不到的放弃也是一个好选择。洪应明说："夜眠八尺，日啖二升，何须百般计较。"(《菜根谭》,178)"横逆困穷是锻炼豪杰的一副炉锤，能受其锻炼者，则身心交益，不受其锻炼者，则身心交损。"(《菜根谭》,281)一是心胸要宽广，二是甘受横逆之磨炼，懂得此理，又有何事何坎过不去？

低调处关系，但不要钻营

洪应明说："宠利毋居人前，德业毋落人后，受享毋逾分外，修持毋减分中。"意思是说：面对名利的诱惑不要抢在他人之前，进修德业不要落在他人后头，享受生活不要超过本分应有的限度，修养品德不要减低应有的标准。不争功多名，始终保持良好的道德素养，这是为人处世的原则，也是搞好同事关系的一大法宝。

职场中，无论新人老人，都感觉人际关系比较难处，尤其是跟上司，尺度难以把握。凡事有个适应过程，要学会观察，慢慢地跟本部门的同事和其他部门的同事建立起良好关系，这一点对很多员工能否在单位立足、顺利发展都是很重要的。

不管你多有经验，进入一个新单位，虚心、礼貌、面带微笑、少说多做总没有错。如果不是在人际关系特别险恶的地方(不排除有这样的地方)，一般来说，虽然在新人刚进的时候，老员工会有欺生的现象，但时间长了，大多数老员工还是乐意帮助新人的。有的新人来了以后，只跟自己周围的人说话，或者只跟老乡、师兄师姐交往，这是不好的。还有的新人各部门乱窜干扰别人，也易引起别人的反感。新人自己不能做出讨人嫌的举动，比如：乱插嘴、乱奉承、占便宜，等等。

一位叫王诗雨的将要大学毕业的小姑娘到一家单位来实习。她很活泼，对每个人尤其是领导很主动，希望以后能留在单位。有一天，有个员工要出国，大家为他饯行，饭桌上说的都是惜别的话，气氛满是依依惜别之情。王诗雨站起来给领导敬酒，不顾当时气氛，热情洋溢地说了一番夸赞领导的话，让人感到很不协调。在场人认定她是惯于溜须拍马的人。还有一次，王诗雨旁听另一个部门的业务会，站起来主动插话发言。她并没有实质性的建议，就是想在人面前混个脸熟。但大家并不欣赏她的爱出风头。实习结束后，她没能如愿留下来。

还有一个很老到的员工，口才比较好，又很活泼。他跳槽到一家公司，刚进来不久就搞清了公司的人事关系，很快就找到机会跟总裁说话沟通。部门经理一开始觉得他挺机灵，就给他一些比较有挑战性的事情做，也向总裁推荐过他。后来部门经理发现他太活跃，为人很势利，眼睛只盯着总裁，对部门经理和同事都不太热情。再到后来，他除了总裁吩咐的事，对其他事都不是很热衷，能拖就拖。当他发现公司里有一个肥缺后，他就直接跑到总裁那里去争取调任，搞的公司上上下下都知道他是个爱钻营的人。结果，总裁征求大家的意见后，没有答应他的调任请求，而他在原部门已呆不下去，只好走人。

个性太活跃不好，太张扬太势利更不好。每个单位都是现实的环境，都有各种利害关系。只有保持低调，摸透潜规则，才能让自己安心地呆下去。以下是一些实用的低调法则：

在开会讨论问题时，即使需要进行头脑风暴，也不能讥讽和打击别人。要始终保持谦虚的态度，即便你有锦囊妙计，可以立马解决现实问题，你也要说“我是抛砖引玉，仅供参考，请大家指正”之类的话。

在单位最难相处的是领导，在和领导过招时，千万不可趾高气扬，表现出一副精明能干的模样，不把领导放在眼里。你再有本事，也只是他手下的一名员工。领导用你，你就是人才，领导不用你，要么屈才，要么走人。所以，对领导时时表示尊敬，是你的立身之本。

同事是你的参照物，一定要认真对待每一个同事，千万不能显摆，处处显示你比他强。人人都有嫉妒心，只有低下头去，才能与同事搞好关系。你尊重他人，也就获得了他人的尊重。平常要乐于助人，通过各种方式融洽关系，加深感情。

搞好同事间的关系是非常重要的。关系融洽，心情就舒畅，这不但利于做好工作，也有利于自己的身心健康。倘若关系不和，甚至有点紧张，心情烦躁，工作不顺手，生活就成了熬苦日子。所以，在单位和人相处，低调的态度很重要，一定要多注意自己的言行，养成一个尊重他人、低调谦让的好习惯，

少说话，多做事

洪应明说：“立业建功，事事要从实地着脚，若少慕声闻，便成伪果；讲道修德，念念要从虚处立基，若稍计功效，便落尘情。”意思是说：要想建功立业，就要脚踏实地干好每一

件事情。如果心存哪怕一丁点羡慕虚名的念头，就难成正果。要想修心养德，就要专心于心性道德的修养。如果总想着计较功利得失，则落入世俗之中。脚踏实地地干事，成就大家都能看得到；如果天天玩弄辞藻，花言巧语，则就成了肤浅之辈，招人厌烦。

唐敬原来是单位的消息灵通王，典型的莺歌燕舞型。只要她在单位，总能听到她的声音。自从听了一个讲座后，她开始变了，不喜欢叽叽喳喳地说个没完没了了，更喜欢一个人静静地待着。电视剧《还珠格格》里小燕子就说道：少接触少摩擦，不接触不摩擦。这样的生存哲学似乎有点中庸之道。其实，人的精力是有限的，将很多时间用在夸夸其谈上，用于思考、做事的时间就少了。当然不是要自我封闭，不是要逃避世俗，但要将踏踏实实地干好自己的本职工作放在首位。

老板也是如此，该低调时就低调，与其费力追求声闻，不如踏实地将企业做大做强。据说南方企业家和北方企业家有一个明显的不同之处就是：南方的企业家比较低调，北方的企业家比较高调。南方老板大多为人做事都比较低调，尤其是江浙一带。有一家企业规模庞大，业内一直享有盛名，但十几年来企业老板从来不会接受任何媒体的采访。不但在公司的宣传资料上见不到老板的照片或介绍他的事迹的只言片语，在行业内的通讯录上也找不到他的名字。就连平时企业赞助活动的讲话、剪彩等，他也一概让副手出面。别人都知道企业的名字，但很少有人知道企业老板的名字。细细想来，老板的低调是有他的用意的，因为许多爱出风头、喜欢抛头露面的企业老板没几年就销声匿迹了。有的老板今天接受报纸采访大谈企业几年内要达到什么目标，明天做客电视台誓言要进军×××强，到处作秀，还美其名曰"打造企业领袖个人品牌"。把自己的一举一动暴露在众目睽睽之下，竞争对手对你的动向也就了如指掌，别人知道你有哪些资源与背景。一旦企业有个风吹草动，媒体又会用放大镜把你的陈年老账都给翻出来。这些年来倒台的若干知名企业家，出事前声名响亮，出事后声名狼藉，验证了"窜得越高，跌得越惨"这句古训。

有位商界名流说过："一般情况下，我只要确定了项目就坚持把它做到底。当然，做任何事之前，我只想三种情况：第一种，大红大紫，非常好。我不用去想，谁都能接受。我想的是我怎么往后退，我该做什么，我要把自己摆在什么位置上，有自知之明。第二种，不赔不赚，我也能接受，我也不去想。第三种，我赔了怎么办。我是商人，必须算出我赔多少，我是不是能赔下去？我们把问题想到最不好，一旦问题来了，你就有所准备，你就有能力应对。做所有的事都是这样，你只要心里有数，低调些，沉稳些，对任何结局都能冷静处置。"

所以,不管你干什么工作,不管你在什么位置,都要坚持低调做人,都要坚持少说多做。洪应明说:"聪明人宜敛藏而反炫耀,是聪明而愚懵,其病如何不败!"(《菜根谭》,203)聪明人应该善于收敛、藏匿,如果炫弄夸耀自己,表面看起来是聪明,其实却很愚蠢!怎能不失败呢?

要安全,用谎言给自己镀层保护色

在动物界,"拟态"和"保护色"是很重要的生存法宝。"拟态"是指动物或昆虫的形状和周围的环境很相似,借以保护自身免受侵害。例如有一种枯叶蝶,褐色的身体就像一片枯叶一样,当它停在树枝上时,如不细看,根本发现不了它。"保护色"是指动物身体的颜色和周围环境的颜色接近,当它在这个环境里时,它的天敌便不易找到它。比如蚱蜢好吃农作物,它的身体是绿色的,这颜色便是它的保护色。

在人类世界里,说谎有时是一种"拟态"和"保护色"的行为。最具体的例子便是间谍,从事这种工作的人要隐藏自己的身份,并且要避免被人识破。间谍所使用的"拟态"和"保护色"就是在角色扮演上尽量和周围的人接近,让人分不出他是外来的。所以,间谍执行任务时,都要先熟悉当地的生活,穿当地的服装,说当地人的话,吃当地的食物,研究当地的历史、民俗,为的是把自己"变成"那里的人,以免被人辨识出来。人类对"拟态"和"保护色"的运用不仅限于此,谎言就是最典型的一种。

有时候,我们为了保护自己不受欺骗,就可以用谎言来对付他人。

有一天,一位陌生女性按响了某家门铃。因为小区最近总发生一些案件,大家都很警惕。

"请问是哪位?"主人在电话门铃对讲中问道。

"我是供水公司来征求用户意见的。"门铃那边回答。

随后,主人打开自己的家门,让陌生女士进来。这位女士自我介绍说:"因为居民反映近期自来水水质不好,想征求您家的意见。我是公司新来负责这一块的业务员。"

主人见她没有拿什么推销商品,只拿了一个笔记本,假如真是供水公司的工作人员,不配合就有些不礼貌了,于是应女士的要求,让她去厨房操作间看一下水龙头。

后来,他们就在餐厅谈起水质问题,又说下一步公司要为一部分离退休老同志免费安装净水设备。主人本能地觉察出这是一位比较聪明的净水器具推销员。

为了避免麻烦和上当受骗，主人谎称自己搞过技术监督工作，与女士所在供水公司的一些人都很熟悉。他还表示自己对净水设备不感兴趣，喝的是随时上门送的桶装矿泉水。更为聪明的是，主人说自己赶时间，楼下还有同事等自己去办事，让女士留下电话以后联系。无奈，女士只好不情愿地留下了自己的联系方式，然后说了句"您多保重，祝您身体健康！"就快步出了门。

最后，主人打电话给供水公司办公室咨询情况，对方说根本不知道此事。主人又顺便拨了一下女士留下的电话号码，电话提示"您拨的号码是空号。"

故事中的主人非常精明，利用"自己搞过技术监督工作""与女士所在供水公司的一些人都很熟悉"及"自己赶时间，楼下还有同事等自己去办事"等谎言，巧妙摆脱了那位女"推销员"，使自己免受欺骗。

在生活中，我们有必要学会运用"谎言"，尤其当自己明显处于"弱势"或"被动"境地时，不妨用它为自己镀上一层保护色。

撒个小谎，避免伤害赚人缘

苏格拉底是希腊伟大的哲学家，他认为谎言的本性就是：

1.逃避一些不能或是不想被别人知道的事，其本性如果要区分的话可分为善意和恶意两种。

2.善意的谎言是在为他人利益考虑的前提下所说的谎言。

3.恶意的谎言是从自己的角度出发的谎言，是损人利己的。

善意的谎言在人际交往中，起着润滑剂的作用。如果能够恰到好处地运用，可以消除矛盾、化干戈为玉帛，可以更有效地解决问题，还可以化解人心中的怨恨，使人与人彼此间的关系更融洽、感情更深厚。

所以，在人际交往中，要学会适当地运用谎言来解决问题，这样可以避免给他人和自己来带伤害，更重要的是能为自己赚得好人缘。

王鑫在一家外资企业上班。一天，下班后他和同事李华走在一起。李华这些天和上司的关系十分紧张，心情不佳。

两人边走边聊，李华控制不住自己的情绪，指出上司对待他的种种不公平，还把上司的无知、浅薄及一些不愉快的事统统信口说了出来。

过了一段时间，上司在王鑫面前谈起李华时，言语之间非常不客气，怒斥李华的不顾大局、平庸无能、不思进取、不善开拓等诸多缺点。上司还向王鑫打听李华是否说过自己什么坏话？

王鑫该怎么办呢？

无疑，王鑫面临两种选择：一种选择是不把李华的话告诉上司，另一种选择是把李华的话原原本本地告诉上司。

如果王鑫选择了前者，上司的气就会慢慢地消下来。当他冷静下来后，会比较公正、合理地处理好这种关系，使问题得以解决。

如果王鑫选择后者，上司会对李华记恨在心，可能会找机会报复李华，使矛盾进一步激化。而且，如果上司是个非常多疑的人，他会进一步设想：你在我面前讲同事的坏话，肯定也会在其他人面前讲同事的坏话，你甚至还会在其他人面前讲我的坏话。因此，即使王鑫说了实话，也会给他的上司留下两面三刀、不能委以重任的印象。

上面所说的这件事，说谎，能使三方面都得到好处；而讲实话，却让每个人都受到伤害。可见，谎言在人际交往中的重要性。

中国有句俗话叫"会做媳妇两头瞒，不会做媳妇两头传"，这句话讲出了人际交往的真谛。

所以，面对些事情，我们不一定非讲实话，因为实话有些时候对人、对己、对事都无益。既然真话会伤害别人、伤害自己，那么我们为什么一定要说真话呢？其实，制造一些谎言，在很多时候都是有益的，它是处理好人际关系的重要法宝，可以使你融入周围的环境，使你的生活少很多阻挠。

借"谎言"走下台，不折面子脱窘境

生活中，面对有些情景，我们没有办法去讲实话。既然真话会伤害别人，我们可制造一些"谎言"，它可以起润滑作用，可以使人际关系更融洽、更亲近。

一个人满嘴谎言肯定不是好事。但是，一个人要是连一句谎言也不会说，也一定不是好事。

郭峰是一个很无趣的人，孟欣很不喜欢和他在一起，所以当郭峰邀孟欣下班后去吃饭时，她就编了个谎话说："今天有点事，实在没时间。"

孟欣拒绝郭峰的邀约，就是使用说谎的权宜之计，因为不管怎样，孟欣总不能说："和你这种人喝酒实在是很无聊的事，所以我不去。"这样说是很伤感情的。

打发了郭峰后，孟欣约业务科的老陈到公司附近的小馆子去喝一杯。

孟欣与老陈喝得正起劲的时候，郭峰突然出现了："孟欣，你不是说今天没空吗？……"

很显然，这是一个极尴尬的场面。由于事出突然，孟欣一时也找不出话回答，只是心想要怎样才能消除这种尴尬。

孟欣该怎么办呢？

如果以实相告，那么同事间这个"梁子"算是结下了。这时要注意，谎话比真话更容易让人接受，但说谎一定要艺术一些，既要避免跟对方针锋相对，又要达到自己的目的，有时候一个"善意的谎言"是非常有效的。

在这种情形下，最好就是大家都坐下来喝酒。而且对第三者出现的理由，一定也要有交代。"本来约我今晚谈生意的客户，就在你离开后打电话来说临时有急事要取消约会。使得我很懊悔没有接受你的邀约，等我去找你时，你已经离开了。凑巧碰到老陈，所以我找他来这里喝一杯……"这样既给自己找了台阶下，也照顾了对方的感受，一个小小的谎言，却起到了化干戈为玉帛的作用。

当然，在酒桌上好说话，容易圆谎。要是在其他场合中谎言被识破该怎么办呢？用"装傻充愣"的办法也能顺利"过关"。

企划部的顾春请求王成为他修改一篇论文，顾春把文章拷到U盘上交给了王成。两天后，顾春问王成改好没有。王成愣了，他压根没想起来这事。如果直说，显然会伤害到顾春，王成答道："实在对不起，我为这事烦着呢！我已改好了，可机子染上了病毒，文件全部给删除了，给我一天时间，我再做一份。"王成回去后赶紧修改，圆了这个谎言。

说谎有术，圆谎有招，与人交往时怀着善意的目的把谎话说得好听，让谎言给人带来欢乐，是一种本事，也是一种美德。

我们会因为一些意想不到的情况而陷入窘境，这时候，不撒个小谎还真不行。只要目的单纯，没有害人之心，谎言是一把上得来下得去的梯子。

虚张声势，以小充大赢得多

与人交往不是任何时候都老老实实的才好，要具体问题具体分析。如果你自己没有任何可供利用的资本，就只有采用无中生有的办法。但是，如果你并不是一无所有，你就可以“以小充大”了。换句话说，在与他人打交道，尤其是经商、谈判或求人办事时，可以把仅有的“资本”集中在一个点上，让对方只看到你强大的一面，从你这个侧面的强大，对你的整体实力产生错觉。

要知道，想办成某件事，而自身力量又不够的人，如果能恰到好处地运用这种方法，确实能够赢得很多利润。

20世纪30年代，福松商会在日本神户地区开张，年少得志的松永左卫门担任商会经理。开张不久，神户最出名的西村豪华饭店的一个侍者交给经理一封信，是一位叫山下龟三郎的先生让送来的，松永打开信，上面写道：“鄙人是横滨的煤炭商，承蒙福泽桃介（松永父亲老友，借了巨资给松永作商会的开办费）先生的部下秋原介绍，欣闻您在神户经营煤炭，请多关照。为表敬意，今晚鄙人在西村饭店聊备薄宴，恭候大驾，不胜荣幸。”

当晚，松永一踏进西村饭店，就受到热情款待，山下龟三郎对他毕恭毕敬，使得松永不免有些飘飘然了。

酒宴进行中，山下龟三郎提出了自己的恳求：“我有个朋友在横滨地区有一家相当大的煤炭零售店，信誉很好。如果松永先生愿意信任我，让我为您效劳，将贵商会的煤炭卖给这个朋友，他一定乐于接受。贵商会也会从中得到不少利益。我只收取一点佣金就行了。不知先生意下如何？”

松永听完之后，心里就慢慢盘算起来。没等他开口，山下龟三郎就把女招待叫来，从怀里掏出一大沓大面额钞票，随手抽出几张给女招待，请她帮忙买些神户的特产瓦形煎饼来，并当着松永的面，十分阔绰地抽出一张作为小费。

松永看那一大沓钞票，暗暗吃惊，心想：这位山下先生来头不小啊！

稍做思考，便对山下龟三郎说：“山下先生，我可以考虑接受你的请求。”经过简单的谈判后，松永便与山下龟三郎签下了合同。

丰盛的晚宴后，松永一离开，山下龟三郎便马上搭上末班车回横滨去了，西村饭店那样高的消费，哪是山下龟三郎所能住得起的？山下龟三朗的那一大沓钞票，其实只是他以横滨那间不景气的煤炭店作抵押，临时向银行借来的；介绍信则是在了解了福泽、秋原与松永的关系后，借口向福松商会购买煤炭，请秋原写的。然后，山下龟三郎又利用豪华气派的西村饭店作舞台，成功地上演了一出财大气粗的“大腕”好戏。从此以后，山下龟三郎就直接从福松商会得到煤炭，转手卖给别人，利润滚滚而来。

业务介绍信、饭店里设宴谈生意、给招待员小费，在日本商界中是司空见惯的。故事中，山下龟三郎就是利用这些极为平常的小事、大方的出手显示自己拥有雄厚的实力。而年轻的松永，被山下龟三郎诚恳恭敬的热情招待和慷慨大方所迷惑，果真把山下龟三郎当成气派的大款对待了，并与其签下了合同。聪明的山下龟三郎给松永提供的资料可谓有真有假、亦是亦非，他利用这些虚虚实实的情况赢得了松永的信任，从而达到了自己的目的。

在商业经营过程中，虚张声势经常能够迷惑对手的判断力，突破对手的心理防线，使他不自觉地相信你虚拟的事实，从而占据交易的先机，取得良好的经营效益。对于实力不强的人来说，虚张声势还有助于迅速发展自己的事业，做到以弱胜强。不过在应用的时候一定要掌握好分寸，切忌搬起石头砸了自己的脚，到时你丧失的不仅是商机，甚至还会失去信誉。

常言道“与臭棋篓子下棋，只会越下越臭。”在人类社会里，谁都愿意与强者打交道、合作，当你实力不够强大的时候，就可以考虑通过虚张声势的手段来为自己赢得强大的实力，进而为自己开拓一条成功的大道。

巧唱“空城计”，牵着对方的鼻子走

虚虚实实，兵无常势，变化无穷。空城计，是一种被动作战的行为，当我们实力较弱甚至走投无路时，妙用此计，以假乱真，可充分利用信息的不对称性和对方的心理，牵着对方的鼻子走，实现自己的利益最大化。

古代战场上，诸葛亮曾以2500名士兵巧设空城计，利用司马懿的疑心，智退20万大军，出奇制胜。空城计之所以奏效，是因为它提供的信息虚虚实实，让人无从琢磨。这种方法在现代商场上也时有运用。

南方某省盛产红茶，这一年茶叶丰收了，茶农们踊跃地将茶叶卖给了茶叶收购商，这使得原本库存量就不小的茶叶进出口公司，库存进一步增加，形成了积压，而积压最严重的就是红茶。这么多的茶叶让进出口公司的业务员很犯愁，如何设法销出去呢？

正在这时，有外商来询盘。进出口公司觉得这是个好机会，一定要把握住。为此，他们做了周密部署。

在向外商递盘时，进出口公司将其他各种茶叶的价格按当时国际市场的行情逐一报出，唯独将红茶的价格报高了。

“其他茶叶的价格与国际市场行情相符，为什么红茶的价格要那么高？”外商看了报价，当即提出疑问。进出口公司方的代表坦然地说：“因为今年红茶收购量低，库存量小，加上前来求购的客户多，所以价格就只得上涨。中国有句古话叫僧多粥少就是这个意思。”

外商对进出口公司所讲的话半信半疑，谈判暂时中止了。

随后的几天，又有客户前来询盘。出口公司照旧以同样的理由、价格回复他们。

外商心理犯起了嘀咕：真的像他们所说的那样吗？若是真的需求量大而库存量小的话，还得赶快签订收购合同，否则价格还会提高。

虽说外商对红茶的报价心存疑问，想了解真实的情况，但派人去实地考察又要颇费周折，人手短缺，时间又紧迫。于是就通过间接的途径向其他客户查问，查问结果与自己获得的信息是一样的。

最终，外商与进出口公司就关于购销红茶一事签订了合同，唯恐迟了无货可供。价格方面当然按进出口公司所报的价格。

在这个例子中，进出口公司就是很好地利用了“空城计”的战术，故意传播虚假信息，宣称“红茶库存量小，需求量大，价格上涨”，并对自己的信息做了周密的准备，使对方无法证实信息的真假，最终不但将茶叶销售一空，而且还卖了个好价钱。试想，如果一开始进出口公司的工作人员就暴露出红茶丰收的信息，那么外商一定会想方设法压低价格，使进出口公司遭受不必要的损失。

任何实际战略中，风险往往与机遇、利益和成功并存。空城计的奇巧之处在于：能够正确、及时地把握对方的背景、性格特征、心理状态等，因时、因地、因人地以奇巧的谋略解除自己的危机。不过，由于此计具有很大的不确定性和风险性，许多主动权和机遇还掌握在对方手里，因而在万不得已的情况下，不宜使用空城计，同时，此计也不宜重复、多次地运用。

利用他的虚荣心，不必碰灰办成事

如果你求人办事时对别人撒谎，当然是不好的，但如果你直接向对方挑明你的目的，更有可能会碰一鼻子灰。尤其是当你面对的是充满心机智略高明的人时，如果不精心设计、说点小谎，可能你就不会成功。让我们看看哈伯博士的一段经典“谎言”是如何运作的。

已故的哈伯博士原来是芝加哥大学的校长，也是他那个时代最好的一位大学校长，他曾为学校筹募了数额庞大的基金。洛克菲勒向该大学赠的百万美元就是由他筹集的。

一次，哈伯博士需要一百万美元来兴建一座新的建筑。他拿了一份芝加哥百万富翁的名单，研究可以向什么人筹募这笔捐款。哈伯博士选了其中两个人，他们都是千万富翁，而且是生意场上的死对头。

其中一位是当时芝加哥市区电车公司的总裁。哈伯博士在某一天的中午时分——这时候，办公室的人员都已外出用餐了——悠闲地走入总裁办公室。

因为哈伯博士知道，如果通过正常方式向这位总裁发出请求并约定见面的时间，一定会浪费很多时间，并使这位总裁有时间准备充分的理由来拒绝这个让他花钱的请求。而现在对方对于他的突然出现，大吃一惊。

哈伯博士自我介绍说：“我叫哈伯，是芝加哥大学的校长。请原谅我自己闯了进来，外面办公室没有人，我只好自己决定走了进来。”做完简短的自我介绍后，哈伯博士继续说：“我曾多次想到你和你的电车公司。你已经建立了一套很好的电车系统，赚了很多钱。但是，我也想到总有一天你也会进入那个不可知的世界。在你走后，你并未在这个世界上留下任何纪念物，因为其他人将接管你的金钱，而金钱一旦易手，它原来的主人很快就会被人忘记，每当想到这里，我都不禁会为你惋惜。

“我常想到向你提供一个让你的姓名永垂不朽的机会。我可以允许你在芝加哥大学兴建一所新的大楼，以你的姓名命名。我本来早就想给你这个机会，但是，学校董事会的一名董事却希望把这份荣誉留给××先生(电车公司老板的敌人)。不过，我个人在私底下一向欣赏你，而且我现在还是支持你，如果你能允许我这样做，我将去说服校董事会的反对人士，让他们也来支持你。

“今天我并不是来要求你做出决定，只不过是我刚好经过这儿，想顺便进来坐一下，和你见见面,谈一谈。

"你可以考虑一下,如果你希望和我再谈谈这件事,麻烦你有空时拨个电话给我。再见,先生,我很高兴能有这个机会和你聊一聊。"

说完这些,他把自己的名片放到总裁的办公桌上并低头致意,然后退了出去,不给这位电车公司的老板表示意见的机会。事实上,这位电车公司老板根本没有任何机会说话,都是哈伯先生在说话,这也是他事先计划的。他进入对方的办公室只是为了埋下种子,他相信,只要时间来到,这颗种子就会发芽,成长壮大。

果然,正如他所预想的那样,他刚回到办公室,电话铃就响了,是电车公司老板打来的电话。他要求和哈伯博士定个约会,具体谈谈这件事情。第二天早上,两人在哈伯博士的办公室见了面,一个小时后,一张一百万美元的支票就交到哈伯博士的手上了。

为了清楚地展示哈伯先生的说服别人的高明之处,我们不妨再来做这样的假设,他在和那家电车公司老板见面后,开头就实话实说:"芝加哥大学急需基金来建造大楼,我特地前来请求你协助。你已经赚了不少钱,你应该对这个使你赚大钱的社会尽一分力量才对(也许,这种说法是正确的)。如果你愿意捐一百万美元给我们,我们将把你的姓名刻在我们所要兴建的新大楼上。"如果真是这样,结果会如何呢?

显然,这样说没有充分的动机足以吸引这位电车公司老板的兴趣。这句话也许说得很对,但他可能不愿承认这一事实,那么,极有可能会遭到拒绝。

哈伯博士的高明之处就在于:第一,利用合适的时间。午休时,办公室的文职人员都不在,省去了不必要的程序,而那位总裁的精神状态也处于放松阶段;第二,合理的理由。让这位成功的总裁永垂不朽,准确地抓住了总裁的心理需求;第三,巧妙的方法。他以特殊的方式提出说词,从而制造出机会。他使这位电车公司老板处于防守的地位(似乎是哈伯在给他帮忙,而不是有求于他)。他告诉这位老板说,他(哈伯博士)不敢肯定一定能说服董事会接受这位老板想使他的姓名出现在新大楼的欲望，因为，他在那位老板脑中灌输了这个念头：如果他不予捐款的话，他的对手及竞争者可能就要获得这项荣誉了，由此激起了那位老板好胜的虚荣心，以至不捐款反而不痛快了。

每个人都有或多或少的虚荣心，用谎言来满足对方可以更容易达到你的目的。所以你应该记住：必要时得“诈一诈”，善意的谎言更能让人成功。

自导自演双簧戏，没有条件也要创造条件

有时候我们做事情时却发觉没有什么条件可以凭借。遇到这种情况，“没有条件，创造条件也要上”，来个自导自演，以“谎言”让对手相信，并为你办事。这样的“谎言”是一个人聪明会办事的表现，还可获得别人的尊敬。

张作霖本是“绿林匪首”，为了转为清政府的“正式干部”，他别出心裁攀附上了盛京将军曾祺，实现了自己的梦想。

1900 年，张作霖已成为东北帮派土匪中一股不小的势力。这一年清政府恢复了曾祺的职务，让他回奉天收拾残局。张作霖看到中俄战争已经结束，土匪的日子日益难过，就想洗手不干，转为归顺朝廷。张作霖若直接去投靠曾祺，是很危险的，弄不清曾祺的心思，搞不好会被一网打尽，落个身首异处。

恰好曾祺的姨太太要从关内返回奉天，此事被张作霖手下干将汤二虎探知，急忙报告。张作霖一拍大腿，说：“这真是天助我也！”

于是张作霖就吩咐汤二虎，如此如此行事。

汤二虎在新立屯设下埋伏，将曾祺的姨太太一行拦下，随后把他们押到新立屯的一个大院里。

曾祺的姨太太和贴身侍者被安置在一座大房子里，四周站满了持枪的土匪，这时，张作霖飞马来到大院。故意大声问汤二虎：“哪里弄来的马？”

汤二虎大声说：“这是弟兄们在御路上做的一笔买卖，听说是曾祺将军大人的家眷，刚押回来。”张作霖假装愤怒说：“混账东西！我早就跟你们说过，咱们在这里是保境安民，不要拦行人，今后如有为国效力的机会，我们还得求曾大人照应！你们今天却做出这样的蠢事，将来怎么向曾祺大人交代？你们今晚要好好款待他们，明天一早送他们回奉天。”

屋里的曾祺姨太太听得清清楚楚,当即传话要与张作霖面谈。

姨太太很感激地对张作霖说:"听罢你刚才的一番话,知你将来必有作为,只要你保证我平安回奉天,我一定向将军保荐你这一部分力量为奉天地方效劳。"

张作霖听后大喜。

次日清晨,张作霖侍候曾祺姨太太吃好早点,然后亲自带领弟兄们护送姨太太回奉天。

姨太太回到奉天后,即把途中遇险和张作霖愿为朝廷效力的事向曾祺将军讲了一遍。曾祺自然感谢张作霖,立即奏请朝廷,把张作霖的部众编为巡防营。张作霖从此正式告别了"胡匪""马贼"的生活,成为真正的清廷管带(营长)。

张作霖原本与曾祺是有点关系的,凭这些被招安容易,但弄个好官却很难。天不弗其愿,曾祺的姨太太路过他们那里,给了他一个献媚曾祺的机会。他与汤二虎演了一段双簧,顺利地达到了目的。就这样,张作霖利用"双簧戏"成功地由黑道转为正道。

当然,骗子也常常利用"双簧戏"来害人,我们遇到别人突如其来的"好意"时,如果仔细综合分析种种迹象,弄清楚其中丝丝缕缕的联系,就能识破骗子的"双簧戏",看清他的真面目了。

他说谎,你可以将计就计

如果把谎言看成是具有危害性的力量,当它们向我们施展它的危害和威力时,我们同样可以借用中国武术中借力打力的技巧化害为利,使谎言成为制伏对方的绝妙手段。甚至,使自己转败为胜、转危为安,变被动为主动。

这种办法在战争和其他一些存在着激烈竞争的场合被频繁地使用,人们把它叫作"将计就计"。

魏文侯时,西门豹为邺令,初到辖地,免不得各处走访。在访问老人的时候得知这里每年为河伯娶妻给老百姓带来的苦难。河伯是漳河的神,地方上管事的人串通巫婆,每年借着给河伯办喜事以减少水患的名义,强迫老百姓出钱。他们每年从老百姓身上征集数百万钱,仅用二三十万为河伯娶妻,其余的就坐地分赃。

光捞钱也还罢了,他们还以为河伯娶妻的名义残害少女。谁家的闺女年轻、漂亮,巫婆就带着人到哪家去选,有钱的人花点钱也就过去了,没钱的可就遭殃了。他们在河上扎起斋宫，布置举行仪式的大场地，将弄来嫁给河伯为妻的少女放入河里的斋宫。选好一个日子，就将载着少女的斋宫放入河水中漂走了，行数十里而灭，显然少女因溺水而死。所以，好多有闺女的人家都跑到外地去了，这里的人口越来越少，地方也越来越穷。

西门豹得知了这一情况，便有了主意，说那天也去送河伯的新娘子。

河伯娶妻那一天，大小人物都来了，围观的群众数千人。西门豹首先拿太巫开刀。那是个七十岁的老女人，带着十个女弟子。西门豹表现得仿佛比那些人更热心，说："这个新娘子不太理想，请你去给河伯说说，让他等几天，我们再选个好的送去。"接着不由分说，让兵卒将那个老女人扔进了水里。

过了一会儿，他又说，怎么去了这半天还没回来？

再让人去催吧。于是将太巫的女弟子扔了一个。过一会儿，就又扔一个。连扔了三个，西门豹又说，可能去的都是女人，不会办事。便挑了些地方管事的扔到河里。

一连扔了好几个了，剩下的怕被扔进河里，马上跪下磕头，恳求大人饶命。

眼见为恶的人已向人们证实了那是谎言，老百姓也受到了教育，收到了预期的效果，西门豹这才说，河伯说了，他不再娶妻了。后来，他发动老百姓开凿了十条河渠，把河水引入田里，灌溉庄稼。从此，年年丰收。

这是一个典型的"将计就计"揭穿谎言的例子。西门豹作为地方官，为了让人们相信他，便尊重他们的习俗，效仿那些迷信的人们，一本正经地假戏真唱："簪笔磬折，河立待良久。"他必须让谎言不攻自破，必须让那些愚弄老百姓的人原形毕露，才能达到根除恶习的效果。假如他事先就去搞什么破除迷信的宣传，绝不会有人相信，老百姓也不会站到他这一边，这样反而使自己陷入被动的局面。

于是西门豹就将计就计把他们一个个除掉，这是开刀问斩都难以达到的效果。

将计就计最关键的两个环节，第一是识破对方的谎言，第二是让对方相信自己已被他的谎言骗住了，这样，才可能行使计谋。如果不能识破对方的谎言，发现破绽，抓住主动，"将计"就无从谈起；如果不能使对方确信自己已经受骗，对方就会起防备之心；"就计"也无从实施。

识破对方的谎言固然需要智慧、需要机敏，但稍微具备防骗意识和警惕性的人几乎都可以做到。困难在于如何装出一副已受骗的模样来，这是将计就计的关键。那种大智若愚、心中有数的境界，不是轻易就能达到的，它需要更加周密的思考、精心的策划、巧妙的掩饰与装扮。因此，它对一个人的心智提出更高的要求。

别人的“危言”，可以听但不能“耸听”

挑拨离间的小人总是能够抓住让人恐慌的因素，他们之所以能够得逞，就是因为我们失去了判断能力。“危言耸听”之所以能发挥作用，其根本原因就在于此。

一只老鹰飞到一棵大橡树上筑起了巢，将家安在树枝上。一只猫在这棵树的树干上找到一个树洞，稍加整理后也在那里安家，并且生下了小猫。母野猪不会爬树，但是在树底下找到一个洞，于是带着小猪住在树根的洞里。刚开始时，三家互不侵犯，相安无事。

后来，猫想独占这块地方，把老鹰和野猪都赶走。缜密计划后，猫便实行她的诡计。她先爬到老鹰巢边，哭丧着脸说：“哎！你们真不幸啊！不久你的家将要被毁灭，甚至连命也会丢掉，而我们也很危险。你往下看看，树下的野猪天天挖土，想把这棵树连根拔掉。树一倒下，他就可以轻而易举地把我们的孩子抓去，喂给他的孩子吃。树下的洞越来越大，我们该怎么办啊？”听了猫的哭诉，老鹰吓得心惊胆战，惊惶失措，绞尽脑汁想办法躲避危机。

猫见自己的话起到了作用，心里暗自偷笑，她又来到野猪洞里说：“野猪妈妈，你怎么还这么安心地住着啊？危险来了你还不知道！你的孩子们非常危险，只要你出去为小猪找食，树上的老鹰就会把他们叼了去。你没见老鹰天天站在树上盯着等候时机吗？你可千万别大意啊。”野猪连连感激猫的提醒，心里也非常害怕。

猫狠狠地吓唬了老鹰和野猪后，假装自己也很害怕，躲进了她的树洞，以此来迷惑老鹰和野猪。到了晚上，她却偷偷地跑出去为自己和孩子寻找食物。白天，她仍装出一副恐惧的样子，整天躲在洞口守望着。

于是，老鹰害怕野猪把树挖倒，伤到自己的孩子，每天都静静地坐在枝头，不敢乱走；野猪也害怕老鹰趁自己不在叼走小野猪，每天不敢走出洞来，在家保护孩子。

过了不久，老鹰和野猪以及他们的孩子都饿死了。猫便把老鹰和野猪作为自己和孩子的食物了。

在上面的故事中，猫是一个两面三刀、挑拨离间的恶人，为了独占大树，她挑拨了老鹰和野猪的关系，引起了它们的心理恐慌。老鹰和野猪不经过证实便相信了猫的话，为了躲避不存在的危机连命都搭上了，让猫的诡计得逞。坏人无端的“提醒”其实是迷惑你的烟雾，如果不能保持心理的镇定，不经过思考，便会成为坏人渔利的工具。

与人交往之初,在没有利益纷争的时候,都是各司其职,相安无事。一旦出现竞争,涉及利益冲突的时候,人的本性便开始显露出来。有的人为了在竞争中占据有利地位,或者妄图独霸利益,就绞尽脑汁挑拨离间,设计陷阱,让别人斗得你死我活,自己却坐享其成。这样的人用心极其险恶,他们总是给别人制造恐慌,唯恐天下不乱。对于这样的人,绝对不能被他们唬住,自己要具备辨别真伪的能力,不要因为别人的三言两语便提心吊胆,诚惶诚恐。世界没有那么多纷争,真正乱的是我们的内心。

在现实中,像猫这样的人不在少数,有利益冲突必然会让人的邪恶滋生,我们可以保持自己心灵的纯洁,但不能阻止别人变坏。身处竞争的环境,不能用"相安无事"欺骗自己,当发现别人有挑拨离间的端倪的时候,要避而远之。凡事经过深思熟虑,面对别人故意放出的"危言",要三思而后行,切忌头脑简单,贸然"耸听"。

利用对方的心虚,悄无声息辨别谎言

公元前500年,印度一位王子曾设计出一种测谎方法,就是用"圣猴"来判断一个人是否说谎。实际上,这是利用心理学进行测谎的一种方法。

测试时,被测人被告知:有罪的人拽住"圣猴"的尾巴时它会嘶叫。所以嫌疑人被带入"圣猴"待的黑暗帐篷里后,无辜者不害怕"圣猴"会叫,进到里面就会拉住"圣猴"的尾巴;有罪的人进到里面后由于害怕"圣猴"会叫,不敢碰其尾巴,待一会儿便离去。嫌疑人不知道"圣猴"其实只是尾巴上涂有乌黑涂料的普通猴子。结果可想而知,说谎者由于心虚不敢触摸"圣猴",而没有说谎的人当然不怕。所以,如果嫌疑人从帐篷出来后,双手是干净的,便断定他就是有罪的人;反之,他就是无罪的人。

说谎者在说谎时往往有心虚的感觉。有时候,说谎的人只有一点点罪恶感;有时候,罪恶感会很强烈,以致露出破绽,使对方很容易揭穿谎言。十分强烈的罪恶感会使说谎的人痛苦难耐,会令说谎者觉得说谎很划不来,简直是受罪。虽然承认撒谎会受到处罚,但是为了解除这种强烈的罪恶感,说谎的人很可能会决定坦白招认。

因为说谎者具有这种难以消除的害怕感和心虚感,我们便能成功地识破谎言。

宋宁宗年间,刘宰出任泰兴县令。一次,一个大户人家丢失了一支金钗,四下寻找不见,告到县上。刘宰调查后,了解到金钗是在室内丢失的,当时只有两个仆妇在场,但谁也不承认拿了金钗。

刘宰将两人带到县衙，安置在一间房子里，也不审问。众人都很困惑，刘宰却像没事人一样，饮酒散步，与大家闲谈。

到了天黑以后，刘宰拿着两根芦苇走进关押仆妇的房间，每人给了一根，说道："你们好好拿着芦苇，明天我要根据芦苇决案，谁要偷了金钗，芦苇就会长出二寸来。"说罢关门走了。

第二天，仆妇被带到堂上。刘宰取过芦苇审视，果然有一根长出二寸。刘宰嘿嘿一笑，却指着手持短芦苇的仆妇大声喝道："你如何盗得主人金钗？还不从实招来！"那个仆妇战战兢兢，当即跪倒在地，口中喃喃道："是我拿了金钗，大人如何知道？"

刘宰答道："我给你们二人的芦苇是一样长的，你若心中没鬼，为何要偷偷截去一节？"仆妇方知上了当。

刘宰正是因为知道撒谎的仆妇有恐惧和心虚感，才用这个测试办法使其自我暴露，辨识出了说谎者。

我们还可以依照生理、心理学原理通过情绪紧张与否判断是否说谎。利用情绪与生理变化的关系来识别谎言，其原理就是：那些撒了谎且担心被识破的人，心里比较紧张，消化功能受到抑制，唾液分泌会减少，从而吞咽蛋糕和吐出炒米时比较困难；那些诚实的人不会觉得紧张，因而他们的消化系统不会受到抑制，唾液分泌正常，吞咽和吐出食物都较顺利。例如，英国人通过观察嫌疑人吃面包和干奶酪的顺利程度来判断其是否说谎。

现实生活中，有很多时候，我们都希望悄无声息地查出别人有没有对我们说谎。如果直接去问，对方即便说了谎也很难承认；如果对方没有说谎，我们又会因为错怪而得罪对方。所以，这种情况下，最行之有效的策略就是利用上述方法，在不知不觉中测试一下对方是否心虚。当然，在这个过程中一定要表现得自然，不要让对方知道你是在测谎。

虚设一条底线，让谎言比真话更可信

与人相处，真诚是最重要的。但在某些时候，谎言又有着它独特的作用。特别是在与对手交涉或谈判时，为了说服对方，可以虚设一些场景，让对方误会我们的底线，以求得真话难以取得的效果。

一次，我国某市与一家外国公司代表就建立化肥厂事宜进行接触，几次会议都很顺利，双方确定了利用港口优越条件的项目。后来，第二家外国公司也参加进来联合办化肥厂。在第一次三方谈判中，第二家外国公司的董事长出席，在听过中外双方已经进行的一些筹备工作介绍之后，他断然表示："你们前面所做的一切工作都是没有用的，要从头开始！"

听到这话，中方和先前一家外国公司的代表都感到很为难。因为，在此之前，双方已经做了大量细致的工作，花费了大量的人力和财力。

但是，这位董事长有着很高的权威性，他的公司在前面那家公司的所在国拥有许多企业的大量股份，他的话没有人敢于反驳。但是，如果按照这位高傲的董事长的建议从头开始的话，不仅前面的工作成果会付之东流，更重要的是会浪费更多的时间，甚至会使这个项目搁浅。

人们沉默着……

中方一位地方政府代表打破了沉默，他说："我代表地方政府声明：为了建立这个化肥厂，我们确定了一处接近港口、地理位置优越的一块地作为厂址。也为了尊重我们的友谊，在其他许多合资企业向我们申请这块土地的使用权时，我们都拒绝了。如果按照董事长今天的提议，事情将要无限期地拖延下去，那我们只好马上把这块土地转给别人了。对不起，我还有别的重要的事，我宣布退出谈判，下午我等你们的消息。"

说完，他拎起皮包就走出了谈判厅，躲到别的房间看报纸去了。半小时以后，中方一位代表跑来报告好消息："董事长说了，快请你回去。他们强烈要求迅速征用港口的场地……"接下来，谈判进行得非常顺利。

由于谈判对手有一定声望，当面唱反调会让对方失面子，不利于谈判，于是，中方代表用"谎言"描画出一幅竞争激烈、时不我待的情景，对方自然就不会再坚持己见，心甘情愿地做出了让步。

这位政府官员的打破僵局、讲明事实、虚设底线，使高傲的外商有危机感，不得不做出让步。他敏锐地找到对方的底线，并且提高了自己的底线，然后用自己的行政权力来影响谈判。这位官员代表政府，本意是希望促成这场谈判的，但在关键时刻他敢于站在客户的立场上果断离开谈判桌，可谓有勇有谋。"大不了我们不做了"，有了这样的心态就不会再有负担，而没有负担的谈判往往是效率最高的、结果最好的谈判，在充分了解对方利益需求的基础上，来设置自己的底线，往往可以达到这一效果，最终使得谈判顺利进行。

事情往往就是这样，在一定条件下，谎言的力量是可以超越现实的。与其苦口婆心地解释、诉说不起实际作用的真话，不如虚设一条底线，用个小谎言让对方遵从自己的意愿。

正话反说，让你的言语更有魅力

人们的语言表达有着约定俗成的习惯性规则。在特定的情况下，为了更好地达到目的，如果能打破习惯的约束，反其道而行之，说出话的意思和自己真实的意图恰恰相反，反而更容易成功，这就是正话反说的魅力。

正话反说是一种极端的拐弯抹角，是一种彻底的迂回的表达方法。在一定的语言环境里，这种方法通过取得合适的发话角度，往往更能拨动人们的心弦，更能表达出强烈的感情，比正面的话显得更有分量。

西汉时期，汉武帝的乳娘犯了过错，汉武帝便让她迁出宫外，以示惩戒。

乳娘不愿迁出皇宫，就找大臣东方朔帮忙，希望他能帮助自己说几句话。

东方朔听完乳娘的诉说后，安慰她说："你如果真不想走的话，就在别人将你带走的时候不断地回头注视汉武帝，千万不可说什么话。这样也许还有一线希望。"

这天，乳娘将要离开皇宫，但她执意要和汉武帝辞行。见到汉武帝后乳娘却什么也不说，只是满眼泪水，回头向汉武帝看了好几次。东方朔故意大声地说："乳娘，你快走吧！皇上现在用不着你喂奶了，还担心什么呢？"

汉武帝一听这句话，如雷击一样，感到十分难过。想到自己是吃乳娘的奶水长大的，她又没有什么大错，就立刻收回成命，赦免了乳娘的罪过。

在这个故事里，东方朔巧妙地利用反语，说汉武帝已长大了不需要她喂奶了，正是借此说明汉武帝是吃着乳娘的奶长大的，武帝仅仅因为老人的一点小过错，就将其逐出皇宫，岂不成了忘恩负义之徒了吗？这样东方朔成功地达到了规劝汉武帝的目的。

当我们遇到棘手的问题时，采用正话反说的方式，在虚顺实逆、明褒暗贬的语境中，可能会收获正面说理难以出现的奇效。

现实生活也常常存在这样的情况。正面的语言交往已不能进行或难以奏效，也就只好先以反话制人，再找机会平反。

反语的应用不在于多，而在于精，只要能让对方听懂你的意思就可以了。反语规劝还有一个要求，即反语必须幽默风趣，气氛必须轻松，使别人生不起气来、心甘情愿地接受你的规劝。如果你态度生硬粗暴，只会引起对方的愤怒。把握分寸，学会用反语去说服人，才能免于被动，使你更容易达到目的。

制造戏剧性，增强你的吸引力

众所周知，千篇一律的东西很容易让人感到乏味。人与人打交道也是这样，普通的人总是容易被忽视。不妨用些小技巧，制造一些戏剧性的效果，以引起别人的注意。

公元前140年，汉武帝刘彻登基做了皇帝，征召天下各地贤良正士。于是，全国各地的读书人纷纷涌进长安城上书应征，一时间长安城人满为患。当时写作使用竹简，刘彻翻阅了堆积如山的竹简，但只有一篇自荐书深深打动了他，获得了御笔亲点的唯一名额。此人便是后来著名的“智圣”东方朔。靠着一封自荐书，东方朔成为唯一的幸运儿，从此开始汗青留名的生涯。

那封让东方朔在万人之中脱颖而出的自荐书是这样写的：

“我东方朔少年时就失去了父母，依靠兄嫂的抚养长大成人。我13岁才读书，勤学刻苦，三个冬天读的文史书籍已够用了。15岁学击剑，16岁学《诗》《书》，读了22万字。19岁学孙吴兵法和战阵的摆布，懂得各种兵器的用法，以及作战时士兵进退的钲鼓。这方面的书也读了22万字，总共44万字。我钦佩子路的豪言。如今我已22岁，身高九尺三寸，双目炯炯有神，像明亮的珠子，牙齿洁白整齐得像编排的贝壳，勇敢像孟贲，敏捷像庆忌，廉俭像鲍叔，信义像尾生。我就是这样的人，够得上做天子的大臣吧！臣朔冒了死罪，再拜向上奏告。”

东方朔这份“个人简历”，《史记》评之为“文辞不逊，高自称誉。”不过，他出奇制胜，先声夺人，一下让汉武帝记住了他。但汉武帝还是很有分寸，毕竟这只是“高自称誉”的小打小闹，没有任何治国之道。

汉武帝虽然用了东方朔，但只让他做了个管公车的小官，平日很难见到皇帝，更不用说得到皇帝的重用，而且一天领取的钱米只够一宿和三餐。

东方朔思来想去，决定从给皇上喂御马的“弼马温”入手。一日，他借机向那班侏儒恐吓道：“你们死在眼前了，还不知道吗？”侏儒们惊问为什么。东方朔又说道：“我听说朝廷召入你们这些侏儒，名为侍奉天子，实际上是设法除掉你们。因为你们既不能当官，又不能种田，也不能当兵打仗，对国家毫无用处，还要消耗粮食和衣物，还不如处死了好，可以省下许多费用。主要是怕杀你们没有借口，所以骗你们进来，暗地里加刑。”侏儒们听了这话，个个吓得要死。东方朔又假装劝他们说道：“你们按我的计去做可以免去一死。”侏儒们忙问有何妙计，东方朔说道：“你们必须等到皇帝出来时，叩头请罪，如果天子问你们何事请罪，可推到我东方朔身上，包管无事。”

侏儒们信以为真，随后天天到宫门外等候，好容易等到皇帝出来，便一齐到车驾前，跪伏叩头、泣请死罪。武帝莫名其妙，惊问是何原因？众侏儒齐声说道：“东方朔传言，臣等将尽受天诛，故来请死。”武帝道：“朕并无此意，你们先退下，待朕问明东方朔便知道了。”

众侏儒拜谢而去，武帝即命人召见东方朔。东方朔正愁没有机会见到武帝，因此特设此计，听到召令，立即欣然赶来。武帝忙问道：“你敢造谣惑众，难道目无王法吗?”东方朔跪下答道：“臣东方朔生固欲言，死亦欲言。侏儒身长只有三尺多，每次领一份食物及钱二百四十文。臣东方朔身长九尺多，也是只得同样食物一份及钱二百四十文，侏儒吃不完用不完，臣东方朔饿得要死。臣以为陛下求才，可用即用，不可用应该放我归家，省得在城里吃不饱穿不暖的，反正难免一死!”武帝听了，不禁大笑，随后任命他为待诏金马门，这样离皇帝更近了。

东方朔就是这样另辟蹊径，不按常规出牌，在处理事情上善于用一些可以产生戏剧性效果的方式，来引起皇上的注意，博得皇上的好感，可谓是效果显著。

我们不妨效仿一下这位“东方智圣”，换一种思维方式，不随波逐流，能够多运用智慧、幽默等制造出一些特别的效果来，定会为你的人际交往增色不少。不过，在应用的时候，也要注意切不可弄巧成拙。

第十二章　成功运智方略

想成功,先与成功者为伍

经常与优秀人才一起交往,我们自己也会向好的方向发展,反之亦然。

心理学研究表明,环境可以让一个人产生特定的思维方式,甚至是行为习惯。环境能够改变我们的思维与行为习惯,直接影响我们的工作与生活。我们都会在不经意间受到来自环境的一些潜移默化的影响,从而不知不觉地改变了自己的品行。

古往今来,有许多真实的事例可以说明这一点。

欧阳修是北宋时期著名的文学家、史学家和政治家,唐宋八大家之一。他在文学上取得了卓越的成就,创作了大量优秀的散文和诗词。尤其是他的散文,简洁流畅,丰富生动,富于感染力。他还为当时的文坛培养了一批人才,像苏洵、苏轼、苏辙、曾巩、王安石等文学家,都出自他的门下。

欧阳修在颍州府(今安徽省阜阳市)当长官的时候,有位名叫吕公著的年轻人在他手下做事。有一次,欧阳修的朋友范仲淹路过颍州,顺便拜访他。欧阳修热情招待,并请吕公著作陪叙话。谈话间,范仲淹对吕公著说:"近朱者赤,近墨者黑。你在欧阳修身边做事,真是太好了,应当多向他请教作文写诗的技巧。"吕公著点头称是。后来,在欧阳修的言传身教下,吕公著的写作能力得到了很大的提高。

正如《论语·里仁》所云:"见贤思齐焉。"如果一个人周围都是一些道德高尚的人,那么这个人也会通过努力,赶超他们。同样的,如果一个人总是与一些道德素质低下的人交往,久而久之他的品性也会变得低劣。

和什么样的人在一起,自己的未来或许就是什么样子。与强者交朋友,自己会变得更强;在一无是处的交际圈中,自己会变得颓废,更会一无是处。弱者只会更弱,强者只会更强。

因此，你想要做什么样的人，就要和什么样的人在一起，你要想成为一个成功者，就先要学会和成功者在一起。与成功者为伍，能够在我们身边形成追求成功的氛围。在这氛围中，我们可以向身边的成功人士学习正确的思维方法，感受他们的热情，了解并掌握他们处理问题的方法。

下面是一位百万富翁请教一位千万富翁的对话，通过这段对话，我们可以知道和成功人士在一起的重要性。

“为什么你能成为千万富翁，而我只能成为百万富翁呢，难道我还不够努力吗？”一位百万富翁向一位千万富翁请教道。

“你平时和什么人在一起？”

“和我在一起的全都是百万富翁，他们都很有钱，很有素质……”那位百万富翁自豪地回答。

“呵呵，我平时都是和千万富翁在一起的，这就是我能成为千万富翁，而你只能成为百万富翁的原因。”那位千万富翁轻松地回答。

由此我们可以看出，造成他们差距的是他们所处的不同环境，也就是说所交往的朋友不一样。

很多时候，决定一个人身份和地位的并不完全是他的才能和价值，而是他与什么样的人在一起。如果你想取得成功，那么，请赶快行动起来，努力去和成功人士站在一起，为自己平步青云铺路吧。

“寄生”，用强者的营养加速自身成长

生物学中，一种生物体依附在另一生物体中以求供给养料、提供保护或进行繁衍等而得以生存的方式，被称为寄生。提起“寄生者”，很多人会感觉很不舒服，因为它让我们联想到寄生在我们身体之中、吸食我们的养分并使我们生病的那些小生物，就像蛔虫、钩虫之类。

由于那些“寄生者”往往“不劳而获”“损人利己”，于是人们常常称那些不肯付出努力而混吃混喝的人为“寄生虫”。其实，这是有些偏激的，对于“寄生”，我们应辩证地看，不仅要看到它不好的一面，还要看到它好的一面。

在自然界中，借助外在力量获取利益的例子比比皆是。在丛林中，很多藤萝植物都

是靠依附在参天大树上得以享受阳光的；海鸥喜欢尾随军舰，因为军舰的排水可以使海里的小生物浮上水面，成为它们的食物；鲨鱼的身边总是游弋着几条灵巧的小鱼，它们靠拣拾鲨鱼猎食的残余为生……

扩展到人类，做一个“寄生者”同样是很不错的选择。众所周知，大树底下好乘凉。想要做事，先要立身；想要做大事，先要立稳身。

你一定熟悉可口可乐的瓶子，这个造型独特的瓶子现在已经成了可口可乐的一部分。其实，它就是一个“寄生”的结果。

一个年轻人走进可口可乐公司经营者的办公室，向这些大老板展示他设计的饮料瓶。他介绍他的设计：优雅的曲线富有女性的妩媚之美；收细的腰身正好适于手的抓握；而且，最主要的是这种包装可以节省饮料而又不会为消费者注意。

为了使论点更有说服力，这位设计者还做了一个样品当场演示。他成功了，可口可乐公司接受了这一设计。这是一个双赢的结果，“寄主”和“寄生者”都获得了他们想要的东西。

所以，如果你还不具备成功所需的卓越能力，如果你艰苦卓绝的毅力和征服一切的胆识尚且不够，那么要想成为杰出人士的话，就应该好好地考虑一下，下一步该怎么走？不妨寻找一棵生命中的“大树”，做一个暂时的“寄生者”，才能利用他的营养快速成长。

寻找生活中的贵人，请他帮你实现梦想

很多时候，人们总喜欢强调“机遇”这个词。没错，机遇对我们能否成功非常重要，它可以缩短你的奋斗时间，让你事半功倍。很多人常常抱怨等不到“机遇”，抓不住好的“机遇”。殊不知，“机遇”不是等来的，它需要我们积极主动地争取。你一定会问，具体该如何去争取呢？

答案就是：寻找你身边的贵人——那些能够提携、帮助你的人。

这些贵人，由于与众不同，一般都有着很强的个性，特别是一些地位比你高的贵人，他们不会轻易屈尊人下。因此，要想得到贵人的帮助，你必须放下身份和面子，用真情感动贵人。

戴维·史华兹年轻的时候和一个朋友合伙，用7500美元开办了一家小小的服装公司。史华兹将全部精力都投入到了这家服装公司，在他的出色经营下，公司发展得很快，

生意相当不错。

但不久，史华兹发现了问题。他认为，公司总是做与别人相似的衣服是没有出路的，必须有一个优秀的设计师，能设计出别人没有的新产品，才能在服装业中出人头地。然而，这样的设计师到哪儿去找呢？

一天，他外出办事，发现一位少妇身上的蓝色时装十分新颖别致。通过和她谈话，史华兹了解到这套衣服是她丈夫杜敏夫设计的。于是，他有了聘请杜敏夫当自己公司设计师的念头。

然而，当史华兹登门拜访时，杜敏夫却闭门不见，令史华兹十分难堪。但他知道，一般有才华的人难免会有些傲气，只有用诚心才能去感化他。所以，他毫不气馁，接二连三地走访杜敏夫的家，三番五次地要求见面。他这种求贤若渴的态度，终于感动了杜敏夫，使他接受了史华兹的聘请。

杜敏夫果然身手不凡，他向史华兹建议采用当时最新的衣料——人造丝来制作服装，并且设计出了好几种颇受欢迎的款式。

史华兹是第一个采用人造丝来做衣服的人。由于造价低，而且抢先别人一步，因而占尽风光，公司的业务蒸蒸日上。在不到10年的时间里，就成为服装行业的“大哥大”。

故事中，杜敏夫就是史华兹的贵人，如果没有他的帮忙，史华兹公司的发展就要大打折扣。但是，在他们的合作中起决定作用的是史华兹的真诚和耐心。他面对拒绝毫不气馁，敢于放下面子，放下老板的身份三番五次地请求接见，这样才得以攀上贵人，得到其帮助，取得事业上的成功。

不过，攀附关系不是生拉硬套，而要循循善诱、顺理成章、委婉自如，让他们感受到虽是不经意的提起，却一语中的，牵动着贵人的旧情，甚至让他们沉湎于旧情旧事之中。如果能把与贵人的关系攀附到这种状态，何愁贵人对你托办的事情冷眼旁观呢？

为了引起贵人对你的兴趣，你还要花费心思去了解贵人的喜好，发掘他们关心的事物。学会主动攀龙附凤就要主动寻找与“龙”和“凤”相关的事物，并以此为突破口，拉近与贵人的距离，从而达到为自己办事的目的。

每个人都有自己的人情关系网，贵人也一样。与他攀附关系，必须先暗地里多关注和记录他的身世和社会关系网，包括他的亲属关系、朋友关系、同学关系、上下级关系等。掌握了这些，鉴于直接与其建立关系多有不便，则可见机行事、另辟蹊径，设法同一两位与对方关系甚笃的人建立关系。这样，在必要时，便可以借助这些关系的力量拿住贵人的面子,使对方碍于某些关系的面子不好拒绝、不能拒绝、不便拒绝。

当然,由于绝大多数人不愿意公开自己的身世和社会关系,所以在众目睽睽之下是不便与别人攀附关系的。与贵人拉关系最好是在私下与其扯家常、聊天的时候,或者在酒桌上小酌、在茶余饭后散步的时候,或者在贵人情绪好而且还具有拉关系兴头的时候,这样更容易切中贵人的心意,使对方买你的账。

以静制动,让诤友充当你的镜子

我们的朋友中,难免会有这样一些人:他们从不给你甜如蜜的奉承,也从不给你不切实际的打击,但又总是实话实说,直陈你的过失。他们,就是我们一生中不可或缺的朋友——诤友。

诤友的直言不讳,有时候让我们感觉很没面子、很尴尬。但事实上,拥有诤友是一生中的幸运和福气,因为他们能像镜子一样帮你认清自我。他们对我们直言不讳、肝胆相照,既给予我们真诚的关心,又会直言指出我们的盲区和瑕疵,帮助我们获得快乐和成功。

在这个纷繁芜杂的世界里,只有乐于结交诤友的人,借用诤友的智慧,我们才能看到自己的不足,从而改正错误、避免失误,不断取得进步。唐太宗李世民在历史上是一位以善于纳谏而闻名的帝王,他在结交诤友方面有许多有趣的逸事。

据说有一次,唐太宗闲暇无事,与吏部尚书唐俭下棋。唐俭是个直性子的人,平时不善逢迎,又好逞强,与皇帝下棋却使出自己的浑身解数,架炮跳马,把唐太宗杀了个落花流水。

唐太宗心中大怒，想起他平时种种的不敬，更是无法抑制自己，立即下令贬唐俭为潭州刺史。还不罢休，又找了尉迟恭来，对他说："唐俭对我这样不敬，我要借他而警诫百官。不过现在尚无具体的罪名可定，你去他家一次，听他是否对我的处理有怨言，若有，即可以此定他的死罪！"尉迟恭听后，觉得太宗这种做法太过分，所以当第二天太宗召问他唐俭的情况时，尉迟恭只是不肯回答，反而说："陛下请你好好考虑考虑这件事，到底该怎样处理。"

唐太宗气极了，把手中的玉笏狠狠地朝地下一摔，转身走了。尉迟恭见了，也只好退下。唐太宗回去后，一来冷静后自觉无理，二来也是为了挽回面子。于是，大开宴会，召三品官员入席，自己则主宴并宣布道："今天请大家来，是为了表彰尉迟恭的品行。由于尉迟恭的劝谏，唐俭得以免死，使他有再生之幸；我也由此免了枉杀的罪名，赐尉迟恭绸缎千匹。"

不得不承认，唐太宗能够拥有尉迟恭、魏征这样的谏友是作为一位帝王最大的荣幸，他也确实依靠这些诤友的力量开创了中国历史上难得的盛世局面。

缺点、错误是一个人成功的大敌，而诤友的作用，就在于他能指出你的缺点和错误，进而引起你对缺点和错误的警觉。如果不能善待诤友的批评，那你的缺点和错误就永远无法改正。

不要把诤友的善意批评想象成对自己的人身攻击，切忌把诤友的意见误会为给自己难堪。善意的批评是人生中不能缺少的，它是我们增长见识必须付出的代价。

请不要怀着敌意看待批评，因为忠言逆耳，你要仔细聆听，了解诤友的批评是否具有建设性。这样你将变得足智多谋、沉稳成熟。若懂得冷静聆听批评，则既能维护情面，又能加深友谊。虽然有些批评是尖酸刻薄的，你也要淡化处理，这样诤友才会越来越喜欢给你以忠言和卓见。

其实，在诤友的批评面前，反击、争辩或是无礼都无济于事，对这样的批评进行无关紧要的纠正，只会演化成严重的问题。要学会把诤友的批评当成宝，乐于接受建设性的批评，并且遵照执行，用他们的智慧完善我们自身。

下面，我们来看三种有效指导你更好地对待批评的方法。

1.要合作，不要对抗。即使因为并不相干的事情受到了批评，也不一定非要选择对抗性的做法。不要给人留下"小家子气"的印象，多一些容人之量，和对方一起找到真正的问题才是解决之道。

2.想一想到底是不是自己的错。先把利己主义抛到一边,如果朋友批评得有道理,要客观地倾听他们的看法,并切实了解清楚,及时去改正。

3.不要寻找替罪羊。不要试图争辩、迁怒他人或是矢口否认,以为事情能就此淡化。因为解释往往会被看成借口或否认。

与对手共存,让他时刻激励你前进

有人曾经这样说,安逸舒适的生活足以毁灭一个天才,安逸舒适的生活也足以吞噬你所有的财富。因为这样的生活能消磨你的斗志,让你在细水长流中将你的生命消耗殆尽。不过,如果有些东西能时刻叮咬自己,情况就大不一样了。

下面,我们一起来看一个小故事:

有一高一矮两个刺客埋伏在路边准备刺杀一个枉法的贪官。两人在路边一埋伏就是两天两夜,这是他们成为刺客以来最难熬的一次刺杀行动。其中高个儿刺客实在熬不住,呼呼大睡起来,就在他在梦中和多日未见的老婆相会恩爱时,只听"啊"的一声尖叫,高个儿刺客从梦中醒来,一拍屁股,起了大包,原来是一只蜜蜂盯在了他的屁股上。

高个儿刺客大叫一声,将蜜蜂踩在脚下,看着一脸疲倦却没有呼呼大睡的矮个儿刺客说道:"你够可以的,这么累还不睡。"

"不知道那个贪官什么时候出现,我们要做好随时行刺的准备,万一睡过去了,这买卖不是砸了吗?"

高个子刺客怪矮个儿刺客站着说话不腰疼,要是他也被蜜蜂蛰一下,恐怕就不会这么轻松自在了。但是矮个儿刺客有自己的一套说辞,他对高个儿刺客说:"你一刻钟之前有点昏昏欲睡的感觉,一被蜜蜂蜇了,就突然精神起来,这不挺好的吗?让你时刻保持高度戒备,提醒你,我们是来杀贪官的,而不是来春游的。"

高个儿刺客细细一琢磨,觉得矮个说得很有道理。这时,一只蜜蜂冷不丁又蜇了他一下,他一拍屁股,大喊道:"看来这蜜蜂真的是来提醒我时刻保持清醒,看来这贪官是要呜呼哀哉了!"

古往今来,那些获得成功的人,很多都像高个子那样,在某种"叮咬"的刺激下保持警觉,不断前进。心理学家称之为"马蝇效应"。

"马蝇效应"来自一次经典的对话。林肯曾对《纽约时报》主编亨利·雷蒙特这样说:“我小的时候,有一次我和我的兄弟在肯塔基老家的一个农场犁玉米地,我吆马,他扶犁。这匹马很懒,但有一段时间它却在地里跑得飞快,连我这双长腿都差点跟不上。到了地头,我发现有一只很大的马蝇叮在它身上,于是我就把马蝇打落了。我的兄弟问我为什么要打掉它。我回答说,我不忍心让这匹马那样被咬。我的兄弟说:‘哎呀,正是这家伙才使得马跑起来的嘛!’”

马蝇叮咬马,马才会跑得飞快,人其实也一样。心理学家研究发现,与站立相比,人们更喜欢坐着,人的本质是喜懒不喜勤,这是由人内心寻求安逸的天性决定的。这时候,如果在你的身旁有个时刻提醒你,时刻能让你奔跑起来的“马蝇”,那么你的人生或许会是另一番景象。

在北方某大城市里,诸多电器经销商经过明争暗斗的激烈市场较量,在彼此付出了很大的代价后,有赵、王两大商家脱颖而出,他们又成为最强硬的竞争对手。

这一年,赵为了提高市场竞争力,采取了极度扩张的经营策略,大量的收购、兼并各类小企业,并在各市县发展连锁店,但由于实际操作中有所失误,造成信贷资金比例过大,经营包袱过重,其市场销售业绩反倒直线下降。

这时,许多业内外人士纷纷提醒王说,这是主动出击,一举彻底击败对手赵,进而独占该市电器市场的最好商机。王却微微一笑,始终不曾采纳众人提出的建议。

在赵最危难的时机,王却出人意料地主动伸出援手,拆借资金帮助赵涉险过关。最终,赵的经营状况日趋好转,并一直给王的经营施加着压力,迫使王时刻面对着这一强有力的竞争对手。

有很多人曾嘲笑王的心慈手软,说他是养虎为患。可王却没有丝毫后悔之意,只是殚精竭虑,四处招纳人才,并以多种方式调动手下的人拼搏进取,一刻也不敢懈怠。

就这样,王和赵在激烈的市场竞争中,既是朋友又是对手,彼此绞尽脑汁地较量,双方各有损失,但各自的收获却都很大。多年后,王和赵都成了当地赫赫有名的商业巨子。

面对事业如日中天的王,当记者提及他当年的“非常之举”时,王一脸的平淡:击倒一个对手有时候很简单,但没有对手的竞争又是乏味的。企业能够发展壮大,应该感谢对手时时施加的压力,正是这些压力,促使你将其化为想方设法战胜困难的动力,进而在残酷的市场竞争中,始终保持着一种危机感。

所以,不要总是口口声声喊“消灭敌人”,应该学会与你的敌人共存,让对方时刻督促自己,激励自己,从而使自己永远精神抖擞,保持积极前进的状态。

选择互补的搭档，取人之长补己之短

动物界里，狼群最伟大的品质就是它们的合作精神。也正因如此，许多人都将狼群的行动看成是“合作”的隐喻。狼之所以伟大，就是因为它们的合作精神。每一只狼都有自己的伙伴，它们总是能够找到最适合自己的搭档，在每一次的捕猎中相互配合、取长补短，在合作中共同生存。

试想，如果你是一滴水，只有融入大海之中才不会干涸；如果你是一只大雁，只有在雁群里才能够飞到目的地；如果你是一棵树，只有在大森林里才能茁壮成长。人无完人，找到能与自己并肩作战的搭档，用他们的长处补足你的短处，会令你的成功之路更加顺畅。

不过，选择搭档不能凭感觉来，也不能抱着试试看的心理，必须要有端正的态度和正确的认识，必须从多方面来考察自己，审视自己，同时也必须对你的搭档和你自己的切身利益做个周密的思考。

选择好合适的搭档，大家彼此互补，能够促进团队合作的顺利进行，提高双方的成绩。这一点，从团队的高层合作中就可以得知。一般来说，每个单位的领导周围都有几员得力干将，占据重要部门的重要位置。而你会发现，凡是得力干将和老总性格相似、趣味相投的，团队中问题都比较多；凡是两个人性格是互相补充的，团队都比较健康。

看看几个大企业都是如此，海尔有了张瑞敏和杨绵绵，才平衡，一个作战略，一个作执行。海信有了周厚健在掌舵，于淑敏才能冲在前面。联想的柳传志充满了智慧，才有了杨元庆和郭为的发挥余地。可见，互相搭配才能互补，才能达到企业管理的较高境界。

很多人认为，找到一个合得来又互补的搭档确实不仅是困难的，甚至是危险的。他们的想法不同于我们自己，整天要与他辩论、说服他，多累呀。虽然有时候他是对的，但自己却感觉很不服。甚至有些人把见解不同上升到另一个高度，轻则分道扬镳，重则互相排挤和打击。

那么，在寻找互补搭档的时候，就要求你勇于突破自己上述的担忧。试想，搭档和自己一样的话，就失去了存在的意义，只要一个人就可以了，为什么要有两个脑袋？这样才真正是做大事的心态，人生也就成功了一半。尽管在接触、磨合中两个人经常有摩擦，有不同思维的撞击，但正是因为有这样的摩擦和撞击，才有了更新、更好的火花，这对双方的成长和彼此的发展都是有利的。

一个感性的人在鼓动，一个理性的人在执行；一个外向的人在激励，一个内向的人在操作；一个人在思考，一个人在实践。这才是完美的组合，才是成功的必备。古人说：一阴一阳谓之道，其实合作的道也是如此。

想成为一个成功的人，你找到与自己互补的另一个搭档了吗？

没有更好选择时小人物也能救命

我们都清楚，借人之力成己之事，是获取成功的捷径之一。但在这条捷径上，人们往往习惯于将目光聚焦到那些有权势、有财富的名人和富豪们身上，认为只有这些人才可能是自己人生路上的贵人，才能给自己的成功添砖加瓦。

可是，大人物们都是高高在上的，有些时候，不用说去求人家，连接触到人家都很难。遇到这种情况我们该怎么办？坐以待毙，还是就靠自己蛮干？

不用发愁，你不妨把目光投到某些小人物身上。要知道，“大小”并不是绝对的，二者可以转换。对待“小人物”，你没必要一味地趾高气扬，应该懂得变通，没有大人物可以选择的时候，能向小人物借力也是不错的选择。历史上“鸡鸣狗盗之辈”曾经帮孟尝君逃脱大难，不就是很好的证明吗？小人物就像小螺丝钉，用得得当，就能推动大机器的运转。不要小看“小人物”，有的时候，“小人物”却有“大用处”。

清朝雍正皇帝在位时，按察使王士俊被派到河东做官，正要离开京城时，大学士张廷玉把一个很强壮的佣人推荐给他。到任后，此人办事很老练，又谨慎，时间一长，王士俊很看重他，待他当作心腹。

王士俊任期满了准备回京城。这个佣人忽然要求告辞离去。王士俊感觉很奇怪，问他为什么要这样做。那人回答：“我是皇上的侍卫××。皇上叫我跟着你，你几年来做官没有什么大差错。我先行一步回京城去禀报皇上，替你说几句好话。”王士俊听后吓坏了，好多天一想到这件事就两腿直发抖。幸亏自己没有亏待过这人，要是对他有不善之举，可能命就保不住了。

俗话说：“阎王好见，小鬼难缠。”想要搞定大人物，不妨先搞定他身边的小人物。

戴笠当军统头子时，逢年过节，都要派人出去送礼，这礼并非是送给达官显贵的。他手下的人把汽车停在国府路（今南京长江路）附近，到了黄昏人静的时候，就会有很多人过来问:"戴局长有东西交给我吗?"然后接过红包悄然离开。这些人,都是总统府里的听差、门房、女仆或是文书,虽然地位卑微,绝不可能参与军国大事,但他们毕竟天天都在蒋介石身边。

戴笠并不是时时刻刻可以跟随在蒋介石身边的人,而这些人的职业就是侍候蒋介石。蒋介石的行为、情绪的变化,都瞒不过这些人的眼睛。

然而对戴笠而言,这些信息的作用还不是最重要的。在官场,公文积压是常事,有的只要搁上十天半个月,有的一搁就是一年半载,即使批下来,也是另一种结局了。军统上报的公文,耽搁在蒋介石那里,戴笠是不敢催办的。可是清洁女工就有这样的便利,她清扫蒋介石的办公室时,只要顺手在文件堆里把军统的公文翻出,放在上面就万事大吉了。戴笠的部下再有能耐,也不敢随意进蒋介石的办公室,这件事非清洁女工莫属。

小人物有小人物的优势,如便利、隐蔽、灵活、感恩等,因此,在人际交往中,要灵活变通,千万不要只逢迎那些所谓的达官贵人,而要懂得和小人物建立关系,而且,更不可得罪"小人物",尤其是那些大人物身边的"小人物",虽小却能亲近大人物,只要能巧妙地借助他们的力量,同样可以助你办成大事情。

所以,平时无论是说话还是办事,一定要记住:把鲜花送给身边所有的人,不要小瞧了那些目前不如你的人。俗话说:"不走的路去三回,不用的人用三次。"说不定哪一天,某个小人物就会在某个关键时刻成为影响你前程和命运的"大人物",就像鸡鸣狗盗之徒救孟尝君的性命一样。

唐代著名诗人李白说:"天生我材必有用。"再平凡的人,身上也会有别人所没有的闪光点;再庸碌的人,也会有别人所不具的才能。重视身边的每一个人,包括小人物,说不定哪一天他们也能像"鸡鸣狗盗"者一般,救自己一命。

利用名人效应,获得预期效果

现在的许多明星都喜欢炒作,其实说白了,无非是"出风头"三个字。不过你别小看"出风头"仅仅三个字,这里面却藏了不少学问。

中国古人早已用事实证明,要想让自己为天下人所知,最直接的方法莫过于"利用别人的风头让自己出风头"。

东晋的丞相王导很善于治理国事。当初渡江来到南京时,国库亏空,缺乏银钱,只有几千匹不值钱的白绢。为了渡过暂时的难关，王导自己先做了一件白绢的单衣穿在身上，又动员大臣们出门上朝也都穿上这样的衣服。上行下效，人们都争相效仿穿起了这种白绢衣服。白绢一时供不应求，价格很快上涨到了每匹一金。这时王导下令将国库中的白绢全部卖掉，因此多得了几倍的银钱。

王导利用人们崇拜名人、追慕时尚的心理，解决了财政困难。如果他想凭借行政手段强行推销卖不出去的绢布，就会引起人们的反感，根本不可能达到如此效果。其实，王导利用名人威望的谋略早在他的政治活动中就曾施展过。

晋元帝司马睿还只是琅玡王时，王导觉察到天下已乱，便有意拥戴司马睿，复兴晋室。司马睿出镇建康(今江苏南京)后，吴地人并不依附，时过一个多月，仍没有人去拜望他。王导十分忧虑，便想到要借助当地的名人来提高司马睿的威望。

于是他对已有很大势力的堂兄王敦说："琅玡王虽然仁德，但名声不大。而你在此地早已是有影响力的人，应该帮帮他。"他们约好在三月上巳节伴随司马睿去观看修禊仪式。

到了那一天，他们让司马睿乘坐轿子，威仪齐备，他们自己则和众多名臣骁将骑马扈从。江南一带的大名士纪瞻、顾荣等人，见到这种场面，非常吃惊，就相继在路上迎拜。

事后，王导又对司马睿说："自古以来，凡能称王天下的，都虚心招揽俊杰。现在天下大乱，要成大业，当务之急便是取得民心。顾荣、贺循二人是当地名门之首，把他们吸引过来，就不愁其他人不来了。"

司马睿听了王导的话，就派王导亲自登门拜请顾荣、贺循。受他们的影响，吴地士人、百姓，从此便归附司马睿。东晋王朝终于得以建立。

不难看出，人们普遍存在着一种从众的心理现象，表现最突出的莫过于盲目趋时和效仿有影响力和社会地位的人。而利用有一定的社会影响力和号召力的人做宣传，是一种双赢的选择。

所以，如果你想获得预期的效果，与其自己苦心地宣传推广，不如适时利用名人效应，这才是既省力又聪明的做法。

制造舆论，壮大你的声势

从明星的绯闻到政客的传奇，诸多事件都验证了舆论的强大威力。在社会上，舆论就像汹涌的波涛，可以把你淹没海底，也可以把你推上天空。

真正有心计的人，几乎都善于利用舆论来为自己服务，牢牢地锁定目标，制造“非我莫属”的声势。

武则天本是唐高宗的爱姬。公元683年，唐高宗头眩病复发，不治身亡。继位的唐中宗李显品性庸懦，毫无主见，凡事都对母亲武则天言听计从，执政大权渐渐落入武则天手中。

唐高宗在位时，因患有头眩病，自公元660年起，便把大小政事多半委托皇后处理，自己好清心养性，武则天也因此渐渐掌握了朝中大权。高宗一死，继位的又是她的儿子，要想废黜只是一句话而已。这样，武则天不觉野心萌动，想要尝试一下当女皇帝的滋味。

然而，在一个夫权为上的男性社会里，传统的男尊女卑的观念早已深入人心，要撼动谈何容易。中宗被废后，武则天故意试探性地问群臣：“此后应由何人承续帝位？”宰相应声答道：“就立豫王李旦为帝。”李旦是武则天和唐高宗所生的最小的儿子。其他人也众口一词，没有一个人会想到武则天自己想过一把当皇帝的瘾。群臣的意见让武则天心凉了半截，但也给她打了一针清醒剂，她知道，自己现在做皇帝还不是时候。

无奈，她只好暂立豫王李旦做了挂名皇帝，是为唐睿宗。即使这样，仍有不少大臣屡屡站出来劝谏，要武则天尽早把权力还给皇帝李旦。李敬业甚至召集十余万兵马，发誓要杀掉这个想篡夺大唐江山的女子。大文豪骆宾王也挥毫抒愤，写出了力透纸背、千古名扬的《讨武氏檄》，追随李敬业麾下，兵败而不知所终。之后仍有许多州县的一大批刺史起兵讨武……

面对如此强大的反对力量，武则天心里明白，虽然此时在朝中说句话她就能坐上皇帝的宝座，但众人不服，民心不稳，这样的女皇不会做长久，也可能在历史上留下恶名。于是，她放眼前途，决定费些时间大造声势，设法改变人们的观念，改变民众对女人尤其对她这个不一般的女人的敌视态度。

首先，武则天表面上装作归政于李旦，暗地里却让李旦写表坚决推辞，而自己则好像是迫不得已才临朝，掌握皇权。

接着，她又让侄子武承嗣派人在石头上刻上“圣母临人，永昌帝业”八个大字，涂成红色，扔进洛水，再由雍州人唐同泰取来献给朝廷。武则天亲祭南郊，告慰神灵，称此石为“授圣图”，改洛水为永昌水，封洛水神为显圣侯，给自己加号圣母神皇，封唐同泰为游击将军，并举行了声势浩大的拜洛守瑞仪式，使人以为她当皇帝乃是奉循上天的旨意。

而后，她又暗使高僧法明杜撰了《大云经》四卷，遍送朝廷内外。《大云经》在醒目的位置称武则天本是弥勒佛的尘世化生，理当代为主宰大唐朝政。武则天便令两京诸州官吏，使百姓大读特读，并专门建寺珍藏。

此外，她又令侍御史傅游艺率关中百姓九百余人，来朝廷上表，恳请武则天亲临帝位。武则天佯装不答应，却马上把傅游艺提升为给事中。如此升官捷径，哪个不会效法？于是，百官宗戚、远近百姓、四夷酋长、沙门道士竞相仿效傅游艺，上表奏请武则天当皇帝。有一次上表者竟多达6万余人。

如此大造舆论，众人都觉得武则天做皇帝已是上应天意下顺民心，势所必然。百官群臣也乐得顺水推舟，请求武则天早日登基，就连挂名皇帝李旦竟也认为自己这个皇帝是抢了母亲的位，亲自上表请求改姓武。

时机成熟之后，武则天才废了李旦，亲自登基为帝，反对者声息皆无，她这个皇帝也就坐稳了。

像武则天一样“工于心计”的人都明白，要想争得成功机会，制造声势抬高自己的身价是很必要的。只有这样，你才能为众人所认同，也才能少去很多不必要的危险。

那么，具体如何抬高自己的身价呢？最直接的办法就是提高自己在对方心中的位置。这时，你要善于人为地制造一些焦点和声势。即使有雄心，也不要急于行动，而是利用方方面面的力量，为达到自己真正的意图摇旗呐喊，最终达到自己的目的。

狐假虎威，借对手之势为我所用

还记得狐假虎威的故事吗？

在茂密的森林里，老虎是最凶猛的野兽，号称森林之王。它每天都要捕食其他动物。一天，老虎肚子饿了，便跑到外面寻觅食物。当它走到一片茂密的森林时，忽然看到前面有只狐狸正在散步。它觉得这正是个千载难逢的好机会，于是，便一跃身扑过去，毫不费力地将它擒过来。

狡猾的狐狸看见自己无法逃脱，就耍了一个花招。它一本正经地斥责老虎说：“哼！你不要以为自己是百兽之王，便敢将我吞食掉；你要知道，我是天帝任命来管理所有的野兽的，你要吃了我，就是违抗天帝的命。”老虎听了狐狸的话，半信半疑，可是，当它斜过头去，看到狐狸那副傲慢镇定的样子，心里不觉一惊。原先那股嚣张的气焰和盛气凌人的态势，竟不知何时已经消失了大半。虽然如此，它心中仍然在想："我是百兽之王，天底下任何野兽见了我都会害怕。而它，竟然是奉天帝之命来统治我们的！"

这时，狐狸见老虎迟疑着不敢吃它，知道它对自己的那一番说辞已经有几分相信了，于是便更加神气十足地挺起胸膛，然后指着老虎的鼻子说："怎么，难道你不相信我说的话吗？那么你现在就跟我来，走在我后面，看看所有野兽见了我，是不是都吓得魂不附体，抱头鼠窜。"老虎觉得这个主意不错，便照着去做了。

于是，狐狸就大模大样的在前面开路，而老虎则小心翼翼地在后面跟着。森林里大大小小的野兽们发现狐狸后面张牙舞爪的老虎时，不禁大惊失色，狂奔四散。

这时，狐狸很得意的掉过头去看看老虎。老虎看着，不知道野兽们怕的是自己，以为真是被狐狸的威风吓跑的，彻底相信了狐狸的话。它怕狐狸怪罪自己，做出什么对自己不利的举动，于是也慌忙逃走了。

狐狸让老虎逮住了，面对如此强大的对手，它一点也不慌张，而且巧妙地利用老虎的威势，既吓唬住了别的动物，也让老虎大吃一惊，从而保全了性命。

究其原因，是因为狐狸抓住了老虎不自信的弱点，并编出来一个天帝使者的谎话吓唬它，使诡计得逞，可怜的老虎被狐狸愚弄了，自己还不知道呢！狐假虎威是典型的以弱胜强的例子，在自身实力不占优势的情况下，巧妙借用强者实力照样可以呼风唤雨。

人与人之间的实力是有差别的，有些先天条件是无法弥补的，但这并不意味着弱势的一方就注定会失败，强者就注定会胜利。在竞争中，劳心者治人，劳力者治于人，聪明的心理战才是取得胜利的关键。人非草木，攻心为上，是人就有心理弱点，抓住对手的心理弱点，再强大的对手也会被打败。

此外，做大事者更要有全局的观念，面对复杂多变的形势，我们必须学会利用现有的资源，正确分析自己以及他人的能力，要能看到别人的长处，并且能为自己所利用，不能意气用事，为逞一时之快而误大事。

把虾米联合起来，能帮你吃掉大鱼

"大鱼吃小鱼，小鱼吃虾米"，这是现实中残酷的竞争法则。不过，我们若想在社会上站稳脚跟，击败对手，有时候仅靠自己的力量是完全不行的。在这种情况下，我们不妨去联合周围可以联合的"虾米"，然后一起去吃掉我们想吃的"大鱼"，这样做效率往往会更高。

千万不要小觑小力量的集合。当我们看日本联合超级市场,以中小型超级市场共同进货为宗旨而设立的公司的惊人发展,就会有如此的感慨。就在1973年的石油危机之前,总公司设于东京新宿区的食品超级市场三德的董事长——堀内宽二大声呼吁:“中小型超级市场跟大规模的超级市场对抗,要生存下去的唯一途径就是团结。”可是,当时响应的只有10家,总营业额也不过只有数十亿日元而已。但是,现在的日本联合超级市场的加盟企业,从北海道到冲绳县共有255家,店铺数量达到3000家,总销售额高达4716亿日元,遥遥领先大隈、伊藤贺译堂、西友、杰士果等大规模的超级市场。而且,日本联合超级市场的业绩,竟然是号称巨无霸的大隈超市的两倍。尤其近几年来,日本联合超级市场的发展更为迅速。1982年2月底,联合超级市场集团的联盟企业有145家,加盟店的总数有1676家,总销售额2750亿日元。但是,从第二年起,加盟的企业总数就增加为178家,继而以187家、200家、253家的速度持续地膨胀,同时加盟店的总数也由1944家增加为3000家……

原来是一个微不足道的超级市场经营者——堀内宽二,凭借着中小型超级市场不团结就无法生存的信念,草创成立的联合超级市场,发展到今天他本人也不会料想到的庞大阵容。目前,日本全国都可以看到联合超级市场的绿色广告招牌。

中国有句俗语:“众人拾柴火焰高”,意思是说,通过联合的力量,以实现个人力量所不能实现的目标。很多小企业、小公司,在激烈的竞争中,被冲撞得东倒西歪,飘飘摇摇,虽然也有顽强的生命力,但终难形成气候。

当我们还不够强大的时候,要在竞争中站稳脚跟,就得联合一切可以联合的力量,达成统一战线,共同出击,以群蚁啃象之势,去迎接各种挑战。

东北有家非金属矿业总公司——辽河硅灰石矿业公司,前身为辽河铜矿,因长年亏损,1983年改换门庭,从事非金属矿的开发与经营,所开采的优质硅灰石全部销往日本、韩国,公司效益也真正红火了几年。

据称,日本商人将石头买上船,在回日本的航程中就加工成立德粉、钛白粉,中途返航,再运往上海、天津等地。

辽河硅灰石矿业公司于1990年从日本引进加工生产线,掌握了生产立德粉、钛白粉的技术,并从1992年起,开始生产建筑涂料。从1993年开始,所产硅灰石滞销,生产的涂料市场滑坡,公司严重亏损。1997年,辽河公司宣布破产,原来的各分厂,全部被私营单位买断。

1999年,日商再次光顾辽河公司,与私营小公司老板商榷购买200万吨硅灰石粉的合同。可是,各自为政的小公司并没有这个魄力,也不可能在一年半的时间内完成合同任务。

眼睁睁看着煮熟的鸭子就要飞了,就在日商即将离开之际,辽河其中一家公司的经理郝为本横下心,与日商签了合同。

郝心里清楚,如果不能按期交货,日商的索赔,会让他倾家荡产,弄不好还得蹲大牢。但到口的肥肉,总不能不吃吧。

郝为本拿着合同,请其他几家小公司的经理聚到一起,认真研究,联合起来吃这条大鱼。经过任务分配,平均利益,几家公司立刻行动起来。

9家公司经过有力的联合,一年半时间内,按时完成了任务。

上述事例正印证了虾米联合起来吞掉大鱼的事实。因此,在现实生活中,当你觉得仅凭一人之力难以应付对手时,完全可以采取这种办法,把可以借力的伙伴联合起来,就像一根筷子容易断,一捆筷子不易断,这种小力量的集合,会给你带来重大的收获。

巧转关系,借能人之手办好棘手之事

小的时候,当我们遇到难题时,总喜欢去找父母或老师等有能力的大人来帮忙,于是问题便很快得以解决。可不知为什么,当我们长大了,再遇到棘手的难事,反而倾向于独自冥思苦想,无所适从。

其实,遇到难题,就如同拿到了烫手的山芋,与其在那里傻乎乎地挨烫,倒不如将问题抛出去,让别人去解决。

有位知名度颇高、要求极为严格的建筑师,他规划了许多的建筑物,然后分别包给多位承包商。

由于这位建筑师对质量和进度要求甚高,所以在他的手下做事压力巨大。在他的建筑师事务所里,经常可以听到会议室里传出来的阵阵怒吼声,因此,他手下的助理更换非常频繁。

这次,建筑师请来的是一位刚毕业的年轻助理,负责监督和催促工程进度的工作。这个工作一向是最吃力不讨好的,所以受到建筑师的责难也最大。可奇怪的是这位年轻助理连续工作了半年，居然很少受到建筑师的责骂，工程的进度在他的监督下也几乎都能跟上，同事们对此都感到非常不解。

直到有一天，同事们在同这位年轻助理谈论工作经验时，才向其问道："我们实在都很好奇，你工作时间不长，却能把工程进度控制得如此之好，你到底是怎样做到的呢？"

年轻助理耸了耸肩，无比轻松地说："其实，这很简单，当一位承包商把难题丢给我，企图拖延工程进度时，我就很坚定地告诉他：'我的进度不能变更，你是要和我解决呢，还是让我们的建筑师和你解决？'这样他们通常都会没什么话说了。"

这位小伙子真的很聪明，他将自己的困境轻松地转化为建筑师和商人的矛盾，自己却轻松了起来。无独有偶，中国历史上也发生过类似的事情。

唐肃宗时，李辅国是宫中一名大宦官。至德元年（公元756年），肃宗在灵武称帝后，李辅国官拜行军司马。凡是肃宗的起居出行、诏令发布等内外大事，都委任李辅国处理。唐肃宗打败安禄山，收回京城后，李辅国在银台门主持恢复京城的事，并负责掌管禁兵，一时权倾朝野，人人都不敢小看他。上元二年（公元761年）八月，又加给李辅国兵部尚书一职。

可是李辅国仍然不满足，恃功向唐肃宗要官，请求做宰相。唐肃宗对李辅国这种咄咄逼人、明目张胆要官的做法非常反感，同时，对他的权力过重也有所警惕。因此，唐肃宗并不想把宰相的权力交给他。不过，李辅国对唐朝宗室有功，唐肃宗不想当面得罪他，于是，就对李辅国说："按照你为国家所建立的功勋，什么不能做？可是，你在朝廷中的威望还不够，这怎么办呢？"

李辅国听了唐肃宗的话以后，就让仆射裴冕等人上表推荐自己。唐肃宗知道李辅国在请人上表，十分担心，就悄悄把宰相萧华找来说："李辅国想做宰相，我并不打算让他干。听说你们想上表推荐他，真的吗？"

萧华没有作声，但心里已经明白了，出宫以后找到裴冕，征求他的意见。裴冕说："当初我并没有打算上表推荐李辅国当宰相，是他自己来找我的。现在我知道了皇上的真实意图，请皇上放心，我宁死也不会上表推荐李辅国为宰相的。"

萧华又进宫向唐肃宗奏明他们的意见，肃宗非常高兴。后来，李辅国始终没能当上宰相。

不难看出，年轻助理是将问题引向了更困难的建筑师，自己巧妙地回避了矛盾，而唐肃宗则是将问题推给了下属，借他们的力量来限制李辅国。这两位聪明者，有了问题在当时就很快做出了反应,否则稍有停顿便会烫到自己的手。

现实生活中,我们就应该像故事中的年轻助理和唐肃宗学习。学习他们如何巧妙地将难题抛出去,让别人为自己的问题苦恼,使其处于两难的境地,自己则享受没有烦恼的乐趣。

不过,丢出“烫手的山芋”要有技巧,要丢得不愠不火,小心别碰到了对方,伤了感情。这里面就有个“度”的问题,既要让对方能在脸面上过得去,又要让自己摆脱困境。高明的人不仅能使丢出去的热山芋不会砸到别人,还能让别人心甘情愿地替自己解决问题。

当然,这些技巧是要经常练习的。常常操练,就能够掌握这个火候了。但是,有些时候也不应一味地回绝,应该抓住时机。有些时候,如果问题不是非常难处理,则应尽量去把它做好。

离间,让对手帮你打败对手

有时候,我们会遇到很强的对手,甚至不止一个。这种情况下,如果选择硬拼,无非是在以卵击石。可是,我们又不能坐以待毙,这就需要在战略上动点心眼儿了。

诸多事实证明,当对手很强大或很多的时候,离间计可以让对手内部或不同对手之间相互猜忌、相互打斗,而自己则可袖手旁观,坐收渔翁之利。

下面,我们就一起来看看中国历史上著名的“离间计”案例:

楚汉战争时,项羽与刘邦之间争斗不息。项羽“力能扛鼎,才气过人”,在战争初期以西楚霸王的名义号令诸侯,兵多将广,更兼善战,处于优势地位。刘邦“仁而爱人,喜施,意豁如也”,虽勇不及项羽,地不如楚多,但他能采纳部下建议,分化项羽同盟,故常能败而复振,逐渐化劣势为优势。

公元前205年,刘邦趁项羽的东征田齐之时,率兵56万伐楚,一举攻克楚都彭城(今江苏徐州市)。项羽得知,亲率精兵3万回援,连续作战,收复彭城,驱赶汉军,竟连连斩获汉军20万。刘邦慌忙逃窜,在途中竟将子女推下战车,老父也被项羽俘虏。刘邦逃至荥阳,所幸靠萧何等征发的关中老弱全数赶来,方才稳住阵脚。

刘邦一面用陈平的离间计来离间项羽唯一的谋士范增,一面听从张良的计谋,趁项羽的同盟九江王英布、魏相国彭越与项羽“有隙”之时,利诱彭越,使他在楚后方绝楚粮道;派使者随何前去九江游说英布。英布此时与项羽虽有矛盾,但畏惧项羽强横,还不敢与项羽为敌。随何凭借三寸不烂之舌，说得英布心动，但英布仍然狐疑不定。于是，随何借楚使者前来九江催英布发兵之时，公开英布与汉有谋的事实，迫使英布最终下定反楚的决心。这样，项羽分兵去攻打英布，减轻了刘邦的压力；英布兵败来投靠刘邦，也只能死心塌地助汉攻楚。刘邦不断地削弱项羽的同盟，扩大自己的同盟，这是成功地应用借刀杀人之计扰其同盟，借对手狐疑而削弱对方的手法。

找准缝隙，挑起对手内部的矛盾，就等于把对手的实力一分为二，而且这被一分为二的实力还极有可能互相争斗、两败俱伤，那么自己可不费吹灰之力就能赢得胜利。

可见，面对强劲的对手不必慌张，运用离间的艺术，让对手亲者痛、仇者快，互相猜忌提防，甚至互相攻击、互相消耗力量，不仅是极高的智慧，也是最省时省力的取胜手段。

借“东风破”，提早走出困境

漫漫人生旅途，当你遭遇困境，一筹莫展时，往往就需要高人来指点一下了。也许对方只是简单的一句话，但却能让你顿悟，时来运转。

有句俗话叫“万事俱备，只欠东风”。实际上，当我们不具备万事的时候也需要东风，尤其是遇到困境的时候更需要东风来破。有了能给我们东风的人相助，我们就可以尽快取得成功，甚至飞黄腾达、扶摇直上。

每个人的身上，都有着走向成功的条件，如何利用这些条件，外界的帮助影响很大。很多知名度较高的人之所以成名，也与会借东风密不可分。东风使他们得到机会，使他们快速成长。善于接受他人的东风相助，是名人们把握机遇的关键，也是他们最终成名的重要原因之一。这其中的道理是容易理解的。你接受了他人的帮助，就好比一粒种子种入适合自己生长的土壤，得到滋养。

传说清朝乾隆年间，江南一带有个名叫张全福的人。他为了生计，开了一家酒店。酒店规模很小，缺乏知名度，他的生意日益冷清。他为了改变自家酒店的面貌，苦思良策，却一直未能奏效。

正当他一筹莫展之时，乾隆皇帝为了体恤民情，来到江南一带。乾隆边走边看，不经意间走到了张全福这家小酒店的门口，便轻轻地叩击店门。门开了，张全福走了出来。当他看到乾隆时，不由得惊呆了。他心想：此人相貌堂堂，一定是位贵人，今日来到我的小店，此乃我的荣幸。于是赶忙走上前去，向乾隆行了个大礼。

乾隆坐下来，随便点了几个小菜，一边喝酒一边同张全福闲聊。两人聊得很投机。说话间，张全福就把自己店内生意不好的情况向乾隆一一诉说。乾隆看见店内冷冷清清、灰尘满地的狼藉景象，又看到张全福老实敦厚的样子，不觉动了恻隐之心，他心平气和地对张全福说道："看你是个老实人，我倒想帮你一把，却不知如何相帮？"张全福思考了一会儿，说道："承蒙客官厚礼，请您帮我亲笔题写一副对联，好吧？"

乾隆皇帝听后，满口应允，立即提笔写下了这样几句诗：

"江南水秀景宜人，民风富庶享太平。

小小酒店风味浓，丰肴佳馔怡人心。

若问赐墨何许人？紫禁城里寻真龙。"

张全福读了这几句诗后，顿时醒悟，高兴得手舞足蹈，大声喊道："啊！原来您就是当今的万岁爷，草民今天可遇到大贵人了。"他赶忙双膝跪地，谢主隆恩。

乾隆的诗给张全福这家小小的酒店带来了很大声誉。当此事传开之后，人们纷纷慕名前来，顾客络绎不绝，生意日益兴隆。

现实生活中，我们要像故事中的张全福那样，身陷困境或处于停滞不前的状态时，抓住机遇，找别人扶自己一把。俗话说：孤掌难鸣，独木不成桥。无论是游刃职场，还是处世做人，我们必须寻求他人的帮助，寻找自己的"东风破"。这就像打牌，有了高人的指点，你便会有所顿悟，打出好牌。

这种"利用"不是丑恶的，而是各取所需。一个人，无论在工作、事业、爱情哪个方面，都离不开人与人之间的相互帮助。朋友就是如此，因为个人的能力和局限，以及人际关系有所不同，必须相互帮助，借朋友的东风。在自然界中也是这样，动物们相互帮助，有利于防备捕猎、取暖和生殖。狼群就是利用了彼此之间的相互关系，以及在此基础上建立起来的秩序和习惯，以享受最大的益处。群居的习性不仅使他们更容易捕获食物，更使他们在抵御敌人进攻时获得强大的力量。因此，狼群很少真正受到其他动物的威胁。群居动物（相互利用了对方的长处和力量，哪怕是极微弱的力量，如蚂蚁、蜜蜂、家鸡等）容易繁衍和生存，而喜欢独来独往的动物，被淘汰者居多，无论其多么凶猛强悍。

就社会和自然状况来看，孤单者是斗不赢拉帮结派者的。一个人如果没有朋友，没有别人的帮助，他的境况会十分糟糕。普通人如此，成就大事业的人更是如此。如果失去了他人的帮助，不能利用他人之力，任何事业都无从谈起。

当然，"利用"是相互的，我们在借力的时候要考虑到施与受的平衡关系，不要忘记让别人好好"利用"自己。当你遇到可能对自己有帮助的人时,应当在能帮他的时候帮他一把,这样才能够为自己积蓄力量,让别人在关键时刻帮自己一把。

自己打不过,让影子跟他打

狐狸借水杀虎的故事,相信很多人都听过。狐狸诱惑老虎到水边,让老虎与自己的影子打架,最后老虎落水。当对手过于强大时,要避免与其直接过招,就得想办法挑起其内部矛盾,以削弱甚至消灭对手的力量。兵法上最高的谋略就是"不战而屈人之兵",狐狸就是运用了这一谋略。

自古以来用这种战术谋略来保全自己的例子不在少数。战国时期七国混战时,很多国家都曾将此策奉为经典。

齐景公在位期间,田开疆率师征服徐国,有拓疆开边强齐之功;古冶子有斩龟救主之功;田开疆推荐的公孙捷有打虎救主之功。三人结为兄弟,自号为"齐邦三杰"。齐景公为奖其功劳,嘉赐"五乘之宾"的荣誉。随着时间的推移,他们三人挟功恃勇,不仅简慢公卿,而且在景公面前也全无礼数,甚至内结党羽,逐渐成为国家安定的隐患。齐相晏婴深感忧虑,想除掉他们,又担心景公不允许,反结怨于三人。

一天,邻邦的国王鲁昭公带了司礼的臣子叔孙来访问,谒见齐景公。景公立即设宴款待并叫相国晏子司礼,三位武士也奉陪左右。晏子奏请开园取金桃为两国结盟祝贺。景公准奏后,晏子引园吏亲自监摘。摘得六个金桃,"其大如碗,其赤如炭,香气扑鼻"。景公问:"只有六个吗?"晏子答:"其余的都未熟,现在只能摘六个。"两位国王各吃了一个,都觉得非常鲜美,互相赞叹了一番。于是,景公又分给晏子和叔孙各一个。此时,盘子里只剩下了两个桃子,晏子请示景公,传谕左右文武官员,让各人自报功绩,功高者赏桃。

公孙捷和古冶子先后站起来,自报功劳,景公分别把桃子分给二人,但是田开疆就不服了。他起身说自己曾奉命攻打徐国,逼徐国投降,为国家奠定了盟主地位,他的功劳才最大。晏子看公孙捷和古冶子的桃子都吃完了,立即对景公说:"田将军的功劳最大了,但金桃已经赐完了,只好等熟了再赐。"景公连忙附和。田开疆自以为这是一种耻辱,功大反而不能得到桃子,于是挥剑自杀。古冶子和公孙捷相继因功小食桃而感到耻辱也自杀身亡,景公遂下令为他们厚葬。殊不知三人为了桃子而羞愤自杀,全是晏子和景公所设的计策。

公孙捷、古冶子和田开疆三人在朝廷为所欲为，俨然有威胁景公的趋势，景公为了除去三人，只好利用接待邻国国王的机会，令三人丢尽颜面。古人最注重功德和颜面，平时好面子的三人肯定会为争桃而不顾身份，继而便会感到羞愤不已，轻则退隐，重则自尽以显示清高。这一招借对方的心理而将其除掉的计策，实在是高招。

在实际的生活当中，我们也可以运用这种策略，扰乱对自己不利的人的视线，当他们的注意力转移到其他地方时你就可以给自己喘息和崛起的机会。

每个人都有自己的角色

洪应明说："随缘便是遣缘，似舞蝶与飞花共适；顺事自然无事，若满月偕盂水同圆。"意思是说：顺势而为，随缘是福，这便是把握生命机缘之道，就如同飞舞的蝴蝶与飘落的花朵和谐共处；事事顺其自然，也就不会自寻烦恼，就如同天上满月与水盆中映照的满月一样圆。

每个人都有属于自己的人生空间，每个人都有自己的人生舞台，每个人都在自己的人生舞台上扮演着种种角色，演绎着种种故事。但是，何处是完满？何处是结局？洪应明强调要"随缘""顺事"，因为在漫长的人生旅程上，你是不可能寻找到完满结局的。

许多人终其一生都是踏着别人的脚步走，按照别人的意愿决定怎样为人，而不是按照自己的意愿行事，他们尽可能使自己做人的品质、做事的格调、处世的方式遵照约定俗成的标准以致逐渐失掉自我。聪明的人就不是这样。聪明的人应该保持自己的独立，按照自己的角色去生活，去工作，去奋斗。

但不管扮演什么角色，你都应该首先学会做人。做人的内涵很深，我们无法在一时间理解透彻,活了一生还不懂得怎样做人的人不在少数。我们都不希望成为别人的笑柄,那就只有好好做人。留意身边生活小事,学会辨别美与丑,找到自己学习的榜样,然后认真努力地去学习。

好好做人离不开好好做事。有一次,笔者坐在一家餐厅里吃饭,见一位老同志大声在电话里说着什么,说话语气非常紧迫。放下电话,这位老同志却从容不迫地整理着一些纸张。他不是有急事吗?怎么还这样不慌不忙?笔者好奇地问了一句,他解释说:“我在整理一份重要的文件。文件整理不好,领导看起来就费劲。虽然我很急,但是再急也要把事情做好。”笔者被他的话深深感动了。“事情再急也要做好”,这是他做人做事的原则。

不管在什么工作岗位上,都有自己的工作职责。岗位有主有次,但即使在最次要的工作岗位上,也不能看轻自己。你的岗位绝不是可有可无的,你的作用也绝不是可有可无的。即使你的工作很琐碎,即使你仅仅是为一线人员做服务,你也要把自己看作是团队中不可缺少的一分子,努力扮好自己的角色,确保团队能唱好大戏。

人类离不开光,光是生命之爱;人类离不开水,水是生命之源。我们应该甘愿去做一滴水,滋润世间万物的生长。有了水,就有了花,就有潦草,就有了树,就有了春天的美丽。如果每个人都不愿去做普通的一滴水,都只想去做耀眼的光芒,那世界便就只剩下沙漠,生命也就失去了存在的空间。

尊重自己的选择,扮好自己的角色,诚实守信,勤恳认真,从每一个细节入手,从每一件小事做起,让平凡的岗位焕发出不平凡的光辉,你的价值就会得到体现,你的人生就会充实。

踏实比聪明重要

古人云:“勿以恶小而为之,勿以善小而不为。”不为恶,不论恶大恶小;多行善,不论善大善小。对于职场人士而言,首先就是要做好自己的工作,不论事大事小。洪应明说:“酷烈之祸,多起于玩忽之人;盛满之功,常败于细微之事。故语云:‘人人道好,须防一人着脑;事事有功,须防一事不终。’”因为玩忽职守,而得惨烈之祸;因为细节不慎,而致功亏一篑。还要考虑让身边的人都满意,还要考虑让所有的好事都善始善终。何其难也!职场原本竞争激烈,岗位职责又常常十分苛刻,所以常常有人说“如履薄冰”。但那些踏实做事的人、勤恳努力的人心情就更轻松一些，因为他知道他能把自己的事情做好。

有人总是抱怨自己所干的工作并不是自己喜欢的工作，总是羡慕别人。无论是高级职员还是普通员工，被企业聘用，虽说是出于自己的自愿，但有时并不一定能得到自己喜欢的工作。即使老板，因为最初的阴差阳错，或者发展中的时移世易，他经营的事业也未必就与自己的兴趣吻合。这样的情形，大多数人都会碰到。但“既来之，则安之”。也许过个一年半载，你对当前工作的兴趣就培养起来了。那种不满意现有工作就立即跳槽的想法是不可取的。实际上并没有那么多好职位在等你，你首先要在当前的工作岗位上表现得优秀才行。

一个人不一定能做成什么大事，但身边的小事却完全可以做得尽可能好。通常我们的工作是极琐细繁杂的，不以善小而不为，同时又努力把小事做到位，其实就是在小事中实现自己的人生价值。

有位经理叫杨新喻，亲自招聘了一位名校的女孩做他的助理，做的是票据报销等一些小事。这个女孩做事很麻利，风风火火，很有干劲，希望在经理助理位置上大干一番。而杨新喻也是重点培养她，手把手地教她，经常给她指点。没想到，三个月后，她提出了辞职，原因是，整天只做贴票和报销的工作，太没意思，不能锻炼人。

而杨新喻干上经理也是从这个岗位提上来的。几年前他从财务处被调到了总经理办公室，担任总经理助理的工作，其中有一项工作，就是帮总经理报销他所有的票据。本来这个工作很简单，很琐细，把票据贴好，然后完成财务上的流程，只要不出错，就可以了，大部分认真踏实的人都能做好。

杨新喻认为，小事做好，首先离不开认真二字。票据是一种数据记录，它记录了和总经理乃至整个公司营运有关的费用情况。看起来是没有意义的一堆数据，其实它们涉及了公司各方面的经营和运作。在接手这个工作后，他就建立了一个表格，将所有总经理报销的数据按照时间、数额、消费场所、联系人、电话等记录下来，并做了相关汇总。

通过这样的一份数据统计，他发现了一些上级在商务活动中的规律，比如，哪一类的商务活动，经常在什么样的场合，费用预算大概是多少，总经理的公共关系常规和非常规的处理方式，等等。

他起初建立这个表格的目的很简单，就是想在财务上有据可循，同时上司有情况来询问他的时候，他会将准确的数据告诉上司。总经理发现，每次布置工作的时候，杨新喻都会处理得很妥帖。有一些信息是总经理根本没有告诉他的，他也能及时准确地处理。

总经理对他的工作相当满意,来了兴趣,问他怎么把工作做得如此好时,杨新喻告诉了总经理自己的工作方法和信息来源,从而得到总经理的赞许。

渐渐地,基于杨新喻这种良性积累,总经理越来越多地把重要的工作交代给他。再渐渐地,总经理和杨新喻之间产生了信任和默契。杨新喻升职的时候,总经理说他是用过的最好的助理。

同样的工作,两个人却是不同的结果。杨新喻坦言:他觉得那个女孩最大的问题是没有真正用心,在看似简单不动脑子就能完成的工作里,她没有把心沉下去,没有认真地对待细小繁琐的工作,心高气傲,还觉得自己挺有能耐,几个月下来,自己没有进步,没有从小事中得到锻炼。具有讽刺意味的是,这个女孩一年内换了三份工作,每一次都坚持不了多久,每一次她都说新的工作不是她想要的工作,觉得没意思,没前途。这样,跳来跳去,本来很优秀的大学毕业生,两年后还在游荡,而她的好些同学都已经在立足扎根,干得有声有色了。

大学毕业之后的最初几年,重要的不是你做了什么,而是你在工作中养成了什么样的工作习惯。大多数新手在前几年里是看不出多大差距的。但是这最初几年的经历,为以后职业生涯的发展奠定了良好的基础,这是至关重要的。很多人不在乎年轻时走弯路,觉得日常的工作人人都能做好,没什么了不起。然而就是这些简单的工作,渐渐成了今后发展的分水岭。

自认为聪明的人,总是不认为自己的能力有问题。他习惯于抱怨自己运气不好,抱怨那些看起来资质普通的人却能撞大运,抱怨别人比自己更会讨领导欢心。慢慢地,他的心态变了。所谓怀才不遇,大概就是这种情况。

工作需要聪明的人,工作更需要踏实的人。在聪明和踏实之间,管理者更愿意选择后者。

把小事做好就是大事

有句话说:“行的,干了太多的事,得罪不行的不行;不行的,办了不行的事,只要有人缘照样行。业务上行的,心计不行的不行;心计上行的,业务不行也行。”这只是对某些社会现象的嘲讽,所谓干的不如看的,看的不如有关系的。大多数人并不想依靠关系升迁,也不想对竞争对手施展太多的心计。他们就是想认认真真地干事,实实在在地做人。

那么，哪些事该做，哪些事不该做呢？洪应明说：“遇大事矜持者，小事必纵弛；处明庭检饰者，暗室必放逸。君子只是一个念头持到底，自然临小事如临大敌，坐密室若坐通衢。”意思是说：遇到重大事情才郑重其事的人，在小事上必然会疏忽放松；在大庭广众之下才注意检点的人，回到自己的居室就会放纵行乐。品德高尚又有见识的人坚守一个信念，这样小事也会当作大事对待，处私宅中也如在大街上，始终表里如一。重视小事，从点滴做起，表里如一，这是做人的准则，也是成就大事业的前提。

关注小事，成就大事。抓不抓落实，如何抓落实，能否抓好落实，反映出来的是素质和觉悟，体现出来的是作风和意志，检验出来的是能力和水平。所以，做任何一项工作都要肩负责任、赋予感情、努力追求，着力使每一项工作落实到位，塑造培养一种不完成工作任务不收心、不实现工作目标不撒手的良好品格作风。要点如下：

第一，要从点滴入手，从小事做起。作为一名企业员工，一定要把心思用在本职工作上，爱岗敬业，以高度的责任心、使命感和进取精神做好自己分内的工作，集中精力把业务弄通弄懂，成为行家里手，卓有成效地开展工作。扎实做事就是要树立良好的做事态度和风格，凡事要堂堂正正、光明磊落、尽心尽力、尽职尽责，不能拈轻怕重，好高骛远，成为小事不想做、大事又做不了的人。

第二，要勤于思索，善于动脑。作为一名企业员工，一定要坚持用心工作，用心把握，用心落实，全面考虑，细致操作，精益求精。只有坚持用心用脑，不断总结改进，才能做好自己的本职工作。否则，对工作漫不经心，当一天和尚撞一天钟，是不会有出色成就的。

第三，要尽心尽力，尽职尽责。作为一名企业员工，能力水平有大有小，优点缺点也有差异，但关键是看能不能用心做事，能不能尽力而为。工作也像举重运动员一样，能举100斤的不能举90斤，能举90斤的不能举80斤，就是要最大限度地发挥自己的能力。如果能举90斤，连80斤也不愿举，总想寻50斤的举，这不能说是尽心尽力，更谈不上尽职尽责了。

第四，谨言慎行，凝聚和谐。天时、地利、人和是企业发展的三大命脉。人和就是建设和谐单位，使单位富有人气。企业要有一个团结和谐的工作氛围，职工就要讲大局，讲原则，讲风格，就要谨言慎行，就要学会理解人、尊重人、关心人、爱护人、信任人，就要善于学人之长，补己之短，就要心往一处想，劲往一处使。如此，企业的发展前景就会一片光明。

记住：把小事做好就是大事。不管你在什么单位，都需要坚信这一点。

做个聪明的“杂家”

洪应明说:“闲中不放过,忙中有受用;静中不落空,动中有受用;暗中不欺隐,明中有受用。”意思是说:闲暇的时候,为以后的事情做点准备,等忙碌时就会受益;平静的时候,为日后工作做点准备,等行动时就会受益;在灵魂深处如能保持你光明磊落的胸怀,你外在的一切言行一定会更加进步。套用一句成语就是:未雨绸缪。

洪应明说的是多方面的未雨绸缪:休闲时要为忙时做准备,安静时要为动时做准备,独处修炼时要为人前举止做准备。对于职场人士,重要的是两点:一是培养自己成为多面手,为未来多方向发展做准备;二是培养自己的道德品行,为自己的发展奠定坚实的基础。

所谓职场“杂家”,是指受人青睐的综合型人才,自己很能干,是个多面手,所以走到哪里都吃香。但有的“杂家”只做自己分内工作,并将分内、分外用明确的界线划得很清楚,多做一点就要图报酬,这是要不得的,也会令人反感。其实,很多时候,分外的工作对于员工来说是一种考验,能够把它做好,也是能力的体现。

如果将自己的分内工作划得太清楚,就很难与同事搞好关系,也很难得到上司的重用。公司需要团队的力量,你一个人如何能做大做强?谁又喜欢你的小家子气?聪明的“杂家”就不会这样。只要上司发令,他就会快速行动。有时还会没事找事做,哪怕不是分内的工作。要明白,接触不同岗位的工作,各方面能力会长进不少,自己得到更多的锻炼,还会落个好名声。譬如,办公室来了一位“机盲”——不会用传真机、复印机、打印机,这时有人主动上前将这一系列流程告诉他,并一一操作演示给他看,手把手地教,日后,这位新人会对你充满感激,你当然也会留下乐于助人的美名。

一个人为人要低调,但做事一定要高调,要积极表现。在现代职场中,有眼光、有见识、敢于表现自己能力的员工,是很受上司赏识的。一个公司就是个小集体,需要大家互相交流,每个上司都不喜欢只会埋头苦做、对其他事情概不过问的人。

初入职场的年轻人涉世不深,容易遇到类似的麻烦。有个小伙子刚入职,什么人情世故都不懂,是个愣头青,只知管好自己一摊子事,不会主动帮人,也不知道轻重缓急。半个月后,有人悄悄告诉他:“主管对你很有意见,认为你做事不够麻利,很自我,缺乏团队精神。”从那以后,小伙子一改往日的“原则”,将上司吩咐的重要的工作“插队”在其他工作之前完成,还主动去和同事沟通,能帮上手的就帮一把,结果他很快赢得了上司的称赞,也成为办公室的红人。

除了成为多面手,还要重视为人处世。有这样一个故事:瑞明是某家广告公司的一个部门主管,有一次要找另外一个部门的主管王清办事。这件事对王清是举手之劳,而对瑞明个人乃至公司却关系重大,一定不能搞砸了,但是,瑞明和王清平常有点隔阂,如果主动去找他帮忙办事,那王清未必会答应。怎么办?送礼?宴请?一是不知道王清喜欢什么,爱吃什么;二是送礼宴请的目的太明显,王清不见得会领情。情急之中,瑞明请下属帮着拿主意。有个下属说,前几天刮台风,听说王清家后院的篱笆全刮坏了,王清忙得要死,还没来得及修理。听到这个消息,瑞明赶紧派人找了一家专业林园修护公司,趁王清夫人在家时把王清家的篱笆修好了,只说是公司派人来修的。后来王清一打听,知道是瑞明派人去修的,很是感激。当瑞明对王清说公司有一件重要事要请他帮忙时,王清赶紧答应下来。两人从此结为事业上的好友。

这只是一个例子,瑞明很聪明地寻找到一个补救友情的机会。但也说明一个问题:平常搞好关系,远比事到临头做补救管用。如果你平常是“闷棍”,对谁都“无动于衷”,事到临头,才想起要请人吃饭,在酒桌上挑明本意:“张三,来,干了这杯,那件事你是不是帮我办了……”,这类似趁火打劫,会让对方很尴尬。你人还没做好,就要别人替你做事,坏了规矩,别人帮你也只是敷衍。因此,切莫临时抱佛脚,你的为人处世是需要积累的,别人都看在眼里,明在心里。

要么不做,要做就尽力做好

洪应明说:“以积货财之心积学问,以求功名之念求道德,以爱妻子之心爱父母,以保爵位之策保国家,出此入彼,念虑只差毫末,而超凡入圣,人品且判星渊矣。人胡不猛然转念哉?”意思是说:用积聚货物财产的心思积聚学问,用求取功名的意志追求道德,用爱护妻子儿女的心意敬爱父母,用保持爵号官位的策略保卫国家,或这样或那样,其心思似乎差别不大,但是,如果不是从普通人的角度看,而是从圣人的角度看,从追求至高人品的角度看,其差异判若天壤之别了。你难道还不猛醒吗?

洪应明又说:“文章做到极处,无有他奇,只是恰好;人品做到极处,无有他异,只是本然。”(《菜根谭》,262)意思是说:文章做到最好,并没有什么特别奇妙的地方,只是表达得恰到好处而已;人品修炼到最高,也并没有什么特别的地方,只是回归自己的天然本性而已。

做人做事,一方面要尽最大的努力,追求最佳的结果;另一方面要恰到好处,做到天然去雕饰。这当然是很难的。但是,我们要追求人生的最高境界,为什么不如此努力呢?

曾有一件事至今让李家晔十分感怀。李家晔回忆说:记得很多年前,有一年秋天,我回到老家,妈妈给我织了件贴身穿的毛衣,虽然粗糙了些,但款式很大气、针法细密,织得特别用心。织毛衣一定费了妈妈很多心思。妈妈拿过毛衣让我试。我套在身上后,发现有些不对劲,原来是毛衣小了。于是妈妈决定拆了重织,我不以为然地说:“又不外穿,穿一段时间就会大些,不要再织了。”妈妈却很认真地对我说:“小了怎么能穿?要么不做,要做就尽力做好。”这句话让我印象很深,后来成了我成长的座右铭。

如何才能做好?虽然人与人相比尺度不一,但每个人每件事都有自身追求的极致,都可以做到对自己来说是最好的。

还说织毛衣,很简单的活儿,只要愿意,大多数女性都能织出漂亮的毛衣。面对一圈圈或粗或细或单色或绚丽的绒线,织衣的人先要思虑这颜色质地的线适合织内衣还是外衣,织平针还是花样,织套头衫还是对襟衫……然后根据所织衣的大小和针、线的粗细判定起多少头,起了头一针一针地挖,挖了几行甚或一半才发现大小有误;虽然大小不差却可能落了针,毛衣快要织完时才发现中间掉了线头,何等苦恼犹豫。更有甚者,毛衣织好了,穿上身才发现不合适。有的人将就着穿,哪怕一只袖长一只袖短,漏了针勉强补上,管它图案是否扭曲,花样百错也照穿不误。还有的人发现织得不合适,即使织完了也重新拆了从头再来。所以,同样的线,同样的针,在不同的人手里会有不同品质的毛衣。让人叹为观止的毛衣,必是织衣人用了心,用了情,一针一线认认真真织出来的。

现代世界呼唤精品,崇尚精品,精品就要认真,马虎必然粗糙。毛泽东说:“世界上怕就怕‘认真’二字,共产党人最讲‘认真’。”的确,有了“认真”二字,还有什么可怕的?只要认真,认真做事,事情一定会做好。不但织毛衣如此,我们所有的工作也是如此。用尽心思、一丝不苟地认真对待每一个细枝末节,有错就纠,尽力把自己的分内事做好,做出的必然是精品。

职业女性的格调问题

洪应明说："念头浓者自待厚，待人亦厚，处处皆厚；念头淡者自待薄，待人亦薄，事事皆薄。故君子居常嗜好，不可太浓艳，亦不宜太枯寂。"又说："作人要脱俗，不可存一矫俗之心；应世要随时，不可起一趋时之念。"（《菜根谭》，88）洪应明的这些思想在今天并不完全适用，毕竟，女性要活出女性的风采。但太过"浓艳"，太过"矫俗"，则就成为格调问题，需要认真检讨了。

现代的很多职业女性，因为有更多接触社会的机会，所以也有了更多自我施展和表现的可能。长久以来积压下来的潜能在这一代女性身上迸发出来，出现了大家眼中一致认为的"精品女人"。她们有"三高"——职位高、学历高、收入高，在某一个圈子里一呼百应。旁人渐渐习惯了仰视她们，认为她们有足够的能力照顾和支撑自己。但是，这类女人如果自视甚高，过于高调，就可能"高"过了头。

职业女性如果把自己当成高一人等的"精品女人"，就会渐渐沦为"奢华"的奴隶：因为觉得自己不同凡响，所以不容许自己碌碌无为，这样就给自己很大的压力；因为要让别人觉得自己独立坚强，所以她们总是心性傲然，不敢表现自己脆弱的一面；因为希望独自撑起一片天空，成为众人景仰的"大姐大"，所以经常疏忽她自己也需要别人帮助别人支持的时候。这样的女性生活得很累。

当然，低调做人，不是指奴颜婢膝，低声下气，而是指要始终把自己当成普通一分子，使自身融入到大众中去，融入到社会中去，不自命不凡，不追名逐利，为人处世不张扬。高调生活，不是指居高自傲，高人一等，而是说精神境界要高，综合素质要高，见解见识要高，品位要高，不庸俗。面对物欲横流的世界，做一个低调女人难，做一个高调女人更难，难于从躁动的情绪和欲望中稳定心态。把握好做人做事的格调问题，其实是一种修为，是一种对人生的理解，必须把自己调整到以一个合理的心态去踏踏实实做人。这其中包含了很多值得人们好好品味的东西。

那么，职业女性如何处理低调与高调呢？

在低调方面，一是姿态上要低调，"大智若愚，实乃养晦之术"，时机未成熟时，要挺住；毛羽不丰时，要懂得让步，所谓"高处不胜寒"，低调做人也未尝不是件好事。二是在心态上要低调，保持一颗平常心，每个人都是平等的，不要恃才傲物，不要锋芒毕露，要知道谦逊是终生受益的美德。三是为人上要低调，克制自己的性格和做事方式，尽量显得谦和，不要显得太张扬，“财大不可气粗，居高不可自傲”做人不能太精明，像《红楼梦》中的王熙凤“机关算尽太聪明”，乐极生悲，也没有好下场。四是言语上要低调，不要揭人伤疤，说话时不可伤害他人自尊，得意而不要忘形，莫逞一时口头之快，要知道祸从口出，没必要自惹麻烦。

在高调方面，一是思想上要高调，要乐观，要时常给自己希望，保持向上的激情，别让借口“吃掉”你的希望，要相信丑小鸭也能变成白天鹅，坚定生活的信念，把挫折当成垫脚石，对生活充满热情。二是行动上要高调，心动不如行动，拥有梦想就要去行动，要相信自己的潜在优势，犹豫不决的人将一事无成。三是细节上要高调，注重细节，从小事做起。用心做事，对待任何事情，即使小事也要倾注全部热情。四是追求上要高调，没有人不期望自己有更好的生活品质，没有人不期望自己有更多的朋友，没有人不期望自己成就更夫的事业，没有人不期望自己得到更多的尊重。

人们常常用柔情似水来形容女人，水是世界上最柔弱的东西，静静流淌，放在圆的容器中则圆，放在方的容器中则方。但是滴水可以穿石。当水积聚到一定程度，再大的岩石都可以冲走。做低调女人，高调生活，总会对自己有好处的。

陈湘崇尚认认真真做事，老老实实做人，多吃点亏没事，关键要赢得别人的认同。在外表上，她总是保持低调的风度，认为要表现出自己内心美和修养好的一面，穿着得体，并要尊重他人，这就够了。说句实话，她自己也清楚自己长得并不漂亮，没有魔鬼的身材，更没有天使的面孔。小时候她内心就很自卑，于是经常转变想法，用快乐来武装自己，用学习成绩来弥补自信。长大后，尤其是进了公司之后，听人说美丽是女人的资本，要给自己好好包装。她虽然有些担心，但还是按照自己的心性去做。最初在南国的人才市场，她与一位小姐同时被一家贸易公司秘书部招去试用。看着那位漂亮小姐，陈湘心里一点都不舒服(女人的嫉妒心理)，因为那位小姐的确很漂亮，还有几丝高傲。她们一同进入公司后，漂亮小姐的存在给她带来很大的压力。她保持着低调，在工作上一丝不苟，非常努力，在业余时间里勤奋学习，挖掘她全部的潜力，踏实、快乐地工作着，尽量给周围带来活力与欢乐。而那位漂亮小姐则自视甚高，看不起周围的人。三个月后，陈湘上任公司秘书部秘书，那位漂亮小姐则被淘汰了。随后老板告诉了她原因，老板欣赏她工作高调认真，有气质、有风度、有实在的能力，而在为人上很低调，同事们有好感，公司也喜欢这样的人。对于这一夸奖，她想这是对自己态度的一种认可，也是对她为人做事的赞赏，从此她对自己更有信心了。

对于职业女性来说，外表条件和学历只代表一种硬性的条件，如果自己不坚持低调做人高调做事，则很难获得众人的认可。

主动认错常可以反败为胜

洪应明说："完名美节不宜独任，分些与人可以远害全身；辱行污名不宜全推，引些归已可以韬光养德。"又说："恩里由来生害，故快意时须早回头；败后或反成功，故拂心处切莫放手。"（《菜根谭》，184）功劳与大家分享，责任要勇于承担；成功不宜骄傲，挫折不轻易放弃。懂得这种反败为胜的做人哲学，现实生活中的许多棘手问题就容易处理。

人不是圣人，总会有犯错误的时候，问题是犯错误之后，不同的人处理结果完全不一样。有人出错就喊冤，生怕别人没听到似的，似乎只要赢得更多人的同情，自己责任就可减轻一些。而聪明的人呢，懂得随机应变，不管是主观原因还是客观原因造成的，都要主动认错，并且做出最快速的反应，以便挽回劣势，反败为胜。推销大王原一平就是一个很好的例子。

原一平有一次去一家烟酒店拜访。这家烟酒店是前次交谈后直接做成功的新客户，由于是第二次拜访，所以原一平比较松懈、随便些，一时没注意，把头上的帽子都戴歪了。

原一平一边说晚安，一边推开玻璃门。应声而出的是烟酒店的小老板。他是大老板的儿子，虽然是小老板，但也是个很有主见的大人了。

小老板一见原一平，就生气地大叫起来："喂，你这是什么态度，你懂不懂礼貌？歪戴着帽子跟我讲话，你是个大混蛋！我是信任明治保险，也信任你，所以才投了保，谁知我所信赖公司的员工，竟然这么随便、无礼。"

听完这句话，原一平知道自己大意了，双腿一屈，立刻跪在地上："唉！我实在惭愧极了。因为你已经投保，把你当成自己人，所以太任性随便了，请你原谅我。"

原一平继续磕头道歉说："我的态度实在太鲁莽了，不过我是带着向亲人请教的心情来拜访你，绝没有轻视你的意思，所以请你原谅我好吗？千错万错，都是我的错，请你息怒跟我握手好吗？"

小老板突然转怒为笑："喂，不要老跪在地上，站起来吧，其实我大声责骂你也够过分的了。"他握住原一平的双手，说："惭愧！惭愧！我也太鲁莽无礼了。"

两人愈谈愈投机。小老板说:“我向你大发脾气,实在太过分了一点。我看这样吧!上次我不是投保了5000元吗?我看就增加到3万元好啦!”

不打不成交,原一平没想到自己大意了,由于主动认错,倒给自己带来更大的买卖。无论是推销员还是一般职员,我们面对的都是我们的顾客,随时要有心理准备。万一碰到类似的情况,如果没有良好的素养和诚心,不能觉察客户的心态,就很难做出最正确的反应。如不能扭转颓势,反败为胜,就会让客户流失。

还有一个故事。一位药店大堂经理王某刚走进药店,就发现同事韩小姐正在和一位中年男顾客理论,顾客的声音很大,唯恐大家听不到一样。王某忙上前询问原因,顾客没好气地说:“事情是这样的,我昨天上午在你们药店买了两瓶六味地黄丸,拿回家后我爱人发现和以前买的六味地黄丸在外包装上有很大差别,我们怀疑是假药,所以我来退货。而你们的营业员居然告诉我‘非质量问题不予退货’,这不是霸王条款吗?况且我来买药的时候你们也没有告诉我‘非质量问题不予退货’!”

“没有告诉您是我的工作失误。但‘非质量问题不予退货’是药品零售行业‘约定俗成’的规矩。因为药品是特殊商品,对储存、运输、温度、湿度等外在环境要求很高,而药品在顾客手里很难满足这些储藏要求,因此对于顾客的退货要求我们一向很慎重。”韩小姐做出解释。顾客一听顿时恼怒起来:“叫你们店长来!这样的规定我不认可。要是再不给我合理的解释,我就到药监部门投诉你们药店!”经理王某见顾客又开始“激动”,怕事闹大,忙上前一步:“这位先生,您先不要着急,有什么事咱们坐下来谈好吗?”“和你没什么好谈的,我要见你们店长!”顾客态度坚决。“我是这里的大堂经理,您的问题在我的职权范围内能够解决,请您相信我!”经理很诚恳地说。

顾客上下打量王经理一番,坐下来,态度缓和了一些:“好吧,我权且相信你一次。我怀疑你们销售假药,你看怎么办吧,是给我退货还是让我去投诉?”王某给顾客沏上一杯茶水,笑笑说:“这个请您放心,我们公司的每一种药品都是从正规厂家购进的,而且有完善的购进记录,如果您愿意,我可以让营业员将相关资料拿出来给您查看。再说,像您所说的药品外包装不一样,也不能作为甄别药品真假的依据,现在药品更新换代的速度很快,外包装只是代表一种产品形象,而绝非质量的象征。您知道,药品和其他商品一样,厂家也会根据不同时期的市场需求来选择或调整相应的包装效果。即便是同一品种的药品,倘若生产厂家不一样,外包装的风格肯定也会不同。”

“这么说,你们是不打算给我退了?”顾客不理会解释,冷冷地反问,“要不咱今天就在这里耗了,只要你们不怕影响生意,我就奉陪到底!”顾客不讲理,很顽固,王某见“规劝”已于事无补,索性再退一步:“顾客是我们的上帝,您来我们药店购药就是对我们最大的帮助和支持,我当然乐意满足您的要求。这样吧,我现在就可以给您退钱,并将这两瓶药‘暂时’赠送给您。倘若您到其他药店购买的这种药品和我们的外包装一样的话,等您下次再来买药时,一块儿给我结账就行。您看如何?”

“这个……”他犹豫了,“白拿你们的总不太好吧?”“没关系,我对您的信誉和我们的药品质量都有信心!”王经理果断地说。“那这样吧,”对方也缓和了口气,“这药我暂时先不退了。等我到其他药店看一下,假如包装确实和你们药店一样的话,咱就算了,我也不想‘胡搅蛮缠’,只是觉得不放心而已。”

王某很是严肃地承诺:“其实药品真伪事关我们药店的信誉和生死,我们怎敢在顾客的用药安全上‘麻痹大意’呢?”在送顾客出门时,他取出一张名片给他:“如果我们店的药品包装与其他药店不一样的话,请您及时与我联系,我一定亲自上门去给您办理退货手续并致歉。如果是假药,您可随时投诉我们。再次感谢您的光临!”

在这样的场合,如果不退一步,一味地逞强和争吵,无疑是给药店抹黑,影响生意。做事以和为贵,不管自己是否真的错了,看清大局,退一步海阔天空。大堂经理的诚意打动了顾客,就这样,一场风波平息了。其实,顾客购药也是一种心理体验,能够营造和谐的购药氛围、满足顾客的消费愉悦感,无疑是在竞争中取胜的关键。

大企业做人,小企业做事

柳传志曾说过:“大企业做人,小企业做事。”企业的发展离不开企业家的素养,而根本的是要把企业全体人员的素质提上去。就像一支部队,指挥者运筹帷幄,全面指挥,战士冲锋陷阵,英勇作战。有优秀的士兵没有优秀的指挥员不行,有一流的指挥员没有一流的士兵也不行,二者的优势互补非常重要。企业家要把这种“大企业做人”的观念不断渗入到自己的脑海深处,推动自我思维和观念的更新、改变,并在企业全体人员中推广,逐渐形成具有特色的企业人格风范。

大企业做人,所以联想高度重视领导班子建设和企业人才培养。联想建立了一套严格的人才制度。联想高层认为,可以在企业中承担较高责任的人才,必须在以下六个方面达到高标准要求:一是共同的信念和价值观;二是忠诚与牺牲精神;三是审时度势、独当一面的指挥能力；四是搭班子、带队伍的管理能力；五是团结多数、协调一致的合作能力；六是孜孜不倦、吐故纳新的学习能力。这个标准既是一种训练标准，又是一种操作标准。

“没有人才就没有企业”，联想非常注重在识别人才的过程中培养人才。联想的观点是：人的素质是选拔人才的重要标志，即要有良好的道德素养，出色的专业修养，敬业的职业态度，危机意识，竞争意识，合作与补台意识，善于学习，善于总结。同时，人才的培养过程是一个动态的、不断实践的过程，要培养人才的能力，使其能够承担更重要的工作。在这样的原则下，联想集团总结了一套任人用事的具体方法。

(1)从“缝鞋垫”到“做西装”

联想集团培养人的第一个方法叫“缝鞋垫”与“做西装”。这个很好理解，“培养一个战略型人才和培养一个优秀的裁缝有相同的道理，不能一开始就给他一块上等毛料做西服，而是应该让他从缝鞋垫做起，从最底层做起。鞋垫做好了再做短裤，然后再做长裤、衬衣和上衣，最后才是做西装。不能拔苗助长，操之过急。”这是柳传志做的形象比喻，很贴切。

现任联想总裁杨元庆 1988 年到联想集团时是个推销员，两年后成为当时一个不太重要的业务部的经理。后来调到联想最重要的微机事业部做总经理。在微机事业部，杨元庆带领一群人不断拼搏，使联想电脑市场份额在两年间获得大的飞跃。杨元庆逐渐被委以重任，最后登上联想集团总裁的宝座。

(2)从赛马中相马

联想集团培养人才的第二个方法是从赛马中识别好马。马有优劣，也有勤懒，即便是有一定资质的好马，如果在赛跑中偷懒，只出工不出力，只想挣自己的一份工钱，而不是争当跑在最前面的马，也算不得好马。如果说从“缝鞋垫”到“做西装”是培养人，那么“从赛马中相马”就是培养做事能力。在联想看来，最好的用人策略就是让他做事。

早在 20 世纪 90 年代初，联想就开始实施在赛马中相马的策略。从联想当时的情况看，人员的年龄结构存在着一个很大的矛盾，最初创业的一代当时约占总人数的 40%，平均年龄在 46 岁以上，年龄最小的也有 40 岁以上。公司另外 60%的员工是刚从学校毕业或从社会上招聘来的，平均年龄在 26 岁左右，年龄最大的不超过 30 岁。而 30 岁到 45 岁这个年龄层出现了断档。这种情况可能会导致两种后果：一是五年之后，也就是当老一代联想人需要退居二线的时候，联想可能后继乏人；二是五年之后，50 多岁的老一代联想人虽没有退居二线，但计算机界的竞争日新月异，从观念上、从市场竞争上，联想可能会掉队。

公司意识到了这一点后，便开始不断地把年轻人推到前面。总裁们在大会、小会上不断地说“小马拉大车”，不断地强调为了即将到来的竞争，必须大量提拔年轻人。虽然年轻人没有取得令人信服的业绩，年轻人行为自律能力还不能取得大家的认可，但公司在选人用人上始终贯彻这一策略，几乎每年都会有数十名年轻人得到提拔。多年以后，联想集团许多部门的主任经理都由年轻人担任，以杨元庆为代表的年轻骨干成了公司的中坚。

（3）言传身教、磨嘴皮

如果把公司的总经理看作是企业组织的领导人物，那么领导班子就是企业的核心堡垒。建好这个堡垒，就要求人才具有很强的协调能力。联想集团培养人才的第三个方法是训练年轻人搭班子、协调作战的能力。

为培养“团结、坚强的领导班子”，柳传志更像一个言传身教的导师，把自己亲身经历的体会告诉他的部下。他认为一个优秀的人才既要坚持原则，又要善于妥协。坚持原则才能有正气，善于妥协才能保证团结。在联想工作的年轻人需要合作，必须学会妥协，这是一种要求。

联想经常把一些具有可塑性的人才集中到总裁办，然后把总裁室需要决策的项目拿到总裁办集中讨论。柳传志不厌其烦地和大家一起争论，他把这种讨论叫作“把嘴皮磨热”。一年里，总裁办成员的多数时间都花在磨嘴皮子上，一方面是集中众人智慧，另一方面是在妥协中形成统一意志。

从联想集团的人才培养战略上可以看出：要想获得较大的发展空间，必须学会做人；要想做人有突破，做人有成效，必须学会做事。只有踏踏实实做事，认认真真做人，才能赢得成功人生。

“事穷势蹙之人，当原其初心；功成行满之士，要观其末路。”意思是说：对一个事业失败而感到心灰意懒的人，要看他做事的出发点和原因，看他是否有一个漂亮的开始；对一个事业成功而感到万事如意的人，要看他是否能有一个美好的结局。如果你的事业总是不顺心，你是不是要总结一下你的做人做事原则呢？

磨刀不误砍柴工

在很早以前，有个老人，他有俩儿子。大儿子叫阿力，小儿子叫阿智，都老实肯干，老人很满意。可是，他俩谁的心眼更活一些呢？老人想考考他俩。

一天，老人从集上买回两把没开刃的镰刀，把两个儿子叫到跟前，说："今天我买来两把镰刀，让你俩上山去砍柴。各砍各的，到天擦黑回来，看谁砍得多。"

兄弟俩按父亲的吩咐，就各自行动了。

阿力想，要砍得快，砍得多，就得抓紧时间，不怕出力。他拿上崭新的镰刀，找着扁担，提着绳子，急匆匆上山了。到了山上，他拼命地砍啊、砍啊。可是，因为镰刀太钝，连着砍好几下子，也砍不倒一棵小棘子。不大功夫，累得腰酸胳膊痛。

阿智从父亲手里接过那把乌黑发亮的镰刀，一看刀刃厚厚的，就找了个磨刀石，霍霍地磨起来。不一会儿，刀刃变得闪闪发光，阿智用手指在上面轻轻一刮，十分锋利。然后拿上扁担、绳子上山了。

到了山上，像拇指粗细的荆棘，一砍就断；像胳膊粗细的小树，几下子就能放倒。不大一会儿，阿智砍了两大捆。

太阳渐渐西沉了，阿智挑着沉重的像牛腰粗的两捆柴火回到家。阿力一直砍到太阳落山，才急急忙忙收拾起来往家赶。

老父亲一看，阿力砍的还不到阿智的一半，就纳闷地问他俩都是怎么砍的。

老父亲听过后，说："无论干什么活，只顾低着头蛮干，费力费时不出活，必须先用心想一想，看怎么干着省力省时又出活。要知道，磨刀不误砍柴工啊！"

庄王的"绝缨宴"

在某些时候堵上耳朵，闭上眼睛，装聋作哑，既掩饰了别人的无心之失，也为自己暗中多交了一个生死与共的朋友，多收了一个忠心耿耿的部下。

楚庄王一次平定叛乱后大宴群臣，宠姬妃嫔也统统出席助兴。席间丝竹声响，轻歌曼舞，美酒佳馔，觥筹交错，直到黄昏仍未尽兴。楚王乃命点烛夜宴，还特别叫最宠爱的两位美人许姬和麦姬轮流向文臣武将们敬酒。

忽然一阵疾风吹过，宴席上的蜡烛都熄灭了。这时席上一位官员斗胆拉住了许姬的手，拉扯中，许姬撕断衣袖得以挣脱，并且扯下了那人帽子上的缨带。许姬回到楚庄王面前告状，让楚王点亮蜡烛后查看众人的帽缨，以便找出刚才无礼之人。

楚庄王听完许姬的话，却传命先不要点燃蜡烛，而是大声说："寡人今日设宴，与诸位务要尽欢而散。现请诸位都去掉帽缨，以更加尽兴饮酒。"

听楚庄王这样说，大家都把帽缨取了下来，这才点上蜡烛，君臣尽兴而散。

席散回宫，许姬怪楚庄王不给他出气。楚庄王说："此次君臣宴饮，旨在狂欢尽兴，融洽君臣关系。酒后失态乃人之常情，若要究其责任，加以责罚，岂不大煞风景？"

许姬这才明白楚庄王的用意。这就是历史上有名的"绝缨宴"。

七年后，楚庄王伐郑。一名战将主动率部下先行开路。这员战将所到之处拼力死战，大败敌军，直杀到郑国国都之前。

战后楚庄王论功行赏，才知这员战将叫唐狡。唐狡表示不要赏赐，坦承七年前宴会上无礼之人就是自己，今日此举全为报七年前不究之恩。楚王大为感叹，便把许姬赐给了他。

楚庄王这一招真是厉害，救了自己的命。如此雄才大略之人，果然后来成了霸主。

燕昭王招贤才

公元前318年，燕王哙把王位禅让给他所信用的执政大臣子之。子之力图革新燕国的政治，遭到旧贵族的反对。四年后，以太子平和将军市被为首的贵族集团造了子之的反，燕国大乱。齐宣王乘机伐燕，攻破燕国的都城蓟（今北京市西南）。太子平死于内乱，燕王哙与子之为齐所杀。赵武灵王于燕国内乱时迎公子职于韩，并护送归燕，即燕王位。这就是燕昭王。

昭王即位时，燕国由于内乱外患而破败不堪。昭王发愤图强，决心复兴燕国，报齐入侵之仇。他知道，要把国家治理好，首要的是要有各方面的优秀人才。因此，他思贤若渴，愿得天下贤士为自己办事。他放下君王的架子，亲自登门向贤者郭槐请教招贤之策。郭槐告诉他说："成帝业的国君，以贤者为师而与之相处；成王业的国君，以贤者为友而与之相处；成霸业的国君，以贤者为臣而与之相处；连国家也保不住的国君，则待贤者如仆役。越是贤明的国君,对待贤者的态度越应该尊敬才是。”昭王说:“寡人我倒是愿意向所有的人学习,只是苦于没有好老师。”郭槐说:“我听说这样一个故事:从前有个国君,用千金去买千里马,三年未能如愿以偿。身边的侍从对国君说:‘请让我来完成此项任务。’国君就打发他去了。结果那侍从花五百金买了一堆死马骨头回来。国君大怒道:‘我要的是活马,死的有什么用?竟花掉那么多钱!’侍从回答说:‘死马尚且用五百金来买,更何况是活马呢?价格必不止此数。天下的人必然都以为国君肯出高价买马,千里马肯定会送上门来。’果然不出侍从所料,不到一年的功夫,就得到三匹千里马。如今国王真想招徕天下的贤士做老师,那就请从我郭槐开始,把我当成骏马的骨头对待吧。我郭槐尚且受到敬重,比我贤能的人就会不远千里而来。”

于是,燕昭王依计而行,为郭槐修建华美的住宅,并以师礼事之,对他特别优待。不到三年,就有赵国的名将乐毅、齐国著名的学者邹衍、谋士剧辛纷纷从四面八方来到燕国。真可谓群贤毕至,人才济济。有了贤人的辅佐,再加上昭王能够和百姓同甘共苦,终于收到富国和报齐仇的预期效果,实现了自己的夙愿。

齐威王抗秦

战国时,有一次秦军借道韩、魏以攻齐国。齐威王派将军匡章率兵迎战,两军交错扎营,开战之前,双方使者来来往往。匡章借机变更了部分齐军的服装与军徽,混杂到秦军中待机配合齐国的主攻部队破敌。齐威王派往前线的佞臣故意歪曲匡章的用意,向威王报告说:“匡章可能要带兵降秦。”威王听了置之不理。过了不久,又有前线回来的人向威王报告:“匡章很有可能降秦。”威王仍不理睬。如此再三。

朝廷众大臣见此情景向齐威王请求道:“言章子人(匡章)之败(不良行为)者,异人而同辞,王何不发兵击之?”威王胸有成竹地说:“此不叛寡人明矣,曷为击之!”果然,时过不久,从前线传来了齐军大胜的捷报。左右很吃惊,询问威王何以有此先见之明。威王告诉他们,从匡章的日常表现便可推断出,他是忠于齐国的。

原来,匡章的母亲在世时,得罪了匡章的父亲,被他父亲杀死埋于马栈下。威王任匡章为将军时,其父已死。威王曾特许他打了胜仗之后,就为其母改葬,但被匡章所谢绝,理由是:父亲生前未有此吩咐。他说:“不得父之教而更葬母,是欺死父也。”故不从命。这使威王对匡章的为人有了较深的了解,坚信他“为人子不欺死父,岂为人臣欺生君哉”?

所以，尽管前线三次送来情报说匡章可能降秦，但威王都没有相信，坚持放手让匡章指挥作战，终于保证了这次抗秦斗争的胜利。

匡章回朝后知道了此事，十分感动，决心誓死效忠齐王，遂北伐燕，南征楚，为齐屡建战功。

有一类似的故事：庞洪与魏国太子作为人质留在赵国，庞洪怕赵王听信谗言而加害于魏太子，便问赵王："一人说街上有虎，您信不信？"赵王说："不信。"庞洪又问："第二个人也说街上有虎，您信不信？"赵王说："不信。"庞洪再问："第三人仍说街上有虎，您信吗？"赵王说："我相信！"庞洪说："大街之上本来没有虎，三个人都说有虎，您就相信了。如今邯郸离魏国很远很远，谗臣肯定多于三个人，对于魏公子的为人您不能光听那些谗臣怎么怎么说，您得亲自考察才是。"

又，《国策·秦策二》云：费人有与曾子同名者而杀人。人告曾子母曰："曾参杀人。"曾子母曰："吾子不杀人。"织自若。有顷焉，人又曰："曾参杀人。"曾母尚织自若也。顷之，一人又告曰："曾参杀人。"其母惧，投杼逾墙而走。夫以曾参之贤与母之信也，而三人疑之，则慈母不能不信也。齐威王比赵王、曾母英明，他早已考察过匡章的为人，故而对他深信不疑。

乐羊子拜帅

战国早期，魏国最为强盛，魏文侯打算收复位于韩国东北的中山国。

选将时，有人推荐文武双全的乐羊为大将，有人马上反对："乐羊的儿子乐舒正在中山国为官，怎么能让乐羊带兵征伐。"但魏文侯听说乐羊不但没有跟儿子一起去中山国，还因中山国君荒淫无道，劝阻儿子不要自取灭亡。于是，魏文侯力排众议，拜乐羊为主帅，西门豹为副帅，领兵五万进攻中山国。中山国君见兵临城下，使用乐舒作为价码，要求乐羊退兵，不然杀了他儿子，乐羊毫不动摇。结果儿子被煮成肉羹，并送给乐羊，乐羊面不改色地吃下去。此举更强固了魏文侯对乐羊的信任，乐羊最终攻下中山国。还军都城安邑后，魏文侯慰劳将士，赏给他一只箱子，乐羊以为不免是金银财宝，打开一看，发现全是大臣告他的奏章，上面写着，"主公如不招回乐羊，后患难防"。"人情莫过父子，乐羊怎能忍心伤害自己的骨肉"。"再让乐羊留在中山，五万大军难保"等等。

乐羊看后，十分感动，此后更加尽忠。

困杀赵武灵王

赵武灵王为赵国一代英主，通过实行“胡服骑射”，使赵国迅速强大起来。但在其晚年，因在王位继承问题上犯下错误，而终致惨死。

赵武灵王在实行“胡服骑射”成功之后，于周赧王十六年（前299）传位给王子何（即赵惠文王），而自称主父，北出燕代，灭中山，又西入窥秦。

少子何是赵武灵王所宠爱的吴娃所生之子，爱屋及乌，因喜其母而爱其子，把原已立为太子的长子公子章废掉，而改立少子何，为使少子何能巩固王位，又提前传位。不想吴娃不久死去，屋不存焉，乌将何及？在这种情况下，赵武灵王又可怜起长子公子章来，认为废他有些对不住他。在传位三年后，赵武灵王把东安阳（今河北阳原县境内）封给公子章，称为代安阳君，并派田不礼为辅佐，准备征服代地而封公子章为代王。本来公子章就不服其弟为王，此时有实力在手，其不臣之心顿增。这时在赵国还有一大政治势力，就是公子成。公子成是赵武灵王的叔叔，在赵武灵王欲改胡服骑射时，他持反对意见，赵武灵王亲至其家说服，可见其有相当的势力，何况他手下还有一位谋士李兑。

公子成的谋士李兑清楚地看到赵武灵王的内忧，便找到相国肥义游说道：“公子章强壮而志骄，党众而欲大，殆有私乎？田不礼之为人也，忍杀而骄。二人相得，必有谋阴贼起，一出身徼幸。夫小人有欲，轻虑浅谋，徒见利而不顾其害，同类相推，俱入祸门。以吾观之，必出不久矣。子任重而势大，乱之所始，祸之所集也，子必先患。仁者爱万物而智者备祸于未形，不仁不智，何以为国？子奚不称疾毋出，传政于公子成？毋为怨府，毋为祸梯。”肥义也心知此事之棘手，但以“昔者主父以王属义”为由，不肯将辅政之权出让，而准备以身迎难。异日肥义对左右说：“公子章与田不礼声善而实恶，内得主而外为暴，矫令以擅一旦之命，不难为也。今吾忧之，夜而忘寐，饥而忘食，盗出入不可以不备。自今以来，有召王者必见吾面，我将以身先之，无故而后王可入也。”而李兑与公子成却早已做好事变的准备。

公元前295年，赵主父与赵惠文王出游至沙丘（今河北巨鹿县境内）时，公子章与田不礼诈称赵主父之令召赵惠文王，准备借此时杀掉赵惠文王。不想肥义先来，便先杀掉肥义。因没有除掉赵惠文王，赵惠文王的部下便与公子章混战起来。就在这时，早已准备好的公子成和李兑，“乃起四邑之兵入距难，杀公子章及田不礼，灭其党贼而定王室”。

于是,公子成为相,封号安平君;李兑为司寇,封号奉阳君。公子章在初败时,走奔沙丘宫去投主父,主父开门纳之。公子成和李兑就派兵围困沙丘宫,等公子章被杀死之后,公子成和李兑认为:“以章故,围主父;即解兵,吾属夷矣!”便围住主父不放。“主父欲出不得,又不得食,探雀彀而食之,三月余,饿死沙丘宫”。这时赵惠文王年少,公子成和李兑专权,尔后李兑又为相,长期专断国政。

在赵主父因继承人问题上犹豫不决时,公子成和李兑抓住赵主父的内忧,不失时机地发起进攻,这就是使用了趁火打劫之计的敌有内忧,趁其难以自全而攻之的手法。如果公子成和李兑在攻杀公子章以后,就此罢手,则是劫而不全,其难免失去已经得到的利益。他们坚持围杀主父,最终才得到全胜。亦可见使用这种手法的变化,非善于掌握时机是难以获全胜的。因为劫而夺之是在别人难以自顾之时,被劫者当然不甘心情愿,如果让被劫者有还手之力,必然以死相拼。所以在使用此种手法时,关键要掌握“刚决柔”的根本,失此将难获成功。

萧规曹随

公元前193年,萧何病重,惠帝亲自前往探视,问他:“您百年之后,谁可以接替您?”萧何说:“最了解臣下的还是皇上。”惠帝又问:“曹参怎么样?”萧何叩头说道:“皇上已找到合适的人选,我死了也就没有什么遗憾了。”秋季,七月初五,萧何去世。他生前购置田地房宅,都选址于穷乡僻壤;他主持家政,也从不起建高墙大屋。他说:“如果我的后代贤德,就学我的俭朴;如果后代无能,这些劣房差地也不会吸引权势大族来抢夺。”

七月二十七日,朝廷任命曹参为相国。曹参刚听说萧何去世时,就对门下舍人说“快准备行装!我要去作相国了”。没过多久,使者果然前来召曹参入朝。

起初,曹参地位卑下的时候,和萧何相交甚好;及至做了将相,两人有些隔阂。到萧何快死时,所推举贤能之人只有曹参。曹参做了相国后,所有的条令都不做变更,一律遵照萧何当年的规定。他挑选各封国中为人质朴、拘谨不善言辞、敦厚的长者,把他们召来任命为丞相属下的掾史、长史等官。对那些言辞锋利、专门追逐名利之徒,都予以斥退。然后曹参日夜只顾饮香醇老酒。卿、大夫以下的官员及宾客见他不理相国大事,来看望时都想劝说他,曹参都先劝他们喝酒;喝酒时想说话,曹参又劝他们再喝,直到喝醉了回去,始终没有开口说话的机会。这样的情况成为常事。曹参遇到别人犯有小错误,也一味包庇掩饰，相国府中终日无事。

曹参的儿子曹窋任中大夫之职，惠帝向他埋怨曹参不理政事，认为“是不是因为我年纪小啊”？让曹窋回家时，以私人名义探问曹参。曹参大怒，鞭笞曹窋两百下，呵斥：“快回去侍候宫里，国家大事不是你该说的！”曹参上朝时，惠帝便责备他说：“那天是我让曹窋劝你的。”曹参立即脱帽谢罪，又说：“陛下自己体察圣明比高帝如何？”惠帝说：“朕哪里敢比高帝！”曹参又问：“陛下再看我的才能与萧何比怎样？”惠帝说：“你好像不如他。”曹参便说：“陛下说得太对了。高帝与萧何平定天下，法令已经明确。如今陛下垂手治国，我们臣下恭谨守职，大家认真遵守不去违反旧时法令，不就够了吗？”惠帝说：“对。”看似痴愚糊涂的曹参，深谙朝廷旧史，以明明白白的治世之道，赢得了做事清净，百姓安逸的政绩。

曹参做相国，出出进进三年，百姓编了民谣来称赞他说：“萧何制法，整齐划一；曹参接替，守而不失；做事清净，百姓安逸。”

徐庶试马识人

东汉末年，徐庶是有名的谋士，与当时的司马徽、庞士元、诸葛亮等人齐名。

徐庶为寻求报效的人主时，听闻刘备人品高尚贤达，是一位爱惜人才的贤明之主，很想投靠他，但又不知刘备是否像人们传说的那样。所以很想打探试验一下刘备的虚实和人品的实情。但这种试探又须当面验证，否则，再听别人辗转相传，也不过是传闻而已，耳听为虚，无法探得真底。只有当面试主，方能眼见为实，来得真切痛快，远较诸多“耳食之辈”强之万倍。故只能用“明试”之法，但此法亦只有巧用，方为得宜。徐庶不愧为谋士之才，长于心计，终于把握时机，妙用打草惊蛇之法。

有一天，徐庶突然发现刘备正在专心致志地欣赏自己的坐骑战马，便走上前去，很恭敬地对刘备说：“我以前学过一点相马之术，让我来看一下您的马。”于是，刘备命人把他的战马牵出来，在徐庶的面前走了几趟，溜了几圈。这时，徐庶忽然故作惊讶地说：“你的马虽是一匹千里马，但将来却要伤人的。”

刘备听了，却很不在意地笑着说：

“死生都是命里注定的，与马有什么关系，何况在檀溪的时候，是它救了我。”

徐庶听罢则说：“这匹马终究要伤害一个人，您可以把这匹马先送给您所痛恨的人，等到伤害了他之后，您再骑它，就不会有事了。”

刘备一听此言，大为不满，便愤愤地说：“我希望先生能告诉我大道理，而您现在却教我害人的事情，我实在不敢领教。”

徐庶一听此话，连忙向刘备赔礼道：“我一直听人传说明公仁德，但一直不敢相信，今天特意用这番话来试探您，果然不错。”从此以后，徐庶便开始辅佐刘备，且尽其全力。不仅如此，他还向刘备推荐了卧龙岗的奇才诸葛亮，致使刘备作为蜀主，能与曹魏、东吴成三分天下的鼎足之势。

尊重的力量

东汉光武帝刘秀在河北与自立为帝的王郎展开大战，王郎节节败退，逃入邯郸城里。经过二十多天的围攻，刘秀大军攻破邯郸，杀死王郎，取得胜利。

在清点缴获得来的书信文件时，官员们发现了一大堆私通王郎的信件。这些信件有好几千封，内容大都是吹捧王郎，攻击刘秀的，写信者都是刘秀一方的人，有官吏，有平民。

有人很气愤，说这些人吃里爬外，应该抓起来统统处死。曾经给王郎写过信的人，则提心吊胆，心里十分害怕。

刘秀知道这件事后，立即召集文武百官，又叫人把那些信件取过来，连看也不看，就叫人当众把它们扔到火盆中烧掉了。

刘秀对大家说：“有人过去写信私通王郎，做了错事。但事情已过，可以既往不咎。希望那些过去做错事的人从此安下心来，努力供职。”

刘秀的这种处理方法，使那些曾经私通王郎的人松了一口气。他们都从心眼里感激刘秀，甘愿为他效劳。

刘秀的做法很值得现在领导者借鉴。人非圣贤，孰能无过，如果抓住别人曾经犯过的错误不放，三天一提，五天一批，怎能使人安心工作呢？看来做领导还应学会“忘记”。

曹操哭郭嘉

曹操在赤壁遭到失败之后，回到南郡，仰天大哭，并说：“我这是在哭郭奉孝啊，假如奉孝在我身边,决不会使我遭受这么大的损失。”他的潜意识是痛定思痛,由战场上的失败,想到自己的年轻助手。

俗话说:“瓦罐常在井上破,将军难免阵中亡”,跟随曹操南征北战死去的人多了,为什么曹操唯独对郭嘉的死这么悲痛呢?因为郭嘉是个难得的人才。

郭嘉自从在荀彧的推荐下进了曹营,为曹操擒拿吕布,算计孙策,消灭袁绍,平定北方出尽了奇谋高招。曹操曾经称赞他说:“奉孝自从跟随我征战以来,已有十一年,每次战役,都能给我出一个绝妙的计谋,而且善于临敌应变。平定天下,实属他的功劳最高。”因此曹操待他当作接班人来培养,本来指望他“最年轻有为,魏国以后要靠他了”,不料,郭嘉竟是那样命短,不早不晚,偏偏在赤壁决战的前一年夭折了。他死时才三十七岁。像他这样既年轻又成熟了的大智囊人物,当时在曹营为数极少。建非常之功,待非常之人。再得到或培养出这样的人才,不知要等到猴年马月,曹操想到这里,能不伤心悲痛吗?悲伤过后便是忧愁。忧愁的是拔尖人才太少,事业难以为继。曹操兵败赤壁的那一年,已经五十三岁了,荀彧、荀攸等重要谋臣,也进入了老年之列。其他的人倒是不少,但都不够出类拔萃。相比之下,孙权、刘备两家,虽然人马不多,但尖子人才不少,如鲁肃、周瑜、庞统、诸葛亮等,真是一个赛一个。当时,除鲁肃、周瑜超过三十岁外,诸葛亮才二十七岁。东吴的统帅孙权,比诸葛亮还小一岁。那鲁肃原本是袁术的人,离曹营很近,可自己偏偏没有发现,让周瑜抢去了;对那周瑜,自己倒是派蒋干去游说了,碰的是一鼻子灰;那诸葛亮,原本是平民百姓,没有一官半职,硬是让刘备慧眼识出,拉过去了;那孙权呢,英姿勃勃比自己的儿子还强,光叹“生子当如孙仲谋”有什么用?思前想后,曹操的头脑清醒了,但是也沉重了,他充分认识到,自己已年过半百,经过此次的失败,今后要取胜这帮虎虎有生气的年轻人机会很少了。依靠已有的那些文臣武将,能打败袁绍,平定北方,对江南究竟怎么办呢?退一步想,如果江南打不下,自己死后江北就能保住吗?真是愁人啊!于是悲愁交加,这才使曹操放声哭起来。曹操的哭,既有惜声,又有忧声,与其说哭郭嘉,倒不如说哭事业更准确些。因此,曹操的哭声里透出的是这位政治家建大业求大贤的由衷之情,与那种儿女情长的悲悲切切声不一样的。

哭,自然解决不了问题,选拔优秀人才还是要做实实在在的工作。于是曹操下决心公布《求贤令》,在令中特别强调了“唯才是举”,号召大家要多多推举像西周的姜子牙、西汉的陈平那样的非常人物。曹操的“唯才是举”命令之所以公布在赤壁惨败之后,实非偶然,是他越受大挫越感到人才对事业重要的必然反映。

曹操可能不会想到，他自己一方的郭嘉三十七岁做了古，而敌方的那些拔尖人才也相继一个个过早地归了天。周瑜、庞统只活了三十五岁；鲁肃刚刚闯过四十五周年；诸葛亮也不过五十三岁。自古英才多薄命，真是可惜可悲可痛！

曹操除恶

东汉后期，在古都洛阳，一批东汉最大的豪强地主，过着荒淫糜烂的寄生生活。那一眼望不到边的良田，成了外戚（皇帝的母族和妻族）的花园、猎场；一连几十栋高楼大厦，是宦官的豪华邸宅。他们奴役着成千上万的奴婢，搜刮了无数的金银珍宝。豪强地主的两大集团——外戚和宦官，轮流把持着东汉王朝的统治权，作威作福。到了东汉第十一代皇帝——灵帝时，宦官集团独掌大权。他们依官仗势，为非作歹，把一个洛阳城闹得乌烟瘴气，昏天黑地。当时，洛阳城分为东西南北四个部，每部有一个负责治安的官员，叫作尉。在洛阳城里，这不过是一个。小官，那些豪强根本不把他们放在眼里。都尉的衙门年久失修，破旧不堪。

可是，洛阳北都尉的衙门这天与往常大不相同。两扇大门刚涂上朱红的油漆，焕然一新。朱红大门的两边，各高挂着十几根簇新的五色大棒，有手腕那么粗，红的，绿的，蓝的……十分显眼。

路过这里的人，看到这个新鲜景象，十分诧异。渐渐地，聚集在衙门口的百姓越来越多。不一会儿，两个兵士扛出一块木牌，竖在大门正中间。上面写着一道口气强硬的禁令：

“为了维护城北治安，禁止夜行。如有违犯者，不论平民豪强，一律用五色棒严惩。”

下面署名是“洛阳北都尉令”。

大家看到这个禁令，不免七嘴八舌小声地议论起来：“新都尉刚到任，就出了这道禁令，来势可不小哇！”

“嗨，这样也好。那些豪强再也不能在夜间到处横行了。”一个吃过豪强亏的小贩说：“你看这几根大棒真厉害，谁要是挨个三五十下，准完蛋。”

旁边有个老人摇头苦笑说：“我看不过是新官上任三把火，虚张声势罢了。”

这时，有人轻声嘘了一下：“别说了，新都尉出来了。”几个小吏拥着一个青年官员从衙门里缓步走出来。这个官员约莫二十来岁，中等个子，身体结实，眉宇间显出一副沉着、果断的神态。他在门口兜了一个圈子,观察了一下门前刚布置的五色棒和禁令,向左右小吏微微点头,表示满意。这个年轻官员,便是新任北都尉曹操。

曹操早就知道洛阳城里治安混乱的情况。他雄心勃勃,决心在城北地区强化法令,改变混乱的局面,尤其是改变豪强在洛阳城为非作歹的局面。因此,他一上任,就命令手下人把衙门修整一新,叫工匠连夜赶造了二十多根五色大棒,悬挂在大门两旁,并且出了这道《夜禁令》。

当晚,曹操又派了一队兵士在城北一带巡夜,专门搜索违犯夜禁的人,并且吩咐:只要遇到夜行的,不管什么人,都把他抓来审问。

深夜,北都尉衙门的大厅里,还是灯火通明。曹操坐在几案旁,一面阅读兵书,一面在等待着巡夜队的汇报。三天过去了,巡夜的兵士回来,总是说外边平安无事,他觉得情况有点可疑。难道凭一道禁令,那些平时在夜间胡作非为的豪强,就会老老实实地销声匿迹了吗?想到这里,他站了起来说:"明天我去巡逻。"

这时,有一个掌管文书的老吏说:"都尉,我看你不必亲自去了,他们巡逻还不是一样,再说,过去的都尉从来不巡夜。"

曹操说:"过去的事我不管,《夜禁令》是我下的,我要亲自去查一查。"

第二天深夜,上弦月已经下去了。洛阳城北,除了远处还有几点灯火外,已是黑洞洞的。四下里静悄悄的,偶然传来了几声打更声和狗叫声。

街头转角外,闪出了七八个人影,两个家兵打着灯笼,后面骑在马上的是一个年约五十岁、穿戴华丽的人,长得獐头鼠目,满脸横肉。那人喝得醉醺醺的,和随从的几个宾客正在大声地谈论:

"曹操这小子下了《夜禁令》,能把我怎么样?"

旁边一个宾客谄媚地接口说:"这种芝麻大的官儿,也想管到我们蹇大人身上来,哼!那些夜巡的兵士,见了你的影,早就躲得远远的了。"

这个被称作蹇大人的,是汉灵帝宠幸的宦官蹇硕的叔父,一般人称他为蹇叔。这个老家伙依仗他侄儿在朝廷的权势,兼并土地,欺压百姓,横行霸道,无恶不作,是洛阳北部的一个出名的大恶霸、地头蛇。他白天干尽坏事不算,还经常在夜间喝足了酒,带着一批爪牙在外面强抢民女。当地百姓视他如瘟神一般。

这天晚上,他们一伙又想闯入一家民宅抢夺民女,正在持刀破门时,曹操亲自带领巡夜队伍赶到了。

蹇叔身边几个眼尖的爪牙，一看势头不妙，滑脚溜走了。另外几个也吓得面如土色。只有蹇叔，仗着酒劲，仍旧满不在乎，嘴里还乱骂：“哪里来的小子，胆敢找到老爷我头上来了！”

几个兵士呆住了。曹操喝令道：“把他抓起来！”

二十多个兵士一拥而上，把这个老家伙五花大绑捆了起来。

蹇叔虽然被反绑着，却依然盛气凌人。一双贼眼骨碌骨碌翻动，干瘪的嘴唇斜撇着。

曹操见了他那种嚣张的样子，大喝一声：“你为什么违反夜禁，闯入民宅？”蹇叔恶狠狠地叫嚷：“你一个区区都尉，有什么资格来审问我。”

曹操强抑着心里的怒火，冷笑几声说：“看来你是不会老实招供了。”随即吩咐兵士：“来人，拿五色棒！”

当兵士去取五色棒时，旁边的老吏慌慌张张地走近曹操身边。

“都尉，”老吏轻声说，“这个人是当今皇上宠臣蹇硕的叔父，都尉要对他用刑，恐怕……”

曹操冷笑起来：“禁令要么不设，既然设了就决不允许有人随便违犯。任凭他是皇亲国戚，三公九卿，我也要依法处理，我今天就是要杀一儆百，叫这些豪强知道禁令的厉害！”说着，他转身向蹇叔怒喝：

“好一个当朝大臣的叔父，你既然存心触犯禁令，就饶不得你了！”

当十几个兵士拿着五色大棒在大厅两旁挨个排开的时候，蹇叔的骄横气焰顿时一扫而空。他脸色蜡黄，两腿发软，跪倒在地。

“看在我侄儿的面上，饶了我吧！”蹇叔哀求着，声音已经发抖了。

曹操一拍惊堂木：“你依仗权势，漠视禁令，必须严惩。”接着命令兵士：“给我狠狠地打！”

兵士们平时惧怕蹇硕威势，敢怒不敢言。今天见新都尉一声令下，立刻将蹇叔按倒在地，挥舞起五色大棒，一阵痛打。那个作恶多端的蹇叔开始还嗷嗷乱叫，挨到三十棒光景时，连求饶的声音也听不见了。

第二天，洛阳北部的大街小巷，人们都传播着都尉棒杀蹇叔的事，大家都为洛阳城少了一个大恶霸拍手称快。其是那些平日依仗权势的豪强，也不得不在表面上收敛一下他们的蛮横行径。

曹操利用计谋树立了自己的威信，从此以后，洛阳城里的治安秩序渐渐好了起来。

前嫌面前装"聋"

大业凭众人智慧而完成。历史上几乎没有一个成就大业的人不是能够尽揽天下英才为我所用的人。又几乎没有一个能够"任天下之智力"的豪杰不是胸怀博大,气度恢宏的人。成就一代霸业的曹操可以说就是一个这样的豪杰。

"往事越千年,魏武挥鞭,东临碣石有遗篇。萧瑟秋风今又是,换了人间"。这是一代伟人毛泽东的诗,读到这里,仿佛看到了在汉末大动乱的旷野上,一代枭雄曹操在催马扬鞭、逐鹿中原的恢宏场面。

曹操的跃马扬鞭,往来驰骋,并不是一个"天马行空独往独来"的"独骋图",而是在他麾下有着一个千军万马,山呼海啸的群英谱。这一壮阔的场面来源之一就是曹操的博大胸襟。

他的"山不厌高,海不厌深,周公吐哺,天下归心",表达了他为实现政治理想要延揽天下人杰的思想:山不嫌弃尘土乱石才称其为高,海不嫌弃涓涓细流才称其为深,我只有像周公那样,"一沐三捉发,一饭三吐哺,起以待士,犹恐失天下之贤人",才能把天下人统一在我的麾下。历史上的曹操,正是从一兵一卒抓起,从一官一吏用起,用了十九年的时间,将长江以北的混乱局面扭转过来,实现了中国大半个版图的统一。

看曹操用人,当首先看他的气度。

曹操政治抱负宏大,用人气度不凡,在他与袁绍起兵的对话中,就充分表现出来了。"初绍与公共起兵,绍问公曰:'若事不辑,则方面何所可据?'公曰:'足下意以何如?'绍曰:'吾南据河,北阻燕、代,兼戎狄之众,南向以争天下,庶可以济乎?'公曰:'吾任天下之智力,以道御之,无所不可'"。

任天下之智力,争天下之归心,曹操的理想是将刘备和孙权收服。

刘备是一个反复无常的人。他在迫不得已的情况下投靠了曹操,曹操的谋士主张杀掉刘备,荀彧入谏曰:"刘备,英雄也,今不早图,后必为患。"曹操不答,彧出,郭嘉入。操曰:"荀彧劝我杀玄德,当如何?"郭嘉说:"不可,主公兴义兵,为百姓除暴,惟仗信义以招俊杰,犹惧其不来也,今玄德素有英雄之名,以困穷而来投,若杀之,是害贤也。天下智谋之士,闻而自疑,将裹足不前,主公谁与定天下乎?夫除一人之息,以阻四海之望。安危之机,不可不察。"

曹操认为郭嘉说得有理，并认为刘备是个难得的人才，因此对刘备十分敬重，“出则同舆，坐则同席”，总想把他纳入自己的营垒。刘备不甘在曹操之下，表面上应付着曹操，实际上另有己图。他与曹操翻脸后，一次被曹兵打得大败，妻子和大将关羽都被生俘。在这前后，曹操的谋士程昱、郭嘉等，几次提醒趁机杀掉刘备，可曹操的回答只是一句话：“方今收英雄时也，杀一人而失天下心，不可。”明知刘备是劲敌，也有机会杀他，但只要有一丝争取的希望，也不肯下手，这是何等的气量！唯恐杀一，丢掉一片，这又是多么的高明！

孙权是三国时吴国的统治者，他比曹操晚生二十七年，当是曹操的后辈。曹操从190年起兵，到208年挥师南下，整整十九年，几乎是大战必胜。没料到在大功眼看告成时，因遇到孙权等人的顽强抵抗而惨败于赤壁。这一败，使曹操要达到的政治目标成了泡影，也使他看到了虎虎有生气的新的一代领袖人物。“生子当如孙仲谋”，曹操在后期，不止一次地发出这样的感叹，并采取过多种措施，想把孙权拉过来。他让阮瑀为他起草的《与孙权书》，完全是站在平等立场上讲话，从“百姓保安全之福”，孙权也可为天下一统做出更大贡献的高度，劝导孙权与他合作。在曹操的招纳和刘备的夹击之下，孙权终于做出了称臣的表示。如果不是曹操在这种情况下突然死去，他把孙权争取过来是大有可能的。那样，三国的历史，就会以一老一少两位政治家的握手，大江南北的统一而改写。

三国之主都能用人，但只有曹操思想着把另外两主用起来。孙权作为后生，对曹操的用人，佩服得五体投地，他说：“至于御将，古之少有，比之于操，万不及也。”对他来说，保江东是大局，不可能产生如何用曹操的念头。刘备是曹操的同辈，在曹操设法团结他时，他想的只是如何钻曹操的空子，捣曹操的鬼，也没有敢用曹操的奢望。一般来说，在同样的客观条件下，用人的气度与取得的业绩是成正比的。天下三分，曹操得二，刘备和孙权各偏安一隅，绝非偶然。

任天下之智力，争天下之归心，最值得称道的，还是曹操正确对待反对自己的人，善于将对自己不利的人心，凝聚为对己有利的力量。曹操起兵时，只有本家族的几个兄弟和侄子做骨干，七拼八凑，不足四千兵马。他想任刘备未获成功，但在任其他优秀人才上却收到了奇效，这样就使他在短短的几年内，造就了“谋士如云，战将如林”的庞大队伍。荀彧和郭嘉，是三国时大名鼎鼎的智囊人物，都曾是袁绍的幕僚。荀彧“度绍终不能成大业，”率先弃袁投曹，曹操得荀彧，高兴地称他是“吾子房也”。郭嘉看透了袁绍“未知用人之机”，也跑到曹操营垒，曹操喜而赞之“真吾主也”。官渡大战时，沮授、田丰、许攸都是袁绍的重要谋士，张郃、高览都是袁绍的大将，除田丰被袁绍忌杀外，都临阵投降了曹操。

曹操对待投降过来的人，一不计前嫌，二不试试看，与自己原班人马一视同仁，量才放手而用，得益甚大。即使对那些降而复变或叛已投敌又被捉到的人，也千方百计再争取过来。魏种原是曹操的故旧好友，兖州战役曹操败绩，投敌叛曹的人很多，曹操说："惟魏种不弃孤也"。没想到，魏种也逃叛而去，这真是大伤了曹操的脸面。不久，将魏种捉到，有人说，把他杀了算了。曹操思量再三，"惟其才也"，还是"释其缚而用之"。如此对待魏种，感召了其他叛逃的人，纷纷自动返回。官渡胜利后，下属搜集到本营中一些人给袁绍写的欲降信，问曹操如何处理。曹操连看都不看，把信都烧了，他说：在大战时我自己还有丧失信心的时候呢，更不用说别人了。"公收绍书中，得许下及军中人书，皆焚之"。曹操这一把火，不知将多少人对曹操动摇的心，烧炼为对他的忠诚。对曹操和袁绍都很了解的杨阜，称曹操"能用度外之人"，真是一点不假。

诸葛亮说，"曹操比于袁绍，则名微而众寡，然操遂能克绍，以弱胜强者，非惟天时，抑亦人谋也。"

孝文帝巧迁都

平城地处塞外，虽经拓跋氏几代经营已初具规模，但交通闭塞，气候寒冷，风沙太大。北魏孝文帝拓跋宏对此城早已心存不满，想要迁都，只是因北方贵族大臣们都不愿意背井离乡，虽然同他们商量了几次，都未能说服他们。于是，他暂时把迁都计划搁置起来，不再提起这事。

拓跋宏知道强迫命令难以行得通，于是，他经过深思熟虑想出一条妙计。他开始放风说，我们不能总是困守北方这一小块地方，我们也要入主中原，发展我们的势力。他颁下旨令，召集群臣集议，共商南下攻齐之大计。在这次集议中，他先命太常卿王湛占卜预测这次进攻齐国的吉凶。占卜的结果是"革"象，孝文帝拓跋宏借题发挥说："从前成汤和周武革命，顺应天命人心，这是大吉大利的征兆。"任城王拓跋澄认为北魏兵力不足，欲进攻齐国，征途遥远，劳民伤财，再加上北方人不服南方水土，很不赞同南进。他不便明讲，就借这一占卜婉转地表达自己的见解说："陛下累世发达，拥有中原之地，现在将要出师而卜得革命之象，不见得是全吉呀！"孝文帝听了厉声斥责道："国家是我的国家，由我说了算。你任城王难道想要阻挡众人心愿吗?”任城王拓跋澄争辩道:“国家虽然是陛下的,可是我作为国家大臣,怎能知道有危险而不说出来呢?”底下群臣大都赞同拓跋澄的意见,但是看到孝文帝怒气冲冲的样子,都没敢再说什么。

魏主拓跋宏回到宫中召见拓跋澄,把左右人员屏退,悄声对他说:“我并不是真想攻打齐国,只是考虑到平城是用武之地,难以长治久安,移风易俗。我想用攻齐这个办法让群臣们避其难而造其易,借此迁都洛阳,你认为如何?”任城王回答说:“陛下想迁都中原为家,以便经营天下,古时周、汉两朝就是这样做才昌盛起来的,我完全赞同。”魏主又说:“北方人的特点好留恋故土,安土重迁,若迁都必遭他们反对,我这样做不知行得通不。”拓跋澄说:“迁都乃国家大事,非同小可,非常人所能料想得到,人们有些议论也是正常的,陛下圣明,应当早做决断,这样,别人也就无可奈何了。”魏王听了,感慨地说:“任城王真是我的张良啊!”

计划已定,便开始声言伐齐。拓跋焘亲率大军出征。九月初到达洛阳,正赶上阴雨连绵季节,大雨一直下个不停。魏主下令各路大军不能再等待下去,继续风雨兼程。魏主身披战袍,手执马鞭,乘马而行。众大臣不愿意南进,受这份苦,都纷纷跪在他的马头之前,劝阻魏主。他们说:“如今大举伐齐,天下老百姓都不愿意,天怒人怨,才降下大雨拦阻我军。不知道陛下为什么要独断专行呢?我们情愿冒死相谏。”魏主见状,认为正是施行迁都之计的好时候,便晓谕群臣道:“现在兴师动众,已经惊天动地,如果事情不能成功,用什么昭示后人呢?假如不向南讨伐齐国,也应当找个借口平息他人谤言,就应当迁都到这里。”南安王拓跋桢最不乐意南进伐齐,连忙说道:“成大事业者,不与众人谋划。现在陛下如果停止南伐,迁都洛阳,这正是我们的愿望,众百姓的幸福。”群臣皆呼万岁。虽然有些贵族大臣不愿意内迁,但又害怕南伐之苦,也就不敢再说什么了。于是孝文帝冲破北方贵族、大臣们的重重阻挠,迁都到洛阳。

一世英雄一事糊涂

晋武帝司马炎是中国历史上一位很有作为的皇帝。司马炎完全统一中国,建立晋王朝的大业以后,开始懈怠政事,醉心游乐。司马炎好听直言,好用人才,却也喜欢女色。司马炎宠爱的女人很多,这些美艳的女人先后替他生下了二十六个儿子,不幸的是,二十六个儿子中虽然不乏英伟聪慧之辈,但长子司马轨不幸夭折,次子马司衷成了事实上的长子，按中国立嫡立长的继承人法则，司马衷要立为太子，而司马衷却是个白痴，不谙世事，糊涂虫一个。

太子司马衷的低能，武帝是十分清楚的，他知道这个儿子难以肩负国家重任。但是杨皇后反对更易太子。杨皇后名杨艳，字琼芝，是陕西华阳人，父亲杨文宗是魏贵族，以功封侯。杨皇后十分美丽，出自豪门大族，替武帝生下了三男三女，长子早逝，次子便是司马衷，是嫡又是长。武帝数次担心地说太子不长进，天性愚钝，难以胜任大事。杨皇后每次都和颜反驳:儿子虽不聪明，但却忠厚纯良，好生教导，会有长进的。武帝试探说，现在更易太子，还来得及。杨皇后摇头，说太子的名分已定了，决不能轻易改动，按立嫡立长，都应是太子，破坏了这项法制，日后岂不乱了套？我坚决反对。

果敢刚毅的武帝司马炎在美人面前优柔寡断，下不了决心。到荀勖进奏，说太子有了进步，武帝信任荀勖，尤其佩服荀勖的高深学问和不世之才。武帝相信了荀勖，放下心来，不再考虑更易太子。

一转眼太子就十三岁了，按照当时的惯例，要为太子选婚。太子选婚无论是对皇家还是全体国民，都是一件大事，因为这选上的是未来的国母，母仪天下，坐镇后宫。皇亲贵戚、王公大臣便纷纷物色自己家族的女子，积极活动，准备促成一段美好的姻缘，从而使家族荣显。

经过一番激烈的斗争，贾充之女贾南风于晋武帝泰始八年二月、就是272年，与十四岁的太子司马衷结婚，册立为太子妃，进住太子宫。司马衷愚顽无知，哪里是贾南风的对手？司马衷很快俯首听命，贾南风控制了东宫。贾南风在感情上的妒忌就像她的母亲郭槐一样，到了神经质的程度，而且一旦发作，便失去控制，闹得天翻地覆。

贾南风听说一个宫女怀上了太子的孩子，肚子很大了，快要临产，贾南风勃然大怒，立即传令心腹侍女将那个快要临产的宫女带到跟前。贾南风恨恨地在殿中走来走去，想不到这个痴愚的太子在女色方面不痴不愚，还毫不含糊，三下两下的就把个宫女弄大了肚子！这贱妇也不是个东西，她不勾引这个傻太子，傻太子会无缘无故地扑上去？

贾南风正恨恨不已，忽见殿中站着一个女子，抬头一看，正是怀孕的宫女，肚子很大，想拜见太子妃，又俯不下身去，正在那里不知所措。但是，怀孕宫女的眼中没有惧色，脸上是怀孕的自得和幸福，一丝微笑也挂在嘴角。贾南风火冒三丈，随手抄起一枝短戟，闪电般地向怀孕宫女高高凸起的肚子刺去。只听得嗞啦一声。宫女凄厉的惨叫一声，昏死过去，向后仰倒。血花飞溅，血腥味在大殿中弥漫，一团血呼呼的东西在血水中蠕动着，那是还没有出世的孩子，还没降生便离开了人世。场面惨不忍睹，侍从宫女们目瞪口呆。贾南风根本不当一回事，扔掉短戟，没事似地吩咐侍女好生收拾。

这场骇人听闻的东宫变故很快传遍皇室深宫。武帝司马炎闻讯，简直不敢相信这会是真的。侍从探听属实以后，武帝这才有些后悔，悔恨自己不该听信杨皇后的话，为太子娶了这么一个不管不顾，胡作非为的泼妇。可已经册为太子妃了，如何是好？是废了她？这时，金墉城刚刚修好，专门用以收容坐废的后妃，打入这与世隔绝的荒僻冷宫。司马炎打算将贾南风太子妃废掉，将她送入金墉城，再另行替太子选一位贤淑慧静的女子做太子妃。

可是，贾南风身后有一个势力很大的家族，宫中和朝中有一帮为她撑腰说话，举足轻重的人物。贾南风有了强大的势力作后盾，有实力雄厚的家族撑腰，有杨皇后替她说话，她当然有恃无恐！不过这一次有些太过分，武帝司马炎动怒了。废太子妃之意一出，朝廷便又热闹起来。贾充的私党荀勖、杨珧之流和充华赵粲等积极出面，为贾南风说话，营救将被废送金墉城的太子妃。

营救的人无非是说太子妃年纪还小，容易意气用事，动怒过火；不过，嫉妒历来是古今女人的天性，这很正常，等年纪大一点，自然会好些。出面说话的人一多，加上都是些信服倚重的重臣、侍仆，武帝的怒气稍稍平复。武帝便转而询问皇后意见如何？这个时候，皇后杨艳已经离世。杨皇后的去世是武帝好色所致的。武帝不满足于后宫女子，便下令将一应名门大族的适龄女子选送入宫，以备选用。

这一选女令是在杨艳立为皇后的第九年即泰始九年八月颁布的，凡公卿大员的女子，都一律应选，隐匿不送者依不敬法处以死罪。美女们送入皇宫。司马炎出于尊重杨皇后，让她主持挑选。杨皇后心存妒忌，哪能容忍美艳的女子进入皇宫侍候皇帝，夺爱夺宠？杨皇后专挑人高马大、身材魁梧的女子，而将有姿色的女人全部遣送回家。

卞藩的女儿长得沉鱼落雁，司马炎看呆了。杨皇后照旧发话送她回家。司马炎急了，讨好地对杨皇后说：皇后，这女子不错，不错呀！杨皇后立即反驳，说卞家三代都做皇后，不能委屈了这女子只做妃子！这卞家三代皇后是指曹操妻子、曹髦妻子、曹奂妻子。司马炎一听，勃然大怒。后来，司马炎干脆自个儿挑选美女，不再搭理杨皇后。

杨皇后和司马炎毕竟有感情，生三男三女。三男即：司马轨、司马衷、司马柬。三女即：平阳公主、新丰公主、阳平公主。司马炎将选中的美女用红纱在女子玉臂上打个结，送入后宫，再从中选出十名艳色女子一一册封，其中最得宠的是贵嫔胡芳、夫人诸葛婉，地位仅次于皇后。杨皇后忧郁痛苦,卧病不起。临终时,司马炎坐在病榻上,杨皇后把头枕上司马炎腿上,恳求他,在她死后,立叔父杨骏的女儿杨芷为皇后。司马炎含泪答应了她。这时便是杨芷皇后。

司马炎问杨芷皇后太子妃的废立如何?杨芷皇后说:贾充是朝中第一功臣,不能因为贾南风,忽略了贾氏对王朝的功德;贾南风年纪还小,嫉妒是正常的,等再大一点,自然会好;我再好好管教她。司马炎听了心腹大臣和皇后这么一说,又犹豫了。废掉太子妃这一风波便再次平息。杨芷皇后严厉训诫了贾南风几次,贾南风为此并不对杨皇后感恩,反而认为司马炎要废她是杨皇后的主意,就恨上了杨皇后。

太子的问题一直是司马炎的一块心病。册立太子并保留了下来是司马炎在皇后的坚持下共同对付忧心国事的朝廷才办到的。如果这时再承认太子是个白痴,岂不承认豪雄一世的自己办了天下第一荒唐事?可是,朝臣还一直认为太子是愚笨的,如何才能堵住朝臣的嘴?司马炎想出了一个更为荒唐的主意,设宴大会群臣,当众测试太子。

宴席自然是十分丰盛的,朝臣和太子宫中的大小官员都应邀欢宴。酒酣耳热时,司马炎的几个心腹送上奏折,有几件大事奏请处理。司马炎吩咐将奏折密封,送东宫交太子处理。太子妃贾南风得知此事,明白了皇上的意思,使命心腹代为批答。这位心腹很有学问,人也精明,精通政务,批语自然无懈可击。贾南风的另一个亲信给事张泓浏览后,赞叹批文精妙之后,认为不妥,说朝臣们和皇上都知道太子不好读书,看到这样的文字,反会生疑,对太子自然不好,不如就事论事,写个简洁明了的处事意见。太子妃认为有道理,便命张泓重拟,再由太子抄写送去。司马炎当众拆看,自然万分高兴,随手拿给主张更换太子的太子少傅看。这当然是假的,一看就知道,可能说什么?从此以后,大臣们再也不提更换太子一事。

太子的地位在众大臣传阅奏章批语时便已稳固下来,东宫自然一片祥和。太子妃贾南风鼓足了劲怀孕生子,一连四次生育,都是女儿,没有儿子。太子妃十分恼怒,便对其他怀孕的宫女发泄愤怒,亲手杀死了两位怀孕宫女,并不许其她宫女接近太子。而事实上,这个时候,太子已经有了一个儿子,只是太子不知道而已。

原来是在太子娶妻之前,武帝司马炎考虑太子太小,不懂得男女房中秘事,特地在他的后宫中选了一位丰满成熟,懂得宫规的才人谢玖,前往东宫教导太子。谢玖出身贫寒,父亲是屠夫,以宰羊为职业。谢玖天生丽质,美丽出众,便被选入皇宫。谢玖到东宫后,侍候太子的饮食起居,教导太子男女做爱之事,到太子妃贾南风直入太子府时,谢玖已经怀孕。太子妃的厉害谢玖是早就知道的，相处了一段时间谢玖更加清楚，如果再待下去，不仅孩子难保，恐怕性命都不可预料。

谢玖知道太子妃不会容纳她，便进奏武帝，请求回到西宫。足月以后，谢玖便生下了一个儿子，取名司马遹，养在武帝后宫。司马遹长到三岁时，有一天，太子到后宫给父母请安，在园中见到了司马遹，和他一起玩。司马炎这才告诉他，这就是他和谢玖生下的儿子。太子大为奇怪。

太子痴愚，可太子生下的这个儿子却是十分了得，武帝司马炎对这个孙子非常疼爱。司马遹五岁时，有一天夜晚，宫中失火，浓烟腾腾，火光冲天。武帝站在火光下看这大火。这时，小皇孙拉着武帝的衣服走到暗处。武帝很奇怪，问为什么？小皇孙郑重地说：夜晚失火，太混乱了，不能不防意外，皇上不宜在火光之下，暴露面目。武帝惊奇地看着这个五岁的孩子，怎么也不敢相信这会是傻太子生的！

司马炎没有废太子司马衷，在一定程度上将王朝复兴的希望寄托于这个聪明过人的皇孙。司马炎觉得，太子天资不足，皇孙可以弥补，有这样的孙子，还担心什么王朝基业？因此，司马炎常对群臣、侍从们由衷夸赞：这个孩子当兴我司马家业。司马炎的夸赞，使皇孙的美誉传遍天下，朝野群臣都知道皇上有一个聪明不凡的好孙子，是太子的儿子，未来不可限量。

善观天象的人进奏武帝，说广陵紫气氤蕴，是天子之气。武帝疼爱皇孙，便将皇孙司马遹封为广陵王，食邑五万户，并选硕学大儒刘宴为师，以孟珩为友，心杨准，冯荪负责教导文学。到太子司马衷即皇帝位，司马遹便理所当然地立为太子，慎选天下德高望重的大臣出任太子师傅：以何劭为太师，王戎为太傅，杨济为太保，裴楷为少师，张华为少傅，和峤为少保。可是，武帝父子和天下群臣对司马遹期望太高了。司马遹长大以后，令天下失望。史称他及长，不好学习，喜爱屠宰牛羊，并贪色好色。司马遹毕竟是屠夫和好色的武帝的后裔。

司马炎贪欢好色，纵情享乐，夜夜驾羊车游乐后宫，渐渐身体亏损，染病不起。太熙元年（290）四月，司马炎在洛阳含章殿去世，在位二十六年，终年五十五岁。太子司马衷在灵前即皇帝位，为晋惠帝。杨芷皇后尊为皇太后，太子妃贾南风册为皇后。杨芷的父亲杨骏任职太尉、太傅、大都督，统领军政，总理朝廷政务。实际上，军政和宫中大权掌握在太后杨芷父女手里。皇后贾南风自然不会就此罢休。晋后宫一场血雨腥风就在所难免了。

刺头就是镜子

苏威是隋朝的宰相,受人尊重。但为人十分圆滑,见人说人话,见鬼说鬼话。手抓两把泥,脚踏西瓜皮,能跑就跑,能滑就滑,虽经历乱世,却能明哲保身,化险为夷,活到唐朝初年。当苏威听说李世民进了洛阳,就急急忙忙来到西城门口,想捞个一官半职。

李世民听说隋朝老相国来见,当即把苏威拒之门外,并让人质问他:“苏公是隋室宰相,社稷危难,公不能扶,使皇上身弑国亡。你去晋见王世充、李密,拜伏舞蹈,上蹿下跳。如今你年老体衰,就别来劳驾相见。”

李世民到了长安,苏威又追到长安去见他。多次请求,李世民都拒绝接见。苏威既老又贫,又没有恢复官爵,最后穷死在家里,年寿八十二岁。

相反,对于苏世长、孙伏伽、张玄素、王圭等一帮经常惹他生气的刺头,却是关爱有加,无微不至。孙伏伽因批评唐太宗滥加酷刑,草菅人命,与李世民当庭抗争。事后,李世民赏赐孙伏伽一座价值百万的兰陵公主庄园。

有人议论说:“说几句话,就赏一座庄园,这赏得也太优厚了。”

唐太宗说:“我一生气,你们就不敢批评朝政了,这次厚赏孙伏伽,就是为了鼓励大家关心朝政,多提意见。”

俗话说:“良药苦口,忠言逆耳,巧语误国。”李世民之所以能够听进逆耳的忠言,就是因为他知道,良药苦口利于病,忠言逆耳利于行。

刺头爱说忠言,滑头爱说巧语。李世民宁可花钱买忠言,却不白听苏威的花言巧语。由于炀帝听信了苏威、虞世基的花言巧语,自己身死乱臣之手,江山社稷也改朝换代,成了李唐的天下。这一点,李世民的心里比谁都清楚。现实生活当中,人们选择拖鞋,有人爱选鞋底光滑的，有人却爱选鞋底带刺的。

鞋底的软刺，在你刚穿鞋时，总觉得有点不舒服。一旦习惯了，就再也离不开了。它的按摩和刺激作用，非常有利于人体健康。身边的刺头，既是生活中的良师益友，又是工作中的合作伙伴；既是正衣冠、纠偏差的镜子，又是刺皮肤、医杂症的针灸。他可以使领导受小痛而免剧痛，吃小亏而占大便宜，失小利而获大利。李世民不见苏威，并非害怕苏威，更非舍不得官爵和俸禄，而是觉得苏威这个花言巧语的骗子，只会阿谀奉承，迷惑君心，对治国安邦毫无益处。

李光弼收降叛将

唐肃宗时，司空李光弼与叛将史思明对垒于河阳（今河南孟县西），攻守均无进展。思明想截断光弼粮道，移师河清县。光弼得报，亦即亲率北军到野水渡去驻扎，筑垒抗拒。相持了一天，光弼就回河阳城，只留下一千名军士，派部将雍希颢留守，并指示他说："史思明有两名勇将高庭晖和李日越，今晚必派一名来劫营，你只可固守，不可与战，如果来将投降，你就带来见我。"这奇怪的命令，使得希颢莫名其妙，只好遵令固守。

果然，史思明当晚决定劫营，对李日越说："李光弼长于守城，怯于野战，今移驻原野，已陷入圈套，必为所擒，你今夜劫营，务要把他生擒回来。若捉不到李光弼，你不必回来见我！"李日越于是率领五百精锐骑兵出发。

希颢严守阵地，天晓时果见一贼将率领几百骑兵走近栅前，对左右说："来了！且看他怎样。"乃裹甲息兵，吟笑相视，毫无敌对表现。李日越很是奇怪，便喝问"司空在哪里？叫他出来答话！"希颢答："他昨夜已回河阳城去了！""他留下多少兵？统师是谁？""只留下一千兵，统将是我雍希颢。"李日越沉吟不语。希颢却反问："你是姓李还是姓高？""姓李！"希颢即笑着说："想是李日越将军了，司空有命，知将军素抱忠心，不过为环境所迫，今特令我在此迎接将军。"李日越踌躇起来了，想起史思明"捉不到李光弼，就休回来见我"的话，便对他的部下说："今捉不到姓李的，回去大家都难免一死，不如投降算了。"从骑均无异言，于是放下武器请降。希颢开栅相见，问明名号，果是李日越，大喜过望，当即引见李光弼。

李光弼接见李日越，待他非常好，引为心腹，李日越甚为感激，自告奋勇地写信招降他的同僚高庭晖，光弼却说："不必了，他自然会来投诚的。"

过了几天，高庭晖果然率部众来投降，光弼甚为优待，与李日越相同，俱为奏请官阶。当时有人问李光弼收降敌军两员猛将，怎的这样容易？光弼答："这就是知己知彼，史思明常说我只能守城，不能野战，我转移阵地野水渡，他以为我投进了圈套，必遣勇将李日越等来攻击我，但我离开了。李日越打不到我，自然不敢回去，除投诚外实无别路可走。庭晖才勇都超过李日越，见李日越在我们这里被宠任，必然来投诚谋占一席，他两人当时所以附逆是环境所迫的，并非真心。"

魏征的智慧

唐贞观六年，有人向李世民告魏征的状，说他拉帮结派，重用亲属，图谋不轨。李世民当即派御史大夫温彦博调查这件事情。

经过调查，查无实据，温彦博就向李世民汇报说："魏征虽然为人们所称颂，用人无私，处事公道，但也有许多小毛病，需要他自我检讨。"李世民听完之后，就让温彦博转告魏征说："你给我提意见，前后提了几百条意见，而你自己却是大错不犯，小错不断，怎么能因为一些小事情，损坏自己的好形象呢？自今以后，你要严格要求自己，不要太放肆。"

过了几天，李世民对魏征说："这几天，你在外边又听说什么不好的事了吗？"

魏征回答道："前天，你让温彦博宣诏，说我不要太放肆，我因为什么事放肆了呢？这句话说得大错特错，毫无道理。我听说君臣同气，义均一体。却从来没有听说不注重办事公道却要注意别人说话方式恰不恰当，只重形式，不重内容。如果君臣上下，都按这种方式办事，国家是兴旺发达，还是丧权辱国，或许还说不清楚。"

李世民马上满脸堆笑地说："前天说了这么几句话，现在已经后悔了，实在有些对不起。魏公可不要把它记在心上，看见我犯错误，心怀隐避，不再指正。"

魏征马上拜谢说："我以身许国，行得直，走得正，一定不会有什么辜负他人的事，但愿陛下使大臣成为良臣，不要使大臣成为忠臣。"

李世民说："忠臣和良臣有什么区别吗？"魏征说："良臣能使自己身获美名，君获显号，子孙传承万代，福禄万寿无疆。忠臣却既保护不了自己，又保护不了君主，自己身受诛夷，君主身陷大恶，国家小家一同沦丧，他却落了个忠臣的虚名。从两者的结果来看，差别太大了。"

李世民说："咱们君臣二人，你不要违背你的诺言，我一定不忘社稷大计。"又赏赐魏征绢二百匹。

古代封建社会,人们往往重视忠臣而轻视良臣,就是因为当初没有听从忠臣的话,坏了事,误了国,让国君尝到了不用忠臣的苦头。而良臣再好,也是辅佐君主的,所有的功绩都是君主的功劳,所有的失误都归罪良臣的无能。世上良臣很多,人们却视而不见,充耳不闻。以至于良臣默默无闻,忠臣流芳百世。比干、屈原、伍子胥、岳飞、文天祥,他们都是忠臣,受到历朝历代人民的尊重。可这又有什么用呢?自己的小命保不住,皇帝的宝座护不住,国破家亡,徒留虚名于世,只是给人们茶余饭后又增添了一些笑料。

房玄龄、杜如晦、魏征是良臣,在群星闪烁、人才辈出的历史长河中不显山、不显水,远远没有忠臣那样大的名气,所作所为,都不过是一些日常琐事,没有惊天动地的壮举,没有以死报国的行为,当然不能引起人们的关注,但他们的贡献和价值,却比忠臣的作用大得多。

崇祯错杀袁崇焕

1627 年,明朝天启帝死,其弟朱由检继位,是为崇祯帝。崇祯帝一上任,凭年轻气盛真想大干一番。一开始也采取了大刀阔斧的措施,先贬奸党魏忠贤,迫其自杀,又诛魏忠贤党羽,后又起用抗后金良将袁崇焕为兵部尚书。袁崇焕为明朝名将,在明王朝危亡的紧要关头,袁崇焕守边七载,于 1626 年正月在宁远打败自称用兵四十年,不曾败绩的努尔哈赤,此役迫使"常胜将军"努尔哈赤败退沈阳,窝火病死在那里。后又获宁锦大捷打败皇太极,稳住了辽东防线。终遭奸党魏忠贤诬告,罢职归里。此次重新启用还让袁崇焕兼任右副都御使,督师蓟辽,可谓委以重任。紧接着崇祯帝还亲自召见袁崇焕询问守辽方略。袁崇焕周密估量敌我形势后,提出"五年复辽"的大计,崇祯帝大喜。袁崇焕鉴于此前名将孙承宗受人排挤、不得其志的历史教训,和自己受贬的经历,预感到个人受命后前途可畏,遂大胆向皇帝陈言:"以臣之力,制金辽有余,调众口不足。一出国门,便成万里。忌能妒功,夫岂无人,即不以权力掣巨肘,亦能以意见乱臣谋。"袁崇焕最后痛心疾首地说:"中有所危,不敢不告。"他一番忠心、深沉、悲切、辛酸的由衷之言,打动了崇祯帝,立即赐予尚方宝剑,叫袁崇焕不必担心,一切皆便宜行事。然而,后来形势的发展,果然被袁崇焕言中。

1629 年 11 月,皇太极率领数十万大军避开袁崇焕把守的宁远,以蒙古军为先导,入喜峰口越长城，直逼北京城下。袁崇焕奉旨亲率大军，从山海关回兵驰援，大败皇太极于广渠门外。皇太极为了治袁崇焕于死地，施用反间计，通过明朝一个被俘的太监之口，告诉崇祯帝说："袁崇焕与皇太极订有密约，勾结起来攻北京。"

当时，以当朝首辅温体仁为首的一伙奸臣也大肆诬陷袁崇焕"通敌谋反"，订有"城下之盟"。阉党余孽则出重金数十万两，雇请一些不明真相的文人墨客与皇太极遥相呼应，在城内外大肆宣传袁崇焕是"汉奸"，勾结后金反明朝。崇祯帝生性好猜，重用将相，又怀疑将相，结果崇祯外中了后金的反间计，内惑于阉党的流言蜚语，违背自己的许诺，于崇祯三年（1630）一月十三日，将袁崇焕逮捕入狱。袁崇焕下狱，辽军将士放声大哭；关外吏民也"日诣督辅孙承宗，号哭代雪"。有的则冒坐牢的危险，写《白冤疏》，称袁崇焕"义气贯天，忠心捧日"。这些冤声，却灌不进崇祯的迷窍。于崇祯三年（1630）九月二十二日，袁崇焕在柴市被磔死。

崇祯帝任而生疑，错杀名将袁崇焕，铸成大错。史学家评论此一冤案时称："崇祯帝自毁长城也"；"自崇焕死，边事益无人，明亡征决矣"。后金听说袁崇焕被杀了，欣喜若狂，乘机攻打明朝。不过数年，辽东半岛尽陷，后金军又多次入关，明朝危机日甚一日，崇祯帝自己终于自缢在北京的煤山。

曾国藩的心术

曾国藩部下有一个名叫鲍超的猛张飞式的莽将，因家贫而典卖其妻，投入湘军，得到曾国藩的重用，由一个担水夫而升到浙江提督。鲍超虽然目不识丁，仅仅认得自己的姓名两个字，但他作战时勇猛不怕死，善于指挥作战，因此极得曾国藩赏识。

有一次，鲍超率"霆字营"在宁国府城被太平军李世贤的七万人马团团包围，因孤军被太平军围困于九江，本来，"霆字营"有一万人，但当时驻在城里的只有三千，其他七千分扎在城外百十里的地方。鲍超一面飞调城外兵马来救援，又要随身书吏赶紧给曾国藩写一封求援书。书吏受命，关起门来拟稿。鲍超忙布置城内兵勇加强防守。过一会儿，鲍超匆匆赶回衙门，高喊："求援书发了吗？"

书吏毕恭毕敬地回答："回禀鲍提督，求援书尚未写好。"

鲍超一听火了，骂道："十万长毛围在城外，大火已烧到眉毛屁股上，你做啥子去了？这么久还没写好！"

书吏忙说:“鲍提督息怒,这就写好,就写好!”

说完,坐在文案边托腮构思。鲍超看得不耐烦,走上前去怒斥:“你这个书呆子,什么时候了,还调文墨? 老子写给你看。”

鲍超夺过书吏手中的笔,在纸上画了一个方框框,然后心急火燎地在方框外画了几十个小圆圈,看看还不甚满意,便又在方框里写了个东倒西歪的“鲍”字,这才放下笔,高喊:“来人啦,把求援书给曾大人送去!”

手下人不解其意,问道:“这是什么意思?”鲍超道:“你们不明白,大帅自能知其故,不必多问!”果然如此,送信人到祁门后,幕府中的人也不解其意,赶紧拿给曾国藩看。曾国藩大笑道:“老鲍又被围矣!”并笑着称赞说:“鲍春霆人聪明,这幅画生动简明,胜过文字多了!”然后急忙下令让多隆阿前往救援,及时解除了太平军对鲍超的重围。

正是由于曾国藩对鲍超的深知,鲍超才极为敬佩曾国藩。一天,鲍超正在提笔学写字,费了半天劲儿,才写了一个“门”字,而右直笔还没有钩。这时,有人提醒他说:“门字右边尚有一钩。”鲍超大怒,指着厅中大门说道:“两边不都是笔直立着的吗! 哪有什么鸟的钩?”正好墙上悬挂着曾国藩所赠的一联中有“门”字,提醒之人便指着说道:“曾大人写门字亦有钩矣。”鲍超一看果然,赶紧仆地三叩头说:“先生恕吾武人!”由此可见,曾国藩的抚心效果可见一斑。

洪秀全除异己

天京大屠杀是太平天国由盛而衰的一个转折点。酿成事变的根源不难索解,事变的爆发点却始终是个谜。东王府直到事变前夕还是很平静的,致使韦昌辉的屠刀挥舞得那么如心如意,这明明是在东王毫无防范的条件下的突袭。所谓“逼封万岁”一事,真实性颇多疑问。一则杨秀清要夺权,何必做得如此猴急;二则,大权在握,要个“万岁”何用?三则,既然做了这种必然遭忌的事,为什么竟是毫不警戒地在东王府睡他的大头觉?

论者说,这故事是在惨案发生后对东王的“欲加之罪”,用以平息某些人的困惑、怀疑和愤恨,它是天王府编造出来的。据石达开的回忆说:“达开领众在湖北,闻有内乱之信。韦昌辉请洪秀全诛杨秀清,洪秀全不许,转加杨秀清伪号;韦昌辉不服,便将杨秀清杀死”。杀杨本是极密事件,只有在洪、杨、韦三人心底里最明白;当时李秀成尚未封王,石达开西征在外,他俩说的都算不上第一手材料。但石达开一直是主要当事人之一,他所了解的应该较能接近实际。尽管他说得略而不详，且有某些歧义，但有一点很清楚，是天王主动加了东王封号，与逼封之说恰恰相反。本来，这种争夺权位的肮脏勾当最容易产生政治谣言，后来石达开出走了不是又产生所谓“诛杨密议”的吗？东王被杀，北王受诛，翼王又出走，群情惶惑，人心离散，洪秀全只好给东王平反来平息众议，于是“开诏擅杀”和“诛杨密议”两项新的内幕新闻，相继占领了谣言市场，前者是加重北王罪名的，后者是让翼王分担杀杨责任的。诏书上还说：“妄为推测有何益，可怜叛爷成臭虫。”出了怪事，怎能禁得住群众的“妄为推测”呢？不论怎样添注涂改，逼封万岁的谣言已经广泛流传，再也收不回来了。

不管“逼封万岁”有无其事，反正洪、杨矛盾已发展到了不可调和的地步，冰冻三尺，非一日之寒。起义初因军令需要集中，杨秀清做事又极能干，因此洪秀全指定诸王一律“听东王将令”。东王不识字而极聪明，从事判断敌情，决策进退，颇多独到见解。他多次出奇制胜，化险为夷，在军中威望极高，这些原都是正常的事情。可是，由于杨秀清握有假托天父附身传言的特权，他的神权高过了洪秀全的王权，这就成了准备子孙万代相传的洪家王室之大忌。建都以后，东王府权势显赫，威风张扬，杨秀清一切专擅，几乎重要的事都得通过他决定。

1856 年杨秀清把他的战功推到了最高点。天京受南、北大营的困扰已久，这次东王下决心全力加以扫除。这一战，历时五月，从江北横扫到江南，江苏巡抚吉尔杭阿在高资战败自杀，从孝陵卫东逃的钦差大臣向荣在丹阳自缢身亡。在天京外围纠缠了三年多的一支威慑力量宣告瓦解，清廷大受震动。

太平军第一次打了个大规模的歼灭战，而且打得漂亮，这是值得称道的。东王自以为了不起，志得意满，骄傲了。其实，清廷经此挫折，更识得了太平军的厉害，正在重新部署，准备卷土重来，严重的拼死决战就在眼前，而天国领袖却陶醉了起来。老话说，“兄弟阋于墙，外御其侮”，现在对外打了一个对于消灭清廷实力而言并不具有决定意义的胜仗，竟然祸起萧墙，实在是令人惋惜的。天京热烈举行祝捷大会，享有最大光荣的当然是班师回朝的东王。东王出门，坐四十八人抬的大轿（天王洪秀全坐六十四人大轿），由二十七节的龙灯开道。龙灯五色洋绉长达数十丈，高丈余，行不见人，鼓乐从其后，谓之“东龙”。东王仪仗次于天王，排场的豪华煊赫，“侯相为之侧目”。自信心特强的东王自我陶醉的热度狂烈地高升了，天王和其他各王怎能看得过去。

仅仅为巩固权力而除掉一个东王，只要不多牵动其他将士，影响力亦不大。可是动手的北王韦昌辉做法极蠢，杀了东王一家后就此大开杀戒。先用计诱集东王部属和关系人，聚歼在东王府；再转到外边，大肆株连屠杀有关士兵和家属，据说总数至少两万，以致从观音门内漂流出江的“长发尸骸数日不断，江流因血污为之变色”。内讧接着演出第二幕。石达开返京不满韦昌辉所为，韦即图谋杀石；石星夜缒城逃出南京，韦又把石全家老小杀了。第三幕，惩办韦昌辉和秦日纲，由幸存的东王部属来动手了，先杀了几百人，正要按照北王方式继续杀下去，幸经陈玉成及时赶到劝阻。他说：“太平军皆东、北王旧部，如欲株连，非杀尽太平军不可。”一场大屠杀才算告一段落。

在这场历史上罕见的内讧屠杀中，不少转战万里的起义将士，农民军骨干，不是死在与清军鏖战的沙场，而是倒在自相残杀的血泊之中。石达开惊叹：“自攻自杀，从此元气大伤，十年未可即复。”说得多么痛心！正如后来李秀成所追忆的，从此“人心改变，政事不一，人各一心……各有散意”。这是上层的反应。下层呢？当时流行起一首歌谣说：“天父杀天兄，总归一场空，打打包裹回家转，还是做长工。”

天京事变的真相是洪秀全排除异己，巩固自己统治地位的一次行动。他借韦昌辉、秦日纲之手除掉了对自己威胁最大的杨秀清。又借东王余党诛杀了韦昌辉、秦日纲。

平衡工作与生活

洪应明说：“从静中观物动，向闲处看人忙，才得超尘脱俗的趣味；遇忙处会偷闲，处闹中能取静，便是安身立命的工夫。”现在的生活节奏快了，许多人已无法想象古人忙中偷闲的感觉。然而，忙总是有限度的，从生理到心理，人的承受能力都有一定限度。有些人如同绷紧了的弦，拼命地工作，直到英年早逝。这难道是他希望的结果吗？事业成功，或者实现生命价值，都不应该付出如此巨大的代价。问题出在哪里？还是在不能超脱尘俗，拼命追求功名，终不敢忙中偷闲，安身立命。洪应明说：“一场闲富贵，狠狠争来，虽得还是失；百岁好光阴，忙忙过了，纵寿亦为夭。”(《菜根谭》，134)又说：“天地尚无停息，日月且有盈亏，况区区人世能事事圆满而时时暇逸乎？只是向忙里偷闲，遇缺处知足，则操纵在我，作息自如，即造物不得与之论劳逸较亏盈矣！”(《菜根谭》，159)生命的价值一定是高于“闲富贵”，人生的理想境界一定少不了“操纵在我，作息自如”，明白了这一点，工作与生活的平衡问题也就好解决了。

笔者路过一所学校，便打电话给在学校做教务秘书的一位同学，问他有无时间小聚一下。他说："忙啊，忙得要死，不过你要是来请哥们撮一顿，我还是有时间陪你的。"笔者决定突访他的办公室，发现他竟然忙着在电脑上打扑克。他尴尬地笑笑："我们在开发智力呢，你知道扑克牌的排列组合跟我们排课表是一个道理……"

"走吧，出去撮一顿，我请客，但排列组合轮到你买单。嘿嘿……"

有时候，其实我们并不是很忙，忙也是间歇性的，我们心知肚明，大多数时候忙只是一种托词，只是表明我们的一种状态。如果说自己闲着，岂不是说自己无所事事，不求进取。其实，有序的忙，是一件好事，表明你在追求工作的目标，生活的方向，我们的生活有了动力，这样的生活就值得期待。

懂得平衡工作与生活的艺术，你不会忙得像一只无头苍蝇，到处飞来撞去不知道自己的目标在哪里，不知道自己真正想要的是什么。忙要像蜜蜂一样，精细化分工，你探蜜，我采蜜，他报信，专注在自己的事情上，才能共同酿出甜蜜的结果。

平衡工作与生活，不要去憧憬无法实现的虚高目标，做不切实际的梦想；也不要一味地唉声叹气，抱怨命运对自己的不公，从而消极下去。切实地讲，我们更多地需要脚踏实地，行动起来，在做事中体现价值，实现目标。别人有当官的爷，或者有当老板的爸，但我们90%的人是普通人，我们更需要一颗普通人的平常心态，积极有为。命运掌握在自己的手中，你才是自己的主人。

每天，我们总要忙工作，忙生活，忙家庭，甚至是忙吃饭，似乎忙个没完。但去除那些虚假的忙，比如过高的工作目标，过频的饭局应酬，过于严苛的生活习惯，你还会有许多自在的空间，你还可以腾出许多时间来陪家人陪孩子，兴之所至，还可以安排几次惬意的旅行。有时候，你也可以静下心来，静静地听风，淡淡地看水，享受诗意的静美。关键是：你要做自己的主人。

态度决定高度

有人说，态度决定高度，衡量一个人能否成功，重要是看他做人和做事的态度！这句话非常在理，我们知道，成功人士与失败人士之间的差别是：成功人士始终用最积极的思考，最乐观的精神和最辉煌的经验支配和控制自己的人生。失败者刚好相反，他们的人生受过去种种失败与疑虑的引导和支配，而不会从失败中总结经验教训。

一些人总喜欢说，自己的境况是由别人造成的，是老天的不公，是工作环境决定了他们的人生位置。他们常常认为情况无法改变。但事实是我们每个人的境况大都不是由外在环境造成的,个人意志,个人奋斗,有时更具有决定性的作用。很多农村出来的青年人通过自身的努力,不仅走出了自己的成功道路,有的还成名成家。

有专家说过:最常见同时也是代价最高昂的一个错误,就是认为成功依赖于某种天才,某种魔力,某些我们不具备的外在东西。成功其实掌握在我们自己手中。成功是完全可以由自己决定的,首先是由自己做人做事的态度决定的。你是一个初入职场的人,你必须靠自己的努力去证明自己的能力;你是一个经理,你必须带领你的团队向着确定的目标奋勇前进;你是一名乞丐,你就需要每天上街乞讨,卖力表现,否则没人怜悯你。我们对待一件事最初的态度决定了最后有多大的成功,这比任何其他因素都重要。没有全力以赴的态度去做事,哪有不劳而获的成功?有了积极的思维和努力做事的态度,才是我们通往成功之路的动力。当然,心想事成还需要有若干其他的因素。

研究人员总结了取得成功的人士积极健康的心理特征,主要是:他们普遍都有很强的自信心,有时咄咄逼人;他们信仰"时间就是金钱",不喜欢也不会把宝贵的时间浪费在琐碎的无聊事情上;他们脚踏实地做事,不会为了使自己舒服一点而马虎从事;他们抱有远大理想,不去计较虚名;他们通常情绪稳定,不喜形于色,也很少在人前抱怨;他们意志坚强,遇到困难时,总是坚忍不拔地去克服;他们喜欢迎接挑战,喜欢承担风险,但并不是盲目地去冒险;他们能够控制自己的指挥欲望,通过沟通执行决策;他们思路清晰,能够从杂乱无章的事情中理出轻重缓急,掌控全局形势。这种积极的态度,帮助他们迅速走向成功。

消极的态度则必败无疑,遇事消极思考、被动接受的人很难做成什么事,从来没见过抱有消极态度的人能取得持续的成功。还是拿老板说事。有的老板心眼太小,事无巨细都要亲自过问,这样的小作坊风格是无法成就行业的领军企业的,即便今天企业初具规模,也难保明天企业还会继续存在;有的老板脾气焦躁,缺乏宽容,对下属写的报告里的错别字都大动肝火,人们很难想象这样的老板能够带领员工决胜市场;还有的老板对下属张口就骂,连尊重员工的起码修养都没有,他怎么可能尊重素不相识的客户?企业又怎么能发展?

所以,对于一个人来说,好的人生态度,好的工作态度,都是很重要的。但这些好的态度也不是天生就有的,需要个人的着力修炼,需要全面提高个人的素养,让自己达到一个很高的人生境界。人生不是演戏,只想根据对象根据需要用演戏的方式展示自己的态度，那就是虚伪，谁也不能依靠虚伪去成就辉煌的事业。

洪应明说：“学者动静殊操、喧寂异趣，还是锻炼未熟，心神混淆故耳。须是操存涵养，定云止水中，有鸢飞鱼跃的景象，风狂雨骤处，有波恬浪静的风光，才见处一化齐之妙。”(《菜根谭》,108)意思是说：读书做学问的人，如果于一动一静、一闹一静中操行殊异，这还是缺少锻炼、心神混杂未成熟的缘故。必须修炼操行涵养，于风平浪静中看到鸢飞鱼跃，于狂风暴雨中看到恬静风光，这才显出以不变应万变、视万物如一之高妙修养。如果我们的人生态度能够修炼到这种境界，再去干事业，则无往而不胜矣。

把工作当成事业来做

洪应明说：“春至时和，花尚铺一段好色，鸟且啭几句好音。士君子幸列头角，复遇温饱，不思立好言，行好事，虽是在世百年，恰似未生一日。”意思是说：春天到来的时候，天气和暖，就连花草树木都争相为大地铺上一层美丽的景色，飞鸟也唱出几句美妙的歌声。品德高尚的文人学士，若能侥幸出人头地身居高位，又能衣食无忧，却不肯为后世留下几句好话，做上几件好事，即使他活到一百岁，也如同一天都没活过。谁也不想白来一趟人世，谁都希望有一番作为，成就一番事业，而你的事业起点，就是你目前的工作。

松下幸之助说：“即使是乞丐立下宏愿，努力乞讨，也能发财致富。这就是工作！”不用说，我们大多数人的事业基础都高于乞丐，然而，还有很多人找不到自己的事业在哪儿。他们认为自己目前的身份太卑微了，认为自己目前的工作太低下了，没有什么事业可言。作为一名职场人士，如果你总有那么多的失落和怨言，如果你总看不起自己的工作，你就永远不会从自己的劳动中学到经验和技能，也就永远不可能获得事业的成功。

如果你只把工作当作一件差事，那么你就很难全身心投入，而如果你把你的工作当作一项事业来看待，情况就会完全不同。下面这个故事就经常被引用：

在一个小镇上，路人问三个石匠在做什么。第一个石匠说：“我每天都枯燥地搬石头砌墙。”第二个石匠说：“我的工作很重要，我要把墙垒好，这样房子才结实。”第三个石匠则目光炯炯地说：“我的责任十分重大，这是镇上的第一所教堂，我要将它建成本镇的标志性建筑物。”三个人都是石匠，然而他们对待自己手头的工作态度差异如此之大！谁会成就一番事业呢？不言而明。

差别就在于你怎样看待自己的工作。如果你只是把目光停留在工作本身，那么即使是从事你最喜欢的工作,你依然无法持久地保持对工作的热情,而如果在拟订合同时,你想的是一个几百万的订单;收集资料、撰写标书时你想到的是招标会上的夺冠,你还会认为自己的工作周而复始、枯燥无味吗?把工作当作一项事业来做,把自己的职业生涯与工作联系起来,你就会觉得自己所从事的是一份有价值、有意义的工作,并且从中可以感觉到使命感和成就感,从而彻底改变浑浑噩噩的工作态度。

李克和杜明是公司里学历最高的,本以为到公司就会受到重用,进入重要岗位。可是进入公司后,安排下来的工作,令他们大失所望,他们一下成了公司的杂务工。于是,他们都开始抱怨这份工作。但他们采取的做法有所不同:李克从一开始就厌倦这份工作,经常忙于搜寻招聘信息,随时准备跳槽,于是常常把工作扔到一边。因为他不在乎这家公司,同事关系也搞得很糟。而杜明尽管心里不痛快,却仍然安心工作、任劳任怨,把杂务工当作锻炼自己的机会,相信总有一天会赢得认可。他还深入了解公司情况,加强自己的业务知识,熟悉工作内容。五个月后,结果可想而知,杜明被调到重要岗位,结束了单调而乏味的工作。而李克还没有找到"好工作",又因不专心工作而被炒了鱿鱼。

总有一些员工认为自己所从事的工作是低人一等的。他们认为自己是迫于生活的压力而劳动。他们轻视自己所从事的工作,自然无法全身心地投入。他们在工作中敷衍塞责,得过且过,并将大部分心思用在如何摆脱目前的工作环境上。这样的人就像上例中的李克一样,在职场上是很难获得发展的。

所有的工作都是值得尊重的。只要你诚实地劳动和创造,没有人能够贬低你的价值,关键在于你如何看待自己的工作。那些只知道要求高薪,却不知道自己应承担责任的人,无论对自己,还是对老板,都是没有价值的,高薪也永远是一个空中楼阁。

某些工作也许看起来并不高雅,工作环境也很差,无法得到大家的认同。但是,请不要无视这样一个事实:有用才是伟大的真正尺度。在许多年轻人看来,公务员、银行职员或者大公司管理人员才称得上是成功人士,他们甚至愿意等待漫长的时间去谋求一个公务员的职位。但是,花同样的时间他们完全可以通过自身的努力,在现实的工作中找到自己的位置,发挥自己的价值。

一个人若想走上成功之路,首先必须确立奋斗目标,这是我们每个人都明白的道理。然而是不是有了奋斗目标就会成功呢?你的奋斗目标是不是脱离眼前的工作实际呢?成功的最大阻碍就是放弃。有人问投资专家巴菲特成功的秘诀,他回答说:"选定一个工作目标,就咬住不放。世界上成功的人,不是那些脑筋好用的人,而是对工作目标咬住不放的人。”巴菲特强调了两点：一是选定一个工作目标，二是咬住工作目标不放。

如果你想取得像你的老板今天这样的成就，办法只有一个，那就是比老板更积极主动地工作。英特尔总裁安迪·葛洛夫应邀对加州大学伯克利分校毕业生发表演讲的时候，提出以下的建议：“不管你在哪里工作，都别把自己当成员工——应该把公司看作自己开的一样。”你每天都必须和若干人竞争，包括你的同事和社会上的求职者，因此，你需要不断学习新知识，适应新形势，提升自己的价值，提高自己的竞争优势。你只有站稳了脚跟，才能够稳步前进。

人生就像爬阶梯，在职场也是一样，必须一步一阶，丝毫取巧不得。只要你把自己的工作当作事业来做，把自己当作公司的老板，积极主动地工作，一定会不断攀登职业生涯的巅峰。

警惕你的暴富心态

洪应明说：“富贵是无情之物，看得他重，他害你越大；贫贱是耐久之交，处得他好，他益你反深。”难道富贵就一定害人，贫贱就一定是福吗？在今天，“贫穷不是社会主义”已成为大家的共识。谁也不会看着眼前的财富不去挣，谁也不会嫌富爱贫，安于穷苦。关键是，不能得了富贵就失了本性，不能骄矜傲慢，盛气凌人，嫌弃贫贱。或者说，在追求财富的过程中，不能忘记个人品行的修炼，不能忘记人生的最大追求就是提高自己的思想境界。洪应明说：“进德修行，要个木石的念头，若一有欣羡便趋欲境；济世经邦，要段云水的趣味，若一有贪者便堕危机。”（《菜根谭》，215）“人只一念贪私，便销刚为柔、塞智为昏、变恩为惨、染洁为污，坏了一生人品。”（《菜根谭》，241）这些都是警世名言，是我们进德修业、磨炼心性、追求人生至高境界的指针。

有些暴富者不免张狂失态，炫耀自己多么多么有钱。诚然，有钱是一回事，但懂得用钱之道却又是另外一回事。观察一下这批富人的生活，手腕上戴着光灿灿的劳力士手表、驾奔驰名车、在酒廊豪饮 XO、宴客非鱼翅鲍鱼不可……这些做法充其量不过是在彰显他过去的匮乏，彰显他内心世界的匮乏。而真正有修养的人即使赚了钱也不张扬。

某公司有两张尊贵慈善拍卖会的入场券，负责人力资源的小王不知道该给谁。上司说：“这种档次的拍卖会，只有买得起个人游艇的人才会参加。你去送一张给张雅涵吧。”

小王大吃一惊。负责人力资源这么久，她怎么也没想到张雅涵是一个富婆，因为张雅涵的工资在公司仅属于中等水平。每天下班时,小王常常看到张雅涵拎了一大袋子从公司食堂买的大肉包子,以为她是图便宜,急着回家给家里人带晚餐呢!

后来,小王才了解到,张雅涵是他们公司数一数二的大富婆。她家的别墅仅装修就花费了二百万元。她家里雇有全日制的家政园丁、佣工,名车就有好几辆,其中还有一辆是专给保姆用的。张雅涵家的保姆和园丁们很喜欢公司食堂的大肉包子,所以张雅涵经常从公司食堂买大肉包子。

有这么大的家底和财富,张雅涵为什么还那么辛苦地工作?而且经常加班加点?原来,张雅涵工作的目的已不是为了挣钱糊口,而是为了在工作中获得乐趣。我们工作是为了养家,为了过得更好,我们希望自己的劳动付出会有相应的回报,所以有时看到不如自己的人晋级加薪而自己没份就会感到很沮丧。张雅涵就不一样。她虽已显富,但保持普通人的心态。她说自己是一个脱离了高级趣味的女人,不会琴棋书画,不喜麻将茶道,不会泡网,没有其他爱好,来上班就是为了有一件事情做。她说这份工作蛮体面的,又与她所学专业对口,她喜欢做,有挑战,觉得这样生活才有意义。她说人没有自己喜欢做的事情,会很无聊的,是一个低级趣味的人,一旦享受起来就找不到方向。她热爱自己的工作,所以不觉得工作有多么辛苦。张雅涵是一个超脱的人,是一个将工作当作事业的人,是一个低调做事的人。

你为自己创造财富,也就为社会创造了财富。财富永远值得尊重,但你不要有暴富心态,不要让自己的一生围着钱转。挣钱可以,但不要玩钱。当然,也不要当守财奴,不要当新世纪的“葛朗台”。有了钱,就要合理地使用:改善生活,或者投资于公益事业。合理用钱,就会使你的人生更充实,使你更有成就感。

让更多的人需要你

有一个古老的故事。从前,在迪河河畔住着一个磨坊主,他是英格兰最快乐的人。他从早到晚总是忙忙碌碌,生活虽然很艰难,但每天仍像云雀一样欢快地歌唱。

他乐于助人,他的欢乐带动了整个农场,以至于在很远的地方,人们就能听到从村子里传出来的欢声笑语。

这一带的人遇到烦恼总爱找他,并学会用他的愉快方式调节自己的生活,大家的生活也总是快乐的。这个消息传到国王耳朵里。国王想,一个贫贱的磨坊主怎么会有那么多快乐呢？他的生活贫穷需要财富，他的田地贫瘠需要良田，他的生活忙碌需要轻松。他怎么能快乐呢？国王决定拜访这个磨坊主，看看他有什么快乐之道。

国王来到磨坊，远远就听到磨坊主在唱："我不羡慕任何人，只要我有一把火，我就会给别人一点热。我热爱劳动，我有健康的身体和幸福的家庭。我不需要别人的施舍。我要多快活就有多快活。"

国王说："我羡慕你。如果我能像你那样无忧无虑，我愿意和你换个位置。"

磨坊主说："我肯定不换。你只知道需要别人，从不考虑别人需要你做什么，所以你不快乐。我自食其力，因为我的妻子需要我照顾，我的孩子需要我关心，我的磨坊需要我经营，我的邻居需要我帮助。我爱他们，他们也很爱我，这是我很快乐。这就是秘诀。"

国王说："你还需要什么？我可以跟你换取快乐。"磨坊主说："我还需要帮助别人，让更多的人需要我。"

人生最大的需要并不是索取，而是被需要，只要你愿意去帮助人，你就会成为快乐之源。这也是经商之道。生意场上多为别人考虑，为顾客解难，先一步替他人着想、留有余地，才能赢得更多的客户，走向成功。如今称霸中国台湾精密机械业的台中精机就是一个好例子。

台中精机是一家老企业，经营超过 50 年了，目前接棒经营的总经理黄明和说：企业的发展全赖多年积累的客户关系。而企业最稳定的客户就是从自己企业出去的学徒工。许多学徒工学会技能后，开始自己出去创业。台中精机创始人，也就是黄明和的父亲，看到这些年轻人在创业初期难免资金短缺，总会大方地要他们先将没备拿去用，日后慢慢分期付款即可。甚至，有的下游经销商没钱进货，他还会劝他们先把机器拿去卖，先赚第一笔钱，以后再还，这样可以把基础打好些。由于黄明和的父亲总会替人着想，培养了许多忠诚的客户，有的演变成关系深厚的三代交情。这些交情成为企业最好的财富。

1997 年，受亚洲金融风暴波及，台湾地区汽车行业、五金行业陆续爆发股市危机，中部地区许多上市公司都垮了，台中精机也因财务杠杆过度操作，20 亿元融资遭银行冻结，顿时陷入困境。

奇妙的是，当遭逢相同命运的几家同行陆续垮台后，台中精机却平静地挺了过来。不仅客户没有抛弃台中精机，其他厂商照常提供零件。面对同业挖人，台中精机的高层主管没有一个异动，一起度过了最艰难的阶段。这些都是由于台中精机多年积聚的深厚的人情基础。从这次危机中，黄明和心有所感地说，是父亲的宽厚仁道、多行善事拯救了公司,为公司赢得了东山再起的机会。

洪应明说:“面前的田地要放得宽,使人无不平之叹;身后的惠泽要流得长,使人有不匮之思。”意思是说:对眼前的利益要宽厚些,不要让人有不平之感;死后留给别人的恩泽要长远些,才会让人长久地怀念。不去争一时得失,多去帮助别人,让更多的人需要你,让更多的人得到你的恩泽,在你遇到困难的时候,你的人情基础就会发挥巨大的作用。

将压力化为动力

洪应明说:“毋忧拂意,毋喜快心,毋恃久安,毋惮初难。”又说:“耳中常闻逆耳之言,心中常有拂心之事,才是进德修行的砥石。若言言悦耳,事事快心,便把此生埋在鸩毒中矣。”(《菜根谭》,180)不论是工作还是生活,很难事事顺心。如遇拂心之事,正可以进德修行。而如果追求事事快心,则就真正危险了。

学会调节心理压力既是工作生活的需要,也是陶冶情操、提高人生境界的需要。面对压力,必须进行有益的缓解,因为过高的心理压力会引起人的不良生理反应,损害健康。研究表明,因为事业不顺、上司不够体恤、家庭矛盾等各种因素所产生的心理压力,会导致愤怒、挫折、沮丧、喜怒无常等不良情绪,进而引发精疲力竭、头痛、高度紧张、失眠、注意力无法集中、消化不良、厌食、高血压、中风、心脏病等各种疾病。因此,面对压力,要学会正确地减压。

(1)正确地看待压力。面对压力,要尽量保持客观、开阔的心胸;要了解并接受压力的事实,但不要被任何负面的情绪打倒;要专心于有益达到你短期或长期目标的工作上;要提醒自己任何令人不快的情境都会事过境迁;对别人的敌意及粗鲁态度不必太敏感,因为那是他们的问题;相信自己终可以渡过难关;有时候压力是机遇,要勇敢接受挑战。坦然面对压力,就可以避免不良情绪的发生,就能掌握自己的人生方向,更有信心面对未来。

(2)给自己设定的目标要合理。太高的目标和任务会使自己喘不过气来,对某些过高的目标要学会放弃,不要给自己无谓地增加压力。如果你的目标过于远大,就容易遭受类似喜怒无常的老板、办公室政治、资源不足等因素导致的压力,就容易陷入某些不必要的纠缠中。

(3)分清事情的轻重缓急。有时压力来自多个方面,要分清轻重,区别对待。要权衡各种压力的利弊得失。决定花多少时间和精力来消除压力情境，必须先看这个情境对你长期和短期目标的关联性有多大。因为轻重缓急由你控制，所以，你也能控制大多数工作所产生的压力。

（4）寻找解决之道。不要让你自己沦为压力或他人故意行为的受害者。要解决压力，就需要找出问题的症结。如果不能找到产生压力的深层次原因，压力即使暂时缓解，也会再次出现，并可能导致更糟的结果。与其注意压力的征兆，不如把这个征兆当作线索，去试图找出产生压力的原因并加以矫正，这才是正道。

（5）加强锻炼。加强锻炼，持之以恒地参加各种健身运动，不仅能降低体内因压力而产生的肾上腺素，消除压力产生的生理反应，同时也能强化身体对抗压力的能力，增加体内能振奋心情的β-吗啡，还能让精力更旺盛。

（6）善待自己。打击自己、责备自己、为别人承担不必要的责任、杞人忧天等，都会破坏你的免疫系统。面临压力时，抽空出去走走，看场电影，和朋友吃个饭或者自己独处一下，这些都是你需要的，而且也是你应该做的。吃一顿丰盛的晚餐，看一场电影，趁机休个假，买个小礼物来奖励自己，能让你的精神重新振作起来。

不要把时间浪费在无法改变的事情上，尽量在你使得上劲的地方下功夫，努办寻找改善现状的契机。每完成一件事情，就把它从你的行动计划表上画掉，休息一下，再做新的工作。每天要把桌上和目前工作不相干的东西拿掉，并检查自己的工作成果。把工作留在办公室，尽量不带回家，除非进度真的落后很多。

记住，没有什么工作值得赔上你的生活！

没有最好，只有更好

从前，有个贵族拥有一张出色的檀木大弓，用这张弓射箭又远又准。他非常珍惜这张弓。有一天，这个贵族仔细观察他的弓，心想：这弓虽然好，但还是有些笨重，外观也无特色。要是削轻一些，再请艺术家在弓上雕上图画就更好了。于是，他请了一位工匠，把很粗的弓削细了不少，还在上面刻了一幅行猎图。这张弓确实轻了，看起来也很漂亮，但当他再次拉紧这张自以为完美无比的弓时，由于像原先一样用力，弓“咔嚓”一声断了……

还有一个笑话：一个帅哥来到一家婚姻介绍所。进了大门后，迎面又见两扇小门，一扇写着"美丽的",另一扇写着"不太美丽的"。帅哥推开"美丽的"门,迎面又是两扇门。一扇写着"年轻的",另一扇写着"不太年轻的"。帅哥推开"年轻的"门……一路走下去,帅哥先后推开九道门。当他来到最后一道门时,门上写着一行字:您追求得过于完美了,到天上去找吧。

以上两个事例警示人们:世上没有十全十美的人,也没有十全十美的事。过于苛求完美,只会自讨苦吃。

本来,追求完美,是人类的一种进步行为,是人类自身在逐渐成长过程中的一种天性。应该说,这没有什么不好。人类正是在这种追求完美中,不断完善自己,使得自身脱去了以树叶遮羞的衣服,变得越来越能干,成为这个世界的主宰。为了完美,人类在所有的方面都取得了巨大的成就。如果原始人类满足于现状,失去了对完美的追求,那么就很难有后来的进化发展。但是,完美是无止境的,追求完美可以成为人类进步的动力,任何一个阶段,任何一个方面,都不能将完美当作必须实现的目标——人类不会为自己设定一个终点。

所以,追求完美是需要的,但不能过分。什么事情都会有个度,就像水到了100℃就会沸腾,低于0℃就会结冰一样,追求完美超过了一定的度,就会变得不完美。无论何时何地,无论何事何物,都要适可而止。如果不达到想象中的彻底完美誓不罢休,那就是在和自己较劲了,长此以往,心里就有可能系上解不开的疙瘩,而且这疙瘩会系得越来越紧。

完美是极具诱惑力的口号,却也是漂亮的陷阱。过分追求完美就会成为一种强迫症。有人对自己要求严格,追求完美,同时又有些墨守成规。他们谨小慎微,因为过分重视事物的细节而忽视全局;优柔寡断,面临意外而不知所措。由于行为表现过度认真、拘谨和执拗,缺少灵活性,也由于过度自我关注、自律和刻板,因此他们很少有自由悠闲的心境,缺乏随遇而安的潇洒,长期处于紧张和焦虑状态。

这是因为我们的心理像是一根树枝,即使再坚硬,也会渐渐承受不了我们自己找上门来越来越沉重的负担,心理压力过大会导致崩溃。我们就是这样跌进完美自身所造成的误区里,只不过这种误区常常是以漂亮的面貌招手出现,以良好的状态开始作为引导,然后被日后的逞强、虚荣所代替,心理上渐渐地磨出了老茧,而自己浑然不知。

其实,完美只是一种状态,一种理想的境界。在实际的操作中,"没有最好,只有更好",你在当前的条件下能够取得最好的结果,就应当感到高兴。

你手头要处理的事情越来越多，你需要努力做事，积极地去执行任务，你希望很漂亮地完成各项任务。但你一定要把握好目标的度，有效地避免追求过分完美的不利影响，避免吃力不讨好。

世上没有十全十美的事物，完美只是人类对理想事物的思想投射。完美只在心中。既然如此，完美就是人所能够控制的。

洪应明说："人生只为欲字所累，便如马如牛，听人羁络；为鹰为犬，任物鞭笞。若果一念清明，淡然无欲，天地也不能转动我，鬼神也不能役使我，况一切区区事物乎！"意思是说：人的一生如只是被"欲"字拖累，就如马牛被人羁绊，如鹰犬任人鞭打。如果一个人能够做到心念清静明白，淡泊无欲，那么天地也不能改变他，鬼神也不能差使他，更何况那些微不足道的事物呢！对于完美也是如此。人生如为完美所累，累死自己也难有成就；如果对完美心念清明，保持理性，才可以获得自我的自由。俗话说："知足常乐。"这才是完美的心境。

比如，我们服务顾客，永远做不到百分之百的客户满意度。但是虽然如此，我们却可以让客户更满意一点儿，然后努力、努力再努力。

是啊，人生不可能事事都如意，也不可能事事都完美。追求完美固然是一种积极的人生态度，但如果过分追求完美，而又达不到完美，就必然会产生浮躁。过分追求完美往往不但得不偿失，反而会使美好的事变得不完美。

抱着老板的心态去做事

洪应明说："做人无一点真恳的念头，便成个花子，事事皆虚；涉世无一段圆活的机趣，便是个木人，处处有碍。"意思是说：做人如果没有一点真诚恳切的念头，就会像个叫花子一样，什么事业也做不成；人生处世如果不会圆滑机灵随机应变，就等于是一个木头人，无论做什么都会处处碰壁。一要真诚恳切，踏实做事，二要圆滑机灵，随机应变，在今天职场上，这两条仍然是非常实用的原则。

一个人做事的心态决定了他能否走向成功。要想成功，对待自己的工作就要踏踏实实，认认真真，任劳任怨，就要把自己当作老板，抱着老板的心态去做事。有了这种心态，当一件人人看似"不可能完成"的艰难工作摆在你面前时，就不会抱着避之唯恐不及的态度，也不会花过多的时间和精力去思考最糟糕的结局，不会去重复"根本不能完成"的念头——这等于在预演失败。反之,你会怀着感恩的心情主动去接受艰难工作,用积极行动勇挑重担,让大家都知道你是一个意志坚定、富有挑战力、做事雷厉风行的人。站在老板的立场思考问题,只要认定那是你应该做的事,就立即采取行动,而不必等着老板催促,这样一来,你就不会得不到老板的认同,你离成功也就不远了。

如果工作仅仅是为了面包,那么生命的价值也未免太低了。不要麻痹自己,要告诉自己工作不仅仅是为了赚钱——你应该有比赚钱更高的目标。不要以薪水为尺度提供你的劳动,一个以薪水为个人奋斗目标的人是无法走出平庸的生活模式的,也不会有真正的成就感。如果你忠于自我的话,就会发现金钱只不过是许多报酬中的一种。试着请教那些事业成功人士,他们在没有得到优厚的金钱回报时,是否还在努力工作?绝对是!

主动工作、积极进取的员工,才可以尽快在职场中找到自己的位置。很多人虽然颇有才学,具备种种获得老板赏识的能力,但是有个致命弱点:缺乏挑战的勇气。对那些相对困难的工作,不敢主动发起进攻,一躲再躲。他们认为:要想保住饭碗,就要谨小慎微,只做有把握的事情,避免被撞得头破血流。这样的人终其一生也只能平庸。“职场勇士”与“职场懦夫”在老板心目中的地位有天壤之别,其发展前途也就无可比拟。所以,要当“职场勇士”,要把自己当作公司的老板。

那么,如何抱着老板的心态去工作呢?以下从员工与老板角色转换的角度谈几点建议:

(1)短期行为与长远目标

员工工作的着眼点也就是当前这两三年,往往第一考虑的还是安全感,如何保住饭碗,自然不会想得太远太高。而老板知道自己最终想要什么,要达到目标需要经过哪些过程,具备长远眼光,拥有战略意识。因此,抱着老板的心态去工作,就要学会高瞻远瞩,为公司长远目标着想。

(2)完成工作与解决问题

员工习惯性地把工作按照天数来分解,每天只完成部分工作,下班时间一到就着急回家。而老板对完成一件工作的定义是指把某件事某个问题彻底解决,今天能搞定的一定不要拖到明天。因此,抱着老板的心态去工作,就要培养敬业精神,培养对公司的忠诚度。

(3)单个环节与整个系统

员工常常对工作任务进行分解,各负其责,做完自己的那一份就算完成了,很少关注其他人手头相关工作的完成情况。而老板考虑每项任务都要从公司全局出发，要关注任务的完成对于整个系统的作用。因此，抱着老板的心态去工作，就要培养系统观念，更好地做好沟通协调工作。

(4)推脱责任与承担责任

工作上出了问题，很少有员工会站出来承认自己工作的不足，往往互相推卸责任。这样一来，员工也就难以从失败和失利中吸取教训。老板们大都经历过失败和挫折，知道勇于承担责任的重要性，也希望员工勇于承担自己的那份责任。因此，抱着老板的心态去工作，对于过失，就要勇担责任，知耻而后勇。

(5)个人意识与团队意识

很多的员工脑海中都存在着个人英雄主义，总希望在一些事情上显摆一下，在老板面前表表功，时不时自作主张地干点什么，却不知因此而给公司利益造成了损害。而老板要考虑大局，特别强调团队意识。因此，抱着老板的心态去工作，就要摈弃个人自由主义，加强团队合作。

(6)大手大脚与成本概念

员工对公司的资产不是很放在心上，大手大脚惯了，养不成节约的习惯。而老板知道公司每一分钱的支出都要算作是成本，省下来的就是利润，精打细算是许多老板的习惯性思维和行为。因此，抱着老板的心态去工作，就要树立成本意识，学会精打细算。

员工和老板换位思考的方面还有很多。总之，只要你抱着老板的心态去工作，不断进行换位思考，就可以不断提升自己的素质，为自己赢得更多的发展机会。

执着向前跑就会成功

洪应明说："绳锯木断，水滴石穿，学道者须加力索；水到渠成，瓜熟蒂落，得道者一任天机。"意思是说：绳索可以锯断木头，水滴可以穿透石头，修道之人必须努力去求索；水到渠成，瓜熟蒂落，得道之人都是功到自然成。只要目标明确，坚持作为，就会功到自然成。

一位清华老师曾这样说：人生不如意的事十有八九，挫折和失败是常有的，你只有不断地奋起，才能不被打倒。的确，人的一生中经常会走背运，关键是要从挫折中反省思考，振作起来，与其怨天尤人，不如发奋行动。行动是治疗挫折创伤的最好方法。行动起来，看准目标，执著向前跑，你就有了成功的机会。

大家都熟悉龟兔赛跑的故事：兔子跑得很快，但它骄傲自满，最终输掉了比赛；乌龟步履维艰，但它执着向前跑，最终赢得了比赛。电影《阿甘正传》里的阿甘就是那个执着于目标的“乌龟”——他智障者，头脑简单，想问题单纯，被周围的人看作傻瓜……但他成功了！他成功地跑过了人生的每一个阶段：他成为大学生，成为橄榄球明星，成为越战英雄，成为乒乓明星，成为国会勋章获得者，成为亿万富翁。他靠的是什么？就是看准了马上就做，永远在奔跑中，而且要跑得比别人快。

小的时候，当一群孩子要欺负阿甘的时候，他的女伴告诉他：“快跑！”跛脚的他单纯地听从了，没命地跑，快得超过了正常男孩。到了大学球场上，教练告诉他：“什么都别想，抢着球就跑！”他又单纯地听从了，结果他跑成了“球星”。阿甘明白一个道理：永远在跑动中，行动胜过一切。阿甘上越南战场，从来没有说要争取当一个英雄。而他的上级，出身于军人世家的上尉，从一开始就争取当一个战争英雄，为家族争光，结果失去了双腿，被自己看不起的傻瓜阿甘救了一命。那个上尉曾告诉他：“遇见危险就跑！”他再次单纯地听从了，结果不但平安归来，还跑成了“国家英雄”，受到总统的特别接见。阿甘善于把所有的问题都简单化，简单到只剩下直奔成功。

如果不能行动起来，聪明的人也会失败。有一个20世纪50年代出生的江浙人，读书一直很好，懂得的知识非常广博。走上社会后，也是村里公认的军师，邻里总喜欢和他商量大小事情。他上知天文地理，下通人情世故，分析问题有条有理，滴水不漏，在周围村庄都有影响，求他办事的人络绎不绝。当然，这只是在特定的年代，当改革开放时代来临时，由于他依然沉浸在自我陶醉中，就慢慢落伍了。

浙江是手工业的摇篮，在改革开放以前，年轻人都去学一门手艺，而这位仁兄认为自己有学问，整天有这么多人找他办事，觉得高人一等，死活也不学手艺。改革开放后，当同龄人都到外地淘金一年赚回好几千元的时候，他依然守着村里微薄的报酬。慢慢地，看着别人盖起新瓦房的时候，他也后悔了，当初为什么不去学手艺呢？要是去学，一定比别人强，凭自己的聪明至少要比别人赚得多。

后来，许多手艺人开始经商办厂，并邀请他加盟，但他看不起那些先富起来的人，因为他们读书的时候比他差远了，现在自己不愿屈居他们之下。他想自己去做，认为凭自己的学问和人际关系，只要努力一年也可以发大财。为了梦想，为了第一桶金，也迫于家庭压力，他终于下决心去学一门技术。

一边学一边做,几年的手工业生涯并没有给他带来多大的变化,而那些他看不起的人一个个都成了老板,成了十万元户甚至百万元户。他又后悔当初没有加盟。当他再想加盟到别人企业的时候,高不成低不就,越来越背时了。尽管他自己不肯轻易认输,也想出了许多致富的好点子,但遗憾的是他没有动手,致富机会又错过了。之后,他唯一能骄傲的一句话就是:“某某发了是我提供的路子,是我出的点子”。

他依然背时:妻子嫌他没本事走了,女儿被别人收养了,只留下孤苦伶仃的他每天沉浸在后悔中。他的落魄的身影真是让人百感交集啊。难道是老天不公吗?回答肯定不是的,机会对于每一个人都是公平的,但关键是你要有把握机会的能力和勇气。

创业艰难是事实,但眼中只有艰难的人永远不可能成功。多少人手里有好项目,就是因为犹豫不决而坐失良机。多少人谋得了一个好位置,就是因为不够努力而被淘汰。那个江浙人和阿甘的事例形成了鲜明的对比。他们的故事说明:天助我时欣然受之,有机会要及时抓牢,做成了,可谓锦上添花;天不助我时我自努力,看准目标执着向前,最后总有一番作为。

识时务者为俊杰

洪应明说:“鸿未至先援弓,兔已亡再呼犬,总非当机作用;风息时休起浪,岸到处便离船,才是了手工夫。”意思是说:大雁未到就已张弓搭箭,兔子已跑才去呼唤猎犬,这都不是合乎时机之作为;大风已平息时不要再鼓起波浪,渡船已到岸边就应离船上岸,这才是识时务之俊杰。

识时务,就要善于沟通,这也是做成事的前提。在现代公司中,沟通能力日益重要。现在公司里很多被提拔上来的人都是善于沟通的人,而不是善于做事的人,如果你只善于做事,而且做得不错,那你还能安稳地呆着,但不会沟通,上升空间就非常有限了。说实话,任何公司都存在一定的明争暗斗,如果不喜欢某个人或某份工作,希望靠换工作来躲避是没有用的,应该学会在这样的环境中安身立命。

经常有人说同事是白痴,就会溜须拍马,业务能力很差劲,还要偷懒到处争功。然后说自己每天都努力工作,常常加班做了多少多少工作,但是被一帮小人所扰,甚至功劳被抢,干得很不爽。更有甚者说上司是白痴无能,不懂管理,不懂专业,对业务一点不了解。每个企业都会存在这样的现象,但无能的上司毕竟是少数。谁都不是傻瓜,尤其是上司和老板，精明着呢，他能坐到他的位置自有他的路数。作为一名员工，目中无人，眼中看不起上司，是要吃亏的。

人力资源专员汪雪春入职3年，能干又努力，工作认真，做事干净利索。但奇怪的是，尽管工作出色，周围的人缘也颇佳，可她仍旧原地踏步，倒是那些不如她的同事却接二连三地升了职。她感到郁郁不得志。

没错，汪雪春是能干，但她有一个缺陷：尊“下”不尊“上”，不把自己的上司孙虹放在眼里，因而孙虹就是不喜欢她。原来，汪雪春在小节上从不顾及孙虹的感受：比如每次开会，老板都指定汪雪春做会议记录，汪雪春整理出来后从来不让孙虹过目就直接上交老板。因为老板夸她文笔好，整理文案有功夫，她觉得得到老板的表扬比得到主管的认可更荣幸。汪雪春热心助人，经常帮其他的部门做事，但从不事先请示孙虹，询问本部门是否还有更重要的工作等着去做。汪雪春有时还自作主张。例如，部门要买个投影仪，孙虹让汪雪春询价做性价比，然后再决定买哪一款。汪雪春对几款投影仪做了资费比较分析后，就自作主张订了货，还对孙虹说出一大串理由，好像她做得多么漂亮。然而，她做得再漂亮，孙虹不高兴，终归是堵了自己的发展路。

作为职场人士，让上司添堵是最不聪明的。因此，应该记住以下要点：

(1)作为下属不能站错队，必须跟着上司走。

站错了队，处处行动不便，也难以有大的发展。上司都需要有一批忠实的下属，如果你不喜欢自己的上司，又不能另谋高就，就只有自己忍受委屈了。

(2)在站队问题上，要找个硬一点的后台。

如果你的后台不过是个部门经理，那么他给你升职的空间不大，最多是把自己的位置让给你。可如果你的后台是大老板，那么你跃升到总监也是有可能的。但有一点必须清楚，一定要重视并尊重自己的主管上司，否则，你第一道坎就难迈过去。

(3)该说的还是要说。

埋头苦干是需要的，关键的时候还是要说，要让人家知道你干了什么。如果有什么不满意，要说出来，薪水不高，或者想换岗位等，都要说出来，但是要注意方式，不一定要很正式地冲到老板办公室去，吃饭闲聊时随口提到就好。公司里那么多人，你不说，老板怎么会知道。

不管怎样，上司就是上司，在他眼皮底下干活，他心里亮堂着呢。不管你承认不承认，那些表现出色，从不出事，也不需要老板来指点的人，并不一定能得到重用和认可。

有时自己太能干,像汪雪春那样,上司无法发挥他的指导作用,无法显示他的才干,这时候,完美就是你的缺点。倒是那些大错不犯小错不断又喜欢和上司接近的人容易获得更多的机会,因为他给上司预留了发挥的空间,让上司很有成就感,即便日后升了职也会被骄傲地冠名为"我培养出来的"。有时候,满足一下上司的虚荣心,多奉迎一下上司,也算是剑走偏锋的一招。

做事要有责任感

洪应明说:"居轩冕之中,不可无山林的气味;处林泉之下,须要怀廊庙的经纶。"意思是说:身居要职的人,要保持一种隐居山林淡泊名利的思想;身居林木泉石之下的隐士,要有胸怀天下治理国家的知识和才干。位高不贪权,位卑也尽责。作为一名企业的员工,要抱着老板的心态去做事,要重视自己的工作,要尽职尽责。

工作本身就意味着责任,尽职尽责就是要做好企业交给你的任何工作,就是要为自己所从事的工作和接受的任务承担责任。所以,不能把工作仅仅当作谋生的手段,而要把工作当成一种使命来完成。

要将责任根植于内心,让责任成为我们脑海中一种强烈的意识,在日常行为和工作中,这种责任意识会让我们表现得更加卓越。经常见到这样的员工,他们在谈到自己的公司时,使用的代名词通常都是"他们"而不是"我们","他们业务部怎么怎么样","他们财务部怎么怎么样"。这是一种缺乏责任感的典型表现,这样的员工至少没有一种"我就是整个公司一员"的认同感。

责任感并不是容易获得的,原因就在于它体现在若干个方面,若干个细节。但是最基本的是做事的态度,无论多小的事,都要比以往任何人做得都好。

有一个替人割草打工的男孩打电话给布朗太太说:"您需不需要割草工?"布朗太太回答说:"不需要了,我已经有了割草工。"男孩又说:"我会帮您拔掉草丛中的杂草。"布朗太太回答:"我的割草工已经做了。"男孩又说:"我会帮您把草与走道的四周割齐。"布朗太太说:"这个我的割草工也已经做了,谢谢你,我不需要新的割草工人。"男孩挂了电话。男孩的室友问他:"你不是就在布朗太太那儿割草打工吗?为什么还要打这个电话?"男孩说:"我只是想知道我究竟做得好不好!"

多问自己"我做得好不好",这就是责任感。在这个世界上,没有不须承担责任的工作，相反，你的职位越高、权力越大，你肩负的责任就越重。不要害怕承担责任，要立下决心，你一定可以承担任起职业生涯中更重的责任，你一定可以比前人完成得更出色。

责任体现在每一个细微的方面。事实上，一个连小事都不愿负责的人，又怎能在大事面前敢于担当呢？一位人力资源部经理说："要想知道一个人是否有责任感，不用从什么大的方面来看，从他下意识能做的那些细微的小事就可以得到答案。"这位经理举了他们公司招聘新员工的例子。来了不少应聘的人，看起来一个个精明干练。面试的人一个个进去了又一个个出来了，大家看起来都是胸有成竹。面试只有一道题——就是谈谈你对责任的理解。对于这样的一个问题，很多人都认为简单得不能再简单。

然而结果却出人意料：一个人都没有被录取。难道这家企业成心不想招人？这位人力资源部经理对应聘的人说道："其实，我们也很遗憾。我们很欣赏各位的才华，你们对问题的分析也是鞭辟入里，语言简洁畅达，考官非常满意。但是，我们这次考试不是一道题，而是两道。遗憾的是，另外一道你们都没有回答。"大家哗然，"还有一道题?"

"对，还有一道。你们看到躺在门边的那个笤帚了吗？有人从上面跨过去，有人甚至往旁边踢了一下，但却没有一个人把它扶起来。……对责任的深刻理解远不如做一件有责任的小事，后者更能显现出你的责任感。"

事情可能很小，然而正是体现你责任感的地方，你做到了吗？一位曾多次受到公司嘉奖的员工说："我因为有责任感而多次受到公司的表扬和奖励，其实我觉得自己真的没做什么，我很感谢公司对我的鼓励，其实担当责任或者愿意负责并不是一件困难的事，如果你把它当作一种生活态度的话。"

工作要有责任感，要积极主动、带着思考去工作，不要做上司按动按钮才会动一动的"机器"员工。要运用自己的智慧帮助上司改进工作，堵塞漏洞。必要的时候，要让你的思维跑在上司的前头，千万不要认为"我做得再多，再出色，得好处的还是上司，于我无益"。如果你这样做了，相信用不了多长时间，你就会给上司留下深刻的印象。

多学点做人做事的方法

洪应明说："磨砺当如百炼之金，急就者非邃养；施为宜似千钧之弩，轻发者无宏功。"意思是说：要想磨炼自己，就要经过千锤百炼，急于成就的人不会有高深的修养；做事就要像拉开千钧的大弓一般，如果轻轻一拉就射出去，肯定不会有大的成功。毫无疑问，加强基本功训练，提高自身修养，是一个人走向成功的基础。

我们经常听到这样的感叹：“在中国，做事难，做人更难。”的确，人生不易，为了获得必要的生存资源，每个人都必须面对很大的压力，但也要积极奋斗，积极竞争。成功者固然踌躇满志，令人羡慕，折戟沉沙者，只要不失志，韬光养晦，奋起拼搏，同样可贵。如何把握成功的规律、找出失败的症结，使自己在做人、做事方面更成熟、更完善、更顺利，是一个人必须经常思考、好好揣摩的问题。

有些人把做人做事看得过于复杂，仿佛用尽浑身力气，也无法达到完美；有些人把做人做事看得过于草率，认为无章可循，无法可依。其实，成功并没有多深的学问，只要你坚定志向，脚踏实地地去干，总会不断走向成功。

做人做事并不难，但是要想做好人做好事就比较难了。做人难，难就难在肯吃亏，肯为他人奉献。如果凡事都能替别人设想，自己也懂得有所为有所不为，多听人教诲，与人做好互动关系，做人又有何难呢？一个人不管多聪明，多能干，条件有多好，如果不懂得做人做事的方法，光有一肚子大道理，空怀热切的期盼，或者只是揣着一厢情愿的想法，那么他最终的结局肯定是失败。同样，做人做事没有长远的眼光，没有通盘的规划，走一步算一步，想着船到桥头自然直，也是不可取的，会造成手足无措的尴尬。“光有想法，没有做法”，这样的人不会有好的结局。

做任何事情，只要摸清门道，吃透规则，掌握方法，就如同宝刀在手，削铁如泥，也才能胸有成竹，气定若闲，谈笑间办成你梦寐以求的好事。

以下是一些做人做事的基本方法。

(1)要做与人为善的人，愿意替别人着想，乐于帮助别人。

有的人总是一肚子坏水，总喜欢刁难别人，以折磨人为乐，不给人方便，不肯真心为别人带来好处，这样的人不但不得人缘，而且其人品也确实成问题了。你总是拒绝别人，有时还故意损人，你怎能不成为一个孤家寡人？而善于做人的人对待别人的请求总是积极的，即使一时帮不上手，也会认真解释一下。

(2)和而不同，要在和谐共处中保持自己的个性。

做人不可孤芳自赏，要与人为善，要善于倾听别人的意见，要融入自己所处的团队中，要融入社会中，为团队所接纳，为社会所接纳。但是，融合并非随波逐流，既不要放弃自己的做人原则，与社会的不良之徒同流合污，也不要放弃自己的做事主见，人云亦云。要保持自己的个性，显示自己的重要性。

(3)要做见贤思齐的人,多向他人学习。

孔子说:“三人行,必有我师焉。”对别人好的说话做事方式就应该积极学习、效法。学习是多方面的,不仅从理论上、书本上学习,更重要的是在实践中学习。还有,不仅要向能人学习,还要向普通平民学习。人各有所长,说不定哪个看门大爷就是养花和养鸟的能手呢。即使对于犯过大错的人,其犯错的教训以及改正错误的经验也值得我们研究学习。如今是学习型社会,不学习就会落伍,就会在做人做事中捉襟见肘,无所适从。

(4)做一个乐于忘忧的人,保持乐观情绪。

人到世间上来,不是为烦恼而来的,而是为解决烦恼而来的。如果天天板着面孔,伤心、烦恼、失意,这样的人生没有乐趣可言。如果你经常为琐事和烦恼所困,说明你是一个无所事事的人,你没有重要的事可干,沉醉于一堆芝麻烂事中,自寻烦恼。有事做的人顾不上烦恼。我们应该为自己的人生创造一个积极进取、乐观向上的心境。在积极作为中远离忧愁、悲伤、苦恼,这样的人生才有意义,才有价值。

(5)高度认同自己的工作,提高使命感。

如果不认可自己的工作,认为工作没有多大意义,只是混碗饭吃而已,这样的心态是不可能干成什么事的。要认同自己的工作,寻找工作中的社会价值,提高使命感。如果一个卖冰淇淋的人老是想“因为天热了才有许多人买冰淇淋吃,等天冷了没有人吃了怎么办呢?”他老担心自己以后的买卖,就不会对当前的买卖充满热情。如果能想到小朋友吃了冰淇淋会很高兴,家庭主妇吃了冰淇淋可以打发寂寞,工人吃了冰淇淋可以消暑,他就可以发现卖冰激凌也具有很大的社会意义。如果制作扑克牌的人老想着有人会在工作时间里打扑克,他就会意志消沉。但如果想到正常娱乐可以给人们带来消遣休闲的快乐,就觉得制作扑克牌的工作还是很有意义的。同样一件事情,由于观察、思考的角度不同，就会产生不同的看法。我们应该学会从积极的方面看待自己的工作。

学会上面这些做人做事的方法，在你的人生事业屡遭挫折时，你就会知道障碍在哪里，就会主动去排除。当然，要在日常工作学习中不断自我反省，自我完善。

有底气就要高调做事

洪应明说："欲路上事，毋乐其便而姑为染指，一染指便深入万仞；理路上事，毋惮其难而稍为退步，一退步便远隔千山。"意思是说：欲念上的事，不要乘着某种方便而有所染指，一旦进去就会坠入万丈深渊；义理方面的事，绝不要由于畏惧困难而产生退缩的念头，一旦退缩就与真理相隔万水千山。又说："读书不见圣贤，如铅椠佣；居官不爱子民，如衣冠盗。讲学不尚躬行，如口头禅；立业不思种德，如眼前花。"（《菜根谭》，222）意思是说：读书不理解古圣先贤的思想精义，只能成为一个写字匠；做官如果不爱护百姓，就如同一个穿着官服的强盗；只传授学问却不注重身体力行，那就像一个只讲理论而缺少修行的和尚；创立事业不想积累功德，那就像一朵艳丽却很快凋谢的昙花。执着追求，一定要有所成就，为此，该高调时还要高调。

"低调做人，高调做事"是人生至理格言，但不可僵化地去理解它。低调做人主要指在人际交流场合，不管是未成功还是已成功，都要保持一种谦逊的作风，不浮夸、不卖弄，赢得一个好名声。高调做事主要体现在行动上，冲在第一线，敢于挑战，勇于承担责任，而在生活中又乐于助人。二者并不矛盾，有效地结合和相互参照，确实能为个人的成功带来助益。

有些人做人也很高调，他们同样取得了成功。商业界和体育界、演艺界的很多名人就是如此，像比尔·盖茨、山姆·沃顿、郭士纳、杰克·韦尔奇，还有飞人乔丹、球星贝克汉姆、影星成龙、歌星周杰伦等，他们生活在媒体的聚光灯下，却生活得婉转如意。他们善于借助媒体扩大自己的影响力，从而获得不菲的经济效益。这种必要的高调所带来的名声效应变成了为事业造势的手段。而他们的日常生活大多是低调不张扬的，与他们在台前的表演截然相反。

笔者有一个朋友曾经特立独行地坚持"高调做人"的人生哲学。他对"高调做人"的定义是："在任何场合，寻找任何机会，用尽任何办法，只是为了叫更多人知道我，认识我并记住我。"他也的确如此做了。无论是在网络社区的虚拟平台，还是在交际酒会的现实世界，他都会主动地宣传自己，并挖掘一切机会寻找展示自己的舞台，用文字、用言语、用行为阐述自己，叫更多人认识自己，了解自己并接受自己。他的目的非常单纯，那便是树立个人品牌知名度、个人品牌美誉度、个人品牌忠诚度。但是，雷声大，雨点小，其宣讲效果微乎其微。他从这一段经历中得出体会，不要光用嘴巴讲你怎么样，你要用实际行动做出来。就像新东方一类的培训班，不管人家广告做得如何响，但人家也是从一个小小的培训课程做起的，人家做大了，被社会认可了，积十多年的工夫，就成了业界的老大。

所以，无论你多么高调，光喊没用，你要做出事实的成果，让大家有目共睹。如果你还没有这个实力，最好还是保持低调，脚踏实地地去做事。当你把事做成了，做大了，你想低调都不行了，这是你一鸣惊人的时候，你就可以适当地唱唱高调。

所以，高调也是做事的手段。如果有利于自己的事业发展，该高调时就高调。

在当今的网络社会，要想出名是很容易的，但你要经得住出名后众人挑剔的眼光。比如韩寒，出名后引起了旷日持久的争论。但他坚定地在自己选择的道路上走下去，逐渐赢得了社会的认可，成为当代文学最具活力的作家之一，也成为八〇后的标志性人物。

政治领袖要想推行自己的政治主张，就需要高调宣讲。每个国家的总统候选人都会高调宣讲自己的政治理念。每次美国总统大选，美国总统的一言一行都会成为全世界的关注焦点。也正因为如此，他们更加慎言慎行，只有胸有成竹才肯言之切切，绝不会乱放大炮。

学术领袖也会高调宣讲自己的思想。像吴敬琏、厉以宁、林毅夫、茅于轼、郎咸平等经济学家，他们经常成为网络争论的焦点。他们坚信自己的主张。当某些主张会影响股市行情，因而承担很大道义责任的时候，他们也坚信自己是对的。他们的高调宣讲也推动了中国经济体制改革的深入和快速发展。他们的高调是正确的选择，是对全民经济思想和改革意识的普及。

毫无疑问，他们所以高调，都是有足够的底气。如果仅仅为了争眼球而曝光自己的糗事，那可实在算不上什么高明。

永远比第一名更努力

洪应明说："事稍拂逆，便思不如我的人，则怨尤自消；心稍怠荒，便思胜似我的人，则精神自奋。"意思是说：当事情稍有不如意的时候，就想想那些还不如自己的人，这样怨天尤人的情绪就会自然消失;当精神稍有懈怠的时候,就想想那些比自己更强的人,这样精神自然就会振奋起来。不顺心时要学会自我安慰,但更重要的是,不要让自己精神懈怠,要始终保持一种勇往直前的劲头。

美国飞人乔丹是20世纪最伟大的篮球运动员,他给我们留下了深刻的印象。他曾率领公牛队获得两次三连冠,他得到了世界篮球运动史上最多的个人纪录与团队纪录。他说:"我成功了!是因为我比任何人都努力。"在公牛队练球的时候,他的练习时间比任何人都长,据说他除了睡觉时间之外,用于休息的时间不超过两个小时,其余的时间全部练球。乔丹不只是比任何人都努力,在他已经是最顶尖的时候,他要求比自己更努力,要不断突破自己的极限与纪录,一次一次地超越自己。

乔丹是伟大的,我们同样也可以伟大。只要我们下定决心比第一名更努力,矢志不渝,努力奋斗,我们就能不断超越自己,超越别人,达到顶尖。

有一位汽车销售员销售成绩在他们公司总是排名第一,别人问他:"你为什么总是第一名?"他回答说:"因为我每个月都设法比第二名多卖一台车子。"这就是成功者的心态。你只有想着不断超越别人,才能不被别人所超越。

这个世界上的成功人士,他们都在努力超越别人,超越自己。世界首富比尔·盖茨可曾停下努力的脚步?没有,因为他要微软的产品始终保持全球第一。比尔·盖茨身边的人说他是个工作狂,而微软公司的许多工程师都是工作狂,微软有一群工作狂。

与此相反,有些人就是懒惰,就是不愿动脑,不愿用心,懒于动嘴,更懒得动腿。这种人好逸恶劳,凡事只求过得去,不求过得硬,缺乏理想、信念和追求,消极怠工,高兴的事就干,不高兴就推诿扯皮,遇到对己有利的事就干,积极性就高,遇到对自己不利的事能应付就应付,能回避就回避,信奉多一事不如少一事,生怕得罪人,生怕惹上麻烦。这样的人可就很难寄予希望了。

在工作中,你可能并不是事事如意,有时候会感到自己受到了不公正待遇,或者受到了歧视,心中可能愤愤不平。但这不是不努力的理由。许多伟人都是从受歧视中走出来的,爱迪生如此,拿破仑也如此。林肯一生就备尝了种种欺诈、阴谋、争夺和失败之苦,历尽挫折和艰辛,最后才登上了总统宝座。

智者、伟人和一切有骨气的遇到不平等待遇时,不是去抱怨,而是将它化为发奋图强的动力。他们不去与人斤斤计较,在短暂的利害关系、肤浅的个人得失上,他们能避开那些轰轰烈烈、热热闹闹的角逐,而一声不响地暗暗下定决心,去发展自己,充实自己。他们能够忍辱负重,向着远大的目标前进,而不去理会周围那些无聊的争端和打压。心中有了目标,你就有了前进的方向,你就有了蔑视一切歧视的勇气。

努力吧!只要付出,就会得到回报。盯住跑在你前面的人,努力学习新东西,努力寻找成功的诀窍,努力采取行动,努力超越自己,努力超越对手!你比你的竞争对手还努力,比任何人都努力,比第一名还努力,你就一定会成功!

一切皆有可能

洪应明说:“造化唤作小儿,切莫受渠戏弄;天地丸为大块,须要任我炉锤。”意思是说:造物主不过就是个小孩子,千万不要遭受他的戏弄;天地不过是一个大块弹丸,我们尽可任意锻造锤炼。有了这种“天地任我炉锤”的豪气,还有什么不可以做成的?

有一个推销员,以能够卖出任何东西而出名。

他已经卖给一位四肢发达的年轻人一副拐杖,卖给一位健壮的长跑运动员一辆轮椅,卖给一位瞎子一台电视机,当然,他也向和尚卖过“积善梳”。可以说,他简直无所不卖了,只要你想得到的,他就能把东西卖出去。

有位大公司的老板很想见识一下这位推销员的本事,就给他出了一个难题:“你要是卖给北极熊一个防毒面具,我就承认你是一个优秀的推销员,并让你做公司的总经理。”

于是,这位推销员不远万里来到北方,那里是一片莽莽雪原。

“您好!”他对遇到的第一只北极熊说,“您一定需要一个防毒面具。”

“这里的空气这样清新,我要它干什么?”北极熊说。

“现在是‘非典’时期,地球上每个动物都有一个防毒面具。”

“真遗憾,可我并不需要。”

“您稍候,”推销员说,“您马上就需要一个了。”说着他便开始在北极熊居住的雪地中央建造一座工厂。

当工厂建成后,许多有毒的废气从大烟囱中滚滚而出,不久北极熊便来到推销员住处对他说:“现在我需要一个防毒面具了。”

“绝对好用。”推销员卖给了北极熊一个防毒面具。

“真是个好东西啊!”北极熊兴奋地说,“别的北极熊现在也需要防毒面具,你还有吗?”

“你真走运,我还有成千上万个。”

“可是——,能否打听一下,你的工厂里生产什么呢?”北极熊好奇地问。

“防毒面具。”推销员兴奋而又简洁地回答。

这是一个寓言故事,但它也说明了一个道理:对顾客而言,需要是制造出来的,而不是等出来的;对推销员而言,吹牛并不是本事,只有做出来才算你有本事。

还有一个故事,也很有启发意义。

某位著名的推销大师即将告别他的推销生涯,应行业协会和社会各界的邀请,他将在某城市最大的体育馆做一场告别职业生涯的演说。

那天,体育馆内座无虚席,人们在热切地、焦急地等待着那位当代最伟大的推销员做精彩的演讲。大幕徐徐拉开后,人们发现舞台的正中央吊着一个巨大的铁球。为了这个铁球,台上搭起了高大的铁架。

一位老者在人们热烈的掌声中,走了出来,站在铁架的一边。他就是当代最伟大的推销员,来看演讲的对他崇拜备至,都希望在这次演讲中获得他们人生中最深刻的教育。只见老者穿着一件红色的运动服,脚下是一双白色胶鞋,不像演讲的样子。人们惊奇地望着他,不知道他要做出什么举动。

两位工作人员抬着一个大铁锤,放在老者的面前。主持人对观众讲:请两位身体强壮的年轻人到台上来。好多年轻人站起来,转眼间已有两名动作快的跑到台上。

老人让他们用大铁锤去敲打那个吊着的铁球,直到把它荡起来。

一个年轻人抢着拿起铁锤,拉开架势,抡起大锤,全力向那吊着的铁球砸去,一声震耳的响声,那吊球动也没动。他就用大铁锤接二连三地砸向吊球,很快他就气喘吁吁,大球还是没有荡起来。另一个人也不示弱,接过大铁锤把吊球砸得叮当响,可是大铁球仍旧一动不动。他们都放弃了。

台下逐渐没了呐喊声,观众好像认定砸铁球是没有用的,就等着老人做出什么解释。

会场恢复了平静,老人只说了一句:保持耐心,我会给大家带来奇迹。他从上衣口袋里掏出一个小锤,然后认真地,面对着那个巨大的铁球。他用小锤对着铁球轻轻地敲了一下,然后停顿一下,再一次用小锤敲了一下。人们奇怪地看着,老人就那样一下一下地敲,很有耐心,就这样持续地做着。

10 分钟过去了,20 分钟过去了,会场早已开始骚动,有的人干脆叫骂起来,人们用各种声音和动作发泄着他们的不满。老人仍然一锤一锤地敲着,好像根本没有听见人们在喊叫什么。许多人开始愤然离去，留下来的人们好像也喊累了，会场渐渐地安静下来。

大概在老人敲打到30多分钟的时候，坐在前面的一个妇女突然尖叫一声：“球荡起来了！”霎时间会场鸦雀无声，人们聚精会神地看着那个大铁球。的确，那球以很小的摆渡动了起来，仔细看就会察觉出来。老人仍旧一锤一锤地敲着，吊球在老人一锤一锤的敲打中荡起的幅度越来越大，它拉动着那个铁架子“哐、哐”作响，它的巨大威力强烈地震撼着在场的每一个人。终于，场上爆发出一阵阵热烈的掌声。在掌声中，老人转过身来，慢慢地把那把小锤揣进兜里。

老人开口讲话了，他说：“在成功的道路上，你没有耐心去等待成功的到来，那么，你只好用一生的耐心去面对失败。成就并不需要花蛮力，成功是将简单的事情重复做！”

成功难吗？成功只需要你耐心地认真地去做，只要你坚持到底，成功就是你的。

王婆卖瓜，必须自夸

有句俗话叫：“王婆卖瓜，自卖自夸。”虽然这句话蕴含了一些自吹自擂的意味，但这种自吹的必要性并不是没有道理的。

社会就如同一个大丛林，我们有许多机会都是要靠自己去争取的。如果有能力，就应该自告奋勇地去争取那些许多人无法胜任的任务，千万不要把自己淹没在人群中，或者躲在被人们遗忘的角落里。成功者会让自己闪耀夺目，像磁铁一样吸引各方的注意。

有一匹千里马，身材非常瘦小，它混在众多马匹之中，黯淡无光。主人不知道它有与众不同的奔跑能力，它也不屑表现，它坚信伯乐会发现它的过人之处，改变它被埋没的命运。

有一天，它真的遇到了伯乐。这位“救星”径直来到千里马面前，拍了拍马背，要它跑跑看。千里马激动的心情像被泼了盆冷水，它想，真正的伯乐一眼就会相中我，为什么不相信我，还要我跑给他看呢？这个人一定是冒牌！千里马傲慢地摇了摇头。伯乐感到很奇怪，但时间有限。来不及多做考察，只得失望地离开了。

又过了许多年，千里马还是没有遇到它心中的伯乐。它已经不再年轻，体力越来越差，主人见它没什么用，就把它杀掉了。千里马在死去的一刹那还在哀叹，不明白世人为什么要这么对待它。

客观而言，千里马的一生非常悲惨，甚至有些“怀才不遇”的意味。它终年混迹于平庸之辈中，普通人不能看出它的不凡之处，伯乐也错过了提拔它的机会。但是，造成这种悲剧的是谁呢？是它的主人吗？是伯乐吗？都不是！怪只能怪千里马自身，假如它当初能够抓住机遇，勇敢地站出来，在伯乐面前它能不顾一切地奔跑起来，表现出自己与众不同的优秀品质来，用速度与激情证明自己的实力，恐怕它早就可以离开那个狭窄的空间，到属于自己的广阔天地尽情施展了。

曾经人们总说“酒香不怕巷子深”，其实非也，这甚至会耽误很多英雄。试想，要有多么浓郁的芳香才能从深巷里传入人们的鼻端呢？又有多少人能够静下心来寻找这芳香的源头呢？只怕最终也不过落得个“长在深巷无人识”。有些人常慨叹怀才不遇，却不知何时才会自我醒悟，因为有能力是需要表现出来的，有本事就要发挥出来，不吭声、不动作，谁会知道你胸中的万千丘壑，谁会将你这匹千里马从马群中挑选出来呢？

不少人总是满怀希望地等待着，期待伯乐从远方来发现自己、提拔自己。只可惜千里马常有，而伯乐不常有。并不是所有领导、上司都独具慧眼，将机会拱手送上。在你做白日梦的时候，别的千里马，甚至是九百里马、八百里马们早已迎风疾驰，令众人瞩目，获得了展示自己的舞台。而默不作声的你，自然被淹没在无人问津的平庸者当中。

现实终究是现实，美好的东西不会主动跑到你面前来，一切都要靠你自己主动争取。要知道，就算天上掉下馅饼，也要你主动去捡，而且你还必须抢先别人一步。金子如果被埋在土里就永远不会闪光。如果要闪光只有两种可能：一种是被矿工侥幸发掘，而这需要有千载难逢的机会；另外一种是通过自己的力量破土而出，如果你努力，如果你是真金，这种可能几乎等于必然。

因此，即便是实力爆棚的人，也要学会表现自己，要善于表现自己，才能让自己的优势展现于世人面前，才能使自己成为求才若渴的人们心目中的抢手货。

以当代职场为例，默默无闻、埋头苦干的人，往往不能够得到重用。一个成功的人，不仅仅要拥有雄厚的实力，还要会表现自己，这样才有机会脱颖而出。

正如美国著名演讲口才艺术家卡耐基所言：“你应庆幸自己是世上独一无二的，应该把自己的禀赋发挥出来。”在如今这个凸显自我价值的时代，实力已不是成功的唯一条件，还需把自己“捧红”，把自己“炒热”，这是一种把握人生主动的心机。

自卑者错过机遇，自信者创造机遇

自卑的人总喜欢低估自己，自愧无能，甚至自怨自艾、悲观绝望。他们不会在别人面前表达自我，更不用说自我夸赞了。他们就像乞讨者一样，永远卑微地活着。即使有好的机遇降临身边，他们也很容易错过。

自信的人却恰恰相反，因为坚信自己一定会成功，他们做事往往胸有成竹，能勇敢地迈出每一步，从而最大限度地挖掘自身的潜力。在他们眼里，外来的挑战虽然很残酷，但不管能不能克服，总有过去的时候。对他们来说，只要心中充满了信念，即便身处逆境，也能够为自己创造好的机遇，同样能赢得无数的掌声。

一个下着小雨的中午，车厢里的乘客稀稀拉拉的，在一个站台，上来了一对残疾的父子。中年男子是个盲人，而他不到10岁的儿子只有一只眼睛能感光。父亲在小男孩的牵引下，一步一步地摸索着走到车厢中央。当车子继续缓缓往前开时，小男孩开口说："各位先生、女士，你们好，我的名字叫麦蒂，下面我唱几首歌给大家听。"

接着，小男孩用电子琴自弹自唱起来，电子琴音质很一般，但孩子的歌声却有天然童音的甜美。

正如人们所预料的那样，唱完了几首歌曲之后，男孩走到车厢头，开始"行乞"。但他手里既没有托着盘子，也没有直接把手伸到你前面，只是走到你身边，叫一声"先生"或"小姐"，然后默默地站在那儿。乘客们都知道他的意思，但每一个人都装出不明白的样子，或者装睡着，有的干脆扭头看车窗外面……

当小男孩小手空空走到车厢尾部时，一位中年妇女尖声大喊起来："真不知怎么搞的，城里的乞丐这么多，连车上都有！"

这一下，几乎所有的目光都集中到这对残疾的父子身上，没想到，小男孩竟表现出与年龄不相称的冷静，他一字一顿地说："女士，你说错了，我不是乞丐，我是在卖唱。"

车厢里所有淡漠的目光刹那间都生动起来，有人带头鼓起了掌，然后，是掌声一片。

一个没有生存能力的孩子，却在顽强不屈地承受着生命给予他的考验。在有人悲叹自己命运不济的时候，小男孩却用自己的成熟和坚强支撑着自己和一家，用自己的劳动、自己的歌声为自己赢得收入。面对别人的嘲笑，他毫无自卑之感，自信坦然地面对。面对这个小男孩，所有的自卑都变成了逃避人生的理由，只要坚持相信自己，掌声一定属于自己。

举世闻名的指挥家小泽征尔，成名之前，在一次世界优秀指挥家大赛上，他发现了不和谐的声音，觉得乐谱有错。这时，评委们却坚持说乐谱没有问题。面对这些权威人士，小泽征尔斩钉截铁地说："不！一定是乐谱错了！"话音刚落，评委们便报以热烈的掌声。原来，这正是比赛的一部分，小泽征尔的勇敢、自信征服了所有评委。

正是因为相信自己，小泽征尔才果断地跳过了"圈套"。这次的夺魁，也正如一盏明灯，照亮了他的前程！

成功不一定站在智慧的一方，但一定会站在自信的一方。相信自己，就会拥有自己的成就与幸福。如果你真的相信自己，并且深信自己一定能实现梦想，你就一定会成功。因为你相信"我能做到"时，自然就会想出"如何去做"的方法。

有的时候别人(或者整个大环境)会怀疑我们的价值，久而久之，连我们本人都会对自己的重要性感到怀疑，接受了社会强加给我们的角色，变得自甘堕落起来。如果你任由这种事情发生在你身上，你将一辈子都无法抬起头来，只能沿着"乞丐"的道路无奈地走下去。

但如果你能跳过那个"圈套"，大声地喊出"我不是乞丐，我是在卖唱"，一切就会在那一瞬间变得很不同。那是自信的力量，是敢于向自我挑战、超越自我的精神，唯此才能重新评价自我，认真审视自我，深刻反省自我，不断总结自我，从而更好地深化、发展、完善自我；才能焕发心底的勇气与动力，才能经受磨炼和考验，才能承担更多的责任，铸造更辉煌的人生！

请相信自己，如果我们不能做到心灵统一，就不可能发挥出生命的潜在力量，不发挥出潜在力量，就是自己埋没自己。也许你并没有意识到：在大部分时间、大多数事物中，不是别人限制你，而是你埋没了你自己。行动起来，去创造你需要的机遇吧！

往脸上贴黄金，增加办事筹码

一般人求人，态度一定会低三下四，让对方怜悯，好像只有这样才容易获得救助。这种人见得多了，也就见怪不怪了。如果你一反常规，巧用手段为自己贴金，从气势上并不输给对手，然后你再故意说一些抬高自己身价的话语，对方肯定会想到你或许真的实力不凡。

要知道，人际场上，本来就虚虚实实，谁也无法完全摸清伙伴和对手的底细。在这种大环境下，如果你势力较弱而又想把自己事业做大，那么你就应该多往脸上贴些“黄金”，抬高身价，至少给对方一个你实力强大的假象，这样你才能成功地借助对方的力量，

有一年国际木材市场需求增加，价格上扬，某大型林场看准这一时机，将林场的木材推入国际市场，市场反映良好。然而好景不长，几个月后，由于市场竞争激烈，木材的价格大幅下跌，如果继续坚持出口，林场将每年亏损上千万元。面对危机，场长认为，在国际交易中他们是后起者，在强手如林的情况下，挤进去非常不容易，应想办法站住脚才行。如果一遇风险和危机就退出来，那么，想再占领市场就会更困难。于是他决心带领大家从夹缝中冲出去。为此，他亲自参加一些大型宴会，借此搜集信息，寻找合伙对象，开辟新市场。

在一次宴会上，场长遇到国外一家著名的家具生产集团的总经理。场长开门见山，表明希望那家公司能够把他们的林场作为原料采购基地。对方公司总经理说：“现在我们的原料供应系统很稳定，你有什么优势让我们把别的公司辞掉，而选用你们的木材？”场长不卑不亢地列举了该林场三大优势：第一，我们林场的木材质量有保证，有很高的信誉；第二，我们可以长期合作，保证长期供货，长期供应价格上我们可以给予一定的优惠；第三，我们林场有自备码头，能保证货运及时，并有良好的售后服务，更重要的一点是保证信守合同。场长在大谈林场的三大优势后，还不紧不慢地对外方总经理说，林场刚刚与国际上另一家知名公司签订了供货合同。那位经理听说连 A 公司那样的大公司都与中方的这家林场签订了合同，看来林场实力不弱啊！他立即同意就供货问题正式洽谈。签订合同之前对木材进行现场检测。经检测，木林质地良好，是家具原材料的上上之选，经过一番讨论，双方正式签订了合同，从此该林场在国际市场上站稳了脚。

上例中，那位场长没有刻意地恭维对方，而是底气十足地向对方提出要求，紧接着在不经意中道出自己与另一家公司签订了合同，无形中抬高了林场木材的身价，让对方对他刮目相看，如此一来，事情自然好办多了。

足见，求人办事，手段一定要灵活，特别是在商业场合求陌生人时，如果自身力量较弱，处于劣势，那么你不妨巧用一些手段，往自己脸上贴金，把身价抬高，增加自身分量，为自己办事创造一些更好的条件。

当然，脸上的“黄金”是有一定限度的，否则无限度地拔高自己只能是玩火自焚。

以小搏大，“炒”出你的最大价值

赌博的时候，人人都渴望以小搏大，因为这样相对而言赚得最多。其实，在这个凸显自我价值的时代，运用“炒”的技巧彰显自己的价值和突出自己的地位，是人生的一大学问，也是取得成功的一种智慧。

战国时，齐王听信谗言，认为孟尝君的名望高过自己，会威胁到自己的统治地位，于是罢免了孟尝君的职位。孟尝君的门客知道了这个消息，纷纷离去，只剩冯谖一个人。

冯谖对孟尝君说：“请派我到魏国去，我一定有办法让你重新受到国君的重用，增加封地。”

于是孟尝君备好礼物，派冯谖去魏国。

来到魏国，冯谖对梁惠王说：“天下的游士驱车入魏，都想使魏国强盛，使齐国削弱；而驱车入齐的都想使齐国强盛，使魏国削弱。这是因为魏齐两国势不两立，谁能称雄谁就能拥有天下。”

梁惠王听了，问道：“那么怎样才能使魏国称雄呢？”

冯谖并没有直接回答，而是进一步问道：“大王知道齐国罢免孟尝君的事吗？”

梁惠王说：“知道。”

冯谖说：“辅佐齐国使之在天下举足轻重，都是孟尝君的功劳。现在齐王听信别人的谗言，罢免孟尝君，孟尝君心中怨恨，一定会背叛齐国。如果他能投奔魏国，齐国的人心自然随之倒向魏国，齐国的国土就在您的掌握之中了，这岂止是称雄而已？大王应该赶快派使者带着厚礼，去迎聘孟尝君，千万不要错失良机。否则，如果齐王醒悟过来，再次重用孟尝君，那么魏齐两国谁能称雄天下，就未可预知了。”

梁惠王听了很高兴，当即派出10辆车，载着百镒黄金去齐国迎聘孟尝君。

冯谖辞别梁惠王，先行赶回齐国，游说齐王：“天下的游士驱车入齐的，都想使齐国强盛，使魏国削弱；驱车入魏的，则想使魏国强盛，使齐国削弱。这是因为齐魏两国势不两立，一旦魏国强盛，齐国就会因此削弱。现在我听说魏国派遣专使，带10辆车，载着黄金百镒来迎聘孟尝君。孟尝君不去魏国就罢了，一旦他去辅佐魏王，天下人都会归附于他。到那时魏国强盛，齐国削弱，齐国的临淄、即墨地区就危险了。大王何不在魏国使者到来之前，恢复孟尝君的职位，增加他的封邑。向他表示歉意呢？这样做，孟尝君一定会欣然接受。魏国再强大，又怎么能强请别国臣子去当丞相呢？”

齐王说：“你说得很有道理。”他当即召见孟尝君，恢复原来的相国职位和封地，还增加1000户封邑。魏国使者恰好在这时来到齐国，听说此事，只好无功而返。

在这个事例中，门客冯谖凭三寸不烂之舌，说服魏王派出10辆车，又载百镒黄金去迎聘刚刚被齐王解除相国职位的孟尝君，之后，冯谖又去面见齐王，报告魏王要重用孟尝君的事情，同时劝说齐王恢复孟尝君的职务。这是一种策略，用现代的话说，冯谖必须先把已经下野的孟尝君在魏王那里“炒”起来，给齐王施加压力，让齐王认识到孟尝君的价值，这样，齐王才能再度起用孟尝君。

在人才竞争的社会里，适当地运用以小搏大的炒作技巧，是很有必要的。从某种意义上来讲，它是一种实现自我价值简捷而高效的手段。如果四两拨千斤用得恰当，可收到事半功倍的效果。

制造“地球离开我就不转”效应，赢得大家重视

在抬高自己身价的方法中，最直接有效的就是提高自己在对方心中的重要性。那么，具体该如何去做呢？

自古便有“物以稀为贵”一说，一件事物流通和发行得太多，价格就会降低；反之，则会受到人们的重视。这也是为何有些东西被我们见到和听到的次数多了，便被认为普通、没有太大价值。

同样的道理，如果你的形象在一个团体中已经被树立起来了，那么从这个团体中暂时退隐将会让人们更多地谈论你，甚至更多地夸赞你。聪明的话，你就应该学会在适当的时候离开，通过缺席来创造“地球离开我就不转”的效应。

史蒂夫·纳什是一位杰出的NBA篮球明星，他效力于菲尼克斯太阳队，在2004~2005赛季荣膺常规赛MVP（最有价值球员称号）。

有很多人认为，太阳队之所以有这么强的光芒，不只是因为纳什的出色，更是因为太阳队能人众多，高手如云，他们有超级马里昂，他们有全联盟效用第一的中锋迪奥，是他们和纳什组成的铁三角让太阳队获得如此成绩。

的确如此，当纳什在太阳队的时候，他身边每一个人的数据都是那么漂亮，他们全队6人得分过10是一件十分普遍的事情，而相对于MVP纳什，他所取得的数据只是和往常

一样出色而已,队友马里昂的数据之光甚至已遮住了 MVP 纳什的过人之处。

但是,在纳什受伤后,当他们在主场迎战西部第一的马刺队时,没有纳什的太阳队在第四节一开始就落后客队 22 分之多,往日豪取 30 多分篮板的马里昂不见了,刚被评上第一效用中锋的迪奥居然成了助攻王,而太阳一向的置敌于死地的法宝——流畅有效的快攻也不见了……纳什不在场上,他带走的绝不仅仅是他个人的数据,他的缺席让整支太阳队都找不到进攻的节奏,他的缺席让强队太阳在马刺队面前显得如此的不堪一击,他的缺席充分体现了他 MVP 的价值,无人能够取代的价值。

像纳什这样,偶尔玩"消失",对许多人来说是司空见惯的手段。

明代的著名政治家张居正,曾经被政敌们群起而攻之,张居正就向皇帝递交辞职信,表示年老体衰,不堪重负,希望能退休回去养老。当时的皇帝也有些希望张居正退休,以便取得实权,于是便有批准其申请的打算。但是皇帝突然发现离开了张居正,许多事情完全没办法继续进行下去,最后只得驳回了张居正的辞职信,同时也让那些状告张居正的官员们闭上了嘴。张居正就是用这种方式展现了自己的价值,让皇帝意识到了他的重要性。

生活中,你一定有这种感觉,当你拥有一件事物或一个人的时候,因为你可以轻易得到,所以你并不看重,更不会去珍惜。但当你在某一天突然失去那些你本来不在乎的东西时,你才会突然发觉,原来,它对你是如此重要。就像纳什和张居正,只有在他们缺席离开的时候,身边的人才会真正发现他们的价值。也许他们并不是最善于表现自我的人,却绝对是整个团队的灵魂所在。这也是为何人们常说"失去了才懂得珍惜"。

有心机的人,总是能充分地利用这一点,巧妙地让所有人都知道他们的重要性。但这也是有前提的,那就是自身必须具备超越他人的实力,具备别人所不具备的才能,如此才能通过适时缺席达到"地球离开你就不转"的效果,变成一个不可取代的人物。反之,缺席并不会产生什么不良影响。

给魅力加点"磁性",吸引更多的人

美国著名成功心理学大师拿破仑·希尔博士说:"真正的领导能力来自让人钦佩的人格。"积极、真诚、守信、勇敢……能将这些世人向往的因素集于一身者,其富有魅力的人格便会在无意间吸引许多人,视其为一种信仰,甘愿成为其信徒。

无数事实证明，想要成为精神领袖，让周围的人们追随你，形成一个凝聚人心、催人奋进、具有强大吸引力的领导核心，仅仅依靠体制和职务赋予的权力是远远不够的，还需要给自身的魅力加一些能让众望所归的“磁性”。

在封建社会，统治者为了加强君权，经常采用的一个手段便是极力美化君主的人格：“神圣者王，仁智者君，武勇者长，此天之道、人之情也。”统治者总是力图使人民相信：君主的人格是完美的，君主即代表着伟大、睿智、圣明、仁德、英武。

其实，古代不少君主不可能兼具上述美德，但他们十分注意不从自己的口中露出一言半语违背上述美德的话，并且注意使那些看见君主和听到君主谈话的人都觉得君主是位非常之人。这样才能达到“顺应民心”的目的，为自己创造一大批忠心追随的信徒。

从积极的角度看，封建统治者非常重视提升自己的人格魅力，以此来加强自己的精神感召力和影响力，让人们心甘情愿地追随自己。人格魅力能创造多大的影响力？时代华纳总裁史蒂夫·罗斯为我们做出了回答。

虽然罗斯的生活沉浸在幻想之中，他的行事作风专擅独裁，但他绝不露出一副高高在上的模样，即使对地位低下的人也绝不摆出一副盛气凌人的架势。他至少不会给人以妄自尊大的感觉，他能顾及别人应有的尊严。

得力干将达利是这样表述罗斯的“亲和力”的：“罗斯对周围人物的感受处处可见，他和每一位秘书都曾亲切地交谈。如果他离开时忘了向安或玛莉莎（达利的助理）道再见，他会说‘天啊！我忘了说再见’，然后再折回去。如果他留在公司而由安替他做什么事情的话，第二天就会有一打红玫瑰放在她的桌上。”为了和公司低层的员工打成一片，罗斯可以说费尽了心思。他确实成功了。所有人都从内心深处尊敬他、感激他，并自动自发地追随他。

对于手下的得力干将，罗斯则另有一套方案创造信徒。他赋予部门主管绝对的自主权，他告诉他们犯错无妨，但就是不要太离谱。因此，他鼓励主管要有自己就是老板的意识。罗斯言行如一，从不干涉主管的决策，无论是否景气，他永远是他们忠实的支持者。这种亲切、温厚、如慈父般的作风完全符合他的个性，并且深入人心。当其他同行的管理阶层因流动率太高而元气大伤之际，华纳的高级主管一律长期留任。每当他的控制权受到来自合并的挑战时，他手下的主管便群起反对他的对手，从而帮助他度过一次次的权力危机。

罗斯知道，要使员工真正成为信徒，还必须给他们以实惠。无论如何，运用各种手段将公司的财富与同僚共享，对罗斯而言似乎是天经地义的事。谈起薪资、津贴和一些千奇百怪的福利措施，华纳可说是一应俱全，称得上真正的全能服务公司。罗斯让他手下大将各个成为千万富翁，他们对他奉若神明，事实上，他的周遭人士对他不但绝对忠诚，而且近乎个人崇拜。

除以上几点之外，罗斯获得人们信仰的保证是他迷人的梦想以及凭借实现梦想的超凡能力所建立起来的良好信誉。“要与罗斯相处，就必须是他忠诚的信徒。一旦进入他的世界——那里强调的是忠诚——则你的梦想(依照他的指示)都能够实现。”

古往今来，信徒式文化一直是维系人心的重要因素。就拿世界500强的宝洁公司来说，信徒式文化也产生了良好的效果。宝洁长期以来一直细心挑选新员工，雇用年轻人做最初级的工作，然后把他们培养成具有宝洁思维和行为方式的人，再让这些在宝洁文化中成长起来的“宝洁信徒”做中高级管理人员。这些忠实的员工在宝洁内部形成了上下一心、团结奋进的气氛，大家群策群力，以公司发展为信念，以信徒式的狂热，贡献出自己的全部力量。

足见，充满“磁性”的人格魅力，才是聚集众人的精神力量。当你带着动人的人格魅力站在人们面前时，无须聒噪的鼓动与召唤，他们也会紧紧地追随在你身边，为你的目标而奋斗，为你的梦想而努力。

形象名片上下功夫，谁都会对你印象深刻

交际场上，有的人能如鱼得水，有的人却跌跌撞撞。对此，人们总喜欢用“同人不同命”这个词进行解嘲式的概括。那么，为什么同样的人生，却有着不同的境遇、不同的结果呢？

生活经验告诉我们，每个人都想追求完美的人生，但很少有人真正注意自己在社会交往中的形象。这种形象不仅仅是仪容仪表的刻意修饰，更是温和的性格、积极的心态、文雅的修养带给人的影响力。

正如古代哲人穆格发所言：“良好的形象是美丽生活的代言人，是我们走向更高阶梯的扶手，是进入爱的神圣殿堂的敲门砖。”一个注意形象并自觉保持好形象的人，总能得到人们的信任，总能在逆境中得到帮助，也必定能在人生的旅途中不断找到发挥才干的机会，最终做到时刻用自己的风采魅力影响别人，活出真正精彩的人生。

可以毫不夸张地讲，好形象是人生的一种资本，充分利用它不仅能给你的日常生活增光添彩，更有助于提升你的影响力。

宋庆龄女士是全世界公认的伟大女性，她除了拥有崇高的品质、高尚的人格外，还具有美好的仪表形象。

美国作家艾斯蒂·希恩曾在作品里这样描写她："她雍容高贵，却又那么朴实无华，堪称稳重端庄。在欧洲的王子和公主中，尤其年龄较长者的身上，偶尔也能看到同样的影响力。但对这些人而言，这显然是终生培养训练的结果，而孙夫人的雍容华贵却与众不同，这主要是一种内在的影响力。它发自内心，而不是伪装出来的。她的胆略见识之高，人所罕见，从而能使她在紧要关头镇定自若。同时，端庄、忠诚和胆识又使她具有一种根本的力量，这种力量能够消除人们由于她的外表而产生的那种柔弱羞怯的印象，使她具有坚毅的英雄主义的影响力。"

宋庆龄女士的一生成功印证了这样一个观点：一个人具有好形象，除了展示个人的气质风度外，更有助于提升自己的影响力。形象是人生的一种潜在影响力。

由于每个人都是这个世界上独一无二的，所以每个人的形象，无论好坏，也都是充满着独特影响力的。因此，形象是每个人向世界展示自我的窗口，向社会宣传自我的广告，向别人介绍自我的名片。别人从我们的形象中获取对我们的印象，而这个印象又影响着他们对我们的态度和行为。我们也正是在这个最基本的互动过程中，追逐着自己人生的梦想，实现着生命的价值。

同时，良好的形象有助于增进人际关系，营造和谐气氛，令你在社会中左右逢源，无往不利，从而促进你的成功。

红顶商人胡雪岩在上海新开张的商行遭到当地商人的联合挤兑，不久就波及了大本营杭州。一些大客户生怕胡雪岩垮台，闻风而动，都准备中止和他的生意往来。

这天胡雪岩从上海回来了，他们悄悄躲在暗处观看，以为会看到胡雪岩灰头土脸的样子。结果他们失望了，他们看到了衣着鲜亮、精神抖擞的胡雪岩。

他们还不放心，又跟踪胡雪岩到他的商行去。他们认为胡雪岩会暂停生意进行整顿。可是胡雪岩的商行不仅没有关闭，而且他还亲自坐镇，在柜台上悠然自得地喝起茶来。这令他们糊涂了，一个人遭受这么大的打击，竟然还能够如此镇定从容？最终，胡雪岩的气度征服了他们，他们又对胡雪岩恢复了信心。

其实，当时胡雪岩的处境已是山穷水尽，就是凭他那坚如磐石的镇定形象，才稳住了不利的局面。

曾有人说过:“形象是一个人的招牌,坏形象会毁了你的一生,而好形象会令你的影响力迅速提升。”

没错,尤其在今天竞争日益激烈的社会里,每个人都承受着巨大的压力,同时又被利益驱使着,犹如急流中团团旋转的浮萍。如果我们能静下心来,认真地树立起自己的好形象,那就好比给自己的人生打造了一块金招牌,能令你在风高浪险的生命历程中从容地经营人生,从容地成就人生。

好形象如果能够充分运用,将有助于提升你的影响力,促进你的成功。

所以在交际前先把自己的仪表、形象修饰好。“欲把西湖比西子,淡妆浓抹总相宜”。只有掌握了修饰美的“修饰即人”的指导思想及“浓淡相宜”的美学原则,才能使美的修饰映照出一个人蓬勃向上的精神风貌,才能帮助我们提高办事能力。

“修饰即人”是说修饰美能反映一个人的追求及情趣。美的修饰要考虑被修饰者的年龄、身份、职业等,教师、医生就不宜打扮得过艳,学生应当讲究整洁。例如,《小二黑结婚》里的“三仙姑”,醉心于“老来俏”,可是:“宫粉涂不平脸上的皱纹,看起来好像驴粪蛋上下了霜。”这样的打扮如果说是跟她的年龄、身份不符的话,那么这和她这个人物的那种虚荣、轻浮和愚昧的人格倒是挺相称的。

“浓淡相宜”是说修饰不能片面追求某一局部的奇特变化,而应注意统一协调,否则会失去比例平衡,以致俗不可耐,弄美为丑。一个人如果想受人尊敬,首先必须注意的是衣着的整齐清洁,让人觉得自己为人端庄、生活严谨。况且化妆的本意是为了掩饰缺点以表现优点,所以,如果为了掩饰缺点而化妆过浓,优点反而被破坏无遗。因此,欲将良好的风度、气质呈现在众人面前,应该淡雅宜人地化妆,不可把脸当作调色盘,不可把身体当做时装架,这也就是所谓有个性的妆饰,它是在表现本身的修养,同时也表现人格,因此必须使看的人感到清爽和产生好感才行。

总之,你与他人打交道时,要留给别人一个深刻的、难以磨灭的印象。这会为你的成功办事增“辉”不少。

在重要场合“曝光”,让更多人认识你

日常生活中,人们总喜欢用“曝光率高”来形容成功人士或知名人士。其实,真正出

色的人士，都是懂得利用一切机会让自己在重要场合“抛头露脸”，因为这样可以让更多的人认识自己，扩大自己的影响力，提升知名度。

由于在重要场合“曝光”自己需要面对很多人，有认识的，也有不认识的，所以对个人来说是需要很大勇气的。想做到这一点，必须克服胆怯、羞涩的心态，要对自己充满自信，讲话或办事应当底气十足，这样才能赢得诸多人的青睐。

平时，我们应该关注身边的各种仪式，积极甚至自荐地前往参加。例如，你的公司因职员有红白喜事而进行的仪式，因有人要出国或退休而举办的派对，因有人得到提升或费尽周折挖过来某个能人而举行的欢庆，或因解决了一个大难题而举办的小小的庆典……这些都是你“曝光”自己的好机会。尽量多地参与这种活动，并在这种场合里做段精彩的演说，或者送点什么礼物，举止得体，饮酒有度，保证不显尴尬、不出洋相，你的个人形象、知名度一定会增色不少。

当朋友举行婚礼的时候，我们也可以借此机会，在朋友的亲人及朋友面前“曝光”自己。一般而言，这种情况下大家还都不认识你。那么，你不妨在婚礼正式开始前向新郎新娘、其父母们做一番自我介绍，说说你是谁，为什么会前来参加婚礼，代表谁来的等，然后呈上你的礼物，并适当地祝福新人。这样他们一定会对你的举止印象深刻并心存感激。婚礼开始后，你可以在享受这种喜气聚会的气氛和环境中，观察一下周围形形色色的人，通过聊天、献歌或敬酒等活动，让自己充分“曝光”，使更多的人认识你。

除了自己主动去参加别人的活动外，你还可以自己组织漂亮的聚会，如生日宴会、孩子满月、乔迁新居，等等。一旦你成为聚会的主人，应好好计划一下，或者将它委托给某个具有丰富组织经验的高手，尽量让你的客人和你都感到有趣，要让他们记住这段快乐的时光，并觉得你不愧为一位细心而好客的主人。这样，一定会有很多人在这次聚会上记住你。

要记住，你在重要场合仅仅是“曝光”自己还远远不够，因为“曝光”的真正意义是要给在场的人留下深刻印象。你在“曝光”的同时必须不断地寻找机会宣传你自己——你的主张和你的价值，等等。你可以通过发言、演讲等自我宣传的形式，也可以请知名人士或朋友进行当众介绍，总之要让自己深入人心。

此外，宣传自己也要遵循一定的原则，过于明显的个人宣传恰恰适得其反，会让别人误以为你在自我吹嘘、炫耀价值，因此在宣传时不要弄许多花招噱头，应当谦和地、不温不火地展现你自己，以免哗众取宠、吹毛求疵。

制造一些神秘感，勾起他人注意

虽然我们常说爱情应该是纯真、圣洁的，但在爱情中，却不能一切如白开水一般透明清澈，而是应该“汪汪如千顷波，澄之不清，淆之不浊”。

小萌和男朋友恋爱七年了，虽然一直没有步入婚姻的殿堂，但两人感情非常好，而且对未来的婚姻充满信心。不少人逗小萌说：“人家都说七年之痒，到现在还没有领证，你怎么还那么死心塌地跟着他呀？”对此，小萌每次都是毫无忌讳地回答：“看多了和我一样工作背景的人，对异性有些麻木了。而他从事的职业比较特殊，身为公安干警，他从不和我谈工作上的事。常常一个电话打来，他就马上从恋人的角色中跳出来，匆匆赶去工作。无论我怎么问，他都不说去干什么，而他越是不说自己去干什么，我就越想知道，我会坐在约会的地方慢慢地想他，等他的电话——觉得很过瘾。或许正是因为这种神秘感让我始终对他着迷。”

小萌的男友是在无意之间给她留下了神秘感，通过激起小萌的好奇心，将小萌的心牢牢地抓住了。不过，让自己有神秘感，还要求在表白爱意时不能太直白，要含蓄一些。如某些恋爱高手只是对一个女孩好，可就是不说自己喜欢她，搞得对方牵肠挂肚，最后他朦朦胧胧地说了心思，女孩就成了他的女朋友。

人常说“得不到的东西总是最好的”，因为想象力比视力能量更大。不仅爱情如此，社会上的一些非常重要的人物，也总是为保持神秘感偶尔故意减少自己在公众场合的露脸次数，吊大家的胃口。例如，有些明星故意缺席自己的新片宣传会，有些名人故意让别人代替自己出席某些颁奖典礼，等等。

所以，我们在现实的生活中也应学会巧妙地给自己制造些神秘感。那么，具体该如何去做呢？下面三点是较好的参考。

1.语言搪塞。很多社交高手在被问及近况时，总是不经思索地回答：“好忙喔！时间好像都不够用呢！”之类的话，并且显露出一副满足的表情。如果问话方继续说道：“没关系，能者多劳嘛！”或者：“哇，那真是辛苦啊！”高手们必定神气活现，却装着谦虚地回答说：“唉，属黄牛的，劳碌命啊！”

其实，虽然他们口头上是抱怨，内心却存着炫耀。对于生活的繁忙，他们未必介意，多数是想借着声称自己忙碌，来展示自己的能力，提高自己的身价。所以，你不妨运用些语言的搪塞技巧，把自己扮演成一个大忙人，从而吊起想见你的人的胃口。

2.表示你胸怀大志。让别人钦佩自己的方法很多，其中最有效的方法是让人感到你非常有发展前途。一个著名作家曾在杂志上发表大作，介绍他年轻时的一个同事。这位同事年轻时就很有抱负，常对人说："我今后一定要成为国会的议员。"然而这位同事到最后仍未实现当议员的梦想。但在当时，许多同事都认为他有远见，很了不起，甚至公司方面也对他产生了"能有这种志气的人在我们公司服务，真是难得"的评价。所以，他很快就升为部长，并在不久后被提升为公司经理。

就像老师喜欢有远大抱负的学生一样，人们总是欣赏胸怀大志的人。要知道，即使你的蓝图完全不可能实现，同样能给人留下很好的印象。所以，你不妨对你的同事或朋友说："我将来要拥有自己的公司，而且一定要实现这个计划"，并将这样的话重复数次。这样，连那些原本不太相信的人，也会不知不觉地认为："他很有可能干出一番轰轰烈烈的事业来，不可小觑啊！"有一个将来的发达者做朋友，人们会有沾光的心理，于是对你更加关注。

3.表现得非常能干。无论在职场，还是商场，人们总喜欢对能干的人竖起大拇指。所以，你如果自己的记事本或备忘录写得满满的，然后有意无意地拿给别人看，就会给对方造成这样的感觉："这个人太能干了！"因为在人们眼中，整日繁忙、交际广泛的人大多是神通广大的，从而为自己打造出万人求的样子。

经营你的长处，招揽更多追随者

曾有一个叫奥托·瓦拉赫的人，中学时，父母为他选了文学之路，可一学期下来，老师给他的评语竟然为："瓦拉赫很用功，但过分拘泥，这样的人即使有着完美的品德，也绝不可能在文学上发挥出来。"无奈，他又改学油画，但这次得到的评语更令人难以接受："你是绘画艺术方面的不可造就之才。"面对如此"笨拙"的学生，大多数老师认为他已成才无望，只有化学老师觉得他做事一丝不苟，具有做好化学实验应有的品格，建议他试学化学。谁料，瓦拉赫的智慧火花一下子被点燃了，并最终成了诺贝尔化学奖的得主……

这就是人们广为传颂的"瓦拉赫效应"。该效应告诉我们，人的智能发展都是不均衡的，都有智能的强项和弱项，人一旦找到自己的智能最佳点，使智能潜力得到充分的发挥，便可取得惊人的成绩。

比尔·盖茨,这位赫赫有名的世界级成功典范,令无数人仰慕不已。其实,他的成功与他把握住未来的大趋势,尤其是懂得经营自己的强项密不可分。

盖茨一开始就与伙伴保罗·艾伦看出了个人电脑将改变整个世界的趋势,他们两个人经常通宵达旦地探讨个人电脑世界将会是什么样子,对这场革命的到来深信不疑。对于初出茅庐的微软来说,“它将到来”是他们的坚定信念,而他们就是为这将要到来的计算机时代开发软件。没想到这竟使他们的公司迅速上升到世界舞台的前列,并发挥着超凡的作用。但当时他们至少窥见IBM或数字设备公司这样的主板生产公司已陷入自身无法意识到的困境了。“我记得从一开始我们就纳闷,像数字设备公司这样的微机生产商生产出的机器功能强大但价格低廉,那么他们的发展前景在哪里呢?”“IBM的前景又在哪里呢?在我们看来,他们好像把一切都弄糟了,而且他们的未来也将是一团糟。我们对上帝说,天啊,这些人怎么能不警觉呢?他们怎么能不震惊害怕呢?”

盖茨的技术知识是微软所向披靡的成功秘诀中最重要的一条,而这也正是他的核心强项,他始终保持着对这一领域的决定权。许多时候,他能比他的对手更清楚地看到未来科技的走势。

微软公司的同事们都盛赞盖茨的技术知识让他独具优势,他总是能提出正确的问题,他对程序的复杂细节几乎了如指掌。

和盖茨个人的以强项打天下几乎如出一辙,微软公司把开发新产品作为全部事业的中心,不断根据市场需求推陈出新,发挥自身优势,力求变弱为强,深谋远虑,未雨绸缪,牢牢把握住了世界信息产业市场的未来。

微软与任何公司一样,实际上类似于一个动态的人体系统。它之所以能够有效运行,是因为微软人将竞争所需的各种技术能力和市场知识结合了起来,并且把它们付诸行动。产品开发是微软所有事业的中心,公司的存亡和盛衰关键在于新产品。

不言而喻,微软公司今日的成功,很大程度上得益于盖茨准确的市场定位和产品的推陈出新,人们公认微软公司的成功是由于不停地创新,而盖茨对未来形势精确的分析和其独有的战略眼光,以及对自己强项的经营程度,不仅为微软公司的员工,也为其对手所称道。

这一切充分体现出:幸运之神是如此垂青忠于自己个性长处的人。正如松下幸之助所言:人生成功的诀窍在于经营自己的个性长处,经营长处能使自己的人生增值,否则,必将使自己的人生贬值。

中华传世藏书

【图文珍藏版】

菜根譚

[明]洪应明⊙原著
马博⊙整理

第五册

綫装書局

人无我有、人有我新，怎么比都胜出

你是否留心过这些常见的现象：在人山人海的大街上，如果突然出现一位穿着另类或非常时尚与众不同的人，大家便会把目光集中到这个人身上；很多商家的高额利润，并不是出自那些销售量很大、性价比非常高的低端产品或基础性产品，而是出自那些新开发出来的、刚上市的新产品；人际交往中，大家对你印象深刻之处，往往是你与众不同的地方……

说得直白些，一个人若总是千篇一律的样子，转着程序化、机械化的大脑，很难吸引他人的注意力，很难在竞争中脱颖而出，取得成功。很多时候，一点小的改进、一种新的方式，就会让自己与众不同。

智利有一家餐厅，除收款人与厨师外，一律使用动物服务员。顾客刚进餐厅，门前就有两只鹦鹉分别用英语、法语、西班牙语向顾客问好。然后，一只金丝猴热情上前，为顾客脱下外套并挂在衣帽钩上。顾客落座之后，一只温顺的长耳犬立刻嘴叼菜单迎上来，恭请顾客点菜。紧接着，两只身材高大、腰系围裙的长毛猴就会把美味的饮料与食品依次送上。等到顾客用餐完毕，金丝猴还会把客人的衣帽送还，并递上一个银盘，礼貌地索取小费。

这种服务方式非常独特，由于是绝无仅有的一家，客人接踵而至且源源不断，钞票也随之滚滚而来。

故事中小餐厅的成功，就在于“人无我有”四个字。不仅这家小餐厅，诸多例子都证明了敢于在“新”字上做文章的人，一定会赢个盆满钵满。

20世纪70年代，生产“美的思”妇女透明丝袜的公司，在美国广播公司的晚间节目中，推出了一条轰动全国的广告。

一开头，就是一双线条优美、穿着长筒丝袜的腿，这时，响起了一个女性动人的画外音：“我们将向所有的美国妇女证明，‘美的思’牌长筒丝袜可使任何形状的腿都变得非常美丽。”

镜头慢慢地往上移，观众想象着模特一定是一个美丽动人的少女，或是哪位光彩照人的女明星。但镜头中慢慢出现了蓝色的运动短裤、棒球运动员汗衫。最后，观众才看到：这个穿着妇女长筒丝袜的竟然是个男性——著名的棒球明星乔·拉密士！他笑眯眯地向观众致意，对惊讶不已的观众说：“我并不穿长筒丝袜，但我想，‘美的思’长筒丝袜能使我的腿变得如此美妙，相信它一定能使你的腿变得更加美丽。”

这个广告一播出，“美的思”丝袜一夜之间立即家喻户晓，随后销量陡然上升，乔·拉密士也由棒球明星摇身一变，成了全美著名的男模特。

你也想迅速在竞争中脱颖而出吗？那就要敢于求新、立新、创新，而不是囿于经验、囿于成见、囿于世故。

石油大王洛克菲勒有句名言：“如果你想成功，你应辟出新路，而不要沿着过去成功的老路走……即使你们把我身上的衣服剥得精光，一个子儿也不剩，然后把我扔在撒哈拉沙漠的中心地带，但只要有两个条件——给我一点时间，并且让一支商队从我身边经过，那要不了多久，我就会成为一个新的亿万富翁。”

生活中，那些有影响力的成功人士，其聪明之处就在于：他们能从平常处见别人所未见，想别人所未想，“人无我有，人有我新，人新我变”，是他们成功人生的圭臬。

另辟蹊径，开发下一个“西红柿”

很多人认为，走别人走过的路可以让自己省心省力，是走向成功、创造卓越人生的一条捷径。于是，这个世界上就涌现出形形色色的追随者和模仿者，他们总是喜欢依照他人的足迹行走，沿着他人的思路思考。殊不知，“模仿乃是死，创造才是生”。

对任何人来说，模仿都是极愚拙的事，它是创造的劲敌。它会使你的心灵枯竭，失去动力；它会阻碍你取得成功，干扰你进一步发展，增加你与成功的距离。

没有一个人能仅仅依靠模仿他人去成就伟大的事业。专事模仿他人的人，不论他所模仿的人多么伟大，他自己也无法成功。要想成功，就不能抄袭，不能模仿，不能走别人走过的路。

有一位雄心勃勃的商人，听说外地招商引资，就“顺应潮流”到该地投资了上千万。两年之后，他把所有的钱都亏掉了，最后空手而归。

朋友问他：“你当初为什么要到那里去投资？”他说：“那时候，很多同行争先恐后地去了，大家都认为那里的投资条件优越，大有发展前途。我担心如果不去的话，会失去发展的机会。”

故事中的商人陷入了一个误区：别人都去做了，我就必须赶快跟上。职场上有这样的说法，同样的一个创意、一条新路，走在第一个的是天才，第二是庸才，第三是蠢材，第四就要入棺材了，从中可见跟随者的悲哀。

聪明的人从不喜欢随大流，他们总是眼光独到，另辟蹊径，在别人还“没睡醒”之前早已把赚来的钱塞进了自己的口袋里。他们的高明之处就在于能够把小机会变成大机会，把大机会变成更大的机会。

事实上，走别人走过的路，很容易迷失我们自己。不论是工作，还是生活，我们都太习惯于走别人走过的路，我们偏执地认为走大多数人走过的路不会错。但当我们这么想的时候，我们忽略了一个重要的事实，那就是，走别人没有走过的路往往更容易成功。

如今，西红柿已经被人们普遍接受，它的营养相当丰富，维生素含量非常高。可是，人类刚刚发现西红柿的时候，却被它那光泽鲜艳的外表吓住了，谁也不敢第一个去品尝它，以为它一定是有毒的，有人甚至叫它“毒果”。1830年，美国人罗伯特当众尝试了“毒果”，证实它没有毒，从那以后，西红柿便经常出现在人们的餐桌上了。我们不能不钦佩罗伯特的胆识，钦佩他敢走别人没走过的路的精神。

另辟蹊径，走别人没走过的路，意味着你必须面对别人不曾面对的艰难险阻，吃别人没吃过的苦，唯有如此，你才能够发现别人不曾发现的东西，到达别人无法企及的高度。

下面，我们不妨参考以下方法，学会另辟蹊径，从成功的经验中吸取有益的启示：

1.学习并超越

抱着“他山之石，可以攻玉”的想法，盲目模仿他人的经验，并不能获得成功。要养成独立思考的习惯，在观察事物、学习别人成功经验的同时，独创出自己的套路。

2.思考上求变

能够另辟蹊径的人，其思维都富有创造性，因此要善于从习以为常的事物中图新求异，去认识世界、改造世界。

3.不被当前所牵制

巴尔扎克说:“第一个把女人比做花的人是聪明人,第二个再这样比喻的人就是庸才,第三个人则是傻子了。”不要被各种习为以常的说法或前人的思维定式束缚,而要善于提出不同的说法和意见,这样才能有所创新。

成功者之所以会取得惊人的成绩,正是由于他们能想到别人没想到的东西,敢于走别人没走过的路,正是这一思路使他们能够跨越障碍,获得成功。

不断创新,坐上“嘉宾席”

在这个竞争激烈而又现实的世界,只有不断创新,成功才会降临到我们的身上。如果你一直守成不变,那你就永远也不可能成功。

日本有一家公司,公司高层发现员工一个个萎靡不振,精神颓废。经咨询多方专家后,他们采纳了一个最简单而又别致的治疗方法——在公司后院中用光滑圆润的小石子铺成一条石子小道。每天上午和下午分别抽出15分钟时间,让员工脱掉鞋子在石子小道上如做工间操般随意行走散步。起初,员工们觉得很好笑,更有许多人觉得在众人面前赤足很难为情,但时间一长,人们便发现了它的好处,原来这是医学上的物理疗法,能起到按摩的作用。

好创意本身就是财富。一个年轻人听说这件事后,有了一个主意。他请专业人士指点,选取了一种略带弹性的塑胶垫,将其截成长方形,然后带着它回到老家。老家的小河滩上全是光洁漂亮的小石子,他将拣好的小石子一粒粒稀疏有致地粘满胶垫,干透后,他经过反复试验、亲身感觉,并反复修改好几次后,确定了样品,然后就在家乡因地制宜开始批量生产。后来,他又把它们确定为好几个规格,产品一生产出来,他便尽快将产品鉴定书等手续一应办齐,然后在一周之内就把能代销的商店全部上了货。将产品送进商店只完成了销售工作的一半,另一半则是要把这些产品送进顾客手里。随后的半个月内,他每天都派人去做免费推介员。商店的代销稳定后,他又开拓了一项上门服务:为大型公司在后院中铺设石子小道;为幼儿园、小学在操场边铺设石子乐园;为家庭装铺室内石子过道、石子浴室地板、石子健身阳台等。一块本不起眼的地方,一经装饰便成了一块小小的乐园。

紧接着,他将单一的石子变换为多种多样的材料,如七彩的塑料、珍贵的玉石,以满足不同人士的需要。

小石子就此铺就了一个人的一条致富之路。

看了小石子的故事，你可能会说：“我赞同创新很重要，但我也很担心自己没有创新的能力。”其实，创新能力与其他能力一样，是可以通过教育、训练而激发出来并在实践中不断得到提高的。它是人类共有的可开发的财富，是取之不尽、用之不竭的“能源”，并非为哪个人、哪个民族、哪个国家所专有。因此，人人都能创新。

我们欲取得新成就，开创新局面，必须打破常规，学会变通。看事物不能用一种眼光，而要多角度、多方面地观察，从常规中求新意。对一个问题，我们可以从现在、未来、已知、未知、动态、静态、顺向、逆向等多个思维角度进行思考，也可以通过组合、分解、求同、求异等方法，让思路发展拓宽，要么加一点，要么减一点，要么借一点，要么拿一点，寻求多种多样的方法和结论，从而创造出一种更新更好的事物或产品。

所以，你从现在开始就应该不断激发自己的创新能力，多一些想法，多一些创造，那么成功迟早会来临。

第十三章　制胜运智方略

先发制人，抢占先机

“世异则事异，事异则备变”，提示我们必须要以发展的眼光来看待问题，在棋局中，在人生中，都是如此。只要没到最后一步，永远都会有许多的可能发生，所以必须要每时每刻都保持高度的警惕，及早发现对自己有威胁的、不利的人或事物，然后迅速出手先发制人。

韩非子是中国古代著名的哲学家和散文家。他是一支很有实力的“潜力股”，尤其是他所提出的法家思想，非常适合当时的时代需要，原本他有机会可以成为朝廷的重臣，将他的思想用于辅佐君王治理国家。但是这支“潜力股”在大展拳脚之前，就已经被两颗深谙局道的“黑子”先发制人踢出了局，这两颗“黑子”就是李斯和姚贾。

韩非子原先所处的韩国，在当时是一个很弱小的国家，经常会受到邻国的欺凌。韩非子曾多次上疏韩王，提出变法图强的计策，但始终未被采纳。围绕在韩王身边的都是一些阿谀奉承之辈，对于韩国的建设毫无益处。韩非子知道，对于此刻的韩国来说，最重要的就是制定法令，以王权治理国家。

不被重用的他，只得转向著书立说，写了《说林》《说难》《内外储说》等十多万字的书，希望可以借此宣传自己的思想，获得世人的认可。秦王嬴政读了他文章，非常欣赏他。于是便加紧攻打韩国，韩王面对如此严峻的形势，不得不起用韩非子，并派他出使秦国。韩非子来到秦国，上疏秦王，陈述利弊，劝嬴政先伐赵，缓伐韩。

当时的韩非子已经是个大名鼎鼎的人物了，他来到秦国，秦国的大臣慑于他的威名，又知道嬴政对他极为欣赏，便都想要结交他。另一方面，因为韩国的弱势地位，使得秦国的这些大臣们，不免对这个小国来的使者态度傲慢。他们纷纷诘难韩非子，但韩非子一一从容应对，秦国的大臣们一点便宜都没有占到，反而为韩非的才能所折服，并对他产生了敬畏之情。

此时，李斯正是步步高升的时刻，秦王对韩非子的喜爱程度，让他意识到了自己的危机，而且在从师荀子的时候，他就非常清楚，韩非子的才能远远超过自己。长此以往，终有一天，自己的地位会被韩非子所取代。想到此，他便坐立难安，可是一时之间又想不出什么好的办法来解决此事。幸而，嬴政因国事繁忙，只和韩非子见过几次面，还没有机会深谈，嬴政也还没有决定是否留用韩非子。

有相同目标的人，总是很容易便会聚集在一起。这时，还有一个秦国的大臣，也想要将韩非子解决掉，他就是姚贾。韩非子和姚贾本是故交。在姚贾刚入仕时，曾到韩国谋事，与韩非子惺惺相惜，成了朋友。后来，姚贾到赵国谋事，联合各国对抗秦国。两人同仇敌忾，关系也随着升级，成了至交。然而，不久之后，姚贾投奔秦国，两人的关系随之决裂。对于姚贾的变节，韩非子无法原谅；对于姚贾破坏各国的联合，而使自己的国家陷入困境，韩非子更不能原谅。所以在来到秦国后，韩非子曾上疏弹劾姚贾，不过被姚贾逃过了一劫。自此，两人便结下了仇怨。姚贾也在努力想办法，除掉自己的这颗眼中钉，于是他便和李斯结成了同盟，他们先发制人，以一局解决了韩非子。

他们二人在嬴政面前一起诋毁韩非子，说："韩非子自从入秦以来，总是极力想要保存韩国，很明显，他的目的是要削弱秦国，挽救韩国。他本身就是韩王的宗室。如今，大王想要消灭各国，韩非自然会倾向于韩国，而非秦国，这也是人之常情啊！大王既然决定不用他，让他在秦国待得时间长了，再放他回韩国，他必定会根据他所了解到的情况，制定相应的措施来对付我们，那样必定会对秦国不利，还不如趁他羽翼未丰的时候杀了他。"

嬴政因极其欣赏韩非子，而决定在统一六国后，加以重用。但听了李、姚二人的话，又觉得确实有些道理。可要真的杀了韩非子，嬴政一时又下不了决心。

李、姚二人见嬴政仍然有所犹豫，便接着说："韩非子对上不臣服于大王您，对下还离间众大臣，根本毫无用处。昔日太公诛杀华士、孔子诛杀少正卯，都是因他们自负惑乱民众。现在大王如果不除掉韩非子，如何能够清除祸害、安定群臣啊！"

于是，嬴政便下令让司法官调查韩非子，然后给他定罪。看管韩非子的狱吏接到的命令是："让韩非子说出他削弱秦国，挽救韩国的实情。"这个命令无异于将韩非子的性命交给了那些狱吏。秦国的律法本来就残酷至极，加上这些狱吏拿着鸡毛当令箭，自然下手就更加狠了。何况，根据秦国的法令，狱中囚犯是没有权利上疏申辩的。韩非子便只能每日承受着身体的侮辱和折磨，体味着法令的威力和严酷。终于，他的忍耐到达了极限，吃下了李斯派人送来的毒药，含恨而亡。

李斯和韩非子本是师出同门，两人连正面冲突都不曾有过，韩非子万万没有想到，对自己下毒手的竟然会是昔日的同窗李斯。而李斯则在意识到危机的时候，果断出手，解决了自己的隐患，除掉了一个潜在的对手，保住了自己的地位。

人生如棋，如果看到一颗可能不利于自己的棋子出现，就要即刻将它踢出局，不能等到它真正威胁到自己时才有所行动。简单来说，就是“先发者制人，后发者制于人”。

对付“不倒翁”，取走他身上的“磁铁”

“乌纱白帽俨然官，不倒原是泥半团。将汝忽然来打破，通身何处有心肝。”这首诗非常贴切地描写了“不倒翁”的特点，无论人们怎么推它，它永远都不会倒下，除非是拿掉它身上最重要的“心肝”，也就是它底部的“磁铁”。

至于如何做局取走“不倒翁”身上的“磁铁”，我们不妨来看看班超的做法。

班超是东汉著名的军事家和外交家，一生大部分的时间都在西域，在长达 31 年的时间里，他平定内乱，外御强敌，不仅巩固了东汉在西域的统治，而且还保证了丝绸之路的畅通无阻，功勋卓越。他能取得如此的成功，与他的对世事的洞悉力和行事的决断力，有很大的关系。他能在复杂的环境中，发现问题的症结所在，并且迅速做出正确的判断，并加以实施。在对待鄯善王的问题上便是如此。

汉明帝永平十六年（公元 73 年），班超曾跟随奉车都尉窦固出兵攻打匈奴，他在军中担任假司马（即代理司马）一职，虽然官职很小，但这却是班超投笔从戎，转向军旅生涯的第一步。初入军营的班超，便显示出了卓越的才能。首次出战，便在蒲类海（今新疆巴里昆湖）立了战功。窦固赏识他的才干，派他和郭恂一起出使西域的鄯善（今新疆罗布泊西南）。

班超等人初到鄯善国，鄯善王接待他们的礼节非常周到，将他们奉为座上宾，但没过多久，鄯善王的态度突然变得冷淡怠慢了起来。众人对于鄯善王态度的突然转变，一时无法理解，都感到困惑不已，各自讨论也没有什么结论。这时，班超分析说：“鄯善王的态度突然变得淡漠，这一定和北匈奴有关。鄯善国一直在我们汉朝与北匈奴之间摇摆不定，忽而与我们汉朝友好，忽而又与北匈奴友好。据我估计，鄯善王的态度之所以出现转变，极有可能是因为北匈奴的使者也来到了鄯善国，因此他犹豫不决，不知该如何是好了。”

众人听了班超的分析，都认为很有道理。于是，便找来一个接待他们的鄯善国侍者，诓骗他说：“我们知道北匈奴的使者来了好些天了，他们现在在哪里?”

侍者心里一慌，便将北匈奴使者的情况和他们的住所全部都说了出来。之后，班超便命人将这个侍者绑了起来，关在营帐之中，以防他回去泄密。

随后，班超将同他一起出使的36个人全部召集到一起来饮酒。正喝到兴头上，班超突然对众人说：“诸位与我一起来到这么远的地方，本是想为国立功而求得荣华富贵。但现在，北匈奴的使者来到这里才几天，大家便都已经感觉到，鄯善王不再对我们以礼相待，而是明显地亲北匈奴而冷淡我们。如果鄯善王出卖我们，把我们缚送到北匈奴去，那可就成了‘人为刀俎，我为鱼肉’了。大家说应该怎么办呢?”

众人纷纷说：“我们现在已经是身处险境了，是生是死，就全听司马的吧!”

班超听了众人的话，便接着说：“事到如今，我们唯一的办法，便是先下手为强。我们晚上进攻北匈奴的使者，他们不知道我们的具体状况，定会手足无措，感到害怕，我们便可以乘机消灭他们。只要解决了这些北匈奴的使者，也就相当于是断绝了鄯善王与北匈奴友好的后路，我们的处境才能有所好转。”

众人听罢，也知道这是唯一的办法了，便有人提议说：“此时是否应该和郭恂从事商量一下?”班超听了，忙说：“是生是死，便在今日一举。郭从事是个斯文人，如果他知道了此事，必定会心生恐惧，说不定还会因此而破坏了我们的计划。到时我们还是会白白丢了性命，这可不是个好提议。”

众人听了班超的分析，深表赞同，于是，便在班超的安排之下，开始进行周密的部署。

晚上天一黑，班超就带领36人直奔北匈奴使者的住地。恰好当晚大风呼啸，班超吩咐几个人拿了军鼓，藏在北匈奴使者住所的后面，并跟众人说：“只要见到大火烧起，就立刻擂鼓呐喊。”其他人则手持刀剑，埋伏在住所出口处。接着，班超亲自点火，埋伏在住所附近的人便一起擂鼓呼喊。北匈奴的使者睡得正香，突然听到外面的呼喊声，顿时一片惊慌，四处逃窜。班超亲手击杀了北匈奴使者3人，其部下亦斩杀了使者及随从三十多人，剩下的一百多人统统被烧死在了住所里面。

第二天一早，班超才将前夜之事告诉了郭恂。郭恂听了，初时大惊失色，过了一会儿脸色又转变了。班超知道郭恂初时大惊，只是被这突如其来的变故吓到了。在想明白了之后便又有了其他的想法，班超知道他的心中所想，便对他说："虽然此事你并没有参与，但我班超岂是贪功之辈，定不会独占这份功劳的！"郭恂这才高兴起来。

随后，众人提着北匈奴使者的头颅去见鄯善王，鄯善王见此情形大惊失色。班超乘机对鄯善王动之以情，晓之以理地劝慰了一番，鄯善王也知道，事情发展到这个地步，想对北匈奴有所交代已经是不可能的了，只好接受班超的建议，死心塌地地与汉朝通好，并将自己的儿子作为人质，由班超带回去复命。

班超等人圆满地完成了任务，回去向窦固汇报，窦固欢喜不已，上疏朝廷详细汇报了班超出使鄯善国所立下的功劳，并在上疏中，对班超大加赞赏。同时，又请求皇帝选派使者出使西域。

汉明帝收到窦固的上疏后，即刻下令窦固："有班超这样的得力战将，何须选派他人。即刻升班超为司马，命他继续完成出使西域的任务。"此后，班超的绝大部分时间都活跃在西域各地。

班超最初身为文人，便有要效仿傅介子、张骞，树立赫赫战功的志向，在处理鄯善王的问题上突出显示了他的外交手段，充分利用自己的优势，先发制人，切断对手的后路，迫使他沿着自己为他安排好的道路前行，让一个左右摇摆的"不倒翁"永远地倒向自己这一边。

在我们的现实生活中，有许多"不倒翁"。他们总是权衡利弊，左右摇摆，始终没有一个确定的方向。与这样的人相处，是非常危险的，因为他们没有所谓的道德观念，也没有所谓的忠诚信誉，他们看重的只是利益而已。与这样的人对弈，必须时刻警惕，处处小心。唯一的彻底解决的办法，便是像对付"不倒翁"一样，取走他们身上的"磁铁"，让他们无法站立，倒向一边。

以彼治彼，请君入瓮

"以其人之道，还治其人之身"意为：用那个人对付别人的办法返回来对付他自己。这不单是一种简单的招式，它还是一种非常有用的处世之道和解局之道。

来俊臣是唐朝武则天时期著名的酷吏，曾任司仆少卿、侍御史、左台御史中丞等职，因告密而得到武则天的信任，成为武则天权力斗争中的爪牙。他利用请君入瓮之局还治周兴，可谓是局道中的一大经典。

武则天登基后，决心除掉那些反对她的唐朝宗室和大臣。可是反对她的人都躲在暗处，要如何知晓呢？于是，她在都门设立了“铜匦”，下令任何人都可以告密，不论大小官吏，还是普通百姓，只要发现有人谋反，都可以将告密信扔进“铜匦”之中，由专人取出，由她直接阅读，以此来诛杀行为不轨或对她不服的大臣。地方官吏遇到有人告密，不许自己查问，一定要替告密的人备好车马，供给上等伙食，派人护送到宫中，由她亲自召见。如果密奏确凿，告密之人即可马上封官；如经调查，与事实不符，也不追究责任。这样一来，告密的人越来越多，逐渐形成了诬告之风。

胡族将军索元礼就是因告密而得到的官职。他是一个极其残忍的家伙，不管有没有证据，先用刑罚逼犯人供出同谋。犯人受不住酷刑，便会胡乱编一些假口供，从而，株连越来越广，案情越办越大，索元礼也借此一途升官至推事一职。有些官吏看到索元礼得到赏识和重用，便纷纷效仿，其中最残酷的是周兴和来俊臣这两个酷吏。他们每人手下养了几百个流氓，专门负责告密之事。每次只要想陷害一个人，就会派人同时在几个地方告密，并且捏造证据，混淆视听。两人因此而平步青云。其中，又以周兴最为机敏狡诈，故而很快便升任了刑部侍郎一职。他在审问犯人时，手段非常凶残，还专门制造出了一系列别出心裁的刑具，如死猪愁、求破家、反是实、“凤凰晒翅”“仙人献果”、突地吼等。因此，当时的人便以“牛头阿婆”作为他的别号。

周兴因为害人太多，激起了民愤。一天，武则天接到一封告密信，说他与人串通谋反。武则天看后，大吃一惊，即刻下密旨，命来俊臣逮捕和审讯此案。来俊臣深知周兴是办案的老手，要让他招供绝不是一件容易的事情。于是他布下了一个局，请周兴到自己家里来饮酒，好让他自己招供。

席间，来俊臣不断地恭维周兴，称他是唐朝第一办案高手。之后，便十分诚恳地向他请教：“最近抓了一批犯人，种种刑具都已用过，可他们还是不肯招供，您看该怎么办呢？”正被来俊臣夸得飘飘然的周兴，不假思索地说：“这还不好办。我最近就想出一个好办法：取一口大瓮，用炭火在它的四周烘烤，然后把不肯招认的囚犯放进瓮中，慢慢儿地烧烤，看他招不招！”

来俊臣听了，乐得拍手称妙，当即便命人搬来一只大瓮，并在四周架起了炭火。炭火熊熊地烧着，烤得整个厅堂的人禁不住流汗。周兴不明所以地问：“难道你要在这里审讯罪犯？”来俊臣站起身，拉长了脸说：“现有皇上密旨，有人告发周兄谋反，请您入瓮吧！”效果比预料的还要好，周兴跪在地上，不住地磕头求饶，很快便把来俊臣所需要的口供详详细细地交代清楚了。来俊臣根据他的口供，定了他的死罪，随后便上报了武则天。

武则天念及周兴为她立下的汗马功劳，而且也不相信周兴是真的谋反，便赦免了他的死罪，下令将他流放到岭南。但因周兴干的坏事多，结下了许多的仇家，在半路上，就被人暗杀了。

来俊臣本来也是一个酷吏，他非常了解周兴的风格和特色，知道用自己的方法未必可以解决武则天交给自己的任务，所以设了一个非常巧妙的局，让周兴自己布个局，然后再将他置于这个局之中。这可谓是“以其人之道，还治其人之身”的经典代表了。

我们在面对对手时，首先要看清楚自己的对手是一个什么样的角色，了解对手的特点和习性，然后，以比他更高一筹的方式来面对他，这便是胜过对手的好方法之一。

玩文字游戏，故弄玄虚

汉语是世界上最为丰富的语言，无论是内容还是形式都可以千变万化。这样就出现了各种各样的文字游戏，正是文字游戏的变化性给我们留下许多有待挖掘的题，也为发挥留下充分的余地。

现代商业社会中，最值钱的语言恐怕就是广告语了。我们所知道的那些耳熟能详的广告词常常具有一字值万金的价值。因为它们极大地激起了消费者的购物愿望，从而使企业效益大大提高。

许多广告宣传语巧妙地引用典故，以达到生动幽默、妙趣横生的效果。成语、谜语、歇后语、名言、格言、寓言、神话、趣闻、逸事等都可以取得言简意赅、清晰明了的效果。在广告的设计制作中运用此方法，能够招徕顾客，引人入胜。像“金丝小枣”广告介绍中就有“天天吃三枣，一辈不见老”,“五谷加小枣,胜似灵芝草”这样的谚语。像“王口爆竹”广告介绍中就有“高打九丈九,回头三尺三,是不是王口炮,前门楼子见”这样的俗语,对消费者了解商品的特点有很大帮助。

有一个小饭店,生意很清淡,去吃饭的人越来越少,眼看就要关门了。掌柜心里很着急,怎样才能使人们到饭店来吃饭呢?他想来想去,终于想出了一个办法。他在饭店门口挂上了牌子,上面写着:“明天吃饭不要钱。”有几个人看到牌子上写的字,互相议论说:“既然明天吃饭不要钱,咱们明天就到这里来吃一顿吧。”

第二天,这几个人真的来了,他们要了一桌酒菜,饱饱地吃了一顿。当他们吃完饭站起来正要走的时候,掌柜过来了,他说:“诸位留步,请付清饭钱再走。”

这几个人站住了,他们指着门外的牌子说:“掌柜的,那不是写着‘明天吃饭不要钱’吗?”

掌柜回答说:“是啊!‘明天’吃饭不要钱,‘今天’吃饭要钱的。”

这几个人听了,才知道是中了饭店掌柜的圈套,你看看我,我看看你,谁也无理可辩,只好乖乖地付了饭钱。

正如上面的故事所指出的那样,广告的语言常常不知不觉地设下了一个心理陷阱,一旦你被其打动,就落入了它的圈套。

这个故事玩弄的是内容上的游戏,还有一种是利用语言的歧义。

歧义是语言中的一种常见现象。论辩中的歧义法是指巧妙地利用语言中的多义词或同音词,在某种特定的情况下,将表示甲义的语言,换过来表示乙义,并使两种意义建立起某种联系,使之产生特殊的意义或感情的论辩方法。歧义法是造成讽刺的有效艺术手段。

鲁迅在厦门大学任教期间,校方曾召开一次专门会议,无理削减一半经费,遭到了与会人员的反对。校长林文庆不但不予理睬,反而阴阳怪气地说:“关于这件事,不能听你们的。学校的经费是有钱人付出的,只有有钱人,才有发言权。”他刚说完,鲁迅即从口袋里摸出两个银圆“啪”一声“拍”到桌子上,铿锵有力地说:“我有钱,我有发言权。”校长措手不及,哑口无言。

这里鲁迅利用“有钱”一词的歧义,巧妙地将对方推入窘境。

歧义的发生,有多种原因,比如一音多字、一字多义、同音谐音、词音异义等,同一句话,不同的情景、不同的人物、不同的心态、不同的情绪都会有不同的理解。人们在表达观点时，应尽量避免别人利用歧义钻空子。如下例：

几个穷人来到财主家，对财主说：“我们有事求你帮助，希望你不要拒绝。”

“我尽力而为。”财主说。

“第一，请你答应借一千金币给我们的一个朋友，他急需钱用，我们大家都愿意为他担保。第二，请你答应，让他一年以后归还。”

“朋友们，如果大家提出要求，而某人只答应一半，那也不算吝啬了吧！”

“那当然！”大家同声回答。

“既然这样，那么，我就答应一半吧！我同意满足你们的第二个要求，出于对各位的尊敬，我甚至愿意把借期延长到两年。”

“答应条件的一半”，有一定的含混性和歧义性，财主借此钻了其歧义的空子。

在特定场合、特定情况下，如果根据需要有意识地利用歧义，制造歧义，不失为一种机智，一种论辩艺术。

传说清代海州知府卫哲治为官清廉，铁面无私。而当地富豪洪发云凭借其与乾隆皇帝的亲戚关系勾结官府，无恶不作，人民怨声载道。对此，卫哲治决心除暴安良，为民除害。他将洪发云的罪状逐一列举，连同处决洪发云的奏本一起请人呈给乾隆。半个月后，卫哲治被召入京，乾隆说：“此事朕知道了，洪发云乃出家之人，罢了。罢了。”卫哲治听了，起初心里一凉，转念一想，又十分高兴。回海州后，传令将洪发云用两条犍牛套上铁耙耙死，海州百姓无不拍手称快。

这里，卫哲治利用“罢”和“耙”同音，把乾隆所说的“罢了，罢了”歪解为“耙了，耙了”，巧钻空子，为民除害，深得百姓拥戴。

适时“退”“现”，唱响一个人的独角戏

“黄金台上麒麟阁，混一元勋是贾生。”《宋史》将贾似道列于《奸臣传》中，但其中的内容不少是来自野史小说，难免有失偏颇。历史上对于贾似道的评价一向褒贬不一，我们无法去考证到底哪一个才是真实的，但我们却可以站在一个不含过多感情色彩的角度来看待贾似道的行为。

贾似道作为一个掌权者，他具备了相应的条件，并且对局道也很有研究。他的能力并不是非常强，而且品德也不算很好，但在当时可以胜任宰相的人中，他是最合适的了。

这不仅仅是因为他的才干,还因为他对于整个朝堂的控制已经达到了游刃有余的地步,即使面临困境,仍然可以设计出巧妙的布局,让对手乖乖地将自己过去拥有的再放回到自己的手中。无论在何种情况下,他总能保证自己的利益不受侵害,甚至在逆境中,他也可以再创辉煌。

宋理宗过世后,宋度宗即位。度宗本是理宗的侄子,因过继为子而即位。他即位时25岁,上台之后,想要有一番大的作为,便从群臣手中收回了权力,开始亲理政事。宋度宗干练有为,做了几件大快人心的事情,令朝野上下为之一振,大臣们都觉得度宗给他们带来了新的希望。相应地,贾似道的权力就受到了很大的限制,有人便借此机会上疏弹劾贾似道。贾似道对时势看得非常通透,他知道如果再这样发展下去,自己将会有灭顶之灾。于是,他绞尽脑汁,终于想出一个绝妙的好主意,精心设计了一个巨大的阴谋。

他的这个局的第一步,就是要"天下大乱",让宋度宗清楚地知道自己的重要性。

于是,他上疏宋度宗,要求弃官隐居,度宗自然也不会反对。回到乡下之后,贾似道让自己的亲信吕文德从湖北抗蒙前线假传军情,说是忽必烈亲率大军来袭,声势浩大,锐不可当,有直取南宋都城临安之意。正想要改革弊政,励精图治的宋度宗,没想到会有这样的当头一棒。得到消息后,他立刻召集众臣,商量出兵抗击蒙军之事。可是他万万没有想到,堂堂南宋帝国的文武之臣竟没有一个人能提出一个切实可行的御兵之策,更别提为国家慷慨赴任,率兵出征了,这可真是难倒了宋度宗。而此时,贾似道却隐居山林,优哉游哉地过着他的归隐生活,对朝廷中所发生的一切,早已了然于胸了。

前线的警报频频传来,数十万蒙古铁骑急攻,都城临安急需筑垒防御,这一切,使刚登上帝位不久的宋度宗听得心惊肉跳,手足无措,他不得不想起朝廷中唯一可以抗击蒙军,并取得"鄂州大捷"的英雄贾似道。他不禁深深地叹了口气,做了那么多的努力,终于让贾似道放下了朝廷大权,并且自愿弃官,可以按照自己的意愿来处理国事了。但面对当下的情况,又不得不重新起用贾似道了。无可奈何之下,宋度宗只好请皇太后出面,写了个手谕,派人恭恭敬敬地送给贾似道,请贾似道出山。这么一来,贾似道第一步的计划便成功了。

接下来,便是由自己来出面解决这个问题了,不过,解决问题可不是免费的,总得有一定的报酬才行。

贾似道见到皇太后的手谕,知道此时宋度宗已经处于下风了,他便开始端起了架子,先是搪塞说不想再出山,继而又要宋度宗大封其官。宋度宗没有办法,只好给他节度使的荣誉，并尊他为太师，还加封他为魏国公。这样，贾似道才“心不甘情不愿”地出来“为国效命”。

警报是他令人假传的，当然他就可以做出一副慷慨赴任、万死不辞，甚至胸有成竹的样子。他向宋度宗要了节钺仪仗，表示即日便会出征，这令宋度宗感激涕零，也令朝中的百官羞愧地无地自容。天子的节钺仪仗代表的是皇帝的尊严，一旦出去，除非所奉使命有了结果，决不能擅自返回。贾似道出征这一天，临安城人山人海，所有的百姓都来看热闹。贾似道为了显示自己的威风，居然借口当日不利于出征，命令节钺仪仗返回。这可真是大长了贾似道的威风，大灭了宋度宗的志气。贾似道出征之后，到“前线”逛了一圈，很快就回来了，宋度宗和大臣们见是虚惊一场，额手称庆都还来不及，哪里还顾得上追查军情的真假，再次把贾似道当作“英雄”般看待。

问题已经解决了，下面的一步便是如何乘此机会收复自己的“失地”，而且还要扩充自己的“势力范围”，让对手自动把权力让出来。

贾似道“出征”回来后，宋度宗便决定把朝廷的大权交给他。贾似道还故作姿态，再三推辞，其实是在试探和要挟宋度宗，经过多次较量后，贾似道见宋度宗和皇太后出于真心，他才决定留在朝中。这时，满朝的文武大臣对他争相趋奉，甚至把他比作是辅佐成王的周公。经过了这次的事件，年轻的宋度宗对朝中的文武大臣完全失去了信心，他至此才明白为什么宋理宗要将朝中的大权交给贾似道。贾似道虽然奸佞，但比起满朝文武的无一人可用，在困难当头之际，贾似道的“忠勇当前”和敢于“挺身而出”，都已经是非常地难能可贵了。蒙在鼓里的宋度宗，不知不觉便坠入了贾似道的奸计之中。他逐渐失去了治理朝政的信心和热情，而是把大权全都推给了贾似道，自己则纵情享乐去了。可怜的宋度宗哪里知道，满朝文武懦弱是真，贾似道“忠勇”却是假。

贾似道再一次“肃清”了朝堂，掌握了朝中的大权。他在极短的时间内，将朝廷上下全部换成了自己的亲信，甚至连守门的小吏也都一一查问过了。这样，南宋王朝也就成了一具空壳，实际上则变成了贾氏的天下。他的这一场“独角戏”，从头到尾都是自己一个人策划和演出的，把宋度宗和朝中的所有大臣玩弄于股掌之间，让他们都沦为了自己局中的“棋子”，成为帮助自己恢复权势的“帮凶”。

真正的局道高手，必须懂得适时“退”与“现”，做一位成功的导演，才能唱响属于自己的那场“独角戏”，从而有效布局、收局和控局。

诈降，险象环生处巧妙逢生

俗话说："耳听为虚，眼见为实"。可是眼睛真的有那么可靠吗？在如今的社会中，我们获得信息的渠道是多种多样的，而且绝大多数都是通过自己的眼睛看到的，但是又有多少是真实的呢？我们被信息包围，也被信息迷惑，可是我们始终无法摆脱它，因为我们需要根据信息做出判断和选择。这一点在局道中显得尤为重要。

铁铉是明朝著名将领，性情刚决，机智敏捷，善决疑狱。他在太学读书时，熟通经史，成绩卓著，由国子生被选授礼部给事中，后任都督府断事、山东布政司使和兵部尚书等职，深得明太祖朱元璋赏识，"鼎石"即为其所特赐。他是一个懂得利用信息的将领，也正是因为这一点，他巧用局道之术，成了一个差点令明成祖朱棣丧命的历史人物。

建文二年（公元1400年），"靖难之役"已经进入了第二年。与朱棣对抗的大将军李景隆本是个纨绔子弟，对于带兵打仗可以说是一窍不通，无奈建文帝为大臣所蒙蔽，而重用此人。李景隆哪里是朱棣的对手，他所率的军队节节败退。这一年，再次退走德州，燕王朱棣的军队尾随而至。不久，李景隆又从德州逃到了济南，朱棣率军紧随其后，将他率领的十余万军队打了个落花流水，还要乘势攻打济南。

幸亏坚守济南的是忠臣铁铉，才遏制了朱棣的进攻，暂时扭转了战局。铁铉本是山东参政，负责催督军饷，为李景隆军队筹集粮草。听说李景隆大败的消息，从临邑匆忙赶往济南，聚集溃败的明兵，协助盛庸、宋参军等人一起死守济南。任凭燕兵的轮番冲锋，始终岿然不动。建文帝听到这个消息，马上罢免了败军之将李景隆，升铁铉为山东布政司使，又下诏以盛庸为大将军。

朱棣本想乘胜追击，一举攻下济南，没想到三个月过去了，还是久攻不下。不仅如此，济南的明军还时不时地出城来偷袭，这让朱棣大为恼火。再这样拖延下去，自己的后勤补给就会出现问题了。此时，有个谋臣对他说："两军对峙已经有三个月之久了，我军损耗严重，如果还是没有办法攻克济南，那我们只有班师回去了。臣有一计，不知殿下是否愿意一听。"

朱棣一听有人献计，忙问："有何妙计，快快讲来。"

谋臣说："我们可以堵住济南城外各条溪涧，同时掘开黄河大堤，将溪涧和黄河之水引来，准备积水灌城。这样，济南城内的百姓和守军必定心生恐惧，混乱不已。铁铉投降最好，如若不然，就来个水淹济南。这样我们不费一兵一卒便可攻下济南了。”

朱棣听了，眼睛一亮，但又转念一想，说：“真要放水灌城，未免太过残忍。不如我们先放出去消息，给他们一个期限，或许可以避免生灵涂炭。”

第二天，思量济南城中的百姓都收到了城外传来的消息，知道燕王朱棣要他们投降，否则过了时间，便会放水灌城。城中一时间人心惶惶，就连守军也乱作了一团。既为了安抚军心和民心，又为了拯救济南的百姓，铁铉决定将计就计，诱杀朱棣。

计议已定，铁铉命人暗中在城门上置千斤闸，又让守城的士兵昼夜啼哭：“济南城快被淹了，我们就要死了！”不久，又下令撤掉了城楼上防守的武器，选了一个城中百姓的代表，作为使者，到燕王朱棣的大营去请降：“因为朝中奸臣当道，大王您才冒死奋战。我们都是太祖皇帝的子民，而您是太祖皇帝的亲生儿子，我们早就想要向您称臣了。但是，我们济南的百姓向来不习惯兵戎相见，看到您的大军压境，非常害怕。希望您可以先让军队撤退到10里之外，然后您单骑入城，我们一定俯首称臣，恭迎您的大驾！”

燕王朱棣不知是计，济南城久攻不下，将士们都已经疲惫不堪了，现在他们主动要投降，一旦济南城降，便可割断南北，占据整个中原地区了。这让朱棣大喜过望，竟然信以为真了。于是，他即刻下令军士将营地后移十里，自己骑着骏马，只带了几名护卫，便跨过护城河，径直准备进城接受投降。

见他前来，守城的明军打开城门，都聚集在城墙上向下张望。燕王朱棣刚进城门，士兵们便高喊：“千岁到！”

预先置于门拱上的千斤闸应声落下。幸亏朱棣命大，千斤闸只砸中了他的马头，若再稍微晚落几秒钟，恐怕他的脑袋就没了。燕王朱棣此刻才知中计了，大惊失色，连忙换了一匹护卫递给他的新马，调头就往城外跑。济南的守城士兵见朱棣要逃，忙牵挽护城河的浮桥，因为年久失修，费了九牛二虎之力才拉起了1米多高，朱棣和他的护卫纵马逃出了城外。朱棣死里逃生，铁铉的“诈降计”功败垂成。

朱棣回到营地后，大发雷霆，立即调来重炮，挥兵攻城。铁铉趴在城头，大骂朱棣是反贼。朱棣听了气不打一处来，搬来数门大炮对着城墙一阵狂轰滥炸。济南城墙上很快就被打开了一个缺口，危急关头，城墙缺口处挂出了一块木牌，木牌上只写着7个大字——“太祖高皇帝之位”，这是铁铉亲书的太祖皇帝朱元璋的神牌。朱棣见此，虽然气恼之至，却也不敢再开炮轰击了，济南城这才得以保存，两军又回到了最初的对峙阶段。此后，铁铉常常派人不分昼夜地骚扰偷袭燕军。朱棣见自己的军队死伤无数，又担心明军会绕到背后收复德州，切断自己的粮草供应，只好撤兵，先回北平，再作打算。铁铉等立即乘胜追击，收复了德州等失地。

李景隆率十余万大军败于燕王朱棣之手，铁铉却凭着济南这一座孤城获得了胜利，这不得不归功于他的“诈降计”。铁铉的“诈降计”和三国时期诸葛孔明的“空城计”有异曲同工之妙。“空城计”是制造一种假象，让司马懿误以为城中有埋伏，而避不入城；“诈降计”也是制造一种假象，不过目的却是将朱棣引入城中。老奸巨猾的朱棣也差点栽在了铁铉的手中，看来铁铉的这个“绝处逢生”局还真是高明。

“事贵应机，兵不厌诈”。无论是在棋局中，还是在人生中，总是有很多真假难辨的情形，让人眼花缭乱，不知所措。如果我们有“火眼金睛”，可以辨识信息的真伪，我们就会省去很多的麻烦，避免很多的错误。

引入虚招，让对方兵败如山倒

“一生事业总成空，半世功名在梦中。死后不愁无勇将，忠魂依旧保辽东。”原来一个人的一生可以如此的壮烈。生前的事业、功名，在离开人生的那一刻，全部都烟消云散了，死后唯一能做的却仍然是守卫自己一直以来所坚守的东西。这是何等的气魄与豪情，一身正义、一腔忠诚，能写下此诗的一定是一个确确实实的英雄。但是英雄又如何，在人生的棋局中，如果不善对弈，不能准确把握与分辨对手的虚实，最终还是会落得个千刀万剐的凄惨下场，袁崇焕就是个典型的例子。

皇太极是努尔哈赤的第八子，也是继努尔哈赤之后，清朝的又一位杰出的政治家和军事家。他是清朝的开国皇帝，他的统治为清王朝的政权打下了坚实的基础。在他的父亲去世之后，他对袁崇焕怀恨在心，但并没有用以硬碰硬的方式来替父亲报仇，而是精心布置了一个局，借崇祯皇帝的手，除去了这个杀父仇人和战场上的劲敌。

明天启六年(1626年)正月，清太祖努尔哈赤率领6万八旗军，号称20万大军，进犯明朝辽东的宁远城，发起了明金(清)之间的第4次决战。而此时的宁远城，在经历了一连串的变故之后，几乎成了一座孤城。城中1万多的明兵，被金兵重重围住，完全与外界失去了联系。

当时守城的袁崇焕虽不是行伍出身，但却对兵法了如指掌。面对努尔哈赤的猛烈进攻，他率领兵民拼死反抗。连续两天，努尔哈赤不但未能攻克宁远城，而且还伤亡惨重。

第三天,袁崇焕用西洋大炮,从上往下轰击八旗军,炮过之处,死伤大片。这次的宁远之战,以明军的胜利而告终。袁崇焕因为此战的胜利,而获得了朝廷的表彰和升职。

这一战也是努尔哈赤自25岁征战沙场以来,唯一的一次失败。这一年,他已68岁,用兵44年,久经战争的考验,可谓历史上的常胜统帅。而这一年的袁崇焕42岁,第一次指挥作战。这唯一的一次败绩,让努尔哈赤一直耿耿于怀,没过多久便含恨归天了。而袁崇焕则因为魏忠贤及其亲信的排挤,而无法在朝廷中立足,被迫辞去了官职。

第二年,崇祯帝即位,他一上台,采取了一系列的措施整顿朝廷,还将袁崇焕召回,将其提升为兵部尚书,负责整个河北、辽东的军事指挥,并赐给他一口尚方宝剑,准许他全权行事。袁崇焕重新回到宁远,整顿队伍,振奋士气。东江总兵毛文龙作战不力,虚报军功,被袁崇焕用尚方宝剑给杀了。

失去父亲的皇太极对袁崇焕怀恨在心,屡屡进攻,屡屡败退,于是他决定改变进攻的路线,率领几十万后金军,从龙井关、大安口(今河北遵化北)绕道河北,直扑明朝京城北京。这一招完全出乎袁崇焕的意料,同时也吓坏了朝廷中的众人,幸亏袁崇焕带兵赶到才得以控制住了局势。但是仍然有一些魏忠贤的余党,散布谣言,说此次皇太极的军事行动是袁崇焕引来的,其中必定有什么阴谋。这些谣言传到了崇祯帝的耳朵里,他本来就是一个疑心颇重的人,自然对袁崇焕产生了戒备之心。

另一边的皇太极已经将袁崇焕看作是自己灭明的最大障碍,但多次进攻都以失败告终,要除掉这颗眼中钉,看来硬攻是不行的,唯有智取了。经过反复思考,针对崇祯帝的弱点,他终于想到了一个可以不费吹灰之力,便能除去袁崇焕的妙计。

有一天,明军在京城的德胜门和永定门外,捡到了一份"议和书",是皇太极写给袁崇焕的。这份"议和书"很快就送到了崇祯帝的手中,朝中上下一片哗然,纷纷对袁崇焕产生了怀疑。

其实,这份所谓的"议和书"只不过是皇太极所安排的局中的一个部分,袁崇焕对此完全一无所知,这份写给他的"议和书",他根本就没有看到过。

接下来,皇太极找到了两个俘虏来的明朝太监,并派副将高鸿中、参将鲍承先到太监的关押之处,去演了一场戏。

高、鲍二人故意趁两个太监未睡的时候,轻声地谈话。

高鸿中说:"今天咱们退兵,是皇上(即皇太极)的主意,你知道吗?"

鲍承先说:"没听说,你怎么知道的?"

高鸿中接着说："刚才我看到皇上一个人骑马往明营方向去，那边也有人出来，他们说了许久的话才回去的。听说那边的人是袁督师派来的，他已经和皇上商量好了，大事眼看就要成了……"两个太监听了就以为袁崇焕已经通敌了。

第二天，皇太极又命人故意放松看管，让两个太监逃走。他知道这两个太监回去之后，必定会将听到的事情告诉崇祯帝，到时袁崇焕便必死无疑了。

果然，两个太监回到皇宫后，把他们所听到的一字一句地告诉了崇祯帝。多疑的崇祯帝听了，顿时信以为真，即刻将袁崇焕及他的亲信逮捕下狱。袁崇焕完全不知道发生了什么事情，想要争辩，却又不知从何说起。

朝中有个大臣，知道袁崇焕的为人和对国家的一片忠心，觉得事情不太对劲，便进谏崇祯："陛下，请慎重考虑啊！袁督师向来为国尽忠尽力，不会做出此类事情的。"

但崇祯帝根本不理会大臣的劝告，不久，便下令以叛国罪处死袁崇焕，在西市设刑场凌迟袁崇焕。凌迟刑是最残酷的刑罚，俗称"活剐"，就是一刀一刀把活人身上的皮肉削下来，有数千刀之多，受刑之人要承受长时间的痛苦，才能死去。

在对袁崇焕行刑的时候，百姓不明真相，以为他通敌卖国，便纷纷争食其肉。一块块手指大小的皮肉，刚从袁崇焕身上削下，就以一钱银子一片的价钱，卖到了百姓手中。买到之后，再用最恶毒的言辞诅咒他，然后吞下那块血淋淋的皮肉。试想那是何等惨烈的场面啊！据说在整个行刑的过程中，袁崇焕连一声哀号都没有，只是不住地叹气。想一代英雄就这样离开人世了。皇太极借崇祯帝之手，杀死了可以帮助明朝抵御清军的唯一大将。

此后的明清战争中，明军再无可以牵制皇太极的力量，明军节节败退。几年后，清兵入关，占领了北京，明朝灭亡。150年后，袁崇焕沉冤得雪，后人终于还了他一个迟来的公道。

袁崇焕，是明朝末年的一位英雄人物，他有胆量，好谈兵。正如金庸先生在《袁崇焕评传》中所表述的那样："'焕'，是火光，是明亮显赫、光彩辉煌；'素'，是直率的质朴，是自然的本性。他大火熊熊般的一生，我行我素的性格，挥洒自如的作风，的确是人如其名。……他像是一个古希腊的悲剧英雄，他有巨大的勇气，和敌人作战的勇气，道德上的勇气。他冲天的干劲，执拗的蛮劲，刚烈的狠劲，在当时猥琐萎靡的明末朝廷中，加倍的显得突出。"他在战场上，毋庸置疑，是个英雄；但在对弈中，他却并不是一个高手。更不幸的是，他遇到了皇太极，一个在军事实力与他不相上下，但在虚虚实实的棋局中，远远胜过他的人。

可见，在做局时适当引入虚招儿，比节节进逼式的硬攻更省力、更有效，可以轻松让对方兵败如山倒。

避其锋芒，抓其要害

“治兵如治水：锐者避其锋，如导疏；弱者塞其虚，如筑堰。”在中国古代的兵书中，有许多关于作战方法和作战技巧的描述。“避其锋芒，抓其要害”就是非常典型的一种。

众所周知，孙膑和庞涓都是战国时期的军事家，他们两个人的争斗从孙膑下山的那一刻便开始了，孙膑为此被剔去了膝盖骨，还差点死于庞涓之手。他被迫装疯卖傻，才得以从庞涓的手中逃脱，来到了齐国。这两个人本来师出同门却变得势同水火，分别就职于两个国家的二人也经常在战场上交手，也因此才创造了中国历史上的许多战争奇话。“围魏救赵”便是其中的一个，这是一场从对手的“后方”入手，从而实现救助同盟国的战争。

齐威王三年（公元前354年），魏惠王想一泄失去中山的仇恨，便派大将庞涓前去攻打。中山原本是东周时期魏国北邻的一个小国，后来被魏国收服，赵国乘魏国丧国之机，强占了中山。此时的魏国已经今非昔比了，对此一直耿耿于怀的魏惠王，终于找到了合适的时机可以一雪前耻。

魏将庞涓认为中山不过弹丸之地，距离赵国又很近，不如直接攻打赵国的都城邯郸，既解旧恨又能削弱赵国.可谓一举两得。魏惠王听了十分满意，便决定以此为首，开始他的霸业。于是，魏惠王调拨五百战车，由庞涓率领，直奔赵国。

庞涓治军有方，军队战无不胜，很快便包围了赵国的都城邯郸，赵国形势危急。第二年，赵国逼于无奈只得向齐国求救，并许诺解围后以中山相赠。齐威王打算任用孙膑为主将救援赵国，孙膑辞谢说：“受过酷刑的人，不能任主将。”实际上，孙膑是另有打算。于是齐威王就任命田忌做主将，孙膑做军师，领兵前往救援。

田忌与孙膑率兵进入魏赵交界之地，田忌本来打算领军直接去赵国与魏军作战，孙膑制止说：“想解开缠绕在一起的乱丝，不能紧握双手生拉硬扯；解救纠缠在一起斗殴的人，不能卷进去胡乱搏击。要扼住争斗者的要害，争斗者因形势限制，就不得不自行解开。如今魏赵两国相互攻打，魏国的精锐部队必定在国外精疲力竭，老弱残兵在国内疲惫不堪。你不如率领军队火速向魏国的国都大梁挺进，占据它的交通要道，冲击他军备空虚的地方，魏国国都被围困，魏王肯定会下令庞涓放弃攻打赵国而回兵自救。我们再在庞涓回师的必经之路，中途伏击他，必定可以大获全胜。这样，我们不但可以一举解救赵国之围，又可坐收魏国自行挫败的成果。”

田忌听取了孙膑的意见，出兵围困魏国的都城大梁。魏国都城情势危急，魏王果然下令庞涓回军自救。庞涓本来以为对赵国的战争马上就要大功告成了，收到魏王的命令后，非常着急，丢掉粮草辎重，星夜从赵国撤军回国。孙膑预先在魏军回国的必经之地桂陵（今河南长垣西北）设下埋伏，当庞涓率领长途跋涉、疲惫不堪的魏军经过时，齐军突然出击，大败魏军。最后，庞涓勉强收拾残部，退回大梁。齐国军队大胜，赵国的危机也相应地解除了。这场战役便是历史上著名的“桂陵之战”。

孙膑以一个旁观者的眼光去看待这场战争，他看到了解决问题最有效的方法，他找到了庞涓的“罩门”，只要从他的这个“罩门”入手，一切问题便都迎刃而解了。这种“曲线救国”的策略，在现代生活中，也可以帮助我们收获得更多。

无论是实力雄厚者，还是实力弱小者，巧妙地运用一些作战技巧，总是可以事半功倍，收到意想不到的效果。在我们的人生中，也是如此，也需要有相应的技巧和策略，运用它们，我们便可以用最小的付出，获得最大的回报，这样的事情何乐而不为呢！

投其所好，将对手逼入死角

“一剑酬恩拓霸图，可怜花草故宫芜。”春秋战国时期，是一个英雄辈出的时代，有豫让的“士为知己者死”，有荆轲的“风萧萧兮易水寒，壮士一去兮不复返”，他们用自己的生命成就别人的伟业。这其中自然也少不了成就吴王阖闾的专诸，一个注定为别人的功业牺牲的人。他为报公子光的知遇之恩，自愿刺杀吴王僚。为此，他针对吴王僚的“喜好”，特地到太湖学习厨艺，只为刺出那决定性的一剑。

这，更为我们今天的局道心计，提供了很好的学习材料。

春秋时期，吴王寿梦生有4个儿子，长子叫诸樊，次子叫余祭，三子叫夷昧，最小的叫季札。吴王寿梦死后，诸樊继位。诸樊战死后，余祭当了吴王。

17年后，余祭被杀害，夷昧继位，4年后突然身患重病去世，夷昧的儿子僚继位，称为吴王僚。这引起了公子光的不满，他身为寿梦的长孙，诸樊的长子，按照嫡长子的继承传统，理应由他继承王位；按照寿梦的遗嘱，怎么也轮不到夷昧的儿子僚。他一心想要从僚手中夺取王位，便暗中交结贤士，积蓄力量。

此时，楚国的伍子胥逃到吴国来了。吴王僚被伍子胥的才辩所折服，立即拜他为大夫，并可怜其身世，答应帮他攻打楚国，给他的父亲和哥哥报仇。公子光对于伍子胥的智勇双全，甚是欣赏，很想将他收罗到自己门下。于是，他对吴王僚说："吴国与楚国之间的仇怨已经很深了，我曾经亲自领兵作战，知道楚国实力，我们实在很难取得大的胜利。如果只是为了伍子胥便要兴师攻打楚国，未免太过草率了。而且，伍子胥的父亲和哥哥被楚王杀死，他提出攻打楚国，只是想报自己的私仇，并不是为了我们的国家。请大王三思啊！"吴王僚听了很有道理，此后也不再提伐楚的事了，还渐渐疏远了伍子胥。公子光便成功地从吴王僚的手中夺取了一个非常优秀的人才——伍子胥。

一日，伍子胥遇到了虽然家境贫寒，但却是一条好汉的专诸，并将他推荐给了公子光。公子光听了伍子胥的介绍，连忙去探望专诸，并捧出好些金帛作为见面的礼物。专诸心怀感激，表示一定要报答公子光的知遇之恩。于是，公子光便将王位的传递经过详细地告诉了专诸，并且还说："祖父约定兄终弟及，王叔季札不愿继承王位，便理应由嫡长子继承。可是吴王僚贪恋权位，不肯退让，还请壮士助我一臂之力。"专诸领会了公子光的意图，便问道："不知吴王僚有什么嗜好？吴王僚防守森严，我们要刺杀吴王僚，应该要投其所好，从他的习性入手，才有可能成功。"公子光想了想，说："吴王僚喜欢享受美味的食物，尤其爱吃鱼。"于是，专诸便起身前往太湖学习制作鱼炙的手艺，三个月后，学成返回，只等公子光的命令。

公子光得知专诸已经学成回来，便对伍子胥说："专诸已经准备好了，有什么法子才能接近吴王僚呢？"伍子胥说："千万不可草率行事。公子庆忌时时随侍吴王僚左右，掩余、烛庸手握兵权，想要除吴王僚，就先得把这三个人打发出去，方能行事。要不然打草惊蛇可就更难下手了。”公子光恍然醒悟,便让伍子胥带了小公子白胜退耕田野,耐心等待时机。

吴王僚十一年(公元前516年),楚平王死了,太子珍继位,是为楚昭王。伍子胥知道机会来了,急忙找到公子光,说:“现在楚平王死了,新王年幼,如果此时上奏吴王僚,乘楚国丧乱之际发兵讨伐,他必然同会意,我们便可乘机图谋大事。”

公子光心存疑虑,问道:“如果吴王僚派我统帅士兵出征,那怎么办呢?”

伍子胥说:“公子可以说上次征楚时,旧伤未愈,暂时还不能出战,吴王僚就不能派您出征了,到时,肯定会派掩余和烛庸为统帅。”

公子光听了十分开心,转念一想,还有一个庆忌,这个人是公子光最为忌惮的。此人是吴王僚的长子,筋强骨健,有万夫不当之勇。于是,他便又问伍子胥:“那也还有庆忌在呢?”

伍子胥笑了笑说道:“可以建议吴王僚派庆忌出使郑国和卫国,联络两国一起进攻楚国。这样吴王僚身边的三个心腹都被派了出去,他离死也就不远了!”

公子光沉吟了一会儿,又说:“这三个人虽然都离开了,可是王叔季札仍然还在朝中啊,他肯定不会允许我夺取王位的。”

伍子胥回答说:“这一点我也想过。吴国和晋国刚刚修好,派季札出使晋国,一方面可以联络感情,另一方面也可以观察中原各国的情况,岂不是两全其美!吴王僚好大喜功,必然会听从您的建议。等到季札出使回国的时候,公子大事已成,想必他也不会再谈什么废立之事了!”

公子光听了伍子胥的计划,不禁感激涕零,哽咽着说:“先生真是上天赐给我的礼物啊!”

公子光依计行事,吴王僚不明底细,果然接受了他的建议,派掩余、烛庸率师讨伐楚国,派季札出使晋国,派庆忌前去联合郑国和卫国,四个“绊脚石”全都离开了都城,吴王僚身边,只剩下了公子光。一切准备就绪,公子光通知专诸随时待命,准备行事。

公子光入宫朝见吴王僚,说:“最近臣的府中,有一个从太湖来的厨子,擅长炙鱼之术,味道特别鲜美。臣不敢独自赏用,请大王到舍下一起品尝。”吴王僚听说是自己钟爱的美味,立即点头答应了。于是,公子光在地下室埋伏下身穿铠甲的武士,备办酒席宴请吴王僚。

次日清晨,吴王僚如约赴宴。席间,公子光以脚痛需要涂药为由,离开宴席。不久,专诸膝行入厅献鱼。吴王僚看到专诸手中的鱼惊异不已，那鱼两鳃一张一合，居然还是活着的。他大张着嘴，恨不得马上大快朵颐。刚刚把鱼盘捧到吴王僚的面前，专诸突然从鱼腹中抽出一支短剑，直向吴王僚刺去。吴王僚猝不及防，专诸以犀利的短剑，用尽平生之力，刺透了吴王僚的双层铁甲，直插心脏。吴王僚当场倒地身亡，专诸顿时也被诸卫士刺杀在血泊中。

公子光见已成事，率武士杀出，杀光吴王僚的人。之后自立为王，号阖闾。

这是一场公子光蓄谋已久的夺权政变。他身为人臣，不具备与吴王僚起正面冲突的实力，所以他招揽志士，积蓄势力，等待有利时机。他从吴王僚手中，夺过了伍子胥这个人才，也就等于他获得了刺杀吴王僚的计谋；伍子胥将专诸推荐给他，也就等于他具备了刺杀吴王僚的"工具"；他深知吴王僚的习性，了解吴王僚贪图美味，便等于控制了吴王僚的"命脉"。做好万全的准备后，从吴王僚的"命脉"着手，自然便可以一击即中。

可见，做局的时候，如果从对方的嗜好下手，几乎可以让你箭无虚发。不过，这也告诉我们，在与他人相处的时候，要隐藏好自己的"命脉"，千万不要轻易示人。

打蛇打七寸，牢牢控制对方

"七寸"是蛇心脏的所在部位，找准这个位置，可以将蛇一招毙命。与之类似，在局道的世界里，找到那个至关重要的点，再以此为突破口，才是获胜的最佳手段。

汉代的朱博，出身于贫困家庭，青年时代，曾在县里当过亭长，交友广泛，刚直正义，先后升迁为功曹、冀州刺史、琅玡太守，因其行事果断干练、才能过人而得到了属下与百姓的爱戴。同时，他也是个善于运用局道的人，虽然他是武将出身，但却懂得巧妙地利用别人身上的"把柄"，来实现自己的目的。

朱博在调任左冯翊地方官期间，长陵一带，有个大户人家出身的人，叫尚方禁。他年轻时曾强奸别人的妻子，被人用刀砍伤了面颊。如此恶棍，本应重重惩治，只因他大大地贿赂了官府的功曹，不但没有被革职查办，反倒被调升为守尉。

朱博上任后，有人向他告发了此事。朱博觉得真是岂有此理，就找了个借口，召见尚方禁。尚方禁见新任官员突然召见自己，心中不禁七上八下，但又不能躲避，只得硬着头皮来见朱博。朱博仔细看尚方禁的脸，发现果然有疤痕，于是让侍从退开，假装十分关心地询问尚方禁："你这脸上的伤痕是怎么搞的呀？"

尚方禁做贼心虚，知道朱博已经了解了他的情况，心想这下肯定完蛋了，就像小鸡啄米似的接连给朱博叩头，嘴里不停地说道："小人有罪，小人有罪。"

朱博见他也不隐瞒，便说："既然知道自己有罪，那就原原本本地给我讲来！"

尚方禁如实地讲了事情的经过，他头也不敢抬，只是一个劲地哀求道："请大人恕罪，小人今后再也不干那种伤天害理的事了。"

"哈哈哈……"朱博突然大笑道，"男子汉大丈夫，发生这种事情本是难免的。本官想为你雪耻，给你个立功的机会，你会效力吗？"

尚方禁开始被朱博的笑声吓得身上直起鸡皮疙瘩，心想这下要倒大霉了。但听着听着，终于缓过气来。朱博刚说完，他"扑通"一下跪倒在地，说道："小人万死不辞，一定为大人效劳。"

于是，朱博命令尚方禁不得向任何人泄露这次谈话的内容，要他有机会就记录其他官员的一些言论，及时向朱博报告。尚方禁俨然成了朱博的亲信、耳目。

自从被朱博宽释并重用之后，尚方禁对朱博的大恩大德铭记在心，干起事来特别卖命，工作成效也十分明显。不久，就破获了许多起盗窃、强奸等犯罪案，使地方治安情况大为改观。朱博于是提升他为连守县县令。

一个曾经的恶棍，在与朱博的对弈中，输得一败涂地。因为朱博掌握了他的"把柄"，但却没有落井下石，而是以此为契机，让他从一个恶棍，变成了一个为民办事的官员。

又过了相当长一段时间，朱博突然召见那个当年收受尚方禁贿赂的功曹，对他进行了严厉的训斥，并拿出纸和笔，要那位功曹把自己受贿的事全部写下来，不能有丝毫隐瞒。那功曹早已吓得像筛糠一般，只好提起笔，写下自己的斑斑劣迹。

"记住！如果有半句欺骗的话，当心你的脑袋搬家！"朱博又大吼了一声。

这一声可吓坏了那位功曹，他早已知道朱博办事，说到做到，是一位不好惹的上司，连忙说："小人一定依照大人指示，如实坦白。"

由于朱博早已从尚方禁那里知道了这位功曹贪污受贿的事，看了功曹写的交代材料，觉得大致不差，就对他说："你先回去好好反省反省，听候裁决。从今往后，一定要改过自新，不许再胡作非为！"说完就拔出刀来。

那功曹一见朱博拔刀，吓得两腿一软.又是打躬又是作揖，嘴里不住地喊："大人饶命！大人饶命！"只见朱博将刀晃了一下，一把抓起那位功曹写下的罪状材料，三两下将其削成纸屑，扔到纸篓里去了。

自此后，那位功曹终日如履薄冰、战战兢兢，工作起来尽心尽责，不敢有丝毫懈怠。

武将出身的朱博，身为一个文官，懂得以文官的方式去处理问题。他对于曾经犯错的人不是"一棍子打死"，而是利用他们的把柄，让他们尽心竭力地弥补自己的过错，重新回归那个善良的"我"。在这场善与恶的对弈中，朱博赢得非常漂亮。

现实中，击中对方"要害"便可让其"毙命"，这个道理非常简单。但某些情况下，我们并不需要将对方置之死地，只是需要他们发生一定的改变，便可以达到自己的目的，此时了解并好好把握他们的"要害"，便可以将对方牢牢地控制住。

火烧乌巢，找准对手的命门

"兵马未动，粮草先行"，这是战争的一个必备常识，粮草是战争的关键与核心，它就相当于是建筑物的地基，没有地基，建筑物根本无法落成，同样的，没有粮草，士兵根本无法生存，就更谈不上打仗了。

其实，这也从另一个侧面，给参战者提供了一个快速取胜的方法。只要寻找机会，解决了对手的粮草，也就相当于是结束了这场战争，并且是在还未开战之前，便已经获得了胜利。

东汉末年，农民起义风起云涌，虽然最终被镇压了下去，但也严重削弱了中央的力量，同时割据势力得到了迅速的发展，主要有河北的袁绍、河内的张扬、兖豫的曹操、徐州的吕布、扬州的袁术、江东的孙策、荆州的刘表、幽州的公孙瓒、南阳的张绣等。经过多年的兼并战争后，袁绍和曹操两大集团逐步发展壮大了起来。

袁绍拥有冀、青、幽、并四州，自恃兵多粮足，图谋消灭占据兖、豫二州的曹操。东汉建安五年（公元200年），袁绍率精兵十万南下，进攻已经进驻官渡的曹操。两军在官渡一时难分胜负，相持了数月之久。双方相持的时间越长，对袁绍便越有利，他深知曹操军粮不足，一定坚持不了多长时间，到时，自己便可以不战而胜了。曹操也意识到了自身的问题，在毫无办法的时候，也曾经想过要退回许昌（今河南许昌东）。

正在曹操苦于无计可施的时候，一个关键的人物帮助了他，这个人就是他少年时代的同学许攸。许攸本是袁绍军中的谋士，曾多次建议袁绍趁曹军主力在官渡时，派出一小支兵马，绕过官渡，偷袭许昌，以便断了曹操的后路，可是袁绍对于他的建议并未予以采纳。许攸见袁绍刚愎自用，大好的时机也不肯好好地把握，便知他大势已去。恰好这时，有人从邺城送给袁绍一封信，说许攸家里的人在那里犯了法，已经被当地官员逮了起来。袁绍看了信，把许攸狠狠地骂了一通，他也有被株连的可能，于是他便趁势离开袁绍，来投奔曹操。

许攸来到曹营的时候，曹操已经躺下要睡了，听到卫兵报告说"许攸来访"，高兴地鞋子也顾不上穿，赤脚便去相迎。曹操之所以如此重视这个老同学，是因为他知道许攸是袁绍军营中的谋士，对于袁军的情况了如指掌，此时到来，必定可以帮自己的大忙。两人叙了一番旧后，曹操情不自禁地问："子卿（即许攸）远道而来，看来此战我军必可大胜。"

许攸听了曹操这样的话，便也不再拐弯抹角，直接问曹操："袁军人多势众，粮草充足，你打算怎么办？不知你目前军中还有多少粮草？"

曹操撒谎说："军中的粮草，大概还可以支撑一年的时间。"

说罢，见许攸不相信，便又说"大概可以支撑半年了。"

许攸脸上仍然是一副不相信的表情，这才不得不实话实说："好了，其实只够一个月的时间了。"

许攸见曹操说了真话，这才将袁军的情况大致地跟曹操说了一下，而且也告诉了曹操袁军在乌巢（今河南境内）存粮的情况，并建议说："此时的状况，是曹军以弱敌强，若在这个时候退后，必会被袁军乘胜追击，所以我们应该出奇制胜。可以命轻骑去偷袭乌巢，断了袁军的后路，来他个'釜底抽薪'。"

此计正中曹操的下怀，他也一直有此想法，无奈对于袁军的粮草集结地，始终无法得知，如今许攸前来，等于是"天助我也"，曹操的大计便可成了。

于是，曹操立即命曹洪、荀攸留守官渡大营，自己则亲自带五千精锐轻骑，化装成袁军的样子，打着袁军旗号，每人手中拿着一把干柴，连夜起程，从间道直奔袁军的粮草集结地乌巢。途中也曾遇到袁军的巡哨，但因曹操的部下个个都是袁军的打扮，巡哨自然也没放在心上，经过了重重关卡后，顺利地到达了目的地乌巢。

曹操下令将粮囤围住，放火焚烧，霎时间，烟雾腾空，火光四起。袁军慌作一团，纷纷赶来救火。守粮官在救火的时候才发现，士兵中有些人虽是袁军打扮，但并不出手救火，这才意识到原来这伙人是曹兵。于是，守粮官即刻命人向袁绍报告，请求援助，同时，又拼死组织反抗曹操的轻骑。

曹操的五千轻骑奋勇杀敌，在袁绍的援军赶到之前，便将乌巢的守军打了个落花流水，退回曹军的大营去了。袁绍收到消息，知道自己的粮草被烧了个精光，捶胸顿足，气愤不已。士兵们听到这个消息，个个人心惶惶，纷纷在为自己想后路，军心很快就受到了影响。曹操乘此时机，全线出击，歼灭了袁军七万多人。袁绍父子败北，率领剩下的八百余人向北逃窜。

官渡之战以曹军大获全胜告终，这是中国古代战争史上以少胜多的有名战例。在这场战争中，如果曹操与袁军正面交锋，成功的可能性微乎其微。但是，他却以弱势的兵力，战胜了袁绍的大军，关键在于，他把握住了袁军的根本，也是参战者的根本——粮草，他巧妙地摧毁了袁军的粮草，也就相当于使袁军不战而败。

在我们的人生中，只要你能找到对手所必需的那些“粮草”，你便抓住了对手的“命门”，胜利便不再那么遥不可及了。

舍同求异，拆散对手的同盟

在一个相对混乱的局势中，各方的力量都是非常重要的。以一敌众，绝对不是一个明智的决定。本着“舍同求异”的原则，以自身的利益为出发点，找到对手阵营中的利益争论点，拆散对手的同盟，这便是“分”的力量。

战国时期，苏秦经过努力，游说燕、赵、韩、魏、齐、楚答应“合纵”政策，但合纵只给六国带来了一个短暂的和平时期，直到张仪的出现。

六国之中，齐、楚两国是大国，秦国想要出兵，但碍于六国同盟，尤其是齐楚两国的联盟，始终有所忌惮。因此，秦国的相国张仪出使楚国，最重要的使命便是拆散齐楚的盟约。

楚怀王早就听闻了张仪的大名，认真地接待了张仪，并且还向他请教说：“我们这里是个偏僻鄙陋的国家，请问您有何指教？”

张仪游说楚怀王说：“张仪此次前来，是代表秦王来跟贵国商量交好之事的。当今的七雄之中，以秦、楚、齐三国的实力最为强大，而这三者之中，又以秦国实力最强，楚国与齐国不相上下。如果楚国与秦国结盟，那么楚国就会比齐国强大；相反，如果齐国先与秦国结盟，那么齐国就会比楚国强大。所以，楚国最好的出路便是与秦国结盟，和齐国断绝往来，解除盟约。秦王不但情愿跟贵国永远和好，还愿意把商于（今河南淅川县西南）一带六百里的土地献给贵国，并让秦国的女子作为服侍大王的侍妾，秦楚之间娶妇嫁女，永远结为兄弟国家。这样既可削弱齐国的势力，又得到了西方秦国的信任，岂不是两全其美！请大王三思。”

面对巨大的诱惑，只是和齐国解除盟约，并没有什么实际的代价。所以，楚怀王欣然应允，随后把相印授给张仪，还馈赠了大量的财物，匆忙地和齐国断绝了关系，废除了盟约，然后，派了一位将军跟着张仪到秦国去接收土地。

张仪回到秦国，假装没拉住车上的绳索，跌下车来受了伤，一连三个月没上朝。楚怀王听到这件事，说：“张仪是因为我与齐国断交还不彻底吧？”就派勇士到宋国，借了宋国的符节，到北方的齐国辱骂齐王。齐王愤怒，斩断符节而委屈地和秦国结交。秦齐建立了邦交，张仪才上朝，他对楚国的使者说：“我有秦王赐给的六里封地，愿把它献给楚王。”楚国使者说：“我奉楚王的命令，来接收商于之地六百里，从来没听说过是六里。”使者回报，气得楚怀王直翻白眼，立刻要出兵攻打秦国。楚怀王派将军屈匄率十万大军进攻秦国。秦齐两国共同出兵迎战楚国，杀死楚国官兵八万。不但商于六百里地没到手，连楚国丹阳、汉中的土地也被秦国夺去了。楚怀王心有不甘，又派出更多的军队去袭击秦国，楚军再次大败而回。楚怀王只好忍气吞声地向秦国求和，楚国为此又割让了两座城池。

秦国又提出，要用武关以外的土地交换黔中一带的土地。楚怀王说：“我不愿意交换土地，只要得到张仪，自愿献出黔中地区。”秦王想要答应楚怀王，却又不忍开口，不料张仪却主动请求前往。秦王说：“楚怀王恼恨先生背弃奉送商于土地的承诺，这是存心报复您。”张仪说：“秦国强大，楚国弱小，我和楚国大夫靳尚关系亲善，靳尚能够去奉承楚国夫人郑袖，而郑袖的话楚怀王是全部听从的。况且我是奉大王的命令出使楚国的，楚王怎么敢杀我？假如杀死我而替秦国取得黔中的土地，这也是我的荣幸。”于是，他只身一人出使楚国。

张仪一到楚怀王就把他囚禁了起来，要杀掉他。靳尚对郑袖说：“您知道您将被大王鄙弃吗？”郑袖说：“为什么？”靳尚说：“秦王特别钟爱张仪而打算把他从囚禁中救出来，如今将要用上庸六个县的土地贿赂楚国，把美女嫁给楚王，用宫中擅长歌唱的女人做陪嫁。楚王看重土地，就会敬重秦国，秦国的美女一定会受到宠爱而尊贵。这样，夫人也将被鄙弃了。不如替张仪讲情，使他从囚禁中释放出来。”于是郑袖日夜向怀王讲情说：“作为臣子，各自为他们的国家效力。现在土地还没有交给秦国，秦王就派张仪来了。对大王的尊重达到了极点。大王还没有回礼却杀张仪，秦王必定大怒出兵攻打楚国。我请求让我们母子都搬到江南去住，不要让秦国像鱼肉一样地欺凌屠戮。”楚怀王果真对郑袖言听计从，很快便赦免了张仪，还像过去一样优厚地款待他。

张仪抓住机会，对楚怀王说："秦国如果现在出兵攻打卫都和阳晋，便相当于是堵塞了天下的关口。此时大王如果出兵进攻宋国，用不了几个月，便可以将其拿下了。攻下宋国以后，大王继续向东，那么泗水边上的众多小国便全都是大王的囊中之物了。秦国和楚国边境相邻，本应友好相处。大王如果能够听取我的意见，我就去劝服秦王，让秦国的太子到楚国来做人质，楚国的太子到秦国去做人质，通过这种方式，和睦相处，永不攻伐。"

楚怀王听了，又觉得有利可图，便马上同意了张仪的建议，还将张仪送回了秦国。

至此，齐国和楚国都已经背离了"合纵"联盟，转而与秦国结盟，张仪的"连横"获得了第一步的成功。他回到秦国之后，马上又出使其余几国，使他们纷纷由合纵抗秦转变为连横亲秦，他也因此被秦王封为武信君。

就这样，张仪借着高超的智谋和说辩之术，瓦解了苏秦生前所创的六国合纵同盟。虽然之后六国也曾恢复合纵同盟，但并没有维持多久，就又解散了。可以说，张仪的连横之术成了后来秦灭六国、统一天下的基本战略。

足见，局道较量，对手再多也不是问题，关键要看你懂不懂巧妙地去将这些对手拆散。

谣言开局，"火牛"陷阵

"流丸止于瓯臾，流言止于智者。"谣言，一个害人不浅的东西，"三人成虎"便证明了，当一个匪夷所思的谣言，说的人多了，也会被人们当作事实来看待。可是，要制止谣言也并非易事，俗话说："好事不出门，坏事传千里"，人们出于对于好事的嫉妒之情而避免谈起，坏事却可以满足人们幸灾乐祸的情结，而且还会不自觉地将坏事进一步歪曲，让它听起来越来越糟糕。这便是"以讹传讹"。

齐愍王时，田单曾是齐国首都临淄管理市场的一个默默无闻的小官。燕昭王派乐毅为大将攻打齐国，田单带着家人逃到了即墨，并被当地百姓推举为守城将军，抵抗燕军进攻。

不久之后，燕昭王过世了，燕惠王即位。田单听说他与乐毅之间有些隔阂，便派人到燕国去散布消息说："乐毅围困莒城和即墨已经有三年的时间了，可是还没有攻下来。他能在半年之内攻下七十余城，可这两座城却花了三年的时间还毫无所获，他一定是别有用心。他以讨伐齐国为名，实际上是想收服齐国的人心，好在齐国自立为王。不过齐国的人还没有完全归顺于他，所以才拖了这么长的时间。现在齐国的人最害怕的就是燕国更换将领，因为一旦换个将领，即墨城肯定很快就被攻克了。”

燕惠王本来就对乐毅心存芥蒂，听了这样的谣言，自然就信以为真了，立即命大将骑劫到齐国去代替乐毅。乐毅一气之下，便回到家乡赵国去了，燕国的士兵知道了此事也都替乐毅愤愤不平，严重影响了士气。

田单的“谣言”之局，第一步大获全胜。乐毅是一个非常棘手的对手，想要解除即墨城的危机，首先就必须解决掉乐毅这个障碍。田单巧妙地利用了燕惠王对于乐毅的不信任，散布了一些谣言，便将乐毅换下了战争的前线。

田单又要求即墨城中的百姓吃饭的时候，都在庭院中祭祀祖先。这样即墨城的上空布满了盘旋的飞鸟，燕军看到这种场面非常惊讶。田单这时又扬言说：“这些飞鸟是天神的代表，现在的即墨城获得了天神的帮助。”燕军的将士们听了这样的话，都感到想要攻克即墨城并非易事，士气渐渐地低落了。

战争还没有正式开始，燕军的士气便受到了严重的干扰，这对于即墨城来说无疑是个好消息。然而，田单这个完整的退兵之局，才刚刚开始。

过了几天，燕国的士兵又听到附近的老百姓在说：“以前的乐将军太好了，对俘虏还以礼相待，即墨城中的人当然不害怕。其实齐国的士兵非常害怕俘虏的鼻子被削去。如果燕军把齐国的俘虏都削去鼻子，然后带到战场的最前线，齐国人还敢打仗吗？即墨城肯定很快就守不住了。”

燕军的新任将领骑劫听了这样的传言，居然相信了。他真的下令把俘虏的鼻子全都削了去，还推到前线去吓唬齐军。守城的齐军见被俘的士兵落得如此下场，个个义愤填膺，更加坚定地守护城池，生怕自己会落到燕军的手中。

接着，燕军又听到了新的传言：“即墨城中百姓的祖坟全都在城外，如果燕军把城外的祖坟挖掉，城中的军民必定人人寒心，失去斗志。”骑劫听了有这样的好事，即刻下令士兵挖掉了城外的坟墓，不仅如此，他还命人烧掉了坟中骸骨，以此来胁迫即墨城中的人投降。即墨城中的人从城墙上看到自己的祖坟被燕军破坏至此，个个悲痛涕零，决心与燕军决一死战。

田单见鼓舞士气的目的已经达到了，便接着进行下一步的计划。

他一面派使者到燕军大营去投降，一面派即墨的富豪悄悄给骑劫送去金银财宝，说：

"城里的粮食已经快吃完了,不出几天就要投降了。还请贵国大军进城的时候,不要杀害我们的家人。"

骑劫大喜,高高兴兴地接受了财宝,还满口答应了富豪的请求。于是,燕军个个都认为不用再打仗了,只要等着即墨人出城来投降就好了,完全松懈了下来。

田单看时机已经成熟,便挑选了一千多头牛,给它们披上画着大红大绿、稀奇古怪的花样的彩布,牛角上捆上锋利的尖刀,尾巴上系着浸透了油的芦苇,乘着午夜的时候,下令凿开十几处城墙,把牛队赶到城外,在牛尾巴上点上了火,后面跟随着五千精兵。牛尾巴一烧着,一千多头牛被烧得牛性发作,朝着燕军兵营方向猛冲过去。城中的老百姓都一起来到城头,拿着铜壶、铜盆,狠命地敲打起来。

一时间,燕国将士吓得惊慌失措,望风而逃。燕将骑劫坐着战车,想杀出一条活路,也很快被齐兵团团围住,丢了性命。

田单带领士兵们一路乘胜追击,不到几个月的工夫,被燕国占领的七十余城就全部收复了。田单又把齐襄王从莒城迎回临淄,齐国才从几乎亡国的境地中恢复过来。田单也因此被封为安平君。

田单最后的胜利,依靠的是著名的"火牛阵",但如果仅仅是此阵,是绝对没有可能使即墨城,甚至整个齐国反败为胜的。最重要的还在于"火牛阵"之前的一系列准备活动。田单妙用谣言的功效,使乐毅退出了这场战斗,涣散了敌人的斗志,鼓舞了自己的士气,为战争的最后胜利奠定了精神基础。

人们总是用一句"流言止于智者"来安慰自己,但心知肚明,能看透世情,明辨是非的"智者"是少之又少的。谣言在人们的观念中,是一无是处的,但在某些人看来,它也可以成为一种"利器",成为获取胜利的一种手段。

美人计,加入一"子"大乱对方阵脚

"歌月徘徊孤楼前,舞影零游群雄间"。自古以来都有"红颜薄命"的说法,也有"心比天高,命比纸薄"的感慨,更有"红颜祸水"的责难,太多太多的声音湮没了女性的价值。

回顾历史,我们却可以从中发现,原来许多的丰功伟绩都有女性的帮助,许多的争权夺利都有女性的参与,在历史的长河中,女性的作用是不容忽视的。貂蝉就是一个很好的证明。

汉献帝期间，董卓掌握实权后，自称是太师，在朝中大施淫威、滥杀无辜，甚至还纵容自己的部下强抢民女、残害百姓，除掉董卓成了天下人的共同心愿。

杀董卓不是件容易的事。他手下有员猛将叫吕布，骁勇善战，无人能敌，之前曹操欲除董卓，皆因有吕布，而最后落败。董卓十分看重吕布，将他收作干儿子，并让他做自己的贴身保镖。

大司徒王允也想除掉董卓，但他知道，要除掉董卓，首先就要拉拢吕布。后来，他想到一计，就是利用府中的歌妓貂蝉。他知道董、吕二人皆是好色之徒，所以想用连环计，先将貂蝉许嫁吕布，然后再献给董卓，再让貂蝉从中离间他们两父子，让吕布杀掉董卓，以为民除害。貂蝉答应了王允。王允除董卓的“局”马上便开始了。

王允秘密送给吕布一顶嵌饰数颗珍珠的金冠，吕布见了十分欢喜，立即到王允家致谢。王允备好酒宴，盛情款待。席间，王允叫出貂蝉，并让她给吕布斟酒。吕布见此绝世美女，惊为天人，目不转睛地盯着貂蝉看。王允说：“这是小女貂蝉。承蒙将军错爱，把我当作至亲好友。若是将军不嫌弃，我想将小女许配将军，不知将军意下如何?”吕布听了大喜过望，忙起身拜谢，说：“果真如此，吕布当效犬马之劳。”王允说：“既然这样，就选个好日子，把貂蝉送去将军府中。”见时间已经不早了，王允便接着说：“本想留将军在此过夜，但又担心太师疑心。”吕布这才依依不舍地起身告辞，只等着王允早日将貂蝉送来。

过了几天，王允在朝堂上，趁吕布不在的时候，邀请董卓到府中饮酒，董卓马上就答应了。董卓到了之后，王允又对其一番吹捧，酒到半酣，王允跟董卓说府中有自己调教的艺妓，可以出来献艺，以助酒兴。董卓自然欣喜万分。貂蝉出来后，董卓看得两眼发直。王允见此情形，便说：“此女乃是府中的歌妓貂蝉，我想将此女献给太师，不知太师是否肯收留她?”董卓听了，心花怒放，忙说：“这么大的恩惠叫我如何报答啊!”王允接口道：“太师愿意收留她，便已经是她天大的造化了。”董卓又感谢了一番，便将貂蝉带回了府中。

这个消息很快传到吕布的耳朵，他气急败坏地来质问王允，王允说：“将军原来不知道啊！昨天太师在朝堂上，对我说有事要到我家来，来了之后，太师说：‘我听说你有一个女儿，名叫貂蝉，已经许配给我的义子吕布了。我特来见她一见。’我不敢违背太师的意思，便让貂蝉出来拜见公公。太师见貂蝉又说：‘今天乃是吉日，我这就带着此女回去，让她与我儿成亲。’于是便将貂蝉带走了。”吕布信以为真，忙说：“司徒恕罪，小人一时情急，错怪了大人，改天一定登门谢罪。”说完便怒气冲冲地离开了。

王允心里明白，接下来会发生什么样的事情。他已经成功地将自己的“棋子”——貂蝉，加入了这个局中，并且将它放在了最适当的位置——董卓与吕布中间。只要把握局势，让一切按照正常的布局发展，就胜利在望了。

第二天，吕布到相府去打听消息，董卓的侍妾告诉吕布说：“昨天晚上太师与新人共寝，现在还没起来呢。”吕布听了勃然大怒，可又不敢造次。

一日，吕布与貂蝉二人又在凤仪亭见面，互诉衷肠后，吕布要走，貂蝉不想计划落空，便说：“之前我就仰慕你，觉得你是个英雄，没想到，你也只是浪得虚名，就连一个老贼也怕得要死。既然如此，我活着也没什么指望了，不如一死了之。”说着便要投湖，吕布急忙上前拦住她，两人推推搡搡争执不下。另一边，董卓在殿上，回头不见了吕布，心里觉得不妙，匆忙处理完朝中的事情就赶回府中，一路找来，在凤仪亭中刚好看到吕布与貂蝉争执的一幕，随手拿起吕布的方天画戟就刺了过来。吕布见状，夺过画戟，落荒而逃。

董卓回房质问貂蝉：“你为什么要与吕布私通？”貂蝉泪流满面地说：“我一个人闲来无事，便到后园去看花，吕布突然到来，对我动手动脚，我又无力反抗，只能投湖自尽，却又被他抱住。正在纠缠之际，太师您就回来了，才救了我一命。您怎么说我与他私通呢？”董卓见她如此，便也不再怪她，说：“我不如把你许配给吕布，如何啊？”貂蝉听了，正色道：“我宁死不辱！”边说边从墙上取下宝剑就要自杀，董卓连忙上前劝阻，再也不提此事了，决定带貂蝉回“郿坞”。

他们走的那天，文武百官全都来送行，王允见吕布望着远去的车子叹息，故意用一些言语进行挑唆，使吕布誓杀董卓这个老贼。

没过多久，汉献帝在宫中会见大臣，董卓从“郿坞”返回京城，他的车子一进宫门，就有人举枪向他的胸口刺去，但被董卓身上的铁甲挡住了，只是刺伤了手臂，跌下车来。他忍着痛，大叫：“吕布，你在哪儿？”吕布站在车后说：“奉皇上旨意，讨伐贼子董卓！”话音刚落便将一戟刺进了董卓的咽喉。一个人神共愤的乱臣贼子终于被除掉了。

王允所布的连环局，最关键的一点在于，他找准了对手的弱点，针对这个弱点，加入一个“子”，便将对手的局搅了个天翻地覆，原本情义颇深的父子也在瞬间反目成仇，一步步地将对方推上了绝境。

兄弟对弈，利益卫冕

俗话说“打虎还得亲兄弟”“兄弟同心，其利断金”，等等。血浓于水的兄弟之情，是人永远都无法割舍的情义。虽然这样的感情是无法被取代的，但在利益面前，它有时会显得微不足道，就像空气中的浮尘一般，只有在太阳光下才能显现出来。甚至在权力场某个几乎见不到“阳光”的“死角”中，它基本上是完全被忽略掉的。有时不仅是被忽略，还有可能成为权力争夺的诱因，引发兄弟之间的残杀，最终获得胜利的只有利益。

曹操被汉献帝封为魏王后，在诸子中选立自己的继承人。长子曹丕虽被立为世子，但觉得自己的地位很不稳固，二弟曹植能文能武，是自己强有力的竞争者。曹植也未放弃希望，当时曹操身边有名的谋士杨修、丁仪、贾逵、王凌等人，都倾向于立曹植为太子，并为曹植应付曹操的考察出谋划策。

曹操还是有心要废除长子曹丕的世子地位，改立曹植为世子。不过，曹操听了深有谋略的太中大夫——贾诩的劝谏，便对改立之事暂且放了下来。

一次，曹操率大军亲征，曹丕与曹植都前去送行。临别时，曹植作了一篇洋洋洒洒的文章，极力称颂父王功德，并当众朗诵得声情并茂，使得曹操和他的左右文武大臣万分高兴。而曹丕却怅然若失，只是泪流满面，趴在地上，悲伤不已。曹操问他什么原因，曹丕便哽咽着说：“父王年事已高，还要挂帅亲征，作为儿子心里又担忧又难过，所以说不出话来。”一言既出，满朝肃然，都为太子如此仁孝而感动。相反，大家倒觉得曹植只知道为自己扬名，未免华而不实，论心地诚实仁厚远不如曹丕，恐怕难以胜任一国之君。

这样一来，形势大转，世子还是原来的世子，曹植再无改变局势的可能。曹丕以一招不作为便轻而易举地赢得了这场斗争的胜利，但他并不安心，因为只要曹植一天存在，便对他是个极大的威胁。只是碍于父亲一直无从下手。直到父亲旧病发作，去世之后，曹丕才找到了合适的机会。他想要毁掉的不只是他弟弟的性命，还有他弟弟那令人羡慕的才气。

他刚即位不久，便有人告发他的弟弟、临淄侯曹植经常喝酒骂人，还把他派去的使者扣押起来。曹丕听了便立即派人到临淄将曹植带回了都城邺城，借此处死曹植。其实所谓的告密，不过就是曹丕安排的一个局而已，他命人做了所谓的告密，然后再借此来打击曹植。

他的母亲知道了这件事情后，连忙替曹植求情，毕竟是同胞兄弟，千万不可自相残杀，一定要放曹植一马。曹丕不能违背母亲的意思，何况只是为了这点小事就残杀兄弟，也于理不合。于是一个更为阴险的计谋在他的心中诞生了。

曹丕命人把曹植带来后，对跪在地上的弟弟说：“父王在世的时候，总是夸奖你的文章写得如何如何的好，可是，我怀疑那是别人替你写的。现在我倒要看看你是不是真的那么有才华。”随即环顾四周，见殿上挂着一幅水墨画，画中两只牛在大墙之下打架，其中一头牛坠井而死。他就指着那幅画说：“就以那边的那幅斗牛图为题，限你在七步之内做出一首诗来，做得出来，便饶你不死，否则……还有，诗中不能出现‘二牛斗墙下，一牛坠井死’的句子。”曹丕心中暗想：我就不信你有这么大的本事，能在七步之内做出一首诗来，看你这次还怎么逃得出我的手掌心！

不料，曹植镇定自若，边走边吟，还未到七步，诗已出口：

“两肉齐道行，头上戴凹骨。

相遇块山下，郯起相搪突。

二敌不俱刚，一肉卧土窟。

非是力不如，盛气不泄毕。”

刚一吟完，满朝文武无不惊叹，世间竟有如此旷世奇才，都为曹植的才情所折服。曹丕听了也不禁心中一震，但他清楚自己的目的是什么，又岂会为了这样的状况而改变初衷。于是他站起身，接着说：“七步成诗，我感觉还是有点慢，你能否在我话音一落之时就成诗呢？”

曹植明知曹丕有心为难自己，但又无计可施，只能说：“请您赐题。”

曹丕说：“你我乃是兄弟，便以此为题，但诗中不可出现‘兄弟’二字。”

曹植不假思索地吟出了一首：

“煮豆燃豆萁，豆在釜中泣；

本是同根生，相煎何太急。”

曹丕听了这首诗，觉得自己对弟弟有些过分了，不禁感到惭愧，便饶恕了曹植的性命，将其贬为安乡侯。

曹植的“七步成诗”已经成为一段佳话，我们不仅看到了一个才华出众、智慧过人的曹子建，而且也看到了在权力斗争中的真实一幕。这两位才华横溢的文学名家，因为生在了帝王之家，而不得不面临权力的诱惑，不得不经受利益的考验。

为了权力、地位、财富等表面看起来诱人的东西而导致兄弟反目，这已经不再是一个罕见的社会现象了。我们与他人称兄道弟，合作共赢的时候，也不能忽略有一天大家为了利益而竞争、甚至反目的可能性。所以，兄弟情面要顾及，但该“明算账”的时候就要“明算账”，人家反目了你也不能坐以待毙，要懂得在对弈中自我保护。

谋让中盘，自己需要即为先

“文武传芳百代基，几多贤哲守成规。仍闻吐握延儒素，犹恐民疵未尽知。”一个辅佐君王的人臣可以获得如此的美誉，在整个中国历史中，也是屈指可数的。“周公吐哺，天下归心”，说的是一个已经被世人所熟知的历史人物，他能成就如此的美名，不仅因为他过人的才干，还因为他过人的谋略。

周文王在世时，周公就非常孝顺、仁爱，并且竭尽全力地辅佐周武王。周武王在消灭商朝后的第二年就病逝了，武王的幼子姬诵即位，这个消息传出去后，商朝的贵族们纷纷准备复辟，也有许多人准备发动叛乱。新建立的周王朝，面临着严重的困难。周公为了应付危难，一方面，极力强调成王的地位；另一方面，他又亲自摄政。周公的这一做法，引起了周室集团内部的矛盾。

一些对权势垂涎三尺的野心家，比如，周公的兄弟、成王的叔叔管叔、蔡叔等人，认为成王只是个小孩，没有能力管理国家，一心想取而代之。他们利用成王的年幼无知，时常向成王进谗言，说周公野心勃勃，想要夺取成王的王位，自立为王。

成王最初并不相信这些谣言，但是毕竟这些话接二连三地传到他的耳中，即便是一个聪明人也有可能把它当成事实了，更何况成王还是一个蒙昧无知的孩童。渐渐地成王对于这些谗言，开始将信将疑，心里也不再那么信任周公了。

一开始，周公向成王请示事情的时候，成王总是毫不犹豫地会说：“一切就按叔父的意思办吧！”在成王心存疑虑之后，周公再有事情向成王请示时，成王的态度明显发生了转变，经常会说：“我知道了，我们先听听其他人的意见，再做决定吧！”这样重复了多次，有些重要的事情甚至都耽误了，周公也明显地感觉到，成王对自己已经产生了怀疑。

后来，管叔和蔡叔等人勾结商朝的残余势力，以纣王子武庚与“三监”管叔、蔡叔、霍叔为代表，发动了叛乱。周公出兵镇压，平定了“三监”叛乱。可是，自此之后，谣言更盛了，都说周公平定“三监”叛乱，其实是诛杀成王的其他叔父，想要架空成王，以便夺取王位。成王对周公的怀疑又更深了一层。

周公深知，事情如果照此发展下去的话，必定会危及周朝的统治，于是，他想方设法，想重新获得成王的信任。

为了表明自己的心迹，他写了一首诗，名叫《鸱鸮》：“鸱鸮鸱鸮，既取我子，无毁我室。

恩斯勤斯，鬻子之闵斯。迨天之未阴雨，彻彼桑土，绸缪牖户。今女下民，或敢侮予。予手拮据，予所捋荼，予所蓄租，予口卒瘏，曰予未有家室。予羽谯谯，予尾翛翛，予室翘翘。风雨所飘摇，予维音哓哓。”诗中一方面表示了自己对周王室、对周成王的忠贞不贰之心；另一方面也将那些散布谣言、制造混乱之人，比作“鸱鸮”，警告他们别再要想毁掉周朝的江山。成王看了周公的这首诗后，并没有解除自己的疑虑，仍然不相信周公。

周公见事已至此，自己再继续留在朝中，辅佐成王摄政，只怕事情会越来越糟糕，于是他主动提出要回自己的封地鲁国去。周公的这个决定，无论从哪个角度来看，对周室的江山来说，都是有百利而无一害的，他在权势与忠义之间，选择了忠义。他不想因为个人的原因而使周室的江山陷入更加混乱的境地，他也不想因为自己的执政而使成王变成奸臣的傀儡，于是他选择了退出，远离这个是非之地。

成王看周公提出辞呈，以为他放弃争夺王位了，便爽快地同意了周公的请求。

到了秋天，气候非常反常。庄稼刚刚成熟，还没有来得及收割，突然刮起了大风，雷电交加，田里的庄稼都被摧毁了，就连大树也被连根拔了起来，全国上下一片恐慌。

成王见气候异常，以为是上天在发怒，而之所以会出现这样的情况，一定是由人世间的变化所引起的。刚巧在这时，那些唯恐天下不乱的人，又在成王的耳边煽风点火，说：“这样的天变并不是要警告陛下您，而是因为周公有篡位之心，所以才会出现如此的灾难。”

成王听了信以为真，决定打开中央文书中的金柜，以便从中找出对付周公的办法。不料，成王在文书中意外地发现了周公之前所做的《金縢》。他这才知道，原来在武王生命垂危之时，周公曾剪了自己的指甲沉到大河里，向河神祈祷，请求自己代为承受武王的疾病，甚至不惜付出自己的生命。

成王这才知道，原来是自己错怪了周公，周公对王室的忠诚是毋庸置疑的。他连忙派人到鲁国去将周公请了回来，并对周公诚恳地说：“叔父多年来为周王室劳心劳力，忠心耿耿，侄儿却误信谗言，对叔父心存怀疑，以致引发了天怒。还请叔父千万要原谅侄儿啊！”此后，成王对周公再无怀疑之心，让周公继续辅佐他治理周王室的江山。

周公回到朝廷后，仍然尽心尽力地为王室操劳，直至他去世为止。周公临终时要求把他葬在成周，以表明自己不离开成王的意思。成王心怀谦让，把他葬在毕邑——周文王的墓旁边，以表示自己对周公的无比尊敬之情。在周公的辅佐之下，周王朝逐渐走上了高峰。

周公以一个谋让中盘之术，创造了一个经典。他作为一个摄政者，难免会因为手持大权而遭人非议。在他意识到成王对他产生怀疑的时候，他曾试图以一首诗表明自己的心迹，但没有成功。于是他主动放弃自己在朝中的地位和权力，远离那些非议。这样那些制造谣言者，才能逐渐地放松警惕；成王才有可能相对客观地思考自己的所作所为；自己也才有可能找回清白。为了周室的江山，他甘愿放弃自己多年的努力和成果，舍利取义，不愧是世人典范。

"人生有所得，必有所失"，局道的高手总是懂得在必要的时候做出应有的选择，在利与义之间，选择自己所需要的。

白热化阶段，"黑子"需又快又狠

"先下手为强，后下手遭殃"，这是再通俗不过的话语，但是它却说明了一个对弈中必须明白的真理。棋局中，首先出手的必然是"黑子"，因此，它便占据了最初的优势。但这个优势并不是决定性的，只要"白子"把握形势发展的脉搏，不断壮大自己的力量，同样可以将整个局势逐渐地改变。到了白热化阶段时，双方实力均衡，关键便在于谁能先发制人，成为这个阶段的"黑子"，谁也就掌握了局势的主动权，成功在望。

隋朝末年，于乱世中最终脱颖而出的是太原留守李渊，他在攻入长安之后，建立了大唐。李渊共有22个儿子，但真正帮他打天下的，只有3个嫡子：长子李建成、次子李世民和四子李元吉。李渊称帝之时，便立李建成为太子，封李世民为秦王，封李元吉为齐王，此安排是想避免兄弟相争。3人之中，李世民最有才干、功劳最大，一直是太子李建成的心腹之患。于是建成与元吉始终站在一边，共同对付李世民。当然，李世民也不甘示弱，他与太子双方都在暗中较劲。

李建成积极地扩充自己东宫的实力，而且还被多次决定暗中谋害李世民，但都没有得逞。李渊知道这些事情后，虽然对李建成的做法很生气，但是权衡再三，仍然决定站在李建成这边。

在李渊的支持下，原本处于劣势的李建成势力不断壮大，情势开始出现了逆转，李世民变得处处受制于人，就连他手下的谋士也难逃厄运。

李建成、李元吉先是用重金收买尉迟敬德，但却碰了钉子。收买不成，便派杀手去行刺，但仍然没有得逞。转而向李渊进谗言，诬陷尉迟敬德。不久，尉迟敬德便被逮捕入狱，而且还被定了死罪。经过李世民设法营救才得以幸免。后来，李世民渐渐深刻地意识到，照这种情形发展下去，自己就只能束手就擒了，于是开始在暗中寻找应对的策略。直到一件具有决定意义的事件发生。

武德九年（公元626年），突厥进犯中原，李建成向李渊建议，由李元吉代替李世民领兵出征，目的无非是想要剥夺李世民手中的兵权。李渊明知二人不怀好意，仍然同意让李元吉做主帅，并且还批准了李元吉的请求，将尉迟敬德、秦叔宝、程咬金三员大将和秦王府的精兵都调拨由李元吉指挥。这招釜底抽薪，无疑是将秦王府变成了一个空架子，李世民也就只能任人宰割了。李世民意识到了事情的严重性，连忙找尉迟敬德和长孙无忌来商量对策。二人到了秦王府之后，都劝李世民先发制人。虽然有些兄弟情义的顾忌，但李世民见部下个个都十分坚决，便拿定了主意——先发制人。经过一番精心的策划，一个杀兄夺储之局便诞生了。

当夜，李世民上密奏，说太子和元吉谋害他，并且还有淫乱后宫之罪。李渊听了大怒，派人命兄弟三人次日一早进宫，调查事情的真相。这其实是李世民所设下的一个诱饵，李渊已经上钩了，只等第二天李建成和李元吉也跳进这个局中，便可大功告成了。

第二天一早，李世民命长孙无忌和尉迟敬德率领一队精兵，埋伏在皇宫北面的玄武门附近。不久，李建成和李元吉便带了几名随从朝玄武门来了，快到临湖殿时，一行人放慢了前进的步伐，李元吉环顾四周，感觉好像特别的安静。突然，前方出现了兵器在太阳光下折射的光芒，两人调转马头，便往宫外奔去。李世民见他们要跑，便从玄武门里骑着马赶了出来，高喊说："殿下，别走！"李元吉见是李世民率众前来，拿起身边的弓箭，便向李世民射去，但心里一慌，弓都没拉开，就将箭射了出去，连射三箭都没射中。李世民也不理他，勒马站定，抬手射出一支箭，正中李建成后背，太子当场身亡。转眼间，尉迟敬德带着骑兵赶到，一阵乱箭，将李元吉射下马来。不料，此时李世民的马受了惊，他重重地摔倒在地。李元吉大喜，直奔过去，骑在李世民身上，双手掐住他的喉咙。在这千钧一发之际，尉迟敬德拍马赶来，李元吉见是自己一向忌惮的尉迟敬德，拔腿就跑。尉迟敬德抬手一箭射去，李元吉顿时气绝身亡。

东宫和齐王府的将士听到玄武门出了事，便直冲玄武门而来。正当双方交战之时，尉迟敬德提着李建成和李元吉的人头赶来，高声喊道："奉旨讨伐叛贼太子和齐王，如今二人已经被诛，与其他人等没有关系。"东宫和齐王府的士兵见主人已死，纷纷弃械逃散。至此，这场政变告一段落。

李渊一早便在宫中等着3个儿子前来见驾，却久久不见人影。忽然看到尉迟敬德身穿盔甲、手执兵器前来，便问："将军此番打扮觐见所为何事啊？"尉迟敬德跪在地上答道："太子与齐王作乱，秦王已经将其诛灭，特命臣前来护驾！"李渊听罢，面无血色，吓得不知如何是好，过了许久才问："建成和元吉都死了吗？"尉迟敬德答："是。"李渊顿时泪流满面，泣不成声。

一向对李世民爱护有加的宰相萧瑀对李渊说："太子与齐王本来就没有什么功劳，却因妒忌秦王，而多次施用奸计，策动叛乱，理应处死。如今秦王既然已经将他们消灭，陛下便应该立秦王为太子，把国事交给他处理，您也就可以放心了。"李渊见事已至此，再没回旋余地，只好听取大臣意见，宣布太子李建成、齐王李元吉的罪状，令各府将士都归秦王指挥。三天后，李渊立李世民为太子，并宣布国家大事全部交由太子处理。又过了两个月，李渊让位给李世民，自称太上皇。

李世民即位，他就是唐太宗。第二年改国号为"贞观"。至此，李世民完完全全地掌握了整个国家的权力，成了中国历史上的一代名君。

在对于李世民的评价中，我们总是习惯于把他作为一位伟人来看待，他在中国历史的发展过程中所发挥的作用，是任何人都无法否定的。但是，"人无完人"，在这数不胜数的功绩背后，仍然有一件令人诟病的事情——玄武门之变。这场弑兄杀弟、逼父退位的政变，在后世总是众说纷纭，褒贬不一。

在整个时局之中，李世民是处于被动地位的"黑子"，如果没有这场政变，他或许连个秦王都做不成，也或许就没有了盛极一时的大唐帝国。他这个"黑子"之所以能成功，至关重要的一点就是下手又快又狠。这也是在白热化阶段，"黑子"制胜的局道关键。

唐太宗智擒凶犯

唐贞观年间，湖南衡阳有一家板桥客店，老板李四在妻子回娘家的一天晚上突然遇害。

店里的伙计发现店主被杀，马上怀疑是当天晚上住店的三个人干的，因为这三个人在李四被杀后，半夜里匆匆忙忙离店走了，莫不做贼心虚？于是立即追赶那三个人，追上一看，三人果然都带着刀子，有一个叫卫三的人刀上还有血迹。人赃俱在，店伙计马上把这三个人扭送进了官府。

官府老爷听完了情况，又看到了证据，断定杀人凶手就是这三个人，喝令道："你们三个谁是主谋，从实招来！"

三人直喊冤枉，不肯招供。

"大胆歹徒！人赃俱在还敢抵赖，我看不动大刑，你等是不肯招供，来人！大刑伺候！"说着两旁当差就给三人同时上了大刑。

开始，三人还直叫冤枉，最后终于受不了皮肉疼痛，招供说杀了人。官府老爷立即让他们画了押，吩咐左右："押入大牢，等候处斩！"

太宗李世民听说这个案子后，觉得有点奇怪。这三个案犯本不认识店主，前无冤后无仇，为什么平白无故就把店主给杀了呢？他叫来御史蒋恒，吩咐说："你去复查一下这个案子，一定要查个水落石出，店主如果真是那三人所杀，也要查明杀人动机，再行决断。如果是他人作案，更要查出元凶，不能轻易冤枉好人。我看他人作案的可能性大。"

蒋恒来到衡阳，告诉当地官府那三个人暂时不要处斩。接着来到发案地点调查情况，了解到，卫三等人确实和店主无冤无仇，又仔细询问了发案当时的情况，初步排除了卫三等三人作案的可能。但是有些疑点他还搞不清楚。

第二天，他分别提审三个人犯。

卫三一见换了个审判官，马上又喊冤枉。蒋恒问："卫三，你没有杀人，刀上的血迹怎么解释？"

"回大人话，小人确实不知刀上血从何来，小人在住店那天晚上，喝了不少酒，早早就躺下睡觉了，连刀把都没有摸过。"

"你说的可是实话？"

“句句是实，小人不敢撒谎。”

“那么，我再问你一个问题，你当晚把刀放在什么地方？”

“就挂在靠窗户的墙上。”

“既然没有杀人，为什么又在半夜匆匆忙忙离开？”

“大人有所不知，我们三人不是本地人，这次是出来做买卖，因为第二天要赶到六十里外去看货，所以才走得很早。走时，店里人还在睡觉，故而没有打搅。”

蒋恒又分别提审了另外两个人，两人说的和卫三的口供完全符合。他断定，卫三等人不是杀人凶手，店主确是他人所杀。他立即派人送信给李世民，谈了自己的想法。李世民即刻回信说：“爱卿复查此案细而有加，我很高兴，你说的意见很好……，我看追查真凶，不妨采用引蛇出洞之计。”

蒋恒受到太宗表扬，更加坚定决心要查出真凶。但如何按照太宗吩咐引蛇出洞呢？他苦苦想了一晚上，决定引蛇先打草。

第二天，蒋恒下令：“板桥客店的人员，无论男女，凡十五岁以上的都要到官府来集合。”

不多时，板桥客店的人来了，蒋恒看了看来的这些人说：“今天来的不齐，你们暂且回去吧，等候通知再来。”话音一落，众人就往外走。

“慢着，这位老婆婆先留一会儿，我有话问。”蒋恒喊住了一个年近八十岁的老婆婆。

“老人家高寿？”蒋恒问。

“你说什么，问我养不养猪？”老人耳朵不好使。

“你—在—店—里—几—年—啦？”蒋恒提高嗓门，拉长声音问。

“快三十年啦！”这回老婆婆听明白了。

“谁和张店主有仇？”蒋恒又问。

“说来店主人也没有什么仇人，不过，生意人结交的人多，也说不准有脾气不对付的。”老婆婆尽管年纪已大，但拉起话来，还是满有老年人味道。就这样，蒋恒和老婆婆一直拉到很晚才让老婆婆回去。

老婆婆刚一出门，蒋恒就叫来一个狱中看守说：“你立即乔装打扮秘密跟着老婆婆去，如果有人向老婆婆询问什么要仔细听清楚，并记住问话人的长相，回来报告。”

老婆婆回店后，果然有一个人前来问老婆婆：“官府是怎么审问你的？”老婆婆实言相告。

第二天，蒋恒又把所有十五岁以上的店员叫到官府，又借口让大家先回去，只留下老婆婆一人问话。老婆婆回去后，又是昨天那个人前来打听消息。一连三天，天天如此。蒋恒立即派人了解这个人和店主的关系，得知此人和店主妻子有暧昧关系，店主曾为此和他闹过纠纷，于是下令："把向老婆婆问话之人给我带来！"

"堂下之人，可知你有罪？"蒋恒单刀直入。

"小人不知，小人不知！"这人边回话，浑身直打哆嗦。

"你可是杀害店主的凶手？"蒋恒突然发问。

"小人没有，小人没……"

"你和李四之妻通奸，李四早已发现，为此曾三番五次警告于你，你为了长期霸占李妻便杀害了他，这可是事实？"

"我没有杀人，我没有杀人。"

"来人，给我动大刑！"蒋恒大声喝道。

"别，别，小的愿意招供。"未等用刑，凶犯招供了全部杀人经过，还供出了杀人同犯李妻。

原来，凶犯和李四之妻长期通奸，为了达到霸占店产，长期姘居的目的，一直准备谋害李四。碰巧，那天晚上来了卫三等三个带刀的店客，于是产生了借刀杀人、嫁祸于他的歹念。李妻借故回了娘家，半夜里凶犯潜入客房，用卫三的刀杀了店主，又把带血的刀原封不动装回刀鞘。

蒋恒遵照太宗李世民计策，使这件疑案大白于天下，受到了太宗奖励，太宗赏他丝绸二百匹，并把他晋升为御史。

巧计得珍宝

唐时，女皇武则天赐给太平公主许多珍玩宝物，价值几千两黄金。到年底时，这批宝物被盗，太平公主把这一情况报告给武则天。武则天大怒，召来洛州的长史说："三天之内不捉住盗贼，就问你死罪！"

洛州长史拜见了以聪敏机智闻名乡里的苏无名，请求帮助破案。苏无名说："您先领我面见陛下，到那时我再说出我的计谋。"

于是，他们来到宫中。武则天问苏无名："你有把握破获此案吗？"苏无名不紧不慢地回答:“如果责成我捉贼,请您不要急于求成,此事只要耐心等待,就能一举成功。另外要把捕盗的吏卒,归我全权调遣,这样我一定为陛下捉来盗贼。”武则天答应了苏无名的全部要求。

苏无名回宫后吩咐吏卒缓办抓贼之事,改变以前大张旗鼓的做法。到了寒食节那天,他才把吏卒召集起来说:“你们分批守候在东门和北门。看到一伙穿孝服的胡人就跟上,暗中观察他们上坟的情况。如果他们来到一座新坟跟前,上坟时哭不悲伤,跪无诚意,你们就抓住他们。”吏卒们出外巡察,一切果如苏无名所言。在那伙胡人上坟的棺材里发现了丢失的珍宝。

武则天对苏无名的才干颇为欣赏,欲知破案详情。苏无名说:“我上次进入都城见您之前,发现一伙胡人抬着棺材出殡。我看他们的表情,不像刚刚失去了亲朋好友,遂怀疑他们的棺材里,装的是偷来的珍宝。我估计他们先把棺材埋在城外,然后等到风声不紧时再取出运走。我想,他们到寒食节那天必然还要出城,以上坟的名义运走珍宝。遂建议您破获此案不能心急,不要大张旗鼓。不急于捉拿他们不是不管不问,而是让他们放心地挖坟开棺。待他们取出罪证以后,再把他们绳之以法。”

武则天听完苏无名的计谋,连声称妙,不仅送给他许多金帛,还给他官升两级。

铜钟断案

北宋神宗年间,福建侯官(今福州)人陈襄在浦城(今福建北端)县当主簿(县令的属官),代理县令。

有一天,一户人家被盗,告到县衙,捕役抓来了一批嫌疑犯,请县令审问。由于这批嫌疑犯人数众多,谁也不肯招供,一个个都喊冤枉。究竟这当中有无真正的强盗,陈襄心里没底。

这时,他心生一计,便坐在堂上一本正经地大声说:“这个容易,听说城内城隍庙的神灵验,庙内有只铜钟能识别盗贼,若是犯有偷窃之罪的人,一摸钟就响;如果没偷抢人家东西的,怎么敲也不会响。你们马上都到城隍庙里去摸钟,盗贼想跑也跑不掉,灵验得很!”于是,这批嫌疑犯都被带到了城隍庙。许多百姓也都到城隍庙来瞧瞧那铜钟怎样捉盗贼。

在城隍庙里,铜钟已被陈县令派人用黑布围了起来。庙里门窗关闭,铜钟旁漆黑一片。

陈襄笑道："好！大家稍等一会，那强盗是谁，一摸铜钟，马上就清楚明白了。"

众嫌疑犯一个接一个排队进了铜钟的黑布篷里去摸钟，那铜钟却一次也没有响。

众人都以为这些嫌疑犯中一定没有偷盗贼了，陈县令这时却命令众嫌疑犯伸出手掌来让他检查。一检查，陈县令马上指着一人喝道："你就是盗贼！"

"小人冤枉！老爷无凭无据怎说我是盗贼呢？"那人反驳道。

陈襄道："你要我拿证据吗？我这铜钟上涂有煤烟，凡摸过的人，手掌都是黑的；只有你手不黑，证明你没有摸钟，也证明你不敢摸。你若不是盗贼，为什么怕钟响而不敢摸呢？"

那人顿时无话可说，经过审问，果然就是那盗贼。

聪明的游僧

从前，在蒙古有一个游僧，和我们汉族的济公一样，机智、快活，云游四方，常常帮助穷苦的牧民。

有一天，他路过草原，碰见一位衣着破旧的牧民无精打采地走着，手里还拿着一条马尾巴。

"这位兄弟，看你一副忧愁的样子，莫不是出什么事了？"游僧十分关心地问。

"我遇到了不幸！"牧民一看是位出家人，很伤心地对游僧说："我外出放牧，碰见一群狼，把我的马吃掉了，我有三匹马，这是最后一匹了，你说没有马我一家老小可怎么过呀！老天爷真不公平，王爷家马牛成群，为什么就不被狼吃，专吃我们穷人家的马。"牧民一边说，一边掉泪。游僧听了，十分同情，问："这里住着王爷吗？"

牧民说："有啊，不远的村子里就住着一个，这方圆几十里挺有名的，他家有几百匹马，好几群牛呢！"牧民还是想着被狼吃掉的马，不由流露出羡慕的神情。

游僧一听计上心来，说："你不要伤心了，把马尾巴给我，你在这儿等着，我保证用马尾巴给你换回一匹王爷的好马。""你能用马尾巴换马？不是逗我开心吧，王爷可厉害呢！我们这里的人都不愿见他，你还是不去为好，省的跟我受连累。"牧民半信半疑。

"你等着就是，看我如何给你弄一匹好马来！"

游僧拿着马尾巴，来到王爷住的村子，打听到王爷外出快要回来了，他就在王爷回家经过的帐篷后面找到一个狐狸洞，使劲把马尾巴塞进洞里，用两只手紧紧抓住，装出一副往外拽的样子。一边说：“快来帮帮忙，我的马钻到这个洞里去了，快帮我把它拉出来。”

王爷一听觉得奇怪，问：“你的马不在草原吃草，怎么跑到洞里去了。”

游僧说：“说来不好意思，我刚才正在放马，在草地上打了个盹，没留神，它就钻到洞里了，幸亏我发现得早，急忙追赶，好歹抓住了马尾巴，要不然它全身都进去，我可就失去一匹好马了。王爷，你这个洞有多深，会不会和其他地方连着？”游僧一语双关地说。

王爷并不知此处有个洞，只听游僧说是一匹好马在里边，不由动了歹念。他问：“你的马到底是匹什么马，跑得快不快？”

“不是我自夸，这匹马跑起来如风似闪，日行千里，夜行八百，一天就得换一副马蹄掌，我一天到晚云游四方，全靠这匹好马，它是我的命根子。”游僧说着故意放松两手，接着说：“也许是我刚才把它拽得累了，它好像已经卧倒休息了，我也歇会儿。”说完，放开马尾坐了下来。

这王爷是个贪婪奸诈之人，一听游僧这番话，马上垂涎三尺，想把此马据为己有。他两眼骨碌一转，歹计顿生，翻身下马，推牙游僧就去抓马尾巴，一边拽一边训斥游僧：“大胆穷和尚，竟敢在我的账前放马，立即给我滚开！再不走我叫手下给你一顿皮鞭！”

游僧一看贪婪的王爷上了圈套，心里暗喜，嘴上却说：“使不得，这是我唯一的宝贝马，它跟我几十年从未离开过，好几位王爷出高价买，我都没卖，王爷你发发善心，让我拽出来就走吧。”

王爷听游僧这么一说更加下决心要占有这匹马，大声说：“啰嗦什么，还不快滚。来人，给我把这秃驴轰走！”

游僧看王爷彻底相信了洞里有马，于是装着很委屈的样子说：“王爷息怒，贫僧愿意把马送给王爷，只是我刚才追马时把脚都磨出血了，走不动路叫我怎么云游四方啊，请王爷给想个办法吧！”

“你骑我的马走，滚得远远的，我不愿再在我的帐篷周围见到你。”王爷不容分说把马缰甩了过来。

“谢王爷。”游僧悻悻然骑上王爷的那匹快马，一溜烟奔驰而去。

牧民还在那里等候。一看游僧果然骑了一匹好马来，连声道谢，忙问缘由，游僧说：“莫要多问，你只管回家就是。”说完又云游而去。

游僧不愧为机智过人，他利用王爷贪婪的心理，用一根马尾引来了一匹好马，结果是贪婪王爷上大当,牧民遇僧喜得马。

名医的绝招

明代有一位名医姓杨名贲亨,是江西鄱阳县人。他医术精良,治病往往采取出人意料的神妙方法,并且能够收到极好的疗效。

一次,一位将军患眼病,来请杨医师前去治疗。杨医师去后,替将军仔细诊治,在病眼上敷了药,并用布包起来,然后离开将军府。

过了两天,杨医师前往将军府探视,谁知这位将军的病眼不但没有痊愈,反而更厉害了。杨医师大吃一惊,一了解,才知这位将军性情十分急躁,他患了眼病,却恨不得一时三刻就能好。前天杨医师替他敷药包好后刚刚走出将军府,将军就命人取来了一面镜子摆在面前。

他过一会儿就将布条揭开,对着镜子察看眼病好了没有,一个时辰总要看上好几遍。那布条揭开了封上,封上又揭开,眼病也就越来越严重了。

杨医师了解到原因,心生一计。他替将军的病眼敷好药,依旧包起来。这次他没有马上离开,而是坐在椅子上慢慢地喝着茶。喝着喝着,杨医师的眼睛突然盯住了将军的右腿,脸上表现出惊异的神色。

将军见杨医师神态异常,就询问道:“医师!你怎么啦?”

杨医师一本正经地说:“请您让我替您按按脉。”

将军笑着将手伸了过来。

杨医师替将军两手都按了脉,脸上神色更加惊惶,说道:“将军!恕我直言,从您的脉象看来,您眼睛再过几天就会痊愈,无关大事,然而您的右腿要瘫。”

“我这右腿一点感觉也没有,能跑能跳,怎么会瘫痪呢?”将军不以为然地说。

杨医师脸色严肃,叹了一口气:“病还潜伏着没有发作的时候,除去医师,别人怎能察觉到呢?等到您察觉到,就为时太晚了。”

“那怎么办呢?将军打仗全靠腿呀。医师!您替我想想办法吧!”

“办法倒有,就怕您没有恒心。”杨医师说道。“您每天经常用手按摩大腿,使其血脉畅通,七日后我再来探视。”

杨医师离开将军府后,将军真的认真按摩大腿,而置眼睛于不顾了。他想:“我若右腿瘫痪，怎能骑马去指挥战斗呢？”

过了七天，杨医师又来到将军府，他没有检查将军右腿，而是先检查眼睛。眼睛已经痊愈了。他替将军揭去布条：“将军！您眼病已经好了。”将军并没有太高兴，而是用忧郁的口气问：“医师！我这大腿呢？”

杨医师哈哈大笑：“将军！请您宽恕我！您的腿并没有病，我是怕您老揭眼上布条，才用这样的办法让您注意力从眼睛转移到右腿上来。您这眼病不是已经痊愈了吗？”

将军一怔，接着恍然大悟，紧跟着伸出大拇指哈哈大笑：“杨医师！您这实在是妙计啊！”

智审杀人案

明代刘宗龟镇守海南时，曾处理过这样一个案子。当地有个富商的儿子正当少年，一天，他在岸边看见一个大户人家门里有个少女，见了陌生人也不回避。富家少年用言语挑逗她：“今晚我到你家来。”少女微微一笑，答应了。

这天晚上，她果然开着门等候，但富家少年还没来时，有个小偷见屋门未关，窜进门来行窃。屋里没点灯，少女不知是小偷，就迎上前去。小偷以为是来抓他，慌忙之中竟用刀刺了过去，然后丢下刀逃跑了。不一会，富家少年来了，进门后没留神，踩上了血滑倒在地。伸手一摸，他发现一具尸体，赶紧逃了出去，回到自己船上，解开缆绳，离岸而去。

第二天，少女家发现人被杀，就顺着地上的血迹追到岸边，不见人影，便去报官。官府派人追缉，终于将那少年捉拿归案，但少年死不承认杀了人。刘宗龟察看了现场那把刀，确认是屠户用的屠刀，便下令说：“要准备演武，为犒劳军士让全城屠夫集合待命。”当全城屠夫集中以后，他又下令说：“今天已经晚了，等明日再来。”于是把他们各自带的刀具留下后，就解散了。刘暗中将那把杀人屠刀混杂其中，换下了另一把刀。次日，屠夫们来取自己的刀，只有一个屠夫不肯拿剩下那把刀。刘问其原因，那人说：“这不是我的刀，而是张某的刀。”刘立即下令抓那屠夫，谁知他已逃窜他乡了。刘就用牢中另一欲开斩的死囚冒充那富家少年，在天快黑时，拉到市上去处决了。

少年被处死的消息，传到逃亡者那里，他以为此案已结，可平安无事了，于是两天后回到了海南。官府立即将他抓获正法了。

洪承畴投清

洪承畴是明末“名臣”，文武双全。明廷派他任统帅领兵到关外抵御清兵，锦州一战败后被俘。

清太宗顺治皇帝久有吞并中原的野心，苦于无适合人选做开路先锋。俘洪承畴后，大喜过望，决意劝降他作入侵中原的开路先锋。于是派说客辩士，劝洪承畴投降。洪承畴坚决拒绝，并绝食明志。

太宗非常赞佩他的忠义，更欲争取他，特下手谕，说谁能劝降洪承畴者将受上赏，但无一人成功。于是，太宗想到了“美人计”，他搜罗全国美女，但无一美女被洪看上眼。

太宗无计可施，无精打采地回到宫中。皇后博尔济吉特关心地问其原因，太宗便把洪承畴拒降的事向皇后说了。

皇后说：“威逼不行，利诱不行，怎会有不投降的傻瓜？”

“难，难，难，”太宗摇头说，“什么都用过了，使用美人计也不行，他越来越强硬。唉！”

皇后沉思好一会，就把自己的计谋告诉太宗。太宗起初不同意，然后抚摸着扑在怀里的皇后说：“为了国家前途，由你去干吧！但要秘密小心，绝不能让任何人知道！”

皇后特别打扮一番，黄昏时，秘密出宫，避开看守，独个儿到了禁闭厅，见到了洪承畴。

“此位是洪将军吧？”她细声问道。

“你是什么人？”洪承畴闭目危坐，一副威然不可侵犯的样子，忽听声喉婉转的女人声音，不觉把眼睁开，眼前是个美人儿，比前些日子送来的美女要美上十倍，仍问道，“谁叫你来的？有什么事？”

她深行一礼，向前走了一步说：“我知道洪将军是忠心耿耿的，绝食明志，深为钦佩。”说完嫣然一笑，又说，“我来此，是想拯救你脱离苦海的！”

“什么！你还想劝我投降？”洪承畴又装起威武来了，“嘿！我铁了心，请早闭上嘴！”

美人并不介意，媚眼一闪，继续说：“将军！我虽为女子，但颇识大义，对将军这种英勇行为、耿耿忠心和殉节精神，是钦佩的，怎忍夺将军之志呢？”

“那你来干什么呢？”洪承畴问。

“唉，将军！我不是说来救将军的吗？”她的话充满着同情，“将军不是正在绝食吗？

绝食要等上七八日才能死，那种滋味是很难受的。我是佛门之徒，慈悲为怀，怎忍将军受此痛苦呢？所以煎好一壶毒药送来给将军，若不怕死，请饮这药。”说着将随身带来的一壶药递上去。

“好好！我饮，死且不怕，何怕毒药！”洪承畴在她又捧又怜的摇荡之下，已身不由己，立刻接过壶张口就喝。不料心情激动，心跳加快，气粗急短，咳嗽起来，药水溅满美人衣襟。

洪承畴连忙道歉，她却若无其事，拿起香帕边擦边说：“将军视死如归，英雄英雄，看来，将军阳寿未尽哩！”

“我立志一死。”洪承畴又拿起壶一饮而尽。

“不过，你现在既为国殉了节，身丧异域，你的家人必哭望天涯，深闺少妇定枕边弹泪。这些将军岂能闭眼不顾呢？”她又说。

洪承畴被勾起了心事，痛苦万分，想到药已下肚，死就在眼前，不禁泪如泉涌，长叹不已。

她知洪承畴已心动，又用话挑逗他：“将军可谓忠贞不渝，但在我看来，确是傻瓜。你身为国家栋梁，明廷对你寄予厚望，你轻生一死，对国何益？如果是我，我必为渐图恢复，忍辱一时。将军已服了毒，我不再多说，免得增加你的痛苦，请将军自酌。”她一边说，一边使出全身解数，媚态撩人，弄得洪承畴虽然等死，但血流加快，欲火上升，神魂颠倒。

“我两人既然相遇，亦是一段缘分。你死后有何话，我一定转告你家人。”

洪承畴眼泪流了出来，她再次掏出香帕替他拭去。一阵香粉气，美色娇态，向洪承畴袭来，他不由得顺势抚着她的玉臂。这时他欲火难忍，已把死置于脑后，一把把她搂住。他要在死前风流一下，做个风流鬼。

洪承畴所饮“毒药”，却是长白山特产老山参汁，掺进催情药的。

就这样一个飨过国祭的大明经略大臣、显赫将军洪承畴，最后竟然拜倒在美人的裙带之下。为清军入主中原，统一全国，洪承畴死心塌地，竭尽了全力。

令人犯难的做媒

焦理儒先生系北京刑部侍郎。他有一女，性喜挥霍，又吸食鸦片。即使这样，焦先生仍希望能给她找个好人家。在焦大人心中倒有个挺合适的女婿人选，这就是年近三十、刚刚丧妻的太史周辅成。但做父亲的不可能代女儿提亲。后又得知,太史伉俪情深,念念不忘去世之妻,提亲者都一概谢绝。无奈,焦大人就去找刑部主事雪舫。这雪舫同周太史是两榜同年,为人又极其能言善辩。他听焦大人说后,便拍着胸脯保证道:“请大人放心,司官总有法子说得他服服帖帖地来求亲。不过大人这时还不要立刻答应他,放出欲擒故纵的样子,然后许成其事,方不失大人的门面。”

雪舫三番五次地去拜访周太史。后者有个六岁的儿子,每次雪舫去他家,都和小孩一起玩耍,不是逗他笑,就是教他识字。有一次,他装作很随便的样子说道:“怪可怜的一个小孩子,小小年纪就没了娘,你父亲怎么就不再娶呢?”

周太史在一旁听到这话,便笑着说:“伤心还没有得过,哪里便谈到这一层?况且我是立志鳏居以终了。而且儿子被奶娘照顾得很好。”这个奶娘还是从他家乡带出来的。

但雪舫却突然说:“这么说,你还是早点续弦好。”然后狡黠地一笑,却起身要告辞。周太史沉不住气,一再追问。这时,雪舫才开口,不过只是说:“我要不说,又对不起你。要是说了出来,一则怕你不信,二则怕你发急。”

周太史真的发急了:“你怎么还要故作盘旋之状呢?快说吧!”雪舫道:“老实说了罢,你近来外头的名声不大好听呢!”

这话一下就触到了周太史的敏感点,他生平最爱惜名声,平日为人谨慎得了不得,忽然听了这句话,犹如天上掉下了一个大霹雳,直跳起来问道:“这是哪里来的话?”

这时雪舫——显然是借无中生有之计——开始对他说了:“外头都在说,自从你夫人没了之后,你和儿子的奶娘私下搭上了,缠绵得了不得,所以才将提亲的媒人一概拒之门外。”

周太史一听眼前发黑,气愤中他询问雪舫,如何才能保全名声。雪舫说:“你今日起,便到处托人做媒,只说你要续弦了。这样一来,外面的谣言,自然消失。”

之后雪舫常来周家走动,与周太史商议。在这个过程中,雪舫使周太史相信,找一个年龄稍大的娘子,可能是最合适的了。接着,雪舫又另托人去周太史那里,为焦大人提亲。

为焦大人女儿的亲事,周太史向雪舫请教。雪舫认为自然是好的了。

周太史听了此话,信以为真,便巴望这门亲事能被定下。可是,偏偏姑娘家很长时间没有明确答复,这下把个周太史闹得心焦起来。他请求雪舫再去为他探问探问,求之再三,雪舫才答应去跑跑看。从此,雪舫三天两头跑焦家。最后,周太史终于得到了渴望中的“好”消息。

雪舫为促成焦小姐与周太史的婚姻，可谓煞费苦心，用了很多计策才达到目的。开始，他无中生有凭空造谣，迫使周太史离开了深居简出的“巢穴”，放弃了独度余生的打算。后来，雪舫又存心刁难周太史，直到后者一心一意要娶焦小姐为止。

学士救弱女

清代文学家李调元回家乡四川，路过河北保定，找了一家僻静的客店住下。进房尚未坐定，忽听隔壁有女子啼哭声，悲悲切切，甚是凄楚。他忙起身去看，见一老者坐在地上，默默垂泪，一女子跪伏地上，哀哀哭泣。上前细问，方知父女俩是安徽凤阳人，逃荒到保定，靠女儿卖唱花鼓为生。前几日在街上卖艺，被巡抚大人的老母亲瞅见，说这女子相貌酷似画上的献桃祝寿的麻姑，欲留身边，图个吉利。此事传到知府耳里，原本知府就是个马屁精，正在为给巡抚的太夫人做寿准备礼品，如此讨好的机会岂有白白放掉的，于是派人强迫这女子立下卖身契约。父女生离，犹如死别，因此伤心痛哭。李调元听后，愤然地说：“你们不必悲伤，待我前去会会知府，问个明白。”说完便告辞了。

他出了小巷，来到大街上，只见城内张灯结彩，鼓乐喧天，颇似过年景象，不禁动疑。经向行人打听，才知道是府内官员在为巡抚的太夫人祝寿。到了府衙，知府见是李调元来访，深感荣幸。后堂礼毕坐定，知府便说：“学士来得正好，我等为巡抚的太夫人祝寿，有一寿屏，正准备请高手题写，如得学士挥毫，我等当不吝厚报。”李调元回答道：“寿屏我可以写，但不要酬金，只请退还凤阳女的卖身契。不知知府大人意下如何?”知府为难地说：“买女实属太夫人之意，学士之请，恐难从命。”李调元说：“待我写副吉祥寿屏，包令太夫人满意，不再计较‘麻姑’就是。”知府只得命展锦屏，候李大学士下笔。衙内僚属幕友，争相前来观看。李调元饱蘸浓墨，落笔写下首句：“太老夫人不是人。”众人失色，知府更是吓得不敢作声。但李调元却不紧不迫，停了一停，又写出第二句：“九天仙女下凡尘。”众人这才透过气，正欲称妙，见李调元又走笔写出第三句：“养儿不教去做贼。”众人瞠目结舌，如遭电击，知府面黄如蜡，冷汗涔涔，连呼“坏事，坏事！”李调元不瞅不睬，反将笔搁下，独自呵气暖手，半晌，才回头笑对知府说：“退约之事如何？否则只得烦劳另请高明。”知府连声说：“退！退！请快续写！”李调元这才提笔续上末句：“偷来蟠桃献母亲。”

这句一落，真如云开雾散，红日涌出，只听四周一片拍手、击桌、赞叹、欢叫之声。知府犹如绝处逢生，惊魂未定悸怕犹存。果然，寿屏送到巡抚衙内，太夫人哈哈大笑，说道："有了巡抚儿偷蟠桃献我，还要别人的'麻姑'何用？"便叫知府退了卖身契。

胡雪岩冷庙烧香

王有龄祖籍福建，父亲客死杭州，从此家中生活每况愈下。闲着没事，他有时就去西湖边逛逛。有一次被胡雪岩看见，从此就注意上了他。胡雪岩发现王有龄印堂发亮，方面大耳，生的一副官相，但身上的褂子却打上了补丁。心想，这人到底是什么身份呢？

当然，想知道这些，也不能冒昧地乱问。既然胡雪岩有了这样一个好奇心，他就平时注意使上了劲儿。见到王有龄时，总是笑嘻嘻的，有意和他套近乎，但王有龄总是淡淡的，懒懒的。开始，胡雪岩还以为他是故意摆臭架子，假清高，就有些不以为然。见面多了，又觉得不像，倒像是有什么难言之隐。

有一天，胡雪岩在路上碰上了王有龄，见有机会，便力邀王有龄至一小饭馆喝酒。酒过三巡，胡雪岩就道："有龄兄，我心里倒有个疙瘩。我看你不像个平庸之人，何以天天无所事事，不去做点事儿？"

王有龄道："做什么事儿不要点本钱？"

胡雪岩心想，一步步来呗，难道你想一口吃个大胖子？但他嘴上却说："本钱不在大，有你一副好资质就可以了。"

王有龄见有人夸他，说的也是实在话，一来二去，就将自己的难处说了。原来，他父亲在世之日已经给他捐了个"盐大使"，只是父亲死后，家道中落，没有钱去打点上面的头头脑脑，所以至今仍然没有补缺。

王有龄也算性情中人，这些话原本是不足与外人说的。你想，要是人家能帮你倒好说，要是不能帮你，你不是白说了吗？反而遭人轻视。

胡雪岩这回还真的帮上了他，将他从别处收来的五百两银子，悉数借给了王有龄，叫他赶快北上进京去打点，好补上空缺。

王有龄当然是感激不尽，揣了银票就北上。这时期，太平天国的军队已经打下武昌、九江、直取金陵。王有龄北上，走到山东就遇到了他的总角之交何桂清。这何桂清之父原是王有龄家仆之子，因王有龄父亲见何桂清人很聪明，就命他与王有龄一起读书，后来两家各奔东西，断了音信。不想那何桂清以文章考取功名，成了穆彰阿的门人，少年得志，很快就当上了官。在何桂清的帮助下，王有龄很快打通了关节。又恰好赶上何的同门师兄黄宗汉放浙江巡抚。何桂清就修书一封，交与王有龄，叫他去打点黄宗汉，顺顺当当地当上了海运使。

就在王有龄北上期间，胡雪岩因私自拿钱庄的钱资助王有龄，丢了饭碗。没有了职业，胡雪岩家境颇为艰难。雄心勃勃的胡雪岩北上京师做生意，也没有什么起色。

另一头，王有龄一路官运亨通，饮水思源，对胡雪岩是感激不尽。在各方面都给他提供方便。初在海运时，即委胡以僚属，一切唯命是从。后来，黄宗汉又保举王有龄为粮台，因为有功又保为知府，接着又由杭州知府升道员。不出几年，连连晋升，就做到了浙江巡抚。

在王有龄升为巡抚之时，胡雪岩已经为自己捐了官，于是王有龄就委任他接管粮台。这里面可是油水多多，胡雪岩自然是吃了不少的好处。王有龄还以巡抚的名义下命令："凡解饷者必由胡雪岩汇兑，否则不纳。"这样，胡雪岩几乎掌握了浙江大半的战时财经。他翻手为云覆手为雨，很快就聚敛了一大笔钱财。

察言观色巧断案

清苑县有两个亲兄弟，父母双亡之后分家。老二分得的家产很快挥霍光了，亏得老大对他一直很照顾，时常给他一些财物。老大已经年过半百，膝下只有一个儿子，已经成家，夫妻二人感情极好。

一天，老二的妻子为急于应付一笔拖期的债务，到老大家借钱，看到侄媳妇在厨房做晚饭，就絮絮叨叨地和侄媳妇拉起家常来。老大的儿子恰好从外面回来，进门就直嚷："饿坏了！"媳妇马上把饭端给他。他刚吃完，突然叫喊肚子痛，倒在地上翻滚起来。一会儿就死了。七孔中的血像液汁似地流出来。媳妇大吃一惊，不知怎么办才好。老二的妻子突然大喊道："侄媳妇谋杀亲夫了，快去报官，定能查清楚！"立即和老大媳妇去官府报案，老二的妻子上堂作证。

官府拘捕媳妇到案，酷刑之下，她就胡乱承认和人通奸，因而谋杀了丈夫，并瞎指某甲为奸夫。某甲是他们家的表亲，向来言语迟钝，怕吃官司，害怕上刑，也就含冤招供。

这时，恰逢原来在外省任总督的讷尔经额调任直隶总督，他一路察看监狱中在押囚犯，查问判决情况。来到这个县里，怀疑这是一件冤案。过去常听说某县令很有能力，就发公文借调他来进行复审。这县令奉命到职,先审阅有关案卷,这些案卷已累积三年,摞起来几乎有一尺厚。被告屡次招供,又屡次翻供,案情原委确实可疑。于是,把有关人犯拘留,分别细细审问。先问那媳妇发案当日的情况,媳妇一一供述了全部经过,就命令把她带走。询问老大媳妇平日里她的行为如何,则回答:"服侍公婆温柔孝顺,夫妇之间也没有争吵过。"问:"她与某甲的奸情究竟有没有?"回答:"没有看见他们往来,不敢瞎说。"也命令带下去。续问某甲关于通奸的具体情状,某甲哭得说不成话。再问他,才回答:"我如果供说没有奸情,则将给我用刑,如果供说有奸情,就离死期不远了。真不知道该怎么招供。"问老二夫妇,老二说当天没有看见,老二的妻子则说:"这是我当天亲眼所看到的。我的大伯都五十多岁,只有这一个儿子,不杀掉这个贱女人,无从叫人们知道她所犯的罪行是多么严重。"县官命令把她俩也带下去,对众人说:"我已经在十成中得知六七成了。明天再审,定将查明全部案情。"在场的人都不明白他的意思。

第二天,进行复审。提出与本案有关的所有人,排成一列,跪在公堂上。县令说:"死者夜里托梦把实情告诉我了。他说:'我的确是中毒而死的,但毒死我的不是我的妻子。问这人是谁?他只说:'毒死我的人,他的右手掌颜色将变青。'"县令说着,两眼扫视案前众人。过了会儿,又说:"死者又说:'毒死我的人,他的白眼球将变为黄色。"'说完,又用眼睛扫视案前这些人。忽然拍案向老二的妻子喝道:"杀人的就是你!"老二的妻子吃了一惊,忙说:"贱女人自己杀死丈夫,怎么说是我?"县令说:"你已经自己承认了,怎么能再抵赖?"老二的妻子问:"我怎么承认的?"县令说:"我说杀人的右掌颜色变青,别人都和平常一样,独有你偷看自己的手掌,这是你自己招的供啊;我说杀人的白眼珠变黄,别人都不紧张,而你的丈夫急忙回过头来看你的眼睛,这是你丈夫替你招供啊。怎么能再抵赖?"老二的妻子脸色顿时大变,但仍继续狡辩。县令说:"再狡辩,各种刑具都准备好了,那就请尝尝它的滋味吧!”老二的妻子再无计可施,只好原原本本地吐露实情。原来老二夫妇早就想侵吞老大的财产,每次去老大家,总是怀藏砒霜,准备一有机会就随时投毒。那天碰见侄媳妇做饭,絮絮叨叨地唠着家常话时,乘机把砒霜投下了。本想把他们都毒死,没想到侄儿因肚子饥饿,首先中毒受此祸。

冤案三年,只复审了两次,三言两语,即得昭雪。人们从此称他断案如神。总督说:“不是神明,我只是根据‘四字诀’办案罢了。”

当问其哪四字诀?答道:“察言观色”。

断案奇谋

姚柬之在河南临漳县当知县的时候,断过这样一起凶杀案。被害者是一名姓姚的妇女,当时丈夫出门未归。凶手作案不仅残忍,而且不留痕迹。县衙公差经反复勘查,也未发现什么线索。不少人认为凶手是流动作案,早已远走高飞,再调查也无济于事。

姚柬之并不灰心,再次勘查了发案现场,详细了解发案当天姚氏邻居的情况。他发现案发之日正是县试复试的前夜,县试第一名杨某在复试那天请了病假,而杨某正是姚氏的邻居。姚柬之立即派人把杨某找来进行询问。杨某的回答没有什么破绽,但神色有些慌张。姚柬之与杨某一直谈到天黑,才放杨某回家。

杨某回家要路经一座城隍庙。当杨某走到城隍庙的时候,天黑得伸手不见五指,风吹得树木野草哗哗作响,心怀鬼胎的杨某十分害怕,心都快要从嗓子眼蹦出来了。突然,从庙门跳出一个人影。杨某一看,原来是满脸血污、披着长发的姚氏。杨某终于明白了,这是被害者的鬼魂找他算账来了。杨某被吓得浑身抖如筛糠,双腿一软,跪在地上磕头求饶,讲了一大堆悔过认罪的话,把整个命案的过程讲得一清二楚。

正在这时,城隍庙的四周亮起许多火把,一批衙役将杨某团团围住。一位班头拿着手铐走过来对杨某说:“姚大人在此已等候多时了!”杨某如梦方醒,知道上了姚柬之的圈套。杨某这个道貌岸然的衣冠禽兽,终于得到了应有的惩罚。

俗话说:做了亏心事,必有鬼叫门。杨某作恶心虚,最怕姚氏之魂找他讨命。姚柬之要人装扮成“女鬼”姚氏,“草”中之“蛇”受到惊吓,使案情大白于天下。姚柬之使用的装神弄鬼的方法已经过时,但他在破案中显示出的智谋,却是值得称道的。

姚柬之能破此案是因他办案细心,分析精到,最关键的是他设的城隍庙前扮鬼使诈之计。姚柬之已推测出了真相的大概，因而利用中国人“不做亏心事，不怕鬼叫门”的民俗心态试他，结果他是真凶。

插天飞

清道光年间，江湖上有位侠义之士外号“插天飞”，专喜欢骗富济贫。

河南省有个杜巡抚，到任后拼命刮地皮，百姓恨之入骨。

这天，杜巡抚接到京城一位朋友来信，说都察院御史参了杜巡抚一本，说他贪赃枉法，皇上大怒，马上要派人来调查，叫杜巡抚要小心，不惜一切代价讨好钦差，否则不堪设想。

杜巡抚接信后，好似五雷击顶，急忙派人去打听。探听的家人杜福发现来了好几十人，十几匹红缨大马，簇拥着一顶轿子。一进开封北门就进了开宝寺，一进寺就关了寺门。杜福多方打听，打听到来人竟是皇上的大阿哥(皇太子)，急急报与杜巡抚。

杜巡抚听说是皇太子亲自出马来办他这个案子，吓得面无人色，急忙筹集万两白银，密送钦差手中。第二天一早，传齐省城文武官员齐到开宝寺参见钦差。

寺门一开，只见两名头戴红缨帽的带刀侍卫把守寺门两边；大殿正中椅上坐着一位头戴缀大宝石顶皇冠、身穿黄色龙袍的少年；少年旁边，立着一位头戴珊瑚冠，身穿麒麟补服，帽后插着支雀翎的侍卫大臣；大殿两旁，两排带刀侍卫凛然肃立。

杜巡抚及众文武屈膝行进。少年嘴里咕噜了几句，侍卫大臣代他传旨。

杜巡抚回到衙中，拆信一看，只见信上却是十六个大字：巡抚大人，刮尽地皮。敬谢厚礼，后会有期。

后边署名：“插天飞”。

杜巡抚又惊又痛又气，急命捕快去缉拿。捕快缉了一场，没捕到半个人。回报说：“据说插天飞拿到杜巡抚一万两银子，统统发散给黄河边上的灾民了，还说是河南银子河南用。”杜巡抚气得跌座椅上半天说不出话来。

义女智救石达开

石达开与洪秀全、杨秀清分手，率领着手下兵马进入蜀地，一路上被清军追迫得势力日渐单薄。

话说当年，石达开在攻取广东时，曾救了一位少女，为她洗雪了姊姊和嫂嫂的冤情，还替她的生父生母建造坟墓。少女感恩不尽，情愿以身相许，服侍枕席之旁，可是为他所拒绝，他说："既然我们以义父义女相称，我是不能背着道义纳你为妾的。同时，我要求部下凡是奸淫的一律处死，我若是答应你，那将何以禁压部下呢？我按理应为你选择一个好的夫婿！"于是凡见到部下中有年轻的军官，长得英俊而尚未成家的，必指着让义女看见，而后问说："像那位军官，你愿嫁他吗？"义女眼睛一扫，便摇摇头。时间过得很快，经过相当时日，少女还是找不到如意郎君。有一次，石达开对她说："青春不再，赶紧选个乘龙快婿吧，别让岁月平白流逝！究竟你要选个何等人才，方才嫁呢？"适巧当时有一位书记站在旁边，少女便用手指着他说："像那个人与我有缘！"这么一说，粉脸通红，害羞得不敢再说什么。石达开以为两人已有私情，于是便成全他们，选个好日子结婚。其实，书记和少女直到花烛之夜才开始交谈。

等到石达开被清军杀得走投无路，而准备自杀时，将所藏的珠宝全部送给义女，义女含着眼泪推辞说："女儿早已料到有这么一天，所以别人我都不愿嫁，而嫁给书记，乃是因为书记的面貌长得非常像义父，一旦有危难，可以救急呀！"于是叫她丈夫起来，把衣服和石达开对换过来，起先她丈夫还念念不忘她的美色，不肯干脆地答应，她便提起剑来要自杀。至此，她丈夫没有选择的余地，把衣服脱下来。石达开为义女的大义深深感动，穿着书记的衣服，收集一些金银珠宝，就像金蝉脱壳一般地离去，削落三千烦恼丝，遁入五台山当和尚。而清军擒住他的义婿请功就上了大当。

巧破窃银案

古时候，一位客人在某旅店过夜时丢了五十两银子。当天晚上，客人独自一室，又没有外出过，因此客人怀疑是店老板偷走了银子。店老板矢口否认，客人便向县衙告了一状。

县令在传讯店老板后，也怀疑银子确系店老板所窃，但苦于没有人证、物证，不能定案。县令为官多年，颇有办案经验，经过一番思索，县令想出一条妙计来。县令把店老板唤到面前，用毛笔在店老板手心上写下一个"赢"字，对店老板说："你到门口台阶下去晒太阳吧！如果时间长了，这个字还在，你的官司就打赢了。"店老板不知县令的葫芦里卖的是什么药，只好到台阶下去晒太阳。

县令把店老板支走后，找来一名精悍的差役，让他如此如此行事。差役奉命赶到旅店，对老板娘说："你家主人已承认偷了客人的银子，快把银子交出来吧！"老板娘生性狡猾，一口回绝道："我不知道什么银子！"差役无奈，只好把老板娘带回公堂。

老板娘进入公堂前，见丈夫坐在台阶下面，心中感到奇怪，但又不敢问。进入公堂后，县令问道："你家主人已承认偷了客人的银子，你为何还不交出来？"老板娘还是一口回绝道："我不知道什么银子。"县令突然向公堂外大声喝问道："店老板，你的'赢'字还在不在？"店老板在台阶下唯恐输了官司，连忙回答："在！在！"在那个地方，"赢字"与"银子"的读音极其相似，老板娘做贼心虚，一听丈夫承认"银子"还在，连忙跪在地上认罪。

县令当即派差役随老板娘回旅店取出赃银。店老板见状，面如死灰，磕头如捣蒜。县令利用谐音成功地破了案。

鸣知县断案

清光绪年间，满洲人鸣泰字声九，在云南昆明县当知县。他是翰林出身，人很聪明，很会断案。

一天，正在衙门内办公，忽然有一位富豪扭送一位樵夫来到县衙。鸣知县一问，富豪气势汹汹地说：

"我正在街上走路，哪想到这个乡下佬挑担柴来把我眼镜打破了。我要他赔，他却不肯赔。所以拉他到老爷这里来评评理，看他赔不赔？"

鸣知县又问樵夫："你怎么打破了他眼镜，却又不赔？"樵夫诉说道："我挑了一担柴在街上卖，街上人多拥挤，不料柴枝误碰了他，眼镜掉下地打破了。"

鸣知县道："既然碰掉了人家眼镜，就应赔他。"

樵夫苦着脸道："不是我不赔，我答应将这担柴赔他，他不答应，硬要我赔八块银洋。我一个打柴的，还有一家老小生活，哪赔得起那么多钱？这担柴卖了也才有两百文铜钱。"鸣知县见樵夫面黄肌瘦，衣衫褴褛，就劝富豪道：

"老先生就马虎一点吧，你瞧他这样穷，到哪里拿八块银圆赔你的眼镜呢？"

富豪气势汹汹，蛮横地说："这我可不管，他不赔我的眼镜我决不放过他！"

鸣知县心中暗想:这事倒很棘手,樵夫这样穷,分明赔不起,但我若硬判不赔,这富豪在昆明很有势力,为这事同他闹翻了也不好。便问樵夫:“你可识字?”

樵夫道:“小时读过几年书,略识几个字。”

鸣知县便进房写了一个纸条,又拿出两百文铜钱来交与樵夫:

“这担柴就算我买下了,你再拿我这张条子去隆盛钱庄替我拿八块大洋来赔他的眼镜。”

樵夫感激涕零:“我打破了他的眼镜,怎能要老爷代我赔钱?”

鸣知县笑道:“不要紧,我这县衙里也要烧柴,你今后多挑几担柴卖给我不就成了?”

富豪这时虽感到有点尴尬,但却大模大样地坐在那里,他心想:你要代这乡下佬赔就代他赔,我倒不管你。樵夫接过钱和字条,走到门边,鸣知县大声招呼:“你把字条看清楚了,不要跑错了地方。”

樵夫连忙打开字条一看,只见上面却写着四个大字:“火速回家。”

樵夫喜出望外,将两百文铜钱往腰包里一塞,放开大步,出城而去。

富豪在县衙等了许久,不见樵夫来。直等到天黑还不见人,鸣知县派衙役到隆盛钱庄去问,回说樵夫没有去,想是早走了。

鸣知县叹了一口气,对富豪笑道:“这乡下佬倒敢这样狡猾,老先生请回,等我抓到后,一定重重办他。”富豪无法,只得悻悻而去。

“金钱雨”

林则徐不仅是中国近代著名爱国者,而且是一位体察民间疾苦的清官。

他在担任湖广总督期间,湖北发生百年不遇的大旱,庄稼枯死,米价腾贵,许多农民流离失所。他号召官员们捐款,竟无人响应。林则徐心中恼怒,但却不露声色地出告示说:“为解贫民饥馑之苦,定于三日后设坛祈雨,上自督抚,下到县官,皆应照例斋戒三日,不许吃荤,不许喝酒,以示诚心敬天之意。”

三天后,林则徐亲率众官登坛焚香,行礼祷告。礼毕,林则徐命众官坐于芦席之上,对大家说:“我们这些官者平日养尊处优,今天我与诸位皆不张伞打扇,坐在烈日之下体验一下农民稼穑之苦,如何?”众官不敢违命,在烈日下坐了三炷香的工夫,便汗流浃背,叫苦不迭。林则徐好像忽然想起了什么,说:“天气炎热,不可无茶。”茶来之后,林则徐与众官每人吃了一碗，不久，便呕吐不止。此时，林则徐起身正色道："谁也不要掩盖呕吐之物，由侍官一一检查，看看我们敬天是否忠诚。"检查结果显示，只有林则徐所吐为粗饭蔬菜，其他人所吐皆为酒肉腥荤之物。

林则徐神色严肃地说："斋戒祈雨，是何等重要之事，你们竟敢如此不诚。天不降雨，实是你们触怒上天所致，诸位现在有何话说？"众官闻言，面面相觑，既恐惧又惭愧，都表示愿意尽力捐钱。这样，林则徐很快筹到了一笔巨款，赈济灾民，平抑粮价。

在这里，林则徐假借祈天求雨之名，行引导众官捐钱之实。他事先叫人在茶中放入呕吐之药，众官吐出荤腥之物说明他们生活富足，有足够的能力捐钱赈灾。林则徐不动声色地将这些吝于出钱的官员陷于被动的状态中，让他们乖乖地掏出腰包，真可谓用心良苦。

血衣疑案

那些惯于作案的凶徒，没有不狡猾的。他们往往利用办案人的疏漏，百般抵赖，为自己开脱罪责。清代张治堂所著《未能信录》中，收录了由他复审的一起杀人案。本来原审案情十分明显，定罪也很准确，只因下级办案人提交赃证时出现了失误，反而被罪犯钻了空子，将真案办成了假案。原想使案件更加稳妥扎实，却险些让杀人凶手溜出法网。

清朝时，广昌县内发生过一起窃贼拒捕杀人案。窃贼刚刚入室，被主人发觉，从后面紧抱窃贼，不肯放手，窃贼狗急跳墙，用刀连戳，失主松手倒地，当场丧命。报案后，县令亲自勘验，很快将凶手捕获。窃贼供认不讳，县里据此定案，按例报送州府、按察司，并将起获的血污短衫一件，无血青缎羊皮马褂一件，凶刀一把，随犯人一道解送。到了按察司，犯人却推翻原供，否认前罪。按察使又将案件发回重审。

上级委派南昌县同知张治堂接管此案。张治堂仔细阅读案卷，见其中血衣，凶刀均已起获，显然是真凶无疑。等到提审时，罪犯说："血污白布短衫，其实是被害人的衣服，并不是我的，衣上现有刀戳破的窟窿三处，可以验证。就是解送来的凶刀，也是捕役随后上交，并非从我身上搜出，也不是我供出放于何处才起获来的。我并非贼匪，实未杀人，都是捕役怕上司责罚，枉抓好人，凭空栽赃陷害。"供词与原审大相径庭。张治堂重验物证，见血污白布短衫上，果然有三处刀戳破的痕迹，的确是被害人的血衣。张治堂当着犯人的面，问身旁的捕役说："你见过穿缎面羊皮衣服的小偷吗？"捕役突然被问，来不及思索，无法回答。张治堂又问罪犯："只怕这件马褂也不是你的衣服吧，是不是借人穿的？"罪犯说："这件马褂确实是我的衣服，我从不借人衣穿，别人也从未借穿我的。"张治堂问他有什么记号，罪犯说："衣领后面的合缝处有丝线绣成的'万'字为记号，靠领口的扣袢还是去年新换的。"张治堂拿起马褂反复细看，见缎面已旧，毛皮发黄，里和面像是被擦洗过，胸前一块皮板较硬，能敲打出声响，透过毛丛，可以看到明显的水痕。张治堂究问原因，罪犯说是雨淋湿的。问他雨水为什么不湿后背但湿前胸，罪犯结结巴巴地说不上来了。进一步追问，罪犯又谎称擦洗油腻造成的。用衣服上的油腻水无法擦掉来驳斥他，罪犯又低头不语了。张治堂命人将马褂拆开，见白布贴边上竟有四处指印大小的血点，当即递到罪犯面前，喝令他从实招供，并让他对照说明拒捕杀人的情形。罪犯一一供认，盗窃、行凶等过程，历历如绘。一桩疑案，终于真相大白。张治堂并未用刑逼供，却使罪犯甘心服罪，不再狡辩，也不再翻供了。

上级认为原审官吏用被害人的血衣顶替罪犯的衣服，致使罪犯翻供，准备向朝廷揭发。张治堂请求先问一问其中的隐情。据原审县令讲，当时勘验完毕，带回死者的血衣，原是为了对比刀痕，确认凶器，只因注意力集中在对比刀痕上，反而忘记查验罪犯衣服上有没有血迹，实在是疏忽冒昧。等起获凶刀之后，对比衣服破口处的刀痕，与案卷中记录的长短、宽窄，都很相符。但是用别的刀试着一比较，宽窄也很相似。考虑再三，自己反而对这把凶刀的可信程度产生了怀疑。因此和助手商量，放弃被害人的血衣，只把它当作窃贼的血衣，和凶刀一并报送上司。助手也认为此案情节真实，定罪正确，又没抓错正凶，若只报送凶刀和没有血迹的犯衣，恐怕要遭到上司的驳斥，追问为什么没有凶犯的血衣，案情反显得不严密。不如将被害人的血衣当作犯人的衣服，一起写到公文里。况且起到凶刀，对比血衣，犯人并不在场，而上司验明是真正的血衣就行了，绝不会拿在手里细看。一心想使案情扎实充分，没料到会出这么大的差错。上司认为凶手既没弄错，过失出于无意，也情有可原，这才严厉警告一番，宽恕了县令等人的失职。虽然原审办案人的过失，给了罪犯翻供的把柄，但是，罪犯消息的灵通、行事的刁钻，也是他一时得逞的重要原因。他竟能凭着一件血衣，将确凿的证据，昭然的罪行否定得一干二净，这也足见他心机的狡诈。他否认血衣的理由，是相当充分的。短布衫是贴身的衣服，经血污又被刀刺破，纵使窃贼从容得手，也不会将它剥下来拿走。而且主人被杀身死，凶手逃脱犹恐来不及，哪有闲工夫剥这件血衣？说他在被害者死后剥取血衣，已经无法令人相信，更何况他逃跑之后，还能身穿一件染满鲜血的衣服吗？张治堂心里明知罪犯就是真凶，由于根本不知道错出在哪,所以一时无法使罪犯屈服。物证中还有一件无血迹的马褂,它是找出犯罪迹象的唯一希望。倘若罪犯再否认马褂是自己的东西,要想查明疑案,恐怕还要大费周折,弄不好这唯一的希望也将破灭。所以必须不动声色,让罪犯先认定这一事实,才可以仔细查验。穿得起绸缎、羊皮衣服,家境想必富有,富有的人一定不会去做小偷小摸的事。这是人们通常的想法,其逻辑性并不十分严密。也许是罪犯过于自信。以为乾坤早已倒转,新来的长官无能为力,说了这么一句题外话。所以他也就装出未做亏心事的平静模样,随口唠了几句家常。万没想到自己一时大意,刚刚起死回生,却又出生入死。正应了"机关算尽太聪明,反误了卿卿性命"这句话,反而中了张治堂的计策。问明了记号,罪犯便自动走上了绝路,此时想后退半步也是不可能的了。就好比一块烧红了的铁块,无论它从前是多么烫手,一旦被牢牢地钳住,稳稳地放在砧板上,就只有任人敲打的份了。张治堂步步紧逼,一问一驳,察言观色,一定能感觉到罪犯的理亏词穷,此时未必不可以用刑讯逼他招供,这样也可以尽快定案。但张治堂却显得很有耐心。为了避免罪犯再一次翻供,考虑到仅仅怀疑擦洗血迹,说服力不够,便将眼光仍落在罪犯的马褂上。擦洗和拆洗毕竟不同,擦洗外面,竟浸透了皮里,致使毛色有异,可见当时血污之多。马褂的面里之间,缝合之处,隔着缎面未必能一一洗净。这便是张治堂拆开马褂之前的一番想法。张治堂凭着过人的智谋;干戈未动,大获全胜。他却谦逊地解释为"冤魂不散"的缘故。我们不相信因果报应之说,却该相信"法网恢恢,疏而不漏"这一至理。

麻城狱案

清朝雍正年间,湖北麻城知县汤应求为人怯懦,但居官却也清正。一天,有人击鼓鸣冤,他立即命衙役将喊冤人带上堂来。鸣冤人为郎舅二人,一个叫杨五荣,声称自己姐姐嫁涂家后,屡遭虐待,一月前被打失踪,定是被其丈夫暗害了;另一个叫涂如松,其妻杨氏入门后,常回娘家,一月前出走不归,定是杨家设下圈套,陷害于他。汤应求听了两人陈述,决断不下,就命两人各自回去,听候处置。退堂后,他与刑房书吏李献宗商议如何破案,李献宗略做思索,回答说:"生要见人,死要见尸,若知真伪,先找女子。"汤连连点头,即发下签票,命他查找杨氏三姑的下落。

显然,无论谁是谁非,汤应求面前必然存在着一个圈套。若涂如松说的是实话,那么杨五荣设下的是"瞒天过海"计;若杨五荣说的是实话,那么涂如松施用的就是"指鹿为马”计。这两种计谋都属于欺骗术，都是制造骗局，以假象掩盖事物的真相。李献宗的破译方法完全正确，只要找到杨三姑，不管是死是活，都能解除假象，明辨是非，这是用的“去伪存真”之计。

经过几天查访，李献宗已掌握下列实情：涂如松是个老实农民，杨三姑却是个水性杨花的“小狐狸”。她在嫁到涂家之前，就与同村人杨同范有勾搭，后又与富户王祖儿的外侄冯大发生了奸情。杨氏嫁到涂家不久，就寻衅吵闹，以回娘家为借口，实际上是去会姘夫的。眼下，追踪的线索很快集中到王家庄的冯大身上，但因没有找到杨三姑，一时也难以破译。对于破译者来说，发现不等于解除，更何况关键人物杨三姑尚未查获，此“谜”仍无法解出。

那杨三姑确实躲在冯家，与冯大整天鬼混。冯大只有一个老母，怕此事张扬出去，儿子要吃官司，因此守口如瓶。但冯大做贼心虚，见李献宗经常在村里转悠，怕丑事泄露，便决定破点财，将三姑送回杨家。然而杨五荣是个无赖，从冯大处诈得二十两银子，仍不去官府销案，怕白白挨一顿杖责。他忽然想起三姑与杨同范早有勾搭，便采取“移花接木”之计，将三姑送到杨同范家。杨同范虽有三房妻妾，但对这“小狐狸”始终不能忘怀，眼下白白送上门来，不禁喜出望外，急忙将三姑藏在后宅夹墙房中，成天寻欢作乐。他怕涂家得到风声，决计寻找机会，非将涂如松置于死地不可。

机会终于来了。一天，杨同范听说村外有一具无主尸体，被野狗扒出，面目已经全非。于是与杨五荣密谋一番，以“偷梁换柱”之计，冒认为杨氏尸，让杨五荣去县衙报案；与此同时，杨同范又想以金钱买通仵作李荣。被李荣一口回绝。当李献宗按知县吩咐去现场验尸时，心中明知有诈，却将计就计，依然装作深信不疑的样子，带领李荣去村外坟地验尸。尸体虽已腐烂，但从骨骼、毛发上辨认，分明是个尚未成年的男子。这次勘验，由于对方毫无防备，使李献宗完全掌握实据：杨五荣系假尸冒领，嫁祸于人；杨同范公然行贿，则要仵作以假说真，开脱罪责。当下，李献宗吩咐将尸体埋了，并在坟上暗暗立杆标记。

至此，杨五荣等人计谋已全部识破，只要将真相公之于世，谁是谁非，昭然如揭。但由于客观事物的复杂性，以及当事人的非分之欲，社会之不公正，造成该破的不破，该解除的却无法解除。于是出现新的矛盾，一个新的计谋又形成了，而且是以前一个计谋为基础；这样，破译工作依然存在，只不过主体与对象的地位发生了转化。

那杨同范仗着腰缠万贯，当地一霸，见此计不成，又生一计。他找到当时的湖广总督迈柱的门生高仁杰，并贿以重金，到总督府走了后门。拿着总督府的公文，高仁杰便匆匆赶到麻城县任主审官。上任伊始，未做任何审理，就把涂如松、汤应求先行羁押，而后派遣另一名已受杨同范贿赂的仵作，重新挖坟验尸，并一口咬定这是具女尸。接着又用重刑将李荣活活打死，将涂如松屈打成招，供认自己杀了妻子，然后将李献宗杖责一百，逐出衙门。李献宗怎能咽下这口冤气，私下来到冯大家，用计赚知杨三姑藏在杨同范家的确切消息后，又一次将计就计，取得实证后，准备拼死越级上告。

这天，李献宗来到杨府附近，恰逢杨同范的妻子将要临娩。李献宗就与住在杨府隔壁的老隐婆商议停当，趁此机会，来个“引蛇出洞”计，查明三姑究竟藏于杨府何处。不一会，杨家丫鬟匆匆赶来，说是她家大娘子难产，大爷唤她速请老隐婆帮忙接生。老婆子跟随丫鬟进了产房，见产妇“哇哇”直喊，便拉开嗓门喊叫：“快去唤人帮忙！你家大娘子没命啦！”丫鬟急昏了头，忙朝墙壁大叫三姑出来救大娘的命。只听“啪嗒”一声响，墙上一墙暗门开了，窜出一个浓妆艳抹的女子。老隐婆认出她就是杨三姑，只装不知，而杨三姑却不认识她。

李献宗得知此事，向老隐婆行过大礼，感谢她深明大义。接着又匆匆启程直奔黄安县，等到钦差巡抚吴应菜奉旨前来时，他拦轿喊冤，呈上状子。那吴应菜见了状子，一心想从这冤案中捞点好处，扳倒总督迈柱，图个加官晋爵，于是派人前去捉拿三姑。李献宗急忙劝阻，他怕打草惊蛇，一旦杀人灭口，此案永无昭雪之日。吴听了觉得有理，连忙讨教对策。李献宗劝吴暂不去麻城，以免惊动高仁杰，自己则随同黄安县令陈鼎去麻城见机行事，非要搞个水落石出不可。

再说李献宗等人回到麻城时，只见麻城百姓街谈巷议，对此冤案愤愤不平。杨同范听到风声，终日心神不定，寻求对策，后来居然被他想出一条毒计：欲将三姑杀了，毁尸灭迹，便可死无对证了。但因一时找不到合适女子供他淫乐，于是派人四处张罗。李献宗得知此事，便将计就计，诱他上钩。这天一早，杨同范正在漱洗，忽听说有个年轻女子找上门来，急忙来到客厅，果见那女子貌似天仙，便笑嘻嘻地问：“娇客何来？”那女子泪流满面地说：“小女子本是良家女，后被人拐卖至青楼之中。因不愿沦于烟花，偷偷逃出，恳请杨老爷救救奴家。”杨同范听了，真是喜出望外，当即将她留下。那女子跪倒在地，娇滴滴道：“杨大爷大恩大德，奴家愿以身相报。”杨同范哪里按捺得住，正想将她搂入怀里，忽听仆人来报：“外面来了一个官员，带几个公差，已闯进后宅，要追查一名逃跑了的暗娼。”杨同范听说是官员带人追查，情急之中，忙把那女子推入夹墙暗室里，赶快迎了出去。就在这里，陈鼎带领捕快已到面前，喝令："搜！"忽听到夹墙里传出喊声："我是逃犯，别难为了杨老爷！"众人循声纷拥而至，一举毁了夹墙，杨三姑也就乖乖被擒。杨同范这时才知中计，但为时已晚，立即被套上铁链带走了。原来这是李献宗用计才将人犯一举擒获，经开堂复审，这桩千古奇冤总算得到了昭雪。

蔡侯害息侯

春秋时期，息侯与蔡侯分别娶陈侯的两个女儿为妻。息侯的夫人妫氏长得十分艳丽，令姐夫蔡侯垂涎三尺。有一次，息夫人途经蔡国回娘家陈国，蔡侯大献殷勤，对小姨子动手动脚，吓得息夫人赶快离开了蔡国。

息夫人回到息国后，把蔡侯调戏自己的事情如实告诉给了息侯，息侯大怒，决心惩治蔡侯一番。

息国和蔡国虽然是连襟之国，但息侯臣服于南方的大国楚国，而蔡国与东方的大国齐国友好。息侯派了一个使者对楚王说："蔡侯自恃与齐国密切，不把大王看在眼里，还挑拨息国与大王的关系，大王何不惩罚蔡国一下？"楚王很生气，但担心齐国会出兵，使者献计道："我们息王与蔡侯是连襟，大王假意向我国用兵，蔡侯一定会来援救，到那时，我们联合一起，还怕蔡侯能飞上天去吗？"

楚王照着息国使者的计策用兵，果然将蔡侯活捉。蔡侯成为楚国的战俘。在楚营中，他发现息侯正在犒赏楚军，方才知道是中了连襟的诡计，被连襟出卖了。

楚王本想把蔡侯带回楚国，杀掉蔡侯，但大臣鬻拳力陈利害关系，劝说楚王放蔡侯回国。楚王醒悟过来，设宴给蔡侯压惊。酒宴上，楚王为炫耀自己，故意指着一位美丽绝伦的女子对蔡侯说："这样漂亮的女子，天下能有几人！"蔡侯想起息侯陷害之仇，便说："太微不足道了。大王如果见到息侯的夫人息妫，就再也不会想别的女人了。”

楚王放掉蔡侯，想起蔡侯的话，一刻也不得安宁。他想了个计策，借打猎为名，到了息国。息侯见楚王来临，赶紧把楚王请进城中，设宴款待楚王。楚王道：“我为你兴师动众，擒住蔡侯，今日远道而来，请尊夫人为我斟杯贺酒如何？”

息侯大惊失色，但又不敢违抗，只好唤夫人出来给楚王斟酒。楚王见息夫人果然是国色天香，怦然心动。第二天假意请息侯饮酒，在酒桌上把息侯擒住，然后，率领亲随，进入宫中，寻找息妫。息妫慌忙逃入后园，企图投井而死，一名楚将奔上前，劝道：“夫人一死不难，难道就不想保全息侯的生命吗？”息妫一听，泪下如雨，瘫倒在地。楚王得到息妫，饶了息侯一死。息侯引狼入室，自受其害。

墨子劝鲁班

春秋时期，鲁国有一位很聪明的工匠，名叫公输班，人们又叫他鲁班。有一回，他在楚国为楚王制作攻城用的器械云梯。云梯制成以后，准备用它去攻打宋国。这个消息让墨子知道了。墨子名叫墨翟，他是著名的政治家和思想家。墨子很反对打仗，所以听说楚国要攻击宋国，就急急忙忙动身到楚国去，劝阻楚王不要进攻宋国。他走了十天十夜，脚底磨出了茧子和血泡，就从衣服上撕下一条布，把脚包上，继续赶路，终于来到了楚国的国都郢城。墨子见到了公输班，便对他说：

“北方有一个人侮辱我，我请你帮助我把他杀了！”公输班听了这话，挺不高兴。

墨子又说：“如果你去把那个人杀死，我送给您十斤黄金！”

公输班气急了，嚷道：“我这个人是重视仁义的，我不能去杀人！”

墨子趁机追问道：“你说得好啊，可是你为楚王制造云梯，要去进攻宋国。宋国犯了什么罪呢？人家无罪而你偏去攻打人家，这不是仁义吧？”

公输班被墨子说服了，墨子又去劝说楚王。楚王听了他的一番话，觉得很有道理，就回答他说：

“你讲的都对呀，但是公输班为我制成了云梯，我一定会把宋国打败！”

墨子不慌不忙地说：“那也未必吧！你有攻城的武器，我有守城的办法，咱们来演习一下进攻和防守吧！”说罢，他解下腰带围一个四方形，当作城墙。又拿一块板，当作防御武器，让公输班来攻城。公输班使用他的云梯，九次都被墨子挡回去了。公输班的攻击已经技穷力竭，而墨子的防守本领还没有完。

公输班没有攻下墨子围的城，便说：“我知道有办法战胜你，但是我不说。”

墨子也说：“我知道你想战胜我的方法是什么，我也不说出来。”

楚王听了他俩的对话，感到莫名其妙，就问墨子说：“你们说的是什么意思啊？”墨子告诉楚王：

“公输班的意思是把我杀掉，宋国就没人守得住了，你便可以获得胜利。其实他想错了，我有弟子三百多人，他们都用我的防御武器守在宋城上，等待楚王发兵呢！所以，你们即使杀了我，也是无济于事的。”

楚王听了这话，对墨子十分佩服，连忙说：“好啊，好啊，不要去攻打宋国了！”

于是，楚国和宋国之间避免了一场战争。

聪明的使者

春秋末期，齐国宰相晏子的个头长得很矮。

有一次，齐王派他出使楚国。楚王听说能言善辩的晏子来了，便想借机侮辱他。

楚王先叫人在城门的旁边开了小门，打算让晏子从小门进城。晏子一见，针锋相对地说：“出使狗国，才从狗洞里进城，我今天出使贵国，不希望从狗洞子里进去。”楚王一听没了辙，只好让晏子从城门进来。

晏子拜见楚王时，楚王摆出一副不屑一顾的神态。他不但不请晏子入座，而且还拖着长腔问晏子：“你们齐国难道再没有旁人了吗？怎么把你给派来了呢？”

晏子回答说：“我们齐国的都城临淄，有的是人。大伙要是把衣袖举起来，就能把太阳遮住；大伙要是挥手洒把汗，就能流成一条河，怎么能说齐国没有人呢？不过，我们齐国有个惯例，那就是对外派使臣时，凡是在有德有才的人当国王的国家，我们就同样派有德有才的人去出使；凡是缺德少才的人当国王的国家，我们就同样派没德没才的人去出使。我晏婴在齐国是个既无德又没才的人，所以齐王派我到你们国家来当使臣。”

齐王听了，羞得满脸通红，只得让晏子坐下。

晏子刚落座，就见有个人被捆绑着押了上来。楚王故意大声问道：“这是怎么回事？”

押解的人回答说：“这是个齐国人，犯了偷盗罪！”

楚王以为这下子准把晏子难住，便冲着晏子说：“你们齐国人都惯于偷盗吧？”

晏子回答说："我听人说，橘子树长在江南时是橘子，可是移栽到北方，就变成了枳子。橘子和枳子的叶子长得都一样，但是结的果子的味道却大不相同，为什么呢？因为江南和江北的水土不同！这个人在齐国时，不偷不盗，到了贵国，便成盗贼，为什么呢？大概是你们楚国的水土让他变的吧！"

楚王见难不住晏子，只好笑了笑，自言自语地说："我这真是咎由自取啊！"

晏子以彼之矛，攻彼之盾，从而捍卫了国家的尊严，羞辱了居心叵测的楚王。

西门豹治邺

战国初期，魏国的建立者魏文侯，晚年任李悝为相，吴起、乐羊为将，积极奖励耕战，支持变法改革，使魏国日益富强，开始称雄诸侯。他鉴于邺（在今河南安阳北，河北临漳西南）地处魏、赵、韩三国交界，是个战略要地，但因过去治理不善，邺竟是田园荒芜，城乡萧条，人烟稀少，老百姓困苦不堪。于是，特任命精明能干的西门豹去做邺县县令。

西门豹刚到任，就邀请当地父老们来，向他们了解人们的疾苦和灾情。父老们说："祸害是'河伯娶妇'，就是帮河神讨娘娘，所以弄得民穷财尽。"西门豹问："这是怎么一回事？"父老们说："邺地方上的三老和衙门里的师爷，每年要老百姓缴纳捐款，收取的钱有几百万，用其中二三十万来帮河神讨娘娘，而剩下的钱就由他们和那班庙祝、巫婆们一起瓜分。每到为河伯娶妇季节，巫婆到处察看，见小户人家有姑娘长得标致的，就说她该是河神娘娘，就把人拉走，为之洗澡、更衣、梳洗打扮。还替她在河上打造一条船，算是河伯行宫，让那姑娘单独住在里面，作为斋戒。十几天后，把姑娘放在一张如同出嫁用的床上，把床放到河上，任其漂流。漂一段后，就沉到水里，说是让河伯接去了。许多有姑娘的人家，都怕灾难临头，相继外逃。因此田园荒芜，民苦不堪。这事已经进行了好多年。人们都说，如果不给河伯讨娘娘，大水就会冲来把一切淹没，人也给淹死，所以不能不这样。"西门豹听后，心中明白了。他就约定：到了帮河神讨娘娘的日子，大家都到河边去送新娘，并请通知他也去参加。

到了那一天，西门豹带领随从吏卒赶到河边，三老、各级官员、豪绅、当地父老都已齐集河边，沿河两岸百姓围观的也有两三千人。只见那为首的老巫婆有七十来岁，有十来个女门徒站在她背后。这时，西门豹走到前面大声说："喊河神娘娘来让我看看是否标致。"巫婆便把姑娘领出来。西门豹看了一下那受害的姑娘，对三老、庙祝、豪绅、父老们说："这姑娘长得不够漂亮，怎么能做河神的娘娘呢？现在麻烦大巫婆去向河神报告一声，就说这个不成，要重选了改天再送去。"说完，就命吏卒抱起老巫婆投进河里。西门豹装出认真的样子，弯着腰注视河面，像是等待老巫婆回来。过了一会儿，故意说："老巫婆下去这么久，怎么还不回来，想必是让河神留下了。现在需要派她的弟子下去催一下。"随即命吏卒把一个小巫婆也投进河里。过一会儿，又说："老巫婆的弟子怎么也不回来？再派一个去催催她们。"于是又把一个小巫婆投进河里。这样一连把三个小巫婆投进去，都不见回来。西门豹说："看起来老巫婆，小巫婆都是妇道人家，不会禀报公事。现在就只好麻烦三老下去把事情说明白了。"说完，命人把三老投入河中。然后装着严肃地在河边等候。这时站在河边的那些剩下的巫婆、地方官吏、师爷、土豪劣绅都惊恐万状。西门豹说："派下去的巫婆和三老都不回来，下一步该怎么办呢？"这些家伙吓坏了，怕下一步就轮到扔他们下河了。于是一齐跪在地上，磕头如捣蒜，头磕破了，血流满面。西门豹说："看样子你们都怕被派下去，那就再等一会。"又等了一会儿，西门豹说："看样子是河伯把他们留下再也不回来了。既然你们都明白了是怎么一回事，又都怕被派下去，那就暂且饶了你们，都起来回家去吧。"经过这一场惊心动魄的惩治，邺地就再也没有人敢提为河神讨娘娘的事了。

在这里，西门豹先是明察暗访得知，漳河因年久失修，每当夏秋之交遇上暴雨，河水就泛滥成灾，一片汪洋，淹没庄稼，冲毁田园，这是自然灾害，哪有什么河神？但是当地三老、师爷等地方小官吏却趁机勾结装神弄鬼的巫婆，把自然灾害说成是河神显灵，来欺骗愚昧迷信的老百姓，声言每年给河神献上美女，就可保安宁。于是借着给河神娶亲来敲诈钱财，以饱私囊，闹得地方上民不安生。西门豹了解了这情况，但老百姓受蒙蔽多年，已习以为常。如果直接去跟大家说穿，肯定人们不信，只有在现场演出上面所说的那一幕。西门豹装得像真的一样，可是把老巫婆、小巫婆、三老一个个扔到河里以后，河水根本没有反应，没有出现河神显灵。在众目睽睽之下，西门豹戳穿了这个骗局，惩办了老巫婆、三老等那些骑在人民头上的邪恶势力，也看到了其余的诈财者们，那怕死告饶的狼狈相，起到了杀一儆百的效果，也教育了民众。这说明西门豹除弊有方，而且计谋就在其中。下一步西门豹知道要巩固教育的效果，必须做点实事，让老百姓知道，可以和自然灾害做斗争，没有什么河神。所以他发动民众先后修筑了十二条水渠，引漳河的水来灌溉农田，既肥沃了土地，又减少了漳河泛滥的灾害，老百姓受益不浅。邺地人民为纪念西门豹破除迷信、除弊兴利的德政，把当年投巫下河的地方，改名叫"大夫村"。村外修庙、立碑，把西门豹领导修筑的水渠叫“西门渠”。

石碏大义灭亲

东周末年，卫庄公有三子，长子名恒，次子名晋，三子名州吁。

州吁生性暴戾，喜武谈兵，动辄讲攻讲杀，但庄公非常喜爱他，任其所为，一点也不加禁止。

大夫石碏是正直的人，国人对他很信任。他曾规劝过庄公，说：“凡做父母亲的，对子女要严加教育，不要溺爱过甚，纵得太过必生骄，骄必生乱，这是必然规律。主公若想把王位传给州吁，便马上立他为继承人，不然的话，就要管制他，叫他不要这样横行放肆，免得日后搅出骄奢淫逸的祸患。”

这些话，庄公当作了耳旁风，对州吁的行动，照样不加干涉。

石碏有一个儿子石厚，和州吁的个性一样，好似天生一对宝贝，经常同玩同游，并车去打猎，骚扰民居。石碏看不过眼，将石厚鞭责了一顿，并把他锁在一间空房里，不准他再出外去惹是生非。可是石厚怙恶难驯，野性不改，竟然爬墙跑了，一直躲在州吁府里，不敢回家。石碏没奈他何，只好装聋作哑，把气忍在肚里。

不久，卫庄公死了，公子桓继承了王位，叫作桓公。桓公生性懦弱，毫无主张。石碏见他这样无所作为，而州吁又是那样嚣张，料定将来一定会生乱子，于是借口年老，辞职归家躲起来，对朝政不理不问。这样一来，州吁更加肆无忌惮了，日日夜夜和石厚商量怎样去夺取王位。

适巧周平王死了，太子即位，这是国家的一件大事，各地诸侯要亲往去吊唁，卫桓公也整装准备入朝去。

石厚见到这个机会，欢天喜地地对州吁说：“大事可成了，这一个难得的机会，千万不要放过！”“有什么计划没有呢？”州吁问。

“当然有啦！”石厚接着说，“明天不是桓公要启程入朝吗？你可设宴在西门外，假意给他饯行，预先埋伏五百名勇士在门外，敬酒的时候，乘机把他杀死。如有哪一个不服从的，立即将他消灭，这样你就唾手可得王位了。”

州吁顿时眉飞色舞起来，着令石厚去部署一切。

次日一早，桓公便出发了，州吁把他迎入公馆里去，筵席早已摆好，客气一番之后，州吁便躬身向桓公敬酒,说:“兄侯远行,臣弟特备薄酒与兄侯饯别!”

桓公说:“又叫贤弟费心了,我此行不过个把月就可以回来了,敢烦贤弟暂时代理朝政,小心在意!”

“兄侯放心,小弟会特别小心!”州吁说完,忙斟满一杯酒,奉给桓公。桓公一饮而尽,亦斟了杯酒回敬州吁,州吁双手去接,诈为失手,酒杯跌落于地,慌忙拾取,亲手把杯子洗涤。桓公不知这里有阴谋,叫左右另取一只酒杯来,想再敬州吁一杯,州吁乘机跳到桓公背后,掏出刀子,向桓公背后猛刺,桓公便这样当场被杀死。

随行的臣子大吃一惊,但平时已知道州吁的武功非同一般,石厚又引军把公馆团团围住,自知不能反抗了,只好投降归顺。

州吁很快就把桓公的尸体埋葬好,向外界说是得了急症暴卒的,自立为君,拜石厚为上大夫,他的二哥公子晋着了慌,也逃到邢国去求政治庇护。

州吁即位三天,听到外边沸沸扬扬,都在传说他弑兄夺国的事,因此又和石厚商议起来。他说:“你听见外面的话没有? 全国人民都在说我的坏话了。看来,唯有施展武威向邻国打它一次胜仗,借此来压制国人的反抗情绪。你说应向哪一个国家动兵呢?”

“那自然要攻打郑国,郑国侵略过我国,正好趁机报仇雪耻!”石厚很高兴地回答。

他们计议停当,立即动员向郑国发动攻势,在五天内果然打了一个胜仗,石厚便下令班师。

“为什么?”州吁惊讶地问,“大军还未接触就要班师?”石厚请州吁屏退左右,秘密地告诉他:“郑国的兵素称强悍,我们没有什么胜利把握,现在打了个小胜仗,足可以向国人示威一番了。何况主公登位未久,国事未定,若久留在外,恐怕国内有变乱呢!”

“你真想得周到,我还没有考虑到这一点哩!”

于是石厚得意扬扬地下令班师,叫兵士沿途高唱凯歌,拥着州吁浩浩荡荡地班师回朝。可是,国人仍然不拥护他们,还到处作冷嘲热讽的咒骂。“打了胜仗回来,国人还是不服从呢,还有什么办法?”州吁又请教石厚说。

“那只有这样:我父亲是一个正直的人,国人对他很尊重,不如主公把他再征入朝,给他一个重任,国人一定没有话说了。”

“对! 我几乎忘记了。”

州吁即命人带来了很多名贵的礼物去聘石碏入朝议事。石碏推辞说:“我年老了,病又一天天地重下去,就是上朝也行不得了。”州吁又问石厚:“你父亲已托病不肯入朝,我想亲自去向他请教一个办法好不好？”

“主公亲往，他也未必愿见，还是我回家去一趟，代公先说句好话，看他的意思怎样！”

石厚于是回家去了，石碏问他：“新主要召见我究竟为着什么？”

石厚告诉父亲，说：“就因为国人对新主没有好感，诚恐王位不稳，故想请父亲决一良策！”

“这有什么困难？”石碏说，“凡是诸侯即位的，必先禀告天子才算真王，如果新王能得到周天子的诰命，国人还会说什么呢？”

“这意见十分好，但现在无人能入朝去，恐怕天子会起疑心，最好先派一个能在天子面前说得着话的人去疏通一下，但谁可担当此任呢？”石厚说完，向父亲投下希望的一瞥。

“那还不容易！”石碏抖擞一下精神说，“目前周天子最相信的是陈国的桓公，只消他一说，包会成功。如果新主能亲往陈国走一趟，请陈桓公帮帮忙，这件事绝不会让人失望的。”

石厚把这番话告诉州吁，州吁不胜欢喜，立即备好礼物，带了石厚到陈国去。

石碏和陈国的大夫子很是相好，他见机会来了，乃割指沥血写了一封信，托一个心腹人带往陈国，秘密转呈陈桓公。陈桓公拆开信，这样写着：

“外君石碏睃百拜致书陈贤侯殿下：卫国不幸，天降重殃，竟出弑君之祸。此虽逆弟州吁所为，实臣之子石厚贪位助桀。二逆不诛，乱臣贼子行将接踵于天下矣。老夫年迈，力不能制，负罪先公，今二逆联军入朝上国，实出老夫之谋，幸上国拘执正罪，以正臣子之纳，实天下之幸，不独臣国之幸也。”陈桓公看罢，便问子佗：“你看这件事咋办？”

子佗毫不考虑地回答：“我国和卫国素相亲睦，守望相助。卫国的不幸，亦即我国的不幸，他们来，乃是自投罗网，切不能放他们回去！”“好，就这么办！”于是便定下擒州吁之计。

州吁和石厚威风凛凛地到了陈国，陈国桓公特派公子佗出郭迎接，安置他们在一间华丽的馆舍里，致陈侯仰慕之意，并请第二天在太庙里接见。州吁见主人这么殷勤客气，心里非常欢喜。

翌日，太庙上摆设得肃穆堂皇，陈桓公站在主位，左右文官武将排列得很整齐。

大夫子先陪石厚到来，一上石阶，石厚一眼瞥见门口竖立一个白牌，写着“为臣不忠，为子不孝者，不得入此庙”十四个大字，顿时心里一怔，回头问子佗：“立这个牌是什么意思？”

子佗很有礼貌地向他解释："这是上几代立下来的规矩，已经有几十年了。"

石厚才把心放下。不一会，州吁驾到，站在宾位，赞礼的高唱，请入庙去行礼。州吁把衣冠一整，方要鞠躬行礼，子佗大声高呼："奉周天子命令，擒拿弑君贼州吁、石厚两人，余人俱免！"

话声未完，已先把州吁拿住，石厚急忙拔剑想抵抗，一时着急，拔不出鞘，只用手格斗，打倒了几个人。但埋伏在左右壁厢的武士一拥而上，把石厚也捆绑起来。

门外的车马随后，一时不知所措，子佗出去向他们抚慰一番，并当众宣读石碏的信。大家才知道是卫大夫石碏主谋，便一哄而散，跑回卫国去。

陈桓公想将州吁、石厚就地正法，左右臣子却异口同声说："石厚乃石碏的亲生子，况且这件事又是他策划的，不知他的意思怎样，不如请他自己到来，把两人交还给他亲自处置好了，才可以避免误会。"于是把州吁和石厚分别监禁起来，连夜使人到卫国去通知石碏。

石碏自从告老居家之后，未曾出过门口半步，今见陈国有使命到，心里便明白一切，即令人驾车伺候，准备上朝，再派人通知各文武官员出朝相见。

各官员见石碏破例要上朝议事，很是惊奇，便怀着焦急疑惑的心情齐集在一起。石碏到来了，当众宣读陈侯的来信，谓州吁和石厚已被陈国拘禁了，专等卫大夫亲自发落。"各位都明白一切了，要怎样处置这个忤臣逆子？"石碏问。"这是国家大计，全凭国老主张是了。"群臣齐声答。石碏继续说："两个逆徒罪恶昭彰，俱杀无赦！不明正典刑，何以谢先灵？有谁肯到陈国去诛两逆贼？"

右宰丑站了出来说："乱臣贼子，人人得而诛之，州吁此畜生，我去解决他！"

有几位大臣跟着说："主谋人州吁明正典刑是天公地道，但从犯石厚，似可以从轻发落……"

话未说完，石碏将把眼一睁，拍案大叫起来："州吁之恶，皆由逆子所酿成，各位说要从轻发落，岂不成怀疑老夫徇私？我要亲自去，亲手杀此不忠不孝的逆贼！"

家臣羊肩连忙说："国老不必发怒，我愿意去执行国老的命令！"

他两人赶到陈国，谢过陈侯，先后去执行任务。先把州吁押赴市曹，州吁对右宰丑说："我是君，你是臣，安敢犯我？"

右宰丑说："你兄长为君，你为臣，你却把他刺死了，我现在不外跟你学一学罢了。"

说完，一刀下去，州吁顿时身首异处。

羊肩把石厚押出来，石厚向他求情，说："我自己是知道死有余辜的了，但事到如今，只请你把我押回卫国去，见父亲的最后一面，然后就死！"

羊肩说："我奉你父亲命令而来，着即就地正法。你如要见见父亲，我带你的头回去见见好了！"

不由石厚再说，一刀从脖子里擦过去，什么都完结了。

二桃杀三士

齐景公即位后，齐国的国力已极大地削弱了。外部，齐景公面对赵、燕等国的"蚕食"，束手无策；内部一些权臣不把国君放在眼中，特别是公孙捷、田开强、古冶子三人，他们都身壮如牛、力大无比，自恃有功，横行无忌。齐景公重用贤臣晏婴，力图使齐国得以振兴。晏婴上任后，决心除掉公孙捷、田开强、古冶子三个"害群之马"，严肃国纪国法。公孙捷三人有一身奇勇，派人去抓，不成；派刺客行刺，也不成。晏婴想来想去，觉得唯一的办法还是用"计"。

一天，齐景公设盛宴款待文武大臣。酒过三巡之后，文臣武将们都带了几分醉意，晏婴命令一名漂亮的侍女用大盘子端着两个硕大的桃子走到众人面前，传下话说："谁能说明自己是天下最有名的勇士，谁就可以吃掉一枚桃子。"

公孙捷觉得这是表现自己的好时机，立刻站了起来，说："我能接连和两只猛兽搏斗，把它们打死，像我这样的勇力，天下没有第二个，我是天下最有名的勇士，我可以吃掉一枚桃子！"说完，向四周看看，见无人反对，伸手拿走一枚桃子。

古冶子离开酒桌，站了起来，说："我曾经冒着生命危险，在黄河的惊涛骇浪中浮沉九里，斩妖龟之头，保护国君平安地渡过了黄河。当时，见到我的人都说我是河神，像我这样的勇力，难道称不上是天下最有名的勇士吗？"古冶子说完，也向四周看看，见无人反对，伸手拿走了剩下的一枚桃子。

田开强急了，他走到众人面前，愤慨地说："我在跟敌人的战争中，曾多次冲入敌阵，砍杀敌将，夺取战车和大纛。攻打徐国时，我俘虏五百多人，逼迫徐国纳款投降，威震邻国，为国家立下汗马功劳。难道这么大的功劳还不能分到一枚桃子吗？"

晏婴急忙走出来，对齐景公说："田将军的功劳和勇气天下皆知，可惜桃子已没有了，可否请大王赐一杯美酒，待桃子再熟时，补赐给田将军如何？"

齐景公也对田开强说:“田将军,算起来,你该是天下最有名的勇士,可惜你说得太迟。”

田开强怒火攻心,道:“打虎杀龟,固然有勇有功,但我为国家立下如此赫赫战功,反而遭到冷落,为人耻笑,以后还有何面目见人!”说完,不容分说,拔剑自刎。

公孙捷见状,面红耳赤,道:“我功劳不如田将军,反拿了桃子,致使田将军自刎,我还怎样活在世上!”说完,也拔剑自杀。

古冶子跳了起来,信誓旦旦地说:“我们三人是结拜兄弟,誓同生死,如今我也不能活了!”说完,也自刎而死。

齐景公见齐国一下子失去了三位勇士,心中有些惋惜,下令用士大夫之礼厚葬了这三个人。三个害群之马已除,晏婴就可以放开手脚,大胆地治理国家了。

吕不韦的良苦用心

吕不韦为了使异人能获得安国君嫡子的宝位,耗费数千金,上下活动,奔走于秦赵之间,终于打动了华阳夫人。华阳夫人便向安国君大扇枕头风,谈异人的贤能之处。安国君爱美情浓,只要华阳夫人喜欢,言听计从,当即表示赞同立异人为嫡子,并刻符为记,永不反悔。华阳夫人还说服安国君拜吕不韦为异人的老师,负责培养异人执掌国事。

吕不韦将成功的消息带回赵国国都邯郸,告诉异人。异人自然十分高兴,也十分感谢吕不韦。二人自然成了形影不离的好朋友。

这天,二人又在吕不韦家里狂饮作乐,喝酒助兴,吕不韦命自己买来作乐的赵国美女在酒席间歌舞。谁知,异人一眼便看中了能歌善舞、楚楚动人的赵姬,便乘酒兴向吕不韦索要赵姬。吕不韦一听异人竟然向自己索要最喜爱的美人,不觉大怒。可又一想,万贯家财已为这个异人耗费殆尽了,今后的荣华富贵就系在这个异人身上了,千万不能因为一名小妾得罪了他。这个异人是要成为秦国国王的,得罪了他,不仅万贯家产白白丢失,恐怕还会有不尽的后患;况且,那位赵姬已经怀上了自己的孩子,何不趁此机会来个顺水推舟,将赵姬许配给异人。今后,如果赵姬生了位男孩,这秦国的天下不就在不知不觉中易主了吗?异人看到吕不韦先是愤怒之极,后又陷入深思,酒也醒了不少,立即行大礼向吕不韦赔罪,深恐得罪了这位多财多智的救命恩人,影响自己顺利登上太子之位。

不料,吕不韦闻言,连连摆手,说:“这么说见外了。您能看中我家小妾,是她的幸福,也是我家的荣耀，怎能不答应您呢？我看，今日便是良辰，我们请公孙乾作为媒证，在今晚便成了这门良缘吧。”异人竟想不到吕不韦会仗义让美，高兴得不知说什么好。异人得到赵姬后，自然是男欢女爱。后来赵姬果然生下一子，取名为“政”。他就是后来统一中国的秦始皇，而吕不韦后来也就成了秦始皇的“尚父”。

没想到，秦国经过几十代人，数百年努力得来的天下，就这样轻而易举地变成了吕氏的天下，这就是吕不韦不惜钱财、美人再加上“廉耻”换来的。

智解白登之围

汉初（前201）韩王信反叛，并勾结匈奴单于冒顿起兵攻占太原。第二年冬，汉高祖刘邦率二十万大军去征讨匈奴。汉军节节胜利，很快便打到平城（今山西大同东北）。但由于轻敌冒进，误中了敌人计策，刘邦被冒顿四十万精骑包围于白登山。时值严冬，天寒地冻，雪深数尺，汉军不惯耐冷，苦不堪言。被困数日，看看粮草将尽，汉军已无力支持。刘邦君臣商量数次，谁也没有办法。汉帝见足智多谋的陈平也无计可施，心想真要绝于此山了，不免忧形于色，长吁短叹，茶饭不思。

直待第六天，陈平忽思得一计，面告汉帝。汉帝大喜，急命依计而行。

陈平备了一幅美人图画，还有许多金银珠宝，派了一名胆识兼备且能言善辩的使臣，暗中下山，买通番兵，指名要见冒顿新立的那位阏氏（皇后）。阏氏听得汉使指名谒她，不知何事，便瞒着冒顿，私将汉使传入内帐，问他有何话说。这位汉使见了阏氏，先将金银珠宝献上，然后道：“汉帝被围白登山，想在此间与单于议和，知道阏氏对单于很能进言。汉帝的意思，希望两不相犯，永修和好。因恐单于不允，特将金银珠宝，孝敬阏氏。若能就此言和，最好不过。若是单于不允，现有一幅图画在此，这是中国的第一美人，因为不在军中，先将图像送来，再行令人回去，将这位美人接来，奉赠单于。”

阏氏打开图画一看，大吃一惊。图中所画美人，果然天姿国色，花容月貌，比较自己，真是天壤之别。暗忖道：“这样美人，如被我家单于看到，一定娶入宫中。到时候，这位美人擅宠专房，必夺自己的恩爱。”不觉冲口说道：“这位美人你们万万不可送来。”汉使见阏氏落入圈套，便道：“汉帝本不忍让美人来此，只因情势所迫。阏氏若能设法解救，汉帝自然不会再将美人送来。回去之后，情愿将更多的金银珠宝孝敬阏氏。”阏氏满口答应道：“你且回去报知汉帝，我会设法，请他放心好了。”汉使走后，阏氏心想，汉帝若不脱险，必定要将美人送来。事不宜迟，只得急速进言，以解自身之危。于是，阏氏只用了一夜的枕上功夫，便把单于说服，果然于汉军被困的第七天，撤开包围，放汉军人马南归。

诸葛亮娶佳妻

诸葛亮，字孔明，在“空城计”中，他端坐城楼之上，抚琴曲，吓退了魏国十几万大军。而孔明在二十六岁时，依旧孑然一身。

二十六岁在当时可谓大龄了。为此，兄嫂想为父母双亡的弟弟找个好媳妇。可七次相亲，孔明都说不满意。为此嫂子对他大发怨气。孔明设法安慰她说：“我可是怕别人和我同床异梦。”嫂子反问：“婚配之事由老天安排，你可别像买驴买马那样挑挑拣拣。”孔明知道，兄嫂这样说是想让他成家立业，传宗接代。没办法，他只好搪塞嫂子道：“请嫂嫂再为我找一找吧！……但嫂嫂不该只把容貌看作是最重要的。”嫂子说：“有句古话叫‘郎才女貌’。你是个聪明绝顶的人，娶个漂亮的媳妇是理所当然，莫非你想讨个丑媳妇不成？”

诸葛亮说道：“你说到丑，我倒想起一个人。”

嫂嫂想知道他究竟在想谁。诸葛亮回答说：“我的恩师黄承彦有个女儿，名叫黄正英，我听说她学识渊博，而且性情高雅……”嫂子打断他道：“黄正英？她外号叫阿丑啊！小时候她就长得很丑，皮肤黑如炭渣。”诸葛亮略带微笑地听完嫂子的话，然后自语道：“女大十八变，或许……”诸葛亮接着又说：“我读过她写的诗。说真的，她也许正合我意呢。嫂嫂，希望你去看一看她。”

事实上，黄正英的确长得一点也不美，但她人很聪明，也很勤奋。每天除了女红之外，就是博览群书。虽年已二十四，却还没有人来提亲。为此也着实让她父亲忧心忡忡。而这一切做女儿的并没有察觉。

这一天，诸葛亮的嫂子突然来到黄家。她装得极为诚恳，说要看花园里开得特别漂亮的花。于是黄老伯带她来到后园。恰好这时阿丑和一个容貌俏丽的贴身婢女也在花园里。嫂子远远地看到了她们，以为那个漂亮的婢女就是阿丑，于是她就把自己来这儿的真正目的坦白地告诉了黄老伯。阿丑在树丛中偷听了他们的谈话，便大声说道：“你的小叔子若真的想娶我为妻，他可以亲自来。”

嫂嫂回去就催诸葛亮与她一起从隆中起身。路上，遇上孔明的一个朋友孟公威，他得知情况后，马上说道：“这个女孩丑得没法再丑了。”并劝诸葛亮应该去找一个漂亮的姑娘。“那么黄正英的学问怎样呢?”诸葛亮问道。对姑娘的刺绣、绘画以及高雅的性情,这位朋友却是赞不绝口。

刚到黄家,便听大宅深处传来主人之女(人称阿丑)抚琴之声。“弹得太美了!”诸葛亮脱口叫了出来。诸葛亮提出想见阿丑,于是有人去唤她,但她却很长时间不出来,只让婢女把一首诗转给诸葛亮。

诸葛亮接到这首诗,读道:“隔帘见郎君,知面不知心。相约月志家,四宝是媒人。”诸葛亮马上就明白这是让他到书房去。在那里,婢女和阿丑正等着他,丑女问道:“你是一个才能出众的人,为什么到了这个年龄还没有成家立业?”诸葛亮很有礼貌地答道:“在这个不太平的年代里,建立家业是很困难的。我总是为国家的命运担忧,也就很难顾得上考虑成家立业了。”

丑女说:“从你的话中,我感觉得出你有远大的抱负。”这句话令诸葛亮大为惊讶。他暗想:能独自做出这样聪明的推测,那黄家的女儿十有八九是她。他开诚布公地告诉她们说:“刘备想请我出山为他效力,为的是帮他扶助危亡的汉室。”

丑女答道:“你的才能非同一般,你的名声也不小,复兴汉室乃为人心所向。刘备懂得识用贤能之士,他已二顾茅庐了,我想,他还会来第三次。”

这一分析正与诸葛亮不谋而合。丑女接着说:“你已具备了拯救国家和黎民百姓的雄才大略,你应该学西周的姜太公,闪光的珍珠绝不应长期埋没在灰暗的尘土之中。”

诸葛亮听了这一席话,对丑女油然生起敬慕之情。于是他下决心出山返尘,并想立即娶丑女为妻。

回到隆中后,当嫂子知道那个丑女子才是黄正英时,便逼着诸葛亮改主意,并对他发出最后通牒:“你如果不解除这门亲事,我们就再也不算叔嫂了,从此我不再过问你的事!”

诸葛亮不想改变自己的婚约,可又不忍心让嫂子生气。这时,他忽然心生一计,立即提笔写下一份文书,交给正在他家做客的孟公威,请他送与黄正英。孟接过来,只见上面写了这样一首诗:

笑你容貌不配我,
他日另酬鸾凤志;
多谅小生处世难,
口应婚约可改移。

嫂子看了，如释重负地笑了。

过了很长时间，一天，诸葛亮告诉嫂子，他三天后就结婚。

婚礼这天，一乘花轿载着新娘来了。当新娘头上的红纱被慢慢掀起时，他们才发现原来新娘就是黄正英！嫂子疑惑地问道："不是已把退婚书送去了吗？"

诸葛亮答道："还记得我退婚书上写的那首诗吗？"在场的孟公威这时才醒悟道："这是一首藏尾诗，藏着这样一句话：'我志难移'。"诸葛亮和妻子真诚的感情终于打动了嫂子。

王羲之惩恶绅

王羲之四十来岁的时候曾任过临沂太守，后来他虽辞官归里，但他巧判的一个案子却在当地广为流传。

有一个后生叫唐兴，家住城东唐家湖，从小丧母，全靠父亲把他拉扯大。五年前，老爹爹进山采石，不小心摔死在山涧里，唐兴想选择一块好地安葬父亲，以报养育之恩。无奈自家穷得无立锥之地，小唐兴为此哭得死去活来。有好心的乡亲对他说："财主牛鲁家的祖坟前有一块空地，现在还荒着，你不妨找牛大财主去说说，他今天正逢老母八十大寿，若看你可怜，念你一片孝心，也许会施舍于你。"

唐兴没有别的办法，只好去求牛鲁。牛鲁装模作样地说："俺家向来以行善为本，今儿个老母八十大寿，乡邻有了难处，俺岂能坐视不问。好吧，看在众乡亲的面子上，俺就舍一块空地给你葬父，不过，你要送一壶好酒来给俺娘祝寿。"

乡亲们听了，都夸牛大财主心好，忙叫唐兴叩谢过牛鲁，然后先帮唐兴安葬了父亲，又凑钱买了一壶好酒，让唐兴送到牛鲁的府上。

这件事本来就算了，谁想到五年之后，却又起了风波。这五年间，小唐兴是泼出命去的苦干，攒了一笔钱，置了几亩山地，盖了三间草房，又娶了媳妇，小日子过得挺红火。牛鲁一见有油水可榨，便开始动了心思。怎么样才能把他的田产夺过来呢？

牛鲁忽然想起五年前施舍坟地的事，对，就在五年前那档子事上做文章。

这一天，牛鲁领着一帮狗腿子进了唐兴的家，牛鲁拱拱手说："恭喜唐兄弟发福发财，这几年你的日子好过了，俺家里可是赔光了本钱。没法子，你原先借的一笔小账，咱今天就清了吧！"

唐兴听了不解地问:“牛老爷,俺啥时欠过你的债啊?”牛鲁冷笑着说:“真是贵人多忘事,俺来问你,五年前,你爹葬在何处?”

唐兴仍然不解地说:“俺爹是葬在你家的荒地里,可当时讲好你舍给俺那块地,俺送一壶好酒给你老母祝寿就算结了。那壶酒俺当天就送到你府上了”。牛鲁陡然沉下脸色说:“说得轻巧！我说的是一‘湖’美酒,你却只送了一壶酒,且不说闻名天下的太湖、洞庭湖,就是咱们村前的唐家湖,你算算能盛多少壶酒?”

唐兴听了差一点气炸肚皮,跺着脚说:“你这是仗势欺人,这样的冤枉债就是不还。”

“给我抢,不给他点厉害,他就不知道马王爷是几只眼。”牛鲁咆哮着喊。

狗腿子们一拥而上,拳打脚踢,横抢竖夺。最后,把房里的东西抢得精光,然后扬长而去。

小伙子告到县里,县里没等他诉完冤情就轰出了大堂;告到州里,州官说他诬赖好人,打了他四十大板;小伙子听说新任太守为官清正,便告到王羲之这儿来了。

土羲之看完诉状后,气得剑眉倒竖。想到牛鲁乃地方一霸,为人刁滑,且又强词夺理。应须巧判才能收到惩霸之效。王羲之听说牛鲁家养了一大群鹅,顿时计上心来。

第二天,王羲之来到牛鲁家,牛鲁见太守来府,受宠若惊。王羲之说:“下官生性爱鹅,听说员外喂养了好多鹅,于是想用下官亲笔手书的《乐毅书》来换员外的一活鹅,不知员外意下如何?”

牛鲁知道王羲之一字能值千金,万没想到他用一幅字来换他的一只鹅,真是飞来的福气。乐得他心花怒放,一夜没睡好觉。

第二天一大早,他就挑了一只上好的大白鹅,用笼子装上,拎到了太守府。

王羲之见鹅,拍手笑着说:“真是千里挑一的好鹅,不知其他鹅也像这一只这么好看嘛?”

牛鲁媚笑着说："小人家的鹅都是这样，大人吩咐要一只活鹅所以小人今天只带来这一只，大人如果喜欢，小人改日再送几只。"

王羲之闻言，把脸一翻，拍着惊堂木说："胡说，本官要的是'一河鹅'，谁要'一活鹅'来？难道本官亲笔书写的一部《乐毅书》，只值一只鹅钱吗？大胆牛鲁，诈骗本官，该当何罪？"

牛鲁听了，连忙跪倒在地，不服地强辩说："请问大人，天下买鹅卖鹅只论个、十、百、千，哪有论沟论河的道理呢？小民实在冤枉。"

王羲之听了，抚掌大笑，将唐兴唤上大堂，厉声喝问道："鹅不论河应论只，那么多酒又岂能论湖呢？"

牛鲁这才知道自己不知不觉间上了王太守的圈套了。无奈自知理屈，只得苦苦哀求，请太守老爷宽恕。

王羲之提笔判道："牛鲁抢占唐兴家产应如数偿还，另外罚银五百两，以抵偿唐兴惊吓奔波之苦。本官'清正'为本，焉要劣绅的白鹅，着令牛鲁将本官《乐毅书》奉还，堂上白鹅退回，若有半点差错，罪上加罪。"

此判一宣，当地的百姓传为佳话，无不赞许王羲之理案之巧妙。其实，王羲之在这里也暗地做了一个局，只因牛鲁的强横无理，所以太老爷的局便也顺理成章了。

梁毗哭金

梁毗为人刚正，不畏强权，因此在朝中得罪了一批权贵，被贬为西宁州刺史。当时西宁少数民族的酋长，都以金子多少作为富有的象征。互相抢夺，夺来夺去。如此你攻我，我攻你，一年到头也不得安宁。梁毗曾张贴文告禁止这种争夺，对一些抢劫者严加惩罚，但均不起作用，他深以为忧。

梁毗作为一州的刺史，各位酋长为了讨好他，一个接一个地给他送金子。他于是心生一计，请各位酋长赴宴。喝酒之间，叫人把给他的金子端出来，放在旁边，不料他忽然对着金子大哭起来。各位酋长莫名其妙，诚惶诚恐，不知如何是好。有一位胆子大的问道："莫非嫌我们送得太少了？"

梁毗使劲摇头，边哭边说："此物饿了不能吃，冷了不能穿，你们却为了争夺它，互相攻打，互相残杀。现在你们把它送给我，有意让我'肥'起来，是不是想杀我呢？"

酋长们纷纷表示,绝非这个意思,完全是一片好意。梁毗又问:"那你们之间为什么为它争来夺去呢?"酋长们再次你看我,我看你,谁也回答不出,个个脸上都有羞愧之色。此时,梁毗站起来,亲自把各人赠送的金子送到各人的面前,说:"这个我不要,你们还是各自带回去吧!"各位酋长像做错了事的孩子,都低下了头。

从此,他们再不为金子互相攻杀。隋文帝听到后很高兴,便提拔梁毗当了大理卿。

大家好才是真的好

关于斗鸡博弈,我们先来做一个关于斗鸡的分析:

某一天,在斗鸡场上有两只好战的公鸡发生遭遇战。这时,每只公鸡都有两个行动选择:一是退下来,二是进攻。如果一方退下来,而对方没有退下来,则对方获得胜利,如果对方也退下来,双方则打个平手;如果自己没退下来,而对方退下来,自己胜利,对方失败;如果两只公鸡都前进,则两败俱伤。因此,对每只公鸡来说,最好的结果是,对方退下来,而自己不退,但是此时就会面临着两败俱伤的可能。

假设两只公鸡均选择"前进",结果是两败俱伤,两者的收益是—2 个单位,也就是损失为 2 个单位;如果一方"前进",另外一方"后退",前进的公鸡获得 1 个单位的收益,赢得了面子,而后退的公鸡获得—1 的收益或损失 1 个单位,输掉了面子,但没有两者均"前进"受到的损失大;两者均"后退",两者均输掉了面子,获得—1 的收益或 1 个单位的损失。当然这些数字只是相对的值。

这就是斗鸡博弈。大家对这一博弈的印象几乎都是有一方或双方受到一定的损害,那么有没有一种方法能够让两只斗鸡在都不受损害的基础上和平共处呢?

其实有一种方法可以实现,那就是双方的协调。两只斗鸡可以相互协调双方的行走路线,从而避开狭路相逢的博弈困境。

举个常见的例子:两驾马车迎面驶来,往往由于驾车的人不知道对方会不会躲、往哪边躲,自己也不知该如何反应,才会撞到一起。马车相撞一般不会造成什么大麻烦,可是如果换成摩托车、汽车,就可能出现伤亡。所以,如果大家事前协调,每个人前进时都靠右行驶,这样就在人群间形成了一个均衡,斗鸡博弈的困境就会自然破解了。

当然,靠右行驶也只是众多均衡中的一个,是我们国家规定的规则,有些西方国家是规定靠左行驶。所以不论是"车马行人靠右走"还是"车马行人靠左走",都是一种协调博弈的均衡。均衡的概念没有告诉我们哪一个更好或者哪一个应该更好，假如一个博弈具有多个均衡，所有参与者就应选择哪一个达成共识，否则就会导致困惑。

海上航行也要面临同样的问题，尽管大海辽阔，但是航线却是比较固定的，因此船只交会的机会很多，这些船只属于不同的国家，如何解决谁进谁退的问题呢？先来看一个小笑话：

一艘军舰在夜航中，舰长发现前方航线上出现了灯光。

舰长马上呼叫："对面船只，右转30度。"

对方回答："请对面船只左转30度。"

"我是美国海军上校，右转30度。"

"我是加拿大海军二等兵，请左转30度。"

舰长生气了："听着，我是'莱克星顿'号战列舰舰长，右转30度！"

"我是灯塔管理员，请左转30度。"

就算你的官衔再高、舰船再大，灯塔也不会给你让路。那么，如果是两条船相遇，又如何决定呢？谁先让不能等待临时谈判，也不是由官衔高的说了算。海上避让也有像许多国家规定"车辆在马路上靠右走"那样不容谈判的规矩。人们规定，迎面交会的船舶，各向右偏一点儿，问题就解决了。十字交叉交会的船舶，则规定看见对方左舷的那艘船要让，慢下来或者偏右一点儿都可以。这就从制度上规定了避让的方式。

再比如语言问题，世界上语言种类繁多，学习不同语言的人相互见了面，如果双方都不妥协，固执地讲自己的语言，或者他本身不会对方的语言，这样一来，一场斗鸡博弈也就在所难免。英语、汉语、德语、日语这么多语言学哪一种呢？这么多国家的语言怎么学呢？这就需要协调博弈，由于英语在全球范围内使用最广泛，因此国际上普遍认为这种语言是大家都要学的。说英语的国家占有很大的优势，因为他们的母语是世界上的主流语言。而非英语国家的人如果学习了这门语言，则可以阅读世界上绝大部分的资料，从而从中受益。

在这场大规模的协调中，世界上的受教育的公民决定学英语，并以此当作第一或第二语言，这就和所有的协调策略一样，一旦大家决定好了策略，继续玩下去就会对每个人都有利。英语就和普通话一样，由于被广泛采用，讲不同语言的人之间的斗鸡博弈困境才会避免。

竞争的最高境界不是你死我活，而是你好我也好，大家能通过一定的方法达到"双赢”的结果,何乐而不为?

狮子和老虎结亲,必要时要与狼共舞

在生物漫长的进化历程中,人类也与其他生物一样,接受着自然的选择。从远古人的合作狩猎,到现代人的共同灾后重建,无一不体现着合作的强大力量。

要知道,我们每个人的能力都是非常有限的,尤其在这个充满竞争的时代,独立生存往往会很艰难。因此,最能有效地运用合作法则的人生存得最久,这也是猎鹿博弈所要告诉我们的道理。

西方有句古谚说:“狮子和老虎结了亲,满山的猴子都精神。”意思是说:与强者建立互利的伙伴关系会产生焕然一新的新景象。这句话在博弈中同样成立,但在博弈论中,强强联合更多的是出于策略的思考,即通过大家的共同推动,实现“共赢”的结局。

金龙鱼是嘉里粮油旗下的著名食用油品牌,最先将小包装食用油引入中国市场。多年来,金龙鱼一直致力于改善国人的食用油健康条件,并进一步研发了更健康、更营养的二代调和油和色拉油。

苏泊尔是一家以炊具制造为主、多元发展的企业集团。多年来,苏泊尔在不断加大科技投入的同时,加大了资本运作的力度,先后在玉环、杭州、武汉和东莞等地建有四个生产基地。

苏泊尔是中国炊具第一品牌,金龙鱼是中国食用油第一品牌,两者都倡导新的健康烹调观念。如果两者结合在一起,岂不是能将“健康”做得更大?

就这样,两家企业策划了苏泊尔和金龙鱼两个行业领导品牌“好油好锅,引领健康食尚”的联合推广,在全国800家卖场掀起了一场红色风暴……

“好油好锅,引领健康食尚”活动在全国36个城市同步举行。活动期间(2003年12月25日~2004年1月25日),顾客凡是购买一瓶金龙鱼二代调和油或色拉油,即可领取红运双联刮卡一张,刮开即有机会赢得新年大奖,包括丰富多样的苏泊尔高档套锅(价值600元)、小巧动人的苏泊尔14厘米奶锅、一见倾心的苏泊尔“一口煎”。同时,凭红运双联刮卡购买108元以下苏泊尔炊具,可折抵现金5元;购买108元以上的苏泊尔炊具,还可获赠900毫升金龙鱼第二代调和油一瓶。另外,苏泊尔和金龙鱼还联合开发了“新健康食谱”,编纂成册送给大家,并举办健康烹调讲座,告诉大家怎样选择健康的油和锅。

活动正值春节前后，人们买油、买锅的欲望高涨。此次活动，不仅了给消费者更多让利，使他们购物更开心，更重要的是，教给了消费者健康知识，帮助消费者明确选择标准。通过优质的产品和健康的理念，提升了国人的健康生活素质。所以，这一活动一经推出，立刻获得了广大消费者的欢迎，不仅苏泊尔锅、金龙鱼油的销售大幅上涨，而且其健康品牌的形象也深入人心。

可以看出，这次合作使苏泊尔、金龙鱼在成本降低的同时，品牌和市场都得到了进一步的提升：金龙鱼扩大了自己的市场份额，品牌美誉度得到进一步加强；苏泊尔进一步强化了中国厨具第一品牌的市场地位。这正是强强联合带来的双赢局面。

不仅在经营领域，在生活的各个方面，与狼共舞式的强强联合，都要远远胜于在羊群里独领风骚。如果你想在生活事业上取得成功，实现于人于己都有利的“共赢”结局，就必须学会与狼共舞。

当然，与狼共舞并不是一件容易的事，你需要找准与他们的利益交会点，若无利可图，谁也不会和你合作。合作的本质就是在公平的基础上达到互惠互利。

与强者博弈，识时务者为俊杰

狐狸碰到狼，被狼打了一巴掌，狐狸问：为什么打我？狼说：叫你不戴帽子！

第二天，狐狸戴着帽子在街上又碰到了狼，又被狼打了一巴掌，狐狸问：怎么又打我？狼说：叫你戴帽子！

第三天，狐狸找到森林大王老虎投诉，老虎答应帮忙解决。

第四天，狐狸经过老虎家的门口，听见狼在屋里被老虎训话：你也太笨了，狐狸都来投诉了，你这不是叫我为难吗？话也不会说，你要是想打狐狸，就应该吩咐狐狸去给你拿洗衣服的东西，如果狐狸拿的是肥皂，你就打它，说你要的是洗衣粉；如果狐狸拿的是洗衣粉，你也打它，说你要的是肥皂。

第五天，狐狸又碰到了狼，狼说：狐狸，你去给我拿洗衣服的东西。狐狸问：你是要洗衣粉还是肥皂？狼心想：这狐狸真聪明！难不住它。

然后狼又给了狐狸一巴掌，狐狸问：你为什么打我？狼说：叫你不戴帽子！

在狼面前狐狸是弱小的，狼是规则的制定者，它想打狐狸，可以找任何理由。

制定规则永远是强者的专利，在博弈中哪一方处于强势地位，制定的博弈规则必然对其有利，例如WTO条款的制定是对欧美发达国家有利的，因为欧美发达国家是WTO规则制定中强势的一方。法律是一个国家的规则，一国的法律也是体现统治阶级意志的。在最古老的法律——《古罗马法》中，规定了奴隶是奴隶主的私人产品，不允许奴隶背叛，奴隶也是可以买卖的。这就体现了奴隶主阶级的意志。实力决定地位，决定利益，如果你想让游戏规则按自己的意志制定，那就要不断增强自己的实力。

但在现实生活中，我们有些时候会处在弱势地位，那该怎么办呢？从博弈的角度，答案只有一个，即暂时隐忍、退避，万万不可贸然与强者正面交锋。对于弱者来说，不是没有获胜的机会，而是在力量还不够强大时，需要用智取的方式获胜。

清朝的康熙皇帝智除鳌拜就是一个靠智慧以弱胜强的经典例子。

康熙亲政后，决定收回大权，并准备取消辅政大臣的辅政权力。这一措施使鳌拜受到了极大的威胁，鳌拜与康熙帝早已存在的矛盾就更加激化了。

但鳌拜在朝廷中势力很大，康熙不敢妄动，一旦逼反鳌拜，很可能使自己皇权不保，所以康熙深知不能与鳌拜正面交锋，必须智取。平时的朝中大事皆由鳌拜说了算，他经常当着康熙的面呵斥大臣，而且稍不如意，就在康熙面前大吵大闹。康熙帝表面上对其百般忍让，暗地里却在冥思苦想对付鳌拜的办法。他暗中训练了一批武功高强的少年卫士，准备找合适的时机将鳌拜及其附属势力彻底铲除。

康熙八年（1669年）五月十六日，鳌拜因事入奏，康熙借此良机，利用自己训练的一批少年卫士将他捉住，送入大狱。接着命康亲王杰书等进行审问，列出主要罪行三十款，朝廷大臣决议应将鳌拜革职、立斩；其亲子兄弟亦应斩首；妻并孙为奴，家产籍没；其族人有官职及在护军者，均应革退，各鞭一百。康熙考虑到鳌拜是顾命辅臣，且有战功又效力多年，不忍加诛，最后定为革职籍没，与其子纳穆福俱予终身禁锢。后来鳌拜死在狱中，纳穆福获得释放。鳌拜死党穆里玛、塞本特、纳莫、班布尔善、阿思哈、噶褚哈、泰必图、济世等主要罪犯,一律处以死刑。曾经猖獗一时的鳌拜集团就这样被彻底铲除了。

所以,面对强者,要避开其锋芒行事,这既可保全自己,又可以给除掉对手创造机会。在与强者博弈中一定要懂得"识时务者为俊杰"的道理,绝对不能干螳臂挡车的蠢事。如果没有实力除掉对手,就要继续隐藏下去,修炼内功,等待时机。

最强的实力,最低的存活率

了解博弈论的人都知道,借助于这种理论,现实生活中的许多看起来匪夷所思的事实都能得到合理的解释,比如竞争对手经常比邻而居,聪明人往往受到现实的愚弄,等等。除此之外,博弈论中有一个经典的模型"枪手博弈",也是现实中某种出人意料结局的高度抽象。

甲、乙、丙三个枪手彼此仇视,互不相容。有一天,他们在街上不期而遇。一瞬间,氛围紧张到了极点。在这三个人中,甲的枪法最好,十发八中;乙枪法次之,十发六中;丙枪法最差,十发四中。

这时,如果三人同时开枪,并且每人只发一枪;第一轮枪战后,谁活下来的机会大一些?

很多人认为甲的枪法好,活下来的可能性大一些。但结果并非如此,存活几率最大的是枪法倒数第一名丙。

只要分析一下各个枪手的策略,就能明白其中的原因了。

枪手甲的最佳策略是先对枪手乙开枪。因为乙对甲的威胁要比丙对甲的威胁更大,甲应该首先干掉乙。

同理,枪手乙的最佳策略是第一枪瞄准甲。乙一旦将甲干掉,乙和丙进行对决,乙胜算的概率自然大很多。

枪手丙的最佳策略也是先对甲开枪。乙的枪法毕竟比甲差一些,丙待甲被干掉再与乙进行对决,丙的存活概率还是要高一些。

那么三个枪手在上述情况下的存活几率分别为:

甲:24%(被乙丙合射 40%×60%=24%)。

乙:20%(被甲射 100%-80%=20%)。

丙:100%(无人射丙)。

通过概率分析,我们发现枪法最差的丙存活的几率最大,枪法好于丙的甲和乙的存活几率远低于丙的存活几率。

如果改变游戏规则,假定甲乙丙不是同时开枪,而是他们轮流开一枪。

先假定开枪的顺序是甲、乙、丙,甲一枪将乙干掉后(80%的几率),就轮到丙开枪,丙有40%的几率一枪将甲干掉。即使乙躲过甲的第一枪,轮到乙开枪,乙还是会瞄准枪法最好的甲开枪,即使乙这一枪干掉了甲,下一轮仍然是轮到丙开枪。无论是甲或者乙先开枪,乙都有在下一轮先开枪的优势。

如果是丙先开枪,情况又如何呢?

丙可以向甲先开枪,即使丙打不中甲,甲的最佳策略仍然是向乙开枪。但是,如果丙打中了甲,下一轮可就是乙开枪打丙了。因此,丙的最佳策略是胡乱开一枪,只要丙不打中甲或者乙,在下一轮射击中他就处于有利的形势。

从这个模型中,我们发现,三个枪手中实力最弱的丙的存活率反而最高,通过以上分析,这个结果就顺理成章地出现了。

枪手博弈告诉我们:在多人博弈中常常由于复杂关系的存在,最终的胜利者,不一定是实力最强者,一位参与者最后能否胜出,不仅仅取决于自己的实力,更取决于实力对比关系以及各方的策略。

在认识到这种规律之后,我们不论是强者还是弱者,当遭遇枪手博弈时,如何采取恰当的策略才是取胜的关键。

与弱势对手结盟,合力击垮最强对手

枪手博弈中,你可能已经发现:在这场生死决斗中,枪手乙和枪手丙似乎达成了某种默契,在甲被杀死以前,他们相互间不是敌人,也即在丙和乙之间达成了一个攻守同盟。

这不难理解,毕竟人总要优先考虑对付最大的威胁,同时这个威胁还为他们找到了共同的利益,联手打倒这个人,他们的生存机会都会上升。

其实,这一策略历史上很早就有人用过。

据《史记》记载,秦始皇称帝后第五次巡视全国各地,随行的有丞相李斯和中车府令赵高。秦始皇有二十多个儿子,但只有十八子胡亥被允许同行,因为他深受秦始皇喜爱。

这次巡视东至会稽，渡江至琅玡，再取道西返。七月，车驾至平源津，秦始皇病重。由于他忌讳说死，群臣谁也不敢谈论死的事。至沙丘平台，他病情更加严重。他自知不能治愈，于是命令赵高拟定诏书给长子扶苏，要扶苏把军务托付给蒙恬，速回咸阳办理丧事。诏书写毕，还来不及封口交给使者，秦始皇就去世了。

赵高拿了秦始皇的玉玺和遗诏，心中感到十分沉重。当时知道遗诏内容的只有李斯、胡亥和他三个人，其他的大臣一概不知。因为秦始皇死在出行的路上，立太子的事未定，丞相李斯恐天下发生动乱，就命令秘不发丧。每到一地，按例进膳，朝廷百官照样还要报告政务，亲信宦官就在车中假托皇帝命令批复百官的奏本。

赵高曾经是胡亥的老师，教给胡亥"书及狱律令法事"，两人关系密切。赵高原是赵国国君的远亲，自幼受宫刑，长大后进宫当宦官。他曾经犯下大罪，秦始皇命蒙毅去审理，秉公执法的蒙毅判赵高死罪。秦始皇因赵高办事比较干练，又精通刑狱法令，所以就赦免了他。这时的赵高担心如果按秦始皇所云让公子扶苏即位，与扶苏关系密切的蒙恬、蒙毅兄弟就会得到宠信，这将对他不利。这个时候，扶苏成了赵高的最大敌人。为此，赵高策划了一场夺嗣的争斗，决定把胡亥推上皇位。

赵高扣下皇帝的信件，游说胡亥道："皇上驾崩，没有遗诏封诸皇子为王而只赐信给长子扶苏。扶苏一到咸阳，就将即帝位。公子你却无尺寸之地可以立足，你想过该怎么办吗？"胡亥说："贤明的君主了解大臣，贤明的父亲了解儿子。我还有什么好说的？"赵高面露一丝奸笑说："现在皇位的归属取决于你、我和李斯三人，希望公子要抓住机会。'臣人与见臣于人，制人与见制于人'，怎可同日而语呢？"胡亥对赵高的奸计心存恐惧，但皇位对他的诱惑实在太大了，也就不管那么多了，最后只是有点担心："现今父皇的遗体还在路上没有发丧，此事怎么对丞相说呢？"

赵高虽然也把李斯当做一大对手，但是在眼前的情势下，他知道没有丞相李斯的支持，他的阴谋是无法得逞的，遂去劝说李斯。李斯起初还以忠于君事自命，但赵高晓之以利说："无论才能、功劳、谋略、声望以及和扶苏的私人情谊，你李斯哪一点比蒙恬强？公子扶苏即位，必定宠信蒙氏，以蒙恬为丞相。这样，你的荣华富贵不仅没有了，而且你的子孙也将会受到伤害。只有公子胡亥，人非常仁慈宽厚，轻钱财，重人才，在始皇的所有公子中没有谁比得上他。我认为继承皇位的应该是他，所以我特地来和你商议，把谁即皇位定下来。"出于对共同利益的考虑，李斯终于被赵高说服，同意照赵高的意思办。

三人狼狈为奸，对外宣称李斯接到始皇的诏书，立胡亥为太子。而原先处于强势地位的扶苏最终在赵高和李斯的攻守同盟中落败。

这种与竞争对方合作从而在多人博弈中取胜的策略，在职场、谈判场、商场及人际圈中均适用。

例如，可口可乐和百事可乐，在一般消费者看来，他们是饮料市场上两个水火不相容的对手，两家的市场竞争也可谓你死我活，似乎每家都希望对方忽然发生重大变故，而把市场份额拱手相让。但是多年来，这种局面让每一家都赚了个盆满钵满，而且从来没有因为竞争而使第三者异军突起。

其实我们认真分析一下就会发现，这两位饮料市场的龙头老大，实际上在进行着一种类似于枪手丙和乙之间的攻守同盟。他们真正的目标是消费者，以及那些虎视眈眈的后起之秀。只要有企业想进入碳酸饮料市场，他们就必须展开一场心照不宣的攻势，让挑战者知难而退，或者一败涂地。

坐山观虎斗，看着热闹捡便宜

在“枪手博弈”中，枪手丙的优势策略就是暂时按兵不动，因为另外两位枪手的第一枪都不会对准他，丙要做的就是“坐山观虎斗”，静待局势的发展变化，再进一步采取行动。

《史记·张仪列传》中有这样的话：“两虎方且食牛，食甘必争，斗则大者伤、小者死；从伤而刺之，一举必有双虎之名。”这是“坐山观虎斗”的出处，它的意思是在进攻之时，不妨对敌我之间的各种利害关系进行灵活把握，这样才能用最省力的方法成为主动的一方，这正是枪手博弈中枪手丙最佳策略的写照。

东汉末期，袁绍在仓亭被曹操打败之后，心情抑郁，不久便得病身亡。临死前，袁绍立幼子袁尚为继承人，任命其为大司马将军。曹操这时斗志正旺，亲率大军前来讨伐袁氏兄弟，企图一举平定河北。曹军以破竹之势攻占了黎阳，很快便兵临冀州城下。袁尚、袁潭、袁熙、高干等带领四路人马合力死守，曹操一连几天都攻打不下。

曹操的谋士郭嘉献计说：“袁绍废长子立幼子，兄弟之间必然会为争夺权力相互争斗，各自树立自己的势力帮派，他们之间情况危急时刻还可相救，一旦危机解除就会彼此相互争斗。不如先举兵南下去攻打荆州，征讨刘表，等袁氏兄弟相互争斗发生变故之后，再来攻打他们，就能一举而定。”曹操认为郭嘉言之有理，便留下贾诩镇守黎阳，曹洪镇守官渡，自己则率军征讨刘表去了。果然，曹操大军一撤走，长子袁潭便同袁尚为争夺继承权大动干戈，互相残杀起来。袁潭打不过袁尚，派人向曹操求救。曹操乘机再次出兵北进，杀死袁潭，袁熙、袁尚逃往辽东投奔公孙康，曹军很快占领了河北。

平定河北之后，夏侯淳等人劝曹操说："辽东太守公孙康一直没有臣服我们。现在袁熙、袁尚又去投奔他，必定成为我们的后患。不如趁他们还没有防备之际就去讨伐，这样就能取得辽东了。"曹操却笑着说："不烦你们再次出兵了。几天之后，公孙康会把二袁的首级亲自送来。"诸将都不相信。没过几天，公孙康果然派人将袁熙和袁尚的首级送来了。众将大惊，都佩服曹操料事如神。曹操大笑说："果然不出奉孝所料！"说着，拿出郭嘉临死前留给他的一封信。郭嘉在信中写道："如果听说袁熙、袁尚去投靠辽东，主公千万不要加兵。公孙康一直担心袁氏被吞并之后，二袁去投奔他。倘若率兵去攻打他，他们肯定并力迎敌，欲速则不达；倘若慢慢地谋取，公孙康、袁氏兄弟必然会互相图谋对方。"

原来，袁绍在世之日就一直有吞并辽东之心，公孙康对袁氏家族恨之入骨。这次袁氏二兄弟去投奔，公孙康就存心想除掉他们，但又担心曹操引军攻打辽东，想利用二人助己一臂之力。所以，袁熙、袁尚二人来到辽东，公孙康并没有马上相见，而是派人迅速前去探听曹军的动静。当探子回报曹操并无攻打辽东之意时，公孙康立即将袁熙、袁尚斩首，使曹操兵不血刃便达到了目的。

曹操使用"隔岸观火"之计，"坐山观虎斗"，以微小的代价换取了胜利。

当敌方矛盾突出、相互倾轧的气氛越来越显露时，不可急于去"趁火打劫"。操之过急常常会促其形成暂时的联合，从而增强敌方的还击能力。故意让开一步，坐等敌方内部对抗矛盾发展以致出现互相残杀的动乱，就能达到削弱敌人、壮大自己的目的。

用"相对速度"求生存

两个人一起去山里面游玩，结果遇到了一只熊，他们都十分害怕。其中的一个人弯腰下去把鞋带系好，做好逃跑的准备，另一个人对他说："你这样是没有用的，你不可能跑得比熊快。"那个准备跑的人回答说："我不需要跑得比熊快，我只要跑得比你快就行了。"

这个故事告诉我们：当面临别无选择的境地的时候，我们只有力争比对手跑得快，才能让自己获得"囚徒困境"下可能最好的处境。

在这个"朋友和熊"的故事里面,那个准备逃跑的人面临的选择有以下几个:选择A——不逃跑,被熊吃掉;选择B——逃跑,被熊吃掉;选择C——逃跑,得以生还。在这些选择里面,如果选择逃跑,会有生还的机会,而他的朋友也有同样的几个选择。对于选择逃跑的人来说,只要他选择了逃跑,就会有生还的机会,而他的朋友选择不逃跑,生还的机会自然属于他;朋友选择逃跑,就需要一个附加的条件——他跑得比自己的朋友快,这样才会生还。所以,在这一博弈过程中,他只有用"相对速度"才能够求得生存。

在这里,我们姑且不要去谈论道义上的问题。在残酷的生存竞争中,知道谁是你真正的竞争对手非常关键。有时候你干得不一定比"敌人"好,但至少要比同事强。今天与昨天相比,我们很容易满足,因为我们可以看到自己的进步,这是必要的。但我们还要同别人比,看看自己的相对速度。

很多时候,我们心里会想:我已经努力改进了,也取得了不小的进步,可以放松一下了。自己与自己的过去比,是完全应该和必要的,我们应该看到自己的进步,坚定自己前行的信心,但是请别忘了,还要抬头看看四周:他们干得怎么样,是否跑得比我快,有没有值得我学习的地方?

我们知道,故事中系鞋带的人的绝对速度并不重要,相对速度却很关键,他只要跑得比朋友快,就不会葬身熊腹。在这个世界上,我们要想确定自己的位置,必须采用参照物,人都是在比较中生存的。换句话说,就如同我们一群人后边追着一群狼,只要你跑不过别人,倒霉的就是你,尽管你已然跑出了自己最好的成绩,也只能在狼嘴中喃喃自语:我死而无憾了。生存、发展的机会可能只有有限的名额,往往会有一大群人去拼抢,你只是尽力跟自己比是不够的。

竞争中,要生存,要优秀,就要比对手跑得快!

利益本是无情物,化作利剑不认亲

囚徒困境之所以会出现,是因为在这种博弈模型中,每个局中人都以利益为第一参考因素。趋利是人的本性,有时甚至为了自己的私利而不惜一切代价,其行为往往令人震惊。

武则天虽然是唐太宗李世民的才人,却因其美貌可人深得太子李治的欢心。在唐太宗临死之际,她不得不到感业寺做了尼姑。唐太宗死后三年,王皇后与萧淑妃争风吃醋,皇后想借武则天的魅力扳倒萧淑妃，所以便劝唐高宗李治把武则天再度接回宫里。

王皇后接武则天回宫也是为了自己的私利，她与萧淑妃的博弈中，谁也不肯与对方合作，以至于到了必须要把一方扳倒的局面，而此时的武则天成了王皇后博弈的一颗棋子。武则天既然参加到游戏之中，以她的个性，绝不甘居于人下。于是开始代替萧淑妃成了这场宫廷博弈的局中人之一。

武则天聪明伶俐，对王皇后谦卑有礼，对唐高宗百般逢迎，不久被封为昭仪。王皇后想挤掉萧淑妃的意图很快也就实现了。但是，武昭仪既已扳倒了一个萧妃，接下来的一个目标便要扳倒王皇后了。为了扳倒王皇后，武则天可谓费尽心机，最后竟以自己亲生女儿的性命做赌注，来达到自己的目的。

王皇后性情暴躁，对宫女们要求严厉。其母亲柳氏因贵为皇后之母，出入后宫毫不顾忌礼节，因此宫女们多有怨言。而武则天又总是乘机笼络王皇后的侍者，使这些侍者向武则天靠拢。宫人甘做武氏耳目爪牙，王皇后的一举一动便都在武昭仪的掌握之中。无奈不论武则天怎样巧舌如簧，夸大皇后过错，劝高宗废掉王皇后，唐高宗始终不肯听从。因为唐高宗虽不喜欢王皇后，但绝无废后念头。机敏的武则天开始明白，劝说高宗废后是不明智的，必须让他亲自做出决定。

公元654年，武昭仪怀胎十月，满望生个儿子好继大统，不料生下的竟是个女儿。大失所望之后，武昭仪忽然想出了一个让唐高宗自己推断、下决心废掉王皇后的计策来。

一日，武昭仪在宫中闲坐，忽报皇后驾到。武氏便叫过宫女密嘱数语，自己却闪入侧室躲着。王皇后见武氏不在，便坐下等候，蓦地听床上婴儿啼哭，就抱起来哄了一阵，待婴儿又睡着后才放回床上，离宫回到自己住处。

武则天见皇后已回，就从侧室出来，偷偷走到床前，咬牙将女儿掐死。

唐高宗每日退朝，必至武氏处谈情。不一会儿，便有使者来报皇帝驾临。武氏与平日一样，采花恭迎，谈笑献媚。过了一会儿，唐高宗对着床问武氏："女儿还在熟睡？"武氏故意回答说："熟睡已多时，现在该让她醒过来了。"便令侍女去抱起来。

那侍女启被一瞧，吓得半晌说不出话来。武氏故意催促："莫非还是熟睡？赶快抱起便醒了！"那侍女才说了个"不"字，武氏故意装作不解，自己前去抱孩子，手还未碰及女婴，口中却已号哭起来。

唐高宗被弄得莫名其妙，走近床去仔细察看，才知道那活泼泼的宝贝女儿已变作一个死孩子，高宗难过得泪流满面。

武氏故意哭着问侍女道:“我往御花园采花,不过片刻工夫,好好的一个女孩,怎会被闷死? 莫非你们与我有仇,谋死我女儿吗?”

众侍女慌忙跪下,齐称不敢。

武氏又道:“你等若都是好人,难道有鬼来谋命吗?”

众侍女这才恍然大悟,一片声道:“只有正宫娘娘到此来过,婴儿啼哭时她还抱起来哄逗了一会儿。小孩没声息时她才走。”

武氏顿时哭得泪人儿一般,慨叹自己命苦。唐高宗却已坚信王皇后下毒手谋杀了自己的亲生女儿,断然决定要废去王皇后。这时,武氏又故意说:“废后是件大事,陛下不可随便决定,尚须与大臣们好好商议。王皇后只是对妾不满,宁可逐妾也不能废后呀!”

然而,唐高宗自己推断的事,哪是他人可劝回的呢? 他对武氏说:“朕意已决,卿勿再言!”

武氏表面一片茫然,内心却通明剔透、无比高兴……

在我们这个重视伦理道德的国家,儒家一贯提倡父慈子孝、兄友弟悌,甚至还要扩展到政治领域,这便是“忠”。历史统治者也大多标榜以孝治国,有的皇帝谥号之前总要加个“孝”字,如孝武帝等。可是,这种道德说教在利益面前,有时显得苍白无力。

利益有时会驱使着局中人抛弃所有亲情,只是一心想实现自己的目标。在博弈游戏中,利益本是无情物,化作利剑不认亲。这就要求我们处处需留心,处处需小心,害人之心不可有,但防人之心不可无。

给契约配上“剑”,让它迅速生效

李老师是某班辅导员,他经常组织本班同学参加集体活动,比如郊游。但在组织的过程中,他遇到了一个棘手的问题。在一次集体活动中,李老师通知全班同学早上8:00到校门口集合。结果有几个同学拖拖拉拉,导致大家8:15才出发,使大家浪费了一刻钟时间。

于是在此后的集体活动中,李老师改变了策略,虽然真实的集合时间仍是8:00,但是他通知大家7:45集合,结果最晚的几个同学也在8:00赶到了,从而使大家得以准时出发。李老师对自己的策略很满意。

但是时间久了,同学们都发现了李老师通知的集合时间故意提前,甚至可以根据李老师的通知猜测出真实的集合时间。因此，每当李老师通知7:45集合时，大家仍然按照真实的集合时间，也就是8:00来做安排，结果有几个同学在8:00后才赶来。而那些准时即7:45到达集合地点的同学都开始抱怨，进而也变得不那么守时了。

李老师再一次陷入了如何定时的烦恼。

在上面的故事中，存在着老师与学生、学生与学生之间的博弈，在这场博弈中，老师要想破解学生迟到的困局，可以有两个选择：一是只要过了集合的时间，就不再等下去，让迟到的同学独自承担责任。这个方法会给迟到的同学造成很大的损失，他们就不会再迟到了。二是如果迟到的学生比较多，那么等某个数量的学生到齐以后马上出发，而让迟到时间过长的那些同学承担责任。

在生活中，一般来说都是博弈双方合作时所得收益最大，但若一方不遵守合作约定，必定是另一方吃亏。所以需要引入惩罚机制：谁违约，就要处罚他，使他不敢违约。一位玩家之所以会与另外一位合作，就是因为他知道，如果他今天被骗，明天还能对欺骗者实施惩罚。

只有对不合作的人进行惩罚，违约的问题才能解决。一句话，也就是制定一份带“剑”的契约，用惩罚来保证合作。

每一个鼓励合作、运行良好的组织，通常都少不了一种惩罚违约作弊行为的机制。

但是，这里需要注意的一个问题是，惩罚机制的建立只是保证合作的第一步，合作能否达成的关键还在于惩罚机制所设置的威胁是否具有可信度。

美国普林斯顿大学的古尔教授曾经用下面这则例子说明了威胁的可信度问题。

两兄弟老是为玩具吵架，哥哥老是抢弟弟的玩具。

不耐烦的父亲宣布政策：好好去玩，不要吵我；不然的话，不管你们谁向我告状，我都会把你们两个一起关起来。

被关起来与没有玩具相比，情况更加糟糕，现在，哥哥又把弟弟的玩具抢去了，弟弟没有办法，只好说：“快把玩具还给我，不然我要告诉爸爸。”

哥哥想，你真的告诉爸爸，我是要倒霉的，可是你不告状只不过没玩具玩，告了状却要被关起来，告状会使你的境况变得更坏，所以你不会告状。因此，哥哥对弟弟的警告置之不理。

如果弟弟是会计算自己利益的理性人，他还是会选择忍气吞声的。

可见，合约能否被双方执行，关键还在于威胁是否有可信性。那么，你下次在制定合约的时候，千万别忘记配上“剑”哦！

“一报还一报”铸就伟大胜利

所谓重复博弈，是指同样结构的博弈重复多次，其中的每次博弈成为“阶段博弈”。重复博弈是动态博弈中的重要内容，它可以是完全信息的重复博弈，也可以是不完全信息的重复博弈。

例如，下班回家的路上，你像往常一样去菜场买菜，当你对某种菜的质量有疑虑时，卖菜的阿姨通常会讲：“你放心，我一直在这儿卖呢！”这句朴实的话中其实包含了深刻的博弈论思想：我卖与你买是一个次数无限的重复博弈，我今天骗了你，你今后就不会再来我这儿买了，所以我不会骗你的，菜的质量肯定没问题。而你在听了阿姨的上述一句话后，常常也会打消疑虑，买菜回家。

相反，在车站或旅游景点你会发现，这些人群流动性大的地方，不但商品和服务质量差，而且假货横行。这是因为此时在商家和顾客之间不是“重复博弈”。

重复博弈说明，对未来的预期是影响我们行为的重要因素。一种是预期收益：我这样做，将来有什么好处；一种是预期风险：我这样做将来可能面临什么问题。这都将影响个人的策略。

其实，在任何博弈中，最好的策略直接取决于对方采用的策略，特别是取决于这个策略为双方合作留出多大的余地。这个策略的基础是下一步对于当前一步的影响足够大，即未来是重要的。如果你们今后见面的机会很大，那么你最好还是选择与对方合作。但是，在重复性的博弈中，参与者应该怎样面对合作与背叛的问题？应该选择什么样的策略呢？

著名学者爱克斯罗德所做的一个实验回答了这一问题。

实验的过程是这样的：所有参加这个实验的人都扮演“重复型”囚徒困境案例中一个囚犯的角色，把自己的策略编成计算机程序，与其他程序进行一对一的博弈，在合作与背叛之间做出选择。他们要将这个游戏以单循环赛的方式玩上200次。这个实验更逼真地反映了现实生活中具有经常而长期性的人际关系。

这个实验允许程序在做出合作或背叛的抉择时，参考对手程序前几次的选择。如果两个程序只玩过一个回合，则背叛显然就是唯一理性的选择。但如果两个程序已经交过多次手，则双方就建立了各自的历史档案，用以记录与对手的交往情况。同时，它们也通过多次的交手树立了或好或差的声誉。

第一轮游戏有14个程序参加，其中包含了各种复杂的策略。使爱克斯罗德和其他人深为吃惊的是，此轮游戏的胜出者是一个被称为“一报还一报”的策略，它是由多伦多大学的数学教授阿纳托·拉波波特提交上来的。

因为参与竞赛的程序为数不多，一报还一报策略的胜利也许只是一种侥幸。为了进一步验证上述结论，爱克斯罗斯决定举行第二轮竞赛，邀请更多的人再做一次游戏，第二轮游戏有62位科学家递交了改进的程序，其中包括以多个策略为基础的改良品种。加上爱克斯罗德自己的随机程序（即以50%的概率选取合作或者背叛），63个程序又进行了一次竞赛。结果，夺魁的仍然是一报还一报策略。这究竟是一种什么样的策略？能够打败其他众多博弈对手，甚至让多位科学家的智慧相形见绌呢？

“一报还一报”策略的程序是：第一步合作，此后每一步都重复对方上一步的行动：合作或背叛。其主要特征可以用以下几个词来概括：善意、可激怒、宽容、简单明了。

善意，是指它第一步总是向对方表达善意。它坚持永远不首先背叛对方，开始总是选择合作，绝不会一开始就选择背叛或主动作弊。

可激怒，是指对方出现背叛行为时，它能够及时识别并一定要采取背叛的行动来报复，不会让背叛者逍遥法外。

宽容，是指它不会因为别人一次背叛，长时间怀恨在心或者没完没了地报复，而是在对方改过自新、重新回到合作轨道时，能既往不咎地恢复合作。

简单明了，是指它的逻辑清晰，易于识别，能让对方在较短时间内辨识出来其策略所在。

其他各种策略在上述五个方面做得不够好。在比赛结果中，所有恶意程序（第一步背叛）都未进前10名；而某些程序的脾气太好，被对方背叛之后不进行报复，结果鼓励某些狡猾的程序反复占它的便宜；某些程序对于过往关系的“好坏”太过执着，一旦遭到背叛就很难宽容对方，结果使得很多本来可能恢复的合作关系永久性断绝；还有一些程序把自己搞得太复杂，总是试图通过某种机巧来占人便宜，尽管在与某些“傻”程序接触中得了高分，但一旦碰到更“聪明”的程度就会栽跟头，被自己的小聪明所误。

这种善意、可激怒、宽容、简单明了的合作策略无论对个人还是组织的行为方式都有很大的指导意义。

“一报还一报”的伟大策略在现实中有极强的可行性,可以成为指导人们生活和成功的有效方案。

在合作中获得最有利的“自利”

每当秋天,当你见到雁群为过冬而朝向南方,沿途以“V”字队形飞行时,你也许不会想到一种科学论点已经可以说明它们为什么如此飞。

当每一只雁展翅拍打时,形成其他的雁立刻跟进,整个雁群抬升。借着“V”字队形,整个雁群比每只雁单飞时,至少增加了71%的飞升能力。

当一只大雁脱队时,它立刻感到独自飞行时的迟缓、拖拉与吃力,所以很快又回到队形中,继续利用前一只雁所造成的浮力。

当领队的雁疲倦了,它会退到侧翼,另一只大雁则接替飞在队形的最前端。这些雁定期变换领导者,因为为首的雁在前头开路,能帮助它左右两边的雁形成局部的真空。科学家曾在风洞试验中发现,成群的雁以“V”字形飞行,比一只雁单独飞行能多飞12%的距离。

布莱克说过:“没有一只鸟会升得太高,如果它只用自己的翅膀飞升。”人类也是一样,如果懂得跟同伴合作而不是彼此争斗的话,往往能飞得更高、更远,而且更快。

一位没有双腿的男子,遇见了一位瞎子,就向这位瞎子提议,两人联合起来,可以给双方带来莫大的好处。他对瞎子说:“你让我趴到你的背上去,这样我可以利用你的腿,而你可以利用我的眼睛。我们两人合作,做起事来可以更快一点。”

不幸的是,许多年轻人没有这位缺腿男子的远见,反而被灌输了消极的思想,那就是必须践踏别人、糟蹋别人、利用别人才能达到高峰。这些问题值得每个人、每个企业深思。

与此类似的是邦尼人力定律:“1 个人 1 分钟可以挖 1 个洞,60 个人 1 秒钟挖不了 1 个洞。”

在人与人的合作中,如果每个人的能量都为 1,那么 10 个人的能量可能比 10 大得多,也可能比 1 还小。因为人的合作更像方向各异的能量,互相推动时自然事半功倍,相互抵触时则一事无成,他并不是静止不变的,所以人与人的合作不是力气的简单相加,其中的关系要微妙和复杂得多。

合作与如何合作是两个不同的问题。企业里常会有一些嫉妒别人的成就与杰出表现的人,他们天天想尽办法进行破坏与打压。如果企业不把这种人除去,长此以往,组织里就只剩下一群互相牵制、毫无生产力的“螃蟹”。

人有时候需要一种合作的大度,尽管人都是“自利”的,但一个真正聪明的人的“自利”是应该具有前瞻性的,富有远见的,能看到事物发展趋势的。

没有“金刚钻”,别揽“瓷器活”

重复博弈的理论告诉人们:做事要有长远的眼光,不要为了眼前利益而放弃长远利益,这一点在生活中有广泛的应用。不要做自己无法胜任的事,就是应用之一。

这是因为,做自己无法胜任的事只能给自己带来别人一时的刮目相看和自我的心理安慰,随着时间的流逝,自己的弱点和问题会逐渐暴露出来,周围的人就会对你产生不满甚至蔑视的情绪。若最终你完不成任务,会让领导者失望,对自己的长远发展也会造成不良的影响。

美国有家大公司的总会计师,才 35 岁,才华横溢,收入丰厚,他是在拿到会计学硕士学位后才做到现在职位的。但是,他受到了极大的挫折,忧心忡忡,最后不得不接受心理咨询。在心理医生那儿,他讲述了自己的经历。他在 9 岁和 17 岁时,有过两次成功的经历,一次是推销杂志,发展到有好几个小伙伴帮着他一起干;另一次是和别人组织建立了一家印刷厂,他干业务,攒下来的钱足以供他上学用了。两次都是成功的推销技能帮了他的忙。后来,由于他父亲的建议,他在大学开始学会计学,然后他又靠干推销和经营挣来的钱拿到了硕士学位。从学校毕业,他就被这家大公司录用,在企业里一直干到总会计师的位置。可是，他的工作经常被人指责，他碰到了越来越多的工作挫折，常常有人议论他的总会计师的工作，另一方面，他总是在一周结束时才感到高兴。结果，他的公司、同事对他的工作越来越不满，他对自己也越来越没信心。

心理医生帮助他解开了心结：他并没有能力做总会计师，因为虽然他获得了硕士学位，但他的兴趣不在此，所以作为公司的一名普通会计人员他还可以胜任，至于总会计师一职则超出了他的能力范围。咨询过后，他终于想通了，主动向公司请求辞去总会计师一职，转到销售部。这家公司失去了一个名不副实的总会计师，却得到了一个乐此不疲和富有成效的销售管理人员。当他谈到这件事情的时候，他说："永远也不要干你自己无法胜任的事，那样做首先是害了你自己，你将变得不快乐并且忧心忡忡，因为你做的都是你所无法完成或最多也只能勉强完成的事；而且你也伤害了信任你、委托你办事的人，对工作更是一种损失。"

"金刚钻"是做"瓷器活"必需的工具，如果缺乏，就意味着无法完成工作。在你不具备某种能力的情况下，夸下海口，大包大揽，结果只会耽误了事情，进而影响到你自己的声誉，给别人留下没有能力的印象。

《菜根谭》新编诠释

第一章　治学之术

一、警语格言

【原文】君子之学务求在己而已，毁誉荣辱之来，非独不以动其心，且资之以为切磋砥砺之地，故君子无入而不自得，正以其无入而非学也。若夫闻誉而喜，闻毁而戚，则将惶惶于外，惟日之不足矣，其何以为君子？

——《答友人书》

【译文】德行高尚的人读书治学总是反求之于自我，外界荣辱毁誉的到来，非但不能动摇他的意志，而且还有助于他努力研讨，磨炼品格。因此。德行高尚的人无论做什么都会有所收获，这是因为他无论做什么都认真学习。如果听到称赞就欣喜，听到毁谤就悲戚，那么他只会终日表现出惶惶不安的神情，又算得上什么君子？

【原文】是故君子之学，惟求得其心，虽至于位天地，育万物，未有出于吾心之外也。孟氏所谓“学问之道无他，求其放心而已矣”者，一言以蔽之。……于父子尽吾心之仁，于君臣尽吾心之义，言吾心之忠信，行吾心之笃敬，惩心忿，室心欲，迁心善，改心过。

——《紫阳书院集》

【译文】因此，君子的学问，只求发现那颗善良仁义之心，虽然君子的学问与天地并列，能养育万事万物，也没有超出我的心灵之外的。孟子所说的，学问之道没有别的，就是把那颗丧失的善良之心找回来罢了”，一句话就概括完了。……在父子关系上，要尽到我心中的仁义；在君臣关系上，要尽到我心中的道义。讲出我心中的忠实信用；执行我心中的忠厚敬重，警戒我心中的恼怒，阻塞我心中的欲望，顺从我心中的美好，改正我心中的过失。

【原文】饱食终日，无所用心，难矣哉！

——《论语·阳货》

【译文】整天只知道吃饭，什么事情都懒得去做，这怎么能行呢！

【原文】群居终日，言不及义，好行小慧，难矣哉！

——《论语·卫灵公》

【译文】成天到晚相聚在一起，拉东扯西，说的都是不正经的话，又好在人前卖弄小聪明，这种人是不会有什么成就的。

【原文】耕田不深无高稼，治学不深无端行。

——《云槐精舍语》

【译文】田地耕得不深，就没有茁壮的庄稼；学问治理得不深，就没有端正的行为。

【原文】学者亲贤乐善是第一事。少年见刚毅正直、老成笃实之人，能爱之敬之，其人必贤；若疏之远之，其人必不肖。盖所爱敬者在此，则狂诞匪僻者必在所远；若疏远者在此，则狂诞匪僻者必在所亲故也。

——《初学备忘》

【译文】求取学问的人的第一件事情就是亲近贤人，乐于做好事。一个少年人如果见到那些刚毅正直、老实忠厚的人，能热爱他们、尊重他们，那么，这个人必然贤德；如果他疏远他们、远离他们，那么，这个人必定不贤。如果你所爱戴所尊敬的人是刚毅正直、老成笃实之人，那么，狂妄、荒诞、邪恶之人必然离你很远；如果所疏远所远离的人是刚毅正直、老成笃实之人，那么，狂妄、荒诞、邪恶之人必然在你身边受到亲近。

【原文】读书为学，须是切实。切实者，切己也，希德养身是也。养己之身，推之可以养人之身；养己之德，推之可以养人之德。“壹是皆以修身为本”，养德以是，养身亦以是。舍是，虚费光阴，徒劳心力。

——《初学备忘》

【译文】读书做学问，必须要切合实际。切合实际，就是切合自己，也就是修养道德培养自己。修养自身，推而广之，就可以修养他人；培养自身的道德，推而广之，就可以培养他人的道德。“所有这些都是以修养自身为根本”，修养道德是这样来修养，修养身体也是这样来修养。舍弃这个方法，就是白白浪费时间，白白劳累思想和精力。

【原文】学者先观其德器。德器浅薄，终罕成就，虽成亦小。诸如易喜易怒、不堪拂逆、疾恶太深、进锐退速之类，皆由于浅。如露才扬己、一得自矜、责人太重、悻悻自好之类，皆由于薄。

——《备忘二》

【译文】对有学问的人要首先观察他的品德和才具。品德、才具浅薄的，最后很少能有成就，即使有成就也是很小的。比如容易高兴也容易发怒，不能忍受反对意见，痛恨丑恶的东西太过分，进得快退得也快之类，都是由于浅薄。又如显露才能来宣扬自己，小有成就而自命不凡，要求别人太严厉，自己容易恼怒之类，都是由于浅薄所致。

【原文】凡人学问不深，可以渐而深；闻见不广，可以渐而广。惟立身一败，不可复救，高才博学，适足以济其恶耳。

——《愿学记二》

【译文】凡是学问不深的人，可以通过学习来逐渐加深；凡是闻见不广的人，可以通过学习来渐渐广博。只有安身立命的品德一旦败坏，就不能再行挽救，高深的才干，渊博的学问，恰好可以用来帮助他的坏行为罢了。

【原文】士而不先言耻，则为无本之人。

——《亭林文集·与友人论学书》

【译文】读书人如果不把知耻放在首要地位，那就成了没有根基的人。

【原文】学不足以修己治人，则为无用之学。

——《年谱序》

【译文】学识不能用来改造自己，治理百姓，则是没有用处的。

【原文】为学大益，在自求变化气质。

——《琼琚佩语·修己》

【译文】学习的最大好处在于潜移默化，改造自己。

【原文】学者自欺之患，莫大于以能方者为己得。

——《颜习斋先生言行录·理欲第二》

【译文】做学问的人自我欺骗的毛病，最大的莫过于以能言善辩为满足。

【原文】学问之于身心，犹饥寒之于衣食也。

——《文史通义·假年篇》

【译文】对于人来说，学问对身心的好处，就好像寒冷时有衣穿，饥饿时有饭吃一样。

【原文】为学自不欺始，不欺自亲长始！人于亲长之前忍用，其何所往而不为欺矣？

——张履祥《愿学记二》

【译文】做学问从不欺骗人开始，不欺骗他人从自己的长辈开始！人在自己的长辈面前，还忍心运用欺骗，那么，到哪里才不做欺骗人的事呢？

【原文】博学而不自反，必有邪。

《管子·戒》

【译文】博学多识，但不知道反省自己，必然会干出不正当事。

【原文】吾日三省身：为人谋而不忠乎？与朋友交而不信乎？传不习乎？

——《论语·学而》

【译文】我每天再三自我反省：替别人办事尽心竭力了吗？跟朋友交往诚实守信了吗？老师传授的学业用心复习了吗？

【原文】己虽有能，不自矜大，仍就不能之人，求访能事。己之才艺虽多，犹病以为少，仍就寡少之人更求所益。己之虽有，其状若无，己之虽实，其容若虚。

——《贞观政要·谦让》

【译文】自己虽然有才能，但也不要自以为是，还要向没什么才能的人去拜访请教。自己虽然多才多艺，但还总忧虑自己才艺很少，仍然去向缺少才艺的人进一步求得教益。自己虽然很有本事，但外表看上去却好像没有什么本事；自己虽然知识丰富，但仍要保持非常贫乏的样子。

【原文】不能反躬，是学者第一病。修己不切实由于此，与人多龃龉亦由于此。《记》

曰："不能反躬，天理灭矣。"灭天理必穷人欲，民斯为下而已。

——张履祥《初学备忘》

【译文】不能反躬自省，是求学者的首要毛病。自我修养不切实际的原因在这里，与人意见颇多不合的原因也在这里。《乐记》上说："不能反躬自省，就无天理可言了。"没有天理，势必人欲横流，老百姓的品德也就等而下之了。

【原文】学问以知人。知学先须知人，知人先须自知。自知所长易，自知所短难；自知所短易，自知所长之中犹有所短难。知长中之短，则进学不容已矣。自知既明，则不患不知人矣。人各有长有短，与人相形见短而不以为患者，特别有所长也。知长中犹有所短，而丧然失所恃矣。然不学亦不知也，学而能知长中之短，则几矣。

——《杂说》

【译文】学问是用来了解人的。要知道学问，必须首先了解人；要了解别人，必须首先了解自己。自己知道自己的长处容易，自己知道自己的短处就困难；自己知道自己的短处容易，自己知道自己长处中还有短处就困难。知道长处中的短处，那么，学问的进步就不会停止下来了。自己既已知道自己，就不担心不能知道别人了。每个人都有自己的长处和短处，有些人与别人相比也能看到自己的短处，但却不把它当成忧虑的事，这是因为他们依仗自己在别的方面还有所长。如果他们知道自己的长处之中还有所短，那么他们就不会死抱着自己依仗的长处不放了。然而，不学习也不会明白这个道理，学习之后能知道长处中的短处，也就差不多了。

【原文】杀人须从咽喉处下刀，学问须从肯綮处着力。悔过自新，乃千圣进修要诀，人无志于做人则已，苟真实有志做人，须从此学，则不差。

——《悔过自新》

【译文】杀人必须从人的咽喉部位下刀，做学问必须在关键的地方着力。悔过自新，是很多圣人得以修养、进步的要诀。如果一个人不想立志做人，那就算了；如果真想立志做人，就必须从这里学起，这样就不会有错。

【原文】诸生进德修业，须分定程限，日以为常。每日鸡鸣而起，以寅、卯、辰三时诵书，以巳、午时看书，以未时作文，申、酉二时默坐思索，戌、亥二时温书。然此等大抵皆不可失了本领，通是涵养体认之意。如此持循，当月异而岁不同矣。

——《大科书院堂训》

【译文】同学们增进品德、完成学业，必须分别确定学习程序的时间界限，每天经常这

样。每天鸡叫就起床，从三点到九点是诵读书本时间；从九点到十三点是阅览书本时间；从十三点到十五点为写作文章时间；从十五点到十九点为静坐思考时间；从十九点到二十三点为温习课本时间。然而，这样的方法，大抵都不会失去自己的本领，因为，这通统都是依靠各自的涵养来认识、体会的意思。按这样坚持下去，随着岁月的更换，就会有很大的成效和长进。

【原文】君子博学而参省乎己，则知明而行无过矣。

——《荀子·劝学》

【译文】君子能广博地学习知识，并且能经常地反省检查自己，所以他就能变得聪明，而在行动上也就不会犯错误了。

【原文】能以智钩，制心狂象。

——《福盖正行所集经》

【译文】“狂象”又叫作“醉象”，佛经上用来比喻众生的迷乱之性。古印度人用大铁钩制伏“狂象”，“智钩”之说本此。《涅槃经》卷二五载：“譬如醉象，狂甙暴恶，多欲杀害。有调象师以大铁钩断其顶，即时调顺，恶心都尽，一切众生亦复如是。”这个比喻是说，智慧能够制伏迷乱。

【原文】如阿伽陀药，树叶而裹之；取药涂毒竟，树叶还弃之。戏笑如叶裹，实义在其中。智者取正义，戏笑便应弃。

——《百喻经》

【译文】“戏笑”指的是经中所讲的譬喻故事。佛家很善于使用生动的譬喻。然而，譬喻再精彩，也不过是裹药的树叶。明智的人，应该弃叶而用药，透过譬喻的文字去领悟实义。

【原文】无尽灯者，譬如一灯然百千灯，冥者皆明，明终不尽。

——《维摩诘经·菩萨品》

【译文】用“无尽灯”比喻一人的智慧通过传播，可以破除千百人的愚昧，川流不息。

【原文】一切有为法中，智慧第一。

——《大智度论》

【译文】佛教最重智慧。比如说，大乘“六度”中，以“智度”为“眼”，指引超越“度生死苦海”的方法与方向。其余五度（布施、持戒、忍辱、精进、禅定）都必须受智慧的指导。

【原文】一灯能除千年暗，一智能灭万年愚。

——《坛经·忏悔品》

【译文】禅宗各宗派传授心法，称为“传灯”；历代祖师的语录，称为“传灯录”。

【原文】游山未到山穷处，终被青山碍眼睛。

——《五灯会元》

【译文】没有把握事物的全过程，没有深入到事物的本质，没有从整体上去理解事物。那么，认识必然是片面的、肤浅的、不准确的。

【原文】妄想是垢，无妄想是净；颠倒是垢，无颠倒是净；取我是垢，不取我是净。

——《维摩诘经·弟子品》

【译文】清除妄想、邪见、我执等，便得清净自在。

【原文】承言者丧，滞句者迷。

——《大慧普觉禅师语录》

【译文】禅宗常说“不立文字”，意谓不着文字相，不执着于文字。并非要人弃绝一切文字。重要的是，不迷信文字、典籍，要透过文字去洞察言外之意、弦外之音。

【原文】世间之事，虽无利益，为众生故，而亦学之。所学之事，世中最胜，虽得通达，心无憍慢。以己所知，勤用化人。

——《优婆塞戒经·自他庄严品》

【译文】佛家主张，修习大乘佛法，立志普度众生的人，应当勤学“五明（明，学问、智慧的意思）”。除了学习“内明”（佛学）外，还要学习声明（语言学）、工巧明（工艺、技术、历算等)、医方明(医药学)和因明(逻辑学)等,以便掌握更多为大众服务的技能和手段。

【原文】知者不博,博者不知。

——《老子》

【译文】有真才实学的人不炫耀博学,炫耀博学的人没有真正的知识。

【原文】善学者假人之长以补其短。

——《吕氏春秋·用众》

【译文】善于学习的人,总是吸取别人的长处来弥补自己的短处。

【原文】不知道而自以为知,百祸之宗也。

——《吕氏春秋·谨听》

【译文】不知而自以为知道,这是多种祸患的根源。

【原文】多闻博辩,守之以陋。

——《淮南子·道应训》

【译文】虽然学问渊博,能言善辩,但还是一副知之不多的样子。

【原文】为学务日益,此言当自程;为道贵日损,此理在戒盈。

——《张寺丞盖斋》

【译文】学习应当每日追求进步,应当把这话当作奉行的计划;而在研究道理时,贵在每日觉得自己还很不够,这个道理适用于自己感到满足。

【原文】初,张咏在成都,闻准入相,谓其僚属曰:"寇公奇才,惜学术不足尔。"及准出陕,咏适自成都罢还,准严供帐,大为具待。咏将去,准送之郊,问曰:"何以教准?"咏徐曰:"《霍光传》不可不读也。"准莫谕其意,归取其传读之,至"不学无术",笑曰:"此张公谓我矣。"

——《宋史·寇准传》

【译文】起初,张咏在成都时,听说寇准要入朝拜相,就对他的下属说:"寇公才能异常,只可惜学问不足啊。"等到寇准罢相到陕州做知州,张咏正巧从成都解职归来,寇准急忙陈设帷帐,大摆酒席款待张咏。张咏将要离去时,寇准送他到郊外,问道:"您有什么话教导我吗?"张咏慢慢地回答:"《霍光传》不能不读啊。"寇准不明白他的意思,回到家中拿出《霍光传》阅读,当看到"不学无术"一句时,笑着说:"张公对我说的就是这句话呀。"

【原文】王荆公介甫退处金陵。一日,幅巾杖屦,独游山寺。遇数客盛谈文史,词辩纷然，公坐其下，人莫之顾。有一客徐问公曰：“亦知书否？”公唯唯而已，复问公何姓，公拱手答曰：“安石姓王。”众人惶恐，惭俯而去。

——《青琐高议·后集卷二》

【译文】王安石罢相后在金陵闲居。一天，他束发扶杖漫步，独自一人游览鉴山寺，遇到几位游客正在大谈文学历史，七嘴八舌十分热闹。王安石坐在他们的下首，在场的没有人望他一眼。过了一会儿游客问王安石：“你也懂一点儿诗书吗？”王安石十分谦卑地答应。又问他姓什么，他拱手回答：“安石姓王。”众人十分惶恐，都惭愧地低着头离开了。

【原文】杨诚斋在馆与人谈晋于宝，一吏进曰：“乃干宝，非于宝。”问：“何以知之？”吏取韵书“干”字下注云：“晋有干宝。”诚斋大喜曰：“汝乃吾一字师！”

——《宋人佚事汇编·卷十七》

【译文】杨万里在馆舍和别人谈东晋的史学家于宝，一个小吏进言道：“是干宝，不是于宝。”杨万里问他：“你怎么知道？”小吏便拿出韵书指着“干”字条下面的注释说：“晋有干宝。”杨万里非常高兴地说：“您是我的一字师！”

【原文】《书》曰：“惟学逊志，务时敏，厥修乃来，允怀于兹，道积于厥躬。”人生无知无能，必学而后有所得。学者当顺逊其志，虚心以求，专以是为务，无时而不敏，则所修者，即源源来矣。

——《八华讲义》

【译文】《尚书》说：“做学问要心存谦虚，务必时时努力，品德的完善就自然会实现。相信并记住这一点，道就会在他身上积累下来。”人生之始没有知识没有能力，必须通过学习之后才能有所得到。做学问的人应当恭顺谦虚，如果用谦虚的态度来求得知识，集中精力学习，时刻努力勤奋，那么，所修养的道，就会源源而来到了。

【原文】学者有二病：积学未厚而用之遽，养德未足而谈有余。

——《松窗寤言》

【译文】做学问的人最怕两种毛病：积累的学问不深厚，但急着使用它；品德未培养完全，但却天花乱坠地谈论它。

【原文】学问之道，贵能下人；能下人，孰不乐告之以善！

——《潜书·虚受》

【译文】做学问的人，贵在能谦虚向人请教，这样还怕别人不乐意把知识告诉你吗？

【原文】《书》曰:"惟学逊志,务时敏,厥修乃来。"逊其志者,谦受益也。务时敏者,敏则有功也。厥修有不来者乎?

——《朱舜水集》

【译文】《尚书》说:"做学问只有谦虚心志,时时勤奋敏捷,才能使道德的完善得以实现。"自己谦虚的人,因为谦虚而得到收益;时时勤奋敏捷的人,因为勤勉就有功德。这样,道德的完善能实现不了吗?

【原文】学务逊志下人,随处求益。

——陈确《学谱》

【译文】求学务必要谦虚谨慎,对人谦让,并随时随地向别人求教。

【原文】学者志正而不息,则熟于天理,虽有未知,闻言即喻,不待广譬也。逊志而敏求,则言易相入,但微言告之而无不尽善。此言教者在养人以善,使之自得,而不在于详说。

——《张子正蒙注·中正篇》

【译文】求学的人,若能志向端正,并且自强不息,就会易于领会事理。即使还有不清楚的地方,只要一听别人的解说就明白了,用不着多举事例来比喻。谦虚谨慎而努力勤奋,就容易接受别人的意见,只需暗示他就会做得很好。这就是说,教育者在于以善去培养人,使他自己领会,而不在于繁琐的说教。

【原文】戒矜夸忌毁:学者须虚心服善,文字果佳,亦本分内事,且学业无尽,进一步又有一步,功夫何用矜夸?若文字未到,便当克己自反,用功求进,忌毁他人,何与己事?至于课列前后，文有一日之短长，学有异时之消长，正当各自努力，前列者勿遽自夸张，后殿者亦无谩相诋毁。

——《钟山书院规约》

【译文】切忌骄傲自伐及妒忌诋毁别人：求学的人必须虚心敬服好的东西，文章果真优美，这也是读书人分内的事情，况且学问没有止尽，前进一步又有一步等待着向前，如果有本事怎么用得着骄傲、夸耀呢？如果文章尚未到火候，就应该自我约束，自我反省，下功夫求得进步，嫉恨、诋毁别人，与自己的学问有什么好处？至于课业成绩排列或前或后，没有多大关系，因为，文章优劣你短我长，学习成绩此消彼长，随着时间的推移，总会发生变化。所以，学生应当各人自己努力。排列在前面的，就不要自我夸耀得意；排列在后面的，也不要随意诋毁他人。

【原文】学者之病，最忌自高与自狭。

——《赠俞子严溪喻》

【译文】求学人的毛病，最怕的是自大自满，心胸狭隘。

【原文】善学者其如海乎，旱九年而不枯，受入洲水而不满，无他，善为之下而已矣。

——《赠俞子严溪喻》

【译文】善于学习的人如同大海，大旱多年也不干枯，接受四面八方的流水也不溢出来，原因就是它处在低下的位置。

【原文】人多读书则识进，且能自见瑕疵。

——《今世说》

【译文】多读书就能增长知识，并且能看到自己的不足之处。

【原文】自学漫诩便便腹，开卷方知未读书。

——《自忏》

【译文】自己先别夸自己腹中装满了学问，翻开书本，才知道并未读过几本书。

【原文】误用聪明，何若一生守拙，滥交朋友，不如终日读书。

——《围炉夜话》

【译文】把聪明用错了地方，不如一辈子谨守愚拙，至少不会出错；随便交无益的朋友，倒不如整天闭门读书。

【原文】看书须放开眼孔，做人要立定脚根。

——《围炉夜话》

【译文】看书必须要放开心胸，接受新的观念；做人要站稳自己的立场把握住原则，才是一个具有见地、不随波逐流的人。

【原文】心地干净方可读书学古，不然见一善行窃以济私，闻一善言假以复短，是又籍寇兵而济盗粮矣。

【译文】只有心地纯洁的人才能读圣贤书，学古人的道德文章，否则看到一件古人的好事就私下作为自己的见解，听到一句古人的好话就私下拿来掩饰自己的缺点，这就等于是资助兵器给敌人，送粮食给强盗。

【原文】家纵贫寒，也须留读书种子；人虽宝贵，不可忘稼穑艰辛。

——《围炉夜话》

【译文】虽然家境贫困，也要让子孙读书；虽然是富贵人家，也不可忘记耕种收获的辛苦。

【原文】读书不下苦功，妄想显荣，岂有此理？为人全无好处，欲邀福庆，从何得来？

——《围炉夜话》

【译文】读书若没有下功夫苦读，却非分地想要显达荣耀，天下哪里有这种道理呢？做人没有一点美好的地方，却妄想得到福分和喜事，从哪里得来呢？

【原文】儒者多文富，其文非时文也；君子疾名不称，其名非科名也。

——《围炉夜话》

【译文】读书人以文章多为财富，然而并不是一些应付科考的文章；有德的人担忧死后名声不能为人称道，这个名不是指科名。

【原文】有真性情，须有真涵养；有大识见，乃有大文章。

——《围炉夜话》

【译文】至真无妄的性情，只有真正的修养才能达到；要写出不朽的文章，首先要有不朽的见识。

【原文】为学不外静敬二字，教人先去骄惰二字。

——《围炉夜话》

【译文】求学问不外乎“静”和“敬”两个字，要教导他人，首先要去掉“骄”和“惰”两个毛病。

【原文】人得一知己，须对知己而无惭；士既多读书，必求读书而有用。

——《围炉夜话》

【译文】人难得有一个知己，在面对知己时应该毫无可惭愧之处；读书人既然读了很多书，总要将学问用之于世，才不枉然。

【原文】子曰："我非生而知之者，好古，敏以求之者也。"

——《论语·述而》

【译文】孔子说："我不是生来就有知识的人，而是喜好历代的文化知识，通过勤奋努力求得的人。"

【原文】叶公问孔子于子路，子路不对。子曰："女奚不对，其为人也，发愤忘食，乐以忘忧，不知老之将至云尔。"

——《论语·述而》

【译文】叶公向子路问孔子的为人怎么样，子路没有回答。孔子就对子路说："你为什么不这样回答：他的为人，努力学习，会忘了吃饭，快乐的时候会忘掉了忧愁，连年老即将到来都不察觉，如此而已。"

【原文】子曰："学而不思则罔，思而不学则殆。"

——《论语·为政》

【译文】孔子说："只读书而不思考，那就会陷入迷惑；只是冥思苦想而不读书，那就会有入歧途的危险。"

【原文】子曰："由，诲女知之乎！知之为知之，不知为不知，是知也。"

——《论语·为政》

【译文】孔子说："由，我教给你什么叫'知'的道理吧！知就是知，不知就是不知。这才是真正的聪明啊！"

【原文】专于意，一于心，耳目端，知远之征。

——《管子·心术下》

【译文】注意力集中，思想专一，耳朵仔细听，眼睛仔细看，这是深刻认识事物的依据。

【原文】好书者众矣，而仓颉独传者，壹也。好稼者众矣，而后稷独传者，壹也。好乐者众矣，而夔独传者，壹也。好义者众矣，而舜独传者，壹也。……自古及今，未尝有两而能精者也。

——《荀子·解蔽》

【译文】喜好文字的人很多，但只有仓颉的名声流传下来，这是因为他专一的缘故。喜好耕种的人很多，但只有后稷的名声流传下来，这是因为他专一的缘故。喜好音乐的人很多，但只有夔的名声流传下来，这是因为他专一的缘故。喜好仁义的人很多，但只有舜的名声流传下来，这是因为他专一的缘故。……从古到今，从来没有不专一，而能精通事物的人。

【原文】学以治之，思以精之，朋友以磨之，名誉以崇之，不倦以终之，可谓好学也已矣。

——《法言·学行》

【译文】通过学习来锻炼自己，依靠思考来加深认识，依靠朋友来纠正错误，依靠名誉来提高品行，依靠不断努力来完成学业，这可以说是好学的人了。

【原文】目不能二视，耳不能二听，手不能二事。一手画方，一手画圆，莫能成。

——《春秋繁露·天道无二》

【译文】眼睛不能同时看两个地方，耳朵不能同时听两种声音，手不能同时做两件事情。一手画方形，一手画圆形，没有人能够做成。

【原文】（王劭）爰自志学，既乎暮齿，写好经史，遗落世事。用思既专，性颇恍惚，每至对食，闭目凝思。盘中之肉，辄为仆从所啖。劭弗之觉，唯责肉少，数罚厨人，厨人以情白劭，劭依前闭目，伺而获之，厨人方免笞辱，其专固如此。

——《隋书·王劭传》

【译文】王劭有志于学，到了晚年，仍然很喜欢研究经史，对日常生活小事都遗忘了。他用心专一，以致精神恍惚，常常面对食物，闭上眼睛冥思苦想。盘子里的肉经常被仆人偷吃。王劭也不知道真正的原因，只是责问厨师，嫌肉太少，并好几次处罚厨师。厨师把实情告诉王劭后，王劭吃饭时像以前一样闭着眼睛，等仆人偷肉吃，当场抓获，厨师这才免去了被鞭打和辱骂，他专心致志竟到了这种程度。

【原文】率更令欧阳询，行见古碑，索靖所书，驻马观之，良久而去。数百步复还，下马伫立，疲则布毯坐观，因宿其旁，三日而后去。

——《隋唐嘉话》

【译文】初唐率更令欧阳询，一次外出见到一块古碑，是索靖所手书。他下马观摩了好久才离开。走了几百步又回来，在碑前站了很久，后来疲倦了就铺块布毯，坐着观看，最终索性在碑旁住了下来，三天后才离去。

【原文】余尝谓读书有三到：心到、眼到、口到。心不在此，则眼看不仔细。心眼既不专一，却只漫浪诵读，决不能记，记亦不能久也。三到之中，心到最急，心既到矣，眼、口岂有不到者乎？

——《训学斋规》

【译文】我曾说过读书有三到：心到、眼到、口到。心思不专一于此，那么眼睛就不会看得过细，心和眼既不专一，却只是有口无心地读一通，一定记不住，即使当时记住也不能持久。三到之中，心到最重要。心既到了，眼口岂有不到之理。

【原文】为学第一功夫，立心为本。心存则读书穷理，躬行践履，皆自此进。孟子曰："学问之道无他，求其放心而已。"程子曰："圣贤千言万语，只是欲人将已主之心收之，反入身来，自能寻向上去。"皆此意也。

——《论学》

【译文】做学问的第一桩事情，就是以确立心志作为根本。如果能保持这个心志，那么，以读书来寻求道理，身体力行地去实践，就都能从此有所长进。孟子说："做学问的方法没别的，只是把那颗放纵之心收回来罢了。"程子说："圣贤人的千言万语，只是要人们把放纵的心收回来，反身进入到心里去，自然能寻找到向上去的方法。"讲的都是这个意思。

【原文】合抱之木，始于毫末；九层之台，起于累土；千里之行，始于足下……民之从事，常于几成而败之。慎如终如始，则无败事。

——《老子·六十四章》

【译文】合抱的大树是从幼苗长起的；九层高台，是由泥土堆积起来的；千里的远行，是从脚下第一步开始的……人们做事，往往在将近成功时失败。凡事像开始那样谨慎，一直坚持到底，就不会失败。

【原文】薛谭学讴于秦青，未穷青之技，自谓尽之，遂辞归。秦青弗止，饯于郊衢，抚节悲歌，声振林木，响遏行云。薛谭乃谢求反，终身不敢言归。

——《列子·汤问》

【译文】薛谭向秦青学习唱歌，还未曾学完秦青的技巧，就自以为完全掌握了，便告辞回家。秦青也不劝阻，在城外的大路旁为他饯行，在席上敲起拍板，慷慨悲歌，歌声震动林木，连飘动的浮云也停住了。薛谭听了便向他道歉，请求返回继续学习，从此再也不敢提回家的事情了。

【原文】孔子晚而喜《易》，序《彖》《系》《象》《说卦》《文言》。读《易》，韦编三绝。曰："假我数年，若是，我于《易》则彬彬矣。"

——《史记·孔子世家》

【译文】孔子晚年喜读《易经》，他给《彖》《系》《象》《说卦》《文言》等篇写了序。他读《易经》勤奋，把编联竹简的牛皮绳都磨断了好几次。他说："要是能多给我几年的时间，像这样，我对于《易经》从文辞到义理就都可以充分掌握。"

【原文】读书如行路，历险毋惶恐，要保万里程，中间无欹仄。

——《读书四首·其三》

【译文】读书好比走路，万里道途，中间哪能没有一点倾斜不平的呢？但切莫因此惶恐志摇，半途而废。

【原文】无恒产而有恒心者，惟士为能。

——《乡言解颐·士》

【译文】没有固定的财产，但有持之以恒的心志的，只有有志之士才能做到。

【原文】古今之成大事业、大学问者，必经三种之境界："昨夜西风凋碧树，独上西楼，望尽天涯路"，此第一境也；"衣带渐宽终不悔，为伊消得人憔悴"，此第二境也；"众里寻他千百度，蓦然回首，那人却在灯火阑珊处"，此第三境也。

——《人间词话》

【译文】古今凡是有大作为的人，必须经过三种境界：一是，在逆境中，心志不衰，勤于探索；二是，为了实现自己的理想，不畏千辛万苦，敢于牺牲；三是经过艰苦探索，豁然领悟，突破一点，终于取得成功。

【原文】朝益暮习，一此不解。

——《管子·弟子职》

【译文】上午学得新知识，下午就复习，天天如此，要不懈怠。

【原文】壮则怠则失时。

——《管子》

【译文】年轻时过于懒惰，就丧去了最宝贵的时光。

【原文】子在川上,曰:"逝者如斯夫!不舍昼夜。"

——《论语·子罕》

【译文】孔子站在河岸上,叹息道:"消逝的时光像河水一样呀!日夜奔流而去。"

【原文】日知其所亡,月不忘其所能,可谓好学也已矣。

——《论语·子张》

【译文】每天知道所没有知道的东西,每月不忘掉已经掌握了的东西,这可以说是好学了。

【原文】士朝而受业,昼而讲贯,夕而复习,夜而计过,无憾后即安。

——《国语·鲁语下》

【译文】学士早晨学习老师讲解的知识,白天研究这些知识并做到融会贯通,傍晚复习它,夜间温习全天的经过,没有因虚掷光阴而感到悔恨,心里也就踏实了。

【原文】晋平公问于师旷曰:"吾年七十欲学,恐已暮矣。"师旷曰:"何不炳烛乎?"平公曰:"安有为人臣而戏其君乎?"师旷曰:"盲臣安敢戏其君乎?臣闻之,少而好学如日出之阳,壮而好学如日中之光,老而好学如炳烛之明,孰与昧行乎?"平公曰:"善哉!"

——《说苑·建本》

【译文】晋平公问师旷:"我已经七十岁了,要想学习恐怕已经晚了吧。"师旷说:"为什么不点燃起火炬夜读呢?"平公说:"哪有臣子和君主开玩笑的?"师旷说:"我这个盲人怎敢和国君开玩笑啊!我听说,年轻时爱学习,就像太阳升起时那样明亮,中年时爱学习就像太阳当顶时那样发光,老年时爱学习,就像燃起火炬时那样闪亮,比起黑暗中走路,究竟哪个强些?"平公说:"说得真好啊!"

【原文】少而不学,长无能也。

——《孔子家语·三恕》

【译文】少壮时不好好学习,长大就没有本领。

【原文】人不读书,其犹夜行;二毛之叟,不如白面书生。

——《酉阳杂俎》

【译文】不读书就像夜里走路容易迷失方向,应趁年轻时奋发图强,否则,人老之时,就后悔莫及了。

【原文】少年辛苦终身事,莫向光阴惰寸功。

——《题弟侄书堂》

【译文】少年时多受点辛苦，是关系到一辈子的事，千万不要偷懒而虚掷一寸光阴。

【原文】欧阳文忠公谓谢希深曰："吾平生作文章多在三上：马上、枕上、厕上，惟此际可以属思耳。"

——《宋人小说类编·卷二》

【译文】欧阳修对谢希深说："我一生写文章大多是在三上：马背上、枕头上、厕所上。只有这些时候，才能唤起文思。"

【原文】三日不读书，便觉语言无味。

——《书读书乐卷后》

【译文】三日不看书学习，说起话来便感到枯燥无味。

【原文】君子敬德修业，欲及时也，故为政者玩岁而愒日，则治不成。为学者，日迈而月征，则身将老矣。……其疾敬德。疾之为言，遄之谓也，故曰：鸡鸣而起，孳孳为善。

——《日知录集释·损其疾使遄有喜》

【译文】君子增进道德，修治学业，就是要抓紧时间。所以执政的人虚掷时光，放弃职守，就不能处理好政务；做学问的人，虚度年华，就会一生无成。……君子致力于道德修养，就有抓紧时间的意思。所以说，鸡一鸣就应赶快起床，勤勉地做好事。

【原文】凡先生之游……或径行平原大野，无足留意，则于鞍上默诵注疏；偶有遗忘，则即坊肆中发书而熟复之。

——《亭林先生神道表》

【译文】大凡顾炎武先生出外游历……有时经过平原旷野，没有什么需要留恋的，就在马鞍上背诵那些经书的注疏；偶尔有遗忘的地方，就立刻到旅店打开书温习它。

【原文】后生家每临事，辄曰"吾不会做"，此大谬也。凡事做则会，不做则安能会耶？又做一事，辄曰："且待明日"，此亦大谬也。凡事要做则做，若一味因循，大误终身。家鹤滩先生有《明日歌》最妙，附记于此："明日复明日，明日何其多！我生待明日，万事成蹉跎。世人苦被明日累，春去秋来老将至。朝看水东流，暮看日西坠。百年明日能几何？请君听我《明日歌》。"

——《履园丛话》

【译文】年轻人每做一件事，总是说"我不会做"，这是非常错误的。一切事情做才能会，不做怎么能会呢？还有，做一件事，总是说"姑且等到明天吧"，这也是非常错误的。一切事情要做就做，如果一个劲儿地拖延下去，就会耽误终身。我的本家鹤滩先生有一首《明日歌》最妙，附带写在这里：明天又是明天，明天怎么那样多！我一辈子都等待明天，什么事情都耽误了。世上的人苦就苦在被明天妨碍，春去秋来晚年就要到来。早晨看着水向东流去，晚上看着太阳从西方落下，人的一生能有多少明天呢？请您听一听我这首《明日歌》。”

【原文】陈亢问于伯鱼曰：“子亦有异闻乎？”对曰：“未也。尝独立，鲤趋而过庭。曰：‘学诗乎？’对曰：‘未也。’‘不学诗，无以言。’鲤退而学诗。他日，又独立，鲤趋而过庭。曰：‘学礼乎？’曰：‘未也。’‘不学礼，无以立。’鲤退而学礼。闻斯二者。”陈亢退而喜曰：“问一得三：闻诗闻礼，又闻君子之远其子也。”

——《论语·季氏》

【译文】陈亢向伯鱼问道：“您在先生那里听到什么特别的教导吗？”伯鱼回答：“没有。我父亲有一天曾经独个儿站在那里，我快步走过庭院，他说：‘学诗没有？’我回答说：‘没有。’他说：‘不学诗，就不善于说话。’我回去就学诗。又有一天，他又独个儿站在那里，我快步走过庭院。他说：‘学礼没有？’我回答说：‘没有。’他说：‘不学礼，就不能立身处世。’我回去就学礼。只听到这两件事。”陈亢回去高兴地说：“我问一个问题却得到了三点收获：知道了学诗的意义，知道了学礼的意义，还知道了君子不偏爱自己的儿子。”

【原文】吾闻圣人之后，虽不当世，必有达者。今孔丘年少好礼，其达者欤？吾既没，若必师之。

——《史记·孔子世家》

【译文】我听说圣人以后不会再有，但一定会有通达饱学之士。现在孔丘年纪很小就喜欢周礼，他就是通达饱学之士吗？我死后，你一定要拜他为师。

【原文】孔子曰：“鲤，君子不可以不学，其容不可以不饰。不饰则无根，无根则失理，失理则不忠，不忠则失礼，失礼则不立。夫远而有光者，饰也；近而逾明者，学也。譬之如污池，水潦注焉，菅蒲生焉，从上观之，谁知其非源也。”

——《说苑·建本》

【译文】孔子说:“儿子,君子不可以不学习,他的容貌不可以不修饰。不修饰就没有仪容,没有仪容就失理,失理就不忠诚,不忠诚就会失去礼貌,没有礼貌就无以立身。离人远远的而有光彩的,是修饰;靠人近近的而更明著的,是学习。比如污水池,雨水、流潦都归趋到那里,莞草、蒲草都生长在那里,从上面看下去,哪个知道他不是活水的源泉啊!”

【原文】子上杂所习,请于子思,子思曰:“先人有训焉,学必由圣,所以致其材也;厉必由砥,所以致其刃也。故夫子之教,必始于《诗》《书》而终于《礼》《乐》,杂说不与焉。又何请。”

——《孔丛子·杂训》

【译文】子上向他的父亲子思请教该学习什么。子思道:“祖先有教诲说,学习一定要从学圣道开始,这是为了能学习成材;磨刀一定要用磨刀石,这是为了能磨出利刃。所以,先祖孔子教诲:要从学习《诗经》《尚书》开始,而到《礼》《乐》为止,不涉及杂说。你还有什么可问的。”

【原文】(载)与诸生讲学,每告以知礼成性变化气质之道,学必如圣人而后已。

——《宋史·张载传》

【译文】张载给国家最高学府的学生讲学,常常告诉他们懂得礼仪、形成个性、养成良好气质的道理,求学不达到圣人的境界不可罢休。

【原文】不学无用学,不读非圣书。不为忧患移,不为利欲拘。不务边幅事,不作章句儒。达必先天下之忧,穷必全一己之愚。贤则颜孟,圣则周孔,臣则伊吕,君则唐虞。毙而后已,谁毁谁誉?

——《志箴》

【译文】不研究没有实用价值的学问,不阅读不是圣人贤人的经籍。不能因为忧虑和祸患而改变志向,不能因为功利和欲望而不自我约束。不致力于小事,不做只知分析解释古书章句的读书人。通达时必须最先忧虑天下的事情;穷困时必须全部使出自己的力量。品德高尚就像颜渊、孟子;道德高尚就像周公、孔子;入朝为臣就像伊尹、吕尚;身为人君就像尧、舜。到死为止,哪管它荣辱毁誉?

【原文】学者所以学为圣贤也。在斋务要讲明义理,修身慎行为事。如欲涉猎以资口耳,工诗对以事浮华,则非吾所知也。

——《学规》

【译文】做学问的人是通过学习来成为圣人贤人。在书房,一定要讲论明确“义”“理”。把修养身心和谨慎行为作为大事来做。如果想把一般泛览获得的知识用作谈论的资本,把能写诗作文用来哗众取宠,那么,就不是我所赞同的。

【原文】学不至于圣贤,只是有不诚处。

——《论学》

【译文】学问达不到圣贤的境界,只是因为自己有不诚心的地方。

【原文】今人只是个好高大,喜奇妙,惮绳检,故做出许多病痛。圣人必可学而至,只是人不晓做功夫。

——《学问篇》

【译文】现在的人只是好高骛远,喜欢猎奇取妙,害怕拘检、约束,所以弄出了许多毛病弊端。做一个道德高尚的人,一定可以通过学习来达到,只是人们不知道怎么下功夫。

【原文】学不志道,乃冥行也。道不法圣,乃曲途也。圣莫中于夫子,道在修其纶纪。

——《松窗寤言》

【译文】做学问不以道德为志向,就好像在夜间行走。求道德不以圣人为效法对象,就是在走弯路。圣人没有不像孔子的,道就在修养自己的纶纪之中。

【原文】常人而可以为圣贤,只是增益其所不能。欲增益其所不能,唯有“苦其心志,劳其筋骨”,以求进于学问而已。

——《备忘四》

【译文】一般的人如果可以成为圣贤,那只是因为他们增长了他们所不能具有的聪明才智。要想增长自己所不能具有的聪明才智,只有“使他的心意历苦,使他的筋骨受累”来求得在学问上有所长进罢了。

【原文】子曰:“士志于道,而耻恶衣恶食者,未足与议也。”

——《论语·里仁》

【译文】孔子说:“读书人立志于真理的求索,但又以自己穿粗布衣吃粗粮饭为耻辱,这种人是不值得同他谈论道的。”

【原文】子曰:“朝闻道,夕死足矣。”

——《论语·里仁》

【译文】孔子说:“早晨得知真理,就是当晚死去也是值得的。”

【原文】人必有不安于近小之心,而后可期以远大;人必有不安于凡庸之心,而后可相期以圣贤。不期于远大,不期为圣贤,皆是志不立。

——《困学录集粹》

【译文】人一定要有不安于眼前小事的思想,然后才可以期望他有远大志向;人必定有不安于平平常常的思想,然后才可以期望他成圣贤。如果不期望远大志向,不期望成为圣贤之人,便都是没有立志。

【原文】为学必先立志,立志当做天地间第一项事,当做天地间第一等人,当为前古后今,着力担当这一条大担子,自奋自力,在一方思超出一方,在天下思超出天下。今学术久晦,人失其心,阐而明之,不容少缓,当与一二同心,共肩斯事,阐扬光大,衍斯脉于天壤,救得人心千古在,励名直与泰山高,则化育参赞其事业,当不藉区区权势而立矣。

——《李二曲全集·传心录》

【译文】做学问必须首先确立志向,确立志向要做天地间第一项大事,要做天地间第一等人,要为前后古今努力担起这一条重担;自己要奋发努力,在一个地方,要想超越那个地方;在天下,要想超越天下。现在道术长期晦暗不明,人丧失了道术的法则,因而把道术主旨阐发明白,是刻不容缓的。应当与几个同志的人,共同肩负起这件要事,加以阐释,发扬光大,把这系统的道术扩展到天地之间;救得人心千古在,励名直与泰山高,那么,教化培育、参谋赞助这项事业,不借助小小的权柄势力,应当也能建立起来了。

【原文】学者必志于大道。

——《二程粹言·论学篇》

【译文】为学的人应该立志为大义而献身。

【原文】书不记,熟读可记;义不精,细思可精。唯有志不立,直是无著力处。

——《读书之要》

【译文】书上的东西一时记不住,多读就可以记住;书中的意思不能精通,细细地思考,就可以精通。唯有没有树立志向,就是有气力也无处可用。

【原文】学者大不宜志小气轻,志小则易足,易足则无由进;气轻则以未知为已知,未学为已学。

——《近思录集注·卷二》

【译文】学习要树立大志,没有大志就容易自满,自满了就不易有长进了;学习要有勇气,缺乏勇气。不懂的东西就自以为懂了,没有学到的东西也自以为学到了。

【原文】范仲淹二岁而孤，母贫无依，再适长山朱氏。既长，知其世家，感泣辞母去，之南都入学舍。昼夜苦学，五年未尝解衣就寝。或夜昏怠，辄以水沃面。往往馕食不充，日昃始食，遂大通六经之旨，慨然有志于天下。常自诵曰：当先天下之忧而忧，后天下之乐而乐。

——《宋名人言行录》

【译文】范仲淹两岁的时候没有了父亲，母亲贫穷，无依无靠，改嫁给长山一个姓朱的。范仲淹长大之后，知道了自己的家世，很有感触地哭泣着辞别了母亲，到南都学舍去读书。他白天夜里刻苦学习，五年不曾脱衣睡觉。有时夜里昏沉疲倦，便以冷水洗脸。往往连稠粥都不够吃，所以到太阳偏西的时候才开始吃饭。经过刻苦学习，终于精通了六经的旨义，颇有感慨地怀有治国济民的远大志向。他常常陈述说：应该忧愁在天下人忧愁之前，快乐在天下人快乐之后。

【原文】立得志定，操得心定，不至移易，则学自进。

——《学问篇》

【译文】如果志向确立得坚定，心里把持得坚定，不使志向至于更改，那么，做学问自然就会有长进。

【原文】诸生为学必先立志，如作室者先曰其基址乃可。志者志于道也，立之是敬。匹夫不可夺志，若其可夺，岂谓之志？自始至终皆是此一字。

——《大科书堂训》

【译文】学生们做学问必须先确立志向，就像兴建房屋的人先要讲清楚房屋的地基地址一样才行。志向，就是志向道德，确立志向就是敬守道德。人的志向是不能被改变的，如果他的志向能被改变，那么，怎么能称之为志向呢？做学问从始到终都是"志"这一个字。

【原文】志不立，天下无可成之事。虽百工技艺，未有不本于志者。今学者旷废隳堕，玩岁愒时，而百无所成，皆由于志之未立耳。故立志而圣，则圣矣；立志而贤，则贤矣。志不立，如无舵之舟，无衔之马，漂荡奔逸，终矣何所底乎？

——《教条示龙场诸生》

【译文】不确定志向，世界上就没有可以成功的事情。即使是各种行业的做工学艺，学成的根本也在于立定志向。现在的求学者荒废毁弃学业，贪图安逸，虚度岁月，百事不能做成一件，都是由于没有立定志向的缘故。因此，立志做圣人的，就可能成为圣人；立志做贤人的，就可以成为贤人。不确立志向，就像没有舵的船，没有勒口的马，飘荡奔跑，最终不知道向什么目标前进。

【原文】夫学莫先于立志,志之不立,犹不种其根而徒事培壅灌溉,劳苦无成矣。世之所以因循苟且,随俗习非,而卒归于污下者,凡以志之弗立也。

——《文录说四》

【译文】求学重要的是先要立下志向,志向不确立,犹如种树不种根,而徒劳地对树木培土灌溉,结果劳苦而无成效。世人之所以守旧敷衍,随波逐流,对错误的东西习以为常,而最后堕落为品格低下的人,都是因为没有立志的缘故。

【原文】故立志者,为学之心也;为学者,立志之事也。

——《文录·书朱守谐卷》

【译文】所以,确立志向,是做学问的根本;做学问,是确立志向的事业。

【原文】山,至阻也,而人梯之;海,至险也,而人航之。志之所前,何往不济!

——《愿学记一》

【译文】山,虽然高大陡险,但人可以爬上去;海,虽然宽广深险,但人可以用航船划过去。立志向前,又有什么地方不能到达?

【原文】志者人心之主。

——《张子止蒙注·太和篇》

【译文】志向是每个人思想中的主宰。

【原文】人品、学问,俱成于志;无志气人,一事做不得。

——《西岩赘语》

【译文】一个人之所以具有高尚的品德,渊深的学问,都是由于他有志气;没有志气的人,什么事也做不成。

【原文】告我同斋,学先孝弟。景彼古人,明天察地。随分自尽,殷勤问视,一念之诚,亦可养志。

——《岳麓书院教条·学箴》

【译文】告诫我的同学,为学先讲孝悌。景仰古人圣贤,明察天地道理。遵循本分各自尽力,殷勤问视父母。一个念头诚实,也可养成大志。

【原文】知止而后有定,定而后能静,静而后能安,安而后能虑,虑而后能得。物有本末,事有终始。知所先后,则近道矣。

——《礼记·大学》

【译文】知道了自己所要达到的目标，然后就能立定志向；有了崇高的志向，然后就能平静从容；平静从容然后才能安定泰然，安定泰然，遇事就能考虑周详；考虑周详了，自然能达到“明德”“新民”的至善境界。世上万事万物都有自己的前因后果，明确了它们的先后次序，就接近做学问的要旨了。

【原文】胜、霸既久系，霸欲从胜受经。胜辞以罪死。霸曰：“朝闻道，夕死可矣。”胜贤其言，遂授之。系再更冬，讲论不息。

——《汉书·夏侯胜传》

【译文】夏侯胜和黄霸在狱中已经关了很久。黄霸想向夏侯胜学习经书。夏侯胜以两人皆判死罪为由加以推托。黄霸说：“早上听到了真理，要我晚上就去死，都行。”夏侯胜认为黄霸说得对，就向黄霸传授了经学。在狱中过了两个冬天，可是两人讲习讨论经书从不停止。

【原文】读书以观圣贤之意，因圣贤之意，以观自然之理。

——《论为学》

【译文】读书是用来了解圣人贤人的思想，并根据圣人贤人的思想来认识世界万物的道理。

【原文】人闻道学之名，不骇以为高，则笑以为迂。且为学而不学道，则无天理人伦矣，果何学乎？

——《论学》

【译文】有的人听到道学的名称，不是惊骇其崇高，就是把它看成是迂腐的东西而感到可笑。然而做学问不学习道，就会丧失天理人伦，这种人究竟学习什么呢？

【原文】学之为道，莫先于正趋向。趋向不正，虽其胸贯古今，亦是小人耳。……夫趋向之正不正，视乎义利之明不明。夫人之有义，犹车之有靳、舟之有柁也。车不得其靳，则逸而不制，不覆不已；舟不得其柁，则流面不制，不覆不已；人不得其义，则纵而不制，不覆不已。诸生能悉心于义利间，而知经义取士，非专为科名设也，则违道不远，希贤希圣，举由乎此矣。

——《示诸生教一》

【译文】学问之道，首先应该端正趋向。趋向不端正，尽管自己能通贯古今，也是小人。……趋向的端正与不端正，要看对“义”“利”分不分明。人有道义，就像车有车辕、船有船舵。车没有这个车辕，就会疾驰而不能控制，不翻车不会停止；船没有船舵，就会漂流而不能控制，不翻船不会停止；人没有道义，就会放纵而不能控制，不丧身不会停止。学生们能够全心于“义”“利”的区分，而且，知道虽然通过研习经学可以选拔士人，但不是专为科举而设置的，那么，距离学问之道就不算太远，若希望成为圣人或贤人的，就可以由此开始了。

【原文】我虽在京，深以汝读书为念。非欲汝读书取富贵，实欲汝读书明白圣贤道理，免为流俗之人。读书做人，不是两件事。将所读之书，句句体贴到自己身上来，便是做人的法。如此，方叫得能读书人。若不将来身上理会，则读书自读书，做人自做人，只算做不曾读书的人。

——《三鱼堂文集·示大儿定征》

【译文】我虽然在京城，但非常挂念你读书学习。并不是让你读书去取富贵功名，只希望你读书明白圣贤的道理，免得成为一个平庸之人。读书与做人，并不是两件事。将所读的书，体会到自己身上来，便是做人的方法。只有如此，才称得上是真正会读书的人。如果不把所读的书在自己身上体会，读书是读书，做人是做人，那只能算作是没有读书的人。

【原文】子思谓子上曰：“白乎，吾尝深有思而莫之得也，于学则悟焉；我常企有望而莫之见也，登高则睹焉。是故虽有本性，而加之以学，则无惑矣。”

——《孔丛子·杂则》

【译文】子思对子上说道：“白啊，我常常有深思而不明白的，一学习就明白了；我常常有引颈企盼而望不见的，一登高就看到了。所以，虽然有颖悟的天性，但必须再加上学习，才不会迷惑了。”

【原文】汝年时尚幼，所缺者学也。可久可大，其唯学欤！所以孔丘言：“吾尝终日不食，终夜不寝，以思，无益，不如学也。”若使墙面而立，沐猴而冠，吾所不取。立身之道，与文章异：立身先须谨重，文章且须放荡。

——《梁简文帝集》

【译文】你年轻还小，所缺的是学习。可以长存人世和被后世发扬光大的，就是人的学识吧！孔子说："我曾经整天不吃饭，整晚不睡觉，去冥思苦想，没有什么收获，还不如去学习呢！"人不学习，如同面壁而视，一无所见，如同猴子沐浴后戴帽，徒有其表一样，这是我不赞成的。做人与做文章不同：做人先要注意谨慎持重，做文章却要活泼洒脱。

【原文】玉不琢，不成器；人不学，不知道。然玉之为物，有不变之常德。虽不琢以为器，而犹不害为玉也。人之性，因物而迁，不学，则舍君子而为小人，可不念哉！

——《欧阳永叔集》

【译文】玉石不经过精雕细琢，就不能变成美丽的工艺品；人不通过读书学习，就不可能明白万事万物的道理。然而玉石这东西，有不可改变的特性。如果不去雕琢它，使它变成工艺品，它仍然是一块洁白无瑕的玉石。人就不同了，人的性情经常随环境的改变而变迁，如果不学习，就会远离君子而变成小人，这能不引起注意吗？

【原文】学贵变化气质，岂为猎章句、干利禄哉。如轻浮则矫之以严重，偏急则矫之以宽宏，暴戾则矫之以和厚，迂迟则矫之敏迅。随其性之所偏，而约之使归于正，乃见学问之功大。以古人为鉴，莫先于读书。

——《庞氏家训·务本业》

【译文】学习的目的贵在改变人的性格和气质，岂是仅仅为了弄懂章句的词义，去谋取功名利禄。如性格浮躁便用严肃庄重去矫正，性格偏激便用宽宏大量去矫正，性格粗暴便用和顺仁厚去矫正，性格迟钝便用敏捷去矫正。根据人的性格的偏向，通过读书学习而使之归于正道，才真正显现出读书治学的功效。以古人为借鉴，知道没有比读书更优先的了。

【原文】学贵身行道，儒当世守经。心心慕绳检，字字讲声形。吾已鬓眉白，汝方衿佩青。良时不可失，苦语真须听。

——《剑南诗稿》

【译文】读书做学问最可贵的是对所学的道理能够身体力行，作为儒生应该终生恪守先贤的教导，心中应该始终仰慕圣人的人格，努力以先贤的教诲要求自己，解词释义的基本功，每个字的读法写法都要认真琢磨。我已经老了，而你正是读书的大好时光，一定要努力学习，莫失良机，望你一定听我的劝告。

【原文】盖汝好学，在家足可读书作文，讲明义理，不待远离膝下，千里从师，汝既不能如此，即是自不好学，已无可望之理。然今遣汝者，恐你在家汩于俗务，不得专意。又父子之间，不欲昼夜督责。及无朋友闻见，故令汝一行。汝若到彼，能奋然勇为，力改故习，一味勤谨，则吾犹不望。不然，则徒劳费。只与在家一般，他日归来，又只是旧时伎俩人物，不知汝将何面目归见父母亲戚乡党故旧耶？念之！念之！“夙兴夜寐，无忝尔所生！”在此一行，千万努力。

——《与长子受之》

【译文】如果你努力学习，在家里也完全可以读书作文，深明义理，不必远离父母，千里从师。既然你不能这样，就是自己不好好学习，当然也不能指望你懂得这个道理。现在让你出外从师，是担心你在家里为俗务所缠身，不能专心。同时。父子之间，我也不希望日夜督促责备你。再者在家里也没有朋友和你一起探讨，所以要让你出去走一走。如果你到了那里，能够奋发作为。努力改掉旧习，专心学习，勤勉谨慎，那么，我对你还抱有希望。否则，就自费精力。如果和在家里一样，他日归来，依然如故，那么你还有什么面目见父母乡亲呢？可要好好想一想啊。早起晚睡。无辱所生，在此一行。千万要努力！

【原文】夫吾之所谓经世者，非因时补救，如今所谓经济云尔也。将尽取古今经国之大猷，而一一详究其始末，斟酌其确当，定为一代之规模，使今日坐而言者，他日可以行耳。若谓儒者自有切身之学，而经济非所务，彼将以治国平天下之业，非圣贤学问中事哉？是何自待之薄，而视圣学之小也。…。…吾窃怪今之学者，其下者既溺志于诗文，而不知经济为何事；其稍知振拔者，则以古文为极轨，而未尝以天下为念；其为圣贤之学者，又往往疏于经世，见以为粗迹而不欲为。于是学术与经济，遂判然分为两途，而天下始无真儒矣，而天下始无善治矣。呜呼！岂知救时济世，固孔、孟之家法，而已饥已溺若纳沟中，固圣贤学问之本领也哉。

吾非敢自谓能此者，特以吾子之才志可与语此，故不惮冒天下之讥而为是言。愿暂辍古文之学，而专意从事于此。使古今之典章法制灿然于胸中，而经纬条贯，实可建万世之长策，他日用则为帝王师，不用则著书名山，为后世法，始为儒者之实学，而吾亦俯仰于天地之间而无愧矣。苟徒竭一生之精力于古文，以薪不朽于后世，纵使文实可传，亦无益于天地生民之数，又何论其未必可传者耶！况由此力学不为无用之空言，他日发为文章，必更有卓然不群者，又未如非学古文者之事也。吾子其尚从吾言，而无溺于旧学，幸甚幸甚。

——《石园文集·与从子贞一书》

【译文】我所主张的经世，并非补苴罅漏，如目前所谓的经世济民之类。而是尽取古今治国的谋略方策，逐一地详细探究其原因结果。分析其成败得失，定为一代之规矩模范，使今日坐而论道的人，他日可以遵照实行。如果有人认为儒者自有与自己关系密切的学问，经世济民并不是儒者的追求，那么，他们是否认为治国平天下的事情不是圣贤学问中的事情呢？这对自己的要求也太低了，把圣人的学问也看得太小了。……我私下地批评现在的学者，其下者沉迷于诗文，不知道经世济民为何物；其稍微知道有所作为的，又局限于古文，没有以天下为念；其为圣贤学者的，也往往疏于经世，把经世济民视为平常而不想花费时间。于是，学术与经世遂判然分为两途，而天下从此没有真正的儒者了，也从此没有善治了。唉！他们哪里知道救时济世，本来就是孔、孟的家法；而把天下的苦难看成自己的苦难来解决，本来就是圣贤学问的本领。

我不敢自称能够做到这一步，只是因为觉得你的才志值得与你谈论这些问题，所以不怕冒天下人的讥讽而写下这封信。希望你暂时停下古文之学，而专心专意从事经世致用之学。对古今的典章制度能够了如指掌，认真研究，实在可以建万世之长策，将来被重用就可以成为帝王的老师，不被重用，就可以著书立说，藏之名山，为后世取法，这才是儒者的真学问，这样我也可以死而无憾了。如果耗费毕生的精力致力于古文，以希望不朽于后世，纵使文章真正流传千古，也无益于天地生民，又何况还未必能流传后世呢！况且致力于经世致用之学不从事那些无用的空言，他日发为文章，必会卓尔不群，又未始不是学古文的人的事情。如果及早听从我的劝告，不再沉溺于古文之名，是非常值得庆幸的。

【原文】来札称，鲍甥孔学及汝女婿吴生元定、光生大椿学诵益专以悫，乞言以进之。夫学非且悫之难，贵先定所祈向耳。

……

君子之学，所以复其性也。三才万物之理，生而备之，而古圣贤人所以致知力行以尽其性者，具在遗经；循而达之，其知与力可以无所不极。然其事不越人伦日用之常，非如横索而履之与以足运瓮于高空之危且艰也，而有志于斯者则鲜焉。盖谓是非有利于己之私而无可歆羡焉耳。故学诵之专且悫，有以为名与利之阶者矣，有思以文采表见于后世者矣；又其上，则欲粗有所立，资以稍检其身而备世之用焉；又其上，则务复其性者是也。三生者，吾何以进之哉？达吾言而使其自审处焉可矣。

——《望溪先生文集·壬子七月示道希》

【译文】来信说，外甥鲍孔学和你的女婿吴元定、光大椿读书非常专心、诚实，希望我勉励他们几句。我认为，学习专心诚实不算太难，重要的是要确定学习的志向。

……

君子们学习，是为了恢复人的本来的善性。天地间的万事万物的性理，是一产生就具备了的，古代的圣人贤哲们关于致知力行来恢复人的本性的方法，都记载在经书里面，遵照执行，人的知识和力量可以做到任何事情。而且这些事情不过是些人伦日用的平常事情，并不像高空走绳和用脚转瓮那样危险艰难，但有志于此的人却非常少，大概是因为这样做不能满足自己的私欲，所以不值得羡慕。那些读书专心并且诚实的人，有的是以此作为取得名利的敲门砖，有的想因为文采而流芳后世；比上述高明的，是想有所作为，通过读书，提高自己的修养，以便将来之用；比上述都高明的，是希望通过读书恢复其本性。因此，对三个年轻人，我要用什么鼓励他们呢？把我的话转达给他们，让他们去自己思考吧。

【原文】侄孙近来为学何如？恐不免趋时，然也须多读书史，务令文字华实相副，期于实用乃佳。勿令得一第后，所学便为弃物也。海外也粗有书籍，六郎也不废学，虽不解对义，然作文极峻壮，有家法。二郎、五郎闻说也长进，曾见他文字否？侄孙宜熟先后汉史及韩柳文。有便寄旧文一两首来，慰海外老人意也。

——《东坡全集》

【译文】侄孙你近来学习如何？恐怕免不了赶追潮流，但一定要多读史书，务必使自己所作文章的文采和实际内容相符合，能够实用才算佳作。不要一旦取得科第功名，便把平时所学的东西丢弃了。海南这里也有一些书籍，六郎没有荒废学业，虽然还不会写对策的文章，但自己作文的气势非常豪放，有家传的章法。据说二郎、五郎也有长进，你曾看见他们所写的文章吗？你应该熟读《汉书》《后汉书》和韩愈、柳宗元的文章。方便的时候将你近期所作诗文寄一两首来，安慰一下我这身居海南的老人。

【原文】吾尝谓欲学道当以攻苦食淡为先，人生直得上寿，也无几何。况逡巡之间，便乃隔世。不以此时学道，复性反本，而区区惟事口腹，豢养此身，可谓虚作一世人也。食已无事，经史文典漫读一二篇，皆有益于人，胜别用心也。

——《家训》

【译文】我曾经说想学道应当以生活艰苦和辛勤自励为先，人生即使活到高龄，也没有多少岁月，况且徘徊之间，便到了另一个世界。不利用短暂的人生学道做人，复性反本，而每天去追求口腹之欲，供养此身，就是白做了一世人。吃完家常饭后，没有重要事情做，漫读经史文典一二篇，对人非常有益，胜过把心思用到其他事情上。

【原文】“口不绝吟于六艺之文，手不停披于百家之篇；纪事者必提其纲，纂言者必钩其玄，贪多务得，细大不捐，焚膏油以继晷，恒兀兀以穷年。”此文公自言读书事也。其要诀却在“纪事”“纂言”两句。凡书，目过口过，总不如手过。盖手动则心必随之，虽览诵二十遍，不如钞撮一次之功多也。况必提其要，则阅事不容不详；必钩其玄，则思理不容不精。若此中更能考究同异，剖断是非，而自纪所疑，附以辨论，则浚必愈深，着心愈牢矣。近代前辈当为诸生时，皆有经书、讲旨及《纲鉴》《性理》等钞略，尚是古人遗意盖自为温习之功，非欲垂世也。今日学者亦不复讲，其作为书、说、史、论等刊布流行者，乃是求名射利之故，不与为己相关，故亦卒无所得。盖有书成而了不省记者，此又可戒而不可效。

——《榕村全集·摘韩子读书诀课子弟》

【译文】“不停地吟诵《诗》《书》《礼》《易》《乐》《春秋》的文章，不停地披阅诸子百家的著作；对于记事的著作必须提出书中的要点，对手理论性的著作必须探索其中精深的义理。尽可能多学而务求有收获，大小都不舍弃；点着烛火夜以继日，经常终年苦学不倦。”这是韩文公自己讲他读书的事情，它的要诀就在“纪事者必提其要，纂言者必钩其玄”两句。凡读书，只看一次，念一次，总不如手写一次，因为手一动，心必跟着动，即使看它读它二十遍，不如抄写一次的功效大。况且，要提炼出它的要点，阅读其中的事情就不能不详细；要探索其精深的义理，思考就不能不精细。如果能够更进一步，探究它们的异同，剖析判断它们的是非，记下自己的疑问，加上自己的辨析论证，那么就用心愈深，记忆更为牢固。近代的前辈当他们做秀才时，都有经书、讲旨及《纲鉴》《性理》等书的摘录。这还是古人传下来的规矩，是自己做温习的功夫，不是要流传后世。今天治学的人也不再讲求这些，那些以书、说、史、论等刊布流行的，乃是为求名得利，不是为了自己学习，结果也就没有什么收获。有的文章写成了而对书的内容却不能理解记住，要以此为戒，而不可仿效。

【原文】除诵读作文外，馀暇须批阅史籍；惟每看一种，须自首至末，详细阅完，然后再易他种。最忌东拉西扯，阅过即忘，无补实用。并须预备看书日记册，遇有心得，随手摘录。苟有费解或疑问，亦须摘出，请姚师讲解，则获益良多矣。

——《林则徐家书·训次儿聪彝》

【译文】除了诵读经书学习写作之外，有空应该阅览史籍；只是每看一种，必须从头到尾，仔细读完，然后再换其他的种类。最忌讳东拉西扯，读过即忘，没有实际用处。并且还要预备读书日记本,遇有心得,随手摘录。如果有费解和疑问的。亦应该摘抄出来,请姚老师讲解,这样,收获就会很多。

【原文】夫学贵专门,识须坚定,皆是卓然自立,不可稍有游移者也。至功力所施,须与精神意趣相为浃洽,所谓乐则能生,不乐则不生也。晚年过镇江访刘端临教谕,自言颇用力于制数,而未能有得,吾劝之以易意以求。夫用功不同,同期于道。学以致道,犹荷担以趋远程也,数休其力而屡易其肩,然后力有馀而程可致也。攻习之余,必静思以求其天倪,数休其力之谓也;求于制数,更端而究于文辞,反覆而穷于交理,循环不已,终期有得,屡易其肩之谓也。夫一尺之棰,日取其半,则终身用之不穷。专意一节,无所变计,趣固易穷,而力亦易见绌也。但功力屡变无方,而学识须坚定不易,亦犹行远路者,施折惟其所便,而所至之方,则未出门而先定者矣。

——《文史通义·家书四》

【译文】为学贵在专门,识见必须坚定,要能卓然自立,不可三心二意。至于功夫气力用在什么地方,必须与自己的精神意趣相符合,所谓高兴去做就能成功,不高兴去做就不能成功,就是这个道理。去年我到镇江拜访刘端临教谕,他说自己对术数很用功,然而却没有什么收获,我劝他斟换一下。用力地方面不同,目的都是为了获得道理。求学获得道理,就像挑担子走远路,要多次休息和斟换肩膀,然后才能力量有余,到达目的地。攻习之余,要坐下来仔细思考一下事物的细微差别,这就等于挑担子坐下来休息一下。研究术数,不妨更换一下去研究文辞,然后再反过去研究义理。如此循环不已,最终期于有所收获,这就等于挑担子不断换肩。一尺长的木棍,每天截取它的一半,终身都用不完。专心致志于一个方面,没有变化,兴趣当然容易枯竭,力量也容易感到不足。但是,用功的方法虽然可以不断变化,而学识必须坚定不移,就像走远路的人,走法可以随自己决定,而方向在出门之前就先确定下来了。

【原文】天下事有难易乎?为之,则难者亦易矣;不为,则易者亦难矣。人之为学有难易乎?学之,则难者亦易矣;不学,则易者亦难矣。吾资之昏,不逮人也;吾材也庸,不逮人也。旦旦而学之,久而不怠焉,迄乎成,而亦不知其昏与庸也。吾资之聪倍人也,吾材之敏倍人也,屏弃而不用,其与昏与庸无以异也。圣人之道,卒于鲁也传之。然则昏庸聪敏之用,岂有常哉?

蜀之鄙有二僧,其一贫,其一富。贫者语于富者曰:“吾欲之南海,何如?”富者曰:“子何恃而往?”曰:“吾一瓶一钵足矣。”富者曰:“吾数年来欲买舟而下,犹未能也,子何恃而往？”越明年，贫者自南海还，以告富者，富者有惭色。西蜀之去南海，不知几千里也，僧之富者不能至，而贫者至焉。人之立志，顾不如蜀鄙之僧哉！

是故聪与敏，可恃而不恃也。自恃其聪与敏而不学者，自败者也。昏与庸，可限而不可限也，不自限其昏与庸而力学不倦者，自力者也。

——《白鹤堂诗文集·为学一首示子侄》

【译文】天下的事情有难易之分吗？认真去做，困难的事情也变得容易；不去做，容易做的事情也会变成难事。人们的学习也有难易之分吗？去学，困难的也就变得容易了；不去学，容易学的也会变成难学的。我的资质迟钝，赶不上别人；我的才能平庸，也不如别人。但是，如果能天天坚持学习，不松懈，等到学有成就，也就不会觉得迟钝和平庸了。如果我的资质聪明得超过别人一倍，能力强过别人一倍，但放着不去用它，那就与那些迟钝、平庸的人没有区别了。孔子的道统，最终由较为鲁钝的曾参传了下来。迟钝平庸与聪明能干对一个人所起的作用，难道是不变的吗？

四川边远之地有两个和尚，一个贫穷，一个富有。贫穷的告诉富有的说：“我想到南海去，你看怎么样？”富和尚说：“你凭什么前去？”穷和尚说：“我只需一个装水的瓶子和一个盛饭的钵就足够了。”富和尚说：“几年来我想买条船去，还没去成，你凭什么前去！”到第二年，贫穷的和尚从南海归来，跑去告诉那个有钱的和尚，富有的和尚面有愧色。

四川与南海之间，相距不知几千里，富有和尚没能去，而穷的和尚却去了，人们立志学习，难道还不如那个贫穷的和尚吗？

所以，聪明和能干，可依靠又不可以依靠啊！仗着自己聪明能干而不肯学习的人，是自己毁了自己。迟钝与平庸，能限制一个人又不能限制一个人，不因为自己的迟钝平庸而能不倦地学习的人，才是自求上进的人。

【原文】传家一卷书，惟在汝立志。凤飞九千仞，燕雀独相视。不饮酸臭浆，闲看旁人醉。识字识得真，俗气自远避。人字两撇捺，原与禽字异。潇洒不沾泥，但与天无二。

——《姜斋诗剩稿·示侄孙生蕃》

【译文】传给你书一卷，希望你立志做个高尚的人。凤凰高飞九千仞之上，燕子和山雀只能在下面看着它；不去喝那些酸臭的酒，就可以在一边闲看旁人喝得烂醉；识字识得真切，俗气自然远离。“人”字一撇一捺，本来就和禽兽的“禽”字不同，洒脱不沾污秽，便是顶天立地的男儿。

【原文】夫君子之行，静以修身，俭以养德，非淡泊无以明志，非宁静无以致远。夫学，须静也；才，须学也。非学无以广才，非志无以成学。慆慢则不能励精，险躁则不能治性。年与时驰，意与日去，遂成枯落，多不接世，欲守穷庐，将复何及！

——《太平御览》

【译文】品德高尚者的作为，通过静加强自身修养，通过节俭培养良好的德行。不恬淡寡欲，不能表明志趣；没有宁静的心境，不能确立高远的志向。求学，一定要安心；取得才干，一定要通过学习。不学习，不能增长才干；不立志，不能成就学业。轻浮怠惰不能钻研学问，偏傲浮躁不能陶冶性情。年华易逝，意志消磨，就会成为枯叶一般，不合世用，悲守穷屋，后悔不及了！

【原文】上学以神听，中学以心听，下学以耳听。以耳听者，学在皮肤；以心听者，学在肌肉；以神听者，学在骨髓。故听之不深即知之不明，知之不明即不能尽其精，不能尽其精即行之不成。

——《文子·道德》

【译文】上等的学习方法是用神思去听，中等的学习方法是用心去听，下等的学习方法是用耳去听。用耳朵去听，只能学到一些皮毛的学问；用心去听，才能学到一些肌肉一样的学问；用神思去听，才能学到精髓的学问。所以听到的不深，了解事物就不甚清楚，了解事物不清楚，就不能领略事物的实质，不能领略事物的实质，去进行学业就不会取得成效。

【原文】虽有嘉肴，弗食，不知其旨也。虽有至道，弗学，不知其善也。是故学然后知不足，教然后知困。知不足然后能自反也，知困然后能自强也。

——《礼记·学记》

【译文】即使是美味的菜肴，不经过自己的品尝，就领会不到它的美味；即使是深远的道理，不经过自己的钻研，就领会不了其中的奥秘。所以说，只有经过学习实践，才会发现自己的知识水平不够；只有通过教学，才会发现自己有不懂之处。知道了自己的不足，便能督促自己学习；知道自己懂得不透，便能督促自己努力提高。

【原文】读书百遍，其义自见。

——《三国志·魏书》

【译文】能把一本书读过百遍，其中的含义自然就能领会。

【原文】夫不学而求知，犹愿鱼而无网焉。

——《抱朴子·勖学》

【译文】不经过学习而想得到知识，就像想捕鱼，却没有捕鱼网一样。

【原文】读书破万卷，下笔如有神。

——《奉赠韦左丞丈二十二韵》

【译文】读了大量的书之后，写起文章来就如有神灵帮助一样。

【原文】读书万卷始通神。

——《柳氏二甥求笔迹》

【译文】如果能读大量的书，写起文章、诗词就好像得到神助一样。

【原文】愿学者每次作一意求之。

——《又答王庠书》

【译文】希望学习的人每次读书，都要确立一个明确的目的，引导自己钻研。

【原文】学莫贵乎自得，非在外也，故曰自得。……不深思则不能造于道，不深思而行者，其得易失。

——《宋元学案·伊川学案》

【译文】求取学问，重要的是心中自有所得，并非得在身外，所以叫作自得。……不深思熟虑，就不能达到道的境界，不深思熟虑而贸然行事，所得到的也容易丢失。

【原文】或问："如何学可谓之有得?"曰："大凡学问，闻之知之皆不为得，得者须默识心通。学者欲有所得须是笃，诚意烛理。"

——《宋元学案·伊川学案》

【译文】有人问："如何学习可以算作是有所得?"回答说："对于学问而言，听到的、知晓的都不能叫做得；所谓得，必须是在头脑中完全记住，心中豁然贯通。求取学问的人要想有所得，必须勤恳诚实，只有心诚才能理明。"

【原文】知之必好之，好之必求之，求之必得之。古人这个学是终身事，果能颠沛造次必于是，岂有不得道理。

——《二程语录·卷十一》

【译文】学问一事，知晓了必定喜好，喜好了必定求取，求取了必定得到。古人的这个学问是终身事业，如果真能在学问上历尽艰辛而追求不懈，哪有不得之理。

【原文】读书须知出入法，始当求所以入，终当求所以出。

——《扪虱新语》

【译文】读书要懂得能出能入的方法，起先是要钻进去，了解其意旨；后来是要钻出来，不盲目信书。

【原文】学者不自着实理会，只管看人口头言语，所以不长进。

——《陆象山集·语录》

【译文】学习不能长进的原因，在于自己不动脑筋理会书中的要旨，只是人云亦云。

【原文】文章自得方为贵，衣钵相传岂是真？

——《滹南王先生诗集》

【译文】做文章应该自己见解才算可贵，因袭模仿算什么真才实学？

【原文】学未有得，徒事华藻，若持钱买水，所取有限。

——《元史·国子博士》

【译文】读书不能领会其中精髓，而只注意华丽辞藻，这好比用钱买水，所得是有限的。

【原文】学问之道，以各人自用得着者为真；凡依门傍户，依样画葫芦者，非流俗之士，则经生之业也。

——《明儒学案发凡》

【译文】学问之道，以各人自己用得着的为真切；凡是那些缺乏新见，依样画葫芦的文章，不是赶潮流的世俗庸人，就是抄书匠之流搞出来的。

【原文】学以收其所积之智也，日新其故，其故愈新，是在自得，非可袭掩。

——《通雅卷首》

【译文】学习是为了吸收前人积累的智慧，每天用新的知识来充实或更正旧的知识，这样旧的知识越来越新，这些必须通过自我体会才能得来，不是能抄袭和照搬得来的。

【原文】今人为学，须持心牢固，如铁壁铜墙，一切毁誉是非，略不为其所动，乃可渐入。若有一毫为人的意思，未有不入于流俗者。

——《汤潜庵集·语录》

【译文】现在的人做学问，必须确立坚定不移的思想，像铜墙铁壁一样，对于外界的一切是非毁誉，一点儿也不为所动，才可以逐步深入到学问中去。如果有一点儿做给别人看、以求虚名的想法，那么，就不免流入庸俗之人当中去。

【原文】为学之要，先戒名心；为学之方，求端于道。

——《答沈枫墀论学》

【译文】做学问的要领，首先是戒除名利思想；做学问的方向，是求得道德端正。

【原文】士不厌学，故能成其圣。

——《管子·形势解》

【译文】人能好学不厌，因此才会成为圣人。

【原文】书味在胸中，等于饮陈酒。

——《遣怀杂诗》

【译文】心里体会到书中的意味，那甜美的滋味胜过于饮陈年老酒。

【原文】愿告当世读书人，毋为空作书中蠹。

——《归庄集·读书》

【译文】我要告诉读书人不能死啃书本，而要联系实际加以运用。

【原文】学问之道，其得之不难者，失之必易，惟艰难以得之者，斯能兢业以守之。

——《默觚·学篇》

【译文】求学之道得到时如不困难，失去也必然容易；唯独历经艰难得到的才能兢兢业业地把守。

【原文】惟圣罔念作狂，惟狂克念作圣。

——《尚书·多方》

【译文】明哲的人不思考会变得无知，无知的人通过思考也能变得明哲。

【原文】听不审，不聪，不审不聪则缪；视不察，不明，不察不明则过；虑不得，不知，不得不知则昏。

——《管子·宙合》

【译文】听到了不分析就不明了，不分析不明了就会产生谬误；看到了不调查就会不清楚，不调查不清楚就会产生过失；思考了不体会就没有认识，不体会不认识，就会糊涂。

【原文】子曰："不曰'如之何？如之何？'者，吾未知如之何也已矣。"

——《论语·卫灵公》

【译文】孔子说："（遇事不爱思索）不说'怎么办？怎么办？'的人，我也不知道该把他们怎么办。"

【原文】博学之，审问之，慎思之，明辨之，笃行之。有弗学，学之弗能，弗措也；有弗问，问之弗知，弗措也；有弗思，思之弗得，弗措也；有弗辨，辨之弗明，弗措也；有弗行，行之弗笃，弗措也。人一能之己百之，人十能之己千之。果能此道矣，虽愚必明，虽柔必强。

——《礼记·中庸》

【译文】要广泛地学习各种知识，详尽地探讨事物的原理，慎重地思考所学的东西，明确地辨别是非曲直，坚定切实地实践自己的理想。有的东西不学则已，学了就一定要掌握它，如果没有掌握，就决不放下不学；有的问题不问则已，问了就一定要弄明白，如果还没弄明白，就决不放下不问；有的问题不思考则已，思考了，就一定要有自己的体会，如果没有什么体会，就决不停止思考；有的事情不辨明则已，要辨别就一定要分出是非曲直，如果分不出是非曲直，就决不放手；有的措施不实践则已，实践了就一定要切实贯彻，如果不贯彻，就决不停止实践。他人一遍能做好的，我做它一百遍也同样能做好；他人十遍能做好的，我做它一千遍也同样能做好。一个人如果能按这个道理去做，那么，即使是愚蠢的人，也必定会变得聪明；即使是柔弱的人，也一定会变得刚强。

【原文】思索以通之。

——《荀子·劝学》

【译文】通过认真思索把所学的知识联系起来。

【原文】是故知不务多，务审其所知。

——《荀子·哀公》

【译文】知识不求多，但一定要审察所学的知识是否正确。

【原文】听言不可不察，不察则善恶不分。

——《吕氏春秋·听言》

【译文】听到别人的言论，不能不做分析，不分析就分辨不清善恶。

【原文】不览古今，论事不实。

——《论衡·别通篇》

【译文】不研究历史和现状，对问题的看法就不会准确。

【原文】规矩，方圆之至；圣人，人伦之至。为学不师圣贤而师己意，其敝将有不可胜言者。

——《愿学记一》

【译文】规矩,是画方和圆的最好工具;圣人,是人与人之间伦理关系的最高标准。做学问不学习圣贤,却按照自己的意思去做,就将有说不尽的弊病。

【原文】学术坏而心术因之,心术坏而世道因之,古今不易之理也。《孟子》:"生于其心,害于其政。发于其政,害于其事",是本心术而言。"作于其心,害于其事。作于其事,害于其政",是本学术而言。欲正人心,先正学术,故曰:"乃所愿,则学孔子也。"

——《愿学记二》

【译文】有了邪说歪道,思想感情就因袭上了,思想感情颓废了,社会风尚也就沿袭上了,这是古代和现在都不会更改的道理。《孟子》中说:"从思想中产生出来的,必然会在政治上产生危害。假如将它用于政治上去,一定会危害到国家的各种具体工作。"这是从心术的根源来说的。"从思想中萌发出来的,必然会危害到各种具体的工作。如果把它实施于各种具体事情,一定会危害到国家政治大事",这是从学术的根源来讲的。要想端正人们的思想,必须首先端正学术,所以说:"我所希望的,就是学习孔子。

【原文】孟子曰:"无或乎王之不智也。虽有天下易生之物也,一日暴之,十日寒之,未有能生者也。吾见亦罕矣,吾退而寒之者至矣,吾如有萌焉何哉?今气弈之为数,小数也;不专心致志,则不得也。弈秋,通国之善弈者也。使弈秋诲二人弈,其一人专心致志,惟弈秋之为听。一人虽听之,一心以为有鸿鹄将至,思援弓缴而射之,虽与之俱学,弗若之矣。为是其智弗若与?曰:非然也。"

——《孟子·告子上》

【译文】孟子说:"不要疑惑齐王不明智。即使天下有一种最易成长的生物,晒它一天,冻它十天,没有能够生长下来的。我和齐王很少见面,我避开他,对他冷淡到家了,我对他萌发的善良之心能有什么帮助呢?譬如下棋,这只是小技能,但如果不专心致志去学,就学不好。弈秋,是全国最好的棋手。让他教两人下棋,其中一个人专心致志地学,弈秋的教诲全都听进去了;另一个人虽然听着,但一心总想着天鹅要飞来了,要拿起弓箭去射它。虽然和前一个人一道学习,水平却不如人家,这是因为他的智力不如别人吗?当然不是的。"

【原文】心枝则无知，倾而不精，贰则疑惑。

——《荀子·解蔽》

【译文】思想分散就不可能获得知识，思想不专心，认识就不可能精深，三心二意，就会疑惑。

【原文】今使涂之人伏术为学，专心一志，思索孰察，加日县久，积善而不息，则通于神明，参于天地矣。

——《荀子·性恶》

【译文】假如让普通人把“仁义法正”作为学习的内容，专心致志，认真思考，在一段时间内，持续做好事而不停歇，那就可以达到极高的智慧，而巍然耸立于天地之间了。

【原文】君子壹教，弟子壹学，亟成。

——《荀子·大略》

【译文】君子专心致志地教，弟子专心致志地学，学问就能迅速完成。

【原文】琴瑟简编，学者不可无，盖有业以居之，心就不放。

——《传习录》

【译文】琴瑟书籍，一个读书人不能不具备，因为从事学业，他的思想就不会放纵。

【原文】性痴，则其志凝；故书痴者文必工，艺痴学技必良。一世落拓而无成者，皆自谓不痴者也。

——《聊斋志异》

【译文】一个人，如果极度迷恋于某一事物，那他的志向必然专注：迷恋于读书的，必然善于写文章；迷恋于学习技能的，必然会练就一身手艺——世界上那些放浪散漫一事无成的人，都是自称不痴的人。

【原文】夙夜罔或不勤，不矜细行，终累大德，为山九仞，功亏一篑。

——《尚书·旅獒》

【译文】从早到晚，不能有不勤奋的时候，不慎小德终将损害大德。譬如堆垒九仞高的土山，只差一筐土，还是不算完成。

【原文】子曰：“君子食无求饱，居无求安，敏于事而慎于言，就有道而正焉，可谓好学也已。”

——《论语·学而》

【译文】孔子说：“君子吃饭不求饱足，居住不求安适，办事情勤劳够捷，言谈时小心谨慎，在学业上有弄不清的地方，向有学问的人请教，这样，就可以说是好学了。”

【原文】子曰：“学如不及，犹恐失之。”

——《论语·泰伯》

【译文】孔子说：“做学问好像追赶什么东西似的，生怕追不上；追上了，又怕丢掉了。”

【原文】雍乾间，吴县叶天士名桂，以医名于当前。自十二至十八，凡更十七师。闻某人善治某证，即往执弟子礼。既得其术辄弃去。生平不事著述，今惟存《临证指南医案》十卷，亦门人取其方药治验，分门别类，集为一书，附以论断，非尽天士本意也。

——《清代述异》

【译文】雍正、乾隆年间，吴县叶天士以医术闻名于当时。他从十二岁到十八岁，一共跟从了十七名老师。他听说某人擅长诊治某科病症，立刻前往拜师学习，学到了老师的医术就又离开。他一生不事著述，现在传世的著作只有《临证指南医案》十卷，也是他的徒弟用他平日看病的处方进行治疗、验证，然后分门别类，收辑成为一本书的，书中所加的有关论断，也不全都是叶天士的原意了。

【原文】满招损，谦受益，时乃天道。

——《尚书·大禹谟》

【译文】傲慢招致损害，谦和自有好处，这是自然的道理。

【原文】曾子曰：“以能问于不能，以多问于寡，有若无，实若虚，犯而不校，昔者吾友，尝从事于斯矣。”

——《论语·泰伯》

【译文】曾子说：“有能力却向没有能力的人求教，知识丰富却向知识贫乏的人求教；有学问却像没有学问一样，满腹经纶却像空无所有一样；即使被欺侮，也不计较，过去，我有一位朋友就是这样做的。

【原文】凡学之道，严师为难。师严然后道尊，道尊然后民知敬学。

——《礼记·学记》

【译文】求学之道，以尊师为最难。只有尊师，才能重道；只有重道，老百姓才懂得敬重学习。

【原文】国将兴，必贵师而重傅。……国将衰，必贱师而轻傅。

——《荀子·大略》

【译文】一个国家将要兴盛，必定会尊重老师，敬重师傅。……一个国家将要衰败，必定会轻贱老师，薄待师傅。

【原文】疾学在于尊师。

——《吕氏春秋·劝学》

【译文】要很快学得知识和才干，首先在于尊敬老师。

【原文】学士简练于学，成熟于师，身之有益，犹谷成饭，食之生肌腴。

——《论衡·量知篇》

【译文】学者应当努力学习，通过老师指导使自己有大的进步，这好比谷子煮成了饭，人吃了对身体有益，使人长胖一样。

【原文】(杨时)见程颐于洛，时盖年四十矣。一日见颐，颐偶瞑坐，时与游酢侍立不去。颐既觉，则门外甘雪深一尺矣。

——《宋史·杨时传》

【译文】杨时到洛阳拜程颐为师时，已经四十来岁了。一天，杨时与游酢冒雪去拜见老师程颐，正碰上程颐坐着小睡，他们不敢惊动，便站在门外等待，到程颐醒来时，门外的雪已下得有一尺深了。

【原文】师以质疑，友以析疑。师友者，学问之资之。

——《西沤外集·冰言补》

【译文】拜老师以解答疑难，交朋友以辨析疑难，老师和朋友对做学问很有帮助。

【原文】卫公孙朝问于子贡曰："仲尼焉学？"子贡曰："文武之道，未坠于地，在人。贤者识其大者，不贤者识其小者。莫不有文武之道焉。夫子焉不学？而亦何常师之有？"

——《论语·子张》

【译文】卫国的公孙朝问子贡说："仲尼的学问是从哪里学来的？"子贡说："文王、武王之道，并没有散失，还在人间流传。贤人能够抓住它的根本，不贤的人只能抓住它的末节。无处不有文王、武王之道。我的老师哪里不能学习？又何必要有固定的老师呢？"

【原文】礼者，所以正身也；师者，所以正礼也。无礼，何以正身？无师，吾安知礼之为是也？礼然而然，则是情安礼也；师云而云，则是知若师也。情安礼，知若师，则是圣人也。故非礼，是无法也；非师，是无师也。不是师法，而好自用，譬之是犹以盲辨色，以聋辨声也，舍乱妄无为也。

——《荀子·修身》

【译文】礼是用来端正行为的，老师是请来解释礼的规定的。没有礼，我们用什么端正行为；没有老师，我们怎么知道礼就是这样一些内容。礼是怎样规定的，就应该怎样做，那么我们的性情、习惯都能按照礼去规范；老师怎么说，就应该怎么做，那么，我们的知识就能达到老师的高度。性情按照礼的要求，知识达到老师的高度，那就是圣人了。因此，违背礼仪，就是不要礼法；违背老师，就是不要老师。不遵照老师的教导和规定去做，而喜欢自搞一套，就好比是教瞎子去辨认颜色，让聋子去辨别声音，这除了胡来以外，不会再有其他作为了。

【原文】古之学者必有师。师者，所以传道、受业、解惑也。人非生而知之者，孰能无惑？惑而不从师，其为惑也，终不解矣。生乎吾前，其闻道也，固先乎吾，吾从而师之；生乎吾后，其闻道也，亦先乎吾，吾从而师之。吾师道也，夫庸知其年之先后于吾乎！是故无贵无贱，无长无少，道之所存，师之所存也。

——《师说》

【译文】古代求学的人必定有教师。老师，是来传授圣人的学说、讲授学业、解答疑难的人。人不是生下来就懂得这些的，谁能没有疑惑呢？有了疑惑而不跟随老师求学，他们的那些问题，就始终得不到解答了。生在我以前的人，他们听到的圣人的学说本来就在我以前，我跟随他们，并把他们当作老师；生在我以后的人，如果他们听到的圣人的学说也在我以前，我也跟随他们，并把他们当成老师。我以圣人的学说为师，哪里需要知道他们的年龄比我大还是比我小呢？因此，无论是地位高的，还是地位低的。无论是年长的，还是年轻的，圣人的学说所在的地方，就是老师所在的地方。

【原文】唐子畏长于文衡山，自请北面隅坐。其书云："非面伏，乃心服也。项橐七岁为孔子师，子路长孔子十岁。诗与画，寅得与往仲争衡；至其学行，寅将北面而走矣。寅长于征仲十阅月，愿例孔子，以征仲为师，求一俯首，以消溶渣滓之心，非徼徼为异，亦使后生小子钦仰前辈之规矩丰度。征仲不可辞也。"袁中郎叹曰："真心真话！谁谓子畏徒狂哉！"

——《涌幢小品·卷三》

【译文】唐寅比文徵明年长，他写信给文徵明，请求居于学生之位。信中说："我并非表面上服气，而是心悦诚服。项橐年仅七岁，就当了孔子的老师；子路虽比孔子大十岁，但却是孔子的学生。论诗和画，我和您旗鼓相当，但是若论学识品行，那就比您差一大截了。我比您大十余月。愿以孔子为榜样，拜您为师，请求您能同意，以消融我心中的糟粕，这样并非刻意求异，是我这个后生小子钦仰孔子等前辈的规矩与风度。您可不要推辞啊!”袁宏道感叹地说:“这是真心真话,谁说唐寅只是个狂生呢!”

【原文】孟子曰:“尽信《书》,则不如无《书》。吾于《武成》,取二三策而已矣。”

——《孟子·尽心下》

【译文】孟子说:“完全相信《尚书》,那还不如没有《尚书》。我对于《武成》这一篇,所取的不过二三条罢了。”

【原文】文王智而好问,故圣;武王勇而好问,故胜。

——《淮南子·主术训》

【译文】周文王聪明而喜欢向人请教,所以成为圣人;周武王勇敢而喜欢向人请教,所以常打胜仗。

【原文】所以观书者,释己之疑,明己之未达。每见每知所益,则学进矣。

——《理窟·义理》

【译文】读书是用来解释自己的疑惑,弄清自己尚不明了的问题的。每读一次书都能有所收获,这样学问就进步了。

【原文】于不疑处有疑,方是进矣。

——《理窟·义理》

【译文】在看似无疑之处发现疑问,学问就进步了。

【原文】在可疑而不疑者,不曾学。学则须疑,譬之行道者,将之南山,须问道路之〔出〕,若安坐,则何尝有疑。

——《理窟·学大原》

【译文】对应该质疑的地方而不质疑,等于没有学。学习就是应该提出疑问,比如行路的人,准备去南山,一定要问路往哪里走,如果安逸地坐着不动,那怎么会产生疑问呢?

【原文】义理有疑,则濯去旧见以来新意。心中苟有所开,即便札记。不思,则还塞之矣。

——《理窟·学大原》

【译文】如果对义理有疑问,那么就坚决摒除旧见,力图寻求新见。心中如果有所领悟,立刻就记下来。如果疑而不思,那么所疑仍旧不明白。

【原文】平日功夫须是作到极时,四边皆黑,无路可入,方是有长进处。大疑则可大进,若自觉有长进,便道我已到了,是未足以为大进也。

——《性理精义·总论为学之方》

【译文】平日做学问，功夫应当做到极点，一直到四边皆是疑团，再也无法深入下去，这样才真是有进步。有大的疑问，学问就会有大的进步。如果只是自己感到有进步，便说我已经达到目的了，这不能看作是有大的进步。

【原文】读书无疑者，须教有疑。有疑者却要无疑，到这里方是长进。

——《读书法》

【译文】读书如果没有疑问，一定要发现疑问。发现了疑问还要解决疑问，到了这一步学问才算是有了长进。

【原文】读书始读，未知有疑。其次则渐渐有疑。中则节节是疑。过了这一番后，疑渐渐解，以至融会贯通，都无所疑，方始是学。

——《晦翁学案》

【译文】读书刚开始时，不晓得有什么疑问，读了一部分就渐渐产生疑问，读到中间就节节都有疑问。经过一番思索，逐渐解决了疑问，以至于融会贯通，完全没有疑问了，这才算是读书治学。

【原文】为学患无疑，疑则有进。

——《象山先生全集·卷三十五》

【译文】读书治学怕就怕发现不了疑问，发现疑问，学业就会长进。

【原文】小疑则小悟，大疑则大悟，不疑则不悟。

——《南雷文定·卷一》

【译文】小有疑问则小有领悟，大有疑问则大有领悟，没有疑问则没有领悟。

【原文】善疑者，不疑人之所疑，而疑人之所不疑。

——《东西均·疑何疑》

【译文】善于质疑问难的人，不去怀疑人家已有的疑问，而是怀疑人家尚未发现的疑问。

【原文】古人学问并称，明均重也，不能问者，学必不进。

——《五种遗规》

【译文】古人把学和问相提并论，看得同样重要；如果不能常发疑问，他的学习也就不能进步。

【原文】先生……十岁……就傅，读书过目成诵，日数千言不肯休。授《大学章句》，至“右经一章”以下，问塾师：“此何以知为孔子之言而曾子述之？又何以知为曾子之意而

门人记之?”师应之曰:“此朱文公所说。”即问:“朱文公何时人?”曰:“宋朝人。”“孔子曾子何时人?”曰:“周朝人。”“周朝、宋朝,相去几何时矣?”曰:“几二千年矣。”“然则,朱文公何以知然?”师无以应,曰:“此非常儿也。”……先生十六七岁以前,凡读书,每一字必求其义。塾师略举传注训诂语之,意每不释。塾师因取近代字书及汉许氏《说文解字》授之;先生大好之,三年,尽得其节目。又取《尔雅》《方言》及汉儒传注笺之存于今者,参伍考究,一字之义,必本六书、贯群经以为定诂。由是尽通前人所合集《十三经注疏》,能全举其辞。先生尝谓玉裁曰:“余于疏不能尽记,经、注则无不能倍诵也。”又尝曰:“经之至者道也,所以明道者其辞也,所以成辞者字也。必由字以通其辞,由辞以通其道,乃可得之。……宋儒讥训诂之学,轻语言之文字,是犹渡江河而弃舟楫,欲登高而无阶梯也。”

——《戴东原先生年谱》

【译文】戴震先生……十岁的时候……拜老师就学,读书看过就会背诵,每天会背诵几千字的文章还不肯停止。他听老师讲授《大学章句》,讲完“大学之道……”一段后,老师按照旧注说:这一章叫“经”,是孔子的话,是由曾子记述的;以下的十章是“传”,是曾子的话,是曾子的学生记述的。戴震就向老师问道:“老师这样讲,怎么知道是孔子的话,是曾子记述的呢?又怎么知道是曾子的见解,而是曾子的学生记述的呢?”老师回答说:“这是朱熹说的。”戴震立即又问:“孔子和曾子又是什么时候的人?”老师说:“周朝人。”戴震又问:“周朝和宋朝,相隔多长时间呢?”老师说:“差不多二千年了。”戴震说:“既然相隔这么长时间,朱熹又根据什么知道是这样的呢?”老师无话可答,说:“这不是一个平凡的孩子啊!”……戴震先生在十六七岁以前,不论读什么书,每一个字都务必弄清它的意思。老师粗略地举出前人对经书的注释告诉他时,他总是不满意。老师就取出当代字典一类的书和许慎的《说文解字》交给他;戴震非常喜爱这些书,三年以后,完全掌握了这些书的内容。老师又取出《尔雅》《方言》等研究文字的书,以及至今留存的汉代儒者对经书的注释,他相互比较、分析,进行综合考究,对每一个字的意义,都要根据“六书”,贯通群经,来做出精确的解释。从此坚持钻研,把前人汇编的《十三经注疏》都记熟了,能够全部背诵下来。戴震先生曾对他的学生段玉裁说："我对解释注释的文字不能全部记住，而对经文和注文没有背诵不下来的。"又曾对段玉裁说："经书最重要的是思想内容，用以表达思想内容的是语言，用以组成语言的是文字，必须从文字着手弄通语言，从语言着手弄通思想内容，才能有所收获。……宋代的理学家讥讽对古书字句的解释，轻视语言文字。那就像是想渡过长江大河而不要船只，想登上高楼而没有梯子一样。"

【原文】学贵心悟，守旧无功。

——《理窟·义理》

【译文】学习重要的是能够领悟，因循守旧是不会取得成效的。

【原文】学者不可只管守从前所见，须除了方见新意。如去了浊水，然后清者出焉。

——《朱子语类大全·卷十一》

【译文】做学问的人不能因循前人见解，必须摒除旧见，才能发现新的意义。这好比去掉了混浊的水，清冽的水就会流出来一样。

【原文】学者当自树其帜。

——《与江宾各江禹九书》

【译文】学者应努力在前人的基础上，有所进步，自创新说。

【原文】旧书不厌百回读，熟读深思子自知。

——《送安惇秀才失解西归》

【译文】旧书读一百遍也不厌烦，熟读深思，你自然会领悟书中的意旨。

【原文】为学之道，必本于思。思则得知，不思则不得之。

——《晁氏客语》

【译文】学习必须以思考为根本，思考就能得到知识，不思考就得不到知识。

【原文】书多阅而好忘者，只为理未精耳。

——《理窟·学大原》

【译文】读书很多却记不住，是因为没有充分领会书中意旨。

【原文】学有思而获，亦有触而获。思而获，其觌亲；触而获，其诣速。

——《庸言》

【译文】学习需要思考才能有所得，只要长期逐渐思考，一碰到机缘，就能一下子全领悟了。

【原文】读书最防备的是荒忙，而深入细致地阅读、领会，那兴趣、味道是很深长的。

学所以开人之蔽，而致其知，学而不知其方，则反以滋其蔽。

——《送杨通老》

【译文】学习是为了解决人感到迷惑不解的问题，而使人明白；学习如果不了解学习方法，就反而使人更加迷惑不解。

【原文】文章要法，在得古作者之意。意既深远，非用力精到，则不能造也。前辈于《左氏传》《太史公书》、韩文、杜诗，皆熟读暗诵，虽支枕据鞍间，与对卷无异。久之，乃能超然自得。今后生用力有限，掩卷而起，已十亡三四，而望有得于古人，亦难矣。

——《渭南文集·杨梦锡集句杜诗序》

【译文】写文章的重要方法，在于能掌握古代作家写文章的精神。古人的作品既然含义深远，不精心地去探讨，是不能领会它的精神的。前辈对《左传》《史记》、韩愈的文、杜甫的诗，都能熟读背诵，即使躺在床上，骑在马上，也与面对着书没有什么不同。时间久了，才能超出前人，挥笔自如。现在的年轻人用的精力有限，合起书本站起来，已经忘掉了十分之三四，而希望在古人的作品里得到些什么，这是很困难的了。

【原文】朱子曰："童遇云：'读书千遍，其意可见。'"又曰："思之思之，又重思之，思之不通，鬼神将教之。非思之力也，精神之极也。"非妄语也。此言读书熟思之精，自有通悟时也。

——《论学》

【译文】朱熹说："童遇讲：'读书一千遍，书中的意思就可以领会到。'"又说："思考了又思考，思考了的问题又重新再思考，思考了还不能通晓鬼神将来教诲你。这不是思考的作用，而是自己精神境界达到了最高程度。"这不是胡言乱语。这是讲读书只要能周密地思考，自然有通贯领悟的时候。

【原文】读书不寻思，如迅风飞鸟之过前，响绝影灭。

——《论学》

【译文】读书而不思考问趣，就像鸟很快在眼前飞过、风很快在面前吹过一样，响声过后而踪影全无。

【原文】立志已定，用功不差，潜心积虑之久，义理自当融会。

——《学问篇》

【译文】如果做学问的志向已经确立，用功不差，能长时间地静下心来研究问题，做到专一至诚，那么对"义""理"的理解自然就能融会贯通。

【原文】儒者之为学，归于明道而已，使论得乎道真，虽纬说稗官，亦可从信……使与道有背驰，虽程朱之论，亦可以正而救之。

——《王氏家藏集·卷三三》

【译文】读书人做学问，其目的在于明道，如果通过讲论能使道德真实，即使是杂说野史，也可以相信……如果所论的与道有相违背的，那么，即使是程颢、程颐、朱熹的讲论，也可以纠正它。

【原文】夫圣贤之所以为知者，不过思与见闻之会而已。

——《雅述》

【译文】圣贤之所以是充满智慧的人，不过是因为他们在思考问题时，是结合自己所见所闻进行的。

【原文】不学不虑，因欲而行，则下流同归也。

——《思问录·内篇》

【译文】不学习不思考，想怎么干就怎么干，那就必然同品德卑劣的人归为同类了。

【原文】读有字书，却要识没字理。

——《四书说约》

【译文】读书不能停留在字面上，而应理解包含在字里行间的深意。

【原文】学非有碍于思，而学愈博则思愈远；思正有功于学，而思之困则学必勤。

——《四书训义·卷六》

【译文】学习不会有碍于思索，学习越广博，思索得越深远；思索得成功有助于学习，思索感到困惑，学习必然更加勤奋。

【原文】读书以过目成诵为能，最是不济事。

——《潍县署中寄舍弟墨宝一书》

【译文】读书以看一遍就能背诵为本领，是最没有益处的。

【原文】或问诗既不用典，何以少陵有读破万卷之说？不知“破”之一字，与“有神”之二字，全是教人读书作文之法。盖破其卷而取其神，非囫囵用其糟粕也。蚕食桑，而所吐者丝也，非桑也。蜂采花，而所酿者蜜也，非花也。读书如吃饭，善吃饭者长精神，不善吃者生疾瘤。

——《随园诗话》

【译文】有人问道写诗既然不用典故，为什么杜甫有读书破万卷，下笔如有神的说法呢？不知道“破”这个字，与“有神”这两个字，都是教人们读书作文的方法的。读破书而在于吸取书中的精神，并不是囫囵吞枣地吸取它的糟粕。蚕吃桑叶，而吐出来的是丝，并不是桑叶。蜂采花。而酿出来的是蜜，并不是花。读书像吃饭一样，善于吃饭的人长精神，不善于吃饭的人生疾病。

【原文】非识无以断其义，非才无以善其文，非学无以练其事。

——《文史通义·史德》

【译文】没有见识就不能判断义理，没有才华便无法写好文章，没有学问就不会熟练地处理事务。

【原文】学而不思则罔，章句之弊也；思而不学则殆，心学之弊也。

——《荆园小语》

【译文】学习不知道思索就会惘然无所得，这是做学问的弊端；只思索而不学习就会疲惫而无所获，这是思想方面的弊病。

【原文】学愦愦，混真伪。

——《不下带编》

【译文】糊里糊涂地读书，便不能辨别真伪。

【原文】读史不徒记事迹，只识其治乱安危兴废存亡之理。

——《五种遗规》

【译文】读史书不是记他的事迹，还要了解它的治乱安危、兴废、存亡的道理。

【原文】人而无学，则不能烛理；不能烛理，则固执而不通。

——《观物外篇》

【译文】一个人没有学问，就不明事理；不明事理，就会固执而不知道通权达变。

【原文】朋之为人好上识而下问。

——《管子·戒》

【译文】隰朋的为人是喜欢向国君提出自己的见解，因而常常向下面的人询问情况。

【原文】子入太庙，每事问。或曰：“孰谓鄹人之子知礼乎？入太庙，每事问。”子闻之曰：“是礼也。”

——《论语·八佾》

【译文】孔子进了周公庙，每件事情都要发问。有人就说：“谁说叔梁纥的儿子懂得礼呢？他一进太庙，每件事都要向人请教。”孔子听到这话，便说：“这正是礼呀。”

【原文】多知而无亲，博学而无方，好多而无定者，君子不与。

——《荀子·大略》

【译文】学了许多门知识但没有一门是他喜爱的，涉猎虽然广博却没有治学的方法，喜欢学到的许多知识但没有专攻的学问，君子不赞同这种学习方式。

【原文】读书先务精而不务博，有余力乃能纵横。

——《先正读书诀》

【译文】读书先要求专精而不求广博，行有余力才能博览群书。

【原文】守晷之下，惟务贪多，连篇累牍，何由精妙？

——《宋史·选举志》

【译文】在有限的时间内，只是一味贪多，写文章及著书是一篇接一篇，一本又一本，这怎么能做到精妙呢？

【原文】（赵）普少习吏事，寡学术，及为相，太祖常劝以读书。晚年手不释卷，每归私宅，阖户启箧取书，读之尽日。及次日临政，处决如流。既薨，家人发箧视之，则《论语》二十篇也。

——《宋史·赵普传》

【译文】赵普从青年时代就熟悉官吏事务，但缺少学问，等到当了宰相，宋太祖经常勉励他读书。晚年时，他手不释卷，每当回到家中，处置从容。赵普死后，家里人打开他的书箱一看，原来是《论语》二十篇。

【原文】善读书者，日攻日扫。攻则直透重围，扫则了无一物。

——《随猎诗草·花间堂诗草跋》

【译文】善于读书的人，讲深入钻研，讲广泛学习。深入钻研，就能攻破一个又一个难关；广泛学习，就明白万理。

【原文】学者功夫，须要极细密，越细密越广大。

——《枫山章先生语录·学术类》

【译文】学者的功夫在于要特别精细周密，越是精细周密就越博大精深。

【原文】开卷疾读，日得数十卷，至老死不懈，可日勤矣，然而无益。此有说也，疾读则思之不审，一读而止，则不能识忆其文，虽勤读书，如不读也。

——《钝吟杂录》

【译文】翻开书就飞快地阅读，一天读几十卷，直到老死时也不懈怠，可以说是勤学的了，但是毫无用处。这样说是有根据的，书读得过快便思考得不细，读一遍就过去，就不能记住书的内容，这样读书尽管勤苦，但就如同不读一样。

【原文】子夏曰：“博学而笃志，切问而近思，仁在其中矣。”

——《论语·子张》

【译文】子夏说：“广泛地学习，坚守自己的志向，恳切地询问，多考虑当前的问题，仁德就在这中间了。”

【原文】孟子曰：“博学而详说之，将以反说约也。”

——《孟子·离娄下》

【译文】孟子说：“广博地学习，详细地分析，就能以简约的方式把握所学内容的主旨大意。”

【原文】多闻曰博，少闻曰浅。多见曰闲，少见曰陋。

——《荀子·修身》

【译文】多听使人广博，少听使人肤浅；多见使人精深，少见使人浅薄。

【原文】善学者，若齐王之食鸡也，必食其跖数十而后足。

——《吕氏春秋·用众》

【译文】善于学习的人，就像齐王吃鸡一样，一定要吃到几十个鸡爪才满足。（比喻治学应当兼取众家之长）

【原文】多见者博，多闻者知，拒谏者塞，专己者孤。

——《盐铁论·刺议》

【译文】见得多的人知识渊博，听得多的人有智慧，拒绝别人的劝说的人耳目闭塞，只相信自己的人必然孤陋寡闻。

【原文】博览多闻，学问习熟。

——《论衡·实知》

【译文】广泛地观察和听取，就能使学问精通。

【原文】博学切问，所以广知。

——《素书注·三》

【译文】广泛地学习，恳切地求教，所以才有丰富的知识。

【原文】读经而已，则不足以知经。故某自百家诸子之书，至于《难经》《素问》《本草》、诸小说，无所不读；农夫女工，无所不问。然后于经为能知其大体而无疑。

——《临川文集·答曾手固书》

【译文】仅读经书，并不能够通晓经书的意义。所以我对百家诸子的书，乃至于《难经》《素问》《本草》和许多小说，没有不读的；农夫和女工，没有不向他们求教的。这样对于经书才算是能知道它的大体而没有疑难了。

【原文】（王）溥好聚书，至万余卷，贻孙遍览之。又多藏法书名画。太祖尝问赵普，拜礼何以男子跪而妇人否，普问礼官，不能对。贻孙曰："古诗云：'长跪问故夫'是妇人亦跪也，唐太后朝妇人始拜而不跪。"普问所出，对曰："太和中，有幽州从事张建章著《渤海国记》，备言其事。"普大称赏之。

——《宋史·王溥传》

【译文】王溥喜欢收藏书籍，藏书多达万余卷，其子王贻孙读完了家藏的全部书籍。王溥还收藏有许多书画。宋太祖曾经问赵普，行拜见礼时，为何男子要跪而妇女不跪，赵普询问掌礼的官员，礼官无法回答。王贻孙说："古诗里说：'长跪问故夫'，由此可见古代妇女也是要跪的，到唐朝武则天时，妇女才开始只下拜而不跪了。"赵普问出处，王贻孙答道："唐太宗年间，幽州从事张建章著了《渤海国记》一书，很详细地说了这件事。"赵普对王贻孙大加赞赏。

【原文】徐有贞好习兵法及刑名、水利诸家言，于天文、风角、占验，尤精究不倦。人或谓公："职业在文字事，此奚为？"徐笑曰："此孰非儒者事？使朝廷一日有事用我辈而后习之，则已晚矣。"

——《玉剑尊闻·政事》

【译文】徐有贞喜欢研究兵法、刑名及水利这些学问，对于天文、占候与占卜应验之术更是精心探求，孜孜不倦。有人对他说："您的职业是从事文字工作，为何要学习这些呢？"徐有贞笑着说："这些哪一种不是我们儒生应该了解的知识？假使朝廷有一天遇到情况，需要我们出力，再来学习那就晚了。"

【原文】幼者听而弗问，学不躐等也。

——《礼记·学记》

【译文】年幼的学生只许旁听，不必提问，这是考虑他们的接受能力，使其能循序渐进。

【原文】卑意欲少年为学者，每一书皆作数过尽之。书富如入海，百货皆有。人之精力，不能兼收尽取，但得其所欲求者尔。故愿学者每次作一意求之，如欲求古今兴亡治乱，圣贤作用，但作此意求之，勿生余念。又别作一次，求事迹故实，典章文物之类，亦如之。他皆仿之。此虽迂钝，而他日学成，八面受敌，与涉猎者不可同日而语也。甚非速化之术，可笑可笑。

——《经进东坡文集事略·又答王庠书》

【译文】按照我的想法，少年时学习的人，每读一本书都要读上几遍才能把它读完。书的丰富就像进入大海里一样，什么东西都有。人们的精力是有限的，不能够什么知识都学得到，只能把自己所喜欢的东西学到手罢了。所以立志求学的人，每次只能就一个方面的内容进行学习，例如想学习古今兴亡治乱的道理，圣贤们的作为，那就只能在这个内容范围内学习，不要产生其他方面的念头。（这个学习好了）另外想学其他知识时，例如学习事迹故实、典章文物一类的东西，也和上边所说的一样。学习其他的东西，也要仿效这个去做。这样进行学习看来虽然笨拙，但若有朝一日学习好了，即使四面八方遭到论敌的围攻，也是那些博览而不精的人不能相比的。学习尤其不可采取迅速精通的办法，这种办法是十分可笑的。

【原文】读书之法，在循序而渐进，熟读而精思。

——《读书之要》

【译文】读书的方法，就是按照次序，逐步深入，反复阅读，专心思考。

【原文】人之知识，若登梯然，进一级，则所见愈广。

——《陆象山集·语录》

【译文】人学知识就像登梯子一样，是循序渐进，步步登高的。每进一步，都能接触到更多的知识。而知识积累得愈多，思想境界也愈高，眼界也愈宽阔。

【原文】学者读书，先于易晓处沉涵熟后，切己致思，则他能晓者，涣然冰释矣。若先看难处，终不能达。

——《陆象山集·语录》

【译文】学者读书应先易后难，等到领会清楚后，再反复钻研，其他难懂之处，也就像冰那样化开了。如果先从难处入手，最终不能得到好的效果。

【原文】读书务在循序渐进，一书已熟，方读一书，勿得卤莽躐等，虽多无益。

——《丽泽堂学约》

【译文】读书一定要循序渐进，一本读熟了，再谈另一本，不要心急求快，那样就是读得再多也无用处。

【原文】学者用功，须是渐进而不已，日计不足，岁计则有余，若一曝十寒，进锐退速，皆非学也。

——《朱舜水集·题安积觉逐日功课自实簿》

【译文】学习应该循序渐进，持之以恒，这样每天虽然进步不多，但时间久了，知识自然会丰富起来。假如三天打鱼两天晒网，进步快，退步也快，那就称不上学习。

【原文】为学作事，忌求近功；求近功，则自画气沮，渊源莫极。

——《明儒学案》

【译文】求学、做事最怕求速效；如求速效，就是给自己画一道界限，使志气沮丧。这样，知识的深远本源就无法探求到。

【原文】读书如树木，不可求骤长。植诸空山中，日来而月往。露叶既畅茂，烟条渐苍莽。此理木不知，木乃遂其养。

——《读书四首》之二

【译文】读书好比种树，不能要求它很快长成大树。它要经过每日每月的吸收露水、阳光，才能不知不觉长成大树。

【原文】读书之法，莫贵乎循序而致精。

——《养正遗规·卷下》

【译文】读书的方法，最重要的是循序渐进，从而达到精深。

【原文】故君子之于学也，藏焉修焉，息焉游焉。夫然，故安其学而亲其师，乐其友而亲其道，是以虽离师辅而不反也。《兑命》曰："敬孙务时敏，厥修乃来。"其此之谓乎！

——《礼记·学记》

【译文】君子对于学习，务必做到在掌握已学的东西之后，进而学习未曾学习的东西；在完成了一个阶段的学习之后，进而把学习内容融会贯通，做到左右逢源。这样才能巩固学业，亲近师长，交结朋友，恪守信念，即使将来离开了师友，学业也不会退步。《兑命》

篇说:“对于那研习的学业,能够认真、循序、及时地全力以赴,是会得到成就的。”大概说的就是这个意思吧!

【原文】读书如销铜,聚铜入炉,大鞴扇之,不销不止,极用费力。作文如铸器,铜既销矣,随模铸器,一冶即成,只要识模,全不费力。所谓劳于读书,逸于作文者此也。

——《程氏家塾读书分年日程》

【译文】读书像熔化铜一样,把铜装进炉子里,用鼓风器扇它,不熔化就不停地扇,特别费气力。作文好像浇制器物一样,铜已经熔化了,按照模型去浇制器物,一浇灌就成了,只要能辨识模型,毫不费气力。这就叫作在读书上多致力,在作文上就轻而易举了。

【原文】读书贵神解,无事守章句。

——《书怀》

【译文】读书贵在能够对书中的主旨心领神会,而不必过于拘泥于它的章节和句子。

【原文】致知,力行,用功不可偏,偏过一边,则一边受病。

——《朱子语类辑略》

【译文】求取知识,努力实践,二者不可偏废,偏废一边,另一边就会出问题。

【原文】知行,常相须,如目无足不行,足无目不见。论先后,知为先;论轻重,行为重。

——《朱子语类辑略》

【译文】知与行的关系是二者相互为用,这好比一个人有眼无足不能走路,而有足无眼又不能看路一样。若论先后,知在行之前;若论重要,行比知重要。

【原文】方其知之,而行未及之,则知尚浅。既亲历其域,则知之益明,非前日之意味。

——《性理情义·卷八》

【译文】当你刚刚感知这个事物,还没有加以亲身体验的时候,那么你的感知还是肤浅的。如果你已经亲自去经历了一番,那么你的感知就更加明晰,绝不是前段时间的意味。

【原文】若夫读书,则其不好之者,固怠忽间断而无所成矣。其好之者,又不免乎贪多而务广:往往未启其端,而遽已欲探其终;未究乎此,而忽已志在乎彼。是以虽复终日勤劳,不得休息,而意绪匆匆,常若有所奔走迫逐,而无从容涵泳之乐,是又安能深信自得,常久不厌,以异于彼之怠忽间断而无所成者哉?孔子所谓“欲速则不达,”孟子所谓“进锐退速”,正谓此也。诚能监此而有以反之,则心潜于一,久而不移,而所读之书,文意接连,血脉通贯,自然渐渍浃洽,心与理会,而善之为劝者深,恶之为戒者切矣。此“循序致精”

所以为读书之法也。

——《程氏家塾读书分年日程》

【译文】对于读书这件事，那些不喜欢读书的人，本来就是懈怠马虎，没有恒心，那自然不会有什么成就了。那些喜欢读书的人，又不免贪多务广，什么都想看而不求甚解：往往是还没有开头，就急于想了解它的结果；还没有弄明白这个，忽然间心就跑到那个上。因此，即使整天辛辛苦苦，顾不上休息地去读书，而心绪慌乱，常常像是在奔跑追逐什么似的，没有从容不迫地去领会书中深义的那种快乐，这样又怎么能够深信书中所讲的道理，使自己有所收获，长久不会厌倦，并且不同于那些懈怠马虎，没有恒心无所成就的人呢？孔子所说的“欲速则不达”，孟子所说的“进锐退速”，正是指这个。如果真的能够以此为戒，改变这种做法，专心致志地学习，思想长久不转移，使所读的书文意连接，血脉贯通，那么自然就能深入领会，使自己受到感染，使心与道理相会，然后书中劝人为善的道理才能深入人心，书中戒人作恶的道理才有深切体会。这种循序渐进地去获得书中精华的办法，就是读书的方法。

【原文】且夫胸中无识之人，即终日勤于学，而亦无益。俗谚谓为两脚书橱，记诵日多，多益为累，及伸纸落笔时，胸如乱丝，头绪既纷，无从割择，中且馁而胆愈怯，欲言而不能言，或能言而不敢言，矜持于铢两尺镬之中，既恐不合于古人，又恐贻讥于今人。如三日新妇，动恐失体；又如跛者登临，举恐失足。文章一道，本摅写挥洒乐事，反若有物焉，以桎梏之，无处非碍矣。

——《原诗·内篇下》

【译文】胸中没有见识的人，就是整天辛勤地读书，也不会得到益处。这就是俗语所说的两脚书橱，一天天死记硬背得很多，背诵多了越发成为累赘，等到展开纸笔写文章的时候，胸中像一团乱丝一样，头绪纷繁，不知道从哪里删选，心里头尚且气馁，胆量就更加怯懦了，想说而不能说出来，有的能说出来而又不敢说，拘谨在细微的尺度之中，既怕不符合古人的意旨，又怕被人讥笑。就像刚出嫁三天的新媳妇，一举一动都怕有失体统；又像是瘸子登山临水，一举一动都怕失脚。写文章这个行道，本来是挥洒的乐事，相反若有东西在那里束缚它，那就没有地方不是障碍了。

【原文】君子之学，未尝离行以为知也。

——《尚书引义·卷三》

【译文】君子做学问，从不认为可以离开实践能掌握到真正的知识。

【原文】圣贤为学，虽不废书，实不专在于书。

——《穆堂别稿·大训考》

【译文】圣贤做学问，虽然也不忽视书本知识，但实际上并不是只埋头啃书本。

【原文】人心动物也，习于事则有所寄，而不妄动。故吾儒时习力行，皆所以治心。

——《颜习斋先生言行录·刚峰第七》

【译文】人的思想是活动的，学着做一件事，心就有所寄托，不会轻率地行动。所以，我们时常温习诗书，努力实践，都是为了陶冶思想。

【原文】博学而不穷，笃行而不倦。

——《礼记·学纪》

【译文】博求学问而不知停止，切实地去做而不知疲倦。

【原文】闻之而不见，虽博必谬；见之而不知，虽识必妄；知之而不行，虽敦必困。

——《荀子·儒效》

【译文】只是听到，但未见到，尽管听得再多也必定荒谬；只是见到，但不知晓，尽管记得再多也必定虚妄；只是知道，但不实行，尽管懂得再多也必定无济于事。

【原文】学，行之，上也；言之，次也；教人，又其次也；咸无焉，为众人。

——《法言·学行》

【译文】有了学问，最好是用来指导自己的行动，其次是著书立说，再其次是用来教育别人。以上几点都做不到，就是平庸的人。

【原文】文章合为时而著，歌诗合为事而作。

——《与元九书》

【译文】文章和诗歌应该是为反映当前的时代和事情而写作。

【原文】知而不能行，只是知得浅。

——《遗书第二上》

【译文】有了知识而不能实践，只能说明所掌握的知识还是肤浅的。

【原文】读书将以穷理，将以致用也。

——《二程粹言·论学篇》

【译文】读书要研究事物的道理，要会运用所学的知识。

【原文】某此间讲说时少，践履时多，事事都用你自去理会，自去体察，自去涵养。书用你自去读，道理用你自去究索，某只是做得个引路的人，做得个证明的人，有疑难处，同商量而已。

——《朱子语类辑略》

【译文】我在这里讲授的时间少，实践的时间多，凡事都要你们这些学生去亲自弄懂，亲自品味，亲自体验。书要你们自己去读，道理靠你们自己去摸索，我只是当个引路的人，当个证明真假的人，若有疑难不解的问题，我们共同商量解决罢了。

【原文】学不必博，要之有用；仕不必达，要之无愧。

——《鹤林玉露》

【译文】学识不一定要特别广博，重要的是学以致用；做官不一定要很顺，重要的是对自己的所作所为感到问心无愧。

【原文】学要来身上做。

——《居业录·卷三》

【译文】学习是为了改造自己，充实自己，使自己成为有用的人。

【原文】尽天下之学，无有无行而可以言学者。

——《答顾东桥书》

【译文】普天下的所谓学问，没有只空谈理论，不参加实践而称得上有学问的。

【原文】真知即可以为行，不行不足谓之知。

——《答人论学书》

【译文】掌握真知的目的在于实践，不实践便不能算作真知。

【原文】为学之功，要在应事接物处见，若但虚讲道理，而于情事茫然，学问便成无用事。

——《西岩赘语》

【译文】做学问的功夫在于能够解决实际问题，假若只会空谈道理，对于处理实际问题一窍不通，那么这种学问就是没有用的了。

【原文】学问有诸己与否，须病事方信。

——《习斋记余·言卜》

【译文】学问是否化为己有，必须在处理事情时，才能知道。

【原文】士虽有学，而行为本焉。

——《墨子·修身》

【译文】士人尽管需要学习，然而实践才是根本。

【原文】学至于行而止矣。行之，明也；明之，为圣人。圣人也者，本仁义，当是非，齐言行，不失毫厘，无他道焉，已乎行之矣。

——《荀子·儒效》

【译文】学习到了能够实践的地步，就算达到目的了。实践了，就能明白事理；明白事理，就可以成圣人。圣人能以仁义为根本，判断是非对错，言行一致，毫厘不差，没有别的途径，就在于他能把学到的东西切实地去实践。

【原文】倦立而思远，不如近行之至也。

——《中论·治学》

【译文】如果老是站在那儿想走到远方，倒不如立即开始行动。那样，就是很远的地方也能走到。

【原文】学者贵于行之，而不贵于知之。

——《答孔文仲司户书》

【译文】学习的人贵在把得到的知识运用到实践中去，而不仅仅是为了解知识。

【原文】力学而得之，必充广而行之。

——《二程粹言·治学篇》

【译文】努力学到的东西，必须在广泛的范围内加以实践运用。

【原文】若不用躬行，只是说得便了，则七十子之从孔子，只用两日说便尽，何用许多年随着孔子不去。不然，则孔门诸子皆是呆无能底人矣。

——《朱子语类辑略》

【译文】如果学习知识不用身体力行，只是口里说说便罢，那么七十余位贤人师承孔子，只需两天就把孔子的学说学到手了，哪里用得着许多年追随孔子，不愿离开？如果不是身体力行地实践所学的知识，孔门诸位高足恐怕都是呆子而已。

【原文】学之之博，未若知之之要，知之之要，未若行之之实。

——《朱子语类辑略》

【译文】广泛地学习知识比不上认真地掌握知识来得重要，认真地掌握知识又比不上切实地实践知识来得重要。

【原文】问学如登塔，逐一层登将去，上面一层，虽不问人，亦自见得。若不去实踏过，却悬空妄想，便和最下底层，不曾理会得。

——《朱子语类辑略》

【译文】求取学问如同登塔，要一级一级地登上去，如此，更上面一层，即使不问别人，也可以知道是个什么样子。如果自己不是去实实在在地踏看过一番，而是站在那里凭空想象，那么纵然是最下一层的模样，你也不可能弄明白。

【原文】古人学问无遗力，少壮功夫老始成。纸上得来终觉浅，绝知此事要躬行。

——《冬夜读书示子聿》

【译文】古人学习知识是竭尽全力的，少壮时的努力到老年才看得出成就。从书本上得来的知识终究是肤浅的。要想真正了解这个事物，就要亲自去实践。

【原文】学者不患立志之高，患不足以继之耳；不患立言之善，患不足以践之耳。

——《薛方山纪述·上篇》

【译文】做学问的人不怕志向立得高，就怕不能持之以恒；不怕文章里的话说得漂亮，就怕自己不照着做。

【原文】读书不能身体力行，便是不曾读书。

——《陈确集·文集·卷一六》

【译文】读书不能身体力行，就是没有读书。

【原文】学、问、思、辨、行五者，第一不容缓则莫如行。

——《读四书大全说》

【译文】就学习、问难、思考、明辨、实践五点而言，最紧要的是实践。

【原文】行而后知有道，道犹路也。得而后见有德，德犹得也。

——《思问录·内篇》

【译文】理论是从实践得来的，具有规律性的理论，就好比人们必须走的道路一样。内心有了认识，而后体现为德行。因此，德乃是内心认识的体现。

【原文】人之为学，心中思想，口中谈论，尽有百千义理，不如身上行一理之为实也。

——《颜习斋先生言行录》

【译文】学习时，尽管善于思考，也能说出很多道理来。但不如能以实际行动去实践其中的一个道理。

【原文】不学问，无正义，以富利为隆，是俗人者也。

——《荀子·儒效》

【译文】不学习又缺乏正义感，只求财富兴隆，这是庸俗的人。

【原文】挥汗读书不已，人皆怪我何求。我岂更求荣达，月长卿以销忧。

——《宁浦书事六首》

【译文】我努力读书的目的：并非为了取得高官厚禄，荣华富贵，而是把学习当成人生的一件乐事。

【原文】学者自幼便为谋利计功而学，宜其不足以入尧舜之道。

——《论学》

【译文】求取学问的人，如果自幼就是为了谋求私利和猎取功名而学习，那么他不能进入尧舜一类圣贤的行列，也是理所当然的。

【原文】学者去得一个谋利计功之心，则心下自然坦夷安泰。

——《学问篇》

【译文】做学问的人如果能去掉一个谋取功利计取功名的思想，那么，心里自然就会平静安宁。

【原文】学者最患是计功谋利之心，功利二字最害道。

——《告张履祥》

【译文】研究学问的人，最可怕的是有计取功名谋取名利的思想，“功”“利”二字对学问之道的危害最大。

【原文】减得一分势利，才进得一分学问；进得一分学问，便减得一分势利，所谓义利不容并立也。

——《大学类》

【译文】只有减少一份势利之心，才能增进一份学问；能增进一份学问，也就能减少一份势利之心，这就是所说的道义和功利不能并存。

【原文】凡学以变化气质为先，以辨别义利为主。

——《寄姚仲闻》

【译文】凡是学问，都是以变化品质为先，以辨别道义和功利为主。

【原文】少一觊幸之人，则少一营求得失之人，而士类可渐以清，抑士子之知其难也。

而攻苦之日多，多一功苦之人，则少一群居终日，言不及义之人，而士习可渐以正矣。

——《日知录集释·拟题》

【译文】少一个希图侥幸的人，就少一个营求得失的人，士风就可以逐步清明，然而这些不是士人们所容易理解的。苦心攻读的时间越多，就会多一个苦心钻研学问的人，就会少一个和别人整天凑在一起胡言乱语的人，这样士人的不良习气就可以逐步端正。

【原文】夫学始于人心，关乎世运，治乱否泰，咸由于兹。故为明善复初而学，则所存所发，莫非天理。处也有守，出也有为，生民蒙其利济，而世运宁有不泰？为辞章名利而学，则所存在所发，莫非人欲，处也无守，出也无为，生民毫无所赖，而世运宁有不否？是一心理欲消长之所由分，即生民休戚、世道安危之所由分也。

——《四书反身录·卷二》

【译文】学习始于人的思想，关系世道的变化，国家的治、乱、否、泰，都在于这方面。所以，开始学习时能为明白善道复归本性而学，就能够做到所保持的和所发出的，都是合乎天理的东西。因此，在家也会有持守，出外也会有作为，平民就可以蒙受你的帮助，这样，难道世道的变化会不好？如果是为了应试名利而学，那么，所保持的和所发出的，就会都是人的欲望。因此，在家也没有持守，出外也没有作为，平民对你也没有什么依赖，这样，难道世道的变化会好？因此，从这里可以辨别，开始学习时你是专心于天理的消长还是私欲的消长？也就是专心于平民的乐还是忧？世道的安还是危？

【原文】学规重节。节操关系处，莫大于富贵贫贱取舍之间。君子喻于义，不喻于利，于富贵不以其道得之，不处也；于贫贱不以其道得之，不去也。此是学问大关头，最要于此处先把持得定。

——《寻乐堂学规》

【译文】学规重节操。在所有关系到节操能否持守的地方，没有比在富贵与贫贱之间进行取舍更大的了。君子追求的是义，不追求的是利；对于富贵，不用正当的方法得到它，君子不接受；对于贫贱，不用正当的方法执掉它，君子不摆脱。这是做学问的大关口，在这些地方要最先把握得住。

【原文】仁义忠信积于身，故位禄闻誉轻于世；道德学问崇其实，故膏粱文绣绌其华；廉耻名节爱其荣，故腥臊垢浊畏其次。虽有以利餂之者，奚由而夺志焉？是故学者之于义利之辨，不可不早辨也。

——《义利辨》

【译文】自己拥有仁、义、忠、信，所以就轻视地位、爵禄、声名、荣誉；崇尚朴实的道德学问，所以厌弃豪华的美食锦衣；珍惜廉耻名节的荣誉，所以害怕腥臊垢浊的沾染。虽然也有人用"利"来相诱惑，但怎么可以改变志向呢？所以，研究学问的人对于义、利的区分，不能不早些辨别清楚。

【原文】屠隆闻张啰名，馈以金，索其诗。啰不与，曰："以吟咏写性灵，消岁月，则乐志；以介轩冕、媒钱刀，则苦情。"

——《玉剑尊闻·方正》

【译文】屠隆听说张啰写诗颇有名气，就送钱给他，向他求取诗篇。张啰不给，并且说："如果把拿来为陶冶性情，消遣岁月，便会使人快乐；如果把吟咏诗歌作为猎取官爵、金钱的媒介，便是一种痛苦了。"

【原文】学业才识，不日进，则日退。须随时随事，留心著力为要。事无大小，均有一当然之理，即事穷理，何处非学？昔人云："此心如水，不流即腐。"张乖崖亦云："人当随事用智。"此为无所用心一辈人说法。果能日日留心，则一日有一日之长进；事事留心，则一事有一事之长进。由此累积，何患学业才识不能及人邪！

——《左宗棠全集·家书·与陶少云书》

【译文】学业才识，不日进，则日退。必须随时随事留心思考，狠下功夫。事无大小都有一定的必然之理，时时探求义理，何处不是学问？古人说："心如流水，不流动就会腐臭。"张乖崖也说："人应当随事用心思。"这都是对那些无所用心的人说的。如果真能日日留心，就一日有一日的长进；事事留心，就一事有一事的进步。日积月累，还怕学业才识赶不上别人吗？

【原文】看《近思录》甚好，但此书不是胡乱看得，非用过功夫人，不知所言著落也。廿四史定后尚寄在商务馆，因未定居，故未取至。欲将此及英文世界史尽七年看了，先生之志则大矣。苟践此语，殆可独步中西，恐未必见诸事实耳。但细思之，亦无甚难做。俗谚有云：日日行，不怕千万里。得见有恒，则七级浮屠，终有合尖之日。且此事必须三十以前为之，四十以后，虽做亦无用，因人事日烦，记忆力渐减。吾五十以还，看书亦复不少，然今日脑中，岂有几微存在？其存在者，依然是少壮所治之书。吾儿果有此志，请今从中国前四史起，其治法，由《史》而《书》而《志》，似不如由陈而范，由班而马，此固虎头所谓倒啖蔗也。吾儿以为如何？

——《严复集·与三子严琥书》

【译文】你在看《近思录》，很好。但这是一本阐述儒家性理学说的著作，不是用过功夫的人，不知其中所记周敦颐、程颢、程颐、张载这些贤哲言论的着落。二十四史还寄放在商务印书馆里，因没有确定居所，所以没有取出来。你准备在七年内看完二十四史及英文世界史，可见你的志向非常远大。如果真能照着你的话去做，那可谓超出国内外同辈之人许多，只怕你未必能真正去做。但我仔细一想，觉得也不是什么难做之事。俗话说：天天走，不怕千万里。只要有恒心，即使是七级佛塔，终有建成之日。不过这事情必须在三十岁以前去做，四十岁以后，即使做了也没有多大用，因为人事日烦，记忆力也逐渐减退。我五十岁以来，看过的书也不少，但现在脑中有多少还记得呢？脑中所记的，仍然大多是少年壮年时候所读的书。你果有此志，可从中国二十四史的前四史读起。其顺序由》《前后《汉书》到《三国志》，不如由《三国志》《后汉书》《汉书》到《史记》，所谓倒吃甘蔗，渐入佳境。你以为如何？

【原文】昔仲尼，师项橐，古圣贤，尚勤学。赵中令，读鲁论，彼既仕，学且勤。披蒲编，削竹简，彼无书，且知勉。头悬梁，锥刺股，彼不教，自勤苦。如囊萤，如映雪，家虽贫，学不辍。如负薪，如挂角，身虽劳，犹苦卓。苏老泉，二十七，始发愤，读书籍。彼既老，犹悔迟，尔小生，宜早思。若梁灏，八十二，对大廷，魁多士。彼既成，众称异，尔小生，宜立志。莹八岁，能吟诗，泌七岁，能赋棋。彼颖悟，人称奇，尔幼学，当效之。蔡文姬，能辨琴，谢道韫，能咏吟。彼女子，且聪明，尔男子，当自警。唐刘晏，方七岁，举神童，作正字。彼虽幼，身已仕，尔幼学，勉而致。有为者，也若是。犬守夜，鸡司晨，苟不学，曷为人。蚕吐丝，蜂酿蜜，人不学，不如物。幼而学，壮而行，上致君，下泽民。扬名声，显父母，光于前，裕于后。人遗子，金满籝，我教子，惟一经。勤有功，戏无益，戒之哉，宜勉力。

——《三字经》

【译文】古代的孔子，拜项橐为师，他是古代的圣贤，还如此勤奋学习。宋朝的宰相赵普，喜欢读《论语》，他做了官后，学习更加勤奋。汉代的路温舒，少年放羊的时候，用割来的蒲草，抄书学习；汉武帝时，公孙弘用竹简抄读《春秋》故事。他们家里没有书籍，尚且知道这样勤勉地学习知识。东汉的孙敬用绳子把头发悬吊在屋梁上，以免打瞌睡；战国时的苏秦在读书时，为了防止打瞌睡，就用锥刺自己的大腿。他们没有人教，但自学非常刻苦。又如晋朝人车胤晚上读书，没有油灯。便用白丝袋装一些萤火虫来照明；晋朝人孙康因家贫，冬天夜晚读书，没有油灯。便借助雪的反光看书。他们家里贫穷点不起油灯，但仍然坚持勤苦学习。汉代朱买臣少年时卖柴为生，一面担柴卖，一面坚持读书；隋末李密，替人放牧，骑牛时，把《汉书》挂在牛角上，边走边看。他们虽然苦累，仍然艰苦卓绝地读书。宋人苏老泉(苏洵)，二十七岁时，才开始发愤读书，他年老了才后悔学得太迟。你们这些后生，应该趁早考虑要努力学习。北宋梁灏八十二岁了，宋太宗召他入朝面试，中了进士第一，他成功了，大家都称赞他。你们这些后生，应当立下读书的志愿。南朝的祖莹八岁时，就能读《诗》《书》，亲属都称赞他；唐人李泌七岁能做文章，曾当着唐玄宗的面，写了一篇棋赋，人称为奇童。他们聪明过人，人人称他们为奇童。你们这些小孩子，应该效法他们。东汉蔡邕的女儿蔡文姬，擅长音乐；东晋谢玄的女儿谢道韫，能吟雪诗。她们都是女孩，尚且这样聪明超人，你们好男儿，应该自警。唐人刘晏七岁考中了神童科，八岁写了颂扬唐玄宗的文章，玄宗任命他做正字官，他们年龄虽小，但已经做官了，你们从小努力读书，也会做到。有作为的人，都一样勤奋。狗晚上看门，鸡凌晨报晓，如果人不读书，就不是人。蚕可吐丝，蜂可酿蜜，人如果不学习，连动物都不如。年轻时好好学习，壮年时做官，上为皇帝效命，下为百姓施恩。这样就可名声远扬，显荣父母，光宗耀祖，造福后代。别人遗留给子孙的，是满箱满筐的黄金，我教给儿子的，唯独就是一本经书。勤奋就会成功，嬉戏是没有益处的，你们要警惕，引以为戒，好好努力！

【原文】儿自去国至今，为时不过四月，何携去千金，业皆散尽？是甚可怪！汝此去，为求学也。求学宜先刻苦，又不必交友酬应，即稍事阔绰，不必与寒酸子弟相等，然千金之资，亦足用一年而有馀，何四月未满，即已告罄，汝果用在何处乎？为父非吝此区区，汝苟在理应用者，虽每日百金，力亦足以供汝，特汝不应若是耳。求学之时，即若是奢华无度，到学成问世，将何以继？况汝如此浪费，必非饮食之豪，起居之阔，必另有所销耗。一方之所销耗，则于学业一途，必有所弃。否则用功尚不逮，何有多大光阴，供汝浪费？故为父于此，即可断定汝决非真肯用功者，否则必不若是也。且汝亦尝读《孟子》乎？大有为者，必先苦其心志，劳其筋骨，饿其体肤，空乏其身，困心衡虑之后，而始能作。吾儿恃有汝父庇荫，固不需此，然亦当知稼穑之艰难，尽其求学之本分。非然者，即学成归国，亦必无一事能为，民情不知，世事不晓。晋帝之何不食肉糜，其病即在此也。况汝军人也，军人应较常人吃苦尤甚，所以备僇力王家之用，今汝若此，岂军人之所应为？

——《张文襄公全集·复子书》

【译文】你自从离开国家到现在，不过四个月，为何带去的千金，这么快就花完了？这十分奇怪！你此次去日本，是为了求学。求学应该首先在生活上刻苦，又不必交友应酬，即使稍稍阔绰，不必像出身寒门的子弟那样，但千金之资，亦够一年用还有余，为什么四个月未过完，即已全部用完，你都花在哪里呢？我并不是吝啬这区区千金。如果是应当的花费，即使是每日百金，也有能力供应给你，主要是你不应该这样。求学的时候，如果就像这样奢华无度，将来学业成就问世时，又用什么来继续维持呢？况且你如此浪费，必定不是花在衣食住行上，必然另有不正当的花销。在另一个方面花费太多，必定怠弃学业，不然的话，就是用功不够，否则哪有那么多的时间，供你花销？所以，我由此断定，你绝不是真正用功读书，否则必然不会如此。你不是曾经读过《孟子》吗？孟子说：大有作为的人，必先苦其心志，劳其筋骨，饿其体肤，空乏其身，心意困苦，思虑阻塞，尔后才能起而振奋。你有父亲的荫庇，当然不需要这样，然而也应当稍微懂得种田的艰难，能够尽你求学的本分。不然的话，即使学成回国，亦必定没有一件事可以做，民情不知，世事不晓。晋惠帝的“何不食肉糜”，其弊端即在于此。何况你作为一名军人，军人应该比常人更能吃苦，之所以如此，是为了将来努力效命朝廷。现在像你这样，难道是军人的行为？

【原文】夫学之所益浅，体之所安者深。闲习礼度，不为式瞻仪型；讽味遗言，不若亲承音旨。

——《世说新语》

【译文】只学习书本知识，收效很肤浅；身体力行，形成习惯，持久难忘。熟习礼节法度，不如经常接近君子，观察他的言行举止，这样就收获更大。体会古代圣贤留下的经典，不如亲自聆听君子的言谈，接受他的教诲。

【原文】人方少年时，精神意气即足鼓舞，而身家之累尚未切心，故用力颇易。迨其渐长，世累日深，而精神意气亦日渐以减，然能汲汲奋志于学，则犹尚可有为。至于四十五十，即如下山之日，渐以微灭，不复挽矣。故孔子云：“四十五十而无闻焉，斯亦不足畏也。”又曰：“及其老也，血气即衰，戒之在得。”吾亦近来实见此病，故亦切切预为弟辈言之。宜及时勉力。毋使过时而徒悔也。

——《王文成公全书·寄诸弟》

【译文】人在少年的时候，精力充沛，意志和勇气容易鼓舞，身家之累还轻，所以用功就很容易有收效。等到渐渐长大，俗务之累渐深，精力和勇气也逐渐减少，然而如果能够积极地奋发，立志于学，则还可以有所作为。到了四五十岁的时候，就像西下的夕阳，逐渐地消失，已经没有办法挽救了。所以，孔子说：“如果四五十岁时，还没有什么声名，那么这个人已不值得敬畏了。”又说：“等到老了，血气都衰弱了，这时候就应该禁止争强好胜了。”我近来确实感觉到了这些弊病，所以恳切地预先告诉你们，应该珍惜时光，努力用功，不要等时间过去了，再徒自伤悲。

【原文】凡读书，二十岁以前所读之书，与二十岁以后所读之书迥异。幼年知识未开，天真纯固，所读书，虽久不温习，偶尔提起，尚可数行可诵。若壮年所读，经月则忘，必不能持久。古六经秦汉之文，词语古奥，必须幼年读，长壮后，虽倍蓰其功，终属影响。自八岁至二十岁，中间岁月无多，安可荒弃，或读不急书。此时时文固不可不读，亦须择典雅醇正，理纯辞裕，可历二三十年无弊者读之。如朝花夕落，浅陋无识，诡僻失体，取悦一时者，安可以珠玉难换之岁月，而读此无益之文。何如诵得《左》《国》一两篇，及东西汉典贵华腴之文数篇，为终身受用之宝乎。且更可异者，幼龄入学之时，其父师必令其读《诗》《书》《易》《左传》《礼记》、西汉八家文；乃十八九，作制义，应科举时，便束之高阁，全不温习。此何异衣中之珠，不知探取，而向途人乞浆乎？且幼年之所以读经书，本为壮年扩充才能，驱驾古人，使不寒俭，如蓄钱待用者然。乃不知寻味其意蕴，而弁髦弃之，岂不大相刺谬乎！我愿汝曹将平昔已读经书，视之如拱璧，一月之内，必加温习。古人之书安可尽读，但我所已读者，决不可轻弃，得尺则尺，得寸则寸，毋贪多，毋贪名，但读得一篇，必求可以背诵，然后思通其义缊，而运用之于手腕之下，如此则才气自然发越。若曾读此书，而全不能举其词，谓之画饼充饥；能举其词，而不能运用，谓之食物不化；二者其去枵腹无异。汝辈于此，极宜猛省。

——《聪训斋语》

【译文】凡是读书，二十岁以前所读之书与二十岁以后所读之书完全不一样。幼年的时候，知识未开，天真纯朴，所读过的书，虽然很长时间没有温习，但偶尔提起时，还可以背诵几行。壮年时候读过的书，过一个月就忘了，不能持久。古代的六经和秦汉时候的文章，词语古奥，必须幼年的时候读，若等到长大后才读，虽加倍用功，还是靠不住。从八岁到二十岁，中间岁月不多，不可浪费。也不可读一些无关紧要的书。八股文固然不可不读，但也必须选择那些典雅醇正，理纯辞裕，可影响二三十年的文章诵读。那些浅陋无知，取悦一时的文章，朝花夕落，怎么可以用如此宝贵的青春年华去读这些无用的文章。还不如背诵《左传》《国语》一两篇，以及东西汉典贵华腴的文章数篇，作为终身受用的宝藏。而且更奇怪的是，幼龄入学的时候，他们的父亲老师必令他们诵读《诗经》《尚书》《周易》《左传》《礼纪》、西汉和唐宋八大家之文，而到了十八九岁，作八股文应科举的时候，便将幼年所学束之高阁，全不温习。这与自己有宝贝不知道探求，反而向路人乞讨稀饭又有什么两样呢？况且年幼之时诵读经书，本来就是为了长大后增长才干，驾驭古人，不致知识贫乏，就像存钱是为后来使用一样。如果不知去体会它的意思，全部丢弃，这岂不是自相矛盾？我希望你们将平时读过的书，当宝贝看待，一月之内，一定要加以温习。古人的书怎么可以全部读完，但自己已经读过的书，决不可轻易丢弃，得一尺算一尺，得一寸算一寸，日积月累，不可贪多和贪取名声。只要读过一篇，一定要达到能够背诵，想通它其中的道理，并且运用于作文之中。像这样，才气就自然越来越高。如果曾经读过这本书，却不能举出它片言只语，只能称作画饼充饥；能举出它的词句却不能运用，只能称作食大不化。此二者与腹中空空没有什么两样。你们对于这些，一定要深刻反省。

【原文】朕自幼龄学步能言时，即奉圣祖母慈训，凡饮食、动履、言语，皆有矩度，虽平居独处，亦教以罔敢越轶。少不然，即加督过，赖是以克有成。八龄缵承大统，圣祖母作书训诫冲子曰："自古称为君难，苍生至众，天子以一身居临其上，生养抚育，无不引领而望，必深思得众则得国之道，使四海之内咸登康阜，绵历数于无疆惟休。汝尚其宽裕、慈仁、温良、恭敬，慎乃威仪，谨尔出话，夙夜恪勤，以祗承乃祖考遗绪，俾予亦无疚厥心。"朕仰戴斯言，大惧勿克遵兹丕训，惟曰："庶其自强不息，以日新厥德。益思学问者，百事根本，不能学问，则渐即于非凡。"以故自少读书，深见夫为学之要，在于穷理致知，天德王道，本末该贯，存心养体，非此无以立体、齐治、均平，非此无以达用。于是孜孜焉日有课程，乐此忘疲。虽帝王之学不专事纂组章句，顾由博而约，往哲遗训，惟能网罗记载，搜讨艺文，斯足增长见闻，充益神智。朕机务之暇，讲肄诸经，参稽《易》学，于《太极》《西铭》之义，《河图》《洛书》之旨，往往潜心玩味。以次历观史乘，考镜得失，旁及古文诗赋、诸子百家。《说命》言"念终始典于学"，《周颂》言"学有缉熙于光明"，朕所以朝斯夕斯至今弗辍者也。

书亦六艺之一，朕每念心正笔正之说，作字自来未敢轻易。喜临摹古法书，考其源委。又《礼纪·射义》称事之尽礼乐而可数为，以立德行者莫若射。故圣王务焉。《易大传》言："弧矢之利以成天下。"朕自少习射，亦如读书作字之日有课程，久之心手相得辄命中，用率虎贲羽林以时试肄。念祖宗以来，以武功定暴乱，文德致太平，岂宜一日不事讲习？朕凡此既以自勉，还用督率汝曹。

《周书》曰："不学墙面，莅事惟烦。"孔子曰："少若天性，习贯如自然。"盖蒙以养正，盛年力学，如朝日舒光。元良国之根本，支庶国之藩附。朕深惟列后付托之重，谕教宜早，弗敢辞劳。未明而兴身，亲督课东宫及诸子以次上殿，背诵经书，至于日昃。还令习字、习射、覆讲，犹至宵分。自首春以及岁晚，无有旷日。每思进修之益，必提撕警诫，斯须受亲切。汝曹生长深宫，未离阿保，熏陶涵养正在此时，尚其爱日惜阴，黾勉勿怠，故复谆谆欲令汝曹皆知吾心也。木受绳则直，金就砺则利。穷理格物，多识前言往行，是惟作圣之功。汝曹今日为子弟，他日为人父兄，取资匪远，当思吾言。

——《圣祖仁皇帝御制文·庭训》

【译文】我自幼年学走路说话的时候，就奉祖母教训，凡饮食、行动、言语，都有规矩法度，即使平时独处一室时，也不敢违反。稍有违反，祖母就严加督责，靠着这样的严格要求，才能有所成就。八岁即帝位。祖母作书训诫道："自古称皇帝难，因为天下百姓很多，生养抚育，都伸着脖子望着皇帝，所以要深思得民心即得国的道理，使天下百姓都能安居富庶，皇统才能永远延续下去。你应该宽容、仁慈、温良、恭敬，举止庄严，说话谨慎，日夜辛勤，以继承祖宗未完成的功业，这样，我也就不感到内疚了。"我听了这些，唯恐不能遵循教导，只是说："我只有自强不息，使德业日新。学问是百事的根本，没学问则恶行就会潜滋暗长。"因此，自小读书，就深知为学之要，在于探究事物的道理，以求获得知识，使上天之德，帝王之道，本末贯通，以培育自己的内心和本性，不这样就无从修身、齐家、治国、平天下，不这样也就无从使道理实用。于是努力不懈，每天学习课程，而且乐此忘倦。虽然帝王之学不必专事怎样去组织章节和句子，但由博览而至专精，原是先哲的遗训，能网罗古籍上的记载，搜访研讨艺文，才能增长见闻，充实自己的精神智慧。我在处理国事的余暇，讲习儒家经典，研究《易》学，对《太极》《西铭》的意蕴，《河图》《洛书》的微旨，往往专心细细玩味。依朝代次序历观史籍，考求其得失，旁及古文诗赋、诸子百家。《尚书·说命》说："要始终不忘专心于学。"《诗经·周颂》说："学习可以使人得到光明。"这也就是为什么我朝夕勤学绝不停顿的原因。书法也是六艺之一，我每想到心正才能笔正之说。写字从来未敢轻易下笔，并且喜欢临摹古代名家法帖，考究其本末。又《礼记·射义》认为习射能够达成礼乐之道可以经常从事；培育德行莫过于习射，所以圣王都专心从事。《易大传》说："因弓矢之利可以威震天下。"我自少习射，就像读书写字一样当作每天的课程，练习久了，心手配合得好，每射就能命中，以此来率领皇宫卫戍部队将领们按时习射。念及祖宗以武功平定暴乱，文教德政致太平，怎么应该有一天间断操习呢？因此我以此自勉，还用来督率你们。

《周书》说："人若不学，就像面墙而立，处理事情就一定烦琐无方。"孔子说："少成若天性，习惯如自然。"童蒙时养成好的品德，少壮时努力学习，如早晨的太阳放出光芒。元辅良臣乃国家根本，宗室是国家的藩屏。我深感列位太后托付之重，对后辈教育宜早，不敢辞劳。天未亮就起身，亲自督教太子和诸皇子依次上殿背诵经书，直到太阳西斜，还命他们练字习射，复述经书，直到晚上。从年头到年尾，无一天耽搁。每每想到进德修业的益处非常之大，必定提醒告诫，使你们能够深刻体会。你们生长深宫，未离保育，熏陶品学，涵养性情，正是时候，要爱惜时光，努力勿懈，因此我再三谆谆告诫，让你们知道我的心意。木受绳则直，金就砺则利。探究事物的道理，多学习前贤的嘉言懿行，这是使自己进入圣贤境界的有效方法。你们今天为人子弟，将来为人父兄，不必远求，应当深思我的话。

【原文】大志非才不就，大才非学不成。学非记诵云尔，当究事所以然，融于心目，如身亲履之。南阳一出即相，淮阴一出即将，果盖世雄才，皆是平时所学，志士读书当如此。

——《戒庵堂老人漫笔·训子语》

【译文】只有大的志向而没有大的才干是不会取得成功的，而大的才干只有从学习中得来。学习不能仅停留在记诵上面，而是要探究事物的所以然，融会贯通，亲身实践。隐居在南阳的诸葛亮一出山就做丞相，淮阴侯韩信一出道就被任命为大将，这固然是因为他们是盖世雄才，但他们的才干都是平时学习积累的结果，所以有远大抱负的人读书就应当如此。

二、经典名篇

呻吟语

——吕坤

谈道

【原文】大道有一条正路，进道有一定等级。圣人教人只示以一定之成法，在人自理会。理会得一步，再说与一步，其第一步不理会到十分，也不说与第二步。非是苦人，等级原是如此。第一步差一寸，也到第二步不得。孔子于赐，才说与他"一贯"，又先难他"多学而识"一语。至于仁者之事，又说"赐也，非尔所及"。今人开口便讲学脉，便说本体，以此接引后学，何似痴人前说梦？孔门无此教法。

【译文】大道有一条正路，进道有一定的顺序。圣人教导人只指给你一套固定的成式和方法让你自己去理会。理会了一步，再说下一步，第一步不理会到十分，也不说给他第二步。这不是故意与人为难，而是进道的顺序就是如此。第一步差一寸，也到不了第二步。孔子对于弟子端木赐，刚对他说："予一以贯之。"又先问他："你以为我是多学而识的人吗？"至于谈到仁者之事，孔子又说："赐啊，这不是你所能达到的。"今人开口便讲学脉，便说本体，用此来教导后学，这和对痴人说梦有什么不同呢？孔子学派中没有这样的教育方法。

【原文】谈道者虽极精切，须向苦心人说，可使手舞足蹈，可使大叫垂泣。何者？以求通未得之心，闻了然透彻之语，如饥得珍馐，如旱得霖雨。相说以解，妙不容言。其不然者，如麻木之肌，针灸终日，尚不能觉，而以爪搔之，安知痛痒哉？吾窃为言者惜也。故大道独契，至理不言。非圣贤之忍于弃人，徒哓哓无益耳。是以圣人待问而后言，犹因人而就事。

【译文】谈道的人既然对事物的道理能讲得极其精确明白，就需要给那些急于要了解这些道理的人讲。这些人听了，就可能会手舞足蹈，欢呼大叫，或泣涕泪下。为什么呢？这是因为他早就想寻求这些道理而不可得，听了这些透彻的议论，就如同饥者得美味，如同久旱逢甘雨一样。相谈以后，疑问解决，内心的高兴就不可言传。如果对不想听到这些道理的人去讲，就如同一个人的肌肉已经麻木，终日针灸，仍无知觉，而你只是用手去挠一挠，怎能使他知道痛痒呢？我很为那些谈道的人惋惜。所以大道独契，至理不言，不是圣贤不愿教诲人，而是多说了也毫无用处。所以圣人要等待别人发问才回答，并且因人而论事。

【原文】尧、舜、周、孔之道只是傍人情、依物理，拈出个天然自有之中行将去，不惊人，不苦人，所以难及。后来人胜他不得，却寻出甚高难行之事，玄冥隐僻之言，怪异新奇偏曲幻妄以求胜，却不知圣人妙处只是个庸常。看《六经》《四书》言语何等平易，不害其为圣人之笔，亦未尝有不明不备之道。嗟夫！贤智者过之，佛、老、杨、墨、庄、列、申、韩是已。彼其意见，才是圣人中万分之一，而漫衍闳肆以至偏重而贼道，后学无识，遂至弃菽粟而餐玉屑，厌布帛而慕火浣，无补饥寒，反生奇病。悲夫！

【译文】尧、舜、周公、孔子之道，只是依据人情物理而找出中庸之道让人遵行，按此道而行，不惊人，不苦人，所以难以达到。后来人胜不过他们，就寻出个至高难行之事，玄冥隐僻之言，以怪异、新奇、偏曲、幻妄取胜，不知圣人的妙处只是个庸常。你看《六经》《四书》的语言何等平易，但不妨其为圣人的手笔，也未尝有不明不备之道。啊！贤者智者比起圣人来都过分了，这里所说的贤智者，是指佛、老、杨、墨、庄、列、申、韩诸家，他们的见解只有圣人的万分之一，但蔓延闳肆以至偏颇而害道。向他们学习的人也没有见识，以至达到不吃粮食而吃玉屑，厌弃布帛而想穿火烷布的地步。这样，不能解决饥寒的问题。反而会患上各种奇怪的病症，真是可悲啊！

【原文】学者只看得世上万事万物种种是道，此心才觉畅然。

【译文】学者只有看到天下万事万物种种都是道，心情才会觉得舒畅。

【原文】公卿争议于朝，曰天子有命，则屏然不敢屈直矣。师儒相辩于学，曰孔子有言，则寂然不敢异同矣。故天地间，惟理与势为最尊。虽然，理又尊之尊也。庙堂之上言理，则天子不得以势相夺。即相夺焉，而理则常伸于天下万世。故势者，帝王之权也；理者，圣人之权也。帝王无圣人之理，则其权有时而屈。然则理也者，又势之所恃以为存亡者也。以莫大之权无僭窃之禁，此儒者之所不辞而敢于任斯道之南面也。

【译文】公卿大臣在朝廷上争论不休，一听到天子的命令，就都不敢出声，不再争辩谁对谁错了。学习儒道的人在学堂上相互争论，一说孔子对所争的问题是如何论述的，就默然不敢再表示不同意见了。所以说天地间，只有真理和权势最尊贵。但是，真理又是尊上之尊。在朝廷上讲理，天子也不能用权势来压制，即使压制了，真理也会伸张于天下万世之后。因此说，权势，是帝王的权力；真理，是圣人的权力。帝王如果没有掌握圣人所握的真理，那么权势有时也会向真理低头。然而真理又是权势所依靠的，能使权势存亡的东西。有无上的权力，而又不会以超越本分或窃夺权势的原因被禁止，这就是儒家敢于担当以宣扬真理为己任的南面天子的原因。

【原文】禅家有理障之说，愚谓理无障，毕竟是识障，无意识，心何障之有？

【译文】禅家有理障之说，我说理不会有障，而是认识有障，如果没有任何先入之见，认识事物的心怎么会有障碍呢。

【原文】道莫要于损己，学莫急于矫偏。

【译文】求道，重要的是在克制自己；学习，必须注意的是要纠正偏差。

【原文】下学学个什么，上达达个什么？下学者学其所达也，上达其达者所学也。

【译文】“下学”学个什么？“上达”达个什么？下学，就是学习各种事物中的道理；上达，就是把学到的道理融会贯通。

【原文】六经言道而不辩，辩自孟子始；汉儒解经而不论，论自宋儒始；宋儒尊理而不僭，僭自世儒始。

【译文】《六经》只讲道而不与其他学说辩论，辩论从《孟子》开始；汉儒解释《六经》而不发表议论，发表议论从宋代的儒者开始；宋儒尊理而不超越《六经》之旨，超越《六经》之旨从世俗的儒者开始。

【原文】天地间道理，如白日青天。圣贤心事，如光风霁月。若说出一段话，说千解万解，说者再不痛快，听者再不惺憁，岂举世人皆愚哉？此立言者之大病。

【译文】天地间的道理，如白日青天；圣贤的心事，如光风霁月。如果说出一段话，用千种方法解说，用万种方法解说，说者还不痛快，认为听者不会醒悟，难道举世都是愚蠢的人吗？这是想著书立说的人的大毛病。

【原文】士之于道也，始也求得，既也得得，既也养得，既也忘得。不养得则得也不固，不忘得则得也未融。学而至于忘得，是谓无得。得者，自外之名，既失之名，还我故物，如未尝失，何得之有？心放失，故言得心，从古未言得耳目口鼻四肢者，无失故也。

【译文】读书人对于道，开始时希望求得它，既而得到了它，既而修养它，既而忘掉了它。不修养，得到的道不能巩固；不忘记，说明得到的道没有与心融合。学到忘记的程度，就和没有得到一样。得，是从外面来说的，既然没有得，就是把我固有的东西又归还了我。如果没有丢失，怎么又能说得到了呢？心有时会放失，所以有得心之说，但从古以来没有说得耳目口鼻四肢的，是因为耳目口鼻四肢不会失去。

【原文】只隔一丝便算不得透彻之悟，须是入筋肉、沁骨髓。

【译文】就算是只隔一丝也不能算透彻地了悟，必须要深入筋肉，沁入骨髓。

【原文】异端者，本无不同而端绪异也。千古以来，惟尧、舜、禹、汤、文、武、孔、孟一脉是正端，千古不渝。无论佛、老、庄、列、申、韩、管、商，即伯夷、伊尹、柳下惠都是异端，子贡、子夏之徒都流而异端。盖端之初分也，如路之有歧，未分之初都是一处发脚，既出门后，一股向西南走，一股向东南走，走到极处，末路梢头，相去不知几千万里，其始何尝不一本哉！故学问要析同异于毫厘，非是好辨，惧末流之可哀也！

【译文】异端，是说在根本上没什么不同，而到了端末才有不同。千古以来，只有尧、舜、禹、汤、文、武、孔、孟一脉是正端，千古不异。不用说佛、老、庄、列、申、韩、管、商，即使伯夷、伊尹、柳下惠都是异端，子贡、子夏之类最后都流入了异端。大体说来，端头的初次分开，就如同道路有了分歧，未分之前都从一处起步，出门以后，就一股向西南走，一股向东南走，走到尽头，也就到了末路梢头，两股相距就有千万里了，但开始时何尝不是从一个地方出发的呢？因此学问的同异要从毫厘上去分析，这不是好辩，是只怕坠入末流的可悲地步。

【原文】不是与诸君不谈奥妙，古今奥妙不似《易》与《中庸》，至今解说二书，不似青天白日，如何又于晦夜添浓云也？望诸君哀此后学，另说一副当言语，须是十指露缝，八面开窗，你见我知，更无躲闪，方是正大光明男子。

【译文】我不是不与诸君谈那些深奥的道理，古今的深奥道理再也比不上《易》和《中庸》，可是至今解释这二部书的著作都不能做到像青天白日那样，因此我怎能又在漆黑的夜里再添浓云呢？希望诸君能哀怜那些后来的学者，另说一副透彻的话，就如同十指露缝、八面开窗一样，你见我知，没有躲躲闪闪的地方，这才是光明正大的男子。

【原文】形而上与形而下，不是两般道理；下学上达，不是两截功夫。

【译文】形而上与形而下，不是讲的两种道理；下学与上达，不是说的两截功夫。

【原文】三千三百，茧丝牛毛，圣人之精细入渊微矣。然皆自性真流出，非由强作，此之谓天理。

【译文】威仪三千，礼仪三百，规定乃如此细密，好像蚕丝和牛毛一样多，圣人的精细真到入深入微的程度了。然而这些都是从真性情中发出，不是勉强做出来的，这才叫作天理。

【原文】事事只在道理上商量，便是真体认。

【译文】事事都在道理上讨论认识，便是真正地理解认识。

【原文】学术要辨邪正。既正矣，又要辨真伪。既真矣，又要辨念头切不切，向往力不力，无以空言辄便许人也。

【译文】学术要分辨邪正，既正了，又要分辨真伪；既真了，又要看念头恳切不恳切，向那个方向努力不努力，不要因为别人的几句空话就去跟随他。

【原文】百姓冻馁谓之国穷，妻子困乏谓之家穷，气血虚弱谓之身穷，学问空疏谓之心穷。

【译文】百姓忍冻挨饿叫作国穷，妻儿困乏叫作家穷，气血虚弱叫作身穷，学问空疏叫作心穷。

【原文】人问：君是道学否？曰：我不是道学。是仙学否？曰：我不是仙学。是释学否？曰：我不是释学。是老庄申韩学否？曰：我不是老庄申韩学。毕竟是谁家门户？曰：我只是我。

【译文】有人问我："您的学问是道学吗？"我说："我不是道学。"问："是仙学吗？"我说："我不是仙学。"问："是释学吗？"我说："我不是释学。"问："是老、庄、申、韩之学吗？"我说："我不是老、庄、申、韩之学。"问："到底是入的哪家门户呢？"我说："我只是我。"

【原文】天地所以循环无端积成万古者，只是四个字，曰"无息有渐"。圣学亦然，纵使生知之圣，敏则有之矣，离此四字不得。

【译文】天地所以能够循环不断，而积成千千万万年，用四个字来说明，就是"无息有渐"，即不停息而渐渐地变化，圣门的学问也是这样，即使生而知之的圣人，有聪明敏捷的才能，但离开了“无息有渐”这四个字也不行。

问学

【原文】学必相讲而后明，讲必相直而后尽。孔门师友不厌穷问极言，不相然诺承顺，所谓审问明辨也。故当其时，道学大明，如拨云披雾，白日青天，无纤毫障蔽。讲学须要如此，无坚自是之心，恶人相直也。

【译文】学问必须相互讲论，然后才能明白；讲论必须相互质辨，然后才能弄清是非。孔门师友不厌穷问极言，不轻易同意或顺从对方的意见，这就是所说的“审问明辨”的意思。所以孔子所处的时代，先圣之学大明，如拨开云雾，如见青天白日，无纤毫的障蔽。讲论学问就要这样，不要认为自己的意见就都正确，不要害怕别人的辩论。

【原文】学者只该说下学，更不消说上达。其未达也，空劳你说；其既达也，不须你说。故“一贯”惟参、赐可语，又到可语地位才语，又一个直语之，一个启语之，便见孔子诲人之妙处。

【译文】学者只应该说下学，即努力学习普通的知识；不用说上达，即通达那些高深的道理。还没有上达，你说也白说；既已上达，也不须你说了。所以“我道一以贯之”这句话，孔子只对其弟子曾参和子贡说，而且是到了可以对他们讲的时候才说，对曾参是直接说的，对子贡是用启发式的语言说的，从这里可以看出孔子教诲人的巧妙之处。

【原文】读书人最怕诵的是古人语，做的是自家人。这等读书，虽闭户十年，破卷五车，成什么用？

【译文】读书人最怕的一点是：诵读的是古人教诲，做人是自己的一套。这样读书，即使闭门读十年，读破五车书，也没什么用。

【原文】能辨真假，是一二种大学问。世之所抵死奔走者，皆假也。万古惟有真之一字磨灭不了，盖藏不了。此鬼神之所把握，风雷之所呵护。天地无此不能发育，圣人无此不能参赞。朽腐得此可为神奇，鸟兽得此可为精怪。道也者，道此也；学也者，学此也。

【译文】能辨别真假，是一种大学问。世上的人拼死为自己的利益奔走，这都是假的，万古只有“真”这个字磨灭不了，掩藏不了。“真”是被鬼神把握的、风雷呵护的东西。天地没了“真”就不能发育，圣人没了“真”不能参与协助教化的大业。朽腐的东西得到“真”可变为神奇，鸟兽得到“真”可以变为精怪。我们平常所说的道，就说的是“真”；要学习的，也是学这个“真”。

【原文】“尧舜事功，孔孟学术”，此八字是君子终身急务。或问：尧舜事功，孔孟学术，何处下手？曰：“以天地万物为一体，此是孔孟学术；使天下万物各得其所，此是尧舜事功，总来是一个念头。”

【译文】“尧舜事功，孔孟学术”，这八个字是君子终身的学习标准。有人问：“要做成尧舜事功，孔孟学术，从何处下手？”回答说：“以天地万物为一体，这就是孔孟学术。使天下万物各得其所，这就是尧舜事业功绩。总的说来都是一个念头。”

【原文】上吐下泻之疾，虽日进饮食，无补于憔悴；入耳出口之学，虽日事讲究，无益于身心。

【译文】得了上吐下泻的疾病，虽每天都进饮食，也不能不憔悴。只是入耳出口的学问，虽每天讲论研究，也无补于身心。

【原文】天地万物只是个“渐”，理气原是如此，虽欲不渐不得。而世儒好讲一“顿”字，便是无根学问。

【译文】天地万物只是个“渐”字，理和气原来也是如此，即使想不渐也不可能。而世上的儒者喜欢讲一个“顿”字，这是无根的学问。

【原文】要体认，不须读尽古今书，只一部《千字文》，终身受用不尽。要不体认，即《三坟》以来卷卷精熟，也只是个博学之上，资谈口，侈文笔，长盛气，助骄心耳。故君子贵体认。

【译文】真正能体会领悟，不需要读尽古今的书籍，只读一部《千字文》，就会终身受用不尽。不认真体会领悟，即使是《三坟五典》以来的书卷卷读得精熟，也只是个博学之士，只能是供谈资、侈文笑、长盛气、助骄心而已。所以君子认为真正地体会领悟最重要。

【原文】“明理省事”，此四字学者之要务。

【译文】明理省事，这四个字是学者的要务。

【原文】今人不如古人，只是无学无识。学识须从三代以上来，才正大、才中平。今只将秦、汉以来见识抵死与人争是非，已自可笑，况将眼前闻见、自己聪明，翘然不肯下人，尤可笑也。

【译文】说今人不如古人，是无学无识。学识必须从夏、商、周三代时的东西学起，才能正大，才能中平。现在的人只把秦、汉以来的见识拼死与人争是非，这已经很可笑了，何况只依靠眼前的一点见闻，自己的那点聪明，还昂然不肯向人求教，这尤其可笑。

【原文】学者大病痛只是器度小。

【译文】学者的大病痛,就是器度小。

【原文】识见议论最怕小家子势。

【译文】识见议论最怕的是小家子势。

【原文】学者只是气盛,便不长进。含六合如一粒,觅之不见;吐一粒于六合,出之不穷,可谓大人矣。而自处如庸人,初不自表异;退让如空夫,初不自满足,抵掌攘臂而视世无人,谓之以善服人则可。

【译文】学者只要骄气太盛,便不会长进。含六合如一粒,寻觅不见;吐一粒于六合,又出之不穷,这样的人可称得上是大人了。而自处时如同普通人一样,起初也没显示出和别人有什么不同;退让时也好像一个腹内空空无任何学识的人,开始时也不表现出自我满足,这种人如果抵掌攘臂视世无人,说他是以善服人是可以的。

【原文】理以心得为精,故当沉潜,不然耳边口头也。事以典故为据,故当博洽,不然臆说杜撰也。

【译文】道理从内心体会到的最为精确,所以应当沉思潜想,不然只是耳边口头学问;事情以典故说明最为有据,所以应当知识广博,不然只是臆说杜撰学问。

【原文】天是我的天,物是我的物,至诚所通,无不感格,而乃与之扞格抵牾,只是自修之功未至。自修到格天动物处,方是学问,方是功夫。未至于此者,自愧自责不暇,岂可又萌出个怨尤的意思。

【译文】天是我的天,物是我的物,用至诚之心去感通,无不为之感通。而有的人却与天和物格格不入、相互抵触,这是因为自我修养的功夫还不够。自我修养到格天动物的程度,才是学问,才是功夫。没到这个程度的,自愧自责还来不及,哪能再萌发出怨天尤人的意思呢?

【原文】劝学者歆之以名利,劝善者歆之以福祥,哀哉!

【译文】劝人努力学习的，以名利作为诱饵；劝人努力向善的，以福祥作为目标，可悲啊！

【原文】道理书尽读，事务书多读，文章书少读，闲杂书休读，邪妄书焚之可也。

【译文】道理书要尽读，事务书要多读，文章书要少读，闲杂书不要读，邪妄书烧掉好了。

【原文】君子知其可知，不知其不可知。不知其可知则愚，知其不可知则凿。

【译文】君子要知其可知，不知其不可知。不知其可知则愚昧，知其不可知则会穿凿附会。

【原文】今之为举子文者，遇为学题目，每以知行作比，试思知个甚么，行个甚么？遇为政题目，每以教养作比，试问做官养了那个，教了那个？若资口舌浮谈以自致其身，以要国家宠利，此与诓骗何异？吾辈宜惕然省矣。

【译文】现在做应举文章的人，遇到为学的题目，每每以知行来对比，试想你应该知个什么？行个什么？遇到为政的题目，每以教养作比，试问你做官养了哪个？教了哪个？如果靠口舌浮谈而取得了官位，来博取国家的信任和利益，这和诓骗有什么不同呢？我们这些人应猛然醒悟啊！

【原文】学问之功，生知圣人亦不敢废。不从学问中来，任从有掀天揭地事业，都是气质作用。气象岂不煊赫可观？一入圣贤秤尺，坐定不妥贴。学问之要如何？随事用中而已。

【译文】学问的功夫，生而知之的圣人也不敢荒废。不从学问中来，任凭有惊天动地事业，都是无性所为。气象岂不炫赫可观？但一用圣贤秤尺衡量，肯定不妥帖。学问的根本应当怎样呢？只是随事适合中道而已。

【原文】学者穷经博古，涉事筹今，只见日之不足，惟恐一登荐举，不能有所建树。仕者修政立事，淑世安民，只见日之不足，唯恐一旦升迁，不获竟其施为。此是确实心肠，真正学问，为学为政之得真味也。

【译文】学者努力研读经书博通古事，想以此取得借鉴，来解决今天的问题，每天如此用功，感到时间紧迫，唯恐一旦登科做官，不能有所建树。仕者修政立事，济世安民，也感到时间紧迫，惟恐一旦升迁，自己的政见设想得不到施行。这两种人是实实在在的心肠，是真正的学问，算得上为学为政的真味！

【原文】有希天之学，有达天之学，有合天之学，有为天之学。

【译文】有企求天的学问，有通达天意的学问，有天人合一的学问，有替代天的学问。

【原文】小家学问不可以语广大，溷障学问不可以语易简。

【译文】小家子气的学问，不能和它谈广大的事物；混乱不通的学问，不能和它谈平易简捷的道理。

【原文】天下至精之理、至难之事，若以潜玩沉思求之，无厌无躁，虽中人以下未有不得者。

【译文】天下至精之理、至难之事，如果以潜玩沉思来寻求，无厌无躁，即使是智力中等以下的人，也没有得不到的。

【原文】为学第一功夫，要降得浮躁之气定。

【译文】做学问的第一功夫，要消除浮躁之气使心安定。

【原文】学者万病只一个“静”字治得。

【译文】学者的万种毛病，只要一个“静”字就可以医治。

【原文】学问以澄心为大根本，以慎口为大节。

【译文】学问以心情清净为最大的根本，以说话谨慎为大节。

【原文】读书能使人寡过，不独明理。此心日与道俱，邪念自不得而乘之。

【译文】读书能使人少犯过失，并不只是为了明了道理。你的心一天天与道理同在，邪念自然不能产生。

【原文】“无所为而为”，这五字是圣学根源，学者入门念头就要在这上做。今人说话，第二三句便落在有所为上来，只为毁誉利害心脱不去，开口便是如此。

【译文】“无所为而为”这五个字是圣学的根源，学者一入门，就要在这个念头上做工夫。现在人说话，第二、三句便说到“有所为”上头来，只是因为没有脱掉毁誉利害之心，所以开口就说要有所为。

【原文】古之学者在心上做功夫，故发之外面者为盛德之符；今之学者在外面做功夫，故反之于心则为实德之病。

【译文】古代的学者在修心上做工夫，所以表现出来的与盛德相符；现在的学者在表面上做工夫，所以反求其内心却有害于仁德。

【原文】事事有实际，言言有妙境，物物有至理，人人有处法，所贵乎学者学此而已。无地而不学，无时而不学，无念而不学，不会其全，不诣其极不止，此之谓学者。今之学者果如是乎？留心于浩瀚博杂之书，役志于靡丽刻削之辞，耽心于凿真乱俗之技，争胜于烦劳苛琐之仪，可哀矣。而醉梦者又贸贸昏昏，若痴若病，华衣甘食而一无所用心，不尤可哀哉！是故学者贵好学，尤贵知学。

【译文】事事都有实际，言言都有妙境，物物都有至理，人人都有处人的妙法，所可贵的在于学者都能向这些学习而已。无地而不学，无时而不学，无念而不学，不全部学会，不达到顶点不停止，这才叫学者。现在的学者真的是这样的吗？他们留心的是浩瀚博杂的书籍，用心的是靡丽雕琢的辞藻，沉溺于凿真乱俗的技巧，争胜于烦劳苛琐的仪式，真是可悲啊！而那些处于醉梦之中的人又贸贸昏昏，若痴若病，华衣甘食而对任何事都不用心，不更是可悲吗？因此学者所贵的是好学，尤其可贵的是知道该学什么。

【原文】古之君子病其无能也，学之；今之君子耻其无能也，讳之。

【译文】古代的君子，担心自己没能力，就努力学习；现在的君子，认为无能可耻，就加以掩饰。

【原文】无才无学，士之羞也；有才有学，士之忧也。夫才学非有之难，而降伏之难。君子贵才学以成身也，非以矜己也；以济世也，非以夸人也。故才学如剑，当可试之时一试，不则藏诸室，无以炫弄，不然鲜不为身祸者。自古十人而十，百人而百，无一悻免，可不忧哉！

【译文】无才无学，是读书人的耻辱；有才有学，是读书人的忧患。想要拥有才学不是难事，而驾驭这些才学才是难事。君子所贵的是使才学能够成就自身，而不是以此来炫耀自己；是为了匡救时世，不是为了夸耀于人。所以说才学如剑，在可用的时候要用，不用时就藏在鞘中，不要炫弄，不然很少有不成为自身祸患的。从古以来，十人有十，百人有百，无一人可以侥幸免除这一祸患，能不让人忧虑吗？

【原文】人生气质都有个好处，都有个不好处，学问之道无他，只是培养那自家好处，救正那自家不好处便了。

【译文】每个人天生的气质都有好的地方，也都有不好的地方，学问之道没有别的，只是培养自己的那些好的地方，纠正自己那些不好的地方便可以了。

【原文】役一己之聪明，虽圣人不能智；用天下之耳目，虽众人不能愚。

【译文】只用一己之聪明，即使是圣人，智慧也不够用；借助于天下人的耳目，即使是普通人，也不会被别人愚弄。

【原文】冰见烈火，吾知其易易也。然而以炽炭铄坚冰，必舒徐而后尽；尽为寒水，又必待舒徐而后温；温为沸汤，又必待舒徐而后竭。夫学岂有速化之理哉？是故善学者无躁心，有事勿忘从容以俟之而已。

【译文】冰遇到烈火，我知道它是很容易融化的。然而用炽热的炭火来融化坚冰，必然是慢慢地才能化尽；化为寒水，又慢慢变为温水；温水变为沸汤，又慢慢地熬干。那么学问怎能有速成的道理呢？因此善于学习的人不要有急躁的心理，遇到事情不要忘记从容等待。

【原文】学问大要，须把天道、人情、物理、世故识得透彻，却以胸中独得中正底道理消息之。

【译文】学问的大要，须把天道、人情、物理、世故识得透彻，用胸中独得的中正道理来消化它。

【原文】与人为善，真是好念头。不知心无理路者，淡而不觉；道不相同者，拂而不入。强聒杂施，吾儒之戒也。孔子启愤发悱，复三隅，中人以下不语上，岂是倦于诲人？谓两无益耳。故大声不烦奏，至教不苟传。

【译文】与人为善，真正是个好念头。可是人们不知道，不懂道理的人，对此淡而不觉；道路不同的人，对此拂而不入。对这种人还不停地宣谈施教，是儒者的大戒。孔子教导学生，不在他想明白时不去开导他，不在他想说话时不去启发他，教给他知识，要求他能举一反三，对中等水平以下的人，不告诉他高深的学问，这样做岂是厌倦教导这些人？只是认为对双方都无益罢了。因此，有益的话语不需多次奏言，高深的道理不随便传授。

【原文】罗百家者，多浩瀚之词；工一家者，有独诣之语。学者欲以有限之目力，而欲竟其津涯；以鲁莽之心思，而欲探其蕴奥，岂不难哉？故学贵有择。

【译文】包罗百家的，多浩繁的词汇；精通一家的，有独到的见解。学习的人想以有限的目力，而欲学完那浩瀚的书籍；以鲁莽的心思，而想探讨其中的奥秘，岂不困难吗？所以学问贵在要有选择。

【原文】讲学人不必另寻题目，只将四书六经发明，得圣贤之道，精尽有心得，此心默契千古，便是真正学问。

【译文】讲学人不必另寻题目，只要将《四书》《六经》阐明其旨，探求圣贤之道，对精微的义理有心得体会，自己的心能与古人默契，这便是真正的学问。

【原文】善学者如闹市求前，摩肩重足，得一步便紧一步。

【译文】善于学习的人，如同在闹市中向前行进，摩肩接踵，能走一步便赶紧向前一步。

【原文】有志之士要百行兼修，万善俱足。若只做一种人，硁硁自守，沾沾自多，这便不长进。

【译文】有志之士要百行兼修，万善俱足。如果只做一种人，固执自守，沾沾自足，这便是不长进。

【原文】《大学》一部书，统于“明德”两字；《中庸》一部书，统于“修道”两个字。

【译文】《大学》这部书，统于“明德”两个字；《中庸》这部书，统于“修道”两个字。

【原文】学识一分不到，便有一分遮障，譬之掘河分隔，一界土不通，便是一段流不去，须是冲开，要一点碍不得。涵养一分不到，便有一分气质，譬之烧炭成熟，一分木未透，便是一分烟不止，须待灼透，要一点烟也不得。

【译文】学识一分不到，便有一分障碍。譬如掘河，中间的土有一点不挖通，水到这一段便流不过去，必须冲开，要一点障碍没有才行。涵养一分不到，便有一分气质。譬如烧炭，木头中间有一分没有烧透，就有一分冒烟不止，必须烧透，要一点烟也不冒。

【原文】除了“中”字，再没道理；除了“敬”字，再没学问。

【译文】除了“中庸”字，再没有道理；除了“诚敬”字，再没学问。

【原文】心得之学，难与口耳者道。口耳之学，到心得者前，如权度之于轻重短长，一毫掩护不得。

【译文】心得之学，难于和口耳之学者说。只有口耳之学的人，到有心得之学的人面前，如同用秤和尺来衡量轻重短长一样，一毫也遮掩不住。

【原文】学者只能使心平气和，便有几分功夫。心平气和人遇事却执持担当，毅然不挠，便有几分人品。

【译文】学者只要能使自己心平气和，便有了几分功夫。心平气和的人遇事敢于执持担当，毅然不屈，便是有了几分人品。

【原文】学莫大于明分。进德要知是性分，修业要知是职分，所遇之穷通要知是定分。

【译文】为学没有比明白自己的本分更重要的了。要知进德是性分内的事，要知修业是职分内的事，要知遭际的穷通是定分的事。

【原文】一率作则觉有意味，日浓日艳，虽难事，不至成功不休；一间断则渐觉疏离，日畏日怯，虽易事，再使继续甚难。是以圣学在无息，圣心曰不已。一息一已，难接难起，此学者之大惧也。余平生德业无成，正坐此病。《诗》曰：“日就月将，学有缉熙于光明。”吾觉日宜三复之。

【译文】一尽心竭意地去做，就觉得有意味，兴趣会日益浓厚，即使是难事，一定会不到成功不止；一间断就会渐觉疏远，信心会日益减退，而增加畏怯情绪，即使是容易的事，再继续下去也很困难。所以圣人的学问在于不间断，圣人的思想在于不停止，一间断一停止，就难接难起，这些是学者很害怕的事情。我平生德业无成，正因为有了这个毛病。《诗经》说："日就月将，学有缉熙于光明。"意思是说日有所就，月有所进，不断地学习，以至于达到光明的境地。对这些话，我们应每天多次地温习。

【原文】学问博识强记易，会通解悟难。会通到天地万物为一，解悟到幽明古今无间，为尤难。

【译文】学问，博识强记比较容易，融会贯通理解，彻底领悟就难。会通到天地万物为一体，解悟到幽明古今无差别，尤其难。

【原文】强恕是最拙底学问，"三近"人皆可行，下此无功夫矣。

【译文】努力地推行推己及人之道，是最笨拙的学问。"三近"，即好学近乎智，力行近乎仁，知耻近乎勇，人人都可以去做，除此以外就没有其他功夫了。

【原文】王心斋每以乐为学，此等学问是不曾苦底甜瓜，入门就学乐，其乐也，逍遥自在耳，不自深造真积、忧勤惕励中得来。孔子之乐以忘忧，由于发愤忘食；颜子之不改其乐，由于博约克复。其乐也，优游自得，无意无欢欣，而自不忧；无心于旷达，而自不闷。若觉有可乐，还是乍得心；着意学乐，便是助长心。几何而不为猖狂自恣也乎？

【译文】王艮每以快乐为学问，这样的学问是没有经过苦的阶段的甜瓜，入门就学习快乐，这样的快乐，真是逍遥自在啊！它不是从深入的学习、真实的积累、忧愁劳苦心存戒惧中得来的。孔子的乐以忘忧，是由发愤忘食中得来的；颜子的身居陋巷也不改其乐，是由博文约己、克己复礼中得来的。这种快乐，优游自得，心中无意于欢乐而自然不忧愁，无心于旷达而自然不苦闷。如果觉得有可乐的事情，还是有想突然得到的这种心思，或是有意识地学乐，便是一种拔苗助长的心态，能有几时而不流于猖狂自恣的状态呢！

【原文】余讲学只主六字，曰：天地万物一体。或曰：公亦另立门户邪？曰：否！只是孔门一个"仁"字。

【译文】我讲学只在六个字，就叫"天地万物一体"。有人问："您这不是另立门户吗？"我说："不是这样，我讲的只是孔门的一个'仁'字。"

【原文】无慎独功夫，不是真学问；无大庭效验，不是真慎独。终日哓哓，只是口头禅耳。

【译文】无慎独功夫，不是真学问；在大庭广众中表现不出慎独的效验，不是真慎独。终日哓哓不停地说要慎独，只能算口头禅而已。

【原文】体认要尝出悦心真味，功夫更要进到百尺竿头，始为真儒。向与二三子暑月饮池上，因指水中莲房以谈学问。曰：山中人不识莲，于药铺买得干莲肉，食之称美。后入市买得久摘鲜莲，食之更称美也。余叹曰：渠食池上新摘，美当何如？一摘出池，真味犹漓。若卧莲舟，挽碧筒就房而裂食之，美更何如？今之体认，皆食干莲肉者也。又如这树上胡桃，连皮吞之，不可谓之不吃，不知此果须去厚肉皮，不则麻口；再去硬骨皮，不则损牙；再去瓤上粗皮，不则涩舌；再去薄皮内萌皮，不则欠细腻。如是而渍以蜜，煎以糖，始为尽美。今之功夫，皆囫囵吞胡桃者也。如此体认，始为"精义入神"；如此功夫，始为"义精仁熟"。

【译文】体会、认识，要尝出心中快乐的真味，修养的功夫更要进到百尺竿头，这样才是真儒。有一次和二三个学子暑天在池亭上饮酒，不时指着水中的莲蓬来谈论学问。一人说："山中人不认识莲子，在药铺买了干莲肉，吃了连连称赞味美。后来到市上买到刚摘下的鲜莲子，吃了认为味道更美。"我感叹地说："他要是吃到池上新摘的莲子，不知要认为味道怎么美呢！一摘出池，真味可能已减少了。如果卧于采莲舟中，挽着莲蓬柄，挨近莲房，剥出莲子而食，那又是何等的美味啊！现在人对学问体会、认识，都和食干莲肉的人一样。又譬如这树上的胡桃，连皮吞食，不能说没吃，但不知吃这种果实，须去掉厚皮，不然会麻嘴；再去掉硬壳，不然要损坏牙齿；再去掉瓤上的粗皮，不然涩舌；再去掉薄皮内的萌皮，不然不够细腻。这样剥完了，再用蜜腌渍，再用糖煎，才算是真正味美了。现在做学问的功夫，都是囫囵吞胡桃的做法。只有像以上说的那样去体味，才算"精义入神"。这样的功夫，才算"义精仁熟"。

【原文】学者不长进病根，只在护短。闻一善言，不知不肯问；理有所疑，对人不肯问，恐人笑己之不知也。孔夫子不耻下问，今也耻上问。颜子以能问不能，今也以不能不问能。若怕人笑，比德山棒、临济喝，法坛对众，如何承受。这般护短，到底成个人笑之人。一笑之耻，而终身之笑顾不耻乎？儿曹戒之。

【译文】学者不长进的病根，只在于护自己的短。听到一句善言，自己不知道也不肯问；对有疑惑的道理，不明白也不肯向别人请教，恐怕别人耻笑自己无知。孔夫子不耻下问，现在的人耻于上问；颜渊本来比别人知道得多，还要向那些不如自己的人请教。现在的人自己不如别人，还不愿向别人请教。如果是怕人耻笑，等到挨了德山棒打、临济怒喝，在法坛上对众回答问题时，将会如何承受呢？这样护短，终究会成为一个让人耻笑的人。以一笑为耻，而终身被人耻笑，这难道不可耻吗？儿辈应以此为戒。

【原文】学问之道，便是正也，怕杂。不一则不真，不真则不精。入万景之山，处处堪游，我原要到一处，只休乱了脚；入万花之谷，朵朵堪观，我原要折一枝，只休花了眼。

【译文】学问之道，即使是正道，也怕太杂。不专一则不真，不真则不精深。到万景之山去游览，每处都值得游玩，我打算只到一处，免得乱了脚步；进入万花之谷，朵朵鲜花都值得观看，我打算只要折一枝，免得看花了眼睛。

【原文】日落赶城门，迟一脚便关了，何处止宿？故学贵及时。悬崖抱孤树，松一手便脱了，何处落身？故学贵著力。故伤悲于老大，要追时除是再生；既失于将得，要仍前除是从头。

【译文】日落了，赶着要进城门，若迟了一步，门便关了，到何处去住宿？所以说学贵及时。在悬崖上抱着一棵孤树，一松手便脱了，会落身到何处？所以学者贵用力。到年岁大了才感到伤悲，想追回虚度的年华，除非再生；将要得到时又失去了，还想继续前进，除非从头开始。

【原文】学问要诀只有八个字：涵养德性，变化气质。守住这个，再莫向迷津问渡。

【译文】学问的要诀只有八个字：涵养德性、变化气质。守住这个，再不必向迷途的人问路。

【原文】除不了“我”，算不得学问。

【译文】消除不了“我”心，算不得学问。

【原文】“学问”二字原自外面得来。盖学问之理，虽全于吾心，而学问之事，则皆古今名物，人人而学，事事而问，攒零合整，融化贯串，然后此心与道方浃洽畅快。若怠于考古，耻于问人，聪明只自己出，不知怎么叫作学者。

【译文】“学问”这两个字原来就是指从外面得来。学问的道理，即使我的心里全都具备,但学问的事情,却都是古今名物,向人学习,遇事提问,攒零合整,融会贯通,这样此心与道才能浃洽畅快。如果懒于考古,耻于问人,聪明只从自己心上出,怎能叫作学者?

【原文】圣人千言万语,经史千帙万卷,都是教人学好,禁人为非。若以先哲为依归,前言为律令,即一二语受用不尽。若依旧作世上人,或更污下,即将仓颉以来书读尽,也只是个没学问的人。

【译文】圣人言语千万,经史千帙万卷,都是教人学好,禁人为非。如果以先哲为依归,以前代的言论为律令,即使是一两句也受用不尽。如果依旧做个普通的人,或更低下,即使将仓颉以来的书都读完,也只是个没学问的人。

【原文】万金之贾,货虽不售不忧;贩夫闭门数日,则愁苦不任矣。凡不见知而愠,不见是而闷,皆中浅狭而养不厚者也。

【译文】有万金资财的商贾,货物即使卖不出去也不用担忧发愁;小贩几天不卖货,就会愁苦不堪了。不被人了解就恼怒,不被肯定就愁闷的,都是因为自己的知识浮浅狭隘而修养不高的缘故。

【原文】吾友杨道渊常自叹恨,以为学者读书,当失意时便奋发,曰:"到家却要如何!"及奋发数日,或倦怠,或应酬,则曰:"且歇下一时,明日再做。""且""却"二字循环过了一生。予深味其言。士君子进德修业皆为"且""却"二字所牵缚,白首竟成浩叹。果能一旦奋发有为,鼓舞不倦,除却进德是毙而后已功夫,其余事业,不过五年七年,无不成就之理。

【译文】我友杨道渊经常为之叹息和遗憾的是:学者读书,在失意的时候就奋发,且说到家就要如何如何。等奋发了几天,或者倦怠了,或者因为应酬,又会说且歇一歇,明天再做。就在"且""却"二字的循环中过了一生。我认为他的话有很深的意味。士君子进德修业都为"且""却"二字所牵缚,那么直到头发白了,也只有叹息而已。如果真能够奋发有为,鼓舞不倦,那么除了修养品德是死而后已的事情,其余的事业,不过五年七年,没有不成功的道理。

【原文】学者常看得为我之念轻,则欲念自薄,仁心自达。是以为仁功夫曰"克己",成仁地位曰"无我"。

【译文】学习的人常常把为我的念头看得很轻,所以欲念自然淡薄,仁心自然通达。因此说达到仁的功夫是克己,达到仁的境地是无我。

【原文】师无往而不在也,乡国天下古人师善人也,三人行则师恶人矣。予师不止此也，鹤之父子，蚁之君臣，鸳鸯之夫妇，果然之朋友，乌之孝，驺虞之仁，雉之耿介，鸠之守拙，则观禽兽而得吾师矣。松柏之孤直，兰芷之清芳，萍藻之洁，桐之高秀，莲之淄泥不染，菊之晚节愈芳，梅之贞白，竹之内虚外直、圆通有节，则观草木而得吾师矣。山之镇重，川之委曲而直，石之坚贞，渊之涵蓄，土之浑厚，火之光明，金之刚健，则观五行而得吾师矣。鉴之明，衡之直，权之通变，量之有容，概之平，度之能较短长，箑之卷舒，盖之张弛，网之纲纪，机之经纶，则观杂物而得吾师矣。嗟夫！能自得师，则盈天地间皆师也。不然尧舜自尧舜，朱均自朱均耳。

【译文】老师无处不在，在天下古人之中，可以以善人为师；三人同行，恶人也可以成为我的老师。我的老师还不止这些。鹤的父子相亲，蚂蚁的君臣有别，鸳鸯的夫妇恩爱。猓然的朋友义气，乌鸦的孝敬母亲，驺虞的仁信，雉的耿介，鸠的守拙，观察禽兽也可以找到我的老师啊！松柏的孤直，兰芷的清香，萍藻的纯洁，梧桐的高秀，莲花出淤泥而不染，菊花到晚秋季节更幽香，梅花的贞白，竹子的内虚外直圆通有节，观察草木也可以找到我的老师啊！山岳的镇重，河川既曲折又直流而下，石的坚贞，渊的含蓄，土的浑厚，火的光明，金的刚健，观察这五行，也可以找到我的老师啊！镜子的明亮，秤杆的正直，权的通变，量的有容，概的平，度的能测量短长，扇子的舒开卷合，盖子的揭开合上，网上的总纲，织机上的经纶，观察各种物品也可以找到我的老师。啊！能自己去找老师，则满天地之间都是老师！不然的话，生来是尧舜的禀性，就是尧舜；生来是丹朱、商均这种不肖之徒，就只能是不肖之徒了。

【原文】"好学近乎知，力行近乎仁，知耻近乎勇"，有志者事竟成，那怕一生昏弱。"内视之谓明，反听之谓聪，自胜之谓强"，外求则失愈远，空劳百倍精神。

【译文】"好学近于智，力行近于仁，知耻近于勇。"有志者事竟成，哪怕生来昏弱的人也能成功。能审视自己叫作明，能听取不同的意见叫作聪，能战胜自己叫作强。向外界寻求，而不加强自身修养，离自己的目标就会更远，空费百倍精神。

【原文】六经之文不相师也，而后世不敢轩轾。后之为文者，吾惑矣。拟韩临柳，效马学班，代相祖述，窃其糟粕，谬矣。夫文以载道也，苟文足以明道，谓吾之文为六经可也。何也？与六经不相叛也。否则发明申、韩之学术，饰以六经之文法，有道君子以之覆瓿矣。

【译文】《六经》的内容各不相同，不相互为师，因而后世不敢评论哪个高哪个低。对后世那些写文章的人，我就有些迷惑了。他们模拟韩愈，模仿柳宗元，效法司马迁，学习班固，一代代师法前人，加以述说，承袭糟粕，太不对了。文章是用来表达思想、道理的，如果文章能讲明道理，那么称这文章为《六经》也是可以的，为什么呢？因为它没有违背《六经》。否则阐发申不害和韩非的学术思想，却用《六经》的文法来表达，这样的著作，有道君子只能用它来盖酱罐了。

【原文】诗词文赋都要有个忧君爱国之意，济人利物之心，春风舞雩之趣，达天见性之精。不为赘言，不袭余绪，不道鄙迂，不言幽僻，不事刻削，不徇偏执。

【译文】诗词文赋都要有个忧君爱国之意，有个济人利物之心，还要有春风舞雩的情趣，达天见性的精神；没有赘言，不因袭别人的东西，不说鄙俗迂阔的话，不谈幽深僻远，不用刻薄的言辞，不偏执一端。

【原文】一先达为文，示予令改之，予谦让，先达曰："某不护短，即令公笑我，只是一人笑，若为我回护，是令天下笑也。"予极服其诚，又服其智。嗟夫！恶一人面指，而安受天下之背笑者，岂独文哉！岂独一二人哉！观此可以悟矣。

【译文】一位前辈写了文章，拿来让我给他修改，我谦让，前辈说："我不护短，即使你笑话我，也只是你一个人笑罢了，如果你不肯改而回护我，这是让天下人笑我啊！"我佩服他态度的诚恳，又佩服他的明智。唉！讨厌一个人当面批评自己，而甘心接受天下人在背后嘲笑，哪里只是文章这样的事呢！况且这种人岂止是一二个人呢！看这件事应该醒悟了。

【原文】议论之家，旁引根据，然而据传莫如据经，据经莫如据理。

【译文】议论的人，常常引证书中的话作为依据，然而依据传注不如依据经典，依据经典不如依据义理。

【原文】古今载籍之言，率有七种：一曰天分语，身为道铸，心是理成，自然而然，毫无所为，生知安行之圣人。二曰性分语，理所当然，职所当尽，务满分量，毙而后已，学知利行之圣人。三曰是非语，为善者为君子，为恶者为小人，以劝贤者。四曰利害语，"作善降之百祥，作不善降之百殃"，以策众人。五曰权变语，托词画策以应务。六曰威令语，五刑以防淫。七曰无奈语，五兵以禁乱。此语以外，皆乱道之谈也。学者之所务辨也。

【译文】古今书籍所记载的言论，大致可分为七种：一是天分语。写出这种话的人，他的身心都灌输着道和理，完全是自然而然的，没有一丝勉强的痕迹，这种人是生而知之、安而行之的圣人。二是性分语。写出这种话的人，做理所当然的事，尽所当尽的职责，并且一定尽到最大的努力，死而后已，这是学而知之、利而行之的圣人。三是是非语。写出这种话的人，他们认为做善事的就是君子，做恶事的就是小人，这是用来劝勉那些贤良的人的。四是利害语。写出这种话的人，认为做善事就会带来种种的吉祥，做不善的事就会遭到种种祸殃，这是用来鞭策一般人的。五是权变语。这些言论以种种借口谋划各种策略来应对当世的事物。六是威令语。这好比使用五刑来防止违法的行为。七是无奈语。这如同用武力来镇压叛乱。除了以上七种言论，其余皆是乱道之谈，学者对此务必要加以分辨。

【原文】疏狂之人多豪兴，其诗雄，读之令人洒落，有起懦之功。清逸之人多芳兴，其诗俊，读之令人自爱，脱粗鄙之态。沈潜之人多幽兴，其诗淡，读之令人寂静，动深远之思。冲淡之人多雅兴，其诗老，读之令人平易，消童稚之气。

【译文】狂放不羁的人多豪兴，他的诗雄健，读起来令人洒落，可以使懦夫振作。清高脱俗的人多芳兴，他的诗俊雅，读起来令人自爱，可以使人脱去粗鄙之态。沉静含蓄的人多幽兴，他的诗清淡，读起来令人寂静，可以使人动深远之思。和平淡泊的人多雅兴，他的诗老成，读起来感到平易，可以使人消童稚之气。

【原文】艰语深辞，险句怪字，文章之妖而道之贼也，后学之殃而木之灾也。路本平而山溪之，日月本明而云雾之，无异理有异言，无深情有深语，是人不诚而是书不焚，有世教之责者之罪也。若曰其人学博而识深，意奥而语奇，然则孔孟之言，浅鄙甚矣。

【译文】语艰辞深，句险字怪，这是怪异的文章，对道危害最大，它会给后辈学子带来祸殃，也给雕版印书带来灾害。路本来是平坦的，却有山谷来阻挡；日月本来是光明的，却有云雾来遮盖。没有特殊的道理，却要用特殊的言辞来表达；没有深厚的感情，却用艰深的语言来表述。对这样的人还不警诫，对这样的书还不焚烧，这是负责教化世人之人的罪责啊。如果认为这样的人是学博识深，用意深而语言奇，那么孔子、孟子的语言，岂不是浅显鄙陋了吗？

【原文】圣人不作无用文章，其论道则为有德之言，其论事则为有见之言，其叙述歌咏则为有益世教之言。

【译文】圣人不做无用的文章，谈论道是有德的语言，谈论事是有见解的语言，写诗作赋也都是有益于世教的语言。

【原文】圣人作经，有指时物者，有指时事者，有指方事者，有论心事者，当时精意与身往矣。话言所遗，不能写心之十一，而儒者以后世之事物、一己之意见度之，不得则强为训诂。呜呼！汉宋诸儒不生，则先圣经旨后世诚不得十一，然以牵合附会而失其自然之旨者亦不少也。

【译文】圣人写作经书,有指当时的事物的,有指当时的时事的,有指某一方面事情的,有表达思想的。当时不仅专心一意地写作,而且对自己的主张身体力行。他们写在文章中留给后人的话,连他们思想的十分之一也没有,而儒者却用后世的事物和一己之见来揣度圣人,不符合自己的意思则勉强解释。唉!如果没有汉代、宋代这些儒者,那么这些先圣经学的要旨,后人真是不能得到十分之一,然而由于他们牵强附会而失去圣人自然之旨的地方也不少。

【原文】圣人垂世则为持衡之言,救世则有偏重之言。持衡之言,达之天下万世者也,可以示极。偏重之言,因事因人者也,可以矫枉。而不善读书者每以偏重之言垂训,乱道也夫!诬圣也夫!

【译文】圣人流传后世的言论是作为万古准则的言论,而挽救当时世道的言论则是有所侧重的言论:作为准则的言论,可以流传天下万世,可以作为永久的准则;有所侧重的语言,是因事因人而说的,可以矫正错误。但不善于读书的人,每每把那些有所侧重的言论当作万古准则的言论,作为留给后人的训诫,这是乱道诬圣的做法。

【原文】言语者,圣人之糟粕。也圣人不可言之妙,非言语所能形容。汉宋以来解经诸儒,泥文拘字,破碎牵合,失圣人天然自得之趣,晦天下本然自在之道,不近人情,不合物理,使后世学者无所适从。且其负一世之高名,系千古之重望,遂成百世不刊之典。后学者岂无千虑一得,发前圣之心传而救先儒之小失?然一下笔开喙,腐儒俗士不辨是非,噬指而惊,掩口而笑,且曰:“兹先哲之明训也,安得妄议?”噫!从诚信而好古之义也。泥传离经,勉从强信,是先儒阿意曲从之子也。昔朱子将终,尚改《诚意》注,使朱子先一年而卒,则《诚意》章必非精到之语,使天假朱子数年,所改宁止《诚意》章哉!

【译文】言语,是圣人的糟粕;圣人不可言之妙,非言语所能形容。汉、宋以来解释经书的儒者,泥文拘字,破碎牵合,失掉了圣人天然自得之趣,使天下本来自然存在的道理也晦暗了,而且他们解经不近人情,不合自然之理,使后世学习的人无所适从。这些儒者在当世享有高名,又负有千古之众望,他们的解释就成了百世不能改变的经典。后来的学者岂无千虑之一得?岂不能阐发前圣的心意而救正先儒的小失?然而一下笔、一张口,那些腐儒俗士不分是非,或噬指而惊,或掩口而笑,并且说:“这是先哲的明训,怎能妄加议论呢!”唉!这诚然表现了信而好古的精神,但拘泥传注违背经义,勉强信从,这只能是先儒阿意曲从的子孙啊!往昔朱子将死之前,尚且修改《大学·诚意》章的注解,假使朱子早死一年的话，那么对《诚意》章的注就不会那么精确了，假使朱子还能多活几年的话，所修改的岂止是《诚意》章呢！

【原文】圣人之言，简淡明直中有无穷之味，大羹玄酒也。贤人之言，一见便透而理趣充溢，读之使人豁然，脍炙珍馐也。

【译文】圣人的言论，在简淡明直之中有无穷的意味，就如同祭祀用的肉汁和酒水一样。贤人的言论，一看便明白而又充满了理趣，读之使人豁然开朗，如同珍馐美味一样。

【原文】圣人终日信口开河，千言万语，随事问答，无一字不可为训。贤者深沉而思，稽留而应，平气而言，易心而语，始免于过。出此二者而恣口放言，皆狂迷醉梦语也。终日言，无一字近道，何以多为？

【译文】圣人终日随便讲的话，千言万语，就事问答，无一字不可作为准则。贤人深沉地思考，想好了再回答，心平气和地说话，将心比心地谈话，才能避免出错。除了圣人贤人以外，信口开河、任意讲的话，都是狂迷醉梦的语言。终日不停地说，没有一个字和道理相合，说得多又有什么用呢？

【原文】诗，低处在觅故事寻对头，高处在写胸中自得之趣，说眼前见在之景。

【译文】作诗，低的只是寻典故作对子，高的能抒写胸中自得的情趣，描述眼前看见的景物。

【原文】自孔子时，便说史不阙文，又曰胜质则史，把史字就作了一伪字看。如今读史，只看他治乱兴亡足为法戒，至于是非真伪，总是除外的。譬之听戏文一般，何须问他真伪，只是足为感创，便于风化有关。但有一桩可恨处，只缘当真看，把伪底当真；只缘当伪看，又把真底当伪。这里便宜了多少小人，亏枉了多少君子。

【译文】从孔子的时代，就说史不缺文，又说文胜质则史，意思是说文辞胜过了实际就不真实了，把“史”字当作“伪”字看待。如今读史书的，只看史书记载的治乱兴亡足为后世师法借鉴，至于是非真伪，则不注意，就好比看戏一样，不问戏中演的故事是真是假，只要能使人感动，有利于风化即可。但有一件事让人遗憾：你把它当真的看，可能会把假的当成真的；你把它当假的看，又可能把真的当成假的。这样便宜了多少小人，冤枉了多少君子。

【原文】诗辞要如哭笑，发乎情之不容已，则真切而有味。果真矣，不必较工拙。后世只要学诗辞，然工而失真，非诗辞之本意矣。故诗辞以情真切、语自然者为第一。

【译文】创作诗辞要如同哭笑，出于不可抑制地真情实感，才能真切而有味。果然表达的是真实感情，就不必计较诗辞的文辞写得好不好。后世只为了写诗辞才学诗辞，文辞虽好却没有真实感情，这就失去了创作诗辞的本意了。因此诗辞以情真切、语自然为第一。

【原文】古人无无益之文章，其明道也，不得不形而为言；其发言也，不得不成而为文。所谓因文见道者也，其文之古今工拙无论。唐宋以来渐尚文章，然犹以道饰文意，虽非古而文犹可传。后世则专为文章矣，工其辞语，涣其波澜，炼其字句，怪其机轴，深其意指，而道则破碎支离，晦盲否塞矣。是道之贼也，而无识者犹以文章崇尚之，哀哉！

【译文】古人没有无益的文章，文章是为了阐明道的，所以不能不用言语来表达；用言语表达出来以后，不能不写成文章。这就是所说的因文而见道，而文章是古体还是今体，是美妙还是拙劣就不谈了。唐、宋以来渐渐崇尚文章，但仍然把道来作为文章的内容，这样文章虽不是古文，仍可流传后世。而后世则专门只是为了写文章了，注意修饰文辞，形成波澜，锻炼字句，使开合转承奇巧玄妙，使文章的意旨深奥难解，这样，道就支离破碎、晦暗难明了。这样的文章，只能有损于大道，而无识见的人仍然认为这是好文章而崇尚它，真可悲啊！

【原文】文章有八要：简、切、明、尽、正、大、温、雅。不简则失之烦冗，不切则失之浮泛，不明则失之含糊，不尽则失之疏遗，不正则理不足以服人，不大则失冠冕之体，不温则暴厉刻削，不雅则鄙陋浅俗。庙堂文要有天覆地载，山林文要有仙风道骨，征伐文要有吞象食牛，奏对文要有忠肝义胆。诸如此类，可以例求。

【译文】写文章有八要：简、切、明、尽、正、大、温、雅。不简则失之烦冗，不切则失之浮泛，不明则失之含糊，不尽则失之疏漏，不正则理不足以服人，不大则失冠冕之体，不温则暴厉刻薄，不雅则鄙陋浅俗。朝廷上的文章要有天覆地载胸襟，隐逸的文章要有仙风道骨气象，征伐的文字要有吞象食牛的气概，奏对的文字要有忠肝义胆精神。诸如此类，可以类推。

【原文】学者读书，只替前人解说，全不向自家身上照一照。譬之小郎替人负货，努尽筋力，觅得几文钱，更不知此中是何细软珍重。

【译文】学习的人读书，只是为前人的文章作解说，也不向自己身上比一比，这就好比小孩子替别人背货物，用尽了力气，挣得几文钱，却浑不知身上背的是什么细软宝物。

【原文】自乡举里选之法废，而后世率尚词章，唐以诗赋求真才，更为可叹，宋以经义取士，而我朝因之。夫取士以文，已为言举人矣。然犹曰：言，心声也，因文可得其心，因心可知其人。其文爽亮者，其心必光明，而察其粗浅之病。其文劲直者，其人必刚方，而察其豪悍之病。其文藻丽者，其人必文采，而察其靡曼之病。其文庄重者，其人必端严，而察其寥落之病。其文飘逸者，其人必流动，而察其浮薄之病。其文典雅者，其人必质实，而察其朴钝之病。其文雄畅者，其人必挥霍，而察其跅驰之病。其文温润者，其人必和顺，而察其巽软之病。其文简洁者，其人必修谨，而察其拘挛之病。其文深沉者，其人必精细，而察其阴险之病。其文冲淡者，其人必恬雅，而察其懒散之病。共文变化者，其人必圆通，而察其机械之病。其文奇巧者，其人必聪明，而察其怪诞之病。其文苍老者，其人必不俗，而察其迂腐之病。有文之长而无文之病，则其人可知矣。文即未纯，必不可弃。今也但取其文而已，见欲深邃，调欲新脱，意欲奇特，句欲饤饾，锻炼欲工，态度欲俏，粉黛欲浓，面皮欲厚。是以业举之家弃理而工辞，忘我而徇世。剽窃凑合全无自己神情，口语笔端迎合主司好尚。沿习之调既成，本然之天不露。而校文者亦迷于世调，取其文而忘其人。何异暗摸而辨苍黄，隔壁而察妍媸？欲得真才，岂不难哉？隆庆戊辰，永城胡君格诚登第三场，文字皆涂抹过半，西安郑给谏大经所取士也，文皆笑之。后余阅其卷，乃叹曰：涂抹即尽，弃掷不能，何者？其荒疏狂诞绳之以举业，自当落第，而一般雄伟器度、爽朗精神、英英然一世豪杰，如对其面，其人之可收自在文章之外耳。胡君不羁之才，难挫之气，吞牛食象，倒海冲山，自非寻常庸众人。惜也以不合世调，竟使沉沦。余因拈出，以为取士者不专在数篇工拙，当得之牝牡骊黄之外也。

【译文】自从举贤荐能的方法废除以后，后世大都崇尚辞章。唐朝以诗词赋来选取真正的人才，更让人感叹不已；宋代以经义取士，而我朝因袭这个办法。用文章来选取官吏，已经是以言举人了，然而还可以说，言语是人的心声，通过他的文章可以看出他的内心，从他的内心就可以知道他的品德和才能，文章爽亮的人，其内心必然光明，但要考察一下他是否有粗浅的毛病；文章劲直的人，他的为人必然刚直方正，但要考察一下他有没有豪悍的毛病；文章华丽的人，他的为人必然多文采，但要考察一下他有没有靡曼的毛病；文章庄重的人，他的为人必然端庄严肃，但要考察一下他有没有落落寡合的毛病；文章飘逸的人，他的为人必然灵活，但要考察一下他有没有轻浮的毛病；文章典雅的人，他的为人必然朴实，但要考察一下他有没有愚钝的毛病；文章雄畅的人，他的为人必然喜欢挥霍，但要考察一下他有没有放荡不合礼法的毛病；文章温润的人，他的为人必然和顺，但要考察一下他有没有卑顺软弱的毛病，文章简洁的人，他的为人必然谨慎，而要考察一下他有没有拘束的毛病；文章深沉的人，他的为人必然精细，但要考察一下他有没有阴险

的毛病；文章冲淡的人，他的为人必然恬静高雅，但要考察一下他有没有懒散的毛病；文章善于变化的人，他的为人必然圆通，但要考察一下他有没有机伪巧诈的毛病；文章奇巧的人，他的为人必然聪明，但要考察一下他有没有怪诞的毛病；文章苍老的人，他的为人必然不俗，但要考察一下他有没有迂腐的毛病；若他们的文章有上述这些特长，而为人又没有上述的毛病，这人的人品就可以知道了。文章即使没有达到尽美尽善的程度，人才也不能抛弃，但现在只是取其文章而已，要求文章见解要深邃，格调要新颖，用意要奇特，句子要铺陈，炼句要精巧，态度要俏丽，修饰要浓重，脸皮要加厚。因此从事科举的人抛弃了道理而修饰文辞，忘记了自己而顺从世人的口味，剽窃拼凑，全然没有自己的风格，无论是说话还是文章，都迎合主考官的喜好，形成了因循习旧的习惯，就很难表露自己的天性。评阅文章的人也迷惑于世人的这种论调，只看其文而不看其为人。这和在黑暗中辨别是青色还是黄色，隔着墙来考察美丑有什么不同呢？这样想选取真才，岂不难吗？穆宗隆庆二年，永城人胡格诚参加第三场科举考试，文章中的文字有一半有涂抹的地方，他是西安郑大经给谏录取的，人们都讥笑他。后来我阅他的卷子，深有感叹地说："他的文章即使涂抹干净，我也不能将他弃掷不取。"为什么呢？以他那荒疏狂诞的文辞，用科举文章的标准来要求，自然应当落第，然而他那种雄伟的气度，爽朗的精神，英气勃发，俨然是一世豪杰。看到他的文章，如同面对其人，这样的人才可以选录的理由自在文章之外啊！胡君的不羁之才，不挫的气概，简直可以吞牛食象、倒海排山，自然不是寻常平庸的人可比。可惜不符合世俗的情调，竟然沉沦了。因此我把他的例子举出来，说明选取官吏不能只看几篇文章写得好坏，而要看他真正有没有才能。

【原文】万历丙戌而后，举业文字如晦夜浓阴封地穴，闭目蒙被灭灯光。又如墓中人说鬼话，癫狂人说疯话，伏章人说天话。又如《楞严》《孔雀》，咒语真言，世道人大妖也。

其名家云:“文到人不省得处才中,到自家不省得处才高中。”不重其法,人心日趋于魑魅魍魉矣。或曰:文章关甚么人心世道。嗟!嗟!此醉生梦死语也。国家以文取士,非取其文,因文而知其心,因心而知其人,故取之耳。言若此矣,谓其人曰光明正大之君子,吾不信也。且录其人曰中式,进呈其文曰中式之文,试问其式安在?乃高皇帝所谓文理平通明顺典实者也。今以编造晦涩妄诞放恣之辞为式,悖典甚矣。今之选试官者必以高科,其高科所中,使非明顺典实之文,其典试也,安得不黜明顺典实之士乎?人心巧伪,皆此文为之祟耳。噫!是言也,向谁人道,不过仰屋长太息而已。使礼曹礼科得正大光明、执持风力之士,无所畏徇,重一惩创,一两科后,无刘几矣。

【译文】万历十四年以后,应举的文字如同黑夜里的浓重阴云封住了地穴,又如同闭上眼睛、蒙上被子,又熄灭了灯光。如同坟墓中的人说鬼话,癫狂人说疯话,向天上奏章的人说天话;又如同《楞严》《孔雀》,咒语真言,真是世道的大害呀!当时知名的人士说:“文章做到人家看不懂的时候才能中,做到自己也看不懂的时候才能高中。”如果对这种现象,不用重法加以纠正,人心会日益趋向魑魅魍魉啊!也许有人会说:“文章怎么还会关系人心世道呢?”唉!唉!这真是醉生梦死的话啊!国家用文章来选拔官吏,并不是要选他的文章,而是通过文章来了解这人的内心,再通过他的心来了解他的为人,才选取他。如果他的文章如上面所说的那样晦涩难懂,而说其人是光明正大的君子,我是不相信的。而说被录取的人符合标准,进呈他的文章也说是符合标准的文章,那么试问其标准是什么呢?应当是太祖皇帝所说的文理平通,明白晓畅,有典有实。现在以编造晦涩荒诞放恣之辞为标准,就远远背离了高皇帝的典训。现在选用主考官一定是中过高科的,他本人考中高科时,就不是明白晓畅、有典有实的文章,那么由他主持考试,怎能不黜退那些能写出明白晓畅、有典有实文章的人呢?现在人心巧伪,都是此类文章在作祟啊!唉,这样的话向谁讲呢!只能仰天长叹罢了。假使礼部和礼科监察的官吏能任用正大光明、坚持操守的人士,无所徇私,对这种风气重加惩创,一两次科考以后,就不会有刘几这样善作险怪之语的人了。

【原文】《左传》《国语》《战国策》,春秋之时文也,未尝见春秋时人学三代。《史记》、《汉书》,西汉之时文也,未尝见班、马学《国》《左》。今之时文安知非后世之古文,而不拟《国》《左》则拟《史》《汉》。陋矣,人之弃己而袭人也。六经、四书,三代以上之古文也,而不拟者何?习见也。甚矣,人之厌常而喜异也。余以为文贵理胜,得理何古何今?苟理不如人而摹仿于句字之间,以希博洽之誉,有识者耻之。

【译文】《左传》《国语》《战国策》是春秋时代的时文，也不曾见春秋时期的人学习三代时的文风。《史记》《汉书》是西汉的时文，也不曾见班固、司马迁学习《国语》《左传》的文风。那么怎知现在的时文不能成为后世的古文呢！现在不是模拟《国语》《左传》，就是模拟《史记》《汉书》，太浅薄了啊！抛弃了自己的东西而去模仿抄袭别人的东西。《六经》《四书》，是三代以前的古文，为什么人们不模拟呢？是因为经常看到的缘故，人们的厌常喜异的习惯也太厉害了。我认为文章贵在以理取胜，如果讲得有道理，何必考虑是古是今！如果讲的道理不如别人讲的深透，而只是模仿别人的文字，以此想得到博洽的称誉，有识见的人以为这是可耻的事。

【原文】诗家无拘鄙之气，然令人放旷；词家无暴戾之气，然令人淫靡。道学自有泰而不骄、乐而不淫气象，虽寄意于诗词，而缀景言情皆自义理中流出，所谓吟风弄月，有“吾与点也”之意。

【译文】诗人虽然没有拘束粗鄙之气，但是会使人放任自为不守礼仪；词人虽然没有粗暴强横之气，但是会使人淫靡奢侈。道学自有泰而不骄、乐而不淫的气象，即使用诗词来寄托自己的思想情感，写景抒情也都符合义理，吟风弄月也有孔子所赞美的曾点那种悠然自得的意味。

修　身

——吕坤

【原文】身是心当，家是主人翁当，郡邑是守令当，九边是将帅当，千官是冢宰当，天下是天子当，道是圣人当。故宇宙内几桩大事，学者要挺身独任，让不得别人，亦与人计行止不得。

【译文】管理身的事由心来担当，管理家的事由户主来担当，管理郡邑的事由守令来担当，守卫九边的事由将帅来担当，管理众多官吏的事由冢宰来担当，治理天下的事由天子来担当，弘扬道的重任由圣人来担当。因此宇宙内的大事，学习的人要挺身独任，不能谦让，进退也不要和别人商量。

【原文】胸中有一个见识，则不惑于纷杂之说；有一段道理，则不挠于鄙俗之见。《诗》云：“匪先民是程，匪大猷是经，惟迩言是争。”平生读圣贤书，某事与之合，某事与之背，即知所适从，知所去取，否则口《诗》《书》而心众人也，身儒衣冠而行鄙夫也，此士之稂莠也。

【译文】胸中有一定的见识，就不会被纷杂的议论所迷惑；心中有一定的道理，就不会被鄙俗的见解所扰乱。《诗经·小雅·小鄘》篇说："匪先民是程，匪大猷是经，惟迩言是争。"意思是批评那些不效法古代的圣贤，不走光明的大道，只在那浅近的言语间争论不休的人。平生读圣贤书，要分辨某件事与圣贤的道理相合或是与圣贤的道理相背，就可以知道何适何从，何去何取。否则口中诵的是《诗》《书》，内心想的却和普通人一样；穿戴的是儒者的衣冠，而行为却和鄙陋浅薄的人一样。这就如同危害禾苗的稂莠一样，也是读书人中间的杂草啊！

【原文】凡智愚无他，在读书与不读书；祸福无他，在为善与不为善；贫富无他，在勤俭与不勤俭；毁誉无他，在仁恕与不仁恕。

【译文】智慧和愚昧的区别不在别处，只看你读书不读书；判断一件事是祸是福，没有别的，只看你为善不为善；日子过得贫穷还是能够富裕。没有别的，只看你勤俭不勤俭；行为会招来毁谤还是得到赞扬，没有别的，就看你仁恕不仁恕。

【原文】学者说话要简重从容，循物傍事，这便是说话中涵养。

【译文】学习的人说话要简重从容，遵循物理，依据事实，这才是说话中的涵养。

【原文】愈进修愈觉不长，愈检点愈觉有非。何者？不留意作人，自家尽看得过；只日日留意向上，看得自家都是病痛，那有些好处？初头只见得人欲中过失，到久久又见得天理中过失，到无天理过失则中和矣。又有不自然、不浑化、着色吃力过失，走出这个边境，才是圣人，能立无过之地。故学者以有一善自多，以寡一过自幸，皆无志者也。急行者只见道远而足不前，急耘者只见草多而锄不利。

【译文】愈进修愈觉得不长进，愈检点愈觉得有毛病，为什么呢？因为不注意修养的时候，看自己样样都过得去；只要天天注意修养，看自己全身都是毛病。哪有一点好处呢？开始时只能看见人欲方面的过失，时间长了，又看到天理方面的过失，老到了无天理过失的时候，就是按中道行事了。这时还有不自然、不浑化、着色、吃力等过失，走出这个境界，才能像圣人那样立于无过之地。所以学习的人认为，那些有一善就觉得已经够多了，少一过还自我庆幸的人，都是无志的人。这些人就如同想快走的而一看见道远就裹足不前，想锄草锄得快而一看见草多就嫌锄不快的人一样。

【原文】学者事事要自责，慎无责人。人不可我意，自是我无量；我不可人意，自是我无能。时时自反，才德无不进之理。

【译文】学者事事要责备自己，千万不要责备别人。别人不适合我的心意，只是因为我没有肚量；我不适合别人的心意，只是因为我无能。时时不断反省，才德没有不长进的道理。

【原文】童心、俗态，此二者士人之大耻也。二耻摆不，终不可以入君子之路。

【译文】童心、俗态，这两点是读书人的大耻辱。二耻不脱离，就不能走上君子之路。

【原文】愚者人笑之，聪明者人疑之。聪明而愚，其大智也夫。《诗》云："靡哲不愚。"则知不愚非哲也。

【译文】愚蠢人遭人耻笑，聪明人被人怀疑。聪明而愚，这是大智之人。《诗经》说："靡哲不愚。"可知不愚就不是有智慧的人。

【原文】以精到之识，用坚持之心，运精进之力，便是金石可穿，豚鱼可格，更有什么难做之事功、难造之圣神？士君子碌碌一生，百事无成，只是无志。

【译文】以精到之识，用坚持之心，运精进之力，就是金石也可以穿透，豚鱼也可以感通，还有什么难做的事情、难以到达的神圣境界呢？士君子碌碌一生，百事无成，只因为无志。

【原文】吾人终日最不可悠悠荡荡，作空躯壳。

【译文】我们这些人最不应该的是终日悠悠荡荡，做个空躯壳。

【原文】为恶再没个勉强底，为善再没个自然底。学者勘破此念头，宁不愧奋？

【译文】做坏事不需要勉强就会做，做善事没有不努力就能去做的，学习的人认识到这一点，能不努力奋发吗？

【原文】理会得义命两字，自然不肯做低人。

【译文】只要理解了"义""命"这两个字，自然不肯做个低下人。

圣　贤

——吕坤

【原文】读书要看圣人气象性情，《乡党》见孔子气象十九。至其七情，如回非助我，牛刀割鸡，见其喜处。由之瑟，由之使门人为臣，怃然于沮溺之对，见其怒处。丧予之恸，获麟之泣，见其哀处。待侧言志之问，与人歌和之时，见其乐处。山梁雌雉之叹，见其爱处。斥由之佞，答子贡君子有恶之语，见其恶处。周公之梦，东周之想，见其欲处。便见他发而皆中节处。

【译文】读书要能看到圣人的气象、性情，读《论语·乡党》篇，对孔子的性格情况可以看出十之八九。至于孔子的七情，如孔子说“回也非助我也”，又说“割鸡焉用牛刀”，可以看出孔子高兴的情态。子路在孔子门口鼓瑟、子路使门人为臣，孔子对长沮、桀溺的答话感到怃然不悦，这些地方可以看到孔子发怒的情态。颜渊死后孔子的悲恸，鲁哀公时，打猎捕获了麟，孔子为之而泣，这里可看到孔子悲哀的情态。弟子在孔子身边侍奉时，孔子让他们每人谈谈自己的志向，别人唱歌，孔子相唱和的时候，可以看到孔子欢乐的神态。孔子赞叹山梁上雌雉的美丽，可以看出他喜爱时的神态。孔子斥责子路为佞人，回答子贡关于君子是否有厌恶之情的话，可以看出他厌恶的神态。孔子梦见周公，向往东周时代，这些地方可以看到他的欲望之处。从这些记载中，都可以看出孔子发出的情感都合乎礼仪节度。

【原文】学问到孔子地位才算得个通，通之外无学问矣。

【译文】学问到了孔子的地步才算贯通了，除了贯通之外就没有学问。

【原文】圣人尝自视不如人，故天下无有如圣人者，非圣人之过虚也，四海之广，兆民之众，其一才一智未必皆出圣人下也。以圣人无所不能，岂无一毫之未至；以众人之无所能，岂无一见之独精。以独精补未至，固圣人之所乐取也。此圣人之心日歉然不自满足，日汲汲然不已于取善也。

【译文】圣人常常自视不如众人，所以天下的人都不如圣人，这不是圣人过分谦虚，只因为四海如此广大，人民如此众多，人们的一才一智未必都在圣人之下。以圣人的无所不能，岂无一毫之未至；以众人之无所能，岂无一见之独精。以独精来补未至，这是圣人乐于采取的，这也是圣人之心每天感到歉然不足，每天都汲汲努力学习别人长处的原因。

【原文】圣人不示人以难法，其所行者，天下万世之可能者也；其所言者，天下万世之可知者也。非圣人贬以徇人也，圣人虽欲行其所不能，言其所不知，而不可得也。道本如是，其易知易从也。

【译文】圣人不告诉人难行的办法，他所采取的，都是天下人能够做到的办法；他所说的，都是天下人可理解的言论。这不是圣人有意贬低自己来顺应别人，而是圣人想实行那些别人难以做到的事、说那些别人难以理解的话也做不到，因为天下的公理本来就是这样容易理解、容易遵行的。

品　藻

——吕坤

【原文】上才为而不为，中才只见有为，下才一无所为。

【译文】上才人有所为又有所不为，中才人只是有为，下才人一无所为。

【原文】露才是士君子大病痛，尤莫甚于饰才。露者不藏其所有也，饰者虚剽其所无也。

【译文】显露自己的才能，是士君子的大祸患，但比假装有才还好一点。显露自己的才能只是不掩藏自己所具有的，假装有才能是用虚假的办法来显示自己没有的东西。

【原文】天之生人，虽下愚亦有一窍之明。听其自为用而极致之，亦有可观，而不可谓之才。所谓才者，能为人用，可圆可方，能阴能阳，而不己用者也。以己用皆偏才也。

【译文】上天让人降生在世上，即使是下愚之人，也要让他有一点智慧与知识，听任他自己运用，发挥到极点，也有可观之处，但不能称之为才。所谓才，是能被别人运用，可圆可方，能阴能阳的，而不是为了自己使用的，为了自己使用的都是偏才。

【原文】初开口便是煞尾语，初下手便是尽头著，此人大无含蓄，大不济事，学者戒之。

【译文】刚一开口说话就是结束语，刚下手做就是尽头处，这种人太不含蓄，太不能成事，学习的人应警惕犯这种毛病。

【原文】以粗疏心看古人亲切之语，以烦躁心看古人静深之语，以浮泛心看古人玄细之语，以浅狭心看古人博洽之语，便加品评，真孟浪人也。

【译文】用粗疏心去看古人亲切的语言，用烦躁心去看古人静深的语言，用浮泛心看古人玄细的语言，用浅狭心看古人博洽的语言，这样加以品评的，真是个鲁莽轻率的人啊！

【原文】可恨读的是古人书，作的是俗人事。

【译文】可恨啊！读的是古人书，做的是俗人事。

【原文】学者不能徙义改过，非是不知，只是积慵久惯，自家由不得自家，便没一些指望。若真正格致了，便由不得自家，欲罢不能矣。

【译文】学者不能徙义改过，不是不知道该如何做，只是因为懒散成了习惯，自己也由不得自己，这样的人便没有一点指望了。如果真正懂得了徙义改过的道理，便会不由自主地努力向善，想停止都不可能。

【原文】越是聪明人越教诲不得。

【译文】越是自以为聪明的人越教诲不得。

【原文】明道受用处阴得之佛老，康节受用处阴得之庄列，然作用自是吾儒，盖能奴仆四氏而不为其作用者。此语人不敢道，深于佛老庄列者自默识得。

【译文】程颢的学问，暗中受益于佛、老。邵雍的学问，暗中受益于庄子、列子，然而从功用上看，自然还是儒学。他们二人是能运用佛、老、庄、列而又不会为这四家所利用的人。这样的话别人不敢说，对佛、老、庄、列了解深刻的人自会默认这一点。

【原文】不当事不知自家不济，才随遇长，识以穷精，坐谈先生，只好说理耳。

【译文】不遇事不知道自己不行，才能随着遇到的事情多了才会增长，识见只有深入研讨才能精进。坐而论道的先生，只是喜欢空谈而已。

【原文】沉溺了，如神附，如鬼迷，全由不得自家，不怕你明见真知，眼见得深渊陡涧，心安意肯底直前撞去。到此翻然跳出，无分毫粘滞，非天下第一大勇不能。学者须要知此。

【译文】沉溺于其中了，如同有神附体，有如鬼迷心窍，完全由不得自己，哪怕你有明见真知，眼见得前面是深渊陡涧，也心甘情愿地直向前行。如果到了这种地步，还能幡然跳出，没有分毫的黏滞，非天下第一等的大勇不能做到。学习的人必须要知道这个道理。

【原文】论造道之等级，士不能越贤而圣，越圣而天。论为学之志向，不分士圣贤便要希天。

【译文】若论达到道的等级，士人不能超越贤人而成为圣人，不能超越圣人而知天；若论为学的志向，则不分士人、贤人、圣人，都要向知天的境界努力。

【原文】多学而识，原是中人以下一种学问。故夫子自言“多闻，择其善而从之，多见而识之”，教子张“多闻阙疑”，“多见阙殆”，教人“博学于文”，教颜子博之以文。但不到一贯地位，终不成究竟，故顿渐两门各缘资性。今人以一贯为入门，上等天资自是了悟，非所望于中人，其误后学不细。

【译文】多学习，而且要记牢，这是普通人以下的人的一种学问，孔子说自己是“多听，选择其中好的而接受，多看，全记在心里”。教导子张“多听，有怀疑的地方加以保留”“多看，有怀疑的地方加以保留”。教导人们要“广泛地学习古代文献”。教导颜渊用各种文献来丰富自己的知识，但不能达到用仁、恕贯穿到底的地步，终究没有到达极点。所以能够顿悟还是渐悟，根据各人的资质性情而定。现在的人把用一种道理贯穿于事物之中的方法作为入门的学问，具有上等天资的人还可以领悟，但对中等资质的人来说就不能抱这样的希望，这样做，贻误后学不浅。

【原文】明道不落尘埃，多了看释、老。伊川终是拘泥，少了看庄、列。

【译文】程颢不沾尘埃，是对佛教、老子的学说看得比较多；程颐终究还有些拘泥，是对庄子、列子的学说看得少了一些。

【原文】迷迷易悟，迷明难醒。明迷愚，迷明智。迷人之谜，一明则跳脱；明人之谜，明知而陷溺。明人之明，不保其身；迷人之明，默操其柄。明明可与共太平，明迷可与共忧患。

【译文】迷惑人之谜容易醒悟，明白人之谜难以醒悟。明白人的迷惑是愚蠢的，迷惑人的明白是明智的。迷惑人之谜，一旦明白，就可以从迷中跳出来；明白人之谜，明知迷之所在，还要陷入其中。明白人的明，不能保护自身；迷惑人的明，能够自己操纵命运的权柄。明白人的明可以共享太平，迷惑人明白了可以共度忧患。

【原文】不做讨便宜底学问，便是真儒。

【译文】不做讨便宜的学问便是真儒。

【原文】读书要看三代以上人物是甚学识、甚气度、甚作用。汉之粗浅便著世俗，宋之局促便落迂腐，如何见三代以前景象？

【译文】读书要看三代以前人物是什么学识、什么气度、什么作用。汉代学者学识粗浅便沾染了世俗气，宋代学者显得拘束窘迫便沾染了迂腐气，怎能看到三代以前的景象呢！

【原文】真是真非，惟是非者知之，旁观者不免信迹而诬其心，况门外之人，况千里之外、百年之后乎？其不虞之誉，求全之毁，皆爱憎也，其爱憎者皆恩怨也。故公史易，信史难。

【译文】真是真非，只有处于是非之中的人才能知道，旁观者免不了因为只相信一行迹而使自己的心受到诬枉，何况是门外的人，又何况远在千里之外、百年之后的人呢？那些出乎意料的赞誉，求全的责备，都是从爱或憎的感情发出来的，他们的爱憎也是由于当时的恩恩怨怨造成的。因此写一部官方的史书比较容易，写一部信实的史书就困难了。

【原文】汉以来儒者一件大病痛，只是是古非今。今人见识、作为不如古人，此其大都。至于风会所宜，势极所变，礼义所起，自有今人精于古人处。二帝者，夏之古也。夏者，殷之古也。殷者，周之古也。其实制度文为三代不相祖述，而达者皆以为是。宋儒泥古，更不考古昔真伪，今世是非。只如祭祀一节，古人席地，不便于饮食，故尚簠簋笾豆，其器皆高。今祭古人用之，从其时也。子孙祭祖考只宜用祖考常用所宜，而簠簋笾豆是设，可乎？古者墓而不坟，不可识也，故不墓祭。后世父母体魄所藏，巍然邱垅。今欲舍人子所睹记者而敬数寸之木，可乎？则墓祭似不可已也。诸如此类甚多，皆古人所笑者也。使古人生于今，举动必不如此。

【译文】汉代以来的儒者有一个大毛病，就是认为一切都是古代的好，今天什么都不如古代，现在人的见识、作为不如古代。这只是从大体上说的。至于风云际会时适宜的行动，形势发展到极点就会变化，而且礼义的兴起，今人自有比古人精通的地方。尧、舜二帝的时代，对夏朝来说就是古代；夏朝，对殷朝来说就是古代；殷朝，又是周朝的古代。这些朝代实行的制度、法律条文，夏、商、周三代也不是完全效法前代，而通达的人认为他们的做法都是正确的。宋儒认为古代的东西都是好的，不知变通，更不考察那些东西是真是伪，也不考察现在的做法是对是错。比如祭祀这件事，古人是席地而坐，饮食很不方便，所以崇尚簠、簋、笾、豆这些器皿，这些器皿都是有高座的。现在祭祀古人仍用这种器皿，是顺从古代的习俗。子孙祭祀祖先只应当用那些祖先活着时常用的器皿就行了，而使用古代的簠、簋、笾、豆，行吗？在古代，死者只有埋葬的墓地而没有坟头，不能识别哪个是要祭祀的对象，所以不举行墓祭。后世在埋葬父母的地方堆成一个高大的坟头，现在如果不让子孙到能够看到和能够识别的坟头上去祭祀，而去祭祀那数寸长的木牌位，这样做行得通吗？所以到坟墓前去祭祀的做法是不会停止的。诸如此类的事例很多，且都是使古人感到可笑的事，假使古人生活在今天，他们的做法也会和古代不同。

【原文】儒者惟有建业立功是难事，自古儒者成名多是讲学著述。人未尝尽试所言，恐试后纵不邪气，其实成个事功，不狼狈以败者，定不多人。

【译文】对儒者来说，唯有建功绩成事业是难事，自古以来，儒者能够成名的，大多是讲学和著书立说的人。人们没有对他们的言论都加以试验,恐怕试验以后纵然不走上歪门邪道,真正能成就个事功而不失败的,也一定没有很多人。

【原文】而今讲学不为明道,只为角胜,字面词语间拿住一点半点错,便要连篇累牍辨个足。这是什么心肠?讲甚学问?

【译文】现今的人,讲学不是为了讲明道理,而是为了争个高低胜负,只要在字面词语之间拿到对方一星半点错,就连篇累牍辨个没完,这是什么心肠?讲的是什么学问?

养生主

——庄周

【原文】吾生也有涯,而知也无涯。以有涯随无涯,殆已。已而为知者,殆而已矣!为善无近名,为恶无近刑,缘督以为径,可以保身,可以全生,可以养亲,可以尽年。庖丁为文惠君解牛,手之所触,肩之所倚,足之所履,膝之所踦,砉然响然,奏刀騞然,莫不中,合于桑林之舞,乃中经首之会。

文惠君曰:"嘻,善哉!技盖至此乎?"庖丁释刀对曰:"臣之所好者,道也,进乎技矣。始臣之解牛之时,所见无非全牛者;三年之后,未尝见全牛也。方今之时,臣以神遇而不以目视,官知止而神欲行。依乎天理,批大郤,导大窾,因其固然。技经肯綮之未尝,而况大軱乎!良庖岁更刀,割也;族庖月更刀,折也。今臣之刀十九年矣,所解数千牛矣,而刀刃若新发于硎。彼节者有间而刀刃者无厚,以无厚入有间,恢恢乎其于游刃必有余地矣。是以十九年而刀刃若新。虽然,每至于族,吾见难为,怵然为戒,视为止,行为迟,动刀甚微,谍然已解,如土委地。提刀而立,为之四顾,为之踌躇满志,善刀而藏之。"文惠君曰:"善哉!吾闻庖丁之言,得养生焉。"

公文轩见右师而惊曰:"是何人也?恶乎介也?天与?其人与?"曰:"天也,非人也。天之生是使独也,人之貌有与也。是以知其天也,非人也。"

泽雉十步一啄百步一饮,不蕲畜乎樊中。神王,不善也。

老聃死,秦失吊之,三号而出。弟子曰:"非夫子之友邪?"曰:"然。""然则吊焉若此可乎?"曰:"然。始也吾以为其人也,而今非也。向吾入而吊焉,有老者哭之,如哭其子;少者哭之,如哭其母。彼其所以会之。必有不蕲言而言,不蕲哭而哭者。是遁天倍情,忘其所受,古者谓之遁天之刑。适来,夫子时也;适去,夫子顺也。安时而处顺,哀乐不能入也,古者谓是帝之县解。"

脂穷于为薪，火传也，不知其尽也。

【译文】吾生也有涯，而知也无涯。以有涯随无涯，殆已。就是说，我们若要拿有限的生命去追求无限的知识，就会被弄得十分疲困！既然这样，仍要一味求知，那也就难免被弄得十分疲困。做善事不要有求名之心，做恶事不要弄得遭到刑戮，一切遵循虚无的自然之道进行，并习以为常，便可以保护生命，可以全养性灵，可以调养精神，可以享尽天年。

庖丁为文惠君解牛，他的手掌接触的地方，肩膀依靠的地方，脚板蹬踩的地方，以及膝盖抵顶的地方，都哗哗地响着。刀子捅进去，便又发出哗啦啦的响声。这些声音没有哪一种不合乎音节，既合乎《桑林》舞曲的旋律，又合乎《经首》乐曲的节奏。

文惠君说："啊，好极了！你的技术怎么能达到这种地步呢？"庖丁放下刀子回答道："我所爱好的是有关事物道理方面的修养，比普通技术更进了一步。我开始宰牛的时候，所见到的没有哪一头不是完整的牛。三年以后，我所见的就不是完整的牛了。现在对于牛，我是用精神去领会，而不是用眼睛去看，感官活动停止了，而精神活动在进行着。我依照牛的天然组织结构，把刀子劈那筋骨的缝隙，又引向那骨节间的空窍，完全按照牛体本来的结构动刀，就连经络相边和筋肉聚结的地方都没有用刀子去试过，何况大的骨骼呢？好的厨工每年要换一把刀子，因为用刀割筋肉刀刃伤缺了；一般的厨子每月更换一把刀子，因为用刀砍骨头刀子折断了。如今我这把刀用了十九年，所宰割的牛已经几千头，但是仍像在磨刀石上刚磨一样锋利。牛的骨节总是有空隙的，而我的刀刃却薄得没有厚度，拿没有厚度的刀刃伸进那有缝隙的骨节中去，这就宽宽绰绰，游刃有余了。正因为如此，我的刀子用了十九年还像刚从磨刀石上磨过的一样。即使这样，每当遇到筋骨交错的地方，我看它不好对付，也特别小心谨慎，视线因此格外集中专注，动作也就变得缓慢了。这样，刀子下得非常轻，而牛体却给哗啦哗啦地解剖开了，就像土块落地时四分五裂一样。于是，我提着刀子站起来，我高兴得四下张望，踌躇满志。然后，我擦擦刀子，把它收藏起来。"文惠君说："好啊！我听了庖丁这番话，从中懂得了养生的道理。"

公文轩见到右师便惊奇地说："这是什么人呢？为什么只有一只脚呢？是天生的呢？还是人为的呢？"他又接着说："这是天生的，不是人为的，他天生就是一只脚。人的形貌是有个主宰者赋予他的，因此知道他是天生的，不是人为的。"

草泽里的野鸡，要走好几步才能啄得一口食，要走很多步才能喝上一口水，可是它并不期望被养在笼子里面，因为那样，即使精神旺盛，却并不怡然自乐。

老聃死了,秦佚去吊唁,只号哭了三声就出来了。老聃的弟子问:“您不是我们老师的朋友吗?”秦佚说:“是的。”又问:“既然这样,那么您这样吊唁他,行吗?”秦佚说:“行的。开始时,我把他当作世俗之人看待,后来醒悟过来,知道并非如此。刚才我进去吊唁时,看到有老年人哭他,像哭自己的儿子一样;有年轻的人哭他,像哭自己的母亲一样。那些人所以会聚在这里,一定有本来不想吊唁而吊唁的,有本来不想痛哭而痛哭的。这样做。实际是逃避自然,违背真情,忘掉了他们所秉受的本性。古人认为这种做法是逃避自然而招致的惩罚。你们的老师忽然来到人间,是应时的;忽然离开人间,是顺天的。应时而处顺,一切哀乐之情便不能进入心怀。古人认为这样做,那世俗的倒悬之苦,便彻底解除了。”

油脂做成烛薪被燃尽了,但火种还是流传下去,没有穷尽的时候。

劝　学

——荀况

【原文】君子曰:学不可以已。青,取之于蓝,而青于蓝;冰,水为之,而寒于水。木直中绳,𫐓以为轮,其曲中规,虽有槁暴,不复挺者,𫐓使之然也。故木受绳则直,金就砺则利,君子博学而日参省乎已,则知明而行无过矣。

【译文】君子说:学习不能够因为任何缘故而停止。靛青的颜料是从蓼兰草中提取出来的,但颜色比蓼兰草更青。冰块是由水凝冻而成的,但要比水寒冷。木料挺直,符合木工的墨线,用火烘烤使其弯曲,做成车轮,它的曲度与圆规画的曲线相合,即使经过火烧、日晒,再也不能使它恢复原状了,这是因为经过加工使它变成这样的。所以,经过墨线吊过后锯下的木料就变直了,金属刀剑在磨刀石上磨过就锋利了。君子广博地学习,而且每天对自己检查反省,就会智慧聪敏,而行动也不会有过失了。

【原文】故不登高山，不知天之高也；不临深溪，不知地之厚也；不闻先王之遗言，不知学问之大也。干、越、夷、貉之子，生而同声，长而异俗，教使之然也。《诗》曰："嗟尔君子，无恒安息。靖共尔位，好是正直。神之听之，介尔景福。"神莫大于化道，福莫长于无祸。

【译文】因此，不登上高山，就不知道天的高远；不亲临深涧，就不知道地的深厚；不聆听先王的遗言，就不知道学问的博大。干国、越国、夷族、貉族的婴儿，呱呱坠地时的哭声都是一样的，而长大后的风俗习惯却各不相同，这是后天的教育不同才使他们这样的。《诗经》上说："你这君子啊，不要常常贪求它逸。安于你的职位，爱慕正直的德行，神人知道了，会赐给你莫大的幸福。"所以，学问修养的最高境界没有比受真理的熏陶更大的了，幸福没有比经过修身消除祸患更久的了。

【原文】吾尝终日而思矣，不如须臾之所学也；吾尝跂而望矣，不如登高之博见也。登高而招，臂非加长也，而见者远；顺风而呼，声非加疾也，而闻者彰。假舆马者，非利足也，而致千里；假舟楫者，非能水也，而绝江河。君子生非异也，善假于物也。

【译文】我曾经整天苦思冥想，但不如片刻学习的收获大；我曾经踮起脚跟眺望远方，但比不上登上高处视野开阔。登上高处招手，胳臂并没有加长，但是能看到很远的地方；顺着风向呼喊，声音并没有加大，但听的人却感到很清晰。凭借车马远行的人，并不是由于他的脚善于行走，却能够日行千里；借助船只渡水的人，并不是由于他的水性好，却能横渡长江黄河。君子的生性与常人并没有什么不同，只不过君子善于借助和利用别的物体罢了。

【原文】积土成山，风雨兴焉；积水成渊，蛟龙生焉；积善成德，而神明自得，圣心备焉。故不积跬步，无以至千里；不积小流，无以成江海。骐骥一跃，不能十步；驽马十驾，功在不舍。锲而舍之，朽木不折；锲而不舍，金石可镂。蚓无爪牙之利，筋骨之强，上食埃土，下饮黄泉，用心一也；蟹八跪而二螯，非蛇、鳝之穴无可寄托者，用心躁也。是故无冥冥之志者，无昭昭之明；无惛惛之事者，无赫赫之功。行衢道者不至，事两君者不容。目不能两视而明，耳不能两听而聪。螣蛇无足而飞，石鼠五技而穷。《诗》曰："尸鸠在桑，其子七兮；淑人君子，其仪一兮；其仪一兮，心如结兮。"故君子结于一也。

【译文】土堆积起来成为山陵，风雨就从这里兴起；水汇积起来成为深渊，蛟龙就在这里产生。积累善行，养成高尚的品德，自然就会达到高度的智慧，具备圣人的精神境界。所以，不积累一步半步，就无法走完千里的路程；不汇积涓涓细流，就不能形成长江大海。骐骥使劲跳跃一次，够不上十步远，劣马跑十天，也可以达到千里，成功的原因就在于不间断地前进。用刀刻木,刻了一下后就不再去刻,那么即使是朽木也不能折断;如果刻个不停,那么就连金属和石头也能雕镂成花纹。蚯蚓没有锐利的爪子和牙齿,没有强壮的筋骨,却能到地面食尘土,钻到地下饮黄泉,这是它用心专一的结果。螃蟹虽有八只脚和两只螯,如果没有蛇或鳝鱼所居的洞穴,就无容身之所,这是它性情浮躁的缘故。所以,没有专心致志精神的人,在学习上就不会有显著的成绩;不能埋头苦干的人,在事业上就不能取得巨大的成就。徘徊在歧途上的人,不能够到达目的地;同时侍奉两个国君的人,不为任何一方所容纳。眼睛同时看两处,就不会看得清楚;耳朵同时听两种声音,就不会听得明白。螣蛇无足却可以兴云雾飞升,而石鼠虽有五种技能却常陷入困窘的境地。《诗经》上说:"桑树上的布谷鸟呀,专心一意地哺育着它的七个小雏;善人君子啊,行动要专一不邪;行动专一不邪啊,意志才能坚定不移。"所以,君子为学或行事,意志要坚定、专一。

【原文】学恶乎始?恶乎终?曰:其数则始乎诵经,终乎读礼;其义则始乎为士,终乎为圣人。真积力久则入,学至乎没而后止也。故学数有终,若其义则不可须臾舍也。为之,人也;舍之,禽兽也,故《书》者,政事之纪也;《诗》者,中声之所止也;《礼》者,法之大分,类之纲纪也,故学至乎《礼》而止矣。夫是之谓道德之极。《礼》之敬文也,《乐》之中和也,《诗》《书》之博也,《春秋》之微也,在天地之间者毕矣。

【译文】学习的起点在哪里呢?学习的终点又在何处?回答说:"治学的途径应从诵读经书开始,到学礼为终止。学习的目的是从做士开始,最后成为圣人。"学习果真能努力持久,就会深入,一个人的学习是要坚持到死方能停止的。所以,学习的程序是有限的,至于学习的目的是不可须臾离开的。努力学习的,是堂堂正正的人;放弃学习的,就沦同禽兽。《尚书》是记载古代政事的书,《诗经》把符合乐章标准的诗歌都收集起来了。《礼》是礼法的总纲,也是各种条例的纲要,所以学习一定要达到《礼》的要求才算完成。这就叫作具备了道德的最高境界。《礼》有敬重礼节仪式的规则。《乐》使人能够中正和悦,《诗经》《尚书》内容广博,《春秋》微言大义,这些典籍把天地间的一切美好的事物都包括殆尽了。

【原文】君子之学也,入乎耳,著乎心,布乎四体,形乎动静;端而言,儒而动,一可以为法则。小人之学也,入乎耳,出乎口。口、耳之间则四寸耳,曷足以美七尺之躯哉?古之学者为己,今之学者为人。君子之学也,以美其身;小人之学也,以为禽犊。故不问而告谓之傲,问一而告二谓之囋。傲,非也;囋,非也;君子如向矣。

【译文】君子的学习,听在耳里,记在心里,体现在仪表举止上,表现在日常的行动中,哪怕轻微的一言一行,都可以作为别人学习的榜样。小人的学习,听在耳里,说在嘴上,嘴巴距耳朵不过四寸罢了,怎么能使自己七尺之躯的品德得到修养而完美呢?古时候学习的人,学习是为了进德修业;当今学习的人,学习是为了装饰自己,向人炫耀。君子的学习,是为了使自己具有优美的品质;小人的学习,是为了把它当作馈赠之物,取悦别人。所以,别人没有问你,你却告诉他,这叫作急躁;别人问你一个问题,你却答复他两个问题,这叫作絮叨啰唆。急躁不对,絮叨啰唆也不对,君子回答问题应如同回响应声一样,问一答一才对。

【原文】学莫便乎近其人。《礼》《乐》法而不说,《诗》《书》故而不切,《春秋》约而不速。方其人之习君子之说,则尊以遍矣,周于世矣。故曰:学莫便乎近其人。

【译文】学习的途径没有比接近良师益友更省事的了。《礼》《乐》记载了法度、典章,但没有详尽地阐述其理,《诗经》《尚书》记载了古代的掌故,但不切合当前的实际,《春秋》简约晦涩,难以使人很快理解。只有仿效良师益友而学习君子的学说,才能培养崇高的品格,得到全面的知识,而通达世事了。所以说,学习的途径没有比接近良师益友更省事的了。

【原文】学之经莫速乎好其人,隆礼次之。上不能好其人,下不能隆礼,安特将学杂识志,顺《诗》《书》而已耳,则末世穷年,不免为陋儒而已!将原先王,本仁义,则礼正其经纬、蹊径也。若挈裘领,屈五指而顿之,顺者不可胜数也。不道礼、宪,以《诗》《书》为之,譬之犹以指测河也,以戈舂黍也,以锥餐壶也,不可以得之矣。故隆礼,虽未明,法士也;不隆礼,虽察辩,散儒也。

【译文】学习的途径,没有比诚心地请教良师益友收获更快的了,其次是尊崇礼法,如果上不能以良师益友为楷模,下不能尊崇礼法,仅仅只是学习一些各家的书籍,或者根据训诂来解释《诗经》《尚书》,那么他的毕生,也不过是个学识浅陋的儒生罢了。要考察先王的遗言,探求仁义的根本,那么学习礼法如同理顺纵横交错的经纬线一样,是一条正确的途径。这也像提起皮衣服的领子,屈曲着五指抓住抖动,皮毛就完全顺直了。不遵循礼法,只空谈《诗经》《尚书》,就好比用手指测量河的深浅,用尖锐的戈捣米,用锥子当筷子吃饭一样,是达不到预期目的的。所以,尊崇礼法,即使不能透彻明白它的精义,仍可称为是遵循礼法的士人;不尊崇礼法,即使能够明察善辩。也不过是个不自检束的士人罢了。

【原文】百发失一，不足谓善射；千里跬步不至，不足谓善御；伦类不通，仁义不一，不足谓善学。学也者，固学一之也。一出焉，一入焉，涂巷之人也；其善者少，不善者多，桀、纣、盗跖也；全之尽之，然后学者也。

【译文】射一百次箭，若有一次未射中，就不能说是善于射箭；车行千里路，若差半步没有到达，就不能说是善于驾车；对于各类事物不能融会贯通，对于仁义不能一以贯之，就不能说是善于学习。学习，本来就应该专心一致地坚持到底。学习只停留在嘴上说、耳朵听，这是普通的人；他们中好的人少，不好的人多，有的就如同夏桀、商纣和盗跖一类的坏人。学习要达到完全彻底，才称得上是一个好的学习者。

【原文】君子知夫不全不粹之不足以为美也，故诵数以贯之，思索以通之，为其人以处之，除其害者以持养之。使目非是无欲见也，使耳非是无欲闻也，使口非是无欲言也，使心非是无欲虑也。及至其致好之也，目好之五色，耳好之五声，口好之五味，心利之有天下。是故权利不能倾也，群众不能移也，天下不能荡也。生乎由是，死乎由是，夫是之谓德操。德操然后能定，能定然后能应。能定能应，夫是之谓成人。天见其明，地见其光，君子贵其全也。

【译文】君子懂得，学习不全面、不纯粹是不能称为完美的。所以，反复学习是为了达到前后联系、用心思考是为了达到融会贯通，效法良师益友努力地去实行，除掉有害的东西，培养有益的学识，使眼睛不看那些不全面、不纯粹的学识；使耳朵不听那些不全面、不纯粹的学识；使嘴巴不对那些不全面、不纯粹的学识，发表意见；使思想不考虑那些不全面、不纯粹的学识。一个人到了极其爱好学习的时候，就像眼睛喜欢看五色，耳朵喜欢听五音，嘴巴喜欢吃五味，心里追求占有天下那样。这样，权势利禄不能使他改变，众人的意志不能使他动摇，天下什么事也不能打动他。生的时候坚持这一标准，到死也不改变。这就叫作高尚的道德情操。有高尚的道德情操，意志才能坚定不移；意志坚定不移，才能够应付自如。意志既坚定又能应付自如，这就叫作完美的人。天空呈现出它的光明，大地显露出它的广阔，君子重视的是品德的完美啊。

太史公自序

——司马迁

【原文】太史公曰："先人有言：'自周公卒五百岁而生孔子，孔子卒后至于今五百岁，有能绍明世，正《易传》，继《春秋》，本《诗》《书》《礼》《乐》之际？'意在斯乎！意在斯乎！

小子何敢让焉!”

上大夫壶遂曰:“昔孔子何为而作《春秋》哉?”太史公曰:“余闻董生曰:‘周道衰废,孔子为鲁司寇,诸侯害之,大夫壅之,孔子知言之不用、道之不行也,是非二百四十二年之中,以为天下仪表。贬天子,退诸侯,讨大夫,以达王事而已矣。’子曰:‘我欲载之空言,不如见之于行事之深切著明也。’夫《春秋》,上明三王之道,下辨人事之纪,别嫌疑,明是非,定犹豫,善善恶恶,贤贤贱不肖,存亡国,继绝世,补敝起废,王道之大者也。《易》著天地、阴阳、四时、五行,故长于变;《礼》经纪人伦,故长于行;《书》记先王之事,故长于政;《诗》记山川、溪谷、禽兽、草木、牝牡、雌雄,故长于风;《乐》乐所以立,故长于和;《春秋》辨是非,故长于治人。是故《礼》以节人,《乐》以发和,《书》以道事,《诗》以达意,《易》以道化,《春秋》以道义。拨乱世,反之正,莫近于《春秋》。《春秋》文成数万,其指数千,万物之散聚皆在《春秋》。《春秋》之中,弑君三十六,亡国五十二,诸侯奔走不得保其社稷者,不可胜数。察其所以,皆失其本已。故《易》曰:‘失之毫厘,差以千里。’故曰:‘臣弑君,子弑父,非一旦一夕之故也,其渐久矣。’故有国者不可以不知《春秋》,前有谗而弗见,后有贼而不知。为人臣者不可以不知《春秋》,守经事而不知其宜,遭变事不知其权。为人君父而不通于《春秋》之义者,必蒙首恶之名。为人臣子而不通于《春秋》之义者,必陷篡弑之诛,死罪之名。其实皆以为善,为之不知其义,被之空言而不敢辞。夫不通礼义之旨,至于君不君,臣不臣,父不父,子不子。夫君不君则犯,臣不臣则诛,父不父则无道,子不子则不孝。此四行者,天下之大过也。以天下之大过予之,则受而弗敢辞。故《春秋》者,礼义之大宗也。夫礼禁未然之前,法施已然之后;法之所为用者易见,而礼之所为禁者难知。”壶遂曰:“孔子之时,上无明君,下不得任用,故作《春秋》,垂空文以断礼义,当一王之法。今夫子上遇明天子,下得守职,万事既具,咸各序其宜,夫子所论,欲以何明?”太史公曰:“唯唯,否否,不然。余闻之先人曰:‘伏羲至纯厚,作《易》八卦;尧、舜之盛,《尚书》载之,礼乐作焉;汤、武之隆,诗人歌之。《春秋》采善贬恶,推三代之德,褒周室,非独刺讥而已也。’汉兴以来,至明天子,获符瑞,封禅,改正朔,易服色,受命于穆清,泽流罔极。海外殊俗,重译款塞,请来献见者,不可胜道。臣下百官力诵圣德,犹不能宣尽其意。且士贤能而不用,有国者之耻;主上明圣而德不布闻,有司之过也。且余尝掌其官,废明圣盛德不载,灭功臣世家贤大夫之业不述,堕先人所言,罪莫大焉!余所谓述故事,整齐其世传,非所谓作也,而君比之于《春秋》谬矣。”

于是论次其文。七年而太史公遭李陵之祸,幽于缧绁,乃喟然而叹曰:“是余之罪也夫！是余之罪也夫！身毁不有矣。”退而深惟曰：“夫《诗》《书》隐约者，欲遂其志之思也。昔西伯拘羑里，演《周易》；孔子厄陈、蔡，作《春秋》；屈原放逐，著《离骚》；左丘失明，厥有《国语》；孙子膑脚，而论兵法；不韦迁蜀，世传《吕览》；韩非囚秦，《说难》《孤愤》；《诗》三百篇，大抵贤圣发愤之所为作也。此人皆意有所郁结，不得通其道也。故述往事，思来者。”于是卒述陶唐以来，至于麟止，自黄帝始。

【译文】太史公说：“先父曾说过：‘周公死后五百年而孔子出生，孔子死后至今又五百年了，有谁能够继承清明盛世，订正《周易》，续作《春秋》，不失《诗》《书》《礼》《乐》的本义呢？’其用意就在于此吧！其用意就在于此吧！我怎敢谦让呢！”上大夫壶遂说：“从前孔子为什么作《春秋》呢？”太史公说：“我听董先生说：‘周朝的制度衰落废弃。孔子作鲁国的司寇，诸侯把他视为对他们的危害，大夫们处处给他设置障碍。孔子知道自己的意见不被采用，主张不能施行，便对二百四十二年的历史予以评论、褒贬，以此为天下法则。他贬责天子，斥责诸侯，声讨大夫，只是为了要实行王道罢了。’孔子曾说：‘我想，只提出褒贬的空论，不如寓褒贬于当时所发生事情的记述中更为深刻切实而又清楚明白。’《春秋》这部书，上能阐明三王的统治原则，下能分辨人世的伦理纲常，判别嫌疑纠葛，辨明是非，判断犹豫难定的事情，表彰善良，贬斥丑恶，推崇贤良，鄙视不肖之人，存恤已经灭亡的国家，接续断绝了的世系，弥补残缺，振兴衰废，这都是王道所包含的主要内容。《易》说明天地、阴阳、四时、五行关系，所以特点在于表示变化；《礼》是人世伦常的纲纪，所以特点在于指导行动；《书》记载过去帝王的事业，所以特点在于政策措施；《诗》记述山川、溪谷、禽兽、草木、牝牡、雌雄的状况，所以特点在于表现风俗；《乐》培养人们立身处世的怡悦之情，所以特点在于使人和乐；《春秋》明辨是非，所以特点在于教育人民。因此。《礼》用来节制人的行动，《乐》用来抒发和乐之情，《书》用来指导政事，《诗》用来表达心意，《易》用来推演事物的变化，《春秋》用来引导人们遵守道义。若论拨乱反正，没有比《春秋》更切合需要的了。《春秋》字数有几万，义例有几千，万事万物的成败，或聚散的道理都在这部书里了。在《春秋》一书中，记载杀死国君的有三十六起，国家灭亡的有五十二个，诸侯逃亡失去政权的，不可胜数。考察所以如此的缘故，都是由于失去了礼义这个根基，所以《易》上说：‘失之毫厘，差以千里。’所以说：‘臣子杀死君主，儿子杀死父亲，这种情况不是一朝一夕所造成的，而是在很长时间里逐步发展起来的。’因此，治理国家的人不能不通晓《春秋》，不通晓《春秋》，面前有人进谗言，却看不出。背后有叛逆作乱的人，也不知道；为人臣的人不能不通晓《春秋》，不通晓《春秋》，就不知道日常事务怎样办理才恰当，遇到事变就不会相机应付。作为君主、父亲，不通晓《春秋》大义的，一定会蒙受首恶的名声；作为臣下、儿子，不通晓《春秋》大义的，一定会陷于篡权弑父而被诛，落个死罪的名声。其实，他们都以为是在做好事，只是因为不知礼义而被人家几句空洞的话就弄糊涂了。由于不通晓礼义的要旨，就会造成君不像君、臣不像臣、父不像父、子不像子的状况。君不像君，就会受到臣下的冒犯；臣不像臣，就会被诛杀：父不像父，就会抛弃人伦之道：子不像子，就会成为不孝之徒，这四种行为构成了天下的大过错。那时，将天下大过错的罪名加给他们，他们也只好承担下来了。所以，《春秋》包括了礼义的根本。礼的作用是防止坏事于发生之前；法的作用是处置坏事于发生之后。法起作用的原因显而易见，而礼起的防止作用却不易为人所了解。”

壶遂说：“孔子的时代，上无圣明君主，下不被重用，所以工作《春秋》，用文辞来判断礼义之分，作为一个圣王的法典。现在，您遇上圣明的天子，下有固定职守，万事齐备，各项事情都各得其宜，您续作《春秋》，想要说明什么呢？”太史公说：“啊啊，不不，不是这个意思。我听我父亲说：‘伏羲极其纯朴厚道，他作了《易》的八卦；尧、舜有那样的盛德，《尚书》加以记载，礼、乐由此而兴；商汤、周武成功业那样兴隆，诗人加以歌颂。《春秋》举善贬恶，推崇夏、商、周三代的盛德，褒扬周朝，不仅仅是讽刺而已。’从汉建立以来，直到当今的圣明天子，这期间，获得了吉祥的符瑞，举行了祭天地的大典，改革历法，变更衣服器物的颜色，受命于上天，天子的盛恩泽广大无边。四海之外，殊俗之域，派来的使者通过辗转翻译，叩击边塞大门，请求朝见，这样的人多得数不清。臣下百官极力歌颂天子的圣德,也仍然不能表达自己的心意,况且,士人贤能而不被重用,是当权者的耻辱;主上圣明而他的盛德不能宣扬于天下,是有关官员的过错。我曾担任史官的职务,若不去记载圣明天子的盛德而任其废弃,不去记述功臣、世家、贤大夫的功业而任其泯灭,就会背弃了父亲的嘱咐,那么没有比这罪过再大的了!我所记述的历史事实,不过是整理、归纳社会传闻,算不上什么著作,而您把它比作《春秋》,就不对了。"

于是,他把有关史料加以论定编排、写成文章。七年后,太史公遭受李陵之祸,被幽禁于监狱之中,他喟然长叹道:"这是我的罪过啊!这是我的罪过啊!身体已经残废,没有什么用了!"然而他事后仔细思考:"《诗》《书》的文义所以含蓄隐约,是作者出于要实现自己的意志这样一种考虑。当初西伯被拘禁在羑里,却推演出《周易》;孔子在陈、蔡遭到困厄,回到鲁国便作《春秋》;屈原被放逐,却写成了《离骚》;左丘明双目失明,这才写出了《国语》;孙子被挖去膝盖骨,而兵法得以写成;吕不韦因罪迁居西蜀,他主持编写的《吕览》却流传于世;韩非在秦被捕下狱,却有《说难》《孤愤》;《诗》三百篇,大都是贤人、圣人为抒发内心的愤懑而做出来的。这些人都是由于心意有所抑郁闷结,自己的理想不能实现,所以才追述过去的事情,期望未来的人对自己有所了解。"于是太史公终于又着手记述从黄帝开始,经陶唐,直至武帝获白麟为止的历史。

孙权谕吕蒙读书

——虞溥

【原文】初,权谓蒙及蒋钦曰:"卿今并当途掌事,宜学问以自开益。"蒙曰:"在军中常苦多务,恐不容复读书。"权曰:"孤岂欲卿治经为博士邪?但当令涉猎见往事耳。卿言多务,孰若孤?孤少时历《诗》《书》《礼记》《左传》《国语》,惟不读《易》。至统事以来,省三史,诸家兵书,自以为大有所益。如卿二人,意性朗悟,学必得之,宁当不为乎?宜急读《孙子》《六韬》《左传》《国语》及三史。孔子言:'终日不食,终夜不寝,以思,无益,不如学也。'光武当兵马之务,手不释卷。孟德亦自谓老而好学。卿何独不自勉勖邪?"蒙始就学,笃志不倦,其所览见,旧儒不胜。

后鲁肃上代周瑜,过蒙言议,常欲受屈。肃拊蒙背曰:"吾谓大弟但有武略耳,至于今者,学识英博,非复吴下阿蒙。"蒙曰:"士别三日,即更刮目相待。大兄今论,何一称穰侯乎!兄今代公瑾,既难为继,且与关羽为邻。斯人长而好学,读《左传》略皆上口,梗亮有雄气,然性颇自负,好凌人。今与为对,当有单复以乡待之。"密为肃陈三策,肃敬受之,秘而不宣。

权常叹曰："人长而进益，如吕蒙、蒋钦，盖不可及也。富贵荣显，更能折节好学，耽悦书传，轻财尚义，所行可迹，并作国士，不亦休乎！"

【译文】起初，孙权对吕蒙和蒋钦说："你们如今一起当权管事，应当学习和请教用以增长自己的知识。"吕蒙说："在军队里经常事务繁多，恐怕没时间读书。"孙权说："我难道让你们去读经书而成为博士吗？只是让你们一般浏览过去的事情而已。你说事务繁多，难道能比得上我吗？我小时读《诗》《书》《礼记》《左传》《国语》，唯独不读《易》经，到了总管军国大事，又阅读了三部史书，诸家兵书，自己觉得非常受益。像你们二人，天资聪明，学习必有所得，怎能不读书呢？应当赶快去读《孙子》《六韬》《左传》《国语》和三部史书。孔子说：'整天不食，彻夜不睡，只是思索，毫无益处，不如去学习。'汉光武帝刘秀在指挥军队时，仍然手不释卷，曹操年老仍然好学，你为什么偏不勉励自己去努力学习呢？"于是吕蒙开始学习，坚持不懈，所阅读的书连年老饱学的人也不能胜过他。

后来鲁肃代替周瑜主管军务，访问吕蒙谈论事情时，经常被他的言论所折服。鲁肃拍着吕蒙的背说："我还说老弟仅有打仗的谋略，但到今天的这种情况，你的学问识见都很广博，已不是当初渡江而来时的那个吴下阿蒙了。"吕蒙说："士别三日，即当刮目相看。老兄今天的谈论，简直可以称为知人善任的穰侯啊！老兄如今代替周瑜主持军务，作为周瑜的继任者既已不容易，而且又和关羽的驻地相邻。关羽这个人年纪虽大却仍好学，《左传》大致都能背熟，刚直明理，有英雄气概，但很自以为了不起，喜欢侵侮别人。"于是秘密地为鲁肃讲了三条计谋，鲁肃尊敬地接受了他的意见，并秘而不宣。

孙权经常感叹地说："人年长还能学习获益，像吕蒙、蒋钦，是很难相比的。富贵和有功的人，还能放下架子去学习，喜爱书卷，轻财物而重礼义，所做的事情可令人仿效，一起当上国家有用的大臣，这不是很好的事吗！"

符读书城南

——韩愈

【原文】木之就规矩，在梓匠轮舆。人之能为人，由腹有诗书，诗书勤乃有，不勤腹空虚。欲知学之力，贤愚同一初。由其不能学，所入遂异闾，两家各生子，提孩巧相如。少长聚嬉戏，不殊同队鱼。午至十二三，头角稍相疏。二十渐乖张，清沟映污渠。三十骨骼成，乃一龙一猪。……问之何因尔？学与不学欤。金璧虽重宝，费用难贮储。学问藏之身,身在即有余。君子与小人,不系父母且。不见公与相,起身自犁锄。不见三公后,寒饥无出驴。文章岂不贵,经训乃菑畬。潢潦无根源,朝满夕已除。人不通古今,马牛而襟裾。行身陷不义,况望多名誉?

【译文】木材能够按圆规曲尺做成各种器具,是因为有木工的制作,人之所以能够成才,是因为腹有诗书。诗书中的知识只有靠勤学才能获得,不勤奋学习就腹中空虚。人生下来的时候智力都是一样的,没有贤愚的差别,由于有的人不勤奋学习,所走的门径也就不同。两家的孩子,生下来一样灵巧聪明,年岁稍长,在一起玩耍嬉戏,就像一群没有差别的鱼一样。到了十二三岁,各人显露出来的气质和才华就渐渐有了差别。到了二十岁,差别变得更大,就像污渠与清沟的差别。到了三十岁,人已长成,区别就像龙和猪……要问怎么会有这样的区别,原因在于是否勤学。黄金白玉虽是贵重的宝物,却难以储藏,而学问藏在自己身上,身在就用之有余。君子和小人,都是父母生下的,公和相,哪个不崛起于农家?三公的后代也会贫寒得出门连驴子都没有。文章贵重,也要经训为本,勤学苦练,才有成就。积水池里的水没有源头,早晨还是满的,到了晚上就干涸了。做人不懂得古今之事,就像牛马穿上了人的衣服。身陷于不义之地,怎么能指望得到名誉呢?

三、家书家训

颜氏家训

——颜之推

【原文】自古明王圣帝,犹须勤学,况凡庶乎!此事遍于经史,吾亦不能郑重,聊举近世切要,以启寤汝耳。士大夫子弟,数岁已上,莫不被教,多者或至《礼》《传》,少者不失《诗》《论》。及至冠婚,体性稍定;因此天机,倍须训诱,有志尚者,遂能磨砺,以就素业,无履立者,自兹堕慢,便为凡人。人生在世,会当有业:农民则计量耕稼,商贾则讨论贷贿,工巧则致精器用,伎艺则沈思法术,武夫则惯习弓马,文士则讲议,经书。多见士大夫耻涉农商,差务工伎,射则不能穿札,笔则才记姓名,饱食醉酒,忽忽无事,以此销日,以此终年。或因家世余绪,得一阶半级,便自为足,全忘修学;及有吉凶大事,议论得失,蒙然张口，如坐云雾；公私宴集，谈古赋诗，塞默低头，欠伸而已。有识旁观，代其入地。何惜数年勤学，长受一生愧辱哉！

【译文】自古以来，圣明的帝王仍需勤奋学习，更何况一般百姓呢？这样的事情在经史典籍中记载得非常多，无须我再在此处一一列举，我只举近代最能说明问题的事情来启发你们，使你们能懂得这个道理。士大夫的子弟，在只有几岁时就要读书接受教育，读得多的，可能读到《礼经》和《春秋三传》，读得少的，也会读到《诗经》《论语》。等到弱冠婚后，正是体质、品性逐渐定型的时候，要趁这个时机，加倍训导。那些有志向的就能经过这时的磨炼，从事那些高尚的职业，而没有树立起好的品性的人，从此以后就逐渐堕落，成了一般的普通人。人活在世上，应当有自己所追求的事业；农民要计算他的耕种和收获，商人要研究货物；能工巧匠则要致力于制造精细的器物，凭技术和才艺维生的人则对其所用的技术、方法深思熟虑；武人则要经常练习射箭、骑马，文人要讲读、研究经典书籍。我看现在的大多数士大夫都不愿从商务农，认为这是可耻之事，也不愿做一些技术性的工作，射箭不能射穿甲叶，写字则只会写自己姓名。饱食终日，无所事事，浑浑噩噩，虚度年华，有的凭着家庭的余荫，得个一官半职就自以为够了，全然忘记了还需研习学业。当朝廷有吉凶大事，朝臣们在讨论得失时，他们就什么也不懂，张口结舌，如堕五里雾中；在公私集会、谈古赋诗时，则低头不语，只能伸腰打欠以掩饰之，致使旁观的有识之士也不禁为他们害臊，恨不得替他们钻到地下去。这些人为什么不愿勤学几年而要受一辈子的羞愧、侮辱呢！

【原文】梁朝全盛之时，贵游子弟，多无学术，至于谚云：上车不落则著作，体中何如则秘书。无不熏衣剃面，傅粉施朱，驾长檐车，跟高齿屐，坐棋子方褥，凭斑丝隐囊，列器玩于左右，从容出入，望若神仙。明经求第，则顾人答策；三九公宴，则假手赋诗。当尔之时，亦快士也。及离乱之后，朝市迁革，铨衡选举，非复曩者之亲；当路秉权，不见昔时之党。求诸身而无所得，施之世而无所用。被褐而丧珠，失皮而露质，兀若枯木，泊若穷流，鹿独戎马之间，转死沟壑之际。当尔之时，诚驽材也。有学艺者，触地而安。自荒乱以来，诸见俘虏。虽百世小人，知读《论语》《孝经》者，尚为人师，虽千载冠冕，不晓书记者，莫不耕田养马。以此观之，安可不自勉耶？若能常保数百卷书，千载终不为小人也。

【译文】梁朝在全盛时，王公子弟大多没有学问，乃至有这样的谚语："上车不落则著作，体中如何则秘书。"他们都将穿的衣服熏上香气，把脸刮得光光的，并且涂脂抹粉，驾着有长盖的马车，脚登有高齿的木屐，坐在织有方格图案的方形坐褥上，靠着用杂色丝织成的靠枕，四周陈列着各种器玩，不慌不忙，安逸舒适地走着，看上去就像神仙一样。在考试明经时，就花钱雇人代替自己去解答问题，公卿大臣在宴集时，让别人替自己作诗，在那个时代，这种不学无术之人被看作是很有风度的人。但在战乱之后，朝廷发生了很大变化，主持官员选举的人，已不是从前自己的亲戚了，掌握实权的，也不再是从前自己的党羽，自己没有一技之长，在社会上什么也干不了。此时，他们失去了往日的富贵，露出了自己一无所能的真面目，只有像一般百姓一样，穿着破旧的衣服，浑浑噩噩，前途渺茫，孑然一身，四处飘零，死后，尸体也只能填入沟壑之中，直到这时，才知道这种人是真正的蠢材。而那些有学问、有才艺的人，到什么时候都可以维生。战乱以后，许多被俘虏的人，即使他们的家族百代以来都是地位低下的人，但只要他读过《论语》《孝经》，还可以为人师表；千余年来门第一直很高的家族，只要他不读书、不识字，也都只能做些耕地放马的低贱工作。从这些事看来，怎么能不勤奋读书呢？如果自己能经常存有数百卷书来读，那么再过一千年，也不会成为低贱的人。

【原文】夫明《六经》之指，涉百家之书，纵不以增益德行，敦厉风俗，犹为一艺，得以自资。父兄不可常依，乡国不可常保，一旦流离，无人庇荫，当自求诸身耳。谚曰："积财千万，不如薄伎在身。"伎之易习而可贵者，无过读书也。世人不问愚智，皆欲识人之多，见事之广，而不肯读书，是犹求饱而懒营馔，欲暖而惰裁衣也。夫读书之人，自羲、农已来，宇宙之下，凡识几人，凡见几事，生民之成败好恶，固不足论，天地所不能藏，鬼神所不能隐也。

【译文】懂得六经的精义，涉猎诸子百家的学说，纵然不能对自己的道德品行有所裨益，不能教化风气，但也还是一种才能，还是可以凭此才能维生的。父兄是不能一辈子依靠的，国家也不能永远不亡，一旦发生大的变化，就没有人可以庇护你，只能依靠自己。谚语说："积财千万，还不如能掌握一些小小的技能。"在所有的技艺中，最易于学习、也可以使人富贵的事，就是读书。世上不管是聪明人还是愚蠢人，都想认识的人多一些，见得世面大一些，但若不愿读书，这就像想吃饱而懒得做饭、想穿暖而懒得做衣服一样。读书人自己并不认识多少人，也并未亲身经历多少事，但他们却能知道自伏羲、神农以来的天下历史，这是任何人都无法阻挡的。

【原文】有客难主人曰："吾见强弩长戟，诛罪安民，以取公侯者有矣；文义习吏，匡时富国，以取卿相者有矣；学务古今，才兼文武，身无禄位，妻子饥寒者，不可胜数，安足贵学乎？"主人对曰："夫命之穷达，犹金玉木石也；修以学艺，犹磨莹雕刻也。金玉之磨莹，自美其矿璞，木石之段块，自丑其雕刻；安可言木石之雕刻，乃胜金玉之矿璞哉？不得以有学之贫贱，比于无学之富贵也。且负甲为兵咋笔为吏，身死名灭者如牛毛，角立杰出者如芝草；握素披黄，吟道咏德，苦辛无益者如日蚀，逸乐名利者如秋荼，岂得同年而语矣。且又闻之：生而知之者上，学而知之者次。所以学者，欲其多知明达耳。必有天才，拔群出类，为将则暗与孙武、吴起同术，执政则悬得管仲、子产之教，虽未读书，吾亦谓之学矣。今子即不能然，不师古之踪迹，犹蒙被而卧耳。”

【译文】有客人责问主人说：“我看见有的人拿着强弓长戟，诛杀罪人，安定百姓，因此而取得了公侯的封爵；有的人深通文义，谙习吏事，匡救时弊，使国家富强，因此而当了朝廷大臣。但学贯古今、文武全才的人，却因没有官位而使妻子儿女不免饥寒的人也是非常之多的，怎么能说只有读书才能使人富贵呢？”主人回答说：“命运的好坏就像金玉和木石。学习才艺，就像琢磨金玉、雕刻木石。在金玉琢磨之前，其矿璞就是很美的，而木石即使在雕刻之后也是很丑的，怎么能说雕刻过的木石比琢磨前的矿璞还要好呢？不能用有学识的贫贱与没有学识的富贵相比，况且穿上甲胄去当兵打仗，嚼着笔头去当小吏的人，其死后在历史上不再留名的多如牛毛，而非常杰出、显姓扬名的少如芝草；手不释卷、研讨道德、勤奋学习而毫无裨益的人是很少的，而耽于安逸享乐、追求名利的人是很多的，这怎么能同日而语呢？况且，我还听说，天生就什么都知道的人是上等人，经过学习才知道的是中等人，之所以要学习，就是想使自己变得聪明通达。当然我也相信，一定有这样的天才，他们的才智出类拔萃，率兵打仗则与孙武、吴起的用兵策略暗合，治理国家则与管仲、子产的治国之道相同，这样的天才，即使未读过书，我也认为他们是读书了。现在的人，既不是天才，又不读书，不学习历史上的经验教训，那就像蒙头大睡一样一无所知。”

【原文】人见邻里亲戚有佳快者，使子弟慕而学之，不知使学古人，何其蔽也哉？世人但见跨马被甲，长槊强弓，便云我能为将；不知明乎天道，辨乎地利，比量逆顺，鉴达兴亡之妙也。但知承上接下，积财聚谷，便云我能为相；不知敬鬼事神，移风易俗，调节阴阳，荐举贤圣之至也。但知私财不入，公事夙办，便云我能治民；不知诚己刑物，执辔如组，反风灭火，化鸱为凤之术也。但知抱令守律，早刑晚舍，便云我能平狱；不知同辕观罪，分剑追财，假言面奸露，不问而情得之察也。爰及农商工辋，厮役奴隶，钓鱼屠肉，饭牛牧羊，皆有先达，可为师表，博学求之，无不利于事也。

【译文】人们看见邻里亲戚中有风流倜傥的人物，就让自己的子弟由仰慕进而向他学习，但他们却不知道让自己的子弟向古人学习，这是多么无知啊！世人只看到骑着战马、穿着甲胄，手持长槊、身背强弓的将帅，就认为自己也能率兵打仗，却不知道为将要精通天文，辨别地形，考虑逆顺之情，还要懂得兴亡之精深道理；只知道上承下达，积聚财物，就以为自己可以当宰相了，却不知为相还要敬奉鬼神、移风易俗、调节阴阳，推荐贤士圣人到朝廷做官；只知道不受贿赂，尽快办完公务就以为自己能治理百姓，却不知道治民还要自己诚实，为他人做出榜样，要知道怎样治理百姓以及教化百姓的方法；只知道法律条文，早上判刑、晚上即予赦免，就认为自己能公正地断案，却不知断案还要明察秋毫，信物定罪，并能用假话套出奸情，甚至不必审问即可知实情。在农民、工匠、商人、奴隶、屠夫、钓鱼的、放牧的人中，都有前辈，他们都可以为人师表，向他们学习，都对自己多有裨益。

【原文】夫所以读书学问。本欲开心明目，利于行耳。未知养亲者，欲其观古人之先意承颜，怡声下气，不惮劬劳，以致甘，惕然惭惧，起而行之也；未知事君者，欲其观古人之守职无侵，见危授命，不忘诚谏，以利社稷，恻然自念，思欲效之也；素骄奢者，欲其观古人之恭俭节用，卑以自牧，礼为教本，敬者身基，瞿然自失，敛容抑志也；素鄙吝者，欲其观古人之贵义轻财，少私寡欲，忌盈恶满，赒穷恤匮，赧然悔耻，积而能散也；素暴悍者，欲其观古人之小心黜己，齿弊舌存，含垢藏疾，尊贤容众，然沮丧茶，若不胜衣也；素怯懦者，欲其观古人之达生委命，强毅正直，立言必信，求福不回，勃然备厉，不可恐慑也；历兹以往，百行皆然。纵不能淳，去泰去甚。学之所知，施无不达。世人读书者，但能言之，不能行之，忠孝无闻，仁义不足；加以断一条讼，不必得其理；宰千户县，不必理其民；问其造屋，不必知楣横而棁竖也；问其为田，不必知稷早而黍迟也；吟啸谈谑，讽咏辞赋，事既优闲，材增迂诞，军国经纶，略无施用：故为武人俗吏所共嗤诋，良由是乎！

【译文】人们之所以要读书学习，本来就是想要懂得道理，利于行事。不知道赡养亲人的，应该看一下古人对长辈如何体察父母心意，按其愿望办事；如何和颜悦色、细声慢语地与长辈交谈;如何不怕辛劳地为长辈弄到甘甜可口的食物,经过对比,他就会猛然醒悟,照着古人样子去做了。不知道如何侍奉君主的,就应该看一下古人是怎样忠于职守,不干预上级,临危受命,不忘向君主进谏,以便对国事有所裨益,看到古人如此,他就会对照一下自己,进而学习古人的所作所为。平常很骄狂奢侈的,就应该看一下古人是如何谦虚谨慎、勤俭节约,自己亲自劳作,把“礼”看作教化的根本,把“敬”当成安身立命的基础,知道了古人的作为,他就会意识到自己过去的过错而节制自己的欲望不再骄奢。平常很吝啬的人,就应该看一下古人如何轻财重义、节制私欲,而不一味聚财敛物,并常周济穷困贫乏之家,看到古人如此,那么他就会为自己的吝啬感到后悔,从此他就会将他集聚的财物周济旁人了。平常蛮横霸道的人,就应该看一下古人如何小心谨慎、克制自己,尊重贤达,宽容众人,看到古人这样待人,他就会为自己过去那样暴悍而感到羞愧。平常懦弱的,应该看一下古人舍身成仁、刚强正直,言必有信,祈祷福佑如不应验,则愤然而起,努力自为,决不因此而惊恐。除上述之情形外,其他立身行己之道也都是如此,人们学习古人,纵然不能做得像古人那样纯正,但起码可以使自己不会太过分,通过学习而获得的真知是可以付诸实施的。现在的读书人对以上道理只能说而不能付诸行动,所以他们的忠孝未能闻名,仁义也不能做到。判决官司只是按法律条文,而不能追究其实情,在千户人的小县当一个县令也不能很好地治理百姓。如果问他如何修建房屋,他连门楣是横的、小梁是竖的都不知道;问他怎样种地,他连先种稷还是先种黍都不知道,只会吟咏清谈,作诗赋词,这种事当然十分悠闲,但他们也因此而变得只尚空谈,不切实际,对治理国家、用兵打仗的事一无所知。他们之所以被武夫、小吏嘲讽、讥笑也正由于此啊!

【原文】夫学者所以求益耳。见人读数十卷书,便自高大,凌忽长者,轻慢同列,人疾之如仇敌,恶之如鸱枭。如此以学自损,不如无学也。

【译文】学习是为了提高自己的修养。我看到有人读了几卷书,就自高自大,冒犯长辈,轻视同类,人们因此像恨自己的仇人一样恨他,像讨厌鸱鸮一样讨厌他。像这样学不但不长进反而是害了自己,还不如不学的好。

【原文】古之学者为己,以补不足也;今之学者为人,但能说之也。古之学者为人,行道以利世也;今之学者为己,修身以求进也。夫学者犹种树也,春玩其华,秋登其实,讲论文章,春华也,修身利行,秋实也。

【译文】古人学习是为了对自己有所裨益,现在人们学习是为了能向人炫耀、清淡而已。古人学习,若是为了别人,那么他们一定要实现自己的理想,以便对社会有益;现在人学习，若是为己，则其之所以努力提高自己，只是为了谋取官位。学习就像种树一样，春天欣赏其花开繁盛，秋天则享受其果实。研究学问，这是所谓春华；提高自己的修养，使自己的行为更加高尚，这是所谓秋实。

【原文】人生小幼，精神专利，长成已后，思虑散逸，固须早教，勿失机也。吾七岁时，诵《灵光殿赋》，至于今日，十年一理，犹不遗忘；二十之外，所诵经书，一月废置，便至荒芜矣。然人有坎坛，失于盛年，犹当晚学，不可自弃。孔子云："五十以学《易》，可以无大过矣。"魏武、袁遗，老而弥笃，此皆少学而至老不倦也。曾子七十乃学，名闻天下，荀卿五十，始来游学，犹为硕儒；公孙弘四十余，方读《春秋》，以此遂登丞相；朱云亦四十，始学《易》《论语》；皇甫谧二十，始受《孝经》《论语》：皆终成大儒，此并早迷而晚寤也。世人婚冠未学，便称迟暮，因循面墙，亦为愚耳。幼而学者，如日出之光，老而学者，如秉烛夜行，犹贤乎瞑目而无见者也。

【译文】人在小的时候。精力集中，思想敏锐，长大以后，脑子就开始迟钝了，所以在很小的时候就要开始接受教育，不要错过时机。我在七岁时，读过《灵光殿赋》，到了今天，即使每隔十年才读一次，也不会忘记它；二十岁以后读的书，隔上一个月不读就会忘记。然而人生总会有坎坷，在年轻时未能专心读书，即使上了年纪，也应努力学习，不能自暴自齐，孔夫子说："五十岁时候再学习《易》，就不会有大过错了。"曹操、袁遗，年老了还更加勤奋读书，这都是从小到老一直坚持读书、不知疲倦的例子。曾子在七十岁时才开始读书，最终也能名闻天下；荀卿在五十岁时，才开始出来四处游学，也成了很有学问的人；公孙弘在四十岁时才开始读《春秋》，并因此而当上了丞相；朱云是四十岁时开始学习《易》和《论语》；皇甫谧二十岁时开始学习《孝经》《论语》，这些人后来都成了很有学问的人，而他们都是在年轻时不勤奋而到老来才开始读书的。世人在二十多岁时没有开始学习，就认为即使学习也太晚了，因此而自暴自弃，这是很愚蠢的。年轻时学习就像太阳初升之光，老了学习，就像端着灯在黑夜行走，但这总比到死还不学习的人要强。

【原文】学之兴废，随世轻重。汉时贤俊，皆以一经弘圣人之道，上明天时，下该人事，用此致卿相者多矣。末俗已来不复尔，空守章句，但诵师言，施之世务，殆无一可。故士大夫子弟，皆以博涉为贵，不肯专儒。梁朝皇孙以下，总卯之年，必先入学，观其志尚，出身已后，便从文吏，略无卒业者，冠冕为此者，则有何胤、明山宾、周舍、朱异、周弘正、贺琛、贺革、萧子政、刘绍等，兼通文史，不徒讲说也。洛阳亦闻崔浩、张传、刘芳，邺下又见邢子才，此四儒者，虽好经术，亦以才博擅名。如此诸贤，故为上品，以外率多田野间人，音辞鄙陋，风操蚩拙，相与专固，无所堪能，问一言辄酬数百，责其指归，或无要会。邺下谚云：“博士买驴，书券三纸，未有驴字。”使汝以此为师，令人气塞。孔子曰：“学也禄在其中矣。”今勤无益之事，恐非业也。夫圣人之书，所以设教，但明练经文，粗通注义，常使言行有得，亦足为人；何必“仲尼居”即须两纸疏义，燕寝讲堂，亦复何在？以此得胜，宁有益乎？光阴可惜，譬诸逝水。当博览机要，以济功业；必能兼美，吾无间焉。

【译文】学问的兴废是与时势变化密切相关的。汉代的贤士，都想钻研一部经典，以便将圣人之道发扬光大，这样上能懂得天时，下能知道人事，因此而当上公卿、宰相的人是很多的。末世风俗则不再如此，只注重一字一句地解释，背诵老师的讲授而已，用其所学来处理实际问题，则一无所用，所以士大夫子弟都以博览群书为可贵，而不再肯专心精研一部经典了。梁朝皇孙以下，在其束发的童年时代就要先入学馆读书，看其志向，在其入仕做官以后，就当上文吏，很少有再完成学业的，而仍然坚持读书、做学问的有何胤、明山宾、周舍、朱异、周弘正、贺琛、贺革、萧子政、刘绍等，这些人都是兼通文史，不是只能谈说而已。听说洛阳的崔浩、张传、刘芳，邺下的邢子才，这四个人不仅爱好经典，同时也以读书广博著称。像这样的贤士，本来就属于一流人物，除此之外，大多数人只能算作村野闲人，说话发音不准，语言粗俗，风度品性也都很拙劣无知，为人顽固，一无所能，向他问一个问题，他会啰唆几百句，但结果还是答非所问，不得要领，对此邺下有句谚语：“博士去买驴，结果买卖的契约已经写了三张纸，却还没有见到一个驴字。”如果让你们去拜这样的人为师，实在让人气闷。孔子说：“学习吧，你们会因此而得到官位俸禄的！”可他们却花精力去做一些无用之事，这恐怕是很无必要的。圣人的著作是为了设施教化，但人们学习经典只要大略知道经文的注释，可以让人的言语行为都合乎礼法，也就足以在世上为人了！何必要对“仲尼居”这三个字解释上几张纸呢！有人说这三个字是指闲居之处，有人以为是指讲堂，可这些地方都已不存在了！以这些考证作为自己的优点又有什么益处呢？时间是很可贵的，就像流水，一去不返，人们应当抓紧时间，多看一下重要的著作，使自己可以在此指导下建功立业，当然，如果两者可以兼顾，那我也没有什么异议。

【原文】俗间儒士，不涉群书，经纬之外，义疏而已。吾初入邺，与博陵崔文彦交游，尝说《王粲集》中难郑玄《尚书》事，崔转为诸儒道之，始将发口，悬见排蹙，云：“文集只有诗赋铭诔，岂当论经书事乎？且先儒之中，未闻有王粲也。”崔笑而退，竟不以粲集示之。魏收之在议曹，与诸博士议宗庙事，引据《汉书》，博士笑曰：“未闻《汉书》得证经术。”收便忿怒，都不复言，取《韦玄成传》，掷之而起。博士一夜共披寻之，达明，乃来谢曰：“不谓玄成如此学也。”

【译文】一般读书人，不博览群书，除读经书、纬书之外，只读些经书的注释而已。我刚到邺城时，与博陵崔文彦交往，曾说起《王粲集》中有辩驳郑玄《尚书》的事，后来，崔文彦向别的读书人说起这件事，但他刚要张口，就遭到非难，他们认为：“文集中只有诗、赋、铭、诔，怎么会有讨论经书的文章呢？！况且在以前有名的文人中，也没有听说过有王粲这个人。”崔文彦笑着走开了，最终也没有把王粲文集拿给他们看。魏收在议曹与各位博士讨论宗庙的事情时。曾引征《汉书》的记载，博士们嘲笑他说：“没有听说有谁用《汉书》的传记来证明经书的记载的！”魏收对此非常生气，也不多说什么，只拿出《汉书·韦玄成传》扔给他们就站起身走了。博士们花了一夜的时间一起从《汉书·韦玄成传》中找到了这条材料，到了天明才向魏收道歉说：“没想到韦玄成有这么大的学问。

【原文】梁元帝尝为吾说：“昔在会稽，年始十二，便已好学。时又患疥，手不得拳，膝不得屈。闲斋张葛帏蝇独坐，银瓯贮山阴甜酒，时复进之，以自宽痛。率意自读史书，一日二十卷，既未师受，或不识一字，或不解一语，要自重之，不知厌倦。”帝子之尊，童稚之逸，尚能如此，况其庶士，冀以自达者哉？

【译文】梁元帝曾经对我说：“以前在会稽时，我才十二岁。就已经很好学了，那时我又得了疥疮，手握不成拳头，膝盖屈不下，空闲时就撑起葛帏以挡住蚊蝇，独坐其中，在银瓯中装上山阴甜酒，偶然喝一两口以暂时减轻一下疥疮的疼痛，自己专心一意地读历史书籍，一天读二十卷。由于没有老师讲授，有时有一个字不认识，有时有一句话不理解，就自己反复琢磨，不知厌倦。”他是太子，地位很尊贵，又处在贪玩的孩提时代，还能这样勤奋读书，更何况其他一般百姓呢！怎么能不勤奋读书就可以通达事理呢？

【原文】古人勤学，有握锥投斧，照雪聚萤，锄则带经，牧则编简，亦为勤笃。梁世鼓城刘绮，交州刺史勃之孙，早孤家贫，灯烛难办，常买荻尺寸折之，然明夜读。孝元初出会稽，精选寮寀，绮以才华，为国常侍兼记室，殊蒙礼遇，终于金紫光禄。义阳朱詹，世居江陵，后出扬都，好学，家贫无资，累日不浞，乃时吞纸以实腹。寒无毡被，抱犬而卧。犬亦饥虚，起行盗食，呼之不至，哀声动邻，犹不废业，卒成学士，官至镇南录事参军，为孝元所礼。此乃不可为之事，亦是勤学之一人。东莞臧逢世，年二十余，欲读班固《汉书》，苦假借不久，乃就姊夫刘缓乞丐客刺书翰纸末，手写一本，军府服其志尚，卒以《汉书》闻。

【译文】古人勤学的例子有苏秦读书时为防止打瞌睡而以锥刺股；文党投斧而挂在木头上，以此坚定自己游学的决心；孙康映雪读书，武子借助萤火虫的光亮读书；儿宽在锄地时带上经书，以便在休息时读，放牧时则采集泽中蒲叶，裁开编订，以供书写。这些都是勤学的例子，梁朝彭城人刘绮是文城刺史刘勃的孙子，他在幼时就成了孤儿，家境贫寒，买不起灯烛，于是便常常买些荻，然后一尺一寸将它们截开，到晚上点着它来照明读书，孝元帝在出镇会稽时，精选官员，刘绮便因富有才华而被任命为王国的常侍兼记室，受到了很高的礼遇，最后当上了金紫光禄大夫。义阳人朱詹，世代住在江陵，后来，迁到建业，他非常好学，但家境贫穷连饭都吃不上，时常吃纸充饥，冬天因没有被盖，就抱着狗睡觉；有时狗也非常饿，便去偷食吃，他叫狗不应，哀呼声感动了四邻。就是这样，他还不荒废学业，最终成了学士，官做到镇南录事参军，为孝元帝所礼遇。像这样的事情，是常人所无法做到的，如此勤奋读书的人也仅有此一人而已！东莞人臧逢世，在二十多岁时，想读班固的《汉书》，苦于借别人书读时间太短，就请求他姐夫刘缓把拜见他的客人的名片和书信送给他，他就在这些名片和书信的空处将《汉书》抄了一部，军府的人都很佩服他的志向，最终他以精通《汉书》闻名。

【原文】齐有宦者内参田鹏鸾，本蛮人也。年十四五，初为阍寺，便知好学，怀袖握书，晓夕讽诵。所居卑末，使彼苦辛，时伺闲隙，周章询请。每至文林馆，气喘汗流，问书之外，不暇他语。及睹古人节义之事，未尝不感激沈吟久之。吾甚怜爱，倍加开奖。后被赏遇，赐名敬宣，位至侍中开府。后主之奔青州，遣其西出，参伺动静，为周军所获。问齐主何在，绐云："已去，计当出境。"疑其不信，欧捶服之，每折一支，辞色愈厉，竟断四体而卒。蛮夷童丱，犹能以学成忠，齐之将相，比敬宣之奴不若也。

【译文】齐朝有位宦官叫田鹏鸾，本是蛮人，在他十四五岁负责看守宫廷大门时，就勤奋读书。他身上总带着书，早晚诵读。他职位很低，被人差东遣西，也很辛苦，但他仍然抽出时间，四处请教，每次到文林馆请教都是气喘吁吁，汗流满面，除问书以外，一句闲话都顾不上说。每当他看到书上所载古人有节操义行的事情，总感慨不已。我很喜欢他，所以对他的开导鼓励也就格外用心。后来，他受到皇帝赏识，赐名叫"敬宣"，官位也做到侍中开府。在后主跑到青州，派他西出侦察北周军队的情况时，被北周军队抓获，他们要他说出北齐皇帝在什么地方，他骗他们说："他已经走了，算起来也该出境了吧！"他们怀疑他的话，就给他施加刑罚。虽然被打断了四肢，但他至死也没有屈服。像这样一个少数民族的孩子还能通过读书而为国尽忠，而齐国的将相则连敬宣这样的奴仆都不如。

【原文】邺平之后，见徙入关。思鲁尝谓吾曰："朝无禄位，家无积财，当肆筋力，以申供养。每被课笃，勤劳经史，未知为子，可得安乎？"吾命之曰："子当以养为心，父当以学为教。使汝弃学徇财，丰吾衣食，食之安得甘？衣之安得暖？若务先王之道，绍家世之业，藜羹缊褐，我自欲之。”

【译文】邺城被攻破后，我随北齐士大夫迁徙到了关中，思鲁对我说：“我们在朝廷没有官位和俸禄，家中也无积蓄，我应当勤苦劳作，来供养家人，但您经常督促我们勤奋读书，不知我作为子孙，是否可以安心？”我对他说：“作为儿子，应当时时记着要供养家人，作为父亲，却应当教育子孙勤奋读书。如果让你们放弃学业而去竭力赚钱，使我衣食有余，我又怎么能觉得吃得香、穿得暖呢？倘若能实现先王的理想，能继承我们家庭世代从事的高尚职业，即使让我吃用藜草作的饭，穿粗布做的袍子，我也愿意。”

【原文】夫文字者，坟籍根本。世之学徒，多不晓字：读《五经》者，是徐邈而非许慎；习赋诵者，信褚诠而忽吕忱；明《史记》者，专徐、邹而废篆籀；学《汉书》者，悦应、苏而略《苍》《雅》。不知书音是其枝叶，小学乃其宗系。至见服虔、张揖音义则贵之，得《通俗》《广雅》而不屑。一手之中，向背如此，况异代各人乎？

【译文】文字是读书的根本，世上的读书人大多都不研究文字，读《五经》时，相信徐邈对文字的解释而不相信许慎的解释；研读赋的人，相信褚诠的解释而忽视吴忱的注释；研究《史记》的，只专门研究徐广、邹诞生对史记中字义的注释却不研究文字的本源——篆文、籀文；研究《汉书》的，重视应昭、苏林对汉书的注解而不重视《苍》《雅》。他们不懂得字的读音是细枝末叶，字的构成和意义才是根本，所以看到服虔、张揖等讲音义的书就认为这些书很宝贵，看到《通俗》《广雅》这类讲字义的书反而不屑一顾。同样是同一人的著作，对它们的看法却有如此大的区别，更何况是对不同时代、不同作者的著作呢！

【原文】夫学者贵能博闻也。郡国山川，官位姓族，衣服饮食，器皿制度，皆欲根寻，得其原本；至于文字，忽不经怀，己身姓名，或多乖舛，纵得不误，亦未知所由。近世有人为子制名：兄弟皆山傍立字，而有名峙者，兄弟皆手傍立字，而有名机者；兄弟皆水傍立字，而有名凝者。名儒硕学,此例甚多。若有知吾钟之不调,一何可笑。

【译文】做学问最可贵的是能博览群书,对于郡国山川、官位姓族、衣服饮食、器皿制度,都要追根寻底,弄明白它们的渊源才行。至于文字,一不留心,就连自己的名字都会再错,即使不弄错,也不知道这些字的字义和渊源。近来有人给自己的孩子取名,他们弟兄都取"山"字旁的字,但却给其一个取名为"峙";弟兄们都取手字边的字,但却有名"机"的;弟兄们都取水字旁的字,却又有用"凝"字的。有学问的人中,像这样分不清字的偏旁的人是很多的,如果让懂得文字构成的人看到他们起的名字,那是多么可笑的事啊!

【原文】世中书翰,多称勿勿,相承如此,不知所由,或有妄言此忽忽之残缺耳。案:《说文》:"勿者,州里所建之旗也,象其柄及三斿之形,所以趣民事。故遽者称为勿勿。"

【译文】世人写信时,多用"勿勿"这个词,多少年来,大家都这样写,但却不知为什么要写这个词,也不知道它的来历,有的人毫无根据地认为这是"忽忽"这个词的残缺。根据《说文解字》:"勿"是州里所树的旗帜,是个象形字,就像旗杆和旗的三条飘带的形状,是用来催促民事的,所以就用"勿勿",来表示匆忙。

【原文】吾在益州,与数人同坐,初晴日晃,见地上小光,问左右:"此是何物?"有一蜀竖就视,答云:"是豆逼耳。"相顾愕然,不知所谓。命取将来,乃小豆也。穷访蜀士,呼粒为逼,时莫之解。吾云:"《三苍》《说文》,此字白下为匕,皆训粒,《通俗文》音方力反。"众皆欢悟。

【译文】我在益州,曾与几个人聚坐,那天天气晴朗,看见地上反射一道小光,就问旁边仆人说:"这是什么东西?"有一个来自蜀地的童仆去看了一下,说:"是一颗豆逼。"大家听了都十分纳闷,互相对视而不知所指何物。让他拿过来,才知道是一颗小豆。后来我问了好多蜀地的士大夫,他们都把"粒"读成"逼",当时人没有人知道为什么会这么读,我说:"《三苍》《说文》中,这个字的构成是'白'下面有'匕'字(即'皂'),都解释成'粒',《通俗文》的注音是:方力反。"众人听后才弄明白。

【原文】愍楚友婿窦如同从河州来,得一青鸟,驯养爱玩,举俗呼之为鶡。吾曰:"鶡出上党,数曾见之,色并黄黑,无驳杂也。故陈思王《鶡赋》云:'扬玄黄之劲羽。'"试检《说文》:"鴶雀似鶡而青,出羌中。"《韵集》音介。此疑顿释。

【译文】愍楚的连襟窦如同从河洲来,他得到一只青鸟,驯养玩耍,大家都把这只鸟叫作"鶡",我说:"鶡鸟生长在上党,我曾见过好几次,它是黑黄色,没有杂毛,所以陈思王曹植在其《鹖赋》中说‘扬玄鸟之劲羽。’”后翻检《说文》，有“鸠雀长得有些像鹖，但颜色比鹖青，生长于关中”，《韵集》中读作“介”。直到这时，我的疑问才得到解释。

【原文】思鲁等姨夫彭城刘灵，尝与吾坐，诸子侍焉。吾问儒行、敏行曰：“凡字与咨议名同音者，其数多少，能尽识乎？”答曰：“未之究也，请导示之。”吾曰：“凡如此例，不预研检，忽见不识，误以问人，反为无赖所欺，不容易也。”因为说之，得五十许字。诸刘叹曰：“不意乃尔！”若遂不知，亦为异事。

【译文】彭城人刘灵是思鲁等人的姨夫，有次我与他一起谈论时，他的子侄都坐在旁边陪着，我问儒行、敏行：“凡与你们父亲名字读音相同的字究竟有多少？你们都能认得吗？”他们回答说：“我们没有考核过，请您给我们指导一下！”我说：“像这样的字，如果不预先知道，突然看到其中不认识的字而去问别人，就会被一些无赖所戏弄，所以你们不能小看这件事。”于是我就为他们讲了一些，一共有五十多个，他们都惊叹道：“想不到会有这么多！”如果他们连这些字都不知道，那是很不应该的。

【原文】校定书籍，亦何容易，自扬雄、刘向，方称此职耳。观天下书未遍，不得妄下雌黄。或彼以为非，此以为是；或本同末异；或两文皆欠，不可偏信一隅也。

【译文】校勘书籍，也不是很容易的事情，只有扬雄、刘向才称职，没有看完天下的书，就随便乱改文字，有时以彼为是，以此为非；有时本同而末异；有时两个都有欠缺。这些都不能偏信孤证。

曾国藩家书节选

禀父母

男国藩跪禀父母亲大人万福金安：

九弟之病，自正月十六日后，日见强旺。二月一日开荤，现全复元矣。二月以来，日

日习字,时有长进。男亦常习小楷,以为明年考差之具。近来改临智永《千字文》帖,不复临颜、柳二家帖,以不合时宜故也。孙男身体甚好,每日佻达欢呼,曾无歇息。孙女亦好。

浙江之事,闻于正月底交战,仍尔不胜。去岁所失宁波府城、定海、镇海二县城尚未收复。英夷滋扰以来,皆汉奸助之为虐。此辈食毛践土,丧尽天良,不知何日罪恶贯盈,始得聚而歼灭!湖北崇阳县逆贼钟人杰为乱,攻占崇阳、通城二县。裕制军即日扑灭,将钟人杰及逆党槛送京师正法,余孽俱已搜尽。钟逆倡乱不及一月,党羽姻属,皆伏天诛。黄河去年决口,昨已合拢,大功告成矣。

九弟前病中思归,近因难觅好伴,且闻道上有虞,是以不复作归计。弟自病好后,亦安心不甚思家。李碧峰在寓住三月,现已找得馆地,在唐同年李杜家教书,每月俸金二两,月费一千。男于二月初配丸药一料,重三斤,约计费钱六千文。

男等在京谨慎,望父母亲大人放心。男谨禀。

（二十二年二月二十四日）

禀父母

男国藩跪禀父母亲大人万福金安:

六月廿八日接到家书,系三月廿四日所发。知十九日四弟得生子,男等合室相庆。四妹生产虽难,然血晕亦是常事,且此次既能保全,则下次较为容易。男未得信时,常以为虑;既得此信,如释重负。

六月底,我县有人来京捐官,言四月县考时,渠在城内,并在彭兴岐、丁信风两处面晤四弟、六弟、知案首是吴定五。男十三年前,在陈氏宗祠读书,定五才发蒙作起讲,在杨畏斋处受业。来年闻吴春岗说定五甚为发奋，今果得志，可谓成就甚速。其余前十名及每场题目，渠已忘记。后有信来，乞四弟写出。

四弟、六弟考运不好，不必挂怀。俗语云："不怕进得迟，只要中得快。"从前邵丹畦前辈，四十三岁入学，五十二岁作学政，现任广西藩台。汪朗渠于道光十二年入学，十三年点状元。阮芸台前辈于乾隆五十三年县、府试头场皆未取，即于是年入学、中举，五十四年点翰林，五十五年留馆，五十六年大考第一，比放浙江学政，五十九年升浙江巡抚。些小得失不足患，特患业之不精耳。两弟场中文若得意，可将原卷领出寄京；若不得意，不寄可也。

男辈在京平安。纪泽兄妹二人体甚结实，皮色亦黑。

逆夷在江苏滋扰，于六月十一日攻陷镇江，有大船数十只在大江游弋。江宁、扬州二府颇可危虑。然而天不降灾，圣人在上，故京师人心镇定。

同乡王翰城告假出京。男与陈岱云亦拟送家眷南旋，与郑莘田、王翰城四家同队出京。男与陈家本于六月底底计，后于七月初一请人扶乩，似可不必轻举妄动，是以中止。现在男与陈家仍不送家眷回南也。

正月间俞岱青先生出京，男寄有鹿脯一方，托找彭山屺转寄。俞后托谢吉人转寄，不知到否？又四月托李昺冈寄银寄笔，托曹西垣寄参，并交陈季牧收，不知到否？前父亲教男养须之法，男仅留上唇须，不能用水浸透，色黄者多，黑者少。下唇拟持待三十六岁始留。

男屡接家信，嫌其不详，嗣后更愿详示。男谨禀。

（道光二十二年六月初十日）

致诸弟

四位老弟足下：

九弟行程，计此时可以到家。自任邱发信之后，至今未接到第二封信，不胜悬悬。不知道上有甚艰险否？四弟、六弟院试，计此时应有信，而折差久不见来，实深悬望。

予身体较九弟在京时一样，总以耳鸣为苦。问之吴竹如，云只有静养一法，非药物所能为力。而应酬日繁，予又素性浮躁，何能着实静养？拟搬进内城住，可省一半无谓之往还，现在尚未找得。予时时自悔，终未能洗涤自新。

九弟归去之后，予定刚日读经，柔日读史之法。读经常懒散不沉着。读《后汉书》，现已丹笔点过八本;虽会不记忆,而较之去年读《前汉书》,领会较深。

吴竹如近日往来极密,来则作竟日之谈,所言皆身心国家大道理。渠言有窦兰泉者,云南人,见道极精当平实。窦亦深知予者,彼此现尚未拜往。竹如必要予搬进城住,盖城内镜海先生可以师事,倭艮峰先生、窦兰泉可以友事。师友夹持,虽懦夫亦有立志。予思朱子言为学譬如熬肉,先须用猛火煮,然后用慢火温,予生平功夫全未用猛火煮过,虽略有见识,乃是从悟境得来。偶用工,亦不过优游玩索已耳。如未沸之汤,遽用漫火温之,将愈煮愈不熟矣。以是急思搬进城内,摒除一切,从事于克己之学。镜海、艮峰两先生亦劝我急搬。而城外朋友,予亦有思常见者数人,如邵蕙西、吴子序、何子贞、陈岱云是也。

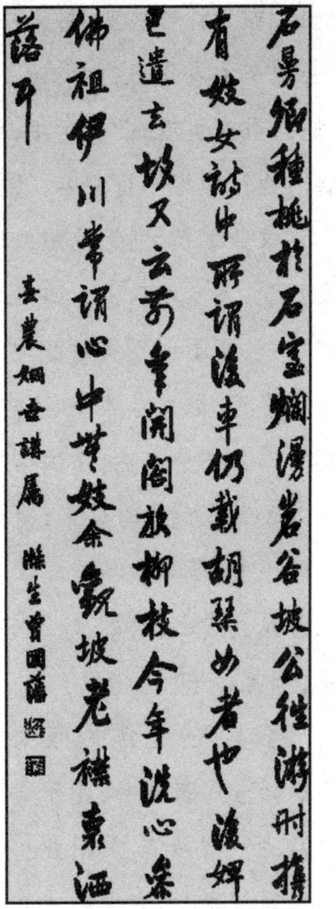

蕙西尝言:"'与周公瑾交,如饮醇醪',我两人颇有此风味。"故每见辄长谈不舍。子序之为人,予至今不能定其品。然识见最大且精,尝教我云:"用功譬若掘井,与其多掘数井而皆不及泉,何若老守一井,力求及泉而用之不竭乎?"此语正与予病相合。盖予所谓掘井多而皆不及泉者也。

何子贞与予讲字极相合,谓我"真知大源,断不可暴弃"。予尝谓天下万事万理皆出于乾坤二卦。即以作字论之:纯以神行,大气鼓荡,脉络周通,潜心内转,此乾道也;结构精巧,向背有法,修短合度,此坤道也。凡乾以神气言,凡坤以形质言。礼乐不可斯须去身,即此道也。乐本于乾,礼本于坤。作字而优游自得真力弥满者,即乐之意也;丝丝入扣转折合法者,即礼之意也。偶与子贞言及此,子贞深以为然,谓渠生平得力,尽于此矣。陈岱云与吾处处痛痒相关,此九弟所知者也。

写至此,接得家书。知四弟、六弟未得入学,怅怅然。科名有无迟早,总由前定,丝毫不能勉强。吾辈读书,只有两事:一者进德之事,讲求乎诚正修齐之道,以图无忝所生;一者修业之事,操习乎记诵词章之术,以图自卫其身。进德之事难于尽言,至于修业以卫身,吾请言之:

卫身莫大如谋食。农工商劳力以求食者也,士劳心以求食者也。故或食禄于朝,教授于乡，或为传食之客，或为入幕之宾，皆须计其所业，足以得食而无愧。科名者，食禄之阶也，亦须计吾所业，将来不至尸位素餐，而后得科名而无愧。食之得不得，穷通由天作主，予夺由人作主；业之精不精，则由我作主。然吾未见业果精，而终不得食者也。农果力耕，虽有饥馑，必有丰年；商果积货，虽有壅滞，必有通时；士果能精其业，安见其终不得科名哉？即终不得科名，又岂无他途可以求食哉？然则特患业之不精耳。

求业之精，别无他法，曰专而已矣。谚曰："艺多不养身。"谓不专也。吾掘井多而无泉可饮，不专之咎也。诸弟总须力图专业。如九弟志在习字，亦不必尽废他业，但每日习字功夫，断不可不提起精神，随时随事，皆可触悟。四弟、六弟，吾不知其心有专嗜否？若志在穷经，则须专守一经；志在作制义，则须专看一家文稿；志在作古文，则须专看一家文集。作各体诗亦然，作试帖亦然，万不可以兼营并骛，兼营则必一无所能矣。切嘱切嘱，千万千万。此后写信来，诸弟各有专守之业，务须写明。且须详问极言，长篇累牍。使我读其手书，即可知其志向识见。凡专一业之人，必有心得；亦必有疑义。诸弟有心得，可以告我共赏之；有疑义，可以告我共析之。且书信既详，则四千里外之兄弟不啻晤言一室，乐何如乎！

予生平于伦常中，惟兄弟一伦抱愧尤深。盖父亲以其所知者尽以教我，而吾不能以吾所知者尽教诸弟，是不孝之大者也。九弟在京年余，进益无多，每一念及，无地自容。嗣后我写诸弟信，总用此格纸，弟宜存留，每年装订成册。其中好处，万不可忽略看过。诸弟写信寄我，亦须用一色格纸，以便装订。兄国藩手具。

（道光二十二年九月十八日）

致 诸 弟

诸位老弟足下：

正月十五日接到四弟、六弟、九弟十二月初五日所发家信。四弟之信三页，语语平实，责我待人不恕，甚为切当。尝谓月月书信，徒以空言责弟辈，却又不能实有好消息，令堂上闻兄之言，疑弟辈粗俗庸碌，使弟辈无地可容云云，此数语，兄读之不觉汗下。

我去年曾与九弟闲谈云：为人子者，若使父母见得我好些，谓诸兄弟俱不及我，这便是不孝；若使族党称道我好些，谓诸兄弟俱不如我，这便是不悌。何也？盖使父母心中有贤愚之分，使族党口中有贤愚之分，则必其平日有讨好的意思，暗用机计，使自己得好名声，而使兄弟得坏名声，必其后日之嫌隙由此而生也。刘大爷、刘三爷兄弟皆想做好人，卒至视如仇雠。因刘三爷得好名声于父母族党之间，而刘大爷得坏名声故也。今四弟之所责我者，正是此道理，我所以读之汗下。但愿兄弟五人，个个明白这道理，彼此互相原谅。兄以弟得坏名为忧，弟以兄得好名为快。兄不能尽道使弟得令名，是兄之罪；弟不能尽道使兄得令名，是弟之罪。若各各如此存心，则亿万年无纤芥之嫌矣。

衡阳风俗，只有冬学要紧，自五月以后，师弟皆奉行故事而已。同学之人，类皆庸鄙无志者，又最好讪笑人，其笑法不一，总之不离乎轻薄而已。四弟若到衡阳去，必以翰林之弟相笑，薄俗可恶。乡间无朋友，实是第一恨事。不惟无益，且大有损。习俗染人，所谓与鲍鱼处，亦与之俱化也。兄尝与九弟道及，谓衡阳不可以读书，涟滨不可以读书，为损友太多故也。今四弟意必从觉庵师游，则千万听兄嘱咐，但取明师之益，无受损友之损也。

接到此信，立即率厚二到觉庵师处受业。其束脩，今年谨具钱十挂。兄于八月准付回，不至累及家中。非不欲从丰，实不能耳。兄所最虑者，同学之人无志嬉游，端节以后放散不事事，恐弟与厚二效尤耳。切戒切戒。凡从师必久而后可以获益。四弟与季弟今年从觉庵师，若地方相安，则明年仍可从游；若一年换一处，是即无恒者，见异思迁也，欲求长进难矣。

六弟之信，乃一篇绝妙古文。排奡似昌黎，拗很似半山。予论古文，总须有倔强不驯之气，愈拗愈深之意。故于太史公外，独取昌黎、半山两家。论诗亦取傲兀不群者，论字亦然。每蓄此意，而不轻谈。近得何子贞意见极相合，偶谈一二句，两人相视而笑。不知六弟乃成有此一支妙笔。往时见弟文，亦无大奇特者。今观此信，然后知吾弟真不羁才也。欢喜无极，欢喜无极！凡兄所有志而力不能为者，吾弟皆可为之矣。

信中言兄与诸君子讲学，恐其渐成朋党。所见甚是。然弟尽可放心。兄最怕标榜，常存暗然尚絅之意，断不至有所谓门户自表者也。信中言四弟浮躁不虚心，亦切中四弟之病。四弟当视为良友药石之言。信中又言弟之牢骚，非小人之热中，乃志士之惜阴。读至此，不胜惘然，恨不得生两翅忽飞到家，将老弟劝慰二番，纵谈数日乃快。然向使诸弟已入学，则谣言必谓学院做情。众口铄金，何从辩起！所谓塞翁失马，安知非福。科名迟早，实有前定，虽惜阴念切，正不必以虚名萦怀耳。

来信言看《礼记疏》一本半，浩浩茫茫，苦无所得，今已尽弃，不敢复阅，现读《朱子纲目》，日十余叶云云。说到此处，兄不胜悔恨。恨早岁不曾用功，如今虽欲教弟，譬盲者而欲导人之大途也，求其不误难矣。然兄最好苦思，又得诸益友相质证，于读书之道，有必

不可易者数端:

穷经必专一经,不可泛骛。读经以研寻义理为本,考据名物为末。读经有一耐字诀。一句不通,不看下句;今日不通,明日再读;今年不精,明年再读。此所谓耐也。读史之法,莫妙于设身处地。每看一处,如我便与当时之人酬酢笑语于其间。不必人人皆能记也,但记一人,则恍如接其人;不必事事皆能记也,但记一事,则恍如亲其事。经以穷理,史以考事。舍此二者,更别无学矣。

盖自西汉以至于今,识字之儒约有三途:曰义理之学,曰考据之学,曰词章之学。各执一途,互相诋毁。兄之私意,以为义理之学最大。义理明则躬行有要而经济有本。词章之学,亦所以发挥义理者也。考据之学,吾无取焉矣。此三途者,皆从事经史,各有门径。吾以为欲读经史,但当研究义理,则心一而不纷。是故经则专守一经,史则专熟一代,读经史则专主义理。此皆守约之道,确乎不可易者也。

若夫经史而外,诸子百家,汗牛充栋。啸欲阅之,但当读一人之专集,不当东翻西阅。如读昌黎集,则目之所见,耳之所闻,无非昌黎。以为天地间除昌黎集而外,更无别书也。此一集未读完,断断不换他集,亦专字诀也。六弟谨记之。

读经、读史、读专集,讲义理之学,此有志者万不可易者也。圣人复起,必从吾言矣。然此亦仅为有大志者言之。若夫为科名之学,则要读四书文,读试帖、律赋,头绪甚多。四弟、九弟、厚二弟天资较低,必须为科名之学。六弟既有大志,虽不科名可也,但当守一耐字诀耳。观来信言读《礼记疏》似不能耐者,勉之勉之。兄少时天分不甚低,厥后日与庸鄙者处,全无所闻,窍被茅塞久矣。及乙未到京后,始有志学诗古文并作字之法,亦苦无良友。近年得一二良友,知有所谓经学者、经济者,有所谓躬行实践者,始知范、韩可学而至也,司马迁、韩愈亦可学而至也,程、朱亦可学而至也。慨然思尽涤前日之污,以为更生之人,以为父母子肖子,以为诸弟之先导。无如体气本弱,耳鸣不止,稍稍用心,便觉劳顿。每自思念，天既限我以不能苦思，是天不欲成我之学问也。故近日以来，意颇疏散。来信又言四弟与季弟从游觉庵师，六弟、九弟仍来京中，或肄业城南云云。兄之欲得老弟共住京中也，其情如孤雁之求曹也。自九弟辛丑秋思归，兄百计挽留，九弟当能言之。及于去秋决计南归，兄实无可如何，只得听其自便。若九弟今年复来，则一岁之内忽去忽来，不特堂上诸大人不肯，即旁观亦且笑我兄弟轻举妄动。且两弟同来，途费须得八十金，此时实难措办。六弟言能自为计，亦未历甘苦之言耳。若我今年能得一差，则两弟今冬与朱啸山同来甚好。如六弟不以为然，则再写信来商议可也。

九弟之信，写家事详细，惜话说太短。兄则每每太长，以后截长补短为妙。尧阶若有大事，诸弟随去一人，帮他几天。牧云接我长信，何以全无回信。毋乃嫌我话太直乎？扶乩之事，全不足信。九弟总须立志读书，不必想及此等事。季弟一切，皆须听诸兄话。此次摺弁走其急，不暇钞日记本。余容后告。

（道光二十三年正月十七日）

致六弟

温甫六弟左右：

五月廿九、六月初一连接弟三月初一、四月廿五、五月初一三次所发之信，并四书文二首，笔力实实可爱。

信中有云："于兄弟则直达其隐，父子祖孙间不得不曲致其情。"此数语有大道理。余之行事，每自以为诚可质天地，何妨直情径行。昨接四弟信，始知家人天亲之地，亦有时须委曲以行之者，吾过能，吾过矣！

香海为人最好，吾虽未与久居，而相知颇深，尔以兄事之可也。丁秩臣、王衡臣两君，吾皆未见，大约可为弟之师。或师之，或友之，在弟自为审择。若果威仪可则、淳实宏通，师之可也；若仅博雅能文，友之可也。或师或友，皆宜常存敬畏之心，不宜视为等夷，渐至慢亵，则不复能受其益矣。

弟三月之信所定功课太多，多则必不能专，万万不可。后信言已向陈季牧借《史记》，此不可不熟看之书。尔既看《史记》，则断不可看他书。功课无一定保法，但须专耳。余从前教诸弟，常限以功课。近来觉限人以课程，往往强人以所准，苟其不愿，虽日日遵照限程，亦复无益，故近来教弟但有一专字耳。专字之外，又有数语教弟，兹特将冷金笺写出。弟可贴之座右，时时省览，并抄一付寄家中三弟。香海言时文须学《东莱博议》，甚是。弟先须用笔圈点一遍，然后自选几篇读熟，即不读亦可。无论何书，总须从首至尾通看一遍。不然，乱翻几页，摘抄几篇，而此书之大局精处茫然不知也。

学诗从《中州集》入亦好。然吾意读总集，不如读专集。此事人人意见各殊，嗜好不同。吾之嗜好，于五古则喜读《文选》，于七古则喜读《昌黎集》，于五律则喜读《杜集》，七律亦最喜杜诗，而苦不能步趋，故兼读《元遗山集》。吾作诗最短于七律，他体皆有心得；惜京都无人可与畅语者。弟要学诗，先须看一家集，不要东翻西阅。先须学一体，不可各体同学。盖明一体，则皆明也。凌笛舟最善为律诗，若在省，弟可就之求教。

习字临《千字文》亦可，但须有恒。每日临帖一百字，万万无间断，则数年必成书家矣。陈季牧最喜谈字，且深思善悟。吾见其寄岱云信，实能知写字之法，可爱可畏。弟可从之切磋。此等好学之友，愈多愈好。

来信要我寄诗回南。余今年身体不甚壮健，不能用心，故作诗绝少，仅作感春诗七古五章。慷慨悲歌，自谓不让陈卧子，而语太激烈，不敢示人。余则仅作应酬诗数首，了无可观。顷作寄贤弟诗二首，弟观之以为何如？京笔现在无便可寄，总在秋间寄回。若无笔写，暂向陈季牧借一支，后日还他可也。兄国藩手草。

（道光二十三年六月初六日）

致诸弟

澄侯、叔淳、季洪三弟左右：

五月底连接三月初一、四月十八两次所发家信。

四弟之信，具见真性情，有困心衡虑、郁积思通之象。此事断不可求速效。求速效必助长，非徒无益，而又害之。只要日积月累，如愚公之移山，终久必有豁然贯通之候；愈欲速则愈锢蔽矣。

来书往往词不达意，我能深谅其苦。今人都将学字看错了。若细读"贤贤易色"一章，则绝大学问即在家庭日用之间。于悌两字上尽一分便是一分学，尽十分便是十分学。今人读书皆为科名起见，于孝悌伦纪之大，反似与书不相关。殊不知书上所载的，作文时所代圣贤说的，无非要明白这个道理。若果事事做得，即笔下说不出何妨！若事事不能做，并有亏于伦纪之大，即文章说得好，亦只算个名教中之罪人。贤弟性情真挚，而短于诗文，何不日日在孝悌两字上用功？《曲礼》《内则》所说的，句句依他做出，务使祖父母、父母、叔父母无一时不安乐，无一时不顺适；下而兄弟妻子皆蔼然有恩，秩然有序，此真大学问也。若诗文不好，此小事不足计；即好极，亦不值一钱。不知贤弟肯听此语否？

科名之所以可贵者，谓其足以承堂上之欢也，谓禄仕可以养亲也。今吾已得之矣，即使诸弟不得，亦可以承欢，亦可以养亲，何必兄弟尽得哉？贤弟若细思此理，但于孝悌上用功，不于诗文上用功，则诗文不期进而自进矣。

凡作字总须得势，务使一笔可以走千里。三弟之字，笔笔无势，是以局促不能远纵。去年曾与九弟说及，想近来已忘之矣。

九弟欲看余白摺，余所写摺子甚少，故不付。

地仙为人主葬，害人一家，丧良心不少，未有不家败人亡者，不可不力阻凌云也。至于纺棉花之说，如直隶之三河县、灵寿县，无论贫富男妇，人人纺布为生，如我境之耕田为生也。江南之妇之耕田，犹三河之男人纺布也。湖南如浏阳之夏布，祁阳之葛布，宜昌之棉布，皆无认贫富男妇，人皆依以为业。此并不足为骇异也。第风俗难以遽变，必至骇人听闻，不如删去段为妙。

书不尽言。兄国藩手草。

（道光二十三年六月初六日）

致诸弟

四位老弟左右：

二月初十日黄仙垣来京，接到家信，备悉一切，欣慰之至。

朱啸山亦于是日到，现与家心斋同居。系兄代伊觅得房子，距余寓甚近，不过一箭远耳。郭筠仙现尚未到，余已为赁本胡同关帝庙房，使渠在庙中住，在余家火食。冯树堂正月初六日来余家住，拟会试后再行上学，因小儿春间怕冷故也。树堂于二月十三日考国子监学正，题“而耻恶衣恶食者”二句、“不以天下奉一人策”，共五百人入场。树堂写作俱佳，应可以得。

陈岱云于初六日移寓报国寺。其配之柩，亦停寺中。岱云哀伤异常，不可劝止，作祭文一篇三千余字。余为作墓志铭一首，不知陈宅已寄归否？余懒誊寄也。

四川门生现已到廿余人。我县会试者，大约可十五人。甲午同年，大约可念五六人。然有求于余者，颇不乏人。

余今年应酬更繁。幸身体大好，迥不似从前光景。面胖而润，较前稍白矣。耳鸣亦好十之七八，尚有微根未断，不过月余可全好也。内人及儿子两女儿皆好。陈氏小儿在余家乳、养者亦好。

六弟、九弟在城南读书，得罗罗山为之师，甚妙。然城南课似亦宜应，不应恐山长不以为然也。所作诗文及功课，望日内付来。四弟、季弟从觉庵师读自佳。四弟年已渐长，须每日看史书十页，无论能得科名与否，总可以稍长见识季弟每日亦须看史，然温经更要紧，今年不必急急赴试也。

余容后陈。兄国藩手具。

（道光二十四年二月十四日）

致诸弟

四位老弟足下：

余于三月廿四移寓前门内西边碾儿胡同，与城外消息不通。四月间到摺差一次，余竟不知。迨既知而摺差已去矣。惟四月十九欧阳小岑南归，余寄衣箱银物并信一件。四月廿梁菉庄南归，余寄书卷零物并信一件。两信皆仅数语，至今想尚未到。四月十三黄仙垣南归，余寄闱墨并无书信，想亦未到。兹将三次所寄各物另开清单付回，待三人到时，家中照单查收可也。

内城现住房共廿八间，每月房租京钱三十串，极为宽敞。冯树堂、郭筠仙所住房屋皆清洁。甲三于三月廿四日上学，天分不高不低，现已读四十天，读于自修齐至平治矣。因其年太小，故不加严。已读者字皆能认。两女皆平安。陈岱云之子在余家亦甚好。内人身子如常，现又有喜，大约九月可生。

余体气较去年略好，近因应酬太繁，天气渐热，又有耳鸣之病。今年应酬较往年更增数倍。第一为人写对联条幅，合四川、湖南两省求书者几日不暇给。第二公车来借钱者甚多，无论有借无借，多借少借，皆须婉言款待。第三则请酒拜客及会馆公事。第四则接见门生，颇费精神。又加以散馆，殿试则代人料理，考差则自己料理。诸事冗杂，遂无暇读书矣。

五月十一日接到四月十三家信，内四弟、六弟各文二首，九弟、季弟各文一首。四弟东皋课文甚洁净，诗亦稳妥。“则何以哉”一篇亦清顺有法，第词句多不圆足，笔亦平沓不超脱。平沓最为文家所忌，宜力求痛改此病。六弟笔气爽利，近亦渐就范围。然词意平庸，无才气峥嵘之处，非吾意中之温甫也。如六弟之天姿不凡，此时作文，当求议论纵横，才气奔放，作如火如荼之文，将来庶不成就。不然一挑半剔，意浅调卑，即使获售，亦当自

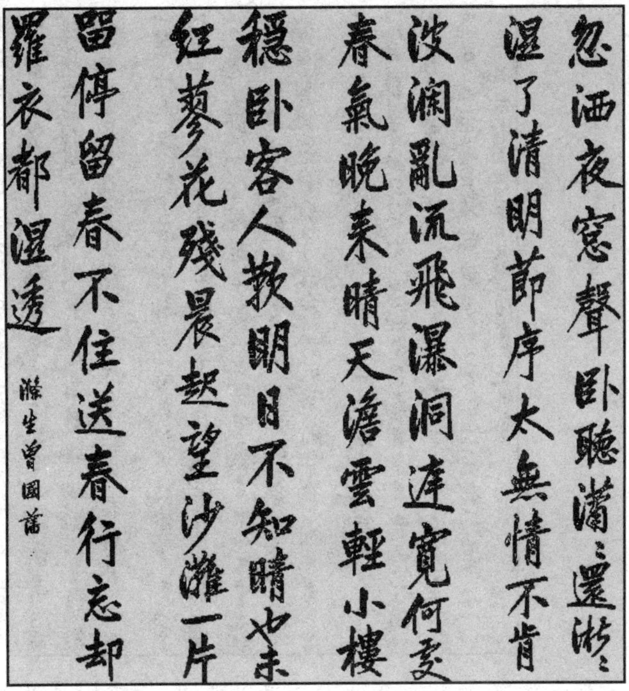

惭其文之浅薄不堪。若其不售,则又两失之矣。今年从罗罗山游,不知罗山意见如何?吾谓六弟今年入泮固妙,万一不入,则当尽弃前功,壹志从事于先辈大家之文。年过二十,不为少矣,若再扶墙摩壁,役役于考卷搭截小题之中,将来时过而业仍不精,必有悔恨于失计者,不可不早图也。余当日实见不到此,幸而早得科名,未受其害。向使至今未尝入泮,则数十年从事于吊渡映带之间,仍然一无所得,岂不靦颜也哉!此中误人终身多矣。温甫以世家之子弟,负过人之资质,即使终不入泮,尚不至于饥寒,奈何亦以考卷误终身也?九弟要余改文详批,余实不善改小考文,当请曹西垣代改,下次摺弁付回。季弟文气清爽异常,喜出望外;意亦层出不穷。以后务求才情横溢,气势充畅,切不可挑剔敷衍,安于庸陋。勉之勉之,初基不可不大也。书法亦有褚字笔意,尤为可喜。总之,吾所望于诸弟者,不在科名之有无,第一则孝悌为端,其次则文章不朽。诸弟若果能自立,当务其大者远者,毋徒汲汲于进学也。

冯树堂、郭筠仙在寓看书作文,功无间断。陈季牧日日习字,亦可畏也。四川门生留京约二十人,用功者颇多。余不尽书。兄国藩草。

(道光二十四年五月十二日)

致诸弟

四位老弟足下:

前月寄信,想已接到。余蒙祖宗遗泽,祖父教训,幸得科名,内顾无所忧,外遇无不如意,一无所缺矣。所望者,再得诸弟强立,同心一力,何患令名之不显,何患家运之不兴?欲别立课程,多讲规条,使诸弟遵而行之。又恐诸弟习见而生厌心,欲默默而不言,又非

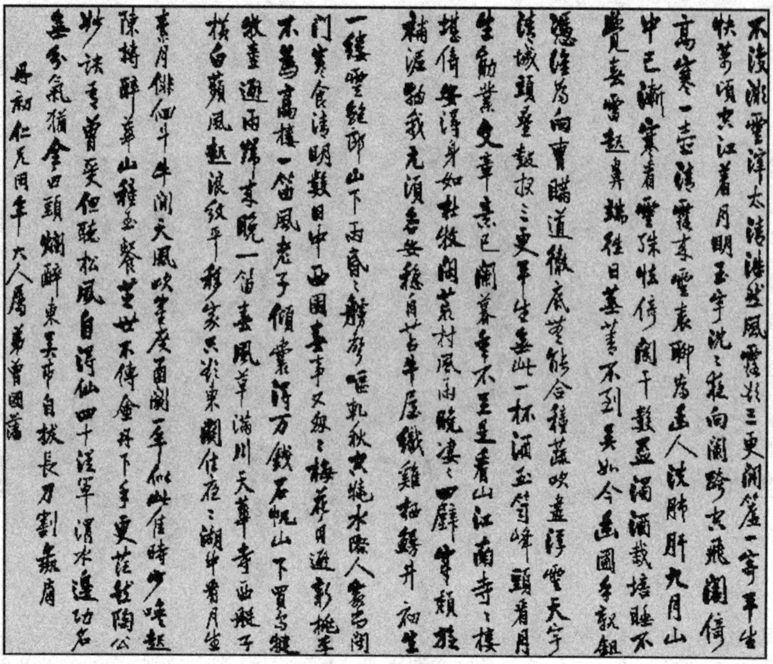

长兄督责之道，是以往年常示诸弟以课程，近来则只教以“有恒”二字，所望于诸弟者，但将诸弟每月功课写明告我，则我心大慰矣。乃诸弟每次写信，从不将自己之业写明，乃好言家事及京中诸事。此时家中重庆，外事又有我照料，诸弟一概不管可也。以后写信，但将每月作诗几首，作文几首，看书几卷，详细告我，则我欢喜无量。诸弟或能为科名中人，或能为学问中人，其为父母之令子一也，我之欢喜一也。慎弗以科名稍迟，而遂谓无可自力也。如霞仙今日之身份，则比等闲之秀才高矣。若学问愈进，身份愈高，则等闲之举人、进士又不足论矣。

学问之道无穷，而总以有恒为主。兄往年极无恒，近年略好，而犹未纯熟。自七月初一起，至今则无一日间断。每日临帖百字，钞书百字，看书少亦须满二十页，多则不论。自七月起，至今已看过《王荆公文集》百卷，《归震川文集》四十卷，《诗经大全》二十卷，《后汉书》百卷，皆朱笔加圈批。虽极忙，亦须了本日功课，不以昨日耽搁而今日补做，不以明日有事而今日预做。诸弟若能有恒如此，则虽四弟中等之资，亦当有所成就，况六弟、九弟上等之资乎？

明年肄业之所，不知已有定否？或在家，或在外，无不可者。谓在家不好用功，此巧于卸责者也，吾今在京，日日事务纷冗，而犹可以不间断，况家中万万不及此间之纷冗乎？树堂、筠仙自十月起，每十日作文一首，每日看书十五页，亦极有恒，诸弟试将《朱子纲目》

过笔圈点，定以有恒，不过数月即圈完矣。若看注疏，每经亦不过数月即完。切勿以家中有事而间断看书之课，又弗以考试将近而间断看书之课。虽走路之日，到店亦可看；考试之日，出场亦可看也。

兄日夜悬望，独此有恒二字告诸弟，伏愿诸弟刻刻留心。兄国藩手草。

（道光二十四年十一月廿一日）

致诸弟

四位老弟足下：

去年十二月廿二日寄去书函，谅已收到。顷接四弟信，谓前信小注中误写二字。其诗比即付还，今亦忘其所误谓何矣。

诸弟写信总云仓忙，六弟去年曾言城南寄信之难，每次至抚院赍奏厅打听云云。是何其蠢也！静坐书院三百六十日，日日皆可写信，何必打听摺差行期而后动笔哉？或送至提塘，或送至岱云家，皆万无一失，何必问了无关涉之赍奏厅哉？若弟等仓忙，则兄之仓忙殆过十倍，将终岁无一字寄家矣！

送王五诗第二首，弟不能解，数千里致书来问。此极虚心，余得信甚喜。若事事勤思善问，何患不一日千里？兹另纸写明寄回。家塾读书，余明知非诸弟所甚愿，然近处实无名师可从，省城如陈尧农、罗罗山皆可谓明师，而六弟、九弟又不善求益；且住省二年，诗文与字皆无大长进。如今我虽欲再言，堂上大人亦必不肯听。不如安分耐烦，寂处里闬，无师无友，挺然特立，作第一等人物。此则我之所期于诸弟者也。昔婺源汪双池先生一贫如洗，三十以前在窑上为人佣工画碗，三十以后，读书训蒙到老，终身不应科举。卒著书百余卷，为本朝有数名儒。彼何尝有师友哉？又何尝出里闾哉？余所望于诸弟者，如是而已，然总不出乎立志有恒四字之外也。

买笔付回，须待公车归乃可带回。大约府试院试可得用，县试则赶不到也。诸弟在家作文，若能按月付于京，则余请树堂随到随改，不过两月，家中又可收到。书不详尽，余俟续具。兄国藩手草。

（道光二十五年二月初一日）

致诸弟

子植、季洪两弟左右：

四月十四日接子植二月、三月两次手书，又接季洪信一函。子植何其详，季洪何其略也！今年以来，京中已发信七号，不审俱收到否？第六号、第七号余皆有禀呈堂上，言今年恐不考差。彼时身体虽平安，而癣疥之疾未愈，头上、面上、颈上并斑驳陆离，恐不便于陛，故见情愿不考差。恐堂上诸大人不放心，故特作白摺楷信，以安慰老亲之念。

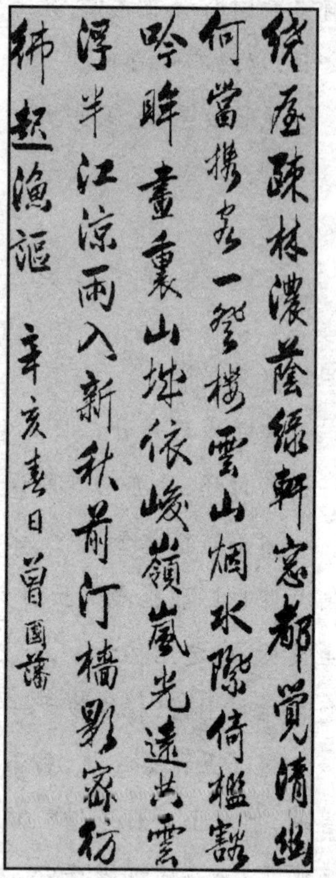

三月初有直隶张姓医生，言最善治癣，贴膏药于癣上，三日一换，帖三次，即可拔出脓水，帖七次，即全愈矣。初十日，令于左胁试帖一处，果有效验，廿日即令帖头面颈上，至四月八日，而七次皆已帖毕。将膏药揭去，仅余红晕，向之厚皮顽癣，今已荡然平矣。十五六即帖遍身，计不过半月，即可毕事，至五月初旬考差而通身已全好矣。现在仍写白摺，一定赴试。虽得不得自有一定，不敢妄想，而苟能赴考，亦可上慰高堂诸大人期望之心。

寓中大小安吉。惟温甫前月底偶患感冒风寒，遂痛左膝，服药二三帖不效，请外科开一针而愈。澄弟去年习柳字，殊不足观。今年改习赵字，而参以李北海《云麾碑》之笔意，大为长进。温弟时文已才华横溢，长安诸友多称赏之。书法以命意太高，笔不足以赴其所见。故在温弟自不称意，而人亦无由称之。故论文则温高于澄，澄难为兄；论书则澄高于温，温难为弟。

子植书法驾涤、澄、温而上之，可爱之至！可爱之至！但不知家中旧有徐浩书《和尚碑》及颜真卿书《郭家庙》否？若能参以二帖之沉着，则直追古人不难矣。

狼兼毫四枝既不合用，可以二枝送莘田叔，以二枝送弟庵表叔。正月间曾在岱云处寄羊毫二枝，不知已收到否？五月，钟子宾太守往湖南，可再寄二枝。以后两弟需用之物，随时写信于京可也。

祖父大人嘱买四川漆，现在四川门生留京者仅二人，皆极寒之士。由京至渠家有五千余里，由四川于湖南有四千余里，彼此路皆太远。此二人在京常半年不能得家信，即令彼寄信至渠家，渠家亦万无便可附湖南。九弟须详禀祖父大人，不如在省以重价购项上川漆为便。做直牌匾，祖父大人系貤封中宪大夫，父亲系诰封中宪大夫，祖母貤封恭人，母亲诰封恭人。京官加一级请封,侍读学士是从四品,故堂上皆正四品也。蓝顶是暗蓝,余正月已寄回二顶矣。

书不宣尽,诸详澄、温书中。今日身上敷药,不及为楷。堂上诸大人,两弟代为禀告可也。

(道光二十六年四月十六日)

致诸弟

澄侯、温甫、子植、季洪四位老弟左右:

胡二等初一日到营,接奉父大人手谕及诸弟信,具悉一切。

兄于二十日在汉口起行,二十一日至黄州,二十二日至堵城,以羊一豕一,为文祭吴甄甫师。二十三日过江至武昌县。二十四在巴河晤郭雨三之弟,知其兄观亭在山西,因属邑失守革职,雨三现署两淮盐运使。二十九日至蕲州,是日水师大战获胜。初一、初四、初五陆军在田家镇之对岸半壁山大战获胜。初九、初十水师在蕲州开仗小胜。十三日水师大破田家镇贼防,烧贼船四千余号。自有此军以来,陆路杀贼之多,无有过于初四之战,水路烧船之多,无有过于十三之役。现在前帮已至九江,吾尚驻田家镇,离九江百五十里。陆路之贼均在广济、黄梅一带,塔、罗于念三日起行往剿。一切军事之详,均具奏报之中。兹并钞录寄回,祈敬呈父亲大人、叔父大人一览。

刘一、良五于廿日至田家镇。得悉家中老幼均吉,甚慰甚慰。魏荫亭先生既来军中,父大人命九弟教子侄读书,而九弟书来坚执不肯,欲余另请明师。余意中实乏明师可以聘请。日内与霞、次及幕中诸君子熟商,近处惟罗研生兄是我心中佩仰之人。其学问具有本原,于《说文》、音学、舆地尤其所长,而诗、古文辞及行楷书法亦皆讲求有年。吾乡通经学古之士,以邹叔绩为最,而研生次之。其世兄现在余幕中,故请其写家信,聘研生至吾乡教读。研兄之继配陈氏,与耦庚先生为联襟。渠又明于风水之说,并可在吾乡选择吉地。但不知其果肯来否?渠现馆徐方伯处,未知能辞彼就此否?若果能来,足开吾邑小学之风,于温甫、子植亦不无裨益。若研兄不能来,则吾心中别无他人。植弟坚不肯教,则乞诸弟为访择一师而延聘焉为要。甲三、甲五可同一师,不可分开。科一、科三、科四亦可同师。余不一一,诸侯续布。

(咸丰四年十月廿二日)

致四弟

澄侯四弟左右：

贺常四到营，接弟信，言早起太晏，诚所不免。吾去年住营盘，各营皆畏慎早起。自腊月廿七移寓公馆，早间稍晏，各营皆随而渐晏。未有主帅晏而将弁能早者也，犹之一家之中，未有家长晏而子弟能早者也。

沅弟在景德镇，办事甚为稳靠，可爱之至。惟据称悍贼甚多，一时恐难克复。官兵有劲旅万余，决可无碍。季弟在湖北已来一信。胡泳帅待之甚厚，家中尽可放心。家中读书事，弟宜常常留心。如甲五、科三等皆须读书，不失大家子弟风范，不可太疏忽也。

（咸丰九年六月初四日）

致四弟

澄弟左右：

澄弟营中久无战事。金陵之贼，亦无粮尽确耗。杭州之贼目陈炳文闻有投诚之信，克复当在目前。天气阴雨作寒，景象亦不甚佳。吾在兵间日久，实愿早灭此寇，俾斯民稍留孑遗。而睹此消息，竟未知何日息兵也。

纪泽兄弟及王甥、罗婿读书均属有恒。家中诸侄近日勤奋否？弟之勤为诸兄弟之最，俭字功夫，日来稍有长进否？诸侄不知俭约者，弟常常训责之否？

（同治三年三月初四日）

致四弟九弟

澄、沅两弟左右：

腊月初六接沅弟来信，知已平安到家，慰幸无已。

少荃于初六日起行，已抵苏州。余于十四日入闱写榜，是夜二更发榜，正榜二百七十三，副榜四十八。闱墨极好，为三十年来所未有。韫斋先生与副主考亦极得意，士子欢欣传诵。韫师定于二十六日起程，平景孙编修奏请便道回浙。此间公私送程仪约各三千有奇。各营挑浚秦淮河，已浚十分之六，约年内可以竣事。

澄弟所功大臣大儒致身之道，敬悉敬悉。惟目下精神实不如从前耳。

《鸣原堂论文钞》《东坡万言书》，弟阅之如尚有不能解者，宜写信来问。弟每次问几条，余每次批几条，兄弟论文于三千里外，亦不减对床风雨之乐。弟以不能文为此身缺憾，宜趁此家居时，苦学二三年，不可抛荒片刻也。

（同治三年十二月十六日）

致九弟

沅弟左右：

弟信言寄文每月以六篇为率，余意每月三次，每次未满千字者则二篇，千字以上者则止一篇。选文之法，古人选三之二，本朝人选三之一，不知果当弟意否？

弟此时讲求奏议尚不为迟，不必过于懊悔。天下督抚二十余人，其奏疏有过弟者，有鲁卫者，有不及弟者。弟此时用功不求太猛，但求有恒。以吾弟攻金陵之苦力，用之他事，又何事术可为乎？

（同治四年正月廿四日）

致四弟九弟

澄、沅弟左右：

纪瑞侄得取县案首，喜慰无已。吾不望代代得富贵，但愿代代有秀才。秀才者，读书之种子也，世家之招牌也，礼义之旗帜也。谆嘱瑞侄从此奋勉加功，为人与为学并进，切戒"骄奢"二字，则家中风气日厚，而诸子侄争相濯磨矣。

吾自受督办山东军务之命，初九、十三日两摺皆已寄弟阅看。兹将两次批谕钞阅。吾于廿五日起行登舟，在河下停泊三日，待遣回之十五营一概开行，带去之六营一概拔队，然后解维长行。茂堂不愿久在北路，拟至徐州度暑，九月间，准茂堂还湘。勇丁有不愿留徐者，亦听随茂堂归。总使吉中全军人人荣归，可去可来，无半句闲话惹人谈论，沅弟千万放心。

余舌尖蹇涩，不能多说话，诸事不甚耐烦，幸饮食如常耳。沅弟湿毒未减，悬系之致。药物断难收效，总以能养能睡为妙。

（同治四年五月廿五日）

致诸弟

诸位贤弟足下：

十月廿一接九弟在长沙所发信，内途中日记六页，外药子一包。廿二接九月初二日家信，欣悉以慰。

自九弟出京后，余无日不忧虑，诚恐道路变故多端，难以臆揣。及读来书，果不出吾所料。千辛万苦，始得到家。幸哉幸哉！郑伴之不足恃，余早已知之矣。郁滋堂如此之好，余实不胜感激。在长沙时，曾未道及彭山屺，何也？

四弟来信甚详，其发愤自励之志，溢于行间。然必欲找馆出外，此何意也？不过谓家塾离家太近，容易耽搁，不如出外较净耳。然出外从师，则无甚耽搁；若出外教书，其耽搁更甚于家塾矣。且苟能发奋自立，则家塾可读书，即旷野之地、热闹之场亦可读书，负薪牧豕，皆可读书；苟不能发奋自立，则家塾不宜读书，即清净之乡、神仙之境皆不能读书。何必择地？何必择时？但自问立志之真不真耳！六弟自怨数奇，余亦深以为然。然屈于小试辄发牢骚，吾窃笑其志之小，而所忧之不大也。君子之立志也，有民胞物与之量，有内圣外王之业，而后不忝于父母之所生，不愧为天地之完人。故其为忧也，以不如舜不如周公为忧也，以德不修学不讲为忧也。是故顽民梗化则忧之，蛮夷猾夏则忧之，小人在位贤人否闭则忧之，匹夫匹妇不被己泽则忧之，所谓悲天命而悯人穷。此君子之所忧也。若夫一体之屈伸，一家之饥饱，世俗之荣辱得失、贵贱毁誉，君子固不暇忧及此也。六弟屈于小试，自称数奇，余窃笑其所忧之不大也。

盖人不读书则已，亦即自名曰读书人，则必从事于《大学》。《大学》之纲领有三：明德、新民、止至善，皆我份内事也。若读书不能体贴到身上去，此致知之事也。所谓此三项与我身毫不相涉，则读书何用？虽使能文能诗，博雅自诩，亦只算得识字之牧猪奴耳！岂得谓之明理有用之人也？朝廷以制艺取士，亦谓其能代圣贤立言，必能明圣贤之理，行圣贤之行，可以居官莅民、整躬率物也。若以明德、新民为分外事，则虽能文能诗，而于修己治人之道实茫然不讲，朝廷用此等人做官，与用牧猪奴做官何以异哉？然则既自名为读书人，则《大学》之纲领，皆已立身切要之事明矣。其修目有八，自我观之，其致功之处，则仅二者而已：曰格物，曰诚意。格物，致知之事也；诚意，力行之事也。物者何？即所谓本末之物也。身、心、意、知、家、国、天下皆物也，天地万物皆物也，日用常行之事皆物也。格者，即格物而穷其理也。如事亲定省，物也；究其所以当定省之理，即格物也。事兄随

行，物也；究其所以当随行之理，即格物也。吾心，物也；究其存心之理，又博究其省察涵养以存心之理，即格物也。吾身，物也；究其敬身之理，又博究其立齐坐尸以敬身之理，即格物也。每日所看之书，句句皆物也。切己察，穷究其理，即格物也。谓诚意者，即其所知而力行之，是不欺也。知一句便行一句，此力行之事也。此二者并进，下学在此，上达亦在此。吾友吴竹如格物功夫颇深，一事一物，皆求其理。倭艮峰先生则诚意功夫极严，每日有日课册，一日之中，一念之差、一事之失、一言一默皆笔之于书，书皆楷字，三月则订一本，自乙未年起，今三十本矣。盖其慎独之严，虽妄念偶动，必即时克治，而著之于书。故所读之书，句句皆切身之要药。兹将艮峰先生日课抄三页付归与诸弟看。余自十月初一日起亦照艮峰样，每日一念一事皆写之于册，以便触目克治，亦写楷书。冯树堂与余同日记起，亦有日课册。树堂极为虚心，爱我如兄弟，敬我如师，将来必有所成。余向来有无恒之弊，自此写日课本子起，可保终身有恒矣。盖明师益友，重重夹持，能进不能退也。本欲抄余日课册付诸弟阅，因今日镜海先生来要将本子带回去，故不及抄。十一月有摺差准抄几页付回也。余之益友，如倭艮峰之瑟僩令人对之肃然。吴竹如、窦兰泉之精义，一言一事，必求至是。吴子序、邵蕙西之谈经，深思明辨。何子贞之谈字，其精妙处无一不合，其谈诗尤最符契。子贞深喜吾诗，故吾自十月来，已作诗十八首，兹抄二页付回与诸弟阅。冯树堂、陈岱云之立志，汲汲不遑，亦良友也。镜海先生吾虽未尝执贽请业，而心已师之矣。吾每作书与诸弟，不觉其言之长，想诸弟或厌烦难看矣，然诸弟苟有长信于我，我实乐之，如获至宝，人固各有性情也。余自十月初一日起记日课，念念欲改过自新。思从前与小珊有隙，实是一朝之忿，不近人情，即欲登门谢罪，恰好初九日小珊来拜寿，是夜余即至小珊家久谈。十三日与岱云合伙请小珊吃饭。从此欢笑如初，前隙尽释矣。近事大略如此，容再续书。兄国藩手具。

（道光二十二年十月二十六日）

致九弟

沅浦九弟左右：

十二月正七、有十归，接弟信，备悉一切。

定湘营既至三曲滩，其营官成章鉴亦武弁中之不可多得者，弟可与之款接。

来书谓意趣不在此，则兴会索然。此却大不可，凡人作一事，便须全副精神注在此一事。首尾不懈，不可见异思迁，做这样想那样，坐这山望那山。人而无恒，终身一无所成。我生平坐犯无恒的弊病，实在受害不少。当翰林时，应留心诗字，则好涉猎它书，以纷其志。读性理书时，则杂以诗文各集，以歧其趋。在六部时，又不甚实力讲求公事。在外带兵，又不能竭力专治军事，或读书写字的以乱其志意。坐是垂老而百无一成。即水军一事，亦掘井九仞而不及泉，弟当以为鉴戒。现在带勇，即埋头尽力以求带勇之法，早夜孳孳，日所思，夜所梦，舍带勇以外则一概不管。不可又想读书，又想中举，又想作州县，纷纷扰扰，千头万绪，将来又蹈我之覆辙，百无一成，悔之晚矣。

带勇之法，以体察人才为第一，整顿营规、讲求战守次之。《得胜歌》中各条，一一皆宜讲求。至于口粮一事，不宜过于忧虑，不可时常发禀。弟营既得楚局每月六千，又得江局每月二三千，便是极好境遇。李希庵十二来家，言迪庵意欲帮弟饷万金。又余有浙盐赢余万五千两在江省，昨盐局专丁前来禀询，余嘱其解交藩库充饷。将来此款或可酌解弟营，但弟不宜指请耳。饷项既不劳心，全副精神讲求前者数事，行有余力，则联络各营，款接绅士。身体虽弱，却不宜过于爱惜，精神愈用则愈出，阳气愈提则愈盛。每日作事愈多，则夜间临困愈快活。若存一爱惜精神的意思，将前将却，奄奄无气，绝难成事。凡此皆因弟兴会索然之言而切戒之者也。弟宜以李迪庵为法，不慌不忙，盈科后进，到八九个月后，必有一番回甘滋味出来。余生平坐无恒流弊极大，今老矣，不能不教诫吾弟吾子。

邓先生品学极好，甲三八股文有长进，亦山先生亦请邓改文。亦山教书严肃，学生甚为畏惮。吾家戏言戏动积习，明年当与两先生尽改之。

镇江、瓜洲同日克复，金陵指日可克。厚庵放闽中提督，已赴金陵会剿，准其专摺奏事。九江亦即日可复。大约军事在吉安、抚、建等府结局，贤弟勉之。吾为其始，弟善其终，实有厚望。若稍参以客气，将以侗志，则不能为我争气也。营中哨队诸人气尚完固否？下次祈书及。

（咸丰七年十二月十四日）

致诸弟

四位老弟足下：

自七月发信后，未接诸弟信，乡间寄信较省城寄信百倍之难，故余亦不望。

然九弟前信有意与刘霞仙同伴读书，此意甚佳。霞仙近来读朱子书大有所见，不知其言语容止、规模气象何如？若果言动有礼，威仪可则，则直以为师可也，岂特友之哉！然与之同居，亦须真能取益乃佳，无徒浮慕虚名。人苟能自立志，则圣贤豪杰何事不可为，何必借助于人！我欲仁，斯仁至矣。我欲为孔、孟，则日夜孜孜，惟孔、孟之是学，人谁得而御我哉！若自己不立志，则虽日与尧、舜、禹、汤同住，亦彼自彼，我自我矣，何与于我哉！去年温甫欲读书省城，吾以为离却家门龊促之地而与省城诸胜己者处，其长进当不可限量。乃两年以来看书亦不甚多，至于诗文，则绝无长进，是不得归咎于地方之龊龊也。去年余为择师丁君叙忠，后以丁君处太远，不能从，余意中遂无他师可从。今年弟自择罗罗山改文，而嗣后杳无消息，是又不得归咎于无良友也。日月逝矣，再过数年则满三十，不能不趁三十以前立志猛进也。

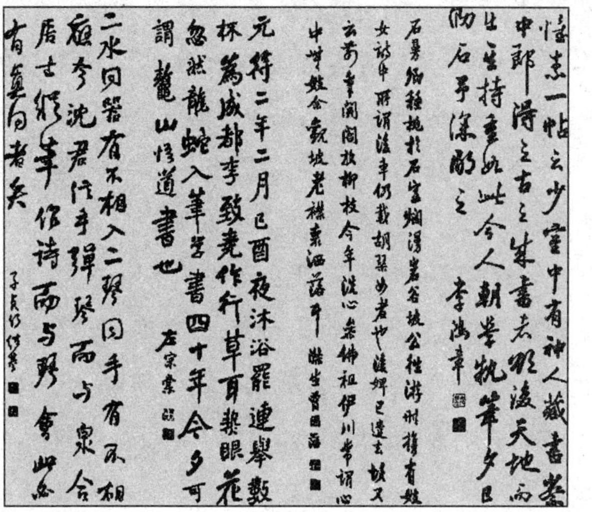

余受父教，而余不能教弟成名，此余所深愧者。他人与余交，多有受余益者，而独诸弟不能受余之益，此又余所深恨者也。今寄霞仙信一封，诸弟可抄存信稿而细玩之。此余数年来学思之力，略具大端。

六弟前嘱余将所作诗抄录寄回。余往年皆未存稿，近年存稿者不过百余首耳，实无暇抄定，待明年将全本付回可也。国藩草。

（道光二十四年九月十九日）

曾国藩给诸弟书

九弟来书，楷法佳妙，余爱之不忍释手。起笔收笔皆藏锋，无一笔撒手乱丢，所谓“有往皆复”也。想与陈季牧讲究，彼此各有心得，可喜！可喜！然吾所教尔者尚有二事焉：一曰换笔。古人每笔中间，心为一换，如绳索然，第一股在上，一换则第二股在上。再换则第三股在上也，笔尖之著纸者，仅少许耳。此少许者，吾当作四方铁笔，用起处，东方在左,西方向右,一换则东方向右矣。笔尖无所谓方也,我心中常觉其方,一换而东,再换而北,三换而西,则笔尖四面有锋,不仅一面相向矣。二曰结字有法。结字之法无穷,但求胸有成竹耳。六弟之信,文笔拗而劲,九弟文笔婉而达,将来皆必有成;但目下不知各看何书,万不可徒看故墨卷,汩没性灵。每日习字不必多,作百字可耳。读背诵之书不必多,十页可耳。看涉猎之书不必多,亦十页可耳。但一部未完,不可换他部,此万万不易之道,阿兄数千里外教尔,仅此一语耳。罗罗山兄,读书明大义,极所钦仰,惜不能会面畅谈。余近来读书无所得,酬应之繁日不暇给,实实可厌。惟古文各体诗,自觉有进境,将来此事当有成就,恨当世无韩愈、王安石一流人与我相质证耳。贤弟亦宜趁此时学为诗古文,无论是否,且试拈笔为之。及今不作,将来长愈怕丑而不为矣。每月六课,不必其定作时文也,古文诗赋四六,无所不作。行之有常,将来百川分流,同归于海,则通一艺即通众艺,通于艺即通于道,初不分而二之也。此论虽太高,然不能不为诸弟言之,使知大本大原,则心有定向,而不知数摇摇无着。虽当其应试之时,全无得失之见乱其意中,即其用力举业之时,亦于正业不相妨碍。诸弟试静心领略,亦可徐徐会悟也。

外附录"五箴"一首,"养身要言"一纸,"求缺斋课程"一纸。诗文不暇录,惟谅之!

五箴并序

少不自立,荏苒遂洎今兹。盖古人学成之年,而吾碌碌尚如斯也,不其戚矣!继是以往,人事日纷,德慧日损,下流之赴,抑又可知。夫疢疾所以益智,逸豫所以亡身。仆以中材而履安顺,将欲刻苦而自振拔,谅哉其难之与!作"五箴"以自创云。

立志箴

煌煌先哲,彼不犹人?藐焉小子,亦父母之身。聪明福禄,予吾者厚哉!弃天而佚,是及凶灾。积悔累千,其终也已。往者不可追,请从今始:荷道以躬,舆之以言,一息尚活,永矢勿谖!

有恒箴

自吾识字,百历洎兹。二十有八载,则无一知。曩之所忻,阅时而鄙。故者既抛,新者旋徙。德业之不常，日为物牵：尔之再食，曾未闻或愆。黍黍之增，久乃盈斗；天君司命，敢告马走。

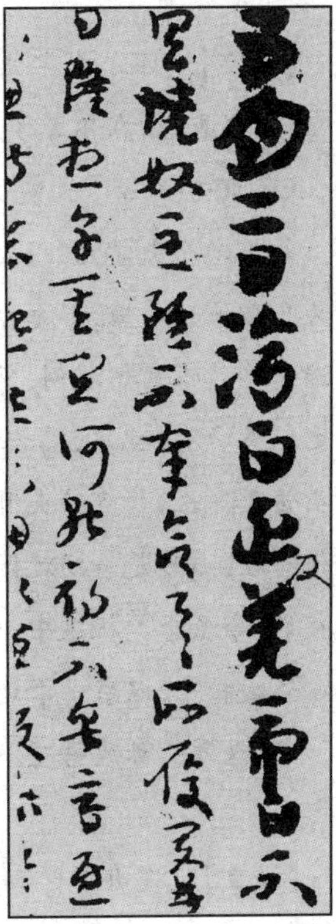

求缺斋课程

读熟读书十页

看应看书十页

习字一百　　诗经

教息百八　　史记

记过隙影（即日记）　　明史

记茶余偶谈（一则）　　屈子

右每日课　　庄子

逢三日写回信　　杜诗

逢八日作诗古文一艺　　韩文

右月课　　应看书

熟读书　　不具戴

易经

彭玉麟谕玉孙

连接两书，具论事理甚透辟，胸怀颇宽舒，心志颇谨慎，以后还须于静字功夫上著力。大程夫子，是三代以下人，能跻圣贤之域者，无他，只是静字功夫足。能静则心志不烦，省身处能自窥所病，见理处能剖析毫末而不惑。其省身不密，见理不明，类多浮躁轻狂，虽有偏见，溺焉既深，忠告者辄逆耳矣。尔能静，则神明如日之升，业必有大进者矣。

为学之道，须克己，尽心养性，保全天之所以赋于我者。黾勉求之，事半功倍，切不可轻率评讥古人。尝见朋侪中有恃才傲物者，动辄以人不如己而骄恣，到底潦倒一生，没齿而无闻。其讲理学者，动好评贬汉士，其讲汉学者，动好评贬宋儒。自识者观之，彼其所造，曾元几何？故吾人力学，当除傲气，当戒自满，庶几有进步。于古人书，一一虚心涵咏，而不妄加评骘，则沽名钓誉之念可以息，徇外为人之私可以消。

王守仁赣州书示四侄正思书

【原文】近闻尔曹学业有进,有司考校,获居前列,吾闻之喜而不寐。此是家门好消息,继吾书香者,在尔辈矣。勉之,勉之!吾非徒望尔辈但取青紫,荣身肥家,如世俗所尚,以夸市井小儿。尔辈须以仁礼存心,以孝悌为本,以圣贤自期,务在光前裕后,斯可矣。吾惟幼而失学无行,无师友之助,迨今中年,未有所成。尔辈当鉴吾既往,及时勉励,毋又自贻他日之悔,如吾今日也。习俗移人,如油渍面,虽贤者不克,况尔曹初学小子能无溺乎?然惟痛惩深创,乃为善变。昔人云:"脱去凡近,以游高明。"此言良足以警,小子识之!吾尝有《立志说》与尔十叔,尔辈可从抄录一通,置之几间,时一省览,亦足以发。方虽传于庸医,药可疗夫真病。尔曹勿谓尔伯父只寻常人尔,其言未必足法;又勿谓其言虽似有理,亦只是一场迂阔之谈,非吾辈急务;苟如是,吾末如之何矣!读书讲学,此最吾所宿好,今虽干戈扰攘中,四方有来学者,吾亦未尝拒之,所恨牢落尘网,未能脱身而归。今幸盗贼稍平,以塞责求退,归卧林间,携尔曹朝夕切磋砥砺,吾何乐如之!偶便先示尔等,尔等勉焉!毋虚吾望。正德丁丑四月三十日。

——《王阳明全集》

【译文】近来听说你们的学业有所进步,主考官去考试时,你们取得前几名的成绩,我听说后高兴得睡不着觉,这是我们家里的好消息。继承我读书家风的,就在你们后辈人了。努力啊,要继续努力!我并非只希望你们取得高官显爵,使自身荣耀,使家庭得福,像流俗所崇尚的那样,用以向市街上的一般青少年去夸耀。你们必须把仁爱、礼仪放在心上,讲究道德和礼节,以孝敬父母、友爱兄弟为根本,把以前的圣贤作为自己的目标,务必为前代增光,为后代造福,这样就可以了。我幼年时没有学习,行为不好,没有得到老师和朋友的帮助,如今人到中年,也没有什么成就;你们应当以我的过去为镜子,对照一下自己,要及时努力,不能再给自己留下将来的后悔,就像我今日后悔莫及一样啊!风俗习惯改变人的性情。就像食油浸渍面粉,虽是有德才的人,也在所难免,你们这些初学的后生能免于渍染吗?可是,如果狠狠地惩治自己所受的恶劣影响,也是可以变好的。前世理学家谢良佐曾说:"远离凡庸浅薄之人,同高明之人交往。"这话可以让人警悟,后生们记住它吧!

我曾有一篇《示弟立志说》的短文,是写给你们十叔的,你们可以抄录一份,放在桌边,时常看望一下,也足以受到启发。药方虽传给不高明的医生,药剂却可以治疗那真病，你们不要说你的伯父只是一个平常的人，他的话不一定值得效法；也不要说他的话虽然好像有道理，也只不过是一些迂远而不合实际的谈论，不是我们的当务之急，如果这样，我就不知道该怎么办了！读书讲学，这是我一向所最爱好的，现在虽然处于战乱之中，但四面八方凡是来学习的人，我也不曾拒绝过人家，所恨的是对尘世无所寄托，却又不能脱身回去。现在所幸的是盗贼稍为平息，用搪塞责任的办法来求得退休，好到山林里隐居，领着你们早晚学习和研究学问，磨炼品德和节操，我还有什么比这样更快乐的呢！我用这个偶然的机会告诉你们，你们要努力啊！不要让我的希望落空。正德十二年四月三十日。

元稹诲侄等书

【原文】吾谪窜方始，见汝未期，粗以所怀，贻诲于汝。汝等心志未立，冠岁行登。古人讥十九童心，能不自惧？吾不能远谕他人，汝独不见吾兄之奉家法乎？吾家世俭贫，先人遗训常恐置产怠子孙，故家无樵苏之地，尔所详也。吾窃见吾兄自二十年来，以下士之禄持窘绝之家，其间半是乞丐羁游以相给足，然而吾生三十二年矣，知衣食之所自始。东都耿御史时，吾常自思：尚不省受吾兄正色之训，而况于鞭笞诘责乎！呜呼！吾所以幸而为兄者，则汝等又幸而为父矣！有父如此，尚不足为汝师乎？吾尚有血诚将告于汝：吾幼乏歧嶷，十岁知文，严毅之训不闻，师友之资尽废，忆得初读书时，感慈旨一言之叹，遂志于学。是时尚在凤翔，每借书于齐仓曹家，徒步执卷就陆姊夫师授，栖栖勤勤。其始也如此，至年十五，得明经及第，因捧先人旧书于西窗下，钻仰沉吟，仅于不窥园井矣。如是者十年，然后粗沾一命，粗成一名，及今思之，上不能及乌鸟之报复，下未能减亲戚之饥寒，抱衅终身，偷活今日。故李密云："生愿为人兄，得奉养之日长。"吾每念此言，无罩雨涕。汝等又见吾自御史来，效职无避祸之心，临事有致命之志，尚知之乎？吾此意，虽吾兄弟未忍及此。盖以往岁忝职谏官，不忍小见，妄干朝听，谪弃河南，泣血西归，生死无告，幸余命不殒，重戴冠缨，常誓效死君前，扬名后代，殁有以谢先人于地下耳。呜呼！及其时而不思，既思之而不及，尚何言哉！今汝等父母天地，兄弟成行，不于此时佩服诗书以求荣达，其为人耶？其曰人耶？吾又以吾兄所识易涉悔尤。汝等出入游从亦宜切慎，吾诚不宜言及于此。吾生长京城，朋从不少，然而未尝识倡优之门，不曾于喧哗纵观，汝信之乎？吾终鲜姊妹，陆氏诸生，念之倍汝，小婢子等既抱吾殁身之恨，未有吾克己之诚，日夜思之，若忘生次。汝因便录吾此书寄之，庶其自发，千万努力，无弃斯须。

【译文】我被贬官外调刚刚开始，不知何时能见到你们，现将粗略所想到的，给你们留作教导。你们至今还没确立志向，可都快到二十岁的成年男子汉了。古人曾讥笑鲁昭公，已经十九岁了还有爱好嬉戏的顽童之心，你们怎能不因此恐惧？我不能远说别人，你们难道不见我兄长是怎样遵行家法的吗？我们家世代都很贫困节俭，前辈传下遗训，常怕置办家业会使子孙后代懒惰，所以家里连打柴取草的土地也没有，这是你们所详细了解的。我私下看到我哥二十年来，以最低的俸禄来维持困苦之极的家庭生活，其中有一半时间不得不外出奔波乞求以补不足，但是，我已经三十二岁了，知道衣食的来源不易。我奉命回到东都洛阳任监察御史的时候，常常自想：还不懂得接受兄长严肃面色的教训，何况鞭打斥责呢！哎呀！我所以幸运地为了兄长的，就是你们又幸运地为了父亲了！有这样好的父亲，还不足以做你们的师表吗？

我还有发自内心深处的诚意要告诉你们：我幼年很少有聪明见识，十岁时才略知文学，父亲严厉刚毅的训导不得听到，师友的帮助一概没有，回想开始读书的时候，母亲的一句话令我感叹，于是就立志于学业。那时还在陕西凤翔县，我常到郡刺史的粮草官齐家去借书，拿着书走到陆姊夫处受教，辛勤而忙碌。开始时就是这样，到了十五岁，明经考试中选，于是在西窗下拿着先辈的旧书，深入钻研和思考，只是专心苦学，从不外出。这样又过了十年，之后才勉强做了一名小官，并略有一点名气。现在想来，上未来得及奉养父母，以报反哺之恩，下不能减免亲戚的饥寒之苦，负罪终身，遗憾一生，苟活偷生，以至今日。晋人李密曾说："生愿为人兄，得奉养之日长。"我每想到这句话，没有不泪如雨下的。你们还看到我自任监察御史以来，效命职守而从无避祸的思想，遇到大事便有献出生命的决心，你们知道吗？我这意思，即使我们弟兄间也不忍谈到此事。因为往年愧任谏官之职，不忍非正式朝见，胡乱干预朝廷的听闻，因而在河南东都洛阳被贬官，悲泣着向西归去，生死都很难说。侥幸我命不该死，重新担任了官职，因此常自发誓尽死效力于朝廷，扬名于后代，死后就可以不愧对前辈于地下了。咳！到那时候却没有思虑，已经考虑了，却没有想得周全，还有什么话可说的呢！而今你们的父母都健在，兄弟成群，不在这时候牢牢掌握诗书以求位高显达，怎么做人呢？又怎么说是人呢？

我认为我哥的见识容易出差错。你们与人交往应该谨慎，我实在不该说到这件事情。我生长在京城里，朋辈不少，但是不曾到倡优之处，没有在喧哗地方放眼观望过，你们相信吗？我也没有姐妹，陆家的各位后生，想来都超过你们一倍了。小婢子等既然心中存有我死后的恨事，又没有像我克制自己的诚意，所以便日夜思虑，好像忘记了生处。你就抄录我的这封书信寄发出去，希望你们能自己奋发起来，千万努力，不要抛弃片刻时间。

黄道周给侄子静书

子静：

汝读书，幸自爱！少年努力为圣贤，才得中人，如在中人下手，到底下流也。汝精神温秀，又有峰峦，不时看关、闽、濂、洛诸理学家言，自有入手；乃渐看汉、唐以下如张良、汲黯、董仲舒、刘向、第五伦、黄宪、管宁、诸葛亮、陶潜、王通、马周、韩愈、李泌、真德秀、韩琦、范仲淹、李沆、司马光、李纲、文天祥，此数人者，写其全传，出入袖中，久之，自然成人。如泛泛度日，常有醉饱之心，此朽木粪土，终不可道矣！

世人读书能做文章，只是无本领，虽做文章好，亦无用处。汝文竟犹未平达，而多有枝叶。须明明白白，不悖圣贤，乃可言文章。吾今岁决归，归时看汝袖中可有何书，写曾写不写，曾读不读；虽不读文章，可知矣。作子弟、茂才，须十分谦谨，石×所谓“马无五尾，终常谴死”也。穷秀才自家担荷，汝一主一仆，量为过矣。即多一个，吾亦不怪，奈何以此开众人之口乎？

左宗棠给侄癸叟书

癸叟侄览之：

郭意翁来，询悉二十四日嘉礼告成，凡百顺吉，我为欣然。尔今已冠且授室矣，当立志学作好人，苦心读书，以荷世业。吾与尔父渐老矣，尔于诸子中年稍长，姿性近于善良，故我之望尔成立尤切。为家门计，亦所以为尔计也。尔其敬听之！

读书非为科名计，然非科名不能自养，则其为科名而读书，亦人情也。但既读圣贤书，必先求识字。所谓识字者，非仅如近世汉学云云也；识得一字，即行一字，方是善学。终日读书，而所行不逮一村农野夫，乃能言之鹦鹉耳！纵能掇巍科，跻通显，于世何益？于家何益？非惟无益，且有害也！冯钝吟云：“子弟得一文人，不如得一长者，得一贵仕，不如得一良农。文人得一时之浮名，长者培数世之元气；贵仕不及三世，良农可及百年。务实学之君子，必敦实行。”此等字识得数个足矣。科名亦有定数，能文章者得之，不能文章者亦得之；有道德者得之，无行谊者亦得之。均可得也，则盍期蓄道德而能文章乎？此志当立。尔气质颇近于温良，此可爱也。然丈夫事业，非刚莫济；所谓刚者，非气矜之谓，色厉之谓，任人所不能任，为人所不能为。志向一定，并力赴之，无少夹杂，无稍游移，必有所就。以柔德而成者，吾见罕矣。盍勉诸！

家世寒素，科名不过乡举，生产不及一顷；故子弟多朴、拙之风，少华靡佻达之习。世泽之赖以稍存者也。近颇连姻官族，数年以后，所往来者，恐多贵游气习。子弟脚跟不定，往往欣厌失所，外诱乘之矣。惟能真读书，则趋向正，识力定；可无忧耳。盍慎诸！一国有一国之习气，一乡有一乡之习气？一家有一家之习气。有可法者，有足为戒者。心识其是非，而去其疵以成其醇，则为一国一乡之善士，一家不可少之人矣。

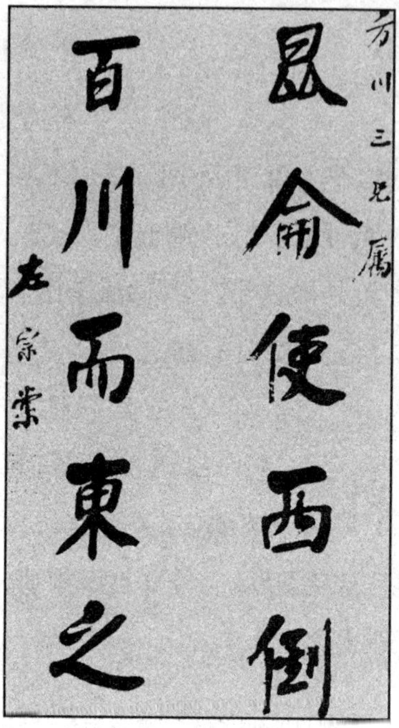

家庭之间，以和顺为贵，严急烦细者，肃杀之气，非长养气也。和而有节，顺而不失其贞，其庶乎！用财有道，自奉宁过于俭，待人宁过于厚，寻常酬应，则酌于施报可也。济人之道，先其亲者，后其疏者；先其急者，次其缓者。待工作力役之人宜从厚，偿其劳，悯其微也。广惠之道，亦远怨之道也。

人生读书得力，只有数年。十六以前，知识未开，二十五六以后，人事渐杂，此数年中放过，则无成矣。勉之！

陈弘谋给四侄钟灿书

在京在途，一有刻闲，便当看书。古人游处皆学，不过为能收放心耳。骄傲奢侈，一点不能沾染。即会客说话，固须周旋，然不可套语太多，多则涉于油滑而不真矣。

彭玉麟致弟书

帖括为进身之阶，吾深耻之，第以承堂上欢，求禄所以养亲也，竟优为之。今吾得之矣，当求为人之学，决不愿再扶墙摩壁，役役于考卷截搭小题之中。弟素英俊，能绍叔之箕裘，文气近乃清爽异常，诗亦稳妥。但词句中间有平沓不超脱，为文家所忌者，宜痛改之。云读史迁文，日有心得，可贺，可贺。盖史迁叙事，纵横捭阖，奔放峥嵘，各极其妙。愿弟勿以一知半解，沾沾然自喜，当领悟文中奥旨，务使神与体会，则他日下笔，气势充畅，才情横溢，有如火如荼之概，成就可期。切不可安于庸鄙，排剔敷衍，专求媚世炫俗，腼颜于吊渡映带之间，以考卷误终身如兄也哉。蛰蛟前亦泥余改小考文，兄实怏怏。总之吾所望于族中子弟，当务其大者远者，毋徒汲汲于进学以自慰。文章不朽，传之名山者多矣，闱墨试帖，趋时之技艺，必固求之，抑末矣。

余前遇曾帅，尝语用功譬若掘井，与其多掘数井，而皆不及泉，何若老守一井，力求及泉而用之不竭乎？吾弟之病，病在掘井太多，而皆不及泉。此后勿求博杂，当求专一。况读书之道，只有两件事：一为进德，一为修业。进德以诚正修齐为归宿，修业以谋生自卫为正鹄。农人竭耕耘之勤，虽岁荒必有所获；商贾尽运输之谋，虽积滞必有所通。士果能黾勉其所学，何患不食禄于朝，教授于乡哉！所患者，但冀丰年，而不知稼穑之苦；但冀居奇，而不知贸迁之理。是与士之尸位素餐而无实学者何以异？是以学戒旁骛，学戒虚伪，吾弟知之。务必打起精神，专攻一经，专治一学，随时随地，以艺多不养身自勉，以曾帅“掘井太多”为炯戒，则事无不成矣。

彭玉麟致蛰蛟弟

闻钊侄今春入泮，大佳。犹忆数年前，同乡罗子俊，与钊侄同读。当时钊侄嶷然露头角，老辈先生交口称誉。子俊见誉不及己，背后出丑语。此人至今，尚未青一衿，究竟恃才傲物是大忌，可嘱钊侄得勿自满。帖括外，当一志从事于前辈大家之文。科名尚不及文章，文章不朽，传之久而学之难，则当有恒。婺源注双池先生，卒成本朝有数名儒，亦不过有恒立志而已。况侄辈有良师可问难，有益友可规摹，读书无成，愧对婺源矣。

冯源给弟书

学者有志，则世务不亲，滓浊不生，清虚弥来，鼎开丹熟，定当有会。读书之事，名实各殊，总之天瞒不过耳。无苦心而天以为苦，无积学而天以为积，必无之理。就此作德作伪时，己将后来识破矣。三弟为先人之少子，为两兄之爱弟，率子侄攻苦，弟之责也。秀才出名，便是不中消息。人定胜天，理殊可信，名贤之助，万不可缺。交游之事，万不可涉。每见为名士时，结纳声气，赠答云合，比升沉分径，至亲疏绝之矣，言之令人慨叹。毋言假意气的是祸根，勿言挥霍的贫苗，勿言豪杰的狱论音耗。汝兄以清慎名斋，非祈有益，只求平常清和无事之人足矣。愚兄老矣，吾弟勖之。

姚鼐给从侄孙伯昂书

其　一

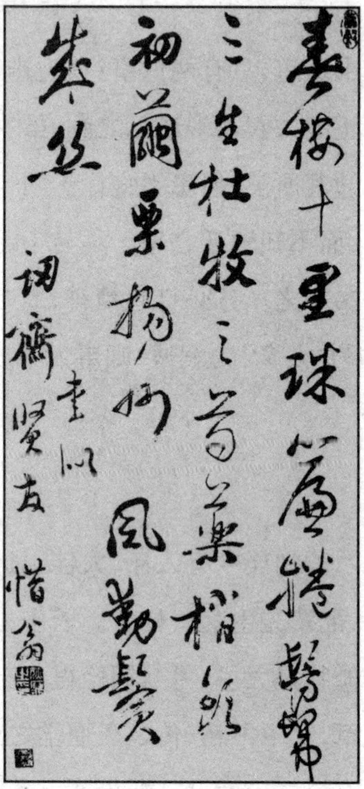

书至，具悉近祉。承以对联见寄，八分殊妙。吾见未能楷书学八分者终不佳，伯昂惟本善楷书，故进为八分，极有笔力也。

所作诗则不能佳。盖缘初入手即染邪气，不能洗脱；虽天分好处，偶亦发露，然亦希矣。必欲学此事，非取古大家正矩，潜心一番，不能有所成就。近体只用吾选本；其间各家门径不同，随其天资所近，先取一家之诗，熟读精思，必有所见。然后又及一家，知其所以异，又知其所以同。同者必归于雅正，不著纤毫俗气。起复转折，必有法度，不可苟且牵率，致不成章。至其神妙之境，又须于无意中忽然遇之，非可力探。然非功力之深，终身必不过此境也。古体，伯昂尤魔气，就其才所近，可先读阮亭所选古诗内昌黎诗读之；然后上诉子美，下及子瞻，庶不至如游骑之无归耳。

所跋《岐亭诗刻》，由尊已寄来一本。然吾书实不佳，伯昂誉之过矣。寄来“九经说”五部，望分送鲍双五一部：其余酌留，并待取者。

朝夕珍重！不具。

其　二

年想佳好。得十一月二十日书，知奉使诸事妥适，甚慰怀。闻今年大考在近，觊从此优擢，庶光门左矣。寄来“西平碑”甚佳，谢谢！族中事，向来办理颇不当人意，顷已归之五其，群心洽矣：但愚为此任怨耳。吴山尊所刻拙书尚未见，自嫌笔力软弱特甚，那可上石？雅意又欲继山尊所为，是重暴其短矣。

自朱石君先生阅文不辨佳恶，只要人用书，成一种钞撮之陋习，而夹带之病弥深。今须救其弊，必限以尽不用书，固亦不可；但当以笔意，识趣为主。若用书籍，则以贯穿《五经》《史》《汉》者为上；专用一书者，虽佳亦必斥。此所以防夹带也。衡文当又在即，故以斯告，想高识亦同此耶？

此数日间当又赴江宁，先作此书奉寄后，或再于钟山作寄书耳。

姚鼐给侄孙石甫书

其　　一

昨得汝秋间书，知汝父子在广平安。明岁馆想仍旧耶？吾近平安，然精神终是乏竭。八十老翁，辛苦执笔，以养一家之人，常苦不给，岂不可伤耶？

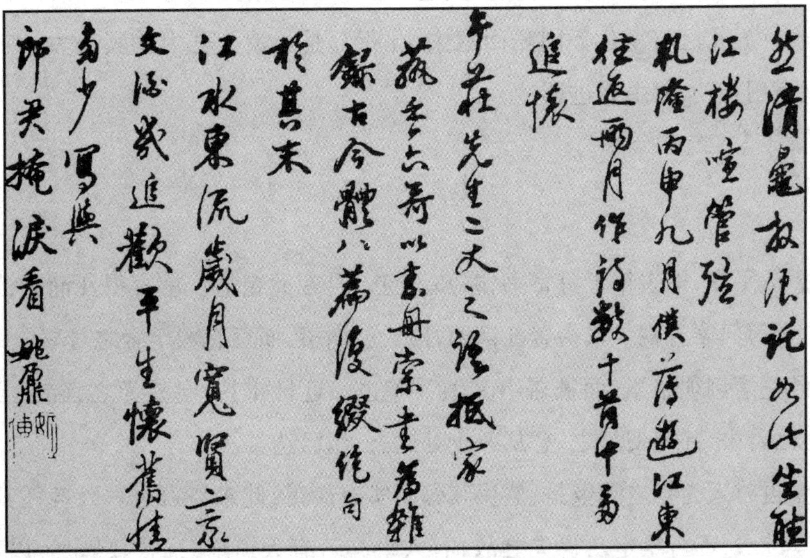

汝所论吾文字，大体得之。汝所自为诗文，但是写得出耳，精实则未。然此不可急求，深读久为，自有悟入。若只是如此，却只在寻常境界。夫道德之精微，而观圣人者不出动容周旋中礼之事；文章之精妙，不出字句声色之间，舍此便无可窥寻矣。

闻汝欲刻编修公诗，广州刻价稍易，得成最佳。其余所著散碎，非大为编辑，未易叙次，此非旦夕事矣。

吾今日连作数书，觉气耗。略报，余汝兄字详之。

其　二

作前书未发，得汝六月二十日从北寄来书，具悉近状。所言“近时诸公，于学问邪正之辨不明，所其品论，殊非公当。”诚然。吾昨得《凌仲子集》，阅之，其所论多谬，漫无可取；而当局者以私交入之儒林，此宁足以信后世哉？大家自当力为其所当为者，书成以待天下后民之公论，何必竞之于此一时哉？吾孤立于世，与今日所云汉学诸贤异趣。然近亦颇有知吾说之为是者矣。浑潦既尽，正流必显，此事理之必然者耳。至于文章之事，诸君亦未了解。凌仲子至以《文选》为文家之正派，其可笑如此。汝所寄较旧稍有进步，然不能大愈。大抵文章之妙，在驰骤中有顿挫，顿挫处有驰骤。若但有驰骤，即成剽滑，非真驰骤也。更精心于古人求之，当有悟处耳。

今科桐城中四举，而姚氏无一人，未知北榜何如耳。赵笛楼观察所求墓表，俟稍迟为之。吾衰敝，作文颇难，精神佳时，或复执笔耳。彦容觅馆不得，今只好为荐一徽比馆；然亦尚未得也。五儿已与复儿等同船同家去，此行真是孟浪。吾力劝其努力学宇，然彼天分既钝，又懒用苦功，何由大进耶？

其　三

新年想汝平安，得去年十月寄书，略知消息。吾在此粗适。彦容得江浦教读馆，岁修百四十金，今暂回家省觐。景衡署江都两月余，已谢事，而反有数千金之身累。

盖此邑兑漕例须赔累，而彼署事又值兵差也。近日州县，岂易为之官哉？笛偻太翁墓表，去冬已寄去，并有书复之，想从兼士处送去，当已达矣。

汝所论近时人为学之弊极是；然反其弊而实有所得，此未易言也。人各任其力量，功候成就大小纯驳，不可早定。得失之故，有人事亦若有天道焉，惟孜孜勉焉，以俟其至可耳。所选吾诗，大抵取正而不取变；然观人之才，须正变兼论之，得其真境乃善。夫文章之事，欲能开新境；专于正者，其境易穷，而佳处易为古人所掩。近人不知诗有正体，但读后人集，体格卑卑，务求新而入纤俗，斯固可憎厌；而守正不知变者，则亦不免于隘也。“登科记”文，著笔嫌其太重。凡作古文，须知古人用意，冲澹处忌浓重，譬如举万钧之鼎，如一鸿毛，乃文之佳境，有竭力之状，则入俗矣。大抵古文深入难于诗，故古今作者少于诗人。然又有能文而不能诗者，此亦自由天分耳。

刘明东闭户读书，今年决不出作馆，可谓有志。此间亦有一二欲读书人才，皆不逮明东；然亦视其后来究竟何如，今不能定也。

余须面见，乃得尽其详。兹略报，不具。

四、故事轶闻

李贺记诗

【原文】（李贺）每日旦出，骑弱马，从小奚奴，背古锦囊，遇所得，书投囊中，未始先立题然后为诗，如它人牵合程课者。及暮归，足成之，非大醉、吊丧日，率如此。过亦不甚省。母使婢探囊中，见所书多，即怒曰："是儿要呕出心乃已耳。"

——《新唐书·李贺传》

【译文】唐代诗人李贺，每天清晨外出，骑一匹瘦马，由书童跟着，背上一条古锦囊。当他心中偶有所得，就随手记下来投入囊中。李贺并不是先立题目后写诗，像其他人那样按写诗教程勉强凑合。到傍晚回家时，诗文已成。除非喝醉酒或者参加吊丧，每天都是如此。也不管所记的诗句是否太多，他的母亲让婢女检查古锦囊，见写得太多，便发脾气说："这孩子非要把心吐出来才肯罢休呢！"

文章诀窍

【原文】顷岁孙莘老识欧阳文忠公，尝乘间以文字问之，云："无它术，唯勤读书而多为之，自工。世人患作文字少，又懒读书，每一篇出即求过人，如此少有至者。疵病不必待人指摘，多作自能见之。"此公以其尝试者告人，故尤有味。

——《东坡志林·卷一》

【译文】近年，孙莘认识了欧阳修，曾经趁机向欧阳修讨教写文章的方法。欧阳修说："没有别的诀窍，只要勤奋读书并且多写，自然就会写好。现在的人文章写不好，问题就在于文章写得少，又懒得读书。但又想每篇文章写出来后就超过别人，像这种文章很少

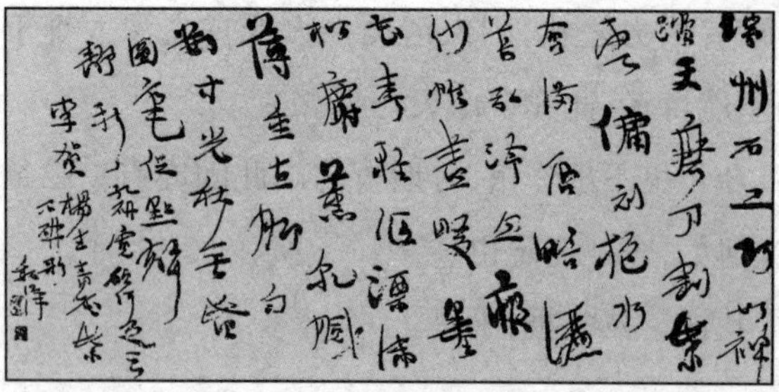

能有高水平的。文章的毛病其实不必要旁人来指正，自己多写自然就能发现问题。”这是欧阳修先生把自己的经验告诉别人，所以听后特别有滋味。

嚼莲写《字说》

【原文】王荆公作《字说》时，用意良苦，置石莲百话枚几案，咀嚼以运其思。遇尽未及益，即啮其指，至流血不觉。

——《宋人佚事汇编·卷十》

【译文】王安石写《字说》时，用心良苦，放了一百多颗莲子在桌子上，咀嚼莲子帮助思考。桌上的莲子已经嚼完了，还未及添加时，就咬自己的手指头，即使鲜血直流也不察觉。

树 叶 书

【原文】吾友天台陶君九成，避兵三吴间，有一廛，家于松南。作劳之暇，每以笔墨自随。时时辍耕，休乎树阴，抱膝而叹，鼓腹而歌。遇有肯綮，摘叶书之，贮一破盎；去则埋于树根，人莫测焉。如是者十载，遂累盎至十数。一日，尽发其藏，俾门人小子萃而录之，得凡若干条，共三十卷，题曰《南村辍耕录》。

——孙作《辍耕录叙》

【译文】我的朋友天台人陶九成，躲避兵乱到了三吴之间，逮了一所房屋，住在松南。在耕作空闲的时候，每每都带着笔墨下地。常常在停止耕作的时候，在树荫下休息，抱着膝盖叹息，拍着肚子唱歌。遇到重要的问题，就伸手摘下树叶，写在上面，然后贮藏在一个破瓮里；回家的时候，就把瓮埋在树根下面，人们都不知道这件事。像这样过了十年，写满字的树叶装满了几十瓮。有一天，他把所有的贮藏树叶的瓮挖出，让他的学生们把树叶聚集在一起，整理抄写，编成了一部三十卷的书，命名为《南村辍耕录》。

学习的艰难

【原文】余幼时即嗜学,家贫无从致书以观,每假借于藏书之家,手自笔录,计日以还,天大寒,砚冰坚,手指不可屈伸,弗之怠。录毕,走送之,不敢肖逾约,以是人多以书假余,余以得遍观群书。既加冠,益慕圣贤之道,又患无硕师、名人与游,尝趋百里外,从乡之先达,执经叩问。先达德隆望尊,门人、弟子填其室,未尝稍降辞色。余立侍左右,援疑质量,俯身倾耳以请。或是其叱咄,色愈恭,礼愈至,不敢出一言以复;俟其欣悦,则又请焉。故余虽愚,卒获有所闻。

当余之从师也,负箧曳屣,行深山巨谷中。穷冬烈风,大雪深数尺,虽肤皲裂而不知。至舍,四支僵劲不能动,媵人持汤沃灌,以衾拥覆,久而乃和。寓逆旅主人,日再食,无鲜肥滋味之享。同舍生皆被绮绣,戴朱缨宝饰之帽,腰白玉之环,左佩刀,右备容臭,煜然若神人。余则缊袍敝衣处其间,略无慕艳意,以中有足乐者,不知口体之奉不若人也。盖余之勤且艰若此。今虽耄老,未有所成,犹幸预君之过列,而承天子之宠光,缀公卿之后,日侍坐备顾问,四海亦谬称其氏名,况才之过于余者乎?

今诸生学于太学,县官日有廪稍之供,父母岁有裘葛之遗,无冻馁之患矣;有司业、博士为之师,未有问而不告,求而不得者也。凡所宜有之书,皆集于此,不必若余之手录,假诸人而后见也。其业有不精,德有不成者,非天质之卑,则心不若余之专耳,岂他人之过哉!

东阳马生君则,在太学已二年,流辈甚称其贤。余朝京师,生以乡人子谒余,撰长书以为贽,辞甚畅达;与之论辩,言和而色夷。自谓少时用心于学甚劳,是可谓善学者矣。其将归见其亲也,余故道为学之难以告之。谓余勉乡人以学者,余之志也;诋我夸际遇之盛,而骄乡人者,岂知余者哉!

——《宋学士文集·送东阳马生序》

【译文】我幼年时就非常喜欢学习,因为家里贫穷,没有办法买到书看,就常常向藏书的人家去借书读,亲手抄写,计算着约定的日子到了就归还。到了天大寒的时候,砚台里的墨结成坚硬的冰块,手指头不能弯曲伸展,也从不偷懒。抄完之后,跑着去送还人家,从不敢超过约定的限期,因此别人多半都愿意把书借给我,我就凭着这个读了各种各样的书。到了成年,我更加羡慕圣贤们讲的道理,但又担心没有大师来开导自己,不能和名人来往,所以曾经跑到百里以外,拿着经书向地方上有道德学问的前辈请教。前辈是德高望重的人，门人弟子挤满了他的屋子，他很严肃，从来没有露出一点客气。我毕恭毕敬地站在他左右侍候，向他提出问题，询问道理，弯下腰，侧着耳朵专心地请教。有时遭到他的斥责，我态度越发恭敬，礼节越发周到，不敢回答一句话。等到他高兴了，再向他请教问题。所以我虽然很愚笨，最终还是学得了知识，增长了见闻。

当我从师求教的时候，背着小书箱子，拖着鞋子，走在深山大谷之中。时值深冬，寒风猛烈，几尺深的大雪，即使皮肤冻裂了，也不觉得。到了旅店，四肢冻得僵硬不能动弹，婢女拿热水来洗，用被子围盖上，停了好久血脉才流通。居住在旅店房东家里，一天两顿饭，享用不到新鲜肥美佳肴的滋味。同舍的学生，都穿着绫罗绸缎，戴着有红缨子、宝玉装饰的帽子，腰间系着白玉环，左边佩着佩刀，右边带着香囊，光彩闪耀，像神人一样。而我则穿着粗麻制作的袍子，破旧的衣服，生活在他们中间，但我没有一点儿羡慕他们穿得富贵的心思，因为自己觉得有值得快乐的地方。所以不觉得衣食享受不如别人。我的勤奋艰苦就是这样了。现在我已经年老，没有什么成就，却幸运地处于官员的行列，蒙受皇帝的恩宠光泽，跟随在公卿的后面，整天陪坐做顾问，天下的人也称道我的姓名，惭愧啊！何况才能超过我的人呢？

如今你们这些学生在太学里读书，朝廷供给每天的伙食费用，父母给予每年冬夏的衣服，没有挨冻受饿的忧虑了。太学里有司业、博士做你们的老师，没有问而不答，寻而不得的了。凡是应该具有的书，都集中在太学里，不必像我那样亲手抄写，借之于人家然后才能看见了。你们在学业上不精通，在道德上没有成就，并不是天资的低下，而是心不像我那样专心致志罢了，这难道是他人的过错吗？

东阳县的学生马君则，在太学已经读了两年，同辈的人很是称道他的贤德。我在京师做官，马君则以同乡后辈的身份来拜见我，先写了一封长信作为见面礼，文辞非常畅达；我和他论辩问题，见他言辞平和稳妥，态度平易近人。他自己说从少年时就非常勤劳地在学习上用心，这可称得上善于学习的人了。现在他将要回家探望双亲，所以我把学习的艰难告诉他。如果说我是勉励同乡刻苦学习，这是我的心思；如果诋毁我说我是夸耀自己得到了皇帝的赏识和重用，而向同乡骄傲，那就是没人了解我了！

有田有书足矣

【原文】王冕，诸暨人。七八岁时，父命放牛陇上，窃入学舍，听诸生诵书；听已，辄默记。暮归，忘其牛。……父怒挞之，已而复如初。母曰："儿痴如此，曷不听其所为！"冕因去依僧寺以居。夜潜出，坐佛膝上，执策映长明灯读之，琅琅达旦。佛像多士偶，狞恶可怖；冕小儿，恬若不见。安阳韩性闻而异之，录为弟子，学遂为通儒。……著作郎李孝光欲荐之为府史，冕骂曰："吾有田可耕，有书可读，肯朝夕抱案立庭下，备奴使哉！"

——《宋学士文集·王冕传》

【译文】王冕，浙江诸暨人。七八岁时，父亲让他在田野里放牛，他偷偷地跑进了学堂，听学生们读书，听罢，就默默地记住了。晚上回家，竟然把他放的牛都忘记了……他父亲很气愤，用棍子打他。过了几天，他又和当初一样把放的牛都忘了。他母亲对他父亲说："孩子对读书入迷到这种地步，何不索性听任他去做呢！"王冕从此投奔到一个和尚庙里居住下来。他夜里偷偷地走进佛殿里，坐在佛像膝上，映着长明灯读书，高声朗读，直到天亮。佛殿里的佛像多半都是用泥土塑成，面目凶恶令人恐怖。王冕这个小孩子，却毫不在意，就像没看见一样。安阳有个学者叫韩性的，听说王冕这样专心读书，感到惊奇，便收留他做弟子，王冕从此经过学习，就成了博学多闻，通晓古今的人……著作郎李孝光想举荐他做官，王冕道："我有田地可以耕种，有书可以去读，难道肯从早到晚抱着案卷站在庭堂之下，供人驱使吗！"

三易之不厌

【原文】文徵明临写《千字文》，日以十本为率，书遂大进。平生于书，未尝苟且，或答人简札，少不当意，必再三易之不厌，故愈老而愈益精妙。

——《书林记事》

【译文】文徵明摹写《千字文》，每天以写十本为标准，久而久之，书法大有长进。他平生对写字，不曾马虎，有时回复别人书信，微微有不称心的地方，一定再三更改它，从不厌倦，所以他越到年老，书法越加精妙。

抄而焚而抄

【原文】溥幼嗜学，所读书必手抄，抄已朗读一过，即焚之，又抄，如是者六七始已。右手握管处，指掌成茧。冬日手皲，日沃汤数次。后名读书之斋曰"七录"。……溥诗文敏捷。四方征索者，不起草，对客挥毫，俄顷立就，故名高一时。

——《明史·张溥传》

【译文】张溥幼年时就爱学习，他所读的书，一定要亲手抄写，抄完了朗读一遍，就把它烧掉，然后再抄写，像这样抄写六七次才停笔。右手握笔的地方，指头手掌都磨成了茧子。冬天手冻裂了，每天几次用热水烫手。后来他把读书的屋子命名叫"七录"……张溥写诗文非常敏捷，四面八方的人来求他写诗文，他不起草稿，对着客人挥笔洒毫，一会儿就写成了，所以他的名声高于当时的人。

书非借不能读

【原文】黄生允修借书，随园主人授以书而告之曰：书非借不能读也。子不闻藏书者乎？七略、四库，天子之书，然天子读书者有几？汗牛塞屋，富贵家之书，然富贵人读书者有几？其他祖父积，子孙弃者，无论焉。……余幼好书，家贫难致，有张氏藏书甚富，往借，不予，归而形诸梦，其切如是。故有所览，辄省记。通籍后，俸去书来，落落大满；素蟫灰丝，时蒙卷轴。然后叹借者之用心专，而少时之岁月为可惜也。今黄生贫类予，其借书亦类予。惟余之公书与张氏之吝书若不相类。然则予固不幸而遇张乎？生固幸而遇予乎？知幸与不幸，则其读书也必专，而其归书也必速。为一说，使与书俱。

——《黄生借书说》

【译文】黄允修向我借书，我把书给他并告诉他说："不借书是不能读好书的。你没有听说藏书的人吗？《七略》《四库全书》，是天子的书，然而读书的天子能有几个呢？藏书之多如汗牛充栋，是有钱有势的人家的藏书，然而有钱有势的人读书的能有几个呢？其他如祖父积藏书，后代子孙把它抛掉的，那就不消说了。"

……我幼年就喜欢读书，但是家里贫穷很难得到书。有个姓张的藏书很多，去借他的书，很不容易借到，所以回到家里以后常在梦中见到那些书，我迫切读书的心情达到了这种程度。所以，凡是我看过的书，就能清楚地把它记住。我刚出仕做官时，用俸禄去买书，屋子里堆得满满的；蛀中灰丝，常常盖满了书卷。我常赞叹借书读的人能专心致志，而少年时期的光阴是值得惋惜的啊！如今黄生家里的贫穷与我以前相似，他借书去读也与我相似。唯独我把书当作公物与姓张的吝惜借书似乎不相同。那么是我因为不幸运而与姓张的相逢，黄生因为幸运而与我相逢的吗？不管幸运与不幸运，读书一定得专心，而还书一定要迅速。我写了这篇文章，把它和书一起给黄生。

手不释书

【原文】亭林先生自少至老手不释书，出门则以一骡二马捆书自随。遇边塞亭障，呼老兵诣道边酒垆，对坐痛饮。咨其风土，考其区域。若与平生所闻不合，发书详正，必无所疑乃已。马上无事，辄据鞍默诵诸经注疏。遇故友若不相识，或颠坠崖谷，亦无悔也。精勤至此，宜所诣洲涵博大，莫与抗衡与。

——《清朝艺苑》

【译文】顾炎武先生从小到老一直手不释卷，出门就用一匹骡子两匹马驮着一捆捆的书跟着他。路过边塞要地，他就招呼屯戍的老兵到路边的酒店对坐痛饮。饮酒时，他向老兵询问当地的风土人情，了解这个地方的区域环境。如果发现与自己以往了解的情况不一致。他就翻看书本一一订正，一定要毫无疑问才罢休。他骑在马上无事时，就伏在鞍上默默背诵各种经书的注疏。（由于专心过度）碰见老朋友，也似乎不认识，有时因此而坠入山谷之中，他仍旧不后悔。顾炎武先生就是这样认真勤奋，所以他的学问自然达到了精深渊博的程度，无人能与之相比。

随收随补，岁无旷日

【原文】叶奕绳尝言强记之法："某性甚钝，每读一书，遇所喜即札录之，录讫，朗诵十余遍，粘之壁间，每日必十余段，少也六七段。掩卷闲步，即就壁间观所粘录，日三五次以为常，务期精熟，一字不遗。壁既满，乃取第一日所粘者收笥中。俟再读有所录，补粘其处。随收随补，岁无旷日。一年之内，约得三千段。数年之后，腹笥渐满。每见务为泛滥者，略得影响而止，稍经时日，便成枵腹，不如予之约取而实得也。"

——《蒿庵闲话》

【译文】叶奕绳曾经谈到读书能记得住的方法："我的记忆力非常迟钝，每读一本书，遇到喜爱的段落，就把它抄写下来，抄写完毕，再朗读十几遍，然后粘贴在墙壁之间，每天一定抄写粘贴十几段，至少也是六七段。合上书本随便散步时，就走到墙壁间观看粘贴的文章，每天三五次，力求精通熟练，一字不漏。墙壁上贴满之后，就把第一天粘贴的取下来，收放在箱子里。等到再读书有抄写的文章，就补贴在那个地方。随时收放，随时补贴，一年到头没有耽误的日子。一年之内，大约能抄写三千段。几年之后，脑子里装满了文章。我常常看到致力于大量读书的人，稍微有点收获就停止了，这样即使只停止很短时日，也成空白了。不如我每次取得很少而实际上确有所得。”

七年不返

【原文】（乐羊子）远寻师学，一年来归。妻跪问其故。羊子曰：“久行怀思，无它异也。”妻乃引刀趋机而言曰：“此织生自蚕茧，成于机杼。一丝而累，以至于寸；累寸不已，遂成丈匹。今若断斯织也，则捐失成功，稽废时日。夫子积学，当日知其所亡，以就懿德。若中道而归，何异断斯织乎？”羊子感其言，复还终业，遂七年不返。

——《后汉书·烈女传·乐羊子妻》

【译文】乐羊子到远方拜师求学，一年后回到家中。妻子跪下问他回家的原因，羊子回答说：“长久在外怀念家室，没有其他原因。”妻子于是拿起刀快步走到织机旁说：“这织物是出自蚕茧的丝，由织机和梭子织成。一根丝一根丝地累积起来，这才达到一寸的长度，再一寸寸地织个不停，便成了整丈整匹的。现在假若割断这件织物，那就织不成功，也耽误浪费了时间。你积累学识，应当每天都能学到自己缺乏的知识，从而培养美好的品德。假如只学到中途就休学回家，那跟割断这件织物有什么区别呢？”乐羊子被妻子的话感动了，于是回去继续完成学业，七年没有回家。

囊萤照书

【原文】车胤，字武子，南平人也。……恭勤不倦，博学多通。家贫，不常得油。夏月，则练囊盛数十萤火以照书，以夜继日焉。

——《晋书·车胤传》

【译文】车胤，字武子，晋代南平人……勤奋好学，从不厌倦，所以知识广博。他家里贫穷，常常没有钱买灯油。到了夏天，他就捉了几十只萤火虫，把它装进白绸做的袋子里，用来照明，夜以继日地读书。

得素书而不食三时

【原文】伯喈入嵩山学书，于石室内得一素书，八角垂芒，篆写李斯并史籀用笔势。伯嗜得之，不食三时，乃大叫喜欢，若对数十人。伯嗜因诵读三年，便妙达其旨。伯嗜自书《五经》于太学，观者如市。

——《太平广记·卷二百六十》引《羊欣笔法》

【译文】蔡伯嗜入嵩山学习书法，在石室中得到一部书籍，书的八只角闪烁着毫光，书内用篆文书写着李斯和史籀运笔的笔势。蔡伯嗜得到这部书后，数日不吃不喝，高兴得大声喊叫，似乎面对着几十人一样。蔡伯嗜于是用心诵读三年，弄清了素书的精妙笔意。他在洛阳太学书写《五经》，围观的人就像赶集市时一样多。

竟自呕血

【原文】魏钟繇字元常。少随刘胜入抱犊山学书三年，遂与魏太祖、邯郸淳、韦诞等议

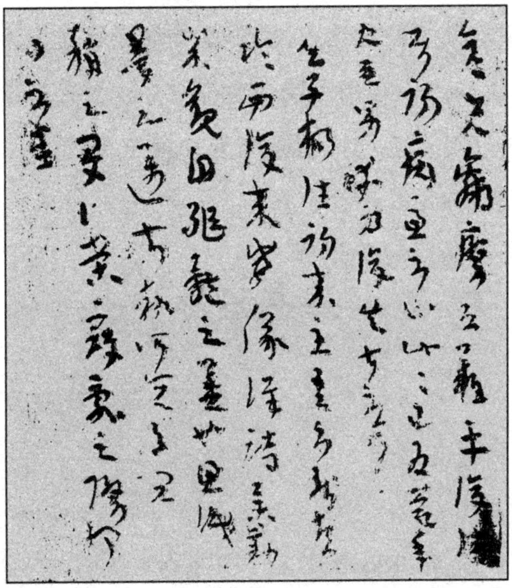

用笔。繇乃问《蔡伯嗜笔法》于韦诞，诞惜不与，乃自捶胸呕血，太祖以五灵丹救之得活。及诞死，繇令人盗掘其墓，遂得之，由是繇笔更妙。繇精思学书，卧画被穿过表，如厕终日忘归。每见万类，皆书象之。繇善三色书，最妙者八分。

——《太平广记·卷二百六十》引《羊欣笔阵图》

【译文】三国时魏国的钟繇，字元常。年少时曾随刘胜到抱犊山学习过三年书法，于是和魏太祖、邯郸淳、韦诞等人讨论写字运笔的方法。钟繇向韦诞借阅《蔡伯嗜笔法》，韦诞吝惜不借，钟繇气得捶胸吐血，魏太祖用五灵丹救活了他。等到韦诞死了以后，钟繇指派人盗韦诞的

墓,终于得到了《蔡伯喈笔法》,因此,钟繇的书法更为精妙。钟繇精心学习书法,睡在床上时,用手指画被,划破了被里被面;上厕所时,竟待上一天而忘记出来;见到各类事物,都要用笔加以临摹。钟繇擅长三色书,写得最好的是八分书。

凿壁偷光

【原文】匡衡,字稚圭,勤学而无烛,邻舍有烛而不逮。衡乃穿壁引其光,以书映光而读之,邑人大姓文不识,家富多书,衡乃与其佣作而不求偿。主人怪问衡,衡曰:"愿得主人书遍读之。"主人感叹,资给以书,遂成大学。

——《西京杂记·卷二》

【译文】匡衡,字稚圭,学习勤奋,但家里买不起蜡烛。邻居家里点着蜡烛但他够不着光,匡衡就在墙上凿个洞让烛光能照过来,然后迎着烛光就读。城里有个人,出身显贵但不识字,却因家里富有而多藏书,匡衡就去为他帮工,但不要工钱。主人感到不可理解,就问匡衡为何这样,匡衡回答:"我只希望能把您的藏书读完。"主人十分感动,便供给他书籍。匡衡由于刻苦学习,终于成了大学者。

捧书追月

【原文】江泌,字士清,济阳考城人也。……少贫,昼日斫屧为业,夜读书随月光。光斜,则握卷升屋。睡极堕地,是更登。

——《南史·孝义传》

【译文】江泌,字士清,南齐济阳考城人……小时候家里贫穷,他白天以砍鞋屧为职业,到夜里随着月光读书。月亮西沉被屋子遮住了,他就拿着书爬到屋顶上去看。瞌睡到了极点,有时候从屋顶上跌到地下,他就再次爬上屋顶。

不可贪一时笔快

【原文】莲尝于文忠公诸孙望之处,得东坡先生数诗稿,其和欧叔弼诗云,"渊明为小邑",继圈去"为"字,改作"求"字,又连涂"小邑"二字,作"县令",凡三改成今句。至"胡椒铢两多,安用八百斛",初云"胡椒亦安用,乃贮八百斛"。若如初语,未免后人疵议。又知虽大手笔，不以一时笔快为定，而惮于屡改也。

——《春渚纪闻·诗词事略》

【译文】我曾在欧阳修的孙子欧阳望之那里，见到东坡先生的几篇诗稿，有一首欧叔弼的诗句“渊明为小邑”，圈去“为”字，改成“求”字，又接连涂去“小邑”二字，改作“县令”，前后总共改了三次才成为现在人们看到的诗句。至于“胡椒铢两多，安用八百斛”的诗句，最初为“胡椒亦安用，乃贮八百斛”。要是用最初的诗句定稿，难免遭到后人的非议。由此可见，即使是大手笔，也不会以一时笔快而定稿，并不怕屡次修改。

东坡问亭

【原文】唐子西云：先生赴定武时，过京师馆于城外一园子中。余时年十八，谒之。问近观甚书，予对以方读《晋书》。猝问其中有甚亭子名，予茫然失对。如悟前辈观书，用意如此。

——《春渚纪闻·东坡纪实》

【译文】唐子西说：“东坡先生到定武去的时候，经过京城住在城外一所园子中。我当时十八岁，前去拜访他。他问我近来看了些什么书，我回答说正在读《晋书》。他突然问我《晋书》中有什么亭子的名称，我茫茫然不知如何回答。这才知道前辈学者读书竟是如此留意用心。”

怕后生笑

【原文】欧公晚年，尝自窜定平生所为文，用思甚苦。其夫人止之曰：“何自苦到此，尚畏先生嗔耶？”公笑曰：“不畏先生嗔，却怕后生笑。”

——《宋人轶事汇编·卷八》

【译文】欧阳修晚年，曾经自己修改一生所写的文章，用尽心力，非常辛苦。他的夫人制止他说：“何必这样自找苦吃，难道还怕老师发脾气吗？”欧阳修笑着说：“不是害怕老师生气，只是怕后来人笑话。”

一“绿”难求

【原文】王荆公绝句云：“京口瓜洲一水间，钟山只隔数重山。春风又绿江南岸，明月何时照我还。"吴中士人家藏其草,初云"又到江南岸",圈去"到"字,注曰"不好",改为"过",复圈去,而改为"入"旋改为"满",凡如是十许字,始定为"绿"。

——《容斋续笔·卷八》

【译文】王安石有首绝句写道:"京口瓜洲一水间,钟山只隔数重山。春风又绿江南岸,明月何时照我还。"吴中有一个士人家中藏有这首诗的草稿,起初是"又到江南岸",圈去"到"字,批注说"不好",改为"过"字,又圈去了,而改为"入"字,紧接着又改为"满"字,像这样总共改了十余字,最后才确定为"绿"字。

"推"和"敲"

【原文】贾岛初赴京师,一日于驴上得句云:"鸟宿池边树,僧推月下门。"已,欲改"推"字为"敲"。商之未定,遂于驴上吟哦,时时引手作势。时韩愈吏部权京兆尹,岛不觉冲至第三节,左右拥至尹前,尚为手势推敲未已。愈问知之,为定"敲"字。

——《古今谭概》

【译文】贾岛刚到京城长安的时候,有一天,他骑在驴背上想到"鸟宿池边树,僧推月下门"的诗句。过后,打算把"推"字改为"敲"字。正在琢磨未定,于是就骑在驴背上吟咏诵读,不时地用手来做推敲的姿势。这时正赶上吏部侍郎代理京兆尹的韩愈出行,贾岛不觉冲撞进了仪仗队里,护卫韩愈的左右侍从都一起拥到韩愈跟前去保护他,而贾岛用手作推敲的姿势还没有停下来。韩愈问清楚这件事后,替他确定用"敲"字。

苦心如此

【原文】陈检讨有诗云:"白家老妪休轻诵,曾见元和稿本来。"自注云:"张文潜以五百金购白居易稿本,见其窜改涂乙,几不存一字。"盖其苦心如此!

——《香山诗评》

【译文】陈检讨在诗里写道:"白家老妪休轻诵,曾见元和稿本来。"自己又作注释说:"张耒曾经拿五百两黄金购买白居易诗的稿本。看到白居易涂抹勾改文字,几乎没有一个字不改的。"白居易所用的苦心竟达到这种地步啊!

君子不可以不学

【原文】孔子谓子路曰:“汝何好?”

子路曰:“好长剑。”

孔子曰:“非此之问也。请以汝之所能,加之以学,岂可及哉!”

子路曰:“学亦有益乎?”

孔子曰:“夫人君谏臣则失政,士无教友则失德。狂马不失其策,操弓不返于檠;木受绳则直,人受谏则圣;受学重问,孰不顺成;毁仁恶士,且近于刑。君子不可以不学。”

子路曰:“南山有竹,弗揉自直;斩而射之,通于犀革。又何学为乎?”

孔子曰:“括而羽之,镞而砥砺之,其入不益深乎?”

子路拜曰:“敬受教哉!”

——《说苑·建本》

【译文】孔子问子路道:“你爱好什么?”

子路回答:“爱好宝剑。”

孔子道:“不是问你这个。凭你的才能,加上勤奋地读书学习,谁还能赶得上呢!”

子路反问道:“读书学习也有好处吗?”

孔子答道:“君主没有敢于劝谏的正直之臣,治理国家就会犯错误;读书人没有能够教诫自己的朋友,品德上就会有缺失。驾驭烈马,不能丢开马鞭;操纵劲弓,也不能离开木檠。木材经过墨线测量再加工,就会变直;人,接受规劝,就会变得出类拔萃。愿意学习,乐于请教,哪个不能成功?践踏仁义,厌恶贤人,就离犯罪受刑不远了。因此,要成为君子就不可不学习。”

子路又道:“南山的竹子,不靠人力,自会很直,砍下做成竹箭射出去,也能穿透犀甲。由此看来,又何必学习呢?”

孔子道:“如果把它削出箭尾,插上羽毛,另一端装上金属的箭头,并把它磨锋利,箭穿透得不是更深吗?”

子路施礼说道:“我记下了您的这番教导啦!”

三年不读

【原文】公明宣学于曾子,三年不读书,曾子曰:“宣,而居参之门三年,不学何也?”公明宣曰："安敢不学？宣见夫子居宫廷，亲在，叱咤之声未尝至于犬马，宣说之，学而未能；宣见夫子之应宾客，恭俭而不懈惰，宣说之，学而未能；宣见夫子之居朝廷，严临下而不毁伤，宣说之，学而未能。宣说此三者，学而未能。宣安敢不学而居夫子之门乎？"

曾子避席谢之曰："参不及宣其学而已！"

——《说苑·反质》

【译文】公明宣跟从曾子学习，三年没有读书。曾子说："宣呀，你在我这里三年了，却不学习，这是为什么呢？"

公明宣回答道："我哪敢不学习呢？我见您在家中，因为父母健在，对狗马也不敢大声呵斥，我由衷钦佩，尽力地学，只是没能学好；我见您接待宾客，恭敬，俭约，从不轻慢，我由衷佩服，尽力地学，只是没能学好；我见您身为朝廷重臣，对下属要求很严，却不伤害他们，我由衷地佩服，尽力地学，只是也没能学好。我深为佩服您这些方面的品德，虽然学了，却都没能学好。我哪里敢不好好学习，而白白地在您门下做学生呢？"

曾子听了，站起身，表示歉意地说："我还不如您会学习呢！"

深思远志

【原文】孔子学鼓琴于师襄子，十日不进。师襄子曰："可以益矣。"孔子曰："丘已习其曲矣，未得其数也。"有间，曰："已习其数，可以益矣。"孔子曰："丘未得其志也。"有间，曰："已习其志，可以益矣。"孔子曰："丘未得其为人也。"有间，有所穆然深思焉，有所怡然高望而远志焉。曰："丘得其为人，黯然而黑，几然而长，眼如望羊，如王四国，非文王其谁能为此也！"师襄子辟席再拜，曰："师盖丢《文王操》也。"

——《史记·孔子世家》

【译文】孔子跟师襄子学习弹琴，一连十天，没有再学新的内容。师襄子说："可以学习新的内容啦。"孔子回答："我虽然熟习了这支曲子，还没有掌握它的技巧。"过了一段时间，师襄子说道："它的技巧你已经掌握了，可以学习新的内容啦。"孔子回答说："我还没有领悟它的主旨。"又过了段时间，师襄子说道："主旨你已经领悟到了，可以学习新内容啦。"孔子回答说："我还没体察到作曲者的为人呢。"又过了一段时间，在弹奏中，孔子由于受到乐曲的感染，有时进入深沉的思考，有时感到心旷神怡，胸襟开阔。于是说道："我体察到作曲者的为人了。他肤色黝黑，身体魁梧，眼光明亮而高瞻远瞩，有着统治天下的帝王气魄。除了文王，谁还能创作出这样的乐曲呢！"师襄子听了，从席上站起身来，向孔子施礼道:“我的老师曾经告诉我,这正是文王谱写的《文王操》啊!”

古人勤学故事二则

【原文】胡澹庵见杨龟山,龟山举两肘示之曰:“吾此肘不离案三十年,然后于道有进。”张无垢谪横浦,寓城西宝界寺。其寝室有短窗,每日昧爽,辄执书立窗下就明而读,如是者十四年。洎北归,窗下石上,双趺之迹隐然,至今犹存。前辈为学,勤苦如此。然龟山盖少年事,无垢乃晚年,尤难也。

——经《鹤林玉露》甲编卷一

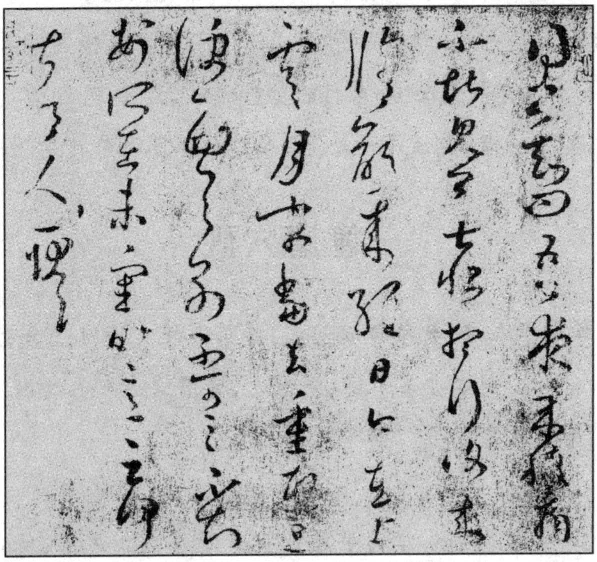

【译文】商宋名臣胡铨,有一次去拜见当时的著名学者杨时先生,杨时先生举起自己的两肘对胡铨说:“我这两条胳膊三十年没有离开过读书的几案,然后在道德学问方面才有进步,取得了一定的成绩。”著名大臣张九成因反对秦桧,被贬到广东的横浦,他住在城西的宝界寺,在他的卧室里有一个狭小的窗户,他每天天刚刚放亮,就捧着书站在窗下就着微弱的光线读书,就这样坚持了十四年。等到秦桧死后,他被重新起用。动身北归的时候,窗下的石头地上,磨出了两个隐约可见的脚印,直到现在还保存着。前辈们读书做学问,就是这样的勤奋艰苦。杨时先生是青少年时的事迹,而张九成先生,当时已到了晚年,尚能够做到这种程度,尤其是难能而可贵了。

【原文】阎立本家代善画。至荆州视张僧繇旧迹,曰:“定虚得名耳。”明日又往,曰:

"犹是近代佳手。"明日更往,曰:"名下空无虚士。"坐卧观之,留宿其下,十日不能去。张僧繇始作《醉僧图》,道士每以此嘲僧,群僧耻之,于是聚钱数十万,贸阎立本作《醉道士图》,今并传于代。

——《隋唐嘉话》

【译文】唐代著名画家阎立本,他家代代擅长绘画。有一次他到荆州,看到了一幅画,传说是南朝梁代著名画家张僧繇的真迹。他看了看说:"一定是假借张僧繇的名字,如此而已。"过了一天他又前去观看,经过仔细观赏、揣摩,又说:"好像是近代的优秀画手画的。"又过了一天,他再次前往,通过仔细地观察、鉴别,于是才说:"盛名之下,一定不会是假冒者所作,确实是张僧繇的真迹。"从此以后,阎立本站着看,坐下看,一连看了十天没有离开。当初,张僧繇曾经画过一幅《醉僧图》,道士们就拿这幅画嘲弄那些和尚,那些和尚都以此为耻辱。和尚们想报复嘲笑他们的那些道士,于是就凑集了几十万块钱,买通了阎立本,请阎立本画了一幅《醉道士图》。至今这两幅图画都传留下来了。

一箧磨穴砚

【原文】古人有学书于人者,数年自以艺成,告而去辞。师曰:"吾有一箧物,可附于某处及山之下,绝无所付人。"封题亦甚不密,乃启之,皆磨穴者砚数十枚,方知师夙所用者,乃返山服膺至皓首,方毕其艺。

——《砚谱》

【译文】古时候,有一位向别人学习书法的人。学了数年之后,他自以为把老师的书法艺术学到手了,于是就到他老师那里去告别辞行。老师也没有挽留,就对他说:"我有一小箱东西,你走时,捎带着替我把它放到某个地方的山脚之下。这件事我要你亲自去办,一定不要再托付给别人了。"他接过箱子一看,上面还贴着一张封条,但贴得不是太牢。走到半路上,他心中好奇,想看看老师在箱子里装的到底是什么东西。他轻轻揭掉封条打开一看,竟然是数十块已经磨穿成洞不能再使用的砚台。这时他才知道,这是老师在此之前自已练书法用过的。他看了之后,大为震惊,似乎也猜透了老师的心意。最后他又回到老师那里继续学习,对老师也更加衷心地信服,不再提学成回去的事,一直学到头发都白了,才把老师的书法完全学到手。

欧阳修做文章多在“三上”

【原文】钱思公虽生长富贵，而少嗜好。在西洛时，尝语僚属言：“平生惟好读书，坐则读经史，卧则读小说，上厕则阅小辞，盖未尝顷刻释卷也。”谢希深亦言：“宋公垂同在史院，每走厕必挟书以往，讽诵之声，琅然闻于远近，其笃学如此”。余因谓希深曰：“余平生所作文章，多在三上：乃马上、枕上、厕上也。”盖惟此，尤可以属思尔。

——《归田录》

【译文】钱思公虽然生长在富贵人家，然而并没有一些不良的爱好和习惯。他在西洛任职时，曾经对他的属下说：“我平生只喜爱读书，当正襟危坐的时候就读一些儒家经典和史书，卧床时就读一些小说，上厕所的时间就读一些词、曲之类，从未片刻放下过书本。”谢希深也说：“宋公垂与我同在史馆供职，他每当去厕所的时候必定带着书去，背诵、朗读之声，在很远的地方都能听到，他就是这样地爱好读书学习。”我这时也对谢希深说：“我一生所作的文章，多是在‘三上’构思的，‘三上’就是在马背上、床枕上、厕所上。大概只有这样，才可以集中精力地不间断地进行构思创作。”

熟能生巧

【原文】陈康肃公尧咨善射，当世无双，公亦以此自矜。尝射于家圃，有卖油翁释担而立，睨之久而不去。见其发矢十中八九，但微颔之。康肃问曰：“汝也知射乎？吾射不亦精乎？”翁曰：“无他，但手熟尔。”康肃忿然曰：“尔安敢轻吾射！”翁曰：“以我酌油知之。”乃取一葫芦置于地，以钱复其口，徐以杓酌油沥之，自钱孔入，而钱不湿。因曰：“我亦无他，惟手熟尔。”康肃公笑而遣之。

——《归田录》

【译文】陈尧咨（字康肃）先生善于射箭，他的射箭技术在当时来说，世上没人能比。他也以此自夸。有一次他在自己的家园里射箭，有一个过路的卖油老头看到后，从肩上把油担儿放下来，站在旁边斜着眼瞅着久久不去，当看到陈先生连射十箭，中了八九支时，老头也仅仅是略微点点头而已，不以为然。陈尧咨于是问老头：“你也懂得射箭吗？我的射箭技术难道还不精妙绝伦吗？”老头回答说：“这没有什么了不起，仅仅是因为练得多了，熟能生巧而已。”陈尧咨听完后很生气地说：“你怎敢轻视我的射箭技术！”

老头不紧不慢地回答说："凭我倒油的技术，就可以了解你射箭的技术，没有什么值得夸口的。"说完后他就拿了一个细颈油葫芦放在地上，又拿了一枚铜钱盖到颈口上，然后拿起油勺子随手舀起一勺油，高高地往葫芦口里倒去，油立刻像一条线一样全部穿过钱眼注进了油葫芦。倒完后老头把铜钱拿起来给陈尧咨看。钱眼上竟然连一点油也没沾上。于是老头对陈尧咨说："其实我这也没有什么了不起，只不过练得多了熟能生巧而已。"陈尧咨看了后既惊讶又佩服，笑了笑就让老头又挑上油担儿卖油去了。

学者必游四方

【原文】胡先生翼之尝谓滕公曰："学者只守一乡，则滞于一曲，则隘吝卑陋。必游四方，尽见人情物态，南北风俗，山川气象，以广其闻见，则为有益于学者矣。"一日，尝自吴兴率门弟子数人游关中。至潼关，路峻隘，舍车而步。既上至关门，与滕公诸人坐门塾小憩。回顾黄河抱潼关委蛇汹涌，而太华、中条环拥其前，一览数万里，形势雄张。慨然谓滕公曰："此可以言山川矣，学者其可不见之哉！"

——《默记》

【译文】胡翼之先生曾经对他的学生滕章敏先生说："做学问的人如果只守在一乡一土，就会被这种狭小的天地所局限，使你不能开阔眼界，继续前进，以致使你孤陋寡闻，见识浅薄。因此必须到四面八方去走走、看看，尽量领略一下世间的人情世事，看一看各种事物情态，了解一下天南海北的风俗，浏览一下祖国的大好河山，开阔自己的视野，这对做学问的人来说是很有好处的。"

一天，他从吴兴出发，率领几个弟子去到关中一带游览。当走到潼关时，山高路窄，只好下了车徒步攀缘。登至关门之上时，胡先生跟滕先生以及其他弟子坐在关门附近稍做休息。这时回过头来环视一下，只见滚滚滔滔的黄河弯弯曲曲围绕着潼关，奔流不息地向东方流去，而高入云端的华山和中条山，环抱在潼关前面。万里江山，一览而尽。雄伟壮丽的河山令人感慨万千。他感慨地对滕先生说："看了这些就有资格谈论高山大河了，做学问的人能不走出书斋去见识见识吗？"

一字之改和一字之师

【原文】陶岳《五代史补》：齐己携诗诣郑谷，咏早梅云："前村深雪里，昨夜数枝开。"

谷曰:"数枝非早也,未若'一枝开'。"齐己拜谷为一字师。

——《鼠璞》

【译文】据宋代人陶岳《王代史补》记载:唐代的一位出家当和尚的诗人齐己,写好了一首赞颂早梅的诗,就带着这首诗到诗人郑谷那里,请郑谷指教。其中有两句写道:"前村深雪里,昨夜数枝开。"郑谷看过后就对齐己说:"如果已经开了数枝,就不算早梅了,不如改为'一枝开'为好,开了一枝,就称得上早梅了。"齐己听后非常佩服,认为改得好,于是就拜郑谷为一字之师。

曾夫人论李撰之子

【原文】李撰,字子约,毗陵人。曾文肃在真定,李为教授,家素穷约,夫人尝招其母妻燕集。时有武官提刑宋者,妻亦预席。宋妻盛饰而于,珠翠耀目。李之姑妇,所服浣衣,不洁清。各携子俱来。宋之子眉目如画,衣装华焕;李之子蠢甚,然悉皆弦诵如流,左右共哂之。夫人笑曰:"教授今虽贫,诸郎俱令器,它时未易量;提刑之子,虽楚楚其服,但趋走之才耳。"子约五人,四登科,三人至侍从,二人为郎,弥纶、弥大、弥性、弥逊、弥正也。宋之子浚,止于阁门祗侯。果如夫人言。

——《挥尘录后录》

【译文】李撰,字叫子约,毗陵人氏。曾子宣先生在真定任职时,李撰任教授之职,他家中一向贫寒,生活俭约。曾夫人曾经邀请李撰的母亲和妻子来做客,当时有个姓宋的武官,任提点刑狱官,他的妻子也参加宴席。宋武官的妻子赴宴时服饰华贵,身上披珠挂翠,耀人眼目。而李撰的母亲和妻子,穿的是旧衣服,没有什么修饰。赴宴时两家都带来了孩子,宋武官的孩子打扮得很漂亮,衣服也光彩华丽。李撰的孩子像有些笨拙,然而都善于诵读诗书,左右的人都讥笑他们。于是曾夫人笑着对大家说:"李教授目前虽然贫寒,但他的孩子个个都是优秀的人才,将来前途不可估量。宋武官的孩子,虽然穿戴得整齐华丽,我看将来也只能是供人驱使的材料罢了。"后来,李撰的五个儿子,有四个参加科举被录用,其中三人做到侍从的官职,二人为郎官。这就是李弥纶、李弥大、李弥性、李弥逊、李弥正。宋武官的儿子宋浚,仅仅做了一个阁门祗侯,为殿廷看守传呼的小武官。果真正像曾夫人所说的。

司马光珍惜书籍

【原文】司马温公独乐园之读书堂,文史万余卷,而公晨夕所常阅者,虽累数十年,皆新若手未触者。尝谓其子公休曰："贾竖藏货贝，儒家惟此耳。然当知宝惜，吾每岁以上伏及重阳间，视天气清明日，即设几案于当日所侧群书其上，以曝其脑，所以年月虽深，终不损动。至于启卷，必先视几案洁净，藉以茵褥，然后端坐看之。或欲行看，即承以方版，未尝敢空手捧之。非惟手汗渍及，亦虑触动其脑。每至看竟一版，即侧右手大指面衬其沿，而复以次指面捻而挟过，故得不至揉熟其纸。每见汝辈多以指爪撮起，吾非吾意。今浮屠老氏，犹知尊敬其书，岂以吾儒反不如乎！当宜志之。"

——《梁溪漫志》

【译文】在司马光先生家中的花园独乐园中，有个读书堂，其中珍藏着万余卷文史方面的书籍。而先生晨夕所经常阅读的书籍，虽然已长达数十年了，仍然都像从未触摸过的新书一样。先生曾经对他的儿子公休说："商人们珍藏珠宝财货，而读书的人家只有这些书而已。然而，对于这些书，应当知道怎样珍惜爱护它。我每年在初伏至重阳节之间，鉴于天气炎热，空气潮湿，都要选择天气晴朗的日子，在花园里排上几案，将书侧立着放在上面，让阳光晒一晒书的脊背。所以，年月虽很长久了，这些书总是完好无损。至于想打开书卷阅读的时候，必定先看一看几案上是否清洁，并且在上面铺上平整柔软的垫子，然后才端端正正地坐下来阅读。有时要走着看书，就用一个方形的板片托着书，从来不敢用手捧着。这样做不仅是怕手上的汗水把书浸湿了，也怕碰坏了书脊。每当看完了一页，就用右手的拇指沿着书页的边沿将书页轻轻掀起，再用食指将书页捻起翻过去，如此而才不至于将书揉坏。每当我看到你们大都是用手指抓起书页时，很不符合我的心意。如今那些和尚道士们尚且知道爱惜书籍，难道我们这些熟读经书的人反而不如他们吗？你们应当牢牢地记住我的这些教导啊！"

一月得四十五日

【原文】《汉·食货志》云："冬，民既入，妇人相从夜绩，女工一月得四十五日。"注谓："每日又得半夜，为十四五日也。"然则农之宵尔索绹，儒之短檠夜诵，岂可少哉！

——《鹤林玉露》甲编卷二

【译文】东汉班固编著的《汉书·食货志》上说："到了冬季，农民忙完了农事都返回到家里，妇女们接着不分昼夜地从事纺织工作，女工们每一个月可以工作四十五天。"东汉的服虔在注释中说："每天多工作半夜，这样累计起来，就等于每月工作四十五天了。"既然农民们能在夜间从事纺织工作，那么读书人在夜里点上灯读书学习，又有什么不行呢？

王厚斋博学

【原文】四明王厚斋尚书，好博学，每以小册纳袖中，入秘府，凡见书笈异闻则笔录之，复藏袖中而出。晚年成《困学纪闻》，可谓遗训后学者矣。

——《至正直记》

【译文】祖籍浙江四明的王厚斋尚书，爱好学习，学识非常渊博。每当他去皇宫珍藏秘籍的秘府时，总是在袖筒里放进一个小本子，只要是见到书籍中记载的异闻轶事，就记录下来，然后再放到袖筒内带出来。到了晚年，他终于利用他所积累的材料写成了《困学纪闻》。这部著作对后世的学者和读书人来说，具有很高的学术价值和重要的教育意义。

第二章　仕宦通途

一、警语格言

【原文】玉不琢，不成器；人不学，不知道。

——《学记》

【译文】玉石不经过琢磨，难以成为有用的玉器；人不通过学习，就不懂得事理。

【原文】慎终如始，则无败事。

——《老子·六十四章》

【译文】办事兢兢业业，始终如一，就不会有办不成的事。

【原文】不为轩冕肆志，不为穷约趋俗。

——《庄子·缮性》

【译文】不要由于官高禄厚而忘乎所以，也不要因为贫困穷苦而随波逐流。

【原文】服官有本末，固必先心术而后仪文。

——《牧令书辑要·政略》

【译文】做官的人对根本性的枝节性的问都应该注意，但一定要先端正思想，然后再支讲究举止仪表和文采。

【原文】《抑》曰：“敬慎威仪，维民之则。”北宫文子曰：“有威可畏之谓威，有仪可象之谓仪。”……臣有臣之威仪，其下畏而爱之，故能守其官职，保族宜家。

——《牧鉴·治本》

【译文】《抑》说：“恭敬、谨慎和庄严的容貌举止，就是人民的典型。”北宫文子说：“有尊严使人敬畏，叫作威；有端庄的容貌举止使人效法，叫作仪。”……大臣自有大臣的威仪，他的下属因此而敬畏、爱戴他，那么他就能保住自己的官职，保住并增进家族的利益。

【原文】子曰:“长民者,衣服不贰,从容有常,以齐其民,由民德壹。”

——《礼记·缁衣》

【译文】孔子说:“统治者们的穿着要整齐,举止不慌不忙有规矩,像这样用自己的实际行动去教化百姓,那么所有百姓的品德都会一样好。”

【原文】毋不敬、俨若思、安定辞,安民哉!

——《礼记·曲礼上》

【译文】行为不放肆,而且矜持、庄重、若有所思,审慎思考后再发表见解,才可以安民。

【原文】辞之辑矣,民之洽矣;辞之怡矣,民之莫矣。

——《诗·大雅》

【译文】上官的言谈和睦、友善,人民就团结、和谐;上官的言谈高兴、快乐,人民就平静安定。

【原文】孟子曰:“有天爵者,有人爵者。仁、义、忠、信、乐善不倦,此天爵也。公卿、大夫,此人爵也。古之人修其天爵,而人爵从之。今之人修其天爵以要人爵,既得人爵,而弃其天爵,则惑这甚者也,终这必亡而已矣。”

——《孟子·告子章句上》

【译文】孟子说:“有自然的爵位,也有社会的爵位。仁、义、忠、信、乐意行善而不厌倦,这些都是自然的爵位。公卿、大夫,这些都是社会的爵位。古代的人修养他的自然爵位,社会爵位也就随之而来。现在的人通过修养他的自然爵位来求取社会爵位,得到社会爵位后,便抛弃了他的自然爵位。这就太糊涂了,其结果必然是失去他的所有的爵位。”

【原文】子曰:“知及之,仁不能守之,虽得之,必失之。知及之,仁能守之,不庄以莅之,则民不敬,知及之,仁能守之,庄以莅之,动之不以礼,未善也。”

——《论语·卫灵公》

【译文】孔子说:“凭聪明、智慧得到了官职,不能用仁爱的思想执政,即使得到官职,也必定会失去它。凭聪明、智慧得到了官职,也能用仁爱思想执政,但执政时不庄重,则民众不会尊敬他。凭聪明、智慧得到官职,也能用仁爱思想执政,执政时又能做到庄重,但行政措施不合礼制,也还没有做到十分完美。”

【原文】子张问于孔子曰:“何如斯可以从政矣?”子曰:“尊五美,屏四恶,斯可以从政矣。”子张曰:“何谓五美?”子曰:“君子惠而不费,劳而不怨,欲而不贪泰而不矣,威而不猛。”

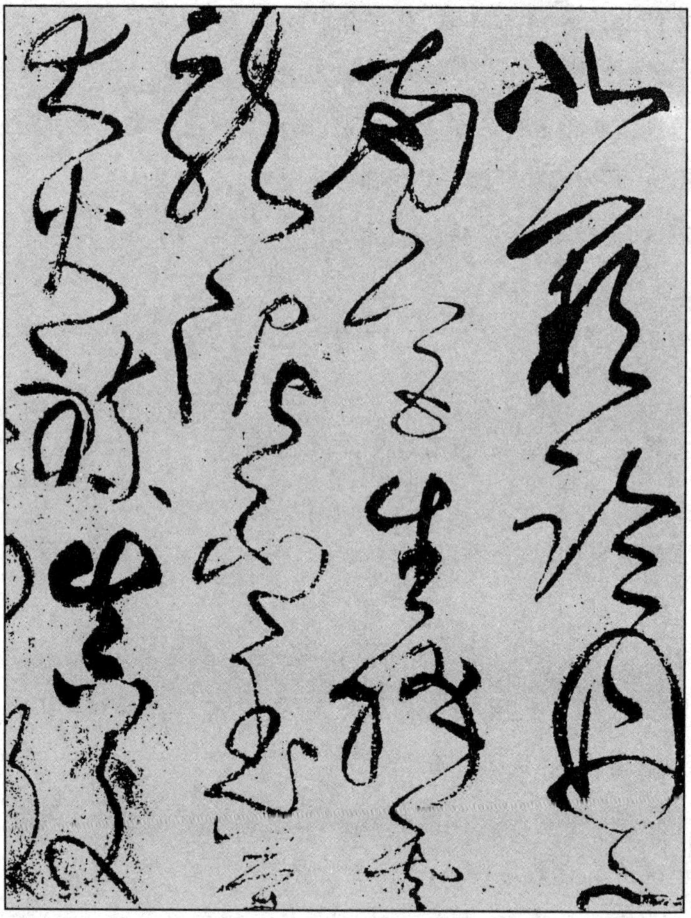

子张曰:“何谓惠而不费?”子曰:“因民之所利而利之,斯不亦惠而不费乎?择可劳而劳之,又谁怨?欲仁而得仁又焉贪君子无众寡,无小大,无敢慢,斯不亦泰而不骄乎?君子正其衣冠,尊其瞻视,俨然人望而畏,斯不亦威而不猛乎?”子张曰:“何谓四恶?”子曰:“不教而杀谓之虐,不戒视成这暴,慢令致期谓之贼,犹之与人也,出纳之吝谓之有司。”

——《论语·尧日》

【译文】子张向孔子请教说:“要做到怎样的条件才可以当官执政?”孔子回答说:“尊重五种美德,摒除四种恶行,就可以当官执政。”子张又问:“什么叫五美?”孔子回答说:“君子使民众得到好处而自己不耗费什么,役使民众而不招致他们的怨恨,追求仁爱而不贪利,自己看重自己而不骄傲,神态威严而不凶狠。”子张又问:“怎样做才是使民众得到好处而自己不耗费什么呢?”孔子说:“让民众去做对他们自己有利的事,不就是使民众得到好处而自己不耗费什么吗?选择民众可以干的事情让他们干,谁又会怨恨什么呢?追求仁爱而得到了仁爱,还会贪图什么呢?无论人多人少,无论他的权势是大还是小,都不敢怠慢，不就是自重而不骄傲吗？衣冠整齐、目不斜视，神态庄重，使人望而生敬畏之心，不就是威严而不凶狠吗？”子张继续问：“四种恶行是什么呢？”孔子说：“不先进行教育便加杀戮叫作虐，不事先告诫而要求取得成功叫作暴，命令下达得晚而又要求限期完成民做贼，同样是给人财物而自己舍不得拿出来叫作器量狭小。”

【原文】孟子曰：“今这事君者皆曰：‘我能为君辟土地，充府库。’今之所谓良臣，古之所谓民贼也。君不乡道，不志于仁，而求富之，是富桀也。‘我能为君约与国，战必克。’今之所谓良臣，古之所谓民贼也。君不向道，不志于仁，而求为之强战，是辅桀也。由今之道，无变今之俗，虽与之天下，不能一朝居也。”

——《孟子·告子下》

【译文】孟子说：“如今一些侍奉君主的人都说：‘我能为君主开疆拓土，充实府库。’这些所谓好臣子正是古时所说的害民贼。君主不向往道德，无意于仁爱，而这些臣子想方设法使他富裕，这等于使夏桀那样的暴君富裕。这些臣子又说：‘我能为君主联合盟国，每战必胜。’他们在今天叫做好臣子，在古代却被叫作害民贼。君主不向往道德，无意于仁爱，他们却想方设法为他们打胜仗，这等于辅佐夏桀。这些大臣不改变这样的思想和作风，即使让他治理整个天下，他也会干不了一天就垮台。”

【原文】廉士可律贪夫，贤臣不能辅孱主。

——《旧唐书·高祖本纪》

【译文】品行廉洁的官吏可以管束住有贪污行为的人，贤良的忠臣却不能辅佐昏庸无能的君主来治理天下。

【原文】君任德，则下不忍欺；君任察，则下不能欺；君任刑，则下不敢欺。

——《三不欺》

【译文】君主凭借高尚品德行事，那么臣不就不忍心欺骗他；君主凭借明察秋毫来行事，那么臣下就没法欺骗他；君主凭借法律来治国，那么臣下就不敢欺骗他。

【原文】孟子曰：“居下位而不获于上，民不可得而治也。获于上有道，不信于友，弗获于上矣。信于友有道，事亲弗悦，弗信于友矣。悦亲有道，反身不诚，不悦于亲矣。诚身有道，不明乎善，不态其身矣。是故诚者，天之道也；思诚者，人之道也。至诚而不动者，未之有也；不诚，未有能动者也。”

——《孟子·离娄上》

【译文】孟子说：“职位低下，又得不到上级的信任，是不能够把百姓治理好的。要得到上级的信任有方法，就是首先要获得朋友的信任，若是得不到朋友的信任，也就得不到上级的信任了。要得到朋友的信任有方法，就是首先要得到父母的欢心，如果侍奉父母却不能使他们高兴，朋友也就不会相信你了。要得到父母的欢心有方法，就是首先要诚心诚意，若是反躬自问，心意不诚，也就不能使父母高兴了。要使自己诚心诚意也有方法，就是首先要明白什么是善，若是不明白什么是善，也就不能使自己诚心诚意了。所以诚是自然的规律；追求诚是做人的规律。极其诚心而不能使别人感动，是天下不曾有过的事；但是，不诚心诚意，则是不可能感动别人的。”

【原文】为人臣者，光君后身，安国而度家，宗君而处身。

——《晏子春秋·内篇杂下》

【译文】作为臣子的，首先光耀国君，然后才能顾及自己；先安定国家，然后再考虑自己的家庭；先使君主获得臣民的尊崇，然后再考虑自己的禄位。

【原文】不以挟仅为政。

——《国策·魏策》

【译文】在处理政务时不要怀着私心。

【原文】私仇不及公，好不废过，恶不去善，义之经也。

——《左传》哀公五年

【译文】私仇不涉及公事，喜欢谁但不废除他的过失，厌恶谁但不掩盖他的善行，这是义理的常道。

【原文】尧、舜之位天下也，非私天下之利也，为天下位天下也。

——《商君书·修权》

【译文】尧、舜居天子之位，并不是为了把天下的利益据为己有，而是为了天下的人，才居于统治天下的地位。

【原文】上开公利而塞私门，以致民力，私劳不显于国，私门不请于君，若此则功臣劝，则上令行。

——《商君书·壹言》

【译文】国君开辟为公谋利的途径，堵塞私人的门路，用以争取民众的力量，使为私人效劳的人在国内得不到显荣，走私人门路的人也不能在国君那里得到什么好处，这样，功臣就得到鼓励，政令就得到贯彻。

【原文】贤君无私怨。

——《列子·力命》

【译文】贤明的君主没有个人怨仇，意谓贤明的统治者不记私仇，事事出于公心。

【原文】偏党而无经，听之辟也。

——《荀子·王制》

【译文】行事偏私而不坚持原则，是处理政事最坏的情况。

【原文】公平者，听之衡也；中和者，听之绳也。

——《荀子·王制》

【译文】公平，是衡量听政好坏的准则；处理政事宽严适当，是听政好坏的标准。

【原文】国耳忘家，公而忘私。

——《汉书·贾谊传》

【译文】为国事而忘掉家事，为公事而忘掉私事。

【原文】不私而天下自公。

——《忠经·广至理章》

【译文】(执政者)如果能秉公办事，没有私心，天下自然也就一心为公了。

【原文】以公共为心者，人必乐而从之；以私奉为心者，人必咈而叛之。

——《奉天请罢琼林大盈二库状》

【译文】以社会公众利益为中心的事，人民就会高兴地服从；只以统治者个人利益为中心的事，人民就会起来反对。

【原文】洒濯其心，奉三无私，以一有众。

——《奉天请罢琼林大盈二库状》

【译文】去掉私心，像天地日月那样大公无私地治理人民，就可以团结群众。

【原文】为人君，当顺至公理天下，以得万姓之欢心。

——《贞观政要·灾祥》

【译文】做为人君，应当一心为公治理国家，以取得老百姓的拥护。

【原文】大明无偏照，至公无私亲；故以一人治天下，不以天下奉一人。

——《贞观政要·刑法》

【译文】日月不单独照耀一部分人，执政者至公至正没有私人亲情；所以是国君一人治理天下，而不是天下侍奉国君一人。

【原文】难违一官之小情，顿为万人之大弊。此实亡国之政。

——《贞观政要·政体》

【译文】不好意思触犯一个同僚的微薄情面，因而立刻给广大人民造成极大的危害，这实在是亡国的做法。

【原文】人主之道清平，则任人不失其才，六官各守其职。

——《太白阴经·主有道德篇》

【译文】如果君主治国之道清廉公平，那么用人就不会丧失其才能，官员也都能各司其职。

【原文】治天下终不用私乱公。

——《资治通鉴·汉纪八》

【译文】治理天下，归根结底在于不以私心扰乱公事。

【原文】将天下正大的道理去处置事，便公；以自家私意去处置之，便私。

——《朱子语类辑略》

【译文】拿正当合法的道理去处置事情，就公正；用个人利益为准则去处置事情，就偏私。

【原文】受禄不过其功，服位不侈其能，不以毋实虚受者，朝之经臣也。

——《管子·重令》

【译文】受禄不超过自己的功劳，当官不超过自己的才能，不以不实之功平白无故领受待遇的，就是朝廷的"经臣"。

【原文】称身而食，德厚而受禄，德薄则辞禄。

——《晏子春秋·内篇杂下》

【译文】衡量自己的贡献而接受国家的供给，德高贡献大就接受禄位，德薄贡献小就辞退禄位。

【原文】称身就位，计能定禄；睹贤不居其上，受禄不过其量。

——《晏子春秋·内篇问上》

【译文】权衡自己的德才接受职务，衡量自己的能力接受俸禄，发现有比自己贤能的人，就不要使自己的职位在他之上，俸禄数量也不能超过他。

【原文】无功之赏，无力之礼，不可不察也！

——《战国策·宋卫策》

【译文】对于自己没有功劳而受到奖赏，没有为人出力而收到的礼物，不能不认真考察一番。意谓不能随便接受与自己的贡献不相符的奖赏和礼物。

【原文】治国之臣,效功于国以履位,见能于官以受职,尽力于权以任事。

——《韩非子·用人》

【译文】治理国家的大臣,为国家建立功劳才能登上官位,在担任官职中表现自己的才能方可接受职务,尽自己的力量掌好权才能担任大事。

【原文】以力得富,以事致贵,以过受罪,以功致赏。

——《韩非子·六反》

【译文】凭自己的能力得到财富,凭自己的事业而达到显贵,因为自己有过失而受惩罚,凭自己的功劳而得到奖赏。

【原文】必先服能,然后任;必反情,然后受。主虽过与,臣不徒取。

——《吕氏春秋·务本》

【译文】一定要先贡献才能,然后才担任官职;一定先审察自己,然后才接受禄位。君主即使给了超过自己能力的禄位,臣子也不凭空接受。

【原文】幸则必不胜其任矣。任久不胜,则幸反为祸。其幸大者,其祸亦大。

——《吕氏春秋·遇合》

【译文】侥幸被任用,那就必然不能胜任。长期不能胜任,那么侥幸反而成为祸害。越侥幸的,祸害也就越大。

【原文】天下有三危:少德而多宠,一危也;才下而位高,二危也;身无大功而受厚禄,三危也。

——《淮南子·人间》

【译文】世上的人有三种危险:自己缺少德行却很受统治者宠幸,这是其一;才能低下而官位却很高,这是其二;自己没有大的功绩却享受着丰厚的俸禄,这是其三。

【原文】忠臣侍之君也,计功而受赏,不为苟得;量力而受官,不贪爵禄;其所能者受之勿辞也,其所不能者与之勿喜也。

——《淮南子·人间》

【译文】忠臣侍奉君主,衡量自己的功劳而接受奖赏,不做苟且取得之事;掂量自己的能力而受官职,不贪图俸禄;自己应当接受的就要接受而不推辞,自己不应该接受的即使给了你也不要高兴。

【原文】进不由道，位过其任，莫能有终。

——《汉书·佞幸传》

【译文】通过不正当的途径和手段得到提拔，而职务和地位又超过了自己的能力所及，这样的人是不可能有好结果的。

【原文】安能苟荣禄，扰扰复营营？

——《依韵和达观禅师赠别》诗

【译文】怎能为了取得一官半职，而去上蹿下跳，奔忙不已呢？

【原文】器小而受巨，则覆满随因。

——《考满辞加恩疏》

【译文】容器很小而要容纳的东西极多，那么容器倾覆或满溢是眨眼间就会出现的事。

【原文】才不称不可居其位，职不称不可食其禄。

——《蕉窗日记》

【译文】才能不相称，就不要占据那个职位；既然不称职，就不要享受那种俸禄。

【原文】居上位而不骄，在下位而不忧。

——《易·乾》

【译文】身居高位、担负要职而不骄矜自傲，不被重用而地位低下也不悲观失望。

【原文】有大者不可以盈。

——《易·序卦》

【译文】有了大的功劳和高位不可以自满。

【原文】贵不专权，罔惑上下，贱能守分，不苟求取。

——《喻友》

【译文】职位高不专权跋扈，不欺骗上级和下级；身份低能守住职分，不苟且地去获取一官半职。

【原文】好恶以节，喜怒以当，以为下则顺，以为上则明。

——《荀子·礼论》

【译文】对兴趣上的嗜好和厌恶能够进行节制，做到适度；对于高兴和发怒能够控制，做到得当。这样的人处在下级地位就是顺理之人，处在上级的地位就是明智的领导者。

【原文】放荡功不遂，满盈身必灾。

——《劝学篇》

【译文】放纵不受拘束，事业就不会成功；骄傲到极点，灾祸就要随身而来。

【原文】真西山论菜云："百姓不可一日有此色，士大夫不可一日不知此味。"余谓百姓之有此色，正缘士大夫不知此味。若自一命以上至于公卿，皆是咬得菜根之人，则当必知其职分之所在矣，百姓何愁无饭吃！

——《鹤林玉露·甲编卷二》

【译文】真德秀在谈论菜的时候说："老百姓不能一天面有菜色，士大夫不能一天不知菜的滋味。"我认为百姓面有菜色，正是由于士大夫不知道菜的滋味，如果从最低品级的官员直到朝廷的公卿大臣，都是能嚼咬菜根的人，那么一定会知道他们的职责所在了，老百姓又何愁无饭可吃呢！

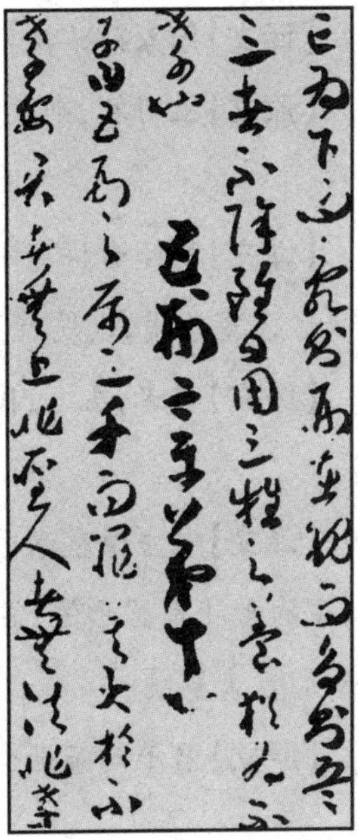

【原文】生存一日，当为生民办事一日。

——《颜习斋先生年谱》

【译文】生存一天，就应当为百姓办一天事。

【原文】子游既已受业，为武城宰。孔子过，闻弦歌之声。孔子莞尔而笑曰："割鸡焉用牛刀？"子游曰："昔者偃闻诸。"夫子曰："君子学道则爱人，小人学道则易使。"孔子曰："二三子，偃之言是也，前言戏之耳。"

——《史记·仲尼弟子列传》

【译文】子游学业完成以后，做了武城的长官。孔子经过武城，听到了弹琴唱歌的声音。孔子微笑着说："杀鸡何必用宰牛的刀？"子游说："从前我听先生说过：'做官的学习了道理，就会爱护百姓；老百姓学习了道理，就容易使唤。'"孔子说："学生们，言偃的话是对的。刚才我说的那句话不过是开玩笑罢了。"

【原文】君不肖，则国危而民乱；君贤圣，则国安而民治。

——《六韬·盈虚》

【译文】君主不贤，国家就危难，老百姓就作乱；君主贤明，国家就安宁，老百姓就容易管理。

【原文】凡治乱之情，皆道上始。

——《管子·禁藏》

【译文】凡是国家治与乱的一切现象，都是从上面开始的。

【原文】御民之辔，在上之所贵；道民之门，在上之所先；召民之路，在上之所好恶，

——《管子·牧民》

【译文】统御人民的要领，就在于君主重视的是什么；引导人民走什么门径，要看君主带头做什么；号召人民走什么道路，要看君主的好恶是什么。

【原文】天下有道，则庶人不议。

——《论语·季氏》

【译文】国家政治清明，老百姓就不会议论纷纷。

【原文】上好礼，则民莫敢不敬；上好义，则民莫敢不服；上好信，则民莫敢不用情。

——《论语·子路》

【译文】执政者讲究礼法，人民就不敢不尊敬；执政者尊奉真理，人民就不敢不服从；执政者讲究信用，人民就不敢不说真话。

【原文】君者，盂也；民者，水也。盂方则水方，盂圆则水圆。

——《尹文子·处道》

【译文】君主像盛水的盂，人民像盂里的水。盂的形状是方的，盂里盛的水就成为方形；盂的形状是圆形的，盂里盛的水也就成为圆形。比喻国家领导人个人的品德言行对群众的巨大影响。

【原文】君子动而世为天下道，行而世为天下法，言而世为下则。

——《礼记·中庸》

【译文】君主的举止往往被世人当作天下共行的道理，君主的所作所为往往被世人当作天下遵循的法度，君主的言论往往被世人当作天下必守的准则。

【原文】大臣法，小臣廉，官职相序，君臣相正，国之肥也。

——《礼记·礼运》

【译文】大臣守法，小臣廉洁，百官各依次尽职，君臣互相扶正，国家就富足。

【原文】为君不君，为臣不臣，乱之本也。

——《国语·齐语》

【译文】当国君的不像国君，作臣子的就不像臣子，这是国家混乱的根源。

【原文】君使民慢，乱将作矣。

——《左传》庄公八年

【译文】君主之所作所为使得民众轻视他，那么祸乱就将发生了。

【原文】民之不治者，君道卑也；法之不明者，君长乱之。

——《商君书·壹言》

【译文】民众治理得不好，原因是国君的治国方法不高明。法令不严明的原因，是由于国君助长乱事。认为国家治理得不好，应当从上面寻找原因。

【原文】汤、武非得伯夷之民以治，桀，纣非得跖、蹻之民以乱也。民之治乱在于上，国之安危在于政。

——《慎子·逸文》

【译文】成汤和周武王时期并不是由于人民都像伯夷那样的贤人才把国家治理得那么好，夏桀和商纣时期也并不是老百姓都是盗寇才使得国家大乱。可见，人民治理得好坏的关键在于上面，国家安定或是危险的关键取决于政策是否合理。

【原文】上一则下一矣，上二则下二矣；辟之若草木，枝叶必类本。

——《荀子·富国》

【译文】上面怎样，下面就怎样，这就好像是草木，它的枝叶是由根决定的。

【原文】官之失能者其国乱。

——《韩非子·有度》

【译文】做官的无能，这个国家就要混乱。

【原文】上之化下，下之从上，犹泥之在钧，惟甄者之所为。

——《汉书·董仲舒传》

【译文】上面教化下面，下面随从上面，就好像把泥放在制作陶器的转轮上，完全按照制作者的要求来变化。

【原文】遭良吏，则皆怀忠信而履仁厚；遇恶吏，则皆怀奸邪而行浅薄。

——《潜夫论·德化》

【译文】人民得到好的官吏，就都心怀忠信之心，做仁厚的事情；遇上了坏的官吏，就都心怀奸邪，尽做浅薄之事。

【原文】王良登车，马不罢驽；尧、舜为政，民无狂愚。

——《论衡·率性》

【译文】善于驾车的王良登上车子，驾车的马就不再是无能的劣马；尧、舜管理国家，人民就没有放荡愚蠢的行为。

【原文】君者，民之心也；民者，君之体也。心之所好，体必安之；君之所好，民必从之。

——《春秋繁露·为人者天》

【译文】君主是老百姓的心脏，百姓是君主的身躯。心脏喜欢做什么，身躯必定安于其事；君主喜欢怎样做，百姓必然随从。

【原文】子路问政。孔子曰："先之，劳之。"

——《史记·仲尼弟子列传》

【译文】子路请教为政的道理，孔子说："自己要先做出榜样，然后使百姓勤劳地工作"。

【原文】下之化上疾于影响，举错不可不审也。

——《史记·张释之冯唐列传》

【译文】在下位的人受在上位的人影响，比影之随形、响之应声来得还更快，所以执政者的举动措施不能不审慎。

【原文】所立于下者，不废于上；所禁于民者，不行于身。

——《淮南子·主术》

【译文】为下级制定的法纪，不能由上面的人带头破坏；禁止老百姓做的事，执政者自己绝不去做。

【原文】上者，民之表也。表正，则何物不正？

——《孔子家语·王言解》

【译文】那些戴着高帽子、拖着长带子的人，气昂昂地似乎是个治国人才，他们真的能够建立伊尹、皋陶那样的功业吗？盗贼起来了却不晓得怎样抵御，百姓穷困却不晓得怎样救助，官员奸邪却不晓得怎样禁止，法制败坏却不晓得怎样整顿，坐在那里白白浪费国家粮食而不知羞耻。

【原文】川流溃决，必问为防之人；比户延烧，必罪失火之主；至于国破家亡，流毒无穷，孰为之而孰主之？非君其谁乎？

——《潜书·远谏》

【译文】河堤崩坏，洪水泛滥，必须责问负责河防的人；挨着的住户依次着火，必须向失火的那家主人问罪；大到国破家亡，为害不止，是谁造成？该谁负责？除了君主还能是谁呢？意谓君主应对国家的治乱安危负全责，不能推到他人身上。

【原文】天下难治，人皆以为民难治也；不知难治者，非民也，官也。

——《潜书·柅政》

【译文】国家难以治理，人们都以为是老百姓难以治理，而不知道难以治理的并非老百姓，而是国家官员。

【原文】道也者，导之也，上导之而下遵以为路也。

——《读通鉴论》

【译文】治国之道，实际上就是引导，执政者朝什么方向引导，下面就沿着什么道路走。

【原文】欲正君而序百官，必自大臣始：

——《大臣》

【译文】想要匡正君主，使百官秩序井然，必须从大臣开始。

【原文】明主，犹羿也。平和其法，审其废置而坚守之，有必治之道，故能多举而多当。道者，羿之所以必中也，主之所以必治也。射者，弓弦发矢也。

——《管子·形势解》

【译文】明主治国同后羿射箭相仿。调整好治国的法度，了解好哪些应当废除，哪些应当创设，并坚定不移地实行下去，掌握住必然治理好国家的规律，所以就能多办事而且办得恰当。掌握规律，是后羿射之必中、君主理之必治的原因。而射箭的表面动作，不过是弓弦放出箭而已。

【原文】明主，犹造父也。善治其民，度量其力，审其技能，故立功而民不困伤。故术者，造父之所以取远道也，主之所以立功名也。驭者，操辔也。

——《管子·形势解》

【译文】明主治国的道理同造父驾车一样。善于治理他的民众，度量民力，了解他们的技能，所以作了事功而人民却不觉疲困和损害。所以掌握住技巧，是造父驶行远路、君主建立功名的原因。至于驾车的表面动作，不过是掌握马的缰绳而已。

【原文】任势守数以为常，周听远近以续明。

——《管子·七臣七主》

【译文】利用形势遵循客观规律以建立常规常法，普遍地了解远近情况以深入明察国事。

【原文】名不可简而成也，誉不可巧而立也。

——《墨子·修身》

【译文】好的名声不是轻易形成的，好的称誉是不能通过投机取巧的办法建立的。

【原文】兴王有道，而持之异理。

——《商君书·开塞》

【译文】创立王业有一套办法，而维持政权却另有一套办法。提醒执政者，创业与守业有着不同的规律，要善于学习。

【原文】得势之至，不参官而洁，陈数而物当。

——《商君书·禁使》

【译文】在利用客观形势方面如果做得很到家，那么虽然官吏不多，也可以治理得井井有条；方法运用得当，事物也处理得当。

【原文】凡知道者，势、数也。故先王不恃其强，而恃其势；不恃其信，而恃其数。

——《商君书·禁使》

【译文】所谓掌握治政之道，主要指懂得利用客观形势和掌握治国规律。所以古代帝王不是依靠力量的强大，而是依靠他善于利用客观形势；不是依靠他的诺言，而是依靠掌握治国规律。

【原文】得天下者，先自得者也。能胜强敌者，先自胜者也。

——《商君书·画策》

【译文】能得到天下的人，首先要自己具备治天下的能力。能战胜强敌的人，首先要自己具备取胜的条件。

【原文】见本然之政，知必然之理，故其制民也，如以高下制水，如以燥湿制火。

——《商君书·画策》

【译文】通晓适应时代需要的施政措施，知道事物发展的必然规律，所以治理起民众来，就犹如利用地势的高低来控制水流、利用燃料的干湿来控制火势一样得心应手。

【原文】善知射其不贵其中，贵其所以必中也；善知理固理身者亦不贵其存，贵其所以必存。

——《列子·说符》

【译文】对射箭技术十分精通的人不以射中目标为可贵，而以知道为什么必定射中为可贵；对治理国家和修养自身十分精通的人不以求得国家和自身的存在为可贵，而以知道为何必定存在为可贵。

【原文】闻学而后入政，未闻以政学者也。

——《左传》襄公三十一年

【译文】只听说学习以后才能做官从政，未闻做官从政后再来学习的。

【原文】子贡问政。

子曰："足食，足兵，民信之矣。"

子贡曰："必不得已而去，于斯三者何先？"

曰："去兵。"

子贡曰："必不得已而去，于斯二者何先？"

曰："去食。自古皆有死。民无信，不立。"

——《论语·颜渊第十二》

【译文】子贡向孔子请教如何治理国家。孔子说："粮食充足，军备充足，人民信任统治者。"子贡又问："如果迫不得已一定要去掉其中一项，那么在这三项之中先去掉那一项？"孔子说："去掉军备"。子贡又问："如果迫不得已还要去掉其中一项，那么在余下二项中又先去掉那一项？"孔子说："去掉粮食。自古以来，人总是要死的。如果人民（对统治者）不信任，（政权）也就要垮台了。"

【原文】言而不信，则民不附。

——《管子·形势》

【译文】出言而不守信，民众不会归附。

【原文】不欺其民，则下亲其上。

——《管子·牧民》

【译文】不欺骗民众，则民众亲近上官。

【原文】子夏曰："君子信而后劳其民；未信，则以为厉己也。"

——《论语·子张第十九》

【译文】子夏说："君子受到人民的信任之后才可去役使他们；如果还没有得到人民的信任就去役使他们，那么人民就会认为自己受到虐害。"

【原文】诚者，君子之所守也，而政事之本也。

——《荀子·不苟》

【译文】诚实，是正人君子遵守的准则，也是处理政事的根本。

【原文】言而不信，言无信也；令而不从，令无诚也。不信之言，无诚之令，为上则败德，为下则危身。

——《贞观政要·诚信》

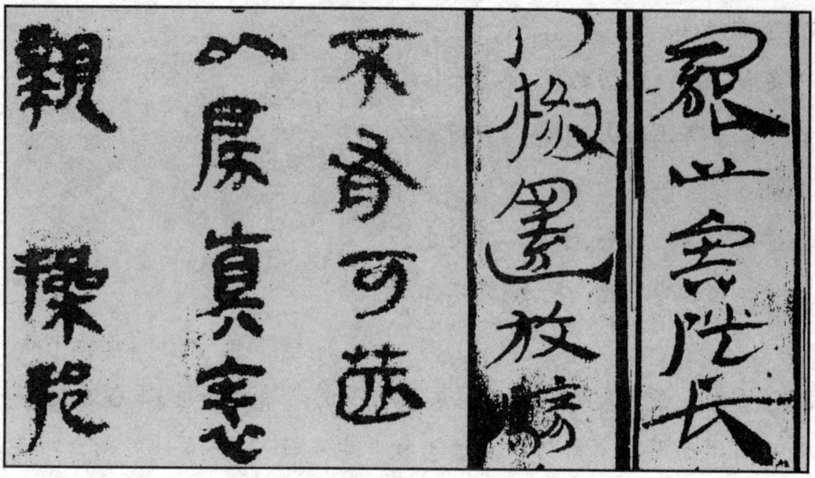

【译文】说的话人们已不相信，是因为他的话早已失去信用：发布的命令人们不服从，是因为他的命令从来就无诚意。居于上位的人说无信用的话，发布无诚意的命令，则败坏德行，居于下位的如此，则会危及自身。

【原文】厚赏重刑，未足以劝善而禁非，必信而已矣。

——《资治通鉴·汉纪》

【译文】丰厚的奖励，苛重的刑罚，都不足以勉励民众向善和禁止民众做坏事，必定要讲信用才能达到这个目的。

【原文】国乱而治之者，非案乱而治之之谓也，去乱而被之以治。

——《不苟》

【译文】国家混乱了，要进行治理，并不是按原有的紊乱去整顿它的意思，而是要去除原有的紊乱而加上安定去治理。

【原文】夫诚者，君子之所守也，而政事之本也。

——《不苟》

【译文】这种真诚，是君子所要执守的，而且是政事的基础。

【原文】欲观千岁，则数今日；欲知亿万，则审一二；欲知上世，则审周道。

——《非相》

【译文】要想观察千年以前，就得数算现在；要想懂得亿万，就得明审一二；要想懂得前代，就得明审周代的道。

【原文】贤者以其昭昭,使人昭昭;今以其昏昏使人昭昭。

——《孟子·尽心章句下》

【译文】贤明的人教人,凭着自己的清楚明白,再让别人去清楚明白;现在那些教人的人,自己本来就很糊涂,却想叫别人清楚。

【原文】人主不务得道而广有其势,是其所以危也。

——《荀子·仲尼》

【译文】君主不致力于掌握治国之道,而只求拥有很大的权势,这是他们所以危险的原因。

【原文】疏观万物而知其情,参稽治乱而通其度,经纬天地而材官万物,制割大理而宇宙理矣。

——《荀子·解蔽》

【译文】通观万物而掌握它们的实际情况,考察社会的治乱而通晓它的界限,治理天地而利用万物,掌握自然和社会的全面道理而整个宇宙都得到治理。

【原文】学者非必为仕,而仕者必如学。

——《荀子·大略》

【译文】学习的人不一定都去做官,做官的人一定要学习。

【原文】天行有常,不为尧存,不为桀亡。应之以治则吉,应之以乱则凶。

——《荀子·天论》

【译文】自然界的运行变化是有正常规律的,它不为尧而存在,也不为桀而灭亡。所以,适应这些客观规律而采取合理的措施,就能得到好处,不适应这些规律而采取不合理的措施,就会造成灾难。

【原文】圣人君子,明盛衰之源,通成败之端,审治乱之机,知去就之节。

——《黄石公三略·下略》

【译文】圣明的君主,贤能的官员,能明察盛衰的根源,通晓成败的端由,熟识治乱的关键,明了进退的节度。

【原文】人主之患,存而不知所以存,亡而不知所以亡。此存亡之所以数至也。

——《吕氏春秋·高义》

【译文】君主的毛病在于,保存住国家却不知道是怎样保存住的,丧失掉国家却不知道为何会丧失掉。这就是国家屡存屡亡的原因。

【原文】使治乱存亡若高山之与深溪，若白垩之与黑漆，则无所用智，虽愚犹可矣。且治乱存亡则不然。如可知，如不可知；如可见，如可不见。故智士贤者相与积心愁虑以求之。

——《吕氏春秋·察微》

【译文】假如国家的治与乱、存与亡的区别像高山与深谷、白土与黑漆那样容易分辨，那就没有必要运用智慧，即使蠢人也可以知道。然而治与乱、存与亡的区别并不是这样。好像可知，又好像不可知；好像可见，又好像不可见。所以有才智的人和贤明的人都在千思百虑、用尽心思去探求治乱存亡的规律。

【原文】无术之智，不教之能，而恃强速贯习，不足以成也。

——《吕氏春秋·不二》

【译文】依赖那种不懂治国之术的小聪明，凭借那种未经过教育训练的才能，单凭自己的强力、敏捷、贯通、熟悉，是不能成就功业的。

【原文】心无政教之源，而欲为万民之上则难。

——《淮南子·说林》

【译文】思想中没有政治与教化的本源，而想成为万民之上的执政者是十分困难的。

【原文】体道者逸而不穷，任数者劳而无功。

——《淮南子·原道》

【译文】依靠治国之道的人不费力气而且办法层出不穷，只知道运用具体技巧和手段的人不仅辛苦而且没有成效。

【原文】忍屈伸，去细碎，广咨问，除嫌吝。

——《诫外甥书》

【译文】要能够适应顺利、曲折等不同境遇的考验，摆脱琐碎事务和感情的纠缠，广泛地向人请教，根除自己怨天尤人的情绪。

【原文】政教之道，共在书内。

——《贞观政要·悔过》

【译文】从政与教化的道理，书中都有详细的论述。

【原文】不学，则不明古道，而能政治太平者未之有也。

——《贞观政要·尊敬师傅》

【译文】不学习就不懂得历史规律，而这样能使国家太平的人是从来没有的。

【原文】治则有为治之因，乱则有致乱之因。

——《河南程氏粹言·论政篇》

【译文】国家安定，则有达到安定的原因；国家混乱，则有造成混乱的原因。意谓执政者要用心探求治乱的原因，从而掌握治国规律。

【原文】虽有忧勤之心而不知致治之要，则心愈劳而事愈乖。

——《准诏言事上书》

【译文】虽然有忧愁劳苦之心，但不知道达到太平盛世的要领，那势必会心神越是疲劳，事情越是与愿望背道而驰。说明治理国家不仅要忧勤国事，更要懂得治国之术。

【原文】国者，天下之利势也。得道以持之，则大安也，大荣也，积美之源也。不得道以持之，则大危也，大累也，有之不如无之。

——《资治通鉴·周纪四》

【译文】国家，是天下最有利益和权势的东西。得到治国之道的人掌握了它，就会很安定，很荣耀，成为积累美名的根源。没有得到治国之道的人掌握了它，就会非常危险，受到很大牵累，有了它还不如没有它。

【原文】考仁圣之风，习治国之道，欣欣焉发愤忘食，日新厥德，其乐岂衔橛之间哉！

——《资治通鉴·汉纪十六》

【译文】考察圣明君王的风范，学习治理国家的道理，内心充满愉悦，发愤忘食，自己的品德每天都在提高，这种快乐。难道会是骑在马背上奔驰所能得到的？

【原文】博识安危之理，深知成败之由。

——《宋史·列传第二十二》

【译文】从多方面认识国家平安和危乱的道理，深刻地了解事业成败的原因。

【原文】古无不学之天子。

——《读通鉴论》

【译文】在古代，没有不刻苦学习的天子。

【原文】听其言，则辞辩而无统；用其身，则多诈而无功。上不足以顺明王，下不足以和齐百姓，然而口舌之均，噡唯则节，足以为奇伟偃却之属；夫是之谓奸人之雄。

——《非相》

【译文】听到他的谈论，就表现得言辞争辩，而没有系统；录用他这个人，就表现得内藏奸诈，而没有成就。在上不足以顺从明王，在下不足以和齐百姓，然而口头很便利，言谈话语，文绉绉的，足以表现出夸张、骄傲的神态，这就叫作奸人的魁首。

【原文】知而险，贼而神，为诈而巧，言无用而辩，辩不惠而察，治之大殃也。

——《非十二子》

【译文】聪明而险恶，害人而神通，伪诈而机巧，说没有用的。

【原文】君子之所贵于智者，自知也，知人也，知天也。

——《读通鉴论》

【译文】君子之所以重视智慧和知识，是由于第一能正确认识自己，第二能客观地认识别人，第三能了解客观世界的规律。

【原文】德立而后道随之，道立而后政随之。

——《读通鉴论》

【译文】仁德建立后，紧随着的是掌握治国之道，治国之道掌握之后是建立政事制度。

【原文】后治而先学。

——《读通鉴论》

【译文】先学习，后从事政事活动。

【原文】经国之远图，存乎通识。通识者，通乎事之所由始，弊之所由生，害之所由去，利之所由成。

——《读通鉴论》

【译文】治理国家的长远考虑，存在于渊深的见识之中。所谓渊深的见识，是指通晓事情是怎样开始的，弊病是怎样产生的，害处怎样才能除掉，好处怎样才能形成。

【原文】前事之不忘，后事之师。

——《战国策·赵策一》

【译文】不忘记以前做事的经验教训，就可以作为后来做事的借鉴。

【原文】人求多闻善败，以监戒也。

——《国语·楚语下》

【译文】人总是想多听到一些成功失败的经验教训，用来作为鉴戒。

【原文】疑今者察之古，不知来者视之往。万事之生也，异趣而同归，古今一也。

——《管子·形势》

【译文】对当今有疑惑不解的事可以考察古代，对未来不了解则可以考察过去。万事的本性，途径方式虽有不同，但总是同归一理，从古到今都是一样的。

【原文】观往事，以自戒，治乱是非亦可识。

——《荀子·成相》

【译文】观察研究过去的经验教训，用来作自己的鉴戒，国家何以治，何以乱，哪是对，哪是错，是有规律可掌握的。

【原文】不知戒，后必有。

——《荀子·成相》

【译文】不以前事为鉴戒，以后还会重蹈覆辙。

【原文】国之存也，国之亡也，身之贤也，身之不肖也，亦皆有以。圣人不察存亡、贤不肖，而察其所以也。

——《吕氏春秋·审己》

【译文】国家的生存与灭亡，人的贤与不贤，也都各有原因。聪慧之人不去考察存与亡、贤与不贤的表面现象，而考察造成它们之所以这样的缘故。

【原文】今之于古也，犹古之于后世也；今之于后世，亦犹今之于古也。故审知今则可知古，知古则可知后，古今前后一也。

——《吕氏春秋·长见》

【译文】今天跟过去的关系，就像是过去跟未来关系一样；今天跟未来的关系，也就像今天跟过去的关系一样。所以，清楚地了解今天，就可以知道过去，知道过去就可以知道未来，古今前后是同一回事。

【原文】圣人体天，贤者法地，智者师古。

——《黄石公三略·中略》

【译文】圣人能够体察到上天的规律，贤者能够效法人间的准则，智者能够借鉴历史。

【原文】君子为国，观之上古，验之当世，参之人事，察盛衰之理，审权势之宜，去就有序，变化有时，故旷日长久而社稷安矣。

——《贾谊集·审微》

【译文】有才德的人治理国家，纵观古代的经验教训，用当世的实践来验证，用人间各种事情进行检验，察明兴盛与衰亡的道理，弄清谋略与形势是否相适应，去留、进退井然有序，变革更换符合时机，所以能历时久远而国家安定。

【原文】“前车覆，后车诫。”秦世之所以亟绝者，其辙迹可见也；然而不避，是后车又将覆也。

——《治安策》

【译文】"前面的车翻了，后面的车应引为鉴戒"。秦王朝之所以很快就灭绝了，它的车辙仍旧可见，然而人们却不知道回避，那必定是后来的车也要翻了。

【原文】治乱之机，辙迹可见也，而世主莫之能察，此治道之所以塞。

——《淮南子·主术》

【译文】导致国家治与乱的关键，从历史的辙迹中已清晰可见，而国君不能体察，这是治国之道所以阻塞的原因。

【原文】明镜所以照形，古事所以知今。

——《三国志·吴书·吴主五子传》

【译文】明亮的镜子，是用来照人容貌的；过去的事件，是用来正确了解今天的事件。

【原文】灭六国者，六国也，非秦也；族诛者，秦也，非天下也。

——《阿房宫赋》

【译文】灭亡六国的是六国自己，不是秦国；使秦国灭之的是秦国自己，不是天下人。

【原文】秦人不暇自哀，而后人哀之；后人哀之而不鉴之，亦使后人而复哀后人也。

——《阿房宫赋》

【译文】秦王朝来不及对本王朝的灭亡进行哀悼，而让后代的人来哀悼它；后代的人哀悼秦王朝的垮台，而不引以为戒，也将使更往后的人又来哀悼那些不引以为戒的人。

【原文】人臣若无学业，不能识前言往行，岂堪大任？

——《贞观政要·崇儒学》

【译文】做臣子的假若没有学识，不能通晓前人的言行得失，怎么能够担负重任？

【原文】若能思其所以危，则安矣；思其所以乱，则治矣；思其所以亡，则存矣。

——《贞观政要·刑法》

【译文】如果能思考其危亡的原因，那么就可以得到安宁了；如果能思考其混乱的原因，那么就可以大治了；如果能思考其灭亡的原因。那么就可以生存了。

【原文】鉴形之美恶，必就于止水；鉴国之安危，必取于亡国。

——《贞观政要·刑法》

【译文】要观察自己的相貌美丑，必须面对平静的水面；要考察国家的安危，必须吸取已亡国家的教训。

【原文】一则鉴前代成败事，以为元龟；二则进用善人，共成政道；三则斥弃群小，不听谗言。

——《贞观政要·杜谗邪》

【译文】(要治理好国家)一是借鉴前代朝政的成败得失,作为经验教训;二是任用好人,共同完成为政之道;三是斥退诸多小人,不听信谗言。

【原文】治乱兴亡之迹,为人君者可以鉴矣!

——《朋党论》

【译文】历史上的太平与动乱、兴盛与衰亡的经验教训,作为君主是应当借鉴的。

【原文】王者未制礼之时,引先王礼宜于今者而用之。

——《资治通鉴·汉纪十八》

【译文】君主在没有制定出完善的礼义制度时,可以把从前那些君主所制定的礼义制度中符合今天情况的部分,继承过来加以采用。强调对历史遗产要善于扬弃,古为今用。

【原文】行辟而坚,饰非而好,玩奸而泽,言辩而逆,古之大禁也。

——《非十二子》

【译文】行为僻邪,而表示顽强;掩饰过错,而表示工巧;玩弄奸邪,而表示温润;说话明辨,而不顺情理;这都是古来所最禁止的。

【原文】"居安思危",思则有备,有备无患。

——《左传》襄公十一年

【译文】"身处安定之中要想到危难",能想到就有所准备,有所准备就可以避免祸患。

【原文】于安思危,危则虑安。

——《战国策·楚策四》

【译文】在安定的时候要想着可能会出现的危难,在危难的时候要思虑怎样实现安定。

【原文】夫忧者所以为昌也,喜者所以为亡也。胜非其难者也,持之其难者也。贤主以此持胜,故其福及后世。

——《列子·说符篇》

【译文】保持忧虑,居安思危,是国家昌盛的原因,而不思忧患,盲目欢乐,是导致灭亡的祸根所在。夺得胜利并非困难,保持胜利才是困难的。贤明的君主依靠这条道理来保持胜利,所以他们的幸福能够延及后世。

【原文】安国家之道,先戒为宝;今君已戒,祸甚远矣。

——《吴子·料敌》

【译文】要使国家长治久安,事先提高警觉是最重要的法宝;现在您已警觉了,灾祸就离您很远了。

【原文】知者之举事也，满则虑嗛，平则虑险，安则虑危，曲重其豫，犹恐及其祸，是以百举而不陷也。

——《荀子·仲尼》

【译文】有头脑的人在处理事情时，宽裕时要考虑到不足，平顺时要考虑到险阻，安全时要考虑到危险，周全慎重地做好预防，还恐怕遭到祸害，这样，办多少事情也不会有失误被动。

【原文】于安思危，于达思穷，于得思丧。《周书》曰："若临深渊，若履薄冰。"以言慎事也。

——《吕氏春秋·慎大》

【译文】在平安时要想到危险，在显赫时要想到困窘，在有所得时要想到有所失。《周书》上说："就像面临深渊一样，就像脚踩薄冰一样。"这是说做事要小心谨慎。

【原文】佚能思初，安能惟始，沐浴膏泽而歌咏勤苦。

——《史记·乐书》

【译文】安逸之后能想着当年的苦难，太平之后能想着创业的危险，沐浴在幸福之中能念念不忘从前的艰辛。

【原文】有忧而不知忧者凶，有忧而深忧之者吉。

——《春秋繁露·玉英》

【译文】有忧患却不知道忧虑者，必然有凶险；有忧患而深深忧虑者，必然会吉祥顺利。

【原文】治不忘乱，安不忘危。

——《冀州箴》

【译文】国家大治时不忘记可能出现的祸乱，安定无事时不忘记可能会发生的危险。

【原文】凡事行，有益于理者立之，无益于理者废之，夫是之谓中事。凡知说，有益于理者为之，无益于理者舍之，夫是之谓中说。事行失中，谓之奸事，知说失中，谓之奸道。奸事、奸道，治世之所弃，而乱世之所从服也。

——《儒效》

【译文】凡是施行事务，对于平治有益的就树立它，对于平治无益的就废止它，这就叫作正当的事务。凡是解说事理，对于平治有益的就取用它，对于平治无益的就抛弃它，这就叫作正当合理地说解。施行事务不正当，就叫作奸事；解说事理不正当，就叫作奸道。奸事和奸道，是平治世界所要抛弃的，却是昏乱世界所遵从的。

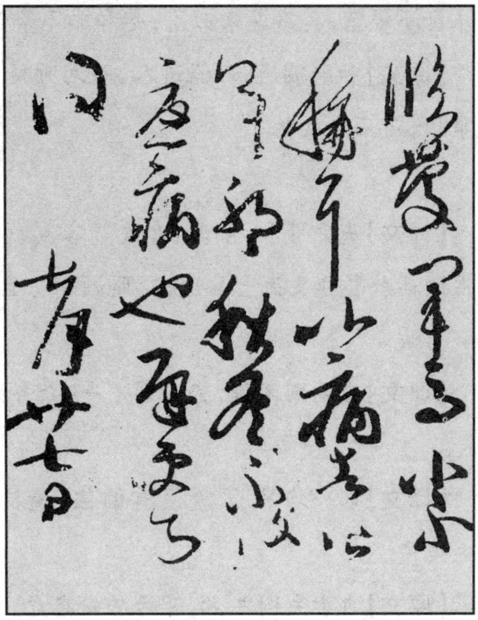

【原文】明主谲德而序位，所以为不乱也；忠臣诚能，然后敢受职，所以为不穷也。分不乱于上，能不穷于下，治辩之极也。

——《儒效》

【译文】英明的君主根据才德而安排官位，就是所以防止昏乱；忠臣确实有才能，然后才能接受职位，就是所以防止困顿。在上方分位不混乱，在下方才能不困顿，这是治国的要道。

【原文】请问为政。曰：贤能不待次而举，罢不能不待须而废，元恶不待教而诛，中庸不待政而化。

——《王制》

【译文】有人请问施行政治的策略方法。回答说：贤人和有才能的人，不通过评比就可以任用他；懦弱的人和无才能的人，不通过怀疑就可以罢免他；罪魁祸首，不通过教育就可以杀掉他；中常之人，不通过政治就可以感化他。

【原文】奸言奸说，奸事奸能，遁逃反侧之民，职而教之，须而待之；勉之以庆赏，惩之以刑罚；安职则畜，不安职则弃。

——《王制》

【译文】说奸邪话，办奸邪事，到处逃窜、反复无常的民众，就给予一定的职业而教育他们，耐心地等待他们；用赏赐来勉励他们，用刑罚来惩治他们。他们安于职守，就畜养他们；他们不安于职守，就弃绝他们。

【原文】听政之大分：以善至者，待之以礼；以不善至者，待之以刑。两者分别，则贤、不肖不杂，是非不乱。贤、不肖不杂，则英杰至；是非不乱，则国家治。

——《王制》

【译文】听察政事的重大分界：抱着善行来的，就以礼节对待他；抱着恶行来的，就以刑罚对待他。把这两者的界限划清，那贤才和不贤就不致混杂，是和非不致紊乱。贤才和不贤不混杂，英杰就来归附；是和非不紊乱，国家就会太平。

【原文】和解调通，好假道人，而无所凝止之，则奸言并至，尝试之说锋起。若是，则听大事烦，是又伤之也。

——《王制》

【译文】失之缓和、协调，喜欢宽容人、引导人，而漫无底止，奸邪的话就要齐头而来，试探的话就要迎头而上。这样，照顾的方面就要宽广，执行的事务就要烦琐这就又足以损坏行政。

【原文】分均则不偏，势齐则不一，众齐则不使。

——《王制》

【译文】职分均平了，就没有偏位（属员），权势齐同了，就没有一尊；群众齐同了，就不能役使。

【原文】自古失国之主，皆为居安忘危，处治忘乱，所以不能长久。

——《贞观政要·政体》

【译文】自古以来丧失国家政权的君主，都是在社会安定的时候忘记了可能发生的危险，在太平之世忘记了可能出现的祸乱，所以没有多长时间就都灭亡了。

【原文】闻死而愠，则医不敢斥其疾；言亡而怒，则臣不敢争其失。

——《庆历民言·开讳》

【译文】一听到说死就发怒，那么医生就不敢指出他所生的病；一听到说亡国就大发雷霆，那么臣下就不敢批评他的过错。

【原文】居安而念危，则终不危；操治而虑乱，则终不乱。

——《直言对》

【译文】身处安定而思念到可能出现的危险，自始至终不会危险；治理着秩序井然的国家而又考虑到可能出现的混乱，自始至终不会混乱。

【原文】王天下、有国家者，患在上有危亡之事而危亡之言不得上闻。

——《资治通鉴·汉纪二十三》

【译文】作为拥有天下和国家的人，最大的隐患是上层存在有使国家倾危和灭亡的事情，而关于危亡的意见却不能上达耳中。

【原文】百官条通，群臣显见。有罚者主见其罪，有赏者主知其功，见知不悖，赏罚不差。有不蔽之术，故无壅遏之患。乱主则不然，法令不得至于民，疏远鬲闲而不得闻。如此者，壅主之道也。

——《管子·明法解》

【译文】与百官的联系是顺畅的，对群臣的了解是清楚的。对受罚的，君主明了他的罪；对受赏的，君主知道他的功。所见与所知没有什么出入，所赏与所罚没有什么差错。因为他有不受蒙蔽的办法，所以没有被"壅遏"的忧患。昏乱的君主就不是这样，他的法令贯彻不到人民群众之中，被疏远隔绝而不了解情况。这种情况，乃是被壅遏的君主的道路。

【原文】古之欲正世调天下者，必先观国政，料事务，察民俗，本治乱之所生，知得失之所在，然后从事。故法可立而治可行。

——《管子·正世》

【译文】古时想要匡正当世治理天下的人，一定要先考察国家的政情，分析国家的事务，了解民情，查明治乱产生的根源，了解得失在什么地方，然后开始进行治理。这样，法制才能建立，治理措施才能推行。

【原文】情入而不出谓之灭，出而不入谓之绝，入而不至谓之侵，出而道止谓之壅。灭绝侵壅之君者，非杜其门而守其户也，为政之有所不行也。

——《管子·法法》

【译文】情况进而不出，叫作"灭"；情况出而不进，叫作"绝"；情况报上去而不能到达君主，叫作"侵"；情况下达而中途停止，叫作"壅"。有了灭、绝、侵、壅问题的国君，并不是关闭和封锁了他的门户，而是在政治的某些方面有些问题没解决。

【原文】入竟而问禁，入国而问俗，入门而问讳。

——《礼记·曲礼上》

【译文】到了一个国家要了解其法令所禁止的事，到某一都城要了解其风俗习惯，到别人家去，要知道其家中所忌讳的事。

【原文】上知天之道，下知地之理，内得其民之心，外知敌之情。

——《孙膑兵法·八陈》

【译文】（执政者）要上知天文，下知地理，内得民心，外知敌情。

【原文】上之为政，得下之情则治，不得下之情则乱。

——《墨子·尚同下》

【译文】执政者处理政事，了解下情就能治，不了解下情就会乱。

【原文】恶乎原之？察众之耳目之请。

——《墨子·非命下》

【译文】怎样考察事情的根源呢？这就要通过广大民众的耳目听到看到的实际情况来考察。

【原文】不蔽之谓明，不欺之谓察。

——《商君书·修权》

【译文】不受人蒙蔽，才叫作明辨是非，不被人欺骗，才叫作了解下情。说明要明辨是非，了解下情，必须要防止受人蒙蔽和欺骗。

【原文】上通利，隐远至，观法不法见不视。耳目既显，吏敬法令莫敢恣。

——《荀子·成相》

【译文】当政者信息灵通无所壅蔽，使隐藏不显和远处的情况都能了解到，对于合法和不合法的事情，别人看不见的事情，都能看到。耳目如此灵通，下面的官吏便谨慎守法而不敢胡作非为。

【原文】便嬖左右者，人主之所以窥远、收众之门户牖向也。

《荀了·君道》

【译文】身边亲信之人，是君主用来视察远方的窗户和收集情况的门户。

【原文】闻之而不见，虽博必谬；见之而不知，虽识必妄；知之而不行，虽敦必困。

——《荀子·儒效》

【译文】只是听说，而没有亲眼见到，即使听到得再多也必然有谬误；亲眼见到了但并不了解它，虽然认识了也会发生错误；了解了而不去实行，虽然了解得不少也还是行不通。

【原文】疑似之迹，不可不察，察之必于其人也。舜为御，尧为左，禹为右，入于泽而问牧童，入于水而问渔师，奚故也？其知之审也。

——《吕氏春秋·疑似》

【译文】对于令人疑惑的相似现象，不能不审察清楚。审察这种现象，必须找适当的人。即使舜做车夫，尧做主人，禹做助手，进到草泽也要向牧童请教，进入河流地区也要向渔夫问路。这是什么原因呢？因为牧童渔夫对当地的情况了解得最清楚。

【原文】君人者不下庙堂之上，而知四海之外者，因物以识物，因人以知人也。

——《淮南子·主术》

【译文】作君主的人，不从朝廷上下来，就知道四海之外的事情，因为他是通过一部分事物来认识另一部分事物，依靠一些人来了解另外一些人的。说明执政者要善于通过外人外物来察人知情。

【原文】信耳而疑目者，古今之所患也。

——《抱朴子·广譬》

【译文】相信传闻，而对亲眼目睹的事反而持怀疑态度，这是古往今来都引以为患的。

【原文】传闻不如亲见，视景不如察形。

——《后汉书·马援传》

【译文】听信传闻，不如亲自观看；看影子，不如查看本体。说明应调查研究，探求本源。

【原文】不劳心苦思，不能原事；不悉见情伪，不能成名。

——《太白阴经·智有探心篇》

【译文】不精心苦思，就不能探究事物的根本；不全部调查事情的真伪，就不能使事业成功。

【原文】善治天下者，必明于天下之情，而后得御天下之术。

——《栾城应诏集·君术》

【译文】善于治理天下的人，必须先了解天下的真实情况，然后才能找到治理天下的策略和方法。

【原文】上之情达于下，下之情达于上，上下一体，所以为泰。下之情壅阏而不得上闻，上下间隔，虽有国而无国矣，所以为否。

——《亲政篇》

【译文】上面的意图能够通到下面，下面的意见能够达到上面，上下如同一个人，所以中"泰"。相反，下面的意见被堵塞不能够让上面听到，上下隔绝，虽然有国家却像没有国家一样，所以叫"否"。

【原文】为政，通下情为急。

——《薛子通论·下篇》

【译文】执掌政事，最急迫的问题是通晓下层的情况。

【原文】朝廷之政，其弊端之最大者，莫大乎壅蔽。所谓壅蔽者，贤才无路以自达，下情不能以上通是也。

——《正百官·总论朝廷之政》

【译文】在朝廷政事中，弊端最大的，没有比堵塞和蒙蔽更大的了。所谓堵塞和蒙蔽，就是指贤能的人才没有途径自然涌现出来，下面的情况不能通达到上面。

【原文】致乱之原因在乎壅蔽，而所以致壅蔽者，尤以委任之非其人也。

——《正朝廷·总论朝廷之政》

【译文】导致祸乱的原因是执政者耳目闭塞听不到真实情况，而听不到真实情况的原因，主要是由于所任用的官员不是称职的人选。

【原文】下情不能以上通，则民间利痛无由而知，官吏赃否无由而闻，天下日趋于乱矣。

——《正百官·总论任官之道》

【译文】下面的情况不能通达上面，那么民间的好坏情况就无从了解，官吏是否贪赃枉法也没有途径听到，于是国家就日益趋向动乱。

【原文】独骑省从，时行乡里，入其茅屋，抚其妇子，民不以为官，无隐不知。

——《潜书·达政》

【译文】单人独马，省略随从，不时到乡里走走，进到老百姓的茅屋里，安抚妇女儿童，老百姓与之亲密随和，不把他当作国家官员，这样，民间就没有什么隐秘的情况不能了解的。

【原文】知人情物理消长往复之几，而防众心之流以止之于早。

——《读通鉴论》

【译文】熟悉人情和客观事物的规律以及它们减少、增长、往复变化的征兆，就可以防止众心涣散而及早采取遏止措施。

【原文】以天下之目视，则无不见也；以天下之耳听，则无不闻也；以天下之心虑，则无不知也。

——《六韬·大礼》

【译文】用天下人的眼睛来观察，就没有看不见的东西；用天下人的耳朵来听，就没有听不见的声音；用天下人的脑子来思考，就没有不知道的事情。

【原文】汝则有大疑，谋及乃心，谋及卿士，谋及庶人。

——《书·洪范》

【译文】如果你遇到了重大疑难问题，首先自己要多加考虑，然后再和官员们商量，然后和民众商量。

【原文】言室满室，言堂满堂，是谓圣王。

——《管子·牧民》

【译文】在室内讲话，要使全室的人都知道；在堂上讲话，要使满堂的人都知道。这样开诚布公，才称得上圣明的君主。

【原文】明主者，兼听独断，多其门户。群臣之道，下得明上，贱得言贵。故奸人不敢欺。

——《管子·明法解》

【译文】明智的君主，广泛征求反映，独立做出决断，听取意见的渠道是十分多的。对群臣的政策，允许下级提醒上级，低贱者可以评议高贵者。所以奸臣不敢欺骗君主。

【原文】民别而听之则愚，合而听之则圣。虽有汤武之德，复合于市人之言。

——《管子·君臣上》

【译文】对于民众的意见，只个别地听取，就是愚蠢的；全面综合地听取，才是圣明的。即使有商汤、周武王那样的道德，也还要多方搜集众人的言论。

【原文】积於不涸之仓，务五谷也。（晁错对说汉文帝曰："今土地人民不减乎古，无尧、汤之水旱，而蓄积不及古者，何也？地有遗利，人有余力，生谷之土未尽垦辟，山泽之利未尽出，游食之人未尽归农也。当今之务，在于贵粟。贵粟之道，在于使人以粟为赏罚。今募天下之人入粟塞下，得以拜爵，得以除罪。如此，则富人有爵，农人有钱，粟有所余，而国用饶足。不过三岁，塞下之粟必多矣。"汉景帝诏曰："雕文刻镂，伤农事者也；锦乡纂组，害女红者也。农事伤则饥之本也，女红害则寒之原也。夫饥寒并至而能毋为非者，寡矣。朕亲耕，后亲桑，以奉宗朝，为天下先，欲天下务农。蚕素有蓄积，以备灾害。"《盐铁论》曰："国有沃野之饶而人不足于食者，工商盛而本业荒也。有山海之货而人不足於财者，不务人用而淫巧众也。"）

【译文】要想使粮仓内有粮食储蓄取之不尽，那么必须重视发展农业生产。（晁错对汉文帝说："现在土地和人民不比古代少，而且没有尧、汤时的水旱灾害，可是粮食的积蓄却不如过去多，什么原因呢？因为土地没被充分开发，民众的劳力过剩，能生长庄稼的土地没有得到开垦，山林湖海的资源也没有全部利用，流民没有全部回乡务农。当务之急，在于重视粮食生产，其方法就是以生产粮食的多少作为赏罚的标准。应当招募百姓到边疆去从事农业生产。凡是能这样做的，平民百姓可以让他们升官，有罪判刑的可以免罪。这样，富人有了爵位，农民有了钱，粮食有了富余，国家就一定会财源富足。不过三年，边疆的粮食一定会多起来。”汉景帝下诏说：“制作只供玩赏、装饰一类的东西，将损害农业生产；华丽的刺绣只能消耗丝线，将影响成衣制作。农业受到损害将导致饥荒，缝纫受到损害就要挨冻。饥寒交迫而不为非作歹，难啊。我要亲自耕作，皇后要亲自采桑养蚕，以供奉宗庙，以此带动天下民众，希望天下百姓都进行农业生产，使丝绸和粮食都有积蓄，以备灾荒。”晁错写的《盐铁论》说：“国家有肥沃、富饶的田野而人民却食物不足，是由于工商业发展了，而田野却荒芜了；有丰富的山林江海物产而人民却资财不足，是由于不致力于生产百姓所需要的日常用品，却过多地制作那些奢侈奇巧的东西。”）

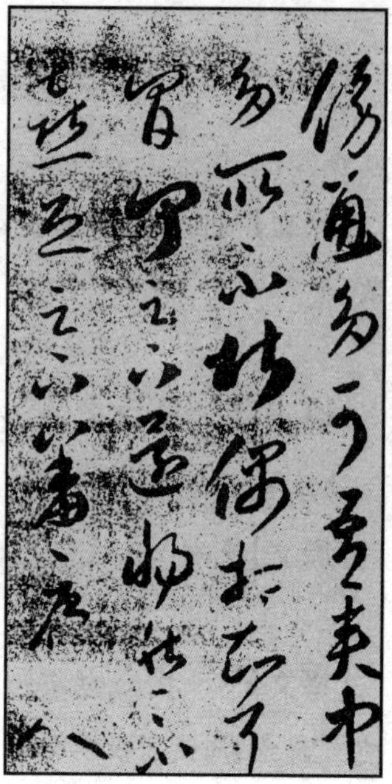

【原文】藏于不竭之府，养桑麻，育六畜也。（汉景帝诏曰：“农，天下之本也。黄金珠玉，饥不可食，寒不可衣。其令郡国劝农桑，益种树，可克衣食物，吏发人取庸，采黄金珠玉者，坐赃；为盗二千石，听者与罪同。”《申鉴》论曰：“人不畏死，不可慑之以罪；人不乐生，不可劝之以善。故在上者先丰人财以定其志也。”）

【译文】要想使府库里财富储备永不枯竭，就必须大力种植桑麻，饲养六畜。（汉景帝下诏说：“农业是天下的根本。黄金珠玉饿了不能吃，冷了不能穿。要命令各郡县和各诸侯国奖励农业生产，种桑养蚕，多植树造林，这样就可以保证人民大众的衣食日用。官吏有征发、雇佣人开采黄金珠玉的，要按采集的数量多少论罪；对盗窃二千石以上的粮食而知情不报的要以与盗窃同罪论处。”荀悦所写的《申鉴》中说：“不怕死的人用治罪来恐吓他，是不会起作用；不热爱生命的人，无法用做好事来勉励他。执政的必须使人民生活富裕才能稳定人心。”）

【原文】下令于流水之源，以顺人心也。（尉缭子曰：“令，所以一众心也。不审所出，则数变，数变则令虽出，众不信也。出令之法虽有小无更，则众不二听，即令行矣。”《尹文子》曰：“父之於子也，令有必行，有不必行者。‘去贵妻，卖爱妾。’此令必行者也。因曰：‘汝无敢恨，汝无敢思。’此令不行者也。故为人上者，必慎所出令焉。”文子曰：“治国有常而利人为本，政教有道而令行为右也。）

【译文】必须针对治乱之根源制定方针政策，以顺应民心，方才能有效。尉缭子说："颁布法令是为使万众一心。假如在其出台时不反复审度，出台后又多次更改，那么法令即使颁布了，群众也不相信。所以凡是颁布的法令，即便有所不足，也不要随便更改。这样，人民群众就不会无所适从。三心二意，法令就会得以贯彻执行。"战国时的尹文在其所著的《尹文子》一书中说："父亲给儿子下的命令，有的会照办，有的却不会。比方说命令他：'赶走尊贵的妻子，卖掉喜爱的小妾。'儿子肯定会照办，因为他想再娶新欢；如果说：'你不许有怨恨，你不许有思想。'他一定做不到。因为这无法做到。由此可知，作为最高决策者，对待法令的颁布一定要慎之又慎。"文子说："治理国家有其最基本的原则，那就以有利于人民为出发点。政治与教化有其最基本的规律，那就以令行禁止为最高原则。"）

【原文】多闻阙疑，慎言其余，则寡尤；多见阙殆，慎行其余，则寡悔。

——《论语·为政》

【译文】多听各种意见，有怀疑的问题暂时放下，对其余问题审慎地说出自己的看法，那么以少犯错误；多看各种事情，把疑惑不清的事情暂时搁下，对其余有把握的事情审慎地去做，那么就能减少后悔。

【原文】圣人与众同欲，是以济事。子盍从众？子为大政，将酌于民也。

——《左传》成公六年

【译文】具有较高智慧和德行的人总同民众的意愿相一致，所以能成就大业。你为什么不听从众人呢？你掌握国家大政，应该从民众中听取意见。

【原文】事以一岁别计，而主以一听，见所疑焉，不可蔽，源不足。

——《商君书·禁使》

【译文】国君对官员的政事每年分别考核一次，国君仅根据这一次汇报就处理政事，即使发现可疑之处，也不能做出概括、判断，因为证据不足。

【原文】天下无粹白之狐，而有粹白之裘，取之众白也。夫取于众，此三皇五帝之大立功名也。

——《吕氏春秋·用众》

【译文】天下没有纯白的狐狸，却有纯白的狐裘，这是从许多白狐狸的皮中取来制成的。善于向众人吸取长处，这就是三皇五帝大建功勋的原因。

【原文】仁贤之智，圣明之虑，负薪之言，廊庙之语，兴衰之事，将所宣闻。

——《黄石公三略·上略》

【译文】仁人贤才的智慧谋略，圣君明主的思虑，民众的舆论，朝廷官员的意见，成功失败的事迹，都是将帅应当听闻的。

【原文】谋及负薪，功乃可述；不失人心，德乃洋溢。

——《黄石公三略·上略》

【译文】遇事能征求普通百姓的意见，所创立的功绩才可以载入史册；不失去人心，德政就会传播四方。

【原文】王者聪，则闻事与臣下谋之，故事无失谋矣。

——《春秋繁露·五行五事》

【译文】君主聪慧，那么在遇到事情时就能与臣下商量，所以决定事情时就不会因谋划不当而失误。

【原文】山林不让椒桂，以成其崇；君子不辞负薪之言，以广其名。

——《盐铁论·刺议》

【译文】山林不拒绝花椒、桂花这一类小树，所以能够高大；君子不谢绝樵夫的意见，所以能够名声远扬。

【原文】人君兼听纳下，则贵臣不得诬，而远人不得欺也。

—《潜夫论·明暗》

【译文】君主全面听取下面的意见并认真采纳，那么君言身边的权臣就无法进行欺骗和捏造，远离君主的人也就不会受到欺压陷害。

【原文】虚心下士，观来察往，谋于众贤。

——《春秋繁露·立元神》

【译文】虚心求教于下面的有才之士，观察事物发展趋势并知悉过去的情况，有事与众位贤能商量。

【原文】反听之谓聪，内视之谓明，自胜之谓强。

——《史记·商君列传》

【译文】能听取相反的意见叫作聪，能自我省察的叫作明，能自我克制的叫作强。

【原文】为政之道，务于多闻，是以听察采纳众下之言，谋及庶士，则万物当其目，众音佐其耳。

——《便宜十六策·视听》

【译文】治理国家的道理，务必尽量多了解各方面的情况。因此要注意听取、分析和采纳下级的意见，谋划事情时要同百姓和有知识的人商量，这样，就能察明一切事物，众人的声音就能帮助自己的耳朵。

【原文】咨诹善道，察纳雅言。

——《出师表》

【译文】随时向臣下寻求治理国家的好方法，分辨并采纳正确的意见。

【原文】事无大小，悉以咨之，然后施行，必能裨补阙漏，有所广益。

——《前出师表》

【译文】事情无论大小，都要广泛征求意见，然后再施行，这样必然能弥补缺陷和漏洞，获得更多的好处。

【原文】勿以身贵而贱人，勿以独见而违众。

——《将苑·出师》

【译文】不要因自己出身高贵而鄙视他人，不要以个人的意见违背众人的意愿。

【原文】天下之务，当与天下共之，岂一人之智所能独了！

——《宋书·颜延之传》

【译文】整个国家的事务，应当和全国的人一起商量管理，难道一个人的智力能单独做得好吗！

【原文】容直言，广视听而不理者，万无一焉。

——《献事表》

【译文】能容纳各种公正合理的意见，能广泛地观察并倾听情况这样还治理不好国家的例子，一万个当中也不会有一个。

【原文】人君兼听纳下，则贵臣不得壅蔽，而下情必得上通也。

——《贞观政要·君道》

【译文】做国君的经常听取和采纳各方面的意见，权贵奸臣就阻塞、蒙蔽不了国君的耳目，而下情必能没有阻碍地反映到朝廷上来。

【原文】参署者，集众思，广忠益也。若远小嫌，难相违覆，旷阙损矣，违覆而得中，犹弃敝跻而获珠玉。

——《资治通鉴·魏纪》

【译文】参与办事的人，应集中大家的智慧，扩大为国尽心的效益。假若为躲避小小的嫌疑，难以提出彼此不同的审议，那么政事就旷废受损了。驳议能恰当中肯，就犹如扔掉破草鞋而获得珠玉。

【原文】博览兼听，谋及疏贱，令深得不隐，远者不塞。

——《资治通鉴·汉纪二十三》

【译文】广泛阅览治国典籍，全面听取各方意见，在谋划事情时要征询关系不亲密的人和小官平民的看法，使那些不出头露面的人出来献计献策，使那些不在近处的人的意见不致受到堵塞。

【原文】圣君知物之要，故其治民有至要。

——《商君书·靳令》

【译文】圣明的国君知道事物的要领，所以治理民众能抓住关键。

【原文】惠而不知为政。

——《孟子·离娄下》

【译文】小恩小惠不是治理国家的根本大法。

【原文】主能当一则百事正。夫兼听天下，日有余而治不足者，如此也。

——《荀子·王霸》

【译文】君主如果能把主要的事处理恰当，那么其他一切事也就随之端正了。每天全面处理天下事情，还有空余的时间，事情不够他干，就是这个道理。

【原文】射者仪毫而失墙，画者仪发而易貌，言审本也。本不审，虽尧舜不能以治。

——《吕氏春秋·处方》

【译文】射箭的人仔细观察毫毛就会看不见墙壁；画像的人仔细观察头发忽略容貌。

【原文】凡为天下，治国家，必务本而后末。

——《吕氏春秋·孝行》

【译文】凡是统治天下，治理国家，必先致力于根本，而把非根本的事情放在后面。

【原文】求之其本，经旬必得；求之其末，劳而无功。

——《吕氏春秋·本味》

【译文】做事情从根本做起，经过短时间必有收获；从枝节做起，就会无功效。

【原文】圣王之设政施教也，必察其始终，其悬法立仪，必原其本末，不苟以一事备一物而已矣。

——《淮南子·泰族》

【译文】圣明的君主建立政治制度施行教化，必须考察事物的结果和起始，设置法律，确立准则,必须探究事物的根本和末梢,不能只按照一种事情就准备一样东西。

【原文】得大数而治,失大数而乱。

——《春秋繁露·楚庄王》

【译文】治理国家,掌握住总的规律和原则,天下就大治,反之就会大乱。

【原文】塞乱源而天下治。

——《盐铁论·中韩篇》

【译文】杜绝了灾乱的根源,天下就太平安定了。

【原文】举网以纲,千目皆张;振裘持领,万毛自整。

——《新论·离事》

【译文】提起鱼网的纲绳,成千上万的网眼就都张开了,握着衣领抖动皮袄,所有的毛自然就整整齐齐了。

【原文】今奸宄虽众,然其原少;君事虽繁,然其守约。知其原少,奸易塞;见其守约,政易持。

——《潜夫论·断讼》

【译文】现在内外勾结犯法的人虽多,但他们产生的根源却不多;君主的事情虽然很繁杂,然而他可以简要地去抓。知道奸邪的根源有限,就容易防止和杜绝;能够简要地去抓,政事就容易把握。

【原文】与人斗,不扼其亢,拊其背,未能全胜也。

——《汉书·娄敬传》

【译文】与人争斗,不用力扼住他的咽喉,按住他的后背,就不能获得彻底的胜利。说明要善于抓关键抓要害。

【原文】政治当有先后,先理纳,后理纪,先理令,后理罚;先理近,后理远;先理内,后理外;先理本,后理末;先理强,后理弱;先理大,后理小;先理身,后理人。

——《便宜十六策·治乱》

【译文】国政的治理应当有先有后:先理总纲,后理具体法纪;先理政令,后理赏罚;先理近处,后理远处;先理内部,后理外部;先理根本,后理枝叶;先理强者,后理弱者;先理大事,后理小事;先理自身,后理他人。

【原文】秉纲而目自张,执本而末自从。

——《物理论》

【译文】抓住总纲，渔网的网眼就自然张开：抓住根本，其末节就会自然而然顺从。

【原文】正其本，万事理。

——《后汉书·范升传》

【译文】把事物的根本端正了，与此有关的万事万物就井井有条了。

【原文】苟正其本刑将措焉，如失其道议之何益？

——《中说·关郎篇》

【译文】如果能够在根本上端正了，刑罚也将弃置不用；如果违背了治本之道，每事必与众人商议又有什么用呢？

【原文】善除害者，察其本；善理疾者，绝其源。

——《兴五福销六极策》

【译文】善于消除祸害的，总是先察寻其缘由；善于治疗疾病的，总是要断绝疾病发生的根源。

【原文】欲正其末者，必先端其本；清其流者，必先治其源。

——《上军国利害事·出使》

【译文】要想使树梢端正，必须首先端正树根；要想使水流清澈，必须首先使源头清洁。

【原文】末流之竭，当穷其源，枝叶之枯，必在根本。

——《草本子·杂俎篇》

【译文】河流下游之水枯竭，应当从河流的发源地找原因；树木的枝叶干枯，问题一定出在树根上。

【原文】网必挈其纲，绳先理其乱；求治毋太速，防微毋滋漫。

——《帝京篇》诗

【译文】提鱼网一定要提网纲，顺绳子一定要理出乱头；求得安定不要操之过急，杜绝一切坏的苗头，不要使之滋长蔓延开来。

【原文】审乎理乱安危得失之大纲，求成吾事，求济吾功，求全吾德焉而止，其他是非利害，百说杂进于前，且姑听之。

——《读通鉴论》

【译文】要掌握好事关治与乱、安与危、得与失等大的关键问题以求做成我的事情，成就我的功劳，成全我的德行，做到这些就行了。其他是非利害以及各种说法，杂乱地进陈在面前，可以不加理会，姑且听之而已。

【原文】人君贵明不贵察。

——《明史·蔡时鼎传》

【译文】君主在明辨大是大非，而不在乎对细枝末节详加查问。

【原文】为国家厘细务百，不若定大计一；为国家能得吏百，不若得硕辅一。

——《默觚下·治篇一》

【译文】替国家做好一百件微小的事情，不如决定一项重大的计策；替国家寻得一百名能干的一般官吏，不如寻得一名贤良辅佐之臣。

【原文】国机，徐疾而已矣；君道，度法而已矣。

——《管子·山权数》

【译文】国事的关键全在于缓急得当；为君之道，全在于掌握法制。

【原文】治莫贵于得齐。制民急则民迫，民迫则窘，窘则民失其所葆；缓则纵，纵则淫，淫则行私，行私则离公，离公则难用。故治之所以不立者，齐不得也。

——《管子·山权数》

【译文】治国最可贵的是掌握缓急适中。管理过急则人民困迫，困迫则无所适从，无所适从则人民失去保障；管理过缓则人民放纵，放纵则淫邪，淫邪则行私，行私则背公，背公就难以使用了。因此一个国家之所以治理不好，是因为没有得到这个“适中”。

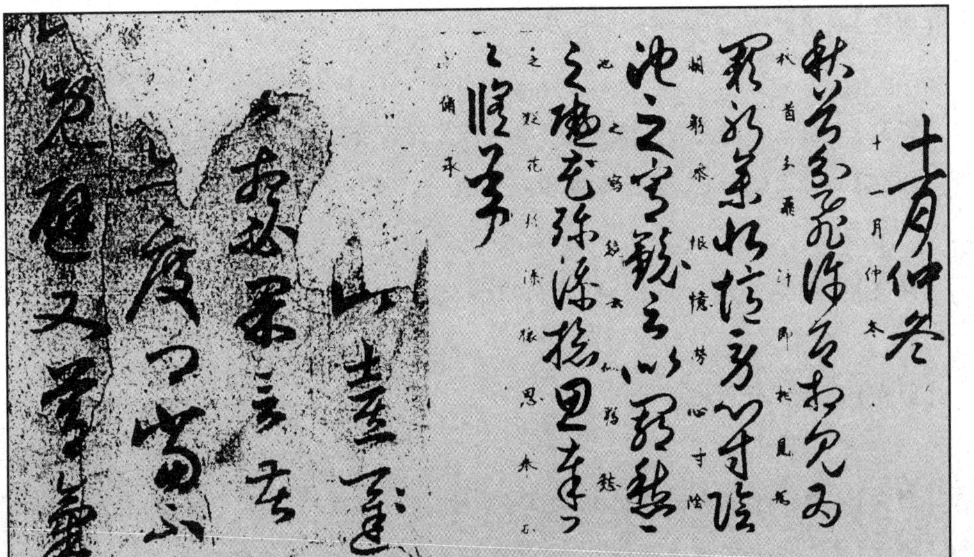

【原文】以家为乡，乡不可为也；以乡为国，国不可为也；以国为天天下不可为也。

——《管子·牧民》

【译文】按治家的办法来治乡，乡就不可能治理好；按治乡的办法来治国，国就不可能治理好；按照治理的要求治天下，天下就不可能治理好。强调治国是分层次的，不能上下一律，生搬硬套。

【原文】无欲速，无见小利。欲速则不达，见小利则大事不成。

——《论语·子路》

【译文】不要急于求成，不要只看到眼前的微利。急于求成反而达不到目的，只看到眼前微利就办不成大事。

【原文】涂有所不由，军有所不击，城有所不攻，地有所不争，君命有所不受。

——《孙子·九变》

【译文】道路有的不能走，敌军有的不能打，城池有的不能攻，地方有的不能夺，国君的命令有的不能接受。

【原文】君子之于天下也，无适也，无莫也，义之与比。

——《论语·里仁》

【译文】君主对于天下的事情，没有必须要怎样做，也没有一定不要怎样做，而是要根据实际情况，怎样做适宜便怎样去做。

【原文】缺席时，则国俗可化而民从制。

——《商君书·壹言》

【译文】制定法令缺席要审度时势，旧风俗才能转变，民众才能遵守制度。

【原文】知者无不知也，当务之为急。

——《孟子·尽心章句下》

【译文】智者尽管无所不知，但必须急于处理当前第一位的工作。前一个“知”为“智”。

【原文】无急胜而忘败。

——《荀子·议兵》

【译文】不要急于求胜而忘记失败的可能性。

【原文】治久疾者不可速责以效，苟以悍剂暴药攻之，死生未可知也。

——《上范公参政书》

【译文】给长期患病的人治病，不能要求马上就看到效果；如果用烈性药剂治病，人是生是死就很难说了。

【原文】立治有体，施治有序，酌而应之，临时之宜也。

——《河南程氏粹言·论政篇》

【译文】确立政务管理，有一定的规矩；施行政务管理，有一定的程序；根据情况决定如何具体地治理，这是临时应当做的事情。

【原文】拙制伤锦，迂政损国。

——《正百官·公铨选之法》

【译文】衡量事情的轻与重，了解事情的缓与急，之后就毅然决然，一定会实行。

【原文】善取于下者，规模定乎大全，而奇正因乎时势。

——《读通鉴论》

【译文】善于取得天下的人，必须制定一个总的计划和设计，而具体奇谋秘计的谋划则要根据当时的形势。

【原文】锻铁者，急于反则折。

——《读通鉴论》

【译文】锻造铁器时，如果弯子拿得太急，就容易折断。

【原文】有当时之略者，好恶不激，张驰不迫。

——《读通鉴论》

【译文】具有主持国家大事的才略的人，处理好事坏事都不过于猛烈，抓紧或放松都不过于急促。

【原文】天下之大，田赋之多，人民之众，固不可以一切之法治之也。

——《读通鉴论》

【译文】天下这样大，田赋这样多，人民这样众，所以不能一律以一种方法来治理。

【原文】号令已去又易之，礼仪已行又止之，度量已制又迁之，刑法已错又移之。如是，则庆赏虽重，民不劝也；杀戮虽繁，民不畏也。故曰：上无固植，下有疑心，国无常经，民力不竭，数也。

——《管子·法法》

【译文】号令已出又更改，礼仪已行又废止，度量已定又换，刑法已制定又变更。这样，赏赐虽厚，人民也不受到鼓励；杀戮虽多，人民也不害怕。因此说，上面意志不坚定，下面就有疑心；国家没有常法，人民就不肯尽力，这都是规律。

【原文】以正治国，以奇用兵。

——《老子·五十七章》

【译文】以正规的方法治国，以出奇的方法用兵。

【原文】多为少善，不如执一。

——《颜氏家训·省事》

【译文】做得多，做好的少，不如专心致志，把一件事情做好。

【原文】政不欲烦，烦则数改。数改无定，人怀苟免之心；网不欲密，密则深文，深文多伤，下有非辜之惧。

——《词标文苑科策第一道》

【译文】政策法令不能繁乱，繁乱就要经常改动，经常改动失去稳定性，人们就怀着用不正当手段苟偷免的心理；法律条文不能太细，否则在援引时就会过分苛刻，过分苛刻就会伤害很多人，这样，即便是没有罪过的人也要怀着恐惧的心理。

【原文】言多变则不信，令频改则难从。

——《准诏言事上书》

【译文】话语屡次变化，就不能取信于人；政令频繁改动，人民就难以适从。

【原文】法令不可数变，数变则烦，官长不能尽记，又前后差违，吏得以为奸。

——《资治通鉴·唐纪十一》

【译文】法令政令不能多次变更，多次变更则复杂烦琐，使官吏们无法完全记住，而且使法令政令前后矛盾，那些用心不良的官吏便得以干坏事。

【原文】治天下如建此屋，营构既成，勿数改移，苟易一椽，正一瓦，践履动摇，必有所损。若慕奇功，变法度，不恒其德，忧劳实多。

——《资治通鉴·唐纪十二》

【译文】治理天下就像建造这个房屋一样，已经建成了，就不要屡次改动。每换一椽一瓦，都必须踏在屋顶上对屋子产生振动，房子必然有损伤（伤国亦然）。如果追求奇功，多次改变法律制度，不使对百姓有恩惠的政策法令稳定，劳苦和忧虑就必然增多。

【原文】为治者不至多言。顾力行何如耳！

——《资治通鉴·汉纪九》

【译文】治理国家的人不要致力于多说话，主要应考虑实际事做得怎么样。

【原文】下令及所行事，菽有名而无实，菽始是而终非，或横议所移，或奸谋所破，故群臣百姓，多不甚信。

——《宋史·吴奎列传》

【译文】皇上下达的命令和所做的事，有的有名无实；有的开始似乎是对的，后来证明是错误的；有的因为舆论的攻击而动摇；有的被奸臣的阴谋所破坏。因此群臣和百姓多数不太相信。

【原文】纷更变易，纪纲不得布，法度不得立，臣下无所持循。

——《元史·许衡传》

【译文】国家政令频繁更改变化，政纪纲领得不到贯彻实施，法令制度不能发挥作用，群臣就无所遵循。

【原文】至治无声，至教无言。

——《送郑大姚序》

【译文】最好的治理是没有声响的，最有效的教育是不说话的。提倡少说空话，多干实事，以身作则。

【原文】令所以布信，数易则疑；法所以防奸，二三则玩。

——《请裁定宗藩事例疏》

【译文】政令之设，是为了彰明信用，屡次更改就让人怀疑了；法规之设，目的是为了杜绝奸邪，一会儿这样，一会儿又那样，人们也就不再把它当成一回事了。

【原文】君子以思患而预防之。

——《易·既济·象》

【译文】君子用经常忧虑灾祸的办法预防灾祸的发生。

【原文】民动而为机，机动而得失争矣。故发之以其阴，会之以其阳。

——《六韬·守国》

【译文】（百姓内心如有愤恨）就会成为动乱的契机，有动乱之契机，就有得失的争夺。所以动乱总是发生在隐蔽之处，而会合在大庭广众之下。

【原文】欲民之下则微邪不可不禁也。微邪者，大邪之所生也。微邪不禁，而求大邪之无伤国，不可得也。

——《管子·权修》

【译文】要求人民走正道,就不能不禁止小的坏事。因为小的坏事是大的坏事产生的根源。不禁止微小的坏事而想要让大的坏事不危害国家,是办不到的。

【原文】克难于其易,为大于其细。

——《老子·六十三章》

【译文】计划克服困难,要在它还容易的时候着手;干大的事业,要在它还微小的时候开始。

【原文】治之其未乱,为之其未有也。患至而后则忧之,则无及已!

——《战国策·楚策一》

【译文】应该在混乱尚未形成时就进行治理,在事情尚未发生时就把该做的事做好。如果等灾祸临头才开始忧虑,那就来不及了。

【原文】涓涓源水,不雍不塞。毂已破碎,乃大其辐。事已败矣,乃重大息。其云益乎?

——《荀子·法行》

【译文】水流很小的时候,不去堵塞。轮轴已经破碎了,才去扩大轮辐。事情已经失败了,才反复叹息,这样有什么用呢?说明要防微杜渐,防患于未然。

【原文】明君见小奸小微,故民无大谋;行小诛于细,故民无大乱。

——《韩非子·难三》

【译文】贤明的君主能从细微处看到小的奸诈行为,因此百姓没有大的阴谋;在细微处施行小的惩罚手段,所以百姓就不闹大乱子。

【原文】治乱存亡,其始若秋毫。察其秋毫,则大物大过矣。

——《吕氏春秋·察微》

【译文】国家的治乱序存亡变化,其开始时的征兆像秋毫那样细小。不容易被人察觉,能够明察秋毫,大事就不会出现过失了。

【原文】思慎微渺,早防未萌。

——《潜夫论·慎微》

【译文】在事物微小的时候就给予考虑和重视,以便尽早地把坏的苗头杜绝在萌发之前。

【原文】堤溃蚁孔,气泄针芒。

——《后汉书·陈忠传》

【译文】堤坝会因为一个蚂蚁窝而决口,气体会从针眼大的孔中泄出。

【原文】从情慎显而轻昧，忽远而惊近。

——《宋书·孔琳之传》

【译文】一般人的性情是：对明显的害处容易警惕，对隐患却不加注意；忽视比较遥远的灾祸，而对迫在眉睫的事物感到震惊。

【原文】朽索当手，覆车在眼。

——《端拱箴》

【译文】手中握的是腐烂的缰绳，那么翻车就不过是眼前的事了。比喻隐患不除，必将招致大祸。

【原文】杜之于将渐，不可悔之于已成。

——《唐会要》

【译文】（灾难）应该在将要开始的时候杜绝它，而不要等到形成了才后悔。

【原文】禁微则易，救末者难。

——《风俗》

【译文】把事情抑止在发生之初很容易，等事情闹大了再挽救起来就相当困难。

【原文】天下之患，最不可为者，名为治平无事，而其实有不测之忧。坐观其变而不为之所，则恐至于不可救。

——《晁错论》

【译文】天下的祸患，最不能处理好的，是表面上太平无事，其实却有意想不到的隐患。安然不动地看它演变而不为之想出解决的办法，就怕弄到不能挽救的地步了。

【原文】爝火之方微也，一指之所能息也，及其燎原，虽江河之水，弗能救矣；鸿鹄之未孚也，可俯而窥也，及其翱翔浮云，虽蒲且之巧，弗能加矣。

——《人主保身以保民论》

【译文】小火把刚刚燃起的时候，一个指头也能把它熄灭，等到它成为燎原大火，即使倾尽长江大河之水，也不能再把它扑灭了；鸿鹄还没有孵化出来的时候，俯下身子就可以窥见它，等到它在云空中展翅翱翔，即使有蒲且这样的神射手，也不能射下它来了。

【原文】治其微则用力寡而功多，救其著则竭力而不能及也。

——《资治通鉴·周纪一》

【译文】在事物微小时就去治理，那么用力少而收效大；等到事物长成、显露之后才去挽救，即使用尽全力也不能达到目的。

【原文】下有其萌，然后变见于上，可不致慎！祸起细微，奸生所易。

——《资治通鉴·汉纪二十四》

【译文】下面有祸患萌发，然后变故就会出现于上面，怎么可以不分外谨慎呢！祸患都是从细微之处兴起的，奸恶都是从被忽视的地方产生的。

【原文】销患于未形，保治于未然。

——《豫让论》

【译文】把祸患消灭在还没有形成的时候，把政局安定在还没有发生动乱的时候。

【原文】救焚当豫筹于曲突之先，支柱必无补于栋挠之后。

——《答源兴国问先世缘由履历》

【译文】救火应当预先筹划于改造烟囱之前，房梁折断之后才用柱子支撑一定无济于事。

【原文】制治于未乱，保邦于未危。

——《读通鉴论》

【译文】把禁止和防治的工作做在未发生祸乱之前，把保国安邦的工作做在国家未倾危之前。

【原文】凡灾异之本，尽生于国家之失。国家之失，乃始萌芽。

——《春秋繁露·必仁且智》

【译文】凡是灾害祸患的根源，都来自国家治理上的失误；而这种失误。常常是从萌芽状态开始的。

【原文】失今不治，必为锢疾，后虽有扁鹊，不能为已。

——《治安策》

【译文】今天有病不及时治疗，必然成为痼疾，以后即使有扁鹊这样的好医生，也无能为力了。

【原文】聪者听于无声，明者见于未形。

——《汉书·伍被传》

【译文】听力好的人，在声音发生之前就能预感到；眼睛明亮的人，在事物没有出现之前，就能预见到。

【原文】明者远见于未萌而智者避免于无形，祸固多藏于隐微而发于人之所忽者也。

——《史记·司马相如列传》

【译文】明察的人很早就可以发现尚未萌芽的事物，聪慧的人在尚无形迹的情况下便能够设法避免危患，灾祸本来大多隐藏在不易察觉的地方，发生在人们疏忽大意的时候。

【原文】焰焰不灭，炎炎若何；涓涓不壅，终为江河；绵绵不绝，或成网罗；毫末不札，将寻斧柯。

——《孔子家语·观周》

【译文】小小的火苗不扑灭，到燃起熊熊大火时就没办法了；小小流水不堵塞，最后将发展成为滔滔江河；细小丝线不割断，就有可能织成巨大的网罗；毫毛之末的小苗不拔掉，将来就要用斧头来砍伐。

【原文】积羽沉舟，群轻折轴，故君子禁于微。

——《淮南子·缪称》

【译文】羽毛装多了，也会把船压沉，重量轻的东西装多了，也会压断车轴。所以君子总是在事情微小时就注意防止。

【原文】人皆务于救患之备，而莫能知使患无生。

——《淮南子·人间》

【译文】人们都致力于解救祸患的准备工作，却不懂得怎样使祸患不致产生。

【原文】福来有由，祸来有渐；渐生不忧，将不可悔。

——《三国志·吴书·吴主五子传》

【译文】好运气的到来，是有一定原因的，灾祸的降临，是慢慢进行的；祸乱在逐渐产生时如果不加警惕，后悔就来不及了。

【原文】明者防祸于未萌，智者图患于将来。

——《三国志·吴书·吕蒙传》注引

【译文】聪明的人防救灾祸于尚未萌发之时，有智慧的人设法对付祸患于即将来临之时。

【原文】治难于其易，去恶于其微。

——《抱朴子·用刑》

【译文】解决困难问题，从还较易于处理的时候开始；去掉坏事，应在它细微的时候进行。

【原文】近臣嘿，远臣喑，众口铄金。

——《晏子春秋·内篇谏上》

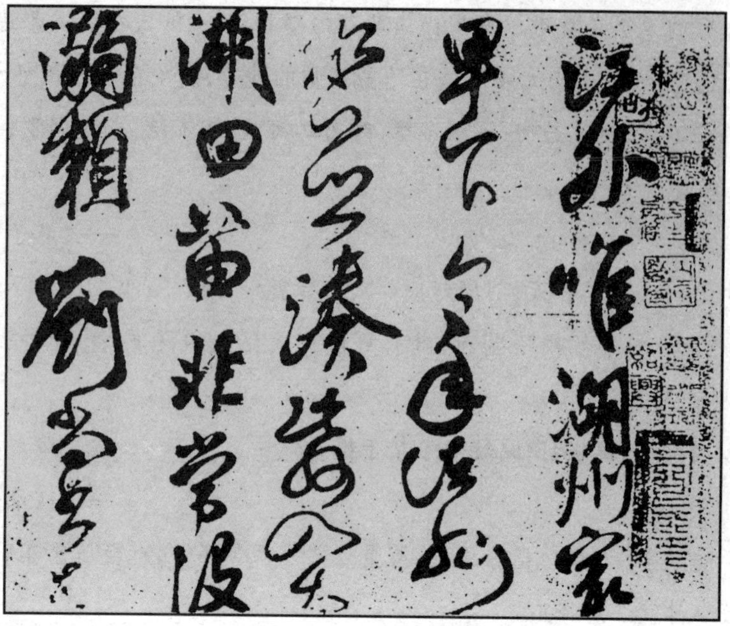

【译文】近臣默不作声，远臣有话不能说，但老百姓却敢于对国君同声指责，他们众口一词，足可以使金属熔化。

【原文】慢听厚敛则民散。

——《晏子春秋·内篇问下》

【译文】不愿听取人民意见，又对百姓征敛过多，人民就会离散。

【原文】人之言曰："予无乐乎为君，惟其言而莫予违也。"如其善而莫之违也，不亦善乎？如不善而莫之违也，不几乎一言而丧邦乎？

——《论语·子路》

【译文】有人说："我做君主没有什么可高兴的，唯一高兴的事情是我说话没有什么人敢违抗"。如果说的话正确而没有人违抗，不也很好吗？如果说的话不正确而没有人违抗，这不是接近于一句话就可以使国家丧亡吗？

【原文】谄谀在侧，善议障塞，则国危矣。

——《墨子·亲士》

【译文】有善于拍马奉承的近臣在君主身边，正确的意见就会被堵塞，那样，国家就危险了。

【原文】周幽、厉，所以败，不听规谏忠是害。

——《荀子·成相》

【译文】周幽王、周厉王之所以败亡，是因为他们不听规劝和批评，把忠臣当成了祸害。

【原文】世主之患，耻不知而矜自用，好愎过而恶听谏，以至于危。耻无大乎危者。

——《吕氏春秋·似顺》

【译文】当今君主的弊病，在于鄙耻于不知而矜大于自用。喜欢坚持错误而讨厌听规过之言，以至于陷入灭亡的境地。鄙辱无过于国灭家亡者。

【原文】说必不入，不闻存君。

——《吕氏春秋·壅塞》

【译文】对别人的劝谏一点也听不进去，没听说这样的君主能够保全。

【原文】恶闻忠言，乃自伐之精者也。

——《吕氏春秋·至忠》

【译文】厌恶听取忠言，正是最严重的自我毁灭行为。

【原文】言能听，道乃进。

——《史记·殷本纪》

【译文】能听取和采纳意见，治国之道才能有长进。

【原文】上日闻所不闻，明所不知，日益圣智。君今自闭钳天下之口而日益愚。

——《史记·袁盎晁错列传》

【译文】君主每天能听到难以听到的事，弄清楚自己所不了解的东西，就会越来越增加君主的智慧。而现在的君主把自己封闭起来，把天下人的嘴都封上，那么只能越来越愚庸。

【原文】其君贤君也，而又有师者王。其君中君也，而又有师者霸。其君下君也，而群臣又莫若君者亡。

——《说苑·君道》

【译文】国君若是个贤明的国君，身旁又有老师指点他，就可以称王。国君若是个中等才能的国君，身旁又有老师指点他，就可以称霸。国君是个下等才能的国君，他身边的群臣又都不如他，就会丧失天下。

【原文】君无谔谔之臣，父无谔谔之子，兄无谔谔之弟，夫无谔谔之妇，士无谔谔之友，其亡可立而待。

——《说苑·正谏》

【译文】国君没有敢于直言进谏的臣子，父亲没有直言争辩的儿子，哥哥没有直言争辩的弟弟，丈夫没有直言争辩的妻子，士人没有直言争辩的朋友，他们的失败马上就会到来。

【原文】忠良切言皆郁于胸，誉谀之声日满于耳，虚美熏心，实祸蔽塞。此乃秦之所以亡天下也。

——《尚德缓刑书》

【译文】尊崇贤人，任用能者，信任忠良，勇于听取直言规劝，这是国家安定的原因。而昏暗的君主却讨厌他们，以为不如奸佞小人的阿谀谗毁之言顺耳，这是这个政权将要灭亡的征兆。

【原文】忠言所以为安也，不贡必危。

——《潜夫论·明忠》

【译文】忠言之所以能够安定国家，是因为如果忠言不能进献于朝廷，国家就有危险。

【原文】令臣钳口结舌而不敢言，此耳目之所以蔽塞，聪明所以不得也。

——《潜夫论·明忠》

【译文】使得臣下都闭上嘴不敢讲话，这是耳目之所以蔽塞，不能做到耳聪目明的原因。

【原文】偏听生奸，独任成乱。

——《狱中上书自明》

【译文】只听一方面的话，那么就会出现奸邪；独断专行，就会酿成祸乱。

【原文】汤武以谔谔而昌，桀纣以唯唯而亡。

——《孔子家语·六本》

【译文】成汤和武王因为能倾听大胆的批评，所以国家得以繁荣昌盛；夏桀和殷纣因为只听阿谀逢迎的话，因此身死国灭。

【原文】人君拒谏，则忠臣不敢进其谋，而邪臣专其政，此为国之害也。

——《便宜十六策·纳言》

【译文】如果国君拒绝臣下的建议，那么，忠臣就不敢提供有益的谋略，而奸臣就会独揽大权，这是国家的祸害。

【原文】从谏兴，从佞亡。

——《去谄佞·从谠直》

【译文】听从规劝，国家就兴旺；听取谄媚，国家就会灭亡。

【原文】隋氏之亡，其君则杜塞忠谠之言，臣则苟欲自全。

——《贞观政要·行幸》

【译文】隋朝灭亡，是因为国君听不进忠直之言，群臣一心只想保全自己。

【原文】有德之君乐闻逆耳之言，犯颜之诤，亲忠臣，厚谏士，斥谗慝，远佞人者，诚欲全身保国，远避灭亡者也。

——《贞观政要·分平》

【译文】贤德的国君愿意听不顺耳的话，接受触犯自己尊严的直言劝告，亲近忠臣，厚待谏士，斥责谗言和邪恶，疏远花言巧语、阿谀奉承的人，确实是为了保全自身和国家，远远地避开灭亡者的命运。

【原文】从善如流，尚恐不逮；饰非拒谏，必是招损。

——《贞观政要·规谏太子》

【译文】接受善意的批评建议像流水般毫无阻碍，尚且怕做得不到家；掩饰过失拒绝规劝，必定招致祸损。

【原文】此木虽曲，得绳则正，为人君虽无道，受谏则圣。

——《贞观政要·教诫太子诸王》

【译文】这个木料虽然是弯曲的，只要经过墨线校正再加工就直了，做国君的虽然德行不高尚，但只要接受别人的规劝就可以成为圣人。

【原文】言而见用，终身无难，臣何死焉？谏而见纳，终身不亡，臣何送焉？

——《贞观政要·君臣鉴戒》

【译文】忠臣的建议若被采纳，君主就会终身没有灾难，那么忠臣还为谁而死呢？忠臣的规劝若被采纳，君主就会帝位长久，那么忠臣又去陪送谁呢？

【原文】看古之帝王，有兴有衰，犹朝之有暮，皆为蔽其耳目，不知时政得失，忠正者不言，邪谄者日进，既不见过，所以至于灭亡。

——《贞观政要·政体》

【译文】考察古代帝王的治世情况，有强盛的时候，也有衰落的时候，就像早晨之后必然有黄昏一样，这都是因为他们闭目塞听，弄不清哪些政策是比较成功的，哪些政策是失败的，忠诚正直的大臣不再进行劝谏，拍马奉迎的小人反而日益得势倍受重用，帝王发现不了自己有哪些过错，于是渐渐导致了国灭身亡。

【原文】乐闻过，罔无兴；拒谏，罔不乱。

——《新唐书·宋务光传》

【译文】喜欢听别人指出自己的过失，没有不兴盛的；拒绝别人的规劝，没有不混乱的。

【原文】不闻其过，陵迟至于土崩。

——《资治通鉴·汉纪六》

【译文】在上位的人听不见自己的过失，他们的地位就会逐渐衰落以至于崩溃。

【原文】良药生人，不能生不饮者。

——《潜书·鲜君》

【译文】对症的好药能把重病人救活，但不能救活不饮用它的人。

【原文】忠直有识之言，亦无难听也；庸主具臣不能听，毁而家亡而国也，谁其哀之？

——《读通鉴论》

【译文】忠诚、正直、有见解的意见，其实也没有什么难听的；然而昏庸的君主和滥竽充数的大臣却听不进去，导致家毁国亡，有谁可怜你们呢？

【原文】骄主必不好计，亡国之臣贪于财。

——苏轼

【译文】语出《战国策·燕策一》意谓骄横的君主肯定听不进别人的劝诫，国家行将灭亡时的大臣都贪财。

【原文】若人能攻我之病，我又能受人之攻，非义友邪？

——海瑞

【译文】语出海瑞《严师教戒》。意谓如果有人能指出我的毛病，而我又能接受，这岂不是以大义结交朋友吗？

【原文】自家有过，人说要听；当局者迷，旁观者醒。

——陈宏谋

【译文】语出陈宏谋《五种遗规》。自己有了过错，人家说出来，自己要虚心听取；身为当事人，经常迷惑不解，而局外人往往看得很清楚。

【原文】人欲自照，必须明镜；主欲知过，必借忠臣。

——李世民

【译文】人要想看见自己，就必须借助镜子；国君要想知道自己的过错，一定依靠忠臣的规劝。

【原文】开直臣忠谏之路,杜小人幸进之门。

——翁同龢

【译文】畅通正直大臣忠诚劝诫的言路,堵塞品行低劣的小人掠取君主宠爱的门径。

【原文】小言不废,片善是褒。

——柳宗元

【译文】对于细小问题的正确议论应该采纳,哪怕是很小的善行也应该给予表扬。

【原文】俚言巷语,亦足取也。

——欧阳修

【译文】语出欧阳修《小说类》。意谓百姓的乡言俗语也很值得听取、采纳。

【原文】自古拒谏之事,明主不为。

——朱棣

【译文】自古以来,贤明的君主都不做拒绝臣属规劝的事。

【原文】有言逆于汝心,必求诸道;有言逊于汝志,必求诸非道。

——伊尹

【译文】人家讲的话不顺你的心意,那你一定要从道义方面做冷静的思考;人家讲的话合乎你的心意,那你一定要从非道义方面作认真的反省。

【原文】得万人之兵,不如闻一言之当。

——《淮南子·说山》

【译文】得到上万人的军队,不如听到一句恰当的意见。

【原文】貌言,华也;至言,实也;苦言,药也;甘言,疾也。

——《史记·商君列传》

【译文】表面上好听的话,是虚伪的;真心的话,是实在的;刺耳的话,是治病的良药;甜言蜜语,是害人的疾病。

【原文】多见者博,多闻者知,距谏者塞,专己者孤。

——《盐铁论·刺议》

【译文】见得多的人知识广博,听得多的人头脑聪慧,拒绝接受别人意见的视听闭塞,自己独断专行的遭到孤立。

【原文】木受绳则直,人受谏则圣。

——《孔子家语·子路初见》

【译文】木料经墨线量过再加工,就能取直;人要能接受别人的规劝,就会变为道德高尚的人。

【原文】操八柄之威,甘易同之欢,无假取于人,而忠臣挟难进之术,吐逆耳之言,其不合也,不亦宜乎?

——《临困授予靖笺》

【译文】掌握着驾驭臣下的权威,喜欢与自己意见一致的人和事,不肯宽容地从别人那里听取不同意见,而忠臣坚持难以被君主接受的策略、主张,说出不顺耳的言论,这样不符合君主的心愿,不也是自然而然的吗?

【原文】见贤若不及,从谏如顺流,宽而能刚,勇而多计,此之谓大将。

——《将苑·将材》

【译文】见到有才能的人自知不如,能够虚心请教,采纳别人的正确的意见就像流水那样顺畅,宽厚而刚强,智勇双全,这样的将才叫大将。

【原文】观于明镜,则疵瑕不滞于躯;听于直言,则过行不累乎身。

——《仿连珠》

【译文】用明亮的镜子照自己,污垢斑渍就不会留在身上;倾听坦率正直的批评,错误的行为就不会使你遭受牵累。

【原文】"若药费瞑眩,厥疾弗瘳"。夫切直之言,非人臣之利,乃国家之福也。是以人君日夜求之,惟惧弗得闻。

——《资治通鉴·汉纪三十五》

【译文】"如果药物不能使人有昏眩的感觉,病就不会痊愈"。恳切直率的意见,对于提意见的臣子可能不会有什么好处,但却是国家的福气。所以君主日夜寻求这样的意见,唯恐听不到。

【原文】君恶闻其过,则忠化为佞;君乐闻直言,则佞化为忠。

——《资治通鉴·唐纪八》

【译文】君主讨厌听到自己的过失,忠臣就会变成谄媚逢迎的人;君主乐于听到自己的过失,谄媚逢迎的人也会变得忠臣。

【原文】言则我从，斯我之贼。

——《取友铭》

【译文】说话总是顺着我，这是我的敌人。

【原文】将拒谏则英雄散，策不从则谋者去。

——《虎钤经·出将》

【译文】将领拒绝劝诫，那么英雄豪杰就会离去，不采用好的计谋，那么出谋划策者也不会久留。

【原文】既恶其异我，则逆耳之言难至；既喜其同我，则迎合之佞日亲，以至真伪莫知，贤愚倒置，国家之患，率由此也。

——《宋史·列传七十二》

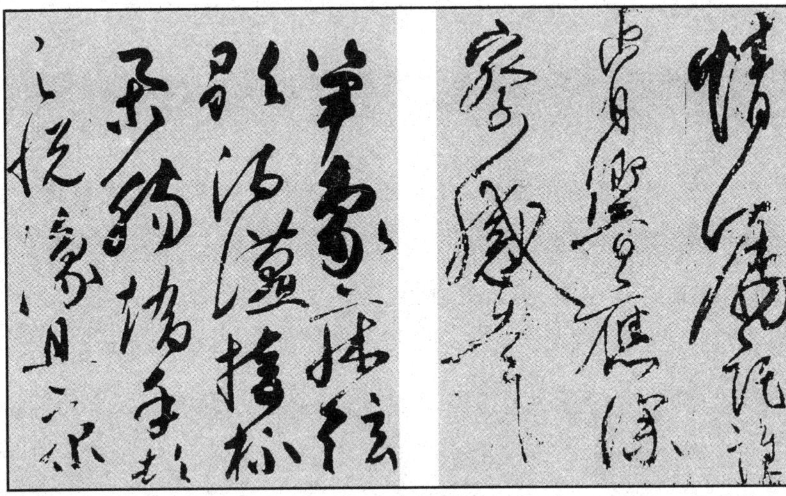

【译文】既然厌恶和自己的想法不同的人，那么，带有批评性的逆耳话就很难听到；既然喜欢和自己想法相同的人，那么对善于迎合人意的阿谀谄媚之徒就会日益亲近。这样下去，就会弄到真假不辨，好坏颠倒的地步，国家的祸患，都是从这里产生出来的。

【原文】乐闻警戒，不喜导谀，则听言用之要也。

——《朱子爱归》

【译文】高兴听忠告的话，不高兴听阿谀逢迎的话，这是听取意见和任用人才的关键。

【原文】天下之足以丧德亡身者，耽酒嗜色不与焉，而好谀为最。

——《读通鉴论》

【译文】天下事物中足以使人丧失德行灭亡自身的，沉溺于酒嗜好于色还不算重要的，喜欢别人的阿谀谄媚才是最致命的。

【原文】好谀者，大恶在躬而犹以为善，大辱加身而犹以为荣，大祸临前而犹以为福；君子以之丧德，小人以之速亡，可不戒哉！

——《读通鉴论》

【译文】喜欢别人对自己阿谀谄媚的人，大错在身上还以为是优点，大的耻辱施加于自己还以为光荣，大的灾祸临于眼前还以为是幸福；正人君子由于这样而丧失德行，小人由于这样而加速灭亡，可要警惕啊！

【原文】好谀而信之，虽圣哲痛顺着则不救其败。

——《读通鉴论》

【译文】喜欢别人对自己阿谀奉承而听信那些话，那么即使是圣贤痛哭失声也挽救不了他的败亡。

【原文】下无直辞，上有隐君；民多讳言，君多讳言，君有骄行。

——《晏子春秋·内篇杂上》

【译文】下面没有敢于直言的臣子，上面就会有被蒙蔽的国君；人民隐讳不讲真话，必然是由于君主有娇横自满的言行。

【原文】明君在上，下多直辞；君上好善，民无讳言。

——《晏子春秋·内篇杂上》

【译文】贤明之君在位，下面敢于直言的就多；君主喜欢好的意见，人民就没有不可以讲的话。

【原文】宫妇左右，莫不私王；朝廷之臣，莫不畏王；四境之内，莫不有求于王。由此观之，王之蔽其甚矣。

——《战国策·齐策一》

【译文】后宫的夫人姬妾及左右仆从，没有不偏爱君主的：朝廷的大臣，没有不惧怕君主的；全国上下，没有一个不有求于君主的。由此看来，君主所受的蒙蔽可是够严重的了。

【原文】至忠逆于耳，倒于心，非贤主其孰能听之？故贤主之所说，不肖主之所诛也。

——《吕氏春秋·至忠》

【译文】至忠之言不顺耳，不合心意，如果不是贤明的君主，谁能听取它？因此，贤明君主所喜欢的，正是不贤明的君主要惩罚的。

【原文】言极则怒，怒则说者危。非贤者孰肯犯危？

——《吕氏春秋·直谏》

【译文】臣下知无不言，言无不尽，君主就会发怒。君主发怒，直谏的人就危险。除了贤明的人，谁肯去冒这个危险？

【原文】亡国之主不可以直言。不可以直言，则过无道闻，而善无自至矣。无自至则壅。

——《吕氏春秋·壅塞》

【译文】对于亡国的君主，不可以直言相谏。不可以直言相谏，他就无法听到自己的过失，贤人就无从到来，贤人无从到来，君主的思想就会壅塞不通。

【原文】严则下喑，下喑则上聋，聋喑不能相通，何国之治也？

——《说苑·政理》

【译文】朝廷严酷，下面就变成了哑巴；下面沉默不言，上面就变成了聋子。聋子、哑巴是不能互相沟通的，国家怎么能治理好呢？

【原文】德薄者，恶闻美行；政乱者，恶闻直言。

——《潜夫论·贤难》

【译文】缺乏德行之人，不愿意听到别人的好的行为；朝政昏乱的君主，不愿意听到臣民的直言。

【原文】处于不得直其行，朝臣不得直其言，此俗化之所以败，暗君之所以孤也。

——《潜夫论·贤难》

【译文】隐居而未做官的人无法正派地做事，朝中大臣无法说正直的话，这就是风气所以败坏，昏庸的君主所以孤立的原因。

【原文】世非无深虑知化之士也，然所以不敢尽忠拂过者，秦俗多忌讳之禁，忠言未卒于口而身为戮没矣。故使天下之士，倾耳而听，重足而立，钳口而不言。

——《史记·秦始皇帝本纪》

【译文】世上并不是没有深谋远虑知权通化的人士，然而所以不敢竭尽忠诚矫正君主的过失，是因为秦国的禁忌太多，不让人讲话，忠言还没有说完而自己已遭杀戮了。所以使得天下之士只能侧耳倾听，叠足而立，闭口不言。

【原文】良药苦口，惟疾者能甘之；忠言逆耳，惟达者能受之。

——《三国志·吴书·孙奋传》

【译文】疗效优良的药物吃起来很苦，只有患了病的人能乐于服用；忠实诚恳的言论听起来刺耳，只有通达的人能够接受。

【原文】人臣欲谏，辄惧死亡之祸，与夫赴鼎镬、冒白刃，亦何异哉？故忠贞之臣非不欲竭诚。竭诚者，乃是极难。

——《贞观政要·求谏》

【译文】大臣们想有所规劝，但总怕遭杀身之祸，心情和下油锅、上刑场有什么不一样呢？所以说忠贞的大臣并不是不想竭诚尽忠，而是竭诚尽忠，那是非常难以做到的。

【原文】勿谓我尊而傲贤侮士，勿谓我智而拒谏矜己。

——《贞观政要·刑法》

【译文】不要以为自己尊贵而傲视和轻侮贤能之士，不要以为自己聪明而拒绝别人规劝，夸耀自己。

【原文】人主自臧，则众谋不进。

——《资泽通鉴·周纪一》

【译文】做君主的自以为是，那么大家就不会进献计策了。

【原文】不察事之是非而悦人赞己，暗莫甚焉；不度理之所在而阿谀求容，谄莫甚焉。君暗臣谄，以居百姓之上，民不与也。若此不已，国无类矣！

——《资治通鉴·周纪一》

【译文】君主不考察事情的对错，而一味地喜欢别人赞颂自己，那就没有比这昏暗的了；臣子不衡量是不是有道理，只知道对君主阿谀奉承讨得欢心，那就没有比这再谄媚的了，君主昏暗，臣子谄媚，以这个样子位居百姓之上，人民是不会亲附他们的。如此下去不停止，举国上下就没有可以做榜样了。

【原文】佞色不能悦尧目，忠言不能入桀耳。色非不美，尧识之；言非不至，桀厌之。

——《杂说》

【译文】谄媚和女色，尧是不喜欢的；忠心耿耿的劝谏，桀是听不进去的。女色并非不美，但尧知道它的危害；忠言不是不恳切，但桀厌恶它。

【原文】将兴之主，惟恐人之无言；将亡之主，惟恐人之有言。

——《杂著·娄敬》

【译文】将要兴旺发达的君主，唯恐人们不大胆提批评建议；将要灭亡的君主，唯恐人们大胆地发表意见。

【原文】受谏之难也，非徒受之难，而致人使谏之尤难也。

——《读通鉴论》

【译文】接受他人的规劝和批评之所以不容易，不只体现在接受批评不容易，而达到使别人敢于畅所欲言地批评尤其不容易。

【原文】斟酌之权，在乎主心，乐闻谏而不导人以口给。

——《读通鉴论》

【译文】对于各种意见的斟酌选择权利，在于君主用心掌握，喜欢听取意见而又不引导人们在锻炼口舌上下功夫。

【原文】时世昌则言昌，言昌则才愈昌；世幽则言幽，言幽则才愈幽。

——《默觚下·治篇十二》

【译文】世道昌盛，人们的思想就会活跃，畅所欲言，思想活跃畅所欲言，人才就会大量地涌现出来；世道昏暗，人们的思想就会受压抑不敢讲话，思想压抑不敢讲话，人才就将很少出现。

【原文】有德之君乐闻逆耳之言，犯颜之诤，亲忠臣，厚谏士，斥谗慝，远佞人者，诚欲全身保国，远避灭亡者也。

——《贞观政要·公平》

【译文】贤德的国君愿意听不顺耳的话，接受触犯自己尊严的直言劝告，亲近忠臣，厚待谏士，斥责谗言和邪恶，疏远花言巧语、阿谀奉承的人，确实是为了保全自身和国家，远远地避开灭亡者的命运。

【原文】言而见用，终身无难臣何死焉？谏而见纳，终身不亡，臣何送焉？

——《贞观政要·君臣鉴戒》

【译文】忠臣的建议若被采纳，君主就会终身没有灾难那么忠臣还为谁而死呢？忠臣的规劝若被采纳，君主帝位就会长久，那么忠臣又去陪送谁呢？

【原文】今天下地丑德齐，莫能相尚，无他，好臣其所教，而不好臣其所受教。

——《孟子·公孙丑章句下》

【译文】现在天下的大国，土地大小差不多，君主们的思想行为也不相上下，谁也没能超过谁，这没有别原因，就是他们喜欢用听从君主教导的人做臣子，而不喜欢任用有能力教导君主的人做臣子。

【原文】谄谀者亲，谏争者疏，修正为笑，至忠为贼，虽欲无灭亡，得乎哉？

——《荀子·修身》

【译文】对溜顺奉承自己的人很亲密，对批评规劝自己的人很疏远，把纠正自己错误的话当作讥笑自己，把忠心耿耿帮助自己的话当作陷害自己，这样的人虽然不想灭亡，但是办得到吗？

【原文】门户塞，大迷惑，悖乱昏莫不终极。是非反易，比周欺上恶正直。

——《荀子·成相》

【译文】了解情况的途径被堵塞，当政者就会被迷惑，思想错乱昏暗，没有终止的时候。这样，就会是非颠倒，一些奸人乘机勾结起来欺骗当政者，排斥打击正直之士。

【原文】将拒谏则英雄散，策不从则谋者去。

——《虎钤经·出将》

【译文】将领拒绝劝诫，那么英雄豪杰就会离去；不采用好的计谋，那么出谋划策者也不会久留。

【原文】好谀而信之，虽圣哲痛哭而不救其败。

——《读通鉴论》

【译文】喜欢别人对自己阿谀奉承而听信那些话，那么即使是圣贤痛哭失声也挽救不了他的败亡。

【原文】烈士不避铁钺而进谏，明君不讳过失而纳忠。

——《火疏》

【译文】坚贞不屈的刚强之士，不怕杀身之祸而向君主提意见；圣明的君主，也不隐讳自己的过失而接受忠告。

【原文】未信而谏，则以为谤己；信而不谏，则谓之尸禄。

——《贞观政要·求谏》

【译文】尚未得到信任而去规劝，国君就会认为是诽谤他；已经受到信任而不去规劝，那么大臣就是占官位白吃饭。

【原文】若君自贤，臣不匡正，欲不危亡，不可得也。君失其国，臣亦不能独全其家。

——《贞观政要·君臣鉴戒》

【译文】如果国君自以为是，大臣也不纠正君主的过失，要想不使国家危亡，那是不可能的。国君断送了国家，大臣也就不能单独保全自己的家庭了。

【原文】直言正谏，以相匡弼。若惟扬美隐恶，共进谀言，则国之危亡，可立而待也。

——《贞观政要·贡赋》

【译文】臣子应用直言规劝来辅助、纠正国君。如果只讲好的而不讲坏的，都来阿谀奉承，那么国家的危亡马上就会出现。

【原文】若欲君臣长久，国无危败，君有违失，臣须极言。

——《贞观政要·行幸》

【译文】如果君臣长久共治，使国家不败亡，那么国君有过失，大臣必须竭力进言。

【原文】苟畏圣怒而不复言，则奸臣何由而除，民害何由而息？

——《元史·彻里列传》

【译文】如果畏惧皇上的发怒而不再说话，那么奸臣由谁铲除，民众的灾难什么时候才能平息？

【原文】天下之大患，在于人之不得言，而得言者不以言。

——《题宋顾主簿论朋党书后》

【译文】国家的最大祸患，在于人们得不到机会发表正确的看法，而那些有机会说话的人又闭口不说。

【原文】毋曰不同生，远者不听；毋曰不同乡，远者不行；毋曰不同国，远者不从。

——《管子·牧民》

【译文】不要因为姓氏不同，不听取外姓人的意见；不要因为不同乡，不采纳外乡人的办法；不要因为不同国，不听从别国好的主张。

【原文】直言者，国之良药也；直言之臣，国之良医也。

——《潜书·抑尊》

【译文】正直的言论，对于国家是上好的药物；敢于直言的臣子，对于国家是高明的医生。

【原文】平居无极言敢谏之臣，则临难无敌忾致命之士。

——《明史·黄风翔传》

【译文】平时没有敢于尽力劝谏君主的臣子，到了国难临头之时，就绝不会有舍命抗敌的人物。

【原文】懦而不能强谏。

——《左传》僖公二年

【译文】性格懦弱便不能对国君竭力劝谏。

【原文】臣下重其爵位而不言,近臣则喑,远臣则吟,怨结于民心。

——《墨子·亲士》

【译文】臣子看重自己的爵位而不敢说话,左右近臣默不作声,外远之臣则只能嗟叹,如此,势必在民心之中结下怨恨。

【原文】慢贱信贵,则朝廷谠言无以至,而洁士奉身伏罪于野矣。

——《潜夫论·明暗》

【译文】君主不理会地位低下的人的意见,只听信身边权贵之言,那么朝廷就听不到正直的言论,而廉洁正派的人士就只能在民间恭敬小心地随时等人治罪了。

【原文】明主之听于群臣,其计乃可用,不羞其位;其言而可行,不责其辩。

——《淮南子·主术》

【译文】贤明的君主在听取群臣意见时,假若他的意见是可用的,就不会因发表意见的人地位低下而有什么不好意思;如果他的主张是可行的,就不要求发表时讲得头头是道。

【原文】使言之而是,虽在褐夫刍荛,犹不可弃也;使言之而非也,虽在卿相人君,揄策于庙堂之上,未必可用。是非之所在,不可以贵贱尊卑论也。

——《淮南子·主术》

【译文】假若所说的话是正确的,虽然出自穿粗衣服的贫民和割草打柴人之口,也不能弃而不用;假若所说的意见是错误的,虽然是卿、宰相、君主在朝廷上发表意见,也未必可用。是否正确,不能以身份贵贱、地位高低来衡量。

【原文】不弃狂夫之言者,然后嘉谟可闻也。

——《为人上宰相书一首》

【译文】愚钝之人的意见也能虚心听取,那么良计善策也就可以听到了。

【原文】凡人言语理到,不可不伏。

——《贞观政要·纳谏》

【译文】凡是别人说的话有道理,就不能不接受。

【原文】攻我之过者,未必皆无过之人;苟求无过之人攻我,则终生不得闻过矣!

——《药言》

【译文】批评我的错误的人,不一定都是没有错误的人;假设要找没有错误的人批评我,就一辈子听不到自己的错误了。

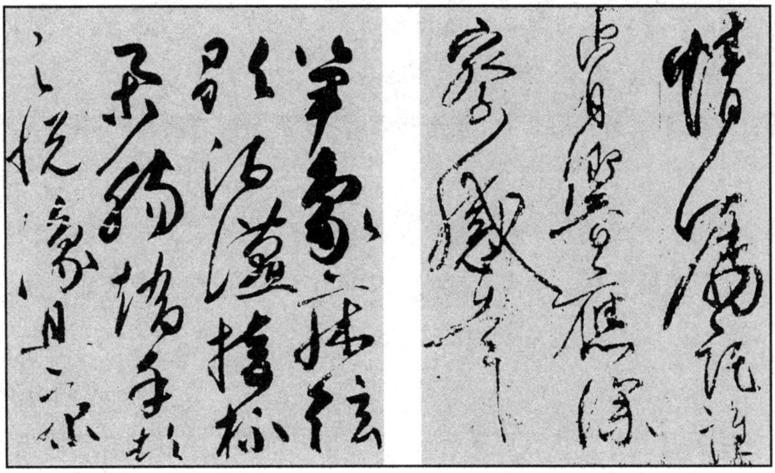

【原文】言之者无罪，闻之者足戒。

——《诗·周南·关雎序》

【译文】提出批评的人不应遭到什么惩罚，接受批评的人应该从中得到警戒。

【原文】工以纳言，时而飏之。格则承之庸之，否则威之。

——《书·皋陶谟》

【译文】做官的应该广泛地听取众人的意见，凡是好的意见便加以表彰，凡是正确的意见便提交上来，以便采纳运用。否则，如果做官的封闭下情，便要给予惩罚。

【原文】天下者，非用一士之言也，固有受而不用，恶有拒而不受者哉！

——《晏子春秋·内篇谏下》

【译文】治理天下，不能只采纳一个人的意见，对有的意见固然可以听取而不采用，但哪里有拒绝听取的道理呢？

【原文】兴王赏谏臣，逸王罚之。

——《国语·晋语六》

【译文】能使国家兴盛的君主总是奖励提意见的臣子，而只知安逸享乐的君主却惩罚他们。

【原文】防民之口，甚于防川。川壅而溃，伤人必多。民亦如之。是故为川者，决之使导；为民者，宣之使言。

——《国语·周语上》

【译文】堵塞老百姓的嘴，比堵塞河流还要危险。河水堵塞不通就要决口泛滥，被伤害的人一定很多。压制人民讲话也是这样。因此,治河的人要疏浚河道,使河水畅流;治理人民的人一定要开导人民,让他们敢于说话。

【原文】民虑之于心而宣之于口,成而行之,胡可壅也?若壅其口,其与能几何?

——《国语·周语下》

【译文】老百姓心里考虑的,嘴里就公开讲出来,一旦形成意志,就要付诸实践,执政者怎么能硬堵住他们的嘴呢。如果把他们的嘴堵住,那么能有几个来拥护和支持你呢?

【原文】明主者,务闻其过,不欲闻其善。

——《战国策·燕策一》

【译文】贤明的君主努力想听到自己的缺点,而不想听人家赞扬自己的优点。

【原文】人朝夕退而游焉,以议执政之善否,其所善者吾则行之,其所恶者吾则改之,是吾师也。

——《左传》襄公三十一年

【译文】人们在早晚闲暇时间出来走走,谈论谈论执政者的好坏,人们所欢迎的方面我们就做下去,人们所反对的方面我们就改过来。这些民众就是我们执政者的老师啊!

【原文】岂不遽止?然犹防川,大决所犯,伤人必多,吾不克救也。不如小决使道。不如吾闻而药之也。

——《左传》襄公三十一年

【译文】对于人们给执政者提意见这件事难道不可以立刻制止吗?可是这正像防河一般,大决口所造成的危害很大,一定伤害很多人,那我们就没法补救了。还不如留个小小的口子疏导河水。更不如把听取批评,当作治病的良药。

二、经典名篇

曾国藩日记节选

【原文】闻刘觉香先生言,渠作外官景况之苦,愈知吾辈舍节俭别无可以自立。若冀幸得一外交官,经弥缝罅漏,缺瘠则无以自存,缺肥则不堪问矣。可不惧哉!

——(癸卯正月)

【原文】余在军中，颇以诗文废正务，后当切戒。

——（己未二月）

【原文】二日因作摺，将公事抛荒未断。古人有兼人之才，余不特不能兼人，亦一日歉虚治数事，尚有未逮。甚矣！余之钝也。

——（辛酉十一月）

【原文】五更醒，辗转不能成寐。盖寸心为金陵、宁国之贼忧悸者十分之八；而因僚属不和顺、恩怨愤懑者亦十之二三。实则处大乱之时，余所遇之僚属，尚不十分傲慢无礼，而鄙怀仇恚若此，甚矣余之隘也。余天性褊急，痛自刻责，惩治者有年，而有触即发，仍不可遏，殆将终身不改矣。愧悚不已！

——（壬戌九月）

【原文】古人云："其为人也多暇日者，其出人也不远矣。"余身当大任，而月余以来，竟日暇逸不事事，公私废阁，实深惭惧。惟当迅速投劾去位，冀免愆尤耳。

——（癸亥五月）

【原文】是日应办奏稿，方不误次日发报之期。一念之惰，遂废本日之常课，又愆奏事之定期，乃知天下百病生于懒也。

——（癸亥六月）

【原文】近日省察自己短处，每日怠玩时多，治事时少；看书作字，治么事时多，察人看稿，治公事时少。职分所在，虽日读古书，其旷官废弛与废于酒食游戏者，一也。《庄子》所谓"臧、谷所业不同，其于亡羊均也"。本无知人察吏之才而又度外置之，对京察褒嘉之语，殊有愧矣。

——（甲子二月）

【原文】日日郁郁不自得，愁肠九回者，一则饷项太绌，恐金陵兵哗，功败垂成，徽州贼多，恐三城全失，贻患江西；一则以用事太久，恐中外疑我擅权专利，江西争厘之事，不胜则饷缺而兵溃，固属可虑，胜则专利之名尤著，亦为可虑。反复筹思，惟告病引退，少息二三年，庶几害取其轻之义。若能从此事机日顺，四海销兵不用，吾引退而长终山林，不复出而与闻政事，则公私之幸也。

——（甲子三月）

【原文】初到直隶，颇有民望，今诸事皆难振作，恐虎头蛇尾，为人所笑。尤为内疚于心，辗转惭沮，刻不自安。

——（己巳五月）

修　身

——吕坤

【原文】古之居民上者，治一邑则任一邑之重，治一郡则任一郡之重，治天下则任天下之重。朝夕思虑其事，日夜经纪其务。一物失所，不遑安席；一事失理，不遑安食。限于才者求尽吾心，限于势者求满吾分，不愧于君之付托，民之仰望，然后食君之禄，享民之奉，泰然无所歉，反焉无所愧。否则是食浮於功也，君子耻之。

【译文】古代做官的人，治理一邑则担当起一邑的重任，治理一郡则担当起一郡的重任，治理天下则担当起天下的重任。朝夕想的都是如何做好这些政事，日夜干的都是做好这些政务。一物不得其所，就不能安寝；一事治理不好，就无心安食。才能虽然有限，但一定要尽心竭力；权势虽然有限，但一定要用好自己的权限。不愧于天子的托附和民众的仰望，然后才心安理得地食君之禄，享民之俸。心中泰然，无内疚之意；反思起来，没有惭愧之情。否则就是无功受禄，君子认为这是可耻的事情。

谨身要法

——石成金

存　仁

为官须要仁以存心，恕以立政。如催科，则思民有朝食不饱者；用刑，则思民亦父母所生者，鳏寡癃瘦，皆吾赤子，虽隶卒下人，不轻怒詈。至于盗贼，亦须多方推问。歼厥渠魁，分别轻重，慎勿轻施诛剿。要知天道好坏，刑官无后。谚云："一世为民，三世打砖。"专指偏酷而言，切宜慎之。若姑息煦煦以为恩者，则又错矣。

力　勤

钱谷刑讼，事案繁多，虽朝夕治理，尚不可暇给。若或逸乐，以至纵情诗酒，留意声色，将政事委人。奸弊百出，最为大害。所谓勤得一日半日间功，审出许多隐弊情形也。

寡　交

昔人谓受恩多，则难以立朝。凡一切知交，若相往来，或遇喜寿，不得不相祝饮。彼则招，摇打点，如不应命，则怨声肆起；若稍为曲从，又民冤沸腾。居官惟以寡交为第一法。

果　断

需者，事之机也。居官，百务所萃，自非果决，岂能有成？非惟惰误事机，抑且致生奸巧。或听吏书之曲禀，或入门隶之冷言，荏苒拘制，竟成卑贱。上官恶其废事，小民病其牵延，妨政损名，率由于此。须要事既精详，断在必行。其有拟议未决者，不宜先露其端，以为吏卒要索之地。

保　终

居官固难善始，尤难令终。盖志每怠于宦成，谤多起于去任，近见居官者，一蒙褒奖，便易初心。得代交还，视为传舍。或讽民立碑以颂功德，或鸠民钱帛以佐路需。买办土仪，馈送交结，广携器物，撤剥道途，皆足以致谤败名也。有识者慎之。

呻　吟　语

——吕坤

【原文】天下之治乱只在“相责各尽”四字。

【译文】天下的治乱只在“相责各尽”四字，就是要相互要求，各尽其职。

子产不毁乡校

——《左传》

【原文】郑人游于乡校，以论执政。然明谓子产曰："毁乡校，何如？"子产曰："何为？夫人朝夕退而游焉，以议执政之善否。其所善者，吾则行之；其所恶者，吾则改之。是吾师也，若之何毁之？我闻忠善以损怨，不闻作威以防怨。岂不遽止，然犹防川，大决所犯，伤人必多，吾不克救也。不如小决使道，不如吾闻而药之也。"然明曰："蔑也今而后知吾子之信可事也，小人实不才，若果行此，其郑国实赖之，岂唯二三臣！"

【译文】郑国的人民到乡校去，评论执政的人。然明对子产说："把乡校毁掉，怎么样？"子产说："为什么呢？那些人早晚做工之余来到乡校，评论执政者做的事是好是坏。他们认为好的，我就实行下去；他们厌恶的，我就改正过来，它是我的老师啊，像这样，为什么要毁掉它呢？我听说靠忠诚和善良来减少怨恨，没听说施用权势去堵住怨恨。难道我不能立即制止吗，但是，这就像防止洪水决口一样，大决口造成的灾害，伤人必定很多，我不能挽救。不如小的决口把它疏通引导，所以，不如我听到他们的议论，把它当作我治病的良药。"然明说："我从今以后知道您确实是可以成事的人。我实在是不明事理。您是真能做到这样，郑国确实是有依靠了。岂止是几个执政的人呢！"

防民之口甚于防川

——《国语》

【原文】厉王虐国人谤王。邵公告曰："民不堪命矣！"王怒，得卫巫，使监谤者，以告，则杀之。国人莫敢言，道路以目。王喜，告邵公曰："吾能弭谤矣，乃不敢言。"邵公曰："是障之也。防民之口，甚于防川。川壅而溃，伤人必多，民亦如之。是故为川者决之使导，为民者宣之使言。故天子听政，使公卿至于烈士献诗，瞽献曲，史献书，师箴，瞍赋，百工谏，庶人传语，近臣尽规，亲戚补察，瞽、史教诲，耆、艾修之，而后王斟酌焉，是以事行而不悖。民之有口，犹土之有山川也，财用于是乎出；尤其原隰之有衍沃也，衣食于是乎生。口之宣言也，善败于是乎兴，行善而备败，其所以阜财用、衣食者也。夫民虑之于心而宣之于口，成而行之，胡可壅也？若壅其口，其与能几何？"王不听，于是国人莫敢出言，三年，乃流王于彘。

【译文】周厉王暴虐，人民指责厉王的过失。邵公告诉厉王说："人民受不了暴虐的政令了！"厉王很气恼，找得卫国的神巫，让他去监视指责自己过失的人。卫巫把指责者报告给厉王，厉王就杀掉这些人。人民谁也不敢再讲话了，在路上相遇，只是用眼睛相互看看而已。厉王很高兴，告诉邵公说："我可以阻止谤言了，人民终于不敢讲话了。"邵公说："这是硬堵塞人民的嘴巴。防止人民讲话，比防止河水泛滥更危险。河水由于堵塞而决堤泛滥，伤害的人一定很多。人民像河水一样。因此治水的人要疏浚河道使水畅流，治理人民的人要开导人民说出要说的话。因此天子处理政事，让三公九卿以及列士进献采自人民中间的讽谏之诗，盲人乐官进献反映人民意见的歌曲，史官进献记载历史的书籍，少师进献寓有劝诫意义的文辞，盲人朗诵公卿列士进献的讽谏之诗，从事各种工艺的工匠也劝谏国君，平民百姓的意见是间接传给国君，国君左右的大臣也进献规谏之言，和国君有亲戚关系的大臣要弥补和督察国君的过失，乐官用音乐，史官用礼法来对国君进行教诲，德高望重的师傅也经常对国君进行劝诫警告，然后国君考虑取舍付诸实行。所以一切行事才能不与情理相违背。人民有口可以讲话，如同土地有山川一样，财富用度从这里产生出来；如同有平坦、宽阔而湿润的土地一样，人民所用的衣服、食物从这里生产出来。人民的意见得到表达的机会，政事的好坏才能因此体现出来。施行好的，防范坏的，是为了用来丰富财物、器用和衣食的缘故。人民是在心里考虑再由口讲出来，思考成熟，自然要流露出语言之间，怎么可以堵塞呢？如果堵塞人民之口，赞助的能有几个人呢？"厉王不听从邵公的意见，因此人民都不敢讲话。过了三年，就把厉王放逐到彘地去了。

大鱼失水则蝼蚁得意

——《战国策》

【原文】靖郭君将城薛，客多以谏。靖郭君谓谒者，无为客通。齐人有请者曰："臣请三言而已矣！益一言，臣请烹。"靖郭君因见之。客趋而进曰："海大鱼。"因反走。君曰："客有于此。"客曰："鄙臣不敢以死为戏。"君曰："亡，更言之。"对曰："君不闻大鱼乎？网不能止，钩不能牵，荡而失水，则蝼蚁得意焉。今夫齐，亦君之水也。君长有齐阴，奚以薛为？夫齐，虽隆薛之城到于天，犹之无益也。"君曰："善。"乃辍城薛。

【译文】靖郭君将要大筑薛城，很多门客来劝阻。靖郭君对守门人说，凡遇来劝止的人，不要替他来通报。齐国有一个人请求说："我只请求让说三个字，多一个字，愿受烹刑。"靖郭君于是接见了他。这位客快步进前，说道："海大鱼。"回转身就跑。靖郭君说："客留此不要走。"客说："我不敢拿性命当儿戏。"靖郭君说："不会这样，请再说下去。"客回答说："您没有听说过大鱼吗？网不能禁，钩不能钓，但它一旦放荡而离开了水，那蝼蛄、蚂蚁就可以得意地控制它。现存齐国，也是您的'水'。您永远有齐国的庇护，还要筑薛城做什么？假若失去齐国，即使把薛城筑到天上去，也是没有益处的。"靖郭君说："说得好。"于是停筑薛城。

触龙说赵太后

——《战国策》

【原文】赵太后新用事，秦急攻之。赵氏求救于齐。齐曰："必以长安君为质，兵乃出。"太后不肯，大臣强谏。太后明谓左右："有复言令长安君为质者，老妇必唾其面！"……左师公曰："老臣贱息，舒祺最少，不肖。而臣衰，窃爱怜之。愿令得补黑衣之数，以卫王宫。昧死以闻。"太后曰："敬诺。年几何矣？"对曰："十五岁矣。虽少，愿及未填沟壑而托之。"太后曰："丈夫亦爱怜其少子乎？"对曰："甚于妇人。"太后笑曰："妇人异甚。"对曰："老臣窃以为媪之爱燕后贤于长安君。"曰："君过矣，不若长安君之甚。"左师公曰："父母之爱子，则为之计深远。媪之送燕后也，持其踵，为之泣，念悲其远也，亦哀之矣。已行，非弗思也，祭祀必祝之，祝曰：'必勿使反。'岂非计久长、有子孙相继为王也哉？"太后曰："然。"左师公曰："今三世以前，至于赵之为赵，赵王之子孙侯者，其继有在者乎？"曰："无有。"曰："微独赵，诸侯有在者乎？"曰："老妇不闻也。""此其近者祸及身，远者及其子孙。岂人主之子孙则必不善哉？位尊而无功，奉厚而无劳，而挟重器多也。今媪尊长安君之位，而封之以膏腴之地，多予之重器，而不及今令有功于国，一旦山陵崩，长安君何以自托于赵？老臣以媪为长安君计短也，故以为其爱不若燕后。"太后曰："诺，恣君之所使之。"于是为长安君约车百乘，质于齐，齐兵乃出，子义闻之，曰："人主之子也，骨肉之亲也，犹不能恃无功之尊、无劳之奉，而守金玉之重也，而况人臣乎！"

【译文】赵太后新当权，秦国猛烈进攻赵国。赵国王族向齐国讨救兵。齐国表示："必须由长安君来做人质，大军才能出动。"太后不答应，大臣们拼命劝说。太后明确地告诉她身边的那些人："有再说要叫长安君去做人质的，我老太婆一定吐他一脸唾沫！"左师触龙说："老臣的儿子当中，舒祺排行顶小，顽皮不学好样。可是老臣不中用了，内心很疼爱他。想叫他能够在黑衣卫队凑个数，来守卫王家的宫殿。冒着死罪报告您。"太后说："一定照办。他几岁了?”回答说:“十五岁了。虽说岁数还小,总希望趁我还有一口气把他托付给您。”太后说:“男子汉也疼爱他的小儿子吗?”回答说:“比妈妈们还要厉害些。”太后笑了起来,说:“妈妈们特别厉害。”回答说:“老臣私下认为您疼爱燕后胜过了疼爱长安君。”太后说:“你想错了,不像疼爱长安君那么厉害。”左师触龙说:“爸爸妈妈疼爱儿女,就替他们打算得又周到又久远。您送燕后出嫁的时候,握着她的脚跟,为她掉眼泪,惦念着她,伤心她嫁到远方去,您这也是在心疼她了。她走了以后,并不是就不想念啊,敬神祭祖总要为她祷告:‘绝不要让她退回来。’难道不是作长远打算,希望她有子孙可以继承王位吗?”太后说:“正是这样。”左师触龙问:“从现在起,算到三代以前,一直上推到赵国刚建立的年代。赵国国君的儿子、孙子封侯拜爵的,他们的后代还有在侯位的吗?”太后回答:“没有。”左师触龙又问:“不光是赵国,各国国君的后代,还有在侯位的吗?”回答:“我老太婆没听说过还有。”左师触龙说:“这样看来,他们当中靠得近的就祸害赶上自身,隔得远些的也赶上他们的子孙后代。难道国君的子孙后代就必定都不好吗?只是因为地位高贵却没有什么功勋,俸禄丰厚却没有什么劳绩,可是拥有的贵重财宝又是大量的。现在您封长安君很高的地位,赐封给肥美的土地,大量交给他贵重财玉,但是不趁眼下叫对国家建立功勋,有朝一日您不在了,长安君凭什么好在赵国站稳脚跟?老臣认为您替长安君打算很短浅啊,所以认为对他的疼爱不如燕后的。”太后说:“好吧,听凭你要他到哪儿就他到哪儿。”于是为长安君配备了一百辆四匹马驾的兵车,出发到齐国去当人质,齐国大军这才出动。子义听到这件事,就说:“国君的儿子,是骨肉一样的亲近,也还不能仗恃没有功勋的高贵爵位、没有劳绩的丰厚俸禄,来保持黄金白玉那些贵重财宝呀,更何况是做人家臣子的呢!”

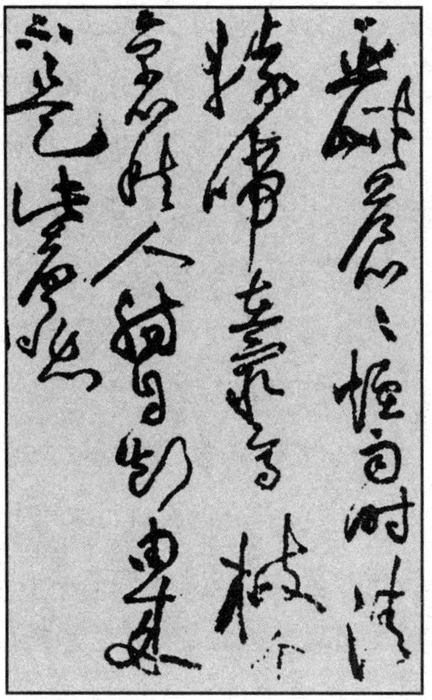

君臣的相“和”与相“同”

——《晏子春秋》

【原文】景公至自畋,晏子侍于遄台,梁丘据造焉。公曰:“维据与我和夫!”晏子对曰:"据亦'同'也,焉得为'和'?"公曰:"'和'与'同异乎?"对曰:"异。'和'如羹焉,水火醯醢盐梅,以烹鱼肉,之以薪,宰夫和之,齐之以味,济其不及;以泄其过,君子食之,以平其心。君亦然。君所谓可,而有否焉,臣献其否,以成其可;君所谓否,而有可焉,臣献其可,以去其否……今据不然,君所谓可,据亦日可;君所谓否,据亦日否。若以水济水,谁能食之? ……'同'之不可也如是。"公曰:"善。"

【译文】齐景公在冬至时去打猎,晏子在遄台陪伴,梁丘据也到那里(趋奉)。景公说:"只有据跟我相和呀!"晏子对答说:"梁丘据只是和你'相同',怎能是'相和'呢?"景公问:"'相和'跟'相同'有区别吗?"晏子回答说:"有区别。'相和',好像做羹汤一样,用水、火醋、内酱、咸盐、酸梅等,来烹饪鱼肉,用柴去烧,厨师去调和,用五味去调剂,补充味道不足之处,或冲淡滋味过浓之处。(尔后)君子吃它,才能可心。君臣之间(的关系)也应这样。君王认为适宜的政事,其中也会有不适当之处。为臣的提出这不适当之处,就可以成就这可行的事(使之完美);君王认为不当的事,也有适当之处,为臣提出这适当之处,就可改正不当之处……(但是)这梁丘据就不是这样,君认为可,他也说可;君认为不可,他也说不可。好像用水去调剂水,谁能吃(这样的羹汤)呢?'相同'就是这样的不好。"景公说:"你说得好!"

汉高祖纳谏迁都

——司马迁

【原文】刘敬说高帝曰:"都关中。"上疑之。左右大臣皆山东人,多劝上都洛阳:"洛阳东有成皋,西有崤渑,背河,向伊、洛,其国亦足恃。"留侯曰:"洛阳虽有此固,其中小,不过数百里。田地薄,四面受敌,此非用武之国也。夫关中左崤、函,右陇、蜀,沃野千里,南有巴、蜀之饶,北有胡苑之利,阻三面而守独以一面东制诸侯。诸侯安定,河、渭漕挽天下,西给京师;诸侯有变,顺流而下,足以委输。此所谓金城千里天府之国也。刘敬说是也。"于是高帝即日驾,西都关中。

【译文】刘敬建议汉高帝刘邦说:"要把国都建在关中。"汉高帝对此犹豫不决,左右大臣都是华山以东六国的人,大多数劝汉高帝建都洛阳。他们说:"洛阳东边有地势险要的成皋,西边有险有崤山、渑水,背靠黄河,面对着伊河、洛河,这种牢固的地势足够作依靠了。"留侯张良说:"洛阳四周虽然有如此的牢固地势,其中间的面积太小,也不过只几百里,况且田地脊薄,敌人可从四面进攻,这不是打仗用武的地方。至于关中,左边崤山、函谷关，右边有陇山、蜀山，肥沃的土地有千里，南方还有巴、蜀的富饶土地，北方有可以放牧的胡地，凭借着西、南、北三面而防守，只用东方一面而控制诸侯。假若诸侯安定，利用黄河、渭水运输天下物资，供应西方的京城，如果诸侯有叛乱，大军顺流面下，黄河，渭水足够承担运输任务。这就是听说金铸的千里城池。天然府库。刘敬的建议是正确的。”于是汉高帝刘邦当天下令驾车向西进发，建都关中。

至言若迂有益于国

【原文】仁人之言，其始若迂阔而不可行，及要其终而究其所成，则夫取利多而终以无弊者，无有能过其说。故夫子之于卫，尝欲正名，而子路笑之矣；有若之于鲁，尝欲以彻，而鲁君非之矣。夫卫之乱，若非正名之所能理；而鲁之饥，若非彻之所能救。然而欲无饥与乱，则莫若此二者，何也？其取利也远，故取之多而民不知；其致力也深，故政不暴而事有渐。

【译文】仁人的言论，起初听起来，像是不符合实际而不能实行似的，等到考察它的最终社会效果和探求它的成就时，但是那使国家和百姓受益多，并且终究不会使社会产生弊病的，没有哪家能超过仁人的言论。正因为仁人的言论像是不符合实际而不能实行似的，所以孔子对于卫国，曾要辩证君、臣、父、子的名分，却受到了子路的讥笑；有若对于鲁国，曾要实行周代的十分抽一的税率，却遭到了鲁哀公的反对。卫国政局的混乱，就像不是靠辩证君、臣、父、子的名分所能治理的；而鲁国的灾荒，好像不是靠减轻税率所能解决的。然而要使国家没有灾荒和动乱，就再也没有其他办法比得上这两种措施了，这是什么原因呢？这两种措施取得的社会效益是长远的，因此取得的实惠多而百姓不易觉察出来；这两种措施所达到的功力是深厚的，因此国家的政治不苛刻而事业日益兴旺发达。

良药苦口利于病

——司马迁

【原文】沛公乃引兵击秦军，大破之，逐北至蓝田。再战，秦兵竞败，遂至咸阳。秦王子婴降沛公。

沛公入秦宫，宫室、帷帐、狗马、重宝、妇女以千数，意欲留居之。樊哙谏沛公出舍，沛公不听。良曰：“夫秦为无道，故沛公得至此。夫为天下除残贼，宜缟素为资。今始入秦，即安其乐，此所谓‘助桀为虐’。且‘忠言逆耳利于行，良药苦口利于病’，愿沛公听樊哙言。”沛公乃还军霸上。

【译文】刘邦领兵攻打秦朝军队，大败秦军，一直追逐到蓝田县。经过再次战斗，秦军彻底被打败了，于是刘邦到达了秦朝都城咸阳。秦王子婴投降了刘邦。

刘邦进入秦王宫殿，里面的房屋、床帐、狗马、宝物、宫女多得以千计，便想留在殿居住。樊哙劝告刘邦到宫外居住，刘邦不听劝告。张良说：“因为秦王不以正道治国，因此您才能到这地步。为天下人解除残暴的统治，应该以朴素为本。现在刚刚进入秦都，就安于享受。这就是“帮助夏桀做坏事。况且‘忠诚的言语虽不顺耳而利于行为端正，烈性的药物虽吃着苦而有利于疾病好转’。希望您听樊哙的话。”刘邦于是就撤回军队住在霸上。

陈胜信谗斩故人

——司马迁

【原文】陈公王凡六月。已为王，王陈。其故人尝与佣耕者闻之，之陈，扣宫门曰：“吾欲见涉。”宫门令欲缚之，自辩数，乃置，不肯为通。陈王出，遮道而呼“涉”。陈王闻之，乃召见，载与俱归。入宫，见殿屋帷帐，客曰：“夥颐！涉之为王沈沈者！”楚人谓多为夥，故天下传之，夥涉为王，由陈涉始。

客出入愈益发舒，言陈王故情。或说陈王曰，“客愚无知，专妄言，轻威。”陈王斩之。诸陈王故人皆自引去，由是无亲陈王者。

陈王以朱房为中正，胡武为司过，主司群臣。诸将徇地，至，令之不是者，系而罪之，以苛察为忠。其所不善者，弗下吏，辄自治之。陈王信用之。诸将以其故不亲附，此其所以败也。

【译文】陈胜称王前后共六个月。称王后，住在陈县。他的老朋友曾经与他在一起当雇工耕地的人听说陈胜称王，便到陈县，敲着宫门说：“我要见陈涉。”宫门的守卫官要捆起他，他自己反复申辩和陈胜的关系，才放了他。但不肯为他通报。陈王出宫，他便拦路喊着叫“涉”。陈王听到他的喊声，召见了他，同他坐一个车回到宫中。进入宫内，见到华丽的宫殿和帷帐，老朋友说：“好多呀！陈涉当了王真阔气呀！”楚地人说“多”是夥，因此天下人传说此事，被称为“夥颐”的陈涉当了王，是从陈涉开始的。

陈涉的客人在宫中出入越来越放纵，说一些陈王的往事。有人劝陈王说：“客人愚昧无知，专为胡言乱语，减轻大王的威望。”陈王便斩掉了客人。其他陈王的朋友都各自离去了，因此没有亲近陈王的人。

陈王任朱房为中正官，任胡武为司过官，主管监督群臣、官吏。各位将领攻占城邑，回到陈县，凡是不听朱房、胡武命令的，就逮捕治罪，把苛刻的监察当作忠诚朱房、胡武不喜欢的人，不交给司法官吏处理，总是擅自惩治他们。陈王信任重用朱房、胡武。各位将领因为这种缘故都不亲附陈涉，这就是陈涉失败的原因。

优孟讽谏楚庄王

——司马迁

【原文】优孟，故楚之乐人也。长八尺，多辩，常以谈笑讽谏。楚庄王之时，有所爱马，衣以文绣，置之华屋之下，席以露床，啖以枣脯。马病肥死，使群臣丧之，欲以棺椁大夫礼葬之。左右争之，以为不可。

王下令曰："有敢以马谏者，罪至死。"优孟闻之，入殿门，仰天大哭。王惊而问其故。优孟曰："马者，王之所爱也。以楚国堂堂之大，何求不得？而以大夫礼葬之，薄！请以人君礼葬之。"

王曰："何如？"对曰："臣请以雕玉为棺，文梓为椁，枫、豫章为凑，发甲卒为穿圹，老弱负土，齐、赵陪位于前，韩、魏翼卫于后，庙食太牢，奉以万户之邑。诸侯闻之，皆知大王贱人而贵马也。"

王曰："寡人之过一至此乎？为之奈何？"优孟曰："请为大王六畜葬之。以垄灶为椁，铜历为椁，赍以姜枣荐以木兰，祭以粮稻，衣以火光，葬之于人腹肠。"于是王乃使以马属太官，无令天下久闻也。

【译文】优孟，原来是楚国的一个艺人，身高八尺，擅长于辩论，经常用幽默的谈笑进行讽劝。楚庄王的时候，庄王有匹心爱的马，给马披上锦绣，养在华丽的屋里，用没有账、幔的床垫在下面，用枣脯来喂。马因得肥胖病而死，庄王叫群臣给马戴孝，准备用棺椁装起来，按礼葬大夫礼节仪式埋葬这匹马。庄王左右的人纷纷提意见，认为不可以这样做。

楚庄王下命令说："以后有谁再敢为葬马而提意见者，就判以死罪。"优孟听说此事，进入庄王宫殿大门，便面朝天大哭。庄王吃惊地问他为什么哭。优孟说："这匹马，是大王心爱的马。堂堂楚国这么大，有什么东西弄不到呢？而大王用大夫的礼制埋葬此马，太薄了！请大王按国君的礼制埋葬马。"

楚庄王说："那葬法什么样？"优孟回答说："请用雕花的玉石做棺材、用细致耐朽的梓木做外椁，用枫、豫章等木料围护棺椁，派士兵挖掘墓穴，使老少都参加背土修坟，使齐国、赵国在前面作陪祭，使韩国、魏国在后面作守卫，给马修庙，用牛、羊、猪祭祀，再划出万户城邑的税收，作为年年祭祀的费用。使各诸侯国听说此事，都知道大王贱人而贵马！”

楚庄王说：“我的过错，竟然到这地步吗？这事该怎么办呢？”优孟说：“请让我为大王用葬六畜的办法葬马。堆个土灶作棺材的外椁，用三足大铜锅当棺材、用姜枣作调味，用木兰除腥味，用粳稻作祭品，用火光做衣服，把马埋葬到人们的肚肠中。”于是楚庄王就派人把马交给掌管厨房的太官，不让此事在天下流传。

至言若迂有益于国

【原文】国家当以匮财为常，勿以乏用为悒；当以养财为急，勿以聚财为意。优游以当之，暇裕以待之，节用以为之先，通济以为之权，崇本以为之政，谨察州县以为之纪纲，赈恤灾害以为之左右。愚非为是长者之言、不急之说，事理之极至盖如此也。

【译文】国家应以国库财富空乏为正常现象，不要因供给不足而苦恼；应以养财为当务之急，不要以聚财为富国的宗旨。对于国家出现的各种问题，要从容地加以对待，要把节省费用作为国家的首要问题，要把互通有无作为国家的变通措施，要将重视农业作为理政的根本，要把认真地体察州县官员的政绩和民情作为国家行政的准绳，要把救灾作为国家的辅助措施。我不是发表这些类似长者的话语和脱离实际的高论，事理的根本法则可能就是这样。

【原文】昔刘晏之在唐，号为善理财者，而晏之言曰：“户口滋多，赋税自广。”观晏之言，不啻不知为利，正当倾倒坐困耳。然财非天雨鬼输。不厚其所出，而厚其所取，其末不可继。此理固无难晓者。晏之言若缓而切，若迂而直，若费而优。不能使人不悠悠于此尔。至于钱流地上，报政无留，然后前日之所谓悠悠者，于此始决然矣。

【译文】以前刘晏在唐为官时，称得上善于理财的。而刘晏理财的名言是：“户口日益增加，国家的财源自然就广了。”冷眼看刘晏的理财之说，他似乎不但不晓得如何获利，也正该坐以待毙。然而财富不是天上掉下来的也不是鬼神赐给的。不广开财源，却无休止地向百姓索取，最终会导致财源枯竭。这个道理本来并不难理解。刘晏的话给人的印象是，似乎徐缓而又切合实情似是迂阔而又直率，似乎耗费资财而又财源茂盛。不能不使人对此产生忧虑。待到财源从各地滚滚而来，刘晏毫无保留地向朝廷报告政绩时，然后人们先前所担心的，到这时才涣然冰释。

【原文】梁惠王以利国问孟子，而孟子对以仁义。曹刿以战问鲁庄公，而庄公对以听狱。夫仁义非所以为利，而听狱亦非所以为战。古之君臣虽若迂阔而不切于事情也，然天下之理未有仁而遗其亲，未有义而后其君。彼以利而责望民，则民散而为利之从，而卒不获吾之所求矣。孟子之言，非有见于斯乎！狱，死地也。战，亦死地也。人之在缧绁之中，锱铢之施，视若金石；毛发之惠，视若丘山。使君临一国者，小大之狱，皆必用情，有哀矜之意，而无喜怒之私，则是昔之居死地者，尝受其赐，今安得不赴死地以答其赐哉！民既乐为之死，则陷坚却敌特余事耳。庄公之言，非有见于斯乎！班超不扰事。

【译文】梁惠王向孟子请教利国之道，孟子却用行仁义之道回答他。曹刿问鲁庄公凭什么与齐国作战，庄公却用认真审判处理案件回答他。行仁义之道直接用来利国的，而审理案件也并非直接用来为作战服务的。古代的君臣虽然貌似迂阔而不切合实际情况，然而按天下的常理，还没有仁孝之人而遗弃他的亲人，也没有忠义之士把君国大事放在次要位置上。那些统治者往往以获得功利的多少为标准去责难抱怨人民付出太少了，人民就会像一盘散沙一样去追逐个人的功利，而统治者最终也不能获得自己想要得到的利益。孟子回答梁惠王的话，莫非是觉察到了这一点了吗？牢狱是犯人送死的地方，战场也是将士献身的场所。人在监牢里，微薄的施舍，看得比金石还要贵重；一点点恩惠，看得比丘山还要崇高。假使治理一个国家的统治者，大大小小的案件都能按实际情况进行审理，并怀有怜悯的心理，而不从个人的喜怒好恶出发，那么这些先前处在绝境的人，由于曾得到统治者的恩赐，今天怎么不能身临险境以报答统治者的恩赐呢！人民既然乐意为君国献身，那么攻坚陷阵只不过是小事罢了。鲁庄公回答曹刿的话，不是也看清了这一点吗？

【原文】卫之乱而孔子正名，秦楚交兵而孟子言义。盖非正名不能已乱，非言义不能息兵故也。

【译文】卫国政局混乱，孔子却主张辩证卫国君、臣、父、子的名分；秦楚两国交战，孟子却谈行仁义之道。这是因为不辩证君、臣、父、子的名分，卫国政局的混乱还得持续下去；不谈行仁义之道，秦楚两国就不能停战求和。

逆耳之言不可不听

【原文】人主之尊，天也。其威，雷霆也。人臣自非忘躯徇国、奋不顾私者，谁肯抗天之尊、触雷霆之威，以自取戮辱也哉！故自昔人臣，类皆觇主意之所在，奉迎投合，惟恐其或后。以失为得，以非为是者，人人然也。

【译文】君主的尊严像天一样神圣，他的威力像雷霆一样不可抗拒。作为人臣来说，如果不是忘身殉国、奋不顾身的人，谁肯对抗天子的尊严、触犯天子雷霆般的威力以自取刑辱呢？所以自古以来，人臣大都窥视君主的用意所在，奉迎投合君主的心理，只担心自己有时落在别人的后面。把损失当作收获，把谬误当作真理，几乎人人都是如此。

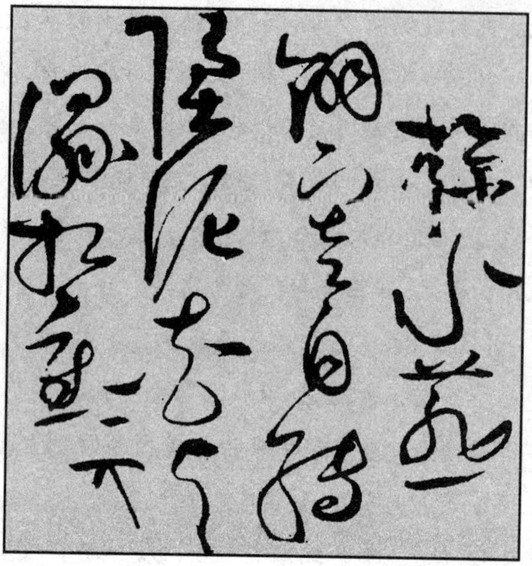

【原文】昔梅福言于成帝曰："自阳朔以来，天下以言为讳，群臣皆承顺上旨，莫有执正。取民所上书，陛下之所善，试下之廷尉，廷尉必曰：'非所宜言，大不敬。'"魏明帝时，侍中刘晔为帝所亲重，或谓帝曰："晔善伺上意所趋而合之。（陛下试举所向之意而问之）陛下试与晔言，皆反意而问之，必无所复逃矣。"帝如言以验之，果然。后不复敢在群下默视而疾趋如此。至于犯颜而谏，苦口而诤，岂人臣之所乐哉？非其所乐而奋然为之，是必有夫不顾私者而夺之也。而人主于此，顾方痛抑而深沮。怒之未足，而继之以斥；斥之未足，而继之以诛。士亦何望而不为谄谀佞媚以自取疏外也哉？且汉高帝之创业，光武之中兴，当时言听计从，无以龃龉，宜不复有阿容而不尽己意者。然诏群臣择有功者以为燕王。群臣知上欲王卢绾，皆言太尉长安侯卢绾功多可立。光武大会群下，问谁可傅太子者，群臣承望上意，皆言太子舅阴兴可。附会投合，卒无一人异辞。彼二君好贤乐谏，如此之切而当，时犹有承意顺志、逢迎阿附之风，况夫斥之诛之而使之不敢言耶！故愚以为朝廷之上，幸而有方正之人、节义敢言之士。人主正当鉴自古人臣希合之弊，而为优容奖借，以作天下忠直之气。就使其言时有不中于理，犹当和颜开纳，以屈于天下之公论。人心之所同是者，恶可以却而不听也哉！

【译文】西汉时，梅福对成帝说："自从阳朔年间以来，天下人在言论方面有所避讳，群臣都顺从君王的旨意，没有谁能主持公道。取来百姓上给朝廷的奏章，陛下所称赞的，再试探着把它下到廷尉府，廷尉一定会说：‘这不是平民百姓所应该说的，当以不敬重皇帝的罪名论处。’”魏明帝在位时，侍中刘晔为明帝所宠信和倚重，有人对明帝说：“刘晔善于窥测您的思想动向来迎合您。您试探着用口是心非的事询问他，他一定不能再掩饰自己了。”明帝依照这个人的说法来试探刘晔，确实是这样。后来，刘晔不再敢在群臣面前相视不语和在明帝面前急于阿谀奉承了。至于冒犯君王的威严而苦口直言相劝，这难道是人臣所愿意做的吗？不愿意做而无所顾忌地去做，这必然有那不顾私利的人去据理力争。而君王对待这种人，只是极力压抑和百般诋毁。对这种人，发怒感到不够劲，接着就加以排斥；排斥还觉得不够劲，接着就杀掉他。朝廷官吏也还期待着什么而不向君王花言巧语地献媚取宠，却自取与君王疏远的做法呢？汉高祖开创汉朝的基业，光武帝兴复汉室，当时他们对待臣下言听计从，没有丝毫抵触情绪，应当不再有迎合君王旨意以求容身而不能充分表达自己想法的人。然而汉高祖下诏，令群臣选举有功劳的人作燕王。群臣知道汉高祖想让卢绾作燕王，于是都说太尉长安侯卢绾功多可立为燕王。光武帝大会群臣，问谁可以辅佐太子，群臣揣测到光武帝的心意，都说太子的舅舅阴兴可以胜任。群臣都附会投合这二位君王的心理，最终没有一个人提出相反的意见。那二位君王喜欢贤才并乐意接受人臣的直言劝告，竟是如此的切实和适当，可还时常出现顺从君王意志、逢迎投合君王所好的风气，何况那些动辄对人臣加以排斥和杀戮而使人臣不敢畅所欲言的君王呢？因此我认为朝廷中，幸而有端平正直之人、坚持节操和正义的敢言之士。君王正应该警惕自古以来人臣迎合君王心理的弊病。[对人臣的劝谏，]应抱着宽容的态度和采取勉励推重的措施，以振兴天下的忠义正直的风气。即使他们的言论常常有不符合情理的因素，仍当和颜悦色地打开心扉，予以采纳，以屈服于天下公众的评论。人心都认为是正确的，怎么可以摒弃不听呢？

物以顺至当以逆观

【原文】物之以顺至者，必当以逆观。天下之祸，不生于逆而生于顺。剑、盾、戈、戟未必能败敌，而金、缯、玉、帛每足以灭人之国；霜、雪、霾、雾未必能生疾，而声色游畋每足以殒人之躯。久矣，夫顺之生祸也。物方顺吾意，而吾又以顺观之，则见其甘而不见其毒，见其吉而不见其凶。溺心纵欲。盖有陷于死亡而不悟者。人之有为于天下，盖不可以不如此。

【译文】事物顺从人们的心理而至的，一定应从它的反面进行观察。天下的祸患，不是萌生于逆境，而是萌生于顺境。剑、盾、戈、戟等兵器未必能打败敌人，而金、缯、玉帛等物品却往往可以毁灭一个国家；霜、雪、风、雾等恶劣天气未必能使人生病，而声、色、游、猎却往往足以伤害人的身体。时间久了，顺心遂意的事物容易滋生祸患。事物正合乎我的心意，我又从投合自己心意的角度去观察它，那么就只能看到它美好的一面，而没有看到它有害的一面；只看到它有利的一面，而没有看到它危险的一面。心志沉溺于纵欲之中，可能有到死也不觉悟的。人要想在天下有所作为，大概不能不清楚这一点。

【原文】夫小人之得君也，将欲移其权柄而迷其耳目，则有声色货利以啖之，甘言巽语以顺之，射猎歌舞以娱之。迎其好而逢其欲，觇其所向而俟其所归。有可爱也，则徇之以欢；有可惧也，则寝之以为安。其意凡此者，皆所以眷其君而蛊其心术也。而人君不能以逆观之，在而乐其顺矣。豢于其说而阱于其术中而莫之辨。夫是以奸欺之患生，不几于危亡则不悔。

【译文】小人得到君主的信任，将要篡夺君主的权力并混淆君主的视听，那么，或用声色财利来诱惑君主，或用甜言卑辞来顺从君主，或用射猎歌舞来使君主欢娱。迎合君主的嗜好欲望，窥视君主动向而等待他的结局。君主有什么爱好，就屈从他，使他欢心；君主有什么可怕的事，就把它平息下来，使他有安全感。小人的志趣之所以如此，就是为了让君主器重自己，进而用他的心术蛊惑君主。而君主不能从反面来看待他，反而喜欢他的顺从。君主被他的言辞所诱惑而陷入他的圈套之中，却不能辨别其中的是非。所以奸诈欺骗的祸患不断发生，国家不接近危亡的时刻，君主就不能悔改。

【原文】若夫忠臣义士则不然。识高而见殊，虑远而忧大。射歌舞之娱，则禁而抑之；声色货利之欲，则谏而止之。宵旰之勤，吐哺之疲，非人之所愿为者，则顾从而强之。其说虽逆，其理实顺。人君有能以顺而观今之逆，以逆而观前之顺，则天下可以常治而无乱矣。昔者楚共王有疾，召令尹曰："申侯伯与吾处，常纵咨吾。吾所乐者，劝吾为之；吾所好者，先吾服之。吾与处欢乐之，不见戚戚也。虽然，我终无得。"唐明皇谓左右曰："萧嵩每启事，必顺旨，我退而思天下，不安寝。"夫共王之所谓"吾终无得"，明皇之所谓"我不安寝"，其能以逆而观顺者欤！

【译文】至于忠臣义士就不是这样。他们辨别是非的能力高而又有独特的见解，为国家的利益考虑得久远并忧心忡忡。他们对君主的射猎歌舞等娱乐活动，加以禁止和控制；对君主的声色财利方面的欲望，加以劝谏并制止。起早贪黑地勤于政事，像周公吐出口中食物来接待贤才那样操劳，这并不是一般人所愿意干的，但又进而强迫君主节制私欲。他们的言辞即使违背君主的欲望，但其中的道理是顺应事物的发展规律。君主能用顺应事物发展规律的眼光来观察现实的逆耳之言，又能从事物的反面来看待自己以前所处的顺境，天下就可以长治久安而不会发生祸患。春秋时，楚共王得病，把令尹叫到床前说："申侯伯与我相处，常常使我放肆。我喜欢的，他劝我去做；我所爱好的东西，他先服用。我与他相处得欢欢乐乐，看不出我们有忧惧感。虽然如此，我最后还是一无所得。"唐玄宗曾对身边的大臣说："萧嵩每次向我汇报政事，一定顺从我的旨意。我退朝后却想到国家的安危，晚上睡不好觉。"楚共王所说的"我最终一无所得"，唐玄宗所说的"我睡不好觉"，他们能从反面来看待顺境啊！

【原文】襄二十三年，孟孙恶臧孙，季孙爱之。孟孙卒，臧孙入哭甚哀。其御曰："孟孙之恶子也，而哀如是。季孙若死，其若之何？"臧孙曰："季孙之爱我，疾疢也；孟孙之恶我，药石也。美疢不如恶石。夫石犹生我。疢之关，其毒滋多。孟孙死，吾亡无日矣。"

【译文】据《左传·襄公十三》记载，孟庄子讨厌臧孙。而季武子喜欢臧孙。孟庄子死时，臧孙入门痛哭。给他赶车的人对他说："孟庄子讨厌您，而您却悲哀成这个样子。季武子如果死了，您会如何呢？"臧孙说"季武子喜欢我，这像是没有痛苦的疾病；孟庄子讨厌我，这像是治疗疾病的药石。没有痛苦的疾病不如使人痛苦的药石。药石还可以使我活下去。疾病没有痛苦，它的毒害更多。孟庄子死了，我的灭亡也没多久了。"

谏因其明处乃能入

【原文】人臣进忠于其君，必因其所明而后能入也。人心有所蔽，有所通，其蔽者，其暗也；其通者，其明也。因其明处而告，求信则易矣。自古能谏其君，未有不因其所明者也。故计直强劲者，率多取忤；其温厚明辨者，其说易行。古之人有行之者，左师触龙之于赵，子房之于汉是也。高祖爱戚姬，将易太子，是其所蔽也。群臣争之者，众矣。嫡庶之义，长幼之序，非不明也，如其蔽而不察何？四老人者，高祖素知其贤而重之。此其不蔽之明心。故因其所明而及其事，则悟之如反掌。且四老人之力，孰与张良群公卿及天下之心？其言之切，孰与周昌、叔孙通。然而不从彼而从此者，由攻其蔽与就其明之异耳。赵后爱其少子长安君，不使质于齐。此其蔽于私爱也。大臣谏之虽强，既曰蔽矣，其能听乎？爱其子而使之富贵长久者，其心之所明也。故左师触龙因其明而导之以长久之计，故其听也如响。在《易·坎》之"六四"曰"纳约自牖"。约，所以进结其君之道也。自牖因其明也。二子之言，其知坎之"六四"欤？

【译文】臣下向他的君主进献忠心，必定要从君主容易理解的问题入手，然后君主才有可能采纳臣下的意见。人的思想在某些方面执迷不悟，而在某些方面却通情达理。他在某些方面执迷不悟，这就表现出很愚昧；他在某些方面很通情达理，这就表现出很明智。从他容易理解的问题入手来劝说他，就容易取得他的信任。自古以来能善于规劝君主的，没有不从国君易于理解的问题入手的。因此揭发别人过失不留情面并穷追不舍的，大都适得其反；而那些温文、厚重、明智、善辩者，他们的说教就容易实行。古人有推行他们说教的，战国时赵国的左师触龙，汉高祖的谋士张良就是这样。汉高祖喜欢戚夫人，要以赵王如意来替代太子刘盈，这是汉高祖执迷不悟的一面。群臣与汉高祖争辩的很多。嫡传和庶出的道理、长幼的先后次序，汉高祖不是不清楚，他为何执迷不悟而不能觉察其中的是非呢？商山四皓，汉高祖平时就知道他们的贤能并很敬重他们。这一点，汉高祖并没有受到蒙蔽，心中清清楚楚。因此从汉高祖容易理解的问题人手，再涉及他们所要谈的事情，使汉高祖醒悟就易如反掌。商山四皓为汉朝的建立所贡献的力量，与张良等各位公卿及天下人心所向比较起来怎么样？商山四皓劝谏汉高祖的迫切程度，与周昌、叔孙通比较起来怎么样？然而汉高祖没有采纳周昌、叔孙通等人的意见而听信商山四皓的劝告的原因，主要是有批评汉高祖执迷不悟与从其容易理解的问题入手进行诱导的区别罢了。赵太后溺爱他的小儿子长安君，不让他到齐国作人质。这是被她个人的情爱所蒙蔽。大臣规劝他的言辞虽然很激烈，但既然说她执迷不悟，她能听从劝告吗？而用疼爱她自己的儿子是为了赵氏宗族能长久地享受荣华富贵的道理来说服她，这是她的思想所易于理解的。因此左师触龙从她容易理解的问题入手，并用使国家长治久安之计来引导她，所以她听了后立即响应。《易经》“坎”卦中的“六四”爻的爻辞说“送入取出均通过窗户”，这也可以用来作为侍奉结交君主的方法。透过窗户，主要是因为居室靠它才能得到光明。从触龙和张良的进言来看，他们大概清楚“坎”卦“六四”爻辞的寓意吧！

魏武侯纳谏

【原文】魏武侯谋事而当，群臣莫能逮，退朝而有喜色。吴起进曰：“亦尝有以楚庄王之语闻于左右者乎?”武侯曰：“楚庄王之语何如?!”吴起对曰：“楚庄王谋事而当，群臣莫逮，退朝而有忧色。申公巫臣进问曰：‘王朝而有忧色，何也?’庄王曰：‘不谷谋事而当，群臣莫能逮，是以忧也。其在中岿之言也，曰：诸侯得师者王，得友者霸，得疑者存，自为谋而莫己若者亡。今以不谷之不肖，而群臣莫吾逮，吾国几于亡乎！是以忧也。’楚庄王以忧，而君以憙！”武侯逡巡再拜曰：“天使夫子振寡人之过也。”

——《荀子·尧问》

【译文】魏武侯谋划政事很恰当，大臣们都比不上他，他退朝以后面有喜色。将军吴起见状，上前说：“大王您可曾听左右的人说过楚庄王的故事吗？”武侯说：“楚庄王的故事怎么样？”吴起答道：“当年楚庄王谋划政事很恰当，大臣们都比不上他。他退朝以后面有忧色。楚大夫申公巫臣就上前去问道：‘大王退朝后面有忧色，这是什么原因呢？’庄王说：‘我谋划政事得当，大臣们都比不上，因此我才忧虑。殷代的中蘬说过：诸侯能得到良师的指点就能称王，能得到好友的帮助就能称霸，能得到和自己才能相当的人的辅助，就能保住国家，如果每一件事情都亲自谋划，认为别人都不如自己，那他的国家就会灭亡。如今我自己不贤，而大臣们还比不上我，我的国家不是接近灭亡了吗？所以我感到很忧愁。’楚庄王以此而忧，大王您因此而喜，这有多危险啊！”魏武侯听了之后，后退一步，连拜两拜，高兴地说：“这真是上天派先生来补救我的过错啊！”

梁王魏婴觞诸侯于范台

【原文】梁王魏婴觞诸侯于范台。酒酣，诸鲁君举觞。鲁君兴，避席择言曰：“昔者，帝女令仪狄作酒而美，进之禹，禹饮而甘之，遂疏仪狄，绝旨酒，曰：‘后世必有以酒亡其国者。’齐桓公夜半不嗛，易牙乃煎敖燔炙，和调五味而进之，桓公食之而饱，至旦不觉，曰：‘后世必有以味亡国者。’晋文公得南之威，三日不听朝，遂推南之威而远之，曰：‘后世必有以色亡其国者。’楚王登强台而望崩山，左江而右湖，以临彷徨，其乐亡死，遂盟强台而弗登，曰：‘后世必有以高台陂池亡其国者。’今主君之尊，仪狄之酒也；主君之味，易牙之调也；左白台而右闾须，南威之美也；前夹林而后兰台，强台之乐也。有一于此，足以亡其国。今主君兼此四者，可无戒与！”梁王称善相属。

——《战国策·魏策二》

【译文】梁惠王魏婴在范台宴请各国诸侯。酒正喝到高兴时，梁王请鲁共公举杯共饮。鲁君兴奋地离开座席，选择着词句说：“从前尧帝的女儿命仪狄作酒，味道很美。仪狄把酒进献给大禹，大禹喝了之后也觉得很甘甜，于是就疏远了仪狄，戒喝甜酒。他说：‘后代必有嗜喝甜酒而使国家灭亡的人。’齐桓公半夜不想吃东西，易牙就又烹又熬又烧又烤，再调合上五味，把饭菜送上，桓公觉得很好吃，直到第二天早上才睡醒，后来他说：‘后代必有因为贪吃美味而使国家灭亡的。’晋文公得到美女南之威，一连三天不去处理朝政，于是他推开南之威疏远了她。后来他说：‘后代必有因为贪恋美色而使国家灭亡的人。’楚庄王登上强台远眺崩山，左边是长江右边是大湖，登临徘徊，只感觉到山水之乐而忘记人之将死，于是在强台上发誓不再游山玩水。后来他说：‘后代必有因为修高台、山坡、美池而使国家灭亡的人。’如今主君您的杯里好似仪狄酿的酒；您的饭菜犹如易牙烹调的；您身体左边有白台，右边有间须，都是南之威一般的美人；前面是夹林后边是兰台，犹如游强台一样的乐趣。有一种这样的乐趣就可以使国家灭亡。如今，您兼有这四种乐趣，可以不必戒备了！”梁惠王听后连连叫好。

淳于髡讽谏齐威王

【原文】威王大说，置酒后宫，召髡赐之酒。问曰：“先生能饮几何醉？”对曰：“臣饮一斗亦醉，一石亦醉。”威王曰：“先生饮一斗而醉，恶能饮一石哉？其说可得闻乎？”髡曰：“赐酒大王之前，执法去傍御史在后髡恐惧俯伏而饮，不过一斗径醉矣。若亲有严客，髡嗛鞲鞠跽，侍酒于前，时赐余沥，奉觞上寿，数起，饮不过二斗径醉矣。若朋友交游，久不相见，卒然相睹，欢然道故，私情相语，饮可五六斗径醉矣。若乃州闾之会，男女杂坐，行酒稽留六博投壶，相引为曹，握手无罚，目眙不禁，前有坠珥，所有遗簪，髡窃乐此，饮可八斗而醉二参。日暮酒阑，合尊促坐，男女同席，履舄交错，杯盘狼籍堂上烛灭，主人留髡而送客，罗襦襟解，微闻芗泽，当此这时，髡心喜欢，能饮一石。故曰：‘酒极则乱，乐极悲。’万事尽然。言不可极，极之而衰，以讽谏焉。”

齐王曰：“善！”乃罢长夜之饮，以髡为诸侯主客。宗室置酒，髡尝在侧。

——司马迁

【译文】齐威王特别高兴，在后宫中摆酒，请来淳于髡并赏给他酒。问道：“你能饮多少酒才醉呢？”淳于髡回答说：“我饮一杯能醉，饮十杯也能醉。”

齐威王说：“您饮一杯就醉了，怎么能饮十杯呢？这道理能让我听听吗？”淳于髡说：“在大王面前赏赐给我酒喝，执法的官吏在我旁边站着，纠察失礼的吏官在我后边站着，我淳于髡胆战心惊地趴在地饮酒，饮不到一杯就醉了。如果是父母有尊贵的客人，我卷着袖子，弯腰小跪，在客人面前敬酒。不断地赏给我点残酒，我捧着酒杯祝酒，多次起身祝酒，这种场面饮酒，不过两杯就醉了。假若是朋友之间来往，好久没有见过面，突然相会，高兴地谈论往事，内心的话互相倾吐，这时可饮五六杯酒才醉。如果是乡间的乡亲们宴会，男女杂坐。慢慢地依次敬酒，赛六博，赌投壶，呼朋唤友，分组比赛，无拘地互相握手也不罚酒，瞪眼相视也不禁止，前面有女子掉到地上的耳饰，后面有女子遗失的簪子，我暗暗地喜欢这欢乐场面，可以饮八杯酒而只有两三分酒意。天黑了，酒残了，剩下的酒合在一起，互相靠近，男女同席而坐，男女的鞋也混乱在一起，杯盘杂乱，室内的蜡烛也熄灭了，主人单独留我送客人，绫罗短袄解开衣襟，散发出浓厚的香味，在这个时候，我淳于髡心中最高兴，可以饮十杯酒。所以说：'酒喝多了就乱，快乐到极点则生悲。'一切事情都是这样。这是说不可到极点，等到极点则衰亡，用这进行委婉劝告。"

齐威王说："很好。"于是罢除了通宵饮酒。任命淳于髡主管接待各诸侯宾客。王室宗族举行酒宴，淳于髡常常坐在一旁。

赵简子思周舍

【原文】昔者周舍事赵简子，立赵简子之门，三日三夜。简子使人出问之曰："夫子将何以令我？"周舍曰："愿为谔谔之臣，墨笔操牍，随君之后，司君之过而书之，日有记也，月有效也，岁有得也。"简子悦之，与处。

居无几何而周舍死，简子厚葬之。

三年之后，与诸大夫饮酒酣，简子泣。诸大夫起而出曰："臣有死罪，而不自知也。"简子曰："大夫反，无罪。昔者吾友周舍有言曰：'百羊之皮，不如一狐之腋；众人之唯唯，不如周舍之谔谔。昔纣昏昏而亡。武王谔谔而昌'。自周舍之死后，吾未尝闻吾过也。故人君不闻其非，及闻而不改者亡。吾国其几于亡矣，是以泣也。"

——刘向

【译文】从前，周舍在赵简子手下做事，他站在赵简子门外，三天三夜都不离开。赵简子派人出来问他说："先生有什么事要我做吗？"周舍说："我愿意做个直言敢谏的臣子，拿着笔墨木简，跟随在您的后面，观察到您的错误就记录下来，每天都有记录，每月都有功效，每年都有收获。"赵简子很喜欢他，使周舍和他在一起。

没有多长的时间，周舍便死了，赵简子隆重地埋葬了周舍。

周舍死后三年，赵简子和大夫一起饮酒，当喝到畅快的时候，赵简子忽然哭泣了。在场的大夫们离席走出室外，说："我们都有死罪，但还不明白自己的罪过。"赵简子说："大夫们回来，你们无罪。从前我的朋友周舍有这样的话：'一百张羊皮，不如一块狐腋；众人的唯唯诺诺。不如周舍直言敢说。从前殷纣王昏庸无道而亡国，周武王提倡直言敢谏而兴旺。'自从周舍死后，我还没有听说到过自己的过失，所以身为国君而听不到过失，或听到过失而不改正者，必然亡国。我们的国家快要灭亡了，我是因为这事而哭的。”

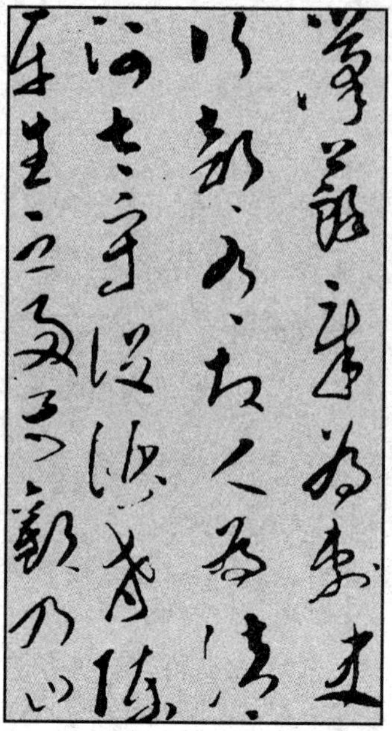

【原文】晋平公闲居，师旷侍坐。平公曰：“子生无目眹，甚矣！子之墨墨也。”师旷对曰：“天下有五墨墨，而臣不得与一焉。”

平公曰：“何谓也？”师旷曰：“群臣行略以采名誉，百姓侵冤，无所告诉而君不悟，此一墨墨也。忠臣有用，用臣不忠；下才处高，不肖临贤，而君不悟，此二墨墨也。奸臣欺诈，空虚府库，以其少才，覆塞其恶，贤人逐，奸邪贵，而君不悟，此三墨墨也。国贫民罢，上下不和，而好财用兵，嗜欲无厌，谄庚之人，容容在旁，而君不悟，此四墨墨也，至道不明，法令不行，吏民不正，百姓不安，而君不悟，此五墨墨也。国有五墨墨而不危者，未之有也，臣之墨墨，小墨墨耳，何害乎国家哉？”

【译文】晋平公退朝闲居，师旷陪坐。晋平公说：“你生来就眼瞎，太厉害了，你是昏暗的！”师旷回答说：“天下有五种最昏暗的事，而我却没有其中的任何一种。”

晋平公说：“你说的是什么意思？”师旷说：“国家的群臣进行贿赂，采用这种手段获得名誉地位，使百姓遭侵含冤，又无地方控告，而君主对此不去了解，这是第一种昏暗。忠臣不被重用，重用的却不是忠臣，才能低的人居高位，不贤的人统治贤人，而君主对此却不能了解，这是第二种昏暗。奸臣互相欺诈，使得国家仓库空虚，依靠他们的小聪明，掩盖推托他们的罪恶，使得贤人被驱逐，奸邪小人成显贵，而君主对此却不了解，这是第三种昏暗。国家贫穷，人民疲困，上下级不和睦。贪财好战，欲望无穷，阿谀奉承的人，在身旁敷衍塞责，而君主对此却不了解，这是第四种昏暗。治国大道不明，法令不能行施，官吏行为不正，百姓不能安居乐业，而君主对此却不了解，这是第五种昏暗。国家有这样五种昏暗而不发生危险，是从来没有过的。我的昏暗，是小小的昏暗，对国家有什么害处呢？”

翟黄指责魏文侯

【原文】魏文侯与士大夫坐，问曰：“寡人何如君也？”群臣皆曰：“君，仁君也。”次至翟黄，曰：“君，非仁君也。”

曰："子何以言之？"对曰："君伐中山，不以封君之弟，而以封君之长子，臣以此知君之非仁君。"

文侯大怒而逐翟黄。翟黄起而出。次至任座，文侯问："寡人何如君也？"任座对曰："君，仁君也。"

曰："子何以言之？"对曰："臣闻之，其君仁者其臣直，向翟黄之言直，臣是以知君仁君也。"

文侯曰："善"复召翟黄入，拜为为卿。

——刘向

【译文】魏文侯和士大夫们在一起闲谈，问道："我是一个什么样的君主呢？"群臣们都说："君主是一个仁君"。轮到翟黄发言，他说："君主不是仁君。"

魏文侯说："您是根据什么这样说的？"翟黄回答说："君主攻打中山国，不把占领的土地封给你弟弟，却把占领的土地封给你的大儿子，我依据这事知君主不是仁君。"

魏文侯大怒而驱逐翟黄。翟黄站起来便出去了。轮到任座发言，魏文侯问他："我是一个什么样的国君？"任座回答说："君主是个仁君。"

魏文侯说："您是根据什么说的？"任座回答说："我听说，君主仁德的，他的臣子敢于直言；刚才翟黄的话就是直言。我因此知君主是个仁君。"

魏文侯说："很好！"重新召翟黄进来，并任用翟黄为上卿。

吴起讽谏魏武侯

【原文】昔者魏武侯谋事而当，群臣莫能逮，朝而不喜色。吴起进曰："今者，有以楚庄王之语闻者乎？"

武侯曰："未也。庄王之语奈何？"

吴起曰："楚庄王谋事而当，群臣莫能逮，朝而有忧色。申公巫臣进曰：'君朝而不忧色，何也？'庄王曰：'吾闻之，诸侯自择师者王，自择友者霸，是己而群臣莫之若者亡。今以不谷之不肖，而议于朝，且群臣莫能逮，吾国其几于亡矣。吾是以有忧色也。'庄王之所以忧，而君独有喜色，何也？"

武侯逡巡而谢曰："天使夫子振寡人之过也，天使夫子振寡人之过也。"

——刘向

【译文】从前，魏武侯和群臣一起议事，他的主张最恰当，群臣没有赶得上他的。他上朝时有喜悦之色。吴起进谏说:“现在,有人把楚庄王的话讲给您听的吗?”

魏武侯说:“没有。楚庄王的话是怎样的?”

吴起说:“楚庄王有一次和群臣议事,意见最好,群臣没有赶上他的,他上朝时面带忧色。申公巫臣上前问楚庄王说:‘您上朝而面带忧色,为什么呢?’楚庄王说:‘我听说过,诸侯能自己选择老师的可以建立王业,能自己选择朋友的可以建立霸业,若自我满足而群臣们都还不如自己者,就要亡国。现在,我这样的无能,而在朝廷上议事,群臣还都不如我,我们的国家大概快要亡国了吧!我因此而感到忧愁。’楚庄王所忧愁的事,而您偏偏感到喜悦,这是什么原因呢?”

魏武侯举止不安,向吴起道谢说:“这是上天使先生来弥补我的过失啊,这是上天使先生来补救我的过失啊!”

叶公好龙

【原文】子张见鲁哀公,七日而哀公不礼,托仆夫而去曰:“臣闻君好士,故不远千里之外,犯霜露,冒尘垢,百舍重趼,不敢休息以见君,七日而君不礼。君之好士也,有似叶公子高之好龙也。“叶公子高好龙,钩以写龙,凿以写龙,居室雕文以写龙,于是天龙闻而下之,窥头于牖,拖尾于堂。”叶公见之,弃而还走,失其魂魄,五色无主,是叶公非好龙也,好夫似龙而非龙者也。

“今臣闻君好士,故不远千里之外以见君,七日不礼,君非好士也,好夫似士而非士者也。”

——刘向

【译文】子张去拜见鲁哀公,等待七天而鲁哀公却不接见。子张便托鲁哀公的仆人转告鲁哀公而离开,他说:“我听说君主爱好士,所以不远千里而来,冒着风霜雨露,不怕尘土污垢,经历百日的路程,脚上摩出层层厚茧,来到鲁国不敢休息就拜见君主,等了七天,而君主却不接见我。君主这种爱好士人,就好像叶公爱好龙一样。叶公爱好龙,在衣带钩上画龙,酒杯上画龙,房子住室里都雕刻着龙形的花纹,天上的龙听说此事,于是降到他家,从窗口伸头偷看,尾巴拖到厅堂里。叶公看见了,丢掉一切,转身就跑,魂飞魄散,脸无血色,由此看来,叶公并不是真的爱好龙,他所爱好的只是那种像龙而非真龙的‘龙’。”

“现在,我听说君主爱好贤士,所以不远千里外来拜见君主,等了七天而君主不接见我，可知君主并不是真的爱好贤士，而是爱好那些好似贤士而实际上并不是贤士的人。”

宋昭公亡而复兴

【原文】宋昭公出亡，至于鄗，喟然叹曰：“吾知所以亡矣。吾朝臣千人，发政举吏，无不曰‘吾君圣’者；侍御数百人。被服以立，无不曰‘吾君丽’者；内外不闻吾过，是以至此。”

由宋君观之，人主之所以离国家，失社稷者，谄谀者众也。故宋昭亡而能悟，盖得反国云。

——刘向

【译文】宋昭公逃往国外时，走到边境之时，长叹一声说：“我知道我为什么亡国了。我的朝廷里有一千多大臣，当我发布政令提拔官吏时，没有不说‘我们国君真是圣明’的人；随身的侍从九百个，当我穿着衣服站在那里时，没有不说‘我们的国君真是漂亮’的人。里里外外我听不到自己的错误，所以落到这种地步。

从宋昭公这件事看来，一国的君主所以逃离国家，丧失大权，就在于谄谀的人太多了。宋昭公逃亡时能够觉悟过来，所以后来能再次返回宋国。

三、家书家训

昼簾绪论

（南宋）胡太初析圭分爵，从政莅民，等尔。而于治邑独惮焉，镬汤以喻其煎熬，偿债以状其不得已之意。嘻，邑非果不可为也，或者材与学未之副也。外舅通直，天材家学，见称于时，试邑香溪，游刃无全牛矣。将有行也，规规问政，若无所能者，岂非以众所惮，不敢易视欤？谦访再三，辞不获命，乃退而冥搜畴昔鲤庭所亲见所习闻者，条为十有五篇，目曰《昼簾绪论》，以代郊饯 t 之什。夫为政本不可以言语文字传也，而所能言者，以特政之糠秕，乌用是呶呶哉！昔傅琰父子为令，并著能名，乃有所谓理县谱，然则言语文字，容可传也。神物启簾，县谱复出，是编幸投之若海云。端平乙未季夏吉日，天台胡太初述。

尽己篇第一

莅官之要，曰廉与勤，不特县令应尔也。然县有一州之体，而视民最亲，故廉勤一毫或亏，其害于政也甚烈。

且人孰不知廉吾分内事也。物交势迫，浸不自由。素贫贱者，有妻子啼号之挠；素富贵者，有口体豢养之需。喜声誉则饰厨传以娱宾，务结托则厚苞苴以通好。又其甚者，婚男嫁女，囊帛匮金，皆此焉是资。虽欲廉，得乎？贪黩亡耻之人，固不暇恤，稍有畏清议者，亦不过曰："吾上不窃取于公帑，下不妄取于民财，足矣。收买饮食，素有官价，吾行之奚愧？供需宾客，例敷吏贴，吾循之奚怍？"不知以官价买民物，民贫其何以堪？而责吏供需，他日吏以曲法受赂败，令责之得无愧辞乎？故其要莫若崇俭。苟能俭，则买物不必仗官价以求多也，燕宾不必科吏财以取乐也，苞苴不必讲，厨传不必丰也。莅官之日，无异处家之时；而用官之财，不啻如用己之财；斯可矣。

又孰不知勤吾职分之当然也。聪明有限，事机无穷，竭一人之精神，以挮众人之奸诡，已非易事。况有愚暗无庸者，一切听可否于吏手。苟且取具者率多，黜智能于不用，甚则衔杯嗜酒，吹竹弹丝，图享宦游之乐，遂至狱讼经年而不决，是非易位而不知，词诉愈多，事机愈夥，卒不免于司败之见诘。纵有锐意自强者，几何人哉？自其酬应日繁，心力日耗，方虞税驾息肩之无其所，何幸吏牍已备，俯首涉笔，终亦归于苟道而已。故其要莫若清心。心既清则鸡鸣听政，所谓一日之事在寅也；家务尽屏，所谓公而忘私也。勿以酒色自困，勿以荒乐自伐也。今日有某事当决，某牒当报，财赋某色当办，禁系某人当释，时时察之，汲汲行之，毋谓姑俟来日，则事无不理，而此心亦宁矣。吁！此廉勤之大略也。

他犹有可言也：心不可不平，平心则物情无往不烛；怒不可或迁，迁怒则吏民将受其枉。其令必简，其政必和。非时营缮，所合力惩。托辞科输，所当痛革。子弟门客，勿令与外人吏辈交接，或恐有往来结托之嫌，则祸起萧墙，若何拯疗？吏民妇女，勿令其出入织纴贸易，或恐有交通关节之谤，则事干闺阃，未易施行。勿带医术，或有干请，难以相从；勿置亲随，处之内外，皆所不便。在己者既已曲尽，则何施不可，何事不公，何盘根错节之足虑哉？故愚以尽己冠之篇首云。

临民篇第二

令为民父母，以慈爱为车，以明断为轨，而行之以公恕，斯得矣。今之为令者，知有财赋耳，知有簿书期会耳，狱讼一事，已不皇悉尽其心，抚字云乎哉？教化云乎哉？昔阳城自署曰："催科政拙，抚字心劳，考下下。"阳城已矣，谁肯甘心下考，而竭其抚字之诚者？不知九重以赤子授之令，固望其字吾民也，而可孤所寄乎？故令视事之初，其先务有四：

曰崇学校：夫士者，民之望也；乡校者，议政之地也。诸学莫谒之余，便当延见衿佩，假之以辞色，将之以礼意，询风俗之利病，谘政事之得失，廪饩必丰，课试必谨。其端厚俊秀者，奖异之；其词讼蔓及者，覆护之；其凌辱衣冠者，惩治之；则士悦而知慕矣。

曰奖孝悌：人情敬其父兄则子弟悦。故当首延父老，以寓敬爱之意。然后博询乡曲，其有孝友著闻，行义卓异者，必屈己求见，必置酒登延，护其门闾，宽其力役，使邑人靡然知效。或有兄弟讼财，亲族互诉者，必曲加讽喻，以启其愧耻之心，以弭其乖争之习，听其和允，勿事研究，则民俗归厚矣。

曰劝农桑：令以劝农系衔，朝廷以劝农著令，非不勤至。今也不然，岁二月望，为文数行，率同僚出近郊，集父老读之，饮食鲜少，甚至折钱。事毕。即自携酒肴妓女，宴赏竟夕，实意安在哉？令到官之始，不必姑俟来春，便当以农桑衣食之本，谆谆然喻之，而所以妨害病扰之者，必惩必戒，则民斯咸安其业矣。

曰略势分：令为近民之官，而今也民视令不啻如天地之远，如神明之可畏。衔冤茹苦，无由得入令尹之门，幸而获至其前，则吏卒禁诃，笞朴交错，畏懦者已神销气沮矣。故欲通下情，莫若大启门庭，屏去吏卒，躬自呼之几席之前，康色诘问，以尽其所欲言。其壅蔽不得达者，则设锣县门之外，俾自叩击。如是，则民情无有不获自尽者矣。

行斯四者，他如赈恤之不可不时，追逮之不可或滥，毋事横敛，毋事酷刑，非甚不便于民，不必好为更革，非甚宜益于民。不必轻为兴举，其馀节目，皆当次第而广充之。虽然，爱民之要，尤先于使民远罪。夫民之丽刑，岂皆顽而好犯哉？愚蒙亡知，故抵冒而不自觉。令宜以其条律之大者，榜之墙壁，明白戒晓，曰某事犯某法，得某罪，使之自为趋避。其或有犯到官，哀矜而体察之，照法所行，与杀一等，亦忠厚之德也。若悉欲尽法施行，则必流于酷矣。昔卓茂为密令，谕其民曰："我以礼教汝，汝必无怨恶；以律治汝，汝何所措其手足乎？"吁！此仁人之言也。凡为令者，宜写一通，置之座右。

事上篇第三

令领一邑，太守察之，诸监司察之，所以防污虐、戒旷败也。公正自饬，廉谨自将，固令所当持循，职事攸关，尤合细察。转漕司惟财赋耳，县道赋入，自有定数，率是输之郡家,本自无甚干涉,其他户婚词诉,吾惟决之以公,奚惧焉?常平茶盐司,惟廪役与盐课尔,不产盐,不系衔处,于盐无预。若齐民之差役,公吏之叙役,与夫常平义仓之敛散,吾无偏私,无侵移,又奚惧焉?

惟提点刑狱司,则视诸司为独重。何则?刑狱民命所系,苟有过误,厥咎匪轻。杀伤多委同官验视,安知其无或疏卤乎?罪囚淹禁,动经岁月,安保其无或疾病乎?结解公事,惟凭供款,又安信其果无翻异乎?有一于兹,便罹宪网。故惟在我者无往不仅不审,而又得部使者察其忠实,宽其鞭驱,庶乎可以免厥咎也。

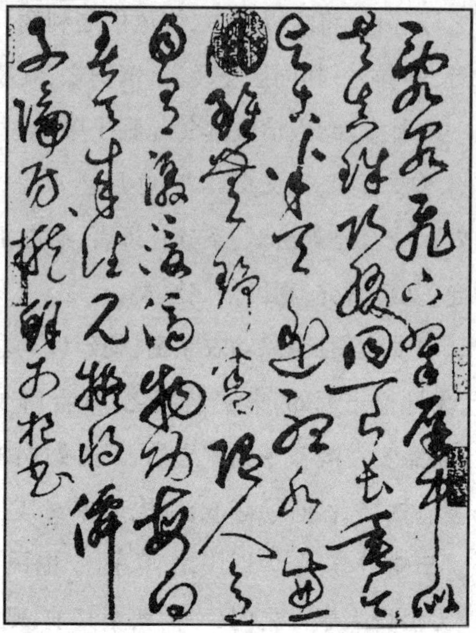

其次本州,则视宪司为尤重。何则?州县一家也,令之视守,犹子弟之于父兄也。情苟不通,事无可集。若财赋,若狱讼,若日生事务,无一不与相关。而县之最被害者,莫若不时专人。每专人一来,陵蔑名分,擒捽吏贴,大者数百千,小者百余千,方得其去。又其次二税专差吏拘催,酒税专差吏监督,日食之供需,公事之恳告,令无不听命惟谨。甚而擅兴威福,辖养娼妓,需觅器用,裒取钱物,无所不有。令谒郡之始,便当明禀史君:某职事不敢不勉,而县家苟有不逮,亦乞加体恤之仁。仍乞给紫袋历二道,络绎往来,彼此成书之,庶几事情无有不迭,而文移之督促可省也。如经两月事不办集,然后甘受专人之扰,慢令之罚若税赋亏日额,酒税亏月额者,率十之四五,却乞遣吏监督,不然告宽辔勒,容竭其长。夫州家亦欲集事尔,差专人,差公吏,岂其得已?令若恃其相容,遂至弛怠,公事不集,财赋不登,亦奚咎夫郡之督促哉?

虽然,奉法循理,尽瘁效职,监司郡守之难事犹可也。惟是台幕郡僚,或捧檄经从,或移出请托,宾饯稍有不至,奉承稍有不虔,贤明仁厚之人,固能推诚相亮。否则情好易睽,间隙易启,始于职事相关之际,捃摭横生,甚而使长会聚之时,讥谗肆入,盖有阴中其毒而获戾者多矣。故令之待台幕郡僚者,宁过于勤,毋失之怠;宁过于恭,毋失之简;宁过于委曲,毋失之率意而径行;此亦可以杜无妄之灾矣。

僚寀篇第四

县之有僚寀，兄弟等也。兄弟有阋墙之衅，则家用不和，何以干蛊而御侮哉？县僚本无慢长官之心，而每有与令不相能者，非他也。令挟长以临僚寀，僚寀复睚眦不相下，势必至于睽且忌。不知县无州郡黜陟之权，合辙而弛，同舟而济，令苟怡怡相与，孰不竭力以佐令乎？然相得每难，而相失每易。公事分委佐厅，俾之书判，或意见偶异，或请托所牵，未能与令意合，令辄自行改判；或牒请再拟，则其情易以相失，孰若平心量酌其是否，过厅面议，使之欣然窜易而无怨心乎？佐厅吏人有过，令遽呼上，杖之于庭，县吏或有咆哮，佐官亦复自行鞭挞，遂致彼此猜忌，因成仇隙，则其情易以相失。孰若致委曲于其本官，令其自行决遣，使之郝然愧服而无怨心乎？

丞簿而下，俸入极微，曾不足以养廉，而令辄拖压累月，令虽不明支己俸，却或于官钱移易贷用，其何以得同僚之心？故同僚俸给，须当按月支送，或一时匮乏，则明以相告。令亦不当先支己俸，及有移贷之私，收支簿历，使之通知可也。如是则又孰不怡然相体，能与县家同休戚乎？

令始至之日，必延见僚寀，历述弊端，悃愊无华，肝胆相照。职事关系，彼此明言，毋怀忍以含怒；厅吏间谍，彼此斥绝，毋嗜听以相猜；心同一人，事同一体，则政和而民受其福矣。岂惟民之幸，亦令之幸也。

虽然，同官皆忠良之士，固自悉无可虑，彼有沉鸷狠戾者，或挟才以相陵，或侵权以相挠，或阴谪长官之短，或乐受谗者之言，则将奈何哉？令岂无假故疾病，势必委佐官暂摄，而摄者辄变乱其统纪，县道库眼亦有属佐厅司掌，及有财赋合属佐厅催督者，而佐官辄视为己物，不与县道通融，则又将奈何哉？吁！此当以诚感，不当以势争。以诚感则礼意必周，悃白必豫，使之自有所不敢为；以势争则意义日睽，仇隙日甚，或相讦，或互申，弊有不可胜救者。此令所当深戒而早图者也。

御吏篇第五

人皆曰御吏不可不严，受赇必惩无赦，不知县之有吏，非台郡家比。台郡之吏，有名额，有廪给，名额视年劳而递升，廪给视名额而差等。故人人皆有爱惜己身之意，顾恋室家之心。乃若县吏则不然。其来也，无名额之限；其役也，无廪给之资；一个奉公，百指待哺，此犹可也。县官日用，则欲其买办灯烛柴薪之属；县官生辰，则欲其置备星香图彩之类。士夫经从，假寓馆舍，则轮次排办；台郡文移，专人追逮，则裒金遣发；其他贪黩之令，诛求科罚，何可胜纪？嘻，彼财何自来哉：稍有资产者，又孰肯为吏哉？非饥寒亡业之徒，则驵狡弄法之辈，非私下盗领官物，则背理欺取民财尔。

愚尝妄思《周官》胥徒府史之制，有名职廪稍之供，是以吏皆廉平，俗亦醇厚。今时殊事异，县道财赋煎熬，求过不暇给而暇办吏俸哉？此说殆类谈河。为令之计者，亦不过曰廉以率之耳。其身正，不令而行。常堂供需、生辰献寿等，一切罢去，我既不苛求于吏，吏纵未知悛改，在我责之，可无愧辞。然后弄权者必惩，犯法者必斥。至有稍能任事之人，令或倚以为用。彼辄妄自夸说，谓事无大小，是非曲直，率由于我，汝乞我金若干，我令汝事必胜，已而果然。甚至驾说于本官，以为巧取之地，吏之溪壑未饱，而令之恶声已彰矣。间有县令精强者，一切不肯任吏，吏则广说道理，曲为游扬，使令不容不从其言，此术又不行，则必于启处之间，自与侪伍私相评议，使其语阴入于令之耳。令不之察，谓其无心之言，从而信之，而不知已堕其计中矣。吏之奸诡万状，最不可不深防密察。故欲吏之不受赂，断无可行之策，但使事事清明，人无观望，知吏之不必嘱，贿之不可行，已为政之善矣。乃若俗自醇厚，吏自廉平，非如前所谓循《周官》之制不可也。波流日靡，孰挽而东？徒增太息云尔。

听讼篇第六

孔子曰："听讼，吾犹人也，必也使无讼乎？"人情漓靡，机事横生，已难使之无讼，惟尽吾情以听之而已。县道引词，类分三八，始至之日，多者数百，少者亦以百数，令惮其烦，遂有展在后次并引者。不知省讼固自有道，若惮烦拖后，积压愈多，虽竭其精神，难理矣。或谓不拘日子，有状即受，可免积压。然县家事多，若日日引词，则诉牒纷委，必将自困。不若间日一次引词，却将乡分广狭分搭，遇一则引某乡状，遇三则引某乡状，遇五、遇七、遇九，各引某乡状，不得搀越，庶凡事简易了。且彼有一时忿激。便欲投词，需日稍久，怒解事定，必有和劝而不复来者。此其当行者一也。

分乡定日，此止可为常事。设若斗殴杀伤水火盗贼不测等事，亦俾待次，不亦晚乎？却如前之说，置锣于县门之外，不以早晚，咸得自击，锣鸣令即引问，与之施行。若有事情急迫，合救应者，便与救应；合追捕者，便与追捕；合验视者，便与验视；却不可因循失事。此其当行者二也。

词讼到官，类是增撰事理，妄以重罪诬人，如被殴必曰杀伤，索财必曰劫夺，入其家必诬以作窃，侵坟界必诬以发墓，此类真实固有，而假此以觊有司之必与追治者亦多。要当明立榜文，严反坐之法，须令状尾明书“如虚甘伏反坐”六字。异时究竟果涉虚伪，断当以其罪罪之，则人知畏而不敢饰词矣。此其当行者三也。

词讼在官，不与结绝，所以愈见多事，每一次受牒，新讼无几，而举词者往往居十之七八，徒费有司之阅视，徒劳人户之陈请。不若先行告示，凡有词在官，如易于剖析，即与施行。但有追认不齐，究实未到，合听有司区处，不应叠叠陈词。今以两月为期，如两月之外，不睹有司结绝，方许举词，不然并不受理。此其当行者四也。

县道每有奸狡顽嚚之人，专以以教唆词讼，把持公事为业，先当榜文晓谕，使之尽革前非。若有犯到官，定行勘杖刺环，押出县界，必惩无赦。凡遇引问两争，应答之辞，与状款异，此必有教唆把持之人也，须与研究根勘，重置于罚。此其当行者五也。

凡与一人竞诉，词内必牵引其父子兄弟七五人，甚至无涉之家，偶有宿憾，亦辄指其妇女为证。意谓未辨是非，且得追呼一扰，费耗其钱物，凌辱其妇女。此风最不可长。令须察其事势轻重，止将紧要人点追一两名。若妇女未可遽行追呼，且须下乡审责供状，待甚紧急，方可引追。此其当行者六也。

不应为有罪，不许因事告事，法令昭然。而今之为令者，喜闻人家隐微，于是告讦之风滋长，甚至收人白札子，见之施行，于是愈无忌惮，妄行指摘，而民无宁居之日矣。此亦合预行榜谕告讦者，未问虚实先坐不应为罪。若状词本诉之外，因而告首其家隐微者，亦勿听理，并先坐罪。此其当行者七也。

引到词人供责，必须当厅监视，能书者自书，不能者止令书铺附口为书，当职官随即押过。其事轻理明，不待证会者，自可随手决遣。若涉追证，费勘会，亦只凭此初供，最不可押下案，致令胥曹得以恐胁说诱，而使之变易真情。此其当行者八也。

大凡蔽讼，一是必有一非，胜者悦而负者必不乐矣。愚民懵无知识，一时为人鼓诱，自谓有理，故来求诉，若令自据法理断遣，而不加晓谕，岂能服负者之心哉？故莫若呼理曲者来前，明加开说，使之自知亏理，婉转求和。或求和不从，彼受曲亦无辞矣。此其当行者九也。

令每遇决一事，案牍纷委，惮于遍阅，率令吏摘撮供具，谓之事目。不知吏受人嘱，其理长者不为县出，而理短者反为声说，以此断决多误。不若令自逐一披览案卷，切不要案吏具单，兼胜者固有理，而负者亦未尝无道理可说，特不若胜者之多耳。令合先述其是而折其非，则负者虽欲番诉，不可得矣。此其当行者十也。

此姑论其大略，若夫随机应变，遇事酌裁，神而明之，使民宜之，则在明有司。

治狱篇第七

刑狱，重事也；犴狴，恶地也。人一入其中，大者死，小者流，又小者亦杖，宁有白出之理？脱或差误，胥吏奚恤，其咎必属之令，纵可逃阳罚，亦必捐阴德，讵可不加谨哉？一曰禁系必审，二曰鞫视必亲，三曰墙壁必完，四曰饥寒必究，五曰疾病必察，六曰疑似必辨。七曰出入必防。

令每有私忿怒，辄置人于圄，两争追会未圆，亦且押下；佐厅亦时有遣至者，谓之寄收。长官多事，漫不暇省。遂致因循淹延。不知一人坐狱，阖户抱忧，饱暖失时，疾病传染，殆其甚可虑之事。而又有合共处，不合共处者。盖两争若使异牢，则有赂者可使狱吏传状稿，通信息，而无赂者必被其害。孰若使之共处，可以互相察视乎？健讼之徒，乐入囹圄，因得以唆教狱辞，变乱情节。孰若别处一牢，而使之不得与馀囚相近乎？羸老之人，必察其有无疾病，或致沉重，徒见费力。妇人女子，必察其有无娠孕，脱有堕坠，无以自明。此所以禁系之不可不审也。

在法鞫勘，必长官亲临。今也令多惮烦，率令狱吏自行审问，但视成款佥署，便为一定，甚至有狱囚不得一见知县之面者。不知吏逼求贿赂，视多寡为曲直，非法拷打，何罪不招？令合戒约，推款不得，自行讯鞫，公事无小大，必令躬自唤上，诘问再三，顽狡不伏尽情，然后量施笞榜。《周官》有五听之法，亦以狱情难测，不可专事棰楚也。在法一更三点，长官亲自定牢。今也听政无暇，则委佐官；饮酒相仿，则委典押；不知脱有逃逸，咎将谁执？况吏辈受赂，则虽重囚，亦与释放安寝，无赂则虽散禁，亦必加之缧绁，最不可不躬自检察。昔熊子复宰暨阳，日间不时趋狱点视，夜则置一铃，其索直达寝所。夜半掣铃，狱卒应喏，否则必罚。由是并无不测之虑，最为可法。此所以鞫视之不可不亲也。

今在在州县狱，多有颓墙败壁，不甚完固者，固当亟加整葺，然罪囚奸态万状，尤宜深防。每有狱吏受重囚赂，放其自便，日间囚以饮水为名，将水噀壁，浸渍泥湿，夜深则钻壁逾墙，倏然而遁。吏卒睡熟，无由知觉，洎觉，则追之已无及矣。此最利害。令当审量罪囚轻重，重者勿使处近壁之匣，墙之上必加以茨，壁之内必夹以板。每五日一次，躬自巡行相视，有不完处，随加修补。戒饬吏卒，每夜不可止留一人直更，须要每更轮流两三人，明烛巡视诸牢。次早令出厅，先诣狱点名，然后佥押文字。日以为常，墙壁之当完者如此，狱囚合给粮食，自当于经费支破。有因县道匮乏而责诸吏者，不知官给尚欲减克，而可使吏供输乎？宁节他费，此不可节也。人当日给米二升，盐菜钱十文，朝已晚申，立定程式，狱子声喏报覆，令躬点视，然后传入。其有家自送饭者，当即传与，仍点检夹带毒药刀仗铜铁器皿文字之属。春夏天气蒸郁，须与疏其窗棂，蠲其秽汗，使不至卑湿奥渫，致兴疫疠。如稍向寒，便当糊饰户牖，支给绵炭，使各得温暖和适，可免疾患。饥寒之当究者如此。

不幸狱囚有以疾病告者，将奈何哉？曰：此不可不察也。有实病而吏不以告者，有未尝病而吏诬以告者。盖吏视囚犹犬豕，不甚经意，初有小病，不加审诘，必待困重，方以闻官，甚至死而后告者。若有资之囚，吏则令其诈病，巧为敷说，以觊责出，渐为脱免之地。此令所当深察。责在推司日具有无疾病申令，于点视之际，又自躬加审察。如以病告者，且与召病治疗，日申增减，其甚困顿不可支者，然后责令亲属保识前去。若必待病重方始闻官者，推吏必置于罚，不然，万一死者接踵，宪司岁计人多，令能免咎乎？

又不幸狱情有疑似而难明者，将奈何乎？曰：此不可不辨也。世固有畏惧监系，觊欲早出，而妄自诬伏者矣。又有吏务速了，强加拷讯，逼令招认者矣。亦有长官自恃己见，妄行臆度，吏辈承顺旨意，不容不以为然者矣。不知监系最不可泛及，拷讯最不可妄加，而臆度之见，最不可恃以为是也。史传所载，耳目所知，以疑似受枉而死、而流、而伏辜者，何可胜数？谚曰：捉贼须捉赃，捉奸须捉双。此虽俚言，极为有道。故凡罪囚供款，必须事事著实，方可凭信。不然，万一逼人于罪，使无辜者受枉罚，令得无恔于心乎？

乃若狱门出入之禁，其责专在当日推司监牢，严行拘督。应当日而抛离不到者，有罚；吏卒非系在狱而辄入者，有罚；令自点察之外，许人告讦。罪人水火茶饭，各须有人监临，事毕即入元处，不得放令闲散。逐牢内门无故不得辄开。若家属传送茶食，不得私令与囚相见。吏卒亦不得因而与之传递信息、漏泄狱情。此皆所当深致其防其也。

夫县狱与州郡不同，州郡专设一官，故防闲曲尽，县令期会促迫，财赋煎熬，于狱事每不暇详谨。罪之小者，县得自行决遣，罪之大者，虽必申州，而州家亦惟视县款为之凭据，则县狱岂不甚重？而令之任责，岂容不曲尽县心哉？故愚于此，反复谆复，不嫌于赘。

催科篇第八

今之作县者，莫不以催科为先务，而其弊有不胜言者。最是乡胥走弄，簿籍漫漶，不惟驱督不登，县受郡之责，抑亦逼抑过甚，民受官之害。迩者廷绅奏请，以十户为一甲，一甲之中，择管额多者为首，承贴拘催。自浙而江，往往行之已遍。今不当别为规约，止是就此察其弊，而图其官民两不相病者为善耳。愚尝思之，去官之病者，为说有三，去民之病者，为说亦有三。

其一曰：民户合管产业，籍之于县，县道合抱税额，籍之于州，州视额督趣县，视产起催，此常式也。然多有坍废，有逃绝。郡虽迫之县，县实无可催者。官之与吏，徒被督责。不若先与刷具事故数目，实计若干，申州乞差官究实，与蠲其额，容俟他时兴复，仍旧起催，仍申省部照会。或太守难之，令能于合催财赋，尽数趣办，使郡用不至匮乏，当亦自能听从也。

其二曰：起催税物，例是勒逐乡，乡胥供具合管数目，以凭给引。不知乡胥与富强之家，素相表里。有税未即具上，或不尽具，至有每年不曾输官者。却止将善良下户，先具催数，或多科尺寸，逼令输纳。此只合选稍公实吏人具出等则，先次起催上三等，而后徐及西等以下户。令又自将前两年产税簿点看，如吏人当具而不具，与夫当催而不催者，皆有罚。所以不用新造簿而必用旧簿者，防乡胥为欺也。若诿曰升降不等，过割不时，毕竟田主虽易，而田则未尝易，自可挨究官物之所在，如是则无陷失之患。

其三曰：每日催到官钱，至夜方有定数，已难入库，多是寄留廊头或公吏处，遂至侵贷移易，或有止以虚数影过者。其法合置两大柜，且与权行收锁，来早或躬亲或委官点数入库，不可因循。又须择家计稍温、行止梢明、有亲戚保识人充库子，每旬休与之点视。及将收支簿历驱磨。其库壁须用板夹持，十分坚固。待其欺瞒侵盗之后，虽断刺估籍，与夫仰勒众人填纳，亦无及矣。此去官之病当尔。

其一曰：甲帖之设，本以优役户，今乃以困官户。盖起催本是户长之责，今官户不应役者，亦承帖催科矣。姑置勿论，但差甲首之时，弊幸尤多。有嘱者，税额虽多，乃与分为三数引，而常为甲下户矣；无嘱者，税额虽少，乃与最少下户同引，而常为甲首矣。不特先期输纳，而甲下十标，欲其分给人户，有居于县市者，有居于外都者，安能一一识认其家？最为被扰。莫若各随部分等，则分差一等户，止与一等共甲。仍不许将合纳数目，分作别引。其纳足乞改付下次者，案吏不得邀阻，违许执覆，将吏科断。

其二曰：民户之受害者，莫甚于已纳重追，皆由案吏不相关照，乡胥不与销豁。夫先期乐输，本是畏法，而点追苛扰，与未纳同；又且呈钞缴引，分外费用，人谁肯先输乎？此合责之典吏，每日将已纳户名，逐项销豁。若泛常引标成见印给者，须要典押用保明印子。若不时点追，令自判押者；兼要乡胥保明，即非重追，如虚甘罪，异时或有以重追诉者，必加罪于保明之人。

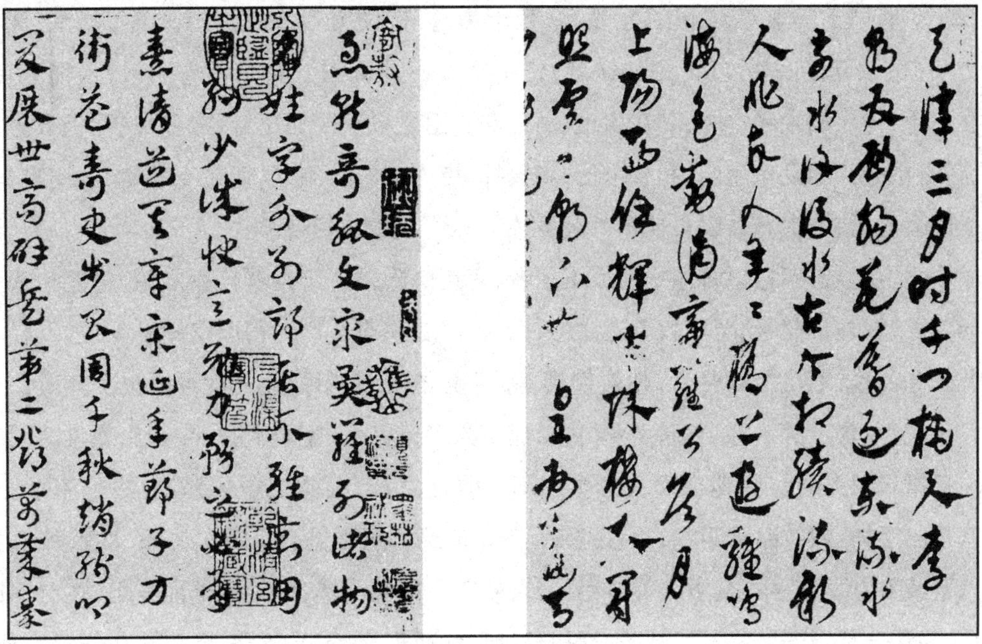

其三曰：妄摊之弊，尤不可不禁。夫官户输纳，多凭干人，乡户则凭揽子。二税起催之初，系揽干各于逐处领钱入己，辄将移易盗用。逮官司催督严紧，却妄称已出，与某人合，系某人抱纳。将来追认明白之后，固自不可逃隐，但图一时，且得抵睚数限，逐旋措办。而被摊被追者，果何辜哉？下户之顽狡奸猾者，计亦出是。要须每遇追到供摊者，先责状附案，如虚甘受欺隐官司之罚，然后方与追理。事果虚妄，断在必惩。此去民之病当尔。

夫有田则有赋，顽猾抵官者，诚所当治，而善良乐输者，要当与之覆护。其大要则合于移割加之意焉。盖产去税存，不可不察。民有以出业报者，便当关会受业之家，割税归户，然后却与除退。庶几无泛追，无滥罚，无推摊抵睚之弊，此则正本澄原之地也。

理财篇第九

县自常赋之外，一孔不可妄取诸民。虽有理财之策，奚其施？亦惟于酒税加之意而已。酒税解郡，月有常额，措办不及，亦怀惴惴之忧，况望其馀裕可助县用哉？虽然，经理有方，亦未尝不沛然也。今之言酒者，不过曰宣课之所以不行者，私酤害之尔。贴榜张旗，寯逸巷陌，鸣锣拽队，遍走街坊。脱有斗升败获到官，便辄枷讯，禁系累月，荡其生理，妨其营趁，率至于饥饿病困之域。犹之可也。人有私隙者，便辄诬以酂酤，密来有陈，意在扰害。官司不问虚实，辄差弓手轿番，数十为群，持仗突入，遍搜房室，绕打墙围，无异于大劫盗。不知人之所以冒法私饮者，皆由官酿不堪入口。我苟留情酒政，六物必良。其在库也，谨渗漏隐瞒之弊；其在店也，防夹和克退之欺。酒司之外，专差典押、吏人各一名，任责措置。如发卖流通，利息增衍，则典押、吏人、酒司、酒匠，皆量支犒赏，否则有罚。官酿既多且旨，谁肯私饮以自速辜？故虽榷禁不严，驱之亦不从矣。

今之言税者，不过曰官额之所以不登者，商贾瞒隐尔。于是严搜逻之策，遣差拦头弓手等辈，于界首拦截，动至三数十里之外，诛求客旅，溪壑亡厌。得厚赂则私与放行，径不令其到务商税；不伏予以赂者，则被擒到官，倍税之外，费用如故。犹不可也。其所差拦头弓手，又复将带游手恶少，遍走乡村，以捉税为名，打毙人家鸡犬，抢夺行旅笼仗。固有望风畏遁，转相告报，取他道而去者矣。不知督促之严，征敛之重，是乃驱之使不敢至。不若多出手榜，四散贴示明谕，重征之弊，自此革绝。照则例合行收税一贯文者，今且权收八百或九百。其拦典合干人等费用，一切痛革。商税一毕，便给由子证应出，县吏不许拦典，稽滞乞觅。若商旅不经县务投税，辄行私路遁去，为本县所获，定将物货倍税之外，更与勘断，令众侯替，断不轻贷。盖取之虽少，而来者则多，课利自然盈衍。孰不愿出其涂哉？

此外则有牛验醋息，与夫茶麦牙契免丁房赁，自可随宜拘确。近来诸邑别欲增衍，多有出卖官纸者。吏人行遣，人户投词，非官纸不用。此本非法令所许，若县道借此支用，已非一日，难于顿罢，姑与循旧，但不可创例作俑耳。

今之士大夫，又有专务科罚者。公吏有过，则令罚直若干；人户论诉理曲，合与断罪，乃以修造为名，各罚钱入官若干。不知此钱果归何地耶？甚而罗织罪名，恣行抄估，信受妄状，没人产业，皆令所当深惩而痛革者也。

若夫坊场经总役钱等，多属佐厅，故不复云云。

差役篇第十

有身斯有役，而民之畏役，甚于畏死。盖百年治生，坏于一年之充役。而其患之大者，在于催科。始则用财嘱托，期于脱免；中则逃亡死绝，被抑填陪；终则棰楚禁锢，连年莫脱。其势不至于倾家荡产，鬻妻卖子不止也。吁！置产以养身，而反因产以害身，亦可悲已。

今既行绍兴甲首之法，可免税长催头之责，则应役者不过辑保伍、应期会而已，民亦不至甚惮，而巧计以求免也。况自嘉定间，朝廷主张义役，自处婺举行，驯至诸郡邑莫不响应。行之既久，官民咸以为便。昔有特庾节者，乃独深恶义役，其说专谓利上户而不利下户，便富民而不便贫民。盖视产出财，固为均适，而平日产力鲜少，未尝充役者，乃因义役例被敷金。及有管掌不得其人，或致侵渔盗用，又不免再行利率，故深以为民病。不知义役本关事，但止令合充役人裒金聚廪，而不及未尝充役者，兼令出账户轮年掌管，万一亏折，亦有责偿之地，便为尽善，何必深恶之耶？

今在在州县多是义役，若犹未也，亦宜劝勉为之。万一事势或有难行，止合从官司每岁差役，则其要当先委佐官驱磨产力簿，及许人陈首诡挟。俟簿书物力一定，然后照各乡则例，物力及若干方令充役。最小者充一年或半年，倍与倍差者，各随多寡增年限，循环充，周而复始。如是则亦无物力高而歇役近，与物力低而歇役久者争执之患。

若有元系不应充役白脚，而近来增置田产，归并诡挟物力，亦当及役。则且差白脚，仍为图揭之坐右，以便阅视某都某人，某日当满。每将满数月前，先行拟差下次役人，告示知委。如差不当，仰即来陈理，不许临役方行推托。盖近来官司，多是役满方差下次人。被差之人，不问当否，且行推托，图得迁延，待就役时，已被其睚过若干月日矣。而烽火盗贼等事，无人任责，最为利害。今之乡司差役，率是受赂。甲诉不当，则转而差乙；乙诉不当，则转而差丙。此风尤不可长。使前之所差非，则乡胥岂得无罪？前之所差是，则今岂应复改？而至于再、至于三耶？若当职官自能参酌簿籍，从公定差，当无是非舛错之患。差定合具图子申仓司照会，以杜其妄诉之渐，则所差既当，而民斯乐于就役矣。

赈恤篇第十一

岁获大有，家用平康，不惟民之幸，实令之幸。一罹灾歉，何事不生？若流离，若剽夺，若死者相枕籍，啼饥连阡陌，岂非令之责哉！故不幸而疫疠倏兴，则当遣吏抄札家数人口，命医给药，支钱付米。其全家在寝者，官为庸倩丐徒看直，每日两次点察。其因病不救者，官为办给函木，仍支钱与之津送。

或不幸而盗贼窃发，则当下都申严保伍。每五家为一甲，五小甲为一大甲，保长统之，有警则鸣梆集众，协力剿捕。捕到则官支犒赏，激励其馀。若乞兵防拓，若出榜抚谕，皆当随宜行之。

其有水火挺灾人民离散者，当禀白州郡，借贷钱米，人各以若干米给之，若干钱贷之，使之整理室庐，兴复生业。不赡则咨目遍白不被害上户，量物力借贷，并与贷给齐民，许其一月之后，日偿若干。官却以其所偿者，偿之上户，偿之州家。此策不亏官而便民，最为尽善。若但知赈给，则恐如曾南丰所谓，相率日待二升之廪于上，势不暇乎他为。吾恐官之所给无已时，而民之不复业如故也。其有旱涝伤稼、民食用艰者，当劝谕上户，各自贷给其农佃，直至秋成。计贷过若干，官为给文墨，仰作三年偿本主。其逃遁逋负者，官为追督惩治。盖田主资贷佃户，此理当然，不为科扰，且亦免费官司区处。官之所当处者，只市户耳。却以官钱贷米铺户，令其往外郡邑贩米出粜。但要有米可籴。却不可限其价值，米才辐辏，价自廉平，虽无待开广惠仓可也。昔先君宰金谿两年，值歉，只行此策，民用无饥，不可不知也。

然此皆为灾歉设也，非令所愿闻也。平居无事，令所以恤民者，惟蠲放僦金耳。雨旸祈祷，大署极寒，固所当行。甚而知县无以邀民之誉，或到官，或生辰，或转秩循资，或差除荐举，率放免若干日，至有一岁放及大半者。不知僦金既已拆阅，谁肯以屋予人？积至塌坏倾摧，不复整葺，而民愈无屋可居矣。是盖不知贫富相资之义者也。令果能以恤民为心也，则政必简，刑必清，毋滥追，毋久系，不以科敷伤民力，不以士役妨民时，果何事而不可行吾恤之之心哉？

用刑篇第十二

县无甚重之刑，小则讯，大则决，又大则止于杖一百而已。吏民无甚愆过，便辄以杖一百加之，不知罪或大于此，又将何术以处之哉？而况行杖者，或观望声势，或接受贿赂，行遣之时，殆同儿戏，此非所以使人畏，乃所以使人玩也。愚谓杖一百之刑，最不可数施。讯决亦止可十数下，若大杖止七五下或十下。须令如法决遣，下下严峻，然后人自畏服，初不在乎数目之多，徒为行杖者卖弄耶？若杖一百，却留为极典，非大过犯、大愆误不施。须令人人畏惧而不敢犯，此则省刑之大略也。

每奸盗辟囚，获到之初，首行腿讯，多至二三百下，此其不可者一也。盖被获到官，沿涂絷缚拷打，或饥饿困顿，已非一日。若又即从而讯决，多有毙于杖下者。孰若径押下狱，明正典刑耶？

豪强之家，论诉邻里。官司不问是非，便与行遣，此其不可者二也。盖杖决虽微，王法攸寓，不可妄加无罪，岂应副人情之具？若徇其私情，张其声势，将来武断乡曲，稔恶积忿,欲救之无及矣。

盗贼累犯,合与刺环。今有初犯及盗不满疋者,一为势利所怵,便与断刺。不知鞭挞至惨,肌肤犹有可完之时,一经刺环,瘢痕永无可去之理。所犯出于一时,不得已而被罪至于终身不雪,此所当戒者三也。

凶恶害民,合与永锁。今有偶触长官之怒,及势家所恶者,便与幽之囹圄。系之尉寨。不知罪不至死,一身之困踬难逃,身既被囚,数口之饥饿孰给?所谓破家县令,皆是之类。此所当戒者四也。

乃若用刑之节,如入夜有禁,遇日当禁,皆当时时警省;老幼不及,疾孕不加,皆当事事审察。令甲备著,毋待多云。然又有三说:一我醉,二彼醉,三羸瘠。盖我醉而行刑,则旁观必以使酒疑我,万一果有过当,虽悔奚追?彼醉而加刑,则酩酊之中,何知畏慎?万一挟酒凌犯,取辱贻羞。羸瘠而受刑,则必其人饮食之阙违,气力之困惫,笞棰之下,尤有不可测者。

今又有人求加于杖一百之外,自知徒流以上不可用,乃辄槌折手足,尤为残忍。某事某罪,国有彝章,法外伐人,岂字民之官所当为者?戒之哉!戒之哉!

期限篇第十三

凡事非信不集。况一邑之事,至为总总;一令之威,无甚赫赫。乃使期限不信,号令不肃,其何以行之哉?故其要莫先于立限之坚。然立限有别,应限有程。泛常追会,止给到限,许其三次申展。三展未圆,阙罚讯若干,然后换给定到,许其二次申展。二展又未了,阙罚决若干,仍换给不展引,此则诚不可复展矣。若更稽违,则当勘杖若干,枷监追集。如有督捕紧切之事,则当径出定到之引,或不展引,拘确如前。然或恐县道有十分紧急事务,非可以顷刻稽违,断欲必集者,则当给加牌不展引。此牌引违有大罚,如勘锢,如传都,皆当先示戒警。又须以不数用为尊,一岁之中,才三数次给发。非有大故,不发亦可。凡限发展不展,敢于故意藏匿者,阙罚则视限之重轻。立限之别如此。

都有广狭,地有远近,当量其力,使之可以趁赴。其去县五十里以上,及地分稍广,隔涉溪岭者,每限以七日或十日为约。下此者则此五日为约。此合先考远近广狭之数,预立规式置簿,明署某都限例十日或七日,某都限例五日。逮给限之时,须令直日厅吏,就案头随即抄记,以俟令之自行稽查。应限之程又如此。

夫上之役下,固欲集事,下之应役。亦欲事集,以免过尔。而今之里正,以期会不报被笞索者，纍纍也。其弊在于上之给引，泛滥而无统，甚至一次当限累数十引，追逮百馀辈。其里正之代役者，自知应赴不及，必遭笞决，于是并与其可以办集者，一切稽违，却遍求被追者之赂。其意以为十违二三，与十违七八，被杖等尔，何苦不求赂哉？由是事愈难集。此盖役之者非宜，自难责其下之必应也。要当先令限司立定规式，每都一限给引，不得过十件。如事多十引之外，馀引与给后限。若里正违引一件与免笞，两件量加笞决，三件四件各决若干，甚至十违八九，则勘杖锢身，不容轻贷。呈比之初，令限司先自具出，某都申展若干件，照约束合若何行遣。其追人见到者，谓之著到，别作一沓；其止是申展者，谓之跷申，又别作一沓。然后令视椟判行，庶乎上不烦而下不慢，此亦拘限之大纲也。

势利篇第十四

今之从政者，类以抑强扶弱为能。其说曰：贵者势焰熏灼，而暗鸣叱咤，可使贱者夺气；富者田连阡陌，而指麾拱揖，可使贫者吞声。吾能中立不移，劘贵沮。故凡以势利至者，不问是否，例与摧抑。嘻！彼有畏首畏尾，惴惴焉势力之临，曲法徇情，奉承惟谨，求以为自全自媚之计者，是诚不足齿矣。然使一切以抑强扶弱为说，亦岂中道哉？夫挟贵以陵人，固有之矣，亦岂无不骄者乎？挟富以傲物，固有之矣，亦岂无好礼者乎？使其例以矫世绝俗为心，而不问其事之曲直非是，则此风既长，佃者得以抗主，强奴悍婢，得以慢其弱子寡妻，以至奸滑之徒，饰为蓝缕，而市井小辈，凌辱衣冠，末流将奈何哉？故吾惟平心以遇物，则其政平矣。

孟子曰：“为政不难，不知罪于巨室。”巨室者，一乡之望也，齐民之所依倚者也。其间有道义重士，文献故家，过从往来，尽可以问政请益，植财润屋，积粟盈囷，缓急凶荒，亦欲其捐有济无。巨室本未尝得罪于我，而我乃遽以抑强扶弱之说，先入乎其心，因得罪于巨室，不得巨室果何负于邑大夫哉？

其有陵轹善良，欺慢寡弱，或武断于乡曲，或罗织于平民，事若到官，所当照法剖决。然使小人无知，蔑有名份，因事以咆哮，乘醉以凭陵，讵容不与之惩戒乎？其有声势凌人，残酷御下，或吞并他人财产，或强占他人妇女，被苦有诉，所合尽法施行。然使顽狡行窃，诬赖主家，租赁不伏了还，界至辄行侵易，讵容不与之理直乎？户门有故，封状过厅，当量酌可否判行。若兜揽关节，为他人致委曲，此合平时预行禀白，虽痛绝力却，其奚辞？追陪节序，馈遗往来，当审度辞受酬答。若因有恳祷，遂以贿赂相及，此合明示嫌疑，力与巽避，将之以委曲之意，其奚怨？

夫律己未至，处事不公，一妄庸人亦得以有辞于我。以诚敬相与，以礼意相遇，彼虽挟势与利，其敢以挠吾之政哉？故愚谓势利之交，固不当委曲以相承，亦不必矫亢以自异。平居交际，笑语相欢，非意相干，可以理遣，在我自有定论。若惴惴然惧其持我，疑其浼我，思所以为防闲抑遏之道，亦非为政之善者也。

远嫌篇第十五

《礼经》曰："决嫌疑，明是非。"夫我本无有他也，而使人得以疑似之迹议我，妄一男子盖己不便于此，况出而为政，将正己以正人乎？故我未尝私且怠也，而人或以是而疑我，是必有不公不勤之迹，有以召人之疑。我未尝贪且滥也，而人或以是疑我，是必有不廉不正之迹，有以召人之疑。一事可疑，将无事而不疑之矣：一日可疑，将无日而不疑之矣。蒙是疑也，我知之尚不可辨，况人未必肯以是告我。而人之疑我，已自籍籍，积而传之道路，达之台府，厥害岂浅鲜哉？故君子于嫌疑是非之间，最当早正其微，而力远其迹也。

且宾朋游谒，所不可辞，自令延之书院或别室。于是邑人相与语曰："某往来甚密，其款话甚久，情好必甚相得，利病可以悉言。"凡有诉在官，词理甚亏之人，往往辐辏其门，而请托之路开矣。甚者卖厅角，打笔套，甲乞我金若干，当为转达百里，乙有请，亦若是。飞盖驰毂，趋谒县斋，语语移时，倏然而退。则告甲与乙曰："已为致委曲矣。"实未尝及齿也。他日令决其事，必有一胜，则如约取金，曰："将以纳之琴堂。"令何辜而受此名哉？愚谓纳谒之时，例止当于公厅相见，吏民共睹，自难致疑。但便礼貌有加，彼自不以我为慢也。

且节序宴会，所不可废。自聚集娼妓，出入宅堂，其间子弟馆客，相见既密，戏谑宁无？贤者固不为是，然瓜由李下，宁免相疑。一语乖邪，便辄传播，万口宣籍，动生风波，而非亵之谤兴矣。其甚者多买姬妾，却令妓女之精于乐艺者，教习歌舞，出入无间，笑语无时。岂惟管弦之声转彻于街坊，抑亦淫辟之语浸入于闺阁。情好稠密，事体叵量，纵能洁身，其他尤有难于防闲检扼者。令亦何利而为此举哉？愚谓燕会之时，非得台旨，妓女不许辄入宅堂。若旬休公暇，欲与寮寀士友会聚，只为文字清饮，彼当不以我为简也。

剖决公事，自有公理正法，吾亦何心其间？但自知县懈怠，多令吏人纳案，俟暇隙看阅，或呼吏人入与评议，或令吏人拟撰判稿，于是或者得以疑其受成吏手矣。要当于公厅之侧，幕帘一室，遇暇则据胡床，披案牍，不必使吏至前也。

收到官钱,自有库眼封闭,吾亦何私其间?但自知过虑,或恐帑吏侵贷,盗贼钻窥,乃令分管别库,或俾寄留宅堂,于是或者得以疑其萌意渔猎矣。要当谨固壁落,精择司帑,切不可率意移徒,徒涉难明之迹。

其他疑似招谤,固亦多端,难以笔舌尽述。但令每处一事,必须昭晰明白,如水清之无滓,如止水之无波,则彼虽欲点汗吹飏,殆有不可得者。若曰我此心平正,无愧俯仰足矣,奚必规规然远嫌辨迹,求以示人哉?殆恐将来或有悔尤,必自嫌之不远,迹之不辨始,虽噬脐无及矣。

愚守枯之明年,亲友陶云翔寄《昼帘绪论》一编来曰:“子前二十载,遗我先君,使善治邑香溪者也。我谨藏,不敢坠。今子统邑七治之皆善,不善子之事,盍还以淑诸。”愚阅之矍然,既而划然大笑。有客在傍,从吏因又慨然曰:“教玉人琢玉,愚所不敢也;与吾寮帝同归于振职寡过,愚所深愿也。”敬闻,命笔吏寻以誊缮,烦猥告乃传诸梓。宝祐改元仲夏吉日天台胡太初识。

为政九要

四体百骸乃周乎一身,百揆万务而成乎一国。为政之道不一也,有政乎人才者,有政乎农畯者,有政乎礼乐者,有政乎刑法者,有政乎百工者,然殊途而同归,万虑而一致。予童时于先大人赐号“归明阳子”箧笥中,见一书曰《自箴》,观之数百条,聊记其节目,不知始末谁作也。近为天家创制垂统,抚治万民,因书强记者数十条,庶俾后进者之为政云。

特赐恒山皇极道院虚白处士河中心庵赵素才卿书。

图书第一

三皇圣纪,盘古氏之君,生而知之,神而化之,身心形体行践,不教而从,不言而化。为政治民者,使民巢居穴处,隐避其风雨,茹毛饮血,养其饥渴也。此为政民之本也。

古者包牺氏之王天下也,仰观俯察,观鸟兽之文,画卦造书,以生文籍也。俪皮为衣,以待寒暑,以佃以渔,以待庖厨也。

上栋下宇,以待风雨也,治民饱暖是也。

神农氏斫木为耜,揉木为耒,日中为市,货财交易。皇亲耕,后亲织,以化天下,使民不饥不寒,是治民之本也。

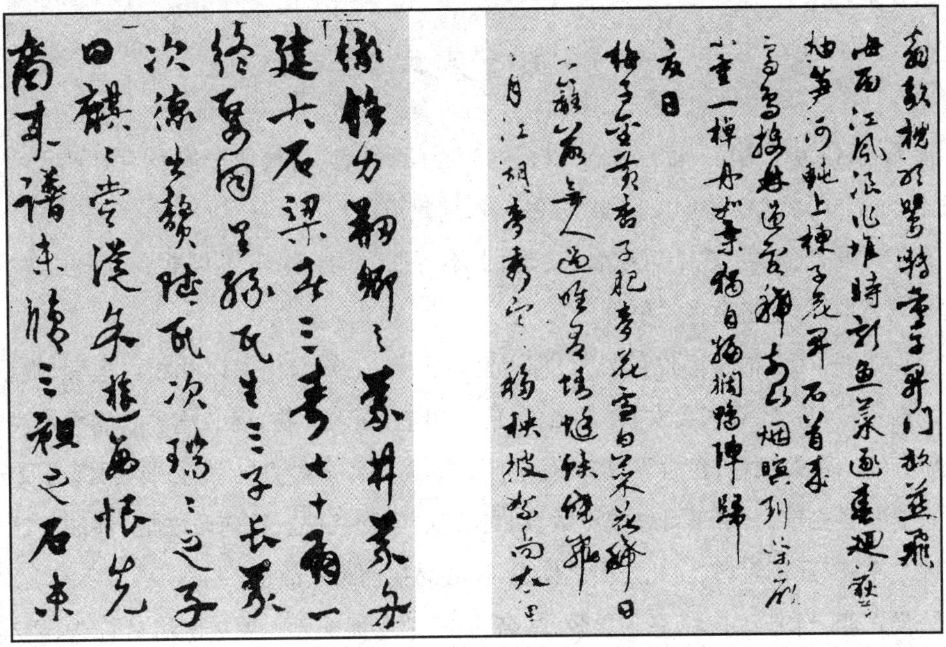

黄帝治五气，艺五种，抚万民，安四方，平四海，克九黎，教万民凿井耕田，教农桑，以为治天下之大本也。

帝尧之时，洪水横流，泛滥于天下，草本畅茂，禽兽繁殖，五谷不登，尧独忧之，举舜敷治焉。一民饥，曰我饥之；一民寒，曰我寒之。洪水九年，民无菜色，土阶三尺，茅茨不剪，恐劳民也。知饥，知寒，知人，是知天下也。

帝舜耕历山，人让畔；渔雷泽，人让居。一年成聚，二年成邑，三年成都，教民农桑，始成其孝悌忠信。管子曰："礼义生于富足，盗贼起于贫穷。"

禹薄饮食，恶衣服，肤毛不生，惟水是治，是爱民也。汤剪爪为牲，惟雨是祈。二王之圣德，不出乎救民于水火之中也。

后稷教民稼穑，树艺五谷，五谷熟而人民育，农业茂而万姓按堵也。

周文王问太公曰："何为之宝？"公曰："农桑为大宝，玉次之。"心庵曰："三冬无衣而亡，七日不食而死，农桑非宝而何？"

唐明宗问民苦乐，冯道引聂夷中诗对曰："二月卖新丝，五月粜新谷，医得眼前疮，剜却心头肉。"是有爱民之心也。

周世宗留意于农民，刻木为农夫、蚕妇。置于殿前，昼夜不忘小人之艰难，汉唐以来，一人而已。

正心第二

天无心，以天子为心；天子无心，以百姓为心（百姓者，公侯伯子男）；百姓亦无心，以万民为心也。得民心者，可以为官；失民心者，何足道哉？

高不可欺者，天也；尊不可欺者，父也；上不可欺者，君也；下不可欺者，民也。欺天，欺父，欺君，欺民，是名滥官污吏也。

公侯之职，在上不骄。骄者倨傲，官吏贤盖去矣，不知君使臣以礼焉。敬者，敬重民也。高而不危，危者，夺人妻女，并人名位，侵人田宅，探人异物，祸必危矣。满而不溢，溢者，遗逸政事，沉湎酒色，盘游飞放，奢侈宅园，职必流矣，富贵去矣，身必贱矣，悔必及矣。

京府州县安宁，公事不可增损更致，动之必乱，反受其殃。见前政之能，善加而迁之；见前政之不善，舒缓而更之，此公侯之体也，民心易摇而难安故也。

公侯之职，当求公正大，忌求异政，沽名钓誉，败众而成己。要忠名者好讦告，要高名者好诈伪，要廉名者好聚敛，要清名者好怪异。不知重己身者不仁也。好自大者不义也，贪名誉者不智也，是以君子不求异政也。

正内第三

官府、衙院、宅司。三姑六婆，往来出入，勾引厅角关节，搬挑奸淫，沮坏男女。三姑者，卦姑、尼姑、道姑；六婆者，媒婆、牙婆、钳婆、药婆、师婆、稳婆。斯名三刑六害之物也。近之为灾，远之为福，净宅之法也。犯之勿恕，风化自兴焉。

官府宅司，但用诸般物色，金银器皿，珠玉犀象，绫锦罗彩，食用物料，招行人对面商量，立支价钱，永无词讼。勿令夫人娘子亲面买卖，倒换物色，其受赃不可测也。

公侯县司宅院，子弟郎君，女婿孙侄，常令入学。勿使非时出入市肆，飞放田野，或欺骗良人，或密受馈献，抵撞贵官，勾引关节，惹莫大之祸，主人无缘得知，糊突污滥，因此失矣。

州府司县同，正官大要和睦，但于不系利害小事，上从下顺，尊主爱民，自然成合。若边关、钱谷、刑名公事违错。于无人处，款慢谏导，陈其利害，反复咨禀，再三陈说，必自从政，不失公私，更得和美，此大事也。（既得和从，不可卖功；不得，不可激恶。）

正婚第四

民间但有继母小妻，前婚后嫁，多系不良之人，每每谋害正妻子孙，若告抵触生分者，不得便行受理，密行体察得实，别作施行。（正妻害婢子孙亦同。）

民间父子兄弟不和，多因婢妾后婚，并妯娌先后相争家财，令封禁延迟，日月勿断，日久自和，不伤亲义。

民间多招女婿，其夫懦弱者，女多奸淫，父母反索休离，送官告说，五逆浮浪，抵断完聚，并不许分离，及将写休书人磨勘治罪，永除此弊。

民间夫妇不和，妇寻出路，往往诬误许媒翁伯大人。如淫之事，大害风俗，夫妇封禁，连月勿问，暗行体察，教唆之人必是奸夫，得实别行施行。

民间夫妻不和，背夫逃走者，女者反告翁婆，并不得受理。令捕远限搜捉，日后自知，依法治罪。

夫妻不和，夫婿丑陋软弱，无病卒暴而死者，令巡尉、乡老、保司用心密察，多因奸夫谋害，毒药厌镇所杀，最为急务大事也。

女有五不娶者：五逆之家，淫乱之家，犯死罪之家，鳏疠之家，亡父母之家，子故多不良，招惹词讼也。

女有七去者：一不顺父母，二无子嗣，三犯淫乱，四妒忌，五言语无定，六窃盗家财，七有恶疾体臭者。

妇人出嫁，不可去者三：有所取无所归投，不去；守翁婆三年孝服满，不去；先贫贱后富贵，不去。此人伦之常法也。

禁捕第五

停闲、窝家、沽屠、破落户、酒肆、茶房、浴堂、兑房、妓馆、旅店、勾栏、庵舍、军旅卒屋、水手场屋、罢役弓手、庙宇贫子、打爻穷汉。若识此徒，万无一失，民自然安矣。

盗行时日，巡尉须知，十九、二十一、二十三、二十五、二十七、二十九、初一、初二、初三、初五、初七、冬年节日，其馀畏月明，不行也。及风阴、烟雾、芦苇、蒿荒、黄昏、昧爽。假此之便也。

捕盗抗拒败走，不得手去衣领，先拿其发，踏背立地，不得肘膝胸前，七手五把，反伤主人兵吏性命，切要防之。

司县破落户，泼底官，往往造盐、酒，宰杀牛马，开阅兑房，窝藏盗贼，横赛神社，记散酒食，不畏国法。严威禁治，久而自息。

司县约束赌博钱物，煞归、拔牌、打破、买鬼、双陆、象棋、樗蒲、握槊、开阅匮房。帮闲子弟破坏良家、穷极为盗也，禁之可矣。

巡尉觉察行坛、大仙、佛牙舍利，妄作光明庙宇，师巫托诈鬼神，夜聚晓散，扇惑人户，若叛乱，生啸聚，连累平人亦遭杀害，禁约则可。

正农第六

劝农为政。周公曰："谷不熟为饥，菜不熟为馑，果不熟为荒。"牛不安农困，一夫不耕一家饥，一妇不蚕一室寒；养亲祭祀，租税差役，则皆废矣。

农家杀牛食肉，年年瘴疠疾病，牛能努力，伤坤顺之气也。杀马食肉，岁岁蚕死桑枯，马为蚕父，伤天阳之气。鸡豚狗彘，羊猪鹅鸭，二社冬年，足可养老祭祀矣。

农家豪富，置买金银头面，招贼，榜文锦绣罗纨，差发由帖，好赛神社，非突横祸，大屋高房，官兵馆驿，轻车肥马，藉借生冤，攀高接贵，张罗仇隙，要逐一乡一社，立耆老教化民也。

谚云：由人而穷，穷者有十：一要贫，学烧银；二要贫，孝空门；三要贫，好相论；四要贫，好移坟；五要贫，置宠人；六要贫，陪女门；七要贫，要宅新；八要贫，酒赌频；九要贫，宴贵宾；十要贫，好赛神。其犯一者，未有不贫也。

又云：人有十可富：一可富，孝亲族；二可富，少奴仆；三可富，省追逐；四可富，效勤苦；五可富，不高屋；六可富，长忍辱；七可富，粗衣服；八可富，养六畜；九可富，多粪土；十可富，没名目。为之三五，无不可富足也。

公侯州郡，常切用心，罢不急之役，无名之费，及冗官繁吏，民户难以养赡。可省费者，即当罢去，莫大之便，利民之要也。

公侯之职，当教文武医卜，士工农商，道释九流，衣服不得过越，奢侈僭易。

朝仪及堂亭屋宇，横费资财，引惹盗贼，当令勤俭于家，助益丰富。谚云：万民足，则百姓富；百姓足，而邦国富；邦国足，则天下富。万国咸宁，在乎斯矣。

民有五耻：不畜者，祭无牲；不耕者，祭无盛；不蚕者，身无衣；不树者，棺无椁；不绩者，丧无衰。

民为邦本,有道之主,以逸逸民;无道之主,以乐乐身。志骄业泰,体逸农安。

急务第七

公卿伯之职,治民酷虐,治兵怯懦,治身恕己,治事冗烦,治家寒碎,治政畏上。一日临位,必失职矣。

桀纣秦炀,破国亡家。心爱禽兽(食人之食)、土木(衣人之衣)、军旅(蹂践田禾)、宫室(发夺耕耨),农夫不足于饱,蚕妇不足于暖,不知王道,四体不勤,五谷不分,稼墙不识,菽麦不辨。

为政第八

为政妄兴功役,横起事端,害州县不过千日,害国者不过期年,害天下者不过十旬,自投坑井,取祸之道也。

为政在上欺君,在下诳民,舞文弄法,谕假象真,因公私惠,仗势行权,辞辛惮苦,口是心非,明退暗进,何为政邪?

为政好名者立异危身,务名者杀身,要名者害身,卖名者败身,彰名者凶身。若尽公干事立政,不召名而名自至矣。

为政,功名官爵货利声色,皆谓之私欲,人情也。然知足不贪,知节不淫,不沾名,不吊利,人若不知,必享天爵,而子孙亦昌盛也。

司县到任,体察奸细、盗贼。阴私谋害,不明公事,密问三姑六婆,茶房、酒肆、妓馆、食店、柜房、马牙、解库、银铺、旅店,各立行老,察知物色名目,多必得情,密切报告,无不知也。

时利第九

教农民栽接园林,广种蔬菜,拆洗凉衣,多作鞋脚,挂备绳索、农器、镰担、车仗,饱饲牛畜,趁时布种,不致荒闲田地。

保庇农民,禁止诸色杂人游乐甘闲,乞觅投散,提绳把索,三教九流,师巫乐戏排场。兵卒官吏,不得聚敛骚扰诱说,不惟吞食民财,大误国家徭役,利害甚大。

二麦三青一黄，催督火速收敛，般载上场，不分昼夜，打碾子粒，曝晒入仓，方属民物。山东、吴不知熟麦青钐，自然子粒圆实，幽燕但过焦雨水顿放多，十去其三四矣。

夏麦薄收，火速劝谕多种荞荞麦、黍、谷、豆，晚田蔬菜、果木、苜蓿、野菜、劳豆、蓬子，可备春首饥荒。加力锄刨三五次，亦能倍收。

十月收打荞麦、黍、豆，积垛草秸以备官草牛食，不致风雨损坏。

劝谕豪富赡赈鳏寡孤独、老弱残患，不致冻馁饿莩。不尔申官存恤，劝率寺观德行僧道安养，使用两便，是补不足而损有馀也。

三冬人闲，收敛干桑叶，搭苫积聚，以备蚕伤。桑叶饲蚕，亦成救敛，其方亦得丝绵。大救生民，蚕桑也。

神农形瘁，尧癯瘦黧黑，禹胼胝，伊尹负鼎而干汤，吕望鼓刀而入周，百里奚传卖，管夷吾束缚，孔子无暖席，墨子无黔突，非贪禄，将起民之利，除民之害也。自天子至于庶人，四体不勤，思虑不困，于是求赡者，未之有也。

修身正家，然后可以治人；居家理，然后可以长官。民之所以生活，衣与食也，事于衣食即有功，不足于衣食即无功。帝王富其民，霸王富其地，危国富其吏，治国若不足，亡国困仓虚。故曰上无事而民自富，得民力也。

古有言：冬饱则身温，夏饱则身凉，温凉时适，人无疾殃。

凡加赋敛，妄兴徭役，织女农夫，昼夜苦楚，集草为舍，容膝庇足，夜寒无眠，风霜砭骨，数米而炊，并日而食，无庐可居，无田可耕，烧地而眠，丝不期身，谷不期腹，深山旷野，穹檐败屋，楮絮不温，茅次不足，罔有营衣，寒饥空腹。

三王顺民情固本。民情欲寿，生之而不伤；民情欲富，厚之而不困；民情欲安，扶之而不危；民情欲逸，节力而不尽。

日行规则

置底薄

上司来文号簿各一扇，词状号簿各一扇，各上司比较前件簿一扇，各房吏书年貌、籍贯、脚色册一扇，门子、民壮、皂隶、阴阳生各役一扇。紧要在上司比较前件簿之外，又置上司前件底本簿。往时亦有置上司前件底本簿者，然多只写奉行原文一两行，次行即横排写“前件”二字,又次行即写第二件奉行事,又次行即写“前件”二字。如此密排横写,一片模糊,虽有前件之中,难查完否之实。及至用印时,不过又呈一册。总计某日用印共几百几十几颗,谓之印单。笼统计数,亦不知印在何票何事上去也。官府虽欲精明,其道无由。是以前有行过一次,而以后再无从查核,停阁经年几年者,甚矣,书手之傀儡官长也。今后置前件底本簿,要一板只写一事,多留空白。如云一件为某事,某年月日,奉某衙门宪票或告词,次开宪票所催之事,或状词所告之人,一一摘要开列明白,然后才写“前件”二字。其空白多行处,但凡票行到日,或票差催提时,即随标日月于此。第二次再催,亦即在此标过日月后第二行再标记之。虽十次亦复如是。每一事止此一板,更不另载别处,亦不必别用印单。催完详允者,朱红勾之,大写一“完”字,未完者照此簿比较房科差人。如此则头绪不纷,醒目易查。且每一事只一板,则催提次序之多寡,一总尽在一面。凡所提人犯,有系书手欲沉阁者,了然不能沉阁,又不能抽扯状纸,最简最妙法也。至若到任以前未完,系旧前件,到任以后未完,系新前件,一一承行房科,又要另立册籍,勿混为妙。再照吏书皂快各役姓名册,往时俱系接连编写,无空行可书前件,以故勤怠难考,作弊停阁。今宜除点卯册外,另立各役册,每人各一页,其拘唤承行事件即注在本人空行处,则奸顽可一查而知,差遣亦公平矣。

查 房 科

衙门自吏书而下,无一事不欲得钱,无一人不欲作弊者。老成者见得事体明白,禁之使不得行,便是革弊。若各项事体,通不明白,空空只言革弊,恐徒为吏书笑耳。要紧在识房科事体。事体有极琐者,一毫不知,便为所卖,待其犯而治之,亦已晚矣。不若将各房事体,或刻作条约,或刻作告示,令人人知所遵守,甚便。即此便是堂规。

——革各房停阁之弊。吏书将上司前件不完,非止习懒,留此未完一次行提,便有一番打点。今后上司公文,承发房已登号簿,注定承行,每三日佥押毕,六房吏书,即至后堂查对号簿,酌量事体难易,限定日期中缴注销。每三日晚堂毕,唤吏书上堂,将号簿查比,过期不完者责,则事可计日而完也。若在赦前,便不时申缴,一事完即查号簿,在原号上帖一浮签,注“申缴”二字,同佥押用印公文投入,以便注销,违误一日打若干。

——革各房盗用印信之弊。盗印之法不同:有乘混盗用去者;有乘混盗用,官府忽觉,即藏在各处者;有假称结状未填,以白纸用印,而后改写所欲行事者;有故将不要紧文书用印,其用印处,挖作一孔,而印却在下层者;有一层应印文书,套一层白纸,应印处以水气润透，将醲酽印色印过，并下层具印者。若知佥押良法，则此弊易革矣。

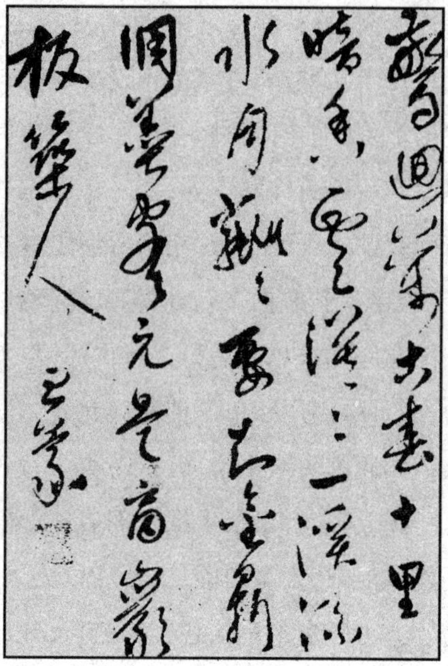

——革各房抽扯词状、挪移起数、沉匿牌票之弊。凡收词状，即时数过，登记号簿，一有遗失，便责经管者。应问词状，投文后即注定起数，用片纸写在牌上，号簿一清，凡有未完，具责原差人役，则作弊者自少。

——革吏书尝试之弊。吏书尝官，其术极巧，彼见上官懔懔，便不敢犯；渐渐熟些，便将黠猾。能事者先以一二不紧要事来禀，略有间可入，便渐渐以有理事来禀，又渐渐以无理事来禀，假一二得志，彼之计行矣。欲革此弊，凡吏书只许传事，其间行止，官自裁决。

——革各房指称诓骗之弊。凡各房吏书，或指称嘱托，或指称过送，诓骗乡人，非平时得上官亲信，彼自不敢，乡人亦不之听。诚平时待吏书衙役极严，堂上无一人禀事，差遣跟随，意不偏在一人，有犯责治，小民则闻知此风，断力肯堕彼之求也。

——革各房朦胧误事之弊。各处乡音不同，或有紧要事，吩咐吏书，须令回答，一一如我言，然后遣去。每每吏书听见上官吩咐，应答如响，及复问之，则懵然不知，草草遣去，或迟误公事、失误接送，关系亦不小也。

——革各房武断乡曲之弊。吏书若以公事被乡人殴辱，则重责乡人。如以私事争，俱平等问理。有借衙门之势以凌人者，责无赦。然刁悍地方，亦不可太有成心，以伤衙门之体。

——革各房冒破纸张之弊。纸张在南方不难，北方额派，银两既少，纸价又贵，一年用纸又多，决不可听书手冒破。须令各房各置一簿，每上司公文一件，每招详一起，用纸若干，俱系承行吏照数发之。每十日官府一验支发数目，朱书一“支”字。若有错落改换，系书手赔补。柬帖副启注册，悉皆如是，不许乱费暴殄。

谨佥押

凡次日应申文书，应行牌票，与夫一切应佥、应押、应标判用印者，具要头一日申时，候晚堂事毕传进。盖吏书作弊，有不宜行而行者，多乘官府不查，又诡禀启府。旧规早堂佥押，事平出堂，相沿遂为常规。不知早晨出堂，能有几时，可以详细查问？临时人众事冗，逐一细问，殊非事体。各房科用印后，每将各项文票，大家翻拆，或搦手中，或入封筒，奔走挤拥，更不便于观瞻。若新官顾惜体面，怯口羞问，止听书手点标，其中弊病多矣。若新官琐碎，能一一问之，为时已久，伺候者多，又嗔新官出堂太晏，无不窃笑才短。此无他，只未先期料理佥押故也。今后先期所送佥押，每房各用护书别之，每一票于日下写承行书手姓名，每一文票用一小帖，将应行之故，写帖在本文本票上。新官在衙中，将原故看过，即出坐后堂，传各承行吏书立案前，应小佥者即小佥，应大小押者大小押，应标者标，应印者用印。其理有可疑者，照承行姓名摘问；凡理不应行有弊者，即量责无赦。讲得是者，随标随印，然后各入封筒护书。如次，则次日绝早，再一检点，即可坐大堂，文书既无隐蔽，官府又朝气清明，而伺候拜谒者，又服其敏速。此新官第一宜知者。

按佥押用印，其弊不止一端。在新任时，尤宜谨慎。或者吏书侵用银两，假作前官支用，补卷补领者；有事情难处，前官不敢主张，因得钱乘机申缴者；有似不紧要事体，妄出牌票打网者；有以契书或各项执照文书，盗用印信者；有关系滞碍，文书通不送稿禀改，径自写完，乘事冗插入用印者；有该申请上司裁夺，系应照详文书，却改作照验混缴者；有书手因用印忙迫，丢下上司官衔不写，或字句错落未正，或洗补字纸未干，留下空块未填者；或有将抚院文书，放在按院筒内，各衙门文书，放在抚院筒内者；或申文上司，未粘原行牌票，及朱语与号簿不同者；甚至吏书愚弄官府，将自理纸牍册票，入上司封筒者。诸如此类，非弊即错也。新官但遇此类，即查问责治。又须要先投长条棹二张，令承行者仔细查对，务令纤毫不错，方许入筒封品。

逐日六房，照依隔日所设开公文件数，挨次佥押。先尽上司申呈，次及本衙门牌票，一有发行，即时立案，毋得后时才补，虚抬月日，非惟误事，且以长奸。其佥押时，须将原来文移查对，应否施行，及应佥押者，仍令高唱佥押。明说此起文书为某事，该如何区处，略节情由，并指出紧关词语，以便简阅。一应来文，须亲手开拆，先看封筒上开件数，及封内文移年月朱语。应留看者留看，应发房者发房。遇有机密重情，即袖进衙，待计定而后发行，慎毋轻泄，以致败事。其发行文书，当令吏人对面点封，以防夹带洗改情弊。尝闻奸吏有将本不差字样，故为洗改，眩惑上人。如来文原是“甲”字，改作“乙”字，乃又改乙为甲。虽明辨者，却于“甲”字生疑，而不知来文是甲，固已中其奸矣。如紧关文书，不宜入递，或密差人，或亲赍投递，以防停阁开拆之患，不可不察。

理　堂　事

每日绝早出后堂，即小开门，上宿者放出，衙门人放进。佥押毕即升大堂，回风毕即放领文牌，发铺递公文，将标准印票，令原告原差唱名给领讫。放投文牌，先收各处公文，然后呼昨夜巡风不到及犯夜者，当时责发。随唤上司批行投到诉状人犯，应保者当堂即时发保注簿；又唤差人原告，改限改差，及拿到人犯发落；又唤上批自理听审诉告人犯，俱伺候侧边，且勿跪。此日如过客少，除听审者发出听审外，馀诉告之人，不妨逐名细审。一人持状跪下，直堂吏接上，听审完，或准或否，又令一人跪下，执状听审。后仿此。如系多绅冲地，又遇事冗客多，即总收记数入匣，暂发诸人出去，吩咐听审者候午堂审投告，应准者候次日领票。吩咐讫，即至宾馆。宾馆之客，不论寒暑，切须耐烦，勿生厌弃。客会完讫，然后上堂。上堂要极严肃，一切吏书应禀事宜，须在后堂内预先禀明，一坐大堂，虽系公事，亦不许吏书禀事。须是无一人乱上堂，无一人乱进门，无一人乱穿道。班役鹄立，以俟人犯鱼贯而行，方于体统观瞻，肃然难犯。若有闲人闯进，则门者纵之入也。重责门役，其弊自革。

按闲人混进，多系门者纵之，官府不知窾系，待其拥集，始拿闲人，光棍必藏房里，扯出必属无干。此等公堂，有同儿戏，非官府明白，间或亲搜房科，其弊不止。在衙内时，偶出一搜尤妙。

凡在内班者，每人给一小牌，牌上写内班用花押，出班缴人，上班者领去。无此牌者，非呼唤不入二门，违者照闲人并责。

投文后，便预定先后次序，将听审人犯挂审。日虽短，力虽劳，亦必将投到者即速审完，毋使在城耽搁使费，且图钻刺。事有头绪，听断自有馀闲，况自理词状，若不苛求问罪，可一刻而发十数起。事毕，标封回衙，做大招审语，又看明日佥押用印，此一日之规则也。

嘉官捷径

——张养浩撰

官念珠

夫养民者如驯禽，适性则乐，扰则苦。

案法平允，务存宽恕。

事才入手，便当思其发落。

少监人，多结事。

却贺礼，明守也；远诸色，不急人相接，避嫌也。

廉明乃是为官本等，岂可以此上矜夸，下凌虐。

欲寡者神清，操严者政立。

以己之廉，病人之贪，取怨之道也。

出门上堂，待仪从具矗立堂前，诸役奔赴。

事上使下，处人接物，一敬为主。敬则立，怠则废。

门子不上堂，吏书不出房，皂隶不下乡。

御下之道，虽无过犯，不假词色，常令其知畏。

参谒点卯，别率属，分班次，序新旧，则区识可行。

吏书勤记过，皂甲勤打板。

猛急多失出之悔，柔兹招疲软之名。

堂阶树木牌，大字载吏胥禁约。

不可以怒威民，不可以刑饰怒。

忍所不能忍，容所不能容，惟识量过人者能之。

催未完，每日扑之，不如梏以一手。

科罚之数，起于五斗，止于两石，则易完而不敛怨。

监禁人常布之壁，日夜思所以释之者。

责扑之数，起于五，止于三十，可重不可多。

责人须要分轻重，别奸良，宽寒暑、疾醉、老弱。

妄打人多怨，妄申文多悔。

衙舍严别，毋通往来。外差公遣，特加周恤。

执法本于守理。灭理顺情，奉承他人，伤害自己。

事之拂我意者，度其大小是非，以情原人，以理自遣。

克己可以治怒，明理可以治惧。

客至则询，出门则访。

心虚能应事，心平能服人。

更张骤，得失悬，耳目惊，是非炫。

日之所行，夜则思之。善则可为常经，过则不惮更定。

使势如张弓，七分则强，过则折。

左右之人，记年力，察相貌，审声音，试诚伪，别端邪。

子弟不可干预政事，治民不可出入公宅。

治商不可通财，治士不可交饮，是远小人、杜干托也。

事微细，必防疏；事嫌疑，当避毁。

吏书之弊，在在有之。自己发觉，便不为害。

爱民惜财，文钱尺帛无所利。则居官悠久，子孙昌大。

事上司之门皂，不久惯不足以供使令。

务实毋伪。擦涂文字，改易年月，非不欺之道也。

法立必行，则法尊；令出不反，则令重。

凡差解军、解粮、解课，批限刻期，宁少宽，务在严确。

起解日期，宜速又宜密。班长收头，不如职官押之。

库银不可收留于衙，旋拆旋解。起解后，即查批回。

粮里择本身，除代身。纳粮令花户自纳，禁包。

封条纸，须横裁。桎梏封，用竹纸。

查盘之际，银不可指包，粮不可指仓，物不可指件。

为政，以法律为师，饬己治人皆是也。课六房，熟习时制钦定则例各书，日讲求十数条，乃知时务。

集众人耳目，以为一己聪明。

上下公文，出入查件数，批回照洗补。

凡申上司公文，字要端楷，又要查对，恐有差错。

一切上司书禀要查，字语中恐犯忌讳。

居官以节用为先，为天下爱惜财物。一切祈祷祭赛必出己资，则民神俱安。

日用薪米肴蔬，君子不以口腹累地方。先给价而后凭筹支付，可免公取之弊。

门皂不积年不谙事，不积年不害事。察其从前无过，虽系积年亦可用也。吏书亦是如此。

初规立定，毋自移也，而人不敢越，则张；初言矢义，毋自食也，而人不敢贰，则一。

政在奉公，事在为民，当行即行，不可疑心。事小而轻，即时发落；事关重大，详审的确，即与归结，勿淹禁钥。欲行不行，欲止不止，旁窥意旨，诈骗以起。

初政，凡上司新旧远近不问也，一概清开审结申报上司；催提之人，内外公私不问也，一概清查密拿，火速起解，则既免催牌之扰，又起才干之誉。

初政要风力，要果断，令人对之若严，欺之不可，犯之不得，方足移易风俗，相与维新。

各房承行，开明未完事案，分别钦部宪件，及限满月日。立一总簿于案，拈一总单于衙。日完二三件。每月造小手册子三十，每日一手册。预书今日结何事，晚投于柜，以使汇销。

民有急公输先完粮，特给赏贴，免过失责罚，则愈加乐输恐后矣。

昔之领牧者，尝从特简，素有重望，民不敢易。到任只须坐镇平和，而政自善，俗自移。今之领牧者，皆以筮仕之始，先使亲民，民多疑怀。临任须忠勤有为，而后望始尊，民始慰。

廉而勤敏，恭于事上，可也；有守无礼，不获乎上，劳于民事，可也；有守无为，何益于民？

出纳之际，明白登簿，明白支销，有何染指？给主之数，征之百姓，予之百姓，有何经手？

凡谒上客，别时称拜上，不回拜上。上客来谒，堂前上轿时，即先趋道左打躬，不称拜上，礼也。

到任，一切礼文，众之望也。须要预先熟观本地仪注，详问有学生儒，则威仪不失矣。（本地仪注，着礼房呈）

公堂之上，左右无一语也，而后柄不窃；刑人之际，左右无一语也，而后威不窃；赏人之时，左右无一语也，而后恩不窃；公馀之暇，左右无一语也，而后旨不窃。

门子萋菲口舌，由我狎之也；吏胥颠倒是非，由我任之也，当思如何预绝之。

严堂规，清左右。拥座前，窥座后。不奉呼唤上堂、有唤不即至、不问来禀缓事、有问不确实禀明、插嘴说谎、饮酒面赤、互斗喧哗、吏书不在房、皂快不归班、频高噪语，以上皆应责禁。

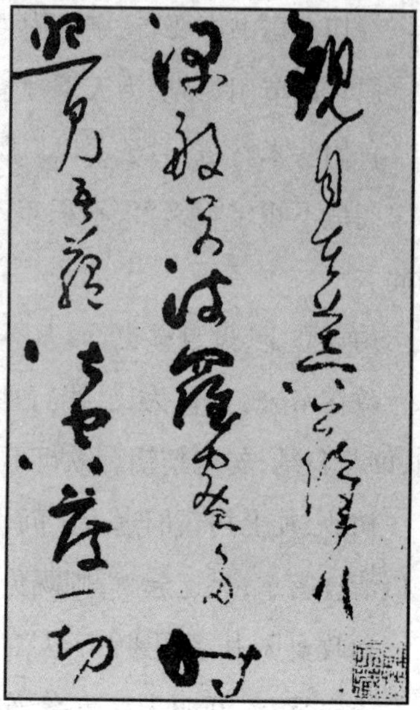

科罚不可行也，富者易与而不畏法矣；贫者苦于与，而典鬻妻孥，艰莫之与而沮我法矣。

宁失出，毋失人。犯死之法，求生之道。天地之宏，父母之责也。

狱少监禁人，上也。禁狱卒减狱食、索铺钱、悬禀锣，五日一打扫除粪道，涤桎梏，寒暑给药饵，恤妻孥，次也。抽换狱卒，严巡逻，勤打肥，葺刺茨，峻墙垣，察纽械，绝消息，别男女，饬刑吏，责禁子，又其次也。

事上之道，大者、要者固宜到，小者、疏者更不宜忽。其心常恐我慢之也，一不到，则思有以中之矣。

事服之礼，不独择物，亦宜择人。物宜整，人宜精，全馈问之典，不可少缺。谚云：周公不受贡，亦怪其不来。

上台所用之人不厌交，而后上情可通；上台所行之事不厌闻，而后上事可办。士夫毋择疏密，和以接之。恳请之来，宁迟诺后践，以酌事之虚实，毋轻诺后背，以招人之怨尤。审事情虚，亦必明其罪而轻加之，以鸣某人之情。大抵在己之事，委曲可以情恕；上司之事，分豪不可情援。

士子不入公庭者，以文艺接之，公典及之；轻至公堂者，以功令远之，学业课之，则喜事者退而修业。

上司差遣，酌其事之大小、人之轻重，宾之于馆，视馈后回，免其谤去。以事相干，坚绝不允，免其贪来。

僚属人品不齐。事有分隶者，悉心委任，礼有合举者，联名公行。过有可指，当与密计，而不可暴之于民；礼有共接，共宴公堂，而不可私之于内。

人情难虑始，土俗贵从宜。

旧政循之以为安，新猷缓之以观变。

善无偏听，人无偏用。在公之人，听其班次。稍有专主，人疑我而且彼窃我矣。

士子季考，各献地方兴利除害一策。乡约里老，朔望各报地方利病一纸，亦察其为人，无者不必强。

公差，唤人者也。反告人殴打毁碎，此肤受也。惟不信其词，而后其人至矣。人至可以结正事之案，并可以究抗拘之罪。

事有疑难，情有违碍，熟思审处，自得当矣。寄议左右，弊端生而深浅露矣。

事无大小，必存簿验；差有新旧，必存簿验；钱粮有起解、存留、支销，必存簿验，则中有案而外不可作奸。一切钦部宪件簿（要开明奉到月日、事由，并满限月日，如何催结，后列某房吏书差役姓名），理词状簿（要开某月日批准事由，如何查催，吏书差役姓名），属官履历簿，乡宦、进士、举人履历簿，文武生员簿，里老、乡保、民户簿，商贾、牙侩簿，工匠簿，各寺庙僧尼、巫道簿，城夫、乡兵簿，阴医、杂技簿，孤贫、乞丐簿，土物、方物、价值簿，在官树木、房屋、地亩、什物簿，善恶簿，功过簿，本衙门各吏书、差皂等役年貌住址簿，差号簿，正杂钱粮额、征额设解给款项簿，各项钱粮起解、给发、取获、批回、领状簿，各钦赃上司赃罚收解获批簿，各上司供应簿，田房税契簿，杂办增除簿，窃盗赃物簿，监禁人犯簿，枷犯簿，城郭图，山川坛社图，各乡田地、路程远近图，河道水利图均存簿验。

大小事有报，则预知能应。京报，京中亲切上司日报，各院道、府厅喜怒嗜好政令庆贺伺役日报，上司来境报单，各地方乡保有无逃盗、人命火窃日报，吩咐门役，凡有报，随到随传。

分项钱粮，并上司赃私银两，不奉明文，分厘不可挪动。恐卒然查盘，便属侵欺。此最宜谨慎。

各地方寺观、饭宿店，稽查有无逃盗歹人，令其具报。或五日具一甘结。十日具一甘结。

吏书差役，有册有牌，年貌、籍贯，互保详载。丁忧事故，查造开除，混参暗顶，枉法革裁，正身代身，固可诘也。察其漏相，迫之以杖，令其攻讦奸伪。凡眼凶貌恶，噬人虎狼，不可以供差遣。

一切谀佞，勿轻信喜，正言相谢，辞之以理，则人不得窥我之深浅矣。

当行之典，当循之例，当沿之俗，查旧案，则有据难欺；必身试，则改图自确。

凡查盘不必逐年逐项验也。如兵器什物，合数年造过总数，分别良枯轻重，为各处各数查明，合之总数，顷刻可了。如点人和物，该枪子几百名，数年该造过枪几百枝，算就每名该执几枝，分立作几班，班内缺一人，则枪缺几枝，可了然矣。如盘仓，有五仓，做五色小纸旗，斛夫、量夫、担夫、收夫，皆戴以旗，各自认别号色，较一斗斛，五仓齐量，五处齐收，一时五仓可了当矣。

工匠造作，举其一器一物，估其长短大小，此物之微细，作料若干，此物之倍蓰什伯，作料之费，指掌得矣。先后不及者，除督工价粮，责工匠偷惰。

吏书之弊，乘新任未悉而探之者。上司事也，或事宜缓慎而急请，或事宜速报而偷搁。须取各房上司已未完条件簿，并原文先阅明。酌其缓急轻重，原案始末，然后分次差催完结。立限定比，上司新事拈限完结期于上。然后发房承行。

日行事，自拘、地方拘、里长拘，始终一票也。上司事与自拘不到事，差人拘，亦始终一票也。不到不改差。惟捉原差则贿必露。计之程，限之期，三十里一日到，六十里两日到，一百二十里四日到。越期者，每日十板，先责后审。限与罚备刻票尾，与民相约。

乡宦举监生员，每每倚己势力，生事诈害。审出真情，事大者即通详褫革拿究，事小者则以罚代罪。或罚修街几丈，或罚修桥几许。夏月则罚柴若干，送某处施茶，冬月则罚袄若干，送某处济贫。或罚米罚谷备赈，须要酌其家资事情以为轻重。押着嫡亲子弟家属，限日比完。既做利人好事，又警势力人不敢多事，一举而两得矣。

一切词讼，只追究其事之根源，起自何人，不论原被中证，要痛处起事之人，如此审究几件，远近知闻，民皆不敢生事，讼端自少，而良懦安矣。至于打降，只究生动手者，亦是此法。

府县前有一种棍蠹，假称里民。又各坊里有一班游刮，不务本分，专好起唆词讼，遇事生风，踹旋为业，不顾破人身家，最为民害。到任后，预示严禁，劝速改业。迟一两月，如仍肆恶，可将最甚者密拿一二人，尽法重惩，枷号游方。余党自然敛迹，而良懦得安矣。予撰有《论之起息利害说》，刊载《传家宝》书内，兹不重赘。可以改作示谕。

奸情虽审出真确，亦当代为掩饰，不必细加追究。只说此事暗昧，未必果真，却将奸夫起衅之人，另藉事由。或云，此奸情虽无实据，但你在地方上，充棍行凶，为恶多端，本府县久访确实，应该重处云云。如此审法，既可以保全妇女名节，夫妇和好，又暗令淫棍默知受刑不枉，众心称快。

夹棍大刑，须臾成招得情而后可用，非用以得情也。若遇疑狱，只须按关节细讯，三木更莫妄动，愈动愈疑，愈疑愈冤。民既受冤，不惟损德，官又受累。

每月初一日讲约化民，不若改于初三日，兼可理刑。预拣宽阔处，先期示晓。至期百姓齐集，讲解上谕。完时，凡月内有父母送忤逆，以及光棍游刮、窃贼作恶之人，俱锁押至讲处，对众痛处。令凶顽之辈目睹，通知畏惧王法，岂不可为现在榜式耶？

自尽人命，如缢刎、投河、服毒等类，预捐俸买极薄棺几具，堆贮众知寺庙空处，一遇此事，随去查验明白。若无重伤情由，立刻将所堆薄棺着乡保抬埋乱葬冢内。即时销结，概不准究抵偿，但有抄抢，反加究追。要令拼死赖人者通知空死无益，不独人不自尽，亦省却许多讼端拖害矣。惟是势焰威逼，审了真情，彼时亦不深究，存其人于心内。数月之后，或被另案控告，或藉他事访拿，重加惩处，则罪当而凶徒知警矣，俱要预先多出告示通晓。

赏不溢则赏可法，罚不滥则罚可惩。呼多应少，语不足惧，法不足凭。

吏书、皂快各役，虽甚繁多，私下各有顶售价银，若加裁汰，则满衙门怨声遍起。但每事遇有作弊误公者，即便裁革，只许兼代，不许新替，数年以后，不必裁汰而人自少矣。

吏书、皂快各役，朔望书卯点卯，最是废时失事。临上堂一概谕免，省此功夫，留治紧事。如有作弊情由，查察真确，暗存一二人于心内，可于四五日前，预示某日点卯。传令各役齐集，却止点某房某班指某人。当众数明情弊，从重惩处，杀一儆百，令各役知畏，而不敢再肆欺蒙玩法矣。

伞轿扛夫、纤船水手、跟班各役，最为劳苦。在事公出，若遇祁寒暑雨，虽有工食，必另优赏。则欢声遍腾，而无怨尤之叹。

夹棒切不可轻用。即有大奸大恶，命盗重案，亦须审问的确，成招之后，用以警众。要知受夹之人，虚弱者命随以亡，即强壮者亦终身废疾，可不慎欤？

父母送忤逆，只问是亲生，即差役锁押，候至初三日，在讲约处枷责。此差押数日之内，子如改悔，母如求恕，批候讯夺。问其改悔求恕果真，即谕“理应重处，今汝母求饶，姑从宽恕，自从改过尽孝，再犯倍处”云云。如带至讲所，责时五板一问，如母求饶即止。枷号几月，如母求放即释。依此惩治，是皆尊亲敦伦之一法也。

忤逆固应痛惩，然处人骨肉之间，刑不宜过。较之他狱，更多隐情。惟细体律文，自然得之。

事不查比，则事多沉搁。须各分限期，钦部宪件承行吏书差役比较。查比未完钱粮欠户催差，查比已解钱粮批回，查比一切赃罚欠户催差，查比捕役未获盗贼，查比各案册结，凡遇大寒、大暑、风雨，以及时节、斋戒，临比宽免。

钱债固应追比，必须量其家资贫富；笞杖虽有定数，必须量其体禀强弱。

奸以情合，所以和律一杖，害一事者也；命以斗成，绞以全躯，杀一人者也。惟盗则杀起于贪，一入其门，卷资财，污妇女害人伤命，非刑百出，惨莫甚焉。所以无分首从，一概大辟，听断者，万不可漏。若夫迫于饥寒，从未伤人者，尚可稍原。至于窝主，又无论大小，俱不可漏，以窝为盗之源也。

凡下学讲书，以及士子来见，须教之以立品为主。其立品，先从不出入衙门为第一。选得好官莫便喜，恐未必能胜其任也；选得恶缺莫便戚，正须收拾精神，委曲调济，令穷民得有起色，方不负朝廷之委任，亦不负自己之志念也。

官居何地，期在何时，俱各有定数，岂是人力计谋而得耶？须要听天由命，不可妄为。

事属得已，切不可轻易借贷。要知利债若多，到任自必取偿于民。丧心灭理，皆由于此，何能得做好官？况又有大势力人，专放重利，尤为难当。

人立志要为好官，先从居家节俭、居乡宽厚习起。要知节俭则不贪，宽厚则不酷，此乃根本要法。

掣签之命下之后，可谕令本县吏书人等，只许在县料理交代等册，不许出境远迎。衙舍只许打扫洁净，不许指称修理，摊派民财。

凡对各项人役，总不可多言。人之涉世，固宜寡言，而居官尤宜寡言。

不要紧之票，一概不标判，则吏胥无权。

不要紧之人，一概不许出入衙署，则关防自密。虽水夫火夫、剃头衣工等人，亦须察慎。

凡上堂理事，切莫饮酒。若一饮酒，虽断事极其清白，而民亦谓官之乘醉乱为也。钱粮征有成数，即便批解。若久滞衙署，恐有侵挪窃劫之虞，关系不小。

凡兄弟分居，兄完粮而弟不完者，不责其兄代完，则人知自勤，而民间无株连之累矣。

昔人有官长下乡劝农之事。但农忙之际，民自昼夜力田，何须劝谕？若劝之，适以扰之也。

事非犯奸，一概不许干连妇女。每多奸民借以牵拖妇女，希图索诈，不可不察。妇女不可轻易拶讯。要知严刑之下，恐致诬服，且在妇女，更多不便。

衙署惟仪门大堂，须要壮丽饰观，其内宅房屋，不可过于修理。非独邮室，又恐借名科派。

上司差役下府州县，每每狐假虎威，借端生事，造出许多吓诈恶言，百般勒索。更有统领仆从，凌辱陷害，或囚锁经胥，或株连百姓，无所不为。凡下属官长，须看其事之大小缓急，如果系本衙门吏书玩误，既将该承解究。否则严谕来差，持文急速回销，不许潜留本处，滋扰生事。倘或违抗，申详法究。所以为官无论大小，只以严禁滥差，是政法首务。

上司差承到下属，每每将无理之事，受贿包揽，妄求恩批，以致将直作曲，冤屈平民。须酌其奉差事件，宁可捐俸，少给其路费，切不可开此一端。

上司之承催钦部要紧事件，自有限期，须严檄手扎，屡加饬催。若再迟误，即便揭参，自然完结。何必滥差之，层层滋扰生事，徒饱奸胥之腥耶？

各衙门之吏书、差役，即令其无事寻钱，不必裁汰而彼自然退散改业矣。

政以安静为主，人以无事为福。凡奉到上司日行一切牌票，吏书呈送一切佥稿，绅衿百姓具控七切公务呈词，都要自己细心裁酌。若果实在于民有利而无害，方可施行。或有假公济私者，或有似利于民而实则扰害于民者，查系上行，即婉词回覆。若吏书绅民之佥稿呈词，一概勾去不行，省许多搅扰，享许多安静，造福无量矣。上司之行下属事件，若轻信吏书，率尔判行，殊不知一纸檄文，倘再遇奉行不善之下属，徒为胥役作许多生涯，小民阴受其害，不可胜纪。全在上司于举笔之时，不可不慎，在下属奉行，查系无益民生之事，一概不奉转行。若再奉催，当以理覆。大小衙门吏书，呈送一切佥稿，察其无益可缓之事，亦不必苛究。但一概勾存内衙，不行不发，彼见有存衙之稿，亦不敢再送矣。

每日各房佥稿，俱要汇送，或限于一定二梆之时，其内衙发出，亦有定时。不许前后补续，以杜诸弊。

投递公呈，禀说地方利弊，每系积年之里蠹，奸坏之乡绅，出入衙门之生员，惯会借端骗诈，营私者甚多，其实与民兴利除害，十无二三。试看良善之人，自然安分守己，明哲之乡绅，自然遵法，上进之生员，自各闭户读书。从未见有好人轻易即肯出头多事也。

每日三梆，以及早堂午堂，俱有一定时刻。不独令各役便于伺候，且令百姓之禀控听审，俱有定期。

政事俱于早堂午堂治理。若万不得已之事，才坐晚堂。要知昏夜灯烛之下，弊害多端，难以清察也。

堂上规矩，目要肃清。然而堂外百姓之观瞻，我既并无私曲，不妨共见共闻。且将为恶犯罪之人，当众用刑夹打，嚎痛之声，惨不忍闻。此即现在受苦之榜样，何必又看丰都地狱。可令刮棍坏人，触目惊心，消灭许多非为之心矣。

悬牌末期，放告听审、比较等事，非有紧急大事，不可改期，示民以信也。

德政歌谣，以及长生禄位，万民衣帽，生祠碑碣等件，俱是近时滥套。为官即十分廉明清正，亦是本等应为之事。须力辞诸件，不可喜此以召诮谤。

岁暮封印时，每有刮棍诈害打降，富豪索债打闹，以为官不治理，横行无忌，须不用伞轿，自骑马带皂隶四五人，肩杖后随，不拘时候，突然出行街巷。但遇打抄之人，即时间明，当街责治，名为巡街。不消几处，则奸恶各自警畏敛迹矣。尤须先期示禁。

岁暮每有贫穷花夫，三五成群，遇肩挑步担，小本果莱，买物半买半抢，小民难安。如巡街时，遇有此事，即时间明，当街责治。亦须先期示禁。

上司差役，酌其事件，如果紧急，可量给船资，仅够无馀。倘若多给，彼即传说夥众，以致夤串吏书，谋票多来。只无利益，则差役不谋票而至者少矣。

衙门书差等役，既守清苦，则凡事宽宥，免招众怨。有等官长，专喜苛察衙役，事事搜寻过犯。虽些小细事，亦必责罚。但彼已冰竟淡泊，若再不包容，则于心何安，于德甚损。譬如属官清正，在上司岂有不加优待而反行苛责之理?

衙役生事害人，固不可纵容为恶。但衙门人役竟有被刁棍欺凌者，是目无官长矣。俗云“打狗看主面”，则不可不加究惩。常须护庇衙役二三分，要知于自己衙门体统有关，未可令民之轻易干犯也。

衙门内无益细事，固不可行，但有关政体，有关参罚者，虽属小事，又不一可一概不行。每有囚极小事情，不即查覆，而干上咎参罚者。有因印结一纸，印册数页，而干上咎参罚者。有因迟误些微钱粮，而干上咎参罚者。又有因微事不顺情理，而致民犯沸腾者。俱要分别毋忽。

属官之奉上行，须要急速遵行。应回覆者，即便回覆；应催提者，即便催提。若因上司不差扰而任意怠玩，无怪乎上不悦而提究参罚也。

清律分晰注解，以及则例之旧设新颁。须刷置案头，间即翻阅讲究。临时轻重大小，自有主见不错。

上司按临下属，如会审事件、踏勘情形、丈量界址等件，在所不免。必须预先示谕经过地方，言性甘俭朴，一切食用俱已自备，不许奢费供应，张灯结彩，以及出境远迎。属官知此严禁，则不敢借端科派，而小民受福多矣。曾有前任宋抚宪，因查赈，舟驻扬州南门外两月有余，并不票取一物。民之安堵如旧，全不知有上司之在本处。百姓享许多安静之福，此深得大臣镇定之体。假如上宪一喜多事，而属下官民不知领受几许苦楚矣。

官长公出，惟宜少带衙役为第一法。须选最不可少之轿柬等役跟随，其馀概免。要知自己有夫马船只俟候，下役何有？一经风雨寒暑，苦楚尤甚。今免跟随，则省许多设措盘费之苦，而欢颂不少矣。

每年预画十二月格一纸，将斋戒、忌辰、并某某上司及亲友乡绅寿喜应贺之日，又某日某人开吊，某日某人祭葬等件，开填格内，粘于洗面架傍。每晨一见，可免遗忘。

斋戒、忌辰，可用尺馀长小小竖牌，供在公堂之上。坐堂理刑，一见即知，不致犯戒。此牌位收供，可令值堂人役专管，不许失误。

凡有人命，一见报呈，即刻出票。虽有紧事，俱且放下，随即往彼地亲验，夏月尤不可刻迟。

有一等坏地方，但见自死人命，遂有一班讼师刮棍，视为奇货，不论长短，先统众将房屋衣物抄抢折毁，如同兵燹。是以人人乐有此事。须严加惩处，尤须预示严禁。

验尸凡无伤之处，只叫体名，不必赘填尸格。如有某某处某某伤，仵作人等，眼同原被量明尺寸，逐细高报，即便身亲填尸格。临完时，毋嫌污秽，亲自细加查察。要知尸验明悉，则免许多疑窦，且免日后许多蒸刮之惨矣。

验尸如果投河自缢自尽诸命，须于人众聚集时，即当场严谕徒死无益。谕令即时掩埋，令民尽知枉死不能害人。且抄抢又禁，可消愚人许多尽念矣。

自尽人命之内，有一等势力威逼，或凶伤有据，而情理凄惨者，须当场先将凶人对众痛处，以泄众愤。再令差役将凶犯锁押，跟随轿前，收禁候审。一以防凶犯之逸脱，一以免命家之锥叮。

征收秋粮时，每日须下仓，不可懈怠。凡一切要紧命盗等案，以及比较顽欠等件，俱带至收粮之处审理。既事案不致滞误，又可兼理收役粮户之弊端争闹矣。

升堂切戒

五　不　打

老不打：礼，耄不刑，恤老也。谢奕令剡，老翁犯法，罚酒过醉。要知老人血气已衰，打必致死。

幼不打：礼、悼不型，慈幼也。况不教而刑，谓之虐乎？但幼童血气未全，打必致死，且老幼不拷讯，已在律文。

病不打:病者五脏受伤,血气未平,复打则病剧必死。

衣食不继不打:如乞儿、穷汉、饥寒切身,打后无人将养,每多致死。

人打我不打:或与人斗殴而来,气犹未定;或被别官已打,疮犹未愈。我又加打,则打死之名,独坐于我。

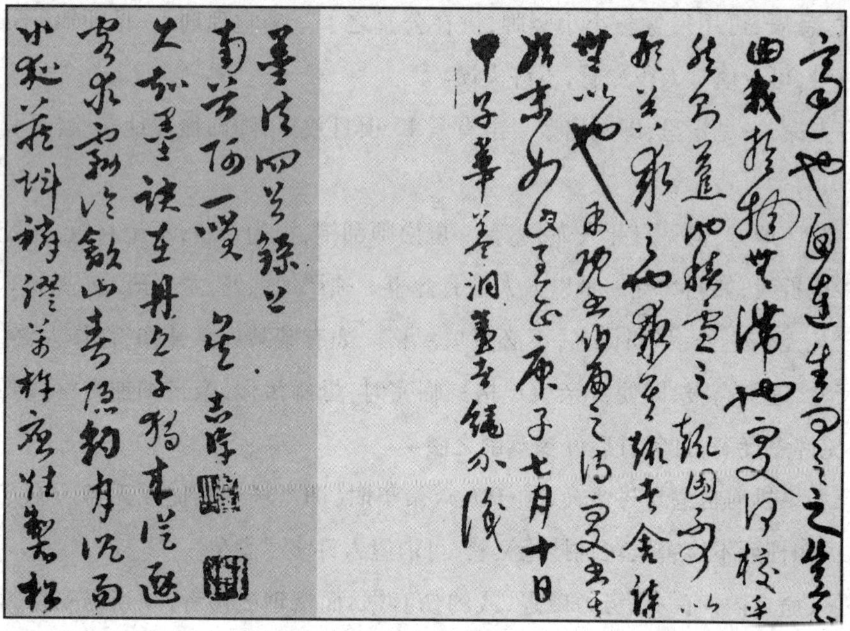

五莫轻易打

宗室莫轻打:天潢之派,干系甚大。即无名封者,亦勿轻打。只启王戒饬,或请上处分。

官莫轻打:即仓巡、驿递、阴医等官,亦勿轻打。彼既为官,妻子仆从相对赧颜,每多殒命,况其体多脆乎?

生员莫轻打:因干系诸生体面。有犯法者,轻则行学责戒,重则申究如律,彼自无词。

上司差人莫轻打:非恤此辈,投鼠忌器。打虽理直,亦损上司体面。有犯宜书犯状,密申上司,彼自有处。若畏势含忍,又卑贱非体矣。

妇人莫轻打:羞愧轻生,因人耻笑,多自殒命。

五莫就打

人急莫就打:彼方急迫无聊,打则适速其死。

人忿莫就打：愚民自执己见，方以理直自负，打败其忿愈甚，死亦不服，气逆伤心，易于殒命。宜多方警喻，待其自知理亏，虽打不怨。

人醉莫就打：俗云“三官避酒客”，沉醉之人，不晓天地，宁知礼法？打亦不痛。

倘醉语侵官，亦失体统。宜暂监，候酒醒惩戒。其收监亦勿置放冷地，寒气亦足致命。

人随行远路莫就打：被打之人，若在家内，自能将息。远路随行，日逐跋涉辛苦，又要跟上程途，亦多致命。待其回后数日惩之。

人跑来喘急莫就打：捉拿人犯，从远路跑来，六脉奔腾，喘息未定，即乘怒用刑，血逆攻心，未有不死者。宜侍者喘定用刑。

五且缓打

我怒且缓打：有怒不迁，大贤者事。盛怒之下，刑必失中。待己气平，徐加责问。试于怒定之后，详观怒时之刑，未有不过者。

我醉且缓打：酒能令人气暴心粗，刑必不当。即当，人亦有议，当检点强制之。

我病且缓打：病中用刑，多带火性，不惟施之不当，亦恐用刑致怒，人己俱损。

我见不真且缓打：事才入手，未见是非，遽尔用刑，倘细审本情，与刑不对，对曲在乙，已刑甲矣。知甲为直，又复刑乙。不能甲刑无冤，颠倒周章，甚为可笑。

我不能处分且缓打：遇有难处之事、难犯之人，必先虑其所终，作何结局，方好加刑。若浮气粗心，先即刑责，倘终难了结，反费区处。曾见有打人后，又陪事人者，只为从前慌张耳。

五怜不打

盛寒酷暑怜不打：遇甚寒酷暑，令人无处躲藏，拥毯围炉，散发披襟，犹不能堪，此时岂忍用刑？盖彼方堕指、裂肤、烁筋、蒸骨，若复被刑，势难将息，必致损命。

佳晨令节怜不打：如元旦、冬至，人人喜庆，此时曲体人愿，颐养天和，即有犯事，亦当怜恕。

人方伤心怜不打：问理时，如知某人或有新丧，卒当大故，彼哀泣伤心，正值不幸，即有应责，亦宜姑恕。

实顽愚赣怜不打:人之愚顽痴呆,乃天性生成,非责能化。惟加哀怜,庶几且格。韩治与僚友共处,有卒悍厉,众皆怒之。惟韩不一顾,徐曰:“无忿嫉于顽。”然有当小惩而大戒者,又未可长乡民之悍也。

耕种辛苦之农夫怜不打:耕田种地之人,终岁胼手胝足,费尽血汗辛力,以供人食,最可怜悯。若犯小过,姑从宽恕。倘有大过,减轻发落。

五应打不打

尊长该打,为与卑幼讼,不打。尝见尊长与卑幼讼官,亦分曲直用刑。不知卑幼讼尊长,尊长谁自首,卑幼问干名犯义。遇有此等,即尊长万分不是,亦宜宽恕。即言语触官,亦不宜用刑。人终以为因卑幼而刑尊长也。大关伦理世教。至于尊长理曲,惟公惟恕。唐宜之云:“此亦当稍参情理,不然,尊者凭陵,卑者无诉,鬼神怒焉。”

百姓该打,为与衙门人讼,不打。即衙门人理直,百姓亦宜从宽,否则不惟我有护衙门人之名,后即衙门人理屈,亦不敢告矣。至于情之大者,不在此例。

工役铺行该打,为修私衙或买办自用物,不打。即其人十分可恶,亦姑宽恕。否则人有辞不服,谓我之心不光明,而量不宽洪矣。

下司衙役该打,为我供应不备,接送不齐,不打。胥役作奸,为民蠹者,法应惩治。若供应接送,百不齐备,亦当体悉容忍。既验克己之学,又存有司之面。

左右隶胥应打,为我承事不周,过误失检,不打。隶胥玩法,为衙门蠹者,则亟除之。若趋承末节,不以敏捷见庸,挂误小失,亦宜原情宥罪。韩魏公恕触碎玉杯吏,夏忠靖公恕污织金赐衣吏,是吾师也。若有意尝我,误乃公事者,不在此例。

四莫又打

已拶莫又打:语曰:十指连心肝。拶重之人,血方奔心,又复用刑,心慌血入,必致殒命。尝见人曾受拶者,每风雨之夕,叫楚不宁,为其已伤骨也。嗟乎!均是一般皮肉,何忍心至此?

已夹莫又打:夹棍重刑,人所难受。四肢血脉,奔逸淆乱,又加刑责,岂有不死?且夹棍不列五刑,岂可轻用?下人以力为食,一受夹棍,终成痼疾,决难趁食,切宜怜念。人谓审强盗宜用,余谓强盗因夹招承,此心终放不下。惟多方设法,隔别细审,令其自吐真情,于心才安。此等大刑，可以终身不用。

已打莫又打：方才责过，又加复责，雪上加霜，痛楚倍甚。酷刑之官，每喜为之，自得残忍之报。

要枷莫又打：先打后枷，屈伸不便，疮溃难调，每多致命。可待于放枷时责之。

四禁打

禁重杖打：五刑轻重，律有定式。大杖一，足当中杖三、小杖五。官之用刑，只见太过，未见太少。若用轻杖，即多加数杖，亦不伤生。且我见责之多，怒亦息，而杖可已。若重杖只见数少，而不知其人已负重伤矣。

禁从下打：皂隶求索不遂，重打腿弯，致其断筋而死。或打在一块，同一被刑而死生异，则贫富不同耳。贫者何辜，令其受此？

禁捕役吊打：捕役拿获贼盗，每每私自吊打。其中多有扳扯诬害者。是无辜良民，晦遭大害，急当察禁。

禁佐贰酷打：佐贰首领杂职，不过发比钱粮欠户批查，口角小忿，即或有过应责者，亦止五板十板，以见蒲鞭示辱而已。其大板、大枷、夹棍重刑，原不许杂职私置。即正印官亦止备一二副，以候不常取用。如各衙遇不得已之事，情真罪当应用者，须备叙情由，赴堂禀请可否，凡不情贿嘱案件，自知收敛矣。盖正印官若用重刑之时，犹有忖量。其佐贰首领，惟利是图，每将势要送来百姓，私衙任意酷打，替人出气，正印官全然不知，岂不大可叹耶？

铭心纪要

清心省事，为官切要，且有无限大乐。（唐宜之）

惟公则生明，惟廉则生威。（周九畴。士大夫，若爱一文则不值一文。）

官心不可偏向，有则人窥知。（薛文清。凡有偏向，是自开钻刺之门。昔有官，见一走卒敏捷，呼用稍勤，下人即有趋重之意。以是知为官者，当明白正大，不可有一毫偏向。）

左右非公事，不可与语。（张文忠。深体此言，断却许多流弊。胥役不得有权。）

治狱有四字要法，曰“公慈明刚。”（薛文清。公则不偏，慈则不刻，明则能照，刚则能断。)为官最要安重,众所瞻仰,一言不当,殊生愧赧。(薛文清。言行端庄一句,是为官要法。否则远近传说,便为官玷。)

为官只是淡无嗜好,静不多事,便是生民无限之福(程明道。试看多事之官,则民多苦怨。但切不可厌烦恶事,若视民之冤抑,置之不理,反为静害。)

为官三字要法,曰"清慎勤。"(吕居仁。知此三者,才知所以持身矣。)

官虽至尊,决不可以人之性命,佐己之喜怒;官虽至卑,决不可以己之生平,佐人之喜怒。(余六成。大功德,大气节。)

催科不扰,即是催科中抚字;刑罚不错,即是刑罚中教化。(安赵纯。全在不扰、不错。)

政令以通下情为急。(薛文清。虽曰天理王法,亦要下合人情。)

为官者,清畏人知,政戒骇俗,气象切忌激昂,言辞定要谦逊。(文纯公。为官要法。)

当官者先以暴怒为戒。事有不可,当详处之,必无不中。若先暴怒,只能自害,岂能器人?(吕东莱)

兴　利不如除一害,生一事不如减一事。(耶律楚材)

锄奸杜佞,要放他一条去路。若使之一无所容,譬如塞鼠穴者,一切去路都塞尽,则一切好物俱咬破矣。(陈眉公。事做已甚,便启乱端。此过犹不及之义也。)

救民水火之中,惟恐其不早。贪官污吏侵渔百姓,甚于盗贼。此而不除,虽有良法美意,孰与行之?(陈白沙)

立朝之士,当爱君如爱父,爱国如爱家,爱民如爱子。(罗豫章。才是真心。)

当官一日不勤,不必受其弊。(真西山。所谓"清慎"之外,必要"勤"字。)

当官清慎,可以远辱。设心处事,戒之在初。(朱凤台。前人云:"与其巧持于末,何如拙戒于初。"真至言也。)

为官之道,以不取为与,以不扰为安,以不害为利,以行所无事为兴废起弊。(吕叔简。官一取,则民财竭;官一扰,则民疲于奔命;官一害,则民身丧家亡;官一好事,则地方不享无事之福。此真铭心要言。)

任事者,当置身于利害之外;建言者,当设身于利害之中。(陈眉公。为官看得利害大明,则难事谁人肯做?)

与其得罪于百姓,不若得罪于上官。(吴芾公)

与其进而负于君,不若退而合于道。(李卫公。吴公是止剥民以媚上台者,李公专为庸禄无才而贪位慕禄者。凡为官，俱当自问于心。）

非甚不便于民，且莫更改；非甚有益于民，切莫轻举。（唐宜之。事要斟酌尽善。）

凡人之性，专务苟且。明日有事，今日得休且休。当官者，不可徇其私意，忽而不治。（韩魏公。因循误事。）

天下事愈从容，则机括愈生。熟思则得其理，缓处则得其当。（李若谷。甚的事不因忙里错了。）

不欺君，不卖法，不害民。此是为官三要。（薛敬轩）

左右之言，不可轻信，必审其实。（薛文清。须记"左右皆曰贤未可也"一篇。）

惟俭可以助廉，惟恕可以成德。（范忠宣）

我不畏铁钺，而畏匹夫之口；我不爱珠玉，而爱赤子之心。（张西江。民言可畏。）

一字不可轻与人，一言不可轻许人，一笑不可轻假人。（薛敬轩。诸事俱要谨慎。）

事来莫放，事去莫追，事多莫怕。（陈龙川。凡莅官处事，此三莫切要。）

天下制度，无全利而无害的道理，但看利害分数何如。（朱晦庵。全要能衡轻重。）

狱事人命所系，尤当尽心。近世流俗，惑于阴德之论，多以纵出有罪为能，而不思善良之无告。此最弊事，不可不戒。然哀矜勿喜之心，则不可无也。（朱晦庵）廉不言贫，勤不言苦，中不言己效，公不言己能。可以事君矣。（张忠定。"不言"二字，是秉心幽独处。）

欲当大任，须是笃实。（程明道。扼其至要。）

为政须要平其心。先不平其心，虽好事亦错。（沙一驹）

滥准株连、差拘监禁、保抽淹久、解审照提此八者，狱情之大忌也。仁人之所隐也，居官者慎之。（吕叔简）

世上没个好做的官，虽抱关之吏，也须夜行早起，方为称职。说做官好，便不是做好官的人。（吕叔简）

勿谓卿官过客，口大难犯，不可不厚；小民口小口卑，不得上闻，而不恤小民。（海刚峰）

做事不求快心，求安心；立法不要人畏，要人服。（袁了凡）

题目张大，不能实落下手，不谓兴革。（海刚峰。实落便难之处。）

以狱讼、文移、催征为末；以教民耕织、转移风俗为首。（海刚峰。下一句国泰民安，皆由于此，岂是小事。）

士子喜闻谀言学问必不进；缙绅喜闻谀言，晚节必不终。（屠赤水。谀言，最害实事。）

临民者，宁可于法之内减一分，不可于法之外加一分。（唐宜之）

官府听讼，如身在两造之中。不得已而用刑，亦如身当其痛，庶无妄刑。贿赂嘱托，自不能入。（唐宜之。仁人之言。）

词讼宜少准速问，然后士农工商得安其业；准多而问迟，徒与吏胥作马牛耳。不闻不见之中，号哭之声彻鬼神矣。（唐宜之）

大智兴邦，不过集众思；大愚误国，不过好自用。武侯、王安石，足以观矣。（陈锡龙。全在不耻下问，通达人情。）

前辈见人仕宦，而广求知己。戒之曰："受恩多，则难以立朝。"官详味此者。（沙一驹）

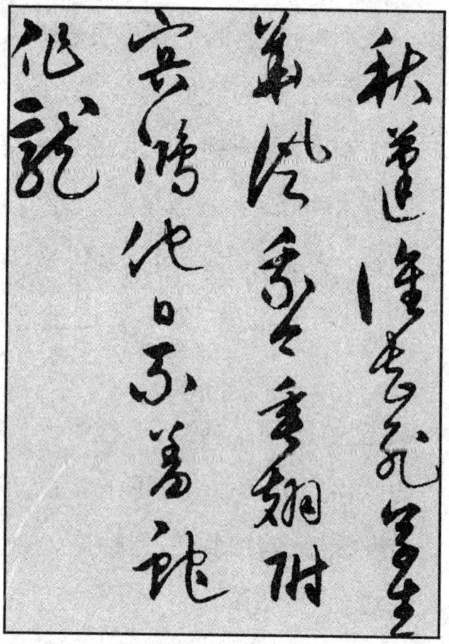

士之立朝，要以正直忠厚为本。正直则朝廷无过失，忠厚则天下无嗟怨，二者不可偏也。一于正直而不忠厚，则渐入于刻；一于忠厚而不正直，则流入于懦。（沙一驹）

处事了，不形之言，尤妙。（沙一驹。自夸而人鄙诮。）

"忍"之一字，众妙之门。若能清慎勤之外，更行一忍，何事不办？（陈眉公。非独为官，涉世亦要。）

四方陈请，廷臣面对，建置更革，或书生贵游，不谙民事，轻于献计。不知一旦施行，片言之出，兆姓蒙害。（沙一驹。识浅之人，每喜多言妄议，害民甚多，最为可恨。）

当官临事，切戒躁急。躁急则先自处不暇，何暇治事？加以猾吏奸民，窥伺机便，以成其利。非特害人，于己甚害。（吕东莱。涉世亦然。）

安重深沉者，能处大事。（沙一驹。凡闻事不喜不惊者，可以当大事。）

吏人不怕严，只怕读。盖当官者详读公案，则情伪自见，不待严明也。（吕叔简。自令凛凛。）

后生乍到官，多为猾吏所饵，不自省察。所得毫末，而一任之间，不复敢动。大抵作官嗜利，所得甚少，而吏人所盗不赀矣。以此被重谴，良可惜。（海刚峰）

同民好恶，固为政大事，要贤者好恶，尤同民大要。（王阳明）

令民田畴有禾黍，不必有醴泉芝草；令民伏腊有鸡豚，不必有麒麟凤凰。（邹聚所。实在干济。）

座右铭

人命诬赖

人命关天，诬赖一节，极为残酷。下辈恃此放刁，至奴仆胁主人，佃梗业主，妻妾制夫长。一有不虞，则乡族乘而攘臂，缙绅因磨牙。抢家私、辱妇女、缚尸灌汁，以求贿赂，则有子激死母，妻气杀夫，恃多男为赖死之根，指富家为甘脆之货。则有虐尸烧骨，踏门破屋。贫冤对袖手旁观，富亲戚遭殃坐罪，种种未易殚述。世之官长，独谓尸场一检，足以辨冤称快。孰知鱼麋肉烂，鲸吞虎噬，已至此也。此弊不革，不惟启人自杀，且令父子兄弟，以死为利，暴尸灭法。揣其情由，与手刃无异。令既难概置不理，但严诬告加等之法。凡药死，缢死，投水死，而不即首明者，拟问如律。其系亲人逼死，以为图赖之本者，勘明重惩。有乘乱索骗，冒认挟打者，严究号令。庶亲戚无利死之心，风俗无搬抢之害，其保全不既多乎。

多事之害

凡奸猾吏胥，不利无事。盖无事则法行令熟，何所生衅？乃往往以为图兴利之说，怂谀官长，有增丁、核饷，及税亩、丈量，种种而起。上开一孔，下钻百窦，纳贿一身，丛谤上人。城郭富家，犹能支吾，若山谷僻陋，目不识文告，耳不辨官音，舌不解敷陈，见里长则面色青黄，望公门则心胆惊战，稍有桀骜者，皆得望风索骗。于是狱讼日滋，愁怨日积，而太平索然尽矣。岂无有心人而坐此耶？（说到山谷僻陋，真可怜恻。）

急救伤裂

叶公南岩刺蒲时，有群哄者诉于州。一人流血被面，脑几裂。公见恻然。时家有刀疮药，公入内自捣药，令异至幕厅，委谨厚廨子及幕官曰：“善视，勿令伤风。此人死，汝辈责也。”其家人不令前。乃略加审敷，收仇家于狱而释其馀。友人问故，公曰：“凡人争斗无好气。此人不急救死矣。此人死，即偿命一人。寡人之妻，孤人之子，又干证连系，不止一人破家。此人愈，特一斗殴罪耳。且人情欲讼胜，虽骨肉亦甘心焉。吾所以不令其家人相近也。”未几，人愈而讼遂息，保全数十人。（上之体恤下情，件件精细。大事化为无事，绝妙经济，即是圣贤心思。）

贵有益

君子处世，贵有益于物耳，不徒高谈虚论，左琴右书，以费人君禄位也。吾见文学之士，品藻古今，若指诸掌，试用多无所济。居承平之世，不知有丧乱之祸；处庙堂之安，不知有战阵之急；保俸禄之资，不知有稼穑之苦；肆吏民之上，不知有劳役之勤。自难以应世经务。（历数庸才俱确，只“有益”二字括尽。）

治权贵

凡治事涉权贵，须虚心看理之所在。若其有理，固不可避嫌，故令之无理；若其无理，亦不可畏势，曲令之有理。政令见得无理，只须作寻常公事看断，过后不须拈出说。寻常犯权贵取祸者，多是张大其事，邀不畏强御之名，所以彼不能平。若处得平稳安帖，彼虽不乐，视前则有间矣。（须要铁面，若避嫌畏势，则公心何在？）

仕有五瘴

仕有五瘴：急催暴敛，劫下奉上，此租赋之瘴也；深文以逞，良恶不白，此刑狱之瘴也；侵牟民利，以实私储，此货财之瘴也；攻金攻木，崇饰车服，此工役之瘴也；盛陈姬妾，以娱声色，此帷薄之瘴也。（有此五瘴，即不居瘴地，亦有瘴害。）

宋李防为相，有求进用者，虽知其材可取，必正色拒之，已而擢用；或不足用，必和颜温语待之。子弟问故，答曰：“用贤，人主之事，我若受其请，是市私恩也。因谢绝之使恩归于上。若不用者，既失所望，又无美词，此取怨之道也。”（深得涉世妙法。）

不接异色人

为官不接异色人，非独巫祝、尼媪宜疏绝，虽工艺人，亦当用之以时，不宜久留于家，与之亲狎。皆能变易是非，簸弄听闻。儒士固当礼接，亦有本非儒者，或假文词，或假字书以媒进，一与之款治，即堕术中。如房琯为相，因一琴工出入门下，依倚为非，遂为相业之玷。此类当审察疏远，亦清心省事之一助。

官司实学

既有官司之事，便从官司之事为学，才是真格物。如问一词讼，不可因其应对无状，起个怒心；不可因其言语圆转，生个喜心；不可恶其嘱托，加意治之；不可因其请求，曲意从之；不可因自己事务烦冗，随意苟且断之；不可因旁人谮毁罗织，随人意思处之。这许多意思皆私，只尔自知，须精细省察克治。是簿书、讼狱间，无非实学，若离了事物为学，却是着空。

便　民

欧阳文忠公尝语人曰："凡治人者，不问吏材能否，设施何如，但民间称便，即是良吏。"或问公为政宽简，事无弛废者，何也？曰："以纵为宽，以略为简，则废弛而民受其弊也。吾之所谓宽也，不为苛急；所谓简者，不为繁碎耳。"（的确是妙诀。）

贿赂虐民

士人居官，忠君为先，爱民为本。今世大异。王而卿相，下而一命，贿赂公行，直道不立，皇天震怒。何况侵民膏血，自肥一家？扼民噤喉，自谋进取。不公不法，不仁不义。决一胜于目前，结无穷之冤业，劫数来时，福力尽处，则恶报随之矣。是以显宦子孙多不振，势位之家多破败。上天之报昭然，人苦不自觉耳。若速悔心，犹可免矣。

视俗施教

凡莅事之始，不可自出意见以立科条。虽尝有所受之，亦恐易地不便。若拂人情而固行之，如病其难行而中变，后有命令，人不信矣。是以初政莫若一仍旧贯，如行之宜，何必改作？或即目未便，熟察而徐更之。人徒见上下相安，而泯不知其所自，不亦善乎？君子视俗以施教，察失而后立防也。（亦有地同、事同、而今昔之势不同者，政不贵详而贵顺。"顺"之一字，真百世之师也。）

廉　勤

为官只要廉勤。廉，分内事也。物交势迫，浸不自出，虽欲廉，得乎？推其要，莫如崇俭。莅官之日，无异处家之时；用官之财，不啻用己之财，斯可矣。勤，职当然也。聪明有限，事机无穷，而又衔杯渔色，品奕赋诗，吹竹弹丝，图享宦游之乐。遂至酬应日繁，心力日耗，即俯首涉笔，终归苟且而已。须知大要，莫若清晨鸡鸣听政，家务尽屏。勿以酒色自困，勿以荒乐自戕。凡事之所当办，时时察之，汲汲行之，毋谓姑俟来日。则事无不理，而心亦宁矣。（勤俭清心，是扼要俱刻不可少。）

续佐治药言

—汪辉祖

摘唤须详慎

省事之说，大属不易。盖词之讦控多人者，必有讼师主持其事。或以泄忿旁牵，或以左袒列证，不堕其术，往往以经承弊脱为词，百计抵诉，甚且含沙射影，妄指幕友关通，启官疑窦。故核稿时，必须细加衡量。主人庭讯问及者，方予传唤。则凡摘释之人，自有确然可删之故。遇有刁诉，无难明白批斥，使讼师不敢肆其侜张，庶株蔓之风渐息，而无辜不致受累矣。

批驳勿率易

一词到官，不惟具状人盛气望准，凡讼师差房，无不乐于有事。一经批驳，群起而谋抵其隙，批语稍未中肯，非增原告之冤，即壮被告之胆，图省事而转酿事矣。夫人命奸盗，及棍徒肆横，原非常有之事。一切口角争斗，类皆户婚细故，两造非亲则故，非族则邻，情深累世，衅起一时，本无不解之仇。第摘其词中要害，酌理准情，剀切谕导，使弱者平心，强者气沮，自有亲邻调处。与其息于准理之后，费入差房，何如晓于具状之初，谊全姻睦？

核词须认本意

谚云“无谎不成状。”每有控近事而先述旧事，引他事以曲证此事者。其实意有专属，而讼师率以牵摭为技，万一宾主不分，势且纠缠无已。又有初词止控一事，而续呈渐生枝节，或至反宾为主者，不知所以翦裁，则房差从而滋扰。故省事之法，第一在批示明白。

人命宜防牵连

前明徐相国阶柄政时，作家书示子弟，尚诫命案不可牵涉，何况寻常百姓。馀乡居见命案列证，便举家惶骇，往往有凶犯赤贫，累归词证者。故在馆阅报词，非紧要证人，即属主人当场省释，不令入城，应取保者，讯后立追保状。然犹闻有官保私押之事，一日不归，则其家人一日不宁，如之何勿念。至路毙案件，差保无可生发，每将地主牵入，此则真属无辜，尤须属主人禁绝，核稿时更宜字字检点，以防株累。

侵占勿轻查勘

豪强侵占，律所不容。若世业相承，重加修整，或本非官产，原听民便，往往地根借端挟持，需索不遂，即饰词讦控。一经准理，必先差查，差查不已，必加勘断，官或不暇遽及，则棍差朋比，费已不訾。此等借名启讼之人，多非善类，能于呈控时，严切批斥，使小人畏法，固为上策；否则催主人速勘严惩，必有阴受其福者矣。

勘案宜速结

事关田房坟墓，类须勘结。官事甚殷，安能日履山泽？且批勘之后，凡遇催词，无可费心。故批勘最易，不知疆界不清，每易酿成他故。如按图辨址，核计鱼鳞弓口，券册明著者，或批断，或讯断，自能折服其心。不得已而批勘，须属主人为之速结，使造葬无稽，亦所全不少。至示勘有期，势必多人守候，尤万万不宜临期更改。

押犯宜勤查

案有犯证，尚须复讯者，势不能不暂予羁管，繁剧之处，尤所多有。然羁管之弊，甚于监禁。盖犯归监禁，尚有管狱官时时稽查。羁管则权归差役，差不遂欲，则系之秽处，饿之终日，恣为凌虐，无所不至，至有酿成人命，贻累本官者。若贼犯久押，则纵窃分肥。为害更大。此等人犯，官难毕记，全在幕友立簿检察，以便随时办结，即官有代任，幕有替人，亦可免贿脱之患。

勿轻易佥差

讼一佥差，两造不能无费，即彼此相安，息销亦且不易。馀向佐主人为治，惟必讯之案，方佥差传唤，其馀细事，多批族亲查理。或久而不复，经承禀请差催，从不允行，亦不转票。盖事可寝搁，必其气已平，因而置之，有益无损。加以差催，转多挑拨矣。且族亲纵有袒护，终不敢尽没其真，役则惟材是视，更不可信也。

宜随机杜弊

地方风气以官为转移，地棍揣摩，即视官为迎合。官有善政、未始不资若辈厉阶。如官惩赌博，则棍首局诱；官治小钱，则棍讦搀和；官清水利，则棍控侵占；官严斗殴，则棍饰伪伤；官禁锢婢，则棍告占措；官恤穷佃，棍则讼业横；如此之类，悉数难终。大概有一利，必有一弊，甚且利少而弊多，全在幕友因利察弊，力究冤诬。固不可因噎废食，断不宜乘风纵火，使棍奸可戢，官法可行，则平民自安无事之福矣。

草供未可全信

罪从供定，犯供最关紧要。然五听之法，辞止一端，且录供之吏，难保一无上下其手之弊。据供定罪，尚恐未真。余在幕中，凡犯应徒罪以上者，主人庭讯时，必于堂后凝神细听，供稍勉强，即属主人复讯。常戒主人不得性急用刑，往往有讯至四五次及八九次者。疑必属讯，不顾主人畏难；每讯必听，余亦不敢惮烦也。往岁壬午八月，馆平湖令刘君冰斋署，会孝丰事主，行舟被劫，通详缉捕。封篆后，馀还里度岁，而邑有回籍逃军，曰盛大者，以纠匪抢夺被获，讯为劫案正盗。冰斋迓余至馆，检阅草供，凡起意、纠伙、上盗、伤主、劫脏、俵分各条，无不毕具，居然盗也，且已起有蓝布绵被，经事主认确矣。当晚属冰斋复勘，馀从堂后听之，一一输供无惧色。顾供出犯口，熟滑如背书然，且首伙八人，无一语参差者，心窃疑之。次晚复属冰斋，故为增减案情，隔别再讯，或认或不认。八人者，各个歧异，至有号呼诉枉者。遂止不讯，而令库书、典税书，依事主所认布被颜色，新旧借购二十馀条，余私为记别，杂以事主原认之被，属冰斋当堂给认，竟懵无辨识。于是提犯研鞫，佥不承认，细诘其故。盖盛大到官之初，自意逃军犯抢，更无生理，故讯及劫案，信口妄承，而其徒皆附和之。实则被为己物，裁制有人，即其本罪亦不至于死也，遂脱之。越二年，冰斋保举知府引见，而此案正盗，由元和发觉，起赃主认，冰斋回任，赴苏会审定案。初余欲脱盛大时，阖署哗然，谓余枉法曲纵，不顾主人考成。余闻之辞冰斋，冰斋勿听。余曰："必欲余留止者，非脱盛大不可。且失赃甚多，而以一疑似之被，骈戮数人，非惟吾不忍以子孙易一馆，为君计亦恐有他日累也。"然短余者，犹窃窃然，私议不止，幸冰斋不为动。至是冰斋语余曰："曩力脱盛大，君何神耶？"余曰："君不当抵罪，吾不当绝嗣耳。"盖余自此，益不敢以草供为据矣。

上台驳批宜细绎

初报宜慎，前已言之。或奉上台驳诘，尤须详绎。盖驳法不一，有意在轻宥，而驳故从重者；有意在正犯，而驳及馀证者。非虚心体会，易致歧误。至案可完结，而碎琐推敲，万勿稍生烦厌，付以轻心。若主人所持甚正，与上台意见参差，必当委曲措词，以伸主人之意，断不可游移迁就，使情罪不符，亦慎毋使气矜才，致上下触忤。

不受关防先宜谨敕

关防之名，必不可受，而可以不受关防之故，全在谨敕。朋友为五伦之一，主宾特朋友之一，重一主人，而尽疏朋友，固非端人之所以自处。然因主人不我关防，而律己不严，将声名有玷，为主人轻薄，终有不得不受关防之势。故亲友往来，必须令主人知名，有事出宅门，亦须令主人确知所往，事事磊落光明。主人察其可信，自不敢露关防之迹。否则举身家以听，安能禁其不加体访也？

须成主人之美

吾言不合则去，非悻悻也。人之才质各有所偏，宾之于主，贵相其偏而补之，审于韦弦水火之用，始尽佐治之任。不合云者，必公事实有不便，不可全以意气矜张。主人事有未善，分当范之于善，不能就范，则引身而退，是谓不合则去。若吾说虽正，而主人别有善念，此则必须辗转筹划，以成其美，方于百姓有益。断不宜坚持不合之义，恝然舍去，即谚所云："公门中好修行矣。"

处久交更难

人知宾主初交不易，而不知交久更难。盖到馆之始，主人情谊未甚浃洽，尽我本分，可告无愧。若相处多年，其为契合可知，交既投契，议论必有裨益。官声所系，须事事为之谋出万全，任劳分谤，俱义所应得，引嫌避怨，便失朋友之道。特不可恃主人，倚重挟势，以济其私耳。

宾主不可忘形

交至忘形，方为密契，独吾辈之于主人，宾主形迹，断不可略。盖幕客之得尽其言以行其志，全在主人敬以致信，一言一动，须主人有不敢简慢之意，忘形则易狎，狎则玩心生，而言有不听者矣。余与光山刘君仙圃甚洽，仙圃令平湖时，欲联齿叙之欢，余曰："俟去馆日如命。"同事者多笑之，仙圃不余讶也。故仙圃升任，余赠别诗有"形迹略存宾主分，情怀雅逼弟兄真"之句，盖纪实云。

不宜经手银钱

署中银钱出入，其任甚重，其事甚琐。不惟刑名幕友，不可越俎，即钱谷职司会计，亦止主簿籍之成，笼赢绌之数而已，出入经手，非其分也。盖既经手银钱，势不能计较节啬，其后必为怨府。况权之所归，将有伺颜色逢意旨者，而公事多碍，人品因之易坏。且出入簿记，一时难以交卸，虽有不合，亦不能去，如之何其自立耶？

勿求全小节

入幕以宾为名，主人礼貌盛衰，即敬肆所别，大段仪文，何可不讲？若诚意无渝，则小节亦须从略。饮馔之类，当视主人之自奉可如。果其自奉素丰，而俭以待我，是谓不诚；若待我虽俭，而已丰于彼之自奉，即为加礼，更不宜琐琐求全。向客胡观察文伯处，因言肉败，责逐庖丁，常以为悔，故后来历幕，从不以口腹责人。至主人所用仆从，大率不知大体，万不可稍假词色，或启干求之渐，若些小过失，量为包容，亦远怨之一端也。

勿忘本计

鬻文为活，非快意事，固不可有寒乞相，使主人菲薄，而本来面目却须时时自念。食饶粱肉，念家有应赡之妻孥，自不忍从粱肉外更计肥甘；赉及优伶，念家有待济之戚友，自不暇向优伶中妄博欢笑。且客中节一钱之费，则家中赢一钱之资。家食无亏，行装可御，又何必以衰年心力，长为他人肩忧患哉？

因关绝祀者尤宜详审

外舅王坦人先生讳宗闵，令金山时，余初入幕，平湖杨君砚耕，为外舅故交。时从山西来，言雍正年间，尝馆虞乡，主人兼署临晋县，有疑狱久未决。主人素负能名，不数日鞫实，乃弟殴胞兄至死，遂秉烛拟罪。属稿毕，夜已过半，未及灭烛而寝，忽闻床上钩鸣，帐微启，以为风也，复寐，少顷钩复鸣，警寐则帐悬钩上。有白须老人跪床前叩头，叱之不见。几上纸翻动有声，急起视，即拟谳稿也。反复细审，罪实无枉。惟凶手四世单传，其父始生二子，一死非命，一又伏辜，则五世之祀绝矣。狱无可疑，而以疑久宕，殆老人长为乞怜耳，因毁稿存疑如故。后闻今皇帝御极大赦，是案竟以疑宥。余闻而谨识之，故凡遇父子兄弟共犯者，尤加意审慎焉。

定罪时有鬼物凭依

乾隆二十年间，浙江司臬同公，尝为人言：办秋审明，夜将半，令小僮提灯，亲至各房科察看，皆灭烛酣睡，一室灯独明。穴窗纸视之，一老吏方手治文书，几案前一白发翁，一年二十许妇人，左右侍，心甚骇异。俄见吏毁稿复书讫，妇人敛衽退，吏别检一卷，坐良久书签，白发翁亦长揖不见。遂入署诘此吏。先书者，为台州因奸致死之案，本犯为县学生，初意怜才，欲请缓决，后以败检酿命，改拟情实；后书者，为宁波索欠连殴致死之案，初意欲请情实，后念衅由理直，情急还殴，与逞凶不同，故拟缓决。然则年二十许者，为捐躯之妇，白发翁乃凶手之先人矣。吏之拟稿不过请示，鬼犹目闲之，况秉笔定罪者，可勿慎欤！

删改自首之报

余馆秀水时，幕寮在三堂东，又东为内宅门，门外东南为庖厨室。故为楼甚宽敞。板梯久毁，西向尚悬“爱日楼”匾额，天阴雨辄闻鬼泣声。令君孙景溪先生，遍询署中人，无知其故者。一老吏年八十馀，言康熙时，令有母，喜诵佛号，始创此楼奉佛。雍正初年，刑名幕友胡姓，歙人，盛夏不欲人见，因独处楼中，凡案牍饮馔縋而上下。一日薄暮，闻楼头惨号声，从者急梯而上，则胡赤身仰卧，自刲刃于腹，刲肌肤如刻画，血被体。问之，曰：向客湖南某县，有妇与人私，夫为私者所杀，妇首于官。吾恐主人罹失察处分，作访拏详报，拟妇凌迟，顷见金甲神，率妇上楼，刃吾腹，他不知也，号呼越夕而死。嗣常见形楼头，板梯所由撤也，先生为文忏之，后稍戢，今不知庖厨有更易否。夫律例一书，于明刑之中，矜恤曲至，犯罪自首一条，网开一面，乃求生之路，删改而致之重辟，是死于我，非死于法，鬼之为厉宜矣。

事关入罪者口宜谨

谚云：好动扶人手，莫开杀人口。居幕席者，更当三复此言。昔吴兴某，以善治钱谷有声，为当事某公所慢。会故人子官浙中大僚，其讦其侵盗阴事，竟成大狱。狱甫定，某忽自齿其舌至本溃以死。顷读无锡诸类谷先生洛近稿，载其邑人张希仲事，尤可鉴也。希仲馆归安令裘鲁青署，归安有民妇与人私，而所私杀其夫者，狱具，裘以非同谋欲出之。时希仲在座，大言曰：“赵盾不讨贼为弑君，许世子不尝药为轼父，春秋有诛意之法，是不可纵也”。妇竟论死。后希仲梦一女子，披发持剑，搏膺而至曰：“我无死法，尔何助之急也。”以刃刺之，旦日其刺处痛甚，自是夜必来，遂归。归数日鬼复至，愈厉，使巫视之如梦，竟死。夫某公侵盗有据，于法得死，宜为大僚所治，某言非虚妄，特意出于私，尚罹阴祸，况传闻未实者乎？若希仲诛意之说，非法家所忍言，宜为鬼仇矣。吾辈读律佐治，身当其任，自不得曲法姑宽，如不在其位，又何忍下石耶？

仁恕获福

外舅之母舅，韩其相先生（榜姓何，名大庸）居萧山之迎龙闸。为诸生时，工刀笔，久困场屋，且无子，馆公安县幕，治刑名，绝意进取。雍正癸卯，梦神人召而语之曰："汝因笔孽多，尽削禄嗣，今治狱仁恕，偿汝科及，子其速归"。时已七月初旬，韩不之信也，赵夕复梦如故，答以试期不及。神曰："吾当送汝"。寐而急理归装，江行风利，八月初二日抵杭。适中丞大收遗才，补送入闱，果中式，次年举一子。乾隆十三年，外舅尉山阳济源，大司空卫公哲治，方守淮安，询知旧客山阴姚升阶先生，为外舅姻连。因言先生在幕十馀年，无刻不以息事为念，偶罪一人，则旁皇周室，行食饮不怡，真仁人也，其后必大。时先生之子墟，尚应童子试也，俄补博士弟子，由乾隆壬申举人，官肃州州同，告养归侍。先生躬膺敕封，与德配白首相庄，安养二十馀年，见冢孙斌游庠，年八十馀无疾而终，卫公之言验矣。又会稽唐我佩先生，久幕江苏，治狱慈慎，有唐老佛之称，子廷槐，乾隆辛未进士，令江西时，先生亲享禄养也。

忌辣手

同里丁君某，游幕河南，为制府田公赏识，羔币充庭者十馀年。余年十岁时，君归里过先大父，先大父问其何以得致盛名，君累举数事，余童骏不能解记。先大父曰："得毋太辣手乎？"君曰："不如此事则不易了"。君既去，先王妣，奉茗以进。先大父曰："顷丁某言，汝闻否？虽多财不足羡也。辣则忍，忍则刻，恐造孽不少，其能久乎？"复摩余顶曰："省否？"对曰："省"。先大父曰："省便好"。未几丁君旅没，厥子年十五六，酷嗜饮博，不六七年，资产罄尽，妇亦死，遂流荡不知所终。余旧撰馆联所云"辣手须防人不堪"者，先大父训也。

择主获益

前言就馆宜慎，犹为处馆言之，实则人品成败，所关尤钜。盖寻常友朋，鲜能经年聚处，惟幕友之与主人，朝夕相习，性情气质，最易染移。所主非人，往往违背其本。曩余初入幕时，懵然无知识，在外舅署二年，未甚预官事也。迨至常州，主海阳胡公，举目生疏，始凛凛自励。公官太守，而自奉俭约，过于寒士，无声色嗜好，无游谈诳语。日未出，先仆从起，坐书室治官文书，夜必二更馀，方入内室，风雨寒暑无间。每办一事，必彻始终，反复辩难，以求其是。尝言心之职思，愈用愈出，"思"字之义，以心为田，田中横竖二画，四面俱到，缺一面便不成字。僚属号公三世佛，谓过去、现在、未来，无不周计也。余司书记，而公善余持论，遇刑名钱谷大事，必招共议，颇多刍荛之采，余是以乐为知己用。既敬公正直廉勤，又以公之生年月同先君子，仅后先君子一日，益严事之；公亦雅器重余，有国士之目，礼貌视他友加等。故他友皆苦公琐细，不乐久居，余独相依六载，觉立身制事之道，师资不少，其后择主，公与异辙者，辄不就。孔子曰："居是邦也，事其大夫之贤者。"岂可苟焉已哉。

玉成有自

余安贫自守，固禀二母训，不敢陨越，然玉我于成，临桂中堂陈公，实有力焉，而人未之知也。往岁庚辰二月，余馆长洲，有某胥者，蛊余以利，谓非此不足济贫，且诡玷前辈知名诸君，以相歆动，并导余纳赂之术。余笑而不答，胥意余诺也。如其术来，严斥之，增赂以复。余甚恐，拟批提高讼人，胥来谒，大诧，余谢曰："主人意也。"遂绝之。至七月，余归应乡试，代庖者，误为所惑，比余九月至馆，甫三日而事败，奉中丞访究，二人苍黄鼠逸。中丞，临桂公也。于是余私自幸，益悚然于法之不可试，利之不可近。贞初志以迄今，未尝见弃于大人先生，盖数十年来，得力全在怀刑二字也。余既书《佐治药言》四十则，示孙甥兰启，归里后偶有记忆，又得二十六则。皆馆中所躬行而习言者。命儿子继坊，录草寄甥，读入前编。徵事处颇近果报，借以相规行益自勉也。乙巳小春五日，龙庄居士跋。

学治臆说

——汪辉祖

余自道州引疾蒙准，侨居长沙，几三十旬，同官之至省者，识与不识，多叨过访，间以吏事商榷。第四男继培，窃录所闻，积久成帙。比还里门，姻友将谒选人，辄来问涂，长男继坊，又随听而随录之。长夏无事，两男各奉所录以请曰："大人向着《佐治药言》，为学幕者言之，今言吏之为治，有非《药言》可该者，盍写定版行，以申《药言》之蕴？”嗟乎小子休矣！余不善为吏，即于废弃，而欲为善为吏者言治，几何不南辕而北辙也？坊、培固请不已，因思余之佐治，实戆且拙，而《药言》六十馀则，过为师友许可，其诸言有一得，不以人废乎？遂取所录，手为别择，汰其复于《药言》者，存其可与《药言》互参者，区分条目，得一百二十四则，析为二卷。自维佐治三十年，稔知吏不易为，身亲为之，凛凛栗栗，切墨引绳，惟恐小逾尺寸，庯莫甚焉！然区区求治之悃，可盟天日也。夫天下者，州县之所积也，为之令牧者，人人各尽其职，不亏帑，不虐民，黎庶乂安，府廪充实，安在不可仰副圣天子勤民之睿虑于万一哉！自州县而上，至督抚大使，为国家布治者，职孔庶矣。然亲民之治，实惟州县，州县而上，皆以整饬州县之治为治而已。余曩佐州县吏，而自为亦止州县，先后商’治者，大率吏州县之人，余之所知，州县治耳。故就数十年目见耳闻，凭臆以说，止于州县之治，且止于州县常行之治。他如水利荒政，治之未亲历者，不妄言；邮驵工程，治之有专条者，不赘言。言其常，不敢言其变；言其经，不敢通其权。繁杂碎琐，词义浅显，学治者，或当节取焉。神明于治者，非余所能知，非余所能言也。诠次既定，题其端曰《学治臆说》。进坊、培而告之曰：小子异日皆有为治之责者也，遇不遇天也，非人所能为也，人所能为者，治而已矣。尽其所以为治，不遇何伤？离乎治以求遇，是诡也。志趣不正，将事上接下无一而可，昧守身之要，必贻毒子孙，违先人训诫，幸而遇，重为有识者所鄙，况于不遇，失己之悔，庸可逭乎？夫天下无不可为之治，亦无不可为治之人，治术之不修，急于遇者误之。惟不志在速迁，循循然以称职是蕲，则知州县之所以为治，即知所以整饬州县之治，而州县无一不治，小子识之。有姻友筮仕者，持此与《药言》并赠，倘亦古者赠人以言之义欤？善为吏者，未必一无异说，则请不以臆对，而剿先民之说以应曰：人意之不同，如其面焉，吾岂敢谓吾意尽如人意也哉！

乾隆五十八年六月己卯，萧山汪辉祖书于环碧山房。

尽　心

余言佐治，以民心为本，况身亲为治乎？心之不尽，治于何有？第其难，视佐治尤甚。盖佐治者，就事论事，尽心于应办之事，即可无负所司。为治者，名为知县知州，须周一县一州而知之。有一未知，虽欲尽心，而不能受其治者。称曰父母官，其于百姓之事，非如父母之计儿女，曲折周到，终为负官，终为负心。

官幕异势

官以利民省事为心，非有异于幕也。然幕据理法，心可径行，官兼情势，心难直遂。民之情可以诉官，而官往往不易转达于上官。讷于口者，不能尽吾所言；怵于威者，又恐逢彼之怒。略涉瞻徇，便多迁就，此处能于心无负，方见平日立身功效。

志趣宜正

服官一也，而所以服官之心，不必尽同。有急于干进者，有安于守分者。干进者易躁，未尝不进，而或以才情挂累；守分者近庸，果能尽分，亦终以资格迁除。此其中有命焉，非人之所为也。一念之差，百身莫赎，故志趣不可不正。

自立在将入仕时

志趣之正，全在将入仕时。号称选官，辄以裘马自玄，贯寓宅，假子钱，皆将取偿官中。到官之日，势不能自洁，辗转惑溺，不至败坏名节不止。谚曰："一著错，满盘输。"发轫之初，何可不慎？

访延贤友

有司之职，礼士勤民，迎来送往，谒上官，接寮属，日有应理公事，簿书凌杂，虽能者，亦须借佽幕友。况省例不同，俗尚各别，惟习其土者知之。故到省先宜谘访贤友，聘请入幕，同寅推荐，不宜滥许。上官情势，有必不可却者，宁如数赠修，隆以宾礼，勿轻信妄任，驯致误事。

得贤友不易

嗟乎！幕道难言矣。往余年二十二三，初习幕学，其时司刑名钱谷者，俨然以宾师自处。自一晓至暮，常据几案治文书，无博弈之娱，无应酬之费，遇公事，援引律义，反复辩论，间遇上官驳饬，亦能自申其说，为之主者。敬事惟命，礼貌衰，论议忤，辄辞去。偶有一二不自重之人，群焉指目而讪笑之，未有唯阿从事者。至余年三十七八时犹然，已而稍稍委蛇，又数年，以守正为迂阔矣。江河日下，砥柱为难，甚至苞苴关说，狼狈党援，端方之操，什无二三。初入仕途，往往坐受其误，而不自知。于此欲得贤友，宜向老成同官，虚心延访，庶几遇之。

幕宾不可易视

幕宾之名，曰刑名、曰钱谷、曰徵化、曰挂号、曰书启，其大较也，刑名钱谷，动系考成，尽人而知其当重矣。抑知赋繁之地，漏催捺阁，及大头小尾诸弊，实皆徵比核之。而词讼案牍，刑钱多不上紧，全在号友稽查催办。至书启庸拙疏怠，亦足贻笑招尤，无一可以易视。惜小费者，率计较于岁修之多寡，第其人不自爱重，往往随缘曲就，若心地光明，才学谙练之士，岁修外，别无染指，非饩廪足称，必久不安其席。与其省费误公，贻悔于后，何如隆礼厚币，择友于初？

择友之道

人之气质，大概不同。毗于阳者刚，不免伉直忤物；毗于阴者柔，类多和易近人。然非平日究心律例，断不能高自持议，较之随波逐流，胸无定见者，遇事终可倚赖。择友自辅，当无取其软美也。

宜习练公事

幕宾固不可不重，一切公事，究宜身亲习练，不可专倚于人。盖己不解事，则宾之贤否，无由识别，付托断难尽效。且受理词讼，登答上官，仓猝自有机宜，非幕宾所能赞襄，不能了然于心，何能了然于口？耳食之言，终属葫芦依样，底蕴一露，势必为上所易，为下所玩，欲尽其职难矣。

勿滥收长随

长随与契买家奴不同，忽去忽来，事无常主，果居姓氏俱不可凭，忠诚足信，百无一二。得缺之日，亲友属托，到省之初，同官说荐，类皆周全情面，原未必深识其人之根柢，断不宜一概滥收。至亲临上官面言者,其势不得不允,处之散地,尚非善策。不若任之以事,留心体察,足供驱使,固为甚善,觉有弊窦,立时辞覆,使其无可归怨,亦有辞以对上官。

滥收长随之弊

滥收长随之弊,始于误人,终于自误。盖若辈求面情而来者犹可,其曾出荐资者,一经收录,荐主之责已卸,投闲置散,不惟荐资落空,且常餐之外,一无出息。若辈又多贪饮嗜食,加以三五聚处,赌博消闲,势不得不借债鬻衣,此皆由我误之。彼不自度材力,又不能谅我推情收纳之故,而署中公私,一切彼转略有见闻。辞去之后,或张大其词,以排同类,或点缀其事,以谤主人,讹言肆播,最玷官声。

用长随之道

宅门内用事者,司阍曰门上,司印曰佥押,司庖曰管厨;宅门外,则仓有司仓,驲有办差,皆重任也。跟班一项,在署侍左右,出门供使令,介乎内外之间,惟此一役,须以少壮为之。司阍非老成亲信者不可,其任有稽查家人出入之责,不止传宣命令而已。心术不正,将内有所发而寝阁,外有所投而留难,揽权婪诈,无所不为,其后必至钩通司印,伺隙舞弊,此二处,官之声名系之,身家亦系之。管厨办差则有浮冒扣克之弊,管仓则有盗卖虚收之弊,皆亏累所由基也。

用人不可自恃

此事,余身历之而始悟者。往承乏宁远,止录游幕,时先后用旧仆五人,一门、一印、一跟班、一司仓、一管厨。其中一人,素无才识,余以阍人苍猾,稽查不易,特令专司启闭,不甚检核。阅岁之后,捺朱票,阁稟单,稍稍婪索,间有言者,余念大小公事,一一手治,渠不敢旁参片语,未之深信。又一年而事败,乃痛惩焉,已几几受累矣。兼视并听,如之何可过恃耶?嗟呼!不可自恃,又岂独在用下人哉?

勿令幕友长随为债主

选官初至省城，及简县调繁，间遇资斧告匮，辄向幕友长随假贷子钱，挈以到官，分司职事。此等人既有挟而来，必揽权以逞。辞之，则负不能偿；用之，则名为所败。所当谨之于初，无已，宁厚其息而不用其人。

受代须从忠厚

受前官交代，是到任先务。其时官亲长随，急欲自见，往往盘量仓谷，百计接求，以为出力。甚有不肖长随，借刁难为由，从中需索。一信其说，便著刻薄之名，迨监交持平，说亦终归无用。此等人，便须留意，不宜委以事权。至平庸幕友，大处不能察核，每斤斤于些小节目，苛驳见长，亦不可轻听。第同监交官，三面核算，正项亏缺，断难接收。留抵如有详案，自不妨斟酌承受。其他杂项，缺少些微，直可慷慨出结，此实品行攸关，勿效官情纸薄。

勿受书吏陋规

财赋繁重之地，印官初到，书吏之有仓库职事者，间有馈献陋规。若辈类非素封，其所馈献，大率那用钱粮，一经交纳，玩官于股掌之上矣。无论不能觉其弊也，觉之亦必为所挟持，不敢据实究办。谚云：漏脯救饥，鸩酒止渴，非不暂饱，死亦及之，其斯之谓欤？顾官既洗心，则门印亦难染指，必且多方怂恿，非有定识定力，不惑者尠矣。

事　上

获上是治民第一义，非承奉诡随之谓也。为下有分，恃才则傲，固宠是谄，皆取咎之道。既为上官，其性情才干不必尽同。大约天分必高，历事必久，阅人必多，我以朴实自居，必能为所鉴谅。相浃以诚，相孚以信，遇事有难处之时，不难从容婉达，慷慨立陈，庶几可以亲民，可以尽职。

上官用人非一格

上官之贤者，使人固必以器矣。即非大贤，未必不用守正之吏。我向稳处立身，办本分之事,用亦可,不用亦可,舍己徇人,断断不可。

宠眷不可恃

属吏受上官之知,可展素蕴矣。然先受知者忌之,将受知者嫉之,求知而不得者,伺隙而挤之,百密一疏,谣诼生焉。上官不一,不能无爱憎之别,即皆爱我矣,保继来者之取舍一辙乎?骆统有言,疾之者深,谮之者巧,受宠若惊,惟阅事者知之。

要人不可为

既经受知,必且受任,任之既重,权渐归焉。而要人之势,成于不自知矣。探上官之意者,从而窥词气焉;卜上官之喜怒者,从而承颜色焉,纵不敢揽权,而斡旋微验,门如市矣。况趋奉者日众,势必至于鬻权乎?曩见吾浙为上官要人者,初焉僚属不屑顾,继以同官不暇顾,终且分在己上者亦欲先一见而不可得。未几,雪山见晛,玉屑同漂,而端人正士,甘受其凌轹者,乃安知磐石,名位且日上焉。岂尽天定哉?岂尽天定哉?

私人尤不可为

服官之义,唯上所使。上官以公事见委,艰苦皆不可辞,使我以私,必当自远。不特私事也,名为公事,而行私意于其间,一有迎合,便失本心,为之愈熟,委之愈坚,其势必至丧检骫法。此当于受知之初,矢以朴诚,不知有私,惟知有公,上官以为不达权宜,便是立身高处。

职不可恋

或曰:才必可供指使,而后上官引为私人;既以才见知,而不以才应用,上官岂甘心焉?徵色不已,必至发声,发声不已,必至积怒,怒不可回。则在在皆获谴之缘。索垢求疵,免者几何?曰:是以平日不可不慎也。作吏者公私罪名,有动多连,胡服官曰待罪。惟不贪不酷,不亏公帑,既免大戾,其他不韪,皆公过耳。与其恋栈罹辟,何如奉法去官?此处关头,须独断在心,切不可迟疑商酌,一有游移,妻子皆足为累。

恩不可希

亦有怜才上官，不慑之以威，而结之以恩，迁以好官，调以美缺。受恩渐重，图报渐殷，不得不承其志趣，为之驱策。余向言佐治勿过受主人情，受非分之情，恐办非分之事，惟吏亦然。故受恩之名，最不易处。

迁调非不可居

然则作吏必不可迁调乎？曰：非也，所论止争公私之别耳。出于市恩，断不可受，出于抡才，若之何不受？士为知己用，况重以职守哉？报上官即所以尽职守，不敢告劳，致身之义也。不则进而危，不若退而安矣。

勿躁进

且为上官者，皆有知人之明，不强以所难也。我不希恩，彼岂漫予之恩？以恩为饵，大率躁进者自取之。上官既投其所好，而欲拂上官之性，是谓无良，况由此而进，必无退理。凡所云云，仍为安分者言之也。

勿喜功

纵不躁进，而有喜功之念，亦非所以自立。身膺民社，皆见过之端，无见功之处，恪尽厥职，分也。偶叨上官赞誉，扬扬得意，必将遇事求功，长坂之驰，终虞衔橛。

知己难得

古人有言：得一知己，可以不憾。夫知己讵易得哉？知己云者，用己所长，并恕己所短。若己之才品，未尝不知，而己之短长，尚未周知，谓己可用，用违其分，是谓知人，而不得谓之知己。卒之不能，尽我所长，转致绌我以短，斯殆所谓命矣。

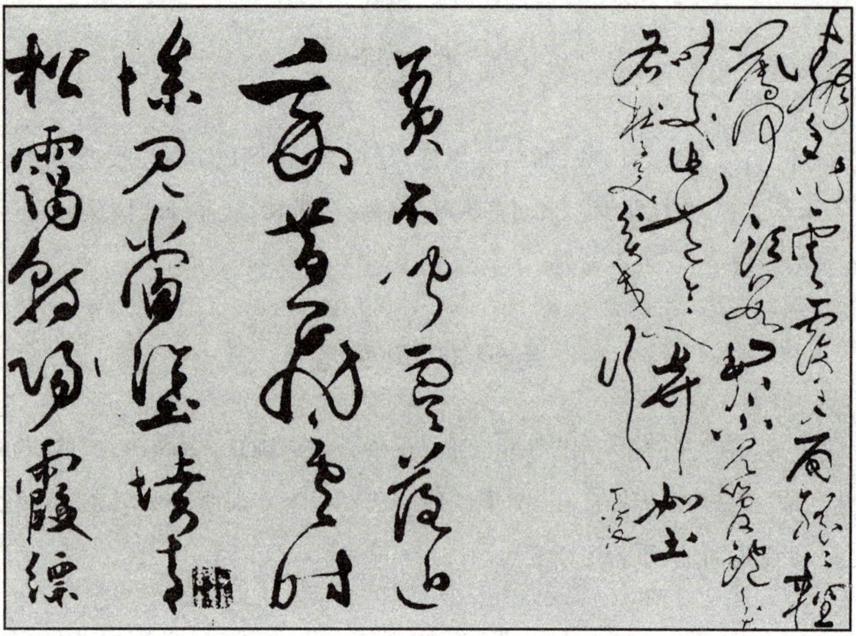

禀揭宜委曲显明

申上之文，曰验、曰详、曰禀。验止立案，详必批回，然惟府批，由内署核办，自道以上，皆经承拟批，上官有无暇寓目者，禀则无不亲阅。遇有情节繁琐，不便入详，及不必详办之事，非禀不可。宜措词委曲，叙事显明，上官阅之，自然依允。凡留意人才之上官，往往于禀揭审视疏密，虽报雨请安各禀，亦不可不慎。蒙头盖面之文，土饭尘羹之语，最易取厌，尽汰为佳。

欲尽吏职非久任不可

为州县者，得百里而长之。即此百里之中，人情风尚，非及期月，断不能周知梗概；知而措之，顺人情，因物利，信而后劳，又非期月不可。事事了彻，方与士民有臂指之联，功令计典定以三年，无速效也。躁于衙譽者，历事未几，辄图调署，择善而赴，或无暖席，其于百姓，休戚漠不相关。如富家之雇乳媪，甫与赤子相习，挟主者衣饰而去，致赤子屡易乳媪，为之主者，履损不一损，而赤子终不受乳哺之益，父母官之谓何？嗟乎！夫孰使之然哉，可不为百姓计乎？

简僻地易尽职

且欲为本分官，利于简僻之地。简则酬酢无多，僻则送迎绝少，六时功课，尽归案牍，随到随办，无虞壅滞，日日理事，常与士民相见，不难取信于人，而吏役无能为弊，官职易尽，官声易著。冲繁之处，劳我心力者纷至沓来，日不过一二时，可以亲民，而此一二时，又皆精神疲困之候，非具兼人之才，鲜能自全。量而后人，古人所为重致意欤。

和营伍

同城文武，休戚均之，捕盗缉私，事皆一体。小分地域，动多窒碍，原厥所始，半由兵役不睦，偏护成嫌，道先约饬衙役，和缉兵丁。如兵丁多事，则传唤至署，剀切劝谕，且勿知会营官，全其颜面，既免革粮，又不被责，一丁感而众丁渐化。营官性情爽直居多，遇有事故，推诚相白，时时以礼貌接之，断无芥蒂之理。至武职养廉之外，别无赢羡，总比文官拮据，少有通融，量力应付，自然情投意洽，休戚相关矣。

待寮属

州县之属无几，才略自易周知，此中大有端人，非无奇士，然朝夕相见，性情易为窥测。有等近利之徒，内与阍人相狎，外与讼师相联，揣摩恐吓，无弊不为。概以坦白相待，多为所卖，操之稍急，辄云难乎为下，束缚之，驰骤之，呜呼难言哉。

礼士

官与民疏，士与民近；民之信官，不若信士。朝廷之法纪不能尽喻于民，而士易解析，谕之于士，使转谕于民，则道易明，而教易行。境有良士，所以辅官宣化也。且各乡树艺异宜，旱涝异势，淳漓异习，某乡有无地匪，某乡有无盗贼，吏役之言，不足为据，博采周谘，惟士是赖，故礼士为行政要务。

官辨士品

第士之贤否，正自难齐，概从优礼，易受欺蔽。自重之士，必不肯仆仆请见，冒昧陈吉,愈亲之,而踪迹愈远者,宜敬而信之。若无故晋谒,指挥唯命,非中无定见,即意有干求。甚或交结仆胥,伺探动静,招摇指撞,弊难枚举,是士之贼也,又断断不容轻假词色,堕其术中。故能浚知人之明,始可得尊贤之益。

解土音之法

各处方言,多难猝解,理事之时,如令吏役通白,必至改易轻重。当于到任之时,雇觅十一二岁村童,早晚随侍,令其专操土音,留心体问,则两造乡谈,自可明析,不致临事受朦。

初任须体问风俗

人情俗尚,各处不同,入国问禁,为吏亦然。初到官时,不可师心判事,盖所判不协舆情,即滋议论,持之于后,用力较难。每听一事,须于堂下稠人广众中,择传老成数人,体问风俗,然后折中剖断,自然情法兼到。一日解一事,百日可解百事,不数月诸事了然。不惟理事中肯,亦令下如流水矣。

察事之法

谘访利弊,自以绅耆为重。余初至宁远,懵如也,宾至即见,各叩以乡土情形,及棍匪姓名,密置小簿,宾去详录所言,凡讼师棍盗等项,约记其年貌住处。每升堂先检阅一过,见与簿中相类者,摘发诲饬,群相惊诧,故法立而不犯,未及一年,四境要隘,粗悉大略。上官偶垂问,皆能登答,遂过蒙赏识,其实无他寸长也。

发觉地棍勿使知所自来

若辈姓名,虽得于绅耆之口,然有以罪之,断不可使知所以由来。盖绅耆与若辈井宅毗连,今日使有讦发之名,他日必被迁怒之祸。我方自以为治,而致其因我受累,于义不可,于心何安?故访察不可不详,举发尤不可不慎。

中华传世藏书

【图文珍藏版】

菜根谭

[明]洪应明⊙原著

马博⊙整理

第六册

线装书局

治以亲民为要

长民者，不患民之不尊，而患民之不亲，尊由畏法，亲则感恩。欲民之服教，非亲不可。亲民之道，全在体恤民隐，惜民之力，节民之财，遇之以诚，示之以信，不觉官之可畏，而觉官之可感，斯有官民一体之象矣。民有求于官，官无不应；官有劳于民，民自乐承。不然，事急而使之，必有不应者。往往壤地相连，同一公事，而彼能立济，此卒无成，曰民实无良，岂民之无良哉？亲与不亲之分殊也，官事缓急何常，故治以亲民为要。

亲民在听讼

司牧之道，教养兼资，夫人而知之，知之而能行者盖鲜，不朘民以生养之源也，教则非止条告号令具文而已，有其实焉，其在听讼乎？使两造皆明义理，安得有讼？讼之起，必有一暗于事者持之，不得不受成于官，官为明白剖析，是非判，意气平矣。顾听讼者，往往乐居内衙，而不乐升大堂。盖内衙简略，可以起止自如，大堂则终日危坐，非正衣冠、尊瞻视不可，且不可以中局而止，形劳势苦，诸多未便。不知内衙听讼，止能平两造之争，无以耸旁观之听。大堂则堂以下，竚立而观者，不下数百人，止判一事，而事之相类者，为是为非，皆可引申而旁达焉，未讼者可戒，已讼者可息。故挞一人，须反复开导，令晓然于受挞之故，则未受挞者，潜移默化。纵所断之狱，未必事事适惬人隐，亦既共见共闻，可无贝锦蝇玷之虞。且讼之为事，大概不离乎伦常日用，即断讼以申孝友睦姻之义，其为言易入，其为教易周。余前承乏宁远，动辄上控，兼好肆为揭贴以诬长官。到省之初，院宪嘉善浦公(霖)，而谕明切，余惟行此法，窃禄四年，府道未受一辞，各宪因为余功，乃知大堂理事，其利甚溥也。

姻族互讦毋轻笞挞

谚曰：刑伤过犯，终身之玷。不惟自玷而已，尝见乡人相詈，必举其祖，若父之被刑者，而显诟之，是辱及子孙也。为民父母，其可易视笞挞耶？黠者豪者，玩法而怙恶者，非挞不足示儆，挞之不足，而掌批其颊，校荷其颈，皆小惩而大戒也，愿者能知悔罪，已当稍示矜怜矣。至两造族姻，互讦细故，既分曲直，便判输赢，一予责惩，转留衅隙，讼仇所结，成嫌。所当于执法之时,兼寓笃亲之意,将应挞不挞之故,明白宣谕,使之幡然自悟,知惧且感,则一纸遵依,胜公庭百挞矣。

犯系凶横仍宜究惩

然此为相对相当之讼,可以情恕,可以理谕者言之也。如犯者实系凶横,或倚贫扰富,拔草寻蛇,或恃尊陵卑,捕风捉影,稍从曲宥,则欲壑难填,为之族姻者,必致受害无已,不啻犯如虎而官傅之翼矣。遇此种人,尤须尽法痛惩,即老病,或妇女,亦当究其抱告,使知亲不可恃,法不可干,庶几强暴悔心:善良安业。

治狱以色听为先

书言五听,非身历不知。余苦短视,两造当前,恐记认不真,必先定气凝神,注目以熟察之。情虚者良久即眉动而目瞬,两颊肉颤不已,出其不意,发一语诘之,其真立露,往往以是得要犯,于是堂下人,私谓余工相法,能辨奸良。越年馀,伪者渐息,讼皆易办,著得力于色听者,什五六焉,较口舌争儿,事半而功倍也。

听讼宜静

明由静生,未有不静而能明者。长民者,衣税食租,何事不取给予民?所以答民之劳者,惟平争息竞,导民于义耳。片言折狱,必尽其辞而后折之,非不待其辞之毕也。尝见武健之吏,以矜躁临之,一语不当,辄慑以威,有细故而批颊百十者,有巨案而三木叠加者。谓所得之情,皆其真也,吾未之敢信。

未得犯罪真情难成信谳

致罪之由,犯者自知之,不得其情,非特入于重,彼不能甘,即从末减矣,彼以为官固易欺,必图翻异,求即于无罪而后快。于是为之官者,恶其无良也,刑以创之,愈久而愈失其真。古云:狱贵初情。一犯到官,必当详慎推求,毕得其实,然后酌情理之中,权重轻之的,求其可生之道,予以能生之路,则犯自输服,谳定如岳家军,不可撼动矣。

要案更不宜刑求

词讼细务，固可不必加刑矣。或谓命盗重案，犯多狡黠，非刑讯难取确供，此非笃论也。命有伤，盗有赃，不患无据。且重案，断不止一人，隔别细鞫，真供以伪供乱之，伪供以真供正之，命有下手情形，盗有攫脏光景，揆之以理，衡之以情，未有不得其实者。特虚心推问，未免烦琐耳。顾犯人，既负重罪，其获罪之故，当听其委婉自申，不幸身罹大辟，亦可于我无憾。若欲速而刑求之，且勿论其畏刑自诬，未可信也，纵可信矣，供以刑取，问心其能安乎？

非刑断不可用

轻则笞杖，重则桚夹，国有常刑，桚夹已所当慎，故定例招册，曾否刑讯，均须声叙。乃有所谓跪练者，盘铁索于地，裸犯膝跪其上，犹为未足，以圆木或竹穿入两膝湾，用两人左右踏之，曰踏杠，亦曰压杠，惨号之状，不忍见闻。二十年前，干吏用以勘黠盗，已而非黠盗亦用之，后遂用之命犯，甚则讼案亦用之。余向佐主人，极言其谬，主人勘狱，未尝一试，然亦未有以不能审出实情被劾者。主人姓氏，详载《佐治药言》，可显证也。谁为厉阶以祸百姓，其罪岂在作俑下乎？至以掌批颊或五或十，法之轻者，今以皮带掌，有叠批四五十，及七八十者，流血不止，甚至齿牙脱落，是极轻之法，而酷用之，亦足病民，皆非法也。夫官坐堂上，可茶可烟，可小食，从容自如；犯跪堂下，外则饥惫，内则畏惧，虽甚刁谲，言多必失。静听其隙，而严诘之，受之以需，何患不得？而必酷以取供，爱民者不以为然也。

饮酒宜有节

豪士文人，类多善饮。必止酒而后可为治，非通论也，但不为之节，最易误事。即于事无误而被谴者，必曰适逢使酒，即官声之玷矣。余佐幕时，主人多善饮者，皆与之约，非二更扃宅门后不得举杯。故不必有止酒之苦，而未尝居耽饮之名。

暇宜读史

经言其理，史记其事，儒生之学，先在穷经，既入官则以制事为重。凡意计不到之处，剖大疑，决大狱，史无不备，不必凿舟求剑，自可触类引申。公事稍暇，当涉猎诸史，以广识议，慎勿谓一官一邑，不足见真实学问也。

用财宜节

士既服官，凡官之所需，及应酬种种，与官俱来者，断不能省。然官一而已，非阖家皆官也。一人官而家之人无不官样，禄其足济乎？且即官之一身，衣服可以肃观瞻，舆仆可以供任使，似亦足矣。或者备美是求，有一带而悬表佩玉，极其华丽，费及千金，他物称是者，究之官声贤否，全不系此，而亏累因焉，果何为哉？故优伶宜屏也，宴会宜简也，裘马宜朴也，家人之衣饰宜俭也。量入为出，节用之道，如是而已。借曰：缺美息阜，则有原思用九百之义在，岂患货之弃于地者，而况其未必然耶？

不节必贪

国家澄叙官方，首严墨吏，微特身之辱也。祖父曾犯赃私，子孙虽贵，不准封赠；子孙于封赠祖父后，干犯赃私，并追夺诰敕，是下辱子孙，上辱祖父矣。人即不自爱，未有甘以墨败者。资用既绌，左右效忠之辈，进献利策，多在可以无取可以取之间，意谓伤廉尚小，不妨姑试，利径一开，万难再窒。情移势偪，欲罢不能，或被下人牵鼻，或受上官掣肘，卒之，利尽归人，害独归己，败以身徇，不败亦殃及子孙，皆由不节之一念基之。故欲为清白吏，必自节用始。

宅门内外不同

宅门以外，官也，规模狭隘，则事上接下，无往非获咎之端。宅门以内，家也，规模阔大，则取多用宏，随在皆亏帑之渐。

勿使家人有居官之乐

造物劳我以生，无论在官在家，总无逸居之日。仕而引退，非尽求自逸也，必自问有不能胜其任者，因不敢旷官窃禄。仕路何常，宜止则止。顾有知止而不获止者，大率家人累之。家人乐于在官，即有不能去官之势。故居官时须使宅门以内，仍与家居无异，女红中馈，不改寒素家风，则家人无恋于一官，而退计不难自决矣。

出纳不可不知

身兼庶事，万不能琐屑理财，然出纳之数，断不可不知。尽委经手之人，而己不与闻，则我不那移，有那移者，我不侵盗，有侵盗者，至交代时，水落石出，噬脐无及矣。宜属司钥者，分列正入、正出、杂入、杂出，四簿按旬一小结，按季一大结，随时检阅，则仓库出入相符不相符，有馀不足之数，一一在心。设遇去官，交代册籍，顷刻可成，虽猾吏无能为弊。更可不致遗漏款目，受后任之推敲。

繁简一理

或曰：此行于简僻小县则可，恐繁剧之地，势不能行。余应之曰：苟不耐烦，虽简僻何所用之？不则地异而理一也，何难行之有？夫号称繁剧，不过增驿站，多迎送耳。亦可另设一簿，以览其要。特立法非难，任人为难，有治人，无治法，安所得诚信之人而任之，官之所以不易欤！

财宜实用

宾友僚属之酬赠赆贷庆吊，一切分所常有，斟情量力，各视其时，不应则已应之，须令其人实受吾益。尝见官中陋习，以此等应酬，无可质证，司出纳者，任意短色轻平，甚有至八折九折者，克其赢以入橐，施者实费，受者虚承，良可浩叹！刘仙圃（雁题）令浙江时（今为贵州石阡太守），遇有公分，属账房封固加签，其应标名目，必俟手署，故色或未必全足，而平总不敢稍轻，亦厚交之一道也。

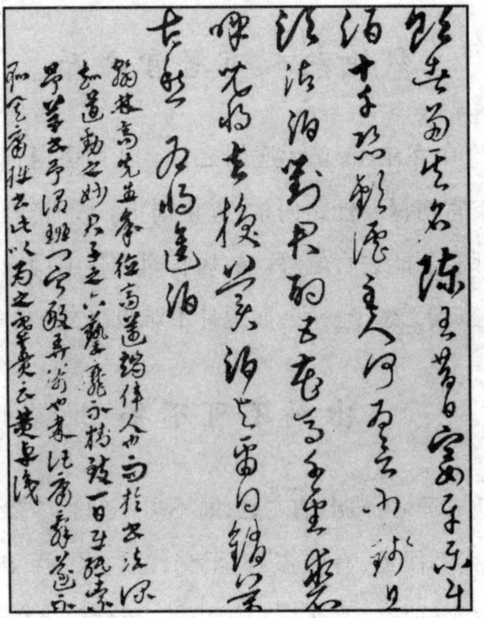

以财用人宜宽

用财须俭，为一己言之也，若以财用人，则处处宜留余地。人之听用于我，无不为财起见，不使之稍有所利，其心思财力，岂肯实为我用？且不惟不为我用也，将转为我害。盖彼既有图利之心，不至得利不止，我无以利之，必损我以为利，而利归于彼，害贻于我矣。且我亦何尝不计利哉？席官之位，食官之禄，尚欲俭用以自赢；彼事官者，而使一无所赢，其家何赖焉？宽其分，乃安其身，惟恐我之不用，斯收用人之益耳。

财不可入私室

宁远旧无库，征收饷银，皆贮内室，遇批解，始发匠倾义。余以为非制，创设库房三间，命库书司其笔钥，此正项也，即廉俸所入，亦储账房，应酬日用，皆取给焉。盖一归私室，则当问出纳于室人，性啬者虑其绌也，出之不易，或误事机；性奢者见其赢也，用之无节，必致匮乏。且财之所主，权之所归也，并有因以干预外事者，若之何勿慎？

勿以私人耳目

事来辄理即非旷官。有等恃才之吏，假私人为耳目，风闻访事，幸而偶中，自讶神明，流弊所至，必有因风吹火，李代桃僵者。夫民间多事，全赖官为检省，官先喜事，则好事之徒，安得不闻风而起？小则累人，大则自累，知政礼者，不宜为此察察也。

书版摺以备遗忘

官之一身，实丛百务，精神稍不周到，即开左右窥伺之机。宜设粉版一方，将应办事件，随手登记，办一条，抹一条，自无遗忘之患。事须谨慎者，或密书手摺志之，总不必阳诩精明，授人罅隙。

勿轻荐幕宾长随

此爱人之道也。幕宾、长随利弊，前已历历言之。寮友访人于我，果相信有素，自当应其所求。如以素未深信之人，姑力塞责，使寮友以信我之故，过信其人，万一误事，何以相见？故素未深信之人，断不必徇情说项。或有推荐，亦当详其所长，不讳其所短，使用之者可略短以取长，庶于事无偾，于心可安。

公过不可避

语有之，州县官如琉璃屏，触手便碎。诚哉是言也！一部吏部处分则例，自罚俸以至革职，各有专条。然如失察，如迟延，皆为公罪，虽奉职无状，大率犹可起用。若以计避之，则事出有心，身败名裂矣。故遇有公罪案件，断断不宜回护幸免，自贻后嚳。

私罪不可有

凡侵贪那移，以及滥刑枉法诸条，皆己所自犯，谓之私罪。夫公罪之来，虽素行甚谨，亦或会逢其适；私罪则皆孽由自作。果能奉公守法，节用爱人，夫何难免之有？

事难入庙者断不可为

为吏者，欲求不愧不怍，衾影无惭，万万不能。势会所乘，容有不能不为、不得不为之事。但其所以必为之故，尚近于公，要可告之神明，如恋栈虐民，或逢迎希进，法纪不顾，甘为罪首。发念之端，不可以入庙门者，断不可为。余自勘生平佐治多年，坚守合则留、不合则去之义，主人亦不余强，幸免疚心，入官以后，行有不慊于心者矣。然每入神庙，检点此中，犹可自白，或者其无大谴乎？甚矣吏之难为也！

上下易隔

嗟乎，吏之难为，盖非一端已也。上官易事也，而有致我不能事者，下民欲爱也，而有致我不能爱者，中有所隔也。隔我者我可察之，我为所隔者，非我得自为也。昔南唐潘在庭，以财结势要，曰："非以求援，但恐其冷语冰人耳。"冷语之冰，端士尤甚。于此而欲不伤品，不招尤，谈何容易矣。

当思官有去日

居官时不患无谀词，而患无规语，民即怨诅，不遽入耳，迨去官而贤否立判。民有恋惜之声音，贤吏也。苟其不贤，道路相庆，虽迁擢去，不能防民之口。去以他故，诟詈随之，候代需时，有莫为之居停者矣。故治柄在手，当时时念有去官之日，自然不敢得罪于群黎百姓。

勿沽名邀誉

如之何而不可得罪于群黎百姓，曰：诚而已矣。三代直道之风，今犹古也。为治有体，焉得人人而悦之？一有沽名邀誉之私，其奉我以虚名虚誉者，即导我以偏好偏恶，而便民之事，亦且病民。惟出之以诚，求尽吾心焉。有隐受吾庇者，虽奸胥蠹役，讼师地棍之类，谤声交作，不足恤也。

守身

事君不忠，谓之不孝。守身云者，非全躯保妻子之谓也。致身之义，安危一理，非遭授命之时，当凛全归之念。不惟败检玩法方为辱亲，即肆虐百姓，道路有口，秽及父母，辱莫大焉。闻诸吾师孙景溪先生（尔周）曰："牧民者，能立身行道，扬名于后世，以显父母，百无一二。但与部民相安，毋贻父母恶名幸矣"。官惟州县去民最近，辱亲亦惟州县官最易。《诗》曰："无忝尔所生"。子曰："君子怀刑"。孟子曰："守身为大"。尝以三言自儆，其庶几乎？

为治当念子孙

民易虐也，然虐民者，往往无后，悖入悖出，其显焉者已。将治士子，则念子孙有为士子之日；将治白丁，则念子孙有为白丁之人；自然躁释矜平，终归仁恕。宁远勘丈之事，旧多反复，余尝誓于两造曰："吾才识势不能周，如有袒私，他日尔子孙斗争，吾子孙亦斗争，尔子孙以斗争醸命，吾子孙亦以斗争醸命。愿尔子孙自吾此勘，永杜争端，即吾子孙之幸也"。四年间，本境勘案，及委勘邻境之案，从无翻异者。未必果无差谬，吾心尽，则人亦谅之。故为治者，治堂下百姓，当念家中子孙。不然，喜怒由己，枉滥必多。余学肤德薄，深惧不能为治，到官之初，撰十四言悬之客座曰："官名父母须慈爱，家有儿孙望久长。"时时循览自省。比去官，邑绅赠余别联曰："为政真如慈父母，愿公长得好儿孙"。盖即用座联之意，受之弥增隗恧。

四、故事轶闻

公子小白装死捷足先登

公元前687年，齐襄公政令无常，荒淫无道，致使齐国民怨沸腾，一片混乱。为了避难，公子小白在鲍叔牙的保护下出奔莒国，管仲随公子纠逃往鲁国。后来，齐国的几个大夫杀死了襄公，拥立公孙无知为君，齐国更加混乱。二年后，齐国人又杀掉了公孙无知，齐国便没有了国君。

公子小白和公子纠同时得到了这个消息，便分别从莒国和鲁国赶往齐国，都想回国即位为君。由于鲁国与齐国毗连，比莒国到齐国的路程要近一些，保护公子纠的管仲进行了谋划，要消灭公子纠的政敌公子小白，此外再无竞争对手，这样能确保公子纠回国登上君位。于是管仲决定半路截杀，先机埋伏。当管仲在路上等待正急时，发现公子小白乘车而来。管仲马上拈弓搭箭，朝公子小白"嗖"的就是一箭，那支箭射得真准，"当"的一声正好射在小白的衣带钩上，并未伤着身体。可是公子小白反应机敏，应弦而倒，马上就僵倒在车上不动弹。为公子小白驾车的鲍叔牙与管仲是老朋友，这时他大骂管仲是个"杀人犯，不得好死"，趁势保护着公子小白脱离险地，马不停蹄，昼夜兼程，抢先进入了齐境。一向足智多谋的管仲这一回却大大失误，他认为这一箭射中公子小白，又听见鲍叔牙骂他杀死了人，确信公子小白必死无疑。鲍叔牙骂他，他也不还口，心里很高兴，便回来对公子纠说："公子尽可放心，公子小白已经死了，我们稳坐钓鱼船，顺顺当当地回国。"一路上管仲还策划着进入齐国后，让都城内的官员出城迎接新国君等项事宜，哪知竟是一场黄粱美梦。

公子小白在危险时刻，随机应变，一个假动作倒下装死，竟然骗过了老狐狸管仲，终于抢先赶到齐国都城，被拥立为齐国的国君，这便是齐桓公。"捷足先登"这一成语即源于此。

李世民与驸马握槊故意认输

唐朝的薛万彻，年轻时曾跟随高祖李渊四处征战，后来又率兵远征外域，战功卓著，受到太宗李世民的赏识，娶了丹阳公主为妻，成了皇家的驸马。但薛万彻毕竟是武人出身，待人处事方面难免出现漏洞，考虑不周。有一次，李世民在和别人谈话时，顺口说了这么一句："薛驸马俗气！"这话不久竟被丹阳公主得知，公主觉得薛驸马露丑丢脸，有损自己的名声，一气之下，竟然不再和薛万彻同居。这事连续闹了好几个月，后来传到李世民的耳朵里，李世民听后哈哈大笑，觉得很有趣。但是又一想，也总不能让驸马就这样地被冷落下去呀！再说此事是因自己的一句话引起的，解铃还得系铃人。

唐太宗李世民心生一计，定让薛驸马和丹阳公主夫妻和好，破镜重圆。这一天，李世民在宫中摆下酒宴，特地召来了丹阳公主和薛万彻。酒过三巡，菜过五味，李世民命薛万彻与自己玩"握槊"博戏，并将身上所佩宝刀作为赌注。二人正在用力较劲的时候，突然李世民脚下一滑，双手张开，向后摔了一跤，左右急忙将其扶起。李世民装模作样地说：“朕输了，驸马赢了。言必信，行必果。”随即解下自己身上的佩刀给薛万彻佩挂起来。这把宝刀不可低估，价值千金哪！

丹阳公主见了，觉得丈夫占尽了风采，能赢得皇帝非同寻常，特别高兴。等到酒宴结束，薛万彻还未上马，丹阳自便已派人来叫驸马爷赶快和自己同车回府。从此，夫妻二人和好如初。

郗疵察言观色知道韩魏必反

战国初期，晋国的卿大夫智伯独揽国家大权，并有扩张领土的野心。他向韩国和魏国索要土地，两国惧怕智伯发动战争，就各自送给他十座城池。智伯贪得无厌，又向赵国索要土地，赵国坚决不给，于是他就发兵去攻打赵国，并且让韩魏两国出兵相助。条件是：打下赵国后三家平分其地。韩国国君韩康子、魏国国君魏桓子不敢拒绝，陪同智伯前去围攻赵国的晋阳城（今山西太原西南）。晋阳城首领赵襄子率众抵抗，智伯久攻不下。忽一日天降大雨，智伯令军士们挖开晋水灌城，让韩魏二君前来参观。智伯得意地对他俩说：“今天我才知道水可以亡人之国呀！”二子一听，若有所思。魏桓子用肘暗暗碰了碰韩康子，韩康子也悄悄踩了踩魏桓子的脚背。因为他们都想到了自己国家的安危，既然智伯能够挖晋水灌城，也就能挖汾水灌魏国的安邑城，还可以挖降水灌韩国的平阳城，后果不堪设想啊！

韩魏二子的举动被站在他们身后的郗疵看见了。第二天，郗疵对智伯说：“韩魏二子对你有异心。”智伯说：“你怎么知道？”郗疵说：“你说挖水灌城时，他俩相互碰臂踩脚，这是戒备你的表现。”智伯说：“那不一定。”郗疵又说：“韩魏两家就要反叛了。”智伯问：“你怎么知道？”郗疵说：“以常理推断可以知道。你率领韩魏两家军队进攻赵国，赵国亡了，灾难就要降到他们头上了。原来约定，打下赵国就平分它的土地，目前赵国都城很快就要投降了，而韩魏二子却面有忧色，这不是要反叛又是什么呢？”智伯说：“这不一定。”第二天，智伯把郗疵的话告诉了韩魏二子，二子说：“这是小人挑拨离间，想为赵国游说，使您猜疑我们两家，从而放松对赵国的围攻。不然，我们两家难道会不图马上可以到手的赵氏之地，反而去做那种既危险又不能成功的事吗？”智伯听后认为言之有理。

韩魏二子刚走出去，郗疵就进来了，对智伯说：“主公为什么把我的话告诉了韩魏二子呢？”智伯说：“你怎么知道？”郗疵说：“我看见他们的眼神不正常，看我一眼马上扭脸避开，脚步飞快地走了，可见他们已经知道我在您面前说什么坏话了。”

晚上，赵襄子派大臣张孟谈偷偷地来到韩魏二子的大帐，提出三家联手消灭智伯的方案，平分其地，二子果然支持。最后，智伯被三家打败，平分其地，晋国从此灭亡。这就是历史上有名的“三家分晋”。

卫姬、管仲、东郭皆看破齐桓公心机

齐桓公以管仲为相，国家大治。修国政，立纲纪，省刑罚，薄税敛，削山为钱，煮海为盐，屯田练兵，内外勤俭。不几年就把齐国治理得民富国强、兵强马壮。

齐桓公征服了几个诸侯国，渐有称霸中原之图。然而卫国的国君却不肯听从齐国的号令，齐桓公和相国管仲共谋攻打卫国，打算通过武力惩戒，让卫侯臣服齐国。

退朝后，齐桓公回到后宫，看见了一个叫卫姬的妃子，这是桓公最宠爱的妃子，她是卫国人。卫姬看了看齐桓公的脸色，忽然退到堂下，伏地向桓公拜倒，焦虑地询问桓公到底为什么要去攻打卫国。

桓公一惊，心想：“我与管仲共谋伐卫，事极机密，天地不知，她怎么会知道呢？”于是扶起卫姬，问她是怎么得知此事的。卫姬说：“您退朝回宫时，趾高气扬，盛气凌人，脸上有一股杀伐之气，可是您一见到妾，态度就变了，好像有几分怕妾的样子，依齐国今日的实力，挟天子以令诸侯，您谁都不怕，怎么能怕妾呢？肯定是念及卫国是我的父母之邦，杀伐屠戮，有些不忍心罢了。所以，妾因而猜定您是想伐卫国了。”

桓公见她说破心机，非常佩服她的聪明和智慧。经不住美人的苦心哀求，终于放弃了伐卫的念头。

第二天上朝，桓公见到管仲，正为怎样向相国解释而犹豫时，管仲微微一笑说：“主公不打算攻打卫国了，是吗？”

桓公又是一惊，问道：“寡人尚未开口，相国怎么就知道我已改变主意了？”管仲说：“今日上朝，君臣相见，主公抢先向臣打拱作揖，执意让我先行，这与平时的礼仪大不相同。对话之间，您又吞吞吐吐，似有难言之隐，我想主公肯定是为取消昨日伐卫计划为难，恐臣对舍卫不满。”

桓公见管仲同样道破他的心机，不仅哈哈大笑起来：“齐国有这样聪明机智的相国和王妃真是寡人之幸啊！”接着，他又恭敬地问管仲：“寡人确实改变了主意，相国何不教我一个既不舍卫又可使卫侯臣服之策？”

管仲提笔写了一封国书，令使臣送往卫国，陈诉利害，晓以大义，特别提到卫姬求情才会使齐国息兵，否则后果不堪设想。卫侯看罢书信，来到齐国谢罪，从此成为听命于齐桓公的盟国。又送给卫姬许多珠玉和宝物，感谢她化干戈为玉帛的救国之功。

另外，还有一个小民也能猜测齐桓公的心思，他叫东郭。有一次，桓公与管仲商议发兵进攻吕国，还没决定下来就被国人知道了，消息传到宫中，桓公感到奇怪，就问管仲："你我谋于密室，国人怎知？"管仲说："国内必有高人！"桓公想了一下说："昨天我到城墙上巡视下面干活的民工，看到一个手拿拓水杵的人一直注视着我，可能就是他吧。"于是命卫士们去找那个人，那个人终于被找来了，管仲问："您叫什么名字？"那人回答："我叫东郭，有姓无名。"管仲问："是您说我国要攻打吕国的吗？"东郭说："是的。"桓公说："我没有说过要攻打吕国的话，您为什么会如是说呀？"东郭回答说："君子善于谋断，小人善于揣测，这是我暗中推测出来的。"管仲说："我也没说要进攻吕国的话，您怎么去推测呢？"东郭回答道："我听说君子有三种脸色：悠闲自得、宴享鼓乐的时候，是钟鼓之色；愁闷悲伤、清静无为的时候，是丧服之色；勃然奋发、踌躇满志的时候，是兵革之色。那天，我看见国君在城台之上，脸色勃然满志，这是兵革之色。国君嘴动而不发声，口张了两张是'吕'字形；国君手指的方向和相国指的方向是一个方向，那个方向的小国是吕国。我私下猜测如今我国周围没有臣服的诸侯国只有吕国。所以我这样说。"

齐桓公听了他的话后，肃然起敬，封东郭为大夫，参与谋划国事。后人评论说："耳朵能够听到什么，是因为有声音的缘故；如今没有听到声音而是只凭面目表情和手臂动作，就能判断他人的意图，这是东郭的超凡脱俗的能力。"

桓公和管仲虽然善于谋划，却难以隐瞒。智慧高超的人能够从无声中去谛听，在无形中去观察，揣摩推测能得出正确的结论，当然这样的人不一定就是大人物。

黄霸智断二女争儿案

汉朝宣帝时，颍川郡（治所在今河南禹县）有一家富户，兄弟俩共居一处。这一年，嫂子和弟妹都身怀有孕，哥俩儿都很高兴。产期到了，嫂嫂的胎儿因保养不当流了产，而弟妹却顺利地生下了一个男孩。嫂嫂一看，心生嫉妒，便偷偷地将弟妹生的男孩抱到自己屋里，硬说是自己生的。弟妹要不回来儿子便气愤地上告，可是打了三年官司，衙门也没有判出个结果来。

这一年，黄霸就任颍川太守，看了此案的案卷，心生一计，要把案子断出个水落石出。

第二天，命手下人将两个争儿的女人传到堂上，说是要判决了。他让一名衙役抱着男孩，站在离妯娌俩十步开外的地方，然后对她俩说："你们谁先抢到孩子，这孩子便归谁了。"两人一听，都跑上前抢起儿子来。那嫂嫂不管三七二十一，狠命地拉扯孩子，把孩子拉拽得大哭起来。弟妹听到孩子凄惨的叫声，害怕拉伤了孩子，只得不情愿地松开了手，可是又一想，这样一来孩子就归别人了，心中不免悲伤，便捂着脸哭了起来，哭得十分伤心，几乎昏了过去。

黄霸早将这些情况看在眼里，大声说道："只有疼爱孩子的人才是真正的母亲。"当下做出判决，干脆利落地解决了这场争讼。

嫂嫂理屈词穷，交出了已抱到手中的孩子，弟妹转忧为喜，接过自己亲生的儿子。黄霸的公正判决，顺天理，遂人愿，老百姓都拥护他，说他是个好官。

相士假设五彩祥云巧识王妃

唐朝时，赵王李德诚镇守江西，有人给他推荐了一位相士，据说此人上知天文，下知地理，占卜、相面全都精通，并且能知人生死。李德诚听后，很想与此人结交，就将相士请到府中设宴款待。酒至半酣，相士奉承赵王道："千岁大人，您天庭饱满，地阁方圆，印堂发亮，目有神光，定是福星高照之人，而且还有帝王之相。"

李德诚听后微微一笑，道："有何凭据？"

相士拍着胸脯吹嘘道："不瞒千岁大人，小生号称'江湖神算'，所见之人不论男女尊卑，我都能将他（她）身前身后的事断得一清二楚。"

李德诚半信半疑，暗想："改日定要考考他。"

过了几日，赵王请相士来府中坐定，向侍卫一摆手，从屏风后走出十名个头相仿、穿戴一样的俊俏女子。赵王冲他说："你看看这些女子之中，哪一个是我的妃子？"

相士一看可傻眼了，他哪有这等本事？平时只是靠察言观色，见风使舵，凭那三寸不烂之舌唬人而已。他深恨自己贪杯而夸下海口，现在无法收场。无奈，只好装出胸有成竹的样子，慢步走到这排女子面前，心想："都称赵王之妻美若天仙，我就找最漂亮的那个！"他仔细打量了每个女子，不禁急出一身冷汗，原来个个都生得花容月貌，婀娜多姿。在他看来都是一样的国色天香。这可怎么办？认错了王妃不仅闹出笑话，而且小命难保。

这相士毕竟是个老江湖，他急中生智，计上心来。只见他装腔作势地说："王妃本是贵人命,她头上有朵五彩祥云。”

赵王和其他美女听了后,都惊奇地向右边第二个女子的头上望去,要看看五彩祥云是什么样子,可是谁也没看着。相士冷眼旁观,连忙指着那个女子道:“这就是您的王妃!”赵王对相士大加赞赏,说他不愧是“江湖神算”,接着厚赏了他。

七品芝麻官速破盗马案

晋朝时,有个叫罗际的人担任吴县县令。虽说县令是个七品芝麻官,但罗际在其位,谋其政,行其职,负其责,办案认真深得民心。

一天,有位老人痛哭流涕地来报案说:“我的千里宝马昨夜被人偷去了。”罗际问:“你的千里马是什么样呢?”老人说:“我的千里宝马,四岁口,浑身雪白,跑起来四蹄生风,日行千里,名字叫白雪神骏。”罗际又问:“丢马时有什么动静?”老人想了想说:“昨天夜里,听见好像是马贩子赶着一群马路过。当时,好像我的白雪神骏也叫了几声。”

罗际心里有数了,他对老人说:“你的千里马很快就会回来的,请等待。”老人擦着泪水,连连磕头,离开了县衙。

罗际命人以官府的名义贴了张告示:“今本县接朝廷圣命,出千两黄金,买一匹白马,浑身如雪,日行千里,此马要四岁口。有此马者,望速送来领赏。”

这种神骏白马,普通人家是养不起的。一些大户人家送来了白马,但达不到官府的标准,只好把马牵回去。

不几天,终于有两个马贩子送来了一匹骏马,这匹马与告示上说的一样。罗际命留下此马和送马人,派人将失马老翁叫来认马。那白马一见主人,又是撒欢,又是嘶叫,好像久别重逢的样子。老翁搂着马热泪盈眶,激动地说:“我的马终于回来了,谢谢罗大人。”

马贼见势不妙,想溜走。但早已被衙役们看住,哪里跑得掉!马贼自投罗网,只得认罪伏法。

第4计　恐吓计

导论——

所谓恐吓,就是吓唬人,即以要挟的大话或手段威胁人,就是对他人实行精神上的打击和施加压力，摧毁人的意志，使其产生恐惧的心理，乖乖地服从，从而达到以最小的代价取得最大成果、未战先胜的目的。

《兵经百字·声》："惊使数动者，虚喝也。敌夜营，遥诱以火鼓，实迫以金炮，制敌前后，伏兵两路，使敌逃窜而歼之者，啄木画也。轰轰隐隐，万人咤自云端，名曰天唳；潺潺泡泡，千军噪营于内，名曰鬼囈。为潮回，如雀清，震敌上下不知所由，使敌自相击撞，而灭绝之者，落物朔也。"其意是：惊吓敌人使其内部不断发生骚动，这是虚张声势恐吓敌人的方法。敌人夜里宿营时，在远处用火光和鼓声吸引敌人的注意力，同时派一支队伍迫近敌人并以锣声和炮声对敌进行恐吓，控制敌人前后，设下伏兵两路，乘敌人逃窜之机将其歼灭，这是啄木鸟击树捉虫的办法。示以轰隆的声音，如同万人隐藏在云端高声吼叫，这种恐吓敌人的声音名为"天唳"（云端发出的凄厉声音）。把流水的声音传给敌人，像千军万马在营盘中喊叫，这声音如同"鬼囈"（群鬼嚎叫）。声音如汹涌澎湃的潮水，又像水从高处向下奔流而泻，使受到震骇的敌人不知所措，自相撞击践踏，而被消灭，这就像秋风扫落叶一样。

"恐吓"必须以实力为后盾，真正有能力去制服敌人或对手，使其认识到他的力量无法与你抗衡，一旦交手就会以卵击石、自取灭亡。否则对手不听你那一套，不怕威胁，决心反抗，甚至反过来威胁你，那么"恐吓计"就失败了。如果没有真正的实力，也可以制造假象虚张声势装作很有实力的样子而把对手吓跑的，这恐怕一定是计谋了。

老鼠不管怎样嚣张，决不能吓倒猫狗；狼不管怎样凶狠，也决不会吓跑老虎；因为它们没有计谋，只是凭本能和实力。老虎一声怒吼，足以使百兽惧怕而奔逃；但有时狐狸也可以走在老虎的前头而自称山大王。狐狸是狡猾的，人们总是以否定的态度去描述它；其实，狐狸是很可爱的，它能够在自身生存受到威胁等紧急情况下，马上想出一个应对办法，急中生智，趋利避害。狐狸在动物界中可能是最有智慧的了，就智谋而言，有很多人还不如它呢。

管仲命王子向鄣国大军压境

春秋时期，齐桓公在名相管仲的辅佐下，励精图治，综合国力大增，周围的小国纷纷向他臣服，终于当上了霸主。而还有一个巴掌大的鄣国却依然独立存在。鄣国原来是纪国的附庸，早在公元前693年齐国就将纪国吞并，时间过去27年了，齐桓公不愿让鄣国再保持下去，决心用武力将其吞并。

齐桓公征求相国的意见，管仲却认为，齐国位居诸侯国之首，如用武力施加于弱小的郚国，对于巩固霸主地位、进一步赢得人心是不利的。于是，他委婉地说："郚国乃太公（姜子牙）的子孙，齐也是太公的后代，同室操戈，道义上说不过去。"齐桓公听后大为不悦："那么，有无万全之计呢？"管仲话锋一转，说道："君可命王子成父率大军巡视纪城，表示将要加兵于郚国，促使它畏惧而来投降。这样，我们既得到郚国，又不会留下自相残杀的名声，两全其美。"管仲的一席话，说得齐桓公转愠为喜，心花怒放，马上吩咐王子依计而行。

王子成父带领百名战将，率领三百辆战车，气势汹汹地开向纪城，耀武扬威，虎视眈眈，大有踏平郚国之势。郚国君臣闻讯大军压境，势不可挡，被齐国军队的浩大声势所慑服，欲战无力，欲存不能。于是乎，马上派人向齐国表示愿意臣服。形势的发展果然不出管仲所料，齐国就这样兵不血刃将郚国招降。正是上兵伐谋，不战而屈人之兵。

韩雍虚张声势耀武扬威唬人

南北朝时期，有一位叫韩雍的人，他身材魁伟，相貌不凡，豹头环眼，嘴阔鼻宽。届时官至左副都御史，提督两广（广东、广西）军务。他经常拉出一副威风凛凛的架势，满脸杀气，不知干什么。

韩雍府内防范甚严，除了心腹人之外，其他人不得随意出入。一天，韩雍与几个同乡在后堂宴饮，酒酣之际，他又与同乡在院子里踢了一会儿球。玩完之后，他暗中派人将一门石炮置放在院中，故意敞开大门，引人来看。不一会儿，有几个人前来观赏；又过了一会儿，来了一大群人，围观石炮。这时，韩雍手下一人指着石炮说："这就是韩大人刚才踢着玩的东西。"大伙一听，十分惊讶，都觉得韩提督力大无比，心里先有三分畏惧。

韩雍还在车上暗中策划，预先在遮阳伞盖内藏上磁铁，再将细铁屑涂抹在胡子、眉毛、头发上。出行时，他坐在伞盖之下，受磁铁吸引的作用，胡子、眉毛翕张而上，头发也竖立起来，比神像还要吓人。路上的来往行人见到他这副模样，都不敢正眼观瞧。他有时在人多的地方借故大喝一声，声音也特别大，把旁边的人都吓了一跳。

韩雍本来就长得高大粗壮，再加上这种怪异现象，使人吃惊不已，望而生畏，以为他不是凡人，可能是神仙转世，不可侵犯。两广一带，过去社会秩序比较混乱，盗贼土匪经常出没。自从他上任以来，因此而安宁了不少，韩雍的这一套小计谋无非是为了愚弄百姓，吓唬他人，以便利于他的统治。

程婴舍亲子营救赵氏孤儿

公元前607年,晋灵公为势力强大的赵氏家族所杀。几年后,他的继承人晋景公即位。景公宠用佞臣司寇屠岸贾,整天游猎饮酒,不理朝政。突然有一天,梁山无故崩塌,景公大惊。屠岸贾对景公进言:“此乃不祥之兆,国家将有大祸。”并乘机诬陷相国赵朔,说:“赵氏家族过去弑杀了灵公,现在他们密谋造反,就要杀你了。”景公信以为真,命屠岸贾带兵将赵氏家族斩尽杀绝。

有人将这一重要情报偷偷地告诉了赵朔,赵朔自知在劫难逃,急忙将自己怀孕的夫人送入宫中躲藏,因为赵朔的妻子庄姬是景公的妹妹,受到母亲的喜爱,因此可以避难。赵朔见屠岸贾带兵将其宅第团团包围,无处可逃,自杀身亡。屠岸贾率领官兵冲进赵家,将赵氏家族一百多口人全部杀死。

不久,赵朔之妻庄姬生下一男孩,取名赵武。屠岸贾在宫廷内外密布明哨暗探,严密搜查。但庄姬机智过人,每次都将赵武藏住。屠岸贾找不到赵武,就悬赏千金捉拿这个婴儿,以便斩草除根。

在这危险的时刻,赵家的两位忠实门客程婴和公孙杵臼商量怎样才能保住赵氏孤儿。恰巧,程婴有一个新生儿与赵武同月出生,他愿意献出自己的儿子代替赵氏孤儿一死,再秘密收养赵氏孤儿,以此留住青山。

公孙杵臼说:“这个调包之计是好,总算能给赵家留下一条根。你能舍子,我能舍命,你要活下去,将赵武抚养成人,为赵家报仇。”之后,两人密谋策划了行动方案,如此这般。一天夜里,公孙杵臼先带着程婴的儿子走进首阳山,然后程婴去向屠岸贾告密,编了一通瞎话,骗得屠岸贾信以为真。

于是,屠岸贾点起兵马让程婴带路直扑首阳山,经过迂回曲折的漫长道路,才在首阳山深处一条小溪旁找到一座茅屋。程婴用手一指,军兵四面围住。屠岸贾进屋就抓住了公孙杵臼,又从壁室里找到一个婴儿,抱出一看,这婴儿的穿戴和用品完全与权贵人家的婴儿一样。屠岸贾确认这就是赵武,亲手将其摔死在地上。程婴此时心如刀绞,但表面上硬装得若无其事。公孙杵臼大骂程婴是小人,为了发财受赏出卖了他,又骂屠岸贾早晚不得好死,屠岸贾哪能容许有人骂他,挥刀砍掉了公孙杵臼的脑袋。

完事之后,屠岸贾立即撤掉了宫中的暗探。一向与赵朔友好的大夫韩厥乘机派遣心腹人员假扮医生进宫给庄姬治病,把赵武装进药箱里带出宫来,藏在韩厥家中。之后,程婴偷偷地抱着赵武到盂山深处,并将其养育成人。

赵武15岁那年,晋景公死了,晋悼公继位,悼公为赵氏家族平反昭雪,恢复了名誉和地位,任命赵武为司寇,嘉奖了程婴和公孙杵臼等人,悼公又同意了赵武报仇雪恨的请求,结果,屠岸贾及其一家人全部被赵武所杀。

尔朱敞换服装逃出险境

南北朝时期,中国北方为少数民族占据,连年战乱,争杀不已。北魏重臣尔朱荣死后,他的侄儿尔朱兆抢到军权,统领十州军事,后来他又逼杀了北魏孝庄帝。尔朱荣旧部将领高欢见此愤愤不平,起兵与尔朱兆争杀,大战于韩陵山(在今河南安阳东北),尔朱兆大败。高欢下令诛灭尔朱氏全族。

尔朱荣有个族侄名叫尔朱敞,自幼随母亲住在尔朱荣营中,这年才12岁,正在后花园中玩耍,忽听得前院人声嘈杂,一问方知高欢大杀尔朱氏,大祸临头了。尔朱敞急忙从花园的水洞口爬出去,来到大街上,却见街上已经戒严,有不少士兵在巡逻,盘查来往行人,并听说城门也已封锁,形势十分危急。

尔朱敞看了一下自己身上华贵的衣裳,浑身打了一个冷战,穿这身衣服怎么能逃出去呢?非让人认出来不可。他向周围巡视一遍,忽然看到一群小孩子在一边捏泥巴玩,心中大悦,有办法了!

他来到孩群边,解下身上的玉佩,高拎着问:“谁要?”那群孩子先是愣了一下,随后一窝蜂似的来抢。尔朱敞一边走一边扔东西,把身上佩带的所有贵重饰品都让孩子们抢去了,同时也把这群孩子引到一片断壁残垣中。其中有一个小孩穿得破烂不堪,什么也没抢着,满脸不高兴,他尾随尔朱敞要东西。尔朱敞说:“我没有什么好东西了,你看我这身衣服怎么样?咱俩换一换。”那孩子高兴得不可形容,马上就与尔朱敞换了衣服。尔朱敞又弄了些泥土往自己的脸上、头上、手上胡乱地涂了一层,然后大模大样地向城门走去。守门的士兵见是个小叫花子,连问也没问就放他出去了。

高欢的武士们没有抓到尔朱敞,便骑马在街上寻找,发现有个小孩穿着华丽,便认定是尔朱敞,将他捉住,带回去一问,才知抓错了人。这时天色已晚,无法再去追寻。那尔朱敞真的不知何处去了。

东宫娘娘章献狸猫换太子

宋真宗时，东宫娘娘章献没有子女，她的侍婢即后来的李宸妃被真宗宠幸了几次，把肚子弄大了。与此同时，章献也有了身孕，不知是男是女，半路流产了，她令内侍和宫女们严加保密。

章献意识到前途未卜，怕李宸妃万一生下了男孩，就会立为太子，将来母凭子贵，侍婢升为娘娘，而自己则会被打入冷宫，后果不堪设想。于是，她想出一条冒险的计策，浑水摸鱼，在肚皮上塞了一个枕头，装模作样地说她也怀孕正常，蒙蔽真宗皇帝。然后，她买通了一帮内侍和宫女，监视李宸妃的情况。

到了李宸妃快要临盆生产的时候，章献让内侍准备好了一只小狸猫隐藏起来。那李宸妃自从被皇帝播下了龙种，骄娇二气十足，行动胜似千金小姐。当生孩子的时候，李宸妃疼痛难忍，又哭又闹。接生婆和内侍乘机劝她闭上眼睛，并且给她罩上了头巾，说能减轻阵痛；当孩子生出来时，被人迅速抢走，把那只小狸猫放在她的胯下，在场的人说她生了个小猫，李宸妃揭开头巾睁眼一看，果然如此，竟信以为真，感到很惭愧，无脸见人。

与此同时，东宫娘娘撤去自己肚皮上的枕头，扬言说生了个男孩，有内侍和宫女们做证，宋真宗也就信了。时隔不久，章献又派心腹在夜间给李宸妃的住处放火，逼得李妃逃出宫廷，隐藏民间。章献虽收养她人之犊，却待之如亲生骨肉，从立为太子到登基为帝，是为宋仁宗。因此，章献的皇后宝座始终没有动摇过，霸住东宫直至死为止。一直到太子登基后多年，包拯被任命为开封知府，又封为龙图阁大学士，去陈州放粮，才引出来李妃拦轿喊冤之事。包拯把李妃带回京城，查明事实，拨乱反正；仁宗始认生母，尊为太后。

公叔嫉贤妒能离间逐走吴起

战国时代，魏国的宰相田文死了，宰相的职务由一个叫公叔的人接任。常言说："宰相肚子能行船。"可是公叔这位宰相却不然，嫉贤妒能，他怀疑魏国大将吴起功高盖世，会威胁他的宰相地位和权力，有取代他的可能。因此，朝思暮想除去吴起，以解除后顾之忧。他的心思被一名贴身仆人观察出来了，便对公叔说："要除去吴起，那不是很容易的事吗？"公叔说："吴起乃国之顶梁柱，要除去他谈何容易！"那位仆人说："易如反掌。吴起的为人，傲慢而好求名利，我们正可利用他这点去做手脚。首先，宰相您对魏王说：吴起是个有雄才大略的贤者，可是我国的地域太小，西面又跟强秦接壤，臣担心吴起会另图发展，无心再留在魏国。魏王听了这话，必然会焦急地问：那要如何才能留住他呢？这时，主人您不妨对魏王说：可试以二公主许配给他的办法来留住他。吴起要是有留下的意思，那么他必然会接受这门亲事；如果他无心留下，萌发去意，那么他必然会加以推辞。我们就用这个办法来探测他的去留。魏王听了这个建议，一定会照着去做。到时候您是媒人，请吴起来您府上做客，再如此这般……”

原来宰相公叔的夫人是魏王的长公主，二公主尚未出嫁，公叔假做媒人，请吴起来府上做客。宴席上，公叔的夫人长公主故意当着吴起的面耍骄横，侮辱公叔，侮慢客人，有泼妇的色彩。而公叔却装作唯唯诺诺、怕老婆的样子。这一切都被吴起看在眼里，心里觉得受不了，男子大丈夫，怎么能让女人这般凌辱。想到魏王的二公主也可能像她姐姐一般骄横无礼，此亲若成，我岂不成了惧内之人，让人耻笑。于是拒绝了这门亲事。

事后，公叔把提亲未成一事向魏王报告，魏王果然怀疑吴起有去他国之意，不再信任他。吴起发现情况不妙，害怕引火烧身，遂决定离开魏国。一天，吴起不告而辞，到楚国去了。

陈平换宴席分化项羽和范增

楚汉相争，大战荥阳。刘邦心里没底，就探问陈平：“项羽和我究竟谁能最后取胜呢？”陈平说：“大王你和项羽各有长短，如果你能以长击短，最后胜利是大王的。”刘邦说：“要想尽快夺取成功，你有什么好办法吗？”陈平说：“臣有一套破坏项羽军事集团的办法。项羽之所以力量强大，是因为有高参范增，大将钟离味、龙且、周殷等人，有这些贤能之人，我们很难打败他们。因此要分化瓦解，破坏项羽的智囊团。”

刘邦又问：“此事如何去办呢？”陈平说：“大王如果肯信任臣，就赐给臣黄金一万斤，让臣自由运用，臣一定有办法破坏他们的团结，使他们互相猜忌和怀疑。项羽的短处是疑心太重，容易相信流言，将来必会诛杀他们。项羽自削左膀右臂，将来势单力孤，必被大王所擒矣！”

决策果断，是刘邦的特质之一，他立即拨发万金给陈平，自由使用，不需报告。陈平利用这些金子，雇用许多间谍，潜入到楚军营中，散布流言道：“钟离味、龙且、周殷等人做项羽之将军，建立战功无数，却不得封土称王，所以心中怀恨项王，图谋杀掉项王，然后各自割地自主矣。”战场上最忌流言蜚语来分化瓦解士气。

由此，钟离味等人欲自立为王之流言，在楚军中遍传，最后传到项羽的耳朵里。猜疑心甚重的项羽，认为有些可能，但只要范增尚在，他就不怕。为了弄清真假，项羽派使者至汉军营地探听虚实。

这一日，项羽的使者来到汉军营地。陈平指令厨师做大牢（乃用牛、羊、豕三种肉做成高级大膳），亲盛馔，端至宴席上，供使者美餐。使者吃了几口，陈平就问："你是亚父（范增）派来的还是项王派来的？"使者说："我是项王派来的。"陈平故作惊讶道："我以为你是亚父派来的使者呢，原来你是项王派来的！"一挥手，左右侍人把大牢全盘端走，改用了粗食淡菜给使者吃。使者一看这场景，疑心重重，急忙回走，归营后将情况报告给项羽。项羽思忖："亚父怎么会受到刘邦的这等欢迎，难道他真的暗通刘邦？我得小心提防他。"

荥阳大战，楚军占压倒优势，项羽正准备发动总攻，一鼓作气拿下荥阳，汉军自知力不能支。正在这个时候，范增来见项羽，建议立刻发动总攻，胜券在握。项羽一见范增，狐疑起来，故支吾其词，不采纳他的建议。

范增年已八十岁，老谋深算，为项羽东征西讨立下赫赫战功，谋略可与张良、陈平抗衡。有人告诉范增：项王怀疑他私通刘邦。范增为了试探真假，又提了几个合理的建议，项羽均不采纳。范增见大势已去，遂向项羽提出辞呈，告老还乡。由此，项羽军事集团囊中羞涩，没有超人高参，最后失败是指日可待之事了。

孙武训练女兵斩吴王宠姬

孙武，春秋末期人，中国古代著名的军事家，著有《孙子兵法》十三篇，乃为传世之作。孙武原籍齐国，因故来到南方的吴国，经楚国名将伍子胥的介绍，见到了吴王阖庐（又名阖闾），献出了"兵法十三篇"。吴王阖闾看了"孙子兵法十三篇"，感到其理论精湛，高深莫测，看后似懂非懂。于是对孙武说："你的兵法十三篇写得很好，能否在实战中演练一下？"孙武说："当然能，没问题。"吴王见孙武说得轻松，便想难为他一下，接着说："你能否用女人演练一下？"孙武说："可以，女人也能训练好。"吴王并不是真的要看军事演习，而是要和孙武开一个不大不小的玩笑，给他出个难题罢了。

孙武知道吴王的用意，决心假戏真做，因势利导，使这次军事演习成为体现纪律严明、赏罚必信以及"将在军，君命有所不受"这些最新军事思想的典范。

训练女兵，这事在以前还未曾有过，哪有女子能当兵的呢？这次孙武恐怕要出笑话了。于是，吴王下令从后宫中挑选出180名美女，发给兵器，让孙武教练。孙武把这180名女子分成两队，任命吴王最喜欢的两个宠姬作为队长。

孙武耐心细致地对她们进行交代："你们知道前心、后背、左手、右手吗？如果发布命令'向前走'就对着前心走，'向后走'就是转过身走，'向左走'就是朝左手方向走，'向右走'就是朝右手方向走。这些口令你们都听清楚了吗？"这些女子都说："听清楚了。"

接着，孙武令人在军前树立起两把大斧子，这是用来执行军法的，违背军法的当场砍头示众。可宫女们并不以为然，有吴王在场，谁敢砍掉她们的脑袋？

孙武下令擂起战鼓，发出"向前走"的口令，那些在宫中娇生惯养的美人站在原地不动，嘻嘻哈哈笑个不停。孙武说："你们可能是对我的口令还不明白，对军法还不熟悉。"他又不厌其烦地三令五申，直到每一个人都明白无误。

孙武第二次下令擂起战鼓，发出"向右走"的口令，这些女子笑得前仰后合，仍然站在原地不动。这时孙武严肃地说："口令不明，军法不熟，是大将的责任；口令既明，军法已熟而不按口令行动，是违反军法，这是下级将领的责任，两名队长应承担罪责。"接着下令将两名队长推出斩首。

吴王正在远处的高台上观看，忽见孙武要斩两名女兵队长，急忙派人下来制止，传话说："我已经知道孙将军会用兵了，这两个美人是我最宠爱的，没有她们，我食不甘味，睡不安寝，请不要杀她们。"孙武对吴王的使臣说："将在军，君命有所不受。"两名女兵队长的脑袋终于用大斧砍了下来。

这时，所有的女兵都吓傻了眼，毛骨悚然，不寒而栗。孙武又任命两名宫女为左右队长，重新擂起战鼓，发布各种口令。两队女兵向前、向后、向左、向右、跪下、起立等动作，十分整齐统一，无一人做错。队伍的一举一动都符合军令的要求，严肃认真，鸦雀无声。孙武派人向吴王报告："这支女兵已经训练就绪，可以使她们去赴汤蹈火，请吴王下来验收。"吴王因为两个宠姬被杀，心里非常难过，命人传话："孙将军请回馆休息，我不便下来观看。"

通过这次军事演习，吴王知道了孙武的军事才能，任命他为吴国的大将军。后来，孙武率领训练有素的吴国军队打败了强大的楚国，又威慑齐鲁，使吴王阖闾一时称霸于诸侯。

田穰苴未出兵先斩监军庄贾

春秋时期，晋国攻打齐国的东阿和鄄城，燕国则侵犯齐国黄河南岸的领土，齐国的军队虽然自卫还击，但仍被晋燕两国打败了。

齐景公非常担忧，不知如何是好。臣子晏婴为此向景公推荐了出身低微的下级军官田穰苴，说他文韬武略无人可及，让他总领全军收复国土大有希望。于是齐景公就任命田穰苴为大将军，并派亲信庄贾为监军。

田穰苴受命于危难之中，决心驱逐敌军收复国土。出征的头一天，田大将军与监军庄贾约定说："明日中午于军营门会齐。"第二天，田大将军骑马先赶到军营，设置了测日影的标杆和计时间的漏壶，以等待庄贾的到来。

庄贾平素对人傲慢，目中无人，这次又被景公亲命为监军，故未把田大将军放在眼里。亲戚朋友为他送行，请他宴饮，多喝了几杯，到了中午时分他还没有到达军营。田将军便放倒测影标杆，撤掉计时漏壶，然后进入军营，检阅队伍，指挥士兵，再三申明军律。布置完毕，待到傍晚时分，庄贾才姗姗来到军营。田将军质问庄贾说："为什么过了约定时间才到？"庄贾满不在乎地回答道："不才受大臣和亲戚们盛情饯行，多饮了几杯，故有所耽搁。"田将军厉声斥责说："身为将帅，接受命令的那日起就应忘掉自己的家，亲临战阵就应忘掉自己的父母，擂鼓进击的时候就应忘掉自己的生命。如今，敌人侵入国土，人心动荡，士卒死伤，君王不安，国家的命运都系在你的手里，为什么故意违约而把相送作为借口？"说罢，就把军法官叫来，问道："军法上对于约期不到的人该怎样处置？"军法官回答说："应当处斩。"庄贾这时才害怕起来，急忙派人飞马报告齐景公，请求解救。但是，报马刚走，庄贾的脑袋就被砍下来，斩首示众！

全军将士都为此感到十分震惊，战栗不已，立刻军纪肃然，没有一个敢不听指挥的，田将军又分发令牌，号令明确，布置周密，井井有条，然后令大军出征。消息传到边关，晋军闻之便撤兵而去，燕军闻之也渡过黄河向北撤走，齐国的危机得以解除。田将军乘势挥军追击，收复了全部失地，然后率军凯旋。

崔简妻郑氏惩治淫棍打滕王

唐朝的滕王，在自己管辖的封地当上了土皇帝，昏庸残暴，荒淫无耻，不施仁政，自己妻妾成群，嫔妃成队，还不满足，总看别人的老婆好。他常以妃子呼唤为名，把别人的美妻骗到宫里，立即进行强奸。众官敢怒不敢言，都怕因女人丢了性命。这样，只要他看中哪个女人，那个女人就没有不被其奸污的，而且不敢声张。

当时，典签官崔简刚结婚不久，妻子郑氏美貌端庄。滕王闻讯，就派人以妃子呼唤为名召郑氏进宫。崔简犯了愁：如果让妻子前往宫中，定被糟蹋；如果不去，滕王降罪下来，岂不家破人亡？正在左右为难之际，郑氏对崔简说："丈夫放心，没有关系，我会有办法对付他的。"说完，穿上一双硬跟的绣鞋就去了。

郑氏跟着来人走进王府中门外的小阁，正在阁内等候的滕王看见崔简的美妻进来，眉开眼笑，扑过去就要上手。郑氏的心里早有准备，大声呼喊："快来人哪！大王怎么会是干这种勾当的人呢？这人一定是个坏家伙！"上去就用指尖抓破了滕王的脸皮，鲜血直流；又咬他的耳朵、鼻子，滕王往后躲了躲，郑氏立刻脱下鞋来用鞋跟猛击滕王的头部，把滕王打得像丧家犬一样，样子十分难看。就在此时，几个王妃听到动静异常，跑了过来，郑氏乘机逃脱。

滕王自以为黑瞎子打立正——一手遮天，谁敢抗拒他，没想到郑氏如此厉害，把他打个头破血流满脸挂花，无法出面见人，在王妃们面前又不便发作。他又气又恼，十多天不出来处理政事。

郑氏回到家里，把在宫中发生的事一五一十告诉了崔简。崔简听后战战兢兢，害怕滕王将自己治罪，提心吊胆地过了一段日子。

后来，听说滕王出来理政，崔简前往宫中道歉，滕王被郑氏一顿惩罚，淫心有所收敛，感到很惭愧，认识到自己有错误，于是下令放出众官的妻子。

郑庄公反戈一击诛姬段

春秋时期，郑武公的妻子姜氏生育两个儿子，老大名叫姬寤生，是姜氏在睡梦中生下的，醒来才发现自己生了孩子，吓了一跳，因此就给取名叫寤生。老二姬段长得英俊魁梧，力大善射，武艺高强。姜氏由于寤生把她吓了一跳，所以就不喜欢老大，而偏心喜欢老二姬段，曾多次在郑武公面前提议把老二立为世子，即王位继承人。但郑武公不同意，并正式把寤生确定为王位继承人，只把共城这个小地方给姬段做领地。

郑武公死后，寤生继位，当了郑国的首领，称为郑庄公。姜氏见姬段没有权力，就提议把制邑这座城市给姬段居住。庄公说："制邑历来以险著称，先王曾经做了决定，不允许把这个地方分封给任何人。"姜氏说:"那就把京城给姬段吧!"庄公没办法,只好把京城给了弟弟。

姬段到京城后,图谋不轨,大肆招兵买马,训练士卒,自建军队,向外扩张,袭取了郑国的鄢和廪延这两个地方,野心明显地暴露出来,有几个大臣向郑庄公启奏:"姬段有谋反的迹象,应派兵剿除他。"郑庄公只说:"多行不义必自毙。"大臣公子吕说:"我有一计,可使姬段谋反之心暴露出来。"郑庄公说:"你有什么好办法呀?"公子吕说:"主公可公开宣布你要到周天子那里去办理政务,姬段见国都空虚,必然乘机造反。然后,我率兵袭击京城,你杀个回马枪,两面夹攻,让他背腹受敌,就必然擒住他。"

郑庄公采纳了公子吕的计谋,告别母亲姜氏,对外宣称到周天子处办理公务,率领一支精兵出了国都,拐了一个弯儿,向廪延方向迂回前进,公子吕则率 200 辆战车去京城附近埋伏。

姜氏见有机可乘,立即写信给姬段,约定日期,里应外合,夺权篡位。姬段接到姜氏的信后,率领所有的军兵,如狼似虎,杀奔国都而来。姬段走出京城,公子吕乘虚而入,率兵攻下城池。姬段出兵才两天,就得到京城失事的报告,心想:"你抄了我的后路,我就打进你的宫殿。"于是大力进攻国都。

这时,郑庄公从廪延那个地方挥师反戈,杀个回马枪。姬段见郑庄公并没有去周天子那里,而是统军来打他,立即遁逃,可是京城已回不去了,急忙向共城逃去。共城太小,公子吕又从京城杀出,与郑庄公的军队合围共城。两支大军把共城包围得像铁桶一般,拼力攻打,很快就攻破共城。姬段见兵已败,城已破,大势已去,走投无路,叹息地说:"是母后姜氏害了我啊,我有何面目去见哥哥呢!"于是举剑自杀了。

曹操说假话,许攸亮底牌

话说曹操扼守官渡这个战略要地,自八月起至九月终,军力渐乏,粮草不足。忽一日,有位将军报告说军粮即将用尽,曹操急忙派人去许昌教谋士荀彧急速措办粮草,星夜送到军营以解燃眉之急。不料送信人半路上被袁绍的军士捉住,被押送给谋士许攸。这许攸少年时与曹操结为朋友,此时在袁绍处当谋士。当下搜出送信人所藏曹操的催粮书信,许攸见信便心里有底,直接去袁绍中军大帐献计说:"曹操屯兵官渡,与我军相持已久,他的老巢许昌必然空虚;如果派一支精兵突然袭击许昌,则必胜无疑,也可能捉住曹操。"袁绍知道许攸与曹操的关系,并不信任他,于是说:"曹操诡计多端,此书信乃是诱敌之计。”许攸说：“现在曹操粮草已尽，正可乘此机会两路夹击。”袁绍不听，把许攸喝退，赶出大帐。

却说许攸一气之下，暗步出营，径去投往曹操，被伏路军人拿住。许攸说：“我是曹丞相的老朋友，快给我向曹操通报，就说南阳许攸来见。”军士急忙报入寨中。当时曹操刚刚解衣歇息，闻说许攸私奔到寨，大喜过望，来不及穿鞋，光着脚出去迎接。老远见到许攸就拍手欢笑，上前拉住许攸的手共同进帐。想不到曹操竟然跪地给许攸下拜，许攸慌忙扶起他说：“公乃是汉相，我乃是老百姓，你为什么这样谦让恭敬？”曹操说：“你是我的老朋友，怎么能以名爵地位的高低来看呢！”许攸说：“我不能选择明主，屈身于袁绍，但他言不听、计不从。今天我特意抛弃他来见老朋友，但愿你能收留我。”曹操一听，特别高兴地说：“你许攸肯来，我的大事就要成功啦！愿你能教给我破袁绍之计。”许攸说：“我曾经教袁绍以轻骑军乘虚袭击许都，首尾相攻。”曹操大吃一惊、心有余悸地说：“如果袁绍用你的计谋，我非失败不可！”

这时，许攸转移话题，问曹操说：“公现在军粮还有多少？”曹操说：“可支持一年。”许攸笑曰：“恐怕未必如此。”曹操说：“只有半年罢了。”许攸拂袖而起，迈步走出大帐说：“我以诚相投，而公这样欺骗我，真叫我失望。”曹操挽留说：“你别生气，请允许我告诉你实话，军中之粮实在只可以支持三个月而已。”许攸哈哈大笑说：“世上的人都说曹孟德是个奸雄，今天一见果然如此。”曹操也笑了，说：“岂不闻‘兵不厌诈’！”于是把嘴巴附在许攸的耳朵上，低声说：“军中只有此月份之粮。”意思是说军粮不能支持一个月了，好像实话实说。许攸听后则大声说：“你不要欺骗我，军粮已经没有了！”曹操听后吓了一跳，大惑不解地问许攸：“你是怎么知道的？”这时，许攸拿出曹操写给荀彧的信看了一看说：“这封信是谁写的？”曹操又大吃一惊，问道：“在什么地方获得我的信？”许攸把捉住送信人之事告诉了曹操。

曹操见许攸亮出了底牌，自己也无计可施，只有求助于许攸了，把许攸视为救星，拉着许攸的手诚挚地说：“你既然念及老朋友之情而来，一定要出谋划策，我愿以你为师。”许攸说：“明公你以孤军抗大敌，而不求速战速胜，这等于自己寻死。我有一策，不过三日，便使袁绍百万大军不战自破。你还愿意听吗？”曹操连声说：“愿意，愿意，愿闻良策。”许攸说：“袁绍军粮辎重，都囤积在乌巢，现今由淳于琼把守，这个人是个酒鬼，喝醉酒就睡觉，守备很松懈。你可选精兵伪装成袁绍部将蒋奇领兵前去协助保护粮草，乘机放火烧掉其粮草辎重，则袁绍军不出三日就必然心慌错乱，其失败不可避免。”曹操闻言大喜，隆重款待许攸，将其留在寨中，自己急忙出去布置人马，前往乌巢。由此而演出了一场精彩的战争戏剧：乌巢劫粮。

商臣慢客察秘抢班夺权

春秋时期，楚国的国君楚成王册立自己的儿子商臣为太子，过了几年之后，楚成王又后悔了，想要罢黜商臣，改为商臣的异母弟弟公子职为太子。商臣听说了此事，但又不知此事是否确切，没有得到证实，不敢贸然行动。

可是，此事关系重大，必须尽快查清楚，商臣无计可施，便向自己的老师潘崇请教。潘崇策划商臣设宴招待成王最宠爱的一位妃子，招待中要故意对她不恭敬，激怒于她，也许她能够暴露出真实情况来。

商臣依计而行，派人请客。那位宠姬高高兴兴地前来赴宴，以为商臣肯定会毕恭毕敬地招待自己一番。没想到，酒席上根本就没有山珍海味和比较好吃的东西，而是家常便饭。成王的妃子问道："这就是招待我的宴席吗？"商臣说："是的。正是招待你的。"妃子道："家常便饭，招待老百姓还可以，怎么能请我来做客呢？"商臣说："你与老百姓有什么两样，你的祖宗原来就是老百姓。"妃子大怒，骂道："放肆！你竟敢说这种话，纯粹是个贱种，难怪大王要废掉你，真是再合适不过的了！"商臣终于印证了传闻的事实。

商臣这几年招贤纳士，羽翼已成，立即率兵围住王宫，逼迫成王上吊自杀。楚成王见事已万分危急，想等救兵来解围，便使了个缓兵之计，要求吃了熊掌再死，商臣不准，说："熊掌难熟！"成王无机会求生，只好自杀。商臣自立为王即位登基，这便是楚穆王。

田婴策国君纳王后

齐威王的夫人不幸去世，红颜命薄，美人寿短。大臣田婴想要奏请齐威王选立王后，以定民心。可威王身边七位年少而美貌的女子，谁都很得威王的欢心，看不出她们中的哪一位最受威王的宠爱。

田婴心生一计，命人找来七对耳环，而其中只有一对最漂亮最华贵。田婴将这七对耳环呈献给了威王，威王便把七对耳环分别送给了七个美人。第二天，田婴仔细观察，发现戴上那对最华贵耳环的美人，名叫赛西施，果然倾国倾城，美丽绝伦。

田婴奏请齐威王册立美人赛西施为王后，因为他通过测试，心里有了底，威王一定会把最好的耳环送给他最宠爱的妃子，立她为王后是肯定的。所以，田婴推荐赛西施为王后，正合威王之心意，一拍即合，心想事成。

赛西施当上了王后，对推荐她的田婴感恩戴德，自然要对田婴另眼相看，多加关照。田婴的权力和地位日益巩固，在群臣之中出人头地，如果有什么一差二错，还有王后做后盾，不至于倒台。由此看出，在政坛如战场的明争暗斗中，田婴也是够狡猾的了，犹如一只老狐狸。

楚庄王问鼎中原要称霸

楚庄王如大鹏展翅，不飞则已，一飞冲天。他在与晋国的交锋中占据上风后，称霸的野心和胆子大了起来。公元前606年，楚庄王进一步向北逼近，领兵到伊河与洛河流域，攻打陆浑戎人。为了显示自己的力量，他把军队驻扎在周王室的地界上，还举行了阅兵演习。

楚军来到王室的土地上，懦弱的天子不敢怠慢。于是，周定王派大夫王孙满去慰劳楚军。

楚庄王接见了王孙满。一阵寒暄之后，庄王便问："我听说大禹铸有九鼎，象征九州，是三代相传的国宝，现存于洛阳，不知鼎的大小轻重如何？"

当时，九鼎是王权的象征。王孙满知道楚庄王问鼎的轻重大小，其用心不善，图谋不轨，便答道："三代相传的国宝是德而不是鼎，一个国家的兴亡在于德义的有无，不在乎鼎的大小轻重。"

楚庄王见王孙满拿话来挡他，就以夸耀楚国的军事实力相威胁，改口说："其实鼎没有什么可稀罕的，我们楚国士兵在战场上折断敌人的戈尖矛头，就足够铸成九鼎。"

王孙满针锋相对不相让地说："大王您怎么忘记了这九个鼎的来历？从前夏朝实行德政的时候，远方各国把当地风物绘制成图，进献给朝廷；九州的长官也都把青铜贡献出来。夏王用这些青铜铸造了九座鼎，鼎上分别铸上了各种风物，万物都被铸在上面，使百姓能从中认识各种鬼神妖怪的形状。因此，那时的百姓进入山林、川泽，不会遇到不顺利的事情，即使各种鬼怪妖魔也不会碰到，这些都是德政和上天的恩赐。后来，夏桀昏庸无道，九鼎便被商朝夺去，保存了600年。到商纣王时暴虐无道，鼎又迁移到我周人这里。如果德政美好，鼎虽然很小，也是很重的，别人无法轻易夺去；如果昏庸暴乱，即使鼎再大，也是轻的，别人很容易就夺走。上天保佑有德之君，不过也是有一定限度的。当初，我们的祖先文王把九鼎安置在郏鄏的时候，曾经占卜过周朝可以拥有多少年，上天命我周朝有30代700年的天下。如今周朝的德行虽然已经渐趋衰微，但是天意还没有改变。因此，关于九鼎的轻重大小，您就不必过问了。”王孙满口若悬河，能言善辩，据理力争，唇枪舌剑，有力地打击了楚庄王问鼎中原的嚣张气焰，使楚庄王称霸的野心有所收敛。

不过，楚庄王投石问路的目的已经达到，可进则进，不进则退。他当时还没有灭掉周王室的实力，经王孙满一番强硬的话威吓，于是打消了向周王室进攻的念头。

秦国献金牛蜀国铺平路

秦国通过商鞅变法，国力富强，为了与六国争雄，早有虎视中原、兼并他国之心。秦惠王时，又对南面的蜀国加紧进攻。

蜀国(今四川中西部)当时是战国时期的一个小国，兵力财力均远不如秦国，但可凭借天险，集中兵力扼守国门，便可“一夫当关，万夫莫开”。

秦国兵强马壮，但每次进攻蜀国，都不能取胜。究其原因，就是苦于蜀道之难，行军作战难以施展威力。唐人李白有诗为证：“蜀道难，难于上青天”，“黄鹤之飞尚不得过，猿猱欲度愁攀缘”。

为了打通道路，秦国有人献计，安排能工巧匠秘密制造了一头庞人的石牛，体内凿空，暗设机关，定时落金，从石牛的屁股后掉出金子来。然后，派人四处宣扬，秦国有一头能屙金子的石牛。

又一次战役，秦军进攻，被蜀军打退，可秦军带到边境上的石头牛却跑不了，被蜀军俘获，有人发现这就是那头会屙金子的石牛。

蜀国君王闻听大喜，正好国家财力不足，有此金牛，何愁不富。于是，下令将金牛运回国都，放到王宫中。这谈何容易，必须修筑宽阔平整的大道，用百匹马方能运回。但君王有令，谁敢违抗？大臣们调遣军队和征调民工日夜不停地修筑道路，经过千辛万苦，终于完成了巨大的筑路工程。又费尽九牛二虎之力，才把这个庞然大物托运到了国都，置放在宫中视为神牛。可是，石牛屙了几次金块，就再也不拉了，找能人一看，原来是石牛的肚子里已经空洞，没有金子了。所谓石牛屙金则是秦国人把几斗黄铜事先放在石牛肚子里的，然后它沿着斜坡从石牛屁股的孔道中排挤出来的。

哪知，蜀国军民在前面铺路，秦军则在后边尾随。正当蜀国君臣对石牛困惑不解的时候，秦国军队已兵临城下了。正是：石头屙金世所稀，岂知背后藏杀机？为得金牛先铺路，却给敌军做天梯。

蒋介石巧手引鸟，张学良贪利入笼

1930年，蒋介石与冯玉祥、阎锡山之间的中原大战爆发前夕，反蒋联军发表通电，拥戴阎锡山为"中华民国陆海空军总司令"，还把张学良、冯玉祥、李宗仁推为副总司令。开始，张学良主张和平，不想使东北军卷入内战，主要是因为父丧不久，内部未稳，日寇在侧，父仇未报，怕内战引起日寇乘虚而入。但蒋系与反蒋联军双方，都极力拉拢张结盟，张不得不考虑抉择。

蒋介石为争取张学良，费尽心机，不惜一切：派亲信张群、李石曾、吴铁城等，长期轮班盯在张学良身边，进行拉拢；委任张为陆海空军副总司令；将平津以及华北地盘，交奉系掌握；还给张现金600万元；这些令张学良深感欣慰。张学良的夫人于凤至也被请到南京，宋美龄与她认干姐妹。蒋介石还亲自陪张学良拜谒中山陵，蒋宋夫妇邀请张学良夫妇同游汤山等。张学良深受感动，发誓要"竭尽忠诚，拥护中央，完成和平统一"。蒋介石的"引鸟"计谋和手腕，使涉世较浅的张学良终于"入笼"，听从蒋介石的摆布。

于是，张学良于1930年9月18日决定东北军入关，帮助蒋介石打败反蒋联军。1936年冬，在国内抗日形势的推动下，张学良终于走上西安"兵谏之路"，为共产党的"团结抗日、一致对外"的政策立了一大功。但是，张在送蒋回南京时又一次失策，自身遭到软禁，成为入笼之鸟。直到蒋介石和蒋经国父子死后，台湾当局才把软禁张的笼子打开，让其赴美国一趟。可是，这只大鹏鸟已经羽毛脱落、两翼双垂，再也不能起飞了。

晏子讽谏齐景公：踊贵履贱

齐国的国君齐景公喜好声色犬马，好施酷刑，国中有许多人因犯一些小罪而被处以刖刑，即砍掉了人的双脚。被处以刖刑的人行走不能，便要安上一种叫踊踋的假肢，拄着拐杖才能慢慢移动。这样的人越来越多，卖踊踋的商人便靠此发了财。

有一次，齐景公向大夫晏婴道："你家离市场挺近，也不知现在市场上什么东西最贵，什么东西最便宜？"晏婴早就想劝谏景公不要乱施刑罚，眼下见机会来了，便马上回答说："市场上的行情我当然最清楚了，现在市场上踊最贵，而履（木底鞋）最贱。"那意思是说，现在买踊的人反倒比买鞋的人还多呢。

齐景公一听便知晏婴话里有话，是讽刺他刑罚太重，刖足者多，不得人心，心中顿时有所省悟。于是下令减少刖刑，减轻刑罚。

东方朔用弦外之音救助乳母

智圣东方朔，有许多聪明机智的故事。他特别善于使用含沙射影、敲边鼓的方法，使许多难题顷刻间化解，朝有利的方向解决。他说出话来能给人以很大的启迪。

汉武帝有个乳母，有一次乳母家里的人犯了法，被汉武帝知道了。汉武帝很生气，立即传旨，叫乳母全家搬到国境边上去住。

国境离都城长安有千里之遥，且偏僻荒凉，乳母很不愿意去。她急忙找东方朔，请他在汉武帝面前说说情。

东方朔回答说："这种事，光靠我向皇上说好话是挽救不了的。不过有一个办法可以试试看：明天你去辞别皇上，临走的时候，走几步就回一次头，看一看皇上，但是千万别说求他饶恕的话。"

第二天，乳母就按照东方朔的嘱咐，去向汉武帝辞行。她来到金銮殿上一看，东方朔正陪着皇上说话呢。乳母向皇上说了几句辞别的话，拄着拐杖就走。她走得很慢，走几步就一回头，再走几步又回头看一看皇上，好像舍不得自己奶大了的汉武帝似的。

汉武帝对乳母还是很冷淡，什么话也没说。这时候，站在旁边的东方朔却开口了，他说："唉！大乳母，您老人家为什么老是回头呢？皇上现在长大了，不用再吃您的奶了，您赶快走吧！"

汉武帝听了东方朔这几句话，心里想：乳母就像自己的母亲一样，从小喂奶给我吃，把我抚养大了，现在她家里的人犯了事儿，我就把她撵走了，人家不会说我忘恩负义吗？汉武帝想到这里，立刻大发慈悲，高声召唤乳母："大乳母，您回来吧，我不让您走了，您还是住在长安好了。"

东方朔只说了这么几句话，就给乳母帮了个大忙，真是会敲边鼓。

简雍妙语讥讽刘备撤销禁令

三国时，蜀国突然发生一次严重旱灾。蜀国汉中王刘备下了一道命令，全国上下禁止酿酒，以节约粮米。为了彻底禁止酿酒，又矫枉过正的命令：凡是被查出有酿酒用具的人，与制酒者同罚，不得轻易放过。

民众们对毁弃酒具这件事很有意见。他们认为，旱灾是暂时的，旱灾之年，可以不酿酒。但毁掉酿酒用具则是没有必要的，等灾年过去后还可以酿酒，现在保存酿酒用具并不证明违令酿酒，如果把有酒具的人和私自酿酒的人同样论处，则有失公正，未免法令苛刻。

简雍是蜀国才思敏捷的大臣。有一天，他陪着刘备出了宫廷到外边闲逛。在途中，见一对男女并肩行走，简雍故意指着他们说："这两个人在一块走，犯了通奸罪，应抓起来问罪。"

刘备不解其意，问道："这两个人只不过是在并行走路，怎么能按通奸罪抓起来呢？"

简雍笑着回答："他俩都长着通奸的性器呀，难道不应该和通奸同样治罪吗？这和朝中规定的有酒器的人与酿酒的人同样治罪，是一样的道理呀！"

刘备听罢，大笑中顿然醒悟。马上下令，只处罚私自酿酒的人，对家中有酒器的人不予追究。

古弼动手打人变相责备皇帝

南北朝时期，北魏有个大臣叫古弼。这个人性格倔强，就是见到皇帝有什么不对，也敢犯颜直谏。

有一次，皇帝为了修花园和打猎场，占用了老百姓的许多耕地。老百姓种不成庄稼了，日子可怎么过呢？他们就写信给古弼，请他去跟皇帝说说。古弼看了信，觉得老百姓说得很有理，就带着信进宫去见皇帝。没想到皇帝正在跟大臣刘树下棋，古弼只好坐在一旁等着。

等啊等，等了半天，两个人还是下个没完。他越等越生气。心里说：国家大事这么多，丢着不管，只知道下棋，真是岂有此理。可是他又不好冲着皇帝发火，就走上前去，揪住刘树的耳朵，照他脑袋就打了两下。

刘树不知是怎么回事儿，慌忙抱住脑袋说道："你、你……怎么打人哪？"

古弼瞪着眼睛说："你误了国家大事，还不该打？"

"我误了什么国家大事啦？"刘树不解地问。

古弼指着棋盘说："你成天跟皇上下棋，使皇上忘了国家大事。别人有事要见皇上，也见不着，好多要紧的事儿拖着办不了。你这还不算误了国家大事？"刘树刚要争辩，古弼又照他背上猛捶几拳。

皇帝见古弼动手打人，觉得他实在无礼，刚要开口训斥，顿悟到古弼话中也有责备皇上的意思。考虑到这位老臣为了国事发火，也是无罪有功。于是推开棋盘，对古弼说："别打他了，是我叫他来下棋的，这不能怪他。古弼，你找我有什么事儿，说吧！"

古弼就把老百姓的信交给了皇帝。皇帝看完信，答应了老百姓的请求，于是下命令：停止修花园和打猎场，把占用的耕地都退还给老百姓。古弼的这几拳，为老百姓打回来了一大片耕地。

蒯通唇枪舌剑取河北三十城

秦末有一个叫蒯通的人，由于他能言善辩，唇如枪、舌如剑，使陈胜的起义部队没有经过攻战，就得到了河北地区30多座城池。昔苏秦、张仪，也未必如此。

原来，陈胜麾下有一名将军叫武臣，他奉命率3 000人横渡黄河，攻打河北地区的各个城池。武臣一到河北，就遍发檄文，揭露秦王朝的残暴。河北各地的百姓纷纷拿起刀枪棍棒，争先恐后地去杀本地郡县官吏，义军声威大震，一连占领了几十座城池。

范阳令徐公得知武臣杀来，急忙整顿士卒，日夜提防，决心与范阳城共存亡。这一天，蒯通去见徐公，开口就说："守令大人，蒯通为您吊丧来了！"徐公听了大怒，喝道："我还没有死呢，你给我吊什么丧？我看你是活得不耐烦了！"

蒯通大声说："你做了十多年的范阳令，今天杀了张家的儿子，明天又杀了李家的父亲，被你砍掉手脚的不计其数，你的仇人太多了。过去他们没找你报仇，那是因为惧怕秦朝的法律；现在天下大乱，老百姓恨不得挖了你的心，吃了你的肉，义军一到，你难道还能不死吗？"

蒯通的话说到了徐公的心上，这是他的一块心病，徐公连忙俯身作揖，向蒯通求教："望先生救我，指条明路。"蒯通道："除了向义军投降，别无生路。如果你愿意，我可以去见武臣，保证你绝路逢生。"徐公立刻答应："就依先生！"

蒯通进入武臣营中，对他说："以前，将军没费多大力气就得了十多个城池，这是很大的功劳，不过吗，以后可就难了。"

武臣知道蒯通是范阳城中有名的辩士，便向他请教。蒯通有条有理地说："以前，有些城池的守吏开城向您投降，您却把他们杀了，这是大错特错。远的不讲，就说这范阳令徐公吧，他就是想跟你顽抗到底，绝不投降，因为他害怕像以前那些投降的秦朝官吏一样被您杀掉。”武臣听了连连点头:“言之有理!”

“如果范阳令投降被杀,其他城池的守将势必固守死战,抵抗到底,将军能轻易地夺取河北之地吗?”蒯通继续论讲:“相反,如果您能优待范阳令,就等于给其他城池的守将吃了定心丸,他们也会相继投降。那么,占领整个河北不费吹灰之力,您看怎样?”

武臣被说得喜笑颜开,连呼:“此计大妙! 此计大妙!”他让蒯通给范阳令送去侯印,又把一百辆车、二百匹马作为赠礼送给范阳令。范阳令投降义军受到优待的事一传开,其他城池守将纷纷开城投降,迎接起义军。武臣兵不血刃,连攻 30 城,很快就占领了整个河北。

韩信一纸书信降服燕国

秦朝灭亡后,刘邦和项羽为争夺天下而展开殊死决战。刘邦为了牵制项羽,命令韩信从侧翼迂回。韩信能征善战,仅用四个月的时间,就灭了魏国、代国,又越过太行山,灭了赵国。他以背水阵和疑兵计以少胜多,一举击溃赵军,杀死赵军统帅陈余,活捉了赵王歇,然后悬赏千金捉拿谋士李左车。

几天后,李左车被缉拿归案。众将士皆以为韩信必杀李左车无疑,谁知韩信一见李左车,立即上前亲自为他松绑,并请他坐在上座,自己坐在下手,好像是弟子对待师傅。

李左车道:“败军之将,不敢言勇;亡国大夫,不可图存。我是将军的俘虏,将军何以这样对待一个俘虏呢?”

韩信说:“从前,百里奚住在虞国,虞国被消灭了;秦国重用了他,从此才强大起来。今天您就好比是百里奚,如果陈余采用了你的计谋,我早已是你的俘虏了。正因为陈余不听你的建议,我才能有今天的胜利。我是诚心向您请教,请您不要推辞。”

李左车见韩信真的敬重自己,这才开口说道:“将军连克魏、代、赵三国,取得了很大胜利,但将士们已十分疲劳,再要去攻伐燕国,倘若燕国凭险而守,将军恐怕要力不从心。”

韩信问:“先生以为该如何是好呢?”

李左车道:“将军一日之内击败赵国二十万大军,威名远扬。燕国不会不知道吧,如果将军挟此余威,一面安抚将士和赵国百姓,一面派使者去燕国,晓以利害,则可不战而使燕国屈服。”

韩信大喜,连声赞叹:“先生高明之极,就照您说的办!”

韩信当即修书一封，在信中阐明了汉军势不可挡的优势，分析了燕国的处境及战与降的利害，又派了一名能言善辩的使者把信送往燕国。同时，又按照李左车的建议把军队开到燕国边境线上，摆出一副虎视眈眈的进攻架势。

燕国君臣早已得知赵国灭亡的消息，今见韩信大兵压境，无不惶恐。燕王看了韩信的书信后，立即表示同意归降。

韩信只凭一纸书信，未费一兵一卒，就顺利地拿下了燕国，可谓不战而胜。

李白醉草吓蛮书渤海国归降

话说唐玄宗时，渤海国的使者带着国书来到长安。唐玄宗召见番使，令翰林学士宣读番书。不料，翰林学士打开番书，只见上面全是些鸟兽文字，竟一字不识，文武百官也无一人认得。唐玄宗大怒，道："枉有你们这些文武百官，这封信认不出来，如何回话？番使回去定然嘲笑我大唐王朝没有人……如果九天之内，还不能知道番书何意，一律处斩，另选大臣。"

翰林学士贺知章回到家中，长吁短叹，惊动了家中的客人李白——李白因进京赶考，受到杨国忠和高力士的排挤，名落孙山，此时正寄居在贺知章家中。李白问明情况，哀叹地说："可惜我李白金榜无名，不能为朝廷分忧解难。"贺知章问知李白能识番文，惊喜万分，立即向皇帝报告。唐玄宗召见李白，赐李白进士及第，穿紫袍束金带。李白捧起番书，用唐音译出，念道：

"渤海国大可毒书达唐朝官家：自你占了高丽，与俺国逼近，边兵屡屡侵犯我界，想必出自官家之意。俺如今不可耐者，差官来讲，可将高丽一百七十六城，让与俺国……若还不肯，俺起兵前来厮杀，且看哪家败胜！"

这分明是一份"宣战书"。

唐玄宗问文武百官："番人要兴兵抢占高丽，有何良策可以应敌呀？"百官皆不能答。贺知章说："陛下还是问问李白吧。"李白高谈阔论："皇上尽管放心，明天召见番使，我当面回答他，也用鸟兽一般文字，一定要他们的可毒知我大唐王朝的威严，拱手束降。"

唐玄宗当即封李白为翰林学士，设宴款待。李白大醉而归，第二天上朝时还酒气未退，借着酒劲儿，李白想起科考时被杨国忠和高力士侮辱的情景，上奏玄宗要求高力士为他脱靴、杨国忠为他捧砚磨墨。玄宗正在用人之际，立刻准奏。李白大笔一挥，刷刷点点，不一会儿，就写完了吓蛮书，献到玄宗面前。玄宗但见上面龙飞凤舞，却一字不识，心中暗自吃惊，于是让李白宣读。李白朗声念道：

“大唐开元皇帝，诏谕渤海可毒：自昔石卵不敌，龙蛇不斗。本朝应运开天，抚有四海，将勇卒精，甲坚兵锐……方今圣度汪洋，怒尔狂悖，急宜悔祸，勤修岁事，毋取戮戳，为四夷笑……”

番使大为震惊，回到渤海国，将大唐国书交给可毒国王。国王看后惊恐地说：“天朝有神仙相助，如何敌得！”于是，写了降表，归顺大唐王朝。

张良妙计稳军心刘邦巧封侯

楚汉战争结束，刘邦打败项羽夺得天下，当上了皇帝，定都后常到各地巡视。一天，他在洛阳看见许多将军在一起议论，走近他们的时候，又听不见什么。只见将军们面有怒色，好像心怀不满，要有什么行动似的。刘邦急忙问与他同行的张良这是怎么回事，张良回答说：“他们正议论着准备造反。”刘邦吓了一跳，天下刚刚平定，就有人要造反，这是为何？他赶忙向张良询问原因。

张良分析说：“陛下斩蛇起义，靠这些将士们出生入死才夺取天下。现在，秦朝被推翻，项羽也被打败，您当上了皇帝，将军们目前最关心的问题就是分封土地和授予官位。可是，陛下分封的人都是萧何、曹参一类同您亲近的人，处理的都是与您有矛盾的人。现在，将军们都盼望着得到分封和官位，可是又担心轮不着他们，另有一些人过去得罪过陛下，害怕遭到陛下的打击报复。所以，他们聚集在一起密谋发难，另寻出路。如果此事处理不当，很可能出现内乱。”

刘邦慌忙问策：“事到如今，应该怎么办呢？”张良接口说道：“臣有一策，可以应付这个局面。请陛下告诉我，平时您最恨的而且将军们都熟悉的人是谁？”

刘邦随口说出：“雍齿。此人作战勇猛，战功很多，在将士们中也有威望。可是他居功自傲，在我面前说话没有分寸，多次在众人面前揭我的短处，让我下不来台。我真想杀了他，但想到那时正在用人之际，也就忍了。”

张良笑道：“这就好了，陛下可以立即封雍齿为侯，那些有战功又得罪过您，担心陛下打击报复的人，一看陛下最恨的人都封为侯了，还有什么可担忧的呢？他们的怒气怨气自然就烟消云散了，还怕他们会造反吗？”

刘邦听了此言，龙颜大悦，当天设下酒宴，大宴群臣将属，亲自给功臣们敬酒，当众宣布封雍齿为什邡侯。雍齿喜出望外，当下跪拜表示永远忠于皇帝，愿效犬马之劳。

将军们都开怀畅饮，高高兴兴地说："现在好了，没有什么后顾之忧了，我们就等着陛下的封赏吧！"

张良精通兵法，深谙六韬三略，略施小计，就把动乱的"欲燃"之火熄灭，为刘邦安定天下又立一功，无怪乎后人有"张良计、子房策"一说。

宰相调虎离山皇帝偷梁换柱

唐玄宗时，曾设置神策军，就是皇帝的御林军。到了后来，神策军的权势逐渐增大，超过了所有的禁军。德宗在位时，王驾鹤为神策军最高指挥官，由于他长期统领禁军，权倾朝野，引起了德宗的忧虑，怕他将来逼宫，打算另选一位可靠的大臣取而代之。

圣旨拟好，德宗却没了主意，怕王驾鹤手握重兵，万一不听调遣，发动叛变怎么办？德宗想不出妥当的办法，便问宰相崔佑甫怎么办。崔佑甫回答说："此事好办，请皇上不必忧虑。一会儿臣将王驾鹤召来，皇帝即可派代任长官进入神策军颁旨到任。"德宗依计而行。

崔佑甫派人叫来王驾鹤，两人海阔天空地谈了很长时间。这时，前往赴任的白志贞将军已经进入了神策军，安排就绪，控制了局面。最后，王驾鹤发现宰相找他来，说了半天话也没有什么事儿，就问崔佑甫："你找我来有事吗？"崔宰相说："实话告诉你吧，皇上委派白志贞到神策军中代替你的职务，怕你想不通，我就把你找来谈一谈。"王驾鹤说："那你怎么不早说呢？"宰相道："现在说晚了吗？"王驾鹤心慌意乱，不知所以，悻悻离去。

老军校论城防豪言壮语安众

宋仁宗宝元年间，党项族的兵马将延州城（今陕西延安）围困了七天七夜。有好几次，险象环生，宋军差点儿被党项族攻破城防，心里非常害怕，延州知州范雍感到情况十分危急，很为此事发愁，忧郁之情，溢形于色。

这时，有一位老军校对范雍说："我是边地之人，曾经遇到过好几次围困，其中就有和现在差不多的时候。我发现，党项人不擅长攻打城池，最后也攻不破城防。只要大家同心协力守城，咱们现在就完全不必担心！我愿以性命担保此事，如果出现万一，甘愿杀头！"范雍听了老军校的这番豪言壮语，振奋起精神来，觉得这番话可以安定军心，鼓舞士气，于是派人马上到军中进行宣传。将士们听到这番豪言壮语，畏敌之心顿时消失，惊慌之态一扫而光，全城军心稳定，同仇敌忾，狠狠地打击了敌人的攻城气势，终于守住了延州城。

庆功会上，范雍说老军校知己知彼，堪称全军第一。因此重重奖赏了老军校，并提拔他为将领。

有人对老军校说："大敌当前，你竟敢大胆放肆，胡说八道。如果万一你的话没有应验，你可是要被杀头的啊！"老军校说："你没好好动脑筋呀！如果万一城池被敌人攻破，城中必然大乱，到那时人人性命皆难保，哪有工夫顾得上来杀我呀！我不过是用那些大话来稳定军心罢了。"老军校的这个计谋可谓绝妙矣！

燕昭王招贤纳士筑金台

战国时期，北方的燕国曾一度被齐国攻占了大片土地，燕昭王亲率大军收复了被齐国攻占的土地。政局稳定后，燕昭王意识到：国家要想长治久安，必须有大量的贤能之士。他思贤若渴，想要招揽天下的人才。可是，怎样才能使天下的贤能之人自愿来到燕国并心甘情愿为燕国出力呢？燕昭王夜不能寐，想了几个月，也没有想出个好主意来，于是他找来大夫郭隗商量对策。

郭隗明白了燕王的用意，并没有回答昭王提出的问题，而是给他讲了一个高价买马骨的故事。古时候，有个国君打算花一千两黄金买一匹千里马，历经三年也未能买到。有个人自告奋勇为国君效劳，他找了三个月，才找到了一匹千里马。可惜他刚一赶到，那匹马就死了。他就花了五百两黄金，为国君买了这匹马的骨架带了回来。国君见后大怒，训斥说："我要买的是活马，谁让你买这死马骨头，且花五百金的高价？"那人向国君解释说："我这样做，是要让天下人知道，国君肯花五百两黄金买千里马的骨头，那还愁没有人把千里马给您送上门来吗？"这消息一传开，不到一年，千里马就送来了三匹。

燕昭王听后深受启发。郭隗说："您如果真想招纳贤才，不妨就先从我身上做起吧。让天下的人都看到，像我这样老而无用的人都能受到您的敬重，国内外的贤才就会自动地来向您靠拢了。"于是，昭王立即拜郭隗为老师，命人给郭隗盖了富丽堂皇的房子，每天还要恭恭敬敬地向老师问安。之后，昭王还在易山筑了一座黄金台，里面堆满了黄澄澄的金子，专门用来招纳贤才。这样，燕昭王爱才好贤的名声，就不胫而走。不几年的工夫，许多有才干的人纷纷前来投奔燕国。乐毅从魏国来，邹衍从齐国来，剧辛从赵国来，屈庸从卫国来，苏代从洛阳来，这些人都是当时天下的一流人物；还有一大批贤能之士也纷至沓来，出现了“士争凑燕”的局面。有一首唐诗曾写道：“燕昭北筑黄金台，四面豪杰乘风来。”从此，燕国日渐强大，成为战国七雄之一。

赵匡胤黄袍加身夺皇权

宋朝开国皇帝赵匡胤，在22岁那年投靠在后汉枢密使郭威帐下，当时只是一名普通士兵。后来在郭威推翻后汉的作战中，屡立战功，“一条大棍，勇冠三军”。他智勇双全，终于被提升为殿前都指挥使。

公元959年，周世宗柴荣去世，已任殿前都点检的赵匡胤又兼任了宋州归德节度使，既掌握禁军，又负责防守京师。这时，他篡夺皇位登基坐殿的野心萌发了。

公元960年旧历正月初一，后周宫廷内张灯结彩，君臣正欢度新年。镇、定二州边关突然报警，声称北汉和契丹联军入侵。小皇帝柴宗训惊慌失措，只好派赵匡胤率领禁军迎敌。

赵匡胤调兵遣将，大造声势，率大军出城。暗中却安排弟弟赵光义和谋士赵普准备兵变。当大军行至大梁城北40里的陈桥驿时，便驻扎下来。夜里，受赵光义和赵普指使的将士们为托儿，到军营各处煽风点火，议论说：“现今皇上年幼无知，不能亲理国政，我们冒死出征有什么意思？不如先立点检为天子，再北征不迟。”赵光义和赵普煽动将士们回京城，并派人先去约定留守汴梁的将领石守信等人做内应。赵普和赵光义带着一帮将领闯入赵匡胤的帅帐大声叫喊：“诸将无主，我们愿立点检为天子！”

这时，赵匡胤装作大醉不醒的样子，别人把早已准备好的龙袍给他穿在身上时他还不明白是怎么回事。众将士见他已经黄袍加身，便一齐叩头礼拜，高呼“万岁”！他才如梦初醒，责怪众人为什么给他“黄袍加身”！

次日，赵匡胤率领大军回师京城。后周大臣闻变大惊，有人主张闭门抵抗，但得知宰相范质、王溥已被软禁时，知道大势已去，无可挽回了。赵匡胤来到左掖门时，内应石守信打开了宫门，押解宰相、大臣迎接。赵匡胤故意在众人面前哭诉说：“我受世宗厚恩无以为报，今被众人逼到如此地步，真是有负于天地啊！”

宰相范质正想说话，站在一旁的军校罗彦瑰立即高声说：“我等拥戴点检为天子，不从者格杀勿论！”赵匡胤大声斥责罗彦瑰，让他退下。罗彦瑰一招手，立即跪下一群人，向赵匡胤高呼“万岁”。王溥、范质面面相觑，心里全明白了，只好跪在赵匡胤的脚下。朝中大臣见大局已定，纷纷跪倒叩拜，宫内顿时响起了一片“万岁”的山呼。

后周小皇帝柴宗训被迫宣布禅位，降为郑王。赵匡胤登基当上了皇帝，国号为宋，以汴京为都城。这就是有名的“陈桥兵变”，赵匡胤时年34岁，在位17年。

智取生辰纲需白胜卖酒

《水浒传》第十六回“杨志押送金银担，吴用智取生辰纲”里有一个“托儿”，名叫白胜，绰号白日鼠。智取生辰纲本来是8人合作，但书中却写七星聚义。晁盖、吴用、公孙胜、刘唐、阮小二、阮小五、阮小七等七人，那个白日鼠白胜算作编外，不在“七星”之内。

公孙胜已打探明白这生辰纲从北京大名府送往东京汴梁蔡太师那里，必须路过黄泥冈，此处下手劫取生辰纲最好。刘唐道：“我们离黄泥冈较远，何处可以容身？”晁盖道：“黄泥冈东十里路，地名安乐村，有一个闲汉，白日鼠白胜，也曾来投奔我，我曾经赞助过他盘缠。”吴用道：“这个白胜家，便是我们安身处。亦还要用了白胜。”用白胜什么？原来吴用策划劫取生辰纲时用他做“托儿”。

要做“托儿”，需有三个条件：一是一伙人事先合谋完了，分头行动，假装不认识；二是偶然相遇，闹点小误会，再往目标上拉，引入正题；三是双方暗中合作，巧投诱饵，钓鱼上钩。

却说杨志等十五人，行程半个月，来到了黄泥冈。挑担的军人虽然身强力壮，但此时已累得无精打采。日近中午，酷热难当，不等杨志发话，众军人就放下担子，在路边的树林里歇息起来。杨志发现路那边的树林里有人，拿着朴刀奔过去查问，方知是七个贩枣子的客商，没有什么危险，就允许他们这伙人在此歇息。

不一会儿，只见远处一个汉子，挑着一副担桶，上得冈来，口里唱道：“赤日炎炎似火烧，野田禾稻半枯焦。农夫心内如汤煮，公子王孙把扇摇。”

那汉子口里唱着，走上冈子来，松林里头放下担桶，坐地乘凉。众军人见了，问道：

"你桶里是什么东西?"那汉子应道:"是白酒。"众军人道:"挑往哪里去?"那汉子道:"挑往村里卖。"众军道:"多少钱一桶?"那汉子道:"五贯足钱。"众军人凑钱,要买一桶酒吃以解暑气,杨志发现后大骂:"吃什么酒?要是里面有蒙汗药,还不把你们麻翻了!"那汉子道:"你这客官说的什么话,这般难听!你不买拉倒,别坏了我酒家的名声!我又不是卖给你们的。"

这时,只见对面松林里那伙枣贩子走过来,也要买一桶酒吃,那汉子道:"不卖不卖,我这酒里有蒙汗药!"客商们道:"你这人真不讲理,我们也没说你什么坏话,你跟我们闹什么别扭?"提了一桶,用椰瓢舀着吃。无一时,一桶酒都喝光了。七个客商道:"你的酒真好吃,钱不少你的,只饶我们一瓢吃。"刘唐舀了半瓢自吃起来,吴用从松林里拿着瓢出来伸进桶里舀酒,端着走被卖酒的汉子夺回来把酒倒回桶里,口里说:"饶不得,做定的价钱。"

杨志那边的众人见了,垂涎三尺,急忙来买这桶酒,杨志仔细观察,也没发现什么问题,于是让众人吃了。卖酒的汉子结了账,收拾担桶起身下冈,口里又唱道:"赤日炎炎似火烧,黄泥冈上半枯焦。酒里下了蒙汗药,劫得金银乐逍遥。"杨志等众人听了,顿觉心惊肉跳:什么?蒙汗药?酒里真有蒙汗药?快抓住他!可是,哪里能立起身来?众人只觉得头重脚轻,天旋地转,四肢无力,浑身发软……杨志喝的少些,勉强站起身来,向右一扑,想去抓人,结果来了个猪八戒拱地　　嘴啃泥。

那边的七个客商在松林边观看,用手指点杨志等人:"倒也!倒也!"果然,那十五人一个个地倒了下去,失去知觉。这七个人如狼似虎,把枣子扔掉,推着小车奔了过来。将金银珠宝全部装在车上,推起车子大摇大摆地下了黄泥冈。

原来,那个担酒的汉子就是白日鼠白胜,是个"托儿",专门"钓鱼"的。是那七人的同伙,假装不认识,偶然相遇。白胜挑担上冈时,两桶都是好酒。七个人先吃了一桶,刘唐又去揭另一桶盖,舀了半瓢酒吃,故意让杨志等众人看着,证明剩下的这桶也是好酒,没问题。次后,吴用去松林取出药来,抖落在瓢里,只装作赶来要酒吃,伸瓢去舀酒,乘机把药撒进酒桶里,舀出半瓢酒就走,那白胜劈手夺回,倾倒在桶里,那蒙汗药已经搅和在酒里了,这个便是吴用的手段。

由此可见,白胜在这次黄泥冈一案中所起的作用是不可低估的,他表演得活灵活现,恰到好处,使"七星聚义"大功告成。如果没有白日鼠这个"托儿"的默契合作,吴用焉能智取生辰纲?

白莲教掩埋石人举义旗

元朝末年，深受民众信仰的白莲教广为流行。白莲教领袖韩山童、刘福通以传教为名，煽动民心，组织人马，练习武术，暗中准备造反。

当时，元朝征发了 20 万民工正在修整黄河。韩山童和刘福通了解到黄陵岗这个地方是挖河道的必经之处。于是，他们偷偷地凿刻了一个独眼石人，并把“莫道石人一只眼，此物一出天下反”这 14 个字刻在其背后，然后把石人埋在黄陵岗地下。

之后，他们根据这两句话，编了几首歌谣，教给白莲教徒，并有意在民工中传唱。歌谣中有几处“天下反”三个字，反复连唱。它集中表达了深受剥削和压迫的广大民众要求推翻元朝黑暗统治的强烈愿望，因而在民工中流传甚广。

不久，民工们在黄陵岗挖出了那个独眼石人，因其背后的两句话与传唱的歌谣惊人相似，顿时引起轰动。人石共愤，这一定是天意，谁也抗拒不了。大家信服地说：“歌谣灵验极了，有独眼石人为证，看来要天下大乱了！”这样，韩山童、刘福通顺利地聚集了 3 000 多人，揭开了反抗元朝统治大起义的序幕。

第三章　治衡圆融

一、警语格言

【原文】人主不通主道者则不然。自为之则不能任贤，不能任贤，则贤者恶之，此功名之所以伤，国家之所以危。

［议曰：“《申子》云：君知其道也，臣知其事也。十言十当，百言百当者，人臣之事也，非人君之道也。”《尸子》云：“人臣者，以进贤为功也；君者，以用贤为功也。”］

【译文】上面说的是通晓治国、用人大法的最高统治者的做法，而那些不明白这个道理的统治者就不这样做了。他们往往事无巨细，都要亲自做才放心，因此不会信任、重用有才德的贤人。不用有才干的人，有才干的人就会厌弃他。其最终结果，只能是功名、事业受损害，国家、社会出现危机。

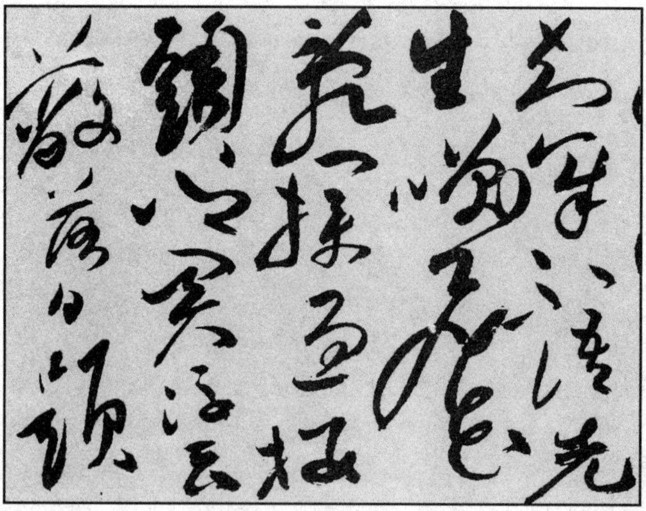

[这里还可以引述战国时的法家申不害和尸佼在他们所写的《申子》和《尸子》中的话来说明。《申子》说："人君应当知道他治国的最高原则，群臣应当知道所负的职责。说话算数，说了就实行，是各级官员的事，并不是帝王必然遵循的原则。"《尸子》说："举荐贤能是各级官员的工作；善用贤能才是帝王的工作。"]

【原文】知士者而有术焉。微察问之，以观其辞；穷之以辞，以观其变；与之间谋，以观其诚；明白显问，以观其德；远使以财，以观其廉[又曰：委之以财，以观其仁，临之以利，以观其廉]；试之以色，以观其贞[又曰：悦之以色，以观其不淫]；告之以难，以观其勇[又曰：告之以危，而观其勇。又曰：惧之以验其特]；醉之以酒，以观其态[又曰：醉之以酒而观其则。又曰：醉之以酒，观其不失]。

《庄子》曰："远使之而观其忠[又曰：远使之以观其不二]；近使之而观其敬[又曰：近之以昵，观其不狎]；烦使之而观其能[又曰：烦之以事，以观其理]；卒然问焉而观其智[又曰：设之以谋，以观其智。太公曰：事之而不穷者谋]；急与之期而观其信[太公曰：使之而不隐者谓信也]；杂之以处而观其色[又曰：纵之以视，观其无变]。"《吕氏春秋》曰："通则观其所礼；贵则观其所进[又曰：达，视其所举也]；富则观其所养[又曰：富视其所与。又曰：见富贵人，观其有礼施。太公曰：富之而不犯骄逸者谓仁也]；听则观其所行[行则行仁]；近则观其所好[又曰：居视其所亲。又曰：省其居处，观其贞良。省其交游，观其志比]；习则观其所言[好则好义，言则言道]；穷则观其所不爱[又曰：穷则观其所不为非。又曰：贫视其所不敢]；贱则观其所不为[又曰：贫贱人观其有德守也]；喜之以验其守[守，慎守也。又曰：喜之以观其轻]；乐之以验其僻[僻，邪僻也。又曰：娱之以乐，以观其俭]；怒之以验其节[节性也。又曰：怒之仇，以观其不怨也]；哀之以验其仁[仁人，见可哀者则哀]；苦之以验其志[又曰：验之，以观其能安]。"《经》曰："任宠之人，观其不骄奢[太公曰：富之以不骄奢者，义也]；疏废之人，观其不背越；荣显之人，观其不矜夸；隐约之人，观其不慑惧；少者，观其恭敬好学而能悌[《人物志》曰：夫幼智之人，在于童齿，皆有端绪。故文本辞繁，辩始给口，仁出慈恤，施发过与，慎生畏惧，廉起不敢者也]；壮者，观其廉洁务行而胜其私；老者，观其思慎，强其所不足而不逾。父子之间，观其慈孝；兄弟之间，观其和友；乡党之间，观其信义；君臣之间，观其忠惠[太公曰：付之而不转者，忠也]。"此之谓观诚。

[傅子曰："知人之难，莫难于别真伪。设所修出于为道者，则言自然而贵玄虚；所修出于为儒者，则言分制而贵公正；所修出于为纵横者，则言权宜而贵变常。九家殊务，各

有所长,非所谓难。所谓难者,以默者观其行;以语者观其辞;以出者观其治;以处者观其学。四德或异,所观有微,又非所谓难也。所谓难者,典说诡合,转应无穷,辱而言高,贪而言廉,贼而言仁,怯而言勇,诈而言信,淫而言贞。能设似而乱真,多端以疑暗。此凡人之所常惑,明主所甚疾也。君子内洗其心以虚受,人立不易,方贞观之道也。九流有主,贞一之道也。内贞观而外贞一,则执伪者无地而逃矣。夫空言易设,但责其实事之效,则是非之验立可见也。"

故韩子曰:"人皆寐,盲者不知;人皆默,喑者不识。觉而使之视,问而使之对,则喑、盲穷矣。发齿吻,视毛色,虽良乐不能。必马连车蹴驾,试之行途,则臧获定其驽良。观青黄,察瑕销,虽欧冶不能。必剑断狗马,水截蛟龙,虽愚者识其利钝矣。是知明试贵实,乃圣功也。"]

【译文】知人难,但不是不能知。

如果你想知道一个人语言的表达能力,可以向他隐晦含糊地突然提出某些问题;连连追问,直到对方无言以对,可以观察一个人的应变能力;与人背地里策划某些秘密,可以发现一个人是否诚实;直来直去地提问,能看出一个人的品德如何;让人外出办理有关钱财的事,就能考验出是否廉洁[还有一种方法,就是把钱财交给他,由他支配,可以观察他是否仁义,或者让他面临有利可图的事情,也可以看出他是否廉洁];用女色试探他,可以观察一个人的贞操[或者让他呆在令人兴奋的美女身边,就能知道他是不是一个淫乱的人];要想知道一个人有没有勇气,可以把事情的艰难告诉他,看他有何反应[或者突然告诉他危险在即,也可以看出一个人的勇气;或者突然恐吓他,看他是否有特别之处];让一个人喝醉了酒,能看出人的定力[有人用让人醉酒的方法来考验一个人会不会乱性]。

《庄子》说:"派人到遥远的地方办事能知道一个人是否忠诚不二,[或者说有没有二心];而在跟前办事则能观察出他是否尽职[还有一种说法是近在身边与他亲昵,可以看出他是不是一个轻薄无仪的人];一个劲儿让人做繁杂的工作,可以看出他没有临烦不乱的才能[或者说调理繁杂事务的本事];突然间向一个人提问可以观察其机智[或者与之共同策划来看他的智力。姜太公说:有连续不断之应变能力的人是有谋略的人];可以用仓促间和一个人约定的办法来观察他是否守信用[太公说:办事过程中不向你隐瞒消息,就可以称作有信用];使一群人杂然而处,看某个人的神色变化,就能发现其人的种种隐情[或者让人随便看各种各样的东西,可能观察出他对什么事情是坚持不变的]。"《吕氏春秋》说:"仕途顺利时看他所尊敬的人是谁;显达的时候看他所追求的目标是什么[或者在一个人青云直上时要看他提拔的是些什么人]；富裕的时候要看他所抚养的对象[或者看他帮助些什么人。太公说：富贵了仍然朴素诚恳，就叫作仁]；听其言，观其行，可以知道一个人是否仁善；看一个人经常接近些什么东西就能知道他的爱好[或者通过观察一个人的居室，就能大致估计出他的亲朋好友是些什么人，志向如何]；经常接近一个人要体会他说话的真义[是否谈论仁义道德]；一个人倒霉、穷困时要看他不喜欢什么东西[或者看他不敢做的是什么，会不会做坏事]；贫贱时要看他不爱做什么事，这样就能看出他有没有骨气；在一个人高兴时能检验出他是否有自制力或者是否轻佻；快乐时能检验出他的嗜好是什么或是否俭朴；让人发怒可以考验他的本性优劣[或者仇人触怒他，可以看出他是不是个记仇的人]；让人悲伤能知道一个人是否仁爱，因为宅心忠厚的人见别人悲哀也会与之同哀；艰难困苦可以考验一个人的志气或是否有随遇而安的修养。"《经》书说："受重用、宠爱的人，要看他会不会骄奢淫逸[姜太公说：富贵而不骄奢的人有仁义]；而被当权者疏远、闲置的人，要看他会不会背叛或有什么越轨行为；荣贵显达的人，要看他是不是见人就夸耀自己，显得了不起；默默无闻的人，看他是不是有所畏惧；青少年要看他能不能恭敬好学又能与兄弟和睦。"[《人物志》说："从小聪慧的人，在小时候就能有所表现。所以说，文才本于辞藻丰富，辩才始于口齿伶俐，仁爱出于慈善怜恤，好施生于大方，谨慎生于畏惧，廉洁起自不拿别人的东西。"]；壮年人，要看他是否廉洁实干，勤恳敬业，大公无私；老年人，要看他是否思虑慎重，各方面都衰退了，身体精力都不济了，是否还要拼命挣扎。父子之间，看他们是否慈爱、孝顺；兄弟之间，看他们是否和睦友善；邻里之间，看他们是否讲信义；君臣之间，看君主是否仁爱，大臣是否忠诚。[姜太公说："给他权力但不变心的才是忠。"]这种识别人的方法就叫"观诚"。

[傅玄说：知人的困难之处，最难的是辨别真伪。如果一个人的修养是源于道家，他就会言谈自然，崇尚玄妙虚无；如果是出自儒家，一开口就是礼仪制度，崇尚公平正直；如果是出自纵横家，就好谈论权力、机变，崇尚改革、变法。诸子百家各有不同的追求，各有不同的长处。分辨他们的不同，这不是我们所说的知人而难。当一人静默不动的时候，怎样才能知道他将如何行动？当一个人说话的时候，怎么知道他真正想说的是什么？在他从政的时候，会做出怎样的业绩？在他赋闲的时候，他的学识如何？这四种情况虽然各不相同，仔细观察，总能发现他们的不同。所以这也不是我们所说的难处。我们所说的难处是，有的人说起话来引经据典，头头是道，实际上是在为自己的阴谋奸诈找理论根据。看风使舵，八面玲珑，受了侮辱却标榜自己如何如何品德高尚；贪得无厌却满口清正

廉洁；残害众生却偏说自己多么仁慈；怯懦无能却说自己英勇非凡；为人奸诈却要信誓旦旦；淫荡好色偏偏装出坚贞不二的样子。凡此种种的伪君子，都有一套以假乱真的技巧，会花样翻新地迷惑人们的视听。这在普通百姓来说，是习以为常的事情，然而对于当权者来说，却是最为痛恨、忌讳的。有德行的人，力求使自己的心灵纯洁虚灵，虚心平和地待人，任凭外界人欲横流，但永不动摇端方正直的立身准则。懂了这些，才算明白了最正确的观察人的方法。百家九流，都有他们一贯坚持的原则。内心有了正确的观察人的方法，对外坚持原则，那些千方百计伪装的阴险小人就无处藏身了。空头高调谁都会唱，但只要以实践检验其实质，那么是非正误马上就暴露无遗了。”

因此，韩非子说：“在人们都睡着的时候，就无法分辨谁是盲人；当人们都不说话的时候，就无法知道谁是哑巴。醒了之后让他们看东西，提出问题让他们回答，哑巴和盲人就无法隐瞒了。看口齿，观毛色，即使是最优秀的伯乐也看不出哪个是好马，只要让马驾车奔驶，就连奴仆臧获也能辨别是好马还是驽马。从一把宝剑表面的颜色和铸锻的纹理去鉴定，就是善观剑的欧冶子也未必知道好坏，只要在地上宰狗杀马，水里斩截蛟龙，即使是蠢人也能分辨剑的优劣。由此可见，能够明白通过实践考核事情、人物的真伪，是最高明的方法。”]

【原文】又有揆德。揆德者，其有言忠行夷，秉志无私，施不求反，情忠而察，貌拙而安者，曰仁心者也。有事变而能治效，穷而能达，措身立功而能遂，曰有知者也。有富贵恭俭而能威严，有礼而不骄，曰有德者也。[议曰：鱼豢云：“贪不学俭，卑不学恭，非人性，分处所然耳。”是知别恭俭者，必在于富贵人也。]有隐约而不慑，安乐而不奢，勋劳而不变，喜怒而有度，曰有守者也。有恭敬以事君，恩爱以事亲，情乖而不叛，力竭而无违，曰忠孝者也。此之谓揆德。

[桓范曰：“夫帝王之君，历代相踵，莫不慕霸王之任贤，恶亡国之失士。然犹授任凶愚，破亡相属，其故何哉？由取人不求合道，而求合己也。故《人物志》曰：‘清节之人，以正直为度，故其历众材也，能识性行之常而或疑法术之诡；术谟之人，以思谋为度，故能识策略之奇而或失遵法之良；伎俩之人，以邀功为度，故能识进趋之功而不通道德之化；言语之人，以辨折为度，故能识捷给之慧而不知含章之美，是以互相非驳，莫肯相是。凡此之类，皆谓一流。故一流之人能识一流之善，二流之人能识二流之美。尽有诸流，则亦能兼达众材矣。’”又曰：“夫务名者不能出己之后，是故性同而材倾则相援而相赖也，性同而势均则相竞而相害也。”此又同体之变，不可不察也。]

【译文】知人还有"揆德"之法。所谓"揆德",就是用估量一个人的品德的办法来判断人。如果一个人言语忠实,行为稳重,由于意志坚定而大公无私,做了好事不求回报,内心忠厚而明察,其貌不扬但性情安静稳健,这是宅心仁厚的人。如果一个人遇有突发性变故而能卓有成效地处理,身处穷困之境而能奋发向上,进身立功能够如愿,这是有智慧的人。如果一个人富贵显赫之后仍然恭敬勤俭而不失威严,对人彬彬有礼而不骄横,这是有福德的人。[三国时魏人鱼豢说:"贫穷的人无须学习俭朴,卑贱的人无须学习谦恭,这不是人性的不同,而是人的处境决定的。"所以要知道一个人是不是真正的俭恭,必须在富贵人身上才能看出来。]有的人处在简陋清贫的状况下而无所畏惧,处在安乐富裕的情况下而不奢侈,功劳卓著而不反叛,高兴或愤怒时都很有节度,这是有操守的人。有的人恭恭敬敬地侍奉君王,恩恩爱爱地孝敬父母,与人感情不和但决不背叛,竭尽全力也始终不渝,这是忠孝的人。这就叫作"揆德"。

[桓范说:"历代帝王都羡慕成就王图霸业的人能任用贤能,惋惜亡国的人失去了人才。然而他们依然要任用那些凶险愚顽的奸臣,结果国破家亡的事连绵不绝。这到底是什么原因呢?原因就在于择人不看是否合乎道义,只求意气相投。《人物志》说:'高风亮节的人,以正直为标准,所以虽然阅人无数,也能依照其人品、德行是否合乎伦常而用人,对于其法术是否诡诈持怀疑态度;推崇谋略的人以计策是否高明为标准,所以能够鉴别策略的奇特还是平庸,但是往往违背了对正确法度的遵循;玩弄权术的人以是否能立功为标准,所以能够看清进退的效用,但是不明白道德的教化作用;讲究口才的人以能否折服别人为标准,所以能够把握辩论的技巧,但是不明白文采的内在美质,因此互相争辩但都不服输。凡此种种,都属于人才中的一流。同一个档次的才能看清对方的长处。要想做到诸长皆备,无所不通,就必须广聚众才。'"桓范又说:"追求名声的总是不甘居于人后,因此对心性相同而才情稍差的就互相帮助,互相依赖;但是如果心性虽同而旗鼓相当的,就会互相竞争,彼此伤害。这又是同气相求的一个变数,不能不详加考校。"]

【原文】夫贤圣所美,莫美乎聪明。聪明之所贵,莫贵乎知人。知人识智,则众材得其序,而庶绩之业兴矣。[又曰:夫天下之人不可尽与游处。何以知之?故观其一隅则终朝足以识之。将究其详,必三日而后足。何谓三日而后足?夫国体之人,兼有三材,故谈不三日,不足以尽之。一以论道德;二以论法制;三以论策术。然后乃能竭其所长,而举之不疑。然则何以知其兼偏而与之言乎?其为人务以流,数抒人之所长,而为之名目。如果者,谓兼也。好陈己善,欲人称之,不欲知人之所有。如是者,谓偏也。]是故仲尼训"六蔽”,以戒偏材之失[仁者爱物,蔽在无断;信者诚露,蔽在无隐。此偏材之常失也。]思狂狷以通拘抗之材,疾空空而无信,以明为似之难保。察其所安,观其所由,以知居止之行。率此道也,人焉庾哉,人焉庾哉?

【译文】圣贤最赞赏的是聪明,聪明者最注重的是知人。能知人识才,各种人才就会都有合适的位置,小事大事就都能办得很好。

[还有一种说法:我们不可能和天下所有的人交游相处,如何才能知道与谁相处最好呢?如果要了解一个人的某一方面,有一天就够了。如果要全面了解,最起码也得三天,为什么是三天呢?能做国家柱石的人,必须兼备三种才能,所以说不谈三天,就不能全面了解他。第一天要用来谈道德;第二天用来谈法制;第三天用来谈谋略。然后才能尽显他的长处以便举荐他。但是,又凭什么知道他是全才还是偏才以便与他交谈呢?如果他在为人上务求与他人相容,不断地讲别人的长处并为之寻找相应的理由,这种人就是全才。如果是喜欢光讲自己的优点,希望别人赞赏他,而不愿看到别人的长处,这种人就是偏才。]

所以孔子在教导弟子们时提出“六蔽”[仁者爱人,蔽在优柔寡断;信名坦诚,蔽在不善保密,等等。这是偏才最容易犯错的地方]的说法,目的就是为了防止偏才的失误。指出狂傲与耿介的偏失,以疏导有偏执拘谨或高傲刚直之缺陷的人才;痛斥空泛而无信的流弊,向人们提醒那些似是而非的人是无法信赖的;明察一个人安身立命之所在,考究他所作所为的动机,借以了解他的日常行为。依照这样的原则和办法去观察人,无论他是怎样的人,又怎么能伪装、掩饰得住呢?

【原文】故曰:富贵在于骨法,忧喜在于容色。[《经》曰:青主忧,白主哭泣,黑主病,赤主惊恐,黄主庆喜。凡此五色,并以四时判之。春三月青色王,赤色相,白色囚,黄黑二色皆死。夏三月赤色王,白色、黄色皆相,青色死,黑色囚。秋三月白色王,黑色相,赤色死,青黄二色皆囚。冬三月黑色王,青色相,白色死,黄与赤二色囚。若得其时、色,王、相者吉,不得其时、色,王、相若死囚者凶。

魏管辂往族兄家见二客。客去,辂谓兄曰:“若此二人,天庭及口耳之间同有凶气,异变俱起,双魂无定,流魂于海,骨归于家。”后果溺死。此略举色变之效。]

【译文】依《相经》的说法:“看一个人的富贵,主要是看他的骨骼。有喜有愁主要是看他的容色。”

[不过这里应该先说说观色的依据。根据五行说,世界物质可分五类:木、金、水、火、

土，五物又与五种颜色对应：青、白、黑、赤、黄，反映到人的身心上，又分别与忧愁、哭泣、疾病、惊恐、喜庆对应。五行中的木、火、金、水各主一季，比如春季是草木生长期，所以木气最旺（即王），木所生的火次旺（即相），而金却处在被囚禁的状态，因为次旺的火克制着它。被最旺的木克制的土和因生木而被消耗的水就处在死地上。其他以此类推。五行所对应的颜色和人的身心所处的状态也与此相同：青色（忧愁）王，赤色（惊恐）相，白色（疾病）囚，黄黑两色（喜庆、疾病）死。其他依次类推。

下面这个例子就是说明如何用观色来预测人凶吉的。三国时的著名相术家管辂有一次去他族兄家，看见两个客人。客人走后，管对其兄说：“这两个人的脑门上和口耳之间都有凶气，预示要发生怪异的变故。且其魂魄游移不定，可能要丧生于水里，但其尸骨会回到家中。”后来这两人果然都被淹死。］

【原文】范蠡曰：“越王为人长颈鸟喙，可与共患难，不可与共安乐。”尉缭曰：“秦王始皇，隆准长目，鸷膺豺声，少恩信，虎狼心。居约易出人下，得志亦轻食人。不可与之久游。”

叔鱼生，其母视之曰：“是虎目而豕心，鸢肩而牛腹。溪壑可盈，是不可厌也。”晋叔向欲娶于巫臣氏，其母不欲，曰：“昔有仍氏生女，黯黑而甚美，光可以鉴物，名曰玄。妻乐正，后娶之，生伯封，实有豕心，贪婪无厌，忿类无期，谓之封豕。有穷后羿灭之，夔是以不祀。且三代之亡，皆是物也。汝何为哉？天有尤物，足以移人。苟非德义，则必有祸。”叔向惧，乃止。

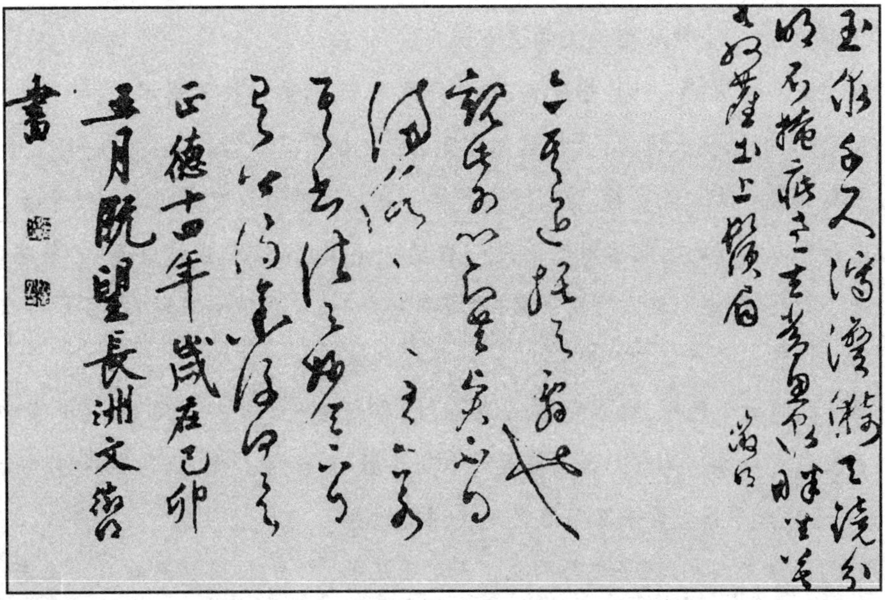

魏安僖王问子从曰："马回梗梗亮直，大夫之节，吾欲为相，可乎。"答曰："长目而豕视，则体方而心圆。每以其法相人，千万不失一。臣见回非不为伟其体干，然甚疑其目。"

平原君相秦将白起，谓赵王曰："武安君之为人也，小头而锐下，瞳子白黑分明，视瞻不转。小头而锐下者，断敢行也。瞳子白黑分明者，见事明也。视瞻不转者，执志强也。可与持久，难与争锋。"

王莽大口蹷颐，露目赤睛，声大而身长七尺五寸，反膺仰视，瞰临左右。或言莽所谓鸱目虎吻，豺狼之声，故啖食人，亦当为人所杀。后篡汉位，后兵败归果被杀也。

【译文】曾帮助越国雪耻复国的范蠡说："越王这个人脖颈长，嘴长得像鸟喙。这种人只能与其共患难，不能同安乐。"尉缭子说："秦始皇鼻梁高，眼睛长，胸脯像老鹰，声音像豺狼，寡恩薄信，心如虎狼。处境困难的时候甘居人下，一旦得志就会杀人如麻。这种人不能与之长期相处。"

叔鱼出生后，他母亲看了看说："这孩子眼睛如虎目，心口像猪胸，鹰肩牛腹。山谷可以填满，而他将来却贪得无厌。"晋国的叔向想娶巫臣家的女儿，她母亲不愿意。她说："从前有仍氏生了个女儿，虽然肤色很黑，但长得很美，光彩照人，取名叫玄。后来嫁给了专管音乐的后夔，生下伯封，胸如猪腹，生性贪婪，取名叫封豕，整个氏族后来被后羿消灭，再没有人祭祀他们的祖先。三代人全部灭亡，都是因为娶了玄。你为什么还要重蹈覆辙呢？上天生下绝世美人，足以改变人一生命运，假如不是有德性的人娶上，就会遭祸患。"叔向害怕了，没敢娶巫臣家的这个女儿。

魏安僖王问子从："马回性格耿直，有大夫的气节，我想提拔他当宰相，可以吗？"子从说："马回眼睛细长，视人像猪，长相虽然方正，但内心却很狡猾。我用这一经验相人，千万个人没有看错一次。依我看，马回不是长得不魁梧。然而我对他的双眼很怀疑。"

平原君看了白起的面相后对赵王说："白起头小下巴尖，双目黑白分明，看东西目不转睛。头小下巴尖，说明这人行动果断；两眼黑白分明，说明他见事明白；目不转睛，说明意志坚强。这种人只能与之打持久战，不能与他针锋相对地抗衡。"

王莽长相口大下巴短，眼球突出，晶体血红，声音粗大。身高七尺五寸，挺胸仰视，高高地向下者左右两边。又有人说王莽眼睛像猫头鹰，嘴巴像老虎，声音像豺狼，所以能吃人，将来也会被人杀死。后来篡夺西汉政权，兵败被杀。

【原文】夫命之与相，犹声之与响也。声动乎几响，穷乎应，必然之理矣。虽云以言信行，失之宰予，以貌度性，失之子羽。然《传》称："无忧而戚，忧必及之；无庆而乐，乐必还之。”此心有先动而神有先知，则色有先见。故扁鹊见桓公，知其将亡；申叔见巫臣，知其窃妻。或跃马膳珍，或飞而食肉，或早隶晚侯，或初刑末王。铜岩无以饱生，玉馔终乎饿死。则彼度表扪骨，指色摘理，不可诬也。故列云尔。

【译文】命运和相貌的关系，就好像声音与回响一样。声音从细微之处开始，回音在呼应后消失。这是必然的道理。虽说根据言语和相貌判断一个人就会发生像冤枉孔子的学生宰予和子羽那样的错误。然而《左传》上说："没有忧虑却心情悲伤，那么忧愁一定很快到来；没有快乐的事却莫名其妙地突然欢喜起来，那么快乐也会马上降临。”这就是说，人们的心理和神志对即将来临的忧与喜有一种超前的感应，心神预感后，就会首先在面容上反映出来。因此扁鹊见到蔡桓公就知道他不久就要死去，楚国大夫申叔见到巫臣后就知道他会偷偷地娶陈国灭亡后又被楚国俘获的夏姬。有的人生来高贵，骑着高头大马，吃着美味佳肴；有的人却像猛禽一样，飞来飞去找肉吃；有的人早年给人当奴隶，晚年却封侯称王；有的人起初对山珍海味不以为然，后来却落得饿死的下场。对于这些情况，相面的人一方面要揣度准他的相貌，另一方面还要摸清他的骨骼，根据他的神情，再按照相术原理进行预测，就能知道一个人的富贵凶吉。所以对于察相一法，是不应该轻易否定的。因此单列这一章，作为知人的参考。

【原文】克勤于邦，克俭于家。

——《书·大禹谟》

【译文】能够辛勤地为国效力，能够节俭地维持家计。

【原文】以俭得之，以奢失之。

——《韩非子·十过》

【译文】崇尚节俭，能得到许多益处；奢侈腐化，则会亡国败家。

【原文】历观古今，以约失之者实寡，以奢失之者盖众。

——《国起西园弟表启》

【译文】古往今来，纵观全部历史，以节俭而败国亡家的人很少，因奢侈腐化而败国亡家的人则很多。

【原文】历览前贤国与家，成由勤俭败由奢。

——《咏史》

【译文】遍观过去明君的朝代与家庭，成功皆因勤俭，败亡出自奢靡。

【原文】至于亲邻之道，夙契逾深，无改曩怀。

——《徐孝穆集·为贞阳侯与太尉王僧辩书》

【译文】至于亲戚邻里之间的情谊，交往越来越默契真诚，不会改变过去的一片衷情。

【原文】妇人疏字者子活，数乳者子死。

——《气寿》

【译文】妇女生育孩子，时间间隔长的，孩子易存活；时间间隔短的，孩子易夭折。

【原文】父殁而子嗣，姑死而妇代，非子妇嗣代使父姑终殁也，老少年次自相承也。

——《偶会》

【译文】父亲死了由儿子继承，婆婆死了由媳妇代替，并不是由于儿子继承、媳妇替代才使父亲、婆婆死亡的，是由于年纪顺序自然承接的。

【原文】乱骨肉，犯亲戚，无上下之序者，禽兽之性，则乱不知伦理。

——《书虚》

【译文】乱及骨肉之亲，侮犯亲戚之人，没有长幼尊卑的分别，那是禽兽的性欲，会淫乱不知伦理。

【原文】子者，人情所通；亲者，人所力报也。

——《祸虚》

【译文】对子女的疼爱，是人之常情；对于父母的恩情，是人们要竭力回报的。

【原文】父不失礼，子不废行。

——《艺增》

【译文】父亲不失去礼义，儿子不废弃操行。

【原文】子孙孝善，是家兴也。

——《治期》

【译文】子孙后代孝顺、善良，家庭一定会很兴旺。

【原文】请问为人父。曰：宽惠而有礼。请问为人子。曰：敬爱而致恭。请问为人兄。曰：慈爱而见友。请问为人弟。曰：敬诎而不苟。请问为人夫。曰：致功而不流，致临而有别。请问为人妻。曰：夫有礼，则柔从听待；夫无礼，则恐惧而自竦也。

——《君道》

【译文】请问作为人父的道理。回答说：宽容恩惠，而有礼节。请问作为人子的道理。回答说：敬爱，而竭力恭谨。请问作为人兄的道理。回答说：慈爱，而表示友好。请问作为人弟的道理。回答说：谦恭，而不苟且。请问作为人夫的道理。回答说：尽力事务，而不淫邪；尽力接近，而夫妻有别。请问作为人妻的道理。回答说：丈夫有礼节，就柔顺、听从地去侍奉；丈夫没有礼节，就表示惶恐，而自知警惕。

【原文】夫妇之道，不可不正也，君臣、父子之本也。

——《大略》

【译文】夫妇之道，是不可以不端正的，这是君臣、父子的本原。

【原文】礼之于正国家也，如权衡之于轻重也，如绳墨之于曲直也。故，人无礼不生，事无礼不成，国家无礼不宁。君臣不得不尊，父子不得不亲，兄弟不得不顺，夫妇不得不驩。少者以长，老者以养。

——《大略》

【译文】礼，对于平正国家，就如同秤对于轻重一样，就如同墨线对于曲直一样。所以，人离开了礼，就不能生存；事务离开了礼，就不能成功；国家离开了礼，就不能安宁。君臣之间没有它，就不能尊重；父子间没有它，就不能亲密；兄弟间没有它，就不能和顺；夫妇之间没有它，就不能欢快。少年由于礼而得到成长，老年由于礼而得到奉养。

【原文】君子之于子，爱之而勿面，使之而勿貌，导之以道而勿强。

——《大略》

【译文】品德高尚的人对于自已的儿子，喜欢他但不表现于脸上，指使而不用好脸色央求他，要用道义引导他，而不是用粗暴的强制他。

【原文】父有争子，不行无礼。

——《子道》

【译文】父亲有谏诤之子，就不会做出无礼之事。

【原文】居官有二语，曰"唯公则生明，唯廉则生威"；居家有二语，曰"唯恕则清平，唯俭则用足"。

【译文】做官有两句必须遵守的箴言，这就是"态度公正无私才能产生明确判断，行为清白廉洁才能产生威信"；治家有两句必须遵守的箴言，这就是"多设身处地替别人设想，心情自然平和，生活节俭朴素，家用自然充足"。

【原文】纵容子孙偷安，其后必至耽酒色而败门庭；专教子孙谋利，其后必至争赀财而伤骨肉。

【译文】放纵子孙只图取眼前的安逸快乐，子孙以后一定会沉溺于酒色，败坏门风；专门教子孙谋求利益的人,子孙以后必定会因争夺财产而彼此伤害。

【原文】谨守父兄教,沉实谦恭,便是醇潜子弟;不改祖宗成法,忠厚勤俭,定为悠久人家。

【译文】谨慎地遵守父兄的教诲,待人处世诚实谦虚,就是一个敦厚的好子弟;不擅自删改祖宗留下来的教训和做人做事的方法,能厚道勤朴地持家,一定能家道兴旺,且能历久不衰。

【原文】凡遇事物突来,必熟思审处,恐贻后悔;不幸家庭衅起,须忍让曲全,勿失旧欢。

【译文】遇到突发的事情,一定要深思熟虑,慎重地处理,以免事后反悔;家中不幸起了不和的事情,必须尽量忍让,委曲求全,不要使过去融洽的情感遭到损伤破坏。

【原文】齐家先修身,言行不可不慎;读书在明理,识见不可不高。

【译文】治理家庭首先要将自己治理好,修养自己的德行,在言行方面一定要处处谨慎无失;读书的目的在明达事理,一定要使自己的见识高超而不低劣。

【原文】待人宜宽,惟待子孙不可宽;行礼宜厚,惟行嫁娶不必厚。

【译文】对待他人应该宽厚,唯有对待子孙不可太宽大纵容;礼节要周到,唯有在办婚事时不必大肆铺张浪费。

【原文】守身不敢妄为,恐贻羞于父母;创业还须深虑,恐贻害于子孙。

【译文】一个人洁身自爱而不敢胡作非为,是怕自己不好的行为,会使父母蒙羞,给父母增添耻辱。开始创立事业时,更要深思熟虑,仔细选择,以免将来危害到子孙。

【原文】黎明即起,洒扫庭除,要内外整洁。

——《朱子家训》

【译文】天色开始发亮的时候就要即刻起床。整理屋子,打扫庭院,不论室内室外,都要收拾得干净整洁。

【原文】既昏便息,关锁门户,必亲自检点

【译文】天色已经黑了,就要停止工作,安心休息。在睡觉之前必须要亲自去察看一番,该关的门有没有关好,该锁的门有没有锁牢,只有亲自检查过以后,睡觉才能安心。

【原文】一粥一饭,当思来之不易。

【译文】当我们喝一碗粥,吃一碗饭的时候,应当想到我们吃的每一粒米,都是经过农夫千辛万苦种出来的,它们来得是多么不容易。

【原文】半丝半缕，恒念物力维艰。

【译文】在我们穿衣服的时候，看到半段丝，半缕线，即是那么少的一点东西，我们也要常常思念到物资的生产过程是很艰难的，我们应当珍惜。

【原文】自奉必须俭约，宴客切勿留连。

【译文】我们自己的生活享受，必须要力求俭省节约。请宾客到家里来饮宴，绝对不要毫无节制地挥霍，甚至超越了自己的经济能力范围。

【原文】器具质而洁，瓦缶胜金玉。

【译文】我们日常用的器具要求其质地好，同时要保持清洁，假如你用的是金碗玉盆，蒙上了一层污物，那实在还不如洗得干干净净的瓦罐卫生好用。

【原文】饭食约而精，园蔬愈珍馐。

【译文】我们每天吃的食物不必样数太多，要简单而烹饪得法。如果烹饪得精美可口，就是利用菜园里种的蔬菜，也胜过烹调不宜的山珍海味。

【原文】勿营华屋，勿谋良田。

【译文】不要花很多钱建造豪华的住宅。普通房舍，只要收拾干净，住着也很舒适。不要用尽心思，谋计购买良田，就是薄田，只要能多加灌溉施肥，也可以有良好的收成。

【原文】三姑六婆，实淫盗之媒。

【译文】三姑，六婆，这一类的女人，大部分都能言善道，表情丰富，品德低落，实际上都是诲淫诲盗的媒介体。

【原文】婢美妾娇，非闺房之福。

【译文】女佣长得美貌，妻子生得娇艳，这都不是家中的幸福。

【原文】童仆勿用俊美，妻妾切忌艳妆。

【译文】雇用男仆，不要求其容貌英俊秀美，自己的妻子必须要避免浓妆艳抹。

【原文】祖宗虽远，祭祀不可不诚。

【译文】祖宗虽然去世年代久远了，但是在祭拜祖宗的时候必须要很诚恳。

【原文】子孙虽愚，经书不可不读。

【译文】子孙虽然愚笨。《四书》《五经》非读不可，因为其中有做人处世的道理。

【原文】刻薄成家，理无久享。

【译文】对人刻薄而立家的人，按照常理，他绝对不会长久享用他的财富。

【原文】兄弟叔侄，须分多润寡。

【译文】在一个家庭中，兄弟叔侄之间要力求公允，尽量使付出和获得相一致，在财物分配上，也应当分多润寡，求其公平。

【原文】长幼内外，宜法肃辞严。

【译文】在一个家庭中，不论年长者，或年幼者，女性或男性，都应该遵守家中的生活规范，在讲话的时候，长者应当对幼者多关怀教诲，幼者对长者讲话应当尊敬端正，不可不分大小，语无伦次。

【原文】听妇言，乖骨肉，岂是丈夫。

【译文】只听信妻子的一面之词，疏远父母和子女，怎能算是堂堂男子汉。

【原文】重赀财，薄父母，不成人子。

【译文】如果一个人对钱财看得很重，刻薄父母的这便不是作为子女的道理。作为子女，应当自己克勤克俭，让父母的生活更好些，这才是人子之道。

【原文】嫁女择佳婿，毋索重聘。

【译文】嫁女儿要选择一个品德端正，有进取心的女婿。不可以向男方要求太多的聘金。

【原文】娶媳求淑女，勿计厚奁。

【译文】为儿子娶妻的时候，先要选择一个贤淑达礼，品德端正的女子，不要计较对方是否有很丰厚的嫁妆。

【原文】居家戒争讼，讼则终凶。

——《朱子家训》

【译文】居家过日子，应当忍让，避免与人争吵，进而争斗，甚至因争斗而演变成诉讼。诉讼的结果，不论胜败，都没有好处，因此，我们要尽量避免。

【原文】或曰既有子孙，当为子孙计，人之情也。余曰君子岂不为子孙计？然其子孙计，则有道矣。种德，一也。家传清白，二也。使之从学而知义，三也。受以资身之术，如才高者，命之习举业，取科第。才卑者，命之以经营生理，四也。家法整齐，上下和睦，五也。为择良师友，六也。为娶淑妇，七也。常存俭风，八也。如此八者，岂非为子孙计乎？循理而图之，以有馀而遗之，则君子之为子孙计，岂不久利而父子两得哉？

【译文】有人说既然有了子孙，就应当为子孙打算，这是人之常情。我说，君子难道不为子孙打算？但是君子为子孙打算，是有自己的方法的。培养高尚的道德，这是其一。家传清白，这是其二。教育子女，使其懂得道义，这是其三。教授给子孙如何立身做人的道理，才能高的，督促努力学习，应试科举，才能低的，让他努力劳动，自谋生计，这是其四。家法整齐，上下和睦，这是其五。为子孙选择良师益友，这是其六。为子孙选择贤淑女子，这是其七。常常保持节俭风尚，这是其八。这八个方面难道不是在为子孙打算吗？按照仁道教育子孙，遗留给子孙多余的东西。是君子为子孙的打算，这样难道不是长久之利而父子两者受益吗？

【原文】夫治家莫如礼，男女之别，礼之大节也。故治家者必以礼为先，男女不杂坐，不同椸枷，不同巾栉，不亲授受，嫂叔不通问，诸母不漱裳，外言不入于梱，内言不出于梱。女子许嫁，缨，非有大故，不入其门。姑姐妹女子，已嫁而反，兄弟毋与同席而坐，毋与同器而食。

——《家范·治家》

【译文】治理家庭最重要的是重视礼节，男女之间有别是礼节中的最关键所在。所以治理家庭一定先要讲求礼教。男女之间不杂乱相坐，不共同使用一个衣架，不要有亲肤之授，嫂嫂和叔子之间不相通问。不让庶母洗刷内衣。有关家事以外之事不要传到内室，家庭私事之言也不要在外面传布。女子已经许配了，就佩戴香囊，除非有大的变故，不准进入丈夫的门。姑姊妹的女儿已经出嫁了，回家来的时候，兄弟不要和他们同坐一条席子，也不要同用一套餐具。

【原文】居家之病有七：曰笑，曰游，曰饮食，曰土木，曰争讼，曰玩好，曰惰慢。有一于此，皆能破家。其次贫薄而务周旋，丰饶而尚鄙啬，事虽不同，其终之害，或无以异，但在迟速之间耳。夫丰饶而不用者，疑若无害也，然己既丰饶，则人望以周济。今乃恝然，必失人之情。既失人情，则人不佑。人惟恐其无隙苟有隙可乘，则争媒蘖之。虽其子孙，也怀不满之意。一旦入手，若决堤破防矣。

——《居家正本制用篇》

【译文】居家的弊病有七点：这就是笑骂戏谑、不务正业、大吃大喝、大兴土木、与人争讼、讲究玩乐、懒惰散漫。有了其中某一方面，就足以使家衰败。其次就是家庭贫穷、底子薄，却爱好应酬，家庭丰盈而一味吝啬，这两种情况虽然不同，但其有害的结果是一样的，只是时间的快慢不同罢了。家庭丰盈，不随便乱花，好像没有害处。但你既然有了余财，那么别人就指望你予以接济。你却无所谓的样子，一定会得罪人。既然得罪了别人。那么别人就不会帮助你。甚至只担心你没有空子可钻，一旦有了可钻的空子，那么就会有人争着陷害你。即使他的子孙，也会心怀不满，一旦有了动手的机会，那你就难逃厄运了。

二、经典名篇

用人之法当察其内

【原文】人之言曰:“物至而后鉴得用其明,事至而后君子得用其情。若弗接乎吾前,则泯然矣。能耶?否耶?我且不得而见,而况能察欤?”是说然矣!然人才之能否,未易察也。退然如不胜衣,而能以晋国霸;今将求之以壮勇,则失之矣。年老短小,而能使盗贼解散;今将求之以奇伟,则失之矣。应对鄙拙,而能反风灭火;今将求之以文辩,则失之矣。是夫人之才实者不易察如此也。齿若编贝,目如垂珠,而持论不根,则容貌不足以取人矣。丰姿详雅,神精明秀,而误天下之苍生,则风采不足以取人矣。踔厉风(严)[发],常屈挫人,而谄事群小,则议论不足以取人矣。是夫人之虚伪者,不易察也如此。人主于此将孰从而察之欤?闻之曰:“人才之在天下,当索之于内,不当求之于外;当考之以实,不当信之以文。”夫诈而似智,佞而似忠,迟钝而得深谋,鄙薄而能立事。人主鲜有不惑于此。夫惟索其内而窥之,即其实而观之,心鉴内明,天机洞照,于一见之顷而得之于耳目之外,则是非能否了然不能欺矣。

【译文】有人说:“众人到了,然后镜子才能体现它的光明的特点;事情来了,有节操和有才能的人才能表达自己的思想感情。如果从前我没有接触过某人,我对他就茫然无知。是有才能呢?还是没有呢?我又没有见到,何况没有什么深入地了解呢?”这种说法很正确。然而人是否有才能,不是容易觉察的。外表谦卑柔弱像是连衣服都穿不起来,却能使晋国称霸;如今要以强壮勇敢为标准来选择人,那就错了。年事很高而身体矮小,却能驱散盗贼,如今要以奇特雄伟的标准来选择人,那就错了。回答问题鄙陋朴实,却能改变风向扑灭火灾;如今要以能文善辩为标准来选择人,那就错了。因此人的实际才干竟这样的不容易觉察。有的人,牙齿像编织在一起的贝壳那样洁白整齐,眼睛像下垂的珠串那样光泽圆润,然而立论缺少根据,那么容貌不能作为选拔人才的依据。有的人,姿容丰满,仪态安详文雅,神色光泽秀丽,然而损害了天下百姓的利益,那么风度文采不能作为选拔人才的依据。有的人,议论高迈,像风一样连续吹来,层出不穷,常使别人屈服于他，然而卑躬屈膝地为小人们卖力，那么议论谈吐不能作为选拔人才的依据。因此虚伪的人竟这样的不容易觉察。君主对这种人将从何入手进行考察呢？听人说："人才遍布天下，应当取其内在素质，不应当取其外在表现；应当考察其实际才能，不应当相信其文采。"奸诈与智慧很相似，奸巧谄谀与忠心耿耿很相似，思想迟钝的人却能考虑得很远，出身低贱浅薄的人却能创建事业。君主很少有不被这些假象所迷惑的。只有取其内在素质和实际状况进行深入观察，心明如镜，天赋的悟性洞察一切，在短暂地接触中就能透过表象而了解他的内在素质，那么一个人的立身行事的正确与否和能力的高低就很清楚，就不能被表面现象欺骗了。

【原文】昔汉武帝知人善任，使其于一世之人才亦尝致其察矣。独惜其舍内而徇外，遗实而取文。夫是以所用者，皆非真才实能。卫、霍之容甚武也，则用之。张、周、桑、孔之状甚锐而巧也，则用之。公孙、邹、枚儒服儒言，甚秀而文也，则用之。至于汲黯之质直，今日（舐）［诋］其戆，明日诮其无学，又明日怒其妄发，徙之内史，迁之淮阳。当是之时，苟非震整而翘秀，便捷而奋发，帝皆有所不决焉。然愈多而愈不济。一用之则一穷。尝读《吾丘寿王传》，观其书责之曰："子前朕用之时，智略辐凑，以为天下少双，海内寡二。及至连十馀城之守，任四千石之重，职事并废，盗贼纵横，甚不称前之时。"是不察其内，而徒信于其外，则称意于前而不称意于后。失人而然也。厥后宣帝总核名实，拜刺史守相辄亲见问，观其所以然。其惩武帝之弊而得之欤。是故人主之观人，要当以武帝为戒，以宣帝为法。

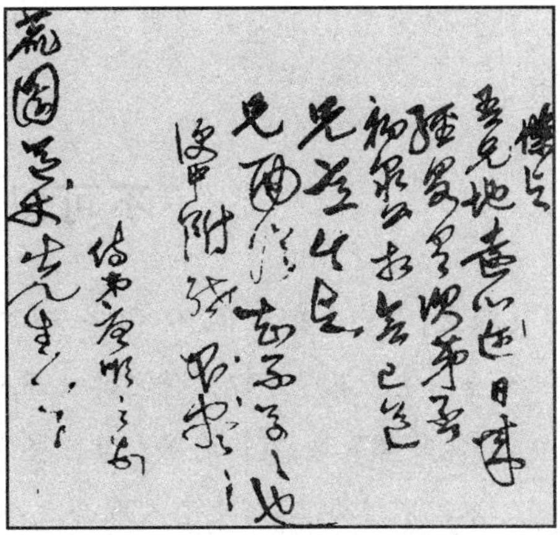

【译文】西汉时，汉武帝知人善任，致使他对于当代的人才也尽到了考核的责任。只可惜他舍弃了人的内在素质而只取其外在表现，舍弃了人的实际才能而取其文采。因此他所任用的人，都不是有真实才能的。卫青、霍去病的相貌很威武，就重用他们。张汤、杜周、桑弘羊、孔仅的形象精明而小巧，就重用他们。公孙弘、邹阳、枚乘身着儒者服装、口吐儒者言辞，服饰比较华美而举止比较文雅，就重用他们。至于对待像汲黯这样质朴直率性格的人，今天骂他刚直愚莽，明天责备他没学问，后天责备他胡言乱语，调他担任治理京城的右内史,又调他出任淮阳郡的太守。在汉武帝时代,如果不是相貌威严而才能突出、行动迅速而朝气蓬勃,武帝都不坚决重用。然而武帝重用的人越多,而事业越不能取得成功。一旦重用某人,某人就一筹莫展。我曾读过《吾丘寿王传》,看到武帝在赐给吾丘寿王的玺书中责备吾丘寿王说:"从前,我任用您的时候,似乎智慧谋略都集中到您一人身上,认为天下第一,海内无双。等到出任辖区有十余城池的大郡都尉时,身受朝廷赐予的四千石厚禄,公务全都荒废,盗贼遍地,跟以前的印象很不相称。"这是由于武帝不考察他的内在素质,而只相信他的外在表现。因此开始时很称心,到后来就不如意了。这是对人缺乏全面了解而造成的结果。此后汉宣帝用人时全面考察名声与实际是否一致,任命刺史、太守、诸侯相等官员时就亲自过问,以观察他们的内在本质。这是以武帝用人的弊病为鉴戒而得到的教训。因此君主考察人时,应当以武帝为鉴戒,以宣帝为榜样。

不可以一节而弃士

【原文】人才之在天下,不可以一节之不善而见弃之也。以一节不善而弃天下之才,则世无全人矣。孔子不以管仲之非礼而废其仁,孟子不以柳下惠之不恭而贬其和。自非尧舜,安能每事尽善,有始有卒?其惟圣人乎?苟非下愚不可移之资,则其所为必有是非当否。不以不善掩其善,此圣人取舍之政,以为法于后世,人主翕受敷施,当何法哉?于人之罪无所忘,天下所以叛楚;一闻人过,终身不忘,管仲知鲍叔不可以为相。《周书》曰:"记人之功,忘人之过,宜为君者也。"盖昔者尝窃叹唐八司马,皆天下雄豪伟特之才。如刘禹锡、柳宗元,其所以蕴藏,盖百分未试其一,故其陵厉轩轩之气,虽幽深憔瘁之中,犹自见于文章议论,而不没其精华。果锐盘屈,而抵折不得已,而暴露于荒州僻郡之间,盖亦有大过人者。而程异晚年复进,则唐之财用,遂以沛然。此岂可以一节之不善而遂终弃之耶?

【译文】对于天下的人才,不应该因为某一方面的缺点就抛弃他们。因为某一方面的缺点便抛弃天下的人才,社会上就没有完人了。孔子没有因为管仲[一时]违背礼义而否定他的仁德,孟子没有因为柳下惠[对统治者一时]的不恭顺而贬低他的适中。假如不是尧舜,怎能每件事全都做得尽善尽美、有始有终?大概只有圣人吧!如果不是极愚蠢而又不能改变的禀赋,他的行为就必然有的对,有的不对;有的适当,有的不适当。[看待一个人,]不能用他的缺点,去掩盖他的优点,这是圣人取人所长、舍人所短的政治,已被后世所取法。国君就应当把它接受过来，施行下去，还取法什么呢？对于别人的过错什么都不忘，天下因此背叛了楚国；一听到别人的过失，便终生不忘，管仲由此知道鲍叔不可以做宰相。《周书》说："记住别人的功劳，忘却别人的过错，[这样的人]适合当国君。"从前我曾深切地慨叹唐代的八司马，他们都是天下的英雄豪杰、卓越出众的人才。如刘禹锡、柳宗元，他们满腹经纶，大概连百分之一也没用上，所以那种咄咄逼人的高扬之气，即使是在幽辟困顿之中，还要通过文章议论进行自我表白，而不隐没他们的精华。他们性格果决敏锐、文风迂回曲折，他们反抗现实或屈己下人，实出于不得已，即便他们在荒远偏僻的州郡劳苦奔波，也有远远超出常人的地方。而那位程异，晚年又得到了重用，唐朝的财富，因此丰盛。这难道能因为某一方面的缺点，便最终抛弃他们吗？

【原文】尝读《洪范》之书，以为皇极之道，广大而不狭，宽厚而不苛。而尧、舜、禹、汤、文、武，所以用天下之术，颇可以推见于此。何者？有猷者，有谋略者也；有为者，有胆力者也；有守者，有志节者也。此不可以不念也。故曰"有猷、有为、有守，汝则念之。"虽然有谋略者或至于诈而不能正，有胆力者或至于纵而不知法，有志节者或至于执而不知权，盖非天下之中道矣；然而苟未丽于恶者，亦不可不爱也。故曰："不协于极，不罹于咎，皇则受之。"嗟夫！皇极之道，非圣人孰能行。昔者太祖皇帝，以大度致天下之士，知赵普之贪、曹翰之横，而包含覆盖，未尝见于辞色。故赵普、曹翰俱自以为名臣。自雍熙、端拱以后，用法愈详，责人愈密。盖其弊至今有二：一曰记其旧恶而不开其自新，二曰录其暂失而不责其后效。

【译文】我以前曾读过《尚书》中《洪范》这篇文章，认为帝王统治天下的最高准则，应当是胸怀广大而不狭小，气度宽厚而不苛刻。唐尧、虞舜、夏禹、商汤、周文王、周武王用来统治天下的策略，完全可以据此推想出来。为什么呢？[文中说的]"有猷者"，就是指有谋略的人；"有为者"，就是指有胆量的人；"有守者"，就是指有志向和节操的人。[并要求统治者]对这一点不能不牢牢记住，所以才说："有猷、有为、有守，汝则念之。"即使有谋略的人有时至于欺诈而不能恪守正义，有胆量和勇力的人有时至于放纵而不知法度，有志向和节操的人有时至于固执而不知变通，[这些行为]大概不符合天下的中正之道；但是，如果没有堕落成坏人，也不能嫌弃他们。所以[这篇文章]谈道："虽然他们的行为有时不符合最高原则，但只要还没有达到犯罪的程度，君主就应当宽容他们。"唉！这一统治天下的最高准则，不是圣人就能施行呢？从前太祖皇帝，以宏大的气度网罗天下的士人。他知道赵普贪财、曹翰专横，却包含遮盖，没有在言辞和神态上表露出对他们不信任。所以赵普和曹翰都认为自己是名臣。自从太宗雍熙、端拱以后,依法断罪越来越详细,对人的要求越来越严密。它的弊病至今可概括为两点:一是只记住了他人以往的罪恶,却不给他们改过自新的机会;二是只记住了他人一时的过失,却不顾及他们日后取得成效。

用人不可以仓促责成

【原文】司马温公曰:“唐虞之官,其居位也久,其受任也专,其立法也宽,其责成也远。故鲧之治水,九载,绩用弗成,然后治其罪;禹之治水,九州攸同,然后赏其功。非若京房、刘邵之法,校其盐米之末,责其旦夕之效也。苏文忠公曰:“吏人与民,犹工人操器,易器而操之,其始莫不龃龉而不相得。是故虽有长材异能之士,朝夕而去,则不如庸人之久且便也。自汉至今,言吏治者,皆推孝文之时,以为任人不可以仓促而责成功。又其三岁一迁,吏不为长远之计,则其所设施,一切出于苟简。”至哉斯言!夫世之君子,苟有志于天下,而欲为长久之计,则其效不可朝夕见。其始若迂阔,而其终必将有所观。今期月不报政,则朝必以为是无能为者,不待其成而去之,甚可惜也。

【译文】司马光说:“尧舜时代的官员,他们任职的时间长,他们接受委任专一,他们制定的法律宽大,要求他们完成任务的期限长。所以鲧治水的时候,用了九年,功业无成,然后才治他的罪;大禹治水,天下的水利工程都完工了,然后才奖赏他的功劳。不像京房、刘邵制定的法律,只计较盐米之类的小事,要求那些办事的人在极短的时间内就取得成效。”苏轼说:“官吏和百姓的关系,如同做工的人使用工具一样。使用刚调换的工具,开始时,莫不感到别扭,不那么得心应手。因此即使有一技之长或有特殊才能的人,在短时间内就离开原来的工作岗位,就不如一个普通人的持久精神和适应本职工作。从汉代到现在,谈论吏治的人,都推崇汉文帝的时代,认为任用人不应该匆忙地要求取得成效。还有那三年一晋升或一调动的办法,官吏[在其任上]不做长远的打算,因而他们的设施,一概出于草率简略。”这话说得最正确啊!世上那些才德出众的人,如有治理天下的志向,而且想做长远的谋划。他们的成效就不可能在较短的时间内显现出来。开始时,好像不切合实际,但最后一定会有可观的成绩。现在,官吏一个月不陈报政绩,朝廷一定认为他是一个没有作为的人。不等他取得成效,就让他离开了岗位,实在太可惜了。

【原文】夫事之有所建立,其始固有不快人意,而为其所沮,必至于持久而后见其效者。赵充国上屯田便宜策,公议是其计者十之三,而宣帝从之。留屯三年,则先零罕开之属，不战而自毙；左雄立限年举法，胡广之徒相继上书驳其议，幸而顺帝右之。雄在尚书三十馀年，天下不敢妄选，号为得人。事之持久而后见效，类皆如此。必若当时见沮于议者之口，其亦何能有所成哉？

【译文】大凡建立一种功业，开始的时候本来会有使一些人感到不快的因素，因而为他们所遏制，一定要等到很长一段时间，然后才可能见到成效。西汉的赵充国上奏了屯田便宜策，在朝廷上议论的时候，肯定这种计策的人，只占十分之三，而汉宣帝却听从了他的计策。驻军屯田三年，先零、罕开这些部族，汉兵没有同他们交战，便自消自灭了。东汉时左雄制定了限年察举法，胡广一些人相继上书朝廷批驳左雄的意见，幸亏顺帝庇护他。左雄在尚书任上三十多年，天下不敢在选举孝廉时弄虚作假，号称用人得当。经过较长时间方能见到功效的事情，大概都是这样。如果当时就被议事者的言论所遏制，那又怎么能有所成就呢？

用人要当自有所见

【原文】用人之道，非一端也。泛观前代，或以家世，或以人望，或以荐引，或以功业，然其得失常相半焉。格于皇天之后，而有格于上帝之臣；大驻汉中之余，而有长驱成都之祸；不好文学，或成安边之功；或读父书，乃有杀身之辱：无非家世也。起慰苍生，而王室遂安；倚以成功，而车战辄败；单骑见虏，而罢回纥之兵；决胜千里，而困赤眉之战：无非人望也。以能谋之国器，而得善断之王佐；以知几之君子，而昧于多才之奸人；筑坛之拜，本以追亡；街亭之衄，痛以自贬：无非荐引也。佐帝之功，基于治齐；为相之声，减于治郡；拔赵定燕者，卒能施名于后世；料敌合变者，不能救患于应侯：无非功业也。是四者，虽不足以尽取人之道，而其大要，实在于此。然古人以是而得之矣。将袭其迹而用之，其失或在于是。然则如之何而可？曰：家世、人望之说不必废，吾于荐引功业之中，果贤者而用之足矣。所贵乎圣人者，以其一心之明诚，自有所见而不惑于其迹耳。古道不振，人主平日心术杂，为他物汩乱是非，聋其听真伪，昏其视贤否。在前懵若无别，一旦思所以擢用人才，以起天下之治，则或者进家世人望之说，而又有人焉从而沮之。大抵进者一，沮者一，扰扰焉于数者之说，而无所适从。呜呼！孰知夫吾之一心，乃所以为用人之大本欤？

【译文】选用人才的方法，不是只着眼于一个方面。纵观前代，有的人凭借家世，有的人凭借人望，有的人凭借荐引，有的人凭借功业。然而这些选用人才的办法，它的得与失，常常是相当的。在[伊尹]感通上天之后，又有感通上帝的臣子[伊陟、臣扈]；[钟会统兵]大肆进驻汉中的结果,却招来了[邓艾统兵]长驱直入成都的杀身之祸;同样不爱好文学,有的人却能成就安边的功劳;有的人尽管读过父亲的兵书战策,却招致了自身被杀的屈辱。[这些人被重用,]无非是凭借家世。起用[谢安],是为了抚慰百姓,而东晋朝廷因此得以保全;[唐肃宗]把平叛的成功寄托[在房琯身上],而[房琯]用车战却招致了大败;[郭子仪]单人独骑去会见敌军,而使回纥撤走了侵唐的军队;被认为是决胜千里的将军[邓禹],而在同赤眉军作战中遭到了困辱。[这些人的被重用,]无非是凭借人望。[曹操]以能谋善断的治国才干,而得到一位能谋善断的王佐之才;以洞察隐微、预见未来的君子而闻名于世的[孔光],却被一个多才多艺的奸邪之徒所蒙蔽;[刘邦]筑坛拜将,原来是为了[萧何]追赶的逃亡者;街亭的失败,使诸葛亮怀着沉痛的心情请求自贬三等。[这些人的被重用,]无非是凭借推荐。[曹参]辅佐[汉惠]帝时所建立的功业,是根据他治理齐国九年所得的经验;[黄霸]作丞相时的声望,比他治理颍川郡时降低了;攻灭赵国、平定燕国的那些人,最终名声流传于后代;能够料测敌情、随机应变的人,却无法使自己免遭应侯陷害的灾祸。[这些人的被重用,]无非是凭借功业。上述的四种情况,虽然不能完全概括古人选取人才的办法,而其中的要旨,实际上都在这里。然而古人因此认为获得了选取人才的方法了。如果照搬古人的成法选用人才,那失败有可能就在这里。那么怎样对待才可以呢?我认为:家世、人望的主张不必废除;在荐引和功业之中,果真是德才兼备的人,就选用他,也就足够了。圣人可贵的地方,凭他一心的明哲真诚,有自己的见解,而不被前人的行迹所迷惑。古代的风尚得不到发扬,国君平时思想和心计繁杂,被其他的事物扰乱了是非:听辨真伪的时候,他成了聋子;观察贤德与否的时候,他成了瞎子。真的与假的,贤德与不贤德,放在他的面前,糊涂得像没有什么区别。一旦想到选用人才,兴起治理天下的时候,就会有人进奏家世、人望的主张,而又会有人因此而诋毁这种主张。大抵进奏的人是一,诋毁的人也是一,乱纷纷地在几种主张之中,而无所适从。唉!谁能知道我是在一心一意探讨用人的根本呢?

【原文】观茅容之避雨者,未有知容之贤者也,而郭泰独知之。非泰之观异于众人也,泰求士之心异于众人也。过冀缺之耕馌者,未有知缺之敬者也,而臼季独知之者。非季之见异于众人也,季求士之心异于众人也。

【译文】观看茅容避雨的人,没有人知道茅容是个品德高尚的人,而只有郭泰知道他。不是郭泰的观察同众人有什么不同,是郭泰渴求人才的心与众人不同。见过冀缺耕田和他妻子为他送饭的人,没有人知道冀缺是位可敬的人,而只有臼季知道他。不是臼季的所见和众人有什么不同,是白季渴求人才的心与众人不同。

求贤诏

——汉高祖

【原文】盖闻王者莫高于周文,伯者莫高于齐桓,皆待贤人而成名。今天下贤者智能岂特古之人乎?患在人主不交故也,士奚由进!今吾以天之灵,贤士大夫定有天下,以为一家,欲其长久,世世奉宗庙亡绝也。贤人已与我共平之矣,而不与吾共安利之,可乎?贤士大夫有肯从我游者,吾能尊显之。布告天下,使明知朕意。御史大夫昌下相国,相国酂侯下诸侯王,御史中执法下郡守,其有意称明德者,必身劝,为之驾,遣诣相同府,署行、义、年。有而弗言,觉,免。年老癃病,勿遣。

【译文】常听说帝王没有比周文王名气大的,霸主没有比齐桓公更高明的,这两人都是依靠贤人的帮助而成就了这样的功名。当今天下贤人的才智难道不同于古代贤人吗?毛病出在我这个皇帝没有与他们往来,他们通过什么途径晋升为官呢!现在我仰仗上天的福祐,依靠贤能的士大夫的帮助平定了天下,使之归于一家,并想长久保持下去,使汉朝帝业永无止境地代代相传。既然是贤人与我一起平定了天下,贤能的人不与我一起安享天下之利,行吗?贤能的士大夫有愿意与我往来的,我定能使他身尊而位显。要通告全国,使天下人都明确知道皇帝我的这个意愿。御史大夫周昌要把这个旨意传达给相国。相国——酂侯萧何要把这个旨意传达给诸侯王,御史中丞要把这个旨意传达给各郡太守。如果有盛名与美德相称的贤人,郡守必须亲自前去劝行并为之驾车相送,送至相国府,并书面上报贤人的品行事迹、仪容外表和年龄大小。明知有贤人而隐瞒不报者,一旦发觉,立即罢官。年迈体衰而疾病缠身的贤人,就不要上送了。

遗诏

——汉文帝

【原文】朕闻之,盖天下万物之萌生,靡不有死。死者天地之理,物之自然,奚可甚哀!当今之世,咸嘉生而恶死,厚葬以破业,重服以伤生,吾甚不取。且朕既不德,无以佐百姓;今崩,又使重服久临,以罹寒暑之数,哀人父子,伤长老之志,损其饮食,绝鬼神之祭祀,以重吾不德,谓天下何!朕获保宗庙,以眇眇之身托于天下君王之上,二十有馀年矣,

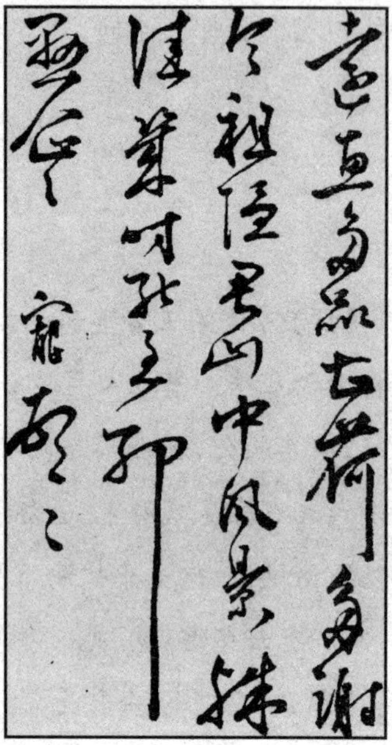

赖天之灵，社稷之福，方内安宁，靡有兵革。朕既不敏，常畏过行，以羞先帝之遗德，惟年之久长，惧于不终。今乃幸以天年得复供养于高庙，朕之不明与嘉之，其奚哀念之有？其令天下吏民，令到出临三日，皆释服。无禁取妇嫁女祠祀饮酒食肉。自当给丧事服临者，皆无践。绖带无过三寸。无布车及兵器。无发展哭临宫殿中。殿中当临者，皆以旦夕各十五举音，礼毕罢。非旦夕临时，禁无得擅哭。以下服大红十五日，小红十四日，纤七日，释服。它不在令中者，皆以此令比类从事。布告天下，使明知朕意。霸陵山川因其故，无有所改。归夫人以下至少使。

【译文】我听说天生万物没有不死的。死是天地之间的常事，生物的自然现象，有什么值得特别哀痛的呢？

如今这个时代，世人都高兴生而厌恶死，死了人花钱厚葬，以致弄得倾家荡产；强调服丧，以致损害了身体。皇帝我很不赞成这种做法。况且我没有什么德行，对百姓无所帮助；现在死了，又让人们长久地为我服丧哭吊，遭受数年寒冬酷暑的折磨，使天下父子悲哀不已，损伤了老人的心灵，减少了他们的食量，中断了对鬼神的祭祀，这就加重了我的失德，天下人会怎么说呢？我有幸获得保护宗庙的权力，以一个渺小的人凌驾于天下万民和诸侯王之上，已经二十多年了。靠天地的神灵，托国家的洪福，才使得国内安宁，没有战乱。我本人很不聪明，常常担心有什么错误行为，以致有辱于先帝遗留下来的美德；年长岁久，总是担心自己不得善终。如今我竟有幸以高寿去世，又能被后人供养在宗庙里，也许我算不上高明，却有了这样的归宿，应当高兴才是，哪里还有什么悲哀呢？现在传令全国官吏和民众，从命令到达之日起哭吊三天就除去丧服。不要禁止娶妻嫁女、祭祀、饮酒、吃肉，应当办理丧事、服丧哭祭的人，也都不要像从前那样赤脚踏地。孝带宽度不要超过三寸，送葬时不要陈列车驾和兵器，不要发动男女百姓到宫殿来哭吊，宫中应当哭祭的人，都只在早晚各哭十五声，礼毕就停止。非早晚哭祭时间，不得擅自哭泣。下葬以后，大功只服十五天，小功只服十四天，缌麻只服七天，此后就脱掉孝服。其他不在诏令范围以内的事项，都应参照这道诏令办理。这些规定要通告全国，使大家都能知道我的心意。霸陵一带的山水仍保持它的原貌，不要有所改变。后宫嫔妃夫人以下直到少使，一律遣返回娘家。

令二千石修职诏

——汉景帝

【原文】雕文刻镂,伤农事者也;锦绣纂组,害女红者也。农事伤则饥之本也,女红害则寒之原也。夫饥寒并至,而能亡为非者寡矣。朕亲耕,后亲桑,以奉宗庙粢盛祭服,为天下先;不受献,减太官,省徭赋,欲天下务农蚕,素有蓄积,以备灾害,强毋攘弱,众毋暴寡,老耆以寿终,幼孤得遂长。今岁或不登,民食颇寡,其咎安在?或诈伪为吏,吏以货赂为市,渔夺百姓,侵牟万民。县丞,长吏也,奸法与盗盗,甚无谓也。其令二千石各修其职;不事官职耗乱者,丞相以闻,请其罪。布告天下,使明知朕意。

【译文】雕文刻镂,是有害于农业生产的事情;锦绣纂组,是有碍于妇女正常的纺织、刺绣和缝纫工作的事情。农业生产受到危害就是造成饥荒的根源,而妨碍妇女正常的纺织、刺绣和缝纫工作则是遭受寒冻的原因。凡是到了饥寒交迫的关头,不为非作歹的人是很少见的。我亲自耕种,皇后也亲自采桑,以便提供在宗庙举行祭祀用的谷物和服饰,这是给全国带了头的。而且,我不接受任何贡礼,减少了官廷膳食官,减轻了徭役和赋税,希望天下人都努力从事农桑劳作,平时多积蓄一些,以防天灾人祸。希望强不凌弱,众不欺寡,老年人可以颐养天年,高寿而终,幼儿们能得到茁壮成长。但现在偶遇年成歉收,老百姓的食粮就顿感困难,这是什么地方出了问题?原来是有任用奸诈行骗之徒为官的,有身居官位却以钱财作交易的,还有鱼肉百姓、对人民巧取豪夺的。县丞,是一县官吏之长,却有徇私枉法助盗为盗的,这些情况简直是没法说了。现在我命令郡守们立即整顿自己职权范围内的所有事情;不恪尽职守并敷衍塞责者,丞相得知后,要追究他的罪责。特此通告全国。使臣民们都知道我的这一心愿。

求茂材异等诏

——汉武帝

【原文】盖有非常之功,必待非常之人。故马或奔踶而致千里,士或有负俗之累而立功名。夫泛驾之马,跅弛之士,亦在御之而已。其令州郡察吏民有茂材异等可为将相及使绝国者。

【译文】盖有非常之功,必待非常之人。所以马中有狂奔踢人却能跑千里的,士人中有负俗之累却能建功立业的。那些会弄翻车驾的马，那些放纵不羁的士人，也就是看如何驾驭和控制它(他)们罢了。现令各州郡长官考察然后荐举所辖官吏和民众中可以担任将军、丞相、或出使遥远的国家和地区的优秀人才及各种有异乎寻常的本领的人才。

忠　经

——马融

《忠经》者，盖出于《孝经》也。仲尼说孝者所以事君之义，则知孝者，俟忠而成之，所以答君亲之恩，明臣子之分。忠不可废于国，孝不可弛于家。孝既有经，忠则犹阙。故述仲尼之说，作《忠经》焉。

今皇上含庖轩之姿，韫勋华之德，弼贤俾能，无远不举。忠之与孝，天下攸同。

臣融岩野之臣，性则愚朴，沐浴德泽，其可默乎？作为此经，庶少裨补。虽则辞理薄陋，不足以称焉。忠之所存，存于劝善，劝善之大，何以加于忠孝者哉！夫定高卑以章目，引《诗》、《书》以明纲，吾师于古，曷敢徒然？其或异同者，变易之宜也。或对之以象其意，或迁之以就其类，或损之以简其文，或益之以备其事，以忠应孝，亦著为十有八章，所以洪其至公，勉其至诚。信本为政之大体，陈事君之要道，始于立德，终于成功，此《忠经》之义也。谨序。

天地神明章第一

昔在至理，上下一德，以征天休，忠之道也。天之所覆，地之所载，人之所履，莫大乎忠。忠者，中也，至公无私。天无私，四时行；地无私，万物生；人无私，大亨贞。忠也者，一其心之谓也。为国之本，何莫由忠？忠能固君臣，安社稷，感天地，动神明，而况于人乎？夫忠兴于身，著于家，成于国，其行一焉。是故一于其身，忠之始也；一于其家，忠之中也；一于其国，忠之终也。身一则百禄至，家一则亲和，国一则万人理。《书》云："惟精惟一，允执厥中。"

圣君章第二

惟君以圣德监于万邦。自下至上，各有尊也。故王者上事于天，下事于地，中事于宗庙，此临于人，则人化之。天下尽忠以奉上也。是以兢兢戒惧，日增其明。禄贤官能，式敷大化，惠泽长久，黎民咸怀。故很皇猷丕丕，行于四方，扬于后代，以保社稷，以光祖考，盖圣君之忠也。《诗》云："昭事上帝，聿怀多福。"

冢臣章第三

为臣事君，忠之本也，本立而后化成。冢臣于君，可谓一体，下行而上信，故能成其忠，夫忠者，岂惟奉君忘身，徇国忘家，正色直辞，临难死节已矣！在乎沉谋潜运，正国安人，任贤以为理，端委而自化，尊其君，有天地之大，日月之明，阴阳之和，四时之信。圣德洋溢，颂声作焉。《书》云："元首明哉！股肱良哉！庶事康哉！"

百工章第四

有国之建，百工惟才，守位谨常，非忠之道。故君子之事上也，入则献其谋，出则行其政，居则思其道，动则有仪，秉职不回，言事无惮。苟利社稷，则不顾其身。上下用成，故昭君德，盖百工之忠也。《诗》曰："靖共尔位，好是正直。"

守宰章第五

在官惟明，莅事惟平，立身惟清，清则无欲，平则不曲，明能正俗。三者备矣，然后可以理人。君子尽其忠能，以行其政令，而不理者，未之闻也。夫人莫不欲安，君子顺而安之；莫不欲富，君子教而富之。笃之以仁义，以固其心；导之以礼乐，以和其气。宣君德以弘大其化，明国法以至于无刑。视君之人，如观乎子；则人爱之，如爱其亲，盖守宰之忠也。《诗》云："岂弟君子，民之父母。"

兆人章第六

天地泰宁，君子之德也。君德昭明，则阴阳风雨以和，人赖之而生也。是故祗承君之法度，行孝悌于其家，服勤稼墙，以供王赋，此兆人之忠也。《书》云："一人元良，万邦以贞。"

政理章第七

夫化之以德，理之上也，则人日迁善而不知。施之以政，理之中也，则人不得不为善。惩之以刑，理之下也，则人畏而不敢为非也。刑则在省而中，政则在简而能，德则在博而久。德者，为理之本也。任政非德，则薄；任刑非德，则残。故君子务于德，修于政，谨于刑。固其忠以明其信，行之匪懈，何有不理之人乎？《诗》云：“敷政优优，百禄是遒。”

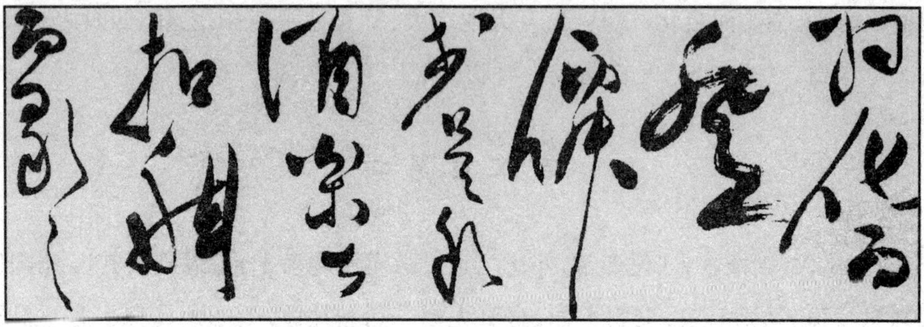

武备章第八

王者立武，以威四方，安万人也。淳德布洽戎夷，禀命统军之帅，仁以怀之，义以厉之，礼以训之，信以行之，赏以劝之，刑以严之，行此六者，谓之有利。故得师尽其心，竭其力，致其命。是以攻之则克，守之则固，武备之道也。《诗》云：赳赳武夫，公侯干城。

观风章第九

惟臣以天子之命，出于四方以观风。听不可以不聪，视不可以不明。聪则审于事，明则辨于理。理辨则忠，事审则分。君子去其私，正其色，不害理以伤物，不惮势以举任。惟善是与，惟恶是除。以之而陟则有成，以之而出则无怨。夫如是，则天下敬职，万邦以宁。《诗》云：“载驰载驱，周爰谘诹。”

保孝行章第十

夫惟孝者，必贵于忠。忠苟不行，所率犹非道。是以忠不及之而失其守，匪惟危身，辱其亲也。故君子行其孝必先以忠，竭其忠则福禄至矣。故得尽爱敬之心以养其亲，施及于人，此之谓保孝行也。《诗》云："孝子不匮，永锡尔类。"

广为国章第十一

明主之为国也，任于政，去于邪。邪则不忠，忠则必正。有正然后用其能。是故师保道德，股肱贤良，内睦以文，外戚以武，被服礼乐，堤防政刑。故得大化兴行，蛮夷率服，人臣和悦，邦国平康。此君能任臣，下忠上信之所致也。《诗》曰："济济多士，文王以宁。"

广至理章第十二

古者圣人以天下之耳目为视听，天下之心为心，端旒而自化，居成而不有，斯可谓致理也已矣。王者思于至理，其远乎哉！无为而天下自清，不疑而天下自信，不私而天下自公。贱珍则人去贪，彻侈则人从俭，用实则人不伪，崇让则人不争。故得人心和平，天下淳质。乐其生，保其寿，优游圣德，以为自然之至也。《诗》云："不识不知，顺帝之则。"

扬圣章第十三

君德圣明，忠臣以荣；君德不足，忠臣以辱。不足则补之，圣明则扬之，古之道也。是以虞有德，咎繇歌之；文王之道，周公颂之；宣王中兴，吉甫咏之。故君子臣于盛明之时必扬之，盛德流满天下，传于后代，忠矣夫。

辨忠章第十四

大哉忠之为用也，施之于迩，则可以保家邦；施之于远，则可以极天地。故明王为国，必先辨忠。君子之言，忠而不佞；小人之言，佞而似忠而非，闻之者鲜不惑矣。夫忠而能仁，则国德彰；忠而能知，则国政举，忠而能勇，则国难清。故虽有其能，必由忠而成也。

仁而不忠，则私其恩，知而不忠，则文其诈；勇而不忠，则易其乱。是虽有其能，以不忠而败也。此三者，不可不辨也。《书》云："旌别淑慝。"其是谓乎？

忠谏章第十五

忠臣之事君也，莫先于谏。下能言之，上能听之，则王道光矣。谏于未形者，上也；谏于已彰者，次也；谏于既行者，下也。违而不谏，则非忠臣。夫谏始于顺辞，中于抗议，终于死节，以成君休，以宁社稷。《书》云："木从绳则正，后从谏则圣。"

证应章第十六

惟天监人，善恶必应。善莫大于作忠，恶莫大于不忠。忠则福禄至焉，不忠则刑罚加焉。君子守道，所以长守其休；小人不常，所以自陷其咎。休咎之徵也。不亦明哉？《书》云："作善，降之百祥；作不善，降之百殃。"

报国章第十七

为人臣者官于君，先后光庆，皆君之德，不思报国，岂忠也哉？君子有无禄而益君，无有禄而已者也。报国之道有四：一曰贡贤，二曰献猷，三曰立功，四曰兴利。贤者国之干，猷者国之规，功者国之将，利者国之用。是皆报国之道，惟其能而行之。《诗》云："无言不酬，无德不报。"况忠臣之于国乎？

尽忠章第十八

天下尽忠，淳化行也。君子尽忠，则尽其心，小人尽忠，则尽其力。尽力者则止其身，尽心者则洪于远。故明王之理也，务在任贤；贤臣尽忠，则君德广矣。政教以之而美，礼乐以之而兴，刑罚以之而清，仁惠以之而布。四海之内，有太平焉。嘉祥既成，告于上下。是故播于《雅》《颂》传于无穷。

官箴

——吕本中

当官之法，惟有三事，曰清、曰慎、曰勤。知此三者，可以保禄位，可以远耻辱，可以得上之知，可以得下之援。然世之仕者，临财当事，不能自克，常自以为不必败；持不必败之意，则无所不为矣。然事常至于败而不能自已。故设心处事，戒之在初，不可不察。借使役用权智，百端补治，幸而得免，所损已多，不若初不为之为愈也。司马子微《坐忘论》云："与其巧持于末，孰若拙戒于初?"此天下之要言。当官处事之大法，用力简而见功多，无如此言者。人能思之，岂复有悔吝耶？事君如事亲，事官长如事兄，与同僚如家人，待群吏如奴仆，爱百姓如妻子，处官事如家事，然后为能尽吾之心。如有毫末不至，皆吾心有所未尽也。故事亲孝，故忠可移于君；事兄悌，故顺可移于长；居家理，故治可移于官。岂有二理哉？

当官处事，常思有以及人。如利率之行，既不能免，便就其间求其所以使民省力，不使重为民害，其益多矣。不与人争者，常得利多；退一步者，常进百步；取之廉者，得之常过其初；约于今者，必有垂报于后；不可不思也。惟不能少自忍者必败。此实未知利害之分、贤愚之别也。

予尝为泰州狱掾，颜歧夷仲以书劝予治狱次第，第一事写一幅相戒。如夏月取罪人，早间在西廊，晚间在东廊，以辟日色之类。又如狱中遣人勾追之类，必使之毕此事，不可更别遣人，恐其受赂已足，不肯毕事也。又如监司郡守严刻过当者，须平心静气，与之委曲详尽，使之相从而后已，如未肯从，再当如此详尽，其不听者少矣。

当官之法，直道为先。其有未可一直向前，或直前反败大事者，须用冯宣徽惠穆秤停之说，此非特小官然也，为天下国家当知之。

黄兑刚中尝为寓言。顷为县尉，每遇检尸，虽盛暑亦先饮少酒，捉鼻亲视。人命至重，不可避少臭秽，使人横死无所申诉也。

范侍郎育，作库务官，随人箱笼，只置厅上，以防疑谤。凡若此类，皆守臣所宜详知也。

当官既自廉洁，又须关防小人，如文字历引之类，皆须明白，以防中伤。不可不至慎，不可不详知也。

当官者，难事勿辞而深避嫌疑，以至诚遇人而深避文法，如此则可以免。

前辈常言小人之性，专务苟且，明日有事，今日得休且休。当官者不可徇其私意，忽而不治。谚有之曰：劳心不如劳力，此实要言也。

徐丞相择之尝言，前辈尽心职事，仁庙朝有为京西转运使者，一日见监窯官，问日所烧柴凡几灶，曰："十八九灶"。曰："吾所见者十一灶何也？"塈官愕然。盖转运使者晨起望灶中所出烟几道知之，其尽心如此。

前辈尝言，吏人不怕严，只怕读。盖当官者详读公案，则情伪自见，不待严明也。当官者，凡异色人不宜与之相接，巫祝尼媪之类，尤宜疏绝。要以清心省事为本。后生少年，乍到官守，多为猾吏所饵，不自省察，所得毫末，而一任之间，不复敢举动。大抵作官嗜利，所得甚少，而吏人所盗不赀矣。以此被重谴，良可惜也。

当官者先以暴怒为戒，事有不可，当详处之，必无不中。若先暴露，只能自害，岂能害人？前辈尝言，凡事只怕待。侍者，详处之谓也。盖详处之，则思虑自出，人不能中伤也。

尝见前辈作州县或狱官，每一公事难决者，必沉思静虑累日，忽然若有得者，则是非判矣。是道也，惟不苟者能之。

处事者不以聪明为先，而以尽心为急；不以集事为急，而以方便为上。

孙思邈尝言：忧于身者不拘于人，畏于己者不制于彼，慎于小者不慎于大，戒于近者不低于远。如此则人事毕矣，实当官之要也。

同僚之契，交承之分，有兄弟之义，至其子孙，亦世讲之。前辈专以此为务，今人知之者盖少矣。又如旧举将及旧尝为旧任按察官者，后己官虽在上，前辈皆避坐下坐。风俗如此，安得不厚乎？

叔曾祖尚书当官至为廉洁，盖尝市缣帛欲制造衣服，召当行者取缣帛，使缝匠就坐裁取之，并还所直钱，与所剩帛，就坐中还之。荥阳公为单州，凡每月所用杂物，悉书之库门，买民间未尝过此数，民皆悦服。

关沼止叔获盗，法当改官，曰："不以人命易官。终不就赏，可谓清矣。然恐非通道，或当时所获盗有情轻法重者，止叔不忍以此被赏也。

当官取佣钱、船家钱之类，多为之程而过受其直，所得至微，所丧多矣。亦殊不知此数亦吾分外物也。

当官者前辈多不敢就上位求荐章，但尽心职事，所以求知也。心诚尽职求之，虽不中不远矣。未有学养子而后嫁者也。当官遇事，以此为心，鲜不济矣。

畏避文法，固是常情。然世人自私者，常以文法难任，委之于人。殊不知人之自私，亦犹己之自私也。以此处事，其能有济乎？其能有后福乎？其能使子孙昌盛乎？当官处事，务合人情。忠恕违道不远，观于己而得之，未有舍此二字而能有济者也。尝有人作郡守，延一术士同处书室，后术士以公事干之，大怒叱下，竟致之理，杖背编置。招延此人，已是犯义，即与之稔熟，而干以公事，亦人常情也。不从之足矣，而治之如此之峻，殆似绝灭人理。

尝谓仁人所处，能变虎狼如人类，如虎不入境、不害物，蝗不伤稼之类，是也。如其不然，变人类如虎狼，凡若此类，及告讦中伤，谤人欲置于死地，是也。

唐充之广仁，贤者也，深为陈，邹二公所知。大观政和间，守官苏州，朱氏方盛，充之数刺讥之，朱氏深以为怨，傅致之罪。刘器之以为充之为善欲人之见知，故不免自异，以致祸患，非明哲保身之谓。

当官大要，直不犯祸，和不害义，在人精详斟酌之尔。然求合于道理，本非私心专为己也。

当官处事，但务着实。如涂擦文书，追改日月，重易押字，万一败露，得罪反重，亦非所以养诚心，事君不欺之道也。百种奸伪，不如一实；反复变诈，不如慎始；防人疑众，不如自慎；智数周密，不如省事；不易之道。事有当死不死，其诟有甚于死者，后亦未免死；当去不去，其祸有甚于去者，后亦未必得安。世人至此，多惑乱失常，皆不知轻重义之分也。此理非平居熟讲，临事必不能自立，不可不预思。古之欲委质事人，其父兄日夜先以此教之矣，中材以下，岂临事一朝一夕所能至哉？教之有素，其心安焉，所谓有所养也。

忍之一事，众妙之门。当官处事，尤是先务。若能清、慎、勤之外，更行一忍，何事不办？《书》曰："必有忍，其乃有济。"此处事之本也。谚曰："忍事敌灾星。少陵诗云：忍过事堪喜。此皆切于事理，为世大法，非空言也。王沂公常说：吃得三斗酽醋，方做得宰相。盖言忍受得事。

刘器之，建中崇宁初知潞州，部使者观望治郡中事，无巨细皆详考，然竟不得毫发过，虽过往驿券，亦无违法予者，部使者亦叹伏之。后居南京，有府尹取兵官白直点磨，他寓居无有不借禁军者，独器之未尝借一人，其廉慎如此。

故人龚节亨彦承，尝为寓言，后生当官，其使令人无乞丐钱物处，即此职事可为，有乞丐钱物处，则此职事不可为。盖言有乞丐钱物处，人多陷主人以利，或致嫌疑也。

前辈尝言公罪不可无，私罪不可有，此亦要言。私罪固不可有，若无公罪，则自保太过，无任事之意。

范忠宣公镇西京日，尝戒属官受纳租税，不要令两头探。或问何谓？公曰：贤问是也。不要令人户探官员等候受纳，官员不要探纳者多少，然后入场，此谓两头探，但自绝早入场等人口，则自无人户稽留之弊。

从 政 录

——薛瑄

孔子曰："不患无位，患所以立"。惟亲历者知其味。余忝清要，日夜思念，于职事万无一尽，况敢恣肆于礼法之外乎？

程子书"视民如伤"四字于座侧，余每欲责人，尝念此意而不敢忽。

凡国家礼文制度法制条例之类，皆能熟观而深考之，则有以酬应世务而不戾乎时宜。

作官者于愚夫愚妇，皆当敬以临之，不可忽也。

学者大病在行不著，习不察，故事理不能合一。处事即求合一，处事即求合理，则行著习察矣。

处事最当熟思缓处。熟思则得其情，缓处则得其当。

一字不可轻与人，一言不可轻许人，一笑不可轻假人。

至诚以感人，犹有不服，况设诈以行之乎？

防小人密于自修。

事最不可轻忽，虽至微至易者，皆当以慎重处之。

丙吉深厚不伐，张安世谨慎周密，皆可为人臣之法。

论万事皆当以三纲五常为本。学者之所讲明践履，仕者之所表倡推明，皆当以三纲五常为本。舍此则学非所学，仕非所仕也。

接物太宜含弘，如行旷野，而有展布之地，不然太狭，而无以自容矣。

左右之言不可轻信，必审事实。

为政通下情为急。

爱民而民不亲者，皆爱之未至也。《书》曰："如保赤子"。诚能以保赤子之心爱民，则民岂有不亲者哉？

正以处心，廉心律己，忠以事君，恭以事长，信以接物，宽以待下，敬以处事，此居官之七要也。

士之气节，全在上之人奖激，则气节盛。苟乐软熟之士，而恶刚正之人，则人务容身，而气节消矣。

为官者切不可厌烦恶事，坐视民之冤抑，一切不理，曰："我务省事。"则民不得其死者多矣，可不戒哉！

做一事不可苟。

必能忍人不能忍之触忤，斯能为人不能为之事功。

与人言宜和气从容，气忿则不平，色厉则取怨。

处人之难处者，正不必厉声色与之辨是非，较长短，惟谨于自修，愈谦愈约，彼将自服。不服者妄人也，又何校焉？

为官最宜安重。下所瞻仰，一发言不当，殊愧之。

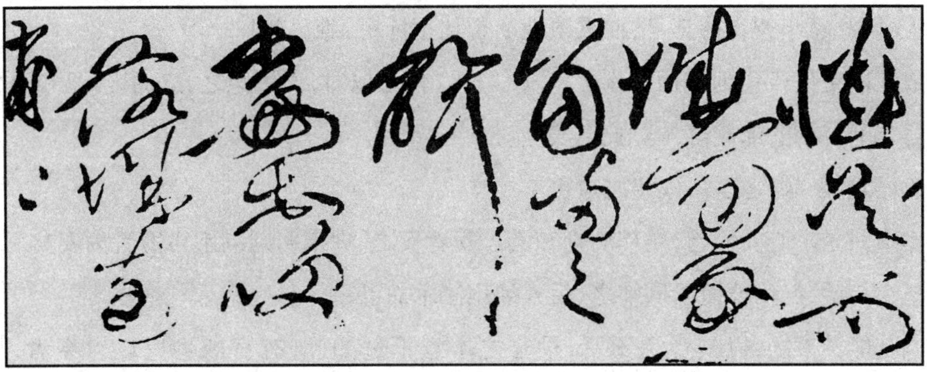

张文忠公曰："左右非公故勿与语"。予深体此言，吏卒辈，不严而慄然也。

待下固当谦和，谦和而无节，及纳其侮，所谓重巽吝也。惟和而庄，则人自爱而畏。

慎动当先慎其几于心，次当慎言慎行慎作事，皆慎动也。

闻人毁己而怒，则誉己者至矣。

法立贵乎必行，立而不行，徒为虚文，适足以启下人之玩而已，故论事当永终知弊。

为人不能尽人道，为官不能尽官道，是吾所忧也。

使民如承大祭，然则为政临民，岂可视民办愚且贱，而加慢易之心哉？

处事了，不形之于言尤妙。

尝见人寻常处置得宜者，数数为人言之，陋亦甚矣。古人功满天地，德寇人群，视之若无者，分定故也。

如治小人宽平，自在从容以处之，事已则绝口不言，则小人无所闻以发其怒矣。

胆欲大，见义勇为；心欲小，文理密察；智欲圆，应物无滞；行欲方，截然有执。

事事不放过，而皆欲合理，则积久而业广矣。

养民生，复民性，禁民非，治天下之三要。

治狱有四要：公慈明刚。公则不偏，慈则不刻，明则能照，刚则能断。

大丈夫以正大立心，以光明行事，终不为邪暗小人所惑而易其所守。

疾恶之心固不可无，然当宽心缓思，可去与否，审度时宜而处之，斯无悔。切不可闻恶遽怒，先自焚挠，纵使即能去恶，己亦病矣。况伤于急暴，而有过中失宜之弊乎？经曰："忽忿疾于顽。"孔子曰："肤受之诉而不行。"皆当深味。

轻与必滥取，易信必易疑。

韩魏公、范文正诸公，皆一片忠诚为国之心，故其事业显著，而名望浮动于天下。后世之人，以私意小智自持其身，而欲事业名誉比拟前贤，难矣哉！

成王问史佚曰："何德而民亲上？"史佚曰："使之以时，而敬顺之，忠而爱之，布令信而不食言，如临深渊，如履薄冰。"此名言也。

以己之廉，病人之贪，取怨之道也。

作事只是求心安而已，然理明则知其可安者安之，理未明则以不当安者为安矣。

圣人为治，纯用德而以刑辅之，后人纯用法术而已。

以其能治不能，以其贤治不贤，设官之本意不过如此，有官威剥民以自奉者，果何心哉？

去弊当治其本。本未治而徒去其末，虽众人之所暂快，亦贤知之所深虑矣。

人皆妄意于名位之显荣，而固有之善，则无一念之及，其不知类也甚矣。

机事不密则害成，《易》之大戒也。

为善勿怠，去善勿疑。

恭而不近于谀，和而不至于流，事上处众之道。

世之廉者有三：有见理明而不妄取者，有尚名节而不苟取者，有畏法律保禄位而不敢取者，见理明而不妄取，无所为而然，上也；尚名节而不苟取，狷介之士，其次也；畏法律保禄位而不敢取，则勉强而然，斯又为次也。

一毫省察之不至，即处事失宜，而悔吝随之，不可不慎。

处事当沈重详细坚正，不可轻浮忽略，故《易》多言"利艰贞。"盖艰贞则不敢轻忽，而必以其正，所以吉也。

天下大虑，惟下情不通为可虑。昔人所谓下有危亡之势，而上不知是也。

不欺君，不卖法，不害民，此作官持己之三要也。

人遇拂乱之事，愈当动心忍性，增益其所不能。所行有窒碍处，必思有以通之，则智益明。

下民之冤抑不伸者，由长人者之非其人也。

不虐无告，不废困穷，圣人之仁也。

一命之士，苟存心于爱物，必有所济。盖天下事莫非分所当为，凡事苟可用力者，无不尽心其间，则民之受惠者多矣。

勿以小事而忽之，大小必求合义。

临属官，公事外不可泛及他事。

无轻民事惟难，无安厥位惟危，岂惟为人君当然哉？凡为人臣者，亦当守此，以为爱民保已之法也。

王伯之分，正在不谋利、不计功与谋利计功之分。

处事识为先，断次之。

作官常知不能尽其职，则过人远矣。

孔子曰："死生有命，富贵在天。"是皆一定之理。君子知之，故行义以俟命；小人不知，故行险以侥幸。

法者辅治之具，当以教化为先。

止末作，禁游民，所以敦财利之源；省妄费，去冗食，所以裕财利之用。

《春秋》最重民力，凡有兴作，小大必书，圣人仁民之意深矣。

凡事分所当办，不可有一毫矜伐之意。

伊傅周召王佐，事业大矣，自其心观之，则若浮云之漠然，无所动其心。

清心省事，为官切要，且有无限之乐。

犯而不校最省事。

人好静而扰之不已，恐非为政之道。

名节至大，不可妄交非类，以坏名节。

守官最宜简外事，少接人，谨言语。

与人居官者言，当便有益于其身，有益及于人。

天之道，公而已。圣人法天为治，一出于天道之公，此王道之所以为大也。

霍光小心谨慎，沉静详审，可以为人臣之法。

亦有小廉曲谨，而不能有为，于事终无益。

凡事皆当推功让能于人，不可有一毫自得自能之意。

大臣行事，当远虑后来之患，虽小事不可启其端。

虽细事亦当以难处之，不可忽，况大事乎？

所谓王道者，真实爱民如子，孟子所谓“老吾老，以及人之老，幼吾幼，以及人之幼。”上以是施之，则民爱之如父母者，有必然矣。

民不习教化，但知有刑政，风俗难乎其淳矣。

惠虽不能周于人，而心当常存于厚。

孔子曰：“斯民也，三代直道而行也。”是则三代之治，后世必可复。

唐郭子仪竭忠诚以事君，故君心无所疑。以厚德不露圭角处小人，故谗邪莫能害。

处大事贵乎明而能断，不明固无以知事之当断，然明而不断，亦不免于后艰矣。

圣贤成大事业者，从战战兢兢之小心来。

好善优于天下，若自用己能，恶闻人善，何以成事功？

圣人子民之心，无时而忘。

于人之微贱，皆当以诚敬待之，不可忽慢。

为治舍王道，即是霸道之卑陋圣贤，宁终身不遇孔孟，不自贬以徇时者，为是故也。

《书》言“罚弗及嗣，赏延于世。”此圣人之仁心也。故赏当过于厚，而刑不过于滥。

出处去就，士君子之大节，不可不谨。《孔》曰：“进以礼，退以义。”孔子曰：“有命。”孟子不见诸侯，尤详于进退之道。故出处去就之节不可不谨。

亲民官自省六戒

——于成龙

朝廷设官分职，皆为治民，而民与最亲，莫如州县。近来积弊成习，亲民者反以累民。甚有不知廉耻为何物，而“天理人心”四字，置之高阁不问矣。噫，吏治日坏，如倒狂澜，何时止乎？用是偶采成言，兼参时弊，陈列六则，朝夕省观，自为猛惕。徜反是道也，王法不及，必有天殃及之矣。谨列如左：

一曰勤抚恤：州县之官，称为父母，而百姓呼为子民。顾名思义，古人所以有保赤之道也。夫保赤者，必时其饮食，体其寒暖，事事发乎至诚。保民者，亦当规其饥寒，勤其劝化，事事出于无伪。盖无伪，则有实心。纵力有不及，与事有掣肘，然此心自在。即于万分中体认一分，亦百姓受福处也。昔阳城云："抚字心劳。"知抚字必从心出。由心而发，随事加恤，使有裨益。若徒外面摭拾一二便民好事，以为得意，亦市名也。其去残忍者几希耳。是不可不戒。

一曰慎刑法：草木禽鱼，皆有生命，不可恣意杀伐。况人为万物灵，其肌肤手足，悉胞与也。人不幸而涉词讼，又不幸而于词讼中受刑罚，虽十分不可宽，必须求一分稍可宽处。此吕叔简《刑戒》内，所以有"不轻打不就打"之说也。至于囹圄福地，昔言已及。当思入此者，皆无知小民。或有冤枉，极可哀痛，自然稍加体念。若徒任意禁狱，与任意加刑；甚有徇情面，恣苞苴，以下民之皮肤，供长吏行私之具者，或身或子孙，定遭奇祸。是不可不戒。

一曰绝贿赂：为贫而仕，虽乘田委吏，止为禄养。未尝于禄养之外，有别径也。若舍此而外，多求便利，即为暮夜，杨伯起之四知，言之已可凛矣。昔人云："士大夫若爱一文，不值一文。"又云："从来有名士，不用无名钱。"试思长吏于民，论到钱处，亦何项为有名乎？夫受人钱而不与干事，则鬼神呵责，必为犬马报人。受人财而替人枉法，则法律森严，定为妻孥连累。清夜自省，不禁汗流。是不可不戒。

一曰杜私派：小民应办正额，尚且难应，未知私派从何起也？不过频年来，军需紧急，如解马、赔马，与兵马行粮草豆，冲途供应，动以千百，无计可支。故有派之民间，俟日后销价给发者。如近来行粮价值，檄行刊附由单之末，以防发给短少之弊。是部院大臣，亦疑州县，为先取民而后发价矣。不知先取后发，虽至公无私，小民之揭借，其利已经数倍。况长吏派一钱，则胥里派数钱，长吏派一斗，则胥吏派数斗，有极不堪命者乎？何如稍那正供，现价现买。而即力请上台，迅速开销。并由单价值，亦多此一番周折。昔人云："于不是已中，求一分担当，即人民利益处也。"至于任意苛敛，种种诛求，乘机自利，不啻为盗取人，定然自有后祸。是不可不戒。

一曰严征收：小民正供，自有额赋。此外分厘，非可苟也。近来征收立法，着令自封，禁绝火耗。上之所以严州县者，可谓周且密矣。夫为州县而受上之禁饬，即使无弊，自好者尚觉汗颜。至为州县而并禁饬之不灵，徜有自欺，则有心者将视为何等乎？古人云："钱粮一节，若恳请减，其善无量。"今钱粮不能减，而去其钱粮中加增之弊，亦与减钱粮仿佛。况鸠形鹄面，衣食啼号，此等困苦小民，犹欲阴收其膏血。纵令安然无事，满载还家，后日亦必生流荡子孙以覆败之。是不可不戒。一曰崇节俭：天生财物，固供人用。然必存不得已而用之之心，方能用度相继。徜奢侈任意，饮食若流，是亦坏心术之萌蘖也。无论暴殄固犯谴呵，即费用必思取给。夫长吏近民，虽自己足食，尤当思民之无食者；自己披衣，亦当思民之无衣者，推此一心，纵令衣食淡薄，尚且不能消受，而犹欲起侈丽之想乎？郑侠语人云："无功于国，无德于民，若华衣美食，与盗何异？"夫衣食甚细，而至以盗相推。此充类至尽，惟恐长吏稍奢也。是不可不戒。

良法不得其人则弊

【原文】木之(生)[朽]，虫实蠹之；水之浊，土实浑之；法之弊，人实坏之。贤良取人，未尝有弊也，自唐散骑以李(郃)[郃]登科，而其法始弊矣；孝廉取人，未始有弊也，自汉广陵以徐淑应选，而其法始弊矣；词赋取人，未始有弊也，自崔郾私一杜牧置异等，而其法始弊矣；铨选取人，未始有弊也，自苗晋卿私一张奭为第一，而其法始弊矣。

【译文】树木的腐朽，是虫子蛀蚀的结果；水的浑浊，是泥土混淆的结果；法律的弊病，是人破坏的结果。用举贤良的办法选取人才，不曾有弊病，自从唐代散骑常侍冯宿录取了李郃，这种选拔人才的办法才出现了弊端；用举孝廉的办法选取人才，不曾有弊病，自从汉代广陵郡推举了徐淑，这种选拔人才的办法才出现了弊病；用考词赋的办法选取人才，不曾有弊病，自从崔郾以私情把杜牧安排在特等。这种选拔人才的办法才出现了弊病；用铨选之法选取人才，不曾有弊病，自从苗晋卿以私情把一个张奭安排在榜首，这种选拔人才的办法才出现了弊病。

【原文】昔桑弘羊为均输平准之法，末年海内虚耗，户口减半，未几，悉罢其所为，以从民欲；而刘晏用此，乃能操天下赢贯，而民不困；而张滂、皇甫镈用之，益不能给；未几，李(选)[巽]特循晏法，乃能增羡三年之后，加于晏者，百八十万。夫均输平准之法，是太公九府圜法之遗意也。然以弘羊用之则耗，以晏用之则赢，以滂、镈用之则不给，以李巽用之则增衍。信乎法之在天下上，得其人，则法以人而良；不得其人，则法以人而弊也。

【译文】从前桑弘羊制定并推行均输平准之法，到汉武帝末年，国内空竭，人口减少了一半，不久，他的做法各地都停止实行，而听从了百姓的要求；然而唐代的刘晏用桑弘羊的办法，却能掌握天下赢余的资金，而百姓并不困苦；可是张滂、皇甫镈用这种办法，却越发不能供给国家的需求；不久，李巽特意按照刘晏的理财方法，却能增加盈余达三年以上，比刘晏时期，每年增加一百八十万贯。均输平准之法，它是姜太公"九府圜法"的延续。然而桑弘羊用它，国内就空竭；刘晏用它，国家就有盈余；张滂、皇甫镈用它，国家就不能自给李巽用它，财赋就增多。的确，一个国家的法律，得到善于运用它的人，法律就因为这个人而产生良好的效果；得不到能善于动用它的人，法律也就会因为这个人而产生弊病。

泛取者乃精取之法

【原文】泛取者，专取之法；轻任者，重任之法。吾之所谓泛取者，非无所搜抉择也。始而求之致其广，终而拔之致其精，是吾之泛取也。泛取于方取之初，而专取于既取之后也；吾之所谓轻任者，非有所慢易也。始而进之致其略，然后委之致其详，是吾之轻任者。轻任于始任之初，而重任于必可用之后也。此岂吾之臆说哉！

【译文】广泛地求取人才，是专门求取人才的方法；委以较轻的责任，是委以重大责任的方法。我这里所说的广泛地求取人才，并不是不要选择。开始求取的时候，达到广，最后选拔的时候，达到精，这就是我说的广泛求取人才。广泛地求取是在选取人才的初期，而专门求取是在广泛求取之后；我所说的先委以较轻的责任，并不是对人才的轻慢。开始推荐的时候，对他们的要求尽量简略，然后委派任务的时候，要求尽量周详完备，这就是我所说的委以较轻的责任。委以较轻的责任，是在开始任用的初期；而委以重任，一定要在确认他们可用之后。这难道是我毫无根据地乱说吗？

【原文】盖骏骨既市，骥足焉往？九九获用，奇谋踵至，此固世所共知也。是故论谏者赏，则天下不患无比干；庐墓者旌，则天下不患无曾子；恬退者进，则天下不串无严光；清俭者擢，则天下不患无伯夷；明法者升，则任廷尉者，不患无于定国、张释之；爱民者迁，则居郡守者，不患无龚遂、黄霸。夫然后赏之、旌之、擢之、升之、进之、迁之，吾恐天下无复有是人也。何者？盛名之下，人不敢居故也。“龚遂黄霸”下疑有缺文。

【译文】骏马的骨头已经被人买走了。千里马还能往哪里去呢？有九九小技的郊野村夫得到齐桓公的重用，天下的奇谋之士便相继而至，这本来是世人所知道的。所以议论国家政事和向君王进谏的人得到奖赏，天下就不忧虑没有比干；在父母墓旁筑小屋居住以尽孝道的人得到表彰，天下就不忧虑没有曾子；淡薄功名利禄的人受到推重，天下就不忧虑没有严光；清廉俭朴的人得到选拔，天下就不忧虑没有伯夷；严肃法纪的人得到提拔，担任廷尉职务的，就不忧虑没有于定国、张释之；爱护百姓的人得到调用，担任郡守职务的，就不忧虑没有龚遂、黄霸。[先委以重任，]然后再奖赏他们，表彰他们，选拔他们，提升他们，推重他们，调用他们，我担心天下不会有这样的人了。为什么呢？因为在极高的名誉面前，人们是不敢腆居其列的。

【原文】汉高明此说以取人，故其得信、越、平、勃也；不在于得信、越、平、勃之日，而在于贩缯屠狗杂进之时。孝武明此说以取人，故其得桑、孔、卫、霍也；不在于得桑、孔、卫、霍之时，而在于贾孺奴虏并用之日。泛取轻任，岂不足以致天下之忠勇贤智哉？求金于沙，则并于沙敛之而无择。夫其始之所以敛之者，非不欲择之也，势不可也。

【译文】汉高祖刘邦懂得用这个道理来选用人才，因此他得到了韩信、彭越、陈平、周勃；不在于得到韩信、彭越、陈平、周勃那天，而在于对贩卖丝织品和以杀狗为业的人都一起搜罗的时候。汉武帝刘彻懂得用这个道理来选拔人才，因此他得到了桑弘羊、孔安国、卫青、霍去病；不在于得到桑弘羊、孔安国、卫青、霍去病的时候，而在于对商人和奴隶都一同使用的那天。广泛地选取人才，委派较轻的责任，难道不完全可以招致天下的忠勇贤智之人吗？在沙里淘金，就必须金沙并敛而不加选择。开始的时候，所以把它们收敛在一起，并不是不要选择，而是情势不允许。

三、家书家训

曾国藩家书节选

沅浦九弟左右：

四月初五日得一等归，接弟信，得悉一切。

兄回忆往事，时形交悔，想六弟必备述之。弟所劝譬之语，深中机要，一章素位而行，比亦常以自警。只以阴分素亏，血不养肝，即一无所思，已觉心慌肠空，如极饿思食之状。再加以憧扰之思，益觉心无主宰，怔悸不安。

今年有得意之事两端：一则弟在吉安，声名极好，两省大府及各营员弁、江省绅民交口称颂，不绝于吾之耳；各处寄弟书，及弟与各处禀牍信缄，俱详实妥善，犁然有当，不绝于吾之目。一则家中所请邓、葛二师，品学俱优，勤严并著。邓师终日端坐，有威可畏，文有根砥，而又曲合时趋，讲书极明正义而又易于听受。葛师志趣方正，学规谨严，小儿等畏之如神明。此二者，皆余所深慰，虽悉闷之际，足以自宽解者也。弟声闻之美，可恃而不可恃。兄昔在京中，颇著清望，近在军营，亦获虚誉，善始者不必善终，行百里者半九十里，誉望一损，远近滋疑。

弟目下名望正隆，务宜力恃不懈，有始有卒。

治军之道，总以能战为第一义。倘围攻半岁，一旦被贼冲突，不克抵敌，或致小挫，则令望隳于一朝。故探骊之法，以善战为得珠，能爱民为第二义，能和协上下官绅为第三义。愿吾弟兢兢业业，日慎一日，到底不懈，则不特为兄补救前非，亦可为吾父增光泉壤矣。精神愈用而愈出，不可因身体素弱过于保惜；智慧愈苦而愈明，不可因境遇偶拂遽尔摧阻。此次军务，如杨、彭、二李、次青辈，皆系磨炼出来，即润翁、罗翁，亦大有长进，几于一日千里，独余素有微抱，此次殊乏长进。弟当趁此增番识见，力求长进也。求人自辅，时时不可忘此意。人才至难，往时在余幕府者，余亦平等相看，不甚钦敬。洎今思之，何可多得！弟当常以求才为急，其阘冗者，虽至亲密友，不宜久留，恐贤者不愿共事一方也。

余自四月来眠兴较好，近读杜佑《通典》，每日二卷，薄者三卷，惟目力极劣，余尚足支持。

——（咸丰八年四月初九日）

瞿式耜给子书

其　一

吾自弘光元年四月初一出门，闰六月初四日梧州上任。惟时南都变后，人心汹汹，而靖江王即借勤王为名，有妄窥神器之心。吾于七月十九日，发宋高升回，将到任后种种情形，悉写寄与汝；并至亲至友，亦俱附有片札。非不知道路阻塞难行，亦以宋差官是老成人，久惯出路，彼必随时相机，或可徐徐得达也。十月二十后，以俘解逆王到肇庆府，会制台丁光三，适有里海将官陈益芬来见，渠自言可以差人到南边地方，吾因以家书托之，彼直任而不辞。遂于舟中将困逆擒逆事情，备细作书，并封疏稿寄汝一看。因又念宋差官未必即达，又将前番书重写一通，一总封入。此十月二十三事也。

吾自十一月十三日，上桂林省城复任，原奉手敕，著照旧巡抚；意谓可以做一年半载，亦将粤西地方整顿一番。岂知里边见东方声张逆王声势太狠，竟认西抚已无生路，曾二云急急举荐其乡同年晏日曙代吾。日曙时在家中，突然一开府从天而降，岂能按捺得住？随星驰后间道至永州地方。永系彼旧治，且与粤西全州接壤。吾久不见邸报，复任刚一月，十二月十三日见报一本，内有“瞿某召入佐枢，晏某巡抚广西”之旨，察月日乃是九月二十六七者，相距已两个半月，而今始见，岂不误事！至次日而晏公书已到牌已来，且择十二月二十五到任矣。吾为春旨复任，家眷方接到省，刚刚一月，而遂要搬移，数日间岂能猝办？且奉旨料理大计册类，方才动手，岂能中辍？只得作一书，明明告以不能即日交代之故。彼初意怏然，已而勉强延过一月，至正月二十六，则已到任矣。吾移至两广行台一小公署中，督押书吏造册，家眷则另住一民房。直至二月十八日计册出门，吾始得到民房同母亲住。又为收拾船只，至四月初一日，始在桂林登舟也。仙数所谓"去与来相顾"，此却似之。

巡抚一官关系地方，吾脱得此担，尽自逍遥。但吾自遭患难以来，宦兴久已索然。兼之家乡远隔数千余里，汝兄弟俱不在前，而汝母又病中思念汝等，镇日夜眼泪不乾。亦冀得谕请告，便可脱身，回到家乡。故每每上疏，辄以病请；病固真，而欲归之心尤急也。其奈北信日恶一日，江西一路，径自断绝往来，即欲遣一人，寄一信归，插翅能飞乎？自正月十一日周谊童长班来，得汝昨年九月二十二日书，知家乡去年七月，已遭蹂躏，家中寸筋不留，止剩空屋数间，汝母闻之，益添忧闷。吾虽百方解劝，而终是难闻。缘其子女之念关切，知汝与若妹如此受苦，不容不肠断耳。吾自念若非西抚出门，遭此劫中，自然件命不保。今天公委曲方便，留此一线余生，虽为靖逆受磨，而名节犹彰，残躯犹在，以视家乡被难者，相去何如？以此转身排拨，虽家中所有罄完，总以空华身外譬之。只汝等暨一门眷属无恙，便是大福矣。可恨者，吾家以四代甲科，鼎鼎名家，世传忠孝，汝当此变故之来，不为避地之策，而甘心与诸人为亏体辱亲之事！汝固自谓行权，他事可权，此事而可权乎？邑中在梶诸友，轰轰烈烈，成一千古之名，彼岂真恶生而乐死乎？诚以名节所关，故有甚于生者。死，固吾不责汝；第家已破矣，复何所恋，不早觅隐僻处所潜身，而反以快雠人之志？谓清浊不分，岂能于八斗槽中议论人乎？

别处起义，亦博一名，亦奉有旨。独我常熟起义，原做不成，而反受累。受累矣，而又博不得一起义之名，岂木笑杀、痛杀、恨杀！吾于三月间，曾将家乡被难情形，与起汾叔死难事，具疏入告，久不见旨。缘道路阻隔，邸报钞不全，亦闻有留中不下者。可喜新衔诰命一事，吾自念昨年南京虽受覃恩，而有文无轴，今宜自请，乘周五溪在词林，借他老手，为吾家表章一番，因具疏题请。知疏到京已逾限，幸上念远疆劳吏，特许颁结。而五溪恰于书到时办海上之行，两日间遂为完此，六月二十八日用宝讫，八月初旬承差已斋捧恩纶到端州矣。费省而事又速办，良为快心！第未知何日还乡，得上祖宗丘墓，一丁焚黄之大事耳。

吾初意直欲告归，既念家乡××××，即归亦无生路。且目前江西一重限，浙江又一重限，如何行得？况有家眷，岂比轻身？故不得已思借勤王督兵，从虔州扫至南昌，再作理会。而事权未到手，毛遂又恐上生疑，如近日张肯堂已许海上之行，而又留住不放。故且观望徘徊。倘得圣驾临虔，尔时便可面奏面请，只一时难得到耳。

家中光景，想今年反觉太平。此间亦有传来，谓“南方甚熟，米价甚贱，人民反相安。”只未知三百年受太祖高皇帝之隆恩，何以甘心剃发！难道人心尽死？至于起义之师，据闻多行劫掠，其恶更甚于×。不知皇上于义师何等尊重，吴日生近以覃恩，且封为忠义伯，其何以酬此非常之遇耶？

会试一节，初有十月之说，今似又改明年二月矣。汝在家住落何处？果然孝子，即扮一行乞，装一行脚，亦可从人一问爷娘消息。今郑按君反有乃郎相依，而我独无！彼从南来遇贼，也曾剃发，只是见得父亲，便为孝子。朝廷所谓“无发为难民”也，庸何伤？汝弟、汝二子一女俱安否？两姑娘、两妹俱安否？兵火之后，各家存活殊难，亦常常有以周济之否？吾身乃馀生，吾家亦无长物，汝罄吾所存以养活至亲骨肉几人，即是汝之不忘亲处。

人生功名自有定数，命不应饿死劫死，少不得尚有一日风光。吾命交寅尚有好处，若使天下果不得太平，朝廷果不得反正，何云命好，运好？以是愁闷之中，转自宽也。吾于靖逆一事，虽不能销患于未然，而先期多方阻遏，临变百折不回，又以一身保全数万生灵之命，今日邀恩于朝廷者即不奢，而阴府簿籍，其注我功德必大。至于封侯、封伯，于此身有甚增加？退一步，便是留一分。此日即不宫保、不尚书、不荫子，而一年节钺，已跻亚卿，又加从二品服奉，所邀惠于天者，又岂浅哉？公爹负海内人望，历官二十三年，止以少参终。吾即受患难风波，林泉清福，已曾享过。而屈指两年之内，七品科员，遂已腰犀。吾本知足人，不似今时无厌妄求者比，就使今日夺职而归，有馀荣矣。

家中书籍中，止《皇明臣略》，公爹根本，最为紧要。此书在大橱中，曾留得否？新宅者止累代诰轴，据二郎谓曾寄与陈廷策处，不知无恙否？其馀不过玩好之物，如画片、古董以至什物家伙之类，留得固佳，设不留，亦付之烟云聚散已耳。

尔宁蘧伯、宏西三姑夫近状何似？小重叔兄弟光景何如起汾乃郎何如？吾故人钱顾两兄，顾已先变而亡，钱不落莫否？浦舅翁仍在东臯否？光甫师、暨子张景之辈，如何光景？传闻诸生俱应乡试；但中举后，即押赴满洲会试。果有此事否？据六月间所闻南中降×诸大僚，俱以槛车勒死于淮安，想亦的信。天报之速如此，孰谓业报须身死，而论定须盖棺哉？黄石斋毕竟杀于南京，此与文信国何异？吾乡如徐勿斋、侯豫瞻，浙中如徐虞求、刘念台辈，皆已表章过。只可叹顾瑞屏，无端送命于浙东，真意想所不到也！皇上于官爵不吝，无非鼓舞笼络之计；即骗官伎俩，亦了然知之。而习俗既成，牢不可破，今在外者回翔不进，在内者百计求出，竟使至尊孤立于上，而全不顾也，岂不堪痛哭也哉！

今隆武三年历已颁，太子庆诏已发，只要复得江、浙、南直，见得孝陵，便成得个天子，未知彼苍之意何如？向以鲁藩为虑，今闻鲁已入海，不知下落，又谁为料理浙江事耶？昨又有闻鲁航海而至南京者，若此信果真，亦一奇事。安得此时猝有家乡信来，详述今年春夏间之事，与我知之也！

其　二

桂王为神宗第五子，出封楚之衡州，以避寇入粤，栖于醒州。崇祯十七年，桂王薨逝，遗二王子：一为安仁，一为永明。安仁居长，正枝嫡派，当弘光失国之后，即应照伦序立之。余以弘光元年闰六月到梧，时皇太妃同安仁、永明，俱停舟水次。余朝见安仁，见其丰姿气度，真天日之表也！亟驰书总督丁光三，谓“以亲以贤，更无逾此。”而光三已失接虔抚万元吉咨文，为闽中业拥立唐藩监国，随具贺表达闽，并以咨西粤抚按，其事遂寝。然余之不服靖江王，而甘受其逼辱者，非为唐王也，为桂之安仁王也。以是安仁母子兄弟，直视余为患难交。后隆武皇帝居安仁于肇庆府，居肇未久，又为虔州告警，复返梧州。时余以升任从桂林至梧，见其漂泊江干，因劝王移进总督衙门。岂意不一月，而安仁一病遂不起！余于丧次竭永明王，见其丰姿气度，不减安仁，而浑厚笃诚更过之；兼向闻永明有异瑞种种，私念将来其终有望乎？自安仁薨后，太妃暨永明俱不乐居梧州，八月间余复迎太妃、永明至肇。时光三以守南雄未归，闻永明之还端，虽不甚欣然，亦不便为梗也。

迨九月二十闽变猝闻，延汀继陷。隆武皇帝不知所之：有言出奔者，有言被执者，时粤中人情汹汹，又是前年弘光故事。况得至事起、天与人归，若不早定一尊，何以延祖宗三百年一线之绪？余遂与宗室朱容藩，词林方以智，部郎周鼎瀚，肇守朱治憺等，亟亟谋监国之举。而光三亦自南雄归，以奉有隆武迎驾之旨也。其实驾无可迎，恰好借题卸担，拥立之举，终是踌躇未决。其所执词者，在访行消息，以示不忘旧君之意；兼欲待东粤乡绅之至，以明定策大事，不敢擅专。而本念，则唯恐此事果成，设或×信紧急，以弱主而当危地，万万难支。故早夜思为远害全身之计，自回镇以后惟捆载宦囊，迁移辎重，寄顿家眷，为汲汲耳。既迫于公议之不容，乃不得已而议进笺，然犹必待何象冈书至，而意始决。其持重老成如此。先是吕东川自柳州赴余约至端，李孝源亦自韶州赴光山约至端，首决大计者两人，与余实同之。然自初一进笺之后，光三又欲居为首功，而必更歉于拥立之不早也；乃用计纳贿奥窔间，凡左右近习无不弥缝。而旧珰王坤改名王宏祖者，适自闽来，深相结纳，必图大拜。一日光三过余舟，谓余曰："起用人望，有陈秋涛、杨机部二公，东川与年翁，弟已荐之于内，俱借重纶扉矣。"至初九日余往谒之，则令旨适传至，启视之，乃辞首辅疏，批红不允者也。余是时始知先已密传首辅，而孰知"首辅"二字岂初拜可突然径出者乎？总为不习典故，又唯恐人居其上，贸贸为此，只以贻笑于四方耳。究竟陈秋涛极归心桂王者，而终始未赴端朝见，亦只为"首辅"二字大有妨碍：与年伯争则不便，让年伯而居后又不可。秋涛岂真不欲出来做事者哉？至于东川，素有才路，为人亦爽恺，既得入直；自应水乳合而针芥投，只为争兵部戎政一事，大有形迹，东川遂因上有西跸之意，自请留守东方，上以十月二十日赴梧，东川随留肇。自兹以后，竟由梧而韶，由韶而梧，由梧而柳，召之不赴，趋之不来。登极大典，亦竟不与也。阁中止余与光三二人；是票拟之役，余分任之，然军国大事，毕竟光三二人自主。如圣驾西行，余竭力阻之而不听，缘光三先为纵臾，兼大踏力主之，满朝之臣力赞之，余一口能争众吻否？

当十月十六虔州报至，余是日不在阁，抵暮始知之，及入朝，而光三与东川先已召对过，定计移跸矣。余力争之曰："收两广之人，非必破江西之人，即欲移跸尚可缓；但我严防饬备可耳，且东人未附，东饷未来，骤焉一行，后必滋悔！"上虽勉强从余言，亦止多留四日耳。岂知圣驾一西，东人果大失望！适唐，邓诸王，自闽中航海逃难而来，粤镇林察迎之于海上，苏观生挟之为奇货，竟以十月二十九日拥入广城，初二日且登大位，改元绍武矣，假使肇跸不移，东人来附。安得有是事哉？

自唐僭号，而广之府库尽为所有，广之属邑并邻郡皆为所煽。我监国之诏未达，而彼登极之诏先颁，凡调钱粮，征兵马，动辄牵碍。光三乃集议，仍请跸肇庆，登大宝。少司马林佳鼎力佐之。在廷亦遂不敢梗议。十一月十六日正位端州，即行颁诏，兼议攻守之事。缘苏观生所招纳海寇亡命，实繁有徒，势不得不陈师御之。时王化澄代光三为德督，惴惴焉唯唯恐伪诏之来；廷臣亦多嗛之者。林佳鼎锐然自请代之。上降敕即令林督两广，而王召入佐枢。王意则大不怿，以二十日之督，而一旦忽然更置，殊不堪也。林乃督促兵马，聚集糗粮，会师三水以扼其要。时三水有陈际泰贼兵一股方至，我师出其不意掩击之，败而走。我兵因未饱掠三水地方，林亦不能禁也。

先是余联络义兵一枝，举人生员领袖，原约为内应，但使扼三水绝其粮道，待其内溃而后进兵，便可成功。而林气骄不可制，督促诸将进兵，直逼广城，兵未交锋而已大溃。

缘彼之取利在水,而我之所长在陆,顾乃舍陆而从水,以及于败。此则人事之不臧也。光三平日自夸东兵东将,到此亦口呿而不言。余以十二月初十日,自请亲督义师,兼防陕口。不数日即传广城有×骑突入;唐王已被擒,苏观生已被杀。余心怪之:苏见×则降耳,何至于杀?此必是诈。不三日而遂有剃头人,持伪示伪牌,沿路放地方人剃发者。余察其示中有“逆藩就擒”四字,而无一字及苏,此明明苏贼计穷,而为此狡谋以惊我走,一去之后,则肇非吾有矣。而朝中信真×者十之八九。光三初亦疑之,后审逃兵之言,亦遂信之。圣驾遂于廿有六日登舟西迈矣;其西迈之意,似乎已无意于东。幸余所推用广抚朱治憪,今已改用为督,其饶有智略,或可稍支目前。然东事一日未平,东饷一日不济,虽智者其能为无米饮乎?圣意在楚,特以西粤作过文,殊不知楚兵多而楚饷诎,尚不能无望于西粤之接济。今并东省而不顾,西省能支旦夕乎?舍两粤而直趋楚中,吾未见枵腹之兵能为吾出死力也!以余意论之,毕竟安坐于肇,征调钱粮,简练精锐数万,舍之楚,滇各路诸师,恢复南赣、袁、吉以至南昌,然后从江而浙、而直,方可图见孝陵。无奈满朝诸臣,非楚则蜀,无一非劝上入楚者。此亦气数使然。但未知究竟恢复中原,当以何途之从耳?上质地甚好,真是可以为尧舜!而所若自幼失学,全未读书。今须用博学词臣,每事主持,不为君奸所煽,将来犹可想望太平耳。李孝源尽有相才,今已加阁衔,但以守制为辞,坚不赴召。其人盖绝顶乖巧,当时事艰难之会,落得借守制推辞,倘将来真见清宁,做相公岂无日乎?况今业已宣麻,又落得做一山中宰相。此此所谓讨尽便宜者也。吕东川每事决断,不肯模棱,第其性气太刚,度量太窄;若识其性而与之同心共事,还胜光三多多,以其本体干净,不似光三之龌龊耳。楚中有姚崑斗,滇中有王撼华,蜀中有王非恳,粤中有何象冈、黄玉宕、陈秋涛;皆旧相也。何逃难而归;即陈亦身家念殷,未必肯离故土;黄已老;非熊人多畏其愎,第其人实有才学,老词林中所这罕匹者。将来拟以姚摠斗,用文铁庵,然亦非济变之才。至于闽中既陷,虽多才,亦难猝致也。夫上有中兴之主,下必有名世之佐,方可几恢疆雪耻之功。岂时之未至欤,抑岂从风波盗贼中,憖留神祖一脉。明明天意有属,而既嗣统,复俾无成也欤?

其　三

劫运到来,朝廷尚然如此,何况凡人?只要天心助顺,劫运既过,再留得我朝天下几十年,虽目前遭劫,亦安之矣。吾生平不爱官爵,且受过几许风波患难,岂到老年,反作贪位慕禄行径?亦是天心嘿庇,使我到粤西地方,脱离劫难。然本念惟早弛重担,一有代者，即图告归。而北信日凶、江西、浙江俱已隔断，从粤归家，能脱此两层门限乎？吾主意不入闽中者，正为告归之心迫切，一入闽，则此身绊住；亦岂料闽中又遭亦如此？此还是天祐善人，巧留我于粤地也。至其拥立桂王，真是时会适逢，机缘巧凑。当弘光元年南都变后，余已心属桂王，盖以名正言顺可以服天下之心耳。而闽中既已先之，域中自无两大。吾闻闽信五十日，而靖江王之祸作矣。八月十九夜岂复有生理哉？命不该死，守着一片痴忠，自有天地鬼神，默默护持。今靖江安在？纵臾靖江害我者安在？且亦安料隆武止做一年两个月皇帝，遂至蒙尘，而余始以臣节服事桂王之次子永明王哉？

永明既立，吾念已尽，吾身要隐，吾实不愿受职。无奈一时乏人，上意苦不肯放，只得又入缰锁之中。而时势适值其难，仅仅一隅，岌岌不保，若既立之为君，而遂弃之以图自全，岂不得罪天下万世？因是勉强支持者两月余，而究不免于西迁。西迁以后，局面未知何如，亦惟力是视，以尽吾拥立之初心耳，最奇者，弘光元年以西抚到粤，隆武二年既卸担离桂林矣，今复以新皇西幸，重到桂林。忆在南京时，仙数云："当与斡旋，粤西一行。"又曰："裂土荣后，总于粤西一节。"今始始终终总在粤西，孰谓非前定之数哉？升沉出处之间，人又何容心也！但新主意必欲入楚，群臣无不劝之入楚，吾却不能相随，若住桂林一日，则相随一日，若入楚，则愿乞老臣骸骨，决不能追随，即上怒而处之，亦弗顾矣。吾意必欲仍从西江一路取道归家，只未知何时可以打通，何日是我一家骨肉重相见之时耳？

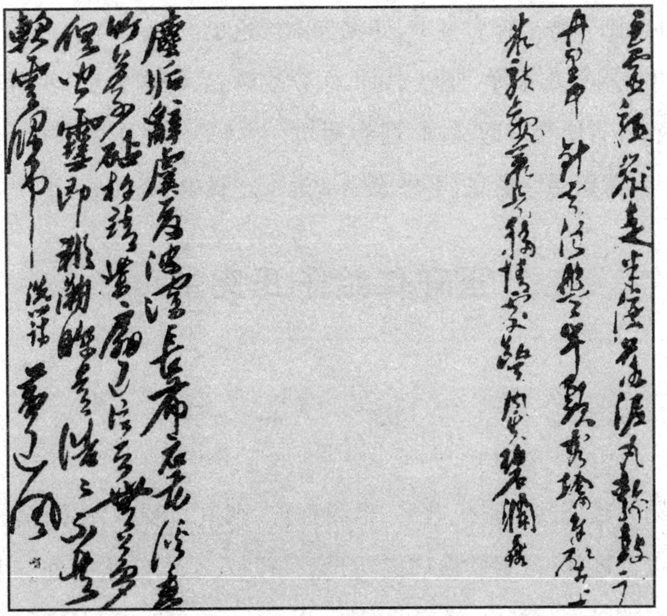

此时世界，只是苟全性命，何必复计功名？然“读书做人”四字，不问治乱，总宜猛省。初犹望乡场、望会场，今总不必提起；但得永历皇帝有恢复江南之日，不愁两榜不开。只未知家乡赴北闱者，究竟作何下落也？人见我两年内自给谏而府丞、而巡抚，而侍郎、而拜相，似乎官运利极矣：以我观之，分明戏场上捉住某为元帅，某为都督，亦一时要装成局面，无可奈何，而逼迫成事者也。其实，自崇祯而后，成甚朝廷？成何天下？以一隅之正统，而亦位置多官，其宰相不过抵一庶僚，其部堂不过抵一杂职耳，所谓存坛之饩羊也。争得世界转，则此官虽小亦尊：争不转时，官越大，罪越重。拼一死，在酬国恩，以报祖宗在天之灵，余何计焉！

昔之为宰相者，安邦致治，定国匡王，威辑九边，泽敷四海；天下之大也，而密勿运筹，如堂视庭。今以一隅疆土，又当空匮诎乏之时，乃欲行恢复中原之事，虽真有才智之士，亦将束手，况庸劣无能如予者乎？惟有用人一节，宰相得而行之，幸铨部系余兼摄，犹可展布分毫。而山川阻修，烽烟梗断，闽中尚有浙直之人，闽坏以来，浙直之人，无望至粤矣。此外不过川、楚、滇、黔四省人才，亦俱仓促难致。其见在朝廷者，干济则平常，争官则犀锐，部曹则想科道，科道则想督抚，毕智尽能，朝营暮度，无非为一身功名之计。其意盖谓世界不过此一刻，一刻错过，便不可复得矣。彼其胸中，何尝想世界尚有清宁之日，中原尚有恢复之期也哉？以此，署铨无几，怨谤丛生，每人悦之，日益不足，此自然之理也。然亦求吾尽吾心，吾尽吾职耳。安得道路稍通，使吴越诸名公，有死不尽者，得尽忠效力于神祖之孙？则一番掌铨启事中，亦觉少添气色也。

夫以神宗四十八年之德泽，业已中断，而今复续之，海内人心，孰不欢欣鼓舞！谓宜闻永历登极之信，各省便当奋起义师，迎銮拥驾，天结果不绝本朝宗祀，岂有鬼神不效灵而呵护者乎？但我辈留得性命在，不愁无天清地宁之日也。

王守仁给子正宪书

其　一

初到江西，因闻姚公已在宾州进兵，恐我到彼，则三司及各领兵官未免出来迎接，反致阻挠其事，是以迟迟其行，意欲俟彼成功，然后往彼，公同与之一处。十一月初七始过梅岭，乃闻姚公在彼以兵少之故，尚未敢发哨，以是，只得昼夜兼程而行。今日已渡三水，去梧州已不远，再四五日可到矣。途中皆平安，只是咳嗽尚未痊愈，然亦不为大患。书到，可即告祖母、汝诸叔知之，皆不必挂念！

家中凡百，皆只依我戒谕而行。魏廷豹、钱德洪、王汝中当不负所托。汝宜亲近敬信，如就芝兰可也。廿二叔，忠信好学，携汝读书，必能切励汝，不审近日亦有少进益否？聪儿迩来眠食如何？凡百只宜谨听魏廷豹指教，不可轻信奶婆之类，至嘱！至嘱！一应租税账目，自宜上紧，须不俟我丁宁。我今国事在身，岂复能纪念家事？汝辈自宜体悉勉励，方是佳子弟尔！

其　二

即日舟已过严滩。足疮尚未愈，然亦渐轻减矣。

家中事，凡百与魏廷豹相计议而行，读书敦行，是所至嘱！内外之防，须严门禁，一应宾客来往，及诸童仆出入，悉依所留告示，不得少有更改。四官尤要戒饮博，专心理家事。保一谨慎可托，不得听人哄诱，有所改动。

我至前途，更有书报也。

其　三

舟过临江，五鼓与叔谦晤于途次。灯下草此报汝知之。沿途皆平安，咳嗽尚未已，然亦不作大，广中事颇急，只得连夜速进；南赣亦不能久留矣。

汝在家中，凡百宜从戒谕而行，读书执礼，日进高明，乃吾之望。魏廷豹此行想在家，家众悉宜遵廷豹教训，汝宜躬率身先之。书至，汝即可报祖母、诸叔，说我沿途平安。凡百想能体悉我意，钤束下人，谨守礼法，皆不俟吾喋喋也。廷豹、德洪、汝中诸同志亲友，皆可致此意。

其　四

近两得汝书，知家中大小平安；且汝自言能守吾训戒，不敢违越。果如所言，吾无忧矣！

凡百家事及大小童仆，皆须听魏廷豹断决而行。近闻守度颇不遵信，致牴牾廷豹。

未论其间是非曲直，只是牴牾廷豹，便已大不是矣。纪闻其游荡奢纵如故，想亦终难化改，试问他毕竟如何乃可？宜自思之！

守悌叔书来，云汝欲出应试，但汝本领未备，恐成虚头。汝近来学业所进，吾不知；汝自度量而行，吾不阻汝，亦不强汝也。德洪、汝中及诸直谅高明，凡肯勉汝以德义，规汝以过失，汝宜时时亲就；汝若能如鱼之于水，不能须臾而离，则不及人不为忧矣。

吾平生讲学，只是"致良知"三字。仁、人心也。良知之诚爱恻怛处便是仁；无诚受恻怛之心，亦无良知可致矣。汝于此处宜加猛省！家中凡事不暇一一细及；汝果能敬守训戒，吾亦不必一一细及也。余姚诸叔父昆弟，皆以吾言告之。

前月曾遣舍人任锐寄书历，此时当已发回。若未发回，可将江西巡抚时奏报，批行稿薄一册，共计十四本，封固付本舍带来。

我今已至平南县。此去田州渐近；田州之事，我承姚公之后，或者可以因人成事。但他处事务，似此者尚多，恐一置身其间，一时未易解脱耳。

汝在家，凡百务宜守我戒谕、学做好人。德洪、汝中辈，须时时亲近，请教求益。聪儿已托魏廷豹时常一看，廷豹忠信君子，当能不负所托。但家众或有桀骜不肯遵奉其约束者，汝须相与痛加惩治。我归来日，断不轻恕。汝可早晚常以此意戒饬之。

廿二弟近来砥砺如何？守度近来修省如何？保一近来管事如何？保三近来改过如何？王祥等早晚照管如何？王祯不远出否？此等事，我方有国事在身，安分念及此项琐家务？汝等自宜体我之意，谨守礼法，不致累我怀抱乃可耳！

朱熹给长子书

其　一

吾昨日过遂昌，今日方深追远之痛，忽得汝书，知与妇子俱安，稍宽吾意。吾昨日方被进职之命，今日遣人下辞免文字，江西指挥至今未到，已据部吏状揭榜谢绝，便作闲人调度矣。但印记尚在身，未得十分萧散，只候命下，便发遣回去。台越之事，不足深怪。吾平生为学不得力，只是先办得此一着，如今众人扼腕时节，吾心却是闲暇。君恩民病，虽不敢忘，然亦有时节，固非伯寮、臧仓之所能为也。陈了翁说："人当自试以观己之力量。"今日真试一过耳。叔昌得书，却似未悉此意也。

吾已约子约来玉山相聚，不知渠能来否，渠书中说汪、潘、康、叶诸公相问讯，欲相见；答书时冗甚，忘记谢之。可写报子约，烦致意，或能同来尤幸。吾又欲一见渊丈及叔昌，不敢坐邀，汝可为禀，看能来即又大幸也。高、刘二君亦为致意，想便来相聚矣，不及别书也。汝想未能来，且省出入，彼人凶滑，吾甚为汝忧之，切且深自防也！渠岂能改过，不可错准拟，只当益加戒心耳。至嘱！至嘱！

吾后七日可过衢州城外，重九日次第可到界上住三日，诸公若能来固幸，若不成，可早遣一介相报也。

其　二

早晚受业请益，随众例不得怠慢。日间思索，有拟用册子随手札记，候见质问，不得放过。所闻诲语、归安下处，思省切要之言，逐日札记，归日要看。见好文字，录取归来。

不得自擅出入。与人往还，初到问先生，有令见者见之，不令见则不必往。人来相见，亦启禀然后往报之。此外不得出入一步。居处须是居敬，不得倨肆惰慢。言语须要谛当，不得嬉笑喧哗。凡事谦恭，不得尚气凌人，自取耻辱。

不得饮酒荒思废业。亦恐言语差错，失己忤人，尤当深戒。不可言人过恶，及说人家长短是非。有来告者，亦勿酬答。于先生之前，尤不可垢同学之短。

交游之间尤当审择。虽是同学，亦不可无亲疏之辨。此皆当请于先生，听其所教。大凡敦厚忠信，能攻吾过者，益友也；其谄谀轻薄，傲慢亵狎，导人为恶者，损友也。推此求之，亦自合见得五七分。更问以审之，百无所失矣。但恐志趣卑凡，不能克己从善，则益者不期疏而日远，损者不期近而日亲，此须痛加检点而矫革之，不可荏苒渐习，自趋小人之域。如此，则虽有贤师长，亦无救拔自家处矣。

见人嘉言善行，则敬慕而纪录之。见人好文字胜己者，则借来熟看，或传录之，而咨问之，思与之齐而后已(不拘长少，惟善是取)。

以上数条，切宜谨守。其所未及，亦可据此推广。大抵只是“勤谨”二字循之而上，有无限好事，吾虽未敢言，而窃为汝愿之；反之而下，有无限不好事，吾虽不欲言，而未免为汝忧之也。盖汝若好学，在家足可读书作文讲明义理，不待远离膝下，千里从师，汝既不能如此，即是自不好学，已无可望之理。然今遣汝者，恐汝在家汩于俗务，不得专意；又父子之间，不欲昼夜督责；及无朋友闻见。故令汝一行。汝若到彼，能奋然勇为，力改故习，一味勤谨，则吾犹有望。不然，则徒劳费，只与在家一般，他日归来又只是旧时伎俩人物，不知汝将何面目归见父母亲戚乡党故旧耶？念之！念之！“夙兴夜寐，无忝尔所生！”在此一行，千万努力！

范仲淹给诸子书

吾贫时与汝母养吾亲，汝母躬执爨，而吾亲甘旨，未尝充也。今而得厚禄，欲以养亲，亲不在矣。汝母亦已早逝。吾所最恨者，忍令若曹享富贵之乐也！

吾吴中宗族甚众，于吾固有亲疏；然吾祖宗亲之，则均是子孙，固无亲疏也。苟祖宗之意无亲疏，则饥寒者，吾安得不恤也？自祖宗来，积德百馀年，而始发于吾，得至大官，若独享富贵，而不恤宗族，异日何以见祖宗于地下？今何颜入家庙乎？于是恩例俸赐，常均于族人，并置义田宅云。

阎姬给子宇文护书

天地隔塞，子母异所；三十馀年，存亡断绝；肝肠之痛，不能自胜！想汝悲思之怀，复何可处？

吾自念十九入汝家，今已八十矣。既逢丧乱，备尝难阻。恒冀汝等长成，得见一日安乐。何期罪爨深重。存殁分离！吾凡生汝辈，三男三女，今日目下，不睹一人！与言及此，悲缠肌骨！赖皇齐恩恤，差安衰暮。又得汝杨氏姑，及汝叔母纥干，汝嫂刘新妇等同居，颇自适。但为微有耳疾，大语方闻。行动饮食，幸多无恙。今大齐圣德远被，特降鸿慈，既许归吾与汝，又听先致音耗。积稔长悲，豁然获展，此乃仁侔造化，将何报德？

汝与吾别之时，年尚幼小，以前家事，或不委曲。昔在武川镇，生汝兄弟，大者属鼠，次者属兔，汝身属蛇。鲜于修礼起日，吾之阖家大小，先在博陵郡住；相将欲向左人城。行至唐河之北，被定州官军打败。汝祖及二叔，时俱战亡。汝叔母贺拔，及儿元宝，汝叔母纥干，及儿菩提，并吾与汝六人，同被擒捉，入定州城。未几间将吾及汝，送与元宝掌。贺拔、纥干、各别分散。宝掌见汝云：“我识其祖翁，形状相似。”时宝掌营在唐城内，经停三日。宝掌所掠得男夫妇女；可六七十人，悉送向京。吾时与汝同被送。限至定州城南，夜宿同乡人姬库根家。茹茹奴望见鲜于修礼营火，语吾云：“吾今走向至本军。”既至营遂告吾辈在此。明旦日出，汝叔将兵邀截，吾及汝等，还得向营。汝时年十二，共吾并乘马随军，可不记此事缘由也？

于后吾共汝在受阳住，时元宝、菩提及汝姑儿贺兰盛洛，并汝身四人同学。博士姓成，为人严恶，尔等四人谋欲加害。吾与汝叔母等闻之，各捉其儿打之；惟盛洛无母、独不被打。其后尔朱天柱七岁，贺拔阿斗泥在关西，遣人迎家。累时，汝叔亦遣奴来富迎汝及盛洛等。汝时著绯绫袍，银装带：盛洛著紫织成缬通身袍黄绫裹，并乘骡同去。盛洛小于汝，汝等三人，并呼吾作阿摩敦，如此之事，当分明记之耳！

今又寄汝小时所着锦袍表一领，至宜检着。知吾含悲戚，多历年祀。属千载之运，逢大齐之德，矜老开恩许得相见。一闻此言，死犹不朽；况如今者，势必聚集！禽兽草木，母子相依；吾有何罪？与汝分离！今复何福，还望见汝？见此悲喜，死而更苏。世间所有，求皆可得：母子异国，何处可求？假汝位极王公，富过山海，有一老母，八十之年，飘隔千里，死亡旦夕，不得一朝暂见，不得二日同处，寒不得汝衣，饥不得汝食，汝虽穷荣极盛，光耀世间，汝何用为？与吾何益？吾今日之前，汝既不得申其供养，事往何论；今日以后，吾之残命，维系于汝！尔戴天履地，中有鬼神，勿云冥昧，而可欺负！汝杨氏姑，今虽炎暑，犹能先发。关河阻远，隔绝多年，书依常体，虑汝致惑，是以每存款质，兼亦载吾姓名。当识此理，勿以为怪！

徐勉给子崧书

吾家世清廉，故常居贫素。至于产业之事，所未尝言，非直不经营而已。薄躬遭逢，遂至今日，尊官厚禄，可谓备之。每念叨窃若斯，岂由才致？仰藉先代风范，及以福庆，故臻比耳。古人所谓"以清白遗子孙"，不亦厚乎！

"遗子黄金满地，不如一经。"详求此言，信非徒语。吾虽不敏，实有本志，庶得尊奉斯义，不敢坠失。所以显贵以来将三十载，门人故旧，亟荐便宜，或使创辟田园，或劝兴立邸宅，又欲舳舻运致，亦令货殖聚敛。若此事众，皆距而不纳。非谓拔葵去织，且欲省息纷纭，中年聊于东田间营小园者，非在播艺以要利人，正欲穿池种树，少寄情赏。又以郊际闲旷，终可为宅，傥获悬车致事，实欲歌哭于斯。慧日，十住等既应营婚，又须住址，吾清明门宅，无相容处，所以尔者，亦复有以。前割西边施宜武寺，既失西厢，不复方幅，意亦谓此逆旅舍耳，何事须华！常恨时人，谓是我宅；古往今来，豪富继踵，高门甲第，连关洞房，宛其死矣，定是谁室？但不能不为聚石移果，杂以花卉，以娱休沐，用托性灵。随便架立，不在广大，惟功德处，小以为好，所以内中逼促，无复房宇，近营东边儿孙二宅，乃藉十住南还之资。其中所须，犹为不少。既牵挽不至，又不可中途而辍。郊间之园遂不办保，货与韦黯，乃获百金。成就两宅，已消其半。寻园价所得，何以至此？由吾经始历年，粗已成立，桃李茂密，桐竹成荫；塍陌交通，渠畎相属；华楼迥榭，颇有临眺之美；孤峰尽薄，不无纠纷之兴；渎中并饶菰蒋，湖里殊富芰荷。虽云人外，城阙密迩。草生欲之，亦雅有情趣。追述此事，非有吝心，盖是笔势所至耳。

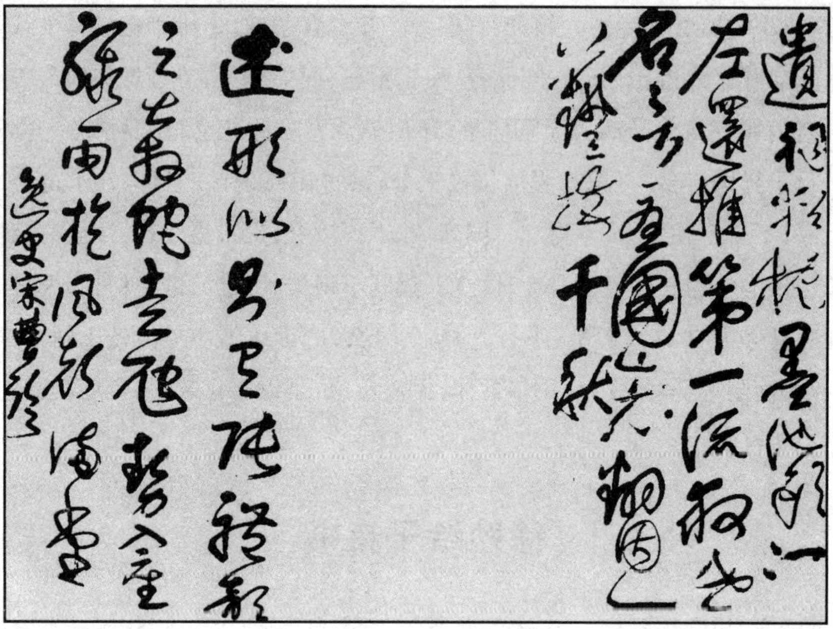

忆谢灵运《山家诗》云："中为天地物，今成鄙夫有。"吾此园有之二十载矣；今为天地物，物之与我，相校几何哉？此吾所余，今以分汝，营小田舍。亲累既多，理亦须此。且释氏之教，以"财物、谓之外命"；儒典亦称，"何以聚人曰财"。况汝曹常情，安得忘此！闻汝所买姑熟田地，甚为乌卤，弥复可安。所以如此，非物竞故也。虽事异寝丘，聊可仿佛。孔子曰："居家理治可移于官。"既已营之，宜使成立；进退两亡，更贻耻笑。若有所收获，汝可自分赡，内外大小，宜今时所，非吾所知，又复厅沾之诸女耳。汝既居长，故有此及。凡为人长，殊复不易，当使中外谐缉，人无闲言，先物后己而后可贵。老生云："后其身，而身先。若能尔者，更招巨利。"汝此当自勖。见贤思齐，不宜忽略以弃日也。弃日乃是弃身，身名美恶，岂不大哉！可不慎欤！

今之所敕，略言此意，正谓为家已来不事资产，既立墅舍，以乖旧业，陈其始末，无愧怀抱。兼吾年时朽暮，心力稍殚，牵课奉公，略不克举，其中余暇，裁可自休。或复冬日之阳，夏日之阴，良辰美景，文案闲隙，负杖蹑履，逍遥陋馆，临池观鱼，披林听鸟，浊酒一杯，弹琴一曲，求数刻之暂乐，庶居常以待终，不宜复劳家闲细务。汝交关既定，此书又行，凡所资须，付给如别。自兹以后，吾不复言及田事，汝亦勿复与吾言之。假使尧水，汤旱，吾岂知如何！若其满庾、盈箱，尔之幸遇。如斯之事，并无俟令吾知也。记云："夫孝者，善继人之志，善述人之事。"今且望吾全吾此志，则无所恨矣。

颜氏家训

——颜三推

【原文】夫风化者，自上而行于下者也，自先而施于后者也。是以父不慈则子不孝，兄不友则弟不恭，夫不义则妇不顺矣。父慈而子逆，兄友而弟傲，夫人而妇陵，则天之凶民，乃刑戮之所摄，非训导之所移也。

笞怒废于家，则竖子之过立见；刑罚不中，则民无所措手足。治家之宽猛，亦犹国焉。

孔子曰："奢则不孙，俭则固；与其不孙也，宁固。"又云："如有周公之才之美，使骄且吝，其余不足观也已。"然则可俭而不可吝已。俭者，省约为礼之谓也；吝者，穷急不恤之谓也。今有施则奢，俭则吝；如能施而不奢，俭而不吝，可矣。

生民之本，要当稼穑而食，桑麻以衣。蔬果之畜，园场之所产；鸡豚之善，埘圈之所生。爰及栋宇器械，樵苏脂烛，莫非种值之物也。至能守其业者，闭门而为生之具以足，但家无盐井耳。今北土风俗，率能躬俭节用，以赡衣食；江南奢侈，多不逮焉。

梁孝元世，有中书舍人，治家失度，而过严刻，妻妾遂共货刺客，伺醉而杀之。

世间名士，但务宽仁；至于饮食饟馈，僮仆减损，施惠然诺，妻子节量，狎侮宾客，侵耗乡党：此亦为家之巨蠹矣。

齐吏部侍郎房文烈，未尝嗔怒。经霖雨绝粮，遣婢籴米，因尔逃窜，三四许日，方复擒之。房徐曰："举家无食，汝何处来？"竟无捶挞。尝寄人宅，奴婢彻屋为薪略尽，闻之颦蹙，卒无一言。

裴子野有疏亲故属饥寒不能自济者，皆收养之；家素清贫，时逢水旱，二石米为薄粥，仅得遍焉，躬自同之，常无厌色。邺下有一领军，贪积已甚，家童八百，誓满一千；朝夕每人肴膳，以十五钱为率，遇有客旅，更无以兼。后坐事伏法，籍其家产，麻鞋一屋，弊衣数库，其余财宝，不可胜言。南阳有人，为生奥博，性殊俭吝，冬至后女婿谒之，乃设一铜瓯酒，数脔獐肉。婿恨其单率，一举尽之。主人愕然，俛仰命益，如此者再。退而责其女曰：

"某郎好酒,故汝常贫。"及其死后,诸子争财,兄遂杀弟。

妇主中馈,惟事酒食衣服之礼耳,国不可使预政,家不可使干蛊;如有聪明才智,识达古今,正当辅佐君子,助其不足,必无牝鸡晨鸣,以致祸也。

江东妇女,略无交游。其婚姻之家,或十数年间,未相识者,惟以信命赠遗,致殷勤耳。邺下风俗,专以妇持门户,争讼曲直,造请逢迎,车乘填街衢,绮罗盈府寺,代子求官,为夫诉屈。此乃恒、代之遗风乎?南间贫素,皆事外饰,车乘衣服,必贵齐整;家人妻子。不免饥寒。河北人事,多由内政,绮罗金翠,不可废阙,羸马顇奴,仅充而已;倡和之礼,或尔汝之。

河北妇人,织纴组紃之事,黼黻锦绣罗绮之工,大优于江东也。

太公曰:"养女太多,一费也。"陈蕃曰:"盗不过五女之门。"女之为累。亦以深矣。然天生蒸民,先人传体,其如之何?世人多不举女,贼行骨肉,岂当如此,而望福于天乎?吾有疏亲,家饶妓媵,诞育将及,便遣阍竖守之。体有不安,窥窗倚户,若生女者,辄持将去,母随号泣,使人不忍闻也。

妇人之性,率宠子婿而虐儿妇。宠婿,则兄弟之怨生焉;虐妇,则姊妹之谗行焉。然则女之行留,皆得罪于其家者,母实为之。至有谚云:"落索阿姑餐。"此其相报也。家之常弊,可不诫哉!

婚姻素对,靖侯成规。近世嫁娶,遂有卖女纳财,买妇输绢,比量父祖,计较锱铢,责多还少,市井无异。或猥婿在门,或傲妇擅室,贪荣求利,反招羞耻,可不慎欤?借人典籍,皆须爱护,先有缺坏,就为补治,此亦士大夫百行之一也。济阳江禄,读书未竟,虽有急速,必待卷束整齐,然后得起,故无损败,人不厌其求假焉。或有狼籍几案,分散部帙,多为童幼婢妾之所点污,风雨虫鼠之所毁伤,实为累德。吾每读圣人之书,未尝不肃敬对之;其故纸有《五经》词义,及贤达姓名,不敢秽用也。

吾家巫觋祷请,绝于言议,符书章醮,亦无祈焉,并汝曹所见也。勿为妖妄之费。

【译文】教化是靠自上而下,从前人向后人来推行的,因此,如果父不慈爱则子女就不会孝顺;兄长对弟弟不友爱,则弟弟就会对兄长不恭敬;如果丈夫不仁义,妻子就不会和顺。如果父亲慈爱而子妇悖逆,兄长友爱而弟弟倨傲,丈夫仁义而妻子凶悍。那么这种人就是天生的坏人,只有靠惩罚杀戮来使他们畏惧,教化对他们是无能为力的。

如果在家庭中没有惩罚,那么孩子们容易做出错事;国家的刑罚如果运用得不公平、不得当,那么老百姓就不知道该怎么办、不知该怎么办而无所适从。治理家庭的宽严与治理国家是一样的道理。

孔子说:“奢侈就会不恭顺,俭朴就会显得鄙陋,但宁可显得鄙陋也不能显得不恭顺。”孔子还说:“假如有一个人,他有周公那么好的才能,但只要他既骄傲又吝啬,那他其他方面再好也是微不足道的。”从这里我们可以知道。为人应该节俭而不应该吝啬。节俭指的是很节省而又不因此而违背礼节,吝啬指的是对穷困窘迫的人也不予以周济。现在,肯施舍的人大多也很奢侈,能节俭的人却又大多吝啬。如果能做到肯施舍而不奢侈,能节俭而不吝啬,那就可以了。

人要生存。就必须有吃、有穿,要吃就要耕作,要穿就要种桑麻。蔬菜、水果是从种植园地而来,鸡肉、猪肉也要靠畜养才有。以此类推,栋宇器械、樵苏脂烛,没有一样不是靠种植养殖而来。那些善于理家的人,足不出户就可以满足维持其生存所必需的各种东西,只是家里没有盐井罢了。现在,北方的风俗,大多能勤俭节约,以保障其各种花费,江南则风气奢侈,在持家方面大不如北方。

梁孝元帝时有一位中书舍人,治理家业缺乏分寸,过于严苛,于是他的妻妾便雇了刺客乘其喝醉时将他杀死了。

世间的一些名士,只知一味强调宽厚仁慈,以至于饮食、赠送都被办事的僮仆暗中克扣,同别人交往、施舍之事,又被妻子裁损,甚至为此而发生了戏侮客人、鱼肉乡里的事情,这也是治家的一大弊端啊。

齐朝的吏部侍郎房文烈从未发过脾气。有一次,由于连日暴雨成灾,家中断了粮,于是派一个奴婢去买米,这个奴婢却乘机逃走了,过了三四天才抓住他。房文烈见到他后从容地说:“全家人都等着你回来吃饭,你到什么地方去了?”最终也未对他进行惩罚。他曾经将房子借给别人住,那人的奴婢将房子的椽木抽下来当柴烧,房文烈听说后只是微微皱了皱眉,最终也什么也没说。

裴子野的远亲,以前的朋友经受饥寒无法度日的,他就将他们养收下来。他家本来就不富裕,当时又逢上水旱灾害不断,于是他就用二石米煮了一大锅稀粥,但这也只能够每人喝到一点,他自己也与他们一样喝这种稀粥,而脸上一点也没有不高兴的表情。邺下有一位将军,非常贪婪。他积攒的财物很多。家里已经有八百个僮仆了,他还发誓要凑足一千。早晚每人的饭菜都以十五钱为标准,偶然遇到有客人到来,便没有多余的饭菜供给客人。后来他由于犯事而被杀了,朝廷没收了他的家财,麻鞋就攒了一屋子,破旧的衣服占了好几个仓库,其余的财宝就更多得数不清了。南阳有一个人,也是天生喜欢聚财，非常吝啬。冬至后，其女婿来看望他，他就只准备了一小铜壶酒，几块獐肉。女婿对他的这种寒酸招待非常不满，一口便把酒都喝光了。主人非常惊讶，只得一边应付一边让人加酒，刚加上，他女婿又一口喝干了。宴席散后，他责备他女儿说："你夫婿太喜欢喝酒了，所以你才这么穷。"等他死后。他的几个儿子为争夺家财，哥哥竟然把自己的弟弟给杀死了。

妇方主持家事，也只能主持操办一些酒食衣服等事，国家大事是不能让她们参与的，家中的大事，也不能让她们做主。如果是聪明有才学的妇女，她们通晓古今，正好可以辅助其丈夫，弥补其不足，但不能由她来决定一切。如果让母鸡在清晨打鸣，那是一定会招致灾祸的。带来不幸的。

在江东，妇女一般没有什么社会交往，即使是与亲家，也有几十年从未谋面的，只是派人送信、送礼物以表示自己的情意。邺下的风俗习惯则与此正好相反，他们专门让妇女主持家政，与人打官司、争论曲直，拜访交际、应酬客人都是妇女的事。她们乘着车子四处交游，到府衙去为儿子谋求官位，替丈夫打抱不平，这种风俗或许是恒、代的旧习气吗？南方人即使非常贫寒，家人妻子儿女即使吃不饱、穿不暖，他们也要重视衣着打扮，乘坐的车子和穿的衣服都很讲究，很齐整。河北的交际应酬由妇人来做，所以她们所需要的绫罗绸缎是不能缺少的，至于丈夫所需的车马，都很破旧，仆人都很憔悴，仅能够用就行了。对夫妻之间夫唱妇随这一套礼节也不重视，甚至有彼此轻贱的。

河北妇女的纺织、刺绣、剪裁等女工要比江东妇女强得多。

太公说："养的女儿太多，是家中的一笔开支。"陈蕃说："小偷也不去偷那些有五个女儿的家庭。"由此可见，女儿对家庭的拖累也的确是很大的。然而老天将生灵降给人类，父母生育子女也实在不是自己能控制的事。世人大多不愿抚养女儿，甚至将自己亲生的骨肉残害，这样做，难道是希望上天降福于你吗？我有一位远亲，家里有很多妾媵，在孩子要出生时，就派守门人去看着，在临产时就通过窗户或门缝张望，如果生的是个女儿，就立刻进去抱走，而全然不顾母亲的痛哭，其痛苦之情使人真不忍心再听下去。

妇人天生就宠爱女婿而虐待儿媳妇。宠爱女婿，则自己的儿子就会为此而怨恨他们；虐待儿媳，就会给女儿带来谗言。这样看来，作为女儿，在娘家和在婆家都会受罪，而导致这一切的就是自己的母亲，以至于因此而有谚语说："阿姑吃饭好冷清啊！"这也实在是对她自己的报应啊。这是许多家庭常见的弊病，你们一定要注意啊！

婚嫁都要选择清贫之家，这是我们先祖靖侯定下的规矩。近来嫁娶时。就有卖女儿要彩礼和用绢买媳妇的事。有婚嫁时，首先就要比较他们家的积蓄，斤斤计较彩礼的丰富，讨价还价，与市场上买卖东西没有什么差别。为此，有的人招来的女婿猥琐鄙陋，有的人娶来的媳妇凶悍专横，一味为了贪求财物，结果反而招来了羞辱，对这种事，你们一定要谨慎啊！借别人的书籍一定要倍加爱护。借时有的就缺坏，自己要替人家修补整齐，这也是士大夫为人处世的一条原则。济阳人江禄，读书未完时，即使有急事需要他去办理，也一定要先把书籍放整齐，然后再起身办事，所以他借的书从未弄坏过。别人也因此而愿意借给他书。有人将借来的书随便地堆放在桌子上，乱七八糟，那些分散的书卷，大多被小孩或婢女、妾媵弄脏，甚至有被风吹雨淋、被虫鼠咬坏的，这实在是会败坏自己的德行。每当我读圣人之书时，从来没有不恭恭敬敬地对待的，即使是一张破纸，只要上面有《五经》的词义或贤达的姓名，我也不敢胡乱用在脏乱的地方。

我们家从来不请巫婆神汉来为我们祈福祷告，也从不请道士来作法事，这些都是你们亲自见到的。这些都是妖妄之事，你们千万不要把钱花在这上面。

【原文】治家有法度，常恐诸子骄侈，席势凌人，乃集古今家诫，书为屏风，令各取一具，曰："留意于此，足以保躬矣！汉袁氏累叶忠节，吾心所尚，尔宜师之。"

——《新唐书·房玄龄传》

【译文】房玄龄治理家庭有一套规矩，时常担心自己的几个儿子会骄横奢侈，仗势欺人，于是收集古今名人的家庭戒规，书写在屏风上，叫他们各取一条。并说："要牢记这些家训条规，如果能照着去做，就可保全自己，东汉袁安一家，世代忠诚有气节，我内心十分崇尚，你们应该好好学习他们。"

【原文】凡为家长，必谨守礼法，以御群子弟及家众。分之以职，授之以事，而责其成功。制财用之节，量入以为出。称家之有无，以给上下之衣食，及吉凶之费，皆有品节，而莫不均一。裁省冗费，禁止奢华，常须稍存赢，以备不虞。

——《居家杂仪》

【译文】凡是做家长的，一定要谨守礼法，以便更好地管制子弟和家庭成员。家里谁管什么事，谁做什么事，都要有明确的分工，并督促检查，责成让他们做好。家里的经济开支，要量入为出。按照家庭收入的多少，安排家庭成员的衣食和其他吉凶事务的开支，做到公允平正，大体均衡。减少一切不必要的开支费用，禁止奢侈豪华，平常要留有一定的节余，以防备不测事情的发生。

【原文】曰："齐家治国，其理无二，使一家之间长幼内外，各尽其分，严于循理，则一家治矣。一家既治，达之一国，以至天下，亦举而措之耳。朕观其要，只在诚实而有威严，诚则笃亲爱之恩，严则无闺门之失。

——《太祖实录》

【译文】明太祖朱元璋说："齐家治国，道理是一样的，使一家之间长幼内外，各尽本分，严格遵循礼法，那么家庭就能治理得好。家庭治理好了，那么国家以至天下的治理也就可以一蹴而就了。我认为治家的要领，主要在于诚实有威严，诚实就可使家庭亲爱和睦，威严就使家人没有过失。

【原文】问：齐家之难，难于治国平天下。家迩天下远，家亲天下疏，何以难？曰：正惟迩则情易辟，正惟亲则法难用。夫家之所以齐者，父曰慈，子曰孝，兄曰友，弟曰恭，夫曰健，妇曰顺。反比则父子相伤，夫妻反目，兄弟阋墙。积渐而往，遂至子弑父，妻鸩夫，兄弟相仇杀，庭闱衽席间皆敌国。从来均平天下之人，每于此多动心忍性。盖法制所不能束，禁令所不能施，以此思难，难可知矣。

——孙奇逢

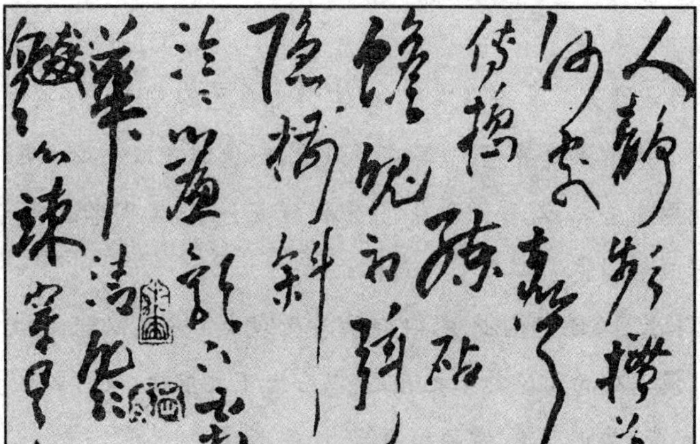

【译文】有人问：整治家庭的难度，比治理国家、平定天下还要难。家庭近而天下远，家庭亲而天下疏，为什么治家反而难些呢？我说：正因为近，感情就容易有所偏颇；正因为亲，法制就难以实施运用。家庭能整治好的原因，对父亲来说要慈祥，对儿子来说要孝顺，对兄长来说要友善，对弟弟来说要恭敬，对丈夫来说要健康，对妇女来说要柔顺。与此相反就会父子之间彼此互相伤害，夫妻间反目成仇，兄弟间不能和睦相处。这样积累发展下去，就会到儿子杀害父亲、妻子毒害丈夫、兄弟之间互相仇杀的地步，家庭居所到处都成为敌国。曾经平定过天下的人，每每到这时也被搅得心绪难以平静，却只好忍耐性子。因为法律制度不能约束，禁令不能施行，从这里来考虑这个“难”字，其难度就可以知道了。

【原文】居家之道，须先办一副忠实心，贯彻内外上下，然后总计一家标本缓急之情形，而次第出之，本源澄澈，即有淤流，不难疏导。患在不立本而骛末，浊其源而冀流之清也。得乎！一家中男子本也，父慈、子孝、兄友、弟恭，本之本也。本立矣，而末犹萎焉，必其立之之根本未固耳。立之之道，岂有已时！本分自尽者，并不见吾分有圆满之日。古人榜样，一一具在，只不听妇人言，便有几分男子气。

——孙奇逢

【译文】治理家庭的规律，必须先具备一副忠实的心肠，并在家庭内外、上下得到充分体现，然后将全家的枝节和根本的情形，缓办或急办的事情总计起来，再一个一个地列出来，这样事物产生的根源清澈透明，即使有淤塞的地方，也不难疏导。令人担心的是不立下根本却追求末梢，浑浊了源头却希望水流清澈。知道了啊！一个家庭中男子是根本，父亲慈爱、儿子孝顺、兄长友善、弟弟恭敬，则是根本的根本。根本立下了，但末梢还是枯萎的话，必定是使末梢立下的根本没有稳固。使根本立下的道理，难道有停止的时候吗？本分已自己结束的，并没有见到我的本分有圆满之日。古代的人做出的榜样，一一都在这里，只要不听妇人的话，就有几分男子汉气概。

【原文】汝幼年理家务，吾虞其废业也。然陆象山当家三年，自谓学问长进。米盐零杂，至细碎矣，综理有道，便是学问。至长幼尊卑，内外男妇，情性不同，好恶各异，黾勉有无，能得其帖心输意，此非仁至义尽者不能。志气从此立，学问从此充。虚心实体，当自得之。

——孙奇逢

【译文】你年纪很小就料理家务，我担心你会因此而荒废学业。但是宋代思想家陆九渊当了三年家，自己认为在学问方面很有长进。对于柴米、油盐之类的零七八碎的事情，综合料理得头头是道，这就是学问。至于年长的、年幼的，地位高的、地位低的，里里外外，男男女女，情感性格各不相同，喜好厌恶各有差异，有的勤勉有的懒惰，能使得他们安心遂意，这如果不对他们表示爱护、关怀、帮助并尽心尽力就不能做到。志气也从此立下了，学问也从这里得到充实。使自己更虚心，身体更强健，这应当是自己所能得到的东西。

【原文】所谓治国必先齐其家者，其家不可教，而能教人者无之。故君子不出家而成教于国。孝者所以事君也,弟者所以事长也,慈者所以使众也。《康诰》曰:"如保赤子。"心诚求之,虽不中不远矣。未有学养子而后嫁者也。一家仁,一国兴仁;一家让,一国兴让。……故治在齐其家。

——《礼记·大学第四十二》

【译文】所谓治理国家必定要先整治好家庭,是因为连家里人都教不好,又怎么能教好其他人。因此有德行的君子不出家门就能在全国达成教化。在家里养成了对父母亲的孝道,用来侍奉国君;在家里养成了对兄长的悌道,用来侍奉上官;在家里养成了仁慈博爱的品德,用来治理民众。《康诰》说:"对待民众像保养婴儿一样。"只要是从心里诚心诚意地想做到这一点,即使还没有完全做到,也离这不远了。从来还没有先学会如何抚养教育子女后再出嫁的道理。一家仁爱,一国都会兴起仁爱之风;一家谦让,一国都会兴起谦让之风。……所以治理好国家必须先整治好家庭。

【原文】家运之盛衰,天下不能操其权,人不能操其权,而己实自操之。父慈、子孝、兄友、弟恭,男正位于外,女正位于内,即贫窭终身,而身型家范,为古今所仰,盛莫盛于此。如身无可型,而家不足范,当兴隆之时,而识者已早窥其必败矣。

——孙奇逢

【译文】家庭运道的兴盛与衰败,老天不能掌握其决定权,别人不能掌握其主动权,实际上主动权掌握在自己手里。父亲慈爱、儿子孝敬、兄长友善、弟弟恭顺,男子在外面摆正位置,女人在家里摆正位置,即使终身贫乏穷困,但其立身榜样、家庭风范,被古今的人所敬仰,家庭兴盛莫过于此了。如果立身不能做榜样,家庭不能作典范,那么即使其家庭正是兴隆的时候,有远见卓识的人也早就看到了兴盛之中蕴藏的必然衰败的征兆。

【原文】居家勤俭,孰为居要?博雅曰:"勤非俭,终年劳瘁,不当一日之侈糜。《书》曰:'慎乃俭德,惟怀永固。'子曰:'礼,与奢也,宁俭。'似俭尤要。"望雅曰:"一生之计在勤,一年之计在春,一日之计在寅。治家、治国、治身、治心,道岂有先于此者乎?似勤尤要。"曰:"二者皆要,尤要在克勤克俭之人耳。八年于外,三过门不入,方得地平天成,万世永赖,如非其人,胼手胝足,朝经夕营,何济乃事?宋仁宗夜半惜烧羊之费,恭己化成,几致刑措。若唐文宗举衫袖示群臣曰:'此农已三浣矣,'虽云俭德,然受制家奴,自谓不如赧献,泣下沾襟,亦何益乎?勤俭一源,总在无欲。无欲自不敢废当行之事,自无礼外之费,不期勤俭而勤俭矣。"

——孙奇逢

【译文】治家的勤劳与节俭，哪一个最重要呢？博雅说："只勤劳而不节俭，则一年的辛勤劳累，还抵不上一日的奢侈浪费。《尚书》说：'谨慎小心是节俭之德，只有怀有这种品德家业才会永远牢固。'孔子说：'举行礼仪，与其奢侈，宁愿节俭。'似乎节俭更重要些。"望雅说："一生的算计在于勤劳，一年的打算在于春天，一日的打算在寅时。治家、治国、治身、治心，其道理难道还有比勤劳更先进的吗？似乎勤劳更重要。"我说："这两者都很重要，但更为重要的是既能勤劳又能节俭的人。先祖们八年在外面辛劳，三次路过家门口而不进去，这样才使得地平了，天成了万世万物永远赖以生存的条件，如果不是这样的人，即使手、脚都磨得起了茧，早晚忙碌不停，对事业又有什么帮助呢？宋仁宗半夜起来惋惜烧羊肉的费用，严肃约束自己而使教化成功，几乎使刑法都搁置不用了。像唐文宗举起衣袖给各位大臣看并说：'这件衣服已经洗了三次了'，虽然说是节俭之德，但受家奴制约，自以为不行，红着脸去献祭、眼泪都打湿了衣襟，这有什么好处呢？勤劳、节俭的源头，总在于没有欲望。没有欲望自然不敢荒废应当做的事情，自然没有礼节之外的花费，未想到要勤劳、节俭却又勤劳节俭了。"

【原文】父父、子子、兄兄、弟弟、夫夫、妇妇，而家道正。正家而天下定矣。

——《周易·家人·彖》

【译文】做父亲的像父亲、当儿子的像儿子，做哥哥的像哥哥、当弟弟的像弟弟，做丈夫的像丈夫，当妻子的像妻子，那么家庭的治理就走上了正轨。所有家庭都得到正确的治理后，天下也就安定了。

【原文】严内外之禁。闺门内外之禁不可不严，若容侍妾令妓辈教以歌舞，纵百姓妇女出入贸易机织，日往月来，或启子弟奸淫，或致交通关节。盖外人睹其出入深熟，嘱之以事。彼有所受，讼至有司，事干闺门，尤难施行。要在责阍人禁止，仍常加察，不然恐有意外之事。

——《州县提纲》

【译文】严禁官衙内府与外界的交往。禁止内府与外界的交往不可不严格，如果容许妻妾接纳优伶教唱歌跳舞，听任百姓妇女出入纺织贸易，时间长了，或者诱导子弟奸淫，或者内外勾结行贿受贿。因为官府外面的人看见她们可以随意出入，便嘱托她们办事。她们受礼之后自然尽力而为，官司打到有关官吏那里，一牵涉到内府，就特别难以处理。要想杜绝此类事情的发生，关键在于要求守门人加强管理，禁止这类人出入，同时自己仍然要随时检察，不然就可能发生意外事件。

【原文】防闲子弟。凡在官守，汩于词讼，窘于财赋，困于朱墨，往往于闺门之内，类不暇察，至有子弟受人之赂而不知者。盖子弟不能皆贤，或为吏辈诱以小利，至累及终身。昔王元规为河清县，军民歌咏以民吏不识知县儿为第一奇。盖子弟当绝见客，勿出中门，仍严戒吏辈不得与之交通，又时时密察之，庶几亡弊，不然则祸起萧墙矣。

——《州县提纲》

【译文】禁止子弟为非作歹。当官在任的官员因民事诉讼、财政、赋税和往来公文忙得困顿不堪，大都对府内之事没有时间仔细检查，以至有些官员没有发觉到自己的子女接受了外界的贿赂。官员们的子弟不可能都是自律的贤人，有些人在属吏小利引诱下触犯了刑律，结果终身受牵累。从前王元规当清河县令时，严禁子弟与外界往来，当地军民歌颂为清河第一大奇事。官员在任时，应当禁止子弟出中门会客，同时严禁属吏不得和他们往来，又经常暗中检察，这才可能制止上述弊端，否则灾祸就会从府内产生出来。

【原文】子弟门客，勿令与外人吏辈交接，或恐有往来结托之嫌，则祸起萧墙。

——《昼帘绪论·尽己》

【译文】官员应该约束子弟和门客，不准他们和衙门外面的人及属下小吏交往，以免相互勾结委托办事，否则灾祸会从内部产生。

【原文】宅门以内则家也，与官一例可乎！宜按人酌给月费为零用之需，不得于账房支取分文，以杜影射而节糜费。

——《牧令书辑要·持家》

【译文】官衙内府即使是家，家属岂能与官员一样享用公费福利！应当按人按月酌情给一些零用钱，而不准他们随意到公家账房去支取一分一文，只有这样，才能杜绝他人影射和制止浪费。

【原文】琐琐姻亚，则无朊仕。

——《诗·小雅·节南山》

【译文】裙带关系无才德，委以重任干不得。

【原文】账房不可任用至亲。……利之所在，怨之所归，必有谣言，不可轻听。此任最重，宜请老成精细之人司之，不妨多其束修，以义合者，去留在我；一用子弟至亲，百弊丛生。

——《牧令书辑要·持家》

【译文】官衙账房系财经重地，不可任用亲戚担任账房先生。……哪里有好处，哪里就会招致怨恨，任何人担任账房先生，都肯定有他贪财的谣言，不可轻易相信。账房先生之职最为重要，应聘请一位老实、精明心细的人担任，不妨多付一些报酬，根据原则和两人关系，可以轻易决定是否用他；如果任用子弟或亲戚担任此职，（很容易招来非议，而且干不好的话很难决定去留，）结果各种弊端由此而生。

【原文】治民者州县之职也，然治民不自民始。胥吏者官民交接之枢纽也，家丁、戚友又胥吏交接之枢纽也。不治胥吏，不能治民；不治家丁戚友，不能治胥吏。治家丁、戚友、胥吏奈何？曰用之而勿为所用是已。其用之而勿为所用奈何？曰通之而勿隔是已。官与吏终日见而无劳家人之转通，官与民又终日见而不许胥吏之壅遏，则彼胥吏、家丁、戚友者不过供奔走佐使之职而已矣，而何弊之能为？

——《牧令书辑要·政略》

【译文】治理民众是州、县官的本职工作，但是治理民众却不从百姓开始。衙中小官吏是官和民接触的关键和桥梁，家兵、亲戚、朋友又是官和小官吏接触的关键。不能管好小官吏，就不能治理民众；不能管好家兵、亲戚、朋友，就不能治理小官吏，怎样才能管好家兵、亲戚、朋友和小官吏呢？每天指挥他们干事而不被他们利用就是正确的做法。所谓指挥他们干事而不被他们利用又是怎么回事呢？即上下相通而不阻隔便可。官员与小吏整天见面而不用家人传话，官员与民众也整天见面而不许小吏从中阻隔，那么他们这些小官吏、家兵、亲戚、朋友只不过供官员驱使、出力干事罢了，又有什么能力作弊呢？

【原文】戒亲戚贩鬻。士大夫闲居时，亲戚追陪，情意稠密。至赴官后，多私贩货物，假名匿税，远至官所以求售。居官者以人情不可却，或馆之廨舍，或送之寺观，以其货物分人吏，责之牙侩，而欲取数倍之利，甚则纵其交通关节，以济其行。一旦起讼，咎将谁归？要当戒之于未至之先。或有为贫而来者，宜待之以礼，遗之以清俸，亟遣之归，毋令留滞。

——《州县提纲》

【译文】禁止亲戚贩卖货物。士大夫在还没有当官的时候，亲戚追随陪伴在身边，感情十分亲密融洽。等到士大夫功成名就位居高官后，这些亲戚大多私自贩卖货物，假借当官者的名义逃税，从很远的地方来到任职所在地求售。当官的人想到从前亲密的感情，不可推卸，或者把他们安置在自己住处，或者把他们送到寺观暂时居住，把他们的货物分卖给属吏，或者要求市场经纪人帮忙卖出，企图从中得到高额的利润，甚至听任他们结交要人，行贿受贿，以达到牟取厚利的目的。一旦争利告到衙门，谁来承担责任？为了避免这种情况发生，关键是在事先禁止亲戚前来贩卖货物。如果有亲戚因为生活贫困而来投奔，应该按礼节接待他们，拿出自己的部分俸禄送给他们，然后早点让他们回家，不要让他们长久留在身边。

【原文】亲故若非土居者，不宜使之外住及纵令出入，不若以理遣之。既去，便须取索公人、寺观、形势户，有无乞托借贷钱物之类。

——《作邑自箴·处事》

【译文】对于那些原本不在自己任职所在地居住的亲戚朋友，官员不应让他们定居下来，也不应让他们随意进出，不如讲明道理后把他们送回家。送走之后，还要查询属吏及寺院、道观、大户人家，看他们是否有诉穷求乞、借贷钱物的事。

【原文】亲族宜周恤。离家较近之省，求帮告助者源源而来，力有难给。宜酌量族之远近，戚之亲疏，就廉俸所馀，每年寄归，补助贫乏，约定不许至署，则所费省而受者得实惠矣。

——《牧令书辑要·持家》

【译文】亲戚族人应该都加以体恤救济。在离家较近的地方当官，请求救助的亲戚族人源源而来，财力不足以全部供给，要求难以满足这里应酌情考虑亲戚族人血缘关系的亲疏远近，就自己俸禄所余的钱作一合适安排。每年都寄回去以补助那些缺衣少食的人，同时约定不准他们来到任所，那么自己节省了开支，接受帮助的人也得到了实惠。

【原文】睦族。出入相友，守望相助。三代同井之风，尚载之书。凡族事无大小，人无亲疏，勿萌疑忌，勿起嫌隙，总以和气处之。即事不得已，从容理论，听族解处。倘藏忿宿怨，构讼公庭，愧为圣人后裔。

——福建建宁县三滩《孔氏家谱》

【译文】和睦宗族。进出互相友爱，有什么困难的事情互相帮助。三代同居的风气，曾经记载在史书中。凡宗族的事情不论大小，族人不论远近，不要萌生怀疑嫉妒，不要产生仇恨怨气，总要以和气相处。即使发生不得已的事情，也要从容理论，听从族长的处理和安排。假如暗藏长久积累下来怨恨，导致对簿公堂，就愧为圣人后裔。

【原文】宗族宜和。凡属一本，俱出同源，派有亲疏，无非一脉。是以富贵无私。昔贤惟期尽乎一己，安危与共。吾辈当求不愧于前人。我族众皆为同宗共祖者也。倘不遵此政，是背圣祖恂恂信实之范。请公法治。

——四川顺庆府蓬州《孔氏支谱》

【译文】宗族应当和睦相处。凡属于同一宗族，都出于同一祖宗。支派有远近，都是来自一条血脉。所以富贵了不能自私。过去的贤人只希望尽自己最大努力，与族人同甘共苦。我们这代人应当力求无愧于前人在这方面不比前人做得差。我们族的众人都是同宗共祖的人。假如不遵守这个规则，就是违背圣人祖宗恭敬谨慎信实的原则规范。请族长用族法家规惩罚治理。

【原文】吾为将，知将不可为也。吾数发冢，取其木以为攻战具，又知厚葬无益于死者也。汝必敛以时服。且人，生有所处耳，死复何在耶？今去本墓远，东西南北，在汝而已。

——《三国志·魏明帝纪》注

【译文】我担任将领，知道这不是一件容易的事。我多次挖掘死者的坟墓，取出棺木作为攻打敌人的武器，知道厚葬对死者并没有什么好处。我死后，你只给我穿上普普通通的衣服就行了。人生前有居住的地方，死后又哪里知道在什么地方呢？现在离祖先的墓地远，将我葬在哪里，就由你安排了。

【原文】吾死之后，持大服如存时，勿遗。百官当临殿中者，十五举音，葬毕便除服；其将兵屯戍者，皆不得离屯部；有司各率乃职。敛以时服，葬于邺之西冈上，与西门豹祠相近，无藏金玉珍宝。

——《曹操集·遗令》

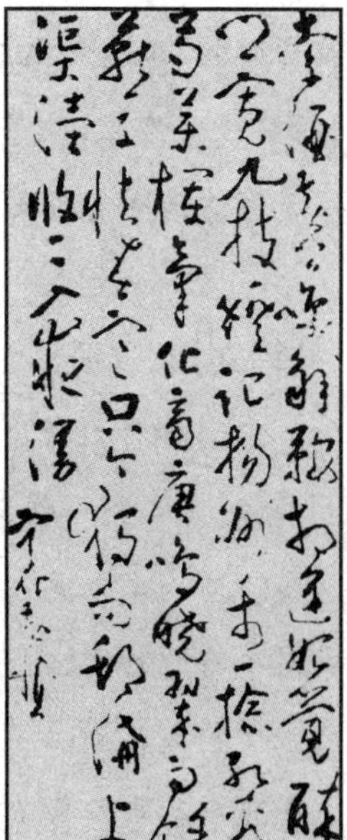

【译文】我死之后，穿戴的衣服如活着时一样，你们不要忘记了。百官来大殿吊唁，只需哭十五声，埋葬后就解除丧服；带兵驻守在各地的将领，不要离开驻地；官吏各司其职。入殓时穿平时的服装，将我葬在邺城西面的山冈上，与西门豹的祠庙相邻，在墓中不要埋葬金玉珍宝。

【原文】我家入魏之始，即为上客。自尔至今，二千石方伯不绝，禄恤甚多。于亲姻知故吉凶之际，必厚加赠襚，来往宾僚，必以酒肉饮食，故六姻朋友无憾焉。国家初，丈夫好服彩色，吾虽不记上谷翁时事，然记清河翁时服饰。恒见翁着布衣韦带，常自约敕诸父曰："汝等后世若富贵于今日者，慎勿积金一斤，彩帛百匹已上，用为富也。"不听兴生求利，又不听与势家作婚姻，至吾兄弟，不能尊奉。今汝等服乘渐华好，吾是以知恭俭之德，渐不如也。……吾今日不为贫贱，然居住舍宅，不作壮丽华饰者，正虑汝等后世不贤，不能保守之，将为势家所夺。

——《北史·杨椿传》

【译文】我家自入魏以来，世位居高官要职，俸禄优厚，碰到亲戚旧友家中有喜庆丧葬的事，必然慷慨解囊。用酒食招待来访的客人，所以亲戚朋友都无意见。建国初，有钱人家的男子竞相穿着华贵衣服，曾任清河太守的祖父，却穿布衣，系牛皮带，常训诫父辈们说：“你们将来会比现在更加富贵，家中积蓄切不可满一斤黄金，超过一百匹彩帛，使自己成为富家。”不许做买卖或放高利贷，不许与世家联姻。现在你们的衣服、车马越来越华丽讲究，说明恭谨俭朴的美德已不如祖辈。……现在我家已经不算贫贱了，住宅不追求豪华壮美，原因就是担心后世子孙不贤，将来为世家大族掠夺去。

【原文】夫恭俭福之舆，傲侈祸之机。乘福舆者浸以康休，蹈祸机者忽而倾覆，汝其戒欤！吾没后，敛以时服，祭无牢饩，棺足以周尸，瘗不泄露而已。

——《北史·崔莱传》

【译文】恭敬节俭是载福的车乘，骄傲奢侈是引起祸患的机栝。乘坐载福的车乘得到安康，踏着祸机者立即倾覆，你们要引以为戒啊！我死之后，入棺穿平时的服装，祭祀不用牛羊猪，棺木只需容得下尸体，埋葬不要露着棺木就行了。

【原文】死者是常，古来不免，所造经像，何所施为。夫释迦之本法，为苍生之大弊，汝等各宜警策，勿效儿女子曹，终身不悟也。吾亡后，必不得辄用余财，为无益之佛事；也不得妄出私物，徇追福之虚谈。道士者本以元牝为宗，初无趋竞之教，而无识者慕僧家之有利，约佛教而为业，欲寻老君之说，也兴道斋之文，又用僧例，失之弥远。汝等勿拘鄙俗，辄屈于家。汝等身没之后，也教子孙依吾此法。

——《遗令戒子孙》

【译文】死是平常之事，自古以来没有人能够逃避死亡，佛经佛像对死亡也是毫无办法的。你们要看到释迦牟尼所创佛教对天下百姓的弊病，警惕自己，不要终身不觉悟。我死后，一定不得用钱财去做那些无益的佛事，也不得妄出私物，相信什么追求福泽的虚妄空谈。道士本以元牝为宗，起初并无趋力争竞的教义，没有认识到这一点的人羡慕僧家做佛事有利可图，纷纷以佛教为业，想寻求老君的学说，仿效佛教做斋醮祀文，这和原来的本义相差甚远。不要被这种鄙陋的习俗所束缚，在家里屈从众俗。你们将来死后，也要像我这样教导你们的子孙。

【原文】人家用度，皆可预计。惟横用不可预计。若婚嫁之事，是闲暇时，子弟自能主张。若乃丧葬，仓卒之际，往往为浮言所动，多至妄用，以此为孝。世俗之见，切不可徇，则当随家丰俭也。

——《经钽堂杂志》

【译文】家庭的日常开支，都可以事先做出预算。只有意外事件的开支不可预计。像婚嫁之事，是闲暇的时候，子弟自己能够从容安排。像丧葬这事，往往事发突然，仓促之际，往往容易受世俗风气的影响，多半要大规模开支，以此作为孝的标准。世俗的意见，千万不可盲目跟从，应当根据家庭经济情况好坏来计划开支。

【原文】人家至于破产，先自借用官物钱始。既先借用官物钱，至于官物催趱，不免举债典质，久而利重。虽欲存产业，不可得矣。故当先须留官物钱，则无此患。

——《经钼堂杂志》

【译文】导致家庭破产，是从借用公家钱物开始。既然先借用了公家钱物。那么到公家催促归还时，就不免要借债典当，时间久了，利息增加，虽然想积累产业。却不是可能做到的！所以应当先留下归还公家的钱物，就没有这个祸患了。

【原文】俭者，君子之德。世俗以俭为鄙，非远识也。俭则足用，俭则寡求，俭则可以成家，俭则可以立身，俭则可以传子孙。奢则用不给，奢则贪求，奢则掩身，奢则破家，奢则不可以训子孙。利害相反如此，可不念哉！富家有富家计，贫家有贫家计，量入为出，则不至乏用矣。

——《经钼堂杂志》

【译文】节俭，是君子的美德。世俗的风气以节俭作为吝啬，这样的看法并非远见卓识。节俭，就可足用，减少贪欲，可以成家，可以立身做人，可以传给子孙后代。奢侈，就必定贪求，庇护自己，破败家庭，奢侈不能用来教训子孙后代。俭、奢的利害对比反差如此之大，能不引起我们的注意吗？富家有富家的打算，贫家有贫家的对策，只要做到量入为出，就不至于用时缺乏。

【原文】衣以岁计，食以日计。一日缺食，必至饥馁。一年缺衣，尚可藉旧。食在家者，食粗而无人知。衣饰外者也，衣敝而人必笑。故善处贫者，节食以完衣；不善处贫者，典衣而市食。

——《经诅堂杂志》

【译文】衣服按年计算，吃饭按日计算。一日缺食，必定导致饥饿。一年缺少衣服穿，还可以拿旧衣服解燃眉之急。吃饭是在家里，吃得粗一些，尚无人知道。衣服显示外表，衣服破旧了就会被人取笑。所以善于治理贫穷家庭的人，会通过节约饮食来完善衣服；不善于治理贫穷家庭的人，会通过典当衣服来买粮食吃。

【原文】盖聚居则百费皆省，析居则人各有费也。然须上下和睦。若自能奋飞，不藉父业，则听其挈出。不可将带父业，留以与不能奋飞者，可也。

——《经钽堂杂志》

【译文】一般来说，整个家庭聚居在一起，各项开支可以节省一些，兄弟们分出去单独开火，那么人人都得开支，费用就开支得多一些。聚居需要家庭成员上下和睦。子弟们若能自己独立，不依靠父辈积累下来的产业，那么就可以让他搬出单独成家。但不可带走父辈产业，这些产业应留给那些不能独立成家的子弟，这样也很好。

【原文】吾欲裸葬，以反吾直，必亡易吾意。死则为布囊盛尸入地七尺，既下，以足引脱其囊，以身亲土

【译文】我死后打算裸葬，以返归我的本原，一定不要改变我的本意。我死了以后，就用一只布袋盛着我的尸体，埋入七尺深的地下。已经下葬之后，就从脚部脱下盛我尸体的布袋，让我的尸体直接与泥土接触。

【原文】其田畴不多，日用不能有馀，则一味节啬。裘葛取诸蚕绩，墙屋取诸蓄养，杂种蔬果，皆以助用。不可侵过次日之物，一日侵过，无时可补，则便有破家之渐，当谨戒之。

——《居家正本制用篇》

【译文】田地不多，日用开支不充裕，就要讲究节约，使用度有节余。衣服用蚕丝纺织而成，房屋用蓄养家禽的收入来建造，种植蔬菜果品，都可以补助家庭日常开支。日常开支要精打细算，不可提前用次日的东西，一天用超了，没有什么可以用来补偿，这会使家庭逐渐破败。你们应当谨慎，引为鉴戒。

【原文】婚礼不用乐，三日后管领亲家，即随宜使酒成礼可矣。不当效彼俗子，徒为虚费，无益有损。祭礼重大，以至诚严洁为主，别置盘盏碗碟之类，常切封锁，以待使用。丧礼贵哀，佛事徒为观看之美，诚何益？不若节浮费而依古礼，施惠宗族之贫者。宾客尽诚尽礼可也，恣烹炮，饰器用，又群集妇女，言语无节，昏志损财，为害莫大。

——《遗令》

【译文】婚礼不要奏乐，三天后用普通的酒席款待亲家就可以了；不应该仿效那些俗家子弟，白白地花费钱财造成浪费，没有益处，只有坏处。祭礼礼仪重大，以至诚、庄严、净洁为主，另外置购一些盘盏碗碟之类的东西，经常清洁放好，以备使用时方便。

丧葬礼节最紧要的是致哀，做佛事不过外观好看，有什么实在的意义呢？不如节省不必要的开支，而按古礼办事，把节约下来的钱财施舍给家族中的贫穷者。宴请客人只

要尽诚意，尽礼节就可以了，在烹饪和餐具上讲求排场，又招来一群妇女，说话无节度，损害大志，耗费财物，没有比这有更大的危害了。

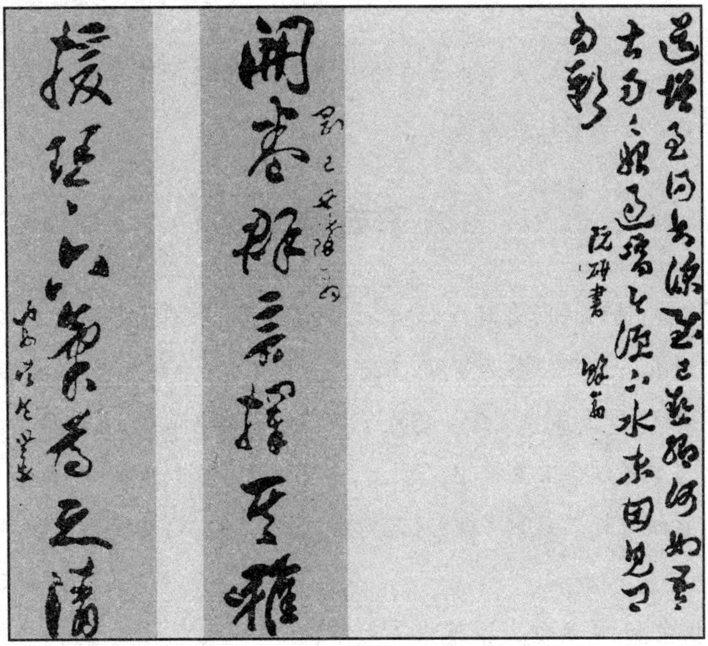

【原文】公父文伯退朝，朝其母，其母方绩。文伯曰："以歜之家而主犹绩，惧忏季孙之怒也，其以歜为不能事主乎。"其母叹曰："鲁其亡乎！使僮子备官而未之闻耶？居，吾语汝。昔圣王之处民也，择瘠土而处之，劳其民而用之，故长王天下。夫民劳则思，思则善心生；逸则谣，谣则忘善，忘善则恶心生。沃土之民不材，逸也；瘠土之民莫不向义，劳也。"

【译文】公父文伯退朝后，去拜见他的母亲，他的母亲正在搓线。文伯说："在我这样的家庭里，还要您亲自搓线，惧怕季孙的恼怒，大概是因为我不能侍奉您吧！"他的母亲叹道："鲁国大概要灭亡了吧！让稚童小子做官还从未听说过吧，坐下来，我来说给你听。以前圣王安排老百姓，选择贫瘠的土地让他们居住，让他们专心从事劳作而不生淫逸之心，这样才能使天下长久安定。老百姓不停劳作就会想着俭约，因想着勤俭节约而生善心；安逸就会淫荡，淫荡就会忘善，忘善就会产生恶心。生活在肥美土地上的老百姓不堪重用，是因为过于安逸；生活在贫瘠土地上的老百姓莫不向义，是因为经常劳作的缘故。"

【原文】闻义贵能徙，见贤思与齐。食尝甘脱粟，起不待鸡鸣。萧索园官菜，酸寒太学畜。时时语儿子，未用厌锄犁。

——《剑南诗稿》

【译文】做人可贵的是能够改变自己，适应正义，看到贤能之才，就能自觉地向他学习，我们能够一日三餐有足够的甘美食物，全靠劳动者鸡不鸣就早早起床。在冷冷清清的菜地里种植蔬菜，与一个在太学里读书的人相比，似乎是寒酸了些，但是我总要经常告诫我的儿子，不能厌恶锄耕这类农活。

诫子弟俭素

【原文】旦疾甚，遣内侍问者日或三四，帝手自和药，并薯蓣粥赐之。旦与杨亿素厚，延至卧内，请撰遗表。且言："忝为宰辅，不可以将尽之言，为宗亲求官；止叙生平遭遇；愿日亲庶政，进用贤才，少减焦劳之意。"仍戒子弟："我家盛名清德，当务俭素，保守门风，不得事于泰侈，勿为厚葬以金宝置柩中。"表上，真宗叹之，遂幸其第，赐白金五千两。旦作奏辞之，稿末自益四句云："益惧多藏，况无所用，见欲散施，以息咎殃。"即舁至内阋。

——《宋史·王旦传》

【译文】王旦病重，皇帝每天派遣内侍问候，有时一天竟问候三四次，皇帝亲手调好药，连同薯蓣粥一起送给他服用。王旦同杨亿平时交谊深厚，就邀杨亿到卧室，当面请他撰写遗表，并且交代说："我身为宰相，不可以用我死前的话压制朝廷，替宗室亲戚求官；遗表中只叙述我的生平遭遇，不要写些褒扬功德的话语；希望皇上每天亲自处理日常政务，注意选用贤才，以便减少焦虑劳苦的心意。"还告诫子弟说："我家向来有美好名声和清高德行，且久负盛名，你们应当做到节俭朴素，保持这种门风，不能做出骄纵奢侈的事来。我死了以后，不要厚葬，更不许把金银珠宝放进棺材，白白地埋葬掉。"遗表呈进给皇上以后，宋真宗看后大为感喟，于是亲自到王旦家中看望，赐给白金五千两。王旦命人代写奏疏给皇上，谢绝赏赐的白金，他还在书稿的末尾亲自添上四句话："更加害怕多有收藏，况且没有什么用场，现在我打算散发布施出去，以便停息意外的祸患灾殃。"同时命人把白金抬回宫中。

训俭示康

【原文】吾本寒家。世以清白相承。吾性不喜华靡，自为乳儿，长者加以金银华美之服，辄羞赧弃去之。二十忝科名，闻喜宴独不戴花。同年曰：“君赐不可违也。”乃簪一花。平生衣服蔽寒，食取充腹，亦不敢服垢弊以矫俗干名，但顺吾性而已。

众人皆以奢靡为荣，吾心独以俭素为美。人皆嗤吾固陋，吾不以为病，应之曰：“孔子称‘与其不逊也宁固。’又曰：‘以约失之者鲜矣。’又曰：‘士志于道而耻恶衣恶食者，未足与议也。’”古人以俭为美德，今人乃以俭相诟病，嘻，异哉！近岁风俗尤为侈靡，走卒类士服，农夫蹑丝履。吾记天圣中，先公为群牧判官，客至，未尝不置酒，或三行五行，多不过七行。酒酤于市，果止于梨、栗、枣、柿之类，肴止于脯、醢、菜羹，器用瓷、漆。当时士大夫家皆然，人不相非也。会数而礼勤，物薄而情厚。近日士大夫家，酒非内法，果、肴非远方珍异，食非多品，器皿非满案，不敢会宾友；常数月营聚，然后敢发书。苟或不然，人争非之，以为鄙吝。故不随俗靡者盖鲜矣。嗟乎！风俗颓弊如是，居位者虽不能禁，忍相之乎！又闻昔李文靖公为相，治居第于封丘门内，厅事前仅容旋马。或言太隘，公笑曰：“居第当传子孙，此为宰相厅事诚隘，为太祝、奉礼厅事已宽矣。”参政鲁公为谏官，真宗遣使急召之，得于酒家；既入，问其所来，以实对。上曰：“卿为清望官，奈何饮于酒肆？”对曰：“臣家贫，客至无器皿、肴、果，故就酒家觞之。”上以无隐，益重之。张文节为相，自奉养如为河阳掌书记时，所亲或规之曰：“公今受俸不少，而自奉若此，公虽自信清约，外人颇有公孙布被之讥。公宜少从众。”公叹曰：“吾今日之俸，虽举家锦衣玉食，何患不能？顾人之常情，由俭入奢易，由奢入俭难。吾今日之俸，岂能常有？一旦异于今日，家人习奢已久，不能顿俭，必致失所。岂若吾居位、去位、身在、身亡常如一日乎？”呜呼！大贤之深谋远虑，岂庸人所及哉！

御孙曰：“俭，德之共也；侈，恶之大也。”共，同也，言有德者皆由俭来也。夫俭则寡欲。君子寡欲则不役于物，可以直道而行；小人寡欲则能谨身节用，远罪丰家。故曰：“俭，德之共也。”侈则多欲。君子多欲则贪慕富贵，枉道速祸；小人多欲则多求妄用，败家丧身。是以居官必贿，居乡必盗。故曰：“侈，恶之大也。”昔正考夫𫗴馆粥以糊口，孟僖子知其后必有达人。季文子相三君，妾不衣帛，马不食粟，君子以为忠。管仲镂簋朱纮，山楶藻棁，孔子鄙其小器。公叔文子享卫灵公，史鰌知其及祸，及戍，果以富得罪出亡。何曾日食万钱，至孙以骄溢倾家。石崇以奢靡夸人，卒以此死东市。近世寇莱公，豪侈冠一时，然以功业大，人莫之非，子孙习其家风，今多穷困。其余以俭文名，以侈自败者多矣，不可遍数，聊举数人以训汝。汝非徒身当服行，当以训汝子孙，使知前辈之风俗云。

——《温国文正司马公文集》

【译文】我出生在贫寒人家，祖上世世代代都继承清白家风。我生性不喜欢豪华奢侈，当我还是个吃奶的孩子时，长辈将装饰金银的华美衣服穿在我身上，我就感到害羞而脸红，因而脱掉它。二十岁时中了进士，在闻喜宴这样的庆祝宴会上独有我一个人不戴花。同时考中的人对我说："这是皇帝赏赐的，必须戴，不可违背。"于是我才勉强在帽子上插了一枝花。我一生穿衣只求能挡寒，吃饭呢只需吃饱肚子，但是也不敢穿那些肮脏破烂的衣服故意有别于世俗而猎取名誉，只是顺着我的本性去做罢了。

众人都把奢侈华贵作为荣耀，我心里却只把节俭朴素作为美德。人们都讥笑我固执迂腐，但我不认为是缺点，并且回答他们说："孔子说过：'与其因为奢侈而骄傲，倒不如因节俭被人看作固陋。'又说：'因为节俭而有很少的过失。'又说：'读书人中有志于追求真理却以穿破衣吃粗饭为耻辱的，不值得与他这种人谈论。'"古人把俭朴当作美德，现在的人竟然把俭朴作为缺点而相互讥讽，嘻，这真是奇怪事！

近年来社会习俗更加讲究奢华，那些当差的人穿得像士人，农民脚上穿着丝绸做成的鞋子。我记得在仁宗天圣年间，父亲做群牧判官，客人来了也总备酒招待。可是每次宴会时，有时斟上三遍酒，有时斟到五遍，最多不过斟七遍。酒是从市场上买来的，果品只不过是梨、栗子、枣、柿子一类的东西，菜肴也只是干肉、肉酱、菜羹，器具只用瓷器、漆器。那时候士大夫家家如此，都不相互非议轻视。聚会次数多而礼节殷勤，食物单薄而情意深厚。近来士大夫家请客则不同，酒不是用宫廷秘方酿造的、果品不是远方而来的珍奇之物、食物不品种繁多、器具不摆满大案子，便不敢邀请宾朋；常常要经营筹备几个月，然后才敢发请柬邀集客人。如果不这样大操大办，别人都争相非议，认为是鄙陋吝啬。因此，不随时俗而奢侈者是很少的。唉！风气败坏到这种地步，做官的人即使不能禁止，又怎么能忍心推波助澜呢？我还听说，从前李沆做宰相的时候，在汴京封丘门内建造了一所宅第，大厅前的空间仅仅能够转开一匹马。有人说这样太狭小了，李文靖公笑着说："住宅是传给子孙的。这要作为宰相办公的大厅实在是狭小了点，可是作为太祝、奉礼郎的厅堂已经很宽绰了。"参知政事鲁宗道担任谏官，真宗皇帝因事遣使臣紧急召见他，结果在酒店里找到了他。到了朝堂，皇帝问他从哪里来，鲁公把实际情况禀告给皇帝。皇帝说："您为清望官，怎么在酒店里饮酒？"鲁公回答说："为臣家庭贫穷，客人来了，却没有设宴用的器具、菜肴、果品，所以只好到酒店里招待客人。"皇上因为鲁公不隐瞒实情，更加敬重他。张文节身为宰相，个人生活享受跟他做河阳节度判官时一样，亲近的人中有人规劝他说："您现在俸禄不少，自己的生活却这样，您自己虽然相信这是清廉节约，可是外人却不知情，有些人把您看成汉朝的公孙弘，认为这样做是有诈的表现。您应该稍稍世俗一些。”张公感叹说：“以我现在的俸禄，即使全家人都锦衣玉食，何愁办不到？只是就人之常情来说，由俭朴到奢侈比较容易，由奢侈到俭朴就难了。我今天的俸禄难道能够长久地有这么多吗？一旦情况变化（被降职、罢免或病死），和现在收入不同，家中人却已经习惯于过奢侈生活很久了，不能顿时学会节俭，一定会生活没有着落。哪比得上我不论在位、离位、活着、死去，家中生活都始终一样呢？”唉！大智大德之人的深谋远虑，哪是一般人所能赶得上的呢！

春秋时鲁国大夫御孙说：“俭朴是有德者共有品质，奢侈是恶中最大者。”共，就是同，是说有德的人都是由于节俭所致。节俭会使人减少欲望。有道德的君子欲望少，便不会被外物所牵累，成为物的奴役，因此可以循正道为人行事。小人减少物质欲望就能约束自己，注意用度，避免犯罪，使家庭富裕。因此说：“俭朴，是有德行者共有的品质。”奢侈就会增加贪欲。君子多欲就会贪慕富贵，导致违背正道为人行事，招来灾祸；小人多欲就会多贪求，妄用财物，导致家败身亡。人一旦多欲，做官必定贪受贿赂，住在乡野必定做强盗。因此说：“奢侈，是恶中之大者。”从前，宋国大夫正考父用稠粥稀粥糊口，维持生活，鲁国大夫孟僖子推知他的后代一定会有显达的人。季文子做相，先后辅佐鲁国的三个国君，可是他的妾不穿绸缎衣服，马不喂粮食，君子认为他忠于国象。管仲的器物上雕刻花纹，帽带是大红的，雕画房屋的梁柱，孔子就鄙视他，认为他器量狭小。公叔文子宴请卫灵公，史鳍预知他要遭祸，到他的儿子公孙戌，果然以富有获罪而逃亡国外。何曾每天饮食费用值万钱，到他孙子时因为骄奢狂妄而倾家荡产。石崇以奢侈向人夸耀，结果因此而被斩首于东市。近世的冠莱公，豪华奢侈为一时之冠，但因为他功劳大，人们都不非议他，他的子孙习惯于其奢华的家风，现在大多穷困潦倒了。其他以俭朴而扬名，因奢侈而自行败落的人多了，不可一一列举，姑且举出数人为例来训诫你。你不只自身应该履行节俭，还应当训诫你的子孙，使他们了解祖辈们的家庭传统习俗。

吾家素清俭　安得乱家法

——范仲淹

【译文】范文正公之纯仁娶妇，将归。或传妇以罗为帷幔者。公闻之不悦，曰：“罗绮岂帷幔之物耶？吾家素清俭，安得乱吾家法，敢持至吾家，当火于庭。”

【译文】范仲淹的次子范纯仁娶媳妇，媳妇出嫁时，有人传消息说，纯仁的媳妇陪嫁精美疏软的罗绮作帷幔。范仲淹听后很不高兴，说："罗绮是多么珍贵的东西，怎么可以用来做帷幔呢？我家一贯清俭朴素，怎么能够可以扰乱我的家法呢！她如果敢把这些东西带来，我就要当众把它烧成灰烬。"

药　言

——姚舜牧

吾上世未有知学者，及所见所闻及所传闻，浑浑焉，蠢蠢焉，不离耕作，不识官府，为无怀葛天氏之民。自吾父淳庵赠君，始教牧读书，训以清高二字，而实皆浑蠢之遗也。故凡平日所训语，及所闻于故老，所得于会晤者，窃识之不忘，而未敢书于册也。前年游粤西，辱抚台杨霁翁出族谱家训示，且使牧续貂焉。因以向所承之训及所闻所悟者书有数条，至平西，公馀，复续有数条，似较多口语一番矣。然总之则本清高之训，而欲所谓浑蠢之遗也云尔。因存笥中，期示孙子宁浑毋察，宁蠢毋乖，是为清高，不则不若族人之为田农也。

万历丙午秋日书于平西公署之清白堂。

孝悌忠信，礼义廉耻，此八字是八个柱子。有八柱始能成宇，有八字始克成人。圣贤开口便说孝弟。孝弟是人之本，不孝不弟，便不成人了。孩提知爱，稍长知敬，奈何自失其初，不齿于人类也。

《戴记》载小孝、中孝、大孝，《孝经》载孝之始、孝之中、孝之终，统是教人做人，无忝尔所生。一孝立，万善从，是为肖子，是为完人。

贤不肖皆吾子，为父母者切不可毫发偏爱。偏爱日久，兄弟间不觉怨愤之积，往往一待亲殁而争讼因之。创业思垂永久，全要此处见得明，不贻后日之祸可也。今人但为子孙作牛马计，后人竟不念父母天高地厚之恩。诚一衣一食，无不念及言及，儿曹数数闻之，必能自立自守。久长之计，不过如是矣。

《斯干》之诗，说到鸟革、翚飞、弄璋、弄瓦盛矣，然开首却云"兄及弟矣，式相好矣，无相犹矣"。未有不相好而相犹，能守其基业，克开其子孙者。

兄弟间偶有不相惬处，即宜明白说破，随时消释，无伤亲爱。看大舜待傲象，未尝无怨无怒也，只是个不藏不宿，所以为圣人。今人外假怡怡之名，而中怀仇隙，至有阴妬仇结而不可解，吾不知其何心也。

兄弟虽当亲殁时，宜常若亲在时。凡一切交接礼仪，门户差役，及他有急难，皆当出身力为之，不可彼此推诿。

妯娌间易生嫌隙。乃嫌隙之生，尝起于舅姑之偏私，成于女奴之谗构。家人之睽多坐此，是不可不深虑者。然大要在为丈夫者，见得财帛轻，恩义重，时以此开晓妇人，使不惑于私构而成隙，则家可常合而不睽矣。夫为妻纲一语极吃紧。

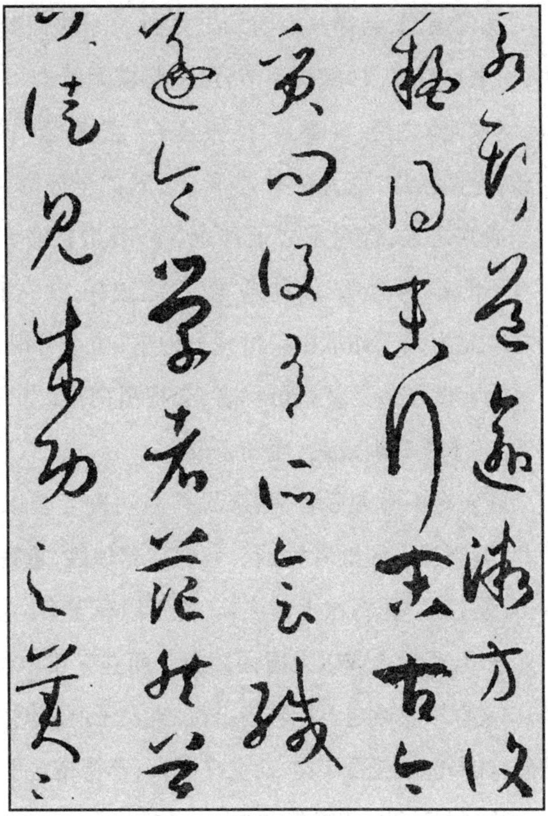

一夫一妇是正理。若年四十而无子，不可不娶一妾，然中间却有个处法。不善调停，使妻妬而不容，妾悍而难驭，安望其生且育？调停谓何，自处于正而已。

人人生子不以为异，若论人生一个人出来，耳目口鼻四体百骸悉具，岂非天地间至祥至瑞耶？和气致祥，一毛乖戾生不来，即生得来，决非是个善物。

尝谓结发糟糠，万万不宜乖弃。或不幸先亡后娶，尤宜思渠苦于昔，不得享于今，厚加照抚其所生，是为正理。今或有偏爱后妻后妾，并弃前子不爱者，岂前所生者出于人所构哉？可发一笑。

蒙养无他法，但日教之孝悌，教之谨信，教之泛爱众亲仁。看略有暇馀时，又教之文学。不疾不徐，不使一时放过，一念走作，保完真纯，俾无损坏，则圣功在是矣。是之谓蒙以养正。

古重蒙养，谓圣功在此也，后世则易骄养矣。骄养起于一念之姑息。然爱不知劳，其究为傲为妄，为下流不肖，至内戕本根，外召祸乱，可畏哉！可畏哉！

蒙养不耑在男也，女亦须从幼教之，可令归正。女人最污是失身，最恶是多言。长舌阶厉，冶容诲淫，自古记之。故一教其缄耑，勿妄言是非；一教其简素，勿修饰容仪。针黹纺绩外，宜教他烹调饮食，为他日中馈计。《诗》曰："无非无仪，唯酒食是议。"此九字可尽大家姆训。

凡议婚姻，当择其婿与妇之性行及家法何如，不可徒慕一时之富贵。盖婿妇性行良善，后来自有无限好处，不然，虽贵与富无益也。

《麟趾》之诗，首章云“振振公子”，次章云“振振公孙”，三章云“振振公族”，由子而孙而族，皆振振焉，是为一家之祥。语曰：“子孙贤，族将大”。凡我族人共勉之。

通族之人，皆祖宗之子孙也。一有贵且贤者出，祖宗有知，必以通族之人付托之矣。间有不能养，不能教，不能婚嫁，不能敛葬，及它有患难，莫可轻控诉者，即当尽心力以周全之。此为人子孙承祖宗付托分内事，切不可视为泛常推诿。

族有孝友节义贤行可称者，会祀祖祠日，当举其善告之祖宗，激示来裔。其有过恶宜惩者，亦于是日训戒之，使知省改。

族人有不幸无后者，其亲兄弟当劝置妾媵以生育，不可萌利其有之心。其人或终无生育，即当择一应继者为嗣。切勿接养他姓，重得罪于祖宗。

《易》曰：“风行水上，《涣》。先王以享于帝，立庙。”立宗祀，创族谱，所以合其涣也。然不立祭田，恐后人或以无田而废祀。而立义田以给族之不能养者，立义学以淑族之不能教者，立义塚以收族之不能葬者，皆仁人君子所当恻然动念，必周置以贻榖于无穷者也。范文正公，自宋迄今盖百年矣，而义庄犹存；李德裕之平泉安在哉？敢以是为劝为戒。

凡祠堂坟墓，须时勤展视，岁加修理。莫教大敝，始兴工作。若住居有一檐一瓦之坏，亦即宜治之，勿致颓阘可也。苟无端，切不可兴土木，致倾赀业。语云：“与人不睦，劝人造屋。”此言最可省。

祖宗血产，由卒瘏拮据而来，生于斯，聚国族于斯，固其所深祝者，万万不可轻弃。倘以人众不能聚居，即归一房居之，馀各自为居处，切不可属之他姓。万一俱贫不能支，亦宜苦守一隅，思为恢复之计。若有不才，贪豪姓厚赀，先将受了投献，通族宜共击之，鸣官治以不孝之罪。旋以理抗势豪，莫为吞并，万一力不能抗，亦宜哀情乞存香火，是为贤子孙。不然者，恐不可见先人于地下，且亦无面目自立于人世也。

凡处家不可不读《家人》卦。卦本风自火出，文王只系“利女贞”三字，周公初爻即系“闲”之一字。“闲”从门从木，门有搅木，内外始有关防。二爻系“无攸遂，在中馈。”申“利女贞”之意，然大纲却在男子身上。故三爻系“家人嗃嗃，悔厉吉；妇子嘻嘻，终吝。”嗃嗃固似太严，而嘻嘻可称家节哉？言妇则责夫，言子则责父，是不可不身任其责者。如是始称有家。故四爻系“富家”以志顺，五爻系“假家”以志爱，然又须诚实而威严，可以常保得，故上爻系“是孚威如”之辞。《象》申之曰：“反身之谓也。”反身者何？言有物、行有恒而已。圣人论家政纲纪节目曲折无遗盖如此，有家者尚三复于此哉！

家人内外大小防闲不可不严。凡女奴男仆，十年以上，不可纵放其出入，而女尼卖婆等尤宜痛绝。盖此辈一出入，未有肯空手者，而且有更不可言者。周公系家人初爻云：“闲有家，悔亡。”闲得定然后成得家。此语尤宜时当三复。

待童仆不得不严，然饮食寒暑，不可不时加省视。己食即思其饥，己衣即思其寒，如绵衣蚊帐之类，皆当豫为料理。陶靖节遣一仆侍其予曰：“彼亦人子也，当善遇之。”此言大可深味。

人须各务一职业。第一品格是读书，第一本等是务农，外此为工为商，皆可以治生，可以定志，终身可免于祸患。惟游手放闲，便要走到非僻处所去，自罹于法网，大是可畏。劝我后人，毋为游手，毋交游手，毋收养游手之徒。

凡居家不可无亲友之辅。然正人君子，多落落难舍；而侧媚小人，常倒在人怀，易相亲狎。识见未定者遇此辈，即倾心腹任之，略无尔我，而不知其探取者悉得也，其所追求者无厌也。稍有不惬，即将汝阴私攻发于他人矣。名节身家，丧坏不小，孰若亲正人之为有裨哉？然亲正远奸，大要在“敬”之一字。敬则正人君子谓尊己而乐与，彼小人则望望而去耳，不恶而严，舍此更无他法。

交与宜亲正人。若比之匪人，小则诱之佚以荡其家业，大则唆之交构以戕其本支，甚则导之淫欲以丧其身命。可畏哉！

亲友有贤且达者，不可不厚加结纳，然交接贵协于礼。若从未相知识者，不可妄援交结，徒自招卑谄之辱。且与其费数金，结一贵显之人，不为所礼，孰若将此以周贫急，使彼可永旦夕，而怀感于无穷也。

睦族之次，即在睦邻。邻与我相比日久，最宜亲好。假令以意气相凌压，彼即一时隐忍，能无忿怒之心乎？而久之缓急无望其相助，且更有仇结而不可解者。

何氏家规

——《何氏家规》

节义勤俭之规

【原文】节义之人，乃天地正气所钟，光祖宗，荣亲族，莫大乎是。后世但有男子仗义而穷，妇人守节而苦，不能自存者，岂可不为之虑，而使之失所耶？合族俱当议处资给，以成其美，不可轻慢靳啬。

【原文】勤俭为成家之本，男妇各有所司。男子要以治生为急，于农工商贾之间，务执一业。精其器具，薄其利心，为长久之计。逐日所用，亦宜节省，量入而出，以适其宜，慎勿侈靡骄奢，博弈饮酒，宴安懒惰。若人心一懒，百骸俱怠，日就荒淫，而万事废矣。妇人夙兴夜寐，黾勉同心，执麻枲，治丝茧，织纴组紃，以供衣服。不事浮华，惟甘雅洁。凡有重务，弟兄妯娌，分任其劳。主妇日至厨房，料理检点，但有童仆撒泼五谷，秽污作践，暴殄天物者，量加惩戒。至晚扃锁门户，贮水徙薪，逐处照管，仍谕各房，不许烘焙衣物。内外谨严，俱无怠忽。其上下衣食，分给有等，男女多者，传递惟均，不得各分彼此。嫁娶资妆，亦从简便。如此则衣食常盈，而先业不坠矣。

饮食服御之规

【原文】饮食服御，乃民生日用之不可缺者。近来僭侈无节，风俗日漓，盗起民穷，多由于此。岂草茅之说，所能挽回？故历采古先圣贤之言，为此标准。吾人当佩服，以成恬淡朴雅之风。

【原文】古人饮食，每种各出少许，置之豆间之间，以祭先代，始为饮食之人，不忘本也。

【原文】为人子者，父母存，冠衣不纯素；孤子当室，冠衣不纯采。

【原文】或问朱子曰：饮食间，孰为天理？孰为人欲？曰：饮食者，天理也，要求美味，人欲也。

【原文】君子慎言语，节饮食，二者养德养身之切要。

【原文】有道之士，粗衮索带，而人不鄙之者，取其内而不取其外也。

【原文】司马温公曰：吾平生衣取蔽寒，食取充腹，亦不敢服垢敝，以矫俗干名，但顺吾性而已矣。又曰：吾家待客，会数而礼勤，物薄而情厚。

【原文】古人事亲，有以酒肉养志者，有以菽水承欢者，均不失为大孝。

【原文】茅容待客以草蔬，与之同饭，杀鸡为馔以供母，客知之，起拜而称贤。

范文正公虽贵，非宾客不重肉，妻子衣食仅能自充，而惟好施予。晏平仲敝车羸马，而惠及三族。

【原文】范益谦曰：凡吃饮食，不可拣择去取。

【原文】汪信民曰：人常咬得菜根，则百事可做。朱子曰：今人不能咬菜根，而至于违其本心者众矣，可不戒哉！

【原文】柳公绰凡遇饥岁，诸子皆蔬食，学业未成者，不听食肉。弟见兄未尝不束带，夫人常衣绢素，不用绫罗锦绣，每归觐，不剩金碧舆，只乘竹兜子。常命粉苦参、黄连、熊胆，和为丸，赐诸子，每永夜习学含之，经资勤苦。所以在公卿间，最名有家法。

【原文】君子以礼义为养心，则心广体胖，若恣食肥甘，则神昏气溃。妇女以布御寒，则艰苦其志，以香薰罗绮，则淫荡其心。

量度权衡之规

【原文】人家之斗尺戥称，皆所以量多少，度长短，称物平施，而权轻重者也。此固外物也，其实系乎人之一心。心正而公，则制之惟准，用之惟平，使贸易输敛之间，两无亏累，即为天理矣。若以私刻存心，专图利己，买人之物，则用小戥大称，卖物与人，则用小称大戥；或借人米谷，原以大斗量入，而以小斗偿还；取息于人，则以小斗放出，以大斗收回，即此就为人欲。殊不知轻重大小之间，所增几何，而所损大矣。盖幽暗之中，鬼神在焉，人可欺而心不可欺，心可欺而天不可欺。吾人为学，欲辨理欲，而下克己功夫者，先从此处用力，最为亲切。

撑持门户之规

【原文】大丈夫尚欲勠力王室，而自家门户，岂可不为撑持，而忍坐视其敝乎？盖人家之兴者，岂得常兴？而废者，亦岂常废？兴而不撑持即废矣，废而能撑持，何患不兴乎？兴废固由于天，而撑持之力，实在于人。人能知此意，克勤克俭，凡有废坠，一一修举。或遇户役世务之来，宗子总其大纲，支庶同力共济，协力帮扶，以保宗祀。切不可推延畏缩，窃议旁观，以致唇亡齿寒，萎靡不振，而反取人欺笑。虽然此其大略也，若夫光显之则，在经与书矣。

保守自家之规

【原文】保守身家之道无焉：第一，不可奸骗人家妻女。第二，不可赌博宿娼。第三，不拖欠包揽，谋领侵欺钱粮。第四，不可炼药烧丹，攘窃诓骗。第五，不可强横健讼，斗狠逞凶及扛帮教唆，生事害人。第六，不可接无籍之徒，花哄游荡，不务本等生理，及纵容尼姑卖婆于内往来。第七，不可傲人慢物，好胜夸能，逆理乱伦，骄侈淫佚。第八，不可为贪心所使，专行峻险之途。吾人能依得此诫，每日战战兢兢，循规蹈矩而行，则上不玷祖宗，辱父母，下不累妻子，害亲邻，明无人非，幽无鬼责，一家安乐，为何如哉！

高氏塾铎

——高拱京

治生勤

古人云：自食其力。惟力然后得食，未有坐而得食者。坐而得食，世惟有两样人，贵人之子、富人之子是也。父祖用许多力，得了富贵，而子享之，此享父祖之馀力也。若父祖既不富贵，而我不用力而食，其可得乎？故勤为治生之要也。先止云：勤有三益：曰民生在勤，勤则不匮，是勤可以免饥寒，一益也。农民昼则力作，夜则甘寝，邪心淫念，无从而生，是勤可以远淫僻，二益也。户枢不蠹，流水不腐，周公论三宗，文王必归之无逸，是勤可以致寿考，三益也。然治生之道，读书之暇，即当用力农圃，不惮胼胝之劳，与亚旅杂作，自获有秋。至于商贾，古以为末作；若夫掾史，虽曰捷径，恐坏心术；子孙虽极窘迫，切勿濡足。

处家俭

粒粒丝丝，皆是辛苦，人谁不知，而用度毕竟流于侈者，为门面故也。与士绅交游，便学士绅用度；与素封结姻，便学素封用度。倘不如此，恐被士绅素封耻笑。世人为“体面”二字，荡却家赀者多矣。语云：自奉要俭，待客要丰。今观文节公训家，待客亦是俭，且不怕客怪。温公待客，尝食三簋，盛食五簋，东坡效之。吾曹读其书，独不能法其事乎？况俭有四益：人之贪淫，未有不生于奢侈者，俭则不至于贪，何从而淫，是俭可以养德，一益也。人之福禄，只有此数，暴殄糜费，必至短促，樽节爱养，自能长久，是俭可以养寿，二益也。醉浓饱鲜，昏人神志，菜羹蔬食，肠胃清虚，是俭可以养神，三益也。奢者妄取苟存，志气卑辱，一从俭约，则于人无求，于己无愧，是俭可以养气，四益也。东坡云：本是悭，文之以美名曰俭。此谑谭也。

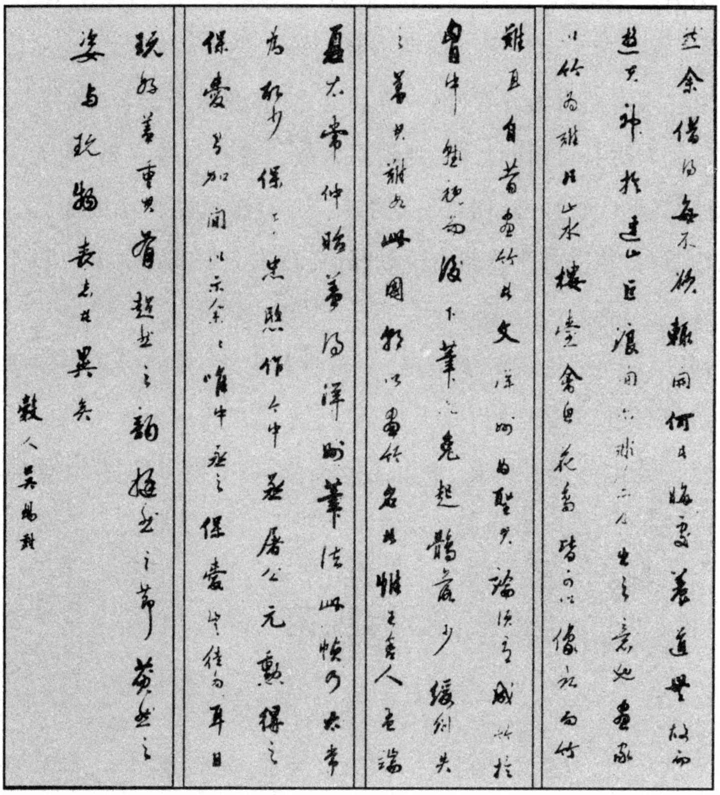

恤穷困

陈眉公云：夜雨聚谈，大有佳趣，一丐者冒雨啼号，谭兴索然。何者？一体故也。譬如轻裘肥马，踏雪看梅，遇见翳桑饿夫，寸缕弗掩，则必为之恻然。恻之则必有以恤之。非恤其人也，宽我一念难忍之心也。尝见水西黄氏家训，岁计子息之入，抽十分之一以赈困乏，用之如其数而止，来岁复然，历世不倦，厥后子孙有登入座者，此最可法。余效其意而润色之，为之次序：先宗族，次知识，次乡里，次鳏寡，若夫沙门游僧，则其最后也。

行方便

凡济人之事有二:以钱财济人,是为舍施,功德诚钜;不以钱财济人,而能益人,是为方便。君曹寒素,所当念念记忆者。何谓方便?隐人之恶,扬人之善,不言人闺阁之事,成就人之美事也。人有商量为恶者,出一言劝改之;有商量为善者,出一言诱掖之。或所劝改,是两冤家,其人听吾言而即解释,则阴德大矣。盖有行善之事,而无为善之名,虽曰方便,实曰阴德。尝观孔子释迦,何曾有财利施人,不过只诲人不倦而已。如是看来,是言语亦做是大功德,吾辈岂可泛然而出言乎?语云:不交好友,不如闭门;不出好言,不如沉默。是又一道也。

余始为六则以示子孙,讵意天步艰难,于吾身及见之,将何以再丁宁子侄,以免祸于乱世乎?语云:"邦有道,危言危行;邦无道,危行言孙。"此后世界,言孙,行尤当孙,俗云"退一步天高地阔"是也。余一执友,平生无他长,只是不讨人便宜,让便宜与人而已,余爱敬之。今举以勉儿辈,当服膺弗失。或者不得罪于冥冥,庶可免祸于昭昭矣。

郑氏规范

——郑太和等

【原文】立祠堂一所,以奉先世神主。出入必告正,至朔望必参,俗节荐时物,四时祭祀,其仪式并遵文公《家礼》。然各用仲月望日行事,事毕,更行会拜之礼。

【原文】时祭之外,不得妄祀邀福。凡遇忌辰,孝子当用素衣致祭,不作佛事,象钱寓马,亦并绝之。是日不得饮酒食肉听乐,夜则出宿于外。

【原文】祠堂所以报本,宗子当严洒扫扃钥之事。所有祭器服,不许他用。

【原文】祭祀务在孝敬,以尽报本之诚。其或行礼不恭,离席自便,与夫跛倚、欠伸、哕噫、嚏咳,一切失容之事,督过议罚。督过不言,众则罚之。

【原文】拨常稔之田一百五十亩(世远逐增),别蓄其租,专充祭祀之费。其田券印"义门郑氏祭田"六字。字号步亩,亦常勒石祠堂之左,俾子孙永远保守。有言质鬻者,以不孝论。

【原文】子孙入祠堂者,当正衣冠,即如祖考在上。不得嬉笑、对语、疾步,晨昏皆当致恭而退。

【原文】宗子上奉祖考，下一宗族，家长当极力教养。若其不肖，当遵横渠张子之说，择次贤者易之。

【原文】诸处茔冢，岁节及寒食、十月朔，子孙须亲展省（妇人不与）。近茔竹树，不许剪拜。各处庵宇，更当葺治。至于作冢制度，已有家礼可法，不必过奢。

【原文】茔年远，其有平塌浅露者，宗子当择洁土益之。更立石，深刻名字，勿致湮灭难考。

【原文】四月一日，系初迁之祖遂阳府君降生之朝，宗子当奉神主于有序堂，集家众行一献礼。复击鼓一十五声，令子弟一人朗诵谱图一过，曰明谱会，团揖而退。

【原文】朔望，家长率众参谒祠堂毕，出坐堂上，男女分立堂下。击鼓二十四声，令子弟一人唱云：听听听，凡为子弟者必孝其亲，为妻者必敬其夫，为兄者必爱其弟，为弟者必恭其兄。听听听，毋徇私以妨大义，毋怠惰以荒厥事，毋纵奢以干天刑，毋用妇言以间和气，毋为横非以扰门庭，毋耽麴糵以乱厥性。有一于此，既殒尔德，复隳尔允。睠兹祖训，实系废兴，言之再三，尔宜深戒，听听听。众皆一揖，分东西行而坐。复令子弟敬诵孝弟故实一过，会揖而退。

【原文】每旦，击钟二十四声，家众俱兴。四声，咸盥漱。八声，入有序堂，家长中坐，男女分坐左右，令未冠子弟朗诵男女训戒之词。男训云：人家盛衰，皆系乎积善与积恶而已。何谓积善？居家则孝弟，处事则仁恕，凡所以济人者皆是也。何谓积恶？恃己之势以自强克人之财以自富，凡所以欺心者皆是也。是故能爱子孙者，遗之以善；不爱子孙者，遗之以恶。传曰：积善之家，必有馀庆；积不善之家，必有馀殃。天理昭然，各宜深省。女训云：家之和不和，皆系妇人之贤否。何谓贤，事舅姑以孝顺，奉丈夫以恭敬，待娣姒以温和，接子孙以慈爱，如此之类是已。何谓不贤，淫狎妒忌，恃强凌弱，摇鼓是非，纵意徇私，如此之类是已。天道甚近，福善祸淫，为妇人者，不可不畏。诵毕，男女起向家长一揖，复分左右行会揖而退，无声。男会膳于同心堂，女会膳于安贞堂，三时并同。其不至者，家长规之。

【原文】家长总治一家大小之务，凡事令子弟分掌。然须谨守礼法，以制其下。其下有事，亦必咨禀而后行，不得私假，不得私与。

【原文】家长专以至公无私为本，不得徇偏。如其有失，举家随而谏之。然必起敬起孝，无妨和气。若其不能任事，次者佐之。

【原文】为家长者，当以至诚待下。一言不可妄发，一行不可妄为，庶合古人以身教之之意。临事之际，毋察察而明，毋昧昧而昏，更须以量容人，常视一家如一身可也。

【原文】家中产业文券，即印“义门公堂产业子孙永守”等字，仍书字号，置立砧基簿书，告官印押（积置当如此法）。家长会众封藏，不可擅开。不讼长幼，有敢言质鬻者，以不孝论。

【原文】子孙倘有私置田业，私积货泉，事迹显然彰著，众得言之家长。家长率众告于祠堂，击鼓声罪而榜于壁，更邀其所与亲朋告语之。所私即便拘纳公堂。有不服者，告官以不孝论。其有立心无私，积劳于家者，优礼遇之，更于劝惩簿上明记其绩，以示于后。

【原文】子孙赌博无赖及一应违于礼法之事，家长度其不可容，会众罚拜以愧之。但长一年者，受三十拜。又不悛，则会众而痛棰之。又不悛，则陈于官而放绝之，仍告于祠堂，于宗图上削其名。三年能改者，复之。

【原文】凡遇凶荒事故，或有缺支，家长预为区画，不使匮乏。

【原文】朔望二日，家长检点一应大小之务，有不笃行考议罚。诸簿籍或过日不算结，及失时不具呈者，亦量情议罚。

【原文】内外屋宇大小修造工役，家长常加点检，委人用工，毋致损坏。

【原文】每岁掌事子弟交代，先须谒祠堂，书祝致告，次拜家长，然后领事。

【原文】设典事二人，以助家长行事。必选刚正公明，才堪治家，为众人之表率者为之，并不论长幼，不限年月。凡一家大小之务，无不与焉。每夜须了诸事，方许就寝。违者家长议罚。

【原文】每夜聚会之际，典事对众商确，何日可行某事，书之于籍。上半月所书下半月行之；下半月所书，次上半月行之。庶无迁滞之患。事当即行者不拘。

【原文】择端严公明可以服众者一人，监视诸事（四十以上方可，然必二年一轮）。有善公言，有不善亦公言之。如知而不言，与言而非实，众告祠堂，鸣鼓声而易置之。

【原文】监视莅事，告祠堂毕，集家众于有序堂，先拜尊长四拜，次受卑幼四拜，然后鸣鼓细说家规，使肃听之。

【原文】监视纠正一家之是非，所以为齐家之则，而家之盛衰系焉，不可顾忌不言。在上者必当犯颜直谏，谏者不从，悦则复谏。在下者则教以人伦大义，不从则责，又不从则挞。

【原文】立劝惩簿，令监视掌之。月书功过，以为善善恶恶之戒。有沮之者，以不孝论。

【原文】造二牌，一刻“劝”字，一刻“惩”字，下空一截，用纸写帖。何人有何功，何人有何过，既上劝惩簿，更上牌中，挂会揖处，三日方收，以示赏罚。

【原文】设主记一人，以会货泉谷粟出纳之数。凡谷匣收满，主记封记，不许擅开，违者量轻重议罚。如遇开支，主记不亲视，罚亦如之。钥匙皆主记收，遇开则渐次付之，支讫复还主记。

【原文】选老成有知虑者，通掌门户之事。输纳赋租，皆禀家长而行。至于山林陂池防范之务，与夫增拓田业之勤，计会财息之任，亦并属之。

【原文】立家之道，不可过刚，不可过柔，须适厥中。凡子弟当随掌门户者，轮去州邑，练达世故，庶无懵暗不谙事机之患。若年过七十者，当自葆绥，不宜轻出。

【原文】增拓产业，长上必须与掌门户者详其物与价等，然后行之。或掌门户者他出，必俟其归，方可交易。然又预使子弟亲去看视肥瘠，及见在文凭无差，切不可卤莽，以为子孙之害。

【原文】凡置产业，即时书于受产簿中，不许过于次日。仍用招人佃种，其或失时不行，家长朔望点检议罚。

【原文】增拓产业，彼则出于不得已，吾则欲为子孙悠久之计，当体究果值几缗，尽数还足。不可与驵侩交谋，潜萌侵人利己之心。否则天道好还，纵得之，必失之矣。交券务极分明，不可以物货逋负相准，或有欠者，后当索偿。又不可以秋税暗附他人之籍，使人陪输官府，积祸非轻。

【原文】每年之中，命二人掌管新事，所掌收放钱粟之类；又命二人掌管旧事，所掌冠昏丧祭及饮食之类。然皆以六月而代，务使劳逸适均。

【原文】新旧管轮，当须视为切己之事，计会经理，自二十五岁至六十岁止。过此血气既衰，当优遇之，毋任以事。

【原文】新旧管皆置日簿，每日计其所入几何，所出几何，总结于后，十日一呈监视。果无私滥，则监视书其下曰：“体验无私。”若显露，先责监视，次及新旧管。

【原文】新管置一总租簿，明写一年逐色谷若干石，总计若干石，又新置田若干石，此是一定之额。却于当年十二月望日，以所收者与前数总较之，便知实欠多少，以凭催索。后索到者，别书于畸零簿。至交代时，却入总租簿内通算。

【原文】新管所收谷麦，每匣收讫，即结总数报于主记。置税赋簿，令其亲书某号匣系某人于某月日收何等谷麦若干石，量出之时，亦须置簿书写某匣舂磨自某日支起，至某日用毕，以凭稽考。

【原文】新管所管谷麦，必当十分用心，及时收晒，免致黰烂。收支明白，不至亏折，关防勤谨，不至遗失，赏则及之。若有前弊，罚本年衣资棉线不给。如遇称收繁冗，则拨子弟分收之。

【原文】佃人用钱货折租者，新管当逐项收贮，别附于簿，每日纳诸家长。至交代时，通结大数，书于总租簿。云收到佃家钱货若干，总计租谷若干。如以禽畜之类准折者，则付与旧管。支钱入账，不可与杂色钱同收。

【原文】田地有荒芜者，新管逐年招佃。或遇堋江，亦即书簿，以俟开垦。既毕，复入原簿，免致失于照管。

【原文】田租既有定额，子孙不得别增数目。所有逋租，亦不可起息。以重困里党之人。但务及时勤索，以免亏折。

【原文】家苦，不可备陈，试与会计之，所获何尝补其所费？新管当矜怜痛悯，不可纵意过求。设使尔欲既遂，他人谓何？否则贻怒造物，家道弗延。除正租外，所有佃麦佃鸡之类，断不可取。

【原文】邻族分岁之饮，旧管于冬至后排日为之。

【原文】男女六十者，礼宜异膳。旧管尽心奉养，务在合宜，违者罚之。

【原文】新管簿书不分明者，不许交代。一应催督钱谷，须是先期逐项详注已未收索之数，于交代日分明条说，并承帐人交付。虽累更新管，要如出于一手，庶不使人欺隐。旧管簿书不分明者，亦不许交代。

【原文】所用监视及新旧管，其有才干优长不可遽代者，听众人举留。

【原文】设羞服长一人，专掌男女衣资之事。宜先措置，夏衣之给，须在四月，终衣之给，须在九月，不得昨时猝办。如或过时不给，家长罚之。（凡生男女，周岁即给。）

【原文】男子衣资，一年一给。十岁已上者，半其给，给以布；十六岁已上者，全其给，兼以帛；四十岁已上者，优其给，给以帛。仍皆给裁制之费。若年至二十者，当给礼衣一袭，巾履则一年一更。

【原文】妇人衣资，照依前数，两年一给之。女子及笄者，给银首饰一副。

【原文】每岁，羞服长除给男女衣资外，更于四时祭后一日，俵散诸妇履材及油泽脂粉针花之属。

【原文】各房染段，羞服长斟酌为之，仍置簿书之，毋使多寡不均。

【原文】子孙须令饱暖，方能保全义气。当令廉谨有为者以掌羞服之事，务要合宜而无不足之叹。

【原文】设堂膳二人，以供家众膳食之事。务要及时烹爨，不许干预旧管杂役，亦须一年一轮。

【原文】择廉谨子弟二人，以掌钱货。所出所入，皆明白附簿。或有折陷者，勒其本房衣资首饰，补还公堂。

【原文】择廉干子弟二人，以掌营运之事。岁终会算，通计其数，呈于家长，监视严加关防，察其私滥。

【原文】子孙以理财为务者，若沉迷酒色，妄肆费用，以与亏陷，家长觥实罪之，与私置私积者同。

【原文】委人启肆，皆公堂给本与之，一年一度，新管为之结算，其子钱纳诸公堂。

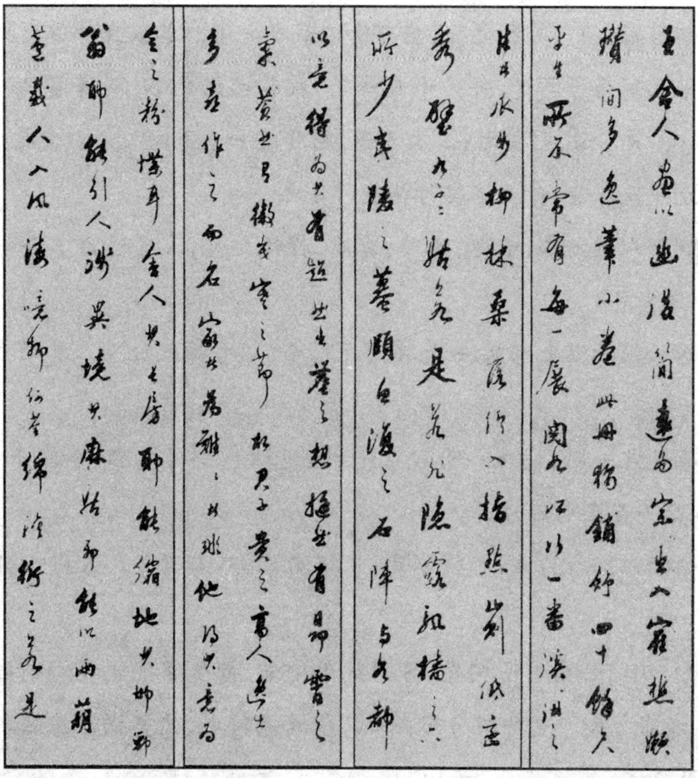

【原文】畜收树艺，当令一人专掌之。须置簿书，写数目以凭稽考。然须常加点检，务要增益，如或失时不辨，住本人本年衣资不给。

【原文】设知宾二人，接奉谈论，提督茶汤，点视床帐被褥，务要合宜。

【原文】亲宾往来，掌宾客者禀于家长。当以诚意延款，务合其宜。虽至亲，亦宜宿于外馆。

【原文】亲朋会聚，若至十人，旧管不许于夜中设宴。时有小酌，亦不许至一更，昼则不拘。

【原文】亲姻馈送，一年一度，非常庆弔，则不拘此。切不可过奢，又不可视贫而加薄，视富而加厚。

【原文】子弟未冠者，学业未成，不听食肉。古有是法，非惟有资于勤苦，抑欲其识齑盐之味。

【原文】子弟未冠者，不许以字行，不许以第称，庶几合于古人责成之意。

【原文】子弟年十六以上，许行冠礼。须能暗记“四书”一经正文，讲说大义，方可行之。否则直至二十一岁。弟若先能，则先冠以愧之。

【原文】子弟当冠，须延有德之宾，庶可责以成人之道。其仪式并遵文公《家礼》。

【原文】子弟已冠而习学者，每月十日一轮，挑背已记之书，及谱图、家范之类。初次不通，去巾一日；再次不通，则倍之；三次不通，则分给如未冠时。通则复之。

【原文】女子年及笄者，母为选宾行礼制辞字之。

【原文】婚姻乃人道之本，亲迎、醮啐、奠雁、授绥之礼，人多违之。今一祛时俗之习，其仪式并遵文公《家礼》。

【原文】婚嫁必须择温良有家法者，不可慕富贵，以亏择配之义。其豪强逆乱，世有恶疾者，毋得与议。

【原文】立嘉礼庄一所，拨田一千五百（世远逐增），别储其租，令廉干子弟专掌。充婚嫁费，男女各谷一百五十石为则。

【原文】娶妇须以嗣亲为重，不得享宾，不得用乐，违者罚之。入门四日，婿妇同往妇家，行谒见之礼。

【原文】娶妇三日，妇则见于祠堂，男则拜于中堂，行受家规之礼。先拜四拜，家长以家规授之，祝其谨守勿失。复拜四拜而去。又以房扁授之，使其谒于房闼之外，以为出入观省。会茶而退。

【原文】子孙当娶时，须用同身寸制深衣一袭，巾履各一事，仍令自藏，以备行礼之用。

【原文】子孙有妻子者，不得更置侧室，以乱上下之分，违者责之。若年四十无子，许置一人，不得与公堂坐。

【原文】女子议亲，须谋于众。其或父母于幼年妄自许人者，公堂不与妆奁。

【原文】女适人者，若有外甥，弥月之礼，惟首生者与之。馀并不许，但令人以食味慰问之。

【原文】甥婿初归，除公堂以礼与之，不得别有私与，诸亲并同。

【原文】姻家初见，当以币帛为贽，不用银斝。他有馈者，此亦不受。

【原文】丧礼久废，多惑于释老之说，今皆绝之，其仪式并遵文公《家礼》。

【原文】子孙临丧，当务尽礼，不得惑于阴阳，非礼拘忌，以乖大义。

【原文】丧事不得用乐。服未阕者，不得饮酒食肉。违者以不孝论。

【原文】子孙器识可以出仕者，颇资勉之。既仕，须奉公勤政，毋蹈贪黩以忝家法。任满交代，不可过于留恋。亦不宜恃贵自尊，以骄宗族，仍用一遵家范。违者以不孝论。

【原文】子孙倘有出仕者，当蚤夜切切，以报国为务。抚恤下民，实如慈母之保赤子。有申理者，哀矜恳恻，务得其情，毋行苛虐。又不可一毫妄取于民，若在任衣食不能给者，公堂资而勉之。其或廪禄有馀，亦当纳之公堂，不可私于妻孥，竟为华丽之饰，以起不平之心。违者天实临之。

【原文】子孙出仕，有以赃墨闻者，生则于谱图上削去其名，死则不许入祠堂。（如果被诬指者，则不拘此。）

【原文】宗人实共一气所生，彼病则吾病，彼辱则吾辱，理势然也。子孙当委曲庇护，勿使失所。切不可恃势凌轹，以忝厥祖。更于缺食之际，揆其贫者，月给谷六斗，直至秋成住给。其不能婚嫁者助之。

【原文】为人之道，舍教其何以先？当营义方一区，以教宗族之子弟，免其束修。

【原文】宗族之无所归者，量拨房屋以居之。更劝勿用火葬，无地者听埋义冢之中。

【原文】立义冢一所，乡邻死亡，委无子孙者，与给櫘椟埋之。其鳏寡孤独果无以自存者，时赒给之。

【原文】宗人无子，实坠厥祀。堂择亲近者为继立之，更少资之。

【原文】宗人若寒，深当悯恻。其果无衾与絮者，子孙当量力而资助之。

【原文】祖父所建义祠，盖奉宗族之无后者。立春祀先祖毕，当令子弟设馔祭之。更为修理，毋致隳坏。

【原文】立春当行会族之礼，不问亲疏，户延一人，食品以三进为节。

【原文】里党或有缺食，裁量出谷借之，后催元谷归还，勿收其息。其产子之家，给助粥谷二斗五升。

【原文】展药市一区，收贮药材。邻族疾病，其证章章可验，如虐痢痈痛之类，施药与之。更须诊察寒热虚实，不可慢易。此外不可妄与，恐致误人。

【原文】桥圯路淖，子孙倘有馀资，当助修治，以便行客。或遇隆暑，又当于通衢设汤茗一二处，以济渴者，自六月朔至八月朔止。

【原文】里党之疴痒疾痛，吾子孙当深念之，彼不自给，况望其馈我乎？但有一毫相赠，亦不可受，违者必受天殃。

【原文】拯救宗族里党一应等务，令监视置推仁簿，逐项书之，岁终于家长前会算。其或沽名失实，及执吝不肯支者，天必绝之。此吾拳拳真切之言，不可不谨，不可不慎。

【原文】子孙须恂恂孝友，实有义家气象。见兄长，坐必起，行必以序，应对必以名。毋以尔我。诸妇并同。

【原文】子孙之于尊长，咸以正称，不许假名易姓。

【原文】兄弟相呼，各以其字冠于兄弟之上，伯叔之命侄亦然。侄之称伯叔，则以行称，继之以父。夫妻亦当以字行，诸娣姒相呼并同。

【原文】子侄年非六十者，不许与伯叔连坐，违者家长罚之。会膳不拘。

【原文】卑幼不得抵抗尊长（一日之长皆是）。其有出言不逊，所行悖戾者，姑诲之。诲之不悛者，则重箠之。

【原文】子孙受长上苛责，不论是非，但当俯首默受，毋得分理。

【原文】子孙固当竭力以奉尊长，为尊长者，亦不可挟此自尊，攘拳奋袂，忿言秽语，使人无所容身，甚非教养之道。若其有过，反复谕戒之，甚不得已，会众箠之，以示耻辱。

【原文】子孙黎明闻钟即起，监视置夙兴簿，令各人亲书其名，然后就所业。或有托故不书者，议罚。

【原文】子孙饮食，幼者必后于长者。言语亦必有伦，应对宾客，不得杂以俚俗方言。

【原文】子孙不得谑浪败度，免巾徒跣。凡诸举动，不宜掉臂跳足，以蹈轻儇。见宾客，亦当肃行祇揖，不可参差错乱。

【原文】子孙不得目观非礼之书，其涉戏谑淫亵之语者，即焚毁之。妖幻符偯之属并同。

【原文】子孙不得从事交结，以保助闾里为名，而恣行已意，遂致轻冒刑宪，堕圮家业。

故再申言之，切宜刻骨。

【原文】子孙毋习吏胥，毋为僧道，毋狎屠竖，以坏乱心术。当时以仁义二字铭心镂骨，庶或有成。

【原文】广储书籍，以惠子孙。不许假人，以致散逸。仍识卷首云：“义门书籍，子孙是教。鬻及借人，兹为不孝。”

【原文】延迎礼法之士，庶几有所观感，有所兴起。其于学问，资益非小。若吪词幻学之流，当稍款之，复逊词以谢绝之。

【原文】小儿五岁者，每朔望参祠讲书，及忌日奉祭，可令学礼（入小学者，当预四时祭祀。）每日早膳后，亦随众到书斋祗揖，须值祠堂者及斋长举名，否则罚之。其母不容者，亦罚之。

【原文】子孙自八岁入小学，十二岁出就外傅，十六岁入大学，聘致明师，训饬必以孝悌忠信为主，期底于道。若年至二十一岁，其业无所就者，令习治家理财。向学有进者不拘。

【原文】子孙年十二，于正月朔望则出就外傅。见灯不许入中门，入者箦之。

【原文】子孙为学，须以孝义切切为务。若一向偏滞辞章，深所不取。此实守家第一事，不可不慎。

【原文】子孙年未二十五者，除棉衣用绢帛外，馀皆衣布；除寒冻用蜡屐外，其余遇雨，皆以麻屩。从事三十里内，并须徒步。初到亲姻家者不拘。

【原文】子孙年未三十者，酒不许入唇。壮者虽许少饮，亦不宜沈酗杯酌，喧哗鼓舞，不顾尊长，违者箦之。若奉延尊客，惟务诚悫，不必强人以酒。

【原文】子孙当以和待乡曲，宁我容人，毋使人容我，切不可先操忽人之心。若屡相凌逼，进进不已者，当理直之。

【原文】秋成谷价廉平之际，籴五百石，别为储蓄；遇时缺食，依元价粜给乡邻之困乏者。

【原文】子孙不得惑于邪说，溺于淫祀，以邀福于鬼神。

【原文】子孙不得修造异端祠宇，妆塑土木形象。

【原文】子孙处事接物，当务诚朴。不可置纤巧之物，务以脱人，以长华丽之习。

【原文】子孙不得与人眩奇斗胜，两不相干。彼以其奢，我以吾俭，吾何害哉？

【原文】既称义门，进退皆务尽礼。不得引进倡优，讴词献技，娱宾狎客，上累祖考之嘉训，下教子孙以不善，甚非小失。违者家长䓘之。

【原文】家业之成，难如登天，当以俭素自绳是准。惟酒器用外，子孙不得别造，以败我家风。

【原文】俗乐之设，诲淫长奢，切不可令子孙听，复习肄之。违者家长䓘之。

【原文】棋枰、双陆、词曲、虫鸟之类，皆足以蛊心惑志，废事败家，子孙当一切弃绝之。

【原文】子孙不得畜养飞鹰猎犬，专事佚游，亦不得恣情取厌以败家。违者以不孝论。

【原文】吾家既以孝义表门，所习所行，无非积善之事，子孙皆当体此。不得妄肆威福，图胁人财，侵凌人产，以为祖宗植德之累。违者以不孝论。

【原文】子孙受人贽帛，皆纳之公堂，后与回礼。

【原文】子孙不得私造饮馔，以徇口腹之欲。违者姑诲之，诲之不悛，则责之（产者，病者不拘）。

【原文】凡遇生朝，父母舅姑存者，酒果三行；亡者则致恭祠堂，终日追慕。

【原文】寿辰既不设筵，所以袜履亦不可受。徒蠹女工，无益于事。

【原文】家中燕飨，男女不得互相献酬，庶几有别（若家长舅姑礼宜馈食者不拘）。

【原文】各房用度杂物，公堂总买而均给之，不可私托邻族，越分竞买鲜华之物，以起乖争。

【原文】家众有疾，当痛念之，延良医以救疗之。

【原文】居室既多，守夜常轮用已娶子弟。终夜鸣磬，以达于旦，仍鸣小磬周行居室四次。所过之处，随手启闭门扃，务在谨严，以防偷窃。有故不在家者，次轮当者续之。

【原文】防虞之事，除守夜及就外傅者，别设一人，谨察风烛，埽拂灶尘。凡可以救灾之具，常须增置（若油篮系索之属）。更列水缸于房闼之外（冬月用草结盖，以护寒冻）。复于空地造屋，安置薪炭。所有辟蚊蒿烬，亦弃绝之。

【原文】旱暵之时，子弟不得吝惜陂塘之水，以妨灌注。

【原文】诸妇必须安详恭敬，奉舅姑以孝，事丈夫以礼，待娣姒以和，无故不出中门，夜行以烛，无烛则止。如其淫狎，即宜屏放。若有妒忌长舌者，姑诲之；诲之不悛，则责之；责之不悛，则出之。

【原文】诸妇谍言无耻，及干与画外事者，当罚拜以愧之。

【原文】诸妇初来，何可便责以吾家之礼？限半年，皆要通晓家规大意。或有不教者，罚其夫。

【原文】初来之归，一月之外，许用便服。

【原文】诸妇服饰，毋事华靡，但务雅洁。违则罚之。更不许其饮酒，年过五十者不拘。

【原文】诸妇之家，贫富不同，所用器物，或有或无，家长量度给之，庶使均而无怨。

【原文】诸妇主馈，十日一轮，年过六十者免之。新娶之妇，与假三月，三月之外，即当主馈。主馈之时，外则告于祠堂，内则会茶以闻于众。托故不至者，罚其夫。膳堂所有锁钥及器皿之类，主馈者次第交之。

【原文】诸妇工作，当聚一处，机杼纺绩，各尽所长。非但别其勤惰，且革其私心。

【原文】主之母尊，欲使家众悦服，不可使侧室为之，以乱尊卑。

【原文】每岁畜蚕，主母分给蚕种于诸妇，使之在房畜饲。待成熟时，却就蚕屋上箔，须令子弟值宿，以风烛。所得之茧，当聚一处抽缫。更预先抄写各房所畜多寡之数，照什一之法赏之。

【原文】诸妇每岁所治丝绵之类，羞服长同主母称量，付诸妇共成段疋。羞服长复著其铢两于簿，主母则催督而成之。诸妇能自识造者，羞服长先用什一之法赏之，然后给散于众。

【原文】诸妇每岁公堂于九月俵散木绵，使成布疋，限以次年八月交收，通卖钱物，以给一岁衣资之用。公堂不许侵使。或有故意制造不佳，及不登数者，则准给本房，甚者住其衣资不给（病者不拘）。有能依期登数者，照什一之法赏之。其事并系羞服长主之。

【原文】诸妇育子，苟无大故，必亲乳之，不可置乳母以饥人之子。

【原文】诸妇育子，不得接受邻俗鸡子彘肩之类，旧管日周给之。

【原文】诸妇之于母家，二亲存日，礼得归宁，无者不许。其有庆弟势不可已者，但令人往。

【原文】诸妇亲姻颇多，除本房至亲与相见外，余并不许。可相见者，亦须子弟引导，方入中门。见灯不许。违者会众罚其夫。

【原文】妇人亲族，有为僧道，不许往来。

【原文】朔望后一日，令诸生聚揖之时，直说古列女传，使诸妇听之。

【原文】世人生女，往往多致淹没，纵曰女子难嫁，荆钗布裙，有何不可？诸妇违者议罚。

【原文】女子年及八岁者，不许随母到外家，馀虽至亲之家，亦不许往。违者重罚其母。

【原文】少母但可受自己子妇跪拜，其馀子弟，不过长揖。诸妇并同。有违者，监视议罚（死后忌日亦同）。

【原文】男女不共圊溷，不共福浴，以谨其嫌。春冬则十日一浴，夏秋不拘。

【原文】男女不亲授受，礼之常也。诸妇不得用刀镊工剃面。

【原文】庄妇类多无识之人，最能翻斗是非，若非高明，鲜有不遭牵瞽。切可纵其来往。岁时展贺，亦不可令入房闼。

石林治生家训要略

——叶梦得

【原文】人之为人，生而已矣。人不治生，是苦其生也，是拂其生也，何以生为？自古圣贤，以禹之治水，稷之播种，皋之明刑，无非以治民之生也。民之生急欲治之，岂己之生而不欲治乎？若曰圣贤不治生，而惟以治民之生，是从井可以救人，而摩顶放踵利天下亦为之矣，非圣贤之概也。

【原文】治生不同。出作入息，农之治生也；居肆成事，工之治生也；贸迁有无，商之治生也；膏油继晷，士之治生也。然士为四民之首，尤当砥砺表率，效古人体天地育万物之志。今一生不能治，何云丈夫哉！

【原文】治生非必营营逐逐，妄取于人之谓也。若利己防人，非唯明有物议，幽有鬼神，于心不安，况其祸有不可胜言者矣，此岂善治生欤？盖尝论古之人，诗书礼乐，与凡义理养心之类，得以为圣为贤，实治生之最善者也。

【原文】圣门若原宪之衣鹑，至穷也，而子贡则货殖焉。然论者不谓原宪贤于子贡，是循其分也。季氏之聚敛，陈子之螬李，俱为圣贤所鄙斥，由其矫情也。人知法此治生，当择其善者而从之，其不善者而改之。

【原文】要勤。每日起早，凡生理所当为者，须及时为之。如机之发，鹰之博，顷刻不可迟也。若有因循，今日姑待明日，则废事损业，不觉不知，而家道日耗矣。且如芒种不种田，安能望有秋之多获，勤之不得不讲也。

【原文】要俭。夫俭者守家第一法也。故凡日用奉养，一以节省为本，不可过多，宁使家有赢馀，毋使仓有告匮。且奢侈之人，神气必耗，欲念炽而意气自满，贫穷至而廉耻不顾，俭之不可忽也若是夫。

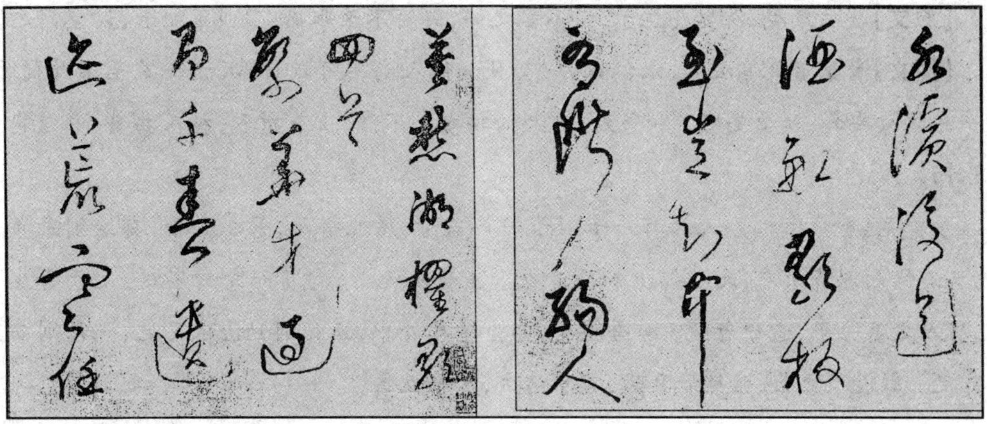

【原文】要耐众。昔东坡曰:“人能从容自守,十年之后,何事不成。”今后生汲于谋利者,方务于东,又驰于西,所为欲速则不达,见小利则大事不成,人之以此破家者多矣。故必先定吾规模。规模既定,由是朝夕,念此为此,必欲得此,久之而势我集,利我归矣。故曰:善始每难善继,有初自宜有终。

【原文】要和气。人与我本同一体,但势不得不分耳。故圣人必使无一夫不获其所,此心始足,而况可与之较锱铢,争毫末,以至于斗讼哉?且人孰无良心,我若能以礼自处,让人一分,则人亦相让矣。故遇拂意处,便须大著心胸,亟思自返,决不可因小以失大,忘身以取祸也。

【原文】有便好田产,可买则买之,勿计厚值。譬如积蓄一般,无劳经营,而有自然之利,其利虽微而长久,人家未有无田而可致富者也。昔范文正公三买田地,至今脍炙人口。今人虽不能效法古人,亦当仰企为是。

【原文】自奉宜俭。至于往来相交,礼所当尽者,当及时尽之,可厚而不可薄。若太鄙吝废礼,何可以言人道乎,而又何以施颜面乎?然开源节流,不在悭琐为能。凡事贵乎适宜,以免物议也。

【原文】内人贤淑者难得,当交相警诫,以闺门肃若朝廷为期。至于六婆尼师,最能耗家,须痛绝之。首饰衣服,虽宜从俗,而私居之时,亦不可华侈相尚。不唯消费难继,亦非所以惜福而传后也。

【原文】无家教之族,切不可与之为婚姻。娶妇固不可,嫁女亦不可。此虽吾惩往失痛心之言,然正理,古今不异记。礼者云:为子孙娶妻嫁女,必择孝悌,世世有行仁义者,如是则子孙慈孝,不敢淫暴,党无不善,三族辅之。故曰:“凤凰生而有仁义之意,狼虎生而有暴戾之心,两者不等,各以其母。”呜呼!慎戒哉!

【原文】妻亡续娶,及娶妾生子,俱不幸之事,鲜有不至乖离,酿成家祸者,切宜慎之。

【原文】管家者最宜公心,以仁让为先,且如他人尚不可欺,而况于一家至亲骨肉乎?故一年收放要算,分予要均。和气致祥,天必祐之。不然,少有所私,神人共鉴,家道岂能长永而无虞乎?

予曾见《颜氏家训》,大约有一子则予田产若干,屋业若干,蓄积若干,有馀则每年支费,又有馀则以济亲友,此直知止知足者也。盖世业无穷,愈富而念愈不足,此于吾生何益,况人之有分限,逾分者颠。今吾膝下,亦当量度处中,未足则勤俭以足之,既足则安分以守之。敦礼义之俗,崇廉耻之风,其于治生,庶乎近焉。

廷尉公训约

——何尔健

约之一

吾族务要恪遵祖训,以丧葬祭祀为重事。不幸临丧,惟以哀戚为主。衣衾棺椁,虽称家有无,然力能稍勉,必尽心力而为之。岂可薄其亲,致贻后日之悔乎?春秋祭祀,当思我身何处得来。祖先所享,惟此两祭,肴馔必须清洁,祭服务要整齐。衣服不备,不敢以祭。虽家贫分卑,不能具三牲五鼎。即豆羹盂饭,必诚必敬,竭尽孝思。事死如事生,事亡如事存。坟茔祠堂,乃祖先魂魄依栖之处,务要协力保护。一枝片瓦,不许毁伤,随时修补。凡祭扫之期,虔趋祠墓,追慕瞻拜,才是儿孙。

约之二

吾族务要恪遵祖训,以伦理为纪纲。父慈子孝,兄友弟恭,夫妇和顺。一家雍穆,端由于此。即同宗相处,须要安分守己。尊莫凌卑,强莫欺弱。卑幼者不许干犯长上,富贵者宜怜穷困。凡遇卑幼,必讲说纲常,讨论文章,或谈祖先之仪型,或讲忠孝之大节,循规蹈矩,做个好人。宗族称孝,乡党称弟,自足见重于世矣。

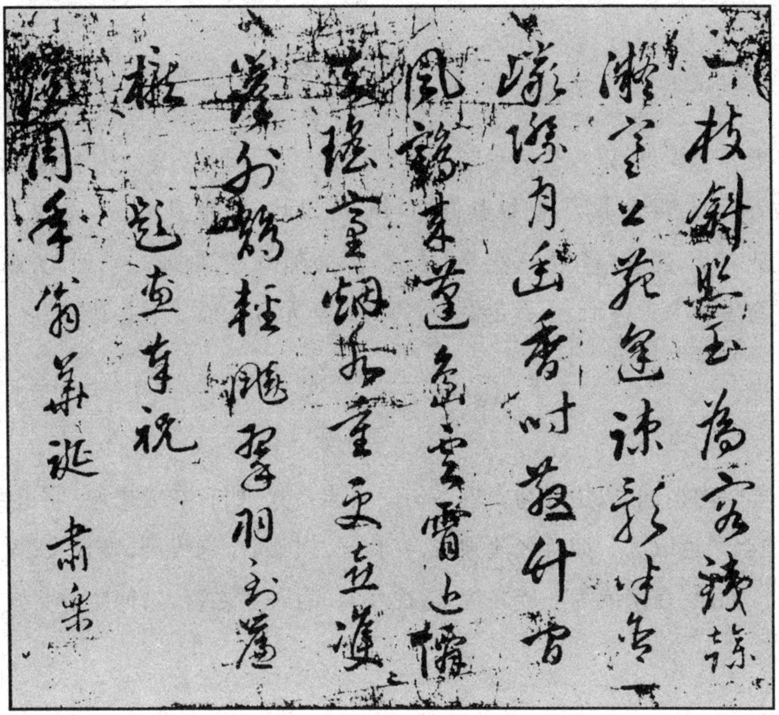

约　之　三

吾族务要恪遵祖训，以守身为良法。身体发肤，受之父母。为人莫重于一身，而身莫大于能守。欲守其身，必先严绝匪彝。损己之友，且莫相交；无益之事，且莫妄作。交损己之友，即日日被其牵引，而入下流；作无益之事，则渐渐涉于荒淫，而忘正业。家必倾败，身随丧亡。为害不可胜言，须猛省之。

约　之　四

吾族务要恪遵祖训，以立志读书为正务。语云："读书志在圣贤。"又曰："见贤思齐焉。"圣贤虽不能齐，"日就月将，学有缉熙于光明。"人能日日诵读，玩索深求，虚心就正有道之君子，读遍典坟，穷则为通儒，为正人；达则为忠臣，为义士。有济于国家，有光于祖宗。岂特邀一科，博一第而已也。人生八岁，授之以《小学》，父母固当教之以义，为儿孙的，亦当思光宗耀祖，仰答于万一。故曰："人生必读书"。幸共勉之。

约 之 五

吾族务要恪遵祖训，以教子为远图。人家有儿，为父母的，须要从小禁治，要他学好。若蒙养时教导无方，督责不严，则纵其性而习于匪，后来那能望其成？故家虽贫，亦当勉力择端方老成君子，能通《孝经》《小学》大义，堪为师范者，训诲之。如此，则儿孙成就，家业可保。穷者不失为善士，达者定做为好官，定享无穷之福。幸共勉之。

约 之 六

吾族务要恪遵祖训，以法戒为要道。勿论宗族乡党，如有老成忠厚，明道德，畏法度，行正事的，便当亲近取法。如有轻薄顽劣，弃礼义，损廉耻，趋势利，媚权贵，做歹事的，便要疏远为戒。如此，在宗族为一族之善人，在乡党，为一乡之善人，何致辱身败名，致为当世所鄙贱哉？

约 之 七

吾族务要恪遵祖训，以婚姻为大典。不可贪慕一时之富贵，致亏择配之大礼。凡有嫁娶，须择有家法积善之门第，男性纯良，女德柔嘉者。从俭行礼，毋贪重聘，毋计厚奁。妇之所关，宗祀系焉，子孙贤否，母教为先，所关甚重。曾见佳儿娶富贵之闺秀，以淑女嫁膏粱之子弟，下稍结局，苦不堪言者。若婿德贤良，妇非骄悍，虽与寒素联姻，胜富贵者多矣。幸勿忽之。

约 之 八

吾族务要恪遵祖训，以勤俭为根本。或耕，或读，或仕宦，或营运，或方技，总要持心公平，不恃伪诈，不惜辛勤。凡一切度用，须要省约，不事奢华。自然衣食有资，日用无亏，家业隆起，不荡人后。幸相勉之。

约 之 九

吾族务要恪遵祖训，以继嗣为定礼。神不歆非类之禋，民不飨非族之祀。自古来乏嗣者，即于本族择应继之人以续之。气脉相通，仍是一本骨肉。乃有昧义之人，不肯显立同宗之子，潜养异姓之儿，阳若有继，阴实绝矣。今后我族，倘有乏嗣者，须立同族之子为继。先尽近服，后择远枝。切不可过继异姓之胤，以致乱宗灭祀，得罪祖先。不孝之罪，实莫大焉。

约之十

吾族务要恪遵祖训，以伉俪之分须要严谨。妻者，齐也。女正位乎内，男正位乎外。有夫妇，然后有父子。不幸中殇，礼有继娶。乃有昧义之人，扶妾为妻，已干明条。既为夫妇，即论姻亲。若臧获贱族，使其亲与彼之亲为兄弟之谊，是自贱其亲也，其心能晏然乎？彼若能解母教，培养佳儿，母以子贵，封赠无异于嫡也。幸共慎焉。

约之十一

吾族务要恪遵祖训，以利欲为鸩毒。倘命运蹇屯，福分浅薄，不能进取功名，当训蒙耕织营生，不可东走西奔，无中生有，说长道短，诓骗赀财，小则图饱口福，大则诈银钱，唆争讼，从中取利。即坏心术，殃及子孙。人共疑其交煽而指斥，官府鄙其无籍而轻贱。廉耻尽丧，刑辱难逃。幸深戒之。

约之十二

吾族务要恪遵祖训，以嫖赌为陷阱。莫近娼妓，莫亲赌棍。虽遇花朝月夕，亲朋招饮，亦须撙节，不可酣身濡首。虽至岁时伏腊，少长咸集，良朋满座，亦须检束。或招歌妓以侑酒，或设赌局以耍钱，良贱不分。一入圈套，如身投陷阱，卒不能脱，膏腴美产，立见消磨；诗礼世家，沦为下贱；辱玷祖宗，不齿人类。幸猛省之。

约之十三

吾族务要恪遵祖训，以防范为家法。治家须自内及外，谨守礼法。外言不入于阃，内言不出于阃。勿使三姑六婆，擅入门户。彼非张皇鬼神，则指验灾祥。以因果为机阱，以功德为网罟。或托言草药之天验，或借言男女之姻缘。出入闺房，蛊惑厚利。是非高明冰玉之家，鲜有不受其煽乱者也。呜呼！诓骗财物其害小。因而摇唇鼓舌，煽惑多端，拨弄机锋，败名丧节，耻莫大焉。愿吾族以清白为世守，以礼法为防范。凡此蛊惑之端，斩钉截铁，而禁绝之，庶不为祸。幸深谨之。

约之十四

吾族务要恪遵祖训，以争斗为恶习。须是存心和顺，律己谦恭。若遇宗族乡党，往来交接之际，和颜悦色，毋凌人。则爱人而人爱之，敬人而人敬之，暴戾之气自消矣。若自负勇力，而不降心抑气，势必出恶言而骂詈，旋至肆威猛以斗狠。若此者，忿以致祸，亡躯丧命，而危父母，非名门右族之子弟也。幸深勖之。

德星堂家订

——许汝霖

窃闻学贵治生，谊先敦本，维风厉行，宁俭毋奢。方今物力惟艰，人情不古。竞纷华于日用，动辄逾闲；勉追报于所生，事多违礼；习而不返，长此安穷。不揣迂疏，谬抒臆见。黜浮崇雅，敢云率俗于淳庞；慎始虑终，聊欲饬躬于轨物。爰陈数则，用质同心。

宴　会

酒以合权，岂容乱德？燕以洽礼，宁事浮文。乃风俗日漓，而奢侈倍甚。簋则大缶旧瓷，务矜富丽；菜则山珍海错，更极新奇。一席之设，产费中人；竟日之需，瓶罄半载。不惟暴殄，兼至伤残。尝与诸同事公订，如宴当事，贺新婚，偶然之举，品仍十二。除此以外，俱遵五簋，继以八碟。鱼肉鸡鸭，随地而产者，方列于筵；燕窝鱼翅之类，概从禁绝。桃李菱藕，随时而具者，方陈于席；闽广川黔之味，悉在屏除。如此省约，何等便安。若客欲留寓，盘桓数日，午则二簋一汤，夜则三菜斤酒。跟随服役者，酒饭之外，勿烦再犒。

衣　服

衣服之章，等威有别，寒暄之节，南北攸殊。然而流风易溺，积习难回。居官者，章身不惜夫重价；服贾者，耀富亦羡乎轻裘。朱邸高朋，冠裳济济，青油幕客，裘马翩翩。习以相沿，归而不改。每见贵豪游子，返温和之地，虽暖如寒。致令富厚少年，睹灿丽之陈，趋新忘故。金貂玉鼠，南服偏多，白狸青猪，炎乡不少。偶焉寓目，辄为惊心。亦思仆隶细人，衣逾绅士；优伶贱役，服拟公侯。适滋丑耳，又何慕焉？吾辈既已读书，自当毅然变俗。旧衣楚楚，素履可钦；襆被萧萧，高风足式。传前人之清白，不坠家声；贻后嗣以廉隅，永遵世德。抚躬自较，所得孰多？

嫁　娶

伦莫重于婚姻，礼尤严于嫁娶。古人择配，惟卜家声；今则不问门楣，专求贵显。因之真假难究，亦且晤对不伦。妇或反唇，婿且抗色，嫌滋妯娌，衅启弟昆。种种不祥，莫可殚述。若既门户相当，原欲情文式协，而女家未嫁之先，徒争贿币；男家既娶之后，又责妆奁。彼此相尤，真可浩叹。亦思古垂六礼，文公家训，合而为三。可知事贵适宜，何烦缛节？但求允问名，原无浮费。而请期纳聘，每有繁文。因与一二同志，再三酌定：如职居四民，产仅百亩，聘金不过十二，细缎亦止数端。上之六十八十，量增亦可；下则十金八金，递减无妨。度力随分，彼此俱安。而亲迎之顷，舟车鼓乐，仪从执事，一切从简，总务徇时。乃近来妇家，或于扶轮奠雁之外，纵仆拦门，拉婿拜轿。此破落户之陋规，亦乡小人之鄙习，可骇可嗤，亟宜痛戒！若夫女家嫁赠，贫富虽殊，而荆布可风，总宜俭约。纵有厚资，不妨助以田产，资以生息，使为久远之谋。切勿多随臧获，厚饰金珠，徒炫耀于目前，致萧条于日后。至于宗亲世胄，丰俭自有尊裁，赠遗岂敢定限。但求有典有则，可法可传，则所裨于风俗固厚，所贻于儿女亦多矣。不揣葑匪，敢献刍荛。

凶　丧

人生大事，惟有送死。终天之痛在顷刻，罔极之恨在千秋，纤悉不周，贻悔何及？故凡父母年逾五十，察其精力，稍不同前，则寿器当密为储备。脱或不讳，哀恸固不待言，而附于棺附于身者，尤当凡事检点。衣衾之属，务求完整，金珠之类，勿带纤毫。周祥无憾，然后盖棺。灰布宜密，油漆须真，经久之计，莫切于此。棺既盖矣，循例成服，男女有别，亲疏有序，哀痛哭泣，宁戚无文。成服之后，始议开丧，或三日，或五日，报知亲友，访确周祥。但须素有往来，不可妄邀豪贵。丧期既定，亦勿多请陪客，徒滋浮费。止酌亲族数人，轮流分派，孰主送迎，孰司馈馔。吊唁者，祭无牲牢，幛无绫缎；款待者，飨无腥酒，送无犒程。志在从先,何妨违俗?至于寝苫枕块,禫祥之后,似可从宽;歠粥除荤,精力或衰,亦宜稍酌。表彰功德,则述行状以垂志铭;缅想音容,或待几筵而庐坟墓。总须核实,勿在徇文。若世俗于殡殓之场,诵经礼忏,哀号之侧,鼓乐张筵,不惟悖礼,实为逆亲。凡有人心,所宜痛禁。而或者借读礼之时,纵翱翔于山水;假谢孝之迹,辄干渎于交游。有靦面目,可不戒哉!

安　葬

古者士庶之家,逾月而葬。后世王公以下,皆至三月,期何宽也。而惑于术家者,妄求富贵,借前人已朽之骨殖,图后人未卜之显荣,愚已甚矣。又或造年月之利害,判房分之吉凶,长幼猜嫌,牢不可解。代复一代,年又一年,甚有越数世而不获浅土者。生者大厦高堂,死者颓垣败壁,抚衷自问,忍乎不忍?若谓风水可凭,宁迟无害。何以堪舆诸公,高谈凿凿,而询厥身家,概都寒陋。且有跋涉一生,饿殍于道路者,岂谋人工而谋己拙耶?噫!亦可悟已。仆少时亦尝取地理诸书,考究多年。若必如所云:龙穴砂水,左右印托,十全无碍,方成吉壤,则数千百年以来,选择殆尽,岂复有留遗隙地,以贻后人者乎?尝观大江以北,古茔累累,附葬者多或百计,少亦数十,问其子孙,虽有贫寒,岂无富贵。原非一坟一冢,始称有吉而无凶。故凡为子者,当知暴棺非孝,入土为安。不必远求,但宜预访。或邻近山川,犹有遗穴,或祖宗坟墓,尚可附棺。随分量力,择而取之,审其消纳,定其向背。砖宜坚而灰土宜厚,筑宜固而封树宜周。勒碑附圹,题主归祠,宅兆既安,庆莫大焉。若欲遍觅佳城,广求大地,则汉秦遗寝,草蔓烟荒,唐宋诸陵,狐蹲兔伏,六朝之故安存,五季之新阡何在,岂帝王之卜择,返逊能于士庶哉?至于朱母分迁于两地,孔父合葬于一防,取而较之,孰得孰失,虽先儒亦有不足从者矣。

祭　祀

古人祭先,士以三鼎,大夫五鼎,等威有辨,非可僭也。但牲牢物产,南北异宜,酌而用之。祭菜则羊豕鸡鱼之属,五品为常;果物则枣栗桃圆之类,八色为准。随地随时,尽人可办。第所商者,古不祭墓,而近世春秋两祭,概在先茔。从之则失礼,违之则不情。斟酌其间,或于春秋祭墓,冬夏祭祠。祭墓则遵时俗之通例,尊卑远近,合九族以共将;祭祠则效考亭之成规,高曾祖亲,分四代而同享。于理于情,庶两无碍。独是坟多族众,值

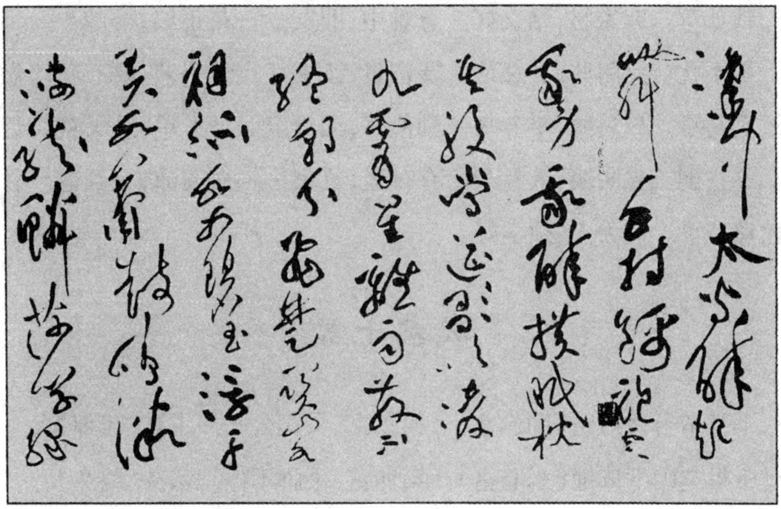

祭维艰。轮流则贫者难支，纠纷则吝者多却。经久之法，莫如祭田。但始焉难以创行，久之易以滋弊。今欲创行，务须尊显之人率先倡置。馀如入学而登科甲者，因名位以酌捐；务农而业工商者，随资产以量助。或数十亩，或数亩，纵不拘例，务尽厥心。至于五十举子，七旬祝寿，多寡均输，惟力是视。积而充焉，便可以奉祀之所馀，济孤寡而助婚丧，扩宗祠而立家塾，不亦善乎？至欲革弊，则管理之人，必须公举。富而有守，素行不欺者，责令主之。经理三年，聚众一算，如果无私，不烦更换。或有可疑，再行公保。遵而守之，虽百世可无弊矣。若夫诞辰忌日，罔极情深，喜事良辰，追先念切，祀我祖考，谁曰不宜。而邪说诬民者，造为七月望日，地狱放归，扫室宇以送迎，附盂兰而超度，诬其祖父，或厥愚氓。司风化者，禁之可不严哉！

康熙五十年，辛卯五月，海宁许汝霖谨订。

治家格言

——彭定求

治家格言

凡治家，须起早。桌要抹，地要扫。粗布衣，菜饱饱。靠神天，奉三宝。孝父母，敬兄嫂。为夫妇，和顺好。贫不欺，富不扰。官钱粮，先要了。出人情，看起倒。成家子，粪似宝。败家子，钱如草。有家财，结交好。急难中，朋友少。花正红，香的少。不作媒，莫作保。闲是非，都不扰。忍耐些，少烦恼。要富贵，读书好。学手艺，要心巧。做买卖，要公道。耕种田，勤耨草。养鸡鹅，不养鸟。勤俭好，无价宝。身不单，肚又饱。近来人，眼孔小。只扶起，不扶倒。光阴快，人易老。有时运，置家早。命颠沛，守到老。甘淡薄，天知道。将银钱，莫费了。但为人，须学好。

成家十富

第一富，不辞辛苦做道路（勤俭富）。第二富，买卖公平多主顾（忠厚富）。

第三富，听得鸡鸣下床铺（当心富）。第四富，手脚不停理家务（终久富）。

第五富，当心火盗管门户（谨慎富）。第六富，不去为非生法度（守分富）。

第七富，合家大小相帮助（同心富）。第八富，妻儿贤慧无欺妒（帮家富）。

第九富，教训子孙立门户（后代富）。第十富，存心积德天加护（为善富）。

败家十穷

第一穷，只因放荡不经营（渐渐穷）。第二穷，不惜钱财手头松（容易穷）。

第三穷，朝朝睡到日头红（遭遢穷）。第四穷，家有田地不务农（懒惰穷）。

第五穷，结识豪杰做亲朋（攀高穷）。第六穷，好打官司逞英雄（斗气穷）。

第七穷，借债纳利妆门风（自弄穷）。第八穷，妻孥懒惰子飘篷（命当穷）。

第九穷，子孙相交不良朋（勾驷穷）。第十穷，好赌贪花捻酒盅（彻底穷）。

语　录

西山真先生曰：择善固执，唯日孜孜。耳听善言，不堕三恶。人有善愿，天必从之。终身行善，善犹不足；一日行恶，恶自有馀。但存心里正，不用问前程。但能依本分，前程不用问。若要有前程，莫做没前程。

司马温公曰：积金以遗子孙，子孙未必能守；积书以遗子孙，子孙未必能读。不如积阴德于冥冥之中，以为子孙长久之计。心好命又好，发达荣华早；心好命不好，一生也温饱。命好心不好，前程恐难保；心命都不好，穷苦直到老。

《景行录》曰：为子孙作富者，十败其九；为人行方便者，其后受惠。与人方便，自己方便。日日行方便，时时发善心。千金万典，孝义为先。天上人间，方便第一。见人之善，而寻己之善，如此方为有益。

《太上感应篇》曰：祸福无门，唯人自召。善恶之报，如影随形。所以人心起于善，善未为而吉神已随之；或心起于恶，恶未为而凶神已随之。其有曾行恶事，后自改悔，久之必获吉庆，所谓转祸为福也。

东岳圣帝垂训：天地无私，神明暗察。不为享祭而降福，不为失礼而降祸。凡人有势不可倚尽，有福不可享尽，贫困不可欺尽，此三者乃天地循环，周而复始。故一日行善，福虽未至，祸自远矣；一日行恶，祸虽未至，福自远矣。行善之人，如春园之草，不见其长，日有所增；行恶之人，如磨刀之石，不见其损，日有所亏。一毫之善，与人方便；一毫之恶，劝人莫作。

子曰：为善者天报之以福，为不善者天报之以祸。

《尚书》云：作善降之百祥，作不善降之百殃。

徐神翁曰：积善逢善，积恶逢恶，仔细思量，天地不错。善有善报，恶有恶报，若还不报，时辰未到。

平生行善天加善，若是愚顽受祸殃，任是凶残贪险辈，高飞远走也难藏。

行藏虚实自家知，祸福因由更问谁？善恶到头终有报，只争来早与来迟。

闲中检点平生事，静里思量日所为，常把一心行正道，自然天地不相亏。

《景行录》云：以忠孝遗子孙者昌，以智术遗子孙者亡。以谦接物者强，以善自卫者良。

恩义广施，人生何处不相逢；冤仇莫结，路逢险处难由避。

邵康节先生戒子孙曰：上品之人，不教而善；中品之人，教而后善；下品之人，教亦不善。不教而善，非圣而何？教而后善，非贤而何？教亦不善，非愚而何？

帝君又垂训曰：妙药难医冤债病，横财不富命穷人，亏心折尽平生福，幸短天教一世贫。生事事生君莫怨，害人人害汝休嗔，天地自然皆有报，远在儿孙近在身。吴真人曰：短亏心律只自贫，莫生巧计弄精神，得便宜处休欢喜，失却便宜也莫嗔。十分惺惺使五分，留取五分与儿孙，十分惺惺都使尽，后代儿孙不如人。越奸越巧越贫穷，奸狡原来天不容，富贵若还奸狡得，世间呆汉吸西风。

庭 训

——靳辅

居家最要于勤。盖勤则一家之人不至于惰废，而无游手闲食，以相率为不义之事。敬姜之教子曰："民劳则思，思则善心生；民逸则忘，忘善则恶心生。"此之谓也。要知自天子以至于庶人，无一人无职事者。若主公主母早起晚睡，先尽其家长之职，以率其男女子弟，令各勉其卑幼之职。又率其外内婢仆，令各供其力役之职。凡男子则耕读工商，妇人则纺织针黹。无分贵贱，各竭其力，既可以成人，又可以成家。谚云："成人不自在，自在不成人。"切须知此。

治家莫要于俭。俭非鄙吝之谓也。先总计一家人口若干，每岁衣食用度必须若干，因而制财用之经，量入为出，一切凶吉之费皆有限制，又须常留赢余，以备不时意外之需。至于堂室、舟车、服饰、器用，则概从俭朴，勿矜胜而观美，则可免窘乏难继之患。

嫁娶之礼，当称家有无，随宜厚薄，原无一定不易之例。世俗务求饰观，竭力成礼之后，即至贫乏。试思一时虚文，何益于儿女生计？或有实济，而本家困乏如此，日后何能再行别项礼节？又见女子自矜嫁资之厚，骄慢其夫，夫不能屈，而有终身唯唯从命者。可见嫁厚之资，反为伤伦害义之物矣。且士庶之家，财产易尽，固当善留余地，即宦家禄入有限，若非作贪官，作罪孽，何从供其糜费乎？大抵败名坏品，多由于用度过奢，不独嫁娶一事为然也。

居家固宜从俭，待客又宜尽礼。盖凡不能绝人逃世，未免有亲戚故旧来往通情。必须礼貌相待，施报得宜。至于周恤贫穷，有无相通，亦当量力从事。但各家各户，不必招致在家，朝夕同居，恐人心不一，或日久慢生，致起口舌，反以德而成怨也。

每见亲友相与，有始亲而终疏者，多起于奴辈之轻慢失礼，或两家奴仆斗口角力，主人误信先入之言，各护其短，遂致嫌衅横生，是以御下不得不严。但凡奴辈与他家上下人等争竞，不问理之曲直，先责自己家人，然后再为剖析，则奴辈自知顾忌，且彼忿争之气亦平矣。昔人云："奴仆得罪于人，犹可恕也；若我得罪于人，不可恕也。"此语有深见。

主人御仆，犹君之御臣也，须恩威并济。凡衣食等类，必须一体周备，令无怨言。其无心之过，些小之失，可恕则恕之。或严谕戒饬，令勿再犯。如坏法乱纪，酗酒赌博，有关大体者，须严明公正从重处置。切不可姑息，以长奸邪。

仆妇分虽主仆，宜与儿女一般。即有姿色可观，当思物各有主，不可倚势淫污，大损阴德。既失家主之体，必萌弑逆之祸。切戒切戒！

家中勿令僮仆演学唱戏。盖戏乃是妖冶之态，淫滥之由，习见习闻，令人渐渐惑乱。男子必放荡务外，妇女或邪心暗动，以致出乖露丑，败坏门风。即或父母上寿，婚嫁大礼，可唤现成优伶，止偶一为之。

亲戚故旧则有名分之行辈，朋友则有年齿之长幼，此礼貌之有差等也。乃世情薄俗，往往以富贵贫贱分别礼貌之重轻，何异市井僮奴见识？

世趋日下，安能尽得贤士而友之？但令寻常朋友中，有稍存信行，不失恒心者，即为端人。当至诚相与，以厚道先施。或我施而彼不报，亦姑以情恕。如其改心易行，万不可交。亦须善为远之，不可一旦绝人已甚，所谓“君子绝交，不出恶声”也。

居官之要，曰清，曰慎，曰勤，而济之以和。清则清白，一心不敢自私自利；慎则事事敬谨，不敢毫有贻误；勤则夙夜匪懈，不敢苟且晏安。至于事上使下之际，一以和平之气行之，务期有济于公事而已。从此建功立业，无可限量，总不外此四者。至于常人，凡损人之财切莫想，其慎、勤、和亦不可缺。

女子通文识字而能明大义者，固为贤德，然不可多得。其他便喜看曲本小说，挑动邪心，甚至舞文弄法，做出无耻丑事，反不如不识字，守拙安分之为愈也。陈眉公云：“女子无才便是德。”可谓至言。

女正位乎内，理该不出闺门。除父母有疾病死丧，或兄弟姊妹有嫁娶大礼，方许回母家过宿。至于岁时归宁，或偶有女眷宴会，只许朝去暮回，不许过宿。若些须小事，亦不得屡往行走。

男子有道义之交，有学问之交，有周旋患难之交，尚须慎交益友，不可滥交匪人。女子原无结交之理，竟有与疏远人认亲，或与邻里拜姊妹。其意何为？非贪财物，即便淫乱。闺门不谨，自此始矣。

妇女不可往寺庙焚香，亦不可令尼姑、女巫、卖婆、媒婆等人来往出入。至于弹唱、说书，摇惑耳目，污乱心志，一概不容入门。媒婆只用于娶媳嫁女之时，闲时不许频来行走。

子弟方幼时，天性未坏，良知良能随处发现。宜及时教导，令其远于邪僻，近于礼义。至日就长大，则识见渐开，学问渐熟，自会做向上人矣。

生子要善养其性情，莫竟付乳母、婢仆，恐其朝夕见闻，无非下流气习，说谎作乖，忿争不逊，日与顽童劣婢，嬉笑放荡。至稍至五六岁，已病入骨髓矣。

子弟失教，其因有二：一曰上学迟，二曰不重师。上学之期，当在五六岁内。出就外傅,便有拘束,则知所忌惮,且得希见保母,渐去其陋习也。至于择师,尤为紧要。若师范不端,训诲无法,如何得有正道开发之益?若求得良师,倘待之不加隆重,师或限于父母溺爱,不便严加督课,小儿明知有亲护短,辄敢凌忽师长。乃至僮仆皆至欺侮师长,失其威权,则事事掣肘,坐卧不安,岂能始终有成?每见尊师之家,以诚敬之,至付托之重,而子弟多有名儒显达者,皆尊师严训之明效也。

宋氏家规部

——宋诩

正　己

未明而起,不可一日有怠;已昏而卧,不可一夜忘警。

坐必端不倚,立必正不欹。

不矜不张,不伐不骄。

不以利诱,不以势屈。

不谄不求,不妒不嫉。

知止足,远耻辱,不沽激,不诡谲。

暴厉必戒,慈恕必推,论至目睫,询及刍荛。

是非不可听而发暴,曲直必宜察而辨明。

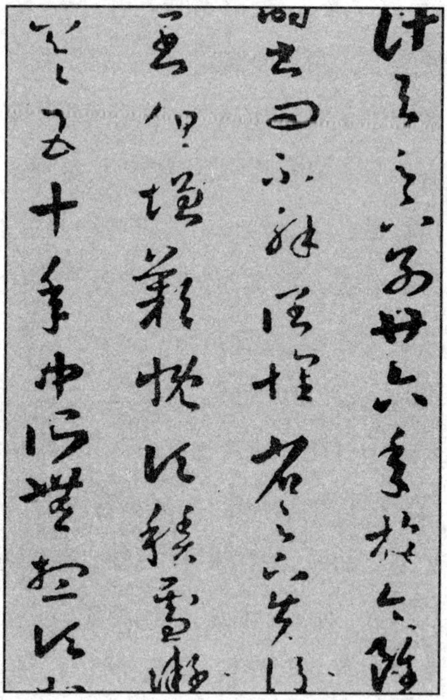

至乐不得恣所欲,至怒不得乱所为。

当为事,不少让于人,急行之而勿前却;不可事,勿姑置于己,速改之而勿畏难。

不做无益害有益,不以小过成大过。

盛暑不弛威仪,隆冬不恣安逸。

饮酒不至于乱,食肉不过于贪。

妻妾至近,不偏以私;子孙至亲,不溺于爱。

不谈人短，不长己恶，不流荡，不佁儗。

不利己而损人，不恕己而责人。

不可作煞风景事，务必行有器识事。

观书必心与意会，道与理融；作文必立意高，关世教，有篇法，有句法，有考据，不蹈袭；作诗尤要句法精严，气格高妙，风制回别；写字须有体制，不得潦草放肆；作画不可有工人气习。

抚琴必养性禁邪，毋以为戏也；博弈惟适性忘虑，毋以为务也。

正　人

明尊卑之分，严内外之禁。

不可敛财物私帑藏，不可倚富贵作威福。

不宜习为赌博之非以坏性，得进不用；不宜介诱唼佞之人以弊家，虽慧不取。

虽小物不得容盗，虽常言不得令诳。

必以诚信，必以勤慎。

忠以顾家，毋为党魁；忍以免患，毋为祸阶。

毋得竞为谄谀逢迎，毋得肆为亵慢靳侮。

男女不通衣裳，男女不通寝席。

男女不同浴厕，男女不共厨灶。

长毋用凭陵以虐幼，幼毋用桀骜以犯长。

执事必恪，持物必敬。

不得引嫌，不得保奸。

不以争论斗殴为强勇，不以指擿挤陷为智谋。

机事不可漏泄以害成，虚事不可妄传而簧鼓。

有事必禀长而知，有故必请主而行。

故犯虽小必惩毋姑息，误犯虽重必宥毋苛刻。

同家不得分尔我，同处不得占便宜。

检柅作醵殢酒湛湎酗，败德之囮也，则禁戒，身不可得而从，不从则不荒坠厥绪也；惩约私淫外妇烝报传，聚鹿之兽也，则禁绝，耳不可得而闻，不闻则无中冓之言也。

须用防微杜渐，毋为因小失大。

谗言两面二舌，离间情义，听之飞蝇必污也；狙诈假公徇私，暗为欺罔，信之陷阱必从也。

男　子

六岁即令读书，先《小学》而后以次进入《四书》经史。

八岁即令习字，先端楷而后以次进入篆隶草书。

十一、十二岁方令属文咏诗，先理气而后文辞。宜宗《檀弓》《考工记》及韩柳欧苏四大家局段为优，理则体周程张朱四子为正，诗宗李杜，毋以禅语参之。

从师，非不疾病，不使一日怠惰；不宜躐等，亦令循序渐进。

自幼至壮，凡事必咨禀于父母兄长。

读圣贤书，便须讲解明白，亲切躬行实践。

见古人之善者，便须钦慕思与之齐；见古人之恶者，便须羞恶惧与之似。

大严则情远，有过则蔽而不知；大宽则情狎，有事则肆而无惮。

祭祀之物，未荐不敢先尝；父母之物，未命不敢先用。

人有馈送，不敢私受，不敢专受；己有馈送，不敢私与，不敢专与。

女　子

八岁教令读书识字，粗知礼仪，针指女红中馈，妇职皆宜亲习。性行教习，婉娩听从。

成　妇

无非无议，唯有闺门之修，无父母诒罹，余同男子，自少至老，不得崇礼丛林丛祠。

时饮食奉祠堂

四时祭奠，酒食肴蔌，务令精洁以时，不得轻忽以致残秽，亦不得遗忘颁后，不得以馂而祭，不得无故而摄。

奉宾客

凡有贺谢多仪而来，必留到卓，特致诚敬。

凡有执贽而来，必留列卓，特致诚敬。或馈以馔，或侑以币，视齿德尊贵，隆以殊礼绝席。

凡初识留饮，必列卓；凡常见留饮，必团坐。

凡久旷享仪而来，必留团坐。

凡有故启事问难而来，远亦留饮团坐。

元旦有贺客，亲疏皆留宴。

冬至有贺客，亲疏皆留宴。

冠婚丧祭，凡待宾皆列卓。

列卓宜丰，团坐宜杀。

亲宾遣使馈遗，必留，或列卓，或团坐，不计物之厚薄，而推情之轻重。

常日待宾家用

旦汤，米饭羹。上饷茶汤，随时点心饼饵。中午麦饭羹，晡时茶汤，随时点心饼饵。旰米饭或糜。中午旰宜酒，酒后宜八仙散之药，饭后宜藕丝餹等之物。

常日以下饮食见遗制。

家　宴

元宵、端午、七夕、重阳、小至、除夜俱列卓同待宾。

上寿、庆喜、饯行、饮至俱列卓同待宾。

家　人

初稼必用豕牢，以饮食之；已穑必用豕牢，以慰劳之。小至必以酒果肴馔，除夜必以酒果肴馔，端阳与酒馔，重阳与酒馔。有劳赐酒肴以劳之，远出赐酒肴以饯行之，远回赐酒肴以饮至之。

均衣服

丝罗纱之属，此贵物也，绫绸之类次之。

北镇东布之属，此贵物也，葛越之类次之。

貂鼠驼绒之属，此贵物也，羔褐之类次之。

为家主必视子孙之心。置贵服亦与其贵，置次服亦与其次。冠履、裳泽、纩著、绒线，皆豫料其有无。

为家长更推一家之心。暑则思与凉布，寒则思与温布。有恩者加之以绫绸等帛，有功者加之以轻细等布。巾帽鞋袜之类，亦当逆见其不足。

家训笔录

——赵鼎

第一项　闺门之内，以孝友为先务。平日教子孙读书为学，正为此事。前人遗训，子孙自有一书，并司马温公《家范》，可各录一本，时时一览，足以为法，不待吾一一言之。

第二项　凡在仕宦，以廉勤为本。人之才性，各有短长，固难勉强，唯廉勤二字，人人可至。廉勤所以处已，和顺所以接物。与人和则可安身、可以远害矣。

第三项　诸位中以最长一人主管家事，及收支租课等事务，愿令已次人主管者听，须众议所同乃可。

第四项　子孙所为不肖，败坏家风。仰主家者集诸位子弟，堂前训饬，俾其改过。甚者影堂前庭训，再犯再庭训。

第五项　岁时享祀，主家者率诸位子弟协力排办，务要如礼。以其享祀酒食，合族破盘。

第六项　望酌酒献食如平日，长幼毕集，不得懈慢。

第七项　远忌供养饭僧追荐如平日，合族食素。

第八项　应本家田产等，子子孙孙，并不许分割，自有正条，可以检照遵守。

第九项　岁收租课，诸位计口分给，不论长幼，俱为一等。五岁以上，给三之一，十岁以上给半，十五岁以上全给，止给骨肉。女虽嫁未离家，并婿甥并同。其你婢奴仆，并不理口数，不在分给之限。

第十项　宅库租课收支等，应具文历并收支单状，主家者与诸位最长子第一人，通行签押。其余非泛增损事务，亦须商议。

第十一项　甲年所收租课，乙年出粜收缩。至丙年正月初，据所收之数，十分内椿留一分（约度有余即量增），以备门户缓急。内有官人到官支住，罢官到家，仍旧支给。

第十二项　椿留钱岁终有余，即拨入租课，历正初混同计数，分给椿留。

第十三项　田产既不许分割，即世世为一户。同处居住，所贵不远坟垅。

第十四项　士宦稍达，俸入优厚，自置田产，养赡有余，即以分给者均济诸位之用度不足或有余者。然不欲立为定式，此在人义风何如耳。能体吾均爱子孙心强行之，则吾为有后矣。

第十五项　他日无使臣使唤，即于宣借内择一二人善干事能书算者，令主管宅库租课等事。稍优其月给，庶或尽心。所给钱米，正初分给时拨出，或季给，或月给。

第十六项　主管宅库人，专管宅库应干事务，诸位不得私役及非理凌虐。

第十七项　罢官于他处寄居者，更不分给租课。

第十八项　每岁收索租课，预告报管田人，候见本宅诸位子孙同签头引，及主管宅库人亲身到彼，方得交付。如诸位子弟，怀私取索，即不得应副。如辄支借来年计算，本宅并无认数。

第十九项　诸位子弟，不得于管田人处私取租课。如敢违者，重行戒约。及时私取钱物，于分给数内克除外，更令倍罚。谓如私取十贯，已克除十贯，更克除十贯之类。

第二十项　每正初契勘当年内如有合赴官者，据阙期远近，展一季分给。如代者补填，俟接人到，据所展日月，于椿留贴支。契勘当年有任满者，即约度计口存留（在官者先以书报），候到家日，依旧分给。所留不即于椿留内贴支，有馀拨入椿留历。

第二十一项　每正初合分给时，即契勘当年内，诸位如有婚嫁，每分各给五百贯足，男女同。

第二十二项　增添人口，展修房户等，应有所费，并于椿留内支破。其馀些小修造，诸位自办。

第二十三项　应婚嫁，主家者主之，有故，以次人主之。除资送礼物等，已给钱诸位自行措置外，其筵会及应干费用，并于椿留内支破。主家者与本位子孙协力排办，务要如礼。

第二十四项　非泛支用，除婚嫁资送等已有定数外，如祭祀忌日旦望等，名色不一，难为预定。仰主家者公共商量，随事裁处，务要合中，两无妨阙。

第二十五项　应祭祀忌日旦望，供养之物及礼数等，吾家自祖父以来，相传皆有则例，人人能记，不必具载，亦不必增损。

第二十六项　他日吾百年之后，除田产房廊不许分割外，应吾所有资财，依诸子法分给（诸子公自有正条）。

第二十七项　三十六娘，吾所钟爱。他日吾百年之后，于绍兴府租课内，拨米二百石充嫁资，仍经县投状，改立户名。

第二十八项　同族义居，惟是主家者持心公平，无一毫欺隐，乃可率下。不可以久远不慎，致坏家法。

第二十九项　古今遗法，子弟固有成书，其详不可概举，惟是节俭一事，最为美行。司马温公《训俭文》，人写一本，以为永远之法。

第三十项　应该载不尽事件，并仰主家者公共相度，从长措置行之。

右三十项，恐太繁，更在临时择而行之。大应止是应田产不许分割，每岁计口分给约束，应本家所有田产，并不许分割，每岁据所入计口分给。其详在私门规式册中，可以检照遵守，子孙世守之，不得有违。绍兴十四年九月初七日。

蒋氏家训

——蒋伊

每月朔望，弟子肃衣冠，先谒家庙，行四拜礼，读家训。次谒祖父祖母、父母师长，及嫡伯叔嫡兄，俱长揖。

春秋祭扫先西山赠茔，次北山祖茔，次乌目墩始祖墓。祭品丰俭适中，行四拜礼，奠酒三爵毕，连叩四首。外祖妣朱氏墓祭品用素。毛安人墓，止本家子孙致祭。家中时祭，元旦奉祀三代祖先五日，春祭清明，夏祭端午夏至，秋祭中元十月朔，冬祭长至除夕。荐新祭新麦、新谷、樱桃、鲥鱼。忌辰祭，止祖父母父母。祭品祭仪，不用繁文，务尽诚敬。

西山祖墓，须遵宪约，严禁人山头采石，及盗卖垄泥。

子弟举动，宜禀命家长。有败类不率教者，父兄戒谕之，谕之而不从，则公集家庙责之，责之而犹不改，甘为不肖，则告庙摈之，终身不齿。有能悔心改过，及子孙能盖愆者，亟奖导之，仍笃亲亲之谊。

友爱异母兄弟姊妹，不得溺妻子言。

早完官税，不得付托匪人，致有侵隐，及贪小利，寄他人田于户上，致稽国赋。不得从事奢侈，暴殄天物。厨灶之下，不得狼藉米粒，下身里衣，不得用绫纱。其绵细茧绌，或间用之。

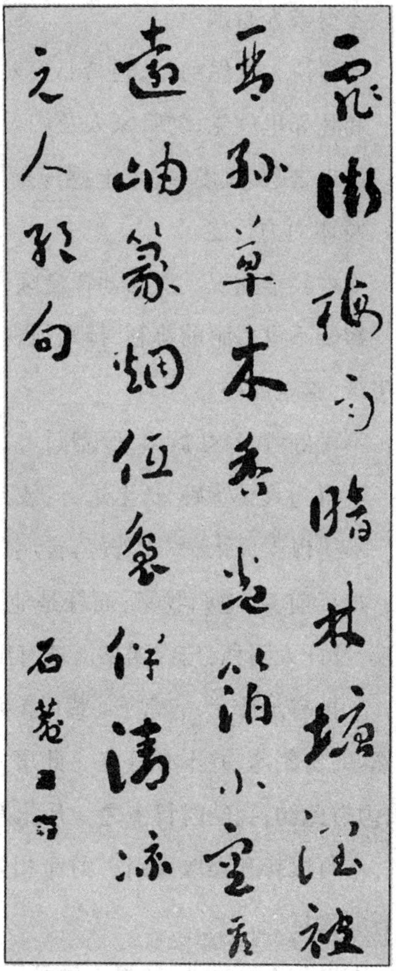

不得逼迫穷困人债负，及穷佃户租税；须宽容之，令其陆续完纳。终于贫不能还者，焚其券。有缓急那移，取利不得过贰分。

每月朔望放生，家中戒杀，勿食牛犬肉，祭祀婚丧，及仕宦喜庆，俱市五净肉，不得特杀。子孙世世守之。

敬惜字纸，糊窗裹物，不得用有字纸张。僮仆有能善体此意者，亟奖励之。

不得用极低银，间有误收箧中者，即弃之，勿误后人。

收租及各项出入，俱遵我所定，准斛准斗，不得改易。

交易及买卖日用等类，不得以重等入，轻等出，及用大小秤。

仓场须常自检点，不可作践五谷。

族党子弟，有志读书，而贫不能达者，宜引掖之。

宜慎交游，不可与便佞之人相与，少年心性把握不定，或落赌局，或游狎邪，渐入下流矣。

不得言人闺阃。

宜戒邪淫，家中不许留畜淫书，见即焚之。

少年血气未定，戒之在色，刻消元年，必致不寿。甚至恶妓娈童，不择净秽，多致生毒。势必攻毒之剂投之，而此身真气，消烁殆尽矣。以是身婴疾苦，终为废人。出不得博一命之荣，入则贻父母之忧，非不孝而何？父兄当严以教之。人生世间，荷天地覆载之恩，享祖父留馀之荫。农夫力于田，我得而食之；织妇劳于室，我得而衣之。第一宜敬天地，或每月朔望，或逢令节，整肃衣冠，清香一炷，答谢上苍。

不得破人婚姻。

不得恃人凌傲前辈，轻易非笑人文字。

和睦邻里族党，勿听家人及妇人言致争。

读书之暇，宜虔奉《太上感应篇》《文昌帝君求劫宝章》《金刚经》《袁了凡先生功过格》，身体而力行之。

不得轻信巫祝。疾病须择良医，擅自调摄，不许祷赛。

嫁娶不可慕眼前势利，择婿须观其品行，娶妇须观其父母德器。一诺之后，不得因贫贱患难，遂生悔心。

不可好胜，作炫耀事，糜费财力，至窘乏时，悔无及矣。

不得为人买童婢，送至远方，致人离乡背井，终身远父母兄弟。

不得谋人风水，方寸若好，吉地自得。

祖墓前，有地归我家，而塚是他人者，我子孙不可平之。遇事须平和处之，不得先兴讼端，及讦人阴私，出人揭帖。若有出仕者，列款一事，恐波及无辜，尤须慎之。

子孙有出仕者，宜常看《感应》劝善诸书，及《臣鉴录》。慎刑察狱，宁郑重，勿轻忽，宁宽厚，勿刻薄，并不必好名。此事关系阴隲不少。至讼事勿牵连妇女。我父于闽粤两任，力持此约，我幼时目击之。凡非人命强盗重情，及钦件事，不可轻监禁人。

不可以势利强取人财。财命相连，得无以此伤人命乎？吕祖尚不肯误五百年后人，况目前哉！

不可为人准词状，此事人极易犯之。我力守此戒，已十九年矣。因昔曾为人准一词，而两家结讼，经年不已，致两败俱伤，我深悔之。后人能体我悔过之心，则可谓贤孝矣。科场分房主考，及考生童，须秉公甄拔孤塞，不可受贿。天人鉴之，鬼神察人。

若登仕籍，不得上书轻言兵事。盖兵之为民祸也烈矣。

积谷本为防饥，若遇饥荒，须量力济人，不得因歉岁，反闭粜以邀重价。子孙中有太贤者，更能推我之所未尽，救贫济乏，养老育婴，种种善果，天必祐之。

有应验良方，可救人者，随力及物。

宜多蓄救火器具，里中有急，遣人助之。

读书于经史正课之暇，佛经中如《华严》《法华》，力之俱足以增长智慧。至大悲斯场，可植多生善根，随缘为之，随力为之。若不度德量力，贪信福报之说，而矫揉造作，修桥修寺，便是愚昧。

不得延妓女至家。

女人不得供养尼姑在家，此辈两舌是非，多致离间骨肉。子孙有不守此训者，即为不孝。

正室宜论德不论才色，白头相敬，家之祥也。

女子止主中馈女红纺织事，不得操夫之权，独秉家政，及预闻户外事。《蒋氏家训》曰："妇女挟制丈夫，凌虐婢妾，不敬翁姑，不和妯娌，虽女子秉性之恶，亦总是男子有以酿成之。"故凡事不可使之专制。

女子但令识字，教之孝行礼节，不必多读书。

女子稍长，每月朔望，命其先礼佛，次谒见祖父母，及父母，善诲导之。盖女性多鸷，礼佛所以启其慈心也。雍容谒见，所以娴事舅姑之礼也。

儿女长至十岁以大，兄妹姊弟，即不得同房而居，合席而食。若兄弟多者，男子长而有室，一二年间，即令分居。古人治家，男女不杂坐，不同巾栉，不亲授受，亦此意也。妇人三十岁以内，夫故者，令其母家择配改适，亲属不许阻挠。若有秉性坚贞，誓死抚孤守节者听。众共扶持之、敬待之、赒恤之，不得欺凌孤寡。

妾媵四十岁以内，夫故者，即善嫁之。其有天付贞操，确乎不移，誓愿守节者听。按此三条，小有违于古人同居之义，风节之思。然于末世中，别嫌明微，正有深意。不可以阀阈之家，而徒慕虚名也。

外祖妣朱氏，十九岁寡居。我母太安人，妣之继女也。母于归后，妣与偕来，同我母食贫艰苦，我长兄、二兄、长姊及我皆妣所抚育。卧则同席，起则出入复之者也。妣至七十八岁卒，墓在西山祖茔之后。苦节六十年，长斋六十年，真节妇也。惜以亡过，不合例请于朝。其形容，长儿幼时，犹仿佛见之。拨祭田十亩，授长儿陈锡，俾我长房子孙，世奉其祀。

女人不得以多产故，溺杀子女，伤残天理。仆妇中有溺子女者，平日善开谕之，临时善调护之，以育其生。

不得苛虐僮仆，女人不得酷打婢妾。若婢妾无大罪，而致其人于死者，告庙出之。夫不能制其妻者，众共绝之。女婢二十岁以内，即遣嫁，或配与僮仆，或择偶嫁之。不得贪利，卖与人为妾，致误其终身。

家人不许生事，扰害乡里，轻则家法责治，重则送官究惩。

不得淫污家人妇。上下纲常，关系甚大，思之思之！

不得蓄优伶。在外则致争起衅，在内则婢仆嫌疑，尤宜切戒！

司阍人宜择老成谨愿者为之，客至须谦婉致答。

子弟所常痛戒者，以不听父兄师长之言，及昵比淫朋为最。盖择交不慎，则必导以骄奢淫荡之事，诱以贪利，黩货之谋，而家风隳，人品坏矣。

子弟择师，必须博雅敦厚，束修自好者，厚其修脯，不可徒取时名。

不得久淹父母殡。古人亲未葬，则不变服易食，哀亲之未有归也。更不可惑于风水之说，亲既葬而屡行迁掘。夫亲之骸骨，岂为子孙求福利者哉？

宴客有节，不得于滋味着精神，致戕物命。

不得恒舞酣歌，屡为长夜之饮。

交易分明，不得贪小便宜，邻于刻薄，致人有怨言。

故旧穷亲，不可远弃。

家僮不得有鲜衣恶习。

宋氏家要部

——宋诩

守国法

朝廷有禁有制，禁所以禁人不敢妄为也，制所以制人不可过为也。谨肆之间，祸福常倚伏焉。凡为公，为卿，为大夫，为士，为庶人者，皆其臣小，而不犯君之禁制，无羸豕孚蹢躅，则可以安枕而卧矣。斯福之所存也，孰谓不能保身与家乎？

慎家教

祖宗以来，称吾大族。子孙之多，仆隶之众主于祭祀宴乐农圃衣食，皆有成教。能即此而治家焉，鲜有败度。若见人异为，而厌常喜新，未有不颠什者矣。此所谓轻家鸡而爱野鸡者也。若捭阖揣摩，掎摭苟简，皆非所当务。慎之慎之！

宜 正 大

治家者自处正大，不宜狭隘。胸中若蒂芥不能容人，非善作家翁者也。毋拘拘而事皆由之，足以仪刑乎一家，其器字自有大过人处矣。

无 琐 细

人之一身，精神有限，条分理析，事皆萃也。而欲事事而亲之，力岂能给？惟委托得人，总其大纲，往往成巨室者，顾为之何如耳。

毋 怠 忽

缓于事则怠，急于事则忽。酌量其事之大小缓急，得宜而怠忽不至生焉。事之不济，鲜矣。

毋纵肆

纵欲肆己，未有不遭忧虞患难者。能常加畏惧，以明则有人，幽则有神，又重则有国法，而谓家不昌盛，安享福禄，吾未之见也？

分内外

男不言内，女不言外，皆以居室为之限耳。古人不亲授受，不共湢浴，正所以避嫌也。为家而无内外以别之，男女杂处，则与禽兽不远矣。

防火盗

火与盗，家之患至为大也，俱生于废弛无法守之家。火萌于遗灶，盗窥其慢藏。皆能谨密而预防之，二者之患，何至于吾家哉？

勤

勤以治生。世间事，未有不由于怠惰而废也，及时而为之，则事事不在下陈矣。故曰："一生之计在勤"。欲成家者，日复一日，视弹指之时光，岂不甚可惜邪？

俭

俭以养德，非俭不能相继而有。况天地间所生之物，付之于人，自有分定限量，暴殄狼戾，必为天弃。故当俭以承之，是亦所以敬重天地养人之恩也。

节妄费

成家之始，非积累无以致焉。宜用者会计已当，固不须吝而朘削。但以有限之物，而为无经之费，不几于竭乎？故惟节之。

戒贪欲

贪欲者，私己也，君子所戒。以我之贪，而人皆贪，谁将与贪？凡夺人所好，占己便宜，诛求无已，皆贪之类也。力以制之，自无不公而可以禔身矣。

近有德

有德之人，常宜近之。聆其善言，观其善行，足以资吾之未逮，而甄陶为善士也。何患乎不高，出人头地，而为家之表率乎？

杜无籍

无籍之徒，最能惑性。如嬉戏伎儿，及诸异色人，皆所当远。俗所谓三姑六婆者，尤宜禁绝。则不为其所倾覆也。

绝佛事

常读韩昌黎《佛骨表》及司马温公《浮屠诳诱戒》，其言已备，可见生死寿夭，皆无预佛力所挽回也。世之不明者，往往为其眩惑，信有轮回，至今为害。乃有预修资福，求登彼岸，甚至于绝粒受斋，形如枯朽，将父母遗体，无罪残灭，悲夫！

禁淫祀

窃见今人有疾病求生，患难求解者，具以神明妖孽，祈祷再三，必求效应。然豺獭亦知报本，至于祖宗祭祀，全然灭裂，习以成风，此亦俗之流弊然也。神使有灵，焉肯求索？甚为可哂。欲力禁之。左氏谓妖由人兴，不谄则无也。

清官府赋役等务

君之于民，惟赋役二者以烦民也。有田则有赋，依限而完之；有身则有役，依期而赴之。毕此勾当，虽追胥之辈，舞文弄法，而有所须慑。为属吏先尽，其在我而已矣，夫何愧邪？

明籍册钱谷等数

籍册税粮之数，最为切要，稍涉怠缓，一有罥绁，噬脐莫及。与夫钱谷等事，皆有簿书，常时检阅，必不遗忘。尽心力于此，亦成家之要事也。

须行冠婚丧祭之礼

文公先生四礼，世皆疑其高古，辄揶揄而莫之讲。不知为人之道，有家之本，非此四者，不能纪纲其始终。吾家一遵此礼，人力或未能，财物或未称，品节是书，亦不失大意，行而勿惰，自成表率矣。

无失问遗往还之礼

《蓝田吕氏乡约》有礼俗相交之目，而问遗往还，尤人家交际之不可失者也。彼以礼来，而敬先之；此以礼往，而敬亦先之。人而无此，何以家为？

延宾客

笑谈无佳宾者，非士大夫家也。宾客之至，礼貌饮食，务尽其诚，久则愈敬。少加侮狎，有志者则不屑与之处矣。

待工匠

百工技艺，有家者不能不用。其功力之勤惰，当时其省试。平其廪直而供亿之，则智巧之人，皆欲为吾器使也。

公取与

孟子曰："非其义也，非其道也，一介不以与诸人，一介不以取诸人。"有所取与，以义道而衡于其间，亦仿佛乎圣贤之全德矣。

明报施

张子曰："兄弟之间，施之不报则辍，故恩不能终。一施一报，理之自然也。"治家者，明报施之道。而弗敢懈，何患乎人之责望于我也？

审权量

权量者，古先圣王所以平物之当，而今朝廷尤所加慎者也。若以实估取人，而以省估偿人，私量取人，而以公量与人，其可乎哉？《辍耕录》记上海费荣敏公，刻铭于斛之四面曰："出以是，入以是，子孙永如是。"甚敬慕之。权之度物，不顺理则戾法矣。故《易》曰："《巽》以行权。"是宜审焉。

一赏罚

赏罚者，所以示其信于人，而欲人必从也。赏罚有不公，则人心不平，怨尤生焉。更欲人之从事之，济亦难矣哉！

出纳

财物出于人而纳于己，毫忽分厘，自有公论，不容多寡轻重于其间。吝其所出，贪其所纳，则处心遂先不端矣。尤非治家之公。君子不为也。

贸易

以其所有，易其所无，古今之通义也。平心度物，两不亏损，无所往而不可矣。

周穷恤匮

穷困匮乏者，视吾亲疏，皆当周恤，但有轻重之差耳。若一概而施生，则是博施济众之圣，非吾分力所任也。寒乞困乏，而为之救助赈贷焉，此亦仁人君子之用心也。（施生施恩于人，而生全之。）

抑强扶弱

人有强弱，皆非气禀之得中也。虽然有邪有正，苟正而强则可矣，邪而强则不可矣，正而弱则可矣，邪而弱则不可也。抑之扶之，使得其中，亦吾直道之所行焉（陈元方曰：老父在太丘，强者绥之以德，弱者抚之以仁。）。

礼宜避俗

今人冠祭之礼，全然不省，仅存婚丧二事，而礼义无所本。昏则有拦门、撒帐、坐床、摘花之类，诗歌赞和，真可鄙笑。丧事以哀为本，舍作佛事之外，俳优杂剧，皆得以陈于灵前，即曰不淑，为衰在身，饮酒自如，谈笑自若，礼仪之本果安在哉？余则不忍见也。非曰矫情干誉，而谓避俗。

事宜同俗

天下乡俗，所尚举不相同，况吾父母之邦，习俗已久，果无害于礼，有如正旦、元宵、端午、七夕、重阳、冬至之日，为祭祀宴宾之仪，及张灯泛蒲、乞巧登高，以为娱乐，固无大害，则宜从时。若他避忌，以及赛神迎送为人者，徒为儿戏，殆取识者之诮耳。则亦同流合污，而谓同俗。

农

备嘉种，利器用，然后及时播种耘耔。刈获收积，皆不可后。粪土膏壅，皆不可阙。须防旱涝，知人劳苦，而农事无不治矣。庄子曰："耕而卤莽之，则其实亦卤莽而报予；耘而灭裂之，其实亦灭裂而报予。"故耕耘尤所当慎。

圃

水田之外，旱地皆可畚硃为圃，以种菜茹。亦必识其性之宜水旱者、宜迟早者、宜高下者，植之壅之，以备家用，不必贸之于市。凡土地能生物以养人，《诗》曰："中田有庐，疆场有瓜。"盖地之隙者，亦不得不尽其利。

蚕

衣之贵者，蚕丝所成。湖州养蚕，最为得法，丝绵所产，优于天下。松江邻于湖州，法而畜之，田禾之外，又加此一倍利也。且三春时月，东作方兴，而蚕事已成，深有补于不足。

绩

蚕之次者，苧葛绵纱之属，或纺或绩，不得闲慢，至于织成匹段。松江绵布，亦天下所资尚，然商贾收买甚众，至于物价腾踊，而紧厚细密者，尤得上价，不必外求生意，自滋尽足日给矣。

鱼

鱼之种随地而生，陶朱公养鱼法最善，恐土壤不侔，不能化育，若此之蕃。如松江之鲢鱼，藉青鱼以食，鲻鱼必泥沙之池养之者，因其性而时其食，斯无不利也。

畜

牛羊草食曰刍，犬豕谷食曰豢。须在于牧之者，顺其性而调其食，则易肥犐而生息蕃。至于驴马皆然。若鹅鸭鸡而无不有牧养之道，鹅食谷太多，鲜利益于人，然鸡鸭则利，其生卵，尤加一倍。鹿鹤鸾兔，可供清玩。如腈鹰、牵犬、胶雀、斗蟋蟀之类，理家者盖亦当戒，勿为所移。

山池

山不独石，而有材木可取；池不独鱼，兼有菱藕可植。视土之所宜，物之易成，因山而生之，因水而产之，虑人自不为耳。

田荡

户之田近者自耕之，远者召佃之耕者，及时用力，佃者尤当验，其人有勤惰，时有旱涝，庶不西成与之较竞。其不可耕而惟养茅者名荡，岁养其茅而收之，亦有地利存焉，不至徒纳税而赴工于上矣。

饮食

江南人家，朝夕亭午，食必用三度为足，又有上下午之饷为点心，乃多。食者务必精洁以时，非惟待宾客，此凡匠者佣力皆然，不至容其受馁，而怠惰有辞也。（点心出唐史。郑傪夫人谓其弟曰："我未及餐，尔且可点心。"）

衣服

一家之内，我寒而彼亦寒，及时授衣，人感其惠。若过时而与之，虽挟纩亦奚济焉？

屋宇

居家当分内外而处，厅堂不得逼近房寝。行止启闭有限，栥榱础砀瓮甓坚密，始为长久之计。不宜务多，绣闼雕甍，更难葺理。

墙壁

墙壁有筑有“甃”，须令坚厚久远，更宜高峻，不宜容人窥测得穿逾之。凡有罅隙，遂宜鸠工，随损随修，毋使倾圮，费用尤大。

井灶

凿井作灶，皆佐人饮食者也。井宜渫，灶宜整饬，毋使污秽。祭祀宴饮饔飧，一皆赖之，不可以此而轻易神人也。

圊溷

圊溷二室，不可共作一所。圊室须宜高爽，使臭气无闻，下积粪秽，可以壅物。溷室亦宜宽洪，使热气不蒸，放水欲竭，不积养蚯蚓、化生蚊蚋也。

仓库

仓与库造令隐秘，锁钥须严。物之多寡，不得令人时常见之。恐无行者或有觊觎之心，而为貔步之羞也。

舟车

水地行舟，陆地行车，舟宜以柏，车宜以檀。二器皆惟坚，致可以久远。造舟车者，不得务乎外观，而为磷敝之物。

器皿

器皿有玉石类者，有角甲类者，有金者，有银者，有漆者，有瓷者，有铜者，有锡者，有铁者，有木者，有竹者，有藤者，其制多端。造作之时，精为雕刻、磨锡、织治、陶冶等功甚难成效。尤有自古良工，设造之物，流传至久，皆宜爱护，毋得损坏，使之失配合焉，亦有滥恶者，不必收蓄，以惑后人。

药物

医之济人，其功甚大。虽不可擅自调治，能识其病，或与成药，以惠危困，亦推广仁心之一事耳。

桑麻

桑之叶，可采以饲蚕，而折其条，亦可为蒸薪。麻之皮，非惟可以织布，而约绳索绹，皆资其用，多植足为营家之计。管子曰：桑麻殖于野，家之富也。（无羊诗曰：粗日薪，细日蒸。）

柴薪

种稻然柴，积灰可以膏田；种木燔薪，腐炭可以烘椹。大家有此樵苏之利，不为不博也。

炭煤

炭之出于上江者坚重，出于浙地者轻嫩。坚则火力久，而嫩则易燃，各取其长。煤非止生于北方，而亦产于南地。别作一灶，架而炽之，尤利烹饪之需，皆不得无也。

谷米

积谷最久，积米须干，亦经二三年，不能红腐。吾松江出米颇多，而惟积米待价以趋，赚一时之利。欲防饥者，必须积谷，亦无拆阅。(《荀子注》谓损其所卖物价。)

麦菽

麦为面，菽为腐，利用甚多，蓄之以为生，亦善计也。虽黍稷芝麻小豆之属，皆宜收贮，以应一时取之为用。

茶

有宜兴，有日铸，有龙井，至于六安、徽州、广信、建安等茶，其名多著。而姑苏亦产，味不为佳。人家待宾，首以为供，而暴其诚敬，且能消油腻乳酪之物，无以水厄而避诮也。造茶之所，惟以社前者味胜，乘时而取，则有住者。古人用末茶团片，今则有一枪雨旗，即以为尚。若蒙山顶茶，则采于石，止可干食之耳。

酒

煮酒惟腊酿者为胜，须注腊水。秋造细曲，冷暖俟时，调和有节，酒亦味美，香清滑辣，其糟有用。若不得其理。鲜有不为冷暖所误也。至于时酒，则官药草药，皆可酿之，而酒味亦能甘人。今天下所称，虽有麻姑酒，有东阳酒，有葡萄酒，有枣儿酒，有绿豆酒，有郫筒酒、树头酒、桐马酒等，出自多方，味各有佳处，不能毕致。然不若家酿之便，利益倍蓰也。

油

油之入口者，惟大麻子油为最，其次为芝麻油与菜油耳。若调和美物，取烹鸡鹅之膏，极为佳也。有一种椒子油最香，可以染物。夜灯之用，则菜油、豆油与浙江清油。能多种紫苏，取子作油，然之尤明。而绵花子、红篮子、草麻子、糯米糠等油，方土随用。烛则白蜡、黄蜡，甚宜以桕为烛，尤胜而便焉。

盐

盐乃松江本地所生，家常之用，不须多得，惟腌蔬造酱，一年数度，用之甚广。但盐禁甚严，仍俟负贩至门买，用不可贪，慕其贱直，而登场收取，恐有小犯，而取祸不赀矣。

酱

造酱，今人惟知以三伏中晒成者为上，而太官则贵在十月，幽黄俟腊水造之。予遗制中，酱有数等，依其制而因其时，则有美味。若小误取市买者，皆一时煮豆所为，而无麦面，虽见色红，蔑能槱及之也。

醋

醋之酽者，有社时醋，有腊时醋，有伏中醋，有桃子醋、葡萄醋、枣子醋之类。松江惟米麸醋甚多，因时而造，则能成味。且予各备遣制，传必有自，不得罔意为也。

蔬

蔬之种甚多，有土地不宜。生而嘉者，甚为艰得，常留种以防其馑。遵予遗法中，及时相地以植之，四时取用，以为异味。但得处置合宜，岂特专美乎鱼肉也？

果

果种之异，惟柑橘可以久藏，次则林檎稍坚，不易腐损。若梨、栗、枣、柿，于秋冬尚有可用，其樱桃、杨梅、桃李、梅杏之属，贩于行商者，皆郁养强熟，而味不能全。视遗法中各品种植，留待宾祭，乘时采摘之，始知其味鲜美胜常，得以荐乎百物之有成也。

四、故事轶闻

魏文侯用人不疑灭中山

战国时期，中山国（今河北省定县）的国君姬窟昏庸无道，残害百姓，人们怨声载道。应中山国百姓要求，魏文侯决定出兵讨伐中山国，为此，他想物色一个智勇双全的大将。

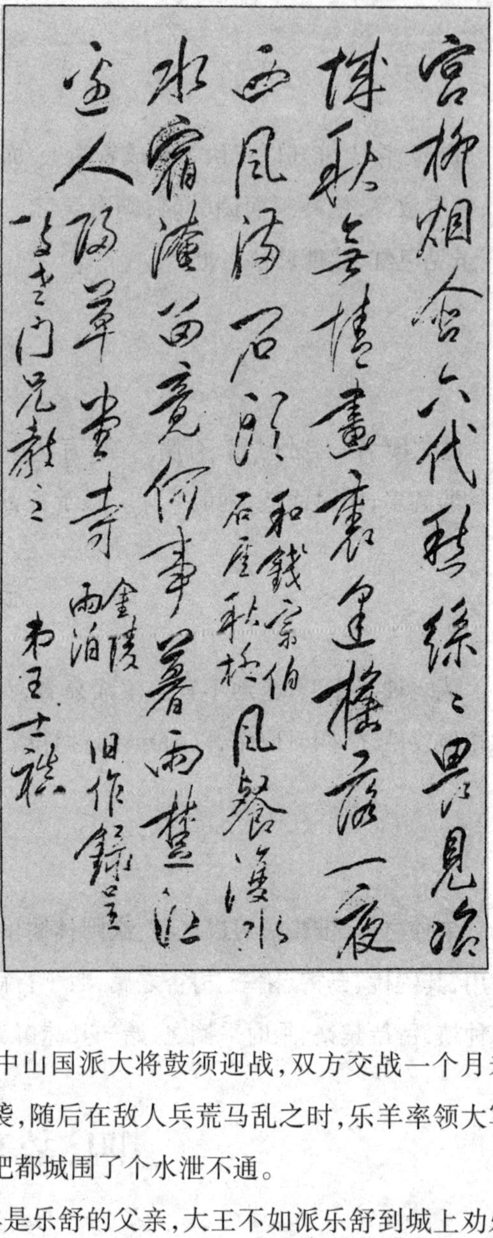

谋士翟璜认为乐羊文武双全，品行端正，可以担当此任。魏文侯听了翟璜的话，就打算派人去请乐羊。可是有人提出反对意见，理由是乐羊的儿子乐舒正在中山国做官，让他带兵出战，令人放心不下。翟璜力排众议，据理反驳："乐羊是个很有见识的人。当时乐舒曾奉中山国君的命令，请乐羊去做官，他不但不去，反而劝儿子离开中山国，以免与暴君姬窟一道自取灭亡。如此深明大义，我敢担保，让他领兵前往，准能成功！"魏文侯听了，点头赞许。

魏文侯派翟璜请来乐羊，单刀直入地问："我有心派你去讨伐中山国，可是你儿子在那边做官，这事情可该怎么办？"

乐羊慨然回答："大丈夫为国立功，怎能徇私废公。我若是攻不下中山国，情愿受您处罚！"

魏文侯听了，非常高兴地说："你这么有信心，我怎么能不相信您呢！"

公元前408年，魏文侯拜乐羊为大将，西门豹为先锋，率领五万人马进攻中山国。中山国派大将鼓须迎战，双方交战一个月未见胜负。后来，乐羊命令西门豹带人乘夜偷袭，随后在敌人兵荒马乱之时，乐羊率领大军攻杀，所向无敌，一直追赶到中山国都城下，把都城围了个水泄不通。

中山国大夫公孙焦对国君姬窟说："乐羊是乐舒的父亲，大王不如派乐舒到城上劝乐羊退兵。"姬窟认为很有道理，马上命乐舒照办。乐舒深知父亲绝不会答应，但身处危境的姬窟怎么会放弃这根救命的稻草呢？被逼无奈，乐舒只好登城，请求父亲过来相见，乐羊一见儿子，高声怒骂："你这个贪图富贵、不知进退的东西，废话少说，赶忙让昏君献城投降！"乐舒央求说："投降与否由国君作主，我只求父亲暂时不要攻城，容我们商量商量。”乐羊说：“看在父子情分上，我给你一个月的期限，你们君臣要早拿主意。”随后，乐羊命令将士围住中山国停止攻打。

姬窟以为乐羊心疼儿子，决不会急于攻城。基于这种想法，他企图借城防坚固，粮草充足，来拖延时间。一个月期限到了，姬窟又派乐舒求情要求再宽限一个月，乐羊又答应了。如此三次，三个月的时间拖延过去了。

消息传到魏国，文武百官议论纷纷，怨声不止，多次建议魏文侯撤换乐羊。魏文侯对此不仅置之不理，而且连续不断地派人去前线慰劳乐羊，犒赏将士，并且带信给乐羊，说正在都城为他修建住宅，等待他得胜回朝。乐羊非常感动，但仍然按兵不动。这时，连西门豹也着急了，问乐羊：“难道我们总这样围而不攻吗?”乐羊耐心解释：“怎么能不打呢?你也知道，我们是因为姬窟暴虐无仁才来讨伐。要是我们急于攻杀，百姓肯定认为我们也一样凶暴。我三番两次地宽限他们，并不是保全父子情义，而是让他们再三失信，借以瓦解敌人军心，收复中山民心啊!”西门豹听了，非常钦佩乐羊的谋略。

又一个月的时间过去了，姬窟还没有投降的表示，于是乐羊命令攻城。姬窟见状，使出无赖招数，把乐舒五花大绑地推上城楼，并扬言魏军如果攻城，就先杀乐舒。乐舒大声呼叫：“父亲救命!”乐羊骂道：“你这个逆子，既无计退兵守城，又不能劝君投降，像个吃奶的孩子号叫求饶，生有何益?”说着，弯弓搭箭，瞄准欲射。姬窟见状，赶忙命人把乐舒拉下城楼。随后，在公孙焦的挑唆下，杀了乐舒，煮成肉羹，派人送给乐羊，打算用这种手段从精神上打击乐羊，使他失魂落魄，无心作战。乐羊强忍内心悲愤，平静地对中山使者说：“我儿子追随暴君，执迷不悟，这是他咎由自取。回去告诉姬窟，我已准备好大锅，等着煮他呢!”然后，下令攻城。

姬窟见守城无望，又怕城破受辱，只好自杀了。公孙焦见大势已去，只好献城投降。乐羊入城，历数他不赦之恶，把他杀了。接着出榜安民，派西门豹领五千人马留守中山，自己带领大队人马回朝复命。

魏文侯率领满朝文武大臣到安邑城外迎接乐羊凯旋而归；同时，魏文侯安慰他说：“将军为了国家，舍了自己的儿子，这实在让人过意不去啊!”乐羊回答说：“公而忘私，原是做臣子的本分。”回朝后，魏文侯大摆宴席，为乐羊庆功。宴会完毕，还赏给他一只密封严实的箱子。乐羊让人搬回家中，以为里面肯定是金银珠宝，打开一看，吓了一跳，箱子里面全是他率兵攻打中山时朝臣攻击弹劾他的奏折。乐羊一边看，一边落泪，感慨万千地自言自语：“想不到朝中有这么多人背后毁谤我，要不是国君坚定不移地信任我，怎么能有今天呢?"

第二天,乐羊上朝谢恩。魏文侯要真正封赏他,乐羊再三推辞说:"攻破中山国,全是大王的英明,我有什么功劳呢?"魏文侯说:"将心比心,除了我,没有人这么信任你;可是除了你,没有人这么帮助我。你为国辛勤效力,怎么能有功不赏呢?"魏文侯封乐羊为灵寿君。

平原君不计私怨荐赵奢

战国时期,活跃在赵国政治舞台上的除了名声显赫的大将廉颇和相国蔺相如,还有一个颇有文韬武略的赵奢。

赵奢原是普普通通的征收田赋的小官吏。虽然职位不高,但执法公正,不畏权势。有一次,赵奢到平原君家里收取拖欠的租税。平原君的家人倚仗权势,傲慢无礼,不仅不肯出钱,反而恶语相向。赵奢被激怒了,当场抓了九名管事,依照刑律以持强抗税罪将他们处死了。

平原君闻讯,气得七窍生烟,大发雷霆,命手下侍从把赵奢抓起来。面对敢于藐视自己权威的赵奢,平原君大声呵斥道:"你一个芝麻绿豆大的钱粮小官,竟敢杀我的管事!"而身处杀气腾腾气氛中的赵奢并不慌乱,他理直气壮慷慨陈词:"你贵为赵国公子,身居相位,难道就可以借此纵容家人破坏法律吗?你应该知道,法律被践踏,国家也就被削弱。到那时,诸侯就会借机侵略我们,国家遭灭顶之灾,你也难保富贵。以你现在的地位,如果能够带头奉公守法,国势会逐渐强盛,只有这样,你才会受到百姓的拥戴。"

赵奢一席话说得平原君哑口无言。经过一番回味思索,平原君不仅怒气全消,而且认为赵奢有胆量、有见识、有魄力。于是他心悦诚服地接受了赵奢的意见。事后,平原君又把赵奢推荐给赵王。此时,赵国正受秦国威胁,军费开支巨大,国家财政入不敷出。为改变这种局面,正需要一个理财有方的人来整顿和理顺财政。赵惠文王听了平原君的推荐,就破格提拔赵奢总理全国财政。经过赵奢的一番治理整顿,没过几年,赵国百姓富足,国库也充实了。

公元前270年,秦国进攻赵国,包围了阏与。赵惠文王问廉颇能不能解救阏与。廉颇回答说:"路途遥远,道路狭窄,很难解救。"赵王又向乐乘问计。乐乘的回答与廉颇如出一辙。赵王又召来赵奢商议,赵奢回答说:"那里确实路远道狭,两军开战就像两只老鼠在洞穴中相斗,别无出路,哪个勇敢就可以获胜。"赵王听后,心中稍感安慰,于是派赵奢领兵解救阏与。

赵奢领兵刚离开邯郸三十里就突然停了下来，弄得将士们莫名其妙，议论纷纷。这时赵奢又下令晓谕将士：“谁敢乱言作战就斩首。”等到秦国军队已进入武安西边，他们击鼓扬威，直震得屋瓦乱颤。军中有一个主管刺探军情的军官忍耐不住，建议派兵急救武安。赵奢见他以身试法，立即下令推出去斩首，其他人吓得再也不敢乱说。赵奢命令士兵就地坚守营垒，一直驻扎了二十八天。结果不仅赵国将士不明所以，就连秦国也不知赵奢这葫芦里到底卖的什么药，就派人化装前来刺探情况。赵奢装作糊涂，让他吃好喝好，然后放他回去。秦将听报非常高兴，都认为赵奢不懂用兵之道。秦国间谍走后，赵奢料到秦军会错误估计形势，于是下令全部轻装前进。仅用两天一夜就赶到了阏与附近，然后就地构筑工事。秦兵得到消息，集中兵力对付赵军。这时，有个叫许历的军士要求面见赵奢，赵奢接见了他。许历分析了地势环境，建议说：“秦军原来没有料到我们动作如此神速。现在他们已经全力以赴，我们也必须集中兵力，严阵以待！”赵奢鼓励说：“你的建议很好，请继续说下去！”许历说：“我已经触犯了军令，应当被斩首了。”赵奢说：“以后再追究，现在请你说下去！”许历说：“北山地势险要，抢先占领北山就掌握了战局。”

赵奢言听计从，立即派一万人抢占北山。秦国军队见状，也立刻派士兵争夺北山，无奈大势已去。赵军居高临下，大破秦军，并乘胜追击，解救了阏与之围。赵惠文王因赵奢军功卓著，封他为马服君。许历不仅没受处罚，反而因建议及时得当，经赵奢推荐，被任命为国尉。

从此，赵国又多了一位能文能武、守疆卫土的大将——赵奢。而这一切不能不归功于平原君不计个人恩怨、任人唯贤的用人原则。

秦昭王至诚感范雎

魏国大梁人范雎，是魏大夫须贾的一个门客，虽官不高，位不显，却是满腹经纶，有安邦定国之才。

为了和齐国修好，魏王派须贾出使齐国游说，范雎受命随行。会谈时，范雎表现得勇敢机智，受到了齐襄王的赏识，不仅答应和魏国重修旧好，还私下派人请求范雎留在齐国，委以重任，范雎以“讲求信义”为由婉言拒绝了。须贾原本就嫉妒范雎的才能，这一次见他又立大功，唯恐魏王重用他。回国以后，添枝加叶，向相国魏齐诬告范雎私通齐国。魏齐大怒，立即派人抓来范雎，不由分说，便命令狱卒乱棍痛打。范雎被打得肋骨折断，门牙脱落，遍体鳞伤，昏死了过去。魏齐以为范雎已死，就命人把他扔到荒郊野外。范雎苏醒后，为防止搜寻，躲到了好友郑安平家里。经过郑安平的精心料理和调养，范雎的伤基本愈合。郑安平就把他送到山里隐匿起来，并且改名为张禄。

这时秦国派使臣王稽出使魏国，郑安平听说他很留心为秦国搜寻人才，就化装成宾馆的人员接近王稽。晚上夜静人稀的时候，王稽偷偷问："你知道魏国有隐居的贤人吗?"郑安平说："贤士如宝物，可不容易找！原先有一个叫范雎的，可惜被相国打死了。"王稽说："确实可惜！像这样的人才只有到了秦国才有用武之地！"郑安平说："我倒还认识一个叫张禄的人，论起才能，绝不亚于范雎。"王稽一听，心都快要飞出来，赶紧问："能不能请他来见面?"郑安平说："张先生有仇人在魏国掌权，他不敢露面。"王稽思索了一下，就请郑安平带张禄晚上来见。郑安平让张禄化装成下人，夜晚与王稽相见，两个人谈起天下大势，张禄竟如数家珍。王稽大喜，恳请张禄到秦国去，并约好五天之后，在郊外三亭岗处会合。

过了五天，王稽辞别魏王，策马驱车到约定地点赴约。郑安平、张禄从树林走出来，寒暄后一同登车前行。队伍到达秦国境内湖关时，碰上丞相穰侯的巡查队，张禄知道后，连忙叫郑安平一起藏到车箱中。

原来穰侯是秦昭王的舅舅，因昭王是年幼继位，所以由太后执掌朝政。太后任命他弟弟魏冉为相，封为穰侯。把另一个弟弟封为华阳君，共同把持秦国大权。其中穰侯专横排外，嫉贤妒能，张禄恐遭不测，所以才隐藏起来。

果然，穰侯一到车前便问王稽从魏国带回门客没有，王稽说没有，穰侯也的确没有发现什么，就领人走了。张禄从车箱中出来后，告诉王稽："穰侯既有怀疑，说不定还会回来搜查，我还是先走一步吧！"确实不出张禄所料，穰侯派人又来重新搜查，直到还是什么也没有查到才不甘心地走了。王稽不由地暗自钦佩张禄有过人的智谋。

王稽重新带上张禄来到咸阳，向秦王汇报了出使情况，同时还特别推荐了张禄。秦王却不以为然地说："这些说客总是夸夸其谈，暂且先让他住进客馆吧！"

张禄在客馆里一住就是一年多，秦王早把他忘得一干二净。有一天，张禄听说穰侯要去攻打齐国，以扩大自己的封地，就赶紧给秦王上了一份奏折，要求面陈治国谋略。秦王看信后，便约他到宫中去谈。

张禄走进宫中，故意胡撞乱走。这时秦王过来了，侍卫喝道："大王来了！"张禄故意大声说："秦国还有大王吗？可我怎么听说只有丞相和太后呢?"这句话正切中秦王的心病，他料想敢说此话的人必非等闲之辈，就恭敬地请张禄进去细谈。秦王喝退左右侍从，跪在席上向张禄拱手请教，张禄口中哼哈，却不说话。秦王见状，再次拱手请求指教，张禄仍然一言不发。秦王第三次真心实意地请求说："难道先生认为我不值得指教吗？"张禄这才不急不慌地开了口："以前姜太公遇文王出谋划策，灭掉商朝，得了天下。比干碰上纣王献计治国，却招致了杀身之祸。这样截然相反的结果，究其原因是一个得到信任，一个没有得到信任。如今我刚见大王，恐怕情浅话重，会招致灾祸！"秦王听了说："我喝退左右，以诚心求教，无论大事小情，上自太后，下至大臣，请先生只管说，不必担心。"

有了这样相互信任的气氛，张禄才开始陈述他对局势的看法，建议秦王对六国采取远交近攻，各个击破的战略战术。秦王听后，认为很有道理，也非常佩服张禄的才能，立即拜他为客卿。

从此，秦王非常信任张禄，常与他单独谈论朝政大事。只要张禄有所建议，秦王无不言听计从。张禄确信秦王已完全信任自己后，便向秦王建议："我在魏国时，只听说泰国有太后、穰侯，没听说秦国有王。现在我看他们确实是把揽朝政，根本不把大王放在眼里，我看大王已经处于孤立无援的绝境！"

秦王听后深感恐惧，他决定要使自己摆脱困境。公元前266年，秦昭襄王罢免穰侯相国职位，打发他回到自己的封邑，又逼迫太后交权，不许再参议朝政。拜张禄为相，封他为应侯。从此秦王便按照"远交近攻"的策略，瓦解了六国联盟，使秦国逐渐强大起来。

赵王知人委大任

蔺相如为战国时赵国有名的大臣，他完璧归赵的故事几乎家喻户晓，流传了二千多年。但他最初只不过是赵国宦者令缪贤的一个门客，毫不为世人所知，是经过缪贤的推荐，才被赵王委以出使秦国的大任。

赵惠文王时，得到了天下至宝楚国的和氏璧，非常高兴。秦昭王听说后，派人给赵惠文王送来一封信，愿意以十五座城池换和氏璧。当时秦强赵弱，赵王不知如何是好，急召大将军廉颇与各位大臣商议，商议来商议去，仍觉进退两难：若把和氏璧送给秦国，恐怕秦国得璧而不予城，徒然为其所骗；若是不给，又怕秦对赵发动进攻。有人说，不如派个使臣先回复秦王，可就是找不到能承当此任的合适人选。这时，宦者令缪贤说："臣舍人蔺相如可使。"赵王问："何以知之？"缪贤向赵王叙述了一段往事，他说："臣尝有罪，窃计欲亡走燕，臣舍人相如止臣，曰：'君何以知燕王'臣语曰：'臣尝从大王与燕王会境上，燕王私握臣手，曰愿结友。以此知之，故欲往。’相如谓臣曰：‘夫赵强而燕弱，而君幸于赵王，故燕王欲结于君。今君乃亡赵走燕，燕畏赵，其势必不敢留君，而束君归赵矣。君不如肉袒伏斧质请罪，则幸得脱矣。’臣从其计，大王亦幸赦臣。臣窃以为其人勇士，有智谋，宜可使。”赵王于是召见蔺相如，问道：“秦王以十五城请易寡人之璧，可予不?”蔺相如回答说：“秦强而赵弱，不可不许。”赵王说：“取吾璧，不予我城，奈何?”相如说道：“秦以城求璧，而赵不许，曲在赵；赵予璧，而秦不予城，曲在秦。均之二策，宁许以负秦曲。”赵王又问谁可出使，蔺相如说：王必无人，臣愿奉璧往使。城入赵而璧留秦；城不入，臣请完璧归赵。”赵王遂委蔺相如出使秦国的重任，让他携和氏璧西入秦。

蔺相如抵达秦国，秦王在章台召见，蔺相如把和氏璧献给秦王。秦王大喜，把宝物传给美人及左右近臣观赏，众人欢呼万岁，秦王非常得意，不再理蔺相如，也不提给赵国十五城的事。蔺相如见秦王无意给予城池，走上前对秦王说：“璧有瑕，请指示王。”秦王把璧拿给他，他拿过来立即退下，倚在柱子上，怒发冲冠，对秦王说：“大王欲得璧，使人发书至赵王，赵王悉召群臣议，皆曰：‘秦贪，负其强，以空言求璧，偿城恐不可得’。议不欲予以秦璧。臣以为布衣之交尚不相欺，况大国乎！且以一璧之故逆强秦之欢，不可。于是赵王乃斋戒五日，使臣奉璧，拜送书于庭。何者？严大国之威以修敬也。今臣至，大王见臣列观，礼节甚倨；得璧，传之美人，以戏弄臣。臣观大王无意偿赵王城邑，故臣复取璧。大王必欲急臣，臣头今与璧俱碎于柱矣！”蔺相如一边说，一边看着石柱，作以璧击柱状。秦王见状，唯恐他把这无价之宝一把摔碎，连忙向蔺相如道歉，并召来官员，取出地图，指划着把哪十五座城池给予赵国。蔺相如思忖，这一定又是秦王的诡计，诈称给赵国城池，待拿到璧后，还是不给。因此对秦王说：“和氏璧，天下所共传宝也，赵王恐，不敢不献。赵王送璧时，斋戒五日，今大王亦宜斋戒五日，设九宾于廷，臣乃敢上璧。”秦王考虑，终不敢从蔺相如手中强取硬夺，遂答应斋戒五天，并令人把他安排在广成馆舍。蔺相如心知秦王虽然斋戒，还会负约不予城池，于是令随从装扮成百姓，带着和氏璧返回赵国。

秦王斋戒五天后，在廷中设九宾的礼仪，派人请来赵国使者蔺相如，相如来到后，对秦王说：“秦自缪公以来二十余君，未尝有坚明约束者也。臣诚恐见欺于王而负于赵，故令人持璧归，间至赵矣。且秦强而赵弱，大王遣一介之使至赵，赵立奉璧来。今以秦之强而先割十五都予赵，赵岂敢留璧而得罪于大王乎？臣知欺大王之罪当诛，臣请就汤镬，唯大王与群臣孰计议之。”秦王君臣满怀希望会得到和氏璧，一听蔺相如这番话，都气得目瞪口呆。秦王手下要把蔺相如拉下去处死，秦王却冷静地说：“今杀相如，终不能得璧也，而绝秦赵之欢，不如因而厚遇之，使归赵，赵王岂以一璧之故欺秦邪！”然后他便再次接见蔺相如，礼节完备地把蔺相如送回赵国。

蔺相如回国后，赵王认为他很有才智，没有使赵国受到秦的屈辱，拜他为上大夫。秦国没有把城池给予赵国，赵国也就不再把和氏璧送给秦国。

在完璧归赵的故事里，蔺相如以宦吏门客而受大任，宦者令缪贤及赵惠文王起了重要作用，缪贤不妒贤、不嫉能，真心举荐蔺相如；赵惠文王只见蔺相如一面，便敢于委以重任，也说明他敢于用人，有知人之明。没有二人的荐贤、任贤，蔺相如再有才能，也不会成功。

甘罗十二拜上卿

公元前239年，秦王嬴政（即秦始皇）派张唐为将攻打赵国未成。为最终达到消灭赵国的目的，利用燕国势弱，依附性强的特点，派使者游说，以破坏燕赵联盟。燕王听信了秦国使者的话，以为有秦国这个大树遮掩，就不会被人攻打，自己也可以放心地乘凉，高枕无忧了。于是就送太子丹到秦国去充当人质，由秦国派人到燕国为相，实质上这是人质的互换。

秦国丞相吕不韦决定让张唐去赵国任职。张唐知道这不是什么美差，于是就在家装病，闭门不出。吕不韦只好亲自去张府劝说，怎奈张唐铁了心，千方百计地找出种种理由推辞，他说：“我多次带兵攻赵，赵国已经非常恨我，去燕国要途经赵国，我去不等于自投罗网吗？”吕不韦又劝说几遍，张唐依旧拒绝，吕不韦只好怏怏而返。

回到相府，吕不韦长吁短叹，门客们见状都知趣地回避了，只有其中一个十二岁的小门客甘罗，似乎不知天高地厚，走过去问：“丞相如此闷闷不乐，是为什么事情啊？”

吕不韦眼皮一翻，没好气地说：“小毛孩子懂什么？也来多嘴！”

甘罗笑嘻嘻地说：“身为您的门客，就要为您分忧。您如果有心事不说出来，叫别人怎么为您效力呢？”

吕不韦听了，觉得这孩子年龄虽小，可说出来的话蛮有道理，于是就把这件事情的来龙去脉讲给甘罗听。

没想到，甘罗听完轻松一笑，说：“咳！不就是这点小事情吗？也值得惹您烦恼，让我去请他就是了。”

一句话把吕不韦触怒了，连声呵斥道：“去！去！毛孩子竟口出狂言，我亲自去请，他都不去，难道他会听你一个小孩子的话吗？”

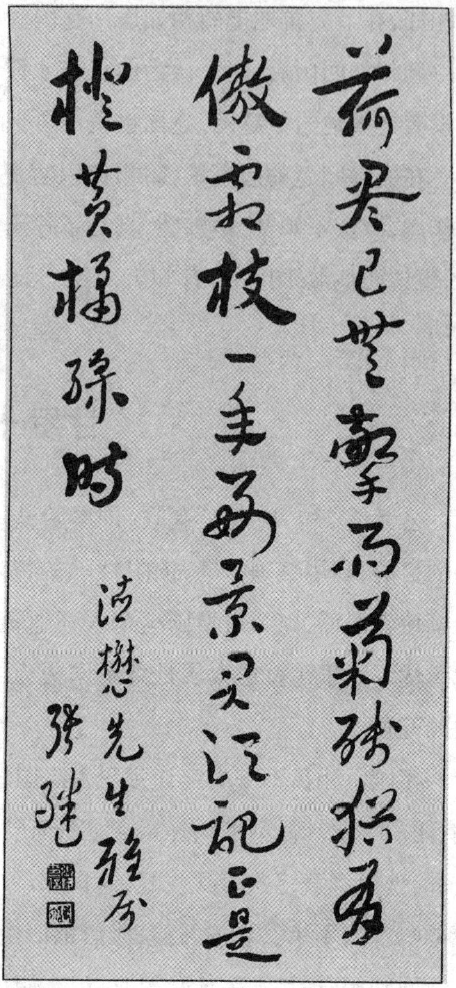

甘罗也很不服气，振振有词地说：“从前项橐才七岁，孔子却拜他为师。如今我已十二岁了，比项橐还大五岁呢！再说我若是真的请不动他，回来您再训斥也不晚，为什么这样小瞧人呢？”

吕不韦一听，嗬，小家伙还挺厉害，便笑着说：“如此说来你不妨去试试，要是办成了，我一定奏请秦王封你为上卿。”

甘罗辞别吕不韦，高高兴兴地去见张唐。张唐也正不大高兴，一看来了个小毛孩子，压根就没放在眼里，冷语问道：“小孩子家，找我干什么？”

甘罗一本正经地回答：“我是来给你吊丧的！”张唐一听，大为不悦地问：“你好大胆！老夫平安无事，吊哪门子丧？”

甘罗说：“您别着急，让我先问您：您的功劳与武安君相比，哪个更大？”

张唐回答说：“武安君率兵南败强楚，北挫燕赵，夺城破邑，不计其数。我的功劳不及他的十分之一。”

甘罗又问：“那么，文信侯（即吕不韦）与应侯范雎相比，谁的权力更大？”

张唐说：“当然是文信侯的权力更大了。”

甘罗说：“对呀！您既然知道文信侯权力比应侯大，您自己的功劳又比武安君小，怎么敢不听从文信侯的话呢？当年应侯让武安君攻打赵国，武安君没有听命，应侯一怒之下，就把他赶出咸阳，逼他自杀了；如今比应侯权力更大的文信侯让您去燕国任职，您居然抗命不从，可见死期不远了！”

张唐听后，直感到背脊发凉，赶紧请求甘罗：“请小先生告诉我，现在我该怎么办？”

于是，甘罗带着张唐去向吕不韦谢罪，表示情愿去燕国任职，说完，张唐告辞了。

甘罗又对吕不韦说："张唐听从我的劝告实在是出于不得已，他的内心确实害怕赵国。请丞相给我五辆车马，让我替他去疏通疏通。"

吕不韦已经领教了甘罗的才智，就把他推荐给了秦王，请求秦王先派他出使赵国。秦王半信半疑地问甘罗："你见到赵王，打算怎么说呢?"

甘罗一脸自信的样子，回答说："这需要察言观色，见机行事。说话就像是浪头随风向变动，哪能预先确定!"

秦王听他言之有理，就拨给他十辆车马、百名侍卫，让他正式出使赵国。

赵悼襄王听说燕国与秦国和好，正在担心之际，忽听传报秦国派遣使者来访，自然高兴异常，派人出城二十里迎接秦使。等到一见面，看到的却是一个孩子，感到十分意外，赵王便问："难道秦国朝廷成年人不够用了吗？怎么派小孩子为使臣呢?"

甘罗随口回击说："秦王用人，因人而异。年长的人派去做大事，年幼的派来做小事。我年龄最小，所以派我出使赵国。"

赵王见甘罗如此具有应变能力，暗暗称奇，再不敢心存轻视，郑重其事地问："小先生光临，有何见教?"

甘罗反问道："大王听说燕太子丹到秦国做人质的事了吗?"

赵王答："听说了。"

甘罗又问："那张唐去燕国为相的事，大王也知道了吗?"

赵王回答："也听说了。"

甘罗于是说："既然大王都知道了，就应该明白赵国的处境了。燕太子丹去秦国做人质，就表示了燕国对秦国的信任；秦国张唐入燕国为相，便说明了秦国对燕国放心。秦、燕两国和好，赵国夹在中间，处境可是不妙啊!"

赵王忙问："秦国亲善燕国是出于什么目的?"

甘罗说："秦国联络燕国，就是为了夹击赵国，以夺取河间一带的土地。依我看，大王不如把河间附近五座城池让给秦国，然后我再请求秦王不让张唐去燕国，跟他们断绝往来，而与赵国修好。这样，强大的赵国如果去收拾弱小的燕国，赵王您所得到的又岂止五座城池呢?"

赵王是个昏君，听了甘罗的话，认为有利可图，非常高兴。当即把五座城池版图交给甘罗，又送给甘罗黄金百斤，玉璧两对，请他向秦王汇报时多加关照。

甘罗回到秦国，向秦王汇报了出使赵国的情况，并献上五座城池的版图。秦王见后，非常高兴，当即做出决定，不再派张唐去燕国了。不久，赵国出兵攻打燕国，一举占领燕国上谷一带三十座城池，又把其中十一座送给秦国。

就这样，秦王未费一兵一卒，就获得了十六座城池。秦王十分欣赏甘罗的年少才高，破格提拔这位年仅十二岁的少年为上卿，并把当年封给甘罗祖父的封地赏给了甘罗。从此，甘罗十二为卿被传为佳话。

嬴政轻爵重士

秦王政逼迫丞相吕不韦自杀后，驱逐了他奉养的三千门客，颁布了一道《逐客令》，掀起了一股排外浪潮。后来李斯鼓足勇气，给秦王写了一封《谏逐客书》，详细说明在秦国由后进转变为先进的过程中客卿所起的重要作用，指出逐客的危害。终于使秦王悔悟，收回了逐客令，并注意搜寻人才，重用人才。

有一天秦王政和李斯谈论治国之道，深感缺乏韩非那样的人才。李斯向秦王推荐说："大梁人尉缭精通兵法，才近韩非，可堪重用。"秦王高兴地问这个人在什么地方。李斯说："他就在咸阳。但是这个人自命清高，言谈刻薄，大王不能像对待臣属那样，否则他就不会为大王效力。"

秦王政采纳了李斯的意见，以隆重的礼节接待了尉缭。尉缭对此似乎并不感动，只作长揖并不下拜。秦王因为预先了解，所以也见怪不怪，仍然奉尉缭上座，然后虚心请教："先生有何良策可以使秦国统一天下呢？"尉缭回答说："对各个诸侯国加以离散就可以各个击破。"秦王赶忙问："那先生有什么高见能使各国离散呢？"尉缭说："一国的命运往往掌握在为数极少的重臣手中。据我观察，各国的重臣大都贪财好色，只要大王不吝钱财，收买这些人，就能破坏各国联合的企图。"秦王政听后点头称道，尊尉缭为上等宾客，除尽情满足衣食供给，还为他修建了一座豪华府第。尽管如此，也没有感动尉缭。一天晚上，他留下一封信后，悄然溜走了。信上写道："秦王为人面善心毒，用人时可以屈身下就，不用时置之不理。如果他得志，天下人都将成为他任意宰割的鱼肉，到时我也不会幸免，所以不如趁早逃走。"

秦王看罢，不仅没有恼怒，反而觉得尉缭一去就像缺少了左膀右臂，急忙派人追赶尉缭。

功夫不负有心人，秦王政终于把尉缭请回来，对他更加恭敬。为解除尉缭的疑心，秦王指天发誓绝不做那种背信弃义的人，并且立即封尉缭为太尉，掌握秦国兵权，连他的弟子也都被封为大夫。

尉缭看到秦王如此诚恳屈就，终于受到感动，于是决定留下来辅佐秦王完成统一大业。

秦王政又向尉缭请教攻打六国诸侯的策略，尉缭分析说："首先要消灭国势最弱的韩国，然后攻打赵国、魏国，最后集中力量消灭楚国、燕国和齐国。"秦王政说："现在韩国甘愿做秦国的附属国，赵王也派人送礼进贡表示臣服。我们再派兵攻打这两国，师出无名，应该怎么办呢？"尉缭说："可以先派兵攻打魏国。然后我派弟子王敖用重金贿赂赵王宠臣郭开，让他鼓动赵王出兵援救魏国，这样赵国就开罪了秦，大王不就可以派兵消灭赵国了吗？"秦王听了非常钦佩尉缭的谋略。

依照尉缭的计策，秦王政拿出了五万两黄金交给王敖，让他结交郭开。同时派大将桓齮，率领十万秦军东出函谷关，扬言攻打魏国。

魏王听说秦国兴兵前来攻打，急忙派遣使臣以送给赵国三座城池为条件请求出兵援助。赵王听信了郭开的话，派大将扈辄率兵五万。前去接收魏国的三座城池，同时帮助魏国防御秦军进攻。

桓齮趁赵军立足未稳，率领秦军猛攻。扈辄没有想到秦军如此神速，被打了个措手不及，大败而逃。秦军乘胜追击，不但占领了魏国送给赵国的三座城池，还攻占了赵国的九座城池。

春秋五霸之首齐桓公曾说过："看轻爵禄的人当然看轻君主，但是看重王霸之业的君主不能因此看轻士人。"秦王政颇谙此道，所以他委屈自己重用尉缭，以纵横捭阖之势，消灭了六国，统一天下，从而建立了中国第一个中央集权的封建王朝，结束了长期以来的分裂格局，在历史上留下了不可磨灭的篇章。

赵高乱秦　二世而亡

秦始皇兼并六国，统一天下，而且立国规模弘远，创建了专制主义中央集权的政治体制。但是，秦王朝的统治并没有像秦始皇所企求的那样，二世、三世，传之万世，而是只传袭二世就灭亡了。秦二世而亡的原因是复杂的，但赵高在这一过程中所起的作用却是值得注意的。

赵高原本是战国时赵国宗族的远支。其母因罪在秦国服役，故兄弟数人皆生于隐宫。赵高为内官厮役，因为精明强干，通晓法律，被秦王政提拔为中车府令。他私事公子胡亥，教以法律。后因犯罪，秦王命蒙毅审理，被依法判以死刑。秦王惜其才干，下令赦免，并恢复原来官爵。后以中车府令兼行符玺事。秦始皇三十七年（前210），赵高和胡亥随同秦始皇出游会稽。还至平原津，始皇病危，乃为玺书赐长子扶苏，命其将兵权交给蒙恬，返咸阳主持丧葬。赵高得幸于胡亥，又考虑到蒙氏兄弟掌权对自己不利，遂与胡亥、李斯合谋。秘不发丧，诈受始皇遗诏，立胡亥为太子，又更为书赐扶苏和蒙恬死。胡亥还至咸阳，立为二世皇帝，赵高任郎中令，常居宫中参与决策。

赵高出身卑贱，他在短短的二三十年间，从一个内官厮役爬到秦王朝的权力顶峰，是发人深思的。无疑，赵高是有才干的，他对法律的通晓，博得了秦始皇的好感和赏识，在崇尚法治的社会氛围中占取了一席之地，并且成为他的进身之阶。在秦始皇暴死这一突发事件中，他还成功地利用了胡亥和李斯对权力的贪欲。然而，真正诱发赵高发动宫廷政变并且轻易取得成功的重要因素，是专制主义中央集权政治体制自身的弊病，以及秦始皇晚年不正常的政治生活。在这种政治体制下，皇帝有着至高无上的权力，秦始皇羡慕神仙不死，听信方士胡言，自称“真人”，秘其行踪，弄得神出鬼没，连丞相大臣都不知道他的行幸处所。正如侯生、卢生所说的：“始皇为人，天性刚愎自用，起诸侯，并天下，意得欲从，以为自古莫及己。专任狱吏，狱吏得亲幸。博士虽七十人，特备员弗用。丞相诸大臣皆受成事，倚辨于上。上乐以刑杀为威，天下畏罪持禄，莫敢尽忠。上不闻过而日骄，下慑伏谩欺以取容。”在这种政治气候下，产生像赵高这样的野心家，并且轻易地发动宫廷政变以至取得成功，就不足为奇了。

秦二世是个昏庸贪暴的人。赵高扶植他篡位后，使他完全成为自己控制下的傀儡，两人狼狈为奸，倒行逆施。赵高指使胡亥更为法律，诛戮宗室、大臣。群臣、诸公子触犯秦二世意旨的，都交赵高审治。蒙恬、蒙毅兄弟等为秦始皇亲近的大臣和公子、公主都被残杀，相连坐者不可胜数。赵高诛杀树威，唯恐大臣入朝奏事揭发他。于是假惺惺地对二世说：“先帝临制天下久，故群臣不敢为非，进邪说。今陛下富于春秋，初即住，奈何与公卿廷决事？事即有误，示群臣短也。天子称朕，固不闻声。”二世本来就无心坐朝听政，在赵高的诱胁之下，真的深居禁中，不朝见大臣。赵高阴谋得逞，以此进一步专擅朝政。

秦二世元年（前209）七月陈胜吴广起义后，秦朝统治集团内部矛盾进一步加剧。右丞相冯去疾、将军冯劫因谏说二世停止修造阿房宫，减省徭役赋税，结果被迫自杀。此后，左丞相李斯成了赵高的眼中钉，于是设计陷害，诬以谋反罪，二世命赵高治理此案。赵高严刑拷打，李斯不胜痛楚，只好自诬。赵高怕阴谋败露，又派他的宾客假装御史、谒者和侍中,轮番提审,李斯只要翻供,吐露事实,提审者就残酷拷打。后来,秦二世派人复审,李斯再也不敢翻供。二世得知报告后,还高兴地对赵高说:“微赵君,几为丞相所卖。”而李斯这位为秦统一事业立有汗马功劳的政治家、沙丘之变的同谋者则于二世二年七月具五刑,论腰斩于咸阳市,夷三族。李斯死后,二世拜为中丞相,事无大小辄决于高。赵高为了固权保位,十分害怕别人在二世面前揭穿他的阴谋。于是又搞了“指鹿为马”的把戏。一次,他献给二世一头鹿,却硬说是一匹马。二世笑着说:“丞相误邪?谓鹿为马。”二世大吃一惊,以为自己的脑子出了毛病,就问左右侍从,有的人默然不语,有的人则说是马以阿顺赵高,有的人直指为鹿,赵高就伺机报复,此后群臣皆畏惧赵高。秦二世三年八月,刘邦攻下武关后,赵高怕真相败露,诛罚及身,与其婿闫乐等人密谋,乘二世在望夷宫斋戒之机,诈诏发兵围宫,逼令二世自杀。胡亥在赵高策划的阴谋中登上皇帝的宝座,又在赵高策划的阴谋中结束了可耻的一生。最后央求愿与妻子为黔首而不可得,可谓自作自受。可是,阴谋家赵高也同样没有逃脱别人为他设下的圈套。秦二世死后,赵高本想篡位自立,但因左右百官不从,只好立二世兄子子婴为秦王。同年九月,子婴当受王玺斋戒五日,故意称病不行,赵高亲自前往劝谕,被子婴及其子刺杀于斋宫,三族高家以徇咸阳。然而,秦王朝也随即在一连串的阴谋败露后灭亡。子婴为秦王四十六日,沛公刘邦入关至霸上,子婴系颈以绶,白马素车,奉天子玺符,投降。

赵高无疑是个阴谋家,然而正是秦始皇、秦二世统治的秦王朝为他施展阴谋提供了合适的土壤。正如贾谊所说:

秦王足已不问,遂过而不变。二世受之,因而不改,暴虐以重祸。子婴孤立无亲,危弱无辅。三主惑而终身不悟,亡,不亦宜乎?当此时也,世非无深虑知化之士也,然所以不敢尽忠拂过者,秦俗多忌讳之禁,忠言未卒于口而身戮没矣。故使天下之士,倾耳而听,重足而立,拑口而不言。是以三主失道,忠臣不敢谏,智士不敢谋,天下已乱,奸不上闻,岂不哀哉!

汉宣帝知人善任用冯嫽

汉武帝执政时期,为了对付匈奴,采取了联合月氏国和乌孙国的外交政策,并出兵西域,削弱匈奴对西域的控制。乌孙国看到汉朝强大,主动结好,遣使献马,请求要汉朝的公主为乌孙王后。汉武帝先把江都王刘建的女儿细君嫁出。细君死后,又以楚王刘戊的孙女解忧公主嫁给乌孙王。

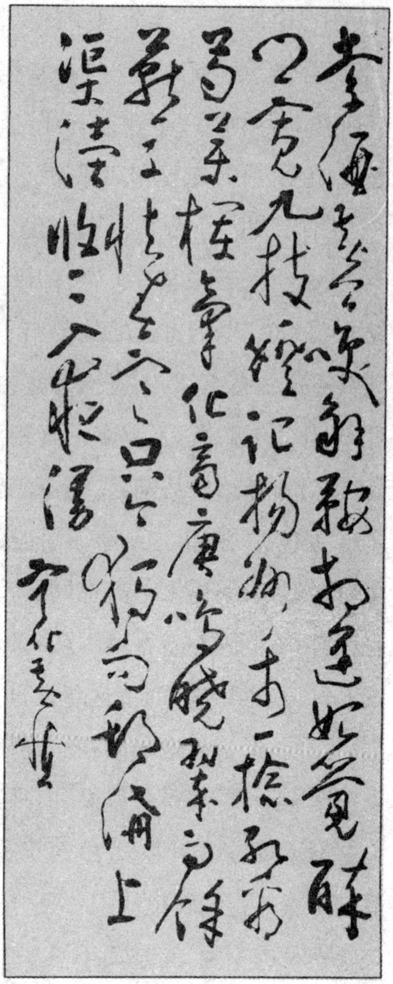

冯嫽原是解忧公主的随身丫鬟。她聪明漂亮，精通历史，能写文章，办事练达。冯嫽跟随解忧公主来到乌孙国，很快就熟悉了西域各国的风土人情。解忧公主对她很信任，常常派她持汉节代表自己出使西域各国，把公主从汉朝带来的礼品赠送给他们。冯嫽先后到过西域的许多国家，以其特有的风度受到欢迎，各国都很尊敬信服她，称她为冯夫人。后来冯嫽嫁给了乌孙国右大将。右大将和乌孙王翁归靡的另外一个儿子乌就屠是好友，他们经常交往，冯嫽和他也越来越熟。翁归靡死后，由他的侄儿泥靡当上乌孙国王，乌就屠就带领部分军队到北山驻扎。后来乌孙国发生了内乱，乌就屠乘机杀了泥靡，自己当上了乌孙国王。乌就屠因为不是解忧公主生的，他争夺王位又没有得到汉朝的承认，所以汉皇帝派破羌将军辛武贤带领一万五千名骑兵到敦煌，准备讨伐乌就屠。

当时，汉朝的西域都护郑吉，怕辛武贤带领着大军远道赶来，不服水土，不能够战胜乌就屠的军队，决定派人去劝降。他想到冯嫽但精明能干，而且和乌就屠还有交情，就请她前去劝说乌就屠。冯嫽见到乌就屠，诚恳地对他说："汉朝已经派兵征讨，你有能力和汉朝分庭抗礼吗？我劝你不如归顺汉朝，免得被消灭掉。"乌就屠说："我怎么敢和汉朝为敌呢？如果汉朝皇帝给我一个小的封号，我就满足了。"

汉宣帝调回冯夫人，亲自询问出使乌孙的情况。冯嫽就将乌就屠"愿得小号"的请求奏上。宣帝同意了这一请求，并派冯嫽为正使，另派两个大臣为副使，前往乌孙下达诏书。冯嫽辞别皇帝，乘车持节，带领出使的车队，浩浩荡荡地来到了西域，诏乌就屠到赤谷城受封。从而，圆满解决了乌孙国的问题。辛武贤带领的大军听到这个消息后，还没出塞就班师回京朝了。从此，女使臣冯嫽也名声大扬。

解忧公主晚年后，从乌孙回国。她死后，冯嫽得知时人行太昆弥之职的解忧公主的孙子星靡懦弱怕事，又为乌孙国的安定而担忧。她上书给皇帝，请求代表汉朝出使到乌孙国，为星靡撑腰树威。于是，汉宣帝再次拜冯嫽为使臣，还派遣了一千多名骑兵护送。冯嫽第二次出使，对稳定乌孙国的局面起了重要作用。

冯嫽以一为人役使的女子，两度受命为使，负王命出使异邦，这在历史上实不多见。她不辱使命，可见其不让须眉之才能；而汉宣帝敢于将重任相托，也可谓不拘一格，独具慧眼，识得这女中豪杰。

武帝用人　张弛有度

汉武帝时期人才济济，朱买臣也是名载史册的一位。他出身贫寒，之所以能脱颖而出，自然得之于武帝不拘一格用人的政策。

朱买臣休妻的故事，为人所熟知。其实根据史书记载，这对夫妻的离异，倒是女方主动。朱买臣家境贫寒，但酷爱读书。他不善治产，只好以打柴为生。常常一面挑着柴担，一面高声诵书。妻子怕人听了笑话，劝他不要诵读，他倒反而提高嗓门。妻子忍受不了这种羞辱，就主动提出离婚。买臣挽留不成，只好同意。

过了几年，朱买臣替上计吏驾车，到了长安。他也像当时许多士人一样，向汉武帝上书，等了许久时日，却没有回音，后来幸亏同乡严助的引荐，才为武帝召见，讲论《春秋》《楚辞》，得到武帝的赏识，于是拜为中大夫，侍奉皇帝左右。武帝选召文学之士侍奉宫中，组成内朝，以丞相为首的百官就相应成为外朝。国家每有重要政事，武帝就让内朝之士秉承他的意旨与外朝官员辩论。朱买臣以中大夫侍中，自然跻身于内朝之列。一次在辩论置朔方郡的必要性时，他据理辩驳，力诎丞相公孙弘，以此崭露出头角。

当时，因为东越经常发生反乱，朱买臣建议发兵浮海破灭东越。武帝接受这一建议，并特地任命买臣为会稽太守，让他富贵还故乡。买臣乘着四匹马拉的传车，来到会稽，官府发民除道，官员迎送，从车百余乘。朱买臣看到前妻和她的丈夫都在修整道路，就停车让两人坐后车到太守府邸，供给饮食。一个月后，前妻自杀身死。买臣给她丈夫一笔钱，让他妥为安葬。又召见故人和以前照顾过他的人，都予报答。一年后，朱买臣率兵与横海军韩说等破击东越，因有功，征入为主爵都尉。

汉武帝珍惜朱买臣的才干，将他从贫困无以为生的一介平民提拔为天子的侍从之臣，但当他触犯法律，武帝也毫不予以宽贷，朱买臣曾两次坐事或坐法免官。后来，朱买臣等丞相三长史与御史大夫张汤争权，合谋排陷张汤，结果张汤自杀。武帝亦诛朱买臣等三长史。

曹操三令求贤

东汉时期,最初选拔官吏的主要标准是德行与才干,由州、郡以茂才、孝廉的名义向朝廷推荐官吏候选人,由朝廷考核后予以任用。但到东汉后期,朝政腐败,贿赂风行,而士大夫中又崇尚虚名,讲究门第,使得有意仕进者不是依靠行贿钻营,就是想法沽名钓誉,以致推荐上来的人大多没有真才实学,而且并无德行。因此,当时人流传说:“举秀才,不知书;察孝廉,父别居;寒素清白浊如泥,高第良将怯如鸡。”这种现象一直到汉献帝建安(196—220)初曹操当政后才开始得以改变。

曹操(155—220)字孟德,沛国谯县(今安徽亳县)人。他祖父曹腾是汉末著名的宦官首领之一,权倾一时。父亲曹嵩是曹腾的养子,曾任司隶校尉、大司农、大鸿胪、太尉等要职。由于曹操出身宦官之家,尽管父亲身居高位,本人也才智过人,但在社会上仍受到许多人的鄙视。他从自身经历及当时的社会政治情况中认识到东汉选举制度的弊端,为在争夺天下的斗争中能将有用之才都招揽到自己周围,他对东汉选拔官吏的标准进行改革,曾连续下达三道求贤令,对社会传统观念进行强烈冲击。

汉献帝建安十五年(210)春,曹操下达第一道《求贤令》:

自古受命及中兴之君,曷尝不得贤人君子与之共治天下者乎!及其得贤也,曾不出闾巷,岂幸相遇哉?上之人求取之耳。今天下尚未定,此特求贤之急时也。“孟公绰为赵、魏老则优。不可以为滕、薛大夫。”若必廉士而后可用,则齐恒其何以霸世!今天下得无有被褐怀玉而钓于渭滨者乎?又得无盗嫂受金而未遇无知者乎?二三子耳佐我明扬仄陋,唯才是举,吾得而用之。

曹操在这道命令中明确提出了“唯才是举”的口号,不仅为了改变东汉后期选举制度的弊病,而且是为矫正自己政权中前一阶段在选拔官员标准上的偏差。曹操在统掌朝政大权后,委任崔琰、毛玠主持官吏的选拔与任用,崔琰与毛玠以清廉正直著称,“其所举用,皆清正之士,虽于时有盛名而行不由本者,终莫得进。务以俭率人,由是天下之人莫不以廉节自励”。朝廷之中,廉俭之风大行,贪秽浮华之人都被贬退。但他们过于看重廉洁俭朴,从而使许多官员矫情作伪,假意旧衣破车,以求升迁。同时,用这单一标准来进行选拔,就会将一些确有才干的人排除在外。因此,当有人向曹操提出这一问题后,曹操就下达这道命令,特别指出“今天下尚未定,此特求贤之急时也。”并以刘恒公任用管仲而成为春秋时期五霸之首的事例说明选拔官吏的首要条件是才干，只要确有才干，无论他是地位低下还是有某一方面的缺陷，都要推荐上来。

建安十九年，刘备入据益州，三国鼎立的局势已基本形成，曹操并未因自己占据中原，在政治、经济上都有明显优势而稍有松懈，仍以招揽贤才作为首要任务，在这年的十二月下达《敕有司取士勿废偏短令》：

夫有行之人，未必能选取，进取之人，未必能夫有行也。陈平岂笃行，苏秦岂守信邪？而陈平定汉家业，苏秦济弱燕。由此言之，士有偏短，庸可废乎！有司明思此义，则士无遗滞，官无废业矣。

曹操在这道命令中明确指出德行与才干并不是统一的，而且再次提到上次《求贤令》中已谈到的“盗嫂受金”的陈平，认为陈平虽然品行不正，但他辅佐刘邦事建立汉朝的基业，功不可没。因此，曹操命令有着部门不能求全责备，不要埋没那些有缺点的贤才。在看到曹操求贤是扩大自己统治力量的同时，也应看到这是他削弱并控制反对力量的方法，将那些有才干的人用官爵羁縻在朝廷中，就可减少反对自己的隐患。这比单纯用打击的方法来消灭敌对势力，显然要高出一筹。

建安二十二年，曹操已是六十三岁，在前一年已被晋爵为魏王，这年四月，献帝又命曹操“设天子旌旗，出入称警跸”。但他仍壮心不已，志在统一天下，连年出师征讨，同时，也更迫切的需求贤才，于这年八月，下达《举贤勿拘品行令》：

昔伊挚、傅说出于贱人，管仲，桓公贼也，皆用之以兴。萧何、曹参，县吏也，韩信、陈平负污辱之名，有见笑之耻，卒能成就王业，声著千载。吴起贪将，杀妻自信，散金求官，母死不归，然在魏，秦人不敢东向，在楚，则三晋不敢南谋。今天下得无有至德之人放在民间？及果勇不顾，临敌力战；若文欲之吏，高才异质，或堪为将守；负污辱之名，见笑之行，或不仁不孝，而有治国用兵之术；其各举所知，勿有所遗。

曹操在这道命令中再次重申自己“唯才是举”的方针，并指出无论是伊挚、傅说那样出身贫贱之人，管仲那样的旧敌，萧何、曹参那样的小吏，韩信、陈平那样身遭污辱并受人耻笑的人，甚至像吴起那样不仁不孝的人，只要有治国用兵的才干，就要加以任用。充分表现出他的雍容大度以及不拘一格，求贤若渴的心情，同时，也反映出他与东汉时期用人传统的完全决裂。

曹操不仅用命令形式提出“唯才是举”的方针，实践中也确实贯彻了这一方针。他不仅任用荀彧、荀攸、钟繇、陈群、司马懿、何夔而等大族名士，也同样信任的有“负俗之讥”

的戏志才、孰嘉，简傲少文的杜畿等人。而且曹操能以大业为重，不念旧恶，如张绣在归降后又起兵突袭，杀死曹操的长子曹昂、侄子曹安民以及爱将典韦，但以后张绣来降时，曹操捐弃前嫌，对他的宠遇优于诸将。陈琳曾为袁绍撰写檄文，痛斥曹操的罪行，并辱及曹操的父亲和祖父，可陈琳归降后，曹操爱惜他的文才，不仅未加惩处，还委派他掌管文书往来。史称曹操“知人善察，难眩以伪，拔于禁、乐进于行阵之间，取张辽、徐晃于亡虏之内，皆佐命立功，死为名将；其余拔出细微，登为牧守者，不可胜数。”所以，曹操身边猛将如云，谋臣如雨，在当时各割据政权中，得贤士最多。正是在这些谋臣、猛将的辅佐下，曹操才能扫平群雄，统一北方，从而奠定下曹魏政权的基础。

曹操用人不疑

轻信谗言，这是历代政治家用人的大忌。而作为封建地主阶级政治家，曹操在用人上，能够做到不信谗言，除诽去谤，这是难能可贵的。

三国时，魏国“四朝元老”蒋济刚刚走上仕途时，正值曹操赤壁之战兵败撤退。曹操当时想把江淮之间的老百姓转移到北方去，可地方官蒋济极力反对，曹操却非要这样做，结果把十万多人吓得跑到了吴国。对此，有人写信给曹操，告蒋济要率众造反。曹操根据当时的情况认为，这是诬告。他便把和蒋济一起任职的其他官员叫到一块，拿着告状信说：蒋济怎么可能有这种事呢？这一定是有人自己想叛乱而栽赃于蒋济，以搅乱我的视听，好达到自己的险恶目的。他把蒋济调到自己身边，给予了充分信任，自然也就给和蒋济一同任职的其他人吃了定心丸。

曹操手下一个主管农业的大臣叫国渊，这个人很有才干，把自己分管的工作管理得井井有条，深受百姓的欢迎。但国渊却常常遭人诽谤，有人甚至写信给曹操告他。曹操见到告状信非常气愤。为了惩治告状的人，曹操将信交给国渊本人，并让他亲自负责追查告状人。国渊根据写信人的字迹，采取措施，按图索骥，终于控出了告状人，使真相大白。这件事教育了别人，更使曹操赢得了信誉。

曹操的智囊团中有一个叫程昱的人，此人虽然很受曹操赏识，但个性过强，很难与别人融洽相处，时间长了，有人嫉恨，就告他要谋反，想借助曹操手中的权力除掉他。曹操对程昱是了解的，他清楚，程昱虽然有缺点，但绝非谋反之人。曹操为了维护程昱，人们越是告状，他就越是宽厚对待程昱，告状人见久告不成，也只好作罢。从而，保护了一位虽有缺点但有见识的谋士。曹操的另一位高级幕僚郭嘉，也深得曹操信任。但郭嘉作风松散，行为不够检点，刚开始的时候，有个叫陈群的人不服郭嘉，就抓住这些毛病，一有机会就四处张扬。一遇到这种情况，曹操总是先肯定陈群讲的是事实，但并不说郭嘉不好，反而对郭嘉更器重。采取这种处理方式的结果，逐渐地就把陈群的注意力引导到对方的优点上来，使他的怨气和不满打消，与郭嘉的矛盾得到缓和。而曹操呢，同样得到了两个人的信赖。

当然，由于阶级的局限性，曹操也有猜忌多疑的一面，尤其到了晚年，这种局限性表现得更为明显，乃至许多功臣都成了他刀口下的冤死鬼。这一点，我们也必须清醒地认识到。

曹操任将得宜战合肥

公元 215 年，魏国与吴国对阵于合肥，魏国以少胜多，打了一个漂亮仗。分析其原因，实是曹操知人善任的结果。

指挥这次战役的张辽、乐进和李典，都是曹操手下的大将。论资历和能力，三个人不相上下；论地位和职权，也基本平衡。然而这三个人平时却合不来。应当说，曹操安排他们共同守城，的确是冒了一定的风险，一旦互不相让，后果将不堪设想。但曹操自有主张。他在西征张鲁之前，就写好了一封密信交给了合肥护军薛悌，在信封上特别注明：等敌人来时再看。等到孙权带兵赶到时，大家拆开密信，见信上写着："要是孙权到了，张辽、李典两位将军率兵出战；乐进将军为守城护军，不得与敌人交战。"大家对这种安排都疑惑不解。张辽明白了曹操的意图，他说，曹公的意思是，他远征在外，如果等他来救我们，敌人早已把我们打败。我们只有在敌人立足之前，有守城的，有进攻的，才能以攻为守。这番见解，讲得大家连连称是。张辽很早就当过并州刺史丁原的从事，后又在吕布手下。吕布被曹操战败，张辽投降了曹操，被拜为中郎将，赐爵关内侯。他智勇双全，有胆有识，曾屡建奇功，也多次受到曹操的表扬。所以，曹操把他留在合肥，就是让他在组织和协调守军中起核心作用。

那么，曹操让李典出战，让乐进守护是出于什么考虑呢？乐进性烈胆壮，是一员猛将。曹操称他"每临攻战，常为督率，奋强突固，无坚不陷"。而李典是一位颇具儒雅气质的将军，他平素敬重他人，也不愿与人争功，有长者之誉。按常规，如让李典守护，乐进出战似更合情理，而曹操的安排正好相反，这正是他打破常规高明的地方。在曹操看来，张辽能置个人得失于度外，李典能够顾全大局，这两人配合不会出大的问题。乐进也没别的想法。而如果让乐进与张辽配合，就难保他不与张辽争功斗气。那样，三人就难以形成一个整体。后来的事实果然如曹操所预想的一样，张辽看完信后，率先表示要决一死战，李典也当即附和，表示坚决配合张辽。他说："这是国家的大事，就看你怎样谋划吧。我怎么能以私人情绪而耽误国家大事呢！"这样，张辽挂帅，李典相助，乐进守城，三人各有分工，又各自相助，形成了统一的认识。于是，张辽连夜挑选了八百名精兵，天一亮就冲入敌阵，以迅雷不及掩耳这势杀了孙权一个措手不及。

魏国军队这一仗，以少胜多，使张辽威镇逍遥津，大名远播；更留下了曹操知人善任，注意每个人之间互补性的典范。

曹操不责谏阻人

建安五年（公元200年），在官渡之战中，曹操大败袁绍，接着又趁机出兵，杀掉袁绍的儿子袁谭，并迫使袁绍另外几个儿子投奔乌桓。曹操担心袁氏兄弟借助乌桓的力量死灰复燃，便决心北攻乌桓，追杀袁氏兄弟，以求斩草除根，杜绝后患。

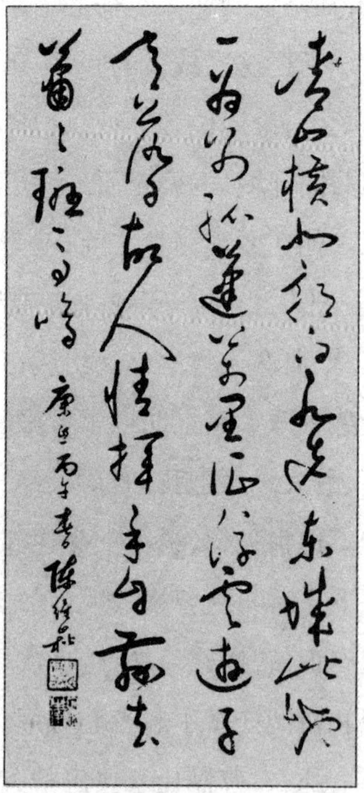

建安十二年（公元207年），曹操北征准备就绪。当他兴致勃勃召集将领商讨行动计划时，不料竟有不少人提出反对意见，说："袁氏兄弟如同丧家之犬，乌桓岂肯为他所用。我今劳师出众，远出塞北，绝非上策。荆州刘表拥重兵雄踞江汉要地，又有足智多谋的刘备归属其麾下。一旦刘备怂恿其趁我北上之机，袭击许昌，使我首尾不能相顾，岂不有螳螂捕蝉、黄雀在后之忧吗？万望曹公慎重考虑才是。"曹操见众都不主张出兵北征，一时不便决断。等了好久，才有谋士郭嘉支持曹操出兵，说："乌桓倚仗其远处边塞，必然无备。我军突然进攻，一定会打他个措手不及。如此，则稳操胜券，万无一失。如我按兵不动或南攻刘表，袁氏兄弟便会利用其父曾有恩于乌桓，说服乌桓出兵相助，并乘势纠集忠于袁氏的旧部，重整旗鼓，与乌桓合兵南下，那时我青、冀二州可就难保了。至于刘表，我看只不过是一个清谈之客，他既无驾驭刘备之能，也难听从其意见。重用则怕大权旁落，不重用又不难使刘备心服，岂能共图大事？主公尽管放心，即使空国北进，也绝无后顾之忧。"曹操采纳了孰嘉意见，宣布北征，立即亲率大军起程。

曹操的进军路线，原是沿着滨海平原北上，适逢夏季多雨，滨海地势低洼，道路积水难行。曹操正为此事着急，适巧有无终（故城在今天津蓟县）地方势力的首领田畴，提出回师转登徐无山，出卢龙塞，真趋柳城的建议，曹操依计改变路线由山地进军。这条山路是的失修多年的故道，仅有一些断断续续的路迹，到处树木丛生，荒无人烟，行军非常困难。部队历尽千辛万苦，才到达白狼山。

白狼山距柳城还有二百多里，曹军刚一落脚，便得悉乌桓首领蹋顿，同袁氏兄弟及辽西单于楼斑、左北平单于能臣抵之等，率领数万骑兵蜂拥而来，一时惶恐不安。曹操登上山顶观察敌情，发现乌桓军阵容不整，纪律松弛，即令一支精兵冲杀过去，顷刻间将乌桓军打得溃不成军。曹军乘势猛追，迫使胡、汉军民二十余万归降。曹操即令大军屯扎柳城休兵歇马。不久，辽东公孙康不敢收留战败逃奔于己的袁氏兄弟，便杀了二袁，将首级呈送到曹操帐前，曹操总算根除后患，实现了这一夙愿。

大功告成，曹操准备庆贺胜利，论功行赏，并令人登记出兵前谏阻北征乌桓的名单。这一下可把那些谏阻的将领吓坏了，一个个忐忑不安，等待受责。可是，待他们齐集曹操帐前听候发落时，却见曹操和颜悦色，语重心长地说："这次出兵虽然一举成功，却不能以正常情况去看待。为了解决军中粮食供应问题，被迫杀掉了数千匹战马，实在是冒险侥幸取胜啊！诸位谏阻北征，确是万全之策，所以理当受赏。诸位以后有何建议，希望能率直明言，不必多虑。"众将听后，喜出望外，对曹操也更加心悦诚服。

三顾茅庐

在东汉末期割据的群雄之中，刘备起兵较晚，势力最小，先后依附公孙瓒、陶谦、曹操、袁绍、刘表等人，一直寄人篱下，没能有一块稳定的地盘。尽管他身边有关羽、张飞、赵云等一批忠心耿耿的骁勇战将，但却缺乏一个运筹帷幄、把握全局的军师，故而始终打不开局面。这种情况一直持续到建安十二年（公元 207 年），他"三顾茅庐"，请出诸葛亮来才有了重大的转变。

诸葛亮（181～234）字孔明，琅琊阳都（今山东沂南以南）人。他早年丧父，随叔父诸葛玄躲避战乱来到荆州，隐居在南阳隆中（今湖北襄樊以西）。他胸怀大志，博学多才，关心时事与政局变化，经常将自己比管仲与乐毅。当时人不了解他，觉得他自视过高，而崔州平与徐庶与他友善，认为他的比拟毫不过分。襄阳名士庞德公将他称为"卧龙"，对他的才干极为赏识。

献帝建安六年，刘备被曹操击败后，到荆州投靠刘表，刘表让他屯在新野。数年之中，没有发展，刘备郁郁不得志，徐庶去见刘备，刘备很器重徐庶的才能，拟加以重用。徐庶对刘备说："诸葛孔明者，卧龙也，将军岂愿见之乎？"刘备说："君与俱来。"徐庶说："此人可就见，不可屈致也。将军宜枉驾顾之。"刘备于是亲自前往隆中诸葛亮所居住的草庐去拜访诸葛亮。一共去了三次，才见到诸葛亮。

诸葛亮平素就知道刘备是汉朝宗室中的贤才，又见到他如此诚意求贤，觉得他是个可以辅佐以定天下的明主。因此，当刘备屏退左右，向诸葛亮询问该从何处着手才能完成兴复汉室的大计时，诸葛亮指出，曹操已拥兵百万，有"挟天子而令诸侯"的政治优势，目前不能立即与曹操争锋。根据当时的政局，诸葛亮提出："若跨有荆、益、保其岩阻，抚和戎、越，结好孙权，内修政治，外观时变，则霸业可成，汉室可兴矣。"这就是著名的隆中对策，诸葛亮深入、全面地为刘备规划出今后正确的战略决策。刘备听后大为赞赏，他对诸葛亮的谋略才干十分佩服，两人的关系日益亲密。关羽与张飞认为诸葛亮没有立过汗马功劳，只会空谈，对刘备的做法表示不满，刘备向他们解释说："孤之有（诸葛）孔明，犹鱼之有水也。愿诸君勿复言。"关羽和张飞才停止发牢骚。

在诸葛亮的辅佐之下，刘备终于扭转了以前处处被动挨打的局面。按照诸葛亮在隆中对策中提出的战略方针，刘备与孙权结为同盟，在赤壁（今湖北蒲圻西北）一战中击败曹操的南征大军，随即刘备又通过外交手段取得荆州作为立足之地。以后，刘备又进取益州，终于建立起蜀汉政权。局势的发展变化，充分说明了人才的重要性，刘备讲请出诸葛亮是如鱼得水确实是毫不过分的。而且从此以后，"三顾茅庐"也成为统治者谦恭下士，诚意求贤的同义语。

刘备不屈千里马

人的才能不仅有大小，而且各有偏重，如用非其才，就会使贤士无从施展，而随才任使，则可使人尽其才，充分发挥其胸中的抱负。刘备对庞统的任用，就经历了由用非其才到使其能大展宏图的过程。

庞统（179—214）字士元，襄阳人。他小时为人质朴，不为当时人所重视。他的叔叔庞德公是荆州名士，十分赏识他的才干，称他为"凤雏"，与被称为"卧龙"的诸葛亮相提并论。以知人著称的司马徽也很赏识他，"称（庞）统为南州士人之冠冕"。汉献帝建安十五年(公元210元),周瑜去世后,庞统送其丧回到江东,吴郡名士顾劭问庞统说:“卿名知人,吾与卿孰愈?”庞统回答说:“陶冶世俗,甄综人物,吾不及卿;论帝王之秘策,揽倚伏之要最,吾似有一日之长。”

刘备领荆州牧后,以庞统为从事,守耒阳令。庞统认为让他当县令是大材小用,不用心料理政务,结果因政绩不佳而被免职。孙权部下的大将鲁肃了解庞统的才干,写信给刘备说:“庞士元非百里才也,使处治中、别驾之任,始当展其骥足耳!”诸葛亮也向刘备推荐庞统,刘备于是接见庞统,与他谈论当事务,大加赞赏,遂任用庞统为治中,对他的信任仅次于诸葛亮,以后,他又与诸葛亮同时担任军师中郎将。

当刘璋派法正请刘备入益州协助抵御张鲁,而法正又私下劝刘备乘机夺取准备州时,刘备犹疑不决,庞统劝刘备说:“荆州荒残,人物殚尽,东有孙东骑(孙权),北有曹操,难以得志。今益州户口百万,土沃财富,诚得以为资,大业可成也!”针对刘备恐怕贪图小利而失去信义的顾虑,庞统说:“乱离之时,固非一道所能定也。且兼弱攻昧,逆取顺守,古人所贵。若事定之后,封以大国,何负于信!今日不取,终为人利耳。”刘备认为很有道理,遂决定亲自率军入益州,留诸葛亮、关羽、赵云等守荆州,而由庞统随从自己入益州。

以后,刘备在益州的战略策划,主要都出于庞统。在庞统的规划下,荆州军反客为主,步步进逼,终于在建安十九年包围成都,迫使刘璋出降,奠定了建立蜀汉政权的基础。只可惜庞统在大功将要告成之际,在围攻雒城(今四川新都东北)时被流箭射中而死,年仅三十六岁。

庞统没有治理好一个小县,却在军师中郎将的位置上建立了相当辉煌的功业,这充分表明只有根据各人才干的特点加以任用,才能使其特长得以充分发挥。

宽以待人　用其所长

刘备治蜀,得益于用人,而人有所长,也有所短,宽以待人,用其所长,这是刘备用人的特点之一。

刘备占有成都后,以诸葛亮为骨干,重用法正、关羽、张飞、马超、许靖、糜竺、简雍以及董和、黄权、李严、吴懿、费观、彭羕及至刘巴等。这些人,有一多半是刘璋的旧部,他们也和刘备的原部下一样,各有才干,但也有这样那样的短处。而刘备却不求全责备,尽力做到因事设职,发挥每个人的才智。对他们的不足以至错误,也往往采取宽容的态度。

法正,在刘备新政权中,可以说是仅次于诸葛亮的智囊人物。当年,他奉命请刘备进

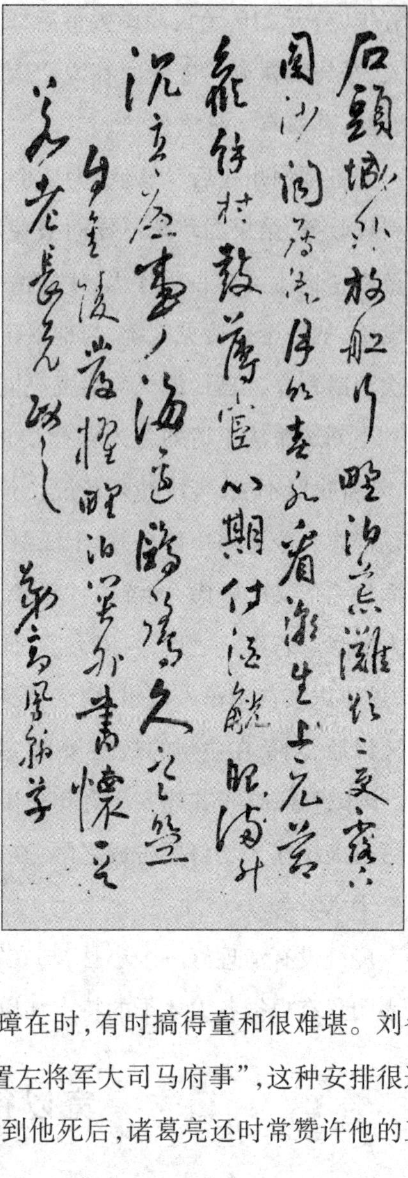

蜀，又为刘备出谋划策，击败刘璋。刘备攻下成都后，即任他为蜀郡太守，扬武将军，“外统都畿，内为谋主”。法正开拓精神强，业绩颇丰，为刘备所厚爱。但法正这个人却经常打击报复人，有时甚至是无所顾忌，擅自伤害乃至误杀他人。对这一点，刘备心里很清楚。但是如果因此撤了法正，他就失去一位能干事的人才；如果过分干预法正的工作，又怕法正放不开手脚。于是，他睁一只眼，闭一只眼，装作不知。有人不服，就告到诸葛亮那儿，请诸葛亮转告刘备制裁法正。诸葛亮对告状人说，现在北有曹操，东有孙权，二者虎视眈眈，当务之急，刘备考虑的是怎样应付这些军国大事，京都那边的事，都要依靠法正去处理，眼下又怎么可能去深究法正的问题呢？但刘备也清楚长此以往会出大问题，所以，等局势稍稍稳定下来后，他就将法正调到身边，任他为尚书令。这种工作性质不容易滥用权力，又能够使法正充分发挥作用。

董和，原在刘璋政权中当成都令，他为人正直，廉洁朴实，也很受当地老百姓欢迎。但是当地一些豪强大户不满他亲近百姓，经常往上告状。刘璋在时，有时搞得董和很难堪。刘备接纳董和后，“征和为掌军中郎将，与军师诸葛亮并置左将军大司马府事”，这种安排很适合董和。他在任期间，与诸葛亮配合得非常默契，直到他死后，诸葛亮还时常赞许他的工作精神。

刘备善于用人所长，还表现在特别注意发现和使用隐居民间被埋没的人才。三顾茅庐请诸葛亮当然是最好的例证，使用秦宓也是一个很好的证明。秦宓，从小就很有才学，他自命清高，过去地方官几次想用他，都被他拒绝。刘备听说这个人的才干以后，派部下抬着酒席到秦宓家中设宴游说，终于将他请了出来。秦宓以能言善辩而著称。据史书记载，有一次，东吴的使者张温到蜀国，问秦宓说：“天有头吗？”秦宓回答：“有哇，这个头就是西方。《诗经》上说‘乃眷西顾’，照此推理，头不就在西边吗？”张温接着又问：“天有姓吗？”秦宓答：“有姓，就姓刘。因为天子姓刘，天也就姓刘。”张温没有办法，接着追问：“太阳是从东方升起吗？”秦宓不假思索，狡黠地回答：“太阳虽然从东方升起，却从西方落下。”本来是挑衅性的诘难，却让秦宓回答得有理有据。而这种近似辩解的回答，却象征性地道出了刘备称帝乃天意如此。能说这不是个人才吗！彭羕，生性骄傲，说话办事都不够注意分寸，虽然有一定的能力，刘璋时只做得个一个州的书佐。由于有人把状告到刘璋那里，还被刘璋免了职。刘备入蜀后，他听说刘备为人大度，就托人向刘备表示愿意干些事情。刘备亲自找他谈话，认为他是个人才，于是提拔他为治中从事。彭羕也果真为刘备鞍前马后效了一番力。

刘备勇破门户之见

三国时刘备注意并善于网络人才，表现在诸多方面，其中打破门户之见，广泛团结使用就是一个显著的特点。他收罗并重用刘璋旧部，就是一个很好的例证。

刘备与刘璋皆为汉之宗室，刘备入蜀是刘璋请来的，并且给刘备补充兵马粮草。但刘备并非甘居人下之辈，他最终还是推翻了刘璋。推翻刘璋以后，刘备自然难免背上“不义”之名，而如何对待刘璋的旧部，对他来说，不能不是个棘手的问题。

刘璋的旧部人员很多，其构成也比较复杂，既有昏庸无能之辈，也有智勇双全之才；一部分人对刘备持欢迎态度，大多数却对刘备怀有敌意。这种情况，刘璋的旧部军议校尉法正看得十分清楚。他向刘备进言说，如今您刚刚创下大业，天下的人，都在看着您。像刘璋的原蜀郡太守许靖这样的老臣，声名远播四海，如果您对他不能重用，天下的人就会说您不重视有才之人。这一点，请您格外重视，好告知天下。刘备听了边话，受到很大触动，他正确地对待了刘璋旧部的使用问题。

许靖是与孔融同辈的老资格太守，起初刘备认为他立场不够坚定，总是不肯重用，结果招致许多议论。因此，他真正认识到，自己要实现政治抱负，就必须首先赢得人心。于是，他任许靖为刺史，以后又提拔为司徒。刘备重用许靖后，不仅在蜀国取得良好的影响，连曹操那边的一些人，也对刘备刮目相看。

刘备起用刘巴、李严、吴懿、费观等一批人，更表现了他作为一个政治家的气度。刘巴，是反对刘备的代表人物，他曾明确表示过坚决不与刘备合作。刘巴本是荆州人。公元208年曹操举兵南下时，别人跟随刘备南逃。他却向北投了曹操，在曹军中任了职。赤壁之战后，荆州六郡又回到了刘备手中，刘巴被困在荆州。诸葛亮写信给刘巴，劝他还是跟刘备一起干，刘巴依然不肯，他跑得远远的，几经周折又投靠了刘璋。对刘巴的行为，刘备曾怀恨在心。但事过不久，刘璋就彻底灭亡了。在攻打成都时，刘备怕手下人杀了刘巴，就下了一道命令："谁要是杀害了刘巴，就诛杀他的三族。"刘备果然捉到了刘巴，一见面，刘备很高兴，封他为左将军西曹掾，后来又让他代替法正当了尚书令。李严本是刘璋非常赏识的人，当过成都令、护军。他投降刘备后，刘备拜他为裨将军，后又任他当了犍为太守，兴业将军。刘备临死，白帝城托孤，他是唯一与诸葛亮在床前受命之人。吴懿、费观是刘璋的儿女亲家，尤其是吴懿，在刘璋集团内势力很大，他的妹妹，又是刘璋之兄刘瑁的妻子。刘备与刘璋反目，自然也危及他们的利益，不能不嫉恨在心。不想刘备对他却是以礼相等，先是诚心安抚，安排了比刘璋时还高的职位；矛盾缓和下来后，刘备就娶了吴懿寡居的妹妹。从而，进一步密切了与宿敌的政治同盟。

得人心者得天下，刘备不计前怨，任人唯贤，不仅在自己阵营中树立了威望，在敌营中也颇有影响，因此，后来投向刘备的人很多。

诸葛亮注重携后贤

诸葛亮一贯主张要重视提携后贤，尤其到了晚年，他依靠群臣治蜀，提拔重用了一大批人，并创造条件让他们充分发挥作用。

蒋琬在刘备入蜀后曾为广都县令，因不受刘备赏识，被免职。当时，诸葛亮就认识到蒋琬的才干。他向刘备推荐蒋琬说："蒋琬，社稷之器，非百里之才也。其为政以安民为本，不以修饰为先，愿主公重加察之。"这以后，刘备为汉中王，蒋琬任尚书郎。诸葛亮任丞相，征召蒋琬为丞相府东曹椽，和长史张裔一起主持丞相府的工作。张裔死后，诸葛亮任命蒋琬接任这一重要职务，同时兼任抚军将军，成为诸葛亮处理内务的得力助手。诸葛亮曾在众人面前夸赞蒋琬忠心正直，有报国之志，是辅佐自己完成统一事业的人。他决定把蒋琬当作自己死后的接班人，他向后主刘禅奏了一道密表，说："臣若不幸，后事应托于蒋琬。"

诸葛亮死后，刘禅按诸葛亮生前的安排，任命蒋琬为尚书令并兼任都护，后来又晋升他为大将军，加封上录尚书事的头衔，成为总揽蜀国大权的重臣。蒋琬继承了诸葛亮的作风，工作兢兢业业，为蜀国政权的巩固和发展呕心沥血，直到死去。

诸葛亮不仅注意从文人中选拔自己的继承人，也注意培养有自己在军事方面的继承人。他提拔重用姜维就是突出的一例。

姜维原在魏国任职，他自幼志向远大，立志为复兴汉室效力，并且深通兵法，文武兼具。但是，在魏国他不仅得不到重用，还时常遭人诋毁、陷害。诸葛亮率军到祁山时，姜维被魏国怀疑有异心，不得入城，便投降了诸葛亮。

诸葛亮亲自到城门迎接姜维，非常客气地说："今天能够在这里迎接您，这是大汉的造化。"接着把他引进卧室，设宴款待。姜维早就听说诸葛亮的贤名，这次亲眼目睹其贤德，更是从心里钦佩。二人相见恨晚。

诸葛亮见姜维举止不凡，颇有见识，就有意经常与他接触，常常畅怀而谈。经过进一步考究了解，他向后主刘禅推荐，拜姜维为奉义将军，封当阳亭侯。这时姜维年仅27岁，但已经成为蜀国政权中一位重要的人物。为了提高姜维的地位，诸葛亮想尽办法提高姜维的威望。他连续给长史张裔和参军蒋琬写信，盛赞姜维"忠于职守，思虑缜密"，"敏于军事，有胆有识"，"心存汉室，才兼于人"，是难得的一位人才。为了使姜维能够取得后主刘禅的信任和赏识，他还安排姜维去晋见后主。

诸葛亮一步步提携姜维，使姜维的才干不断增长，在蜀国的威望日益提高，为姜维在日后担当起率兵讨伐曹魏的重任奠定了基础，创造了条件。蒋琬与费祎等蜀国重臣相继故世后，姜维独当一面，立志伐魏，为蜀国大业以身殉职。

马不必骐骥　贤不必圣人

三国时，诸葛亮帮助刘备建立蜀国，后又辅佐刘禅直至"死而后已"，历来为后人所称道。诸葛亮在用人上也有独到见解。"治国之道，务在举贤"，这是他的一贯主张。他曾经打比方说："治理国家就像调理人的身体，调理人体必须注意修养精神，治理国家必须注意选贤任能。辅佐国家的人就好像房屋的柱子，柱子太细小，屋子就会倾倒，辅佐国家的人不称职，国家就会倾覆。……君主选举贤才时，必须注意到目光平常很少到的地方去寻找，有的人德才兼备但没有出来为国效力，甘当普通百姓；有的人才干突出，但乡里不推荐；有的人追求自己的某种志向不愿出来当官；有的人真心实意忠于国家，想干一番事业，但被政见不同的人所攻击。因此，选举贤良，要舍得悬赏，要安排适当的位置，还要广开渠道。"那么，选人的标准是什么呢？他提出"挑马不一定非要挑到像麒麟那样的，只要马跑得快就行；选贤才不一定拿圣人作标准，关键是知识渊博，能力强。"

诸葛亮以自己的实践实现了他的主张。他不拘一格，选拔人才，用群贤治蜀，使蜀国的政权在大敌当前的形势下，在西南得到巩固。

杨洪，原是犍为太守李严手下一个地位很低的功曹。诸葛亮在与他的交谈中，发现杨洪很有远见，立即表奏他为蜀郡太守，官位与李严并列。杨洪手下一个负责文字工作的小官何祇很有进取精神，诸葛亮破格提拔他为广汉太守，又与扬洪同职。

诸葛亮用人，不仅不重资历，也不论门第。张嶷，家境贫寒，而且平素有些放浪。但这个人很有见识，屡建奇功，诸葛亮就把他提拔为太守。士卒出身的王平，虽然没多少文化，但他“遵履法度”，很有实战经验。街亭之战时，他为裨将军，坚决反对马谡的错误主张。马谡失街亭后，王平率领残余部队归来。诸葛亮挥泪斩马谡后，加封王平为参军。后来王平在对魏军作战中，屡立战功，成为蜀国一名善战的将军。马超、黄忠都是降将，诸葛亮把他们提拔到同关羽、张飞、赵云并列的“五虎上将”地位。诸葛亮开始提拔马超时，关羽不服气。诸葛亮写信给关羽，信中写道：“马超文武双全，刚烈过人，堪称一代俊杰，是黥布、彭越一类人物。可以和张飞并驾齐驱，只是比不上关羽的超群绝伦。”关羽读完信后，觉得有理，便也服了气。刘备、诸葛亮入蜀后，派司马费祎将封关羽为前将军的敕令送去。关羽一见老将黄忠也被封为将军，与自己同职，很不高兴，发誓说：“大丈夫决不与老卒同列！”不肯受印。费祎便按照诸葛亮事先的嘱托，对关羽说：“成就大业必须并用群贤。将军不应该计较官位高下，爵禄多少，也学习萧何、曹参的品格。”一席话，说服了关羽，关羽很快地接受了前将军的印授。

不求全责备，用人之长，是诸葛亮用人的又一特长。他在选拔做长史的人时，要求既有军事才能，又要有施政的本领，还要有一定的德行修养。张裔就是被诸葛亮看中的一位人选。张裔文武兼备，既带兵打过仗，又当过太守，后又担任参军从事。在任职其间，表现出了一定的军事和政治才干。为了进一步考察他的实际才能，诸葛亮请来越骑校尉杨洪，询问有关情况。杨洪认为，张裔精明能干，是个长史的材料；但他气量太小，不能容人之过，不宜单独担负此任。相比之下，如让向朗担任此职，让张裔在向朗之下办事，更稳妥一些。诸葛亮采纳了杨洪的意见，也有意再考验一下张裔，任他为射声校尉。后来，张裔听说杨洪在诸葛亮面前说了自己的弱点，就嫉恨在心，总以为是杨洪别有用心，自己想争地位。诸葛亮了解到这一情况后，给张裔写了一封信，坦率地批评了他以个人私见度人的这种思想。张裔看完信很受感动，他深服诸葛亮的知人善察和杨洪的荐贤无私。这以后，他和杨洪握手言和，并且与向朗一道，竭力辅佐诸葛亮处理政事，后来果真当上了长史。

孙权长少并举兴东吴

三国时吴国创建者孙权，十八岁继承兄业，可谓年少气盛。继业之初，如何用人，事关大业。而孙权表现出的气度，不愧为一代英雄豪杰。

孙权继承兄业以后，摆在他面前一个最棘手的问题，是如何处理与跟随父兄征战多年的那些文官武将的关系。他做出了一条尊重老臣、善纳其言的选择，原班接受了诸位老臣。

在东吴，资格最老的大臣当属张昭。孙策临死时，把弟弟孙权托付给张昭，张昭率众幕僚辅佐孙权。张昭年长孙权二十六岁，孙权非常敬重他，既能纳其言，又能听其劝。孙策刚死时，孙权上任，由于过度悲伤，多日不理政务。张昭便耐心开导，晓之利害。孙权喜爱打猎，有时非常危险。张昭就厉声斥责，丝毫不留情面，直到孙权当面认错。但是，张昭也每每摆老资格，有时与孙权争论起来，以老臣自居，令孙权很难堪。但事情过后，孙权一旦发现自己错了，便主动去给张昭道歉。有一次张昭因孙权未听自己正确的意见而导致出现错误，便故意佯病不出而难为孙权，以使他吸取教训。孙权坐不住了，先是"慰谢昭"，而又登门"呼昭"，直到他站在门外不走，张昭才出来。顾雍，是东吴的又一元老，他办事考虑周密，素以稳妥著称，在孙权面前谦虚谨慎。孙权同样也很看重他，经常向他请教。有一次议论时政，张昭提出，现在法令太多，刑罚也偏重，应适当改一下。孙权不太同意，他便问顾雍怎么样才好。顾雍回答："就我所知道的，确实如张昭说的一样。"于是，孙权采纳了两位老臣的建议。

对于年轻的后起之秀，孙权同样放手使用。在孙权的周围，团结着一批年轻的文武之士。正是靠他们，孙权打了一个又一个漂亮仗。吕蒙和陆逊，出奇兵夺回荆州，时年都不足四十。公元221年，刘备大举伐吴，形势十分严峻。孙权不顾一些人的担心和反对，授全权于三十九岁的陆逊抵抗蜀军，大获全胜。孙权对陆逊深信不疑，彝陵战役之后，专门刻了一枚印章给陆逊，并诚恳地说，我每次给诸葛亮、刘禅写的信都请你过目，不对的地方尽可改正，然后盖上我的印章送走。当然，孙权大胆起用周瑜、鲁肃获赤壁大捷，更是善于使用年轻人的典型范例。

孙权教将读兵

如果说"书籍是人类进步的阶梯"（高尔基语），那么，在军事领域中，兵书就是名将成长的食粮。古代兵书,既是对前代战争的总结和研究,又是后代兵家学习和借鉴前代用兵艺术的最重要的资料。一位名将的成长,既离不开实战的锻炼,也取决于从兵书中汲取养料。正是基于这个原因,古往今来有成就的将帅,大多都重视对兵书战策的学习。李靖说过:“张良所学,太公《六韬》《三略》是也;韩信所学,《穰苴》《孙武》是也。”可见韩信等人的成长,同他们熟读兵书大有关系。曹操自己承认“吾观兵书战策多矣”,说明他成为叱咤风云的军事统帅,也同“观兵书战策”有着渊源。其他如诸葛亮、李靖、马燧、谢彦章、狄青、岳飞、戚继光等名将,其成长过程中,也都伴随着兵书的墨香。所以,历史上将帅读兵书,学战策,蔚为成风,代传佳话。孙权教将读兵书史册可以说是其中比较著名的一例。吴国大将吕蒙,少时家境贫寒,未读书传,识字不多。他带兵镇守一方,向孙权“每陈大事,常口占为笺疏”,连一般文告、奏疏也不会写。由于文化低,知识少,打起仗来,常常勇敢有余,谋略不足。孙权评价他是“不辞剧易,果敢有胆而已。”其他将领,如鲁肃、蔡遗等人,也因这个原因而对他多所鄙视。吴国另一位将领蒋钦,情况同吕蒙差不多,文化程度也不高。

吴主孙权在同吕蒙等人的长期接触中,感到他们都是很有前途的将领,因此打算对他们加以深造和提高,而深造的最佳途径是规劝他们学习兵书和史籍。于是孙权郑重其事找吕蒙和蒋钦谈了一席话。他说:你们现在都掌权了,应该认真读点书,以增加知识,增强才干。吕蒙不以为然地回答说:军中事务如此繁忙,恐怕没有时间允许读书了。孙权听了,就耐心地劝告他们说:我并不是要求你们攻读经书当什么博士,只是希望你们多翻翻书以了解过去的事情。你们说军务太忙,但能比我还忙吗?我年轻的时候读过《诗》《书》《礼记》《左传》《国语》,只差《易经》未读。自从统领大事以来,又读了《史记》《汉书》《东观汉纪》等三史和诸子兵书,自以为大有所益。你们两人都很聪明,只要读书便会有所收获,难道不应该好好去学吗?

接着,孙权又具体指导说:你们应该赶紧读一读《孙子》《六韬》《左传》《国语》和三史。孔子说,就是整天不吃饭,整夜不睡觉来冥思苦想,也是没有用处的,不如好好学习。当年光武帝在军务繁忙的情况下,还是手不释卷,现在那位曹操也自称“老而好学”。你们为何不好好自我勉励,求学上进呢?

孙权这一番语重心长的劝告使吕蒙等人受到很大震动,从此认真读书,“笃志不倦”。一段时间下来,学识上便大有了长进,史称“其所览见,旧儒不胜。”孙权见吕蒙等将领折节好学,才干与日增长,也感到满心喜悦。慨叹道:“人长而进益,如吕蒙、蒋钦,盖不可及也。富贵荣显，更能折节好学，耽悦书传，轻财尚义，所行可迹，并作国士，不亦休乎。”那位原先轻视吕蒙的鲁肃也改变了那种认为吕蒙“但有武略”的看法，称赞吕蒙是“学识英博，非复吴下阿蒙。”

孙权教将读兵书和史籍，对于将领增长学识，完善用兵指挥艺术有着不可低人估的意义。这一点在吕蒙身上表现得尤为明显，他日后之所以能够“谲郝普，禽关羽”，建功立业，名震一时，当与其“学问开益，筹略奇至”，有着密切的关系。也正是由于这个原因，孙权教将读兵书的故事，历来为后人所称道。

孙权放手任权破曹操

建安十三年（公元208年），吴主孙面临曹操号称八十万大军的挑战。形势严峻，是战是降，文武大臣各执一词，孙权如何决策呢？

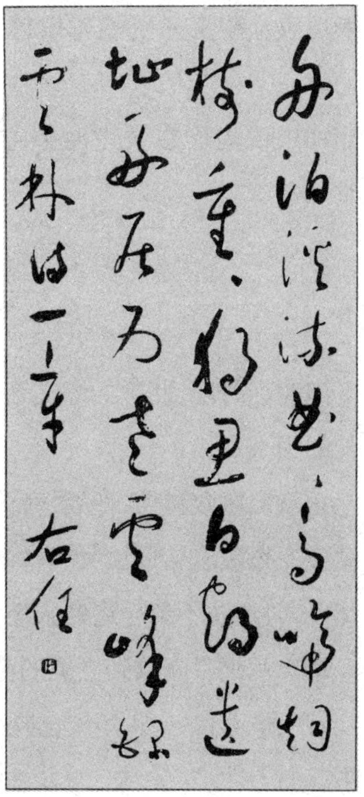

正当孙权犹豫不决之际，有人提醒他说，你哥哥临死不是说过“内事不决问张昭，外事不决问周瑜”吗？孙权恍然醒悟。他立即派人请周瑜。此时周瑜正在鄱阳湖训练水师，听说曹操大兵压境，已经到了汉上，便星夜兼程赶回来商议军机大事。使者还没有出发，周瑜就已经到了。

第二天清晨，孙权升堂，召集文武大臣共商军机。周瑜入见，参拜孙权。孙权取曹操的檄文给周瑜看，并问周瑜持什么意见。周瑜轻笑一声说：“老贼以为我们江东无人，不然，怎敢这样欺侮我们？”孙权听罢，问周瑜：“您的意见呢？”周瑜不答，反问孙权：“您和大家商议过了吗？”孙权回答，连日来已经商议过多次，有主张降的，也有主张战的。紧接着，主降派代表张昭谈了之所以要降的理由。周瑜坚决不同意张昭等人的分析，他对孙权说：“曹操虽然名义上是汉相，实际上是汉贼。您以勇武和才略，执掌父兄打下的江山，占有江东，兵精粮足，正是驰骋于天下，为国家除去残暴的时候，为什么要向汉贼投降呢？”接着，他又从四个方面，分析了曹操的不利因素，确认曹操必败无疑。孙权听后高兴地站起来说：“我与这老贼誓不两立。您讲的这些，正合我的心意。这真是老天有眼，派您来帮助我啊！"周瑜坚定地表示："我为主公决一死战，万死不辞！只是怕主公拿不定主意，那就不好办了。"孙权当即拔出佩剑，用力砍掉奏案的一角，坚决地说："在座的各位要有再讲投降的，就跟这桌子一样！"说完，当即把佩剑赐给周瑜，拜周瑜为大都督，程普为副都督，鲁肃为参军校尉，并对周瑜说："如果文武官员有不听指挥的，就用这把剑将其处死！"周瑜接过剑，当众宣布："我奉主公之命，率众破曹。各位将官明天都在江畔行营听候命令。如果有延误的，按军法处置。"

第二天天刚亮，周瑜来到行营，坐在军中帐内，对众将下达命令说："王法无情，诸君应各守其职。如今曹操玩弄权术，把皇帝囚禁在许昌，把几十万大军屯在我们边境。我奉命讨伐他，大家都要努力向前。"并宣布了有关纪律。然后，他布置了战局，分配好力量，整装待发。

赤壁一战，周瑜在诸葛亮的协助下，出色地指挥战斗，杀得曹军大败而逃，不得不使曹操由衷地感叹："生子当如孙仲谋。"这一战役后，便开始形成了魏、蜀、吴三国鼎立的局面。

如果说周瑜在关键时候立了大功，那孙权果断用人，放手任权，不能不说是英明之举。

赵黑不负知遇之恩

南北朝时期，北魏的孝文帝拓跋宏，是位年轻有为的皇帝。他破格起用赵黑，就表明了他的用人观。

拓跋宏执政初期，怀朔、雍州、定州三大重镇，骚乱频繁，急需派三位能力强的大臣前去镇守。拓跋宏从他祖父一辈的王爷中，挑选了两位老臣分别去镇守怀朔和雍州。只有定州，一时还找不到合适的人选。

孝文帝把目光放到更宽的范围，他跳出皇室国亲的圈子，鼓动人们放宽眼界，大胆荐贤。有人举荐说："如果不是非王爷、本族的话，在宫中伺候您吃饭的那位汉人赵黑是个了不起的人才。"

赵黑，出身于僮隶户，后来入宫当了宦官。他从小博闻强记，很善于为大家排难解纷，在宫中受到上上下下的喜爱，孝文帝也有耳闻。为了表示对赵黑的尊重，孝文帝亲自找他面谈，并摆上了丰盛的宴席。君臣二人边吃边谈，孝文帝说："寡人想派你去镇守定州，望你把满腹才学都毫不保留地拿出来，不要辜负了我的一片苦心。"赵黑站起来说：

“我出身微贱，才疏学浅，又是汉人，恐怕不能胜任。”正说着，厨师将一道热菜送了上来，不想一只苍蝇掉进菜盘里。正在厨师左右为难之际，孝文帝笑了笑，毫不在意地用筷子把苍蝇挑了出来。然后让赵黑坐下，诚恳地说：“你不要这样说了，你越说我越感到惭愧。周文王渭水访贤才，姜子牙老来遇英主，这个故事还是我小时候最先从你那里听到的呢！你这样的贤才，就在我眼皮底下，却一直不得重用，我和文王相比，真是一个天上，一个地下啊！”这时，厨师又端着一碗热汤进来了。厨师越是倍加小心，精神越是紧张，手微微地颤抖着，碗一倾斜，热汤正好泼在孝文帝的右手上。这一下，厨师脸都吓白了，连忙跪在孝文帝面前请罪，赵黑也为他捏一把汗。谁知孝文帝不但没有发作，反而和颜悦色地请那位厨师起来，宽慰地说：“人有失手，马有失蹄，这点小事算不了什么，你不必把它放在心上。”厨师被皇帝这一番话感动得热泪盈眶，感激涕零地退了下去。赵黑被眼前的情景打动了，他声泪俱下地向孝文帝表示决心说：“主上对我这样信任，又这样体恤下情，我一定尽心竭力把定州治理好，决不辜负您对我的知遇之恩！”随后，赵黑就走马上任了。

过了一些时候，为了考察地方官的政绩，孝文帝到各地巡视。到了怀朔、雍州地区，只见城乡一片衰败的景象。孝文帝经过了解才知道，在任的大臣依仗自己是皇亲，营私舞弊，巧取豪夺。孝文帝毅然将他们一个撤职，一个削除卦爵。孝文帝一入定州境内，就看出一派百业兴旺、老百姓安居乐业的大好景象。孝文帝非常高兴，随即将一千五百石谷、五百匹帛奖给了定州刺史赵黑。他说：“我们就是要人以才用，官以劳升，有功必赏，有过必罚。只有这样，正气才能上升，邪气才能下降。百姓才能富裕，国家才能兴旺。”

后来，孝文帝拓跋宏一直把赵黑破格提拔为大将军，还把他晋封为王。

李渊行奖一视同仁

隋朝末年，隋炀帝荒淫无道，各地纷纷起兵反隋。镇守太原的唐公李渊，欲与群雄争夺天下，也于恭帝义宁元年（公元 617 年）在太原起兵。李渊高举义旗，所属州郡陆续响应，广大民众纷纷前来应募，不几天军队扩充了一万多人。李渊对所属将士不分贫富贵贱，都以义士相称，使全军上下相处融洽。此时，西河郡丞高德儒反对李渊起兵。李渊就派长子建成、次子世民一同领兵征讨。由于二人与士兵同甘苦，作战又身先士卒，使参战将士意气风发，斗志昂扬，往返只用了九天，就讨平了高德儒部。在行军作战中，部队纪律严明，沿途见到瓜果蔬菜不付钱不吃，偶然有个别士兵偷瓜果，一经发现，立刻寻找失主，按价偿还，对偷窃的人也不予深究。因而，不但军内关系更加和睦，而且深得民众称颂，以致应募的人越来越多，很快发展到三万多人。因为将士们和衷共济，团结一心，奋勇作战，所以军中很少有人计较贫富贵贱，出身等级的问题。

当年七月，李渊留下四子元吉镇守太原，亲率三万人马向隋都长安进军。大军进到霍邑（今山西霍邑），遇到隋将宋老生的顽抗。又适值阴雨连绵，道路泥泞，粮秣供应不上，同时还传来突厥兵进攻太原的消息。李渊顾虑重重，不敢冒进，打算回师太原，待机再举。在一部兵力开始北撤时，李世民说服李渊收回了撤兵的命令。八月，天气晴朗，李渊率军一战取胜，斩杀宋老生，攻克霍邑，为向长安进军打通了道路。

李渊攻克霍邑，似绝路逢生，十分欣喜。进入霍邑城中，立即下令各部评议军功，奖励义士。这时，有些军吏提出疑问说："军中虽不分贵贱统称义士，可是这义士里面有主有奴，有贫有富，包含着许多等级。奖励军功，能做到主人和奴隶不加区分吗？"这个影响内部关系的重大政策问题提出后，使李渊感到十分为难。他既觉得主奴不分不成体统，可又有许多事实使他不便严格区分。心想：在我身边英勇作战，屡建功勋的钱九陇和樊兴等人都是奴隶出身，能够埋没他们的功劳吗？女婿柴绍从军作战，将女儿留在关中，因得到马二宝的帮助，在关中响应起义，已发展到数万之众。对马三宝能另眼看待吗？再看军中应募参军的奴隶为数众多，而且作战大都十分英勇，如果有奖励军功中不能一视同仁，必将使他们心灰意冷，削弱部队的战斗力。为了争夺天下，权衡利弊，他不得不暂时抛开盛行于封建社会的等级观念，当众宣布："两军交战，刀枪弓矢不分贫富贵贱，为何论功行赏时却要有高有低呢？必须一视同仁，不分主权，论功行赏！"号令一出，全军上下无不雀跃欢腾。这一政策的实施，不但进一步增强了军队内部的团结，而且在民众中也发生了积极的影响，使部队迅速扩大，为进军关中造成了更为有利的形势。

由于李渊能够坚持贯彻论功行赏，一视同仁的政策，所以有些奴隶出身人，因屡建战功而获得了很高的封赏。钱九陇后来升任到眉州刺史、巢国公，樊兴升任到左监门大将军、襄城郡公，马三宝升任为左骁卫大将军。李渊的这一政策，不仅对唐朝的建立起了重要作用，而且也为以后的一些封建王朝树立了一个争取民心的范例。

如其有才　虽仇不弃

"唯才是举"是中国历史上用人方面的一个优良传统。唐太宗是继承、发扬这一传统的杰出人物。他曾申明："吾为官择人，惟才是举。苟或不才，虽亲不用……如其有才，虽仇不弃"，并且在实践中，努力实行了这一原则。

对于自己的众多的宗亲故旧，太宗在任用上从不徇情。襄邑王李神符是他的叔父，虽立有战功，但不善于管理、节制部属，而且腿脚有疾，行动不便，因此太宗不顾其不满，令他去职归家。太宗的另一位叔父李神通是灭隋兴唐的功臣，但在后来作用逐渐减小，所以地位、待遇不如房玄龄、杜如晦等大臣。对此，他极为不满，公开责问太宗："臣举兵关西，首应义旗，今房玄龄、杜如晦等专弄刀笔，功居臣上，臣窃不服。"太宗回答："义旗初起，叔父虽首唱举兵，盖亦自营脱祸。及窦建德吞噬山东，叔父全国覆没；刘黑闼再合余烬，叔父望风奔北。玄龄等运筹帷幄，坐安社稷，论功行赏，固宜居叔父之先。叔父，国之至亲，朕诚无所爱，但不可以私恩滥与勋臣同赏耳！"唐太宗的这种公正的分析与处置，使诸将无不折服，"乃相谓曰：'陛下至公，虽淮安王尚无所私，吾侪何敢不安其分。'"

贞观三年（公元629年），濮州刺史庞相寿因贪污罪被免职。他当年曾是秦王府的亲信幕僚，便想利用这种故旧关系求太宗开恩豁免。太宗起初很可怜他，想复其官职。魏征谏曰："秦王左右，中外甚多，恐人人皆恃恩私，足使为善者惧。"太宗幡然醒悟，对庞相寿说："我昔为秦王，乃一府之主；今居大位，乃四海之主，不得独私故人。大臣所执如是，朕何敢违！"于是将庞相寿遣返乡里。

在另一方面，唐太宗对那些原来反对自己或属于敌对营垒，但有真才实学的人，却能捐弃前嫌，委以重任。魏征早年曾参加瓦岗军反隋，后归降唐朝，在太子建成府中任太子洗马，是李建成的心腹谋士，"见太宗与隐太子阴相倾夺，每功建成早为之谋。"后来太宗发动玄武门之变，诛建成、元吉，迫高祖李渊让位。他平时很看重魏征的才能，但知道魏征曾劝建成图己，就召魏征来责问他说："汝离间我兄弟，何也？"周围人见太宗声色俱厉，都替魏征担心，魏征却慷慨自若，从容作答："皇太子若从臣言，必无今日之祸。"太宗非常欣赏魏征的风骨，怒容消解，并且格外礼遇魏征，很快擢拜他为谏议大夫，多次召魏征入寝宫，询问治国之得失。魏征颇具治国之能，为人亦正直无私。他感激太宗的知遇之恩，尽心尽力为之效力，敢言直谏，前后建言二百余事，皆切合时要。后累迁秘书监、侍中等职，参掌枢要，协理国事，贡献甚大。唐太宗曾高度赞扬他说："贞观之后，尽心于我，献纳忠说，安国利人，成我功业，为天下所称者，惟魏征而已。古人名臣，何以加也。"魏征病死后，太宗"望哭尽哀"，说："人以铜为镜，可以正衣冠；以古为镜，可以见兴替；以人为镜，可以知得失。魏征没，朕亡一镜矣！"太宗对魏征之重视，于此可见。

另一位贞观名臣王珪原来也是李世民的对立面，在建成的东宫中任太子中允，深受建成器重。太宗素闻其名，即位后，不计前嫌，任他为谏议大夫。他真心实意竭尽臣节，多有良谋进献。对于太宗的过失,他总是直言劝谏。太宗曾对他说:“卿所论朕,皆中朕之失。自古人君莫不欲社稷永安,然而不得者,只为不闻己过,或闻而不能改也。今朕有所失,卿能直言,朕复闻过能改,何虑社稷之不安乎?”又说:“卿若常居谏官,朕必永无过失。”后又升迁王珪为黄门侍郎,参与政事,不久进拜侍中,与房玄龄、魏征、李靖、温彦博、戴胄同知国政,合力开创了“贞观之治”的大好局面。

唐太宗作为封建专制主义中央集权制度下的君主,能够做到用人不亲私故,不弃仇雠,诚属难能可贵。后人誉之为开明皇帝,是并不为过的。

唐太宗推诚待贤

房玄龄是唐太宗贞观年间(627~649)的第一名相,被太宗视为“左右手”。史书记载:“玄龄当国,夙夜勤强,任公竭节”,“不以己长望人,取人不求备,虽卑贱皆能尽所能”。

太宗即位后,以房玄龄为中书令。论功行赏,又以房玄龄、杜如晦、长孙无忌、尉迟敬德等为第一,不问资历、亲疏,惟以功绩、贡献为标准。太宗的叔父淮安王李神通,最先响应李渊,举兵反隋,可后来“未尝躬行阵劳”,又有重要征战的失误。而房玄龄等虽为“刀笔吏”,却有“决胜帷幄、定社稷”之功。尽管太宗叔父李神通、将军丘师利等一批战将不服,太宗仍然劝说叔父“不可缘私与功臣竞先后”。李神通未能功居第一,众战将见太宗用人“不私其亲”,不问资历,更加勤奋习武,争立战功。

贞观三年(公元629年),房玄龄为尚书左仆射,夙夜尽心,唯恐一物失所。太宗委房玄龄以重任的同时,又非常关心尚书省的政务。一天,太宗对房玄龄等人说:“公为仆射,当广求贤人,随才授任,此宰相之职也。比闻听受辞讼,日不暇给,安能助朕求贤乎?”在指出房玄龄等埋头琐务而忽略求贤之后,为避免左、右仆射为琐事纠缠,太宗下敕规定:尚书省细务,专由左、右丞处理,“惟大事应奏者,乃关仆射”。这中间,既明确了宰相的主要职责,又从制度上做出规定,反映了太宗用人,不仅倚重信任,而且关心爱护。

贞观后期,太宗在用人问题上仍然有十分可取之处。本来,广开言路、鼓励直谏,都是为了听取有益意见、招揽贤才。可到后来,渐渐被扭曲为“讦人细事”,甚至成为告密的手段。对此,太宗始终都保持着比较清醒的头脑。贞观十年(公元636年)起,他不断强调:“自今复有为此者,朕以谗人罪之。”贞观十九年(公元645年),太宗亲征高丽,命太子监国,房玄龄留守京师,一切大事皆可独自处理,无须奏请。太宗远离京城后,一天一个男子自称有紧要之事上告,被送到房玄龄这里。房玄龄问他告什么,来人说我就告你。

房玄龄听说告自己，立即将此人通过驿站快速送往太宗行在。太宗问他告谁，他说告房玄龄，太宗二话没说，命将此人就地处决。然后，下诏批评房玄龄："公何不自信！"到贞观二十年(646)，连元老重臣萧瑀也向太宗进言，说房玄龄与其他宰相"朋党不忠，执权胶固"，只不过还没有反，所以"陛下不详知"。太宗一面批评萧瑀，一面再次表现自己用人的态度：

人君选贤才以为股肱之膂，当推诚任之。人不可以求备，必舍其所短，取其所长。唐太宗以房玄龄为股肱之膂，表现了他用人的三项基本态度：不问资历，惟见功绩；既倚重信任，又关心爱护；用则不疑，推诚相待。

李世民信人救己

隋朝末年，李世民与他的父亲李渊举兵反隋，他英勇善战，屡建战功，被封为秦王。一天，秦王李世民利用征战空隙出外打猎，与隋朝旧将、当时已自立为帝的王世充相遇。王世充见秦王带兵不多，便带着将士冲杀上来。王世充的骁将单雄信，手持长槊，直奔李世民而来，李世民连忙拔剑相迎，可是短剑怎敌得过长槊，眼看就要抵挡不住了。这时，猛听得一声大吼，如同晴空霹雳，一员虎将跃马从斜刺里横插过来，一鞭就将单雄信打落马下，救了李世民一命。这员大将就是尉迟敬德(即尉迟恭)。

隋朝末年，天下纷乱，群雄并起。尉迟敬德跟随刘武周(原为马邑鹰杨府校尉，公元617年自立为帝)，隶属宋金刚部下。刘武周派宋金刚攻占太原、晋州、浍州等地。李世民率军抗击，第二年大败宋金刚于介休。宋金刚逃到突厥，尉迟敬德收集残兵八千，仍然坚守介休。李世民派人劝降，尉迟敬德就与寻相等人领兵向李世民投降，李世民部将屈突通等认为尉迟敬德这样的人不可靠，说不定哪一天会反叛，三番五次在李世民面前陈说。李世民说："我正喜得良将，请你们不要再多言了。"不久，寻相叛变，屈突通、殷开山等人将尉迟敬德囚禁起来，对李世民说："尉迟敬德骁勇无比，留着他是个祸根，不如趁早杀了。否则，将来后悔莫及。"李世民却说："敬德有心叛变的话，难道还会落到寻相之后吗？现在他并没有走，可见根本没有反叛之意。"李世民命令释放了尉迟敬德，并把他带到自己的帐内，对他说："请不要以此小嫌介意，我不会因猜疑而杀良士。"并取金相赠说："你如果想离开我也没有关系，这些金子就权当路费吧。"尉迟敬德听了李世民的话，流着眼泪说："大王如此相待，我非常感动，今后我只有更加忠心地跟着大王，以报知遇之恩！"正巧第二天，尉迟敬德便救了李世民的性命。

李世民在那天获救后，对尉迟敬德说："昨天诸将都怀疑你会反叛，惟独我不相信，将你保了下来，没想到今天你就救了我的命。"

秦王李世民经年披甲作战，每战都招募了不少骁将。太子李建成心怀妒忌，又怕秦王夺自己的储位，想招诱秦王府的骁将，以扩充自己的势力。太子认为秦王府中的尉迟敬德最为骁勇，就写信给他并送去一车子金银器具，希望尉迟敬德能背离秦王，跟随自己。尉迟敬德看了太子的信，拜辞说："我出身微贱，一直陷落在贼寇之地。后来幸遇秦王，得到他的信任和提携，我准备以自己的生命报答他的恩典。我向来没有为殿下效过力，岂敢无功受禄！如果我接受殿下的惠赐，不就是心怀二意了吗？这种徇利弃忠的行为，恐怕连殿下也是不以为然的。"尉迟敬德把这件事报告了秦王。李世民听后感叹地说："你对我一片忠心，使我深为感动。可今后，你恐怕不会太平了，当处处小心才是。"果然太子和齐王李元吉合谋，派人暗害尉迟敬德，刺客畏其忠勇而不敢下手。后来太子建成与齐王元吉与秦王的积怨越来越深，最后，终于发生了历史上有名的玄武门之变，李世民在尉迟敬德等人的帮助下，杀了李建成、元吉，取得了胜利。

不久，李世民接替了李渊登上皇位，尉迟敬德被擢升为右武侯大将军。

武则天倚重狄仁杰

武则天统治时期，虽然阶级矛盾和统治集团内部矛盾都在发展，社会问题较多，但是经济仍向前发展，社会秩序也较安定。之所以如此，与武则天任用了一批杰出人才有很大关系。唐代著名政论家陆贽曾评论武则天的用人成就说："当代谓知人之明，累朝赖多士之用。"对于一代名臣狄仁杰的信赖与任用，就是她用贤才治理国家的突出事例。

狄仁杰（607—700），字怀英，并州太原（今山西太原）人，以明经入仕，初任汴州参军、并州法曹参军等职。高宗时，历任大理丞、侍御史、度支郎中、宁州刺史、冬官侍郎、持节江南巡抚使、文昌右丞、豫州刺史等职。任大理丞时，半年断滞狱一万七千人，皆称公允。在宁州刺史、江南巡抚使任上，均为民谋利，移风易俗，很受当地百姓爱戴。任豫州刺史期间，因为民请命，拒绝了宰相张光辅所率军队的强索财物的无理要求，遭到报复，被降职为复州刺史，又徙洛州司马。

武则天听说了狄仁杰的事迹，知其人可用，便于天授二年（公元691年）拔擢他为地官侍郎、同凤阁鸾台平章事。狄仁杰也对武则天忠心耿耿，尽职尽责，君臣二人建立了密切无间的关系。

武则天充分信任狄仁杰。狄仁杰刚任宰相不久，武则天对他说：你在河南颇有政绩，但也有人说你坏话，你想知道是谁吗？狄仁杰回答：“陛下以为过，臣当改之；以为无过，臣之幸也。谮者乃不愿知。”武则天听罢，赞叹他有长者风范，从此更加信赖之。

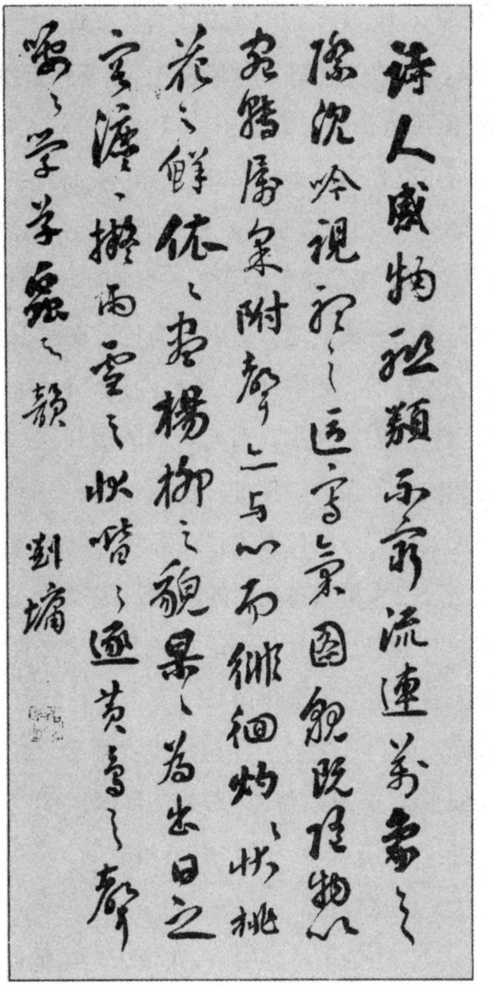

后来，狄仁杰遭酷吏来俊臣陷害，被执入狱。来俊臣用刑逼狄仁杰承认谋反，狄仁杰说：“有周革命，我乃唐臣，反固实。”来俊臣即定其罪。狄仁杰冤屈莫名，乃趁看守人员疏忽之际。写成申诉状，塞入棉衣中，以换单衣为名，交其子光远。光远持书上告，武则天遣使复查。来俊臣命人伪造狄仁杰谢死表，表中承认谋反，愿意伏法。武则天阅毕，召见狄仁杰，问他说：你为什么谋反？狄仁杰回答：我不承认谋反。武则天出示狄仁杰谢死表，狄仁杰否认是自己所写。武则天茹其冤枉，免其死。佞臣武承嗣对狄仁杰恨入骨髓，一再要来杀他。武则天拒绝说：“命已行，不可返。”武承嗣、来俊臣之流苦争不已，必欲杀狄仁杰。武则天不得已，只好将狄贬为彭泽县令，以避其锋。但是不久，又将他擢为魏州刺史，很快又转幽州都督，赐紫袍、龟带，武则天亲自制金字十二于袍上，以表彰狄仁杰之忠贞。由此不难看出武则天对狄仁杰的信赖，反映了她用人不疑、爱惜人才的品质。武则天十分倚重狄仁杰。她个性刚强，难免有时刚愎自用，听不进他人劝谏；加之当时酷吏横行，二张、武承嗣之流用事，朝廷官员多缄其口。狄仁杰却敢于犯颜直谏，武则天也基本上对他言听计从。武则天一度欲以其侄武三思为太子，群臣虽以为不当，却无人敢谏。惟有狄仁杰说：“臣观天人未厌唐德。比匈奴犯边，陛下使梁王三思募勇士于市，逾月不及千人。庐陵王（太子）代之，不浃日，辄五万。今欲继统，非庐陵王莫可。”武则天大怒，罢议此事。后来，武则天因几次梦到玩双陆不能取胜，让狄仁杰圆梦。当时狄仁杰与王方庆在场，二人乘机劝谏说：

"双陆不胜,无子也。天其意者以儆陛下乎!且太子,天下本,本一摇,天下危矣……且姑侄与母子孰亲?陛下立庐陵王,则千秋万岁后常享宗庙;三思立,庙不祔姑。"武则天终于感悟,复立庐陵王为太子。以前也曾有人屡请复太子位,武则天执意不允。只有狄仁杰以母子亲情打动她,才成就此事,从而维护了唐朝政治的稳定。这固然是狄仁杰聪明过人的结果,但也说明了武则天对狄仁杰的信赖有加。

后来,崇信佛教的武则天欲造巨大佛像,需耗资数百万,官府钱财不足,诏命天下僧尼每天出一钱助之。诸臣以为扰民伤财,劝罢此役,则天不从。又是狄仁杰力谏之后,武则天才打消了此举,保证了社会秩序和经济的稳定。

狄仁杰还利用武则天对他的信任,举荐和保护了大批人才。李楷固、骆务整本是契丹族的两员大将。契丹入扰内地时,他们屡败唐军。后来,二人降唐。有关部门请求依法惩处他们。狄仁杰主张二人骁勇可任,若免其一死,必然感恩图报,建立殊功。武则天从之。二人果然在此后的对契丹战役中,战功卓著。长安年间,武则天对狄仁杰说:"安得一奇士用之?"狄仁杰说:"荆州长史张柬之虽老,宰相材也。用之必尽节于国。"于是武则天召张柬之为洛州司马。不久又让狄仁杰荐才,狄仁杰说:"臣尝荐张柬之,未用也。"武则天说:"迁之矣。"狄仁杰说:"臣荐宰相而为司马,非用也。"武则天以为然,乃授柬之司刑少卿,迁秋官侍郎,不久又拜同凤阁鸾台平章事,为宰相之一。后来张柬之诛二张,去奸佞,立有殊功。狄仁杰为相期间,荐人多多,武则天皆擢用之,对于社会的发展起了很大的促进作用。

狄仁杰为国尽忠竭力,武则天也给他以极高的待遇与优渥。每见狄仁杰,均称之"国老"而不呼其名。狄仁杰见武则天时行大礼,武则天即劝阻说:"每见公拜,朕身亦痛。"武则天曾巡幸三阳宫,王公贵戚皆随行,武则天单单让狄仁杰处于第一区,"眷礼卓异,时无辈者。"

武则天对狄仁杰的信赖、关怀和礼遇,激发了狄仁杰更加为国为民效力,充分发挥了自己的才能,成为"功盖一时,人不及知"的历史名臣。从他的身上,人们不仅认识到了武则天治国用才和关心爱护人才的精神,而且体会到了这种精神对于国家的兴盛,百姓的幸福起着多么大的作用!

唐玄宗群集众贤创盛世

公元712年,唐玄宗李隆基即位。由于经历了韦皇后(中宗皇后)、太平公主(睿宗之妹)两次擅权作乱,造成朝纲松弛,国势动荡。唐玄宗决心扫除积弊,重振国威。他懂得天下治乱,系于用人的道理。因此,他当时十分注意重用贤能。姚崇、宋谬、张嘉贞、张说、裴光庭、韩休等,都是他先后倚重的贤相。

姚崇,本名姚元崇,武则天当政时,曾任宰相。唐睿宗时,他一度为相,后来因遭到诬陷,屡受谪贬。唐玄宗早就听说他很有才干,所以,他一即位,便召姚崇进京面谈。姚崇见唐玄宗有意求治,就将古今汉国之道,毫无保留地畅谈了一番。唐玄宗听了,觉得语语称心,句句合意,便当即拜崇为宰相,封梁国公。

姚崇任相后,事事考虑周全,处置公正,很得唐玄宗信赖。一次,姚崇向玄宗谈起有关郎吏一级官员的任用问题。玄宗听后,觉得姚崇考虑周详,用人得当,便宣布以后凡有关郎吏一级的任免由姚崇全权处理,不必向他报告。他对姚崇说:“朕用卿为相,凡大事朕当过问,至于任用郎吏之类的事,就烦卿多劳了。”从此,姚崇进贤黜佞,一一批准,致使朝政焕然一新。

唐中宗时,佛事很盛,许多人借出家为名逃避赋役。唐玄宗继位后,此风仍盛。姚崇经过调查,上疏请玄宗禁止,并一次查出一万二千多人,勒令他们还俗,打击了崇佛奢侈之风。

正在玄宗任用姚崇励精图治之时,山东(今太行山以东地区)一带发生了一次特大蝗灾,成群的蝗虫,眼看要把田里的庄稼吃光了。地方上的官吏说蝗虫是神虫,不能捕杀。老百姓吓得烧香叩头,祈求上天开恩。姚崇接到报告,立即给唐玄宗写了一道奏章,说蝗虫只不过是一种害虫,只要各地官员和老百姓齐心协力驱蝗,蝗灾是可以消除的。唐玄宗十分相信姚崇,立刻批准了姚崇的奏章。姚崇不顾一些人的反对,立即下令,命各地官员带领百姓捕杀蝗虫,并派御使到各地去督促灭蝗。很快,蝗虫就被消灭了。

一次,姚崇问一个叫齐浣的官员说:“我做宰相,可以和古代什么人相比?”齐浣诙谐地说:“您虽然赶不上管仲、晏子等古代名相,也可以称是救世宰相了。”后来,姚崇因年事渐高,便向唐玄宗提出了辞职,并举荐宋璟代替他。

宋璟是邢州南和(今属河北)人,也是武则天、唐睿宗时的老臣。唐玄宗因姚崇、卢怀慎的荐举,就把宋璟由广州都督提升为黄门监,继姚崇为相。宋璟入相后与同平章事苏颋同心辅政。宋璟为人刚正,自出仕以来,从未阿附权贵,当宰相后,犯颜直谏,有时唐玄宗不采纳他的意见,苏颋就帮助宋璟进一步申述理由,直至唐玄宗接纳为止。

宋璟不仅直言敢谏,而且以身作则。有一次,吏部选人,他的远房叔父宋元超打着宋璟的旗号来找吏部，想谋一个肥缺。宋璟告诉吏部不给宋元超官职，宋元超败兴而归。

张嘉贞在武则天当政时也担任要职。唐玄宗一直很欣赏他的为人和才干。他即位后，曾多次派人到任所去慰劳张嘉贞。开元五年（公元717年），突厥的几个部落刚刚归附唐朝。为防止他们重新背离，张嘉贞建议设天兵军，监护他们。唐玄宗采纳了他的建议，并任命他担任了天兵军统帅。第二年春天，有人告发他"克扣军饷，招兵买马，蓄谋造反"。经反复调查，没有发现任何证据。唐玄宗十分恼怒，欲把诬告者判处死刑，张嘉贞不同意，对玄宗说："国家的重兵利器都在边防上部署着，人们对边帅有种种猜测和议论是正常的，即使告发者所言有不实之处，也不该给这么重的处罚，那样难免会堵塞言路。"玄宗对他的忠直和大度十分钦佩，下令免除那个诬告者死刑，并赞扬张嘉贞说："我看你既深谋远虑，又宽以待人，如果让你担任宰相，相信你一定会干得很出色的。"张嘉贞脱口道："陛下如果不嫌我愚钝，有意用我，那就请您及早地用吧。等我年老体衰时再用，就会心有余而力不足了！"

过了两年，宰相宋璟、苏颋告老辞职，玄宗便任命张嘉贞为中书侍郎、同中书门下平章事，即宰相职务。不久，又由中书侍郎提升为中书令。张嘉贞当宰相后，办事雷厉风行，严肃认真，生活克勤克俭，政绩颇为突出。

开元年间，唐玄宗任用像姚崇等这些贤相革除弊政，励精求治，使唐朝经济繁荣，国力强盛，达到了鼎盛阶段，被后人赞誉为"开元盛世"。

姚崇不因私去贤

姚崇（650—721），字元之，陕州硖石（今河南三门峡东南）人。"少倜傥，尚气节"，年长后开始用功学习。以门荫入仕，为挽郎。后中制举下笔成章科，授濮州司仓参军，屡迁至夏官郎中。因奏事明晰流畅，为武则天所赏识，拜夏官侍郎。圣历三年（公元700年），进同凤阁鸾台平章事，从此任相。中宗时，出任亳、宋、常、越、许等州刺史。睿宗立，拜兵部尚书、同中书门下三品，又进中书令。因反对太平公主干政而获罪，贬为申州刺史，移徐、潞二州，迁扬州长史，后又徙同州刺史。在任时，为政宽简，井井有条，为人称道。玄宗即位后，重新起用他为兵部尚书、同中书门下三品，又迁紫微令。他忠心为国，勤勉用事，与另一位宰相宋璟并称"姚宋"，齐心协力辅佐玄宗，成就了"开元之治"的鼎盛局面。在用人方面，他秉公无私，任人唯贤，史称"姚崇当国进贤退不肖而天下治"，他正确对待魏知古一事，就很好地说明了这个问题。

魏知古原为睿朝黄门侍郎，为人方直，颇有才学。姚崇爱其才能，积极向玄宗举荐。其后，玄宗欲造玉真观，魏知古以为劳民伤财，连连上书劝谏。玄宗见他果然忠直敢言，就提升他为宰相，与姚崇同列。后来魏知古摄吏部尚书，掌管东都选官之事。恰好姚崇的两个儿子在东都洛阳任职，想凭借魏知古与姚崇的旧关系升迁，就通过魏知古的门客向他送礼。魏知古不但不买账，而且回长安后，如实向玄宗报告了此事。一天，玄宗召姚崇问道："你的儿子有才能吗？都在哪里？"姚崇知道玄宗骤然间问此事，必定是劣子出了问题，就说："臣二子分司东都，其为人多欲而寡慎，是必尝以事干魏知古。"玄宗原以为姚崇可能会因为爱惜儿子而隐忍此事，听到姚崇如此回答，不禁喜出望外，就问他：你是怎么知道的？姚崇回答：知古是我所推荐任相的，我儿子必定以为他会感念我的恩德，而去请托他。玄宗听后，赞赏姚崇的不讲私情，但是在另一方面，却鄙薄魏知古的为人，想将他斥退。姚崇知道此事，连忙劝阻说："臣子无状，挠陛下法。陛下赦其罪，已幸矣；苟因臣逐知古，天下必以陛下为私于臣，累圣政矣。"姚崇强调不能因一己私事损害国家政治，其论甚为严正，玄宗于是答应了他的要求。虽然后来终于将魏知古罢为工部尚书，但总算不为已甚，仍能继续发挥其作用。

姚崇识大体，重人才，不因私害公，这种精神是值得称道的。

仁而无武，明不照奸

五代时期后梁末帝朱友贞，是朱温的第三个儿子，他于公元 911 年登位。从现存的史料看来，他本人尚不是荒淫暴虐之主，史称其"为人美容貌，沈厚寡言，雅好儒士"，即是明证。然而，后梁的江山到头来还是断送在他的手上，这究竟是什么缘故呢？说来话长，还得从他误用庸将讲起。

乾化元年（公元 911 年）十一月，朱友贞即位后不久来到获嘉（今河南获嘉县）。怀州刺史段明远（后改名凝）将自己年轻美貌的妹妹进献给朱友贞，由于这层关系，段明远本人受到朱友贞的宠信，得以不次拔擢，"位于上将"，监大军于河上（即黄河沿岸）。对此，敬翔、李振等大臣都持有不同意见，屡次建议朱友贞收回成命，但均遭拒绝。段明远得悉这些情况后，就厚赂赵严、张希逸等权贵，求得招讨使之职位。赵严等人受了贿赂，便保举段明远取代名将王彦章出任北面招讨使一职，朱友贞对此自然予以"恩准"。诏令一下，内外哗然，出现了宿将恼怒，士卒不服的局面。天下兵马副元帅进谏说："臣为副元帅，虽衰朽，犹足为陛下捍御北方。段明远晚进，功名未能服人，众议汹汹，恐贻国家深忧。”重臣敬翔也说：“将帅系国安危，今国势已危如此，陛下岂好尚不留意邪。”可是这些忠告朱友贞一概听不进去。

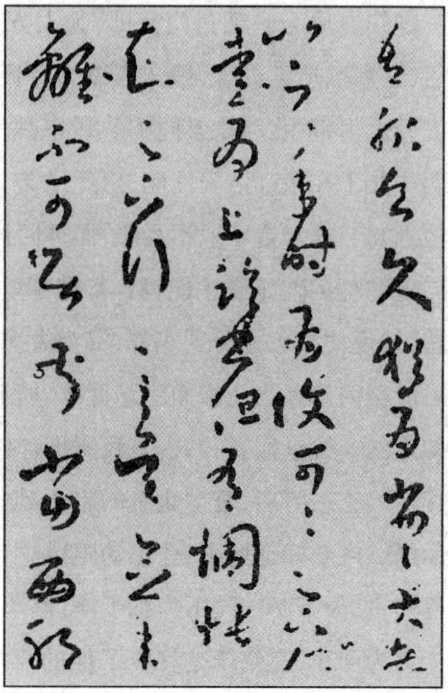

其实，若是段明远果真是将才，以宠幸关系而充任大将，这在封建社会环境中倒也尚可接受。遗憾的是事情并非如此，段明远此人为人猥琐贪鄙，智勇俱无。自将兵以来，专事于敛掠行伍，以奉权贵，毫无建树。这一点甚至为敌对君臣所发现。后唐大将郭崇韬对他的评价就是“段凝本非将材，不能临机决策，无足可畏。”朱友贞居然任用这样的人物为大将，且宠渥不衰，可见其在后来的梁唐角逐中一败涂地，卒至身死国灭，绝非偶然。

后唐同光元年（公元923年）冬，后唐主李存勖统率大军击败后梁王彦章军，生擒后梁宿将王彦章。李存勖“勖所患惟王彦章”，此时，乃不再有任何顾虑，挥军直指大梁，准备一举灭梁。王彦章的败卒逃回大梁，禀告朱友贞说：“彦章就擒，唐军长驱直至”。这时节朱友贞只有聚族而哭，哀叹“运祚尽矣”。他召集群臣问策，皆莫能对。无可奈何之中，朱友贞对敬翔说：“朕居常忽卿所言，以至于此。今事急矣，卿勿以为怨，将若之何？”敬翔哭泣着回答道：“臣前后献言，莫匪尽忠？陛下初用段凝，臣极言不可。小人朋比，致有今日。臣欲请陛下出避狄？陛下必不听从；请陛下出奇合战，陛下必不果决；虽使良（张良）、平（陈平）更生，谁能为陛下计者。臣愿先赐死，不忍见宗庙之亡也。”说罢，与梁主朱友贞相向痛哭。

不久，后唐大军在骁将李嗣源率领下挺进大梁。朱友贞登建国楼，“面择亲信厚赐之”，让他们更换衣服，持诏去催促段明远军回救大梁。可是这些人辞行后，“皆亡匿”了。有人建议朱友贞逃到段明远军中去，但却为控鹤都指挥使皇甫麟所否决。他的分析是：“凝本非将才，官由幸进，今危窘之际，望其临机制胜，转败为功，难矣！且凝闻彦章败，其胆已破，安知能终为陛下尽节乎。”皇甫麟的看法是有道理的，所以朱友贞只好黯然放弃逃入段明远军以求保身的念头。面对危局，朱友贞计无所出，唯有“日夜啼泣，不知所为”，坐以待毙。

后唐兵锋锐不可当，旋即“已过曹洲，尘埃涨天”，朱友贞眼见大势尽去，又不甘心“俟彼刀锯”，最后，只好请求皇甫麟将自己杀死了事，落得一个悲惨的下场。他死后大梁城即破。后唐军入城，后梁群臣纷纷归降，后梁就此灭亡。那位庸将段明远也没有为朱友贞尽忠，而是率五万大军在封丘投降了后唐。更为可叹的是，他投降后“出入公卿间”，居然“洋洋自得无愧色”，恼得“梁之旧臣见者皆欲龁其面，抉其心。”他的所作所为，为朱友贞误用庸将丧身亡国添上了具有讽刺意味的一笔。孙子说：“夫将者，国之辅也；辅周则国必强，辅隙则国必弱。”朱友贞虽“为人温恭俭，无荒淫之失”但，“仁而无武，明不照奸”，任用大将段明远非人，卒至身死国灭，实在令人感到可悲可叹。他的遭遇也给后人留下了深刻的教训，这就是任将用人事关大局，切莫要率尔轻视。否则必然将自食恶果，为天下笑！所谓“殷鉴不远，在夏后之世”，正是这层含义。

辽太祖不疑用叛臣

“疑人不用，用人不疑”是我国古代用人的一项重要原则，历代明主对此都非常重视。辽太祖耶律阿保机(827—926)是一位契丹族杰的政治家，他胸怀大略，好谋善断，建立大辽王朝，是为太祖。在其立国与兴国的过程中，便能够很好地掌握“疑人不用，用人不疑”的原则，其用汉人韩延徽，就是一个很好的例子。

韩延徽，字藏明，生于唐末，幽州安次(今河北省安次西)人，其父累任蓟、儒、顺三州刺史。延徽曾在藩镇刘仁恭属下任幽都府文学，平州录事参军、幽州观察度支使。刘守光代父掌幽州藩镇后，派韩延徽出使契丹。

阿保机见其不屈，怒而留之。述律太后劝谏说：“彼秉节弗挠，贤者也，奈何因辱之？”阿保机听从太后的劝谏，召韩延徽谈话，延徽所谈多合阿保机之意，当即便被任命参预军事。延徽多次给阿保机出谋划策，辽国攻服党项、室韦，以延徽之策居多。韩延徽又建议阿保机建城郭，划分市、里，以安排招降的汉人。又为这些人安排配偶，令其垦植，以维持生计，所以很少有人逃亡。

韩延徽在契丹居住长久之后，很思念家乡。因此不辞而别，回到故里。后又到幽州(今北京市)，躲藏在友人王德明家里。王德明问他到哪里找出路，延徽仍想回契丹，王德明很不以为然，认为阿保机不会容忍他不辞而别。韩延徽却笑着说：“彼失我，如失左右手，其见我无不喜。”

韩延徽回到契丹后，阿保机问他为什么逃跑，韩延徽说：“忘亲非孝，弃君非忠。臣虽挺身逃，臣心在陛下。臣是以复来。”阿保机非常高兴，不仅没有惩罚他，反而赐名为“匣列”，“匣列”，契丹语为复来之意。当即任命他为守政事令、崇文馆大学士，朝廷内外的大事都让他参与决策。

韩延徽历仕太祖、太宗、世宗、穆宗四朝，备受恩宠信任，辽国初年，诸事草创，营建宫殿，确定君臣名分、等级，朝廷法度井井有条，有辽一代制度，多由此而立。因此而被誉为佐命功臣。

从辽太祖阿保机能容韩延徽，即可知其为胸怀大度之人。延徽任官于契丹，不辞而别，在古代即为叛臣，虽去而复归，亦应获罪。阿保机不仅未将其治罪，反而大加重用，让他主持政务，又可知其深谙“用人不疑”之道。

安童十八任丞相

安童，是元朝开国元勋的后代。他的高祖父孔温窟哇，曾经在一次激战中为救护元太祖英勇献身；曾祖父本华黎也跟随太祖东征西讨，操戈执锐四十年，为创立元朝立下过盖世功劳。元朝中统初年，元世祖忽必烈抚恤慰问这些开国元勋的后代，召年仅 13 年岁的小安童到宫中担任了长宿卫。

安童自入宫中，刻苦读书，肯于钻研，虚心请教于德高识广的正人君子，从不与纨绔子弟、刁邪恶少们往来。因而，世祖非常喜欢。

中统四年（公元 1263 年），世祖破获了阿里不哥反叛集团，拘捕党徒一千多人。在研究对他们如何处治的时候，世祖有意测试一下安童的见识，把他召到跟前，故意对他说：“我想将他们统统处死，你看怎么样啊？”安童说：“人各为其主，你刚刚得了天下，就因私仇大量杀人，将来用什么去征服其他尚未归附的人呢？”世祖听后高兴地赞道：“你年纪这么轻，就能说出这种深谋远虑的话，实在令人高兴。你的主张正与我不谋而合。”从此，世祖对安童更加器重。

至元二年（公元 1265）八月，十八岁的安童，就被任命为光禄大夫、中书右丞相。十月，世祖把学识渊博的国子祭酒许衡请来，让他协助安童管理朝政。许衡托病没有到职，安童就亲自登门求教。安童深服许衡的学识，常常在世祖面前提起他。不久，世祖召见许衡，对他说：“安童年轻，阅历还浅，您该多多帮助他。有何良策，请先告诉安童，让他转告我，我定认真对待。”许衡说：“安童聪明机敏，又居要职，向他谈及古人治国经验，他皆能心领神会。我不得不尽心。我所顾虑，是怕有人从中挑拨离间，那就难办了；外边有人把势力安插进来，也不好办。我参与朝政的时间不长，所了解的就是这些。”

安童尊重老臣，老臣们也很爱护安童。至元五年有几个朝廷大臣密谋剥夺安童的权力，他们奏请世祖，建议把安童封为三公。世祖把这项建议交给老臣们商议，老臣商挺首先提出异议：“安童是国家之柱石，若把他封为没有实权的三公，岂不是给以虚名而夺其实权吗？万万不可这样做。”其他人也都赞同他的意见，从而挫败了排挤安童的阴谋。

至元八年，陕西省的也速迭儿向世祖建议：“我们这里，由于连年遭受灾荒，偷盗成风，如果不把这些人大批杀掉，社会秩序恐难安定。”安童不同意这样的意见，对世祖说：“把小偷都一律处死，恐不太恰当，就是那些罪大恶极，误判死刑的，也必须一一据实上报。待批准后才能执行。”世祖采纳安童的建议，驳回了奏议。

至元十二年，世祖任命安童到中书省枢密院任职，随太子北平王去镇守边防。十年后，当他立下赫赫战功，从边疆回朝时，受到世祖的亲自召见和慰问。接着又被任命为中书右丞相，并加封为金紫光禄大王。

至元二十四年，宗王乃颜发动叛乱，世祖亲自率军平息了这场叛乱。世祖把宗王的家族，交给安童审理处置，安童区别主从，不搞株连，把绝大多数人都释放了，获释的人对安童感激不尽，每逢在路上遇到安童，总是争相迎谢，牵马扶鞍。可安童对他们根本不予理睬。有人跑到世祖面前挑拨离间说：“诸位王父虽然有罪，毕竟都是陛下的近亲；丞相权力再大，总是陛下的臣子。安童对您的族亲这样不恭敬，不礼貌，难道是可以容许的吗？”世祖不高兴地斥责说：“你们都是些心胸狭窄的小人，哪里能知道安童的良苦用心！他这样做，是为了故意羞辱他们，叫他们知罪悔过的。”

安童四十九岁那年，因病去世，世祖十分悲痛，哀悼说：“有人说丞相病了，我还不大相信，谁知我最得力的辅弼良臣，正当年富力强却突然丧命啊！”他召集众大臣，为安童举行了隆重的丧礼，并为他树立了纪念碑，碑上写着：“开国元勋命世大臣之碑。”

第四章　处世为人

一、警语格言

【原文】君子易知而难狎，易惧而难胁，畏患而不避义死，欲利而不为所非，交亲而不比，言辩而不辞。荡荡乎！其有以殊于世也。

——《荀子·不苟》

【译文】君子容易接交而难以狎侮，小心谨慎而不怕威胁，畏惧祸患但不逃避为正义而死。求取物质利益但不采取不正当手段，和亲朋往来但不结党营私。能言善辩但不讲究辞藻的华丽。这就是君子心胸开阔，不同于常人的地方。

【原文】君子崇人之德，扬人之美，非谄谀也；正义直指，举人之过，非毁疵也……与时屈伸，柔从若蒲苇，非慑怯也；刚强猛毅，靡所不信，非骄暴也。以义变应、知当曲直故也。

——《荀子·不苟》

【译文】君子尊崇别人的美德，赞扬别人的好处，而不是阿谀奉承；公正无私的评论，坦率地指明别人的过失，而不是诽谤……顺应时代潮流，像蒲苇草一样柔顺听从，而不是怯懦；刚强勇猛有毅力，正直不屈，而不骄傲和横暴。这是以正义应付时变，知道当屈便屈，当直便直的缘故。

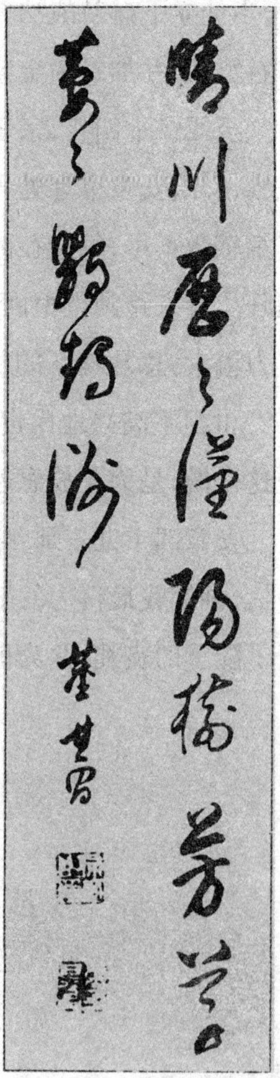

【原文】君子成人之美，不成人之恶。

——《颜渊篇》

【译文】道德高尚的人，帮助他人成其好事，实现美好的愿望。而不是去促成他人的坏事，帮助他人干坏事。

【原文】恭而无礼则劳，慎而无礼则葸，勇而无礼则乱，直而无礼则绞。

——《泰伯篇》

【译文】孔子十分强调礼的重要，在待人接物时，如果不知礼节、礼仪和礼貌，态度虽然恭敬难免烦劳，行为虽然谨慎不免胆怯，做事虽然勇敢也会莽撞，性格虽然直率却难免偏急。

【原文】富贵不能淫，贫贱不能移，威武不能屈，此之谓大丈夫。

——《孟子·滕文公下》

【译文】有钱有地位时，不能追逐声色；贫困潦倒时，不能动摇志向；在恶势力面前，不能俯首服从。只有这样做，才是大丈夫的气概。

【原文】不诱于誉，不恐于诽

——《荀子·非十二子》

【译文】不要被称赞所迷惑，不要被毁谤所吓倒。

【原文】身贵而愈恭，家富而愈俭，胜敌而愈戒。

——《儒效》

【译文】身居高官时，越要谦逊；家里富足时，越要节约；战胜敌人以后，更应警惕不懈。

【原文】与人善言，暖于布帛；伤人以言，深于矛戟。

——《荣辱》

【译文】好言好语去劝说他人，使人感到比布帛还温暖；恶言恶语去伤害他人，比用矛用戟去刺人还糟糕。

【原文】不知而言，不智；知而不言，不忠。

——《视见秦》

【译文】不知道事情真相，张口就说，这是不明智；知道了事情原委，闭口不言，这是不忠诚。

【原文】吾人事亲不敬，兄弟不友，夫妇不相待如宾，不相成如友，朋不相辅仁，便是狎侮五常，恶同殷纣矣。

——《颜习斋先生言行录·吾辈第八》

【译文】一个人对双亲不尊敬，对兄弟不友好，夫妇之不相待如宾，不互相帮助，朋友之间不互相促进道德修养，便是对五常的态度不端正，其罪恶像殷纣王一样。

【原文】敬者,修身立政之本也。衣冠必正,立动必端。凡一毫谑浪之语,绝口不谈;一毫轻亵之事,绝戒不为;非礼嫌疑之地,绝足不至。虽对门吏,亦如严宾,则心志自定,瞻望自尊,可以远慢辱,可以杜谤议,所谓不怒而民威矣。

——《政学录》

【译文】端庄、严肃,是修养身心、推行政事的根本。衣冠、举动都必须端正;绝对不讲一句戏谑放荡的话,绝对不做一点轻佻亵慢的事,绝对不去非礼嫌疑的地方。即使面对属下的小官吏,也像面对尊敬的客人一样,那么心神自然安定,人们的评价自然很高,这样就能够远离他人的轻慢和侮辱,也能够杜绝他人的诽谤和非议,和颜悦色就能使人民感觉到了自己的威严。

【原文】公生明,偏生暗。

——《荀子·不苟》

【译文】公正无私才能耳聪目明,有私心和偏见就不能正确认识事物。

【原文】贤者之为人臣,不损君以奉佞,不阿众以取容,不堕公以听私,不挠法以吐刚。

——《潜大沦·潜叹》

【译文】贤能之士在朝廷当臣子,不损害君主来讨好奸佞,不迎合众人来取悦于人,不损害国家利益来接受私情,不败坏法纪来改变正直的品格。

【原文】君子信而后谏。未信,则以为谤己也。

——《亭林文集·周服裕无咎》

【译文】一个人对别人加以劝谏,首先要表明自己的诚信。否则,别人会认为你是在诽谤他。

【原文】王者包含并覆,普爱无私,不为近重施,不为远遗恩。

——《盐铁论·地广篇》

【译文】君王对全国人民一样看待,广泛亲爱,没有私心,不多给亲近的人以好处,不对疏远的人遗漏恩惠。

【原文】利居众后,责在人先。

——《送穷文》

【译文】得好处时情愿排在大家的后面,负责任时站在众人的前面。

【原文】我之出而仕也,为天下,非为君也;为万民,非为一姓也。

——《明夷待访录·原臣》

【译文】我之所以出来做官，是为了天下，不是为了君主；是为了万千人民，不是为了皇帝一家。

【原文】孔子曰："君子有九思：视思明，听思聪，色思温，貌思恭，言思忠，事思敬，疑思问，忿思难，见得思义。"

——《论语·季氏》

【译文】孔子说："君子要经常思考九件事情：看东西要透彻明白，听话要考虑听清楚，待人接物要考虑脸色温和，要注意态度恭敬，说话时要想到忠诚，气愤时要考虑可能产生的后患，见到可取的财物，要考虑是否应该拿。"

【原文】子张问仁于孔子。孔子曰："能行五者于天下为仁矣。""请问之。"曰："恭、宽、信、敏、惠。恭则不侮，宽则得众，信则人任焉，敏则有功，惠则足以使人。"

——《论语·阳货》

【译文】子张向孔子问仁。孔子说："能够在天下推行五种德行，就算是仁了。"子张问："请问哪五种。"孔子道："庄重、宽厚、诚实、勤敏和关心别人。恭敬待人，人就不侮辱你；宽厚爱人，众人就会拥护你；为人信实，别人就会信任你；为人勤敏，做事就容易成功；关心别人，人家就为你效力。"

【原文】凡与人议论，务要色和词畅，非临时可勉强。大抵养定者色自和，理定者词自畅。义理虽是，而诚意虽着，亦未能动人，况未必是乎！戒之戒之！

——《草堂守则》

【译文】凡是和别人一起谈论的时候，必须做到脸色祥和和话语的流畅，而这些绝不是可以临时勉强应付的。一般而言，凡是有涵养的人，他们的脸色都是自然和蔼的，掌握了道理的人的语句都是自然流畅的。即使是道理充分，态度诚恳，也不一定能打动别人，更何况还不一定是这样呢？谨慎呀！谨慎！

【原文】立身以行检为主，居家以勤俭为主，处人以谦下为主，涉世以忍让为主。

——《关中书院学程》

【译文】立身处世，以检点行为为主；居家生活，以勤劳俭朴为主；与人相交，以谦虚恭敬为主；涉足世事，以忍耐谦让为主。

【原文】子曰："己所不欲，勿施于人。"

——《论语·颜渊》

【译文】孔子说："自己所不愿承受的，就不要强加于人。"

【原文】樊迟问仁,子曰:"爱人。"

——《论语·颜渊》

【译文】樊迟问什么是仁,孔子回答:"爱人。"

【原文】子贡问曰:"有一言而可以终身行之者乎?"子曰:"其恕乎。己所不欲,勿施于人。"

——《论语·卫灵公》

【译文】子贡问道:"有没有一句可以终身奉行的话呢?"孔子回答:"大概是恕吧!自己所不想要的任何东西,就不要强加于别人。"

【原文】忠恕违道不远,施诸己而不愿,亦勿施于人。

——《礼记·中庸》

【译文】忠诚和宽恕离开中庸之道不远,如果加在我身上的事,是我不情愿的,我也就不要强加在他人身上。

【原文】常言人长,希言人短。

——《论衡·自纪篇》

【译文】常谈别人的长处,少谈别人的短处。

【原文】以善养人,虽小人,有以服其心矣。

——《愿学记一》

【译文】能用善意对待别人。即使是小人,也可以使他心服。

【原文】尚和睦。同学之人,长幼相敬,情义相关,最戒以大凌小,以幼欺长,甚至殴詈者重责。

——《颜习斋教条》

【译文】要崇尚和睦。同学之间,年龄大的、年龄小的都要互相尊重,互相关心。尤其要防止年龄大的欺侮年龄小的,年幼的欺骗年长的;对那些胆敢打人、骂人的家伙要加重责罚。

【原文】吾尽心以爱兄,兄悦之,人称之,吾心无愧。吾尽心以爱兄,兄反疑之,人反诮之,吾亦可以无愧。

——《颜习斋先生言行录·赵盾第十六》

【译文】我尽心爱护兄长,兄长高兴,别人也称赞,我思想上不感到愧疚。我尽心爱护兄长,兄长却怀疑我,别人却责备我,我也同样不感到愧疚。

【原文】以厚病人之薄，即己薄也；以宽形人之刻，即己刻也。

——《颜习斋先生年谱》

【译文】说自己博大而指责他人浅陋，实际上自己就是浅陋；说自己宽大而诉说他人尖刻，实际上自己就是尖刻。

【原文】人各有能有不能，事各有幸有不幸。局外之谈，未必皆确；事后之论，毋乃太苛。履之而后知，及之而后难。君子居是邦，不非其大夫长者之待人，隐恶而扬善，不惟存厚道以养福，抑且戒轻狂而远祸。

——《杭州崇文书院训士七则》

【译文】各人有各人所能做的和不能做的事情，各种事情都各有幸运和不幸运。局外人的谈论，不一定都准确；事后的议论，更不要太苛刻。凡事实行之后，才知道如何去做；做了以后，才知道难易程度。有道德的人居住在那个国家，不要议论批评那个国家的大夫长者，不说坏的，宣扬好的，这不仅是心存厚道来保养幸福，并且还是戒除轻狂、远离灾祸的需要。

【原文】君子终日乾乾，夕惕若，厉无咎。

——《周易·乾》

【译文】求道为学的君子整天刚健中正地忙碌，连晚上也不懈怠，这样即使遇到灾患，产生过失，也会逢凶化吉。

【原文】括囊，无咎无誉。

——《周易·坤》

【译文】扎紧口袋，小心谨慎，不说不动，这样虽然得不到称赞，也不会有祸患。

【原文】子曰："多闻阙疑，慎言其余，则寡尤；多见阙殆，慎行其余，则寡悔。"

——《论语·为政》

【译文】孔子说："多听，有怀疑的地方，加以保留，对其余不疑的部分，也应谨慎开口，才能减少过失。多看，有危殆不安的地方，不可涉足，对其余可靠的部分，也应审慎处置，才能减少懊悔。"

【原文】言语必谨：致详审，重然诺，肃声气，毋轻，毋诞，毋戏谑喧哗，毋及乡里人物长短及市井鄙俚无益之谈。

——《程董二先生学则》

【译文】言语必须谨慎：送阅的东西要详细审看；已经许下的诺言要慎重；声音、语气要严肃，不要轻声，也不要大声；不要戏闹喧哗；不要提及乡里人物的长处或短处，以及市井小民粗俗无益的言谈。

【原文】居处不守其度则奇文诡制攻之，视听不守其度则奸声艳色攻之，喜怒不守其度则僭赏淫刑攻之，玩好不守其度则妨行之货、荡心之器攻之，献纳不守其度则谗谄之言、聚敛之计攻之。

——《白氏长庆集》

【译文】在自己的地位职务方面不遵守正确的准则，奇谈怪论和诡异的制度就会来侵蚀你；在看和听方面不遵守正确的准则，奸人之言美女之色就会来侵蚀你；在喜怒方面不遵守正确的准则，滥施刑赏的事情就会来影响你；在玩赏和嗜好方面不遵守正确的准则，妨碍德行、动摇思想的器物就会来影响你；在向上奉献和对下接纳方面不遵守正确的准则，谄计谗言和巧取豪夺的手段就会来侵蚀你。

【原文】古之君子，其责己也重以周，其待人也轻以约。

——《原毁》

【译文】古代的君子，他要求自己严格而全面，对待别人宽容而简要。

【原文】见可欲，则思知足以自戒；将有作，则思知止以安人；念高危，则思谦冲以自牧；惧满盈，则思江海下百川；乐盘游，则思三驱以为度；忧懈怠，则思慎始而敬终；虑壅蔽，则思虚心以纳下；惧谗邪，则思正身以黜恶；恩所加，则思无因喜以谬赏；罚所及，则思无因怒而滥刑。

——《谏太宗十思疏》

【译文】见到合意的东西，就想到要知道满足，以此警诫自己；将要兴建什么，就想到要适可而止，使人民安定；顾念地位崇高、危险，就想到谦虚，加强自己的修养；害怕自满，就想到要像江海一样，处在河流的下游；喜好游乐，就想到“三驱”的规定，以法为度；担心松懈，就想到开始谨慎，结束时更要严肃对待；怕受蒙蔽，就想到虚心采纳臣下的意见；担心听信谗言接触坏人，就想到要端正自己，斥退小人；施恩给人，就想到不要因一时高兴，错误地赏赐；要惩罚人，就想到不要因为发怒，滥施刑罚。

【原文】古之哲王，尽己而不以尤人，求身而不以责下。

——《贞观政要·公平》

【译文】古代贤明的君王，都是自己尽到最大努力但不以这个条件来指责别人，严格要求自己但不以同样标准要求部下。

【原文】无责人以如己，无誉己以如人。

——《聱隅子·生学篇》

【译文】不要像责求自己一样责求别人，不要像赞扬别人那样赞扬自己。意谓责己要严，责人要宽。

【原文】守己严，待物以正。

——《读通鉴论》

【译文】对自己约束要严，对待外人外物要公正。

【原文】气性不和平，则文章事功，俱无足取；语言多矫饰，则人品心术，尽属可疑。

——《菜根谭》

【译文】如果一个人不能平心静气地处世待人，那么，就可以断定他在学问和做事上，都不可能有什么值得效法之处。一个人的言语如果虚伪不实，那么，无论他在人品或是心性上表现得多崇高，一样令人怀疑。

【原文】家人有过，不宜暴怒，不宜轻弃；此事难言，借他事隐讽之；今日不悟，俟来日再警之。如春风解冻，如和气消冰，才是家庭的示范。

——《菜根谭》

【译文】如果家里的人犯了什么过错，不可以随便发脾气乱骂，更不可以用冷漠的态度进行冷战而不管他；如果他所犯的错你不好意思直接说，就要假借其他事情来暗示让他改正；如果没办法立刻使他悔悟，就要拿出耐心等待时机再殷殷劝告。因为循循善诱，就好像春天温暖的风一般，能消除冰天雪地的冬寒，同时也像温暖的气流一般能使冬天冻得如石块的冰完全融化，这样充满一团和气的家庭才算是模范家庭。

【原文】至诚以感人犹有不服，况设诈以行之乎？

——《薛文清公从政录》

【译文】十分真诚地去感化人民，都还不能使所有的人心服口服，何况使用欺诈的手段去骗人？

【原文】夫仁者，已欲立而立人，已欲达而达人。

——《论语·雍也》

【译文】所谓仁，就是自己想要立得住，活得好，也要使别人立得住，活得好；自己想要通达、发展，也要使别人通达、发展。**【原文】**世欺不识字，我忝攻文笔。世欺不得官，我忝居班秩。人老多病苦，我今幸无疾。

人老多忧虑，我今婚嫁毕。心安不移转，身泰无牵率。所以十年来，形神闲且逸。

况当垂老岁，所要无多物。一裘暖过冬，一饭饱终日。勿言宅舍小，不过寝一室。

何用鞍马多，不能骑两匹。如我优幸身，人中十有七。如我知足心，人中百无一。傍观愚也见，当己贤多失。不敢论他人，狂言示诸侄。

——《白香山集》

【译文】世上总是欺侮不识字的人，所以我更加努力地学写文章。世上总是欺侮没做官的人，所以我努力地爬上官场，捞个一官半职，人老之后多有病痛伴随，我现在幸亏无病。

人老之后多有忧虑伴随，我现在办完了婚嫁大事。我心里安静无憾事，身体健康没有牵挂。所以十年来，我心境闲适安逸。

况且人一年比一年衰老，需要的东西不多了。一件裘皮衣可以保暖过冬，吃饱饭度过一天。不要说住宅小了，我睡的地方一间房够了。

要那么多的鞍马干什么，我又不能同时骑两匹马。像我这样优越幸福的人，十人中间有七个。但像我一样心里知足的人，一百人中间没有一个。旁观者即使愚蠢也看得清楚，但事情临到自己头上，即使贤人也会有过失。我不敢随便评论别人，我的这些狂言，对你们侄子说的。

【原文】大厦既焚，不可洒之以泪；长河一决，不可障之以手。

——《拟连珠》

【译文】高楼大厦既然已经起火，就不是洒几滴眼泪可以浇灭的；大江大河一旦决口，也不是靠一只手就能挡得住的。喻指人在大势所趋的情况下要达观一些。

【原文】世味年来薄似纱。

——《临安春雨初霁》

【译文】对世间诸事的兴味一年薄似一年，就像轻纱一样。喻指处事稳健老练或对世俗的功名得失看得很轻。

【原文】万事从来风过耳。

——《无愁可解》

【译文】万般世事从来只当清风从耳边吹过一样。指为人处世心胸豁达。

【原文】既来之，则安之。

——《论语·季氏》

【译文】事情既然发生了，就要安下心来思考对策。

【原文】心垢故众生垢，心净故众生净。

——《维摩诘经·弟子品》

【译文】对别人的许多不正确的看法和评价，往往出于主观成见，包括贪欲、恨等“污垢”。如果心地清净，廓然大公，就能处理好人际关系，感到别人也是通情达理的。

【原文】一切身业，一切口业，一切意业，随智慧行。

——《大智度论》

【译文】我们的一言一行、一举一动，不是随智慧行，便是随愚痴行，必须慎重其事。

【原文】清净无欲，节色少事。

——《孛经》

【译文】所谓“少事”，有一种说法，谓之“无事不可生事，有事不可怕事。”

【原文】不覆藏罪，不显功德。

——《思益梵天经·四谛品》

【译文】佛家主张，要经常用忏悔的方式发露自己的过错，不再重犯。严于律己，宽以待人。对于别人，要隐恶扬善。

【原文】应忍他人之恼，心不怀报，亦当忍于利衰、毁誉、称讥、苦乐等法。

——《起信论》

【译文】不但要忍衰、毁、讥、苦等“逆风”，而且要忍利、誉、称、乐等“顺风”。

【原文】恼乱缘来逼，慧力应须忍。

——《止观门论颂》

【译文】欲安忍，除借助定力外，还须借助“慧力”。应观恶缘本空，不必执实；应观恶缘是我恶业果报，借债要还，理就安忍；应观众生作恶受苦，我当出以慈心，以德报怨。

【原文】云何失坏？谓失安稳。云何安稳？谓无分别。

——《大宝积经》

【译文】获得内心安稳的一个重要条件是：不以主观上的虚情妄识去测试周围的人和事。

【原文】凡事勿徒委于人，必身体力行，方能有济；凡事不可执于己，必集思广益，乃罔后艰。

【译文】不要凡事都依赖他人，必须亲自去做，才能对自己有帮助。也不要凡事都固执己见，最好参考大家的意见，才能免得后来遇到不能克服的困难。

【原文】有不可及之志，必有不可及之功；有不忍言之心，必有不忍言之祸。

【译文】一个人有旁人所不能及的志向，就能建立旁人所不能及的功业。对别人发现错误而不忍心去指正，那么必然会因为不忍心去说而造成祸害。

【原文】意趣清高，利禄不能动也；志量远大，富贵不能淫也。

【译文】心意志趣清雅高尚的人，金钱是无法变易其心志的。心志胸怀广阔高远的人，即使身在宝贵也不会迷乱心志而陷溺其中。

【原文】子曰："三军可夺帅也，匹夫不可夺志也。"

——《论语·子罕》

【译文】孔子说："一国军队的将帅是可以强取的，一个男子汉的志向却不能强迫他改变或放弃。"

【原文】子曰："君子疾没世而名不称焉。"

——《论语·卫灵公》

【译文】孔子说："君子以终生得不到别人称述自己的名声而为恨事。"

【原文】颜渊、季路侍。子曰："盍各言尔志？"

子路曰："愿车马衣轻裘与朋友共，敝之而无憾。"

颜渊曰："愿无伐善，无施劳。"

子路曰："愿闻子之志。"

子曰："老者安之，朋友信之，少者怀之。"

——《论语·公冶长》

【译文】颜渊、子路侍立在孔子座旁。孔子说："何不各人说说自己的志向？"

子路说："我愿把我的车马、裘衣和朋友共同使用，就是用坏了也没有什么怨恨。"

颜渊说："我愿不夸耀自己的长处，不表白自己的功劳。"

子路向孔子说："希望听听您的志向。"

孔子说："我的志向是，让老有所养而使之安逸，让朋友信任我，让年轻人怀念我。"

【原文】孔子曰："大道之行也，与三代之英，丘未之逮也，而有志焉。大道之行也，天下为公，选贤与能，讲信修睦。故人不独亲其亲，不独子其子，使老有所终，壮有所用，幼有所长，矜寡孤独废疾者皆有所养，男有分，女有归。货恶其弃于地也，不必藏于己；力恶其不出于身也，不必为己。是故谋闭而不兴，盗窃乱贼而不作，故外户而不闭，是谓大同。"

——《礼记·礼运》

【译文】孔子说："大道的实行，如夏商周三代的精英，我都不能看到，但能看到有关当时太平盛世的记载。大道的流行，是以天下为世人所共有。选举贤能之人共同治理，大家讲信用，和睦相处，彼此合作。所以人们不只是爱自己的父母，不只是施慈于自己的儿女，更能推延仁爱，使所有老人都得以安享天年，壮年人都能贡献才力，儿童都能得到良好的教育，健康地成长，鳏寡孤独以及残废疾病的人都能得到丰厚的供养。男的各在其位，女的各有家庭。厌恶货物资源丢弃到地上浪费掉，但不必放到自己家里私用；既嫌恶有能力不肯使出来，但也不一定为自己出力才算是效劳。因此，人人都能诚实相待，和睦相处，故不会有阴谋诡计发生，也没有劫夺偷窃杀人越货的事情出现。路不拾遗，夜不闭户，这样美好的世界就叫作大同世界。”

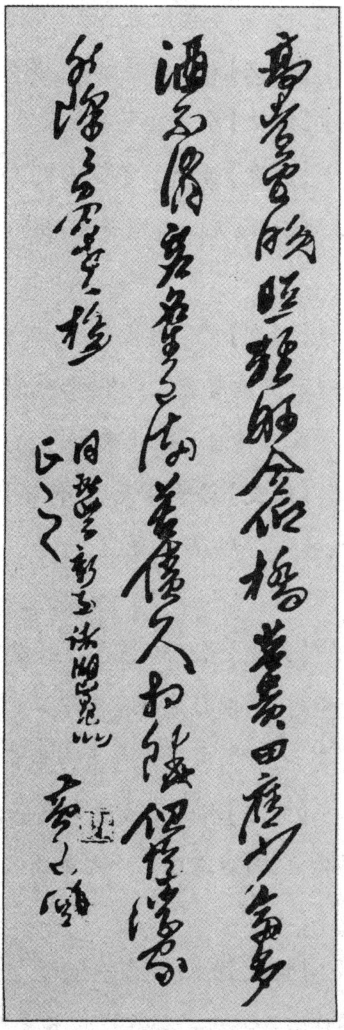

【原文】孟子曰：“待文王而后兴者，凡民也。若夫豪杰之士，虽无文王犹兴。”

——《孟子·尽心上》

【译文】孟子说：“一定要等待文王出来天下大治之后才奋发的人，是一般的人。至于那杰出能干的人才，即使没有文王，也能奋发起来。”

【原文】孟子曰：“人之有德慧术知者，恒存乎疢疾。独孤臣孽子，其操心也危，其虑患也深，故达。”

——《孟子·尽心上》

【译文】孟子说：“人之所以具有道德、智慧、本领、知识，是由于他有常担心灾患。只有那孤立之臣、庶孽之子，他们心里总是想着危难，时刻提高警惕，考虑深远的祸患，所以才通达事理。”

【原文】孟子曰：“天下有道，以道殉身；天下无道，以身殉道；未闻以道殉乎人者也。”

——《孟子·尽心上》

【译文】孟子说：“天下政治清明，君子得志，那‘道’就会得以施行；天下政治黑暗，君子便守道，甚至要为‘道’牺牲；从没听说过牺牲道而来迁就凡俗王侯的。”

【原文】志意修则骄富贵，道义重则轻王公；内省而外物轻矣。传曰:“君子役物,小人役于物。”此之谓矣。身劳而心安,为之;利少而义多,为之;事乱君而通,不如事穷君而顺焉。故良农不为水旱不耕,良贾不为折阅不市,士君子不为贫穷怠乎道。

——《荀子·修身》

【译文】志向完美就可以轻视富贵,道义隆重就可以轻视王公贵族,内心省悟,对外界万物就感到轻微了。古书上说:“君子支配外物,小人被外物所支配。”说的便是这个道理。身体劳苦,而心里安适,就去干;利益少,而道义多,也去干;事奉昏乱的君主,而官运亨通,不如事奉穷危的君主,而办事顺利。所以,好的农民不因为旱涝就不耕种,好的商人不因为赔本就不做买卖,有志操学问的士人君子不因贫穷而放弃对“道”的追求。

【原文】君子立志如穷,虽天子三公问,正以是非对。

【译文】君子立志安于贫穷,即便是天子三公来询问,也要完全地按照是非作回答。

【原文】君子隘穷而不失,劳倦而不苟,临患难而不忘细席之言。岁不寒,无以知松柏;事不难,无以知君子无日不在是。

——《荀子·大略》

【译文】君子处境穷困,却不违失道义;操劳疲倦,却不苟且偷安;灾难临头,却不忘记平生所发的誓言。天不寒冷,就无从知道松柏的品格;事情不难,就无从知道君子没有一天不在坚持自己的正确信念。

【原文】君子循天理,仰不愧,俯不怍,举止自如,故常泰;小人徇人欲,势必趋,利必附,盛气所形,故常骄。

——《困学录集粹》

【译文】君子遵循自然的规律办事,对天、对地,都无惭愧之心,举动止息无拘无束,不受阻碍,所以心地经常安宁。而小人则依从私欲,有势力可攀,必定奔过去;有利可图,也必定去依附,傲慢之气成为性格,所以经常自高自大,骄横凌人。

【原文】人必于道理上见得极真,而后于贫贱患难上立得住脚。亦必于贫贱患难上立得脚住,而后道理上守之愈固。

——《困学录集粹》

【译文】人一定要在道理上看得十分真切准确,然后在贫贱和危难的处境中,才能站得稳脚跟。也必须在贫贱和危难中站得住脚,而后遵守道理才能更加坚决。

【原文】天地人号为三才,人须是顶天立地,不亏其分量方好。生要有益于世,为天地间不可少之人；死要有传于后，为千万世重有赖之士，方不负此七尺之躯，不至碌碌与草木同朽。

——《困学录集粹》

【译文】天、地、人称为三才，人必须是顶天立地，不辜负他的力量才好。活着要对世界有好处，成为天地之间不可以缺少的人；死后要有事业传给后人，成为千万代还有所依赖的士人，这样才不辜负这堂堂七尺躯体，不至于平庸无能而与草木共同衰朽，一生无名。

【原文】人之随波逐浪，汩没于流俗之中者，只是志不立之故。若立志以明道，希文相期待，自能卓然特立，天壤间便觉少此人不得。

——《困学录集粹》

【译文】人没有自己的主见而随着潮流跑，沉没在一般风俗习惯当中的原因，只是由于还没有确立坚定的志向。如果立志要申明道理，期望谋求文采，就能够卓越地独自立身，天地之间就感觉着不能缺少这个人了。

【原文】宋王曾，乡会试并殿试皆居首，贺者谓曰：士子连登三元，一生吃穿不尽。曾正色答曰：曾生平志不在温饱。其后立朝不苟，事业卓然。今人生平志在温饱，是以居官多苟，事业无闻，甚至播恶遗臭，子孙蒙羞讳言，不敢认以为祖。故人品定于所志，事业本乎生平。

——《四书反身录·论语》

【译文】宋朝的王曾，乡试、会试和殿试都是第一名，祝贺的人对他说：学子接连三试都取第一名，一辈子都吃穿不完了。王曾以严肃的神色回答说：我王曾一生的志向不在于个人饱暖方面。他居官后，在朝里办事，毫不苟且敷衍，事业功绩特别卓越。现在的人们终生志向只在于吃穿得好就行了，所以做官多数是苟且从事，敷衍塞责，事业平淡，毫无声誉；甚至散布丑恶遗留臭名，连他们的子孙都蒙受羞耻，不愿说到他们的名字，不敢承认他们为自己先祖。所以，人的品质是由其志向决定的，事业是以其一生努力实现志向为根本的。

【原文】立志须做天下第一等事，为天下第一等人，志不如此，便是无志，志逊于此，便不成志。问如何是天下第一等事，曰为天地立心，为生民立命，为往古断绝学，为万世开太平。如何是天下第一等人？曰能如此，便是第一等人。

——《四书反身录·论语》

【译文】确立志向，必须做天下头等大事，成为天下第一等人。志向不是这样，就算没有志向，志向比这样差一些，就不成为志向。若问怎样才是天下头等大事，回答是为人间树立法则，为人民修身养性以奉天命，为古昔继承中断的学术，为千秋万代开拓出一个太平世界。什么样的人是天下第一等的人呢？回答是能够这样做，就是第一等人了。

【原文】言贵切，而不贵讦；议贵尽，而不贵争；迹贵明，而不贵暴；名贵与，而不贵取。

【译文】言语贵在真挚恳切，而不攻击别人的过失或阴私；议论贵在精密详尽，而不强词争辩；事迹贵在光明正大，而不凶残暴虐；名誉贵在别人授予，而不自己夺取。

【原文】将有非常之大事，必生希世之异人。

——《王安石赠太傅》

【译文】国家将要发生不同寻常的重大变革时，就必然会产生出世上少有的杰出人物。

【原文】大哉圣人之道！洋洋乎发育万物，峻极于天。优优大哉！礼仪三百，威仪三千。待其人而后行。故曰：苟不至德，至道不凝焉。故君子尊德性而道问学，致广大而尽精微，极高明而道中庸。温故而知新，敦厚以崇礼。是故居上不骄，为下不倍；国有道，其言足以兴；国无道，其默足以容。《诗》曰："既明且哲，以保其身。"其此之谓与！

——《礼记·中庸》

【译文】圣人之道是多么伟大啊！它广大无边，养育万物，高大得可以与天相比。圣人之道是多么宏博啊！礼的纲目有三百，礼的细则有三千。这些必须等到圣人出来才能去实行。所以说：假若不是有最高德行的人，那大道就不会成功。所以君子要推崇德性，沿着求学的道路走下去，使自己的德性既博大又细致精妙，既达到高明的境界又符合中庸之道。在学习方面，要做到温习过去学习过的知识，能从中推阐出新的认识；在道德修养方面，要使心地专程纯厚，用来崇尚礼仪。这样居于高位的人就不会傲慢，居于下位的人就不会悖逆不道。在国家政治清明的时候，他们的言论、见解可以振兴国家；在国家政治昏暗的时候，他缄默不言足以容身于乱世。《诗经》中说："既贤明又通达事理，这样才能保住自身。"大概说的就是这个道理吧！

【原文】天下之达道五，所以行之者三。曰："君臣也，父子也，夫妇也，昆弟也，朋友之交也，"五者天下之达道也。"知、仁、勇"三者天下之达德也，所以行之者一也。

——《礼记·中庸》

【译文】天下普遍共有大道有五种，用来实行这些大道的美德有三种。这五种大道就是："君臣之道，父子之道，夫妇之道，兄弟之道，交友之道"，这五种就是天下人共行的大道。"智慧、仁爱、勇敢"这三种，就是天下共行的美德。而实行这些大道和美德的方法只能是精诚专一。

【原文】子贡曰："贫而无谄，富而无骄，何如？"子曰："可也；未若贫而乐，富而好礼者也。"

——《论语·学而》

【译文】子贡说："贫穷而不去谄媚，富有却不骄傲自大，这样的人怎么样？"孔子说："可以吧！但还比不上尽管贫穷却乐于道，虽然富有而谦逊好礼的人。"

【原文】孔子曰："贤哉，回也！一箪食，一瓢饮，在陋巷，人不堪其忧，回也不改其乐。"

——《论语·雍也》

【译文】孔子说："颜回的德行多好啊！一竹筐饭，一瓜瓢水，住在狭小的巷子里，别人不能忍受那种困苦，颜回却不改变他自有的快乐。"

【原文】子贡曰："如有博施于民而能济众，何如？可谓仁乎？"'子曰："何事于仁，必也圣乎！尧舜其犹病诸！夫仁者，己欲立而立人，己欲达而达人。能近取譬，可谓仁之方也已。"

——《论语·雍也》

【译文】子贡说："如果有人能够广施恩德给人民，而又能救济患难的众人，这个人怎么样呢？可以算作有仁德的人了吧！"孔子说："何止是有仁德的人！一定是圣人了！尧舜恐怕都难以赶上他呢。有仁德的人，只要自己想树立的也帮助别人树立起来，自己想达到的也帮助别人达到。凡事能够推己及人，可以说是实践仁德的方法了。"

【原文】子曰："笃信好学，守死善道。危邦不入，乱邦不居。天下有道则见，无道则隐。邦有道，贫且贱焉，耻也；邦无道，富且贵焉，耻也。"

——《论语·泰伯》

【译文】孔子说："一个人应该有坚定的信仰和好学的精神，誓死去完善治国修身之道。不进入危险的国家，不居住祸乱的国家。世上政治清明就出来做官，世上政治黑暗就隐居起来。国家政治清明，自己却贫穷低贱，这是耻辱；国家政治黑暗，自己却富足显贵，这也是耻辱。"

【原文】子曰："邦有道，危言危行；邦无道，危行言孙。"

——《论语·宪问》

【译文】孔子说："国家政治清明，言语正直，行为正直；国家政治黑暗，行为正直，言辞和顺。"

【原文】子曰："邦有道，谷。邦无道，谷，耻也。"

——《论语·宪问》

【译文】孔子说："国家政治清明，做官得俸禄。国家政治黑暗，也去做官得俸禄，这就是耻辱。"

【原文】以道德为己任，穷通之来。不接吾心，则可也。穷居荒凉，草树茂密，出无驴马，因与人绝，一室之内，有以自娱。

——《与卫中行书》

【译文】以实践道德为自己的任务，尽管贫穷和显达的到来不合自己的心意，也是过得去的。穷居于荒凉山村，草木茂密之地，进出无驴马代步，以致与人隔绝，独处一室之中，也是自感快乐的。

【原文】古人云："穷则独善其身，达则兼济天下。"仆虽不肖，常师此语。大丈夫所守者道，所待者时。时之来也，为云龙，为风鹏，勃然突然，陈力以出；时之不来也，为雾豹，为冥鸿，寂兮寥兮，奉身而退。进退出处，何往而不自得哉？故仆志在兼济，行在独善：奉而始终之则为道，言而发明之则为诗。谓之"讽喻诗"，兼济之志也。谓之"闲适诗"，独善之义也。故览仆诗，知仆之道焉。

——《与元九书》

【译文】古人说："穷则独善其身，达则兼济天下。"我尽管不算贤明，但常常取法于这两句话。大丈夫所信守的是圣贤之道，所等待的是际遇时机。时机一来，他们就成为作云的龙，搏风的鹏，精神饱满地、勇往直前地尽力前进；时机不来呢，他们就好像深山的豹，远空的鸿，安安静静地、无声无息地引身而退。仕进也好，退居也好，到何处不是悠然自得呢？因此，我的志向是兼济天下，我的修养是要完善自身：这一信念贯彻始终就称作我的道，用文字阐发出来就成为我的诗。那些被称之为"讽喻诗"的，道出了我兼济天下的远大志向；那些被称之为"闲适诗"的，则吟咏出我独善其身的平常心境。因此，只要看了我的诗，就知道我所信守的圣贤之道了。

【原文】富贵福泽，将厚吾之生也；贫贱忧戚，庸玉女于成也。存，吾顺事；没，吾宁也。

——《西铭》

【译文】富贵福泽，可能会使我的日子过得十分丰厚；但贫贱忧戚，或许会使我有所成就。活着，我就顺天应人，干一番大事；死去，我也就烟消云散，康宁太平。

【原文】今日者拯斯人于涂炭，为万世开太平，此吾辈之任也。仁以为己任，死而后已。

——《病起与蓟门当事书》

【译文】今天，拯救人民于水深火热之中，为子孙万代开创太平是我们的责任。我们既然以这种大仁大义的事情作为自己的职责，必须竭尽全力，死而后已。

【原文】苍生休戚、圣道明晦，敢以天生之身偷安自私乎！

——《颜习斋先生年谱》

【译文】人民的苦乐和圣人的道德理想是否昌明，都是我们应当关心的事，绝不能苟且偷安，光为自己考虑。

【原文】子曰："无欲速，无见小利。欲速则不达，见小利则大事不成。"

——《论语·子路》

【译文】孔子说："不要只图快，不要贪小利，只图快反而达不到目的，贪求小利就办不成大事。"

【原文】子曰："饭疏食，饮水，曲肱而枕之，乐亦在其中矣。不义而富且贵，于我如浮云。"

——《论语·述而》

【译文】孔子说："虽然吃粗粮，喝凉水，弯着胳膊当枕头，但心安理得，快乐也就在这里面了。干不仁不义的事情而得到财富和地位，对于我就像天上的浮云一样。"

【原文】子张曰："士见危致命，见得思义，祭思敬，丧思哀，其可已矣。"

——《论语·子张》

【译文】子张说："读书人见到危险敢于献出生命，看见所得的东西便考虑是否该得，祭祀时严肃恭敬，居丧时悲痛哀伤，那也就可以了。"

【原文】先义而后利者荣，先利而后义者辱。

——《荀子·荣辱》

【译文】把正义放在首位而把个人利害放在次要位置上的人光荣，把个人利害放在首位而把正义放在次要位置上的人耻辱。

【原文】义之所在，不倾于权，不顾其利，举国而与之不为改视，重死、持义而不桡，是士君子之勇也。

——《荀子·荣辱》

【译文】凡是符合正义的言行，不可为权势所屈，不要顾及自身的利益，哪怕遭到大多数人的反对也不改变。虽然珍惜生命，但是坚持正义而不屈从，这才是士和君子的勇敢品质。

【原文】正其谊以谋其利，明其道而计其功。

——《四书正误·卷一》

【译文】以仁义之方来求取利益，以道德之法来获得成效。

【原文】极天下之色，不足眩吾之目。极天下之声，不足淆吾之耳。极天下之艳富贵，不足动吾之心，岂非大勇乎。

——《颜习斋先生言行录·不为第十八》

【译文】天下最美丽的颜色，也不能迷惑我的眼睛。天下最动听的音乐，也不能淆惑我的耳朵。天下最令人艳羡的富贵，也不能动摇我的心志，这难道不是大勇吗？

【原文】持己以廉，朗朗然如秋月之当空；待人以和，蔼蔼然如春阳之润物。其为学也，希圣希贤，非徒记诵词章，为邀利禄，博青紫之计。其出仕也，致君泽民，非徒富贵利达，为肥身家，饱妻子之谋。能如是也，斯可不愧为心，而为君子儒矣。

——《困学录集粹·卷五》

【译文】保持自己的廉洁，清白如秋天高挂空中的月亮；对待别人要和蔼，温和如春天滋润万物的太阳。如果做学问，就要仰慕圣人贤人，并不只是把读书作文，当成求取利禄，博取高官显爵的策略。如果去做官，就要使国君恩泽人民，并不只是想富贵利达，专为自己肥私家庭，饱养妻子儿女打算。如果能这样，那么，才可以不感到惭愧，而成为有道德的读书人。

【原文】君子素其位而行，不愿乎其外。素富贵，行乎富贵；素贫贱，行乎贫贱；素夷狄，行乎夷狄；素患难，行乎患难，君子无入而不自得焉。在上位不凌下，在下位不援上，正已而不求于人，则无怨。上不怨天，下无尤人。故君子居易以俟命，小人行险以徼幸。子曰："射有似乎君子；失诸正鹄，反求诸身。"

——《礼记·中庸》

【译文】君子应依照平常的地位行事，不要做超出身地位以外的事情。平常处在富贵的地位上，就做富贵者应做的事；平常处在贫贱的地位上，就做贫贱者该做的事；平常处在夷狄的地位上，就做夷狄该做的事；平常处在患难的地位上，就做患难者该做的事，君子不论处于什么地位，都不会感到不安然自得。君子处于上位，不欺凌处在下位的人；处在下位，不奉承处在上位的人。只要自己堂堂正正，就不用乞求他人，也不会发怨言。对上不怨天，对下不尤人。所以君子安居自己所处的位置而静候天命，只有小人才干冒险的事以图侥幸成功。孔子说："射箭的道理有点像君子的为人，射不中箭靶子，还是该回头找找自身的原因。"

【原文】禹、稷当平世，三过其门而不入，孔子贤之。颜子当乱世，居于陋巷，一箪食，一瓢饮；人不堪其忧，颜子不改其乐，孔子贤之。孟子曰："禹、稷、颜回同道。禹思天下有溺者，由己溺之也；稷思天下有饥者，由己饥之也，是以如是其急也。禹、稷、颜子易地则皆然。今有同室之人斗者，救之，虽被发缨冠而救之，可也；乡邻有斗者，被发缨冠而救之，则惑也；虽闭户可也。"

——《孟子·离娄下》

【译文】夏禹和后稷处在太平时代，能急百姓之所急，好几次经过自己的家门都不进去，孔子十分赞赏他们。颜回处在混乱的时代，居住在偏僻狭小的巷子里，只有一筐饭，一瓢水，别人不能忍受这种清苦生活，颜回却不改变他的快乐，孔子十分称赞他。孟子说："禹、稷、颜回的心理是相同的。禹想到天下还有淹在水中的人，就像是他自己让人们淹在水中一样。稷想到天下还有饥饿的人，就如同他自己使人们挨饿一样，所以他们解救百姓的痛苦是这样的紧迫啊。禹、稷和颜回，要是交换他们的位置也都会这样做。现在假如同一房间的人彼此斗殴，我去制止他们，即使披头散发，顶着帽子赶去制止他们也是可以的；假如同乡有人彼此斗殴，也披头散发，顶着帽子去制止他们，那就是不明事理了；像颜回那样，纵然是关起门来自得其乐也是可以的。"

【原文】处父兄骨肉之变，宜从容不宜激烈；遇朋友交游之失，宜剀切不宜优游。

【译文】当你不幸遇到父母兄弟或骨肉至亲之间发生家庭纠纷或人伦惨变事故时，你应该忍住悲痛的心情，保持沉着冷静的态度，绝对不可以心绪波动、感情用事，采取激烈言行而使事情变得更糟；当你跟知心好友交往时，万一遇到朋友犯了什么过错，你应该很亲切诚恳的来规观他，绝对不可以由于怕得罪他而眼看着他继续错下去。

【原文】薄族者，必无好儿孙；薄师者，必无佳子弟，君所见亦多矣。恃力者，忽逢真敌手；恃势者，忽逢大对头，人所料不及也。

【译文】苛刻对待族人的人，必定没有好的后代；不尊重师长的人，也不会有优秀的子弟，这种情形我见过许多了。以为自己力气大，而仗力欺负别人的，必会遇上比他力气更大的人；而凭仗权势压榨他人的，也会遇到足以压过他的人，这都是人想不到的事。

【原文】宜未雨而绸缪，毋临渴而掘井。

【译文】我们应当在还没有下雨的时候，预先把房子修好，门窗安结实。不要拖延到觉得口渴的时候，才开始挖水井，而应事先把井掘好。

【原文】见富贵而生谄容者，最可耻。

【译文】看见有钱有势的人，就做出一副拍马屁的样子，这种人是最可耻的。

【原文】遇贫穷而作骄态者，贱莫甚。

【译文】遇见穷人就做出一副傲慢无礼的样子，这种人真是下贱到了极点。

【原文】是非疑，则度之以远事，验之以近物，参之以平心。

——《荀子·大略》

【译文】对正确的还是错误的一时判断不准，就用过去的经验教训来衡量一下，用现实的事情来检验一下，用公正不偏的态度来考察一番。

【原文】筑基树臬者，千年之计也。改弦易辙者，百年之计也。兴废补敝者，十年之计也。垩白黝青者，一时之计也。因仍苟且，势必积衰；助波覆倾，反以裕蛊。先天下之忧者可以审矣。

【译文】打好基础，定好标准，这是千年的大计。改弦易辙，这是百年之计。兴废补敝，这是十年之计。在黑色的外面再涂上一层白色，这只是一时之计。因循旧规，苟且度日，形势必然一天天衰败下去；推波助澜，反而纵容了小人培植了坏事。这是先天下之忧而忧的人应该明辨的。

【原文】“民胞物与”，于厚胸中合下有这段著痛著痒心，方说出此等语。不然只是做戏的一般，虽是学哭学笑，有甚悲喜？故天下事只是要心真。二帝三王亲亲仁民爱物，不是向人学得来，亦不是见得道理当如此。曰亲，曰仁，曰爱，看是何等心肠，只是这点念头恳切殷浓，至诚恻怛，譬之慈母爱子，由不得自家，所以有许多生息爱养之政。悲夫，可为痛哭也已。

【译文】“民胞物与”，即把民众看作同胞，把事物看作朋友，张载心中当初就有这种关心人民痛痒的心情，才能说出这样的话，不然就如同演戏一样，虽然学哭学笑，心中哪有什么真正悲喜的感情呢？因此天下的事只应该真心实意去做。二帝三王对亲人亲，对人民仁慈，对万物博爱，这不是向人学来的，也不只是看道理应当如此。称作亲，称作仁，称作爱，看这是何等宽厚仁爱的心肠？只要这点念头恳切殷浓、至诚而又为民的痛苦忧伤，就如同慈母爱自己的子女，是不由自主的，所以就有许多生存养护的办法。可悲啊！

现在的当政者真可以让人为之痛哭流涕啊。

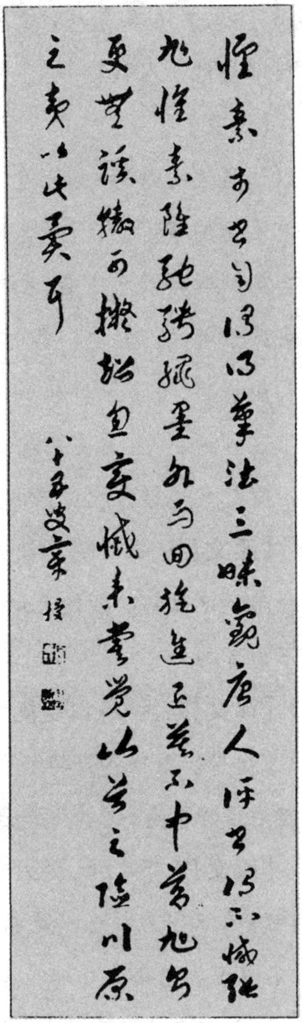

【原文】民情有五,皆生于便。见利则趋,见色则爱,见饮食则贪,见安逸则就,见愚弱则欺,皆便于己故也。惟便则术不期工而自工,惟便则奸不期多而自多。君子固知其难禁也,而德以柔之,教以谕之,礼以禁之,法以惩之。终日与便为敌而竟不能衰止。禁其所便与强其所不便,其难一也。故圣人治民如治水,不能使不就下,能分之使不泛溢而已。堤之使不决,虽尧、舜不能。

【译文】有五种民情,都是因为便利自己才产生的。见利则趋,见色则爱,见饮食则贪,见安逸则就,见愚弱则欺,这都因为对自己方便有利的缘故。只因方便有利,对那些权术,不希望它玩弄得巧妙,它自会巧妙;只因为方便有利,对那些奸伪的人和事,不希望它多,它自然就多。君子固然知道这些都难以禁止,就用德来感化,用教育的方法来开导,用礼仪来禁止,用法令来惩治,终日与便利做斗争而竟然不能使它衰竭停止。禁止人们感到便利的东西与逼迫人们使用不便利的东西,困难程度是相同的。所以圣人治民如治水,不能使水不向下流,而是把其分成几个支流,使其不泛滥而已。想筑一道堤防,不让水把它冲垮,即使是尧、舜也做不到。

【原文】圣人能用天下,而后天下乐为之用。圣人以心用天下,以形用心,用者,无用者也,众用之所恃以为用者也。若与天下竞智勇,角聪明,则穷矣。

【译文】圣人能对天下的治理发挥作用,然后天下人才乐于为圣人所用。圣人是用心来治理天下,以行为来为心所用。圣人的用,也就是不用,即不用自己亲自去做,而是作为众人的依靠来发挥作用的。如果是和天下之人竞智斗勇,比赛谁聪明,圣人是没有办法的。

【原文】圣人感人心,于患难处更验。盖圣人平日仁渐义摩,深恩厚泽入于人心者化矣。及临难处仓卒之际,何暇思图,拿出见成的念头来,便足以捐躯赴义。非曰我以此成名也，我以此报君也，彼固亦不自知其何为而迫切至此也。其次捐躯而志在图报，其次易感而终难，其次厚赏以激其感。噫！至此而上下之相与薄矣，交孚之志解矣。嗟夫！先王何以得此于人哉！

【译文】圣人能感化人的心，在患难的时候，这点更能得到验证。这是因为圣人平日就以仁义之心对待一切，他的深恩厚泽早已深入人心，人们早已被教化了。这时，遇到危难或紧急的事情，人们哪有时间思考呢？只要拿出一个现成的念头来，便足以捐躯赴义，不会想到我要以此成名、我要以此来报答君王，他本来也不知道自己为什么要这么勇敢地去慷慨赴义。其次一等的，捐躯是为了报答别人的恩惠。再次一等的，容易受到感动，最初能奋起，但不能坚持到底。又次一等的，只能用丰厚的奖赏才能激发他赴义。唉！到了这种地步，上下关系就淡薄了，彼此信任的精神也没有了。啊！先王是怎么得到使人捐躯赴义这样教化成果的呢？

【原文】圣人在上，能使天下万物各止其当然之所，而无陵夺假借之患，夫是之谓各安其分而天地位焉。能使天地万物各遂其同然之情而无抑郁倔强之态，夫是之谓各得其愿而万物育焉。

【译文】圣人在上，能使天下万物各自处于他应该处于的地方，而没有陵夺假借的祸患，这就叫作万物各安其分而天地各安其位。能使天地万物各顺其同然之情，而没有抑郁或倔强的情态，这就叫作万物各得其愿而万物才能生长发育。

【原文】天下之患，莫大于苟可以而止。养颓靡不复振之习，成极重不可反之势，皆“苟可以”三字为之也。是以圣人之治身也勤励不息，其治民也鼓舞不倦，不以无事废常规，不以无害忽小失。非多事，非好劳也，诚知夫天下之事，廑未然之忧者尚多或然之悔，怀太过之虑者犹贻不及之忧，兢慎始之图者不免怠终之患故耳。

【译文】天下之祸患没有比“苟可以”就停止再大的了，养成颓靡不振的习气，形成积重难返的形势，都是由“苟可以”这三个字造成的。因此圣人修养自己的身心勤励不息，治理人民鼓舞不倦，也不因为没事就废掉常规，不因为没有害处就忽略小的失误，这不是多事，也不是喜欢劳累，是真正认识到天下的事情，审慎地对待未必出现的祸患，尚且还会有很多偶然产生的懊悔之事；怀着过分的忧虑，还会留下来不及补救的忧患；在开始时兢兢业业小心谨慎地谋划，还不免在最终时出现怠惰的祸患。

【原文】天下之祸，成于怠忽者居其半，成于激迫者居其半。惟圣人能销祸于未形，弭患于既著，夫是之谓知微知彰。知微者不动声色，要在能察几，知彰者不激怒涛，要在能审势。呜呼！非圣人之智，其谁与于此。

【译文】天下的祸由怠忽造成的有一半，由激迫造成的有一半。只有圣人能在祸患未成形时就消除它，在祸患已显著时让它停止，这就叫作知微知彰。知微，就是不动声色，主要是在事物有了征兆时就能察觉；知彰，就是不激怒涛，主要是能够审时度势。啊！如果不是具有圣人的智慧，谁能做到这样呢？

【原文】精神爽奋则百废俱兴，肢体怠弛则百兴俱废。圣人之治天下，鼓舞人心，振作士气，务使天下之人如含露之朝叶，不欲如久旱之午苗。

【译文】精神爽朗振奋则百废俱兴，身体怠惰松懈则百兴俱废。圣人治理天下，鼓舞人心，振作士气，必须使天下人像含露的朝叶，而不像久旱的午苗。

【原文】势有时而穷，始皇以天下全盛之威力受制于匹夫，何者？匹夫者，天子之所恃以成势者也。自倾其势，反为势所倾。故明王不恃萧墙之防御而以天下为藩篱。德之所渐，薄海皆腹心之兵；怨之所结，衽席皆肘腋之寇。故帝王虐民是自虐其身者也，爱民是自爱其身者也。覆辙满前而驱车者接踵，可恸哉！

【译文】权势也会有穷尽的时候，秦始皇以天下全盛的威力受制于普通的百姓，为什么会这样呢？普通百姓，本来是天子所赖以形成权势的力量。自己倾覆了所依赖的力量，反而会被所依赖力量所倾覆，所以英明的君主不依靠宫廷内部的防御，而要预防天下发生祸患。受到德政润泽的地方，沿海之地也会成为腹心之兵；结了仇怨的人，卧席之内也会成肘腋之冠。因此说，帝王残酷地虐待民众，实际也是自残其身；爱护民众，也就是爱护自身啊！前面的路上已经翻了很多车，而赶着车在这条道上行进的人还是接连不断，真让人感到可悲啊！

【原文】耐烦则为三王，不耐烦则为五霸。

【译文】耐烦就会成为三王，不耐烦则会成为五霸。

【原文】一人忧则天下乐，一人乐则天下忧。

【译文】一人忧则天下乐，一人乐则天下忧。

【原文】天下所望于圣人，只是个“安”字；圣人所以安天下，只是个“平”字。平则安，不平则不安矣。

【译文】天下人希望圣人做到的，是个“安”字；圣人所以能使天下安定，只在于一个“平”字。平则安，不平就不安了。

【原文】宇宙有三纲，智巧者不能逃也。一王法，二天理，三公论。可畏哉！

【译文】宇宙有三纲，即使智巧的人也不能逃脱，一王法，二天理，三公论。应该感到畏惧啊！

【原文】既成德矣，而诵其童年以小失；既成功矣，而笑其往日之偶败，皆刻薄之见也，君子不为。

【译文】已经成就了德业，还要记着他童年的小错；已经成就了大功，还要笑他往日的偶然失败，这都是刻薄的见识，君子不这样做。

【原文】礼之有次第也，犹堂之有阶，使人不得躐僭也。故等级不妨于太烦。阶有级，虽疾足者不得阔步；礼有等，虽倨傲者不敢陵节。

【译文】礼讲究等级，如同房屋有台阶一样，是为了让人不能骤然超越。因此等级不妨定得多一些。台阶有级，即使走得快的人也不能阔步向前；礼有差等，即使傲慢的人也不敢做违反礼节的事。

【原文】人才邪正，世道为之也；世道污隆，君相为之也。君人者何尝不费富贵哉？以正富贵人，则小人皆化为君子；以邪富贵人，则君子皆化为小人。

【译文】人才的邪正，是世道造成的；世道的好坏，是君相造成的。君主何尝不把富贵给人呢？以正当的原则使人富贵，则小人都会变成君子；以邪曲的途径使人富贵，则君子都会变成小人。

【原文】满目所见，世上无一物不有淫巧，这过度奇巧耗了世上多少生成底财货，误了世上多少生财底功夫。淫巧不诛而欲讲理财，皆苟且之谈也。

【译文】满眼所见，世上无一物不是过度奇巧的，这淫巧耗费了世上多少人生产出来的财富？耽误了世上多少生财的功夫？过度奇巧的东西不废除而谈理财，都是得过且过的道理。

【原文】御戎之道，上焉者德化心孚，其次讲信修睦，其次远驾长驱，其次坚壁清野，其次阴符智运，其次接刃交锋，其下叩关开市，又其下纳币和亲。

【译文】抵御外族的办法，最上等的策略是以德来感化他们，使他们心悦诚服；其次是讲信修睦，其次是远驾长驱，其次是坚壁清野，其次是用谋略智慧，其次是接刃交锋，下策是打开关门开放市场，最下等的是送给他钱财，用和亲的办法。

【原文】天地所以信万物，圣人所以安天下，只是一个“常”字。常也者，帝王所以定民志者也。常一定，则乐者以乐为常，不知德；苦者以苦为常，不知怨。若谓当然，有趋避而无恩仇。非有大奸巨凶不敢辄生餍足之望、忿恨之心。何则？狃于常故也。故常不至大坏极敝，只宜调适，不可轻变。一变则人人生觊觎心，一觊觎则大家引领垂涎，生怨起纷，数年不能定。是以圣人只是慎常，不敢轻变。必不得已，默变不敢明变，公变不敢私变，分变不敢溷变。

【译文】天地所以能取信于万物，圣人所以能安天下，就在于一个“常”字。常道，是帝王用来安定民志的方法。经常处于固定不变的环境中，快乐的人以为快乐是天经地义不会改变的，不会因此感谢谁；痛苦的人以为痛苦也是天经地义不可改变的，不会去怨恨谁。对于苦乐，人们会看作是当然的，虽有趋乐避苦的事出现，但不会感激谁，仇恨谁。不是大奸巨凶不敢产生不满足的欲望和愤恨的情绪，为什么呢？只是习惯于常道罢了。因此常道如果没有到大坏极弊的程度，只宜适当调节，不可轻易改变。一变则人人会产生非分的希望，一有了非分的希望，则会人人引领垂涎、生怨起纷，几年都安定不了。因此圣人只是慎重地对待常道，不敢轻易变更。必不得已时，暗暗地改变，不敢明显地改变；公开改变，不敢私下里更改；分步改变，不敢杂乱地改变。

【原文】天之气运有常，人依之以作事而百务成，因之以长养而百病少。上之政体有常，则下之志趋定而渐可责成，人之耳目一而因以寡过。

【译文】天的气运有常道，人按照天的常道办事，百事可以成功；按照天的常道养生，百病减少。上面的政体有常规，下面人的志向就可确定并渐渐走向成功，人的耳目能专心一意，则能减少过失。

【原文】君子见狱囚而加礼焉，今以后皆君子人也，可无敬与？噫！刑法之设，明王之所以爱小人而示之以君子之路也。然则囹圄者，小人之学校与！

【译文】君子看到狱囚也以礼相待，因为从今以后这些囚犯也都可能成为君子一样的人，能不尊敬吗？噫！刑法的设立，是英明的君主用以表示爱小人并给他们指出一条通向君子的道路啊！所以说囹圄，就是小人的学校。

【原文】当事者须有贤圣心肠、英雄才识。其谋国忧民也，出于恻怛至诚；其图事揆策也，必极详慎精密。踌躇及于九有，计算至于千年。其所施设安得不事善功成、宜民利国。今也怀贪功喜事之念，为孟浪苟且之图，工粉饰弥缝之计，以遂其要荣取贵之奸，为万姓造殃不计也，为百年开衅不计也，为四海耗蠹不计也，计吾利否耳。呜呼！可胜叹哉！

【译文】当权的人须有圣贤心肠、英雄才识。为国家谋划，为人民担忧，出于至诚和同情；计议事情，筹划策略，必须详慎精密。周密地考虑，要从九域着眼；精确地计算，要想到千年久远。这样做，所提出的措施办法怎能不事善功成、宜民利国呢？现在当权的人只怀着贪功喜事的念头，做那些鲁莽苟且的事情，善于做那些粉饰和涂抹的表面功夫，来实现其要荣取贵的奸谋，是否会给百姓带来祸殃，他们是不考虑的，是否会给百年大计造成了一个不好的开端，他们不放在心上。也不计算消耗了天下多少财力；只计算对自己有利无利。唉！对这种情况，真是感叹不尽啊！

【原文】民情不可使不便，不可使甚便。不便则雍阏而不通，甚者令之不行，必溃决而不可收拾。甚便则纵肆而不检，甚者法不能制，必放溢而不敢约束。故圣人同其好恶以体其必至之情，纳之礼法以防其不可长之渐，故能相安相习而不至于为乱。

【译文】对于民情，不可使他们不便利，又不能太便利。不便利则壅塞不通，甚至命令不能实行，必溃决不可收拾。太便利则放纵恣肆而不加检点，甚至法律都不能控制，必放溢而不敢约束。因此圣人和民众好恶相同，以体会他们不得已之情，并纳于礼法之中，防止那些不可让它滋长的错误苗头，因此能相安相习而不至于为乱。

【原文】铦矛而秫梃，金矢而秸弓，虽有《周官》之法度而无奉行之人，典谟训诰何益哉！

【译文】锋利的矛，而用秫子秆做梃；金属的箭头，而用秸秆做弓。虽然有《周礼》所规定的严密的法度，而没有奉行的人，这些典谟训诰又有什么用处呢？

【原文】宽人之恶者，化人之恶者也；激人之过者，甚人之过者也。

【译文】宽恕别人的错误，就是帮助别人改正错误；用激烈的态度对等别人的错误，就是要让别人再错上加错。

【原文】五刑不如一耻，百战不如一礼，万劝不如一悔。

【译文】用五刑使人免于犯罪，不如让他懂得羞耻；用百战使他屈服，不如教他以礼；万次劝勉，不如让他知道悔恨。

【原文】世间万物皆有所欲，其欲亦是天理人情。天下万世公共之心，每怜万物有多少不得其欲处，有余者盈溢于所欲之外而死，不足者奔走于所欲之内而死，二者均，俱生之道也。常思天地生许多人物，自足以养之，然而不得其欲者，正缘不均之故耳。此无天地不是处，宇宙内自有任其责者。是以圣王治天下不说均就说平，其均平之术只是絜矩，絜矩之方，只是个同好恶。

【译文】世间万物都有欲望，这些欲望都是天理人情。天下万世那些出于公心的人，常常怜悯万物有多少不能得到自己应有的欲望。欲望得到过分满足的，会因为欲望已超过了他的需要而导致死亡；欲望得不到满足的，也会为了要满足欲望到处奔波而劳累抑郁致死。二者如果均平的话，便都可以很好地生存。我常想，天地生这么多的人物，自然足以养育他们，然而有许多不能满足的，正因为不均的缘故。这里天地没什么错处，宇宙内自有应承担责任的人。因此圣王治理天下，不是说均，就是说平，均平的办法就是要有法度，实行法度的办法就是能根据共同的好恶推己及人。

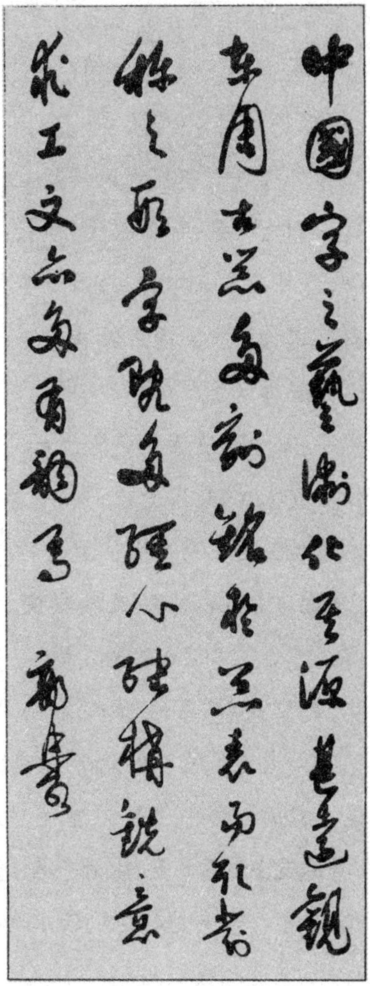

【原文】世人作无益事常十九，论有益惟有暖衣、饱食、安居、利用四者而已。臣子事君亲，妇事夫，弟事兄，老慈幼，上惠下，不出乎此。《豳风》一章，万世生人之大法，看他举动，种种皆有益事。

【译文】世上人所做的事，无益的事常有十分之九，如果说是有益的事，只有暖衣、饱食、安居、利用四方面而已。臣子侍奉君王和父母，妻子事奉丈夫，弟弟事奉兄长，老人慈爱孩子，居上位者对居下位者仁惠，都属于有益的事。《诗经·豳风》一章，说出了万世人生的大事，诗中所讲的种种举动，件件都是有益的事。

【原文】天下之事，要其终而后知。君子之用心、君子之建立，要其成而后见事功之济否。可奈庸人俗识，谗夫利口，君子才一施设辄生议论，或附会以诬其心，或造言以甚其过，是以志趣不坚、人言是恤者辄灰心丧气，竟不卒功。识见不真、人言是听者辄罢君子之所为，不使终事。呜呼！大可愤心矣。古之大建立者，或利于千万世而不利于一时，或利于千万人而不利于一人，或利于千万事而不利于一事。其有所费也似贪，其有所劳也似虐，其不避嫌也易以招摘取议。及其成功而心事如青天白日矣，奈之何铄金销骨之口夺未竟之施，诬不白之心哉？呜呼！英雄豪杰冷眼天下之事，袖手天下之敝，付之长吁冷笑，任其腐溃决裂而不之理，玩日遨月，尸位素餐而苟且目前以全躯保妻子者岂得已哉？盖惧此也。

【译文】天下的事，到最后才能知道结果。君子的用心、君子的建立，要等事情完成以后才能看出成功与否。无奈庸人的俗见，谗夫的利口，君子才一开始做事他们就大加议论，或者用附会的办法来诬蔑君子的用心，或者用造谣的方法来夸大君子的过失。因此那些意志不坚强的人，害怕这些议论的人就灰心丧气，竟使事情不能成功。识见不定的人、专听那些闲言碎语的人，听到了这些议论就让君子停止工作，使事情半途而废。唉！真让人可气可恨啊！古时候建立大的功业，有的对千万世有利，而对当时不一定有利；有的对千万人有利，而对一人不利；有的对千万事有利，而对一件事不利。做事耗用的财力很多，好像有人从中贪污；对待劳作的人要求很严，有点近似于虐待；做事不避嫌疑，也容易招来议论指责。等到其成功，心事如青天白日一样。怎奈那些庸人谗夫用铄金销骨之口来破坏那未完成的事业、诬蔑君子的难以剖白之心啊！唉！这使英雄豪杰冷眼观看天下之事，袖手旁观天下一天天坏下去，只付以长吁冷笑，任其腐溃决裂而不管，只是贪图安逸虚度岁月，居位食禄而不理事，苟且目前以保全自己和家庭，这样做难道是出于自己的真心吗？是不得已啊！就是害怕那些庸人谗夫的谗言利口啊！

【原文】鳏寡孤独、疲癃残疾、颠连无告之失所者，惟冬为甚。故凡咏红炉锦帐之欢、忘雪夜呻吟之苦者，皆不仁者也。

【译文】鳏寡孤独、衰老龙钟、残废疾病和那些颠沛流离、无处诉苦的流离失所之人，一到冬天更为难过。因此那些咏红炉锦帐之欢的人，忘记还有在雪夜中痛苦呻吟的人，都是不仁的人啊！

【原文】天下之财，生者一人，食者九人；兴者四人，害者六人。其冻馁而死者，生之人十九，食之人十一。其饱暖而乐者，害之人十九，兴之人十一。呜呼！可为伤心矣。三代之政行，宁有此哉！

【译文】天下的财物，生产的只有一个人，而吃用的却有九个人；兴办的只有四个人，破坏的却有六个人。天下的人冻馁而死的，十分之九是参加生产的人，十分之一是吃用的人。那些吃饱穿暖而享乐的人，十有九是破坏事情的人，十有一是兴办的人。唉！真让人伤心啊！三代时的政令大行，会有这种事吗？

【原文】赦何为者？以为冤邪，当罪不明之有司；以为不冤邪，当报无辜之死恨。圣王有大庆，虽枯骨罔不蒙恩。今伤者伤矣，死者死矣，含愤郁郁莫不欲仇我者速罹于法以快吾心，而乃赦之，是何仁于有罪而不仁于无辜也。将残贼幸赦而屡逞，善良闻赦而伤心，非圣王之政也。故圣王眚灾宥过不待庆时，其刑故也不论庆时，夫是之谓大公至正之道。而不以一时之喜滥恩，则法执而小人惧，小人惧则善良得其所。

【译文】为什么要赦免呢？如果是因为冤枉，应当治那些昏庸的审理案件官吏的罪；如果不冤，是应当为那些无辜者报仇雪恨。国君有了喜庆的事，即使是枯骨也都要受到恩惠。现在受伤的受伤，死的已死，心含郁愤，都想使那些伤害自己的人很快受到法律的制裁，使我的心得到快慰。但是现在却赦免了那些罪人，为什么要对有罪的人施以仁政，而对无辜者不仁呢？让残害人的害人贼侥幸赦免的愿望屡屡得逞，让善良人听到赦免坏人就伤心痛苦，这不是圣王的政治。因此圣王想要减轻因过失造成的灾害，不要等待有喜庆的时候，在实行刑罚的时候也不论是否是喜庆的时候，这就叫作大公至正之道。不以一时的高兴滥施恩惠，法令就能得到执行，小人就会恐惧；小人害怕，善良人就能安居乐业了。

【原文】近世士风大可哀已。英雄豪杰本欲为宇宙树立大纲常、大事业，今也，驱之俗套，绳以虚文，不俯首吞声以从，惟有引身而退耳。是以道德之士远引高蹈，功名之士以屈养伸。彼在上者倨傲成习，看下面人皆王顺长息耳。

【译文】近世的士风真让人感到可悲啊！英雄豪杰本想为宇宙树立榜样，干一番事业，但是在今却被驱赶着干那些俗事，应付那些虚套，如果不俯首吞声服从，只有引身而退。因此有道德的人隐居远方，想成就功名的人以屈养伸。那些处于高位的人倨傲成习，希望下面的人都是顺从而不提任何意见的。

【原文】今四海九州之人，郡异风，乡殊俗，道德不一故也。故天下皆守先王之礼，事上接下，交际往来，揆事宰物，率遵一个成法，尚安有诋笑者乎？故惟守礼可以笑人。

【译文】现在四海九州的人，州郡风尚不同，乡县习俗有异，这是因为道德不统一的缘故啊！如果天下的人都遵守先王制定的礼法，事上接下，交际往来，处理事物，都遵守一个成法，还会有人耻笑吗？因此说只有守礼的人才可以耻笑别人。

【原文】名器于人无分毫之益，而国之存亡、民之死生于是乎系。是故衮冕非暖于纶巾，黄瓦非坚于白屋，别等威者非有利于身，受跪拜者非有益于己，然而圣王重之者，乱臣贼子非此无以防其渐而示之殊也。是故虽有大奸恶，而以区区之名分折之，莫不失辞丧气。吁！名器之义大矣哉！

【译文】名器对人丝毫没有实际使用价值，但是却关系着国家的存亡、民众的生死。因此帝王、士大夫所戴的礼服礼帽不比青丝带编织的头巾暖和，黄色琉璃瓦盖的房子不一定比普通的砖瓦房坚固。表示等级威权的东西并非有利于自身，接受别人的跪拜对自己也没什么益处，然而圣王却重视这些，是因为没有这些就不能显示君王的特殊地位，防微杜渐，以免乱臣贼子的出现。因此有些人虽然怀有强烈的野心，但因一个小小的名分管束着，没有不气短言少的。啊！名器的意义实在是大啊！

【原文】天下之事倡于作俑而滥于助波鼓焰之徒，至于大坏极敝，非截然毅然者不能救。于是而犹曰循旧安常，无更张以拂人意，不知其可也。

【译文】天下的事情，由始作俑者提倡，由推波鼓焰之徒泛滥，到大坏极敝时，非断然毅然的人不能挽救。这时还有人说要循旧安常，不要更改来拂逆别人的意见，不知这怎能做到。

【原文】天下之民皆朝廷之民，皆天地之民，皆吾民。

【译文】天下的人民都是朝廷的人民，都是天地的人民，都是我们的人民。

【原文】周公是一部活《周礼》，世只有周公不必有《周礼》，使周公而生于今，宁一一用《周礼》哉！愚谓有周公虽无《周礼》可也，无周公虽无《周礼》可也。

【译文】周公是一部活《周礼》，世上如果有了周公就不需要《周礼》了，如果周公生活在今天，《周礼》中讲的能一一得到实施吗？我认为，有了周公，即使没有《周礼》也可以，没有周公，即使没有《周公》也可以。

【原文】民鲜耻可以观上之德，民鲜畏可以观上之威，更不须求之民。

【译文】民不知耻，可以看出居于上位者的品德；民不知畏，可以看出居上位者的威信，再不需要向民众去调查了。

【原文】人君有欲，前后左右之幸也。君欲一，彼欲百，致天下乱亡，则一欲者受祸，而百欲者转事他人矣。此古今之明鉴，而有天下者之所当悟也。

【译文】君王有了什么欲望，这是他前后左右官吏“幸运”的事。比如君王想要一种东西，他们却想要一百种东西，以此导致天下的混乱灭亡。结果是有一个欲望的人遭受祸殃，而有百种愿望的人又转而去侍奉新的君王了。这是古今的一面明镜，拥有天下的人应该醒悟啊！

【原文】“平”之一字极有意味，所以至治之世只说个天下平。或言：水无高下，一经流注无不得平。曰：此是一味平了。世间千种人，万般物，百样事，各有分量，各有差等，只各安其位而无一毫拂戾不安之意，这便是太平。如君说则是等尊卑贵贱小大而齐之矣，不平莫大乎是。

【译文】“平”这个字极耐人寻味，所以治理得好的朝代只说“天下平”。有人说：水无论从高处流出来的还是从低处流出来的，一流出来注入一个地方没有不平的。我说：这是一味地平了。世间有千种人、万般物、百样事，各有分量，各有差等，只各安其位而没有一毫违背不安的意思，这就是太平，像你说的则是尊卑贵贱小大都拉齐了，不平没有比这个再大的了。

【原文】漆器之谏，非为舜忧也，忧天下后世极欲之君自此而开其萌也。天下之势，无必有，有必文，文必靡丽，靡丽必亡。漆器之谏，慎其有也。

【译文】舜用漆器作为食器，诸侯以为奢侈，进行劝谏，这并不是对舜有什么忧虑，而是忧虑为天下后世穷奢极欲的君王开了头。天下的形势，没有的东西，必然会有，有了必然要文饰，文饰必然要过分的美丽，过分的美丽必然会使国家灭亡。劝谏舜不要用漆器，就是让在开始具有的时候就要谨慎啊。

【原文】暑之将退也先燠，天之将旦也先晦。投丸于壁，疾则内射，物极则反，不极则不反也。故愚者惟乐其极，智者先惧其反。然则否不害于极，泰极其可惧乎！

【译文】暑天将要过去时先有一阵大热天气，天将要亮的时候先要暗一段时间。把弹丸投向墙壁，速度太快它就会反弹过来，物极则反，不极则不反。因此愚蠢的人在事物到了极点的时候快乐，有智慧的人害怕物极则反。然而否卦极了并没有妨害，泰卦极了实在是可怕呀！

【原文】无事时埋藏着许多小人，多事时识破了许多君子。

【译文】天下无事时埋藏着许多小人，天下多事时识破了许多君子。

【原文】姑息之祸甚于威严，此不可与长厚者道。

【译文】姑息造成的祸害比威严造成的祸害严重。这一点和那些忠厚长者是不能讲的。

【原文】卑卑世态，袅袅人情，在下者工不以道之悦，在上者悦不以道之工。奔走揖拜之日多，而公务填委；简书酬酢之文盛，而民事罔闻。时光只有此时光，精神只有此精神，所专在此，则所疏在彼。朝廷设官本劳己以安民，今也扰民以相奉矣。

【译文】卑卑世态，袅袅人情，在下位的人以不正当的手段取悦上级，居上位的人喜欢那些不合道理的谄媚。四处奔走钻营的时日多，致使公务积压堆积；书信往来应酬的文字多，对民众的事置若罔闻。时光只有这么多，一个人的精神也只有这么多，对这件事专心，就会对另一件事疏忽。朝廷设置官吏本来是为了让他们多做事使民众安定，现在则是扰乱民众，让民众来奉养他们。

【原文】天下存亡系人君喜好，鹤乘轩，何损于民？且足以亡国，而况大于此者乎？

【译文】国君的喜好关系着天下国家的存亡。卫懿公从前喜欢白鹤，让鹤乘坐轩车，这样做本来对民众也没什么损害，但却因此而招致国家的灭亡，何况比这还大的事情呢？

【原文】动大众，齐万民，要主之以慈爱，而行之以威严，故曰“威克厥爱”。又曰“一怒而安天下之民”。若姑息宽缓，煦煦沾沾，便是妇人之仁，一些事济不得。

【译文】役使大众，整齐万民，要以慈爱为本，实行时却要威严，因此说：“能以威制伏所爱则必能成功。”又说：“一怒而安天下之民。”如果一味地姑息宽缓，煦煦沾沾，就是妇人之仁，一点事也办不成。

【原文】大纛高牙，鸣金奏管，飞旌卷盖，清道唱驺，舆中之人志骄意得矣。苍生之疾苦几何？职业之修废几何？使无愧于心焉，即匹马单车，如听钧天之乐。不然是益厚吾过也。妇人孺子岂不惊炫，恐有道者笑之。故君子之车服仪从足以辨等威而已，所汲汲者固自有在也。

【译文】居高位者出行时，仪仗队高举大旗，鸣金奏管，随从们前呼后拥，旗帜飞扬，清道的高声呼喊，让行人回避，坐在车舆之中的人就觉得志骄意得了。百姓的疾苦有多少？分内应办的事兴办了多少废黜了多少？如果把这些放在心上，做到心中无愧，即使是匹马单车出巡，也如听钧天之乐一样的快乐，不然只能增加自己的过错。妇女小孩遇到出巡的官员，岂能不惊慌害怕？但这些耀武扬威的做法只会引起有道德的人的耻笑。因此君子的车服仪从只要能表示出自己的身份威仪就可以了，自然有应当汲汲追求的事情。

【原文】弊端最不可开，弊风最不可成。禁弊端于未开之先易，挽弊风于既成之后难。识弊端而绝之，非知者不能；疾弊风而挽之，非勇者不能。圣王在上，诛开弊端者以徇天下，则弊风自革矣。

【译文】弊端最不可开，弊风最不可成。禁弊端于未开之先还比较容易，挽弊风在既成之后就困难了。能看清是弊端而杜绝它，除非有智的人不能做到；痛恨弊风而挽回它，除非有勇气的人不能做到。圣明的君王当政，诛杀开弊端的人向天下人宣布，弊风自然就会革除了。

【原文】避其来锐，击其惰归，此之谓大智，大智者不敢常在我。击其来税，避其惰归，此之谓神武，神武者心服常在人。大智者可以常战，神武者无俟再战。

【译文】在敌人士气旺盛向前进攻的时候避开，等到敌人疲惫后退时再袭击，这叫作大智。这种大智的人常怀不敢之情。在敌人士气旺盛向前进攻的时候就奋力还击，等到敌人疲惫后退时就避开，这叫作神武。这种神武的用兵方法，常会使人心服。采用大智的战法需要不断的战斗，采用神武的战法就不需要再战了。

【原文】匹夫有不可夺之志，虽天子亦无可奈何。天子但能令人死，有视死如饴者，而天子之权穷矣。然而竟令之死，是天子自取过也。不若容而遂之，以成盛德。是以圣人体群情，不敢夺人之志，以伤天下之心，以成己之恶。

【译文】普通老百姓，如果怀着不可改变的志向，即使是天子也无可奈何。天子最终的权力是可以把人处死，如果有人把死看作是一件光荣的事而不害怕，天子的权力也就没有什么用了。如果竟然把这人处死，这是天子知错犯错。不如宽容他，让他实现自己的志向，天子也成就了盛德。因此圣人能体会众人的感情，不敢剥夺别人的志向，以免伤天下人之心，以免造成自己的错误。

【原文】圣人不以天下易一人之命，后世乃以天下之命易一身之尊，悲夫！吾不知得天下将以何为也。

【译文】圣人不用天下来换取一个人的生命，后世的君王用天下人的生命来换取一个人的尊严，真可悲啊！我不知他得天下到底是为了什么？

【原文】申、韩亦王道之一体，圣人何尝废刑名不综核？四凶之诛，舜之申、韩也；少正卯之诛，侏儒之斩，三都之堕，孔子之申、韩也。即雷霆霜雪，天亦何尝不申、韩哉？故慈父有梃诟，爱肉有针石。

【译文】申不害和韩非的学说也是王道的方面之一，圣人何尝废除刑名之学而不考核呢？诛灭四凶，就是舜的申、韩之术；杀少正卯，斩侏儒，堕毁三都，就是孔子的申、韩之术；雷霆霜雪，就是天的申、韩之术。慈父也有发怒打骂儿女的时候，爱护身体也有用针石治病的方法。

【原文】三千三百，圣人非靡文是尚而劳苦是甘也。人心无所存属则恶念潜伏，人身有所便安则恶行滋长。礼之繁文使人心有所用而不得他适也，使人观文得情而习于善也，使人劳其筋骨手足而不偷慢以养其淫也，使彼此相亲相敬而不伤好以起争也，是范身联世制欲已乱之大防也。故旷达者乐于简便，一决而溃之则大乱起。后世之所谓礼者则异是矣，先王情文废无一在而乃习容止，多揖拜，窠颜色，柔声气，工颂谀，艳交游，密附耳蹑足之语，极笾豆筐篚之费，工书刺候问之文，君子所以深疾之，欲一洗而入于崇真尚简之归，是救俗之大要也。虽然，不讲求先王之礼而一入于放达，乐有简便，久而不流于西晋者几希。

【译文】礼仪三百，威仪三千，圣人并不是崇尚这些繁复的条文，也不是想让人们劳心费力，而是因为人的思想无所依托则恶念潜伏，人的身体有所方便安逸则恶行滋长。礼的繁多条文使人心归于礼而不会想其他的事情；使人看到礼的条文就想到应具有的感情，学习努力向善；使人手足筋骨疲劳而不偷懒怠慢，不会养成淫佚的毛病；使人们彼此相亲相敬而不伤和气，不致引起争斗，这是约束个人以及社会共同来抑制不合理的欲望以及防止混乱的大堤防啊！因此，那些旷达的人乐于简便，但堤防一溃，大乱就要发生。后世的所谓礼，和上述的却不一样了，把先王礼的内涵和条文全都放在一边，只是学习那些形容举止，增多作揖下拜的形式，修饰外表的美丽，装出轻柔的声气，精通歌功颂德的技巧，使结交的朋友光彩。整天说些悄悄密话，花费大量的财物用于祭祀和送礼，只精通书信一类问候的文字。所以君子非常厌恶这一套，想革除这些而能恢复到崇尚真情而又注重简便实用的方向，这是挽救习俗的主要办法。虽然如此，如果不讲求先王的礼制而流入放纵旷达，自然也乐于简便，时间长了就会出现西晋时名士放达于礼法之外的情况。

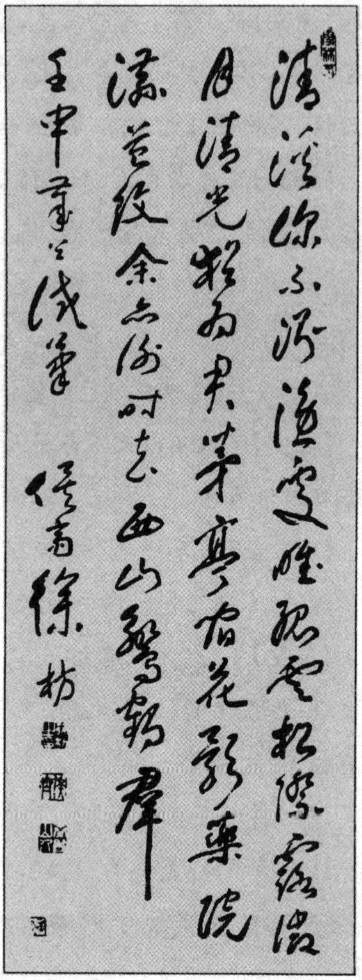

【原文】夫治水者，通之乃所以穷之，塞之乃所以决之也。民情亦然。故先王引民情于正，不裁于法。法与情不俱行，一存则一亡。三代之得天下，得民情也；其守天下也，调民情也。顺之而使不拂，节之而使不过，是谓之调。

【译文】治理水患，用疏通的办法使水流畅通才可以免除水灾，用堵塞的办法只能造成堤防崩溃洪水为患。民情也是这样。因此先王把民情引向淳正，不用法来裁治。法和情不能同时并行，一方面存在，另一方面就会灭亡。三代的君王能够得到天下，是顺应民情的缘故；三代能守住天下，是能调解民情的缘故。顺应而使其不拂逆，节制而不使其过分，这就叫作调解。

【原文】善处世者，要得人自然之情。得人自然之情，则何所不得？失人自然之情，则何所不失？不惟帝王为然，虽二人同行，亦离此道不得。

【译文】善于处世的人，要了解和尊重人的自然之情。了解了人的自然之情，什么事情办不到呢？不了解人的自然之情，什么事情能办好呢？不只帝王是这样，即使两个人相处，也不能离开这个道理。

【原文】"礼"之一字，全是个虚文，而国之治乱、家之存亡、人之死生、事之成败周不由之。故君子重礼，非谓其能厚生利用人，而厚生利用者之所必赖也。

【译文】礼这个字，本是个虚文，但国之治乱、家之存亡、人的死生、事之成败，无不和它有关。因此君子重礼，并不是说它能直接使人生计温厚、衣食丰足、物尽其用，但它却是达到这种境况必须依赖的东西。

【原文】事无定分则人人各诿其劳而万事废，物无定分则人人各满其欲而万物争。分也者，物各付物，息人奸懒贪得之心，而使事得其理、人得其情者也。分定，虽万人不须交一言。此修齐治平之要务，二帝三王之所不能外也。

【译文】事情没有一定的职责，就会人人推掉他该干的事情而使万事废怠；财物没有按一定的标准归属，就会人人都想满足自己的欲望而进行争夺。分，就是该属于谁的东西就交给谁，使人们奸懒贪得的欲望得以平息，而事情就可得到治理，人情就可得到满足。把职责、标准确定下来，即使处理万人之事也不需要说一句话。这是修身、齐家、治国、平天下都要重视的大事，古代的二帝三王也不能例外。

【原文】物理人情，自然而已。圣人得其自然者以观天下，而天下之人不能逃圣人之洞察；握其自然者以运天下，而天下之人不觉为圣人所斡旋。即其轨物所绳近于矫拂，然拂其人欲自然之私。而顺其天理自然之公。故虽有倔强锢蔽之人，莫不憬悟而驯服，则圣人触其自然之机而鼓其自然之情也。

【译文】物理、人情，都是自然而然的事。圣人能了解和得到这种自然的人情物理，并以此来观察天下的人，天下人都不能逃脱圣人的洞察；圣人掌握了这种自然的人情物理来治理天下，天下的人不知不觉就会按圣人的要求行动。即使圣人规范事物的准则近于矫情拂逆，但只是拂逆人欲方面的自然之私情，而顺应天理方面自然之公理。因此，虽然是那些倔强顽固蔽塞的人，莫不觉悟而驯服，这是因为圣人触动了他们自然的理念，而鼓舞了他们自然的人情的缘故。

【原文】将古人心信今人，真是信不过；若以古人至诚之道感今人，今人未必在豚鱼下也。

【译文】用古人那至诚的心来相信今人，真是信不过；如果以古人至诚的道理来感化今人,今人未必在豚鱼之下。

【原文】泰极必有受其否者,否极必有受其泰者。故水一壅必决,水一决必涸。世道纵极,必有操切者出,出则不分贤愚,一番人受其敝。严极必有长厚者出,出则不分贤愚,一番人受其福。此非独人事,气数固然也。故智者乘时因势,不以否为忧,而以泰为惧。审势相时,不决裂于一惩之后,而骤更以一切之法。昔有猎者入山,见驺虞以为虎也,杀之,寻复悔。明日见虎以为驺虞也,舍之,又复悔。主时势者之过于所惩也,亦若是夫。

【译文】通泰安宁达到极点,必有闭塞不通的地方;闭塞不通到了极点,必有通泰安宁的时候。因此水一壅塞必然溃决,水一溃决必然干涸。世道放纵到了极点,必然会有办事过于急躁严厉的人出现,这种人一出现,其他人不分贤愚,都要受他害。严厉到了极点,必然会有忠厚长者出现,这种人一出现,其他人不论贤愚,都会受其福。这不只是人事使然,也是气数之固然。因此有智慧的人能够乘时因势,不以闭塞不通为忧,而以通泰安宁为惧。审察形势,观察时机,不能在惩创之后又彻底决裂而立即更改一切法令。从前有个猎人,入山打猎,看到驺虞还以为是老虎,就把它杀了,不久就后悔了。第二天看见一只老虎又以为是驺虞,而没有捕杀,又很后悔。掌握时势的人惩罚不当,也会像这样啊!

【原文】兵,阴物也;用兵,阴道也,故贵谋。不好谋不成。我之动定敌人不闻,敌之动定尽在我心,此万全之计也。

【译文】兵,是阴物;用兵之道,是阴道。所以贵有智谋,不用智谋不能成功。自己一方的动静不要让敌人知道,敌人的动静都在我掌握之中,这才是万全之计。

【原文】夫礼也,严于妇人之守贞而疏于男子之纵欲,亦圣人之偏也。今舆隶仆僮皆有婢妾娼女,小童莫不淫狎,以为丈夫之小节而莫之问,陵嫡失所,逼妾殒身者纷纷。恐非圣王之世所宜也,此不可不严为之禁也。

【译文】礼,对妇女保守贞节要求很严,而对男子纵欲则要求很松,这也是圣人的偏向。现在车夫奴仆都有婢妾娼女,小童莫不淫狎,认为这对男人来说是小节,不必过问。欺凌妻子,使其无家可归;威逼婢妾,使其丧失性命,这种事件不断发生,恐怕不是圣明君主治理的时代应该出现的,不能不严加禁止。

【原文】笃恭之所发,事事皆纯王,如何天下不平?或曰:才说所发,不动声色乎?曰:日月星辰皆天之文章,风雷雨露皆天之政令,上天依旧笃恭在那里。笃恭,君子之无声无臭也。无声无臭,天之笃恭也。

【译文】从笃厚恭敬的心中发出来的，事事都是纯粹王道，哪有天下不均平的呢？有人问：才说所发，能说不动声色吗？回答说：日月星辰都是天的礼乐法度，风雷雨露都是天的政令，上天依旧笃厚恭敬地存在着。笃恭，是君子无声无息的表现。无声无息，就是天的笃恭。

【原文】肩天下之任者全要个气，御天下之气者全要个理。

【译文】肩负天下重任的人，都要有个气概，驾驭天下有气概的人，全要有个理。

【原文】宇内有三权：天之权曰祸福，人君之权曰刑赏，天下之权曰褒贬。祸福不爽，曰天道之清平，有不尽然者，夺于气数。刑赏不忒，曰君道之清平，有不尽然者，限于见闻，蔽于喜怒。褒贬不诬，曰人道之清平，有不尽然者，偏于爱憎，误于声响。褒贬者，天之所恃以为祸福者也，故曰“天视自我民视，天听自我民听”。君之所恃以为刑赏者也，故曰“好人之所恶，恶人之所好，是谓拂人之性”。褒贬不可以不慎也，是天道、君道之所用也。一有作好作恶，是谓天之罪人，君之戮民。

【译文】宇宙之内有三种权力，天的权力叫作祸福，君王的权力叫作刑赏，天下人的权力叫作褒贬。该得祸的得祸，该得福的得福，没有一点差错，这就叫作天道清平。有不尽然的，是由气数造成的。赏罚公平，这叫君道清平。有不尽然的，这是限于见闻，蔽于喜怒所致。褒贬公正，这叫人道清平。有不尽然的，偏于爱憎，误于传闻所致。褒贬，这是上天依赖它降给人祸福的办法，所心说“百姓的眼睛就是天的眼睛，百姓的耳朵就是天的耳朵”。褒贬，也是君主依靠它来进行赏罚的依据，所以说“喜欢大家所厌恶的，厌恶大家所喜欢的，这叫作逆人之性”。因此褒贬不能不慎重，因为这是天道和君道所依赖的。如果好恶不符合实际，就是天的罪人，君的罪民。

【原文】法者不可不恒也，存亡治乱之所以出，圣君所以为天下大仪也。

——《管子·任法》

【译文】法是不可不永远坚持的，它是存亡治乱的根源，是圣明君主用来作为天下最高准则的。

【原文】治国使众莫如法，禁淫止暴莫如刑。故贫者非不欲夺富者财也，然而不敢者，法不使也；强者非不能暴弱也，然而不敢者，畏法诛也。

——《管子·明法解》

【译文】治理国家，使役人民莫如有法，禁止淫乱，抑制暴行莫如有刑。贫者并非不想夺取富者的财物，然而他不敢，是法律不允许；强者并非不能欺凌弱者，然而他不敢，是畏惧法度的惩治。

【原文】不恃赏罚而恃自善之民,明主弗贵也,何则?国法不可失,而所治非一人也。

——《韩非子·显学》

【译文】不依靠赏罚而靠百姓的自我完善,贤明的君主不崇尚这种做法,为什么呢?这是因为国法是不可以丧失的,况且所治理的又不是一个人啊!

【原文】法之为道,前苦而长利;仁之为道,偷乐而后穷。

——《韩非子·六反》

【译文】以法制为治国的方法,痛苦在前却有长远的好处;以仁爱作为治国的方法,苟且欢乐但以后必然困窘。

【原文】法者天下之度量,而人主之准绳也。

——《淮南子·主术》

【译文】法律,是衡量天下事物的标准,是君主掌握国家的准绳。度量:原指测量长短多少的器具,此处引申为标准。

【原文】礼烦则不庄,业烦则无功,令苛则不听,禁多则不行。

——《吕氏春秋·适威》

【译文】礼节繁琐了反而不庄重,事业繁多反而不成功,命令过于严苛就没有人听从,禁令多了反而行不通。说明施政行令不要搞过了头,过严过繁只会适得其反。

【原文】可吁则吁,故天下莫不畏;可俞则俞,故天下莫不服。

——《贵耳集》

【译文】应该禁止的就禁止,所以天下的人们没有不敬畏的;应该答应的就答应,所以天下的人们没有不信服的。说明只有执法必严,违法必究,才能使人信服。

【原文】天下之事,不难于立法,而难于法之必行;不难于听言,而难于言之必效。

——《请稽查章奏随事考成以修实政疏》

【译文】天下的事情,制定法令并不难,难的是切实贯彻执行法令;听取众人意见并不难,难的是让这些意见真正发生效力。

【原文】马之不敢肆足者,衔辔束之也;民之不敢肆意者,法制束之也。

——《东策博议·齐鲁战长勺》

【译文】马之所以不敢撒开四蹄奔跑,是因为有嚼子和缰绳在约束着它;人之所以不敢任意妄为,是因为有法令制度约束着他。

【原文】人主之所以令则行禁则止者，必令于民之所好而禁于所恶也。

——《管子·形势解》

【译文】人君之所以能做到有令则行有禁则止，一定是他所号召的正是人民所希望的，他所禁止的正是人民所反对的。

【原文】法之制民也，犹陶之于埴，冶之于金也。故审利害之所在，民之去就，如火之于燥湿，水之于高下。

——《管子·禁藏》

【译文】用法制管理人民，应当像制陶器了解粘土的特性，冶金了解金属的特点一样。只要判明利害之所在，人们远离什么，靠近什么，就像火的避湿就干，水的避高就低一样的明白了。

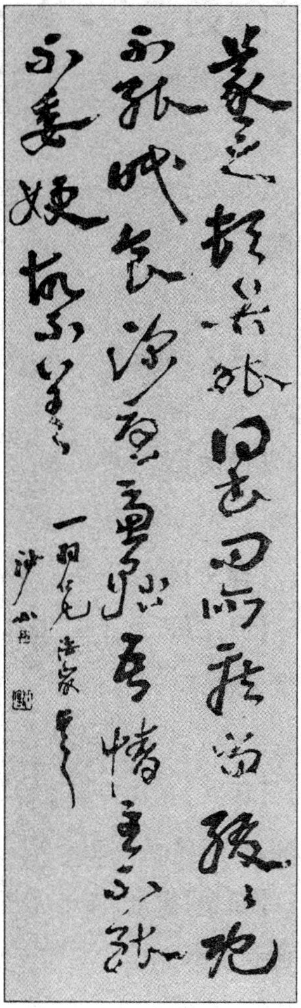

【原文】知者而后能知之，不可以为法，民不尽知；贤者而后知之，不可以为法，民不尽贤。

——《商君书·定分》

【译文】只有智慧的人才懂得的东西，不能作为法令，因为民众不全是有智慧的人；只有贤能的人才懂得的东西，也不能作为法令，因为民众不都是贤能的人。

【原文】治则刑重，乱则刑轻，犯治之罪固重，犯乱之罪固轻也。

——《荀子·正论篇》

【译文】在治世用刑要重，在乱世用刑要轻。因为在社会安定时故意犯罪，当然要重罚，在社会混乱时犯罪当然要轻罚。

【原文】罚薄不为慈，诛严不为戾，称俗而行也。

——《韩非子·五蠹》

【译文】刑罚很轻不算仁慈，刑罚很严也不算暴戾。这是适应当时社会的习俗而行的。

【原文】高不可及者，不可以为人量；行不可逮者，不可以为国俗。

——《淮南子·齐俗》

【译文】谁也达不到的高度，不能作为衡量人的标准，人们行动普遍达不到的水平，不能作为国家的风俗。强调制定法律制度要与人民现实水平相一致，不能提出过高的要求。

【原文】文章不成者，不可以诛罚；道德不厚者，不可以使民；政教不顺者，不可以烦大臣。

——《战国策·秦策一》

【译文】法令不完备，就不能动用刑罚；德行不高尚，就不能役使百姓；政治教化不合理，就不能烦劳大臣。

【原文】言不中法者，不听也；行不中法者，不高也；事不中法者，不为也。

——《商君书·君臣》

【译文】言论不合法制就不听从，行为不合法制就不推崇，事情不合法制就不去做。

【原文】民贪行躁，而诛罚轻，罪过不发，则是长淫乱而便邪辟也。有爱人之心，而实合于伤民。

——《管子·正世》

【译文】民众如果贪婪而行为狡诈，但刑罚却很轻，有罪过也不绳之以法，这就是助长淫乱，对邪辟的行为有利。这样看起来有可怜人之心，实际上止好伤害了人民。

【原文】惠者，民之仇雠也；法者，民之父母矣。太上以制制度。其次失而能追之，虽有过亦不甚矣。

——《管子·法法》

【译文】对罪过仁慈，就是人民的仇敌；法律才是保护人民的父母。最上等的做法，是先用法来规范人的行止，其次是有错误而能补救，虽有过也不致太严重。

【原文】禁罚威严，则简慢之人整齐；宪令著明，则蛮夷之人不敢犯。

——《管子·八观》

【译文】禁律与刑罚威严，怠慢法纪的人才能够遵守秩序。法令严明，不开化的民众才不敢触犯。

【原文】火烈，民望而畏之，故鲜死焉；水懦弱，民狎而玩之，则多死焉。

——《左传》昭公二十年

【译文】火性猛烈，老百姓看到就害怕，所以很少有人烧死；水性柔弱，老百姓亲近嬉戏它，就有很多人淹死。

【原文】诸葛亮治蜀十年不赦，而蜀大化。梁武帝每年数赦，卒至倾败。夫谋小仁者，大仁之贼。

——《贞观政要·赦令》

【译文】诸葛亮治蜀十年不赦，而蜀国大治，社会秩序很好。梁武帝每年赦免好几次犯人，最终却灭亡了。贪图小仁的人，必定损害大仁。

【原文】能生而能杀，国必强。能生而不能杀，国必亡。

——《太白阴经·刑赏篇》

【译文】能使人生存同时又能诛杀，国家必定强盛；只能使人生存，而不能诛杀，国家就必然要灭亡。

【原文】以严为本，而以宽济之。

——《朱子语类》

【译文】执法应当以严为根本，而以宽作为辅助。

【原文】教之不从，刑以督之，惩一人而天下知所劝诫，所谓以辟止辟，虽曰杀之，而仁爱之实已行乎其中。

——《朱子语类》

【译文】经过教育而不听从，就要用刑罚来责罚他，惩治一个人，使天下人都知道政府鼓励和惩戒的是什么，这就是所说的用法律来禁止法律，虽说是杀了人，但其中行的却是仁爱之实。

【原文】公之所加，罪虽重下无怨气；私之所加，赏虽多士不为欢。行法不道，众民不能顺。

——《管子·禁藏》

【译文】按公法行事，刑罚虽重下面的人也没有怨言；按私意行事，赏赐再多战士也不会受到鼓舞。执行法令不合理，民众就不会顺从。

【原文】不知亲疏、远近、贵贱、美恶，以度量断之。其杀戮人者不怨也，其赏赐人者不德也。以法制行之，如天地之无私也。

——《管子·任法》

【译文】不分亲疏、远近、贵贱和美丑，一切都用法律来判断，所以他定罪杀人，人不怨恨；按功行赏，人也不必感激。全凭法制办事，好像天地对待万物那样没有私心。

【原文】不为爱亲危其社稷，故曰：社稷亲于戚。不为爱人枉其法，故曰：法爱于人。

——《管子·七法》

【译文】不因爱自己的亲戚而危害国家,所以说国家比亲戚重要。不能因喜爱某些人而违反法律,所以说爱护法律高于爱护人。

【原文】化大行故法不犯,法不犯故刑不用。

——《春秋繁露·身之养重于义》

【译文】教化的广泛推行使人们不再犯法,人们不去犯法也就无须动用刑罚了。

【原文】以礼义治立者,积礼义;以刑罚治立者,积刑罚。刑罚积而民怨背,礼义积而民和亲。

——《汉书·贾谊传》

【译文】用礼义治理国家的,积累礼义;单纯用刑罚治理国家的,积累刑罚。积累刑罚百姓就会怨恨而人心背离,积累礼义百姓就会团结友爱。

【原文】刑罚之所从生有源,不务塞其源,而务刑杀之,是为民设陷以贼之也。

——《大戴礼·盛德篇》

【译文】刑罚的产生是有根源的,不致力于杜绝犯罪的根源,只致力于惩办和杀人,这就是为百姓设立陷阱而坑害他们。强调从爱护百姓出发,把力量下在防止犯罪上。

【原文】刑罚者,治乱之药石也;德教者,兴平之粱肉也。夫以德教除残,是以粱肉理疾也;以刑罚理平,是以药石供养也。

——《政论》

【译文】刑罚是治理社会混乱的药品,而道德教育则是社会兴旺平安的营养品。只用说服教育去除那些危害社会的罪犯,那等于不服药而用营养品去治病一样;单用刑罚而希望国家繁荣昌盛,那也等于想用药品去补养身体一样是无效的。

【原文】民无廉耻,不可治也;非修礼义,廉耻不立;民不知礼义,法不能正也。

——《淮南子·泰族》

【译文】百姓没有廉耻,是无法治理的;不整治礼义道德,廉耻就树立不起来;而老百姓如果不懂得礼义道德,那就连法律也不能纠正他们。强调教化为先,惩治为后。

【原文】御之良者,不在烦策;治之善者,无取严刑。

——《隋书·酷吏传传论》

【译文】最会驾车的车夫,不会频繁地鞭打拉车的马匹;最会治理国家的人,不采取严酷的惩罚方式。

【原文】以法服人，其外若密，其中实疏；以德结人，其外虽疏，其中实密。

——《史说》

【译文】用刑法制服人们，表面上看起来好像很严密，实质上却很松散；用恩德来交结人们，表面上看起来好像很疏散，实质上却很严密。意谓德治更能从根本上解决问题。

二、经典名篇

劝　学

——荀况

【原文】物类之起，必有所始；荣辱之来，必象其德。肉腐出虫，鱼枯生蠹。怠慢忘身，祸灾乃作。强自取柱，柔自取束。邪秽在身，怨之所构。施薪若一，火就燥也；平地若一，水就湿也。草木畴生，禽兽群焉，物各从其类也。是故质的张而弓矢至焉，林木茂而斧斤至焉，树成荫而众鸟息焉，醯酸而蜹蜹聚焉。故言有召祸也，行有招辱也，君子慎其所立乎！

【译文】天下各类事物刚出现时，一定有一个最初的原因；光荣或耻辱的到来，一定与本人的品德优劣相一致。肉腐臭了要生出蛆虫，鱼干枯了要长出蠹虫。一个人疏懒怠慢忘掉了切身的利害关系，灾祸就要降临。太刚强的东西容易折断，太柔弱的东西又容易受约束。身沾邪恶污秽，必然造成人们对你的怨恨。堆放的柴草看似一样，火总是先从干燥的柴草燃起；平坦的土地看似一样，但水总是流向潮湿的地方。野草和树木以同类繁衍丛生，飞禽走兽以同类成群聚处，这是万物各从其类的客观规律。所以，箭靶竖起来，就会有弓箭射向它；林木茂盛了，就会响起叮叮的斧伐声；树林成荫了，群鸟就会来此栖息；醋发酸了，蚊蝇也就飞来聚集。所以，说话太随便，就会招来灾祸，行为不检点，就会招致耻辱。君子要谨慎地立身处世啊！

【原文】问楛者，勿告也；告楛者，勿问也；说楛者，勿听也；有争气者，勿与辩也。故必由其道至，然后接之，非其道则避之。故礼恭，而后可与言道之方；辞顺，而后可与言道之理；色从，而后可与言道之致。故未可与言而言谓之傲，可与言而不言谓之隐，不观气色而言谓之瞽。故君子不傲，不隐，不瞽，谨顺其身。《诗》曰："匪交匪舒，天子所予。"此之谓也。

【译文】有人问不合礼法的事，就不必回答他；有人告知不合礼法的话，就不要去追问；向你谈论不合礼法的话，就不要去听；遇有意气闹事，不讲道理的人，就不要与他争辩。所以，必须是按照礼法来请教的人，才接待他；不按照礼法而来请教的人，就回避他。所以来人谦恭有礼，然后才可与他谈论道义的方向；见他言辞谦逊，然后才可与他谈论道义的原理；见他神色乐意听从，然后才可以进一步和他论谈道义的精深含义。所以对那些不可以交谈的人，却硬要谈，这叫作急躁；对那些可以交谈的人而不谈，这叫作隐瞒；不察言观色就与他交谈，这叫作作瞎子。所以，君子诲人不急躁、不隐瞒，也不盲目行事，总是谨慎地对待那些前来请教的人。《诗经》上说："不要急躁不要怠慢，就会受到天子的赞许。"说的就是这个意思。

圣　贤

——吕坤

【原文】战国是个残酷底气运、巧伪底世道。君非富强之术不讲，臣非功利之策不行。六合正气独钟在孟子身上，故在当时疾世太严，忧民甚切。

【译文】战国时代是个残残酷的气运、巧伪的世道。君非富强之术不讲求，臣非功利之策不实行。天地四方的正气独钟在孟子身上，认为自己独担天下之大任，所以在当时对世俗的一套愤恨得太厉害，对民众的忧虑也很深切。

【原文】伊尹看天下人无一个不是可怜底，伯夷看天下人无一个不是可恶底，柳下惠看天下人无一个不是可与底。

【译文】伊尹看天下人没一个不是可爱的，伯夷看天下人没一个不是可恶的，柳下惠看天下人没一个不是可以交朋友的。

【原文】费宰之辞，长府之止，看闵子议论，全是一个机轴，便见他和悦而诤。处人论事之法，莫妙于闵子，于天生底一段中平之气。

【译文】孔子的弟子闵子骞，让人为他辞去费宰之任，禁止长府改变以前的做法，从这两件事可以看出闵子的议论，全是从一点出发的，就是以和悦的态度达到规劝的目的。处人论事的方法，没有比闵子再巧妙的了，是天生的一股中正平和之气。

【原文】明道答安石能使愧屈，伊川答子由遂激成三党，可以观二公所得。

【译文】王安石执政时，议论更改法令。有的大臣反对此事，王安石刚要发怒，脸色很难看，程颢说："天下事非一家私议，愿平气以听。"安石为之愧屈。程颐以天下为己任，议论褒贬，无所顾虑，与苏轼政见不同，遂分为三个党派。以此可以看出程颢、程颐二人的修养差别。

【原文】休作世上另一种人，形一世之短。圣人也只是与人一般，才使人觉异样，便不是圣人。

【译文】不要作世上与人不同的一种人，因为自己来显现世上其他人的短处。圣人也只和普通人一样，刚使人觉出异样，便不是圣人。

【原文】好问好察时著一"我"字不得，此之谓能忘；执两端时著一"人"字不得，此之谓能定；欲见之施行略无人己之嫌，此之谓能化。

【译文】喜欢发问，爱好省察，这时不要带着主观的见解，这叫作能忘；执两端而用中的时候，不要考虑别人的看法，这叫作能定；把自己的主张付诸实行的时候，没有为人为己的嫌疑，这叫作能化。

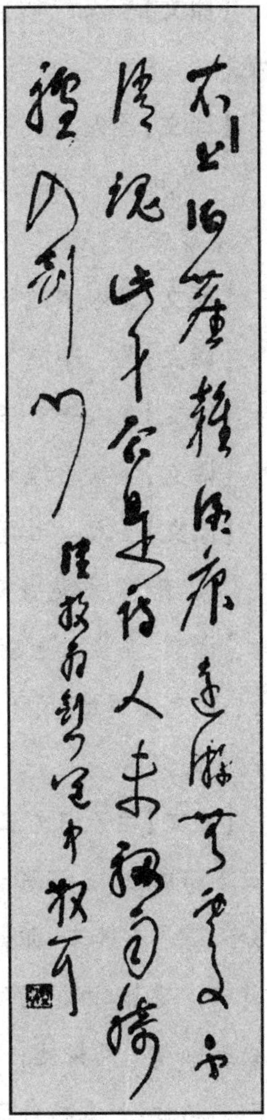

【原文】圣人是物来顺应，众人也是物来顺应。圣人之顺应也，从廓然大公来，故言之应人如响，而吻合乎当言之理；行之应物也，如取诸宫中，而吻合乎当行之理。众人之顺应也，从任情信意来，故言之应人也，好莠自口，而鲜与理合；事之应物也，可否惟欲，而鲜与理合。君子则不然，其不能顺应也，不敢以顺应也。议之而后言，言犹恐尤也；拟之而后动，动犹恐悔也。却从存养省察来。噫！今之物来顺应者，人人是也，果圣人乎？可哀也已。

【译文】圣人是事物来临了就顺应而行，众人也是事物来临了就顺应而行。圣人的顺应，是从廓然大公出发的，所以答应别人的问话时，应之如响，而又合乎当说之理；行为的适应事物，如从宫中取来的物品，而又符合当行之理。众人的顺应，是从任情信意发出的，所以回答别人的话时就胡说乱道，很少与理相合；行为的适应事物，是否合适也是随心所欲，而很少与理相合。君子则不是这样，不能顺应的时候，就不敢去顺应，商议后才说话，说了以后仍怕有错；计划好才行动，行动开始了仍怕会后悔。这些都是从修养和省察中得来的。唉！现在事来而顺应的人，人人都能做，果然都是圣人吗？真是可悲啊！

【原文】圣人绝四，不惟纤尘微障无处着脚，即万理亦无作用处，所谓顺万事而无情也。

【译文】圣人克服了四种毛病，这就是不凭空猜测、不绝对肯定、不拘泥固执、不唯我独是。做到这样，不仅纤尘微障无处落脚，即使万理也没法起作用，这就是所说的顺万事而无主观感情色彩。

【原文】圣人不随气运走，不随风俗走，不随气质走。

【译文】圣人不随气运走，不随风俗走，不随气质走。

【原文】圣人平天下不是夷山填海，高一寸还他一寸，低一分还他一分。

【译文】圣人治理天下不是像夷山填海那样，而是高一寸削掉一寸，低一分补上一分。

【原文】圣人心上再无分毫不自在处。内省不疚，既无忧惧；外至之患，又不怨尤。只有一段不释然，却是畏天命悲人穷也。

【译文】圣人心上没有丝毫不自在的地方，反省内心没有内疚的地方。就没有忧愁恐惧；外面有了祸患，又不怨天尤人。圣人只有一件事不能放任不管，这就是敬畏天命、悲伤民众的穷困。

【原文】孟子谓文王取之而燕民不悦则勿取，虽非文王之心，最看得时势定。文王非利天下而取之，亦非恶富贵而逃之，顺天命之予夺，听人心之向背，而我不与焉。当是时，三分天下才有其二，即武王亦动手不得。若三分天下有其三，即文王亦束手不得。《勺》之诗曰："遵养时晦，时纯熙矣，是用大介。"天命人心，一毫假借不得。商家根深蒂固，须要失天命人心到极处；周家积功累仁，须要收天命人心到极处。然后得失界限决绝洁净，无一毫粘带，如瓜熟自落，栗熟自坠，不待剥摘之力。且莫道文王时动得手，即到武王时，纣又失了几年人心，武王又收了几年人心，《牧誓》《武成》取得何等费唇舌，《多士》《多方》守得何等耽惊怕，则武王者生摘劲剥之所致也。也譬之疮落痂，鸡出卵，争一刻不得。若文王到武王时定不犯手，或让位微、箕，为南河、阳城之避，徐观天命人心之所属，属我我不却之使去，不属我我不招之使来。安心定志，任其自去来耳。此文王之所以为至德。使安受二分之归，不惟至德有损，若纣发兵而问叛人，即不胜，文王将何辞？虽万万出文王下者亦不敢安受商之叛国也。用是见文王仁熟智精，所以为宣哲之圣也。

【译文】孟子说，如果有的国家想吞并燕国，而燕国的百姓不高兴，那就不要吞并它，周文王就是按照这个原则去做的。孟子的话虽然不一定符合周文王的本心，但对时势却看得很清楚。文王不是为了对天下有利才去攻取的，也不是为了厌恶富贵而要逃避，只是顺应天命的予夺，听从人心的向背，自己却不置身其间。在当时，如果三分天下才有二分，即使是武王也不敢动手去攻打，如果三分天下已经有其三，文王也不会束手不动。《诗经·周颂·酌》说："遵养时晦，时纯熙矣，是用大介。"意思是说退而养精蓄锐，等待时机，时机成熟，一戎衣天下就可大定。天命人心一毫也不能借助别的。商朝根深蒂固，须要等到天命人心丧失到极处；周朝积功累仁，须要收天命人心到极处。然后得失的界限才能完全决定，无一毫粘带，如同瓜熟蒂落、栗子熟自坠一样，不等人去剥去摘。且不说文王时能不能动手，即使到了武王的时候，商纣王又失了几年人心，武王又收了几年人心，《尚书》中《牧誓》《武成》二篇，记载武王欲伐纣的事，费了多少唇舌去动员民众。《多士》《多方》两篇记载守业的情况，又是何等的担惊受怕。这都是由于武王在时机还未成熟时生摘硬剥地去攻取商纣的结果。又好比疮痂脱落，母鸡下蛋，早一刻也不行。如果是文王处于武王的时代，定然不会下手，或者会让位给微子、箕子，像舜、禹那样做，自己避居到南河、阳城去，慢慢地观察天命人心之所属。属我，我不让它失去；不属我，我也不招之使来。只是安心定志，任其自去自来而已。这就是文王之所以称为有至德的原因。假使文王安于接受那二分人心的归向，不只有损至德，如果殷纣王出兵讨伐叛变的人，即使不胜，文王怎能辞掉叛变的罪名呢？即使是比文王相差万倍的人也不敢接受背叛商朝的罪名啊！以此可见周文王的仁熟智精，所以是明智的圣人。

【原文】汤祷桑林，以身为牺，此史氏之妄也。按汤世十八年旱，至二十三年祷桑林，责六事，于是旱七年矣天乃雨。夫农事冬旱不禁三月，夏旱不禁十日，使汤待七年而后祷，则民已无孑遗矣。何以为圣人？即汤以身祷而天不雨，将自杀与，是绝民也；将不自杀与，是要天也。汤有一身，能供几祷？天虽享祭，宁欲食汤哉？是七年之间，岁岁有旱，未必不祷；岁岁祷雨，未必不应。六事自责，史臣特纪其一时然耳。以人祷，断断乎其无也。

【译文】史书记载，商汤曾在桑林中祈祷，许愿以身为祭品，求天降雨。这是史书记载的错误。商汤十八年时天旱，到二十三年时，汤才在桑林中祈祷，责备自己犯了六种错误，那么旱了七年天才下雨。农耕之事，冬旱经不住三个月，夏旱经不住十天，假如汤等旱了七年才去祷祈，那人民早死光了，他怎么能称得上圣人呢？如果汤以身许愿而天不下雨的话，他要自杀，是自绝于民；如不自杀，是要挟上天。商汤只有一个身体，能供几次祈祷呢？天虽然愿意享受祭祀，能以汤为食品吗？看来七年之间，年年有旱灾，汤未必不是年年祈祷；岁岁祈雨，未必都不回应。以六事自责的事，可能只是史臣记载某一次祈祷的事罢了。以身为祷，一定是没有的事。

【原文】为小人所荐者辱也，为君子所弃者耻也。

【译文】受到小人的举荐是可耻的，被君子遗弃是可耻的。

【原文】士君子在尘世中摆脱得开，不为所束缚；摆脱得净，不为所污蔑，此之谓天挺人豪。

【译文】士君子在尘世中能摆脱得开，不为世俗之态所束缚；摆脱得彻底，不受世俗之人的污蔑，这叫作顶天立地的人中豪杰。

【原文】达人落叶穷通，浮云生死。高士睥睨古今，玩弄六合。圣人古今一息，万物一身。众人尘弃天真，腥集世味。

【译文】通达的人看待贫困显达，如同深秋的落叶，任其自然；对待生死，如同天上浮云，任期飘浮。高士傲视古今，玩弄六合。圣人看待古今如一呼一吸的瞬间，看待万物如与自己合为一体。众人抛弃天真，奔趋世俗。

【原文】功业之士，清虚者以为粗才，不知尧、舜、禹、汤、皋、夔、稷、契功业乎？清虚乎？饱食暖衣而工骚墨之事，话虚之理，谓勤政事者为俗吏，谓工农桑者为鄙夫，此蔽化之民也，尧舜之世无之。

【译文】对于建功立业的人，清静虚无的人认为这是粗才，不知尧、舜、禹、汤、皋、夔、稷、契这些人，是属于建功立业的人呢？还是清静虚无的人？饱食暖衣，吟诗作赋、高谈玄虚的人，称努力于政事的人为俗吏，说耕田植桑的人为鄙夫，这是一些败坏世道的人，尧舜之世没有这样的人。

【原文】众恶必察是仁者之心，不仁者闻人之恶喜谈乐道，疏薄者闻人之恶深信不疑。惟仁者知恶名易以污人，而作恶者之好为诬善也，即察为人所恶者何人，又察言者何心，又察致恶者何由，耐心留意，独得其真。果在位也，则信任不疑；果不在位也，则举辟无贰；果为人所中伤也，则扶救必力。呜呼！此道不明久矣。

【译文】对人们所说的各种坏话一定要调查清楚，这就是仁者的用心。不仁的人听到别人的坏话，就喜闻乐道；疏陋浅薄的人听到说别人的坏话，就深信不疑。唯有仁者知道恶名容易损害人，而作恶的人又喜欢诬蔑好人，所以仁者首先要了解被别人说坏话的是什么人，又分析说坏话的人是何用心，又调查为什么会让人说他坏话，耐心留意地调查分析，得出正确的结论。被中伤的人如果在官位上，则信任不疑；不在官位上，则竭力举荐；确实是被人中伤，则努力扶救。唉！这个道理已经很久没人知道了。

【原文】党锢诸君只是褊浅无度量，身当浊世，自处清流，譬之泾谓，不言自别。正当遵海滨而处，以待天下之清也。却乃中检自负，气节相高，志满意得，卑视一世而践踏之，讥谤权势而狗之，使人畏忌。奉承愈炽愈骄，积津要之怒，溃权势之毒，一朝而成载胥之凶，其死不足惜也。《诗》称“明哲保身”，孙称”““免于刑戮”，岂贵货清市直，甘鼎镬如饴哉？申、陈二子得之郭林宗几矣，“顾”“厨”“俊”“及吾道中之罪人也，仅愈于卑污耳。若张俭则又李膺、范滂之罪人，可诛也夫。

【译文】因议论朝政而被诬为朋党遭受禁锢的这些君子，只是一些识见偏浅、度量狭小的人。出生在浊世，自己独守清白。就如同泾水浊、渭水清一样，不用说话就能分别得很清楚。所以这些君子应当隐居海滨，等待天下清明。而他们却自负有名声有操守，互相推崇气节高沿，志满意得，鄙视世上的一切恶人恶行，想把这些都踩在脚下，讥谤权势，认为这些人狗都不如。他们的做法使人惧怕而又有所顾虑，人们对他们就大加奉承，而他们的气势也就越来越壮。这样，激起了当权者早就积蓄在心中的怒气，发泄出来，党锢的君子一下子就被杀戮或流放，他们的死，真不足让人可惜啊！《诗经》说：“明哲保身”，意思是说既要洞察又有智慧，以保护自己。孙子说：“默足有容”、“免于刑戮”，意思是用沉默的方法来保护自己，免于遭受刑罚和杀戮。岂能为了换取清白正直的名声，而遭受鼎镬煎烹的酷刑而甘之如饴呢？能像申、陈二地的学子得到郭林宗这样高尚之士教诲的人太少了，“八顾”“八厨”“八俊”“八及”，这些东汉时期的天下名士，都是儒家大道的罪人，仅比卑污的人高出一点而已。张俭又是危害李膺和范滂的罪人，真该杀啊！

【原文】世之颓波，明知其当变，狃于众皆为之而不敢动；事之义举，明知其当为，狃于众皆不为而不敢动，是亦众人而已。提抱之儿得一果饼未敢辄食，母尝之而后入口，彼不知其可食与否也。既知之矣，犹以众人为行止，可愧也夫。惟英雄豪杰徇习以居非，能违俗而任道，夫是之谓独复。呜呼！此庸人智巧之士所谓生事而好异者也。

【译文】世道衰败，明知应当改变现状，但拘于众人都是那样做而不敢动；合于道义的事，明知当作，但拘于众人都不去做而不敢动。这样的人也只是普通人而已。领着抱着的小孩，得到一个果饼不敢马上就吃，母亲尝了之后才敢入口，这是因为他不知果饼是否能吃。既已知道能吃，仍然看众人的行动决定自己的行止，真让人感到羞愧啊！只有英雄豪杰不因循习俗而居于被人非议的地位，能违反世俗而担当重任，这叫作独往独来。唉，这就是被庸人智巧的人称之为爱生事和爱标新立异的人。

【原文】士气不可无，傲气不可有。士气者，明于人己之分，守正而不诡随。傲气者，昧于上下之等，好高而不素位。自处者每以傲人为士气，观人者每以士气为傲人，悲夫！故惟有士气者能谦己下人，彼傲人者昏夜乞哀或不可知矣。

【译文】士气不可无，傲气不可有。士气，就是明白人己之名分，守正而不放肆谲诈。傲气，是不明上下之等，好高位而不愿居于常位。看自己每以傲视别人为士气，观察他人每以士气为傲人，可悲啊！因此唯有具有士气的人能谦虚地居于人下，那傲视别人的人，可能会在黑夜乞求别人的哀怜，也未可知。

【原文】体解神昏，志消气沮，天下事不是这般人干底。攘臂抵掌，矢志奋心，天下事也不是这般人干底。干天下事者，智深勇沉，神闲气定。有所不言，言必当；有所不为，为必成。不自好而露才，不轻试以幸功。此真才也，世鲜识之。近世惟前二种人乃互相讥，识者胥笑之。

【译文】体懈神昏，志消气沮，天下事不是这种人干的。攘臂抵掌，矢志奋心，天下事也不是这种人干的。干天下事的人智深勇沉，神闲气定。他们有的话不说，说了必然恰当；有的事不做，做了必然成功。不喜欢显露自己的才能，不轻易做事以求侥幸成功，这才是真才，而世人很少能够识别。世上只有前两种人互相讥讽，看清楚的人都觉得他们可笑。

【原文】山林处士常养一个傲慢轻人之象，常积一腹痛愤不平之气，此是大病痛。

【译文】山林处士常养成一个傲慢轻视人的形象，常积成一腹痛愤不平的怨气，这是大毛病。

【原文】好名之人充其心，父母兄弟妻子都顾不得，何者？名无两成，必相形而后显，叶人证父攘父羊，陈仲子恶兄受鹅，周泽奏妻破戒，皆好名之心为之也。

【译文】人要有了好名之心，连父母妻子都顾不得，为什么呢？名不能双方都得到，必须相比才能显示出来。《论语》记载，一个叶地的人证明他的父亲偷了人家的羊，《孟子》记载，陈仲子反对其兄接受别人送的鹅，《后汉书》记载，周泽向皇帝上奏，说他的妻子干犯他斋戒，这都是因为有好名之心才做出来的事。

【原文】世之人常把好事让与他人做，而甘居己于不肖，又要掠个好名儿在身上，而诋他人为不肖。悲夫！是益其不肖也。

【译文】世上的人常常把好事让给他人做，而自己甘居于行为不善的地位；可是又要抢个好名声，而诋毁他人不正派。可悲啊！这是更增加了他的不正派。

【原文】理圣人之口易，理众人之口难。圣人之口易为众人，众人之口难为圣人。岂直当时之毁誉，即千古英雄豪杰之士、节义正直之人，一入议论之家，彼臧此否，各骋偏执，互为雌黄，譬之舞文吏出入人罪，惟其所欲求，其有大公至正之见，死者复生而响服者几人？是生者肆口而死者含冤也。噫！使臧否人物者而出于无闻之士，犹昔人之幸也。彼擅著作之名号，为一世人杰，而立言不慎，则是狱成于廷尉，就死而莫之辩也，不仁莫大焉。是故君子论人，与其刻也宁恕。

【译文】调理圣人的口容易，调理众的口困难。圣人之口可以变为众人之口，众人之口难以变成圣人之口。不仅当世人的毁誉，即使是千古英雄豪杰之士、节义正直的人，一被人议论，这个赞扬那个批评，各执一偏之见，互相雌黄，就如那些用玩弄法令条文的方法来给人定罪的官吏，只根据他的需要来解释法律，这种人中有几个大公至正见解的！如令死者复生，能对他的判决表示心服口服的，能有几个人呢？这样做只能使活着的人议论纷纷而死的人含冤九泉而已。唉！假使品评人物的人是些无名之辈，还是被品评者的幸事。那些享有文名、为一世人杰的人，如果写文章时不慎重，那就如同案子经廷尉审讯一样，被审的人到死也无法辩白，不仁没有比这个再大的了。因此君子评论人，与其苛刻，宁可宽恕。

【原文】正直者必不忠厚，忠厚者必不正直。正直人植纲常，扶世道；忠厚人养和平，培根本。然而激天下之祸者，正直之人；养天下之祸者，忠厚之过也。此四字兼而有之，惟时中之圣。

【译文】正直的人必定不忠厚，忠厚的人必定不正直。正直的人能够树纲常、扶世道；忠厚的人可以养和平、培根本。然而激起天下祸端的人，是正直的人；滋养天下祸害的人，是忠厚的人。正直忠厚的品德能兼而有之的，只有立身行事合乎时宜，没有过和不及毛病的时中之圣人才能做到。

【原文】士有三不顾：行道济时人顾不得爱身，富贵利达人顾不得爱德，全身远害人顾不得爱天下。

【译文】读书人有三不顾：追求行道济时的人顾不得爱身，追求富贵利达的人顾不得爱德，追求全身远害的人顾不得爱天下。

【原文】其事难言而于心无愧者，宁灭其可知之迹，故君子为心受恶，太伯是已。情有所不忍而义不得不然者，宁负大不韪之名，故君子为理受恶，周公是已。情有可矜而法不可废者，宁自居于忍以伸法，故君子为法受恶，武侯是已。人皆为之而我独不为，则掩其名以分谤，故君子为众受恶，宋子罕是已。

【译文】事情难以对别人说而心中无愧的，宁可消掉可能会被人知道的痕迹，所以君子为了隐藏内心的事而会遭到人们的误解或诽谤，周代古公亶父的儿子太伯就是这样。情有所不忍而义不得不然的，宁可担当大不是的名声，所以君子会因为坚持真理而受到人们的识解或诽谤，周公就是这样。情有可怜而法不可废的，宁可自居残忍之名而要伸法，所以君子会因依法办事而受到人们的误解或诽谤，诸葛亮就是这样。人们都去做而只有我不去做，宁可为掩盖自己的美名而分担诽谤，所以君子会因众人的利益反而受到人们的误解，宋国的子罕就是这样。

【原文】从容而不后事，急遽而不失容，脱略而不疏忽，简静而不凉薄，真率而不鄙俚，温润而不脂韦，光明而不浅浮，沈静而不阴险，严毅而不苛刻，周匝而不烦碎，权变而不谲诈，精明而不猜察，亦可以为成人矣。

【译文】从容而不耽误事情，急遽而不改变容色，洒脱而不疏忽，简静而不冷淡薄情，真率而不粗俗，温润而不圆滑，光明而不浅浮，沉静而不阴险，严毅而不苛刻，周密而不烦琐，权变而不欺诈，精明而不揣测，这样的人就是德才兼备的成熟之人了。

【原文】厚德之士能掩人过，盛德之士不令人有过。不令人有过者体其不得已之心，知其必至之情而预遂之者也

【译文】厚德之十能够掩盖别人的过失，盛德之士不让人出现过失。不让人出现过失的人，能体会别人不得已的心情，知道别人想要那样做的心情，而预先使他的心愿实现。

【原文】知其不可为而遂安之者，达人智士之见也。知其不可为而犹极力以图之者，忠臣孝子之心也。

【译文】知道事情不可为而安于现状的，这是达人智士的见识。知道事情不可为仍要努力去做的，这是忠臣孝子的用心。

【原文】今之论人者，于辞受，不论道义，只以辞为是，故辞宁矫廉而避贪爱之嫌。于取与，不论道义，只以与为是，故与宁伤惠而避吝啬之嫌。于怨怒，不论道义，只以忍为是，故礼虽当校而避无量之嫌。义当明分，人皆病其谀，而以倨傲矜陵为节概。礼当持体，人皆病其倨，而以过礼足恭为盛德。惟俭是取者，不辩礼有当丰；惟默是贵者，不论事有当言。此皆察理不精，贵贤知而忘其过者也。噫！与不及者诚有间矣，其贼道均也。

【译文】现在评论人物人的人，对于别人赠送的东西是推辞还是接受，不看合不合道义，只认为推辞不受就是对的，因此宁肯不合情理地推辞不受来博取廉洁的名声，也要避贪爱之嫌。对于收取还是给予，也不论是否合乎道义，只认为给予是对的，因此宁肯显示

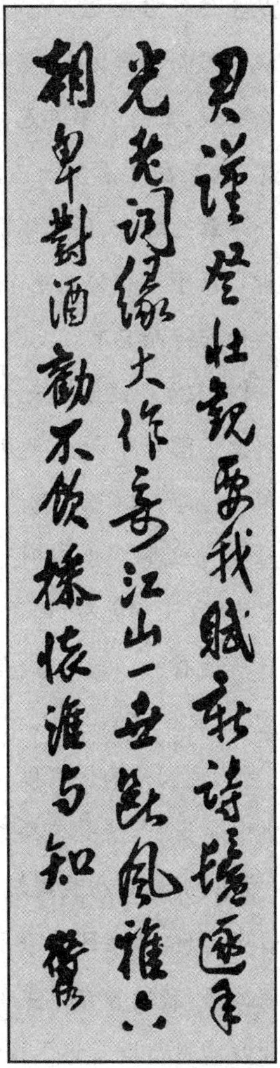

大方也要避免吝啬之嫌。对于怨和怒，也不管是否合乎道义，只以忍为正确，因此按理应当计较的事也不计较而要避免没有度量的嫌疑。根据义应当明确本分，人们认为说好话奉承别人是不好的，因而就以傲慢自大夸耀凌人为志节气概。按照礼应该保持尊严，人们都认为倨傲是不好的，就以过度的礼节和谦恭为盛德。认为只有节俭才是可取的，就不分辨按礼有时应该丰盛。认为只有沉默才是可贵的，就不论有的事应当说话。这些都是对于是否合理认识不清，以贤智为可贵而忘记他们已超过了界限。唉！超过与不及确实有差别，但对道的危害却是一样的。

【原文】狃浅识狭闻，执偏见曲说，守陋规俗套，斯人也，若为乡里常人不足轻重，若居高位有令名，其坏世教不细。

【译文】拘泥于浅识狭闻，固执于偏见曲说，遵守那陋规俗套，这种人啊，如果是乡下的普通人还无足轻重，若居于高位又有好名声，对世教的损害肯定不小。

【原文】文姜与弑桓公，武后灭唐子孙，更其国庙，此二妇者，皆国贼也，而祔葬于墓，祔祭于庙，礼法安在？此千古未反一大案也。或曰：子无废母之义。噫！是言也，闾阎市井儿女之识也。以礼言，三纲之重，等于天地，天下共之。子之身，祖庙承继之身，非人子所得而有也。母之罪，宗庙君父之罪，非人子所得而庇也。文姜、武后，庄公、中宗安得而私之以情？言弑吾身者与我同邱陵，易吾姓者与我同血食，祖父之心悦乎？怒乎？对子而言，则母尊；对祖父而言，则吾母臣妾也。以血属而言，祖父我同姓，而母异姓也。在为母忘身可也，不敢仇；虽杀我可也，不敢仇。宗庙也，父也，我得而专之乎？专祖父之庙以济其私，不孝；重生我之恩而忘祖父之仇，亦不孝。不体祖父之心，强所仇而与之共土同牢，亦不孝。二妇之罪当诛，吾为人予不忍行亦不敢行也。有为国讨贼者，吾不当闻亦不敢罪也。不诛不讨，为吾母者逋戮之元凶也。葬于他所，食于别宫，称后夫人而不系于夫，终身哀悼以伤吾之不幸而已。庄公、中宗皆昏庸之主，吾无责矣。吾恨当时大臣陷君于大过而不顾也。或曰：“葬我小君文姜。”夫子既许之矣，子何罪焉？曰：此胡氏失仲尼之意也。

仲尼盖伤鲁君臣之昧礼而特著其事以示讥尔。曰“我”言不当我而我之也。曰“小君”言不成小君而小君之也,与历世夫人同书而不异其词,仲尼之心岂无别白至此哉?不然姜氏会齐侯,每行必书其恶,恶之深如此,而肯许其为“我小君”邪?或曰:子狃于母重而不敢不尊,臣狃于君命而不敢不从,是亦权变之礼耳。余曰:否!否!宋桓夫人出耳,襄公立而不敢迎其母,圣人不罪襄公之薄恩而美夫人之守礼。况二妇之罪弥漫宇宙,万倍于出者。臣子忘祖父之重而尊一罪大恶极之母以伸其私,天理民彝灭矣。道之不明一至是哉?余安得而忘言?

【译文】鲁桓公的夫人文姜,参与了杀害桓公的事,武则天皇后杀了不少李唐的子孙,还更改了国号和宗庙,这两个妇人,都是国家的奸贼,而死后还与其丈夫合葬在一起,还合祭于祖庙,这样做,礼法安在?这是千古没有翻过来的一个大案。有人说:没有儿子废弃母亲的道理。唉,这种话,是民间市井儿女的见识。以礼来说,君为臣纲、父为子纲、夫为妻纲,这三纲之重,等于天地,天下要共同遵守。人子之身,是要承继祖庙的,不是人子自己所独有的。母之罪,是对守庙君父犯了罪,不是人子所应庇护的。对于文姜、武后,鲁庄公、唐中宗怎么能以私人感情来庇护他们呢?如果说杀我的人可以和我同埋一个墓穴,更改我国号的人可以与我同享庙祭,祖先和父亲的心会高兴呢?还是会发怒呢?对于儿子来说,母亲是值得尊重的人;对祖宗和父亲来说,我的母亲只是臣妾。从血统而言,祖宗、父亲是和我同姓的亲人,而母亲则是异姓。儿子为了母亲可以忘记自身,不敢与母亲为仇;母亲即使杀了儿子也行,儿子也不敢与母亲为仇。但是对于宗庙的事,对于父亲的事,我能独自做主吗?以个人的感情来决定宗庙和父亲的事,这是不孝;只看重母亲生我的恩情而忘记了祖宗、父亲的仇恨,也是不孝。不体恤祖宗、父亲的心,强使他们与仇人同墓共穴,也是不孝。按这两个妇人的罪行,应当诛杀,但作为人子,不忍心这样做,也不敢这样做。有人为了国家而讨伐我的母亲,我不应当过问这件事,也不敢给他们加什么罪名,因为,如果过问了而对讨贼者不诛不罚,就成为帮助杀我母亲罪犯的元凶。所以只能将母亲葬于别的地方,在那里祭祀她,称作后或夫人,而不将她与丈夫合葬。终生都哀悼她,为我的不幸伤心而已。鲁庄公、唐中宗都是昏庸的君主,我不责备他们。我只恨当时的大臣使国君陷于大的过错中而不管不顾。有人问:《春秋》记载“葬我小君文姜”,孔子都认可的事,你为什么还要责怪呢?我回答说:“这是胡安国误解了孔子的意思,孔子是为鲁国君臣的不懂礼而忧伤,特意这样写,是用来表示讽刺的。称“我”,是说不配当我的小君,才用了“我”字。称“小君”,是说称不起是小君,才用了“小君”,如果用与历代夫人同样的称呼而不改变，孔子的内心不能分辨是非到了如此地步了吗？事实并非如此，文姜每次和齐侯相会，每写到这些，孔子必书写其恶行，孔子对文姜厌恶得如此厉害，而肯称许她为“我小君”吗？又问：有时儿子拘泥于对母亲的尊重，而不敢有不尊的表示；臣子拘泥于国君的命令，而不敢不服从，这也是权变的礼节啊！我说：不是这样的！不是这样的！宋桓夫人被赶出了国门，她的儿子宋襄公继承了王位也不敢把她接回来，圣人不以襄公之薄恩为错误，而赞美他能够守礼。况且文姜和武则天这两个妇人的罪恶弥漫宇宙，比宋桓夫人的罪恶大一万倍，臣子如果忘记了祖父的重要而尊崇一个罪大恶极的母亲，用来表示个人的爱心，连天理伦常都没有了，道的不明已到了这种地步了吗？我怎么能不把这个道理讲出来呢？

【原文】亲疏生爱憎，爱憎生毁誉，毁誉生祸福，此智者之所耽耽注意，而端人正士之所脱略而不顾者也。此个题目，考人品者不可不知。

【译文】对人态度的亲或疏，就会产生出爱和憎；有了爱憎之情，就会产生诽谤或赞扬；诽谤或赞扬，就可能招致祸福。所以智者对这种事情非常注意，而端人正士对此却轻慢不顾。这个问题，考察人品的人不可不知道。

【原文】精神只顾得一边，任你聪明智巧，有所密必有所疏。惟平心率物，无毫发私意者，当疏当密，一准予道，而人自相忘。

【译文】一个人的精神只能顾到一头，任凭你如何聪明智巧，有所密必有所疏。只有以平和的心情，依循事物的规律而行，不要掺杂一点个人的私意，应当疏应当密，都以道为标准，自然会人我相忘。

【原文】遗葛牛羊，亳众往耕，似无此事。圣人虽委曲教人，未尝不以诚心直道交邻国。桀在则葛非汤之属国也，奚问其不祀？即知其无牺牲矣，亳之牛羊岂可以常遗葛伯邪？葛岂真无牛羊邪？有亳之众自耕不暇，而又使为葛耕，无乃后世市恩好名沾沾煦煦者之所为乎？不然葛虽小亦先王之建国也，宁至无牛羊粢盛哉？即可以供而不祭，当劝谕之矣，或告之天子以明正其罪矣，何至遗牛羊往为之耕哉？可以不告天子而灭其国，顾可以不教之自供祭事而代之劳且费乎？不然是多彼之罪而我得以藉口也，是伯者假仁义济贪欲之所为也。孟子此言其亦公刘、太王好货色之类与？

【译文】按照《孟子》一书记载：商汤把牛羊送给邻国的葛伯，还派亳地的百姓为他耕田种谷，以便作为祭品用来祭祀。历史上恐怕没有这样的事。圣人虽然善于使用曲折婉转的方法教导人，但未尝不以诚心直道接交邻国。夏桀当时还在，葛国不是商汤的属国，商汤怎么会过问他不祭祀的事呢？即使知道葛伯没有牛羊作祭品，亳地的牛羊能够经常送给葛伯吗？葛伯真的是没有牛羊吗？亳地的民众耕种自己的土地还忙不过来，而又派他们为葛伯去耕种，这种事，恐怕是后世那些用小恩惠换了点好名声就沾沾自喜的人干的吧？不然的话，葛国虽小，也是先王的封国，至于没有供祭祀用的牛羊谷米吗？既然有可供祭祀的祭品，葛伯不祭祀，就应当规劝他，给他讲道理，或者报告天子，让天子公开惩治他，何至于送给他牛羊、让老百姓去为他耕种呢？能够做出不报告天子就消灭了他的国家的事，难道不能教他自己准备祭品而要费钱费力去代劳吗？不然的话，这样做就是为了加重葛伯的罪名而有了攻打他的借口，这是主张霸道的人借仁义之名而实现自己贪欲的所作所为。孟子这样说，也和把公刘、太王说成是好财好色这人是同类的说法。

【原文】性分、名分不是两项，尽性分底不傲名分。召之见，不肯见之；召之役，往执役之事。今之讲学者，陵犯名分，自谓高洁。孔子乘田委吏何尝不折腰屈膝于大夫之庭乎？噫！道之不明久矣。

【译文】性分和名分，即人的天性和人的地位身份，这二者不是两个东西，能尽到性分的人不以高傲的态度对待名分，比如处于上位者要召见，可以不去见；但召去服役，就要前往服役。现在讲学的人以冒犯名分为高洁。孔子担任乘田、委吏这样的小官时，何尝不在大夫庭前折腰屈膝呢？唉！道的不明也很久了。

【原文】中高第，做美官，欲得愿足，这不是了却一生事。只是作人不端，或无过可称，而分毫无补于世，则高第美官反以益吾之耻者也。而世顾以此自多，予不知其何心。

【译文】科举高中，做了美官，欲望实现，心满意足，这并不是一生的事情就完成了。如果做人不正派，或者只是无过错，但对世事丝毫没有补益，那么高第美官反而只能增加耻辱而已。而世上人还因此而自负，我不知他的心是什么样的。

【原文】隐逸之士只优于贪荣恋势人，毕竟在行道济时者之下。君子重之，所以羞富贵利达之流也。若高自标榜，尘视朝绅而自谓清流，傲然独得，则圣世之罪人也。夫不仕无义，宇宙内皆儒者事，奈之何洁身娱己弃天下理乱于不闻，而又非笑尧舜稷契之俦哉？使天下而皆我也，我且不得有其身，况有此乐乎？予无用世具，行将老桑麻间，故敢云。

【译文】隐逸之士只优于贪荣恋势的人，毕竟得排在行道救世的人之下。君子尊重隐逸之士，是要以他们来羞辱那些富贵利达之流啊！如果隐逸者自我标榜清高，把朝中官吏视作尘土，自称清流，傲然自得，则是圣世中的罪人了。如果遵循不义的时代不出仕的原则，但是宇宙内的事情都是儒者该管的事，怎么能洁身自乐、对世道的治乱不闻不问，还要嘲笑尧、舜、稷、契这类的圣贤呢？如果天下都是隐逸的人，那么这些人连生活下去都不可能，哪还会有隐逸的快乐呢？我没有用世的才能，很快就要老死在故乡的田园中，所以才敢说这些话。

【原文】弃此身操执之常而以圆软沽俗誉，忘国家远大之患而以宽厚市私恩，巧趋人所未见之利，善避人所未识之害，立身于百祸不侵之地，事成而我有功，事败而我无咎，此智巧士也，国家奚赖焉！

【译文】抛弃了自己一贯的操守而以圆软的态度来讨世俗的赞誉，忘记国家长远的祸患而以宽厚的态度来博取别人的感激，巧趋人所未见之利，善避人所未识之害，立身于百祸不侵之地，事成而我有功，事败而我无咎，这就是智巧之士，国家怎么能依靠这种人呢！

【原文】大凡与人情不近，即行能卓越，道之贼也。圣人之道，人情而已。

【译文】大体说来，凡是不近人情的人，即使行为能力多么卓越，也是败坏道的人。圣人之道，就是合乎人情而已。

【原文】士君子须有三代以前一副见识，然后可以进退古今，权衡道法，可以成济世之业，可以建不世之功。

【译文】士君子须要有三代以前的见识，然后才能够评论古今，权衡道法，才可以成就济世之业，建立不世之功。

呻　吟　语

——吕坤

【原文】世上没个分外好底，便到天地位、万物育底功用，也是性分中应尽的事业。今人才有一善，便向人有矜色，便见得世上人都有不是，余甚耻之。若说分外好，这又是贤智之过，便不是好。

【译文】世上没有分外好的东西，就是到了天地安其所，万物遂其生的地步，也是性分中应尽的事业。今人才有一善，便有向人夸耀的神色，便看得世上人都有缺欠，我很看不起这种人。若说分外好的话，这又是贤智者离开中道的过分言词，便是不好。

【原文】沉静最是美质，盖心存而不放者。今人独居无事，已自岑寂难堪，才应事接人，便任口恣情，即是清狂，亦非蓄德之器。

【译文】沉静是最美好的品质。具有这种品质的人内心总是谨慎而不放失的。现在人独居无事，已经感到寂寞难堪，刚一待人接物，便任口恣情，这就是清狂，也不是真正有道德修养的人。

【原文】攻己恶者,顾不得攻人之恶。若哓哓尔雌黄人,定是自治疏底。

【译文】克服自己缺点错误的人,顾不上去挑别人的毛病。若是喋喋不休地议论别人的是非,一定是自我修养差的人。

【原文】官吏不要钱,男儿不做贼,女子不失身,才有了一分人。连这个也犯了,再休说别个。

【译文】官吏不要钱,男儿不做贼,女子不失身,才有了一分人的味道。连这个也犯了,别的就不用说了。

【原文】才有一段公直之气,而出言做事便露圭角,是大病痛。

【译文】刚有了一点公平正直的气度,而出言做事便露出棱角,这是大毛病。

【原文】世人之形容人过,只象个盗跖;回护自家,只象个尧舜。不知这却是以尧舜望人,而以盗跖自待也。

【译文】世上的人形容别人的过错,都把人家说得像个盗跖;美化自身,都把自己说得像个尧舜。不知这样的做法,实际是希望别人成为尧舜,而把自己当作盗跖对待。

【原文】广所依不如择所依,择所依不如无所依。无所依者,依天也。依天者有独知之契,虽独立宇宙之内而不谓孤。众倾之、众毁之而不为动,此之谓男子。

【译文】广泛地依赖外物,不如有所选择的依赖;有所选择的依赖,不如无所依赖。无所依赖的人,是依天而立的人。依天而立的人必然有独立的见解,这样的人虽然独立于宇宙之内而不能说他是孤独的,众人都来推他,都来诽谤他,他也不会为其所动,这种人才是真正的男子汉。

【原文】坐间皆谈笑,而我色庄;坐间皆悲戚,而我色怡。此之谓乖戾,处己处人两失之。

【译文】坐中的人都在谈笑,而我却面色庄重;坐中的人都在悲戚,而我却面有喜色。这就叫作乖戾,处人处己都会失误。

【原文】分明认得自家是,只管担当直前做去。却因毁言辄便消沮,这是极无定力底,不可以任天下之重。

【译文】明确地知道自己是对的,就只管把事情担当起来往前做。如果因为别人诋毁的言辞便消极沮丧,这是极其缺乏坚定的信念,不可担当天下的重任。

【原文】小屈以求大伸,圣贤不为。吾道必大行之日然后见,便是抱关击柝,自有不可枉之道。松柏生来便直，士君子穷居便正。若曰在下位、遇难事姑韬光忍耻，以图他日贵达之时，然后直躬行道，此不但出处为两截人，即既仕之后，又为两截人矣。又安知大任到手不放过邪！

【译文】忍受小的屈辱以求大的伸展，圣贤不这样做。我的道德如果必须等待我发达之日才能被认识的话，那么在我充任守关巡夜的低贱差事时，已经具有了不愿屈服的品德。松柏生来就是直的，道德高尚的人在穷困的时候也是正直的。如果说居于低下的地位，遇到困难的事情就暂时韬光忍耻，以求他日贵达之时，才以直道立身，这不但是居家和做官时是两截人，即使是做官以后，也容易变成两截人。又安知你担当大任以后，不采取小屈以求大伸的手法呢！

【原文】才能技艺，让他占个高名，莫与角胜。至于纲常大节，则定要自家努力，不可退居人后。

【译文】才能技艺，让别人占个高名；不要与别人争胜；至于纲常大节，一定要自我努力，不可退居人后。

【原文】处众人中，孤另另的别作一色人，亦吾道之所不取也。子曰："群而不党。"群占了八九分，不党只到那不可处方用。其用之也，不害其群，才见把持，才见涵养。

【译文】处于众人之中，孤零零地成了另外一种人，这也是我们不赞成的。孔子说："合群而不结党。"在这里，群的成分应该占八九分，不党只有到那绝对需要不党的时候才能用。运用的时候，又不害其合群，这才能看出把持的定不定，涵养的深不深。

【原文】今之人只将"好名"二字坐君子罪，不知名是自好不将去。分人以财者实费财；教人以善者实劳心。臣死忠、子死孝、妇死节者实杀身。一介不取者实无所得。试着渠将这好名儿好一好，肯不肯？即使真正好名，所为却是道理。彼不好名者，舜乎？跖乎？果舜邪，真加于好名一等矣；果跖邪，是不好美名而好恶名也。愚悲世之人以好名沮君子，而君子亦畏好名之讥而自沮，吾道之大害也，故不得不辨。凡我君子，其尚独，复自持。毋为哓哓者所撼哉！

【译文】现在的人把"好名"这两个字做为君子的罪状，不知名这个东西，即使自己喜好，也拿不去。把财物分给别人的人，实际要耗费钱财；教导别人向善的人，实际要劳费心力。臣死忠、子死孝、妇死节的人，实实在在地要丢掉自己的生命。一毫不取的人，实际上什么也不会得到。请你试着把这好名儿好一好，你肯不肯？即使真正好名的，他的所作所为都是有道理的。那不好名的人到底是舜呢？还是跖呢？如果是舜的话，比那好名的人还要高一筹；如果是跖的话，他所好的不是美名而是恶名。我悲叹世人以好名来拘束君子，而君子也害怕好名的讥讽而自我拘束。这是儒道的大害，因此不得不分辨清楚。凡是君子，都应该崇尚独立的精神，又要把持自己，不要为那些喋喋不休说闲话的人所动摇啊！

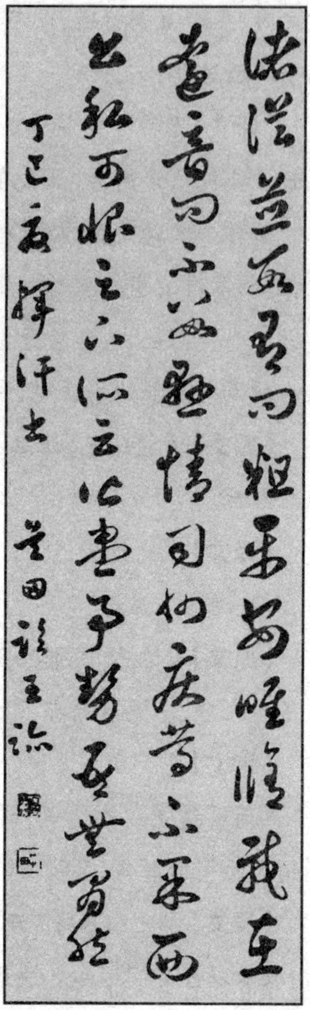

【原文】大其心容天下之物，虚其心受天下之善，平其心论天下之事，潜其心观天下之理，定其心应天下之变。

【译文】以宽阔的心来容纳天下的物，以谦虚的心来接纳天下的善，以平静的心来议论天下的事，以深沉的心来观察天下的理，以镇定的心来应付天下的变化。

【原文】盗嫂之诬直不疑，挝妇翁之诬第五伦，皆二子之幸也。何者？诬其所无。无近似之迹也，虽不辩而久则自明也。或曰：使二子有嫂、有妇翁，亦当辨否？曰：嫌疑之迹，君子安得不辨？“予所否者，天厌之，天厌之。”若付之无言，是与马偿金之类也，君子之所恶也。故君子不洁己以病人，亦不自污以徇世。

【译文】西汉人直不疑被诬蔑和嫂子有不正当的关系，东汉人第五伦被诬蔑曾打过他的岳父，但受到这样的诬蔑，只能说是这二人的幸运。为什么呢？因为诬蔑的是他们不可能有的事情，直不疑没有哥哥，第五伦曾娶过三个妻子，但妻子们的父亲早就死了，所以连一些近似的行迹都找不出来，不用辩白就自然是清白的。有人问：“假使他们二人有嫂、有岳父，也应该辩白吗？”回答说：“有嫌疑的行迹，君子哪能不辩呢？孔子去见卫灵公的夫人南子，子路很不高兴，孔子还辩白说：‘我如果有不符合礼的地方，让天厌弃我吧！让天厌弃我吧。’”如果不分辨，这就如同接受了别人赠送的马而不能辩白自己没有私心，被人污蔑偷了金子而不加分辨，还要还给对方金子一样，这是君子讨厌的做法。君子不会因为使自己清白而污蔑别人，也不自我洗刷来顺应世人。

【原文】听言不爽，非圣人不能。根以有成之心，蜚以近似之语，加之以不避嫌之事，当仓卒无及之际，怀隔阂难辨之恨，父子可以相贼，死亡可以不顾，怒室阋墙，稽唇反目，何足道哉！古今国家之败亡，此居强半。圣人忘于无言，智者照以先觉，贤者熄于未著，刚者绝其口语，忍者断于不行。非此五者，无良术矣。

【译文】对别人的话不会理解错，只有圣人才能做到。如果以有成见的心，听似是而非的话，再加一些不避嫌疑的事，在仓促匆忙的时候，心中又怀有隔阂难辨的怨气，父子之间也会相互厮杀，即使死亡也毫无顾忌，同处一室的兄弟也会争斗，反目相讥，这些事怎么说得完呢！古今以来，国家的失败灭亡，有一半以上是由于以上原因。而圣人则会忘记这些是非之语，智者则预先就有觉察，贤人会让事情还未明显时就已停息，刚强的人则绝口不说是非之语，能忍耐的人让是非之语到自己这里就不再流行。除了这五种情况没有好的办法。

【原文】掩护勿攻，屈服勿怒，此用威者之所当知也。无功勿赏，盛宠勿加，此用爱者之所当知也。反是皆败道也。

【译文】当别人寻找理由自我掩护的时候，就不要再攻击；当别人已经屈服的时候，就不要再发怒。这一点是使用威势的人应当知道的。无功就不要给予奖赏，宠爱已经隆盛就不要再增加，这是使用情爱的人应当知道的。和这相反的做法只会失败。

【原文】称人之善，我有一善，又何妒焉？称人之恶，我有一恶，又何毁焉？

【译文】称赞别人的优点，说明自己也有一个优点，有什么可嫉妒的呢？宣扬别人的缺点，说明自己也有一个缺点，又何必诋毁别人呢？

【原文】善居功者让大美而不居，善居名者避大名而不受。

【译文】善于居功的人会把最大的功劳让给别人，自己不居；善于居名的人会躲避出大名的机会，自己不接受。

【原文】居尊大之位，而使贤者忘其贵重，卑者乐于亲炙，则其人可知矣。

【译文】居于让人尊敬的高位，而能让贤者忘掉你的尊贵，卑下的人乐与和你亲近，接受你的教化，这个人的人品就可以知道了。

【原文】攻我之过者，未必皆无过之人也。苟求无过之人攻我，则终身不得闻过矣。我当感其攻我之益而已，彼有过无过何暇计哉！

【译文】指出我的缺点的人，未必都是没有缺点的人。假如只有没有缺点的人才能指出我的缺点，那么终身就不会听到别人指出自己的过错了。我应当感谢指出我过错的人给我带来的好处，至于他本身有没有过错，何必去计较呢！

【原文】做人要做个万全，至于名利地步休要十分占尽，常要分与大家，就带些缺绽不妨。何者？天下无人己俱遂之事，我得人必失，我利人必害，我荣人必辱，我有美名人必有愧色。是以君子贪德而让名，辞完而处缺。使人我一般，不峣峣露头角、立标臬，而胸中自有无限之乐。孔子谦己，尝自附于寻常人，此中极有意趣。

【译文】做人要做个万全，至于名利，不要都自己占尽，要常常分一些给大家，哪怕自己有些缺欠也不要紧。为什么呢？天下没有自己和别人都认为顺心满意的事情，我得人必失，我利人必害，我荣人必辱，我有美名人必有愧色。因此君子要贪德而让名，辞完而处缺。使自己和别人一样，不争着显露斗角，不成为别人的箭靶，胸中自然有无限快乐。孔子很谦虚，把自己列入寻常人的行列，这中间的道理很有意趣。

【原文】世人喜言无好人，此孟浪语也。今且不须择人，只于市井稠人中聚百人而各取其所长，人必有一善，集百人之善可以为贤人。人必有一见，集百人之见可以决大计。恐我于百人中未必人人高出之也，而安可忽匹夫匹妇哉！

【译文】世上的人都爱说："这世界没有好人。"这是很鲁莽，很不正确的说法。现在你不必特意挑选人，只要在大街稠人广众之中找出一百个人，各取每人的所长，每人必有一种优点，集中百人的长处就可以成为一个贤人。每个人必有一个正确的见解，集中百人的见解就可以决定大计。恐怕我和这一百人相比，未必人人都能高出，怎可以小看那些普通的男女百姓呢！

【原文】到当说处，一句便有千钧之力，却又不激不疏，此是言之上乘，除此虽十缄也不妨。

【译文】到应当说的时候，一句话便有千钧的力量，但又不激烈不疏漏，这是上等的语言。除此以外，即使十次闭嘴不说也不要紧。

【原文】循弊规若时王之制，守时套若先圣之经，侈己自得，恶闻正论，是人也，亦大可怜矣，世教奚赖焉！

【译文】遵循那些弊陋有害的法规如同遵守现在国家制定的制度，固守当时老一套的办法如同遵循先王圣人的经典，夸大自己的见解，害怕听见正确的言论，这种人啊，也太可怜了！世人的教化能依靠他们吗？

【原文】未适可，必止可；既适可，不过可，务求适可而止。此吾人日用持循，须臾粗心不得。

【译文】还未达到合适的地步，必须知道在哪里停止才合适；既已达到合适的地步，又不能超过，务求适可而止。这是我们日常生活中必须遵循的原则，一刻也不能粗心违背。

【原文】做人要如神龙，屈伸变化，自得自如，不可为势力术数所拘缚。若羁绊随人，不能自决，只是个牛羊。然亦不可哓哓悻悻。故大智上哲看得几事分明，外面要无迹无言，胸中要独往独来，怎被机械人驾驭得？

【译文】做人要如同神龙，屈伸变化，能自得自知，不被势力术数所拘束。如果随时随地好像被捆绑着一样，不能自己决定事物，只是个牛羊。然也不可争辩不休，愤恨不平。因此大智上哲之人连隐微的事都看得很清楚，做事时外表是没有痕迹，很少说话，心里面要独往独来，这样怎么会被机诈的人驾驭呢！

【原文】求人已不可，又求人之转求；徇人之求已不可，又转求人之徇人；患难求人已不可，又以富贵利达求人。此丈夫之耻。

【译文】去求人已经不应该了，又请求人去转求别人；曲从别人的请求已经不应该了，又转求别人也去曲从；患难的时候求人已经不应该了，又为了富贵利达去求人，这是大丈夫的耻辱啊！

【原文】乾坤尽大，何处容我不得？而到处不为人所容，则我之难容也。眇然一身而为世上难容之人，乃号于人曰：人之不能容我也。吁！亦愚矣哉。

【译文】乾坤如此之大，何处不能容下我呢？而到处不为人所容，这是自己不能容纳自己啊！这样渺小的一个人而成为世上难容的人，还要对人声言："人们不能容纳我啊！"也是太愚蠢了。

【原文】名分者，天下之所共守者也。名分不立，则朝廷之纪纲不尊而法令不行。圣人以名分行道，曲士恃道以压名分，不知孔子之道视鲁侯奚啻天壤，而《乡党》一篇何等尽君臣之礼。乃知尊名分与谄时势不同，名分所在，一毫不敢傲惰；时势所在，一毫不敢阿谀。固哉！世之腐儒以尊名分为谄时势也；卑哉！世之鄙夫以谄时势为尊名分也。

【译文】名分，是天下所共同遵守的。名分不确立，朝廷的纲纪就不尊贵，法令就不能实行。圣人用名分来弘扬道，寡闻陋见的人依仗道来压制名分，不知孔子的道和鲁侯相比有天壤之别，而《论语·乡党》一篇，记载孔子的言行，何等的尽到君臣的礼节。以此可知尊重名分与阿谀当今的权势是不同的。在名分的事情上，一点也不能傲慢懒惰；在时势面前，一毫也不能阿谀。顽固啊！世上的腐儒以为尊名分就是谄时势；可悲啊！世上的鄙夫以为谄时势就是尊名分。

【原文】明镜虽足以照秋毫之末，然持以照面不照手者何？面不自见，借镜以见，若手则吾自见之矣。镜虽明不明于目也，故君子贵自知自信。以人言为进止，是照手之识也。

若耳目识见所不及，则匪天下之见闻不济矣。

【译文】明亮的镜子虽然足以照出非常细微的东西，但是人们经常用它照面孔而不用它照手，这是为什么呢？因为自己看不见自己的面孔，只有借助镜子才能看见，而手则自己能够看见。镜子虽然明亮，也没有眼睛看得清楚，所以君子贵自知自信。以别人的话作为自己行动的指南，就如同用镜子照手的见识一样。如果是耳目见闻达不到的，则必须借助天下人的见闻。

【原文】避嫌者，寻嫌者也；自辨者，自诬者也。心事重门洞达，略不回邪，行事八窗玲珑，毫无遮障，则见者服，闻者信。稍有不白之诬，将家家为吾称冤，人人为吾置喙矣。此之谓洁品，不自洁而人洁之。

【译文】避嫌的人，只能招来嫌疑；过分为自己辩白，只能自诬。把装着心事的重重门户打开，毫不回避；做起事来剔透玲珑，毫无遮掩，这样，看见的人就会佩服，听见的人就会相信，稍有不白之冤，就会家家为你喊冤，人人替你说话。这种人叫作洁品，不用自己说自己高洁，别人就会称赞你高洁。

【原文】我身原无贫富贵贱得失荣辱字，我只是个我，故富贵贫贱得失荣辱如春风秋月，自去自来，与心全不牵挂，我到底只是个我。夫如是，故可贫可富，可贵可贱，可得可失，可荣可辱。今人惟富贵是贪，其得之也必喜，其失之也如何不悲？其得之也为荣，其失之也如何不辱？全是靠着假景作真身，外物为分内。此二氏这所笑也，况吾儒乎？吾辈做功夫，这个是第一，吾愧不能，以告同志者。

【译文】我的身上本来就没有贫富贵贱得失荣辱这几个字，我只是个我。所以富贵贫贱得失荣辱对于我如春风秋月，自来自去，我的心全不牵挂，我到底只是个我。正因为这样，所以可贫可富，可贵可贱，可得可失，可荣可辱。现在的人们是富贵有贪，得到了必然喜欢，失去了怎能不悲？得到了以为荣耀，失去了怎能不认为是耻辱？这些人全是靠着假景作真身，以外物为分内，这是佛、道二氏都要耻笑的事，何况我们儒家呢？我们儒者得修养功夫，这是最重要的。我很惭愧自己还做不到，所以要告诉有相同志向的人。

【原文】毋以人誉而遂谓无过，世道尚浑厚，人人有心史也。人之心史真，惟我有心史而后无畏人之心史矣。

【译文】不要因为受到人们的称赞就认为自己没有过错，世道崇尚浑厚，人人心中都有一本账。人们心中的记载才是真实的，只因为我心中无愧于自己的品行才不怕别人心中的那本账。

【原文】古人之宽大,非直为道理当如此,然煞有受用处。弘器度以养德也,省怨怒以养气也,绝仇雠以远祸也。

【译文】古人的宽宏大量,不仅认为在道理上应当如此,而且认为自己也有受用处。器度宏大可以修养品德,少发怨气可以修养身心,免结仇家可以远离祸害。

【原文】只见得眼前都不可意,便是个碍世之人。人不可我意,我必不可人意。不可人意者我一人,不可我意者千万人。呜呼!未有不可千万人意而不危者也。是故智者能与世宜,至人不与世碍。

【译文】看眼前的人都不可自己的意,就是个碍世的人。人家不可我意,我必然也不可人意。不可人意的是我一个人,不可我意的有千万人。啊!没有不可千万人意的人而不危险的。因此智者能适应世道,至人不妨碍世道。

【原文】性分、职分、名分、势分,此四者宇内之大物。性分、职分在己,在己者不可不尽;名分、势分在上,在上者不可不守。

【译文】性分、职分、名分、势分,这四者是宇宙内的大事情。性分、职分能否尽到,在于自己掌握,在于自己掌握的事应该做到。名分、势分能否做到,在于居上位的人掌握,在于居上位者掌握的事,不可不遵守。

【原文】或问:不怨不尤了,恐于事天处人上更要留心不?曰:这天人两项,千头万绪,如何照管得来?有个简便之法,只在自家身上做,一念一言一事都点检得,没我分毫不是,那祸福毁誉都不须理会。我无求祸之道而祸来,自有天耽错;我无致毁之道而毁来,自有人耽错,与我全不干涉。若福与誉是我应得底,我不加喜;是我悻得底,我且惶惧愧赧。况天也有力量不能底,人也有知识不到底,也要体悉他。却有一件紧要,生怕我不能格天动物。这个稍有欠缺,自怨自尤且不暇,又那顾得别个?孔子说个"上不怨,下不尤",是不愿乎其外道理;孟子说个"仰不愧,俯不怍",是素位而行道理,此二意常相须。

【译文】有人问:不怨天不尤人,恐怕在事天处人上更要留心吧?回答说:天和人这两项,千头万绪,如何照管得来?有个简便的方法,只在自己的身上做,一个念头、一句话、一件事都要仔细反省检查,如果没有分毫过错,那祸福毁誉就不须理会。我没有做求祸的事情而祸来,自有天担错;我没有做招致诽谤的事而诽谤来,自有他人担错,和我全不相干。假如福分和荣誉是我应得的,我也不更加喜悦;如果是侥幸得来的,我将会惶惧羞愧。况且天也有力量达不到的地方,人也有知识达不到的地方,也要体恤他。却有一件事情最紧要,就是生怕我不能感通天地万物。这点稍有欠缺,自怨自尤且不暇,还能顾到别的？孔子说了个上不怨天，下不尤人，是说不愿把事物的成败归于自身以外的道理；孟子说仰不愧天，俯不愧人，是说的未居官位者应行的道理，这两个意思是互相配合、互相依赖的。

【原文】见义不为，又托之违众，此力行者之大戒也。若肯务实，又自逃名，不患于无术，吾窃以自恨焉。

【译文】见义不为，又以违众为托词，是努力做事者的大戒。若肯务实，又不要名，不愁没有办法。我为自己不能做到这点而感到遗憾。

【原文】"恭敬谦谨"，此四字有心之善也；"狎侮傲凌"，此四字有心之恶也。人所易知也。至于"怠忽惰慢"，此四字乃无心之失耳，而丹书之戒，怠胜敬者凶，论治忽者，至分存亡，《大学》以傲惰同论，曾子以暴慢连语者，何哉？盖天下之祸患皆起于四字，一身之罪过皆生于四字。怠则一切苟且，忽则一切昏忘，惰则一切疏懒，慢则一切延迟。以之应事则万事皆废，以之接人则众心皆离。古人临民如驭朽索，使人如承大祭，况接平交以上者乎？古人处事不泄迩，不忘远，况目前之亲切重大者乎？故曰"无众寡，无小大，无敢慢"，此九字即"毋不敬"。"毋不敬"三字非但圣狂之分，存亡治乱、死生祸福之关也，必然不易之理也，沉心精应者始真知之。

【译文】"恭敬谦谨"，这四个字是有心而为的善；"狎侮傲凌"，这四个字是有心而为的恶。这是人们很容易就能看出来的。至于"怠忽惰慢"，这四个字乃是无心造成的过失，而师尚父的丹书告诫说"怠胜敬者凶"，评论国家是治理还是荒乱，把这点看作存亡的关键。《大学》把"傲""惰"同样看待，曾子把"暴""慢"相提并论，这是为什么呢？是因为天下的祸患都是从这四个字引起的，每个人的罪过都是从这四个字产生的。怠，就会一切得过且过；忽，就会一切昏忽忘记；惰，就会一切疏懒；慢，就会一切延迟。以这样的态度去应付万事，万事都要荒废；用这样的态度和人相处，人们都会离心。古人治理百姓如驾驭用腐朽的缰绳套着的马车，非常小心；役使民众如同面临盛大的祭典，非常恭敬，况且和比自己地位高的人交往呢？古人处事不轻慢近处的事，不忘记长远的事，况且目前和自己最切近的大事呢？因此孔子讲"无众寡，无大小，无敢慢"，这九个字就是"毋不敬"的意思。"毋不敬"这三个字非但是圣人和狂人的分界，也是存亡治乱、死生祸福的关口，是永远不变的道理。只有沉下心来精心对待的人才能真正体悟到这一点。

【原文】业刻木如锯齿，古无文字，用以记日行之事数也。一事毕则去一刻，事俱毕则尽去之，谓之修业。更事则再刻如前。大事则大刻，谓之大业；多事则多刻，谓之广业。

士农工商所业不同，谓之常业；农为士则改刻，谓之易业。古人未有一生无所业者，未有一日不修业者，故古人身修事理而无怠惰荒宁之时，常有忧勤惕励之志。一日无事则一日不安，惧业之不修而旷日之不可也。今也昏昏荡荡，四肢不可收拾，穷年终日无一猷为，放逸而入于禽兽者，无业之故也。人生两间，无一事可见，无一善可称，资衣藉食于人而偷安惰行以死，可羞也已。

【译文】业刻木就如同锯齿一样，古代没有文字，就用它来记载每天做事的数目。一件事做完了就去掉一刻，事情都做完了就全部去掉，这叫作修业。事情变了，再刻一个业刻木。大事情就刻大一些，叫作大业；事情多就多刻，叫作广业。士农工商所从事的事业不同，叫作常业；农民成了士人则改刻，叫作易业。古人没有一生没有事业的，没有一天不干事业的，所以古人修身理事没有怠惰荒废宁静的时候，经常怀着忧愁劳苦、心存戒惧的志向。一天无事就会一天不安，害怕事业不修而旷日持久不能完成。现在的人昏昏荡荡，四肢懒得动弹，穷年终日一件事也不谋划，自由放任如同禽兽，这都是无业的缘故。人生天地之间，无一事可成，无一善可赞，依靠别人供给衣食，而自己偷安惰行直到死，真可耻啊！

【原文】古之谤人也，忠厚诚笃。《株林》之语，何等浑涵；舆人之谣，犹道实事。后世则不然，所怨在此，所谤在彼。彼固知其所怨者未必上之非而其谤不足以行也，乃别生一项议论。其才辨附会足以泯吾怨之之实，启人信之之心，能使被谤者不能免谤之之祸，而我逃谤人之罪。呜呼！今之谤，虽古之君子且避忌之矣。圣贤处谤无别法，只是自修，其祸福则听之耳。

【译文】古人责备人，态度是忠厚诚笃的。《诗经·陈风·株林》责备灵公的语言，是何等的浑厚深沉；《左传》中记载的众人的歌谣，也讲的是实事。后世则不然，所怨在此，而所谤在彼。他本来知道他所怨恨的未必是在上位者的错误，他的责备是行不通的，于是又生出一项别的议论。他的口才能力又足以表白他好像不是怨恨别人，启发人们相信他所说的话，使被责备的人不能免除被诽谤的灾祸，而他自己则逃避了诽谤别人的罪责。啊！今人的指责，即使古代的君子也要躲避和忌讳啊！圣贤对待这种指责没有别的办法，只要加强自己的修养，是祸是福只能听之任之罢了。

【原文】处利则要人做君子，我做小人；处名则要人做小人，我做君子，斯惑之甚也。圣贤处利让利，处名让名，故淡然恬然，不与世忤。

【译文】处在利益面前，要求别人做君子，自己做小人；处在名声面前，则要求别人做小人，自己做君子，这不是昏惑的太厉害了吗？圣贤处在利的时候让利，处在名的时候让名，因此能淡然恬然，不与世争。

【原文】力有所不能，圣人不以无可奈何者责人；心有所当尽，圣人不以无可奈何者自诿。

【译文】尽力而为也有不能达到的事，圣人不因为没有力量做到的事而责备人；只要内心尽到自己最大的努力，圣人不因为无可奈何而推诿。

【原文】寡恩曰薄，伤恩曰刻，尽事曰切，过事曰激。此四者，宽厚之所深戒也。

【译文】寡恩叫作薄，伤恩叫作刻，竭尽全力叫做功，做事过头叫作激。对这四种毛病，宽厚的人深以为戒。

【原文】《易》称道济天下，而吾儒事业动称行道济时、济世安民。圣人未尝不贵济也。舟覆矣，而保得舟在，谓之济可乎？故为天下者，患知有其身，有其身不可以为天下。

【译文】《易》称"道济天下"，而我们儒家的事业也经常说行道济时、济世安民。圣人未尝不以济为贵，但是船翻了，把船保住就称作济吗？所以说，为了天下的人，最怕的是知道有自身的存在，有了自身则不能为天下。

【原文】足恭过厚，多文密节，皆名教之罪人也。圣人之道自有中正。彼乡原者，徼名惧讥，希进求荣，辱身降志，皆所不恤，遂成举世通套。虽直道清节之君子，稍无砥柱之力，不免逐波随流，其砥柱者旋以得罪。嗟夫！佞风谀俗不有持衡当路者一极力挽回之，世道何时复古邪？

【译文】过度地谦恭，过分地享受，过多地文饰，过繁的礼节，都是礼教的罪人。圣人之道就是中正。那些乡原，徼名惧讥，希进求荣，即使辱身降志，也不顾惜，他们的做法成了世人遵行的俗套。即使是直道清节的君子，稍微欠缺砥柱般的力量，就不免会随波逐流，而那些挺立激流之中坚持不屈的人就会获罪。唉，那些佞风谀俗如果没有主持公正的执政者极力挽回的话，世道何时能回古代淳厚的风俗去呢？

【原文】不得罪于法易，不得罪于理难，君子只是不得罪于理耳。

【译文】不得罪于法容易，不得罪于理难，君子只是要求不得罪于理而已。

【原文】凡在我者都是分内底，在天在人者都是分外底。学者要明于内外之分，则在内缺一分便是不成人处，在外得一分便是该知足处。

【译文】凡是通过我的努力可以达到的，都是我分内的事；而在天、在别人掌握的，都是分外的事。学者要明于内外之分，那么就在分内的事缺一分，便是不成人处；在分外的事得一分，便是该知足处。

【原文】言一也，出由之口，则信且从；出跖之口，则三令五申而人且疑之矣。故有言者有所以重其言者。素行孚人，是所以重其言者也。不然且为言累矣。

【译文】同样一句话，从子路的口中说出来，人们就会相信而听从；从盗跖的口中说出来，即使三令五申，人们还会怀疑。因此说话的人，有使他的言语被别人重视的方法。如果平时的行为能取信于人，就能使人们重视他的言语，不然就会被言语所拖累。

【原文】世人皆知笑人，笑人不妨，笑到是处便难，到可以笑人时则更难。

【译文】世上的人都知道笑别人，笑别人倒没什么，但笑到正确的地方很难，到了有资格笑人的地步更难。

【原文】毁我之言可闻，毁我之人不必问也。使我有此事也，彼虽不言；必有言之者。我闻而改之，是又得一不受业之师也。使我无此事邪，我虽不辩，必有辩之者。若闻而怒之，是又多一不受言之过也。

【译文】责备我的话我可以听，责备我的人就不必要问了。假如我有这件事，他虽不说，必然有人会说。我听到而改正了，是又得到一位不教我的老师；假如我没有这件事，我虽然不辩解，必然会有为我辩解的人。如果听了就发怒，这是又多了一个不能听取意见的过失。

【原文】精明世所畏也而暴之，才能世所妒也而市之，不没也夫。

【译文】精明是世人所畏惧的，却要去显露它；才能是世人所嫉妒的，却要去卖弄它，能不倒霉吗？

【原文】清议酷于律令，清议之人酷于治狱之吏。律令所冤，赖清议以明之，虽死犹生也。清议所冤，万古无反案矣。是以君子不轻议人，惧冤之也。惟此事得罪于天甚重，报必及之。

【译文】清议比法令学还要严酷，清议之人比治狱的吏卒还要严酷。被法律冤屈的人，依靠清议得以申明，这个人虽死犹生。被清议冤屈的人，万古也不会得到翻案。因此君子不轻易地议论别人，害怕冤屈了别人，只有这件事得罪天最重，必然要受到报应。

【原文】权贵之门，虽系通家知己也，须见面稀、行踪少就好。尝爱唐诗有“终日帝城里，不识五侯门”之句，可为新进之法。

【译文】权贵之门，虽然是世代交好的知己，也需要见面稀、行踪少才好，我很喜欢唐诗中“终日帝城里，不识五侯门”一句，这点可以作为新入仕途之人的处世方法。

【原文】闻世上不平事，便满腹愤懑，出激切之语，此最浅夫薄子，士君子之大戒。

【译文】听到世上不公平的事，便满腹愤懑，说出激动的话来，这是最浅薄的人，是士君子的大戒。

【原文】多少英雄豪杰，可与为善，而卒无成，只为拔此身于习俗中不出。若不恤群谤，断以必行，以古人为契友，以天地为知己，任他千诬万毁何妨。

【译文】多少英雄豪杰，本来可以为善，但终究未能成就善德，只是因为不能从习俗中拔出身来。假若不怕别人诽谤，断然而行，以古人为朋友，以天地为知己，任别人千诬万毁又有什么关系呢？

【原文】为人无负扬善者之心，无实称恶者之口，亦可以语真修矣。

【译文】为人不要辜负那些称赞你的人的心，不要给诋毁你的人造成口实，这样的人，可以和他谈论真正的修养问题了。

【原文】身者，道之舆也。身载道以行，道非载身以行也。故君子道行则身从之以进，道不行则身从之以退。道不行而求进不已，譬之大贾，百货山积不售，不载以归，而又以空舆雇钱也，贩夫笑之，贪鄙孰甚焉？故出处之分只有二语，道行则仕，道不行则卷而怀之，舍是皆非也。

【译文】身体，就是载道的车舆。身载道而行，非道载身而行。所以君子在道得以推行的时候，身就跟着走向仕途；道不能推行的时候，身则随之隐退。道不能推行而自己却要不停地追求官职，就如同富商大贾，各种货物堆积如山，卖不出去，他不把货物装车带回，而又出租空车去赚钱，成为贩夫们的笑柄，还有比这更贪鄙的人吗？因此是出去做官还是回家为民，只根据两句话：道能推行则仕，道不能推行则隐，除此以外都是错误的。

【原文】世有十态，君子免焉：无武人之态——粗豪，无妇人之态——柔懦，无儿女之态——娇稚，无市井之态——贪鄙，无俗子之态——庸陋，无荡子之态——儇佻，无伶优之态——滑稽，无闾阎之态——村野，无堂下之态——局迫，无婢子之态——卑谄，无侦谍之态——诡暗，无商贾之态——炫售。

【译文】世上有十种情态，君子须要避免：无武人之态——粗豪；无妇人之态——柔懦；无儿女之杰——娇稚；无市井之态——贪鄙；无俗子之态——庸陋；无荡子之态——儇佻；无伶优之态——滑稽；无闾阎之态——村野；无堂下之态——局迫；无婢子之态——卑谄；无侦谍之态——诡暗；无商贾之态——炫售。

【原文】作本色人，说真心话，干近情事。

【译文】作本色的人，说真心的话，干合情的事。

【原文】君子有过不辞谤，无过不反谤，共过不推谤。谤无所损于君子也。

【译文】君子有过失不怕别人指责，无过失不反驳别人的指责，共同犯了过失，不把指责推给别人。指责对君子不会有什么损害。

【原文】心无留言，言无择人，虽露肺肝，君子不取也。彼固自以为光明矣，君子何尝不光明？自不轻言，言则心口如一耳。

【译文】心中留不住话，讲话不选择对象，虽然说的尽是肺肝之语，君子也不采取这种态度。你自以为自己光明磊落，君子何尝不是光明磊落的？但君子不会轻易讲话，讲话就是心口如一。

【原文】无责人，自修之第一要道；能体人，养量之第一要法。

【译文】不要苛责人，这是自我修养的第一要道；能宽容人，这是修养涵量的第一要法。

【原文】予不好走贵公之门，虽情义所关，每以无谓而止。或让之，予曰：奔走贵公得不谓其喜乎？或曰：惧彼以不奔走为罪也。予叹曰：不然。贵公之门奔走如市，彼固厌苦之，甚者见于颜面，但浑厚忍不发于声耳。徒输自己一勤劳，徒增贵公一厌恶，且入门一揖之后，宾主各无可言，此面愧赧已无发付处矣。予恐初入仕者狃于众套而不敢独异，故发明之。

【译文】我不喜欢奔走贵公之门，虽然有时因情谊所关，还是每每觉得没有意义而停止。有人为此而责备我，我说：你奔走贵公之门，难道不是为了使他更高兴吗？这人说：我就是怕他因为我不拜访而怪罪我。我叹息着说：事情并不如此，贵公之门，奔走的人如市，他已经很厌烦很苦恼了，甚至已在面色上表现出来，只是因为浑厚，忍着不说罢了。你白白地辛苦一趟，只能增添贵公的厌恶。况且进门一揖之后宾主都无话可说，这时羞愧得就无地自容了！我恐怕刚入仕途的人拘泥于俗套而不敢有独自的做法，所以把这点讲清楚。

【原文】且莫论身体力行，只听随在聚谈间，曾几个说天下国家身心性命正经道理？终日哓哓刺刺，满口都是闲谈乱谈。吾辈试一猛省，士君子在天地间，可否如此度日？

【译文】且不要说身体力行，只听听他们在随便相聚谈话的时候，有几个谈论天下国家身心性命的正经道理？他们终日哓哓刺刺，满口都是闲谈乱谈。我辈应当自我反省一下，士君子在天地间，能不能如此度日？

【原文】自家才德，自家明白底。才短德微，即卑官薄禄已为难称。若已逾分而觖望无穷，却是难为了造物。孔孟终身不遇，又当如何！

【译文】自己的才德，自己心里清楚。才短德微，即使是卑官薄禄已经难以相称，如果已经超过限分，还要有无穷的要求，却是难为了造物主。如果像孔子、孟子那样，终身都没有被任用，又当如何呢？

【原文】不善之名每成于一事，后有诸长不能掩也，而惟一不善传。君子之动，可不慎与？

【译文】不善之名，每每是由一件事造成的，即使后来又有很多长处，也掩盖不住，而只有这一不善的名声传播。君子的行为可以不慎重吗？

【原文】即做人在世间，便要劲爽爽立铮铮底，若如春蚓秋蛇，风花雨絮，一生靠人作骨，恰似世上多了这个人。

【译文】既然作为人生在世间，便要劲爽爽立铮铮地直立天地之间，若如春蚓秋蛇、风花雨絮，一生靠别人作支柱，恰似世上多了这个人。

【原文】有人于此：精密者病其疏，靡绮者病其陋，繁缛者病其简，谦恭者病其倨，委屈者病其直，无能可于一世之人，奈何？曰：一身怎可得一世之人？只自点检吾身，果如所病否。若以一身就众口，孔子不能。即能之，成个什么人品？故君子以中道为从违，不以众言为忧喜。

【译文】有这样一个人：精密的人嫌他疏，靡绮的人嫌他陋，繁缛的人嫌他简，谦恭的人嫌他倨，委曲的人嫌他直，世上的人都对他不满意，怎么办呢？回答说："一个人怎么能使世界上的人都满意呢？只要检查一下自身，看看自己有没有人们嫌弃的那些毛病。若以一个人来适合众人的要求，孔子也做不到。即使能做到，又成了个什么人品？所以君子以中道为行事的标准，不因众人的言论而高兴或忧愁。"

【原文】先王之礼文用以饰情，后世之礼文用以饰伪。饰情则三千三百虽至繁也，不害其为率真；饰伪则虽一揖一拜，已自多矣。后之恶饰伪者乃一切苟简决裂，以溃天下之防，而自谓之率真，将流于伯子之简而不可行，又礼之贼也。

【译文】先王关于礼的条文是用来表达感情的，后世用礼的条文来文饰虚伪的感情。用来表达感情，就是有三千三百条繁复的规定，也不能不说是率真的；用来文饰虚伪的感情，虽然只规定一揖一拜，也是多了的。后来厌恶虚假的人都一切从简不依礼制办事，而破坏了天下堤防，还自谓是率真，这就将流于桑伯子那样的简了，是不可行的，是对礼有害的。

【原文】清者，浊所妒也，而又激之，浅之乎其为量矣。是故君子于己讳美，于人藏疾，若有激浊之任者，不害其为分晓。

【译文】清洁的人，会被污浊的人嫉妒，而你还要去激他，肚量不是太浅了吗？因此君子对于自己，要避讳称扬自己的美德；对于别人，要掩藏别人的毛病。如果是担当激励浊者责任的人，不妨把清浊分清。

【原文】处世以讥讪为第一病痛，不善在彼，我何与焉？

【译文】处世以讥笑别人为第一大毛病，缺点在他的身上，和我有什么关系呢？

【原文】余待小人不能假辞色，小人或不能堪。年友王道源危之曰："今世居官切宜戒此，法度是朝廷底，财货是百姓底，真借不得。人情，至于辞色，却是我底，假借些儿何害？"余深感之，因识而改焉。

【译文】我对待小人不能有好的言辞好的脸色来应付，有的时候使他们不能忍受。我的同年友王道源说："现在当官的人切戒这样做。法度是朝廷规定的，财货是百姓生产的，这些都不能借给别人。人的感情，以至于言辞和脸色，却是我的，假借些有什么害处？"听了这话，我深有感触，因此记录下来，并改正之。

【原文】刚明，世之碍也。刚而婉，明而晦，免祸也夫。

【译文】过于刚正严明，是处世的障碍。刚而婉，明而晦，才能免祸。

【原文】君子之所持循只有两条路，非先圣之成规，则时王之定制，此外悉邪也，俗也，君子不由。

【译文】君子所遵行的只有两条路：不是先圣的成规，就是当世国君制定的法制，除此以外都是邪的、俗的，君子不遵行。

【原文】处身不妨于薄，待人不妨于厚；责己不防于厚，责人不妨于薄。

【译文】对待自己不妨薄一点，对待别人不妨厚一点；责备自己不妨重一点，责备别人不妨轻一点。

【原文】坐于广众之中，四顾而后语，不先声，不扬声，不独声。

【译文】坐于广众之中，要先看看四周都有什么人在说话，不先说，不高声说，不独自说。

【原文】一友与人争而历指其短，予曰："于十分中，君有一分不是否？"友曰："我难说没一二分。"予曰："且将这一二分都没了，才好责人。"

【译文】一位友人与人争吵，一件件地指责别人的不是。我问："在十分不是中，你有一分不是没有？"友人说："我难说没有一二分。"我说："把这一二分都没有了，才好去责备别人。"

【原文】余二十年前曾有心迹双清之志。十年来有四语云：行欲清，名欲浊。道欲进，身欲退。利欲后，害欲前。人欲丰，己欲约。近看来太执着，太矫激。只以无心任自然，求当其可耳，名迹一任去来，不须照管。

【译文】二十年前，我曾有内心和行迹都要清白的志向。近十年来又有四句座右铭：行欲清，名欲浊。道欲进，身欲退。利欲后，害欲前。人欲丰，己欲约。近来一看，这个也太执着，太过激。只以无心任自然，做到恰如其分就可以了，声名和行迹，任凭它去来，不须管它。

【原文】君子之为善也，以为理所当为，非要福，非干禄；其不为不善也，以为理所不当为，非惧祸，非远罪。至于垂世教则谆谆以祸福刑赏为言，此天地圣王劝惩之大权，君子不敢不奉若而与众共守也。

【译文】君子做善事，认为是理所当为，不是为了求福，不是为了做官；君子不做不善的事，认为是理不当为，不是害怕祸殃，不是为了避开罪过。至于为了使教化世代流传，则要用祸福刑赏的道理谆谆教导，这是天地圣王劝诫惩处世人的大权，君子不敢不奉行而与民众共同遵守。

【原文】蜗以涎见觅，蝉以声见粘，萤以光见获，故爱身者，不贵赫赫之名。

【译文】蜗牛因为有粘涎才被人寻到，蝉因发出叫声才被人粘住，萤火虫因为有光亮才被捕获。因此爱护自己生命的人，不以名声显赫为贵。

【原文】士大夫殃及子孙者有十：一曰优免太侈，二曰侵夺太多，三曰请托灭公，四曰恃势陵人，五曰困累乡党，六曰要结权贵、损国病人，七曰盗上剥下、以实私橐，八曰簧鼓邪说、摇乱国是，九曰树党报复、阴中善人，十曰引用邪昵、虐民病国。

【译文】士大夫给子孙带来祸殃的有十种情况：一是优免太多；二是侵夺太多；三是请托损公；四是仗势欺人；五是困累乡党；六是勾结权贵、损国害人；七是盗上剥下，以饱私囊；八是鼓吹邪说、摇乱国是；九是树党报复，暗害好人；十是引用恶人，害民祸国。

【原文】儿辈问立身之道。曰：本分之内不欠纤微，本分之外不加毫末。今也舍本分弗图，而加于本分之外者不啻千万矣，内外之分何处别白，况敢问纤微毫末间邪？

【译文】儿辈询问立身的道理，我说：本分之内的事不欠纤微，本分之外的事不加毫末。现在的人不做本分之内的事，而对本分之外的事不只干了千千万万，哪里有内外之分呢？更谈不上纤微毫末的差别了。

【原文】智者不与命斗，不与法斗，不与理斗，不与势斗。

【译文】有智慧的人不与命运斗，不与法斗，不与公理斗，不与势力斗。

【原文】入庙不期敬而自敬，入朝不期肃而自肃，是以君子慎所入也。见严师则收敛，见狎友则放恣，是以君子慎所接也。

【译文】进入寺庙，没想到尊敬，自然就会尊敬；进入朝堂，没想到严肃，自然就会严肃。因此君子对进入的地方要谨慎。看见严厉的老师就会收敛，看见亲昵的朋友就会放恣，因此君子接交人要谨慎。

【原文】平生所为，使怨我者得以指摘，爱我者不能掩护，此省身之大惧也，士君子慎之。故我无过而谤语滔天不足惊也，可淡笑而受之。我有过而幸不及闻，当寝不贴席、食不下咽矣。是以君子贵“无恶于志”。

【译文】平生所做的事，使怨恨我的人能够指责我，而爱我的人却不能掩护，这是修养身心最可怕的事，因此士君子要特别地谨慎。我没有过失而诽谤我的话满天飞，我也不用吃惊，依然可以淡笑自如；我有过失别人还不知道，就应当寝不安席、食不下咽了。因此士君子可贵的是心里没有不安的念头。

【原文】身要严重，意要安定，色要温雅，气要和平，语要简切，心要慈祥，志要果毅，机要缜密。

【译文】身要庄重，意要安定，色要温雅，气要和平，语要简切，心要慈祥，志要果毅，机要缜密。

【原文】世上只有个道理是可贪可欲底，初不限于取数之多，何者？所性分定原是无限量底，终身行之不尽，此外都是人欲，最不可萌一毫歆羡心。天之生人各有一定底分

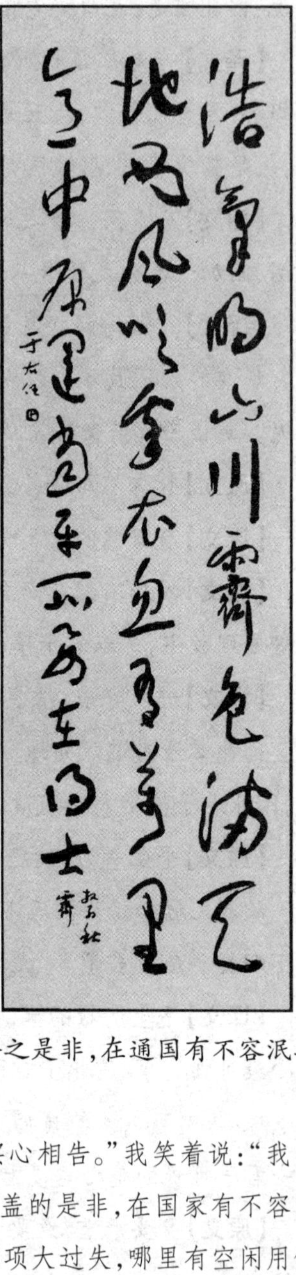

涯,圣人制人各有一定底品节,譬之担夫欲肩舆,丐人欲鼎食,徒尔劳心,竟亦何益?嗟夫!篡夺之所由生,而大乱之所由起,皆耻其分内之不足安而惟见分外者不可贪可欲故也。故学者养心先要个知分,知分者心常宁、欲常得。所欲得自足,以安身利用。

【译文】世上只有道理是可以多知道多拥有的,最初并没有限定取数的多少。为什么呢?在你已定的性分中原来就没有限量,终身都可以探求。除此以外都是人欲,最不可萌发一毫羡慕的心理。上天生人各有一定的分涯,圣人制人各有一定的品节,譬如担夫想要乘坐肩舆,乞丐想要钟鸣鼎食,只是白费心思,毫无用处。唉!篡夺的产生,大乱的兴起,都是因为不安于分内所有的,而想到分外的东西的缘故。所以学者修养内心先要知分,知道分,心就会经常处于安宁之中,所想得到的东西就能得到。得到的东西能够自足,就可以安身利用了。

【原文】心术以光明笃实为第一,容貌以正大老成为第一,言语以简重真切为第一。

【译文】心术以光明笃实为第一,容貌以正大老成为第一,言语以简重真切为第一。

【原文】有问密语者,嘱曰:“望以实心相告。”余笑曰:“吾内有不可瞒之本心,上有不可欺之天日。在本人有不可掩之是非,在通国有不容泯之公论。一有不实,自负四愆矣,仰暇以貌言诳门下哉!”

【译文】有人问我有什么机密的话,并嘱咐说:“希望能实心相告。”我笑着说:“我内有不可隐瞒的本心,上有不可欺骗的天日。在本人有不可掩盖的是非,在国家有不容泯灭的公论。有一句不真实,就会犯瞒心、欺天、掩过、违法这四项大过失,哪里有空闲用假话来欺骗你呢!”

【原文】猥繁拂逆生厌恶心,奋宁而之力;柔艳芳浓生沾惹心,奋跳脱之力;推挽冲突生随逐心,奋执持之力;长途末路生衰歇心,奋鼓舞之力;急遽疲劳生苟且心,奋敬慎之力。

【译文】烦琐违逆会产生厌恶之心，这时要发扬宁耐之力；柔艳芳浓会产生沾惹之心，这时要发扬跳脱之力；推挽冲突会产生随逐之心，这时要发扬持执之力；长途末路会产生衰竭之心，这时要发扬鼓舞之力；急剧疲劳会产生苟且之心，这时要发扬敬慎之力。

【原文】其有善而彰者，必其有恶而掩者也。君子不彰善以损德，不掩恶以长慝。

【译文】有善而到处张扬的人，必然是有恶就要掩藏的人。君子不显善以损德，不掩恶以增错。

【原文】无以小事动声色，亵大人之体。

【译文】不要因为小事而动声色，以免亵渎有德者的身体。

【原文】立身行己，服人甚难也。要看甚么人不服，若中道君子不服，当早夜省惕。其意见不同，性术各别，志向相反者，只要求我一个是也。不须与他别白理会。

【译文】立身行己，要使人信服最难。但要看什么人不服，如果是遵行中道的君子不服，就应当早晚反省警惕。如果是意见不同，性情、方法不同，志向相反的人不服，只要我做得对，就不必要和他辨别理会。

【原文】"懒散"二字，立身之贼也。千德万业，日怠废而无成；千罪万恶，日横恣而无制，皆此二字为之。西晋仇礼法而乐豪放，病本正在此。安肆日偷，安肆，懒散之谓也。此圣贤之大戒也。甚么降伏得此二字，曰"勤慎"。勤慎者，敬之谓也。

【译文】"懒散"二字，是立身的大敌。千德万业，一日日地怠废而无成就；千罪万恶，一天天的横恣而无节制，都是这两个字弄出来的。西晋时，士人仇视礼法而喜爱豪放，病根正在这里。安于放肆，日日怠惰，安肆，说的就是懒散，这是圣贤修身的大戒。什么有降伏这两个字呢？就是"勤慎"。勤慎，就是敬的意思。

【原文】不难天下相忘，只怕一人窃笑。夫举世之不闻道也久矣，而闻道者未必无人。苟为闻道者所知，虽一世非之可也；苟为闻道者所笑，虽天下是之，终非纯正之学。故曰众皆悦之，其为士者笑之，有识之君子必不以众悦博一笑也。

【译文】让天下人忘记不难，只害怕有一个人还在窃笑。唉！举世不闻道已经很长时间了，但是未必没有人闻道。如果被闻道的人所理解，即使世上的人都非议也没关系；如果被闻道的人所耻笑，即使天下人都认为你做的正确，终究不是纯正的学问。所以说，众人都喜欢，而为士人所耻笑，有识之君子必然不会作为博取众人喜欢而遭受士人耻笑的事情。

【原文】近世料度人意常不好边说去，固是衰世人心无忠厚之意。然士君子不可不自责，若是素行孚人，便是别念头，人亦向好边料度，何者？所以自立者足信也。是故君子慎所以立。

【译文】近世的人推测别人的心意常向不好的那边去说，这固然是处于衰世，人心不忠厚的缘故。然而士君子不可不自责，如果是平日的行为让人信得过，就是有了不对的念头，人们也会向好的方面去猜测，为什么呢？你自己所树立的足以使人相信而已。因此君子对于自己的修养非常慎重。

【原文】人不自爱，则无所不为；过于自爱，则一无可为。自爱者先占名，实利于天下国家而迹不足以白其心则不为。自爱者先占利，有利于天下国家而有损于富贵利达则不为。上之者即不为富贵利达而累于身家妻子则不为。天下事待其名利两全而后为之，则所为者无几矣。

【译文】人要不自爱，就会无所不为；过于自爱，就会一无作为。为了名而自爱的人，对于有利于天下国家而不足以表明他的心迹的事则不为。为了利而自爱的人，对于有利于天下国家而有损于自己富贵利达的事则不为。好一点的，即使不是为了个人的富贵利达，而对有累于身家妻子的事则不为。如果天下的事只有名利两全的才去为之，那么能做的事就不多了。

【原文】与其喜闻人之过，不若喜闻己之过；与其乐道己之善，不若乐道人之善。

【译文】与其喜闻人之过，不如喜闻己之过；与其乐道己之善，不如乐道人之善。

【原文】要非人，先要认底自家是个甚么人；要认底自家，先看古人是个甚么人。

【译文】要非议别人，先要认清自己是个什么样的人；要认清自己，先看古人是个什么样的人。

【原文】人生惟有说话是第一难事。

【译文】人生唯有慎重说话是第一难事。

【原文】或问修己之道，曰：无"鲜克有终"。问治人之道，曰："无忿疾于顽"。

【译文】有人问修身之道，我回答说：不要做没有终结的事。问治人之道，回答说：对于顽固不明事理的人不要用愤怒的态度来激怒他。

【原文】人生天地间，要做有益于世底人。纵没这心肠、这本事，也休作有损于世底人。

【译文】人生天地间，要做有益于世的人。纵然没有这个心肠、这个本事，也休做有损于世的人。

【原文】祸福是气运，善恶是人事，理常相应，类亦相求。若执福善祸淫之说而使之不爽，而为善之心衰矣。大段气运只是偶然，故善获福、淫获祸者半，善获祸、淫获福者亦半，不善不淫而获祸福者亦半。人事只是个当然，善者获福，吾非为福而修善；淫者获祸，吾非为祸而改淫。善获祸而淫获福，吾宁善而处祸，不肯淫而要福。是故君子论天道不言祸福，论人事不言利害。自吾性分当为之外，皆不庸心，其言祸福利害，为世教发也。

【译文】祸福是气运，善恶是人事，从道理上来看，为善得福，为恶得祸，是常常相应的，事类也是相同的。但是执着于福善祸淫的说法而希望一丝不差的话，那为善之心就会衰减。大体来说，气运只是偶然，因此做善事得福，做恶事得祸的人有一半，做善事得祸，做恶事得福的人也有一半，没做善事也不做恶事而得祸或得福的人也有一半。人事只是个当然，做善事得福，我并不是为了得福而修善；做恶事得祸，我不是为了避祸而改恶。如果做善得祸作恶得福，我宁愿做善而处祸，也不愿作恶以得福。因此君子只论天道不讲祸福，只论人事不讲利害。从我的性分上说应该做的以外，其他都不去想。讲祸福利害，只是为了教化民众。

【原文】言语不到千该万该，再休开口。

【译文】言语不到千该说万该说，再休开口。

【原文】今人苦不肯谦，只要拿得架子定，以为存体。夫子告子张从政，以无小大，无众寡，无敢慢为骄。而周公为相，吐握、下白屋，甚者父师有道之君子，不知损了甚体？若名分所在，自是贬损不得。

【译文】现在的人不肯谦逊，自以为只要把架子端定了，就以为保住了体面。孔子告诉张从政的道理，认为无论势力大小，无论人口多少，都不要怠于政事，这才叫不骄。周公为相的时候，接待天下贤士，正在吃饭，多次吐掉口中的食物跑出来；正在沐浴，多次握住头发跑出来；还到一般读书人家中去走访，甚至以道德高尚的人为父师。这样做不知损害了什么体面？如果名分到了那个地位，自然贬损不了。

【原文】过宽杀人，过美杀身。是以君子不纵民情，以全之也；不盈己欲，以生之也。

【译文】太宽厚了也能杀人，太美丽了也会招来杀身之祸。因此君子不让民情放纵，这是为了保全他们；不过多地满足自己的欲望，这是为了让民众很好地生存。

【原文】窃叹近来世道，在上者积宽成柔，积柔成怯，积怯成畏，积畏成废；在下者积慢成骄，积骄成怨，积怨成横，积横成敢，吾不知此时治体当何如反也？体面二字，法度之贼也。体面重，法度轻；法度弛，纪纲坏。昔也病在法度，今也病在纪纲。名分者，纪纲之大物也。今也在朝小臣藐大臣，在边军士轻主帅，在家子妇蔑父母，在学校弟子慢师，后进凌先进。在乡里卑幼轧尊长，惟贪肆是恣，不知礼法为何物。渐不可长，今已长矣。极之必乱，必亡。势已重矣，反已难矣，无识者犹然甚之，奈何！

【译文】我感叹近来的世道，在上位的人，宽厚得过分变成了柔弱，柔弱得过分变成了怯懦，怯懦得过分变成了畏惧，畏惧过分就废除了政事。在下面的人，慢惰积累成骄傲，骄傲积累成怨恨，怨恨积累成蛮横，蛮横积累成肆无忌惮，我不知道这个时候，国家治理的局面还如何恢复。体面这两个字，是法度的大敌。把体面看得重了，就会看轻法度，法度松弛，纲纪就要败坏。从前的问题是法度不明，现在的问题是纲纪败坏。名分，是维护纲纪的主要东西。现在在朝廷小臣藐视大臣，在边境兵士轻视主帅，在家庭儿子媳妇不尊敬父母，在学校学生轻慢老师，后进欺凌先进。在乡里卑幼欺侮尊长，只知贪婪放肆，不知礼法为何物。刚发现的坏苗头，不能让它增长，现在已经不可抑制了。到了极点必然要发生混乱，必然要灭亡。这种形势已经很严重了，要想回到治的局面已经很难了，没有见识的人还要加重这种混乱的局面，有什么办法呢！

【原文】受不得诬谤，只是无识度。除了当罪临刑，不得含冤而死，须是辨明。若诬蔑名行，闲言长语，愈辩则愈加，徒自愤懑耳。不若付之忘言，久则明也得，不明也得，自有天在耳。

【译文】受不了诬蔑诽谤，只是因为无见识无度量。除非被判死刑，不能含冤而死，需要辨别明白。如果是污蔑你的名声行为，或是一些闲言碎语，则愈辩愈多，只能增加自己的愤懑。不如忘记这些言语，时间长了，事实弄清楚也好，弄不清也好，自有上天为证。

【原文】作一节之士，也在成章，不成章便是“苗而不秀”。

【译文】做一个只有一种美德的人，成就也要可观，不然便是苗而不秀。

【原文】蹈邪僻则肆志抗颜，略无所顾忌；由义礼则羞头愧面，无以自容。此愚不肖之恒态，而士君子之大耻也。

【译文】干那些歪门邪道的事则肆意妄为，面无愧色，毫无顾忌；而依礼义办事则羞头愧面，好像无地自容的样子，这是愚蠢无能之人的常态。而士君子深以为耻。

【原文】自家作人，自家十分晓底，乃虚美薰心，而喜动颜色，是为自欺。别人作人，自家十分晓底，乃明知其恶，而誉侈口颊，是谓欺人。二者皆可耻也。

【译文】自己的为人，自己十分清楚，而虚伪地美化自己，脸上还喜形于色，这叫作自欺。对别人的为人，自己十分清楚，明知其恶，还要多方赞誉，这叫作欺人。二种做法都是可耻的。

【原文】顺其自然，只有一毫矫强，便不是；得其本有，只有一毫增益，便不是。

【译文】所谓顺其自然，只要有一点勉强，便不能叫顺其自然。所谓得其本有，只要有一毫增易，便不能叫作其本有。

【原文】慎言动于妻子仆隶之间，检身心于食息起居之际，这功夫便密了。

【译文】和妻子奴仆相处时也谨言慎行，在饮食起居时也不停地检点。这种修养功夫就严密了。

【原文】常看得自家未必是，他人未必非，便有长进。再看得他人皆有可取，吾身只是过多，更有长进。

【译文】常看自己未必都正确，他人未必都错误时，便是有了长进。再看得他人皆有可取之处，我自己只是过错太多，就更有了长进。

【原文】稠众中一言一动，大家环向而视之，口虽不言，而是非之公自在。果善也，大家同萌爱敬之念；果不善也，大家同萌厌恶之念，虽小言动，不可不谨。

【译文】在稠人广众中的一言一动，大家听了，环向而视，口虽不说，心中的是非却是分明的。你的言行果然正确，大家会同生爱敬的念头；果然不善，大家会同生厌恶的念头。因此，即使微小的言行，也不可不慎。

【原文】或问：傲为凶德，则谦为吉德矣？曰：谦真是吉，然谦不中礼，所损亦多。在上者为非礼之谦，则乱名分、紊纪纲，久之法令不行。在下者为非礼谦，则取贱辱、丧气节，久之廉耻扫地。君子接人未尝不谨饬，持身未尝不正大，有子曰："恭近于礼，远耻辱也。"孔子曰："恭而无礼则劳。"又曰："巧言令色足恭，某亦耻也。"曾子曰："胁肩谄笑，病于夏畦。"君子无众寡，无小大，无敢慢，何尝贵傲哉？而其羞卑佞也如此，可为立身行己者之法戒。

【译文】有人问：骄傲是凶德，那么谦逊就是吉德吗？回答说：真正的谦逊就吉，如果谦逊得不合礼法，带来的损失更多。在上位的人表现出不合礼法的谦逊，则会乱名分、紊纪纲，时间长了，法令就无法推行。在下位的人表现出不合礼法的谦逊，就会取贱辱、丧气节，时间长了，就会廉耻扫地。君子和人来往未尝不谨饬，持身未尝不正大。有子说："态度容貌庄矜合于礼，就不致遭受侮辱。"孔子说："只注重容貌态度的端庄，却不知礼，就未免劳倦。"又说："花言巧语、伪善的容貌、十足的恭顺，我也认为可耻。"曾子说："耸起两肩，做着讨好的笑脸，比夏天在菜地里干活还要累。"君子不论人多人少、势力大小，都不敢怠慢，何尝显出高贵骄傲的样子呢？而认为谦卑佞巧也是同样的可耻，这点可以作为立身修德者的戒律。

【原文】凡处人不系确然之名分，便小有谦下不妨。得为而为之，虽无暂辱，必有后忧。即不论利害论道理，亦云居上不骄民，可近不可下。

【译文】凡与人相处，不是确定不移的名分，便稍微表示一点谦下也没什么关系。但是凡可以表示谦下时即表示谦下，虽然暂时不会受辱，但必有后忧。即使不谈利害，只从道理来讲，也是说居上位不可使民骄纵。可以亲近他，但不可以表示谦下。

【原文】有处常之五常，有处变之五常。处常之五常是经，人所共知；处变之五常是权，非识道者不能知也。不擒二毛，不以仁称；而血流漂杵，不害其为仁。“二子乘舟”，不以义称；而管、霍被戮，不害其为义。由此推之，不中胜数也。嗟夫！世无有识者，每泥于常而不通其变。世无识有识者，每责其经而不谅其权，此两人皆道之贼也。事之所以难济也。噫！非精义择中之君子，其谁能用之？其谁能识之？

【译文】有处于经常环境的仁义礼智信，有处于权变之际的仁义礼智信。处常之仁义礼智信是常行的义理，人所共知；处变之仁义礼智信是权变之法，不识事理的人是不能理解的。春秋时宋国与楚国开战，宋公在战争中主张不擒拿年纪老了的战俘，但后世并不认为他是“仁”；而周武王伐纣时，战争很残酷，书史形容“血流漂杵”，但仍认为周武王是“仁”。卫宣公的儿子寿和伋为了不拂逆父志而争死，并不能称为“义”，而周公杀管叔放蔡叔，不能不称为“义”，以此类推，此类事情不可胜数。唉！世上没有看清事物本质的人，每拘泥于常态而不懂变化；世上不能理解那些有识之士的人，每每要求他们按常道办事而不理解权变之法。这两种人都危害事物的成功，所以事情就难以办成。唉！不是精于事理而又能择其中道而行的君子，有谁能把常和变运用好？又有谁能识别何时用常何时用变呢？

【原文】真器不修，修者伪物也；真情不饰，饰者伪交也。家人父子之间不让而登堂，非简也；不侑而饱食，非饕也，所谓真也。惟待让而入，而后有让亦不入者矣。惟待侑而饱，而后有侑亦不饱者矣。是两修文也。废文不可为礼，文至掩真，礼之贼也，君子不尚焉。

【译文】真正的器物不修饰，修饰以后就成了伪物了。真情也不粉饰，粉饰就是伪交了。家人父子之间，进屋时不必谦让，这不是简慢；吃饭时不必劝勉，这不是贪吃，这就是“真”。只有等着让才进来，以后就会有让也不进来的人了；只有劝勉才吃饱，以后就会有劝勉也吃不饱的人了,这是双方都在文饰的缘故。废弃了应有的礼节就不合礼仪,过分了又会掩住真情,文饰成了害礼的东西,君子不崇尚这个。

【原文】“中”之一字,不但道理当然,虽气数离了中,亦成不得寒暑;灾祥失中,则万物殃;饮食起居失中,则一身病。故四时各顺其序,五脏各得其职,此之谓中,差分毫便有分毫验应。是以圣人执中以立天地万物之极。

【译文】“中”这个字,不但从道理上讲是必然如此,就是天气离开了“中”,也不会有寒暑的变化;祸福离了“中”,万物都要遭殃;饮食起居离了“中”,身体就会生病。因此四时各顺其序,五脏各司其职,这就叫“中”,差分毫就有分毫的问题。所以圣人执“中”以建立天地万物的准则。

【原文】或问:中之道,尧舜传心,必有至玄至妙之理?余叹曰:只就我两人眼前说这饮酒,不为限量,不至过醉,这就是饮酒之中。这说话,不缄默,不狂诞,这就是说话之中。这作揖跪拜,不烦不疏,不疾不徐,这就是作揖跪拜之中。一事得中,就是一事底尧舜,推之万事皆然。又到那安行处,便是十全底尧舜。

【译文】有人问:“中之道,尧舜等圣人代代相传,必然有至玄至妙之理吧?”我感叹地说:“就说我们二人眼前饮酒这件事,不限制酒量,也不至喝醉,这就是饮酒之中。我们现在说话,不缄默,不狂诞,这就是说话之中。这作揖跪拜,不烦不疏,不疾不徐,这就是作揖跪拜之中。一件事做得中,就是这件事的尧舜,推之万事皆然。如果到那无所要求而安然行事的程度,便是十全的尧舜。”

【原文】形神一息不相离,道器一息不相无,故道无精粗,言精粗者妄也。因与一客共酌,指案上罗列者谓之曰:这安排必有停妥处,是天然自有底道理。那僮仆见一豆上案,将满案尊俎东移西动,莫知措手。那熟底入眼便有定位,未来便有安排,新者近前,旧者退后,饮食居左,匙箸居右,重积不相掩,参错不相乱,布置得宜,楚楚齐齐。这个是粗底,若说神化性命不在此,却在何处?若说这里有神化性命,这个功夫还欠缺否?推之耕耘簸扬之夫、炊爨烹调之妇,莫不有神化性命之理,都能到神化性命之极。学者把神化性命看得太玄,把日用事物看得太粗,原不曾理会。理会得来,这案上罗列得,天下古今万事万物都在这里,横竖推行,扑头盖面,脚踏身坐底都是神化性命,乃知神化性命极粗浅底。

【译文】形与神一息不能相离,道和器一刻不可分开,所以说道无精粗,说有精粗的人是无知的。因为我正和一位客人共同进餐饮酒,就指着案上罗列的菜肴和杯盘碗筷对客人说:“这种安排必然有它的妥当之处,自有它天然的道理。那僮仆见一盘菜端上来,就将满桌的盘碗东挪西动,不知如何安排才好。而熟悉此道的人,一看到菜端上来便会放置在一定的位置上,菜还未端上来便有安排。新端来的放在客人面前,旧的挪后,饮食放在左边,勺筷放在右边,重叠而不互相遮盖,参错而不混乱,布置适宜,这讲的虽然是粗事,如果说神化性命不在这里,又在什么地方呢?如果说这里有神化性命,这个功夫还欠缺吗?以此推论到耕耘簸扬的农夫,做饭烹调的妇女,没有一件事没有神化性命之理,每件事都能达到神化性命之极。学者把神化性命看得太玄,把日常事务看得太粗,没有很好地理会。理会得好,这案上罗列的,天下古今万事万物都在这里,横竖推行,扑头盖面,脚踏身坐的,都是神化性命。以此可知神化性命是极浅显容易理解的。

【原文】私恩煦感,仁之贼也;直往轻担,义之贼也;足恭伪态,礼之贼也;苛察歧疑,智之贼也;苟约固守,信之贼也。此五贼者,破道乱正,圣门斥之。后世儒者往往称之以训世,无识也与!

【译文】用私恩来感动人,是仁之贼;不辨是非就径直前往、勇于承担,是义之贼;过分恭谦虚伪的态度,是礼之贼;过分地苛求察考,走入了歧途,发生了疑惑,是智之贼;随便和别人约定,又顽固地坚守约定,是信之贼。这五种情况,破坏了道义,危害了正理,圣人是排斥的。而后世儒者往往称赞它并用来教导世人,也太没见识了吧!

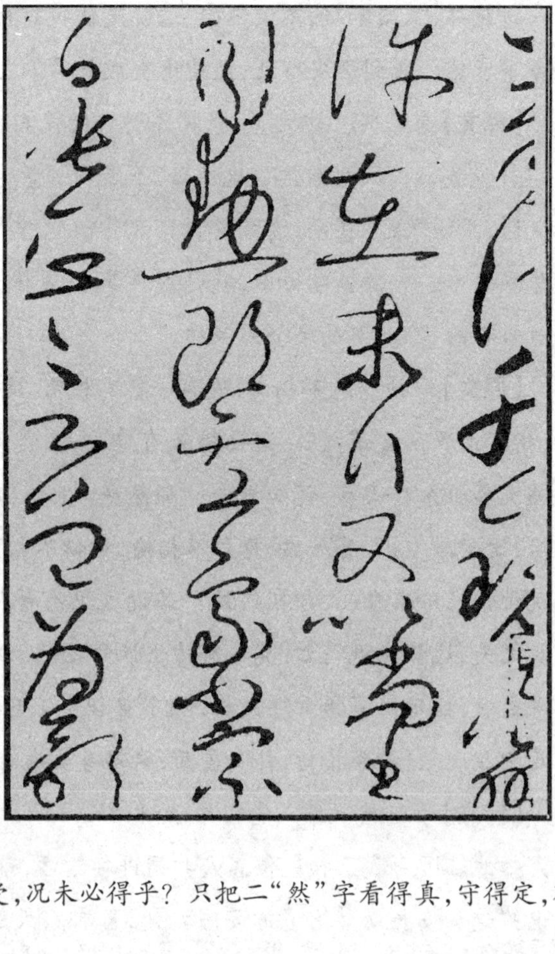

【原文】道有二然,举世皆颠倒之。有个当然是属人底,不问吉凶祸福,要向前做去;有个自然是属天底,任你踯躅咆哮,自勉强不来。举世昏迷,专在自然上错用功夫,是谓替天忙,徒劳无益。却将当然底全不著意,是谓弃人道,成个甚人?圣贤看着自然可得底,果于当然有碍,定不肯受,况未必得乎?只把二“然”字看得真,守得定,有多少受用处。

【译文】道有二“然”，举世都颠倒了。有个“当然”是属于人为可以做到的，这就是不问吉凶祸福，只管努力去做。有个“自然”，是属于上天决定的，任凭你如何努力，如何不满，也勉强不来。举世人昏昏迷迷，专在“自然”上错用功夫，这叫作替天忙，徒劳无益。却把那“当然”全不放在心上，这叫作弃人道，这成了什么人？圣贤看那些“自然”能够得到的，但对“当然”有妨碍，也一定不肯接受，况且未必能够得到的呢？只把二“然”字看得真、守得定，有多少受用的地方啊！

【原文】“己欲立而立人，己欲达而达人”，便是肫肫其仁、天下一家滋味。然须推及鸟兽，又推及草木，方充得尽。若父子兄弟间便有各自立达、争先求胜的念头，更那顾得别个。

【译文】“己欲立而立人，己欲达而达人”，意思是说自己要站得住，同时也使别人站得住；自己要事事行得通，同时也使别人事事行得通。这样才是诚恳仁爱、天下一家的味道。然而还得将仁爱推及禽兽，还要推及草木，才能说推尽了仁爱。如果父子兄弟之间都各自只想自己的立达，有了争先求胜的念头，哪能顾到别的呢！

【原文】自非生知之圣，未有言而不思者。貌深沉而言安定，若蹇若疑，欲发欲留，虽有失焉者，寡矣。神奋扬而语急速，若涌若悬，半絜半晦，虽有得焉者，寡矣。夫一言之发，四面皆渊阱也。喜言之则以为骄，戚言之则以为懦，谦言之则以为谄，直言之则以为陵，微言之则以为险，明言之则以为浮。无心犯讳则谓有心之讥，无为发端则疑有为之说。简而当事，曲而当情，精而当理，确而当时，一言而济事，一言而服人，一言而明道，是谓修辞之善者。其要有二：曰澄心，曰定气。余多言而无当，真知病本云云，当与同志者共改之。

【译文】如果不是天生的圣人，说话时没有不需要思考的。外貌深沉，言谈安定，好像凝滞，好像有疑虑，欲言欲止，这样做即使有失误，也比较少。神气昂扬，语言急速，口若悬河，半通不通，这样做即使有正确的言论，也比较少。一言之发，四面都是陷阱，说高兴的话，别人以为你骄傲；说悲戚的话，别人以为你懦弱，说谦虚的话，别人以为你谄媚；说正直的话，别人以为你盛气凌人；说意味深长的话，别人以为你阴险；说明白易懂的话，别人又认为你浮浅。无心去触犯别人的忌讳，别人则认为你有心在讥讽；无目的的话，则怀疑有目的在说。说话能够简单而符合事实，委曲而符合人情，精练而符合事理，确当而适合时宜，一句话就能办成事，一句话就使人信服，一句话就讲明道理，这就是善于讲话的人。想达到这个标准，要做到二点：一是静下心，二是沉住气。我这个人平时话多而无当，现在真正了解到，病根就是上面讲的这个道理上。和我有共同志向的人都应当改正之。

【原文】知彼知我，不独是兵法，处人处事一些少不得底。

【译文】知彼知己，不只在用兵时要如此，为人处事时也少不了这一条。

【原文】君子之于事也，行乎其所不得不行，止乎其所不得不止；于言也，语乎其所不得不语，默乎其所不得不默，尤悔庶几寡矣。

【译文】君子对于做事，一定要到不得不做的时候才做，不得不停止的时候才止。对于说话，要说那些不得不说的话；对于沉默，不得不沉默的时候才沉默。这样，过失与懊悔就少了。

【原文】发不中节，过不在已发之后。

【译文】喜怒哀乐等情感发出来的时候不符合节度，其过失不在已发之后，而在之前。

【原文】才有一分自满之心，面上便带自满之色，口中便出自满之声，此有道之所耻也。见得大时，世间再无可满之事，吾分再无能满之时，何可满之有？故盛德容貌若愚。

【译文】才有一分自满的心思，面上便流露出自满的表情，口中便说出自满的话语，这是有道德的人认为可耻的事情。见过大世面的人，会认为世间没有可以满足的事，我本心的善性也没有能够满足的时候，哪里可以自满呢？所以品德高尚的人，外貌如同愚憨的人一样。

【原文】断则心无累。或曰：断用在何处？曰：谋后当断，行后当断。

【译文】决断了，心就不会有牵累。有人问："在何处可以决断？"回答说："谋划好了以后可以决断，行动以后可以决断。"

【原文】吾党望人甚厚，自治甚疏，只在口吻上做功夫，如何要得长进？

【译文】我们这些人对别人的企望甚高，而对自己的修养却很放松，只是在口头上做功夫，怎么能够长进呢？

【原文】天下之事，真知再没个不行，真行再没个不诚，真诚之行再没个不自然底。自然之行不至其极不止，不死不止，故曰"明则诚"矣。

【译文】天下的事，真正认识清楚了，没有不实行的；真正实行了，没有不真诚的；真诚的行为，没有不自然的；自然之行，不做到底不会停止，不做到死不会停止，所以说"明则诚"矣。

【原文】事有豫而立，亦有豫而废者。吾曾豫以有待，临事凿枘不成，竟成弃掷者。所谓权不可豫设，变不可先图，又难执一论也。

【译文】事情有做了准备而成功的，也有做了准备而失败的。我曾经有所准备等待事物的来临，但事到临头，与原来设想的不相吻合，竟然失败了。还有人说，权变之策不可能预先设想，事物的变化也不可能预先知道。到底哪种正确，也难以拘泥于一种说法。

【原文】絜矩是强恕事，圣人不絜矩。他这一副心肠原与天下打成一片，哪个是矩？哪个是絜？

【译文】以同一个标准与法度推己及人，使彼此各得分愿，这是推行恕道的事。圣人不是这样，圣人的心肠原本就是与天下人打成一片的，哪个是标准？哪个是法度？

【原文】仁以为己任，死而后已，此是大担当；老者衣帛食肉，黎民不饥不寒，此是大快乐。

【译文】以仁为己任，死而后已，这是一副重担子；使老人衣帛食肉，黎民不饥不寒，这是人生大快乐。

【原文】有杀之为仁，生之为不仁者；有取之为义，与之为不义者；有卑之为礼，尊之为非礼者；有不知为智，知之为不智者；有违言为信，践言为非信者。

【译文】有杀掉某个人是仁的行为，而让他活着却是不仁的行为；有夺取是义的行为，而给予却是不义的行为；有采取卑视的态度是合乎礼的行为，采取尊敬的态度反而是不合乎礼的行为；有对某些事采取不知的态度是明智的，而知道了却是不明智的；有违背了诺言是讲信用的行为，而实践诺言却是不讲信用的行为。

【原文】山峙川流、鸟啼花落、风清月白，自是各适其天，各得其分。我亦然，彼此无干涉也。才生系恋心，便是歆羡，便有沾着。至人淡无世好，与世相忘而已。惟并育而不有情，故并育而不相害。

【译文】山峙川流、鸟啼花落、风清月白，自然都适合它们的天性，各自都体现了它们的本分。人也是这样，与物不应互相干涉，只要产生一点留恋之心，就会歆羡，就会沾着。道德修养达到最高境界的人处世平淡一无所好，只是与世相忘而已。只有共同生长而不有情，才能共同生长而不相害。

【原文】或问：孔子素位而行，非政不谋，而儒者著书立言便谈帝王之略，何也？曰：古者十五而入大学，修齐治平，此时便要理会，故陋巷而问为邦，布衣而许南面。由、求之志富强，孔子之志三代，孟子乐“中天下而立，定四海之民”，何曾便到手？但所志不得不然。

所谓"如或知尔，则何以哉"，要知"以"个甚么。"苟有用我者，执此以往"，要知"此"是甚么。"大人之事备矣"，要知"备"个甚么。若是平日如醉梦，一不讲求，到手如痴呆，胡乱了事，如此作人，只是一块顽肉，成甚学者！即有聪明材辨之士，不过学眼前见识，作口头说话，妆点支吾，亦足塞责。如此作人，只是一场傀儡，有甚实用？修业尽职之人，到手未尝不学，待汝学成，而事先受其敝，民已受其病，寻又迁官矣。譬之饥始种粟，寒始纺棉，怎得奏功？此凡事所以贵豫也。

【译文】有人问：孔子没有官位却到处奔走，只要是有关政治教化的事他就参与谋划，儒者著书立说便谈的是帝王治国的大略，这是为什么呢？回答说：古代的人十五岁入大学，对于修身、齐家、治国平天下的道理，这时就开始学习，因此身居陋巷就要学习治理邦国的道理，做一介平民时就称许他可以南面为王。孔子弟子子路和冉求的志向是使国家富强，孔子的志向是向夏、商、周三代看齐，孟子喜欢的是国家能立于天下，人民都安定太平，这些愿望何曾达到？但不能不树立这样的志向。孔子问他的弟子："如或知尔，则何以哉"（如果有人了解你们，打算请你们去做官，那你们怎么办呢）。要知道"以"个什么。又说"苟有用我者，执此以往"，要知道"此"是什么。孟子说："大人之事备矣"，要知道"备"个什么。若是平日如醉梦，什么也不学习，遇到事情就会如痴呆一样，胡乱了事，如此做人，只是一块顽肉而已，还算什么学者？即使是聪明有才能的人，也只不过学一些眼前的见识，当作口头话说一说，装装样子支吾一番，只能应付一下局面而已。如此做人，只是演了一场傀儡戏，有什么实际用处？修业尽职的人，遇到任何事物都要学习，如果等学成了再做事，事情早就办不成了，人民也会因此受害，不久你又改任他职了。这就好比饿了才去种粟，寒冷才去纺棉一样，怎能取得功效？任何事都贵在预先做好准备。

【原文】我信得过我，人未必信得过我，故君子避嫌。若以正大光明之心如青天白日，又以至诚恻怛之意如火热水寒，何嫌之可避？故君子学问第一要体信，只信了，天下无些子事。

【译文】我信得过我，别人未必信得过我，所以君子要避嫌。如果以青天白日般的正大光明之心，又以火热水寒般的至诚同情之心待人，有什么嫌可避呢？所以君子的学问，第一重要的是要体现信，只信了，天下就不会有一点儿事。

【原文】圣人以见义不为属无勇，世儒以知而不行属无知；圣人体道有三达德，曰智、仁、勇，世儒曰知行只是一个，不知谁说得是？愚谓自道统初开，功夫就是两项，曰"惟精"，察之也；曰"惟一"，守之也。千圣授受，唯此一道，盖不精则为孟浪之守，不一则为想象之知。曰“思”,曰“学”。曰“致知”,曰“力行”。曰“至明”,曰“至健”。曰“问察”,曰“用中”。曰“择乎中庸,服膺勿失”。曰“非知之艰,惟行之艰”。曰“非苟知之,亦允蹈之”。曰“知及之,仁守之”。曰“不明乎善,不诚乎身。”

【译文】圣人把见义不为归作无勇,世上的儒者把知而不行算作无知;圣人体现道有三达德,叫作智、仁、勇,世上的儒者认为知和行是同一个东西,不知谁说的对?我认为圣道承继的统系刚一开头,功夫就是两项,一叫“惟精”,讲的是察;一叫“惟一”,讲的是守,千圣传授的,只有这个道理,不精就是轻率地守;不一则是想象的知。这就是所说的“思”和“学”,“致知”和“力行”,“至明”和“至健”,“问察”和“用中”,“择乎中庸,服膺勿失”,“非知之艰,惟行之艰”,“非苟知之,亦允蹈之”,“知及之,仁守之”,“不明乎善,不诚乎身”的道理。

【原文】圣学下手处是无不敬,住脚处是恭而安。

【译文】圣学下手的地方是无不敬,住脚的地方是恭而安。

【原文】己所独知,尽是方便;人所不见,尽得自由。君子必兢兢然细行必谨,小物不遗者,惧功夫之间断也,惧善念之停息也,惧私欲之乘间也,惧自欺之萌蘖也,惧一事苟而其余皆苟也,惧闲居忽而大庭亦忽也。故广众者幽独之证佐,言动者意念之枝叶,意中过、独处疏,而十目十手能指视之者,枝叶证佐上得之也,君子奈何其漫浊?不然苟且于人不见之时,而矜持于视尔友之际,岂得自然?岂能周悉?徒尔劳心,而慎独君子已见其肺肝矣。

【译文】自己所独知的,都可以听任自便;别人看不见的,都可以放任自由。所以君子在此时也一定要兢兢业业,小的行动也一定谨慎,小的事物也不遗漏,这是害怕修养的功夫会间断,害怕善念会停止,害怕私欲会乘隙而入,害怕自欺的意识萌发,害怕一事随随便便其余的事也跟着随便,害怕闲居时疏忽到了大众面前也会疏忽。所以说,在大庭广众面前的表现,是在隐居独处时表现的佐证;言语和行动,是内心意念的枝叶,意念中的过失,独处时的疏漏,在大庭广众中被十目所视十手所指的毛病,就是在佐证和枝叶上得到的,君子怎么能漫不经心而不严格要求自己呢?不然在人看不见的时候随随便便,在和朋友相处时才矜持有礼,哪能表现得自然?哪能周到完全?只是白费心力,而那些在独处时也严格要求自己的君子早已经看透你的内心了。

【原文】道学不行,只为自家根脚站立不住。或倡而不和则势孤,或守而众挠则志惑,或为而不成则气沮,或夺于风俗则念杂。要挺身自拔,须是有万夫莫当之勇,死而后已之心。不然终日三五聚谈，焦唇敝舌，成得甚事。

【译文】道德学问不能推行，只是因为自己的脚跟站立不住。或是因为自己提倡无人应和就势孤力单，或是因为自己坚守别人阻挠就意志昏惑，或是因为努力去做没有成功就灰心丧气，或因为受风俗影响就产生了杂念。要想挺身自拔，须要有万夫不当之勇，死而后已之心，不然终日只是三五人在一起聚谈，即使焦唇敝舌，能成就个什么事业？

【原文】里面五分，外面只发得五分，多一厘不得。里面十分，外面只发得十分，少一厘不得。诚之不可掩如此夫！故曰“不诚无物”。

【译文】里面有五分，外面发出来也只能有五分，一厘也不会多。里面有十分，外面自然也要发出十分，少一厘也不行。真实的东西不可掩盖竟达到如此地步。所以说“不诚无物”，即是说不真实就没有东西。

【原文】休蹑著人家脚跟走，此是自得学问。

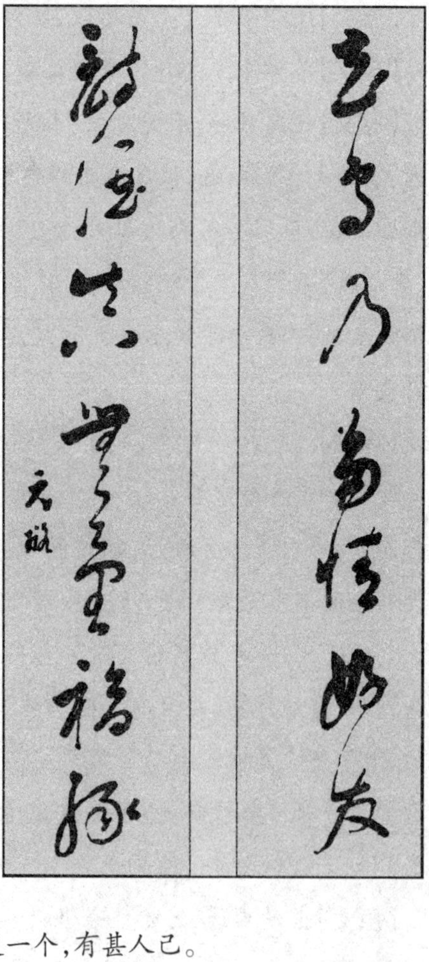

【译文】休要跟着别人的老路走，这才是自己体会出来的学问。

【原文】君子言见闻，不言不见闻；言有益，不言不益。

【译文】君子谈亲自见闻的事，不谈没看见没听到的事；谈有益的事，不谈无益的事。

【原文】对左右言，四顾无愧色；对朋友言，临别无戒语，可谓光明矣，胸中何累之有？

【译文】对身旁的人说话，四顾没有愧色；对朋友说话，临别没有告诫的话，可以说是光明正大了，这样心中还有什么牵累呢？

【原文】圣贤只在与人同欲恶，“已欲立而立人，己欲达而达人”，“我不欲人之加诸我也，吾亦欲无加诸人”，便是圣人。能近取譬，施诸己而不愿，亦勿施于人，便是贤者。专所欲于己，施所恶于人，便是小人。学者用情，只在此二字上体认，最为吃紧，充得尽时，六合都是一个，有甚人己。

【译文】圣贤和普通人的好恶相同，己欲立而立人，己欲达而达人，我不愿别人加在我头上的事，我也不想加给别人，这样的人便是圣人。能在自己身边找到可以对比的事情，对自己不愿意做的事情，也不要勉强别人去做，这样的人便是贤者。自己想要的都留给自己，自己所厌恶的都给予别人，这样的人便是小人。学者用心，只在这欲、恶两个字上体会认知，最为要紧。扩充到尽头时，天地四方都成为一体，还分什么别人自己。

【原文】人情只是个好恶，立身要在端好恶，治人要在同好恶。故好恶异，夫妻、父子、兄弟皆寇仇；好恶同，四海、九夷、八蛮皆骨肉。

【译文】人的感情只是个好恶，立身主要是详审好恶，治理人民主要是同好恶。所以说好恶不同，夫妻、父子、兄弟都可能成为寇仇；好恶相同，四海、九夷、八蛮之人都可以变成骨肉之亲。

谨身要法

——石成金

谨　始

选有官职，不论大小，以贵为民上。当即立志，要做好官，专为百姓伸冤理枉。唯以清廉自誓，不独己有受用，没冤家，即子孙亦昌盛远大矣。奈为官者，见利生贪，虽或暂富，犹若冰山。其子孙非但贫贱，且而果报，有难忍言者。试看多人，指不胜屈，总因丧心。损人之财，岂能享用？甚可畏哉！

戒　偏

持身须要检点清白，切不可轻与人交，恐一有濡染，动遭钳制。不独贿赂可以污人，即如好技艺，则星相医卜者投之；好奇玩，则古董书画者中之。嗜好一偏，或投机阱。虽诗文之交，亦有怡情败事者，不可不谨。况偏人之材质不同，而溺于意向所偏，自己不觉人将以偏处乘之。投吾所喜，激吾所怒，败事常必由此。随我气质所偏，便当力治。前人弦韦之意，亟宜知也。

充量

有容德乃大，有忍事乃济。盖容则恕人，忍则耐事。一毫之拂，即勃然而怒；一事之违，即偾然而发；一善之长，即为炫暴；一言之誉，即为动容。皆无涵养之力，薄福之人也。昔人谓量随识长，闻事不喜不惊，乃可以当大事。

习俭

一切酒色服食器用，凡可娱心悦目者，一旦登仕，随意为之。只图眼前快乐，不顾帑俸亏虚，更有丧心受浦以供挥洒。又有一种，多方馈营上司，以买虚浮之体面。一朝事败，罪犯难逃。何如节俭淡泊之上计耶？

远嫌

嫌疑之事，易生谗谤，当防于未然。杂流之人，不可交；嫌疑之地，不可往；非礼之馈，不可受。内言不可出，外言不可入。富户徘优一切外人，尤不可私见、私语。要知一涉嫌疑，则奸诡得以指名诳索，仇疾得以造言嫁祸。凡吏胥巧滑，每能先意规伺，若乐其便于使令，少加辞色，则为下民耳目所归。狐假鼠偷，奸欺万状。须要六房书吏，值日轮流。门隶细人，随便差遣。小事呼唤，不必专名。公务往来，动宜稽察，当堂问断，毋许假公咨禀。私衙封闭，勿令无事出入。到家迎接者，尤宜远嫌。出路跟随者，务严约束。如此则上听不偏，下民无惑矣。

勿炫

凡为官虽欲兴利除害，与民造福，俱要浑厚深沉，不可炫露，致人窥测。如知我欲抑豪强，则牵涉士豪名色；知我欲清赋额，则巧诬诡寄钱粮；变换情词，投我意向而启衅多矣。如欲申事，先府后司，不可搀越。其呈禀之词，亦宜谨慎详确。功归于上，令其孚信不积，则事行无阻矣。虽旁县同僚，亦不可炫暴己长，致生嫌妒。事成之后，视为分所当然，韬晦不矜。至于行事，务须详审，不可辄立新法，恐不宜人情，后难更改。

防　骗

目今骗棍最多，或诱夤谋高升，或诱代积货物，生放大利，一堕其术，竟有挪移库项通融为之。思获名利，多付乌有。罪害罹己，追悔无及，可不戒哉。

【原文】人无志，非人也。但君子用心，所欲准行，自当量其善者，必拟议而后动。若志之所之，则口与心誓，守死无二，耻躬不逮，期于必济。若心疲体懈，或累于外物，或累于内欲，不堪近患，不忍小情，则议于去就，议于去就则二心交争，二心交争则向所见役之情胜矣。或有中道而废，或有不成一篑而败之，以之守则不固，以之攻则怯弱，与之誓则多违，与之谋则善泄，临乐则肆情，处逸则极意，故虽繁华熠耀，无结秀之勋，终年之勤，无一旦之功，斯君子所以叹息也。若夫申胥之长吟，夷、齐之全洁，展季之执信，苏武之守节，可谓固矣。故以无心守之，安而体之，若自然也，乃是守志之盛者可耳。

所居长吏，但宜敬之而已矣，不当极亲密，不宜数往，往当有时，其有众人，又不当独在后，又不当前。所以然者，长吏喜问外事，或时发举，则恐为人所说，无以自免也。宏行寡言，慎备自守，则怨责之路解矣。

立身自当清远，若有烦辱，欲人之尽命，托人之请求，当谦言辞谢。某素不预此辈事，当亮耳。若有怨急，心所不忍，可外违拒，密为济之；所以然者，上远宜适之几，中绝常人淫辈之求，下全束脩无玷之称，此又秉志之一隅也。

——《嵇康集》

【译文】人不立志，不能算人。君子考虑事情，应当效法好的，认真思考筹划后，再付诸行动。立志要做的事，就在心里发誓做好，始终不二。只怕自己力量不济，期于必成。如果放松懈怠，或因外物的牵挂，或受私欲的拖累，对眼前小事或私情摆脱不开，就会考虑去做还是不做，心里引起矛盾斗争，那么小事私情就会占上风，妨碍立志所要做的事，或半途而废，或功败垂成。这样用于防守则不坚固，用于攻取则胆小懦弱，和他立誓约则相违反，和他商量事情则多泄密，碰上欢乐的事情则多放纵情感，自处安逸则极意声色，所以表面上虽繁华闪耀，而无实效，无结果，这是君子所为之叹息的。

至于申包胥到泰国哭援兵救楚，伯夷、叔齐饿死在首阳山，鲁国柳下惠守信不欺，西汉苏武持节不降，可称矢志不移。他们认为这样做才心安理得，出之自然。这是立志特别坚定的表现。

对于县中长吏，对他表示尊敬就行了，不要很亲密，不要时常去，去时要有个选择。和别人一同去，不要独自在前或独自在后；其所以要这样，是因为长吏喜好打听外事，恐怕有所举发，被他人猜疑，不能自免。多做少说，谨慎自守，就免受埋怨责备。

立身处世，自然应当清高淡泊，如有烦劳之事嘱托于我，要使人尽力，或托人之请求，应当婉言谢绝。我向来不干预这些人的事，当可取得谅解。如果事情急迫，不帮助心里不忍，可外面表示拒绝，而私下秘密帮助。这样做的原因，上者可以远离善恶是非的机兆，中者可以杜绝平常人的许多请托，下者可以保全收入清廉的名声，这也是立志的一个重要方面。

孝经

诸侯章

在上不骄，高而不危；制节谨度，满而不溢。高而不危，所以长守贵也；满而不溢，所以长守富也。富贵不离其身，然后能保其社稷，而和其民人。盖诸侯之孝也。《诗》云：“战战兢兢，如临深渊，如履薄冰。”

卿大夫章

非先王之法服不敢服，非先王之法言不敢道，非先王之德行不敢行。是故非法不言，非道不行。口无择言，身无择行。言满天下无口过，行满天下无怨恶。三者备矣，然后能守其宗庙。盖卿、大夫之孝也。《诗》云：“夙夜匪懈，以事一人。”

士章

资于事父以事母而爱同，资于事父以事君而敬同。故母取其爱，而君取其敬，兼之者父也。故以孝事君则忠，以敬事长则顺。忠顺不失，以事其上，然后能保其禄位，而守其祭祀。盖士之孝也。《诗》云：“夙兴夜寐，无忝尔所生。”

庶人章

用天之道，分地之利，谨身节用，以养父母，此庶人之孝也。故自天子至于庶人，孝无终始，而患不及者，未之有也。

事 君

子曰:“君子之事上也,进思尽忠,退思补过。将顺其美,匡救其恶,故上下能相亲也。《诗》云‘心乎爱矣,遐不谓矣。中心藏之,何日忘之。’”

【原文】孟子曰:“天下大悦而将归己,视天下不悦而归己,犹草芥也,惟舜为然。不得乎亲,不可以为人;不顺乎亲,不可以为子。舜尽事亲之道,而瞽瞍厎豫,瞽瞍厎豫而天下化,瞽瞍厎豫而天下之为父子者定,此之谓大孝。”

——《孟子·离娄上》

【译文】孟子说:“天下的人都十分高兴,并且将要归附于自己;把天下的人悦服并将归附于自己,看得像草芥一样不那么重要,只有舜是这样。(在舜的眼中看来)儿子与父母的关系相处得不融洽,不可以做人;儿子不能事事顺从父母的心意,便不成其为儿子。(因此)舜尽了一切事亲之道而使瞽瞍由不高兴倒高兴了,瞽瞍由不高兴到高兴了,于是天下的人受到了感化,瞽瞍由不高兴到高兴了,于是确定了天下作为父子的伦常关系了。这就叫作大孝。”

长怀忧惧,慎言慎行

【原文】年少之人,未尝知忧,未深知惧。晨夕嬉游,见老成者危言切论,掩耳而去,以为我生必无可忧,亦有何惧?不知命不于常,岂特王公为然?匹夫庶人,盛衰苦乐,亦各有命,若涉大川,其无津涯,向后茫无可仗。但欲长此安平无事,岂是易得?或是世道变更,或是乡土乱作,或是家运前后不同,或是此身事出非意。惟长怀忧惧,不敢肆言方,不敢妄动,庶几自作之孽,可以少免。

——《初学备忘》

【译文】年轻人不曾知道忧虑,也不曾知道害怕。从早到晚嬉戏游耍,看见老成者危言切论,掩住耳朵躲开,认为我的一生一定没什么可以忧虑的,也没什么值得恐惧的。不知道命运无常,难道仅仅王公贵人这样?每一个士大夫和平民百姓,他们的盛衰苦乐,都各有各的命运。好像涉入一条大河,它没有渡口也毫无边际,向后看茫茫一片没有什么东西可以依靠。只想永远平安无事,难道容易吗?或者是世道变更,或者是家乡发生乱害,或者是家道变化,或者是自身突然遭遇不测。只有长久地怀有忧患恐惧意识,不敢随意乱说话,不敢妄自行动,期望自己犯下的罪过,可以减少。

出处进退之规

人生天地间,智愚贤不肖,固有不齐,或出或处,或进或退,要当皆以古人为鉴,斯无咎矣。昔伊尹、傅说、吕望、孔明之处也,一耕于有莘之野,一佣于版筑之间,一垂钓渭滨,一高卧南阳。此四公者,不出则寥寥无闻,一出则立业建功,以安天下。向非天子梦卜求而用之,终于农工渔隐之流而已,何尝急急自出,抑何尝以农工渔隐之事为卑鄙而不为也?今人知出而不知处,知进而不知退。凡读书不遂,即鄙农工商贾之事,而不屑为,所以有济世之才,而无资生之策者,多矣。如张齐贤以布衣而条当世之务,艺祖留之以相太宗;范仲淹以秀才而怀天下之忧,君子称之为分内事。今初学之士,就欲妄事,希觊干求,岂二公之俦耶?又留侯、疏广,功成身退,知止知足,成万世之美名。今之既明且哲,以保其身者几人?吾人能知此四事,于所行所止之间,审己量时,见几而作,则庶几免夫失身之患。

——《何民家规》

不负责任的话不听,故意中伤的话不传

【原文】《易》曰:"乱之所由生也,言语以为阶。君不密则失臣,臣不密则失身。"庄子曰:"两喜多溢美之言,两怒多溢恶之言。"大抵人言多不能尽实,非喜即怒。喜而溢美,有失近厚;怒而溢恶,则为人之害多矣。孟子曰:"言人之不善,当如后患何?"夫己轻以恶加人,则人亦必轻以恶加我,以是自相加也。吾见人言,类不过有四:习于诞妄者,每信口纵谈,不问其人之利害,于意所欲言。乐于多知者,并缘形似,因以增饰,虽过其实,自不能觉。溺于爱恶者,所爱虽恶,强为之掩覆;所恶虽善,巧为之破毁。轧于利害者,造端设谋,倾之惟恐不力,中之惟恐不深。而人之听言,其类不过二途:纯质者不辨是非,一皆信之;疏快者不计利害,一皆传之。此言所以不可不慎也。今汝曹前四弊,我知其或可免,若后二失,吾不能无忧。盖汝曹涉世未深,未尝经患难,于人情变诈,非能尽察,则安知不有因循陷溺者乎!故将欲慎言,必须省事;择交每务简静,无求于事。令则自然不入是非毁誉之境,所以游者,皆善人端士,彼亦自爱己防患,则是非毁誉之言亦不到汝耳。汝不得已而友纯质者,每致其思而无轻信;友疏快者,每谨其戒而无轻薄,则庶乎其免矣。

——叶梦得

【译文】《易经》上说:"产生乱的原因,语言是阶梯。国君在语言上不谨慎就失去大臣,大臣在语言上不慎密就失去生命。"庄子也说:"两方都高兴就会有很多过分夸奖的

话，两方都愤怒就会有很多过分指责的话。”大体上人们的话很多不能全部是实在的，因为人们不是高兴就是愤怒。高兴起来就说过分夸奖的话，有失厚道；气愤起来就说过分指责的话，那么危害就更多了。孟子也说：“说人家不好，知道有怎么样的后患吗?”凡是自己随意以恶加于人，那么人家也一定会随意以恶加于自己，这就等于自己以恶相加了。我观察别人说话，不外乎四种类型：惯于说假话的人，信口开河，不问利害，想要怎么说就怎么说。乐于到处打听的人，只因外表相似，因而添油加醋，即使言过其实，他自己还不觉得。沉溺于个人好恶的人，所喜好的虽然是坏人，也要勉强为他掩饰；所憎恶的虽然是好人，也要设计巧加诋毁。为利害相倾轧的人，制造事端，设计阴谋，倾轧唯恐不力，中伤唯恐不深。而人们听话也不过两种类型：纯朴的人不辨是非，一切都相信，嘴快的人不计利害，一切话都传，听这种话不可以不谨慎。现在你们对于前四种弊端，我知道也许可以避免；像后面这两种过失，我不能不担忧。这是因为你们涉世不深，不曾经受过患难，对于人情变诈，还不能完全察觉，因而怎么知道不会有沿袭旧有的东西而堕落不能自拔呢！所以，就是想要谨慎地说话，也必须省察每一件事；择交朋友常常务必力求简要娴静，不要有求于事。如果这样，就自然不进入是非毁誉的范围了。所交游的也都是一些友善的品格端正的人，他们也会自爱防患，那么是非毁誉的话也不会到你的耳朵里来了。你们不得已而与纯朴的人交朋友，每次都要好好想一想而不要轻易相信；不得已而与嘴快的人交朋友，每次都要谨慎警戒而不要轻浮刻薄，这样也许就可以免祸了。

【原文】墓有铭，非古也。吾已自记生平大略，以授汝等，慰子孙之心，如是足矣；溢美以诬后世，岂吾志哉。

吾平生未尝害人，人之害吾者，或出忌嫉，或偶不相知，或以为利，其情多可谅，不可以为怨，谨避之可也。若中吾过者，尤当置之，汝辈但能寡过，勿露所长，勿与达贵亲厚，则人之害己者自少。吾虽悔已不可追，以吾为戒，可也。

祸有不可避者，避之得祸弥甚。既不能隐而仕，小则谴斥，大则死，自是其分。若苟逃谴斥而奉承上官，则奉承之祸不止失官；苟逃死而丧失臣节，则失节之祸不止丧身。人自有懦而不能蹈祸难者，固不可强。惟当躬耕，绝仕进，则去祸自远。

风俗方日坏，可忧者非一事，吾幸老且死矣，若使未遽死，亦决不复出仕，惟顾念子孙，不能有老妪态。吾家本农也，复能为农，策之上也；杜门穷经，不应举，不求仕，策之中也；安于小官，不慕荣达，策之下也。舍此三者，则无策矣。汝辈今日闻吾此言，心当不以为是，他日乃思之耳，暇日时与兄弟一观以自警，不必为他人言也。

——《放翁家训》

【译文】墓碑上有铭文，并非是为了流传千古啊。我已经自己记下生平大事，用来教戒你们，安慰后世子孙的心，能够这样我就满足了；过分美化自己用来欺骗后人，难道是我的意愿吗？

我一生从没有害过别人，别人之所以害我，有的是出于嫉妒之心，有的是偶然的不相知，有的是为了谋求自己的私人利益，他们的情形大多可以谅解，不可以怀恨在心，小心回避他们就行了。如果是说中我过错的人，尤其应当谅解他们，你们只能少犯错误，不要暴露自己的长处，不要与达官贵人有过多的交往，那么害自己的人自然会减少。我虽然追悔莫及，你们以我为戒，就可以啊。

有不能逃避的灾祸，逃避灾祸则会导致更严重的灾祸。既然不能隐居而只能走仕途为官，小则贬谪，大则死，这一切自然是很明了的。如果苟且逃避贬斥而去迎合上级，那么奉承的灾祸不只是失去官职；如果苟且逃避死亡而丧失为臣之气节，那么失节的灾祸不只是丧失生命。有生性懦弱而无法承受灾祸的人，这是不可勉强的。只有亲自耕田，杜绝入仕为官，才能远避灾祸。

社会风俗正日益败坏，令人担忧的事情越来越多，幸运的是我年纪大快要死了，假如不能很快去世，我也决不复出入仕做官，只顾念到子孙，才不能显出老态龙钟的样子。我家本来是农民，再能务农，是上策啊；闭门穷究经学，不参加考试，不追求入仕为官，是中策啊，安心做小官，不羡慕达官显贵，是下策啊。丢掉这三个策略，就没有办法了。你们今天听我说这些话，心中大概不以为是，以后可好好思考一番，闲暇时与兄弟们一起互相警勉，不必给外人讲这些话。

戒子数事

【原文】夜卧不眠，常须息心定志，勿妄筹画无益之事及起邪思。

凡饮食知所从来：五谷则人牛稼穑之艰难，天地风雨之顺成，变生作熟，皆不容易；肉味则杀生断命，其苦难言。思之令人自不欲食，况过择好恶又生嗔恚乎？……门外穷人无数，有尽力辛勤而不得一饱者，有终日饥而不能得食者。吾无功坐食，安可更有所择？若能如此，不惟少欲易足，亦进学之一助也。

食已无事，经史文典谩读一二篇，皆有益于人，胜别用心也。

与人交游，宜择端雅之士，若杂交终必有悔，且久而与之俱化，终身欲为善士不可得矣。

谈议勿深及他人是非，相与意了，知道为是为非而已。棋弈雅戏犹曰无妨，毋及妇人嬉笑无节，败人志意，此最不可也。

即不自重，必为有识所轻。人而为人所轻，无不自取之也。汝等志之！

——江端友

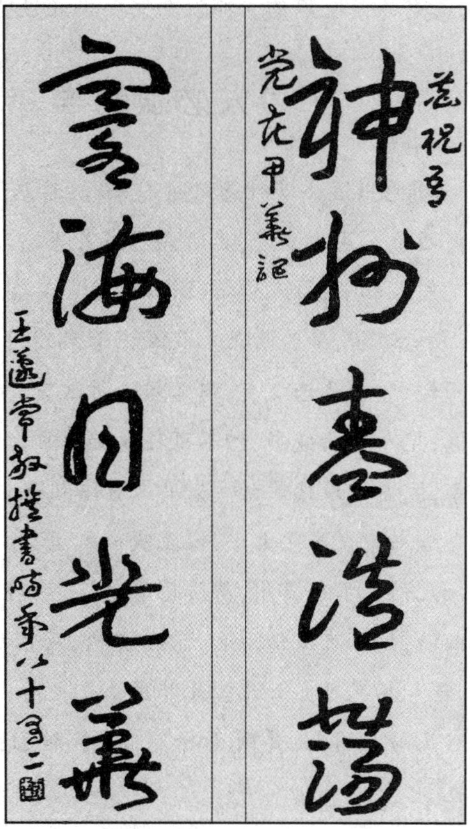

【译文】当夜晚躺在床上不能入眠的时候，常常要排除杂念并坚定自己的意志，不要胡乱去思考一些无益的事和产生不正当的想法和念头。

凡是我们需要的饮食必须知道它是怎么来的：人们所需的谷物经过了人们努力、耕牛的拉犁、种谷收割等农业劳动的艰苦困难，经过天地风雨等自然条件的帮助而丰熟，由生的变成熟食，都不容易。人们所需的肉味经过宰杀牲畜，断送许多牲畜的生命，再加工烹制而成，其中过程难以述说。想起这些，会让人没有食欲，更何况过于选择好恶又会生嗔怒怨恨呢？……门庭以外的穷人多到不计其数，有的一年到头尽力辛勤劳动而得不到一顿饱饭的，有的一天到晚饿着肚皮而无法弄到吃的东西的。我没有做出什么成绩却不劳而食，怎么可以挑剔、选择呢？如果人们真能如此，不但可以减少贪欲而容易满足，就是对学有进益也是一大帮助。

饭后没有什么事，经史文章典籍应广泛阅读一二篇，对于人们都是有益的，胜过在别的地方使用心力。

结交朋友，最好选择端庄文雅的人，如果不分良莠、不加选择地结交朋友总有一天会要后悔的，而且时间长了就会发生变化同他一样了，一辈子再想成为善良的人也就不可能了。

谈议一些事情的时候，不要随便深入地评论他人的是与非，只要彼此心里明白，知道别人谁对谁不对就行了。爱好围棋、雅戏还可以说没有妨碍，不要涉及与妇人戏乐而没有节制，那样会败坏人的志气和意趣，这是最不可以的。

自己不尊重自己的人格，必然会被一些有卓识远见的人轻视。一个人被他人所轻视,没有不是自取的。你们一定要记住这些!

为人必须勤学、节俭和善于待人接物

【原文】温公幼时患记问不若人,群居讲习,众兄弟既成诵游息矣,独下帷绝编,迨能背讽乃止。用力多者,其所诵乃终身不忘矣。

发人私书,拆人信物,深为不德。甚者遂至结为仇怨。余得人所附书物,虽至亲卑幼者,未尝辄留,必为附至。及人托于某处问迅于求,若事非顺理,而己之力不及者,则可至诚而却之;若已诺之矣,则必须达所欲言,至于听与不听,则在其人。凡与宾客对坐,及往人家,见人得亲戚书,切不可往观及注目偷视。若屈膝并坐,目力可及,则敛身而退,候其收书,方复进以续前话。若其人置书几上,亦不可取观,须俟其人云:"足下可观",方可一看。若书中说事无大小,以至戏谑之语,皆不可于他处复说。

凡借人书册器用,苟得已者,则不须借,若不获已,则须爱护对于己物。看用才毕,即便归还,切不可以借为名,意在没纳,及不加爱惜,至有损坏。大率豪气者于己物多不顾惜,借人物岂可亦如此?此非用豪气之所,乃无德之一端也。

凡与人同坐,夏则己择凉处,冬则己择暖处;及与人共食,多取先取,皆无德之一端也。

文正范公子纯仁娶妇将归,传闻以罗为帷幔者,公闻之不悦,曰:"罗绮岂帷幔之物耶?吾家素清俭,安得乱吾语法?持至吾家,当火于庭。"

韩公为陕西招讨时,尹师鲁与夏英公不相与。师鲁于公和即论英公事,英公于公处亦论师鲁,公皆纳之,不形于言,遂无事。不然不静矣。

——吕祖谦

【译文】司马光小的时候,曾担心自己忆力不如别人,大家在一起听老师讲授,师兄师弟们已经能背诵就到外边游玩休息去了,唯独司马光一个人回到自己住所去不断地翻阅书籍,反复学习,直到能够滚瓜烂熟地背诵为止。比别人花了更多的气力所能背诵的东西,一辈子也不会忘记了。

打开别人的私人书信,拆开别人的信物,实在是不道德的行为,甚至会因此结下仇怨。因此,我代别人捎来的书信和物品,即使收主是至亲好友或者是后生晚辈,我也没有稍微停留,而是设法替他们马上捎去。别人委托你于某处问讯求取,如果这事不合情理,自己又无能为力,那么就可以坦诚地拒绝;如果自己答应了别人,那就必须把一切都明白地告诉人家,至于接受不接受,那就随他了。凡是与客人坐在一起,以及到别人家里,看见人家收到亲戚送来的书信,千万不要走近去看或注目偷视。倘若与人家促膝并坐,一眼就可以瞧见,那也要约束自己而起身告退,等人家收好了书信,才可以再进去继续谈话。如果人家把书信放在桌上,也不要拿来看,而要等人家说:“您可以看看”,这时你才可以看。假如书信中内容事无大小,以及一些很有趣的玩笑话,都不能在别处再向他人说起。

凡是向别人借用书籍器具,如果想随便据为己有,那就不必借了。如果不想占为己有,那也,必须比自己的东西更加爱护。书籍看完,器具用毕,就要立即归还给人家,千万不能以借为名,有意吞没;或者不加爱惜,以致损坏。一般来说豪放的人对自己的东西多半不加珍惜,但借别人的东西难道也可以这样吗?那不是慷慨大方的举动,而是不讲道德、没有教养的一种表现。

凡是与人同室而坐,夏天自己选择最凉爽的地方,冬天则选择最温暖的地方;凡是与别人同桌共食,自己多吃、先吃,这些也是不讲道德、没有教养的又一种表现。

范仲淹的儿子纯仁结婚的时候,听说女方的嫁妆有用丝织品做的帷幕,范仲淹知道了很不高兴地说:“丝织品难道是做帷幕的材料吗?我家向来清廉节俭,怎么能让这事乱了我的家法?这样的奢侈品拿到我家来,就应当在庭院里烧了。”

韩琦当陕西经略招讨使的时候,尹师鲁与夏英公两人之间很少交往,关系不很融洽。师鲁在韩琦面前说了英公的事情,英公在韩琦跟前也谈翌师鲁,两人都说了些不利于对方的话,韩琦都耐心地听取他们的议论,自己的意见没有在言谈中表露出来,于是大家相安无事,不然的话,他们之间就会不得安宁了。

示人以法不昔以意

【原文】田子与隰子登台南望不言,而隰子知其意在于伐宋。齐威公谋于台而口吃,而役人知其意在于伐莒。曹公下“鸡肋”之令,而杨修知其意在于退师。上之人举目摇足,而天下已知其意之所在。是故以法示人不若以意示人。其意在是,其法不在是,则不令而自行;其法在是,其意不在是,则虽令而不从。

【译文】田常与隰斯弥一起登台南望并一言不发,而隰斯弥领会他的思想动机在于征伐宋国。齐威王与臣下在高台上谋划国事时,语言表达较为迟缓,而服役的人领会他的用意在于惩伐莒国。曹操出征汉中时,向部下下达“鸡肋”之令,而杨修领会他的用意在于退兵。统治者的一举一动,天下的吏民就已经领会他们的用意所在。因此,与其让人们了解法令,还不如让人们了解统治者的用意所在。统治者的意志集中在某个方面,即使在这个方面没有成文之法，吏民也能自觉地按照统治者的意志行事；倘若在某个方面有成文之法而统治者的意志没有集中在某个方面，吏民也不会自觉地执行。

【原文】汉文帝诏书数下，岁劝民耕殖，而野不加辟。至于示敦朴以为天下先，而富庶之风自还。意之所重，无待于法也。唐德宗即位，用杨炎议，作两税法。新旧色目，一切罢之。未几，刻剥之令，纷然继出。法虽备具，意常诛求也。人主无不泄之意，而密意常在于所向之(外)[中]。天下之人伏其外而窥其中，以其泄而得其密。是故背人主之所令，以阴合其所向，天下之情甚易晓也。

【译文】汉文帝多次向全国颁发诏书，年年勉励人民致力于耕作养殖，而耕地面积却并未增加。至于汉文帝力行敦厚俭朴之风给全国的吏民树立了榜样，而经济繁荣的景象自然出现，唐德宗即位后，采纳了杨炎的建议，制定了两税法。其他各种名目的税法，一律停止实行。过了不长时间，各种剥削百姓的法令又相继出笼。法令虽然很完备，但统治者的用意仍放在搜刮民脂民膏这一方面上。君主的真实意图没有不泄露的，而他那秘而不宣的真实意图往往倾注在他所追求的目标之中。全国的吏民身居朝廷之外而窥测其中的消息，趁君主流露真情时，而获取君主平时秘而不宣的用意所在。因此人们往往背离君主所制定的法令条文，来暗中投合君主所追求的目标。[这样看问题，]天下的情理才比较容易明白。

【原文】子之养亲也，脍炙以为羞，礼也。蛙蛤以为进，非礼也。父告子以所膳，必曰脍炙，而不曰蛙蛤也。然退而察其亲，则蛙蛤之为嗜。为子者何惮而不进之以蛙蛤哉！夫父曰脍炙，而子曰蛙蛤。曷为不(以其所命而以其所不命耶)[以其所不命而易其所命耶]？盖其所命者饰也，其所不命者真也。

【译文】子女赡养亲人，进献精制、烹烤的美味，是符合敬老的礼仪。而送上蛤蟆一类食品，是不符合敬老的礼仪。父亲把自己所需的膳食告诉子女，一定说进献精制、烹烤的美味，而不说进献蛤蟆之类的东西。然而从侧面观察父亲的饮食习惯，父亲却喜欢吃蛤蟆一类的东西。当子女的还顾虑什么而不向父亲进献蛤蟆一类的东西呢？父亲说，进献精制、烹烤的美味；而子女却说，进献蛤蟆一类的东西。做子女的为什么不用父亲没有索要的食品去替代父亲索要的美味呢？父亲索要精制、烹烤的美味，只不过是掩饰之词；他没有索要的蛤蟆一类的食品，才是他真正喜欢的。

【原文】齐威公谋于台而口吃，人知其伐莒；揖朝而逊，人知其释卫。任官之道，示之以法，不若示之以意。其法是也，其意非也，虽重而亦轻；其意是也，其法非也，虽轻而亦重。且学士之任，未为崇贵也，唐太宗一贵尚之，而天下之人歆艳素美，往往指为登瀛洲者，非重其官也，重其意也。师儒之官，学者之指南也。鱼朝恩一升讲座，而缙绅名流耻与之列，往往以横经讲道为鄙。非轻其官，轻其意也。

【译文】齐威王与臣下在望台上谋划国事时，语言表达较为迟缓，而服役者领会到他的用意在于征伐莒国；他在朝中拜让贤者，左右大臣就领会到他要放弃进攻卫国的打算。任用官吏的方式，与其让官吏了解法令，还不如让官吏了解统治者的用意所在。统治者所制定的法规是正确的，而统治者的思想动机是错误的，虽然下面吏民表面上很重视自己的使命，而实际上却不以为然；统治者的思想动机是端正的，而在法制方面有失误，虽然下面的吏民表面看来不以为然，但不敢玩忽职守。翰一林学士的职衔，不曾高贵。唐太宗一旦崇尚这种职衔，全国上下的吏民都爱慕翰林学士纯洁无瑕的美德，往往把他们看作“登瀛洲”的人。这并不是人们看重了这一官职，主要是看重了这些人的思想品德。传授儒家道艺的学官，是士人学子的榜样。鱼朝恩一旦登上传授儒家道艺的讲坛，而那些有地位有学识的社会名流便觉得与他为伍是一种耻辱。[因此，]往往把读经讲道看作很低贱的事。这并不是看轻了鱼朝恩的官职，而是鄙视他的思想品德。

【原文】荀子曰：“人主之患，不在乎不言用贤，而在乎诚必用贤。夫言用贤者，口也；却贤者，行也。口行相反，而欲贤者之至，不亦难乎！”

【译文】荀子说：“做君主的弊患，不在于不提倡用贤，而在于诚心实意、毫不迟疑地用贤。提倡保用贤能，不过是出于口头上；而疏远贤者，却体现在行动上。言行不一，而想要贤者来到自己的身边，不也是很困难吗！”

大体立则不恤小弊

【原文】合抱之木，不能无数寸之朽；径寸之珠，不能无微额之嫌。良法之在天下，吾固知其不能无小弊也。惟其大体既正，则小弊有所不足虑矣。是故夏(道)[人]尊命，商人尊神，周人尊礼，而当时不文之弊，三代卒不以是而废其所尊，夏政尚忠，商政尚质，周政尚文，而当时以野以鬼以僿之弊，三代亦不以是而变其所尚。诚以其大体既正，则微疵小害虽时有之，亦势之所不免也。

【译文】粗壮高大的树木，不能没有一点腐朽的地方；一寸直径大的宝珠，不能没有存在小斑点的疑惑。一部好的法律颁布于天下，我固然知道它不能没有小小的失误。只要它在根本原则上已经正确，有一点小的失误，也不值得忧虑。因此，夏代的百姓敬重天命，商代的百姓敬重鬼神，周代的百姓敬重礼仪，而这三个朝代都不同程度地存在着朴拙之风有余和文雅之风不足的倾向，但这三个朝代终究没有因此而舍弃自己的信仰；夏代的政治崇尚忠诚，商代的政治崇尚质朴，周代的政治崇尚文雅，而这三个朝代也都不同程度地存在着文雅之风不足、迷信鬼神、人际关系缺乏真情实意的弊病，但这三个朝代也没有因此而改变自己的习尚。如果确实认为立国的关键之处已经正确，小的缺点和失误即使时常出现，也是不可避免的。

【原文】汉文帝除肉刑，定笞法，而或者议其外有轻刑之名，内实杀人。是不知文帝之大体也。宣帝枢机周密，综合名实，而或者议其王成之赏、赵盖杨韩之诛。是不知宣帝之大体也。天之春温而秋凛。春岂无一日之寒，秋岂无一日之热哉！亦不失四时之体而已。传曰："本必先颠，而后枝叶从之。"管仲曰："四维不张，国乃灭亡。"韩子曰："纪纲者，脉也。脉不病，虽瘠不害；脉病而肥者死矣。"左氏之所谓本，管仲之所谓维，韩氏之所谓脉，吾之所谓体也。固其本，张其维，寿其脉，大有立矣。区区之小弊，不足深虑也。

【译文】汉文帝废除残害肉体的刑罚，制定了笞法，而有的人认为这种做法在形式上有减轻刑罚之名，而在本质上有杀人之实（如笞数过多，人也致死）。这种人是不知道汉文帝这种做法的实质所在。汉宣帝对国家的大政方针考虑得很周密，并能综合考察名分与实际的统一，而有的人议论汉宣帝赏赐王成以及杀赵广汉、盖宽饶、杨恽、韩延寿四人，也有悖于名分与实际的统一。这种人是不知道汉宣帝这种做法的实质所在。自然界的规律是春季温暖而秋季凉爽。但是春季难道没有一天凉爽的天气、秋季难道没有一天炎热的天气吗？[尽管有时出现春凉秋热的反常现象，]但也没有违背自然界的根本规律。《左传》说："树木的根基必先倾倒，然后枝叶才随之落地。"管仲说："礼、仪、廉、耻之风得不到发扬，国家就会灭亡。"韩非说："国家的根本大法，是国家的命脉。一个人血脉畅通无阻，即使消瘦，对身体不会有什么妨害；血脉滞涩不通而身体肥胖，必死无疑。"左丘明所说的根本，管仲所说的纲维，韩非所说的命脉，这就是我所说的基本原则。巩固国家的根基，发扬礼、义、廉、耻之风，使国家的命脉运行不止，治国的根本原则就确立了。即使在某些环节上有一点失误，也不值得过于忧虑。

【原文】唐世之法，大抵严于治人臣，而简于人主之身；遍于四境，而不及乎其家。州、闾、乡、井断断然施之实政，而宗庙朝廷之上所谓礼乐者，皆虚文也。当是时坊团有伍，而闺门无政。古人制度，宜不如此。上下以相维，而父子夫妇不足保。古人纪纲，宜不如此。

【译文】唐代的法律，一般说来，对人臣惩治的较严，而对皇帝就比较松弛；法律实施到边远地区，却没有实施于皇帝的家族。州里、乡里坚决施行务实的政治，而宗庙朝廷里所鼓吹的礼乐、都为具文。当时的街坊和军队中都有部伍、行列，而皇后宫中却没有一定的行政措施。根据古代的制度,不应该这样。朝廷上下应该用法制相维系,[而由于皇族内没有法律相约束,]结果出现了皇族内父子夫妇很难保全的现象。古代的治国方略,该不是这样。

【原文】周人之大,不若邾、莒,存于战国相吞噬之间,殆数百年。独立于既弱之后,虽秦、楚、三晋之强,犹有所畏而不敢动。秦之强加于吴、越,不二世而匹夫荷梃夺之,曾不若周人既弱之后。

【译文】东周的地盘,不如春秋时邾、莒等小国大,然而存在于战国各诸侯相互吞并之间,几乎达数百年之久。它独立存在于国势已经衰落之后,虽然韩、赵、魏三国的势力较强,但对它仍有所畏惧而丝毫不敢轻举妄动。秦国凭借强大的军事力量侵陵吴、越等国。但是第二任皇帝还没有坐稳宝座,政权就被手持木棒的平民百姓夺去了,竟然不如衰落以后的东周政权维持的时间长。

【原文】唐赞曰:"高祖之兴亦何异?因时而起者欤!虽其有治有乱,或绝或微,然其有天下,年几三百。可谓盛哉!岂非人厌隋乱而蒙德泽?继之以太宗之治。制度纪纲之法,后世有以凭借扶持,而能永其天命欤!"

【译文】《新唐书·高祖本纪》赞语说:"高祖兴功立业,与他人比较有什么不同呢?他是凭借有利时机而起事的吧!虽然唐王朝政治上有清明安定时期,也有黑暗动荡时期;有时后继无人,有时衰微不振;然而它享有天下近三百年的时间。可以说,唐朝的国运够兴旺的了!难道不是人民厌恶隋朝政治的黑暗动荡而承受了李唐王朝的好处吗?[唐高祖以后,]接下来就是唐太宗的贞观之治。这个时期所创立的制度和根本大法,后代的统治者作为安邦定国的依据而加以扶持,所以唐王朝的国统能长久地持续下去啊!"

【原文】汉承秦后,民始息肩。萧何作画一之法。曹参载清净之说。后之议者,谓参幸当与民更始之际,不能立法度、兴礼乐、为汉建长久之计。不知秦鼎沸乱,息薪为策;秦病烦热,安形为务。

【译文】汉朝取代秦朝政权后,百姓才如释重负。丞相萧何制定了统一的、使人容易理解的法令条文。曹参继任后,继承道家清静无为之说[,完全遵照萧何制定的法令办事]。后来有人议论这段历史时,说曹参有幸与百姓一样正值除旧布新之际,而他却不能创立法制、振兴礼乐、为汉朝建立长治久安之计。议事者不晓得正是由于秦朝政治形势的动荡,曹参才采取了与民休的政策;秦朝政治的主要弊病在于使人感到烦躁,因此应以稳定形势为当务之急。

【原文】汉治之大体,正在于清净不扰。抚摩其痛痒,劳来其呻吟,与之相生养之具,假其岁月，以极其涵养之功，而返忠厚浑朴之气。如斯而已。必欲从事于区区之弊，如汉儒所谓改正朔、易服色、定历数、协音律、作《诗》《书》、建封禅，果足以救当时之疮痍凋瘵、轻浮锲薄之习乎？

【译文】汉代治国的大政方针，正是在于使国家清净而百姓不受到侵扰。安抚百姓的伤痛，慰劳百姓的疾苦，教给他们养育自己的方法，并给他们安排一定的时间，以尽其滋润养育之功，使上古时代的忠厚纯朴的社会风气重新发扬光大。汉代治国的大政方针，不过如此而已。有些人一定要去做那些有损于大政方针的小事，如汉代儒者所称道的更改历法、变换服饰的颜色、协调五音六律、为《诗》《书》等儒家经典作传注、创建祭祀天地的礼仪等等，这些做法果真能补救当时的社会创伤和轻浮刻薄的陋习吗？

【原文】以文帝之圣，岂不足于建立？奏更法令，循于苟且；请兴礼乐，谦逊未遑。方且镇之以渊默，示之以敦朴，守之以木强敦厚之吏。虽稽古礼文之事缺然，亦略不以为意。岂不曰汉家制度？虽云未具，而大体不可乱耶！

【译文】凭汉文帝的圣明，难道还缺少创建吗？［大臣］上疏修改法令，文帝却安于得过且过；［大臣］请求振兴礼乐，文帝谦虚礼让怕来不及。而文帝正要用深沉不语的态度来淡化大臣的兴功好事之心，用敦厚朴实的作风给臣下作出榜样，用质朴倔强宽厚的官吏固守国家的基业。虽然在研习古事和礼仪等方面存在不足，也不把它放在心上。难道这不是汉朝的制度吗？虽然说还不够完善，而它的大政方针是不可动摇的啊！

用重刑者惧人之玩

【原文】昔者观《书》至于《尧》，未始不惑之也。共工之庸违知之矣，而去之不以时。四岳举鲧，帝曰不可，而四岳犹曰试鲧，尧听之，未害也。鲧用而无成，则四岳之责也奚辞？而尧不加。夫知其庸违而纵之，不若未知之犹惮也。责之无辞而难之，则是苟有辞者莫得而诘之也。宜去弗去，宜责弗责，亦莫以厉天下者。盖尝为之深思其故，而后得其说矣。天下之人，不可轻以刑示之也。彼其未见吾刑之初，惟闻有斯谓刑之名，而未见其为刑之实。故其心常凛然行乎不可测知之中。及其既以刑而示之，则向之所闻，今其身履之矣。彼将以为是亦无所可畏也。于是乎玩心始生。尧之不轻于用刑，其亦惧人之见吾刑而有玩心乎？盖至于舜一旦取四凶而诛之，刑虽不为过，杀虽不为惨，而天下之人始见刑矣。夫民日之所闻，至于是一日而见，则已久矣。虽杀犹将玩之，况未至于杀乎？其刑止于如此，其罚止于如此。吾既见之矣，是不足多畏也。故舜之后为商周，商周之后为秦，秦之后为汉，刑罚愈严，杀戮愈众，而民愈不知畏者，其见之非一日也。

【译文】以前，我读《尚书》读到《尧典》这篇时，常感到疑惑。共工言行不一，尧帝是了解的，而尧帝没有及时除掉他。四岳推荐鲧治理洪水，尧帝说鲧不能胜任，而四岳仍说让鲧试试看。尧帝听从了四岳的建议，而没有表示反对。鲧治理洪水没有取得成功，四岳的责任怎能推脱得掉呢？而尧帝并没有给他们安上什么罪名。了解了共工言行不一的缺点而大胆地使用他，不像不了解他而使用他还觉得有些不放心。责任不能推脱，再去责问他们。就是如有推脱责任的，也不能责问了。应该除掉的而不除掉，应该责问的而不责问，这样也就没有什么可以用来激励天下的了。我曾为此深深考虑其中的原因，然后才获得了正确的答案。对于普天下的人，不能轻易拿刑罚给他们看。起初，他们没有见到刑罚的时候，只听说有刑罚的名称，却没有看到动用刑罚的真实情形。因此他们总是提心吊胆地如在陌生的环境中行走一样。待到已经拿出刑罚给他们看了，那么以前所听到的各种刑罚的名称，现在他们都亲身经历了。他们将会认为这些刑罚并不可怕。于是不以为然的思想情绪开始产生了。尧帝不轻易用刑，大概他也担心人见到用刑情形后会产生不以为然的思想情绪吧！至于舜帝一旦把四凶抓起来并杀掉，处罚虽然不算过分，行刑手段虽然不算残忍，而普天下的人开始看到用刑的实际情形。百姓以前每天所听到的，到后来每天所见到的，时间很长了。即使他们面临被杀的危险，他们仍会不以为然，何况不至于被杀泥？那用刑的情形只不过如此而已，那处罚的情形也不过如此而已。我已经见到了实施刑罚的情形，这不值得产生较大的恐惧心理。因此舜帝之后为商朝、周朝，商朝、周朝之后为秦朝，秦朝之后为汉朝，刑罚越来越严酷，被杀的人越来越多，而百姓越来越不感到惧怕的原因，是由于他们所经历的不是很短的时间了。

【原文】呜呼！婴儿之在襁褓也，一呵一叱而知惧。其久也，鞭朴日加焉而恬然，惧心不生。彼固知其止于如此也。三代之后，吾尝有爱于汉文帝之治。吴王不朝，赐之几杖。

张武受赂，赏以金钱。深有得于尧不轻用刑之意。夫不朝而赐之，受赂而赏之，宜若畏懦委靡，而不足与有为矣。而文帝之意则以为二人之罪固可罚也，而吾之威不可轻以示人也。不轻于示人，而使之常不见吾所以为刑之实，则天下之人未知吾君之刑何如，而玩心不萌矣。宽其刑于一人，而去其玩于千万人。若文帝之术，正尧之遗意也。嗟夫！渊壑之深，望之黯然而不知浅与深。有一人焉探而涉之，则必有一人焉从而继之。何也？以其深浅之既知也，不知则不敢继矣。

【译文】唉！婴儿在襁褓里，呵斥一声就觉得害怕。时间长了，即使天天打他，他也不以为然，再也不会产生惧怕的心理。他自然知道父母对待自己也只能如此而已。夏、商、周三代以后，我对汉文帝治理国家的措施很喜欢。吴王刘濞不按照朝廷礼仪朝见文帝，文帝赐给他几案和手杖。张武接受别人的贿赂，文帝却赏给他金钱。文帝对尧帝不轻易用刑的用意有深刻的认识。不朝见皇帝却受到恩赐，接受他人贿赂却得到赏赠。文帝好像胆小怯懦、没有威严，似乎不可以与他一起治理国家。然而文帝当时却认为这两个人的罪行固然是可以处罚的，而自己的帝王威严是不能轻易表露出来。不轻易地表露出来，就会使他们平时见不到自己用刑的实际情形，天下的人就不知道自己君主的刑罚究竟怎么样，而不以为然的思想情绪就不会产生了。在一个人身上减免刑罚，而去掉了千万人不以为然的思想情绪。像汉文帝的做法，正是尧帝留给后人的思想财富。唉！渊潭沟谷是很深的，远远看去昏暗不明，人们不清楚它的深浅。有一人在这个地方探出深浅并渡了过去，那么一定会有人在这个地方跟随他渡过去。原因何在？因为它的深浅已知道了，如果不知道就不会有人跟着过去了。

法不虑其终者必坏

【原文】西汉而下，创法垂制，得三代之余意者，莫唐若也。夫取民之法，每患其轻重不均，唐则一之以租调；养兵之法，每患其坐食无用，唐则处之以府卫；建官之法，每患其名实杂揉，唐则纳之以六典。使民不至于困，兵不至于冗，官不至于滥。太宗之法，庶几先王者，非以此欤？

【译文】西汉以降，创建制度并将制度传给后世，以及能得到夏、商、周三代制度遗意的，没有哪个朝代能像唐朝那样。从百姓那里获取赋税的制度，往往使人担忧百姓承担的赋税轻重不均，唐朝就用租庸调法把它统一起来；整治军队的制度，往往使人担忧兵士不劳而食，唐朝就用府卫法来解决了这个问题；设立官职的制度，往往使人担忧官位与职权不符，唐朝就把它纳入《周礼》六典的范畴。这样，百姓不至于陷入困境，军队的建制不至于名目繁多,官职的设置不至于名实不符。唐太宗时所创建并实行的制度,与上古先王很相似,就在这几个方面。

【原文】建官之法传之至于景龙,则有墨敕斜封之滥,而古制遂以坏。养兵之法传之至于开元,则有长驱犷骑之制,而府卫遂以变。取民之法,传之至于建中,则有两税之目,而租调遂以废。夫中、睿之君固不足深责,而张说、杨炎亦非暗于事机者,岂可轻改太宗之法欤?

【译文】唐初设立官职的制度,传到中宗景龙年间,便有了皇帝不经外廷审议而擅自授官的越制行为,而古代设立官职的制度因此遭到破坏。唐初整治军队的制度,传到玄宗的开元年间,便有了长从扩骑的兵制,而府卫兵制因此发生改变。唐初的从百姓那里获取赋税的制度,传到德宗建中年间,便有了两税法的条目,而租庸调法因此被废除了。中宗、睿宗这二位君主,固然不可以过多地责怪,而张说、杨炎也不是不懂得事物发展变化规律的人,怎么能轻易改动太宗创建的制度呢?

【原文】盖尝考之,丁以百亩为率,租以二石为额,调以絁布为制,役以二旬为限,此租调之法也。然无以葬者,许鬻永业。自狭乡顿宽乡者,并鬻口分。既许其鬻,则兼并宁不启耶?已鬻者不复授,则课何从均耶?在府则力田,番上则宿卫。无事皆农夫,有事则精卒。此府卫之法也。然河东、河北、关右、陇左府之环京畿者五百余,淮南、江南、剑南、岭南府之在诸道者才二十余。虽曰重内轻外,何多寡之不等耶?外既轻矣,卒有调发,岂能朝夕至耶?分职率属则曰省、曰台、曰寺、曰监,序劳秩能则有品、有爵、有阶、有勋。此建官之法也。然承隋之后,官不胜众也,乃骤为七百三十事。可以省也,乃复增制员外。在当时已不能守,何以责后世之变耶?太宗之法固美矣,夫惟不虑其所终,不稽其所弊,是以虽行之一时,而卒不能以行之久远也。

【译文】我曾经考察过,十六岁以上的男子,国家以授给每人农田一百亩为标准,每人向国家交纳粮租以二石为限额;国家向每户征收纺织品的户税,以交纳绫绢絁布为定制;为国家服徭役,以每年二十天为期限,这就是租庸调法。然而没有钱财安葬死者的家庭,允许出卖永业田。百姓有从地少人多的地方迁到地多人少的地方的,均卖掉口分田。既然允许百姓出卖永业田和口分田,那么兼并土地的现象难道还不出现吗?已卖掉土地的农户,国家不再授给土地,那么百姓向国家交纳的租税怎么能均衡呢?[农民]在州府时很努力耕作,到京师轮流值班时便担任皇宫警卫。国家无战事时都是农夫,有战事时便都是精兵。这就是府卫之法。然而河东、河北、关右、陇左这些地区的州府环绕京都地区的就有五百多个,而淮南、江南、剑南、岭南四道的州府仅二十几个。即使说是重视中原地区而轻视边远地区，为什么相差如此悬殊呢？既然不重视边远地区，一旦边事突起，国家调动军队，怎能迅速赶到出事地点呢？各司其职而统率百官的行政机关有省、台、寺、监，按功劳大小和才能的高低而授予的职衔有品、爵、阶、勋。这是唐朝设置官阶的措施。然而唐朝的官制在隋朝的基础上有增无减，竟然急增到七百三十个职务。[这么多的职务，]是应该精简的，却又增加了员外的建制。[古代设置官阶的措施，]在贞观年间就已经不能坚持奉行，凭什么指责后世改变了古人的设官之法呢？唐太宗的设官之法本来很好，只是不考虑它的后果，不考察它的弊病在哪里，所以虽然能在一个时期内实行，但终究不能长久地坚持下去。

【原文】太宗平河东，立和籴法。时斗米十钱余，草束八钱，民乐与官为市。后物贵而和籴不解，遂为河东世世之患。仁宗治平中，诏陕西刺民，号义勇。又降敕榜与民约，永不充军戍边。然其后不十年，义勇运粮戍边以为常。神宗熙宁中，行青苗之法，虽不许抑配，其间情愿人户，乃贫不济之人，鞭挞已急，则继以逃亡。逃亡之余，则均之于邻保。温公亦谓“民知所偿之利，不知还偿之害”，是也。

【译文】宋太宗讨平河东北汉政权，制订和籴法。当时一斗米价十几钱，一捆柴草八钱，百姓乐意与官府做买卖。后来物价上涨而和籴法不除，于是成为河东地区世世代代的灾难。宋仁宗治平年间，朝廷下诏，陕西等地手背上刺字的乡民，称为“义勇”。朝廷又颁发敕书和榜文与百姓约定，义勇之民永不充军戍守边防。然而此后不到十年，义勇之民轮送粮草戍守边防是平常的事。宋神宗熙宁年间，国家实行青苗法。虽然不允许官府对百姓强行摊征税物，但那些愿意向官府贷款的人家，大部分都是生活贫困而得不到接济的人，官府逼债过急，便相继逃亡。逃亡之后，就把所欠贷款均摊派给邻里的农户。司马光也说“百姓只知道贷款的好处，而不知道偿贷还款的害处”，这话说得很对。

法令不信则吏民惑

【原文】商君之治秦，所以令行禁止者，惟其信尔。徙木，细事也，必赐之金，是以人之有功者，知其无有不赏；弃灰，微谴也，必置之刑，是以人之有罪者，知其无有不罚。商君赏罚未必当于理，而卒以强秦者，在是也。

【译文】商鞅治理秦国，所以能够做到令行禁止，仅仅靠信义而已。移动木桩，是一件小事，却一定奖给黄金；因此，凡是有功劳的人，都知道自己是不会得不到赏赐的；把垃圾抛撒在道路上，是微小过错，却一定要给予惩罚；因此，凡是有罪过的人，都知道自己是不会不受到惩罚的。商鞅的赏罚，不一定合于事理，而最终使秦国强盛起来，其原因就在这里。

【原文】唐太宗诏蠲逋负官物，而负秦府官物者，督责如故；诏免关中租调二年，已而不敕已输者，以来年为始。故失信者数，魏徵得以为言。德宗令两税之外，悉无他徭，后非税而追求者，殆过于税；诏所在和籴粟麦于道次，后遣至京西行营，动数百里。故诏令不信，赵光奇得以为言。呜呼！诚信，国之大纲也。徇目前之小利，而伤国家之大纲，无乃谋之不远乎！

【译文】唐太宗下诏免去拖欠官府的债务，但拖欠秦府债务的人，照样被督察责罚；他下诏免去关中地区二年赋税，不久又令已经缴纳赋税的，从来年算起。由于多次失信，魏征就给他提意见。唐德宗曾下令在夏秋两税之外，不再有任何劳役，后来在两税之外催交的杂税，几乎超过了两税；他曾下令在沿途设立粮食收购点，后来又指派纳粮者把粮食送到京西行营，行程动辄有几百里。因此皇帝的诏令不能取信于民，赵光奇也给他提了意见。唉！真诚和信义，是国家的大纲。谋求眼前的小利，而损害了国家的大纲，恐怕是考虑得不长远吧！

【原文】治平之政，拣刺义勇。当时诏谕，永不戍边。未几，或以代还东军，或以抵换弓手。东南买绢，当时著令，一用见钱，未几，买绢又为之折盐。

【译文】我朝治平年间的政事，有挑选乡兵之举。当时下诏通告，参加乡兵的人，今后不再去戍守边疆。可是不久，或用乡兵替回东部守军，或用乡兵更换了弓箭手。国家在东南地区购买丝织品，当时明令，一律使用现钱，可是不久，购买丝织品，又把钱折合成盐。

用法公平则人无怨

【原文】昔管仲夺伯氏骈邑三百，没齿无怨言。圣人以为难。诸葛亮废廖立为民，徙之汶山。及亮卒而立垂泣。夫水至平而邪者取法，鉴至明而丑者忘怒。水、鉴之所以能穷物而无怨者，以其无私也。水、鉴无私，犹以免谤，况大人君子怀乐生之心，流矜恕之德。法行于不可不用，刑加乎自犯之罪，天下其有不服乎？

【译文】春秋时，管仲剥夺了伯氏骈邑三百户的采地，伯氏到死也没有丝毫怨言。孔子认为这是一般人很难做到的。诸葛亮将廖立削职为民，流放到汶山地区。诸葛亮死的消息传到汶山后，廖立伤心地流泪了。水面是最平正无颇的，人们往往用它来衡量物体是否正直；镜子是明察秋毫的，丑陋者用它来照见自己形象时竟忘掉了发怒。水和镜子所以能够准确无误地显示物体的正与邪或人的美与丑而又不至于招致人们的怨恨，正因为它们公正无私。水和镜子公正无私，还能免去人们对它们的毁谤，何况大人君子胸怀安生救死的思想和传播宽厚仁爱的品德呢？法律是用在不得不用的时候，刑罚是加在那些自行犯罪者的头上，这样，全国上下难道还有不遵守法治的吗？

【原文】伊尹曰阿衡。衡所以权万物之轻重，而归于平。周公曰太宰。宰所以制百味之多寡，而适于和。惟其和平而已矣，故为重为多者无所德，为轻为寡者无所怨。衡宰之上，实无心也。故古之事君者，亦无心而已。昔叔向被囚，而祁奚免之，叔向不告免也而朝；范滂被系，而霍谞理之，滂往候之而不谢。呜呼！国之大臣，其用心如祁奚、霍谞，则名迹之或匿或见，权势之或远或近，皆可以两忘也。夫周之于商民，至矣。劝之之辞曰："天惟畀矜尔，我大介赉尔。"惧之之辞曰："尔探天之威，我致天之罚。"我岂以喜怒之私而行乎劝惩之间哉！有天存焉，吾听之而已矣。待商民以天，不以己意。吾心无愧于天，亦无愧于人矣。

【译文】伊尹的官职称阿衡。衡是用来量万物轻重的，掌衡的目的是为了公平。周公的官职称太宰。宰是调制百味的厚薄，目的是为了使食物的各种味道调和适中。正由于衡和宰的作用在于调和、公平，因此持有物品重量多的人和喜欢味道浓厚的人不会感谢他（它），持有物品重量轻的人和喜欢味道清淡的人也不会怨恨他（它）。掌衡的人与掌膳食的人在从事本职工作时，的确没掺杂个人的思想感情。因此古代为君王效力的人，也同样不掺杂个人的思想感情。春秋时，晋国的叔向被关在监狱里，祁奚赦免了他。叔向出狱后，不去向祁奚报告自己已被赦免的消息，[以表示感激之情，]而去朝见君王。东汉的范滂被朝廷逮捕，霍谞负责审理这起案件。范滂出狱后去探望霍谞时并没有表示感谢。唉！国家的大臣，他们的思想境界都像祁奚和霍谞那样，那么他们的名望和事迹或隐或现，与权贵们或亲或疏，都可以不去计较。周朝的统治者对商朝的遗民，仁至义尽。周成王鼓励商朝遗民的诰词说："上天赐恩怜悯你们，我也会大发善心来赏赐你们。"并警告他们说："你们妄图探取上天的威严，我就把上天的惩罚用在你们身上。"在成王看来，我难道会把个人喜怒哀乐的感情渗透到对商朝遗民的勉励和惩罚之中吗？有天命在那，我不过是按天意行事罢了。我用天命来对待商朝的遗民，不夹杂个人的思想感情。只要我的心在上帝面前不感到惭愧，在人的面前也就不会感到惭愧了。

【原文】夫商坐肆，持权衡而售物，铢而铢焉，两而两焉，钧而钧焉，而不为人交手授物，无敢出一语者。苟阴合权衡而罔利，而所赢者，仅若毫发，众皆怒而弃之也。

【译文】商贩坐在商店里，用秤卖货，铢是铢，两是两，钧是钧，商贩用不着给顾客拱手送礼，顾客不敢说一句挑剔的话。如果出售货物的价钱与所称的重量暗中相合而商贩从中渔利，得的好处，只要是一点点，顾客们也都会愤怒地离开他。

【原文】东坡尝论榷酤，言："自汉武帝以来，至于今，皆有酒禁。刑者有至流，赏或不赀。未尝少纵。至私酿终不能绝也。周公何以禁之？曰：'周公无利于酒也，以正民德而已。'甲乙皆笞其子。甲之子服，乙之子不服，何也？甲笞其子而责之学，乙笞其子而夺之食。此周公所以能禁酒也。"

【译文】苏轼曾评论官府专利卖酒问题，他说："自从汉武帝以来，至今，每个朝代都有关于酿酒的禁令。被处罚的，有的竟至被流放到边远地区；受褒赏的，有的获奖数额很大。对酒的经营管理，历朝都不曾放松。至于私人造酒，从来就没有停止过。周公为什么能禁止私人酿酒呢？我的回答是：'周公不想在酒上获利，他所颁发的《酒诰》，不过是为了使百姓的道德行为端正罢了。'甲乙两人都打自己的孩子。甲方的孩子服从管教，而乙方的孩子却不服从管教，这是什么原因呢？甲方打孩子，是要求孩子好好学习；而乙方打孩子，是不允许孩子吃东西。这就是周公所以能禁止私人酿酒的原因所在。"

小有所屈大有所伸

【原文】人主之有为于天下，其心未尝不欲朝廷之尊而纪纲之肃也。而人主之所为，则每有以自隳其尊而坏其所谓肃然者。以其道不足以制欲故也。盖朝廷纪纲之所系，莫大于法，而所以守是法而无所挠屈者莫重于人臣。然臣守之于下，而君每抑之于上。欲心一动，勃郁炽烈，惟恐夫人执法以沮吾之意而不得以快其所欲。不知夫称快于一时者，乃所以自坏其维持天下之具。愚谄者挠法以从君于昏，忠义之士气沮势夺则慨然引去，卒至于剥落解散，不可收拾，而危亡不旋踵而至。盖小有所伸则大有所屈，势之必然而理之固然也。

【译文】君王对天下有所作为，他的思想动机不能不希望朝廷地位尊贵和纲领法纪严正。而君王的所作所为，却总是因自身的原因而破坏了朝廷的尊严和所谓令人生畏的法纪。因为他的为君之道不足以制约自己利欲之心的缘故。朝廷用来维系人心的，没有比法纪更为重要的了；而恪守法纪并表现得不屈不挠的，没有比人臣更为重要的了。但是臣下在下面恪守纲领法纪，君王却在上面加以压制。君王的利欲之心一旦萌发，便愈演愈烈，只担心臣下实施法纪以阻挠他个人的意志而不能尽情地放纵他的欲望。他不清楚那称快一时的做法，正是他自己用来破坏维持天下统治的法纪的因素。愚昧谄媚者阻挠法纪的实施而与昏君同流合污，忠义之士的气节和地位受到压抑和侵夺而愤然离去，终于导致朝廷分崩离析，局面不可收拾，而国家危亡很快到来。在小的方面得以伸展，在大的方面就会出现挫折，这是形势和事理发展的必然结果。

【原文】古之贤君，气听命于心，情受制于礼，蓄威屈势，使守职不为所夺，得以自伸。凡法之所在，虽卑且贱，不敢震之以威，从其所重。夫是以朝廷尊而主威为之振，纪纲立而奸邪为之寝。古之人有行之者，汉文是也。细柳之师，亲屈帝尊而劳之。闻军中不驰之令，则按辔徐行。盗环犯跸之罪，赫然发怒欲诛之，闻张廷尉不奉诏之言，则乐受而无难色。邓通之贵幸，其宠之非不至也。一戏于殿上，则丞相申屠嘉檄召欲斩之。夫以天子之尊而庇一弄臣，则孰敢谁何者？而嘉持法召之不疑，帝亦遣之不吝，必俟其已困辱，然后徐遣使持节以谢丞相而召之。太子，君之二；梁王，(太后)[皇后]之爱子；其势非不尊也，一不下司马门，则公车令张释之追止而劾奏之。夫以父子兄弟之亲而少差以礼，亦未尝为甚过者，而释之持法劾之不恕，帝亦受之不却，必免冠谢太后以教太子不谨，然后(太后承教)[太后乃使使承诏]而赦之。夫汉廷诸公之所为，自敌己以下，受之而不能堪，而文帝敛威抑气使将军得以行其令，使丞相得以举其礼，使廷尉得以执其法。不牵于爱，不役于情，伸臣下之所为，以肃朝廷之纪纲。当是时，上而宰相，下而百司，内而朝廷，外而军旅，法之所在，凛若秋霜，隐若雷霆。窥伺之心息，陵犯之风消。非有孝武之光烈、宣帝总核信必之政使然也。盖惟礼义以养其心，和平以收其气，抑情以执法，屈己以伸臣下而已。若汉景帝则不然。溺于久安，偃然有自用之心。凡文帝之所为，优容奖借、不敢挫折其臣下以自坏者，景帝一切反之，非有功不侯，此高帝之法也，而王信奈何欲侯之？封同姓以填天下，此高帝之法也，而晁错奈何欲纷更之？故周亚夫执旧约以争外戚之封，申屠嘉因奏庙堧以欲诛纷更之臣。此二者固宏纲大法之所在，神器宗庙之所赖，以维持全安于无穷者，而景帝皆挫抑不用。一饿死，一呕血死。王信果侯，晁错果用，则景帝一时岂不进退如意而甚快也哉！然亚夫死而王信侯，则毁高帝之典刑而启封拜外戚之端。申屠死而晁错用，则纷更高帝之法而启吴楚七国之祸。愚故曰“小有所伸则大有所屈”者，此之谓也。

【译文】古代的贤明君王，气质受思想支配，感情受礼法控制，收敛自己的威力，抑制自己的权势，使恪守本职工作的官员不受侵扰，能得以施展自己的才能。凡是有法纪存在的地方，即使是地位卑贱的人，朝廷也不敢用权威去震慑他们，放任他们做好本职工作。因此朝廷的地位随之尊贵，而君王的权威也因此树立起来；法制健全，而奸邪不法之人就会因此销声匿迹。古代的君王有对上述做法身体力行的，这就是汉文帝。由周亚夫率领的驻扎在细柳营的部队，汉文帝降低自己的身份前去慰劳。文帝听说军中有不许驱驰的命令，就拉紧马缰绳缓缓而行。对于偷窃高庙坐前玉环和冲撞銮驾的罪犯，文帝大怒，要杀掉他们；当听到廷尉张释之不执行文帝旨意的话语后，便高兴地接受了释之的意见而没有一点为难的样子。邓通位尊并为文帝所亲近，他所受到的宠爱无所不至。一旦他在朝廷上有失礼节，丞相申屠嘉就用檄文将他召到丞相府中要杀掉他。凭天子的尊严而庇护手下的宠臣，有谁敢过问呢？而申屠嘉依法将邓通召到丞相府而没有疑虑，文帝将邓通遣送到丞相府也没有吝惜之心，文帝一定等到邓通处境窘迫不堪时，才不急不忙地派使臣拿着朝廷的符节向丞相道歉并把邓通召回朝廷。太子是君王的副手，梁王是窦皇后的爱子，他们的地位不是不尊贵，然而他们一旦在司马门不下车步行，公车令张释之就追了上去制止他们的越礼行为，并向文帝检举他们的罪状。凭他们父子兄弟的骨肉之情而稍稍失礼，何况也未曾有较严重的越礼行为，而张释之依法举报而不加以宽恕，文帝也没有逃脱法律的约束，在薄太后面前一定脱下皇冠向太后道歉，说自己教育太子不够慎重，然后太后才派使臣持诏书赦免了太子和梁王的过失。汉代朝廷的各位公卿的所作所为，受到与自己地位相当或不如自己的人的批评，往往还接受不了，而文帝却能做到收敛皇帝的威严和气势，使将军周亚夫得以实施军令，使丞相申屠嘉得以端正朝廷的礼制，使廷尉张释之得以执行国家的法令。文帝不为爱子之心所纠缠，不为个人感情所驱使，让臣下放心大胆地工作，以严肃朝廷的法制。正是此时，上至宰相，下至百官，内至朝廷，外至军队，凡是法制存在的地方，使人觉得像秋霜一样寒冷，像雷霆一样威重。观察时机有所图谋之心熄灭了，侵犯他人利益的风气消失了。这并不是只有汉武帝那样的辉煌功业和宣帝那样的综合名实、信赏必罚的政治才出现这种局面。汉文帝只是用儒家的礼仪来养育他的思想，用心平气和的态度来收敛帝王的气派，抑制介入感情来执行朝廷制定的法令，降低个人身份让臣下放心地工作罢了。像汉景帝就不是这样。他沉醉于长治久安之中，安然自得地有自以为是之心。凡是文帝的所作所为，诸如对臣下宽容大度、勉励推重、不敢随意凌辱以自毁为君之道的做法，景帝都反其道而行之。没有功劳不封侯，这是汉高祖订的法令。（而为什么要封王信为侯呢？封同姓为侯以安抚天下，这是汉高祖订的法令，）而晁错怎么要随意更改呢？因此周亚夫根据汉高祖的法令对景帝晋封外戚王信为侯的做法据理抗争，申屠嘉借向景帝启奏晁错侵占高庙陵地的机会而要杀掉违背汉高祖法令的大臣。周亚夫和申屠嘉这两个人固然是国家宏纲大法的体现者，国家政权的依靠者，[有了这样的人，]可以维护国家的长治久安，而他们在政治上却受到了景帝的压抑而得不到重用。一个饿死了，一个吐血死了。王信终于被封侯，晁错终于被重用。景帝一时间难道不举黜如意而较为开心吗？然而周亚夫郁郁而死，而王信得以封侯，便破坏了汉高祖订立的常规，而开了对外戚授官封爵的先例。申屠嘉愤懑而死，晁错却得到了重用，便打乱和更改了汉高祖制订的法令，却导致了吴楚等七国反叛朝廷的祸害。我因此说“在小的方面得以伸展而在大的方面就会出现挫折”，就是指景帝而言。

【原文】夫立法以维持天下，其大者犹宫室之上栋梁垣，其小者盖瓦级砖。非甚狂惑，孰肯自隳其垣栋而自揭其管籍哉！惟其情欲之来，志气不能以自禁，随动而流，随触而勃，遂至于溃裂四出，甚坏而不可救。故夫至公无私，我以存天下之法，常情所不能忍。于机微眇忽之中，而遏其横流不可救之祸，自非以气御志、以道胜情之君，畴克尔哉！武帝天汉中，胡建得守军正丞。监军御史为奸，穿北军垒垣以为贾区。建约走卒诛之，竟斩御史，然后奏闻。武帝报曰：“‘国容不入军，军容不入国’。建何疑焉！”

【译文】制定法律是用来维持国家的安定，根本大法犹如宫室上面的栋梁和四周的墙壁，具体法规犹如宫室上面的瓦片和墙壁上的砖块。人不是到了比较狂妄昏惑的地步，谁能毁坏自己宫室和掀掉自己的座席呢？只有他萌生了个人的情感和欲望，他的意志和气节不能约束自己，随着感情的冲动，欲望如持续不断的流水，伴随着触及物体而浪花四溅，它的破坏程度是很严重的，是不能补救的。因此大公无私，以维护国家法制为己任，这是人的一般感情所接受不了的。在日常的细枝末节上，就能防止无法补救的灾祸的发生，倘若自己不是用气节来支配自己的志趣、用道义来制约自己感情的君主，谁还能这样呢？汉武帝天汉年间，胡建得到驻守京师北军正丞的官职。监军御史为非作歹，他凿穿北军的围墙作为贸易市场。胡建与手下的士兵约定好，竟杀了御史，然后上奏武帝得知。武帝答复说：“‘国家的礼制仪节不适用于军队，军队的礼制仪节不适用于国家。’对于胡建的做法还有什么值得怀疑呢？”

刘邦入咸阳

【原文】汉元年十月，沛公兵遂先诸侯至霸上。秦王子婴素车白马，系颈以组，封皇帝玺符节，降轵道旁。诸将或言诛秦王。沛公曰：“始怀王遣我，固以能容；且人已服降，又杀之，不详。”乃以秦王属吏，遂西入咸阳。欲止宫休舍，樊哙、张良谏，乃封秦重宝财物府库,还军霸上。召诸县父老豪桀曰:"父老苦秦苛法久矣,诽谤者族,偶语者弃市。吾与诸侯约,先入关者王之,吾当王关中。与父老约法三章耳:杀人者死,伤人及盗抵罪。余悉去秦法。诸吏人皆案堵如故。凡吾所以来,为父老除害,非有所侵暴,无恐!且吾所以还军霸上,待诸侯而定约束耳。乃使人与秦吏行县乡邑,告谕之。秦人大喜,争持牛羊酒食献飨军士。"沛公又让不受,曰:"仓粟多,非乏,不欲费人。"人又益喜,唯恐沛公不为秦王。

——《史记·高祖本纪》

【译文】汉王元年十月,沛公兵马比其他诸侯王先到达霸上。秦王子婴见大势已去,就乘素车,驾白马,用绳子系了脖子,封了皇帝用的玉玺和符节,在轵道旁向汉王投降。沛公诸将,有人主张杀掉秦王子婴。沛公说:"开始发兵攻秦时,怀王之所以派我而不派其他诸侯王,就是因为我宽宏大量。现在秦王已经投降了,如果再杀了他,不祥。"于是,将秦王交付属吏看管,率军西入咸阳。在咸阳,沛公看到秦王宫室华丽,就想留在秦宫中歇息,樊哙和张良从大局出发劝沛公不要住在宫中。沛公听从了樊哙、张良的劝告,将秦宫中的珍贵宝物及财物府库都封了,率军重新还住霸上。与此同时,沛公召集各县的父老豪杰,对他们说:"父老们,你们在苛酷的秦法之下痛苦地生活很久了,秦法规定,假若有人诽谤朝廷,就要灭族,在一起相聚谈话,就是犯弃市死罪。我和诸侯有约,谁先入关就为关中之王。现在,我先入关了,当为关中之王。现在我要和父老约法三章:杀人者,死;偷盗他人及国家财物者也要抵罪。除此而外,一切秦法统统废除。原来秦朝的各级官吏继续留职使用。我之所以领兵入关,是为父老们除害而来的,并不是来侵略财物,也不会做残暴的事情,请大家不必害怕。我之所以还军霸上,是为了等待各路诸侯来到,好共同商定对策,安定百姓。"沛公又派部属和原来朝廷旧吏巡回各县乡镇,将约法三章告谕人民。秦人非常高兴,争先恐后持牛羊酒食献给沛公的军士。沛公谦让再三,不肯接受。沛公说:"我军中仓库粮食充足,不愿意让大家破费。"人民更加高兴,只唯恐沛公不做秦王。

圣人以无私而成其私

【原文】老子曰:"将欲翕之,必固张之;将欲取之,必固与之。"孟子曰:"未有仁而遗其亲者也,未有义而后其君者也。"夫欲翕而固张,欲取而固与,欲其不遗而先之以仁,欲其不后而先之以义。自众人观之,其爱人利物,宜若不知所以为其己之私矣。而天下卒不能忘之,依依切切,常有恋慕感悦之意,出力以供其上,虽甚劳而不辞。盖尝读《噫嘻》之诗,观成王"率时农夫,播厥百谷",而曰"骏发尔私",使之先私而后公也。而治田者乃曰："雨我公田，遂及我私。"我固使之先其私，而民固乐于先其公。读《七月》之诗，见其所谓田唆者、公子者，出入阡陌，劳来劝相。至则与之同至，归则与之同归，无一念之不在于民。卒也，"载玄载黄，为公子裳"，"取彼狐狸，为公子裘"。绩以为己裳，而公子则以玄黄；貉以为己裘，而公子则以狐狸。我不敢自爱其身，而民卒不敢忘其爱于我。自下者人高之，自后者人先之。古之君臣，以其无私而成其私，大抵若此。

【译文】老子说："将要收拢它，必须暂且张开它；将要夺取它，必须暂且给予它。"孟子说："没有讲求'仁'的人却遗弃他的父母的，没有讲求'义'的人却把国君摆到次要位置。"所谓将要收拢，必须暂且张开，将要夺取，必须暂且给予；想要人们不遗弃父母，就先用"仁"的思想去教育他们；想要人们不把国君摆到次要位置，就先用"义"的思想去教育他们。从普通人的角度观察，他们友爱他人，益于万物，好像不知道获取个人私利的办法。然而天下的百姓最终不能忘记他们，对他们依恋不舍或深切怀念，甚至常有留恋、爱慕、感激、喜悦的感情，奉献出自己的力量来供养他们的上司，即使特别劳苦也不推辞。我曾读过《诗经·周颂》中的《噫嘻》这首诗，观察周成王"带领这些农夫，在井田里播种各种农作物"，他对农夫们说："赶快耕种你们的私田。"让农夫先耕种自己的私田，然后再耕种成王的公田。而那些耕种田地的农夫却说："好雨要先下到成王的公田里，然后再下到我们农夫的私田里。"我本来打算让农夫先耕种自己的私田，而农夫原来乐意先耕种公田。读《诗经·七月》这首诗时，看那被称作"田唆"的，被称作"公子"的，出入田间地头，慰问、勉励那些耕田的农夫。他们下田便同农夫一起下田，回来便同农夫一起回来，他们一心一意为农夫着想。结果是，"农妇们又是染黑色的缎子，又是染黄色的绸子，给公子做衣裳"；"猎取狐狸，给公子做皮袄"。纺织粗麻布为农夫自己做衣裳，而用黑黄等颜色的丝织品为公子做衣裳；用貉皮为农夫自己做皮袄，而用狐狸皮为公子做皮袄。我（指公子，即奴隶主）虽然不敢爱惜自己，而农夫最终不敢忘记爱戴我。自谦的人，人们会推崇他；自觉地把个人利益放在后面的人，人们会先想到他。古代的君主和人臣，用他们无私的奉献而成全了他们的个人利益，情况大体这样。

【原文】三代以还，为人上者，无高见远识，知有己而不知有人。求以直遂其所欲，而卒得其所不欲。不知夫不自爱者，乃所谓不忘其己也。

【译文】夏、商、周三代以后，作统治者的，没有高见远识，只知道有自己，而不知道有别人。他们追求以最快捷的手段来实现自己的欲望。而最终得到的，却不是他们想得到的东西。不知道那些平时不爱护自己的人，才是人们所说的没有忘怀自己切身利益的人。

不以小利伤国大体

【原文】为大者不屑于其细，而事之非甚迫者，君子不枉己以从之也。今夫千金之家，虽其甚欲，必不屑为贩负之所为。诗礼之儒，虽其甚窭，终不敢鬻先世之图籍。何者？所伤者大也。是以计天下者，当不顾区区之小利，而深防乎廉隅之际，可也。

【译文】做大事的人不值得把精力花费在细小问题上，而事情不到比较紧迫的时候，有教养的人不能违心地屈从别人。当今的富贵之家，即使有较重的利欲之心，定不值得去做货郎那样的小本生意。精通《诗》《礼》的儒生，即使比较贫困，终究不敢出卖先世传下来的图书典籍。这是为什么呢？因为损失的太大了。所以谋划天下大事的人，应当不去考虑那些无关大局的小利，而对于自己的行为、品性是否端正加以深深的提防，是应该的。

使人之畏不若使愧

【原文】使人有所畏，不若使人有所愧。盖有所愧，则不忍欺；而有所畏，则不敢欺。人之情迫于畏而不敢欺者，不得已也。得已则复自若也。且法令以格其前，刑罚以督其后。此人君之所可畏也。然法令有时而穷，刑罚有时而不及。天下于其所穷、所不及之处要当保其无穷耶！故夫人君所恃以革天下者，惟曰愧其心可也。闾巷少年终日袒裼而奋呼，过衣冠揖逊之君子，则未有不逡巡而却退；猎夫之勇，弯弧挟矢以驰骋于山林，过浮屠老子之宫，败敛衽肃容而委蛇于其侧。孰谓士大夫风俗之弊，而独无愧之之术乎！

【译文】使人惧怕，不如使人感到惭愧，使人感到惭愧。别人就不忍心欺骗你；使人惧怕，别人就不敢欺骗你。人的感情为畏惧所迫而不敢欺骗别人的原因，是出于不得已。倘若出于得已，便又我行我素。先用法令规范人们的行为，然后再用刑罚进行监督。这是君王使人感到畏惧的原因所在。然而法令有不完备的时候，刑罚也有用不到的时候。国家在法令不完备、刑罚用不到的时候，还要应该保证它的长期存在和发展。因此，君主变革天下风俗所依赖的，只是使百姓有羞耻之心就可以了。民间少年整天在街市上袒胸露体、奋力疾呼，当他在衣冠整洁、彬彬有礼的君子面前走过时，不能不迟疑徘徊、退却而行；猎手勇悍，拉弓持箭，在山林中驰骋，当他路过佛祖、老子寺观时，便提起衣襟，神态端庄而举止谦虚地在寺观侧面而行。谁说士大夫阶层风气的弊病，唯独没有使人感到羞耻的方法呢？

【原文】今天下之所甚病者，在于士大夫大奔竞而官吏之贪墨也。吾以谓奔竞不必抑,要先于奖恬退;贪墨不必惩,要先于崇廉耻。夫仁义之性著在人心,末流之弊生于人欲。彼方冒昧乎利达之涂,颠冥乎富贵之境,而吾惟恬退之是奖、廉耻之是崇。追巢许于上古,追夷齐于中古,则端静之余声、峻洁之末观皆足以激颓风而警流俗。岂必日抑之惩之而后可革乎!入逊畔逊路之境,而虞芮之争以息。闻饿于首阳之风,而顽夫之贪以廉。名义之足以愧人心也如此。

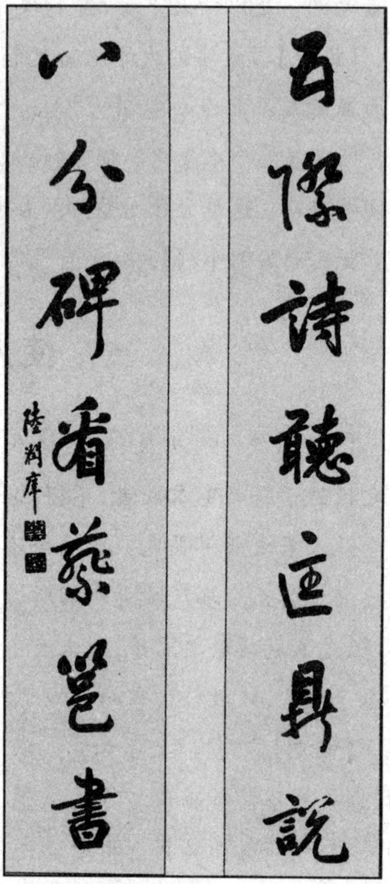

【译文】当今天下人比较忧虑的,在于士大夫追名逐利和官吏贪赃受贿。我认为士大夫追名逐利不必强行抑制,要先对淡泊名利、安于退让的人进行奖励;对贪赃受贿的官吏不必着眼于惩罚,要先崇尚廉洁知耻之风。仁义的本性附着在人的心里,没落时期的不良习俗产生在人的欲望中。当一些士大夫和官吏轻率地踏入追名逐利的歧途、或为富贵的环境迷惑心窍时,而我却奖励淡泊名利、安于退让的人,并崇尚廉洁知耻的风气。缅怀上古时代的巢父、许由,追念中古时代的伯夷、叔齐,那么,上古时代和中古时代的端直娴雅的余绪、峻峭清白的遗风都可以激荡当今颓败的社会风气和警惕流行的习俗。难道一定要天天去抑制士大夫的追名逐利的行为和惩罚贪赃受贿的官吏然后才可以革新国家政治吗?虞芮二国国君进入耕者让田界、行者让路的周境后,二国争田的行为很快停止。听到伯夷、叔齐饿死在首阳山的高风亮节,贪婪的人也会变得清正廉洁。高名大义足以使人产生羞耻之心,作用竟如此之大。

【原文】古之治天下者,有使其人不忍欺,有不敢欺,而又有不能欺。若汉之文帝是不忍欺者也,武帝不敢欺者也,宣帝不能欺者也。然不忍者,出于其诚,而不敢欺者与夫不能欺者,特其威与察而已。威与察之用,有时而穷,则不欺之心亦与之为有穷。诚之用,无时而尽,则不欺之心亦与之为无尽。

【译文】古代治理天下的君主,有的能使别人不忍心欺骗他,有的能使别人不敢欺骗他,而有的能使别人不能欺骗他。象汉文帝这样的君主,是属于别人不忍心欺骗的;象汉武帝这样的君主,是属于别人不敢骗的;像汉宣帝这样的君主,是属于别人不能欺骗的。然而别人不忍心欺骗的,是出于诚意,而别人不敢欺骗和那别人不能欺骗的,仅仅是由于惧怕权威和担心考核而已。叔势和考核的效用,有中断的时候,那么,人们的不敢欺骗和不能欺骗之心也不能有始有终。诚意的效用是没有穷尽的,那么,人们的不忍欺骗之心也是没有穷尽的。

【原文】吾观文帝天资长者,允恭渊默,见于躬行之际;不明不德,形于诏旨之辞。其所以尚忠厚、崇名义者,如护元气,如保赤子,卒能激流俗而起愧心。吏不深刻,俗不告讦,自爱重而恶犯法,务宽厚而耻过失。廉平醇谨之吏,彬彬然盛于当时。非其至诚不息,不忍欺之明效大验欤!

【译文】我看汉文帝是天性宽厚的人,他为人诚信恭敬、深沉不语,这在他日常的立身行事中可以体现出来;他不显示自己的英明和品德,这在他所颁发的诏书和旨意中可以表现出来。他所以崇尚忠厚和名誉道义,以至于像保护人身的真气和婴儿一样,是因为忠厚之风和名誉道义终究能荡涤不良的社会习俗而使人们萌生羞耻之心。官吏治事不严峻刻薄,民间无揭人阴私之风。人们都自爱自重而厌恶犯法,行宽厚之风而以过错为耻。廉洁、公平、厚重、谨慎的官吏,文质彬彬,遍于当时朝野上下。这难道不是由于文帝以最诚挚的感情待人,以至于产生了臣下不忍欺骗他的效果的最好验证吗?

【原文】若夫武宣则不然。杀戮非不惨,明察非不至,然宫闱之严,或者逆节犹露;宗庙之敬,或者包藏祸心。此非臣子之所忍为而为之,况其他乎!威有所不至,察有所不及,彼其欺者未尝不自若也。呜呼!武帝刑政满天下,而不能禁恶逆于庙堂之上。文帝至诚在方寸,而朴厚忠实之风,形见于一时之久。治天下者,亦何贵夫斯人之不敢欺与不能欺耶!

【译文】至于汉武帝和汉宣帝就不是这样了。他们对犯法者的惩罚不是不严厉,对官吏的精确考核不是没有做到,然而后妃宫中尽管控制得很严密,有的后妃不守节操的丑闻仍泄露出来;在祭祀宗庙的时候,尽管皇亲大臣表现得很恭敬,有的人仍包藏祸心。这不是臣下所忍心做的,而他偏要这样做,何况其他人呢?权威有达不到的地方,考核有间断的时候,那些心怀欺诈的官吏未尝不安然自得。唉!汉武帝的刑法和政令充斥天下,然而不能在朝廷内杜绝叛逆行为。汉文帝的真情实意存在于心中,而朴实忠厚的风气却在社会上持续很长一段时间。如此看来,治理天下的,何必看重此人是否不敢欺骗自己和不能欺骗自己呢!

人情不可使无所顾

【原文】小人之情，最不可使之无所顾也。小人而无所顾，则其心也不忸怩于为恶，而安于犯天下之不义；忿戾而不可解，而无复冀君子之恕己。故夫疾不仁者，不可已甚；而恶恶者，不可太明是非，为是姑息也，将犹以全之也。

【译文】小人的感情，最不能使他们没有所顾忌的东西。小人如果没有顾忌的东西，他的心就不会对做坏事感到羞耻，而安心去干天下不合乎道义的事；愤恨的情绪得不到排解，就不再希望统治者会宽恕自己。所以憎恨那些无仁厚之德的人，不能过分；而讨厌那些干坏事的人，不可以把是非搞得太清楚，为的是宽容他们，还打算使他们成为完人。

三、家书家训

颜氏家训

——颜之准

【原文】《礼》曰："见似目瞿，闻名心瞿。"有所感触，恻怆心眼。若在从容平常之地，幸须申其情耳。必不可避，亦当忍之；犹如伯叔兄弟，酷类先人，可得终身肠断，与之绝耶？又："临文不讳，庙中不讳，君所无私讳。"益知闻名，须有消息，不必期于颠沛而走也。梁世谢举，甚有声誉，闻讳必哭，为世所讥。又有臧逢世，臧严之子也，笃学修行，不坠门风；孝元经牧江州，遣往建昌督事，郡县民庶，竞修笺书，朝夕辐辏，几案盈积，书有称"严寒"者，必对之流涕，不省取记，多废公事，物情怨骇，竟以不办而还，此并过事也。

【译文】《礼》载"见似目瞿，闻名心瞿"，这是指看到与自已死去的长辈相貌相似的人，或者听到其名字的读音时，就会生出许多悲伤之感，所以要避讳。如果是在平常之地，太平之世，还是应当尽量避讳，使他们不必为此而感伤；但如果为时势所迫，一定无法避讳，也应当容忍一下。这就像伯叔兄弟，长得与其死去的父亲非常相像，难道能一辈子一见到他们就伤心欲绝直至与他们断绝往来吗？另外，"临文不讳、庙中不讳、君所无私讳"。更可以知道对于避父母之讳也要斟酌一下，没有必要一听到其名字就很狼狈张皇地逃开。梁朝的谢举，名气很大，一听到其父祖长辈的名字就哭，为此而为世人所讥笑。

梁元帝为江州刺史，到建昌督办公事时，当地许多百姓都争着向他写报告，公文也非常多，但凡是公文中有“严寒”二字的，他就对着文件痛哭流涕，不再看文件的内容，因此而耽误了许多公事，人们对此很不满意，最后他也没有完成任务，空手而归。这些都是为避讳而做得非常过分的例子。

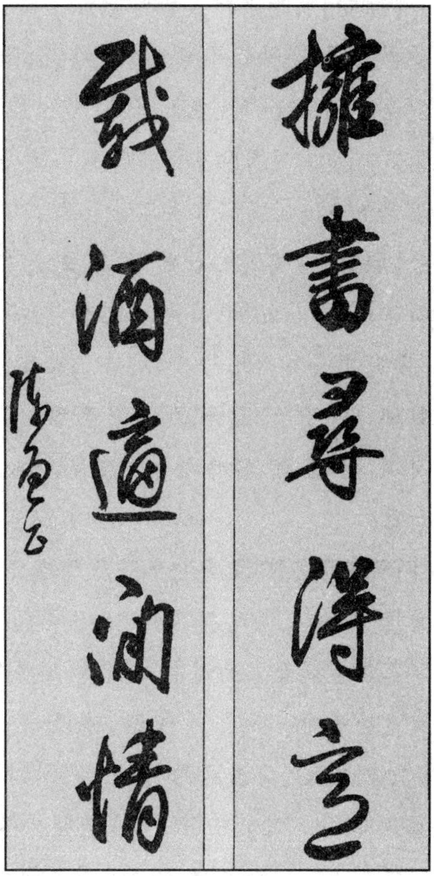

【原文】凡避讳者，皆须得其同训以代换之，桓公名白，博有五皓之称；厉王名长，琴有修短之目。不闻谓布帛为布皓，呼肾肠为肾修也。梁武小名阿练，子孙皆呼练为绢；乃谓销炼物为销绢物，恐乖其义。或有讳云者，呼纷纭为纷烟；有讳桐者，呼梧桐树为白铁树，便似戏笑耳。

【译文】凡是“避讳”，都应找一个意义相同或相近的字来代替所避讳的字，比如，桓公名“白”，将博有五白之“白”改为“皓”；厉王名“长”，琴有长短之“长”改为“修”，但没有听说过将“布帛”改为“布皓”，把“肾肠”称作“肾修”的。梁武帝小名叫“阿练”，其子孙都将“练”改作“绢”，以至于把“销练”称作“销绢”，这恐怕就失去其原义了。有的避讳“云”字，就把“纷纭”称作“纷烟”；有的避讳“桐”字，就把“梧桐树”叫作“白铁树”，这就更近于玩笑了。

【原文】今人避讳，更急于古，凡一名子者，当为孙地，吾亲识中有讳襄、讳友、讳同、讳清、讳和、讳禹，交疏造次，一座百犯，闻者辛苦，无憀赖焉。

【译文】现在人们的避讳，比古人更严格，所以在为儿子取名时，就应当为孙子留下点余地。我认识的人中有避讳襄、友、同、清、和、禹等字的，交情疏远的人因不知道他们会避讳这些极为常见的字而弄得很狼狈、尴尬，满座的人张口就会触讳，避讳的字过多，弄得人们苦不堪言，不知所措了！

【原文】近在议曹，共平章百官秩禄，有一显贵，当世名臣，意嫌所议过厚。齐朝有一两士族文学之人，谓此贵曰：“今日天下大同，须为百代典式，岂得尚作关中旧意？明公定是陶朱公在儿耳！”彼此欢笑，不以为嫌。

【译文】我近来在议曹时参加了商讨官员的级别及俸禄之事,有位显贵,是当代的名臣,他嫌我们商量的俸禄定得太多,过于优厚了,原齐朝的一两个很有文学才能的士族人士对这位显贵说:“现在天下统一了,应当为后代树立一个可供遵奉的典范,怎么还能像从前只有关中一隅时那样呢?您一定是陶朱公的大儿子啊!”说罢,彼此大笑,并不以此而憎恶他。

【原文】昔侯霸之子孙,称其祖父曰家公;陈思王称其父为家父,母为家母;潘尼称其祖曰家祖:古人之所行,今人之所笑也。今南北风俗,言其祖及二亲,无云家者;田里猥人,方有此言耳。凡与人言,言己世父,以次第称之,不云家者,以尊于父,不敢家也。凡言姑姊妹女子子:已嫁,则以夫氏称之;在室,则以次第称之。言礼成他族,不得云家也。子孙不得称家者,轻略之也。蔡邕书集,呼其姑姊为家姑家姊;班固书集,亦云家孙,今并不行也。

【译文】从前,侯霸的子孙称其祖父为“家公”,陈思王(指曹植)称其父为“家父”,称其母为“家母”,潘尼称其祖父为“家祖”。古代人对自己父祖的这些称呼为现代人所讥笑。据现在南北方的风俗,称其祖父及其父母,没有用“家”来称呼的,只有种地的下里巴人才这么称呼。凡与人谈话,谈及自己伯父时,就以他们的排行去称呼,之所以不称“家”,是为了尊重自己的父亲;谈及姑姊妹时,已经出嫁的,就以其丈夫的姓氏来称她们,未嫁的,就以其排行来称呼,这是因为从礼上来看,他们已经成了别人的家族的成员,所以不能再以“家”来称呼了。子孙不能称其祖父为“家”,是因为用“家”是对他们父祖的轻视。在蔡邕的文集中,称他姑姨为“家姑姊”,在班固的文集中,也有“家孙”的叫法,但这些叫法在现在已都不再使用了。

【原文】凡与人言,称彼祖父母、世父母、父母及长姑,皆加尊字,自叔父母已下,则加贤字,尊卑之差也。王羲之书,称彼之母与自称已母同,不去尊字,今所非也。

【译文】凡与人交谈,称呼对方的祖父母、伯父母、父母及长姑时,都要在称呼前加上一个“尊”字,自叔父母以下,则要加上“贤”字。这是表明他们之间有尊卑的差别。王羲之在书信中,对对方母亲的称呼与对自己的母亲的称呼相同,并不加一“尊”字,现在已认为这是不合礼法之事了。

【原文】南人冬至岁首,不诣丧家;若不修书,则过节束带以申慰。北人至岁之日,重行吊礼;礼无明文,则吾不取。南人宾至不迎,相见捧手而不揖,送客下席而已;北人迎送并至门,相见则揖,皆古之道也,吾善其迎揖。

【译文】江南人的风俗,是在冬至和年初都不能到有丧事之家,如果不写信去问候,则在过后再衣冠整齐地到丧家去慰问。而北方的风俗则正相反，特别要在冬至、年初时到丧家去吊唁，关于这一点，在有关礼的书上都有明确记载，我也不赞同这么做。江南的风俗是客人来时，主人不必出迎，见了面互相握手而不作揖，送客时下席即可；北方人则要到门口迎客，见了面要作揖，这些都是古代的礼节，我认为这种礼节还是很好的。

【原文】昔者，王侯自称孤、寡、不谷，自兹以降，虽孔子圣师，与门人言皆称名也。后虽有臣、仆之称，行者盖亦寡焉。江南轻重，各有谓号，具诸《书仪》；北人多称名者，乃古之遗风，吾善其称名焉。

【译文】从前，王侯自称为"孤""寡""不谷"，从此之后，虽然圣师孔子，与其弟子们谈话自称时，也只能称名，后来虽然有自称"臣""仆"的，但这样自称的人并不多。在江南，人们根据自己的尊卑身份都各有不同的称呼，这在《书仪》中都有详细的说明。北方人则大多自称其名，这是古人的遗风，我觉得自称其名是比较合适的。

【原文】言及先人，理当感慕，古者之所易，今人之所难。江南人事不获已，须言阀阅，必以文翰，罕有面论者。北人无何便尔话说，及相访问。如此之事，不可加于人也。人加诸己，则当避之。名位未高，如为勋贵所逼，隐忍方便，速报取了；勿使烦重，感辱祖父。若没，言须及者，则敛容肃坐，称大门中。世父、叔父则称从兄弟门，兄弟则称亡者子某门中，各以其尊卑轻重为容色之节，皆变于常。若与君言，虽变于色，犹云亡祖亡伯亡叔也。吾见名士，亦有呼其亡兄弟为兄子弟子门中者，亦未为安贴也。北土风俗，都不行此。太山羊偘，梁初入南；吾近至邺，其兄子肃访偘委曲，吾答之云：卿从门中在梁，如此如此。"肃曰："是我亲第七亡叔，非从也。"祖孝徵在坐，先知江南风俗，乃谓之云："贤从弟门中，何故不解？"

【译文】当谈到自己已死去的先辈时，照理应当有感伤爱慕的感情，这在古代表达这种感情是比较简单、容易的，可到现在，则变成很难的事了。在江南，由于环境所致，在谈话时都要先叙述自己的门第、家世，因此他们很少当面论事而代之以书信。北方人则不必如此，所以视登门拜访、当面论事为常事。我们不必把北方人的这种方式强加于人，如果别人以此强加于己，那么应当尽量避开。自己我名声、地位不高时，如果被勋贵所逼，则要忍气吞声，赶快说完了事，不能用很麻烦、很费时的礼节来拖延时间，辱没自己的祖父。如果谈到自己已死的祖父，则要正襟危坐，称他们为"大门中"，言及死去的伯父、叔父则称为"从兄弟门中"，言及死去的兄弟则称死者之子为"门中"，都以死者不同的尊卑来决定言及他们时容貌的庄严程度，这些神色都是与平常不同的。如果与君主谈话，虽然神色有变化，但还是只能称作"亡祖"，"亡母""亡伯""亡叔"。我曾亲自看到有位名士，称其死去的兄弟为“兄子弟子们中”的，我以为这种称呼不太妥当。北方则都不这样来称呼，太山羊偘在梁朝初年到了南方，我近来到邺都以后，羊偘哥哥的儿子羊肃来，来向我问起羊的情况，我回答说：“您的从门中在梁朝的情况怎样怎样。”羊肃一听，便说：“他是我亲亲的第七亡叔，并非‘从’。”当时祖孝徵征正坐在旁边，他以就前知道江南的风俗，就对羊肃解释说：“这是指贤从弟门中，您怎么不明白？”

【原文】古人皆呼伯父叔父，而今世多单称伯叔。从父兄弟姊妹已孤，而对其前，呼其母为伯叔母，此不可避者也。兄弟之子已孤，与他人言，对孤者前，呼为兄子弟子，颇为不忍；北土人多呼为姪。案：《尔雅》《丧服经》《左传》，姪虽名通男女，并是对姑之称。晋世已来，始呼叔姪；今呼为姪，于理胜也。

【译文】古人都叫“伯父”“叔父”，而现在则大多只叫“伯”或“叔”，如果伯叔父已死，当着死父亲的堂兄弟姐妹，称他们的母亲为“伯叔母”，这是无法避讳的，如果自己的兄弟已死，在同他人交谈时，当着已死去的兄弟之子，叫他们为“兄子”或“弟子”，是很不忍心的事。北方人大多称他们为“姪”，按：《尔雅》《丧服经》《左传》中的“姪”虽然可以指男，也可以指女，但都是相对于“姑”来称的，即指“姑姪”。晋代以后，才开始称“叔姪”，现在称为“姪”，从情理上说是比较合适的。

【原文】别易会难，古人所重；江南饯送，下泣言离。有王子侯，梁武帝弟，出为东郡，与武帝别帝，曰：“我年已老，与汝分张，甚以恻怆。”数行泪下。侯遂密云，赧然而出。坐此被责，飘飘舟渚，一百许日，卒不得去。北间风俗，不屑此事，歧路言离，欢笑分首。然人性自有少涕泪者，肠虽欲绝，目犹烂然；如此之人，不可强责。

【译文】离别虽易，相逢实难，所以人们都很注重分别，江南的风俗，在送别时要哭着说分别。梁武帝的弟弟，被封为侯，将到建康东面的某郡去，与武帝告别时，武帝说：“我已经老了，还要与你分别，实在是太悲伤了！”说着，几行龊泪顺腮而下，这位侯却未能哭出，于是红着脸走了出去。他为此事而受到人们的责难，他乘船飘荡了一百多天，最终也未能去成东边的某郡。北方的风俗则不屑于斤斤计较离别时的这些礼仪，在路口告别后便高高兴兴地分了手。然而有些人生来就很少流泪，即使悲伤到肝肠寸断时，眼睛中仍然没有泪水，像这样的人，也不必强求他们一定要流下眼泪。

【原文】凡亲属名称，皆须粉墨，不可滥也。无风教者，其父已孤，呼外祖父母与祖父母同，使人为其不喜闻也。虽质于面，皆当加外以别之，父母之世叔父，皆当加其次第以别之；父母之世叔母，皆当加其姓以别之；父母之群从世叔父母及从祖父母，皆当加其爵位若姓以别之。河北士人，皆呼外祖父母为家公家母；江南田里间亦言之。以家代外，非吾所识。

【译文】凡是对亲戚的称呼，都应当十分讲究，不能太过随便，那些没有教养的人，当其祖父已死，而他对外祖父母与对祖父母的称呼仍然一样，即使让外人听起来，也觉得这种叫法不舒服，虽然是亲亲的外祖父母，也应当在称呼前加上一“外”字以示区别，父母的伯叔父，也都应当在其称呼前加上他们的排行次第；父母的伯父母，都要在其称呼前加上他们的姓氏以示区别；父母的从伯叔父母和从祖父母，都要在其称呼前加上他们的爵位和姓氏以示区别。河北的士大夫都把外祖父母称为“家公”“家母”、以“家”字代替“外”字，我觉得不尽妥当。

【原文】凡宗亲世数，有从父，有从祖，有族祖。江南风俗，自兹以往，高秩者，通呼为尊，同昭穆者，虽百世犹称兄弟；若对他人称之，皆云族人。河北士人，虽三二十世，犹呼为从伯从叔。梁武帝尝问一中土人曰：“卿北人，何故不知有族？”答云：“骨肉易疏，不忍言族耳。”当时虽为敏对，于礼未通。

【译文】同宗的世系辈数，有从父、从祖、族祖。按江南的风俗，从这往上数，对官职高的通常称为“尊”，同辈分的人，即使是过了百代也还要互称“兄弟”，如果当着他人之面，都要互称为“族人”。河北的风俗，其士大夫的称呼，即使过了三二十代，还要称为从伯”“从叔”。梁武帝曾经问一位中原人说：“你是北方人，怎么能不知道有‘族’呢？”他回答说：“亲戚本来就很容易疏远，所以不忍心说‘族’。”在当时，虽然人们都认为他回答得又快又好，但从礼法上是讲不通的。

【原文】吾尝问周弘让曰：“父母中外姊妹，何以称之？”周曰：“亦呼为丈人。”自古未见丈人之称施于妇人也。吾亲表所行，若父属者，为某姓姑；母属者，为某姓姨。中外丈人之妇，猥俗呼为丈母，士大夫谓之王母、谢母云。而《陆机集》有《与长沙顾母书》，乃其从叔母也，今所不行。

【译文】我曾问周弘让说：“对父母的中外姊妹该怎么来称呼呢？”周氏回答说：“应称作‘丈人’。”但自古以来，我从未见过把妇人叫作“丈人”的。对父母的姐妹的称呼，如果是父亲的姐妹，即称她为“某姓姑”，母亲的姐妹，则称她为“某姓姨”。中表丈人之妇，俗称为“丈母”，比如士大夫们所称的“谢母”“王母”等，而《陆机集》中有《与长沙顾母书》，顾母是他的从叔母，现在已没有这种叫法了。

【原文】齐朝士子，皆呼祖仆射为祖父，全不嫌有所涉也，乃有对面以相戏者。

【译文】齐朝的士大夫都把仆射祖飘称作“祖公”，全然不顾这样的称呼会有所误解，甚至还有人当面以此来开玩笑。

【原文】古者，名以正体，字以表德，名终则讳之，字乃可以为孙氏。孔子弟子记事者，皆称仲尼；吕后微时，尝字高祖为季；至汉爰种，字其叔父曰丝；王丹与侯霸子语，字霸为君房江南，至今不讳字也。河北士人全不辨之，名亦呼为字，字固呼为字。尚书王元景兄弟，皆号名人，其父名云，字罗汉，一皆讳之，其余不足怪也。

【译文】古代的人有名有字，名用来表示此人之本质，字用来表示此人之德行。"名"在其死后，后人要加以避讳，"字"则可以作为其孙的姓氏。孔子的弟子们在记述其事迹时都称之为"仲尼"，吕后在微贱时，曾称汉高祖的字为"季"，汉爰仲在称呼其叔叔时，就直接以其字"丝"来称呼，王丹与侯霸的儿子说话时，就曾当面以侯霸的字（君房）来称呼，直到现在，江南也不避讳某人的"字"。河北的士大夫则根本不分辨名与字的这种区别，固然把字叫成字，但也把字叫作名。尚书王元景兄弟都号称是名人，他们的父亲名云，字罗汉，但名与字都要避讳，名人尚且如此，其余就不足为怪了。

【原文】《礼·间传》云："斩缞之哭，若往而不反；齐缞之哭，若往而反；在功之哭，三曲而偯；小功缌麻，哀容可也，此哀之发于声音也。"《孝经》云："哭不哀。"皆论哭有轻重质文之声也。礼以哭有言者为号，然则哭亦有辞也。江南丧哭，时有哀诉之言耳；山东重丧，则唯呼苍天，期功以下，则唯呼痛深，便是号而不哭。

【译文】《礼·间传》云"服斩衰之丧的，一哭便似缓不过气来，服齐衰之丧的，痛哭时要连续着哭，服大功之丧的哭声缭绕，似有余音，服小功之丧的，脸上表现出悲伤之表情就可以了。这些都是将不同的悲痛在哭声上的表示。"《孝经》说"哭不哀"，这些都是说哭丧时哭的声音有轻重、质朴与铺张等区别，根据丧礼，边哭边说称之为"号"，据此可知，哭也有说话的。江南哭丧时，有时会边哭边诉；河北在哭丧时，只呼叫"苍天"，期功以下，则只呼叫"痛深"，由此可知北方也有只"号"不"哭"的。

【原文】江南凡遭重丧，若相知者，同在城邑，三日不吊则绝之；除丧，虽相遇则避之。怨其不己悯也，有故及道遥者，致书可也；无书亦如之。北俗则不尔。江南凡吊者，主人之外，不识者不执手；识轻服而不识主人，则不于会所而吊，他日修名诣其家。

【译文】在江南，凡是遭到重丧的，如果有与自己关系至密的人又住在同一个地方，听到丧信而三天之内不来吊丧，丧家即要与之断绝关系。丧事办完后，即使在路上遇到此人，也要避开他，这表示怨恨他在自己遭到重伤时不对自己表示怜悯；有事情不能来或路途遥远的，写来封信就可以了，如果不写信，丧家对他的态度也与对同住一地而不登门吊丧者一样。北方的风俗则与此不同。在江南，来吊丧者除主人外，吊丧之人不与不认识者握手。如果认识轻丧者而不认识丧主，吊丧者也不到停丧处去吊丧，日后拿着名片到主人家去拜访一下即可。

【原文】阴阳说云:“辰为水墓,又为土墓,故不得哭。”王充《论衡》云:“辰日不哭,哭则重丧。”今无教者,辰日有丧,不问轻重,举家清谧,不敢发声,以辞吊客。道书又曰:“晦歌朔哭,皆当有罪,天夺其算。”丧家朔望,哀感弥深,宁当惜寿,又不哭也?亦不谕。

【译文】阴阳家认为“辰日死的人,既是水墓,又为土墓,所以丧家不能哭丧。”王充的《论衡》载“辰日死去的人,丧这不得哭丧,只有至亲的人死去才能哭丧。”现在,一些没有教养、不懂规矩的人,在辰日死人,不管是轻丧还是重丧,全家都不敢哭丧,并且不接待前来吊丧的人。道书上载有“在晦日唱歌,朔日哭泣都会折寿”,如果在朔望日死了人,丧家又非常悲痛,难道应当为了惜寿而不哭丧吗?这也很让人困惑。

【原文】偏傍之书,死有归杀。子孙逃窜莫肯在家;画瓦书符,作诸厌胜;丧出之日,门前然火,户外列灰,祓遂家鬼,章断注连。凡如此比,不近有情,乃儒雅之罪人,弹议所当加也。

【译文】旁门左道的书中记载死者有煞日,在这天,其子孙都要到外面去避凶,没有人肯在家,并且还要画上各种符颙以镇压恶鬼,出殡那天,要在门前燃火,在窗下要撒上灰烬,送葬归来后,要举行一种仪式,使鬼魂不能再附着在活人身上而回来,而且要上章以求断绝死者殃及活人。像这样一些讲究,有些是很荒唐的,倘着如此,那些他们根本就不是有修养的读书人,朝廷上也应当对他们进行弹劾。

【原文】江左朝臣,子孙初释服,朝见二宫,皆当泣涕;二宫为之改容。颇有肤色充泽,无哀感者,梁武薄其为人,多被抑退。裴政出服,问讯武帝,贬瘦枯槁,涕泗滂沱,武帝目送之曰:“裴之礼不死也。”

【译文】江东的朝廷在臣,子孙在刚刚服丧期满、脱去丧服时,如果朝见天子和太子,都要流泪,天子和太子也要为此而变得端庄、严肃,并表示同情。也有的人在丧期结束后,拜见天子和太子时,脸上丝毫没有悲戚之色,梁武帝非常看不起这种人,在仕途上也不重用他们。裴政在服丧期满后,向梁武帝问候,他面容憔悴,泪流满面,梁武帝目送他出去,说:“斐子野没有死啊!”

【原文】二亲既没,所居斋寝,子与妇弗忍入焉。北朝顿丘李构,母刘氏,夫人亡后,所住之堂,终身锁闭,弗忍开入也。夫人,宋广州刺史纂之孙女,故构犹染江南风教。其父奖,为扬州刺史,镇寿春,遇害。构尝与王松年、祖孝徵数人同集谈谦。孝徵善画,遇有纸笔,图写为人。顷之,因割鹿尾,戏截画人以示构,而无他意,构怆然动色,便起就马而去。举坐惊骇,莫测其情。祖君寻悟,方深反侧,当时罕有能感此者。吴郡陆襄,父闲被刑,襄终身布衣蔬饭，虽姜菜有切割，皆不忍食；居家以惟以掐摘供厨。江宁姚子笃，母以烧死，终身不忍瞰炙。豫章熊康父以醉而为奴所杀，终身不复尝酒。然礼缘人情，恩由义断，亲以噎死，亦当不可绝食也。

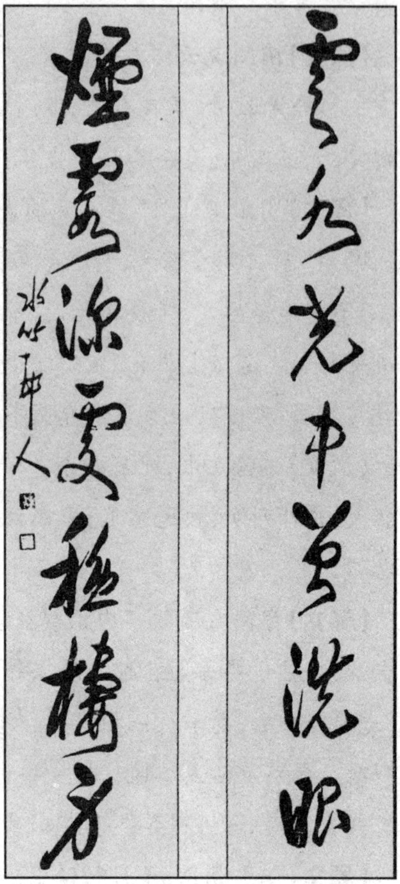

【译文】父母死后，他们生前所住过的斋屋和寝室，儿子与媳妇都不忍心进去，北朝顿丘人李构，其母刘氏，刘夫人死后，她生前所住的堂屋，李构一辈子都锁着他，不忍心打开进去。刘夫人是宋广州刺史刘纂的孙女，所以李构虽在北方却还知道江南的这一风俗。他的父亲李奖是扬州刺史，在出镇寿春时遇害而死。李构曾经与王松年、祖孝征等几个人聚会宴饮，祖孝征擅长绘画，正好有纸笔，就随手画了一个人，过了一会儿，在割鹿尾时，就把画的人割截开给李构看。这本是游戏，并无别的什么意思。不料李构看后。脸色陡变，悲伤不已立刻起身骑马而去，在座的人都非常惊骇，没有人知道这是怎么回事，过了片刻祖孝征才省悟过来，很是自责。当时几乎没有人对亡父能有这种感情。吴郡人陆襄，其父陆闲被杀后，他终身都只穿粗布衣服，吃粗茶淡饭，即使是姜和菜被切割过也不忍心吃，在家只吃那些用手摘下来的菜吃。江宁人姚子笃，他的母亲是被烧死的，他一生都不忍心吃烤肉。豫章人熊康的父亲由于喝醉了酒而被奴仆杀死，他终身都不再喝酒。然而礼法不应不近人情，恩情也应当以大义来决断，否则，如果亲人是被噎死的，难道子孙也应当不再吃饭吗?!

【原文】刘绥、缓、绥、兄弟并为名器，其父名昭，一生不为照字，惟依《尔雅》火旁作召耳。然凡文与正讳相犯，当自可避；其有同音异字，不可悉然。刘字之下，即有昭音。吕尚之儿，如不为上；赵壹之子，傥不作一，便是下笔即妨，是书皆触也。

【译文】刘绥、刘缓、刘绥兄弟三人都是有名的人物，由于其父名刘昭，他们一生都不写“照”字，只根据《尔雅》写成“火”字旁“熠”字，如果在写字时遇上需避讳的字，就都要加以避讳，但是同音异字本不应避讳，如刘字的下半部是“钊”（刘的繁体写作劉），钊与照同音，吕尚之子并不因尚音而避讳“上”字，赵壹之子也未因壹音而避讳“一”字，否则一动笔就会遇到需避讳的字，每次书写都要触讳了。

【原文】尝有甲设讌席，请乙为宾，而旦于公庭见乙之子，问之曰“尊侯早晚顾宅?”乙子称其父已往，时以为笑。如此比例，触类慎之，不可陷于轻脱。

【译文】曾有某甲摆宴席，请某乙赴宴，早晨在公庭上某甲遇见了某乙的儿子，问他“您父亲什么时候光临?”某乙之子说他父亲已去了，当时人把这当作笑柄，这件事不过是一个例子，你们要举一反三，触类旁通，遇到类似的情况，一定要谨慎，不能太随便、轻薄。

【原文】江南风俗，儿生一期，为制新衣，盥浴装饰，男则用弓矢纸笔，女则刀尺针缕，并加饮食之物，及珍宝服玩，置之儿前，观其发意所取，以验贪廉愚智，名之为试儿。亲表聚集，致宴享焉。自兹已后，二亲若在，每至此日，尝有酒食之事耳。无教之徒，虽已孤露，其日皆为供顿，酣畅声乐，不知有所感伤。梁孝元年少之时，每八月六日载诞之辰，常设斋讲，自阮修容薨殁之后，此事亦绝。

【译文】江南的风俗，孩子出生一周年时，要给孩子作新衣服，给他洗澡后，给他穿戴打扮整齐，男孩，就用弓箭、纸笔，女孩就用刀、尺、针、线，另外再拿一些吃的东西和珍宝玩物，把这些东西放在小孩面前，看他(她)想拿什么，以此来看这个孩子是贪心还是廉洁，是聪明还是愚笨，这称之为“试儿”。在这一天，亲戚们都要来看，并且要举办宴会。从这以后，父母如健在，每到这一天，都要宴集亲戚。那些没有教养、不懂道理的孩子，即使在双亲死后，仍然要在这一天宴集宾客，尽情玩乐，丝毫也没有悼念亡亲的想法。梁元帝在年幼时，每到八月六日他生日这天，都要吃素食、讲佛经，到阮修容死后，梁元帝也不再在他生日这天吃斋讲经了。

【原文】人有忧疾，则呼天地父母，自古而然。今世讳避，触途急切。而江东士庶，痛则称祢。祢是父之庙号，父在无容称庙，父殁何容辄呼?《仓颉篇》有侑字，《训诂》云：“痛而涴也，音羽罪反。”今北人痛则呼之。《声类》音于未反，今南人痛或呼之。此二音随其乡俗，并可行也。

【译文】人们在忧虑疾痛时，总会大叫天地父母，这在古代就这样。现在则认为这样的大呼小叫是犯了忌讳，所以现在江东人在痛苦时就大叫“祢”。“祢”是父亲的庙号，父亲如果健在，则不能称庙号，父亲已死，怎么能随便称动辄叫其庙号呢?《仓颉篇》中有“侑”这个字，《训诂》认为它的意思是“在痛苦时的呼叫”，读音是羽罪的反切音，现在北方人在痛苦时呼叫的就是这个字。《声类》将此字的读音注为“未未”二字的反切音，现在南方人在痛苦时所呼叫的就是这种读音。这两种读音，随着各地风俗的不同，读哪一种都可以。

【原文】梁世被系劾者，子孙弟侄，皆诣阙日，露跣陈谢；子孙有官，自陈解职。子则草屏粗衣，蓬头垢面，周章道路，要候执事，叩头流血，申诉冤枉。若配徒隶，诸子并立草庵于所署门，不敢宁宅，动经旬日，官司驱遣，然后始退。江南诸宪司弹人事，事虽不重。而以教义见辱者，或被轻系而身死狱户者，皆为怨仇，子孙三世不交通矣。到洽为御史中丞，初欲弹刘孝绰，其兄溉先与刘善，苦谏不得，乃诣刘涕泣告别而去。

【译文】在梁朝，大臣被人弹劾，他的子孙弟侄都要披头散发、光着赤脚到朝廷上呆三天，请求皇帝宽宥；子孙中如果有做官的，要自动请求辞职，他的儿子要穿上草鞋和粗布衣服，蓬头垢面，到处奔波，寻找当权者，向他叩头流血，申诉其父的冤情；如果他的父亲被判处去官府服苦役，他们的儿子都要在其父服役的官府门前盖座草棚，表示他们不敢安居家中，这样过上十多天，才在官府的驱赶下回家。在江南，如果被御史台弹劾，即使事情不大，只要是因违反了教义道德而受到弹劾，或者他犯的罪虽然较轻，却在囚禁狱中死去，那么他的子孙就会与弹劾者成为仇人。到洽任御史中丞时，起初想弹劾刘孝绰，他哥哥到溉一直与刘孝绰关系至密，因此苦苦劝阻到洽，请他不要弹劾刘氏，其弟拒不听从。他就到刘氏处流泪告别而去，表示从此再无颜相见。

【原文】兵凶战危，非安全之道。古者，天子丧服以临师，将军凿凶门而出。父祖伯叔，若在军阵，贬损自居，不宜奏乐诞会及婚冠吉庆事也。若居围城之中，憔悴容色，除去饰玩，常为临深履薄之状焉。父母疾笃，医虽贱虽少，则涕泣而拜之，以求哀也。梁孝元在江州，尝有不豫；世子方等亲拜中兵参军李猷焉。

【译文】战争都是很危险的事，古代，天子率兵出征时要穿上丧服，大将率兵出征时要经丧门出发。如果父祖伯叔随军出征打仗，其子孙就不能住在平常所居住的房屋中，不能奏乐，不能举办宴会，不能办结婚、加冠等喜庆之事。如果父祖伯父们被围困在城中，子孙们就要去掉平时装饰之物、玩好之器，经常要像面临深渊、踏着薄冰那样惊慌失措。父母病重，医生即使是贫贱而年龄较小，孩子们也要流着泪去拜请他。以表示自己的哀痛。梁元帝在江州时曾得过一场病，太子方等就亲自拜请中书参军李猷来给元帝诊视。

【原文】四海之人，结为兄弟，亦何容易。必有志均义敌，令终如始者，方可议之。一尔之后，命子拜伏，呼为丈人，申父友之敬；身事彼亲，亦宜加礼。比见北人，甚轻此节，行路相逢，便定昆季，望年观貌，不择是非，至有结父为兄，托子为弟者。

【译文】五湖四海的人能走到一起、结拜为兄弟，是很不容易的事，他们一定是志同道合、气类相通、始终如一者才能做到。一旦结拜为兄弟后，就要让自己的孩子拜见。并尊称之为“丈人”，表示对父亲朋友的尊敬，事奉对方的亲人也应当遵守礼节。我每每见到北方的人结拜兄弟，并不重视这些，走路相遇，就拜为兄弟，这只是从外表上看一下年龄、相貌即可，而不管其实际情况如何，于是，就有与其父辈结为兄长，将子辈拜为小弟的。

【原文】昔者，周公一沐三握发，一饭三吐餐，以接白屋之士，一日所见者七十余人。晋文公以沐辞竖头须，致有图反之诮。门不停宾，古所贵也。失教之家，阍寺之礼，或以主君寝食嗔怒，拒客未通，江南深以为耻。黄门侍郎裴之礼，号善为士大夫，有如此辈，对宾杖之；其门生僮仆，接于他人，折旋俯仰，辞色应对，莫不肃敬，与主无别也。

【译文】从前，周公为了能及时接见来访的低贱之士，连完整地洗一次澡、吃一顿饭的时间都没有，随到随见，从不耽延，这样一天要会见七十多人。晋文公以洗澡为辞拒见头须，以致招来图反的讥嘲。可见及时会见来客，在古人看来，是为人非常可贵之处。没有教养的家庭，看门人就很无礼，他们经常以主人正在吃饭、睡觉、发怒为由，不为客人通报，江南的士大夫都以为此为耻，黄门侍郎裴子礼，在当时人着来是最有士大夫风范的一个人，他如果发现这种情况，就要当着客人的面杖打守门人。所以他家的仆人在接待客人时，往返俯仰的态度、对答的辞色，都很庄重而有礼貌，几乎与主人没有什么区别。

曾国藩家书节选

致　诸　弟

四位老弟足下：

吾人为学最要虚心。尝见朋友中有美才者，往往恃才傲物，动谓人不如己，见乡墨则骂乡墨不通，见会墨则骂会墨不通，既骂房官，又骂主考，未入学者则骂学院。平心而论，己之所为诗文，实亦无胜人之处；不特无胜人之处，而且有不堪对人之处。只为不肯反求诸己，便都见得人家不是，既骂考官，又骂同考而先得者。傲气既长，终不进功，所以潦倒一生而无寸进矣。

余生平科名极为顺遂，惟小考七次始售。然每次不进，未尝敢出一怨言，但深愧自己试场之诗文太丑而已。至今思之，如芒在背。当时之不敢怨言，诸弟问父亲、叔父及朱尧阶便知。盖场屋之中,只有文丑而侥幸者,断无文佳而埋没者,此一定之理也。

三房十四叔非不勤读,只为傲气太胜,自满自足,遂不能有所成。京城之中,亦多有自满之人,识者见之,发一冷笑而已。又有当名士者,鄙科名为粪土,或好作诗古,或好讲考据,或好谈理学,嚣嚣然自以为压倒一切矣。自识者观之,彼其所造,曾无几何,亦足发一冷笑而已。故吾人用功,力除傲气,力戒自满,毋为人所冷笑,乃有进步也。诸弟平日皆恂恂退让,弟累年小试不售,恐因愤激之久,致生骄惰之气,故特作书戒之,务望细思吾言而深省焉。幸甚幸甚。国藩手草。

——(道光二十四年十月廿一日)

致诸弟

澄侯、温甫、子植、季洪四弟足下:

日来京寓大小平安。癣疾又已微发,幸不为害,听之而已。湖南榜发,吾邑竟不中一人。沅弟书中,言温弟之文典丽矞皇,亦尔被抑。不知我诸弟中将来科名究竟何如,以祖宗之积累及父亲叔父之居心立行,则诸弟应可多食厥报。以诸弟之年华正盛,即稍迟一科,亦未遽为过时。特兄自近年以来,事务日多,精神日耗,常常望诸弟有继起者,长住京城,为我助一臂之力,且望诸弟分此重任,余亦欲稍稍息肩。乃不得一售,使我中心无倚。

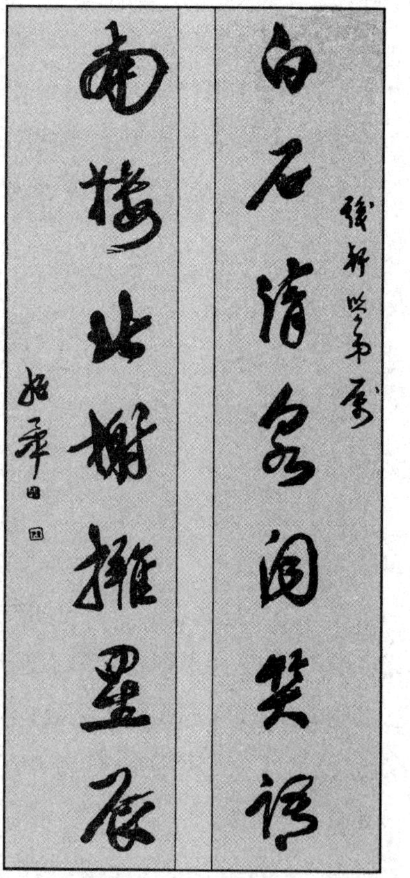

盖植弟今年一病,百事荒废;场中又患目疾,自难见长。温弟天分本甲于诸弟,惟牢骚太多,性情太懒。前在京华不好看书,又不作文,余即心甚忧之。近闻还家后,亦复牢骚如常,或数月不搦管为文。吾家之无人继起,诸弟犹可稍宽其责,温弟则实自弃,不得尽诿其咎于命运。吾尝见朋友中牢骚太甚者,其后必多抑塞,如吴松台、凌荻舟之流,指不胜屈。盖无故而怨天,则天必不许;无故而尤人,则人必不服。感应之理,自然随之。温弟所处,乃读书人中最顺之境,乃动则怨尤满腹,百不如意,实我之所不解。以后务宜力除此病,以吴忭台、凌获舟为眼前之大戒。凡遇牢骚欲发之时,则反躬自思:吾果有何不足而蓄此不平之气?猛然内省,决然去之。不惟平心谦抑,可以早得科名,亦且养此和气,可以稍减病患。万望温弟再三细想,勿以吾言为老生常谈,不值一哂也。

王晓林先生在江西为钦差,昨有旨命其署江西巡抚。余署刑部,恐须至明年乃能交卸。袁漱六昨又生一女。凡四女,已殇其二。又丧其兄,又丧其弟,又一差不得,甚矣!穷翰林之难当也。黄麓西由江苏引见入京,迥非昔日初中进士时气象,居然有经济才。王衡臣于闰月初九引见,以知县用。后于月底搬寓下洼一庙中,竟于九月初二夜无故遽卒。先夕与同寓文任吾谈至二更,次早饭时,讶其不起,开门视之,则已死矣。死生之理,善人之报,竟不可解。

邑中劝捐弥补亏空之事,余前已有信言之,万不可勉强勒派。我县之亏,亏于官者半,亏于书吏者半,而民则无辜也。向来书吏之中饱,上则吃官,下则吃民。名为包征包解,其实当征之时,则以百姓为鱼肉而吞噬之;当解之时,则以官为雉媒而播弄之。官索钱粮于书吏之手,犹索食于虎狼之口,再四求之,而终不肯吐,所以积成巨亏。并非实欠在民,亦非官之侵蚀入已也。今年父亲大人议定粮饷之事,一破从前包征包解之陋风,实为官民两利,所不利者,仅书吏耳。即见制台留朱公,亦造福一邑不小。诸弟皆宜极力助父大人办成此事。惟捐银弥亏,则不宜操之太急,须人人愿捐乃可。若稍有勒派则好义之事,反为厉民之举,将来或翻为书吏所藉口,必且串通劣绅,仍还包征包解之故智,万不可不预防也。梁侍御处银二百,月内必送去。凌宅之二百,亦已兑去。公车来,兑六七十金,为送亲族之用,亦必不可缓。但京寓近极艰窘,此外,不可再兑也。书不详尽,余俟续具。兄国藩手草。

——(咸丰元年九月初五日)

致四弟

澄侯四弟左右:

顷接来缄,又得所寄吉安一缄,具悉一切。朱太守来我县,王、刘、蒋、唐往陪,而弟不往,宜其见怪。嗣后弟于县城省城均不宜多去。处兹大乱未平之际,惟当藏身匿迹,不可稍露圭角于外,至要至要。

吾年来饱阅世态,实畏宦途风波之险,常思及早抽身,以免咎戾。家中一切,有关系衙门者,以不与闻为妙。

——(咸丰六年九月初十日)

致九弟

沅浦九弟左右：

初三日刘福一等归，接来信，藉悉一切。城贼围困已久，计不久亦可攻克。惟严断文报是第一要义，弟当以身先之。

家中四宅平安。余身体不适，初二日住白玉堂，夜不成寐。温弟何日至吉安？

古来言凶德致败者约有二端：曰长傲，曰多言。丹朱之不肖，曰傲，曰嚣讼，即多言观也。历代名公巨卿，多以此二端败家丧身。余生颇病执拗，德之傲也；不甚多言，而笔下亦略近乎嚣讼。静中默省我之愆尤，处处获戾，其源不外此二者。温弟略与我相似，而发言尤为尖刻。凡傲之凌物，不必定以言语加人，有以神气凌之者矣，有以面色凌之者矣。温弟之神气，稍有英发之姿，面色间有蛮很之象，最易凌人。凡中心不可有所恃，心有所恃则达乎面貌。以门第言，我之物望大减，方且恐为子弟之累；以才识言，近今军中炼出人才颇多，弟等亦无过人之处，皆不可恃。只宜抑然自下，一味言忠信，行笃敬，庶几可以遮护旧失，整顿新气，否则，人皆厌薄之矣。沅弟持躬涉世，差为妥洽。温弟则谈笑讥讽，要强充老手，犹不免有旧习。不可不猛省！不可不痛改！余在军多年，岂无一节可取？只因傲之一字，百无一成，故谆谆教诸弟以为戒也。

——（咸丰八年三月初六日）

致九弟

沅弟左右：

接来缄，知营墙及前后濠皆倒，良深焦灼，然亦恐是挖壕时不甚得法。若容土覆得极远，虽雨大，不至仍倒入濠内，庶稍易整理。至墙子则无不倒坍，不仅安庆耳。

徽州之贼，窜浙者十之六七，在府城及休宁者闻不过数千人，不知确否？连日雨大泥深，鲍、张不能进剿，深为可惜。季高尚在乐平，余深恐贼窜入江西腹地。商之季高，无遽入皖，季高亦以雨泥不能速进也。润帅谋皖已大半年，一切均有成竹，而临事复派人救援六安，与吾辈及希庵等之初议全不符合。枪法忙乱，而弟与希庵皆有骄矜之气，兹为可虑。希庵论事最为稳妥，如润帅有枪法稍乱之时，弟与希婉陈而切谏之。弟与希之矜气，则彼此互规之，北岸当安如泰山矣。

——（咸丰十年九月廿一日）

致四弟

澄侯四弟左右：

弟言家中子弟无不谦者，此却未然。凡畏人不敢妄议论者，谦谨者也；凡好讥评人短者，骄傲者也。谚云："富家子弟多骄，贵家子弟多傲。"非必锦衣玉食、动手打人而后谓之骄傲也，但使志得意满，毫无畏忌，开口议人短长，即是极骄极傲耳。余正月初四日信中，言戒骄字，以不轻非笑人为第一义，望弟常常猛省，并戒子弟也。

——（咸丰十一年二月初四日）

致四弟

澄弟左右：

沅弟金陵一军危险异常，伪忠王率悍贼十余万昼夜猛扑，洋枪极多，又有西洋之落地开花炮，幸沅弟小心坚守，应可保全无虞。鲍春霆至芜湖养病，宋国永代统宁国一军，分六营出剿，小挫一次，春霆力疾回营，凯章全军亦赶至宁国守城。虽病者极多，而鲍、张合力，此路或可保全。又闻贼于东坝抬船至宁郡诸湖之内，将图冲出大江，不知杨、彭能知之否。若水师安稳，则全局不至决裂耳。

来信言余于沅弟既爱其才，宜略其小节，甚是甚是。沅弟之才，不特吾族所少，即当世亦不多见。然为兄者，总宜奖其所长，而兼规其短。若明知其错，而一概不说，则又非特沅一人之错，而一家之错也。

吾家于本县父母官，不必力赞其贤，不可力诋其非，与之相处，宜在若远若近、不亲不疏之间。渠有庆吊，吾家必到；渠有公事，须绅士助力者，吾家不出头，亦不躲避。渠于前后任之交代，上司衙门之请托，则吾象丝毫不可与闻。弟既如此，并告予侄辈常常如此。子侄若与官相见，总以"谦谨"二字为主。

——（同治元年九月初四日）

致九弟

沅弟左右：

接李少帅信，知春霆因弟复奏之片，言省三系与任逆接仗，霆军系与赖逆交锋，大为不平，自奏伤疾举发，请开缺调理。又以书告少帅，谓弟自占地步，弟当此百端佛逆之时，又添此至交龃龉之事，相心绪益觉难堪。然事已如此，亦只有逆来顺受之法，仍不外悔字诀、硬字诀而已。

朱子尝言：悔字如春，万物蕴蓄初发；吉字如夏，万物茂盛已极；吝字如秋，万物始落；凶字如冬，万物枯凋。又尝以元字配春，亨字配夏，利字配秋，贞字配冬，兄意贞字即硬字诀也。弟当此艰危之际，若能经硬字法冬藏之德，以悔字启春生之机，庶几可挽回一二乎？

闻左帅近日亦极谦慎，在汉口气象何如？弟曾闻其大略否？申甫阅历极深，若遇危难之际，与之深谈，渠尚能于恶性风骇浪之中默识把柁之道，在司道中不可多得也。

——（同治六年三月初二日）

谕纪泽纪鸿

字谕纪泽、纪鸿儿：

十月二十九日，接尔母及澄叔信，又棉鞋、瓜子二包，得知家中各宅平安。泽儿在汉口阻风六日，此时当已抵家。举止要重，发言要讱，尔终身须牢记此二语，无一刻可忽也。

余日内平安。鲍、张二军亦平安。左军二十二日在贵溪获胜一次，二十九日在德兴小胜一次，然贼数甚众，尚属可虑。普军在建德，贼以大股往扑，只要左、普二军站得住，则处处皆稳矣。

泽儿字天分甚高，但少刚劲之气，须用一番苦功夫，切莫把天分自弃了。家中大小，总以起早为第一义。澄叔处此次未写信，尔等禀之。

——（咸丰十年十一月初四日）

不能以他人他物之痛苦当作自己的快乐

——严复给五子严玷

【原文】儿多时不作信与我，想是与笔墨相骂了耶？长日不读书，闻但一味顽劣，顽劣犹可，千万不要暴戾，残忍暴戾，足以闯祸，残忍尤其不可。何谓残忍？即以他人他物之苦为汝之乐是也。现世之伟人军人，便是如此，此皆绝子害孙千古骂名之人，吾儿岂可学之？大大在山养病，极念吾儿，吾儿切要听话学好，不然大大就不疼吾儿了。

【译文】孩子你好久没有写信给我了，想必是你和笔墨吵架了吧！多天不去读书，听说你只是一味地顽皮捣乱，顽皮捣乱还算不得什么，但千万不要残忍和暴戾。残忍和暴戾，是要闯祸的，残忍尤其要不得。什么叫残忍呢？就是用别人或其他东西的痛苦当作自己的快乐。现在社会上的那些所谓的"伟人"的军人，就是这样做的，这都是断子绝孙、留下千古骂名的人，我儿怎么可以去学他们呢？爸爸在山里养病，很想念你，你一切要听话学好，不然爸爸就不疼你了。

希能自立于世为女界扬眉吐气

——严复给外甥女何纫兰

【原文】吾每见儿劬学，辄深感叹。盖使他人为此，其目的为择对耳，屈正则所谓两美必合也；独儿自修弥勤，则去对弥远，岂彼苍不仁，果好畸而恶偶如是耶？虽然，无怠。他日诚能自立，为女界吐气，阿舅教汝，岂徒与荣施？盖所以娱桑榆、慰迟暮者，亦赖汝而已矣。

【译文】我每次看到你刻苦学习的情景，就由衷地感叹不已。因为，别人这么做，目的是为了挑选配偶，正如屈原所说，美好的东西总要结合在一起的；但外甥女你自学越勤奋，离开理想的对象却越远，这难道是老天不仁义，竟然喜欢畸零而讨厌人有良偶不成？虽然如此，也希望你不要泄气。日后如果真能够自立于世上，替女界扬眉吐气，老舅我教你，哪里只是将更多地给与你？还因为真能安慰我晚年的，也只有赖于你了。

对于自己的不幸和痛苦要泰然处之

——严复给外甥女何纫兰

【原文】吾甥一门，自翁姑以降，皆守旧之人，自以为诗礼簪缨之门，法宜如此，拘牵文义，未行起尘。凡此，皆不待甥言，而舅所深悉者；每念汝母，不觉泪垂。然须知人生世间，任所遭何如，皆有所苦，泰然处之可耳！

【译文】外甥女你所嫁的家庭，从公公婆婆以下，都是些思想守旧之人，他们自认为是书香门第、显贵之家，什么都得按旧章程办，咬文嚼字，虚张声势。这一切，都不用你告诉我，我早有了解得很多了。所以，每当我想起你母亲时，就不觉泪下。然而，你应该知道，人活在世上，无论他的遭遇怎样，每个人都有自己的痛苦，对于自己的不幸和痛苦，都要泰然处之！

示儿婿

——彭士望

【原文】少年须常有一片青暖之意，如植物从地茁出，天气浑含，只滋根本，美闷春融，绝无雕节，自会发生盛大。今之少年，往往情不足而智有馀，发泄多歧，本地单薄，专力为己，饰意待人，展转效摹，人各自为。过失莫知，患难莫救，殖落岁逝，竟成孤立。千年之木，华尽一朝，良可惜也。

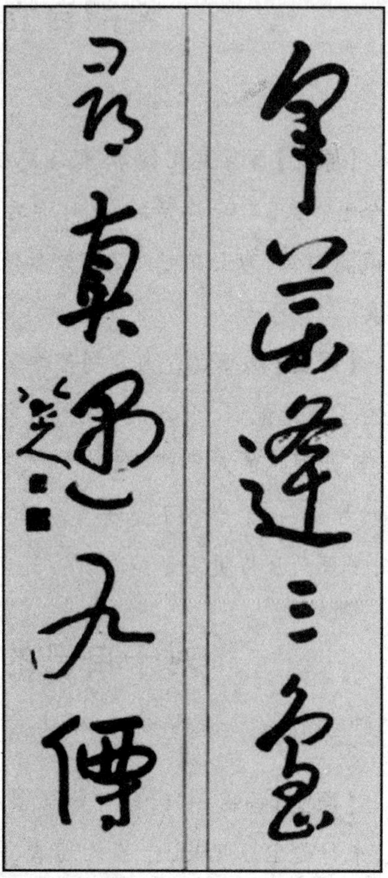

【译文】一个人在青春年少时期，要常常保持着一片春日融融、生机勃勃的状态，有如植物受雨露的滋润，和风的吹拂，茁壮成长，不必人工的雕饰，自然发荣长盛。现在有些青少年。往往感情不足而智巧有余，多方发泄，根基浅薄。专门为自己打算，假意待人，互相效仿，各干各的。有了过失没有谁知道，碰到患难没有谁能救援，大有作为的时机要随着岁月而消逝，最终成为一个孤立无援、没有作为的人。本来可以生长千年的大树，只开了一次花就枯萎，实在是可惜了。

诫子伯禽

——姬旦

【原文】德行广大而守以恭者荣；土地博裕而守以险者安；禄位尊盛而守以卑者贵；人众兵强而守以畏者胜；聪明睿智而守以愚者益；博闻多记而守以浅者广。去矣，其勿以鲁国骄士矣。

【译文】道德品行广大而能保持处事恭敬的人将格外受人尊崇；土地广博富饶而能守住险要的人可保安全；官高禄厚而能保持谦卑的人品德高贵；人多兵强而能保持警惕的人会取得胜利；聪敏明智而能保持所知不多的态度的人将会受益；知识广博而总以为自己浅薄的人将会获得更多的知识。到鲁国去吧，但不要把鲁国作为对别人骄傲的资本。

蒋鸣玉示儿书

其　一

名士门庭，决无繁杂，二三知己入座，以瞻仰仪德为先。问答闲雅，举止清芬，若有及时事，琐及米盐，探及臧否者，以随顺语泛应之，以坚忍默对之。

其　二

凡人省过为难，省其难知易犯者，过亦各有其时也。如初做举人，往往得过于此数条，故摘出戒之：一约束家人。新来投靠，多系逃奴，生性不改，后有是非。吾家衣食菲薄，不能养游手好闲之人，只旧时粗蠢数人，亦足够用，不必多收以贻后患。一慎择朋友。凡趋承门下之人，志在借名图利，再无落空奉承，一鱼一肉，俱是将虾钓鳖，一话一言，俱是构械藏机。又有一种耳报之徒，捕捉风影，妄传新事奇闻，一日走十数家，则说谎数十件矣。山人清客，攀亲扯旧，一实九虚。自称在行密刺隐事，如此畸人，毒于疫魅，门庭简静，不见为高。苟无可避，淡淡应之得其蚤去，胜一帖清凉散矣。万不可托他一事受他一瓶茶，一袋香也。

其　三

官途险恶，觌面山川，炻成乐败，犹为常态。五聚之场，水土异性，一日之内，更变不齐，书生孺子不察，以为直行胸臆，与人无患，不知虞我网多者之不必我雠我怨也。褒讥第一宜断，讽咏亦勿示人。得时人不可嘱托干求，失意人不可挺身从井。灌窦之失势推尊，牛李之因时奔走，洛蜀荆温，何代无之。所恃交人而不交事，交事而不交私。无私正己，是万世准绳。慎独怀刑，则一生人已把柄也。如有意立名立功，功岂腐生尺寸，名为祟祸偏多。官居文苑，职在读书，清虚淡薄，退然善让，天且祐之，何况于人。

刘理顺训子书

二曜光华，人人仰其尊高无匹。抑知野马尘埃而上，云溃羽没，人世艰危，莫极于此。

而日月在中，独往独来，逍遥莫驻。盖能处人所不能处，方能做人所不敢做。刀山剑树，学人安身立命之所也，尔曹识之。

李鸿章给儿书

顷见曾夫子涤生书寄其世兄一笺，亦颇可为吾儿训。录以转示：凡做好人，做好官，做名将，俱要好师好友好榜样。吾儿少蓄为官之志，颇好！惟行事尚未就于正轨，业师足为吾儿模范，惟友朋辈尚嫌未足耳。师长常具畏惧之心，未敢朝亲夕近。虽有良师教训，难于转移学生性情。友朋等食则同席，出入同阶，惟有爱慕之心，不若师生间之敬惧而难于转移也。今尔友类都大家风气，习俗殊生厌恶，而有志为官者，亦所更忌者也。吾儿不可因恃父兄显贵而仗势欺人，尔知汝祖父穷乏之时，为人所凌暴，敢怒而不敢言，尔当念祖父之被困，而生反感焉。

孙枝蔚给儿书

受人之辱，最是有益事。读书做功业人，胸中皆不可无所奋激。若夫学为圣贤，学为隐逸，并奋激二字，绝无用著处矣。圣贤受辱，惟有一惧，惧我有以取之也，隐士受辱，惟有一喜，喜人之不知我也。嗟乎！辱之德大矣哉。

吴汝纶谕儿书

昨稻叶来言，见《大阪日报》，知李相欲荐吾为帝师云云。吾前所记季高问答，或季高泛论，或傅相有此议，皆未可知。然未明言，岂可传播外国，使吾国人在彼者纷纷传述，致成谣言，此大不可！即宜使该馆自行更正，但云前闻不实可也。汝现同居诸君，以蒋君为最贤，名位才望，皆为时所重，汝宜敬之，勿与以琐事开隙为要。凡出门交友，须广取众长，不求人瑕疵，不好人誉己，不争名，不忌胜己者，则自家器局扩大，可以兼集众长。若喜同恶异，则量狭而多褊衷，非大器也。汝勿时时忧贫，吾力自可供汝此游。汝尚未涉事，何必以无用为歉，譬如在家衣食一般，今尚是用钱之时，非出而自食其力之时。不但此时为养身而出，即令身体渐健，血不再发，医家谓可自由矣，仍当为费财向学之时，不宜求博锱铢，以饷父母，为此汲汲小成计也。此养志养口体之分，童而习之，岂遽忘邪？汝到东京，从未一访名医，此非我遣汝出游之意也。宜求医家高手，为汝一诊，后可时与往来。即令肺疾真除,后当如何摄养,乃冀强壮,一切惟医之言是听。孟绂臣即能如此,所以如彼大病,不久良已。今汝时时多忧,一忧己不能自给,取资于父;一忧学不进,恐成浪游。此二忧皆与吾意相远。吾专求汝健壮,后可任艰重,汝所忧皆舍其大而谋其细。外国学堂以卫生为第一义,汝试访之。周玉山方伯昨电请我归莲池,吾已定于此月二十六日还保定。七月二十四日,挚翁书。

周文炜示儿

其　一

少说一句话,吉祥善事,少见一个人,清净道场。

其　二

尔位一方之长,尚欲从日者算命耶?我所不解。位一方之长,何善不可为?何恶不可作?此命日者尚能算耶?我尝言中进士后,便当丢却八字五星,让与究而不遇、无力为善、无力为恶者算。

其　三

乘醉乘兴,往往失言,既而悔之,悔而百计挽回之,究竟费尽气力,岂是挽回得来?何不于乘醉乘兴高谈阔论时,略谨慎些子。

林纾示儿书

谕硅子。尔自瘠区,量以烦剧,凡贪墨狂谬之举,汝能自爱,余不汝忧。然所念念者,患尔自恃吏才,遇事以盛满之气出之,此至不可。凡人一为盛满之气所中,临大事,行以简易,处小事,视犹弁髦。遗不经心之罅,结不留意之仇,此其尤小者也。有司为生死人之衙门,偶凭意气用事,至于沈冤莫雪,牵连破产者,往往而有,此不可不慎。敌欲平盛气,当先近情。近情者,洞民情也。胥役之不可寄以耳目,以能变乱黑白,察官意之所不可,即以是为非;察官意之所可,复以非为是。故明者恒轻而托之绅士。然吾意绅不如士,士不如耆,绅更事多,贤不肖半之。士得官府询至不可也。下乡检验,务随报即行,迟则尸变,且防两造久而生心,故不若立时遣发之为愈。尸场以不多言为上,彼围观者,恃人多口众,最易招侮。此等事,尔已经过,可毋嘱。披阅卷宗,宜在人不经意处留心,凡情虚之人。弥纶必不周备,仔细推求,自得罅隙。更与刑幕商之,亦不可师心自用。凡事经两人商推,虽不精审,亦必不至模糊。其余行事,处处出以小心,时时荷我忠厚,谨慎须到底,不可于不经意事掉以轻心,慈祥亦须到底,不能于不惬意人出以辣手。吾家累世农夫,尔曾祖及祖皆浑厚忠信,为乡里善人,余泽及汝之身,职分虽小,然实亲民之官。方今新政未行,判鞫仍归县官,余故凛凛戒惧,敬以告汝,不特驾驶隶役丁胥,一须小心,即妻妾之间,亦切勿沾染官眷习气。凡事须可进可退,一日在官,恣吾所欲,设闲居后,何以自聊。余年六十矣,自五岁后,每月不举火者可五六日。十九岁,尔祖父见背,苦更不翅。己亥客杭州陈吉士大令署中,见长官之督责吮吸属僚,弥复可笑,余宦情已扫地而尽。汝又不能为学生,作此粗官,余心胆悬悬,无一日宁贴。汝能心心爱国,心心爱民,即属行孝于我。尔曾祖父母以下,至尔嗣父,及尔生母,凡六大忌,用银十二两,此十二两,余欲以汝所得者,市鱼肉报飨。余随时尚有训迪,此书可装池,悬之书室,用为格言。

问,亦有尽言者。然讼师亦多出于流士中,无足深恃,惟耆民之纯厚者,终身不见官府,尔下乡时,择其谨愿者,加以礼意,与之作家常语,或能倾吐俗之良楛,人之正邪。且乡老有涉讼应质之事,尔可令之坐语,不俾长跽,足使村氓悉敬长之道。死囚对簿,已万无生理,得情以后,当加和平之色,词气闲,悯其无知见戮,不教受诛,此即夫子所谓哀矜勿喜者也。监狱五日必一临视,四周洒扫粪除,必务严洁,庶可辟祛疫气。司监之丁,必慎其人,黠者可以卖放,愿者或致弛防,此际用人宜慎,宽严均不可过。则衙役既无工薪,却有妻子,一味与之为难,既不得食,何能为官效力。此当明其赏罚,列表于书室中。夫廉洁不能责诸彼辈,止能录其勤惰,加以标识。其趋公迅捷者,则多标以事。凡迁延迟久,不能速两造到案者,必有贿托情事,则当加以重罚,不必另标他役。一改差,则民转多一改差之费矣。胥役以外,家丁之约束最难,荐者或出上官,或出势要,因荐主之有力,曲加徇隐,则渐生跋扈。严加裁抑,则转滋谗毁。要当临之以庄,语之以简,喜愠不形,彼便不能测我之深浅,当留者留之,宜遣者以温言遣之足矣。教民健讼,务在必胜,轻躁之官,恒左教而右民,庸碌之官,又左民而右教。实则皆非也。士大夫惟不与教士往来,故无籍之民,恃教为符,因而鱼肉乡里。若有司与主教联络,剖析以民情之曲直,教中宗旨,博爱而信天,吾即以天动之,彼迷信久,或可少就吾之范围。吾有《新旧约全书》一部,尔暇时翻阅,择书中语可备驳诘耶稣教之犯律违例者,类钞而熟记之。彼为教中人,乃不省教书，即以矛功盾之意，庶免为教焰所慑。且判决教案，以迅捷为上，有司往往以延宕为得计，久乃被其口实。

张大可示鹿儿书场屋失意不足忧，若失意而忧，则得意必骄矣。但肯埋头绩学，下帷奋志，见些道理，立些功课，尽其在我，即不得意何憾耶？等而上之，学问到周程，事业到韩范，不过儒门中几个好秀才耳。一失足间，便隔千里，老人期汝在此不在彼也。

丁遂示儿书

凡故皆有夙因，薄故旧者其人不长，是以圣人重故。

彭玉麟谕子

汝能以余切责之缄，痛自养晦，蹈危机而知惧，闻善言而知守，自思进德修业，不长傲，不多言，则终身载福之道，而吾家之幸也。历观名公钜卿，或以神色凌人者，或以言语凌人者，辄遭倾覆。汝自恃英发，吐语尖刻，易为人所畏忌。余少时，颇病执拗，见事之不平者，辄心有所恃，片语面折，如此未尝不可振衰纲，伸士气，然多因是遭尤怨。官场，更险途也，吾非贪仕禄而屈节自抑，所以保身也。汝宜慎之。

俞樾给次女绣孙书

得正月二十七日书，知汝无恙，为慰。

吾于正月十八日，在钱塘江首途，由严州、金华、处州、温州而至福宁。祖母今年八十有七，惟步履艰难，及重听甚耳，饮食起居，与前年无异，期颐可望也。伯父之病，仍未脱体，幸公事清闲，颇足养病。吾在彼小住二十七日，仍由原路而还，水陆兼程，行殊不易。然泉声山色，颇足娱情。已于三月之末，至西湖精舍。笔墨丛杂，宾客纷繁，远不如福宁太守之清闲自在矣。

汝南旋之计，闻又不果。在都固无佳况，还南亦乏良图，触藩之叹，诚有如汝所言者，眼前既不成行，宜随时排遣，勿郁结成病。汝有生以来，尚无大拂逆之境，此日稍尝辛苦，亦文章顿挫之法。昨得彭雪琴侍郎书，有诗云："欲除烦恼须无我，历尽艰难好作人"；此言有味，故为汝诵之。吾常言人生须分三截：少年一截，中年一截，晚年一截。此三截中，无一毫拂逆，乃是大福全福。未易得也！三截中有两截好，已算福分矣。但此两截好，须在中晚方佳，若晚年不好，便乏味也；必不得已，中一截不好，犹之可耳。汝少年总算顺境，但愿以中年小不好，博晚年之大好，仍不失为“福慧楼”中人。善自保重，深思吾言！

田兰芳给子书

当汝侯六丈之尚未来迎也，瓶中止有脱粟数升，及粱秫斗余。计我一家六口，不恐六日食。因为薄粥粝饼，日两餐，取半饱而已。每粥饼至，我一咽辄一呕，至三五下，则不能进矣。尔时顾汝与汝母，咽而呕且不能多进也，亦如之，未几，粥之薄者，饼之粝者行尽矣；中夜以思，辗转无计策。知汝侯六丈来迎，或未有期。然汝侯六丈待我素厚，生平第一相敬相恤，可以恃为缓急者；虽其转西江以活涸鲋，或属无补。然殊不得而咎之。欲鬻田数亩，且办一饱。我所分与自置之田，本自无多，念尽鬻之，亦不足为终岁计。不止非所以为汝谋长久，即来岁再乏，又将何取？欲假贷友朋以苟目前，我生平深耻求之一字，每见古人辞衣却食，辄两翼生风，不忍公违本愿以污行自玷。因念闭门待尽，得正而毙，犹不失以乾净还天地，廉白见祖宗。遂百营俱息，坚志以俟而已。适汝王丈过看我，叩我所蓄，我以实对。曰：“可相通也。”虽然，吾犹难之；一日之间，再三审处；计兀坐守死，既为无名；鬻田，则来岁益以无望；朋友通财，于义固亦无害，且秋成即偿未晚也。于是定计往借。汝侯六丈之迎者亦踵至，故得无饿瘠之患。然回思借粮时，犹淫淫汗下，愧不能自行其志也。方我在困乏时，出入死生者五六日。然此五六日间，一意安命，念天地生我，本无缺欠，我乃自刘我德，自抑我才，至有今日之危，过岂在天？我生平交游虽众，皆未尝毫发得我气力，纵其闻有足以津润我者，然男子七尺，岂有专欲仰食于人之理？且彼亦有人事差徭，庸讵知其不丰于外而枯于中乎？彼非承藉祖、父之遗，则节缩口体以致之，何得浪以供人无艺之求？此亦可以情恕者。于是方寸之中，愈觉

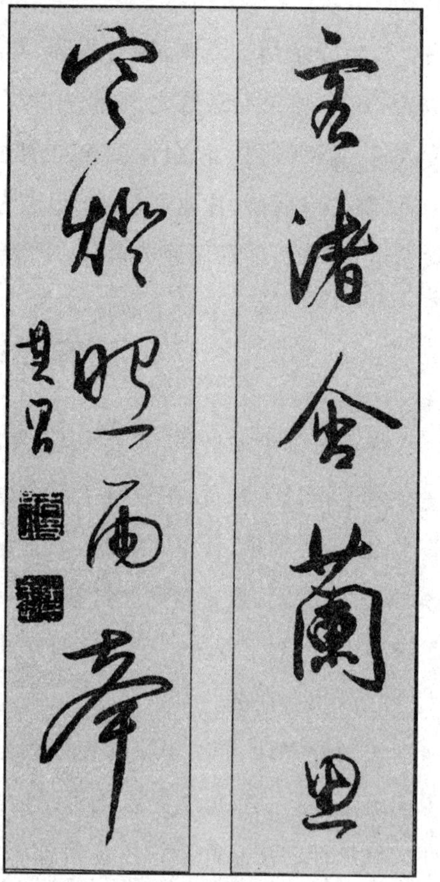

宽然。虽于圣人所云“贫而乐”者,直不相反,其怨恨无聊,亦庶乎其无之矣。此盖我数十年尊师取友,读书学道之效。亦缘汝母无交谪之言;汝无啼号之苦;汝祖母以赡田之余,时资馇粥以饱我;汝仲季两父,念手足之谊,时出好语以慰我;我乃得以如是也。

今汝已及入大学之年,艰难困苦,身亲尝者如是,亦宜知行世非易,当勉力诗书,淬厉志气。即命值其究,亦当辨是非,守义理,必不可重性命,丧操履。苟可以得生者无所不为,以贻羞妻妾,玷辱祖宗,求其如我今日之人,而犹不可得也。至于恤故旧,通有无,在予者固视为当然,而感德雠施,在我亦无客昧昧,此又汝所当知也。然此特一节耳,触类而长之,能不失我今日之意,于汝小子有厚望焉。

卓发之给子书

古来功名之士,功成名遂而身不退,如淮阴、文种,固是世所不满;即醉梦汩没于富贵场中,而老死牖下,亦非英雄所甘。其必以子房,少伯一流为可愿矣。当其为赤松之游,驾鸱夷之棹,沼吴、灭项之事,已如云烟过眼,不可复问。然得做却一番,与不曾做却一番,究竟有何差别;何不一往竟作赤松、鸱夷?则吴之沼与不沼,项之灭与不灭,亦总如梦中饥饱,枰中胜负,现在且不可得,而况过去耶?倘谓遇合迟速不同,不妨需以岁月,待功成名遂而后退;不知此语耽误却英雄多少!若自今以始,猛与一刀割断,此真勇烈丈夫,非将相所能为,翻觉子房、少伯辈迂回逗留,多却几许闲事矣。

沈炼给长子襄书

闻南来寇消息不祥,吾每念祖父坟墓及宗族亲友,往往伤心而泣下也。汝既在家,诚能建立议论,倡导人心,竭忠致孝,以成匡救之策,则我愿足矣。汝等读书,幼学壮行,树功立业,正此时也!

范仲淹做秀才时,即以天下事自任;况今南北告警,旱魃连年,天变人灾,四方迭见!当此之时,不可为无事矣!汝等不能出一言、道一策,以为朝廷国家,只知寻摘章句,雍容于礼度之间。尝谓责任不在于我,因循岁月,时至而不为,事失而胥溺,则汝等平生之所学者,更亦何益?南方风气秀拔,岂无雄俊才杰之士邪?吾愿汝亲之敬之。其阿庸无识之徒,愿汝疏之远之。天降烈祸,殿廷灰烬,旬月之内,宫殿继烧。此乃贼臣擅权肆恶,以致阴阳失节,而祸固起于朝廷,土木大兴,而害则延于百姓矣。宣大臣僚,与敌通和,私相纳贿,无复人理。吾以中心耿郁,每事必直言于当道,彼等亦稍畏缩。但廊庙之中,欺君之计通行，而嚣官之声大震，不能不动汝父之忧耳。

外“朱云折槛”词一阕，寄汝视之。

正家之要

——宋诩

【原文】尊卑（和谨）

【译文】人之尊卑，自有定分。为尊者不可以尊而陵下，为卑者不可以卑而犯上。和以化下而居尊，谨以奉上而处卑。上下之间，怡然理顺，岂有乘戾之风乎？

【原文】亲戚（远近古人谓婚姻为兄弟。《尔雅》云：妇之党为婚兄弟，婿之党为姻兄弟）

【译文】夫亲戚者，皆吾婚姻之所推也。远而吾高祖母母伯叔母之族，近而有吾及兄弟子孙辈妻党之家，又广而有姑姊妹女子子娣姒之亲。举以兄弟之情，推而及之，则过人远矣。

【原文】雇工人及僮仔，除狡猾顽惰斥退外，其余堪用者，必须时其饮食，察其饥寒，均其劳逸。陶渊明曰：“此亦人子也，可善遇之”。欲得人死力，先结其欢心，其有忠勤可托者，尤宜特加周恤，以示激励。

——《庞氏家训·崇厚德》

【译文】雇佣工人及僮仆，除狡猾懒惰辞退外，其余可用的人，必须按时供给他们饮食，关心他们的饥寒，使他们劳逸适当。陶渊明说：“这些人也是人之子，一定要好好对待他们。”想要别人为自己出卖力气，必须先结其欢心。对那些忠诚勤劳，可托以重任的人，尤其应该特别加以关心和照顾，以示激励。

【原文】我想天地间第一等人，只有农夫，而士为四民之末。农夫上者种田百亩，其次七八十亩，其次五六十亩，皆苦其身，勤其力，耕种收获，以养天下之人。使天下无农夫，举世皆饿死矣。我辈读书人，入则孝，出则弟，守先待后，得志泽加于民，不得志修身见于世，所以又高于农夫一等。今则不然，一捧书本，想中举、中进士、作官，如何攫取金钱，造大房屋，置多田产。起手便错走了路头，后来越做越坏，总没有个好结果。其不能发达者，乡里作恶，小头锐面，更不可当。夫束修自好者，岂无其人；经济自期，抚怀千古者，亦所在多有。而好人为坏人所累，遂令我辈开不得口；一开口，人便笑曰：汝辈书生，总是会说，他日居官，便不如此说了。所以忍气吞声，只得挨人笑骂。工作制器利用，贾人搬有运无，皆有便民之处，而士独于民大不便，无怪乎居四民之末也！且求居四民末而亦不可得也！愚兄平生最重农夫，新招佃地人，必须待之以礼。彼称我为主人，我称彼为客户，主客原是对待之义，我何贵而彼何贱乎？要体貌他，要怜悯他；有所借贷。要周全他；不能偿还，要宽让他。

——《郑板桥集·范县署中寄舍弟墨第四书》

【译文】我认为天地间第一等人，只有农夫，读书人居四民之末。能力强的农夫可种一百亩地，稍差一点种七八十亩地，最差的也种五六十亩地。人人吃苦耐劳，耕种收获，来养活天下的人。假如天下没有农夫，全世界的人都得挨饥受饿。本来我们读书人，在家孝顺父母，在外尊敬长辈，遵守古圣先贤的遗训以培养教育后代，得志，让百姓得到恩惠，不得志，加强自身的修养，成为世人榜样，所以高于农夫一等。现在却不一样了，一捧起书本，心中想的只是中举中进士，做官搜刮金钱，广造房屋，多置田产。一开始就走错了方向，后来就越做越坏，终究没有一个好结果的。那些不能发达做官的，便在乡里为恶，为虎作伥，不可一世。虽然洁身自好或以经世济民自居的也不少，但往往好人为坏人所累，使我们这些人开不得口。一开口，人们便讥笑说："你们读书人，都会说好话，日后做了官，就不会这样说了。"所以忍气吞声，只得挨人笑骂。工人制器利用，商人搬有运无，都有便民之处，只有读书人大不便民，无怪乎居四民之末了，而且求居四民之末也得不到！我平生最重视农夫，新近招收的佃农，必须用正确的礼仪对待他们。他们称呼我们为主人，我们称呼他们为客户，主客原本是相对的意思，并没有什么贵贱之分，所以要客气。

王守仁给诸弟书

【原文】我虽妇人，身受国恩，与国俱亡，义也。汝无为异国臣子，无负世世国恩，无忘先祖遗训，则吾可以瞑于地下。

——《顾亭林诗文集·先妣王硕人行状》

【译文】我虽然是妇人，但身受国家的恩泽，以身殉国，是为了义。你不要做新朝的臣子，不要背弃世世代代所受国家的恩泽，不要忘记先祖遗训，那么我就可以死而瞑目了。

【原文】汝辈既贫窘，能闭户读书为上；农、圃、渔、樵，孝养二亲，亦上也。百工技艺，自食其力者次之；万不得已，佣工度日又次之；惟虏官不可为耳！古人版筑、鱼盐，不亏志节，况彼在平安无事之时耶？发黄齿豁，手足胼胝，来亦无妨。汉王章为京兆尹，见其子面貌蠢恶，毛发焦枯，对僚属便黯然销声；我则不然也。为贫而仕，抱关击柝，亦不足羞。唯有治民管兵之官，必不可来。既为虏官者，必不可来。既为虏官，虽眉宇英发，气度娴雅，我亦不以为孙。

——《朱舜水集·与诸孙男书》

【译文】汝辈既然贫穷，能够闭门读书为上，务农、种菜、捕鱼、打柴，奉养双亲，亦属上等。其次从事百工技艺，自食其力。万不得已，做工度日又在其次，只有不可做清朝的官。古人作建筑工，贩鱼盐，还不亏志节，何况你们在平安无事的时候呢？头发焦黄牙齿豁露，手脚长满老茧，来我这里也无妨。汉代王章为京兆尹，看到他的儿子面貌丑陋，毛发焦枯，见到僚属便因惭愧而默不作声。我则不然，因为贫穷而做官，即使守门打更，亦不足羞。唯有治民管兵之官，必不可为。凡做清朝的官员的千万不要来我这里。凡做清朝的官员，即使眉宇英发，气度娴雅，我也不认他作孙子。

【原文】闻仲祉轻傲耆老，侮狎同年，极口恣意，当崇长幼，以礼自持。闻敦煌有人来，同声相道，皆称叔时宽仁，闻之喜而且悲；喜叔时得美称，悲汝得恶论。经言："子于乡党，恂恂如也。"恂恂者，恭谦之貌也。经难知，且自以汝资父为师，汝父宁轻乡里邪？年少多失，改之为贵。蘧伯玉年五十见四十九年非，但能改之，不可不思吾言。不自克责，反云："张甲谤我，李乙怨我，我无是过尔"，亦已矣。

——《全汉文·诫兄见子书》

【译文】听说仲祉对老年人傲慢无礼，对同辈人戏谑随便，谈话随意。以后要注意尊重别人，按照礼法约束自己。听说有人从敦煌来，异口同声，都称道叔时宽厚仁爱，听到后又喜又悲。高兴的是，叔时有这么好的口碑；忧虑的是你有这么糟的名声。经典上说："孔子对于他周围的人，总是谦恭谨慎的样子。"经典难以知道，姑且以你的父亲作为榜样吧，你的父亲难道看不起别人吗？年轻的时候总是少不了犯错误的，改了就好。蘧伯玉在五十岁时，反省了自己四十九年中的过错，还能改正，你不能不想一想，我所说的话。自己不做检讨，反而归咎别人，就没有什么好说的了。

【原文】及其财用先九族，其施舍务周急，其出入存故老，其议论贵无贬，其进仕尚忠节，其取人务实道，其处世戒骄淫，其贫贱慎无戚，其进退念合宜，其行事加九思，如此而已。吾复何忧哉！

——《三国志·王昶传》

【译文】至于经济需要上则首先考虑到亲戚，施舍财物一定要考虑到急用，送礼一定要表示对故旧和老年人的慰问，谈论问题千万不要贬损人和事，做官要崇尚节操，要同朴实的人交朋友，在生活中要戒除骄狂淫邪，身处贫贱中不要悲伤，出世和人世要考虑到是否合适，做事要反复思考。做人的要求，也就这么几条。如果你们能够做到，我又有什么忧愁呢？

【原文】夫物，速成则疾亡，晚就则善终。朝华之草，夕而零落；松柏之茂，隆寒不衰。是以大雅君子，恶速成，戒阙党也。若范匄对秦客，至武子击之，折其委笄，恶其掩人也。夫人有善，鲜不自伐；有能者，寡不自矜。伐则掩人，矜则陵人。掩人者，人亦掩之；陵人者，人亦陵之。故三郤为戮于晋，王叔负罪于厨，不惟矜善自伐好争之咎乎？故君子不自称，非以让人，恶其盖人也。夫能屈以为伸，让以为得，弱以为强，鲜不遂矣。夫毁誉，爱恶之原，而祸福之机也，是以圣人慎之。孔子曰："吾之于人，谁毁谁誉？如有所誉，必有所试。"又曰："子贡方人，赐也贤乎哉？我则不暇。"以圣人之德，犹尚如此，况庸庸之徒而轻毁誉哉？

——《三国志·王昶传》

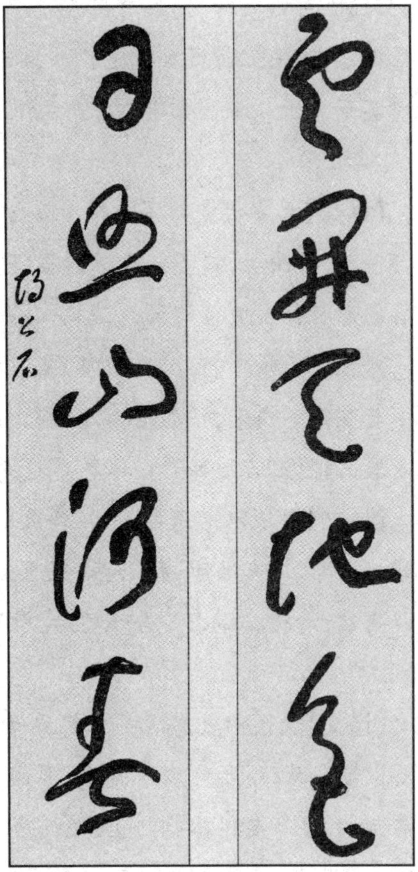

【译文】天下万物，成熟得早，死亡得也快；反之，成熟得晚，结局就好。早展开花的草，傍晚就凋零衰败；松柏的茂盛，在严寒中也不衰落。所以，有高尚德行的人，不希望早熟，而禁绝阙党童子那样急于求成和浮躁轻率。如范文子在朝廷上对秦国使臣夸耀自己，受到范武子的敲打，甚至打落了他礼帽上的簪子，教训他掩盖了别人的才能。一个人有长处，很少能够做到不自我夸耀的；有才能，很少有不骄狂的。夸耀自己，就掩盖了别人的长处；骄狂就侵害了别人的自尊心，掩盖别人长处的人，别人就要打击他；欺凌别人的人，就要受到别人的围攻。所以郤华、郤至、郤锜被晋厉公杀戮，而王叔陈生就向周王请罪，这不就是由骄狂、自夸、好胜引发的罪过吗?！所以，有德行的人不自我夸耀，这并不对别人表示谦让，而是防备掩盖了别人的长处和才能。如果能够以屈为伸，以让为得，以弱为强，很少不成功的。毁谤和荣誉，是产生好感和恶感的根源，也是导致祸与福的关键，所以圣人对此十分慎重。孔子说："我对别人，毁谤过谁？称颂过谁？如果称颂过谁，那一定经过我考察过。"又说，"子贡讥讽别人，他自己就那么完善了吗？我就没有空闲议论人的长短。"凭着圣人的德行，尚且如此慎重，何况是平庸之类的人，能够看轻毁谤与称颂这件事吗?!

【原文】昔伏波将军马援戒其兄子，言:“闻人之恶，当如闻父母之名，耳可得而闻，口不可得而言也”。斯戒至矣！人或毁己，当退而求之于身。若己有可毁之行，则彼言当矣;若己无可毁之行，则彼言妄矣。当则无怨于彼，妄则无害于身，又何反报焉？且闻人毁己而忿者，恶丑声之加入也。人报者滋甚，不如默而自脩己也。谚曰:“救寒莫如重裘，止谤莫如自脩。”斯言信矣。

——《三国志·王昶传》

【译文】过去伏波将军马援教育他的侄儿们说,“听说别人的过失，就要像听到父母的大名一样，耳朵听，口不能说。”这是至理名言。有人给你提意见，你就要好好反省了;如果自己没有什么值得检讨的，那么他所说的就是不正确的。应该不要埋怨别人，别人说错了对你并无损害，何必要报复别人呢？听到别人提意见而怨恨，就给别人留下了坏名声。与其抱怨别人，不如悄悄地进行自我反省，严格要求自己。常言说得好:“御寒要多穿衣服，消除流言则要严于律己。”这是一句大实话啊！

【原文】吾顷以老患辞事，不悟天降慈恩，爵逮于汝。汝其毋傲吝，毋荒怠，毋奢越，毋嫉妒。疑思问，言思审，行思恭，服思度。遏恶扬善，亲贤远佞。目观必真，耳属必正，忠勤以事君，清约以临己。吾终之后，所葬，时服单椟，足申孝心，刍灵明器，一无用也。

——《北史·源贺传》

【译文】我因年老患病不久将辞官休息，没想到皇上降恩，使你们也得到官爵。你们不要傲慢吝啬，不要荒废怠懈，不要嫉妒别人。有疑问就向人请教，言语要慎重周密，行为要恭敬，穿着要得体。制止恶行，发扬美德。亲近正直有德的人，疏远逢迎谄媚的人。看事物要真切，听声音要雅正。勤于政务以报皇恩，清廉俭约地对待自己。我死后，下葬时不要太奢华，时服单棺就够了，这样，就足以表达你的孝心了。

【原文】富贵，天下之至荣;位势，人情之所趋。然古之智士，或山藏林窜，忽而不慕，或功成身退，逝若脱履者，何哉？盖居高畏其危，处满惧其盈。富贵荣势，本非祸死，而多以凶终者，持之失德，守之背道，道德丧而身随之矣。是以留侯、范蠡，弃贵如遗;叔敖、萧何，不宅美地。此皆知盛衰之分，识倚伏之机，故身全名著，与福始卒。自此以来，重臣贵戚，隆盛之族，莫不罹患搆祸，鲜以善终，大者破家，小者灭身。唯金、张子弟，世履忠笃，故保贵持宠，祚钟昆嗣。其馀祸败，可为痛心。

——《艺文类聚》

【译文】富贵，被人们视为人世间最大的快乐;地位和权势，是人们追求的常情。但是，古代的有识之士，有的隐居山林，轻视富贵位势而不向往，有的功成身退，就像扔掉草鞋一样放弃富贵权位，这是为什么呢？大概是因为居安思危，处满惧盈吧。富贵荣华，本来不是灾祸的开端，而大多数人最终蹈入不幸，是因为为政失德，守财背道，丧失了道德而身遭灾祸。所以留侯张良、范蠡，放弃富贵就像粪便一样；孙叔敖、萧何，不建造豪华的房子和圈占肥沃的田地。他们这些人都知道盛与衰的分别，辨别隐藏在事物发展过程中的征兆，所以保全了生命，名留后世，福禄有始有终。古往今来，重臣贵戚，世家大族，没有不遭受祸患的，很少有好的结局，严重的祸及全家，轻微的也身遭杀戮。只有金日磾、张汤的子孙们，世代忠顺敬笃，所以能够保全高贵的地位，保持皇帝的恩宠，而这种恩泽嘉惠后人。至于说到那些遭受杀戮之祸的人，令人十分痛心。

【原文】告歆无忽：若未有异德，蒙恩甚厚，将何以报？董生有云："吊者在门，贺者在闾。"言有忧则恐惧敬事，敬事则必有善功，而福至也。又曰："贺者在门，吊者在闾。"言受福则骄奢，骄奢则祸至，故吊随而来。齐顷公之始，藉霸者之馀威，轻侮诸侯，亏跂蹇之容，故被鞍之祸，遁服而亡。所谓"贺者在门，吊者在闾"也。兵败师破，人皆吊之，恐惧自新，百姓爱之，诸侯皆归其所夺邑。所谓"吊者在门，贺者在闾"也。今若年少，得黄门侍郎，要显处也。新拜，皆谢贵人，叩头谨战战栗栗，乃可必免。

——《艺文类聚》

【译文】你并没有什么超乎常人的德行，而得到了深厚的君恩将怎么报答呢？董仲舒说过："吊哀的人上了家门，贺喜的人就会到里门了。"这是说人有忧患，则心怀恐惧，处事谨慎恭敬，而因此得到好的事功，福惠也就随之降临了。他又说："贺喜的上了家，吊哀的人就会到里门了。"这是说，享福容易导致骄傲、奢侈，而由此招致祸事，而致哀的人也随之到来。春秋时期，齐顷公起初凭借霸主的余威，藐视和侮辱邻国，齐国太夫人嬉笑晋国使臣却克跛脚，后来晋国派却克率师救鲁、卫，攻打齐国，会战鞍地，大败齐军。顷公只得下车易服逃走。这就是所谓贺喜的人上了家门，吊哀的人就到了门里。顷公损兵折将，人们都去慰问他，使他恐惧自新，因此得到了老百姓的拥护，诸侯把侵夺齐国的土地归还给他，这又是所谓吊哀的人还在家门，贺喜的人已到了里门。现在你年纪很轻，就得到了黄门侍郎的官职，这是一个很显要的官位，新到职的人都要向你道谢，贵人大臣也要向你叩头，你只有战战兢兢，谨慎小心地为人做事。才可免除灾祸。

【原文】终身让路，不枉百步；终身让畔，不失一段。

——《诲子弟言》

【译文】一辈子给别人让路，也不会多走百步；一辈子给别人让田界，也不会失掉一段。

【原文】凡为人要识道理，识礼数。在家庭事父母，入书院事先生。并要恭敬顺从，遵依教诲。与之言则应，教之事而行，毋得怠慢，自任己意。

——《教子斋规》

【译文】为人要通晓道理，知道礼貌。在家庭侍奉父母，进书院事奉老师。都要恭敬顺从，遵守教诲。父母、教师同自己说话，要回答，教自己做的事情要立即实行，不得怠慢，孤行己意。

【原文】近蒙圣恩除门下侍郎，举朝嫉者何可胜数，而独以愚直之性处于其间，如一黄叶在烈风中，几何不危坠也！是以受命以来，有惧而无喜。汝辈当识此意，倍须谦恭退让，不得恃赖我声势，作不公不法，搅扰官司，侵陵小民，使为乡人此厌苦，则我之祸，皆起于汝辈，也不如人也。

——《与侄书》

【译文】近来承蒙皇上施加恩惠，任命我为门下侍郎，满朝嫉妒的人，不可胜数。而我生性愚鲁耿直，处在这样的环境中，犹如一片黄叶在凛冽的寒风中，能保持多久不会坠落！所以自从接受任命以来，只感到忧惧，并不高兴。你们要理解我的处境和用心，遇事须倍加谦恭退让，不得依仗我的声势，作不公不法之事，干扰官府，欺压百姓，使乡人讨厌痛恨你们。否则，我的祸患将由你们引起，你们就连一个普通的人都不如了。

【原文】忠信笃敬，先存其在己者，然后望其在人者。如在己者未尽，而以责人，人也以此责我矣。今世之人，能自省其忠信笃敬者盖寡，能责人以忠信笃敬者皆然也。虽然，在我者既尽，在人者也不必深责。今有人能尽其在我，乃欲责人之似己，一或不满吾意，则疾之已甚，也非有容德者，祇益贻怨于人耳。

——《袁氏世范》

【译文】忠信和诚敬，先要自己做到，然后才能要求别人做到。如果自己没有做到或做到不好，而责备别人没有做好，那么别人也会责备你没做好。现在的人，能够认识到自己忠信诚敬，做得如何的人大概很少，大多数都要求别人做到忠信孝敬。即使自己完全做到了忠信诚敬，别人没做到，也不可深深责备和埋怨别人。现在有的人自己做到了忠信诚敬，于是要求别人与自己一样，一旦不合己意，就十分地仇恨别人，这也是没有度量的表现，只会增加结怨别人的机会。

【原文】人言居家之道，莫善于忍。然知忍而不知处忍之道，其失尤多。盖忍或有藏蓄之意，人之犯我，藏蓄而不发，不过一再而已。积之既多，其发也，如洪流之决，不可遏矣。不若随而解之，曰此其不思尔，曰此其无知尔，曰此其失误尔，曰此其所见者小尔，曰此其利害宁几何，不使入于吾心。虽日犯我者十数，也不至形于颜色，然后见忍之功效甚大。此所谓善处忍者。

——《袁氏世范》

【译文】人们说居家的道理，最重要的是善于忍让。但只知道忍让而不知道如何忍让，其失误还要多。一般来说，忍让有藏蓄的意思，别人侵犯我，我藏而不露，含蓄地对待，这样坚持一两次。但积少成多，就不可能再含蓄对待了，原有的性情就会爆发，像洪流溃决一样凶猛，不可阻挡。与其这样忍让，还不如当初随事而和解。或者说这是他没有好好想一想造成的，或者说这是他无知造成的，或者说这是他失误造成的，或者说这是他目光短浅造成的，或者说这样做无关紧要，不要记在心上。这样一来，每天虽有别人十几次侵犯我，也不至于动怒，这样才显示出忍让的好效果。这样做就是善于忍让的人。

【原文】干戈恣烂熳，无人救时屯。中原竟失鹿，沧海变飞尘。我自揣何能，能存乱后身。遗芳袭远祖，阴理出先人。俯仰意油然，此乐难拟伦。家无担石储，心有天地春。况对汝二子，岂复知吾贫。大儿愿如古人淳，小儿愿如古人真。生平乃亲多辛苦，愿汝苦辛过乃亲。身居就亩思致君，身在朝廷思济民。但期磊落忠信存，莫图苟且功名新。

——《训子诗》

【译文】战争连绵不断，没有人出来挽救时局。中原大地沦陷，沧海尘土飞扬。我没有什么能耐，能在战乱后存身也是幸运。我的为人都是先祖遗风影响所致。家里虽然连一石粮食都没储存，心里却像天地一样宽广，像春天一样温暖。两个儿子你们知道我家贫困吗？希望大儿像古人一样淳朴，希望小儿子像古人一样真诚。你的父亲平生历经辛苦，希望你们吃更多的苦。从事农耕要听君主的话，报效国家，在朝廷当官要想到救济民众。总之，希望你们保持磊落忠信的家风，不要贪图功名利益。

【原文】吾先代来称素封者八世，至征君家声益大。吾兄弟以文学为当路所礼，又肯出气力为人，故门第虽小，在僻邑中尝若气焰，族里姻友于汝兄弟辈多礼貌，优容其失，汝勿以此为得意。夫吾何德何能于姻族，而姻族乃折节包荒若此？吾惧乎有失而背訾之者相倍蓰也。吾幼补诸生，长而有闻，今碌碌如此。汝辈不逮吾，不知几寻丈，敢长傲乎？孔子曰："后生可畏，焉知来者之不如今也。四十五十而无闻焉，斯亦不足畏也已。"吾手所提抱人，今为祖父者，不知凡几。汝童而长，壮而老，直旦暮间事。吾家五世无六十上人，他日思吾言始知之。

——《魏叔子集·与子世侃书》

【译文】我家八代与有官爵封邑之家一样昌盛，到我们兄弟这一代名声更大。我们兄弟因为文章有名为朝廷所重，又肯出力气帮助别人，所以门第虽小，但在偏僻小县很有声势，亲戚朋友对你们兄弟很有礼貌，你可不能因此就得意忘形。我有何德何能于亲戚朋友，使亲戚朋友对你们如此尊敬、宽容？怕的是有过失背后责备的人会多几倍。我小时候中秀才，长大后又有文名，现在还是碌碌无成，你们比我又差了一大截，怎么还敢滋长傲气呢？孔子说："后生可畏，怎么能够断定后一辈人不及今天这一代人呢？一个人到四、五十岁还没有一点声名，也就不值得敬畏了。"我抱过的人，现在做祖父的，不知多少。你由儿童到长大，由壮年成为老年，只是早晚间的事。我家五代未到六十就去世，将来你回想我的话，就会懂得这些道理。

【原文】每思天下事受得小气，则不至于受大气，吃得小亏，则不至于吃大亏，此生平得力之处。凡事最不可想占便宜，子曰："放于利而行多怨。"便宜者，天下人之所共争也，我一人据之，则怨萃于我矣；我失便宜，则众怨消矣。故终身失便宜，乃终身得便宜也。

——《聪训斋语》

【译文】经常想到天下的事情能够多忍受得小气，就不至于受大气，吃得了小亏，就不至于吃大亏，这是我一生体会最深的地方。凡事最不可想占便宜，孔子说："依利而行，乃取怨之道。"便宜，天下的人都想争抢，我一个人占有，那么怨恨就集中于我一个人；我失掉了便宜，那么众怨就消失了。所以一辈子不占便宜，那就是一辈子得到便宜。

【原文】京中浮华，须立定主意，不为所染。盖天下惟诚朴为可久耳！吾家世守寒素，岂可忘本？读书见客，事事检点，即学问也。……骄傲奢侈，一点不能沾染。即会客说话，固须周旋，然不可套语太多，多则涉于油滑而不真矣。

——《培远堂全集·与四侄钟杰书》

【译文】京城之中浮靡奢华，你一定要心志坚定，不要沾染上这些坏习气。只有诚恳俭朴才能长久。我们家世代以清贫为本，怎么可以忘了家规？读书接待客人，事事都要检点，这就是学问。……骄傲自大，奢侈豪华，是一点都不能沾染的。虽然会客说话，固然须要懂得如何应付，但不可套话太多，太多了就流于油滑，缺乏真诚。

【原文】忍让为居家美德。不闻孟子之言三自反乎？若必以相争为胜，乃是大愚不灵，自寻烦恼。人生在世，安得与我同心者相与共处乎？凡遇不易处之境，皆能长学问见识。孟子"生于忧患"，"存乎疢疾"，皆至言也。

——《桐城吴先生全书·谕儿书》

【译文】忍让是居家的一种美德，没听过孟子所说的，假如有人对我蛮横无理，一定要反躬自问,自己是不是不仁、无礼或者不忠?如果认为只有和别人竞争才是胜利,那是最愚蠢的,自寻烦恼。人生在世,不可能都是和自己志同道合的人在一起。遇逆境都能增长学问见识。孟子说过,忧患使人充满生机,人之所以有道德、智慧、本领、知识,常常是因为他的忧患。这些都是至理名言。

【原文】曾子疾病,曾元抑首,曾华抱足。曾子曰:“微乎!吾无夫颜氏之言,吾何以语汝哉!然而君子之务,尽有之矣;夫华繁而实寡者天也,言多而行寡者人也;鹰鹎以山为卑,而曾巢其上,鱼、鳖、鼋、鼍以渊为浅,而蹶穴其中,卒其所以得之者,饵也;是故君子苟无以利害义,则辱何由至哉?”

——《大戴礼记·曾子疾病》

【译文】曾子的病势加重了,他的儿子曾元扶着他的头,曾华抱着他的脚,曾子说:“不要动我吧!我假如不引用颜回的话,我能告诉你们什么呢?然而君子应做的事,全部包括在这些话里了;开花繁盛而结果寥寥的,是天生的现象;言论多端而行事少成的,是人为的现象。鹰和鹎认为山还是太低,而把巢增加到山顶的树上;鱼、鳖、鼋、鼍认为潭水还是太浅,而在水底另挖洞穴;最后他们还是被抓到,那是因为贪吃诱饵啊!因此,君子如果真能够不因为贪利而妨害义,那么耻辱会从那里来呢?”

【原文】前人谓得便宜事,莫得再做;得便宜处,不得再去。休说莫得再,只先一次,已是错了。汝既多取了他人底,便是欠下他的,随后却要还他。世间人都有舍得底分限,你如何多得他便宜,万无此理。又人道得便宜,是落便宜,实是所得便宜无几,而于天理人心欠缺不可胜道。天理也不容汝,人心也放你不过。

——《许鲁斋语录》

【译文】前人说得便宜的事不要再做;得便宜的地方不要再去。且不说不能第二次,只是先的一次,已经是错了。你多拿取了别人的,就等于欠了别人的,然后要还给别人。世上人都有应得的界限,你怎么可以占别人的便宜呢?万万没有这样的道理。又有人说占便宜,是别人剩下的东西。所得便宜实际上没有多少,但相对于天理人心来说,欠缺的就多了。天理不容你,人心也不会放过你。

【原文】此去冥路,吾心浩然。刚直之气,必不下沉,儿可无虑。世难时艰,努力自护。幽明虽异,宁不见尔?

——《金史·韩玉传》

【译文】我这次去阴间地府,心地光明磊落。刚直不阿的精神,决不会因此而降低,你完全不必忧虑。如今世道正是混乱的时候,时事艰难,你要好好保护自己。阴间和阳间虽然有所不同，难道就再也见不到你了吗？

袁氏家训节选

【原文】凡人之家，有子弟及妇女，好传递言语。则虽圣贤同居，亦不能不争。且人之作事，不能皆是，不能皆合他人之意，宁免其背后议论？背后之言，人不传递，则彼不闻知，宁有忿争？惟此言彼闻，则积成怨恨。况两递其言，又从而增易之，两家之怨，至于牢不可解。惟高明之人，有言不听，则此辈自不能离间其所亲。

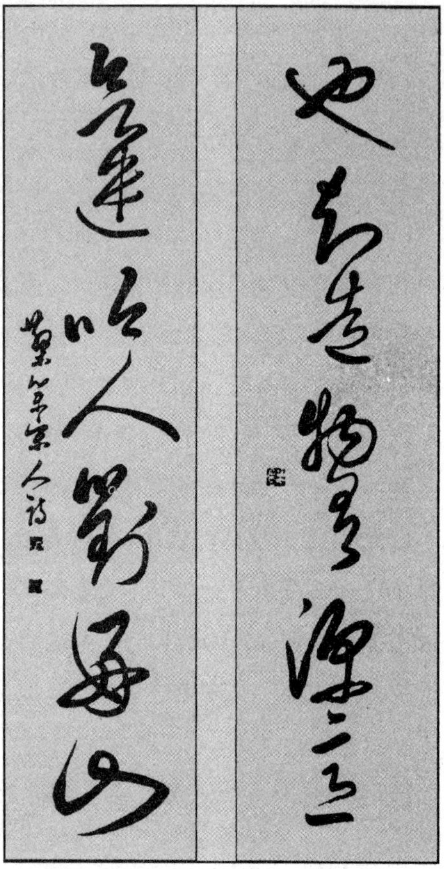

【译文】在一般家庭中，有些子弟和妇女，往往喜欢传递言语，由于这些言语的挑动，虽是圣贤同居，亦不能不发生争执。况且每个人做事，不能做得都对，也不能都符合他人的意思，怎能避免他人背后议论呢，背后的话，如果无人传递，则被议论的人听不到，怎能引起争论？只有这个人的议论被那个人知道了，才会积成怨恨。况且两边传话的人，又加上一些无中生有的话语，于是两家的怨恨，就到了难以和解的程度。

只有高明的人，不听信背后之言，那么，这些喜欢背后传话的人自然就不能挑拨离间、破坏团结了。

【原文】处己接物，而常怀慢心、伪心、妒心、疑心者，皆自取轻辱于人，盛德君子所不为也。慢心之人，自不如人，而好轻薄人，见致己以下之人及有求于我者，面前既不加礼，背后又窃讥笑，若能回省自身，则愧汗浃背矣。伪心之人，言语委曲，若甚相厚，而中心乃大不然，一时之间，人所信慕，用之再三，则踪迹露见，为人所唾去矣。妒心之人，常欲我之高出于人，故闻有称道人之美者，则忿然不平，以为不然；闻人有不如己者，则欣然笑快，此伺加损于人，只厚怨耳。疑心之人，人之出言，未尝有心，而反复思绎曰：“此议我何事？则与人缔怨，常萌于此。贤者闻人讥笑，若不闻焉，此岂不省事？”

【译文】处己对人，而常常怀有慢心、伪心、妒心、疑心的人，都是自取轻贱，自取羞辱，有高尚品德的人是不做这些事的。怀有慢心的人，本来不如人家，却好轻视鄙薄他人，见有和自己相等或比自己稍差的人，以及向我求助的人，当面即不能以礼相待，背后又偷偷地讥笑人家，如果他能够反省一下自己的情况，一定要惭愧得汗流浃背了。伪心的人，说话委曲求全，讨人欢心，好像对人有着深情厚谊。但他心中却全不是这样，一时之间，人们受他迷惑，还相信他，仰慕他，他再三使用这种虚伪的办法，就露出马脚，而被人所唾弃了。妒心之人，常常想自己高出人家，所以听到有称颂他人优点的，就愤愤不平，认为情况并不如所说那样；听到有人不如自己，就高兴得不得了，欢笑开怀，这样对别人有什么损害呢，只能增加别人的怨恨罢了。疑心的人，听到人家的无心之言，却反复猜想：这是不是在议论我什么？往往与人结下怨仇，就是从多疑开始的。有贤德的人听到别人讥笑，就好像听不见一样，这样岂不是省去许多麻烦？

【原文】居宅不可无邻家，虑有火烛，无人救应。宅之四周，如无溪流，当为池井，虑有火烛，无水救应。又须平时抚恤邻里，有恩义。有士大夫平时以官势残虐邻里，一日为仇人刃其家，火其屋宅。邻居更相戒曰：若救火，火熄之后，非惟无功，彼更讼我，以为盗取他家财物，则狱讼未知了期。若不救火，不过杖一百而已。邻居甘受杖而坐视大厦煨烬，生生之具无遗。此其平时暴虐之效也。

【译文】住宅四周不能没有邻居，怕的是失了火，无人相救。住宅的四周，如果没有小河，应当凿井，考虑到失火时，没有水救应。平时要照顾邻居，对邻居要有恩义。有士大夫平时以做官的威势虐待邻里，有一天仇家杀了他家的人，放火烧了他家的房。邻居们相互告诫道：假若我们去救火，火熄灭后，不但我们没有功劳，他家还会控告我们，说我们盗取他的财物，这样一来，官司不知要打到什么时候。假若不去救火，也不过责打一百棍罢了。邻居们情愿挨打而看着大厦被烧成灰烬，生活用具烧得干干净净。这都是平时虐待邻居的报应啊！

【原文】为家长者，当以至诚待下。一言不可妄发，一行不可妄为，庶合古人以身教之意。临事之际，毋察察而明，毋昧昧而昏，更须以量容人，常视一家如一身可也。

子孙倘有出仕者，当蚤夜切切，以报国为务，抚恤下民，实如慈母之保赤子，有申理者，哀矜恳恻，务得其情，毋行苛虐。又不可一毫妄取于民，若在任衣食不能给者，公堂资而勉之，其或廪禄有馀，亦当纳之公堂，不可私于妻孥，竞为华丽之饰，以起不平之心，违者天实临之。

子孙出仕，有以赃墨闻者，生则于谱图上削去其名，死则不许入祠堂。

子孙年未三十者，酒不许入唇，壮者虽许少饮，亦不宜沈酗杯酌，喧哗鼓舞，不顾尊长，违者雾之。若奉延尊客，惟务诚悫，不必强人以酒。

子孙当以和待乡曲，宁我容人，毋使人容我。

子孙不得惑于邪说，溺于淫祀，以邀福于鬼神。

子孙处事接物，当务诚朴，不可置纤巧之物，务以悦人，以长华丽之习。

子孙不得畜养飞鹰猎犬，专事佚游，亦少得恣情取餍以败家，违者以不孝论。

【译文】作为一家之长，应当以最真诚的态度来对待下人。不能胡乱地说一句荒诞的话，也不能随意地做一件荒谬的事，这样也许能符合古人言传身教的意思。遇到问题的时候，既不要在细小的事情上过分要求，以显示精明，也不要在较大的事情上装作糊涂，而显得昏庸。更加需要的是以宽厚的态度和宏大的气量来待人，时常把一家当作自己一身来看待就行了。

子孙中如果有做官的，应当从早到晚辛勤而不怠惰地工作，以报效国家，抚恤下层贫民，要确实像慈母保护初生的婴儿一样，有申冤的，要以怜悯诚恳的态度对等，一定要了解掌握真实情况，不能随便地敷衍了事。不得从老百姓手中搜刮一丝一毫的钱财，如果在任期间穿衣吃饭有困难，公堂就会资助而勉励他，或者他的俸禄有余，也应当交给公堂，不能私自给予妻子和儿女，让他们竞相追求华丽的衣着服饰，从而引起贪婪的心理。违背了这条清廉节俭规定的人，老天爷也不会赞同他的行为，而会对他的过错感到惋惜。

子孙当官，如果有因贪污受贿而招致坏名声的，他在世的时候，要从家谱图册上削去他的名字；他死了之后也不准放入祠堂。

子孙后代没有满三十岁的，不许喝酒，满了三十岁之后虽然允许饮一点酒，但也不应该沉溺其中，喧哗欢跃，以致不顾全尊长，不依从这个规定的就要受到鞭打。如果奉陪客人，只需做到真诚，不必强行劝酒。

子孙应该以和气的态度对待那些离城市远而偏僻的农民，宁愿自己宽容别人，而不要让别人宽容自己。

子孙不要被邪说所迷惑，不要沉溺于祭礼，企图以此向鬼神求福。

子孙待人接物，务必诚恳朴实，不能购置细巧的东西，想以此取悦别人，助长奢侈浮华的不良习气。

子孙不能畜养飞鹰猎犬，一心只求安闲游玩；也不能恣肆纵情以满足个人的私欲，因此败坏家庭。违背这条规定的按不孝之罪论处。

为人应以天下大事为己任

——沈炼

【原文】范仲淹做秀才时，即以天下事自任。况今南北告警，旱魃连年，天灾人变，四方迭见，当此之时，不可为无事矣！汝等不能出一言，道一策，以为朝廷国家，只知寻章摘句，雍容于礼度之间，答谓责任不在于我。因循岁月，时至而不为，事失而胥溺，则汝等平生之所学者，更亦何益！南方风气秀拔，岂无雄俊才杰之士耶？吾愿汝亲之敬之。其阿庸无识之徒，愿汝疏之远之。

天降烈祸，殿廷灰烬，旬日之内，宫殿继烧。此乃贼臣擅权肆恶，以致阴阳失节，而祸固起于朝廷。土木大兴，而害则延于百姓矣。宣、大臣僚，与敌通和。私相纳贿，无复人理。吾以中心耿郁，有事必直言于当道，彼等亦稍畏缩。但廊庙之中，欺君之计通行，而鬻官之声大震，不能不动汝父之忧耳。

【译文】范仲淹在做秀才的时候，就把天下的忧乐兴亡作为自己的责任。况且现在南北边境不断传来警报，旱灾连年不断，天灾人祸，四面八方多次出现，在这种时候，不可说天下无事啊！你们不能为朝廷国家献出一言，说出一个救时的计策，只知道在书本中寻章摘句，从容不迫地讲求烦琐礼节，认为国家弄到这个地步，责任不在自己。照这样年复一年月复一月，就是时机到了也不能有所作为，大事完成不了而陷于疏忽沉迷，那么你们平生所学的东西，又有什么益处呢！南方的风气好，难道没有英雄俊士才人杰士吗？我希望你亲近他们，敬仰他们。对那些阿谀奉迎平庸和没有见识之人，希望你疏远他们，远离他们。

上天降临下来的大祸，使宫殿廷堂变成灰烬，十日之内，宫殿相继烧毁。这固然是奸贼大臣擅权肆恶，使阴阳失去了平衡，而祸害起源应该在于朝廷。重新兴建又要大兴土木，受害的还是老百姓啊。宣府、大同一带的地方官僚，竟与敌人俺答暗中勾结，接受贿赂，没有一点做人的道理。我因心中耿郁不欢，有事就向当道者直言不讳，他们也渐渐有所畏缩。但现在朝廷之中，欺骗君王的计策通行无阻，而卖官的事情到处传闻，不能不使我感到忧虑啊！

读书务求心领神会

——唐顺之

【原文】与人相与，须有以我容人之意，不求为人所容。颜子犯而不校，孟子三自反，此心翕聚处，不肯少动，方是真能有容。一言不如意，一事少拂心，即以声色相加，此匹夫而未尝读书者也。韩信受辱胯下，张良纳履桥端，此是英雄人以忍辱济事。静修之言曰：误人最是娄师德，何不春生未唾前？学人当进此一步。

【译文】与人相处，必须有由我来容忍别人的想法，不必苛求被别人所容忍。颜回被别人侵犯而不计较，孟子每天数次自我反省，这种心思集中不轻易波动，才真正能够有容人之心。一句话不如自己的意，一件事稍微不顺自己的心，就对人施以严厉的声调、脸色，这是没有涵养、没有读过书的人。韩信能忍受从别人胯下钻过去的耻辱，张良能在桥头为人穿鞋，这是英雄之人用忍受耻辱来求得事业成功。刘因说过：最误人的是娄师德，为什么不教人在别人没有撕破脸皮之前就与人交好呢？读书人应当在这个问题上做得更好些。

【原文】颜子裕为邦之略，而箪瓢陋巷；原宪釜甑生尘，而辞禄九百。总因富贵是人之性命，紧说着不处，人只是欲；贫贱是人之仇敌，紧说着不去，人只是恶。贫贱原与道近，做圣贤全在此处体验。孔颜造下这局面，要入此门，嫌贫贱不得。

【译文】颜回很懂得治理国家的谋略，却一箪饭、一瓢饮住在陋巷里；原宪家中的锅子等器物都生了尘土，却辞掉九百禄金。都是因为富贵是人的性命，总是说着而未能处在富贵之中，人们只是想着；贫贱是人的仇敌，总是说着未能甩掉贫贱，人们只是厌恶。贫贱原本与道相近，要做圣贤的人全都必须在这里体验。孔子、颜回他们造成了这个局面，想要成为这一类人，就不能嫌弃贫贱。

【原文】人生第一吃紧，只不可见人有不是。一见人之不是，便只是求人，则亲疏远近，以及童仆鸡犬，到处可憎，终日落坑堑中矣。臣弑君，子弑父，亦只是见君父有不是处耳，可畏哉！

【译文】人生中最重要的，只是不可以看到别人有不是之处。一看到别人的不是之处，就会老是寻求别人，就会无论是亲近的、疏远的人，还是小孩、仆人甚至鸡狗之类，到处都觉得可恨，整天陷在恨人的泥坑中了。大臣杀害君王，儿子杀害父亲，也就是他们只看到君王、父亲有不足之处罢了。这真可怕啊！

不要自暴自弃

——孙奇逢

【原文】言语忌说尽，聪明忌露尽，好事忌占尽。不独奇福难享，造物恶盈，即此三事不留，余人便侧目矣。

【译文】说话切忌把话全说完了，聪明切忌全部露出来了，好的事情切忌一个人全部占尽了。不光是奇特的福气难以享受，造化不圆满，这三件事不存在，其他人就会侧目而视了。

【原文】甚矣，人心无足时也！逐日营营，总是愿外，不知富不可以求得。越分妄求，余殃在后。贪人之有，有则为人所贪。如欲千百年富贵，此必不得之数也。昔有人自称为富贵之家，客曰："富贵如何便成家也？富贵如以我为家，不应走向他家矣；既走向他家，是以我为逆旅耳"。昔郭进建第成，坐诸匠于子弟右曰："此造屋者。"指子弟曰："此卖屋者。"识者谓为名言。今人为卑官，则恨不享大位，及位高而颠蹶倾危，回想卑官而受清宁之福，天上矣！布衣粝食，妻子相保，则恨不富贵，一旦祸患及身，骨肉离散，回想布衣粝食、妻子相保时，天上矣！人聪明强健，则恨欲不称心，一朝疾病淹缠，呻吟痛苦，回想聪明强健时，天上矣！古今来，无人不犯此病。若能先见一步，早退一步，必也明哲之士。

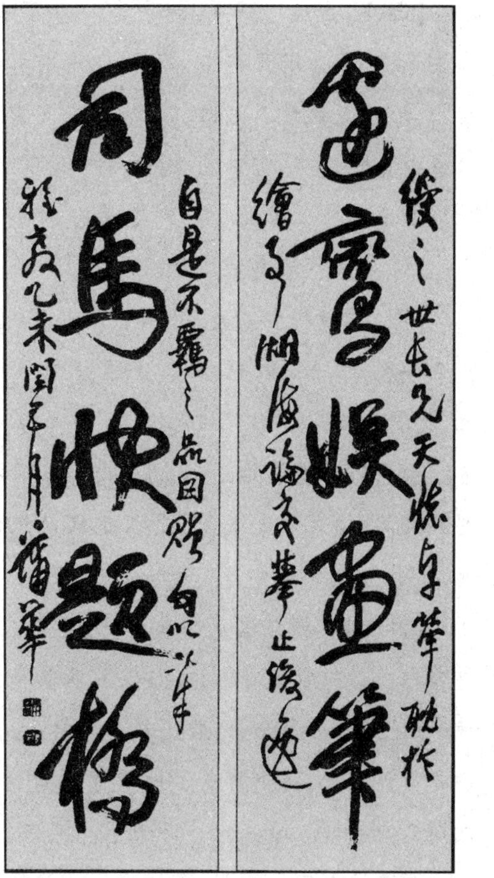

【译文】人心不足的时候太多了！每日忙忙碌碌，却总是在意愿之外，不知道富贵是不可以追求得到的。越过自己的本分而胡乱去追求，留下灾祸在后面。贪心别人所有的东西，一旦自己有了又会被别人所贪心。如果想要有千百年的富贵，这样做必不会得到几年。曾经有个自称为富贵之家的人，外来的人对他说："富贵怎么会成家呢？富贵如果以我家为家，就不应该走向别人家里了；既然走向别人家里，那就是把我家当做客舍了。"过去郭进建造房子落成后，叫各位工匠坐在子弟的右面，说："这是建房子的。"又指着子弟说："这是卖房子的。"有识之人都认为是名言。现在的人，当了职位低微的小官，就遗憾自己没有能当大官，等到地位高了并危急欲倾时，又回想起官位低微却享受清闲、宁静之福的时候，简直是在天上了！穿着粗布衣服，吃着粗糙食物，妻子、儿女相依为命，就遗憾自己不富贵，一旦灾祸来了，骨肉分散不能团聚，回想起穿粗布衣服，吃粗糙食物，妻儿相依为命的时候，简直是在天上了！一个人在听觉、视觉灵敏，身体强壮、健康的时候，却遗憾愿望不能实现，不能称心如意，一旦患上了疾病，呻吟不已，痛苦不堪，回想起身体强壮时，简直是在天上了！古往今来，没有人不犯这个毛病的。如果能够先看到一步，早些退后一步，就必定是明智的人了。

【原文】风波之来，固自不幸，然要先论有愧无愧。如果无愧，何难坦衷当之。此等世界，骨脆胆薄，一日立脚不得。尔等从未涉世，做好男子，须经磨练。生于忧患，死于安乐，千古不易之理也。孟浪不可，一味愁闷，何济于事？患难有患难之道，自得二字，正在此时理会。

【译文】患难的到来，固然是一件不幸的事情，但是首先要看自己是有愧还是无愧。如果无愧，那么袒开胸怀去面对它又有什么难的呢？这个世界上，如果骨头太脆弱，胆子太小，那一天都站不住脚。你们从来没有经历过世面，要做个好男子，必须经受磨炼。在忧患中生存，在安乐中死去，这是千古不变的道理。轻率、放纵不行的，一味地忧愁烦闷，对事情又有什么帮助呢？危险艰苦的处境中有度过危险艰苦处境的办法，自得这两个字，正好在这个时候加以理解。

【原文】规模宜宽大，处事宜平和。凡事有不得者，皆求诸己。先儒有言：母氏圣善，我无令人，孝子宜以此自责；臣罪当诛兮，天王圣明，忠臣宜以此自责；宁人负我，勿我负人，交友宜以此自责。即此推之，圣贤原无求人之理。故夫子于子臣弟友，曰：我无能一矣。盖原是不能尽的，一见为己能，则其亏缺多矣。尧舜犹病，到底只是犹病；文王未见，到底只是未见；开之未能信，到底只是未能。道理无尽头处，故学亦无歇手处。只一自满，便全盘放下矣。

【译文】气概应当宽广大样，做事情应当心平气和。凡事有不对的地方，都要从自身追究责任。先辈学者说过：母亲聪明善良，我不是品德善良的人，孝子应当以这两句话自责；为臣有罪应当诛杀，君王是英明神圣，忠臣应当以这两句话自责；宁肯别人背负我，我不要背负别人，结交朋友应当以这两句话自责。从这里推广开去，圣贤之人原来没有苟求别人的道理。因此孔子对于子、臣、弟、友这几个方面，说：我不能做到其中一个了。追究根源是没有穷尽的，一有见解就认为是自己的能力，那么他亏缺的就很多了。尧、舜尚且以百姓是否安稳为忧虑，到底只是尚有忧虑；文王没有看见，到底只是没有看见；开导别人而不能做到诚实，到底也只是不能做到。道理是没有尽头的，因此学习也不该有放松的地方。只要一旦自满，就全部都放松下来了。

【原文】古人仕学兼资，吾独驰驱军旅。君恩既重，臣谊安辞？委七尺于行间，违二亲之定苟。扫荡廓清未效，艰危困苦备尝，此于忠孝何居也？愿吾子弟思其父兄，勿事交游，勿图温饱，勿干戈而俎豆，勿弧矢而鼎彝。名须立而戒浮，志欲高而无妄。殖货矜愚，乃怨尤之咎府；酣歌恒舞，斯造物之谬民。庭以内悃愊无华，门以外卑谦自牧。非惟可久，抑且省愆。凡吾子弟，其佩老生之常谈；惟我一生，自听彼苍之祸福。

——《忠肃集·寄训子弟》

【译文】古人做官而兼治学，我独自奔波于军旅之间。皇上的恩典既重，为臣之义怎可推托？委七尺之身于行伍间，不能早晚向父母请安问好。扫荡敌人、安定天下的功效还未显现，而艰难困苦已经尝遍，忠孝又表现在何处？希望我家子弟想着你们父兄，不要从事交游，不要只图温饱，不要值兵戎而想祭享，不要执弓矢而想铭之鼎彝。要建立自己的名声，但要戒浮名；志气要高，不可狂妄。殖货财以炫耀愚民，是引起怨尤的根源；沉溺于酒醉歌舞，实在是造物主的罪人。居家要至诚质朴，对人要尊重谦虚，不但可保长久，还可以减少过失。凡我家子弟，希望记着这些老生常谈；我的一生是祸是福，则听凭上天去安排。

训大儿

——纪昀

【原文】尔初入世途，择交宜慎，友直友谅友多闻益矣。误交真小人，其害犹浅，误交伪君子，其祸为烈矣。盖伪君子之心，百无一同：有拗捩者；有偏倚者；有黑如漆者；有曲如钩者；有如荆棘者；有如刀剑者；有如蜂虿者；有如狼虎者；有现冠盖形者；有现金银气者；业镜高悬，亦难照彻。缘其包藏不测，起灭无端，而回顾其形，则皆岸然道貌，非若真小人之一望可知也。并且此等外貌麟鸾中藏鬼蜮之人，最喜与人结交，儿其慎之。

【译文】你初入社会，交友应该谨慎，结交正直的、诚实的、多所见闻的人为友是会有好处的。误交真小人，为害还较浅；如若误交伪君子，祸害就严重了。原来伪君子的心肠，一个个都不一样：有固执乖谬的；有偏颇不正的；有心黑如漆的；有心曲如钩的；有心如荆棘的；有心如刀剑的；有狠毒如蝎的；有如狼似虎的；有一心想升官的；有一心想发财的。把冥界的业镜拿来高高挂起，也难以照透伪君子的心。因为这些人包藏难测的祸心，而看他们的外形，都是道貌岸然，不像真小人那样一看就知道了。并且这些从外表看上去像是麒麟、鸾凤，却包藏着鬼蜮之心的人，最喜欢和人交朋友，我儿要谨慎啊！

诫子诗

——东方朔

【原文】明者处世，莫尚于中；优哉游哉；于道相从。首阳为拙，柱下为工；饱食安步，以仕代农；依隐玩世，诡时不逢；才尽身危，好名得华；有群累生，孤贵失和；遗馀不匮，自尽无多；圣人之道，一龙一蛇，形见神藏，与物变化；随时之宜，无有常家。

【译文】聪明人处世，没有不崇尚不偏不倚、无过无不及的。他怡然自得，遵循自然规律而生活。伯夷、叔齐隐居首阳山，不食周粟而死。只是一种笨拙的表现；老子为周柱下史，朝隐而终身无害，才是聪明的行为。吃饱了饭，缓缓步行，以做官来代替务农，若即或离，玩世不恭，违反时势而直言正谏的人，富贵与他不相逢。才华耗尽导致的是自身危亡，爱好虚名，得到的只是浮华。和人群一起生活，连累了自身；孤芳自赏，又失去了和人们之间的和谐。留给后世的不缺乏，自己尽量不要太多。圣人处世的方法是得时就大显身手，不得时就避若隐居，以保全自身。他们的形体虽然有时如蛇一样显露在外面，然而其精神又犹如蛟龙一般隐藏起来，随万物一起变化。他们随时机择地而居，没有固定的室家。

遗令敕兄子

——赵岐

【原文】大丈夫生世，遁无箕山之操，仕无伊、吕之勋，天不我与，复何言哉！可立一员石于吾墓前，刻之曰：“汉人逸人，姓赵名嘉。有志无时，命也奈何！”

【译文】大丈夫活在世上，想隐居却没有许由那样的节操，想出仕却不能建立伊尹、吕尚那样的功勋，老天爷不祐助我，再还有什么话好说呢！我死了以后，可立一块圆石在我的墓前，在上面刻写：“汉代有一位遁世隐居的人，姓赵名嘉，他有远大的志向，但没有遇上时机，命中注定是这样，又能怎么样呢！”

须将利禄官位看得淡薄些

——韦世康

【原文】禄岂须多，防满则退。年不待暮，有疾便辞。

【译文】做官的俸禄难道必须很多吗？要防止骄傲自满就必须引退。年纪不必等到晚年，有了疾病便可申请辞职，请求解除自己的职务。

为人应留得一个清白名声

——房彦谦

【原文】人皆因禄富，我独以官贫。所遗子孙，在于清白耳。

【译文】别人都因得到朝廷俸禄而富有，唯独我当了官还很贫穷。我所能遗留给子孙的，只有"清白"二字而已。

应力求节省以济贫穷之人

——张英

【原文】予性不爱观剧，在京师一席之费，动逾数十金，徒有应酬之劳而无酣适之趣。不若以其费济困赈急，为人我利溥也。予六旬之期，老妻礼佛时，忽念诞日例当设梨园，宴亲友，吾家既不为此，胡不将此费制绵衣裤百领，以施道路饥寒之人乎？次日为余言笑而许之。予意欲归里时，仿陆梭山居家之法，以一岁之费，分为十二股，一月用一分，每日于食用节省，月晦之日，则总一月之所馀，别作一封，以应贫寒之急。能多作好事一两件，其乐逾于日享大烹之奉多矣，但在勉力而行之。

【译文】我的本性不喜爱看戏剧，在京城一桌酒席的费用，动不动就超过几十金，只有应酬的劳累，没有尽兴舒适的趣味。不如把这笔费用拿去救济贫困急难的人，做到别人和我普遍分享其利好得多。我在六十岁生日到来之时，老妻在敬神拜佛时，忽然想到诞辰之时例当雇请戏班唱戏，设宴款待亲戚朋友，我们家既然不注重这方面，何不把这笔费用作做成丝棉衣裤一百件，施舍给行走在道路上的忍饥挨寒的人们？第二天老妻认为我的话说得在理，笑而赞同不请戏班唱戏。我想在辞官归乡时，依照陆梭山居家的方法，以一年的费用分为十二股，一月用一股，每天于食用方面尽力节省，月末那一天，就总计一月所剩余的钱财，另外放在一处保存，用来接济贫寒的人所急需。能够多做一两件好事，其乐趣比每天享受丰厚食物多得多，只在于尽力去做了。

功名利禄切不可妄求

——张英

【原文】人生适意之事有三：曰贵、曰富、曰多子孙。然是三者，善处之则为福，不善处之则足为累，至为累而求所谓福者，不可见矣。何则？高位者，责备之处，忌妒之门，怒尤之府，利害之关，忧患之窟，劳苦之薮，谤讪之的，攻击之场。古之智人，往往望而却步，况有荣则必有辱，有得则必有失，有进则必有退，有亲则必有疏，若但计邱山之得，而不容铢两之失，天下安有此理。但己身无大谴过，而外来者平淡视之，此处贵之道也。佛家以货财为五家公共之物：一曰国家，二曰官吏，三曰水火，四曰盗贼，五曰不肖子孙。夫人厚积，则必经营布置，生息防守，其劳不可胜言。则必有亲戚之请求，贫穷之怨望，僮仆之奸骗，大而盗贼之劫取，小而穿窬之鼠窃，经商之亏折，行路之失脱，田禾之灾伤，抢夺之争讼，子弟之浪费，种种之苦，贫者不知，唯富者兼而有之。人能知富为累，则取之当廉，而不必厚积以招怨；视之当淡，而不必深层以累心。思我即有此财货，彼贫穷者，不取我而取谁？不怨我而怨谁？平心息愤，庶不为外物所累。俭于居身，而裕于待物，薄于取利，而谨于盖藏，此处富之道也。至子孙之累尤多矣，少小则有疾病之虑，稍长则有功名之虑，浮奢不善治家之虑，纳交匪类之虑，一离膝下，则有道路寒暑饥渴之虑，以至由子而孙，辗转无穷，更无底止。夫年寿既高，子息蕃衍，焉能保其无疾病痛楚之事，贤愚不齐，升沉各异，聚散无恒，忧乐自别。但当教之孝友，教之谦让，教之立品，教之读书，教之择友，教之养身，教之俭用，教之作家，其成败利钝，父母不必过于萦心，聚散苦乐，父母不必忧念成疾。但视己无甚刻薄，后人当无倍出之患。己无大偏私，后人自无抢夺之患。己

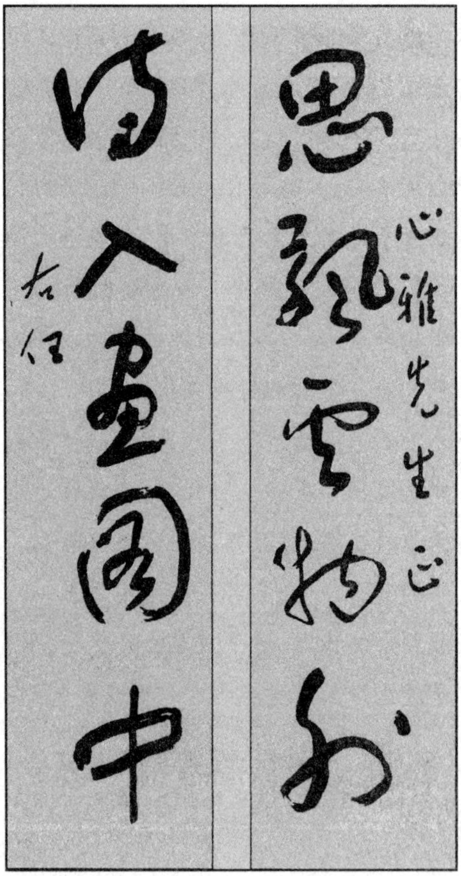

无甚贪婪，后人自当无荡尽之患。至于天行之数，禀赋之愚，有才而不愚，无因而致疾，延良医慎调治，延良师谨教训，父母之责尽矣，父母之心尽矣。此处多子孙之道也。予每见世人，处好境而郁郁不快，动多悔吝忧戚，必皆此三者之故。由不明斯理，是以心祸见隘，未食其报，先受其苦。能静体吾方，于扰扰之中存荧荧之亮，岂非热火坑中一服清凉散，苦海波中一架八宝筏哉？

【译文】人生最快乐的事有三个方面：高贵、富裕、多子多孙。然而这三个方面，能够妥善处理就是幸福，不能够妥善处理就完全会成为累赘，以至于被这种累赘所拖牵而要去求得所谓的幸福，那是不多见的。为什么呢？身居高位的人，同时也是遭人责备的处所，忌恨嫉妒的根源，生气怨恨的地方，利害得失的关卡，忧郁烦恼的场所，辛劳苦楚聚集的中心，诽谤讥讽的对象，攻击诬陷的对手。古代那些聪明的人，对这些往往望而却步，何况有荣誉就必定有侮辱，有获得就必定有丢失，有进取就必定有退却，有亲近就必定有疏远，假如只计较土山的得到而不容轻微的失却，天下哪有这种道理。只要自己没有什么大的过错遭人谴责，对别人又能够以平和淡泊之心去对待，这就是对待高贵的方法。佛教以货财作为五家公共之物：一是国家，二是官吏，三是水火，四是盗贼，五是不正派的子孙。一个人如想厚积钱财，就必定多方经营布置，生息防守，花去的辛劳是不能用言语来表达的。这样一来，必定有亲戚的请求，贫穷人产生的怨望，仆人对他的奸骗，大的盗贼想方设法劫取他的资财，小的窃贼钻洞爬墙小偷小摸，经商方面的亏本折扣，行路方面的迷失方向，田地里禾苗方面的灾歉，与别人抢夺引起的官司，家中子弟奢侈浪费，种种忧虑苦难，贫穷的人是不知道的，只有富裕殷实的人有多方面的体验。一个人如果能够知道富裕的拖累弊害，那么就应当做到廉洁，而不一定要厚积钱财招来怨恨；把钱财应当看得淡薄，而不必深深嫉妒别人而拖累自己的身心。思考着自己有了这些财物，那些贫困穷苦的人不向自己索取向谁去索取呢？不怨恨自己去怨恨谁？做到心平气和，才不会为外物所困扰。自己居身节俭，而对待事物却要宽容大方；取利要微薄，而储藏却要谨慎，这就是对待富有的方法。至于子孙的牵连就更多了，小时候就有生了疾病如何医治的忧虑，年纪稍大一点就有他们的功名如何取得的忧虑，还有担心如果他们浮华奢侈不善于治理家庭的忧虑，有担心他们不走正道而结交地痞流氓，恶棍盗贼的忧虑，一旦他们离开自己，就会有他们在外边寒冷炎热、饥饿口渴如何应付的忧虑，以至于由忧虑儿子到忧虑孙子，往返无穷，忧虑更无尽止。自己的年岁已经大了，子孙繁盛众多，怎能保证他们没有疾病痛楚的事，贤惠愚妄参差不齐，升扬沉沦各不相同，聚集分散无一定准，忧伤和欢乐自然有区别。但是，应当教导他们懂得孝顺父母、友爱兄长，教导他们懂得谦逊退让,教导他们懂得树立良好的品行,教导他们懂得读书学习,教导他们懂得慎择朋友,教导他们懂得善养身心,教导他们懂得勤俭节约,教导他们懂得振作家庭。至于他们的成败利钝,父母不必过于缠绕在心中;他们的聚散苦乐,父母不必忧郁思念过多而生成疾。只看自己没有过分刻薄对待他们,子孙应当不会有更多更大的毛病,自己没有过分偏爱他们中的任何一个人,子孙自然没有抢夺偷窃的毛病。自己没有过分贪婪,子孙应当没有奢侈荡尽的毛病。至于先天安排的命运,如禀赋的愚笨,有才华的没有机遇,无故生疾病,聘请良医为他小心调治,聘请良师谨严教训他,做父母的责任已经尽到了,做父母的心意已经尽到了。这就是做到了善待多子多孙的方法。我常常见到世上的人,处于好境况而郁郁不快,动不动就多产生后悔吝惜,忧郁戚戚之情,必定是由于上述这三个方面的缘故。由于不明白这些道理,于是就心胸偏颇见识狭窄,尚未得到事物的结果,就自己感受其苦。一个人如果能够冷静体会我的方法,在扰扰纷纷之中存有一点点明亮宽阔的胸襟,难道不是在热火坑中吃了一服清凉散,在苦海波中拥有一架到达彼岸的八宝筏吗?

思益人而痛戒损人

——张英

【原文】与人相交,一言一事,皆须有益于人,便是善人。余偶以忌辰,著朝服出门,巷口见一人,遥呼曰:“今日是忌辰!”余急易之。虽不识其人,而心感之。如此等事,在彼无丝毫之损,而于人为有益。每谓同一禽鸟也,闻鸾凤之名则喜,闻鸺鹠之声则恶。以鸾凤能为人福,而鸺鹠能为人祸也;同一草木也,毒草则远避之,参苓则共宝之,以毒草能鸩人,而参苓能益人也。人能处心积虑,一言一动,皆思益人,而痛戒损人,则人望之若鸾凤,宝之如参苓,必为天地之所佑,鬼神之所服,而享有多福矣。此理之最易见者也。

【译文】与人交往,每一句话和每一件事都要对别人有益处,这样的人就是善良的人。一次我偶尔在忌日的那一天,穿了朝服出门去,在苍口看见一个人,远远地喊道:“今天是忌日!”我急忙转去换了朝服。虽不认识那个人,但心里却很感激他。诸如此类的一些事情,在对方没有丝毫的损失,但对别人却是有益处的。人们经常说到,同是鸟类,听到鸾鸟和凤凰的名字就欢喜,听到猫头鹰的声音就讨厌。因为鸾鸟和凤凰能给人带来幸福,而猫头鹰能给人带来灾祸;同是草木,对毒草就远远地躲避,对人参茯苓就都当作宝贝。因为毒草能毒害人,而人参茯苓能有益于人,一个人能千方百计对自己的一言一行都考虑有益于人,彻底戒除有损于人的事情,那么人们就会盼望他如同盼望鸾鸟、凤凰,珍爱他就像珍爱人参茯苓。这样的人必定受天地保佑,使鬼神佩服,享有诸多的福分。这种道理是显而易见的。

注意性格特点并学会避祸趋福之道

——苏洵

【原文】轮、辐、盖、轸，皆有职乎车，而轼独若无所为者。虽然，去轼，则吾未见其为完车也。轼乎，吾惧汝之不外饰也。天下之车莫不由辙，而言车之功者，辙不与焉。虽然，车仆马毙，而患亦不及辙。是辙者，善处乎祸福之间也。辙乎，吾知免矣！

【译文】车轮、车辐、车盖、车轸，对车来说都有重要的功用和职能。而设在车箱前供人扶手的横木即"轼"这个东西，似乎就没有什么用处了。虽然如此，但如果去掉轼，展现在我们面前的就不是一部完整的车子了。轼啊！我担心你锋芒毕露而不注意外表上的掩饰，会招来祸患的。普天之下的车子，没有一部不留下车轮碾过来的印迹，这就是辙。可是，人们讲车子的功用时，却往往没有辙的份。虽然如此，但如果车翻马死，祸患却不会波及辙。这个辙，是善于在祸福之间自处的。辙啊！我知道你有避祸趋福之道了。

家训与十二侄书

——欧阳修

【原文】自南方多事以来，日夕忧汝，得昨日递中书，知与新妇诸孙等各安，守官无事，顿解远想。吾此哀苦如常。欧阳氏自江南归明，累世蒙朝廷官禄，吾今又被荣显，致汝等并列官常，当思报效。偶此多事，如有差使，尽心向前，不得避事。至于临难死节，亦是汝荣事，但存心尽公，神明亦自佑汝，慎不可思避事也。昨书中言欲买朱砂来，吾不缺此物。汝于官下宜守廉，何得买官下物？吾在官所，除饮食物外，不曾买一物，汝可守此为戒也。已寒，好将息，不具。

【译文】自从南方多事以来，日夜都为你担忧，收到昨天驿车送来的信，知道你与侄媳和各位侄孙等都安好，官中也平安无事，立即解除了我的挂念。我这里还像往常一样的哀苦。欧阳氏自从由江南归顺英明的大宋以来，世代蒙受朝廷的官禄，我现在又有这样显赫荣耀的地位，使得你们也都得到官职，应当随时想到报答皇上的恩惠。碰到现在这样多事的年代，如有差事，一定要尽心向前，不得避开。至于要是碰到危难而死节，也是很光荣的事，只要存心为公事尽力，神明自然会保佑你的，千万不要想着逃避差事。昨天来信中说到欲买朱砂来，我这里不缺少朱砂。你居官应该廉洁奉公，怎么能买公家的东西呢？我在官所，除去饮食等物以外，不曾买一样东西，你可以谨守这则戒条。天已冷了，你要好好的休息养身。书不言尽。

【原文】禁家人侵渔。居官所以不能清白者，率由家人喜奢好侈使然也。中既不给，其势必当取于人。……己虽日欢，民则日怨，由是而坐败辱者，盖骈首缅踵也。呜呼！使为妻妾而为之，则妻妾不能我救也；使为子孙而为之，则子孙不能我救也；使为朋友而为之，则朋友不能我救也。妻妾、子孙、朋友皆不能我救也，曷若廉勤乃职而自为之为愈也哉！盖自为虽阖门恒淡泊，而安荣及子孙；为人虽欢然如可乐，而祸患生几席也。二者之间，非真知深悟者未易与言。有官君子其审择焉。

——《牧民忠告》

【译文】严禁家人鱼肉百姓侵夺百姓财产。有些当官的之所以不能做到清清白白，大多是因为家属喜欢奢侈造成的。花费庞大，俸禄不够用，他们必然要从百姓那搜括钱财。……自己虽然一天比一天高兴，百姓却一天比一天怨恨，因此而招致丢官受辱的官员，实在不算少。啊！假使他是为了妻妾而巧取豪夺，（到了他被绳之以法时）妻妾不能救他；假使他是为了子孙而巧取豪夺，子孙不能救他；假使他为了朋友而巧取豪夺，朋友不能救他。既然妻妾、子孙，朋友都不能相救，为什么不廉洁勤奋地奉公守职，自己为自己当官呢？自己为自己当官，虽然全家总是过着平静淡泊的生活，但安全、荣耀可以惠及子孙；为他人当官，虽然大家过得高高兴兴，但祸患却随时可能从身边产生。这二者之间，如果不是确切了解、透彻认识到的人，是不容易和他谈得清楚的。希望诸位当官的君子审慎选择究竟在哪一条路。

【原文】吾前后仕进，十要银艾。不能和光同尘，为谗邪所忌。通塞，命也；始终，常也。但地底冥冥，长无晓期，而复缠以纩绵，牢以钉密，为不喜耳。幸有前窀，朝殒夕下，措尸灵床，幅巾而已。奢非晋文，俭非王孙，推情从意，庶无咎吝！

——《后汉书·张奂列传》

【译文】我十次入朝为官，佩戴银青。能做到不随波逐流不与坏人同流合污，由此遭到小人的忌恨。做官畅达与否，是命中注定的，保持良好的节操始终如一，这是永恒的法则。只是我死后埋在地下，昏暗不明，永无天明之日，而又裹上棉絮，钉牢铁钉，这不是我所高兴的事。幸得有你母亲在地下作陪，如果我早上死，傍晚就下葬，将尸骨放在灵床上，裹一幅绢帛算了。既不要像晋文公那样奢侈，也不要像杨王孙那样简陋，你们遵从我的意愿，大概就不会遭灾致祸了！

四、故事轶闻

猪八戒花果山上巧激猴

话说唐僧师徒四人上西天取经，风餐露宿，夜宿晓行，一路辛苦。他们走一岭又一岭岭岭不断，过一山又一山山山相连。山中有妖魔，岭上藏鬼怪，妖魔想吃唐僧肉，鬼怪欲扒长老心。多亏那孙悟空神通广大，猪八戒、沙和尚武艺高强，一路上降妖捉怪，才保住师傅唐僧的一条性命，方能去往西天。

这一天，孙悟空火眼金睛识破几个化装的妖怪，举棒便打。唐僧硬说孙悟空一路杀生，故意杀好人，违犯佛家的清规戒律，决定赶走悟空。悟空不走，唐僧叨念紧箍咒，悟空头痛得不得了，只好离开唐僧，腾空驾云直奔花果山。

悟空向东走，唐僧往西行。不一日，唐僧一行人来到一座大山前，碰上了黄袍老怪，倒霉不轻。黄袍怪一下子就把唐僧捉去，锁在洞中。猪八戒、沙和尚前去营救，哪知那黄袍怪既有妖法又有武功，二人皆不是对手，打了没几个回合，沙和尚就被老怪捉住，猪八戒见势不妙，转身就跑。

猪八戒逃了不知多远，累得坐在地上直哼哼。忽然想起师傅、沙师弟还在妖洞中，就要丧失性命，这可如何是好？想来想去，还是找猴哥去吧，只有猴哥才能降服那个黄袍老怪。

猪八戒腾云驾雾急速来到花果山，无心观赏山花美景，只求尽快见猴哥。哪知一群看守山门的小猴子把他逮住，审问耍弄了半天，方把他押解到猴王面前。猴王问："你是哪里的怪物，来我这花果山干什么？"八戒说："猴哥！你连我老猪都不认识啦。我有急事找你，你快起来吧。"原来孙悟空躺在一块石板上，假装要睡觉。八戒着急地说："师傅被黄袍老怪捉去了，就要吃他的肉了。我和沙师弟也救不了他，沙师弟也被捉去了。请猴哥快快前去救出师傅和师弟！"悟空说："我不管，师傅把我赶走的时候，毫不留情，你也不说几句好话。"八戒说："君子不念旧恶，救师傅要紧，赶快走吧！"悟空说："不行，我坚决不去！你滚开！"然后倒头便睡。八戒大怒："你不去，我去！我豁出一条老命也要把师傅救出来。"说完，转身就走，边走边想："我怎么能救出师傅？我要是有那个本事，还来花果山做什么？"又想："要救师傅，非猴子莫属，他不去，怎么办呢？唉！请将不如激将，待我激他一激。"于是八戒又转身回来。孙悟空见他回来，就问："你又回来干什么？"八戒道：

“我回来告诉你，那个黄袍老怪骂你什么话。”悟空说：“你快讲。”八戒说：“黄袍怪说啦，先吃唐僧，后吃沙僧，猪八戒的肉我嫌腥，就差抓住那个猴子精！”孙悟空一听从石板上跳下来：“什么妖怪竟敢骂我，狗胆包天！”猪八戒一看，有“门儿”，又火上浇油地说：“那个老怪又说你啦：孙猴子算个什么东西，他哪里是我的对手？他不敢来！他要是敢来，我几个回合就把他拿下。捉住猴子，我剥他的皮，抽他的筋，啃了他的骨头，吃了他的心。剩下的五脏六腑用油炸，用锅烹，让小的们尝尝猴子的味道腥不腥。”悟空一听，气得“啊呀呀……气死我也”滚地乱叫，抓耳挠腮，左右翻跟头，暴跳如雷，大声吼叫：“这妖怪真是无礼，竟敢这般辱骂我，我要去把他拿住，碎尸万段，砸成肉泥，以报骂我之仇！”说完，换了衣服，提了金箍棒，拉着猪八戒就往外走，蹬上云头往西行，要去灭了那黄袍老怪。

苏秦巧激将张仪去秦国

苏秦和张仪同是鬼谷子的学生，名师出高徒，二人皆为战国时期的纵横家，即著名的外交家。

苏秦以合纵抗秦之说赢得了诸侯们的信任，他联合齐、楚、燕、韩、赵、魏六国共同抗击强秦，并在赵国当上了相国，可他担心秦国逐个瓦解诸侯，就会破坏了合纵之约。苏秦心里没底，便想在秦国安插一个内应，与他暗中配合，他的合纵计划就会成功。

谁能去秦国担此重任呢？他便想起了老同学张仪。苏秦委派自己的心腹毕成隐瞒身份到魏国去找张仪，劝他去拜见老同学苏秦。这个不速之客化名贾舍人，伪装成商人，凭三寸不烂之舌说动了张仪，便去赵国，一路上为张仪支付旅差费，成了张仪的知心朋友。

张仪到了赵国，便去求见苏秦。苏秦告诫门下之人不可为张仪通报，张仪生起气来。过了不少天，张仪才见着了苏秦。苏秦好大的架子，不屑一顾地让张仪坐在堂下，让他吃粗劣的饭食。而苏秦一边吃着山珍海味，一边数落着张仪说：“以你的才华，怎么竟落到这步田地？不配在我这里干事，你走吧！”

张仪本指望投奔老同学能谋个一官半职的，不想竟蒙受此等耻辱，气得要命。后来一想，诸侯们谁也奈何不了赵国，只有秦国强大，给赵国点颜色看看，于是便前往秦国。这时，贾舍人又突然出现在张仪面前，说他也要去往秦国，正好一路同行。张仪很高兴，贾舍人赞助了一套车马，一路上支付盘缠，又送给张仪一包金银，使张仪顺利地到了秦国，见着了秦惠文王。秦王拜张仪为客卿，让他帮助秦国去攻伐诸侯。

这时，那位贾舍人向张仪告辞，要回国去，张仪说：“我靠了先生之力才有今天，我正要报答您的恩德，您怎么能离我而去呢？”贾舍人说：“您可谢错了！您的恩人和知己并不是我，而是苏秦。他担心秦国去攻打赵国，破坏了合纵之约。他认为除了您再也没有谁能执掌秦国的大权了，因此设计激怒于您，并让我暗中资助给您钱财。现在您已在秦国得到重用，我也该回去向苏相国复命去了。”

张仪一听，感叹了半天，动情地说：“知我者，苏秦也！”又说：“唉，我一直被蒙在鼓里却未能察觉，这明摆着是我比不上苏君呀！请您回去替我感谢苏君，只要他在一天，我决不让秦国攻赵。况且有苏君在赵，我又怎么能打得赢赵国呀！”从此后，一直到苏秦去世，秦国始终未能攻击赵国。

关羽大意失荆州走麦城

荆州位于湖北地界长江北岸，介于魏、蜀、吴三国之间，是南北交通要道、兵家必争之地。赤壁大战后，曹操、刘备、孙权各自占有荆州地区的一部分，其中刘备占据荆州大部，孙权出于联合抗曹的需要，还把南部借给了刘备。因此，荆州实际上是在刘备的控制之下。刘备入川后在成都称王，并将战略要地荆州交由结义兄弟大将关羽镇守。

公元219年秋天，关羽水淹七军，活捉了魏将于禁、庞德等人马，威震天下，曹操惊得要从许昌迁都，以避关羽锋芒。关羽为了扩展势力，乘胜进攻曹仁把守的樊城，曹操十分害怕，谋士司马懿献计道：“孙权与刘备是明合暗不合，他早就想夺取荆州，只是没有机会。如果我们许诺把江南的土地让给他，再让他出兵攻击关羽的后方，樊城之危即可不战自解。”曹操派使者致函孙权，孙权见利忘义，果然派大将吕蒙、陆逊偷袭关羽后方。

关羽远征樊城，对荆州留有相当力量的守备。东吴大将吕蒙为了麻痹关羽，故意借治病为名退回京都建业，而让名不见经传的青年将领陆逊接替自己。陆逊文武双全，到任后立即派使者带着他的亲笔信和一份厚礼去见关羽。陆逊在信中对关羽大加吹捧，对自己百倍贬损，并再三致意关羽多加关照，吴、蜀两国永世和好。关羽读罢书信，认为陆逊不过是个乳臭未干的书呆子，收下礼品，放声大笑，随后下令，把防范东吴的荆州人马全部征调到樊城前线去了。因此，关羽的后方空虚，给东吴攻取荆州造成了极好的机会。

关羽攻取樊城，胜利在望。忽然得报孙权派兵偷袭了自己的后方，夺取了荆州，并且占领了公安、江陵等地。关羽慌忙撤军，企图回师江陵。但吕蒙又施攻心战，他攻占江陵等地后，对蜀军家属倍加关照。蜀军将士得知家属平安，竟一个个投降了东吴。关羽回天乏力，暂奔麦城居守，派人去上庸向刘封、孟达求救。但由于孟达的挑拨离间，刘封按兵不动。关羽无计可施，打算奔回西川，重整旗鼓，卷土重来。

且说关羽在麦城，计点军马，只剩三百余人。内无粮草，外无救兵。他决定让周仓、王甫率200人守城，自己和关平率百人突围。东吴主将吕蒙攻打麦城，围三缺一，让开北门，虚留生路。关羽、关平等人自北门冲出，奔走于山中小路，遭到吴军大将朱然、潘章的伏兵追杀，队伍只剩十几个人。行至五更，一支吴兵身披白篷，卧雪埋伏，见关羽奔来，长钩套索一齐并举，先把关羽的坐下马绊倒，关羽翻身落马被潘章部将马忠捉获。

第二天，孙权诱降。关羽大骂，誓死不降，于是被东吴杀害，连同关平一起遇难。关公亡年58岁。后人有诗叹曰：

汉末才无敌，云长独出群；

神威能奋武，儒雅更知文。

天日心如镜，《春秋》义薄云。

昭然垂万古，不止冠三分。

萧翼先骗后偷《兰亭集序》

陈玄奘西天取经回国，唐太宗建造一座慈恩寺雁塔（即西安的大雁塔），为追荐文德太后冥福，命太子李治作记，自制序文，想用王羲之字体，剪集成序，刻在雁塔之上。便命各地州郡收集二王（王羲之，王献之）法帖，集中御览。最后收得1 300余帖，唯独缺少一卷王羲之的《兰亭集序》，始终不知下落。

御史萧翼，不知从何处得知其下落，说此《兰亭集序》之真本，为王家的传家宝，世代秘传，现传至辩才和尚，藏于湖南永欣寺的方丈梁上，从来不肯示人。若皇上需要，臣会想办法取来。

唐太宗惊喜道："卿能如此，朕不惜万金之赏，但千万不要强抢豪夺。"

萧翼索取太宗手敕及几本"二王"杂帖，作为对辩才和尚的引见之物。准备停当，他打扮成一个怀才不遇的书生，雇小船直抵汀潭，寄住在船里，每天必到永欣寺观赏壁画，走过辩才方丈居室时必在门口小坐，很礼貌地对老和尚深鞠一躬。日子久了，辩才对他产生好感，由打招呼进而请入寺内闲谈。萧翼本是一朝才子，天文地理，无所不晓；琴棋书画，无一不精。辩才又是略精六艺之人，于是二人相见如故，渐成莫逆之交，天天伴在一起，饮酒论文，谈天说地。萧翼则投其所好，见风使舵。

一天，两人酒足饭饱，闲扯了一轮诗文，又说及书法。萧翼提起："家传有几件二王法帖，不知是真是假，要请上人法鉴。"说完，就把所带来的二王字帖拿了出来，给辩才和尚鉴别。辩才看了好一会儿，便说："确是真品，但不是祖上的得意之作。贫僧倒有一件真迹。"

萧翼问："什么帖？"

辩才低声说："兰亭帖。"

萧翼笑道："哪里还存在？离乱了快二百年了，恐怕不是真的！"

辩才说："实不相瞒，这是我的家传真宝，已传了七代了，先师智永临终时亲授给我，岂能有假？你若不信，明日请来一观。"

翌日，萧翼来到寺内，辩才从梁上把铁匣拿下来，取出《兰亭集序》帖展放于台上，让萧翼观赏。萧翼仔细观赏一番，故意摇了摇头，吹毛求疵，指出一些疑点，肯定地说："这本兰亭帖不是真的！"

辩才和尚闻之大惊，被萧翼一番辩证言论动摇了信念，反请萧翼把带来的几件二王之帖留下，自己要仔细对证。辩才放回兰亭帖时，萧翼在旁侧目而视，瞧个明白。

不几日，老和尚有急事出寺去了。萧翼乘机匆匆入寺，对守房弟子说："老师父忘带了净巾，叫我来取。"小和尚信以为真，知道萧翼是师父的知心朋友，不识其诈，乃让他进去。

萧翼像盗贼一样，轻脚快手地把《兰亭集序》及二王字帖，一并拿下，藏在怀里，胳臂挎上一条手巾就走出门外。出了寺门赶到驿亭，带上早已等候在那里的骑兵护卫队，扬鞭打马，直奔长安而去。

辩才回寺，发现兰亭帖被人盗走，顿时气得发昏，口吐鲜血。

萧翼回京缴旨，唐太宗龙颜大悦，提升萧翼为员外郎。当皇上想起来给辩才和尚重赏时，忽然闻报辩才已经死了。

《兰亭集序》直到唐太宗死时，做了陪葬品，长埋于地下。从此，兰亭帖的真迹永不在人间了。

刘邦被踩脚封韩信为真齐王

汉大将军韩信击败齐楚联军，杀死楚将龙且，平定了齐国。随后，韩信便派人去报告刘邦说："战争虽然是胜利了，但齐地之人诡诈多变，反复无常；齐地又靠近楚境，如果大王不派人在此镇守，恐怕难以安定下来，我愿意为大王镇守此地，请大王封我为假齐王。"此时，刘邦正被项羽围困在荥阳，情况不妙，正希望有援军到来。听说韩信派来使者，连忙召见，等到看了韩信的书信，听了使者的话，才知韩信要称王。于是勃然大怒，骂道："我被楚军围困于此，整天盼望着你能来助我一臂之力，可你竟想自立为王！"站在刘邦旁边的谋士张良、陈平一听，连忙用脚去踩刘邦的脚，意思是让他先别骂了，以防生变。刘邦反应也很敏捷，顿时省悟，随机应变，于是又骂着说："他妈的，大丈夫要当就当真齐王，何必当个假齐王？我封韩信为真齐王！"韩信的使者听了，非常高兴。

事后，张良、陈平对刘邦说："您怎么能当着使者的面骂韩信呢？大王现在正处在不利之时,难道您能去制止住韩信称王吗?倒不如顺水推舟,立他为王,让他自去守卫。否则,韩信必然会发生变乱!"第二天,刘邦派张良拿着印信,随使者去齐地,封韩信为齐王,并征调韩信的部队前去攻楚,韩信也很满意。

曹操青梅煮酒刘备假装怕雷

话说刘备被吕布夺去了徐州领地后,无地立足,曾投奔曹操。曹操认为刘备是人中之龙,表面上善待他,实际上控制他,以防后患。

刘备怕曹操发现他的宏伟志向,隐真示假,在后园种菜,好像农夫一样。

这一天,曹操青梅煮酒,派人请刘备来府上叙话,以试探刘备的志向如何,以便决定对其取舍,或杀或留。

酒至半酣,天上忽然阴云密布,骤雨将至。曹操这时突然问道:"玄德兄久历四方,一定知道当今英雄,请试着指说一下。"

刘备说:"我因为您的关照,得进朝中;天下英雄,实在有所不知。"

"就是没有见过面,至少也该听到他们的名字吧?"曹操故意提示地说。

刘备说:"淮南的袁术,兵粮足备,可否称为英雄?"曹操蔑视地说:"他像坟中枯骨,我早晚一定要擒住他!"

刘备又说:"河北袁绍,是公卿名门出身,如今虎踞冀州之地,部下能人甚多,可称为英雄?"曹操说:"袁绍色厉胆薄,好谋无断,干大事而惜身,见小利而忘命,非英雄也。"

"那么,名列八俊、威镇九州的刘表,可是英雄?"曹曰:"刘表虚名无实,谈不上英雄!"

"血气方刚的江东领袖孙策,该算得上英雄吧!""孙策依靠他的父亲而立命,也不是英雄。"

"刘璋、韩遂、张鲁、张绣等人怎样呢?"曹操鼓掌大笑说:"此等碌碌小人,何足挂齿!"

刘备说:"除此之外,我实在不知。"

曹操说:"今天下英雄,只有你和我啊!"

刘备听了,大吃一惊,手中所执筷子,抖落在地。原来曹操一语破的,道破刘备有争夺天下的野心。天无二日,人无二主,有操无备,性命难保,危在旦夕,刘备岂能不害怕?

恰好此时一声霹雳,震耳欲聋。刘备拣起筷子,借题发挥地说:"这雷真可怕,把我的筷子都吓掉了。请原谅!"曹操反问道:"大丈夫还害怕雷声吗?"刘备答道:"古人说,迅雷风烈,必定变色,敬畏上天,所以我害怕。"

曹操听了,似乎心里有了底:看来刘备并不是什么英雄,而是普通人一个!于是不再戒备刘备。后人有诗赞曰:勉从虎穴暂趋身,说破英雄惊杀人。巧借闻雷来掩饰,随机应变信如神。

王之涣审问狗破奸杀案

唐朝著名诗人王之涣，人们只知道他的诗作得好，却很少知道他还是一个判案如神的清官。

王之涣在文安县当县令时，曾办过一个这样的案件：有户人家，男人常在外做生意，家中只有姑嫂二人，勤俭持家，相依为命。嫂嫂勤劳能干，姑娘温柔贤淑，日子过得很不错。但在一天晚上，姑娘突然惨死在房中。嫂嫂发现案情，立即呈报县衙。

正当王之涣在衙上打坐，问那嫂嫂："你是怎样发现案情的?"

嫂子说："昨天晚上，我正磨坊推磨，忽然听到小姑子的惨叫声，我就立即奔向卧室，在院内看见一个人影，因为天黑，看不清面目。我上前抓他，抓到他光溜的脊梁上，被他脱身逃走了。"

王之涣又问："你们两个年轻的女子在家，难道平素不做防备吗?"

"我家养了一条黄狗，但不知道怎的，晚上没有听见狗的叫声。"

王之涣闻言大怒："那狗不为主人效力，实在可恶！明天我要当众审问恶狗。"

次日，正值庙会，县衙门张贴出通知：县令要在庙会上当众审判黄狗。

这真是一件新鲜事儿，县太爷审判黄狗，恐怕是喝多了。不过，赶庙会的村民都要来看一看这个热闹，整个庙宇挤满了人。

此时，王之涣吩咐差役把庙门关紧。衙役们把老人、孩子和妇女成批地赶出门外，只留下百来个青壮年男子。这些人都不知道县令要干什么。

审问开庭，只见一个衙役牵过一条黄狗来，王之涣当众宣布：这只黄狗很厉害，近日来抓破了一个人的脊梁，但若给它定罪，须有证据。令各位把上衣脱下来，当场查证。

那些人不敢违抗，只得照办。

王之涣一个个地验看那些男子的脊梁，其中有一青年男子脊梁上有几道红印，他便问道："你叫什么名字?"那男子说："小的叫阿狗。"

"你与死者可曾认识?"那男子支支吾吾，吞吞吐吐地说："我与她是邻居，当然认识。"

"给我将阿狗拿下!"王之涣一声令下，众衙役一拥而上，将阿狗缉拿归案。

经审问，阿狗承认了强奸姑娘和杀人灭口的罪行。

王之涣如何能在众多的赶庙会的人中认出罪犯的呢？事后他对提出质疑的人说："根据案情，这是一起强奸杀人案。第一，那必是青壮年男子作案；第二，那天晚上黄狗不叫，说明作案分子是个熟人；第三，死者的嫂嫂在凶手的光滑脊梁上狠抓了一把，必有手印伤痕，只要具备上述几个条件，就可以认定为凶犯无疑。”

至于审问黄狗，只是王之涣的耸人听闻之举，以此吸引众人来庙会，麻痹作案分子的心理，使之自投罗网。

王安礼辨笔迹破诬告案

王安礼，宋代王安石的弟弟，曾任过开封知府。在任期间，断过不少疑难案件。

一日，开封城有人投递一封匿名信，举报京城一个富翁，说此人家中屯有大量兵器，养有兵丁，并正勾结官家不轨人士，企图谋反。

王安礼接到信后觉得奇怪，信上告的那位富翁他虽未见过其人，却早有耳闻，该人忠厚老实，是个本分的生意人。加之信中语言刻薄，许多罪名有列举而无证据。根据多年办案经验，他认为此信属于匿名诬告，便没把它当作一回事。

不料，未过半月，京城传闻富户谋反的事，竟然传到了皇帝的耳朵里。皇帝立即诏令开封府彻底查清此事，王安礼奉命只得前往富户家中搜查。

富翁不知犯了何罪，甚为惊恐。官兵封锁住富户宅第的要路出口，在院内仔细搜查，进而翻箱倒柜，也没有查出任何谋反的证据。

王安礼问富翁：“你平日可有仇人？”

富翁摇摇头道：“小人一向本分，从未与人结仇。”

王安礼又问：“近来可有对你不满之人？”

富翁想了想，一拍脑门说：“哦，前不久有个靠写讼状谋生的马讼棍来借债，当时我手头正好没有现钱。他很不满，说了几句怨恨的话，还有什么‘走着瞧’之类的言语，说完就走了。”

王安礼暂且将富翁拘留，待查此案。

次日，王安礼将马讼棍传到衙门，对他说：“听说你写得一手好字，本府这里有几本案卷，因书吏生病，上面催得紧，请你帮忙抄一下可否？”

马讼棍受宠若惊，马上回答道：“小人有幸，愿意效劳。”

当即，马讼棍落笔抄写案卷。王安礼将抄好的案卷拿到后房一瞧，心中大喜，此字与匿名信上的笔迹确实出自一人之手。

王安礼即命手下将马讼棍捉拿，询问他写诽谤文书之事。做贼心虚，物证俱在，马讼棍无可抵赖，只得招认。于是，一场惊动皇帝的大案得以彻底查清：富翁无罪释放，马讼棍犯有诬告罪。

包公解疑团套破钉杀案

宋代的包拯，百姓称之为包青天，秉公执法，铁面无私，一生断案无数，令人心服口服。其中不乏千奇百怪、扑朔迷离之案，包公破案之巧，妙计之多，鬼神莫测，令人拍案叫绝。

开封郊外，某村庄有个农民叫毛勤，于一天晚上猝然死亡。此人向来身强力壮，怎么能说死就死了呢？族人亲戚倍感奇怪，便状告到开封府，请包大人明察秋毫。

包公看罢状子，便命人传讯毛勤之妻春花。春花未入大堂便已嚎哭，凄惨悲凉，但那哀切之中难掩面露的妖冶，且外着丧服，内套红袄，分明具有杀夫之嫌。然而，春花却口口声声称赞她的丈夫，一口咬定是因气鼓症而亡。

包公问道："既患气鼓症，可曾请医诊治？"

春花对答如流："丈夫命薄，未及请医便气绝身亡了……"言罢，又是一阵悲哭。

包公一时问不出破绽，仅凭那妖冶之色及内套的红袄，断定春花杀夫也是证据不足，于是让她回去候审。随后，包公命仵作廖杰前去开棺验尸，结果是查不出谋害的证据，既无血迹，也无伤痕，难以下结论。廖杰转回家中，闷闷不乐，夜不成眠，不知如何向包大人汇报。廖杰的妻子娜英，见丈夫心事重重，问明情况，便提醒他："你可曾验看死者的鼻子？"

廖杰听后不觉一诧，忙问："验那鼻子何用？"

娜英随口说道："那鼻子可大有文章！若从中钉入利钉，便可直通脑门，不留痕迹而致人死亡。"

廖杰说："哪都验了，就是没验鼻子。"于是重返案发地，连夜复验尸体，见到毛勤鼻孔内果然有两根铁钉！于是水落石出，连忙禀报包公，遂将春花缉拿归案。在事实面前，这个女人无法狡辩、抵赖，供认了她串通奸夫，谋害亲夫的犯罪过程，那个奸夫也被捉拿下狱，二人均判为死刑。

事后，包公仍放不下此案，这种意想不到的害人手段，真是骇人听闻啊！不过廖杰又是怎么想到的？于是，他找来廖杰询问道："你破案有功，不过春花作案手段奇特，你怎么想到了验鼻孔？"

廖杰得意地答道："是小的妻子提醒的。"

包公心头一震，思索一下说："请你妻来府，我要当面酬谢她助案有功！"

翌日，廖杰的妻子来到开封府领赏，心想："我助案有功，不知这包大人赏我多少钱？"包公暗暗端详了娜英一会儿，像是谈家常似的问道："你嫁给廖杰几年了？"娜英回答："我们系半路夫妻,不过三年,前夫暴病身亡……"

"你前夫的名字可叫路才?"包公突然问道。

娜英面露惊异之色:"大人如何得知?"

包公疑团渐散,对她说:"路才暴死一案已由县衙呈送本府,我昨天查阅,此案虽已了结,但我觉得结论颇存疑点,并非暴病身亡。"

娜英一听神色大变,恐慌地说:"大人以为……"

包公一语中的:"本府认为,路才也是被人从鼻孔钉利钉谋害致死。"

娜英闻之,如霹雷轰顶。

廖杰奉命前往路才墓地,挖墓开棺。腐烂的尸体中,鼻孔部位露出两根生锈的长钉。

包公重审路才一案时,对娜英说:"你一个平常女子,如何能懂得这一奇特的作案之法?除非有过亲身经历,才会精通此道。你赶快如实招供吧!"

娜英只得供出事实:原来她也是个水性杨花之人,和路才结婚之后,经常与人勾搭。姘夫是个惯犯,与她合谋用铁钉钉鼻之法害死路才,后来那姘夫在斗殴中被人杀死,她才改嫁廖杰。

廖杰听了如梦初醒,他心有余悸地说:"想不到这女人如此蛇蝎心肠!幸亏包大人明察秋毫,破了冤案。要不然,我也会成为第二个路才了。"

娜英懊丧不已,本想来府领赏,没想到前来领罪,她后悔地说:"都怪我多嘴多舌,说出真话,不然又怎么会破了此案?真是引火烧身、不打自招了。"

戴知县逻辑推理破奇案

明朝万历年间,苏北宝应城外有个姓张的财主,家中雇佣两个伙计。大伙计叫万老大,小伙计叫柳老面。那天启明星刚出来,张财主便把两个伙计叫醒下地割麦子。

万老大扛着一把锋利的大镰刀在前头走,柳老面却因肚子疼痛落在后面,招呼了一声便钻进竹林里大小便,完事后柳老面去追赶万老大。赶到地头,见前面沟里躺着一个人,不由得喊叫起来,原来是万老大的脖子上直冒鲜血,已倒地身亡。柳老面发疯似的奔回张财主家去找人。

张财主赶到地头惊呆了,这人命案非同小可,就拉下脸说道:"这里并无他人脚印,此案必是柳老面所为!"当下地保、里正闻风而上,将柳老面押到官府。

宝应知县带人验尸,感到案情蹊跷,无法破案。适逢宿迁戴知县告假回扬州省亲,路过这里,宝应知县就请戴知县帮助他分析案情。戴知县见尸体周围麦稞整齐,脚印清晰,并无搏斗痕迹;旁边一把锃亮的大镰刀,刀刃锋利,上沾鲜血,乡人作证:此刀是万老大的。

戴知县又调查了柳老面平日的情况，人们都说他胆小怕事，逆来顺受，连鸡也不敢宰，是有名的软面疙瘩。戴知县又仔细将尸首查看，发现尸首之下躺着只死蛤蟆。他摇摇头叹息道：蛤蟆成凶手？自古未曾听说过。不过此案不是自杀，亦非他杀，其中定有奥妙。忽然身旁有人叫起来："这儿有血！"

戴知县往那边观瞧，果见草丛里有几点淡血迹，可不像人血。旁边还有一条二尺多长的死蛇，蛇腰上有一道很深的伤痕。他想：也怪了，蛇和蛤蟆不可能用镰刀割万老大的脖子，但为什么现场留下这两个死物？便和宝应知县带了死蛇和死蛤蟆回衙门。

第二天，戴知县扮成江湖郎中到百姓家串门，与几位老者拉家常，讲得兴起，便将那蛇拿出，请教为何物所伤。各位同声道："像是螳螂锯的。"

一个老者问："在捡到死蛇处可见到蛤蟆、老鼠等物？"

戴知县一惊道："果有一只蛤蟆，不知何故，请赐教。"

老者笑道："先生有所不知。这几物是天敌，蛇吞蛤蟆、老鼠是常情，螳螂拔刀相救是天性，它能跳到蛇腹咬紧蛇身，锯开皮肉，救出蛇吞食之物。还有一说，大凡螳螂救出被害之物，定会筋疲力尽，往往就变成被搭救之物的一顿美餐。这虫豸之类也有恩将仇报的。"

戴知县听此欣喜万分，回到县衙与宝应知县剥开蛤蟆肚子，果然有一只螳螂被其吞食。于是，发出通知，明日公开断案。

次日，两个知县并列坐在大堂上，前来观看的百姓把衙门口围个水泄不通，想听听如此奇案，知县如何明断。

戴知县道："据本官查明，万老大命案属自误身亡。究其原因，乃是蛇、蛤蟆两物作祟。"人群中发出一片惊叹声："还有这等怪事儿！"

戴知县又道："万老大来到地头，看见一条蛇正吞蛤蟆，一只螳螂跳过来，锯开蛇肚，救出蛤蟆；蛤蟆看见面前的螳螂，一口把它吞到肚里。万老大是个忠义孝子，见这蛤蟆恩将仇报，气愤已极，肩上扛着大镰刀，便攥着刀把用力拉下去打蛤蟆，谁知莽撞之中锋利的大镰刀正割在自己的脖子上，万老大身子倒下压死了蛤蟆。"

柳老面在后边的竹林里排便，未到现场，故也不知这一切，因此造成此桩奇案。

苏秦临终一计，刺客自投罗网

苏秦，是战国时期著名的舌辩家，他游说六国合纵抗秦，曾一人佩戴六国相印。他先在燕国住了较长一段时间，出了很多好计谋，很受燕王的重用。后来到了齐国，齐王又很信任他，这就引起了齐国的一些大夫嫉妒，竟然有人派刺客谋杀他。

一个初夏的深夜，苏秦正在书房里看书，一个蒙面人从窗口闪进，举剑直刺苏秦的胸膛，苏秦惨叫一声，倒在血泊中，卫士们从门口奔入，刺客返身跃出窗口，逃之夭夭。

齐王闻讯来看苏秦，发誓一定要捉拿住凶手。苏秦有气无力地告诉齐王："臣有一计，能使凶手自己找上门……"说完就死了。第二天，与苏秦争宠的大夫们都来到王宫，当然那个派刺客的大夫也来了，观察齐王的态度。齐王狠狠地说："苏秦死了，解我心头之恨，我最近才知道他是燕国派来颠覆我国的奸细。我要将他五马分尸，悬头于城门。"齐王一声令下，果然如此。齐王刚要回宫，一个身体高大的人从观看分尸的人群中挤了过来，自称是杀死苏秦的英雄，要齐王给予赏赐。

齐王要他拿出证据，他便把行刺的过程叙述了一遍，这正与齐王掌握的现场情况一样。齐王说："苏秦先生可以九泉之下安息了。"刺客一听方知上当，刚要逃跑，就被卫士们砍成肉泥。

王阳明审案假退堂引盗串供

明朝时，有个盗贼头子王和尚被捉拿归案。他供出了同伙多应亨、多邦宰。这两个人勇猛剽悍异常，但被捕后认罪态度较好。

忽然有一天，多应亨的母亲通过兵道传下来一件请求为她的儿子辩白开脱的文书，文中还引了王和尚为证人。王阳明想，这必定是王和尚接受了多家的钱财，才答应为他们辩解、开脱罪名的。

为了揭开这个谜，王阳明在后堂设了案桌，叫一个衙役事先藏在桌围里面。布置停当后，王阳明就传唤三个盗贼前来交代事实，开始复审案子。王和尚和多氏兄弟否认他们是盗贼同伙，当庭翻供。正在这时，一个差役进来报告，说迎宾馆有贵客前来，王阳明立即起身离开后堂，那个差役也随之而去。

这时，堂上只留下三个强盗。他们互相挤眉弄眼，打着手势，王和尚做着拍打自己屁股的样子。多氏兄弟不解其意，便低声询问。王和尚说："我是说最多挨打几十板子，咬牙挺过这一关就好了。"多氏兄弟也说："我家里人在府里也通了路，这事儿不怕。"

不一会儿，王阳明回到了后堂，继续审案，突然从公案的桌下钻出一个人来，原来是衙役在桌围里偷听，他把三个强盗刚才的对话和举动全向王阳明做了报告。三个盗贼一见阴谋败露，事实俱在，铁证如山，吓得急忙伏地请罪连称该死。

薛宣割黄绢用观察之法断案

西汉时，有一商贩带着一疋黄色丝绢去集市出卖。未到集市，天降阴雨。卖绢人找不到避雨之处，万般无奈，就把一幅黄绢展开来遮风避雨。

雨越下越大，这时远处来了一个人，浑身湿透，他可怜巴巴地请求也凑到绢下避雨，卖绢者也有同情心，就让他来绢下避雨。不一会儿，雨过天晴，卖绢者正要把绢收起来去赶集，不料那避雨之人却说绢是他的，不让卖绢者拿走。卖绢者气得说不出话来，两人各不相让，大吵大嚷。过路行人也都围了上来，但谁都难评是非。

正巧，郡太守薛宣路过此处，听得路边有人争斗，便命停轿，把争斗之人带过来问问。

两个人来到薛太守跟前，都坚持说绢是自己的。薛太守问："你们各执一词，说说那绢上可有凭记？"两人说的又一样。

薛太守很不耐烦地说："你们都说绢是自己的，本官也不能轻信你们任何一个人，只能把绢劈开，一人一半。"薛宣举起剑来，把绢一分为二，然后上轿打道回府。

那两个人各带一半黄绢走向集市。薛宣已命两个当差的在后面悄悄地跟着那两个拿绢人，听听他们说什么。

不一会儿，只听得一人边走边骂，大骂太守是糊涂官。另一个则喜气洋洋，口里还哼哼着小曲。两个当差的把二人叫住，让他们到太守的府上来一趟。

二人来到府上，哼小曲儿的那个人先告状："大老爷，他骂您，骂您是个糊涂官、大混蛋！"

两个当差的向太守报告："那个人是骂人的，这个告状人是偷着乐的。"大家都以为太守非命人打那个骂人的几十大板不可！

不料太守却说："我宣布判决：骂我的那个人是卖绢的，偷着乐的这个人是赖绢的，而且恶人先告状。"

这个无赖理屈词穷，只好承认错误，把一半绢还给了那个卖绢人。但太守也没有饶了这个无赖，命人把他重打四十大板，罚银五两。

管仲舍金购鹿楚国地废田荒

春秋时，齐国大治，征服了许多割据一方的诸侯，终于称霸中原。但是唯有楚国自恃强大，上不尊周天子王命，下不听齐国之号令，时而侵略邻国掠夺土地财物。齐国若不能征服楚国，霸业形同虚设，盟主地位也难以巩固。为此，齐桓公召集群臣，垂询征服楚国之策。

当时，齐国的几员大将纷纷请战，建议集结重兵再联合诸侯的军事力量攻打楚国，以兵威震慑楚国称臣。相国管仲力排众议，他分析说："楚国之所以抗拒王命，正是依仗地大兵强，国家富足，才敢于妄自尊大。现在出兵，齐楚交战，旗鼓相当，两败俱伤，不知有多少人遗骨疆场！"

一番话使齐桓公愁眉不展，令众臣哑口无言。当大家问管仲有何妙计征服楚国时，管仲笑而不语，似乎胸有成竹。

不久，齐国的商人奉相国之命到楚国去购鹿，并到处扬言："齐桓公好鹿，不惜金钱。"当时，楚国多鹿，只作为一般的可食动物，价格并不贵。楚国商人见有利可图，便纷纷做起这桩生意，鹿价与日俱增。楚成王和大臣们闻知此事感到可笑，他们认为齐桓公为了购鹿而耗费齐国的钱财，与十年前卫懿公好鹤亡国没有什么两样。楚国从此高枕无忧，等待齐国大伤元气，好夺他的霸主地位。

楚成王暗中下令：把鹿价继续提高。

楚国人见一头鹿的价格超过一垧地的粮食，谁还种地务农，都拿着猎具钻进深山老林里去捕鹿了。于是，做工的离开作坊，当兵的也舞弄军械上山逮鹿。一时间，楚国人言必称鹿。

楚人卖鹿赚了不少钱，铜币堆积如山。谁知第二年，农田无人耕种，楚地大荒，粮食奇缺，楚成王着了慌，派人用铜币去邻国买粮食，但是买不到。原来，管仲早已联络各国诸侯，禁止与楚国通商，不准卖给楚国粮食。

楚成王这时才明白了齐桓公好鹿是管仲的计谋，但后悔已经晚了。管仲见时机已到，请齐桓公下令出征，集合八路诸侯，联军浩浩荡荡开往楚国边境，大有黑云压城城欲摧之势。此时的楚军人饥马瘦，没有战斗力了，怎能与齐国大军和各路诸侯的劲旅交锋？楚成王内外交困，走投无路，只好派使臣向齐桓公低头求和，表示他从此听从齐国的号令，不再恃强凌弱。为了表示诚意，奉献金帛 8 车，派使臣犒劳八路诸侯之师，又准备了菁茅在齐军前呈祥，然后具表向周天子进贡。

管仲用疲楚之计，不战而屈强楚，巩固了齐国的霸主地位，使天下无有抗衡者。

勾践献美女施疲敌计败夫差

勾践，春秋末年越国国君，越王允常之子，公元前 497—465 年在位。曾被吴国击败，屈服求和。他卧薪尝胆发愤图强，任用范蠡、文种等人整顿国政，10 年生聚，10 年教训，终于转弱为强，灭亡了吴国。继而在徐州大会诸侯，成为霸主。

夫差，与勾践同时代的吴国国君，吴王阖闾之子，公元前495—473年在位。起初与越王勾践争雄，在夫椒打败越兵，乘胜攻破越都，迫使越王屈服。又开凿邗沟，以图向北发展，在艾陵（今山东莱芜东北）大败齐兵。前482年，在黄池（今河南商丘西南）和诸侯会盟，与晋国争霸，越王勾践乘虚入关都。后来越国再次兴兵攻灭吴国，夫差战败被逼自杀。

且说越王勾践被吴王夫差打得大败，俯首称臣，屈身为奴，亲自服侍吴王夫差，出门为他牵马坠镫，进门为他脱衣摘帽，甚至亲口品尝夫差的粪便，以判断夫差的病情是否好转。还自愿将王后送给夫差做妾，极尽谄媚讨好之能事，低三下四不如狗。这一套虚伪的行为终于迷惑、感动了夫差，使夫差认为他已经臣服，就决定放了他，准许他回到越国去。

勾践回到越国后，从国内搜集了大量的珍宝送给夫差，使他玩物丧志。又挑选了美女数千人，从中选出两位绝代佳人，一个是西施，一个是郑旦，派出专人将这二美女进行训练，每日教她们歌舞、礼仪和取悦于君王的本领，考核达标，将其送给吴王夫差。勾践此举，是让夫差“英雄难过美人关，醉生梦死失江山”。

吴王夫差得到两个美女后，喜笑颜开，整天沉醉于美人怀中，不问政事。

勾践的美女疲敌术被相国伍子胥看破，他几次进谏吴王，提请他不要上当受骗。而西施趁机离间夫差和伍子胥的关系，吴王不仅没有把西施打入冷宫，还赐给伍子胥以“属镂之剑，逼伍员自刎”。这样，吴国失去了擎天柱，大厦必倾。

公元前473年，越王勾践乘吴王夫差北上争霸、国内大旱之机，一举灭亡了吴国，捉住了夫差。夫差要求勾践从宽处理他，勾践打算把他流放到江南给他一个“村长”的职务，夫差一听，知道勾践在羞辱他，就拔剑自杀了。

刘琦上楼抽梯诸葛不慎中计

话说荆州刘表，中年丧妻，续娶一房夫人蔡氏，是个美女蛇，心肠歹毒。她生得一双儿女，欲立亲子为刘表的继位人，密谋将前妻所生的公子刘琦除掉，以搬去绊脚石。刘琦得到情报，日夜提心吊胆，不知如何是好。

刘表的部将黄祖在江夏守备，被东吴军队杀死，刘表急速派人请同宗家族兄弟刘备前来商议报复之策。刘备与刘表密议一番，回馆驿安歇。忽报公子刘琦来见，刘备接入。刘琦见到刘备，就泪如雨下，沉痛地说：“继母不能相容，我的性命危在旦夕，希望叔父可怜可怜我，救我一命。”刘备说：“这是你们的家事，我怎么能干涉呢！”刘琦说：“我实在没有办法，叔父不能帮忙，我命休矣！”刘备又说：“我也没有什么办法呀。”过了一会儿，刘备送刘琦走到门口，在他耳边低语几句，刘琦转忧为喜。

次日，刘备装作腹痛，委托孔明代表他回拜公子刘琦。孔明来到公子宅第，公子邀入后堂。茶罢，刘琦说："琦不见容于继母，盼请先生发一言相救。"孔明曰："亮本是客人，怎敢对你们家事说长论短？"说完起身要辞别，公子一把拉住他，挽留入密室共饮。饮酒之间，刘琦又说："继母不相容，乞求先生一言相救。"孔明曰："你们家里事不是我应该参与的。"说完又要告辞。刘琦拉住孔明说："先生不说就算了，何必立即就走。请坐！"孔明转回身坐下，刘琦说："我有一部古书，怎么也读不懂，请先生一观。"孔明猜想：这可能是一部奇书，我得看看。便问："书在哪里？"刘琦说："在楼上！"于是引领孔明登上小楼。孔明急于观书，又问："书在何处？"刘琦跪在地上给孔明下拜，哭着说："继母不相容，我命危在旦夕，先生怎么能忍心不发一言而相救呢？"孔明摇摇头便要下楼，只见楼梯已撤去，不能下楼。刘琦告诉孔明："我欲求教良策，先生恐怕有泄漏，不肯出语；今日上不至天，下不着地，出君之口，入琦之耳。可以赐教矣。"孔明曰："疏不间亲，我怎么能为这类事情出谋划策呢？"刘琦说："您真的不能赐教，我只有等着死了，还不如立即死于先生之前！"说完乃掣剑欲自刎。孔明止之曰："且慢！已有良策。"刘琦又拜了一拜说："愿即赐教。"孔明曰："公子岂不闻申生、重耳之事乎？申生在内而亡，重耳在外而安。（申生、重耳两人都是春秋时晋献公的儿子。献公宠爱骊姬，想立她生的儿子奚齐做太子。骊姬常说坏话陷害他们兄弟二人。申生不肯逃亡被迫自杀，重耳逃亡国外倒安全了，多年后在齐国的帮助下返回晋国，当上国君是为晋文公，励精图治，成为春秋五霸之一）今黄祖新亡，江夏缺人守备，公子为什么不向您的父亲上书，申请屯兵守御江夏呢？这样就可以避祸了。"刘琦感恩不尽，再拜谢教，乃命人取梯送孔明下楼。

次日，刘琦上言，欲守江夏。刘表犹豫不决，请刘备商量。刘备说："江夏重地，非他人可守，须当公子自往。"于是，刘表令刘琦引兵三千去江夏镇守。刘琦由此转危为安矣。

阮籍饮酒自醉避世独善其身

魏晋时期，时局混乱。司马氏集团与曹魏的斗争接连不断，政局动荡多变，互相倾轧、互相陷害的事情时有发生，一些不肯苟合于浊世的名士，都难逃杀身之祸。名士阮籍，看到世道如此，自己既无扫除浊乱之力，又无法离群索居，便整日自斟自饮，一醉方休，以此装聋作哑，绝不参与和过问政事。

当时，司马懿的儿子司马昭把持朝政，图谋不轨，"司马昭之心，路人皆知"。他久闻阮籍之名，又相中了阮籍的女儿，便打算给自己的儿子司马炎娶来为妻，两家结为儿女亲家。而阮籍则不肯与权贵们搅和在一起，但又不能当面拒绝司马昭，因为谁也得罪不起他，便用醉酒的方法回避他。阮籍一饮再饮，酒不醉人人自醉，一直醉了两个月。这样，就使得司马昭根本无机会说起此事，便只好作罢。

当时有个叫钟会的人，大器早成，目中无人。听说阮籍名声很大，又受到司马昭的赏识，便心生妒忌，打算陷害他。钟会多次到阮籍家拜访，并问起阮籍对时事的态度，想从阮籍的回答中挑出毛病，小题大做，扣上帽子，置人于死地而后快。可阮籍呢，根本不吃他这一套，终日酩酊大醉，对钟会的询问避而不答，使得钟会最终也没能找到他的口实，陷害不了他。阮籍的借酒避敌，也算得是一招高棋。

徐敬业钻马腹避火大难不死

唐朝初期，开国元勋徐懋功有个孙子叫徐敬业，这孩子相貌丑陋、性格倔强，从小不听师长之言，全家人都不喜欢他。徐懋功说："徐敬业这种逆子还不如死了好。"

徐敬业自幼喜好舞枪弄棒，聚众闹事，从不让徐家安宁。徐懋功火冒三丈，心想还不如让这孩子早死了，以免辱我徐氏家族功臣之名。

有一天，徐懋功命徐敬业一边驱赶野兽，一边放火烧山；又命人在徐敬业的外围放火。那天风大，霎时间烈焰熊熊，草木尽燃。徐敬业发现四面是火时，已经逃不出去，被困在山中。徐懋功说："烧得好，烧得好！让大火把那个逆子烧死，以绝后患。"

徐敬业见火势越来越近，大呼"救命"，但又一想谁救命谁都得被烧死，不如自己想办法。他找了一块平地，把马牵过来杀死，掏净肠肚，然后钻进马腹的空腔里避火。这时火已到近前，将马毛全烧着，气味极难闻。

待大火烧过，山上一片灰烬，徐懋功带领随从，上山寻找徐敬业的尸体，找了一会儿没有找到。当他们来到那匹烧焦的马跟前，不料从马腹中钻出一个满身血污的小人来，把大伙吓了一跳，定睛一看是徐敬业这小家伙。

徐敬业站在地上伸展了一下四肢，笑了一笑，庆幸自己大难不死。

徐懋功却仰天长叹说："小敬业此番大难不死，它日定使我徐家遭难，这可能是天意吧。"

后来，徐懋功对徐敬业不理睬，听之任之。徐敬业不到十八岁，就招兵买马，组织军队，成为一名将军。

武则天登基做皇帝后，徐敬业同骆宾王等人起兵讨伐武氏。骆宾王写了名留青史的《讨武曌檄文》，徐敬业则领兵同武氏大军对抗，终因寡不敌众，不久兵败被杀，株连九族，徐家被满门抄斩。这也应了徐懋功的那句预言。

借头压众:曹操缺粮平军心

东汉末年,军阀割据,出身于贵族世家的袁术占据了淮南,并于公元198年在寿春称帝。袁术自立为皇帝的做法引起了各军阀的普遍不满。割据兖州的曹操首先发难,以汉室丞相的身份,公开兴兵讨伐袁术。

这一年,曹操与袁术在寿春一地相持几个月之久,袁术已统御林军渡淮河南撤,留下四员守将坚壁不出,曹操攻打不入,战争处于胶着状态。由于曹操远离后方,旷日持久的对峙使军中的粮草快要用尽了,兖州的粮草又不能马上运到,危机即将出现。为了节省现存的一点粮食,曹操把典仓吏王垕召来,命他用小斗付粮以解燃眉之急。王垕说:“兵士怨恨吃不饱怎么办?”曹操曰:“我自有办法。”

过了几天,士卒由于不能吃饱饭而普遍产生不满情绪,有些人大骂起来。曹操闻之,自料军心不稳,不战自乱,恐怕这场战争要以失败而告终。于是,曹操把王垕叫到帐内,对他说:“我想借你一样东西用来稳定军心,请你不要吝啬。”王垕说:“只要能为丞相排忧解难,借我什么东西都行!”曹操说:“那好,我就借你的人头,以示众耳!”王垕一听,大吃一惊:“我并无罪,为何要让我的脑袋搬家?”曹操说:“我也知道你无罪,但不杀了你,军心必变矣。你死后,你的妻子儿女由我来抚养,你不必忧虑挂念。”王垕还要争辩,曹操即命刀斧手把王垕推出门外,一刀斩讫,悬头高杆,出榜告示全军:“典仓吏王垕故行小斗,盗窃军粮,现已查实,谨按军法!”士卒们不知详情,见到王垕的人头,都认为曹操公正无私、肃贪执法,怨恨和不满情绪很快就消除了。由于争取了时间,兖州的粮草接着就运到了。曹军手中有粮,心里不慌,吃饱肚子,才能打胜仗。

借风使舵:庄后下嫁多尔衮

皇太极死时,并未指定皇位继承人,有可能继承皇位的是皇太极的长子豪格和皇太极的弟弟多尔衮。

豪格为人高傲,但力量不足。多尔衮有两位一母所生的兄弟(多泽、阿济格)相助,实力很强。两派明争暗斗,势同水火。

庄后亲约多尔衮到她的内宫,与他分析形势和利害关系,希望他能够顾全大局,以江山为重,不要使大清王朝内部分裂,兄弟反目,叔侄相残。

在战场上英勇善战的多尔衮,在女人面前却显得无能为力,他自从妻子(庄后的妹妹)死后,便对嫂嫂垂涎欲滴。这一回庄后请他,把他乐晕了头,机会难得,极力巴结庄后。庄后也有暗示，要看看多尔衮的表现，于是多尔衮请庄后讲她的主意。

庄后提出让自己6岁的儿子福临继承皇位，以多尔衮为摄政王，全权负责军国大事。这样一来，多尔衮实同皇帝，众王子也不好公开反对，国家也不会发生内乱。

多尔衮一听，心中大喜。自己既能控制实权，又可能得到这位大美人，何乐而不为呢？于是同意照庄后的意见去安排：儿皇帝福临即位，多尔衮摄政，满朝文武无人敢反对。豪格虽然心中不服，但这是皇后和皇叔的安排，只好默认。

福临即位后，国号顺治，小皇帝坐在皇位上似乎是一个木偶和招牌，所有事全由多尔衮发号施令，但多尔衮称帝的野心并未全灭，他结党营私，打击异己，杀死了豪格，贬了另一位摄政王济尔哈朗。入朝时，满朝文武都得向皇帝和他下跪。

庄后发现多尔衮这匹野马难以驾驭，于是用尽了她的手段和魅力，先是暗中勾引，使多尔衮尝到了甜头，乖乖地拜服在她的衣裙之下。最后。一不做二不休，干脆嫁给了多尔衮，将这匹野马牢牢地拴在自己的腰带上，终于保住了儿子福临的皇帝位。

借花献佛：袁世凯孝敬慈禧

八国联军进北京，烧杀掠抢，抢走了圆明园的文物古玩、稀世之宝，不可胜数，皇宫中价值连城的宝物，也被洋鬼子洗劫一空。慈禧和满朝君臣事先已仓皇出逃。

1901年，李鸿章签完辛丑条约，就在万人的唾骂声中死去了。临死之前，他推荐了袁世凯，袁被暂封为“太子少保”。

西太后回銮，只见宫中面目全非，乱七八糟，所有陈设能搬走的则无，不能搬走的则坏，损失相当惨重。西太后下令：眼前最紧急的任务，是恢复皇宫的原样，立即筹款办置。这可就成了大问题，钱从哪儿来？如果按照常规手段搜刮百姓，那是远水不解近渴的做法。于是，她首先想到向各级官员募捐，可这伙人非但不肯解囊，反而一个个哭起穷来。袁世凯这时正在晋升，要向慈禧孝犬马之劳，他见这群铁公鸡一毛不拔，顿生嫉恨，明的不成来暗的，给他们来个“借荆州”看看。

袁世凯秘密派出几个亲信到天津各处大号钱庄，谎称将大批公款存入，但必须事先弄清利息。钱庄为取得信任，就将存款账簿拿出来，上面尽是存款者的名字、款数和利息，共约100多万两白银。来者便一一牢记。

袁世凯根据名单上的大户头，将存款者请来，严厉地说：“这些钱庄实在可恶，在举国维艰之际，竟盗用你们的名义存款。为告诫他们，我把这些冒名顶替、败坏你们声誉的存款暂时借用了。”

那些存款大户心如刀绞，苦不堪言，却又不敢发作，因为他们都说过“没钱”，现在怎好改口？借就借吧。

袁世凯没有花自己一文钱，把别人的钱借给老佛爷花，正可谓借花献佛。这一举措迅速恢复了宫内的陈设，讨得了慈禧的欢心。

借火点烟：俾斯麦力争平等

1851年5月，法兰克福邦联议会来了一位新代表，他就是年仅36岁的俾斯麦。法兰克福邦联议会由各邦诸侯代表组成，为争取邦联的领导权，各邦诸侯代表们之间勾心斗角，面和心不和。

当时奥地利在各邦中势力最强大，而俾斯麦所代表的普鲁士的实力相对较弱。在邦联议会中，他对奥地利人藐视一切的态度十分不满，想找机会向奥地利提出挑战。

在议会中有一个不成文的惯例，就是只有担任主席的奥地利人才有权吸烟。俾斯麦看不惯这种做法。在一次会议中，当主席抽出一支雪茄烟时，他也立即拿起一支烟，并向主席借火点烟。主席有心不给他火，可又怕伤了和气，因小失大，无奈就借给他火吧。俾斯麦用主席的火点燃了自己的烟卷，也大模大样地抽了起来，以此表明普鲁士与奥地利是平起平坐的。当然，因两国实力相差悬殊，很难争取真正的平等，但俾斯麦的这一举动令主席和各邦代表刮目相看。

外交中的礼仪不仅仅是形式上的，它的背后往往有更深层的含义。俾斯麦用一支烟争得外交上的主动地位，尽管是形式上的，但他力争平等的精神确实可佳。

黄铁脚竹竿吹气窃酒壶

黄铁脚是小偷中的有名人物。他家隔壁有个酒店，他常去赊酒，欠了许多钱，不能如期支付，酒家很讨厌他。这一天，黄铁脚又去赊酒，酒家生了气不赊给他。

黄铁脚似真非假地开玩笑说："赊酒早晚得给钱，不如我偷你家的酒壶，到别的酒店换酒喝，省着花钱了。"

酒店老板一听，心里嘀咕："这小子本来是个贼，他说出来这话就有可能干出来，我得防备点。"因为老板有把银酒壶是祖先传下来的，只有店里来了贵客才拿出使用，一般的人还不给用呢。

这天晚上，酒店老板把酒壶拿到卧室，放在床前的几案上，把门锁得牢牢的才安睡。到了拂晓发现酒壶丢了。看看那锁和前一天晚上一样，其他也没有什么异常现象。店主人想起了黄铁脚的话，马上到其他酒店去寻找，果然有一个酒店里放着他的银酒壶。

他问那酒店里的人这酒壶是从谁手里得来的，他们回答说：“从黄铁脚那里。”这个店主人找到黄铁脚，问他是怎么偷的？黄铁脚却说：“你再赊给我二斤酒，才能告诉你。”店主人只好又赊给他酒。

黄铁脚告诉他说：“用一根小竹竿，把中间挖空了，上下能通气，再把一个猪尿泡绑在竹竿的顶端；然后从屋檐的通风孔中伸进竹竿，把猪尿泡插进酒壶里，接着就往竹竿里吹气儿，使猪尿泡膨胀起来，再举起竹竿，用鼓胀着的猪尿泡把酒壶提起来，再从屋檐下把它拿了出来。你的酒壶就这样到了我手里。”

黄铁脚行窃酒壶，虽然道德败坏，还涉及法律问题，但他想出来的作案绝招却是出人意料的。就智谋而言，是一般人不能比拟的，虽然我们并不赞扬他。

苏伯假戏真做窃取王位

公元一世纪，斯里兰卡的王位传到了亚瑟手中。亚瑟是一个沉溺于酒色的浪荡王子，继位后整天在宫女们的陪伴下吃喝玩乐，过着荒淫无道的生活。他还经常出外以巡视为名，游山玩水。有一次他到玛黑央格游玩，遇到了一个相貌和他极其相似的人，这人名叫苏伯。由于苏伯聪明过人，身强力壮，亚瑟王对他很感兴趣，把他带回宫中，命他做宫门卫士。

不久，亚瑟王对宫中骄奢淫逸的生活感到腻烦，便想出了一个玩世不恭的新花样：让苏伯穿上他的服装，戴上他的王冠，扮成国王坐在宝座上，他自己换上苏伯的衣服站在门口充当卫士。奇怪的是，文武百官上朝见驾时竟认假为真，向假国王苏伯三跪九叩，连呼万岁。退朝后两人才换回各自的衣服。这样的恶作剧使亚瑟王十分开心，他对苏伯的装模作样也很满意。

一个偶然的机会，亚瑟王看见苏伯的妻子美丽动人。于是他心生一计，命苏伯到外地去办公事，他便换衣出宫，悄悄地溜进苏伯的家中，把苏伯的妻子占有了。

苏伯知晓此事后，对国王十分恼怒，但他并没有冲动，而是忍辱负重。每天上朝，国王都让苏伯代替他。群臣来到宫中，双膝跪在国王的宝座之下，向万岁请安问好。在这庄严肃穆的气氛中，守卫在宫门的“卫士”亚瑟王，看到自己导演的这场滑稽戏如此逼真，乐得忍不住“噗噗”笑出声来。大臣们回头一看，见是宫门“卫士”讥笑圣上，齐声怒斥“卫士无礼”。

这时，假国王苏伯拍案而起，龙颜大怒道：“大胆奴才，竟敢如此放肆！来人，斩首示众！”一员武将冲过去，手起刀落，把“卫士”的脑袋砍落在地。从此以后，苏伯就一直坐在王座上，真的当上了国王。

齐襄公乱伦害亲杀人灭口

春秋时期,齐国的厘公去世,继位的是齐襄公。齐襄公有两个同父异母的姐妹,都长得很漂亮。一个叫宣姜,嫁给了卫宣公;一个叫文姜,长得更漂亮,后来嫁给了鲁桓公。

文姜在出嫁之前,就被齐襄公乱伦占有,勾搭成奸。公元前694年,齐襄公继位四年的时候,鲁桓公要去齐国访问,文姜听了,便一再要求陪同鲁桓公一块前往,也算回娘家探亲。鲁桓公特别溺爱文姜,有她在身边,也是乐趣,于是便带她出访齐国。

齐国已派使者前去鲁国迎接,鲁桓公与文姜同车走到泺水,齐襄公已在等候,相见十分欢畅,随即驱车共同来到齐国都城临淄,欢迎的场面十分隆重,并盛宴款待。

齐襄公此时要重温旧梦,破镜重圆,安排宫女将文姜接到宫中,进入密室,说是文姜公主多年未回,宫中嫔妃,十分想念,要亲热几日。齐襄公宴罢进入密室,与文姜同床共枕,寻欢作乐,第二天日上三竿,还未起床。鲁桓公心生疑窦,派心腹人去探听,回报说:"宫中嫔妃很少,也不见他们兄妹二人。"鲁桓公心里明白,原来如此,兄妹关系不正常。但身在齐国,怒气也不敢发作,只好等文姜回到身边来才盘问再三,文姜终于露出了马脚。

齐襄公听到文姜派来宫女密报后,知道大事不妙,便心生毒计,欲消除隐患,斩草除根。他马上召来心腹大力士彭生,密谋策划杀害鲁桓公。这时恰逢鲁桓公派人来辞行,齐襄公认为机不可失,装得十分亲热友好,一再邀请妹夫鲁桓公到附近名胜之地牛山一游,回来后再为鲁桓公夫妇饯行送别。鲁桓公盛情难却,勉强应命。在牛山的酒宴上,鲁桓公由于心愤难平,于是就借酒消愁解愤,不觉喝得酩酊大醉。齐襄公马上借机派武士彭生前去保护,扶桓公上车回城。半路上,彭生把醉得不省人事的桓公面朝下放平,然后用腿压在桓公的背上,再用双手猛拉桓公的两臂。彭生力大无比,只听"咔嘣"一声,桓公被撕裂,当即血流满车而死。车到城里,彭生报告说:"鲁桓公饮酒过渡,途中突然死亡。"齐襄公听后,装作悲哀的样子,命人厚殓入棺,并马上向鲁国报丧。

鲁国满朝文武,闻之大怒,要报仇雪恨,但是国力贫弱,欲战不能,只好提出,要查找凶手,严加惩办。齐襄公害怕把事情闹大,于是接受鲁国的要求,找来彭生,当众怒叱:"鲁侯酒醉,不小心服侍,致鲁侯暴薨,罪不容赦。"遂命武士们将彭生拉出去斩首示众。彭生这时才如梦初醒,发现自己当了替罪羊,实在恶气难忍,便大叫道:"齐侯淫妹又杀其夫,今委罪于我,天理难容!死后必为厉鬼,要你偿命!"众人听了,到处传扬,无不痛恨齐襄公人面兽心,乱伦害亲,必遭恶报。说来也巧,后来齐襄公去贝丘打猎,突然窜出一个凶猛的野兽,周围的人便故意大喊:"不好了,彭生来了!"齐侯连射三矢,皆未打中,自己反被吓得跌下马来，摔伤了左脚。不几年，齐国大乱，危机四伏，齐襄公终于死在乱刀之下。

武则天争皇后害死亲生女

武则天，名曌，山西文水人，生于公元624年，其家庭属于“寒族”。武则天14岁那年，宫廷派出太监到民间挑选美女献给皇帝御用，很多民间的漂亮姑娘听到消息后都吓得躲藏起来，怕选入宫中被幽禁起来，难以回乡与爹娘见面，而武则天却故意站在家门口东张西望，见宫廷选美的马队来了，她也不回避，一下子就被太监们看中了，欢天喜地把她带回宫廷，献给唐太宗李世民。唐太宗一见这位美丽俊俏、青春年少的少女，龙颜大悦，立为“才人”，赐名“武媚娘”，十分宠爱，在皇帝身边料理生活。但由于皇上嫔妃众多，争风斗气，武则天只有甘拜下风。武则天为人聪慧，善于学习，爱研究政治，通达事理人情，性格刚毅，多谋善断，几乎近于残忍。

从14岁到26岁这十二年的时间，武则天一直在唐太宗身边料理生活，这年太宗病重，经常昏迷，贴身护理的自然还是值得信任的武媚娘。太宗的卧室封闭极严，没有召令文武百官不得擅自进入，只有御医和太子李治才能自由进出。一日，太子李治进宫来看望父皇，走到外室洗洗手，武则天急忙前去递上毛巾，太子一挥手去接毛巾，几颗水滴甩到了武则天的脸上，武则天随口吟出两句骚诗：“未得君王宠，先承雨露恩。”太子一听，心领神会，当场就与武则天勾搭成奸，干起那乱人伦的风雨云雾之事来。从此，太子日日皆来探望皇上的病体，乘机与武则天幽会。

唐太宗驾崩，武则天被削发为尼，又被送进了感业寺……太子李治继位，是为唐高宗。过了一年，唐高宗为父皇忌日去感业寺进香，乘机见了武则天，许她待日回宫。过了一段时间，唐高宗找个理由就派人把武则天接回宫来，久别重逢，武则天感激得泪如泉涌。从此，她使尽浑身解数讨取唐高宗的欢心，终于生下了一个女孩。

唐高宗已有皇后即王皇后，其人端庄正派但不生子女。听说武则天生了个灵秀可爱的女孩，也多次前去探视抚抱。几个月后，王皇后又去那里探看女孩，看罢刚走，武则天听说皇帝要来，立刻计上心头，把手伸进女儿的被窝，狠狠地掐住女儿的脖子，致使女儿窒息而死，然后再把被子盖好，若无其事地出去迎接唐高宗。等高宗进来，武则天仍然承笑如前，毫无慌乱之举，待高宗打开被子看女儿时，却发现女儿已经死了。武则天在旁边故作吃惊，放声悲号。高宗忙问左右侍女，都说王皇后刚刚来过，别无他人。高宗大怒，认定是王皇后害死了他的女儿，遂下决心废掉王皇后。

武则天用嫁祸于人之计，使王皇后有苦难言，有口难辩，跳进黄河也洗不清自己的罪名。不久,高宗下召:废掉王皇后,立武则天为皇后。

武则天当上皇后,野心并未得到满足,她要觊觎皇帝的宝座。当时,唐高宗荒淫无度,致使龙体多病,经常头晕目眩,上朝不能理事,大臣奏本,不能判断,求问宰相如何处置。武则天听后要求与高宗一同临朝,大臣们奏本,未等宰相发言,武后便抢先裁判并下出指令,大臣们都被武则天卓越的政治才能所折服,把她与唐高宗并称为"二圣",即与皇帝无异。经过几年的临朝执政后,武则天实际上已牢牢地控制了朝野的大权,唐高宗索性不去上朝,政事皆交给武后代为处理,这为她日后当女皇奠定了牢固的基础。

唐高宗病重,立武后的长子李弘为太子,因与母亲争权,武则天用毒酒将李弘毒死。李弘死后,立武后的次子李贤为太子,李贤并不愿听母后的话,于是武则天又以李贤"颇好声色"为由,把他废为庶人,押至京师幽禁起来,继而立三子李显为太子。不久,唐高宗病死,太子李显继位,是为唐中宗。武则天以皇太后的身份临朝听政。一次,中宗想让其岳父韦玄贞当宰相,并授给乳母的儿子一个五品官,武则天大怒,下诏"废中宗为庐陵王,扶下殿",改由其四子李旦为睿宗,但睿宗原是北豫王,住在另一个地方,不能参与政事。同时,武则天又派人逼死了已废太子李贤。武则天清除了一切阻碍势力,准备好了登基称帝的工作。武则天的侄子武承嗣看到武则天登基称帝的时机已经成熟,就暗地里派人在一块白石头上凿刻了"圣母临人,永圣帝业"的字样,并使人谎称获之于洛水,上表献之。一番大肆渲染,云山雾罩,武则天借机登上皇帝的宝座,自始称为"陛下"。

武则天共生有六个孩子,四子二女。其中害死三人,废黜二人,只剩下小女太平公主因畏惧其母的权势,曲意逢迎,百般讨好,才落得一个"太平"。可见,武则天为了自己当女皇,脸皮最厚心最黑,是个厚黑达到登峰造极的女人。

李抱真火烧和尚聚敛钱财

唐朝时代,有个叫李抱真的官吏,曾任泽、怀二州的刺史。他在镇守潞州时,军中缺乏粮草,且无军费。为了平息军中的不满情绪,他心生一计,要借助和尚筹集军费,手段固然是毒辣的。

当地有一位老僧很受人们的敬仰,李抱真平素与他的关系很好,曾多次请他到军中来赴宴。和尚是不该饮酒的,但李抱真却能让他破例。一日,李抱真又把他请来秘密饮酒,和尚很高兴,酒过三巡,李抱真与他商量说:"借您的威望,来筹集一些军资行吗?"

这位德高望重的老和尚喝着佳酿正在兴头儿上,满口答应说:"当然可以。"

李抱真说:"你就说你要在球场上焚身,让人们捐钱,得来的钱财你我对半分。"

和尚很高兴,同意"对半分",这也是一笔相当可观的财富啊!但他疑惑地问:"焚身就要真焚，那我岂不是一命呜呼了吗？”

李抱真说：“我在军营中挖一条地道通到球场，暗设机关，等火烧着，你就乘烟雾弥漫之际，扣动机关，钻进地道，悄悄地回到我的密室来，其他事儿由我来处理。”和尚同意这个办法，认为此计大妙。不几日，地道挖好，李抱真还引和尚进入地道，看了看暗道机关，使他不生疑心。

一天，和尚呈上请状，说为了保佑百姓，去病消灾，他自愿焚身，以示诚意。李抱真组织人马，贴出海报，八方宣传，蛊惑人心。一切准备就绪，锣鼓开始，做了七日道场，日夜燃灯焚香，念佛诵经。军队助威，热闹非凡，和尚在军队的保护下升坛持垆，对众说法。李抱真率领僚属及其部下将士，在坛下顶礼膜拜，把俸钱堆在坛边以示施舍，引诱百姓效仿。于是善男信女云集，黎民百姓解市，施舍的钱财数以百万计。

道场满了七日，便堆上柴草，灌油点火，敲钟念经，和尚站在柴草中间，合手作揖向万民告别，众人都流下了眼泪。一把火点燃，浓烟四起，一片火海。和尚见引火烧身，便扣动地道机关，企图乘机逃脱，哪知地道已被李抱真派遣的心腹堵死，机关等于虚设。和尚上天无路，入地无门，最后，在火海中化为灰烬。

随后，军队控制了现场，一切施舍的钱财物品，都被运到军资库里去了，当然也包括和尚的那一半。

黑心皇帝朱元璋杀四宰相

明朝开国皇帝朱元璋是一个具有雄才大略的政治家，但是他也有厚黑的一面。由于他出身贫寒，当上皇帝后总是疑神疑鬼，总怕跟随他打天下的那些穷哥们儿或别的什么人，有朝一日夺去他的宝座，疑心重重，常常因此而睡不着觉，史称“雄猜之主”。他在位期间，前后共设过四个宰相，结果都被他杀害了。他心黑手狠，阴险毒辣，堪称一绝。

朱元璋当政时，开国宰相是左、右丞相徐达、李善长。徐达是常年领兵在外，虽然身居相位，却不谋其政；李善长独断专行，朱元璋嫉恨他，借故让他退休离位。第三位宰相汪广洋因不合皇帝的心意而被贬。第四位宰相叫胡惟庸，也是最后的一位。

朱元璋首先拿胡惟庸开刀，借机大肆清洗，排除异己。胡惟庸投奔朱元璋后，在李善长手下做事，为人精明，以办事干练著称。汪广洋被贬后，经李善长推荐任宰相。朱元璋怀疑他在执政期间拉拢亲信，贪贿好利，恣意弄权，因此下决心除掉他。1380 年，御史中丞涂节告发胡惟庸欲谋反，朱元璋见机会难得，立刻下令将胡宰相逮捕，给胡扣上“谋反”之罪名，将他处决，并对胡全家抄家灭族。接着朱元璋把与胡关系密切的人都定为“胡党”，并以追查“胡党”为名，把他怀疑的人都列为“胡党”，或杀或抄家灭族。此案前后株连被杀者竟有3万多人。

朱元璋又借"星变"杀功高望重的李善长。李善长在随朱元璋征战打天下时,以多谋善断而著称,他参与朱元璋组织策划、指挥作战和粮草供应等决策,屡建功勋。开国之初,李善长负责制定法规制度、宗庙礼仪,与朱元璋关系如鱼水一般,朱元璋将其比为汉初之萧何,称他为"功臣之首",命他为开国后的首任丞相。但时隔不久,朱元璋就开始猜忌和戒备他。过去称赞他"处事果断",现在则说他"独断专行";过去朱特许李对重大疑难问题可以"先斩后奏",现在则说他"目无皇上"。李善长预感到前景不妙,借生病之机向皇帝提请"退休",朱元璋立刻"准奏"。10年之后,由于李善长的弟弟李存义与胡惟庸结过姻亲,李存义的儿子又参与了"胡党",朱元璋怀疑李善长"知情不举",对皇上不忠,就产生了杀他之心。凑巧的是,1390年,钦天监报告,天上有星变,占象者说:星变主折大臣,应杀大臣以应灾,否则于皇帝不利。朱元璋心想:"李善长啊,看来我是不能不杀你了!"于是找出借口把李善长也定为"胡党",并将李家70多口人全部诛戮,李善长这位77岁的老者则以一根绳子结束了生命。

汪广洋是继李善长去相之后,于洪武四年担任宰相的,他两次入相,落了个二贬一杀的下场。汪广洋原在朱元璋帅府中担任参谋和秘书职务,以谨慎小心、善理繁难事务为朱元璋所赞赏,担任相职,正是利用他的特长。由于汪广洋看到了李善长的处事专断所招致的后果,所以他办事分外谨慎,事无巨细,均向朱元璋请示,从不自作主张。朱元璋感到平添了许多麻烦,因而十分烦恼,他甚至又想起了李善长的好处,加上汪广洋三年任职政绩平平,一气之下,把他贬为广东参政,由胡惟庸接任宰相。几年之后,为了打击"胡党"势力,朱元璋又把汪广洋调回,再次出任宰相。有一天,朱元璋召汪广洋进宫,秘密询问关于胡惟庸用药毒死刘基(刘伯温)的传闻,以及胡惟庸和李善长的往来情况,以考验汪广洋对他的忠诚。不料,汪广洋却说:"外面传闻,多是谣言,没有确凿证据。"朱元璋见汪广洋竟然站在胡、李一边,为其辩护,一怒之下,就以"朋欺罪"把汪贬到广西地区,朱元璋余怒未消,决心斩草除根,以绝后患,于是下令派专使下诏赐死汪广洋。专使日夜追赶,汪广洋未到广西,就被杀死在半路的船上。

徐达是朱元璋小时候同村放牛的伙伴,随朱征战几十年,出生入死,立下赫赫战功,位封左丞相、魏国公。此人有雄才大略善用兵。洪武十七年,钦天监报告星变:太阴犯上将,主大将对天子不利。朱元璋顿时想到徐达,疑惧之心日重。他得知徐达背生恶疮,便计上心来。他以徐达养病为名,把徐达从北平调回南京。朱元璋知道背疽最忌吃蒸鹅,便命御厨蒸鹅,派专使送给徐达吃。徐达接旨后,方知童年放牛时的小伙伴今天要结束他的性命,含着眼泪吃了蒸鹅,加上日夜气恼,不几天背疽复发而死去。

至此,朱元璋把他任命的宰相全部杀死。他下令撤销中书省,永不再设宰相,只设六部，皇帝总揽大权，并立下规矩："以后的皇帝，不准再设宰相。臣下有敢奏请设立者，格杀勿论。"他把独裁专制推到了顶峰，封建社会的中央集权制达到了无以复加的程度。

勾践亲尝夫差粪便另有图谋

春秋末年，吴越大战，吴王夫差大败越国军队，越王勾践被迫求和。勾践派大臣文种去见夫差，低三下四地说："亡国之君勾践派臣子文种来请示大王；勾践请求为大王之臣，他的妻子为妾。请大王赦免勾践之罪，越国将把珠玉宝器统统奉献给大王。"

夫差见文种态度诚恳，言辞卑屈，便不顾伍子胥的竭力反对，答应了他的请求。

按照夫差的要求，勾践须在夫差手下做仆人，为夫差养马。夫差每次坐车出去，总是让勾践给他拉马，以此来考验勾践是否臣服于他。这对曾经身居君位的勾践来说，无疑是莫大的屈辱。也正是如此，才表现了勾践作为政治家的勇气和耐心。

勾践偕同妻子在吴国过了三年。在这三年中，勾践总是小心翼翼地伺候夫差，做到百依百顺。

有一次，勾践听说夫差病了，便去探望。他走进夫差的卧房，正赶上夫差要大便，勾践急忙过去搀扶他。夫差叫勾践出去，勾践说："父亲有病，做儿子的应当服侍；大王有病，做臣下的也应当服侍。再说我还略懂些医道，看看大王的粪便，便可知病的轻重。"

夫差听了很高兴，就不再拒绝。勾践在夫差便后，亲口尝了尝夫差拉出来的屎，然后用一种唯恐别人听不到的惊喜之声喊道："恭喜大王！大王的病已没什么危险了，再过几天就完全好了。"

"你怎么知道？"夫差不解地问。

"病人粪便如果是香的，性命就有危险；如果是臭的，表示生理机能正常。大王的粪便是臭的，所以会马上痊愈！"勾践极认真地说。

夫差深受感动，对勾践说："你待我不错，等我病好了，就放你回去。"

夫差病好之后，果然放勾践回国，他相信勾践已完全臣服，不再会有反叛之心。

但是，人心难测，事实却完全相反。勾践之所以如此忍受屈辱，不过是为了迷惑夫差而已。归国之后，他卧薪尝胆，暗中备战。又使用美人计、离间计等，将夫差弄得晕头转向。最后，在勾践归国18年后，越国大军一举击败吴国军队，夫差被围困在姑苏山上，请求勾践宽宥，勾践不准许，被逼自杀身亡。

张耳城门飞脚陈馀忍痛挨鞭

秦始皇在统一六国的战争中，采取了远交近攻的策略，各个击破，不断取胜。他利用魏国君臣失和、边防松懈的机会，派出大军突袭，一举攻破魏国都城，俘虏了魏王和许多大臣，使魏国面临亡国的危险。秦王查阅被俘魏臣的名册，发现魏国的名臣张耳和陈馀下落不明，便悬赏千金捉拿这两个人。

张耳、陈馀闻此事，二人商定三十六计走为上，于是乔装打扮，隐姓埋名逃出了魏国。他们后来在陈国留了下来，当了两名看门小卒，一边躲过眼下的缉捕，一边伺机联络人马为复国做准备。

一天，守城的门官有意侮辱陈馀，故意把马鞭落在他面前，叫他跪着把马鞭捡起来递到自己手中。陈馀不堪羞辱，置之不理，这位门官勃然大怒，骂道："你这该死的亡国奴，不敬长官，我要好好教训你一番！"

说完，举鞭就抽。一鞭下去，陈馀脸上立即印上一道血痕；又一鞭下去，被陈馀抓住鞭梢，准备反手狠打门官。陈馀当年在魏国曾是统帅三军的大将，身经百战，武艺超群，岂能咽下这口恶气！陈馀抢过鞭子，就照门官的头上打去。说时迟，那时快，只见城门旁的张耳一个箭步冲过来，飞起一脚踹倒陈馀，丢个眼色警告他"忍"了。随后一语双关地大声呵斥道："将军重任在身，哪能和小人一般见识！你这不知高低的东西，该打，不然就没有规矩！"

陈馀顿时省悟，伏在地上，硬着头皮任门官鞭打。门官打累了，才住了手扬长而去。张耳见门官走远，急忙把被打得发昏的陈馀背到住处，为他治疗鞭伤，数落地说："陈将军今日险些坏了你我约定的大事，小不忍则乱大谋，今后我们务必谨慎，以复国为重啊。"

陈馀叹了口气："谢谢张大哥的提醒，若不是你的一脚，今天非弄出人命来不可，今后，我再也不会以匹夫之勇任性了……"

后来，张耳、陈馀互相鼓励，终于找到了复国良机，联合燕、赵等国，集聚魏国散兵遗民，从秦军手中夺回了半壁江山。

韩信忍受胯下之辱终成大器

秦朝末，在淮阴（今江苏淮阴）城里，有一位身材高大、衣衫褴褛的佩剑青年，常在大街上走来走去，很少有人知道他的名字。这一天，大街上站立着一个粗壮的少年屠夫，拦住了他的去路，大声叫道："韩信！我看你整天挎着剑走来走去，好像要当将军的样子，别看你个子长得挺大，其实是个胆小鬼。"这时，街上的人见有热闹可瞧，便来围观。那少年一见，更加兴奋起来，当着众人的面侮辱韩信说："你要是有胆量，就拔出剑来杀了我；要是不敢这样做，那就从我的胯下钻过去！"这简直是奇耻大辱，严重地挫伤了他的自尊心，是可忍，孰不可忍！可是，韩信拔出剑来却按在地上，盯着那个屠夫瞧了好一会儿。

那个屠夫不耐烦了，又冲韩信叫道："快点，别傻乎乎地站着。"屠夫早已双手抱胸，双腿叉开，摆好姿势等着。韩信放下剑，俯首屈身趴在地上，从那少年的胯下钻了过去。屠夫得意地狂笑起来，围观的人也跟着嘲笑起来。"看哪，韩信像狗一样钻洞子！哪像个男子汉大丈夫！"韩信低着头，拾起剑，若无其事地从人群中走了出去，背后难免有人指指点点。

后来，在推翻秦朝的农民大起义洪流中，韩信投到刘邦麾下，拜为大将军，指挥三军东征西讨，为刘邦打天下立下了汗马功劳。垓下一战打败项羽后，刘邦封韩信为楚王。韩信功成名就衣锦还乡，找到那位曾经多次给自己饭吃的老太太，送给她许多金钱。在回来的路上，碰巧看见了那个侮辱过他的屠夫，就下了马车把他叫住。

那屠夫定睛一看：此人相貌不凡，仪表堂堂，很快认出他是受过他胯下之辱的韩信。心里大吃一惊，不禁毛骨悚然，不寒而栗。真是冤家路窄，想跑也晚了。听说那韩信当上了大将军，威震天下，又被封为楚王，有生杀大权，杀人不偿命，杀我比杀一只小鸡还容易，今天我算倒霉了。那屠夫正在胡思乱想，不料韩信拍了一下他的肩膀，说道："壮士，还认识我吗？"屠夫吓得六神无主，惊慌地说："认得，实在是对不起，对不起！"韩信说："壮士，我佩服你，你是天下最勇敢也是最敢冒险的人！"屠夫听了这话才心里稍安。"我命你担任此城专门捕捉盗贼的中尉。"韩信对屠夫说。那屠夫似在梦中，如醉如痴，心想不但没受惩罚，反倒给个官儿当，天下竟然有这样的好事。

事后，韩信对将士们说："当时我受这人胯下之辱，也想杀了他。可是又一想，杀人要偿命，我若是因一时之怒就玩掉了性命，还能有后来的威名天下吗？还能有今天的荣华富贵吗？"众人皆称赞韩信的大将风度和宽广的胸怀。

司马迁忍辱负重写历史巨著

汉朝时，有个文学家、历史学家名叫司马迁。司马迁的父亲也是个学问渊博的人，官任太史令，是皇家图书典籍管理机构的最高长官。他立志要撰写一部贯通古今的长篇史书，但壮志未成身先死，未来得及动笔便去世了。临死前，他留下千古遗言，要儿子来完成他的心愿。

司马迁化悲痛为力量，决心完成父亲的遗愿，写出历史惊人之作。司马迁自幼刻苦学习，勤奋加天赋，给构筑历史系统工程奠定了基础。从20岁起，他便多次出游，增长自己的见识和知识，为写作史书做准备。后来，他继任为太史令，便动手整理史料，这也使他获得很多便利条件。42岁时，司马迁开始撰写这部史书，可就在他写书的时候，天有不测风云，突然飞来了一场横祸。

汉朝名将李广,有个孙子名叫李陵,英勇善战,也是一位枭勇的猛将。这一年,汉武帝派自己宠妃的哥哥将军李广利出征匈奴,派李陵带五千步兵从侧翼策应主力大军,以分散匈奴的兵力。李陵率兵深入匈奴领地,以五千兵力吸引了大批匈奴兵力,苦战十余日,虽杀死匈奴数千,终因寡不敌众,被匈奴围住。主将李广利得知李陵被围之后,却按兵不动,不去救援,致使李陵被匈奴俘获,不得已投降了匈奴。

事后,司马迁曾为李陵做过辩护,认为李陵是有功之人,此次投降是由于万不得已,以后定会将功补罪,报答汉朝的。可是,汉武帝龙颜大怒,竟将司马迁革职下狱,处以宫刑(古代一种割去人生殖器的酷刑)。

遭受到如此大的一场痛苦和耻辱,司马迁承受不了,本想一死了之。但想起父亲的遗愿和自己的抱负,他毅然含悲忍愤,咬紧牙关"忍了",以巨大的忍耐力承受住了这一沉重的精神打击。出狱后,他把自己的满腔不平和愤慨,化作奋笔疾书,埋头写作。司马迁经过多年不懈的艰苦努力,终于完成了一部伟大的巨著——《史记》。

伍子胥须发皆白过昭关

春秋时期,有一位家喻户晓、叱咤风云的人物,他叫伍员,子胥是他的号。他出生在楚国,身高八尺,腰阔十围,有举鼎拔山之力、万夫难挡之勇。但就是这样一位对楚国有汗马功劳的杰出英雄人物,竟被小人费无忌和楚平王迫害导致无家可归,有国难投。

话说伍子胥带着太子建的儿子小胜——一个在被害之列的七八岁的无辜儿童,一路潜逃,饥餐渴饮,曲折向东,奔往吴国。通往吴国的必经之地——昭关,是楚国边境的险要所在,常有重兵把守。楚平王为了捉拿伍子胥,特意派了一员上将远越把守关口,并且把伍子胥的画像贴在关口上,对过往行人严加检查。

伍子胥并不知道昭关上有他的画像,只是想到昭关山高路险,插翅难飞。远远望见昭关的轮廓,他便开始发愁,也是走得太疲乏了,就和小胜找了一片树林,一面坐下来休息,一面苦想过关的办法。歇了一会儿,忽然看见一个老头儿手拄拐杖走进树林。他看到伍子胥,上下打量一番,然后近前说道:"足下莫非是伍壮士吗?"

伍子胥一听,被吓了一跳,在这个地方怎么会有人认识自己呢?正不知道怎样答话,就听老人说道:"壮士不必害怕,我是扁鹊的弟子,名叫东皋公,曾随老师到各国行医,如今老了,在此地隐居。"

"请问老丈,你怎么知道我是伍员呢?"

"壮士的画像早已贴在昭关,老汉我从那里路过,已见到画像,所以今天相遇便认得出来。"

伍子胥一听，方知昭关上还有自己的画像，看来这关口是过不去了，如何是好呢？

东皋公又道："老汉已知道壮士的父兄被害，楚王又派人到处捉拿你，我对你的悲惨处境十分同情，请到寒舍一叙。"

伍子胥觉得这位长者诚实可信，就领着小胜，跟随东皋公走出树林，来到了一座茅舍里，这便是东皋公的隐居地。

东皋公对伍子胥说道："壮士可暂住这里，尽管放心，我愿意帮助你闯过昭关，到吴国去借兵，为父兄报仇。"一连七日，东皋公以酒食相待，非常友善。只是伍子胥急着要逃出昭关，日夜焦虑，食不知味，寝不安枕。到了第七天夜里，伍子胥夜不能寐，瞪着眼睛在屋中走来走去直到天明。

东皋公起早访友，归来时见到伍子胥，大吃一惊："一夜之间，判若两人，我几乎认不得你了。这下子可倒好了，过昭关没问题了。"

伍子胥觉得奇怪："您怎么能认不得我了？"这时，小胜睡觉醒来，指着伍子胥的脑袋说："白了，全白了！"伍子胥拿起铜镜一瞧，只见得头发、胡须都变得雪白了，险些说出："这是谁？"

东皋公说道："老汉刚才去访问一位朋友，希望他能帮助壮士闯过昭关。他也是一个讲义气之人，对壮士的遭遇非常同情，乐于帮忙。"正在说话的时候，果然有一个人从外面走进来。伍子胥一看，立刻惊诧起来，因为这个人的身材相貌和自己很相像。

东皋公介绍二人相见。原来此人叫皇甫讷，在龙洞山中居住，见义勇为，好打抱不平。这时，东皋公说出他的计策来：皇甫讷穿上伍子胥的素袍，伍子胥扮成仆人的模样，小胜打扮成庄家小孩，当作伍子胥的孙子。即使这样，原来东皋公还觉得没有把握，如今伍子胥须发皆白，他乐得拊掌大笑起来。

伍子胥对东皋公拜了又拜，口中说道："多承恩公设计相救，将来如有出头之日，必当重报！"接着，又向皇甫讷拜了四拜。皇甫讷道："足下一家忠良，不幸遭奸臣昏王陷害。不才能够助你脱险，深感荣幸。我们走吧！"

四人来到昭关，不知今天是何节日，人群涌动，络绎不绝。皇甫讷大模大样地走到关前，见到守门的将士又装作惊慌的样子，当场被守关的士兵捉住，与画像一对照，正是在逃之人，五花大绑，押赴远越大帐。士兵们都高喊起来："我们捉到伍员啦！抓住伍子胥啦！"既然抓住了伍子胥，其他人就没有检查的必要了；顿时，关前一片混乱，无人看管。伍子胥带着小胜，混在人群之中，顺利地过了昭关，往吴国去了。

曹阿瞒割须弃袍走潼关

话说曹操自赤壁大战败北后，逃回许昌老巢，休养生息，整顿军马，加强操练，养精蓄锐，几年功夫就恢复了元气，欲报赤壁之仇。有个谋士给他出主意，让他再下江南，先取孙权，后灭刘备，然后霸业可成。曹操闻之大喜，言曰："正合吾意。"但果真南下，却有后顾之忧，刚刚杀了西凉大将军马腾，他的几十万兵马仍旧在那儿，早晚要出事儿。正密谋策划，忽然有人报告：西凉马超欲报杀父之仇，兴兵雪恨，现已攻占了长安，又夺取了潼关，形势危急。

曹操闻言大惊，潼关乃兵家必争之地，是通往西方的咽喉要道，被贼人抢去，这还了得！我必夺之。于是统领大军直叩潼关，安营扎寨，准备与马超一决雌雄。次日，曹操引三寨大小将校，耀武扬威，杀奔潼关。正遇上西凉军马，两边各布阵势。曹操出马于门旗下，观看西凉之兵，果然见得人人勇健，个个英雄；又见得马超生得面如扑粉，唇若抹朱，腰细膀宽，声雄力猛，白袍银铠，手执长枪，立马阵前；上首庞德，下首马岱。曹操暗暗称奇，原以为马超这个年轻人不是对手，现在觉得如芒刺背，不禁倒吸了一口凉气！但曹操毕竟是久经沙场的老狐狸，故意装腔作势地纵马对马超说："汝乃汉朝名将子孙，何故背反耶？"马超早已咬牙切齿，怒目圆睁，对曹操大骂："曹贼！欺君犯上，罪不容诛！害我父弟，不共戴天之仇！我当活捉生啖汝肉！"说罢，挺枪直杀过来。

曹操退回阵中，背后于禁出迎，两马交战斗得八九个回合，自知不是马超对手，拨马败走。张郃出迎，战了二十回合亦败走。李通出迎，被马超一枪刺于马下。马超把枪往后一招，西凉兵一齐冲杀过来。曹兵大败，西凉兵来势凶猛，曹营左右将佐，皆抵挡不住。马超、庞德、马岱引百余骑兵，直杀入中军来捉曹操。

曹操见势不妙，在乱军之中，拼命奔逃。只听得西凉军大叫："穿红袍的是曹操！"曹操闻之大惊：全军只有我一人穿红袍，原是我权威的象征，眼下却成为攻击的目标，这张狗皮不是好东西。他急忙脱掉红袍甩在远处。又听得大叫："长髯者是曹操！"曹操顿时惊慌：这长胡子也不是好玩意，留之何用，倒引来杀身之祸，急忙掣出所佩宝刀割断胡须，掷于地上。西凉军有人看见曹操割断胡须，告知马超，马超遂令人叫拿："短髯者是曹操！"曹操闻言，不知如何是好，似有黔驴技穷之感；忽见前面曹军一旗手在逃，快马加鞭，赶上旗手，扯下一角旗布包住自己的嘴巴和脖颈，抱头鼠窜。惊恐中只听得身后马蹄踏踏，喊声渐近，曹操不敢回头，骑马垂首而叹曰："吾命休矣！"后人有诗云："潼关战败望风逃，孟德仓皇脱锦袍；剑割髭髯应丧胆，马超声价盖天高。"

曹操的坐骑本来是风驰电掣，但有一匹马速度更快，竟然追了上来。曹操回头一看，正是马超！曹操急得大叫起来，召唤来人保驾。旁边的将校见马超来了，惊恐万状，各自逃命，只撇下了曹操。马超厉声大叫曰："曹操休走，看我结果了你！"曹操被惊得魂飞魄裂，马鞭子掉在地上。马超从后面使枪刺来，只差毫厘未及曹操背部。曹操预感到逃脱不掉了，便绕树而走。马超急于求成，又狠狠地一枪朝曹操搠去，哪知搠在大树上，整个枪头扎进树干里却难拔出，待拔出枪头来时，曹操已逃之夭夭，侥幸拣回一条命。正是：惊心动魄吓煞人，险象环生鬼追魂，头颅欲坠鞭落地，逃命焉知阳与阴。

刘兰成乔装打扮进敌营

唐朝初年，镇守北海郡的将官刘兰成突然投降了农民起义军首领綦公顺。綦公顺刚占领北海立足未稳，海陵起义军首领臧君相就来争夺这块地盘，他亲率5万将士，气势汹汹地直扑过来。

綦公顺兵少将寡，惊闻此讯，急得浑身冒虚汗，像热锅上的蚂蚁一样，不知该如何抵挡。忽然想起足智多谋的刘兰成，急忙传令："速请刘将军来！"

刘兰成来到綦公顺大帐，不慌不忙地说："綦将军莫急，敌众我寡，我们可先发制人即能取胜。臧君相现在离我们这里还很远，想不到我们先去攻打他，一定防备不严。我愿前往，见机行事。将军你带兵偷袭，定会马到成功。"

綦公顺转忧为喜，连连点头称赞："好主意，我同将军共带5 000精兵，马上出发，把那个贪心不足的臧君相打回去。"

刘兰成领着20人组成的敢死队先行一步，离臧君相军营只有50里时，他们发现敌方的士兵正把抢掠了的财物背着、挑着奔回军营。刘兰成见状，马上吩咐那20名敢死队员，换上已经带来的敌兵服装，打扮得与敌兵一般模样，插进敌群。他们也背着一些粮米和物品，边走边偷听敌兵们的对话，观察他们的举动，很快就摸清了敌人的口令和将领的姓名。

天渐渐黑了，刘兰成等人和敌兵有说有笑，肩并肩地跨进营区大门，守门的卫兵们毫无戒备，他们哪里能想到会有敌人混进来。

刘兰成等人在敌营中眼观六路、耳听八方，很快就弄清了里边的部署，找到了指挥部。半夜三更，刘兰成带领这20人急速行动，他们身轻如燕，敏捷如猿，动如脱兔，猛如饿虎，直扑中军大帐。顿时，飞刀舞剑，乱剁乱砍，好不惊险，杀死了100多名敌人。敌军官兵被弄得晕头转向，自相践踏，乱杀乱喊，军心大乱。

这时，綦公顺的大队人马带着喊杀声奔到，乘势攻入。片刻间，敌人被杀得七零八落，血流成河，死伤无数，溃不成军，除了逃跑掉的，剩余的全被捉当了俘虏。臧君相杀出一条血路，只身逃回去了。

黄善聪女扮男装闯江湖

明朝时，应天府淮清桥镇有一个民家女孩名叫黄善聪，十二岁时母亲就死了，父亲以贩卖线香为业。那时，她的姐姐已经出嫁，父亲可怜善聪年幼孤单，就叫她穿上男孩子的衣饰，带着她在庐州、凤阳一带流浪了几年。不幸父亲也死了，黄善聪只好自己独立谋生。她假说自己名叫黄胜，继承父亲的职业在江湖上卖香。有个跟她年龄相仿的男孩叫李英，也卖香，碰到一起，不知她是女孩子，就约她做伙伴同行。善聪一人在外地闯荡谋生，常常独自走过荒山野岭，也够害怕的了，就同意结伙做伴，同吃同住一年多。善聪对李英说自己有毛病，晚上睡觉从不脱衣，大小便时也避而远之，李英也没有怀疑过她。

明孝宗弘治辛亥年正月，黄善聪与李英一起回到南京一地，那时她已经20岁了。善聪还是以男孩子打扮去见她姐姐，见了面就喊姐姐。她姐姐怔了一怔说："我根本就没有弟弟，你认错人了吧！"善聪笑着说："我是你的妹妹善聪啊！"之后哭着告诉姐姐自己的经历。姐姐听后大怒，而且责骂她："男女在一起食宿，有辱我家的名声，你自己说你是清白的，可是谁能相信呢？"姐姐不肯收留她，要把她赶出去。善聪对姐姐发誓说："妹妹的身子如果真是不干净的话，死了也就是了，那么怎样才能让你明白我的身子是清白的？"邻居家有个老太太是接生婆，姐姐就叫她来检查一下，接生婆证明善聪果然仍是处女。姐姐这时才受感动地和善聪拥抱恸哭，并亲手为她换去男装。

过了几天，李英来看望善聪，想再约她一同外出。善聪出来见他时，李英大为惊讶：怎么会是个女子呢？当问明详情后，他若有所失，闷闷不乐地回去了。他恨自己那么粗心愚笨，竟一点也没有察觉。回家后他就把善聪的情况告诉了母亲。母亲一听，感叹不已，赞赏善聪纯贞质朴，贤淑正派，这样善良聪慧的好姑娘天下难找，于是就为儿子向善聪求婚。善聪不同意，说："我如果成为李英的妻子，怎么能保证人们不怀疑呢？"亲戚和邻居都来劝说，善聪也痛哭流涕，但是不嫁李英的决心反而更大了。

此事流传很广，人们都把它当成一件稀奇事，李英的母亲伤心不已，为什么苍天不照顾命苦人？官府听说后，深表同情，就帮助李英送上了聘礼，裁判善聪与李英结为夫妻。

竖刁易牙开方皆拍马有术

战国时期，齐国有三个会拍马屁的小人：竖刁、易牙、开方，他们都是齐桓公的顾问和随从，专门投其所好，迎其所欲，吹捧奉承，逢迎献媚；但每个人的拍马技术都各具特色。

竖刁有侍候人的专长，他侍候齐桓公无微不至，时时处处留心观察桓公的心理活动，注意和熟悉桓公的生活习惯和各种嗜好，桓公的生活要求还没等说出来，他就能先行去办，立刻满足桓公的需求，并对桓公的个人隐私极度保密，是桓公信得过的人，以至在日常生活中，时时刻刻离不开他。

易牙有烹调的技术，善制各种美味佳肴。齐桓公吃他做出的膳食，格外有食欲。有一次，齐桓公的爱姬——长卫姬得病，久治不愈，不思饮食。易牙发挥自己的特长，为长卫姬精心制作美味食品，和五味药物以进，加强调理，长卫姬食后精神转好，病也很快痊愈了。从此，易牙便获得了长卫姬的宠爱，长卫姬不仅和易牙产生不正当的暧昧关系，而且常在桓公面前赞誉和推荐易牙，大吹枕头风。易牙因此而受到桓公的极度信任。有一次，齐桓公随便说话："百兽百禽之肉我皆食遍，就是没吃过人肉。"易牙听后，回家杀了自己亲生的儿子，做了一顿"童子蒸肉"送给桓公食用。桓公吃完这顿美餐，觉得味道异常，便问是什么肉？易牙以实情相告，感动的桓公说出："易牙爱寡人胜于爱子，忠心可嘉。"从此易牙更受桓公的宠爱。

开方本是卫国国君的儿子，因齐国进攻卫国，卫懿公让开方带着五车珠宝，献给桓公，请求免罪。和解达成，开方却不想回卫国了，他见到齐国强盛，即向齐桓公提出留在齐国。桓公不解其意，问开方："你是卫侯的长子，自然有世子继位的条件，为什么要舍弃世子之尊，而甘心屈仕于寡人呢?"开方趁机吹捧桓公，拍他的马屁说："君侯是天下的霸主，我如果能为君侯牵马坠镫，侍候明君，将感到荣幸之至；这种荣幸，胜过将来自己为君的荣幸!"桓公听了开方的话心里美滋滋的，这开方舍弃太子之位，屈身服侍自己，真是三生有幸，遂拜开方为大夫之职。开方为了进一步讨好桓公，不惜出卖自己的妹妹，在桓公面前夸奖自己的两个妹妹长得如何如何美丽，齐桓公便派人先后娶来开方的两个妹妹，大的称为长卫姬，小的称为少卫姬，姐妹双双受宠，开方也取得了与竖刁、易牙一样的特权。

相国管仲在晚年极力反对这三人在君王身边拨弄是非，玩弄权术，便把三人赶出宫廷。齐桓公失去了身边的这三人，心里不是滋味，夜不安寝，食不甘味，就像勾销了魂魄一样，容颜憔悴。管仲死后，桓公又把三人召回宫来。

竖刁、易牙、开方三人官复旧职，更加狂妄，肆无忌惮，他们欺桓公年老糊涂，便相互勾结，把持朝政，专权用事，结党营私，陷害忠良，齐国由此大乱。当齐桓公病倒时，竖刁和易牙假传圣旨，说桓公"恶闻人声"，不许任何人晋见，太子也被阻挡在外。他们又命人在寝宫外筑起三丈高墙，隔绝内外，只有一个狗洞般大小的洞门，让小内侍每天钻入送点米粥，桓公想喝一口水也难办到。开方则盗窃齐国无数珍宝，不知什么时候跑回卫国去了。桓公死后三个月没有落葬，弄得尸体腐烂，蛆虫乱爬。可怜一代霸主，落得如此悲惨下场。可见，这三个人是何等的奸诈狡猾、阴险毒辣啊。

吕不韦溜鬓异人巧取天下

吕不韦，战国时期秦国阳翟人，是一位大投机商，平常往来各国做买卖，贱买贵卖，余利甚丰，家积万贯。但他并非普通商人，而是一位颇有谋略的政治家。

吕不韦常在赵国都城邯郸。一日，在街上偶遇一位青年，仪表堂堂，相貌不凡，衣着虽然寒酸，却有贵胄之气，不觉暗暗称奇。问及旁人，答以“此乃秦王太子安国君的次子，名叫异人，到赵国做人质。因秦兵屡犯边境，赵王几欲杀他，得平原君劝谏，谓杀他无益，徒增秦人出兵借口。今虽免死，却不供经费，出入无车，食用无钱，简直与穷人无异”。

吕不韦闻言，叹曰：“此奇货可居也。”乃归问其父：“耕田之利几倍?”其父答曰：“十倍。”又问：“贩卖珠宝之利几倍?”父曰：“百倍。”再问：“然则若扶一人为王，统治江山，其利又几何呢?”其父笑曰：“无价，其利何止千万倍！可是，哪里能有此机会呢!”

吕不韦听在耳里，不事商贾，寻找异人。获悉异人已被赵王派遣大夫公孙乾监视，不能随便活动。吕不韦用重金结交公孙乾，公孙乾为了答谢，请吕不韦喝酒。席间，吕不韦提出如有秦人可同来一饮，公孙乾则找来异人作陪。吕不韦故作不知，举杯痛饮，公孙乾喝得烂醉如泥。席散，吕不韦对异人说：“公子您的处境很危险，我愿意帮助您回国。”异人曰：“那怎么办呢?”吕不韦曰：“这里不是说话处，隔日我找您到我家再议。”

第二天，吕不韦把异人找到自己的住处，同席对饮。酒至半酣，吕不韦向异人指点迷津：“秦王年纪已老，在位不长了；太子所宠爱的是华阳夫人，但她无生养。你何不乘机求归秦国，侍奉华阳夫人，求做她的儿子，将来就有立储的希望!”异人闻言，喜形于色，感激地说：“若然有那一天的话，我愿与你富贵与共!”

事后，吕不韦开始活动，不惜万贯家财，携巨金到秦国都城咸阳，先从华阳夫人的姐姐处入手，再以珠宝攻势，得见华阳夫人，陈说利害，衡量得失，讲得华阳夫人心服意动，向太子安国君大吹枕头风，结果二人同意收异人为嗣子，刻符为记。然后又通过权臣杨泉君向太后进言，秦昭襄王便决心要取异人回国，但须等到两国讲和之后才能实行。

太子安国君拿出巨金给吕不韦做活动费，并预拜吕不韦为异人的太傅(即老师)。吕不韦大功告成，回赵国见异人，陈说内情，异人感恩不尽。

吕不韦不仅善于投机商业，更能在政治上投机。他想：“异人将来回国，必能继立王位。如果用移花接木之计，就可将嬴氏的天下，为我吕氏取代。”于是，他用重金在邯郸买了一位绝色美女做侍妾，名之为赵姬，使她怀孕，大约到了两个月的时候，吕不韦又请异人来家赴宴。酒至半酣，吕不韦令赵姬出来给异人斟酒，又伴以歌舞。异人一见，惊为天人，不觉目乱心迷，神摇魂荡。待赵姬退出后，异人酒醉三分醒，故作感慨地说："我身为人质，颇有苦衷，在赵国多年，连个老婆也没混上，真是可怜哪！"吕不韦乘机把赵姬送给异人，异人欢喜若狂。吕不韦又与赵姬暗中合谋一番，行韬晦之计，以待时机，主宰天下。

吕不韦在赵国又用重金贿赂公孙乾和城门守卫，终于把异人、赵姬等人带出赵国边境，回到秦都咸阳。不久，秦昭襄王去世，太子安国君继位，在位一年，突发重病驾崩，异人继承大统。吕不韦被封为宰相，赵姬生下一子，取名赵政，回秦国后改名赢政，是为后来统一六国的秦始皇。虽姓赢氏，实则是吕不韦的儿子，是吕氏之后，异人在位时间也不长就死了。赢政登基时年幼，不懂治国之策，全凭吕不韦安邦定国，称吕不韦为"尚父"。这个时期，秦国已是吕氏天下，因此，吕不韦给后世留下了一部《吕氏春秋》。

曹操为关公制作锦囊护须

《三国演义》第二十五回描写关羽在土山被曹军围困，不得已投降了曹操。但关羽的三个条件为自己留下了一条后路：如果得知刘备的下落便辞别而去。关羽要走，曹操要留。怎么个留法呢？那就留须吧。

话说关公自到许昌，曹操待之甚厚，三日一小宴，五日一大宴，又送美女十人，让关公享用，其实是要用美人计来消磨关羽的意志。但关云长乃是顶天立地的忠义大丈夫，哪里能因女人而丧志？于是关羽便把十名美女尽数送入内门，令其服侍二位嫂嫂。

一日，曹操见关羽所穿的绿锦战袍已旧，取异锦作战袍一领相赠。关羽接受了，套在旧战袍的里面。曹操笑曰："云长，为何如此之节俭乎？"关羽曰："某非节俭也。旧袍乃是皇叔所赐，穿之如见兄面，不敢以丞相之新赐而忘兄长之旧赐，故旧袍罩其外。"曹操叹口气曰："真是个忠义之人也！"口上虽赞誉，其实心不悦。

又一日，曹操请关公来赴宴，频频举杯，以酒相劝。关公有些醉意，以手拈着长须而发出感慨："生不能报国家，而背其兄，徒为人也！"曹操见关公："云长髯有数乎？"关公曰："约数百根。每秋月约退三五根，冬月多以皂纱囊裹之，恐其断也。"于是，曹操急忙命人用纱锦作须囊，献与关公以护须髯。次日，早朝去见汉献帝。皇帝见关羽胸前垂下一个纱锦袋，觉得奇特，遂问之。关羽奏曰："臣须髯颇长，丞相赐锦囊以贮藏之。"皇帝让他解开看一看，关羽的胡须果然有二尺多长，披拂过于其腹。帝日："真美髯公也！"因此，人们都称呼关羽为"美髯公"。

此后，曹操又送给关羽一匹身体健壮、跑速极快的"赤兔马"，感动得关羽"再拜称谢"。曹操曰："公可识此马乎？"关羽曰："识得，是吕布的坐骑。"曹操拍了拍"赤兔马"的屁股，对关羽说："从今以后它就是你的坐骑了。"可见，曹操还会拍马屁。别看曹操是乱世奸雄，溜须拍马也是他拿手好戏。

这位称王称霸的奸雄曹操，对关云长极力讨好，溜须又拍马，极尽奴颜婢膝之能事，还是没有留住关云长，最后还是让他走了。不过后来赤壁之战大败，曹操逃跑于华容道上遇到关羽，关羽宁可违反军令，也愿意把曹操放了，保住他一条性命。

和珅靠拍皇帝获宠兼发财

清朝的乾隆是一个才华横溢的风流皇帝，他喜好诗文，对文史的整理工作也很重视，总想给后世留下经典著作。和珅学问不大，但对“四书”却读得滚瓜烂熟。乾隆也喜爱“四书”，不时提出一些“四书”中的问题，和珅总是脱口而出，回答得恰到好处，并有独到之见。于是乾隆认为和珅很有学识，提拔和珅为军机大臣、户部尚书、议政大臣，最后还充任了四库全书馆正部裁。

刊印二十四史时，乾隆非常重视，常常亲自校核，每校出一件差错，都觉得是做了一件了不起的事，好在文臣中显示。

和珅为了迎合乾隆的这种心理，就指示翰林们在抄写给乾隆看的书稿中，故意于明显的地方抄错几个字，以便让乾隆校正。这样做显示出乾隆的学问深，要比当面奉承他学问渊博能收到更好的效果。

和珅此人工于心计，头脑机敏灵活，善于捕捉乾隆的心理，总是选取恰当的方式，博取乾隆的欢心，他还对乾隆的性情喜好、生活习惯，进行细心的观察和深入研究，尤其是对乾隆的脾气、性格等了如指掌。往往是乾隆想要什么，未等皇帝开口，他就想到了，并马上去办；有些乾隆未考虑到的，他也能安排得很周到。因此，和珅成为乾隆的贴身人和心腹人，受到皇帝的宠爱。

一次，乾隆说起“上有天堂，下有苏杭”的话题。和珅就借题发挥，向乾隆描绘了江南的水光山色，趁机讲述了康熙大帝多次巡游江南的盛况，并称颂乾隆的皇恩盛德：“万岁的文治武功，在万民心目中和皇祖一样。现在是太平盛世，万岁何不像皇祖那样南巡一游？”和珅如此一说，正合朕意，于是乾隆遂决定效法圣祖康熙巡游江南。

乾隆帝欲巡游江南，必然大兴土木，铺道修堤，一路供奉，劳民伤财。但最高兴的不是乾隆而是和珅，他一则力请皇帝出游，是使“龙心大悦”，自然少不了恩赏；二是借机可以大捞一把，发个大洋财。

乾隆信任和珅，诏令和珅主办巡游一事。和珅立即派人到各地寻求能工巧匠，不惜重金购买名贵材料，首先赶制龙舟，再造水陆运行的各种工具，花去的银钱不计其数。和珅投机取巧，偷工减料，从中捞到了一大笔银子中饱私囊。同时，和珅又大肆张扬，行文到沿途各省抚台衙门,令地方官吏赶修行宫,疏散河道,整修旱路,做好迎驾准备。各地官吏接到行文,惊慌失措,唯恐接驾不周,丢了乌纱帽或者脑袋搬家。为此,他们一方面兴师动众抓紧准备,另一方面争相给和珅送礼以求确保头颅在项。谁都知道和珅是皇帝的宠臣,只要买通和珅,就有了护身符,皇帝老爷子也就好打发了。因此,和珅收到各地大小官员送来的金银珠宝,车载斗量,仓库已装不下了,又建筑了三栋新库。正是:借助黄风搜刮去,不义之财滚滚来。

和珅的财富有多少,有个统计数字显示:他富可敌国,整个家财相当于乾隆后期全国11年的财政收入,是中国历史上最大的贪污犯。乾隆死后,他的儿子嘉庆皇帝在众多大臣的支持下,斗着胆子处决了和珅及其全家人口,没收了他的全部财产。和珅虽然金银如山,珠宝似海,但是下场却十分可悲。

曹操挟天子以令诸侯

东汉末年,天下大乱,群雄逐鹿。曹操胸怀大志,决心改朝换代,统一中原。

古代圣贤说过:名不正则言不顺,言不顺则事不成。曹操一度为自己大动干戈的名义问题而烦恼。谋士荀彧对曹操说:"在历史上,晋文帝接纳了周襄王,各地诸侯便纷纷地投靠于他;汉高祖为义帝孝服东征,天下之人都归心于他。自天子蒙难,您首倡义兵以来,无时无刻不感念汉室。现在,天子已到达洛阳,正是您建功立业的大好时机。您若把天子迎奉到许都,至少有三点好处:一可以顺从民心,得到百姓的拥戴;二可以借辅佐天子之机,使各地诸侯顺服;三可以取义于天下,使英才前来投效。到那时,谁能与您相比呢?"

曹操闻言大喜,遂亲赴洛阳,将汉献帝奉迎至许都。说是"奉迎",实际上是"挟持"。自此,曹操挟天子以令诸侯,成为权倾朝野的枭雄。

奉迎天子,以令诸侯,确实有利可图。曹操欲借已经衰落的汉朝之"尸",还自己成为中原霸主之"魂"。曹操这一谋略对于他日后的发展起了举足轻重的作用。

普罗塔哥拉法庭半费之讼

古希腊著名的诡辩学者普罗塔哥拉,招收了一名叫欧提勒士的学生学法律。师徒订立合同,规定学费分两期交付,毕业时交一半,另一半学费在欧提勒士第一次打赢官司时交付。可是在欧提勒士毕业后,一直没有替人打官司。老师收费心切,便向法庭起诉,要求学生支付另一半学费。

普罗塔哥拉提出这样一个两难推理：

如果欧提勒士这次官司打赢了，那么按合同，他应付给我另一半学费；如果欧提勒士这次官司打输了，那么按照法庭判决，他也应付给我另一半学费。这次官司，或者打赢，或者打输，他都应该付给我另一半学费。

欧提勒士针对此两难推理，颠倒了一下标准，也提出一个相反的两难推理：

如果这次官司我打输了，那么按合同规定，我不应该付另一半学费；如果这次官司我打赢了，那么按法庭判决，我也不应该付另一半学费；总之，这次官司，无论打赢，还是打输，我都不应付另一半学费。

这可难坏了法官，这个案子究竟如何判决呢？翻阅法律条文，也无法可依，只好宣布休庭。法官考虑到，老师追索另一半学费，学生是应该给的，只不过是一个时间问题，决不能判决不给另一半学费。但若使众人服气，也必须有一个合理的逻辑。

法官也是一位逻辑高手，他先宣布第一次起诉撤销，这样学生就赢了第一次胜诉。但允许老师提出第二次起诉，然后判决老师胜诉。这样，无论根据合同也好，还是根据法律判决也好，学生都应付给老师另一半学费。

法官的逻辑推理是：根据合同，学生第一次胜诉，他应付给老师另一半学费；根据法庭判决，学生第二次败诉，他也应付给老师另一半学费；那么，或者根据合同（学生胜诉），或者根据法庭判决（学生败诉），学生都得付给老师另一半学费。

这就是欧洲历史上有名的“半费之讼”。

伙夫出使救赵王马到成功

陈胜吴广起义后锐不可当，一路上攻城夺地，势如破竹，不久就攻下了燕赵之地最大的都城——邯郸。随着起义军队伍的不断扩大和胜利，有几个“乱世英雄”乘机自立为王。

陈胜部下的将军武臣在张耳、陈馀的唆使下竟然不顾大局自立为赵王。赵王武臣为了扩展地盘，又派部下将领韩广率军攻燕，谁想韩广攻下燕地后竟然也自立为王，称燕王。赵王闻之大怒，便和张耳、陈馀策划北上攻击燕国。

在燕国边境上，武臣随便出来看看，没想到遇上燕军而被俘。燕军主将扣留赵王为人质，要分赵王的一半土地才放他回去。张耳、陈馀几次派人同燕军谈判均告失败，使者被杀，赵王武臣也有生命危险。

这时，军中有个伙夫自告奋勇，要去同燕军谈判，救回赵王。张耳、陈馀无奈，只好同意。伙夫来到燕军大营，很从容地对燕军主将说：“你知道张耳、陈馀是何等人吗？”

燕军主将说："他们也是英雄。"

伙夫说："你知道他们想要回赵王的目的吗?"

燕军主将回答："不知道!"

伙夫笑道："张耳、陈馀都是有野心的人。赵王在他俩的支持下长驱直入，占领了赵国的地域。他们很想自立为王，但为了稳定军心，安定民心，不敢三分天下，只能先立武臣为赵王。现在你们把赵王扣留当作人质，正合张耳、陈馀之意。不过为了掩人耳目，他们也假惺惺地派使者来要赵王。如果你们把赵王杀掉，那张耳、陈馀便乘机自立为王，又有了联合军队讨伐你们的借口。你们想想自己是他们联合讨伐的对手吗?如果你们不放赵王，既落个不义的罪名，又落个惨败的下场，请三思而行!"

燕军主将感觉这个使者说得很有道理，权衡利害之后，就把赵王放了。这个名不见经传的伙夫凭着机谋和善辩救了赵王，马到成功。

外黄小儿游说项羽救全城

秦朝末年，西楚霸王项羽和汉王刘邦争夺天下，几年厮杀，未分胜负。百姓苦不堪言，但战祸难避，冻饿而死者甚众。

有一年，项羽派部将去攻打一个战略重镇——外黄。打了好些时候也攻不下来，据守外黄的宋军防守得十分顽强。项羽正在发愁，忽然探马来报："大王，不好了，外黄的宋军向彭越投降了。"

项羽勃然大怒道："彭越这个家伙，竟然帮了刘邦趁火打劫，坐收渔翁之利。待我去踏平外黄，活捉彭越!"

彭越也是个懂得战略战术的军事家，见项羽来势汹汹；便避其锋芒，把军队暂时撤出外黄镇。

项羽很快就进驻外黄。但他余怒未消，把一股怨恨发泄到老百姓身上，下了一道残酷的命令：凡是外黄城里15岁以上的男丁，统统集中到城东活埋。

顿时，城里传来一片凄惨号哭的声音。

外黄县令的门客有个13岁的孩子，这时，自告奋勇地叫道："大家别哭了，让我去劝说楚王!"

他的父亲一听吓了一跳，一把拉住他道："你这孩子不懂事，项羽杀你就像捏死一只蚂蚁啊，你千万不能去!"

儿子劝告父亲道："你放心好了，我此去必然成功，绝无灾祸!"说完就跑了。

小儿跑到项羽营帐前，神秘地对哨兵说："我有重要情报面告大王。"哨兵一看是个孩子，就同意他进去。

孩子见到项羽，毫不慌张，朗声说道："彭越这家伙想来抢劫我们，全城军民怕他毁坏城池，所以暂时向他投降以求安全，实际上我们都是为了等候仁德的大王您啊。现在您来了却要活埋我们，请问：外黄往东十几座城池的人知道了，怎么还肯乖乖地归顺您呢？"

项羽听罢连声说："小儿言之有理，言之有理。"于是撤回命令，赦免了那些准备活埋的男丁，项羽也因此而征服了外黄以东到睢阳一带的广大地区。

解缙巧辩打玉桶更换铁桶

明代开国皇帝朱元璋，打坐金銮殿后，制作了一对玉桶，作为传国之宝，代代相传。同时也是国家权力的象征，历来由专人管理，无人敢动。相传有一天，有几个大臣不知出于何意，指着其中的一只玉桶，对解缙说："好多人都说你胆大，你敢把这只玉桶打掉吗？"

解缙生来不认输，于是笑着说："不就是一只玉桶吗？这有何敢不敢的。"言罢，拿起一件硬器，哐啷一声，将那只玉桶打碎了。那几个大臣相视狡猾的一笑，连忙报告皇帝去了。

皇帝听后大怒，速传解缙问道："解学士，听说你打碎了一只玉桶，是真的吗？"

解缙不动声色地笑笑，说道："是真的，我是为万岁的江山而打碎玉桶的。"那几个大臣在旁冷眼相观，原来他们都是妒忌解缙的才华而故意设下陷阱的，打碎玉桶犯欺君之罪，有处死的危险。解缙接着说："皇上，天无二日，民无二主，只有一统（桶）江山，那有二统（桶）江山？若二（桶）统江山，国家将永无宁日呀！"

皇帝一听转怒为笑："学士言之有理，岂能二统江山，打得好！"

事后，那几个大臣围过来，假惺惺地称赞解缙真有一套。接着又有一人激将道："解大人，你只能打掉一只玉桶，那一只玉桶你是无论如何也不敢打掉！"

解缙想："我就让你们甘拜下风！"于是说："我看这也不算什么。"话毕，第二只玉桶也被他击碎了。那几个大臣见计得逞，幸灾乐祸，飞也似的去向皇帝报告。

皇帝这回可真是怒发冲冠！他派人传来解缙，厉声问道："解缙，刚才朕信了你'一统江山'的话，现在你又把剩下的一只玉桶打碎，纯属胡闹，定斩不饶！"

解缙郑重地奏道："陛下息怒。玉桶江山，脆而不坚；铁桶江山才能一统万年。为了陛下皇业永固，还是打掉玉桶换铁桶吧！这样，陛下的江山，才会像铁桶一样，万代相传了。"

皇帝一听，转怒为喜："还是解学士想得周到，换铁桶江山！"随即下令铸了一只大铁桶，上有刻字明文，安置在金銮殿上，以此证明皇业永固。

吴王女儿死诱埋活人殉葬

春秋时期，吴国（在今江苏、浙江一带）国王阖闾曾一度成为春秋五霸之一，他几次征服越国，又讨伐楚国，致使战争不断，劳民伤财，百姓受苦。一次，他伐楚不力，败兴而归，心情忧郁，愁眉不展，吃饭时也食不甘味。

阖闾有一小女儿名叫胜玉，天生丽质，肤如白玉，聪明伶俐，十分可爱。其年纪不详，可能只有十几岁，实属名门闺秀。阖闾非常喜爱自己的女儿，与她说话总是轻声笑脸，用膳时总要把山珍海味送给小女品尝。一日，阖闾与王后和小女胜玉共同进餐。由于心情郁闷，吃饭时默不作声，神态黯然，也没有让小女品尝美味佳肴。快吃完饭了，他把一盘剩下的佳肴推给小女，不冷不热地说："胜玉，你吃吃这个吧。"胜玉突然发怒，推开盘子道："父王侮辱我，待我如奴隶，我活不下去啦！"说完，跑到后花园，用三尺白绫自缢而死，阖闾根本想不到会弄出这等事来。

阖闾十分悲伤，遂思厚葬女儿以减轻内心的愧疚，下令朝臣给胜玉大造陵墓。在都城西北门外，工匠们夜以继日，很快造出一个富丽堂皇的陵墓：周径约为六里（三公里半）。内造有两处池塘，上池宽六十步（三百公尺），深约二丈五尺（七点六公尺）；下池宽亦六十步，深约一丈五尺（五点五公尺）。陵墓是依山势而造，由陵下羡门（墓门）穿过池塘底下之隧道百米之外可直达墓穴中央。墓穴的周围用巨材支撑，呈放射状于壁，十分壮观。棺有内棺外椁之分，是以五彩文石雕刻而成，阖闾以秘藏之名剑磐郢置棺内守护女儿尸体；外棺则置金鼎、玉杯、银樽、珠宝等为陪葬品。无论是陵寝四壁还是羡门隧道两旁，均五步凿一方孔，内置金色蜡烛照明，给人以金碧辉煌之感。

在送葬前，王室布告臣民百姓："发葬这日，将放白鹤临空飞舞，绕空三圈，群鹤会自动降临陵墓，进入羡门，众人可随鹤入墓，观赏墓中景物。"

果真，葬送之日，王宫放出白鹤，鹤之鸣声朗朗，悠然回旋于吴都上空，绕场三圈，降落在陵墓之前，然后昂然高步走进羡门隧道。在场围观的人见此奇景，欣喜若狂，忘乎所以，随鹤群进入隧道，直至墓穴中央。

突然轰隆一声巨响，石崩土塌，羡门封闭。千百人惊心动魄，在里面乱作一团，欲逃无路，所有人均被活埋，连那洁羽的群鹤也成了千古未见的殉葬品。原来是吴王阖闾早已安排好亲信官兵，把守陵墓羡门，待人尽入，拔楔毁柱，山塌土崩，掘土封门，置人于死地而后快。可见阖闾阴险毒辣残酷至极。

苏不韦挖地洞报杀父之仇

东汉时期，有个司隶校尉叫苏谦，因与权臣李暠有矛盾，引起了李暠的怀恨。时隔不久，李暠找个借口就把苏谦逮捕入狱，屈打成招，怀着个人的私愤把苏谦判了死刑。

苏不韦是苏谦的儿子，当时年仅十八岁，含悲忍泪，把父亲的灵柩运回家乡，浅浅地埋在土里，没有正式下葬。苏不韦深知父亲蒙受了不白之冤，死得冤枉，可是又上哪儿去说理呢？

苏不韦又秘密地把母亲送走，隐匿在武都山里，自己则改名更姓，用家财来招募刺客，在众山陵之间迎候李暠，准备半路截杀，但没有遇上。不久，李暠升迁为大司农，主管全国的粮草，当时堆积军用粮草的右校刍部（草料场地）在大司农官署的北墙下。苏不韦带着他的亲兄弟，暗中潜入堆积草秣的场地中，夜里挖地洞，白天躲藏起来，饿了就啃自带的凉饼子，摸爬挖土，汗流浃背，辛苦劳累，连续干了一个多月，终于把地洞打到了李暠的卧室下。

一天晚上，苏不韦兄弟俩从李暠的床下钻出来，即要行刺，不见李暠，赶巧他上厕所去了，只好杀了他的妾和小儿子，留下一封恐吓信便离去了。李暠回来后大吃一惊，看了信后毛骨悚然，不寒而栗。于是便做防范措施，在室内布满了棘刺，上铺木板，就在木板上睡觉，而且一个晚上要换好几个地方，以防刺客。

苏不韦料到李暠有了准备，紧接着便连夜驱马前往魏郡，挖了李暠父亲李阜的坟墓，取了李阜的头颅来祭祀父亲苏谦。之后，又把李阜的头颅拿到集市上示众，还写上“这是李暠父亲李阜的狗头”几个大字，李暠听说这些情况以后，心如刀绞又有苦难言，怒而生疾，没过多久便吐血而死，苏不韦这时才正式发丧，重新埋葬了父亲，父亲的冤仇终于得报。

阳虎“恩将仇报”反刺朋友一刀

春秋时，鲁国的孟孙氏、叔孙氏、季孙氏三家贵族掌握着鲁国的政权，因为他们是鲁桓公三个儿子的后裔，所以人们称他们三家为“三桓”。这三家贵族中，季孙氏权势最大，季孙氏府中有个家臣名叫阳虎，他在季平子死后，掌握了大权，开始在鲁国“作乱”。

鲁定公八年（公元前502年），阳虎要废除三桓的势力，结果却被打败。鲁国军队将城门全部关闭，设了三层包围圈，严密搜捕阳虎，欲瓮中捉鳖。阳虎避实就虚，快速地逃到西城门。有一个守门人是阳虎的朋友，很同情他的处境，见他罹难，对他说：“今天你遇上我才有绝路逢生的机会,现在放你走吧,希望你碰上好运。”于是就开门放走了他。阳虎一手提着剑,一手握着矛,走出了城门。不知为什么,他突然一转身,回手就是一矛,刺伤了他的守门朋友,然后扬长而去。这个守门人腰部受伤,十分愤怒,心里骂道:“你这个没良心的家伙,我救你一命,你却恩将仇报,反来刺伤我,实在是可恶至极。”

鲁定公听说阳虎已经逃出城去,勃然大怒,下令追查责任。最后查出阳虎是从西门而逃,就把西门的卫士全部捉拿下狱,不分青红皂白地开刀问斩,唯独身上负伤的那位守门人则是例外,单独受到优厚的赏赐,因为由他的伤痕来看,足以证明他是尽了职责的,不需要他自我申辩。

到这时,那位守门人才知道阳虎在紧要关头时的一番苦心,是为他的生命留了一条后路哇。再说阳虎在紧急状态下能够预料到那位朋友将要出现的后果,回身反刺朋友一刀,给他制造了无罪而有功的借口,就机智而言,实在是无人能比的。

冯谖为孟尝君买义焚烧债券

公元前290年,孟尝君出任齐国的相国,他是战国时代有名的“四君子”之一,府中养着门客几千人,皆有一技之长。

一次,临近年关,孟尝君召集这些门客说:“你们谁能替我去收回封地上的债务?”一位叫冯谖的门客站出来说:“我愿前往。”他就是三次弹剑作歌表示不满冷遇但后来受到孟尝君器重的人。

孟尝君见冯谖欣然领命,便安排车马让他去薛地收债。临行前,冯谖问孟尝君:“收了债,相国还有什么要求?”孟尝君随口说:“你看还有什么好东西,顺便就买点儿吧。”

冯谖来到薛地,收取了10万钱债款,可是还有许多人相当贫困,无力缴还债务,哭哭啼啼,甚为可怜,他就把这些人召集起来,让大家交出债券。

冯谖按顺序验证了债券,统计了应该交纳的钱粮数目。他想了想,登上高处的一个土台,大声说:“现在我宣布相国的决定:孟尝君知道父老乡亲们衣食艰难,决定所有拖欠的粮款,一律不收了!算是他对百姓的一点心意。现在就当着大家的面,把这些债券烧掉!”

接着,他下令点着一堆火,把这些债券全部扔进火堆里,一火焚之。这时,百姓们乐得流出眼泪,奔走相告。

冯谖回到相府交差,孟尝君见他回来得这么快,很高兴,就问:“你收完债,买了什么东西回来了?”

冯谖说:“我看您府上并不缺什么,所缺少的,只不过是‘义’罢了。我就用不能还的债券给您买了'义'。"

孟尝君奇怪地问:"怎么叫买了'义'呢?"

冯谖说:"您只有薛城这么小小的一块封地,您不爱护那里的百姓,倒用商人那一套在他们身上去谋利,这怎么行呢?所以,我就用您的名义,宣布了一条决定……"冯谖一五一十地汇报了焚券买"义"的过程。

孟尝君脸上露出不高兴的样子,鼻子"哼"了一声,说:"先生这是干的什么事啊!算了算了,您下去吧。"冯谖淡淡一笑,毫无怨色地退了出来。

过了一年光景,齐王听信别人造谣的话,罢免了孟尝君相国的职务,让他回到薛地去。孟尝君闷闷不乐地离开国都启程了,他们来到离薛城不远的地方,忽然看见前面尘土飞扬,人声鼎沸。原来是薛地的百姓,扶老携幼,前来夹道迎候孟尝君。此情此景,孟尝君感动得热泪盈眶。他回过头来对冯谖说:"先生您为我买的'义',今天真的看到了啊!"

苏秦向燕王谈忠信者会获罪

苏秦是东周洛阳人,洛阳是东周王朝的京都。他年轻的时候,曾去齐国(今山东省)拜鬼谷子为师,鬼谷子是当时有名的纵横家。名师出高徒,苏秦后来就成了战国时期著名的纵横家。

战国七雄,齐、楚、燕、韩、赵、魏、秦,唯秦最强。秦国有吞并六国、统一天下之志,苏秦的外交战略目标是六国合纵与秦国抗衡,以保持各国的相对稳定局面。他极力在六国之间游说,出谋划策,使六国统一到抗秦的目标上。不过,这六国之间也时有摩擦,产生一些矛盾和争斗。

燕国的国君文侯死,太子即位,他就是燕易王。易王刚即位,齐国乘着燕国吊丧的时候,举兵攻打,夺取了燕国十座城池。苏秦来燕国向文侯吊丧,新即位的易王劈头就质问苏秦:"当年先生来到敝国,劝说先王参加了合纵之约。现在先王尸骨未寒,而齐国竟发兵攻燕,夺走十座城池,你让寡人如何是好?"苏秦见势不妙,故作镇静地说:"不就是十座城嘛,我给你去要回来就是了。"

苏秦来到齐国,凭其三寸不烂之舌,对齐宣王陈述利害,权衡利弊,说得宣王心服口服,把十座城池还给了燕国。苏秦回到燕国,易王感谢他游说齐王有功,就请他做燕国的宰相。

易王的母亲——燕文侯的夫人现已成了寡妇,听到苏秦功大才高,十分仰慕,就偷偷地招他入后宫,两人私通。天长日久,传出风声,易王也知道了,但他并不惩罚苏秦,依然如故。而苏秦却怕事有不测，打算离开燕国到齐国去。这时，苏秦也听到有人在易王面前诽谤、诋毁他，他就对易王说："忠信诚实的人也能获罪。"易王说："是你不够忠信诚实吧！哪有因忠信而获罪的呢？"苏秦说："有哇！臣听说有一个人到外地去当官，而太太在家却和别人私通，当他即将回来的时候，他太太的情夫很担心，怕报复，这时太太就对情夫说：别担心，我已准备好了毒酒等着他呢。过了三天，丈夫果然回来了。他太太就叫侍女端来毒酒给丈夫喝。此时侍女想说酒中有毒，却怕丈夫把主母赶走；想不说又怕主人因此而被毒死。于是假装手颤抖乘机把酒倒掉，保住了主父的性命，也维护了主母的地位，然而她却无法避免被鞭打，不但主父打她，而且主母也打她，这怎么能说忠信不会获罪呢？"易王听了这番话后说："对啊！你说的话有道理。"不久，苏秦就找个理由辞别了易王，到齐国去了。

曹操结交关羽华容道上脱险

话说关羽关云长，自土山战败，英雄落难，被迫来到曹操麾下。曹操待他为上宾，地位居群将之首。自回许昌后，曹操请关羽三日一小宴，五日一大宴；送美女，赠金银，赐锦袍，做须囊；特别是把吕布曾骑过的赤兔马也献给了他，关羽感恩不尽。自关羽斩颜良、诛文丑，为曹操解了白马之围，则更得曹操的器重，上马一提金，下马一锭银，到了无以复加的程度。后来，关羽得知刘备的消息，挂印封金，离开曹操，护送二嫂，曹操率将送行，发通行令，关羽又过五关斩六将，曹操也未计较，任他去也。这一切，关羽永生难忘。

赤壁大战，曹操败北。周瑜与诸葛亮策划"火攻"，东吴一场大火，把曹兵烧得溃不成军，兵败如潮！曹操在回逃的路上，他神态反常，竟然还有三声大笑：笑周瑜无谋、诸葛亮少智，未能在险要之地埋伏军马。结果一笑笑出赵云赵子龙，二笑笑出张飞张翼德，二次截杀，使曹军损兵折将，余骑不足三百人。曹操来到华容地界，人困马乏，饥渴难忍，连滚带爬，举步维艰。但曹操又放声大笑：笑周瑜、诸葛亮到底不会用兵，如果"在此处伏一旅之师，则吾等皆束手受缚矣"。

言未毕，一声炮响，两边五百校刀手摆开，为首大将关羽关云长，倒提青龙偃月刀，跨赤兔马，截住去路。曹军见了，失魂落魄，相顾失色，不知下场如何。惊恐之余，谋士程昱急中生智：让曹操向关羽"攻心"求情，以脱此难。曹操纵马向前，欠身对关云长说："将军自离别我可好吗？"云长也欠身答道："关羽奉军师将令，等候丞相多时。"曹操道："我今兵败势危，到此无路，望将军以昔日之情为重。"云长曰："昔日关某虽蒙丞相厚恩，然而已斩颜良、诛文丑，解白马之围，已奉报矣。今日之事，岂敢以私废公？"曹操又说："过五关斩六将之事，你还记得吗？"关羽是个义重如山的人，想起当年曹操对他的许多恩义，与后来五关斩将之事,如何不动心?又见曹军个个垂泪,越发心中不忍。大将张辽是关羽的知己朋友,也上前向关羽施礼请求放行。于是关羽下命令让开道路,五百校刀手两边散开,放行曹操人马。曹操领着这伙残兵败将,狼狈不堪,抱头鼠窜,走出了华容道。后人有诗曰:曹操兵败走华容,正与关公狭路逢。只为当初恩义重,放开金锁走蛟龙。